U0260337

现代农业科技专著大系

兽医大辞典

第二版

汪　明　主　编
李祥瑞　副主编

中国农业出版社

图书在版编目（CIP）数据

兽医大辞典 / 汪明主编. —2 版 .—北京：中国农业出版社，2013.12

（现代农业科技专著大系）

ISBN 978-7-109-18609-5

Ⅰ.①兽… Ⅱ.①汪… Ⅲ.①兽医学-词典 Ⅳ.①S85-61

中国版本图书馆 CIP 数据核字（2013）第 270600 号

中国农业出版社出版

（北京市朝阳区农展馆北路 2 号）

（邮政编码 100125）

责任编辑 黄向阳

北京中科印刷有限公司印刷 新华书店北京发行所发行

2013 年 12 月第 2 版 2013 年 12 月第 2 版北京第 1 次印刷

开本：787mm×1092mm 1/16 印张：47.25

字数：1585 千字

定价：220.00 元

第二版贡献者

组织修订单位 农业部兽医局 中国农业出版社

主 编 汪 明

副主编 李祥瑞

	参编	**参审**
家畜解剖学	雷治海、彭克美、曹静	陈耀星、刘为民
细胞学	陈秋生	唐 军
胚胎学	滕可导	李玉谷
家畜组织学	陈耀星、董玉兰	李玉谷
动物生理学	赵茹茜、杨晓静、倪迎冬	夏国良
动物生物化学	邹思湘、张源淑	刘维权
兽医药理学	沈建忠、吴聪明、曹兴元	曾振灵
兽医毒理学	肖希龙、汤树生	曾振灵
兽医微生物学	刘永杰、姚火春	苏敬良
兽医免疫学	杨汉春、郭鑫	陆承平
生物制品学	张大丙	宁宜宝
兽医生物技术	范红结	夏 春
兽医病理学	余锐萍、程国富、张书霞	马学恩
兽医内科诊断学	王久峰、王惠川	金久善
兽医内科学	韩 博	金久善
兽医外科学	林德贵	侯加法
兽医放射学	谢富强、丛恒飞	熊惠军
兽医寄生虫学	刘群、李祥瑞	汪 明
兽医产科学	余四九、施振声	薛立群
兽医传染病学	陈溥言、周斌、曹瑞兵	甘孟侯
实验动物科学	赵继勋、张国中	张 冰
兽医公共卫生学	张彦明	崔言顺

统 校（按姓名笔画排序）

马学恩 刘永杰 李祥瑞 余四九

邹思湘 汪 明 陈耀星

第一版贡献者

总策划 陈凌风
顾　问 陈凌风　马静兰　金家珍
主　编 孔繁瑶
副主编 蔡宝祥
编委会（以姓名笔画为序）

王　志　王惠霖　鑫　智　孔繁瑶　卢正兴　包鸿俊
陈万芳　狄伯雄　祝寿康　徐为燕　郭　铁　蔡宝祥

编写人名单

家畜解剖学　祝寿康　雷治海　曹志林（绘图）
细胞学　聂其灼
胚胎学　刘济伍
家畜组织学　邓泽沛
动物生理学与生物化学　毛鑫智　邹思湘　秦为琳　倪桂芝　朱祖康　赵如茜　陆柳琼
兽医药理学与毒理学　包鸿俊　沈丽琳
兽医微生物学　徐为燕　杨汉春　董国雄
兽医免疫学　杜念兴　刘秀梵　龚晓明　吉传义
生物制品学　张振兴
生物技术　杜念兴　徐文忠
兽医病理学　陈万芳　狄伯雄
兽医内科诊断学　王惠川
兽医内科学　王　志
兽医外科学　郭　铁　卢正兴
兽医放射学　卢正兴
兽医寄生虫学　孔繁瑶　殷佩云
兽医产科学　陈兆英
家畜传染病学　蔡宝祥　郑明球　吴增坚　吴连清　陆承平　陈溥言　张振兴
实验动物科学　赵继勋
兽医卫生检验　王惠霖

第二版前言

《兽医大辞典》面世于1999年，是由兽医界的前辈陈凌风先生策划和组织，由我们的老师孔繁瑶教授、蔡宝祥教授等老一辈专家教授编写完成的。《兽医大辞典》为广大兽医教学、科研以及相关专业人员的学习和工作提供了重要的帮助，为促进兽医学科的发展及相关新兴学科在兽医领域的渗透做出了重要贡献，受到了广大读者的好评。

如果说20世纪末是知识爆炸的时代，那么21世纪就是知识裂变的时代，催生这种从火药到核裂变的引擎就是信息技术与分子生物学技术。在《兽医大辞典》出版以来的15年间，一方面分子生物学与细胞生物学、生物信息学、基因组学与蛋白质组学、免疫学等相关学科的突飞猛进和对兽医学的交叉渗透，极大地推进了兽医学的发展；另一方面，全球兽医教育和兽医管理的一体化，兽医学的内涵已由传统的为动物健康服务发展到为动物健康、人类健康和环境健康服务，“一个地球、一个健康”已成为人类的共识，从而产生了许许多多新的术语。正是这些发展和变化催生了《兽医大辞典》第二版的诞生。

《兽医大辞典》第二版秉承了第一版的编著原则，力求“全”、“准”和“新”。基于这一原则，删除了一些已经不常用的或者因学科发展而更名的词条，增加了许多新的词条，以求能够反映学科的最新进展。第二版共收录了8 854个词条，比第一版增加了854个词条，其中保留了第一版5 986个词条，新增了2 868个词条。在新增的词条中主要增加了相关交叉学科在兽医领域经常出现的词、新的病原与新的化合物，及兽医公共卫生和管理等方面的相关词汇。但总体上依然保持了第一版的框架与结构，包括家畜解剖学、细胞学、胚胎学、家畜组织学、动物生理学、动物生物化学、兽医药理学、兽医毒理学、兽医微生物学、兽医免疫学、生物制品学、兽医生物技术、兽医病理学、兽医内科诊断学、兽医内科学、兽医外科学、兽医放射学、兽医寄生虫学、兽医产科学、兽医传染病学、实验动物科学和兽医公共卫生学。

在编著《兽医大辞典》第二版之际，第一版的主编、副主编和大多数编者已经退休。在农业部兽医局和中国农业出版社的大力支持下，组成了第二版新的编委会，主要由目前工作在教学和科研第一线的中青年教授专家担纲编写。虽然力求“全”、“准”和“新”，但错误和疏漏恐难避免，请广大读者指正。

汪明　李祥瑞

2013年12月

第一版前言

在经验上升为科学的过程中，要求科学家把所用的日常生活用语转换为高度准确、文字简练的定义或术语；并且要随着科学的发展创造新的术语。这样为了学习的方便，辞典便应运而生，新的辞典层出不穷。

这部《兽医大辞典》便是为从事兽医学教学与科研的人员以及兽医专业学生而编纂的术语词汇。基于这一宗旨，本辞典力求“全”、“准”和“新”，使它能够跟上兽医科学发展的步伐。本辞典收录截至90年代初期各有关学科和分支学科的名词术语共8 000余条，分属于家畜解剖学、细胞学、胚胎学、家畜组织学、动物生理学与生物化学、兽医药理学与毒理学、兽医微生物学、兽医免疫学、生物制品学、生物技术、兽医病理学、兽医内科诊断学、兽医内科学、兽医外科学、兽医放射学、兽医寄生虫学、兽医产科学、家畜传染病学、实验动物科学和兽医卫生检验。我们说“力求”，就是说难免有疏漏、讹误，这就要请读者批评指正了。

编委会要我在这里提一下，狄伯雄先生在校订文字、内容和查找、合并重复词条等方面付出了巨额的劳动，做出了贡献。

陈凌风

1997年10月

目　录

凡　例

一、编　　排

1. 本书词目按词目标题的汉语拼音字母顺序并辅以汉字笔画、起笔笔形顺序排列。

(1) 第一字同音时按阴平、阳平、上声、去声的声调顺序排列；同音同调时，按汉字笔画由少到多的顺序排列，笔画相同的按起笔笔形一（横）、丨（竖）、丿（撇）、丶（点）、乙（折）的顺序排列。

(2) 第一字相同时，按第二字的音、调、笔画和笔顺排列，余类推。

(3) 词目标题以中文开头，但含有英文字母的，忽略英文，以词目的汉语拼音为序排列。

例如：**软X线**排在**软性影**前。

(4) 词目标题以英文字母开头的，在完成汉语拼音排序后，统一按英文字母的顺序排列。

(5) 词目标题以罗马文、希腊文开头的，以词目的汉语拼音为序排列。

例如：***β*-受体**排在**受体病**前。

(6) 词目标题以数字开头的，或词目标题中含有数字的，均以词目的汉语拼音为序排列。

例如：**25-羟胆钙化醇**排在**羟氯柳胺**前；**葡萄糖-6-磷酸脱氢酶缺乏症**排在**葡糖糖耐量试验**前。

(7) 词目标题中含有圆括号的，表示圆括号内的字或词可省略，圆括号内的字或词不参与排序。

例如：**强毒（力）株**。

2. 一词多义用①②③分项。

3. 词目介绍内容需分层次时，先按（1）（2）（3）分述，再以①②③细分，一律接排。

二、词　　目

1. 词目标题多数是一个词，如**充血**、**传染病**；一部分是词组，如**代谢抑制试验**。

2. 多数词目标题附有对应的英文，物种词目标题后附有拉丁学名。

3. 一个词目有两个以上英文名同时存在时，用逗号隔开。

例如：**第一极体 first polar body , first polocyte**。

4. 一个词目的英文名存在可替换英文单词时，替换英文单词列在/后。

例如：**上颌突 maxillar prominence/process**。

5. 有的概念具有多种从属关系，在本辞典中，为了相区别，有的在词目标题的前面加限制词，如**出血性休克**；有的则为简化文字或遵从习惯，不加前缀或括注，如**单瘫**，系指动物四肢中的一肢出现瘫痪。

三、释　　文

1. 释文力求使用规范化的现代汉语。释文开始一般不重复词目标题。

2. 一个词目的内容涉及其他词目并需由其他词目的释文补充的，采用参见的方式。

例如：**分裂期**……。参见**细胞周期**。

3. 一个词目的释文与另一词目释文完全一致，只是词目标题不一样时，即同物异名时，释文只写“见×××”。

例如：**安特诺新**　见**安络血**。

4. 词目释文中出现的物种和微生物名称，根据有无必要附或不附拉丁学名。

5. 本书所用的数字，除习惯用汉字表示的以外，一般用阿拉伯数字。

计量单位一般用法定计量单位符号表示，历史上的计量单位沿用旧制。涉及其他国家的内容时，用相应国家的计量单位。

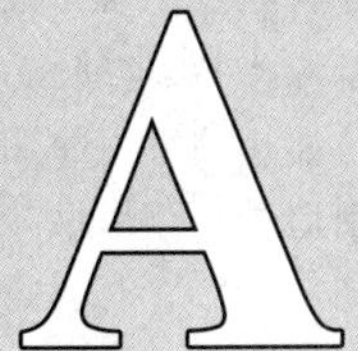

吖啶橙简易免疫荧光法（acridine orange simple immunofluorescence technique）　将特异性抗血清与吖啶橙溶液混合后对标本材料染色，可使与抗体结合的细菌呈特有的荧光现象。该染色法不需要标记抗体分子，简单、省时，具有一定的实用价值。

吖啶橙染色（acridine orange staining）　区分双股或单股核酸的一种染色法。将盖玻片细胞培养或组织抹片在卡努瓦（Carnoy）固定液中固定30min，依次浸入100%、95%、70%乙醇中各30min，水洗。用0.01%吖啶橙液（pH 4.0）染色5min，在pH 4.0缓冲液中漂洗。将湿盖玻片覆于载玻片上，立即在荧光显微镜下观察，防止干燥。单股核酸发出火红色荧光，双股核酸发出黄绿色荧光。此法常用于检查细胞中病毒的核酸类型及存在部位。

阿苯达唑（albendazole）　又称丙硫苯咪唑。苯并咪唑类驱虫药。在体内代谢为亚砜类或砜类后，抑制寄生虫对葡萄糖的吸收，导致虫体糖原耗竭，或抑制延胡索酸还原酶系统，阻碍ATP的产生，使寄生虫无法存活和繁殖。具有广谱驱虫作用，线虫对其敏感，对绦虫、吸虫也有较强的作用，对血吸虫无效。兽医临床可用于驱蛔虫、绦虫、鞭虫、钩虫、肝片吸虫等。

阿根廷出血热（Argentine hemorrhagic fever）　由沙粒病毒科塔卡里伯病毒亚群的鸠宁病毒（*Junin virus*）和马秋博病毒（*Machupo virus*）引起的一种以发热、出血、肾损害及神经、血管方面的异常为特征的急性传染病。本病分布于阿根廷北部。传染源为啮齿动物，野鼠可终生带毒并在鼠群中传播，形成自然疫源地。鼠排泄物和分泌物污染的尘埃或饮水、食物，可经呼吸道、消化道或损伤皮肤感染人体，在疫区如有高热、严重肌痛、白细胞减少等症状的患者可疑为本病，确诊需作病毒分离和血清学试验。无特效疗法，防制措施主要为防鼠、灭鼠，隔离病人，加强国境检疫。

阿米巴病（amoebiasis）　由溶组织阿米巴原虫（*Entamoeba histolytica*）寄生于人和动物的肠道而引起的以下痢为主要特征的一种人兽共患原虫病。其临床表现可因溶组织阿米巴虫株毒力的强弱及宿主因素等方面的差异而不同。本病的重要临床类型是阿米巴痢疾。病原体有滋养体和包囊两期。成熟的四核包囊具有感染性，通过污染的食物、饮水进入消化道，直至小肠下段，虫体脱囊变成一个含有四核的小阿米巴。继续分裂繁殖，侵犯组织形成包囊排出。随被污染的饮食重新进入新宿主，继续其动物体内发育。一般情况下为带虫者，而当存在宿主免疫功能减退等诱因时，则导致临床发病。原虫侵入大肠后引起以痢疾为主的症状。一般发病轻缓，先腹痛，继而排便，表面带有少量黏液及血液，里急后重，或者便秘，或便秘和腹泻交替出现。偶有急性者，发热、便带血，甚似细菌性痢疾，体温高达39℃左右，下腹部有压痛，亦有发展成慢性者，但随时可转成急性发作。根据临床症状，粪便中找到阿米巴原虫为诊断依据。治疗以灭滴灵为主。

阿米尼小型猪（oh－mini minipig）　日本用中国东北小型民猪（荷包猪）选育形成的小型猪品种。体型小、黑色、耐粗饲、多产，成年体重40～50kg。

阿莫西林（amoxicillin）　又称羟氨苄青霉素。半合成青霉素类抗生素。耐酸，在胃肠道吸收好。穿透细胞壁的能力强，能抑制细菌细胞壁的合成，使细菌迅速成为球形体而破裂溶解，对多种细菌的杀菌效力较氨苄西林迅速而强，但对志贺菌的作用较弱。与氨苄西林有完全交叉耐药性。主要用于牛的巴斯德杆菌、嗜血杆菌、链球菌、葡萄球菌性呼吸道感染，坏死梭杆菌性腐蹄病，链球菌和敏感金黄色葡萄球菌性乳腺炎；犊牛大肠杆菌性肠炎，犬、猫的敏感菌感染如敏感金黄色葡萄球菌、链球菌、大肠杆菌、巴氏杆菌和变形杆菌引起的呼吸道感染、泌尿生殖道感染和胃肠道感染，以及多种细菌引起的皮炎和软组织感染。对产β-内酰胺酶细菌的抗菌活性可被克拉维酸增强。

阿司匹林（aspirin）　化学名乙酰水杨酸，解热镇痛药和抗风湿药。在体内分解成水杨酸而发挥作用。具有较强的解热、镇痛、消炎、抗风湿、抗血小板聚集及竞争性对抗维生素K从而抑制肝脏制造凝血酶原的作用。内服后对胃黏膜的刺激性小，适用于发热、疼痛及类风湿性关节炎等，常用于中、小动物。

阿斯科利试验（Ascoli test）　一种用于炭疽诊断的热沉淀试验。将待检组织加盐水煮沸浸出抗原，过滤后取滤液与炭疽抗血清做环状沉淀试验，形成环状混浊的沉淀环判为阳性。本试验可作为炭疽诊断的主要依据。

阿图斯反应（Arthus reaction）　一种局部Ⅲ型变态反应。对已有沉淀抗体的动物皮下注射对应抗原而引起以水肿、出血和坏死为特征的反应。一般在注射后数小时即可出现典型的溃疡表现，比速发型超敏反应慢、比迟发型变态反应快。

阿托品（atropine）　抗胆碱药，从茄科植物颠茄、曼陀罗或莨菪中提取的生物碱，也可人工合成。和乙酰胆碱竞争M受体，从而解除节后胆碱能神经支配效应器的功能，并相对增强肾上腺素能神经机能。有抑制腺体分泌、松弛平滑肌、散瞳、加快心率及兴奋中枢等作用。用于麻醉前给药、缓解内脏平滑肌痉挛，治疗有机磷酸酯类药物中毒，锑剂中毒和细菌感染所致的中毒性休克等。

阿维菌素类（avermectins，AVMs）　兽用杀虫、杀螨剂。由阿维链霉菌（*Streptomyces avermitilis*）发酵产生的十六元大环内酯类抗生素。天然阿维菌素是一种含8种组分的混合物，其中4种主要组分为A1a、A2a、B1a和B2a（总含量≥80%）；4种次要组分为A1b、A2b、B1b和B2b（总含量≤20%）。AVMs通过阻止γ-氨基丁酸（GABA）与突触接合，增强无脊椎动物神经突触后膜对Cl^-的通透性，使神经冲动的传递受阻而导致神经麻痹，并可导致动物死亡。AVMs对无脊椎动物有很强的选择性，因此对哺乳动物较安全。AVMs与其他抗寄生虫药物无交叉抗药性。对各种螨虫、昆虫、线虫均有显著的杀灭作用，对吸虫和绦虫无效，对细菌和真菌也无效。AVMs是目前应用广泛的抗体内外寄生虫药，已有阿维菌素、伊维菌素、多拉菌素、埃普里诺菌素等品种上市。

阿扎哌隆（azaperone）　化学名哌氟苯丁酮，安定性化学保定药。对有蹄动物，特别对猪作用较好。随剂量增加，动物可从轻度镇静、骨骼肌松弛以至伏卧倒地。毒性较小，但能抑制体温中枢引起体温下降。用于猪的长途运输，防止其相互攻击。

埃博拉病毒（*Ebola virus*）　单负股病毒目（Mononegavirales）、丝状病毒科（Filoviridae）病毒。以非洲刚果民主共和国的埃博拉河命名。病毒颗粒多形性，往往呈现长丝状。核衣壳的长度约1 000nm，有囊膜及膜粒。基因组为单分子负链单股RNA。可导致人的埃博拉出血热。为严格管制的病毒，属于生物安全4级的病原，只允许在少数特定实验室从事研究和诊断。

埃博拉出血热（Ebola hemorrhagic fever）　由埃博拉病毒引起人的一种病死率很高的急性传染病。1976年在非洲苏丹和扎伊尔首次发现。病原与马尔堡病毒相似，但抗原性不同。病人表现为发热、呕吐、衰竭、全身痛、出血，某些病人有皮疹，病死率达41%～88%。病人为传染源，传播可能由于直接或间接接触病人的呕吐物、排泄物及血液。医院内传播最为危险。确诊靠病毒分离和血清学试验。尚无特效疗法，亦无有效疫苗。严格隔离消毒和检疫是主要预防措施。

埃塞克斯小型猪（Essex minipig）　由美国得克萨斯州西南部遗存的黑色埃塞克斯猪育成的小型猪品种。2周岁体重70kg。主要用于无特定病原猪的培育。

埃托啡（etorphine）　又称乙烯啡。人工合成的新型强效麻醉性镇痛药。镇痛作用是吗啡的1 200倍，但镇痛时间比吗啡短。作用迅速，安全可靠，还有镇静、催眠及明显的平滑肌解痉作用。与乙酰丙嗪、苯环己哌啶、二甲苯胺噻嗪等配合，可用作各种家畜或野生动物的镇痛性化学保定药。

埃希菌属（*Escherichia*）　肠杆菌科中一属，有相似的生化特征、无芽孢的革兰阴性兼性厌氧菌。大小为（1.1～1.5）μm×（2.0～6.0）μm，许多菌株有荚膜或微荚膜，有菌毛，运动者具有圆鞭毛。在普通培养基上易生长，形成圆而隆起、边缘整齐、湿润、半透明，近似灰白色的光滑（S）型菌落。在血琼脂上通常不溶血，但不少猪源性致病菌株可呈β溶血。发酵葡萄糖和多种其他糖和醇，产酸产气或不产气。大多数菌株分解水杨苷并迅速发酵乳糖。吲哚和MR阳性，VP阴性，不利用枸橼酸盐，不产H_2S。无尿素酶但具有赖氨酸和鸟氨酸两种脱羧酶，广泛分布于自然界，为温血动物后肠段的主要常在菌之一。通常无病原性或为条件致病菌，但少数血清型是初生幼畜下痢之病原，还有少数能致猪水肿病或禽的多种肠外感染。

癌（carcinoma） 发生于上皮组织的恶性肿瘤。为表示癌的组织来源和发生部位，在癌字之前冠以组织或器官的名称。例如，来自鳞状上皮的恶性肿瘤称鳞癌，发生在食管的称食管癌，来自腺上皮的称腺癌，发生在卵巢的称卵巢腺癌。

癌变（canceration） 正常细胞转化为恶性肿瘤细胞的演化过程。包括增生、间变和原位癌三个阶段。单纯增生和间变为癌前阶段，但很多情况下间变细胞已接近于癌细胞，因此癌变一般是指间变。

癌基因（oncogene） 一类可引起细胞癌变的基因，是人类或其他动物细胞中的一类固有基因，通常处于阻遏状态。癌基因有其正常的生物学功能，主要是刺激细胞的正常生长，以满足细胞更新的需要。只是当癌基因发生突变后，才会在没有接收到生长信号的情况下仍然不断地促使细胞生长或使细胞免于死亡，最后导致细胞癌变。细胞里的癌基因称细胞癌基因（c-onc），其处于不活动状态时称原癌基因。反转录病毒基因组中的癌基因称病毒癌基因（v-onc）。

癌胚抗原（carcino embryonic antigen，CEA） 正常胚胎组织所产生的、出生后逐渐消失或仅存极微量的一种特异性糖蛋白抗原。发生癌症时含量较高。

嗳气（eructation） 反刍动物排出瘤胃内气体的过程。瘤胃内微生物发酵产生大量气体刺激瘤胃感受器而引起其兴奋，反射性地引起瘤胃背囊和前、后肌柱收缩，压迫气体使其进入贲门区，并在食管括约肌舒张时进入食管，借食管肌强烈收缩进入咽部，同时鼻咽孔关闭，大部分气体经口腔排出，但有一部分气体可经声门入肺。牛嗳气为 17～20 次/h。

艾伯特缝合（Albert suture） 外科手术缝合技术的一种，具体方法为：第一层似结节缝合，从一侧浆膜入针，通过肌层，由黏膜出针；再从黏膜入针，浆膜出针后两线尾打结。

艾伯特-伦勃特缝合（Albert Lembert suture） 艾伯特缝合与伦勃特缝合相结合进行肠管双层缝合的一种方法。优点是创缘双层缝合，连接处的张力增强，又可防止污染和出血；缺点是浆膜面纤维沉积、结缔组织增生，易造成肠管腔狭窄。

艾菊中毒（tansy poisoning） 家畜长期大量采食艾菊引起的中毒病。由艾菊所含的挥发油经硫葡萄糖苷酶（thioglucosidase）水解产生的硫酸芥子碱（sinapine sulphate）而致病。中毒动物除表现胃肠炎和肾炎的症状外，还常伴发失明、舌麻痹等。宜内服大量泻剂治疗。

艾立希体属（*Ehrlichia*） 一群寄生于人和动物白细胞、以蜱为媒介的立克次体。形体小，呈多形性，在寄主白细胞胞浆内呈球状或椭圆状，散在或密集于包含体内。不能在人工培养基或鸡胚中生长。目前本属包括 5 个种：犬艾立希体、查菲艾立希体、欧文艾立希体、鼠艾立希体及反刍兽艾立希体。

艾美耳属（*Eimeria*） 属于孢子虫纲（Sporozoa）、球虫亚纲（Coccidia）、真球虫目（Eucoccida）、艾美耳亚目（Eimeriina）、艾美耳科（Eimeriidae），种类繁多，引起畜禽球虫病。外界环境中看到的是由宿主体内排出的卵囊。未孢子化卵囊呈卵圆形或近圆形，少数呈圆形或梨形。多数卵囊无色或灰白色，个别种可带有黄色、红色或棕色。其大小因种而异，多数长 25～30μm，最大的种可达 90μm，最小的种只有 8～10μm。卵囊壁一般有两层，外层为保护性膜，类似角蛋白；内层由大配子在发育过程中形成的小颗粒构成，属类脂质。某些种在卵囊的一端具有微孔，称卵膜孔；有些种在微孔上有极帽，称微孔极帽。卵囊中含有一圆形的原生质团，即合子。未孢子化卵囊完成孢子生殖后，形成孢子化卵囊，含有 4 个孢子囊，呈椭圆形、圆形或梨形，孢子囊内含 2 个子孢子。子孢子呈香肠形或逗点形，中央有一个核，在两端可见有强折光性的、球状的折光体。有些种的孢子囊内子孢子之间有一团颗粒状的团块，称孢子囊残体。一些种在孢子囊的一端有一折光性小体，称为斯氏体。有些种在孢子囊之间形成一团颗粒状的团块，称为卵囊残体。有些种在卵囊一端有一颗粒，称极粒。各种动物的各种球虫的寄生部位、潜伏期和裂殖生殖代数各不相同，但生活史基本相同，都包括孢子生殖、裂殖生殖和配子生殖三个阶段。这三个发育阶段形成一个循环。除了孢子生殖在外界环境中进行，其余两个发育阶段均在动物体内进行。

艾姆斯试验（Ames test） 又称鼠伤寒沙门氏菌/哺乳动物微粒体试验。一项利用微生物检测基因点突变的常用试验方法。1970 年由美国 Ames 建立，利用突变型鼠伤寒沙门氏菌菌株（组氨酸营养缺陷型）在诱变物作用下（有的需肝微粒体酶活化）回复为野生型菌株，即能在不含组氨酸的培养基上生长的能力，衡量该物质的致突变能力。本试验检出率高，不需特殊设备，但时有假阳性出现。亦可用其他突变型细菌和真菌代替鼠伤寒沙门氏菌。

爱德华菌感染（Edwardsiella infection） 肠杆菌科爱德华菌属细菌所引起的感染。能感染多种动物，包括鲑科、鮰科、鲤科、鲡科及鳗科等养殖鱼类。病原菌主要有迟缓爱德华菌（*Edwardsiella tarda*）及鲇鱼爱德华菌（*E. ictaluri*），前者可致败血症，后者感染后在颧骨囟门部形成溃疡，俗称“头开洞病”。诊断可用肠道菌选择培养基分离细菌，用生化试验及玻片凝集试验作进一步鉴定。防治可选用敏感的抗生素。

爱德华菌属（*Edwardsiella*） 一小群寄生于冷血动物肠道的革兰阴性菌。大小 1μm×（2～3）μm，以周鞭毛运动。无芽孢和荚膜。最适生长温度 37℃，生成直径约。0.5～1mm 小菌落。发酵活性弱于肠杆菌科其他成员。不水解尿素和明胶，VP 阴性。有 3 个种：①迟缓爱德华菌（*E. tarda*），能致池鳗“红病”和渠道鲶鱼的“气肿性腐败病”。②保科爱德华菌（*E. hoshinae*），多分离于动物（巨蜥、蜥蜴、海鸥和火烈鸟）。③鲶鱼爱德华菌（*E. ictaluri*），能引起鲶鱼的肠道败血症暴发。

安定（diazepam） 安定药。属苯二氮䓬类药物。具抗焦虑、镇静催眠、抗惊厥，抗癫痫及中枢性肌松作用，其机制为与苯二氮䓬受体结合，解除 γ-氨基丁酸（GABA）调控蛋白质对 GABA 受体的抑制，活化 GABA 受体，激活氯离子通道，使氯离子内流，膜超极化而呈现中枢抑制。用于猪、牛的催眠和肌肉松弛，动物的抗焦虑及犬的抗癫痫，消除氯胺酮引起的猫惊厥发作，制止野生动物的攻击行为。

安定镇痛术（neuroleptanalgesia） 用安定剂和镇痛剂结合成为复合剂，作减轻手术动物疼痛和加强对动物控制的方法。安定镇痛剂在临床上能使动物安静不动，对周围环境漠不关心，闭目嗜睡，呼唤能被惊醒，仍可继续再睡，对意识影响很轻。安全范围广，危险性小。常用的有芬太尼与安定剂、镇痛新与安定剂、氟哌啶或丙酰丙嗪和镇痛新或氯胺酮、埃托芬与乙酰丙嗪等；小动物临床常用卓比林、普罗西康和痛立定等。

安静发情（silent estrus） 又称安静排卵。母畜发情时卵巢内虽有卵泡发育、成熟和排卵，但无外部发情征照的现象。可见于所有家畜。绵羊在繁殖季节的第一个发情周期中，安静发情的发生率很高。青年母畜或营养不良时也常常表现安静发情。

安乐死（euthanasia） 在兽医学领域指使动物无苦痛地死亡。主要用于无痛性处死不治的患病动物、野犬、实验动物等。大家畜常用的安乐死药物有硝酸士的宁饱和水溶液，水合氯醛水溶液，巴比妥类麻醉药，硫贲妥钠等。小动物临床常用 20%的戊巴比妥钠注射液，做静脉推注。

安络血（adrenosem） 又称安特诺新。止血药的一种，为肾上腺色素缩氨脲与水杨酸钠的复合物。可降低毛细血管的通透性，促进受损毛细血管端回缩而止血。主要用于毛细血管通透性增加所致的出血，如特发性紫癜、视网膜出血、内脏出血、子宫出血、脑溢血等。对大量出血和动脉出血疗效较差。

安钠咖（caffeine and sodium） 化学名苯甲酸钠咖啡因。由苯甲酸钠和咖啡因以近似 1∶1 的比例配制而成的兴奋型精神药品。其中咖啡因兴奋中枢神经尤其是大脑皮层的活动，苯甲酸钠起助溶作用，以促进机体对咖啡因的吸收。临床上主要用于治疗中枢神经抑制以及麻醉药引起的呼吸衰竭和循环衰竭等症。

安乃近（analgin） 又称罗瓦尔精。解热镇痛药，为氨基比林和亚硫酸钠相结合制成的化合物。作用快而强，除用于解热、镇痛和抗风湿外，还能缓和疝痛症状。与止哮药并用，对痉挛疝、风气疝镇痛效果显著。长期应用，可引起粒细胞减少；还可抑制凝血酶原的形成，加重出血倾向。

安宁（meprobamate） 又称眠尔通，安定药。具有镇静、抗焦虑、催眠和松弛中枢性肌肉等作用。用于猪、羊和小动物的镇静及破伤风和士的宁中毒的辅助用药。

安普霉素（apramycin） 又称阿泊拉霉素，由黑暗链霉菌（*Streptomyces tenebrarius*）产生的一种氨基糖苷类抗生素。常用其硫酸盐，动物专用。本品抗菌谱广，对革兰阴性菌如大肠杆菌、沙门氏菌等的抗菌作用较好，对某些革兰阳性菌（如链球菌）、密螺旋体和支原体也有抗菌作用。主要用于治疗畜禽大肠杆菌、沙门氏菌和其他敏感菌所致的疾病。

安全检验（innocuity test） 又称无毒检验。生物制品按国家规定进行的成品质量检验项目之一。通常用实验动物进行，目的在于检查生物制品的外源性污染、灭活制品的灭活或脱毒程度、弱毒疫苗的残余毒力等。

安全食品（safety food） 广义的安全食品是指长期正常食用不会对人体产生阶段性或持续性危害的食品，而狭义的安全食品则是指按照一定的规程生产，符合营养、卫生等各方面标准的食品。在我国现实情况下，安全食品包括三类：①无公害食品：生产过程中允许限量、限品种、限时间地使用人工合成的安全化学农药、兽药、渔药、肥料、饲料添加剂等，保证人们对食品质量安全最基本需要的食品；②绿色食品：食品生长自良好的生态环境，产品自身无污染，分为 A 级和 AA 级；③有机食品：由完全不用或基本不用人工合成的化肥、农药和饲料添加剂的生产体系生产出来的食品。

安全性毒理学评价（toxicological safety evaluation） 对人类使用某种化学物质的安全性作出评价的研究过程，即通过对实验动物和人群的观察，阐明某种物质的毒性及潜在的危害，对该物质能否投放市场作出取舍的决定，或提出人畜安全的接触条件，如人体每日允许摄入量（ADI）等。

安特诺新（adrenosem） 见安络血。

安妥中毒（antu poisoning） 动物误食含安妥的灭鼠毒饵或吞食被安妥毒杀的鼠尸而引起的中毒性疾病。临床上以肺水肿、胸腔积液、高度呼吸困难、组织器官淤血和出血为特征。主要表现精神委顿，食欲废绝，口、鼻流出白色或粉红色泡沫，最显著的症状是呕吐、呼吸困难和咳嗽。严重病例，病程发展迅速，常在几小时内死亡，如能耐过 12～24h 可望恢复。目前尚无特效解毒药物，可采取中毒病的一般解救措施。

氨苄青霉素抗性（ampicillinresistant，ApR） 指对氨苄青霉素致死效应的抗性。细菌质粒或克隆载体如 pBR322 含有一个氨苄青霉素抗性基因，它编码能分解氨苄青霉素的 β-内酰胺酶，从而使该菌具有氨苄青霉素抗性。通常用 ApR 作为筛选转化菌体的一个标记。未转化质粒的受体菌不存在 ApR，因而不能在含 Ap 的平板上生长，只有转化有质粒的细菌才能在 Ap 平板上生长。

氨苄青霉素敏感（ampicillin sensitive，ApS） 指对氨苄青霉素致死效应敏感的特性。

氨苄西林（ampicillin） 又称氨苄青霉素。半合成青霉素类抗生素。具有广谱抗菌作用，对大多数革兰阳性菌的效力不及青霉素，但对革兰阴性菌，如大肠杆菌、变形杆菌、沙门菌、嗜血杆菌、布鲁菌、巴氏杆菌等均有较强作用。耐酸，不耐酶，对耐药金黄色葡萄球菌、绿脓杆菌无效，可内服，对胃肠菌群有较强的干扰作用。兽医临床主要用于敏感菌所致的肺部感染、尿道感染、乳房炎等局部感染。与氨基糖苷类抗生素合用可增强疗效。不良反应同青霉素。

氨丙啉（amprolium） 抗球虫药，常用其盐酸盐。通过竞争性抑制球虫对硫胺的摄取而抑制球虫的发育。抗球虫活性峰期在第一代裂殖体即球虫感染的第 3 天。具有高效、安全、不易产生耐药性的特点。对鸡柔嫩、堆型艾美耳球虫等作用较强，对毒害、巨型等艾美耳球虫作用稍差。主要用于鸡球虫病的防治，禁用于产蛋鸡，肉鸡上市前 7d 应停药。也可用于水貂、牛、羊。

氨茶碱（aminophylline） 茶碱和乙二胺的复盐，平喘药。对支气管平滑肌具有直接舒张作用，当支气管处于痉挛状态时，作用更为明显；也可扩张冠状动脉，增加心肌血液供应和加强心肌收缩力；还能减少肾小管的重吸收，提高肾小球的滤过率而呈现利尿作用。扩张支气管作用较持久，用于牛、马肺气肿导致的喘息；预防或缓解麻醉过程中意外发生的支气管痉挛，或犬等动物因心力衰竭引起的心性喘息。

氨氮（ammonia nitrogen） 水中以游离氨（NH_3）和铵离子（NH_4^+）形式存在的氮，是评价水体污染状态的指标之一。人畜粪便进入水体后，被微生物分解成氨，并以游离状态或铵盐形式存在。水中氨氮含量增高时，表明可能存在人畜粪便或含氮有机物的污染，且污染时间不长。

氨肥中毒（ammoniacal fertilizer poisoning） 动物误食或误吸入铵盐或铵态氮肥引起的中毒病。由于氨对动物皮肤、黏膜的强烈刺激而致病。症状有口黏膜红肿、水疱、吞咽困难、声音嘶哑、剧烈咳嗽，眼睑水肿、结膜炎、溃疡乃至失明，有的出现共济失调。重型病例呼吸困难，甚至窒息死亡。治疗宜尽早灌服弱酸类药液及硫代硫酸钠等解毒药物。

氨基比林（aminopyrine） 又称匹拉米洞，解热镇痛药。具解热和较强镇痛作用，作用徐缓、持久；也有抗风湿和消炎作用，但抗风湿效果不及水杨酸类药物。用作马、牛、犬等的解热药和抗风湿药，易引起个别家畜白细胞减少。

氨基苷类抗生素（aminoglycosides antibiotics） 一类由氨基糖分子与非糖部分的苷元结合而成的苷类化合物。主要从放线菌培养液中取得。包括链霉素、庆大霉素、卡那霉索和新霉素等。常用硫酸盐，易溶于水，性状稳定。能抑制细菌蛋白质的合成，主要杀革兰阴性菌，对结核杆菌亦有效。细菌易产生耐药性，各药间亦有交叉耐药性。对前庭神经、听神经和肾脏有损害作用。内服不易吸收，仅用于肠道感染。注射给药用于全身感染和泌尿道感染。

氨基酸（amino acid） 含有碱性氨基的有机酸。构成肽和蛋白质的氨基酸有 20 种，其中除甘氨酸外都具有不对称碳原子，为 L-型氨基酸。通式为 $H_2N-CHR-COOH$，R 为侧链基团。根据 R 的结构和性质，氨基酸可分为脂肪族、芳香族和杂环族，也可分为极性、非极性和带电荷的氨基酸。还可根据其所含氨基和羧基的数目分为中性、酸性和碱性的氨基酸。氨基酸的羧基、氨基和 R 基团上可进行特殊的化学反应，并用于氨基酸和蛋白质的定性和定量鉴定。由于其羧基和氨基的可解离性，氨基酸通常呈两性离子状态。

6-氨基己酸（6-aminohexanoic acid） 抗纤溶酶止血药。抑制纤溶酶原激活因子，阻碍纤溶酶原生成纤溶酶，高浓度也能直接抑制纤溶，从而抑制纤维蛋白的溶解，达到止血作用。主要用于纤溶酶活性增高的各种出血，如子宫、肺、消化道、肝硬化等的出血及产后出血、外科手术后出血等。

氨基酸代谢（amino acid metabolism） 生物体内氨基酸的合成和分解过程。氨基酸的合成包括 α-酮酸的还原氨基化、转氨作用、谷氨酰胺谷氨酸途径以及氨基酸的相互转变。植物和微生物可以合成构建蛋白质的全部 20 种氨基酸，动物和人类则不能。氨基酸的一般分解代谢有脱氨和脱羧两种作用。脱氨的产物氨可再度用于氨基酸的合成，或形成尿素、尿酸等排出体外，或贮存于谷氨酰胺中；而 α-酮酸则进入糖、脂代谢途径。脱羧产生的胺类可继续氧化分解。个别的氨基酸还以各自的途径参与激素、核苷酸、卟啉和某些辅酶的合成和转变。

氨基酸代谢池（amino acid metabolic pool） 又称氨基酸代谢库。食物蛋白质经消化而被机体吸收的氨基酸与机体内组织蛋白质降解产生的氨基酸混在一起，分布于体内参与代谢。

氨基酸等电点（amino acid isoelectric point，pI） 氨基酸所带净电荷为零时溶液的 pH。不同氨基酸由于R基团的结构不同而有不同的等电点，范围为 2.77～10.26。

氨基酸血症（aminoocaidemia） 动物机体血液中氨基酸含量异常增多的一种病理现象。其机理是氨基酸脱氨基作用发生障碍。常发生在肝脏严重损害时，如中毒性肝营养不良，肝硬化。

氨甲酰胆碱（carbamylcholine） 拟胆碱药，人工合成的胆碱酯类。可促使胆碱能神经释放乙酰胆碱，其本身也是 M-胆碱受体与 N-胆碱受体的激动剂，不易被胆碱酯酶水解。完全拟乙酰胆碱的作用，作用较持久，对胃肠道平滑肌兴奋作用特别强。用于胃肠弛缓、大肠便秘及牛前胃弛缓和瘤胃扩张，也用于死胎、胎衣不下、子宫内膜炎及分娩猪子宫收缩乏力，还可用于牛创伤性网胃炎的诊断。副作用较多。

氨甲酰甲胆碱（carbamylmethylcholine） 又称比赛可灵。人工合成的拟胆碱药。稳定性与氨甲酰胆碱相似。主要是 M 受体激动剂，对 N 受体几乎无作用。对平滑肌选择作用强，对心血管几乎无作用，用途同氨甲酰胆碱。较安全，副作用较少。

氨气（ammonia） 氮的氢化物。无色、具有强烈刺激味的气体，分子式 NH_3，是大气中微量气体之一。动物粪尿和饲料等有机物质分解后，产生很多具有恶臭气味的物质，氨气是其中之一。氨气对动物有一定毒性，可刺激黏膜，引起流泪、咳嗽、呼吸器官炎症，并可诱发呼吸道病原微生物致病。

氨中毒（ammonia poisoning） 畜禽吸入、摄入或接触一定量的氨气、氨肥或氨水后引起的以黏膜刺激反应为主要症状的中毒性疾病。氨中毒时病牛精神异常，兴奋不安或精神沉郁，走路摇晃，肌肉震颤，食欲废绝，瘤胃臌胀，腹痛，呻吟，有时有腹泻症状。流鼻液，呼吸困难，肺部听诊有湿性啰音。口角流涎，口腔黏膜潮红、肿胀，甚至糜烂。当吸入氨气时，则伴有结膜角膜炎和不同程度的呼吸道疾病症状。对于本病尚无特效疗法，首先应及时除去氨的来源，保持畜禽舍清洁、通风良好，并实施对症疗法。

鹌鹑球虫病（coccidiosis of quail） 球虫寄生于鹌鹑肠道上皮细胞内引起的原虫病。病原属于孢子虫纲、艾美耳科、艾美耳属和温扬属。常见种有巴氏艾美耳球虫（*Eimeria bateri*）、分散艾美耳球虫（*E. dispersa*）和鹌鹑艾美耳球虫（*E. coturnicis*）。常混合寄生，直接传播。发育史与鸡球虫相似。本病多发生于1～2 月龄鹌鹑。病鹑表现下痢，粪呈黄褐色或灰黄色，有时排血便，小肠肿胀、有弥漫性出血，可能引起死亡。诊断与防治参见鸡球虫病。

鹌鹑支气管炎（quailbronchitis） 由禽腺病毒引起的鹌鹑的一种接触性、高度致死性呼吸道传染病。病鹑表现咳嗽、寒战、衰竭、呼吸障碍和死亡。确诊本病除根据流行病学、特征症状外，在肝细胞核中查出嗜碱性包涵体有重要意义。在饲料中添加泰乐菌素或红霉素有一定防治作用。

按摩采精法（massage of semen collection） 一种常用的采精方法，适用于牛和家禽。牛采精时，采精员可经直肠按摩精囊腺和输精管壶腹，使精液流出；同时由助手按摩阴茎 S 状弯曲部使阴茎伸出，便于收集精液。鸡采精时由助手双手分握公鸡两腿，以自然宽度分开，尾部朝向采精员，先给鸡泄殖腔周围剪毛、消毒，采精员右手拇指与食指在泄殖腔下部两侧抖动触摸腹部柔软处，然后迅速轻轻用力向上挤压泄殖腔，使交配器翻出；固定在泄殖腔两上侧的左手拇指和食指微微挤压，精液即可顺利排出。

按压触诊法（press palpation） 兽医以手掌平放于动物被检部位轻轻按压，以感知其内容物的性状与敏感性的检查方法。适用于检查体表浅层与胸、腹壁的敏感性，以及中、小型动物的内脏器官与内容物性状。

胺前体摄取与脱羧细胞（amine precursor uptake and decarboxylation cells） 简称 APUD 细胞。具有摄取胺前体（如氨基酸、多巴），脱去其羧基而产生活性胺（如多巴胺）的内分泌细胞。有的仅产生胺，有的既产生胺又产生肽，或只产生肽。还可产生许多肽类激素，如胃泌素、胆囊收缩素、P 物质等，以及一些特异酶，如神经元特异性烯醇化酶等。

胺中毒（amine intoxication） 动物体内胺类含量异常增多而引起的一种中毒现象。常发生在大面积烧伤、组织创伤、组织缺氧、肿瘤或变态反应性疾病时。氨基酸脱羧基作用加强使胺类生成增多；或胺类氧化酶活性降低，阻碍进一步氧化而发生。有些胺类增多对疾病的发展起重要作用，如鸟氨酸生成的多胺（腐胺、精胺和精脒）可促进肿瘤细胞增殖。

暗区（opaca area）　鸟类和爬行类早期胚胎胚盘周边的不透明区域。

暗视觉（scotopic vision）　动物在晚间或很暗的环境下靠视网膜杆状细胞起作用产生的视觉。暗视觉只能看到物体，对物体的微细结构和颜色分辨不清。有些动物如蝙蝠、猫头鹰等视网膜中只有杆状细胞，对弱光较敏感，适于夜间活动，称为夜行性动物。

暗视野显微镜（dark－field microscope）　一种用于检查活体微生物的显微镜。在普通光学显微镜中以暗视野集光器代替明视野集光器，使光线不能由中央直线进入物镜，只能从四周边缘斜射到标本中的颗粒物体，引起光线散射（丁铎尔效应）而产生明亮的反光，视野背景却是黑暗的。具有较高的分辨力，主要用于观察未染色的活体微生物或胶体微粒，适宜于观察螺旋体的形态和细菌的运动。

暗适应（dark adaptation）　畜禽停留在暗处时视网膜对光的敏感度升高的现象。由视锥细胞的快适应和视杆细胞的慢适应组成，视敏度可增大数十万倍。在暗适应过程中，视杆细胞和视锥细胞对光的敏感度都增大，视色素的再合成速度加快，尤其是视锥细胞中视紫蓝质的再合成比视杆细胞中视紫红质的再合成约快 500 倍。对保证动物在暗处能看清外界物体有重要意义。

螯肢（chelicerae）　蜱螨口器的组成部分。着生于假头基前缘、须肢内侧，其腹面为口下板。一对，每一个螯肢均分为螯杆和螯趾两部分，杆部是主体部分，外面包有螯肢鞘，鞘表面常有小棘密布；螯趾是杆的远端部，又分为内侧趾和外侧趾，前者为动趾，后者为定趾。

奥苯达唑（oxibendazole）　又称丙氧咪唑。广谱驱线虫药。对蛔虫、钩虫和鞭虫均有明显作用，尤其对十二指肠钩虫、美洲钩虫的疗效较好。

奥芬达唑（oxfendazole）　又称苯硫苯咪唑、砜苯咪唑。芬苯达唑在机体内发挥驱虫作用的有效代谢药物，驱虫谱与芬苯达唑相同，但抗虫活性强于芬苯达唑。应用与芬苯达唑相同。

奥斯特属（*Ostertagia*）　线虫，属于毛圆科（Trichostrongylidae），寄生于反刍兽第 4 胃和小肠。虫体褐色，体长通常小于 14mm。口囊浅而宽。雄虫有生殖锥和生殖前锥。生殖锥后体部盖有副伞膜，交合刺短，末端分二叉或三叉，其特征是种间鉴别的依据。成熟雌虫尾端常有环纹，虫卵系典型的圆线虫类虫卵。生活史与捻转血矛线虫相似，感染性幼虫钻入反刍动物皱胃黏膜，并在其中蜕皮，发育为成虫，感染后约 17d 开始产卵。引起奥斯特线虫病。

奥斯特线虫病（Ostertagiasis）　奥斯特属（*Ostertagia*）的多种线虫寄生于绵羊、山羊、牛等反刍动物第四胃引起的寄生虫病。虫体呈棕褐色，故通称棕色胃虫。种类很多，常见种有奥氏奥斯特线虫（*O. ostertagi*）、环形奥斯特线虫（*O. circumcincta*）、三叉奥斯特线虫（*O. trfurcata*）等。雄虫长 6.5～8.5mm，雌虫长 8.3～12.2mm。交合刺较短，棕褐色，末端形成 2 个或 3 个分叉。交合伞侧叶宽长。直接发育，第三期幼虫经口摄入，钻入第四胃的胃底腺内发育，经两次蜕皮变为第五期幼虫，返回胃腔发育为成虫。感染强度不同其发病症状亦不同，主要表现为消化系统症状，腹泻、黏膜苍白、贫血、皮下水肿、消瘦等。幼虫在胃腺中发育形成灰色结节。虫卵随宿主粪便排出时，含大约 32 个胚细胞，很难与捻转血矛线虫等的虫卵相区别。驱虫药有丙硫咪唑、噻苯唑、左旋咪唑和伊维菌素等。预防措施参见捻转血矛线虫病。

奥耶斯基病（Aujeszgky's disease）　见伪狂犬病。

B

八氯苯乙烯（octachlorostyrene） 又称酞酸二丙酯，邻苯二甲酸二丙酯。一种持久的、可被生物富集的有毒污染物。可由石墨电极电解产生。

巴贝斯虫病（babesiosis） 由巴贝斯虫属的原虫感染动物引起的以高热、贫血为主要特征的寄生虫病。主要侵袭牛、马（驴、骡）以及犬的红细胞，由不同的蜱传播。雌蜱体内的巴贝斯虫可经过蜱卵传给下一代，因此，本病的发生有明显的季节性和地域性。巴贝斯虫在家畜红细胞内进行无性繁殖，大量破坏红细胞并产生毒素。病畜主要表现高热、贫血、黄疸、消瘦和衰弱等。除驽巴贝斯虫病外，临床都有血红蛋白尿。幼畜或外地新输入的家畜症状严重，诊治不及时死亡率高，治愈或耐过后恢复也较缓慢。诊断方法主要是采取病畜血液做涂片，镜检虫体，依其形态特征确诊病原。也可用补体结合反应和酶联免疫吸附试验等进行诊断。预防的关键在于灭蜱，应有计划地采取有效措施，消灭畜体及畜舍内的蜱。避免畜群在蜱大量孳生的草场放牧，必要时改成舍饲。对患畜采取特效药治疗的同时，辅以对症疗法、加强护理等综合措施可提高疗效。特效药有咪唑苯脲、锥黄素、贝尼尔和阿卡普林等。

巴贝斯虫属（*Babesia*） 属于梨形虫亚纲（Piroplasmasina）、巴贝斯虫科（Babesiidae），寄生于哺乳动物红细胞内。虫体具有多形性，呈梨形、圆形或卵圆形。虫体的大小、排列、在红细胞中的位置、染色质团块的数目与位置、各种形态虫体的比例及典型虫体的形态等，因虫种而不同。发育需以哺乳动物为中间宿主，蜱为终末宿主。虫体随蜱的唾液进入动物体内，直接侵入红细胞内，以二分裂或出芽方式进行分裂生殖，产生裂殖子。当红细胞破裂后，虫体逸出，侵入新的红细胞。反复分裂，破坏红细胞，最后形成配子体。随着蜱叮咬动物吸血，配子体进入蜱肠管内，大小不同的两种配子配对融合形成合子。巴贝斯虫的合子可以运动，故称为动合子。动合子侵入雌蜱卵母细胞，进入卵子后保持休眠状态。在子代蜱叮咬动物吸血 24h 内，动合子进入蜱的唾液腺细胞转为多形态的孢子体，反复进行孢子生殖，形成许多形态不同于动合子的子孢子。蜱再次叮咬动物时，将子孢子注入动物体内，发生新的感染。

巴豆中毒（crotontiglium poisoning） 家畜误食生巴豆或内服巴豆霜制剂过量引起的以重剧性胃肠炎为主要症状的中毒病。由巴豆中含有的巴豆油醇（crotonol）和巴豆毒球蛋白（crotonglobulin）等所致。病畜临床上除外用引起皮炎外，主要发生口炎、咽喉炎和胃肠炎，表现呕吐、腹痛、严重腹泻、粪中带血、肌肉颤抖、呼吸浅表、脉速而弱、体温升高。孕畜发生流产。治疗宜用黏浆剂、镇静剂和强心剂等。

巴尔氏小体（Barr body） 雌性细胞分裂后期核膜下出现的 DNA 团块。这是一条失活的 X 染色体，因只见于雌性细胞，又称性染色质，由 Barr 氏首先在猫神经元中发现。

巴甫洛夫小胃（Pavlor pouch） 一种研究胃液分泌的试验方法。在动物胃体的适当部位进行手术，将其黏膜层完全切开而保留部分浆膜和肌肉层的完整，缝合形成一隔离小室，称为小胃，装置瘘管开口于腹壁外，并将主胃切口缝合仍与食管及小肠相通，进行正常消化。这样，主胃与小胃间互不相通，由于小胃保留有神经和血管的支配和联系，除了收集纯净的胃液外，还能较准确地反映主胃的消化活动。

巴马小型猪（Bama minipig） 原产广西巴马瑶族自治县的小型猪，因头臀黑色较多，身体其他部分多为白色而俗称为“两头乌”。6 月龄 20～25kg，成猪 40～45kg，已作为实验动物应用于生命科学研究。

巴氏杆菌病（pasteurellosis）　由多杀性巴氏杆菌引起动物的一种急性、热性传染疾病。急性型常以败血症和出血性炎症为主要特征，所以曾称为“出血性败血症”；慢性型常表现为皮下结缔组织、关节及各脏器的化脓性病灶，常与其他病原混合感染或继发感染。

巴氏消毒法（Pasteurization）　又称低温消毒法、冷杀菌法。以较低温度杀灭液态食品中的病原菌或特定微生物，而又不致严重损害其营养成分和风味的消毒方法。由巴斯德最先用于消毒酒类，目前主要用于葡萄酒、啤酒、果酒及牛奶等的消毒。具体方法可分为二类：第一类为低温维持巴氏消毒法（low temperature holding pasteurization，LTH），在 62～65℃维持 30 min；第二类为高温瞬时巴氏消毒法（high temperature short time pasteurization，HTST），在 71～72℃保持 15s。另一类超高温消毒法（ultra-high temperature，UHT）即在 132℃保持 1～2s，也用于牛奶的消毒。巴氏消毒法可杀死牛奶中 90%以上的有害细菌。

巴通体属（*Bartonella*）　一种寄生于脊椎动物红细胞和组织细胞，能在人工培养基上生长，以白蛉为传递媒介的立克次体。呈球状、椭圆形或细长杆状，单在或成群排列。在组织中位于内皮细胞胞浆内。只有杆状巴通体（*B. bacilliformis*）一个种，在人类可引起致死性感染。

靶动物（target animal）　又称适用动物。进行实验研究的目标动物。如治疗牛酮血病的药物必须用牛进行药效试验，并做出安全评价，而不能用其他的动物。食品动物用药的安全性检测和组织中药物残留的研究，也必须在靶动物上进行。

靶器官（target organ）　激素、药物、放射性物质、毒物及其他化学物质进入机体后直接发挥作用的器官。这些物质进入机体后，可随血流分布到全身各个组织器官，但其对体内各器官的作用并不一样，往往有选择性，那些发生作用引起生理或病理反应的器官为靶器官。如脑是甲基汞的靶器官，肾脏是镉的靶器官等。

靶生物（target organism）　有毒物质直接作用的生物群体。可以是一个生物种群，也可以是一个生物群落。

靶细胞（target cell）　能接受内源性、外源性化学物质或其代谢产物作用而发生生理或病理反应的细胞。在免疫学中，指体内带有非自身抗原的细胞，如细菌、原虫和病毒感染细胞以及肿瘤细胞等，它们是免疫效应细胞、抗体以及其他免疫因子作用的目标。

靶向给药系统（targeting delivery system，TDS）　借助载体、配体或抗体将药物通过胃肠道或全身血液循环而选择性地输送到靶组织、靶器官、靶细胞或细胞内结构的给药系统。靶向给药系统有助于维持靶区的药物水平，可避免药物对全身其他正常组织的损伤。

靶组织（target tissue）　能接受内源性、外源性化学物质或其代谢产物作用而发生反应的生物机体组织。

白斑狗鱼幼鱼红瘟病（pike fry red disease）　由白斑狗鱼幼鱼弹状病毒，引起白斑狗鱼幼鱼的急性传染病。以体表及内脏出血为特征，草鱼、丁鱼等也能发病。病原属弹状病毒科、水疱病毒属，在一定程度上能被鲤春季病毒血症病毒的抗血清中和。

白斑肾（white spotted kidney）　有局灶性间质性肾炎病变的肾。多由细菌感染引起，常见于牛、猪、马等。眼观肾表面散布多个灰白色结节状斑块，大小不一，可与被膜黏连。切面斑块位于皮质层，状似淋巴组织，与周围实质分界不清。患畜生前一般无症状，多在屠宰时发现。

白蛋白（albumin）　血浆中含量最多、能溶于水的一种简单蛋白质。分子量较小，在饱和硫酸铵中可沉淀，电泳时常形成界限明显的单个高峰。它由肝脏合成，主要起营养作用，是体内蛋白质的主要贮存库和氨基酸的主要运载者。是血浆胶体渗透压的主要组成部分，对调节水分在血管内外的分布有重要作用。与脂肪酸等脂溶性物质结合，使之成为水溶性，以利于运输。还可与甲状腺激素等小分子物质可逆结合，防止它们迅速从肾脏排除。

白化症（albinism）　又称酪氨酸病。因黑色素形成障碍导致皮肤、被毛等局部组织缺乏色素的一种病变。可见于多种动物，如牛、马、狗、猪、兔、猫、水獭等。为常染色体隐性遗传病，由于先天性缺乏酪氨酸酶或酪氨酸酶功能减退、黑色素合成发生障碍所致。人亦可患此病。

白肌肉（pale soft exudative pork）　又称水样肉、PSE 肉。一种以色浅、质软、易渗汁为特征的劣质肉。多发于猪，以半腱肌、半膜肌和背长肌最常见。除品种遗传因素外，在宰前受强烈刺激，肾上腺素分泌增加，糖原消耗迅速，致使宰后猪肉的 pH 急速下降，而胴体温度仍然很高是其形成原因。PSE 肉在熟制中失重显著，肌浆蛋白变质后可溶性降低，故不宜作为食品加工原料。

白肌纤维（white muscle fiber）　肌红蛋白和细胞色素含量不多、线粒体含量很少的一种骨骼肌纤维。白肌纤维收缩快但不能持久。其收缩所消耗的能量主要来自无氧糖酵解。小鸡和火鸡因其胸肌由白肌纤维组成，故不能远飞。主要由白肌纤维组成的肌肉称为白肌，如肉鸡的胸肌。

白藜中毒（chenopodium album poisoning） 俗称灰菜中毒。家畜采食灰菜引起的以感光过敏性皮炎为主征的中毒病。中毒家畜皮肤经日光照射后，尤其是头、颈和背部皮肤呈现潮红、肿胀和剧痒等症状。进而皮下出血、坏死和溃疡，重症病畜精神委顿，食欲废绝，呼吸和心率加快，体温升高。可按皮炎给予治疗。为预防本病，可将鲜灰菜晒干、煮熟或浸泡后再喂食。

白蛉（*Phlebotomus*） 双翅目、毛蠓科的一类小吸血昆虫。一般体长 5mm 以内，体和翅上多毛，腿一般很长。口器短或中等长。触角长，16 节，常呈念珠状，有密毛。雌白蛉产卵于湿暗处，如石缝、岩隙。幼虫以蝙蝠、蜥蝎等动物的粪便为食。蛹无茧。雌虫夜间侵袭人和动物吸血，是多种利什曼原虫（*Leishrnania* spp.）的传播媒介。可用杀虫药或驱避剂防制。

白内障（cataract） 眼的晶体皮质、晶体核、晶体囊发生浑浊，从而影响视力的一种眼病。马和犬多发，特别是老龄犬多发，此外驹、犊、仔猪可看到先天性白内障。其特征是晶状体浑浊、瞳孔变化、视力减退或消失。用肉眼和检眼镜检查或烛光成像检查，一般可确诊。对成熟的晶体白内障可施行手术摘除，手术前应当做眼底电位检查。

白内障手术（cataract surgery） 摘除眼睛浑浊晶体的手术。白内障是多种眼病或全身性疾病引起的晶体浑浊和视力障碍，其中老年性和外伤性白内障是本手术的适应证。分为：①白内障囊内摘除术，将晶体悬韧带断裂后，摘除完整的晶体；②白内障囊外摘除术，只将晶状体前囊截开，摘除晶体的核和内容物；③软性白内障吸取术，用注射器吸出糊状晶体，再植入人造晶状体后逐层缝合创部组织。

白皮病（white skin disease） 以皮肤变白为特点的一种鱼类传染病。主要危害 20～30 日龄的鳙和鲢，草鱼和青鱼也可发病。患鱼背鳍或尾出现白点，迅速向前蔓延，以至通体变白。尾柄可烂掉。夏季流行，死亡率高。病原待定，用消毒剂处理鱼池可防治本病。

白苏中毒（perilla frutescens poisoning） 动物采食白苏植株引起的以急性肺水肿为主征的中毒病。主要发生于牛、羊。由于白苏茎叶和种子中含有白苏酮（perillaketone）、脱氢白苏酮（egomaketone）等肺水肿因子而致病。病畜表现呼吸困难，呈腹式呼吸；听诊肺部有湿性啰音，口、鼻流大量泡沫。严重病畜横卧地上，皮肤、结膜发绀，张口伸舌喘息，短时间内窒息死亡。治疗应及时给予脱水剂和轻泻剂。

白髓（white pulp） 由密集的淋巴组织构成的脾组织。在新鲜脾的切面上呈分散的白色小点状，包括动脉周围淋巴鞘和脾小体两部分。前者是围绕在中央动脉周围的弥散淋巴组织，主要由密集的 T 细胞构成，属于胸腺依赖区，还有一些巨噬细胞和交错突细胞等。当抗原引起细胞免疫应答时，此区明显增大。脾小体就是淋巴小结，主要由 B 细胞构成。发育较大的淋巴小结也可分出帽、明区和暗区，帽朝向红髓。当抗原进入脾内引起体液免疫应答时，脾小体增多，出现于动脉周围淋巴鞘的一侧，此时中央动脉常偏向另一侧。

白头白嘴病（white head and white mouth disease） 由黏球菌（*Myxococcus* spp.）引起的一种鱼类传染病。特点为患鱼吻端至眼部皮肤色素消退，变为乳白色，唇部肿胀，张闭失灵，呼吸困难，口周围皮肤糜烂成絮状。发病最适水温为 25℃，最适 pH 为 7.2 左右，传播迅速，死亡率高。防治措施参见烂鳃病。

白头翁中毒（pulsatilla sinensis poisoning） 家畜误食白头翁全株及其制剂用量过大所引起的以胃肠炎为主征的中毒病。致病因子是白头翁中含有的白头翁素（anemonin）。病畜表现口炎，流涎，呕吐，腹痛，下痢，粪中带血，偶见血尿。后期出现神经症状和心力衰竭。治疗可用高锰酸钾溶液洗胃，并内服鞣酸蛋白和健胃剂等。

白细胞（leukocyte） 血液中不含血红蛋白的细胞。体积一般比红细胞大而数量远比红细胞少；在血流中呈球形，能做变形运动，穿过血管内皮进入周围组织中；有细胞核和细胞器。在光镜下，可根据胞质中有无特殊颗粒将白细胞分为有粒白细胞和无粒白细胞两类。根据特殊颗粒对染料的反应特性，又可将有粒白细胞分为中性粒细胞、嗜酸性粒细胞和嗜碱性粒细胞三种。无粒白细胞可按其形态分为单核细胞和淋巴细胞。白细胞是机体防御系统的重要组成部分，通过吞噬异物和产生抗体等方式来抵御和消灭入侵的病原微生物。

白细胞分类计数（differential count of leukocytes） 计数各类白细胞的相对和绝对数值，以诊断感染或造血功能性疾病的一种实验室检查法。各类白细胞的相对值在血膜片上直接计出或用自动分类计算机测出，绝对值可由相对值乘以白细胞总数求得。①中性粒细胞增多见于大多数细菌性感染、尿毒症、某些中毒、大出血或大手术、烧伤等；中性粒细胞减少见于病毒性疾病、各种疾病垂危期、造血机能障碍、某些化学制剂和重金属中毒、放射性损伤等。②嗜酸性粒细胞增多见于某些寄生虫病、过敏性疾病、皮肤病等；嗜酸性粒细胞减少见于毒血症、尿毒症、急性中毒、严重创伤、饥饿、过劳等。③嗜碱性粒细胞增多见于骨髓纤维化脓、慢性溶血及脾切除后等；嗜碱性粒细胞减少见于速发型变态反应、应激反应等。④淋巴细胞增多见于某些慢性传染病、病毒性传染病、淋巴白血病、血孢子虫病等；淋巴细胞减少见于急性感染初期及中性粒细胞增多的高峰期、淋巴组织大量破坏等。⑤大单核白细胞增多见于某些原虫病、某些慢性细菌病及某些病毒病；大单核白细胞减少见于急性传染病初期及各种疾病的垂危期。

白细胞分类图（elmonogram）　又称 ELMN 图。将四种白细胞［嗜酸性粒细胞（E）、淋巴细胞（L）、单核细胞（M）、中性粒细胞（N）］的绝对值制成的曲线图，以此来判断病情。在标本标片上求出各种白细胞的百分率，从白细胞总数提出各类白细胞的绝对值，将其值计入图表制成曲线。

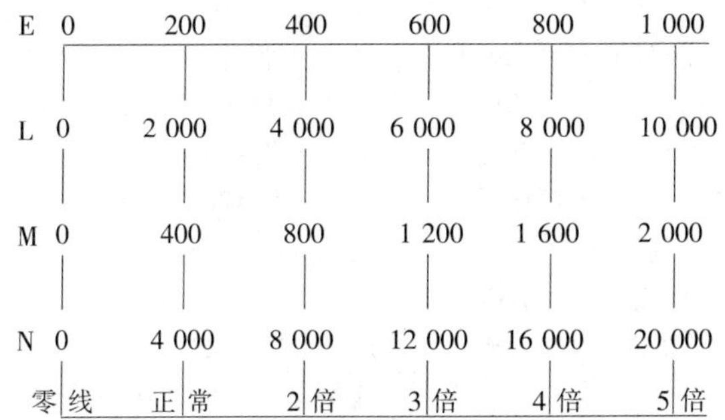

白细胞分类图表

白细胞计数（white blood cell count，WBC）　计算单位容积血液的白细胞数，以诊断感染性疾病及血液病诊断预后的一种实验室检查法。计数方法有计数板计数法、血细胞电子计数法两种，也可用白细胞快速估算技术（脱氧核糖核酸黏度技术、新美蓝染色温血片检查法、从染色片估算血细胞总数法）估算白细胞数。白细胞数增多见于各种感染、中毒及注射异种蛋白、急性出血、白血病、急性溶血性疾病、败血性疾病等；白细胞数减少见于某些中毒病、病毒病、血孢子虫病、颗粒性白细胞缺乏症、恶病质等。

白细胞减少症（leukocytopenia）　多种疾病表现的一种临床现象，而非独立性疾病。病因较复杂，见于各种传染病、三氯乙烯豆饼渣中毒、蕨类植物中毒、慢性砷中毒以及磺胺类药物引起的血质不调（blood dyscrasia）等。该病除部分的白细胞减少外，有时各种白细胞成分都减少，从而降低畜体对细菌感染的抵抗力，易发败血症，最终死亡。治疗宜用广谱抗生素防止继发感染，同时可试用兴奋白细胞生成活力性药物如戊糖核苷酸（pentnucleotide）进行治疗。

白细胞介素（interleukin，IL）　一组由多种类型细胞所分泌的、结构和功能各异的可溶性蛋白。最初特指免疫系统分泌的主要在白细胞间起免疫调节作用的蛋白。根据发现的先后顺序命名为 IL－1、IL－2、IL－3 等。在传递信息，激活与调节免疫细胞，介导 T、B 细胞活化、增殖与分化及在炎症反应中起重要作用。

白细胞介素－1（interleukin－1，IL－1）　曾被称为淋巴细胞激活因子（lymphocyte activating factor，LAF）、B 细胞活化因子（B cell activating factor，BAF）和 B 细胞分化因子（B cell differentiation factor，BCDF）等，巨噬细胞被细菌脂多糖、免疫复合物、植物血凝素（PHA）等激活后产生并作用于淋巴细胞的一种蛋白质。分子量 14 000～18 000。IL－1是巨噬细胞向 T 细胞递呈抗原后的第二激活信号，通过激活辅助性 T 细胞（T_H）促进抗体产生，并能诱导 T_H 产生 IL－2，促进 B 细胞分化增殖，增强 NK 细胞的细胞毒性。作为炎症介质，对巨噬细胞和中性粒细胞有趋化作用，可促使其他炎性细胞释放活性介质，并可作用于丘脑下部引起发热反应和昏睡。

白细胞介素－2（interleukin－2，IL－2）　曾称 T 细胞生长因子（T cell growth factor，TCGF）。由抗原或有丝分裂原激活的辅助性 T 细胞（T_H）在有 IL－1存在下产生，促使 T 细胞增殖的一种糖蛋白。分子量 15 000。它能使激活的 T 细胞在体外培养中长期生长增殖，还能增强 NK 细胞、细胞毒性 T 细胞（CTL）和淋巴因子活化的杀伤细胞（LAK）等对肿瘤细胞和病毒感染细胞的杀伤活性。在临床上可应用于肿瘤的免疫治疗。

白细胞介素－3（interleukin－3，IL－3）　曾称多集落刺激因子（multi－colony stimulating factor，multi－CSF）。由激活的 T 细胞所产生的刺激多能造血干细胞和各类淋巴细胞分化增殖的活性因子。其生物学和生化特性与 IL－2 类似。它能促进分化并为各种淋巴细胞系生长所必需。IL－3 主要影响不成熟淋巴细胞的分化阶段，还具有促进和维持肥大细胞的增殖，增强嗜酸性粒细胞的活性和促进 NK 细胞（natural killer cell）杀伤实体瘤活性等功能。

白细胞介素－4（interleukin－4，IL－4）　曾称 B 细胞生长因子（B cell growth factor，BCGF）、B 细

胞刺激因子（B cell stimulating factor - 1，BSF - 1）等。是T细胞产生的一种刺激B细胞活化增殖的细胞因子。它可诱发静止的B细胞活化、体积增大和增加细胞表面MHC分子的表达，进而促进其增殖，诱导产生IgG_1。此外，它还能促进已活化的T细胞生长，增强巨噬细胞抗原递呈能力，促进肥大细胞增殖，刺激IgE产生，协助IL - 3刺激骨髓干细胞增生，协助1L - 2增强LAK细胞活性等。

白细胞介素-5（interleukin - 5，IL - 5） 曾称T细胞替代因子（T cell replace factor，TRF）、B细胞生长因子Ⅱ（B cell growth factor Ⅱ，BCGF Ⅱ）和嗜酸粒细胞分化因子（eosinophil differentiation factor，EDF）等。一种由T_H2产生的细胞因子。主要功能为：诱导活化B细胞分化增殖，使其大量表达IL - 2受体，促进IgA合成；诱导嗜酸粒细胞分化增殖；诱导细胞毒性T细胞的生成。

白细胞介素-6（interleukin - 6，IL - 6） 曾称$\beta 2$干扰素（1FN - $\beta 2$,）、B细胞刺激因子2（B cell stimulating factor 2，BSF2）等。一种由成纤维细胞、单核细胞和T细胞等多种细胞产生的具有广谱免疫调节活性的细胞因子。除促进T、B细胞增殖分化外，还具有抗病毒活性，刺激胸腺细胞和肝细胞增殖，刺激IgG分泌，协助IL - 3促进造血幼稚细胞克隆形成，刺激骨髓瘤细胞生长等功能。

白细胞介素-7（interleukin - 7，IL - 7） 一种由长期培养的骨髓基质细胞所分泌的细胞因子。主要功能为刺激前体B细胞增殖，促进胸腺细胞成熟，诱导T细胞表达IL - 2受体并产生IL - 2。

白细胞介素-8（interleukin - 8，1L - 8） 曾称粒细胞趋化蛋白（granulocyte chemotactic protein，GCP）、中性粒细胞激活因子（neutrophil activating factor，NAF）等。一种主要由单核-巨噬细胞、成纤维细胞、内皮细胞和T细胞等产生的多源性细胞因子。作为中性粒细胞、T细胞和嗜碱粒细胞的趋化因子，能刺激中性粒细胞脱粒，对淋巴细胞再循环、炎症反应等具有重要调节效应。

白细胞介素-9（interleukin - 9，IL - 9） 又称P40。常写成IL - 9/P40，由丝裂原刺激后的辅助性T细胞（T_H）和肥大细胞产生，为T_H2和肥大细胞的自分泌性生长调节因子，只对产生细胞有生长增强功能。

白细胞介素-10（interleukin - 10，IL - 10） 一种由T_H2产生的细胞因子合成抑制因子。能抑制T_H2产生γ-干扰素（1NF - γ）、IL - 2、IL - 3、肿瘤坏死因子（TNF）和粒细胞-巨噬细胞集落刺激因子（GM - CSF）等细胞因子，促进肥大细胞和胸腺细胞增殖。

白细胞游出（leukocyte emigration） 炎症时白细胞在多种黏附分子及其受体的相互作用下移出微血管的现象。当局部血流减慢时，白细胞先从轴流进入边流，沿血管壁翻滚并黏附在血管壁上，借助于自身的变形运动，伸出伪足，强行通过内皮细胞间的间隙，向外突出，然后逐步将整个胞体挤出血管。白细胞游出是机体的重要防御机制之一。

白细胞游走抑制试验（leucocyte migration inhibition test） 一种检测细胞免疫功能的试验。致敏淋巴细胞于体外培养时，在特异性抗原刺激下，能产生白细胞移动抑制因子，抑制白细胞移动。将白细胞、特异性抗原和致敏淋巴细胞一起培养，通过测定白细胞移动被抑制的面积，可以了解机体的细胞免疫功能。测定方法有毛细管法、琼脂糖平板法和琼脂糖悬滴法等。

白细胞增多症（leukocytosis） 外周血内白细胞总数超过动物正常值的上限。常见于各种感染、炎症、血液病及各种物理、化学致病因素作用时。最多发生的是中性粒细胞增多症。

白线（lineaalba） 又称腹白线。位于哺乳动物腹底壁的正中，主要由腹外斜肌、腹内斜肌和腹横肌的腱膜汇合形成，并含有纵行纤维。前部起始于剑突及软骨，向后延伸；后部增宽、增厚，最后与腹直肌腱合并为耻骨前腱，分叉后立即附着于耻骨前缘和腹侧面。在中部略后约最后肋骨平面有疤痕为脐，为胎儿脐孔的位置。反刍兽和马的腹白线后部几乎垂直向上而附着于耻骨。马的腹白线在终止前尚分出髋结节副韧带。食肉兽腹白线在脐前较宽，后1/3较狭。腹白线含血管、神经很少，小型动物常经此作腹腔手术切口。

白线裂（separation of wall from sole） 蹄的白线角质崩解或腐烂，使蹄壁和蹄底出现分离的现象。多发生在白线角质脆弱的蹄，白线部过削、蹄铁适合不良、蹄铁更换迟延、异物刺入白线、蹄环境湿润为其诱因。轻症不见跛行，当深达知觉部时由于疼痛出现显著跛行。治疗时要首先除去病因，促进新的白线角质生成，正确削蹄，清洁分裂区，白线裂口用木馏油灌填，装新蹄铁、蹄铁设侧唇或用铁支广泛连尾蹄铁。

白血病（leukemia） 骨髓内一种或多种白细胞成分恶性增生的疾病。增生的白细胞大量进入血液，使血液中的白细胞异常增多。猫、犬多发。肿瘤性细胞可能来自粒细胞、单核细胞、成巨核细胞等，按照细胞来源不同，分别在白血病前冠以不同的名称。

败血症（septicemia） 血液内大量病原菌繁殖和

产生毒素，引起全身广泛性出血和组织损伤的病理过程。病原主要是致病细菌，也有一些病毒如猪瘟病毒、鸡新城疫病毒，以及原虫如泰勒虫。

斑点叉尾鮰病毒病（channel cat fish virus disease） 由斑点叉尾鮰病毒引起斑点叉尾鮰（Ictaluruspunctatus，俗称美国鮰）鱼苗及幼鱼以鳍基、腹、尾部的皮肤出血为特征的急性传染病。目前仅见于美国。其他鮰科鱼也易感，但以人工养殖的斑点叉尾鮰患病重剧，死亡率可高达100%。带毒亲鱼是主要的传染源。

斑点-酶联免疫吸附试验（dot - enzyme linked immunosorbent assay，Dot - ELISA） 以酶联斑点显色的一种免疫反应检测技术。其原理及步骤与常规ELISA基本相同。不同之处在于：①将抗原或抗体吸附于硝酸纤维素滤膜或其他基质膜上；②显色底物的供氢体为不溶性的3,3-二氨基联苯胺或4-氯-1-萘酚等；③结果以在基质膜上出现有色斑点来判定。一般用于抗原或抗体的定性检测，操作简便，不需要特殊的设备。其优点是：灵敏度高，比传统的ELISA高100～1 000倍；操作方便，可进行高通量筛选。

斑点热（spotted fever） 又称蜱传斑疹伤寒。一组由立克次体属斑点热群各种立克次体所引起的具有自然疫源性特征的人兽共患病的总称。包括由立氏立克次体引起的洛基山斑疹热、西伯利亚立克次体引起的北亚蜱传斑疹伤寒、澳大利亚立克次体引起的昆士兰蜱传斑疹伤寒、康氏立克次体引起的纽扣热或马赛热、小蛛立克次体引起的立克次体痘等。

斑点印迹（dot blotting） 又称斑点杂交。在Southern杂交基础上发展出来的一种快速检测特异DNA或RNA分子的核酸杂交技术。通过抽真空的方式，将加样在多孔过滤进样器上的DNA或RNA样品，一次同步转移到硝酸纤维素滤膜或尼龙膜上，并有规律地排列成点阵或线阵。然后用放射性或非放射性标记的核酸探针与其杂交，通过放射自显影术或非放射性显示系统检测DNA或RNA样品中的同源序列，并可根据斑点信号强度，比较核酸的含量。如果是DNA样品，则按照Southern杂交程序进行核酸的杂交；若是RNA样品则按照Northern杂交程序进行核酸杂交。

斑马鱼（zebra fish，danio rerio） 原产于印度的小型热带鱼类。成鱼体长3～4cm，3个月达到性成熟，隔周产卵200枚以上，经3天孵出。胚体透明，胚胎发育同步，易于对其不同发育阶段进行追踪观察，以获取大量试验数据。在细胞谱系分析、发育追踪、突变鉴别、基因转移等发育及遗传学中研究价值极大，是一种新的模型生物。

斑蝥中毒（cantharidespoisoning，cantharidism） 家畜误食斑蝥或其制剂用量过大由其所含有毒物质斑蝥素（cantharidin）所致的中毒病。除接触斑蝥或被其咬伤的皮肤局部呈现发疱病变外，误食斑蝥病畜发生口炎，呕吐，腹痛，下痢，粪中带血，尿频，血尿，龟头、包皮红肿热痛，阴茎勃起，妊娠母畜流产。后期狂躁，痉挛；而后麻痹，昏睡；最后死于呼吸中枢麻痹。可内服催吐剂、保护剂和泻剂等进行治疗。

斑疹（macule） 出现在皮肤上的原发损害，局限性皮肤颜色改变、不凸起也不凹陷的现象。发生的原因、形态和分布都有不同。按发病原理可分为三种：①红斑。由于刺激或炎症使皮肤毛细血管充血所致，压之褪色，如日晒红斑。②出血斑。由血液自血管溢出到皮肤及黏膜内引起，压之不褪色，直径2mm内称瘀点，3～5mm称紫癜，大于5mm称瘀斑。③色素斑。包括色素沉着与脱失两种。

瘢痕（cicatrix，scar） 又称疤痕。肉芽组织逐渐纤维化（成熟）而形成的纤维结缔组织。肉眼观察瘢痕组织局部呈收缩状态，颜色苍白或灰白色，半透明，质硬韧并缺乏弹性。镜下观察，可见瘢痕组织内有大量平行或交错分布的胶原纤维束，往往呈均质性红染，即发生玻璃样变，纤维细胞稀少，核细长而深染，瘢痕组织内血管稀少。瘢痕是创伤愈合的结局。

瘢痕疙瘩（keloid） 瘢痕形成过程，胶原产生过多，形成的大而不规则的隆起硬块。其外形不规则，似肿腐样，不能自发消退。

板口属（*Necator*） 属于线虫纲（Nematoda）、圆线目（Strongylata）、钩口科（Ancylostomatidae）。虫体口孔呈亚背位，边缘有1对半月形亚背板和1对半月形亚腹板。口囊亚球形，近基部有2个三角形亚腹齿和2个亚背齿。交合伞对称，交合刺2根，等长，有1根末端有刺。主要种为美洲板口线虫（N. americanus），寄生于人、犬，雄虫长5～9mm，雌虫长9～11mm，卵的大小为（60～76）μm×（30～40）μm。

半保留复制（semi conservative replication） DNA复制以DNA为模板、RNA为引物、由DNA聚合酶催化和多种蛋白因子参加、按碱基互补配对原则、由脱氧核糖核苷酸聚合成新的DNA链的过程。新合成的双链DNA中，一股链来自亲代模板链，一股链为新合成链。这种复制方式是双链DNA分子普遍的复制方式，生物通过半保留复制的方式可保证亲代的遗传特征完整无误地传递给子代。

半不连续复制（semi discontinuous replication）

DNA复制过程中，两条单链分别作模板，一条模板链是3'→5'方向，其合成是连续的；另一条模板链是5'→3'方向，以5'→3'为模板合成新的DNA双链时是不连续的，先合成约1 000个核苷酸的片段（冈崎片段）暂时存在复制叉的周围，随着复制的进行，这些片段再连成一条子代DNA链的复制方式。

半固体培养基（semi - solid medium） 在液体培养基中加入0.5%琼脂的培养基。用于穿刺试验，观察细菌的动力及短期保藏菌种等。

半胱氨酸（cysteine） 简写为Cys或CySH、C。含巯基的极性脂肪族氨基酸，为生糖的非必需氨基酸。在动物体内可由丝氨酸或甲硫氨酸合成。丙酮酸、巯基乙胺为其一般分解代谢产物。参与谷胱甘肽、牛磺酸等的合成，多肽链中的二硫键由两分子半胱氨酸脱氢缩合形成。

半规管（semicircular duct） 又称膜半规管。内耳膜迷路的三个半环形细管。三管几乎互相垂直，称为前半规管、后半规管和外侧半规管，位于相应的三个骨半规管内，其中外侧半规管水平位，另两管垂直位。每个半规管的一端略膨大成壶腹，开口于膜迷路的椭圆囊；另一端亦开口于椭圆囊，但前、后半规管合并为一总管而开口。壶腹壁内面形成镰状隆起，称壶腹嵴，是重要的平衡感受器。

半合成青霉素（semi - synthetic penicillins） 以青霉素结构中的母核（6-氨基青霉烷酸，6 - APA）为原料，在R处连接不同的侧链合成的一系列衍生物。具有耐酸或耐酶（不被β-内酰胺酶破坏）、广谱、抗绿脓杆菌等特点，但抗菌活性均不及天然青霉素G。

半价层（half value layer） 将穿透吸收物的辐射强度减弱至原射线强度的一半时所需吸收物的厚度。用以表示X线或γ射线的质或穿透能力。测定X线的半价层方法是固定X线管的电压、X线管到吸收物的距离和总滤过的条件下，先对检测仪器照射，测得没有任何吸收物的照射量，然后在检测仪器前面用不同厚度的同一吸收物如铝测得吸收减弱后的照射量，画出强度-吸收物厚度的减弱曲线，根据减弱曲线即可找出使射线减弱50%时的吸收物厚度。在医学诊断用的X线范围内，X线的半价层为3～5mm铝厚或4～8cm软组织厚。

半腱肌（m. semitendinosus） 位于家畜股部后面的肌肉。起始于坐骨结节，马、猪起始于荐骨。肌腹长而厚、沿股部后缘向下转至股部内侧面，止于胫骨嵴和小腿筋膜及跟骨。作用为伸髋、膝和跗关节，协助推躯干向前；当后肢悬空时可屈和旋前膝关节。

半抗原-载体现象（hapten - carrier phenomenon） 用人工合成的半抗原载体复合物（hapten - carrier complex）免疫动物后出现的初次反应和再次反应现象。如用二硝基苯（DNP）与卵蛋白（OA）结合形成半抗原（DNP）载体（OA）复合物（DNP - OA），用其免疫动物，出现针对DNP的初次反应，产生低滴度的抗DNP抗体；如用DNP - OA再次免疫，会引起再次反应，抗DNP抗体显著升高。但换用另一种蛋白作载体，动物则不出现再次反应。如果用OA初次免疫后，再用DNP - OA二次免疫，则出现针对DNP的再次反应。反之，如果用DNP初次免疫，然后用DNP - OA二次免疫，则不出现再次反应。这一现象说明载体在再次反应的免疫记忆中起主要作用，并进一步证明，T细胞识别载体决定簇，B细胞识别半抗原决定簇；细胞免疫的特异性决定于载体，体液免疫的特异性决定于半抗原。

半膜肌（m. semimembranosus） 位于家畜股部后内侧面的肌肉。起始于坐骨结节，马起始于前几个尾椎。肌腹宽、向下向前转而行于股部内侧面，止于股骨内侧髁和髌内侧韧带。作用为伸髋、膝关节，协助推躯干向前；当后肢悬空时可屈和旋前膝关节。

半胚（demi - embryo） 又称分割胚，被分割为两半的胚胎。各自仍可独立发育，是胚胎移植技术的发展。

β-半乳糖苷酶（β - galactosidase） 一种把乳糖分解成葡萄糖和半乳糖的酶。最常用的β-半乳糖苷酶基因来自大肠杆菌Lac操纵子。含有Lac操纵子的载体系统表达p-半乳糖苷酶，可水解5-氯-4-溴-3-吲哚-p-D-半乳糖苷（X-gal）并释放出一种深蓝色的不扩散的靛蓝色染料。而经外源基因插入失活的Lac操纵子的载体不表达该酶。它常作为重组质粒克隆中的筛选指标。

半数反应量（median reaction does，RD_{50}） 使50%实验动物出现体温反应或其他反应指标的微生物剂量。

半数感染量（median infective dose，ID_{50}）在规定时间内，通过指定感染途径，使一定体重或年龄的某种动物半数感染所需最小细菌数或毒素量。测定ID_{50}的方法与测定LD_{50}的方法类似，只是在统计结果时以感染者的数量代替死亡者数量。

半数耐受量（median tolerance limit，TL_{50}） 半数耐受量与半数致死量属于同一概念。参见半数致死量。

半数有效量（median effective dose，ED_{50}） 药物在一群动物中引起半数动物阳性反应的剂量。用以评估药物作用的强度。

半数致死量（median lethal dose，LD_{50}） 又称

致死中量。致病微生物（或其毒素）、药物、射线等，以特定的途径接种或照射动物，在一定时间内使50%动物致死的剂量。评价外源化合物急性毒性的重要参数，是通过急性毒性试验得出的参数。测定时应选取品种、年龄、体重乃至性别等各方面都相同的易感动物，分成若干组，每组数量相同，以递减剂量的微生物或毒素分别接种各组动物，在一定时限内观察记录结果，最后以生物统计学方法计算出 LD_{50}。由于半数致死量采用了生物统计学方法对数据进行处理，因而避免了动物个体差异造成的误差。

半数组织感染量（50% tissue culture infective dose，$TCID_{50}$） 又称50%组织细胞感染量。能导致半数组织培养细胞被感染产生细胞病变的病毒最小量。可用于估计病毒感染性的强弱及含量，但不能准确测定感染性病毒颗粒的数量。它所测定的不是病毒颗粒的数目，而是病毒感染反应的有或无，严格来说是一种定性测定法。但是因为感染反应的有或无与病毒颗粒数目之间有一定定量关系，且该法灵敏度高，重复性好，所以仍广泛用于病毒的定量，特别是应用于某些病毒的试验诊断及病毒毒力和宿主抗性的定量分析。

半衰期（half - life time，t1/2） 药物在血浆中最高浓度降低一半所需的时间。用于表征药物从体内消除速度的快慢，是决定给药剂量和次数的主要依据。

半月板（meniscus） 位于家畜关节内的C字形软骨板。见于膝关节，有内、外侧一对。外周厚，为纤维软骨，与关节囊相连；向关节中部渐薄，并移行为透明软骨。上面凹、下面平，两端有韧带连接于胫骨，外侧半月板后端尚有韧带连接于股骨。除缓冲作用外，可使关节面吻合，及与上、下两骨的关节面间进行两种运动。

半月瓣（semilunar cusps） 又称动脉瓣。是附着于主动脉口和肺动脉干口纤维环上的3个袋状半月形瓣膜，袋口朝向动脉。半月瓣与动脉壁之间的空隙称动脉窦。半月瓣起心室与动脉间阀门的作用。当心室舒张时，动脉压高于室内压，血液倒流注满半月瓣，使三瓣合拢而堵塞动脉口，防止血液逆流入心室。心室收缩时，室内压高于动脉压，血流冲开半月瓣进入动脉。

半知真菌（deuteromycetes） 只具有无性阶段或尚未发现有性繁殖的一类真菌。属半知真菌亚门(Deuteromycotia)，这种分类与系统发育无关，但有助于对这些真菌的鉴定，并可根据无性繁殖结构和分生孢子等的特征作进一步分类。一旦发现某一半知真菌有有性繁殖，即重新分类而纳入相应的科属。大多数人畜致病性真菌均属此类真菌。

半自主性细胞器（semiautonomous organelle） 参见线粒体。

伴发病（concomitant disease） 与主要疾病显著相关并同时存在或继之发生的疾病。

伴侣动物（companion animal） 家养的与人相伴并给人愉乐的动物。与家畜、实验动物、役用动物和运动动物相区别。有时也称宠物。参见宠物。

伴侣分子（chaperone） 一类能够协助其他多肽进行正常折叠、组装、转运、降解，并在DNA复制、转录、细胞骨架功能、细胞内的信号转导等广泛领域发挥重要生理作用的蛋白质。

伴随免疫（concomitant immunity） 当体内存在某一抗原时，机体对再次接触该抗原具有免疫力；除去该抗原，免疫力亦随之消失的现象。如肿瘤免疫、某些慢性传染病和寄生虫病的免疫多为伴随免疫，后者亦称带菌免疫或带虫免疫。

伴影（penumbra） 又称晕。因受X线管焦点大小和X线摄影时物体和胶片摆放位置的影响而反映在X线片上阴影边缘的外侧宽度。其大小可按H=F·b/a计算（式中，F为焦点大小；b为肢-片距；a为焦-肢距）。伴影的宽度即为模糊度，故伴影小者影像清晰度高。使用小焦点X线管和胶片紧贴物体摆放可得到伴影小、清晰度较高的X线片。

瓣胃（omasum） 反刍动物复胃的第三室。呈略侧扁的卵圆形，长轴几乎垂直向。位于腹腔右季肋部。左侧为瘤胃和网胃；右侧为肝和体壁，约与第8～9（羊）或11（牛）肋骨相对，上下端从肋骨中点至肋弓。瓣胃弯隆凸，朝向右后方；瓣胃底凹而短，朝向左前方。一端接网胃，以网瓣口相通；一端接皱胃，以较大的瓣皱口相通。黏膜形成80（羊）至100（牛）余片呈弧形的瓣胃叶，从瓣胃弯及两侧伸向瓣胃底，大小分4级，相间排列，瓣胃叶上有小乳头。叶间隐窝充满较干的饲料细粒，使瓣胃有坚实感。瓣胃底内面无瓣胃叶，相当于胃沟中段，称瓣胃沟，与大型瓣胃叶游离缘间形成瓣胃管，直接连通网瓣口和瓣皱口。瓣胃黏膜衬以暗色、浅层角化的复层扁平上皮。肌膜由外纵肌层和较发达的内环肌层构成；环肌伸入大型瓣胃叶内。骆驼无瓣胃。

瓣胃阻塞（impaction of omasum） 又称百叶干。反刍动物前胃植物神经运动机能失调、弛缓，瓣胃收缩力减弱，致使其内容物干涸、滞留、阻塞的疾病。分为原发性和继发性两种，前者见于饲喂纤维坚韧的秸秆、谷糠和粉碎的颗粒饲料，加上劳累和饮水不足等而致病；后者常见于瘤胃积食、生产瘫痪和某些群发病。临床除表现前胃弛缓症状外，主要有瓣胃蠕动音减弱或消失，右侧肋弓外方或7～9肋间深部触诊时，动物表现疼痛反应。治疗可投服大剂量油类或盐类泻剂，也可向瓣胃注入5%硫酸镁溶液。

棒状杆菌病（corynebacteriosis） 由棒杆菌属细菌引起人兽以某些组织器官发生化脓性或干酪样病变为特征的一类疾病的总称。棒状杆菌在自然界分布甚广，呈多形性，大多数无致病性，只有少数能引起多种动物及人的急性和慢性传染病。病原经皮肤创伤、生殖道、消化道及呼吸道感染。无季节性，呈散发性。不同种类的菌株所致各种动物的疾病不一致，对人的致病力很弱。

棒状杆菌属（*Corynebacterium*） 一群革兰阳性，无芽孢，不运动，两端渐细或一端膨大呈棒状的多形性兼性厌氧菌。V形或栅栏状排列。含异染颗粒而染色不均。过氧化氢酶阳性，发酵糖类产酸、不产气。一些种产外毒素。与兽医学有关的棒状杆菌主要有肾棒状杆菌（*C. renale*）、伪结核棒状杆菌（*C. pseudotuberculosis*）、牛棒状杆菌（*C. bovis*）等。

包虫病（hydatidosis） 见棘球蚴病。

包涵体（inclusion body） 某些病毒感染细胞后形成的圆形或不规则颗粒小体。在细胞核或胞浆内单个或多个存在，固定染色后可在光学显微镜下检测到，不同包涵体的性质和位置不同，可用于感染病毒的初步鉴定。痘病毒、呼肠孤病毒、副黏病毒及狂犬病病毒产生胞浆内包涵体，疱疹病毒、腺病毒及细小病毒产生核内包涵体，犬瘟热病毒、猪细胞巨化病毒等在同一细胞可产生核内及胞浆内两种包涵体。包涵体的性质并不相同：有的是病毒成分的蓄积，如狂犬病病毒产生的Negri氏体，是堆积的核衣壳；有的是病毒合成的场所，如痘病毒的病毒浆；有的包涵体由大量晶格样排列的病毒颗粒组成，如腺病毒、呼肠孤病毒的包涵体；有一些包涵体是细胞退行性变化的产物，如疱疹病毒感染所产生的"猫头鹰眼"，是感染细胞染色质浓缩，经固定后位于中心的核质与周边染色质之间形成一个圈，清晰可辨。

包茎（phimosis） 公畜包皮口过小，使包皮不能上翻露出阴茎头的现象。包茎的阴茎不能从包皮口露出，排尿障碍，尿在包皮内分解，易引起包皮炎。临床上分真性包茎和假性包茎两种。

包埋（embedding） 将某些特殊的支持物质（包埋剂）浸入组织内部，利用支持物的理化特性（如由固态变为液态、液态变为固态等），使整个组织与包埋剂聚合硬化，最后凝固成均匀一致的固态结构的过程。包埋的组织可用切片机制取极薄的切片。常用的包埋剂分水溶性和非水溶性两类：前者如炭蜡、明胶等；后者如石蜡、火棉胶、环氧树脂等。包埋的方法很多，可分为光镜包埋法和电镜包埋法两大类。石蜡包埋法是组织胚胎学中最常用的光镜包埋方法，环氧树脂包埋法是常用的电镜包埋方法。

包囊形成（encapsulation） 体内坏死灶或异物被结缔组织包围的过程，是机化的一种形式。见于坏死物质或异物不能被清除或全部机化时。包囊可使坏死灶或异物和周围健康组织完全分隔开。包囊内的坏死物质或异物随后常有钙盐沉着而发生钙化。

包皮（prepuce） 包裹阴茎游离部的皮肤鞘。外层为皮肤，经位于脐后方的包皮口折转向内，成为内层的壁层，至包皮腔底折转而被覆于阴茎游离部上，成为内层的脏层。包皮的内层光滑无被毛，分布有皮脂腺（包皮腺）和淋巴小结。初生幼畜阴茎游离部常与包皮壁层粘连，性成熟前因阴茎生长和勃起而逐渐分离，早期去势的公猪和牛则可持续存在，需人工撕开。由躯干皮肌分出两对包皮肌，附着于包皮口附近：包皮前肌见于反刍兽、猪和犬，交配后将包皮向前拉回原位；包皮后肌见于反刍兽和猪，交配时将包皮向后拉。猪、牛包皮狭长，前端以环形褶围成包皮口，并有一丛长毛；猪尚形成包皮憩室。犬的包皮前部被皮肤褶悬于腹壁下，包围阴茎游离部。猫包皮为环形褶，包皮口向后。马包皮常有色素，因褶叠两次而成双层，内层称包皮襞，开口称包皮环；除包皮襞的内层外，其余各层构造同皮肤，具有细毛和丰富的皮肤腺，特别是皮脂腺。兔包皮宽，包皮外还形成皮肤褶（肛生殖皮襞）包围包皮和肛门。

包皮龟头炎（posthitis and balanitis） 包皮黏膜和龟头的炎症。包茎或包皮过长的公畜易发生。可由各种不同的原因所引起，如包皮过长、包皮垢刺激、局部物理因素刺激、各种感染因素等。临床表现为包皮红肿、灼痛、排尿时加重、可有脓性分泌物自包皮口流出。如将包皮翻转，可见包皮内板和阴茎头充血、肿胀，重者可有浅小溃疡或糜烂，并有脓液。

包皮脱垂（preputial prolapse） 公畜包皮过度下垂并常伴有包皮腔黏膜外翻的现象。公牛和公猪常见，可能是由于前包皮肌缺乏或功能不足所致。包皮口过度下垂，脱垂部黏膜和皮肤可能有龟裂口，如已感染则肿胀发亮，并有炎性分泌物从包皮口流出，感染严重者可能有全身症状。可采用药物保守治疗，也可以手术治疗。

包衣片（coated tablet） 药物压制片（片芯）外面包有衣膜的片剂。按照包衣物料不同，可分为糖衣片、薄膜衣片等；按照释放定位不同，可分为口服普通片、肠溶片等。

孢子生殖（sporogony） 配子生殖所产生的合子

通过复分裂产生许多子代细胞的过程。原生动物无性生殖方式的一种，多出现于配子生殖之后。所产生的子代细胞称为子孢子。

孢子丝菌病（sporotrichosis） 由丛梗孢科孢子丝菌属中的申克氏孢子丝菌（*Sporotrichum schencki*）引起的一种慢性人兽共患真菌病。病原在组织内为酵母型；在室温下为霉菌型。广泛存在于自然界，马易感，经伤口、消化道及呼吸道感染，呈散发性。侵害四肢皮肤、皮下组织及附近淋巴结，使皮肤发生结节、溃疡和肉芽肿。根据皮肤损害程度可作出初步诊断；确诊依据病原检查、血清学试验与类症鉴别。内服碘剂有疗效，配合温热疗法及两性霉素 B、5-氟胞嘧啶治疗更理想。避免外伤及与带菌物接触，对外环境、厩舍严格消毒，对体表创伤严格治疗，可预防本病发生。

胞内分泌（intracrine）有些细胞因子及其受体产生后很快被细胞内化，转移到细胞核而不进行降解，直接在细胞内发挥作用的现象。

胞吐作用（exocytosis） 吞噬细胞将包有界膜的分泌颗粒和废物逐渐移至细胞表面，并在与细胞膜接触处裂开，将其排出细胞外的过程。胞吐作用是胞吞作用的反向过程，两者均需耗能，在摄取与排出大分子物质的同时，还参与细胞膜及细胞内各种膜相关结构的重组与转换，胞吐作用可使因胞吞作用而损失的细胞膜得到补充。

胞外酶（extracellular enzyme） 细菌生活过程中产生并分泌到环境中的各种酶类的统称。主要功能有：①将胞外蛋白质分解为比较简单的化合物供其吸收利用；②分解或转化有害物质以维持细菌细胞内环境的稳定。致病微生物产生的有些胞外酶与致病力有关，是构成细菌毒力因子的重要成分，如纤维蛋白凝固酶、透明质酸酶、核酸酶等。

胞饮作用（endocytosis） 细胞膜下陷而摄入液体或小颗粒物质（如脂类、多糖、酶、激素、抗体和其他蛋白质等）的过程。胞饮作用形成的小泡称胞饮泡。与吞噬作用相似，胞饮作用也是借细胞膜的活动，以形成小泡方式摄取不能依赖载体经膜转运的大分子物质，故两者亦统称为胞吞作用。参见吞噬作用和胞吐作用。

胞蚴（sporocyst） 吸虫继毛蚴后的发育阶段。毛蚴在中间宿主——螺体内脱去纤毛表皮后成为胞蚴。焰细胞系仍保留着，毛蚴的其他构造均消失。胞蚴的身体与宿主组织密切接触，直接从宿主吸收营养；体内的胚球或发育为雷蚴，或发育为子胞蚴。

胞质内途径（cytosolic pathway） 内源性抗原（如细胞内增殖病毒产生的病毒抗原）的加工和递呈途径。内源性抗原在有核细胞内被蛋白酶体（proteasome） 酶解成肽段，然后被抗原加工转运体（transporters associated with antigen processing, TAP）从细胞质转运到粗面内质网，与粗面内质网中新合成的 MHC Ⅰ类分子结合，所形成的抗原肽-MHC Ⅰ类分子复合物被高尔基体运送至细胞表面供细胞毒性 T 细胞（CTL）所识别。该过程可分 3 个阶段：①由蛋白酶体水解产生肽段；②肽段由胞质向粗面内质网的转运；③肽段与 MHC Ⅰ类分子的组装。

饱中枢（satiety center） 位于下丘脑腹内侧核区与动物饱觉有关的神经细胞群。刺激下丘脑腹内侧核，引起其兴奋时动物拒食，久之体重减轻和消瘦。破坏此核后动物食欲加强，久之体重增加，可导致肥胖。饱中枢和摄食中枢合称为“食欲中枢”。

保虫宿主（reservoir host） 某些寄生虫可同时寄生于家畜和野生动物，从流行病学角度看，野生动物被称为这种家畜寄生虫的保虫宿主。如肝片形吸虫寄生于牛、羊和多种野生反刍动物，那些野生反刍动物即为牛、羊肝片形吸虫的保虫宿主。有的寄生虫寄生于人体和某些动物，可能由动物传播给人，从流行病学角度看，这些动物是人的同种寄生虫的保虫宿主。

保存期（preservable duration） 又称有效期。饲料、药品、生物制品和食品等易变物质在规定的贮存条件下测定的最长有效保存时间。疫苗保存期多自原苗收获之日起计，通常以室温、4℃和－20℃ 3 种温度保存期表示。如无毒炭疽芽孢苗的有效期为 2～15℃冷暗处保存期 2 年。魏氏梭菌定型血清应保存于 2～5℃冷暗处，有效期为 3 年。

保护剂（protector） 见稳定剂（stabilizer）。

保护力试验（protection test） 检测自动或被动免疫动物抵抗致死量同源微生物或毒素攻击能力的一种方法。试验中应以未免疫攻毒组动物作对照。

保护性抗体（protective antibody） 能保护机体抵抗病原微生物感染的抗体，即针对保护性抗原的抗体，如病毒的中和抗体。

保护性抗原（protective antigen） 又称功能抗原（functional antibody）。能激发机体产生保护性免疫的抗原成分。如流感病毒和新城疫病毒的血凝素（HA）、口蹄疫病毒的 VP_1 及肠致病大肠杆菌的菌毛抗原和肠毒素抗原等。

保泰松（phenylbutazone） 又称布他酮。解热镇痛药。作用较安乃近弱，但消炎、抗风湿作用较强。作用较持久，可引起过敏性皮疹、粒细胞缺乏及肝、肾损害。因毒性较大，仅限用于各种动物的风湿性及类风湿性关节炎。

抱窝（broodiness） 禽类在繁殖季节继产一定数量的蛋以后出现的恋窝、孵蛋、养育幼雏等一系列与生殖有关的特殊行为的总称。抱窝时禽类产蛋停止，食欲减退或者完全拒食，蹲窝孵蛋，至幼雏孵出后带养幼雏，直至幼雏能独立生活。抱窝受神经和激素的控制，腺垂体分泌的催乳素对发动和维持抱窝有重要作用。

豹传染性肠炎（leopard infectious enteritis） 又称虎狮传染性肠炎或豹病毒性肠炎。由细小病毒豹源株引起豹的一种以呕吐、下痢、血液白细胞显著减少为特征的急性传染病。虎、狮等野生猫科动物也易感。主要症状为呕吐，腹泻，粪便先灰白稀薄、红色糊状后为血水样，血液白细胞减少到 4 000 以下。主要病变是出血性变化，尤以肠管最为突出，小肠壁肥厚、充满血水、黏膜弥漫性出血、腺及黏膜上皮细胞内见有包涵体。根据典型症状、病变和血凝及血凝抑制试验可以确诊。防制可采取严格的综合性措施和利用猫源或貂源毒疫苗免疫预防。

暴发（outbreak） 某种疾病于短时间内在一个畜群单位或一定地区范围内突然发生很多病例的现象。暴发是一个不太确切的名词，大致可作为流行的同义词。

暴发调查（outbreak investigation） 流行病学调查的一种，指对暴发进行的调查。暴发调查的主要目的是确定暴发的原因与范围，以便采取防制措施。其调查步骤一般是：①到达现场对暴发进行一般了解，开始初步调查，对调查结果进行整理分析，提出初步假设；②再深入现场作进一步调查，必要时收集材料进行化验检查，查明具体的暴发原因、暴发时间；③根据调查结果采取相应措施，观察暴发发展情况，验证结论是否正确。

杯状细胞（goblet cell） 一种典型的单细胞腺，因状如高脚酒杯而得名。细胞顶部膨大，内含大量糖原颗粒，HE 染色着色浅，呈嗜碱性，PAS 染色呈红色，基底部较细窄。胞质中充满黏液性分泌颗粒，细胞核被挤至细胞的基底部，呈扁椭圆形或小三角形。主要分布在肠黏膜、肠腺及呼吸道黏膜的上皮中。所分泌的黏液有润滑和保护黏膜的作用。

卑霉素（avilamycin） 又称阿维拉霉素。由绿色产色链霉菌（*Streptomyces viridochromogenes*）发酵产生的一种低聚糖类抗生素。能抑制革兰阳性菌，对革兰阴性菌抑制效果差。主要对梭菌、链球菌、葡萄球菌、杆菌有效；对大肠杆菌可影响细菌鞭毛而抑制细菌黏附于宿主黏膜细胞表面，达到抑制细菌感染的作用；通过抑制肠道上部的细菌，使其对葡萄糖的代谢降低，从而促进糖的吸收，抑制细菌产生乳酸，使肠蠕动减少，延缓肠内营养物的停留时间，增加吸收量，从而产生抑菌促生长的效果。本品与其他抗生素无交叉耐药性，不易被肠道吸收。养殖业常用作抗菌促生长剂。

北美洲芽生菌病（blastomycosis） 由皮炎芽生菌（*Blastomyces dermatitidis*）引起的系统真菌病。发生于美国和加拿大，主要见于犬，表现肺脏疾患，与结核病的症状相似。在人，为皮肤、肺脏和骨骼的一种慢性化脓性和肉芽肿性炎症。猫有时亦可感染发病，其他动物很少患本病。

北亚蜱传斑疹伤寒（North Asian tick borne typhus） 又称亚洲蜱传立克次体病、西伯利亚蜱传斑疹伤寒。由斑点热群立克次体中的西伯利亚立克次体（*Rickettsia sibirica*）引起的一种自然疫源性人兽共患传染病，是蜱媒性斑疹伤寒的一种。本病是一种慢性发疹性传染病，临床表现与轻型洛基山斑疹热相似，有原发病灶（如焦痂）和局部淋巴结肿大。主要分布于西伯利亚地区和中国东北、西北的林区及牧区。人和许多家畜、野生动物、鸟类均可感染，人畜在疫区受蜱叮咬而感染。根据蜱咬病史，原发病灶和淋巴结肿大、皮疹等症状可作出初步诊断，确诊需作病原分离和血清学试验。预防应灭鼠灭蜱。广谱抗生素早期治疗有效。

贝尔曼法（Baermann's technique） 又称漏斗分离法。分离宿主粪便中线虫幼虫的方法。有些寄生线虫的虫卵，在新排出的粪便中已发育并孵化为幼虫，可用本法检出。取粪便 15～20g（不可捣碎）置漏斗内的金属筛上，漏斗下接一短橡皮管，管下再接一小试管；向漏斗内注入 40℃温水到淹没粪球为止，静置 1～3h，并保持温度。此时大部分幼虫即游入水中，并沉于试管底部。用铁夹夹住橡皮管，拔取小试管，取管底沉渣，倾入表玻璃或平皿内，在显微镜下检查。简化的贝尔曼法即为平皿法，多用于羊、鹿的粪便检查，取粪球 3～10 个，置培平皿或表玻璃内，加 40℃温水浸润粪球，10～15min 后，取出粪球，在低倍镜下检查平皿或表玻璃中的液体。

贝类（shellfish） 软体动物门中瓣鳃纲（或双壳纲）动物。因一般体外披有 1～2 块贝壳而得名。常见的有牡蛎、贻贝、蛤、蛏等。现存种类 1.1 万种左右，其中 80%生活于海洋中。

贝类毒素（saxitoxin） 贝类动物因摄取有毒藻类而在体内积累的毒素。

贝诺孢子虫病（besnoitiasis） 又称厚皮病。贝氏贝诺孢子虫（*Besnoitia besnoiti*）寄生于牛、羚羊等草食动物引起的原虫病。贝氏贝诺孢子虫隶属于孢子虫纲、弓形虫亚科。虫体在体内形成的包囊呈灰白色，圆形，无中隔，直径为 100～500μm，内含新月形的缓殖子，长 2～7μm。包囊寄生于宿主皮下结缔组织、筋膜、浆膜、呼吸道黏膜及眼巩膜等部位。速殖子寄生于血液中的单核细胞内或血浆中，也发现于淋巴结和肺、肝、脾等组织。发育史与弓形虫相似，终末宿主为猫，中间宿主为牛、羚羊等。牛摄食猫粪中的卵囊后，子孢子进入全身，其速殖子引起的初期症状为发热，被毛失去光泽，腹下、四肢甚至全身发生水肿；其后的缓殖子在皮肤等处形成包囊。中期为脱毛期，皮肤显著增厚，龟裂，流出浆液性血样液体；后期为干性皮脂溢出期，被毛大部脱落，皮肤上生成一层厚痂。诊断可用皮肤活组织检查法查找包囊、缓殖子。无特效药物，锑制剂有一定疗效。

备解素（properdin）　又称 P 因子。参与补体激活旁路途径的一种成分。可与补体 C_3 酶解后形成的 C3bBb 和 C3bnBb（n 为 2 以上数字）结合使之稳定。此外还有灭活病毒的作用。

备解素系统（properdin system）　参与补体激活旁路途径的一组蛋白质。包括备解素（P 因子）、B 因子、D 因子和 A 因子等。参见补体活化的旁路途径。

背肛螨（*Notoedres*）　蜱螨目、疥螨科的寄生螨。虫体近似圆形，肛门位于背面中后部。猫背肛螨（*N. cati*）的雄虫长 0.122～0.147mm，雌虫长 0.170～0.247mm，寄生于猫的耳部、颈背侧面，严重时扩展至面、足等处，在幼猫可能扩展至全身，虫体掘入皮内，使皮肤增厚、皲裂，有渗出物，严重时可致猫死亡。兔背肛螨（猫背肛螨兔变种 *N. cati* var. *cuniculi*）寄生于兔的头部、鼻、口周和耳等处，有时蔓延至外生殖器。参阅疥螨。

背孔吸虫病（notocotyliasis）　通常指背孔科吸虫寄生于鸡、鸭、鹅等禽类的盲肠和直肠引起的疾病。病原体包括不同种属，有的种属可寄生于绵羊、山羊和牛等动物的消化道。共同的形态特征是无腹吸盘，身体腹面有三或五行单细胞腺；睾丸位于后部肠支的外侧，卵巢夹在肠支与睾丸之间，子宫自卵巢向前，常左右横向有规则地叠曲。生殖孔靠近肠支分叉处，接近口吸盘。雄茎囊细长，其基部位于身体中央附近，全长几乎达体长的 1/3～1/2。卵黄腺分布于后 1/3 范围肠支的外侧。较常见的一种为细背孔吸虫（*Notolotylus attenuatus*），寄生于鸡、鸭、鹅及一些野生水禽的盲肠与直肠。大小为（2～5）mm×（0.6～1.5）mm。中间宿主为一些扁卷螺与椎实螺；成熟的尾蚴在同一螺体内变为囊蚴，或离开螺体在水生植物上形成囊蚴。禽类因啄食带囊蚴的螺或水草而感染，寄生虫多时，引起黏膜发炎。可用氯硝柳胺、丙硫咪唑及吡喹酮等药物驱除。

背阔肌（m. latissimus dorsi）　背部和胸侧壁浅层的三角形阔肌。起始于胸腰筋膜，有的尚起始于后 2～3 个肋骨；肌束向前向下，止于肱骨大圆肌粗隆。作用是当前肢悬空时拉肱骨向后而屈肩关节，当前肢支于地面时则是伸肩关节而牵引躯干向前。

背竖向（dorsovertical presentation）　见竖向。

钡中毒（barium poisoning）　畜禽误食含钡杀鼠剂或钡制剂（氯化钡）用量过大引起的中毒病。临床表现为流涎，呕吐，腹泻，搐搦，共济失调，心动徐缓等。重症病例伴发骨骼肌麻痹。除应用硫酸钠（镁）洗胃、导泻外，可针对病情对症治疗。

倍硫磷（fenthion）　有机磷杀虫剂。杀虫作用比敌百虫强，对人、畜毒性较低，无蓄积作用，性质稳定，维持药效期长。杀灭牛皮蝇蚴的特效药，对移行期第二期蚴虫也有效，但蚴虫移行至脊髓阶段要避免用药，否则会引起瘫痪。也可用于杀灭虱、蜱、蝇等，用喷淋或背部浇泼等方法给药。

被动阿图斯反应（passive Arthus reaction）　将抗体由静脉注入体内使动物被动致敏后，皮下或皮内注入抗原所引起的局部过敏坏死反应。

被动过敏反应（passive anaphylaxis）　被动转移的过敏反应。可分为 3 个阶段：①致敏注射。将已被抗原致敏的同种或异种动物血清注射至正常动物体内。②潜伏期。由于注射抗体导致被动致敏状态的过程，一般需几小时至 24h 甚至更长时间。③激发注射。注射对应抗原引起过敏反应的发生。参见被动皮肤过敏反应。

被动抗体（passive antibody）　被动输入体内的抗体，例如新生幼畜禽通过初乳或卵黄而获得的母源抗体。

被动免疫（passive immunity）　通过被动输入抗体所获得的免疫。可分天然的和人工的两类，天然被动免疫是由母体抗体通过胎盘或初乳传递给初生幼畜，或通过卵黄抗体传递给幼禽。人工被动免疫是注射免疫血清后获得的，常用于传染病的紧急治疗，其免疫期较短，同源血清免疫期一般 1 个月左右，异源血清只有 15 天左右。

被动皮肤过敏反应（passive cutaneous anaphylaxis）　又称 PCA 反应。利用与同种或异种动物组织有结合性的抗体所引起的局部过敏反应，来检测抗原或抗体的高敏感度的技术。如将抗血清注射于豚鼠皮内，使局部致敏，数小时后再静脉注射相应抗原及指示染料（伊文思蓝）。当抗原随循环到达注射部位，便与吸附在细胞上的抗体结合，释放出组胺等活性物质，使局部毛细血管通透性增加，指示染料渗出，形成肉眼可见的蓝斑。反之亦可。

被动致敏（passive sensitization）　将致敏动物的抗体或转移因子被动转输给受体动物，使受体动物获得致敏的过程。

被动转运（passive transport）　物质顺浓度梯度不耗能的跨膜转运过程。包括两种方式：①自由扩散或单纯扩散，疏水性非极性小分子无需载体顺浓度差直接穿过脂质双层，如气体分子和一些脂溶性物质的转运过程。②协助扩散或易化扩散，某些非脂溶性物质借助细胞膜上的离子载体或离子通道顺浓度差进行跨膜转运，如金属离子、葡萄糖和氨基酸的转运过程。

被膜剂（coating agent）　覆盖在食物的表面形成薄膜的物质。可防止微生物入侵，抑制水分蒸发或吸收，并可调节食物呼吸作用。现允许使用的被膜剂有紫胶、石脂、白色油（液体石蜡）、吗啉脂肪酸盐（果蜡）、松香季戊四醇酯等7种，主要应用于水果、蔬菜、软糖、鸡蛋等食品的保鲜。

贲门（cardia）　胃的入口，与食管相通。胃肌膜的内斜肌肌束绕过贲门口形成贲门袢，与环肌一同构成贲门括约肌。食管黏膜在贲门处移行为胃黏膜，环绕贲门口形成纵褶，当贲门括约肌收缩时，使贲门口闭塞。家畜中犬、猫和反刍兽贲门较宽；马贲门括约肌特别发达。

苯巴比妥（phenobarbital）　又称鲁米那。长效作用的巴比妥类药物。抑制中枢神经系统，特别是大脑皮层的运动区，提高惊厥阈。不仅可镇静、催眠，且有抗惊厥作用。作用快，毒性低。主要用于减轻动物脑炎、破伤风等疾病的中枢兴奋症状及解救中枢兴奋药中毒。

苯丙氨酸（phenylalanine）　学名为2-氨基-3-苯基丙酸，简写为Phe，一种芳香族的非极性的α氨基酸。L-苯丙氨酸是组成蛋白质的20种氨基酸中的一种，是哺乳动物的必需氨基酸和生酮生糖氨基酸。其代谢途径与酪氨酸相同。

苯丙酸诺龙（nandrolone phenylpropionate）　又称多乐宝灵。人工合成的雄激素衍生物，同化激素类药物。同化作用较强，雄激素样作用较弱。主要作用有：增加蛋白质合成，减少蛋白质分解，增长肌肉，增加体重，促进生长；加速钙盐在骨中的沉积，促进骨骼的形成；直接刺激骨髓形成红细胞，也促进肾脏分泌促红细胞生成素，增加红细胞的生成。用于营养不良、体质衰弱、贫血、发育迟缓及慢性消耗性疾病的家畜。也用于术后及骨折，促进创口愈合。有轻度雄性化副作用。孕畜忌用。

苯丙酮酸尿症（phenylketonuria）　因苯丙氨酸羟化酶缺陷或功能不全，致使苯丙氨酸不能羟化生成酪氨酸，苯丙酮酸生成增多，导致血和尿中出现苯丙酮酸的代谢性疾病。在正常情况下，L-苯丙氨酸在生物体内可被辅酶四氢生物喋呤不可逆地转化为L-酪氨酸（L-tyrosine）后继续分解，经转氨基生成少量苯丙酮酸。一些苯丙氨酸羟化酶先天性缺陷者，常发生此病。导致智力发育障碍。此类患者应忌食含苯丙氨酸的食品。

苯酚（phenol）　又称石炭酸，酚类消毒药。杀菌力不强，有强烈刺激性。偶用于外科手术器械、厩舍器具等浸泡和湿抹消毒。

苯海拉明（diphenhydramine）　抗组胺药，能竞争性阻断组胺H_1受体而产生抗组胺作用。可消除各种过敏症状。对以组胺释放为主的皮肤、黏膜过敏反应疗效较好，对支气管哮喘效果较差。此外，尚能抑制中枢神经系统，有抗胆碱作用、局麻作用和对心脏的奎尼丁样作用。用于防治皮肤、黏膜变态反应性疾病，如荨麻疹、血清病、血管神经性水肿、皮肤瘙痒症、药物过敏和过敏性休克等。

苯磺苯咪唑（oxfenbendazole）　苯并咪唑类驱虫药，是苯硫苯咪唑在体内发挥驱虫作用的有效代谢产物。效力比苯硫苯咪唑强，适口性差，混饲时应防止摄食减少而影响驱虫效果。

苯甲酸（benzoic acid）　又称安息香酸。抗菌药、食品防腐剂。分子式：C_6H_5COOH。在酸性环境中有明显的抗真菌和抑菌作用，用于食品和药剂的防霉和防腐，也可与水杨酸配成软膏用于治疗皮癣。

苯醌还原酶（quinone reductase）　一种可诱导的还原酶，是绝大多数真核生物细胞中普遍存在的一种黄素蛋白酶。主要存在于细胞质中，但微粒体、线粒体、高尔基体中均可检测到该酶的活性。具有解除许多天然和合成化合物的毒性，以及活化一些醌类抗肿瘤药物的作用。

苯类化合物（benzols）　由苯衍化出来的一系列化合物。主要有甲苯、二甲苯、苯乙烯、氯苯、溴苯、邻二氯苯和多氯联苯等，是重要的工业原料和化学试剂。如果控制不好，排放到环境中后就会成为环境化学污染物。

苯硫苯咪唑（fenbendazole）　苯并咪唑类驱虫药。不溶于水。对胃肠道线虫的成虫和幼虫如牛、羊血矛线虫、奥斯特他线虫、毛圆线虫、古柏线虫、细颈线虫、仰口线虫、食道口线虫、毛首线虫；马副蛔虫、尖尾线虫、圆形线虫；猪蛔虫、类圆线虫、食道口线虫、冠尾线虫；犬、猫蛔虫均有良效。对网尾线虫、肝片形吸虫和莫尼茨绦虫也有效。对部分线虫卵有杀灭作用。

苯妥英钠（phenytoin sodium）　又称大仑丁。为

二苯乙内酰脲的钠盐，抗癫痫药。治疗癫痫大发作的首选药之一，对小发作无效。苯妥英钠能选择性地抑制大脑皮层运动区病灶周围的正常组织细胞，限制病灶放电向周围正常组织扩散，产生抗癫痫作用。还能使脑内抑制性递质γ-氨基丁酸（GABA）的含量升高。此外还用于治疗心律失常，特别是强心苷中毒时的心律失常。

苯氧乙醇（phenoxyethanol） 消毒防腐药。能杀灭革兰阳性菌和阴性菌，对绿脓杆菌作用显著。用于表面创伤、烧伤或脓疡的绿脓杆菌感染。

苯乙哌啶（diphenoxylate） 又称氰苯哌酯。是杜冷丁的衍生物。无镇痛作用，能增加肠道平滑肌张力，具有抑制肠蠕动和收敛的作用。主要用于急慢性胃肠功能失调所致的腹泻。常与少量阿托品合用。

苯佐卡因（benzocaine） 化学名对氨基苯甲酸乙酯，局部麻醉药。麻醉作用弱而持久，黏膜穿透力弱，不适于表面麻醉，也不能用于浸润、传导麻醉。仅用于创伤表面、黏膜溃疡、烧伤等的止痛和止痒。毒性很小，无刺激性。

苯唑西林（oxacillin） 又称苯唑青霉素、新青霉素Ⅱ。为半合成、耐酶、耐酸的异噁唑类青霉素。作用机制同青霉素。本品不会被金黄色葡萄球菌产生的青霉素酶所破坏，对产酶金黄色葡萄球菌有效，对不产酶菌株及其他对青霉素敏感球菌的抗菌作用不如青霉素，粪肠球菌对本品耐药。主要用于耐青霉素金黄色葡萄球菌感染，如败血症、肺炎、乳腺炎、烧伤创面感染等。

绷带包扎（bandage） 保护创伤的一种机械措施。兽用绷带包扎分为两层，内层为敷料（包括纱布块、脱脂棉、不透水材料），外层为绷带。绷带的作用主要有保护创伤、预防感染、保持创面安静；缓解缝线张力、使创伤密接、促进愈合，吸收分泌物、减少创液蓄留；保温、防冻、固定药物等。绷带可分为单绷带与复绷带两大类。

鼻（nose） 广义的鼻包括外鼻、鼻腔和鼻旁窦。家畜外鼻与面部无明显分界，系指鼻腔的端有软骨参与构成的部分，形成鼻孔和鼻前庭。外鼻向后延续为鼻背部和鼻侧部；鼻背部与额部相连续；鼻侧部与颊部相连续。

鼻板（nasal placode） 由于局部外胚层增生而在额鼻突下缘两侧形成的左右两个椭圆形的增厚区。

鼻孢子菌病（rhinosporidiosis） 由希伯氏鼻孢子菌（*Rhinosporidium seeberi*）引起以慢性息肉性鼻炎为特征的人兽共患真菌病。分布于世界各地，病原能在组织培养基上生长，流行病学尚不清楚，人类和马、牛、犬等动物可自然感染。除息肉性鼻炎外，在眼、耳、喉黏膜、阴道、阴茎皮肤可发生有蒂或无蒂息肉病变，易出血，其表面和切面可见微细灰白色斑点，即为孢子囊。临床表现特殊，不难作出诊断，但应注意类症鉴别，通过涂片或切片检查，发现本菌特殊孢子囊和孢子即可确诊。避免鼻黏膜外伤可预防本病。早期采用激光切除或在病变内注射两性霉素B或静脉注射锑制剂治疗有效。

鼻出血（rhinorrhagia，epistaxis） 又称鼻衄。多种原因引起的鼻黏膜血管破裂而发生的一时性出血性综合征。局部原因如创伤引起的鼻出血常表现为一侧鼻出血，而全身性疾病如维生素K缺乏引起的鼻出血多表现为双侧同时出血或交替出血。临床上，出血量多少不一，小量的鼻出血常表现为鼻分泌物中带血或点状滴血，大多可自行停止；大量的鼻出血通常呈流水状，须给予紧急处置，否则可引起失血性休克，反复出血则可导致贫血。壮龄赛马在比赛时常有鼻出血，其他动物发生鼻出血多为病态。

鼻唇镜（nasolabial plate） 牛和水牛上唇中部与鼻孔周围形成的无毛裸露区域。常具色素或色素斑。表面以细沟划分为不规则小区，图形因个体而异，称鼻纹。表皮厚，浅层高度角化。皮下有一厚层管状浆液腺，称鼻唇腺，导管开口于小区表面，如小点状；分泌水样液使表面保持湿润。上唇人中浅而不明显。

鼻分泌沟（nasal secretion canal） 由于长期持续性流鼻液，使鼻液流经的皮肤失去色素而形成的白色斑纹。

鼻骨（nasal bone） 参与形成鼻背和鼻腔顶壁的一对并列长形扁骨。鼻骨与切齿骨的鼻突间形成鼻切齿骨切迹，马和反刍兽较深，猪较浅，肉食兽不明显。禽鼻骨呈三叉形。

鼻甲骨（turbinate bone） 鼻腔内卷曲的薄骨片。可扩大鼻腔黏膜面积。有筛鼻甲骨、上鼻甲骨、中鼻甲骨和下鼻甲骨，前三者为筛骨迷路的一部分。下鼻甲骨附着于上颌骨内面的鼻甲嵴，在马沿纵轴向内、向上、再向外卷曲约一圈半；反刍兽和猪则向内然后分为两片，分别沿纵轴再向上、向外和向下、向外各卷曲约一圈半；犬的又分出次级和三级分支而形成复杂的卷曲结构。禽有上（又后）、中和下（又前）鼻甲，上鼻甲内有半球形骨板，中、下鼻甲内为软骨，中鼻甲卷曲1.5～2圈。

鼻镜（nasal plate） 肉食兽和羊鼻孔周围形成的无毛区域。上唇人中向上延伸到此。肉食兽的呈三角形，皮肤可具有色素；表皮厚，浅层高度角化；无皮肤腺。羊特别是山羊的很狭，仅在鼻孔之间和沿内侧鼻翼；具有管状浆液腺。

鼻疽（malleus） 由鼻疽假单胞菌（*Pseudomonas mallei*）引起的以在鼻腔、喉头、气管黏膜或皮肤形成特异性鼻疽结节、溃疡或瘢痕，在肺脏、淋巴结或其他实质脏器发生鼻疽结节为特征的人兽共患传染病。马通常取慢性经过，驴、骡多为急性，人和肉食兽也能感染。本病曾在世界各国流行很久，危害严重，近年来在许多国家已陆续被消灭。诊断常用鼻疽菌素作点眼或皮下热反应，防治主要采取检疫、隔离、消毒及扑杀病马，治疗可用土霉素、磺胺类药物等。

鼻孔（nostril） 又称外鼻孔。鼻腔入口，逗点形（猪为圆形），由内、外鼻翼及其背、腹侧连合围成。支架为鼻中隔软骨前端及分出的一些软骨板、猪鼻中隔前端形成吻骨；马为鼻翼软骨位于鼻内翼和腹侧连合内，因此鼻孔扩张性较大。软骨上分布有扩大鼻孔的肌肉，猪和肉食兽不发达。两鼻孔周围及其间的皮肤，除马外形成鼻镜、鼻唇镜或吻镜，因皮下腺体或鼻腔腺体（犬）分泌物而经常湿润。马的为具有短毛的皮肤，散布有触毛；在背侧联合处形成皮肤囊深入鼻切骨切迹，称鼻憩室或盲囊，被皮薄而无毛、常有色素，入口又称伪鼻孔，插入胃管等时应注意。禽鼻孔位于上喙基部，有软骨支架；水禽等被覆柔软的蜡膜。

鼻狂蝇（*Rhinoestrus*） 一类完全适应寄生生活的寄生蝇。紫鼻狂蝇（*R. purpureus*）的幼虫寄生于马、驴的鼻腔及与之通连的腔窦。成蝇长 8～11mm，成熟的幼虫长约 17mm，宽额鼻狂蝇（*R. latitrons*）亦寄生于马、驴。生活史与习性等参阅羊狂蝇。

鼻泪沟（nasolacrimal groove） 外侧鼻突与上颌突之间的浅沟，是鼻泪管的原基。

鼻泪管（nasolacrimal duct） 将泪液排至鼻腔的管道。起自两泪小管汇合处略膨大的泪囊，向前行于泪骨和上颌骨的骨性泪管中，继续行于鼻腔侧壁的黏膜内，最后开口于鼻前庭。鼻泪管口在马位于鼻前庭底壁，皮肤与黏膜移行处，易于看到；驴位于外侧壁上，牛位于下鼻甲翼褶的内侧面；猪和犬分别开口于下鼻甲后端和相当于犬齿处，前部已无功能。禽鼻泪管宽，开口于下鼻甲下方。马鼻泪管部分包有软骨板；驴鼻泪管呈弯曲状，且有狭窄处。

鼻流“粪水”（nasal manure） 马属动物腹痛症时出现的呕吐，胃内容物经鼻道逆流而出的现象。

鼻囊（nasal diverticulum） 左右鼻窝向深部扩展并融合而成的一个大腔，即原始鼻腔。

鼻衄（epistaxis，rhinorrhagia） 见鼻出血。

鼻旁窦（paranasal sinus） 又称鼻窦、副鼻窦。头骨内与鼻腔相通的憩室，可分额窦系和上颌窦系，左右互不相通。额窦系位于额骨和鼻骨内，除马外一般开口于筛鼻道。上颌窦系占据上颌的后外侧，在臼齿上方，以鼻颌口通中鼻道。牛、猪额窦很发达，扩展到整个颅顶壁，向后可至枕部，以骨板又分为额后窦、前内侧窦和前外侧窦，牛额后窦与角突腔相通。牛上颌窦扩展到硬腭、泪骨和鼻甲内，又形成腭窦、泪窦和鼻甲窦。羊额窦仅位于颅顶前部，与角突腔相通。马上颌窦发达，扩展到泪骨和颧骨，以骨板分为前窦和后窦，前窦与下鼻甲窦连通；额窦位于两眶间。颌口通上颌窦，并与上鼻甲窦相通，蝶窦位于蝶骨内，见于猪、马，牛不常有。肉食兽额窦较发达；犬上颌窦与鼻腔自由相通，实为上颌隐窝。窦的发育具有显著的年龄变化，初生幼畜不发达，此后陆续出现并逐渐扩大。窦内面被覆薄的黏膜，紧密与骨膜相连；黏膜经窦的开口与鼻腔黏膜连续，衬以同样上皮，但仅有少量浆液腺。上颌窦另有鼻外侧腺。齿病、角折以及鼻腔炎症等都可波及鼻旁窦。由于窦的开口较狭，位置较高，如有渗出物等不易排出。禽只有眶下窦，位于眶的前下方，侧壁为皮肤等软组织，与鼻腔及上鼻甲腔相通。

鼻旁窦蓄脓（paranasal sinus empyema） 鼻旁窦化脓性炎症引起的窦内脓汁贮留。主要发生于马，也见于牛。多种病因或疾病，如牙齿疾患、面骨骨折、牛角折断、牛恶性卡他热、放线菌病、马腺疫、马鼻疽、羊鼻蝇疽以及鼻内肿瘤等，只要伴发化脓菌感染，均能导致鼻旁窦蓄脓。临床上出现单侧或两侧性鼻漏，低头时明显，鼻窦内蓄脓或黏膜肥厚，严重的可使骨质松软，面骨向外隆起，患畜呼吸困难。治疗宜用圆锯打开手术通道，充分冲洗消炎，促使窦黏膜恢复正常。

鼻旁窦炎（nasosinusitis） 鼻旁窦黏膜和黏膜下组织的化脓性炎症。窦内脓汁贮留称为鼻旁窦蓄脓。参见鼻旁窦蓄脓。

鼻腔（nasal cavity） 呼吸道最前部，占面部上半，向后达颅腔前壁。以鼻中隔分为左、右两半，主要为软骨，底部为犁骨，后部为筛骨垂直板。前端以一对鼻孔通外界；后端以鼻后孔通咽。马、猪和水牛鼻中隔与硬腭相接，牛、犬等鼻中隔后部与硬腭不相接，左右鼻后孔连通。鼻腔内大部被鼻甲所占，系鼻甲骨被覆黏膜形成。后部为筛鼻甲，形成狭的若干筛鼻道。前部为两条纵长而卷曲的上、下鼻甲，内腔隔为前后两半，前半与鼻腔相通，后半与鼻旁窦相通。敏嗅动物下鼻甲发达而复杂，如犬。有的筛鼻甲中一个内鼻甲较大，伸入上、下鼻甲之间后部，又称中鼻甲，如反刍兽、肉食兽和兔。上、下鼻甲将每侧鼻腔分为 4 个鼻道：上鼻道、中鼻道、下鼻道和总鼻道。

鼻腔狭窄音（rhinostenosis sound） 见鼻塞音。

鼻腔异物（nasal foreign body） 鼻腔中存在的外来物质。可分为：①非生物类异物，如纽扣、玻璃珠、纸卷、玩具、石块、泥土等；②植物类异物，如果壳、花生、豆类、果核等；③动物类异物，如昆虫、蛔虫、蛆、毛滴虫、水蛭等。临床以非生物类异物及植物类异物多见。常见症状有：一侧鼻腔阻塞，流脓臭带血鼻涕；鼻腔黏膜红肿，有脓性分泌物。若异物存留时间过长，鼻腔黏膜可出现糜烂、假膜。临床检查时，清除分泌物，鼻腔黏膜收缩后，可查见异物。

鼻腔阻塞（nasal obstruction） 动物后鼻孔因异物或肉芽肿等而发生阻塞的病变。两侧性鼻腔阻塞病例表现极度痛苦、不安，呼吸困难，呈张口喘气。动物摇头或喷嚏时流出数量不等的带血或脓性鼻液。单侧性鼻腔阻塞病例的痛苦和呼吸困难多不甚明显。由息肉引起的鼻腔阻塞症状呈间歇性发作。治疗前应查明阻塞性质，酌情除去异物或切除肉芽肿等。

鼻塞音（nasal tones） 又称鼻腔狭窄音、鼻腔啰音。因鼻黏膜高度肿胀、分泌物干涸和鼻腔内瘤体等，使鼻腔狭窄而致动物呼吸时鼻腔发出的异常声音。可分为干性鼻塞音和湿性鼻塞音两种，前者呈口哨声，后者呈呼噜声。吸气时增强，呼气时减弱，多伴有吸气性呼吸困难。

鼻外侧腺（lateral nasal gland） 鼻腔侧壁的浆液腺。猪的位于上颌窦内；马、羊的位于上颌窦入口，即鼻颌口处；犬、猫的位于上颌隐窝内或入口处。牛无。腺导管在近鼻孔处开口于中鼻道，马的在第1～2臼齿处。禽的称鼻腺、眶上腺，位于眶的上缘外，腺导管开口于鼻前庭；水禽特别是生活于海洋上的鸟类很发达，分泌物含较多盐分（浓度达5%），因此又称盐腺。

鼻窝（nasal pit） 又称鼻凹。左右鼻板中央的凹陷，一对，以后发育为鼻孔。

鼻息肉（nasal polyp） 鼻黏膜表面突出的增生物。多见于马、牛，通常附着于外侧壁、鼻中隔后部或附着于齿槽。息肉能压迫鼻甲骨使其坏死。鼻息肉常呈一侧性，位于鼻孔的肉息将鼻孔胀大，影响呼吸。可手术切除。

鼻咽（nasopharynx） 咽的三部之一，位于软腭及腭咽弓上方。向前经鼻后孔通鼻腔；向下经软腭游离缘和腭咽弓围成的咽内口通喉咽。平时软腭下垂，鼻咽腔扩大；喉与咽内口相对，甚至突入鼻咽内。吞咽时软腭上提至水平位，将鼻咽与喉咽、口咽隔开。鼻咽顶壁呈拱形；反刍兽和猪有咽隔，为鼻中隔膜部的延续。后部形成咽隐窝。侧壁有缝状的咽鼓管咽口，通中耳。鼻咽壁大部分仅为一层黏膜，被覆假复层柱状纤毛上皮；黏膜内含黏液腺和淋巴组织，后者形成咽扁桃体，幼畜较发达。

鼻炎（rhinitis） 鼻腔黏膜和黏膜下组织的炎症。表现为充血、水肿、黏膜肿胀，患畜出现鼻塞，流清涕，鼻痒，喉部不适，当鼻内炎性分泌物向下流经咽喉时可引起咳嗽。多由病原微生物感染所致，如鸡传染性鼻炎、仔猪坏死杆菌病、兔葡萄球菌病、马鼻疽等疾病中均见鼻炎；也可见由变态反应等所引起的反应。

比较胚胎学（comparative embryology） 应用解剖学和组织学等方法，研究不同动物胚胎发育的差异和规律的科学。

比较医学（comparative medicine） 对各种动物和人的正常健康状态、疾病病理状态等方面进行类比研究，从而了解和发现疾病发生发展的机理和规律，以寻找控制和消灭疾病的途径和方法的学科。比较医学研究的内容非常广泛，几乎包括所有的动物疾病。实际上这门学科是医学和兽医学的交汇点，又可称为广义医学（comprehensive medicine）。

比目鱼肌（m. soleus） 小腿外侧的肌肉。在家畜变化较大，猪的很发达，马、牛呈短的狭带状，犬、猫无此肌。起始于胫骨外侧髁，向下向后止于腓肠肌外侧头的腱。作用同腓肠肌。

比容（hematocrit） 见红细胞压积的测定。

吡哆醇缺乏症（pyridoxine deficiency） 吡哆醇缺乏引起的营养代谢性疾病。可发生于犊牛、猪和幼禽。犊牛表现厌食、无神、生长发育缓慢、脱毛、异形红细胞增多和红细胞大小不等。猪表现小红细胞低色素性严重贫血，周期性癫痫样发作，共济失调和肝脂肪浸润。幼雏表现盲目奔走，翅膀倒向一侧，背滚转和腿急跳运动等。治疗投服或皮下注射盐酸吡哆醇制剂。

吡哆素（vitamin B_6） 又称维生素 B_6。一种水溶性维生素，为吡哆醇、吡哆醛和吡哆胺的总称。在体内以磷酸吡哆醛及磷酸吡哆胺的形式作为许多酶的辅酶，参与转氨基和脱羧基等作用，在氨基酸代谢和合成非必需氨基酸过程中起重要作用。此外，还参与氨基酸进入细胞的转运过程，并为合成神经递质及血红素所必需。缺乏时可引起贫血、神经炎及皮炎等。动物肝、肉，谷物及麸皮、米糠中含量较多。

吡喹酮（praziquantel） 广谱驱吸虫和绦虫药。对血吸虫、绦虫、囊虫、华支睾吸虫、肺吸虫、姜片吸虫有效。主要通过5-羟色胺样作用使宿主体内吸虫、绦虫产生痉挛性麻痹脱落，对多数绦虫成虫和未成熟虫体都有较好效果。通过影响虫体肌细胞内钙离子通透性，使钙离子内流增加，抑制肌浆网钙泵的再摄取，虫体肌细胞内钙离子含量大增，使虫体麻痹脱落。主要用于治疗动物血吸虫病、绦虫病和囊尾蚴病。本品毒性低，应用安全。

吡利霉素（pirlimycin） 林可霉素衍生物，半合成林可胺类抗生素。作用机理同其他林可胺类抗生素，但抗菌活性强于林可霉素、克林霉素。对革兰阳性菌包括金黄色葡萄球菌、无乳链球菌、停乳链球菌、乳房链球菌的抗菌作用较好，是治疗乳房炎尤其是泌乳期乳房炎的良好药物。

必需氨基酸（essential amino acids） 动物体内不能合成或合成量不足而需供给的氨基酸。包括赖氨酸、蛋氨酸、色氨酸、苯丙氨酸、亮氨酸、异亮氨酸、缬氨酸、苏氨酸、组氨酸和精氨酸。对雏鸡还有甘氨酸。任何一种必需氨基酸的缺乏都会妨碍蛋白质生物合成的正常进行，导致氮的负平衡而引起疾病。反刍动物瘤胃内的微生物可以合成畜体所需的各种必需氨基酸。

必需微量元素（essential trace elements） 具有特殊的生理功能，且当动物体内缺乏时，会引起特殊疾病的微量元素。现已发现，动物体内的微量元素多达 50 余种，其中有 14 种已确定为必需微量元素。

必需脂肪酸（essential fatty acids） 动物体内不能合成必须由食物供给的多不饱和脂肪酸，如亚油酸、亚麻油酸和花生四烯酸等。参与合成磷脂，是构成线粒体膜不可缺少的物质，其中花生四烯酸是体内合成前列腺素的前体。在植物油和种子中含量丰富。反刍动物瘤胃内的微生物能合成必需脂肪酸，可不必由食物供给。

毕奥特呼吸（Biot breathing） 一种病理性的周期性呼吸，表现为一次或多次强呼吸后，继以长时间呼吸停止，之后又出现数次强呼吸，其周期变动较大，短的仅 10s，长的可达 1min。毕奥特呼吸是呼吸中枢兴奋性显著降低的表现，是病情危重的标志，见于脑损伤、脑脊液压力升高、脑膜炎等病理情况下。

毕特曼—摩尔小型猪（Pitman - Moore minipig） 由毕特曼-摩尔制药公司以佛罗里达野生猪和加利夫岛猪交配的后代培育而成的小型猪。此种小型猪毛色多样，有斑纹者居多。

蓖麻中毒（castor poisoning） 动物采食蓖麻的叶、种子和饼粕等引起的以高热、腹痛、腹泻和运动失调为主症的中毒病。由蓖麻植物中所含的蓖麻毒蛋白（ricin）和蓖麻碱（ricinine）而致病。主要发生于马，其次是羊、猪和牛。病马表现流涎，呼吸促迫，继而腹泻，粪中带血，伴有运动失调、肌肉痉挛。后期被迫卧地，体温低于常温。病牛以出血性肠炎为主，奶牛泌乳性能降低，孕牛流产。病羊腹痛，呻吟，肌肉震颤，瞳孔散大，呼吸困难，窒息死亡。治疗本病的特效方法是注射抗蓖麻素血清、静脉放血，同时配合强心、补液、纠正酸中毒、镇静解痉等措施。

壁细胞（parietal cell） 又称泌酸细胞。分泌盐酸的细胞。分布在胃底腺各部，以颈和体部为多。壁细胞大，呈圆形或锥体形，常突出于光滑胃腺的表面，核圆，位于细胞中央，常见双核，胞质染色呈强嗜酸性。电镜下细胞游离缘的细胞膜内陷形成分支小管，称细胞内分泌小管，它们可环绕核，甚至接近基部的质膜，小管的壁与细胞顶面质膜相连，小管的腔开口于腺腔；小管腔面有大量微绒毛，使壁细胞的表面积大为增加，分泌小管周围有表面光滑的小管和小泡，称微管泡系统。微绒毛的数量随分泌活动的不同而不同。主要功能是分泌盐酸、内因子及一定量的组胺。

臂二头肌（m. biceps brachii） 位于肱骨前方的臂部肌肉。在家畜只有一个头，起始于肩胛骨盂丛结节，经结节间沟和肱骨前面向下，肌腹梭形，以腱止于桡骨近端的内侧粗隆。起始腱在结节间沟内包有肩关节囊的憩室，牛、马则具有独立的结节间滑膜囊。作用为屈肘关节，伸肩关节。

臂二头肌纤维带（lacertus fibrosus of m. biceps brachii） 臂二头肌的膜性止点。从肌肉下部分出，呈薄带状向下沿前臂前内侧面延伸，与前臂筋膜连合，最后加入于腕桡侧伸肌腱而止于掌骨上端。可将臂二头肌的作用传递至掌骨。马的较发达，当前肢站立、肩部负重时，与臂二头肌内的腱组织一起维持腕关节的伸展状态，此时纤维带呈紧张状，可触摸出。

臂肌（m. brachialis） 位于肱骨臂肌沟内的臂部肌肉。起始于肱骨近端后面，绕经肱骨外侧面的臂肌沟转而向前向下向内，止于桡骨近端内侧。此肌富肉质。作用为屈肘关节。

臂三头肌（m. triceps brachii） 位于肩胛骨和肱骨后方的臂部肌肉。很发达，有 3 个头：长头，起始于肩胛骨后缘；外头和内头及附头（见于犬、猪），起始于肱骨骨干。几个头连合后，以坚强的短腱止于尺骨鹰嘴顶端。为肘关节强有力的伸肌；长头尚有屈肩关节的作用。

臂头肌（m. brachiocephalicus） 颈侧面下半由头至臂部的长形阔肌。起始于枕骨和颞骨乳突，及项韧带（反刍兽）和前几个颈椎横突（马、犬）；止于肱骨嵴。在肩前有锁腱划横过，肉食兽、兔则埋有退化的锁骨。此肌由 3 肌连合而成：锁腱划与肱骨间为三角肌的锁骨部（锁臂肌）；锁腱划之前的两肌依附着点而称为锁枕肌和锁乳突肌。作用：前肢悬空时将前肢向前提举；前肢着地站立时将头颈转向肌肉收缩的一侧，双侧同时收缩则使头颈下降。

边界病（border disease） 由黄病毒科瘟病毒属的边界病毒引起绵羊的一种先天性疾病，引起胎儿和羔羊死亡或新生羔羊呈肌肉震颤等神经症状。传播方式为垂直和水平传播。应用间接免疫荧光试验、琼脂扩散试验、补体结合试验，可以检出血清抗体。目前尚无有效的疫苗，主要预防措施为消灭病羔和母羊，防止病毒带入非疫区。

边缘卵裂球（marginal blastomere） 鸟类和爬行类卵裂时位于胚盘边缘靠近卵黄的卵裂球。

边缘系统（limbic system） 位于大脑半球腹内侧的一些皮质区以及在功能和结构上与这些皮质区关系密切的皮质下结构的总称。由于皮质区围绕于脑干前端，称边缘叶，而将与此皮质区在纤维联系和功能方面有密切关系的皮质下核合称为边缘系统。其功能与内脏活动、情绪变化、记忆、躯体活动和内分泌的调节等密切相关。

编码容量（coding capacity） 一个特定的 DNA 或 RNA 序列所编码蛋白质数量和种类的能力。

编码序列（coding sequence） 基因中直接规定其蛋白质产物氨基酸顺序的核苷酸序列。

鞭虫病（whipworm disease） 参见毛首线虫病。

鞭毛（flagellum） 从原核细胞和真核细胞表面伸出的、能运动的突起。较长，数目少。一般长约 150μm，直径为 0.01～0.03μm。见于多数弧菌、螺菌、杆菌、个别球菌的菌体表面。根据鞭毛的着生部位不同，可将鞭毛分为周生鞭毛、侧生鞭毛和端生鞭毛。鞭毛着生于细菌周围的称为周生鞭毛；着生于一侧的称为侧生鞭毛；着生于两端的称为端生鞭毛。根据鞭毛的数量和在菌体上的排列可将细菌分为一端单毛菌（monotrichate）、两端单毛菌（amphitrichate）、丛毛菌（lophotrichate）和周毛菌（peritrichate）四类。细菌是否产生鞭毛，以及鞭毛的数目和排列方式，都具有种的特征，可作为鉴定细菌的依据之一。鞭毛在显微镜下用常规法无法看到，必须用暗视野荧光法，或者将样品作特殊染色。用穿刺法将细菌接种于半固体培养基中，如沿穿刺线的培养基变为浑浊，也证明该菌有鞭毛。鞭毛蛋白抗原通常为 H 抗原。鞭毛与细菌的致病性也有关系。革兰阴性和阳性菌的鞭毛的细微结构有些差异。真核生物如藻类、真菌和原虫的鞭毛也是运动器官，呈细丝状，但比细菌鞭毛长而粗，长达 40μm 以上，直径 0.15～0.3μm。

鞭毛抗原（flagellar antigen） 又称 H 抗原（H antigen）。由无数鞭毛单体蛋白排列组成，是一种非胸腺依赖性抗原（thymus independent antigen），能直接激活 B 细胞产生抗体，不需要 T 细胞辅助。

鞭毛凝集（flagellar agglutination） 又称 H 凝集。有鞭毛的细菌（活菌或经福尔马林处理后的细菌悬液）与抗鞭毛血清所发生的凝集反应。所形成的凝块疏松呈絮状。

扁桃体（tonsil） 邻近外界的淋巴器官。位于消化道和呼吸道入口的交汇处，包括腭扁桃体、咽扁桃体和舌扁桃体。扁桃体是黏膜内的淋巴滤泡集结或弥散性淋巴组织，它们与咽黏膜内的许多分散的淋巴组织，共同组成咽淋巴环，成为机体第一道防线的重要组成部分。

扁桃体隐窝（tonsillar crypts） 扁桃体表面凹陷形成的裂隙。由第 2 对咽囊形成。咽囊内胚层细胞增殖形成细胞索，向下长入间质内，形成扁桃体的隐窝上皮，而间质细胞围绕隐窝形成扁桃体的网状支架。

扁桃体摘除术（tonsillectomy） 对扁桃体进行摘除的手术方法。适用于犬的慢性扁桃体炎症。方法是全麻或局麻加肾上腺素，待张开口之后用有钩钳夹住扁桃体后方皱襞并向前牵引，将扁桃体周围组织分离，剪断摘除或用扁桃体绞断器切断。对小血管出血用浸有肾上腺素的纱布块压迫止血，对较大的血管施行结扎，术毕涂复方碘甘油，另一侧同法摘除。对扁桃体急性炎症者不宜手术。

扁形动物门（Platyhelminthes） 该门动物的共同特征为背腹扁平，左右对称，体外有皮肤肌肉囊，无体腔，体壁与消化管间由中胚层形成的实质组织所填充。消化管退化消失或不发达，若有，则仅有口而无肛门。无循环系统，排泄系统具有特殊的焰细胞或原肾。多为雌雄同体。分涡虫纲、吸虫纲和绦虫纲。前者多数营自由生活，后两者都营寄生生活，发育过程较为复杂，一般需要有中间宿主参与。

苄星青霉素（benzathine benzylpenicillin） 青霉素与二苄基乙二胺结合的盐，为长效青霉素。抗菌谱与青霉素相似。肌内注射后缓慢游离出青霉素而呈抗菌作用，具有吸收较慢，维持时间长等特点。在血液中浓度较低，故不能替代青霉素用于急性感染。只适用于对青霉素高度敏感细菌所致的轻度或慢性感染，如牛的肾盂肾炎、子宫蓄脓等。

变构酶（allosteric enzyme） 又称别构酶。具有变构调节功能的酶。已知的变构酶都是多亚基的寡聚酶，其特点是在酶分子的不同亚基上存在有空间上分离而功能上相关的催化部位和变构部位。各种代谢调节物，如中间代谢物、药物等通过与其变构部位结合，引起亚基间的相互作用而使催化部位的活性发生变化。变构酶在反应速度和底物浓度关系上呈 S 形动力学曲线。

变态反应（allergy） 又称超敏反应（hypersensitivity reaction）。机体接触抗原后，对该抗原的反应性增高，再次接触时，引起组织细胞损伤和生理机能紊乱的一种免疫病理反应。反应的强度超过正常生理范围。视反应性质不同可分为Ⅰ型～Ⅳ型。

变温动物（poikilothermic animal） 又称冷血动物。体温随外界温度变化而变化的动物。除鸟类和哺乳类以外的动物均没有发达而完善的体温调节机制，其体温只能随环境温度的升降而升降，不能使体温保持相对恒定。当环境温度在一个狭小的范围内变动时能通过行为性调节使其体温和环境温度保持一致，当外界温度太低或太高时，它们将钻入地下进行冬眠或夏眠。

变形杆菌属（*Proteus*） 一群常见于污水、土壤和动物肠道的革兰阴性兼性厌氧菌。直杆状但多形，(0.4～0.8) μm×(1.0～3.0) μm，无芽孢和荚膜，以周鞭毛活泼运动，有菌毛。大多数菌株在湿琼脂表面能形成同心环状或弥散性薄层生长物。多具β溶血性。发酵多种糖类产酸产气，但不发酵乳糖和甘露糖。迅速水解尿素，产生 H_2S，液化明胶。本属菌对动物一般无致病性，偶见于局部伤口的继发感染以及牛、绵羊、山羊、犬和猫的幼仔腹泻，间或致成年动物腹泻或犬的外耳炎。

变性（degeneration） 细胞和组织损伤所引起的一类形态学变化。表现为细胞或间质中出现异常物质或正常物质增多。一般是可逆性过程，发生变性的细胞和组织功能降低，严重的变性可发展为坏死。分为颗粒变性、水泡变性、脂肪变性、黏液样变性、淀粉样变性等。

变性剂梯度凝胶电泳（denaturant gradient gel electrophoresis） 检测 DNA 分子（野生型与变异型）之间有无单个核苷酸改变的一种电泳技术。DNA 双链是靠互补碱基之间氢键结合，碱基组成不同的 DNA 双链解开成为单链所需的温度（Tm）不同。如果用 DNA 变性剂代替温度，则不同的 DNA 双链解开成单链需要不同浓度的变性剂。将用不同浓度的变性剂配制电泳凝胶，使呈梯度增加，加入两份 DNA 样品在凝胶中电泳，就会在不同浓度的变性剂位置上解开成为单链。

变应性抗体（allergic antibody） 又称过敏性抗体（anaphylactic antibody）。针对变应性（过敏性）抗原（allergic antigen）的抗体。属 IgE 抗体，可通过 Fc 片段与组织中的肥大细胞或体液中的嗜碱性粒细胞上的受体结合，使机体致敏。如有相应变应原再次进入体内，就能与结合在细胞上的抗体结合，从而使肥大细胞脱粒，引起过敏反应。

变应性抗原（allergic antigen） 又称变应原或过敏原。可激发变态反应的抗原物质。主要指能激发过敏反应（Ⅰ型变态反应）的过敏原（anaphylactogen），如异种血清、蜂毒、植物花粉、动物皮毛、食物蛋白以及一些小分子物质（青霉素、阿司匹林）等。此外，也包括引起Ⅱ型、Ⅲ型和Ⅳ型变态反应的抗原，如血型抗原、磺胺、氨基比林、喹宁等药物以及某些病原微生物和寄生虫。半抗原性质的过敏原，如青霉素、磺胺类、喹宁等，它们需与体内蛋白成分结合才具有变应原性。

变应性皮炎（allergic dermatitis） 皮肤接触外环境中各种致敏物质而引起的皮肤炎症疾患。常表现为红斑、水肿、丘疹、水疱、大疱，甚至坏死，伴有不同程度的瘙痒、疼痛或灼热感。引起变应性皮炎的致敏物多半为分子量很低的化学物质，即半抗原，须与表皮内的蛋白质结合形成分子量大的抗原物质。初次接触致敏物后经 4～14d 的潜伏期，才使机体处于致敏状态，此时若再次接触这种致敏物，一般在 12～48h 内即出现皮炎。皮肤病变不仅限于接触部位，常呈泛发性、对称性。皮疹消退较慢，少数病例脱离接触致敏物后，仍经久不愈，且常常复发。

变应性胃肠溃疡（allergic ulcers of gastro intestine） 家畜发生以胃肠溃疡为主要特征的变态反应性疾病。多发生于猪、牛等。病因复杂，机理不太清楚。从其发生过程分析，可能是在饲养、应激、中毒与感染等特异性抗原作用下，内源性前列腺素释放所致。在猪病性缓和或呈亚临床型；重型病例体质虚弱，消化不良，有时呕吐或吐血，便秘，粪呈黑色并带血。在牛出现贫血、黄疸和慢性瘤胃臌气等。治疗宜用苯海拉明等抗组胺药物。预防应避免各种应激。

变应原（allergen） 见变应性抗原。

变质性炎（alterative inflammation） 又称实质性炎。炎灶内组织和细胞变性、坏死或凋亡的变化很突出，而渗出和增生过程比较轻微的一类炎症。多发生在心、肝、肾、脑等实质器官，也见于骨骼肌。常由病毒、毒物、真菌毒素和过敏反应引起。常见的有变质性心肌炎、肝炎和脑炎。变质性炎多为急性过程，其结局取决于实质细胞的损伤程度。一般炎症损伤较轻时可完全愈复。如果实质细胞大量受损引起器官功能急剧障碍，可造成严重后果甚至死亡。

便秘（constipation） 动物排粪费力，次数减少或屡呈排粪姿势而排出量少或排粪停止的现象。因肠道紧张力降低、蠕动减弱，肠内容物停滞，水分被大量吸收使粪便变硬，干结、色深，或因肠道发生机械性阻塞而致。可分为功能性便秘、机械性便秘、中毒性便秘、下痢和便秘交替出现等四种形式。主要见于胃肠蠕动弛缓、热性病、马腹痛、反刍兽瘤胃积食、臌气、瓣胃阻塞以及腰脊髓损伤等。

便血（hemafecia）　粪便混有血液或呈血样便，颜色常呈鲜红、暗红、黑红或柏油状，是胃肠病变的常见症状之一。

辨别阈（sensory discrimination threshold）　感受器对两种不同刺激强度的最精细的分辨能力。衡量感受器敏感性的指标之一。

标记抗体（labelled antibody）　与具有示踪效应的化学物质相结合的抗体。常用的标记物有荧光素、酶和放射性同位素等。标记抗体具有示踪抗原抗体反应活性以及与抗原特异性结合的能力，可检测抗原的存在及其含量，用于鉴定抗原和诊断疾病。

标记染色体（marker chromosome）　可作为某种疾病标志的特殊形态的染色体，例如人慢性粒细胞性白血病出现的费城染色体分为特异性和非特异性标记染色体两种。

标签突变技术（signature - tagged mutagenesis，STM）　又称信号标签突变技术，用来鉴定能使病原体在宿主体内成功存活和复制的决定性基因的负向选择实验技术。通过随机序列组成的信号标签的转座子随机插入到细菌的基因组中，获得了一个标签突变体库，其兼容了插入诱导突变和带有检测体系的负向选择方法，能够从一个混合突变库中识别衰减的突变体。最后，这些携带不同标签的突变体被混合到一起，注入动物宿主体内，再对存活下来的个体进行检测。为了检测被不同标记的每个突变体混合库中是否有标签插入，选取每个突变体混合到一起，然后通过杂交方法来检测。因此，通过共用的标签引物进行PCR扩增，得到含标签混合库的PCR产物，放射性标记这些产物，通过杂交与对应的突变体库中的DNA在膜上接合，在后来的选择过程中，只能筛选到带有清晰标记的杂交信号的突变体。在筛选后，相应复苏的回收库可以在复合型培养基上培养，扩增它们的标签后并标记，用于鉴定。同接种库相比较，在回收库中，减弱的或是丢失的杂交信号，可以认定是衰减突变体。这些突变体可以通过不同的方法（例如同野生型细菌在动物的混合感染试验中比较）验证，以便去证实筛选的结果。通过克隆和测序识别突变位点，可以发现毒力基因、与毒力不相关的基因以及未知的功能基因。

标识辐射（characteristic radiation）　又称特征辐射。产生X线的原理之一。靶物质的原子从激励状态恢复时发出的单色辐射，当一个具有能量的外来电子撞击在靶原子外层的电子上，若其能量大于该层电子的结合能，可将该电子打出轨道而留下一空位。这种情况一旦发生，其状态极不稳定，空位将由邻近的低结合能电子层上的电子或自由电子进位补充，与此同时会放出一个光子，其能量为两层电子结合能之差，此即标识辐射。以钨做靶的X线管，当阴极来的高速电子把钨靶原子K层上的电子打出以后，其空位若由L层上的电子补充时，它放出的光子能量为K层电子结合能（69.5keV）与L层电子结合能（12.1keV）之差，即57.4keV。

标示残留物（marker residue）　总残留物中具有参照意义的组分。如果用药后食品动物体内存在多个残留组分，则需要监控其总残留物。在残留分析中，测定总残留物往往十分困难，不易做到。由于总残留物中各组分比例相对比较稳定，故可以在总残留物中选择1～2种组分作为参照物，通过测定其残留量而计算或推测总残留物。选择基本原则是：在食品动物体内消除缓慢、残留期长；组织中残留量高，且性质稳定；有方便灵敏的方法测定其含量。

标准分析物（standard analyst）　又称标准品。在残留分析中，用作参考的高纯度已知物质。一般用于制作标准曲线或测定添加回收率。

标准碳酸氢根（standard bicarbonate，SB）　血液在37℃，用PCO_2为5.32kPa（40mmHg）及PCO_2为13.3kPa（100mmHg）的混合气体平衡后，所测的血浆HCO_3^-含量。

标准血清（standard serum）　用于病原微生物鉴定或分型的具有特定抗体效价的特异性血清。一般是将标准菌（毒）株或型特异性抗原免疫无特定病原体（SPF）动物后，采取血液提取的特异性血清，或再经吸收处理的纯化特异性血清。

表达载体（expression vector）　能使插入基因进入宿主细胞表达的克隆载体，可分为原核表达载体和真核表达载体。原核表达载体通常含有噬菌体的启动子，可以在细菌中表达。真核表达载体含有病毒的启动子序列，可以被真核细胞的RNA聚合酶识别而表达。完整的表达载体包括有启动子序列、多克隆位点序列、耐药抗性基因序列、复制起始信号序列。启动子序列包括噬菌体的启动子序列和病毒的启动子序列，分别适合原核表达和真核表达。多克隆位点序列紧靠启动子后面，是目的基因插入部位。对于真核表达而言，多克隆位点序列后面还含有Poly A信号。耐药抗性基因序列可以编码表达抗性蛋白，分解或抑制针对细菌或真核细胞的抗生素，用于重组子的筛选。

表观分布容积（apparent distribution volume，Vd）　药动学参数。体内药物总量达动态平衡后，按测得的血浆药物浓度计算出所需的体液总容积（即理论上药物均匀分布所占有的体液容积）。Vd 用 L/kg 体重表示，反映药物在体内分布的广泛程度或与组织中大分子的结合程度。Vd 小，表示药物排泄快，在体内存留时间短；Vd 大，表示药物排泄慢，在体内存留时间长。

表面活性剂（surface active agent） 能降低液体表面张力的物质。免疫学上表面活性剂并非都能成为佐剂，只有阳离子型季胺化合物具有佐剂活性，属于表面活性佐剂。阴离子型（硬脂酸铝）和中性型（吐温 80）本身并无佐剂活性。

表面抗原（surface antigen） 存在于颗粒性物质表面的抗原。如细胞膜上的糖蛋白抗原、病毒囊膜抗原、肿瘤细胞表面的植物血凝素受体等。

表面卵裂（superficial cleavage） 卵裂方式的一种。卵子的卵黄集中于中央，卵裂时细胞核在卵子中央进行多次分裂，然后每个分裂核及其周围少量细胞质移向卵子表面，形成一层细胞，但在胚胎内部充满着无细胞结构的卵黄。这种方式见于昆虫类、蜘蛛类及其他节肢动物的中黄卵。

表面囊胚（superfical blastula） 囊胚的一种类型。中黄卵类型的受精卵，进行表面卵裂，到囊胚期，由一层卵裂球包在一团实心的卵黄外面，没有囊胚腔。见于昆虫类、蜘蛛类及其他节肢动物。

表面培养（surface culture） 又称固体表面培养。以菌株种子液均匀地接种于固体培养基表面，平放静置培养，然后倾去凝集水收集菌苔的一种细菌培养方法。多用于制造菌苗和诊断抗原，如炭疽芽孢苗、布鲁菌病诊断抗原等。

表皮（epidermis） 皮肤的最外层。由角化的复层扁平上皮构成，角化程度因动物种类及身体部位而异。主要细胞成分是角质形成细胞，其间还散在着 3 种非角质形成细胞，即郎格罕氏细胞、黑色素细胞和梅克尔细胞。从深层向表面可分为基底层、棘细胞层、颗粒层和角质层。在鼻唇镜、乳头、食肉类的足垫等无毛皮肤的表皮，其颗粒层和角质层之间还有透明层。

表位文库（epitope library） 由编码上亿种短肽的重组 DNA 克隆所组成的集合。以噬菌体为载体，所表达的短肽以融合蛋白的形式暴露在噬菌体表面。其原理是根据抗原和抗体结合的特点设计的。因为抗原抗体的结合主要是由抗体高变区 6 个氨基酸组成的立体构型（表位）所决定的。编码随机六聚体氨基酸的 DNA 序列有 10 亿种，考虑到密码子的简并性，一般含 2 亿～3 亿个克隆的噬菌体混合文库，即可覆盖所有 6400 万种六聚体氨基酸序列。

表位疫苗（epitope vaccine） 通过确定抗原蛋白上的 B 细胞、T_H 细胞以及 CTL 细胞识别的表位，经人工合成，并与大分子载体连接，加入佐剂制成；也可通过基因工程技术表达抗原蛋白表位多肽，或与大分子蛋白融合表达。可做成多表位疫苗。

表现型（phenotype） 具有特定基因型的个体，在一定环境条件下，所表现出来的性状特征的总和。基因型决定的性状表现因发育环境的影响发生改变。

表型混合（phenotypic mixing） 具有某些共同特征（如衣壳类型或出芽方式）的两种病毒感染同一细胞时，某些子代病毒粒子的衣壳或囊膜具有双方亲代的特征，但每个病毒颗粒只含双亲之一的基因组。即病毒基因组无变化，核酸没有交换。如流感病毒和新城疫病毒共同感染细胞时，子代病毒颗粒的囊膜可具双亲的抗原。表型混合病毒的子代会丢失这些混合表型特征。

表型两性畸形（phenotypic intersexualitism） 动物的染色体性别与性腺相符，但与外生殖器不符合。根据其性腺是睾丸还是卵巢分为雄性假两性畸形与雌性假两性畸形两类。雄性假两性畸形（male pseudohermaphroditism）动物的性腺为雄性，具有 XY 性染色体及睾丸，但外生殖器介于雌雄两性之间，既具有雄性特征又具有雌性特征，常见于睾丸雌雄化综合征、尿道下裂、谬勒氏管残综合征等。雌性假两性畸形（female pseudohermaphroditism）动物的染色体核型为 XX，有卵巢，但外生殖器官雄性化，变异的程度个体间有所差别，此种畸形动物比较少见。

濒危动物（endangered animal） 面临灭绝危险或濒临灭绝的动物。濒危动物具有绝对性和相对性。绝对性是指濒危动物在相当长的一个时期内野生种群数量较少，存在灭绝的危险。相对性是指某些濒危动物野生种群的绝对数量并不太少，但相对于同一类别的其他动物物种来说却很少；或者某些濒危动物虽然在局部地区的野生种群数量很多，但在整个分布区内的野生种群数量却很少。

髌骨（patella） 又称膝盖骨。股骨滑车前方的大型籽骨。埋于股四头肌止腱内，体表可触摸到。肉食兽、兔和禽为卵圆形。马、反刍兽、猪为锥体形；上部为底，下端为尖。后面为关节面，与股骨滑车相对。内、外侧缘具有软骨。马、牛的内侧软骨很发达。

髌骨脱位（dislocation of patella） 髌骨脱离股骨远端原来滑动的滑车面，转位停留在内侧或外侧的滑车嵴上，或被膝直韧带固定不能滑动的后肢膝关节疾患。多突然发病，由于后肢向后过伸引起。股骨远端滑车成形不良及关节虚弱可发生习惯性髌骨脱位。髌骨脱位后，病后肢处于后伸状态，膝关节和跗关节不能屈曲，令其行走则以蹄尖着地拖曳前进。整复时必先放松膝直韧带，并立即复位髌骨。为此可强令动物后退，或施行全身麻醉，让马卧倒，用绳索系在系部，向前拉绳伸展病后肢，同时下压髌骨复位。或手术切断紧张的膝直韧带。对习惯性脱位还可在膝关节皮肤上做皮肤烧烙，以加强皮下组织和韧带的固着作用。还可将患侧蹄削成内高外低的倾斜状态，使患肢在运动时表现内向捻转步样，以防止习惯性发作。犬的髌骨脱位比较常见，一般以内脱位为主，突然跛行，患肢屈曲不着地，牵拉后肢常可使拖出的髌骨暂时复位，本病有一定遗传性，迷你笃宾犬等发生率高。

冰蛋制品（frozen egg products）　鲜蛋去壳后，所得的蛋液经一系列加工工艺，最后制成冷冻和保鲜的蛋制品。冰蛋分冰全蛋、冰蛋黄和冰蛋白 3 种。冰蛋保持了鲜鸡蛋原有的成分，可在－18℃冷库内长期贮存，用前需要融冻，融冻时间不宜过长，融冻后要及时使用。

冰冻切片法（frozen section method）　将经过固定、水洗、明胶糖液处理的组织标本置于冰冻切片机的冷台上冻结后进行切片的方法。适用于组织化学染色和快速诊断。

冰冻鱼（frozen fish）　将鱼在低温下冷冻保藏的方法。程序为：将鲜鱼在低于－25℃的条件下冻结；再置于－18℃以下的库内冷藏。此法可基本上抑制腐败菌的生长繁殖和酶类的活性，在一定时期内能够保持新鲜度。冻结速度越快，形成的冰晶越小，冻制品的质量也就越好。

槟榔肝（nutmeg liver）　眼观切面类似槟榔纹理的病变肝脏。慢性肝瘀血时，肝脏肿大，呈暗紫色，切开时从切面流出大量暗红色血液。镜检可见肝小叶中央静脉、窦状隙，以及叶下静脉扩张，充满血液；在肝小叶中央静脉和窦状隙慢性瘀血的同时，肝小叶周边区肝细胞因瘀血性缺氧而发生脂肪变性，以致肝脏切面形成暗红色瘀血区和灰黄色脂变区相间的眼观类似槟榔切面的纹理。长期肝瘀血可导致肝细胞萎缩、坏死或消失，网状纤维胶原化和结缔组织增生，最终发生瘀血性肝硬化。长期瘀血的肝脏其代谢和解毒机能下降，使有毒产物在体内蓄积，严重时可引起自体中毒。

丙氨酸（alanine）　非极性的脂肪族氨基酸，简写为 Ala，生糖非必需氨基酸。可由天冬氨酸脱羧或丙酮酸经转氨作用生成，脱去氨基则转变成丙酮酸进入三羧酸循环氧化分解或经异生作用生成糖。

丙氨酸氨基转移酶活性测定（determination of alanine amino transferase，ALT）　又称丙氨酸氨基转移酶活性测定［丙氨酸氨基转移酶过去称谷（氨酸）丙（氨酸）转氨酶（GPT）］。测定血清中丙氨酸氨基转移酶活性以诊断肝脏功能的一种血清酶活性试验。动物体内很多组织中含有这种酶，但以肝脏中含量最高，特别是犬、猫和灵长类动物。成年马、绵羊、猪、牛等家畜含量甚少，无诊断价值。测定方法有金（King）氏法、赖（Reitman）氏法、卡（Karmen）氏法、巴（Babson）氏法、赖-弗（Reitman－Frankel）氏法等。酶活性增高见于灵长类和犬、猫的各种肝炎等。

丙氨酸-葡萄糖循环（alanine－glucose cycle）　丙氨酸与葡萄糖相互转换的代谢过程。肌肉中的氨基酸经过转氨基作用将氨基转给丙酮酸生成丙氨酸，后者经血液循环转运至肝脏再脱氨基，生成的丙酮酸经糖异生转变为葡萄糖，后再经血液循环转运至肌肉，重新分解产生丙酮酸。

并发（complication）　一种疾病和另一种疾病在同一个体同时发生的现象。如慢性猪瘟常可并发猪副伤寒，猪圆环病毒病可并发猪蓝耳病，后一种疾病可称为并发症。

并发病（complicating disease）　在发病机理上与主要疾病有密切关系的伴发性疾病。

并殖吸虫病（paragonimiasis）　又称肺吸虫病。并殖吸虫（*Paragonimus*）寄生于猫、犬和人的肺脏引起的寄生虫病。并殖吸虫隶属于并殖科，常见种有：①卫氏并殖吸虫（*P. westermani*），一般是成对地寄生于肺脏中形成的虫囊内。虫体肥厚，新鲜时红褐色，大小为（7～12）mm×（4～6）mm，厚为3.5～5.0mm，体表有小刺。睾丸分支，并列或斜列于虫体中部、腹吸盘后方。卵巢分 5～6 叶，位于腹吸盘一侧。虫卵呈金黄色，椭圆形，大小为（80～118）μm×（48～60）μm。②斯氏并殖吸虫（*Pagumogonimus skrjabini*），又名斯氏狸殖吸虫。虫体呈梭形，腹吸盘位置较偏前。生活史需二个中间宿主，第一中间宿主为小卷螺，第二中间宿主为淡水蟹或蝲蛄。犬、猫或人吞食了含囊蚴的生的或半生蟹或蝲蛄而受感染。囊蚴穿过肠壁、膈与肺膜进入肺脏发育为成虫。症状可表现为三型：①胸肺型，表现为咳嗽，胸痛，血痰等；②皮肤肌肉型，以出现游走性皮下结节为主要表现；③腹痛型，以腹痛、腹泻和便血为主，有时引起头痛、癫痫等神经症状。人的症状较动物的症状严重。患者的痰液和粪便中发现虫卵即可确诊。可用硫双二氯酚或吡喹酮驱虫。预防措施主要是防止动物和人生食溪蟹或蝲蛄。

病变（pathological changes） 病理变化的简称。在各种致病因素作用下，机体在疾病过程中表现出的组织细胞功能代谢和形态结构的改变。这些改变，可经肉眼、显微镜、电子显微镜，或生物化学及免疫学手段进行观察和检测。每一种变化都可提示与疾病过程相关的信息。不同的病因作用于机体，所引起器官组织的病理变化各有不同。综合分析这些病理变化，尤其是具有证病意义的病变，往往成为建立病例诊断的重要依据。

病毒（virus） 一类只能在活细胞内繁殖的非细胞型微生物。能感染动物、植物和其他微生物，使其发病和死亡。病毒是目前已知的最小微生物，以纳米（nm）为测量单位，只能在电子显微镜下看见。形态大多数呈二十面体对称或螺旋状对称，少数呈其他形态，如砖状、蝌蚪状或杆状等。简单的病毒由蛋白质衣壳和核酸基因组两部分组成；较为复杂者尚有囊膜及其他结构。病毒的核酸只含一种，DNA 或 RNA；DNA 多数是双股的但也有单股的，RNA 多数是单股的但也有双股的。这些都有别于其他微生物。病毒必须侵入其他活细胞后才能增殖，它没有代谢酶，也无核糖体，均要由宿主细胞提供。增殖方式既非分裂，也非孢子，而是由基因组通过转录和翻译，生产出病毒的结构蛋白，装配成衣壳，然后核酸进入其内，成为子代病毒。它们常将感染细胞破坏而进入周围环境中；有些不破坏细胞，而通过出芽方式逸出，此时从细胞膜或细胞核膜获得一层以类脂质为主的囊膜。通常 DNA 病毒在胞核内增殖，而 RNA 病毒在细胞质内，但都有例外。有些病毒如反转录病毒和嗜肝病毒的核酸能整合到宿主细胞的染色体中，从而诱发肿瘤。病毒的分离培养多数采用细胞培养，在某些情况下接种鸡胚或实验动物。常用的抗生素对病毒均无效。

病毒重组（viral recombination） 两种不同的病毒或同一病毒的两个不同毒株同时感染同一细胞时，在其核酸复制的过程中核酸序列发生交换的现象。产生的病毒重组体含有来自不同亲本病毒的核酸序列，出现与亲代病毒不同的基因型和表型。病毒重组有助于产生新的病毒基因组以适应新的生长环境，是病毒进化的动力之一。

病毒非结构蛋白（viral nonstructural protein） 病毒结构组分之外的蛋白，可能存在于病毒颗粒内，或只有在被感染细胞内才能发现，是病毒在宿主细胞内复制所必需的，具有酶活性或调控复制等功能。近年来已逐步了解非结构蛋白的作用和应用价值，例如冠状病毒和流感病毒的非结构蛋白有一定的逃逸宿主免疫的功能，有助于病毒在体内复制；口蹄疫病毒的非结构蛋白 3ABC 仅存在于感染动物，检测其抗体可区分野毒感染与疫苗接种的动物。

病毒复制（virus replication） 病毒感染细胞后，以病毒基因组为模板，合成病毒核酸与蛋白质成分，在宿主细胞内组装成病毒颗粒，再以各种方式释放到细胞外的增殖方式。一个完整的复制周期包括吸附、穿入与脱壳、生物合成、组装与释放等步骤。

病毒干扰（virus interference） 一种病毒感染细胞后可以干扰另一种病毒在该细胞增殖的现象。可在同种以及同株的病毒间发生，后者如流感病毒的自身干扰。异种病毒和无亲缘关系的病毒之间也会发生干扰，且比较常见。病毒间干扰的机制还不完全清楚，概括起来包括：病毒作用于宿主细胞，诱导产生干扰素（interferon，IFN）；其他因素干扰病毒的增殖，如第一种病毒占据或破坏了宿主细胞的表面受体或者改变了宿主细胞的代谢途径，因而阻止另一种病毒的吸附或穿入；也可能是阻止第二种病毒 mRNA 的转译，或是在复制过程中产生了缺陷性干扰颗粒，干扰同种病毒在细胞内复制。

病毒核酸（viral nucleic acid） 病毒的遗传物质，是组成病毒基因组的化学成分。含量从不到病毒颗粒的1%到50%不等。其分子量的大小与病毒结构的复杂性和功能大致成正比。与其他生物相比，其特点为：①病毒只含一种核酸，DNA 或者 RNA，不会两者都存在，而其他生物均含有两种核酸；②遗传信息可以贮存在 DNA 中，也可在 RNA 中，而其他生物均贮存在 DNA 中；③基因组均为单倍体，即每个基因只有一个拷贝，而真核生物均为双倍体；④病毒的 DNA 多数为双股，少数为单股；RNA 多数为单股，少数为双股。在其他生物中，DNA 为双股，RNA 为单股。

病毒互补（viral complementation） 当两种病毒混合感染同一细胞时，一种病毒可促进另一种病毒增殖的现象，是两株病毒在蛋白质水平上的互补作用。与遗传重组不同，它们之间没有核酸交换，而是一种病毒提供基因产物给另一病毒，使后者得以顺利增殖。例如温度敏感（temperature-sensitive，ts）突变种常接受同种病毒非 ts 株的基因产物才能满足它的生长需要。有时两株 ts 变种互补其基因产物，任何一株单独感染都不能生成子代。

病毒结构蛋白（viral structural protein） 组成病毒结构的蛋白，包括构成病毒的衣壳和囊膜及纤突成分的蛋白，具有保护病毒核酸的功能。衣壳蛋白、囊膜蛋白或纤突蛋白可特异地吸附至易感细胞受体并促进病毒进入细胞，是决定病毒对宿主细胞嗜性的重要因素。

病毒粒子（virion）　又称病毒子、病毒体，单个完整的有感染力、能进行增殖的病毒颗粒。是病毒的一般存在形式，具有一定的形态、结构及传染性。

病毒释放（release of virus）　病毒在细胞内增殖产生成熟病毒颗粒后从感染细胞释出的过程。主要方式有：①无囊膜病毒蓄积在宿主细胞裂解时释放；②囊膜病毒以出芽的方式从胞浆膜、胞质内膜或核膜出芽；③有些囊膜病毒则穿越高尔基体或粗面内质网出芽后进入空泡以胞吐方式释放。囊膜病毒在此过程中从宿主细胞获得囊膜。

病毒受体（viral receptor）　宿主细胞表面能识别病毒并能与病毒特异性结合的分子结构，与病毒的吸附、穿入密切相关。其化学本质多数为糖蛋白，少数是糖脂或唾液酸寡糖苷。一个受体位点由几个受体单位组成，后者又由几个亚单位组成。病毒受体可以是单体也可以是复合体，具有特异性、高度亲和性、结合位点的有限性、靶细胞部位的有限性等生物学效应。易感细胞表面对某病毒的受体数一般为 10^4～10^5。受体活性依赖于一定的分子构象，也受环境因素的影响，如温度、pH、阳离子的存在、液体的黏滞性等。不同病毒需要细胞的特定受体，受体是决定病毒感染动物或细胞谱的物质基础，例如猪瘟病毒只有在猪细胞上才有其受体，而水泡性口膜炎病毒在很多动物细胞上都有其受体。有些不同种属的病毒可与相同的受体结合，如腺病毒 2 型与人鼻病毒 2 型。受体的表达与细胞分化有关，例如在人体内肾细胞没有脊髓灰质炎病毒的受体，但在体外培养的肾细胞却有。

病毒双向性 RNA（viral ambisense RNA）　单股病毒 RNA 链上部分节段为正股，另外部分为负股的现象。基因组 RNA 与 mRNA 基因序列相同者为正股，与 mRNA 互补者称负股。如布尼病毒及砂粒病毒等 RNA 病毒存在部分节段为负股，部分为正、负股的双向现象。

病毒吸附（virus adsorption）　病毒吸附到敏感细胞表面的过程，是病毒感染细胞的第一步，包含静电吸附和特异性吸附两个阶段。静电吸附阶段需阳离子中和细胞和病毒表面的负电，促进吸附。特异性吸附阶段由病毒通过表面分子与敏感细胞表面的受体分子特异性结合完成，对病毒感染细胞至关重要。病毒对细胞的特异性吸附反映了病毒的细胞嗜性，如缺乏特异性受体，病毒不能吸附到细胞也就不能完成感染。

病毒性出血性败血症（viral hemorrhagic septicemia）　病毒性出血性败血症病毒引起虹鳟及若干非鲑科野生海鱼的急性或亚急性传染病。发生于欧洲各国。曾以最初发病的丹麦渔村将病原命名为 Egtved 病毒，属弹状病毒科狂犬病毒属，分 3 个亚型。急性型为全身出血，死亡率可达 80%。慢性型表现为运动失调，肝、肾、脾等肿大，但不出血。一年四季均可发生，但在水温 14℃左右的春季多发，病毒感染导致鱼体免疫力下降，可造成水霉和细菌继发感染。欧洲国家、北美及日本均有发病报道。耐过的鱼可通过尿、精子及卵终身排毒，成为传染源。诊断可取病鱼内脏、血液或腹水接种 RTG－2、CHSE－214 等冷水鱼细胞系，15℃孵育 24～48h 出现细胞病变（CPE)，再作中和试验鉴定。检测病毒可用中和试验、荧光抗体试验或 RT－PCR 法。最有效的预防措施是对鱼的孵化池及养殖设施严加消毒，切断传染源。

病毒性出血性败血症病毒（viral hemorrhagic septicemia virus，VHSV）　又称 Egtved 病毒。弹状病毒科（Rhabdoviridae）、狂犬病毒属成员，是 OIE 规定的通报鱼病病原之一。病毒颗粒呈子弹状，有囊膜及膜粒，基因组为单分子负链单股 RNA，核衣壳螺旋对称。至少有 3 个血清型。感染各种虹鳟鱼及若干非鲑科野生海鱼。病毒可在哺乳动物细胞系如 BHK－21 及人成纤维二倍体细胞 WI38 生长。

病毒学（virology）　以病毒作为研究对象，通过病毒学与分子生物学之间的相互渗透与融合而形成的一门新兴学科。具体来讲，是一门在充分了解病毒的一般生物学特性包括形态结构、增殖、遗传特性、分类等的基础上，研究病毒基因组的结构与功能，探寻病毒基因组复制、基因表达及其调控机制，从而揭示病毒感染、致病的分子本质，为病毒基因工程疫苗和抗病毒药物的研制以及病毒病的诊断、预防和治疗提供理论基础及其依据的科学。病毒学的应用涉及医学、兽医、环境、农业及工业等广阔领域，已相应发展成噬菌体学、医学病毒学、兽医病毒学、环境病毒学、植物病毒学以及昆虫病毒学等多门分支学科。

病毒样颗粒（virus－like particles，VLPs）　又称伪病毒。含有病毒衣壳蛋白结构但不含有核酸的一种特殊颗粒。病毒样颗粒的外观与有核酸的病毒颗粒无差异。许多病毒结构蛋白都具有自动组装成 VLPs 的能力，在形态结构上与天然的病毒颗粒相似，具有很强的免疫原性和生物学活性。由于 VLPs 不含有病毒遗传物质，因此不具有感染性，其中有些已经作为疫苗成功应用于临床。VLPs 在结构上允许外源基因或基因片段的插入而形成嵌合型 VLPs，并将外源性抗原展示在其表面。此外，多数病毒 VLPs 还具有包裹核酸或其他小分子的能力，可作为基因或药物的运载工具。

病毒原质体（viroplasma） 由病毒感染引起的一种无定形胞浆内包涵体，是感染细胞内的病毒复制区。通常为蛋白质，没有外膜。

病毒中和试验（virus neutralization test） 一种检测特异性抗体的技术，利用已知病毒测定待测血清中的中和抗体试验。病毒与相应的中和抗体结合后，能使病毒失去吸附细胞的能力或抑制其侵入或复制，从而丧失感染能力。本试验主要用于：①从待检血清中检出抗体，或从病料中检出病毒，从而诊断病毒性传染病；②测定抗病毒血清效价；③新分离病毒的鉴定和分型等。中和试验不仅可在易感实验动物体内进行，亦可在培养细胞或鸡胚上进行。试验方法主要有简单定性试验、固定血清稀释病毒法、固定病毒稀释血清法、空斑减少法等。

病理反应（pathological response） 致病因素作用于机体后所出现的机能代谢变化，如心跳加快或减慢，白细胞增多或减少等。病理反应无特异性，可出现于各种疾病或病理过程。一种疾病或病理过程也可有多种病理反应，不同的病因作用于机体可能引起同一种病理反应。

病理过程（pathological process） 又称基本病理过程。存在于不同疾病和不同的组织器官的共同的、成套的功能、代谢和形态结构的异常变化。病理过程是构成病理学的基础。一种病理过程可以存在于许多疾病，例如肾炎、肺炎以及所有其他炎性疾病都有炎症，炎症包括变质、渗出和增生等基本病理变化。炎症就是一个重要的病理过程，其他还有缺氧、发热、出血、充血等。

病理解剖学（pathoanatomy） 研究动物患病时形态学变化的一门病理学分支学科。研究材料主要来源于尸体剖检、活体检查及动物实验，可采用各种手段包括肉眼检查、光学和电子显微镜检查，以及组织化学、免疫电镜等技术来研究疾病和各种病理过程的形态变化。

病理切片（pathological section） 供显微镜检查的病变组织薄片。病变组织通过化学试剂固定、包埋处理后，经切片机切成薄片，贴附在载玻片上，再经脱蜡、染色、透明、封固后制成。可在光学显微镜下用于观察组织细胞的变化，进一步提供细胞组织的变化信息。

病理生理学（pathophysiology） 病理学的一个分支，研究疾病的原因、病理发生、发展和转归的一般规律及各种病理过程和疾病时各系统器官机能和代谢动态变化的一门学科。

病理生物学（pathobiology） 从生物学角度来探讨疾病发生、发展基本规律的一门病理学分支学科。病理生物学把疾病的发生看作生物学的异常发展过程，可以认为是正常生物学的延续。

病理形态学诊断（pathological diagnosis） 根据患病器官及其形态学变化所做出的诊断。

病理性肤色（pathological skin） 因疾病原因而呈现的皮肤颜色。分为 5 种：①潮红或充血，在皮肤上出现规则或不规则的红斑或整个皮肤发红；②出血，常为出血斑点或斑纹，初呈红色后呈蓝黑色；③发绀，皮肤呈黑蓝乃至暗紫色；④黄染或黄疸；⑤苍白或贫血。在白色皮肤动物病理性肤色容易辨识，而在黑色皮肤动物则不明显。

病理性骨化（pathological ossification） 骨以外组织中出现骨组织的病变。如牛肺内结缔组织形成骨刺，猪腹壁手术疤痕骨化和骨化性肌炎等。病理性骨化与慢性炎症或异常刺激有关。

病理性混合呼吸音（pathological mixed breath sounds） 又称支气管肺泡呼吸音。较深部的肺组织产生炎症病灶，而周围被正常的肺组织所遮盖，或浸润实变区和正常的肺组织掺杂存在时，所出现的肺泡音和支气管呼吸音混合的现象。其特征为吸气时主要是肺泡呼吸音，而呼气时则主要为支气管呼吸音，近似“fu—ha”的声音。

病理性细胞（pathological cell） 已有病理变化的细胞及主要在某些疾病或病理过程中出现的细胞。如上皮细胞严重水肿变性形成的气球样细胞，在结核病灶内的朗格汉斯细胞，在红斑狼疮病灶内出现的狼疮细胞等。

病理学（pathology） 研究异常生命现象的科学，以解剖学、组织学、生理学、生物化学、分子生物学、微生物学及免疫学等理论为基础，运用多种方法和技术研究疾病的发生原因（病因学），在病因作用下疾病的发生发展过程（发病学/发病机制），机体在疾病过程中的机能代谢和形态结构的改变（病变）以及疾病的结局和转归，从而揭示患病机体的生命活动规律。目的是阐明疾病的本质，揭示和掌握疾病发生发展和转归的基本规律，为诊断疾病提供充分的依据，为防治疾病提供必要的理论基础。在传统上可分为病理解剖学（pathoanatomy）和病理生理学（pathophysiology）。病理解剖学着重从形态结构变化角度阐明疾病发生、发展和转归的规律；病理生理学着重从功能和代谢的角度来阐明疾病发生、发展和转归的规律。但是，形态结构的改变常伴有功能和代谢变化，而机能代谢的改变也必然以形态结构的变化为基础，因此，病理解剖学和病理生理学之间存在着密不可分的有机联系，不能截然分开。随着科学技术的发展，病理学出现了一些新的分支学科，如细胞病理学（cytopathology）、超微病理学（ultrastructural pathology）、分子病理学（molecular pathology）、免疫病理学（immunopathology）、环境病理学（envirenmental pathology）、遗传病理学（genetic pathology）、定量病理学（quantitative pathology）等。

病理学诊断（pathological diagnosis） 又称病理剖检诊断。根据病理变化查明疾病性质和死亡原因的一种诊断方法，包括尸体剖检和病理组织学诊断两部分。应用病理学的理论和技术，对病死动物或人为处死的实验动物的尸体，进行系统病理检验和观察，用显微镜查明各器官组织的病理组织学变化并进行综合分析，提出符合客观实际的病理学诊断结论。病理学诊断是兽医学和生物医学研究工作中最常用的方法之一，在法医学方面也具有十分重要的意义。

病理状态（pathological status，PS） 疾病后遗留下的比较稳定的形态结构与机能变化的状态。例如，慢性关节炎时关节周围结缔组织增生，关节肿大、变形；烧伤后局部形成的瘢痕；乳腺炎后造成的结缔组织增生使泌乳机能降低；心内膜炎后遗留的瓣膜孔狭窄或闭锁不全等。

病理组织学（pathohistology） 又称组织病理学（histopathology，HP）。研究患病机体各系统器官组织学变化的一门病理学分支学科。主要应用组织切片技术、染色技术，借助光学显微镜观察研究病变器官组织细胞水平的变化，为揭示疾病的发生机制提供形态学依据。病理组织学观察也是建立疾病诊断的重要依据。

病历（medical record，case history） 动物患病经过的记录。主要记载病史、现症的临床检查、实验室及其他特殊检查的全部结果、诊断、治疗、处方、病程经过及转归，最后诊断等。病历既是医疗机构的法定文件，又是原始的科学资料。填写病历要全面而详细，系统而科学，具体而肯定，通俗而易懂。病历内容包括：①病例登记。②病史。③临床检查所见。④实验室检验及其他特殊检查结果。⑤初步诊断。⑥治疗原则、方法、处方及医嘱。⑦记录者签名。⑧病历日志。⑨总结。

病料采集（specimen collection） 微生物学诊断的重要环节之一。正确采集病料是确定传染病诊断的关键步骤。病料力求新鲜，最好能在濒死时或死后数小时内采取，尽量减少杂菌污染，用具器皿应尽可能严格消毒。通常可根据所怀疑病的类型和特性来决定采取那些器官或组织的病料。原则上要求采取病原微生物含量多、病变明显的部位，同时易于采取，易于保存和运送的病料。

病史调查（historical survey） 在流行病学方法中常用的病史前瞻性调查，又称回顾性队列研究。它是根据已有记录，按过去暴露于某致病因素的情况下，将被观察群体分为队列，然后观察不同队列群体的发病或死亡情况。从调查性质上讲，先是病史回顾，然后是前瞻性观察。

病死畜肉（meat of dead or moribund animals） 由濒死或已死动物屠宰所获得的肉。病死畜肉多半因为放血不完全致使肉色变得深暗无光泽，脂肪组织和胸腹下的血管充盈易见，加压时有血液自断面外渗。有时出现红膘，淋巴结增大并呈深红色，内部器官明显充血。屠体放血刀口平滑，死后冷宰的尤其明显。为确保食肉安全，病死畜肉应予废弃、化制或销毁处理。

病因学（etiology） 研究疾病发生的原因和条件及其在发病中作用的学科。引起疾病发生的因素称为病因，指引起疾病必须存在和决定疾病特征的致病因素；条件是指影响疾病发生的内外环境中的各种因素。疾病的发生常是原因和条件综合作用的结果。

病原菌（pathogenic bacteria） 能侵入机体并可导致机体发病的细菌。

病原体（pathogens） 能引起疾病的微生物和寄生虫的统称。微生物占绝大多数，包括病毒、衣原体、立克次体、支原体、细菌、螺旋体和真菌；寄生虫主要有原虫和蠕虫。病原体属于寄生性生物，所寄生的自然宿主为动植物和人。机体遭病原体侵袭后是否发病，一方面与其自身免疫力有关，另一方面也取决于病原体致病性的强弱和侵入数量的多寡。一般，数量越多，发病的可能性越大，尤其是致病性较弱的病原体，需较多的数量才有可能致病。少数微生物致病性相当强，少量感染即可致病，如狂犬病病毒等。

病原相关分子模式（pathogen - associated molecular patterns，PAMs） 病原微生物所具有的特征性保守成分。如革兰阳性菌的胞壁肽聚糖和革兰阴性菌的脂多糖等，通过与相应模式识别受体结合而被宿主免疫细胞识别，引起先天性免疫应答。

病原携带者（pathogen carrier） 外表无症状但携带并排出病原体的动物。病原携带者是一个统称，如已明确所带病原体的性质，也可以相应地称为带菌者、带毒者、带虫者等。病原携带者一般分为潜伏期病原携带者、恢复期病原携带者和健康病原携带者3类。

病灶（focus of infection） 遭受损害发生病变的局部组织。发生坏死的局部组织称坏死灶；发生炎症的局部组织称炎灶。病灶与周围健康组织之间通常有较明显的分界线。

波纳病（Borna disease） 又称马地方流行性脑膜脑脊髓炎。波纳病毒引起的马、羊的一种传染性脑脊髓炎。本病因于1894年在德国波纳地区严重流行而得名。本病在德国曾周期性发生，以后在东欧、中东及北非相继发生。病原是波纳病毒科波那病毒属唯一的成员。病毒可随病畜的分泌物和排泄物排出体外，经空气吸入、食物摄取等途径传播。患畜出现神经症状，主要表现脑膜炎和脑脊髓炎的综合症状，中枢神经组织有非化脓性脑炎变化，特别是海马角神经细胞有核内包涵体为其特征。无特效疗法，病马最好扑杀，彻底消毒。在多发地区可用疫苗预防。

波纳病毒（*Borna virus*） 波纳病毒科（Bornaviridae）、波纳病毒属（*Bornavirus*）的唯一成员。病毒粒子呈球形，直径约90nm，有囊膜，基因组为单分子负链单股RNA。病毒在细胞核内复制，产生核内包涵体。感染马出现的典型症状是两前肢长时间交叉站立，头下垂，后期由于运动功能障碍表现为麻痹。病程3～20d，最终多数死亡。耐过的马通常永久性的感觉障碍或运动残疾。病毒主要存在于中枢神经系统，乳腺、唾液腺、鼻黏膜及肾脏也有存在。自然发病除马外，还有牛、兔及猫，驴、骡、骆马有散发病例。从鸡到灵长动物均可实验感染，大鼠是最通用的动物模型。

波氏菌属（*Bordetella*） 也译作博代氏菌、博德特氏菌属，属产碱杆菌科（Alcaligenaceae）。革兰阴性小杆菌，（0.2～0.5）μm×（0.5～2.0）μm。有荚膜，不产生芽孢。生长缓慢，需烟酰胺、半胱氨酸和蛋氨酸。在营养琼脂上形成细小、隆起、光滑、闪亮的菌落。触酶阳性，不分解碳水化合物，甲基红、VP和吲哚试验阴性。不液化明胶，石蕊、牛乳变碱但不胨化。大多成员专性寄生于哺乳动物或禽类，定殖在呼吸道上皮细胞的纤毛上，并致呼吸道疾病。主要有百日咳波氏杆菌（*B. pertussis*）、副百日咳波氏杆菌（*B. parapertussis*）、禽波氏杆菌（*B. avium*）及支气管炎波氏杆菌（*B. bronchiseptica*）等7种。支气管败血波氏杆菌，曾称为犬支气管杆菌（*Bacillus bronchicanis*），因最初从患呼吸道病犬发现，此后发现有多种宿主，因此改为现名。支气管败血波氏杆菌在麦康凯平板上菌落显蓝灰色，周边有狭小的红色环，培养基着染琥珀色。该菌可引起犬传染性气管支气管炎（幼犬窝咳）和兔传染性鼻炎，并是猪传染性萎缩性鼻炎的病原之一。禽波氏杆菌的许多特征与支气管败血波氏杆菌相似，但脲酶及硝酸盐还原试验阴性；在麦康凯琼脂和SS琼脂上均可生长，前者的菌落蓝灰色，中心微隆带褐色；蛋白胨琼脂上生长不产生棕色色素。禽波氏杆菌可引致火鸡雏鼻炎和鼻气管炎，造成较大经济损失，也侵害鸡，特别是肉鸡。

波斯锐缘蜱（*Argas persicus*） 一种侵袭鸡、火鸡、鸽、鸭、鹅和鸵鸟等多种鸟类的吸血软蜱。成虫呈扁平的卵圆形，前部较窄，长4～10mm，宽2.5～6mm，背侧表面呈革状质地，边缘薄锐，未吸血时呈黄褐色，吸饱血后呈灰蓝色。假头位于腹面前方，从背面观察不到。雌、雄虫在外形上无明显差别。雌虫产卵于禽舍的各处缝隙或裂缝中。幼虫多在鸡翅下吸血，吸饱血后体部呈圆球状，即时离开宿主，隐藏在各处缝隙中，脱皮后变为若虫；有两个若虫期，都必须吸血后继续发育。若虫和成虫均于夜间侵袭宿主吸血。幼虫可以耐饥饿3个月，若虫和成虫耐饥饿可达5年。虫体数量过多时，使鸡不得休息，并造成贫血；此外还可以引起鸭麻痹，传播边缘无浆体、禽埃及梨形虫和鹅包柔氏螺旋体。

波状热（undulant fever） 体温周期性升高和降低、呈波浪状的一种热型。

玻璃体（vetreous） 眼球内重要的曲光装置。位于晶状体的后方，无色、透明、呈胶状，内含99%的水，其余为无机盐、透明质酸、玻璃蛋白、胶原纤维和透明细胞。其中央有透明管，为胚胎时期玻璃体动脉所在部位。

玻璃体细胞（hyalocyte） 又称透明细胞。是玻璃体内的活性细胞，多见于玻璃体皮质。细胞呈圆形或有突起，胞质内有发达的高尔基体和含透明质酸的分泌颗粒和空泡，可能分泌透明质酸和胶原。关于透明细胞的来源有3种不同的看法：①来自神经外胚层的睫状体上皮，因为两者在胚胎时期彼此极为靠近；②来自血液中的单核细胞；③玻璃体动脉残留的细胞或是视盘的神经胶质细胞增殖迁移而来。在眼发育过程中，透明细胞可分裂增殖，但速度很慢。

玻璃样变（hyaline degeneration） 又称透明变性。在间质或细胞内出现均质、半透明的玻璃样物质的病理变化。有3种形式，其发生机理和意义各不相同：①血管壁的玻璃样变，是血管内膜损伤、血浆浸润、平滑肌坏死的结果，见于猪瘟、鸡新城疫等；②结缔组织的玻璃样变，是胶状蛋白在胶原纤维之间沉着形成的，见于瘢痕组织和慢性炎症；③玻璃滴状变，见于某些细胞内，如肾炎时肾小管上皮细胞内的玻璃样小滴，是尿滤过物中蛋白质重吸收形成的吞噬溶酶体；慢性炎灶内浆细胞内的附红小体，是内质网中蓄积的免疫球蛋白。

玻利维亚出血热（Bolivian hemorrhagic fever）沙粒病毒科塔卡里伯病毒亚群的马休波病毒（*Machupo virus*）引起的一种急性传染病。临床特征与阿根廷出血热相似，但病死率更高（5%～30%）。本病仅见于玻利维亚东北部某些地区。传染源为啮齿动物和病人。鼠排泄物和分泌物污染的尘埃或饮水、食物，可经呼吸道、消化道或损伤皮肤感染人体。在密切接触情况下，可发生人群内的传播。动物为隐性感染，人多为显性感染。确诊需作病毒分离和血清学试验。无特效疗法，灭鼠为主要防制措施。

剥皮铲（obstetrical skin-spatula）　难产时剥离胎儿（主要是四肢）皮肤用的工具。杆长 80cm 左右，铲身呈槽形，刃不甚锐利。使用时，用绳拴住肢端，拉紧。环切肢端皮肤，从切口伸入剥皮铲。术者一手入产道，隔皮护住皮铲头，由另一手或助手用力向前铲。另一助手拉紧肢端。逐步将肢四周皮肤分离开，直至肩关节或髋关节。将肢从关节处拉断。

伯氏菌属（*Burkholderia*）　中等大小的革兰阴性杆菌，无芽孢，无荚膜，不运动。本属为专性需氧菌，表型特点与假单胞菌属相似，现有 30 多种，对动物有致病性的仅 2 种：鼻疽伯氏菌（*B. mallei*）及伪鼻疽伯氏菌（*B. pseudomallei*）。鼻疽伯氏菌旧名鼻疽假单胞菌（*Pseudomonas mallei*），又称鼻疽杆菌，普通培养基中生长缓慢，加 5%绵羊血或 1%甘油可促进生长。本菌主要感染马属动物，表现为鼻疽，病变特征为皮肤、鼻腔黏膜、肺脏及其他实质器官形成典型的鼻疽结节和溃疡。也能感染人，为重要的人兽共患病病原。伪鼻疽伯氏菌为人和动物类鼻疽（伪鼻疽）的病原，旧名伪鼻疽假单胞菌（*P. pseudomallei*）。本菌为腐生菌，广泛存在于土壤和水体。在组织涂片上呈细长的杆状，具两极染色性。在普通培养基上生长迅速。与鼻疽杆菌一样，均可在麦康凯培养基生长。动物类鼻疽一般为散发或长期潜伏和隐性感染，绵羊、山羊和猪均曾出现暴发流行，表现为关节炎和肺炎。牛感染本菌主要为胎盘炎及子宫内膜炎。人类可引致高度致死性的类鼻疽，临床表现与鼻疽颇为相似。

勃起（erection）　公畜阴茎海绵体充血、体积膨大伸出包皮腔，硬度及弹性增加，敏感性增强的一个生理过程。勃起反射是公畜性交的先决条件。在正常情况下，公畜阴茎的勃起一般需要有发情母畜在场，通过嗅觉、视觉、听觉和触觉等方面的刺激，引起中枢神经系统发出冲动。

勃修夸拉热（Bussuquara fever）　黄病毒科虫媒病毒 B 组的勃修夸拉病毒引起的一种急性、良性发热病。本病分布于南美洲某些地区。病毒广泛分布于亚马逊河流域某些森林地区的啮齿动物中，库蚊是主要传播媒介。家畜中未见本病，猴可感染发病。人感染后发热、食欲减退、关节痛和头痛不安，持续 4d 后痊愈。一般不必采取防治措施。

跛行（lameness）　动物躯干或肢体发生结构性或功能性障碍而引起的姿势或步态异常的总称，是动物四肢运动机能障碍的综合症状。

跛行麻醉诊断（diagnosis of anesthetic block in lameness）　将局部麻醉药注射于痛点周围、外周神经干附近、关节内或腱鞘内以消除注射部位或神经干所支配区域内疼痛感觉的一种跛行诊断方法。如疼痛部位诊断正确，在注入的麻醉药发生作用后则跛行消失。此方法有助于对跛行发生的疼痛部位做出判断。

跛行诊断（diagnosis of lameness）　家畜尤指马的四肢机能障碍的诊断理论和实践。是家畜外科学中的重要内容，包括四肢和蹄的解剖和运动功能，跛行的种类和程度，跛行诊断的方法和判定等。

卟啉尿（porphyuria）　又称紫质尿。尿液中含有超量卟啉衍生物，主要是尿卟啉和粪卟啉。见于遗传性卟啉病、铅中毒等。卟啉尿在空气中放置时呈红色葡萄酒色，用紫外线照射呈红色荧光。

补呼气量（expiratory reserve volume）　又称呼气贮备量。动物在平静呼气后作最大限度呼气时所呼出的气量。马约为 12 000mL。

补齐（polish）　用 Klenow 片段聚合酶或 T_4 DNA 聚合酶将线状双链 DNA 的黏性末端补平，成为平头末端。分子克隆中，有时需将载体 DNA 的黏性末端补齐，以便与外源 DNA 片段进行平头连接。另外限制性内切酶产生的黏性末端，经补齐后再平头连接，可消除原来的酶切位点，适用于特定的基因重组。

补体（complement）　存在于新鲜血清中具有类似酶原活性的一组蛋白质。当存在抗原抗体复合物或其他激活因子时，可被激活而表现杀菌、溶菌、溶细胞和杀伤靶细胞等活性，增强吞噬细胞和抗体等的防御能力。补体由 C_1～C_9 9 种蛋白质组成，C_1 又分 C_1q、C_1r 和 C_1s 3 种，共 11 种组分。它们构成连锁反应的系统即为经典的补体系统（complement system）。补体的各种成分在血清中含量相对稳定，不因免疫刺激而增高。对理化因素不稳定，加热 56℃ 30min 即被灭活，紫外线照射、机械振荡、酸碱等均能破坏补体。

补体单位（complement unit）　溶血试验中在 2

单位溶血素条件下，能使标准量的红细胞悬液完全溶血的最少补体量（CH_{100}），或50%溶血（CH_{50}）的补体量。过去多采用CH_{100}，正式试验时用2 CH_{100}的补体，现已改用CH_{50}，试验时用4～5 CH_{50}的补体。

补体滴定（complement titration） 补体结合试验时，补体单位的滴定。以完全溶血（CH_{100}）为单位时，不同的补体量与定量致敏红细胞作用后，出现完全溶血的补体量为一个CH_{100}。以50%溶血为单位时，需先制备完全溶血的对照管，与不同补体量的滴定管一起作溶血试验，分别测定OD_{541}，计算溶血率（Y）及Y/1-Y。以Y/1-Y为横坐标，补体量为纵坐标制图。50%溶血时，Y/1-Y=1。故在横坐标为1处求得纵坐标上的截距，即为1个CH_{50}的补体量。

补体活性（complement activity） 补体活化后所产生的各种免疫活性分子的生物活性。见下表：

补体活性

生物活性	补体成分
中和病毒	C_1、C_4
过敏毒素	C_{3a}、C_{5a}
趋化因子	C_{3a}、C_{5a}、$C_{\overline{567}}$
促进吞噬作用	C_{36}、C_{56}
免疫黏附作用和调理作用	C_{36}、C_4
溶菌、杀菌和细胞毒作用	$C_{1\sim9}$
类似激肽活性	C_{26}、C_{49}

补体激活（complement activation） 又称补体活化。补体由无活性蛋白质转化为活性补体的过程。补体的各成分均为大分子蛋白质，除C_1q外皆以类似酶原形式存在于血清中，必须激活后才能发挥作用。补体活化时，前一个活化成分往往成为后一种成分的激活酶。各种成分依次被激活，分解出小分子物质，引起连锁反应。补体激活主要有3条途径，即经典途径、旁路途径和凝集素途径。

补体激活经典途径（classical pathway of complement activation） 又称C_1激活途径。在有抗原抗体复合物时的补体激活途径。其激活过程如下：①补体成分中的C_1q与抗原抗体复合物中的抗体分子FC片段上暴露的结合点结合，随后C_1r、C_1s相继与之结合，形成C_1qrs，即$C_{\overline{1}}$（数字上加一横表示已活化）。②活化的C_1r使C_1s（酯酶原）变为酯酶C_1s，进一步作用于C_4和C_2，使C_4裂解为C_{4a}和C_{4b}。C_{4a}为具有激肽活性的小片段，游离于基质，C_{4b}为结合于细胞膜上的大片段，可致细胞毒作用。③$C_{\overline{14}}$使分子变构暴露出与C_2作用的酶，在有Mg^{2+}存在时C_2分解成C_{2a}和C_{2b}，其中C_{2a}与C_{4b}结合形成C_{4b2a}，即C_3转化酶。小分子C_{2b}亦具有类似激肽活性，可使平滑肌收缩，毛细血管通透性增加。④C_3是补体成分中浓度最高、活性最强的一种成分，可以被C_{4b2a}裂解为C_{3a}和C_{3b}。小分子C_{3a}游离于血清中，有过敏毒素和趋化作用，是一种炎性因子。大分子片段C_{3b}与膜上的C_{4b2a}结合形成C_{4b2a3b}，即C_5转化酶，小部分C_{3b}可黏附在有C_3受体的细胞上，引起免疫黏附作用。其余大部分释放于血清中，可进一步分解为C_{3d}和C_{3c}。⑤C_{4b2a3b}分解C_5为C_{5a}和C_{5b}。小分子C_{5a}游离，有过敏毒素和趋化作用。大分子C_{5b}与C_6、C_7，形成C_{5b67}，结合于细胞膜上，以后过程无酶活作用，均为自身聚合过程。⑥C_{5b67}进一步与C_8结合形成C_{5b678} 4分子复合物，然后再与6个分子的C_9结合形成10个分子的攻膜单位，使细胞膜溶解，形成小孔，细胞损伤或破裂。

补体激活凝集素途径（lectin pathway） 又称甘露糖结合凝集素途径（mannan-binding lectin pathway，MBL途径）。基本过程：血浆凝集素直接识别多种病原微生物表面大范围重复的糖结构，进而依次活化MBL相关丝氨酸蛋白酶（MBL-associated serine protease，MASP）、C_4、C_2、C_3，形成与经典途径相同的C_3与C_5转化酶，从而激活补体级联酶促反应。

补体激活旁路途径（alternate pathway of complement activation） 又称替代途径或C_3激活途径。在无抗原抗体复合物时，另一些激活因子如酵母多糖、细菌内毒素等，可不经C_1而直接激活C_3的活化程序。在正常血清中存在C_3激活剂前体（C_3PA，即B因子）和C_3PA转化酶原，上述激活因子在有Mg^{2+}存在时可使B因子转化为C_3PA转化酶（即D因子），可使C_3PA分解为B_a和B_b 2个片段，其中大分子B_b为C_3激活剂，能使C_3裂解为C_{3a}和C_{3b}。C_{3b}进一步与B_b结合形成$C_{3b}B_b$能分别激活C_3，$C_{3b}B_b$与C_3b结合形成C_5转经酶$C_{3b}B_{b3b}$，以后的过程同C_1激活途径，这一途径使机体在初次接触抗原时即可活化补体而发挥其杀灭作用。

补体结合点（complement-binding site） 存在于Ig重链CH_2上的一个能与补体成分C_{1q}结合的位点。未与抗原结合的抗体，F_{ab}臂向下弯曲，将此点掩蔽。与抗原结合后，F_{ab}向前伸展，补体结合点暴露，故补体只能与已经和抗原结合的抗体结合。

补体结合试验（complement fixation test，CFT） 检查血清中抗体与相应抗原结合后结合补体的一种血清学试验。首先将抗原、加热灭活的被检血清和补体一起保温一定时间，待反应完成后，再加入由绵羊红细胞和溶血素（抗绵羊红细胞抗体）组成的指示系统。如果存在游离的补体，就发生溶血，表示第一阶段不存在相应的抗原抗体，判为阴性。不溶血则表示补体在前一阶段反应中被抗原抗体复合物结合，判为阳性。本法亦可用已知抗体检测未知抗原。

补体结合性抗原（complement fixing antigen）与相应抗体结合后又能与补体结合的可溶性抗原。包括蛋白质、多糖、类脂质、病毒等。补体结合性抗原用于疾病血清学诊断中的补体结合试验，如鼻疽补体结合试验抗原、布鲁菌病补体结合试验抗原等。

补体结合抑制试验（complement fixation inhibition test）参见间接补体结合试验。

补体灭活因子（complement inactivating factor）使活化后的补体各成分进一步裂解而使其失去活性的因子。如 C_{3b} 灭活因子可使 C_{3b} 裂解为 C_{3d} 和 C_{3c} 而失活。C_{3b} 灭活后可暴露出一个和正常牛血清中胶固素（conglutinin）起反应的部位，故亦称胶固素原活化因子（conglutinogen activating factor）。此外还有 C_{4b} 灭活因子、过敏毒素灭活因子（灭活 C_{3a}、C_{5a}）和 C_6 灭活因子。主要功能是从不同角度调节补体激活进程。

补体受体（complement receptor，CR）存在于许多细胞膜上能够与补体成分结合的蛋白质。补体系统激活后，活性片段通过与细胞表面的特异性受体结合而发挥作用。目前有 CR_1～CR_5，以及 $C_{5a}R$。

补体系统（complement system）经典的补体系统是指由 9 种补体成分、11 种血清蛋白组成的一种具有独特免疫功能的体系。存在于正常动物的血液和淋巴液中。只有当抗原、抗体在体内结合后，暴露出补体结合位点，补体系统中的 C_{1q} 即与之结合，从而激发起一系列连锁酶促反应，最终导致溶细胞反应。酶解过程的分解产物，均具有多种免疫活性，使反应局部出现一过性炎性反应，促使抗原消除。现代免疫学中补体系统还包括补体激活替代途径中的 B 因子、D 因子以及备解素，凝集素途径中的 MBL、MASP，补体系统的调节蛋白等。

补体抑制因子（complement inhibiting factor）补体激活过程中的调节因子。如 C_1 脂酶抑制因子能抑制 C_1 脂酶对 C_4、C_2 的酶解作用。主要包括 C_{4b} 结合蛋白、H 因子、补体受体、膜协同因子蛋白（MCP）、衰变加速因子（DAF）、I 因子、S 蛋白、同源限制因子（HRF）、反应性溶解抑制因子（MIRL）等。

补体自身衰变（complement autodecay）补体激活过程中的一种内部调节机制。在这一过程中活化后的 C_{4b}、C_{3b} 和 C_{5b} 均暴露出一个不稳定的结合部位，此部位若不在短时间内与细胞膜结合，即可失去活性。另外 C_{2a} 极易自 C_{4b2a} 及 C_{4b2a3b} 中解离而使其失去活性。这些均可限制补体的活化过程，以避免伤及靶细胞附近的正常细胞。

补吸气量（inspiratory reserve volume）又称吸气贮备量。动物在平静吸气后做最大吸气时吸入的气量。其值与肺弹性的大小和呼吸肌的强弱成正比。马可达 12 000mL。

哺乳动物腺病毒属（*Mastadenovirus*）腺病毒科的一个属。有许多血清型，在人有 47、猴 27、牛 10、猪 4、绵羊 6、马 1、犬 2、山羊 1、鼠 2 血清型。具重要致病意义的有犬腺病毒 1 型，可致犬传染性肝炎等。人腺病毒的若干型与人的呼吸道感染及腹泻有关。

哺乳类实验动物（mammalia laboratory animals）来自于哺乳纲（Mammalia）的实验用动物的总称。目前已用做实验动物的哺乳动物主要分布于啮齿目、兔形目、食肉目、偶蹄目、奇蹄目和灵长目，其中大多是最重要最常用的实验动物。此外还有有袋目、贫齿目、食虫目、翼手目、鲸目、鳍足目的一些动物。哺乳类动物进化程度高，应用价值大，尚有很多哺乳动物有待开发成实验动物。

不定热（atypical fever）见不整热。

不感蒸发（insensible perspiration）又称隐性蒸发机体蒸发散热的一种形式。组织液中的水分直接透出皮肤和黏膜（主要是呼吸道的黏膜）表面，在未聚成明显水滴前就蒸发掉的散热形式。这一过程在蒸发表面是弥漫性持续进行的，与汗腺活动无关。即使在非常冷的环境中，不感蒸发依然持续进行，蒸发量在同一个体几乎不变，并与个体的代谢率成比例。

不均等卵裂（unequal cleavage）卵裂时细胞一分为二，但两个子细胞大小不等，即动物极的卵裂球小，植物极的卵裂球大。

不可逆抑制（irreversible inhibition）抑制剂以共价键方式与酶的必需基团进行结合，一经结合就很难自发解离，不能用透析或超滤等物理方法解除的抑制。按其作用特点分为专一性与非专一性不可逆抑制。①专一性不可逆抑制：抑制剂专一地与酶的活性中心或其必需基团共价结合，从而抑制酶的活性。如有机磷杀虫剂能专一地作用于胆碱酯酶活性中心的丝氨酸残基，使其磷酰化而破坏酶的活性中心，导致酶的活性丧失。②非专一性不可逆抑制：抑制剂可与酶分子结构中一类或几类基团共价结合而导致酶失活。如烷化巯基的碘代乙酸、某些重金属（Pb^{2+}、Cu^{2+}、Hg^{2+}）及对氯汞苯甲酸等，能与酶分子的巯基进行不可逆结合。

不可逆作用（irreversible effect） 外源化学物质在机体毒性作用的一种表现形式，机体停止接触外源化学物质后，造成的损伤不能恢复，甚至进一步发展加重。化学毒物引起组织的形态学改变许多是不可逆作用。

不良反应（adverse effect） 用药后产生与用药目的不相符的并给机体带来不适或痛苦反应的统称。包括副作用、毒性反应、变态反应、后遗效应、继发效应、特异质反应等。不良反应一般可预知，但多不可避免，有的甚至难以恢复。

不排卵发情（anovulatory estrus） 母畜表现发情，但不排卵。多见于母畜的初情期。由于促性腺激素释放激素分泌不足，垂体不能对雌激素发生反应而释放促黄体素所致。

不随意运动（involuntary movement） 动物意识清楚而不能自行控制肌肉的病态运动。如痉挛、抽搐、震颤等。

不完全变态（incomplete metamorphosis） 昆虫变态的一种类型。虫体自卵孵化，经过幼虫期便发育为成虫，缺乏蛹期，即发育过程包括卵、幼虫、成虫三个阶段。如蜱、螨、虱等。

不完全抗体（incomplete antibody） 即单价抗体（monovalent antibody），可与相应抗原结合，但在一定条件下不出现可见的抗原抗体反应现象的抗体。

不完全抗原（incomplete antigen） 又称半抗原（hapten），能与抗体结合，但在游离状态时不能激活免疫系统产生抗体和致敏淋巴细胞，亦即只有免疫反应性，而没有免疫原性的物质。此类物质只有与蛋白质结合或吸附在细胞膜上才有免疫原性。根据其与抗体结合后表现形式不同，可分为复合半抗原（与抗体结合后可出现沉淀反应）和简单半抗原（与抗体结合后不出现沉淀反应，但能阻断抗体与相应的抗原结合出现沉淀反应）。前者主要指多糖、脂多糖等物质，后者为单决定簇的低分子化合物，如酒石酸、苹果酸等。

不完全流产（incomplete abortion） 又称部分流产。子宫未完全排出妊娠时内容物的一类流产。母畜怀多胎时，其中一个或几个胎儿怀孕中断，发生流产，其余胎儿继续怀孕，直至足月分娩。母猪多见，流产仔猪不能排出，发生干尸化，母猪足月分娩后，干尸化胎裹在胎衣中被排出。

不完全卵裂（incomplete/meroblastic cleavage） 动物受精卵卵裂的一种方式。卵裂时含细胞核和细胞质的动物极分开，而含大量卵黄的植物极仍然连在一起。中黄卵和端黄卵的卵裂，属此类型。

不完全酶切（partical/incomplete digestion） 限制酶处理 DNA 时因酶量或反应时间不足，以致 DNA 的靶位点只有一部分被裂解的现象。常用识别 4 个核苷酸对的限制酶作部分酶切，使之产生一大批有相互重叠部分的 DNA 片段供构建基因文库使用。

不完全瘫痪（paresis） 简称轻瘫。随意运动减弱但仍能不完全运动的疾病状态。

不相容性反应（incompatible reaction） 供体和受体间组织相容性抗原不一致时，供体的组织进入受体后所出现的反应。如移植排斥反应和输血反应等。

不需氧脱氢酶（anaerobic dehydrogenase） 脱氢酶的一类。可使底物脱氢而氧化，但脱下来的氢并不直接与氧反应，而是通过呼吸链传递最终才与氧结合生成 H_2O。例如 NADH 脱氢酶（FMN 为辅基）、琥珀酸脱氢酶（FAD 辅基），3-磷酸甘油醛脱氢酶等。这些酶的辅酶包括 NAD^+、$NADP^+$ 和 FAD 等。

不应期（refractory period） 可兴奋细胞在接受一次刺激发生兴奋的当时和以后一段时间兴奋性降低或消失，以至对随后的第二次刺激完全不反应或反应较低的时期。不应期长短与细胞正常兴奋性高低直接相关，正常兴奋性高的细胞不应期短，反之则长。不应期可分为绝对不应期和相对不应期。

不育（sterility） 动物受到不同因素的影响，生育力严重受损或者破坏而导致的绝对不能繁殖。但目前一般未能严格遵守这一定义，通常亦将暂时性的繁殖障碍包括在内。公畜不育指公畜达到配种年龄不能正常交配，或精液品质不良，不能使母畜受孕。在母畜，由于畜种不同，不育的标准也不一样。母畜不育一般称为不孕，指超过始乳年龄或产后经过一定时期仍不发情，或配种多次仍不受孕者。引起母畜不育的原因比较复杂，按其性质分为先天性不育和后天获得性不育，后者又包括营养性不育、管理利用性不育、繁殖技术性不育、环境气候性不育、衰老性不育、疾病性不育和免疫性不育。

不孕（infertility） 各种原因所引起的母畜生殖机能暂时丧失或降低的现象。

不孕症（infertilitas） 引起母畜繁殖障碍的各种疾病的统称。

不整脉（irregular pulse） 又称无节律脉。心律失常的一种。脉搏没有规律不整齐。脉搏曲线描记时，表现为脉波波峰间隔不等、不整齐而无秩序。常见的不整脉有窦性不整脉、期外收缩性不整脉、间歇脉等。

不整热（atypical fever） 又称不定热。发热的类型之一。发热持续时间不定，体温变动无规律，体温曲线呈不规则变化。可见于多种热性疾病，如犬瘟热、腺疫和猪丹毒等。

布鲁菌病（brucellosis）由布鲁菌属（*Brucella*）细菌引起的以流产、不育和关节炎、睾丸炎为特征的人兽共患传染病。人感染称为波状热、马耳他热或传染性流产。在家畜中以牛、羊、猪较易感，确诊本病可作细菌学检查或血清凝集试验、补体结合试验等，主要防制措施为定期检疫、淘汰阳性病畜、建立健康畜群，在疫区可对牛、羊进行免疫接种。

布鲁菌凝集反应抗原（brucella agglutinogen）在诊断布鲁菌病的血清学试验中，能与布鲁菌凝集素起特异性反应的一种布鲁菌菌体颗粒性物质。国产使用的抗原是利用布鲁菌牛型 99 号、猪型 2 号和羊型 5 号菌株制备的试管凝集反应抗原与平板凝集反应抗原。试管凝集反应抗原，是将加热灭活的三型菌液等量混合后离心，再将菌体沉淀悬浮于 0.5%石炭酸生理盐水而制成。平板凝集反应抗原，系将菌体沉淀悬浮于含有 0.5%石炭酸、12%氯化钠和 20%甘油的蒸馏水中，再加入结晶紫和煌绿水溶液（使两者的最终含量各为 1/25000），60℃水浴加热 1h 制成。抗原在 2～15℃冷暗保存，有效期为 2 年。

布鲁菌属（*Brucella*）又称布氏杆菌属。主要侵害生殖系统且能寄生于宿主细胞内的革兰阴性球杆菌。大小为（0.5～0.7）μm×（0.6～1.5）μm，常单在。无鞭毛、荚膜和芽孢。用改良萋-尼或柯兹洛夫斯基两种鉴别染色法可使本属菌分别染成红色或粉红色。易在 pH 6.6～7.0 的肝浸液琼脂上或胰蛋白胨琼脂上生长。初次分离除牛布鲁菌需 5%～10% CO_2 外，其余均能在 37℃需氧生长，发育迟缓，5～10天长成大小不一的圆形、光滑、湿润、灰白或灰黄色菌落。无溶血性。分解糖类能力微弱，不液化明胶，MR 和 VP 试验均阴性，氧化酶及过氧化氢酶常为阳性，多数菌种还原硝酸盐，有些种或型能产生硫化氢。光滑型布鲁菌主要有 M（马耳他型）和 A（流产型）两种 O 抗原，其含量在大多数菌型差异甚大。目前有 8 个种，即马耳他（羊种）布鲁菌（*B. melitensis*）、流产（牛种）布鲁菌（*B. abortus*）、猪布鲁菌（*B. suis*）、沙林鼠鼠布鲁菌（*B. neotomae*）、绵羊布鲁菌（*B. ovis*）、犬布鲁菌（*B. canis*）、海豚布鲁菌（*B. cetacease*）及海豹布鲁菌（*B. pinnipedia*）。本属菌产生内毒素，不同种型，甚至同型不同菌株的毒力差异较大。已知可感染 60 多种动物，家畜中以羊、牛、猪易感性最高，引起母畜流产、公畜睾丸炎和附睾炎及关节炎。许多动物可呈隐性感染，从乳、粪、尿及子宫分泌物持续排菌。多种布鲁菌可致人的“波状热”。实验动物以豚鼠最易感。

布鲁菌水解素（brucellin）又称布鲁菌变应原。一种用于诊断布鲁菌病皮肤试验的布鲁菌核蛋白提取的抗原性物质。制备方法：将布鲁菌培养菌液经 70～80℃加热 1h 杀菌，离心，取沉淀菌体悬浮于 0.5% 硫酸液中，加热水解后取上清液制成。该品 1mL 应含氮 0.4～0.5mg，在 2～15℃冷暗处保存期为 18 个月，用于布鲁菌病皮内变态反应诊断。

布鲁菌羊 5 号疫苗（Brucella strain ovis 5 vaccine）以中国育成的布鲁菌羊型 5 号弱毒株制备的一种用于预防羊和牛布鲁菌病的活菌苗。液体苗在 0～8℃保存，有效期为 45d；冻干苗在 0～8℃的保存期为 1 年。本疫苗适用于注射、气雾或口服等方法免疫，牛可皮下注射 250 亿菌，室内气雾 250 亿菌，室外气雾 400 亿菌，孕牛不接种。羊在皮下注射 10 亿菌，室内气雾 25 亿菌，室外气雾 50 亿菌，口服 250 亿菌，孕羊不接种。均应在配种前 1～2 个月进行免疫。

布鲁菌猪 2 号疫苗（Brucella strain suis 2 vaccine）用中国育成的布鲁菌猪型 2 号弱毒株制备的一种用于预防山羊、绵羊、猪和牛布鲁菌病的活菌苗。湿苗在 0～8℃保存，有效期为 45 天；冻干苗在 0～8℃保存，有效期为 1 年。使用方法与剂量为：1. 口服法。本苗最适于口服，不受怀孕限制，可在配种前1～2 个月进行，也可在孕期使用。口服剂量山羊和绵羊一律每头 100 亿活菌，牛为 500 亿菌，猪间隔 1 个月口服两次每次 200 亿菌。拌入饲料或水中服用均可。2. 喷雾法。适用于山羊和绵羊，每头 20 亿～50 亿活菌于密闭室内进行，羊在室内停留 20～30min 即可。3. 注射法。山羊皮下或肌内注射 25 亿菌，绵羊 50 亿菌，猪间隔 1 月注射两次每次 200 亿菌，牛和孕畜不采用注射法。免疫期羊为 2 年，牛口服为 1 年，猪为 1 年。

布伦纳腺（Brunner's gland）十二指肠腺。主要分布在十二指肠的黏膜下层，是胚胎时期的固有层肠腺延伸至黏膜下层分化而成。在羊和犬，仅分布于十二指肠的前段或中段；在马、猪和牛，该腺体则延伸至空肠。十二指肠腺为分支管泡状腺（反刍动物为管状腺），其导管穿过黏膜基层开口于肠腺底部。猪和马为浆液腺，反刍动物和犬为黏液腺，兔和猫为混合腺。此腺的分泌物为含有黏蛋白的碱性液体，保护肠黏膜免受酸性胃液的侵蚀。

布尼维拉热（Bunyamwera fever）布尼病毒科的布尼维拉病毒所致的一种蚊媒人兽共患传染病，临床表现从隐性感染到轻度热病。动物感染均为亚临床感染。多种伊蚊和曼蚊、库蚊是传播媒介，病毒的储存宿主未能确定。血清学调查表明很多家畜、野生动物和鸟类都有感染。确诊靠分离鉴定病毒，或血清学中和试验。预防应避免接触蚊虫。

布氏锥虫病（trypanosomosis brucei） 布氏锥虫（*Trypanosoma brucei*）寄生于马、牛、羊、骆驼、狗、猪和多种野生哺乳动物血液内引起的疾病。病名称那噶那（Nagana），不感染人，流行于非洲，是非洲许多国家发展畜牧业之大敌。属多形型锥虫。①细长型虫体平均长为 29μm，鞭毛在虫体前端伸出，成为长的游离鞭毛；②短粗型虫体平均长 18μm，无游离鞭毛；③中间型的平均长 23μm，虫体中部宽，后端钝，游离鞭毛中等长度。由舌蝇（*Glossina*）吸血传播。马驴最易感，患者呈弛张热型，下腹部、生殖器和腿部水肿，贫血，瘦弱，肌肉萎缩，运动失调，腰麻痹，以死亡告终。绵羊、山羊、骆驼和狗发病也颇严重，症状与马相似。牛通常为慢性，弛张热、贫血，进行性消瘦。猪比牛抵抗力强。取血液检查虫体或用血清学方法进行诊断。可用萘磺苯酰脲、甲基硫酸喹嘧胺等药物治疗。消灭病原和扑灭舌蝇为本病的主要预防措施。但彻底治愈和大范围预防极其困难。尚无免疫预防方法。

布万巴热（Bwamba fever） 布尼病毒科的布万巴病毒所致的一种蚊媒疾病。在非洲东部、中部和西部地区最常见。多种蚊虫是传播媒介，人和野生动物及野鸟可能是病毒的储存宿主。人感染后可表现高热、头痛、背痛、全身痛以及不同程度的喉痛和无力，有时病人全身有轻微瘙痒的小斑丘疹，所有病例都能痊愈。大多数感染是亚临床或轻型感染。确诊靠分离病毒和血清学试验。

采光系数（lighting coefficient） 又称采光面积比。室内给定水平面上某一点由全阴天天空漫射光所产生的光照度和同一时间同一地点，在室外无遮挡水平面上由全阴天天空漫射光所产生的照度的比值。在房屋建筑设计时，采光系数是指一个房间窗口的总透光面积与该室地板面积的比值。屠宰车间要求窗口总透光面积为地板面积的 1/4～1/6，猪舍为 1/10～1/15。采光系数只是在初步设计时粗略估计开窗面积的经验数据，不说明采光质量的优劣。

采精（semen collection） 用人工方法采集公畜精液的过程，是人工授精的重要环节。理想的采精方法应具备 4 个条件：①可以全部收集公畜一次射出的精液；②不影响精液品质；③不会损伤或影响公畜的生殖器官和性机能；④方法简单、使用方便。常用的方法有假阴道法、手握法和筒握法、电刺激法、按摩法等 5 种。

采尿（urine sampling） 从体外或直接自膀胱内收集尿液标本。采尿有 4 种方法：①自然采尿。即待动物自然排尿时用容器接取或预先装上特制集尿器收集尿液。②按摩采尿。即通过直肠按摩或软腹壁按摩促使动物排尿并采集之。③膀胱穿刺采尿。即通过直肠或腹壁的膀胱穿刺采取尿液。④导尿管采尿。即用特制导尿管插入膀胱采取尿液。

采食调节（regulation of food intake） 受中枢神经系统内食物中枢直接控制的与营养、代谢有关的功能活动。包括食欲的产生，寻觅食物和水源，采食和饮水动作以及胃肠道的消化和吸收等一系列复杂生理过程的调控。外界环境特别是能使动物产生食物条件反射和“应激”的各种因素对其有显著影响。体内因素如胰岛素和血糖水平，来自胃肠道的感觉冲动，性激素浓度等可引起采食调节的变化。

采食行为（behaviour of food intake） 受食物中枢控制，与机体营养、代谢有关的行为活动。包括寻找食物与水源；为食物而发生的斗争；进食和饮水姿势、方式等。新生动物的采食行为是一种先天遗传的本能行为，而成年后采食行为则由先天遗传和后天学习两种成分构成。

采血（blood sampling） 为进行血液检查而将血液从动物的静脉（包括毛细血管）、动脉乃至心脏中采集出来的过程。采血部位马用颈静脉。牛用颈静脉、尾静脉或动脉。猪用前腔静脉、臂头静脉、耳静脉、尾静脉。羊用颈静脉、隐静脉、耳静脉；犬、猫用隐静脉、臂头静脉、耳静脉；鸡用翼下静脉、冠、心脏；实验动物用耳静脉、心脏、尾。采血部位可根据采血量选择。采血时静脉血管内采血其方法与同名静脉注射相同；刺血法就是用针直接刺入皮下血管，血液成滴状自针孔（非注射针头孔）流出；断尾法就是用外力使动物尾巴断开，自动流出血液；心脏穿刺法就是自体外将注射针头直接刺入心脏抽取血液。

彩色多普勒血流显像（color doppler flow imaging，CDFI） 又称二维多普勒显像，是在频谱多普勒技术基础上发展起来的利用红细胞和超声波之间多普勒效应进行血流显像的技术。它把所得的血流信息经相位检测、自相关处理、彩色灰阶编码，把平均血流速度资料以彩色显示，并将其组合、叠加显示在 B 型灰阶图像上，可以无创、实时、直观地提供病变区域的血流信号信息，获得血流方向和血流速度信息。声像图中，黄色、橘黄色和红色表示血液向探头方向流动，黄白色代表血流速度很快；蓝色或绿色表示血液远离探头方向流动，绿白色代表血流速度很快。临床用于心脏瓣膜病、先天性心脏病、心肌瘤、心脏肿瘤的无创诊断。

菜籽饼中毒（rape seed-cake poisoning） 由于家畜采食过量的菜籽饼或菜籽饼饲喂时间过长而引起的中毒病，通常表现为胃肠炎、肺气肿和肺水肿、肾炎等临床综合征。中毒后的临床表现可分为 4 种类型：

以血红蛋白尿及尿液落地时可溅起多量泡沫等溶血性贫血为特征的泌尿型；以视觉障碍和狂躁不安等神经综合征为特征的神经型；以肺水肿和肺气肿等呼吸困难为特征的呼吸型；以精神委顿、食欲减退或废绝、瘤胃蠕动减弱或停止和明显便秘为特征的消化型。由于菜籽饼的毒性随油菜的品系不同而有较大的差异，在饲用菜籽饼的地区，应在测定当地所产菜籽饼的毒性的基础上，严格掌握用量，并经过对少数家畜试喂表明安全后，才能供大群饲用。但对孕畜和幼畜最好不用。治疗除内服鞣酸、豆浆等保护胃肠黏膜外，可静脉注射等渗葡萄糖和碳酸氢钠注射液。

参考方法（reference method） 在残留分析方法中，已被某国家或国际机构验证和接受的法定性确证方法。可用于验证有关分析方法的准确度和精密度等。

参考剂量（reference dose） 食品或饮水中某种物质被吸收后不致引起目前已知的任何可观察到的健康损害的剂量。

参考制品（reference preparation） 用于鉴别、检查、含量测定的标准物质，由药品监督管理部门指定的单位制备、标定和供应。附有使用说明书，质量要求，有效期和装量等。

残留（residue） 外源化学物质在生物体内或环境中，经过代谢、分解、聚合、缩合后，成为不再分解变化的产物、聚合物的现象。毒理学中残留主要是指食品中含有的有毒有害物质，包括食品生产中使用的化学物质以及食品在加工、烹调、包装、贮存和运输等环节进入的化学物质或生物污染物，如兽药、重金属、毒素、农药、工业污染物等。

残留分析（residue analysis） 应用各种方法检测和分析化学物质在生物体内或环境中残留量大小的研究过程。

残留量（residue limit） 外来化学物质接触生物体后以原型或代谢物在生物体的细胞、组织或器官内残存的数量。以重量表示，如 mg/kg 或 mg/L（旧称 ppm）；μg/kg 或 μg/L（旧称 ppb）；ng/kg 或 ng/L（旧称 ppt）。

残气量（residual volume，RV） 最大呼气后存留于肺中不能再被呼出的气体量。残气量形成的原因包括最大呼气后细支气管特别是呼吸性细支气管关闭，以及胸廓向外的弹性回位力使肺不能回缩至自然容积。残气量的存在可避免肺泡在低肺容积条件下的塌陷。若肺泡塌陷，则需要极大的跨肺压才能实现肺泡的再扩张。支气管哮喘和肺气肿患者的残气量增大。

残缘璃眼蜱（hyalomma detritum） 璃眼蜱属的一种。大型蜱。形态特征为须肢窄长。盾板表面光滑，刻点稀少，眼相当明显，半球形，位于眼眶内。足细长，褐色或黄褐色，背缘有浅黄色纵带，各关节处无淡色环带。雄蜱背面中垛明显，淡黄色或与盾板同色；后中沟深，后缘达到中垛；后侧沟略呈长三角形。腹面肛侧板略宽，前端较尖，后端钝圆，副肛侧板末端圆钝，肛下板短小，气门板大，曲颈瓶形，背突向背方明显伸出，末端渐窄而稍向前。主要寄生于牛，在马、羊、骆驼等家畜也有寄生。二宿主蜱。主要生活在家畜的圈舍及停留处。在内蒙古地区成虫 5 月中旬至 8 月中旬出现，以 6～7 月数量最多，成虫在圈舍的地面、墙上活动，陆续爬到宿主身上吸血。交配后，饱血雌虫落地产卵。至 8～9 月间，幼虫孵化，爬到宿主身上吸血。尔后蜕变为成虫。在华北地区也有一部分幼虫在圈舍墙缝附近过冬，到 3～4 月份侵袭宿主。分布于东北、华北、西北及华中一些省区。可传播多种疾病。

蚕白僵病（silkworm white muscardine） 一种最常见的真菌寄生性蚕病。由白僵菌经皮肤侵入所致，因感染蚕、蛹和蛾尸体干涸硬化并被覆白色分生孢子而得名。分布甚广，尤其在温湿地区发生普遍，春和夏秋蚕期均有发生。病原菌的分生孢子经风和物体散播接触蚕体、创伤传染。后期病蚕表面有淡褐色小病斑，濒死时排软粪，刚死后尸体呈桃红色，随后长出无数分生孢子犹如被覆白粉，尸体僵硬；蛹多在 5 龄期或营茧中感染，死蛹僵硬呈白色；有的感染蛹化蛾，最终发病成白色僵硬的死蛾。采取病蚕血液涂片镜检可见到短菌丝和营养菌丝可确诊。漂白粉、防僵粉、防僵灵 1 号与 2 号、优氯净等药物均有杀菌防病效果。

蚕斑点败血病（silkworm spot septicemia） 圆形杆菌（*B. spaericus*）引起的一种蚕败血性传染病。特征是蚕尸上出现褐色细小病斑，并迅速液化流出污液。采取病蚕、腐尸污液涂片染色镜检可作出诊断。

蚕病毒性软化病（silkworm viral flacherie） 又称蚕空头软化病，俗称蚕空头病或蚕亮头。桑蚕传染性软化病病毒引起的一种常见病。遍及各蚕区，多发生于夏秋蚕期。特征为发育不良、眠起不齐、大小差异大，出现起皱、空头、缩小、吐液和下痢病状，死尸扁瘪。依靠症状只可初步诊断，利用纯化病毒抗原免疫山羊或家兔制备免疫血清作琼脂扩散、对流免疫电泳或荧光抗体试验，可得到确诊。防制应采取消毒，加强饲养管理，尽早发现并剔除病蚕等综合性措施。

蚕草僵病（silkworm grassy muscardine） 多毛

菌寄生引起的一种真菌性蚕病。因蚕尸硬化并长出葱状的菌丝而得名。由病菌分生孢子发芽穿过皮肤侵入蚕体，一般不出现明显症状，多数在老熟时猝死在簇中，或结成薄茧，或呈吐丝状、平伏状裸露死亡。尸体迅速僵硬，呈土黄色，质脆易折断，体表有病斑。

蚕赤僵病（silkworm red muscardine） 赤僵菌引起的一种真菌寄生性蚕病。自然条件下较少发生。其特征是病蚕瘦小，呆滞，胸腹部出现小黑斑，刚死时尸体呈桃红色，随后变硬，淡红色的分生孢子包覆全尸。

蚕猝倒病（silkworm sotto disease） 又称蚕细菌性中毒病。芽孢杆菌属苏芸金杆菌变种（卒倒菌）引起蚕的一种细菌性传染病。此外，青虫杆菌、杀螟杆菌和松毛虫杆菌等变种也能招致蚕发病。本菌在桑叶、蚕体和蚕粪等都能繁殖产生多种内毒素和外毒素，蚕通过吞食或创伤感染而发病。桑尺蠖、桑毛虫、桑螟等害虫以及病蚕是主要传染源。病蚕出现突然停食、前半身昂起，胸部膨大，痉挛性颤动，麻痹蜷缩，吐胃液，迅速死亡。蚕尸胸腹处环节发黑，随后全身变黑、腐败，流出黑褐色污液。根据症状和变化，以及采取尸内容物涂片染色镜检可作出诊断。实施消毒、杀灭桑园昆虫等综合性措施，可有效地防制本病的流行。

蚕多化性蝇蛆病（silkworm tricholygafly disease） 多化性蚕蛆蝇寄生于蚕体引起的一种致死性蚕病。在中国南方蚕区危害严重，北方蚕区较少发生。蚕自3龄期开始遭受蝇产卵寄生，5龄蚕最易被侵袭，一般多产下1～2个卵，蝇卵孵化成蛆即钻入蚕体寄生发病。病蚕寄生部位出现黑色病斑并逐渐扩大，表面有淡黄色卵壳黏着，蚕体环节肿胀或向一侧扭曲。3、4龄病蚕在眠中不能蜕皮而死亡，死尸呈黑褐色；5龄病蚕呈紫色不能上蔟结茧，或虽结茧化蛹但不化蛾即死亡。采用灭蚕蝇药添食或喷体可有效地控制本病的发生。

蚕核型多角体病（silkworm nuclear polyhedrosis） 又称蚕血液型脓病，俗称蚕体腔型脓病、拖白水或高节蚕。蚕核型多角体病毒引起各个龄期和各发育阶段的传染性蚕病。养蚕国家都有发生。病蚕尸体、脓液和带毒桑蟥、桑野蚕等桑园害虫是主要传染源。特征为体色乳白，肿胀，狂躁爬行，体壁易破裂、尸体易腐败并发出腥臭味。常见的病蚕有不眠蚕、起缩蚕、高节蚕、脓蚕和黑斑蚕等。诊断可根据症状及采取病蚕血液镜检，检查晶体蛋白质结构的多角体病毒。防制可采取杀灭桑园害虫，蚕室、蚕具进行彻底消毒，防止蚕体外伤，以及及时消除病蚕等综合性防治措施。

蚕黑僵病（silkworm black muscardine） 黑僵菌引起的一种真菌寄生性致死性蚕病。世界各蚕区都存在，中国陕西、四川、江苏、浙江、山东等桑蚕区也有发生。本病的宿主范围很广，是200多种昆虫的致病菌，又属土壤寄生菌，宿主都可成为传染源。特征为小蚕感染后多突然倒毙，尸体蜷曲，有的胴部出现褐色病斑；大蚕胴部有黑斑。病蚕死后，尸体随菌丝发育由白色、米黄色变为黑色。根据黑褐色病斑、病蚕体液涂片镜检见有分支状短菌丝等特征可以确诊。

蚕黑胸败血病（silkworm black chest septicaemia） 又称酱油蚕。蚕腐病芽孢杆菌（*Bacillus bombysepticus*）引起的一种蚕细菌性败血病。其特征为病初仅见呆滞，不久即死亡，死后3～4h即软化变色；尸体表面出现黑斑并自第4～6节由小扩大，胸部膨大变黑腐烂，皮肤易破并流出酱油状液体。

蚕黄僵病（silkworm yellow muscardine） 黄僵菌经皮肤侵入蚕体引起的一种常见真菌寄生性蚕病。分布甚广，为害各个蚕期。因蚕尸长出积聚的分生孢子呈淡黄色而得名。本病的传染源十分广泛，约有6个目200多种野外昆虫感染带菌。本菌的分生孢子随桑叶等介体接触蚕经皮侵入，在体内繁殖分泌毒素而致病。主要病状为表皮出现许多褐色小斑点，在气门周围和胸脚部有多数不正形大病斑。病蚕死后体色渐变粉红色，经1～2d后分生孢子积聚使尸体呈乳黄色。消灭桑园害虫，蚕区禁用昆虫生物药剂，以及杜绝桑叶、蚕室、蚕具污染等措施可防制本病的流行。

蚕灰僵病（silkworm grey muscardine） 灰僵菌引起的一种真菌寄生性蚕病。因病蚕尸体僵硬并包被一层灰色粉末状分生孢子而得名。多发生于温暖潮湿季节，蚕接触本菌分生孢子经皮肤侵入体内感染。特征为小蚕感染后发育缓慢，瘦小，体表出现黑褐色病斑，经1～2d死亡；大蚕每条环节处的黑斑形成横带，经3～4d死亡。死蚕尸由灰色分生孢子包被成灰僵尸。取濒死蚕或蚕蛹浑浊血液涂片镜检，可见短菌丝。防制可采取蚕室蚕具彻底消毒，蚕体防僵消毒，控制蚕室蚕座温湿度，以及做好桑园除虫等综合性措施。

蚕酵母菌病（silkworm saccharomycosis） 红色酵母菌引起的一种真菌寄生性蚕病。病蚕口吐黏液，腹部透视呈粉红色，排出红色污液，血液呈淡红色。蚕尸体极易变黑腐烂。

蚕空头软化病（silkworm transparent head flacherie） 参见蚕病毒性软化病（silkworm viral flacherie）。

蚕镰刀菌病（silkworm fusarium toxleosls） 半裸镰刀菌引起的一种真菌寄生性中毒性蚕病。发生不多。本菌在生长繁殖过程中产生恩镰毒素（Enniatin）。发病蚕出现以尾部或胸腹足处褐色病斑为特征，死蚕尸变黑极易腐烂。防制可采取综合性措施。

蚕灵菌败血病（silkworm serratial septicemia）又称泡泡蚕。黏质赛氏杆菌引起的一种蚕细菌性败血病。特征为病蚕尸短缩，体壁出现褐色小圆斑，随着细菌的大量繁殖产生红色灵菌素而使尸体变红、液化，并有红色臭污液流出。

蚕绿僵病（silkworm green muscardine） 莱氏蛾霉菌（绿僵菌）引起的一种真菌性寄生性蚕病。因蚕尸呈绿色僵硬而得名。低温多湿的秋蚕期和晚秋蚕期多发，桑螟、野桑蚕、菜粉蝶、甘蓝野蛾等昆虫是本菌的宿主，空气、蚕具和桑叶为传染媒介，经蚕皮肤接触感染。特征为潜伏期较长，在病后期体表出现圆形、四边呈黑褐色而中间色淡的病斑，随后自环节间膜、气门处开始长出气生菌丝，扩展到全身形成绿色的分生孢子，在死后4～5d尸体呈绿色僵硬状。取病蚕血液镜检，可见到哑铃状或豆荚状短菌丝。

蚕浓核病毒病（silkworm densovirus disease）细小病毒科中浓核病毒引起的一种蚕传染病。桑螟幼虫是主要传播者，不同品种蚕的易感性差异较大，既有敏感种也有抗感染种。以空头病状多见，病蚕萎缩或头胸后倾状滞在蚕座周边，不食，撕开蚕体仅见消化管内有半透明液体。琼脂扩散、对流免疫电泳和荧光抗体试验等血清学方法可以确诊。防制可采取常规消毒、消灭桑园害虫和选用抗病品种等综合性措施。

蚕青头败血病（silkworm green head septicemia）气单胞杆菌所致的一种蚕细菌性败血病。特征为突然发病，在高温下从感染到死亡仅6～12h，濒死时胸部背面出现绿色透明块状病斑，病斑中常有小气泡出现，由此而得名；死尸迅速腐败液化呈灰色，并流出恶臭污液。

蚕曲霉病（silkworm aspergillosis） 由多种致病性曲霉菌寄生于蚕体引起的一种常见散发性蚕病。已知的致病菌有黄曲霉菌、米曲霉菌、棕曲霉菌等10多种，广泛寄生于蚕粪、蚕桑、稻草、谷物乃至竹蚕具，霉菌分生孢子通过空气、蚕具、桑叶、簇等媒介经皮肤接触传染侵入蚕体。在小蚕危害最重，特别在蚁蚕时更易感；大蚕发生较少，危害轻；熟蚕期容易感染。本病的特征是蚁蚕感染后不食、呆滞、体色变黑，迅速死亡；大蚕体表出现1～2个黑褐色质硬病斑；蛹期感染后蛹体变黑褐色，死蛹体软瘪，贴茧部茧层发霉变质；卵期感染后蚕卵表面发霉，成为中央凹陷的三角形干瘪霉死卵。根据症状和镜检可以诊断。

蚕虱螨病（silkworm acariasis） 又称蚕壁虱病，虱状恙螨寄生于蚕体引起的一种中毒性蚕病。广泛分布于欧、美、亚洲各蚕区。中国自20世纪50年代以来相继在山东、四川、江苏、浙江等蚕区发生，尤其在与棉区相邻的蚕区危害更重。棉铃虫和麦蛾幼虫是虱螨的越冬寄主。虱状恙螨用长锐的颚管刺入蚕体，在注入毒素的同时吸食宿主血液，并使蚕中毒致死。病蚕初始假死状，随后吐水、弯曲、变黑，迅速死亡；死尸头胸突出，不腐烂。用放大镜检查蚕体上爬动、叮食的纺锤状虫体可作出诊断。防制应注意消灭棉铃虫、麦蛾幼虫，蚕室蚕具不堆放棉花，杂粮籽和秸秆进行消毒，采用杀虱灵等药剂驱杀蚕体和蚕座上的虱螨，更换蚕室蚕具等可预防发病。

蚕微粒子病（silkworm pebrine disease） 蚕微粒子原虫引起蚕的一种慢性原虫病。几乎世界各蚕区都有发生，危害严重。微粒子原虫的寄主十分广泛，柞蚕、天蚕、蓖麻蚕、野蚕、桑尺蠖、桑螟等都可寄生，同时蚕的卵壳、蜕皮、蛹壳、鳞毛、粪便、蛾尿和尸体都带病原。以孢子形态经吞食和母蛾卵的胚种途径传染均存在。蚕不同变态期感染的症状也不同，细小蚕体躯小而色暗褐，主要由胚种传染；斑点蚕型皮肤有无数小黑点，且以腹脚、胸脚、尾角、气门处为多；半脱皮蚕型蜕皮困难或不全，或不能蜕皮而死于眠中；不结茧蚕型丝腺呈不透明乳白色，多数不能营茧；蛹、蛾和卵型蛹体有黑斑，腹部环节松弛；蛾出现拳翅、黑翅、焦尾、秃毛、大肚，雌蛾产卵特少、卵形不正、有叠卵、黏着力差和死卵多。根据病蚕丝腺乳白脓疮病斑，以及取卵、蚁蚕正体或病蚕、蛹和蛾消化管或腹部标本镜检见到成熟孢子可确诊。防制可实施彻底消毒，驱除桑园害虫和检查母蛾等综合性措施。

蚕细菌性败血病（silkworm bacterial septlcaemla） 多种病原细菌侵入蚕体、蚕蛹和蚕蛾血液中大量繁殖并扩散到全身，引起严重败血症的传染病。由于致病菌不同和病状差异而有不同的名称，常见的有蚕黑胸败血病、蚕青头病、蚕斑点败血病和蚕灵菌败血病等。本病的共同特征为：直接或间接接触感染，多呈急性经过；病蚕初期表现停食、呆滞、静伏于蚕座，随后出现胸部膨大而腹节收缩，排软或念珠状粪，最后痉挛侧倒死亡，死尸腐败发臭并流出污液；病蚕蛹迅速死亡，蛹尸腐败变黑并流出红色或黑色污液；病蛾鳞毛污秽、呆滞，常死于交配或产卵中，蛾尸腐烂呈黑色。及早根据症状和采取濒死蚕、蛹、蛾血液及污液涂片染色镜检，可作出确诊。防制重点是彻底消毒，保持清洁卫生，及时剔除病蚕，仔细操作防止外伤，给予氯霉素、金霉素等抗生素添加剂等措施。

蚕细菌性胃肠病（silkworm bacterial gastroenterltis） 又称起皱病。蚕体质虚弱、抵抗力降低导致肠道多种细菌大量繁殖而引起的一种多病原性蚕病。常见的病原菌是链球菌，也有短杆菌和大杆菌。高温、饥饿、桑叶质劣和污染、饲育环境卫生不良等都是诱发因素。病蚕表现食桑缓慢，不活泼，发育不齐，体弱瘦小，排出软稀粪或污液。随消化道优势感染菌不同而出现起缩蚕、空头蚕和下痢蚕等病型。确诊可采取濒死蚕消化液涂片染色镜检。防制可采取加强饲养管理，卫生消毒，妥善贮桑，添食氯霉素、土霉素和红霉素等措施。

蚕细菌性中毒病（silkworm bacterial toxicosis） 见蚕猝倒病。

蚕线虫病（silkworm nematodiasis） 桑蚕线虫经皮肤侵入蚕体寄生于血液内的一种致死性蚕病。日本和中国东北柞蚕区及江苏、浙江桑蚕区都有发生，但发病率极低。虫卵在土壤中孵出的幼虫爬上桑树侵入桑螟、野桑蚕、桑尺蠖、桑毛虫等桑叶害虫寄生，随桑叶引进后经小蚕皮肤和大蚕伤口侵入蚕体寄生、发育、致病。多发生于春季和晚秋多雨蚕期。病蚕出现发育迟缓、瘦小，全身呈乳白色，胸部透明，吐胃液，排稀粪，有的透过表皮可见到虫体。防制可采取消灭桑园害虫，加强饲养管理等综合性措施。

蚕血液型脓病（silkworm blood jaundice） 见蚕核型多角体病。

蚕质型多角体病（silkworm cytoplasmic polyhedrosis） 又称蚕中肠型脓病，俗称干白肚。蚕质型多角体病毒寄生于蚕中肠圆筒细胞致害的疾病。20 世纪 50 年代开始在中国流行。本病的特征为夏秋蚕期多发，且以 4～5 龄蚕为多，龄期愈小感染发病率越高；病程长，发育迟缓而大小不齐，排出乳白色黏粪，病大蚕出现空头、吐液、下痢、缩小；中肠与后肠交界处出现乳白色横纹乃至糜烂病变。根据症状和中肠乳白色病变及镜检出大量多角体病毒可以确诊。防制可采取全面消毒、严格淘汰病蚕，适时分批提青等综合性措施。

蚕中肠型脓病（silkworm midgut jaundice） 见蚕质型多角体病。

蚕中毒症（toxicosis silkworm） 有毒物质污染桑叶或直接污染蚕体引起的蚕中毒。病蚕一般表现为拒食、呆滞、发育不齐、皱缩或弯曲、体表光泽异常或出现病斑等症状。有毒物质包括鱼藤精、烟草、除虫菊等植物性物质；某些工业产品生产过程中产生的四氟化硅、氟化氢等气体；煤烟、石油气和含硫矿石煅烧气体以及有机磷、有机氯农药等。污染源易于发现。采取防止污染的措施可防止本病的发生。

仓鼠（hamster） 又称地鼠（hamster）。实验用仓鼠由野生仓鼠驯养而成。属啮齿目（Rodentia）、仓鼠科（Cricetidae）。仓鼠属（*Cricetus*）中的中国地鼠（黑线仓鼠）（*C. griseus*）和地鼠属（*Mesocricetus*）中的叙利亚仓鼠（金仓鼠）（*M. auratus*）是主要实验动物品种。此外还有亚美尼亚仓鼠（灰仓鼠）（*Cricetulus migratorius*）和欧洲仓鼠（原仓鼠）。

苍耳中毒（xanthium poisoning） 猪采食苍耳后由其中的苍耳素（xanthinin）引起的中毒病。中毒猪呕吐，流涎，腹痛，腹泻，口渴，少尿，重症结膜黄染，频频腹泻，粪中带血，全身肌肉颤抖或阵发性痉挛。将苍耳经过煮熟减毒后再饲喂猪，可预防本病发生。可针对病情进行强心、保肝等对症治疗。本病在牛、羊也可发生。

操纵子（operon） 原核生物的基本转录单位或基因表达的功能单位。由调节基因、启动基因、操纵基因和受操纵基因控制的结构基因或基因组构成的基因调节单位。启动基因是 RNA 聚合酶的结合部位，操纵基因通过与另外的调节基因指导产生的蛋白质结合而控制其邻近结构基因的转录。这类调控有两种方式：由阻止基因转录的阻抑蛋白实行的负调控和由促进基因转录的激活蛋白实行的正调控。通常还有小分子的诱导物参加。现在已知在细菌等原核生物中存在乳糖操纵子、阿拉伯操纵子和组氨酸操纵子等。

操作式条件反射（operant conditioned reflex） 研究动物行为时常用的一种方法。用非条件刺激与动物学习某种行为动作相结合建立条件反射，以后只要动物完成某种动作，就可获得对原来非条件刺激的反应。例如猪养在一端有突出的操作开关的小笼内，当其用吻突推动开关时立即给予少量食物，经几小时后猪将学会推动开关以获取食物。借助这种操作式条件反射可研究动物的采食行为。

槽盘吸虫病（ogmocotylosis） 印度槽盘吸虫（*Ogmocotyle indica*）寄生于山羊、鹿、麀和麂等的小肠引起的疾病，亦曾发现于熊猫。虫体长约 1.9～2.8mm，宽 0.75～0.85mm，无腹吸盘。睾丸在肠支盲端之后纵列。卵巢在虫体最后部。雄茎囊特别发达。子宫左右叠曲，填充在睾丸与雄茎囊之间。虫卵两端有长卵丝。寄生数量常很大，可引起肠炎和腹泻。驱虫可用阿苯哒唑等。

草木樨中毒（mouldy sweet clover poisoning） 又称双香豆素中毒。由于草木樨贮存与保管不当，发霉后产生的毒性物质——双香豆素所引起的食草动物以广泛出血为特征的中毒病。多发生于牛、羊、猪和马。中毒动物皮下、肌间及浆膜下广泛性出血和贫血，结膜淡染或苍白，心搏动亢进，体质虚弱无力。

遇有外伤，往往出血不止。根据病史和临床症状可诊断本病。调查有较长时间连续饲喂发霉草木樨史时，可提出怀疑诊断；根据广泛出血性贫血的主要表现，创伤与手术出血不止等症状，结合病理剖检，发现全身广泛出血变化时可做出初步诊断；将饲喂饲料进行双香豆素定性定量检验，有条件时还可测定凝血酶原时间，可从正常的40s增长到15min以上，即可做出确诊。治疗以抗凝血疗法为主，同时给予蛋白质、铁、铜和复合维生素，有助于产生红细胞和减少出血。预防在于制备草木樨饲料时做好防湿防霉工作。

草酸盐尿（carbonite urine） 尿液检查出现大量草酸盐，以草酸钙最为常见。

草酸盐中毒（oxalate poisoning） 采食富含草酸盐植物发生以肌肉麻痹为主征的中毒病。由草酸盐夺取血钙以草酸钙形式沉淀引起血钙降低所致。轻型病例从口角流出泡沫状唾液，呕吐，站立不稳，肌肉震颤，步态蹒跚。重型病例呈阵发性抽搐，强直性痉挛，倒地后四肢作游泳状划动，最终昏迷死亡。治疗除静脉注射葡萄糖酸钙溶液外，还可投服苯巴比妥钠，皮下注射阿托品针剂。

草鱼出血病（grass carp hemorrhagic disease） 我国最主要的鱼病之一，是由草鱼出血病病毒引起的一种以全身肌肉和肠道出血、充血为主要特征的鱼类传染病。病原属呼肠孤病毒科水生呼肠孤病毒属。主要危害10cm左右的当年草鱼及2龄草鱼，死亡率可超过70%，成年草鱼则为无症状感染。尚可感染青鱼及麦穗鱼（*Pseudoras bora parva*）。在水温超过20℃时流行，8～9月为高峰。人工感染潜伏期7～10d。鳃可能是病毒入侵门户。病鱼及污染的水是传染源，草鱼鱼卵可带毒。可用草鱼细胞系CIK等分离病毒，但一般不易成功，也可用ELISA等方法诊断。免疫接种可有效预防和控制本病。可用病鱼脏器或细胞培养病毒灭活制备疫苗，腹腔注射或充氧浸泡。

草鱼出血症病毒（*Grass carp hemorrhage virus*，GCV） 呼肠孤病毒科（Reoviridae）、水生呼肠孤病毒属（*Aquareovirus*）成员，学名草鱼呼肠孤病毒（*Grass carp reovirus*），是草鱼的致病病毒，在我国发现并鉴定。病毒颗粒无囊膜，具有外、中、内三层衣壳，每层均为20面体对称。基因组为线状双股RNA，可分11个节段。4～5月龄的草鱼易感，死亡率可达70%，发病水温在20℃以上，广泛流行于我国南方各省，一般多在6～9月份流行，8～9月为高峰。病变以充血出血为特征，表现为肌肉、鳃瓣、鳍基及肠道充血。鳃可能是传染途径。GCV除感染草鱼外，尚能人工感染青鱼及麦穗鱼，从自然发病的青鱼中分离到的病毒与之有很强的交叉反应。成熟的草鱼卵可带毒，污染的水源可传播病毒。用有机碘等消毒剂处理带毒鱼卵及污染鱼塘行之有效。组织匀浆或细胞培养物制成的灭活疫苗已商品化，疫区可用疫苗接种，注射或浸泡均可，安全有效。

草原革蜱（*Dermacentor nttalli*） 革蜱属的一种大型蜱。形态特征为盾板有银白色琅斑和眼；假头基巨型，转节Ⅰ背距钝圆。雌蜱基节Ⅳ外距不超过后缘。雄蜱气门板背突达不到边缘。成虫寄生于牛、马、羊等家畜及大型野生动物，幼虫和若虫寄生于啮齿动物及小型兽类。三宿主蜱。成虫活动季节主要在3～6月份，3月下旬至4月下旬最多，大多以饥饿成虫在草原上越冬。典型的草原种类，分布于东北、华北、西北等地区。

侧副支循环（collateral circulation） 与血管主干平行的侧支即侧副支与血管主干的侧支相吻合而成的血流通路。即血管主干的血液可通过侧副支回流到主干。意义在于主干的血流发生障碍时，侧副支能代替主干供应相应区域而起代偿作用。

侧金盏草中毒（adonis poisoning） 又称水凉草中毒、福寿草中毒。家畜误食侧金盏草全株或其制剂用量过大所引起的中毒病。由侧金盏草的根、茎和叶中含有的福寿草苷（adonin）、福寿草毒苷或侧金盏花毒苷（adonitoxin）等强心苷所致。初期病畜兴奋，食欲明显减退，流涎，呕吐，腹痛，下痢，心跳缓慢，节律不齐，共济失调；后期除发生阵发性心动过速和个别病例有心室纤维性震颤外，还常伴嗜眠、昏睡和卧地不起等症状。治疗可用鞣酸、活性炭和氧化镁，也可针对心跳快慢内服氯化钾或皮下注射硫酸阿托品。

侧舌膨大（lateral lingual swelling） 舌发生过程中的结构，奇结节前方两侧各一个，较大的圆形隆起。两个侧舌膨大迅速生长并在中线融合，形成舌体的大部分。

侧胎位（lateral position） 胎位的一种，胎儿侧卧于子宫内，背部位于一侧，接近母体左或右侧腹壁及髂骨。分娩时，侧胎位是异常胎位，可引起难产。如果侧胎位倾斜不大，即轻度侧位，分娩过程中会转为上胎位而正常产出。

侧翼（flank） 部分线虫的体表结构。虫体两侧角皮突出如嵴。

侧影征（silhouette sign） 胸部X线检查时，胸部病变使其邻近的心脏、主动脉或膈的边缘影像消失的征象。侧影征的出现说明该病变的密度、原子序数及厚度与边缘影像消失的邻近组织近似，且病变与此邻近组织接触。

测微法（microscopical measurement method） 在显微镜下测量虫卵或幼虫大小的方法。不同种的虫卵或幼虫常有恒定的大小，测量其大小，可以确定或辅助确定病原体种别。传统的方法用测微器，该装置由目镜测微尺和镜台测微尺组成。目镜测微尺是刻有50～100刻度小尺的圆形玻片，可放入目镜中隔环上。镜台测微尺系一载玻片，其中央封有一标准刻度尺，通常全长为1mm，均分为100小格，即每小格为10μm。使用时先将后者置显微镜载物台上，调节焦距至能清楚地看到镜台测微尺上的刻度，再移动镜台测微尺，使其与目镜测微尺重合，此时即可确定在固定的物镜、目镜和镜筒长度条件下，目镜测微尺每格所表示的长度。在测量虫卵或幼虫时，只用目镜测微尺量其大小，即可折算出其实际长宽。

层流架（laminar flow air rack） 一种内部气体具有单向流动性质的特殊屏障环境动物饲养装置。工作原理类似生物净化台。实验动物层流架多用水平送排风方式，内部可形成正压或负压，适应清洁级实验动物短期饲养或某些动物实验的要求。

层析（chromatography） 生物化学中常用的分离复杂混合物中各种成分的物理化学方法。其原理是利用混合物中各组分的理化性质（如吸附能力、分子形状和大小、分子所带电荷的性质和数量以及分子亲和力等）的差异，使之通过互不相溶的两个相（一个称流动相，一个称固定相）组成的体系，由于被分离混合物中各组分在两相中的分配系数不同，就会以不同速度移动而互相分离开来。如薄层层析、柱层析等。

插入（insert） 又称嵌入。在多核苷酸链中插入一个或多个额外核苷酸，是DNA或RNA的一种突变方式。

插入失活（insertional inactivation） 在载体上某基因编码序列的一个限制位点插入一段外源DNA后导致原基因顺序阻断的技术。常用该技术鉴别重组分子。如克隆在pBR322的pst_1位点就会使氨苄青霉素抗性基因失活，而四环素抗性基因依然存在，可筛选具有四环素抗性而氨苄青霉素敏感的表型转化菌。在PUC载体的半乳糖苷酶基因中插入外源DNA，也可使该基因失活，在X-gal底物下由蓝色菌落变成白色菌落。

插入顺序（insertion sequence，IS） 原核细胞的一类简单转座子，命名为IS_1、IS_2等。它在染色体上原来位置复制，并将复制片段插入染色体其他部位。IS两端有一段末端反向重复顺序，可能是转座蛋白的识别位点。IS的插入可使一个基因破坏，但有的IS末端有一个启动子，可使其旁边的DNA进行转录。

茶碱（theophylline） 甲基嘌呤类药物，为可可碱的异构体。作用类似咖啡因，具有强心、利尿、扩张冠状动脉、松弛支气管平滑肌和兴奋中枢神经系统等作用。临床上主要用于治疗支气管哮喘、肺气肿、支气管炎、心脏性呼吸困难等。

茶中毒（theaism） 家畜误食茶叶［因其含有咖啡碱（coffeinum）］所引起的以兴奋中枢神经机能为主征的中毒病。病畜流涎，腹泻，腹痛，尿多，皮肤瘙痒，发疹，肌肉痉挛性收缩，持续性兴奋，前进后退，瞳孔散大，呼吸增数，心律不齐，脉速而弱，体温升高。治疗除内服盐类泻剂外，还可注射氯丙嗪等镇静剂。

搽剂（linimentum） 揉搽皮肤表面的外用液体药剂。用植物油、乙醇、肥皂等制成。用于抗刺激、镇痛、消炎，如松节油搽剂等。

孱弱（weakness） 新生仔畜表现衰弱无力、活力低的一种先天性发育不良状态。多发生于早春的驹，偶见于猪。怀孕母畜长期蛋白质、维生素、矿物质缺乏或不足是主要原因。母畜患有妊娠毒血症、慢性消化道疾病或沙门氏菌病等传染病时，所产活仔都孱弱。孱弱仔畜第一次站立慢或不能站立，吸吮反射弱或不能吸吮，反应迟钝，末梢发凉。驹一耳或两耳耷拉或半耷拉是本病初期的特征。精心护理，保温哺乳，补充营养，可望救治。

产单核细胞李斯特菌（*Listeria monocytogenes*） 革兰阳性短杆菌，大小为（0.4～0.5）μm×（0.5～2.0）μm，两端钝圆，多单在，有时也排列成V形、短链。老龄培养物或粗糙型菌落的菌体可形成长丝状，长达50～100μm。不形成荚膜、无芽孢，在20～25℃培养可产生周鞭毛，具有运动性，在37℃无运动力。需氧或兼性厌氧菌，生长温度为1～45℃，最适温度为30～37℃。在普通琼脂培养基中可生长，但在血清或全血琼脂培养基上生长良好，加入0.2%～1%的葡萄糖及2%～3%的甘油生长更佳。在4℃可缓慢增殖，约需7d。光滑型菌落透明、蓝灰色，培养3～7d直径可至3～5mm。在45°斜射光照射镜检时，菌落呈特征性蓝绿光泽。在血清琼脂培养基上，移去菌落可见其周围狭窄的β溶血环，此特性可与棒状杆菌、猪丹毒杆菌鉴别。具有13个血清型，分别为1/2a、1/2b、1/2c、3a、3b、3c、4a、4ab、4b、4c、4d、4e和7。自然条件下，牛、羊较易感，犊牛或羔羊表现为败血症或肝等脏器出现坏死灶，成年牛、羊往往表现为神经症状，做转圈运动。孕畜可致流产。人类食入污染的食物可感染，特别是孕妇感染本菌出现类似流感症状，并致胎儿流产。

产蛋下降综合征（egg drop syndrome） 由禽腺病毒（*Aviadenovirus*）中的产蛋下降综合征病毒引起以产蛋减少为特征的疾病。该病毒能凝集鸟类红细胞，在鸭胚中能产生很高的滴度。感染鸡一般无明显临床症状，但能导致产蛋母鸡产蛋量严重下降，同时产出退色蛋、薄壳蛋、软壳蛋或异形蛋。本病于1976年首先由荷兰VanEck等报道，现已广布世界各地。确诊可做血凝抑制试验、琼扩试验、病毒分离鉴定等，防制应对鸡场执行严格的卫生防疫制度和检疫，淘汰带毒种鸡，对青年蛋鸡及种鸡接种灭活疫苗。

产蛋周期（ovulation-oviposition cycle） 雌禽从卵巢排卵至蛋产出所经历的时间。鸡、鹌鹑、火鸡的产蛋周期是24～28h，鸽40～44h。产蛋周期直接影响产蛋率和连产数，周期短，产蛋率可能高，连产数也可能多，反之，则产蛋率和连产数都低。产蛋周期主要受遗传因子决定，卵用型禽的产蛋周期通常较兼用型和肉用型短，故连产数多、产蛋率高。

产道（birth canal） 胎儿产出的必经之路，由软产道和硬产道共同构成。软产道是由子宫颈、阴道、前庭及阴门这些软组织构成的管道。硬产道即骨盆，是由荐骨和前3个尾椎、髋骨（髂骨、坐骨、耻骨）及荐坐韧带共同构成的腔体。

产道损伤（trauma of the birth canal） 子宫颈、阴道、前庭及阴门的损伤。主要发生于分娩、难产和手术助产时。配种、人工授精和胚胎移植操作不当也可发生。损伤可限于黏膜、肌层，也可伤及全层造成穿孔或破裂。根据损伤的程度可采取不同的外科方法处理。

产道性难产（dystocia due to birth canal） 母畜的软产道或硬产道发生异常，使胎儿不能产出的现象。常见的有软产道的子宫捻转、子宫颈狭窄、阴门及前庭狭窄，硬产道的骨盆狭窄、骨盆骨折等。

产地检疫（produced - area quarantine） 对出售或者运输的动物及动物产品在离开饲养、生产地之前，由动物卫生监督机构及其官方兽医，依照法定的条件和程序，对法定检疫对象进行认定和处理的行政许可行为。产地检疫是整个动物检疫工作的基础和重要环节，通过防止染疫动物及动物产品进入流通领域，直接起到避免动物疫病传播的作用。

产房（delivery room） 母畜产仔的场所。要求安静、干燥、清洁、宽敞、向阳、保暖，以保证母畜正常分娩和产后母子安全。可选择单间或大间的一角，专用的产间或分娩栏最好。

产后败血症及脓毒血症（puerperal septicemic and pyemia） 产后感染的局部炎症扩散而继发的严重全身性感染疾病。常继发于难产、胎儿腐败、胎衣不下、严重的子宫炎及坏死性乳房炎等。产后败血症的特点是细菌进入血液并产生毒素，患畜持续高热，体温呈稽留热型；脓毒血症的特征是静脉中有血栓形成，以后血栓受到感染，化脓软化，并随血流进入其他器官和组织中，发生迁移性脓性病灶或脓肿，体温时高时低呈弛张热型。有时二者同时发生。此病在各种家畜均可发生，但败血症多见于马和牛，脓毒血症主要见于牛、羊。本病发展急剧，不及时治疗，常导致死亡。治疗原则是及时处理原发病灶，消灭侵入体内的病原微生物和增强机体的抵抗力。

产后感染（puerperal infections） 动物在分娩过程中及分娩后，由于子宫及软产道不同程度的损伤，加之产后子宫颈开张、子宫内滞留恶露以及胎衣不下等，给微生物的侵入和繁殖创造了机会，从而引起的感染。引起产后感染的微生物很多，主要是化脓棒状杆菌、链球菌、溶血葡萄球菌及大肠杆菌，偶尔有梭状芽孢杆菌。产后感染的病理过程是受到侵害的部位或其邻近器官发生各种急性炎症，甚至坏死；或者感染扩散，引起全身性疾病。常见的有产后阴门炎及阴道炎、产后子宫内膜炎、产后败血症和产后脓毒血症等。

产后截瘫（puerperal paraplegia） 家畜在分娩的过程中由于后躯神经受损，或者由于钙、磷及维生素D不足而导致母畜产后后躯不能起立的状态。本病诊断时应与生产瘫痪进行鉴别诊断。可结合病史，如果动物其他部位反射正常，只是后躯不能站立即可做出诊断。治疗产后截瘫要经过很长时间才能看出效果，所以加强护理特别重要。病牛如能勉强站立，或仅一侧神经麻痹，每天可将其抬起数次，或用床吊起，帮助其站立。

产后期（puerperal period） 又称产褥期。从分娩排出胎衣到生殖器官恢复至未孕时状态的一段时期。此时，母畜行为和生殖器官都要发生一系列变化，主要是子宫的复旧，恶露的形成、排出、减少和停止，正常的泌乳。根据这些变化可以判断母畜产后恢复是否正常，以便发现异常及时治疗。产后期母畜抵抗力较弱，生殖道在恢复更新，病原微生物很易侵入，是疾病的易感染期，需加强护理。

产后阴门炎及阴道炎（puerperal vulvitis and vaginitis） 产后阴门及阴道黏膜的急性炎症。分娩损伤和产后机体抵抗力下降，病原微生物侵入是引起本病的主要原因。轻症，阴门红肿、流出炎性分泌物；重症，母畜有拱背、努责等疼痛表现，分泌物变稀、腥臭。不及时治疗，阴道炎可扩散引起阴道周围炎、盆腔蜂窝织炎，或阴道粘连，甚至闭锁。治疗以局部消炎为主，使用乳剂或糊剂，可防阴道粘连；必要时作全身治疗。

产后子宫内膜炎（puerperal endometritis） 子宫内膜的急性炎症。常发生于分娩后的数天之内，如不及时治疗，易扩散引起子宫肌炎、子宫浆膜炎，甚至子宫周围炎，并常转为慢性炎症。分娩中或产后期，病原微生物从产道侵入是主要感染途径。继发于难产、胎衣不下、子宫脱、子宫复旧不全、胎儿浸溶、猪的死胎停滞。原有慢性炎症的病例，分娩后可转为急性。患畜一般有全身症状，从子宫排出脓性、带臭味的分泌物是本病主要病症。通过直肠和阴道检查可以确诊。治疗原则是消炎，防止感染扩散，促进子宫收缩、清除炎性分泌物。本病易转为慢性而导致长期不孕。

产科刀（obstetrical knife） 长约 12cm 的短刀，难产时使用。刀身很短，有弯刃和钩状，可用手指保护和带出子宫，不会损伤母体。

产科钩（obstetrical hooks） 牵拉胎儿的器械。牵拉效果有时比用手或绳好。产科钩有长柄、短柄、钝钩、锐钩之分。柄的末端有一直径 2cm 的圆孔，穿绳用。全长超过 9cm 的称眼钩，钩住胎儿眼眶用。将两个眼钩相对，用绳穿过柄端圆孔、固定，形成复钩，可用于钩住胎儿双眼眼眶。

产科钩钳（obstetrical hooks and tongs） 中小家畜牵拉胎儿的器械。长 45cm 左右，一端为钩、一端为钳。由两翼组成，可夹住胎头拉出胎儿，也可单独使用。

产科链（obstetrical chains） 用途同产科绳。由铁环串连做成，两端有一稍大的铁环，有两个拉把，钩住铁环，进行牵拉。链比绳粗，使用不如绳方便，但耐久，易消毒。

产科绳（obstetrical rope） 矫正和拉出胎儿的必用品。产科绳的要求是结实、柔软、不打滑、易消毒。以棉蜡绳最佳，尼龙绳容易打滑。大家畜用的产科绳，直径 0.7～0.8mm 为宜。

产科套（obstetrical stack） 助产时用于套住猪、羊胎头牵拉的器械。由两根前后端都有孔的金属杆和产科绳组成。杆长 40～45cm，直径 4～5mm。绳的一端固定在一杆的前端孔上，并穿过另一杆的前端孔，再穿过两杆的后端孔。将两杆前端送入产道，伸至胎头耳后。移动两杆至两侧颌下，握紧两杆后端，拉紧产科绳、并缠在杆上，即可拉动胎儿。

产科梃（crutch repeller） 助产时推退胎儿的器械。长 80cm，前端呈叉状，叉与手掌同宽，8cm 左右，叉中间有一尖，可以刺入胎儿皮肤，防止梃叉滑脱。使用时，梃叉握在术者掌中，把梃带入子宫，顶住胎儿。正生时，梃叉横顶在胎儿胸前或竖顶在肩端和颈基之间；倒生时，横顶在尾根下或竖顶在坐骨弓上。然后指导助手向一定方向慢慢推退胎儿。

产科线锯（obstetric chain - saw） 难产时锯断胎儿肢体的器械。由锯条、锯管、通条、锯把组成。锯管两根由卡子固定，也可分开。锯条直径约 2mm，由细钢丝绕成，柔软而锐利。使用时，将锯条套在或绕过胎儿预定锯断部，锯条两端穿过锯管，术者带锯管入子宫顶在该部并护住，助手将锯条两端分别固定在锯把上。在术者授意下拉锯，直至锯断。线锯可锯断胎体任何部位，断端平光，没有骨叉，不会损伤母体。

产科凿（obstetric chisel） 难产时凿开胎儿关节或凿断胎儿骨骼用。杆长 80cm，有直刃、弧形刃、V 形刃 3 种。刃的两端呈圆形凸出，起保护作用。用于缩小胎头或胎儿骨盆。使用时，将凿刃顶在欲凿断处，用手护住，助手在外用锤敲凿把，将骨骼凿断。

产力（expulsive forces） 将胎儿从子宫中排出的力量，由子宫肌、腹肌和膈肌节律性收缩力共同构成。子宫肌的收缩称为阵缩，是分娩过程中的主要动力；腹壁肌和膈肌的收缩称为努责，它在分娩的胎儿产出期与子宫收缩协同作用，对胎儿的产出起着十分重要的作用。

产力性难产（dystocia due to expulsive forces） 因子宫肌、腹肌和膈肌的节律性收缩的机能异常而导致的难产。多见于子宫弛缓、阵缩及破水过早、神经性产力不足、子宫疝和耻前腱破裂等。

产气荚膜梭菌（*Clostridium perfringens*） 旧名魏氏梭菌（*Clostridium welchii*）或产气荚膜杆菌（*Bacillus perfringens*）。在自然界分布极广，可见于土壤、污水、饲料、食物、粪便以及人畜肠道中等，在一定条件下，也可引起多种严重疾病。菌体直杆状，两端钝圆，大小为（0.6～2.4）μm×（1.3～19）μm，散在或成对，革兰染色阳性。无鞭毛，不运动。芽孢大而卵圆，位于菌体中央或近端，但在体内或体外一般条件下罕见。多数菌株可形成荚膜，荚膜多糖的组成可因菌株不同而有变化。在葡萄糖血琼脂上形成圆整、透明、闪光、灰色纽扣状菌落，有双层溶血环。在牛乳培养基中呈“暴烈发酵”是此菌特征之一。能产生多种毒素，均为蛋白质，分子量约在 40 000 以上，以小写希腊字母表示，其中 α、β、ε 和 ι 等是主要致死毒素。根据主要致死性毒素与其抗毒素的中和试验可将此菌分为 A～E 五个菌型，在人畜中引起多种传染病。

产热（heat - production） 体内营养物质在细胞内氧化代谢时产生热能的过程。产热过程随内外环境的改变而变化：安静时主要产热器官是内脏（特别是肝脏）、肌肉和脑；劳役时肌肉产热量显著增加；环境温度下降时，畜禽可通过寒战性和非寒战性产热，提高产热量，维持体温的稳定。

产组胺鱼中毒（poisoning by histamine producing fishes）　因食用含有较多组胺的鱼类或其制品引起的一种过敏型食物中毒。鲐鱼、竹笑鱼、蓝圆鲹、沙丁鱼、鲣、金枪鱼等青皮红肉鱼中均含较多的游离组氨酸，当其受到摩根氏菌、变形杆菌、组胺无色杆菌、大肠埃希菌、产气荚膜梭菌等污染时，菌体组氨酸脱羧酶能使组氨酸脱去羧基而生成组胺，其量可达100～500mg/100g体重。通常认为成人摄入组胺多于100mg即能引起中毒，表现为脸部潮红、头痛、出荨麻疹和发热。轻者在12h左右能自己恢复，使用抗组胺剂能促其痊愈。做好鱼类保鲜工作和烹调青皮红肉鱼时适当加醋或其他除胺剂，可减少中毒的发生。

颤抖病（wobbles）　见地方性共济失调。

菖蒲中毒（acorus calamus poisoning）　猪误食过量菖蒲，由其所含甲基丁香油酚和细辛酮等引起的中毒病。中毒猪食欲废绝，呕吐，腹泻，粪便异臭，体温升高。治疗时可内服食盐水，用肥皂水灌肠，静脉注射强心剂和等渗葡萄糖溶液。

长程感染（slow virus infection）　又称慢性病毒感染。潜伏期长，发病过程缓慢呈进行性，最终常以死亡为转归的一种病毒感染。与持续性感染的不同点在于疾病过程缓慢，但不断发展且最后常引起死亡。病毒多侵犯哺乳类动物的中枢神经，如瘙痒病、貂脑炎、小鼠的脉络丛脑膜炎等，也可引起肺炎，如绵羊的梅迪-维斯纳病，还可引起肾炎如貂阿留申病等。潜伏期长的原因还不清楚，可能是病毒和宿主之间复杂的相互作用所致。

长环反馈（long loop feedback）　又称长反馈。激素分泌反馈性调节的一种途径。靶腺分泌的激素作用于下丘脑或腺垂体，从而影响下丘脑调节性多肽或腺垂体促激素的分泌。一般为负反馈。如甲状腺激素在血中浓度过高时，可直接抑制腺垂体促甲状腺激素的分泌，进而减少甲状腺激素的分泌，以维持血中的正常浓度。糖皮质激素可以抑制下丘脑促肾上腺皮质激素释放因子的分泌，从而减少腺垂体促肾上腺皮质激素的释放，进而减少糖皮质激素的生成和分泌，使其血中的浓度维持正常水平。少数情况也有正反馈。如在排卵前，成熟卵泡所分泌的雌激素能促进下丘脑促性腺激素释放激素的分泌，并能提高腺垂体对促性腺激素释放激素的敏感性，进而导致腺垂体黄体生成素分泌增多。

长角血蜱（*Haemaphysalis longicornis*）　血蜱属的一种小型蜱。形态特征为：无眼，有缘垛；假头基矩形；须肢外缘向外侧中度突出，呈角状，第二节背面有三角形的短刺，腹面有一锥形的长刺；口下板齿式5/5；基节Ⅱ～Ⅳ内距稍大，超出后缘；盾板上刻点中等大，分布均匀而较稠密。寄生于牛、马、羊、猪、犬等家畜。三宿主蜱。在华北地区，成虫4～7月活动，6月下旬为盛期；若虫4～9月活动，5月上旬最多；幼虫8～9月活动，9月上旬最多。主要生活于次生林或山地，分布于我国大多数省区。

长头型头骨（dolichocephalic skull）　狭长的头骨。头指数达50%。颅面指数在2以下。即面长远大于颅长。如牧羊犬、灵猩（跑犬）、狼犬等。野猪也多为此型。

长吸中枢（apneustic center）　加强延髓吸气神经元活动的神经结构。位于脑桥的中下部网状结构中。它的活动受呼吸调整中枢和肺牵张反射中迷走传入的抑制，当失去它们的控制时，长吸中枢过度兴奋而引起长吸式呼吸。

长效制剂（long - acting preparation）　药物经过改造，制成在体内吸收、代谢和排泄缓慢，从而延长其作用时间的制剂，如长效土霉素和长效青霉素注射液等。

长爪沙鼠（Meriones unquiculatus）　又称长爪沙土鼠、蒙古沙鼠、黑爪蒙古沙鼠或黄耗子等。啮齿目（Rodentia）、仓鼠科（Cricetidae）、沙鼠属（*Gerbillus*）的动物。被毛棕灰，体侧与颊部被毛稍淡，腹侧淡黄，有黑、白变种。尾长而粗，几乎与体长相等，被以密毛，尾端形成毛束。后肢长而发达，趾端有弯锥形爪。性情温顺、行动敏捷、杂食。野生长爪沙鼠群居于结构复杂洞穴中。腹中线有一个棕褐色、卵圆形、上被蜡样物质的腹标记腺，产生一种油状的怪味分泌物。寿命3～5年。染色体数2n=44。9～12周性成熟。性周期4～6d。繁殖以春秋为主，全年发情。妊娠期21d，窝产仔数平均4.5只。哺乳期21d。长爪沙鼠分布于蒙古、中国北部、外贝加尔一带，20世纪60年代后被用做实验动物。主要用于寄生虫、微生物、脑病、肿瘤、代谢疾病和药理学研究。

肠（intestine）　消化管对食物进行消化吸收的主要部位。从胃的幽门至肛管的肛门，长度与动物食性有关，一般食草动物较长，肉食兽较短。可分小肠和大肠两大段。肠壁由黏膜、肌膜和浆膜三层构成。黏膜被覆柱状上皮，具有黏膜下组织。在黏膜固有层和黏膜下组织内分布有壁内腺和淋巴组织，后者形成淋巴孤结和集结。肌膜为内环、外纵两层平滑肌组织。在黏膜下、肌间和浆膜下分布有壁内神经丛。肠在生活时因肌张力而具有一定紧张度，以维持正常活动；肌张力暂时缺失即可引起严重症状。动物死后肠的肌张力消失，长度和直径增大。

肠便秘（constipation）　又称肠秘结，肠运动和分泌机能紊乱导致一段或几段肠管被饲草料或粪便阻塞的腹痛病。多发生于马属动物。按部位分为小肠便秘和大肠便秘。按程度分为完全阻塞性便秘和不完全阻塞性便秘。前者包括十二指肠、空肠、回肠、骨盆曲、左上大结肠、小结肠、直肠等便秘；后者包括盲肠、左下大结肠、胃状膨大部等便秘，以及泛大结肠、全小结肠、泛结肠和泛大肠便秘。病因除采食粗纤维、木质素或鞣质较多的各种粗硬饲料等基本因素外，尚有饮水不足、饲养程序突变、运动不足或过劳、牙齿疾病等直接原因。症状可因秘结程度和部位而异，完全阻塞性便秘呈中度或重度腹痛，口腔干涩，口臭，初期排少量干小粪球，不久排粪停止，肠音沉衰乃至消失。结膜潮红或暗红，脉搏细弱而疾速。不完全阻塞性便秘呈轻微乃至中度腹痛，口稍干，排粪迟滞，粪呈暗色恶臭稀便，最终排粪停止。肠音沉衰，结膜发绀，脉搏细微。依据直肠检查的肠段位置、结粪性状等特点，可确诊小肠、小结肠、骨盆曲、胃状膨大部、盲肠和直肠便秘。治疗可在饥饿状态下，按秘结肠段不同，实施镇痛、减压、强心、补液和疏通等综合性疗法。

肠缠结（intestinal strangulation）　又称肠绞窄或肠缠络。一段肠管缠绕其他肠管、韧带、肠系膜基部、腹腔肿瘤根蒂或粘连脏器纤维束形成络结、绞窄肠系膜、闭塞肠腔所致的腹痛病。常发生于马、牛小结肠或小肠。多继发于肠痉挛。临床表现剧烈腹痛，肠音消失，排粪停止，胃积液和/或肠臌气等。腹腔穿刺液混有血液。依据直肠检查和剖腹探查可确诊。治疗宜采用手术疗法。

肠穿刺（intestinal puncture）　为了排除肠管内的气体而将穿刺针透过腹壁刺入肠腔或在直肠内将穿刺针透过直肠壁穿入其他肠腔。盲肠穿刺主要用于马属动物。在右侧肷部、离髋结节和腰椎横突约一掌宽的部位，剪毛、消毒后将套管垂直或斜向对侧肘头方向刺入。直肠内穿刺时检手按直肠检查要点在指间夹住接有胶管的注射针头插入直肠，刺入其他肠管的肠腔内。小动物有时可从腹壁外直接穿刺肠管。

肠淀粉酶（intestinal amylase）　小肠腺分泌的一种分解淀粉的酶。可将肠内食糜中淀粉逐步分解成单糖。

肠毒素（enterotoxin）　某些细菌产生的能引起人或动物消化道黏膜中毒，以腹泻和呕吐为主要反应症状的一类外毒素。致病性大肠杆菌的耐热肠毒素是通过激活肠黏膜细胞的鸟苷酸环化酶，提高环磷酸鸟苷水平，引起肠隐窝细胞分泌增强和绒毛顶部细胞吸收能力降低而引起腹泻。大肠杆菌不耐热的肠毒素和志贺氏菌、副溶血弧菌、霍乱弧菌、铜绿假单胞菌、产气荚膜梭菌、蜡样芽孢杆菌等肠毒素的作用机理基本相似，通过刺激肠壁上皮细胞，激活其腺苷酸环化酶，在活性腺苷酸环化酶的催化下，使细胞质中的三磷酸腺苷脱去二个磷酸而成为环磷酸腺苷，环磷酸腺苷浓度增高可促进胞浆内蛋白质磷酸化过程，并激活细胞有关酶系统，促进液体及氯离子的分泌，抑制肠壁上皮细胞对钠和水分的吸收，导致腹泻。而葡萄球菌肠毒素则部分作用于呕吐中枢引起呕吐反应，部分直接作用于肠黏膜引起腹泻。

肠肝循环（enterohepatic circulation）　胆汁及其某些组成成分（如胆酸盐）经胆管排出到十二指肠后，在肠道被重吸收，经门静脉又回到肝脏，刺激肝细胞加强胆汁分泌的过程。其中胆酸盐的肠肝循环是肝细胞分泌的重要刺激因素。具有肠肝循环的药物其作用时间一般较长。

肠杆菌科（Enterobacteriaceae）　寄生于人和动物肠道或生存于植物及自然界中的一大群革兰阴性兼性厌氧菌。以周鞭毛运动或不运动，有或无荚膜，不形成芽孢。在普通培养基上生长良好。发酵葡萄糖和其他碳水化合物，产酸或兼产气。氧化酶阳性，过氧化氢酶多呈阳性，还原硝酸盐。兽医上重要的菌属有埃希菌属（*Escherichia*）、沙门菌属（*Salmonella*）、耶尔森菌属（*Yersinia*）、克雷伯菌属（*Klebsiella*）等，可引起人和畜禽许多种疾病。

肠杆菌属（*Enterobacter*）　一群革兰阴性兼性厌氧菌。(0.6～1.0) mm×(1.2～3.0) μm，多以4～6根周鞭毛运动，少数菌株有一薄层荚膜。易在普通培养基上生长。能发酵多种糖类，但通常不发酵卫矛醇。一般利用枸橼酸盐。大多数菌株 VP 阳性，MR 阴性。不产 H_2S 和吲哚。广泛分布于水、污水、土壤和植物中，有些为人畜条件性致病菌。

肠高血糖素（enteroglucagon）　肠黏膜中 L 细胞分泌的多肽激素。在小肠下部和结肠内含量最高。其氨基酸顺序与胰高血糖素相同，生理功能主要与糖代谢有关，可促进糖原异生，还有加强心缩和扩张血管等作用。

肠梗阻（intestinal obstruction）　又称肠阻塞。因肠管运动机能和分泌机能紊乱，粪便积滞不能后移，致使某段或几段肠道完全或不完全阻塞的一种急性腹痛病。也可由肠扭转、肠套叠、肠缠结、肠嵌闭、肠结石、肠积沙等引起。常见于马、骡，少见于驴，发病率高。

肠臌气（intestinal tympany） 又称肠膨胀。肠内产气过旺和/或排气不畅以致肠管急剧膨胀的腹痛性疾病。舍饲和放牧马骡发病较多。分为原发性和继发性两种，前者是由过食新鲜多汁、雨露浸淋的青草和幼嫩苜蓿、青刈麦类和豆类等易发酵饲料所致；后者见于完全阻塞性大肠便秘、结石性小肠阻塞、肠变位和出血性肠炎以及弥漫性腹膜炎。症状以原发性为典型。常于采食后呈间歇性或持续性剧烈腹痛，初期肠音高朗带金属音响，不时排稀软粪便，以后肠音沉衰乃至消失，排粪停止。腹围急剧膨大，触诊腹壁紧张而有弹性，叩诊呈鼓音，呼吸促迫，结膜发绀。直肠检查肠管膨胀、紧张而有弹性。治疗以解痉镇痛、排气减压和清肠止酵等为主。

肠肌神经丛（myenteric nervous plexus） 又称肌间神经丛、Auerbach 神经丛。是位于消化管壁内肌层的纵行肌与环行肌之间的神经丛。由初级肌间丛、较小的二级肌间丛和三级肌间丛组成。初级肌间丛与二级肌间丛相连形成网络，其神经纤维穿入环形肌，直接支配该肌的活动；纵形肌则由三级肌间丛支配，主要由与运动相关的神经元组成。

肠积沙（intestinal sabulous） 大量沙石沉积于肠腔内所致的腹痛病。常群发于半荒漠草原和沙石地区的马骡。多因长期饮食混沙石的饮水和饲料，啃舐碱土、煤渣和瓦砾等所致。临床表现慢性消化不良和时常排出混有沙石粪便，并有肠阻塞性腹痛反复发作等。治疗以排除肠腔内积沙为目的，投服油类泻剂，持久而适度地增强肠管运动或手术治疗。

肠激酶（enterokinase） 小肠腺分泌的一种可激活胰蛋白酶原转化成胰蛋白酶的酶。激活机制是使胰蛋白酶原脱掉一个 6 肽而成为有活性的胰蛋白酶。后者又可激活其他胰蛋白酶原和糜蛋白酶原，引起蛋白质的消化。

肠结石（enterolithiasis） 肠腔内形成矿物性凝结物堵塞肠腔所致的腹痛病。常发生于饲喂麸皮、米糠等富磷精料并患有碱性肠卡他的马骡。结石分为真性（马宝）和假性（粪石）两种。其主要成分为磷酸铵镁。临床表现有完全阻塞性大肠便秘的相应症状。直肠检查可在小结肠起始部或前段处摸到拳头大小圆形或椭圆形硬结石。治疗除按急腹症实施解痉镇痛、穿肠减压、补液强心等措施外，必要时施行肠管切开术取出结石。

肠痉挛（enterospasm） 又称卡他性肠痉挛。肠平滑肌受到异常刺激发生痉挛性收缩所致的腹痛病。多因气温骤降、风雪侵袭或饮食冰冻饲料和冷水，以及霉败变质饲草料等刺激，使副交感神经紧张性增高和/或交感神经紧张性降低所致。临床表现中度或间歇性腹痛，肠音连绵高朗，排粪频繁，粪便稀软、气味酸臭，口腔湿润，耳鼻冷凉，心律不齐。治疗应用解痉镇静药物或针刺疗法。

肠卡他（enteric catarrh） 肠黏膜表层炎症的统称。按病程分为急性和慢性两种；按胃肠分泌机能又分为酸性肠卡他（急性）和碱性肠卡他（慢性）两种。病因基本上同胃卡他。急性病例尚有食欲，结膜黄染，口腔湿润，肠音活泼，排便频繁，粪球松软带酸臭味，伴发肠痉挛性腹痛症状；慢性病例食欲明显减退或废绝，口腔干燥，口臭，肠音减弱，排便停滞，粪干色深，伴发肠便秘性腹痛症状。治疗时除针对病因进行病原疗法外，对酸性肠卡他病例，投服人工盐等健胃剂；对碱性肠卡他病例，投服油类泻剂。

肠扭转（intestinal volvulus） 肠管沿其纵轴或以肠系膜基部为轴作不同程度偏转所致的腹痛病。多发生于马、猪。由体位急剧变换，肠管充满度不均和肠痉挛性收缩等所致。症状有剧烈腹痛，肚胀和呕吐（猪），肠音消失，排粪停止，腹腔穿刺液混有血液。多在发病后不久死于心力衰竭和内毒素休克。通过直肠检查和剖腹探查可确诊。治疗应按急腹症进行手术抢救，切忌投服泻剂。

肠破裂（intestinal rupture） 由于肠腔极度膨满，在腹痛滚转或突然摔倒时使肠破裂。常继发于马急性肠臌气等疾病过程中。临床症状为惊恐不安，肌肉震颤，大量出汗，站立不稳，腹壁紧张，体温下降。腹腔穿刺液中混有粪渣并带粪臭气味，呈碱性反应。通常预后不良，很快死于穿孔性腹膜炎。

肠箝闭（intestinal incarceration） 又称肠嵌顿。肠袢嵌入（疝入）与腹腔相通的天然孔或破裂孔，以血行障碍和闭塞肠腔为主征的腹痛病。常发生于马、猪的大网膜孔、腹股沟乃至阴囊、膈破裂和腹壁疝环内等。多因奔跑、跳跃、难产或交配时腹压急剧增大所致。临床表现剧烈腹痛，呕吐（猪），肠音消失，排粪停止。胃积液和/或肠臌气。腹腔穿刺液混有血液。全身状态危重。诊断可通过直肠检查和剖腹探查确定。治疗可采用手术疗法。

肠球菌属（*Enterococcus*） 寄生于人和动物肠道中，圆形或椭圆形、呈链状排列的革兰阳性球菌，老龄菌可呈革兰阴性。需氧或兼性厌氧菌。对营养要求较高，在血平板 37℃培养 18h，可形成灰白色、不透明、表面光滑、直径 0.5～1mm 大小的圆形菌落，不同的菌株产生不同的溶血现象。肠球菌对环境的耐受性极强，在一般环境可存活数周，可在 10～45℃生长，大多数菌株可耐受 60℃ 30min，肠球菌耐酸、碱。叠氮化钠和浓缩的胆盐不能杀死肠球菌，故可用作选择培养基。本属主要包括粪肠球菌（*E. faecalis*）和屎肠球菌（*E. faecium*）。本属菌所致的家畜最常见疾病是尿道感染，鸡则为心内膜炎。坚韧肠球菌、猪肠球菌及绒毛肠球菌可致猪散发性肠炎，病猪的中段空肠直至回肠绒毛的顶部可见大量的革兰阳性球菌。2002 年以来我国新疆北部地区的羔羊在春季发生急性死亡的传染病，表现为神经症状及败血症，经鉴定病原即为具有 β 溶血的粪肠球菌和屎肠球菌。

肠溶控释片（enteric - controlled release tablets）在胃液中不崩解，而在肠液中能够崩解和吸收的一种片剂。有的药物在胃中不稳定或对胃有较强的刺激作用，为了满足药物性质及临床医疗的需要，在普通片剂外包上肠溶衣制成肠溶控释片，口服后在胃中不崩解，进入肠道在碱性肠液的作用下，包衣溶解、崩解，释放出药物而作用，如肠溶阿司匹林。

肠肽酶（intestinal peptidase）　小肠液中一种分解多肽的酶。来源于小肠黏膜上皮细胞，为细胞内酶，在上皮脱落细胞崩解后释出，在肠内可把多肽分解成氨基酸。

肠套叠（intestinal invagination）　一段肠管套入邻接肠管所致的腹痛病。按套入层次分为 3 级：一级套叠，如空肠套入空肠或回肠，回肠套入盲肠，盲肠尖套入盲肠体，小结肠套入小结肠或胃状膨大部；二级套叠，如空肠套入空肠，再套入回肠；三级套叠，如空肠套入空肠，又套入回肠，再套入盲肠。多为遭受寒冷等异常刺激，或使肠管运动失调所致。临床表现不同程度腹痛，排黑色糊状粪便，腹腔穿刺液混有血液，并有全身危重症状。依据直肠检查确诊。治疗宜尽早实施剖腹术，拉出整复或切除套叠的肠段。

肠胃反射（entero gastric reflex）　食物在小肠内经压力和化学性刺激反射性地引起胃运动或分泌机能改变的过程。如回肠扩大时胃运动发生抑制。这一反射可减少新的食糜流入，以便肠内食糜充分消化和吸收。

肠系膜（mesentery）　将肠悬于腹腔顶壁的腹膜褶。由胚胎期的背侧系膜发育而来，因肠延长、盘曲而分为若干部分，在家畜由于肠的排列不同而有差异，但十二指肠和直肠系膜较一致。肉食兽空肠、回肠悬于褶扇形小肠系膜下，根部狭而厚，内有肠系膜前动脉和腹腔动脉。猪小肠系膜较宽，含脂肪较多；结肠锥体在基部以升结肠系膜附着于肠系膜根左侧；降结肠系膜较短，连续为直肠系膜。反刍兽形成总肠系膜，结肠旋襻位于中部，空肠、回肠肠襻悬于游离缘；结肠近襻和远襻、横结肠、降结肠前部和十二指肠升部，均位于总肠系膜根周围的结缔组织和脂肪内。马小肠系膜长而宽，肠襻活动性大，有时可发生扭转、套叠和嵌顿；盲肠除回盲韧带外，尚以盲结襞连接于右下大结肠；升结肠系膜连接上、下大结肠，仅在大结肠始端和末端与盲肠底附着于腹腔顶壁，因此大结肠襻大部分游离，可发生变位或扭转；降结肠系膜又称小结肠系膜，较宽，常含较多脂肪，与直肠系膜相连续。禽形成背侧和腹侧系膜，除肠外，肌胃也悬于其内。

肠系膜动脉血栓性栓塞（thrombosis and embolism in mesenteric artery）　旧称血塞疝。由普通圆形线虫幼虫在体内移行到肠系膜前动脉及其分支时所引起的以肠系膜动脉血栓形成和腹疼为特征的疾病。同时该肠段发生浆液-出血性炎，或出血性梗死。多发于 6 月龄至 4 岁的青年马。临床表现腹痛反复发作，体温轻度升高。腹腔穿刺液呈黄红、樱桃红乃至暗红色。直肠检查见肠系膜动脉或其分支变粗变硬，呈半球状隆起，并伴有搏动感。治疗宜促进血栓纤溶和强化侧支循环，除选用低分子右旋糖酐等抗凝血药物外，还可用复方氯化钠注射液。

肠腺（intestinal gland）　又称 Lieberkdhn 氏隐窝。肠黏膜固有层中的腺体。为单管状腺。根据其所在部位分为小肠腺和大肠腺。小肠腺开口于相邻的绒毛之间，与绒毛上皮相连续，主要由柱状细胞、杯状细胞、潘氏细胞和内分泌细胞构成。大肠腺直接开口于黏膜表面，含有大量的杯状细胞，但没有潘氏细胞。

肠炎红嘴病（enteric red mouth）　吕氏耶尔森菌（*Yersinia ruckeri*）感染所致的鱼病，主要危害鲑、鳟鱼，鲤科鱼也有发现。欧、美、澳大利亚及中国均有流行。分为最急性、急性和慢性型。典型的症状为嘴发红，下段肠道出血。可用三糖铁培养基分离细菌，结合血清学方法作出诊断。防治可选用敏感的抗生素，剔除带菌鱼及用消毒剂处理污染的鱼池水也很重要。

肠胰岛轴（entero-insular axis）　指胃肠道与胰腺内分泌功能之间十分紧密和固定的关系。这种调节机制是一种复杂的双相调节机制。胃肠道中营养物质的消化和吸收通过体液或神经机制可影响胰岛对胰岛素、胰高糖素、胰多肽或生长抑素的分泌和释放；后者则又反过来影响和调节胃肠道的机能。两者经常处在相互影响、相互制约和相互协调之中。

肠抑胃素（enterogastrone）　小肠黏膜中 K 细胞在脂肪、脂肪酸和糖的作用下分泌的由 43 个氨基酸组成的多肽激素。经血液循环至胃。主要功能为抑制胃酸分泌并引起胰岛素和胰高血糖素释放。

肠音（intestinal sound）　又称肠蠕动音。肠管运动产生的、可直接或通过仪器听到或记录的声音。正常时小肠音多呈流水或含漱声，较清脆，频率8～12次/min。根据肠音的强度、频率和性质可了解肠管的运动机能及内容物的性状。

肠枝（intestinal branch） 复世代吸虫的肠。通常由食道分出两枝肠管，其末端为盲端。有的种在每一肠枝的外侧又生出许多复杂的分枝。有的种肠枝甚短，由食道到肠枝呈倒Y形。有的种两肠枝末端联合，形成环肠，有的种在环肠后端又生有单一盲肠。

肠脂肪酶（intestinal lipase） 肠液中含有的分解脂肪的酶。能补充胰脂肪酶对脂肪消化的不足，在肠内分解脂肪为甘油和脂肪酸。

常染色质（euchromatin） 间期细胞核内染色质纤维折叠压缩程度低，处于伸展状态，用碱性染料染色时着色浅的那些染色质。其DNA主要是单一序列DNA和中度重复序列DNA。大部分常染色质基因具有转录活性。蛋白合成和分泌旺盛的细胞，常染色质较多，胞核着色浅淡。

常乳（milk） 又称成熟乳。初乳期过后乳腺分泌的乳。常乳的营养成分十分丰富，除水之外，还包括蛋白质、脂肪、糖、维生素、矿物质以及各种生物活性物质。

常山酮（halofuginone） 商品名速丹。抗球虫药。具高效、低毒的特点，是目前使用剂量较小的一种抗球虫药。对多种鸡球虫都有较强的抑、杀作用，并抑制卵囊排出（堆型艾美耳球虫除外）。对于子孢子，第一、二代裂殖体有明显抑杀作用。无组织残留，较易产生耐药性。

超常期（supranormal period） 细胞在接受一次刺激发生兴奋以后，继绝对不应期、相对不应期后出现的兴奋性升高超过正常水平的时期。在此期间原来较强的阈下刺激也能引起其兴奋，而对原来的阈刺激则反应较正常时高。

超短环反馈（ultra short loop feedback） 激素分泌的反馈性调节途径之一。当血中下丘脑调节性多肽达到一定浓度时，可以抑制下丘脑神经内分泌细胞释放下丘脑调节性多肽，从而使血中下丘脑调节性多肽浓度维持相对恒定的水平。

超高温瞬时杀菌法（ultra heat treated, ultra high temperature sterilization） 牛奶的一种灭菌方法。即将流动的乳液经135℃以上灭菌数秒钟，立即冷却到20℃，在无菌状态下包装，以达到商业无菌（commercial sterilization）的要求。这种方法会破坏牛奶中的少量营养物质，但在密封包装好后，可于室温下保存半年。

超活体染色法（supravital staining） 从活体分离血细胞并用比较无害的颜料染色，以观察血细胞功能的一种实验室检查方法。白细胞超活体染色一般采用辛-萨氏法（Simpson-Sabin）；红细胞超活体染色主要用于网织红细胞和成红细胞，其方法分干燥法、湿润法两类，湿润法又可分为帕氏法（Pappenheim）和坎氏法（Kammerer）。

超极化（hyperpolarization） 细胞膜内外电位差超过正常静息电位时的极化状态。处于超极化时细胞表现兴奋性降低或抑制。某些可兴奋细胞如腺细胞，兴奋时由于不发生膜对Na^+通透性增大，而是对某些负离子（如Cl^-）的通透性增大，使膜外的负离子内流，也会出现超极化状态。

超寄生（superparasitism） 一种微生物寄生在另一种营寄生生活的生物体内的现象，如细菌寄生于蛔虫体内等。

超抗原（superantigen, SAg） 一类具有强大的刺激能力，只需极低浓度（1～10ng/mL）即可诱发最大的免疫应答的抗原物质，如一些细菌的毒素分子、一些病毒蛋白质。超抗原分为外源性超抗原（exogenous superantigen）和内源性超抗原（endogenous superantigen），前者是指一些由细菌分泌的可溶性蛋白，包括由革兰阳性菌分泌的各种外毒素，如葡萄球菌肠毒素、毒性休克综合征毒素、剥脱性皮炎毒素、滑液支原体上清液、链球菌热原外毒素。内源性超抗原是指由某些病毒编码的细胞膜蛋白，如小鼠乳腺瘤病毒（MTV）编码的一组内源性超抗原。这类抗原物质在被T细胞识别之前不需要经抗原递呈细胞的处理，直接与抗原递呈细胞的MHCⅡ类分子的肽结合区以外的部位结合，并以完整蛋白分子形式被递呈给T细胞。超抗原使T细胞受体（TCR）与MHCⅡ类分子交联产生活化信号，诱导T细胞活化和增殖。而且SAg-MHCⅡ类分子复合物仅与TCR的β链结合，因此可激活多个T细胞克隆，其激活作用不受MHC的限制。超抗原与自身免疫病、免疫抑制等疾病的发生有关。

超螺旋质粒（supercoiled plasmid） 呈双股闭合的超螺旋状的质粒。在琼脂糖凝胶电泳中，走在最前面的是超螺旋质粒，其次是线状化质粒，最后是开环质粒。在提取质粒过程中，如果方法得当可获得高比例的超螺旋质粒。

超敏反应性水肿（hypersensitive edema） 由超敏反应所诱发的水肿。常见的有血管神经性水肿、荨麻疹、血斑病等疾病中的水肿。

超射（overshoot） 神经和肌肉细胞在接受刺激发生兴奋产生动作电位时，继去极化之后发生的膜电位倒转，即由静息时的外正内负变成外负内正的过程。超射形成的膜内电位为20～40mV，与去极化形成的 70～90mV 相加，造成的总电位变化值可达 90～130mV，这就是峰电位。超射的原因与去极化相同，是由于膜对 Na^+ 通透性迅速升高，引起 Na^+ 大量内流所致。

超声（ultrasound） 超声波的简称，振动频率（每秒钟振动次数）在 20 000 Hz 以上，超过人耳听阈的声音。它穿透力强，集束性好，信息携带量大，易于实现快速而准确的检测和诊断而无损伤。可广泛应用于工业、农业、国防和医药卫生等方面，医学上用于诊断、治疗、粉碎结石和灭菌。用于医学诊断上的超声频率在 1 MHz 至数 10 MHz 之间，常用 2.5～10 MHz。

超声多普勒检测法（ultrasonic doppler detector） 根据多普勒效应进行诊断的方法，即根据接收到的运动物体的超声波频率与原发射频率有所不同进行的诊断，专门用于监测体内运动脏器的活动情况。分为频谱多普勒血流检测与彩色多普勒血流检测（见彩色多普勒血流显像）两种类型。频谱多普勒血流检测技术主要用于测量动脉和静脉的血流速度、确定血流方向、确定血流种类如层流、湍流或射流等，是检测心血管疾病和诊断妊娠的常规方法。仪器有监听式超声多普勒诊断仪、多普勒听诊器、多普勒血流仪、彩色多普勒血流显像仪等。

超声换能器（ultrasonic transducer） 能把一种其他形式的能转变为所需频率的超声能，或把超声能转变为同频率其他形式能的器件。目前常用的超声换能器有电声型和流体动力型两大类。医学诊断用的为电声型的压电换能器，习惯上称为探头（probe），它将超声诊断仪中产生的高频电信号转变为超声波，导入机体组织内，然后接收反射回波，再将回波转变为高频电信号，送入信号处理系统，完成超声波的产生、发射和回波的接收，其性能直接影响超声诊断仪的灵敏度、分辨力和伪影干扰等，是超声诊断仪的最重要部件。

超声切面显像诊断（ultrasonotomography） 又称超声显像法。将界面回声信号以辉度调制方式显示为光点，随探头移动，由点、线而形成切面图像。显像原理是由探头发射超声波，超声波进入机体组织结构，声波遇到两种密度不同组织构成的界面（即有声阻抗差）则会发生反射，反射声波的量与声阻抗差成正比。探头接收反射声波，然后转化成可视信号即图像显示在监视器上。图像的明暗程度与声波反射的强度有关，声波反射越强图像越明亮。兽医临床上常用的为实时 B 型显像法（即 B 超），即将超声束以方形或扇形方式作连续快速扫描，使荧光屏上每秒呈现 16 幅以上的连续图像，构成实时动态图像。在兽医临床上用于妊娠诊断和心脏、胸腔、肝、胆、肾、眼睛、软组织等器官组织疾病的诊断。

超声显像法（ultrasonic visualization，ultrasound tomography） 见超声切面显像诊断。

超声心动图（ultrasonic cardiogram，UCG） 用超声波回声探查心脏和大血管以获取有关信息的无创性检查方法。包括二维超声心动图和 M 型显示图形。二维超声心动图可系统地了解心脏形态、解剖结构、空间方位、房室连接心室与大动脉之间的连接关系。以及大血管的粗细、房室腔大小、瓣膜和室壁运动情况等。M 型超声心动图可测量肺动脉、主动脉内径，左右心房和心室大小及室壁厚度，观察二尖瓣活动曲线等，用以诊断二尖瓣狭窄、闭锁不全、左心房肿瘤等疾病。

超声造影（ultrasonic contrast） 又称声学造影（acoustic contrast）。是利用造影剂使血流的散射回声增强，明显提高超声诊断的分辨力、敏感性和特异性的技术。随着仪器性能的改进和新型声学造影剂的出现，超声造影已能有效地增强心肌、肝、肾、脑等实质性器官的二维超声影像和血流多普勒信号，反映和观察正常组织和病变组织的血流灌注情况。目前最常用的造影剂是微气泡造影剂，具有良好的散射性、能产生丰富的谐波及受声压作用下具有破裂效应等重要特性。

超声诊断（ultrasonic diagnosis） 利用超声波在动物体内可以传播、遇到不同介质组织的界面能产生反射从而形成声像图的原理对动物器官、组织和体腔的物理状态、生理机能及病理性质等进行判断的诊断技术。具有无损伤、无放射危害、简便、快速和准确等优点。超声诊断能诊断许多脏器的疾病，但以液性病变效果最好，对动物早期妊娠诊断、活体测膘厚和软组织病变等也较为准确。

超数排卵（superovulation） 简称超排。在发情周期的适当时期，用外源性促性腺激素处理，诱发卵巢上大量卵泡同时发育并排出具有受精能力的卵子的技术。目的是让优良母畜排出大量卵子，充分发挥其繁殖潜能，是胚胎移植中的一个重要环节。

巢式 PCR（nested PCR） 又称多重 PCR。利用多对引物进行两次或者多次扩增 DNA 片段的方法。在巢式 PCR 中，先用一对引物扩增外部较长的片段，再用另一对引物扩增内部较短的片段。这两套引物的 Tm 值和浓度均不相同，外部引物的 Tm 值比内部引物的高，外部引物的浓度比内部引物的低。在早期循环阶段，较高的退火温度使内部引物不能与模板配对，而外部引物在此温度下能与模板特异性结合，并先扩增出较长的 DNA 片段。在晚期循环阶段，外部引物基本耗尽，并降低退火温度，内部引物与模板特异性结合扩增出大量内部较短的DNA片段。因此巢式PCR扩增一个基因内的不同区段，内部引物所需模板源自外部引物扩增的长片段，是在长片段内再扩增出所需的区段。

朝鲜出血热（Korea hemorrhagic fever） 又称伴有肾综合征的出血热、流行性出血热（epidemic hemorrhagic fever，EHF）。由布尼病毒科汉坦病毒属的汉坦病毒引起的一种自然疫源性病毒性传染病。在欧亚大陆广泛流行，发病率较高。鼠类为其主要传染源及储存宿主，人感染后临床上以发热、出血、休克和肾衰竭等症状为特征。诊断主要依据临床症状、流行病学史和实验室血尿检查等，并需排除其他疾病。对不典型病例则需要通过血清学检查确定。尚无特效疗法，可根据病情对症治疗。防制有效措施为防鼠灭鼠，辅以防螨灭螨，消毒隔离。目前尚无疫苗可用于预防。

潮红（redness） 动物可视黏膜或白色皮肤由于毛细血管过度充盈而形成的一种病理变化。为主动性充血的征象，故也称充血。临床上可分为弥漫性充血和树枝状充血两种。根据充血程度临床上可表现为砖红色、暗红色、暗紫色及暗褐色等。

潮霉素 B（hygromycin B） 抗生素类驱虫药。易溶于水，对猪蛔虫、食道口线虫；鸡蛔虫、异刺线虫及鸽毛细线虫均有良效。毒性较小。

潮气量（tidal volume，VT） 平静状态下每次吸入或呼出的气量。与年龄、性别、体表面积、呼吸习惯、机体新陈代谢有关。设定的潮气量通常指吸入气量。健康动物平静呼吸时的潮气量为从功能余气量水平开始使肺扩张，或回缩到功能余气量水平时的气量。一般动物潮气量为每千克体重10mL左右。各种家畜的潮气量为：牛3 000～4 000mL；马6 000mL；羊250～350mL；猪300～500mL。

尘埃传播（dust transmission） 带有病原体的尘埃被易感动物吸入而引起的传播。尘埃传播的时间和空间范围比飞沫传播要大，可以随空气流动转移到别的地区，但实际上尘埃传播的作用比飞沫传播要小，因为只有少数在外界环境生存能力较强的病原体能耐过这种干燥环境或阳光的曝晒。能借尘埃传播的传染病有结核病、炭疽、痘症等。

沉淀法（precipitation） 用于检查粪便中虫卵的方法。可以分为：①自然沉淀法：取20～30g粪便，加10～20倍水，充分搅匀，铜筛过滤，滤液加水到500mL，静置20～30min，如此换水4～5次后，上层液清晰，细小粪渣与虫卵沉于水底，倒出沉渣，涂片，镜检。②离心沉淀法：取1g粪便，加5mL水搅拌混匀，铜筛过滤于离心管中，再加水至10mL，1 500～2 000r/min离心5min，去上清，将沉渣涂片，镜检。

沉淀反应抗原（precipitation antigen） 呈胶体状态的可溶性抗原。如细菌和寄生虫的浸出液、培养滤液、组织浸出液、动物血清和动物蛋白等。沉淀反应抗原与相应抗体相遇，在比例合适并有电解质存在的情况下，抗原抗体相互交联形成免疫复合物达到一定量时，出现肉眼可见的沉淀线。如马传染性贫血琼脂扩散试验抗原、牛白血病琼脂扩散沉淀试验抗原等。

沉淀价（precipitation titer） 因方法不同而有不同的含义：①环状沉淀试验时，出现环状沉淀的抗原最大稀释倍数；②絮状沉淀试验时，出现反应最快，沉淀量最多的一管的抗原抗体比值；③琼脂扩散时，出现沉淀线的血清最大稀释倍数。

沉淀抗原（precipitinogen） 与相应抗体发生特异性沉淀反应的一类可溶性蛋白质、类脂质或多糖类物质。如细菌的毒素、菌体裂解物、病毒的可溶性成分、血液或组织浸出液等。在适量电解质存在时，抗原与抗体发生特异性沉淀反应，结合生成白色的沉淀物。

沉郁（depression） 动物对各种刺激反应减弱的状态，是大脑皮层和脑干网状结构受到抑制的表现，属轻度精神抑制类型。表现为动物对周围事物注意力减退，反应迟钝，离群呆立，头低耳耷，行动无力；但对外界某些刺激，如有人接近或出现食物，尚能做出有意识的反应。可见于多种疾病。

陈克氏坏死（Zenker's necrosis） 见凝固性坏死。

陈-施二氏呼吸（Cheyne - Stokes' respiration） 又称潮式呼吸（tidal breathing），一种波浪式呼吸。表现为呼吸逐渐加强、加深、加快，达到高峰后又逐渐变弱、变浅、变慢，而后呼吸中断，约经数秒或短暂间歇后又以同样的方式重复。这种呼吸方式是呼吸中枢敏感性降低的特殊表现，也是疾病危重表现。在临床上常伴发昏迷、意识障碍、瞳孔反射消失及脉搏的显著变化。

成骨细胞（osteogenic cell，osteoblast） 一种与骨基质形成有关的细胞。呈长椭圆形，胞质嗜碱性，高尔基复合体发达，粗面内质网丰富。成骨细胞在钙化软骨基质的残体上形成骨基质，而成骨细胞被埋于骨基质中变为骨细胞。

成红细胞（erythroblast） 又称原红细胞（proerythroblast）。是红细胞发育过程中最幼稚的细胞。由造血干细胞分化而来，呈圆形或卵圆形，直径14～18 μm；核圆而大，染色质疏松深染，有2～5个核仁；胞质少，强嗜碱性，含有较多的线粒体。成红细胞经过嗜碱性成红细胞（早幼红细胞）、嗜多色性成红细胞（中幼红细胞）、嗜酸性成红细胞（晚幼红细胞）和网织红细胞4个阶段，最终形成红细胞。

成红细胞性白血病（erythroblastosis）　禽白血病的一种。本型疾病比较少见，主要发生于成年鸡，呈散发。临床表现有两种类型。一种为增生型：病鸡血液中有许多成红细胞，肝、脾肿大，骨髓增生。另一种为贫血型：血液中未成熟细胞少，贫血，肝和脾萎缩，骨髓呈胶冻样。诊断和防制办法见禽白血病。

成活率（survival rate）　一般指断奶成活率，即断奶时成活仔畜数占出生时活仔畜总数的百分比，或本年度终成活仔畜数（可包括部分年终出生仔畜）占本年度内出生仔畜数的百分比。

成肌细胞（sarcoblast or myoblast）　骨骼肌纤维发育过程中最原始的细胞。呈梭形，或有突起。有一个椭圆形核，位于细胞中央。胞质内有大量核糖体，因而呈嗜碱性，有肌原纤维。经过增殖、分化（胞质内肌原纤维增多、细胞变长）、互相融合，最终形成骨骼肌纤维。

成软骨细胞（chondroblast）　软骨组织发育过程中最原始的细胞。由间充质细胞分化而来。间充质细胞首先收回其突起，聚集成团。细胞团中间的细胞经分裂分化转变成的一种大而圆的细胞，即成软骨细胞。成软骨细胞产生基质和纤维，当基质的量增加到一定程度时，成软骨细胞就被分隔在陷窝内，分化为成熟的软骨细胞。

成神经细胞（neuroblast）　神经元胚胎发生时期的干细胞。它是在神经上皮反复增殖，形成神经管时产生的一些细胞。这些细胞被挤向外界膜，核大而圆、淡染。

成熟分裂（maturation division，meiosis）　又称减数分裂。生殖细胞成熟过程中的细胞分裂。在精子和卵子的发生过程中，初级精母细胞连续进行两次分裂形成次级精母细胞和精子细胞，初级卵母细胞连续进行两次分裂形成次级卵母细胞和卵子，而染色体只复制一次，因此，精子细胞和卵子的染色体数目减半。

成熟卵泡（mature follicle）　能够排出卵子的卵泡，由次级卵泡发育而来。成熟卵泡体积显著增大，从卵巢的表面凸出来。卵泡大小因人和动物不同而异：人的20mm以上，牛为12～19mm，羊为5～8mm，猪为8～12mm，马为25～45mm。

成髓细胞（myeloblast）　又称原粒细胞。粒细胞发育过程中最幼稚的细胞。胞质嗜碱性，但染色不匀，边缘部比核周区染色深。核大，成细网状，红染，可见到2个或更多的核仁。成髓细胞经过早幼粒细胞、中幼粒细胞、晚幼粒细胞、带状核粒细胞等4个阶段，最终形成3种不同的粒细胞。

成髓细胞性白血病（myeloblastosis）　禽白血病的一种。本病型很少发生，主要发生于成年鸡。症状与成红细胞性白血病相似，血液中有大量成髓细胞，骨髓苍白，肝和脾呈弥漫性肿大，肝呈颗粒状、灰黄色。防制措施见禽白血病。

成纤维细胞（fibroblast）　疏松结缔组织中数量最多的一种细胞，也存在于其他类型的固有结缔组织中。其胞体呈梭形，有突起，核圆形，染色淡，核仁清楚，胞质弱嗜碱性，内含丰富的粗面内质网和游离核蛋白体，高尔基体发达。它能合成和分泌胶原蛋白、弹性蛋白和蛋白多糖，并由此形成胶原纤维、弹性纤维、网状纤维以及结缔组织的基质。

成牙（本）质细胞（odontoblast）　整齐地排列于牙髓周边的一层长柱状细胞。它伸出若干突起插入牙本质的牙小管中。主要功能为：合成和分泌胶原纤维的前身物，形成牙质纤维；合成和分泌基质，致使牙本质不断增生。

橙色血质（hematoidin）　大出血灶和血肿中央出现的橙黄色结晶。不含铁，由血红蛋白在缺氧条件下分解形成，与胆红素为同素异构体，可用格美林反应（Gmelin reaction）证明。呈小菱形或针状结晶，易溶于血浆或其他体液中，可被巨噬细胞吞噬。

弛张热（remittent fever）　昼夜温差在1～2℃以上，但升、降温时间长短无规律，且不易恢复到常温的发热。见于败血症、马副伤寒性流产、小叶性肺炎及某些非典型经过的传染病等。

迟发型变态反应（delayed - type hypersensitivity）　参见Ⅳ型变态反应。

迟发型变态反应性T细胞（delayed - type hypersensitivity T cell，TDTH cell）　参与迟发型变态反应的一类T细胞。属于CD_4^+ T_H细胞亚群，在体内以非活化前体形式存在，其表面抗原受体与靶细胞的抗原特异性结合，并在活化的T_H细胞释放的IL-2、IL-4、IL-5、IL-6、IL-9等细胞因子作用下，活化、增殖、分化成具有免疫效应的TDTH细胞。其免疫效应通过释放多种可溶性的细胞因子而发挥作用，主要引起以局部的单核细胞浸润为主的炎症反应，即迟发型变态反应。

迟发性毒性（delayed toxicity）　某些化学物质与机体接触后需经一段潜伏时间才能出现反应的毒性。如致癌原的致癌毒性及某些有机磷化合物的迟发性神经毒性。可用亚慢性或慢性动物实验进行测定。

迟缓爱德华菌（*Edwardsiella tarda*）　属于肠杆

菌科的爱德华菌属（*Edwardsiella*），有鞭毛、能运动，无荚膜，革兰阴性兼性厌氧杆菌。其特征为靛基质阳性，可以此与沙门菌属、枸橼酸杆菌和亚利桑那菌进行鉴别。本菌是淡水鱼及其他冷血动物肠道正常菌群的一部分，存在于这些动物的肠内容物、粪便及污染水源中，也能从捕食鱼类而生活的鸟类和哺乳动物的粪便中分离到。动物主要经口感染。临床表现有胃肠炎、败血症、脑膜炎、局灶性感染及创伤性感染等。本菌对人类是条件致病菌，渔民、农民及伐木工等为易感人群。

迟脉（slow pulse） 脉波上升缓慢而持久，指检感触搏动的时间较长，指下有徐来而慢去之感的脉搏。见于主动脉口狭窄等。

持久黄体（persistent corpus luteum） 卵巢中超过正常时限仍继续保持功能而不消退的黄体。在组织结构和对机体的生理作用方面，持久黄体与妊娠黄体或周期黄体没有区别。持久黄体同样可以分泌孕酮，抑制卵泡的发育，使发情周期停止循环而引起不育。多继发于内分泌紊乱、子宫疾病或子宫内有异物，以牛多发。持久黄体妨碍卵巢周期活动、引起生殖机能紊乱，造成发情周期停止，母畜不发情。前列腺素等药物治疗有效。

持续发情（persist estrus） 又称长发情。持续时间长，卵泡迟迟不排卵的发情。主要发生于母马。

持续性感染（persistent infection） 病毒长时间持续存在于动物体内或细胞培养内的一类感染。由于入侵的病毒不能杀死宿主细胞，因而两者之间形成共生平衡，感染动物可长期或终生带毒，并经常或反复不定期地向体外排毒，但常缺乏或出现与免疫病理反应有关的临诊症状。在动物体内，持续性感染表现 3 种形式：①潜伏感染：在感染过程中一般无临床症状，不能检出病毒。如感染被激发，则出现急性发作，有临床症状，并能检出病毒。如牛传染性鼻气管炎、猪伪狂犬病、巨细胞病毒感染等。②慢性感染：病毒仅感染小部分组织细胞并将其杀伤，释出的病毒又感染另一小部分细胞。患畜症状和缓，能检出病毒。如马传染性贫血、阿留申貂病、乙型肝炎等。③慢性病毒感染：此类疾病的潜伏期极长，发展缓慢，最终患畜归于死亡。如羊痒病、貂脑病、维斯纳—梅迪病等。动物持续性感染需具备两个条件：病毒能逃避机体免疫系统或机体免疫功能缺陷，病毒可长期存在而不被机体免疫系统清除；病毒毒力不是太强，不会在短期内造成宿主死亡。在细胞培养内表现 3 种形式：①带毒培养：少数细胞有易感性，多数有抵抗力。②稳定态感染：主要见于有囊膜的 RNA 病毒，细胞不被破坏，不显示 CPE，细胞和病毒都进行繁殖。如副黏病毒、弹状病毒、披膜病毒等。③前病毒感染：病毒基因组整合在细胞基因组内，随着细胞分裂而增殖。如反转录病毒等肿瘤病毒。

尺骨（ulna） 前臂骨之一，位于后外侧。近端突出形成鹰嘴，相当于肘端，是重要的体表标志。鹰嘴的前下方有滑车切迹，与肱骨髁相关节。尺骨体与桡骨并列，以膜相连或相愈合。远端形成茎突。马尺骨体大部退化，仅达前臂中部；远端合并于桡骨。禽尺骨发达，较桡骨长而粗。

齿（tooth） 口腔内用来摄取和咀嚼食物的钙化坚硬器官。分化为切齿、犬齿、前臼齿和臼齿，后二者又合称颊齿；沿上、下颌齿槽缘排成齿弓，又称齿列，犬齿位于切齿与颊齿间的齿间隙中。齿数常以一侧齿弓表示，称齿式，即

$$2\left(\frac{\text{切齿}\quad\text{犬齿}\quad\text{前臼齿}\quad\text{臼齿}}{\text{切齿}\quad\text{犬齿}\quad\text{前臼齿}\quad\text{臼齿}}\right)$$

每齿可分根、颈、冠 3 部分：齿根以齿周膜埋植于齿槽；齿颈包裹以齿龈；齿冠突出于口腔。齿由齿质构成，齿冠外包有釉质，齿根外包有黏合质。齿内有齿腔，开口于齿根尖；腔内填有齿髓。齿腔随年龄因内壁增添新齿质而逐渐减小。齿可根据齿冠长短分短冠齿和长冠齿两类。长冠齿的齿冠长，釉质常由嚼面下陷形成齿漏斗，又称齿坎；或沿侧面内褶形成纵褶。因此在磨损后的嚼面，釉质形成复杂的嵴，以利研磨食物。齿冠大部分埋入齿槽，又分为临床冠和临床根，在一定年龄内随磨损而不断生长推出。齿根短，发生较晚，齿颈不明显。猪上、下颌宽度相等（等颌），上、下齿弓嚼面相对。其他家畜上颌宽、下颌窄（不等颌），上齿弓嚼面的内侧半与下齿弓嚼面的外侧半相对。食草动物多用一侧咀嚼，使上颊齿外侧缘和下颊齿内侧缘变锐利，易损伤颊、舌黏膜。家畜为再出齿，有乳齿和恒齿两个世代。

齿髓（dental pulp） 填充齿腔内的胶冻状柔软结缔组织。富有血管，对齿有营养作用；分布有淋巴管丛和神经，后者除血管运动神经外，大多为感觉神经，有感受温度、机械和化学等刺激的多种末梢，均可引起疼痛感觉。齿髓表面被覆有成齿质细胞。幼畜齿腔大而齿髓发达，此后由于成齿质细胞生成新齿质而使齿腔变小，齿髓也逐渐减少甚至萎缩。因受齿腔限制，齿髓轻微炎症即会引起感觉。

齿龈（gum） 紧贴上、下颌游离缘和包裹齿颈或长冠齿一部分齿冠的口腔黏膜。紧密附着于骨膜和齿，无黏膜下层；较厚，因富含毛细血管而呈淡红色，可有色素斑。感觉神经分布较少。与齿周膜和唇、颊等口腔黏膜相移行；至臼齿之后形成连接上、下颌的翼下颌襞，内含同名韧带。反刍兽无上切齿，

该处齿龈变形为一对半月形齿垫，又称齿枕，黏膜紧贴于厚的结缔组织上，上皮高度角化。

齿龈炎（gingivitis）　齿龈的炎症。多继发于齿龈损伤、化脓、维生素缺乏、慢性消耗性疾病、传染病、重金属中毒、齿石、齿裂等，患齿槽骨膜炎时也能发生。临床表现齿龈变红、肿胀、水泡和形成溃疡，齿龈有灰绿色的被膜。治疗时可用双氧水或复方碘溶液冲洗。

耻骨（pubis）　构成骨盆底壁前部的扁骨。可分体和两个支。体参与形成髋臼；向内侧延续为横列的前支，前缘形成耻骨梳和髂耻隆起。后支由前支呈直角折转向后，参与形成骨盆联合。禽耻骨狭长，形成髋骨后半的腹侧缘。

耻骨肌（m. pectineus）　位于股内侧上部的纺锤形小肌。在缝匠肌后方。起始于耻骨前缘的髂耻隆起，马起始于髋关节副韧带；向下以腱止于股骨内侧面的小转子略下。构成股管的后壁。犬在股内侧可触摸到。作用为参与屈、内收或外旋髋关节。

耻骨前韧带（cranial pubic ligament）　连接骨盆左右两髂耻隆起间的横行结缔组织索，与联合腱相垂直。腹直肌以坚强的耻骨前腱连接于耻骨前韧带。

赤潮（red tide）　又称红潮、水花、水华。海洋中一些微藻、原生动物或细菌在一定环境条件下暴发性增殖或聚集达到某一水平，引起水体变色或对海洋中其他生物产生危害的一种生态异常现象。赤潮是一个历史沿用名，并不一定都是红色。赤潮是在特定环境条件下产生的，相关因素很多，但其中一个极其重要的因素是海洋污染。大量含有各种含氮有机物的废污水排入海水中，促使海水富营养化，是赤潮藻类能够大量繁殖的重要物质基础。海洋浮游藻是引发赤潮的主要生物，在全世界 4 000 多种海洋浮游藻中有 260 多种能形成赤潮，其中有 70 多种能产生毒素。它们分泌的毒素有些可直接导致海洋生物大量死亡，有些甚至可以通过食物链传递，造成人类食物中毒。

赤羽病（akabane disease）　又称阿卡斑病、关节弯曲积水性无脑综合征（arthrogryposis hydraencephaly syndrome，简称 AH 综合征）。由布尼病毒科辛波群的赤羽病病毒引起牛的以早产、流产、胎儿畸形为特征的传染病。分布于日本、东南亚及大洋洲。病毒的自然宿主为牛、绵羊和山羊，传播媒介为蚊、蠓。本病的发生有一定的周期性、地域性和季节性，感染的牛临床上少见异常，异常分娩多见于胎龄 7 个月以上的孕牛。剖检可见胎儿体形异常，关节、脊柱弯曲，大脑缺损，脑形成囊泡状空腔，躯干肌肉萎缩发白。确诊需作病毒分离、动物接种和血清学试验。预防可接种疫苗。

冲击触诊法（ballottement）　又称浮沉触诊法。触诊方法之一。以拳、并拢的手指或手掌在被检部位连续进行数次急速而较有力的冲击，以感知腹腔深部器官的性状与腹膜腔的状态以及有无浮动的肿块。

充血（hyperemia）　器官或组织因血管扩张，含血量增多的一种病理现象。可分为动脉性充血和静脉性充血，习惯上把动脉性充血简称为充血，而把静脉性充血简称为瘀血（congestion）。

充盈期（filling period）　血液由心房和外周静脉向心室方向流动，使心室容积增大的时期。充盈期包括快速充盈期和减慢充盈期两个阶段。快速充盈期是房室瓣开放后，心室容积迅速扩大。心室舒张时内压明显低于心房内压，积聚在心房和大静脉的血液迅速流入心室，静脉血液回流心脏主要在这段时间。随后，血液以较慢的速度继续流入心室，心室容积进一步增大，称为减慢充盈期。

充盈缺损（filling defect）　造影诊断时所见到的影像变化之一。在钡剂或有机碘制剂造影时，造影剂通过肿物并覆盖在肿物表面，由于病变向腔内突出形成肿块，即在腔内形成占位性病变，所以造成局部造影剂缺损。常见于对肿瘤或增生性炎症引起的肿块的诊断。

虫蛋（wormy egg，parasite eggs）　内含前殖属（*Prosthogonimus*）吸虫或其他寄生虫的鸡蛋。这是由于寄生在禽体内的上述寄生虫移行至腹腔，落入喇叭口、输卵管，或寄生于肠道的寄生虫经泄殖腔，逆行至输卵管；或者原本就寄生在输卵管的虫，在蛋形成时被包入蛋内的结果。虫蛋在照验时，蛋内显现虫体阴影，打开后可见蛋液内有虫体存在。虫蛋不能食用。

虫卵计数法（eggs counting technique）　测定每克粪便中的虫卵数、了解动物感染虫体的强度或判定驱虫效果的方法。有麦克马斯特氏法、斯陶尔法等多种方法。

虫媒病毒（arbovirus）　以节肢动物为媒介的病毒（arthropod borne virus），指必须通过节肢动物才能传递的病毒。它们能在蚊、蠓、蜱、螨等吸血节肢动物体内繁殖，当哺乳动物被其螯咬时即被感染发病，某些禽类被咬后可能引起隐性感染。病毒在节肢动物体内大量繁殖，长期寄生，并能将病毒通过卵垂直传递给后代。健畜与病畜接触一般不引起感染。这类病毒主要属于披膜病毒科、黄病毒科、布尼病毒科和环状病毒属。

虫媒传播（arthropod borne transmission）　病原体经节肢动物媒介在动物体引起的传播。节肢动物中作为家畜传染病的媒介者主要是虻类、螯蝇、蚊、蠓、家蝇和蜱等。传播主要是机械性的，它们通过在病、健畜间的刺螫吸血而散播病原体。亦有少数是生物性传播，某些病原体在感染家畜前，必须在节肢动物体内通过一定的发育阶段才能具有感染性。

重碘柳胺（rafoxanide） 又称二碘羟柳胺。抗肝片吸虫药。治疗量对牛、羊肝片吸虫、羊大片吸虫成虫及未成熟虫体均有良效，对牛血矛线虫成虫，羊血矛线虫成虫、童虫及羊鼻蝇蚴各期的寄生性幼虫也有高效。毒性较低，治疗量一般不引起副作用，但内服后排泄慢，残留期较长，用药后 28 日内禁止屠宰供食用。

重叠 PCR 技术（overlap PCR） 即重叠区扩增基因拼接法（gene splicing by overlap extension PCR，SOE-PCR），又称套叠 PCR 技术。利用 PCR 引物引入突变的位点或原模板不存在的片段，让引物与模板进行有效结合而不完全匹配地扩增，从而达到在体外进行有效的基因重组和定点突变。分为两步：首先是在无引物的条件下，具有互补末端的 PCR 产物形成重叠链，进而通过重叠链的延伸形成模板链；然后通过添加引物扩增获得目的基因产物。重叠 PCR 利用基因 3′端互补重叠形成引物并进行 PCR 扩增的原理可以在体外进行有效的基因重组和拼接，不需要内切酶消化和连接酶处理。

重复横断面调查（reptition cross sectionalsurvey） 流行病学研究的一种方法。为了解某个动物群体中某病抗体变化特点，在一定时间内对该群体进行多次采样调查。以血清学检验结果，结合当地某病的发病情况，进行流行病学分析，可得出不同疾病之间的分布状况，为疾病的防治、预报、预测等提供科学依据。

重复畸形（duplication） 胚胎发育中出现的异常组织形态。分对称联胎和不对称联胎两种。多见于牛和羊，猪较少，马罕见。对称联胎重复部分为对称的，如双头畸形、两面畸形、颅部联胎、胸部联胎、臀部联胎和坐骨联胎等。不对称联胎是胎儿之一或一部分（寄生胎儿）长于基本胎儿身上。有时寄生胎儿包在基本胎儿体内，称包涵联胎。引起难产可采取截胎术或剖宫产术。

重复冷冻（repeated freezing） 对肉进行冷冻、解冻、再冷冻保藏的一种过程可破坏肉的味道，易导致营养流失和细菌污染。

重复脉（dicrotic pulse） 一个收缩期可触及两个脉搏搏动。正常脉波在其下降期中有一重复上升的脉波，但较第一个波为低，不能触及。在某些病理情况下，此波增高而可以触及。缘于伴随心功能减退的动脉紧张力减弱，可见于持续性高热、贫血和血压降低等。

重构抗体（reshaping antibody） 高变区被异种动物的相应高变区置换的抗体分子。如人抗体分子的高变区被小鼠单克隆抗体相应高变区所置换。

重配体（reassortant） 指两种亲缘关系相近的基因组分节段的病毒共同感染一个细胞时产生的杂交病毒粒子，其基因组各节段来自不同的亲本病毒。重配体常见于呼肠孤病毒和正粘病毒。

重新环化（recircularization） 一个线状 DNA 分子的两端连接重新形成一个环状分子的过程。低浓度 DNA 易于重新环化，在这种情况下，同一 DNA 分子两端彼此相邻的可能性大于同其他分子末端相遇的可能性。在分子克隆实验中，为了防止质粒重新环化，常用碱性磷酸酶除去 5’磷酸基团，或采取加大待克隆的 DNA 片段的浓度减少载体分子浓度的方法。

重演律（recapitulation/biogenetic law） 又称生物发生律。生物在个体发生过程中总是重演其祖先在进化过程中的每个发育阶段，即生物的个体发生过程重演其祖先的系统发生过程。

重组 DNA（recombinant DNA） 序列经人为连接组合的 DNA 分子。重组 DNA 分子中的不同序列通常来自不同的生物体。

重组 DNA 技术（recombinant DNA technique） 又称遗传工程。在体外重新组合脱氧核糖核酸（DNA）分子，并使它们在适当的细胞中增殖的遗传操作技术。这种操作可把特定的基因组合到载体上，并使之在受体细胞中增殖和表达。因此不受亲缘关系限制，为遗传育种和分子遗传学研究开辟了崭新的途径。一般包括四步：①获得目的基因；②与克隆载体连接，形成新的重组 DNA 分子；③用重组 DNA 分子转化受体细胞，并能在受体细胞中复制和遗传；④对转化子进行筛选和鉴定。

重组 RNA（recombinant RNA） 由 T4 RNA 连接酶在体外相连接的 RNA 分子。可将重组 RNA 与噬菌体 Qβ 复制酶模板连接起来，在 Qβ 复制酶催化下自动复制产生大量所需要的 RNA 序列。

重组表达抗原（recombinant expression antigen） 用 DNA 重组技术，将编码特定抗原的基因插入原核或真核表达质粒，再转入宿主细胞中使其高效表达，然后运用生物化学分离、纯化技术，提取表达产物，即获得重组表达抗原。重组抗原可用作诊断抗原。

重组近交系（recombinant inbred strain） 由两个不相同的近交系杂交后，子代再经连续 20 代以上的兄妹交配培育成的近交系。命名法是有两个亲代近交系的缩写名称中间加大写的 X，雌性亲代在前，雄性亲代在后，育成的如是一组重组近交系则用阿拉伯数字加以区分，如 CXB1、CXB2。

重组免疫球蛋白基因文库（recombinant immunoglobulin gene library） 用重组 DNA 技术将编码免疫球蛋白基因的总 DNA 所有片段随机地连接到基因载体上，然后转移到适当的宿主细胞中去，通过细胞增殖构成各个片段的无性繁殖系（克隆），此库包含全部 Ig 基因遗传信息，建成后可供随时选取其中任何一个基因克隆之用。

重组体（recombinant） 由两个不同的 DNA 分子通过分子间重组，交换一部分序列而形成其基因组的微生物。

重组同类系（recombinant congenic strain） 由两个近交系杂交后，子代与两个亲代近交系中的一个进行数次回交，再经不对特殊基因选择的连续兄妹交配（通常大于 14 代）而育成的近交系。命名法是有两个亲代近交系的缩写名称中间加小写字母 c，受体近交系在前，供体近交系在后，如 CcS1。因相同双亲育成的一组是重组同类系则用阿拉伯数字加以区别。

重组子（recon） 通过 DNA 重组（体外或体内重组）而获得的能自主复制的 DNA 分子。如重组质粒、重组病毒以及含有重组质粒的菌体。

宠物（pet） 用于观赏、做伴、娱乐、舒缓人们精神压力的动植物或其他物品。主要分为动物宠物、植物宠物和另类宠物。另类宠物中包括虚拟电子宠物等。动物宠物主要有猫、狗、鱼、鸟、马以及一些小型动物、爬行动物、两栖动物等。动物宠物有时也称伴侣动物。

抽搐（tic） 家畜某肌群的间歇性痉挛。病因尚不清楚。临床上可见于多种疾病，如继发于犬瘟热，主要发生于颜面、颈部、前后肢和躯干等肌群，呈间歇性发作，当病犬进入睡眠状态后则抽搐自行中止。食欲和精神状态多无明显异常。尚无特效药物，在发作前可用溴制剂、钙制剂等进行预防性治疗。

抽样（sampling） 选择研究或实验对象的一种方式。生物制品和药品检验时，从待检品（半成品或成品）中抽取一定量样本的过程也是抽样。抽样多采取随机抽取方式进行，抽取生物制品样品时还应考虑不同层面（冻干制品）的样品。

抽样误差（sampling error） 由抽样所造成的样本统计量和相应的总体参数之差。说明抽样误差大小的指标是标准误。例如样本均数标准误的公式为：$S\bar{x}=\frac{S}{\sqrt{n}}$，代表标准误，S 为标准差，n 为频数。即使消除了系统误差，并把随机测量误差控制在允许范围内，样本平均数（或率）与总体平均数（或率）间仍可有差异，这种差异即抽样误差，它是由个体差异造成的。抽样误差有一定的规律。研究和运用抽样误差的规律，进行实验设计和资料分析，是卫生统计学的重要内容之一。

臭虫（cimem） 半翅目的一类吸血昆虫。最常见的种为温带臭虫（*C. lectularius*），成虫体长 4～5mm，扁平，长卵圆形，黄褐至暗褐色。触角长。复眼位于头侧部，向外突出。头嵌于前胸的一个内凹处。口器由一个粗大、分节、前侧有唇沟的下唇和包藏在下唇沟内的一对细长上颚和一对细长下颚组成；上唇小，不能活动。吸血时，以下唇支撑宿主皮肤，由下颚组成食物管吸血。翅废退。成虫有一对位于腹面的胸臭腺，幼龄期有位于背面的腹腺，产生特异性的臭味。栖息于靠近宿主的墙壁或木材缝隙中，雌虫在栖息处产卵，幼虫形态与成虫相似，有 5 个若虫期。夜间侵袭宿主吸血。

臭气（stink） 动物代谢产生的带有臭味的气体，主要有氨气、硫化氢、甲基硫醇、硫化甲基、三甲胺、苯乙烯、乙醛、二硫化甲基等 8 种，其中氨气最具代表性，是衡量动物室内空气质量的重要指标。氨气对动物有一定毒性，可刺激黏膜，引起流泪、诱发呼吸道病原微生物感染。

臭氧氧化法（ozone oxidization method） 利用臭氧具有的氧化能力和对臭味的掩盖作用，消除硫化氢、甲硫醇、二硫化甲基胺类等臭味气体，达到除臭目的技术。

出齿（eruption of teeth） 齿冠露出龈外的过程。涉及若干复杂因素，如齿根生长、齿槽骨生长、齿髓的增殖、周围组织的压力以及齿周膜的牵引等。不同动物各乳齿和恒齿的出齿有一定时间和顺序，可作为估测年龄时参考。

出汗（sweating） 汗腺分泌汗液的过程，是当气温高于皮肤温度时最有效的散热途径。体表每蒸发 1 g 水，可带走 2.45kJ 的热量。出汗是反射活动，主要的调节中枢在下丘脑。皮肤受到温热刺激或中枢受血温升高的直接刺激时可引起全身出汗，发散大量的体热，称为温热性出汗。疼痛、惊吓等应激因素也可引起汗腺分泌增加而出汗，但与体温调节无关，称为精神性出汗。

出入境动物检疫（exit - entry animal quarantine） 按照我国出入境动物检疫的有关法规、国际动物卫生法典及我国与贸易国签订的有关协议，对出入国境的动物及动物产品进行规定疫病的检疫。既不允许境外动物疫病传入境内，也不允许将境内的动物疫病传出。出入境动物检疫包括进境检疫、出境检疫、过境检疫、携带和邮寄物检疫及运输工具检疫。检疫样品包括动物样品、媒介昆虫样品、动物产品样品、种质材料类样品四大类。动物样品主要包括血液样品、组织样品、粪便样品、皮肤样品、生殖道样品、分泌物与渗出物样品等。昆虫样品主要是蚊、蠓、蝇、蚋、虻、蜱、螨等。动物产品样品包括肉、内脏、水产品、原毛、皮张、骨、角、蹄、脂、动物性饲料、乳制品、动物性药材、食用蛋、骨血、蜂乳等。种质材料样品主要有精液和胚胎。进境检疫对象为我国公布的《进境动物一、二、三类传染病、寄生虫病名录》中所列的疾病。出境检疫对象则按我国与有关国家或地区签订的有关检疫要求实施。发现阳性的、禁止进出境，做退回或销毁处理。我国法定的进出境检疫执法机构是国家质量监督检验检疫总局，简称国家质检总局。

出入境检验检疫（exit - entry inspection and quarantine） 根据我国有关法律法规，对出入国境的人员、动物及动物产品、各类出口和进口的产品进行卫生检疫、动植物检疫和进出口商品检验、鉴定、认证和监督管理工作的行政执法行为。

出血（hemorrhage） 血液流出心血管之外。按出血部位可分外出血和内出血。血液流出体表外称为外出血；血液流入体腔或组织内称内出血。按血液来源可分为动脉出血、静脉出血、心脏出血及毛细血管出血。按血管壁损伤不同可分为破裂性出血和渗出性出血。按形态学表现特点可分为出血点、瘀斑、血肿、积血等。临床上根据出血时间，又可分为原发性出血（血管损伤的当时出血）、中间性出血（原发性出血停止后 24h 的出血）和继发性出血（原发性出血停止数日后的出血）。

出血时间（bleeding time，BT） 皮肤毛细血管经人工刺伤出血后到自然止血所需的时间。

出血素质性血尿（hemorrhagic diathesis erythrocyturia） 坏血病、血斑病、血管性假性血友病、血小板减少性紫癜等病中出现的血尿。

出血性肠综合征（hemorrhagic bowel syndrome）断奶后和 2～3 周龄猪群中发生的以肠出血为主征的疾病。病因尚不清楚，似与日粮中维生素 E 缺乏或肠对某些因素的超敏感性有一定关系。病猪排泄松散粪便中混有大量血液，皮肤苍白，在 48h 内死亡。存活仔猪呈周期性排泄带血粪便，多陷入慢性体质不佳或发育不良性综合征。治疗宜联合采用抗组胺、皮质类固醇、维生素 E 与抗生素。

出血性贫血（hemorrhagic anemia） 血液大量丧失所致的贫血。见于外伤、内脏破裂的急性出血，以及由内外寄生虫寄生引起的慢性失血等。牛皱胃溃疡、猪胃出血和血液凝固障碍性疾病也可引致，症状基本与贫血相同。宜针对病因采取对症疗法，如外伤性病因病例，可采取手术止血和输血疗法。

出血性乳房炎（hemorrhagic mastitis） 乳房深部组织及腺泡和导管发生出血炎症。患乳区水肿、疼痛，皮肤出现红色斑点。乳量剧减，呈水样，带血液。乳房淋巴结肿大。可能由溶血性大肠杆菌引起，为急性炎症，预后可疑。

出血性休克（hemorrhagic shock） 急性失血引起的休克，属低血容量性休克。一般急剧失血量超过全身总血量的 20%时即可发生。见于产后大出血、损伤性血管破裂、肝脾破裂等。

出血性炎（hemorrhagic inflammation） 渗出物中含有大量红细胞的炎症。多见于急性败血性传染病、球虫感染以及磷、砷中毒等，是病原损伤血管，造成血管通透性显著增高的结果。发炎的组织呈深红色，组织表面或间隙内有液状或半液状血染的物质。如炎症发生在胃或肠道前端，粪便呈棕色或黑色；如发生在肠道后端，粪便呈鲜红色。肺的出血性炎时，渗出物中常带有粉红色气泡。

出芽生殖（budding reproduction） 又称芽殖。原生动物无性繁殖方式之一。亲代细胞在一定部位长出与母体相似的芽体，即芽基，芽基并不立即脱离母体，而与母体相连，继续接受母体提供养分，最后逐渐脱离母体。

初步诊断（preliminary diagnosis） 经过病史调查、一般检查所做出的诊断，是进一步实施诊疗的基础。

初级精母细胞（primary spermatocyte，spermiocyte） 由精原细胞分裂分化而来的未成熟的精细胞。初级精母细胞是最大的生精细胞，位于精原细胞向着曲精小管管腔的一侧，常见分裂相。

初级抗原抗体反应（primary antigen antibody reaction） 抗原抗体结合的初级阶段，反应发生迅速，瞬间即可达平衡，但不表现任何可视现象，只有通过理化检测手段才能检出。用于检测初级反应的技术有直接测定和标记后测定二大类。前者如激光散射免疫测定等，后者包括各种标记抗体技术。

初级卵母细胞（primary oocyte/ovocyte） 卵原细胞分裂分化而来的未成熟的卵细胞，存在于原始卵泡、初级卵泡、次级卵泡和早期成熟卵泡中。

初级生殖索（primary genital cord，primary sex cord） 又称初级性索。性腺发育早期，生殖嵴表面上皮长入其下方的间充质内而形成的不规则的上皮细胞索。

初情期（puberty） 家畜初具繁殖能力的时期，

开始表现性行为，以能产生成熟的生殖细胞（精子或卵子）为特征。公畜出现第二性征，第一次能释放出精子，开始有性反射，能够和母畜交配。母畜开始出现发情现象和排卵。但此时生殖器官生长发育尚未完成，性行为常表现不充分，母畜的发情往往不规律，繁殖效率很低，表现为“初情期不孕”。

初乳（colostrum）　母畜分娩后最初3～5d所产的乳。初乳浓稠，呈淡黄色，稍有咸味。与常乳比较，初乳中脂肪、蛋白质、无机盐含量较高，特别是含镁盐丰富，能促进初生仔畜排除胎粪。而乳糖含量较低。磷、钙、钠、钾含量大约为常乳的1倍，而铁的含量则比常乳高10～17倍。初乳富含维生素，特别是维生素A、维生素C、维生素D分别比常乳高10倍、10倍和3倍。初乳中含有丰富的免疫球蛋白，在仔畜出生后24～36h期间，免疫球蛋白可以通过肠壁入血，建立仔畜的被动免疫体系。初乳成分逐日改变，乳糖不断增加，蛋白质和无机盐逐渐减少，6～15d后成为常乳。

初生仔猪大肠杆菌病（eolibaeillosis of newborn piglets）　由致病性大肠杆菌引起初生仔猪的一类疾病的总称。由于猪的生长期和病原菌血清型的差异，引起的疾病可分仔猪黄痢、仔猪白痢和猪水肿病3种。根据流行特点、病状和病变基本可作出诊断，确诊可作病原的分离和鉴定。防治本病时，在改善饲养管理条件的基础上，使用抗菌药物和对症治疗有一定疗效。

处方（prescription，formulation，recipe）　由执业兽医师在临床诊疗活动中开具的、由药剂人员审核、调配、核对，并作为给患病动物用药凭证的医疗文书。广义地讲，凡是制备任何药剂的书面文件均可称之为处方。处方有法定处方、验方、生产处方和兽医师处方等几种。作为兽医对患病动物用药以及药剂人员调配药品的书面文件，处方具有法律、技术和经济责任。

处方药（prescription drugs）　由国家药物管理部门规定或审定的，必须凭执业医师处方才可调配、购买和使用的药品。与非处方药相对。我国兽药开始实施处方药和非处方药分类管理制度。

储存型佐剂（depot forming adjuvant）　能使抗原在体内储存并缓慢释放从而增长抗原作用时间的佐剂。如油乳佐剂、铝佐剂等。它必须与抗原混合应用，不能分开注射。

畜群易感性（herd susceptibility）　畜群对于某种病原体接受感染的程度。畜群中易感个体所占的百分率和易感性的高低，直接影响到传染病是否能造成流行以及疫病的严重程度。

搐搦（convulsion）　又称惊厥。全身肌肉的强烈性阵发性痉挛。搐搦时全身肌肉紧张、收缩力强、幅度大、速度快、持续时间长。见于癫痫、尿毒症、青草搐搦等。

触感（feeling by palpation）　触诊时检查者所得到的感觉。触感主要有6种：①捏粉感。当指压时被压部位凹陷形成压痕，但很快恢复原形，或用手捏触时如同捏粉，多见于浮肿或水肿。②弹力感。用手触压时被触压部位有一定弹性，多见于蜂窝织炎。③波动感。内容物为脓汁、血液及浆液样液体时，表面柔软而略有弹性，如将其一侧固定，从对侧触诊所得到之感觉即为波动感。④气肿。触诊时感觉到组织间有一定量的气体。⑤温感。指触时感觉到的温度感觉。⑥疼感。

触觉（touch sensation）　较微弱的机械刺激兴奋了皮肤浅层感受器而引起的感觉。触觉的感受器有游离神经末梢、迈氏（Merkel）小体、伊氏（Lggo）小体等。兴奋后经较粗的Aβ类纤维传入通过背侧内侧丘系、丘脑腹侧基底核的外侧部，投射到皮层中央后回的第一体感区可产生精细触觉，粗触觉则由较细的Aδ或C类纤维传入由脊髓丘脑腹束上传。

触觉小体（tactile cells）　又称迈斯纳小体（Meissner's corpuscle）。感受触觉的结构。分布在皮肤真皮乳头内，以手指、足趾掌侧的皮肤居多，其数量可随年龄增长而减少。触觉小体呈卵圆形，长轴与皮肤表面垂直，外包有结缔组织囊，小体内有许多横列的扁平结缔组织细胞。有髓神经纤维进入小体时失去髓鞘，轴突分成细支盘绕在扁平细胞间。

触诊（palpation）　利用触觉及实体觉直接或借助诊疗器械触压动物体以了解组织器官有无异常变化的诊断方法。分为内部触诊和外部触诊两大类。具体方法包括触感法、触摸法、触压法、滑动触诊法、冲击触诊法、切入触诊法、双手触诊法等。

穿刺检查（puncture examination）　对动物体的某一体腔、器官或部位，进行实验性穿刺，以证实其中有无病理产物并采取其体腔内液、病理产物或活组织进行检验而诊断疾病的方法。

穿孔素（perforin）　由活化的细胞毒性T细胞（CTL）产生的一种细胞毒性细胞因子。分子量为65 000的单体。与靶细胞膜接触，可发生构型变化，暴露两亲性区域，插入靶细胞膜。然后在Ca^{2+}存在条件下，单体发生聚合形成中央直径为5～20nm的圆柱状孔，在靶细胞膜上形成小孔。

穿孔性子宫炎（perforans metritis）　母体胎盘的坏疽性溃疡，溃疡可波及子宫全层，引起穿孔。见于肉食动物，又称肉食动物母体胎盘坏疽。是产后重症，发病后 3～8d 死亡。主要症状是呕吐、剧烈腹泻、恶臭，从阴门排出血脓性分泌物，精神沉郁，最后体温下降、昏迷而死。切除子宫是根本疗法，但需在体温未下降前。

穿梭载体（shuttle vector） 又称穿梭质粒载体、双功能载体。一类人工构建的具有两种不同的复制起点和选择记号，因而可在两种不同的寄主细胞（如大肠杆菌和酵母）中进行复制与存留的质粒载体。这类载体可携带外源 DNA 序列，在原核生物细胞和真核生物细胞中往返穿梭。

穿通管（perforating canal） 又称福尔克曼管（Volkmann's canal）。贯穿环骨板的横向穿越小管。穿通管与纵形排列的骨单位中央管通连，它们都是小血管、神经及骨内膜的通道，并含有组织液。

传播媒介（vehicle of infection transmission） 从传染源将病原体传播给易感动物的各种外界环境因素，包括生物和非生物物体。

传播媒介物（vehicle of infection transmission） 病原体从传染源排出体外侵入新的易感动物过程中所借助的非生物物体。如被病原体污染的饲料、水、土壤、尘埃、飞沫以及各种用具等。此外，通过被病原体污染的血清、血浆或生物制剂的传播，也属于这个范畴。通过这些媒介物的传播方式，大多属于机械性传播。

传播媒介者（vector of infection transmission） 病原体从传染源排出体外侵入新的易感动物过程中所借助的有生命的媒介者。媒介者主要有节肢动物和野生动物，非本种动物和人类也可作为传播媒介传播家畜传染病。传播方式主要是机械性的，也有一些是生物性传播。

传播途径（route of transmission） 病原体由传染源排出后经一定的方式再侵入其他易感动物所经的途径。一般可分下列几种：经接触传播；经空气飞沫传播和尘埃传播；经污染的饲料和水传播；经污染的土壤传播；经生物媒介传播等。病原体可以通过一种或数种途径传播。

传出神经（efferent nerve） 从神经中枢向外传导冲动的神经元的纤维。如从脑和脊髓向肌肉传导冲动的运动神经、传出神经为反射弧的第四组成部分。

传代细胞（continuous cell） 又称多倍体细胞。来源于肿瘤组织或继代细胞因遗传变异而肿瘤化的细胞，可在体外无限传代。经过筛选和鉴定，建立起来的细胞培养物称为传代细胞系，其染色体为非正常的多倍体型。传代及培养方便是其优点，因此使用广泛。缺点是有的对分离野毒（即样本中的病毒）不敏感。传代细胞系均有通用的名称，如 HeLa（人子宫癌细胞）、Vero（非洲绿猴肾细胞）、BHK－21（乳仓鼠肾细胞）、PK－15（猪肾细胞）等，并有专门机构负责鉴定和保管，如 ATCC 等。

传导麻醉（conduction anesthesia） 又称神经阻滞，局部麻醉的一种。将局部麻醉药注射到神经干周围或神经鞘内，在药物的作用下，受神经支配的区域失去传导能力。本麻醉法使用较小量的麻醉药，能获得较大区域的麻醉效果。传导麻醉分为神经鞘内注射和神经周围注射两类。传导麻醉常用 2%盐酸利多卡因、2%～5%盐酸普鲁卡因等，麻醉药的用量和浓度与神经干的大小成正比。

传导阻滞（conduction block） 兴奋传导系统路径上发生了器质性或功能性障碍时，兴奋的传导时间延长甚至被阻断的传导状态。兴奋的传导完全阻断时称完全传导阻滞，而兴奋的传导不规律时则称不完全传导阻滞。常见的有窦房传导阻滞、房室传导阻滞、心房内传导阻滞和心室内传导阻滞。

传递窗（pass box） 实验动物室、生物安全实验室等屏障环境设施中，在进出设施屏障环境的墙体上设置的内外开门的窗式结构室。内部多设紫外线灭菌消毒装置，两侧窗门分别与墙体内外相通，不能同时开启，室内具有良好的气密性。作为体积小又不能进行高压或药物浸泡消毒灭菌的物品、工具、动物等的递送通道。

传染病（infectious diseases） 由病原微生物引起，具有一定的潜伏期和临床表现，并具有传染性的疾病。传染病的表现多种多样，但也具有一些共同特征，可与其他非传染病相区别。传染病所特有的征象，如有病原体，有传染性，有流行性，有免疫性等，可用作鉴定传染病的先决条件。大多数传染病还具有该病特征性的临床表现和一定的潜伏期及病程经过。

传染病疫情预测（forecast of incidence of infectious diseases） 对传染病发生的速度及规模进行的预测。预测的方法可分为 3 种：①根据流行病学基础理论和流行过程基本条件及影响过程的因素变化来推测疫情。②运用过去积累的疫情资料分析疫情。③根据建立的数学模型进行预测。

传染过程（infectious process） 病原体侵入动物机体后二者互相作用的过程，即传染发生、发展、结束的过程。此过程一般可分为潜伏期、前驱期、临床症状期和恢复期。由于各种病原体的特殊性和机体的差异性，传染过程复杂而多样，可表现为显性感染、隐性感染、顿挫性感染和一过型等。

传染来源（source of infection） 见传染源。

传染链（infection chain） 构成传染病流行的基

本环节。传染病的流行是由病原体、暴露于病原体的宿主和环境这 3 个互相联系的基本条件所形成的。传染链的循环，可导致病原体在宿主之间交替传播，从而保持病原体种的延续。传染链一旦中断，将导致病原体的消亡以及与之相关传染病在一定地区和一定时期内被控制或消灭。

传染期（period of infection）　病畜能排出病原体的整个时期。不同传染病的传染期长短不同，根据传染期的长短可以确定各种传染病的隔离期。

传染性法氏囊病病毒（*Infectious bursal disease virus*，IBDV）　双 RNA 病毒科（Birnaviridae）、禽双 RNA 病毒属（*Avibirnavirus*）成员。病毒颗粒无囊膜，直径 60nm，有一层外壳，20 面体对称。基因组含 A、B 两个线状双股 RNA 分子。有 2 个血清型，仅 1 型对鸡有致病性，2 型未发现有致病性，二者有较低的交叉保护性。全世界均有分布，很少鸡群能保持无病毒状态。3～6 周龄鸡的法氏囊发育最完全，因此最易感，1～14 日龄的鸡通常可得到母源抗体的保护而易感性较小，6 周龄以上的鸡很少表现疾病症状。潜伏期 2～3d，表现为精神沉郁，羽毛粗糙，厌食，腹泻等，死亡率通常为 20%～30%。由于病毒在法氏囊内的前淋巴细胞选择性地复制，从而造成免疫抑制。病毒通过直接接触传染或经口感染，昆虫也可作为机械传播的媒介，带毒鸡胚可垂直传播。诊断可取法氏囊组织的触片用免疫荧光抗体检测，或用法氏囊组织的悬液作琼脂扩散试验，检出病毒抗原。用鸡胚分离病毒较为敏感。检测抗体可用中和试验或酶联免疫吸附试验。

传染性喉气管炎（infectious laryngotracheitis）　疱疹病毒引起鸡的一种急性高度接触性呼吸道传染病，其特征为呼吸困难，咳嗽，咳出含血液的渗出物，喉部和气管黏膜肿胀、出血并糜烂。病原只有 1 个血清型，能感染所有年龄鸡，以成年鸡的症状最为典型，野鸡、幼鸡也可感染。感染途径为上呼吸道及眼结膜。引发鸡传染性喉气管炎，遍及世界各地。表现为咳嗽和气喘、流涕等，严重的呼吸困难，伸颈探头，作挤压状，并咳出血样黏液以及白喉样病变。发病率可达 100%，死亡率为 50%～70%，因毒株的毒力而异。低毒株死亡率只有 20%，表现为结膜炎及产蛋下降等。病毒通过气雾及吸入感染，很少通过消化道途径。隐性带毒鸡为传染源，从感染康复 3 个月以上鸡的气管培养中仍可检出病毒；诊断可取病变组织作涂片或冰冻切片，用荧光抗体染色检出病毒；或接种 9～12 日龄鸡胚绒毛尿夹膜或气管器官培养，分离病毒。用 PCR 法可检出潜伏感染的病毒。检测中和抗体可用空斑减数法，病毒在鸡胚绒毛尿囊膜上可形成痘疱，也可通过计数痘疱测定抗体效价。建立无病毒的鸡群并不困难，肉鸡可采用全进全出的管理方法。种鸡及蛋鸡则需用弱毒疫苗免疫预防，可不发病，但不能防止病毒感染或改变带毒状态。

传染性牛鼻气管炎病毒（*Infectious bovine rhinotracheitis virus*，IBRV）　又称牛疱疹病毒Ⅰ型（*Bovine herpesvirus* 1），属疱疹病毒科（Herpesviridae）成员。病毒有囊膜。直径 130～180nm。基因组为线性双股 DNA。IBRV 含有 25～33 种结构蛋白，其中 11 种是糖蛋白，gB、gC 和 gD 糖蛋白能刺激机体产生中和抗体，并在补体存在下可使感染细胞裂解。该病毒只有 1 个血清型，与马鼻肺炎病毒、马立克病毒和伪狂犬病毒有部分相同的抗原成分。病毒可在牛肾、睾丸、肾上腺、胸腺细胞以及猪、羊、马、兔、牛胚胎肾细胞上生长，并可产生病理变化，使细胞聚集，出现巨核合胞体。无论体内还是体外被感染细胞用苏木紫-伊红染色后均可见嗜酸性核内包涵体。病毒可潜伏在三叉神经节和腰、荐神经节内，中和抗体对潜伏于神经节内的病毒无作用。该病毒可引起牛的一种接触性传染病，临诊表现为上呼吸道及气管黏膜发炎、呼吸困难、流鼻汁等，还可以引起生殖道感染、结膜炎、脑膜炎、流产、乳房炎等多种病症。20～60 日龄的犊牛最为易感。

传染性前庭疱状疹（infectious vestibula vesicular exanthema）　由病毒或其他病原菌引起的以前庭黏膜下形成小米粒大的疱疹为特征的疾病。发生于牛。疱疹周围发红。通过性交或褥草传染。疱疹破裂后可继发前庭炎，不影响繁殖，局部涂消炎药对症治疗。

传染性眼炎（contagious ophthalmia）　结膜科尔斯氏小体（*Colesiota conjunctivae*）引起的一种急性以结膜和角膜炎为特征的传染病。发生于牛、羊、猪和鸡等。通过直接接触或间接接触传染。病原有宿主特异性，在同种动物间传播流行。夏季发病率高，不同年份流行性不一致，有时零星散发。病愈畜获带菌免疫。病初结膜充血潮红、流泪、眼睑痉挛。随后角膜浑浊、溃疡。眼分泌物由水样变成脓样。依据症状和特征性病原检出可作诊断。早期应用抗生素溶液洗眼点眼，结合全身疗法，可减轻症状。应彻底清理厩舍，消毒畜舍，夏秋季灭蝇，以防本病发生。

传染性胰坏死病毒（*Infectious pancreatic necrosis virus*，IPNV）　属双 RNA 病毒科（Birnaviridae）水生双 RNA 病毒属（*Aquabirnavirus*）成员，病毒颗粒无囊膜，核衣壳 20 面体对称。基因组含 A、B 两个线状双股 RNA 分子。该病毒具有高度传染性，危害养殖的鲑鳟鱼类，导致小于 6 月龄的幼鱼发病，造成严重的经济损失。根据中和试验可分为 A、B 两个血清群，多数分离株属 A 群。密集养殖的虹鳟鱼苗及幼鱼最为易感，感染鱼的鱼体深暗，腹部肿大，眼球突出，腹侧皮下出血，狂游与静卧交替出现，死亡率 10%～90%。剖检可见胰腺的胰岛组织等出现坏死灶。成年鲑科鱼及鲤、狗鱼等非鲑科鱼可为亚临床感染的带毒者。病毒通过水平及垂直传播，入侵门户可能是鳃。30 日龄以内的鱼苗最易感，既不能获得母源抗体的保护，又不足以产生有效的主动免疫，而且病毒的不同血清群之间无交叉保护。

传染性胰坏死症（infectious pancreatic necrosis） 由传染性胰坏死病毒引起的一种人工养殖的虹鳟等幼鱼的急性传染病。由北美传遍全世界，中国也有发现。病原属双 RNA 病毒科，已发现有多种血清型。在各种水生动物均有分布，但主要致病对象为美洲红点鲑、虹鳟及河鳟，120 日龄以内者易感。鳃是主要的入侵门户，带毒亲鱼是重要的传染源，通过粪、精液或卵排毒。潜伏期短，典型者 3～5d，密集养殖的虹鳟死亡率高达 100%。10℃为发病最适水温。病鱼胃及前肠含奶样黏液，胰腺腺泡坏死。对带毒亲鱼严格检疫是有效的控制措施。

传染性造血器官坏死病毒（*infectious hematopoietic necrosis virus*，IHNV） 弹状病毒科（Rhabdoviridae）狂犬病毒属（*Novirhabdovirus*）成员，是 OIE 规定的通报鱼病病原。病毒颗粒呈子弹状，有囊膜及膜粒，基因组为单分子负链单股 RNA，圆柱状的核衣壳螺旋形对称。病毒有若干血清型。虹鳟、大马哈鱼和太平洋鲑可感染，幼鱼最为易感，水温在 8～15℃发病，死亡率为 50%～90%。近年来发现大菱鲆、牙鲆等也可感染致病。表现为全身皮肤出血及肛门处拖挂假管型黏粪，脾、肾等造血器官坏死。耐过鱼可终身带毒，通过尿、粪、精液及卵大量排毒。主要在北美流行，欧洲、日本及我国也有发生。诊断可采血液和内脏接种 CHSE - 214 等细胞，12～18℃孵育 16～18h，可产生细胞病变效应，用荧光抗体进一步鉴定。已研制疫苗，但最可取的措施为选育抗病鱼群，并做必要的消毒、隔离等。

传染性造血器官坏死症（lnfectious hematopiefic-necrosis） 鲑、鳟鱼幼鱼的急性传染病，最初发生于美国，此后日本、欧洲也有流行。病原为传染性造血器官坏死病毒，属弹状病毒科狂犬病毒属。造血器官前肾及脾坏死是其特点。

传染源（reservoir） 又称传染来源。传染病的病原体在其中寄居、生存、繁殖，并能排出体外的动物机体。传染源就是受感染的动物，包括病畜和带菌（毒）动物。有易感性的动物机体是病原体生存最适宜的环境条件，病原体在受感染的动物体内不但能栖居繁殖，而且还能持续排出，成为散播传染的来源。

传入神经（afferent nerve） 向神经中枢传导冲动的神经纤维。如胞体位于脊神经背根神经节的感觉神经元的轴突组成的投射纤维。传入神经为反射弧的第二部分。

喘鸣音（stridor） 由于返神经麻痹、声带迟缓、喉舒张肌萎缩，吸气时因气流摩擦和环状软骨及声带边缘振动而发出的一种特殊的喉狭窄音。主要见于马属动物。

喘息声（gasping） 由于高度呼吸困难而引起的一种病理性鼻呼吸音，但鼻腔并不狭窄，其特征为鼻呼吸音显著增强，呈现粗大的“赫赫”声，在呼气时较为明显，多伴有呼吸困难综合征。

喘线（asthma line） 又称息劳沟。动物呼气延长而用力，伴随胸、腹两段呼气在肋弓部出现的较深的凹陷沟。呈一条下陷线。系由膈肌参与呼吸所引起。喘线的出现往往是呼气性呼吸困难的表现。

串珠反应（string of pears test） 炭疽杆菌的一种辅助鉴别诊断方法。其原理是炭疽杆菌对青霉素极为敏感，在含青霉素的培养基中，细胞壁合成受阻，而使炭疽杆菌成为无细胞壁的 L 型细菌。取培养 4～12h 的待检菌肉汤，涂布于每毫升含 0.5 国际单位青霉素的琼脂平板上，37℃培养 2～3h 后，覆盖玻片，置显微镜下观察细菌形态。如为炭疽杆菌，菌体常变圆，整个菌链形似串珠。用以区别炭疽杆菌和同属类似的其他芽孢杆菌。

串珠镰刀菌素（moniliformin） 串珠镰刀菌（*Fusarium moniliform*）的代谢产物，化学名称为 3，4-二酮- 1 -羟基环丁烯（1 - hydroxy - cyclobut - 1 - ene -3，4 - dione）。该毒素可由多种镰刀菌产生，这些镰刀菌在世界上广泛分布，已知能产串珠镰刀菌素的共有 18 种，如亚黏团串珠镰刀菌（*F. subglutinans*）、增殖镰刀菌（*F. proli feratum*）、花腐镰刀菌（*F. anthodphilum*）、禾谷镰刀菌（*F. graminearum*）、燕麦镰刀菌（*F. avanaceum*）、同色镰刀菌（*F. concolor*）、木贼镰刀菌（*F. equiseti*）、尖孢镰刀菌（*F. oxysporum*）、半裸镰刀菌（*F. semitectum*）、镰状镰刀菌（*F. fusarioides*）、拟枝孢镰刀菌（*F. sporotrichioides*）、黄色镰刀菌（*F. culmorum*）和网状镰刀菌（*F. reticulatum*）等。引起马脑白质软化症等，是马属动物霉玉米中毒的毒原。其临床症状和病理变化基本上同于马属动物霉豆荚中毒（即新茄病镰刀菌烯醇中毒）。出现神经系统机能紊乱，如失明、嘴唇麻痹、舌外伸、精神沉郁或兴奋狂暴、共济失调等，严重者引起迅速死亡。病理组织学变化为脑组织和软脑膜充血、出血、大脑皮质细胞变性等。

创伤（wound）　由锐性或钝性强烈外力作用于机体组织或器官，使其完整性受到破坏，皮肤或黏膜出现创口的开放性损伤。创伤一般由创缘、创壁、创底、创腔及创口组成。创伤有多种类型，基本症状是疼痛、出血、创口哆开和功能障碍。根据受伤的原因可分为灾害创、手术创、交通事故创和战争创。根据细菌的有无可分为无菌创、污染创、感染创和毒创。根据创伤的形态可分为出血创、化脓创、肉芽创、腐败创等。

创伤性脾炎和肝炎（traumatic splenitis and hepatitis）　牛创伤性网胃—腹膜炎的一种继发症。发病率虽不高，但常引起脾、肝脓肿或败血症及死亡。临床表现体温升高，心跳加快，生产性能逐渐下降。触诊左侧腹部中下最后两肋间隙处有压痛反应。白细胞总数增多，尤以中性粒细胞增多最明显，核左移。可试用抗生素等药物实行保守疗法。

创伤性网胃腹膜炎（traumatic reticulo-peritonitis）　又称铁器病或铁丝病。由于混杂在饲料内的金属异物（针、钉、碎铁丝）被牛采食吞咽落入网胃，而导致急性或慢性前胃弛缓，瘤胃反复膨胀，消化不良等，同时因金属异物极易穿透网胃刺伤膈和腹膜，而引起急性弥漫性或慢性局限性腹膜炎，或继发创伤性心包炎。该病比较常见于集约化饲养的奶牛。病初，一般多呈现前胃弛缓，食欲减退，有时伴有异食癖。瘤胃收缩力减弱，因受到抑制而弛缓，不断嗳气，常常呈现间歇性瘤胃膨胀。肠蠕动音减弱，有时发生顽固性便秘，后期下痢，粪有恶臭，奶牛的泌乳量减少。牵病牛行走时，不愿上下坡，在砖石或水泥路面上行走时止步不前。当卧地起立时，因感疼痛，极为谨慎，肘部肌肉颤动，甚至呻吟和磨牙。叩诊网胃区，即剑状软骨左后部腹壁，病牛感疼痛，呈现不安，呻吟，躲避或退让。有些病例反刍缓慢，间或见到吃力地将网胃中食团逆呕到口腔，并且吞咽动作常有特殊表现，颜貌忧苦，吞咽时缩头伸颈，停顿。体温、呼吸、脉搏在一般病例无明显变化，但在网胃穿孔后，最初几天体温可能升高至40℃以上，其后将至常温，转为慢性过程，无神无力，消化不良，病情时而好转，时而恶化，逐渐消瘦。应根据饲料管理情况，结合病情发展过程，姿态与运动异常，顽固性前胃弛缓，逐渐消瘦，网胃区触诊有痛感，以及长期治疗不见效果等临床症状做出诊断。治疗创伤性网胃腹膜炎在早期如无并发症，采取手术治疗，施行瘤胃切开术，从网胃壁上摘除金属异物，同时加强护理措施。

创伤性心包炎（traumatic pericarditis）　尖锐异物刺入心包或其他原因造成心包乃至心肌损伤，引起心包炎症的总称。反刍家畜的一种致死性疾病。多因食入混在饲料中的锐性金属异物如铁钉、铁丝等刺入心包而引起，是创伤性网胃腹膜炎的一种继发症。牛最易发生本病，以心包炎性渗出、心区疼痛及外周静脉淤血和水肿等心血管系统紊乱为特征。主要症状为：心跳明显加快（100次/min左右），脉搏振幅减小，心冲动减弱，心浊音区扩大；出现心包拍水音及摩擦杂音，甚至掩盖心音；后期颈静脉怒张，直至下颌、胸前水肿。初期诊断困难，后期症状较明显。确诊须借助X线或金属探测器检查。手术疗法效果不理想，多数病畜被迫淘汰。

创伤性休克（traumatic shock）　因严重外伤、骨折等引起的休克。伴有失血、疼痛时会加快休克的发生。

创伤愈合（wound healing）　创伤组织再生和修复的过程，分为三期，即第一期愈合、第二期愈合和痂下愈合。第一期愈合的条件是：创缘、创壁整齐，对合严密；创内无异物、坏死组织和血凝块；临床上炎症反应轻微；创内无感染；组织有再生能力。第一期愈合的结果是瘢痕小，呈线状或无瘢痕，组织不变形。包括手术创，及时处理的新鲜污染创。第二期愈合的条件是：创缘、创壁裂开大，创口对合不佳或有缺陷；创内有异物、坏死组织和血凝块；创内炎症反应大；创内有感染；组织丧失再生能力，需要新生组织填充。第二期愈合的结果是：瘢痕组织多，愈合时间长；有时影响关节功能，甚至出现畸形。一般为化脓创。痂下愈合的特点是：创伤浅，如烫伤、皮肤表层烧伤、擦伤；创伤表面有血液、淋巴液、浆液，干燥结痂；痂下长出肉芽组织、新生上皮；上皮成熟后，角化脱落（露出新肉芽组织）。未感染则取第一期愈合，若感染则为第二期愈合。

吹壶音（amphoric sound）　又称空瓮呼吸音、金属性呼吸音、矿性呼吸音。空气经过狭窄的支气管进入光滑的大肺空洞，在空洞内产生共鸣而形成的一种类似轻吹狭口空瓶瓶口所发出的声音。见于肺脓肿、肺坏疽、肺结核及棘球蚴囊肿破溃等。

垂体（hypophysis）　垂于间脑下的重要内分泌腺。位颅腔底壁垂体窝内，腺外包以脑硬膜。球形至卵圆形，马、禽为扁卵圆形、色较暗。大小因动物及年龄而异，牛的最大，重2～5g，犬0.06～0.07g；母畜在怀孕期其前叶增大。局部关系复杂。腺背侧脑硬膜形成鞍隔，中央有孔供垂体柄穿过。四周有海绵窦；窦内有颈内动脉或脑异网。前方为视交叉。两旁在海绵窦外侧有眼神经及眼球肌的3神经通过。因此垂体的手术径路一般经口、咽达颅底，有的动物也可经颞部。垂体根据发生分为腺垂体和神经垂体两部。

后者位于中央；腺垂体包于前腹侧和两侧，有的动物达背侧。神经垂体又称后叶，分近、远两部，近部又称漏斗，与下丘脑的正中隆起相连。第三脑室可延伸入神经垂体形成垂体腔。腺垂体又称前叶，分三部分：①漏斗部，又称结节部，围绕神经垂体漏斗并一同形成垂体柄。②中间部，薄而紧贴神经垂体。③远部，腺垂体主要部分，与中间部以垂体裂分开，有的动物较明显。禽腺垂体无中间部；远部又分前，后两区。

垂体后叶激素（neurohypophyseal hormone，hypophysin） 下丘脑某些神经内分泌细胞生成，经轴突转运到垂体后叶储存并释放的激素，包括催产素与加压素等。这两种激素最初由垂体后叶的提取物中得到。现已确定他们均由垂体的视上核和室旁核合成。加压素主要由视上核生成，催产素主要由室旁核生成，然后分别沿视上核—垂体束和室旁核—垂体束的轴突沿轴浆流至垂体后叶（或神经垂体）储存于神经末梢膨大部。当视上核或室旁核被传入冲动兴奋时，产生的动作电位沿视上核—垂体束或室旁核—垂体束传导至垂体后叶的神经末，使之去极化，引起 Ca^{2+} 内流，通过兴奋-分泌偶联，将加压素和催产素释放入血液。

垂体后叶素（pituitrin） 子宫收缩药及抗利尿药。从牛或猪脑垂体后叶提取制得，含缩宫素（催产素）和加压素（抗利尿素）。对子宫主要是起催产素作用。小剂量增加妊娠末期子宫的节律性收缩和张力，对子宫颈兴奋性较小，适用于催产；剂量加大，发生强直性收缩，适用于产后止血或促进产后子宫复原。主要用于家畜催产、制止子宫出血、子宫复旧、胎盘不下、犬子宫蓄脓等。抗利尿素能促进远曲小管、收集管对水分重吸收，使尿量大为减少，治疗尿崩症。

垂体后叶障碍（posterior pituitary disorder） 因肿瘤、炎症、外伤等引起垂体后叶机能异常的病变。临床上可见：①抗利尿素分泌减少，导致尿崩症，发生于犬、猫，表现尿量增多、烦渴和脱水等；②催产素分泌减少，表现无乳，子宫收缩力减弱，分娩延缓或子宫复旧不全等。

垂体前叶激素（anterior pituitary hormone） 又称腺垂体激素。垂体嗜色细胞所分泌的激素的总称。现已知有促甲状腺素（TSH）、生长激素（GH）、催乳激素（PRL）、促肾上腺皮质激素（AH）、促黑激素（MSH）、促性腺激素［GTH，包括促卵泡激素（FSH）和黄体生成素（LH）两种］以及脂溶激素等8种。具有调节生长、代谢、生殖等多方面的生物学作用。

垂体前叶障碍（anterior pituitary disorder） 因肿瘤、炎症、外伤等引起垂体前叶机能异常的疾病。临床上可见：①生长激素分泌亢进，发生幼畜巨畸症、成年动物肢端巨大症；分泌减退，发生幼畜侏儒症等。②促甲状腺素分泌减退，其症状与原发性甲状腺机能减退症状相似。③促肾上腺皮质激素分泌亢进，主要发生于犬，引起柯兴氏病（Cushing's disease），嗜眠，秃毛，烦渴，多尿和肚皮垂大等。④催乳素分泌异常，在家畜尚未证实存在。⑤促黄体素分泌减退，家畜出现繁殖障碍。⑥全垂体分泌减退，发生于犬，表现生长缓慢、对称性脱毛、多尿和恶病质等。

垂体性侏儒（pituitary dwarfism） 又称生长激素缺乏症（growth hormone deficiency），是腺垂体机能减退最常见的表现形式。本病以犬多见，常见的病因是腊特克氏囊囊肿。犬在2～3周龄呈现明显的临床症状，并随年龄的增长，症状日趋严重。匀称性（肢-身躯干）侏儒，常为窝中最矮小的，智力低下或正常，凸颌、永久齿长出延迟，被毛异常。X线检查，生长板关闭推迟，以锥体为甚；心脏、肝脏和肾脏体积通常小于正常。常用的诊断性试验有胰岛素敏感性试验，甲苯噻嗪或氯压定刺激试验。治疗可选用人或猪的生长激素皮下注射。

垂体中间间叶激素（intermedin） 垂体中间间叶生成和分泌的激素。包括促黑素细胞激素（MSH）等。在两栖类，促黑素细胞激素由垂体中间叶生成。但在其他脊椎动物，垂体中间叶有不同程度退化，促黑素细胞激素不一定由垂体中间叶生成。

垂体肿瘤（pituitary tumors） 常见的一种内分泌疾病。生前并无任何显著异常表现，往往在常规尸检时才发现有垂体瘤，较为常见，占10%～15%。手术切除是唯一有效的治疗方法。

垂直传播（vertical transmission） 传染病的病原体经卵巢、子宫内感染或通过初乳而传播到下一代动物的传播方式。如经卵细胞传到下一代的病原体有鸡白血病病毒、禽网状内皮组织增殖症病毒、禽腺病毒、鸡贫血病毒、淋巴细胞性脉络丛脑膜炎病毒等；可经胎盘感染传到下一代的有猪瘟病毒、蓝舌病病毒等。

槌板叩诊法（hammer and board percussion） 以左手持叩诊板紧贴于被叩诊的动物体表，再以右手持叩诊槌，以腕关节为轴上下摆动，使之垂直地向叩诊板上连续叩击2～3次，以听取其产生的音响和槌下抵抗感来判断病变情况的一种间接叩诊方法。

纯粹检验（purity test） 细菌增殖培养过程中的抽样和活菌性生物制品分装批抽样中有无其他细菌污

染的检验。纯粹检验是兽医生物制品成品检验项目之一，活菌性制品的半成品和成品均需纯粹检验合格。

茨城病（Ibaraki disease）　又称类蓝舌病（bluetongue like disease）。由呼肠孤病毒科环状病毒属的类蓝舌病病毒引起牛的急性呼吸道传染病。因首次发现于日本茨城而得名。以突然高热、呼吸迫促、流泪、结膜肿胀、鼻镜及口黏膜发绀、坏死、溃疡、咽喉头麻痹、咽下障碍等症状为特征。分布于东南亚一些地区。病牛为主要传染源，库蠓等吸血昆虫为传播媒介，流行期主要在夏秋季。本病仅发生于牛，发病率较低而病死率较高。根据流行特点和症状病变可作出初步诊断。确诊需进行病毒分离和血清学试验。无特效疗法，可用疫苗免疫预防。

磁共振成像技术（magnetic resonance imaging，MRI）　又称核磁共振成像技术（nuclear magnetic resonance imaging，NMRI）。一种生物磁自旋成像影像检查技术。利用机体中遍布全身的氢原子在外加的强磁场内受到射频脉冲的激发，产生核磁共振现象，经过空间编码技术，用探测器检测并接受以电磁形式放出的核磁共振信号，输入计算机，经过数据处理转换，最后将机体各组织的形态形成图像，以作出诊断。可从三维空间上多层次、多方位地观察人体及动物体的变异和病变。对脑、脊髓及软组织病变的检查具有明显优势。

雌二醇（estradiol）　卵巢分泌的最重要的性激素。可提取制得。有 α、β 两种类型，其中 α 类型的作用更强。其生理及药理作用有：①促进未成年母畜性器官的形成及第二性征发育。②维持成年母畜第二性征，促进输卵管的肌肉和黏膜生长发育，促进子宫及其黏膜生长、血管增生扩张，促使黏膜腺体增生。③促进母畜的乳房发育和泌乳。④恢复母畜生殖道的正常功能和形态结构，出现发情征象。⑤对抗公畜体内的雄激素作用，抑制第二性征发育，降低性欲。⑥增强食欲，促进蛋白质合成。常用于繁殖性疾病，禁止用作促生长剂。

雌核发育（gynogenesis）　异常受精现象之一。精子正常钻入和激活卵子，但精子细胞并未参与卵球的发育。胚胎的发育仅在母体遗传的控制下进行。

雌激素（estrogen）　雌性激素的统称。化学本质为含 18 个碳原子的类固醇，产生部位主要是卵泡膜内层及胎盘，此外，卵巢间质细胞以及肾上腺皮质、黄体和公马睾丸中的营养细胞也可产生。主要的雌激素为 17β-雌二醇（17β-E2），另外还有少量雌酮（E1），均在肝脏内转化为雌三醇（E3），从尿、粪中排出。生物学作用非常广泛，主要包括刺激并维持母畜生殖道发育、使母畜产生性欲及性兴奋、使促乳素分泌加强、使母畜产生并维持第二性征、刺激乳腺管道系统的生长并维持乳腺的发育、与其他激素协同刺激和维持黄体的机能等。此外，对中枢神经系统的活动和机能代谢也有重要的调节作用。如作用于下丘脑体温调节中枢引起基础体温下降；降低血浆胆固醇和胆固醇磷脂的比值，使 α-脂蛋白的含量显著增加而 β-脂蛋白的含量显著减少；影响体脂分布，使皮下脂肪含量增加，尤以胸、髋和肩部为甚，表现出雌性动物特有的体征。雌激素在临床上可用于胎衣滞留、子宫内膜炎、子宫无力等。

雌酮（estrone）　雌激素之一。主要由卵巢的卵泡细胞所分泌。生物学效应较雌二醇弱得多。

雌性生殖器官（female reproductive organ）　雌性动物的生殖器官。生殖腺为卵巢。生殖管道形成输卵管和子宫，子宫又是供胎儿在母体内发育的器官。交配器官兼产道依次为阴道、阴道前庭和阴门；附属性腺有前庭腺。

雌原核（female pronucleus）　完成两次成熟分裂后的卵核。在受精过程中，次级卵母细胞完成第二次成熟分裂，形成 1 个卵子并排出 1 个第二极体，剩下单倍体数目的染色体，之后出现核膜而形成。

次代细胞（secondary cell）　细胞培养中的一个术语。原代细胞培养长成单层后用胰蛋白酶等消化，使细胞自玻面脱落，然后稀释并分装于细胞培养瓶中，让其贴壁和生长。次代细胞的优点是保持原代细胞的一切生物学特征，而且没有细胞碎片，生长均匀一致。

次发性感染（secondary infection）　见继发性感染。

次睾吸虫病（metorchiasis）　次睾属（*Metorchis*）吸虫寄生于鸭等禽类的胆管和胆囊内引起的寄生虫病。次睾吸虫隶属于后睾科。常见种有：①东方次睾吸虫（*M. orientalis*），主要寄生于鸭、鸡和野鸭的胆管和胆囊内。虫体呈叶状，大小为（2.9～6.8）mm×（0.6～1.6）mm。体表有刺。睾丸分叶，纵列于虫体的后端。卵巢椭圆形，位于睾丸的前方。虫卵大小为（28～32）μm×（14～17）μm。②台湾次睾吸虫（*M. taiwanensis*），寄生于家鸭的胆囊内。虫体小而细长，大小为（2.3～3.0）mm×（0.35～0.48）mm，口吸盘呈杯状。睾丸呈圆形或椭圆形，边缘有浅分叶，纵列于虫体后端。卵巢呈圆形或椭圆形，位于睾丸前方。发育史需两个中间宿主，第一中间宿主为纹沼螺，第二中间宿主为淡水鱼，与禽后睾吸虫相似。患鸭胆囊肿大，囊壁增厚，胆汁变性或消失。诊断与防治见禽后睾吸虫病。

次级精母细胞（secondary spermatocyte，prespermatid） 又称前精子细胞。初级精母细胞分裂分化而来的未成熟的精细胞。次级精母细胞位于初级精母细胞向着曲精小管管腔的一侧。

次级卵母细胞（secondary oocyte/ovocyte） 初级卵母细胞分裂分化而来的未成熟的卵细胞。成熟卵泡排卵之前，初级卵母细胞完成第一次成熟分裂，生成1个次级卵母细胞和1个第一极体，接着次级卵母细胞进行第二次成熟分裂，但尚未完成即停滞于分裂中期，在排卵和受精过程中继续完成分裂，形成1个成熟的卵细胞（卵子）和1个第二极体。

次级射线（secondary radiation） X线与物质作用时产生的散射线、标识射线以及次级电子射线的总称。次级射线会对X线照片产生不利的影响。应用遮线器、压迫绷带减小组织厚度和正确选择千伏有助于减少次级射线的产生。

次品蛋（inferior egg） 在品质方面有缺陷的蛋。包括：①热伤蛋：鲜蛋因受热时间较长，胚珠变大，但胚胎不发育。照蛋时可见胚珠增大，但无血管。②早期胚胎发育蛋：受精蛋因受热或孵化而使胚胎发育。照蛋时，轻者呈现鲜红色小血圈（血圈蛋），稍重者血圈扩大，并有明显的血丝（血丝蛋）。③红贴壳蛋：蛋在贮存时未翻动或受潮所致。蛋黄上浮，且靠边贴于蛋壳上。照蛋时见气室增大，贴壳处呈红色。④轻度黑贴壳蛋：红贴壳蛋形成日久，贴壳处霉菌侵入，生长繁殖使之变黑，照蛋时蛋黄贴壳部分呈黑色阴影，其余部分蛋黄仍呈深红色。⑤散黄蛋：蛋白变稀，水分渗入蛋黄而膨胀，蛋黄膜破裂。照蛋时蛋黄不完整或呈不规则云雾状。打开后黄白相混，但无异味。⑥轻度霉蛋：蛋壳外表稍有霉迹。照蛋时见壳膜内壁有霉点，打开后蛋液内无霉点，蛋黄蛋白分明，无异味。

次碳酸铋（bismuth subcarbonate） 又称碱式碳酸铋。收敛性止泻药。内服后，能使炎症黏膜表面的蛋白质凝固，形成保护膜，起收敛保护作用，并减少炎症渗出。部分药物还能与肠腔中的硫化氢结合形成硫化铋，减轻对肠壁的刺激，使蠕动变慢，出现止泻作用。用于腹泻、慢性胃肠炎等。大剂量久用，可引起便秘。

刺槐中毒（robinia pseudoacacia poisoning） 畜禽误食刺槐树皮和枝叶，因其含有刺槐毒素（robin）而引发的中毒病。临床表现腹痛，腹泻，高度兴奋或麻痹等。在马可见食欲废绝，心脏衰弱和蹄叶炎等。治疗宜采用对症疗法。

刺激（stimulus） 能被机体感受的内外环境变化。刺激可用不同方式分类。根据理化性质，刺激分物理性和化学性两大类，前者指各种形式的物理能（如电、光、声、热辐射等）对机体的作用。因为电的强度、频率和时间可精确控制，且适当强度的电刺激不引起组织出现非可逆变化，在动物实验中常采用电刺激。后者指化学成分的变化（如 Na^+、Cl^-、H^+ 等浓度发生变化）构成的刺激。刺激只有达到一定强度和作用时间才能被机体感受并引起反应。

刺激的最低阈（liminal stimulus） 能够引起感觉的最小的外界刺激。

刺激性毒剂中毒（irritant agent toxicosis） 由亚当氏剂（代号DM）、西埃斯（代号CS）和苯氯乙酮（代号CN）等引起的中毒病。按其对眼和上呼吸道刺激作用的强弱，分为催泪性毒剂和喷嚏性毒剂两类。中毒动物眼睑痉挛，流泪，咳嗽或频频咳嗽。亚当氏剂中毒病例，除上述症状外，还不时打喷嚏，全身肌肉震颤和出汗。防治上首先将病畜转移到上风方向或撤离染毒区。应用碳酸氢钠溶液冲洗眼和鼻腔。对亚当氏剂中毒病例，首选二巯基丙醇等特效解毒剂抢救。

刺激药（irritants） 一类对皮肤、黏膜产生非特异性刺激作用而引起炎症反应的药物。一般在有效刺激浓度时不会严重损害组织。可加强局部血液循环，改善局部营养，促进慢性炎症产物吸收，有利病变组织的痊愈。临床上利用适量刺激药，在适宜时间内与皮肤或黏膜接触，使组织达到充血发红状态，从而有利于慢性炎症的消失、镇痛和治愈（如关节炎、肌炎、腱鞘炎等治疗）。主要有松节油搽剂、431合剂、樟脑搽剂、冬绿油搽剂、斑蝥软膏等。

粗糙型菌落（rough colony，R colony） 表面粗糙、质地不均匀的菌落。多数由突变菌株形成，它们已不能产生表面蛋白和脂多糖。有些菌落在外表上是光滑的，实质上已起变异，用生物化学、血清学和遗传学方法可以辨认。少数细菌的天然菌株形成粗糙型菌落，如炭疽杆菌和结核杆菌等。

促黑激素（melanocyte stimulating hormone，MSH） 又称促黑素细胞激素。两栖类动物垂体中间叶产生的一种激素。生理功能主要是作用于黑素细胞，在两栖类动物表现为促进色素颗粒在细胞内扩散，使皮肤颜色加深。在哺乳类则是激活黑素细胞质内所含的酪氨酸酶，促进黑色素的合成，从而使皮肤及毛发的颜色加深。

促黑激素释放抑制因子（melanostatin，MIF）又称促黑素细胞激素释放抑制因子。下丘脑调节性多肽之一。有3肽和5肽两种。具有抑制垂体中间叶释放促黑激素的作用。多种感受性刺激，如吮吸乳头、机械刺激阴道、紧张性刺激、黑暗等均可反射性地抑制促黑激素释放抑制因子的释放。

促黑激素释放因子（melanocyte stimulating hovmone-releasing factor，MRF）　又称促黑素细胞激素释放因子。下丘脑调节性多肽之一。化学结构为5肽。在两栖类，促黑激素释放因子通过下丘脑-垂体神经束神经纤维轴浆运输至垂体中间叶，由轴突末梢释放。主要生理作用是促进垂体中间叶促黑素细胞释放促黑激素。多种感受性刺激，如吮吸乳头、机械刺激阴道、精神紧张、黑暗等均可引起促黑激素释放因子反射性释放。

促红细胞生成素（erythropoietin，EPO）　细胞因子的一种。分子量46ku，糖蛋白。由肝脏的成纤维细胞和肾脏的间质细胞产生。主要功能为促进骨髓中造血干细胞分化为原红细胞和以后的进一步增殖、分化和成熟，加速血红蛋白合成和积累，调节红细胞的生成。有利于机体克服缺氧。重组EPO已作为药物用于治疗某些贫血性疾病。

促黄体激素（luteinizing hormone，LH）　又称黄体生成素。从猪、羊垂体前叶提取的一种促性腺激素，是由α和β两个亚基组成的糖蛋白。主要由垂体前叶嗜碱B细胞所产生，含有219个氨基酸。能协同促卵泡激素（FSH）促使卵泡发育成熟，产生雌激素，并引起排卵；卵泡空腔生成黄体分泌孕激素。对公畜直接作用于睾丸间质细胞，促使分泌睾酮，因而在雄性动物又称为间质细胞刺激素。兽医上用于同期发情和治疗卵巢囊肿。

促甲状腺激素（thyroid stimulating hormone，TSH）　腺垂体分泌的一种糖蛋白。由α和β两个亚基组成，两个亚基必须结合形成二聚体才具有生物活性。其结构有种属差异，但其他哺乳动物的TSH对人均具有生物活性。对甲状腺的生长和功能有全面的促进作用，表现为增强碘源活性，促进摄碘；增强过氧化物酶的活性，促进甲状腺球蛋白上酪氨酸碘化形成一碘酪氨酸和二碘酪氨酸；促进碘化酪氨酸缩合生成甲状腺素和三碘甲腺原氨酸，以促进甲状腺激素的释放。此外，对甲状腺以外的组织也有作用，如引起畜体脂肪组织的溶解等。

促甲状腺激素释放激素（thyrotropin releasing hormone，TRH）　下丘脑调节性多肽之一。由谷氨酸、组氨酸和脯氨酸构成的三肽，分子量为362Da，是第一个可以人工合成的下丘脑调节性多肽。下丘脑中分泌TRH的神经细胞分布范围广而弥散，几乎遍及内侧基底部，由视前区伸展到乳头体前区。TRH经垂体门脉系统运至腺垂体。主要生理作用是促进腺垂体细胞合成与分泌促甲状腺激素以及催乳素；影响中枢神经系统的活动和其他神经递质的转化。此外，对血糖、血压、呼吸、消化道运动与分泌以及体温调节等也有一定的作用。

促瘤物（cancer promoters）　促进潜在性癌前细胞成为癌细胞并增殖形成赘生物的物质。佛波酯类化合物、大戟科植物提取物、吐温、正丁酸、酚类化合物和巴比妥等均为促瘤物。

促卵泡激素（follicle stimulating hormone，FSH）　又称卵泡刺激素。腺垂体分泌的促性腺激素之一。由垂体前叶的嗜碱性A细胞所分泌的一种糖蛋白，由α和β两个亚基组成，含有200个氨基酸。分子量存在种间差异，羊的为32 700～33 800Da，猪为29 000Da，马为37 300Da。具有促进性腺发育、雌雄生殖细胞形成并分泌性激素的功能。在雌性动物，FSH促进卵泡的发育和生长，并在少量黄体生成素协同下，促进卵泡成熟和分泌雌激素；在雄性动物，FSH刺激睾丸精细管生长，促进精子形成与成熟，还可刺激支持细胞发育和产生一种能与雄激素结合的蛋白质，通过这种蛋白质的转运可使发育的生殖细胞获得稳定高浓度的雄激素，促进生殖细胞发育分化为成熟的精子。从猪、羊垂体前叶提取的促卵泡激素，临床上已用作促性腺激素。

促凝血药（blood coagulant）　一类通过促进凝血过程或降低毛细血管通透性而使血液凝固的药物。根据作用原理可分为5类：①促进凝血过程的止血药，如维生素K、止血敏、凝血酶等，主要用于手术前后的预防出血及止血。②抗纤溶酶的止血药，如对羧基苄胺、6-氨基己酸、凝血酸等，主要用于纤溶酶增高所致的出血。③作用于血管的止血药，如安络血、垂体后叶素等，主要用于毛细血管出血。④局部止血药，如明胶海绵、淀粉海绵等。⑤止血中草药，如紫珠草、三七、仙鹤草等。

促乳素（prolactin，PRL或Pr）　又称促黄体分泌素，由垂体前叶嗜酸性细胞转变而来的嗜卡红细胞分泌的一种单链纯蛋白质激素。由于动物的种间差异，促乳素由190、206或210个氨基酸组成。牛、羊的化学结构无明显不同，只是牛PRL的酪氨酸比羊多，但在生物活性上并无明显差别。主要生理作用是刺激和维持黄体功能，刺激阴道分泌黏液并使子宫颈松弛，刺激乳腺发育并促进其泌乳；在公畜，能维持睾酮分泌，并与雄激素协同作用，刺激副性腺分泌；能促进鸽子的嗉囊发育，并分泌哺喂雏鸽的嗉囊乳；还与两性繁殖行为有密切的关系，能增强母畜的母性、禽类的抱窝性、鸟类的反哺行为等；在家兔，还与脱毛和造窝有关。

促肾上腺皮质激素（adrenocorticotrophic hormone，ACTH）　腺垂体分泌的一种由39个氨基酸组成的单链多肽。不同种属动物的促肾上腺皮质激素氨基酸组成略有差异。生理作用主要是促进肾上腺皮质束状带增生、加强糖皮质激素的合成和分泌等。促肾上腺皮质激素的分泌表现为明显的昼夜节律，清晨最高，夜间最低。药用促肾上腺皮质激素由人工合成，用于治疗风湿性关节炎、红斑狼疮、药物过敏、荨麻疹等。

促肾上腺皮质激素释放激素（corticotrophin-releasing hormone，CRH） 下丘脑调节性多肽之一。主要由分布在下丘脑室旁核的细胞合成和释放，经垂体门脉系统运至腺垂体。具有促进腺垂体促肾上腺皮质激素合成和释放的作用，是第一个被证实存在的下丘脑调节性多肽。

促胃动素（motilin） 又称胃动素。由22个氨基酸组成的直链多肽，分子量2 700Da。由小肠黏膜内EC_2细胞所分泌，进入血液循环对胃肠和胆囊等的运动起促进作用。

促胃液素（gastrin） 又称胃泌素。胃幽门和十二指肠黏膜中G细胞分泌的多肽激素。蛋白质分解产物和乙酰胆碱可刺激其分泌，经血液循环到达胃腺促进胃液分泌。具有促进胃酸分泌、胃窦收缩、消化道黏膜生长等作用。人工合成的五肽促胃液素，也具有很强的刺激胃酸分泌的作用。

促性腺激素（gonadotropic hormone，GTH） 促进雌性和雄性动物性腺发育、增加性激素分泌的一类激素。包括腺垂体分泌的促卵泡激素（FSH）和黄体生成素（LH）、人胎盘分泌的人绒毛膜促性腺激素（HCG）、马属动物胎盘分泌的促性腺激素——孕马血清（PMSG）等。HCG与PMSG已广泛应用于畜牧生产实践。

促性腺激素释放激素（gonadotrophin releasing hormone，GnRH） 又称黄体生成素释放激素（LRH）。下丘脑调节性多肽之一，是由9种氨基酸构成的直链式10肽。哺乳动物GnRH的结构完全相同，而在禽类、两栖类和鱼类，其结构则不完全相同。在下丘脑弓状核及正中隆起部合成并释放，经垂体门脉系统运至腺垂体。GnRH对动物的生理作用无种间特异性，对牛、羊、猪、兔、大鼠、鱼、鸟类和灵长类均有生物学活性。主要生理作用是促进腺垂体促黄体生成素和促卵泡激素的合成和释放，其中对黄体生成素的作用较强。临床上用于诱发排卵，治疗卵巢囊肿和提高受胎率。

促胰酶素（pancreozymin，PZ） 又称缩胆囊素、胆囊收缩素。是由小肠黏膜细胞释放的一种由33个氨基酸组成的多肽激素。在血中很快降解，半衰期为3min。具有多种生物作用，主要为刺激胰酶合成与分泌，增强胰碳酸氢盐分泌，刺激胆囊收缩与奥狄氏括约肌松弛，兴奋肝胆汁分泌，调节小肠、结肠运动，作为饱感因素调节摄食等。

促胰液素（secretin） 小肠黏膜中S细胞在盐酸和蛋白分解产物、脂肪等的作用下分泌的由27个氨基酸组成的多肽激素。经血液循环至胰腺，主要生物活性为：作用于导管上皮细胞，促使其分泌大量含碳酸氢盐丰富而含酶甚少的稀薄胰液；刺激胆汁分泌，抑制胃泌素释放和胃酸分泌；刺激胰岛素释放等作用。

促长剂（growth promoter） 为促进饲养动物生长而掺入饲料的添加剂。包括抗生素、酶制剂、微生态制剂等。目前，各国对添加在饲料中的药物促长剂有着严格的规定。

猝死（sudden death） 又称急死、骤死。无任何表征而突然发生的死亡。各种畜禽均可发生。动物猝死的原因主要是一些最急性、急性传染病，如产气荚膜梭菌（*Clostridium perfringens*）感染、炭疽、出血性败血症等；急性内源性毒血症、急性瘤胃臌气、氰化物中毒、心脏填塞、大血管破裂、异种血清致过敏反应、被毒蛇咬伤、内脏破裂、电击、大创伤等。

醋氨酚（acetaminophen） 又称扑热息痛、对乙酰氨基酚，非那西汀在体内的活性代谢产物。具有缓和而持久的解热镇痛作用，但无消炎、抗风湿作用。是苯胺类毒性较小的一种。主要用于犬解热及缓解轻度至中度疼痛。

催产素（oxytocin，OT） 下丘脑室旁核及视上核生成，经神经垂体贮存并释放的一种9肽激素。具有强烈的刺激妊娠子宫和乳腺内平滑肌收缩的作用。由于雌激素能提高子宫对催产素的敏感性，孕激素正相反，因此在妊娠末期，随着血中雌激素与孕激素比值的升高，子宫对催产素的敏感性显著增强，有利于子宫阵缩和分娩。药理剂量的催产素可使产后子宫体平滑肌强烈收缩而宫颈仍保持松弛状态，因而有利于胎衣排出和减少子宫出血。其对乳腺平滑肌的刺激作用，参与排乳反射过程，促使贮存于腺泡和乳导管中的乳汁排出。此外，催产素对禽类产蛋、鱼排卵也有促进作用，并具有较弱的类似血管升压素的生理作用。

催乳素（prolactin，PRL） 腺垂体分泌的一种蛋白质激素。对不同种属动物作用略有差异。在家畜，主要生理作用是促进乳腺发育生长，发动和维持泌乳，但在兔，催乳素单独作用即可引起泌乳，而在大鼠，只有当糖皮质激素与雌激素同时存在时，才可引起泌乳。催乳素对卵巢类固醇激素的合成、黄体的生成和溶解有一定的作用，此外，还有较弱的生长激素作用。

催乳素释放抑制因子（prolactin releasing inhibiting factor，PIF） 下丘脑调节性多肽之一。下丘脑神经内分泌细胞合成和释放的，抑制腺垂体催乳素细胞合成和释放催乳素的生物活性物质。损伤哺乳动物下丘脑或切断垂体柄，均可使催乳素分泌增加，表明催乳素释放抑制因子是控制催乳素分泌的主要因子。

催乳素释放因子（prolactin releasing factor，PRF） 下丘脑调节性多肽之一。由下丘脑促垂体区的神经内分泌细胞所产生，由轴浆运输到正中隆起处释放，然后经垂体门脉系统运至腺垂体，促进催乳素细胞合成和释放催乳素。

催吐药（emetics） 一类能引起呕吐的药物。按其作用机理可分为：①中枢性催吐药，直接刺激延脑的催吐化学感受区，进而兴奋呕吐中枢，产生催吐作用，如阿扑吗啡，作用强，起效快；②反射性催吐药，刺激胃黏膜感受器，反射性作用于呕吐中枢而引起呕吐，如硫酸铜等。主用于中小动物中毒急救时，催吐胃中的毒物。

痤疮（acne） 发生在青春期（3～10 月龄）犬的一种皮肤病，病变为粉刺、脓疱和毛囊炎等。皮褶多的部位发生率高，如胸前部、口唇部和唇部，也可在腹下或小腿内侧出现。病情轻的痤疮可在犬生长成熟后自然痊愈；严重感染的痤疮需每天用抗生素软膏配合抗菌香波局部洗涤，严重者应当全身使用抗生素药物。

挫伤（contusion） 非开放性损伤。强钝性外力作用于机体，由于皮肤抵抗力较强不发生损伤，而皮下组织受到严重的损伤。挫伤常伴有深部肌、腱、骨、关节的损伤。其症状为疼痛、皮下块状出血、肿胀，轻症的块状出血渐次褪色而痊愈。大血管出血积集在组织间隙形成血肿。大量淋巴液在皮下贮留形成淋巴外渗。肌、骨、腱和关节的损伤出现机能障碍。治疗时轻症不需处置，早期时冷敷，防止溢血过多用压迫绷带，若化脓用抗生素治疗。

锉牙术（rasping the teeth） 治疗锐齿的手术。主要应用于大家畜和犬，用齿锉锉平磨灭不正的臼齿锐缘，治疗或预防锐齿造成齿龈、颊黏膜和舌的损伤。操作时站立保定，安装开口器，高吊马头，先用齿锉的粗面对异常齿缘进行磨锉，再改为细面补充锉平，动作应先慢后快、快速反而使家畜变为安静，磨锉的重点是锐齿缘，不可磨锉齿的咬面，防止造成滑齿。术后用过锰酸钾液洗涤口腔，对损伤的黏膜面涂碘甘油。

错构瘤（hamartoma） 机体某一器官内正常组织在发育过程中出现错误的组合、排列，因而导致的肿瘤样畸形。一般无包膜。如肾错构瘤又称肾血管平滑肌脂肪瘤；而肺错构瘤是由肺内正常组织主要为软骨、纤维结缔及脂肪组织等形成的肿瘤样病变。该瘤不转移，但切除后易复发。

错义突变（missense mutation） 编码某一氨基酸的密码子改变成编码另一氨基酸的密码子而产生的突变。这种突变可能对微生物表型及生物学特性无影响（即无表型突变），也可导致基因编码的产物（如酶蛋白）失活，其影响程度取决于产物中突变氨基酸的位置和替代氨基酸的特性。

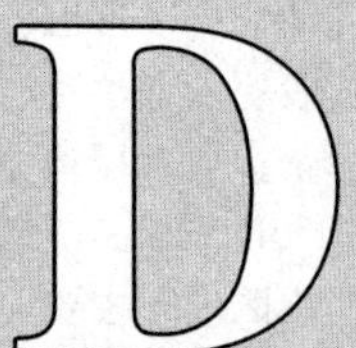

达峰时间（the time at which the peak concentration is attained，Tmax） 单次服药后，血药浓度达到峰值的时间。用以指导设计合理的给药时间。

达氟沙星（danofloxacin） 又称达诺沙星、丹诺沙星。动物专用氟喹诺酮类药物。抗菌谱与恩诺沙星相似，对畜禽呼吸道致病菌有良好的抗菌活性。敏感菌包括溶血性巴氏杆菌、多杀性巴氏杆菌、胸膜肺炎放线杆菌、支原体等。

打结（technique for knot's） 缝合操作的重要环节，对完成缝合有决定性的意义。正确而熟练的打结，不仅缩短手术时间、减少污染，还可防止结扎线松脱，造成创口哆开和继发出血。在外科手术中，最常用的是方结或外科结，对张力大的组织和易滑脱的缝线（如尼龙线）行三叠结或多叠结。斜结易滑脱，禁止使用，打方结时如两手用力不均，易形成滑结，对创口的哆开有很大的危险性。

大肠（large intestine） 肠的较粗的后半部分，分为盲肠、升结肠（猪、牛旋襻向心回，马下大结肠）、旋襻离心回（猪、牛，马上大结肠）、升结肠近襻（牛）、升结肠远襻（牛）、横结肠、降结肠（马小结肠，兔前直肠）和直肠。功能是吸收水分和形成粪便；食草动物特别是单胃食草动物，微生物消化和发酵分解产物的吸收也在大肠进行，因此较发达。顺次分为盲肠、结肠和直肠。有些动物无盲肠，如熊、貂等。许多动物如马、兔和猪大肠较粗，肠壁纵肌集中形成2～4条纵肌带；纵肌带间的肠壁内褶形成半月襞，将其分为相应的几列肠袋。大肠黏膜无肠绒毛；肠腺主要由黏液细胞构成。淋巴组织大多形成淋巴孤结，淋巴集结可见于盲肠和结肠的起始部。禽类除少数无盲肠（如鹦鹉）或不发达（如鸽）外，大多有两条盲肠，结肠无，有时将直肠称为结-直肠。禽大肠黏膜有肠绒毛。

大肠埃希菌（*Escherichia coli*） 俗称大肠杆菌。人和温血动物肠道内正常菌群成员之一。大多数无致病性，少数为病原菌，在特定条件下可致病，一类是细菌寄生部位发生改变，如移位侵入肠外组织或器官，成为机会致病菌；另一类是病原性大肠杆菌，与人和动物的大肠杆菌病（colibacilosis）密切相关。革兰阴性无芽孢的短杆菌，大小(0.4～0.7) μm×(2～3)μm，两端钝圆，散在或成对，大多数菌株以周生鞭毛运动，但也有无鞭毛的变异株。一般均有Ⅰ型菌毛，多数对人和动物致病的菌株还常有与毒力相关的特殊菌毛。某些致病菌株有荚膜或微荚膜。碱性染料对本菌有良好着色性。兼性厌氧菌，在普通培养基上生长良好，最适生长温度为37℃，最适生长pH为7.2～7.4。麦康凯琼脂上形成红色菌落；在伊红美蓝琼脂上产生黑色带金属闪光的菌落；在SS琼脂上一般不生长或生长较差，生长者呈红色。一些致病性菌株在绵羊血平板上呈β溶血。大肠杆菌具有菌体（O）、荚膜（K）和鞭毛（H）3种抗原，已确定的O抗原群有164个（序号排至171）、K抗原72个（序号排至103）、H抗原55个（序号排至57）。已知的血清型高达数千种。根据毒力因子与发病机制的不同，将致腹泻大肠杆菌分为五类：产肠毒素大肠杆菌（enterotoxigenic *E. coli*，ETEC），肠致病型大肠杆菌（enteropathogenic *E. coli*，EPEC），肠出血型大肠杆菌（enterohemorrhagic *E. coli*，EHEC），肠侵袭型大肠杆菌（enteroinvasive *E. coli*，EIEC）和肠聚集型大肠杆菌（enteroaggregative *E. coli*，EAEC）。其中EIEC导致炎症性腹泻，其余4类均引起非炎症性腹泻。肠毒素是引起腹泻的直接致病因子，分不耐热肠毒素（LT）和耐热肠毒素（ST）两种。包括EPEC和EHEC在内的100多种血清型的大肠杆菌具有产生志贺毒素的能力，称为产志贺毒素大肠杆菌（Shiga toxin-producing *E. coli*，STEC）。较常见的病原性大肠杆菌还有败血性大肠杆菌（septicaemic *E*

. *coli*, SEPEC)、尿道致病性大肠杆菌（uropathogenic *E. coli*, UPEC)、新生儿脑膜炎大肠杆菌（newborn meningitis - causing *E. coli*, NMEC)，引起禽类大肠杆菌病的病原称为禽致病性大肠杆菌（avian pathogenic *E. coli*, APEC)。此外，大肠杆菌在基因工程中被广泛应用，作为质粒的接受菌和基因表达载体。

大肠埃希菌食物中毒（*Escherichia coli* food poisoning） 由致泻性大肠埃希菌引起的食物中毒。致泻性大肠埃希菌根据其所呈现的临床型、流行病学、发病机理及O∶H血清型、质粒编码的毒力特性、与肠黏膜特有的相互作用和产生肠毒素或细胞毒素型别的不同分为4种类型：①肠致病性大肠埃希菌（EPEC)，婴儿腹泻的重要病因，能产生不耐热肠毒素（LT)、耐热肠毒素（ST）等细菌毒素；②侵袭性大肠埃希菌（EIEC)，引起痢疾样腹泻的病因，具有与痢疾杆菌一样的毒力，可侵入到大肠上皮细胞，引起局部炎症和溃疡；③产肠毒素大肠埃希菌（ETEC)，旅游者腹泻和发展中国家婴儿腹泻的主要病因，致病因子主要包括黏附因子（包括CFA Ⅰ和CFA Ⅱ）和肠毒素（包括LT和ST)；④肠出血性大肠埃希菌（EHEC)，出血性大肠炎的主要病因，其血清型主要是O_{157}∶H_7，该型菌的致病性可能与细胞毒素有关。

大肠杆菌病（colibacillosis） 由大肠埃希菌（*Escherichia coli*）引起的一组以危害新生动物为主的肠道传染病。各种动物的大肠杆菌病都有其特定的血清型，临床表现多数为腹泻，也有呈败血症、肠毒血症或肠道外局部感染，可致幼畜大批死亡或影响生长发育。畜舍卫生环境不良、低温潮湿、气候突变、饲养管理不当等能促使本病的发生和流行。根据临床症状和病变可作出初步诊断，确诊需作细菌学分离鉴定、血清学定型及病原性测定。在改善饲养管理的基础上及时使用抗菌药物配合对症治疗有一定的效果。

大肠菌群（coliform group） 具有某些特性的一组与粪便污染有关的细菌。大肠菌群并非细菌学分类命名，是卫生细菌领域的用语，它不代表某一个或某一属细菌。一般认为该菌群细菌可包括大肠埃希菌、柠檬酸杆菌、产气克雷伯氏菌和阴沟肠杆菌等。大肠菌群细菌多存在于温血动物粪便、人类经常活动的场所以及有粪便污染的地方，可作为食品、饮水等被粪便污染的间接指标，具有广泛的卫生学意义。

大肠菌群最可能数（most probable number of coliform） 食品被粪便污染的指标之一。食品样品按一定方案检验所得一群需氧及兼性厌氧，在37℃ 24h能分解乳糖、产酸产气的革兰阴性无芽孢杆菌（大肠菌群）的统计数值。相当于100mL样品中该菌群的最可能数量（maximum probable number, MPN)。

大肠消化（large intestine digestion） 小肠内容物进入大肠后在大肠内继续消化的过程。大肠消化主要靠随食糜带入的小肠消化酶和栖居大肠内的微生物的作用，以及大肠的分泌和运动继续对营养成分进行分解和吸收，并使未被消化吸收的食物残渣形成粪便排出体外。随动物种类不同差异甚大。草食动物特别是单胃草食动物的大肠有大量的微生物栖居，是纤维素消化吸收的主要部位，具有与瘤胃相似的作用。

大肠造影（large intestinography） 将造影剂自动物肛门逆行送入直肠、结肠和盲肠使大肠显影的一种X线技术。使用硫酸钡制剂时称钡剂灌肠造影（barium enema)，可用于犬、猫等小动物的大肠检查。造影前24h，动物停食，并给以轻泻剂和温水灌肠以排除肠内粪便，造影时动物取左侧卧并把骨盆部垫高，从肛门插入一带气囊的灌肠导管，在通过肛门括约肌后将气囊充气以阻止注入的造影剂自肛门流出。当造影剂注入约5mL/kg体重后，透视观察见造影剂已充满降结肠时，拍摄第一张侧位X线片，然后转动动物于右侧卧以便造影剂向横结肠和升结肠填充，继续注入造影剂，待结肠和盲肠全部充盈后，拍摄腹背位、右侧位、左侧位和斜位的腹部X线片。然后将灌肠导管口放低，引流大肠内钡剂，并适当按摩腹部或变换体位，促使钡剂尽量排出。最后，再透视观察肠内残钡影像，或拍摄腹背位、右侧位、左侧位和斜位的腹部X线片，完成造影检查。在此基础上，如要更细致观察肠黏膜状况，可从导管内注入等量空气进行结肠充气造影，造成双重对比，拍摄腹背位、右侧位、左侧位和斜位的腹部X线片。

大豆饼渣中毒（soybean meal poisoning） 又称三氯乙烯豆饼渣中毒（trichlorethylene extracted soybean meal poisoning)，牛长期采食经过三氯乙烯脱脂处理的豆饼渣而引起的以微血管壁损伤性出血为主征的中毒病。临床表现为皮下、黏膜和各内脏出血，如鼻衄、血便和血乳等；血液凝固不全、重度贫血；食欲废绝，消瘦，体温升高。除输血疗法外，尚无特效治疗药物。

大耳白兔（Japanese large - Gar rabbit） 又称日本大耳白兔，由中国兔和日本兔杂交培育而成。毛色纯白，红眼，两耳长、大、薄、白。耳形像柳叶。母兔颌下具肉髯。成兔体重4～5kg，发育快，繁殖力强，大耳白兔是实验动物常用品种。

大观霉素（spectinomycin） 又称壮观霉素。由大观链霉菌（*Streptomyces spectabilis*）产生的氨基糖苷类抗生素，常用其盐酸盐。对革兰阴性菌有较强作用，对革兰氏阳性菌作用弱，对支原体也有一定作用。具有毒性低的优点。兽医临床上多用于防治大肠杆菌病、禽霍乱、禽沙门氏菌病。常与林可霉素联合用于防治仔猪腹泻、猪的支原体肺炎和鸡毒支原体引起的鸡慢性呼吸道病。

大红细胞性贫血（macrocytic anemia） 红细胞平均体积（mean corpuscular volume，MCV）大于正常值的一种贫血。正常红细胞直径如下：马 5.6～8.0μm，牛 3.6～9.6μm，绵羊 3.5～6.0μm，山羊 3.2～4.2μm，猪 4.0～8.0μm，鸡 7.5～12.0μm。常见于维生素 B_{12} 缺乏引起的贫血。

大环内酯类抗生素（macrolides antibiotics） 由12～16 个碳骨架的大环内酯及配糖体组成的抗生素。包括红霉素、螺旋霉素、吉他霉素、泰乐菌素、替米考星、泰拉菌素等。本类抗生素能不可逆结合到细菌核糖体 50 S 亚基的靶位上，阻断肽酰基 t-RNA 移位，抑制肽酰基的转移反应，从而抑制细菌蛋白质合成。本类抗生素疗效肯定，无严重不良反应，常用作需氧革兰阳性菌、革兰阴性球菌、厌氧球菌和支原体等感染的首选药，以及对 β-内酰胺类抗生素过敏患者的替代品。

大黄（rheum officinale） 苦味健胃药和刺激性泻药。蓼科植物掌叶大黄、大黄或唐古大黄的干燥根茎。含蒽醌类衍生物，如大黄素、大黄酚、芦荟大黄素及鞣酸等。小量具苦味健胃作用，中等剂量因鞣酸而具收敛止泻作用，大剂量因大黄素刺激肠壁，增加蠕动而引起下泻。其致泻部位在大肠，下泻后，因鞣酸收敛作用持久往往再发生便秘，故临床上多与硫酸钠或硫酸镁合用，很少单用。此外，大黄还有广谱抗菌作用，对皮肤感染创伤有一定作用。

大戟中毒（euphorbia poisoning） 家畜误食大戟或其制剂用量过大，由其所含大戟苷（euphorbon）等有毒成分所致的中毒病。中毒家畜食欲废绝，流涎，呕吐，腹痛，腹泻，粪中带血。重症呈现阵发性痉挛，角弓反张等神经症状。心脏衰弱，排尿减少，甚至无尿。治疗可内服鞣酸、活性炭和油类泻剂，静脉注射生理盐水、等渗葡萄糖溶液，应用解痉止痛、保护中枢神经系统的药物。

大胶质细胞（macroglia） 按大小分类的一类神经胶质细胞，包括星形胶质细胞、少突胶质细胞、室管膜细胞、卫星细胞、雪旺氏细胞和苗勒氏细胞。

大颗粒淋巴细胞（large granular lymphocyte，LGL） 又称大淋巴细胞（large lymphocyte）。胞浆内含有嗜偶氮染料颗粒的一类淋巴细胞。大小介于淋巴细胞和单核巨噬细胞之间，包括杀伤细胞（K cell）、自然杀伤细胞（NK cell）、淋巴因子活化的杀伤细胞（LAKcell）和肿瘤浸润淋巴细胞（TIL）等。

大流行（pandemic occurrence） 一种规模非常大的疫病流行。不仅涉及的地区多（可能是几个国家，甚至几个大洲），而且畜群中受害动物的比例大。如历史上牛瘟、口蹄疫的大流行，近年犬细小病毒的大流行都涉及世界上的很多地区，且发病率高。

大脉（large pulse） 脉搏搏动振幅大的脉。见于心脏收缩力强、血量充足、脉管迟缓时。

大脑半球优势学说（cerebral dominance theory） 两侧大脑半球功能的不对称性，一侧明显超过另一侧的现象。

大脑镰（cerebral falx） 由脑硬膜形成的镰刀形褶。沿中线伸入两大脑半球之间的大脑纵裂内；背侧缘附着于筛嵴、顶内嵴和枕内结节，腹侧缘凹，为游离缘，靠近胼胝体。对脑起固定支持作用。内有脑硬膜窦（如上矢状窦、下矢状窦和直窦等）。

大脑皮质坏死（cerebrocortical necrosis） 见脑灰质软化。

大片形吸虫病（fascioliasis gigantica） 大片形吸虫（*Fasciola gigantica*）寄生于绵羊和牛等反刍动物的胆管引起的疾病。成虫的外形与肝片形吸虫不同，肩不明显，肩后身体的两侧边缘大体平行，略窄而长，后端钝圆。其内部构造、生活史、致病作用等均与肝片形吸虫相似。参阅肝片形吸虫病。

大鼠（*Rattus norvegicus*） 啮齿目（Rodentia）、鼠科（Muridate）、大鼠属（*Rattus*）中的一种动物。大鼠嗅觉发达、味觉差。性情温顺、行动迟缓、喜安静环境，食性较杂。无胆囊，染色体数 2n＝42，寿命 3～4 年。2 月龄性成熟，性周期 4～5d。妊娠期 19～23d，平均 21d，窝产仔数 6～14 只，平均 8 只，哺乳期 21d。全年可繁殖。实验大鼠是褐色家鼠的变种，19 世纪中期开始用于动物实验，是实验动物主要品种之一，广泛用于生理学、营养学、代谢性疾病，药物学、牙医学、肿瘤和传染病研究。

大鼠冠状病毒感染（rat corona virus infection） 大鼠冠状病毒引起的大鼠涎泪腺炎和大鼠致死性肺炎的统称。大鼠涎泪腺炎由大鼠涎泪腺炎病毒（*Sialocryoadentis virus*，SDAV）引起。该病毒传染力极强，分布很广。主要侵害唾液腺和泪腺，特别是引发颌下腺和包括内眼角的哈德氏腺在内的泪腺急性炎症。感染大鼠表现为唾液腺肿胀，颈部变粗，持续3～7d，食减、体重减轻，雌鼠性周期紊乱。有的幼鼠发生眼炎。剖检可见唾液腺周围胶样水肿，哈德氏腺肿胀。发病表现一过性，几乎无死亡。大鼠致死性肺炎又称大鼠冠状病毒病，由大鼠冠状病毒（RCV）引起，可在鼠群中广泛传播，引起新生大鼠呼吸困难、迅速死亡。剖检可见肺充血、非化脓性间质性肺炎、肺不张等变化；成鼠呈隐性感染。这两种病毒是同一病毒的不同致病毒株，有共同抗原，是我国清洁级大鼠必检的病原。

大鼠细小病毒感染（rat parvovirus infection）由大鼠细小病毒引起的大鼠传染病。Kilham 在 1909 年从患肿瘤小鼠体内分离到病毒，因此该病毒也称为 *Kilham parvovirus*（KPV）。Toolan 在 1960 年从经小鼠传代的人肿瘤细胞系 HEP-1 中分离到第二株病毒称之为 H－1 病毒。KRV 和 H－1 成为从抗原性和致病性可区分的两种分型的代表毒株。大鼠和野生大鼠是自然宿主。病毒可经消化道、呼吸道传播，也可经胚胎垂直传播。乳鼠发病表现生长不良、运动失调和黄疸，多数死亡。成鼠多为隐性感染，H－1 株致病性较弱。KRV 和 H－1 都是我国 SPF 级大鼠必检的病原。

大叶性肺炎（lobar pneumonia） 见纤维素性肺炎。

呆小病（cretinism） 遗传性酶缺陷或碘及促甲状腺素缺乏所致的疾病。临床表现为幼龄动物生长发育停滞，呆痴，被毛干燥无光泽，皮肤变厚、鳞屑化，皮炎和肥胖症等。治疗可试用甲状腺素；对先天性甲状腺机能不足和垂体性甲状腺机能减退病例，可应用碘制剂治疗。

代偿（compensation） 在生理或病理条件下，动物机体自稳态出现暂时或严重失调时，通过相应器官的机能加强、代谢改变或形态结构变化取得替代、补偿的过程。它是动物在进化过程中获得的一种重要的保护性反应，也是疾病时抗损伤的重要表现。可分为机能代偿、代谢代偿和形态代偿 3 种形式。

代偿失调（decompensation） 又称代偿失败。当代偿不能克服严重机能障碍时引起的后果。此时机体出现各种明显的机能障碍。

代偿性间歇（compensatory pause） 心脏在期前收缩之后所出现的较长时间的舒张期。由于期前收缩发生后也有不应期，如果从窦房结传来的正常兴奋波恰好落在期前收缩的不应期内，这次由窦房结传来的兴奋波就成为无效刺激，不可能引起心脏的收缩，必须等待下一次从窦房结传来兴奋时，才能引起心室肌兴奋和收缩。

代偿性酸碱平衡（compensatory acetic－alkali equilibrium） 机体的缓冲体系、呼吸及肾在酸碱失衡不很严重的情况下，通过调节作用使［HCO_3^-］与［H_2CO_3］比值仍维持在正常范围之内，血液 pH 未超出正常值，介于 7.24～7.54。

代谢体重（metabolic body weight） 家畜静止能量代谢的计量单位，其值为体重的 0.75 次方。家畜的产热量与代谢体重成比例关系，因此按代谢体重计算出的能量代谢率各种家畜比较接近。

代谢途径（metabolic pathway） 细胞内由酶催化的一系列定向的、彼此相关联的化学反应。负责某种物质的化学合成或分解，完成特定的生理功能。生命有机体内的物质代谢是由许多相互联系、相互制约的代谢途径所组成，通过这些代谢途径将一种底物转化为一定的产物。

代谢抑制试验（metabolic－inhibition test） 将病毒或毒素接种于敏感细胞，通过观察细胞的代谢活力，以测定病毒或毒素对细胞杀伤作用的显色定量方法。将病毒或毒素作连续稀释，分别接种细胞培养，在 37℃培养一定时间。培养不接种病毒或毒素的对照细胞的营养液 pH 变为酸性时，检查各病毒或毒素稀释度试验管中的 pH 变化情况，如变酸则代表细胞代谢未被抑制，如 pH 不改变则被全部抑制，以全部抑制的最高稀释度作为病毒或毒素的滴度。

带虫免疫（premunition） 寄生虫感染中最常见的一种获得性免疫现象。寄生虫感染使宿主对再次感染产生免疫力，这种免疫力是靠体内少量虫体的存在而维持的，如果用药物清除体内的虫体，免疫力随即消失。许多寄生虫活疫苗均依靠带虫免疫而发挥作用。

带虫者（carrier of the parasites） 受寄生虫感染后，体内保留一定数量的虫体但不显现症状的宿主。带虫者是由于宿主抵抗力增强自行康复（非清除性免疫）或通过药物治愈之后所产生的一种状态。带虫者是重要传染源，不断地向周围环境中散播病原，故有重要的流行病学意义。在寄生虫病防治措施中，处理带虫者是一个重要的环节。带虫者一旦抵抗力下降，可导致疾病复发。

带菌（毒）动物（bacteria or virus carrier） 不表现任何临床症状，但其体内携带病菌或病毒，并可向外界环境排菌排毒，可成为传染源。

带科（Taeniidae） 圆叶目绦虫的一个重要科。成虫多为大型绦虫。孕卵节片变长，长度大于宽度。头节上有顶突，其上有大、小两圈钩，钩具特异形状，形成明显的外部、柄部和护档（牛带吻绦虫例外，无顶突与钩）。每个节片含一套雌雄性器官，生殖孔开口于节片侧缘。睾丸甚多，散在于节片内。卵巢位于节片后部；子宫由卵巢中央部向前，为一纵行盲囊，孕卵后形成许多横向的侧枝。卵黄腺在卵巢之后。卵的外壳易脱落，包裹六钩蚴的持胚器具有特征性，带有非常明显的辐射形条纹。食肉动物和人的寄生虫，中间宿主为食草动物、啮齿类和兔等。中绦期幼虫为囊尾蚴、多头蚴和棘球蚴等。

带现象（zone phenomenon） 抗原、抗体结合时，因比例不当出现的抑制现象。凝聚性反应时，抗原与抗体的结合常需要适当的比例才出现可见反应，在最适比例时，反应最明显。如抗原过多或抗体过多，则不能形成大的、肉眼可见的复合物。凝集反应时，如抗原为大的颗粒性抗原，容易因抗体过多而出现前带现象，需将抗体作递进稀释；如沉淀反应的抗原为可溶性抗原，常因抗原过量而出现后带现象，通过稀释抗原，以避免抗原过剩。

带状带绦虫病（taeniasis taeniaeformis） 带状带绦虫（*Taenia taeniaeformis*，又称带状泡尾绦虫、巨颈绦虫）寄生于猫小肠引起的寄生虫病。虫体长15～60cm。头节上有大、小两圈小钩，共约34个；吸盘发达，向外前侧开口。无缩细的颈部。中间宿主为大鼠和小鼠，中绦期为链尾蚴（叶状囊尾蚴）。虫体以其头节钻入猫的小肠黏膜，有时引起肠穿孔。常见的症状为消化障碍，瘦弱，偶有神经症状。可用氯硝柳胺或吡喹酮驱虫。参阅链尾蚴。

带状囊尾蚴（*Cysticercus fasciolaris*） 见链尾蚴。

带状泡尾绦虫（*Hydatigera taeniaeformis*） 即带状带绦虫。见带状带绦虫病。

带状胎盘（zonary placenta） 食肉动物的胎盘。其特征是绒毛膜的绒毛聚合在一起形成一宽带（宽2.5～7.5cm），环绕在卵圆形的尿膜绒毛膜囊的中部（即赤道区上），构成胎儿胎盘。子宫内膜也形成相应的母体带状胎盘。带状胎盘边缘呈绿色或褐色。

待除外诊断（diagnosis by exclusion） 疾病诊断的一种方法。有些疾病缺乏特异性或足够的诊断依据，只有在排除了其他一切可能的疾病后才能作出诊断。

戴文绦虫病（daivaineasis） 戴文属（*Davainea*）绦虫寄生于鸡、鸽等禽类的十二指肠引起的寄生虫病。最常见的虫种为节片戴文绦虫（*D. proglottina*），由4～9个节片组成，长仅0.5～3mm；顶突和吸盘上均有小钩；生殖孔左右规则地交互开口。中间宿主为多种蛞蝓和某些种螺。虫体对肠黏膜的刺激相当严重，可能引起严重的肠炎。患禽消瘦，羽毛蓬乱。可用氯硝柳胺、硫双二氯酚或丙硫咪唑驱虫。地面散养鸡预防困难；集约化饲养、喂配合饲料可避免感染。

丹毒丝菌感染（erysipelothrix rhusiopathiae infection） 又称猪丹毒（erysipelas suis）。由丹毒丝菌（*Erysipelothrix rhusiopathiae*）引起的，主要发生于猪的一种急性、热性传染病。急性型呈败血症经过。亚急性型在皮肤上出现紫红色疹块。病变以肝、脾、肾呈急性变性，瘀血肿大为特征。慢性型常发生心内膜炎和关节炎。人及多种动物都可感染。根据症状和病变不难诊断，必要时可作病原分离或血清培养凝集试验。预防可接种猪丹毒弱毒菌苗，及时使用抗生素或磺胺类药物治疗有较好效果。

丹毒丝菌属（*Erysipelothrix*） 一群不运动，不形成荚膜和芽孢的革兰阳性兼性厌氧菌。大小为（0.2～0.4）μm×（0.8～2.5）μm，S型菌细小、直或微弯，多单在或成丛；R型菌多呈长丝状且多形。最适生长温度30～37℃。血或血清琼脂上生长良好，有狭窄α溶血，S型菌落细小、圆形、边缘整齐、透明闪光、表面光滑；R型菌落较大、扁平较不透明、表面粗糙，边缘不齐或偶成卷发状。明胶穿刺培养呈“试管刷”状生长物。发酵碳水化合物弱，产酸不产气。过氧化氢酶、氧化酶、尿素酶及MR、VP和吲哚均为阴性，通常产H_2S。仅有猪丹毒丝菌（*E. rhusiopathiae*）一个种，引起猪丹毒，也能引起绵羊和牛的慢性多发性关节炎以及禽类的严重感染症，偶感染人致类丹毒。

单纯酶（simple enzyme） 基本组成成分只有氨基酸，不含其他成分，其催化活性仅仅决定于它的蛋白质结构的一类酶。消化道内催化水解反应的酶，如蛋白酶、淀粉酶、酯酶、核糖核酸酶等均属此类。

单纯性消化不良（simple indigestion） 由前胃弛缓引起，临床上以厌食、缺乏瘤胃运动和便秘为特征的消化不良。多发生于乳牛和舍饲的肉牛，而放牧牛和绵羊少见，呈单发或群发。

单核巨噬细胞系统（mononuclear phagocyte system） 由骨髓前单核细胞发育而来的细胞的总称。包括血液中的单核细胞，结缔组织、肝、肺及淋巴器组织中的巨噬细胞，神经组织内的小胶质细胞以及骨组织内的破骨细胞等。功能除吞噬异物、清除衰老的红细胞和组织碎片外，还参与免疫应答，抑制肿瘤生长和调节局部组织的代谢等。

单极胸导联（unipolar chest lead） 又称单极心前导联（unipolar precordial lead）。心电图检查中将检测的正电极放于胸部的一定部位，肢体导联电极与心电图机负极连接构成中心电端的连接方式。

单价抗体（monovalent antibody） 又称不完全抗体（incomplete antibody）。只有一个抗原结合部位可以结合抗原分子的抗体。

单价抗原（monovalent antigen） 见简单半抗原。

单价血清（monovalent serum）　又称因子血清。只含有针对一个血清型病原微生物特异性抗体的抗血清。如沙门菌 O 抗原的 A 因子血清。

单价疫苗（univalent vaccine）　用同种微生物的单一血清型菌（毒）株或一种菌（毒）株的培养物制备的疫苗。如 O 型口蹄疫灭活疫苗、A 型口蹄疫灭活疫苗。对于病原呈多个血清型分布的疾病而言，单价疫苗仅能使接种动物获得抵抗同型强毒感染的免疫保护，对异型强毒感染则缺乏保护力。

单精受精（monospermy）　受精时只有一个精子进入卵子内的受精方式。许多动物的卵子都是单精受精，这类卵子一旦被第一个精子激活，就会发生相应变化，阻止其他精子入卵。

单克隆抗体（monoclonal antibody，McAb）　又称单抗。由一个 B 细胞分化增殖的子代细胞（浆细胞）产生的针对单一抗原决定簇的抗体。这种抗体的重链、轻链及其 V 区独特型的特异性、亲和力、生物学性状及分子结构均完全相同。采用传统免疫方法是不可能获得这种抗体的。Kohler 和 Milstein 在 1975 年建立了体外淋巴细胞杂交瘤技术，用人工的方法将产生特异性抗体的浆细胞与骨髓瘤细胞融合，形成 B 细胞杂交瘤，这种杂交瘤细胞既具有骨髓瘤细胞无限繁殖的特性，又具有浆细胞分泌特异性抗体的能力，经克隆化的 B 细胞杂交瘤所产生的抗体即为单克隆抗体。

单链抗体（single chain antibody，ScAb 或 ScFv）　一种新型基因工程抗体。在抗体重链和轻链可变区（Fv）基因之间，用一段约 25 个氨基酸的短肽基因将其连接成 ScFv 基因，其表达产物可折叠成具有抗原结合能力的、由单一肽链组成的小分子抗体。单链抗体只有一个抗原结合部，只有正常抗体分子 1/6 大小。其优点是生产成本低、体积小、稳定性强。在一些不需要 Fc 段效应功能的实际应用中，比完整抗体更具优越性。在肿瘤导向治疗和体内显像以及其他免疫诊断和防治中，有广泛的应用前景。广义单链抗体还可包括由单链的抗体表位组成的噬菌体抗体。

单链免疫毒素（monochain immunotoxin）　用单链抗体交联毒蛋白制成的导向药物。

单收缩（single twitch）　在实验条件下，给予骨骼肌一次单个电刺激，发生一次动作电位，引起肌肉产生的一次收缩和舒张。单收缩的整个过程可分为 3 个时期：潜伏期、收缩期和舒张期。由施加刺激开始到肌肉出现收缩的时间为潜伏期；从肌肉开始收缩到收缩的最高点的时间为收缩期；从收缩最高点到肌肉恢复静息状态的时间为舒张期。

单宿主寄生虫（homoxenous parasite）　只寄生于一种特定的宿主的寄生虫，对宿主有严格的选择性。如马尖尾线虫只寄生于马属动物。

单胎动物（monotocous animals）　正常情况下母畜只排一个卵子，子宫内只有一个胎儿发育的动物。如马、牛，绵羊一般也被看作单胎动物。

单瘫（monoplegia）　四肢中的一肢出现瘫痪的现象。可由周围及中枢神经病变引起，病变可位于脊髓前角、前根、神经丛和周围神经。急性病例见于外伤，慢性病例见于神经丛及神经根被的压迫，如肿瘤及颈肋的压迫。

单糖（monosaccharide）　不能被水解的多羟基醛或多羟基酮。含醛基的单糖，称为醛糖（aldose）；含酮基的单糖，称为酮糖（ketose）。根据单糖分子中碳原子数的多少，将单糖分为丙糖（三碳糖）、丁糖（四碳糖）、戊糖（五碳糖）、己糖（六碳糖）、庚糖（七碳糖）。葡萄糖是最重要的己糖，是动物体的主要能源。单糖都含有不对称碳原子，故有旋光性，能发生多种化学反应：还原成糖醇、被氧化成糖酸、异构化、氨基化、成酯、成苷、成脎、脱氧等。

单糖衍生物（monosaccharide ramification）　单糖与其他化合物发生化学反应，产生的糖醛酸、糖醇、单糖磷酸酯、氨基糖、糖苷、脱氧糖等物质。单糖衍生物在生物体内具有极其重要的作用。如 D-葡萄糖醛酸是肝脏内的一种解毒剂；β-D-葡萄糖胺参与构成动物组织和细胞膜，具有免疫调节作用；某些单糖衍生物参与构成复合糖的糖链；单糖磷酸酯是生物体内重要的代谢中间物等。

单特异性决定簇（monospecific determinant）　在抗原分子上只含一种特异性决定簇的现象。如鞭毛素、多糖等非胸腺依赖性抗原由于单一决定簇连续排列，因而能直接激活 B 细胞而不需要 T 细胞协助。

单体 Ig（monomer Ig）　由 2 条重链、2 条轻链组成的单一结构的 Ig。如 IgG、IgE 和血清型的 IgA 等。

单体酶（monomeric enzyme）　只有一条多肽链组成的酶。分子量一般 13 000～35 000Da。这类酶为数不多，一般多属于水解酶，如胃蛋白酶、胰蛋白酶等。

单突触反射（monosynaptic reflex）　传入冲动在中枢只经过一次突触传递即转变成传出冲动至效应器而实现的简单反射活动。在动物体内只有极少数的牵张反射（如膝跳反射、跟腱反射）属单突触反射，大多数反射都是由多个神经元参与的多突触反射。

单线法（single line method）　近交系动物基本繁殖方法之一。从近交系原种中选出几个兄妹对进行交配，每代中只选出生产能力最好的一对作为下一代生产的双亲向下交配传递。本法产生后代个体均一，但选择范围太小，由于只有单线子代，有断线的可能。

单向单扩散（simple diffusion in one dimension） 又称 Oudin 法。琼脂免疫扩散技术的一种。抗原在含抗体的琼脂凝胶管中向一个方向扩散，反应平衡后在抗原抗体比例最适处出现沉淀带，扩散的距离与抗原含量成正比。抗体固定时，可用于大分子抗原的半定量。

单向双扩散（double diffusion in one dimension） 又称 Oakley 法，琼脂免疫扩散技术的一种。反应在试管内进行，下层为含抗体的琼脂，中层为空白琼脂，在其上滴加抗原。二者在琼脂中相向扩散，在平衡点上出现沉淀线。

单因子血清（single factor serum） 针对某单一抗原成分的抗血清。如沙门菌的各种 O 抗原和 H 抗原的因子血清，各种血型的因子血清等。

胆钙化（甾）醇（cholecalciferol） 又称维生素 D_3。维生素 D 的一种。可随食物进入体内或由皮肤内的 7-脱氢胆固醇经阳光（紫外线）照射后转化而成。与 25-羟维生素 D_3 和 1，25-二羟维生素 D_3 等统称维生素 D。具有维持血浆及细胞外液中钙磷含量相对稳定以及保证骨正常钙化的功能。就细胞水平而言，可维持胞内钙磷的贮存量以保证细胞的正常兴奋性和其他生理功能。与 25-羟维生素 D_3 和 1，25-二羟维生素 D_3 相比，生物活性要低得多。

胆固醇（cholesterol） 一种环戊烷多氢菲的衍生物，是动物体内主要的固醇物质，参与构成细胞膜及血浆脂蛋白，是类固醇激素、维生素 D 及胆汁酸的前体。脑、肝、骨、胰和心脏中含量较多。

胆固醇代谢（cholesterol metabolism） 动物体内胆固醇合成与转化的过程。它的合成以乙酰 CoA 为原料，主要在肝脏中进行。以 β-羟-β-甲基戊二酸单酰 CoA（HMGCoA）、若干焦磷酸酯和鲨烯等作为重要的中间产物，需要消耗还原的辅酶Ⅱ（NADPH）和 ATP，并受体内胆固醇含量的反馈控制。在肝、肾胆固醇经部分降解可转化成胆酸、脱氧胆酸、7-脱氢胆固醇（维生素 D_3 原）以及孕酮、睾酮、雌二醇和肾上腺皮质激素等生物活性物质，部分可在肠道中转变成粪固醇排出体外。

胆固醇裂隙（cholesterol cleft） 组织内胆固醇结晶占据的空间。在 HE 染色切片上，通常在一片浅红染的无结构的物质中，散在许多菱形、斜方形的针状裂隙。此乃胆固醇结晶在制片过程中被溶去而留下的空隙。组织中出现胆固醇裂隙说明曾发生过出血。胆固醇裂隙也常见于禽的黄色瘤中。

胆管（bile duct） 排泄胆汁的管道。起始于肝小叶内的胆小管，出肝小叶注入小叶间胆管，陆续汇合，最后成为几支肝管，出肝门后联合为肝总管，再与胆囊汇合而成胆总管。马、骆驼无胆囊，肝总管末段较粗，常亦称胆管或胆总管。胆总管与主胰管汇合（羊、骆驼）或一同（马、犬、猫）开口于十二指肠大乳头；无主胰管的则直接开口于十二指肠。禽肝左、右叶各有一支胆管，与胰管一同开口于十二指肠终部；鸽的两支分别开口于十二指肠降支和升支。

胆管炎（cholangitis） 胆管细菌感染或胆管寄生虫刺激等引起的炎性疾病。发生于各种家畜。临床上除黄疸、腹痛等主要症状外，当肝实质细胞受到侵害时，触诊肝区疼痛，精神紧张，心律不齐。有的发生恶寒战栗，体温升高呈弛张热型。可针对病性应用利胆剂、抗生素和磺胺类药物进行对症治疗。

胆碱缺乏症（choline deficiency） 胆碱缺乏引起的营养代谢病。多见于犊牛、猪和幼禽。犊牛厌食，衰弱，站立困难，呼吸费力并加快。猪飞节肿大，共济失调，肝脂肪变性。乳猪先天性“八”字腿。雏鸡生长发育缓慢，骨短粗，飞节肿大，跗骨转位，最后脱离胫骨。预防宜补饲青绿饲料、饼粕、鱼粉、酵母粉和黄豆粉等。

胆碱受体（cholinoceptor） 能与乙酰胆碱（ACh）产生特异性结合并发挥相应生理效应的受体。根据其药理特性，可分为两大类：①毒蕈碱（muscarine）受体（M 受体）：大多数副交感节后纤维（少数肽能纤维除外）和少数交感节后纤维（引起汗腺分泌和骨骼肌血管舒张的舒血管纤维）所支配的效应器上的胆碱能受体。ACh 与 M 受体结合后，可产生一系列植物性神经节后胆碱能纤维兴奋的效应，如心脏活动的抑制、支气管与胃肠道平滑肌的收缩、膀胱逼尿肌和瞳孔括约肌收缩、消化腺与汗腺分泌以及骨骼肌血管舒张等，这些作用称为毒蕈碱样作用（M 样作用），M 样作用可被阿托品阻断。②烟碱（nicotin）受体（N 受体）：存在于中枢神经系统内和所有植物性神经节神经元的突触后膜上的受体称为神经元型 N 受体，过去称为 N_1 受体，而存在于神经-肌肉接头的终板膜上的称为肌肉型 N 受体，过去称为 N_2 受体。实际上这两种受体都是 N 型 ACh 门控通道。ACh 与神经型 N 受体结合可引起节后神经元兴奋；而 ACh 与肌肉型 N 受体结合可使骨骼肌兴奋。ACh 与这两种受体结合所产生的效应称为烟碱样作用（N 样作用）。六烃季铵主要阻断神经元型 N 受体的功能，十烃季铵主要阻断肌肉型 N 受体的功能，而筒箭毒碱能同时阻断这两种受体的功能，从而颉颃 ACh 的 N 样作用。

胆碱酯酶（cholinesterase，ChE）　将胆碱脂水解为胆碱和有机酸的酶。在肝脏中生成然后分泌到血液中。动物体内 ChE 有两类：一类是乙酰胆碱酯酶（acetylcholinesterase，AchE），又称真性胆碱酯酶，能迅速水解乙酰胆碱为胆碱和乙酸，分布于红细胞、神经灰质、交感神经节和运动终板中，参与神经冲动的正常传递；另一类是丁酰胆碱酯酶（butyrylcholinesterase，BuChE），主要催化丁酰胆碱酯水解，分布于肝脏、腺体及血清中。

胆碱酯酶复活药（cholinesterase reactivator）　一类能使暂时灭活的胆碱酯酶重新恢复活性的药物。与有机磷酸酯类亲和力大，可把有机磷酸酯类从磷酰化胆碱酯酶的结合点上夺取过来，从而使胆碱酯酶复活，恢复其水解乙酰胆碱的能力。此外，还可直接与游离的有机磷酸酯类结合，成为无毒的化合物从肾脏排出体外。常用的药物有碘解磷定、氯磷定、双复磷等。

胆结石（cholelithiasis）　家畜胆囊内盐类晶体形成结石进而阻塞胆管的疾病。病因除色素代谢障碍外，也与胆道卡他、饲养不当和运动不足等有关。临床表现为慢性消化不良，食欲减退，顽固性下痢，粪便呈灰白色，有恶臭气味，结膜黄染，伴有剧烈腹痛，体温升高，脉搏增数，节律不齐，触诊肝区疼痛。治疗可用镇静剂和利胆剂进行对症治疗。

胆囊（gall bladder）　贮存和浓缩胆汁的囊。梨形，位于肝后面深浅不一的胆囊窝内。牛、羊的底部下垂于肝边缘之外。颈部延续为胆囊管，与肝总管汇合。有的动物从肝尚分出几支细小的肝管直接开口于胆囊壁（牛）或胆囊管（绵羊、犬）。反刍兽胆囊黏膜含有丰富的黏液腺和浆液腺，猪和肉食兽较少甚至缺乏。禽胆囊位于肝右叶，胆囊管与右叶肝管汇合。有些动物无胆囊，如马、骆驼、鹿、鼠、鸽和鹦鹉等。

胆囊胆汁（gall bladder bile）　肝胆汁经肝管进入胆囊，在胆囊中经贮存后再排出的胆汁。与肝胆汁比较，因水分和碳酸氢盐被胆囊壁重吸收而变浓（含水 80%～86%），呈弱酸性（pH 约 6.8），同时有胆囊壁分泌黏液混入而显黏性。胆汁在胆囊中被浓缩的程度因动物种类及消化活动而异。马、鹿、骆驼、象、大鼠、鸽等没有胆囊，胆管可部分代偿胆囊的作用。

胆囊炎（cholecystitis）　反刍兽胆囊发生的炎性疾病。因细菌感染和胆汁淤滞，以及肝片吸虫或蛔虫等刺激而致病。临床上呈现精神不安，心律不齐，黄疸，腹痛。胆囊穿孔性腹膜炎病例，畏寒战栗，间歇性高热，白细胞总数增多，核左移。治疗除针对症状应用利胆剂、镇痛剂等进行对症治疗外，尚可用抗生素和磺胺类药物，以防继发感染。

胆囊造影（cholecystography）　将经肝排泄并在胆囊中浓缩的造影剂，通过口服或静脉注射的方法引入体内使胆囊和胆管显影的 X 线技术。犬和猫胆囊造影前 12h 禁食，必要时可给以缓泻药或灌肠。如造影剂要经口服入，则需在拍片前 12～18h 投药。如造影剂从静脉注入，则在注射后 15min、30min、60min、120min 时拍摄胆囊 X 线片。若在此期间内未能拍出胆囊的造影片，需在 12h 和 24h 再拍。

胆色素（bile pigment）　血红素代谢的分解产物，包括胆红素及其氧化产物胆绿素。为机体排泄物，随胆汁排入十二指肠，其种类和含量决定胆汁呈不同颜色。进入肠道的胆色素，大部分随粪便排出，成为粪便中的主要色素，小部分可被肠道吸收经门脉入肝，或以原形随胆汁排出（即胆色素的肠肝循环），或进入体循环随尿排出，使尿呈黄色。

胆小管（bile canaliculi）　又称毛细胆管（bile capillary）。胆管系统的起始段。由相邻两个肝细胞膜上的凹槽对合而成，管径仅 0.5～1.0μm。肝细胞的细胞膜即为胆小管的管壁，壁上有微绒毛，肝细胞分泌的胆汁直接排放至管腔中。

胆盐（bile salt）　又称胆汁酸盐。胆汁中胆汁酸盐的总称，是胆汁的主要成分。主要功能为：降低脂肪的表面张力，使脂肪分散成小颗粒，增大脂肪酶与脂肪接触和作用的表面积，促进脂肪的消化；增强脂肪酶的活性，起激动剂作用；与脂肪的分解产物如脂肪酸、甘油及甘油一酯等结合成水溶性复合物，有利于脂肪的吸收；促进脂溶性维生素的吸收；刺激肠道运动等。

胆汁（bile）　肝脏分泌的一种味苦、呈赤褐色（肉食动物）、橙黄色（猪）或暗绿色（草食动物）的液体。刚从肝细胞分泌出来的胆汁称为肝胆汁。在胆囊中经贮存的胆汁称为胆囊胆汁。胆汁中含多种有机物和无机物。前者主要为胆汁酸和胆色素，胆汁的苦味来自其中的胆汁酸，胆汁的颜色取决于胆色素的种类和浓度；后者除含 Na^+、Cl^-、HCO^- 最多外，尚有 K^+、Ca^{2+}、Mg^{2+} 和 SO_4^{2-}，以及微量 Fe^{3+}、Cu^{2+}、Zn^{2+} 等。胆汁经胆管排入小肠，主要作用是：促进脂肪的消化和吸收；促进脂溶性维生素的吸收；刺激肠管运动；中和胃酸维持肠内适宜的 pH 环境。

胆汁溶解试验（bile solubility test）　检测细菌对去氧胆酸盐敏感性的生化试验。原理是去氧胆酸盐激活了细菌的自溶酶，破坏了细胞壁的黏肽，从而使细菌溶解。该试验是鉴别肺炎球菌与培养特性相类似的其他链球菌的常用方法。操作方法为在待检菌的液体培养物或其盐水悬液中滴加10%去氧胆酸钠溶液数滴，在37℃培养15min，如果悬液变为澄清而对照不变，即为阳性反应。

胆汁酸（bile acid） 胆汁中的主要有机物之一。在高等脊椎动物胆汁酸都是由胆固醇转变而来的胆烷酸的羟基衍生物。呈游离和结合两种形式存在，以结合型为主。游离型胆汁酸主要有4种：胆酸、鹅胆酸、脱氧胆酸和石胆酸。它们都能与甘氨酸或牛磺酸结合成为结合型胆汁酸而存在，以利于在肠内起消化作用，防止被酸或Ca^{2+}沉淀，也可避免较快被肠道吸收。胆汁酸与Na^{+}和K^{+}形成的胆盐是胆汁消化功能的主要作用物。

担子菌（Basidiomycetes） 一大类分化程度较高的真菌。分类上归纳为担子菌亚门（Basidiomycotina）。它们的有性孢子称担孢子（basidiospore），在担子（basidium）上形成。担孢子的形状和大小各式各样，颜色各异。不同担子菌可引起许多植物和昆虫的真菌病，亦可引起人畜中毒。蘑菇属担子菌。

蛋白（albumen） 又称蛋清。蛋壳与蛋黄之间的白色透明的黏稠半胶质物质。蛋白是典型的胶体结构，约占蛋内容物的60%。分为浓蛋白和稀蛋白2种，共有4层结构，由外向内依次为外稀蛋白、外浓蛋白、内稀蛋白和内浓蛋白，越接近蛋黄的蛋白越浓，越接近蛋壳的蛋白越稀薄。

蛋白沉淀反应（protein precipitation reaction） 又称硫酸铜肉汤反应，病死畜肉的检测方法之一。健康畜肉、肉汤中的蛋白质以两性离子形式存在，在一定的溶液中正负电荷相等，此溶液的pH就是该蛋白的等电点。病死畜肉，由于生前已有不同程度分解，其分解产物蛋白胨、多肽等使其肉汤中的pH高于健康畜肉，即pH高于等电点，而滤液中的蛋白胨、多肽又多以阴离子形式存在，因此，在电解质硫酸铜的参与下，可使溶液中的阴离子与电离后的金属离子（Cu^{2+}）螯合，形成难于溶解的蛋白盐而沉淀。据此可判断检样是否为病死畜肉。

蛋白感染因子（prion-protein，PrPsc） 又称朊病毒。一类不含核酸而仅由蛋白质构成的可自我复制并具感染性的因子。Prion是一种结构变异的蛋白质，对高温和蛋白酶均具有较强的抵抗力。它能转变细胞内此类正常的蛋白PrPc（cellular prion protein），使PrPc发生结构变异，变为具有致病作用的PrPsc（scrapie-associated prion protein）。PrPsc与PrPc的一级结构相似，分子质量33～37kDa。纯化的Prion经傅里叶变换红外光谱分析，发现PrPc的高级结构中具有43%的α螺旋，极少β折叠（3%），而PrPsc具有34%α螺旋，43%的β折叠。动物被感染后，发生错误折叠的PrPsc蛋白堆积在脑组织中，形成不溶的淀粉样蛋白沉淀，无法被蛋白酶分解，引起神经细胞凋亡（apoptosis）。该因子可引起人和动物的多种疾病，如人的克雅氏病，动物的疯牛病等。

蛋白工程（protein engineering） 又称第二代基因工程。它是应用重组DNA技术或基因突变的方法，在微生物细胞体系中生产具有商业价值的，经过修饰改造的各类新型蛋白质的一个崭新的生物技术领域。主要包括蛋白酶工程和抗体工程两方面。内容包括基因操作、蛋白质结构组成分析、结构与功能关系的研究以及新蛋白质的分子设计。蛋白工程已显示巨大的应用潜力，如基因工程生产的β-干扰素和白细胞介素-2，都会因形成错配的二硫键而使产品降低药效，应用蛋白工程技术把引起错配的那个半胱氨酸残基改为丝氨酸残基后，就消除了这一弊病。

蛋白激酶A途径（protein kinase A pathway，PKA） 又称cAMP-PKA途径。G蛋白偶联系统的一种信号传导途径。环化腺苷酸（cAMP）是该途径的第二信使。大多数激素和神经递质，如β-肾上腺素能受体激动剂、阿片肽、胰高血糖素等通过此途径发挥作用。激素等与受体结合后经G蛋白介导，激活腺苷酸环化酶，使胞内的大量ATP转变为cAMP，并释放焦磷酸（PPi）。cAMP又进一步活化细胞中的蛋白激酶A，通过共价化学修饰，催化胞内许多蛋白质的磷酸化，产生许多调节效应，如促进糖原分解、改变膜蛋白的构象、调节膜对物质的通透性、刺激细胞分泌以及促进基因的转录等。

蛋白净利用率（net protein utilization，NPU） 机体的氮储留量与氮食入量之比。反映食物中蛋白质被利用的程度，即机体利用的蛋白质占食物中蛋白质的百分比。

蛋白聚糖（proteoglycan，PG） 一类特殊的糖蛋白，由一条或多条糖胺聚糖链，在特定的部位，与多肽链骨架共价连接而成的生物大分子。在蛋白聚糖分子中，蛋白质多肽链居于中间，构成主链，称为核心蛋白；糖胺聚糖（如硫酸软骨素、硫酸皮肤素）链排列在多肽链的两侧。种类非常多，生理功能主要是构成细胞间基质，分布于组织中，能结合Na^{+}、K^{+}，吸收和保留水分；阻止细菌通过，发挥保护作用；促进创伤愈合；与细胞相互识别和生长有关。

蛋白酶体（proteasome） 存在于胞质中的一类结构和功能保守的蛋白酶解复合物。呈圆柱形的粒子，有一个1～2nm中央隧道。具有3～4种不同的肽酶活性，在ATP依赖过程中至少可切割3～4种类型的肽键。泛素-蛋白质复合体的降解是在蛋白酶体的中央隧道中进行的，因而可以避免细胞质内其他蛋白质受到水解。最终蛋白酶体将一个蛋白分子降解，可同时产生大约9个氨基酸的抗原肽（antigen peptide）。

蛋白系数测定（test of protein coefficient） 测定脑脊髓液中球蛋白和白蛋白的比值（蛋白系数）以诊断中枢神经系统疾病的一种脑脊髓液化学检查法。取刻度离心管2支、每管加脑脊髓液0.6mL，第1管加入Esbach蛋白定量试剂（苦味酸1g、枸橼酸2g，加蒸馏水至100mL）0.6mL，第2管加入饱和硫酸铵0.6mL，充分振荡、离心30min。沉淀高度即为蛋白含量（第1管为总蛋白含量、第2管为球蛋白含量，两者之差即为白蛋白含量）。蛋白系数=球蛋白量/白蛋白量。蛋白系数增大或减小则表明中枢神经系统存在疾病。

蛋白质（protein） 以氨基酸为基本单位构成的生物大分子。其分子量由数千到数百万并有复杂的结构层次。它是细胞的重要组成成分，在催化反应、物质转运、机械支持、免疫防御、信息传递、生长发育和遗传繁殖等生命活动中起关键作用。仅人和哺乳动物体内的蛋白质就有10万种之多。生命离不开蛋白质，生命现象的千差万别通过蛋白质功能的多样性体现。

蛋白质变构（protein allosteric effect） 又称蛋白质变构效应或别构效应。某些寡聚蛋白通过蛋白质构象的变化来改变蛋白质活性的现象。这种改变可以是活性的增加或减少。蛋白质变构由变构效应剂与蛋白质发生作用而产生。变构效应剂可以是蛋白质本身的作用物，也可以是作用物以外的物质。变构效应是生物体代谢调节的重要方式之一。

蛋白质变性（protein denaturation） 物理的和化学的因素使天然蛋白质失去原有的理化性质和生物学活性的作用。加热、机械作用、射线、酸碱、有机溶剂、重金属盐和生物碱试剂都可引起蛋白质变性。变性使蛋白质分子内部的非共价相互作用力受到破坏，多肽链从有规则的结构转变为无序状态。蛋白质的变性作用只是三维构象的改变，不涉及一级结构的改变。包括可逆变性和不可逆变性。变性蛋白质表现生物活性丧失，物理性质发生改变，如溶解度明显降低，易结絮、凝固沉淀，失去结晶能力，电泳迁移率改变，黏度增加，紫外光谱和荧光光谱发生改变等。化学性质发生改变，如容易被蛋白酶水解。为防止蛋白质变性，蛋白类激素、抗血清、酶等通常需低温避光保存。

蛋白质代谢（protein metabolism） 生物体内蛋白质的分解和合成过程。在细胞代谢中占有重要地位。蛋白质的合成即遗传信息在细胞中的表达，包括合成的模板（mRNA）、氨基酸运载体（tRNA）、合成的场所（核蛋白体）以及多种酶和辅助因子参加的复杂过程和蛋白质多肽链合成后的加工。蛋白质的分解一般指蛋白质在蛋白酶和肽酶作用下的水解，也可涉及水解产物氨基酸在体内的进一步分解和转变。

蛋白质等电点（protein isoelectric point，pI） 在溶液中蛋白质分子所带正电荷数与负电荷数恰好相等，静电荷为零时溶液的pH。蛋白质的pI大小是特定的，与该蛋白质结构有关，与环境pH无关。

蛋白质分离（protein isolation） 利用不同蛋白质之间理化性质和功能的差别分离其混合物的技术。一般方法包括：①按分子大小不同分离，如超滤、透析、凝胶过滤和密度梯度离心。②按溶解度差异分离，如等电点沉淀、利用中性盐盐析和有机溶剂分级分离。③按电离性质不同分离，如电泳和离子交换层析。④按生化性质不同分离，如利用酶与底物，抗原与抗体之间可逆特异结合特性为基础的亲和层析等。将各种方法适当结合应用，可使蛋白质分离获得良好效果。

蛋白质分选（protein sorting） 又称蛋白质定向转运（protein targeting）。蛋白质在细胞质基质中的核糖体上合成，转运到细胞的特定部位，装配成结构与功能的复合体，进而参与细胞的生命活动的过程。蛋白质分选有两条主要途径：一条是在细胞质基质中完成多肽链的合成，然后转运到线粒体、叶绿体、过氧化物酶体、细胞核及细胞质基质的特定部位（后转移）；另一条是蛋白质合成起始后转移至粗面内质网，新生肽链边合成边转运至内质网腔中（共转移），随后经过高尔基复合体运至溶酶体、细胞膜或分泌到细胞外。

蛋白质复性（protein renaturation） 某些蛋白质，尤其是较小的蛋白质，变性后在适当条件可以恢复折叠状态，并恢复全部生物活性的现象。

蛋白质互补作用（protein supplementary action） 提高蛋白质利用率的一种方法。将两种或两种以上食物或饲料蛋白质混合使用，使其中所含有的必需氨基酸取长补短，相互补充，从而提高食物蛋白质的生物学利用率。如谷类蛋白质含赖氨酸较少含色氨酸较多，而豆类蛋白质则相反，单独用它们饲喂动物时蛋白质生物学价值都不高，适当混合使用则可提高其生物学价值。

蛋白质晶体学（protein crystallography） 利用X线晶体衍射技术进行生物大分子结构研究的通称，是结构生物学的一个重要组成部分。蛋白质晶体学的研究对象是一些具有重要（包括尚属未知）生物学功能的，可以被提纯、结晶的大分子或大分子复合物。通常，生物体内发挥主要功能的物质，无论从质的方面还是量的方面来说基本上都是蛋白质，因此蛋白质晶体学也可以说是主要研究蛋白质结构与功能的一门学科。

蛋白质净比值（net protein ratio，NPR） 蛋白质净比值=（平均增加体重+平均降低体重）/摄入的食物蛋白质

蛋白质净利用率（net protein utilization，UPU） 用以表示蛋白质实际被利用的程度。NPU=消化率×生物价=储留氮/食入氮 ×100%。

蛋白质抗原（protein antigen） 蛋白质性质的抗原，大多数天然抗原属于此类。如细菌外毒素、病毒的衣壳、血清蛋白、酶、各种植物蛋白等。

蛋白质空间结构（protein steric structure） 蛋白质多肽链的折叠方式和复杂程度。在一级结构基础上，蛋白质空间结构常分为：①二级结构（secondary structure）：多肽链主链骨架的局部空间结构，如 α-螺旋和 β-折叠结构等。②超二级结构（super secondary structure）：若干相邻的二级结构单元按一定规律组合在一起形成的有规则的二级结构集合体。超二级结构又称基序（motif），可能有特殊的功能或仅充当更高结构层次的元件，常见的有 α-螺旋与 β-折叠的组合形式。③结构域（structural domain）：多肽链上致密的、相对独立的球状区域。④三级结构（tertiary structure）：多肽链上所有原子和基团的空间排布。它对蛋白质生理功能至为重要。⑤四级结构（quaternary structure）：具有三级结构的多肽链（此处称亚基）互相聚合成功能蛋白质的方式。如血红蛋白（Hb）是由两种 α、β 亚基组成的四聚体。

蛋白质生物合成（protein biosynthesis） 在细胞质中以 mRNA 为模板，在核糖体、tRNA 和多种蛋白因子等共同作用下，将 mRNA 中由核苷酸排列顺序决定的遗传信息转变成为由 20 种氨基酸组成的蛋白质的过程。蛋白质的合成过程包括氨基酸活化、合成起始、肽链延长、合成终止和核蛋白体循环等阶段。多肽链在合成中和合成后常经历肽段的部分切除以及羟基化、磷酸化、糖基化、形成二硫键等化学修饰，最终成为具有特定构象和功能的生物大分子。

蛋白质生物学价值（protein biological value） 食物蛋白质在动物体内的利用率。用氮的保留量对氮的吸收量的百分比表示。前者指动物用于生长和组织修补的氮量，后者指动物摄进的氮量减去排出的氮量。食物蛋白质的生物学价值与其氨基酸组成有关。蛋白质所含氨基酸，特别是必需氨基酸在种类和数量上与动物越接近，则越能为动物所利用，氮的保留量也越大，其生物学价值就越高。

蛋白质芯片（protein chip） 一种高通量蛋白质功能分析技术的材料。可用于蛋白质表达谱分析，研究蛋白质与蛋白质的相互作用，甚至 DNA-蛋白质、RNA-蛋白质的相互作用，筛选药物作用的蛋白靶点等。基本原理是将各种蛋白质有序地固定于滴定板、滤膜和载玻片等各种载体上，成为检测用的芯片，然后用标记了特定荧光抗体的蛋白质或其他成分与芯片作用，经漂洗将未能与芯片上的蛋白质互补结合的成分洗去，再利用荧光扫描仪或激光共聚焦扫描技术测定芯片上各点的荧光强度，通过荧光强度分析蛋白质与蛋白质之间相互作用的关系，由此达到测定各种蛋白质功能的目的。目前主要分为两种：第一种，较为常用，类似于较早出现的基因芯片，即在固相支持物表面高度密集排列的探针蛋白点阵。当待测靶蛋白与其反应时，可特异性地捕获样品中的靶蛋白，然后通过检测系统对靶蛋白进行定性及定量分析。最常用的探针蛋白是抗体，因为抗原-抗体的反应具有很高的特异性。实验时，通常在样品中的蛋白质上预先标记荧光物质或同位素，结合到芯片上的蛋白质就会发出特定的信号，然后用 CCD 照相技术及激光扫描系统等对信号进行检测。另外还可以利用表面增强激光解析离子化-飞行时间质谱技术（SELDI-TOF-MS）将靶蛋白离子化，然后直接分析靶蛋白质的分子量以及相对含量。第二种是微型化凝胶电泳板。即样品中的待测蛋白在电场作用下通过芯片上的微孔道进行分离，然后经喷射进入质谱仪中来检测待测蛋白质的分子量及种类。就应用前景来说，第一种芯片具有更大的潜力。

蛋白质一级结构（protein primary structure） 又称蛋白质的初级结构。指蛋白质多肽链上氨基酸的组成和排列顺序，是构成空间结构的基础。它又由特定多肽链编码的基因决定。蛋白质多肽链中氨基酸的组成和排列顺序直接影响氨基酸侧链基团之间的相互作用和多肽链的空间折叠方式。

蛋白质组分测定（determination of protein fractions） 测定血清中白蛋白和球蛋白含量以诊断与蛋白质代谢有关疾病及肝脏疾病的一种实验室检查法。测定方法有双缩脲法、凯氏定氮法、酸试剂法、蒂（Tiselius）氏法、电泳法等。电泳法又可分为纸上电泳、醋酸纤维薄膜电泳、聚丙烯酰胺凝胶电泳等。血清白蛋白含量增多见于脱水和休克，减少见于肝脏疾病、营养不良、消耗性疾病、肾脏疾病等；球蛋白增多见于细菌和寄生虫感染、自身免疫疾病，减少见于犊牛无 γ 球蛋白血症和缺乏初乳。

蛋白质组学（proteomics） 在大规模水平上研究蛋白质特征的新兴科学与技术，包括蛋白质的表达水

平、翻译后的修饰、蛋白与蛋白相互作用等，由此获得蛋白质水平上关于疾病发生、细胞代谢等过程的整体而全面的认识。研究的关键技术包括质谱分析、X-射线晶体衍射、核磁共振和凝胶电泳。蛋白质组学的研究不仅能为生命活动规律提供物质基础，也能为多种疾病机理的阐明及攻克提供理论根据和解决途径。通过对正常个体及病理个体间的蛋白质组分比较分析，找到某些"疾病特异性的蛋白质分子"，可成为新药物设计的分子靶点，以及为疾病的早期诊断提供分子标志。蛋白质组学是生命科学进入后基因时代的主要研究内容之一。

蛋比重测定（measuring specific gravity of eggs）检验蛋新鲜度的一种物理方法。(1) 原理：鲜鸡蛋的平均比重为 1.0845。蛋在贮存过程中，由于蛋内水分不断蒸发和 CO_2 的逸出，使蛋的气室逐渐增大，因而比重降低。所以，通过测定蛋的比重，可推知蛋的新鲜程度。利用不同比重的盐水，观察蛋在其中沉浮情况，便知蛋的比重。本法不适于检查用做贮藏的蛋、种蛋等。(2) 方法：先把蛋放在比重 1.073（约含食盐 10%）的食盐水中，观察其沉浮情况。若沉入食盐水中，再移入比重 1.080（约含食盐 11%）的食盐水中，观察其沉浮情况；若在比重 1.073 的食盐水中漂浮，则移入比重 1.060（约含食盐 8%）的食盐水中，观察沉浮情况。(3) 判定标准：①在比重 1.073 的食盐水中下沉的蛋，为新鲜蛋。②在比重 1.080 的食盐水中仍下沉的蛋，为最新鲜蛋。③在比重 1.073 和 1.080 的食盐水中都悬浮不沉，而只在比重 1.060 食盐水中下沉的蛋，表明该蛋介于新陈之间，为次鲜蛋。④如在上述 3 种食盐水中都悬浮不沉，则为过陈蛋或腐败蛋。

蛋齿（egg tooth）初孵出的雏鸡上喙嘴峰前部的锥形小突起。由角化的表皮构成。孵出时用来划破蛋壳，孵出后不久消失。

蛋黄（yolk）禽蛋最有营养价值的组成部分。由蛋黄膜、蛋黄液和胚珠（或称胚盘）构成。新鲜蛋的蛋黄呈球形，两端由系带牵连，所以总是被固定在蛋的中央。蛋黄膜紧裹着蛋黄液，为一层透明而韧性很强的薄膜，所以新鲜蛋的蛋黄紧缩成球形。蛋黄液是一种鲜黄色的半透明胶状液，约占蛋总重量的 32%。蛋黄液有黄色和浅黄色 2 种，彼此相间，由里向外分层排列成非完全封闭式的球状。在蛋黄表面的蛋黄芯喇叭口部有一乳白色的小点，直径 2～3mm，为次级卵母细胞，未受精或完全新鲜蛋的次级卵母细胞呈圆形，称胚珠，直径约 2.5mm；受精卵经多次分裂后形成胚盘，直径 3～3.5mm。当环境温度达 25℃以上时，胚胎逐渐发育而增大，蛋白品质随之而降低。

蛋黄指数（yolk index）又称蛋黄系数。蛋黄高度除以蛋黄横径所得的值。蛋越新鲜，蛋黄膜包得越紧，蛋黄指数就越高；反之，蛋黄指数就越低。因此，蛋黄指数可表明蛋的新鲜程度。测量蛋黄指数时，把鸡蛋打在一洁净、干燥的平底白瓷盘内，用蛋黄指数测定仪量取蛋黄最高点的高度和最宽处的宽度。蛋黄指数＝蛋黄高度（cm）/蛋黄宽度（cm）。

蛋鸡脂肪肝出血综合征（fatty liver and hemorrhagic syndrome in laying hens，FLHS）产蛋鸡的一种以过度肥胖和产蛋下降为特征的营养代谢疾病。该病多出现在产蛋高的鸡群或鸡群的产蛋高峰期，多见于重型及肥胖的鸡，病鸡体况良好，其肝脏、腹腔及皮下有大量的脂肪蓄积，常伴有肝脏小血管出血。该病发病急，病死率高。病鸡鸡冠肉髯色淡，或发绀，继而变黄，萎缩，精神委顿，多伏卧，很少运动。有些病鸡食欲下降，鸡冠变白，体温正常，粪便呈黄绿色，水样。病死鸡的皮下、腹腔及肠系膜均有大量的脂肪沉积。肝脏肿大，边缘钝圆，呈黄色油腻状，表面有出血点和白色坏死灶，质脆易碎如泥样。有的鸡由于肝脏破裂而发生内出血，肝脏周围有大小不等的血凝块，有的鸡心肌变形呈黄白色。有些鸡的肾略变黄，脾、心、肠道有不同程度的出血点。血液中血清胆固醇含量明显增高。根据病因、发病特点、临床症状、临床病理学结果和病理学特征即可做出诊断。限制饲料采食量或降低日粮的能量水平是预防本病的有效方法。

蛋气室测定（measuring air space of eggs）衡量蛋气室大小的一种方法。蛋在贮存过程中，由于蛋内水分不断蒸发，致使气室空间日益增大。因此，测定气室的高度，有助于判定蛋的新鲜程度。气室可用特制的气室测量规尺测量。测量时，先将气室测量规尺固定在照蛋孔上缘，将蛋的大头端向上正直地嵌入半圆形的切口内，在照蛋的同时即可测出气室的高度。读取气室左右两端落在规尺刻线上的数值（即气室左、右边的高度）后，按下式计算可得：

$$\text{气室高度}=\frac{\text{气室左边的高度}+\text{气室右边的高度}}{2}。$$

氮尿症（azoturia）见麻痹性肌红蛋白尿。

氮平衡（nitrogen balance）一定时间内动物由饲料摄入的氮量与排泄物（粪和尿）中含氮量之间的平衡。用以衡量食物蛋白质在体内的利用情况。有以下 3 种情况：①氮的总平衡，即摄入的氮量与排出的氮量相等。说明动物获得蛋白质的量与丢失的量相等，体内蛋白质的含量基本不变。正常成年畜禽（不包括孕畜）应处于此种状态。②氮的正平衡，即摄入的氮量多于排出的氮量。这意味着动物体内蛋白质的含量增加，在体内沉积。正在生长的畜禽、妊娠母畜和恢复期病畜属于此种情况。③氮的负平衡，即排出的氮量多于摄入的氮量。这表示动物体内蛋白质的消耗多于补充，蛋白质需要量不足。见于饥饿、营养不良或消耗性疾病等情况。

挡鼠板（rat board） 利用鼠对一定垂直高度光滑物不易攀爬通过的特性，为防止野鼠进入实验设施而在入口处设置的板状物。板高至少应有60cm。

导尿（induced urination） 用人工的方法诱导动物排尿或用导尿管将尿导出。在阴门附近轻搔会阴部可诱导母牛排尿，进入或卧在新垫草的厩舍内可诱发马排尿，堵塞鼻孔几秒钟可诱发公羊排尿；马、牛直肠按摩膀胱，犬和猫在使用专用的导尿管后，用手指从直肠压迫膀胱或双手从腹壁压迫膀胱也可诱发排尿。

导向药物（directional drug） 能与靶细胞特异性结合的载体连接具有杀伤作用的药物（弹头），制成能定向追踪靶细胞，并对其直接发挥杀伤作用的药物。载体主要用单克隆抗体，其他如抗原、激素、受体和神经递质等均可。弹头主要用毒蛋白、放射性同位素或化疗药物。

倒生胎向（posterior presentation） 又称倒生。胎向的一种，胎儿方向和母体方向相同，后腿或臀部先进入产道，分娩时，胎儿两后肢和臀部先产出，或臀部先产出（猪），是正常胎向。但在通过盆腔时，由于脐带容易受压、影响胎盘循环，胎儿会过早呼吸，吸入羊水发生窒息，必须及时助产，猪例外。

倒置显微镜（inverted microscope） 显微镜的一种。组成和普通显微镜一样，只不过将物镜与聚光器和光源的位置颠倒过来，物镜在载物台之下，聚光器和光源在载物台之上，配有相差物镜。这种显微镜的光源与标本之间的距离较大，可以放置培养皿、培养瓶等，特别适用于观察液体中的标本如细胞培养物等。

灯刷染色体（lampbrush chromosome） 见于两栖类卵母细胞的一种巨大染色体。其主轴周围伸出许多刷状环襻。

登革出血热（dengue hemorrhagic fever） 黄病毒科虫媒病毒B组的登革病毒引起，由伊蚊传播的登革热的一种严重临床类型。本病常见于东南亚儿童，特别是再感染患者。临床特征为在登革热临床表现的基础上，病情突然加重，有各种出血表现，肝肿大，休克，血小板减少和血液浓缩，病死率高。诊断和防治办法同登革热。

登革热（dengue fever） 由黄病毒科虫媒病毒B组的登革病毒引起的一种蚊媒急性传染病。本病广泛分布于热带和亚热带地区，有60余个国家处于本病疫区内。临床特征为急性发病，高热，头痛，全身肌肉、骨骼和关节痛，极度疲乏，皮疹，淋巴结肿大，白细胞及血小板减少。预后良好，病死率低。动物如猴、猪、羊、鸡、蝙蝠等多为隐性感染。伊蚊为主要传播媒介和储存宿主。确诊需作病毒分离和血清学检查。无特效疗法，可采用对症及支持疗法。预防重点为防蚊灭蚊。疫苗已研制成功，尚未普遍应用。

等孢球虫病（isosporiasis） 等孢球虫寄生于肠道内引起的球虫病。犬、猫球虫病一般是由犬等孢球虫、俄亥俄等孢球虫、猫等孢球虫、芮氏等孢球虫引起。严重感染时，幼犬和幼猫于感染后3～6d出现水泻或排出泥状粪便，有时排带黏液的血便。病例轻度发热，精神沉郁，食欲不振，消化不良，消瘦，贫血。感染3周以后，临床症状逐渐消失，大多数可自然恢复。剖检，整个小肠出现卡他性肠炎或出血性肠炎，但多见于回肠段尤以回肠下段最为严重，肠黏膜肥厚，黏膜上皮脱落。猪的等孢球虫病由猪等孢球虫感染引起，以水样或脂样腹泻为特征，排泄物从淡黄到白色，恶臭。病猪表现衰弱、脱水，发育迟缓，时有死亡。组织学检查，病灶局限在空肠和回肠，以绒毛萎缩与变钝、局灶性溃疡、纤维素坏死性肠炎为特征，并在上皮细胞内见有发育阶段的虫体。仔猪多发，成年猪多为隐性感染。根据临床症状（下痢）和在粪便中发现大量卵囊，便可确诊。治疗常用磺胺六甲氧嘧啶、氨丙啉。

等孢球虫属（*Isospora*） 原生动物门（Protozoa）、顶复亚门（Apicomplexa）、孢子虫纲（Sporozoa）、球虫亚纲（Coccidia）、真球虫目（Eucoccida）、艾美耳亚目（Eimeriina）、艾美耳科（Eimeriidae）的一属。主要形态特征是卵囊内有2个孢子囊，每个孢子囊有4个子孢子（即1个卵囊内共含有8个子孢子），主要是猫、犬、猪的球虫。寄生于小肠和大肠黏膜上皮细胞内，造成出血性肠炎。生活史属直接发育型，不需要中间宿主，发育经过3个阶段：①裂殖生殖阶段，在其寄生部位的上皮细胞内进行。②有性生殖阶段，以配子生殖法形成雌性配子和雄性配子，即大配子和小配子。大配子和小配子结合形成合子，这一阶段在宿主的上皮细胞内进行。③孢子生殖阶段，在外界环境中完成。

等长收缩（isometric contraction） 肌肉长度不变，张力增加的收缩过程。如动物站立时四肢伸肌和屈肌的收缩。

等热范围（thermal neutral zone） 又称代谢稳定区。动物的代谢强度和产热量保持在生理的最低水平而体温仍能维持恒定的环境温度范围。等热范围因动物种别、品种、年龄及管理条件而不同。生产实践中以在等热范围内饲养畜禽最为适宜，在经济上最为有利。环境温度过低，机体将提高代谢强度，增加产热量才能维持体温，因而饲料的消耗增加；反之，环境温度过高则会降低动物的生产性能。等热范围的低限温度称为临界温度。从年龄来看，幼畜的临界温度高于成年家畜，这不仅由于幼畜的皮毛较薄，体表面积与体重的比例较大，较易散热，还由于幼畜以哺乳为主，产热较少。

等张收缩（isotonic contraction）　肌肉长度缩短、张力不变的收缩过程。如动物奔跑时四肢伸肌和屈肌的收缩。

低钙血症（hypocalcemia）　血液中钙含量降低的一种病理现象。原因有两个方面：一是结合钙含量减少，主要发生在肝、肾疾病时，血浆蛋白不足以结合钙，但钙离子含量仍正常，神经肌肉兴奋性不变；二是钙离子含量减少，主要发生在甲状旁腺素分泌减少、维生素D缺乏、肾机能不全时，动物出现痉挛或抽搐症状。

低钾血症（hypokalemia）　血钾异常低于正常水平的一种病理过程。原因是摄入钾不足或丧失过多，或钾在体内分布异常。见于动物长期饥饿、吞咽困难、在脱水时不注意补钾而致代谢性碱中毒等情况下。

低镁血症（hypomagnesemia）　血镁低于正常水平的一种病理过程。常发生于家畜在冬季舍饲转为春季放牧时；或放牧于施以大量氮肥或钾肥的牧场上，因钾和氮的含量增高可抑制镁的吸收利用。反刍兽的青草搐搦即为最常见的一种低镁血性综合征。

低镁血症性搐搦（hypomagnesemic tetany）　见青草搐搦。

低密度造影剂（low density contrast agents）　见阴性造影剂。

低密度脂蛋白（low density lipoprotein，LDL）　一种由极低密度脂蛋白（VLDL）转变而来的密度较低（1.019～1.063 g/cm^3）的血浆脂蛋白，约含25%蛋白质与49%胆固醇及胆固醇酯。颗粒直径为18～25nm，分子质量为3×10^6。电泳时其区带与β球蛋白共迁移。在血浆中起转运内源性胆固醇及胆固醇酯的作用。其浓度升高与动脉粥样硬化的发病率增加有关。主要功能是把胆固醇运输到全身各处细胞，运输到肝脏合成胆酸。每种脂蛋白都携带有一定的胆固醇，携带胆固醇最多的脂蛋白是LDL。机体各种组织，如肝脏、肾上腺皮质、睾丸、卵巢等都能摄取和代谢LDL，其中肝脏为降解LDL的主要器官。体内2/3的LDL是通过受体介导途径吸收入肝和肝外组织，经代谢而清除的。余下的1/3是通过一条“清扫者”通路而被清除的，在这一非受体通路中，巨噬细胞与LDL结合，吸收LDL中的胆固醇，这样胆固醇就留在细胞内，变成“泡沫”细胞。因此，LDL能够进入动脉壁细胞，并带入胆固醇。LDL水平过高能致动脉粥样硬化，使个体处于易患冠心病的危险。

低密度脂蛋白胆固醇（low density lipoprotein-cholesterol，LDL-C）　胆固醇在血液中以脂蛋白的形式存在。LDL-C可通俗地理解为“坏”胆固醇，因为LDL-C水平升高会增加患冠心病的危险性。LDL-C是独立的动脉粥样硬化的危险因素，其中起作用的是氧化修饰的低密度脂蛋白胆固醇（Ox-LDL-C）。LDL-C升高见于高脂蛋白血症、冠心病、肾病综合征、慢性肾功能衰竭、肝病和糖尿病等，也可见于神经性厌食及怀孕妇女。LDL-C降低见于营养不良、慢性贫血、骨髓瘤、急性心肌梗死、创伤和严重肝病等。

低钠血症（hyponatremia）　血钠低于正常水平并伴有渗透压降低的一种病理过程。常为全身缺钠的标志。见于动物饲料缺盐或放牧于缺盐的草场、大量排汗、急性腹泻或肾脏疾病时。

低千伏技术（low kVp technique）　应用60 kVp以下的电压进行X线摄影的技术。可提高照片的对比度和软组织内病变的分辨力，常用于软组织病变的摄影检查。

低染性红细胞（hypochromic erythrocyte）　着色很浅，或仅周边着色而呈环状的红细胞。由红细胞中所含的血红蛋白减少所致，见于缺铁性贫血、出血性贫血。

低色素性贫血（hypochromic anemia）　红细胞平均血红蛋白浓度（MCHC）低于正常水平的一型贫血。常见于缺铁性贫血、慢性出血性贫血。

低酸度酒精阳性乳（low-acid alcohol test positive milk，low acidity of alcohol-positive milk）　滴定酸度正常，乳酸含量不高，但70%酒精试验时发生凝固的乳。可能与动物代谢障碍、饲养管理不当、气候改变或乳的胶体体系被破坏有关。此种乳热稳定性较差，一般不宜作为生产乳制品的原料。

低温长时间杀菌法（low-temperature holding pasteurization）　一种典型的巴氏消毒牛乳的方法。将乳加热至62～65℃维持30min或75℃保持15min，立即冷却至10℃以下。本法能够杀灭大部分致病菌和有害微生物，又能最大限度地保持鲜乳原有的理化特性和营养。

低血流性缺氧（hypokinetic hypoxia）　又称循环

性缺氧（circulatory hypoxia），因组织血流量减少而导致缺氧的一种病理过程。常见于心力衰竭、局部血管收缩、血栓形成、栓塞和休克等。

低血容量性休克（hypovolemic shock） 因血容量减少而引起的休克。出血、烧伤、创伤等皆可引起。其特点为血压降低、心输出量降低、中心静脉压降低和外周阻力增高。

低血糖症（hypoglycemia） 血糖含量异常减少的一种病理现象。可发生在神经内分泌调节机能障碍时，以及肝脏疾病如肝硬化、中毒性营养不良、慢性肝炎、脂肪肝，肾脏严重损害时。还可发生在泌乳和妊娠动物饲养不合理时。当血糖含量明显减少和持续时间过长时可引起昏迷。

低氧血症性缺氧（hypoxemia hypoxia） 动脉血氧含量低于正常水平的一种病理过程。血氧含量的多少取决于氧分压、血红蛋白量及血红蛋白与氧的结合力。氧分压降低引起低张性缺氧，而血红蛋白的数量和质量的改变则引起等张性缺氧（isotonic hypoxia）。发生原因包括吸入氧分压过低、肺泡通气不足、弥散功能障碍、肺泡通气/血流比例失调以及右向左分流等。

低张性缺氧（hypotonic hypoxia） 又称缺氧性缺氧（anoxia hypoxia）。由动脉血氧分压降低引起的组织供养不足。基本特征为动脉血氧分压降低、血氧含量减少。发生原因包括高空缺氧、呼吸机能障碍（呼吸道阻塞、肺炎、肺水肿、胸腔积液）使肺通气量降低等。

敌百虫（dipterex） 有机磷驱虫、杀虫药。抑制虫体胆碱酯酶活性，使乙酰胆碱蓄积，致虫体神经肌肉功能失常，先兴奋、痉挛，后麻痹直至死亡。同时也影响宿主胆碱酯酶活性，使胃肠蠕动增强，促使虫体排出。用于驱消化道线虫和某些吸虫，如姜片吸虫、血吸虫；杀灭三蝇蚴（羊鼻蝇蚴、马胃蝇蚴、牛皮蝇蚴），对疥螨、痒螨也有效，还可喷洒扑灭虱、蚤、蜱、蚊、蝇等。家禽对此药最敏感，易中毒；马、猪、犬耐受性较强。中毒时可用阿托品解救。

抵抗期（stage of resistance） 又称抗休克相。机体在应激状态下，耐过警告反应后出现抗休克倾向的一个阶段。此时出现与休克相反的现象，机体进行积极的防御，下丘脑—垂体—肾上腺皮质系统机能亢进，垂体分泌促肾上腺皮质激素增强，肾上腺皮质分泌增强。然而，此时若给以另外的各种刺激时，则对该种刺激的抵抗力减弱，称此为交互感作现象。

底物磷酸化（substrate phosphorylation） 底物（营养物质）在代谢过程中经过脱氨、脱羧、分子重排和烯醇化反应，产生高能磷酸基团或高能键，然后直接将高能磷酸基团转移给 ADP 生成 ATP；或水解产生的高能键，将释放的能量用于 ADP 与无机磷酸反应，生成 ATP 的过程。底物磷酸化是无氧条件下获得能量的主要方式，包括高能键的生成和转移这样两个相联系的连续酶促反应。

底物循环（substrate cycle） 两种代谢物分别由不同的酶催化的单向互变过程。催化这种单向不平衡反应的酶多为代谢途径中的限速酶。

地方流行性（endemic occurrence） 某病恒定地发生于某群体中，并以常见的频率发生的现象，是一种相对稳定流行状态。在对某病了解比较清楚的情况下，该病的地方流行水平是可以预测的。地方流行性不仅适用于传染病，也适用于微量元素缺乏等一些非传染病。

地方流行性斑疹伤寒（endemic typhus fever） 又称鼠型斑疹伤寒、蚤传斑疹伤寒。由莫氏立克次体（*Rickettsia mooseri*）引起以皮疹、瘀斑和发热为特征的人兽共患传染病。病原专性细胞内寄生，鼠类、蚤类为本病的传染媒介，呈散发或地方流行性，温热带地区多发，有一定季节性，与蚤类活动周期有关。临诊上主为发热、神经症状、肝脾肿大。皮疹为本病特征，呈蔷薇疹或斑丘疹。根据临诊特点作出初诊，确诊需进行病原学及血清学检查。主要防制措施是灭鼠和灭蚤，流行地区注射疫苗预防本病。应用强力霉素有较好的疗效。

地方性共济失调（enzootic incoordination） 又称颤抖病。纯血马、骑乘马散发的以共济失调为特征的疾病。病因尚不清楚，可能为一种遗传病。临床表现共济失调，步态异常，如过度弯曲、伸直或外展，行走蹒跚，摔倒地上难于站立。剖检可见颈椎、胸椎关节突的炎症并波及脊神经。治疗多无意义。

地高辛（digoxin） 一种主要来自毛地黄的强心糖苷，为中效强心甙，能有效地加强心肌收缩力，减慢心率，抑制心脏传导。排泄快，蓄积性较小。用于充血性心力衰竭、室上性心动过速、心房颤动和扑动。用药期间禁服钙剂，禁与酸碱药物配伍。

地高辛探针（digoxin probe） 用地高辛标记的非放射性核酸探针。标记方法是利用末端转移酶在单链 5′-羧基端直接添加 DIG2112ddUTP，从而使地高辛掺入到核酸序列末端，达到标记的目的。分为 DNA、RNA 探针两种。地高辛探针避免了放射性同位素的使用，在病学诊断等方面使用广泛。

地理流行病学（geographical epidemiology，geographic epidemiology） 流行病学研究方法之一。它是以空间大区性、全球性观点，研究群体的健康同环境质量的关系。研究群体接受或未接受环境影响时的内部特征及它们与医学生物学和社会学（包括饲养管理）等的动态平衡关系。

地美硝唑（dimetridazole）　又称二甲硝咪唑。抗组织滴虫药。用于防治火鸡黑头病、鸽毛滴虫病及猪密螺旋体病（血痢）。禁用于食品动物。

地塞米松（dexamethasone）　又称氟美松。人工合成的皮质激素类药物。抗炎作用比氢化可的松更强，水、钠潴留副作用更小。除不用于肾上腺皮质功能不足外，可用于氢化可的松的所有适应证，如严重的中毒性感染、牛乳房炎、关节炎、腱鞘炎、皮肤过敏性炎症、眼部炎症等；还可用于牛的同步分娩。长期用药，停药时应逐渐减量。

地丝菌病（geotrichosis）　念珠地丝菌引起主要在口腔、肠道、支气管和肺中产生病灶的人兽共患真菌病。病原为酵母样真菌（一种条件性致病菌）。分内源性和外源性两种感染形式。症状因感染部位而异。人分口腔、支气管、肺、肠、皮肤 5 种地丝菌病，各有其临床特点。动物主要为支气管和肺的病变，表现为慢性支气管炎及肺结核相似的症状。本病缺乏特征性症状，确诊要依据病原学检查。治疗原发病，防止继发病，用碘化钾或龙胆紫治疗疗效良好。

地西泮（diazepam）　又称安定、苯甲二氮䓬。为长效苯二氮䓬类药物，中枢抑制药。具有镇静、催眠、抗惊厥、抗癫痫及中枢肌肉松弛作用。小剂量可明显缓解狂躁不安等症状，较大剂量时可产生镇静、中枢性肌肉松弛作用。

递质共存（coexistence of transmitters）　两种以上递质、多肽或递质与多肽共存于同一神经元或同一神经末梢囊泡内的现象。如交感椎前神经节中生长抑素和去甲肾上腺素共存；中枢神经系统中多巴胺能神经元群中有一半为多巴胺与胆囊收缩素共存。

第二极体（second polar body，second polocyte）次级卵母细胞在第二成熟分裂期时所产生的两个不均等子细胞之小细胞。大细胞即卵子。

第二心音（second heart sound）　又称舒张期心音（diastolic sound）。发生于心室舒张期，心室舒张时，左右半月瓣同时忽然关闭所产生的振动音。特点是音调高，持续时间较短，尾音终止突然。

第二信使（second messenger）　靶细胞在含氮激素作用下产生的能传递激素信息并引起生理效应的化学物质。目前公认的含氮激素的第二信使有环磷酸腺苷（或称环腺苷酸 cAMP）和环磷酸鸟苷（环鸟苷酸 cGMP），可能还有 Ca^{2+} 和前列腺素等。

第三腓骨肌（m. peroneus tertius）　小腿前部的肌肉。与趾长伸肌一同起始于股骨外侧髁的伸肌窝，在小腿部两肌分开，至邻近跗关节处转变为腱，分为两支止于跗骨和跖骨；作用为屈跗关节和伸膝关节。马此肌转变为扁腱，位于趾长伸肌深面，止腱分 3 支；作用是与腱质化的趾浅屈肌一同将膝关节和跗关节相连，同时进行屈伸活动。犬、猫无此肌。

第一极体（first polar body，first polocyte）　初级卵母细胞在第一次成熟分裂时所产生的两个不均等子细胞之小细胞。几乎不含细胞质。大细胞含有几乎所有的细胞质，称为次级卵母细胞。

第一心音（first heart sound）　又称收缩期心音（systolic heart sound）。发生于心室收缩期，心室收缩时，由左右房室瓣同时突然关闭而产生的振动音和心肌收缩、心脏射血冲击动脉管壁所产生的声音混合而成。特点是音调低而钝浊，持续时间长，尾音长。

蒂罗德液（Tyrode's solution）　又称台氏液。蒂罗德发明、专用于研究哺乳动物胃肠活动的生理盐溶液。其成分和含量（g/L）：氯化钠为 8.0，氯化钾为 0.2，氯化钙为 0.1～0.2，碳酸氢钠为 1.0，磷酸二氢钠为 0.05，氯化镁为 0.1，葡萄糖为 1.0。

癫痫（epilepsia）　脑细胞高频放电引起的一种以暂时性运动、感觉障碍为特征的神经官能症。原发性的称为自发性癫痫，与内分泌紊乱、遗传因素有关。继发性的称为症候性癫痫，主要发生于脑病、营养代谢病和中毒等。应激综合征、变应性疾病可致发反射性癫痫。症状除发作时意识丧失、全身痉挛外，大发作时出现惊厥。强直性痉挛、喊叫、口吐白沫、眼球上翻、角弓反张等。小发作时有短暂意识障碍，眼球转动，口唇颤动，短时恢复常态。有的日发数次，有的数日、数年发作一次。治疗应用溴化钠合剂或硫酸镁溶液等实施对症疗法。

典型感染（typical infection）　在感染过程中表现出该病特征性症状的感染。如典型马腺疫具有颌下淋巴结脓肿等有代表性的特征症状。

典型症状（typical symptom）　能反映疾病临床特征的症状。

点片（spot film）　在 X 线透视检查中即时拍摄的 X 线片。常用于胃肠道的 X 线检查。一般需在诊视床上进行。

点图（spot map）　又称标点地图。将病例所在的地点逐个标于地图上。可利用标点地图研究疾病在局部地区的分布，进一步阐明该病传播的途径及其影响因素。

点状调查（point investigation）　血清流行病学调查方法的一种。为了说明某一群动物是否有某种抗体存在的血清流行病学调查。这种调查在该群体中随机采集若干样品（通常 25～100 份血清标本）进行检测，即可达到目的。

点状流行（point epidemic） 又称短期暴发。在一定范围内的畜群中，短期内某病病例数量突然增多，迅速超过平时的发病率，经过一定时期之后，又平静下去的一种疫病流行现象。

碘（Iodine） 动物机体必需微量元素之一。主要功能为参与甲状腺素的合成。缺碘可导致甲状腺肿大，在远离海洋的内陆或海拔较高的山区曾因土质和水源缺碘，而使畜禽发生地方性甲状腺肿。日粮中添加碘化食盐可防治此病。外用可用作消毒防腐药，对细菌、真菌、病毒和原虫有杀灭作用。常用碘酊（2%～5%）消毒皮肤。浓碘酊（10%）有刺激性，用于肌肉、腱、韧带的慢性炎症。碘甘油刺激性小，用于黏膜溃疡面。碘也可用于饮水消毒。

碘泵（Iodine pump） 位于甲状腺滤泡上皮细胞基膜上，对甲状腺摄取碘起关键作用的 $Na^{+}-I^{-}$ 同向转运通道。其表达和功能异常可导致甲状腺功能紊乱。

碘仿（iodoform） 化学名三碘甲烷，防腐药。杀菌作用微弱，对组织无刺激性。多制成碘仿纱布条，填敷化脓腔和感染创。

碘化酪氨酸（iodinotio tyrosine） 活化的碘置换酪氨酸苯环上第 3 位和第 5 位的质子后形成的碘化物。碘化过程主要在腺泡腔内靠近顶部细胞部位的甲状腺球蛋白分子上进行。生成物有一碘酪氨酸和二碘酪氨酸。甲状腺素和三碘甲腺原氨酸分别由两分子的二碘酪氨酸和一分子的二碘酪氨酸与一分子的一碘酪氨酸缩合而成，缩合过程也在甲状腺球蛋白上进行。供碘充足，则二碘酪氨酸与甲状腺素生成较多。若供碘不足，则生成的一碘酪氨酸与三碘甲腺原氨酸较多。一碘酪氨酸与二碘酪氨酸经蛋白水解酶从甲状腺球蛋白上水解入血后，在甲状腺细胞微粒体内碘化酪氨酸脱碘酶等的作用下脱碘，还原成酪氨酸，脱下的碘可重新用于碘化，进一步生成甲状腺激素，如此往复。

碘解磷定（pyraloxime methiodide） 又称派姆、氯化派姆。胆碱酯酶复活药。其特点为：①恢复酶活性的作用较强，消除烟碱样症状如肌肉震颤、呼吸肌痉挛等效果显著，而消除毒蕈碱样症状的效果较差，中度和重度有机磷化合物中毒时必须与阿托品合用；②对中毒已久、“老化”的磷酰化胆碱酯酶恢复作用较差，应及早用药；③对内吸磷、对硫磷、马拉硫磷等中毒疗效较好，对敌百虫、敌敌畏中毒疗效较差，对乐果、二嗪农等中毒几乎无效；④体内消除较快，必须多次重复用药；⑤因含碘，刺激性较大，只能静注。

碘缺乏症（iodne deficiency） 动物甲状腺素合成不足及其分泌机能降低，导致甲状腺滤泡上皮代偿性肥大的代谢病。原发性病因是由于某些地区土壤、植物性饲料和饮水中缺碘，呈地方性单一甲状腺肿大。病因主要有日粮中钙过剩和采食大量富含致甲状腺肿物质的十字花科植物性饲料等。公牛无性欲，母牛不发情，母马和母羊延迟妊娠，流产或新生仔畜衰弱。新生仔猪无毛，颈部皮肤呈黏液性水肿。母鸡产蛋孵出幼雏可有先天性甲状腺肿。预防可在日粮中添加碘盐，同时控制日粮的钙含量和十字花科植物性饲料的比例。

碘中毒（iodism） 碘制剂长期用量过大引起的以家畜胃肠炎为主征的中毒病。碘对胃肠、心脏和肾脏具有强烈的刺激和腐蚀作用。临床表现为食欲废绝，呕吐，腹痛，下痢，心脏衰弱，呼吸困难。严重病例见兴奋狂暴，肌肉痉挛，体温降低，心力衰竭等。慢性病例伴发乳腺和睾丸萎缩。对中毒家畜除催吐、洗胃外，可内服大量淀粉或静脉注射硫代硫酸钠注射液等。

电穿孔技术（electroporation technology） 又称电转化法、电击法，一种将极性分子穿过细胞膜导入细胞的一种物理方法。在这个过程中，一个较大的电脉冲短暂破坏细胞膜的脂质双分子层从而允许 DNA 等分子进入细胞。操作比较简单，首先是制备电感受态细菌（electrocompetent bacteria），即将生长在指数中期的细菌（大肠杆菌）细胞进行预冷、离心，再用冰预冷的缓冲液或水彻底洗涤，以降低以后细胞悬液的离子强度，然后悬浮在用冰预冷的缓冲液（含10%的甘油）中，随后马上进行转化，使与 DNA 混合的细菌处于特殊设计的仪器装置中，接受短暂的高压放电即可以达到目的。将细胞悬浮液加以骤冻，贮藏在-70℃，在电击前贮藏时间可达 6 个多月，不会影响转化效率。电穿孔的效率非常高，但是，如果电脉冲的时间长度和强度不合适，有些孔洞可能变得太大而无法还原。电穿孔法可用于转化或转染 DNA，使质粒在不同的宿主中进行转移，以及诱导细胞融合、进入皮肤的药物传递、癌症肿瘤的电化治疗和基因治疗。

电击及雷击（electrocution strike and lightning strike） 在特定的条件和环境下，动物突然发生触电或被雷击，引起神经性休克，出现昏迷或立即死亡的现象。临床表现意识昏迷，倒地，运动、感觉和反射机能丧失。

电麻器（electrical stunner） 对屠宰动物实施电麻致昏的专用器具。有人工控制电麻器和自动控制电麻器两种类型。不论采用哪种电麻器，均应掌握好电流、电压、频率、作用部位和时间的长短，合理选用电麻器。电麻过深会引起屠畜心脏麻痹，造成死亡或放血不全；电麻不足则达不到麻痹知觉神经的目的，会引起屠畜剧烈挣扎。猪用人工电麻器的电压一般为70～90V，电流为0.5～1.0A，电麻时间1～3s，盐水浓度5%。自动电麻器电压不超过90V，电流应不大于1.5A，电麻时间1～2s。

电麻致昏（electrical stunning）　为实施文明屠宰，尽可能减少动物痛苦，并且确保操作安全和顺利放血，待宰畜禽在放血前采用电击昏，使其暂时失去知觉的工艺过程。电麻致昏广泛用于猪、牛和禽。电麻时电流通过屠畜脑部造成实验性癫痫状态，其电流首先作用于间脑区，电流通过大脑皮层的运动区或脑桥使屠畜肌肉出现痉挛。此法还能刺激心脏活动，使屠畜心跳加剧，以得到良好的放血效果。电麻有低压电麻（75V，7s）和高压电麻（300V，2～3s）等不同类型。试验表明，用高电压、小电流、瞬间击昏或高频脉冲电麻，放血会更快更完全，出血程度较低压击昏工序轻，对保证肉的品质更为有利。电麻法操作简便、成本低、安全可靠，适合于各种规模的屠宰加工企业。

电免疫测定（electro-immunoassay，EIA）　利用抗原抗体结合出现的电荷变化而设计的免疫检测技术。蛋白质物质是两性分子，其表面的电荷状况取决于工作pH与其分子的等电点相符性。若将抗体分子共价结合到疏水性聚合物薄膜上，再与金属导体如铂丝一起构成免疫电极。聚合物界面的电荷量取决于抗体分子的净电荷的多少。将这种电极置于含有相应抗原的溶液中，由于抗原-抗体反应的发生，分子空间的构型改变，界面的电荷将会下降，并与抗原的含量呈线性关系。这种电荷的变化可通过电位滴定等电化分析仪器测定。

电容放电式X线机（condenser discharge X-ray unit）　用高压电源向一组电容器升压充电，用电容器上蓄积的电能向X线管瞬间放电进行X线摄影的一种移动式X线机。它的千伏高，毫安大，但体积不大，可安装在带轮的推车上，所以机动性好，可推到病厩、手术室甚至室外有普通电源的地方对大动物做X线摄影检查。

电融合技术（electrofusion technique）　一种细胞融合技术。原理是：在高频交变电场作用下，原生质体发生极化作用形成偶极子，受电场力的作用进而沿电力线方向运动，彼此黏连成串；对成串细胞施加瞬时高压脉冲，原生质膜在高电压作用下发生瞬时可逆性的电穿孔，进而发生原生质体的融合。融合后的细胞得到了不同细胞的遗传物质，具有新的遗传或生物特性。融合过程主要分为两步：①细胞相互接触：采用电介质电泳的方法，使细胞连接成串珠；②细胞膜可逆性电击穿孔：在电极上输出单个或多个方波脉冲，在直流电脉冲的诱导下，原生质体质膜表面瞬间破裂，进而质膜开始连接，直到闭和成完整的膜，形成融合体。电介质电泳通常在低电导性溶液中进行，一般选甘露醇、蔗糖、葡萄糖等非电解质作电融合液，可以避免在交流电流增大时，过度发热影响细胞串的形成及融合细胞的存活。

电突触（electrical synapse）　又称非囊泡型突触。依赖电紧张性的电流传播把动作电位从一个神经元直接传到另一个神经元的突触。形态特点是突触前膜与突触后膜之间呈缝隙连接，两层膜之间间隔仅2～3nm，前膜有微孔但无囊泡；传递速度快，几乎没有突触延搁，多数是双向传导。

电泳（electrophoresis）　在电场作用下，带电颗粒向着与其所带电荷相反的方向移动的现象。电泳的方向、速度只取决于分子所带电荷的正负性、所带电荷的多少及分子颗粒的大小。电泳是带电颗粒分离和大分子物质如蛋白质、核酸等制备及分析研究的主要工具。在溶液中的电泳称为界面电泳或自由电泳；在孔性介质中的电泳称为区带电泳，如聚丙烯酰胺凝胶电泳、琼脂糖电泳等。

电针麻醉（electroacupuncture anesthesia）　针刺麻醉法之一，用电针使动物在有意识的情况下，产生一种无痛的方法。通常采用脉冲电流在2个穴位上进行刺激，它和传统的药物麻醉不能等同，既不是传统的全身麻醉，也不是局部止痛，而是一种特定状态的无痛。优点为能在动物清醒下完成手术，术后不延隔时间就可站立。缺点为镇痛不全、牵拉痛和肌松不全。

电转印（electroblotting）　通过电泳的方式将凝胶中已分开的大分子如DNA、RNA或蛋白质等，转移到硝酸纤维素膜上的过程。不同于液体毛细管作用转印法。

电子显微镜（electron microscope）　由电子光学系统（镜筒部分）、真空系统和供电系统构成。镜筒是电镜主体部分，包括照明、成像和摄像记录三个部分。照明部分由产生电子束的电子枪和将电子束聚集到样品上的聚光镜组成；成像部分由样品室、成像、使物像放大的物镜和中间镜以及将物像二次放大并成像于荧光屏上的投影镜组成；摄像记录部分由荧光屏、记录室和照相装置组成。它是利用高速运动的电子束代替可见光，以观察细微物体（如病毒）的显微镜。在100kV的电压下，电子的波长为0.37nm，因此它具有很高的分辨力和放大倍数。放大范围介于1 000～800 000倍；分辨力取决于标本的特性和电子显微镜的质量，可达 0.3～0.1nm 的水平。电子显微镜常用于观察病毒、大分子和细胞的超微结构。根据电子束通过标本的方式不同，电子显微镜分为透射和扫描两类。近年来，扫描电镜和透射电镜又组装上图像分析装置，更便于开展细胞和组织的超微结构定量分析，如分析电镜等。

淀粉酶（amylase，AMS） 一组水解以 α-D-葡萄糖组成的多糖的酶，分为 α、β 两类，动物只含有α-AMS。

淀粉样变（amyloidosis） 一些器官的网状纤维、小血管壁与细胞之间出现淀粉样物质沉着的现象。可分为继发性和原发性两种。前者多发生于慢性炎症的疾病过程中，如慢性化脓性疾病、慢性浸润性结核病和慢性开放性鼻疽等；后者可见于恶性浆细胞瘤时形成的淀粉样轻链蛋白沉着。淀粉样变性多发生于肝、脾、肾和淋巴结等器官。脾脏淀粉样变的局灶型，在脾脏的切面出现半透明灰白色颗粒状病灶，外观如煮熟的西米，俗称“西米脾”。脾脏淀粉样变的弥漫型，淀粉样物质大量弥漫地沉积于脾髓网状纤维上，眼观脾脏切面出现不规则的灰白色区，与残留的固有暗红色脾髓互相交织呈火腿样花纹，故俗称“火腿脾”。

淀粉样体（corpora amylacea） 一种常存在于脑、松果体、下丘脑、甲状腺、乳腺、卵黄囊等与分泌有关的组织中的轮层状圆形物。在牛乳腺腺泡、火鸡卵黄囊、灵长类动物星形胶质细胞的胞浆内都曾发现。其来源多样。在变性神经元内的淀粉样体据信来源于间质的酸性氨基葡聚糖的聚合物，此聚合物逐渐进行分层堆积即构成淀粉样体的层状结构。巨大的淀粉样体被称作沙（粒）瘤小体（psammoma body）或沙体（sand body）的钙化体，可能由血栓钙化或瘤细胞死亡灶形成，对肿瘤或慢性炎性损伤具有重要诊断价值。

淀粉渣中毒（starch dregs poisoning） 由于淀粉渣喂量过大或连续饲喂时间过长而引起的一种以消化机能紊乱、繁殖机能降低为主要特征的中毒。主要表现为食欲减退、消化不良、体质消瘦、被毛粗乱无光，泌乳量下降，体温无明显变化，母牛乏情或不发情，繁殖性能降低，常发生流产或产弱仔。根据饲喂淀粉渣史，结合临床症状和有毒成分的分析及动物实验即可确诊。中毒后应立即停止饲喂淀粉渣，补充青绿饲料、维生素等，根据病情的不同表现，可对症治疗。防止本病，主要在于控制淀粉渣的饲喂量，不能单一饲喂，不可喂腐败变质及发霉变质的淀粉渣。

貂阿留申病（mink aleutian disease） 又称浆细胞增多症。貂阿留申病病毒引起水貂的一种慢性消耗性、超敏感性和自身免疫性传染病。特征为终生病毒血症，持续性感染，全身淋巴细胞增生，血清 γ 球蛋白增多，肾小球性肾炎、动脉炎和肝炎。世界各养貂国家都存在，我国的辽宁、吉林、黑龙江、山东、江苏、内蒙古、新疆、浙江等地污染严重。貂对阿留申病毒易感性高，病貂和隐性带毒貂是主要传染源，可水平和垂直传播。潜伏期长而不定，无固有的特征性症状，属自家免疫病。依靠典型病变、血清 γ 球蛋白明显增高和碘凝集试验、对流免疫电泳等血清学方法可以确诊。防制可采取常规的综合性措施和检疫淘汰阳性貂等措施。

貂阿留申病病毒（*Aleutian mink disease virus*） 细小病毒科（Parvoviridae）、阿留申病病毒属（*Amdovirus*）唯一的成员。病毒颗粒无囊膜，核衣壳呈 20 面体对称，基因组为单股 DNA。该病毒可引起水貂慢性消耗性、超敏感性和自身免疫性疾病，表现为浆细胞增多、高 γ 球蛋白血症、持续性病毒血症等。虽然产生高滴度的抗体，但不能中和病毒。病毒与抗体的复合物在血管壁沉积，引致肝炎、关节炎、肾小球肾炎、贫血乃至死亡。病毒可通过胎盘感染胎儿，慢性感染貂可常年排毒。目前检测方法主要有碘凝集试验、荧光抗体技术、补体结合试验、对流免疫电泳、ELISA 等。

貂肠炎病毒（*Mink enteritis virus*） 又称貂细小病毒。细小病毒科（Parvoviridae）、细小病毒属（*Parvovirus*）成员，其形态、理化特征和生物学特点与猫泛白细胞减少症病毒相似。该病毒可引起貂的急性呼吸道传染病，主要特征为急性肠炎和白细胞减少。常用的诊断方法是 HA-HI 试验。但常规血清学方法不能将其与猫泛白细胞减少症病毒和犬细小病毒相区别。

貂出血性败血症（mink hemorrhagic septicemia） 又称貂嗜水气单胞菌病。嗜水气单胞菌引起貂的一种以全身器官组织呈出血性变化为特征的出血性败血性传染病。主要通过污染的鱼类饲料经消化道传染，幼貂的感受性尤强。发病很急，突然体温升高到 40.5℃以上，拒食、委靡、流涎、痉挛、下痢，经 2～3d 后死亡。剖检变化以包括肺、肝、脑、肾、淋巴结、胃肠在内的实质器官出血斑点为特征。自病料中分离培养细菌进行鉴定，可以作出诊断。在用抗菌药物治疗时，应对分离的病原菌作药敏试验，选择高效药物治疗，通常氯霉素、妥布霉素、庆大霉素等均有效。防制办法是不喂污染鱼类，或者煮熟后喂；冷库应定期进行消毒，防止污染扩散。

貂出血性肺炎（mink hemorrhagic pneumonia） 又称貂假单胞菌病，绿脓杆菌引起的貂的一种以出血性肺炎为主要特征的急性传染病。貂对绿脓杆菌产生的内毒素和外毒素具有特别强的感受性，任何品种貂都易感，但公貂的感染率比母貂高、仔貂比哺乳母貂高，多在秋冬季节流行。多数带菌动物自粪便排菌，污染环境，通过呼吸道和消化道传染，而食用未经煮熟的污染肉类饲料的危险性最大。多数病貂表现食欲废绝、不活动、呼吸困难、咯血和口鼻流出血水，多在1～2d内死亡。剖检变化为出血性肺炎病变，大部分肺脏呈暗红色，在脾病灶内有大量绿脓杆菌聚集。根据特征性的症状和病变，利用鉴别培养基进行分离培养，可以作出诊断。本病的药物治疗效果不良。在流行时，可用新分离的菌株制备灭活菌苗进行预防接种，有一定的效果。

貂传染性肠炎（mink infectious enteritis）　又称貂病毒性肠炎、貂泛白细胞减少症，貂肠炎病毒引起的貂的一种以食欲不振和下痢为特征的高度接触性传染病。在中国多数地区时有发生。主要通过水平传播方式经消化道感染。病貂、带毒貂是重要的传染源，随粪便排毒而污染饲料、水、用具和环境。多呈急性或亚急性经过，主要症状为下痢。粪便呈淡红色乃至灰白色，有黏液、纤维素、红细胞、脱落上皮和食物组成的圆柱状物。病理变化除严重的肠炎变化外，在肿胀变性的肠黏膜上皮细胞内有包涵体。根据临床特征、肠病料切片包涵体可以作出诊断。确诊可作病毒分离、电镜检查和血凝及血凝抑制试验、荧光抗体技术、中和试验等血清学检查。防制除严格实施常规的综合性措施外，貂源毒疫苗或猫源毒疫苗均有良好的免疫预防效果。

貂传染性脑病（mink infectious encephalopathy）　貂传染性脑病病毒引起的成年貂的一种类似痒病的疾病。特征病变为慢性进行性脑海绵样变性。高度易惊，运动失调，强制性啃咬，嗜眠和昏迷，病死率极高。1岁以上的种貂发病最多，公认是由于喂给含有痒病病毒的肉类及副产品所致。潜伏期6～12个月或更长，几乎100%发病，出现进行性兴奋、共济失调、惊厥、啃咬、嗜眠等症状。根据临床症状、病理组织学特征可以确诊。防制应禁用痒病流行地区的羊肉及副产品作饲料，或者肉类饲料经煮熟后喂，以及采取更新貂群等办法。

貂黄脂肪病（mink yellow fat disease）　又称脂肪组织炎。水貂的一种以全身脂肪组织黄染、出血性肝小叶坏死为特征的营养代谢性常见病。多发生于温暖季节，尤以7～9月为多。主要由于动物性饲料酸败导致不饱和脂肪酸含量增高，以及含硫氨基酸和维生素E、硒不足或缺乏所引起。病貂出现下痢，粪便呈灰褐色乃至煤焦油样，可视黏膜黄染，阵发性痉挛，后躯麻痹，触摸腹股沟部有硬实脂肪块，妊娠貂引起胎儿吸收、流产、死产或产弱仔。维生素E和亚硒酸钠有一定疗效，但保持全价营养和动物性饲料新鲜不变质乃是防止发生的关键。

貂克雷伯菌病（mink klebsiellosis）　克雷伯菌属的臭鼻杆菌和肺炎杆菌引起的貂的一种以脓肿、蜂窝织炎和脓毒败血症为特征的传染病。死亡率高，病菌广泛存在于自然界，主要通过消化道、呼吸道和创伤感染。各种年龄貂都可发生，发病急，食欲迅速减退，体温升高到41℃以上，颈和颌下部明显肿胀，肿胀部初硬后软，或破溃流出脓血，病程2～3d，剖检见有皮下结缔组织化脓性病变，重病例有纤维素性或化脓性肺病灶。采取局部病灶材料进行细菌分离培养、鉴定，可作出诊断。治疗时，应依据病原菌药敏试验结果选择高敏药物。在预防上，尽可能确定和消灭传染源至关重要，同时采取综合性的防疫措施。

貂湿腹症（mink wet belly disease）　临床上表现泌尿紊乱的一种水貂病。世界各养貂国家都存在。中国貂群中也有发生。病因尚不十分清楚，有的认为与细菌感染有关，有的则报告与营养代谢或遗传因素相关。病貂表现不随意地频频排尿，会阴部、腹部及后肢内侧被毛高度潮湿或胶着，患部皮肤红肿乃至溃烂，或被毛脱落、皮肤硬固，严重的继发包皮炎、阴囊炎等。加强饲养管理和兽医卫生，以及对病貂进行抗菌药物治疗，可以减少损失。

貂食毛症（mink fur clipping）　貂的一种营养代谢异常的精神综合征。特征为患貂啃食自体或异体毛绒，被啃部位犹如刀刮状，裸出皮肤。多发生于秋冬季节。病因比较复杂，如日粮中可消化蛋白质低于25%或高于50%，或硒、铜、钴、锰、钙、磷等元素不足或缺乏，或由于脂肪氧化过程中产生的过氧化物和蛋白质中的卵白素等引起肝功能紊乱、维生素同化不全，或肛门腺分泌阻塞和酸中毒等，都可诱发本病。只有实施全价营养和科学的饲养管理才有可能防止发生。

貂瘟热（mink distemper）　又称貂犬瘟热，由犬瘟热病毒引起的一种急性高度接触性貂传染病。各种年龄貂均易感，断奶后育成期的貂发病率最高。病毒自感染貂、犬的鼻液、唾液、眼分泌物和尿中排出，污染饲料、水和环境，通过直接或间接接触经消化道或呼吸道传染。临床上，亲神经型发病急、病程短，兴奋、抽搐、痉挛、咬笼、尖叫，间或出现皮肤或黏膜病变；亲皮肤黏膜型出现结膜炎、眼睑肿胀、封闭、皮肤炎、皮屑脱落，趾掌红肿、间或发生炎性水疱、结痂。组织学检查可见到膀胱、气管上皮细胞和肾、肝、肠、肺细胞内的包涵体。根据典型症状和包含体检查可以诊断。常用的血清学诊断方法有：补体结合试验、中和试验、荧光抗体法和葡萄球菌 A 蛋白免疫酶染色法等。使用抗菌药物治疗可以控制并发症，减少死亡。目前广泛用于免疫预防的是弱毒疫苗，以及一些多联疫苗。

貂自咬症（mink scrapie） 貂的一种以周期性兴奋时啃咬自体一定部位的慢性经过疾病。发病率不高，但普遍存在。病因尚不清楚，一说是病毒引起，一说属营养代谢病。育成貂敏感，春秋季节多发。慢性经过反复发作，周期长短不一，表现高度兴奋，单向转圈自咬尾巴、臀部、脚掌，并发出尖叫，最终皮肤破损、肌肉撕裂、流血或断尾。饲料更换成新鲜、全价日粮，采用镇静、抗感染等办法，可以减少损失。加强饲养管理、淘汰病貂可以达到控制发生的目的。

蝶鞍（sella turcica） 颅中窝中部的蝶骨体内面（颅腔面）。中央凹陷处形成垂体窝。窝前方为略隆起的鞍结节。窝后方除马和水牛外有略向前倾的薄骨片，称鞍背；游离端分叉形成一对后床突。

蝶骨（sphenoid bone） 位于颅底的单骨。幼畜有基蝶骨和前蝶骨，成畜相愈合。可分体、两对翼和一对翼突。基蝶骨体与枕骨基底部相接，颅腔面称蝶鞍；一对颞翼参与形成颅中窝。一对翼突由基蝶骨体分出，基部在马、犬有翼管穿过；前缘形成翼嵴。前蝶骨体与筛骨相接，骨内在马、牛和猪含有蝶窦；颅腔面的后缘除犬外形成视交叉沟，两端通视神经管。一对眶翼参与形成颅前窝和眶内侧壁。翼嵴之前为翼腭窝，前后各有一组孔，供脑神经和血管通过。禽蝶骨形成颅底大部分。

丁卡因（dicaine） 又称潘妥卡因。局部麻醉药。局麻作用强度为普鲁卡因的 10 倍，作用可维持 2～3h，具较强的黏膜穿透力。主要用于眼、鼻、喉及泌尿道的表面麻醉。吸收后能引起惊厥，然后转为呼吸抑制，一般不用作浸润和传导麻醉。

酊剂（tinctura） 用不同浓度乙醇浸制中药材或溶解化学药物而成或用流浸膏稀释制得的澄清液体剂型。一般每 100mL 酊剂相当于 20g 原药材，含剧毒药的酊剂则每 100mL 相当于 10g 原药材。用水稀释时，常有沉淀产生。

顶复合器（apicalcomplexa） 原生动物孢子虫的一个特殊结构。只在电子显微镜下可见。子孢子、裂殖子和配子生殖时期具有顶复合器。顶复合器包括顶环（apicalring）、类锥体（conoid）（疟原虫及泰勒虫例外）、棒状体（rhoptry）及微线（micromemes）。顶复合器具有协助虫体侵入宿主细胞的作用。

顶骨（parietal bone） 一对构成头的顶部和颅腔顶壁的骨结构。外面参与形成颞窝。马、犬在两骨相接处形成外矢状嵴，向前分叉为左、右颞线延续至额骨。猪、羊不形成外矢状嵴，而以颞线分为顶面和颞面。牛的参与形成枕部和颅腔后壁，沿颞线折转向前而为颞面。猪、牛的额窦延伸入顶骨内。

顶间骨（interparietal bone） 位于枕骨与两顶骨之间的单骨。见于新生幼畜，成年时与枕骨、顶骨愈合，猪、犬于胎儿时即与枕骨愈合。在马、犬，外面形成外矢状嵴；内面形成骨质小脑幕。禽无此骨。

顶浆分泌（apocrine secretion） 将顶端的细胞膜、细胞质及少量的细胞器连同分泌颗粒一起被排出细胞的外分泌细胞的一种分泌方式。基本过程是：聚集在细胞顶端的分泌物首先与细胞膜相贴；此处的细胞膜向外膨出，形成若干突向腺腔的小囊泡，囊泡中还包含一些细胞质甚至细胞器；然后，这些小囊泡脱离细胞进入腺腔，细胞顶端随之封闭。

顶体（acrosome） 位于精子核前方的帽状结构。由内、外两层膜围绕而成，含有与受精有关的酶，如蛋白水解酶、透明质酸酶等。顶体来源于高尔基复合体，故可视为特化的溶酶体。

顶体反应（acrosome reaction） 当精子穿越放射冠后与透明带接触时，精子的顶体膜与细胞膜发生点状融合并破裂，释放顶体内的顶体酶等内容物，识别、结合并穿越透明带，与卵细胞质膜接触的过程。

顶体酶（acrosomal enzyme） 存在于精子顶体内的酶，如蛋白水解酶、透明质酸酶等。在受精过程中能够溶解卵细胞外的放射冠之间的基质和透明带的糖蛋白，使精子穿越放射冠和透明带而与卵子接触并融合。发生顶体反应前，这些酶以酶原的形式存在，称为顶体素或顶体蛋白。

顶体泡（acrosomal vesicle） 精子发生过程中由高尔基复合体形成的泡状结构，靠近核膜，互相融合为帽状的顶体。

定点突变（site - directed mutagenesis） 在分子克隆技术的基础上，按照人们的意愿，由 DNA 序列出发，根据已知的 DNA 序列，利用人工合成的寡聚核苷酸在离体条件下制造位点特异性突变。常用的定点突变方法是寡聚核苷酸介导的体外定点突变、双引物法定点突变和用掺入 U 的单链为模板进行聚核苷酸介导的体外定点突变。这些方法广泛应用于蛋白质结构与功能分析、转录调控元件的结构与功能分析、构建新的载体或嵌合基因、改变限制性酶切位点和内含子剪切位点等。

定量限（limit of quantitation，LOQ） 在残留分析中，能够对样品中待测物进行定量测定的最低浓度。定量限具有精密度和准确度要求，可反映方法在低浓度端分析结果的可靠性。

定向气流（directional airflow）　在实验动物环境设施中有限定方向流动的气流。在气密性良好的环境中，人为设定压力差，使气流单方向由压力高处流向压力低处，形成从污染概率小的空间向污染概率高的空间受控流动的气流，对维持实验动物设施的微生物控制极为重要。

定型血清（typing serum）　又称因子血清（factor serum）、单价血清（monovalent serum）。只含针对一种或一株微生物特异性抗体的免疫血清，或只含针对一种抗原或抗原决定簇的特异性抗体的免疫血清。用于微生物分型或分群鉴定。

定殖（colonization）　细菌感染宿主后在机体特定部位生存下来。细菌感染的第一步就是体内定殖（或称定居），实现定殖的前提是细菌要黏附在宿主消化道、呼吸道、生殖道、尿道、眼结膜等处，以免被肠蠕动、黏液分泌、呼吸道纤毛运动等作用所消除。

东毕吸虫病（orientobilharziasis）　分体科、东毕属的吸虫寄生于哺乳动物的门脉系统引起的疾病。主要致病虫种：①土耳其斯坦东毕吸虫（*Orientobilharzia turkestanicun*），雌、雄异体，二者呈合抱状态，口、腹吸盘相距较近。雄虫大小为（4.39～4.56）mm×（0.36～0.42）mm，睾丸数为78～80枚，生殖孔开口于腹吸盘后方。雌虫纤细，大小为（3.95～5.73）mm×（0.07～0.116）mm，卵巢呈螺旋状扭曲，位于两肠管合并的前方。子宫短，其内通常只含一个虫卵。②陈氏东毕吸虫（*O. cheni*），雌、雄异体，呈合抱状态，雄虫粗大，大小为（3.12～4.99）mm×（0.23～0.34）mm；雌虫大小为（2.63～3.00）mm×（0.09～0.14）mm。雄虫睾丸数为53～99枚。中间宿主为多种椎实螺。雌虫所产虫卵，落入肠腔后随粪便排至外界，在水中孵出毛蚴。后者钻入某些椎实螺体内发育为尾蚴。尾蚴自螺体内逸出，经皮肤感染牛、羊等终末宿主，经血液移行至肠系膜静脉和门脉后，发育为成虫。患畜有腹泻、贫血、水肿和消瘦等症状，可能陷入恶病质而死亡。用水洗沉淀法检查粪便，发现虫卵即可确诊。可用硝硫氰胺驱虫。预防措施包括驱虫、粪便管理和灭螺等，可参阅日本血吸虫病的预防措施。

东部马脑炎病毒（*Eastern equine encephaltis virus*，EEEV）　披膜病毒科（Togaviridae）、甲病毒属（*Alphavirus*）成员，因首先发现于美国东部而得名。病毒颗粒呈球形，外观平整。直径70nm。有囊膜及细小的膜粒。衣壳20面体对称。膜粒由80个三聚体排列而成，三聚体由E1和E2两种糖蛋白组成。基因组为单分子线状正链单股RNA，有感染性。病毒在胞浆复制，从胞浆膜出芽成熟。病毒在Vero、BHK－12等肾细胞系及鸡胚或鸭胚细胞增殖，可达很高滴度。在蚊子细胞如C6/36也生长，但不产生细胞病变，细胞分裂不受影响。人、马、其他家畜、野生动物、野禽类及啮齿动物均有易感性，主要临床特点是高热及中枢神经系统症状，病死率高。人的病死率高达50%～75%，马的病死率为90%。病愈后大多留有不同程度的神经系统后遗症。自然感染由吸血昆虫传播。

东莨菪碱（scopolamine）　抗胆碱药。茄科植物洋金花中提取的生物碱。作用与阿托品相似，仅程度不同，抑制腺体分泌作用和散瞳作用较阿托品强，对心血管作用较阿托品弱，还具有解除平滑肌痉挛及改善微循环作用。其特点是对中枢神经系统有显著镇静作用。用于麻醉前给药，治疗有机磷中毒及作为中药麻醉成分，配合氯丙嗪麻醉黄牛、犬等。

冬眠（hibernation）　又称冬蛰。变温动物适应冬季不利的外界环境的现象。冬眠时动物不食不活动，心跳缓慢，代谢率降低，体温下降，陷入昏睡状态。冬眠常见于温带和寒带地区的无脊椎动物、两栖类、爬行类和一些哺乳动物（如刺猬、黄鼠、旱獭、蝙蝠等）。

动基体（kinetoplast）　锥虫属及胞滴虫属动物细胞内存在的细胞器，最早以细胞内的嗜伊红性颗粒而记载，在鞭毛与基底小体会合的地方存在，亦称副基底小体。它是特化了的线粒体，动基体含DNA，有时只把含DNA的部位称为动基体。

动静脉短路（arterio－venous shunt）　血液从微动脉直接进入微静脉的循环通路。血液流经这一通路时几乎完全不进行物质交换，这一通路在皮肤、四肢末端较多。正常情况下，动-静脉吻合支因管壁平滑肌收缩而关闭。环境温度升高时，动静脉短路开放，皮肤血流量增加，使皮肤温度升高，有利于散发热量；环境温度降低时，动静脉短路关闭，皮肤血流量减少，有利于保存热量。感染性休克和中毒性休克时动静脉短路开放，有利于提高回心血量，但也加重了局部组织的缺氧。

动静脉吻合（arteriovenous anastomosis）　从小动脉或微动脉发出、通入小静脉或微静脉的侧枝。这段特殊血管可直行，也可弯曲走行或盘曲成球状。其动脉端1/2至1/3管壁厚，管腔窄小，内皮直接与平滑肌相接，平滑肌细胞短而肥大，酷似上皮细胞。静脉端1/3管腔变宽，管壁内平滑肌消失，结构与静脉近似。动静脉吻合受交感神经支配，发达的平滑肌和括约肌可使其“开放”或“关闭”，故对体温和血量调节有一定作用。主要分布在远离心脏和体温较易散失的部位。

动力定型（dynamic stereotype） 动物反复受到一系列有规律性的刺激后所形成的一整套有规律的条件反射活动。动力定型形成后，只要出现该系列刺激中的第一个刺激，整套的条件反射将会有规律地相继发生，从而使机体能更迅速而精确地适应环境的规律性变化。动力定型的形成是大脑皮层进行高级整合活动的结果。它不是固定不变的，如果原来的一系列有规律的刺激不复存在，动力定型随之也消失，并可在新的刺激条件下形成新的动力定型。

动粒（kinetochore） 又称着丝点。是附着于着丝粒上的一种细胞器，其外侧主要用于纺锤体微管附着，内侧与着丝粒相互交织。电镜下，动粒为一个圆盘状结构，分别位于着丝粒的两侧，可被动粒微管捕捉附着到有丝分裂纺锤体上，从而牵拉染色单体移向两极，完成有丝分裂。

动脉（artery） 指将血液从心室运往全身或肺的血管。其靠近心脏的部分称大动脉，分布于器官内者称小动脉，介于二者之间者称中动脉。管壁由内膜、中膜和外膜构成。内膜与中膜以内弹性膜为界，中膜与外膜以外弹性膜为界。大、中、小动脉管壁的结构有明显的差异：大动脉的中膜特别厚，主要由数十层弹性膜构成，故又称弹性动脉（elastic artery）；中动脉管壁的三层结构分界清楚，中膜与外膜的厚度相近，中膜主要由数十层环行平滑肌构成，故又称肌性动脉（muscularartery）；小动脉的环行平滑肌也较多，但三层结构分界不清。

动脉瘤（aneurysm） 动脉壁局部扩大成囊状组织或直接与动脉相通的血囊肿，并非真正的肿瘤。可分为外伤性与病理性两种。前者继发于创伤或动脉注射损伤血管，局部产生搏动性血肿，其组织被纤维化膜包围，管内形成血栓，治疗时待动脉侧支形成后，摘除动脉瘤；后者系马圆虫的幼虫寄生而引起的前肠系膜动脉瘤，在寄生部位首先出现内膜炎，局部粗糙形成血栓、动脉壁肥厚、内腔狭小、管壁脆弱，周围组织纤维化，局部呈纺锤状膨隆，直肠检查可得到证实。

动脉血压测定（measurement of blood pressure） 动物血压有两种测定方法：①间接测定法。血压计分传统式（水银式或弹簧式）和自动式两种。测定部位大动物多在尾中动脉，小动物多在臂动脉和股动脉。传统式血压计的测定方法是先将袖带缠于被测动脉上，在远心端检明脉搏后，边向袖带充气边检脉搏，注意脉搏开始消失的瞬间压力，再稍送气后开始慢慢放气，再注意脉搏开始出现的瞬间压力，这两数值的平均值即为收缩压，继续放气，至脉搏的强度、大小均恢复至未打气前的水平时，压力表上的数值即为舒张压。自动式血压计只需将袖带缠于被测动脉上，按动充气开关即可获取收缩压、舒张压、心率等数值。②直接测定法。将直径适宜的针头逆血流刺入被测动脉（牛、马为臂动脉的颈基部，小动物在股动脉），到达血管内后直接读取压力计（与针头相连）上的数值，即可测得被测动脉的平均血压。

动脉压（arterial pressure） 动脉血管内血液对单位面积血管壁的侧压力。动脉压在血液循环中占有重要地位，它决定其他血管的压力，是保证血液克服阻力供应各组织器官的主要因素。动脉血压随种别、年龄、性别、体位等发生改变，属于生理性变化。动脉血压过低不能保证有效的循环和血液供应；动脉血压过高，会增加心脏和血管的负担，甚至损伤血管引起出血，这些属于病理性变化。

动脉硬化（arteriosclerosis） 动脉壁结缔组织增生造成以动脉壁增厚或弹性减退为主征的慢性血管病变。主要是由于调节循环及血管营养的神经机能障碍所致。具体致病因子有胆碱缺乏、胆固醇含量增多和维生素D过多等。临床上患畜被毛粗糙无光泽，皮肤弹性减弱，被毛易脱，脉搏增强或减弱，动脉压升高，第二心音增强。重症病例呈现全身性循环障碍、昏厥、脑急性贫血等。宜进行对症治疗。

动脉粥样硬化（atherosclerosis） 动脉管壁变硬的一种病理过程。表现为动脉（主要是大、中动脉）内膜的类脂质（主要为胆固醇、胆固醇酯及磷脂）沉着，伴有平滑肌细胞增殖、退行性变化和坏死以及胶原蛋白、弹性蛋白等积聚，形成局部呈淡黄色粥糜样的斑块。动物中猪、鸡等均有这种病变。参见动脉硬化。

动态突变（dynamic mutation） 基因组串联重复的核苷酸序列随世代传递而拷贝数逐代累加的突变方式。其特征为：①重复序列可发生于基因组的编码区和非编码区；②突变序列的传递具有明显的双亲原始效应，如FMR-1基因的前突变只有经母体才能发展为全突变而致病；③发病年龄与基因重复序列的拷贝数呈一定的联系，并呈早发现象，在连续几代的遗传中，发病年龄提前而且病情严重程度增加。

动态心电图（dynamic electrocardiogram，DCG） 可以长时间连续记录并编辑分析动物心脏在活动和安静状态下心电图变化的方法。将磁带心电图仪固定于动物体上，记录生理活动状态下不同体位的独特导联的心电图，所获数据资料，可通过专用电子计算机分析“打出报告”，分析24h内或更长时间的动态心电图变化。

动态中和试验（kinetic neutralization test） 测定抗病毒血清中和活性常数的试验。当有过量特异性抗体存在时，病毒的灭活按一种简单的双分子反应方式进行。灭活率取决于血清浓度和该血清中和活性的常数（K）。病毒液与抗血清混合孵育后，测定病毒空斑单位（PFU）下降值，即可计算出该抗血清的K值。

动物保护（animal protection） 避免对动物的残忍行为，改善对动物的处置方式，减少动物的应激和紧张，并对动物的试验进行监督。这层含义上的保护对象主要是指家养动物与关养的野生动物。它是动物福利学及兽医学和动物卫生学交叉形成的新领域，而且包括伦理、道德等社会科学内容。

动物毒理学（animal toxicology） 以动物为主要对象，研究化学、物理和生物因素对动物机体的损害作用、生物学机制危险度评价和危险度管理的学科。

动物毒素（animal toxin，zootoxin） 又称动物天然毒素。动物体产生的有毒物质。包括由毒腺产生，经毒器放毒，需注入其他动物体内使之中毒的蛇毒（毒蛇毒液），以及由毒腺产生，通过接触、叮咬或刺伤，危害其他动物的分泌毒，如蝎毒、蜂毒、蜘蛛毒、蜈蚣毒、刺毒、鱼类毒、海胆毒、水母毒以及经口摄入引起中毒的河豚毒素、鱼胆毒素、鱼卵毒素、肉毒鱼雪卡毒素、蟾蜍毒素、斑蝥毒素等。

动物福利（welfare of animals） 一般指动物（尤其是受人类控制的）不应受到不必要的痛苦，即使是供人用作食物、工作工具、友伴或研究需要。这个立场是基于人类所做的行为需要有相当的道德情操，而并非像一些动物权益者将动物的地位提升至与人类相若，并在政治及哲学方面追寻更大的权益。动物福利概念由5个基本要素组成：①生理福利，即无饥渴之忧虑；②环境福利，即让动物有适当的居所；③卫生福利，主要是减少动物的伤病；④行为福利，应保证动物表达天性的自由；⑤心理福利，即减少动物恐惧和焦虑的心情。按照国际公认标准，动物被分为农场动物、实验动物、伴侣动物、工作动物、娱乐动物和野生动物六类。世界动物卫生组织（OIE）尤其强调了农场动物的福利，指出农场动物是供人吃的，但在成为食品之前，它们在饲养和运输过程中，或者因卫生原因遭到宰杀时，其福利都不容忽视。

动物检疫（animal quarantine） 为防止动物疫病传播，促进养殖业发展，保护人体健康，维护公共卫生安全，由国家法定机构、法定人员，依照法定条件和程序，对动物、动物产品的法定检疫对象进行认定和处理的行政许可行为。

动物康乐（animal well - being） 动物自身感受的状态，也就是“心里愉快”的感受状态，包括无任何疾病、无行为异常、无心理的紧张、压抑和痛苦等。

动物克隆（animal clone） 采用体细胞的细胞核移植到去核的卵细胞中获得遗传性状与供核动物完全一致后代的技术。克隆的所有成员具有遗传同一性，并且具有几乎一样的表型。自然界的同卵双胎或同卵多胎就是一种克隆。动物克隆技术可以用于家畜优良品种的扩繁、濒危动物的保种、为动物科学试验提供遗传性状相同的实验动物、生物制药、疾病模型的建立，以及核质关系、去分化及再程序化研究等。克隆技术与转基因技术相结合，可以提高生产转基因动物的效率。

动物权利（animal rights） 又称动物解放。人发起的保护动物不被人类作为占有物来对待的社会运动。一种比较激进的社会思潮，其宗旨不仅要为动物争取被更仁慈对待的权利，更主张动物要享有精神上的基本“人”权。

动物生理学（animal physiology） 研究动物正常生命活动及其规律的科学，是生物科学的重要分支之一。根据其研究对象和任务的不同，可分为许多独立而又紧密联系的门类，主要有：①普通生理学，研究各种动物共同的生理学原理。②比较生理学和进化生理学，比较研究生理过程的进化发展，阐述生命过程的起源和进化。③发育生理学，研究个体发育过程中生理机能的形成和发展。④生态生理学，研究动物生理机能与周围环境的关系。⑤器官生理学，研究器官（如心、肺、肾等）的生理活动规律。⑥应用生理学，研究特种条件下或某种经济动物生理机能调控的原理，如运动生理、航空航天生理、潜水生理、家畜生理等。动物生理学与其他生物学科如细胞学、组织学、解剖学以及物理学、化学、数学、环境科学等有着密切的联系。它的理论和实践对于人类和动物的生存和发展具有极其重要的意义。

动物生物安全实验室（animal biosafety laboratory，ABSL） 在进行病原微生物动物实验时所涉及对生物危害有防护功能的实验室或设施。

动物生物安全水平（animal biosafety level，ABSL） 根据所操作的病原微生物的危害等级不同，采用不同水平的动物实验室设施、安全设备以及实验操作和技术而构成了不同等级的动物实验室生物安全防护水平。分为四级，一级防护水平最低，四级防护水平最高。①一级动物生物安全水平（ABSL - 1）：能够安全地进行没有发现肯定能引起健康成人发病的，对实验室工作人员、动物和环境危害微小的、特性清楚的病原微生物感染动物工作的生物安全防护水平。②二级动物生物安全水平（ABSL - 2）：能够安全地进行对工作人员、动物和环境有轻微危害的病原微生物感染动物工作的生物安全防护水平。③三级动物生物安全水平（ABSL-3）：能够安全地从事国内和国外的，可能通过呼吸道感染、引起严重或致死性疾病的病原微生物感染动物工作的生物安全防护水平。④四级动物生物安全水平（ABSL-4）：能够安全地从事国内和国外的，能通过气溶胶传播，实验室感染高度危险、严重危害人和动物生命和环境的，没有特效预防和治疗方法的微生物感染动物工作的生物安全防护水平。

动物生物化学（animal biochemistry） 研究动物体内的物质组成、化学变化、代谢途径以及器官与组织的化学特点及其生理机能关系的学科。其内容不仅包括基础生物化学所研究的糖、脂肪、蛋白质、核酸等生物大分子和酶、维生素、激素等生物活性物质的组成、结构、功能和一般代谢过程，而且把动物机体的化学特点与其生理机能相联系，从分子水平上阐明动物机体的化学变化规律。它是动物医学和动物生产科学的重要基础学科，并与生理学、病理学、微生物学、免疫学、药理学、营养学和遗传学等学科关系密切。

动物实验（animal experimentation） 利用动物获得资料的科学实践过程。研究者对动物施加某种处理，观察、记录动物的各种反应，以解决科学实践中存在的问题，获得新认识、发现新规律。动物实验是进行生命科学研究的主要方法。

动物实验技术（animal experimental techniques）在保证动物福利和遵从动物实验伦理基础上进行动物实验时采用的实验方法和操作技术。包括实验设计、实验环境、实验方法、统计分析、数据整理和结论推导。主要操作技术有动物保定、剖检、采样、采血、投药、注射、麻醉、标记、外科手术、安乐死术等。

动物实验替代方法（alternative method of animals experiments） 为维护实验动物权利，保障实验动物福利，研究不用或少用实验动物可能达到原有动物实验方法所获相同研究结果的方法。在现阶段主要是遵循“3R”原则，即减少、替代和优化原则，随着现代科学技术的发展，动物实验有望达到全部被替代。

动物天然毒素（animal natural toxin，zootoxin）见动物毒素。

动物天然毒素食物中毒（animal natural toxin food poisoning） 由于摄食在正常生理状态就具有毒性成分的动物性食品而引起的中毒。这些毒性成分，可以是动物自然合成，也可以是通过饵料转移、蓄积和在保存中由细菌作用转化生成。前者如河豚中毒、海鳝中毒、猪甲状腺或肾上腺中毒；后者如动物肝（鲨、鳕、北极熊和狼等肝含鱼油毒或过量的维生素A）中毒、麻痹性或腹泻性贝中毒、雪卡中毒（Ciguatera poisoning）、鱼类组胺中毒和有毒蜂蜜中毒等。

动物卫生监督（animal health supervision） 动物卫生监督机构依照《动物防疫法》规定，对动物饲养、屠宰、经营、隔离、运输以及动物产品生产、经营、加工、贮藏、运输等活动中的动物防疫实施监督管理。动物卫生监督是一种政府管理的行政行为，目的在于发现、制止、纠正、处理违法行为；同时，也是对监督机构工作人员及下属机构执法情况的监督。

动物卫生监督所（站）（animal health supervision stations，animal health supervisory authorities） 县级以上地方人民政府设立的动物卫生监督机构，依照《动物防疫法》和有关规定，负责动物、动物产品的检疫工作和其他有关动物防疫的监督管理执法工作。

动物性食品卫生学（animal derived food hygiene）以兽医学和公共卫生学的理论为基础，从预防观点出发，研究肉、乳、蛋、水产、蜂蜜等动物性食品的预防性和生产性卫生监督，产品卫生质量的鉴定、控制及其合理的加工利用，以保证生产、经营的正常进行和保障人、畜的健康，防止疫病传播和增进人类福利的综合性应用科学。它主要研究如何保证人们获得符合卫生要求，适于人类消费的动物性食品，防止病原体和其他可能存在的有害因素经由动物性产品对人体健康造成危害，并防止动物疫病的传播。以达到既能保障食用者安全，又能充分利用动物产品资源和促进养殖业发展的目的。

动物源性人兽共患病（anthropozoonosis） 病原体的储存宿主主要是动物，通常在动物之间传播，偶尔感染人类的疾病。人感染后往往成为病原体传播的生物学终端，失去继续传播的机会。如棘球蚴病、旋毛虫病、马脑炎等。

动物宰前管理（pre-slaughter treatment of animal） 对动物在屠宰前进行的休息管理和停饲管理。①宰前休息管理：畜禽运输至屠宰场后，需要经过一段时间的休息，以缓解应激，消除疲劳，可减少宰后肉品的带菌率，增加肌糖原的含量（有利于肉的成熟），排出机体内过多的代谢产物，使肉品的质量得以提高。时间一般为24～48h，以消除运输疲劳为目的。②宰前停饲管理：在屠宰前对待宰畜禽停止饲喂一段时间，待其消化道内的食物被消化吸收后再行屠宰，既可节约饲料，又利于屠宰操作。宰前停饲的时间，猪为12h，牛羊为24h，兔为20h，鸡鸭为12～24h，鹅为8～16h。停饲时间不宜过长，以免引起骚动。停饲期间必须保证充分的饮水，直至临宰前

2～3h。

动作电位（action potential） 可兴奋细胞接受刺激发生兴奋时，细胞膜原来的极化状态立即消失，并在膜的两侧发生一系列电位变化的过程。采用胞内记录技术发现，膜兴奋时，膜电位要经历去极化（膜电位的变小）、反极化（膜内变正，膜外变负）和复极化（恢复极化状态）3个阶段的变化。典型的神经动作电位的波形由峰电位、负后电位和正后电位组成。动作电位具有不衰减、可传导的特性，并遵循“全或无”定律，是细胞兴奋的标志。

冻干补体（lyophilized complement） 经冷冻真空干燥制成的补体含量及活性高的正常豚鼠的新鲜血清。用于血清学诊断中的补体结合试验。冻干补体的效价应不低于1∶20，在2～15℃冷暗处保存期为2年。经稀释后的冻干补体溶液必须冻结，不宜长期保存。

冻干疫苗（lyophilized vaccine） 在弱毒菌（毒）液中加入冻干保护剂后，经冷冻真空干燥处理制成的疫苗。具有不影响原菌（毒）株的生物学活性，保持原有性状，通常可在18℃以下运输或0～5℃（耐热保护剂）保存和易于溶解等优点。弱毒疫苗多属冻干疫苗，如猪瘟活疫苗、仔猪副伤寒活疫苗、鸡马立克氏病火鸡疱疹病毒活疫苗等。

冻伤（frost-bite） 低温作用引起的组织局部病理变化。家畜耐寒，很少发生冻伤，而创面、阴茎麻痹脱出或局部湿润加冷也可发生。局部症状分为3度，红斑性冻伤为一度、水疱性冻伤为二度、坏死性冻伤为三度。一般开始血管收缩、接着麻痹扩张，局部肿胀潮红，进而坏死脱落。治疗原则是除去原因、安静恢复、局部摩擦、改善血液循环，坏死损伤按创伤处理。

胴体检验（carcass inspection） 家畜宰后的一个检验环节。主要检验胴体的放血程度、脂肪、肌肉、胸腹膜、骨髓、主要淋巴结及肾脏。在猪还必须剖检腰肌检查猪囊尾蚴。

豆状带绦虫（*Taenia pisiformis*） 属带科。寄生于犬、狐等肉食兽的小肠。长可达200cm，顶突上有大钩和小钩各一圈，共计34～48个。孕卵子宫每侧有8～14个主侧支。中绦期为豆状囊尾蚴。参阅豆状囊尾蚴病和带科。

豆状囊尾蚴病（cysticercosis pisiformis） 豆状带绦虫的中绦期幼虫——豆状囊尾蚴（*Cysticercus pisiformis*）寄生于兔和啮齿类动物的肝、肠系膜和腹腔引起的疾病。严重感染时，由于早期幼虫在肝实质中移行，可能引起肝炎。慢性病例表现为消化障碍和消瘦。终末宿主为犬、狐等肉食兽。

痘病毒载体（poxviruses vector） 痘病毒经改造而成的表达外源基因的分子载体。痘病毒含有能够被真核细胞识别的启动子，这些启动子不但可以引发动物基因工程中常用的一些标记基因的表达，而且还能够引发克隆的外源基因的表达。痘病毒早期基因的表达产物中，胸苷激酶是一种易于鉴定的标记，胸苷激酶编码基因位于痘病毒基因组DNA的Hind III-J片段上。痘病毒正常功能的表达并不需要这个片段，当其被外源DNA取代之后，不会影响病毒基因组的复制。将编码胸苷激酶基因的痘病毒基因组的Hind III-J片段，克隆进质粒载体分子上，并在此非必需区中插入痘病毒启动子，在启动子下游连接欲表达的外源基因。接着对感染痘病毒1～2h的细胞转染上述质粒，使重组质粒中所含的痘病毒非必需区序列与痘病毒中的非必需区序列发生同源重组，外源基因在这一过程中重组到痘病毒基因组中，形成重组痘病毒粒子。被表达的外源蛋白，在感染细胞中，能忠实地进行修饰。与其他哺乳动物病毒表达载体相比，痘病毒载体具有较高的表达效率；通过对动物接种重组痘病毒的方法，能了解外源蛋白对个体的作用以及所诱导机体产生的免疫应答；表达抗原基因的重组痘病毒，可作为基因重组疫苗。痘病毒作为基因重组活疫苗的载体，不需佐剂即可免疫动物，病毒在体内增殖过程中产生的外源蛋白可刺激机体产生免疫应答，不仅诱导机体产生体液免疫，而且诱导很强的细胞免疫。

窦道（sinus） 一种久不愈合的病理性肉芽创。由深部组织通向体表，只有一个开口。这种狭窄而不易愈合的病理管道，其表面被覆肉芽组织或上皮。借助于管道使深在组织（结缔组织、骨或肌肉组织等）的脓窦与体表相通，其管道一般呈盲管状。手术治疗是最根本的方法。

窦房传导阻滞（sinoatrial block，SAB） 简称窦房阻滞。系窦房结周围组织病变，使窦房结发出的兴奋性激动传达心房的时间延长或不能传出，导致心房心室搏动减缓甚至停搏。属于传出性阻滞。发生原因与窦房结产生的冲动过弱或其周围的心房组织应激性过低有关。见于迷走神经张力过高、心肌病、心肌炎、急性心肌梗塞等；也可见于洋地黄、奎尼丁等药物中毒。

窦房结（sinoatrial node） 哺乳动物心传导系统自律性最高的起搏点，主导整个心的兴奋和搏动。位于前腔静脉和右心房之间沟内的心外膜下。目前已知窦房结内P细胞的动作电位第4期具有自动去极化现象，当去极化达到阈电位水平时即可引起另一次动作电位的出现。

窦毛（sinus hair） 又称触毛（tactile hair）。高

度特化的毛。分布于头部，司触觉。结构特征是毛囊的结缔组织鞘分为内、外两层，两层间为充满血液的环状窦。在马和反刍动物，环状窦的全长均有弹性纤维小梁横跨其间；而在猪和食肉动物，窦毛囊的上部略有不同，结缔组织鞘的内层变厚，形成窦垫，并为无小梁的环状窦包绕。骨骼肌附着于结缔组织鞘的外层，可随意控制。许多神经束穿过结缔组织鞘的外层，分支到小梁和结缔组织鞘的内层。

窦性节律（sinus rhythm，SR） 源于窦房结的正常心律。

窦性节律失常（sinus rhythm disturbance） 窦房结兴奋灶功能发生紊乱，如窦性心动过速、窦性心动过缓、窦性心律不齐。

窦性心动过缓（sinus bradycardia） 窦房结发出的自动节律性兴奋的频率过低，低于正常范围的下限。临床上表现为心搏次数异常减少。在心电图上可见PP或RR间期延长。临床上可见于迷走神经过度紧张、饥饿、恶病质、低血压等。

窦性心动过速（sinus tachycardia） 窦房结发出的自动节律性兴奋的频率过高，超过了正常范围的上限。发生原因与交感神经兴奋及迷走神经张力降低有关。生理状态下可因运动、焦虑、情绪激动或应用肾上腺素、异丙肾上腺素等药物之后引起。病理状态下与发热、血容量不足、贫血、甲状腺机能亢进、呼吸功能不全、低氧血症、低钾血症、心力衰竭等有关。临床上表现为心搏动次数异常增加，心电图上可见PP或RR间期缩短。易复发。

窦性心律（sinus rhythm） 由窦房结起搏而形成的心脏节律。在哺乳类动物，窦房结是引导整个心脏兴奋和搏动的正常部位，称为正常起搏点或主导起搏点。

窦性心律不齐（sinus arrhythmia） 窦房结发出的自动节律性兴奋不规则，心律显著快慢不均。窦性心律不齐是心律失常的一种，此时虽然心跳启动正常，但心脏跳动的快慢出现明显不齐整。心电图上PP或RR间期周期性不齐。常为生理现象，如所谓的呼吸性心律不齐。

窦周隙（perisinusoidal space） 又称Disse氏间隙，肝血窦内皮与肝细胞板之间的窄小间隙。内有来自肝血窦的血浆流动，间隙中还有少量胶原纤维、网状纤维和储脂细胞。肝细胞伸出许多微绒毛浸浴在间隙中的血浆内，因此，窦周隙是肝细胞与血液进行物质交换的场所。

窦状隙（sinusoid） 连于动脉部和静脉部之间，管径30～40μm，比毛细血管大，形状不规则的间隙。属不连续毛细血管，内皮细胞间有较大的间隙，基膜不连续或缺失，偶见周细胞，壁外或窦内常见巨噬细胞。分布于肝、脾、红骨髓和部分内分泌腺。

毒扁豆碱（physostigmine） 又称依色林（eserine）。一种可逆性抗胆碱酯酶药。从西非毒扁豆种子中提取的生物碱。现可人工合成。抑制胆碱酯酶，使体内乙酰胆碱积聚而发挥乙酰胆碱的全部作用，即毒蕈碱及烟碱样作用，作用较复杂。主要作为瘤胃兴奋药应用。

毒草碱受体（muscarinic receptor） 乙酰胆碱能受体之一。它的药理学特点是，当毒蕈碱或毛果芸香碱与之结合后，能够产生它与乙酰胆碱结合时相同的效应。M受体广泛分布于副交感神经所支配的器官和组织，例如外分泌腺（腮腺、胰腺、汗腺及胃壁细胞等）和为数众多的平滑肌（胃、回肠、虹膜及胆囊等）。在中枢神经系统中，M受体分布较为广泛，在大脑皮层、海马、纹状体等核团均有分布。

毒害艾美耳球虫（*Eimeria necatrix*） 属于真球虫目（Eucoccida）、艾美耳亚目（Eimeriina）、艾美耳科（Eimeriidae）、艾美耳属（*Eimeria*），感染鸡，主要寄生在小肠的中1/3段，尤以卵黄蒂前后最为常见，是小肠球虫中致病力最强的一种。严重时可扩展到整个肠道。卵囊中等大小，形状为卵圆形，大小为（13.2～22.7）μm×（11.3～18.3）μm，平均为20.3μm×17.2μm。卵囊壁光滑无色，无卵膜孔。无孢子囊残体和卵囊残体。有一个极粒。孢子囊卵圆形。孢子发育最短时间为18h。最短潜隐期138h。发育史见柔嫩艾美耳球虫，不同的是其第二代裂殖子向小肠后部移动，在盲肠上皮细胞内进行配子生殖。

毒蒿中毒（artemisia taurica poisoning） 家畜误食过量的毒蒿，由其所含苦艾挥发性油（oil of absinthe）等毒素所致的以神经机能紊乱为主征的中毒病。急性病例战栗、癫痫、四肢和颈肌痉挛、出汗、心搏动亢进，体温升高。慢性病例除上述症状外，尚有流涎、结膜黄染、粪干附有黏液等症状。治疗宜洗胃、催吐和轻泻，同时肌内注射强心剂。

毒剂中毒（toxicant poisoning） 能毒害动物（包括人类）的化学物质中毒的总称。按其毒理和临床症状可分为神经性、糜烂性、失能性、窒息性、刺激性和全身性中毒等类型。根据其发挥毒害作用的状态可分为蒸气、雾、烟、微粉和液滴多种。其中蒸气、雾和烟态毒剂主要通过呼吸道引起中毒；液滴态毒剂主要污染地面和物体，通过皮肤引起中毒；微粉比烟的颗粒大，既造成地面染毒，并能飞扬造成空气染毒，上述两种中毒途径兼有。

毒价（virulent valence） 微生物毒力的量值。多用最小致死量（MLD）、半数致死量（LD_{50}）、半数感染量（ID_{50}）、半数反应量（RD_{50}）、鸡胚半数致死量（ELD_{50}）、鸡胚半数感染量（EID_{50}）、组织培养半数感染量（$TCID_{50}$）等表示。

毒理学（toxicology） 研究外源性化学物质对生物体的毒性反应、严重程度、发生频率和毒性作用机制，对毒性作用进行定性和定量评价，预测其对人体和生态环境的危害，为确定安全限值和采取防治措施提供科学依据的一门应用学科。

毒理学安全性评价（toxicological safety evaluation） 通过动物实验或人群观察，阐明某一化学物质的毒性及其潜在危害。为了规范外源化学物质安全性评价工作，世界各国和有关组织制定了毒理学安全性评价的规范、标准和指南，对不同化学物质的安全性评价内容进行了规定。这些规范、标准和指导原则是原则性的，容许有一定的灵活性。各国、各部门规定的毒理学安全性评价程序基本相同，只是根据不同化学物质的用途和特点，在具体试验内容、测试方法及试验的先后安排上略有不同。

毒力（virulence） 又称致病力（pathogenicity）。是指病原菌致病力的强弱程度。同一细菌的不同菌株，其毒力不一样，因此，毒力是菌株的特征。在疫苗研制、血清效价测定、药物筛选等工作中，都必须知道细菌的毒力。细菌毒力的表示方法很多，最实用的是半数致死量和半数感染量。

毒力岛（pathogenicity island，PAI） 染色体中编码细菌毒力基因簇的分子量比较大的 DNA 片段。20 世纪 80 年代末由德国学者 Hacker 等提出。其特点是两侧一般具有重复序列和插入元件，通常位于细菌染色体 tRNA 位点内或其附近，不稳定，含有潜在的可移动元件，其基因产物多为分泌性蛋白或表面蛋白。分子结构和功能有别于细菌基因组，但位于细菌基因组之内，因此称之为“岛”。目前，已知许多病原性细菌，如大肠埃希菌、沙门氏菌、李氏杆菌、耶尔森氏菌、幽门螺杆菌、霍乱弧菌、金黄色葡萄球菌等，都存在毒力岛，而且一种病原性细菌往往具有一个或多个毒力岛。毒力岛在不同细菌的发现使人们对细菌毒力的进化方式有了新的认识，同时也认识到细菌毒力是一个多基因作用的复杂过程。

毒力因子（virulence factor） 又称致病因子。是致病菌对环境作出相应反应而表达的特定产物。特定的寄生宿主、各种环境信号都可诱导致病菌毒力基因（或称致病基因，virulence genes）表达，产生毒力因子如黏附素（adhesin）、侵袭素（invasin）、毒素（toxins）等，它们在致病菌的致病过程中发挥着不同的作用。

毒麦中毒（darnel poisoning） 又称黑麦草蹒跚（ryegrass stagger）。家畜采食毒麦，由其所含黑麦草生物碱（perloline）和降黑麦草碱（nor - loline）等所致的中毒病。病马瞳孔散大，步态不稳，眩晕，虚脱，最后惊厥死亡。宜采用对症疗法。

毒毛旋花子苷 K（K - strophanthin） 又称康毗箭毒子素。从非洲康毗箭毒毛旋花子中获得的强心苷。作用与洋地黄相似，但较为迅速，蓄积性较小，只供注射用。正性肌力作用明显，对心率和房室束传导影响较小。适用于急性心力衰竭及慢性心功能不全的急性发作，特别是使用洋地黄无效时。毒性与洋地黄相似。心脏有器质性病变、心内膜炎、创伤性心包炎时忌用。

毒芹中毒（cicuta poisoning） 误食毒芹引起的以急性发作痉挛为主征的中毒病。由毒芹全草中含有的毒芹毒素（cicutoxin）、毒芹醇（cicntol）和毒芹碱（cicu - tine）而致病。症状有兴奋，全身肌肉痉挛或癫痫样急性发作，角弓反张，瞳孔散大，流涎，腹泻，臌气，呼吸促迫和心跳加快；后期眩晕，麻痹。可应用轻泻、解痉等药物进行对症治疗。

毒素（toxin） 由活的机体产生的，其化学结构尚不完全清楚的毒物。毒素根据其来源分为植物毒素、动物毒素、霉菌毒素和细菌毒素等；细菌毒素又可分为内毒素和外毒素。凡是通过叮咬（如蛇、蚊子）或蜇刺（如蜂类）传播的动物毒素称为毒液。一种毒素在确定其化学结构和阐明其特性后，往往按它的化学结构重新命名。

毒素单位（toxin unit） 能使指定体重的实验动物（主要为豚鼠）在特定时间内死亡的最小毒素量。也可与已知单位的抗毒素作絮状试验，测定絮状单位（Lf）。

毒素中和试验（toxin neutralization test） 测定抗毒素中和毒素的一种定量试验。通常将固定量的一方与递增稀释的另一方混合，将此混合液接种于适当动物，观察实验动物的死亡情况，计算中和指数，或用皮内试验测定无毒限量（LO），也可用絮状反应测定絮状反应量（Lf）。

毒物（toxicant） 在一定条件下，接触较小剂量即可引起生物体器质性或功能性损害的物质。毒物与非毒物并无绝对界限，取决于剂量、摄入途径和动物种属。毒物的范围广，种类多，包括工业毒物、环境污染物、农用化学物、生物毒素、军事毒物和放射性核素等。

毒物动力学（toxicokinetics） 应用动力学原理研究化学毒物在体内吸收、分布、生物转化、排泄等过程及其量变规律的一门毒理学分支学科。

毒物化学分析（chemical analysis of poison） 对

环境和生物体中的毒物及其代谢物所进行的检测。空气、水和食品（饲料）是环境毒物的污染对象，通过对其进行检测可了解污染程度和范围。而掌握毒物在体内的负荷或危害程度尚须进行血液、尿、毛发和呼气的检测。分析方法必须标准化和规范化，要进行痕量（10^{-6}～10^{-9}g量级）和超痕量（10^{-9}～10^{-12}g量级）分析。具体方法有比色法和紫外可见光分光光度法、荧光分光光度法、原子吸收光谱法、阳极溶出伏安法、离子选择电极分析、气相色谱法、气相色谱-质谱法、高效液相色谱法、高效液相-串联质谱法等。

毒性（toxicity）　外源化学物质与机体接触或进入体内的易感部位后，能引起损害作用的相对能力，或损伤生物体的能力。其大小通过所产生损害的性质和程度予以表现。可用动物实验或其他方法检测。根据接触时间分成急性和慢性，其毒性大小分别用半数致死量（LD_{50}）和引起某一效应的慢性阈剂量表示。

毒性试验（toxicity test）　阐明外来化学物质毒性的试验。主要应用小鼠、大鼠、豚鼠、兔、猫、犬和猴等实验动物，有时也用鱼类，特殊情况可用某种微生物。试验方法有依据染毒时间长短的急性、亚急性和慢性试验。也有研究特殊毒性的致癌、致突变和致畸试验以及生化代谢试验、繁殖试验、致敏试验、动物行为障碍试验等。染毒途径有经口、经呼吸道、经皮及注射等。

毒性作用（toxic effect）　又称毒作用、毒效应。化学毒物本身或代谢产物在靶组织或靶器官达到一定数量并与生物大分子相互作用，对动物机体产生的不良或有害的生物学效应。特点是动物机体接触化学毒物后，表现出各种生理生化功能障碍，应激能力下降，维持机体的稳态能力降低以及对生产环境中的各种有害因素易感性增高等。机理可概括为物理性（如大量吸入惰性气体可降低肺泡中氧分压而造成窒息）、化学性（如一氧化碳与血红蛋白结合形成碳氧血红蛋白，破坏血液携氧功能而造成窒息）及生理性（化学物质影响机体代谢过程，损害生物膜的结构和功能，干扰酶系统，损害细胞大分子，影响机体免疫功能等）三类，因内容复杂，多数化学物质尚待深入研究。

毒蕈（toadstools）　又称毒蘑菇。真菌类植物，约有80余种。包括原浆毒毒蕈（毒伞、白毒伞、鳞柄白毒伞、丝膜蕈、马鞍菌等）、神经毒毒蕈（丝盖伞、杯伞、毒蝇伞、豹斑毒伞、裸盖菇、裸伞等）、胃肠毒毒蕈（乳菇、粉褶蕈、白蘑等）及溶血毒毒蕈（鹿花菌等）。动物误食，均可中毒。

毒蕈碱受体（muscarinic receptor）　即M受体，乙酰胆碱能受体之一。毒蕈碱或毛果芸香碱与M受体结合，能产生乙酰胆碱与之结合时相同的效应。M受体广泛分布于副交感神经所支配的器官和组织，如外分泌腺（腮腺、胰腺、汗腺及胃壁细胞等）和为数众多的平滑肌（胃、回肠、虹膜及胆囊等）。在中枢神经系统中，M受体分布较为广泛，在大脑皮层、海马回、纹状体等核团均有分布。

毒药（deadly poison）　一类药理作用剧烈，安全范围小，极量与致死量非常接近，易致中毒或死亡的药物。如洋地黄毒苷、硫酸阿托品等。一般认为小鼠每1kg体重皮下注射LD_{50}在20mg以下者为毒药。

毒株（strain）　又称分离株（isolate）。从一个样品中分离纯化到的一种病毒及其后代。来自不同地点和不同时间等不同来源的同一种病毒为该病毒的不同毒株，在同一次疫病流行中从不同病畜（禽）分离的多个毒株，如果特征相同，一般认为属同一毒株，不同毒株间的主要特征与代表种完全相同，但是次要特征上可能有些差别。例如新城疫病毒的B_1株和La Sota株。

毒作用带（toxic action zone）　阐明化学物质毒性和毒作用特点的参数。急性毒作用带为半数致死量与急性中毒阈剂量的比值，比值大表明死亡的危险性小。慢性毒作用带为急性中毒阈剂量与慢性中毒阈剂量的比值，比值大表明易引起慢性中毒。

独立通风笼盒（individually ventilated cages，IVC）　有良好气密性并带有空气过滤进出风装置的塑料笼具。笼盒的送排风分阀门开闭式和终端过滤保护式。把多个笼盒和独立供风系统连接起来可形成机盒一体式或机盒分体式的不同装置。IVC可提高饲养安全性。

独特型（idiotype）　在特定抗体或T细胞受体分子上可变区的抗原决定簇，是独特位的总和。独特型是机体中特定抗体或体细胞受体的独特属性，即单个B细胞克隆或T细胞克隆的产物。独特型可以作为特定B细胞或T细胞的标志，也可作为编码抗体或T细胞受体可变区的基因片段的标志。

独特型抗原（idiotypic antigen，IdAg）　又称个体基因型抗原。专指抗体（Ab_1）可变区的抗原型，可刺激同种动物或异种动物产生抗独特型抗体（Ab_2），即针对Ab_1可变区的抗体。视Ab_1可变区立体构型的位置可以分为α、β、γ 3种抗原表位。α表位在可变区构型外侧，抗α表位的抗体$Ab_{2\alpha}$不影响抗体与抗原结合。β表位在构型中心的抗原结合点上，抗β表位的抗体（$Ab_{2\beta}$）能完全阻断抗体与抗原结合，其构型与抗原决定簇十分相似，可用以模拟抗原，称为抗原内影像。γ表位的抗体（$Ab_{2\gamma}$）可因空间干涉而阻断抗体与抗原结合。

犊牛大肠杆菌病（colibacillosis in calf） 由大肠杆菌 O_9、O_5、O_{26} 等血清型引起以败血症和下痢为特征的犊牛传染病。10日龄以内的犊牛最易感。主要经消化道、子宫或脐带感染，凡能引起犊牛抵抗力降低的各种因素，都能促使本病的发生和流行。若有病毒或其他细菌继发感染，可使病情加重。应与犊牛轮状病毒感染、犊牛副伤寒等区别诊断。预防主要加强饲养管理和环境卫生，防治可用抗生素和磺胺类药物并配合对症疗法。

犊牛低镁血搐搦（hypomagnesemic tetany of calves） 又称全乳搐搦（whole-milk tetany）。犊牛单纯吮哺全乳所引起的伴有低钙血症的低镁血症。主要发生于2～4月龄或更大的生长较快的犊牛。临床上多以惊厥症状开始，在发作期间，口吐白沫，牙关紧闭，四肢呈强直性或痉挛性抽动，尿失禁，眼球前突，心搏动疾速，呼吸暂停。病后1h内多死于呼吸中枢麻痹。治疗首选药物为钙制剂、镁制剂和镇静剂。

犊牛副伤寒（salmonellosis bovinum） 又称牛沙门氏菌病。鼠伤寒沙门氏菌或都柏林沙门氏菌以及其他血清型细菌引起牛的一种以出血性或纤维素性炎症为主要特征的传染病。是20～40日龄犊牛的一种常见传染病，表现为急性胃肠炎或败血症。成年牛感染为慢性经过，表现肺炎或关节炎，常呈散发性。本病与牛球虫病和犊牛大肠杆菌病相似，应注意区别。预防应采取综合性防治措施，对常发地区的犊牛注射副伤寒弱毒菌苗。早期治疗采用抗生素，磺胺类药物配合其他对症治疗有一定效果。

犊牛水中毒（water intoxication in calves） 又称犊牛阵发性血红蛋白尿症。断奶犊牛暴饮大量清水后突发以血红蛋白尿为主征的中毒病。轻型呈亚临床症状。重型见沉郁，体温降低，结膜淡染或发绀，大出汗，心搏动亢进，脉细弱，心音浑浊，流泡沫状鼻液，呼吸促迫，肺泡音粗厉，伴发湿性啰音。叩诊肺部呈半浊音或浊音区，肠音增强，排水样软便。后期肌肉震颤，感觉过敏，眼球震荡，惊厥等脑水肿症状。防治可静脉注射电解质溶液，并结合氧气吸入疗法。平时日粮中补饲食盐，每次饮水量不要过多。

犊牛遗传性角化不全（inherited parakeratosis of calves） 某些品种犊牛出生后发生的以角化不全为主征的一种常染色体隐性遗传病。病因可能是锌缺乏和胸腺发育不全。病犊4～8周龄时开始出现症状，腿部发生皮疹，在口和眼周围、颌下及颈、腿部出现角化不全，生成鳞屑、痂皮，脱毛，生长速度缓慢。多数病犊到4月龄时死亡。剖检特征性病变为胸腺发育不全。口服锌制剂治疗可收到良好效果，但停药可复发。

犊牛阵发性血红蛋白尿症（paroxysmal hemoglobinuria in calves） 见犊牛水中毒。

杜格布病毒热（Dugbe fever） 布尼病毒科的杜格布病毒所致的一种蜱媒热症。仅见于非洲部分地区。该病毒可广泛引起牛的隐性感染，但无临床表现。在牛群中由蜱传播，形成病毒的自然传播循环。人偶然进入自然传播循环而受到感染，表现为发热性疾病，特别是儿童，有头痛、呕吐、腹泻、衰竭和瘙痒的斑丘疹等症状。在发热期间血液中可分离到病毒。确诊靠病毒分离鉴定和血清学试验。

杜鹃中毒（rhododendron poisoning） 采食杜鹃、羊踯躅花或嫩枝引起以呕吐、腹痛、蹒跚为主症的中毒病。由于杜鹃植物中含有日本杜鹃素-Ⅲ（rhodojaponin Ⅲ）、梫木毒素（andromedotoxin）以及杜鹃毒素（rhodotoxin）而致病。症状有流涎，呕吐，肚胀，腹痛，心律不齐，呼吸困难，步态蹒跚，体质虚弱、虚脱。重型病例几天内死亡。治疗以对症疗法为主。

杜氏利什曼原虫（*Leishmania donovani*） 属利什曼属，引起内脏利什曼原虫病（又称黑热病）。杜氏利什曼原虫的生活史需要两个宿主，即人或哺乳动物和白蛉，在哺乳动物和人体内以无鞭毛体形态寄生于巨噬细胞内，而在昆虫媒介白蛉体内则以细胞外前鞭毛体形态寄生于中肠内，均营二分裂增殖。

度米芬（domiphen bromide） 表面活性剂。杀菌作用比新洁尔灭强，用于消毒未损伤皮肤，治疗创伤感染及牛奶厂、食品厂用具和医疗器械、橡胶用品的贮存消毒。

端粒（telomere） 真核生物线性染色体两端特化结构。通常由富含鸟嘌呤核苷酸的短（通常为6个核苷酸）的串联重复序列DNA组成，伸展到染色体的3′端。一个基因组的所有端粒都是由相同的重复序列组成，但不同物种端粒的重复序列是不同的。端粒的生物学功能在于维持染色体的完整性和个体性，防止染色体间末端连接，并可补偿滞后链5′-末端在消除RNA引物后造成的空缺，与染色体在核内的空间排布及减数分裂时同源染色体配对有关。真核细胞染色体端粒的重复序列不是在染色体DNA复制时连续合成的，而是由端粒酶合成后添加到染色体末端。迄今为止仅发现在生殖细胞和部分干细胞内有端粒酶活性，而在所有正常体细胞内尚未发现端粒酶活性，所以生殖细胞染色体末端比体细胞的长几千个碱基对。体细胞每分裂一次，端粒重复序列就缩短一些，表明端粒重复序列的长度与细胞分裂次数和细胞衰老有关，被认为是细胞分裂计时器。肿瘤细胞具有表达端粒酶活性的能力，使癌细胞得以无限制地增殖。

端粒酶（telomerase） 催化端粒合成的酶。由蛋白质和RNA组成，具有反转录酶的活性，能以自身的RNA为模板，反转录合成端粒DNA。端粒酶使端粒的3′末端延长，防止其子代端粒DNA缩短。

端脑（telencephalon） 由左右两大脑半球、胼胝体及嗅脑组成的脑的高级部分。其基本功能为认知及对精细随意运动的调节。常与大脑混用。

短促发情（short estrus） 母畜的发情持续期间非常短的一种发情表现。如不注意观察，极易错过配种时机。卵泡很快成熟而排卵，或由于卵泡发育停止、发育受阻而引起。多见于青年动物，家畜中以奶牛常见。

短环反馈（short-loop feedback） 激素分泌的反馈性调节途径之一。腺垂体激素通过对下丘脑调节性多肽分泌的控制而调节自身的分泌水平，一般为负反馈。如血中促肾上腺皮质激素或促甲状腺激素达到一定浓度时，可以抑制下丘脑促肾上腺皮质激素释放激素和促甲状腺激素释放激素的分泌，从而使血中的促肾上腺皮质激素和促甲状腺激素维持相对恒定的水平。

短螺旋体属（*Brachyspira*） 螺旋体科中一属，细胞呈疏松、规则的螺旋形，长7～9μm，宽0.3～0.4μm。具有螺旋体的典型超微结构，每端有8或9根轴丝。有机化能营养，利用可溶性糖供其生长，发酵力微弱。在含10%胎牛、犊牛或兔血清的酪蛋白胰酶消化物大豆胨汤（TSB）或脑心浸液汤内，36～42℃厌氧生长，25℃和30℃则不生长。在TSB血液琼脂平板，38℃培养48～96h形成扁平、半透明的菌落，大小0.5～3mm，随菌种不同可呈现微弱或强β溶血。代表种为猪痢疾短螺旋体，引致猪痢疾。最常发生于8～14周龄幼猪，主要症状是严重的黏膜出血性下痢和迅速减重。特征病变为大肠黏膜发生黏液渗出性（卡他性）、出血性和坏死性炎症。

短期暴发（short period outbreak） 见点状流行。

短头型头骨（brachycephalic skull） 短而宽的头骨。前额长，面部短而凹。头指数可达90%以上。颅一面指数超过3，如中犬、京巴犬等。约克夏猪、太湖猪亦属此型。

短周期（short cycle） 母畜发情周期缩短的异常发情现象。多见于羊。绵羊的发情周期比较稳定，但在繁殖旺季，营养良好的母绵羊有的出现发情周期缩短。发情季节初期的奶山羊也有此种现象出现。

断耳术（ear cropping） 对犬耳朵进行的手术。在某些国家出于习惯和偏爱，当犬头部发育相对稳定，在耳软骨发育旺盛的9～10周龄施行本手术。方法是依动物的品种要求确定断耳形状，剪断皮肤及其内部的软骨，将剪断的皮肤相对缝合。

断裂基因（split gene） 真核生物结构基因，由若干个编码区和非编码区互相间隔开但又连续镶嵌而成，去除非编码区再连接后，可翻译出由连续氨基酸组成的完整蛋白质。

断脐（rupture of the umbilical cord） 徒手或用器械使刚出生幼畜的脐带与母体断离的过程。胎畜在产出过程中或产出后，一般脐带会自行断离，但有的不断、有的留下残段太长，需要人为断离或断短。包括断离脐带和脐带断端消毒两部分。断脐应在脐动脉停搏后进行，可以减少胎畜失血。方法有结扎剪断、徒手扯断和烙铁烙断烙焦3种。

断尾术（amputation of the tail） 当动物患有尾坏疽、尾肿瘤时以治疗为目的进行的断尾手术。此外，对马和犬的断尾有整容的目的，羊的断尾多用于繁殖目的。马和犬以美容为目的的断尾部位根据畜主的要求，病理的断尾在健康与病组织交界，偏健侧的尾关节之间。硬膜外麻醉、尾根部装止血带，在尾部作双瓣状切开，皮瓣向尾根部剥离，切断关节间韧带和尾肌，松开止血带并止血，两皮瓣相对缝合。羊的断尾在生后1～2周内施行，常用烙铁、铁环、胶皮环断尾。

断续发情（split estrus） 母畜发情时间延长，有时可达30～90d，并呈时断时续的状态。由于卵泡交替发育所致。多见于早春及营养不良的母畜。

断续呼吸音（discontinuous breath sound） 又称齿轮呼吸音（cogwheel breath sound）。肺脏局部出现小炎灶或小支气管狭窄时，空气不能均匀进入肺泡发出的短促的不规则间歇音，并以听到“咔嗒”声为特征。常见于肺结核和肺炎等。

堆肥（compost） 利用各种植物残体（作物秸秆、杂草、树叶、泥炭、垃圾以及其他废弃物等）为主要原料，混合人畜粪尿经堆制腐解而成的有机肥料。堆肥是粪便和垃圾等有机废弃物无害化处理方法之一。由于它的堆制材料、堆制原理，和其肥分的组成及性质与厩肥相类似，所以又称人工厩肥。

堆型艾美耳球虫（*Eimeria acervulina*） 属于真球虫目（Eucoccida）、艾美耳亚目（Eimeriina）、艾美耳科（Eimeriidae）、艾美耳属（*Eimeria*），感染鸡，通常寄生在十二指肠和空肠，偶尔可延至小肠后段。卵囊呈卵圆形，中等大小，（17.7～20.2）μm×（13.7～16.3）μm，平均为18.3～14.6μm，无卵膜孔。卵囊壁呈淡黄绿色，厚约1.0μm。极粒大多为1个，少数2个，折光性强。完成孢子发育的最早时间为19.5h，大多为24h。孢子囊大小为(7.5～10.5）μm×

(4.5～5.0) μm，平均为 9.7μm×5.0μm，无内残体和外残体，潜隐期 96h。发育史与柔嫩艾美耳球虫相似。

队列研究 (cohort study)　又称群组调查研究。流行病学中研究疾病因果关系的方法之一。从某一特定对象，分为若干组（应包括不同程度的暴露组及对照组）进行某种或某些可疑致病因子对疾病发生关系的纵向比较调查研究。即长期观察可疑致病因子（因）与该疾病发生与发展（果）的关系，并加以比较。

对氨基苯磺酸钠排泄试验 (sodium sulfanilic acid excretion test)　肾功能检测方法之一。该试验可检测单侧肾切除和肾功能下降氮质血症出现前的肾功能情况。其方法是用 5%对氨基苯磺酸钠，按每 1kg 体重 0.2mg 静脉注射。注射后 30min、60min 和 90min，分别采集肝素抗凝血 2～3mL，检测其光密度，然后在半对数坐标上求出 T1/2。犬正常值为 50～80min，猪正常值为犬的一半。在患肾脏病且尿素氮显著增加的病犬，T1/2 值可增至 200min 或更高。

对氨基苯胂酸 (arsanilic acid)　又称氨苯亚胂酸、阿散酸。具广谱杀菌作用，特别是通过饲料添加用药对胃肠道病原菌的作用良好。对肠道寄生虫如组织滴虫、变形虫、小袋虫等也有抑制和杀灭作用。与抗球虫药联合可提高防治效果。用作饲料添加剂能够提高产蛋率和改善肉质，并可促进动物的生长发育，提高饲料利用率和色素沉积。

对称联胎 (symmetrical duplication)　见重复畸形。

对流免疫电泳 (counter immunoelectrophoresis)　抗原和抗体在电场中相向移动而形成沉淀带的血清学试验。大部分抗原在 pH8.2 以上的碱性溶液中带负电荷，在电场中向正极移动；而抗体为 γ 球蛋白，带电荷弱，加上琼脂凝胶的电渗作用，故向负极泳动。二者相向移动，在凝胶中相遇而出现沉淀线。

对羧基苄胺 (p-aminomethyl benzoic acid, PABA)　又称氨甲苯酸，抗纤溶酶止血药。竞争性对抗纤维蛋白溶酶原激活因子的作用。作用比 6-氨基己酸强，维持时间较长，毒性低，副作用小，对渗出性出血效果较好。适用于纤维蛋白溶酶亢进所引起的出血，如产后出血和子宫、肝、肺、胰等手术出血。但对创口大出血无止血作用。

对因治疗 (etiological treatment)　用药目的在于消除疾病的原发性致病因子的治疗方法，中兽医称治本。如应用化疗药物杀灭病原微生物以控制感染性疾病，用洋地黄治疗慢性、充血性心力衰竭引起的水肿。

对症治疗 (symptomatic treatment)　用药目的在于改善疾病症状的治疗方法，中兽医称治标。如用解热镇痛药可使发热病畜体温降至正常，但如病因不除，药物作用过后体温又会升高。

盾板 (plastron, sternum, scutum)　躯体背面前端角质化的板。见于蜱、螨。

顿挫感染 (abortive infection)　又称非生产性感染 (non-productive infection)。病毒进入宿主细胞，由于细胞缺乏病毒增殖所需的酶、能量及必要的成分，病毒不能合成本身成分；或可合成全部或部分病毒成分，但不能装配和翻译出有传染性病毒粒子的感染。常由于宿主细胞对该病毒具有非允许性 (non-permissive)，即缺少病毒繁殖必需的某种酶或其他物质（如流感病毒感染 Hela 细胞，兔痘病毒感染猪肾细胞），也可能由于该病毒为缺陷病毒（如温度敏感变种和干扰性缺陷病毒），如有辅助病毒共同感染时该病毒可以获救。

多巴胺 (dopamine, DA)　一种儿茶酚胺类化学物质。在畜禽体内主要是作为中枢神经递质，多分布在基底神经核，参与锥体系统对躯体运动和平衡的调节，并与下丘脑—垂体某些激素（如 GHRH、PIH 等）的分泌有关。在外周组织中也可起递质作用，能引起尿钠排出增多，胰腺分泌加强，肾、脑、肠血管舒张，血流量增多等。生物合成的多巴胺，临床上用于兴奋心脏，治疗中毒性、出血性和心源性休克。

多倍体细胞 (polyploid cell)　含有 3 组或 3 组以上染色体的细胞。常见于高等植物细胞。

多发性骨髓瘤 (multiple myeloma, MM)　骨髓内浆细胞异常增生的一种恶性肿瘤。由于骨髓中有大量的异常浆细胞增殖，引起溶骨性破坏，又因血清中出现大量的异常单克隆免疫球蛋白，引起肾功能的损害，贫血、免疫功能异常。MM 发病徐缓，早期可数月至数年无症状。临床症状繁多，常见贫血、骨痛、低热、出血、感染、肾功能不全，随着病情进展，可出现髓组织浸润、M 球蛋白比例异常增高，从而导致肝脾淋巴结肿大、反复感染、出血、高黏综合征、肾功能衰竭等。本病可发生于各种动物，目前尚无根治疗法。

多房棘球绦虫 (echinococcus multilocularis)　又称泡状棘球绦虫 (*Echinococcus alveolaris*)。属于圆叶目、带科。成虫寄生于狐、犬、猫等的小肠。虫体长 1.2～3.7mm，由头节和 3～5 个节片组成。头节上有吸盘、顶突和小钩。孕节长度占虫体全长的 1/3～4/5。发育史与细粒棘球绦虫相似，但中间宿主为田鼠等啮齿动物和人。幼虫名为多房棘球蚴，又称泡球蚴，生长能力强，对人的危害较细粒棘球蚴更为严重。在犬、狐粪中发现虫卵或孕卵节片即可确诊。

对犬、狐用氯硝柳胺或氢溴酸槟榔碱驱虫。多房棘球蚴病参阅细粒棘球蚴病。

多功能酶（multifunctional enzyme） 同一条多肽链中存在多种不同催化功能的酶。如脂肪酸合成酶、乙酰辅酶A、羧化酶等。

多核巨细胞（multinuclear giant cell） 简称巨细胞。巨噬细胞融合成的有多个核的巨型细胞。见于结核杆菌、真菌、寄生虫卵、缝线等引起的病变中。有较强的吞噬能力，形态上有两型：①细胞形状不规则，核排列在细胞边缘，称朗格罕氏巨细胞。②细胞稍大，核位于细胞中央，称异物巨细胞。这两种细胞可见于同一病变中，现在认为这种区分已没有意义。

多（聚）核糖体（polyribosome） 由信使核糖核酸（mRNA）串联起来的核糖体。核糖体单体的数量与mRNA的长度呈正比，一般3～6个，多则数十个。在电镜下呈花簇状、环状、新月状、螺旋状或念珠状。核糖体单个存在时无活性，只有被串联起来成多核糖体才能以mRNA为模板，将tRNA运来的氨基酸连接成多肽。当合成过程结束，多肽链被释放出，核糖体即脱离mRNA，解聚成大、小亚基。

多黄卵（polylecithal egg/ovum） 又称端黄卵。(telolecithal egg/ovum) 卵黄含量多的卵子，呈极性分布，卵黄集中的一端称为植物极；另一端称为动物极，是原生质集中的地方。见于软体动物头足类、软骨鱼类、硬骨鱼类、爬行类、鸟类和卵生哺乳类。有些动物如蛙、蝾螈等两栖类，其卵黄主要分布于植物极，动物极较少，但两极之间没有明显的界线，这种端黄卵又称偏黄卵。

多基因病（polygenic disease） 两对以上基因共同作用引起的遗传病。无显性和隐性之分。每对基因作用较小，但有积累效应。这种遗传病在发病时还常受环境因素的影响，又称多因子遗传病（multifactorial inheritance）。常见的有牛白血病、犬高血压病、犬动脉导管闭锁不全、糖尿病等。

多级螺旋模型（multiple coiling model） 用于解释染色质包装过程的模型。其要点为，从DNA到染色体需经四级包装：

$$\text{DNA}\xrightarrow{\text{压缩 7 倍}}\text{核小体}\xrightarrow{\text{压缩 6 倍}}\text{螺线管}\xrightarrow{\text{压缩 40 倍}}$$

$$\text{超螺线管}\xrightarrow{\text{压缩 5 倍}}\text{染色体}$$

多级螺旋模型强调了螺旋化在染色质包装过程中的作用。

多剂量给药（multiple dose administration） 又称重复给药，按一定剂量、一定给药间隔、多次重复给药，以达到并保持在一定有效治疗血药浓度范围之内的给药方法。

多价重组苗（polyvalent recombinant vaccine） 又称多价颗粒性基因工程苗，利用基因工程重组技术构建的多价疫苗。表达的产物形成颗粒，在其表面嵌合多个保护性肽或保护性决定簇（中和表位），能刺激动物产生良好的免疫力。

多价抗原（polyvalent antigen） 由多个抗原决定簇组成的抗原分子或由多个抗原分子组成的抗原颗粒。绝大多数抗原属于此类。

多价颗粒性抗原载体（polyvalent particulate antigen carrier） 一种用于构建多价颗粒性基因工程苗（多价重组苗）的载体。其表达产物能形成颗粒，在其中插入的能表达某一抗原多肽或决定簇的外源基因，亦能在颗粒表面表达。此表达产物即多价重组苗，其免疫原性远胜于早期研制的单价可溶性亚单位苗。常用的有乙肝表面抗原（HBsAg）和乙肝核心抗原（HBcAg）、酵母逆转座子、细菌的外膜蛋白和沙门菌的鞭毛等。

多价血清（polyvalent serum） 含有多种血清型病原微生物特异性抗体的混合抗血清，如沙门菌O抗原的A－E多价血清。

多价疫苗（polyvalent vaccine） 用某种微生物的若干血清型菌（毒）株的培养物制备的疫苗。对于病原呈多个血清型分布的疾病而言，多价疫苗能使免疫动物获得较完全的保护力，且可在不同地区使用。如钩端螺旋体二价及五价疫苗、口蹄疫A·O型鼠化弱毒疫苗等。

多精受精（polyspermy） 受精时同时有多个精子进入卵子内的受精方式。但仅有一个精子形成雄原核并与雌原核融合，参与胚胎发育，其余雄原核退化消失。见于软骨鱼类、有尾两栖类、爬行类、鸟类和部分哺乳类。

多聚酶链式反应（polymerase chain reaction, PCR） 在细胞外对特定DNA片段扩增的一项技术。根据拟扩增的DNA片段两端的序列，人工合成两个方向相反的寡核苷酸引物，然后与DNA模板、4种dNTP以及耐高温的DNA聚合酶（TaqDNA聚合酶）混合，在PCR反应器中进行反复加热（93℃）降温（55℃），再升至70℃的循环过程。93℃使DNA变成单链模板、55℃时使引物与模板结合，70℃时DNA聚合酶合成新链。这样一次循环合成一个拷贝，经过多次循环可合成大量DNA片段。由于DNA聚合酶必须以DNA为模板，RNA模板需先反转录为cDNA后，才能进行PCR扩增。PCR有两个重要特征：一是经PCR扩增后，扩增产物片段大小由两个引物与模板的结合位点决定；二是经过PCR扩增，产物以指数级数增加，可达到目的片段的大量扩增。这些待扩增序列没有必要进行分离纯化，因为反应体系中的引物自然会“找到”它们。一个 PCR 反应需要的 DNA 量非常少，在一般实验中，少于 1ug 的总染色体 DNA 就足够了，甚至可以扩增单个 DNA 分子。

多聚 Ig 受体（poly - Ig receptor） 表达于黏膜上皮细胞内层的基底膜表面，与多聚免疫球蛋白特别是 IgA 二聚体结合的受体通过胞吞转运，多聚免疫球蛋白受体- IgA 复合物穿越黏膜表皮细胞，转移至细胞黏膜腔表面，并分解为分泌型 IgA 和分泌片。

多聚（A）尾（poly A tail） 许多真核生物的 mRNA 分子和某些 RNA 病毒基因组的 3′端存在的一串（可多达 300 个）腺嘌呤核苷酸。它可能与 RNA 的稳定性有关。在分子克隆中，用末端转移酶在酶切片段的 3′端加上多聚 A 尾，以便与多聚 T 尾的载体分子复性连接。

多聚 dT 引物（poly dT primer） 以 mRNA 为模板合成 cDNA 链过程中常用的一种引物。因 mRNA 3′末端常具有多聚 A 尾，因此可以用多聚 T 尾作为引物，与 mRNA 的多聚 A 尾配对，从而引导 cDNA 链的合成。

多克隆位点（multiple cloning site，MCS） 又称多位点接头。包含多个（最多 20 个）限制性酶切位点的一段很短的 DNA 序列，是基因工程中常用到的载体质粒的标准配置序列。MCS 中，每个限制性酶切位点通常是唯一的，即它们在一个特定的载体质粒中只出现一次。多克隆位点广泛应用于分子克隆和亚克隆工程中，是应用生物学、生物工程、分子遗传学研究的重要实验工具。常见的基因工程载体都具有多克隆位点，有些载体，如 λEMBL4、Charon40 等甚至有两个。

多拉菌素（doramectin） 新一代大环内酯类抗寄生虫药。由基因重组的阿维链霉菌新株发酵获得，主要成分是 25 -环已阿维菌素 B_1。与其他阿维菌素类药物比较，其抗寄生虫范围更广、抗虫活性更强、毒性更小，而且预防寄生虫再感染的有效时间也更长。

多瘤病毒感染（polyomavirus infection） 由多瘤病毒引起的小鼠传染病。小鼠和野生小鼠可自然感染，主要通过空气传播。小鼠自然感染多呈隐性和亚临床表现。主要在唾液腺和腮腺上出现恶性肿瘤，也可发生在肾、肾上腺、体下组织、乳腺、骨骼、血管和甲状腺。多瘤病毒是我国 SPF 级小鼠必要时检查病原。

多酶复合体（multienzyme complex） 由若干个功能相关的酶彼此嵌合而形成的催化一组连锁反应的复合体。分子量一般在几百万以上。其作用是确保特定代谢反应高效和有序进行。如线粒体丙酮酸脱氢酶复合体，包括丙酮酸脱氢酶、硫辛酸乙酰基转移酶和二氢硫辛酸脱氢酶 3 种酶，Mg^{2+}、焦磷酸硫氨素（TPP+）、硫辛酸、辅酶 A（CoA）、FAD 和 NAD+等因子参与其作用，使丙酮酸转变成乙酰辅酶 A 的催化反应的效率和调节能力显著提高。

多黏菌素类（polymyxins） 多肽类抗生素。得自多黏杆菌（*Bacillus polymyxa*）的培养液。有 A、B、C、D、E 五种成分，临床应用多黏菌素 B 和多黏菌素 E（抗敌素）的硫酸盐。对革兰阴性杆菌的抗菌作用强，绿脓杆菌对其尤为敏感；对革兰阳性菌和真菌无效。主要用于治疗绿脓杆菌和其他革兰阴性杆菌的感染。内服不吸收。对肾脏和神经系统均有明显毒性。

多尿（polyuria） 又称多尿症（hyperuresis）。肾脏泌尿功能异常、血压异常、血液渗透压异常及神经和激素调节异常引起的排尿次数和尿量均增多的现象。常见于内分泌-代谢障碍性疾病（如糖尿病、肾上腺皮质功能亢进）、肾脏疾病（慢性肾盂肾炎、慢性肾炎及慢性肾小管功能不全），此外还见于肾血压升高、渗出液大量吸收期、低钾血症、高钙血症、大量饮水及投服利尿剂等。

多染性红细胞（polychromatic erythrocyte） 可被碱性染料着色而呈淡蓝、淡紫色的未成熟的红细胞。是红细胞再生能力强的表现，见于大出血、贫血性疾病及某些血液病的恢复期。

多杀性巴氏杆菌（*Pasteurella multocide*） 能致多种畜禽巴氏杆菌病且呈明显两极染色的革兰阴性菌。为两端钝圆，中央微突的短杆菌或球杆菌，长 0.6～2.5μm，宽 0.25～0.6μm，不形成芽孢，无运动力，无鞭毛，兼性厌氧，在血琼脂上生长良好，不溶血。本菌产吲哚和硫化氢，能形成光滑型、黏液型和粗糙型三类菌落。前两型菌落具荚膜、后一型无荚膜。三型菌落的细菌对小鼠的毒力依次为强大、中等和无毒或弱毒。有荚膜和菌体两类抗原：大写英文字母表示荚膜抗原型，分 A、B、D、E 和 F 5 个型；菌体抗原分 16 个群，以阿拉伯数字表示。每种血清型由一个荚膜抗原和一个菌体抗原组成。我国分离的禽多杀性巴氏杆菌以 5：A 为多，其次为 8：A；猪的以 5：A 和 6：B 为主，8：A 与 2：D 其次；羊的以 6：B为多；家兔的以 7：A 为主，其次是 5：A。实验动物中小鼠和家兔对本菌高度易感，禽源菌株对鸽有致病力。本菌毒力与荚膜和内毒素密切相关。

多宿主寄生虫（euryxenous parasite） 能够寄生于多种宿主的寄生虫。如肝片吸虫可以寄生于绵羊、山羊、牛和另外多种反刍动物，还可以感染人、猪、马、犬、猫等。

多胎动物（polymeous animals） 每次发情可排两个以上卵子，子宫内可同时有两个以上胎儿发育的动物。如猪、狗、猫等。

多肽抗原（polypeptide antigen） 具有抗原性的多肽。如病毒的结构多肽及多肽激素等。

多糖（polysaccharde） 由 20 个以上的单糖或者单糖衍生物，通过糖苷键连接而形成的直链或支链高分子聚合物。大多数不溶于水，个别多糖能与水形成胶体溶液。动物体内的糖原、昆虫的甲壳素等都是由多糖构成的。多糖分为同多糖、杂多糖两类。同多糖是由同一种单糖或者单糖衍生物聚合而成，如淀粉、糖原、壳多糖以及纤维素等；杂多糖，又称糖胺聚糖，是由不同种类的单糖或单糖衍生物聚合而成，如肝素、透明质酸以及硫酸软骨素等。生理功能是调节机体免疫功能，增强机体抗炎作用，提高机体对病原微生物的抵抗力；促进 DNA 和蛋白质生物合成，促进细胞生长、增殖；具有抗凝血、抗动脉粥样硬化、抗癌、抗辐射损伤等作用。

多糖抗原（polysaccharide antigen） 具有抗原性的大分子多糖。如细菌的荚膜多糖、O 抗原中的多糖侧链和构成动物血型的糖蛋白。存在于微生物、动物和植物之间的异嗜性抗原（heterophil antigen）也是多糖抗原。

多特异性决定簇（multi - specific determinant） 在一个抗原分子上具有多个特异性不同的决定簇。多数抗原属于此类。如全长 153 个氨基酸的精鲸肌红蛋白就含有 5 个完全不同的决定簇。

多头绦虫（*Multiceps multiceps*） 属于带科，成虫寄生于犬、狐等肉食兽的小肠。虫体长 40～100cm，有 200～250 个节片组成。头节顶突上有大钩一圈，小钩一圈，共 22～32 个。孕卵子宫每侧有 9～26 个主侧支。孕卵节片随粪便排至自然界；绵羊、山羊、牛、马等动物摄食虫卵后，六钩蚴随血液移行至脑或脊髓，发育为脑多头蚴。参阅带科和多头蚴病。

多头蚴（coenurus） 又称共尾幼虫、多头囊尾蚴、共囊尾蚴。系囊尾蚴的一型，是带科、多头属绦虫的中绦期幼虫，由六钩蚴在中间宿主体内发育而成。通常为一较大的囊泡，有时可达鸡蛋大小，内含液体，与囊尾蚴不同之处是囊壁上有许多内陷的头节，有时可达数百个。寄生于食草动物的脑、脊髓或肌肉，对终末宿主有感染性；成虫寄生于犬、狐等肉食兽的小肠。

多头蚴病（coenurosis） 多头属（*Multiceps*）绦虫的中绦期幼虫多头蚴寄生于绵羊、山羊、牛、马、兔和松鼠等动物引起的疾病。不同种多头蚴寄生部位不同，引起不同的症状。最常见、危害性最大的是脑多头蚴（*Coenurus cerebralis*），是多头绦虫（*M. multiceps*）的中绦期，寄生于绵羊、山羊、牛、马等有蹄类的脑和脊髓，也可寄生于人。虫卵被中间宿主吞食后，六钩蚴进入血管，随血液流到全身各处，仅进入中枢神经系统能发育为多头蚴。经 7～8 个月发育为成熟多头蚴。感染初期，多出现体温升高、脑炎或脑膜炎症状，数月内平复无症状。感染后 2～7 个月，多头蚴长大。最常出现于大脑半球的颅面，一般寄生一个，位于一侧大脑。这时出现脑多头蚴病的典型症状，病畜头弯向一侧，作转圈运动，故又称回旋病。病羊被寄生部位对侧的眼睛常失明。多头蚴所在部位的颅骨常隆起、萎缩变薄，有时穿孔。如寄生部位变化，症状也随之变化。早期难以诊断，而在出现特异性症状后即可初步诊断。预防的主要措施是定期给狗驱虫；妥善处理病毒脏器，严禁喂狗或随地抛弃；改善饲料、饮水和厩舍卫生，防止犬粪污染。治疗较为困难，可通过脑部手术切除，但难度较大。

多突触反射（multisynaptic reflex） 冲动传进反射中枢后通过多次突触传递，最后引起效应器活动改变的反射活动。畜禽体内绝大多数的反射都属于此类。多突触反射的神经元按其功能可分为传入神经元、中间神经元和传出神经元 3 类，中间神经元连接传入神经元和传出神经元，彼此之间在中枢内发生广泛复杂的突触联系，从而完成复杂而多样的反射活动，使机体更好地适应内外环境的变化。

多西环素（doxycycline） 又称强力霉素、脱氧土霉素。由土霉素经 6α-位上脱氧而得到的一种半合成四环素类抗生素，临床上用其盐酸盐。抗菌谱与四环素、土霉素基本相同，体内、外抗菌作用均较四环素强。细菌对本品与四环素、土霉素等有交叉耐药性。用于治疗敏感菌所致的上呼吸道、肺部、尿路、胆管等感染及菌痢等。对鸡支原体病（慢性呼吸道病）也有疗效。

多药耐药性（multi - drug resistance，MDR） 又称多重耐药性。即菌株同时对多种抗菌药物耐药。菌株表现多药耐药可由多种耐药基因的同时携带及表达引起，也可由多种药物共同作用的靶位突变或非特异性外排膜泵基因突变引起。

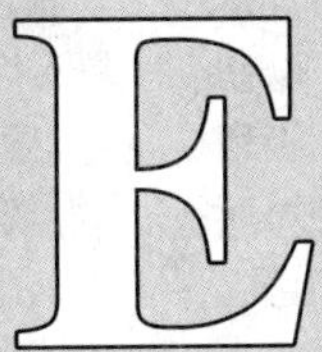

鹅口疮（candidiasis，moniliasis） 见念珠菌病。

鹅裂口线虫病（amidostomiasis anseris） 鹅裂口线虫（*Amidostomum anseris*）寄生于鹅、鸭的肌胃、腺胃黏膜引起的寄生虫病。虫体纤细，红色。雄虫长10～17mm，雌虫长12～24mm，口囊浅、宽，壁厚，基底部有3个尖齿。交合伞侧叶宽长，背叶较短。交合刺较短，其远端均分为两支。卵随宿主粪便排至外界，发育为具有感染性的披鞘幼虫。可能为直接经口感染。对雏鹅的致病力甚强，虫体在黏膜和黏膜下组织中活动，吸血，黏膜发炎和出血。雏鹅食欲不振，消瘦，贫血，常有运动失调现象，多衰竭致死。检查粪便发现虫卵或剖检病死鹅发现虫体即可诊断。多种驱线虫药可用。预防包括严格处理粪便和改善环境卫生；对雏鹅应隔离饲养，加强护理。

鹅流行性感冒（goose influenza） 又称鹅渗出性败血病。鹅败血嗜血杆菌（*Haemophilus anserisepti-ca*）引起鹅的一种渗出性败血性传染病。临床特征是呼吸急促，摇头，流鼻汁，脚麻痹。主要病变为内脏器官肿大、出血，气管内有大量分泌物。1月龄以内小鹅的发病率和病死率较高。根据流行病学和全身败血症的病变可作出初步诊断。确诊应作细菌学检查。预防应加强饲养管理，采取综合性防治措施。抗生素和磺胺类药物有一定防治作用。

鹅球虫病（anserine coccidiosis） 球虫寄生于鹅的肠或肾上皮细胞内引起的原虫病。鹅球虫属于孢子虫纲、艾美耳科的艾美耳属、等孢属和泰泽属。虫种多，致病性强的虫种主要有：①柯氏艾美耳球虫（*Eimeria kotlani*），卵囊呈长椭圆形，大小为29μm×21μm，寄生于肠道。②鹅艾美耳球虫（*E. anseris*），卵囊呈卵圆形、梨形，22μm×17μm，寄生于肠道。③截形艾美耳球虫（*E. truncata*），卵囊呈卵圆形，一端平截，21～17μm，寄生于肾脏。直接传播，发育过程与鸡球虫类似。主要危害幼鹅，以7～21日龄最为严重。临床表现为食欲减退或废绝，精神沉郁，排白色稀粪，严重者带血。肠球虫病可见小肠肿胀，有卡他性炎症。肾球虫病可见肾肿大，有出血斑和针尖大小的白色病灶。诊断应用粪便检查法发现卵囊或刮取病料法查找裂殖子、裂殖体和配子体。可用磺胺类药物、氨丙啉、盐霉素等预防或早期治疗。应注意保持饮水和饲料清洁，严防粪便污染；饲养场保持清洁、干燥；小鹅宜与成年鹅分群饲养。

鹅细小病毒（*goose parvovirus*，GPV） 又称小鹅瘟病毒，细小病毒科（Parvoviridae）细小病毒属（*Parvovirus*）成员。病毒外观呈六角形或圆形，无囊膜，核衣壳呈20面体对称，基因组为单分子线状单股DNA。只有一个血清型，无血凝性。所有日龄的鹅均可感染，但1月龄以上者不发病，无症状的隐性感染鹅为病毒贮主。主要发病日龄为3～20d，10日龄以内雏鹅致死率可达95%～100%，表现为局灶性或弥散性肝炎，心肌、平滑肌及横纹肌急性变性。经消化道感染，带毒的种蛋是主要的传染媒介。根据流行特点、临床症状、病理解剖可作出初步诊断，确诊可采集病鹅肝接种14日龄鹅胚尿囊腔分离病毒，进行中和试验或保护试验，也可用病鹅肝、脾和肾作抹片或冰冻切片，进行荧光抗体染色。用小鹅瘟减毒疫苗接种成年母鹅，免疫1个月后所产的蛋，孵出的小鹅能受母源抗体的保护，抵抗强毒的感染。发病后可用康复血清或用成年鹅制备的抗血清治疗，效果显著。

额鼻隆起（frontonasal prominence/process） 又称额鼻突，随着脑泡的发生及脑泡腹侧的间质增生，使胚体头端弯向腹侧，并在胚体头部背侧中央形成的一个圆形隆起。之后形成前额和鼻根。

额骨（frontal bone） 构成颅盖大部分的一对颅骨。可分额鳞、颞部、眶部和鼻部。①额鳞。略呈四边形，并列位于额部及两眶间。牛特别发达，构成整个颅盖，后缘（顶缘）中部形成角间隆起，两侧发出一对角突，形态因品种而有不同；羊不达颅盖后部，角突于眶后方发出，不形成角间隆起；水牛与羊的相似，角突特别发达。额鳞向外侧分出颧突：马的直达颧弓；牛、羊与颧骨的额突相接；猪、犬的短，以韧带与颧弓相连。额鳞在颧突基部（马）或距眶上缘稍远（牛、羊和猪）有眶上孔，犬不恒有。兔颧突短而宽，前、后各有一切迹，后切迹以韧带围成眶上孔。②颞部。参与形成颞窝，以颞线与额鳞为界，牛的呈嵴状（又额外嵴），向前延续为颧突后缘。③眶部。参与形成眶内侧壁，以眶缘与额鳞为界，延续为颧突前缘。④鼻部。构成鼻腔的后上部，并参与形成额窦口和鼻中隔。额骨内有额窦，发达程度因家畜种类而有较大差异。禽额骨较大，有的鹅可形成骨瘤，珍珠鸡形成嵴状的角。

呃逆（hiccough） 又称膈肌痉挛。动物的一种短促急跳性吸气。由于膈神经直接或间接受到刺激，使膈肌发生有节律的痉挛性收缩而引起，其特征为腹部和肷部发生节律性的特殊跳动，称为腹部搏动，俗称“跳肷”。

恶病质（cachexia） 发病动物呈现的一组高度营养不良，全身性严重消瘦、衰竭、贫血和水肿等综合性病理现象。多见于慢性疾病，预后不良。

恶病质性水肿（cachectic edema） 见营养不良性水肿。

恶臭（malodor） 存在于空气中能刺激嗅觉器官引起不愉快的气味。散发这种恶臭的物质为恶臭物，如硫化氢、脂肪族化合物、甲硫醇、三甲胺、氨和胺类等。动物饲养、屠宰加工、粪尿分解、废水处理等都可产生恶臭。恶臭能危害人畜多系统功能，包括呼吸、循环、内分泌、神经等系统，降低生产效率。

恶露（lochia） 子宫复旧过程中变性脱落的母体胎盘，残留的宫血、胎水和子宫腺的分泌物形成的混合物的总称。于产后从子宫中逐渐排出，初期量多、红褐色，混有白色胎盘碎屑；随后量逐渐减少、变稀，色淡；最后成透明黏液，停止排出。恶露排出的量、颜色和持续时间有畜种间差异。这是判断子宫复旧是否正常的重要标志。

恶性感染（malignant infection） 当以病畜死亡率作为判定传染病严重性的主要指标时，能引起病畜大批死亡的感染。发生原因有机体抵抗力减弱、病原体毒力增强等。

恶性黑色素瘤（malignant melanoma） 又称黑色素瘤。成黑色素细胞所形成的一种恶性肿瘤。马、骡，尤其是老龄的青色马多发。原发病灶多位于肛门周围和尾根部的皮肤，也可见于眼睑等部位。初发时肿瘤多呈小结节状，生长缓慢；恶变时则迅速生长，瘤细胞可转移至全身各组织和器官，并在肌肉、胸膜、淋巴结、肝、脾、脑和阴茎等处形成转移性黑色素瘤。镜检，瘤细胞大小及形状均不相同，一般体积较大，呈圆形、梭形或不规则形，胞浆中有粗大的黑色素颗粒甚至遮盖胞核。

恶性胚胎瘤（embryonal carcinoma） 卵巢未分化上皮细胞来源的一种恶性肿瘤。肿瘤呈实体性小块，切面呈灰色或灰红色，有出血和坏死区。镜检，癌细胞大，高度异型，细胞边界不清，核分裂相多。瘤细胞排列成腺管状、乳头状或实体团块。癌细胞可直接播散或经淋巴道转移。

恶性水肿（malignant edema） 腐败梭菌（*Clostridium septicum*）引起的一种经创伤感染的急性人兽共患传染病。多发于羊、牛、马、猪。特征是创伤及其周围呈现气性水肿，并急剧向周围蔓延。切开肿胀组织，流出淡红褐色带气泡的液体，并伴有全身性毒血症。根据临床症状可作出初步诊断，确认需做细菌学检查。预防本病平时应防止外伤，注意伤口消毒。发病早期在病灶周围联合注射青、链霉素或静脉注射四环素或土霉素，或辅以外科疗法均可见效。在本病常发地区可注射梭菌病多联苗进行预防。

腭（palate） 形成固有口腔的顶壁和咽的活瓣。分硬腭和软腭两部分。硬腭由骨质腭和腭黏膜构成，平或微拱。黏膜中线为腭缝，两旁形成一系列横的腭褶，猪、马可达后部；游离缘在牛呈锯齿状。黏膜被覆复层扁平上皮，浅层角化，特别在食草动物。黏膜固有层厚而致密，含有血管丛，与骨膜紧密连接，使黏膜不能移动。黏膜移行于齿龈。反刍兽硬腭前部形成齿垫，代替上切齿。在第 1 对上切齿或齿垫紧后方，有一切齿乳头；除马和骆驼外，乳头两旁有切齿管开口。硬腭黏膜除犬和反刍兽的后部和猪的前部外，一般无腺体。由硬腭延伸向后入咽腔前部的肌肉内。膜性瓣为软腭，又称腭帆，游离缘达会厌；两端延续成一对黏膜襞至咽侧壁，称腭咽弓，有的动物可达食管口。软腭背侧黏膜被覆假复层柱状纤毛上皮，黏膜下为腱膜。腹侧黏膜被覆复层扁平上皮，黏膜下有腭腺和淋巴组织，黏膜延续至舌根两侧形成腭舌弓。软腭中层为肌肉：位于中线两侧的腭肌可缩短软腭；由颞骨至腱膜两侧的腭帆张肌和提肌可紧张或上提软腭。骆驼软腭在腹侧形成腭憩室，公驼尤发达。禽无软腭；硬腭与咽顶壁以一列乳头为界，硬腭中线上有一裂隙，向后延续至咽顶壁，为鼻后孔。

腭骨（palatine bone） 位于硬腭后部的一对面骨，分为垂直板和水平板。两垂直板参与形成鼻后孔的侧壁和翼腭窝；两水平板并列于骨腭后部，游离缘形成鼻后孔的腹侧界。在水平板（牛）或水平板与上颌骨腭突交界处（马、羊和肉食兽）有腭大孔，向后经腭大管与翼腭窝前方的腭后孔相通。此外水平板上尚有一些腭小孔，经腭小管通腭大管。牛、猪的腭骨内分别含有腭窦和上颌窦。禽腭骨呈杆状（鸡、鸽）或板状（水禽），前后端分别与上颌骨和翼骨相接；两腭骨间围成鼻后孔。

颚口线虫病（gnathostomiasis） 颚口科（Gnathostomatiidae）、颚口属（*Gnathostoma*）的刚棘颚口线虫（*G. hispidum*）和有棘颚口线虫（*G. spinigerum*）引起的线虫病。前者寄生于猪胃内，后者寄生于猫、犬等肉食兽的胃内。虫体特征为前端呈头球状，其上布满小钩，其余体表布满小刺，体前部小刺呈鳞片状。虫卵随粪便排出体外，在水中孵出第1期幼虫，被剑水蚤吞食后发育到感染期。猪、猫、犬等吞食了剑水蚤而感染。鱼、蛙和爬行动物可以作为储存宿主，终末宿主吞食后也能造成感染。幼虫在终末宿主胃内发育为成虫。有时幼虫可以移行到许多器官，特别是肝脏和肺脏。成虫以其头部深入胃壁，可以引起胃壁发炎，严重感染时，可以引起严重胃炎，食欲不振，呕吐，局部有肿瘤样结节。轻度感染不表现症状。幼虫移行到肝脏时，可以引起肝炎。根据临床症状和粪便检查发现虫卵，或剖检从胃内发现虫体即可确诊。虫卵椭圆形，黄褐色，一端有帽状结构。治疗可用左旋咪唑。

颚体（gnathosoma） 蜱螨的假头部（包括口器与假头基）。

恩拉菌素（enramycin） 又称持久霉素。系杀真菌链霉菌（*Streptomyces fungicidius*）发酵产生，由不饱和脂肪酸和十几种氨基酸结合成的多肽类抗生素。对革兰阳性菌有很强的抑制作用。能改变肠道菌群结构，有利于饲料营养成分的消化吸收，促进动物增重并提高饲料利用率。

恩诺沙星（enrofloxacin） 又称乙基环丙沙星、恩氟沙星。动物专用氟喹诺酮类抗菌药。内服和肌内注射吸收迅速完全，除中枢神经系统外，几乎所有组织的药物浓度都高于血浆，在动物体内代谢主要是脱去乙基而成为环丙沙星。广谱杀菌药，对支原体有特效。对大肠杆菌、克雷伯氏菌、沙门氏菌、变形杆菌、绿脓杆菌、嗜血杆菌、巴氏杆菌、金黄色葡萄球菌、链球菌等都有杀菌作用。适用于畜禽敏感细菌及支原体所致的消化系统、呼吸系统、泌尿系统及皮肤软组织的各种感染性疾病。

儿茶酚胺（catecholamine，CA） 含有儿茶酚核的胺类化合物的总称，包括多巴胺、去甲肾上腺素和肾上腺素3种。其中多巴胺和去甲肾上腺素主要是作为神经递质而发挥生物活性，肾上腺素则主要起激素作用。在体内儿茶酚胺是从酪氨酸通过一系列酶促反应合成的，主要途径是酪氨酸经酪氨酸羟化酶催化生成多巴，随后经多巴脱羧酶催化转变成多巴胺，后经多巴胺β-羟化酶催化生成去甲肾上腺素，后者又由苯乙醇胺-N-甲基转移酶催化、甲基化而生成肾上腺素。

耳（ear） 听觉和定位器官。由外耳、中耳和内耳组成。仅外耳在动物体表可见，中耳和内耳均位于颞骨内。

耳郭血肿（hematoma of the auricle） 耳的皮肤和软骨之间的血肿。犬、猫多发，猪、马、牛也有发生，部位多在耳内侧面。当皮肤病和外耳炎时，动物抓搔耳廓部，由于头部受到激烈的振动，血管被损伤出血，形成血肿。开始耳廓呈充实的肿胀、波动、有疼痛感，急性炎症很快消退，血液长期滞留，穿刺抽出血液后能再发。若引起化脓，则治疗更为困难。时间拖长能使耳壳变形。对原发出血进行结扎，化脓按常规处理。

耳蜗（cochlea） 骨迷路中形似蜗壳的部分。耳蜗腔围绕蜗轴由基部至蜗顶盘旋约2圈半（马）至4圈（猪），因家畜种类而有不同。沿蜗轴有骨螺旋板突入耳蜗腔，由骨螺旋板向耳蜗腔外壁分出两片螺旋形薄膜：前庭膜（又蜗管前庭壁）和螺旋膜（又蜗管鼓壁）。从而将耳蜗腔分隔为3部分：前庭膜以上为前庭阶；螺旋板和膜以下为鼓阶；前庭膜与螺旋膜之间为蜗管。前庭阶和鼓阶属骨迷路，腔内充满外淋巴；前庭阶与前庭相通，鼓阶终于第二鼓膜处。前庭阶和鼓阶在蜗顶彼此相通。蜗管属膜迷路，与球囊相通，腔内充满内淋巴。螺旋膜上具有螺旋器，为听觉感受器。蜗神经的螺旋神经节位于蜗轴内。禽耳蜗仅为略弯的短管。

耳蜗管（cochlear duct） 位于耳蜗中的三角形膜性管道。其上壁为前庭膜；外壁为增厚的骨膜，含丰富的血管，参与内淋巴的形成；下壁由基底膜和骨性螺旋板组成，上面有螺旋器。

耳痒螨（*Otodectes*） 属于蜱螨目（Acarina）、痒螨科（Psoroptidae）的寄生螨。形态与足螨相似。犬耳痒螨（*O. cynotis*）寄生于犬、猫、狐和雪貂等肉食动物的耳内，引起耳疥癣。以皮屑为食。继发细菌感染时，可能波及中耳以至内耳，患者常不断地摇头和搔抓耳部。参阅足螨病。

耳整形术（otoplasty） 犬耳的整形手术。耳是听觉器官，在犬也常作为貌美的象征，机敏、威武、活泼的体现，对卷耳、垂耳及单侧或双侧的耳折断，施行整形手术，以提高犬的观赏价值。对斗犬、猎犬为了防止咬伤，常施行断耳术。

二倍体细胞（diploid cell）　含有两组染色体的细胞。几乎所有高等动物和将近一半以上的高等植物细胞均是二倍体细胞。

二次缝合（secondary suture）　对肉芽创进行缝合。感染创有些不能缝合或被缝合的化脓创哆开，待创面正常肉芽生长、创伤清净、分泌物中细菌数量很少的情况下再进行缝合。目的是加速创伤愈合、减少瘢痕形成和改善器官功能。适宜时机是创内无坏死组织、肉芽健康呈红色或粉红色、肉芽颗粒均匀、组织表面覆盖有少量分泌物并无厌气菌存在。缝合时先清洁创围，用生理盐水清洗创面，除去分泌物后进行缝合。

二次污染（secondary pollution）　一次污染经过迁移转化，再次引起环境污染而造成的危害。肉品卫生学则指通过生产工艺及流通过程的污染，又称外源性污染（exogenous pollution）。

二度Ⅰ型房室传导阻滞（morbiz Ⅰ型，second degree type Ⅰ A－V block）　又称文氏现象（Wenckebach's phenomenon）。典型的心电图表现为：PR 间期呈进行性延长，直至 P 波后无相应的 QRS 波群（即心室脱漏或漏搏）。心室脱漏后的 PR 间期又恢复以前的时间，如此周而复始。

二度Ⅱ型房室传导阻滞（morbiz Ⅱ型，second degree type Ⅱ A－V block）　心电图表现为：PR 间期恒定（正常或延长），但呈现周期性 P 波不能下传。即在一系列心搏动后，一个 P 波不能传入心室而发生心室搏动脱漏，因而在该 P 波后无 QRS 波群。

二分裂（binary fission）　原生动物一个虫体分裂为两个的一种生殖方式。分裂的次序是先从毛基体开始，而后动基体、核，再到细胞质，最后整个细胞一分为二。二分裂可以是纵裂，如眼虫；也可以是横裂，如草履虫；或者是斜分裂，如角藻。

二氟沙星（difloxacin）　一种动物专用的氟喹诺酮类抗菌药。抗菌谱与恩诺沙星相似，抗菌活性略低于恩诺沙星。对畜禽呼吸道致病菌有良好的抗菌活性，尤其对葡萄球菌有较强的抗菌活性。

二级屏障（secondary barrier）　又称二级隔离。实验室和外界环境的安全隔离。通过相关建筑技术（气容设施、通风措施、污染物处理措施）达到实验室与外界环境相隔离的目的。

二级生物安全柜（class Ⅱ biosafety cabinet）　中等防护水平的安全柜。同一级生物安全柜一样，气体也是从外部流入二级生物安全柜，通常称为进流。进流能够防止微生物操作时产生的气溶胶从安全柜前面操作窗口逃逸到实验室内。不同于一级生物安全柜是它只让经 HEPA 过滤的（无菌的）空气流过工作台面。内置风机将空气经前面的开口引入安全柜内并进入前面的进风格栅。因此没有经过过滤器过滤的空气不会直接进入工作区，从而保护安全柜内部存放的样品和仪器不被外界空气所污染。特征是由垂直层状薄片的（无定向的）HEPA 过滤器过滤后，在安全柜内部形成向下流动的气流。气流不断地冲能可防止空气传播感染至安全柜内部，从而避面存放在柜体内的样品受到感染。这样的气流被称作下沉气流。

二甲苯胺噻嗪（xylazine）　又称隆朋。镇痛性化学保定药。有明显的镇静、镇痛和肌松作用。小剂量用于牛、马及野生动物的化学保定，使兴奋、不易驾驭的动物安定，便于诊疗、长途运输、创口拆线、换药及进行子宫复位、食道切开、穿鼻等小手术。大剂量或配合局部麻醉药用于去角、锯茸、去势、腹腔手术等。与水合氯醛、硫贲妥钠或戊巴比妥等全身麻醉药合用可减少全身麻醉药的用量并增强麻醉效果。毒性较低、安全范围大、无蓄积作用。

二甲硅油（dimethicone）　消沫药。内服后分散并附着在瘤胃泡沫表面，改变泡沫局部的表面张力，使泡沫破裂，融合扩大，形成游离气体而汇集于瘤胃上方，易于排出。消沫作用迅速可靠。用于瘤胃泡沫性臌胀及各种原因引起的胃肠道胀气。

二甲氧苄啶（diaveridine，DVD）　又称二甲氧苄氨嘧啶。广谱抑菌药。作用机理同甲氧苄氨嘧啶，但抗菌效力较弱。内服难吸收，适用于肠道感染。多与磺胺药配合，防治鸡球虫病和畜禽肠道感染。

二尖瓣（bicuspid valve）　又称左房室瓣。是附着于左房室口纤维环上的 2 片三角形瓣膜，其游离缘有腱索连于乳头肌。作用同三尖瓣。

二尖瓣 P 波（atrioventricular valve P wave）　左心房肥大的心电图特征。P 波增高增宽，时限延长，呈双峰型，多见于二尖瓣狭窄。

二聚体 Ig（dimer Ig）　由 2 个单体 Ig 分子通过 J 链结合而成的 Ig。如分泌型的 IgA，在穿透黏膜时还可与上皮细胞分泌的分泌成分（secretory component）结合，使其能抵抗外分泌液中各种蛋白酶的分解破坏，从而保持其免疫活性。

二联脉（bigeminal pulse，digitalate pulse）　脉搏每隔一个正常搏动后出现一次期前收缩，为间歇脉的一种。

二磷酸硫胺素（thiamine diphosphate）　又称焦磷酸硫胺素。维生素 B_1 经硫胺素激酶催化，与 ATP 作用转化羧化辅酶而成的产物。是催化丙酮酸或 α－酮戊二酸氧化脱羧反应的辅酶。在此反应中，丙酮酸在丙酮酸脱氢酶系催化下，经脱羧、脱氢而生成乙酰辅酶A进入三羧酸循环。因此，维生素 B_1 与糖代谢有密切关系。

二氯异氰尿酸钠（sodium dichloroisocyanurate）又称优氯净，消毒药。含有效氯60%～64%，性质稳定。水溶液呈弱酸性，稳定性下降。杀菌谱广，高浓度的杀菌效果优于次氯酸盐，在低温（5℃或0℃以下）环境中也有良好的消毒效果。

1，25-二羟胆钙化醇（1，25-dihydroxy-cholecalciferol）　又称1，25-二羟维生素 D_3 [1，25-$(OH)_2D_3$]。动物体内调节钙磷代谢的重要激素。首先肝脏的25-羟化酶催化维生素 D_3 成25-OH-D_3，再在肾脏 1α-羟化酶作用下生成1，25-二羟胆钙化醇，由血液运送到靶器官而起作用。能增强骨组织中破骨细胞的活动，促进骨质吸收，增加血浆钙磷的含量，并为骨的正常生长和钙化所必需；可维持细胞内钙磷的存贮量，保证细胞的正常反应性和生理功能，生理活动较维生素 D_3 强5～10倍。能增强小肠黏膜对钙和磷的吸收，生物活性为维生素 D_3 的上万倍，是维生素D系列中生物活性最强的一种。

二嗪农（diazinon）　又称地亚农。有机磷杀虫剂。具有接触毒、胃毒，但无内吸作用。外用有极好的杀蝇、杀蜱及杀螨作用，对蚊蝇药效能保持6～8周。对家畜毒性较小，但禽类较敏感。对蜜蜂有剧毒。

二氢黄酮及二氢黄酮醇类（flavanones and flavanonols）　二氢黄酮类是存在于蔷薇科、芸香科、豆科等植物中的一类化合物，具有止咳、治疗高血压和止血等作用。二氢黄酮醇类：用于治疗急性、慢性肝硬化的一类化合物。

二巯基丙醇（dimercaprol）　重金属解毒剂。分子中含有2个巯基（—SH），与金属的亲和力大，能夺取已与组织中酶系统结合的金属离子，形成不易解离的无毒性络合物从尿中排出，使酶的活性恢复，从而解除金属引起的中毒症状。对急慢性砷、汞或汞化物中毒有显著疗效。对锑、铋、铜、金、铬、镍、镉等中毒也有效。但对铅、锰、钒等中毒的疗效差。应尽早足量应用，且需反复给药。肌内注射可引起局部坏死，应局部交替肌内注射。有心、肝、肾疾病及营养不良的患畜慎用。

二巯基丁二酸钠（sodium dimercaptosuccinate）竞争性金属解毒药。作用机理同二巯基丙醇，但毒性较低。对锑中毒的解毒效力为二巯基丙醇的10倍，且能减少锑进入组织，促其从尿排出。对急性砷中毒有明显疗效，对慢性汞中毒也有效，但对慢性铅中毒不如对锑、汞中毒有效。用于锑、砷、汞、铅、镉中毒的解救。肝功能严重损害时禁用。

二宿主蜱（two-host tick）　一生需要两个宿主的蜱。幼蜱吸血蜕变为若蜱以及若蜱吸血均在一个宿主上进行，若蜱饱血后离开宿主，落到地面上蜕变为成蜱，然后成蜱再寻找另一宿主吸血。如残缘璃眼蜱、囊形扇头蜱等。

二硝甲苯酰胺（dinitolmide）　又称球痢灵。抗球虫药。可用于球虫病的预防和治疗。对鸡毒害、柔嫩、波氏、巨型艾美耳球虫病均有良好防治效果，但对堆型等艾美耳球虫病效果较差。对兔球虫病也有较好防治效果。药物作用的活性峰期在球虫第2代裂殖体增殖阶段即感染后的第3d。不易产生耐药性，不影响雏鸡对球虫产生免疫力。

二氧化硫中毒（sulfur dioxide poisoning）　家畜接触硫磺熏烟或冶炼黄铁矿、闪锌矿污染环境，以及吸入二氧化硫气体引起的中毒病。症状为流泪，流鼻液，呛咳，结膜及鼻黏膜充血等。病情恶化可使黏（结）膜糜烂，角膜浑浊，肺部有干、湿性啰音，呼吸困难。重型病例喉头痉挛，死于呼吸中枢麻痹。防治应立即使病畜远离中毒场所，有窒息危险病例可行气管切开术抢救。

二氧化碳分压（partial pressure of carbon dioxide，PCO_2）　溶解在血液中的二氧化碳分子产生的压力。血中物理溶解的二氧化碳约占血中二氧化碳总量的5%。二氧化碳分压的高低直接受呼吸作用的调节，其值的大小则影响血液的pH，因此测定血液中的二氧化碳分压可反映呼吸功能对酸碱平衡的调节能力。二氧化碳分压增高，常见于阻塞性肺气肿、慢性支气管炎、支气管哮喘、充血性心力衰竭、呼吸中枢疾患，吗啡、巴比妥类中毒、大脑器质性疾患。二氧化碳分压因呼吸浅快，二氧化碳排出增多而降低，常见于以下疾患：①神经精神疾患，癔病、精神病、脑炎、脑膜炎、采血时精神紧张；②缺氧，肺水肿、肺纤维化、肺炎；③疼痛、高热、贫血、昏迷所致的血氨增高。

二氧化碳含量（carbon dioxide content）　生理情况下100mL血液中物理溶解和化学结合的二氧化碳总量。测定时要求在与空气隔绝的条件下从血管直接采血，常用Vanslyke法和滴定法测定。二氧化碳含量的高低受呼吸和代谢因素的影响，含量升高提示有代谢性碱中毒或呼吸性酸中毒的可能，降低时则可能是代谢性酸中毒或呼吸性碱中毒。

二氧化碳结合力（carbon dioxide combining power，PCO_2-CP）　在室温为25℃、PCO_2 为5.32kPa（40mmHg）时，100mL血浆中以 HCO_3^- 形式存在的 CO_2 量。

二氧化碳解离曲线（carbon dioxide dissociation curve）　二氧化碳分压与血液中二氧化碳量之间的关

系曲线。血液运输二氧化碳的能力直接决定于二氧化碳分压，分压增高、运输的量也相应增多，二者呈接近直线的关系。

二氧化碳容量（carbon dioxide capacity） 血液在与肺泡进行气体交换达到平衡（即温度在 38℃、二氧化碳分压在 5 332.8 Pa，血红蛋白完全氧合）的条件下，血中所能存在（包括物理溶解和化学结合）的二氧化碳总量。

二氧化碳致昏（carbon dioxide narcosis） 对动物在宰前采用麻醉性气体二氧化碳，使其失去知觉呈现完全松弛状态的工艺过程。主要用于猪的屠宰，旨在确保操作安全和动物福利。其装置包括气室、输送系统和自动控制 3 部分。经传送带送来的猪经过 U 形隧道，在底部二氧化碳麻醉气室（二氧化碳浓度为 62%～70%）内停留 1～2min 即可麻醉，猪体送出隧道后，可维持昏迷状态 1～3min。如果使用恰当，猪体一般不发生充血潮红现象，肌肉中糖原消耗很少，肉的耐保藏性好。

二氧化碳总量（total carbon dioxide，TCO_2） 血浆中各种形式存在的 CO_2 的总含量。

发病率（incidence rate）　发病动物群体中，在一定时间内，具有发病症状的动物数占该群体总动物数的百分比。

发病学（pathogenesis）　研究疾病发生、发展及转归的一般规律和机理的学科。掌握发病学可以更好地指导兽医临床医疗实践和制定预防措施。

发病学诊断（pathogenetic diagnosis）　又称发病机理诊断。阐明发病原理的诊断。

发绀（cyanosis）　皮肤或黏膜呈青紫色的病变。系血液中脱氧血红蛋白增多的结果。正常情况下，毛细血管中脱氧血红蛋白的平均浓度为2.6g/dL，当其增加到5g/dL时，就会出现发绀。常见原因有：①肺氧合作用不足，见于高度吸入性呼吸困难及肺脏疾病。②心脏机能不全或障碍，因血流过缓或血量过少而使血液内脱氧血红蛋白增多，称外周性紫绀。③血红蛋白的化学性质改变，常见于某些中毒。

发酵（fermentation）　一种微生物分解有机物产生能量的厌氧性呼吸。它涉及一系列的氧化还原反应，基质（电子供体）和终末产物（电子受体）均为有机物。发酵是在酶的作用下产生的，各种各样的细菌和真菌（尤其是酵母）具有发酵不同基质的酶，如糖类、氨基酸、脂肪酸等均能被分解。根据终末产物的种类，发酵分为纯发酵（homofermentation）和杂发酵（heterofermentation），前者的发酵产物是单一的，而后者有好几种。不同细菌分解的基质本质及其形成的产物差别很大，这是细菌分类的重要准则之一。在工农业中，凡利用微生物活动进行生产的工作均称发酵，包括有氧和无氧的代谢产物，如酒糖发酵、醋酸发酵、乳酸发酵等，还包括利用菌体生产单细胞蛋白等。

发情（estrus）　雌性哺乳动物所特有的与排卵相互协调配合的一种生理现象。发情时母畜生殖器官和行为发生一系列变化，卵巢内卵泡发育很快，达到成熟、破裂、排卵；生殖道特别是子宫肿胀、血管增生、分泌加强，有分泌液从阴道流出；动物性兴奋强烈，有交配欲，接受公畜爬跨，是适于配种或人工授精的时期。如未配种或配种后未妊娠，在常年繁殖的母畜隔一定时间还会再次发情，季节性繁殖的母畜只在繁殖季节可能再次发情，否则要等到下一繁殖季节才会发情。

发情不排卵（anovulatory estrus）　动物表现出发情但不排卵的临床症状。由于促性腺激素释放激素分泌不足，垂体不能对雌激素发生反应而释放促黄体素所致。多见于母畜的初情期。

发情后期（metestrus）　又称后情期。发情期结束后黄体形成和维持的这段时间。特点是排卵后卵泡在LH作用下迅速发育为黄体。在后情期，有些动物阴道上皮脱落，子宫内膜黏液分泌减少，内膜腺体迅速增长。在牛、羊、猪和马，后情期的长短与排卵后卵子到达子宫的时间大致相同，为3～6d。如卵子受精进入妊娠阶段则发情周期停止，直至分娩后重新出现新的发情周期；如未受精则进入间情期。

发情季节（estrous season）　母畜仅在一年中的一定季节表现发情的现象。母畜的发情受季节变化的影响，如马、羊、牦牛、骆驼、犬、猫等。在发情季节中表现多次发情的动物，称季节多次发情动物（如马、羊、牦牛、骆驼）；在发情季节中（春、秋）只表现一次发情的动物，称季节单次发情动物（如犬）。

发情间期（diestrus）　又称间情期。家畜发情周期中最长的一段时间。在此阶段，黄体发育成熟，大量分泌的孕酮影响生殖器官的状态。子宫为受精后早期发育的胚胎提供营养和适宜的环境，子宫内膜增厚，腺体肥大。子宫颈收缩，阴道黏液黏稠，子宫肌松弛。如果排卵后的卵子未受精发育为胚胎，到该期的后期，黄体开始退化。

发情鉴定（estrus diagnosis）　又称发情检查。

是判断母畜是否发情和是否处于发情阶段，以便适时配种，提高受胎率的方法。常用的发情鉴定方法有：外部观察法、试情法、阴道检查法、直肠检查法、电测法和发情鉴定器测定法等。近年来常用B超直接观察卵泡发育进行发情鉴定。

发情期（oestrum，estrus） 母畜表现明显的性欲，寻找并接受公畜交配的时期。此期卵巢上格拉夫卵泡迅速增大，卵泡和卵母细胞成熟。卵泡产生的雌激素使生殖道的变化达到最为明显的程度。生殖道特别是子宫和子宫角肿胀，大量血管增生，腺体分泌加强，子宫颈开张。外观阴门发红、肿大，并可能有黏液性分泌物流出。大多数动物在发情结束前后发生排卵。发情期长短和排卵时间各种家畜不一，牛发情期平均18h，排卵在发情结束后4～16h；绵羊平均30h，发情结束时排卵；猪平均44h，在发情开始后16～48h排卵；马平均5d，排卵在发情结束前24～48h；山羊发情期32～40h，在发情开始后30～36h排卵。配种或人工授精应根据排卵时间确定，一般在发情期中间或后期进行。

发情前期（proestrus） 又称前情期。在母畜发情出现之前的一段时间。在此阶段，黄体已基本溶解，卵巢主要受促卵泡刺激素影响，卵泡开始明显生长，产生的雌二醇增加，引起输卵管内膜细胞和微绒毛增长，子宫黏膜血管增生，黏膜变厚，阴道上皮水肿；犬和猫阴道上皮发生角化。犬和猪阴门开始出现水肿，子宫颈逐渐松弛，子宫颈及阴道前端杯状细胞和子宫腺分泌的黏液增多。在发情前期的末期，雌性动物一般会表现对雄性有兴趣。此期持续时间为2～3d。

发情同期化（estrus synchronization） 人工控制母畜发情的一种技术。用激素处理使一群母畜在一定时间内同时发情，是畜牧生产工厂化的必要条件，也是胚胎移植的重要环节。用孕激素处理（如注射、口服、埋藏或阴道栓等），经一段时间后同时停药，被处理母畜集中表现发情。或用前列腺素处理，使母畜功能性黄体消失而引起发情。又称同期发情或同步发情，促使发情同期化的药物称同期发情药物。

发情周期（estrous cycle） 母畜达到初情期以后，其生殖器官及性行为重复发生的一系列明显周期性变化的时期。发情周期周而复始，一直到绝情期为止。但母畜在妊娠或非繁殖季节内，发情周期暂时停止；分娩后经过一定时期，又重新开始。在生产实践中，发情周期通常指从一次发情期的开始起，到下一次发情期开始之前一天止这一段时间。而在科研上，通常指从排卵到下一次排卵之间的时间间隔，而将排卵日定为发情零天。根据母畜内部和外部变化特点，发情周期分为发情前期、发情期、发情后期和间情期4个时期。发情周期的长短随动物种类不同而异。母牛、山羊、猪和马平均为20～21d；母绵羊较短，平均为16～17d。

发情周期紊乱（irregular estrous cycle） 发情周期缩短、延长或者不规律的现象。最常见于马，其他动物虽有发生，但没有马明显。这种异常也是卵巢机能不全的一种表现。治疗时应暂缓配种，待其出现正常的发情周期后再进行配种。治疗可用激素疗法。

发热（fever，pyrexia） 在致热原作用下，动物体温调节中枢的调定点上移而引起的调节性体温升高（超过正常值0.5℃），并伴有全身各系统器官机能和代谢变化的一种病理过程。最常见于各种传染病和感染性疾病。如超过正常体温5℃，常会致死。治疗应针对原发病采取措施，高温时可用解热药降温。

发育毒理学（developmental toxicology） 研究外源化学物质对子代发育的有害作用，并为防止其有害作用发生提供科学依据的一门毒理学分支学科。

发育毒性（developmental toxicity） 某些有害物质通过干扰基因表达而影响个体正常生长发育的作用。根据子代发育过程中接触化学物质阶段的不同，发育毒性主要表现为4种情况：①胚胎死亡，外源化学物质作用于配子的生成阶段，使受精卵在着床前死亡或在着床后胚胎发育到一定阶段死亡。早期死亡被吸收或着床前排出（即自然流产），晚期死亡则为死胎。②畸形（structural abnormality），胎儿形态及结构异常，如腭裂、多趾、少趾等。③生长迟缓（growth retardation），在胎儿期接触毒物可引起生长迟缓及功能发育不全。④功能缺陷（functional deficiency），由于胚胎发育障碍所致的功能障碍，包括器官系统、生化、生理、免疫功能及神经行为等方面的异常。

发育生物学（developmental biology） 研究多细胞生物体从生殖细胞的发生、受精、胚胎发育、出生后生长发育成熟，直到衰老死亡的规律和机制的一门学科。

乏情（anestrus，failure of estrus） 母畜长时间无发情表现的生理状态。此时发情周期停止，无卵泡发育成熟，不发生排卵，无性欲和求偶行为，垂体促性腺激素分泌微弱，卵巢机能周期性活动暂时停止。根据性质分为生理乏情和病理乏情。生理乏情是一种经常出现的正常生理现象，包括产后乏情、泌乳乏情和季节乏情等，此时称乏情期（anestrus period）。除马、驴外，牛、猪、绵羊等分娩后都会经历一段乏情时期，猪、羊尤其明显。泌乳乏情和产后乏情时间上相互重叠。产后如不泌乳，乏情期持续时间较短。在泌乳情况下，有仔畜哺乳与不哺乳只进行挤奶，乏情期也有差异，前者对生殖内分泌机能的抑制作用更为强烈，乏情期明显较长，往往在仔畜断奶后母畜才结束乏情期。季节性乏情是在特定季节内由于光照周期和气温的改变对动物神经和内分泌系统产生影响引起的乏情，以放牧为主的家畜，如绵羊、马和牧区的牛表现最明显。病理乏情由全身性疾病和生殖器官疾病引起，其中卵巢和子宫疾病引起者最常见，如持久黄体、卵巢硬化、卵巢炎、子宫炎、子宫积脓等。

乏情期（anestrus period） 见乏情。

法定处方（official formula）《中国兽药典》、《兽药国家标准》收载的处方。在制备法定制剂或兽医师开写法定制剂的时候均应照此规定。一般多用于配制制剂，具有法律约束力。法定处方不能随意改变成分和含量，具有相对长期稳定的应用价值。

法乐氏四联症（tetralogy of Fallot） 又称先天性紫绀四联症（congenital cyanotic tetralogy）。主动脉干在胚胎期分化、发育异常而未能形成完整的室间隔的一种心脏病。因动脉瓣狭窄、心室中隔缺损、主动脉右位和右心室肥大等四种病症并存而得名。多发生于幼龄动物。临床上多在运动过后出现呼吸困难，结膜发绀；听诊心脏有缩期杂音。在犬伴发腹水、喘鸣和肺部湿性啰音。心电图显示右心室肥大，伴有不完全性右束支传导阻滞。可试行手术治疗。预后多不良。

法莫替丁（famotidine） 又称信法丁。组胺 H_2 受体颉颃剂。对胃酸分泌具有明显的抑制作用，其作用强度比西咪替丁强 30 多倍，比雷尼替丁强 6～10 倍。临床用于治疗胃及十二指肠溃疡、应激性溃疡、急性胃黏膜出血、胃泌素瘤以及反流性食道炎等。

翻正反射（righting reflex） 当动物被推倒或从空中仰面下落时，能迅速翻身、起身或改变为四肢朝下的着地姿势反射，包括一系列的反射活动，由迷路感受器以及体轴（主要是颈项）深浅感受器传入，在中脑水平整合作用下完成。

繁殖技术性不育（infertility due to breeding techniques） 因繁殖技术不良或不当引起的不育。如配种不及时或漏配、人工授精技术不良、精液处理不当、输精技术不当等。这种不育目前在家畜及技术力量薄弱的奶牛场极为常见。

繁殖率（reproductive rate） 又称再生产率。种群中个体平均产生下一代并成活的个体数。有时也用个体在单位时间内产生的个体数表示。用以反映畜群的增殖效率。主要受环境温度、营养成分、含氧量、pH、光照等外界因素影响。

繁殖免疫（reproductive immunology） 研究动物繁殖过程中免疫现象的一门新兴学科。其目的是揭示这些免疫现象的分布、产生条件和作用机制。免疫现象参与公母畜正常繁殖的所有过程，对配子的形成、精子在生殖道的运行、受精、胚胎的早期发育、泌乳和幼畜的发育具有重要的影响。繁殖免疫方面的研究不仅能揭示繁殖过程的机制，而且为调控繁殖过程开辟了新途径。

繁殖试验（reproductive test） 检测外来化合物对动物生育繁殖机能有无毒性的试验。多用性成熟的大鼠、小鼠或家兔作为试验动物。分组按预定剂量混饲，传统用三代两窝繁殖法，即繁殖三代，每代两窝。主要观察受孕率、正常妊娠率、幼仔出生存活率及哺育成活率等 4 项指标。近年来由于遗传毒理学和致突变试验方法的不断发展，主张改用两代一窝或一代一窝繁殖试验法取代传统的三代两窝繁殖法。

繁殖适龄（breeding age） 又称始配年龄。是公母畜身体发育成熟，可以开始配种繁殖的年龄。此时，已各具雄性和雌性成年动物固有的外貌，体重已达成年时的 70%左右。

繁殖效率（reproductive efficiency） 每百头配种母畜生产的活仔畜数或断奶时存活幼畜数。可反映繁殖效率的高低。

反刍（rumination） 反刍动物采食时未经充分咀嚼即吞咽入瘤胃的食物，在其中经贮存、浸泡、软化后于休息时再逆呕至口腔重加工的过程。是反刍动物特有且重要的消化活动。由一系列复杂的反射动作完成，包括逆呕、再咀嚼、再混合唾液及再吞咽 4 个阶段。

反刍胃（ruminant stomach） 特指反刍动物的复胃。

反刍障碍（disturbance of rumination） 因机体或外界因素引起反刍功能性障碍的现象。反刍兽表现为采食后反刍的时间延长，每昼夜反刍次数减少，每次反刍的时间缩短，再咀嚼弛缓无力，每次反刍的食糜量减少或反刍停止。常见于前胃疾病、真胃及肠道疾病、肝脏疾病、热性病、代谢病、中毒病、疼痛及神经性疾病等。

反刍周期（rumination cycle） 反刍期与反刍间歇期交替出现一次的时间。通常在反刍动物采食后 0.5～1h 出现反刍，每个食团经逆呕、再咀嚼、再混合唾液及再吞咽需 40～50s，反刍期持续 40～50min，然后间歇一段时间再出现反刍。牛一昼夜有 6～8 个反刍周期。反刍呈周期性出现取决于来自瘤胃、网胃、瓣胃和皱胃等方面的刺激因素，进食后由于粗糙食物对网、瘤胃的机械刺激引起反刍，经反刍后食物变为细碎状态，对瘤胃、网胃的机械刺激减弱，同时细碎食物转入瓣胃和皱胃，对瓣胃和皱胃的压力刺激增强而抑制反刍。

反极化（overshoot potential） 细胞去极化至零电位后膜电位进一步变为正值的生物现象。膜电位高于零电位的部分称为超射。超射的最大值即为动作电位的峰电位顶点，动作电位的峰值非常接近钠平衡电位的计算值。

反录病毒科（Retroviridae） 一类带有反转录酶、以核酸反向转录为特征的动物单链 RNA 病毒。病毒粒子球形，直径 80～100nm。有囊膜，衣壳 20 面体对称，内含螺旋形的核蛋白（RNP），基因组为单股正链 RNA 双倍体。复制时在病毒携带的反录酶、内切酶及蛋白水解酶等酶参与下，病毒 RNA 反转录成双股 DNA，整合到宿主细胞的染色体中，成为前病毒（provirus）。常致潜伏感染、无明显临床症状，有的可致恶性肿瘤、免疫缺陷症、自身免疫病等。本科分 7 个属，分为两个亚科：正反录病毒亚科（Orthoretrovirinae）与泡沫反录病毒亚科（Spumaretrovirinae）。正反录病毒亚科含 6 个属：①甲型反录病毒属，旧称禽 C 型反录病毒，如禽白血病病毒。②乙型反录病毒属，旧称哺乳动物 B 型及 D 型反录病毒，如小鼠乳腺瘤病毒及马非猴病毒。③丙型反录病毒属，旧称哺乳动物与爬行动物 C 型反录病毒，如鼠白血病病毒。④丁型反录病毒属，包括牛白血病及人嗜 T 细胞病毒。⑤戊型反录病毒属，包括鱼类反录病毒，如大眼鲈肉瘤病毒。⑥慢病毒属，包括人免疫缺陷病毒Ⅰ型与Ⅱ型、马传染性贫血病毒、梅迪-维斯纳病毒等若干重要的动物致病病毒。泡沫反录病毒亚科仅有泡沫病毒属，包括各种动物及人的泡沫病毒。泡沫病毒见于培养的细胞中，未发现其致病性。

反密码子（anticodon） tRNA 分子的反密码环上的三联体核苷酸残基。在翻译期间，反密码子与 mRNA 中的密码子互补结合。

反射（reflex） 在中枢神经系统参与下，机体对内外环境刺激所作出的适应性反应。神经系统活动的基本方式。基本过程：感受器感受一定的刺激后发生兴奋；兴奋以神经冲动的形式经传入神经传至中枢；通过中枢的分析和综合活动，中枢产生兴奋过程；中枢的兴奋经一定的传出神经到达效应器，最后效应器发生某种活动改变。按其形成过程可分为非条件反射（先天的）和条件反射（后天获得的）。按生物学意义可分为食物性反射、防御性反射、内环境恒定反射（如血压的加压/减压反射等）和种族生存反射（有关生殖的反射等）。

反射弧（reflex arc） 反射活动的结构基础，一个典型的反射弧由感受器、传入神经、神经中枢、传出神经和效应器 5 部分组成。动物体内有不同类型的反射弧。最简单的反射弧是仅有两个神经元构成的单突触反射（如腱反射）。复杂的反射包括许多环节，由若干传入神经元、若干中间神经元和若干传出神经元组成多突触反射弧。此外，在传入或传出途径中还可能有体液因素的参与。因此，正常机能所表现的反射活动是复杂而多样的。

反射乳（reflex milk） 通过排乳反射排出的乳，占总乳量的 1/2～2/3。有的动物反射乳不是一次就可排完的，如黄牛、牦牛一般需经 2～3 次。

反射时（reflex time） 完成某个反射活动所需要的时间。即从刺激作用于感受器起，到效应器开始出现反应为止所需的时间。由于兴奋通过突触时，传递过程比较复杂，出现突触延搁现象，所以反射弧中的突触数目越多，这一反射所需的反射时就越长。如眨眼反射只要几分之一秒，因为其反射弧中只包括很少几个突触，而唾液分泌反射却因反射弧中有很多突触会需时几十秒。

反射障碍（disturbance of reflex） 动物神经反射异常增强或减弱的现象。反射增强由反射弧或反射中枢兴奋性增高或刺激过强所致，常见于中枢兴奋性增高、刺激过强，以及某些情况下脑损伤失去对脊髓活动的抑制时；反射减弱是反射弧受到损伤或中枢兴奋性降低所致，见于脊髓背根、腹根、脑、脊髓灰白质受损伤以及颅内压升高、昏迷等。

反式作用因子（trans acting factor） 能与顺式作用元件结合，调节基因转录效率的一组蛋白质。其编码基因与作用的靶 DNA 序列不在同一 DNA 分子上。调节基因转录活性的反式作用因子有 3 类：基本转录因子（basal transcription factor）、上游因子（upstream factor）和可诱导因子（inducible factor）。①基本转录因子结合在 TATA 盒和转录起始点，与 RNA 聚合酶一起形成转录起始复合物。②上游因子结合在启动子和增强子的上游控制位点。③可诱导因子与应答元件相互作用。所有与 DNA 结合的反式作用因子都有结合 DNA 的结构域，并有螺旋-转角-螺旋、锌指结构、亮氨酸拉链和螺旋-环-螺旋等一些共同的结构特征。

反向 PCR（inverted PCR） 一种可以扩增一段已知序列两端的未知序列的 PCR 扩增方法。其原理是限制性内切酶（已知序列内部该酶切位点）进行酶切，然后在连接酶的作用下重新环化，选已知序列两末端的适当序列合成引物，进行扩增。未知序列包含在扩增产物中，可用于测序或者其他分析。

反向遗传学（reversed genetics） 在获得生物体

基因组全部序列的基础上，通过对靶基因进行必要的加工和修饰（如定点突变、基因插入/缺失、基因置换等），再按组成顺序构建含生物体必需元件的修饰基因组，让其装配出具有生命活性的个体，研究生物体基因组的结构与功能，以及这些修饰可能对生物体的表型、性状的影响等方面内容的科学。与之相关的研究技术称为反向遗传学技术，主要包括RNA干扰（RNA interference，RNAi）技术、基因沉默技术、基因体外转录技术等，是DNA重组技术应用范围的扩展与延伸。

反义RNA（anti - sense RNA）　与mRNA互补的RNA分子，也包括与其他RNA互补的RNA分子。生物体的基因转录过程中，双链DNA中通常只有一种有意义链（正链）发生转录，生成mRNA。但某种自然调控基因——反基因则以负链转录，生成反义RNA。反义RNA的核苷酸序列与mRNA相互补，当两者通过碱基配对形成双链RNA时，mRNA翻译成蛋白质的过程被阻断，这样即使基因有转录活性，也不会产生蛋白产物。通过人工合成某些基因的反义RNA，转入动物体可抑制癌基因或病毒基因的复制。细胞中反义RNA的来源有两种途径：一是反向转录的产物，在多数情况下，反义RNA是特定靶基因互补链反向转录产物，即产生mRNA和反义RNA的DNA是同一区段的互补链。二是不同基因产物，如OMPF基因是大肠杆菌的膜蛋白基因，与渗透性有关，其反义基因MICFZE则为另一基因。

反应素（reagin）　又称变应性反应素、反应素抗体或亲同种细胞抗体。能固定在细胞上的抗体，属于免疫球蛋白E、免疫球蛋白A或免疫球蛋白G。

反应组织（responding tissue）　在胚胎诱导过程中，接受刺激信号后发生定向分化的细胞群体（胚胎组织）。

反转录（reverse transcription）　以RNA为模板，在反转录酶催化下合成DNA的过程。如病毒反转录酶催化RNA指导下的DNA合成，即以病毒RNA为模板，以dNTP为底物，催化合成一条与模板RNA互补的DNA链，此DNA链称为互补DNA链（complementary DNA，cDNA）。反应方式与其他DNA聚合酶相同，也是5′→3′合成，并需要RNA作引物。

反转录酶（reverse transcriptase）　又称依赖于RNA的DNA聚合酶。是以RNA为模板，反向转录为DNA的一种独特的酶。存在于反转录病毒的核心中，与基因组紧密结合，是pol基因的产物。有三种功能：①DNA聚合酶活性，能利用RNA或DNA为模板，合成DNA，这时需Mg^{2+}或Mn^{2+}双价阳离子；② RNA酶H的活性，能降解RNA、DNA杂交链中的RNA，但不能降解单股或双股RNA；③DNA内切酶活性，使双股DNA中的一股切开一个小缺口，以便前病毒DNA整合到细胞染色体。提纯的反转录酶已广泛用于基因工程和核酸序列分析。

返流（back flow）　反刍动物呕吐时，其呕出的多为前胃（主要是瘤胃）内容物，而非真胃内容物，故一般称为返流。

泛化（generalization）　条件反射建立的初期动物不但对条件刺激发生兴奋性反应，而且对类似条件刺激的其他刺激也发生不同程度的兴奋性反应的现象。

泛素（ubiquitin）　一种存在于大多数真核细胞中，主要功能为标记需被分解的蛋白质的高度保守的小分子蛋白质。在细胞内蛋白质的蛋白酶体降解途径中，在特异泛素化酶催化下，几个泛素分子串联地共价结合靶蛋白的赖氨酸残基，形成多聚泛素，导致被结合的蛋白质被细胞溶胶中的蛋白酶体所识别并降解，但一些特定抑制剂可抑制其降解。

泛酸（pantothenate）　又称遍多酸、维生素B_3，水溶性B族维生素之一，为辅酶A（CoA - SH）的组成成分。辅酶A是酰化反应的重要辅酶，它在糖、脂类及蛋白质代谢中参与脂酰基的转移反应，故对机体三大物质代谢，特别是脂肪酸的分解和合成代谢都起重要作用。生物界普遍存有泛酸。

泛酸缺乏症（pantothenic acid deficiency）　泛酸缺乏引起的动物营养代谢性疾病。犊牛厌食，生长停滞，被毛粗糙，下腭皮炎。猪生长缓慢，棕色渗出性皮炎、腹泻，运动障碍，如走路后肢呈“鹅步”姿势。马生长受阻，被毛粗糙，秃毛和继发肝炎等。幼雏和青年鸡羽毛生长缓慢，粗糙并脱毛，眼睑边缘结痂，并有黏液性渗出物封闭眼睑，皮肤角化及足底外层皮肤皲裂性脱落。预防应补饲谷类、麸皮、苜蓿干草等。在家禽宜补喂动物肝脏、鱼粉。犊牛补饲奶制品、豆制品等。

范登白反应（Van Den Bergh reaction）　利用血清胆红素与重氮试剂作用发生成色反应的原理而设置的一种黄疸分类实验室检查法。既可用于胆红素定性又可用于定量。经肝脏处理过的胆红素与重氮试剂作用后立即成色，即直接反应；未经肝脏处理的胆红素需加入助溶剂方能与重氮试剂作用发生成色反应，即间接反应。利用标准曲线法和光电比色法可进行血清总胆红素和直接胆红素定量，二者之差即为间接胆红素含量。直接胆红素增多见于阻塞性黄疸；间接胆红素增多见于溶血性黄疸；二者皆增多见于肝原性黄疸。

方骨（quadrate bone） 见于除哺乳类外所有脊椎动物的一对面骨。位于颅骨与下颌骨之间。在禽具有4个关节突，分别与颞骨和下颌骨以及翼骨和颧弓形成关节；另有一肌突作为牵引方骨向前的肌肉杠杆。作用是在开张下颌时，同时推举上喙上提。此骨在哺乳类演化为中耳内的砧骨。

方阵滴定（checkerboard titration） 血清学试验中用以滴定抗原、抗体最适浓度的方法。在96孔板中，抗原作纵向稀释，抗体作横向稀释，使二者在每一孔中的比例均不相同。反应后即可根据出现的结果选择其最适工作浓度。

芳香水剂（aquae aromaticae） 芳香挥发性药物的饱和或近饱和水溶液。其溶剂为水与乙醇的混合液。纯净的挥发油或化学药物用溶解法或稀释法制备，而含挥发性成分的药材多用蒸馏法制备。

防腐剂（preservative） 具有防止食品腐败变质功能的添加剂。食品防腐剂能抑制微生物活动，防止食品腐败变质，从而延长食品的保质期。绝大多数饮料和包装食品想要长期保存，往往都要添加食品防腐剂。我国规定使用的防腐剂有苯甲酸、苯甲酸钠、山梨酸、山梨酸钾、丙酸钙等25种。食品防腐剂使用不当会有一定的副作用；有些防腐剂甚至含有微量毒素，长期过量摄入会对人体健康造成一定的损害。

防御反射（defense reflex） 动物在受到内外环境中一些伤害性刺激时所产生的整体或者局部地保护自己免受伤害的反应。如屈反射就是因为伤害性刺激作用于肢体远端引起肢体缩回，以避开伤害性刺激。某些动物在觉察到有天敌侵袭时主动逃避，或者随外界环境颜色主动改变身体颜色以保护自己，使天敌不易发现等也属防御反射范畴。

房室传导阻滞（atrioventricular block） 心房与心室之间的兴奋传导过程受阻。分为不完全性和完全性两类。阻滞部位可在心房、房室结、希氏束等处。病因主要有：①心肌炎，如风湿性心肌炎、病毒性心肌炎。②迷走神经兴奋，常表现为短暂性房室传导阻滞。③药物，如洋地黄和其他抗心律失常药物。④其他心脏病，如冠心病及心肌病。⑤高血钾、尿毒症等。⑥特发性的传导系统纤维化、退行性变等。

房室交界性阵发性心动过速（paroxysmal atrioventricular junctional tachycardia） 一种心动过速类型。心电图上可见连续3次以上的期前QRS波群，心率快而规律，QRS波群形态无改变，每次发作后有一段代偿间歇。有逆行P波，P-R间期小于正常或逆行P波出现QRS波群之后。

房室模型（compartment model） 为揭示药物在体内吸收、分布、消除的动态规律而建立的数学模型。这是进行药物动力学分析的一种抽象概念，不代表特定的解剖部位。即将机体看成一个系统，系统内部根据药物转运和分布差异分为若干房室（隔室），把具有相同或相似速率过程的部位归为一个房室。

房室延搁（atrioventricular delay） 兴奋由心房进入心室时在房室交界区延搁一段时间才向心室传递的现象。这是由于房室交界区细胞的传导性很低，而其中的结区传导性最低所致。房-室延搁具有重要生理意义，它可以保证在心房收缩完毕之后，心室才开始收缩。

房性期前收缩（premature atrial contraction） 又称房性早搏，在窦房结的激动尚未传到之前，由心房的异位起搏点提前发生激动引起整个或部分心脏收缩的异常心律。

房性阵发性心动过速（atrial paroxysmal tachycardia） 一种心动过速类型。心电图上可见连续3次以上的期前QRS波群，心率快而规律，QRS波群形态无改变，每次发作后有一段代偿间歇。QRS波群前有P波，且P-R间期大于正常。

纺锤体（spindle） 细胞有丝分裂过程中形成的一种与染色体分裂直接相关的细胞器，呈纺锤状，两端为星体。纺锤体微管由动粒微管、极性微管和星体微管组成，它们的功能各不相同。

放大性T细胞（amplifier T cell，TA） 又称反抑制T细胞（contra suppressor T cell，Tcs）。一种参与正向免疫调节的T细胞亚群。小鼠Tcs的表面标志与辅助性T细胞（Th）相同，而人的Tcs则是T_8（CD_8^+）细胞的一个亚类。它本身不能增强免疫效应，但可通过解除调节性T细胞（Treg）对Th的作用而起正向调节效应。

放射对流电泳测定（radio counter electrophoresis assay，RCEA） 对流电泳与放射免疫相结合的一项超微定量技术。将定量的标记抗原与待测抗原混合，置阴极孔，加定量抗体于阳性孔，电泳后测定两孔之间（结合区）的放射性。脉冲数减少越多，待测抗原量越高。可按事先绘制的标准曲线查出抗原含量。参见放射免疫测定。

放射防护（radiation protection） 根据电离辐射的生物效应和对机体可能造成的伤害，对放射工作者和居民健康以及保护环境的标准和措施。世界许多国家均制订了放射防护的规定、X线工作者的最大允许剂量和X线机房附近人员的限制剂量。对放射性物质的生产、使用、操作、保存、运输以及废物处理等也提出具体的卫生要求。

放射冠（radial corona） 在晚期生长卵泡（次级卵泡）和成熟卵泡，紧贴透明带的一层呈放射状排列的柱状卵泡细胞。

放射火箭电泳（radio rocket immunoelectrophoresis）放射自显影与火箭电泳相结合的一种免疫测定技术。将待测抗原和同位素标记抗原混合点样，进行火箭电泳，漂洗后进行放射自显影，根据火箭峰的高度计算待测抗原含量。

放射免疫测定（radioimmunoassay，RIA）用同位素标记抗原进行血清学试验的一种免疫测定技术。有液相法和固相法两种。液相法是利用标记抗原和待测抗原与定量抗体竞争结合原理，把反应平衡后的结合抗原和游离抗原分开，结合抗原中脉冲数越低，待测抗原的含量越高。此法敏感性可达皮克（pg）水平。固相法系在固相载体上进行，其反应过程类似酶联免疫吸附试验（ELISA），最后测定载体上的脉冲数，即可算出待测抗原含量。

放射免疫技术（radioimmuno－technique）用放射性同位素标记抗体或抗原，用于免疫测定和定位的技术。结果的判定有用测定脉冲数的方法的，如放射免疫测定（RIA）和放射对流电泳免疫测定等；也有用放射自显影方法的，如免疫沉淀（IP）、放射免疫电泳、放射火箭电泳和原子核乳胶法（用于组织切片中的放射自显影）等。

放射性动物实验设施（radioactive animal facility）特指进行放射性研究的动物实验设施。内部专设防护放射线对人和动物造成危害的特殊设备和装置。其动物实验区是独特的，放射源及实验仪器也是独特的。

放射性污染（radioactive contamination）人类活动排放出的放射性污染物，使环境的放射性核素水平高于天然本底或国家卫生标准的现象。发生原因与各种使用放射性物质的生产、试验、核爆炸、废物排放及意外事故泄漏有关。放射性核素排入环境后，可使大气、水体、土壤和食品污染。放射性物质因产生电离辐射，而对人体和动物健康有不良影响。

放射性污染物（radioactive pollutant）环境中的各种由人类活动排放出的放射性核素。放射性核素进入生物体，即参与相应同位素的代谢。半衰期长的^{90}锶、^{137}铯及半衰期短的^{89}锶、^{131}碘和^{140}钡都是食物链中重要的放射性核素，它们通过草料、饮水等途径进入畜禽体内，既能造成组织贮留，也可自乳中排出。

放射学（radiology）有关辐射能量和辐射物质的科学。与其他学科结合形成许多边缘学科和分支学科，如放射生物学——研究电离辐射对生物体作用的科学：医学放射学——研究辐射能在诊断和治疗人类疾病中应用的科学；兽医放射学——研究辐射能在诊断和治疗动物疾病中应用的科学等。

放线菌病（actinomycosis）由各种放线菌（*Actinomyces* spp.）引起牛、猪和其他动物以及人类的一种伴有肉芽组织性化脓性病变的慢性疾病。病原除存在外界，常寄居动物体内，经损伤或内源性感染。病菌经血液与淋巴进入其他器官，引起白细胞渗出和结缔组织增生，形成肿瘤样赘生物——放线菌肿。各种家畜的临床表现不一。牛放线菌主要侵害下颌骨，骨增大变形，皮肤破溃形成瘘管，经久不愈。猪主发于乳房，表现肿大变形。根据症状病变可作出诊断，确诊需作病原检查。要严防皮肤黏膜损伤，杜绝本病发生。早期手术切除瘤状物及瘘管，全身抗生素疗法，均有良好疗效。

放线菌属（*Actinomycets*）一类能形成分枝菌丝的细菌。其菌丝直径小于1μm，细胞壁含有与细菌相同的肽聚糖，不产生芽孢和分生孢子，菌落由有隔或无隔菌丝组成，革兰染色阳性，因菌落呈放线状而得名。细胞壁含有胞壁酸与二氨基庚二酸，而不含几丁质和纤维素。与人类的生产和生活关系极为密切，目前广泛应用的抗生素约70%是各种放线菌所产生。厌氧或兼性厌氧，二氧化碳浓度增高时生长良好。菌落干而粗糙，灰白色。至少包括10个种，多数无致病性，少数对动物有致病性。如牛放线菌（*A. boris*），可致牛放线菌病；伊氏放线菌（*A. israeli*），可致牛骨骼和猪乳房放线菌病；化脓放线菌（*A. pyogenes*），原称化脓棒状杆菌（*Corynebacterium pyogenes*），可致牛、羊、猪的坏死性化脓性肺炎、关节炎和乳房炎，对马和猪引起子宫内膜炎。

放线菌素D（actinomycin D，ACTD）又称更生霉素。由链霉菌产生的、可与DNA结合，阻碍RNA聚合酶的移动，抑制RNA合成的一种具抗肿瘤活性的抗生素。本品为细胞周期非特异性药物，对G_1期前半段最敏感。抗瘤谱较窄，主要用于肾母细胞瘤、睾丸肿瘤及横纹肌瘤，对霍奇金氏病、绒毛膜上皮癌、恶性葡萄胎及恶性淋巴瘤也有一定疗效。

飞端肿（capped hock）又称跟结节皮下黏液囊炎。发生在马跟骨结节顶部的局限性肿胀。系跟结节皮下黏液囊及皮肤发炎增厚所致。急性时，局部有热有痛。转为慢性后，肿胀变大，但疼痛反而不明显。多数病例不出现跛行。

飞节内肿（bone spavin）在马跗关节（即飞节）内侧出现的一种骨性硬肿。易发位置是中央跗骨和第三跗骨关节面的前内侧。早期患马只有跛行，跗关节内侧的硬肿并不明显，但局部已有病变存在，称为隐性飞节内肿。以后病部骨质增殖形成骨赘，在跗关节内侧面遂出现变形。跛行表现为以支跛为主的混合跛行，运动开始时跛行明显，随运动的逐渐减轻，经过休息以后跛行又重新出现。依据跛行特点、局部检查、X线检查和飞节内肿试验可做出诊断。治疗可用镇痛药、热疗、强刺激、烧烙等，配合进行削蹄和装蹄治疗。

飞节内肿试验（spavin test） 又称跗关节屈曲试验。诊断马患飞节内肿（跗关节骨关节病）的一种试验方法。令马站立，检查者立于患后肢一侧，一手抵髂骨结节，另一手握系部向上提举，强令跗关节屈曲3～5min，然后立即放手并驱赶马速步前进，如马在头几步患肢有明显的跛行甚至患肢的蹄子不敢完全着地者则为阳性，表明该侧的跗关节患有骨关节病。在试验前应先排除同侧肢的髋关节和膝关节有病存在，否则试验亦会呈现阳性，失去诊断飞节内肿的意义。

飞节软肿（bog spavin） 马或牛跗关节浆液性关节积液。多由于关节的慢性炎症引起，在胫距关节内积有大量浆液性渗出物，使跗关节周围出现软性肿胀。此软性肿胀由于受到周围韧带和肌腱的限制，肿胀被隔成三个憩室，一个在跗关节的前面（前憩室），另两个在胫骨下端后方的两侧（内侧憩室和外侧憩室），三憩室互相交通，压迫任何一个憩室都可将其中液体推至其他憩室之中，因而亦改变软肿的形状。

飞沫传播（droplet transmission） 经飞散于空气中带有病原体的微细泡沫而散播的传染。所有的呼吸道传染病主要通过飞沫传播，如结核病、牛肺疫、猪气喘病、猪流行性感冒、鸡传染性喉气管炎等。这类病畜的呼吸道常积聚不少渗出液，刺激机体发生咳嗽或喷嚏，很强的气流把带着病原体的渗出液从狭窄的呼吸道喷射出来，形成飞沫飘浮于空气中，被易感动物吸入而感染。

飞沫感染（droplet infection） 外科手术创口感染的来源之一。手术人员谈话、咳嗽和喷嚏时，将呼吸道的黏液、黏膜纤毛上皮细胞碎片，喷到空气中形成15～100μm大小不等的飞沫，其中带有大量微生物，在空气中悬浮。当落入手术创内则引起感染。

飞燕草中毒（larkspur poisoning） 牛误食飞燕草植株后，由其中飞燕草碱（delphinine）所引起的中毒病。临床表现流涎，吞咽困难，体况虚弱，无力站立。重型病例多死于呼吸中枢麻痹。治疗尚无特效药物。

非必需氨基酸（nonessential amino acid） 在有氮源的条件下，动物可利用其他原料在体内合成的氨基酸。如丙氨酸、甘氨酸、丝氨酸、天冬氨酸、天冬酰胺、谷氨酸、谷氨酰胺、脯氨酸等。酪氨酸和半胱氨酸可由必需氨基酸或由必需氨基酸与非必需氨基酸共同转变而来。糖类是为非必需氨基酸合成提供碳架的主要原料，α-酮酸的氨基化和非必需氨基酸之间的相互转变是合成非必需氨基酸的主要方式。

非程序性DNA合成试验（unscheduled DNA synthesis test，UDS） 又称DNA修复合成试验。一项检测受试物损伤DNA的致突变试验。正常细胞在有丝分裂过程中，仅在S期进行DNA复制合成。但当DNA受损后，DNA的修复合成可发生在S期以外的其他时期，称为非程序性DNA合成。用同步培养将细胞阻断于G_1期，并将正常的DNA半保留复制阻断，然后用受试物处理细胞，并在加有3H-胸腺嘧啶核苷的培养液中进行培养。利用放射自显影法或液闪计数法测定掺入DNA的放射活性，检测DNA修复合成，从而间接反映DNA受损程度。

非处方药（over the counter，OTC） 保证用药安全的前提下，经国家药政部门审核批准的，不需要医师开写处方即可购买的药品。非处方药大多用于多发病常见病如感冒、咳嗽、消化不良、头痛、发热的自行诊治。我国尚未实施兽用处方药和非处方药分类管理制度。

非蛋白呼吸商（nonprotein respiratory quotient） 单位时间内体内氧化糖和脂肪等非蛋白营养物质时二氧化碳的产生量和耗氧量的容积比。在间接测热法测定产热量时常要计算非蛋白呼吸商。

非典型感染（atypical infection） 在感染过程中不表现出该病特征性症状的感染。非典型感染的表现与典型病例不同，症状或轻或重。如非典型马腺疫仅有鼻黏膜卡他，而典型马腺疫可在胸腹腔内器官内出现转移性脓肿。

非感觉刺激（nonsense stimulation） 不通过感觉器官（sense organ）的刺激。专指免疫应答中的抗原刺激。

非竞争性抑制（non-competitive inhibition） 抑制剂与酶活性中心以外的必需基团结合，形成酶-底物-抑制剂复合物（ESI），不能进一步释放出产物，致使酶活性丧失的抑制作用。主要是影响酶分子的构象而降低酶的活性，通过增加底物浓度不能降低或消除抑制剂对酶的抑制作用。其动力学特点是酶促反应的Vmax变小，Km值不变。

非开放性损伤（non open injury） 强钝性外力作用于机体，发生于皮下组织而非皮肤表面的严重损伤。常伴有深部肌、腱、骨、关节的损伤。其症状为疼痛、皮下块状出血、肿胀，轻症的块状出血渐次褪色而痊愈。大血管出血积集在组织间隙形成血肿。大量淋巴液在皮下贮留形成淋巴外渗。肌、骨、腱和关节的损伤出现机能障碍。治疗时轻症不需处置，初期时冷敷、防止溢血过多用压迫绷带，若化脓一般用抗生素治疗。

非临床型乳腺炎（nonclinical mastitis） 又称隐性乳腺炎（hidden mastitis）。这类乳腺炎的乳腺和乳汁通常无肉眼可见的变化，但乳汁电导率、体细胞数、pH等理化性质已发生变化，必须采用特殊的理化方法才可检出。大约90%的奶牛乳腺炎为隐性乳腺炎，是乳腺炎中发生最多、造成经济损失最严重的乳腺炎。参见乳腺炎。

非那西汀（phenacetin） 解热镇痛药。解热镇痛作用缓慢而持久。抑制脑内前列腺素的合成与释放，对外周前列腺素影响很弱，故解热作用最强，镇痛作用较差，消炎、抗风湿作用更弱。除本身有显著解热作用外，其代谢产物扑热息痛也有解热作用，而另一代谢产物对氨基苯乙醚，可氧化血红蛋白为高铁血红蛋白，造成组织缺氧和溶血，并损害肝脏。一般不单独应用，常与阿司匹林和咖啡因配伍，称复方阿司匹林片，作为犬的解热镇痛药。

非器质性杂音（nonorganic murmur） 瓣膜和心脏内部并无不可逆性的形态学改变，多由心肌机能变化或血液成分和理化性质改变而引起的机能性杂音。

非人灵长类实验动物（non-human primate laboratory animals） 除人之外的所有来自灵长目（Primates）的实验用动物。目前用于科学研究的主要动物种属有长臂猿属（*Hylobates*）、猩猩属（*Pangon*）、猕猴属（*Macaca*）、长尾猴属（*Cercopithecus*）、白眉猴属（*Cercocebus*）、叶猴属（*Presbytis*）、夜猴属（*Aotus*）、赤猴属（*Erythrocebus*）、蛛猴属（*Ateles*）、卷尾猴属（*Cebus*）、松鼠猴属（*Saimiri*）、柳狨属（*Saguinus*）、狨属（*Callithrix*）、懒猴属（*Saguinus*）。灵长目动物和人在进化上亲缘关系最近，在形态和机能上有很多与人相似的部分，对人类多种传染病原易感，被广泛用于科学研究。

非损害作用（non-adverse effect） 机体发生的一切生物学变化都是暂时的和可逆的，并在机体代偿能力范围之内；不会造成机体形态、结构、功能异常及生理、生化和行为方面的指标、生长发育过程、寿命的改变；不降低机体维持稳态的能力和对额外应激状态代偿的能力；不引起机体对其他环境有害因素的易感性增高；也不影响机体的功能容量（如进食量、工作负荷能力等）和生产性能（如增重速度、产蛋率和产奶量等）。

非肽抗原递呈（nonpeptide antigen） 又称非经典MHC分子递呈途径。由CD_1分子对糖脂或脂类抗原的递呈过程。

非特异性反应（nonspecific reaction） 抗原和抗体反应中由非特异性因子所发生的反应。如凝集反应中的盐凝集及酸凝集等现象。血清学或免疫学诊断时，用某一抗原诊断某一疾病，如果其他疾病也出现阳性反应时，也称为非特异性反应。此外在免疫荧光和免疫酶技术中，亦常因材料处理不当或用量过多而引起非特异性反应。

非特异性临床型乳腺炎（non-specific clinical mastitis） 乳房或乳汁有肉眼可见变化，但乳汁中检不出病原菌的乳腺炎。参见乳腺炎。

非特异性免疫疗法（nonspecific immunotherapy） 区别于应用抗血清等特异性免疫治疗的方法。给患者注射免疫球蛋白、干扰素、转移因子和卡介苗等以加强机体整体体液免疫或细胞免疫功能。

非特异性投射系统（unspecific projection system） 感觉传导向大脑皮层投射时的一条途径。即从各感受器发出的神经冲动经脊髓进入脑干时，发出侧支与脑干网状结构的神经元发生突触联系，然后在网状结构内通过短轴突多次换元而上行，当抵达丘脑时，就弥散地投射到大脑皮层的广泛区域，不产生特定的感觉，但可改变大脑皮质的兴奋状态。

非特异性亚临床型乳腺炎（non-specific subclinical mastitis） 乳房和乳汁无肉眼可见变化，乳汁无病原菌检出，但乳汁化验阳性的亚临床乳腺炎。参见乳腺炎。

非条件刺激（unconditioned stimulus） 能引起非条件反射的刺激。例如，食物一接触动物口腔，会引起唾液分泌，食物就是非条件刺激。

非条件反射（unconditioned reflex） 先天就有的反射。它是神经系统反射活动的低级形式，是动物在种族进化中固定下来的外界刺激与机体反应间的联系。它有固定的神经反射途径，不容易受客观环境影响而改变。其反射中枢大多数在皮层下部位，切除大脑皮质的动物，此种反射还存在。

非蜕膜胎盘（nondeciduate placenta） 又称半胎盘。胎儿绒毛膜与母体子宫内膜结合比较疏松，子宫内膜相对完好的胎盘。见于家畜。分娩后胎盘脱落时，子宫内膜组织均不受损，也无出血。反刍动物于分娩后6～10d，宫阜表面“脱皮”而失去上皮。

非吸入麻醉（noninhalation anesthesia） 全身麻醉的一种，通过静脉、肌肉、皮下、经口和直肠等途径用药，经血液传递到中枢的麻醉过程。代表性的非吸入方法是注射方法。这种麻醉方法直接进入循环，使动物快速安静入睡，减少诱导和苏醒时期的兴奋表现，不需要特殊装置，节省人力。不能随意调节麻醉深度，过量给药不易消除，镇痛和肌松往往不能满足各样手术的要求。常用的麻醉药有舒泰、丙泊酚、右美托咪啶、硫喷妥钠、氯胺酮、水合氯醛等。

非胸腺依赖性抗原（thymus independent antigen) 不需要T细胞协助，能直接激活B细胞产生抗体的抗原。如大肠杆菌的脂多糖、肺炎球菌的荚膜多糖和分子量达40 000以上的多聚鞭毛素。特点是其功能性部分由相同的决定簇连续排列组成，因而能使相应B细胞表面的受体交联从而使B细胞活化。

非炎性浮肿 (non - inflammatory edema) 见冷性浮肿。

非遗传毒性致癌物 (non - genotoxic carcinogen) 不直接与DNA反应，通过诱导宿主体细胞内某些关键性病损和可遗传的改变而导致肿瘤的化学致癌物。包括：①细胞毒性致癌物，可能涉及慢性杀灭细胞导致细胞增殖活跃而发癌，如次氮基三乙酸、氮仿。②固态致癌物，物理状态是关键因素，可能涉及细胞毒性，如石棉、塑料。③激素调控剂，主要改变内分泌系统平衡及细胞正常分化，常起促长作用，如乙烯雌酚、雌二醇、硫脲。④免疫抑制剂，主要对病毒诱导的恶性转化有刺激作用，如嘌呤同型物。⑤助致癌物。⑥促长剂。⑦过氧化物酶体增殖剂，过氧化物酶体增殖导致细胞内氧自由基生长，如安妥明、邻苯二甲酸乙基己酯。

非战栗性产热 (non - shivering thermogenesis) 又称代谢产热。与肌肉发生寒战无关的产热过程。机体受到寒冷刺激时除寒战性产热机制外，还可通过释放肾上腺素、去甲肾上腺素、甲状腺素等提高机体的产热效应，尤其是加强棕色脂肪组织（brown adipose tissue，BAT）的分解，以增加产热。这对寒冷地区动物热平衡具有重要作用。

非整倍体 (aneuploid) 一种染色体数目畸变。体细胞染色体的数目和正常二倍体（diploid）比较，不是成倍数的增减，而是染色体组中缺少或额外增加一条或若干条完整的染色体。例如牛二倍体为2n=60，发生异常时染色体数目为57、61。

非洲马瘟 (African equine plague) 呼肠孤病毒科环状病毒属的非洲马瘟病毒引起马属动物的一种以发热、肺和皮下水肿、部分器官出血、病死率高为特征的急性和亚急性传染病。本病发生于非洲，目前已传到中东、南亚一些国家。病马和带毒马是主要传染源，病毒经库蠓传播，多发生于炎热多雨季节。潜伏期5～7d，临床表现可分为肺型、心型、肺心型和发热型4型。应用补体结合试验、中和试验及琼脂扩散试验进行诊断。本病无特效疗法，可在吸血昆虫出现前1～2月，用多价弱毒疫苗预防接种。

非洲马瘟病毒 (*African horse sickness virus*，AHSV) 呼肠孤病毒科（Reoviridae）、环状病毒属（*Orbivirus*）成员。病毒粒子直径约70nm，无囊膜，基因组为双股RNA，含10个片段。病毒有9个血清型，各型之间无交叉免疫关系。自然条件下只有马属动物有易感性，幼马易感性最高。病毒通过吸血昆虫传播，尤其是库蠓属昆虫。该病毒能引起马属动物一种以发热、肺和皮下水肿及脏器出血为特征的急性和亚急性传染病，具有明显的季节性，常呈流行性或地方流行性，传播迅速，幼马病死率可高达95%。

非洲猪瘟 (African swine fever) 由非洲猪瘟病毒引起猪的一种急性、高度接触性传染性疾病。特征为病程短，病死率高，全身各器官组织有严重出血变化，许多部位发生水肿。症状和病变类似急性猪瘟，但更为急剧，因此必须依靠实验室检查才能确诊。常用的方法有动物接种试验、酶联免疫吸附试验、病毒分离培养等。防制主要对来自有病地区的车、船、飞机卸下的食品废料废水，就地进行严格无害处理，对进口猪及其产品严格检疫，防止本病传入。

非洲猪瘟病毒 (*African swine fever virus*，ASFV) 非洲猪瘟病毒科（Asfarviridae）的唯一成员。病毒颗粒有囊膜，直径175～215nm，核衣壳20面体对称。基因组由单分子线状双股DNA组成。DNA分子具有共价的闭合末端，并有倒置末端重复子及发夹结构，编码200多种蛋白质。该病毒的DNA已全部测序。病毒在交叉免疫试验中与猪瘟病毒完全不同。病毒感染猪能对非致死病毒株产生保护性免疫反应，但产生的抗体仅能降低病毒感染性而不中和病毒。该病毒是唯一已知核酸为DNA的虫媒病毒，由软蜱传递。自然条件下仅家猪易感，以全身出血、呼吸障碍和神经症状为特征。

非洲锥虫病 (African trypanosomiasis) 由锥虫属的多种锥虫感染引起，其中布氏锥虫（*Trypanosoma brucei*）、刚果锥虫（*T. congolense*）、活跃锥虫（*T. vivax*）、伊氏锥虫（*T. evansi*）、猴锥虫（*T. simiae*）感染马、牛、羊、骆驼、猪等动物；布氏锥虫冈比亚亚种（*T. b. gambiense*）和布氏锥虫罗德西亚亚种（*T. b. rhodesiense*）感染人，引起人的睡眠病（sleeping sickness）。发生于非洲撒哈拉以南的36个国家和地区。由采蝇传播。虫体形态与伊氏锥虫大同小异。人感染锥虫后，早期主要表现为不规则发热、多发性淋巴结病；后期中枢神经系统受损，病人剧烈头痛、反应迟钝、嗜睡昏迷，如不治疗，致死率几乎可达100%。动物感染后临床表现与伊氏锥虫病相似。动物的诊断、治疗与伊氏锥虫相似。

菲莱氏温扬球虫 (*Wenyonella philiplevinei*) 属于艾美耳科（Eimeriidae）、温扬属，寄生于鸭小肠上皮细胞内，致病性较弱，回肠后部和直肠仅见轻度充血，偶尔见回肠后部黏膜上有散在出血点，严重者直肠黏膜弥漫性出血。

肥大（hypertrophy） 组织或器官的体积增大并伴有功能增强。主要是由于实质细胞的体积增大所致，同时可伴有细胞数量的增多。发生在器官负荷增大时，如心脏瓣膜病时的心肌肥大、一侧肾脏发育不全或摘除后另一侧肾脏的肥大。肥大的细胞内细胞器增多，因而具有功能代偿意义，又称代偿性肥大（compensatory hypertrophy）。

肥大细胞（mast cell） 含有嗜碱性胞浆颗粒的细胞。多分布于小血管周围，胞体椭圆，胞核较小，胞质中充满粗大的异染性颗粒，颗粒中含有肝素、组胺等生物活性物质，电镜下可见颗粒外包单位膜。细胞膜上有抗体 IgE Fc 段的受体，故可与 IgE 结合。当再次进入体内的抗原与结合在细胞膜上的 IgE 结合，即可引起肥大细胞的脱颗粒反应，从而释放组胺和慢反应物质，诱发一系列过敏性反应。

肥大性骨营养不良（hypertrophic osteodystrophy） 软骨及骨基质发育异常的骨营养不良症。一般认为与维生素 C 缺乏有关。多发生于大体型犬的年轻阶段（3～7 月龄）。症状有厌食，发热，双侧前肢或后肢跛行，前臂部及胫部远端肿胀，干骺区有压痛，胸部肋软骨结合处有念珠样肿等。X 线检查桡尺骨及胫骨远端干骺端有蚕食样无骨组织结构的透亮区，病程较久者周围还出现骨膜钙化及骨变形。治疗本病可给病犬静脉注射维生素 C，每天 1g，连用几天，以后改为口服，每天 0.5g，可配合应用止痛药及类固醇制剂。

肥胖母牛综合征（fat cow syndrome） 又称奶牛妊娠毒血症（pregnancy toxemia of cow）、亚临床脂肪肝。本病是母牛分娩前后发生的一种以厌食、抑郁、严重的酮血症、脂肪肝、末期心率加快和昏迷以及死亡率极高为特征的脂质代谢紊乱性疾病，多发生在由于干乳期过度饲养而造成过度肥胖的高产乳牛分娩之时，其主要临床症状是食欲减退，体重迅速下降，同时许多器官尤其肝脏细胞内发生脂肪积聚。临床症状明显的病例不多见，多数处于亚临床状态。其发病率在很大程度上取决于牛群总的肥胖程度以及产后能量缺乏的程度。临近分娩的牛发病率高达 50%，死亡率达 25%。年产奶量 5 500kg 以上的牛群中，1/3 以上的牛可能会受到侵害。

肥胖症（obesity） 家畜脂肪组织过多蓄积引起的以运动障碍为主征的代谢病。分为内、外因两种，前者是由内分泌腺体、脑下垂体、甲状腺和生殖机能减退所致；后者与脂肪和碳水化合物摄取过多和运动不足等有关。临床上患畜体躯丰满，皮下脂肪也丰满，体力减退，易发疲劳，呼吸促迫，心搏动亢进，脉搏增数。公畜性欲丧失。防治除限制摄取饲料外，还可针对病因，作些强迫运动，同时投服甲状腺素。

腓肠肌（m. gastrocnemius） 小腿后面的肌肉。很发达；以内、外两个头起始于股骨后面的下部，肉食兽在起始处有两块小籽骨。肌腹呈梭形，至小腿中部联合并转变为坚强的腱而止于跟骨结节，参与构成跟总腱。因比目鱼肌也止于腓肠肌腱，常将两肌合称小腿三头肌。作用为伸跗关节和屈膝关节；此两关节在运动时经常联合行动。

腓骨（fibula） 两小腿骨之一。位于外侧，较不发达。肉食兽、猪的细长，两端与胫骨成关节，远端形成外踝。马、兔的骨体向下逐渐变细并消失于小腿中部，远端与胫骨愈合。反刍兽的骨体退化，近端形成胫骨外侧髁的小突起，远端形成踝骨。禽腓骨不发达，骨体向下逐渐变细并消失。

腓神经麻痹（paralysis of the peroneal nerve） 腓神经受到压迫、牵引或外伤使腓神经所支配的肌肉丧失功能。腓神经麻痹后，病畜站立时跗关节处于高度伸展状态，病侧肢较正常侧肢长，不得不以第一趾骨背侧及蹄前壁触地。运步时由于髂腰肌和股阔筋膜张肌的作用，病后肢仍可提伸，跗关节受膝关节屈曲的影响亦可被动屈曲，但趾部不能伸展，因此以蹄前壁接地而行。腓神经不全麻痹时上述症状不典型，站立姿势无明显变化或仅出现球节背屈。运步时有时出现蹄尖擦地而行。

肺（lung） 进行体内外气体交换的重要呼吸器官。位于胸腔内，分左、右两肺，各呈半圆锥体形，右肺略大。肺尖向前，斜的肺底向后。肋面和膈面分别与胸侧壁和膈相对，内侧面为纵隔面，与椎体和纵隔相对，因主动脉、食管和心等形成一些压迹，右肺有后腔静脉沟。纵隔面在心压迹上方为肺门，进出的支气管、血管和神经等包以胸膜，称肺根，是肺主要固着处。肺背缘钝，底缘和腹缘锐。底缘位置从倒数第 1 或 2 肋间隙上端斜向前下方至平尺骨鹰嘴处，吸气时肺胀大，可向后方肋膈隐窝推移。腹缘具有心切迹，右肺较大，与第 3～5 或 6 肋骨的下半相对。正常肺轻，柔软并富有弹性，出胸腔后显著缩小。颜色因所含血量而有深浅。肺可根据支气管的第一级分支分为肺叶，除马、骆驼外，大多具有深浅不等的叶间裂。一般左肺分前叶（又称尖叶）和后叶（又称膈叶）；前叶除马、骆驼外又分前、后部。右肺分前叶、中叶（又称心叶）、后叶和副叶；但马、骆驼无中叶，反刍兽前叶又分前、后部。肺的结缔组织间质在有的动物将实质分成明显的肺小叶，如猪、牛和山羊。肺实质包括两部分：导管部，为支气管分支形成的支气管树；呼吸部，由细支气管再分支形成，具有肺泡。肺有两套血管：肺动脉、肺泡毛细血管和肺静脉，供呼吸时进行气体交换；支气管动脉、毛细血管和静脉，供应支气管营养，最后注入奇静脉，但有的动物无支气管静脉。肺动脉通常伴随支气管分布，肺静脉则有的单独走行。肺内血管在动脉间、静脉间常有吻合支，但无动静脉吻合。肺外包以浆膜，即肺胸膜。禽肺较小，不分叶，背面嵌入肋骨间，弹性不大。

肺孢菌病（pneumocystosis） 卡氏肺孢菌（*Pneumocystis carinii*）寄生鼠、犬、猪、兔、羊和人的肺上皮细胞内引起的疾病。成熟包囊破裂释放出8个囊内小体，发育为小滋养体。滋养体大小2～10μm，形态变大。包囊呈球形，直径4～7μm，发育史包括滋养体、囊前期和包囊期，滋养体从包囊逸出，经分裂增殖后，再发育为包囊，成熟包囊含8个滋养体。全部生活史均在肺脏内完成。多为隐性感染，当宿主免疫力低下时，肺孢菌大量繁殖而引起肺炎，表现为干咳、呼吸困难、发绀、精神不安等症状。可收集痰液或支气管分泌物涂片染色后镜检或用血清学方法检查血清抗体进行诊断，X线检查可辅助诊断。可用磺胺嘧啶、乙胺嘧啶和戊烷咪治疗。

肺孢菌属（*Pneumocystis*） 又称肺孢子虫。现归为肺孢菌目（Pneumocystidales）、肺孢菌科（Pneumocystidaceae）。主要以包囊（cyst）及滋养体（trophozoite）两种形态存在于肺泡。包囊为椭圆形或近似圆形，大小1.5～5.0μm，内有8个子孢子。滋养体有大型和小型2类：大型2.0～8.0μm，圆形、椭圆形或新月状；小型1.0～1.5μm，球形或阿米巴形。肺孢菌是一种机会病原微生物，可感染马、牛、羊、猪、犬、猫、鼠等多种动物，有宿主特异性。在正常健康的宿主体内通常不表现明显的临床症状，而在免疫功能低下的动物体内可引起严重的肺炎。特征为明显的呼吸道症状，普遍性或局灶性肺炎，肺泡内充满孢子。感染人的肺孢子虫已独立成为一个新种，命名为伊氏肺孢菌（*P. jiroveci*）。感染动物的肺孢子虫种名仍为卡氏肺孢菌（*P. carinii*）。

肺部呼吸音（pulmonary breath sounds） 动物呼吸时，气流进出呼吸道，引起旋涡运动而产生声音。通过肺组织和胸壁，在体表听到的声音，包括正常呼吸音、异常呼吸音和附加音（如啰音和摩擦音）。

肺充血（pulmonary hyperemia） 肺部血管扩张、充满血液并引起呼吸功能障碍的一种病变。分为主动性和被动性肺充血两种。前者即动脉性充血，各种机械、物理、化学、生物性因素等，只要达到一定强度都可导致；后者即淤血，发生于心力衰竭、胸腔和肺脏的疾病、肠臌气、胃扩张和瘤胃臌气等。症状以进行性呼吸困难为主，如头颈伸展，鼻翼扇动，张口呼吸（牛）或腹式呼吸。主动性肺充血病例脉搏强而有力，心音增强，并发血管性杂音；被动性肺充血病例脉搏微弱，心音减弱。治疗宜放血，并对症治疗。

肺出血（pulmonary hemorrhage） 肺内血管损伤血液流出的病变。主要发生于马，见于肺部外伤、严重感染、肿瘤等。临床可见鼻孔流出混有泡沫的鲜血，血流急缓和数量因原发病和肺损伤程度而异。病畜惊恐不安，咳嗽，呼吸困难，听诊肺部有湿性啰音。当大量出血时，可视黏膜淡染或苍白，脉细弱，皮肤冷凉，体温下降，步态蹒跚。治疗应用止血剂并进行输液。

肺动脉狭窄（pulmonic stenosis） 幼龄动物肺动脉瓣异常，发生以右心室肥大、扩张和缩期杂音等为主征的先天性心脏病变。主要病因是瓣膜狭窄。临床上多为亚临床型，只有在运动后才呈现呼吸困难，结膜发绀。听诊心脏有缩期杂音，伴发胸壁震颤。治疗宜施行肺动脉瓣切开术。

肺呼吸（lung respiration） 又称外呼吸。动物通过肺与外界环境进行气体交换的过程。由两部分组成：①肺通气，外界气体与肺泡气之间的交换。②肺换气，肺泡与肺毛细血管血液之间的气体交换。动物吸气时肺容积扩大，肺内压下降，外界气体进入肺；呼气时肺内压升高，肺内气体被排出。在呼吸过程中氧扩散入肺泡毛细血管，二氧化碳则向肺泡内扩散。

肺活量（vital capacity，VC） 最大吸气后做最大呼气时呼出的气体量，等于潮气量、补吸气量和补呼气量之和。代表肺在呼吸过程中发生的最大限度的容积变化，可在一定意义上反映肺通气的最大潜力。马的肺活量可达3 000mL。

肺间质性气肿（interstitial emphysema） 肺小叶间、肺胸膜下以及其他间质区内出现气体导致以呼吸困难为主征的肺病。多发生于牛，偶见于马、猪。在胸部外伤、濒死期呼吸、硫磷等农药中毒、牛黑斑病甘薯中毒和牛急性间质性肺炎等疾病中可出现。眼观见胸膜下和小叶间有多量大小不等呈串珠样的气泡，有时可波及全肺叶的间质。如果肺胸膜下和肺间质中的大气泡发生破裂，则可导致气胸。胸腔中的气体有时可沿纵隔浆膜下到达颈部、肩部或背部皮下，引起纵隔和皮下气肿。临床表现有呼吸困难，尤以腹式呼吸为主。重症病例呈现两段呼气动作，出现喘线。治疗宜保持病畜安静，并结合病因和病情进行病原和对症疗法。

肺叩诊区（percussion area of the lung） 叩诊健康动物肺区发出清音的区域。肺叩诊区的大小因动物种类而异，可根据3条假定水平线（髋关节水平线——Ⅰ线；坐骨结节水平线——Ⅱ线；肩端水平线——Ⅲ线）分别与各个肋骨交点所构成的区域来决定。马的肺叩诊区其前界为自肩胛骨后角沿肘击向下至第5肋间所划的直线，上界为与脊柱平行并距背中线约一掌宽的直线，后界为向下、向前并经下列诸点所划的弧线：17肋与脊柱交界处为始点、Ⅰ线与16肋间交点、Ⅱ线与14肋间交点、Ⅲ线与10肋间交点，止于第5肋间。牛肺叩诊区的上界与马同，前界为自肩胛骨后脚沿肘肌向下划的类似S形曲线，止于第4肋间。后界由12肋骨开始，向下、向前的弧线经Ⅰ线与第11肋间交点、Ⅲ线与第8肋间交点而止于第4肋间。绵羊和山羊的肺叩诊区与牛相同。犬肺叩诊区其前界为自肩胛骨后角并沿其后缘所引之线，下止于第6肋间之下部，上界为自肩胛骨后角所划之水平线，距背中线2～3指宽。后界自第12肋骨与上界之交点开始，向下、向前经Ⅰ线与第11肋间交点、Ⅱ线与第10肋间交点、Ⅲ线与第8肋间交点而达第6肋间之下部与前界相交。

肺叩诊区扩大和缩小（dilatation and reduction of pulmonary percussion area） 叩诊动物肺区时发出清音的区域明显大于或小于正常肺叩诊区。前者为肺过度膨胀和胸腔积气的结果，见于肺气肿和气胸等；后者则多因其他疾病所致，可见于心脏肥大、心包炎、肝肿大、肝脓肿等。

肺每分通气量（minute ventilation volume） 每分钟从肺呼出或吸入肺的气体总量，是反映肺呼吸功能的指标之一。平静呼吸时等于潮气量与呼吸频率之乘积。机体内外环境改变时，随着呼吸深度和呼吸频率的变化，每分钟通气量会发生相应的改变。

肺内压（intrapulmonary pressure） 肺泡内的气体压力。肺和外界环境相通，在肺容积不变（如呼气末和吸气末）时肺内压和外界大气压相等，但在周期性呼吸过程中，肺内压则是变动的，吸气时肺容积扩大，肺内压下降，可低于外界气压，所以气体进入肺；呼气时相反，肺内压高于外界气压，所以肺内气体被呼出。肺内压高低受呼吸动作强弱以及呼吸道阻力大小的影响。呼吸动作越强或呼吸道越窄，吸气时肺内压下降越大，呼气动作增强和呼吸道阻力越大时，呼气时肺内压上升越高。

肺脓肿（pulmonary abscess） 由血液内腐败脓性栓塞嵌留在肺毛细血管引起的局限性肺化脓性病变，多属继发性肺病。临床表现突发高热，战栗，呼吸困难，频发咳嗽。叩诊肺部呈现明显的浊音区。治疗参照吸入性肺炎。

肺泡（pulmonary alveoli） 肺内气体交换的场所。呈多面囊泡状，由肺泡上皮围成，上皮外周有丰富的毛细血管和弹性纤维。肺泡上皮含Ⅰ和Ⅱ型肺泡细胞，Ⅱ型细胞分泌的表面活性物质具有降低肺泡表面张力及稳定肺泡形态的作用，该物质分泌不足可导致肺泡塌陷、呼吸困难。

肺泡表面活性物质（alveolar surfactant） 一种能降低肺泡表面张力、稳定肺泡形态的脂蛋白。主要成分是二软脂酰卵磷脂。由肺泡Ⅱ型细胞分泌，以单分子层铺盖在肺泡内液层的表面，当肺泡扩张时密度下降，肺泡表面张力增大，当肺泡缩小时则相反，使肺泡的大小保持相对稳定，不至出现小肺泡塌陷，大肺泡扩张的现象。

肺泡隔（alveolar septa） 相邻两肺泡上皮之间的结构。由含网状纤维和弹性纤维的结缔组织构成，其中密布着毛细血管网，血管壁与肺泡上皮紧贴。在肺泡开口处，隔中的弹性纤维和胶原纤维较多，并形成一个环。若隔中的弹性纤维受损，肺泡将不能回缩，造成肺气肿。

肺泡呼吸音（vesicular murmur，vesicular respiratory sound） 从健康动物肺部所听到的柔和的“呋呋”音（类似清读“V”所发出的声音）。吸气之末最清楚、呼气之末最弱（听不到）。肺区中1/3最明显。肺泡呼吸音由毛细支气管和肺泡入口之间空气出入的磨擦音、空气进入紧张的肺泡形成漩涡运动所产生的声音和肺泡壁舒缩所产生的声音所构成。动物中马的肺泡呼吸音最弱、犬和猫的肺泡呼吸音最强。

肺泡呼吸音减弱（diminution of vesicular murmur） 肺泡呼吸音的音量变小、听不清楚甚至听不到，或肺泡呼吸音听诊区缩小。根据病变的部位、范围和性质，可表现为全肺的肺泡呼吸音减弱和/或某一部位的肺泡呼吸音减弱或消失，见于下列情况：①肺泡内含气量不足，如肺组织实变、炎症、分泌物、异物和肿瘤引起呼吸道狭窄等。②呼吸障碍，如肺气肿、腹腔压力增大、胸腔压力增大、疼痛等。③肺泡音传导障碍，如胸壁肥厚、浮肿和气肿以及渗出性胸膜炎、胸水、气胸等。

肺泡呼吸音增强（exaggeration of vesicular murmur） 在呼气末期听到肺泡呼吸音的音量增大或肺泡呼吸音的听诊区扩大。分为普遍性增强和局限性增强。前者为呼吸中枢兴奋、呼吸运动加强的结果，特征为两侧肺部的肺泡呼吸音均增强，见于剧烈运动、热性病、代谢亢进及其他伴有一般呼吸困难的疾病。后者亦称代偿性肺泡呼吸音增强，为病变侵及一侧或一部分肺组织，而健侧或无病变部分进行代偿的结果，见于各种肺炎、渗出性胸膜炎等。

肺泡巨噬细胞（alveolar macrophage） 游走于肺泡腔内的巨噬细胞，属于单核吞噬细胞系统的重要成员。其吞噬功能活跃，具有重要防御作用，吸入空气中的尘粒、细菌等异物进入肺泡腔后，多被其吞噬清除。胞质内含有大量尘粒的肺泡巨噬细胞称为尘细胞(dust cell)，它可通过阿米巴样运动移送尘粒至纤毛上皮表面，经过纤毛运动排出，也有的通过肺泡间隙，进入淋巴系统，转移至淋巴结，起到净化肺内空气的作用。但多数尘细胞在二氧化硅的毒性作用下崩解，其崩解产物刺激成纤维细胞增生，形成矽结节和间质纤维化。

肺泡通气量（alveolar ventilation volume） 每分钟吸入肺泡的新鲜空气量，等于潮气量和无效腔气量之差与呼吸频率的乘积。在潮气量减半和呼吸频率加倍或潮气量加倍而呼吸频率减半时，肺通气量保持不变，但是肺泡通气量却发生明显变化。对肺换气而言，深而慢的呼吸较浅而快的呼吸气体交换更有效。

肺泡性肺气肿（alveolar emphysema） 见肺气肿。

肺膨胀不全（atelectasis） 肺泡腔未完全展开的状态，有先天性和获得性两种。前者见于死胎、弱胎，因肺组织未曾充气造成；后者为已充气的肺组织因受压迫或气道被渗出物、寄生虫等阻塞所致。眼观病变区呈暗红色、下陷、质软；镜检肺泡腔闭塞呈裂隙状。

肺气肿（pulmonary emphysema） 局部肺组织内空气含量过多，导致肺脏体积膨大的病变。依据发生部位和发生机理，分为肺泡性肺气肿和间质性肺气肿。肺泡性肺气肿（alveolar emphysema） 指肺泡管或肺泡异常扩张，气体含量过多，并伴发肺泡管壁和肺泡壁破坏的一种病理过程。多见于马慢性细支气管炎-肺气肿综合征、犬先天性大叶性或大泡性肺气肿、肺炎、支气管炎、支气管痉挛、肺丝虫病以及老龄动物（犬、猫和马）。马由于过度剧烈挣扎、气道压迫或阻塞以及吸入过敏原或中毒所致。症状以发病突然和病程急为主。呼吸困难，腹式呼吸，眼球突出，伸颈站立，体温无大变化，脉搏快而弱，肺部听诊有干、湿性啰音；叩诊呈过清音。食欲减退，耐力下降，消瘦。治疗应结合病因应用镇静、止咳和扩张支气管药物，以及抗过敏和抗菌药物进行病因与对症疗法。间质性肺气肿（interstitial emphysema）是指肺小叶间、肺胸膜下以及肺脏其他间质区内出现气体，常见于剧烈而持久的深呼吸、胸部外伤、濒死期呼吸、硫磷等农药中毒、牛黑斑病甘薯中毒和牛急性间质性肺炎等疾病过程。

肺牵张反射（pulmonary stretch reflex） 又称黑-伯反射（Hering - Breuer reflex）。肺扩张引起的吸气抑制或由肺萎陷引起的吸气兴奋的反射。包括肺扩张反射和肺缩小反射。肺扩张反射是肺充气或扩张时抑制吸气的反射，属于自动调节反射，用以阻止呼气过长过深，调节呼吸的频率和深度。肺缩小反射是肺缩小时引起吸气的反射，在平静呼吸调节中意义不大，但对阻止呼气过深和肺不张等可能起一定作用。

肺水肿（pulmonary edema） 肺泡间隔和肺泡腔内有大量液体蓄积的病变。根据发生机理可分为三类。①血流动力性肺水肿，由毛细血管流体静压增高所致，如左心衰竭、肺静脉阻塞等。②肺泡中毒性肺水肿，由肺泡上皮细胞、微血管内皮细胞或两者的通透性增高所引起。③混合性肺水肿，包括高原性肺水肿、神经源性肺水肿等。可发生于各种家畜，但以马多见。主要病因为急性过敏反应、再生草热、充血性心力衰竭、继发性肺充血等。病畜呈进行性呼吸困难，鼻孔开张，头颈伸直、眼球突出，静脉怒张，结膜发绀，惊恐不安，从两侧鼻孔流出白色或浅黄色细小泡沫状鼻液。胸部叩诊，前下区呈浊音或半浊音；肺部听诊，呼吸音微弱，且出现捻发音、啰音。急性病例可迅速倒地窒息。病理变化：肺脏体积增大，重量增加，质度较实，被膜紧张、光亮，湿润富有光泽，常伴有暗紫色的淤血区域或可见出血斑点，切面上从支气管、细支气管断端流出大量带泡沫的液体，呈白色或粉红色。治疗原则是保持安静的同时，采取强心、利尿、脱水等对症疗法。

肺弹性回缩力（pulmonary elastic recoil） 阻碍肺扩张的阻力之一。肺泡壁内含有胶原纤维和弹性纤维，具有扩张性和弹性。肺位于密闭的胸廓内，始终处于扩张状态，扩张的肺内的弹性纤维具有恢复原状的趋势；在肺泡内壁表层还覆盖有一薄层液体，与肺泡内气体构成液气界面，具有表面张力，以上两力方向相同，共同构成了肺的弹性回缩力。

肺通气（pulmonary ventilation） 肺与外界环境之间的气体交换过程。气体进出肺取决于气体流动的动力和阻力之间的相互作用。肺通气必须克服来自肺组织和胸廓壁的弹性阻力及呼吸道气流的摩擦阻力才能实现。

肺纹理（pulmonary markings） 放射学科中表示从肺门向肺叶外围延伸的放射状、条状阴影。主要由肺动脉、肺静脉构成，支气管、淋巴管也参与肺纹理的形成。肺纹理自肺门向外延伸，逐级分支，逐渐变细，在肺的边缘部消失。肺纹理是肺部影像诊断的重要观察指标，肺部和心脏的许多疾病都会使肺纹理失去常态。在病变时，肺静脉、支气管、淋巴管在形成肺纹理的影像上作用突出，如支气管肺炎时肺纹理增多增粗，严重脱水或肺循环血量不足时肺纹理减少。肺纹理影像可分为粗大、较细和纤网状三种。

肺小叶（pulmonary lobule） 肺的结构和功能单位，由细支气管及其所属的肺组织构成，其周围有薄层结缔组织包裹。肺小叶呈锥体形，其尖端指向肺的深部，而底部朝向肺表面，呈多角形。小叶性肺炎即发生于此。牛、猪的肺小叶明显，马、羊次之。

肺型 P 波（pulmonary type P wave） 右心房肥大的心电图特征。P 波时限在正常范围内，P 波高耸，波峰尖锐。多见于肺源性心脏病。

肺循环（pulmonary circulation） 又称小循环。血液循环体系之一，血液由右心室出发回到左心房的循环途经。血液由右心室射出，循肺循环及分支进入肺毛细血管，血中的二氧化碳可透过毛细血管壁至肺泡，肺泡中的一部分氧气透过毛细血管壁进入血液，使血液重新饱和氧气，静脉血转变为动脉血，经肺静脉回左心房。

肺芽（lung bud） 喉气管憩室末端膨大并向左右两侧分支的结构，是支气管和肺的原基。

肺源性呼吸困难（pneumogenic dyspnea） 换气障碍所致的呼吸困难，包括非炎性肺病和炎性肺病所致的换气障碍。

废物最小化（waste minimization） 将生产过程中产生的废弃物当做一种资源，通过恢复和转变使之能够循环使用、变做肥料或是清洁能源产品，使最终废物产生量最小化。废物最小化的措施很多，如在农业生产中，将秸秆加以综合利用（如将麦秸制成复合板材），将畜禽粪尿转化为沼气或制成高档有机肥料，将鸡粪作为饲料的组成部分等。

分段基因组（segmented genome） 病毒基因组中若干个物理意义上分开的核酸片段。每一片段可独立复制，最后才组装进单独的病毒粒子中。分段基因组的不同核酸片段容易重配形成新的基因亚型。

分割肉（cut meat） 按照销售规格的要求，将屠宰后的胴体按照部位分割成的小肉块。猪、牛、羊、禽肉均可加工成分割肉，以供市场所需。根据国内外市场的需要，可分割为带骨分割肉、剔骨分割肉和去脂肪分割肉等不同规格。

分化抗原簇（cluster of differentiation，CD） 又称分化群（簇）。一群白细胞膜上的分化抗原，是白细胞表面标志之一。它们确定细胞的分化阶段，可以被 CD 系列单抗所识别，分别以 CD_1、CD_2、CD_3……CD_n 命名，现已命名 200 种以上。其中最主要的如 CD_4 为辅助性 T 细胞的标志，CD_8 为细胞毒 T 细胞（Tc）的标志。

分节运动（segmentation） 主要由肠壁环形肌自动节律性收缩和舒张引起的肠运动形式。表现为一段肠管同时有多处环形肌发生收缩，使肠段分成若干等距离的肠节，隔一定时间后原收缩的环形肌转为舒张，原舒张的转为收缩，肠节重新划分，如此节律性地交替轮换，其中食糜也随之被分成许多小节，并不断节律性地重新组合，使食糜与消化液充分混合，并与肠壁多次接触，促进消化和吸收。

分解代谢（catabolism） 在活细胞内进行的营养分子（糖、脂肪、蛋白质等）降解并伴有能量产生和/或释放的一种中间代谢过程。

分解代谢基因活化蛋白（catabolite gene activator protein，CAP） 又称 cAMP 受体蛋白（cAMP receptor protein，CRP）。原核生物的一种特异转录调节蛋白，与 cAMP 结合后再结合转录起始点上游的 CAP 结合位点，从而激活糖类分解代谢的启动子，使转录活化。

分离近交系（segregating inbred strain） 采用回交、互交方法，将特定的等位基因或遗传变异以杂合子的形式保存的近交系。命名表示方法是品系符号接连接符号，再加上基因符号，其杂合位点表示与否可随意，如 129－Cchc、w13－w/＋、SEAC－a＋/＋se 等。如需要表示代数，后面用 FH 加上代数数字。

分裂间期（interphase） 简称间期。参见细胞周期。

分裂期（mitotic phase） 细胞周期中细胞通过核分裂和胞质分裂增殖的时期。主要是将已复制的遗传物质和细胞质分配给子细胞。参见细胞周期。

分泌成分（secretary component） 一种参与组成分泌型 IgA 的辅助成分。属含糖多肽链，由黏膜上皮细胞合成，以非共价形式结合于 IgA 二聚体，参与其分泌并保护其免受蛋白水解酶降解。

分泌蛋白（secretory protein） 在细胞内合成后转运到细胞外发挥作用的蛋白质。如各种肽类激素、血浆蛋白、凝血因子、抗体蛋白等。分泌蛋白的合成过程和其他蛋白质基本相同，但分泌蛋白多为活性蛋白的前体，如前胰岛素原是胰岛素的前体。转运到胞外的过程一般须由 N 端的信号肽引导。

分泌型 IgA（secretory IgA） 由 J 链连接并含分泌片的同源二聚体 IgA，可分泌至外分泌液中，主要存在于乳汁、唾液、泪液和呼吸道及消化道等黏膜表面，参与局部黏膜免疫。

分泌型载体（secretory vector） 在插入外源 DNA 的限制酶位点旁边，构建有信号肽编码顺序的载体。如果外源基因与信号肽基因连同表达（两顺序的阅读框架相同，且融合在一起），则这个外源基因编码的蛋白质将从细胞内分泌出来。

分娩（parturition，labor，delivery） 妊娠期满，胎儿发育成熟，母体将胎儿及其附属物从子宫中排出体外的生理过程。全过程分为 3 期，也称为 3 个产程。第一产程，即宫口扩张期；第二产程，即胎儿娩出期；第三产程，胎盘娩出期。分娩的持续时间和胎衣排出时间各种家畜不一，狗、猫等肉食动物胎衣随胎儿同时排出，牛、马等在胎儿产出后需间隔一定时间排出胎衣。分娩是在神经、激素、机械性刺激和免疫等多方面因素共同协调下完成的，胎儿的下丘脑-垂体-—肾上腺轴对启动分娩起决定性作用。

分娩过程（course of parturition） 怀孕母畜从子宫开始出现阵缩、产出胎儿、排出胎衣的一个连续的、完整的生理过程。人为地将其分为 3 个时期或 3 个产程，即宫口扩张期、胎儿产出期和胎衣排出期；或第一产程、第二产程和第三产程。

分娩过程的基本要素（essential components of birth process） 决定分娩过程的 3 个基本要素包括产力、产道和胎儿。分娩时，母畜有充足的排出胎儿的力量，通畅的产道和胎儿姿势正常，能适应产道的解剖学特点，分娩就顺利。

分娩启动（initiation of parturition） 胎儿发育成熟时分娩的自然开始。分娩启动的因素至今尚不完全清楚，一般认为非某一特殊因素引起，而是由机械性因素、激素、神经及胎儿等多种因素相互联系、协调所促成。在羊已证实，胎儿的丘脑下部一垂体一肾上腺轴对启动分娩起着主要作用。

分娩预兆（signs of approaching parturition） 随着胎儿发育成熟和分娩期逐渐接近，母畜的生殖器官、骨盆部、乳房以及行为、精神状态等发生的一系列变化，以适应排出胎儿及哺育仔畜的需要。根据分娩预兆可以预测分娩的时间，以便做好接产的准备工作。但在分娩时间预测时，不可只单独依靠其中的某一种变化，而应全面观察，以便作出正确判断。

分群交配（range mating） 有控制的自由交配之一。选择一头至数头优良公畜，按适当比例放入母畜群中，任其自由交配。常用于条件较差的牛、羊、马群。缺点是不能控制配种时间和次数。

分析流行病学（analytical epidemiology） 分析某疾病的主要病因或特定因素的致病作用，阐明其与该病统计学联系的科学。流行病学研究方法之一。方法是主动研究病因、积极探索群体中影响疾病频率分布的因素、研究疾病流行规律。包括回顾性、前瞻性和病史前瞻性调查。

分支杆菌病（mycobacteriosis） 由分支杆菌属（Mycobacterium）中的致病菌引起人兽共患的慢性传染病的总称。包括由结核分支杆菌引起人和动物（牛、猪、禽等）的结核病，副结核分支杆菌引起牛、羊等反刍动物的副结核病以及麻风分支杆菌引起的麻风病。

分装批（filling lot） 同一密封容器内的生物制品，即配制、分装、干燥和密封等生产程序在同一条件中完成的制品。各种生物制品的分装批在成品检验时作为一个单元进行，成品出厂、使用也作为一个产品批次。

分子伴侣（chaperone） 细胞内一类能帮助新生肽链正确组装、成熟，自身却不是终产物分子成分的蛋白质。分子伴侣可以防止不正确折叠中间体的形成和没有组装的蛋白亚基的不正确聚集，协助多肽链跨膜转运以及大的多亚基蛋白质的组装和解体。分子伴侣家族包括伴侣素 60 家族、应激蛋白 70 家族（HSP_{70}）和应激蛋白 90 家族（HSP_{90}）等。

分子病（molecular disease） 由于遗传基因突变导致蛋白质分子结构和表达量出现异常，从而引起机体出现的一类疾病。包括大量以机能代谢改变为主要表现的疾病，例如镰形细胞贫血（血红蛋白 β 链中第 6 位谷氨酸发生置换而变成缬氨酸）、糖原累积病（糖原分解的酶缺乏或活力降低）、白化病（生成黑色素的酶缺乏）以及马、猪、犬的血友病等；以形态结构改变为主要表现的疾病，例如牛、兔的白化病，牛多趾病，马、牛、羊、猪的脑水肿病，牛的条状无毛等。

分子病理学（molecular pathology） 研究分子病在动物机体中发生机理的一门学科。

分子毒理学（molecular toxicology） 在分子水平上研究外源性化学物质对生物体的毒性反应、严重程度、发生频率和毒性作用机制，并为防止外源性化学物质对生物体的有害作用提供科学依据的一门毒理学分支学科。

分子内重组（intramolecular recombination） 发生在单分子核酸分子内部的核酸序列交换。交换过程中核酸分子先发生断裂再在不同部位重新连接。西部马脑炎病毒（WEEV）就是早期的类仙台病毒与东部马脑炎病毒（EEEV）分子内重组的产物。DNA 病毒可发生这种现象，在 RNA 病毒更普遍。在实验条件下，不同科的病毒也可分子内重组。

分子胚胎学（molecular embryology） 采用分子生物学的原理和方法，研究动物胚胎发育过程中的细胞分化、组织诱导和形态发生等分子机制的一门学科。

分子设计（molecular design） 从分子、电子水平上，通过数据库等大量实验数据，结合现代量子化学方法，通过计算机图形学技术等设计新分子的技术。设计的新分子或具有某种特定性能，可以是药物、材料或其他，或是一种概念、一种复合物或不具有分子意义的物质（如催化剂等）。目前分子设计主要应用于药物、蛋白质、催化剂、高分子等方面的合成和设计。根据设计路线不同，可将分子设计分为两类：合成设计和分子剪裁与组装。合成设计是根据目标分子的结构，设计最佳合成路线，得到最高产率的目标分子。分子裁剪与组装是将分子在特定的部位用各种形式的能量（如激光、X线、γ射线、微波）和化学手段（酶、化学试剂）等将分子特定部位的键打断（分子剪裁，将原子、分子片、和分子结合成新的分子）和分子组装。

分子生态学（molecular ecology）　用分子生物学的原理与方法在分子水平上研究生态学问题的一门分支学科。研究包括核酸分子在内的所有生物活性分子所构成的分子生态系统在表现生命活动时与其所处的分子生态环境的关系。在分子水平上，从结构研究（分子基础和功能研究）和分子机制两方面来研究种群与环境的相互作用，并将其作为自己的主要任务。

分子药理学（molecular pharmacology）　以分子生物学的原理和方法，探讨药物与机体相互作用及其机理的一门药理学分支学科。近年来，分子药理学已在受体理论、离子通道、自体活性物质、信息传递、细胞因子等研究领域获得了许多突破。

芬苯达唑（fenbendazole）　又称苯硫苯咪唑。硫苯咪唑。苯并咪唑类驱虫药。其在体内代谢为活性产物芬苯唑亚砜（即奥芬达唑）和砜。不仅对胃肠道线虫成虫及幼虫有高度驱虫活性，而且对网尾线虫、片形吸虫和绦虫有良好效果，还有极强的杀虫卵作用。

芬太尼（fentanyl）　强效镇痛性化学保定药。作用比吗啡强，见效快，维持 1～2h。用于各种原因引起的剧痛及作为麻醉辅助用药。与氟哌啶等安定药配合，可作各种家畜或野生动物的化学保定药，用于捕捉野生动物、疾病诊治和长途运输等。静注过快，易产生呼吸抑制，可用丙烯吗啡解救。

吩噻嗪（phenothiazine）　又称硫化二苯胺。驱线虫药。几乎不溶于水。本品纯度和颗粒粗细与驱虫效果直接相关。对牛、羊血矛线虫、食道口线虫，马比翼线虫、三齿线虫、辐首线虫有高效。对鸡异刺线虫也有良效。除血矛线虫外，对其他虫种的幼虫均无效。主用于牛、羊、马。对猪、犬、猫的毒性较大，不宜使用。

酚红排泄试验（phenolsulfonphthalein excretion test）　从尿中检测与血浆白蛋白结合的酚红染料试验。酚红（PSP）静脉注射后，和血液中白蛋白结合，然后由肾小管分泌，进入尿中，排出体外。该实验可检测肾脏血流量，多于 2/3 的肾功能丧失或肾脏灌注量受损时，酚红排泄率才会下降。有多种方法：一种为静脉注射 6mg，在注射后 20min 内，搜集尿液，并检验尿中 PSP 排泄百分率；另一种为 $T_{1/2}$ PSP 排泄试验，方法为配成每毫升含 20mgPSP，按每千克体重 5mg 静脉注射。注射前及注射后 15min、25min 和 35min，各采集肝素抗凝血 3～5mL。吸血浆 1mL，放入离心管，加入丙酮 3mL 和 4mol/L NaOH 0.5mL，加盖用力摇动 1min，然后 1 000r/min 离心 2min，用分光光度计检验上清液，清水做对照。在半对数坐标纸上，用时间为横坐标，光密度为纵坐标，作图求出 $T_{1/2}$。正常犬 $T_{1/2}$ 为 18～24min，有2/3以上肾单位损伤时 $T_{1/2}$ 增大。

酚嘧啶（oxantel）　驱线虫药。对毛首线虫有特效，对其他胃肠道线虫也有效，毒性小。

粉尘（dust）　浮游在空气中直径为 75μm 以下的固体小颗粒，是污染环境、影响健康的重要因素之一。有金属粉尘和非金属粉尘两大类。动物设施中的粉尘一部分来源于外面空气，另一部分为动物的被毛、皮屑、饲料渣、垫料渣、排泄物等所产生。动物室中的粉尘不仅直接刺激动物黏膜、消化道、呼吸道，引起动物不适，而且可作为变态反应原，导致对人有害的变态反应，需要特别关注。

粪便（feces，excrements，shit）　又称大便，人或动物的食物残渣排泄物。粪便的 3/4 是水分，其余大多是蛋白质、无机物、脂肪、未消化的食物纤维、脱了水的消化液残余以及从肠道脱落的细胞和死掉的细菌，还有维生素 K、B 族维生素。粪便的性状、数量有明显的种间差异。

粪便检查法（fecal examination）　用于检查寄生于消化道、呼吸道以及与消化道相通器官（肝脏、胰脏）中寄生虫的诊断方法。供检粪便尽可能新鲜，且不污染任何杂物，最好由直肠直接采集。其方法分为：①虫体检查：适合较大型的虫体肉眼直接观察；对较小型虫体，将粪便收集于盆内，加 5～10 倍清水，搅拌均匀，静置，待其沉淀后，倒去上层液体，如此反复水洗，直至上层液体清澈为止，继而取沉渣置玻璃皿内，先后在白色背景和黑色背景上以肉眼或借助放大镜寻找虫体，发现虫体时用铁针或毛笔挑出供检查。②虫卵检查法：包括直接涂片检查法和集卵法。③幼虫检查法。④粪便培养法。⑤毛蚴孵化法。

粪便培养法（faeces culture）　将粪便中的蠕虫卵培养成为幼虫以供进一步鉴定的一种方法。圆线虫目线虫种类很多，虫卵形态相似，难以鉴别虫种，故常取含虫卵粪便进行培养，待其发育为第三期幼虫时，再根据幼虫形态加以鉴别。

粪便潜血（fecal occult blood）　又称粪潜血。粪便中含有肉眼观察不到的而用化学方法才能检出血液的现象。

粪便无害化处理（decontamination of feces）　以

减量和无害化为目的对粪便收集、贮存和处理的综合技术。现有的粪便处理方法主要有：①自然堆放发酵法：即将粪便自然堆放在露天广场上，使其自然发酵。其缺点是占地面积大、周期长，对环境污染十分严重；但其方法简单，投资少。适用于饲养规模小、人口稀少的偏远地区。②太阳能大棚发酵法：将粪便置于塑料大棚内，利用太阳能加快发酵速度。其优点是投资少，运行成本低，但发酵时间相对较长。③高温快速干燥法：此法灭菌、干燥一次完成，生产率高，可实现工业化生产，但设备投资大，能耗高，对原料含水率有一定要求。④综合技术方法：一般来说，干燥、除臭等技术方法只达到了废弃物的减量化和无害化目的，而综合技术方法既能够使废物减量化、无害化，又利用了其中的资源，主要包括好氧堆肥法、厌氧发酵法与好氧发酵法等。

风淋室（air shower） 利用高速洁净气流吹落并消除进入屏障环境人员着衣表面附着的尘埃粒子的小室。通常设置于经洗澡、第二次更衣后进入屏障环境前的通道上。

风土驯化（acclimatization） 动物对外界环境中的多种因素，包括温度、日照和高原缺氧等，产生的适应性反应。如在夏季经秋季到冬季的过程中，动物的代谢率并没有增高，有的甚至反而降低，但在冬季仍能保持体温恒定。这种适应过程中被毛的变化和血管舒张的适应性有重要意义。

风疹病毒属（*Rubivirus*） 披膜病毒科的一个属，仅风疹病毒一种。具血凝活性，不能在节肢动作体内增殖。仅感染人，通过气雾传递或先天性感染，致胎儿畸形。

枫糖尿病（maple syrup urine disease） 异丁酰辅酶A、异戊酰辅酶A和α-甲基丁酰辅酶A 3种支链酮酸羧酶先天性缺乏所致的一种遗传性氨基酸代谢病。

封闭（性）抗体（blocking antibody） 又称阻断（性）抗体。有3种情况：①不完全的单价抗体（monovalent antibody），如人Rh血型的抗D不完全抗体。它与颗粒性抗原结合后不出现凝集反应，但可用抗球蛋白试验检测。②在处于过敏状态的动物体内，存在一种耐热的非沉淀性IgG型抗体，它可优先与变应原结合，从而阻断变应原与结合在肥大细胞上的IgE型抗体结合，抑制过敏反应的发生。③恶性肿瘤时所产生的针对肿瘤特异性抗原的抗体，它能封闭肿瘤细胞膜上的决定簇，阻断免疫效应细胞对肿瘤的杀伤作用。

封闭（性）抗原（blocking antigen） 又称封闭性半抗原（blocking hapten）、简单半抗原（simple hapten）。能阻断相应抗体与带有该半抗原决定簇的抗原结合，以致不发生反应。

封闭群（closed colony） 又称远交群（outbred stock）、非近交系（noninbred stock）、远交株（outbred strain）。在一定群体内以非近亲交配方式进行繁殖，每代近交系数上升率不超过1%的群体。封闭群可来源于近交系（连续4代不从外部引进新品种，即可构成封闭群），也可来源于非近交系。构成封闭群的有效群体大小至少在25对以上。一个群体需经15代之后，各种基因型出现频率方能趋于稳定。小鼠达到15代需5年时间，而豚鼠、兔则需更长时间。封闭群动物命名方法是种群名称前标明保持者英文缩写，第一个字母大写，后面字母小写，一般不超过4个字母，保持者和种群名之间用冒号分开，如N：NIH。较早期封闭群动物命名不受此限，如Wistar大鼠、dy小鼠等。

封锁（blockade） 在发生某些重要传染病时，除严格隔离病畜之外，还应采取划出一定地区进行封锁的措施。封锁的目的是把疫病控制在封锁区之内，集中力量就地扑灭，以保护广大地区的人畜健康。执行封锁时应掌握“早、快、严、小”的原则，即执行封锁应在流行早期，行动果断迅速，封锁严密，范围不宜过大。

封锁区（blockade area） 为扑灭某种传染病采取封锁措施时划出的一定地区。封锁区的划分，应根据该病的流行规律、当时疫病流行情况和当地的具体条件充分研究，确定疫区和受威胁区。在封锁区内边缘设立明显标志，指明绕道路线，设置监督岗哨，禁止易感动物通过封锁线。在必要的交通路口设立检疫消毒站，对必须通过的车辆、人员和非易感动物进行消毒检疫。在封锁区内对病畜进行治疗、急宰和扑杀处理，对污染的环境和尸体严格消毒。暂停集市和各种畜禽集散活动，禁止从疫区输出易感动物及其产品和污染物品。对疫区易感动物进行紧急免疫接种，建立免疫带。

峰电位（spike potential） 在记录单相动作电位时，增加放大倍数，使动作电位的幅度大大增加，所观察到的一个迅速上升和下降的较大的电位变化。为动作电位波形的第一部分，分为去极化、超射和复极化3个过程。峰电位的持续时间约1～2 ms。一般所说的动作电位实际是指峰电位而言。其产生的主要原因是细胞膜兴奋时，膜对Na^+通透性增大，钠离子内流产生去极化，当去极化达到阈电位时，电压门控钠通道突然开放，Na^+大量内流，出现超射。当达到钠平衡电位时，钠通道很快失活，K^+通透性又增高，K^+外流，形成复极化。

蜂产品（bee products）　蜜蜂的产物，按其来源和形成可分为3大类：①蜜蜂的采制物，如蜂蜜、蜂花粉、蜂胶等；②蜜蜂的分泌物，如蜂王浆、蜂毒、蜂蜡等；③蜜蜂自身生长发育各虫态的躯体，如蜜蜂幼虫、蜜蜂蛹等。

蜂毒中毒（bee venom poisoning）　家畜被群蜂袭击性刺螫，因雌蜂毒腺分泌出的含有乙酰胆碱、组胺、5-羟色胺和透明质酸酶的蜂毒而致病。除刺螫局部发热、疼痛和淤血性肿胀外，全身症状有体温升高、神经兴奋不安、血压下降、呼吸困难，最终死于呼吸中枢麻痹。治疗宜用高锰酸钾溶液冲洗伤口，并涂擦氧化锌软膏。全身治疗应用抗应激药物。

蜂胶（propolis）　蜜蜂从植物采来的树脂类和蜡类物质，用以堵塞蜂巢缝隙。呈棕黄色或黄褐色固体块状，遇热变软具黏性、特有芳香气味。蜂胶作为保健食品主要具有免疫调节、抗氧化、调节血脂血压血糖、辅助保护胃黏膜等功能。内服补虚弱、化浊脂、止消渴；外用解毒消肿。

蜂胶佐剂（propolis adjuvant）　由蜂胶配制而成储存佐剂。制备方法为：将蜂胶在4～8℃下粉碎，过筛，按1：4（w/v）加入95%乙醇，室温浸泡24～48 h，冷却，过滤或离心取上清，即得透明栗色纯净蜂胶浸液，浸液置于4℃保存备用。

蜂结石病（stonebrood disease of honey bees）　又称蜂黄曲霉菌病、石蜂子。因吞食含有黄曲霉菌孢子的饲料而引起的一种蜂真菌性疾病。本病多发于夏秋高温多雨季节。黄曲霉菌孢子可在蜂肠道内生长形成菌丝，穿透肠壁，产生毒素。蜂幼虫和蛹死亡后逐渐变硬，形成一块如石子状物，并在表面长满黄绿色孢子，充满巢房。诊断可取少许干枯虫尸的表层物于载玻片上，加一滴蒸馏水后镜检黄曲霉菌丝和孢子。防治主要采取换箱、换脾、消毒结合药物治疗的方法。

蜂螨病（acarine disease）　指大蜂螨（*Varroa jacobsoni*）和小蜂螨（*Tropiladaps clareae*）寄虫蜜蜂而引起的疾病。大蜂螨和小蜂螨发育周期中要经过卵、若虫和成虫3个不同虫态。小蜂螨的发育周期比大蜂螨短，但繁殖力强。大小蜂螨可通过异群蜜蜂因盗蜂、错投或管理上抽调、合并等途径而传播。受蜂螨危害的蜂群，成蜂采集力下降，寿命缩短。常见死蜂死蛹遍地，足、翅残缺的幼蜂到处乱爬，蜂群群势急剧下降，甚至造成全群、全场蜂群覆灭。结合蜂的临床症状，检查到虫体即可确诊。在巢内没有封盖时治螨是最佳时期，如能在蜂群断子后、越冬前治疗2～3次，冬末春初蜂群开始繁殖前再治2～3次，就能有效地控制蜂螨危害。如果蜂螨较多，到7～8月再进行一次断子治螨，可培育健康适龄的越冬蜂群。常用药剂有杀螨1号、2号、3号，速杀螨，鱼藤精，敌螨熏烟剂，灭螨灵，萘粉等。

蜂蜜（honey）　蜜蜂采集植物的花蜜、蜜露等分泌物，与自身分泌物结合后在巢脾内经过充分酿造而成的天然甜味物质。蜂蜜具有很高的营养价值和保健功能，可作为天然营养品食用，也可作为医药、食品加工和化工的重要原料。成分较为复杂，迄今已鉴定出的物质有180多种，糖类为主要成分，占总量的3/4和干物质含量的95%～99.9%，其次是水分，占1/5以下，此外，还含有有机酸、维生素、色素、芳香物质、酶、花粉等。

蜂囊状幼虫病（sac brood apis）　又称囊雏病、囊状蜂子。囊状幼虫病病毒引起蜜蜂幼虫的一种恶性传染病。广泛分布于欧美各国，东方蜜蜂对此病毒抵抗力较弱，一旦感染易造成流行。病毒主要在成年蜂体内增殖，通过工蜂对幼虫的饲喂活动，将病毒传给健康幼虫。幼虫感染后躯体皮下渗出液增多，体色变深，分节变得模糊不清。表皮增厚坚硬，里面充满液体，若用镊子夹出，则呈囊状。最后尸体干枯，并脱离巢房壁，躯体成一弧形硬壳，无黏性，无臭味。根据症状可作初步诊断，确诊可采用琼脂扩散试验，幼虫尸体涂片镜检应不见有其他主要致病菌。尚无特效治疗药物，主要采取以抗病选种为中心的综合防治措施。

蜂王黑变病（melanosis of queen bees）　黑色素沉积真菌（*Melanosella morsapis*）引起蜂王的一种生殖道疾病。黑色素沉积真菌大多存在于发霉的蜂蜜。蜂王患病后，停止产卵，腹部膨大，反应迟钝。卵巢由于黑色素的沉积而呈褐黑色，仅有少数卵巢管仍保持正常状态。此外，还由于排泄物的干结，常使蜂王输卵管阻塞，因而腹部变得特别膨大。确诊可取一小块变黑的卵巢或其他受感染组织，置载玻片上捣碎后镜检。可见有许多零散的呈黑褐色的真菌孢子，在晚期的感染组织里还可见到黑色粒状团块。

蜂王浆（royal jelly）　又称蜂皇浆、蜂乳、蜂王乳，蜜蜂巢中培育幼虫的青年工蜂咽头腺的分泌物，是供给将要变成蜂王的幼虫的食物。蜂王浆含有大量蛋白质，还含有核酸，20%～30%（干重）的糖类，较多的维生素（尤其是B族维生素丰富），26种以上的脂肪酸（目前已被鉴定的有12种），9种固醇类化合物（目前已被鉴定出3种：豆固醇、胆固醇和谷固醇），还含有矿物质铁、铜、镁、锌、钾、钠等。蜂王浆是介于食品和药品之间的高级营养滋补品，不能用开水或茶水冲服，并应该低温贮存。

蜂窝织炎（phlegmon）　疏松结缔组织内的急性

弥漫性化脓性炎症，常伴有全身症状。致病菌是单独或混合感染的化脓菌，主要是溶血性链球菌。患畜表现精神衰沉，食欲不振和体温升高等全身症状。局部呈弥漫性、渐进性肿胀、热痛明显、功能障碍等。治疗原则为减少炎性渗出，控制炎症发展和扩散，促进炎症消散和吸收，为此用冷敷、青霉素普鲁卡因封闭。若病程不断加剧，为了减轻组织压力，防止坏死，对患部进行较深的切开，排出渗出液，同时全身用抗生素治疗。

缝合（sutures） 利用针和线将分离的组织对合，使创缘密接，期待能达到第一期愈合的手术操作。缝合的手术创愈合快，瘢痕组织少，组织功能受影响小。缝合的种类很多，大致可分为单纯缝合、褥式缝合、特殊缝合3类。单纯缝合是与创伤垂直进针，使创缘对正，每缝一针，打一次结称间断缝合，多用于皮肤缝合；用一条线缝合创口的全程称连续缝合，多用于肌肉或腹膜。褥式缝合是从创的一侧穿到另侧，而后针离开穿出点一段距离从同侧入针，从另一侧穿出并与开始缝合的线尾打结，形同套状，适合于厚而有张力的组织缝合。特殊缝合是指血管、神经、腱、肠管等的缝合。

缝合材料（suture materials） 缝合线和其他缝合材料。缝合线分为可吸收与不可吸收两类：①可吸收缝线在创伤愈合过程中被吞噬、水解而吸收，如动物源的肠线、胶原线等和人工合成材料的聚乙醇酸线、聚二氧杂环己酮等。②不可吸收缝合线在组织内不被溶解和吸收，由结缔组织包埋，如天然缝线（丝线、棉线等）、人工合成材料（尼龙、聚酯纤维、聚乙烯和聚丙烯等）、金属材料（不锈钢丝、钽丝、金属锔子等）。缝合材料应根据手术的需要进行选择。

缝匠肌（m. sartorius） 位于股部内侧面前方的长带形肌。起始于髂筋膜和腰小肌止腱；向下行，止于髌骨，并通过小腿筋膜止于胫骨嵴和膝关节内侧韧带。在犬可分为两部：前部起始于髋结节，止于髌骨；后部起始于髂骨翼，止于胫骨。作用主要为屈髋关节，也可伸膝关节和内收后肢。

缝（suture） 头骨上扁骨之间的一种纤维连接。骨间以狭而薄的纤维组织相连，两骨的接触缘或平直（直缝），或呈锯齿状（锯状缝），或如鳞片相覆叠（鳞状缝）。幼畜缝的结缔组织能继续增生，以便头骨生长，当随年龄停止增生而骨化时，缝常消失不显。各缝的消失有不同时期，可作为鉴定头骨年龄参考。胎畜的缝较宽，产出时可允许头骨作少许变形，以利通过产道。

缝间骨（sutural bone） 又称Worm氏骨。嵌于头骨骨缝中的额外独立小骨。常见于上颌骨与泪骨、颧骨相连接处。

呋喃苯胺酸（furosemide） 又称速尿、利尿磺胺、呋塞米，强效利尿药。其通过抑制肾小管髓袢升支粗段髓质部及皮质部对Cl^-、Na^+的再吸收，影响尿的稀释和浓缩过程。利尿作用强大、迅速而短暂。用于各种原因如心、肝或肾病引起的严重水肿及治疗急性肺水肿和脑水肿。长期应用可出现低血钾、低血钠及低血容量等症。

呋喃妥因（nitrofurantoin） 又称呋喃坦丁、呋喃坦啶、硝呋妥因，呋喃类抗菌药物。抗菌谱广，但对绿脓杆菌、变形杆菌、产气杆菌无效。内服吸收迅速，40%～50%以原形从肾排泄。血浓度低，但尿中浓度高。不适用于全身感染，但可用于尿路感染。毒性较小。食品动物禁用。

呋喃西林（furacilin） 又称硝基呋喃腙。呋喃类抗菌药物。抗菌谱较广。毒性大，家禽尤为易感，故不用于全身给药。主要用0.02%水溶液冲洗创面或腔道黏膜，也用0.2%～1%软膏涂敷创面。食品动物禁用。

呋喃唑酮（furazolidone） 又称痢特灵。呋喃类抗菌药。主要用于治疗肠道细菌感染及原虫性肠炎。食品动物禁用。

肤霉病（fungous disease of skin） 又称水霉病、白毛病。霉菌所致的鱼类传染病。病原为水霉属（*Saprolegna*）、绵霉属（*Achlya*）、细囊霉属（*Leptolegnia*）、丝囊霉属（*Aphanomyces*）等霉菌。淡水养殖鱼及观赏鱼均可受害，在鱼体受冻伤、外伤或有体表病变时易感，长出白色棉毛样菌丝。患鱼运动及食欲受影响，最终死亡。18～30℃是发病最适水温。用2%～3%食盐水洗浴受伤鱼可抑制霉菌生长，也可用其他消毒药物防治。

跗骨（tarsal bones） 跗部的短骨，有三列。近列两骨较大，内侧为距骨，外侧为跟骨，中列为中央跗骨。远列由内侧到外侧为第1、2、3、4和5跗骨，但常有愈合或退化，如肉食兽和猪4块，马、兔3块，反刍兽3块并与中央跗骨愈合。家禽无独立的跗骨，已分别与胫骨和跖骨合并。

跗关节（tarsal joint） 又称飞节。小腿骨、跗骨和跖骨构成的复关节。包括小腿跗、近跗间、远跗间和跗跖4个关节。一对侧副韧带可分浅、深两部：浅部长，从小腿骨一直连接到跖骨，深部短，连接到跟骨或距骨。跖侧长韧带从跟骨后面经第4跗骨连接到跖骨。此外还有一些短的跗背侧韧带和连接跗骨之间的韧带。关节囊滑膜层分为4部分，以小腿骨与距骨之间的最大，活动时在关节前后方形成明显的膨起，可能摸到；其余滑膜囊较紧，且常相通。活动为屈伸，主要见于小腿跗关节；反刍兽、肉食兽也见于近跗间关节，范围较小。禽因跗骨已与胫骨和跖骨愈合，跗关节仅相当于跗间关节，具有一对软骨半月板。

跗滑膜鞘（tarsal synovial sheaths）　跗部背侧和外侧有趾伸肌腱、胫骨前肌及第3腓骨肌腱和腓骨长肌腱等的滑膜鞘。跗部跖侧和内侧有跗腱鞘，包裹趾深屈肌腱通过跟骨载距突的腱沟。此外，在趾浅屈肌腱与跟骨间有腱下滑膜囊；在趾浅屈肌腱与皮肤间有不恒定的跟骨皮下囊。

孵化（hatch，incubate）　禽类的孵蛋现象。大多数野生禽类有一定的繁殖季节，只在此季节内产蛋和孵蛋，家禽经人工驯养和集约化饲养多数能终年产蛋，孵化也已可用机械代替，孵蛋性能表现不同程度的丧失。

孵肌（hatching muscle）　禽的复肌。位于前4个颈椎背侧。起始于颈椎横突，止于枕骨。禽在孵出前此肌很发达，将喙尖（及其上的蛋齿）拉向后方；当孵出时由于全身肌肉的痉挛性收缩，使喙（及蛋齿）转至原位，经多次活动，将蛋壳划破。

弗吉尼亚霉素（virginiamycin）　又称维吉霉素。从弗吉尼亚链霉菌（*Streptomyces virginiae*）的培养液中分离的一种抗生素，畜禽专用。含M、S两种组分，M为大环内酯，占70%～80%；S为环状多肽，占20%～30%。M、S两种组分的抗菌谱不同，二者之间有协同作用。主要抗革兰阳性菌如金黄色葡萄球菌、表皮葡萄球菌、藤黄八叠球菌、蜡状芽孢杆菌等。对耐其他抗生素的革兰阳性菌菌株也有效。内服不易吸收，仅停留在肠道起作用，安全性好。使用剂量不同，可产生不同效果。小剂量用于促生长、提高饲料转化率；高剂量用于防治畜禽的细菌性下痢、坏死性肠炎及痢疾等。对鱼、虾也有促生长、提高饲料利用率的作用。

弗朗西斯菌属（*Francisella*）　一类呈两极染色、显著多形、不运动、无芽孢、严格需氧的革兰阴性小杆菌。普通培养基上不生长，胱氨酸和血液可促其生长。缓慢发酵一些碳水化合物产酸，氧化酶阴性，过氧化氢酶弱阳性，不产吲哚而产硫化氢。本属的代表种为土拉热弗朗西斯菌（*F. tularensis*），具有毒力荚膜，在胱氨酸葡萄糖兔血琼脂上形成灰白色的α溶血细小菌落，该菌引起人和动物土拉热（tularemia），是一种严重的人兽共患病。土拉热与鼠疫相似，但有多种临床表现。非人灵长类如松鼠猴等可自然感染发病，表现为沉郁、厌食、呕吐、腹泻、淋巴结病及红疹。家畜极少见临床病例，营养状况差并有蜱严重侵扰的绵羊可发病，表现为厌食、局部淋巴结病及腹泻。牛虽感染但多无临床症状。马感染后表现发热、呼吸困难等症状，犬可作为本菌的贮主或带菌蜱的媒介，一般很少发病。

弗氏不完全佐剂（Freund's incomplete adjuvant）　不含分支杆菌的弗氏佐剂。参见弗氏佐剂。

弗氏佐剂（Freund's adjuvant）　又称分支杆菌佐剂或弗氏完全佐剂，矿物油（石蜡油）、乳化剂（羊毛脂）和灭活分支杆菌（结核分支杆菌、卡介苗）组成的油包水型乳化佐剂。不含分支杆菌者为弗氏不完全佐剂。弗氏佐剂对刺激细胞免疫和一些实验性自家免疫病尤为有效。

氟（fluorine）　符号F，原子序数9。卤族元素之一，熔点为－219.6℃，沸点为－188.1℃，密度为1.696g/L（0℃）。淡黄色气体，有毒，腐蚀性很强，是最活泼的非金属元素，可以和部分惰性气体在一定条件下反应。机体必需微量元素之一，主要存在于骨和牙齿。正常骨骼每100g含氟10～30mg，牙釉质则含10～20mg，血液中含量为（0.05±0.09）%，摄入适量氟能增强骨和牙齿的坚固性和预防骨质疏松症，但饮水和食物中氟过量会引起氟中毒，主要表现为氟骨症和氟斑牙。

氟苯尼考（florfenicol）　又称氟甲砜霉素。甲砜霉素的单氟衍生物，酰胺醇类抗生素，动物专用。抗菌谱与氯霉素和甲砜霉素相似，但抗菌活性更强。对多种革兰阳性菌、革兰阴性菌及支原体等有较强的抗菌活性。主要用于牛、猪、鸡和鱼类的细菌性疾病。如牛的呼吸道感染、乳房炎；猪传染性胸膜肺炎、黄痢、白痢；鸡大肠杆菌病、霍乱等。

氟化物中毒（fluoride poisoning）　摄入过量的可溶性氟化物引起的中毒病。由于氟化钠或氟硅酸钠驱虫用量过大，以及啃舐氟化物防腐木材或饮用其污染的水等所致。症状有呕吐（猪），腹痛，腹泻，呼吸困难，肌肉震颤，感觉过敏，惊厥，瞳孔散大，抽搐和虚脱。治疗宜补钙，并应用胃肠保护剂。

氟甲喹（flumequine）　又称氟甲喹酸，第二代喹诺酮类药物。广谱抗菌药，主要对革兰阴性菌有效，敏感菌包括大肠杆菌、沙门菌、巴氏杆菌、变形杆菌、克雷伯菌、假单胞菌、鲑单孢菌、鳗弧菌等。适用于畜禽革兰阴性菌所致消化道和呼吸道的感染性疾病，还可用于治疗鱼的弧菌病、疖病和红嘴病等。

氟康唑（fluconazole）　氟代三唑类广谱抗真菌药。抗菌谱与酮康唑相似，抗菌活性比酮康唑强。能强有力特异性抑制真菌细胞膜上的麦角甾醇合成酶活性，抑制真菌麦角甾醇的合成，破坏真菌细菌壁的完整性，抑制真菌的生长。用于治疗球孢子菌病、组织胞浆菌病、隐球菌病、芽生菌病；防治皮肤真菌病等。

氟喹诺酮类（fluoroquinolones，FQs） 第三代喹诺酮类抗菌药。FQs 不仅具有 4-喹诺酮环的基本结构，而且在 4-喹诺酮环的 6 位 C 原子加上一个氟（F），增加了脂溶性，增强了对组织细胞的穿透力。FQs 不仅吸收好，组织浓度高，半衰期长，而且大大增加了抗菌谱和杀菌效果。作用机制为抑制细菌的 DNA 旋转酶，干扰 DNA 复制而产生快速杀菌作用。FQs 为广谱杀菌性抗菌药，对革兰阳性菌、革兰阴性菌、支原体、某些厌氧菌均有效。本类药物毒副作用小，安全范围较大，目前广泛用于畜禽及水产的各种感染性疾病。动物专用的品种有恩诺沙星、达氟沙星、麻保沙星、沙拉沙星、二氟沙星等。由于作用机制独特，与其他抗菌药物之间无交叉耐药现象，但各种 FQs 药物之间存在交叉耐药性。但近年来随着 FQs 药物的广泛应用，各种细菌的耐药菌株逐渐增加，影响了本类药物的临床疗效。

氟尼辛葡甲胺（flunixin meglumine） 氟胺烟酸葡甲胺盐，烟酸类衍生物，一种新型的、非甾体类动物专用解热镇痛药。环氧化酶的抑制剂，通过抑制花生四烯酸反应链中的环氧化酶，减少前列腺素和血栓烷等炎性介质的生成，有效缓解机体发热、炎症和疼痛。作用迅速，镇痛效力比哌替啶、可待因更高，在治疗马跛行和关节肿胀方面效力是保泰松的 4 倍。用于缓解马的内脏绞痛、肌肉紊乱引起的炎症和疼痛，治疗马驹的腹泻、颤抖、结肠炎、呼吸系统疾病等，以及母猪乳房炎、子宫炎和无乳综合征的辅助治疗。

氟哌啶（droperidol） 又称哒罗哌丁苯。安定性化学保定药。有镇静、减少运动反应、镇吐、镇痛及抗休克等作用。与芬太尼合用，可使动物进入“神经安定镇痛”状态。作用快，维持时间短，可作为麻醉辅助药用于外科小手术。

氟前列醇（fluprosterol） 合成的前列腺素类似物。性质较天然前列腺素稳定。作用与氯前列醇相同。在现有前列腺素制剂中，其黄体溶解作用最强，毒性最小。主要用于控制马的繁殖，如使母马按计划在有效配种季节内发情和受孕；产后应用可终止哺乳的休情期：诱发黄体溶解，使之不发生持久黄体性乏情和不孕症；促使未妊娠马提早发情并配种及终止假妊娠等。对卵巢静止的真乏情母马及由于各种原因引起垂体机能不足的母马均无效。

氟轻松（fluocinolone） 又称肤轻松。人工合成的皮质激素类药物。抗炎作用强大，是目前抗炎作用最强的一种外用皮质激素。疗效高、显效快，还有止痒作用。适用于局部治疗皮肤病，如各种皮炎、外耳炎、湿疹、接触性皮炎、脂溢性皮炎等。

氟烷（fluothane） 吸入性全身麻醉药。麻醉作用比乙醚强而快，诱导期短，苏醒快；对呼吸道黏膜无刺激性；浅麻时对呼吸及循环功能无明显影响。镇痛作用较弱，肌松作用不完全，毒性较大。常作为大、小动物的全身麻醉和诱导麻醉用药。用于大动物时应先用巴比妥类或吩噻嗪类镇静剂，再应用本品。对绵羊、山羊和猪宜配合麻醉前给药。也可用于猴、猩猩的保定及家兔、鹦鹉和其他珍禽异兽的麻醉。麻醉过程中禁用肾上腺素。

氟乙酰胺中毒（fluoroacetamide poisoning） 又称有机氟化物中毒。动物因误食含氟乙酰胺的食物而发生的一种以呼吸困难、口吐白沫、兴奋不安为特征的中毒病。初期精神沉郁，饮食欲减退，喜钻角落，易受惊吓，爱叫，口吐白沫。中后期饮食欲废绝，狂躁不安，乱窜乱叫。有的伴有呕吐，瞳孔散大，黏膜发绀，心跳加快，心律不齐。呼吸加快，多呈腹式呼吸。严重的卧地不起，呈明显的神经症状，强直性痉挛，出现间断性四肢抽搐，角弓反张，口吐白沫，最后因呼吸抑制、心脏衰竭而死。一般情况下尸僵迅速，心脏扩张，心肌变性，心内、外膜有出血斑；软脑膜充血、出血；肝、肾、肿大；卡他性和出血性胃肠炎。依据病史、神经兴奋和心律失常为主的临床症状，可做出初步诊断。确诊尚需测定血液中的柠檬酸含量，并采取可疑饲料、饮水、呕吐物、胃内容物、肝脏或血液，做羟肟酸反应或薄层层析。治疗时及时使用解氟灵，用硫酸铜灌服催吐，进行强心补液、镇静、兴奋呼吸中枢等对症治疗。

氟中毒（fluorine poisoning） 又称氟病（fluorosis）。长期摄入含氟量过大的饮水、饲草料等引起以骨骼特异性病变为主征的中毒病。一种地方性人兽共患病，处于恒齿生长期的幼龄家畜最易发病。临床上以牙齿和骨骼受损为主，如恒齿釉质粗糙，失去光泽，呈黄色或褐色齿垢；切齿出现齿斑并对称性高低不一；臼齿以对称性上下齿高低相嵌的“长短牙”或呈现波状齿，咀嚼障碍，日渐消瘦。重型下颌支增厚，肋骨呈圆形膨大，腕或跗关节硬肿，游走性跛行，站立困难，被迫卧地。宜修整病齿，选用钙、铝或硼制剂进行治疗。

辐照食品（irradiated food） 经过射线辐照加工利于保存的食物。辐照能杀死细菌、酵菌、酵母菌，也能杀死食品中的昆虫以及其卵和幼虫。辐照食品能长期保持原味，更能保持其原有口感。

福尔根反应（Feulgen's reaction） 又称 Feulgen 法。用于显示 DNA 的最经典的组织化学反应。因对 DNA 的显示反应具有高度专一性，故常被用来显示细胞内 DNA 的分布情况。反应原理是，DNA 经稀酸水解后产生的醛基，具有还原作用，可与 Schiff 试剂中的无色品红结合形成紫红色化合物，从而显示出 DNA 的分布。

福斯曼抗体（Forssman antibody） 针对福斯曼抗原的抗体。存在于不含福斯曼抗原的动物（如人、大鼠、兔）体液内，能使含福斯曼抗原的动物（绵羊、马、豚鼠）的红细胞凝集。

福斯曼抗原（Forssman antigen） 异嗜性抗原（heterophil antigen）的一种，各种生物中凡能刺激其他种动物产生绵羊溶血素的物质，是一种脂多糖复合物。含福斯曼抗原的动物主要有马、豚鼠和鸡，某些细菌亦含此种抗原，如肺炎球菌和某些沙门氏菌。

辅基（prosthetic group） 结合酶的辅助因子，与蛋白部分结合非常紧密的非蛋白部分，用透析法等不易除去。如细胞色素氧化酶的铁卟啉辅基。

辅基标记免疫测定（prosthetic group labelled immunoassay，PGLIA） 用无酶活性的辅基代替全酶分子作标记物的免疫测定技术。如用葡萄糖氧化酶（GOD）的辅基——黄素腺嘌呤双核苷酸（FAD）标记在抗原分子上，结合物中的 FAD 仍能与酶蛋白重组成 GOD，但与抗体结合后即失去此能力。因此，在待测抗原、标记试剂和抗体竞争结合后，加入酶蛋白，然后测定 GOD 的酶活性，即可计算出样本中抗原含量。在 PGLIA 设计中 GOD 的活性是通过另一组配对酶——过氧化物酶—底物系统来显示的。GOD 氧化葡萄糖产生的 H_2O_2 可作为过氧化物酶（HRP）的底物使供氢体（OPD）氧化成有色产物。测定 OD 值，通过标准曲线计算待测抗原含量。该法既可用于测定小分子半抗原，也可测定大分子抗原。建立纸片比色的 PGLIA 卡，使用更为方便。

辅酶（coenzyme） 结合酶的辅助因子，与蛋白部分结合较松的非蛋白部分，易于分离。大多数是耐热的有机小分子，其化学组成与维生素和核苷酸有关。如辅酶Ⅰ（NAD+）和辅酶Ⅱ（NADP+）是许多脱氢酶的辅酶，由烟酰胺和腺嘌呤核苷酸结合而成。

辅酶Ⅰ（nicotinamide adenine dinucleotide，NAD） 又称烟酰胺腺嘌呤二核苷酸，是生物体内必需的一种辅酶，由烟酰胺、腺嘌呤、二核甘酸等组成。可从新鲜面包的酵母中提取，经分离精制成黄色粉末，平均含量 73.32%，对热不稳定。辅酶Ⅰ在生物氧化过程中起着传递氢的作用，能活化多种酶系统，促进核酸、蛋白质、多糖的合成及代谢，增加物质转运和调节控制，改善代谢功能。临床可用于治疗冠心病，对改善冠心病的胸闷、心绞痛等症状有效。

辅酶Ⅱ（nicotinamide adenine dinucleotide phosphate，NADP） 又称烟酰胺腺嘌呤二核苷酸磷酸。是细胞中许多脱氢酶必需的一种辅酶，负责传递质子、电子及能量。在细胞合成代谢和维持以及血红蛋白的还原状态中发挥重要作用。

辅酶 Q（coenzyme Q，COQ） 又称泛醌（ubiquinone）。一组醌的衍生物。有的具有类异戊二烯的侧链，在呼吸链中作为氢的传递体。它在传递其所携带的一对氢原子时，将其中的一对电子传递给下一个电子传递体，而将两个 H^+ 释放于环境当中，在呼吸链的末端交给氧。

辅助病毒（helper virus） 能把某些酶提供给缺陷病毒，使之能进行正常繁殖的一类病毒。缺陷病毒由于基因组的缺损，感染细胞后不能完成其复制过程，必须依靠另一种病毒的帮助才能完成复制，如某些腺病毒是细小病毒科腺联病毒的辅助病毒，罗氏相关病毒（Rous-associated virus）是罗氏肉瘤病毒的辅助病毒等。

辅助性 T 细胞（helper T cell，T_H） 又称 T_4 细胞。在免疫调节中起促进作用的 T 细胞亚群。为单抗系列 T_4、CD_4 和 Leu 所识别。其功能为产生多种细胞因子，促进 T、B 细胞分化增殖，辅助 B 细胞产生抗体和诱导迟发性变态反应。根据其表面单抗受体、所产生的细胞因子和功能不同又可分为 T_{H1} 和 T_{H2}，T_{H1} 在诱导迟发性变态反应中起主要作用，故又称炎性 T 细胞（inflammatory T cell，T_I）。

辅助因子（cofactors） 结合酶中含有的除蛋白质外的对热稳定的非蛋白质的有机小分子和金属离子。

辅佐细胞（accessory cell） 简称 A 细胞，又称抗原递呈细胞（antigen presenting cell，APC）。在免疫应答过程中起辅助作用的细胞，包括单核吞噬细胞、树突状细胞等。它们对抗原进行捕捉、加工和处理，将抗原递呈给抗原特异性淋巴细胞。

脯氨酸（proline） 环状非极性亚氨基酸，简写为 Pro、P，生糖非必需氨基酸。它可与谷氨酸互变，也可转变成鸟氨酸、瓜氨酸和精氨酸。在胶原蛋白中含量丰富并有部分经过羟基化修饰成为羟脯氨酸。

腐败（putrefaction） 微生物在厌氧条件下分解蛋白质的过程。蛋白质降解产生许多恶臭产物，如某些氨基酸脱羧基后形成胺（赖氨酸形成尸胺，鸟氨酸形成腐胺），含硫氨基酸形成的硫化氢、氨、己硫醇、甲硫醇等。引起腐败的细菌很多，作用剧烈的有各种梭菌和变形杆菌等。尸体腐败主要表现为：臌气，肝、肾、脾等内脏质地变软、色污灰、被膜下可见小气泡，出现尸绿、尸臭等。尸体腐败对判断病理变化影响极大，因此，尸体剖检要在动物死后尽快进行。

腐败是自然界氮循环的重要环节，有益于净化环境。

腐败梭菌（*Clostridium septicum*） 又称腐败杆菌（*Bacillus septicus*）、腐败弧菌（*Vibrio septicus*）、恶性水肿杆菌（*Bacillus edema*）。一种显著多形性、无荚膜、能运动的革兰阳性厌氧芽孢杆菌。菌体粗大，（0.6～1.9）μm×（1.9～35）μm，单在或成对，在感染动物的肝表面形成长丝状，可与其他梭菌相鉴别。芽孢卵圆形，位于菌体近端使细胞膨大，有周生鞭毛。葡萄糖血琼脂上多形成柔丝样放射状边缘的不规则菌落，在较湿琼脂面上易长成薄膜状菌苔。本菌是马、牛、绵羊和猪的恶性水肿及绵羊快疫的主要病原体。

腐蹄病（footrot） 由坏死梭杆菌等病菌引起的蹄病，多见于成年牛、羊，有时也见于马、鹿等动物。在趾间、蹄踵、蹄冠部发生红、肿、热、痛和溃疡。病畜表现跛行，以至卧地不起或发生脓毒败血症死亡。实验室诊断可从坏死组织与健康组织交界处取样涂片镜检或做动物接种试验。防治应改善环境卫生，使用抗生素对局部病变按外科化脓疮处理。

腐物性人兽共患病（sapro zoonoses） 又称腐生性人兽共患病。病原体的生活史需要至少有一种脊椎动物宿主和一种非动物性滋生物或基质（有机腐物、土壤、植物等）才能完成感染的人兽共患病。病原体在非动物基质上繁殖或进行一定阶段的发育，然后才能传染给脊椎动物宿主。如肝片吸虫病、钩虫病等。

负反馈（negative feedback） 受控部分发出的反馈信息调整控制部分的活动，最终使受控部分的活动朝着与它原先活动相反的方向改变的调节方式。在维持机体生理功能的稳态中具有重要意义。动脉血压的压力感受性反射就是一个典型的例子。当动脉血压升高时，可通过反射抑制心脏和血管的活动，使心脏活动减弱，血管舒张，血压便下降；相反，当动脉血压降低时，通过反射增强心脏和血管的活动，使血压上升，从而维持血压的相对稳定。在神经调节、体液调节和自身调节的过程中有许多环节都可通过负反馈而实现自动控制。

负股 RNA 病毒（Negative strand RNA virus） RNA 碱基序列与 mRNA 互补的 RNA 病毒。没有传染性。负股 RNA 病毒颗粒中含有依赖 RNA 的 RNA 聚合酶，可催化合成互补链，成为病毒 RNA，翻译病毒蛋白。主要种类包括正黏病毒科、负黏病毒科、弹状病毒科、砂粒病毒科等。

负染色法（negative staining） 电镜样品制备中，能产生高密度（黑色）的背景，以反衬低密度（白色）的样品的染色方法。常用的负染色剂为磷钨酸。此法适用于颗粒样品，如病毒、细菌、乳胶等的电镜观察。

负压环境（negative pressure environment） 特定空间内部空气压力小于外部空气压力所造成的环境。在感染动物实验设施中，内环境区域往往采用负压环境，以阻止特定内部的有害物质进入外部空间环境。

附睾（epididymis） 附着于睾丸附睾缘的结构。垂直位的睾丸，附睾缘在后侧；水平位的在背侧；斜向后上方的则在前背侧。与睾丸一同包于鞘膜脏层内，可分头、体和尾。附睾头紧密附着于睾丸头端，由睾丸输出小管卷曲形成，并陆续汇合为一条附睾管；后者长而逐渐增粗，卷曲形成附睾体和尾。附睾体稍细，与睾丸之间在外侧形成浅的隐窝，称睾丸囊或附睾窦。附睾尾突出于睾丸尾端，除鞘膜外并以睾丸固有韧带和附睾尾韧带分别与睾丸尾端和鞘膜壁层紧密连接。附睾管出附睾尾后移行为输精管。附睾是精子成熟和贮存之处。禽附睾小，主要由睾丸输出小管构成，附睾管短。

附睾管（ductus epididymidis） 起始于附睾头，构成附睾的体和尾，其末端延续为输精管的长而高度弯曲的管道。管壁内衬假复层柱状上皮，由具有静纤毛的高柱状细胞和矮小的基底细胞组成，腔面整齐，腔内常含有大量分泌物和精子。上皮基底膜外有薄层环行平滑肌。附睾管是精子成熟的场所。

附睾炎（epididymitis） 以附睾出现炎症并可能导致精液变性和精子肉芽肿为特征的一种生殖系统疾病，呈进行性接触性传染。病变可能在单侧出现，也可能在双侧出现。该病常见于公羊，在公牛也发生。主要病因是流产布鲁菌和马耳他布鲁菌感染。预防的根本措施是及时鉴定出所有感染的动物，严格隔离或淘汰。

附红细胞体病（eperythrozoonosis） 附红细胞体（*Eperythrozoon*）寄生于牛、羊、猪、猫等动物红细胞表面和血浆内引起的疾病。病原属立克次体类（*Rickettsiae*），呈细环形或球形颗粒体，直径为0.5～3.0μm。传播媒介为蜱、虱、蚤等吸血寄生虫。常见种有温氏附红细胞体（*E. wenyoni*），寄生于牛；绵羊附红细胞体（*E. ovis*）；小型附红细胞体（*E. parvum*）和猪附红细胞体（*E. suis*）寄生于猪；猫附红细胞体（*E. felis*）。病猪体温升高，食欲不振，贫血，黄疸，与无浆体病的症状相似。牛一般不引起症状，严重感染引起发热，消瘦和黄疸。羊发病时有贫血、黄疸和进行性消瘦等症状。取血涂片查找虫体进行诊断。可用土霉素、四环素、见尼尔等药物治疗。

附植（implantation） 胚泡在母体子宫中的位置固定下来，并开始与子宫内膜发生组织上联系的过程。啮齿类和灵长类动物的胚泡侵蚀、穿入并埋在子宫内膜里，称为嵌植、植入或着床。家畜的胚泡不植入子宫内膜里，只是胎盘附着在子宫内膜上，故称附植。

复层扁平上皮（stratified squamous epithelium）上皮组织的一种亚型。表层细胞扁平，深层细胞逐渐变成多角形，位于基底的细胞为立方形或圆柱状。此种上皮分布于体表及与其邻接的部位，如口腔、咽、食管、直肠、肛门、阴道等的黏膜，耐机械摩擦。被覆于体表、口腔、食道的复层扁平上皮，其表层细胞的胞质中充满角蛋白，这种现象称为角化（keratinization），这种上皮称为角化复层扁平上皮（keratinized statified squamous epithelium）或鳞状上皮。

复合半抗原（complex hapten）与蛋白质载体结合后能诱导机体产生相应抗体，并能与所产生抗体结合发生反应的半抗原。如多糖、脂多糖等。

复合抗原（complex antigen）又称结合抗原（conjugated antigen），由多种成分组成的抗原。

复合乳化佐剂（multiple emulsion adjuvant）将油包水型佐剂再经乳化分散于生理盐水中，新形成的水包油油包水型复合佐剂。所制成的油乳苗流通性较好，易于注射。

复合糖（complex glycoconjugate）由糖类与蛋白质或脂类等生物分子以共价键连接而成的糖复合物。糖蛋白是由寡糖链与多肽链通过糖肽键结合而成的复合糖，糖肽键主要有N-糖肽键和O-糖肽链两种类型，糖蛋白分子中寡糖链在细胞识别等生物学过程中起重要的作用。脂多糖是革兰阴性细菌细胞壁的特有组分，由O-特异性多糖、核心多糖与脂质A通过糖苷键连接而成的。糖脂是生物膜的重要组分，由单糖或寡糖与脂类通过糖苷键连接而成的，主要有甘油糖脂和鞘糖脂，参与免疫反应，与细胞识别，神经冲动传导有关。

复活（reactivation）当不能复制的灭活病毒与其他病毒共感染同一细胞时，基因发生重组而产生有感染性的重组子代病毒的现象。

复极化（repolarization）可兴奋细胞在接受刺激发生兴奋动作电位过程中，继膜的去极化和超射形成峰电位上升支以后，随即下降恢复到静息时膜内外极化状态的过程。由于细胞膜对 Na^+ 的通透性迅速下降、对 K^+ 的通透性迅速升高，膜内 K^+ 迅速向膜外扩散所致。心肌和平滑肌细胞的复极化持续时间较长，离子运动较复杂，除 K^+、Na^+ 离子外，还有 Ca^{2+}、Cl^- 等参与。

复检（repeated inspection，retest）又称终末检验。畜禽宰后检验的最后一道程序。在各检验点发现可疑病变或遇到疑难问题时，在终末检验点作进一步详细检查，必要时辅以实验室检验，最后对胴体健康状况进行综合评定。此外，复检还对胴体进行全面复查，负责胴体质量评定及加盖检验印章。

复胃（compound stomach）又称反刍胃。由3至4个胃室构成的胃。见于牛、羊、骆驼等反刍兽。牛、羊胃分为瘤胃、网胃、瓣胃和皱胃，骆驼无瓣胃。皱胃相当于单胃的腺部，又称真胃；前3个胃合称前胃。在发生上，瘤胃和网胃相当于单胃的胃底和部分胃体；瓣胃为小弯的凸出部，皱胃相当于部分胃体和幽门部。复胃发育具有明显的年龄变化。牛在胚胎早期，四胃由单胃原基逐渐发育形成，4月龄时基本达到成年时比例；此后皱胃发育加快，胎儿出生时远大于前胃；出生后前胃发育又逐渐加快，特别是进食草料后的瘤胃，到1岁半时4胃达到成年时的比例（瘤胃80%、网胃5%、瓣胃8%、皱胃7%）。胃的黏膜和肌膜在出生后也随食物性质而发生变化。

复胃消化（digestion in complex - stomach）具有多室胃结构特点的动物胃内消化过程。反刍动物具有庞大并区分为4室的复胃，即瘤胃、网胃、瓣胃（总称前胃）和皱胃（亦称真胃）。皱胃有胃腺能分泌胃液，胃内消化过程与单胃动物的胃相似，前胃黏膜无胃腺。复胃消化的特点主要在前胃。除了特有的反刍、食管沟反射和瘤胃运动外，还有微生物独特的生理作用，瘤胃内微生物在反刍动物整个消化过程中占有特别重要的地位。禽类的胃分腺胃与肌胃2室，也属于复胃。腺胃分泌胃液进入肌胃，在肌胃内进行食物的化学性消化和机械性消化。

复性（renaturation）双股核酸在变性后分开的两条链经退火重新生成双链结构的过程。有些简单的蛋白质在变性后也能复性而重新恢复功能。

复制（replication）在细胞或病毒增殖的过程中，基因组DNA或RNA在DNA聚合酶或RNA聚合酶作用下，按照碱基互补配对的原则合成与模板互补的新链的过程。

复制叉（replication fork）在双链DNA进行DNA复制时在生长点所形成的Y形或叉形结构。DNA聚合酶和若干复制因子形成复合物聚集于此。

复制子（replicon）细胞中基因组DNA具有复制原点并能够独立进行复制的单位。质粒、细菌染色体和病毒通常有一个复制原点（Ori），这种情况下，整个DNA分子构成一个完整的复制子。在一个细胞周期中，复制子只能复制一次。如在大肠杆菌的环状染色体DNA中，只有一个复制原点，因此是单复制子。真核染色体有多个复制原点，因此含有几个复制子。

副痘病毒属（*Parapoxvirus*） 脊椎动物痘病毒亚科的一个属。病毒粒子呈特征性的线团体外表，对乙醚敏感，不产生血凝素。代表种为口疮病毒，致反刍兽口、舌、乳房等部位丘疹及脓疮等，羔羊最易感，也感染人。其他成员有牛脓疮性口炎病毒、伪牛痘病毒，可能成员有海豹痘病毒等。

副交感神经系（parasympathetic system） 节前神经元胞体位于脑干和脊髓荐部的自主神经。在脑干的部分起于中脑的动眼神经副交感核（缩瞳核）、脑桥泌涎核、延髓泌涎核及迷走神经背侧运动核。节前纤维分别经动眼神经、面神经、舌咽神经和迷走神经出颅，分别在睫状神经节、翼腭神经节和下颌神经节、耳神经节以及胸腹腔内脏器官旁和壁内神经节内交换神经元，节后纤维分布于瞳孔括约肌和睫状肌、唾液腺、颈部和胸腹腔内脏器官。在脊髓荐段的部分起于灰质中间带外侧核。节前纤维构成盆神经入盆腔，在盆腔内脏器官旁或壁内神经节内交换神经元，节后纤维分布于上述脏器。

副结核病（paratuberculosis） 又称副结核性肠炎、约翰氏病。副结核分支杆菌引起的慢性消化道传染病。病原分布广泛，抗酸性染色，抵抗力强。主要感染牛、羊、骆驼及鹿等，经消化道感染。病初间歇性腹泻，后为持续性顽固性腹泻，逐渐消瘦。病变肠黏膜呈脑回状增厚，肠系膜及淋巴结水肿。根据症状和病变作出初诊，确诊有赖于细菌学检查、变态反应和血清学试验。尚无有效菌苗和治疗药物。预防本病应加强饲养管理，定期检疫，隔离淘汰病畜，经常性消毒，粪便进行无害化处理。

副结核分支杆菌（*Mycobactenial paratuberculosis*） 革兰阳性短杆菌，大小为（0.2～0.5）μm×（0.5～1.5）μm，无鞭毛，不形成荚膜和芽孢，在病料和培养基上成丛排列，抗酸性染色阳性。本菌为需氧菌，最适温度37.5℃，最适pH6.8～7.2。属于慢生长种，初代分离极为困难，一般需6～8周、长者可达6个月才能发现小菌落。粪便分离率较低，而病变肠段及肠淋巴结分离率较高，病料需先用4% H_2SO_4 或2%NaOH处理，经中和再接种选择培养基，如Herald卵黄培养基、小川氏培养基、Dubos培养基或Waston－Reid培养基。对热较敏感，60℃ 30min、80℃ 1～5min可杀死本菌。反刍动物如牛、绵羊、山羊、骆驼和鹿对本菌易感，其中奶牛和黄牛最易感，感染牛呈间歇性腹泻，回肠和空肠呈明显的增生性肠炎，黏膜呈脑回状。实验动物中家兔、豚鼠、小鼠、大鼠、鸡、犬不感染。

副裸头属（*Paranoplocehpala*） 隶属于绦虫纲（Cestoidea）、圆叶目（Cyclophllidea）、裸头科（Anoplocephalidae），主要有侏儒副裸头绦虫，寄生于马的十二指肠，偶见于胃的幽门。一般很少有大量寄生，若有大量寄生，症状同大裸头绦虫病。

副免疫产品（paraimmunity preparations） 一类通过刺激动物机体、提高特异性和非特异性免疫力的免疫制品，如脂多糖、多糖、免疫刺激复合物、缓释微球、细胞因子、重组细菌毒素（如霍乱菌毒素和大肠杆菌LT毒素）、CpG寡核苷酸等，其作用是使动物机体对其他抗原物质的特异性免疫力更强更持久。

副黏病毒科（Paramyxoviridae） 一类有囊膜的负股RNA动物病毒。病毒粒子多形性，直径150nm或更大。囊膜上有HN和F两种糖蛋白纤突，前者具血凝素和神经氨酸酶活性，后者具细胞融合和溶血活性。基因组为单股RNA，不分节段，无传染性。病毒在胞浆中增殖，在细胞培养中可形成合胞体病变。仅感染脊椎动物，可引致持续性感染。主要通过空气传递。本科分副黏病毒亚科和肺病毒亚科，前者包括副粘病毒属及麻疹病毒属，后者仅肺病毒属。

副黏病毒属（*Paramyxovirus*） 副黏病毒科、副黏病毒亚科的一个属。囊膜上既有血凝素—神经氨酸酶（HN），又有融合因子（F）。成员包括禽副流感病毒1～9型、副流感病毒1～4型。腮腺炎病毒以及许多其他毒株。禽副黏病毒1型即为新城疫病毒，是鸡和其他禽类的重要致病病毒，也感染人。

副禽嗜血杆菌（*Haemophilus paragallinarum*） 细菌形态及培养特点同副猪嗜血杆菌。血清型分为A、C、B 3型，A、C型又各有4个亚型。外膜蛋白的血凝素抗原是分型的依据，也是定殖因子和具有保护作用的免疫原。接种多价灭活疫苗可预防感染。可引致鸡传染性鼻炎（infectious coryza），表现为眼眶下水肿、打喷嚏、产蛋减少，对雏鸡致病力较强。鹌鹑、孔雀及珍珠鸡易感。慢性感染及外观健康禽为带菌者，经呼吸道或接触污染的饮水传播。本菌定植于禽上呼吸道及窦腔，在环境中很快死亡。

副溶血性弧菌食物中毒（vibrio parahaemolyticus food poisoning） 由副溶血性弧菌引起的一类感染型食物中毒。该菌在无盐的培养基上不能生长，故曾称为致病性嗜盐菌。引起中毒的食品为含有大量活菌的海产品，其次为蛋类和肉类。发病时腹部不适，恶心、呕吐、发热、腹泻，5～6h后腹痛激烈，脐部阵发性绞痛是其特点。

副柔线虫病（para－bronema skrjabini） 锐形科（Acuariidae）、副柔线属（*Parabronema*）线虫所引起的疾病。常见的为骆驼副柔线虫病，除骆驼外，绵羊、山羊、牛及其他反刍动物亦可感染，均寄生于第4胃。病畜消瘦，生产及使役能力降低，甚至引起死亡。中间宿主为吸血蝇类。宿主经口感染。感染主要发生于夏季。成熟的成虫只在4～11月期间出现于宿主真胃内。卵呈卵圆形，卵壳薄，内含有卷曲的幼虫。死后剖检可在真胃幽门部发现幼虫或者成虫。可用左旋咪唑或阿苯咪唑驱虫。

副神经（accessory nerve）　第11对脑神经。属特殊内脏运动神经，分颅部和脊髓部。颅部纤维起自延髓疑核后部，经颈静脉孔或破裂孔（马）出颅腔，为副神经的内支，加入迷走神经构成喉返神经的成分。脊髓部纤维起自颈中、前部脊髓腹角的副神经核，纤维出脊髓后集成小束，于脊神经背、腹侧根之间前行，并相聚合，经枕骨大孔入颅腔，加入颅部根丝组成副神经，出颅腔后与颅部纤维分开，为副神经的外支，又分成两支，腹支分布于胸头肌，背支长，分布于臂头肌和斜方肌。

副丝虫病（Parafilariosis）　常见的是马副丝虫病和牛副丝虫病。马副丝虫病是由丝虫科（Filariidae）副柔线虫属（*Parabronema*）的多乳突副丝虫寄生于马的皮下组织和肌间结缔组织引起的寄生虫病。多乳突副丝虫（*Parabronema multipapillosa*）雄虫长28mm，雌虫长40～70mm。特点是常在夏季形成皮下结节，结节多于短时间内出现，迅速破裂，并于出血后自愈。这种出血的情况颇像夏季淌出的汗珠，故又称为血汗症。牛副丝虫病是由丝虫科的牛副丝虫所引起的一种牛寄生虫病。牛副丝虫（*P. bovicola*）的雄虫长20～30mm，雌虫长40～50mm，与马副丝虫病极为相似。多见于4岁以上的成年牛，犊牛很少见此病。根据病的发生季节，特异性症状，容易诊断，确诊可取患部血液或压破皮肤结节取内容物，在显微镜下检查有无虫卵和微丝蚴。可用海群生治疗。

副性腺（accessory sexual glands）　雄性尿道盆部周围的一些腺体。分泌物参与形成精液，或在交配过程中起辅助功能。有精囊腺、前列腺和尿道球腺，啮齿类尚有凝固腺。发育和功能受性激素影响，幼年去势则不能充分发育，性成熟后去势则萎缩。大动物如牛、马，这些腺体可在直肠检查触摸到。公禽无副性腺。

副性征（secondary sexual characteristics）　又称第二性征。是雌雄个体在性成熟时出现的与性别密切相关的特征。多为外在表现，容易识别，常用来判断动物的性别。如公畜一般体躯高大，肌肉发达，性情好斗，叫声低沉，某些雄性哺乳动物有发达的头角等；母畜有发达的乳腺，宽大的骨盆，丰富的皮下脂肪，叫声尖脆等。

副引器（telamon）　线虫雄性器官的末端部分辅助交配的器官。见于部分圆线虫。

副猪嗜血杆菌（*Haemophilus parasuis*）　辅酶Ⅰ（NAD）依赖性细菌，多为短杆状，也有呈球状、杆状或长丝状等多形性。大小为1.5μm×（0.3～0.4）μm。多单个、也有短链排列。无鞭毛，无芽孢，新分离的致病菌株有荚膜。美蓝染色呈两极着色，革兰染色为阴性。需氧或兼性厌氧，最适生长温度37℃，pH7.6～7.8。初次分离培养时供给5%～10% CO_2 可促进生长。生长需供给V因子。无溶血性。根据热稳定抗原的差异可将本菌分为至少15个血清型，约25%的分离株无法定型，目前的优势菌型为4型及5型。不同血清型毒力存在差异，1、5、10、12、13及14型为高毒力，2、4、15为中毒力，其他血清型视为无毒力。但同一血清型的不同菌株毒力可不同。将菌体蛋白及外膜蛋白作SDS-PAGE，可分为两个型，病猪分离株多为Ⅱ型，鼻腔分离株则两型兼而有之。人工感染SPF猪或豚鼠可显示菌株毒力的差异。可引起猪的格氏病（Glasser's disease），特点为高热、关节肿胀、呼吸道紊乱及中枢神经症状。严重者剖检可见多发性浆膜炎，包括心肌炎、腹膜炎、胸膜炎、脑膜炎以及关节炎。

副子宫（paruterine organ）　又称子宫周器官。有些种绦虫孕卵后，在子宫周围形成一个或多个纤维肌质的袋状构造，即副子宫。它们贴连在子宫壁上，卵由子宫转移到副子宫内；子宫崩解。

副作用（side effect）　又称副反应。应用治疗量的药物后所出现的治疗目的以外的药理作用。如用阿托品作麻醉前给药，主要目的是抑制腺体分泌和减轻对心脏的抑制，其抑制胃肠平滑肌的作用便成了副作用。副作用在用药前能预测，但没法纠正或消除。

富营养化（eutrophication）　水体中水生植物生长发育的营养物质不断增高的演化过程。湖泊、河口等水体接纳了富含氮、磷的污水后，给水中生物特别是藻类提供了丰富的养料，使其生长繁茂，而使水质变坏。水中生物不断死亡更新沉于水底，当其被需氧微生物分解时，又使水中溶解氧不断减少，而为厌氧微生物繁殖创造了条件。厌氧分解的结果，使水体进一步恶化，致使鱼类和其他需氧水生物难以存活。预防重点是处理富含氮、磷等营养物质的污水。

腹部触诊（palpation of the abdomen）　用触诊法检查动物腹部，根据触感诊断疾病的临床检查法。在大动物主要用来判断腹部敏感性和紧张度，其方法是一手放在背部作支点，用另一手的拳或手掌（手指）做各种触诊；腹部触诊在小动物有特别重要的意义，除判断腹壁敏感性和紧张度外，还可判断有无压痛、波动感、腹腔内有无硬固的物体等。其方法可采用内脏器官深部触诊法（按压触诊法、冲击触诊法、切入触诊法)。

腹部叩诊(percussion of the abdomen) 用叩诊法检查动物腹部，根据叩诊音和锤下抵抗感诊断疾病的临床检查法。大、中动物用锤板叩诊法，小动物用指指叩诊法。叩诊音因胃肠内容物多少而异，大动物中腹部稍呈鼓音、其上方更明显，充满内容物的胃肠、肝脏、新生物及液体贮留时均呈浊音。反刍兽瘤胃上部呈轻度鼓音，其下部呈浊音，小动物大致均呈半浊音。腹部叩诊出现鼓音或半鼓音见于肠臌气、瘤胃臌气，出现水平浊音界见于腹腔积液。

腹部听诊(auscultation of the abdomen) 听取胃和肠管的蠕动音以及腹腔内的其他音响，借以察知胃肠有无异常的临床检查法。在非反刍兽一般仅能听到肠音，在反刍胃还可听到瘤胃、瓣胃和真胃的蠕动音。肠音增强表现为声音洪亮、频率加快、持续时间延长，见于各种肠炎、腹痛；肠音减弱或消失见于便秘、肠变位、肠麻痹、某些热性病、中毒病及中枢神经疾病。流水音或含漱音见于各种肠炎，金属音主要提示肠臌气。

腹股沟管(inguinal canal) 又称腹股沟间隙。腹股沟部在腹内斜肌肌腹与腹外斜肌腱膜之间的间隙。内有疏松结缔组织。内口称腹股沟腹环，呈缝状，由腹内斜肌后缘与腹股沟韧带围成，斜向上，较长(马、牛16cm)。外口称腹股沟皮下环，为腹外斜肌腱膜的裂缝，略呈水平，稍短(牛、马10～12cm)；其边界称内侧脚和外侧脚，内侧脚稍厚，常可触摸出。浅深两环的内角相距较近(牛、马约1cm)，都在耻骨前腱邻近；两环的外角相距较远(牛、马15～17cm)。因此整个间隙几乎呈三角形。通过此管的有阴部外血管、腹股沟浅淋巴结的输出管和生殖股神经；公畜睾丸也经此下降入阴囊，因此尚含有鞘膜管及精索，一般由间隙的中部通过。

腹股沟疝(inguinal hernia) 疝的一种。主要发生于公畜，也可发生在母畜。公畜多发生于倒马、跳越、滑走或重物强力牵引，也由于努责、交配时腹压剧增或腹壁过度紧张而使腹股沟内环异常扩大。疝轮是腹股沟环，疝内容是大网膜、肠系膜、小肠、疝囊是腹股沟管。当腹股沟内容发生嵌闭，出现剧烈腹痛、后肢步态紧张、面部痛苦、呼吸促迫等症状。局部除肿胀、疼痛之外，有较明显的外观。治疗时可用压迫或通过直肠牵引整复，嵌顿性的用切开、还纳，闭合腹股沟内环。

腹股沟隐睾(inguinal cryptorchidism) 胚胎发育不全，生后睾丸停滞在腹股沟，不能下降到阴囊的病理状态。有单侧性和两侧性两种。停留在腹股沟的睾丸，不能形成精子，但仍能产生雄性激素，马、犬均可看到，皆为先天性的。反复投给性腺刺激激素，睾丸有下降到阴囊的可能，成年后无效果。用手术方法将睾丸牵引到阴囊，对睾丸系膜短的，没有成功的可能。

腹横肌(m. abdominal transverse muscle) 腹壁最内层的阔肌。起始于肋弓内侧面和腰椎横突；肌束在腹侧壁内垂直向下，至腹底壁转变为腱膜，形成腹直肌鞘的内层，其中在腹壁的前1/3并与腹内斜肌腱膜的内层合并。由于腹横肌后界仅延伸到平髋结节处，在此之后无腹直肌鞘的内层。腱膜至腹侧中线与对侧以及腹斜肌腱膜一起汇合于腹白线。

腹横向(ventrotransverse presentation) 见横向。

腹膜(peritoneum) 腹腔内的浆膜。公畜为封闭的囊，母畜因有输卵管腹腔口而间接与外界相通。壁层紧贴于腹壁内面，并延伸入盆腔；脏层几乎包于腹腔及盆腔所有的内脏外。腹膜在互相转折移行处，形成若干浆膜襞，称网膜、系膜、韧带或襞。腹膜囊内的腔称腹膜腔，仅是腹膜之间潜在的毛细间隙，内含薄层浆液，即腹膜液，起润滑作用。腹膜浅层被覆单层扁平上皮，属间皮，深层为纤维组织，腹膜下为疏松结缔组织，内除血管、神经外，常积贮有脂肪，特别在有些部位和营养良好时。腹膜液由脏层产生，经壁层吸收入毛细血管。吸收作用以腹前部较强。腹膜有较强再生能力，损伤后间皮能较快恢复，易于形成粘连和疤痕，可包围和孤立病灶。

腹膜后气体造影(retro pneumoperitoneography) 将空气、一氧化氮或二氧化碳注入荐骨腹侧疏松结缔组织内的X线造影检查技术。已应用于犬和猫。造影前动物绝食并给以缓泻剂，或造影前灌肠以排空消化道内粪便。造影时动物取胸骨向下的俯卧姿势，将肛门及臀部附近皮肤消毒后，在肛门的背侧刺入10cm长的针头，至针尖抵达荐骨腹侧时为止。犬可注入200～800mL气体，猫注入100～300mL气体，3～5h内拍片检查。

腹膜炎(peritonitis) 腹膜壁层和脏层炎症的总称。按病程分为急性和慢性；按病变范围分为弥漫性和局限性；按渗出物性质分为浆液性、纤维蛋白性、出血性、化脓性和腐败性腹膜炎。各种畜禽都可发生，马、牛、犬、猫多见。原发性腹膜炎见于腹壁创伤、感染、腹腔脏器穿孔、真菌寄生虫感染；继发性腹膜炎见于腹腔脏器炎症的蔓延，以及伴发于肠结核、棘球蚴病等疾病过程中。临床表现体温升高(热型不定)，呼吸浅表，以胸式呼吸为主，腹壁紧缩，敏感(初期)，腹肋凸起，回视腹部，运步强拘，伴有腹泻、便秘和臌气。眼观腹膜充血、潮红、粗糙，腹腔渗出液中有混浊的纤维素絮片，腹腔器官可发生粘连。胃肠破裂所引起的腹膜炎，腹腔内有食糜或粪便；化脓性腹膜炎，有脓性渗出物。急性腹膜炎临床表现为腹膜性疼痛，全身症状明显，体温升高，呼吸急促，常继发胃肠臌气、呕吐；慢性腹膜炎临床表现胃肠卡他症状，腹腔器官发生粘连的预后不良。治疗要抗菌消炎、制止渗出、纠正水盐代谢失调。

腹内斜肌（internal abdominal oblique muscle）腹侧壁的第二层阔肌。起始于髋结节和腹股沟韧带及腰背筋膜；起始处较厚。肌束呈扇形展开，大部分向前向下，后部向后向下。除前部肌束止于最后肋外，肌腹延续为腱膜经腹直肌腹侧面而止于腹侧中线的腹白线，途中与腹外斜肌腱膜联合，形成腹直肌鞘的外层。腱膜在脐前则分为外、内两层，内层与腹横肌腱膜联合。肌的后缘游离，形成腹股沟深环的前界；公畜并由后部肌束分出提睾肌。

腹腔穿刺（abdominal puncture）　腹腔有渗出液、漏出液和血液贮留时，以诊断和治疗为目的将特制穿刺针透过腹壁刺入腹腔。部位马在剑状突起后方10～15cm，白线左侧2～3cm处；牛与马相同，只是在右侧，猪在脐后方、白线两侧1～2cm处，犬在腹部中线、脐与耻骨前缘连线的中点。穿刺时术部剪毛、消毒。将皮肤稍向侧方移动，把灭菌的穿刺针在术部由下向上（站立保定时）或向脊柱方向（横卧保定时）刺入腹腔。抽出针芯采取腹腔液体或注入药物。

腹腔动脉（coeliac artery）　供应腹腔内脏的动脉干。由腹主动脉在膈主动脉裂孔后方和第1腰椎腹侧分出；分为肝动脉、脾动脉和胃左动脉，在反刍动物还分出瘤胃左动脉，分布于胃、十二指肠、肝、胰和脾。

腹腔分区（regions of abdomen）　为说明内脏器官位置而将腹腔以假设的平面分成的小区。有3大部和9小区。3大部为腹前、中和后部，以通过肋弓和髋结节的两个横切面为界。腹前部最大，前界为膈；以通过左、右肋弓的弧形切面和正中矢切面分为剑状软骨部和左、右季肋部。腹中部以通过腰椎横突末端的矢状切面分出左、右腹侧部和中间部，后者又分为上半的腰部和下半的脐部。腹后部又分3部：与腹侧部相连续，向后至腹股沟韧带之前，为左、右腹股沟部；中间为耻骨部，与骨盆腔相通。

腹腔积液（seroperitoneum）　见腹水。

腹腔积液综合征（seroperitoneum syndrome）腹腔内蓄积大量浆液性漏出液并伴有诸多疾病的一种病征。

腹腔镜（peritoneoscope）　检查腹腔的器械。腹腔镜有硬管和纤维光束管两类，种类很多，适用于闭合性腹部损伤、腹膜炎、腹部肿块及肝、胆、胰等腹内疾患不能确诊的常采用本器械协助。腹腔镜除有直接观察腹内病变之外，还可以抽吸腹腔内液体或吸取活组织，进行病理检查，并可进行粘连带切断、电灼、止血等简单治疗。

腹腔气体造影（pneumoperitoneography）　又称气腹造影。将空气、NO或NO_2注入腹腔以提高腹腔内脏器官显现程度的X线检查技术。它有助于对膈、肝、脾、胃、结肠远端、肾、膀胱、子宫和腹壁等的检查，而对小肠、结肠近端、肠系膜根和胰脏等的检查帮助不大。

腹式呼吸（abdominal breathing）　主要由膈肌舒缩引起的、腹壁的起伏动作特别明显的一种病理性呼吸方式。因膈肌收缩，膈后移时，腹腔内器官因受压迫而使腹壁突出；膈肌舒张时，腹腔内脏恢复原来的位置。腹式呼吸时腹壁的起伏明显。患胸膜炎或肋骨骨折等疾病时，胸部运动受到限制，呼吸主要靠膈肌活动来完成，因而以腹式呼吸为主。

腹竖向（ventrovertical presentation）　见竖向。

腹水（ascites）　又称腹腔积液（seroperitoneum）。体液在腹膜腔内积聚过多的现象。猪、犬和猫较多发。分为心源性、稀血性和淤血性3种。病因有心血管病、肝脏病、腹膜病、肾脏病、营养障碍病、恶性肿瘤腹膜转移、卵巢肿瘤等。临床检查腹腔有移动性浊音，患畜消瘦、恶病质、腹部膨大。心源性腹水检查机体可见发绀、颈静脉怒张、心脏扩大、心前区震颤、肝脾肿大、心律失常、心瓣膜杂音等体征；肝性腹水检查机体常有皮肤及巩膜黄染、血清白蛋白减少、肝脾肿大等表现。

腹痛（bellyache）　即腹危象（celiac crisis），又称疝痛（colic）。由于各种原因引起腹腔内外脏器病变而导致的腹部疼痛。可分为急性与慢性两类。病因复杂，包括炎症、肿瘤、出血、梗阻、穿孔、创伤及功能障碍等。临床上具有疝痛症状的疾病有三大类。①“症状性疝痛”。如传染病中的肠型炭疽、传染性流产；寄生虫病中的血塞疝；外科病中的腹壁疝、阴囊疝；产科病中的子宫扭转等。②“假性疝痛”。由于肝、肾、肺、胸膜等器官患病所引起的疼痛。③“真性疝痛”。由于胃肠疾病所引起的疼痛。家畜内科中所指的疝痛，主要是真性疝痛。

腹外斜肌（external abdominal oblique muscle）腹侧壁最外层阔肌。起始于后9个（反刍兽、猪、犬）或后13～14个（马）肋骨外面。肌束向后向下，至背侧几乎呈水平向；肌腹沿髋结节向下再斜向前至肘突的弧线转变为腱膜，经腹底壁至腹侧中线，与对侧相会合于腹白线，参与形成腹直肌鞘的外层。腱膜至腹股沟部主要分为两部分；一部分连接于髂腰肌筋膜和髋结节及耻骨结节和耻骨前腱，游离缘形成腹股沟韧带；另一部分为股板，常不甚发达，连合于股内侧筋膜。在耻骨前方两侧，腱膜有一对裂缝状孔，为腹股沟管外口，称腹股沟浅环；环的前内侧缘和后外侧缘分别称内侧脚和外侧脚。

腹吸盘（ventral sucker） 位于虫体腹部某处的肌肉质杯状吸盘，位置前后不定或缺失，是吸虫的吸附、摄食和运动器官。

腹泻（diarrhea） 又称下痢，动物排粪次数增多，排粪量增加，甚至排粪失禁，同时粪便不成形，质地改变，呈稀粥状，甚至水样，是各种类型肠炎的特征。

腹泻性贝毒（diarrhetic shellfish poison） 通过食物链受翅甲藻（*Dinophysis fortii*）和同属浮游生物毒化的食用贝类所具有的，能引起摄食者腹泻、腹痛、呕吐等症状的一类毒素。有毒成分为奥卡达酸及其衍生物翅甲藻毒素-1、翅甲藻毒素-3［dinophysistoxin 1，3（分别为 DTX_1，DTX_3）］及扇贝毒素（PTX_{1-5}）。奥卡达酸是从冈田软海绵（*Halichondria okadai*）中分离出的一种聚醚化合物，为强烈的细胞毒，DTX_1，DTX_3 是在基本结构上带有 OA 的聚醚化合物，PTX 类是在基本结构上带有聚内脂醚的物质。

腹泻性贝中毒（diarrhetic shellfish poisoning） 由于摄食受毒化的贝类引起的一种以严重腹泻，同时多伴有呕吐、恶心、腹痛等症状为特征的中毒症。多发生在6～9月，基本上没有死亡。原因食品有紫贻贝、贻贝、扇贝、日本栉孔扇贝和蛤等多种瓣鳃纲的软体动物，有毒成分为腹泻性贝毒素。该毒素只存在于贝的中肠腺，对普通加热处理稳定。

腹直肌（abdominal rectus muscle） 腹底壁的长形阔肌。位于腹白线两侧，以扁腱起始于第4～9肋软骨和胸骨体腹侧面；肌腹向后逐渐加宽，至腹中部最宽，行于腹直肌鞘内，后部逐渐变狭而以耻骨前腱止于耻骨结节和耻骨嵴。肌腹以腱划分为若干节，数目因动物而有不同（犬3～6，牛5，猪7～9，马9～11）。牛在第二腱划邻近有孔，称乳井，有乳静脉通过。马的止腱尚分出一支副韧带，经髋臼切迹入髋臼窝而止于股骨头。

钙（calcium，Ca）　机体内含量最多的无机元素。是构成骨、齿的主要成分。体内钙约 99.3%以羟磷灰石的形式分布于骨、齿，约 0.6%分布于其他细胞内，0.1%分布于细胞外液。体液中的钙多以离子（Ca^{2+}）形式存在，是血液凝固及某些神经递质发挥作用所必需的因素，并对神经肌肉兴奋性、心肌和骨骼肌的收缩、细胞代谢和功能等有重要的调节作用。

钙化（calcification）　骨和牙以外的组织中出现的磷酸钙和碳酸钙沉积。沉积少时肉眼不易辨认，量多时可出现白色石灰样沙粒，在 HE 染色切片上钙盐呈深蓝色。钙盐沉着时，常伴有其他离子沉积，因而又称矿物化（biomineralization）。分为营养不良性钙化和迁移性钙化两种。

钙磷制剂（calcium and phosphorus preparations）　用于补充钙磷和治疗与钼磷有关疾病的制剂。主要钙磷制剂有碳酸钙、乳酸钙、石粉、骨粉、氯化钙、葡萄糖酸钙及磷酸二氢钠等。缺钙或缺磷都可导致佝偻病、骨软症、骨质疏松症、乳牛产后瘫痪等疾病。必须及时补充一定量钙和磷。此外，钙磷制剂还可治疗荨麻疹、渗出性水肿、瘙痒性皮肤病以及解救镁中毒等。

钙调蛋白（calmodulin）　具有调节代谢功能的钙结合蛋白。由 148 个氨基酸组成，富含天冬氨酸和谷氨酸。与钙离子结合后，其构象由非活性状态转变成活性状态。广泛参与细胞中酶和功能蛋白的活性调节。如活性的钙调蛋白可以先后通过活化脑中的腺苷酸环化酶和磷酸二酯酶传达信息，还可以通过激活肌肉中的磷酸化酶激酶和抑制糖原合成酶激酶而加速糖原分解。

钙质沉着（calcinosis）　又称地方流行性钙质沉着。因食入某些含维生素 D 活性成分（25-羟胆固化醇）的植物等而发生的软组织广泛性钙化。见于牛、绵羊和山羊。钙盐广泛沉积在心、主动脉和肌型动脉的弹性膜以及肺实质的弹力纤维、气管、支气管软骨和心瓣膜上，严重病例，前肢曲肌腱也钙化，骨硬而致密，腕、跗关节骨关节炎，血磷升高。

盖检印（cover check printing）　宰后检验的肉品按照规定加盖检验印章。动物检疫人员认定是健康无染疫的动物产品，应在胴体上加盖验讫印章，内脏加封检疫标志，出具动物产品检疫合格证明。检疫后认为不合格的产品，加盖“高温”或“销毁”印章。

盖氏多头绦虫（*Multiceps gaigeri*）　属于带科。寄生于犬的小肠。长可达 182cm，头节顶突上有大钩小钩各一圈，共 28～32 个。孕卵子宫每侧有 12～15 个主侧支。孕卵节片随犬粪排至自然界，山羊吞食虫卵后，六钩蚴随血液移行至肌肉或神经系统，发育为盖氏多头蚴。参阅带科和多头蚴病。

干草热（hay fever）　又称夏季鼻塞（summer snuffle）。草场中某些牧草或花粉引起的放牧牛群的过敏性鼻炎。发生于 7～9 月份。在翌年同一牧场同一季节可复发，有时只是个别发病（这与个体敏感性有关）。临床表现、治疗上基本同于普通鼻炎。预防在于查明并排除致敏原。必要时投服脱敏药物。

干蛋品（dried egg products）　鲜鸡蛋经打蛋、过滤、消毒、喷雾干燥或经发酵、干燥制成的蛋制品。分干全蛋、干蛋黄（即鸡蛋黄粉）和干蛋白（即鸡蛋白片）3 种。

干咳（dry/nonproductive cough）　声音清脆、干而短，无痰的咳嗽。指示呼吸道内无分泌物，或仅有少量的黏稠分泌物，常见于喉和气管干性异物、急性喉炎初期、胸膜炎等。

干酪（cheese）　一种由牛奶经发酵制成的营养价值很高的食品。硬质和半硬质干酪的主要生产步骤：干酪用乳经处理，加入某种特定菌种预发酵后，加入凝乳酶。凝乳酶使乳凝固成固体胶冻状即为凝块，凝块用特殊工具切割成符合要求尺寸的小凝块，这是便于乳清析出的第一步。在凝块加工过程中，细菌生长并产生乳酸，凝块颗粒在搅拌器具下进行机械处理，同时凝块按预定的程序被加热，这3种作用的混合效果是细菌生长、机械处理和热处理导致凝块收缩，使乳清自凝块中析出，最终凝块被装入金属的、木制的或塑料的模具中，由模具确定最终干酪产品的外形。

干酪样坏死（caseous necrosis） 组织坏死后变成黄白色豆腐渣样物质。原专指结核杆菌引起的坏死，但现在也用于其他场合，如绵羊棒状杆菌感染引起的干酪性淋巴结炎，人类梅毒螺旋体引起的组织坏死。组织学上，这种坏死的特点是组织结构完全消失，变成均匀的细颗粒状。

干啰音（dry rales） 当支气管黏膜上有黏稠的分泌物，支气管黏膜发炎、肿胀或支气管痉挛，使其管径变窄，空气吸入或呼出形成湍流而产生的声音。其特征为音调强、长而高朗，见于支气管炎。

干奶期（the dry period） 乳牛在临产前两个月乳腺停止泌乳的时期。干奶期分为自动退化期、退化稳定期和生乳期3个阶段。自动退化期是乳腺自动停止泌乳的过程，通常要30d左右。在此期间乳头管和乳房内防御机能降低，有利于病原体侵入和感染，是乳腺感染的最危险期。退化稳定期乳腺完全停止泌乳，约2周。乳头管收缩、乳房抗菌物质增加，此期极少被感染。生乳期在临产前约2周，乳房发生类似第一阶段的变化，乳腺开始分泌和充奶，乳头管扩张，防御机能降低，又有利于病原体的侵入和感染。所以，干奶期是预防产后发生临床型乳房炎的重要时期，干奶期预防是控制乳房炎发生的一个重要环节。

干扰素（interferon，IFN） 在诱导剂作用下，白细胞基因控制产生的一类具有抗病毒、抗肿瘤和免疫调节活性的细胞因子。属于低分子糖蛋白。根据产生细胞和生物活性不同可分为：①Ⅰ型干扰素，包括IFN-α、IFN-β、IFN-ω、IFN-τ。α干扰素（IFN-α）又称白细胞干扰素，β干扰素（IFN-β）亦称纤维母细胞干扰素，二者均系在病毒感染或其他诱导剂作用下，由各种体细胞产生，抗病毒作用发生快，抗肿瘤和免疫调节活性弱。IFN-ω来自胚胎滋养层，IFN-τ来自反刍动物滋养层。②Ⅱ型干扰素，即γ干扰素（IFN-γ），又称免疫干扰素，由免疫应答中活化的T细胞所产生，抗病毒活性产生慢，抗肿瘤和免疫调节活性强。③Ⅲ型干扰素，是一种新发现的细胞因子，与Ⅰ型干扰素关系密切，称为IFN-λ，具有特殊的生理学功能。IFN已有基因工程产品，可以供临床应用。

干扰素诱导剂（interferon inducers） 一类在体内诱导产生内源性干扰素的药物。包括聚肌胞（PolyIC）和泰洛伦（tilorone）等。主要用于抗病毒感染和抗肿瘤。

干热灭菌法（dry heat sterilization） 包括火焰灭菌和热空气灭菌两类。火焰灭菌法是以直接灼烧杀死物体中的全部微生物的方法，分为灼烧和焚烧。灼烧主要用于耐烧物品，直接在火焰上烧灼，如接种环、金属器皿、试管口等的灭菌。焚烧常用于烧毁的物品，直接点燃或在焚烧炉内焚烧，如传染病畜禽及实验动物的尸体、病畜禽的垫料以及其他污染的废弃物等。热空气灭菌法是利用干热灭菌器以干热空气进行灭菌的方法。适用于高温下不损坏、不变质的物品，如各种玻璃器皿、瓷器、金属器械等。在干热情况下，由于热空气的穿透力较低，因此干热灭菌需要在160℃维持1～2h，才能达到杀死所有微生物及其芽孢、孢子的目的。

干乳（dry milk） 为保证妊娠后期胎儿生长发育和分娩后提高产乳量强行停止挤乳，使乳腺泌乳停止的一种措施。干乳一般在预产期前60d开始。在干乳期中应控制精料量，增加粗料量，补喂矿物质和食盐，保证胎儿后期生长发育和母牛有良好的体况，但不应引起母牛过肥。

干涉显微镜（interference microscope） 通过物体外光干涉的方法，把相位变化转换为振幅变化，用以观察未染色标本的一种显微镜。它有两种类型：一种类型是光源裂解为两条平行光束，物体光束通过标本，参照光束则通过载片的明亮区域，两条光束相互干涉形成物像；另一种类型为双焦系统，两条光束呈共轴对称，物体光束聚焦于标本平面，参照光束聚焦于平面之上或之下，光束相互干涉形成物像。优点是可避免由相差显微镜形成的围绕物像的光晕，清楚地观察标本的微细结构。

干性坏疽（dry gangrene） 组织坏死后因失水而变干变硬。多发生在四肢、耳、尾、鸡冠等处，由于组织含水分少，腐败菌生长慢，组织内水分蒸发后变成皮革样凝块。见于麦角中毒、坏死杆菌病、冻伤时。

干性角膜炎（keratitis sicca） 泪腺不能分泌泪液，角膜面不能形成保护层状态的角膜炎症。犬多发。发生于先天性泪腺异常、慢性眼睑炎或结膜炎、维生素A缺乏以及慢性犬瘟热的一个征候。其症状有疼痛、眼睑痉挛、羞明、角膜缺乏固有光泽、结膜潮红及肥厚、黏稠丝状分泌液固着、鼻镜干燥及泪管开口部缺少泪液等。进行对症治疗，轻症用匹罗卡晶点眼，必要时用抗生素、肝油、维生素A混合使用，也可试用手术方法将腮腺管导入结膜囊内，代替泪液。

干鱼（dried fish）　利用天然或人工热源加温以及真空冷冻升华，除去鱼体中的部分水分以延长保存期的制品。其水分含量比咸鱼要少得多，依品种而异。一般盐干品由于水分中的食盐增加了水分蒸发的困难，大部在40%左右。淡干品的水分含量为20%左右，故淡干品比盐干品容易保存。干鱼在保存中可能发生的变化主要是霉变、发红、脂肪氧化及虫害。

甘氨酸（glycine）　又称氨基乙酸。简写为Gly、G，无不对称碳原子的极性脂肪族氨基酸。生糖非必需氨基酸，但对雏鸡是必需的。在特定裂解酶系作用下可转变为一碳单位衍生物N_5、N_{10}亚甲四氢叶酸，并直接参加谷胱甘肽、肌酸、甘氨胆酸、嘌呤核苷酸、卟啉等的生物合成，也可能变成丝氨酸。

甘比氏缝合（Gambee suture）　适合猫和狗等小动物的肠管缝合。本法与浆膜内翻缝合相比，增大了肠管各层（黏膜、肌层、浆膜）的断端相对接的可能性。方法是：将针通过浆膜面穿透肌层、黏膜进入肠腔，在侧从肠腔穿入黏膜返回到肌层，从肌层的断面穿出，再穿入对侧肌层断面，进入黏膜再深入肠腔，通过黏膜、肌层、浆膜反回浆膜表面。这种缝合区的横断血管新生迅速，缝合后没有或少有浆膜内翻而引起狭窄，也不出现"灯芯"现象，是值得发展的一种缝合法。

甘露醇（mannitol）　脱水药。有较强的脱水和利尿作用，可降低颅内压、眼内压。主要用于治疗脑炎、脑外伤、食盐中毒等所致的脑水肿，也用于肺水肿及急性肾功能衰竭所致的少尿症或无尿症。禁用于慢性心功能不全病畜。

甘露糖苷沉积病（mannosidosis）　又称假性脂沉积症（pseudolipidosis）。由一种单一染色体隐性遗传导致水牛甘露糖苷酶先天性缺乏性疾病。症状为运动失调，头部震颤，生长发育障碍。病牛在出生一年内多数死亡。预防可通过生化检验将杂合子携带者淘汰。

甘露糖结合凝集素（mannose - binding lectin，MBL）　肝脏产生的一种血清C型凝集素。为钙离子依赖性糖结合蛋白，可直接识别多种病原微生物表面重复的糖结构，进而依次活化MASP、C_4、C_2、C_3，形成与经典途径相同的C_3与C_5转化酶，是凝集素家族中唯一可以激活补体级联酶促反应的成员。

甘薯黑斑霉毒素（ceratocystis fimbriata toxins）　甘薯长喙壳即甘薯黑斑病菌（*Ceratocystis fimbriata*）产生的一类真菌毒素。包括对肝有毒的甘薯黑斑霉酮（ipomeamarone）、甘薯黑斑霉二酮（ipomeanine）、甘薯黑斑病霉醇（ipomeamaronol）及对呼吸道有毒的霉薯醇（ipomeanol）。霉薯醇作用于肺的细胞色素P－450的细胞定位部位，即无纤毛的细支气管细胞（clara细胞），被代谢为高度活化的代谢产物后与细胞大分子共价结合，造成肺损伤，出现以肺水肿和肺间质性气肿为特征的严重呼吸困难。

甘油（glycerin，glycerol）　即丙三醇。脂肪分解的产物。也是合成甘油酯（中性脂肪和甘油磷脂）的原料。在甘油激酶作用下，甘油可转变成磷酸甘油参与脂类的合成或进一步脱氢转变成磷酸二羟丙酮进入糖代谢。

甘油二酯-蛋白激酶C途径（diglyceride protein kinase C，DG－PKC）　以甘油二酯为第二信使，激活蛋白激酶C的信号传导通路。当激素与受体结合后经G蛋白介导，激活磷脂酶C，由磷脂酶C将质膜上的磷脂酰肌醇二磷酸（PIP_2）水解成三磷酸肌醇（IP_3）和甘油二酯。脂溶性的甘油二酯在膜上累积并使紧密结合在膜上的无活性的蛋白激酶C（PKC）活化。PKC活化后使大量底物蛋白的丝氨酸或苏氨酸的羟基磷酸化，引起细胞内的生理效应。由磷脂酶C产生的甘油二酯只引起短暂的PKC活化，主要与内分泌腺、外分泌腺的分泌、血管平滑肌张力的改变、物质代谢变化等有关。甘油二酯的另一个来源是在微量Ca^{2+}存在下，膜上的磷脂酶D可使卵磷脂水解产生磷脂酸，后者再由磷脂酸磷酸酶水解生成甘油二酯。此种甘油二酯可引起PKC持久的活化，与出现较慢的细胞增殖、分化等生物学效应有关。

甘油三酯（triglyceride）　由1分子甘油和3分子脂肪酸组成的一种中性脂类。主要由肝、脂肪组织及小肠合成，首要功能是为细胞提供能量。主要存在于前β-脂蛋白和乳糜微粒中，直接参与胆固醇及胆固醇酯的合成。

肝（liver）　脊椎动物体内的代谢功能为主的器官。红褐色至黄褐色。大小与动物食性有关，肉食兽相对较大，食草动物较小。初生时较大，老年畜常萎缩。紧位于膈后的腹腔左、右季肋部；反刍兽则几乎完全推移至右季肋部，左侧半转而向下。膈面隆凸；脏面凹而与胃、肠、右肾等接触，中部有肝门、供血管、淋巴管、神经及肝管进出。胆囊位于脏面。背缘钝，有食管压迹和后腔静脉沟。肝的典型分叶为左、中、右3叶，胆囊为右叶与中叶的分界，圆韧带切迹为左叶与中叶的分界。中叶又以肝门分为方叶和尾叶；尾叶形成覆于肝门上的乳头突和向后突出的尾状突。左、右叶在有的动物又分为外、内两叶，如犬。肉食兽、猪、兔的叶间裂较深，分叶明显；各叶发达程度也因动物而异。肝结构基础为肝小叶。血液供应有肝动脉和肝门静脉，经肝门入肝，最后分支为小叶间血管注入肝小叶。由肝小叶输出的静脉陆续汇合，最后成为几支肝静脉，直接开口于后腔静脉。肝小叶内的胆小管注入小叶间胆管，陆续汇合为肝管出肝门。肝外包以纤维囊和浆膜，后者转折至膈而形成冠状韧带、三角韧带和镰状韧带，固定肝的位置；另在脏面形成小网膜，与胃及十二指肠相连系。禽肝分为左、右两叶，各有肝门。

肝癌（hepatocarcinoma） 肝细胞或肝内胆管上皮细胞发生的恶性肿瘤。可见于牛、猪和鸡、鸭，多由于饲喂霉变饲料引起。临床表现食欲不振，消瘦，呕吐，贫血。肌肉进行性麻痹（犬），黄疸，腹水，肝区有压痛。肝功能检验见 GPT、LDH 活性升高。目前尚无特效药物治疗。剖检肝内可见圆形结节、巨大实体肿块或弥散分布的肿瘤组织。组织学上，瘤细胞为不同分化程度的肝细胞、胆管上皮或这两种细胞的结合，并呈明显的组织异型性。

肝变（hepatization） 又称肺实变（consolidation of lung）。肺泡腔内含有大量纤维素、白细胞和红细胞，肺组织质地如肝的一种病变。肺肝变是大叶性肺炎的主要表现。早期，肺泡壁血管充血，肺泡内有大量纤维素、红细胞和白细胞，肺组织肿胀，呈暗红色，质硬如肝，称红色肝变（red hepatization）；后期，肺泡壁充血减退，红细胞开始溶解，肺组织呈灰白色，称灰色肝变（gray hepatization）。动物的纤维素性肺炎多见于猪肺疫和牛传染性胸膜肺炎。由于各肺叶处于不同的肝变期，切面上呈大理石样外观。

肝病毒属（*Hepatovirus*） 微 RNA 病毒科的一个属，代表种为人甲型肝炎病毒。病毒在 CsCl 的浮密度为 1.32～1.34g/mL，在 pH3 和 50℃稳定。适应细胞培养较难，但能在绿猴肾原代或次代细胞培养中生长。在患者的肝细胞中增殖，经粪大量排出。成员有猴甲型肝炎病毒。

肝肠循环（hepatoenteral circulation） 某些药物如洋地黄毒苷等经肝脏向胆管大量分泌，由胆汁流入肠腔后，部分再被重吸收所形成的体内循环状态。可减慢排泄，明显延长药物作用时间。

肝胆汁（hepatic bile） 肝细胞分泌未经胆囊贮存的胆汁。含水量多（96%～97%），干物质少（3%～4%），呈弱碱性（pH 约为 7.4）。在消化期肝脏生成的胆汁可直接由肝管流出，经胆管进入十二指肠与胰液、肠液共同对小肠内食糜进行化学性消化。平时生成的肝胆汁在狗、猫等动物多贮存于胆囊，只有在消化期才排入十二指肠。牛、羊、猪等动物由于小肠的消化持续进行，肝胆汁平时也有部分直接进入小肠。

肝淀粉样变性（hepatic amyloidosis） 大量淀粉样物质沉积于肝脏网状纤维和血管壁，致使肝实质细胞发生压迫性萎缩的病变。分为原发性和继发性两种。前者主要发生在制造高免血清的马骡和高蛋白日粮育肥的家禽（如填鸭）；后者见于鼻疽、结核和化脓性疾病等。临床表现慢性消化不良，逐渐消瘦，肝浊音区扩大，有的病例有腹水、黄疸和呼吸困难等症状。原发性病例可死于肝破裂急性内出血。治疗宜控制原发病，促进淀粉样物质的吸收消除；重症宜尽早淘汰。

肝静脉（hepatic veins） 导引肝脏血液回流的静脉。起于肝窦，陆续汇集成数支肝静脉，直接开口于肝壁面腔静脉沟内的后腔静脉。

肝巨噬细胞（Kupffer cell） 又称枯否氏细胞。定居肝内的巨噬细胞。体内固定型巨噬细胞中最大的细胞群体，约占细胞总数的 80%。细胞较大，位于肝血窦内，形态不规则，常伸出伪足附于内皮细胞表面或伸到内皮细胞之间。电镜下，可见胞质内含溶酶体，并有吞噬体和残余体等。该细胞属单核吞噬细胞系统的成员之一，其功能为：①吞噬和清除由胃肠道进入门静脉的细菌、病毒和异物。②监视、抑制和杀伤体内的肿瘤细胞（尤其是肝癌细胞）。③吞噬衰老的红细胞和血小板；④处理和传递抗原。

肝门静脉（portal vein） 导引腹腔非成对脏器[胃、脾、胰、肠（直肠后段除外）]血液入肝的静脉干。由脾静脉、肠系膜前静脉、肠系膜后静脉和胃十二指肠静脉等侧支汇合而成；穿过胰环，伴肝动脉入肝，在肝内分支，与肝动脉的分支一起汇入肝窦，再陆续集合成肝静脉入后腔静脉。由于直肠后部的血液回流入髂内静脉，因此对肝有危害或通过肝而降低药效的药物，临床上常经直肠给药。禽肝门静脉有两支，分别入肝的两叶。

肝脓肿综合征（hepatic abscess syndrome） 又称化脓性肝炎（suppurative hepatitis）、瘤胃角化不全-瘤胃炎-肝脓肿复合征（rumenal parakeratosis-rumenitis-hepatic abscess complex），肝脏直接或继发感染化脓菌、坏死梭菌等所致的肝病变。多发生于饲喂精料过多的肥育期肉牛。主要继发于瘤胃炎、瘤胃角化不全症和瘤胃溃疡等疾病，常取慢性经过。以肝脏局限性化脓性肝炎为主征，临床表现为腹痛，排粪带痛，肝浊音区扩大，疼痛，体温升高，食欲时好时差，顽固性消化不良，被毛粗乱，无光泽，进行性消瘦，结膜淡染或黄疸。肝脓肿破溃后除脓汁外漏继发腹膜炎外，还可进入血流导致脓毒败血症，使病情恶化。预防应消除原发病病因，调整日粮中精料比例，平时投服碳酸氢钠、四环素等药物可降低发病率。

肝片吸虫（*Fasciola hepatica*）　片形科、片形属吸虫。虫体背腹扁平，外观呈树叶状，活时呈棕红色，固定后变为灰白色。体大，长 20～40mm，宽 5～13mm。体表有细棘，棘尖锐利，前端突出略似圆锥，叫头锥，在其底部有 1 对“肩”，肩部以后逐渐变窄。口吸盘在虫体的前端，圆形，直径约 1.0mm，在头锥之后腹面具腹吸盘，较口吸盘稍大。生殖孔在口吸盘和腹吸盘之间。消化系统由口吸盘底部的口孔开始，下接咽和食道及两条具盲端的肠管。体后端中央处有纵行的排泄管。肝片吸虫的发育需要一个中间宿主参与，为椎实螺科的淡水螺。成虫寄生于动物肝脏、胆管和胆囊内，产出的虫卵随胆汁入肠腔，经粪便排出体外。世界性分布，中国各地广泛存在。除侵害牛、羊外，尚可感染马、驴、驼、犬、猫、猪、兔、鹿以及多种野生动物和人。

肝片吸虫病（fascioliasis hepatica）　肝片形吸虫（*Fasciola hepatica*）寄生于绵羊、山羊、牛等反刍兽的胆管而引起的疾病，兔、马和人亦可感染。世界性分布。虫卵随胆汁进入肠道，再随粪便排出体外。虫卵在外界孵出的毛蚴，钻入中间宿主体内。中间宿主为多种淡水螺。尾蚴自螺体内逸出，附着在水生植物或其他物体上形成囊蚴。牛、羊因摄食囊蚴感染。囊蚴在十二指肠中释出，幼虫穿过肠壁进入腹腔，再经肝包膜进入肝实质，移行进入胆管，发育为成虫。幼虫移行可引起急性肝炎、大出血或腹膜炎。成虫吸血，引起胆管扩张、增厚和肝硬化。病畜营养衰退、消瘦、贫血，下颌间隙、颈下和胸腹部常有水肿。诊断应根据临床症状、流行病学资料、粪便检查和剖检等进行综合判断。防治措施包括驱虫、灭螺、改善牧场环境、加强卫生和饲养管理等多方面。常用的驱虫药有三氯苯唑、对幼虫、童虫和成虫有效，可用于治疗急性肝片吸虫病，硝氯酚、丙硫咪唑等只对成虫有效，适用于治疗慢性肝片吸虫病。

肝破裂（hepatic rupture）　肝实质或肝包膜破裂性损伤。病因除外力创伤和打击外，尚继发于肝脓肿、肝片吸虫病等。症状有突然发作，目光惊恐，肌肉震颤，体躯摇晃，全身出冷汗，可视黏膜苍白，体温降低，脉搏疾速细弱等。治疗可试用钙制剂等止血药物。

肝憩室（hepatic diverticulum）　又称肝原基、肝芽。在胃和十二指肠交界处，中肠起始部的内胚层向腹侧突出形成肝憩室。其后分为前后两支，前支形成肝实质和导管，后支发育为胆囊和胆管。

肝素（heparin）　一种能阻止血液凝固的生物活性物质。主要由肥大细胞产生，存在于大多数组织，以肝和肺含量最多。可抑制凝血因子Ⅱ（凝血酶原）、Ⅺ（血浆凝血激酶前质）、Ⅸ（血浆凝血激酶）、Ⅴ（前加速素）、Ⅹ（斯图亚特因子）等的激活，阻止纤维蛋白的形成，抑制血小板的黏附、聚集和释放反应，表现抗凝作用。还能激活血浆中的脂酶，加速血浆中乳糜微粒的消除，有助于防止与血脂有关的血栓形成。

肝细胞（liver cell）　构成肝实质的主要细胞。较大，呈多面体。胞质细粒状，强嗜酸性，各种细胞器都很发达。核圆而大，核膜清楚，染色质松散，常见 1～2 个核仁，部分肝细胞具有两个核。肝细胞是一种高度分化的细胞，具有合成、分泌、贮藏、解毒等多种复杂功能。

肝细胞性黄疸（hepatocellular jaundice）　由于肝脏疾病导致肝脏对胆红素的摄取、结合和排泄障碍，使血中胆红素含量增加而发生的黄疸。

肝腺泡（hepatic acinus）　肝脏的分泌单位。从肝动脉及门静脉的各一条终末分支接受血液供应，通过胆管的一条终末分支运送胆汁。呈钻石形，其相对的两个顶点处有中央静脉，因而血管和胆管的终末分支沿着其流域的两个肝小叶之间走行。

肝小叶（hepatic lobule）　又称经典肝小叶。肝脏结构和功能的单位之一。呈多面棱柱形，其中心有中央静脉纵贯全长，围绕中央静脉向四周呈放射状排列着肝细胞板、肝血窦和胆小管，肝细胞板分支并相互交织成网，肝血窦和胆小管也分别沟通成网，在肝小叶边缘，肝细胞排列成环形的细胞板包绕肝小叶，称界板。

肝性胡萝卜素沉着（hepatic carotenosis）　肝内胡萝卜素蓄积而呈鲜黄色的病变。本病只发生于牛，肝除颜色变黄外，还常见肝局灶性或小叶中心性坏死，不同程度门脉性硬化（甚至肝小叶完全被结缔组织所取代）和轻度淋巴细胞浸润。原因不明。在肉品检验中要注意与阻塞性黄疸相鉴别。

肝性脑病（hepatic encep halopathy，HE）　又称肝性昏迷（hepatic coma），是严重肝病引起的以代谢紊乱为基础的中枢神经系统功能失调综合征，其主要临床为意识障碍、行为失常和昏迷。亚临床或隐性肝性脑病（subclinical/latent HE）无明显临床表现和生化异常。

肝性水肿（hepatic dropsy）　由于肝功能不全，水、钠潴留、低蛋白血症所引起的水肿。

肝炎（hepatitis）　又称急性实质性肝炎（acute parenchymatous hepatitis），因中毒和传染性因素侵害所致肝细胞炎性变性、坏死的肝病。以伴发黄疸、消化障碍和一定神经症状为特征。按病因和病程分为原发性和继发性，急性和慢性；按病理变化分为黄色肝萎缩和红色肝萎缩。马、牛、猪和羊均可发生。病因是采食霉败饲料、有毒植物和化学毒物等。此外继发于某些传染病和寄生虫病，以及硒和/或维生素 E 缺乏等。症状有结膜黄染，食欲减退，消化不良，粪便臭味大、色淡，肝浊音区扩大，疼痛，呈昏迷状。乳房等无色素部位发生感光过敏性皮炎，体温升高或正常，脉搏徐缓，全身无力。慢性病例消化不良，逐渐消瘦，结膜苍白，浮肿和腹水等。治疗原则是除去病因，进行保肝利脾等对症疗法。

肝硬化（hepatic cirrhosis） 又称慢性间质性肝炎（chronic interstitial hepatitis）。肝细胞萎缩、间质结缔组织增生所致的慢性肝病。按病性分为肥大性和萎缩性两种。前者为猪屎豆、野百合等有毒植物中毒，以及四氯化碳、酒精、沥青等化学物质中毒；后者见于犬传染性肝炎、猪肝结核病、马传染性贫血和肝片形吸虫病，以及慢性胆管炎等经过中。临床表现逐渐消瘦，顽固性消化不良，便秘与腹泻交替出现。发生进行性腹水使腹部下方膨大。肥大性肝硬化病例，肝、脾浊音区显著扩大。病程达数月或数年。确诊依据肝活体组织学检查。

肝脏穿刺（liver puncture） 利用特制的肝脏穿刺器（或肝脏穿刺针）从体外透过腹壁穿入肝脏，采取活体肝组织供病理学或化学检查。部位马在右侧第 14～15 肋间，髋关节水平线上；牛在右侧第 11～12 肋间，髋关节水平线上：羊在右侧倒数第 2～3 肋间，距背中线约 7cm 处；猪在剑状软骨与右侧第一乳头之中央点；犬在剑状软骨后方腹白线的下侧。穿刺时马站立保定，调整穿刺器内针使其露出约 0.5cm，在剪毛、消毒过的穿刺点向胸壁垂直刺入，达到膈肌时将针头转向对侧肘头方向，急速贯通膈肌，达到肝表面时将内针后退并固定之，用力向下方肝实质内刺入，同时将刀片下推。拔出穿刺器后前推内针即可获取肝组织活体标本，如用密闭式自动肝脏穿刺器，则在穿刺点向地面方向垂直刺入，拔出后即可获取肝组织活体标本。牛一般采用吸引法，如 Bone 法，即将套管针接在 40mL 的注射器上，将针头与体壁保持 20°的角度向前下方刺入，吸引肝实质。日本的中村良一将马的穿刺器扩大 1.3 倍，成功地取出了牛的肝组织。羊一般采用 Dick 氏吸引法，但现在很少应用。猪取仰卧保定，利用盖巴—活体组织采取针和赤羽穿刺法可获取肝组织活体标本；犬右侧卧保定，利用 Menghini 套管针可轻易进行肝脏穿刺。

肝脏毒理学（hepatotoxicology） 研究外源性化学物质与肝脏的相互作用，探讨影响肝脏产生毒性作用的各种因素，阐明中毒性肝损害的特点和作用机制，并为防止外源性化学物质对肝脏的有害作用提供科学依据的一门毒理学分支学科。

肝脏机能检验（liver function test） 肝机能状态的实验室检查，包括蛋白质代谢的检验、胆红素代谢的检验、染料摄取与排泄功能检验以及血清酶学检验等。

肝脏临床检查（clinical examination of the liver） 对家畜肝脏疾病进行的检查。肝脏体表投影：马：右侧第 10～17 肋骨的中下部、左侧 7～10 肋间，牛、羊：右侧 10～12 肋间中上部；猪：大部分位于右侧季肋部和剑状软骨部，小部分与左侧腹壁接触；犬：右侧 7～12 肋间，左侧 7～9 肋间的中上部。大动物多用叩诊结合触诊进行检查，小动物多用触诊结合叩诊进行检查。叩诊在于确定肝的浊音界和敏感性。触诊是用手指沿肋弓向软腹壁进行压触，以感知肝脏边缘是否扩大或变钝。肝浊音界扩大见于肝炎、肝脓肿、肝硬化、中毒性肝营养不良、肝片吸虫病等。肝区敏感见于化脓性肝炎、肝脓肿等。

肝脂肪变性（fatty degeneration of liver） 又称脂肪肝（fatty liver）。由中性脂肪或类脂质在肝细胞内过量蓄积所致的肝病变。常见于牛和家禽。病因有酮病、母羊妊娠毒血症、糖尿病、衰竭症和有机毒、矿物毒以及植物毒中毒等。临床表现消化紊乱，排粪停滞，粪便稀软。肝浊音区扩大，可视黏膜黄染。治疗应除去病因，投服甲硫氨基酸等抗脂肪肝药物。

苷（glycosides） 是糖或糖的衍生物与非糖化合物（苷元或配基）的缩合物。又称配糖体，也称甙。在自然界中广泛分布，种类很多。为固体化合物，有吸湿性，一般易为酸、酶等水解产生苷元和糖。根据苷元的化学结构或苷的生理特性，主要分为强心苷、甾醇苷、皂苷、黄酮苷、蒽醌苷、氰苷、核苷等。苷有不同的药理作用，如强心苷呈强心作用，大黄苷具泻下作用，苦杏仁苷有镇咳作用等。

杆菌肽（bacitracin） 多肽类抗生素。得自苔藓样杆菌（*Bacillus licheniformis*）的培养液，易溶于水，锌盐不溶于水，性质较稳定。抗菌谱类似青霉素，对革兰阳性菌的抗菌作用强，对革兰阴性菌无明显作用。内服不吸收，用于肠道感染。外用对敏感菌所致的体表、口腔、眼部感染和乳房炎也有效。养殖业广泛将杆菌肽锌用作抗菌促生长剂。

杆线目（Rhabditata） 有尾感器纲线虫的一个目。一般为小形虫体，有 6 片小唇；食道为肌质，由体部、中食道球（假食道球）、峡部和后食道球组成，后食道球中有瓣；寄生阶段虫体无食道球，有小口囊或无。雌、雄虫的尾部均呈圆锥形；交合刺两个，等长；常有引器。生活史中有寄生世代的孤雌生殖和自立生活世代的两性生殖的交替现象。寄生于两栖类、爬行类动物的肺；或寄生于两栖类、爬行类、鸟类和哺乳类的肠。常见于家畜的为类圆线虫。

杆状病毒科（Baculoviridae）　一类无脊椎动物的大型双股DNA病毒。核衣壳呈杆状，平均直径30～60nm，长250～300nm，一个或多个壳衣壳被包在一个囊膜中。基因组为复环状双股DNA。含至少12～30种结构多肽，但囊膜的主要结构多肽只有一种，称为多角体素或颗粒体素。宿主范围包括昆虫纲、蜘蛛纲及甲壳纲，通过污染的食物或经卵传递。分真杆状病毒及裸杆状病毒两个亚科，前者有核多角体病毒属及颗粒体病毒属，后者仅有无囊膜杆状病毒属。本科重要成员有家蚕单核多角体病毒，对家蚕有致病性，并被用作基因工程的载体。此外还有对虾的杆状病毒，与对虾的大批病死有关。

杆状食道（rhabditiform oesophagus）　多种线虫自立生活的第一期幼虫和杆线科线虫的非寄生世代虫体的食道。有两个膨大部，前膨大部的后方为一缩细部，称峡部，后接一梨形食道球（后膨大部）。前膨大部的内腔中无瓣，食道球中有瓣。

感光过敏（photosensitization）　经日光照射而发生以皮肤瘙痒、渗出性肿胀和坏死性剥脱等为特征的变应性皮肤病。又称日光性或感光性皮炎。根据光力性物质的来源及其形成途径的不同分为原发性、继发性或肝源性、先天性卟啉性和原因不明性感光过敏4种。临床上以受日光照射到的部位易发病。除皮肤潮红、肿胀、灼热、脓疱等皮损外，精神沉郁，流涎，拒食，体温升高，黄疸，后躯麻痹。有的贫血。有的血清谷转氨酶活性升高。防治上应避免日光直接照射的同时，投服泻剂、抗组胺药物治疗。

感觉（sensation）　内外环境中各种刺激作用于感受器或感觉器官，转化为相应的神经冲动，经分析与整合，所产生的对该刺激的感知和识别。动物的感觉主要有4大类：皮肤感觉、深部感觉、内脏感觉和特殊感觉。感觉是神经系统反映机体内外环境变化的特殊功能，是机体保持各部活动协调及其与环境相统一的基础。

感觉器官（sense organ）　结构较复杂的感受器。嗅觉器官为鼻腔内的嗅上皮。味觉器官为口腔内的味蕾。眼为视觉器官，耳为听觉和定位器官，除感受器外均具有一系列辅助器官。参见感受器。

感觉神经（sensory nerve）　又称传入神经。指由感觉神经元的周围突或中枢突组成的神经。连于感受器与中枢神经系之间，其功能是将神经冲动从外周向中枢传导；损伤将导致分布区感觉丧失。

感觉适应（sensory adaptation）　感受器在受到强度或频率固定的刺激长时间作用时所发生的感受阈逐步提高，即感受功能逐渐下降的现象。按适应出现的快慢，感受器可分为快适应感受器和慢适应感受器，前者只是在刺激开始时才能引起反应（如触电小体），后者则对持续刺激产生缓慢的适应（如肌梭）。

感觉性减退及缺失（hypoaesthesia）　感觉能力降低或感觉程度减弱的现象。严重者，在意识清醒情况下感觉能力完全缺失。由于感觉神经末梢、传导通路或感觉中枢障碍所致。

感觉性增高（hyperaesthesia）　又称感觉过敏，神经对感觉刺激的兴奋阈降低，对刺激敏感度增强的现象。轻微刺激或抚触即可引起强烈反应。除炎症外，多由感觉神经或其传导通路被损害所致。

感觉异常（paraesthesia）　不受外界刺激影响而自发产生的异常感觉。如痒感、蚁行感、烘灼感等。由于感觉神经传导通路受到强刺激所致。

感觉阈（sensory threshold）　能引起感受器兴奋并产生感觉的最低刺激强度。分为绝对阈和辨别阈，前者是指引起感觉的最小刺激强度，后者是指对两种不同刺激强度的最精细的分辨能力。两者都是衡量感受器敏感性的指标。不同动物和不同感受器表现不同的感觉阈。如听觉灵敏的动物能感受小于1mbar（即10^2Pa）的压力变动，嗅觉灵敏的动物只要一升空气中有几个挥发性化合物分子就能感受到。

感冒（common cold）　又称伤风性鼻炎。鼻黏膜或上呼吸道的急性炎性疾病。病因主要是病原微生物感染，诱因包括受寒冷、潮湿或雨淋等侵袭，以及饥饿、缺水或疲劳等。临床症状有鼻流清涕，打喷嚏，鼻塞，咽痛或全身性不适，如食欲减退，倦怠，体温升高等。预防应注意防寒保暖，避免贼风，同时采用抗感染、解热镇痛等药物进行对症疗法。

感染（infection）　又称传染。病原微生物侵入动物机体，并在一定的部位定居、生长繁殖，从而引起机体一系列病理反应的过程。病原微生物在其物种进化过程中形成了以某些动物的机体作为生长繁殖的场所，过寄生生活，并不断侵入新的寄生机体，即不断传播的特性。家畜为了自卫形成了各种防御机能以对抗病原微生物的侵犯。在感染过程中，病原微生物和动物机体之间的这种矛盾根据双方力量的对比和相互作用的条件不同而表现不同的形式，主要有不感染、隐性感染、潜伏感染和显性感染等。

感染动物实验设施（contagious animal facility）特指能够进行有害微生物、寄生虫感染性动物实验的实验动物设施。

感染类型（types of infection）　感染过程表现出的多种形式或类型。感染过程是病原体与宿主相互斗争的复杂过程，其发生、发展和结局取决于双方力量的对比，以及在外界因素影响下力量对比的变化。感染类型多种多样，按感染的发生可分为内源性和外源性感染；按病原种类可分为单纯、混合和继发感染；按临床表现可分为显性、隐性、顿挫型和亚临床感染；按感染的部位可分为全身和局部感染；按症状是否典型可分为典型和非典型感染；按发病的严重性可分良性和恶性感染；按病程长短可分最急性、急性、亚急性和慢性感染。

感染性核酸（infectious nucleic acid） 去除病毒囊膜和衣壳，可感染细胞并产生完整病毒粒子的裸露的病毒核酸（DNA 或 RNA）。必须具备 3 个条件：病毒粒子内不携带转录酶；核酸不分节段；如为 RNA，必须为正股。感染性核酸在病毒鉴定上有一定重要性。

感染性咳嗽（infectious cough） 由于传染病、寄生虫病等感染性疾病所引起的咳嗽。

感染性临床型乳房炎（infectious clinical mastitis） 乳房炎类型之一。国际乳业联盟（International Dairy Federation，IDF）1985 年以乳汁可否检出病原微生物和乳房、乳汁有无肉眼可见变化为根据将乳房炎分为感染性临床型乳房炎、感染性亚临床型乳房炎、非特异性临床型乳房炎和非特异性亚临床型乳房炎。感染性临床型乳房炎是乳汁可检出病原微生物，乳房和乳汁有肉眼可见临床变化。

感染性休克（septic shock） 革兰阴性菌感染时其释放的内毒素可引起血小板、白细胞释放血管活性胺，造成血管扩张，有效循环血量减少而致的休克。常见的革兰阴性菌有大肠杆菌、痢疾杆菌、绿脓杆菌和脑膜炎双球菌等。上述微生物及其毒素等可引起脓毒败血症进而导致脓毒性休克。

感染性亚临床型乳房类（infectious subclinical mastitis） 乳汁中可检出病原微生物、但乳房和乳汁无肉眼可见临床变化的炎症。

感染重倍度（multiplicity of infection，MOI） 在某一细胞培养物内，接种的病毒数与细胞数之间的比值。例如细胞数为 100 万，接种的病毒粒子数为 100 000 万则 MOI 为 1 000。

感受器（receptor） 能感受内外环境刺激并将其转化为神经冲动的神经装置。可依不同标准分类。根据分布的部位，可分为外感受器（分布于皮肤和体表）和内感受器（分布于内脏和躯体深部）。根据所能感受的适宜刺激种类，可分为机械感受器、温度感受器、化学感受器、光感受器等。感觉器官是感受器的特殊形式，除含特殊化的感受器外，还有一些附加结构，如眼除视网膜外，还有折光结构、瞳孔和睫状体等。

感受器电位（receptor potential） 适宜刺激作用于感受器引起的局部电位变化。特点是电位不能沿神经纤维传导，仅以电紧张电位形式向邻近区域扩散，反应呈等级性、随刺激加强而加大，反应无不应期，反应不受局部麻醉药的影响。当感受器电位达到一定强度时可引起神经末梢动作电位的产生。

感受器换能作用（transduction of receptor） 感受器将不同形式的刺激转变成神经冲动的作用。其过程首先是形成不能传导的感受器电位，随刺激强度增加。当达到一定强度时即引发可以经神经纤维传导的动作电位。感受器电位越大，动作电位频率越高，反之则低，表现出感受刺激强度与感觉冲动发放频率的对应关系。

感受态（competence） 应用各种理化方法处理诱导细胞，使其处于最适合摄取和容忍外源 DNA 的生理状态。此时的细胞称为感受态细胞。感受态细胞用于转化，体外连接的重组 DNA 导入合适的感受态细胞便能大量地复制、增殖和表达，从而得到大量重组的 DNA。分子生物学操作中使用最频繁的感受态细胞是大肠杆菌 $DH_{5\alpha}$ 的感受态细胞。

感受野（receptive field） 每个感觉单位的全部感受器所分布的区域。所谓感觉单位是指一个一级神经元及其外周分支所形成的全部感受器。每个感觉单位内所含感受器数目是不同的，在视网膜黄斑部每个感觉单位只有一个感受器，即视觉细胞，而皮肤的感觉单位常含有几百个感受器。感受野越小或每个感觉单位内分布的感受器越密，感觉的敏感性越高。

干细胞（stem cell，SC） 一类具有自我更新能力和多方向分化的潜能细胞。具有分化和增殖能力。在合适的条件或给予合适的信号，它可以分化成多种功能细胞或组织器官，有人通俗而形象地称其为“万用细胞”。干细胞不仅来源于胚胎、胎儿组织，而且也来源于成年组织。来自胚胎和胎儿组织的胚胎干细胞具有多潜能分化特性，可分化为成熟个体体内几乎全部 200 多种以上的成熟细胞类型。而成年个体组织来源的成体干细胞有造血干细胞、皮肤干细胞、神经干细胞和胰腺干细胞等。干细胞技术最显著的作用就是：能再造一种全新的、正常的甚至更年轻的细胞、组织或器官，用以治疗诸如脑瘫、中风、白血病、心肌梗塞、糖尿病、帕金森氏病等多种用传统方法难以治愈的疾病，具有不可估量的医学价值。

冈崎片段（Okazaki fragment） DNA 复制过程中，以不连续方式合成的 DNA 小片段（滞后链）。滞后链可再连接在一起成为完整的子链。在真核生物，滞后链长度为 100～200 个核苷酸；在原核生物，其长度约为 1 000 个核苷酸。

冈上肌（m. supraspinatus）　位于肩胛骨冈上窝内的肌肉。活体可触摸到。向下分为两支，止于肱骨大结节和小结节，但犬止于大结节。在有蹄兽主要作用为伸肩关节，肉食兽尚可内旋、外展臂部和固定肩关节。冈上肌和冈下肌同受肩胛上神经支配，神经受损时两肌瘫痪而产生特有症状。

冈下肌（m. infraspinatus）　位于肩胛骨冈下窝内的肌肉。向下行，深部以肌质止于肱骨大结节；浅部以坚强的扁腱止于大结节外侧面，并具有腱下滑膜囊。肌内富有腱组织，特别在食草动物。在食草动物主要作用为代替外侧副韧带以加固肩关节；肉食兽可外展和旋后前肢。

刚地弓形虫（*Toxoplasma gondii*）　寄生于人和多种动物有核细胞内的寄生虫，因其滋养体呈弓形，故命名为刚地弓形虫。刚地弓形虫属于真球虫目（Eucoccida）、艾美耳亚目（Eimeriina）、弓形虫科（Toxoplasmatidae）、弓形虫属（*Toxoplasma*）。该虫呈世界性分布，在温血动物中广泛存在，猫科动物为其终末宿主和重要的传染源，在其小肠上皮细胞内进行有性生殖，最终以卵囊随猫粪便排至外界，形成孢子化卵囊。也可在猫体内进行肠外无性生殖发育。中间宿主包括哺乳动物、禽类和人等，虫体寄生在除红细胞外的几乎所有有核细胞中。在胞浆内进行分裂繁殖，形成众多的速殖子，它们簇集成团，称假包囊。速殖子呈半月形或香蕉形，大小为（4～7）μm×（2～3）μm。由于宿主的免疫和虫体自身限制因素，速殖子经一定的繁殖世代后转入脑和肌肉等处转为缓殖子，并形成包囊。缓殖子的形态与速殖子相似，包囊内还有很多缓殖子。生活史中有 5 种主要形态：滋养体、包囊、裂殖体、裂殖子和卵囊，但对人和动物致病及与传播有关的发育期为滋养体、包囊和卵囊。

肛凹（anal pit，primary anus）　又称肛窝、原肛。胚胎尾部与肛囊相对应处的外胚层向内形成的凹陷，发育为肛管下段。

肛管（anal canal）　在直肠之后的消化管终段。稍细而短，包围以盆膈和肛门括约肌，外口为肛门。黏膜被覆复层扁平上皮，与直肠黏膜以肛直肠线为界，与肛门皮肤以肛皮线为界。一般可分为 3 个区：肛柱区，在肛直肠线之后，黏膜形成纵嵴，即肛柱，柱间为肛窦；中间区，很短，有时仅相当于肛皮线，如肉食兽；皮区，在肛皮线之后，移行为肛门皮肤，表皮角化。马肛管不形成明显分区和肛柱。反刍兽肛管在与直肠交界处形成许多纵行黏膜襞，称直肠柱；向后直接延续为皮区。

肛门（anus）　消化管的后口，位于尾根下。马略呈瓶口状突出。皮肤薄而无毛，富有汗腺和皮脂腺；向内移行为肛管的皮区。平时因括约肌收缩而紧闭：内括约肌为平滑肌，系环肌层的延续和加厚；外括约肌为横纹肌，肛提肌和肛门悬韧带终于其内。肛提肌可在排粪后将翻出的肛门缩回。肛门悬韧带为平滑肌，系阴茎或阴蒂缩肌行经肛门右侧的部分。禽的泄殖孔常也称肛门，呈横缝状，由背侧和腹侧唇形成。

肛门反射（anal reflex）　刺激肛门周围皮肤，正常时肛门括约肌迅速收缩的反应。反射中枢在脊髓第 4～5 荐椎段。

肛门囊炎（inflammation of the anal sacs）　犬的肛门囊的炎性疾患。表现为肛门囊扩张、囊内充满分泌物，因为疼痛明显造成排粪困难或便秘，有时从肛门侧方破裂，形成肛门瘘。肛门囊内充满分泌物，不断刺激肛门，犬坐在地上摩擦使内容物排出。肛门触诊，可摸到扩大的肛门囊，经轻轻按摩、压迫囊壁可使恶臭的浓厚内容物排出，再用针插入囊内，洗涤，对顽固的慢性炎症，可切开或将囊摘除。

肛门运动（anus movement）　因腹压升高，肛门于呼气时突出、吸气时又下陷的状态。

肛膜（anal membrane）　又称肛板。肛囊与肛凹相贴形成的膜状结构，破裂后肛凹与肛囊相通形成肛管，开口于肛门。

肛囊（anal capsule）　见肛旁窦。

肛旁窦（paranal sinus）　又称肛囊。肉食兽肛门旁的一对皮肤窦。位于肛门内、外括约肌之间，犬的直径可达 2cm。开口于肛管皮区。壁内含有皮脂腺和顶浆分泌型汗腺。油样分泌物具特殊臭味，犬的为暗灰色，排粪时将其压出，气味作为领地标志；臭鼬则借此逃避敌害。也见于许多啮齿类动物。

肛腺（anal gland）　位于肛管肛柱区黏膜下组织内的变形管泡状汗腺。见于犬、猫和猪。分泌物呈脂性（犬）或黏液性（猪）。

肛直肠管（anorectal canal）　发育为直肠和肛管上段。

港口检疫（port quarantine）　国家或省级出入境检验检疫局在重要港口设置的检验检疫机构，负责对港口出入境动物及动物产品实施检验检疫。

高变区（hypervariable region）　Ig 重链和轻链可变区内某些位点的氨基酸变异率显著较高的区域。如 IgG 的重链有 31～37、50～55、86～91 和 101～1094 个高变区，轻链有 24～34、50～55 和 89～973 个高变区。当肽链前后折叠时，这些高变区的氨基酸暴露在 Fab 的前端，形成与抗原决定簇构型互补的凹槽，是确定抗体特异性的关键。

高胆固醇血症（hypercholesterinemia） 血内胆固醇含量异常增多的一种病理现象。可以引起动脉粥样硬化。

高尔基复合体（Golgi complex） 又称内网器、高尔基器或高尔基体，普遍存在于真核细胞的一种重要细胞器。结构特征为：一些排列比较整齐的多层扁平膜囊堆积在一起，而且弯曲成弓形，从而构成高尔基复合体的主体结构，弯曲的凸面为形成面或顺面，凹面为成熟面或反面，其周围有大量大小不等的囊泡分布。膜囊的数目差异较大，少则1～2层，多则十几层。结构与功能都有明显的极性，各部位又都具有标志性细胞化学反应。主要功能是将内质网合成的多种蛋白质进行加工、分类与包装，然后分门别类地运送至细胞特定部位或分泌到细胞外，是细胞内大分子运输的交通枢纽。数量和发达程度与细胞种类和功能状态有关。

高钙血症（hypercalcemia） 血内钙含量异常增多的一种病理现象。主要发生在甲状旁腺素分泌增多时，如甲状旁腺肿瘤。血钙高时常伴发血磷降低。可减慢细胞生长及再生过程及造成神经系统紊乱。

高胡萝卜素血症（hyepr－carotenemia） 又称柑皮症。一种因血内胡萝卜素含量过高引起的皮肤黄染症。皮肤黄染而巩膜不黄染是最重要的特征，是由于过多食用胡萝卜素含量丰富的食品如胡萝卜、柑橘、番茄、南瓜、黄花菜及菠菜等而引起的皮肤发黄。高脂血症、甲状腺功能低下、糖尿病或其他病症致使机体不能将胡萝卜素转化为维生素A，有先天性缺陷或肝病的情况下，也可使血中胡萝卜素含量增高。纠正基础疾病，不需特殊治疗，停用胡萝卜素含量丰富的食品后短期内可自行消退。

高级神经活动（high nervous activity） 神经系统高级部位特别是大脑皮层所完成的条件反射活动。它以非条件反射为基础，具有更大的易变性和适应性，能对各种情况下的生理活动进行广泛的调节，从而极大地提高了动物适应复杂环境的能力。主要是信号活动，其中以现实的刺激作为信号建立条件反射称为第一信号系统，而以语言、文字作为信号引起的条件反射为第二信号系统。前者人类与动物都具有，后者则为人类独有。

高剂量免疫耐受性（high dose tolerance） 又称免疫麻痹。经大剂量抗原一次（如多糖抗原）或多次（如蛋白质抗原）免疫后，所形成的免疫耐受性。

高钾血症（hyperpotassemia，hyperkalemia） 血钾浓度高于正常范围的一种病理过程。血钾的参考值（mmol/L）：马2.4～2.7，牛3.9～5.8，绵羊3.9～5.4，山羊3.5～6.7，猪3.5～5.5，犬4.37～5.35，猫4.0～4.5。发生原因主要是钾排出受阻和细胞内钾外移。高钾血症主要引起神经、肌肉及心脏的相应症状，心电图有典型改变。常见于过量使用青霉素钾盐、严重创伤、烧伤、溶血、休克或肾脏排钾减少时。

高镁血症（hypermagnesemia） 血镁浓度高于正常值的一种病理过程。发生原因有：①镁摄入过多。②肾排镁过少，常见于肾功能衰竭、甲状腺功能减退等。③烧伤、大面积损伤或外科应激反应等。高镁血症可引起骨骼肌弛缓性麻痹，降低心肌兴奋性，延长窦房结、房室结传导，出现传导阻滞和心动过缓等，甚至使心脏停搏。

高锰酸钾（potassium permanganate，PP） 消毒防腐药。遇有机物、酸、碱或加热能放出初生态氧而呈杀菌、除臭和解毒作用。对组织有收敛、刺激作用。用于冲洗创伤、腔道，以及有机毒物、蛇毒等中毒的洗胃或局部解毒。

高密度造影剂（high density contrast agents） 见阳性造影剂。

高密度脂蛋白（high density lipoprotein，HDL） 一种颗粒较小密度较大的血浆脂蛋白。主要在肝脏和小肠合成。HDL通过胆固醇的逆向转运，把外周组织中衰老细胞膜上以及血浆中的胆固醇运回肝脏代谢，是机体胆固醇的"清扫机"。

高免血清（hyperimmune serum） 经多次免疫后采取的血清，常用于血清学诊断和治疗。

高敏感性（hypersensibility） 毒性作用的一种表现形式，在接触较低剂量的特异性外源化学物质后，当大多数动物尚未表现任何异常时，就有少数动物个体出现了中毒症状的现象。高敏感性与过敏性反应不同，不属于抗原抗体反应，不需要预先接触相同或类似的外源化学物质，其中毒表现与该动物群体接触较高剂量时的中毒症状相同，与高敏感性相对应的是高耐受性。

高钠血症（hypernatremia） 血钠浓度高于正常并伴有渗透压增高的一种病理过程。常见于食盐中毒、摄入大量碳酸氢钠、应激、损伤或脑部肿瘤时。

高耐受性（hyperresistibility） 毒性作用的一种表现形式，接触某一外源化学物质的动物群体中有少数个体对其毒性作用特别不敏感的现象，可以耐受远高于其他个体所能耐受的剂量，耐受倍数可达2～5倍。

高能化合物（high－energy compound） 在标准条件下可水解释放大量自由能（$>2.93\times10^{4}$ J/mol）的化合物。在生物体内普遍存在的高能化合物主要是高能磷酸化合物，如三磷酸腺苷（ATP）等，还有高能硫酯化合物，如脂肪酰辅酶A等。

高能磷酸化合物（high-energy phosphated compound） 可随水解反应或基团转移反应而释放大量自由能（$>2.93\times10^4$ J/mol）的磷酸化合物。如腺苷三磷酸（ATP）等。

高频重组（high frequence recombination，Hfr） 发生率可以高达10%的遗传重组。如遗传重配。主要见于分节段病毒，如流感病毒和呼肠孤病毒等。

高频电疗法（high frequency current therapy） 用高频率电磁振荡电流治疗疾病的方法。医疗上应用的高频电是每秒10万Hz以上的交流电磁波，根据其频率不同又分共鸣火花电疗（频率为15万～100万Hz）；中波电疗（频率为100万～300万Hz）；短波电疗（频率为300万～3 000万Hz）；超短波电疗（频率为3 000万～3亿Hz）；微波电疗（频率为3亿～300亿Hz）。

高频X线机（high-frequency X-ray apparatus） 应用逆变技术研发设计出的工作频率在25 kHz以上的X线机。具有输出精度高、射线穿透力强、有效X线量大、散射线少、影像质量高、工作效率高、安全性强等诸多优点。

高千伏技术（high kVp technique） 应用120 kVp以上管电压进行X线摄影的技术。可大大缩短曝光时间，防止动物骚动造成的X线片清晰度差，且十分有利于放射防护。所得到的X线片层次丰富，但对比度较差。现在生产的X线胶片，在对比度性能方面有了很大的改进，弥补了高千伏技术降低X线片对比度的不足。该技术往往需要高电压、小焦点、较大容量的X线机及特殊的滤线器和计时装置。

高热（hyperpyrexia） 超出正常值3℃以上的动物体温升高症状。常提示急性传染病及广泛性炎症等。

高山病（mountain sickness） 又称胸病（brisket disease）。由平原移至高原地区的家畜发生的以右心室心力衰竭为特征的心脏病。家畜因在海拔3 000m以上地带的大气压低（氧分压低）而得病。临床表现结膜发绀，呼吸促迫，发展为呼吸高度困难，肺泡音增强并有啰音。颈静脉怒张，下颌间隙、胸前和四肢末端浮肿。心跳加快，心音不清，心浊音区扩大，体躯左右摇晃，四肢痉挛后被迫卧地，以死亡结局。治疗可用强心剂和兴奋呼吸中枢药物。

高铁血红蛋白（methemoglobin） 血红蛋白中的二价铁离子被氧化成三价铁离子时的产物。高铁血红蛋白为变性血红蛋白，失去了运输氧能力，可引起组织细胞严重缺氧，甚至危及生命。猪亚硝酸盐中毒（饱潲症）就是由此所致，可静脉注射还原剂美蓝和维生素C进行治疗。

高温处理（heating） 无害化处理食用肉的方法之一。凡患有一般传染病、轻症寄生虫病和病理损伤的胴体和脏器，根据病理损伤的性质和程度，经过无害化处理，其传染性、毒性等危害消失或寄生虫全部死亡，则可有条件食用。我国《病害动物和病害动物产品生物安全处理规程》（GB 16548—2006）规定，有条件食用的胴体和脏器，只能采用高温方法进行无害化处理。高温处理方法有两种：①高压蒸煮法，把肉尸切成重不超过2kg、厚不超过8cm的肉块，放在密闭的高压锅内，在112kPa压力下蒸煮1.5～2h。②一般煮沸法，将肉尸切成上述大小的肉块，放在普通锅内煮沸2～2.5h（从水沸腾时算起）。

高温短时间杀菌法（high temperature short time pasteurization，HTST） 鲜乳巴氏消毒方法的一种。一般采用片式热交换器进行连续杀菌，将乳加热到72～75℃维持15～20s或80～85℃维持10～15s，即可达到巴氏消毒的目的。其优点是能够最大限度地保持鲜乳原有的理化特性和营养，但仅能破坏、钝化或除去致病菌、有害微生物，仍有耐热菌残留。

高效液相层析（high pressure liquid chromatography，HPLC） 又称高效液相色谱。使用时，液体待检测物被注入色谱柱，通过压力在固定相中移动，由于被测物中不同物质与固定相的相互作用不同，不同的物质按不同的顺序离开色谱柱，通过检测器得到不同的峰信号，最后通过分析比对这些信号来判断待测物所含有的物质。原理上与经典的液相色谱没有本质差别，特点是采用了高压输液泵、高灵敏度检测器和高效微粒固定相，适用于分析高沸点、不易挥发、分子量大、不同极性的有机化合物。高效液相色谱作为一种重要的分析方法已广泛应用于化学和生化分析中。

高血糖症（hyperglycemia） 血糖含量异常增高的一种病理现象。可发生在神经和内分泌调节机能障碍时，如脑外伤、脑震荡、脑炎、脑肿、脑出血，胰脏损害如炎症、坏死、纤维化、肾上腺或甲状腺功能亢进等。

高压蒸汽灭菌（autoclaving） 蒸汽在压力作用下温度升高超过100℃从而增强灭菌效果的方法。用于此法的容器称为高压灭菌器。在常压下蒸汽的温度为100℃，细菌芽孢能存活很长时间；但在10^5Pa（≈1kg/cm^2）下的蒸汽温度可达121℃，细菌芽孢在20min内即被杀死。由于此法效果良好，成本低廉，因此应用非常广泛，如微生物实验室的培养基和各种用具，外科器械和手术衣帽，敷料等灭菌消毒。应用此法灭菌，一定要充分排除灭菌器内原有的冷空气，同时还要注意灭菌物品不要互相挤压过紧，以保证蒸汽通畅，使所有物品的温度均匀上升，才能达到彻底灭菌的目的。

高脂血症（hyperlipemia，HL） 又称高脂蛋白血症（hyperlipoproteinemia）。血浆中甘油三酯、胆固醇、磷脂等浓度异常增高的病理现象。据病因可分为原发性高脂血症和继发性高脂血症。前者较罕见，属遗传性脂代谢紊乱性疾病；后者常见于糖尿病、黏液性水肿、甲状腺机能减退症、胆汁淤滞性肝胆病、脂肪肝、胰腺炎、痛风等。

羔羊肠痉挛（intestinal spasm in lamb） 因寒冷等不良因素的刺激，羔羊肠平滑肌发生痉挛性收缩，出现间歇性疼痛的疾病。该病多发生于哺乳期羔羊。寒冷刺激是该病发生的主要原因。母羊乳汁不足或品质不佳，羔羊处于饥饿或半饥饿状态时也可致病。羔羊突然发病，病羊体温正常或偏低，耳鼻及四肢冰凉，结膜苍白，口吐清涎水。轻症者，肠痉挛多表现弓背、卧地、拉肚、回头顾腹、打滚等，有的亦做排尿姿势；严重腹痛时，病羊急起急卧，匍匐不起，四肢蹬直或转圈。腹部听诊胃肠蠕动增强，有时腹部胀满，下痢排稀粪。疼痛停止后羔羊恢复健康。加强母羊和羔羊的饲养管理，注意羔羊保暖，防止受寒。禁止用酸败、发霉、冰凉的饲料饲喂羔羊。

羔羊大肠杆菌病（lamb eolibaeillosis） 由大肠杆菌 K_{99}、O_8、O_9、O_{24} 等血清型引起的多见于牧区大群羔羊的一种地方流行性疾病。临床上可分两型。一种为肠型，主要见于7日龄以内的羔羊，表现严重下痢。一种为败血型，常见于2～6周龄的羔羊，有明显的全身反应和神经症状。本病的发生与饲养管理和气候条件密切相关，根据流行病学、临床症状及细菌学检查进行确诊，应注意与D型产气荚膜梭菌引起的羔羊痢疾相区别。防治措施与犊牛大肠杆菌病相似，用 K_{99} 菌苗预防周龄内羔羊腹泻有良效。

羔羊痢疾（lamb dysentery） B型产气荚膜梭菌所致初生羔羊的一种以剧烈腹泻和小肠溃疡为特征的急性毒血症。主要危害7日龄以内的羔羊。通过消化道及伤口感染。母羊怀孕期营养不良、羔羊体质瘦弱、受冻，哺乳不当或饥饱不均为发病诱因。依据流行病学、临床症状和病变可作初步诊断，确诊需作细菌学及毒素检查，防制本病主要采取抓膘保暖、合理哺乳，预防可接种羔羊痢疾菌苗或羊梭菌病五联疫苗，发病可用抗生素药物治疗。

羔羊食毛症（wool eating in lamb） 羔羊因某些营养物质缺乏或舔食羊毛，在胃中形成毛球而引起消化紊乱和胃肠道阻塞的一种代谢病。发病初期，羔羊啃咬和食入母羊的毛，尤其是喜啃食腹部、股部和尾部被污染的毛。羔羊之间也互相啃咬被毛。当毛球形成团块可使真胃和肠道阻塞，羔羊表现喜卧、磨牙、消化功能紊乱，便秘、腹痛、胃肠发生臌气，严重者消瘦贫血。触诊腹部，真胃、肠道、瘤胃内可触摸到大小不等的硬块，羔羊表现疼痛不安。病情严重病例，若治疗不及时可导致心脏衰竭死亡。剖检时可见胃内和幽门处有许多羊毛球、坚硬如石，形成堵塞。平时预防主要是加强饲养管理，饲喂要做到定时、定量，防止羔羊暴食。用药治疗宜灌服植物油、液体石蜡、人工盐、碳酸氢钠；有腹泻症状的进行强心补液；给瘦弱的羔羊补给维生素A、维生素D和微量元素，特别是有舔食被毛的羔羊应重点补喂；病情严重的可用手术方法切开真胃，取出毛球。

羔羊皱胃毛球阻塞（abomasal impaction in lamb-by woolball） 又称绵羊食毛癖（woolpicking），羔羊因味觉错乱舔食被毛，并形成毛团而阻塞胃肠道的疾病。多由日粮中矿物质元素和/或胱氨酸等含硫氨基酸不足诱发异嗜所致。临床上除大群羔羊有异嗜、啃舔被毛史外，相继发生食欲减退、腹泻、消瘦和贫血等。小肠毛团阻塞多发生腹痛症状。预防在于平时重视羊舍卫生和清除脱落羊毛的同时，补饲矿物质元素和/或含硫氨基酸等全价日粮。治疗宜施行皱胃或小肠切开术取出毛球。

睾酮（testosterone） 动物机体内主要的雄激素，主要由睾丸间质细胞以胆固醇为原料合成的含19个碳原子的类固醇激素。在间质细胞内，胆固醇经羟化和侧链裂解首先转化为孕烯醇酮，后者经17位碳原子的羟化并脱去侧链，形成雄烯二酮，最后雄烯二酮转化为睾酮。卵巢和肾上腺皮质也可分泌少量。具有促进精子生成、雄性生殖器官发育、蛋白质合成和促红细胞生成素的生成等作用。

睾丸（testis） 雄性生殖腺。一对，卵圆形。肉食兽的较小，羊、猪的很大。以精索悬于阴囊内，其方向因阴囊位置而有不同：反刍兽的长轴垂直，头端向上；马、犬和兔的几乎呈水平，头端向前；猫、猪、骆驼的斜向后上方，头端向前向下。外面除与附睾相连的附睾缘处外，大部分游离而包以腹膜（鞘膜脏层），紧贴其下为致密结缔组织囊，称白膜。睾丸动脉的浅支位于白膜深层，分支模式各种动物略异。白膜无弹性，睾丸内有一定压力，炎症时肿胀可产生剧痛。白膜向内分出小叶间隔和小梁，向睾丸的中轴或附睾缘会聚，形成睾丸纵隔。实质柔软，黄色至棕色，被小叶间隔分为小叶，每小叶由2～3条曲细精管迂回卷曲构成：小管间分布有成团的睾丸间质细胞。曲细精管汇合为直细精管由小叶至纵隔，互相吻合形成睾丸网；由此在睾丸头端分出若干睾丸输出小管至附睾。禽睾丸位于腹腔内，以系膜悬于肾前部；大小和颜色因年龄、季节而有变化，生殖季节特别发达。

睾丸变性（testicular degeneration）　公畜睾丸的生精上皮和其他睾丸实质组织出现不同程度的变性、萎缩而使精液品质下降，造成暂时性或永久性生育力低下和不育。本病是公牛和公猪不育的重要原因，特别在老龄公畜常见。已经变性的睾丸无有效治疗方法。重要的是采取预防措施和在病变初期及时消除引起变性的各种因素。

睾丸穿刺（testicular biopsy）　为采取睾丸活组织而采用的一种穿刺术。部位在阴囊前上半部。穿刺时使动物（此方法主要应用于牛）两腿叉开，确实保定，术部充分清洗消毒，用2%普鲁卡因作浸润麻醉，切开皮肤1～2cm，将总鞘膜切开少许，刺入志田氏睾丸穿刺器或盖巴一活体组织采取针，采取组织，一针缝合。

睾丸发育不全（testicular hypoplasia）　公畜一侧或双侧睾丸的全部或部分曲细精管生精上皮不完全发育或缺乏生精上皮的疾病。多见于公牛和公猪，在各类睾丸疾病中约占2%；但在有的公牛品种，发病率可高达25%～30%。根据睾丸大小、质地，精液品质检查结果和参考公畜配种记录，在初情期即可做出初步诊断。染色体检查有助于本病的确诊。本病有很强的遗传性，患畜可考虑去势后用作肥育或使役。

睾丸附件（appendix testis）　见睾丸旁体。

睾丸间质细胞（interstitial cell）　又称莱迪希细胞（Leydig cell）。分布于睾丸精曲小管之间间质中的内分泌细胞，群分布。在H.E.染色切片上，细胞较大，呈圆形或不规则形，胞质强嗜酸性。核为圆形成卵圆形，常偏位，异染色质少，染色浅淡。电镜下，胞质中有丰富的滑面内质网、高尔基体及线粒体，含有许多脂滴、脂褐素。睾丸间质细胞的主要作用是合成并分泌雄性激素——睾酮。其生殖方面的功能有：①维持正常性欲。②促进生殖器官发育及第二性征的出现。③对精子的发生和成熟起促进作用。

睾丸间质细胞瘤（leydig cell tumor）　睾丸间质细胞发生的肿瘤。常见于老龄犬、马和牛。肿块眼观呈黄色，结节状或呈弥漫性生长，大小不一，质较软。镜检瘤细胞呈团、条索或弥漫分布，瘤细胞较大，呈多角形，胞浆内含大量脂类胞质，边界清楚，分裂象少见。睾丸间质细胞瘤引起性激素分泌紊乱，患畜出现包皮下垂、性机能消失、秃毛和棘皮症。

睾丸决定因子（testis - determining factor）　Y染色体短臂上的性别决定基因产生的转录因子。在哺乳动物，性别分化依赖于生殖嵴生殖索上皮细胞中该因子的表达水平。

睾丸旁体（paradidymis）　又称旁睾、睾丸附件，胚胎时期中肾小管末和睾丸及附睾发生联系部分的退化遗迹。在成体，睾丸旁体位于附睾头上方、精索下端结缔组织内，呈扁平白色游离小体，由一些独立或群集的囊状小管构成。

睾丸索（testicular cord）　初级生殖索持续增殖并向原始性腺深部生长形成的结构。睾丸决定因子调控睾丸索上皮细胞分化为支持细胞，并诱导原生殖细胞分化为精原细胞。

睾丸下降（descent of testis）　公畜胚胎发育期中睾丸及附睾从腹腔下降入阴囊的过程。见于大多数高等哺乳动物。牵引睾丸下降的结构为睾丸引带；与之有关的因素还有胎畜身体加长和腹内压逐渐增大等。完成的时间各畜种不一，如犬在出生后两三天内开始直至第4～5周，猪在出生前后不久，马在出生时或出生前后2周内，骆驼在出生时，牛羊在胎儿早期约3月龄时。如睾丸未降入阴囊而一直停留于腹腔或腹股沟管，称为隐睾。兔睾丸在出生后一月龄时即降入阴囊，但因提睾肌作用和附睾尾韧带的弹性，可自由缩回腹股沟管。

睾丸炎（orchitis）　由损伤和感染引起睾丸的各种急性和慢性炎症。多见于牛、猪、羊、马和驴。

睾丸引带（gubernaculum of testis）　公畜在胚胎发育期牵引睾丸下降的结构。由间充质形成，呈索状由睾丸经未来的腹股沟管连接至阴囊壁。当腹膜形成鞘膜突深入阴囊时，将引带分为3部：近部为包以腹膜的固有部；中部为包围于鞘膜突中的鞘膜部；远部为在鞘膜突以外的鞘膜下部。引带由远部向近部逐渐生长增大，将腹股沟管扩张以便睾丸通过；然后逐渐退化缩短，将睾丸等牵引并固定于阴囊内，其遗迹成为附睾尾韧带和睾丸固有韧带。

疙瘩皮肤病病毒（*Lumpy skin disease virus*）痘病毒科（Poxviridae）、山羊痘病毒属（*Capripoxvirus*）成员。病毒颗粒为砖状，核衣壳为复合对称。有哑铃样的芯髓以及两个侧体。有囊膜，基因组为双股DNA。病毒可在羔羊和犊牛肾、睾丸、肾上腺、甲状腺细胞和鸡胚成纤维细胞中传代，并产生细胞病变效应及胞浆内包涵体。家兔经皮内接种经超声波裂解的病料，在接种部可形成丘疹，并可扩展到全身。代表株是Neethling株，其形态类似痘苗病毒。牛是病毒的自然宿主，各种品种和不同性别的牛均易感。病毒通过吸血昆虫叮咬传播。病牛14d出现全身性坚硬的丘疹与有痛感的边缘突起的结节，存在于皮肌之下，多见于头、颈、胸、大腿和背部。易感牛的发病率高达100%，但死亡率一般不超过2%。本病目前仅发现于非洲，是OIE规定的通报疫病。

割除三腺（cut off three glands） 在畜禽宰后检验过程中必须割除甲状腺、肾上腺和病变淋巴结，屠宰行业称之为“割除三腺”。因为甲状腺和肾上腺是内分泌腺体，如果没有割除而随肉食入时，即可发生中毒；病变淋巴结含有致病微生物，食入后可能引起感染或食物中毒。

革兰染色（Gram staining） 一种常用的细菌复染色法。结果可将细菌分为紫色的阳性菌和红色的阴性菌两大类，其染色原理与细菌细胞壁的结构和组成有关。染色原理和步骤为：细菌经结晶紫初染和碘液媒染后，所有细菌都染上不溶于水的结晶紫与碘的复合物，呈深紫色；革兰阴性菌的细胞壁含脂类较多，当以95%乙醇脱色时，脂类被乙醇溶去，而肽聚糖少，且交联疏松，不易收缩，在细胞壁中形成的孔隙较大，结晶紫与碘的复合物极易被乙醇溶解洗脱，最后被红色的染料复染成红色。革兰阳性菌的细胞壁含脂类少，肽聚糖多且交联紧密，95%乙醇作用后肽聚糖收缩，细胞壁的孔隙缩小至结晶紫与碘的复合物不能脱出，经红色染料复染后仍为紫色。

革兰阳性菌（Gram positive bacteria） 在革兰染色时，结晶紫不被酒精脱去、菌体呈紫色的一类细菌。呈现这一现象的主要机理是由于此类菌的细胞壁脂类含量少，肽聚糖多且交联紧密，95%酒精作用后，肽聚糖收缩使细胞壁的孔隙缩小，结晶紫与碘的复合物不能脱出，经红色染料复染后仍为紫色。菌龄过老或细菌死亡后可使革兰阳性变为阴性。革兰阳性菌对抗生素、磺胺药、呋喃衍生物的敏感性与阴性菌有差别。

革兰阴性菌（Gram negative bacteria） 在革兰染色时，结晶紫能被酒精脱去、菌体呈红色的一类细菌。这是因为此类细菌的细胞壁薄，含肽聚糖少且交联疏松，在肽聚糖外有脂蛋白、脂多糖等复合物。用酒精处理时易将脂质洗去，细胞壁孔隙较大，结晶紫与碘的复合物极易被酒精溶解洗脱，最后被红色的染料复染成红色。革兰阴性菌对抗生素、磺胺药、呋喃衍生物的敏感性与阳性菌有差别。

格鲁布性炎（croupous inflammation） 又称浮膜性炎，渗出物在器官表面形成一层容易剥离的假膜，组织坏死性变化比较轻微的纤维素性炎。多发生于浆膜（胸膜、腹膜、心外膜）、黏膜（喉头、气管、支气管、胃肠道等）和肺脏。见于牛传染性胸膜肺炎、牛创伤性心包炎、猪肺疫等。

格子学说（lattice hypothesis） 解释抗原抗体反应机制的一种学说。这种学说认为，抗原与抗体的反应是通过它们相互之间有特异的化学亲和力的基团来实现的。二价的抗体分子与多价的抗原分子的抗原决定簇借化学键相结合，并形成交替排列的凝集块。此凝集块构成万字格状。抗原和抗体的这种结合降低了极性基对水的亲和力，因而降低了凝集场的可溶性。电解性的作用是降低妨碍凝集的静电荷。在等价带时形成不溶性巨分子万字格，而在抗体过剩或抗原过剩时，则形成可溶性复合物。此学说最初由马拉克（Marrack，1934）提出，后来有关抗原抗体反应的免疫化学和电子显微镜的研究也支持这种学说。

葛廷根微型猪（Gottingen minipig） 德国葛廷根大学用明尼苏达-荷曼系小型猪和越南Vitnamese小型猪杂交后又导入德国改良长白猪种育成的小型猪品种。成年猪40～60kg。

蛤（clam） 属软体动物门双壳纲（Bivalvia）无脊椎动物。已知12 000多种，其中约500种栖于淡水，其余的为海栖，双壳类通常栖于砂质或泥质的水底。严格来说，蛤指具两片相等的壳的双壳类动物。内脏团前后各有一束闭壳肌连于两壳之间，用以闭壳。有强大、肌肉质的足。蛤通常埋于水底泥沙中近表面处至0.6m深处，很少在水底移动。多数蛤类栖于浅水水域，埋于水底泥沙中免受波浪之扰。

隔离（isolation） 将病畜和可疑感染的病畜与健康家畜隔离的措施。隔离病畜是为了控制传染源，防止健畜继续受到传染，以便将疫情控制在最小范围内加以就地扑灭。

隔离环境（isolation environment） 我国实验动物设施环境分类的一种。隔离环境符合实验动物的生活居住的基本要求外，生活环境有极好的气密性，进入环境的物品、动物、空气、饲料、饮水需严格灭菌。不允许人员和动物直接接触。适合饲养无菌动物、悉生动物。

隔离检疫（isolated quarantine） 将动物放在具有一定条件的隔离场或隔离圈（列车箱、船舱）进行检疫的方式。主要用于出入境检疫，跨省、自治区、直辖市引进乳用、种用动物检疫、输入到无规定动物疫病区的动物检疫，建立健康畜群时的净化检疫。

隔离器（isolator） 一种对微生物绝对隔离，可饲养无菌动物和已知菌动物的装置。通常包括：送风机、空气过滤器、灭菌渡舱（通道）、手套、本体、通气阀。根据本体组成材料质地不同，分为硬质（不锈钢、玻璃钢、硬塑料）和软质（聚氯乙烯、聚丙烯、氟化尼龙等）隔离器。按隔离器室内压力大于或小于室外压力，分为正压和负压隔离器。按用途不同，分为手术用隔离器、饲养用隔离器和实验用隔离器。

隔离系统（isolated system） 可以饲养无菌动物

和已知菌动物的实验动物设施，主要由隔离器和其他附属装置组成，能维持动物的饲养空间处于完全无菌状态，饲养和实验工作人员通过附于隔离器上的橡胶手套进行日常操作和部分实验工作，不与动物直接接触。

隔室模型（compartment model）　药物动力学模型。是对实验资料进行动力学处理的假设条件。用以模拟药物或其代谢产物在某一隔室的动力学过程。隔室是一个理论的、虚拟的容积，并不代表解剖学或生理学上的器官或系统。隔室模型繁简不一，分为一室、二室和多室等模型。

膈（diaphragm）　分隔胸腔与腹腔的穹隆形阔肌。四周为肌部，顶为中心腱。肌部又分 3 部分：①腰部，发达，由较长的右脚和较短的左脚各以腱起始于前 4 个和前 2 个腰椎腹侧，两脚的腱间形成主动脉裂孔，右脚在近中心腱处有食管裂孔；②肋部，附着于胸壁内侧面，由最后肋骨上部斜向前下至第 8 肋软骨；③胸骨部，附着于胸骨剑突和剑突软骨内面。中心腱突向前顶，约在第 6 肋骨或肋间，略与肘突平；顶右上方有后腔静脉孔。骆驼在孔左侧有膈小骨。膈的腰部背侧缘称腰肋弓，与腰肌间形成的间隙有交感神经干等通过，此处胸腹腔之间仅隔以两层浆膜和少量疏松组织。膈为重要呼吸肌，收缩时膈顶略后移，四周肌部变平，胸腔因长径增大而扩张，引起吸气；呼气时一般因胸腔内的负压而恢复原位。禽无膈，与之相当的为水平隔，肌部为肋膈肌；隔成的肺腔容纳肺，相当于胸腔。

膈肌痉挛（diaphragmatic spasm）　又称呃逆，膈肌不自主的间歇性收缩运动。由迷走神经和膈神经受到异常刺激所引起。多见于犬和猫，也可见于马属动物的脑病、中毒病、腹痛和胃肠炎等。

膈痉挛（diaphragmatic flutter）　又称跳肷。膈肌发生痉挛性收缩的病变。发生于马、骡、犬、猫等。多由消化器官疾病、呼吸器官疾病、脑脊髓疾病、代谢病、中毒病等诱发膈神经一时性兴奋所致。症状见躯干发生独特的节律震颤，腹胁部起伏跳动，急促性吸气，伴发呃逆音。多数病例膈痉挛性收缩与心搏动一致。可突然发生，持续 5～30min，甚至十几个小时不等。治疗可用解痉挛药物，有的病畜可自行中止。

膈破裂（rupture of diaphragm）　剧烈损伤引起膈完整性破坏的疾病。犬、猫、大家畜均可发生。牛创伤性网胃腹膜炎、创伤性心包炎过程中的尖锐异物可直接划破膈肌，跌倒、碰撞、挤压、冲击等也可导致。膈破裂后造成部分腹腔内容物进入胸腔。患畜拱背、行动缓慢、呼吸促迫、咳嗽、胸痛、呕吐、咽下困难。病程长时由于呼吸困难招致缺氧而死亡。轻症可进行手术整复，应防止感染。

膈疝（diaphragmatic hernia）　家畜膈膜先天性缺损或破裂而发生的一种疝病。包括胃、肠和肝等脏器通过膈肌伤口进入胸腔。临床上呈现食欲不振，磨牙（牛），腹痛，肚胀，呼吸促迫，脉率减慢，心脏移位，听诊心脏有缩期性杂音。有时胸部听诊有胃肠蠕动音。治疗可采取破裂膈膜修补术。

膈神经（phrenic nerve）　支配膈肌运动的神经，由第 5～7 颈神经（马、牛）的腹侧支组成，沿中斜角肌的腹侧缘向后延伸入胸腔，横过心包外侧面，继续向后分布于膈。临床上因膈神经异常可引起膈痉挛。

镉中毒（cadmium poisoning）　误食镉化合物引起以呕吐、腹泻和贫血为主征的中毒病。由于采食被炼锌厂的废气或粉尘污染的饲料和饮水，以及使用镉驱虫剂量过大所致。急性病例呈现呕吐（猪）、腹泻、贫血，黄疸和运动失调。慢性病例以严重贫血为主，同时体重减轻，生长发育停滞。治疗宜用抗坏血酸、依地酸钙钠和锌制剂等。

个体发生（ontogenesis）　又称个体发育。动物个体从受精卵经胚胎发育、出生后生长发育成熟，直到衰老死亡的过程。

个体化给药（individual administration）　根据用药个体的具体情况给药的方式。可通过治疗药物监测实现。即借助先进的分析技术与电子计算机手段，通过测定临床用药对象的血液或其他体液中的药物浓度，探讨用药过程中机体对药物体内过程的影响。从而及时调整给药剂量和给药间隔，以提高疗效并避免发生毒副反应，达到最佳治疗效果。目前赛马和珍稀动物已在开展个体化给药。

个体检查（individual quarantine）　又称个体检疫。畜禽宰前检疫方法的一种。在群体检查中被剔除的病畜和可疑病畜集中进行详细的临床检查和个体检查，已在群体检查认为健畜禽，必要时也可全部进行个体检查。个体检查的方法在实践中总结为“看、听、摸、检”四大要领。①看：观察屠畜的表现。②听：直接用耳朵听或借助听诊器间接听畜体内发出的各种声音。要点是听叫声，咳嗽，呼吸音，胃肠音，心音。③摸：通过手触摸畜体各部以发现异常症状。④检：检查畜禽的体温、血、尿等常规指标，以及进行各种必要的实验室检验。

给药方案（dosage regimen）　为达到合理用药而为治疗提供药物剂量和给药间隔的计划。在选择好药物制剂的基础上，针对用药对象拟定的给药途径、给药剂量、给药间隔和疗程。

给药剂量（dosage of administration） 即用药量。剂量过小，低于阈剂量时，一般不产生效应。使药物效应开始出现的剂量称阈剂量或最小有效量。大于最小有效量，对机体有明显效应，但不引起毒性反应的剂量称有效量或治疗量。引起毒性反应的最小剂量称最小中毒量。大于中毒量，引起死亡的剂量称致死量。药典中对毒药、剧毒药还规定有极量，一般不采用，更不应超过。

给药间隔（dosing interval） 重复给药过程中，一次给药后，到下一次给药需要间隔的时间。重复给药需遵从药物使用说明书上规定的给药间隔，以便保证疗效并避免毒副作用。给药间隔根据药物半衰期和最低有效浓度确定。

给药途径（routes of administration） 临床用药过程中给予机体药物的路径。给药途径不同将影响药物的生物利用度和药效出现的快慢，甚至改变药物作用的性质。兽医常用给药途径有：内服给药（混饲给药、混饮给药）、注射给药（肌内注射、静脉注射、皮下注射、腹腔注射）、药浴等。给药途径应根据药物性质、用药对象及疾病状态选定。

跟骨（calcaneus） 又称腓跗骨。近列二跗骨之一。位于距骨的外后侧。向内侧形成载距突与距骨后面相关节，其跖侧有跟骨沟供趾深屈肌腱通过。向上在胫骨和腓骨后方形成发达的跟结节，体表明显可见，末端有跟总腱附着。远端与远列的第 4 跗骨相关节。

跟腱反射（achilles reflex） 又称飞节反射，叩击跟腱，正常时跗关节伸展而球关节屈曲的反射检查方法与膝反射相同。反射中枢在脊髓荐椎段。

跟效应（heel effect） 见阳极效应。

跟总腱（common calcaneal tendon） 又称 Achilles 腱。附着于跟骨结节的小腿三头肌腱和趾浅屈肌腱，以及股二头肌和半腱肌腱索的总称。小腿三头肌腱终止于跟结节顶；趾浅屈肌腱由小腿三头肌腱内侧转至其后方并经跟结节顶延续向下，股二头肌和半腱肌的腱索分别行于小腿三头肌腱的外、内侧。在趾浅屈肌腱与小腿三头肌腱间有较长的滑膜囊；在小腿三头肌腱与跟结节间有小滑膜囊。跟总腱是动物站立时保持跗关节伸展的重要结构。

梗死（infarct） 由于动脉血流断绝，局部组织或器官缺血而发生的坏死。当动脉阻塞、动脉受压或动脉痉挛时，如果不能及时建立有效的侧支循环，就会引起梗死。梗死灶的形状、大小取决于被阻塞动脉的营养面积，梗死灶的颜色则决定于梗死组织含血量多寡，含血量少颜色灰白，称为贫血性梗死（anemic infarct）或白色梗死（white infarct），多发生于血管吻合支少、组织结构较致密的实质器官，如肾脏、心肌等。如果梗死灶内含血量多，颜色暗红，称为出血性梗死（hemorrhagic infarct）或红色梗死（red infarct），发生于血管吻合支较多、组织结构较疏松的器官，如肺脏、肠道等，此时常伴有明显的淤血过程。

工业毒物（industrial poisons） 在工业生产中使用或生产释放的、侵入人和动物机体后，可以破坏机体的正常生理功能，造成暂时性或永久性的器官或组织病理变化，甚至危及生命的有毒物质。包括：①金属、类金属及其化合物，这是最多的一类，如铅、汞、锰、砷、磷等。②卤族及其无机化合物，如氟、氯、溴、碘等。③强酸和碱性物质，如硫酸、硝酸、盐酸、氢氧化钠、氢氧化钾等。④氧、氮、碳的无机化合物，如臭氧、氮氧化物、一氧化碳、光气等。⑤窒息性惰性气体，如氦、氖、氩、氮等。⑥有机毒物，按化学结构又分为脂肪烃类、芳香烃类、脂肪环烃类、卤代烃类、氨基及硝基烃化合物、醇类、醛类、酚类、醚类、酮类、酰类、酸类、腈类、杂环类、羰基化合物等。⑦农药类，包括有机磷、有机氯、有机汞、有机硫等。⑧染料及中间体、合成树脂、橡胶、纤维等。

工业废弃物（industrial waste） 又称工业固体废弃物、工业废物。工矿企业在生产活动过程中排放出来的各种废渣、粉尘及其他废物等。数量庞大，成分复杂，种类繁多。其消极堆放，占用土地，污染土壤、水源和大气，影响作物生长，危害人体健康。如经过适当的工艺处理，可成为工业原料或能源。

工业废水（industrial waste water） 各类工业企业在生产过程中排出的生产废水、生产污水和生产废液的总称。造成的污染主要有：有机需氧物质污染、化学毒物污染、无机固体悬浮物污染、重金属污染、酸污染、碱污染、植物营养物质污染、热污染、病原体污染等。许多污染物有颜色、臭味或易产生泡沫，因此工业废水常呈现使人厌恶的外观。

弓蛔虫属（*Toxascaris*） 属于线形动物门（Nemathelminthes）、蛔虫科（Ascaridae）。虫体口孔通常由三片唇围绕，两侧有颈翼。肛后乳突 5 对，肛前乳突约 25 对，纵列成行。交合刺略相等，不具导刺带。雌虫阴门在体前方 1/3 处。子宫 2 条，向后延展。食道结构简单，呈圆柱状，无腺胃和盲突。直接型发育史。卵生，卵表面光滑。寄生于食肉兽肠内。

弓形虫病（toxoplasmosis） 刚地弓形虫（*Toxoplasma gondii*）寄生于哺乳动物、鸟类和人的有核细胞内引起的原虫病。可经口、胎盘、皮肤、黏膜等途径感染。自然状态下，猫粪中的弓形虫卵囊是各种动物和人的主要感染源；猫因摄食含缓殖子包囊的动物组织遭受感染。不同动物的弓形虫病临床表现有一定差异。猪弓形虫病常表现为急性型，高热，精神沉郁，便秘，肺间质水肿，呼吸困难，体表淋巴结肿胀，身体下部及耳部有瘀血斑，死亡率较高。犊牛弓形虫病呈现呼吸困难，咳嗽，发热，腹泻。弓形虫病常导致怀孕母羊流产。诊断用病原检查法、免疫学方法和分子生物学方法。可用磺胺类药物进行治疗。牧场内应保持厩舍清洁，定期消毒；严防猫粪污染饲料和饮水；消灭鼠类。

弓形虫诊断法（diagnosis of toxoplasma infection）诊断弓形虫病的方法。用穿刺法取急性患病动物的腹水，制成薄膜涂片，甲醇固定，瑞氏或姬氏液染色后镜检，可发现假包囊或速殖子。或取疑似弓形虫病死亡病畜的肺、淋巴结、脾、肝或脑组织，按 1∶5 的比例加生理盐水制成乳液，并加少量青霉素和链霉素；吸取上述病料 0.2mL 接种于小鼠腹腔，观察小鼠，一般 4～5d 后发病，抽取病鼠腹水作涂片，染色检查，可见大量假包囊或速殖子。如果未在接种小鼠腹水中检出虫体，可用小鼠组织按上述方法重复接种小鼠。

弓形腿（bowleg）　又称弯曲腿（bent-leg）。羔羊以前肢长骨向外弯曲为主征的病变。病因未明，似与日粮低磷、低钙有关。临床上可见 2～3 周龄羔羊腿软和腕部外展，断奶后更加严重，前肢发病多于后肢，运步跛行，不愿站立，体况不佳。及时补饲磷、钙，可降低发生率。

公畜科学（andrology）　研究公畜生殖生理及生殖疾病的学科。

公畜尿道导尿（urethral catheterization of male animal）　术者将手伸入包皮囊内，握住阴茎头部向外慢慢拉出，然后将口径适宜的导尿管（经过消毒、涂以润滑油）插入尿道，缓缓送入膀胱。公牛和公猪因尿道有 S 状弯曲，一般不能用导尿管于尿道导尿，必要时需行脊髓硬膜外腔麻醉或阴茎背神经封闭，然后按上述方法导尿。

公共卫生（public health）　通过评价、政策发展和保障措施来预防疾病、延长人的寿命和促进人的身心健康的一门科学和艺术。

公害（public nuisance hazard）　由于人类活动引起的环境污染和破坏对公众安全、健康、生命和生活造成的危害。

公害病（public nuisance disease）　人类活动造成严重环境污染引起公害所发生的地区性疾病。如与大气污染有关的慢性呼吸道疾病、由含汞废水引起的水俣病、由含镉废水引起的疼痛病等。公害对人群的危害，比生产环境中的职业性危害广泛。凡处于公害范围内的人群，不论年龄大小，甚至胎儿均受其影响。公害病具有以下特征：①由人类生产和生活活动造成的环境污染的产物；②危及健康的环境因素复杂，不易证实相关关系；③一般长期陆续发展，但也有急性暴发情况。

公害事件（public nuisance events，public hazard incident）　因环境污染造成的在短期内人群大量发病和死亡的事件。按发生原因可分为：①大气污染公害事件，由于煤和石油燃烧排放的大气污染物造成，如英国伦敦烟雾事件、英国格拉斯哥烟雾事件、美国多诺拉烟雾事件等。②水污染公害事件，由于工业生产把大量化学物质排入水体造成的，如日本的水俣病事件。③土壤污染公害事件，由于工业废水、废渣排入土壤造成，如含镉工业废水引起的日本富山县的疼痛病事件。④食物污染公害事件，由于有毒化学物质（食品添加剂）和致病生物等进入食品造成，如日本的米糠油事件。⑤核泄漏污染公害事件，如 1986 年，前苏联的切尔诺贝利核电站反应堆发生故障，导致核废液泄漏污染大气、河水和土壤，欧洲大部分地区都受到不同程度的影响。

公路检疫（highway quarantine）　为了防止动物疫病沿公路交通传播，在公路交通要道设立动物检疫站，对过往运输的动物进行的疫病检疫。

功能残气量（functional residual capacity，FRC）又称机能余气量，动物在平静呼气后肺内所剩余的气体量，等于余气量和补呼气量之和。马功能残气量可达 24 000mL；犬 252mL；兔 11.30mL。功能残气量在气体交换过程中起缓冲气体分压变化的作用，使动物不论在吸气或呼气过程中都能进行气体交换。

功能基因组学（functional genomics）　又称后基因组学（postgenomics）。利用结构基因组所提供的信息和产物，发展和应用新的实验手段，通过在基因组或系统水平上全面分析基因的功能，使得生物学研究从对单一基因或蛋白质的研究转向多个基因或蛋白质同时进行系统的研究。研究内容包括基因功能发现、基因表达分析及突变检测。基因的功能包括：生物学功能，如作为蛋白质激酶对特异蛋白质进行磷酸化修饰；细胞学功能，如参与细胞间和细胞内信号传递；发育学功能，如参与形态建成等。采用的手段包括经典的减法杂交，差示筛选，cDNA 代表差异分析以及 mRNA 差异显示等。但这些技术不能对基因进行全面系统的分析，新的技术应运而生，包括基因表达的系统分析（serial analysis of gene expression，SAGE）、cDNA 微阵列（cDNA microarray）、DNA 芯片（DNA chip）和序列标志片段显示（sequence tagged fragments display）技术等。

功能性心内性杂音（functional endocardial murmur） 又称非器质性心内性杂音（non-organic endocardial murmur），心瓣膜无不可逆的形态学改变，由心脏机能或血液性质改变而引起的心内性杂音。常见于两种情况：一是因心肌高度弛缓或扩张所致的相对性房室瓣闭锁不全；二是血液稀薄、血流加快等形成的贫血性杂音。功能性杂音只出现于心缩期，一般较柔且多为暂时性的，常随病情好转、康复而减轻、消失。

功能蓄积（functional accumulation） 在机体多次反复接触化学毒物一定时间后，即使来用最先进和最灵敏的分析方法也不能检测出这种化学毒物的体内存在形式，但能够出现慢性中毒的现象。

肱骨（humerus） 管状长骨，分为骨干和2个骨端。近端形成头和不明显的颈。头前方有大（外侧）和小（内侧）结节，中间为结节间沟。大结节可在体表触摸到，称肩端。骨体外侧有臂肌沟；上部有三角肌粗隆，可触摸到。体内侧有大圆肌粗隆。远端形成滑车状髁；后方为外侧、内侧上髁。两上髁间形成鹰嘴窝，犬、猫有滑车上孔穿通此窝。猫在远端内侧尚有髁上孔。禽肱骨为含气骨，近端有气孔。

巩膜（sclera） 眼球壁后部最外层不透明、呈白色的纤维膜。厚度因部位而异，平均约0.5mm。由与巩面平行的胶原纤维束交织而成，胶原纤维束之间有纤细弹性纤维网和细长而扁平的成纤维细胞。血管很少，前面与角膜，后面与视神经硬膜鞘相连。表面被覆眼球筋膜和结膜。包括表层巩膜、巩膜实质和棕黑层。表层巩膜血管丰富，易形成变态反应性病灶；巩膜深层血管及神经很少，不易患病。巩膜具有维持眼球形状和保护眼球的功能，又是眼肌的附着部。

汞（mercury） 又称水银。一种有毒的银白色一价和二价重金属元素。在各种金属中，汞的熔点是最低的，只有－38.87℃，也是唯一在常温下呈液态并易流动的金属。游离存在于自然界和辰砂、甘汞及其他几种矿物中。在中医学上，汞用作治疗恶疮、疥癣药物的原料。但汞是一种有毒的重金属，动物可通过吸入汞蒸气或摄入被汞污染的食品（尤其是水产品）而发生汞中毒。

汞化合物（mercuric compound） 与元素汞发生反应形成的含汞化合物。汞的无机化合物如硝酸汞[$Hg(NO_3)_2$]、升汞（$HgCl_2$）、甘汞（HgCl）、溴化汞（$HgBr_2$）、砷酸汞（$HgAsO_4$）、硫化汞（HgS）、硫酸汞（$HgSO_4$）、氧化汞（HgO）、氰化汞[$Hg(CN)_2$]等，用于汞化合物的合成，或作为催化剂、颜料、涂料等，有的还作为药物，口服、过量吸入其粉尘及皮肤涂布时均可引起中毒。氯化乙基汞、醋酸苯汞、磺胺苯汞等有机汞农药可作为杀菌剂。在环境中或生物体内，无机汞可以通过微生物作用形成甲基汞，也可以通过化学作用使其甲基化，毒性增强。

汞污染（mercury pollution） 人类活动造成的汞对环境和食品的污染。汞的用途很广，可用于30多项工业生产，排放的工业“三废”中含有大量的汞。用含汞废水灌溉农田，造成饲料饲草污染。20世纪使用有机汞农药（氯化乙基汞、醋酸苯汞、磺胺苯汞等）作杀菌剂，造成了环境和食品的污染。粮食和饲料受汞污染后，被畜禽采食，导致其产品残留有汞。鱼体内的汞主要来自水体，通过食物链富集，使鱼体中甲基汞达到很高的含量。甲基汞性质稳定，难以排出体外。

汞中毒（mercury poisoning） 动物食入汞化合物或吸入汞蒸气引起的以消化、泌尿和神经系统症状为主的中毒病。主要由于误食了含有西力生、赛力散等汞制剂处理的种子，或含汞制剂的农药密闭不严，使猪受到汞蒸气的危害而引起。以剧烈的胃肠炎、口膜炎、急性肾炎、视力减退、昏迷等为特征。剖检可见胃肠黏膜充血、出血、水肿甚至坏死；呼吸道黏膜充血、出血，支气管肺炎，甚至肺充血、出血，有的伴有胸膜炎；皮肤潮红、肿胀、出血、溃烂、坏死，皮下出血或胶样浸润。依据接触汞剂的病史，临床上胃肠、肾、脑损害的综合病征可作出诊断。必要时可测定饲料、饮水、胃肠内容物以及尿液中的汞含量。治疗按一般中毒病常规处理后，及时使用解毒剂。宜投服豆浆、牛奶或鸡蛋清，也可肌内注射二硫基丙醇等驱汞治疗。

共济失调（ataxia） 又称运动失调（kinetic ataxia）。各种肌肉收缩力正常，但在运动时肌群动作不协调，从而导致动物体位、运动方向、顺序、匀称性及着地力量等异常。如仅发生体位平衡障碍则称为体位平衡失调或静止性失调。按病灶部位可分为末梢性失调、前庭性失调、小脑性失调和大脑性失调。通常见于大脑皮层、小脑、小脑脚、前庭神经及迷路、脊髓等受损伤时。

共价修饰调节（covalent modification regulation） 一种酶在另一种酶的催化下，通过共价键结合或移去某种基团，改变酶的活性，实现对酶的快速调节。酶的共价修饰包括磷酸化/脱磷酸，乙酰化/脱乙酰，甲基化/脱甲基，腺苷化/脱腺苷以及—SH与—S—S—互变等，其中磷酸化/脱磷酸在代谢调节中最为重要和常见。

共聚焦激光扫描显微镜（confocal laser scanning

microscope，CLSM） 以激光为光源，由共聚焦成像扫描系统、电子光学系统和微机图像分析系统组成的高光敏度、高分辨率仪器。光束经聚焦后落在样品不同深度的微小一点，并作移动扫描，通过电信号彩色显像，经过微机图像分析系统进行二维和三维分析处理，可使样品内任何一点的反射光形成的图像，都被准确地接收下来并产生信号，传递到彩色显示器上，再连接微机图像分析系统进行分析处理。CLSM 可对细胞进行三维结构图像分析，细胞内各种荧光标记物的微量分析，细胞内 Ca^{2+}、pH 等的动态分析测定，细胞的受体移动、膜电位变化、酶活性和物质转运的测定，并可以激光作为“光子手术刀”对细胞及其染色体进行切割、分离、筛选。

共栖（commensalism） 两种生物生活在一起，对一方有利，对另一方无害，或对双方都有利，两者分开以后都能够独立生活。如海葵附着在寄居蟹的外壳上，海葵靠刺细胞防御敌害，能对寄居蟹间接起保护作用，而寄居蟹到处爬动，可使海葵得到更多的食物，但是，它们分开以后仍能独立生活。

共生（symbiosis） 两种或多种微生物共同生活在一起，彼此间互不伤害或互为有利的关系。可分为中立（neutralism）、栖生（commensalism）、互生（synergism）和助生（mutualism）。①中立：两种或两种以上微生物处于同一环境时，相互间不产生任何影响。常见于营养要求不同的微生物，如动物上呼吸道的正常菌群。当然，微生物间的中立关系并不是一成不变的，处于生长平衡期的微生物与其他微生物多为中立关系。②栖生：两种微生物共同生长时，一方受益而另一方不受任何影响的偏利共生关系。如兼性厌氧菌在生活过程中消耗氧，为专性厌氧菌的生长提供了良好的生活环境，后者从前者受益，而前者则不受任何有害影响。③互生：两种或两种以上微生物共同生存时可互相受益的关系，互生双方可为对方提供营养物质、生长因子或生存条件。互生不是一种固定的关系，即其中任何一方可以在自然界独立存在。④助生：一种专性的互生关系，即有些微生物之间的互生关系是专性的，任何一方都不能由其他微生物所取代，使其成为一个整体而共同生活。

共同抗原（common antigen） 又称交叉抗原。存在于不同物种或不同株系、亚型间具有共同抗原决定簇的抗原组分。如不同株系的肠致病大肠杆菌之间，存在共同的 K88 或 K99 抗原。

共转导（transduction） 通过噬菌体的释放和感染将一个细菌的两个基因同时转移到另一个细菌中的过程。因为噬菌体头部中的 DNA 量很少，这意味着共转导的两个基因在宿主染色体上靠得很近。因此，研究共转导的频率是细菌基因定位的有用方法。

共转化（cotransformation） 将不同的外源基因分别构建到不同载体或同一载体的不同区段，将多种载体同时转进同一受体细胞，筛选出共转化受体的方法。共转化法是目前所使用的多基因转化方法中最为有效、快捷的方法。目前已获得成功的共转化方法有 PEG 介导的共转化、电击法介导的共转化、基因枪介导的共转化和农杆菌介导的共转化。在遗传工程实验中，时常需要用没有选择表型的质粒作转化，然后在宿主菌中筛选出这种质粒。这时可采用有选择标记的另一质粒与之共转化，通过后者进行筛选。这项技术常用于哺乳类细胞的实验。共转化技术已经广泛应用于多基因控制代谢途径，以及去选择标记基因工程安全性研究中，充分显示了其在工业、农业等领域中的巨大应用潜力。

共转移（cotranslocation） 细胞内分泌蛋白质边合成边迁移的方式。首先是在胞质基质的游离核糖体上开始的，然后在信号肽的引导下转移到内质网上继续进行，而且，肽链边延长边转移到内质网腔中，直至整个多肽链的合成。

供体（donor） 组织、器官移植或输血时，提供组织、器官和血液的个体；而接受组织、器官和血液的个体则为受体。

佝偻病（rickets） 幼畜生长期中软骨基质钙化不全，导致骨骺增大和长骨变形为主症的代谢病。病因为日粮中钙和/或磷不足以及钙磷比例不平衡，维生素 D 缺乏也是重要原因之一。症状有消化紊乱，异嗜，四肢弯曲，关节肿大，跛行，拱背，下颌骨增厚，牙齿畸形。重型病例口腔不能完全闭合，肋骨与肋软骨联合部呈串珠状，肿胀，胸部变形并发呼吸困难。防治宜补饲富含维生素 D 及钙、磷的日粮。在冬季可照射紫外线灯。

钩虫病（ancylostomiasis） 又称牛、羊仰口线虫病。钩口科（Ancylostomatidae）、仰口属（*Bunostomum*）的牛仰口线虫（*B. phlebotomum*）和羊仰口线虫（*B. trigonocephalum*）引起的一种牛、羊寄生虫病。前者寄生于牛的小肠，主要是十二指肠；后者寄生于羊的小肠。本病在我国各地普遍流行，可引起贫血，对家畜危害很大，并可引起死亡。仰口线虫虫卵在潮湿的环境中，在适宜的温度下，可在 4～8d 内形成幼虫；幼虫从壳内逸出，经两次蜕化，变为感染性幼虫。牛、羊吞食了被感染性幼虫污染的饲料或饮水，或感染性幼虫钻进牛、羊皮肤而感染。牛仰口线虫经皮肤感染时，幼虫从牛表皮缝隙钻入，随即脱去皮鞘，然后沿着血流到肺，进行 3 次蜕化成为第 4 期幼虫，之后上行到咽，重返小肠，进行第 4 次蜕化而成为第5期幼虫。在侵入皮肤后的50～60d发育成为成虫。经口感染时，幼虫在小肠内直接发育为成虫。感染后患畜表现进行性贫血，严重消瘦，下颌水肿，顽固性下痢，粪便呈黑色，幼畜发育受阻，还有神经症状如后躯萎缩和进行性麻痹，死亡率很高。剖检可见病尸消瘦，贫血，十二指肠和空肠有大量虫体，黏膜发炎，有出血点。根据临床症状，粪便检查发现虫卵和死后剖检发现多量虫体即可确诊，可用噻苯唑、阿苯咪唑，左旋咪唑，或伊维菌素等药物进行驱虫治疗。

钩端螺旋体病（leptospirosis） 又称Weil氏病。致病性钩端螺旋体引起的人兽共患和自然疫源性传染病。临床表现形式多样，主要有发热、黄疸、血红蛋白尿、出血性素质、流产、皮肤和黏膜坏死、水肿等。但多数呈隐性经过，因此确诊本病需做实验室检查，包括细菌学检查、血液和尿检查、补体结合试验、荧光抗体试验、凝集溶解试验、酶联免疫吸附试验等。防制应消除带菌、排菌动物，消毒和清理被污染的水源，做好灭鼠工作，施行预防接种等措施，抗生素对本病有较好的疗效。

钩端螺旋体属（*Leptospira*） 又称细螺旋体属，简称钩体。菌体纤细、螺旋致密，一端或两端弯曲呈钩状。革兰染色呈阴性，但较难着色。镀银染色法和刚果红负染色法效果较好。需氧，对营养要求不高，较易在人工培养基上生长。可用含动物血清和蛋白胨的柯氏（Korthof）培养基、不含血清的半综合培养基等培养。最适生长温度为28～30℃，通常在接种后7～14d生长最好。不发酵糖类，不分解蛋白质，氧化酶和过氧化氢酶均为阳性，某些菌株能产生溶血素。大部分营腐生生活，广泛分布于自然界，尤其存活于各种水生环境中，无致病性；小部分具有寄生性和致病性，可引起人和动物的钩端螺旋体病。家畜中以牛和羊的易感性最高，其次为马、猪、犬、水牛和驴等，家禽的易感性较低。急性病例主要症状为发热、贫血、出血、黄疸、血红素尿及黏膜和皮肤坏死；亚急性病例可表现为肾炎、肝炎、脑膜炎及产后泌乳缺乏症；慢性病例则表现虹膜睫状体炎、流产、死产及不育或不孕。

钩端螺旋体疫苗（leptospira vaccine） 以与流行地区钩端螺旋体型对应的菌株制备的一种用于预防动物钩端螺旋体病的疫苗。有灭活苗，弱毒苗、单价苗，多价苗、普通苗和浓缩苗多种苗型。将对应的血清型菌种于含有一定动物血清的柯托夫或干尔斯基综合培养基增殖培养，加入0.3%苯酚或0.3%～0.5%甲醛（以含38%～40%甲醛液折算）杀菌，制成单价灭活苗。根据需要将不同血清型钩端螺旋培养灭活菌液（一般不超过5个血清型菌），按比例（通常等量）混合制成多价灭活苗。浓缩苗系将培养菌液用甲醛杀菌后经高速离心和洗涤，菌体用含有0.3%苯酚的磷酸缓冲盐水稀释成每毫升含2亿条钩端螺旋体制成。迄今，钩端螺旋体弱毒疫苗尚在试验研究阶段。使用时，普通灭活苗马、牛、鹿第1次皮下注射3mL，间隔7～10d第2次注射5mL：浓缩灭活苗两次均皮下注射3mL；猪、羊普通苗分别为1mL与2mL，浓缩苗均为1mL。免疫期为1年。

钩口属（*Ancylostoma*） 属线虫纲（Nematoda）、圆线目（Strongylata）、钩口科（Ancylostomatidae）。虫体特征为具有大的向背侧弯曲的口囊，口囊腹缘有1对、2对或3对尖齿。主要种类有犬钩口线虫（*A. caninum*）和巴西钩口线虫（*A. braziliense*）。犬钩口线虫寄生于犬、猫、狐，偶尔寄生于人。虫体呈淡红色，口囊大，腹侧口缘上有3对大齿。口囊深部有1对背齿和1对侧副齿。虫体长10～16mm，卵大小为60μm×40μm。排出的卵含有8个卵细胞。巴西钩口线虫寄生于犬、猫、狐。口囊腹侧口缘上有1对大齿和1对小齿。虫体长6～10mm，卵大小为80μm×40μm。

钩毛蚴（coracidium） 假叶目绦虫的第一个幼虫期。体表被有纤毛的六钩蚴，从虫卵内孵化之后在水中游动，侵入第一中间宿主甲壳类动物体后，发育为原尾蚴。

钩吻中毒（gelsemium poisoning） 家畜误食钩吻（即断肠草、胡蔓藤、大茶药，属马线子科，多年生常绿藤本植物。）后，由其中的钩吻碱甲（gelsemine）和钩吻碱乙（gelsemicine）等所引起的中毒病。中毒家畜呕吐，流涎，腹痛，腹泻，肌肉震颤，心搏动缓慢无力，呼吸浅表，体温下降。多死于呼吸衰竭。治疗宜用鞣酸溶液洗胃，可肌内注射阿托品等药物。

钩状唇旋线虫（*Cheilospirura hamulosa*） 又称钩饰带线虫（*Acuaria hamulosa*）。寄生于鸡和火鸡肌胃的一种旋尾目线虫。雄虫长10～14mm，雌虫长16～29mm，有四条角质脊，称饰带，自头端起始，呈波浪形向后延伸，达虫体后部。雄虫的左交合刺细长，长1.63～1.8mm，右交合刺扁平，长0.23～0.25mm。中间宿主为蚱蜢和甲虫等昆虫。虫体在肌胃角质层下形成软结节。

构象决定簇（conformational determinant） 位于伸展肽链上相距很远的几个氨基酸残基，或位于不同肽链上的氨基酸残基，由于多肽链的盘曲、折叠，使之互相靠近而具有特定的空间构象，共同组成的决定簇，可决定蛋白质抗原的特异性。例如，胶原蛋白的抗原决定簇是由 3 条肽链共同组成的，变性的胶原肽链各自拆开，即失去原有的构象，而丧失抗原特异性。

孤雌生殖（parthenogenesis） 又称单性生殖动物。卵子不经过受精直接发育成新个体的生殖方式。自然界中有许多动物通过孤雌生殖方式繁衍后代，如蚜虫和蜜蜂。还有一些动物的卵子，虽然正常情况下不能进行孤雌生殖，但是经人工刺激则可使其活化并发育到一定阶段，这种现象称为人工孤雌生殖，如蛙类和蟾蜍。一些哺乳动物（如兔）的卵子，在进行体外刺激、体外受精或体外培养时，也有孤雌生殖现象。

古柏线虫病（cooperiasis） 多种古柏线虫寄生于羊、牛等反刍兽的小肠而引起的寄生虫病。虫体头端通常有一小头泡。雄虫长 4.5～9mm，雌虫长5.6～9mm。交合伞肋的模式与毛圆线虫相似，但背肋常呈马蹄铁样分支。交合刺的构造亦与毛圆线虫的构造相似，中部常呈翼样扩展。生活史、症状、诊断与防治等参阅捻转血矛线虫病。

古核细胞（archaebacteria） 又称古细菌。是一些生长在极端特殊环境（高温、高盐）下的细菌。包括产甲烷细菌类、盐细菌、热源质体、硫氧化菌等。古核细菌的形态结构、DNA 结构及其生命活动方式与原核细胞相似，但与真核细胞在进化上的关系较细菌更为密切。它们可能在细胞起源与早期生命进化中扮演过重要角色。

谷氨酸（glutamic acid） 二羧基的酸性脂肪族氨基酸，简写为 Glu、E，生糖非必需氨基酸。可由 α-酮戊二酸氨基化或经转氨生成，也可转变成谷氨酰胺，或与精氨酸、鸟氨酸和脯氨酸互相转变，或参加谷胱甘肽的合成。它和其脱羧产物 γ-氨基丁酸均为神经递质。

谷氨酰胺（glutamine） 含酰胺基的极性脂肪族氨基酸，简写为 Gln、Q，生糖非必需氨基酸。在肝脏、肌肉和大脑等组织中由谷氨酸和氨合成，是动物体内氨的解毒产物之一，也是氨的贮存和运输形式。它可在肾脏中分解释放氨以中和尿中的酸，也为其他氨基酸及嘧啶、嘌呤和一些辅酶的合成提供氨基。

谷胱甘肽（glutathion） 由谷氨酸、半胱氨酸和甘氨酸所组成的三肽。生物合成不需要编码的 RNA，而与 γ-谷氨酰基循环（γ-glutamylcycle）的氨基酸转运系统相联系，其反应过程首先由谷胱甘肽对氨基酸转运，其次是谷胱甘肽的再合成。谷胱甘肽分子上的活性基团是半胱氨酸的巯基（—SH）。它有氧化态与还原态两种形式，由谷胱甘肽还原酶催化其互相转变，辅酶是 NADPH。还原型的谷胱甘肽在细胞中的浓度远高于氧化型（约 100∶1），其主要功能是保护含有功能巯基的酶和使蛋白质不易被氧化，保持红细胞膜的完整性，防止亚铁血红蛋白（可携带 O_2）氧化成高铁血红蛋白（不能携带 O_2），还可以结合药物、毒物，促进它们的生物转化，消除过氧化物和自由基对细胞的损害作用。还原型谷胱甘肽与过氧化氢或其他有机氧化物反应还可起到解毒作用。

股薄肌（m. gracilis） 位于股部内侧浅层的肌肉。与对侧同名肌相连，一同起始于骨盆的联合腱；肌腹宽而较薄，直接在皮下，向下至膝部转变为腱膜，止于髌韧带、胫骨嵴和小腿筋膜。作用为内收后肢。

股二头肌（m. biceps femoris） 位于股部后外侧面的肌肉。起始于荐骨（椎头，犬的不发达）和坐骨结节（坐头）。肌腹强大，由臀部沿股部后外侧面向下向前，并逐渐加宽，以腱膜止于髌骨及髌外侧韧带、胫骨嵴和跟骨。在肌与股骨大转子、髌骨或股骨外侧髁间常垫有滑膜囊。作用为伸髋、膝和跗关节，推躯干向前，当后肢悬空时则为屈膝关节和伸髋、跗关节，将后肢向后伸。在反刍兽和猪，因有一部分臀浅肌并入此肌，常称臀股二头肌。

股方肌（m. quadratus femoris） 位于股部后方深部的小肌。起始于坐骨腹侧面；向前向下，止于股骨后面的上部。作用为伸髋关节。

股骨（femur） 股部强大的管状骨。由髋关节斜向前下方，一般呈 45°。近端在内侧有股骨头，外侧有大转子。头以颈与骨体相连，关节面上有小凹，供韧带附着。大转子是体表的重要标志，相当于臀角，在小型动物高度与股骨头相平，在马、牛等高出于头以上。股骨体上部内侧有小转子；外侧在马、兔有第三转子，可触摸到。远端有一对髁朝向后下方，与胫骨相关节，有一滑车朝向前下方，与髌骨相关节，马、牛的滑车内侧嵴较高、较厚。禽股骨较短。

股骨头缺血性坏死（avascular necrosis of the femoral head） 又称累-佩病（Legg-Perthes disease）、幼年变形性骨软骨炎（osteochondritis deformans juvenilis）。由于股骨头局部缺血引起的髋关节坏死。病原不明，多发生于 1 岁以下的幼年犬和小型犬。临床表现跛行、髋部肌肉萎缩。X 线检查可见股骨头骨密度降低，股骨头失去正常的圆形轮廓，关节面中断，关节间隙变宽，髀臼变浅，其头缘变平，关节退行变性可出现游离的骨碎片，股骨颈变粗，骨干与股骨颈之间的角度变小等。

股管（femoral canal） 股部内侧的筋膜管。前界为缝匠肌，后界为耻骨肌，外侧界为髂腰肌和股内肌，内侧界为股薄肌和股筋膜；缝匠肌与耻骨肌之间的三角形区又称股三角。略呈漏斗状，上口称股环，位于腹股沟管腹环的后内方；由耻骨（在后方）、腹股沟韧带（在前方）和腰小肌腱（在外侧）围成，以腹横筋膜封闭；下端达耻骨肌止点。管内有股血管和隐血管及隐神经起始段，马还有腹股沟深淋巴结。小动物如羊、犬等可在股内侧于股三角处触摸股动脉脉搏。

股神经麻痹（paralysis of femoral nerve） 股神经损伤引起其支配的肌群发生感觉和运动障碍。常见于马外伤，或并发于肌红蛋白尿病、氮质尿症等。单侧性股神经麻痹，病侧后肢膝关节以下各关节全呈半屈曲状态，虽用病肢的蹄尖触地但不能负重，病畜不愿行走，强令行走则病后肢提举困难，当病侧肢的蹄着地负重时，膝关节和跗关节迅速崩屈，致使后躯下蹲。双侧性股神经麻痹，病马则卧地不能起立。治疗参见桡神经麻痹。

股疝（femoral or crural hernia） 外疝的一种。小肠或大网膜侵入股管，极易嵌顿，特别是小肠。经过急速运动有腹痛症状，局部呈鸡卵大小（马），应与腹股沟疝鉴别诊断。可进行手术治疗，注意不得损伤股动、静脉。

股四头肌（m. quadriceps femoris） 位于股部前方的强大肌肉，活体易触摸到。有 4 个头：股直肌，最发达，起始于髂骨体前面，髋臼前方；股外侧肌，亦很发达，起始于股骨外侧面；股内侧肌，较小，起始于股骨内侧面；肌中间肌，位于股直肌下，在股骨紧前面。4 个头合并后止于髌骨，通过髌直韧带间接止于胫骨粗隆。为膝关节的强有力伸肌，维持后肢站立；如瘫痪则后肢不能负重。股直肌尚可参与屈髋关节。

骨穿刺（bone puncture） 又称额骨硬度穿刺。判定骨质硬度而用特别骨穿刺针在额骨上进行的一种穿刺术。用于动物患骨质疾病时。部位在两侧内眼角的连线和颜面部正中线的交叉点。穿刺时一手保定动物头部，另一手持骨硬度穿刺针用于垂直刺入穿刺部位，如用一般力量很易刺入骨质并可将穿刺针固定，是骨质软化的标志。近年来对这一方法有所改进（如鸟羽式穿刺法、Mico 式穿刺法），其特点是将刺入力数值化（改进穿刺针）和将穿刺点在原来的部位水平方向向两侧移动 1～1.5cm。正常骨硬度，牛在 13kg 以上，马在 17kg 以上。

骨单位（osteon） 又称哈弗斯系统（Haversian system）。骨干骨密质的主要部分，是介于内、外环骨板之间的大量筒状结构。骨单位呈筒状，直径30～70μm，长 0.6～2.5mm，以一条纵行中央管（或称 Haversian 管）为中心，由 4～20 层同心圆排列的骨单位骨板围成，是神经、血管的通路。

骨干（diaphysis） 长骨的中段，在骨发育过程中骨化发生较早。长骨两端骨化发生稍晚，称骺。骨干与骺间保留一层骺软骨，又称骺板，骨干与软骨相接的干骺端（metaphysis）是长骨的生长区。骨干外周为密质骨，由骨膜的膜内骨化形成，中部由于破骨细胞作用而出现骨髓腔。干骺端则形成松质骨和骨髓间隙。

骨骼（skeleton） 家畜体内由骨和软骨构成的支架，形成身体的支柱和体形，保护内部器官，作为动物运动系统的杠杆。可分为中轴骨骼和四肢骨骼。中轴骨骼包括头骨、脊柱和胸廓。四肢骨骼有前肢骨和后肢骨，分别包括胸肢带和盆肢带以及两者的游离部骨。

骨骼肌（skeletal muscle） 又称横纹肌。由数以千计具有收缩能力的肌细胞（肌纤维）所组成，并由结缔组织所覆盖和接合在一起，其力量和耐力，会直接影响动物运动。

骨骼肌松弛药（skeletal muscular relaxants） 简称肌松药，为 N_2 受体阻断药，作用于神经肌肉接头突触后膜（运动终板）上的 N_2 受体，阻滞神经冲动的正常传递，导致骨骼肌松弛。按其作用机制分为两类：①去极化型肌松药，又称非竞争型肌松药。本类药物与神经肌肉接头突触后膜的 N_2 受体长时间结合，引起突触后膜持续去极化，阻碍了复极化，导致长时间神经肌肉传递阻断，逐渐发生肌肉松弛性麻痹。抗胆碱酯酶药（如新斯的明）不能阻断这类药的肌松作用。本类药物有琥珀胆碱、十烃季铵等。②非去极化型肌松药，又称竞争型肌松药。本类药物与神经肌肉接头突触后膜的 N_2 受体结合，形成无活性的复合物，从而阻碍了运动神经末梢释放的乙酰胆碱与 N_2 受体的结合，因而不产生去极化，致使肌肉松弛。抗胆碱酯酶药可颉颃这类药物的作用。本类药物有筒箭毒碱、三碘季铵酚、泮库溴铵等。肌松药可作为全身麻醉辅助剂，以便在较浅的全身麻醉状态下，获得外科手术所需的肌肉松弛度，减少全麻药的用量。

骨化（ossification） 间充质形成骨的过程。有两种方式：一种是膜内成骨，即在间充质增殖、密集形成的原始结缔组织膜内形成骨组织；另一种是软骨内成骨，即在间充质分化形成的软骨雏模内形成骨组织。两种方式虽然不同，但基本过程是一致的，都经过两个步骤：第一步是形成类骨质，即在将要形成骨组织的地方，间充质细胞增生分化为成骨细胞。成骨细胞具有合成纤维和基质的功能。当细胞间质形成后，成骨细胞本身被埋入间质中，即变为骨细胞。新形成的间质中尚无骨盐沉着，称为类骨质。第二步是类骨质钙化，即在骨细胞分泌的碱性磷酸酶的作用下，大量骨盐沉着于类骨质中，钙化成骨组织。

骨化中心（ossification center） 骨发育过程中，首先骨化的部位。骨化从此处开始，然后逐渐扩大，最后完成全部骨化。X线检查时，骨化中心表现为骨内一定部位的骨质致密的阴影，周围则是无结构的软组织阴影。

骨架-放射环结构模型（scaffold radial loop structure model） 解释染色质包装的环化与折叠的模型。主要内容为：染色质包装过程中，由核小体形成的30nm的螺线管（染色线）并不发生超螺旋，而是折叠成环，并沿染色体纵轴由中央向四周伸出，构成放射环（DNA复制环），每18个复制环呈放射状平面排列，结合在核基质（染色体骨架）上形成微带，后者是染色体高级结构的单位，大约10^6个微带沿纵轴构建成子染色体。

骨架区（framework region） 又称支架区。Ig重链和轻链可变区中在高变区之间氨基酸变异率较低的区域。在肽链折叠时，这些区域的氨基酸形成支架，使高变区氨基酸暴露在Fab的前端。

骨间肌（interosseous muscles） 位于掌和跖部后面的肌肉。起始于掌和跖骨近端；向下止于掌指和跖趾关节的两个近侧籽骨，并分出两支绕至指和趾部背面，与伸肌腱相连。肌的数目因家畜种类而异：犬4条，猪2条，反刍兽2条合并为一条，马只保留一条，称骨间中肌。在肉食兽和猪作用为屈掌指和跖趾关节；马和成年反刍兽已完全转变为腱组织，常称悬韧带，反刍兽并有分支至浅屈肌腱，主要是通过籽骨和籽骨远侧韧带以支撑掌指和跖趾关节维持正常背屈状态，可沿掌骨或跖骨后方与屈肌腱之间触摸到。

骨瘤（osteoma） 外生性骨疣或成骨细胞来源的良性肿瘤。多见于犬、马、牛，常发生在颅骨和四肢。质地坚硬，由不规则的骨小梁和其间的结缔组织所组成，一些瘤组织中甚至可见骨髓腔。

骨迷路（osseous labyrinth） 颞骨岩部由致密骨质构成的一系列复杂空腔。可分为一个稍大的前庭、三个骨半规管和一个如蜗壳状的耳蜗三部分；骨半规管和耳蜗均与前庭相通。前庭和耳蜗的外侧壁为中耳的迷路壁，上有前庭窗和蜗窗两个开口。

骨膜（periosteum） 覆盖在骨组织表面的一层致密结缔组织包膜。其中，被覆于骨组织外表面者称骨外膜，被覆于骨髓腔、哈氏管、伏克曼氏管和骨小梁表面的称骨内膜。骨膜内层含有较多的细胞和丰富的血管，这些细胞可分化为成骨细胞或破骨细胞。骨膜外层含有较多的纤维成分。骨膜不仅对骨组织有营养和保护作用，且对骨的生长、重建和损伤后的修复等均有重要意义。

骨膜增生（periosteohyperplasia） 以增生为主要特征的慢性骨膜炎。可由急性骨膜炎转变而来，或因骨膜遭到持续性压迫和外伤等原因而引发。有两种类型，即纤维性骨膜炎和骨化性骨膜炎。前者以骨膜结缔组织增生为主，在局部出现肿胀，有热感和压痛，多无明显的运动机能障碍；后者以成骨细胞增生、形成骨样组织为主，后期钙盐沉积形成小的骨赘或大的外生骨瘤，病变部突出、坚硬，表面凹凸不平，骨赘发生于关节韧带或肌腱附着点时，可见跛行。治疗早期可用温热疗法和按摩，跛行较重者可用刺激剂，也可进行骨膜切除或骨瘤摘除。

骨内膜（endosteum） 覆盖在骨髓腔、哈氏管和伏克曼氏管内表面的骨膜。较薄，分层不明显，主要由一层扁皮细胞组成，能分裂分化成骨细胞。

骨盆（pelvis） 髋骨、荐骨和前几个尾椎构成的盆腔骨架。在马、犬略呈横置的圆锥形，截顶向后；牛、猪呈横置的圆柱形。前口为完整骨环，形成终线；后口仅有尾椎和坐骨弓及结节。侧壁大部分以韧带和肌肉填补。前口大小常以荐耻径和中横径测量；朝向前下方的倾斜程度可以垂直径示明，即由耻骨前缘垂直向上至盆腔顶的部位。骨盆顶前宽后狭，略纵凹，牛的横向亦较凹。前口在母马呈圆形，牛稍狭，猪为长卵圆形，犬的中部宽而上部狭。垂直径一般正对第三荐椎。犬、猪倾斜度大，犬正对荐骨后端甚至尾椎，羊的倾斜度虽较小，但荐骨短，垂直径正对尾椎。骨盆底在马前后水平，略横凹；牛的前部较水平，后部斜向上向后；猪的平而略向后向下倾斜，特别在拱背的猪。骨盆联合至成年逐渐骨化。后口较小，略呈三角形，侧缘为荐坐韧带后缘（马、牛、猪）或荐结节韧带（犬）。骨盆中轴多为略向后斜的直线，牛为折线。骨盆的性别差异在大家畜较明显，如公马的前口较小，略呈上宽下狭的三棱形，倾斜度较小，坐骨弓狭而较深；公牛骨盆粗大，但盆腔较小，底的前部较凹，后部更陡。

骨盆出口（pelvic outlet） 骨盆腔通向体外的圆孔，由第一尾椎（顶）、荐坐韧带（两侧）和坐骨弓（底）组成。出口大小与骨盆的上下径、横径有关。上下径是第一尾椎和坐骨联合后端连线的长度，由于尾椎活动性大，上下径容易扩大；横径是两侧坐骨结节之间的连线，坐骨结节构成出口侧壁的一部分。因此，结节越高，横径扩展越受限制，分娩时胎儿通过困难。牛的骨盆出口横径比较窄，因此难产较多。

骨盆联合（pelvic symphysis） 两髋骨沿腹侧中线形成的软骨连接，包括耻骨联合和坐骨联合，以纤维软骨板互相连接，在背、腹面和前、后缘另有纤维加固。软骨随年龄由耻骨向坐骨方向发生骨化，但过程早迟因动物种类和性别而有不同，并因个体而有差异。许多小型动物如天竺鼠等，骨盆联合不发生骨化，雌性分娩时可因雌激素、松弛素等的作用暂时解离，以扩大产道。禽不形成骨盆联合。

骨盆入口（pelvic inlet）　骨盆腔通向腹腔的大圆孔，由荐骨基部（顶）、髂骨干（两侧）和耻骨前缘（底）构成。入口大小与入口的荐耻径、横径及倾斜度有关。荐耻径是骨盆入口的上下径。横径是入口横向的长度，分上横径、中横径和下横径，上横径是荐骨基部两端之间的长度，中横径是两髂骨干上腰肌结节间连线的长度，下横径是耻骨梳两端之间连线的长度。倾斜度是髂骨干与骨盆底所形成的夹角。荐耻径与中横径决定骨盆入口的大小，两者长度差距越小，入口越近圆形；倾斜度越大，骨盆顶越容易向上扩展，胎儿越容易进入和通过盆腔。马的骨盆入口近圆形，横径大，倾斜度也大；牛的骨盆荐耻径大于中横径，入口呈竖的长圆形，倾斜度较马的小。故马胎比牛胎容易进入和通过盆腔。

骨盆狭窄（stenosis of pelvis）　有先天性、生理性和病理性 3 种。以母畜过早配种，骨盆先天性狭窄较多见。骨盆发育不良和骨折等生理和病理性狭窄很少见。胎儿大小和软产道均正常，因骨盆较小或异常，妨碍胎儿产出。轻度狭窄的，可灌注大量滑润剂后将胎儿强行拉出。一般取剖宫产术。

骨盆轴（axis of pelvis）　骨盆入口荐耻径、骨盆垂直径和骨盆出口上下径 3 条线中点的连线。线上各点距骨盆壁内面各对称点的距离是相等的，是一条骨盆的假想线，它代表胎儿通过骨盆腔时所经的路线。骨盆轴越短、越直，胎儿越容易通过。垂直径是骨盆联合前端向骨盆顶所作的垂线。出口上下径是第一尾椎与坐骨联合后端的连线。

骨肉瘤（osteosarcoma）　又称成骨肉瘤。由恶变成骨细胞、骨样组织及新生骨构成的恶性肿瘤。见于犬、猫、马和牛，多发于长骨的骨骺和头部骨骼。容易发生转移。预后不良。

骨软症（osteomalacia）　成年家畜骨骼重新脱钙而造成骨质疏松和未钙化的骨基质过度形成的一种代谢病。病因有日粮中磷缺乏或过剩以及钙磷比例不平衡。长期泌乳、妊娠和消化紊乱等也是重要诱因。症状有异嗜，慢性胃肠卡他等，骨骼和关节疼痛，步态强拘，一肢或多肢跛行，站立取“拉弓射箭”姿势，两后肢内转，并呈八字形，走路时有关节爆裂音，易发生骨折，盆骨、肢蹄变形，并发腐蹄病。重型被迫卧地，形成褥疮，多被淘汰。预防措施主要是保证日粮中钙、磷含量及其比例适当，治疗可静脉注射磷酸二氢钠溶液和磷酸钙溶液。

骨髓穿刺（bone marrow puncture）　为了采取骨体液作骨髓造血功能的检查而将骨体穿刺针穿入骨体。胸骨穿刺多应用于牛和马，以鬐甲顶点所作的垂线与胸骨梳左侧或右侧胸骨体的交叉点为穿刺点。髂骨穿刺应用于犬、猫或大动物，穿刺点为髂骨前缘。肋骨穿刺应用于牛、羊、山羊和马，在第 10～13 肋骨距背中线 5～10cm 处。穿刺时使动物站立保定，术部剪毛、消毒，将穿刺针强力刺入，抵抗力突然减低时拔去针芯，立即接上注射器，强力反复吸引，即可采出红色骨髓液。

骨髓瘤细胞酶缺陷系（myeloma cell lines lacking HGPRT or TK）　缺乏次黄嘌呤鸟嘌呤磷酸核糖转移酶（HGPRT）或胸腺嘧啶核苷激酶（TK）的骨髓瘤细胞系。这种酶缺陷细胞系是在含有 8-氮鸟嘌呤或 6-硫鸟嘌呤（HGPRT-）的培养基中筛选出来的。在杂交瘤技术中用的骨髓瘤细胞都是酶缺陷系。在 HAT 培养基中未与免疫淋巴细胞融合的骨髓瘤细胞全部死亡，发生融合而形成的杂交瘤细胞因得到来自淋巴细胞的 HGPRT 可存活并繁殖。

骨髓瘤细胞系（myeloma cell lines）　可以在培养中无限传代的“永生”骨髓瘤细胞。自发的骨髓瘤或浆细胞瘤在小鼠少见，但在 LOU/C 系大鼠常见，在人和其他动物也可见到。大多数的骨髓瘤细胞系都是通过体外培养从自发或人工诱发的原代骨髓瘤细胞建立起来的。

骨髓腔（medullary cavity）　长骨骨干内的较大腔隙，内含骨髓。常有一滋养孔开口于骨干表面，分布于骨髓的滋养动、静脉由此进出。长骨在较近滋养孔的一端，骺与骨干愈合时间较早。

骨髓细胞瘤（myelocytomatosis）　禽白血病的一种，病禽骨骼上由骨髓细胞增殖形成的肿瘤。人工感染潜伏期 3～11 周，6 周龄鸡较易感。肿瘤常发生于肋骨和肋软骨连接处、胸骨后部、下颌骨和鼻腔软骨上。根据临床症状和病理组织学检查可作出诊断。防控措施见禽白血病。

骨髓依赖（B）淋巴细胞（bone marrow-dependent B lymphocyte）　起源于骨髓干细胞的 B 淋巴细胞。在鸟类，造血干细胞必须迁移到法氏囊才能发育成 B 淋巴细胞。在哺乳类未找到法氏囊类似器官，一般认为哺乳类的造血干细胞就在骨髓内发育为 B 淋巴细胞。在抗原刺激下可分化为浆细胞，合成和分泌免疫球蛋白，主要执行机体的体液免疫。

骨细胞（osteocyte）　骨组织的主要细胞成分。位于骨陷窝内，呈扁椭圆形，有很多细长的突起走行于骨小管中，相邻骨细胞的突起之间密切接触并有缝管连接。骨细胞的细胞器不发达，代谢率也较低。骨细胞具有合成和分泌基质的能力，但这种能力弱于成骨细胞。骨细胞添加和清除骨基质的能力是血钙水平保持平衡的重要机制。

骨折（fracture） 骨或软骨的完整性或连续性中断。原因有直接暴力、间接暴力、肌肉强力牵引等。处于病理状态下的骨如骨体炎、佝偻病、骨纤维性营养不良、慢性氟中毒等，其骨质疏松、脆弱、甚至有骨的破坏，只要遭受不大的外力就可引起骨折，称病理性骨折，主要症状有骨折肢出现弯曲、缩短、延长等异常肢势，在骨折部位出现异常活动和骨摩擦音，骨折肢体出现功能障碍。治疗原则为复位、固定及功能锻炼。

骨质破坏（destruction of bone） 局部正常骨组织被病理组织取代的过程，骨疾病的基本病变之一。X线检查表现为局部骨质缺损，骨密度降低和骨结构不清。

骨质软化（osteomalacia） 骨质钙化不足，未经钙化的骨样组织相对增多的病变。骨疾病的基本病变之一，多涉及全身骨骼。X线检查表现为骨密度降低，骨结构稀疏，皮质变薄。由于骨质软化，支重的长骨常弯曲变形。

骨质疏松（osteoporosis） 在骨的一定体积内，正常钙化的骨量减少的病变。此时骨质的有机物和无机物同时减少，松骨质的骨小梁和密实的骨板亦减少，是骨疾病时的基本病变之一。X线检查表现为骨小梁数目明显减少，松骨质孔变稀而大，呈粗糙稀疏现象；皮质变薄；骨密度因骨的成分减少而降低。

骨质疏松症（osteoporosis） 可能由多种原因导致的骨密度和骨质量下降、骨微结构破坏，造成骨脆性增加，从而容易发生骨折的全身性骨病。分为原发性和继发性两大类。

骨质硬化（osteosclerosis） 在一定的骨体积内正常钙化的骨量增加，比正常骨质致密的病变，是骨疾病时的基本病变之一。X线检查表现为骨密度增加，骨小梁增多、增粗，松骨质均匀密实，骨皮质增密增厚，骨髓腔变狭窄甚至闭塞。

骨组织（osseous tissue） 坚硬的结缔组织，由椭圆多突的骨细胞、胶原纤维和有钙盐沉积的基质构成。按其构筑形式，可分为两种类型，即骨密质和骨松质。此外，在骨组织的边缘还可见到几种与骨组织的发生和更新有密切关系的细胞，主要是成骨细胞和破骨细胞。

钴胺素（cyanocobalamin） 又称维生素 B_{12} 或氰钴胺素，含钴的水溶性维生素。在体内是传递甲基的辅酶，参与一碳基团的转移和丙酸的代谢。缺乏时可出现恶性贫血和神经疾患。肝、肉和蛋内含量较多，动物除由食物获得，肠道微生物也能自行合成。人工合成的维生素 B_{12} 用作抗贫血药，用于治疗贫血、外周神经炎，也可用作饲料添加剂。

钴缺乏症（cobalt deficiency） 日粮中钴不足，导致以厌食、消瘦和贫血为主症的代谢病。病因主要是土壤中缺钴。病牛食欲减退，体重减轻，产奶量降低，被毛干枯，皮肤紧裹，消瘦衰弱，结膜苍白，疲劳，异嗜，便秘与腹泻交替出现。病羊产毛量降低，毛质脆弱，易断，极度衰弱，消瘦。治疗宜投服钴盐。

鼓膜（tympanic membrane） 将外耳道与中耳鼓室隔开的薄膜。背侧部倾斜向外，因此面积大于外耳道横切面。长轴前后向由3层构成：外层为表皮，与外耳道皮肤相连续；中层为纤维层，附着于颞骨的鼓膜环；内层为鼓室黏膜。鼓膜环在背侧有缺口，鼓膜的此部分为松弛部，其余大部分为紧张部。锤骨柄埋藏于鼓膜内侧面，因有鼓膜张肌牵拉锤骨，使鼓膜略向内凸，外侧面略凹。用检耳镜检查时，可分辨出鼓膜的紧张部、松弛部以及锤骨柄附着处形成的锤纹。

鼓音（tympanic resonance） 一种音调低、音响较清音强、音时长而和谐的低音，如击鼓声。为叩诊含大量气体的空腔器官（如健康马盲肠基部或健康牛瘤胃上部1/3），或病例状态下的肺内空洞、气胸等所产生的声音。

臌气（bloat） 又称臌胀。动物胃或肠内积有异常多量的气体，致使腹部胀满膨隆。反刍兽多为瘤胃臌气，单胃兽多为肠臌气，前者可分为泡沫性和非泡沫性两种，见于瘤胃异常发酵，嗳气障碍。后者除肠臌气外，也多继发于肠便秘、肠变位等。

固定病毒（fixed virus） 毒性被弱化而毒力稳定的狂犬病病毒。将狂犬病街毒连续通过兔脑接种40～80次，使潜伏期逐渐缩短到7（4～9）d左右，继续传代时潜伏期不再缩短，且对原宿主的毒力下降。特点如下：①对兔的中枢神经组织有亲和力，只出现麻痹型而非狂暴型症状。②感染细胞内不产生典型的内基氏小体。③对兔的毒力增强而对其他动物的毒力减弱。④街毒通过其他动物或鸡胚也能变成固定毒。⑤毒力稳定，一般不再恢复。⑥繁殖力大大提高。大多数狂犬病疫苗都用此法制备，用单克隆抗体进行中和试验，可发现固定毒与街毒之间存在抗原性差异，这可能是疫苗有时会出现不完全保护的原因。

固定毒株（fixed virus strain） 狂犬病病毒自然强毒株（街毒）通过家兔脑内接种传代，所获得的对人畜毒力减弱的病毒株的通称。固定毒株可用于狂犬病毒株的培育，也可作为疫苗毒株制备疫苗。

固定化酶（immobilized enzyme） 使用物理或化学方法固定在水不溶性大分子固相载体上，或包裹在半透膜微胶囊或水溶性凝胶中的酶。因酶在催化反应中以固相状态作用于底物，可保持酶的高度专一性和催化的高效率。固定化酶的优点在于其机械性强，可以较长时间内进行反复分批反应和连续反应。反应后又容易将酶与产物分开，便于产物的回收。

固定剂（fixative） 能使构成组织细胞的基本成分变成对水和有机溶剂不溶，并使水解酶失活的化学物质。按其原理分为两大类：架桥剂和沉淀剂。常用的架桥剂有甲醛、多聚甲醛、戊二醛、对苯醌等；常用的沉淀剂有乙醇、丙酮、苦味酸、冰醋酸等。

固定阳极X线管（stationary anode tube） 阳极固定不能旋转的X线管。此类X线管阳极为一铜柱，铜柱面对阴极的一面为斜面，斜面上镶有一块钨，是接受电子轰击的地方，称为靶面。固定阳极X线管的有效焦点大，热容量小，靶面容易损坏。

固定症状（fixed symptom） 在整个疾病过程中必然出现的特征性症状，是诊断典型病例不可缺少的依据。

固体培养基（solid medium） 在液体培养基中加入琼脂等凝固剂，成为遇热融化、冷却后凝固的培养基。用于细菌的分离、纯化、生物活性检测等。

固需寄生（obligatory parasitism） 完全依赖寄生生活而生存的寄生虫的寄生属性。营固需寄生的寄生虫不能离开宿主而独立生存，绦虫、吸虫和大多数寄生线虫以及某些螨类均属此类。

固有耐药（intrinsic resistance） 又称天然耐药。某种微生物对某种抗微生物药物的天然耐药性。编码这种耐药性的基因位于微生物的染色体上，因此耐药性可代代相传。

寡聚酶（oligomeric enzyme） 由多个亚基组成的酶。分子量大于35 000。亚基可以相同，也可以不同，亚基之间为非共价结合，容易分开，如乳酸脱氢酶、磷酸果糖激酶、已糖激酶等。这类酶多属调节酶类，单独的亚基一般无活性，必须相互结合才有活性。活性可受多种形式灵活调节，对代谢过程起重要的调节作用。

寡糖（oligosaccharide） 又称低聚糖。由2～10个糖单位的糖苷键相连形成的直链或支链糖。有双糖、三糖、四糖等。在酸或酶的作用下可水解成相应的单糖。二糖（disaccharide）又称双糖，是寡糖中最重要的一类，由两分子单糖脱水缩合而成。自然界中游离存在的重要二糖有蔗糖、麦芽糖、乳糖等。较为常见的三糖（trisaccharide）有棉籽糖、龙胆三糖、松三糖、鼠李三糖等。寡糖的获得途径主要有：从天然原料中提取、微波固相合成方法、酸碱转化法、酶水解法等。

果胶（pectin） 果酸甲酯的聚合物。它由两分子半乳糖醛酸以糖苷键相连而成。广泛存在于鲜果和植物中，可被草食动物消化道中寄生的微生物分解后为动物机体利用。

关键酶（key enzyme） 又称限速酶或调节酶。催化代谢途径中处于调控位置的酶。通常是在整个代谢途径中催化第一步反应或限速反应的酶。其活性的改变可影响整个途径的速度甚至改变途径的方向。主要特点为：①其活性决定代谢的总速度；②催化单向反应，其活性能决定代谢的方向；③受多种效应剂的调节。

关节捩伤（sprain of joint） 间接外力作用使关节活动超越了生理范围，瞬时的过伸、过屈或扭转而发生的关节韧带和关节囊的损伤。动物多发生于系关节和冠关节，其次是跗关节和膝关节。临床表现有局部肿胀、疼痛和温热，行走时出现跛行。治疗应以休息和制动为主。受伤的当时可行冷敷以制止出血和渗出，局部出现炎症以后可施行消炎镇痛治疗。

关节脱位（dislocation of joint） 又称脱臼。构成关节的各骨失去正常的对合关系。关节脱位有多种分类方法，按病因分有先天性脱位、外伤性脱位、病理性脱位、习惯性脱位；按程度分有完全脱位、不全脱位；按时间分有新鲜脱位、陈旧脱位。造成脱位的原因多为间接暴力和直接暴力的结果。脱位的症状有关节变形、关节异常固定、关节肿胀，肢势改变和机能障碍。治疗的原则是整复固定以及关节韧带愈合后的功能锻炼。

关节炎（arthritis） 炎症、感染、创伤或其他因素引起的关节炎性病变。主要特征是关节红、肿、热、痛和功能障碍。很多疾病均可引起关节炎性病变，临床上最常见的是骨关节炎和类风湿关节炎两种。

关节盂（glenoid cavity） 四肢动物胸肢带上与肱骨头相接的关节窝。多由肩胛骨和乌喙骨形成；在胎生哺乳动物仅由肩胛骨形成，家畜呈较浅的圆形或椭圆形。

关节造影（arthrography） 将造影剂经皮注入关节腔内以显示关节解剖结构和关节囊的关节X线检查技术。可用阳性造影剂或阴性造影剂，亦可同时注入上述两类造影剂进行双重造影检查。

观察诊断（observation diagnosis） 对有些疾病，一时不能做出诊断，须经一定时间的观察后，发现新的有价值的症状或获得补充检查结果而建立的诊断。

冠状病毒科（Coronaviridae） 一类有囊膜的正

股 RNA 动物病毒。病毒子球形或多形性，直径 60～270nm，核衣壳呈螺旋状对称，囊膜上有末端膨大的纤突。基因组 RNA 不分节段，单股，有传染性。有的有血凝素—脂酶，具有血凝活性。病毒在胞浆内增殖，出芽到内质网池及高尔基氏体内，再经细胞膜释出胞外。宿主仅限于脊椎动物，多引致呼吸道及胃肠道疾患。本科包括冠状病毒属及凸隆病毒属。

冠状病毒属（*Coronavirus*）　冠状病毒科的一个属。根据其抗原性的差异至少可分为 3 群，其一为牛冠状病毒、猪血凝性脑脊髓炎病毒、小鼠肝炎病毒、火鸡冠状病毒及人冠状病毒等。均具血凝性；其二为猪传染性胃肠炎病毒、猪呼吸道冠状病毒、猫传染性腹膜炎病毒、犬冠状病毒及人冠状病毒等；其三为禽传染性支气管炎病毒。可能的成员有猪流行性腹泻病毒。

冠状动脉（coronary artery）　心的营养血管。有左右两条。左冠状动脉起于主动脉根部的左后窦，经动脉圆锥与左心耳之间至冠状沟，分为锥旁室间支和回旋支，分别在锥旁室间沟和冠状沟内延伸。右冠状动脉起于主动脉根部的前窦，行经右心耳与动脉圆锥之间，沿冠状沟向右后方延伸，分为窦下室间支和回旋支，分别进入窦下室间沟和冠状沟右后部。但除马、猪和水牛外，反刍兽和肉食兽的窦下室间支为左冠状动脉的延续支。

冠状窦（coronary sinus）　呈球状膨大的短静脉干。在后腔静脉口腹侧开口于右心房，窦口常有办膜，防止血液倒流。汇入该窦的静脉主要有心大和心中静脉，在牛还有左奇静脉。

冠状沟（coronary groove）　又称房室沟，近心基部（除肺动脉干起始部外）包绕整个心的环形沟，标示心房和心室的分界。沟内有供应心的动脉、静脉和神经及脂肪。

冠状韧带（coronary ligament）　连接肝与膈的腹膜褶，很窄，系浆膜由肝的膈面直接转折至膈的后面形成。呈 U 字形，上端分别与肝背缘的左、右三角韧带相连续，沿肝后腔静脉沟内的后腔静脉两侧向下，在膈的腔静脉孔下方互相汇合成袢状绕过后腔静脉。

冠状循环（coronary circulation）　冠状动脉与冠状静脉之间的循环。分布于心脏本身，输送心脏活动所需的营养成分和运出心脏的代谢产物，是体循环最重要的分支之一。左冠状动脉主要供给左心室前部，右冠状动脉主要供给右心室大部和左心室后部。

管骨瘤（splint bone）　见掌骨骨化性骨膜炎。

管理毒理学（regulatory toxicology）　将毒理学的原理、技术和研究结果应用于化学物质的管理，以期达到保障人类健康和保护生态环境的综合性交叉学科，是毒理学的新兴分支学科。

管理利用性不育（infertility due to managemental factors）　由于使役过度、饲养管理不善或者泌乳过多，以及公畜的过度交配或采精引起的生殖机能减退或者暂时停止。常见于马、驴和牛，而且往往是由饲料数量不足和营养成分不全共同引起的。泌乳过多时，促黄体素释放激素受到抑制，卵泡不能发育成熟而影响繁殖，又称泌乳性不育。治疗时首先要减轻使役强度，或改换工作，并供给富含营养的饲料。对于奶牛应变更饲料，使饲料含的营养成分符合产乳量的要求。对母猪可及时断奶。

管套（perivascular cuffing）　在脑组织受到损伤时，血管周围间隙中出现的环绕血管如套袖状的炎性反应细胞，是脑组织的一种抗损伤性应答反应。管套的厚薄与浸润细胞的数量有关，可由一层或多层细胞组成。管套的细胞成分与病因有一定关系。在链球菌感染时，以中性粒细胞为主；在李氏杆菌感染时，以单核细胞为主；在病毒性感染时，以淋巴细胞和浆细胞为主；食盐中毒时，以嗜酸性粒细胞为主。这些细胞是从血液中浸润到血管周隙的。

管型（cast）　又称尿圆柱。在一定条件下，由肾小球滤出的蛋白质、脱落上皮细胞、红细胞、白细胞和细胞碎片，经酸化、浓缩、凝固，在远曲小管和集合管内形成圆柱形蛋白聚体而随尿液排出。根据所含主要成分的不同，管型分为：①白细胞管型。②红细胞管型。③肾小管上皮细胞管型。④颗粒管型。⑤细菌管型等。均与肾小球、肾小管、肾血管、肾间质的病变以及和病原微生物有直接联系。尿中出现一定量的管型（每个低倍视野超过 4 个）表明存在肾脏疾病。

灌药法（drenching methods）　将药液经动物口送入胃内的投药方法。马取站立保定，使马头抬高，术者手持灌角自一侧口角通过门臼齿间隙插入口中并送向舌根，后转并抬高灌角柄便可将药液灌入，待马咽下，抽出灌角重新装上药液重复上述动作，直至灌完。牛取站立保定，抬高牛头，术者左手从牛的一侧口角伸入口腔拉开舌头，右手持盛有药液的橡皮瓶或长颈玻璃瓶自另一侧口角伸入并送向舌背部，抬高药瓶后部并轻轻振抖之（或轻压）便可将药灌入，舌咽后再次灌入，就这样一口一口将药液送入口腔，直至灌完。小猪可提起两前肢保定，大猪仰卧保定。术者用手将猪嘴掰开或用木棒将猪嘴撬开，用药匙或注射器自口角处徐徐灌入或注入药液。小动物的灌药法和小猪类似。

光电吸收（photoelectron absorption）　又称光电

作用（photoelectron effect）。入射的光子将全部能量用于打击原子的内层电子，使电子获得动能并从原子壳层的位置上离去，入射的光子从此消失的过程。被击出的电子称光电子。电子离去后在原子壳上留下的空位可由邻近的电子补充并释放出标识辐射。这是X线与物质发生的一种重要作用。

光滑型-粗糙型变异（smooth - rough variation） 细菌因遗传变异，使其菌落发生的由光滑型到粗糙型的转变。光滑型菌落表面光滑、湿润、边缘整齐，经人工培养多次传代后菌落表面变为粗糙、干燥、边缘不整，即从光滑型变为粗糙型。该变异常见于肠道杆菌，是由于失去脂多糖的特异性寡糖重复单位而引起的。变异时不仅菌落的特征发生改变，而且细菌的理化性状、抗原性、代谢酶活性及毒力等也发生改变，主要涉及菌落外表改变；丧失光滑型菌株的特异性表面抗原；致病力减弱或丧失；改变对某些噬菌体的易感性；自发性盐凝集作用增强等。这种变异有时可以逆转，由粗糙型变回到光滑型。

光滑型菌落（smooth colony，S colony） 外表湿润、光亮、质地均匀、边缘整齐的菌落。细菌产生荚膜可使液体培养基具有黏性，在固体培养基上则形成表面湿润、有光泽的光滑菌落。多数强毒菌株的菌落为光滑型菌落，但有少数细菌的强毒株形成粗糙型菌落，如炭疽杆菌和结核杆菌。形成光滑菌落的细菌能产生完整的表面蛋白和脂多糖菌体抗原。

光敏生物素探针（photobioting lated nucleic acid probe） 利用光敏生物素标记特定DNA或RNA序列所制备的核酸探针。光敏生物素是一种可用光照活化的生物素衍生物，当核酸溶液与光敏生物素醋酸盐溶液的混合物暴露在强的可见光下，光活性基因被激活，与核酸分子形成稳定的共价结合。探针与核酸杂交后可用酶标亲和素系统进行显示，广泛用于核酸杂交试验。

光周期现象（photoperiodism） 繁殖机能受季节光照长短变化的调节而出现的周期循环现象，它对家畜的生殖生理有很大影响，是调节家畜配种季节的最重要的环境因素。

广谱抗生素（broad - spectrum antibiotics） 与窄谱抗生素相对，抗菌谱比较宽的抗生素。不仅能强力抑制大部分革兰阳性菌和革兰阴性菌，某些甚至能抑制衣原体、支原体、立克次体、螺旋体和原虫。已有的广谱抗生素包括四环素类药物、氯霉素类药物等。

广谱青霉素（broad - spectrum penicillins） 一类抗菌谱比天然青霉素（青霉素G）更广的半合成的青霉素。不仅对革兰阳性菌有杀菌作用，对部分革兰阴性菌也有杀菌作用。主要代表药物有氨苄西林、阿莫西林等。广谱青霉素对革兰阳性菌的杀菌活性不及天然青霉素，也无抗青霉素酶活性，对耐药金黄色葡萄球菌无效。

广州管圆线虫病（angiostrongyliasis cantonensis） 由管圆科（angiostrongylidae）、管圆属（*Angiostrongylus*）的广州管圆线虫感染引起。广州管圆线虫的成虫寄生于家鼠及褐家鼠等鼠类的肺部。人是广州管圆线虫的非正常宿主，虫体在人体的移行大致上与在鼠类相同，幼虫侵入后主要停留在中枢神经系统，因此，是一种重要的人兽共患病。广州管圆线虫的中间宿主种类较多，有螺类［如褐云玛瑙螺（*Achatina fulica*）、福寿螺（*Ampullaria gigas*）］、蛞蝓类和蜗牛类等。蛙、蟾蜍、淡水虾、蟹和猪等可作为转续宿主。中间宿主吞食第1期幼虫后，幼虫发育为第2期和第3期幼虫。鼠类等终末宿主因吞入含有第3期幼虫的中间宿主、转续宿主以及被幼虫污染的食物而感染。第3期幼虫在终末宿主体内进入血循环，至身体各部器官，但多数幼虫沿颈总动脉到达脑部，在脑部经2次蜕皮发育为幼龄成虫。幼龄成虫大多于感染后24～30d经静脉回到肺动脉，继续发育至成虫。人的感染与鼠相似，因食入幼虫而感染。幼虫对人体有较强致病力。严重病例可引起瘫痪、嗜睡、昏迷，甚至死亡。诊断可用酶联免疫吸附试验。治疗可用阿苯达唑、甲苯咪唑、左旋咪唑、康苯咪唑等。防止人感染的主要措施是灭鼠和改变生吃螺等软体动物的习惯。

癸氧喹啉（decoguinate） 广谱抗球虫药，喹啉类抗球虫药中作用较强的一种。对鸡柔嫩、毒害、波氏、巨型、堆型、和缓、变位和哈氏等艾美耳球虫均有明显作用，但易产生耐药性，并明显抑制机体对球虫产生免疫力，肉鸡在整个生长周期应连续用药，在上市前休药5d。蛋鸡禁用。

滚转运动（rolling movement） 动物强制性的向一侧冲挤、倾倒，并以身体长轴为中心向一侧滚翻。滚转时，多伴有头部扭转和脊柱向滚翻方向弯曲。此种现象常是迷路、听神经、小脑脚周围的病变，使一侧前庭神经受损，从而迷路紧张性消失，身体一侧肌肉松弛。

国际病毒分类委员会（International Committee on Taxonomy of Viruses，ICTV） 隶属于国际微生物联合会的公认的病毒分类与命名机构。ICTV的病毒分类程序为：首先由专家提出新的分类建议，经专家小组讨论后报ICTV有关分会讨论，分会讨论通过后再报ICTV执委会，如获同意，最后提交病毒学分会大会评议，通过后分类报告才能确定，其官方期刊为“intervirology”。迄今为止，ICTV已出版8次分类报告。

国际生物制品标准（International Biologic Product Standard）　经世界卫生组织生物制品标准化专家委员会确定的作为各国生物制品比核的标准。各国生产的生物制品的活性必须与标准生物制品对比确定。现有300余种标准制品。兽医生物制品方面如抗犬瘟热血清1IU含0.0897mg、C型肉毒梭菌抗毒素1IU含0.0800mg、破伤风类毒素1IU含0.03mg等。

国际实验动物科学委员会（International Council on Laboratory Animal Science，ICLAS）　实验动物科学的国际组织，由联合国教科文组织、国际医学组织、国际生物学会在1956年共同发起成立的国际实验动物委员会（international council on laboratory animals，ICLA）以促进实验动物科学的发展。1961年开始与世界卫生组织合作，1979年改为现名，该组织由代表各国的国家会员（national member），代表各国实验动物学会协会的科学会员（scientific member），代表各学术联合会的团体会员（union member）及非正式会员和名誉会员组成。其宗旨是在世界范围内支持实验动物科学的发展，促进实验动物科学中各种生物学标准的建立，收集和传播实验动物科学的信息，向发展中国家提供涉及实验动物工作的各种援助等。我国1988年1月10日以中国实验动物科技开发中心名义作为国家会员，以中国实验动物学会名义作为科学会员参加了该组织。

国际实验动物评估和认可管理委员会（Association for Assessment and Accreditation of Laboratory Animal Care International，AAALAC）　一个设立于美国的其对实验动物评估和认证得到国际认可的非盈利的专业技术社团组织。通过评估程序进行自愿的认证，表明所认证的实验动物设施，其管理和实验动物福利符合该机构的标准与规范。由于其认证取得世界上多数国家的认同，被认证单位所开展工作的研究结果容易受到国际认可。AAALAC的评估将推动科学研究的有效性、持续性，表明对人道护理动物的真正承诺，并且已经成为参与国际交流和竞争的重要基础条件。

国内动物检疫（domestic animal quarantine）　对国内饲养场养殖的动物、乡镇集市交易的动物及动物产品和各省（直辖市、自治区）、市、县之间运输的动物及动物产品进行规定病种的检疫，以防止动物疫病和人兽共患病在国内各地区间传播。根据动物及其产品的动态和运转形式，国内动物检疫包括产地检疫、屠宰检疫、运输和市场检疫监督等。参见动物检疫。

过碘酸雪夫氏反应（periodic acid Schiff reaction，PAS反应）　显示多糖存在的一种组织化学反应。反应体系中的过碘酸首先将糖的碳链打开，把乙二醇基氧化为乙二醛基，后者再与反应体系中的雪夫氏试剂（无色亚硫酸品红）反应，生成紫红色沉淀物，称为PAS阳性物质。主要用于检测糖原、中性黏多糖、黏蛋白及糖脂等。

过继免疫（adoptive immunity）　抗肿瘤生物疗法的一种技术。被动输入致敏淋巴细胞，或致敏淋巴细胞的产物（如转移因子和免疫核糖核酸等）而形成的免疫力。

过境动物检疫（cross-border animal quarantine）　对经过我国国境运输的动物、动物产品、其他检疫物及装载动物和动物产品的运输工具、装载容器实施动物检疫。过境检疫较为特殊，必须抓好动物过境前的检疫审批工作，同时做好进境后的检疫和过境期间的检疫监督管理工作。参见动物检疫。

过量甲状旁腺激素测定（detection of parathormone excess）　一种诊断甲状旁腺功能亢进的实验室检验方法。甲状旁腺激素过量可用磷清除率与肌酐清除率的比例（Cp∶Ccr）来监测。计算这种比例需要同时随机取血样和尿样测定磷和肌酐含量。按下式计算：

磷清除率与肌酐清除率的比例（Cp/Ccr）

=（尿磷/血磷）×（血清肌酐/尿肌酐）

正常清除比例低于0.3，甲状旁腺激素过量时可超过0.8。

过瘤胃蛋白质（by pass protein）　通过反刍动物瘤胃而未在瘤胃被微生物分解的饲料蛋白质。受蛋白质的性质、瘤胃发酵强度及饲料在瘤胃内滞留时间等因素影响。为了避免优质饲料蛋白质在瘤胃内被微生物分解，造成营养上的损失，事先对饲料进行热处理、鞣酸处理或者甲醛处理等降低蛋白质的溶解度，减少微生物对蛋白质的分解，以增加过瘤胃蛋白质。

过敏毒素（anaphylatoxin）　抗原抗体复合物结合补体成分C_3和C_5时，释放出的C_{3a}和C_{5a}炎症性介质，能使肥大细胞脱粒和释放组胺，间接使血管通透性增加。注射动物能使其产生类似全身过敏反应的症状。补体激活旁路也可产生过敏毒素。

过敏性鼻炎（allergic rhinitis）　又称变应性鼻炎。鼻腔黏膜的变应性疾病，可引起多种并发症，属Ⅰ型超敏反应性疾病。动物的过敏性鼻炎，包括因花粉而引发的所谓的“干草感冒”并不罕见，但多被误诊。该病是所谓特应性的易感个体吸入来自植物或动物的化学结构复杂的变应原物质而引起的。群发于春秋牧草开花季节。

过敏性反应（anaphylactic reaction）　见Ⅰ型变

态反应。

过敏性抗体（anaphylactic antibody） 见变应性抗体。

过敏性咳嗽（allergic cough） 又称过敏性支气管炎，由草花粉、树花粉、霉菌孢子、有机尘埃等变应原物质进入呼吸道，发生过敏反应所致的咳嗽。在临床上，咳嗽呈阵发性刺激性干咳，或有少量白色泡沫样痰，应用多种抗生素治疗无效。

过敏性休克（anaphylactic shock） 外界某些抗原性物质进入已致敏的机体后，通过免疫机制在短时间内发生的一种强烈累及多脏器的症候群。表现与程度因机体反应性、抗原进入量及途径等而有很大差别。通常都突然发生且很剧烈，若不及时处理，常可危及生命。绝大多数过敏性休克是典型的Ⅰ型变态反应在全身多器官，尤其是循环系统发生的表现。外界的抗原性物质（某些药物是不完全抗原，但进入人体后有与蛋白质结合成完全抗原）进入体内能刺激免疫系统产生相应的抗体（IgE），因体质不同而有较大差异。这些特异性 IgE 有较强的亲细胞性质，能与皮肤、支气管、血管壁等的“靶细胞”结合。以后当同一抗原再次与已致敏的个体接触时，就能激发广泛的第Ⅰ型变态反应，其过程中释放的各种组胺、血小板激活因子等是造成多器官水肿、渗出等临床表现的直接原因。

过清音（over loud sound，over clear sound） 又称空盒（匣）音，介于清音和鼓音之间的一种过渡性叩诊音。其音调近似鼓音，类似打空盒的声音。表明肺组织弹性显著降低，气体过度充盈。主要见于肺气肿、气胸和皮下气肿等。

过氧化氢酶（catalase） 专一催化过氧化氢分解成氧和水的酶。主要存在于细胞的过氧化物酶体中，以铁卟啉为辅基，具有消除过氧化氢对细胞膜，巯基酶以及其他生物活性物质的毒性的作用。

过氧化氢酶法（catalase test） 诊断隐性乳房炎方法之一。是间接测定乳中白细胞的过氧化氢酶、从而间接测定乳中白细胞含量的方法，又称双氧水法、H_2O_2 法。有 6%～9%H_2O_2 玻片法和 3%H_2O_2 试管法两种。玻片法简易，在玻片上滴 1 滴被检乳，加 1 滴 6%～9%H_2O_2 液，2min 内产生气泡为阳性。

过氧化氢酶试验（catalase test） 鉴定细菌是否含有过氧化氢酶的生化试验。过氧化氢酶是细菌的代谢产物，对细胞毒性很大，大多数需氧菌可产生过氧化氢酶，将过氧化氢分解成氧和水，但大多数严格厌氧菌不产生这种酶。方法为将过氧化氢加于待检菌的菌落上，若有大量气泡产生，判为阳性。对血平板上的菌落不适用，因为红细胞含有过氧化氢酶，导致产生假阳性。在此情况下可用铂耳钓取菌落制成浓悬液，再滴加过氧化氢，观察气泡形成。

过氧化氢溶液（hydrogen peroxide solution） 又名双氧水。消毒防腐药。无色液体，含过氧化氢 3%，不稳定。遇组织或血液的过氧化氢酶能迅速分解，放出初生态氧而呈杀菌作用。用于清洗创伤，去除痂皮、血块，亦可冲洗开放的腔道。

过氧化物酶（peroxidase） 以过氧化氢为电子受体催化底物氧化的酶。主要存在于细胞的过氧化物酶体中，以铁卟啉为辅基，可催化过氧化氢氧化酚类和胺类化合物，具有消除过氧化氢和酚类、胺类毒性的双重作用。

过氧化物酶体（peroxisome） 又称微体（microbody），由单层膜围成的内含一种或几种氧化酶的细胞器。体积小，普遍分布于所有动物细胞和很多植物细胞中。它是一种异质性细胞器，其功能因细胞种类而异。在形态大小方面与溶酶体（尤其初级溶酶体）相似，但其成分、功能及发生方式等与溶酶体有很大差异。过氧化物酶体中的尿酸氧化酶等常形成晶格状结构，是电镜下识别的主要特征。

过氧乙酸（peroxyacetic acid） 又名过醋酸。消毒药。为无色液态的强氧化剂，不稳定，高浓度（20%以上）遇热（60℃以上）即迅速分解，可引起爆炸。具广谱、高效，作用快速等特点。能杀死细菌、霉菌、芽孢和病毒。用于畜舍、仓库、食品加工厂及器具、食品等的消毒。对皮肤、黏膜有刺激性，但分解产物对人畜无害。

过载捕获（overload capture） 用大量颗粒性抗原使单核巨噬细胞系统的细胞饱和吞噬，借以封闭单核巨噬细胞系统，以期引致免疫耐受性的现象。

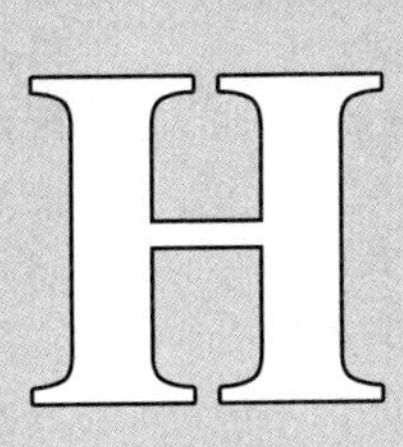

哈德氏腺（Harder's gland） 又称副泪腺、瞬膜腺。属于外分泌腺，呈扁哑铃形，两端粗大钝圆，中间细小呈带状，淡红色或褐红色，表面可见大小不等的圆形或多边形凸起的分叶状结构，有导管开口于瞬膜与巩膜间形成的穹隆内角。其分泌物有湿润和清洗角膜的作用。禽类的哈德氏腺还富含淋巴样细胞，是外周免疫器官的一个重要组成部分，对上呼吸道等处的免疫有重要作用。

哈氏器（Haller's organ） 蜱第一对足跗节背缘上的一个特殊构造，大体形态为一浅窝，由前窝和后夹组成，前窝内生感觉毛，为嗅觉器官，可感受各种气味，借以寻找宿主。螨无此器官。

海福特小型猪（Hanford minipig） 海福特研究所用白色洛帕斯猪和毕特曼摩尔系小型猪、再导入墨西哥产的拉勃可猪育成的小型猪。成年体重 70～90kg。被毛稀少，皮肤白色，多用于皮肤研究。

海马（hippocampus） 边缘系统古皮质的一部分。位于侧脑室的后内侧，继海马回由后向前内侧伸延，至前方两侧海马彼此靠近相接。海马脑室面覆有薄层白质称室床，室床纤维沿海马前外侧缘聚集形成海马伞，继而构成穹隆，为海马的传出系统。海马由分子层、锥体细胞层和多形层组成，与边缘系统的扣带回、隔区、内嗅区、下丘脑和中脑被盖等结构均有联系。具有下列功能：①与近期记忆有关。②参与情绪反应或情绪控制。③参与某些内脏活动。④对脑干网状结构的上行激活系统有影响。

海绵变性（spongy degeneration） 中枢神经系统的灰质和白质内出现空泡，呈海绵状的病变。空泡变性可发生在神经元、神经胶质细胞或髓鞘内。见于多种疾病，如去角海福特牛的先天性脑水肿、绵羊痒病、牛海绵状脑病、猫的海绵变性、貂病毒性脑炎以及马、牛、羊、猪等的肝脑综合征等。

海南霉素（hainanmycin） 一种稠李链霉菌东方变种（*Streptomyces padanus* var. *dangfangeusls*）培养液中提取的具有良好的抗球虫作用的聚醚类抗生素。对鸡柔嫩、毒害、巨型、堆型、和缓艾美耳球虫都有一定效果。其卵囊值、血便及病变值均优于盐霉素，但增重率低于盐霉素。主要用于防治鸡球虫病。

海洋食品（seafood） 海洋中生产和打捞上来的食用产品，包括鱼、虾、蟹、贝、藻类（海带、紫菜）5 大类。海洋中鱼、虾、贝、蟹等生物蛋白质含量丰富，人体所必需的 9 种氨基酸含量充足；海洋食品含有独特的脂肪酸，尤其是含有大量的高度不饱和脂肪酸，为禽畜肉和植物性食物所不含，这种脂肪酸有助于防止动脉粥样硬化。海洋食品含有大量的矿物质和微量元素。

海洋性贫血（thalassemia） 又称地中海贫血，血红蛋白的珠蛋白链一种或几种的合成速率降低，血红蛋白产量减少所引起的一组遗传性溶血性贫血。其共同特点是由于珠蛋白基因的缺陷使血红蛋白中的珠蛋白肽链有一种或几种合成减少或不能合成，导致血红蛋白的组分改变。本组疾病的临床症状轻重不一，大多表现为慢性进行性溶血性贫血。海洋性贫血是一组具有多种遗传异常的疾病，接受抑制的肽链不同而区分为 α、β、δ、$\delta\beta$ 和 $\gamma\beta$ 海洋性贫血等。临床有重要意义的主要为 α 和 β 海洋性贫血。

海因茨小体（Heinz body） 又称海因小体、亨氏小体。染色的血涂片镜检下可见红细胞的边缘或细胞质内有一至数个淡紫色或蓝黑色的小点或较大的颗粒。大小为 1～2μm，具有折光性，为变性珠蛋白的包涵体。见于铜中毒、酚噻嗪中毒、溶血性贫血等。

鼾声（snore） 由咽、软腭或喉黏膜发生炎性肿胀、增厚导致气道狭窄，呼吸时发生震颤所致；或由于黏稠的黏液、脓液或纤维素团块部分地粘着在咽、喉黏膜上，部分地自由颤动产生共鸣而发生的一种特殊呼噜声。

含氮激素（nitrogenous hormone） 化学组成中含有氮原子的激素，包括蛋白质、多肽及氨基酸的衍生物。蛋白质激素有胰岛素、促卵泡激素和黄体生成素等；多肽激素有下丘脑调节性多肽、甲状旁腺素、催产素和抗利尿素等；氨基酸衍生物有甲状腺激素、肾上腺髓质激素等。

含氯石灰（chlorinated lime） 又称漂白粉。消毒药，主要组分为次氯酸钙，难溶于水。含有效氯25%～32%，一般按25%计算用量，低于15%即不能使用。将含氯石灰乳经结晶分离，再溶解喷雾干燥可制成漂白粉精，又称次氯酸钙。二者均在水中溶解形成次氯酸而呈广谱杀菌作用，但对结核杆菌、鼻疽杆菌效果较差。用于厩舍、畜栏、粪池、车辆、非金属器具及泥土、排泄物和饮水等的消毒。对皮肤有刺激性，也有腐蚀金属和漂白有色衣物的作用。

含铁细胞检查（examination of siderocyte） 检查外周血液中含铁白细胞的数量以帮助诊断某些疾病的实验室检查法。检查方法有石井氏法、小仓氏法及Rothenbacher法等。每10万个白细胞中检出7个或7个以上的含铁白细胞，或100个视野中有1个以上的含铁白细胞为阳性。此法主要用于马传染性贫血的辅助诊断，梨形病和伊氏锥虫病时也可检出含铁白细胞。

含铁小体（siderosome） 又称残余体或残体（residual body）。含铁的终末溶酶体（tertiary lysosome）。发生在曾出血的部位，如溶血性贫血、含铁血黄素沉着症细胞内铁增加时。电镜下见到的含铁小体，有一层单位膜包绕，铁呈电子致密颗粒，直径5～6nm。许多含铁小体聚集在一起，做普鲁士蓝染色可在光镜下观察到。

含铁血黄素沉着（hemosiderosis） 组织、细胞内出现的含铁的棕黄色颗粒，来源于血红蛋白。局部性含铁血黄素沉着见于出血；全身性含铁血黄素沉着见于各种溶血病。含铁血黄素含有铁，普鲁士蓝染色呈蓝色，可与不含铁的其他棕黄色颗粒相区别。

寒战（rigor） 又称恶寒战栗、寒颤。在高热开始时机体出现的全身发冷和颤抖的现象。通过位于下丘脑的寒战中枢（shivering center）实现。多为高热的前奏，随之而来的便是高热。多见于急性高热性疾病，如大叶性肺炎、小叶性肺炎、急性全身性感染等。

汉森细胞（Hensen's cell） 属于螺旋器（听觉感受器）的一种支持细胞。螺旋器的支持细胞分柱状细胞、指细胞和边缘细胞多种类型，其中边缘细胞又分为内缘细胞和外缘细胞。汉森细胞是指外缘细胞，位于外指细胞外侧，以外隧道与外指细胞和外毛细胞分隔，细胞呈高柱状，上宽下窄，排成数行。细胞里面有许多长0.4～0.6μm的微绒毛。胞质内的内质网不甚发达，线粒体较少，还可见吞饮小泡。

汗腺（sweat gland） 位于真皮网状层和皮下组织中的单管状皮肤腺。家畜的汗腺一般为顶浆分泌型，即大汗腺。以顶浆分泌方式分泌的浓稠物质先排至毛囊，然后至皮肤表面，经细菌分解后产生特殊的臭味。汗腺的分布很广，原则上是一个毛囊一个汗腺。其发达程度因动物种类而异，在马、牛、猪很发达，山羊、兔、犬不发达。

旱獭（marmot，woodchuck） 又称土拨鼠。啮齿目，松鼠科，旱獭属动物。喜群居，杂食；－2～2℃会冬眠。体短壮，成年身长40～50cm，体重5～10kg。体背土黄色，腹部黄褐色。可在圈养条件下繁殖。人类肝炎、原发性肝癌、血管疾病、肥胖研究的理想动物模型，也可用于冬眠和传染病研究。

合胞体（syncytium） 病毒感染导致被感染细胞与相邻细胞的细胞膜发生融合形成的多核巨细胞。表现为若干细胞的相邻细胞膜消失。合胞体形成是慢病毒、副黏病毒、麻疹病毒、肺病毒、某些疱疹病毒等感染的特性。细胞膜融合由病毒融合蛋白或其他表面蛋白介导，例如流感病毒的血凝素、新城疫病毒的F蛋白等。

合胞体滋养层（syncytiotrophoblast，syntrophoblast） 滋养层的外层，由细胞滋养层的细胞分裂增殖融合而成的多核细胞滋养层。细胞无界限，呈合胞体样。这些细胞介导早期胚胎附植于子宫壁，能分泌促性腺激素以维持黄体的存在，从而维持早期妊娠。

合并用药（drug combination） 又称联合用药，为达到治疗目的而采用的两种或两种以上药物同时应用或先后应用。合并使用的药物在体外或体内可能会发生相互作用。药物的体外相互作用称为配伍禁忌；药物的体内相互作用可影响药动学和药效学，最终使药物呈现协同作用、相加作用或颉颃作用。合并用药是临床上一种重要的治疗和预防疾病的手段，合理的合并用药不仅可提高疗效，而且可减少不良反应。

合成代谢（anabolism） 利用小分子化合物作为前体，在活细胞内合成细胞相关成分的中间代谢过程，通常与耗能反应偶联。

合成抗原（synthetic antigen） 又称合成多肽抗原（synthetic polypeptide antigen）。将氨基酸按一定顺序聚合成具有抗原特性的大分子多肽。因其结构是已知的，故多用于蛋白质构型与抗原特性的关系和抗原抗体反应机理的研究，也可用以制备合成肽疫苗。

合成肽疫苗（synthetic peptide vaccine） 用化学合成法或基因工程手段合成病原微生物保护性多肽或

表位，或将其连接到大分子载体上，加入佐剂制成的疫苗。如猪口蹄疫O型合成肽疫苗。

合剂（mixture） 由两种或两种以上可溶性或不溶性药物制成的液体制剂，一般以水作溶剂，供内服用。种类包括：溶液型合剂、混悬型合剂、胶体型合剂、乳剂型合剂。

合理低剂量（as low as reasonably achievable，ALARA） 在对机体进行影像检查时，在满足获得所需诊断信息的条件下，尽可能使用最低电离辐射，确保放射安全的基本原则。此原则同样也适用于超声检查。

何-乔氏小体（Howell - Jolly body） 红细胞中的紫红色圆形或椭圆形的粗颗粒，直径1～2μm，常位于细胞的边缘。一个红细胞内可有1～2个何-乔氏小体，一般认为是红细胞核的残余物，见于重症贫血或脾脏切除后的动物。

河豚（fugu，puffer） 又名气泡鱼、鲀鱼、辣头鱼。属硬骨鱼纲，鲀形目，鲀亚目，鲀科的暖水性海洋底栖鱼类。分布于北太平洋西部，在我国各大海区都有捕获，假睛东方豚还经常进入长江、黄河中下游一带水域，而暗纹东方豚亦可进入江河或定居于淡水湖中。一般于每年清明节前后从大海游至长江中下游。在我国，河豚有30余种，常见的有黄鳍东方、虫纹东方、红鳍东方、暗纹东方等。许多种类河豚的内部器官含有一种能致人死命的神经毒素，毒性相当于剧毒药品氰化钠的1 250倍，只需要0.48mg就能致人死命。河豚最毒的部分是卵巢、肝脏，其次是肾脏、血液、眼、鳃和皮肤。但肌肉中不含毒素。

河豚毒素（tetrodotoxin） 河豚体内产生的具有使神经、肌肉麻痹作用的毒性成分。为氨基全氢喹唑啉化合物（aminoperhydroquinzaline），分子式为 $C_{11}H_{17}N_3O_8$，分子量为319，小鼠腹腔注射的 LD_{50} 为8μg/kg，毒性相当于氰化钠的1 250倍。河豚毒素对热稳定，日晒、烧煮和盐腌都不能完全使其失去毒性。毒素主要存在于卵巢、肝脏，血液、眼、鳃和肾，皮肤次之，睾丸与肌肉中极少。除河豚外，近年在云斑栉虾虎鱼（*Gobius criniser*）、加利福尼亚蝾螈和豹纹章鱼、日本东风螺等鱼类、两栖类体内也发现有河豚毒素的存在。

河豚中毒（tetrodon poisoning） 由于进食未经无害化处理的河豚引起的中毒。河豚科的鱼大多数都有毒，而且毒性有明显的季节性和个体差异，即使通常认为肌肉几乎无毒的红鳍东方豚、虫纹东方豚等，加工处理不当也能引起食用者中毒。一般在食入后20min到6h发病，表现为唇、舌和指尖发麻，继而呕吐，不能行动，知觉麻痹和语言障碍，最后呼吸困难、心跳停止。致死时间短至1h，最长为8h。

核被膜（nuclear envelope） 又称核膜。细胞核表面的双层膜。由两层平行的单位膜组成，分别称核外膜和核内膜，各厚约7.5nm，中间空隙称核周池。核外膜面向细胞质侧附有核糖体，常与粗面内质网相连，因而核周池与内质网腔相通。核内膜面向核基质侧有高电子致密层，称核纤层，有支持核内膜和附着染色质纤维的作用。核外膜与核内膜在不同部位常融合形成直径50～80nm的环状复合结构，称核孔（核孔复合体），是细胞核与细胞质进行物质交换的重要通道，直径在9～11nm以内的物质可以自由扩散，较大分子则需依靠ATP提供能量有选择性地通过。核被膜的功能在于稳定细胞核的形态和化学组成、控制细胞核与细胞质之间的信息与物质交换，还可能具有合成某些生物的作用。

核蛋白（nucleoprotein） 由核酸与精蛋白、组蛋白或其他蛋白组成的结合蛋白。根据核酸种类不同，分为核糖核酸蛋白和脱氧核糖核酸蛋白。存在于所有细胞中，是染色体的主要成分。核蛋白体、病毒和噬菌体的全部或大部分也由核蛋白组成。在细胞质内合成，一般都含有特殊的氨基酸信号序列，起蛋白质定向、定位作用。

核分裂（karyokinesis） 细胞核分裂过程，是细胞分裂的重要步骤之一，其作用在于将遗传物质传递和分配给子细胞。无丝分裂、有丝分裂和减数分裂都有核分裂过程，但各具特点。过去用光镜在有丝分裂过程仅见细胞核发生一系列明显的形态学变化，因此曾将有丝分裂方式称为核分裂。参见细胞分裂和有丝分裂。

核苷（nucleoside） D-核糖和D-2-脱氧核糖与嘌呤或嘧啶碱缩合而成的化合物。可分为脱氧核糖核苷和核糖核苷。含嘌呤碱的称嘌呤类核苷，含嘧啶碱的称嘧啶类核苷。

核苷酸（nucleotide） 核苷与磷酸缩合生成的磷酸酯。由脱氧核糖核苷或核糖核苷生成的磷酸酯分别称脱氧核糖核苷酸或核糖核苷酸。因所含碱基的不同，可分为嘌呤核苷酸和嘧啶核苷酸。因磷酸在糖基上的位置和数目不同，又有3′-核苷酸、5′-核苷酸、3′,5′-环状腺嘌呤核苷一磷酸（cAMP），以及腺嘌呤核苷二磷酸（ADP）、腺嘌呤核苷三磷酸（ATP）等众多形式。

核苷酸的分解代谢（nucleoside catabolism） 核酸经核酸酶水解产生的单核苷酸，受核苷酸酶的催化，水解生成核苷和磷酸。核苷在核苷酶的作用下进一步分解成戊糖和含氮碱。核苷酶的种类很多，其中有些是核苷磷酸化酶，可将核苷与磷酸作用生成嘌呤碱、嘧啶碱和1-磷酸戊糖，然后这些物质再分别进行分解代谢。核苷酸及其水解产物均可被细胞吸收。其中的绝大部分在肠黏膜细胞中又被进一步分解，分解产生的戊糖被吸收可经磷酸戊糖途径进一步代谢，碱基则可以经补偿途径再利用或者进一步分解而排出体外。

核供体（nuclear donor）　见核移植。

核骨架（nucleoskeleton）　存在于真核细胞内以蛋白成分为主的纤维网架体系。狭义的核骨架仅指核内基质，即细胞核内除核膜、核纤层、染色质、核仁和核孔复合体以外的、以纤维蛋白成分为主的纤维网架体系；广义的核骨架包括核基质、核纤层和核孔复合体。核骨架与DNA复制、RNA转录和加工、染色体装配及病毒复制等一些重要生命活动有关。

核黄素（lactoflavin，riboflavin）　又称维生素B_2。一种水溶性维生素。在体内以黄素核苷酸及黄素腺嘌呤二核苷酸的辅酶形式参与各种黄酶或黄素蛋白在生物氧化中的氧化还原作用。缺乏时可引起口角炎、舌炎等症，动物性饲料及豆类中含量丰富。反刍家畜瘤胃内细菌可以合成核黄素。

核黄素缺乏症（riboflavin deficiency）　核黄素缺乏引起的营养代谢性疾病。可发生于各种畜禽，且症状各异。如犊牛流涎，流泪，口、鼻周围和黏膜充血，厌食，腹泻，生长发育缓慢。猪多呕吐，眼患白内障，步态强拘，皮肤发疹，溃疡并脱毛。马厌食，腹泻，生长发育受阻，流泪，口角和脐周围充血，并发周期性眼炎（月盲症）。幼雏发育缓慢，衰弱，消瘦，尤其1～2周龄仔鸡，站立困难，呈飞节着地，展开翅膀，足趾向内蜷曲姿势。治疗宜投服或皮下注射核黄素制剂。

核基质（nuclear matrix）　细胞核除核被膜、核片层、染色质和核仁外的组成部分。光镜下呈无色透明黏稠的液态，称核液，含有蛋白质、水、无机盐和酶类，是细胞核执行各种功能的内环境。近年应用选择性生化提纯与整装细胞电镜技术，发现除核被膜、核片层、染色质和核仁外，核内尚存在一种以纤维蛋白为主的精细网架系统，称核基质，即所谓狭义的核骨架。广义的核骨架则包括核基质与核片层核孔复合体结构体系。核骨架的纤维粗细不一，直径3～30nm，与核片层、核孔复合体及细胞质中的居间丝相互连接，不仅能维持细胞核形态，而且与DNA复制与修复、基因表达、RNA合成修饰与运输、染色体构建，以及细胞分化等一系列细胞生命活动密切相关。

核孔复合体（nuclear pore complex）　在细胞核膜的环状核孔上镶嵌着的一种复杂的立体结构。核-质交换的双向选择性通道，其数量、密度因细胞种类和细胞功能状态而变化。

核篮结构（nuclear basket）　在核孔边缘核质面一侧，核质环上对称地分布着伸向核内的8条细长纤维，在纤维末端形成一个直径60nm的小环，整个核质环呈捕鱼笼式（fish - trap）的结构，是与物质转运有关的核孔复合体模型的一种特殊结构。

核酶（ribozyme）　具有自身催化剪接作用的核酸。它催化RNA自身内含子切除反应和外显子的连接反应。如四膜虫rRNA加工中的L_{19}RNA，mRNA加工中的ShRNA等。

核仁（nucleolus）　真核细胞间期核中最显著的球形结构。核仁无界膜，由纤维中心（FC）、致密纤维组分（DFC）和颗粒组分（GC）三部分组成，是rRNA合成、加工和核糖体亚单位的装配场所。大小、形状和数量因物种、细胞类型及其生理状态而不同，蛋白质合成旺盛的细胞一般核仁大且多。在有丝分裂前期可见核仁解体，末期又重新出现。化学组成为蛋白质、RNA和DNA，还有多种酶类和微量脂质。

核受体（nuclear recipient）　见核移植。

核酸（nucleic acid）　以核苷酸为基本单位通过磷酸二酯键聚合成的生物大分子。分为脱氧核糖核酸（DNA）和核糖核酸（RNA）两类，存在于所有动植物细胞、细菌、病毒和噬菌体体内，常与蛋白质相结合。不同生物的核酸化学组成和核苷酸的排列顺序不同。它是构成生物机体的最基本物质之一，对生物生长、发育、遗传和变异起决定性作用，并与病毒感染、遗传疾病、肿瘤发生及射线对机体的影响等有密切的关系。

核酸的分子杂交（molecule hybridization）　不同来源的单股DNA（或RNA）链依碱基互补原则配对结合，形成稳定的杂合双链分子的过程。所形成的双链分子（DNA/DNA或DNA/RNA）称为分子杂交。

核酸抗原（nucleic acid antigen）　能诱导动物产生抗体的核酸。只有在机体正常免疫自稳机制失控时，如全身性红斑狼疮（SLE）病人，才会产生天然DNA抗体。人工诱导的抗DNA抗体只能和变性DNA（单股）反应，这是因为天然DNA分子中，碱基位于双螺旋的沟槽内，没有功能决定簇，不能激发产生抗体。只有在变性时，碱基才朝向水溶液，呈现出有效的决定簇。机体只对双股RNA产生抗体，对单股RNA则不产生，这可能是由于天然的双股DNA和单股RNA在每一个细胞上都存在，机体对它们产生了免疫耐性。新的构型如螺旋化的单股DNA和双股RNA，作为外来抗原易于被机体的免疫系统所识别。

核酸酶（nuclease）　能水解核酸分子（DNA 或 RNA）的磷酸二酯键产生单核苷酸或多聚核苷酸链片段的酶，亦称磷酸二酯酶或核酸水解酶。根据作用底物分为 DNA 酶和 RNA 酶；根据底物结构又分为单链核酸酶（S，核酸酶）和双链核酸酶（限制性内切酶）；根据酶切方式又分为内切酶和外切酶。

核酸内切酶（endonuclease）　作用于核酸链内部的一类核酸酶。分为 RNA 内切酶（牛胰核糖核酸酶）和 DNA 内切酶（各种限制性 DNA 内切酶）。

核酸探针（nucleic acid probe）　能特异性地检测带某一特定序列的 DNA 或 RNA 分子的标记核酸分子。可用放射性同位素或非放射性物质标记特定 DNA 或 RNA 序列，与样品中的互补序列发生特异的碱基配对结合，然后用放射自显影技术或其他显示系统高敏感性地检测出来。主要方法有 Southern 印迹、Northern 印迹、原位杂交等，这些技术已广泛应用于基因的检测和定位。

核酸图谱分析（nucleic acid pattern analysis）核酸电泳图谱、核酸酶切图谱和寡核苷酸指纹图谱等分析技术。核酸电泳图谱分析指分离纯化的核酸，由于相对分子量的差异而在电泳中具有不同的迁移率，从而形成不同的带型，通过带型异同的分析，可确定生物体（病原体）间的遗传关系，包括质粒图谱分析和 RNA 电泳图谱分析。细菌染色体 DNA、质粒 DNA、DNA 病毒的 DNA、RNA 病毒的 RNA 经反转录形成的 cDNA，经限制性内切酶切割产生的不同片段，经琼脂糖电泳后可形成不同的带型。寡核苷酸指纹图谱分析用于 RNA 病毒的分析，纯化病毒 RNA，用 T1 核糖核酸酶酶切，产生大小不同的片段，经聚丙烯酰胺凝胶电泳分离，进行放射自显影，形成特征性的图谱。

核酸外切酶（exonuclease）　只能从一个游离末端开始水解 DNA 或 RNA 分子的一类核酸酶。如 λ 核酸外切酶从 5′游离端开始逐渐降解双链 DNA 分子；DNA 外切酶Ⅲ从 3′游离端开始降解双链 DNA 分子。有的酶同时具有外切酶和其他酶活性。

核酸疫苗（nucleic acid vaccine）　又称基因疫苗。由编码能引起保护性免疫反应的病原体抗原的基因片段和载体构建而成的疫苗，包括 DNA 疫苗和 RNA 疫苗。导入机体的方式主要是直接肌内注射，或用基因枪将带有基因的全粒子注入。注入机体并吸收入宿主细胞后，病原体抗原的基因片段在宿主细胞内得到表达并合成抗原，但并不与宿主染色体整合，这种细胞内合成的抗原经过加工、处理、修饰递呈给免疫系统，从而诱导机体产生体液免疫和细胞免疫，并能通过细胞因子进行免疫调节。其刺激机体产生免疫应答的过程类似于病原微生物感染或减毒活疫苗接种。

核酸杂交（nucleic acid hybridization）　用特定标记物标记的已知碱基序列的核酸探针，以碱基互补配对的原则与组织细胞中的待测核酸进行特异性杂交结合的分子生物学技术。所形成标记探针与待测核酸的杂交体，可利用各种标记物的显示技术，在光学显微镜、荧光显微镜或电子显微镜下探查待测目标核酸（mRNA 或 DNA）的存在及位置。探针与待测核酸形成杂交体的前提是两种来源的核酸应该都以单链的形式存在，并有一定程度的互补的序列。如果待测目标核酸是 DNA 时，必须先进行待测 DNA 的变性，形成单链 DNA；而碱基序列的互补性则保证了两种核酸分子杂交过程的顺利实现，同时，也决定了探针与待测核酸杂交的特异性。根据核酸杂交反应进行的环境可分为固相杂交和液相杂交。核酸杂交在一定程度上具有其他生物检测技术不可替代的作用，它的诞生和发展在生命科学的发展史上具有划时代的意义。

核糖核酸（ribonucleic acid，RNA）　属于核酸的一类，由腺嘌呤、鸟嘌呤、胞嘧啶和尿嘧啶核苷酸以磷酸二酯键聚合成的线状生物大分子。广泛存在于活细胞的胞浆和细胞核中，以及一些病毒和噬菌体中。所含核苷酸数目由几十到几千个。按功能可分为信使 RNA（mRNA）、转运 RNA（tRNA）和核糖体 RNA（rRNA）3 类。一般为单链结构，也可在链内折叠形成“发卡”形的局部双螺旋（二级结构），而 tRNA 还可在此基础上进一步形成特定的空间构象（三级结构）。在蛋白质合成和遗传信息的传递中起重要作用，在某些病毒中也是遗传信息的直接携带者。

核糖体（ribosome）　又称核蛋白体。核糖体核酸与蛋白质结合而成的细胞器。广泛存在于所有动植物细胞，是合成蛋白质的重要场所。核糖体外无界膜，呈颗粒状，直径 15～25nm，由大、小两个亚基组成。大亚基略显锥形，中央有一细管，底部有一凹沟。小亚基近似半椭圆形，凸面向外，凹面有一横沟。大、小亚基聚合时，大亚基以底部与小亚基凹面相贴，两者之间的间隙即为信使 RNA 穿过的通道。大、小亚基的聚合与解离与周围环境内的离子、特别是 Mg^{2+} 的浓度有关。原核细胞的核糖体比真核细胞的小，线粒体和叶绿体的核糖体则较接近于原核细胞的核糖体。单个存在时称单核糖体，无活性。被信使 RNA 串联在一起时称为多核糖体，是合成蛋白质的功能团。游离存在于细胞质或线粒体和叶绿体基质中的核糖体，主要参与合成结构蛋白、基质蛋白和酶蛋白。附着于内质网膜或其他生物膜的核糖体，主要参与合成输出蛋白质和膜结合蛋白，通常分泌细胞中含量较为丰富。

核糖体 RNA（ribosomal RNA，rRNA） 通过非共价键与核蛋白结合的 RNA，约占细胞中 RNA 总量的 80%。在原核生物中，与核蛋白体结合的有 23S、16S 和 5S rRNA；在真核生物中有 28S、18S、5.8S 和 5S rRNA 等。rRNA 与核蛋白体结构的稳定和翻译复合体的形成有关，主要功能是作为 mRNA 的支架，使 mRNA 分子在其上展开，实现蛋白质的合成。

核体（nuclear body） 又称拟核体。原核生物的基因组 DNA。无核膜包围，分布于细胞质中，并常为细胞质中大量的 RNA 掩盖，需用 RNA 酶将 RNA 水解，以特殊的 Feulgen 法染色，才可在光学显微镜下观察到。核体在细胞质中心或边缘区，呈球状、哑铃状、带状、网状等形态。细菌核体是一个共价闭合、环状的双链 DNA 分子。核体仅在复制的短时间内为双倍体，一般均为单倍体。核体含细菌的遗传基因，控制细菌的遗传和变异。

核纤层（nuclear lamina） 位于核内膜下的纤维蛋白片层或纤维网络。与胞质的中间纤维和核骨架相互连接，形成贯穿于细胞核与细胞质的骨架结构体系。一般认为核纤层在细胞核中起支架作用，为核膜和染色质提供了结构支架。

核小囊（nuclear pocket） 又称核袋。细胞核膜局部异常增生突起形成的袋状超微结构病理变化。常出现于白血病病例的白细胞内。

核小体（nucleosome） 真核细胞染色质包装的基本单位，由一个组蛋白八聚体核心颗粒和缠绕于其周围长度为 200bp 的 DNA 超螺旋与一分子组蛋白 H_1 组成的连接区构成。组蛋白 H_2A，H_2B，H_3 和 H_4 各两分子组成八聚体，外绕双螺旋 DNA 构成核心颗粒，组蛋白 H_1 和 60～100bp DNA 形成连接区。相邻核小体以连接 DNA 相连，形成直径约 10nm 的“串珠”模型，此为染色质包装的一级结构，在此基础上，人们分别提出了染色体的多级螺旋模型和骨架-放射环结构模型，有力地阐明了染色质包装机制。

核型（karyotype） 又称染色体组型。根据染色体长度、着丝点位置、臂长比率、随体有无以及次缢痕是否存在等特征，将细胞内所有染色体按一定顺序分组排列而成的模式。由于染色体的以上特征在每一物种是恒定的，故每一物种的核型也各具特异性。

核型分析（karyotypic analysis） 在对有丝分裂中期染色体进行测量计算的基础上，进行分组、排队、配对并进行形态分析的过程。通过核型分析可以获得核型模式图，不仅有助于探明生物种属间亲缘关系，而且在细胞学和遗传学等理论研究以及在环境污染监测、医疗、诊断和动植物育种等方面都具有重要意义。

核衣壳（nucleocapsid） 又称核壳体。病毒核酸和衣壳的合称。对无囊膜病毒来讲，它就是病毒粒子。核衣壳有两种基本模式：在螺旋状对称病毒中，核酸是伸展的，衣壳蛋白直接包围在它的外面，核衣壳呈杆状，如许多植物病毒；杆状核衣壳卷曲而外被一层囊膜，如副黏病毒和冠状病毒。在二十面体病毒中，核酸聚集成一团，衣壳的蛋白质分子集合成许多小群称为壳粒。在大多数情况下，衣壳与核酸之间另有一层蛋白质，它与核酸一起组成病毒的核心。

核衣壳的二十面体对称（icosahedral symmetry of viral nucleocapsid） 由 20 个等边三角形组成的病毒核衣壳，当以边、面、角为轴进行转动时，分别呈现 2、3、5 对称。病毒颗粒顶角由 5 个相同的壳粒构成，称为五邻体（penton），而三角形面由 6 个相同壳粒组成，称为六邻体（hexon）。大多数球状病毒呈这种对称型，包括大多数 DNA 病毒、反转录病毒（retrovirus）及微 RNA 病毒等。每个等边三角形是由一定数目的壳粒组成的，根据一条边上的壳粒数（n），可以推算出衣壳上的全部壳粒（N），公式是 $N=10\times(n-1)^2+2$。每一等边三角形又可分为若干更小的等边三角形（T），根据 T 的数目也可推算出 N，公式是 $10T+2$。有些衣壳壳粒数的计算法不符合上述两公式。

核衣壳的螺旋状对称（helical symmetry of viral nucleocapsid） 由相同的多肽原体组成，呈螺旋状排列，在转动时具对称性的一类病毒核衣壳。仅见于部分 RNA 病毒，在动物病毒中都由囊膜包围。如果原体排列很紧密，核衣壳不易弯曲，病毒粒子呈杆状，如弹状病毒和丝状病毒；如果原体排列较疏松，核衣壳常蜷曲，病毒粒子呈近似球状或多形，如副黏病毒和冠状病毒。

核移动（nuclear shift） 外周血液中的中性粒细胞未成熟型与成熟型的比例发生变化。包括核左移和核右移两种类型。

核移植（nuclear transfer） 将发育时期不同的胚胎的细胞核或成体动物的细胞核经显微手术方法移植到卵母细胞或受精卵中，或直接注入去核卵母细胞质中，并使重组的胚胎发育产生后代的一种技术。在核移植技术中，提供细胞核的细胞称为核供体，可以是胚胎细胞、胚胎干细胞或体细胞。接受细胞核的细胞称为核受体，可以是去核的卵母细胞、去核的合子或去核的 2 细胞胚胎卵裂球。核移植是当前生产克隆动物的主要手段。通过核移植技术可进一步提高优良母畜的繁殖潜力。

核右移（nuclear shift to the right）　外周血液中分叶型中性粒细胞比例增多的病理现象。马和牛的核指数均小于 0.1（核指数指未成熟中性粒细胞与成熟中性粒细胞之比）。见于重度贫血或严重的化脓性疾病。

核指数（nuclear shift index）　又称核移动指数、先令指数。外周血液中未完全成熟的中性粒细胞与完全成熟的中性粒细胞之比值。其计算方法有 3 种，其中先令（Schilling）氏法最为常用，可用下式计算：

$$核指数=\frac{髓细胞+幼年型+杆核型}{分叶型}$$

另外两种方法为 Arneth 氏法和杉山法。正常动物的先令指数约等于 0.1。

核周池（perinuclear cisternae）　也称核周隙，内、外两层核膜之间形成的宽 20～40nm 充满不定型物质的透明空隙。由于外核膜与粗面内质网相连，核周池常与粗面内质网的腔相通。

核周体（perikaryon）　神经元的细胞体。其形状和大小依神经元的类型而有很大差异。一般都有 1 个中心位的球形核，核仁明显。除轴丘以外的胞质均含有尼氏体（Nissl bodies）。

核左移（nuclear shift to the left）　外周血液中未成熟型中性粒细胞增多的病理现象。马和牛的核指数均大于 0.1。未成熟型中性粒细胞增多的同时白细胞总数也增多，表明骨髓造血机制加强；未成熟型中性粒细胞增多的同时白细胞总数减少，表明骨髓造血机能下降，机体抗病力下降。

颌下腺（mandibular gland）　下颌后方和下方的大型唾液腺。从寰椎翼向下向前延伸到舌骨体。肉食兽和猪呈侧扁的卵圆形，马的较小，骆驼为三角形，牛、羊很发达，下端达下颌间隙后部皮下，可触摸到。颌下腺管在下颌内侧沿舌肌与舌骨肌之间和舌下腺深面向前行，开口于舌下阜或口腔底（猪）。

颌下腺原基（fundament of submaxillary salivary gland）　发生于口腔底，起源于原始咽底壁的内胚层。

貉传染性肠炎（racoondog infectious enteritis）　犬细小病毒引起貉的一种以胃肠黏膜炎症及坏死性变化为特征的急性或亚急性传染病。病貉和带毒犬、猫是主要传染源，病毒随粪便排出，污染饲料、器具和环境，经消化道传染。多呈急性或亚急性经过，主要症状为腹泻。粪便先似鱼冻状，后呈管柱状，最后为血便。体温升高到 40℃以上，有的出现呕吐和脓性结膜炎。确诊必须依靠病毒分离鉴定和血凝及血凝抑制试验、琼脂扩散试验等血清学检查方法。防制除认真执行常规的综合性措施外，同源或异源疫苗均可用于免疫预防。

赫令氏体（Herring body）　神经垂体中一些散在性的嗜酸性小体。来自下丘脑视上核和室旁核分泌性神经元的轴突（属无髓神经纤维）及其终末上的球状膨大部，内集聚有神经分泌颗粒和细胞器。分泌颗粒中含有催产素和抗利尿激素。

黑蜂病（black bee syndrome）　见蜜蜂麻痹病。

黑蜂综合征（black bee syndrome）　又称蜜蜂麻痹病（paralysis disease of adult bees）、瘫痪病、黑蜂病，由急性麻痹病毒或慢性麻痹病毒引起的一种蜜蜂传染病。分布于世界各地。病毒主要存在于蜜囊里，当进行饲料传递时可在蜂群内传播。病蜂可表现大肚型和黑蜂型两种类型。大肚型病蜂常呈腹部膨大，失去飞翔能力，行动迟缓，倦怠，颤抖，翅足伸开呈麻痹状态，常被健蜂追咬。黑蜂型病蜂绒毛脱光，身体发黑，似油炸过一般，腹部不膨大。一般可根据症状进行诊断。防治主要采取综合措施，应防蜂群受潮，补充蛋白质饲料以提高抗病力。治疗可喂抗生素糖浆。选用无病群培育的蜂王更换患病群蜂王。

黑腐蛋（decomposed egg，black rot eggs）　一种严重变质的蛋。蛋壳呈乌灰色，甚至因蛋内产生的大量硫化氢气体而膨胀破裂。照蛋时全蛋不透光，呈灰黑色。打开后蛋黄蛋白分不清，呈暗黄色、灰绿色或黑色水样弥漫状，并有恶臭味或严重霉味。

黑内障（amaurosis）　又称黑朦，外观及眼底检查不见异常变化，而视力消失的状态。病原尚不清楚，如母犬、犊牛原因不明的失明，马去势后突然失明等。通常单侧或双侧发生，瞳孔散大并缺乏反应，其他不见异常，而视力减弱。推测认为与脑内出血有关，但尚未证实，幼畜有的突然失明后一般皆能恢复，时间拖长预后不良。

黑色素沉着（melanin pigmentation）　黑色素在机体不同组织内蓄积、沉着。分为先天性和后天性两类。先天性黑色素沉着称黑变病（melanosis），成黑色素细胞先天性异位于各种组织器官内，如在肠、心脏、肺、肾、胸膜、和脑膜等处，在母猪的乳腺及其周围的脂肪组织中常可见到，使正常不含黑色素的组织器官出现黑色素沉着区。这些色素可随动物年龄增长而消失，但也有不消失的。镜下检查成黑色素细胞胞浆内充满黑色素颗粒，细胞间也可见圆形的棕黑色颗粒。后天性黑色素沉着多呈全身性，多见于各处皮肤、黏膜。发生原因是肾上腺功能低下，促肾上腺皮质激素分泌减少，对垂体的反馈抑制作用减弱，致使黑色素细胞刺激素分泌增多。

黑色素瘤（melanoma）　见恶性黑色素瘤。

黑色素细胞（melanocyte）　产生黑色素的细胞。

来源于胚胎早期的神经嵴，多位于表皮的基底层，也见于真皮和毛球等处。此种细胞有分支状突起，胞质中有丰富的粗面内质网、发达的高尔基体和大量的黑素粒。

黑头病（black head） 火鸡组织滴虫（*Histomonas meleagridis*）寄生于禽类的盲肠和肝引起的疾病。参见火鸡组织滴虫。

黑腿病（black leg） 见气肿疽。

黑蝇（Phormia） 双翅目、寄（生）蝇科的一类引起伤口蛆症的蝇。丽黑蝇（*P. regina*）长 6～11mm，胸部黑，有蓝绿金属光泽，腹部呈蓝绿至黑色。雌蝇在绵羊毛上产卵，引起绵羊蝇蛆病。

亨德拉病毒（*Hendra virus*） 副黏病毒科（Paramyxoviridae）、亨尼病毒属（*Henipavirus*）成员。病毒呈球形或丝状，直径 150～200nm，有囊膜，螺旋状对称。基因组为单股 RNA。能适应于多种哺乳动物的原代细胞和传代细胞系，其中以 Vero 细胞培养应用最广。也能在禽类、两栖类、爬虫类和鱼类的细胞培养中适应生长。细胞培养中能产生明显的细胞病变，特征为形成合胞体。该病毒也能适应于鸡胚，导致鸡胚死亡。病毒对理化因素的抵抗力不强，离开动物体后不久即死亡，一般消毒剂和高温容易将其灭活。病毒能引起马以呼吸道临诊症状为主，人以脑炎病症为主的一种人兽共患传染病。

恒齿（permanent tooth） 哺乳动物在乳牙之后出现的第二代牙齿。在一定年龄陆续替换乳齿作为动物的永久性齿。臼齿和第一前臼齿出齿时即为恒齿。

家畜恒齿齿式：

$$2\left(\frac{\text{切齿(I)犬齿(C)前臼齿(P)后臼齿(M)}}{\text{切齿(I)犬齿(C)前臼齿(P)后臼齿(M)}}\right)=\text{n}$$

牛、羊的恒齿式为

$$2\left(\frac{0\ (\text{I})\ 0\ (\text{C})\ 3\ (\text{P})\ 3\ (\text{M})}{4\ (\text{I})\ 0\ (\text{C})\ 3\ (\text{P})\ 3\ (\text{M})}\right)=32$$

骆驼的恒齿式为

$$2\left(\frac{1\ (\text{I})\ 1\ (\text{C})\ 3\ (\text{P})\ 3\ (\text{M})}{3\ (\text{I})\ 1\ (\text{C})\ 2\ (\text{P})\ 3\ (\text{M})}\right)=34$$

猪的恒齿式为

$$2\left(\frac{3\ (\text{I})\ 1\ (\text{C})\ 4\ (\text{P})\ 3\ (\text{M})}{3\ (\text{I})\ 1\ (\text{C})\ 4\ (\text{P})\ 3\ (\text{M})}\right)=44$$

马的恒齿式为

$$♂：2\left(\frac{3\ (\text{I})\ 1\ (\text{C})\ 3\ (4)\ (\text{P})\ 3\ (\text{M})}{3\ (\text{I})\ 1\ (\text{C})\ 3\ (\text{P})\ 3\ (\text{M})}\right)=40\sim42$$

$$♀：2\left(\frac{3\ (\text{I})\ 0\ (\text{C})\ 3\ (4)\ (\text{P})\ 3\ (\text{M})}{3\ (\text{I})\ 0\ (\text{C})\ 3\ (\text{P})\ 3\ (\text{M})}\right)=36\sim38$$

兔的恒齿式为

$$2\left(\frac{2\ (\text{I})\ 0\ (\text{C})\ 3\ (\text{P})\ 3\ (\text{M})}{1\ (\text{I})\ 0\ (\text{C})\ 2\ (\text{P})\ 3\ (\text{M})}\right)=28$$

猫的恒齿式为

$$2\left(\frac{3\ (\text{I})\ 1\ (\text{C})\ 3\ (\text{P})\ 1\ (\text{M})}{3\ (\text{I})\ 1\ (\text{C})\ 2\ (\text{P})\ 1\ (\text{M})}\right)=30$$

犬的恒齿式为

$$2\left(\frac{3\ (\text{I})\ 1\ (\text{C})\ 4\ (\text{P})\ 2\ (\text{M})}{3\ (\text{I})\ 1\ (\text{C})\ 4\ (\text{P})\ 3\ (\text{M})}\right)=42$$

犬的齿在数目和排列上可因头型长短而有差异。

恒河猴（rhesus，*Macaca mulatta*） 主要非人灵长类实验动物应用品种。最初发现于孟加拉的恒河河畔，分布在印度、尼泊尔、缅甸、泰国、老挝、越南、中国南方诸省，安徽、河北也有少量。被毛大部分为灰褐色，腰部以下橙黄色，面部、两耳多肉色。眉高眼窝深，少数红面，臀骶红色。

恒态（stable state） 动物机体各种代谢中间物的含量在一定条件下保持基本不变的状态。通过动物机体不断从外界摄入营养物质，然后在体内经由不同的代谢途径进行转变，又不断地把代谢产物和热量排出体外得以实现，是机体代谢的基本状态。为了适应环境的变化，动物机体进化出了随时可以调节各个代谢途径的速度和代谢中间物浓度的能力，可由一种恒态转变为另一种恒态，这是通过代谢的调节来完成的。恒态的破坏意味着生命活动的终止。

恒温动物（homoiothermalanimal） 体温相对恒定的动物。又称温血动物。鸟类和哺乳类动物具有高度发达的体温调节机制，能通过调节其体内代谢率（即其代谢率随环境温度的升高而降低，环境温度的降低而升高）和散热机制使其体温保持相对恒定。当外界环境温度在—15～40℃范围内变动时它们的体温能保持相对恒定（37～42℃）。

横桥（cross bridge） 裸露在粗肌丝主干表面的球状结构。在组成粗肌丝时，肌球蛋白的杆状部分朝向 M 线平行排列，形成粗肌丝的主干，两个球形的头部连同与它相连的一小段称作“桥臂”的杆状部分，一起由肌丝中向外伸出，形成横桥。横桥本身具有 ATP 酶活性，可分解 ATP，当它与细肌丝上的肌动蛋白结合时，可释放由 ATP 分解而获得的能量，拖动细肌丝向肌节中央滑动或产生张力，作为肌丝滑行的动力。

横胎向（transverse presentation） 胎儿纵轴与母体纵轴关系的一种，胎儿横卧于子宫内，胎儿的纵轴与母体的纵轴呈十字形的垂直。背部向着产道称为背部前置的横向（背横向），腹壁向着产道（四肢伸入产道）称为腹部前置的横向（腹横向）。

红斑狼疮细胞试验（lupus erythematosus cell test，LE cell test） 诊断红斑狼疮的一种实验室方法。患畜的血液中存在的红斑狼疮因子是一种抗核抗体，其相对应的抗原存在于细胞核内；受损伤或死亡细胞的核均可与红斑狼疮因子反应形成复合物，结果使细胞核胀大，失去其染色质结构，核膜溶解，变成均匀无结构的“匀圆体”，细胞膜破裂，匀圆体进入血液；吞噬细胞（一般为中性粒细胞）聚集并吞噬此匀圆体。这些吞进了匀圆体的吞噬细胞，演变成具有类似两个核的细胞，即红斑狼疮细胞。一般采用凝血块法检查红斑狼疮细胞。涂片中如发现两个或两个以上典型红斑狼疮细胞便可定为阳性。

红膘肉（red fat meat）　肥膘（皮下脂肪组织）明显红于正常猪的胴体或白条肉。实际是由疾病过程中皮下组织充血、出血或血色素浸润引起的，常见于患重症猪丹毒、猪肺疫或猪副伤寒的病猪。宰前长途运输、受热、饲养管理不当等也可引起。宰后检查如遇此等情况，应认真检查各脏器，以便结合原发病变做出判断和处理。

红骨髓（red marrow）　充满骨髓腔中的红色柔软组织。由网状组织和血窦构成，网孔中充满多种游离细胞，主要是处于不同发育阶段的血细胞，还有大量的浆细胞和巨噬细胞。红骨髓是造血器官，能生成红细胞、粒细胞、血小板及部分淋巴细胞。动物进入成年期后，长骨骨体腔中原有的红骨髓渐变为脂肪组织，称为黄骨髓（黄骨髓在一般情况下无造血功能，特殊情况如大失血时可恢复造血功能）。

红肌纤维（red muscle fiber）　肌浆中的线粒体较多，肌红蛋白和细胞色素含量很高的骨骼肌纤维，呈暗红色。红肌纤维收缩慢，但能持久、剧烈地收缩，不易疲劳。收缩所需要的能量大部分来源于糖和脂肪的氧化分解。主要由红肌纤维组成的肌肉称为红肌，如迁徙鸟类的胸肌和哺乳动物的四肢肌肉。

红霉素（erythromycin）　得自红链霉菌（*Streptomyces erythreus*）培养液的一种大环内酯类抗生素。难溶于水，与酸成盐则易溶于水。抗菌谱与青霉素相似，对革兰阳性菌有较强的抗菌作用，对某些螺旋体、支原体、立克次体也有效。用于治疗耐青霉素金黄色葡萄球菌及其他敏感菌所致的感染，以及鸡支原体病和传染性鼻炎等。

红尿（erythuria）　尿液的颜色呈红色、红棕色或黑棕色的一种病理现象。主要包括血尿、血红蛋白尿、肌红蛋白尿、卟啉尿和药物性红尿等。

红尿热（red water fever）　见双芽巴贝斯虫病。

红青霉毒素中毒（rubratoxicosis）　采食过量霉败饲料引起的以中毒性肝炎和脏器出血为主征的中毒病。由腐生饲料上的红色青霉（*Penicillium rubrum*）和产紫青霉（*Penicillium purpurogtnum*）产生红青霉毒素 A.B（rubratoxin A.B）而致病。多发于牛、羊、猪和马等动物。症状在牛羊有厌食，流涎，结膜充血或黄染，腹泻，粪中带血，血尿等。猪生长发育受阻，继发结肠炎。母猪易发早产，流产。马属动物以出血性肠炎为主，后期全身肌肉痉挛，共济失调，陷入昏迷或虚脱死亡。防治除采用对症疗法外，应做好饲料防霉和去毒工作。

红球菌属（*Rhodococcus*）　一群形成杆状至分支菌丝的诺卡氏菌样放线菌。所有菌株均具有“球一杆菌繁殖周期”。能形成粗糙、光滑或黏液型产色素菌落。只有一个种，即马红球菌（*R. equi*），旧称马棒状杆菌（*Corynebacterium equi*），能引起幼驹化脓性支气管肺炎、肠炎和淋巴结化脓症，一般致死。也引起牛、猪的子宫和肺淋巴结化脓性炎症，犬有易感性。

红髓（red pulp）　脾索和脾（血）窦组成的脾组织。位于被膜下方及小梁的周围，白髓和边缘区的周围，约占脾实质的 2/3。脾索由富含血细胞的索状淋巴组织构成，脾索彼此连接成网，与血窦相间分布。脾索内的大量巨噬细胞可吞噬异物、衰老的红细胞和血小板，血液经此而得以滤过。脾索内的淋巴细胞主要是 B 细胞，还有许多浆细胞，是脾内产生抗体的部位之一。脾窦形状不规则，相互连接成网，窦壁由长梭形或杆状的内皮细胞平行排列而成，内皮外有不完整的基膜及环行围绕的网状纤维，使窦壁呈栅栏状多孔隙结构，可允许各种血细胞通过。

红体（corpus rubrum）　又称出血体。黄体的前身。卵泡排卵后，卵泡壁塌陷，卵泡膜毛细血管破裂，血液流入卵泡腔内凝固、充塞，色红而得名。见于猪和马。在黄体形成过程中，血液逐渐被吸收，颜色变浅，直至消失。

红外线疗法（infrared therapy）　利用红外线作用于动物体来治疗疾病的物理疗法。红外线是不可见光线，主要由热光源产生。作用到动物体后可使细胞分子运动加速，局部产生热。红外线的波长范围是 343～760nm。临床上使用的红外线又分为短波红外线和长波红外线。短波红外线的波长从 760nm 到 1.5μm，这段波长的红外线穿透能力较强。长波红外线的波长从 1.5μm 到 400μm，它的穿透力则较弱。红外线疗法多用于治疗各种亚急性和慢性炎症、创伤、挫伤、溃疡、湿疹、神经炎等。

红细胞（erythrocyte）　又称红血球，细胞质中充满血红蛋白的细胞。哺乳动物的红细胞无核和细胞器，大多呈双凹圆盘状，只有骆驼和鹿的红细胞为椭圆形。鸟类的红细胞呈圆形，有核，也有少量线粒体和不发达的高尔基体。红细胞担负着机体的气体运输和交换的功能。不同种类的动物，红细胞的数量有差别。

红细胞比容（hematocrit，Hct） 又称红细胞压积（packed cell volume，PCV）。抗凝全血经离心沉淀后，测得压紧的红细胞在全血中所占容积的百分比。主要与血液中红细胞的大小和数量有关，可作为贫血分类参考，另外，可用于推断机体脱水情况，作为补液量的参考。

红细胞沉降率（erythrocyte sedimentation rate，ESR） 简称血沉率。将抗凝血装入特制的玻璃管中，在一定的时间内观察红细胞下沉的毫米数。正常情况下，沉降极其缓慢。当机体发生代谢障碍或吸收了大量的组织破坏产物时，血沉率会发生改变。血沉率加快，见于贫血、溶血性疾病、急性炎症、恶性肿瘤、风湿、结核病、急性肾炎、急性传染病等；血沉率减慢，见于大量脱水、肝脏疾病及心脏衰竭等。

红细胞脆性试验（fragility test of erythrocyte，FT） 利用物理或化学溶血方法测定红细胞抵抗溶血能力的试验，可作为诊断与溶血有关疾病的依据。临床上常用物理法，即低渗氯化钠溶液法测定红细胞对低渗溶液的最大和最小抵抗。耐受力高者，红细胞不易破裂，即脆性低。反之，红细胞易于破裂，即脆性高。红细胞脆性大小与血中盐类浓度、红细胞的状态及红细胞年龄等有关。

红细胞大小不均症（anisocytosis） 血涂片检查，出现较多体积过大或过小红细胞的营养性贫血。

红细胞管型（red cell cast） 因肾小球或肾小管出血或血液流入肾小管内，致使管型内有较多红细胞沉积的现象。尿中发现此种管型，表明肾脏患出血性的炎性疾患。

红细胞计数（count of red blood cell） 测量单位体积（升）血液中红细胞的数量，用 10^{12}/L 表示。有显微镜计数法和血细胞自动分析仪计数法等。红细胞增多见于脱水及红细胞增多症；减少见于各种贫血、溶血及慢性消耗性疾病。

红细胞凝集（erythrocyte agglutination） 血型不合个体的血液混合时，红细胞凝集成簇的现象。红细胞上有特异性抗原，称为凝集原。血清中含有特异性抗体，称为凝集素。若两者相对应，将发生红细胞凝集。同一个体或相同血型的红细胞和血清中不含相对应的特异性抗原和抗体，红细胞不会凝集。红细胞凝集反应是区分红细胞血型的根据，对输血、组织和器官移植有重要意义。

红细胞平均容积（mean corpuscular volume，MCV） 每个红细胞的平均大小，以飞升（fL）为单位。可用下列公式计算：

$$MCV=\frac{\text{每升血液中红细胞压积（L/L）}\times 10^{15}}{\text{每升血液中红细胞数}}$$

各种家畜的正常值（fL）是：牛 40.0～60.0，绵羊 23.0～48.0，山羊 19.5～37.0，猪 50.0～68.0，犬 60.0～70.0。

红细胞渗出（diapedesis of erythrocyte） 红细胞通过内皮细胞间隙逸出微血管。红细胞经白细胞游出留下的或炎症介质造成的内皮细胞间间隙漏出血管的过程，是血管严重损伤的标志。当渗出红细胞数量大时，可使炎症成为出血性炎。

红细胞受体（erythrocyte receptor，ER） T 细胞表面的一种能与某些动物红细胞结合的糖蛋白。与红细胞结合后，在 T 细胞表面形成以 T 细胞为中心的玫瑰花环。因而可用 E 花环形成试验鉴别 T 细胞。

红细胞吸附试验（hemadsorption test） 简称血吸附试验。利用经某些病毒感染的宿主细胞能吸附脊椎动物（豚鼠、鸡、猴等）的红细胞而发生红细胞吸附现象的原理，检测相应病毒感染的试验。这是由于病毒在细胞内增殖出芽时其血凝素蛋白结合到细胞膜上，故使该受感染的细胞膜能吸附红细胞。这种血吸附可被相应的抗病毒抗体所抑制。例如非洲猪瘟病毒感染细胞培养后，不表现细胞病变，可用此法观察细胞能否吸附红细胞，作为是否被感染的重要指标。正黏病毒和副黏病毒也表现血吸附现象。

红细胞吸附抑制试验（hemadsorption inhibition test） 先加入相应的抗血清，通过中和病毒血凝素抗原抑制红细胞吸附的试验。可用于病毒的初步鉴定。

红细胞悬浮稳定性（erythrocyte suspension stability） 红细胞悬浮于血浆内呈混悬液而不易下沉的特性。通常以红细胞沉降率（简称血沉）表示。悬浮稳定性大，血沉慢，反之则血沉快。决定因素是红细胞的比重大于血浆以及红细胞有发生叠连的特性，即红细胞彼此重叠在一起，从而使红细胞与血浆接触面减小，重量增加，加速血沉。影响叠连的因素主要是血浆而不在红细胞本身，血浆中纤维蛋白原、球蛋白、胆固醇等含量增加，促进红细胞叠连，加速血沉。清蛋白和卵磷脂增加则相反，使血沉变慢。患某些疾病时红细胞的悬浮稳定性常发生明显改变。

红细胞血红蛋白平均量（mean corpuscular hemoglobin，MCH） 单个红细胞平均含血红蛋白的量。临床上常用 MCH 来表示。有两种计算方法，其结果以皮克（picogram，pg）为单位。

红细胞血红蛋白平均浓度（mean corpuscular hemoglobin concentration，MCHC） 每个红细胞总重量中所含血红蛋白量的百分数。计算公式如下（结果以百分数表示）：

$$\mathrm{MCHC}=\frac{\text{血红蛋白量（g/100mL）}}{\text{红细胞压积（\%）}}\times 100$$

例如，血红蛋白含量为15g/100mL，红细胞压积为50%，则MCHC为30%，即按重量计，每个红细胞有30%为血红蛋白。MCHC的意义与饱和指数相同但更准确（因为MCHC为绝对值），将血红蛋白量和红细胞压积正常值代入公式即可求得MCHC正常值。

红细胞压积的测定（determination of packed cell-volume，PCV） 又称比容。指将抗凝血在一定条件下离心沉淀，测出红细胞在全血中所占体积的百分比。其测定法有两种，即温（Wintrobe）氏法和微量红细胞压积测定法，国内常用温氏法。各种动物的正常值大约为：马33.4%；牛40%；绵羊32%；山羊34.6%；猪41.5%；成年母鸡30.8%，成年公鸡40%；犬45%；猫40%。比容增高见于各种脱水症，比容降低见于各种贫血。家禽兴奋时也可引起比容增高。

红细胞增多症（polycythemia） 单位容积血液内红细胞数量、血红蛋白含量及红细胞压积都高于正常值的一种病理现象。可分为相对性和绝对性红细胞增多症两种。前者见于血液浓缩、贮血器官收缩致红细胞重新分布时。后者又包括两种情况，一是原发性红细胞增多症，在家畜是一种原因不明的骨髓增殖性疾病；二是继发性红细胞增多症，常因肾脏疾病、某些肿瘤等使促红细胞生成素增多而发生，又称为代偿性红细胞增多症。

红罂粟中毒（red poppy poisoning） 家畜误食红罂粟所引起的具有类似鸦片中毒症状的中毒病。由红罂粟所含的丽春花碱（rhoeadine）所致。患畜除惊厥、共济失调等神经症状外，在反刍兽多发瘤胃臌气。急性病例多数死亡。可针对病情进行对症疗法。

宏量营养素（macronutrients） 蛋白质、脂类、碳水化合物（糖类）等在膳食中所占比重大的营养素。①蛋白质：一切生命的物质基础，体内的蛋白质处于不断地分解与合成的动态平衡之中，以达到组织蛋白不断更新与修复、特别是肠道和骨髓内的蛋白更新速度更快。②脂类：构成人体各细胞，尤其是生物膜的主要成分之一。脂肪根据其来源分为动物脂肪和植物脂肪，由于所含化学元素的种类、数量及结构不同而具有不同的功能。甘油三酯主要供给能量和构成所有生物膜的重要成分，并且具有隔热保暖、保护脏器、增加饱腹感的作用；胆固醇是合成一些生物活性成分的重要物质；必需脂肪是促进生长发育的重要物质。③碳水化合物：又称糖类，主要作用是供给机体能量，一般来说机体所需能量50%以上由食物中的碳水化合物提供；也是构成机体组织的重要成分。

宏量元素（macroelement） 含量占生物体总质量0.01%以上的元素，如碳、氢、氧、氮、磷、硫、氯、钾、钠、钙和镁。其中前6种是组成蛋白质、脂肪、碳水化合物和核酸的主要成分。而后5种则是构成体液的重要成分。宏量元素主要来自饮食，但在某些特殊的生理、病理状态下，也需要额外补充。比如，腹泻、呕吐则需要及时补充钾、钠、氯等元素。

虹彩病毒科（Iridoviridae） 一类大小仅次于痘病毒、衣壳呈二十面体对称的动物DNA病毒。病毒粒子直径125～300nm，有的有囊膜。基因组为线状双股DNA。有13～35种结构多肽。增殖过程涉及胞核和胞浆。宿主范围包括昆虫、两栖动物和鱼类，可水平及垂直传递。本科包括虹彩病毒属、绿虹彩病毒属、蛙病毒属、淋巴囊肿病毒属和金鱼病毒属。非洲猪瘟病毒属在1991年国际病毒命名委员会的第5次报告中未被列入。

虹膜（iris） 眼球壁血管膜的最前部。呈圆盘状，位于眼前、后房之间。中央有圆孔，称瞳孔。外周与睫状体相连续。其结构可分为三层，由外向内分别为虹膜前上皮、基质和色素上皮层。家畜眼的颜色决定于虹膜色素细胞的数量。一般家畜的眼为黄褐色至黑褐色，白化个体由于缺乏色素细胞，而透出丰富血管的红颜色。

虹膜和睫状体炎（iritis and iridocyclitis） 眼内前色素层的感染性眼病，多继发于细菌、病毒性全身疾患、马的周期眼炎、外伤及化学刺激等。表现为强烈疼痛、眼睑痉挛、羞明、虹膜肿胀、充血、角膜边缘充血、虹膜炎性渗出使房水浑浊、并混有血液、脓汁、纤维素等，或瞳孔缩小、虹膜和睫状体后方愈着，当睫状体炎症时玻璃体也浑浊。治疗时先散瞳，并使用皮质类固醇药物，以抑制炎症反应。

喉（larynx） 气管前端与咽相通的软骨性短管。位于下颌间隙后部，并延伸至颈，活体可触摸到。以舌骨悬于颅底。支架为喉软骨，由前向后有会厌、甲状、杓状和环状软骨。在舌骨与甲状软骨间、甲状软骨与环状软骨间、杓状软骨与环状软骨间，形成活动关节。此外有弹性膜连接会厌软骨与甲状及杓状软骨、甲状软骨与环状软骨，以及环状软骨与第1气管环，以维持喉静止时的正常状态。肌肉有外来肌和固有肌。外来肌来自舌骨、胸骨和咽，吞咽时牵拉喉向前或向后。固有肌连接喉软骨之间，作用为调节声带和声门裂，受喉前神经和喉返神经支配。喉腔可顺次分为：喉口，由会厌软骨和杓状软骨及黏膜襞围成；喉前庭，较宽；声门裂，喉腔中部最狭的部分；声门后腔，直接与气管腔连续。有的家畜在声带前方黏膜凹陷而向外侧突出，形成喉室。喉腔内面被覆黏膜，衬以假复层柱状纤毛上皮，喉口处为不角化的复层扁平上皮，黏膜在软骨处及声带处附着紧密，其余部位较疏松。除声带处外，黏膜内分布有浆液、黏液腺及淋巴小结。黏膜感觉神经末梢丰富。禽喉构造简单，软骨仅有环状和杓状软骨，固有肌有开肌和缩肌。

喉呼吸音（laryngeal respiration） 听诊健康动物的喉和气管时，可以听到因气流冲击声带和喉壁形成漩涡运动而产生并沿整个气管向内扩散，渐变柔和的声音。音似“嚇”。

喉镜（laryngoscope） 气管内插管的辅助用具。由镜柄和镜片两部分组成，镜柄形似手电筒，内装电池。镜片有直型和弯型两种，每种有大、中、小各样规格。镜片顶端有小电珠供照明用。镜片的背面要光滑，以免损伤组织，腹面应不反光，否则易影响视力。镜片要坚固不变形，顶端不可太薄或锐利，以免损伤喉头组织。镜片与镜柄可以装卸。装上后，当镜片与镜柄成直角时，电源相通，电珠发亮，折叠电路中断。此外还有纤维（发光）喉镜，更为适用。动物用的镜片比人用的要长。

喉囊（gular pouch） 又称咽囊，耳咽管憩室。仅见于马属动物。耳咽管的膨大部分，位于耳根和喉头中间的凹陷窝内，在腮腺的上内侧，下颌支的后方。

喉囊穿刺（puncture of guttural pouches） 为了诊断和治疗喉囊疾病而将特制穿刺针刺入喉囊。部位在第一颈椎（寰椎）横突中央向前移一指处，触诊该部有波动感。穿刺时将马、骡站立保定，使其头部充分伸向前下方，术部剪毛，消毒，将无菌穿刺针垂直刺入皮肤后即转向对侧眼角的方向，缓缓刺入喉囊。

喉囊检查（examination of guttural pouches） 对喉囊进行的检查方法。用视诊法检查其外形；用触诊法检查其温度、肿胀、敏感性等；用听诊法检查其有无啰音或喘鸣。

喉囊切开术（opening of guttural pouches） 对喉囊进行切开处置的手术。适应于马属动物喉囊腔内积脓或存有异物与肿瘤的治疗。手术通路有两个：一是下颌后缘、胸头肌腱和颌外静脉所形成的三角区内；二是在三角区的颌外静脉下缘 2cm 处。术中切开皮肤、肌膜，用手指伸向深处寻找喉囊壁，在手指的引导下用套管针穿刺喉囊、排脓，然后扩大创口，确保创液排出。术后每日用化学药液冲洗，并装引流管。

喉囊蓄脓（empyema of the guttural pouch） 喉囊化脓性炎症。常继发于急性咽头炎、传染性腮腺炎、腮腺下脓肿以及侵入耳咽管的异物等，产生化脓性炎症，渗出物排出困难而变为蓄脓。症状当头低下的一瞬间，有多量鼻漏流出，为浓稠的脓样液，腮腺肿胀，有热和压痛，喉囊显著扩张，呼吸与吞咽困难，步行头倾向健侧，在喉囊处听到拍水音。治疗采用喉囊穿刺术或切开术，充分洗涤，全身应用抗生素。

喉囊炎（throat bursitis） 喉囊黏膜的炎症，只发生于马、骡。通常继发于咽炎、喉炎、腮腺炎、腺疫、鼻疽等疾病过程，也可因食物、骨碎片等异物及致病性曲霉菌经耳咽管侵入而发生。临床特点为一侧鼻孔流出黏液性或脓性污秽恶臭的分泌物，低头或咀嚼时流出增多。触诊喉囊部位发热、肿胀，有痛感。喉囊内积聚渗出液或气体。喉囊积气时，触诊有明显弹性，叩诊呈鼓音。下颌淋巴结肿胀。头颅姿势异常，呼吸呈喘鸣音，严重时可发生窒息。治疗应用刺激剂，配合抗生素或磺胺类药物。必要时实行喉囊穿刺冲洗或外科疗法。

喉偏瘫手术（operation for laryngeal hemiplegia） 治疗喉偏瘫的手术方法。用手术方法切除喉小囊黏膜，借助杓状与甲状软骨间的结缔组织增生过程，使喉小囊壁与杓状软骨牢固结合，以治疗马属动物的喘鸣症疾病。方法是在全身麻醉下，切开甲状软骨切迹后缘的环甲韧带，伸入喉腔，用 5%盐酸利多卡因喷洒两侧喉小囊黏膜，再用长针头向黏膜下注射 0.25%盐酸普鲁卡因溶液，随后用止血钳夹持喉侧室黏膜捻转成索状，在靠近侧室入口前剪断，注意勿损伤声带，另侧方法相同。注意防止发生误咽。

喉气管沟（laryngotracheal groove） 在胚胎发育初期，原始咽底壁正中形成的一纵行浅沟。

喉气管憩室（laryngotracheal diverticulum） 喉气管沟逐渐加深并从尾端至头端逐步闭合，形成的一管状盲囊。上端将发育为喉；中段发育为气管；末端膨大的两个分支称为肺芽，是主支气管及肺的原基。

喉室（ventricle of larynx） 又称喉小囊、喉侧室。喉黏膜在声带前方凹陷而向外突出于甲状软骨板内侧的小囊。前方的黏膜襞称室襞。见于肉食兽、猪、兔和马，但猪的喉室由声带中部向外突出；兔、猫的喉室很浅。马的喉室发达，入口较大，当发生喘鸣症时可进行喉内手术将其翻入喉腔并切除。

喉咽（laryngopharynx） 咽的三部之一，位于喉上方和咽内口下方。较大，前宽后狭，向后直接与食管相连，马、犬可以腭咽弓延续而来的黏膜褶为界。在平时，喉咽的后部因顶壁、侧壁与底壁相贴近而闭合。喉口占据喉咽底壁的大部分，两旁形成梨状隐窝，平时可供液体如唾液通过，猪的较深。猪喉咽在食管口上方尚形成约一指深的咽憩室，异物易滞留其内。

喉炎（laryngitis）　喉黏膜的炎症。原发性多因吸入灰尘、烟气、刺激性气体或误咽异物等引起；继发性常见于感冒、咽炎和上呼吸道炎以及某些全身感染性疾病。因病变程度的不同，可分为慢性单纯性喉炎、肥厚性喉炎和萎缩性喉炎。主要症状有痛性咳嗽，站立时头颈前伸，鼻孔流鼻液（两侧性），呼出气带有臭味，吞咽困难，体温升高。继发性病例多以原发病的症状为主。可通过内窥镜检查确诊。应用消炎、止痛和镇咳药物进行对症疗法。遇喉腔堵塞有窒息危险病例，应即刻进行气管切开术。

喉阻塞（laryngeal obstruction）　喉部或邻近器官的病变使喉部气道变窄以至发生呼吸困难。喉阻塞可引起缺氧甚至窒息。发生原因有喉部炎症、喉部异物、喉外伤、喉水肿、喉肿瘤、喉麻痹、喉痉挛、喉畸形和瘢痕狭窄等。临床可见病畜不安，吸气困难、结膜发绀、流涎、头颈伸展。预防窒息可进行气管切开术。

猴B病毒感染（simian B virus infection）　猴B病毒引起的人猴共患传染病。猴B病毒即猴疱疹病毒Ⅰ型（*Coropithecine herpes virus* Ⅰ）。B病毒的自然宿主是恒河猴。其他猴类、兔、小鼠、豚鼠也可感染。猴感染率随年龄而增加，病毒经性交、咬伤传播。猴感染仅在舌表面、口腔黏膜和皮肤交界处出现疱疹和溃疡，可自愈。病毒长期潜伏于生殖器官附近的神经节及组织器官中。机体可产生抗体。而人一旦感染则发生脑炎、脑脊髓炎而致死。血清学检测抗体、定期淘汰阳性猴建立无B病毒感染猴群、加强进出口检疫是防控的重点。B病毒是我国普通级猴的必检病原。

猴病毒属（*Rhadinovirus*）　疱疹病毒丙亚科的一个属。成员为蛛猴疱疹病毒2型及松鼠猴疱疹病毒1型，宿主范围仅限于美洲的灵长类。

猴出血热病毒（*Simian hemorrhagic fever virus*，SHFV）　套式病毒目（Nidovirales）动脉炎病毒科（Arteriviridae）动脉炎病毒属（*Arterivirus*）成员。病毒颗粒呈球形，有囊膜，内含20面体核衣壳。基因组为单链、不分节段的正链RNA。1964年从印度运往俄国和美国的猕猴中首次发现，此后常有流行，各种猕猴均易感，被感染猕猴发病迅速。初期发热，面肿、厌食、腹泻等并伴有出血。5～25d内死亡，死亡率近100%。通过接触及气雾传染。持续感染的红猴、非洲绿猴等本身不致病，但会成为猕猴的传染源。

猴痘（monkey pox）　猴痘病毒（*Simian pox virus*，SPV）引起的一种急性人猴共患传染病。猴感染表现两种类型。食蟹猴感染呈急性，特征是面部、颈部水肿，可窒息而死，同时出现肉疹、口腔黏膜溃疡。另一种为丘疹型，仅在面部和四肢皮肤出现丘疹，四周发红充血、全身皮肤出疹、7～10d可消退，感染化脓破溃。人感染后类似天花，病死率高。猴痘病毒是我国SPF级猴必检病原。

猴空泡病毒载体（simian virus 40 vector）　用作克隆载体的猴空泡病毒（SV40）基因组。SV40是球形动物病毒，直径40nm，呈二十面体，有一个共价闭环的双链DNA基因组，全长5244bp。SV40作为克隆载体把外源DNA转入哺乳动物细胞有其局限性：①SV40基因组的晚期功能区的裂解性，不利于外源DNA的重组和表达。②早期功能区与病毒的致癌性有关，使用时有顾虑。③重组DNA片段的大小受限制。

猴T淋巴细胞趋向性病毒Ⅰ型感染（simian T lymph tropic virus type Ⅰ infection）　猴T淋巴细胞趋向性病毒Ⅰ型（STLV-1）引起的猴的传染病。病原属逆转录病毒科，C型肿瘤病毒属，可感染多种大陆猴，SLTV-1和人的HILV-1有一定抗原相关性，引起猴自发性贫血。SLTV-1是我国SPF级猴的必检病原。

猴免疫缺陷病毒（*Simian immunodeficiency virus*，SIV）　逆转录病毒科（Retroviridae）慢病毒属（*Lentivirus*）成员。病毒粒子有囊膜，基因组为二倍体，由两个线状的正链单股RNA组成，包含反转录酶。非洲的某些灵长类动物具有高比例的SIV持续性感染，并有宿主种类的差异。大多数SIV对自然感染的宿主并不致病，但如感染其他种类的猴，则可致严重的致死性疾病。例如非洲绿猴的SIV感染恒河猴，则引致艾滋样病症。恒河猴的SIV并未在亚洲的野生恒河猴中发现，但在饲养的猴群中传播并致病。感染此病毒后数月，最初表现为腹股沟疹及淋巴腺病，而后发展为废食、慢性肠炎及寄生虫与沙门菌、腺病毒等所致的机会感染，通常出现脑病。

猴免疫缺陷病毒病（simian immunodeficiency virus disease）　由猴免疫缺陷病毒（SIV）引起的一种猴的传染病。病毒属逆转录病毒科，慢病毒亚科，SIV和人的HIV同源性高，亚洲猴很少自然感染，但人为接种可表现如AIDS样临床疾病表现，可通过血清学检查进行监测。SIV是我国SPF级猴的必检病原。

猴逆转录D型病毒病（simian retrovirus D disease）　由猴逆转录D型病毒（*Simian retrovirus* type D，SRV）引起的一种非人灵长类动物的传染病。病毒属逆转录病毒科D型逆转录病毒属。亚洲猕猴属的猴是主要宿主。临床表现为免疫抑制，肿瘤形成，快速致死。可经各种分泌物和胎盘排毒。婴幼猴易感，死亡率较高，耐过后可产生高抗体，检测血清后可证实。SRV是我国SPF级猴的必检病原。

猴食道口线虫病（oesophagostomiasis of monkey） 食道口属（*Oesophagostomum*）线虫寄生于猴和猿的大肠引起的寄生虫病。广泛分布于非洲、南亚、印度、印度尼西亚等地。常见种：①长刺结节虫（*O. aculeatum*），寄生于猕猴、卷尾猴的大肠，有头泡，外叶冠10个。雄虫长11～14mm，交合刺长达1.15mm以上，雌虫长13～19mm。②短刺结节虫（*O. bifurcum*），寄生于多种猴和猿的大肠。与前种相似，但交合刺较短。雄虫长8～13mm，雌虫长11.5～14mm。参阅猪食道口线虫病。

骺（epiphysis） 又称骨骺。骨发育稍后时期在关节端软骨内出现的骨化部分。多见于长骨两端。在一定时期内与骨干间保留一层骺软骨，可继续增殖、骨化，使骨加长。到一定年龄，骺软骨停止增殖，骨化后骺与骨干融合，遗迹称骺线。骺表面保留的软骨形成关节软骨。各骨的骺与骨干融合有一定时间。此外，供肌腱、韧带等附着的一些突起和扁骨边缘，也具有单独的骨化点，称骨突（apophysis）。在骨的X线摄影上，骺和骨突易误认为骨折块。早成兽如有蹄兽，骺发育较早，出生时几乎全部具有骨化中心；晚成兽如犬等则发生较迟。禽不形成骺和骨突。

骺软骨（epiphyseal cartilage） 骨骺大部分骨化后，与骨干相邻部位留有的一层软骨板。X线检查时，骺软骨为一低密度线状阴影，通过软骨细胞的分裂、增殖、骨化，使骨不断加长。成年后，骺软骨骨化，骨干与骺结合为一体。

骺线（epiphyseal line） 动物成年后，骨干与骨骺结合成一体，在骺软骨处留下的遗迹。X线检查时，骺线常呈一高密度线。

后肠（posterior intestine） 原肠在后肠门以后的部分。后肠门是以尾褶向前卷入的褶缘为界，与中肠相通，后肠后端为盲端。胎儿期的后肠即大肠，包括盲肠、结肠和直肠。

后电位（positive after potential） 峰电位消失后，膜两侧的电位差在完全恢复到静息电位水平之前所经历的一些微小而缓慢的波动。一般先出现一个负后电位，这时膜两侧表现为微小的负电位变化；接着出现的是更加微小的正电位波动。负后电位的强度一般小于峰电位的1/10，但持续时间比峰电位长得多。正后电位幅度更小且持续时间更长。有些神经细胞只有正后电位，没有负后电位。心肌细胞只有负后电位，没有正后电位。

后发放（after - discharge） 在反射活动中，当刺激作用停止后，传出神经在一定时间内继续发放冲动产生反应的特性。后发放的机理是中枢神经系统中的神经元存在平行式和反馈式的连接方式。同时效应器发生反应时，效应器本身的感受器又受到刺激，发生冲动传进中枢，继发性地影响原有的反射活动。如强光刺眼后，即使快速躲开光源，仍感觉强光仍在发挥作用。

后方短步（shortened stride in posterior phase） 后半步较前半步短的异常步幅，支撑跛行的特征之一，用于马跛行诊断时判断跛行类型。马运步时某肢从蹄离开地面到重新到达地面为该肢所走的一步，这一步被对侧肢的蹄印划分为前后两个半步，健康马的前后两个半步距离基本相等。跛行时病肢的一步会被健肢蹄印划分为两个不等的半步，后半步短于前半步。

后睾吸虫病（opisthorchisis） 后睾科吸虫寄生于人、犬、猫、鸭、猪及虎等野生动物的肝脏胆管和胆囊内而引起的一种重要的人兽共患病。分布于东欧、中欧、西伯利亚、亚洲的泰国和柬埔寨等地区，我国分布广泛。在虫体的机械性刺激和毒素作用下，动物表现消化不良、食欲减退、下痢、贫血、消瘦、水肿甚至出现腹水。多为慢性经过，往往因并发其他疾病而死亡。剖检可见胆囊肿大，囊壁增厚，胆汁变质或停止分泌；胆管发炎，管腔狭窄甚至堵塞。生前检查粪便发现虫卵，或死后剖检在胆管、胆囊内查到虫体可确诊。预防措施主要有粪便堆积发酵，杀灭虫卵；消灭螺蛳，切断传播途径；流行地区家畜避免到水边放牧，以防止感染；及时治疗患畜，防止病原散播。硫双二氯酚、吡喹酮、丙硫咪唑等可作为治疗药物。

后期促进因子（anaphase - promoting complex, APC） 具有泛素化连接酶活性的一个20S蛋白质复合体。主要通过调节促进细胞M期（有丝分裂）周期蛋白泛素化途径的降解，从而调控并推动细胞分裂中期向后期的转化。APC至少由8种成分组成，称为APC_1至APC_8，分别位于中心体、纺锤体等部位上。APC的活性又受到其他物质的调节，如Cdc 20、Mad 2等。

后鳃体（ultimobranchial body） 最后一个鳃囊（即第五鳃囊）形成的小体。在切片上可见该小体由许多纤毛上皮组成的滤泡集合而成。在哺乳动物，后鳃体最终与甲状腺原基合并，成为甲状腺间质中的上皮细胞，即滤泡旁细胞，分泌降钙素。家禽的后鳃体是贴在甲状腺上的一个独立的索状细胞团。

后鳃体原基（ultimobranchial primordium） 由

第5对咽囊形成，可发育为鸟类的后鳃体和哺乳类的甲状腺滤泡旁细胞的结构。

后肾（metanephros，metanephridium） 出现最晚，由胚胎后部的生肾索发育而成的结构。在爬行类、鸟类和哺乳类，后肾最终发育为成年的肾脏。

后肾管（metanephric duct） 又称输尿管芽，中肾管末端近泄殖腔处，向背外侧长出的一个盲管。它向前长入生后肾组织内，末端膨大并反复分支，形成肾盂、肾盏、乳头管和集合小管；其主干形成输尿管。

后肾小管（metanephric tubule） 后肾小泡伸长而成的小管。它发育为肾单位，即肾小管和肾小体。

后肾小泡（metanephric vesicle） 在弓形集合小管的末端，与来自生后肾组织的团块连接的中空泡。

后遗症（sequela） 某些疾病发生后遗留下的器官组织形态缺损或功能障碍，如慢性猪丹毒心内膜炎后形成心瓣膜狭窄或瓣膜孔闭锁不全。

后肢关节（joints of pelvic limb） 后肢所有关节的总称，由近侧到远侧顺次为髋关节、膝关节、跗关节、跖趾关节、近趾节间关节和远趾节间关节。

后肢趾屈肌（flexor muscles of digits） 位于小腿部后方的肌肉。浅屈肌起始于股骨下部，夹于腓肠肌两个头之间，其腱与腓肠肌腱等形成跟总腱并转至浅层，通过跟结节顶端，分出两支附着于其内、外侧，主干沿跟突后面继续向下经跖部至趾部。马、骆驼趾浅屈肌已完全转变为腱组织，在马，与腱质化第3腓骨肌构成膝、跗二关节的连锁装置。趾深屈肌紧位于小腿骨后面，包括指长屈肌、趾长屈肌和胫骨后肌。指长屈肌最发达，其腱与胫骨后肌腱合并后通过跟骨载距突的腱沟下行至跖部、趾部；趾长屈肌腱则经跗部内侧面下行至跖部上1/3处合并入深屈腱。马趾深屈肌在跗部下方有腱头。肉食兽胫骨后肌腱止于跗部，不参与形成深屈腱、趾屈肌在趾部的分支，附着基本与指屈肌相似。

后殖吸虫病（metagonimiasis） 见异形吸虫病。

后转移（post translocation） 蛋白质在细胞质中合成后再转移到细胞器中的方式。如线粒体、叶绿体中的绝大多数蛋白质以及过氧化物酶体中的蛋白质，是在细胞质基质中合成完以后，再转移到这些细胞器中的。在转移过程中，需要特殊的导肽（而不是信号肽）和分子伴侣参与。

后足体（metapodosoma） 蜱螨躯体部中央至体后缘部分，与前足体之间以一条清晰的横沟为界限。

呼肠孤病毒科（Reoviridae） 一类宿主范围十分广泛的双股RNA病毒。病毒子呈二十面体，直径60～80nm。衣壳分内外两层，无囊膜。基因组为线状双股RNA，分10～12个节段，无传染性。结构多肽有6～10种。在胞浆内复制，常通过RNA节段的交换发生基因重配。本科中感染动物的有6个属：正呼肠孤病毒属、环状病毒属、科州蜱传病毒属、轮状病毒属、水呼肠孤病毒属和质多角体病毒属。

呼肠孤病毒Ⅲ型感染（reovirus type Ⅲ infection） 一种由呼肠孤病毒Ⅲ型（*Reovirus* type Ⅲ）病毒引起小鼠、豚鼠、仓鼠和人与动物共患的传染病。新生仔小鼠和断乳小鼠可急性发病，典型表现为油性皮肤和脂肪性下痢，伴有消瘦、脱毛、黄疸、结膜炎，严重时运动失调，出现震颤和麻痹。成年鼠多为慢性。呼肠孤病毒Ⅲ型是我国SPF级小鼠、大鼠、地鼠、豚鼠的必检病原。

呼气（expiration） 因胸廓缩小、肺内压上升引起的肺内气体被排出体外的过程。动物在平静呼吸时，吸气肌（膈肌和肋间外肌）松弛，肋骨因动力作用复位，使胸廓缩小，肺内压上升，肺泡内气体被呼出，这时呼吸是被动过程。动物在用力呼吸时，有肋间内肌、腹肌等呼气肌的收缩，引起主动的呼气过程。

呼气性呼吸困难（expiratory dyspnea） 又称二重呼气。肺组织弹性减弱和细支气管狭窄致使肺泡内气体排出困难时表现。为呼气用力、呼气时间显著延长、辅助呼气肌参与活动、腹部有明显起伏动作的呼吸困难，可出现连续两次呼气动作。见于急性细支气管炎、慢性肺气肿、胸膜肺炎、上呼吸道胸内部分狭窄、小气道阻塞或狭窄等。

呼吸（respiration） 动物机体与外界环境之间的气体交换过程。机体活动和维持体温所需的能量消耗都来自体内营养物质的氧化，氧化过程要消耗氧并产生二氧化碳，因此机体必须不断从外界摄取氧，排出二氧化碳。这是机体维持新陈代谢和机能活动所必需的基本过程之一。哺乳动物的呼吸过程包括外呼吸、内呼吸和气体在血液中的运输3个环节。

呼吸爆发（respiratory burst） 吞噬细胞的氧依赖性杀菌途径之一，指吞噬细胞吞噬微生物后，活化胞内的膜结合氧化酶，使还原型辅酶Ⅱ氧化，继而催化氧分子还原为一系列反应性氧中间物，从而发挥杀菌作用。

呼吸爆炸（respiratory explosion） 激活吞噬细胞后、其氧消耗量急剧上升到正常的2～20倍，葡萄糖的代谢活动通过磷酸戊糖途径大为加强的一种产能过程。是炎症时激活中性粒细胞吞噬过程的杀菌基础，主要是生成自由基杀伤细菌。

呼吸储备（breathing reserve） 最大通气量与每分钟平静通气量之差。最大通气量系以尽可能快的速率和尽可能深的幅度进行呼吸时的通气量，表示单位时间内肺的全部通气能力得到充分发挥时的通气量。呼吸储备的大小与动物所能进行的剧烈活动的能力有关。呼吸储备常以占最大通气量的百分数表示：(最大通气量－每分钟平静通气量)/最大通气量×100%。要保持较高的呼吸储备，必须保持胸廓和呼吸肌的健全、气道的通畅和肺组织的弹性等，因此呼吸储备是衡量通气功能的一个指标。

呼吸促迫（tachypnea） 呼吸节律正常但频率异常增加的一种呼吸形式。呼气、吸气和休止期都变短。见于热性病、血液中二氧化碳增多或氧减少、肺弹性减弱、疼痛等。

呼吸肌及胸腹活动障碍性呼吸困难（respiratory muscle and thoracicoabdo minal kinesipathy dyspnea） 胸壁、腹肌、膈肌疾病所致的呼吸运动障碍性呼吸困难。临床表现为混合性呼吸困难。

呼吸困难（dyspnea） 呼吸运动所做的功超过了正常水平，呼吸频率、类型、深度和节律发生改变，动物呈现一种费力而痛苦的呼吸状态。呼吸频率发生改变（可增加，见于轻度缺氧，pH 降低时；有时也可能减少，见于呼吸中枢严重受损或 CO_2 排出过多时），需要呼吸辅助肌群参与才能完成呼吸运动。高度的呼吸困难称为气喘（asthma）。

呼吸类型（type of respiration） 动物呼吸时表现的不同形式。根据呼吸肌活动的强度和胸腹部起伏变化程度的不同，呼吸类型分为 3 种：①胸式呼吸，呼吸主要靠肋间外肌的收缩和舒张，胸部起伏比腹壁明显。②腹式呼吸，呼吸主要靠膈肌的收缩舒张，腹部起伏较胸廓明显。③胸腹式（或混合式）呼吸，呼吸时胸、腹部呼吸肌同时活动，胸部和腹部的活动均较明显。健康家畜一般为胸腹式呼吸。生理状态改变或患病时呼吸类型可改变，观察呼吸类型有助于疾病诊断。

呼吸链（respiratory chain） 又称电子传递链或生物氧化链。是位于线粒体内膜上顺序传递氢和电子的多酶系统。主要组成包括不需氧脱氢酶、黄素蛋白、铁硫蛋白、辅酶 Q 和多种细胞色素。代谢物脱下的氢经由呼吸链的一系列氧化还原连锁反应，最终与分子氧化合成水并伴随能量的释放，其中相当一部分用于 ADP 的磷酸化生成 ATP。线粒体上存在两条主要的呼吸链：NADH 呼吸链和琥珀酸呼吸链。

呼吸链的抑制（respiratory chain inhibition） 呼吸链的电子传递过程被阻断的现象。能够阻断呼吸链中某部位的电子传递的物质称为电子传递抑制剂。常见的电子传递抑制剂有：阻断 NADH→CoQ 氢和电子传递的鱼藤酮（rotenone）；阻断 CoQ→Cytc1 电子传递的抗霉素 A（antimycin A）；阻断 Cytaa3→O_2 电子传递的氰化物（cyanide，CN^-），如氰化钾（KCN）、氰化钠（NaCN）、叠氮化物（azide，N_3^-）和一氧化碳（CO）。

呼吸毛细管（respiratory capillary） 鸟类肺中进行气体交换的场所，相当于家畜的肺泡，是由单层扁平上皮围成的呼吸管。管间结缔组织中缺乏弹性纤维，只有网状纤维和大量的毛细血管。毛细血管与呼吸毛细管紧贴，有利于气体交换。

呼吸膜（respiratory membrane） 肺泡气体与肺毛细血管之间进行气体交换所通过的组织结构。在电子显微镜下，呼吸膜有 6 层结构组成：肺表面活性物质、液体分子、肺泡上皮细胞、间隙（弹力纤维和胶原纤维）、毛细血管的基膜、毛细血管内皮细胞。6 层结构的总厚度仅为 0.2～1.0μm，通透性大，气体容易扩散通过。

呼吸频率（respriation frequency） 动物每分钟呼吸的次数。年龄、外界温度、海拔、生产性能、疾病等可影响呼吸频率。主要动物正常的呼吸频率（次/min）为：马，8～16；牛，10～30；水牛，9～18；绵羊，12～24；山羊，10～20；猪，15～24；骆驼，5～12；犬，10～30；兔，50～60。

呼吸商（respiratory quotient） 动物在同一时间内，产生的二氧化碳与氧的消耗量之比值。各种营养物质在体内生物氧化时，其二氧化碳产生量与耗氧量之比值称该物质的呼吸商。糖为 1，脂肪为 0.71，蛋白质约为 0.80。

呼吸系统（respiratory system） 又称呼吸器。是执行机体和外界进行气体交换的器官的总称，包括呼吸道和肺。呼吸道又分为上呼吸道和下呼吸道，前者包括鼻腔、咽和喉；后者包括气管和一系列支气管。肺藏于胸腔内，胸壁的活动可使肺交替胀大和缩小，进行吸气和呼气。禽的呼吸系统尚形成若干气囊。机能主要是与外界进行气体交换，呼出二氧化碳，吸进新鲜氧气，完成气体吐故纳新。

呼吸性不整脉（respiratory arrhythmia） 脉搏随吸气和呼气而出现有规律的增多和减少的现象。正常幼年动物有时可见到这种不整脉，成年动物则多见于热性病、神经过敏、心功能不全和呼吸困难等。

呼吸性颈静脉搏动（respiratory jugular pulse） 呼气时颈静脉隆起、吸气时颈静脉塌陷的现象。这是呼吸过程中胸内压变化引起的，多属生理现象。

呼吸中枢（respiratory center） 中枢神经系统内产生呼吸节律和调节呼吸运动的神经细胞群的统称，主要分布在大脑皮层、间脑、脑桥、延髓和脊髓等部位。脑的各级部位在呼吸节律产生和调节中所起的作用不同。基本呼吸节律产生于延髓，脑桥是呼吸调整中枢。低位脑干对呼吸的调节是不随意的自主呼吸调节系统；而高位脑，如大脑皮层可以随意控制呼吸，在一定范围内可以随意屏气或加强呼吸，更灵活而精确地适应环境的变化。正常呼吸运动是在各级呼吸中枢的相互配合下进行的。

狐狸脑炎（fox encephalitis）　狐狸脑炎病毒引起的一种以中枢神经系统损害、伴发兴奋性增高和癫痫发作为特征的狐病。8～10 月龄育成狐易感，成年狐发病率低，常呈地方性流行。临床上出现癫痫症状，步态不稳，流涎，或转圈运动和咀嚼动作。确诊时，除可作病毒分离或电镜检查外，常用补体结合试验和琼脂扩散试验进行检测。采用甲醛灭活疫苗免疫狐，可使其获得一定的免疫力。

弧菌病（vibriosis）　见弯杆菌病。

弧菌属（*Vibrio*）　一类菌体弯曲呈弧状并具端鞭毛的革兰阴性菌。大小为 0.8μm×（1.4～2.6）μm。无芽孢和荚膜，多数以一端单鞭毛活泼运动，固体培养菌还可形成众多的侧生鞭毛。兼性厌氧，在普通培养基上生长良好。发酵葡萄糖不产气，氧化酶呈阳性（麦氏弧菌除外），还原硝酸盐，VP 和尿素酶均阴性。通常对新生霉素敏感。目前确认的有 30 多种。有的有致病性，最著名的是霍乱弧菌（*V. cholerae*），至少有 155 个血清群，其 O_1 及 O_{139} 引致霍乱，是人类的烈性传染病，但对动物无致病性。副溶血弧菌（*V. parahaemolyticus*）常引致人类食物中毒，麦氏弧菌（*V. metschnikovii*）对禽类有致病性，鳗弧菌（*V. anguillarum*）则是致鱼类弧菌病的代表。

糊剂（paste）　含有较大量药物粉末（25%～70%）的软膏剂。作用在皮肤表面，起保护创面和软化痂皮等作用。其中有以凡士林、羊毛脂、植物油等为基质制成的油脂性糊剂及以明胶、淀粉、甘油、羧甲基纤维素为基质制成的水溶性凝胶糊剂。前者无刺激性，容易涂布，适用于急性、亚急性皮肤炎症；后者用于防御煤焦油、石油类等对皮肤的刺激。

虎斑心（tigroid heart）　心脏发生脂肪变性时，在心内外膜下和心肌切面可见灰黄色条纹或斑点，与正常暗红色的心肌相间，呈虎皮状斑纹的病理变化。见于传染病、毒血症、贫血和心肌慢性淤血等。

虎狮传染性肠炎（tiger and lion infectious enteritis）　见豹传染性肠炎。

琥珀胆碱（succinylcholine）　又称司可林、琥胆、氯化琥珀胆碱。去极化型肌松性化学保定药。作用快，持续时间短。用药后，先短暂肌束颤动，后肌肉麻痹，导致肌肉松弛。用量过大，肋间肌和膈肌麻痹，可致动物窒息死亡。广泛用于野生动物的化学保定。对本品反应种属和个体差异较大，安全范围小，必须准确称重确定剂量。如出现呼吸抑制或停止，应立即将舌拉出，进行人工呼吸或输氧，同时静脉注射尼可刹米。

互补 DNA（complementary DNA）　即 cDNA，构成基因的双链 DNA 分子用一条单链作为模板，转录产生与其序列互补的信使 RNA 分子，然后在反转录酶的作用下，以 mRNA 分子为模板，合成一条与 mRNA 序列互补的单链 DNA，最后再以单链 DNA 为模板合成另一条与其互补的单链 DNA，两条互补的单链 DNA 分子组成一个双链 cDNA 分子。因此，双链 cDNA 分子的序列同转录产生的 mRNA 分子的基因是相同的，一个 cDNA 分子就代表一个基因。但是 cDNA 仍不同于基因，因为基因在转录产生 mRNA 时，一些不编码的序列即内含子被删除了，保留的只是编码序列，即外显子，所以 cDNA 序列都比基因序列要短得多。

互利共生（mutualism）　一起生活的生物双方互有裨益的一种生物间相互关系。如反刍动物瘤胃中的纤毛虫，可以帮助反刍动物消化植物纤维，而反刍动物为纤毛虫提供生活场所。

互源性共患疾病（amphixenosis）　人和动物都是其病原体的储存宿主，在自然条件下，病原体可以在人间、动物间及人与动物间相互传染的一类疾病。如炭疽、日本血吸虫病、钩端螺旋体病等。

花蜱属（*Amblyomma*）　硬蜱科的一个属。盾板上常有花斑，有眼，有缘垛，口器长口下板卵圆形，腿有条纹或纹饰，须肢长 2 倍于宽。雄虫无腹板，但在靠近缘垛处可能有小几丁质斑块。大型种类。有些种传播反刍兽立克次体和 Q 热等疾病。

花生四烯酸（arachidonic acid）　全顺式-5，8，11，14-二十碳四烯酸，化学式：$CH_3(CH_2)_4(CH{=}CH{-}CH_2)_4(CH_2)_2COOH$，其中含有四个碳-碳双键，一个碳-氧双键，为高级不饱和脂肪酸。广泛分布于动物界，少量存在于某个种的甘油酯中，也能在甘油磷脂类中找到。与亚油酸、亚麻酸一起被称为必需脂肪酸（essential fatty acid）。它是前列腺素生物合成的前体，也为衍生白三烯，凝血 NFDA2 烷等提供原料。

花生酸（arachidic acid）　花生、蔬菜和鱼油中含有的一种饱和脂肪酸，分子式：$CH_3(CH_2)_{18}COOH$，其分子量为 313。在油脂中含量约 1%或更低，花生油含有 2.4%的花生酸。花生酸为有光泽的白色片状晶体，熔点 77℃，沸点 203～205℃（1mmHg），相对密度 0.8240（100/4℃），溶于苯、氯仿和热的无水乙醇。花生酸除可从花生油水解分离外，也可从石蜡氧化生成的脂肪酸混合物中分离取得。

华支睾吸虫病（clonorchiasis） 由华支睾吸虫（*Clonorchis sinensis*）成虫寄生在人或多种动物的肝胆管内引起肝脏损伤的一种人兽共患病。第一中间宿主是淡水螺类，第二中间宿主是淡水鱼或虾。该病的流行除需有适宜的第一、第二中间宿主及终宿主外，还与当地居民饮食习惯等诸多因素密切相关，常因食用未煮熟或生的含有囊蚴的淡水鱼或虾引起感染，如中国广东等地因生食或半生食鱼、虾感染率较高。该病的病变主要发生于肝脏的次级胆管。成虫在肝胆管内破坏胆管上皮及黏膜下血管，摄食血液。虫体在胆管寄生时的分泌物、代谢产物和机械刺激等因素作用，可引起局部超敏反应及炎性反应，出现胆管局限性的扩张及胆管上皮增生。常用的诊断方法有：皮内试验（IDT）、间接血凝试验（IHA）、间接荧光抗体试验（IFAT）、酶联免疫吸附试验（ELISA）。吡喹酮、丙硫苯咪唑均能杀死虫体，但严重感染者肝脏病变难以恢复。

滑车（trochlea） 呈横置圆柱状并具有滑车样关节面的骨端。

滑膜（synovial membrane） 被覆于关节囊内面的疏松结缔组织膜，由基质和细胞及纤维构成。内表层平滑，为 1～3 层结缔组织细胞，又称滑膜细胞，电镜下可见彼此分开而以细棘相连。细胞因功能状态可分两种类型。滑膜细胞与滑液中透明质酸的形成有关。细胞层下方即为毛细血管网，其下为纤维组织，其厚度因部位而不一，含有血管、淋巴管和神经纤维。细胞成分有纤维细胞，巨噬细胞，肥大细胞和脂肪细胞。滑膜表层脱损，可由此层或关节囊纤维层重新形成。此外滑膜还形成其他部位的滑膜囊或鞘。

滑膜关节（synovial joint） 又称活动关节常简称关节。是骨间关节囊包围成关节腔的骨连接。包括关节面、关节腔和关节头三个基本结构，以及关节为适应某些特殊功能而分化出的一些特殊结构、如韧带、关节盘、关节唇和滑膜壁等。可根据关节面形状和活动，分为平面关节、屈戌关节、车轴关节、髁状关节、椭圆关节、鞍状关节和球窝关节等。关节病损，脱臼等均可引起活动异常。

滑膜囊（synovial bursa） 又称黏液囊，是位于疏松结缔组织内由滑膜形成的封闭性扁囊，多分布在肌、腱、韧带或皮肤与骨之间。囊的一面贴于骨，另一面贴于肌、腱等结构。囊壁内面被覆扁平的结缔组织细胞（滑膜细胞），腔内含适量滑液，作用为减少各结构与骨间的摩擦。常呈多室性，如腕前囊、肘结节囊、髋结节囊、髌前囊等。可因机械性等原因而发生炎症，大家畜特别马较多见。

滑膜囊炎（bursitis） 见黏液囊炎。

滑膜鞘（synovial sheath） 又称腱黏液鞘，包裹于腱周围的长形滑膜套。外层为壁层，与腱纤维鞘相连；内层为脏层，与腱紧密相贴；内、外层转折处形成腱系膜，腱的血管、神经由此通过。腔内有适量滑液，起润滑作用。见于腕部、跗部和指（及趾）部，在腕管、跗管以及指（及趾）部的指（及趾）屈肌腱滑膜鞘最发达。发生炎症常显局限性肿胀。

滑囊炎（bursal synovitis） 见黏液囊炎。

滑液（synovia） 关节腔内的黏稠性液体。无色至淡黄、深黄色。黏稠性和颜色常因动物种类和不同关节而异。黏稠性并与温度有关，低温下变稠。量少，但大动物的四肢关节量较多（达 20～40mL）。微碱性。含透明质酸，常与蛋白质结合存在，其他成分则与血浆相似。滑液中所含细胞大多为来自滑膜的单核细胞。滑液对关节有润滑和营养作用。许多病理过程可影响滑膜，使滑液性质和成分改变，可抽吸检查供诊断参考。滑液也存在于滑膜囊和鞘中。

化脓棒状杆菌感染（corynebacterium pyogenes infection） 化脓棒状杆菌经创伤感染引起多种动物局部组织炎症或脓肿的总称。牛呈化脓性肺炎、多发性淋巴结炎、子宫内膜炎、精囊炎、关节炎、心内膜炎、皮下脓肿、化脓性乳房炎等。羊发生增生性慢性化脓性肺炎、关节炎、羔羊咽喉脓肿。猪呈化脓性肺炎及支气管炎，多发性关节炎、骨体炎、化脓性子宫内膜炎、仔猪脐炎、皮下脓肿、乳腺脓肿等。确诊需作细菌分离鉴定。应用抗生素治疗有效，体表脓肿行手术疗法。预防本病发生应注意皮肤清洁，防止皮肤黏膜受伤。

化脓性肺炎（suppurative pneumonia） 又称肺脓肿。是肺泡内蓄积有化脓性产物的一种炎症。病原菌主要为链球菌、葡萄球菌、肺炎球菌及化脓棒状杆菌，原发性肺脓肿很少，大多数继发于脓毒败血症和肺内感染性血栓形成，如结核、化脓性子宫炎、幼畜败血症、腺疫、鼻疽等。各种家畜均可发生，病死率高。临床表现取决于原发病和感染途径，特点是以发热为标志的不定病程，叩诊浅在的脓肿区，呈局限性浊音，听诊可听到各种啰音，以湿啰音为主；若脓肿破裂，形成空洞时，可听到空瓮性呼吸音和金属音响的水泡音，叩诊为破鼓音，并有大量恶臭脓性鼻液流出；X 线检查，早期肺脓肿呈大片浓密阴影，边缘模糊。治疗宜抗菌消炎，控制炎症发展。

化脓性肝炎（suppurative hepatitis） 见肝脓肿综合征。

化脓性结膜炎（purulent conjunctivitis） 以排出

脓汁和细菌的生成物为特征的一种结膜炎，多由葡萄球菌、链球菌等的感染引起，可分为急性和慢性。临床症状可见黏稠的分泌物，结膜、巩膜充血，血管分布异常，若时间延长，可见眼睑愈着，角膜溃疡。治疗方法是反复用消毒、收敛剂灌流，注意眼内部疾病，作适当的处置，作抗生素药物敏感实验，长时间连续使用广谱抗生素。

化脓性脑炎（purulent encephalitis）　又称脑脓肿（cerebral abscess）。脑组织由于化脓菌感染引起的以大量中性粒细胞渗出，同时伴有局部组织的液化性坏死和脓汁形成为特征的炎症过程。按病因分为外伤性、传播性、栓塞性和特发性等。急性病例体温升高，兴奋与沉郁交替发生，肌肉抽搐，间歇性痉挛，强迫运动或脑麻痹。慢性病例意识障碍，突发失明，运动障碍或倒地不起。治疗宜用抗生素、磺胺类药物。

化脓性乳房炎（purulent mastitis）　由化脓菌感染引起的乳房炎。可分为脓性卡他性乳房炎、乳房脓肿和乳房蜂窝织炎等几种类型。患病乳区肿大，疼痛，乳量剧减，乳汁水样、含絮片或无乳。病侧乳上淋巴结增大，病畜有较重的全身症状。慢性经过时病乳区可发生萎缩硬化。治疗可向乳房内注入抗生素，但药量和压力要适宜，以防炎症扩散。可配合轻柔按摩乳区。

化脓性肾炎（suppurative nephritis）　见肾脓肿。

化脓性输卵管炎（purulent salpingitis）　由化脓菌引起的输卵管炎症。黏膜上皮出现糜烂和溃疡，炎症可波及肌层。当炎症引起管腔闭塞，脓性分泌物不能排出时，即形成输卵管积脓。本病诊断困难，无有效疗法。

化脓性炎（purulent inflammation）　以大量中性粒细胞渗出并伴有不同程度的组织坏死和脓汁形成为特征的炎症。多见于化脓性细菌感染。脓汁（pus）是坏死的中性粒细胞释出蛋白分解酶液化坏死组织而形成，一般呈淡黄色，液状；绿脓杆菌感染时脓汁呈绿色；伴有腐败菌感染时脓汁呈黑色。脓汁中变性、坏死的中性粒细胞称为脓细胞（pyocyte）。形成脓液的过程称为化脓（suppuration）。由于病因，发生部位和病变特点不同，可分为脓肿、蜂高织炎、表面化脓及脓肿三种。小的脓肿可被吸收消散，大的脓肿常需切开排脓或穿刺抽脓。

化生（metaplasia）　一种已分化成熟的组织转变为另一种组织的过程。多由慢性炎症、理化因素刺激、维生素 A 缺乏等引起。组织不经过细胞增殖，直接变为他种组织，称直接化生，如结缔组织化生为骨组织；通过细胞增殖，分化为另一种组织，称间接化生，如柱状上皮化生为鳞状上皮。

化学病理学（chemical pathology）　应用现代化学知识研究疾病发生机理及转归规律的一门病理学分支学科。如运用组织化学和细胞化学知识，使组织或细胞的染色技术与化学反应相结合，以揭示细胞内各种物质异常的特殊变化，来阐明疾病时细胞的物质代谢和功能状态的改变。

化学发光免疫测定（ehemilluminescent immunoassay，CLIA）　又称化学发光标记免疫测定，是将化学发光反应敏感性与免疫反应特异性相结合的一种血清学技术。抗体或抗原直接用发光剂或催化发光酶、螯合物、络合物等标记，与相应的抗原或抗体结合后，发光底物受催化剂或与发光剂作用发生氧化—还原反应，并以可见光形式释放出自由能，或者该反应使荧光物质（如红荧烯）等激发发光，最后用发光光度计（luminophotometer 或 biocounter）测定发光强度，从而进行抗原或抗体的定量或定性检测。

化学发光探针系统（enhanced chemiluminescence labelling system，ECL）　以标记化学发光物的核酸或蛋白质为探针的检测系统。如辣根过氧化物酶通过共价键与核酸片段或抗体结合制成探针，当其与样本杂交后，用化学发光系统显示待检的基因或抗原存在的部位。显示的原理是，发光素在 H_2O_2 存在下，经过氧化物酶氧化呈激发状态，后者在苯类物质的强化下发出荧光，并能使感光乳胶片感光显色。

化学感受器反射（chemoreceptor reflex，Chemoreflex）　血液的某些化学成分发生改变时，如缺氧、二氧化碳分压过高、氢离子浓度过高等，刺激颈动脉体及主动脉体的动脉化学感受器使其发生兴奋，引起呼吸和心血管活动变化的反射。化学感受器反射在平时对心血管活动的调节作用不明显，只有在低氧窒息、动脉血压过低和酸中毒等情况下才发生作用。

化学耗氧量（chemical oxygen demand，COD）　在一定条件下，用强氧化剂如高锰酸钾或铬酸钾等氧化水中有机污染物和一些还原物质（有机物、亚硝酸盐、亚铁盐、硫化物等）所消耗氧的量，单位为 mg/L。COD 是测定水体中有机物含量的间接指标，代表水体中可被氧化的有机物和还原性无机物的总量。当用重铬酸钾作氧化剂时，所测得的化学耗氧量用 CODcr 表示，而高锰酸钾法则用 CODMn 表示。因屠宰污水中污物含量很多，成分复杂，CODcr 法氧化较完全，能够较确切地反映污水的污染程度。

化学农药（chemical pesticide）　化学合成的农药。按化学组成可以分为有机氯、有机磷、有机汞、有机砷、氨基甲酸酯类等制剂；按农药在环境中存在物理状态可分为粉状、可溶性液体、挥发性液体等；

按其作用方式可有胃毒、触杀、熏蒸等。

化学胚胎学（chemical embryology） 胚胎学与生物化学之间的边缘学科，是应用化学和生物化学等方法，研究动物胚胎发育过程中的生物化学变化和形态发生的一门学科。目前发展趋势是深入到分子水平来探讨卵子成熟、受精、胚胎的生长、分化和形态发生的机制，正逐步演变为分子胚胎等。

化学渗透学说（chemiosmotic hypothesis） 由英国生物化学家 Peter Mitchell 于 1961 年提出的。是解释线粒体中生成 ATP 机制的假说之一。其主要内容为：当底物脱下的 H 被传递体传递时，被解离为 H^+ 和电子，H^+ 被"泵"出线粒体进入胞液，产生［H^+］梯度，其中蕴藏着自由能量。当这些 H^+ 再度被位于线粒体内膜上的"三分子体"转运回到线粒体内时，在 FoF_1－ATP 酶的催化下利用［H^+］梯度中所蕴藏的能量，使 ADP 与 Pi 反应产生 ATP。

化学突触（chemical synapse） 依靠突触前神经纤维末梢释放递质作为传递信息的媒介，经扩散作用穿过突触间隙到达突触后膜与受体结合，从而改变突触后神经元活动的突触。其形态特征是突触间隙较宽，突触前末梢内有小囊泡，神经递质就贮存在囊泡内。突触后膜特化且有相应的递质受体分布，又称囊泡性突触。畜禽体内大多数的突触都是化学突触。

化学物安全评价（safety evaluation of chemicals） 通过化学物基本资料及动物实验和对人或靶动物的直接观察，在了解毒性和潜在危害的基础上对某一化学物的安全性作出的评价。完整的安全评价通常分毒性初步估计、急性毒性试验、新产品中间试制、新产品正式投产及化学物推广使用 5 个阶段进行，所获资料可为制订或修订卫生标准提供依据。

化学消毒法（chemical disinfection） 应用化学药品的溶液来进行消毒的方法，是兽医防疫实践中最常应用的消毒法。根据化学消毒剂对蛋白质的作用，主要分为以下几类：①凝固蛋白类的消毒剂。如酚、甲酚及其衍生物、醇、酸等。②溶解蛋白类的消毒剂。如氢氧化钠、石灰等。③氧化蛋白类的消毒剂。如漂白粉、过氧乙酸等。④阳离子表面活性消毒剂。如新洁而灭、洗必泰等。⑤醛类及其他消毒剂。如福尔马林、戊二醛、环氧乙烷等。它们各有特点，可按具体情况选用。

化学消化（chemical digestion） 消化腺分泌的消化液进入消化道，其中的消化酶对食物进行分解，使其转变为可被吸收和利用的物质，是化学性消化的主体，也是动物消化的主要过程。

化学性食物中毒（chemical food poisoning） 动物经口摄入了正常数量，在感官上无异常，但却含有某种或几种"化学性毒物"的食物，其对机体组织器官发生异常作用，破坏正常生理功能，引起功能性或器质性病理改变的急性中毒。包括一些有毒金属及其化合物、农药等，常见的化学性食物中毒有有机磷食物中毒、亚硝酸盐食物中毒、砷化物食物中毒等。治疗宜采取洗胃催吐等方法及时排出毒物或使用特效特毒药物。

化学性污染（chemical pollution） 各种有毒有害化学物质对动物性食品的污染，包括各种有毒的金属、非金属、有机化合物和无机化合物等。这些污染物常以百万分之几（mg/kg），甚至十亿分之几（μg/kg）的计量残留于食品中，由于其量微小，往往被人们所忽视。研究表明，很多化学性污染物对人体都是有毒的，虽然摄入量很小，却能引起人体的急性中毒或慢性中毒。

化学治疗（chemotherapy） 简称化疗。对细菌等微生物及寄生虫、癌细胞等所致疾病的药物治疗。化疗药物对病原体必须有较高的选择性，即疗效高、毒性小。其化疗指数（半数致死量与半数有效量的比值）大于 3 才有实用价值。

化学治疗药（chemotherapeutic agents） 简称化疗药或化药。对侵袭性的病原体具有选择性抑制或杀灭作用，对宿主没有或只有轻度毒性作用的化学物质。包括抗微生物（细菌、真菌和病毒等）药、抗寄生虫药、抗癌药。

化学致癌物（chemical carcinogen） 凡能引起动物和人类肿瘤、增加其发病率或死亡率的化学物质。现在已知诱发癌症的化学物质有一千多种。包括天然的和人工合成的，常见的有：①多环性碳氢化合物，如煤焦油、沥青、粗石蜡、杂酚油、蒽油等。②染料，如偶氮染料、乙苯胺、联苯胺等。③亚硝胺，是消化系统癌症的重要致癌物质。④霉菌毒素，如黄曲霉毒素等。⑤其他无机物，如砷、铬、镍等及其化合物。

化学致突变作用（chemical mutagenesis） 由化学污染物或其他环境因素引起生物体细胞遗传信息发生突然改变，并在细胞分裂繁殖过程中能够传递给子代细胞，使其具有新的遗传特性的现象。

化制（inedible rendering，disposal） 对病害动物和病害动物产品无害化处理的一种方法。（1）适用对象：除《病害动物和病害动物产品生物安全处理规程》（GB16548—2006）规定的销毁动物疫病以外其他疫病的染疫动物，以及病变严重、肌肉发生退行性变化的动物的整个尸体或胴体、内脏。（2）操作方法：利用干化、湿化机，将原料分类，分别投入化制。①干化。将废弃物放入化制机内受干热与压力的作用而达到化制的目的（热蒸汽不直接接触化制的肉尸而循环于夹层中）。②湿化。利用高压饱和蒸汽，直接与畜尸组织接触，当蒸汽遇到畜尸而凝结为水时，则放出大量热能，可使油脂溶化和蛋白质凝固，同时借助于高温与高压，将病原体完全杀灭。经湿化机化制后动物尸体可熬成工业用油，同时产生其他残渣。

化制站（inedible rendering plant）　根据兽医法规和食品卫生法规定，对不准食用的畜禽尸体等进行加工或彻底消毒以获得油脂、骨肉粉等产品的场所。

划线分离（streaking）　将细菌样品用划线方式接种在固体培养基上，以获取单个菌落的方法。用接种环以无菌操作蘸取少许待分离的材料，在无菌平板表面进行平行划线、扇形划线或其他形式的连续划线，铂耳上的细菌逐渐减少和分散，并随着划线次数的增加而逐步分散开来，经培养后，可在平板表面得到单个菌落。此法可从病料中分离纯化病原体，或者从污染的细菌制剂中分离纯化细菌。

坏疽（gangrene）　组织坏死后受到外界环境影响或腐败菌感染所引起的病理变化。坏疽组织呈褐色或黑色，是腐败菌分解坏死组织产生的硫化氢与血红蛋白分解出来的铁结合形成黑色硫化铁的结果。可分为干性坏疽、湿性坏疽和气性坏疽3种类型。①干性坏疽（dry gangrene）：多发生于体表皮肤，尤其是四肢末端、耳壳边缘和尾尖。坏死组织水分少，病变部位干固皱褶，腐败菌感染一般较轻，与邻近健康组织有明显分界。②湿性坏疽（moist gangrene）：主要发生在与外界相通的组织器官，如肺、肠、子宫和乳腺等，也可见于伴有瘀血、水肿的肢体。坏死组织水分较多，腐败菌感染严重，局部明显肿胀，与健康组织间无明显分界线。③气性坏疽（gas gangrene）：是湿性坏疽的一种特殊形式，多见于深部开放性创伤，如阉割、穿刺创等合并感染产气荚膜杆菌等厌氧菌时。

坏疽性鼻炎（rhinitis gangrenosa）　见牛恶性卡他热。

坏疽性肺炎（gangrenous pneumonia）　又称异物性肺炎、吸入性肺炎、肺坏疽。因误咽异物（食物、呕吐物或药物）或腐败细菌进入肺脏而引起的肺坏死和分解，以呼吸高度困难，流污秽不洁恶臭的鼻液和鼻液含有弹力纤维为特征多发生于马、骡、偶发于牛、猪和羊。治疗原则是迅速排除异物，制止肺组织腐败分解，并对症治疗。

坏疽性乳房炎（gangrenous mastitis）　见乳房坏疽。

坏死（necrosis）　在损伤因子的作用下，体内局部组织或细胞的死亡。机体局部血液供应不足，各种致病微生物、寄生虫及其毒素引起的损伤，理化因素刺激，以及营养物质缺乏均可引起坏死。形态上，细胞坏死的主要标志是细胞核浓缩、碎裂和溶解，细胞浆嗜酸性染色增强。可分为凝固性坏死、液化性坏死、纤维素样坏死以及坏疽等类型。

坏死杆菌病（necrobacillosis）　坏死梭杆菌（fusobacterium necrophorum）引起哺乳动物和禽类共患的一种慢性传染病，以蹄部、皮肤、皮下组织、口腔、胃肠黏膜等处发生坏死为特征，有的可在内脏如肝、肺形成转移性坏死灶。畜群拥挤、圈棚场地泥泞、饲养管理和环境卫生不良都能促使本病的发生和流行。由于动物的种类和病原侵害的组织部位不同而有不同的名称，如腐蹄病、坏死性皮炎、坏死性肝炎等。确诊需做细菌学检查，治疗采用局部外科处理配合抗生素或磺胺类药物等对症疗法。搞好综合性防疫措施，可控制本病的继发感染。

坏死梭杆菌（*Fusobacterium necrophorum*）　又名坏死杆菌（*Bacillus necrophorus*），拟杆菌科梭杆菌属成员，革兰染色阴性，无运动性，不形成芽孢和荚膜。多形性，两端钝圆或变尖，长度范围从类球状体到100μm的丝状体。老龄菌和琼脂平板上的培养物多呈杆状。在感染组织内多为长丝状，宽约1μm，长可达100～300μm。新分离的菌株主要呈平直的长丝状。24h以上的培养物以石炭酸复红或碱性美蓝染色，着色不均，宛如佛珠样。严格厌氧。普通琼脂和肉汤等均不适宜此菌生长，加入血清、血液、葡萄糖、肝块或脑块后有助于生长。在血琼脂上培养48～72h后，可形成圆形、直径1～2mm的菌落，在兔血琼脂上多数菌株可产生α或β溶血。卵磷脂酶阴性。可凝集人、兔和豚鼠红细胞，不凝集牛和绵羊红细胞。可致多种动物的坏死杆菌病，如牛、绵羊、鹿等的腐蹄病，牛、绵羊、猪、鹿、兔的坏死性口炎，牛、绵羊、兔等的肝脓肿或坏死性肝炎，马、猪的坏死性皮炎，犊牛白喉等。也可引起人产褥热、慢性溃疡性结肠炎、肺和肝脓肿等。实验动物以家兔最易感。耳静脉注射病料的家兔逐渐消瘦，在内脏中形成坏死性脓肿，尤以肝脏为甚。小鼠感染后，也可发生与家兔相似的病变。

坏死性肝炎（necrotic hepatitis）　由坏死梭杆菌引起羔羊、犊牛的一种以肝坏死病变为主的传染病，剖检特征为肝肿大，呈土黄色并散布许多黄白色、质地坚实的坏死灶，确诊可从肝病变组织中分离出病原。防治应改善饲养和卫生条件，使用抗生素和磺胺类药物，配合对症治疗。

坏死性口炎（necrotic stomatitis）　由坏死梭杆菌等病菌引起的主要侵害犊牛、羔羊或仔猪的传染病。病畜表现厌食、流涎、鼻漏、口臭，在舌、腭及咽等处可见灰白色的伪膜，严重的引起呼吸困难和死亡。病的发生与营养不良、管理不善等诱因有关。防治首先要消除诱因，用碘甘油涂擦口腔患部，配合综合性治疗。

坏死性皮炎（necrotic dermatitis） 由坏死梭杆菌引起仔猪和架子猪的一种传染性皮炎。特征为体侧、臀部及颈部皮肤、皮下发生坏死和溃烂。一般病猪全身症状不明显，少数可因恶病质而死亡。实验室诊断可从坏死组织与健康组织交界处取样涂片、镜检或取病料做动物接种试验。治疗可全身使用抗生素，局部按外科化脓疮处理。

环丙沙星（ciprofloxacin） 第三代氟喹诺酮类抗菌药。抗菌谱同诺氟沙星，抗菌活性在目前广泛应用的氟喹诺酮类中最强。兽医临床广泛用于畜禽的各种感染性疾病。

环层小体（lamellar corpuscle） 分布于皮下组织、腹膜、胰腺等处结缔组织中的压觉感受器。新鲜时呈透明的小泡状，肉眼可见。外形椭圆，中央有一条直行的裸露神经末梢，外有数十层同心圆状排列的胶原纤维膜及夹于膜间的扁平的成纤维细胞组成的被囊。

环骨瘤（ringbone） 第一、二指（趾）骨或第三指（趾）骨发生的以病理性增生为主的慢性骨化性骨膜炎。如果增生的是新的骨组织，则称为骨化性骨膜炎（ossifying periostitis）或指（趾）骨瘤（exostosis on the pastern bone）。马多见，且前肢多于后肢，牛较少见。关节韧带、关节囊、伸肌腱的过度牵引，系部勒伤和指（趾）骨骨折，马的肢结构不良，如肢外向、内向等，均是环骨瘤发生的因素。本病为慢性经过，骨瘤过大时可引起运步障碍。治疗早期可进行温热疗法，可在蹄到腕关节之间装石膏绷带4周，休息不少于4个月；无跛行症状者可不予治疗；跛行较重病例可应用刺激剂，治疗无效时可在无菌条件下进行骨膜切除术或关节融合术。

环化（circularization） 一种限制性内切酶酶切产生的DNA片段带有互补的5′和3′末端（黏性末端），经退火和连接，DNA片段转变成共价闭合环。平头末端的DNA片段，在DNA连接酶作用下也可环化。

环境病毒学（environmental virology） 研究病毒与其生活环境间关系的一门学科。主要包括病毒污染环境及其研究方法、病毒在不同环境条件下的生态行为、环境中病毒污染的灭活与去除、环境污染病毒安全性及其危险评价等内容。

环境病理学（environmental pathology） 研究环境有害因素引起的疾病及其病理变化的一门病理学分支学科。用病理学知识和方法研究环境疾病，认识其病原和发生机理，从而采取有效的预防措施，保护和改善环境，保障人与动物健康。

环境毒理学（environmental toxicology） 从医学及生物学的角度利用毒理学方法研究环境中有害因素对人与动物健康影响的学科，是环境医学的一个组成部分，也是毒理学的一个分支。其主要任务是研究环境污染物质对机体可能发生的生物效应、作用机理及早期损害的检测指标，为制定环境卫生标准、做好环境保护工作提供科学依据。

环境毒物（environmental toxicant） 存在于环境（空气、水、土壤等）中，在一定条件下进入人及动物体后，能干扰或破坏其正常生理功能，引起暂时性或持久性的病理状态、甚至危及生命的物质。其主要来源是人类的生产和生活活动产生的化学污染物，人类广泛使用的某些人工合成的化合物（如农药等），也有的来自自然界，如某些地区饮水中含有较高的氟化物、硝酸盐等。(1) 按化学结构的不同，可分为无机毒物与有机毒物。无机毒物可进一步分为金属、类金属（如砷等）和非金属；有机毒物可进一步分为烃类、醇类、酚类、醛类、酮类、腈类、醚类以及环氧化物、硝基氧化物、有机酸酐和酰胺类化合物等。(2) 按物理形态的不同，可分为粉尘、烟、雾、蒸气和气体。如二氧化硫、一氧化碳、氯气等。(3) 按生物学作用的不同，可分为：①刺激性毒物，如SO_2、NO_2、Cl_2等；②窒息性毒物，如CO、H_2S等；③致癌物，如苯并芘、亚硝胺类、农药敌枯双等；④致突变物，如亚硝基物等；⑤致敏物，如镍、环氧树脂等。

环境丰富度（environment enrichment） 研究者为动物提供福利而在动物生活环境中尽可能增加模拟其自然生存状态各种条件的程度。如摆放玩具、提供窝巢筑造材料等。动物环境丰富度的不同可能会使动物对实验处理的反应出现差异。

环境监测（environmental monitoring） 定期、定点对环境组成、因子和环境中污染物质的种类、浓度、分布的变化及影响进行监测和分析的过程。包括化学监测、物理监测、生物监测和生态监测。环境监测的对象包括自然因素、人为因素和污染组分。环境监测的过程包括监测计划设计，现场调查和收集资料，优化布点，样品采集，样品运输和保存，样品的预处理，分析测试，数据处理，综合评价等。

环境卫生标准（environmental health standard） 国家为保护居民生活条件和健康而规定的环境中有害因素的限量（最高容许浓度或剂量），以及为实现这些限量而规定的相应措施和要求的技术法规。

环境卫生监督 (environmental health inspection) 由依法委托授权单位的执法人员按照国家的法律、法规、条例、规定、办法和标准等，对辖区内的企业、事业单位，生产经营单位或个人及服务行业等贯彻执行国家环境卫生有关法规、条例、办法和标准等情况进行监督和管理，对违反环境卫生法规、危害人民群众健康的行为依法进行监督管理或行政处罚的公共卫生行政执法工作。

环境性疾病 (environmental diseases) 以环境条件为致病因子的疾病。因直接致病因子的不同，可将环境性疾病分为环境物理性疾病、环境化学性疾病和环境生物性疾病。

环境影响报告书 (environmental impact statement) 预测和评价建设项目对环境造成的影响，提出相应对策措施的文件。内容有项目概况、环境现状、环境影响、环保措施、经济论证等。由建设项目承担单位委托评价单位编写，环境保护行政主管部门审批。

环境质量评估 (environmental quality assessment) 对环境的结构、状态、质量、功能的现状进行分析，对可能发生的变化进行预测，对其与社会、经济发展活动的协调性进行定性或定量评估的过程，是对环境质量优劣的定量描述。

环卵沉淀试验 (circumoval precipitin test, COPT) 用于血吸虫病诊断的一种方法。基本原理是：利用抗原-抗体的特异反应，当成熟血吸虫卵抗原与血吸虫病患畜血清中相应抗体结合后，在虫卵周围形成具有一定折光性的特异性的泡状、指状、带状或片状沉淀物，即为阳性反应。常用的方法有：①常规蜡封玻片法环卵沉淀试验；②塑料管法；③双面胶纸条法环卵沉淀试验（DGS—COPT）；④PVF 抗原片法；⑤血凝板法；⑥组织内环卵沉淀反应，又称卵内沉淀反应；⑦酶联环卵沉淀反应（Enzyme - linked COPT，ELCOPT）等。

环尾症 (ring tail) 在大鼠的饲养过程中，当环境温度较高、相对湿度低于 40%时，哺乳和断奶前大鼠易发生的一种尾巴环状坏死的自发性疾病。主要表现为尾部皮肤、趾发生环状缩小，其远端发生肿胀、干性坏疽，甚至断尾。养于铁丝笼底笼内发病更严重。增加湿度、降低空气流动速度，养于实底笼具，给母鼠及其幼仔提供窝材，可缓解症状。此外，一种实验用白尾鼠（*Mystremys albicandants*）在 1 周龄时也常发生环尾症。

环形泰勒虫病 (theileriasis annulata) 环形泰勒虫（*Theileria annulata*）寄生于牛、瘤牛和水牛的红细胞和淋巴细胞内引起的原虫病。由璃眼蜱传播。患畜出现稽留热，可视黏膜贫血、黄疸、有出血斑；体表淋巴结肿胀。真胃黏膜肿胀、充血、有糜烂或溃疡，肝、脾肿大。诊断可通过血片查找虫体或穿刺淋巴结查找石榴体。可用磷酸伯氨喹啉或三氮脒治疗，对症用药缓解症状，加强护理以降低死亡率。预防主要是灭蜱、防蜱。

环形泰勒虫 (*Theileria annulata*) 属于孢子虫纲、泰勒科，寄生于牛的血细胞内，引起牛环形泰勒虫病。环形泰勒虫在红细胞内的虫体为配子体，又称血液型虫体。虫体小，呈环形、椭圆形、逗点状或卵圆形、杆状、圆点状、十字形、三叶形、梨子形等多种形态，其中以圆环形和卵圆形为主，占总数的 70%～80%。大小依形态不同而有差别，一般为0.7～2.1μm。每个红细胞内寄生的虫体数为 1～12 个不等，多数为 1～3 个。寄生于巨噬细胞和淋巴细胞内进行裂殖生殖所形成的多核虫体为石榴体（即裂殖体，又称柯赫氏蓝体），呈圆形、椭圆形或肾形，位于淋巴细胞或单核细胞胞质内，或散在于细胞外。裂殖体有两种类型：一种为大裂殖体（无性生殖体），大小为 8μm，有的达 15～27μm。另一种为小裂殖体（有性生殖体），在淋巴细胞内的大小为（4～15）μm×（3～12）μm，游离者稍大，为（6～18）μm×（4～15）μm。感染泰勒虫的蜱在牛体吸血时，子孢子随蜱的唾液进入牛体，首先入侵局部淋巴结中的巨噬细胞和淋巴细胞，并进行反复的裂殖生殖，形成大的裂殖体。部分大的裂殖体可循血液和淋巴液向全身散播。侵入脾、肝等多种器官的淋巴细胞和巨噬细胞进行裂殖生殖。裂殖生殖反复进行到一定的时期后，有的可形成小裂殖体（有性型），小裂殖体内的裂殖子进入红细胞内变成配子体（血液型虫体）。

环氧乙烷 (epoxyethane) 又称氧化乙烯（ethylene oxide）。气态消毒药。高浓度有刺激性，易燃，易爆。具高效、广谱杀菌作用，对芽孢、霉菌、病毒也有效。穿透力强，极易扩散，不腐蚀金属。用于忌热、忌湿物品如精密仪器、医疗器械、生物药品、制药原料、皮裘、饲料、图书等的消毒。也可做实验室、无菌室的空间消毒。

环状病毒属 (*Orbivirus*) 呼肠孤病毒科的一个属，外层衣壳有弥散性，内层衣壳的壳粒呈环状，故名。RNA 分 10 个节段，多肽有 7 种，VP7 是群特异抗原。均能在蚊、蠓、蜱、白蛉等节肢动物体内增殖，并能垂直传递，成为病毒贮主及传递媒介，但节肢动物本身并不致病。对哺乳动物则有致病性，每一成员又分许多血清型，如致绵羊、牛蓝舌病的蓝舌病毒有 25 个，非洲马瘟病毒有 9 个、鹿流行性出血症病毒有7个、马脑病病毒有5个。

环状沉淀试验（ring precipitation test） 在小口径试管内将待测可溶性抗原沿管壁滴加于抗血清表面，观察其接触面出现沉淀环的一种液相沉淀试验。若抗体与相应抗原发生反应，两层液互交界处出现白色环状沉淀，即为阳性。主要用于抗原的定性试验。如诊断炭疽的阿斯科利试验（Ascoli test）、血迹鉴定和沉淀素效价滴定等。

环状软骨（cricoid cartilage） 位于喉的后部，与气管相接的喉软骨。呈指环形，背侧为宽的板，两侧和腹侧为狭的弓。板背侧面有正中嵴，前缘有与杓状软骨相接的关节面。弓两侧有与甲状软骨后角相接的关节面。由透明软骨构成，可随年龄发生钙化。对于保持呼吸道畅通有极为主要的作用。

寰枢关节（atlantoaxial joint） 寰椎后面的鞍状关节面和齿突窝与枢椎齿突和齿突下方的鞍状关节面形成的车轴关节。关节囊宽大，在肉食兽与寰枕关节囊相通。犬和猪有一对翼状韧带，从齿突内面分向两侧经寰椎而至枕骨大孔腹侧缘；有一寰椎横韧带横架在齿突上，两端连接于寰椎腹侧弓内面。食草动物则有发达的纵韧带，又称齿突内韧带，从齿突向前扩展开，连接于寰椎腹侧弓内面，部分延伸到枕骨大孔腹侧缘。主要是以齿突为轴心的转动，即头的左右转动。

寰枕关节（atlanto occipital joint） 颅骨的枕髁与寰椎的前关节凹形成的椭圆关节。一对宽大的关节囊围绕关节面，其纤维层与寰枕背侧膜和腹侧膜相连续。当动物老龄时两滑膜囊可在腹侧相通；肉食兽则经常相通。关节囊的外侧有外侧韧带，连接寰椎翼与枕骨颈静脉突。主要进行低头或抬头的屈伸活动。禽只有一枕髁，寰椎的前关节凹较深，二者间形成球窝关节，运动灵活。

寰椎（atlas） 第一颈椎。呈环形，由背弓、腹弓和一对侧块围成。侧块形成发达的寰椎翼，可在体表触摸到。椎前端有一对深的前关节凹，与枕骨髁形成寰枕关节；椎后端和腹侧弓有较平的后关节凹和齿突凹，与枢椎形成寰枢关节。禽寰椎呈狭环形，前、后关节凹各一，位于腹侧弓前、后端。

缓冲室（buffer room） 又称缓冲间。在实验动物屏障环境中，为了维持设施区域内不同空气压力空间的气压相对稳定及相对洁净所设立的房间。缓冲间的门常设有气锁的连锁装置，房间内多设有消毒、灭菌设备，确保通向不同方向的门不能同时打开，维持人流、气流、物流的单向流动。

缓冲总碱（buffer base，BB） 全血中具有缓冲作用的阴离子总和。

缓激肽（bradykinin） 由前体蛋白质经酶解产生的，能引起血管扩张并改变血管渗透性的九肽。由损伤和炎症部位的激肽释放酶降解血浆激肽原而生成。作用于磷脂酶，促进花生四烯酸的释放和前列腺素E_2的生成，具有舒血管、降血压和强烈的减痛等作用。

缓脉（infrequent pulse） 又称徐脉。单位时间内脉搏次数低于正常值范围下限的现象。呈现徐来慢去、来去弛缓松懈的脉象。可见于迷走神经兴奋、房室传导阻滞、慢性脑积水等。赛马休息时亦可出现缓脉。

缓释制剂（prolonged - release preparation） 用药后能在较长时间内持续缓慢释放药物以达到延长药效目的的制剂。缓释制剂具有使用方便、毒副作用较一般制剂小的特点。

缓宰（delayed slaughter） 经宰前检疫确认为一般性传染病和普通病，且有治愈希望者，或患有疑似传染病而未确诊的畜禽应推迟屠宰的措施。缓宰必须考虑有无隔离条件和消毒设备，以及经济上是否合算等因素。检查出的孕畜和有育肥价值的幼畜也应缓宰。

换气（ventilation） 某一空间内外的气体交换。动物室换气是为动物和工作人员提供足够的氧气，清除室内动物代谢、光源、动力、设备产生的多余热量、恶臭气味、粉尘及混杂污染物而进行的室内外气体交换。换气对动物极为重要，换气不足严重影响动物生长发育，甚至造成死亡。

换气次数（ventilating number） 动物室每室每小时需全部更换室内气体多少次。目前动物室换气量仍以换气次数为标准，各国并不相同，一般为8～15次/h。

患病率（prevalence rate） 又称现患率，表示特定时间内，某地动物群体中存在某病的新老病例的频率。动物群体健康状况指标。如特定时间是指某一天，则称为时点患病率；如果指一段时间，则称为期间患病率。使用时必须与发病率区分开来。

$$患病率=\frac{某特定时间的某病现患（新/后）病例数}{同期暴露（受检）动物头数}\times 100\%$$

黄膘肉（yellow fat meat） 见黄脂肉。

黄病毒科（Flaviviridae） 一类有囊膜的正股RNA动物病毒。病毒子呈球形，直径40～60nm，衣壳对称性尚不清楚。囊膜外层有糖蛋白纤突，内有膜蛋白M。基因组为不分节段的单股RNA，有传染性，3’端无聚A结构。复制在胞浆内，进入内质网池中成熟而不通过出芽。本科包括黄病毒属、瘟病毒属及丙型肝炎病毒群，多数成员对人畜有致病性。

黄病毒属（*Flavivirus*）　黄病毒科的一个属，旧名虫媒病毒B群，代表种为黄热病病毒，故名。在一定的pH范围内能凝集鹅、鸽及1日龄鸡的红细胞。能在蚊和蜱体内增殖，并经卵垂直传递，但昆虫本身不致病，通过其螯咬感染人畜并致病，一般不发生接触传递。成员甚多，重要者尚有许多引致脑炎和出血热的病毒，如蜱传脑炎病毒、跳跃病病毒、墨累河谷脑炎病毒、日本脑炎病毒及登革热病毒等。

黄疸（jaundice）　由于胆色素代谢发生障碍或胆汁排泄障碍，引起血清中胆红素含量升高，使皮肤、黏膜、巩膜等组织被染成黄色的一种病理过程。可分为溶血性黄疸、阻塞性黄疸和实质性黄疸。①溶血性黄疸常见于马传贫、梨形虫病、锥虫病、新生骡驹溶血病等；②阻塞性黄疸常见于胆管炎、结石、胆管寄生虫（牛、羊的肝片形吸虫）、胆管受肿瘤或周围肿物压迫等；③实质性黄疸，常见于传染病（如猪、牛、马的钩端螺旋体病）、中毒（犬黄曲霉毒素中毒；磷、汞等中毒）、肝持续性淤血等。临床上不同类型的黄疸表现有所不同，可通过血清胆红素定性试验（van den Bergh's test，凡登白试验）加以区分，采取有针对性的治疗方案。

黄疸肉（jaundice meat）　由于某些传染病、中毒病或发生大量溶血，胆汁排泄发生障碍，致使大量胆红素进入血液，将机体全身各组织染成黄疸色的结果。其特点是除脂肪组织发黄外，皮肤、黏膜、浆膜、结膜、巩膜、关节滑液囊液、组织液、血管内膜、肌腱，甚至实质器官，均染成不同程度的黄色。其中以关节滑液囊液、组织液、血管内膜和皮肤的发黄对黄疸与黄脂的鉴定最具有鉴别意义。此外，85％以上病例的肝脏和胆管都呈病变。黄疸胴体一般随放置时间的延长，黄色非但不见减退，甚至会加深，这是与黄膘肉的不同之处。当感官检查不能确诊黄脂与黄疸时，可进行实验室检验，测定胆红素。黄疸肉不能食用。

黄疸指数（icterus index）　血清中胆红素含量的一种相对表示法。即将血清与呈不同程度黄色的系列标准液体比色，人为的定出黄色等级，用指数表示。测定方法有穆（Meulengracht）氏法、穆氏改良法和丙酮测定法等。国内以穆氏改良法为常用。黄疸指数增高表示血清中胆红素含量增加，黄疸指数降低表示血清中胆红素含量减少。

黄瓜藤中毒（cucumber vine poisoning）　动物误食黄瓜藤后由其所含葫芦素（cucurbitacin）引起的以胃肠炎为主征的中毒病。猪中毒表现食欲废绝，呕吐，结膜充血，腹泻，水样粪便并带血，常发痉挛而倒地。牛中毒的症状基本与猪相似。马中毒后除腹泻与便秘交替发生外，出汗，多尿，昏迷或强直性痉挛发作。治疗可口服硫酸镁泻泄排出毒物，还可针对病情对症治疗。

黄霉素（flavomycin）　又称黄磷脂霉素、斑伯霉素，从链霉菌（*Streptomyces bambergiensis*、*S. ghanaensis*、*S. geysiriensis*、*S. ederensis*）的培养液提取获得的磷酸化多糖类抗生素，结构复杂。作用机理是通过干扰细胞壁肽聚糖的生物合成从而抑制细菌的繁殖。抗菌谱窄，主要对革兰阳性菌有较强的抑制作用，对革兰阴性菌的作用极弱。分子量大，在肠道几乎不吸收。能促进肠道内有益微生物的生长繁殖，有利于营养物质的吸收。对畜禽有促进生长、提高产蛋量和饲料转化率的作用。在养殖业中广泛用作抗菌促生长剂。

黄芪属植物中毒（*Astragalus* poisoning）　家畜长期采食黄芪属的有毒植物引起的以头部震颤、后肢麻痹等神经症状为主的慢性中毒性疾病。动物采食黄芪后表现精神沉郁，被毛粗乱，步态拘谨、僵硬，目光呆滞，共济失调，对应激敏感。动物长期采食毒草则卧地不起，最终因衰竭而死亡。妊娠羊易发生流产，产出弱胎或胎儿畸形。公羊性欲减退，精子质量下降，严重的失去繁殖力。病理学变化主要表现为广泛的细胞空泡变性。

黄曲霉（*Aspergillus flavus*）　半知菌类一种常见腐生真菌。多见于发霉的粮食、谷物制品及其他霉腐的有机物上。菌落生长较快，结构疏松，表面灰绿色，背面无色或略呈褐色。菌体有许多复杂的分枝菌丝构成。营养菌丝具有分隔。气生菌丝的一部分形成长而粗糙的分生孢子梗，顶端产生烧瓶形或近球形顶囊，表面产生许多小梗（一般为双层），小梗上着生成串的表面粗糙的球形分生孢子。分生孢子梗、顶囊、小梗和分生孢子合成孢子头，可用于产生淀粉酶、蛋白酶和磷酸二酯酶等。

黄曲霉毒素（aflatoxin）　由黄曲霉和寄生曲霉产生的一类低分子毒素。对热稳定，易溶于有机溶剂，在紫外线下发出明亮的绿色荧光。按其化学结构、荧光的颜色及Rf（representative fraction）值，可分为B_1、B_2、G_1、G_2、M_1、M_2等20余种。其毒性与结构有关，凡二呋喃末端有双链的毒性较强，并有致癌性，其中以B_1和G_1的毒性最强，超过氰化钾毒性100倍。我国食品卫生标准中规定的黄曲霉毒素限量系黄曲霉毒素B_1含量。此类毒素均含有一个香豆素二呋喃核，相对分子质量350左右；必须在动物体内受肝微粒体酶的作用才能活化，成为不稳定的有毒化合物，然后与细胞DNA结合，诱发移码突变。许多动物都易感，鸭和火鸡极易感，其次为猪和牛等。主要损伤肝，容易引起肝癌。

黄曲霉毒素中毒（aflatoxicosis） 畜禽采食被黄曲霉毒素污染的玉米、花生等饲料引起的以肝脂肪变性和全身性出血等为主征的中毒病。急性型表现食欲大减，虚弱，贫血，步态不稳，共济失调，腹泻，粪中带血，颈肌痉挛，角弓反张，以死亡结局。慢性型表现异嗜，消瘦，被毛粗乱，间歇性腹泻（牛），贫血，眼睑肿胀，并伴有先兴奋后沉郁等神经症状。濒死期体温升高。妊娠母牛流产或早产。治疗宜采用对症疗法。预防在于防霉和去毒，应使谷物保持干燥，采用碱炼法、活性炭吸附法等去毒。

黄热病（yellow fever disease） 由黄病毒科的黄热病病毒引起的一种人和灵长类动物的急性传染病。伊蚊为主要传播媒介。广泛流行于美洲和非洲，中国迄今尚无本病报道。临床表现以发热、出血、黄疸和蛋白尿为特征。轻者可完全康复，并获终生免疫；重者死于心肌损害或无尿、出血等。病变主要在肝与肾。本病尚无特效药物，治疗主要采取对症和支持疗法。预防首先要加强国境检疫，杜绝将传染源输入国内。防蚊灭蚊和疫苗接种可有效地预防本病。

黄色瘤细胞（xanthoma cell） 一种吞噬胆固醇酯呈泡沫状的增生性组织细胞。局灶性黄色瘤细胞聚集，形成肉眼或镜下可见的结节称为黄色瘤。全身多发性黄色瘤形成称为黄色瘤病。

黄色素（acriflavin） 又称锥黄素（trypaflavin）。抗巴贝斯虫药。对马巴贝斯虫病、牛双芽巴贝斯虫病、牛巴贝斯虫病和羊的巴贝斯虫病有一定疗效。对革兰阳性菌有较强抑制作用，用于冲洗创伤、子宫和阴道。

黄素蛋白（flavoprotein，FP） 以黄素单核苷酸（FMN）或黄素腺嘌呤二核苷酸（FAD）为辅基的非脂溶性结合蛋白。有些属需氧脱氢酶，如氨基酸氧化酶、黄嘌呤氧化酶；有些属不需氧脱氢酶，如呼吸链的组成成分 NADH-CoQ 还原酶。

黄体（corpus luteum） 排卵后残留的卵泡壁塌陷，卵泡膜的结缔组织、毛细血管等伸入到颗粒尾，在黄体生成素（LH）的作用下，演变成体积较大、富含毛细血管工具有内分泌功能的细胞团，新鲜时呈黄色。主要功能是分泌孕酮，促进生殖道增生和分泌，使之适于受精和胚泡附植，以利于妊娠。黄体维持时间视母畜是否受孕有显著差别，未孕母畜仅维持至发情后期即开始逐渐退化消失，孕畜可一直维持到妊娠结束或妊娠后期才退化消失。

黄体化（luteinimuon） 成熟卵泡排出卵子后，卵泡细胞（包括颗粒细胞和内膜细胞）增生变大、吸取类脂质变成黄体细胞、形成黄体的过程。黄体化过程在黄体生成素（LH）和卵泡刺激素（FSH）的协同作用下完成，并主要靠 LH 的作用维持黄体存在和实现内分泌功能。

黄体囊肿（luteal cysts） 又称黄体化囊肿，由未排卵的卵泡壁上皮细胞黄体化而形成的囊肿。特征是母畜长期不表现发情。直肠触诊囊壁较厚而软，波动不明显。可用激素进行治疗。

黄体期（luteal phase） 性成熟母畜卵巢周期性变化中以黄体生成和分泌为特征的一个时期。早期黄体生长发育迅速，牛、羊分别在排卵后 7～9d 和 10d，猪、马分别在排卵后 6～8d 和 14d 成为成熟黄体。如未妊娠，黄体维持 5～7d 后萎缩退化。黄体的维持和分泌调节有明显的种间差异，多数家畜要有 LH 经常存在，绵羊和大鼠除 LH 外还需 PRL，而兔只需雌激素。

黄体溶解（luteolysis） 卵巢内黄体逐渐退化以致最后消失的过程。黄体溶解在马、牛、羊、猪等大多数家畜主要由子宫内膜分泌的前列腺素 $F_{2\alpha}$（$PGF_{2\alpha}$）引起，进行也较迅速。其中牛、马等大家畜约在排卵后 14d 开始，一般 24～48h 内退化；猪的黄体较晚才对 $PGF_{2\alpha}$ 起反应发生溶解；灵长类动物子宫分泌的前列腺素无溶黄体作用，黄体溶解主要受雌激素的正常周期性变化的控制。黄体溶解后血浆孕酮水平急剧下降，解除对卵泡生长发育的抑制，于是新的发情周期来临。如母畜受孕，妊娠黄体可一直维持至妊娠结束或妊娠后期才溶解消失。

黄体生成素（luteinizing hormone，LH） 腺垂体分泌的促性腺激素之一，是一种糖蛋白。对雌、雄动物的性腺发育及分泌性激素具有促进作用。在雌性动物，LH 与促卵泡激素协同作用，促进卵泡成熟和排卵、刺激排卵后的卵泡形成黄体并分泌孕激素和雌激素。在雄性动物，LH 刺激睾丸间质细胞分泌雄激素，间接地促进雄性动物的附性器官的发育和副性征的表现。

黄体细胞（lutein cell） 排卵后留在卵泡的颗粒细胞及卵泡内膜细胞。由颗粒细胞分化来的黄体细胞称粒性黄体细胞，细胞体积大，染色较浅，数量较多，又称大黄体细胞，主要分泌大量的孕酮及松弛素；由卵泡内膜细胞分化而来的黄体细胞称膜性黄体细胞，细胞体积稍小，多位于黄体周边，染色较深，数量少，又称小黄体细胞，主要分泌雌激素。

黄酮类化合物（flavonoids） 又称黄碱素或黄酮，一类存在于自然界、具有 2-苯基色原酮（flavone）结构的化合物。其分子中有一个酮式羰基，第一位上的氧原子具碱性，能与强酸形成盐，其羟基衍生物多呈黄色。黄酮类化合物中有药用价值的种类很多。如槐米中的芦丁和陈皮中的陈皮苷，能降低血管的脆性，改善血管的通透性、降低血脂和胆固醇，用于防治老年高血压和脑溢血；由银杏叶制成的舒血宁片含有黄酮和双黄酮类，可用于冠心病、心绞痛的治疗；全合成的乙氧黄酮又名心脉舒通或立可定，有扩张冠状血管、增加冠脉流量的作用。许多黄酮类成分具有止咳、祛痰、平喘、抗菌的活性。此外，还有护肝、解肝毒，抗真菌，治疗急慢性肝炎、肝硬化等功能。

黄酮素（flavonoids）　又称黄碱素，一类在植物中以游离或苷的形式存在的化合物。游离形式多为结晶形固体，难溶或不溶于水，易溶于有机溶剂和稀碱溶液。苷类可溶于水。有多方面药理作用，已作药用的种类有杜鹃素、橙皮苷、水飞蓟素、黄芩苷、芦丁等。

黄烷醇类（flavanols）　俗称儿茶素类，茶叶中的黄烷-3-醇衍生物。大量存在于茶树新梢中，占茶叶干重的12%～24%，可通过维持血管健康保持正常的血压，也可通过降低血液中血小板的黏附性来维持健康的血流，还可作为抗氧化剂维持心脏健康。

黄杨中毒（boxwood poisoning）　由黄杨枝叶所含黄杨碱（buxine）等生物碱所致的猪和牛中毒病。临床症状以出血性肠炎为主，如剧烈腹痛、下痢，最后惊厥，窒息死亡。按一般生物碱中毒的解毒方法治疗。

黄脂肉（yellow adipose meat）　又称黄膘肉，一种以脂肪组织颜色明显黄于正常为特征的异常猪肉。外观特征为皮下或腹腔脂肪组织呈黄色，浑浊，质地坚硬，或带鱼腥味，其他组织不发黄。一般随着放置时间的延长，黄色逐渐减退，烹饪时无异味。其发生与长期饲喂胡萝卜、黄色玉米、南瓜、紫云英、芜菁、油菜籽、亚麻籽、油饼、鱼粉、蚕蛹、鱼肝油下脚料等，以及机体色素代谢功能失调，或牲畜的品种、遗传、年龄、性别有关。另外，饲料中维生素E缺乏，长期服用或注射土霉素也会导致黄色素在脂肪组织中沉积使脂肪发黄。如无其他不良变化，一般对消费者无健康危害。

磺胺醋酰（sulfacetamide，SC）　又称可溶性磺胺乙酰，局部使用的短效磺胺药。有广谱抑菌作用，对葡萄球菌、溶血性链球菌、脑膜炎球菌、大肠杆菌、淋球菌有较好的抑制作用，对沙眼衣原体最敏感，对真菌也有抑制作用。

磺胺地索辛（sulfadimethoxine，SDM）　又称磺胺邻二甲氧嘧啶，化学名磺胺-5，6-二甲氧嘧啶。一种长效磺胺药，抗菌谱同磺胺嘧啶，但活性较磺胺嘧啶弱，需与甲氧苄啶合用才能产生较好疗效。有一定的抗球虫、抗弓形虫作用。适用于畜禽呼吸系统和泌尿系统的感染，可防治鸡球虫病和猪弓形虫病。

磺胺对甲氧嘧啶（sulfamethoxydiazine，SMD）化学名磺胺-5-甲氧嘧啶。抗菌谱同磺胺间甲氧嘧啶（SMM），但抗菌活性不及SMM，对化脓性链球菌、肺炎球菌、沙门氏菌等有良效，对弓形虫也有效。适用于敏感菌所致的各种系统感染，尤其对尿路感染的疗效显著。也可用于防治畜禽球虫病。

磺胺二甲嘧啶（sulfamethazine，SM_2）　化学名2-磺胺-4,6-二甲基嘧啶。抗菌活性弱，不及磺胺嘧啶和磺胺甲基嘧啶。对链球菌、大肠杆菌、沙门氏菌、化脓棒状杆菌、放线菌、支气管败血波氏菌及李氏杆菌有效，对金黄色葡萄球菌、猪丹毒丝菌、志贺氏菌等效果差。有抗球虫作用。主要用于禽霍乱、鸡传染性鼻炎、牛羊巴氏杆菌病、牛乳房炎，也用于畜禽球虫病及其他敏感菌所致消化道、呼吸道感染。

磺胺甲噁唑（sulfamethoxazole，SMZ）　又称磺胺甲基异噁唑，也称新诺明，治疗全身感染的短效磺胺药。抗菌谱与磺胺嘧啶相近，但抗菌力更强。与甲氧苄啶合用，可增强抗菌活性。乙酰化率低，不易形成结晶尿。主要用于畜禽呼吸系统、泌尿系统的严重感染，也用于流行性脑炎和细菌性痢疾等。

磺胺间甲氧嘧啶（sulfamonomethoxine，SMM）化学名磺胺-6-甲氧嘧啶，长效磺胺药。在磺胺类药物中抗菌活性最强，对链球菌、肺炎球菌、沙门菌、大肠杆菌、化脓棒状杆菌等有显著抑菌作用，对葡萄球菌、肺炎球菌、巴氏杆菌、变形杆菌和炭疽杆菌等病原菌也有抗菌效果，对球虫、弓形虫等原虫也有效。主要用于防治各种敏感菌所致呼吸系统、消化系统、泌尿系统等的感染，也用于家禽球虫病、猪弓形虫病、猪萎缩性鼻炎和猪水肿病等的防治。

磺胺喹噁啉（sulfaquinoxaline，SQ）　化学名2-磺胺喹噁啉，磺胺类抗球虫药。该药对鸡巨型艾美耳球虫、堆型艾美耳球虫作用最强，但对柔嫩艾美耳球虫、毒害艾美耳球虫作用较弱。抗球虫活性峰期在第二代裂殖体即球虫感染第4天，不影响宿主对球虫的免疫力。有一定的抑菌作用。主要用于治疗鸡、火鸡球虫病，对家兔、羔羊、犊牛球虫病也有治疗效果。肉鸡上市前休药10d。

磺胺类药（sulfonamides）　一类最早用于治疗全身性细菌感染的化学药物。性状稳定，抗菌谱广，但抗菌作用较弱。通过阻止细菌叶酸代谢而抑制其生长繁殖。主要抗革兰阳性菌和阴性菌，少数磺胺药对球虫和弓形虫也有效。根据在肠道中的吸收情况，可将磺胺药分为：①肠道易吸收类，包括磺胺嘧啶、磺胺二甲嘧啶、磺胺噻唑、磺胺异噁唑、磺胺甲基异噁唑、磺胺间甲氧嘧啶、磺胺对甲氧嘧啶等，主要用于全身性感染；②肠道难吸收类，包括磺胺脒、琥磺噻唑、酞磺噻唑等，适用于肠道感染；③外用磺胺，包括磺胺醋酰、磺胺嘧啶银、甲磺灭脓等。磺胺药与甲氧苄啶联合应用，可使磺胺药的抗菌作用增强，扩大应用范围。

磺胺氯吡嗪（sulfaehloropyrazine，SPZ） 磺胺类抗球虫药。作用特点与磺胺喹噁啉相似，可用于球虫暴发时的治疗，且有较强的抗菌作用。肉鸡上市前休药4d，禁用于16周龄以上鸡群和产蛋鸡。

磺胺米隆（sulfamylon，SML） 又称甲磺灭脓、氨苄磺胺，是一种磺胺类抗菌药。抗菌谱广，对绿脓杆菌、大肠杆菌、克雷伯氏菌、破伤风杆菌、阴沟杆菌、变形杆菌、不动杆菌、金黄色葡萄球菌等均有抗菌活性，对绿脓杆菌的活性最高，且不受脓液、分泌物或坏死组织的影响，也不受对氨基苯甲酸的影响。局部应用于烧伤感染及化脓创面。

磺胺脒（sulfamidine，SG） 又称磺胺胍。最早用于肠道感染的磺胺药。内服后肠道内浓度高，可防治肠炎和菌痢。

磺胺嘧啶（sulfadiazine，SD） 又称磺胺哒嗪。一种中效磺胺药。具有较强的抗菌活性，对链球菌、沙门氏菌、大肠杆菌、化脓棒状杆菌、放线杆菌、志贺氏菌、支气管败血波氏菌、巴氏杆菌、脑膜炎双球菌、李氏杆菌等有效，对弓形虫也有一定作用。SD是治疗脑部细菌感染的首选药物，也适用于肺炎双球菌、溶血性链球菌、大肠杆菌、沙门氏菌等敏感菌所致的各种感染。

磺胺嘧啶银（silver sulfadiazine，SD-Ag） 又称烧伤宁，一种局部用磺胺药。抗菌谱与磺胺嘧啶相同，对革兰阳性菌和阴性菌、酵母菌和其他真菌有良好的抗菌活性，对绿脓杆菌的活性尤为显著，且不为氨基苯甲酸所对抗。对创面有收敛作用。主要用于预防和治疗烧伤创面的继发感染。

磺胺噻唑（sulfathiazole，ST） 磺胺药。抗菌作用强。内服吸收不完全，其钠盐肌内注射后迅速吸收。体内乙酰化程度高，易产生结晶尿而使肾脏受损。用于治疗敏感菌所致的疾患，外用可治疗感染创。

灰黄霉素（griseofulvin） 由灰黄青霉菌（*Penicillium griseofulvum*）培养获得的一种抗真菌药。对皮肤癣菌有抑菌作用，但对深部真菌和细菌无效。内服吸收后在体内广泛分布，沉积于皮肤角质层，阻止皮肤癣菌继续侵入。用于治疗动物皮肤、毛羽、趾甲（爪）、冠等部位癣病。外用效果差。毒性较低。

挥发性脂肪酸（volatile fatty acid，VFA） 短链（C_1-C_{10}）具挥发性的脂肪酸。反刍动物瘤胃和草食动物大肠微生物对纤维素和其他糖类发酵的主要终产物，可被动物吸收和利用。VFA主要是乙酸、丙酸和丁酸。通常瘤胃中乙酸、丙酸和丁酸的比例分别是65、20和15。牛瘤胃一昼夜所产生的VFA约提供25 121～50 242kJ热能，占机体所需能量的60%～70%。

挥发油（volatile oils） 又称香精油。蒸馏植物取得的挥发性油状液体。是多种成分的混合物，主要包括萜和芳香族两大类化合物。能溶于有机溶剂，难溶或不溶于水。有多种药理作用，已用于临床的有细辛、茵陈、菖蒲、土荆芥、泽兰等植物的挥发油。

恢复期病原携带者（convalescent carrier） 在临床症状消失后仍能继续携带和排出病原体的动物。临床症状消失后许多传染病的传染性已减少或已无传染性，但某些传染病如猪气喘病、布鲁氏菌病等的部分患畜，在临床痊愈的恢复期仍能在一定时期内携带并排出病原体。恢复期病原携带者具有重要的流行病学意义。

回肠（ileum） 位于小肠的后段，与空肠直接相连，悬于共同的肠系膜下。有回盲襞与盲肠相连，常以此作为与空肠的分界。有的动物短而较直（反刍兽、某些啮齿类），有的较长（马、猪、肉食兽）。回肠末端在腰部中点右侧（猪在左侧）开口于盲肠。结肠连接部，开口处有的动物形成回肠乳头（马、猪、肉食兽）。回肠壁内有发达的淋巴集结，兔在末端形成淋巴憩室，又称圆囊。禽回肠较长，以卵黄囊憩室与空肠为界；末端直接开口于直肠，开口处的环肌形成括约肌。

回顾性调查（retrospective survey） 又称病例对照调查，是对患畜的过去历史加以调查的方法。它选定某指标阳性组和相应的对照组，在两组对象中用同样方法回顾有无暴露于某因素以及暴露程度，然后进行统计处理，从"病"探索可能的"因"，即由果推因的调查研究。是流行病学调查研究疾病因果关系的方法之一。其优点是易于进行，取得结果快；缺点是资料靠病史或回忆，易产生偏颇。因此，一般只作初步检验提出假设用。

回归热（relapsing fever） 无热期和发热期均以较长的间隔期交替出现，且二者持续时间大致相等的发热。可见于马传染性贫血、焦虫病等。

回归试验（recurrent test） 测定疫苗用弱毒株遗传稳定性的一种试验。人工培育或自然选育的弱毒株必须回归本动物，连续传5代，毒力不返强者，才能作疫苗用毒（菌）株。所用动物必须是未免疫的易感动物，最好用SPF动物。

回收载体（retrieve vector）　从真核细胞染色体上回收基因或DNA片段的载体。它由穿梭载体改造而来，除具有穿梭载体所必需的结构外，还构建有与待回收基因两侧同源的序列。首先用限制性内切酶将回收载体上与待回收基因两侧同源的序列切除一部分，然后将这种缺口载体加到含有待回收基因的细胞中。它一旦进入细胞核，缺口两端与待回收基因两侧的同源序列发生同源重组，产生携带某种基因（如亮氨酸合成酶基因）的载体，后者再穿梭到细菌中进行扩增。

回文顺序（palindromic sequence）　指在生物基因组双股DNA中出现的与互补顺序呈中轴回文对称的顺序。回文顺序易形成发夹结构，可能与转录终止有关。大多数限制性内切酶靶点是回文顺序。

回忆反应（anamnestic reaction）　抗原刺激机体产生抗体，经一定时间后，抗体逐渐消失，此时若再次接触该抗原，可使已消失的抗体快速上升的一种反应。这是因为机体在免疫应答时，有一部分淋巴细胞形成长寿的记忆细胞（immune memory cell），它们在再次接触相应抗原时，能迅速作出反应。

蛔虫属（*Ascaris*）　属于线虫纲（Nematoda）、蛔目（Ascaridida）、蛔科（Ascarididae），寄生在各类哺乳动物的小肠内。体型大，口部有3片唇。上唇较大，两片腹唇较小，排列成品字形。雄虫比雌虫小，尾端向腹面弯曲，形似鱼钩，泄殖腔开口距尾端较近，有交合刺1对，一般等长。雌虫虫体较直，尾端稍钝，生殖器官为双管形，由后向前延伸，两条子宫合为一个短小的阴道。蛔虫属直接发育型。刚产出的虫卵含单个胚细胞。随宿主粪便排出的虫卵，在28～30℃条件下，经过10d左右在卵壳内发育成第1期幼虫，再经3～5周发育为具有感染性的第2期幼虫，形成感染性虫卵。宿主感染后，感染性虫卵在小肠内孵化，大多数幼虫钻入肠壁并进入血管，通过门静脉进入肝脏，在肝脏进行第2次蜕化；其后第3期幼虫进入肝静脉、后腔静脉，进入右心房、右心室和肺部毛细血管，在肺内进行第3次蜕化；第4期幼虫离开肺泡，随黏液到达咽部，再次经食道、胃重返小肠，在感染后21～29d进行第4次蜕化，之后逐渐长大成为成虫。

蛔目（Ascaridida）　属有尾感器纲线虫，所包含的虫种常泛称为蛔虫。多为粗壮大型虫体；口部一般为三片唇，食道呈圆柱状；有些种在食道与肠连接处有腺质小胃和盲肠等附属物；少数种有肛前吸盘。寄生于家畜的种类一般为直接发育型，无中间宿主，多种蛔虫侵入动物机体后有复杂的移行过程。卵壳最外层由子宫分泌物形成，其上常有波状凸凹、刻斑或小穴等结构，刚随宿主粪便排出时合子尚未开始分裂；第二期幼虫感染宿主，仍居壳内。寄生于各个纲的脊椎动物。

毁灭泰泽球虫（*Tyzzeria perniciosa*）　寄生于家鸭小肠的一种致病力极强的球虫，属艾美耳科（Eimeriidae）、泰泽属（*Tyzzeria*）。主要寄生于小肠上皮细胞内，发育过程与鸡球虫类似。临床上多为混合感染，对雏鸭危害较大。人工感染第4天，病鸭出现精神委顿，缩脖，食欲下降，渴欲增加，腹泻，随后排血便。成年鸭很少发病，常成为球虫的携带者和传染源。病变主要表现在小肠上有密集的出血点，或者覆盖一层糠麸样、奶酪样或红色胶冻样黏液。

会厌软骨（epiglottic cartilage）　又称喉软骨。为会厌的基础，位于喉最前方，斜向前向上，形成喉口前界的弹性软骨。叶片形，以细茎连接于甲状软骨底壁内面或舌骨体、舌根。吞咽时会厌受舌根压迫可向后屈，将喉口关闭。禽无此软骨。

会阴（perineum）　盆腔后口处的体壁。深部界限为盆腔后口处的器官；浅部界限为体表的会阴区，在母畜围绕肛门和阴门，公畜围绕肛门，向腹侧延长到母畜的乳房基或公畜的阴囊。公猪和猫的阴囊紧位于肛门下，常包括在会阴区内。在肛门与母畜的阴门或公畜的尿道球之间，皮下有一团由肌组织和结缔组织构成的会阴体，又称会阴腱中心，母畜分娩时如会阴撕裂，常使其损伤。会阴有消化管末段和尿生殖道等通过，构造复杂，其重要组成有盆膈和尿生殖膈。

会阴反射（perineum reflex）　刺激会阴部尾根下方皮肤，引起向会阴部缩尾动作的现象。反射中枢在脊髓腰椎、荐椎段。

会阴疝（perineal hernia）　外疝的一种。多发生于5～6岁的公犬，猫、牛也有发生。原因有先天性因素和后天的解剖因素，以及内分泌失调而造成会阴肌膜薄弱、紧张，肛门提肌、尾肌和外括约肌分离。一般先是直肠膨起，其后前列腺和膀胱进入骨盆腔，外观肛门两侧肿胀。由于直肠形成憩室，出现便秘和蓄粪或造成排尿困难，症状急剧恶化，呈现尿毒症初期症状。治疗采用手术整复，同时作去势手术。

会阴疝手术（operation of the perineal hernia）　治疗会阴疝为目的的手术。临床上多用于犬。术前空腹，减少术中排便。会阴部剃毛、消毒、装隔离巾，在疝的中心切开皮肤，扩大创口，暴露疝囊，钝性剥离疝腔，发现疝内容物，若有脂肪组织结扎后切除，还纳腹腔脏器。将外肛括约肌先和尾骨肌缝合，再和荐结节韧带缝合。用会阴肌膜作瓣，作第二层加固缝合。手术同时施行去势手术，对防止本症的再发有一定意义。

昏迷（coma） 动物处于精神高度抑制的一种状态。表现为意识完全消失，对外界刺激无反应，卧地不起，呼唤不应，全身肌肉松弛，粪尿失禁。见于颅内病变、感染、中毒，以及各种疾病的濒死期，常为预后不良的征兆。

昏睡（sopor） 中度精神抑制引起的动物处于不自然的熟睡状态。此时动物意识不清但尚未完全消失，重度委顿，只在给予强烈的刺激（如用物体直接刺激敏感的黏膜或皮肤）时，才能产生迟钝和短时的反应，但随即又陷入沉睡的状态。昏睡时植物性神经的功能正常。

混合跛（mixed lameness） 兼有悬跛和支跛特征，在肢的悬垂阶段和支撑阶段都有不同程度的机能障碍的一种跛行。多见于马。由于马的运步是个协调又复杂的动作，许多部位和组织在肢的悬垂阶段和支撑阶段都要发挥作用，当这些部位和组织有病时，运步就会出现混合跛。

混合感染（mixed infection） 由两种以上的病原微生物同时参与的感染。如马可同时患鼻疽和流行性淋巴管炎，牛可同时患结核病和布鲁氏菌病等。混合感染的疾病常表现严重而复杂，给诊断和防治增加了困难。

混合功能氧化酶（mixed function oxidase，MFO） 又称微粒体混合功能氧化酶（microsomal mixed function oxidase，MFO），存在于人体和动物肝脏、肺脏细胞微粒体中的一种非特异性酶系，在它们催化的反应中分子氧（O_2）的两个原子分别被用于不同的功能。主要包括微粒体细胞色素 P-450 依赖性单加氧酶、微粒体细胞色素 b5 依赖性单加氧酶、NADPH 细胞色素 P-450 还原酶、NADH 细胞色素 b5 还原酶等，其中以微粒体细胞色素 P-450 依赖性单加氧酶（简称细胞色素 P-450）最为重要。

混合淋巴细胞反应（mixed lymphocyte reaction） 将两个组织相容性抗原不同的个体淋巴细胞混合孵育，引起淋巴细胞母细胞化和活化增殖的现象。根据两者相互刺激与否，可分为双向混合淋巴细胞反应和单向混合淋巴细胞反应。增殖的程度与个体间抗原不相容的程度相关，不相容的程度越大，反应越强烈。用 3H-TdR 法测定反应细胞增殖情况，即可测出个体间组织相容性抗原的远近。

混合腺泡（mixed alveoli） 由黏液性腺细胞和浆液性腺细胞共同组成的腺泡。其中浆液性腺细胞往往以细胞团的形式贴附在黏液腺泡的外侧，在切片中呈半月状，称为浆半月。混合腺泡见于颌下腺等混合腺。

混合性呼吸困难（mixed dyspnea） 又称不定性呼吸困难、二重性呼吸困难。吸气和呼气均发生困难，并伴有呼吸次数增加的一种呼吸困难。临床上根据病因分为 6 种：①肺源性，见于胸肺疾病。②心源性，见于各种心脏疾病。③血源性，见于各种贫血。④中毒性，见于各种内、外源性中毒。⑤神经性或中枢性，见于脑疾病和神经疾病。⑥腹压增高性，见于腹压增高的各种疾病。

混合性呼吸音（mixed breath sounds） 又称支气管肺泡性呼吸音。在正常肺泡呼吸音区域内听到的支气管肺泡呼吸音。见于肺实变范围较小且与正常含气的肺组织混合存在，或肺实变位置较深并被正常肺组织覆盖时。特征为吸气时主要是肺泡呼吸音，呼气时主要为支气管呼吸音，近似“呋-赫”的声音，吸气柔和，呼气粗厉。

混合性震颤（mixed tremor） 在静止和运动时都发生的震颤，常见于过劳、中毒、脑炎和脊髓疾病。

混合疫苗（mixed vaccine） 又称多联疫苗（multivalent vaccine），用不同种类的微生物制备的疫苗。根据疫苗所含微生物种类，混合疫苗分为二联疫苗（bivalent vaccine）、三联疫苗（triple vaccine）、四联疫苗（quadruple vaccine）等。如猪瘟、猪丹毒、猪肺疫三联疫苗和羊梭菌病四联（羊快疫、羔羊痢疾、羊猝狙、羊肠毒血症）氢氧化铝疫苗等。接种混合疫苗可使动物抵抗相应疾病，因此，这类疫苗具有减少接种次数、使用方便等优点。

混合自身淋巴细胞肿瘤细胞反应（mixed autolymphocyte tumor reaction） 测定肿瘤特异性免疫的一种方法。以丝裂霉素处理自身肿瘤细胞，然后与自身淋巴细胞混合培养，测定淋巴细胞转化率。阳性者表明存在肿瘤特异性免疫，预后较好。

混浊肿胀（cloudy swelling） 简称浊肿，是一种最常见、最轻的细胞变性。浊肿器官轻度肿大，包膜紧张、质地变软、切面凸出、边缘外翻、色苍血混浊、暗淡无光泽、犹如经开水煮过一样。细胞肿胀呈一致混浊的外观，在 HE 染色切片上，胞浆内出现很多红染细颗粒。

豁鼻（laceration of the muzzle） 由于穿鼻位置选择不当、钝性磨损、切割、撕裂、感染等所引起的一种鼻缺损。常见于役用牛，尤以性情执拗的水牛多发。发生后主要引起使役和管理上的不便。可行豁鼻修补术。

活的非可培养状态（the viable but nonculturable

state，VBNC）细菌具有生物活性和致病性，但用常规培养法检测不出来的一种特殊存活形式。VBNC状态实际上是一种休眠状态，其菌体缩小成球状，耐低温及不良环境，在常规培养条件下接种培养基不生长。一旦温度回升及获得生长所需的营养条件，VBNC状态的细菌又可回复到正常状态，重新具有致病力。常见的细菌有霍乱弧菌、大肠杆菌、肠炎沙门氏菌、鼠伤寒沙门氏菌、空肠弯曲杆菌、产气肠杆菌、粪链球菌、肺炎杆菌、嗜水气单胞菌、创伤弧菌、副溶血性弧菌等。

活动物规则（live animal regulation）国际航空运输协会（International Air Transport Association，IATA）每年出版的涉及动物运输的规定。内容涉及各国政府间活动物进出口的相关规定和运输中体现人道主义和动物福利的准则。

活化（activation）又称激活。使静止状态的细胞或潜在的活性物质转变为活化的细胞或有生物活性物质的过程。如静止的淋巴细胞经抗原或有丝分裂原刺激后转化为免疫活性细胞；补体被抗原抗体复合物或其他激活因子活化后，其各种成分连锁活化，形成多种具有免疫活性的分子；酶的前体转化为有活性的酶。

活化能（activation energy）从初始反应物（初态）转化成活化状态（过渡态）所需的能量。

活检（biopsy）从活动物的病变区域采取病变组织（包括手术切除肿块、钳取或穿刺的小块组织、刮取的材料或脱落细胞等）所进行的病理学检验。常用的有肝脏穿刺、肾脏穿刺、骨髓穿刺、创伤表面活组织检验、外科切除的活组织检验等。活检可为临床提供明确的诊断，并为制订治疗方案及疗效监测提供依据。

活菌计数（active bacteria counting）将细菌培养物（半成品、成品）作适当稀释后，定量均匀地接种于固体培养基上，经培养后计算菌落数的方法。利用活菌数可对细菌培养物或活菌制品作出品质评价，是兽医生物制品成品检验项目之一。不同的活菌制品都有一定的活菌数质量标准。

活体染色（alive staining）利用某些无毒或毒性很小的染料，如锂洋红、台盼蓝，来显示细胞内某些天然结构，而不影响细胞的生命活动或产生任何物理、化学变化以致引起细胞死亡的技术。

活性玫瑰花环形成细胞（active rosette forming cell，ARFC）与红细胞的亲和力较强，两者混合后不需加温，即能迅速形成玫瑰花环的细胞。主要为具有免疫活性的效应T细胞，其形成率能更确切地反映机体的细胞免疫水平。

活性污泥法（activated sludge process）利用活性污泥的凝聚、吸附、氧化、分解和沉淀等作用，去除废水中有机污染物的废水处理方法。活性污泥由细菌、原生动物以及未完全分解的有机植物组成。其工艺流程为初级沉淀池排出的污水，与曝气池流向二级沉淀池按比例返回的活性污泥混合，进入曝气池的源头。污水在曝气池内借助机械搅拌器或加压鼓风机，与回流来的活性污泥充分混合，并通过曝气提供微生物进行生物氧化过程所需要的氧，加速对污水中有机物的氧化分解。曝气处理后的混合流出物流入二级沉淀池中沉淀，上层清液经氯化消毒后排出，沉积的剩余污泥则进行浓缩处理。返回到曝气池的活性污泥，由于给污水加入大量的微生物而被活化。

活疫苗（live vaccine）又称弱毒疫苗（attenuated vaccine）。利用人工致弱毒株或天然弱毒株制成的疫苗。人工弱毒株可采用物理途经（温度、射线等）、化学途经（醋酸铊、吖啶黄等）、生物途径（非易感动物、禽胚、细胞培养）等选育获得，一般通过人工培养基、非自然宿主对细菌、病毒等微生物的自然强毒株进行连续传代培养，如猪多杀性巴氏杆菌病活疫苗（EO630株）、猪瘟活疫苗（兔源）、马传染性贫血活疫苗（驴白细胞源）、小鹅瘟活疫苗（GD株）等。亦可采用分子生物学技术对自然强毒株进行毒力致弱，如猪伪狂犬病活疫苗（SA215株）。自然弱毒株又称自发突变毒株，是从自然动物群体中分离获得，如鸡新城疫活疫苗LaSota株。

火鸡（turkeys）又称七面鸟或吐绶鸡。一种原产于北美洲的家禽。属鸡形目、雉科、火鸡属。火鸡体型比一般鸡大，可达10kg以上。和其他鸡形目鸟类相似，雌鸟较雄鸟小，颜色较不鲜艳。火鸡翼展可达1.5～1.8m，是当地开放林地最大的鸟类，易与其他种类区分。火鸡有两种，分别是分布于北美洲的野生火鸡和分布于中美洲的眼斑火鸡。现代的家火鸡是由墨西哥的原住民驯化当地的野生火鸡而来。

火鸡出血性肠炎（turkey haemorrhagic enteritis）又称枯竭性肠道病。由火鸡腺病毒甲型引起幼龄火鸡的一种急性肠道传染病。临床症状表现为生长火鸡突然发生抑郁，血便，死亡率高，夏季多发，对8～12周龄的火鸡有致命威胁。剖检见肠道出血和炎症。使用疫苗和血清防控本病有效。对亚急性病例，用电解质、维生素等进行辅助治疗，有利于康复。

火鸡传染性肠炎（turkey infectious enteritis）又称火鸡蓝冠病（blue comb disease）、火鸡冠状病毒

肠炎，由冠状病毒属的火鸡蓝冠病病毒引起火鸡的一种急性高度接触性传染病。病毒经消化道感染，以腹泻、冠和头部皮肤发绀、消瘦、小肠和盲肠卡他性炎症为特征。诊断可采用荧光抗体检查病毒抗原。应用抗生素控制继发感染，目前尚无有效防控措施。

火鸡大理石脾病（marble spleen disease of turkey） 火鸡和环颈雉的一种以发生急性肺水肿，突然窒息死亡，脾脏肿大并间有灰白色坏死灶为特征的接触性传染病，由血清学上与火鸡出血性肠炎有关的禽腺病毒引起。常用琼脂扩散试验等方法进行诊断。火鸡出血性肠炎疫苗和免疫血清对本病有较好的防治效果。

火鸡球虫病（coccidiosis of turkey） 多种球虫寄生于火鸡肠道上皮细胞内引起的原虫病。病原属于艾美耳科、艾美耳属。常见种类有：①火鸡艾美耳球虫（*Eimeria meleagridis*），卵囊呈椭圆形，大小为24μm×17μm。②腺艾美耳球虫（*E. adenoeides*），卵囊呈卵圆形，大小为26μm×17μm。③火鸡和缓艾美耳球虫（*E. meleagrimitis*），卵囊呈亚球形，大小为19μm×16μm。④孔雀艾美耳球虫（*E. gallopavonis*），卵囊呈椭圆形，大小为27μm×17μm。火鸡球虫发育过程与鸡球虫的发育过程基本一致。火鸡球虫病直接传播多发生于密集饲养场，主要危害3～16周龄的火鸡雏。主要症状为厌食、精神委靡、腹泻、排淡褐色的稀粪，死亡率可达25%。粪便检查发现卵囊，刮取肠道黏膜病料发现裂殖子、裂殖体或配子体即可确诊。防治措施参见鸡球虫病。

火鸡组织滴虫（*Histomonas meleagridis*） 属滴虫科（Monadidae）、组织滴虫属（*Histomonas*）。侵入阶段的虫体存在于早期病灶和晚期病灶的边缘，细胞外寄生，长8～17μm，阿米巴样运动，有钝圆形伪足。生长型虫体存在于接近病灶的中心部位，大小为（12～21）μm×（12～15）μm。抵抗型虫体直径4～11μm，致密，似乎包有一层厚膜，但不形成包囊，胞浆内充满小颗粒或空泡，常可被巨噬细胞吞噬。第4阶段虫体有鞭毛，呈阿米巴状，直径5～30μm，有一个致密的核，有时为8个分散的染色体颗粒，核附近有一基体。鞭毛常为一根且短，有时可达4根。无波动膜，存在于盲肠腔中，有时数量很大，但通常难以发现。二分裂法生殖。感染的宿主为火鸡、雉、鸡、孔雀、珍珠鸡、鹌鹑、野鸡及其他禽鸟类。寄生于盲肠和肝脏，引起组织滴虫病。

火箭免疫电泳（rocket immunoelectrophoresis） 凝胶电泳与单向免疫扩散相结合的一种血清学检测技术。抗原在含有抗体的琼脂板中由于电场作用而向正极移动，形成梯度浓度，在抗原和抗体浓度比例适当的区域，形成火箭状沉淀峰。此峰的高度与抗原的含量成正比。主要用于抗原的定量测定。

火棉胶切片法（collodion sectioning） 以火棉胶为包埋剂制备组织切片的方法。切片一般较厚（20μm以上），若用较浓稠的火棉胶包埋，可切到10μm厚度。此法适用于较大块的或用石蜡切片有困难的组织，如眼球、内耳、中枢神经等。

火腿脾（bacon spleen） 当脾脏红髓内发生弥漫性淀粉样物质沉着时，眼观沉着部位呈不规则的灰白色区，未沉着区仍保留脾髓固有的暗红色，互相交织呈火腿样花纹，状似火腿的一种病理表现。

获得性免疫（acquired immunity） 动物体在个体发育过程中受到病原体及其产物刺激而产生的免疫。因其具有高度特异性，亦称特异性免疫。视其获得的方式不同可分4种类型：

- 获得性免疫
  - 主动免疫
    - 天然的——自然感染
    - 人工的——接种疫苗
  - 被动免疫
    - 天然的——母源免疫
    - 人工的——注射免疫血清

获得性免疫耐受性（acquired immunologic tolerance） 动物在免疫系统成熟后，接触某种抗原物质所形成的免疫耐受性。其形成主要受抗原性质、注射剂量及其他因素（如X线照射、免疫抑制剂的应用等）有关。小分子可溶性抗原易诱发免疫耐受，剂量过低或过高均可激发低剂量免疫耐受（low dose immunologic tolerance）或高剂量免疫耐受（high dose immunologic tolerance）。

获得性免疫缺陷（acquired immunodeficiency） 又称继发性免疫缺陷。因某种因素破坏机体免疫功能而造成的免疫缺陷。许多疾病在病理发展过程中，可破坏免疫器官和免疫细胞，或使某种体液因子的产生受阻。长期使用免疫抑制剂可引起免疫缺陷。烧伤可使免疫球蛋白显著降低，淋巴细胞减少。很多病毒感染，如雏鸡感染传染性法氏囊病病毒，可致体液免疫功能降低；感染马立克氏病病毒，对细胞免疫有强烈抑制作用。

获得性免疫缺陷动物（acquired immunodeficiency animals） 在物理（放射线）、化学（免疫抑制药物）、生物因素（如生物毒素、某些病原微生物）作用下形成的免疫缺陷动物。

获得性免疫缺陷综合征（acquire immunodeficiency syndrome，AIDS） 俗称艾滋病，是由人类免疫缺陷病毒（*Human immunodeficiency virus*，HIV）引起的一种严重传染病。除人外，在动物中已发现猫和猿猴的艾滋病。病毒特异性地侵犯并毁损$CD4^+$ T淋巴细胞（辅助性T细胞），造成机体细胞免疫功能受损。感染初期可出现类感冒样或血清病样症状，然后进入较长的无症状感染期，继之发展为获得性免疫缺陷综合征前期，最后发生各种严重机会性感染和恶性肿瘤，成为获得性免疫缺陷综合征候群。至今尚无有效防治手段。

获得性耐药性（acquired resistance） 与天然耐药性相对，当微生物与某种抗生素接触一段时间以后，其结构、生理及生化功能发生了改变，出现对该种抗生素的敏感性逐渐减弱甚至消失的现象。获得耐药性可由染色体介导，也可由染色体外可移动的遗传元件介导，因此获得耐药性可垂直传播给下一代菌株，部分获得耐药性也可在细菌间水平传播。

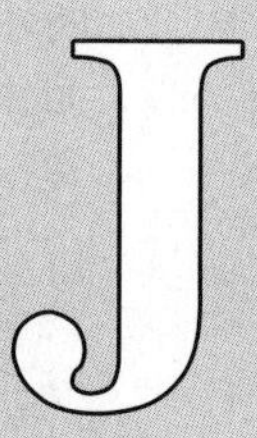

饥饿肝（hunger liver） 动物屠宰前受饥饿、长途运输、惊恐奔跑、竭力挣扎以及骨折、挫伤等各种因素的刺激下，屠宰后的肝脏无胴体和其他脏器异常色泽异常变淡。肝脏呈黄褐色或土黄色，尤其是肝小叶中心色泽明显变淡且混浊，但体积大小、结构和质地无变化，肝门淋巴结正常。

饥饿疗法（limotherapy） 人工控制饮食方式的一种疗法。该疗法又分为全饥饿和半饥饿疗法两种。全饥饿疗法又称绝食或绝饲疗法。临床上适用于急性胃肠炎等疾病。以1～2d为宜，但不要限制饮水。在绝饲期间应给予适当的人工营养，即非经口的输注营养性药物。半饥饿疗法适用于慢性胃肠病，肝、肾和心脏疾病。日粮组成应是易消化、富含营养、无刺激性的优质饲料，尤其是块根类和青贮饲料为宜。饲喂量和期限可按病畜具体情况和营养状态而定。

饥饿收缩（hunger contraction） 空胃时胃平滑肌的周期性强烈收缩。收缩时常伴有饥饿感。进食后随着食物入胃，此种收缩逐渐消失。

机化（organization） 体内的坏死组织、炎性渗出物、血栓、异物等被新生的肉芽组织替代或包裹的过程。机化由周围组织的炎症开始，随着病理性产物被溶解吸收，同时长入新生的毛细血管和成纤维细胞。小的病灶可被肉芽组织完全取代，形成纤维性瘢痕。不能被完全取代的病灶由新生的肉芽组织包裹，称为包囊形成（encapsulation）。

机会性感染（oportunistic infection） 正常情况下无害的菌群或毒力很弱的外源性微生物所造成的感染。通常发生于机体免疫功能低下或长期应用广谱抗生素而破坏肠道菌群平衡时。

机会性致病菌（opportunistic pathogen） 泛指能引起机会性感染的一类细菌，通常是正常微生物群和非致病性细菌。在某些情况下，正常菌群与宿主间的生态平衡被打破，形成生态失调而导致疾病的发生，使得在正常状态下非致病的正常菌群中某些细菌成为机会性致病菌。

机能诊断（functional diagnosis） 又称病理生理学诊断。表明某一器官机能状态的诊断。机能诊断的方法包括心电图、血清生化指标测定、肾小球滤过和重吸收功能的测定等。

机体反应性（responsiveness） 动物机体对各种内外刺激因素的应答能力。它是在种系进化和个体发育过程中获得并不断发展起来的机体对外界环境适应的表现。不同种属、年龄、性别的动物有不同的反应，个体之间因遗传因素和环境的影响也有很大的差异。完整的机体反应性包括免疫系统、造血系统、血管系统和植物神经系统等反应，都是在中枢神经内分泌系统统一调节下完成的。

机械性消除（mechanical elimination） 用清扫、洗刷、通风等机械方法清除病原体的过程。可将大量的病原体清除掉，然后再配合其他消毒方法彻底杀灭病原体。清扫出的污物，根据病原体的性质，进行堆沤发酵、掩埋、焚烧或其他药物处理。

机械性消化（mechanical digestion） 由咀嚼器官和消化管的运动功能对食物进行物理加工的消化形式。如咀嚼以磨碎食物，使消化液与食物混合，推送食糜向后移行，并促其被吸收等。

肌电图（electromyogram，EMG） 肌肉电活动的记录图像，可用于判定神经—肌肉的功能。常用方法有两种：①表面导出法，即把电极贴附在皮肤上导出电位的方法；②针电极法，即把针电极插入肌肉中，引导其电位的活动，经放大器放大后显示在示波器上，也可转换成声音，由扬声器监听，或用照相或磁带记录永久保存，并可用电子计算机做定量分析。

肌红蛋白（myoglobin，Mb） 肌浆蛋白的一种，为肌肉组织所特有，由一条肽链和一个血红素辅基组成的结合蛋白，是肌肉内储存氧的蛋白质，其氧饱和曲线为双曲线型。当肌细胞内氧分压在 5 333.2Pa 时可与氧结合成氧合肌红蛋白，氧分压降到 2 666.6Pa 时解离释放出氧，供肌肉收缩之用。肌红蛋白与氧的结合率不受二氧化碳分压的影响。

肌红蛋白尿（myoglobinuria）　各种原因引起的急性肌肉组织破坏，造成横纹肌溶解而致肌红蛋白自尿液中排出的现象。尿液外观呈暗褐色、深色乃至黑色，联苯胺试验呈阳性反应。临床可伴有肌痛、肌肉肿胀、肌无力等症状，严重的可致急性肾功能衰竭。治疗应制止进一步肌肉损伤，纠正水盐代谢紊乱及缓解肌肉疼痛。

肌浆（sarcoplasm）　又称肌质，肌纤维的细胞质。

肌浆网（sarcoplasmic reticulum）　又称肌质网，即肌纤维胞质中的滑面内质网。横纹肌纤维的肌浆网特别发达，将肌丝束包绕形成肌原纤维。在靠近横小管处的肌浆网膨大成终池，终池与横小管共同组成三联体（骨骼肌纤维）或二联体（心肌纤维）。

肌节（sarcomere）　相邻两 Z 线间的一段肌原纤维，是横纹肌纤维收缩的功能单位。收缩时，细肌丝在粗肌丝之间向 M 线方向滑动，肌节缩短；舒张时，细肌丝返回原位，肌节伸长。

肌紧张（muscle tonus）　又称紧张性牵张反射，缓慢而持续地牵拉肌腱所引起的牵张反射，表现为受牵拉肌肉发生紧张性收缩，致使肌肉经常处于轻度的收缩状态。肌紧张反射弧的中枢为多突触接替，属于多突触反射。效应器主要是肌肉收缩较慢的慢肌纤维成分。该反射传出引起肌肉的收缩力量不大，只是阻止肌肉被拉长，不表现明显的动作，这可能是在同一肌肉内的不同运动单位进行轮换收缩而不是同步收缩的结果，所以肌紧张能持久维持而不易疲劳。肌紧张是维持躯体姿势最基本的反射活动，是姿势反射的基础，尤其对于维持站立姿势很重要。如果破坏肌紧张反射弧的任何部分，即可出现肌紧张减弱或消失，表现为肌肉松弛，以致不能维持躯体的正常姿势。

肌瘤（myoma）　来源于肌肉组织的肿瘤。良性的有平滑肌瘤和横纹肌瘤，恶性的有平滑肌肉瘤和横纹肌肉瘤。家畜中多见的是发生在消化道和雌性生殖道的平滑肌瘤。其子宫平滑肌瘤瘤块由分化较好的平滑肌细胞和血管、纤维组织组成。

肌内膜（endomysium）　包在每一肌细胞周围的薄层疏松结缔组织。内含网状纤维，少量胶原纤维和弹性纤维，还有成纤维细胞、毛细血管和神经纤维，但无淋巴管。

肌内注射（intramuscular injection）　用注射器将药物直接注入肌肉内的一种药物注射法。选择肉层厚无大血管及神经干的部位（大动物多在颈侧、臀部，猪在耳后、臀部及股内部，小动物多在股部、颈部，禽类在胸肌部），剪毛、常规消毒，术者左手固定于注射局部，右手持连接针头的注射器垂直刺入肌肉 2～4cm，改用左手持注射器，右手抽动针芯不见回血则可推动针芯将药物注入肌肉。注射完毕后常规消毒。为安全起见，也可先以右手持针头直接刺入肌肉，然后左手把住针头，右手使注射器和针头连接好，再注入药液。

肌肉蛋白质（muscle protein）　肌肉所含蛋白质的总称，是肌肉的主要结构物质，约占肌肉湿重的 20%。主要由 3 组蛋白质组成：①基质蛋白质，包括细胞外的胶原蛋白和弹性蛋白；②一般细胞所共有的蛋白质，如酶、核蛋白、糖蛋白、脂蛋白等；③与肌肉收缩有关的蛋白质，包括构成粗肌丝的肌球蛋白和构成细肌丝的肌动蛋白、原肌球蛋白和肌钙蛋白等。

肌肉收缩（muscular contraction）　肌纤维兴奋后所发生的机械性反应。表现为机械长度的缩短或张力增强。肌肉由肌纤维（肌细胞）组成，肌纤维又由粗、细肌丝组成的肌小节构成的肌原纤维组成。肌肉收缩时粗、细肌丝相互滑行，而各自长度不变，肌肉因粗、细肌丝间相对位置的改变而缩短。肌肉收缩时要消耗能量并产生热，能量由三磷酸腺苷和磷酸肌酸提供，产热可用以维持体温或向外界发散。

肌上皮细胞（myoepithelial cell）　又称篮细胞，位于某些分泌腺如汗腺、乳腺、唾液腺分泌部的腺细胞与基底膜之间的一种扁平具有突起的细胞，细胞突起包绕着分泌部，形似筐篮。兼有上皮细胞和肌细胞的特征。电镜下见其胞质含有类似平滑肌的肌动蛋白，直径 5nm，具有收缩功能。细胞的长突以桥粒形式与腺细胞连接，当肌上皮细胞收缩时，可促使腺泡中的分泌物排出导管。

肌酸（creatine）　又称 α-甲基胍乙酸，由精氨酸、甘氨酸及甲硫氨酸在体内合成，为肌肉等组织中贮存高能磷酸键的物质。广泛存在于动物的各种组织中，以横纹肌含量最高。可与磷酸发生可逆反应，生成磷酸肌酸，作为肌细胞中的能量贮存库。

肌酸磷酸激酶（creatine phosphokinase）　催化肌酸和磷酸生成磷酸肌酸反应的酶。骨骼肌中含量最多，心肌、脑、肺及甲状腺中也存在。肝脏及红细胞中肌酸磷酸激酶活性很低。

肌梭（muscle spindle）　骨骼肌中的一种感受肌肉长度变化或牵拉刺激的特殊的梭形感受装置。呈梭形，外包结缔组织被囊，内有较细小而形态特殊的梭内肌纤维，感觉神经纤维进入囊内后失去髓鞘，并分支缠绕于梭内肌纤维表面。肌梭可感受肌纤维的舒缩和张力状态。此外，肌梭内有运动神经末梢，分布于梭内肌纤维的两端。在调节骨骼肌的活动中起重要作用。

肌外膜（epimysium） 包在每块肌肉外表面的一层致密结缔组织膜，内含有血管和神经。

肌胃角质层炎（cuticulitis） 又称肌胃糜烂（gizzard erosion）。日粮中鱼粉过量引起的肉鸡肌胃溃疡和糜烂性疾病。病鸡表现精神委顿、食欲减退、发育不良、鸡冠变白、羽毛逆立、头下垂呈嗜眠状以及脱水等。偶见病鸡或死鸡从口鼻腔流出暗黑色液体。防治除控制日粮中鱼粉含量，禁食存放过久变质腐败的鱼粉外，可饮用高锰酸钾、硫酸铜溶液治疗。

肌胃消化（digestion in muscular stomach） 禽类肌胃内进行的机械性和化学性消化过程。肌胃平滑肌强有力的收缩可磨碎来自嗉囊的粗硬食物，同时其中有来自腺胃胃液中的盐酸和酶，可对饲料进行化学消化作用。

肌纤维增生（myofiber hyperplasia） 又称双肌。反刍兽发生的一种以骨骼肌增生为特征的病变。曾见于夏洛来牛、皮德蒙牛及南德文牛，偶发于绵羊。病犊出生后第一年，其增重高于全群平均值。重型病犊的肌纤维量显著增加，后躯、腰部和肩部尤为明显，肌肉/骨骼比例增大。有的病犊发生巨舌、凸颌、肌肉营养不良及佝偻病等。

肌原纤维（myofibril） 由粗肌丝和细肌丝规则排列构成的肌纤维亚单位。骨骼肌纤维中含有典型的肌原纤维，心肌纤维中的肌原纤维不完整，平滑肌纤维中的肌丝不组成肌原纤维。肌原纤维在肌浆中平行排列，肌原纤维之间有大量的线粒体。横纹肌的肌原纤维有明暗相间的横纹，是肌原纤维中粗、细肌丝按一定规律排列的结果。

肌组织（muscular tissue） 主要由肌细胞构成的基本组织，是动物运动、保持姿势和器官活动的结构基础。根据形态结构可分为横纹肌和平滑肌 2 类；根据机能特点可分为随意肌和不随意肌 2 类；根据分布位置可分为骨骼肌、心肌和内脏肌 3 类。

鸡白痢（pullorum disease） 由鸡白痢沙门氏菌（*Salmonella pullorum*）引起雏鸡的一种以灰白色下痢为主要特征的急性、败血性传染病。3 周龄以内的鸡和火鸡最易感，是影响雏鸡成活率的因素之一。成年鸡感染常无明显症状，剖检病变为心包炎、睾丸炎或卵黄囊炎。可造成母鸡的产蛋量和受精率降低，并能通过带菌蛋垂直传播。不良的饲养管理和环境条件能诱发本病。根据症状、病变可作出初步诊断，必要时可做病原分离鉴定。采用平板全血凝集试验可检出带菌鸡。在消除各种不利诱因基础上，给予抗生素或磺胺类药物治疗有一定效果。

鸡白痢凝集反应抗原（pullorum agglutinogen） 以鸡白痢沙门氏菌和鸡伤寒沙门氏菌菌液制备的一种能与相应抗体发生特异性凝集反应的用于诊断鸡白痢的制剂。分别于鸡白痢沙门氏菌和鸡伤寒沙门氏菌的 0.5%枸橼酸钠生理盐水菌液内加入 0.4%甲醛（以含 38%～40%甲醛液折算），在 37℃杀菌 48h 后等量混合制成。本品在 2～15℃冷暗处保存，有效期为 6 个月。使用时，全血平板凝集试验应在 20℃以上室温中进行。

鸡跛（chicken lameness） 马属动物跛行时的一种特殊步样。走步时患肢的膝关节和跗关节高度屈曲向上提举，然后突然伸展使蹄着地，如鸡行走时的高抬腿步样。

鸡传染性矮小综合征（infectious stunting syndrom） 又称鸡苍白综合征（pale bird syndrome）、吸收不良综合征等，由呼肠孤病毒引起鸡的一种传染病。维生素缺乏、管理不善对本病有加剧作用。主要危害肉用仔鸡，表现发育停滞、长羽不良、鸡体矮小、站立无力或跛行、脚苍白、骨质疏松及腺胃肿胀等。确诊应根据症状、病变和病原学检查，防制除采取一般性措施外，应补充多种维生素，给种鸡接种疫苗以为其后代提供保护力。

鸡传染性鼻炎（avian infectious coryza） 又称鸡传染性感冒。由副禽嗜血杆菌（*Heamophilus gallinarum*）引起鸡的一种急性地方流行性上呼吸道传染病。病鸡表现鼻腔和窦的炎症，以流鼻液、喷嚏、流泪、结膜炎、颜面和眼周围肿胀或水肿为特征。产蛋鸡感染后产蛋率下降 10%～40%。本病分布广、传播快，常给集约化养鸡业带来严重的经济损失。确诊可做病原分离或血清学检查，磺胺类药物和抗生素治疗有一定效果。

鸡传染性法氏囊病（infectious bursal disease） 又称鸡传染性腔上囊炎，由双 RNA 病毒科的传染性法氏囊病病毒引起鸡的一种传染病，以法氏囊淋巴组织和淋巴细胞坏死为特征。病毒损害法氏囊，可导致免疫抑制。1957 年在美国冈博罗地区首先发现，现已遍布世界大多养鸡地区。自然情况下仅鸡感染，常见于 2～15 周龄鸡。病鸡为主要传染源，经消化道、呼吸道、眼结膜均可感染。传播迅速，常呈暴发流行，发病率高。由于免疫抑制，常并发其他疾病，使病死率增加。根据流行病学、临床病理变化可作出初步诊断。确诊可做病毒分离鉴定或血清学试验。可用免疫血清治疗，预防可选用疫苗免疫接种。

鸡传染性法氏囊病弱毒疫苗（avian infectious bursal disease attenuated vaccine） 以鸡传染性法氏

囊病毒鸡胚弱毒株于鸡胚增殖或适应于鸡胚成纤维细胞增殖培养制成的用于预防鸡传染性法氏囊病的疫苗。使用时，无母源抗体雏鸡在4～7日龄接种，有母源抗体雏鸡于2周龄时免疫，注射或饮水途径免疫均可。

鸡传染性法氏囊病细胞培养灭活疫苗（avian infectious bursal disease cell culture inactivated vaccine）预防鸡传染性法氏囊病的一种疫苗。以适应于鸡胚成纤维细胞的强毒株在鸡胚成纤维细胞增殖培养，经甲醛灭活和铝胶吸附制成。如在细胞毒液甲醛灭活处理后，加入油佐剂乳化可制成油佐剂苗。免疫18～20周龄种母鸡，其体液抗体可持续6个月。

鸡传染性法氏囊病组织灭活疫苗（avian infectious bursal disease tissue inactivated vaccine）预防鸡传染性法氏囊病的一种油佐剂疫苗。以毒力强、抗原性和免疫源性良好及毒价高的鸡传染性法氏囊病毒毒株人工感染发病鸡的法氏囊组织，经灭活、乳化制成。疫苗在4℃保存，有效期为6个月。使用时，经18～20周龄开产前父母代种鸡注射1～1.3mL，可使其后代仔鸡获得较高的母源抗体。

鸡传染性感冒（chicken infectious coryza）见鸡传染性鼻炎。

鸡传染性喉气管炎（avian infectious laryngotracheitis）由甲型疱疹病毒亚科禽疱疹病毒1型（传染性喉气管炎病毒）引起鸡的一种急性呼吸道传染病。以呼吸困难、咳嗽和咳出带血的分泌物，喉和气管黏膜肿胀、出血和糜烂为特征。自然感染时，主要侵害鸡，成鸡的症状最为特征。病鸡和带毒鸡是主要传染源。病毒经上呼吸道和结膜感染，被污染的垫料也是传播媒介。潜伏期6～12d，急性病例症状典型。较缓和病例只出现眼结膜和眶下窦肿胀。确诊需做病毒分离鉴定和中和试验、琼脂扩散试验及检查感染细胞的核内包涵体。目前尚无特效疗法，可用弱毒疫苗预防接种。

鸡传染性滑膜炎（avian infectious synovitis）又称鸡传染性关节炎或滑膜支原体感染，由滑膜支原体引起鸡和火鸡的一种传染病。经蛋垂直传播或经呼吸道及吸血昆虫水平传播。4～16周龄的鸡和10～24周龄的火鸡发病率最高，呈散发或地方流行性。病禽表现关节肿胀变形，滑膜、腱鞘膜发炎，滑液囊、腱鞘含黏稠渗出物，后成干酪样物；跛行；胸骨嵴上发生波动性肿胀。依据临床症状和病变特征可作出初诊。确诊需进行病原分离鉴定及血清学检查，应与病毒性关节炎相区别。用金霉素治疗效果较好。预防参见禽支原体病。

鸡传染性贫血因子（chicken infectious anemia agent，CAA）见鸡贫血病毒。

鸡传染性腔上囊炎（infectious bursal disease）见鸡传染性法氏囊病。

鸡痘病毒（*Fowlpox virus*）痘病毒科（Poxviridae）禽痘病毒属（*Avipoxvirus*）成员。病毒颗粒为砖状，有哑铃样的芯髓及两个侧体，芯髓内含病毒DNA及若干蛋白质。有囊膜，基因组为单分子线状双股DNA。本病毒是家禽的重要病原，分布遍及全世界，主要危害鸡，可引起鸡痘，易感性存在品种差异，大冠鸡比小冠鸡易感。各种年龄的鸡都易感，但雏鸡及产蛋鸡较为严重，死亡率可高达50%。也感染火鸡，鸽偶可感染，不感染鸭及金丝雀。鸡痘病毒某些毒株含有血凝素，能凝集鸡、其他禽类、绵羊、家兔、豚鼠等的红细胞。加热56℃ 30min血凝活性没有变化，经60℃ 30min或煮沸5min血凝活性消失。鸡痘病毒对干燥的抵抗力极强，在干燥皮肤结痂中的病毒，阳光照射数周而不被灭活。预防可用鸡胚培养鸽痘病毒疫苗或鸡胚细胞传代的弱毒疫苗刺种，应在出生后数周以及8～12周龄接种两次。

鸡肺脑炎（avian pneumoencephalitis）仅发生于美国，为轻型新城疫。参见鸡新城疫。

鸡合胞体病毒（*Chicken syncytial virus*，CSV）见禽网状内皮组织增生症病毒。

鸡弧菌性肝炎（chicken vibrionic hepatitis）见鸡弯杆菌病。

鸡蛔虫病（ascaridiosis in chicken）鸡蛔虫（*Ascaridia galli*）寄生于鸡小肠引起的寄生虫病。感染性虫卵有时被蚯蚓吞食，鸡因啄食蚯蚓而遭感染。此病对幼鸡危害严重，引起消化障碍、发育阻滞。粪检发现大量虫卵可以确诊。可用丙硫咪唑、噻苯唑和磷酸左旋咪唑等驱虫。预防的主要环节是驱虫，粪便处理，改善环境卫生，加强营养，增强体质，提高雏鸡的抵抗力。

鸡胫骨软骨发育不良（tibial dyschondrolasia in chicken）肉鸡和火鸡常见的以在胫骨近端生长板下形成无血管、未钙化、不透明的软骨栓为特征的一种发育性疾病。与骨的生长板缺陷有关，常发生于胫跗骨近端。胫骨发育不良与快速生长有关，该病普遍存在于肉用禽，其他禽很少见或不发生。在许多肉鸡和火鸡群中，发病率高达30%。严重者，软骨栓可深入干骺端甚至骨髓腔。在近干骺端有一锥形未钙化的软骨，可能是肉鸡软胶原蛋白合成速度超过了降解速度所致。患胫骨软骨发育不良的病鸡运动不便，采食受限，生长发育受影响，增重明显下降，种禽生殖性能和商品肉禽的肉品质均下降，其发生与遗传、饲料饲养水平及Ca、P、Mg、Cl等含量及肉鸡体内阴阳离子失衡引起的酸碱代谢紊乱有关。

鸡劳斯氏肉瘤（avian Rous sarcoma） 禽白血病的一种，是由反转录病毒科劳斯肉瘤病毒感染禽类引起的肿瘤性疾病该病毒复制过程中可将 RNA 基因组反转录成 cDNA，然后整合到宿主细胞基因组中去。病毒能引起鸡、雉、珠鸡、鸽、鹌鹑、火鸡肿瘤。肿瘤发展迅速、可以转移，常发生于肺、肝和肠浆膜上。防制措施见禽白血病。

鸡马立克病（Marek's disease） 由疱疹病毒科甲亚科的马立克病病毒引起的一种鸡淋巴组织增生性传染病，以外围神经、性腺、虹膜、各种内脏器官、肌肉和皮肤单核细胞性浸润和形成肿瘤为特征。马立克氏病病毒有 3 种血清型（1 型是强毒，2 型是自然弱毒，3 型是火鸡疱疹病毒）。传染源是病鸡和带毒鸡，有的鸡感染后可能终生带毒。经呼吸道感染。鸡最易感，其次是火鸡和野鸡，多发生于 4～20 周龄鸡。根据病变发生部位和症状，可分为 4 种类型：①神经型（古典型），侵害外周神经，如坐骨和臂神经，使肢体发生麻痹，步态不稳，跛行，蹲伏呈劈叉姿势，翅下垂，出现腹泻和消瘦，特征性病变为神经变粗，有中小淋巴细胞、浆细胞和成淋巴细胞浸润。②内脏型，常侵害幼龄鸡，内脏器官产生肿瘤，肿瘤组织均由中小淋巴细胞、成淋巴细胞所组成。③眼型，发生于一侧或双侧眼睛，虹膜色素消失、呈灰白色，重者失明。④皮肤型，皮肤形成结节样瘤状物。确诊依据病毒分离鉴定和琼脂扩散试验、荧光抗体染色。应注意与鸡淋巴性白血病相区别。本病有效的预防方法是采用火鸡疱疹病毒疫苗，或双价、三价疫苗给 1 日龄鸡接种，使鸡获得保护力，能抑制肿瘤的发生。

鸡马立克病火鸡疱疹病毒冻干疫苗（avian Marek's disease turkey herpesvirus lyophilized vaccine） 以火鸡疱疹病毒制备的一种用于预防鸡马立克病的异源活毒冻干疫苗。火鸡疱疹病毒对鸡不致病，在鸡群内不传播，进入鸡体细胞后能诱发产生阻止肿瘤形成的抗体，可控制马立克病症状发展，但不能保护鸡免受马立克氏病毒的感染。疫苗在 4℃保存期为 6 个月，－10℃以下保存 1 年有效。使用时，按瓶签头份用磷酸缓冲液稀释，1～3 日龄雏鸡皮下或肌内注射 0.2mL，注苗后 14d 产生免疫力，免疫期 18 个月。

鸡慢性呼吸道病（chronic respiratory disease） 见禽支原体病。

鸡胚半数感染量（median embryo infective dose，EID_{50}） 能使 50％鸡胚感染出现特定病变或血凝的病毒量。

鸡胚半数致死量（median embryo lethal dose，ELD_{50}） 能使 50％感染鸡胚死亡的病毒量。

鸡胚接种（chicken embryo inoculation） 采用正在发育的鸡胚培养病毒、立克次体和其他微生物的一种技术，是禽类病毒分离培养的最有效途径。其优点在于胚胎的组织分化程度低，可选择不同日龄和接种途径，病毒易于增殖，病料易于收集和处理，且技术简单、效果良好。来源充足、费用低廉。待检病料可根据需要接种于鸡胚的尿囊腔、绒尿膜、卵黄囊或羊膜腔等部位。但不是所有病毒都能适应于鸡胚，一般情况下禽类病毒可在其相应的胚体内增殖，但只有少数哺乳动物病毒能在鸡胚上繁殖。可用于病毒的初次分离、病毒增殖、毒价滴定及疫苗制备等。

鸡皮刺螨（*Dermanyssus gallinae*） 俗称禽红螨，为蜱螨目、中门亚目、皮刺科的吸血螨。侵袭鸡、鸽、各种笼养鸟和野鸟，亦吸食人血，吸血后呈红色。吸饱血后的雌虫长 1mm 以上，体部轮廓呈长椭圆形。腿长，末端有吸盘。口器长。气门位于第三、四对足之间的外侧方，围气门片呈细长条形，沿体侧向前延伸至第一基节处。雌螨产卵于墙壁缝隙中，卵孵化出幼虫，后者继续蜕变为若虫；若虫有两期，由第二期若虫蜕变为成虫。夜间爬至宿主身体上吸血，有时数量极多，可致鸡贫血以至死亡。鸡皮刺螨是鹅包柔氏螺旋体、人圣路易脑炎、东方和西方马脑脊髓炎的传播媒介。防治可用杀虫药处理禽舍，禽舍建筑缝隙太多时极难灭绝。

鸡贫血病毒（*Chicken anemia virus*，CAV） 又称鸡传染性贫血因子（CAA）。为圆环病毒科（Circoviridae）、圆环病毒属（*Circovirus*）成员。病毒颗粒无囊膜，球形，20 面体对称，直径 22nm，基因组为单股 DNA。病毒颗粒常可见于感染细胞，以珍珠串样排列。该病毒只能在肿瘤淋巴细胞系中生长，最常用的细胞系是 MDCC－MSB1 细胞，可通过鸡胚传代。只有一个血清型。鸡是本病毒的唯一宿主，所有年龄的鸡都可感染，但易感性随年龄的增长而急剧下降，自然发病多见于 2～4 周龄鸡。本病毒通过直接接触水平传递，亦可经卵垂直传递，鸡也可通过消化道和呼吸道感染。主要侵害鸡的骨髓、胸腺和法氏囊，引起急性免疫抑制性疾病。血清学阳性的母鸡可通过母源抗体使雏鸡免于发病，但不能免受病毒感染。除 SPF 鸡群外，大多数鸡群均携带本病毒。

鸡球虫病（coccidiosis of chickens） 多种球虫寄生于鸡不同肠段的上皮细胞内引起的原虫病。鸡球虫均属孢子虫纲、艾美耳科、艾美耳属。主要种类有：柔嫩艾美耳球虫（*Eimeria tenella*）、毒害艾美耳球虫（*E. necatrix*）、巨型艾美耳球虫（*E. maxima*）、堆型艾美耳球虫（*E. acervulina*）、和缓艾美耳球虫（*E. mitis*）、早熟艾美耳球虫（*E. praecox*）、布氏艾美耳球虫（*E. brunetti*）、变位艾美耳球虫（*E. mivati*）以及哈氏艾美耳球虫（*E. hagani*）等。不同种鸡球虫卵囊的形态大小不同，多呈圆形、卵圆形或椭圆形。直接传播。不同种球虫对鸡的致病性和完成整个发育史所需时间不同，但发育过程类似。发育过程分为三个阶段，卵囊在外界进行孢子生殖，发育为孢子化卵囊；孢子化卵囊经口感染鸡后，进入肠上皮细胞内进行裂殖生殖，其后转为配子生殖，形成卵囊，随粪便排出体外。柔嫩艾美耳球虫致病力最强，可引起鸡盲肠球虫病，患雏表现贫血、便血，拥簇成堆，食欲废绝。其他种以毒害艾美耳球虫致病性最强，患鸡精神不振，不食，翅下垂，下痢便血。诊断一般是在粪便中检出卵囊，或刮取肠道病料查找裂殖体、裂殖子、配子体、卵囊。预防用氨丙啉、莫能霉素、马杜拉霉素等抗球虫药作为饲料添加剂使用，但应注意合理用药以减缓抗药性的产生。目前用活虫苗或致弱虫苗免疫已用于实际生产。同时需加强卫生措施，及时清除粪便，保持饲料、饮水清洁，清除一切积水，保持地面干燥。

鸡弯杆菌病（avian campylobacteriosis）　又称鸡弧菌性肝炎。是由空肠弯杆菌（*Campylobacter jejuni*）引起家禽的一种慢性传染病。常见于鸡和火鸡。特征性的病变为肝硬化、表面散布灰白色坏死灶，腹水，心包积液等。本病的发病率较高，病死率较低，可传染给人，引起发热和腹泻。确诊有赖于实验室检查，病鸡的胆汁是分离病原的好材料，能在人工培养基或鸡胚上生长。防治可在饲料中加土霉素及磺胺类药物，也可注射链霉素等抗菌药物。

鸡新城疫（newcastle disease）　又称亚洲鸡瘟或伪鸡瘟。副黏病毒属的新城疫病毒引起鸡的一种急性、热性高度接触传染性疾病。1926 年首次发现于印尼，同年发现于英国新城。以高热、呼吸困难、下痢、黏膜和浆膜出血及神经症状为特征。据病毒对鸡胚和鸡的致病性可分为强毒（含嗜内脏强毒 viscerotropic virus）、中等毒和弱毒。鸡最易感，火鸡、鹌鹑、鸽也易感，鸟类也能感染，亦可感染人。病鸡和带毒鸡是主要传播源，病毒经呼吸道和消化道感染健鸡。潜伏期为3～5d。临床表现分为典型（最急性、急性和慢性 3 种）和非典型两类。免疫鸡群发生新城疫，以非典型出现以呼吸道症状、下痢和神经症状为主。典型新城疫具有特征性病变为腺胃乳头出血，盲肠肿大、出血和坏死，肠黏膜和气管黏膜出血。国外将新城疫分为速发性嗜内脏型、速发性嗜肺脑型、中发型和缓发型 4 种。确诊靠病毒分离鉴定和血清学检测。高免血清对早期病例有一定治疗作用，应用弱毒苗和灭活疫苗，对鸡进行预防接种，是控制本病的发生行之有效方法，同时可结合综合防制措施。

鸡新城疫灭活疫苗（newcastle disease inactivated vaccine）　以抗原性优良的新城疫强毒株或弱毒株通过鸡胚增殖培养胚液加入佐剂制备的一类用于预防鸡新城疫的灭活疫苗。有两种苗型。一种为氢氧化铝吸附灭活疫苗，将含毒鸡胚液用甲醛（最终含甲醛 0.1%）或 β 丙内酯（最终含量为 1/1 500）灭活，加入等量 2% 铝胶液制成。本疫苗两次注射的免疫效果比一次免疫优良，鸡龄越大的保护力越高，皮下或肌内注射 1mL 的免疫期为 2～12 个月。一种为油乳剂灭活疫苗，将毒株接种鸡胚增殖培养，加入 0.1% 甲醛或 1/1 500β 丙酯于 36℃ 灭活 1.5h，然后按比例加入矿物油（植物油）、乳化剂（司本 80、吐温 80）制成油包水乳剂苗。疫苗在 20℃ 保存期 8 个月，30℃ 可保存 4 个月。矿物油乳剂苗使用时成鸡皮下或肌内注射 0.5mL，雏鸡 0.1～0.2mL。

鸡新城疫Ⅰ系弱毒疫苗（newcastle disease Ⅰ strain attenuated vaccine）　一种以人工育成的 M 鸡胚弱毒株接种鸡胚增殖后的胚液，加入蔗糖脱脂乳保护剂制成的用于预防鸡新城疫的冻干苗。也可接种鸡胚成纤维细胞增殖培养制成细胞培养冻干苗。本苗在 −15℃ 保存期 2 年，0～4℃ 保存 8 个月，10～15℃ 保存 3 个月。专供 2 月龄以上鸡用，使用时用灭菌生理盐水、蒸馏水或冷开水 100 倍稀释，刺种或皮下注射 0.1mL。免疫产生期 3～4 天，免疫期 2 年。

鸡新城疫Ⅱ系弱毒疫苗（newcastle disease Ⅱ strain attenuated vaccine）　一种用 B_1 自然弱毒株接种鸡胚增殖后的胚液，加入适量蔗糖脱脂乳保护剂制成的用于预防鸡新城疫的冻干苗。疫苗在 −15℃ 保存有效期 2 年，0～4℃ 保存为 8 个月，10～15℃ 保存为 3 个月。供初生雏鸡用，使用时用灭菌生理盐水、蒸馏水或冷开水 10 倍稀释，滴鼻、点眼、饮水、气雾或喷雾、肌内注射。初生雏鸡免疫 1 个月后再作第 2 次免疫，3～4 月龄时再用Ⅰ系苗免疫。免疫产生期 7～9d，免疫期 2 月龄以上鸡 3～4 个月，5 月龄以上鸡 1 年。

鸡恙螨病（avian trombiculid acariasis）　又称鸡新勋恙螨，鸡奇棒恙螨（*Neoschongastia gallinarum*）的幼虫寄生于鸡及其他禽类的翅膀和腿两侧、胸肌两侧皮肤上引起的疾病。幼虫很小，大小为（0.19～0.49）mm×（0.14～0.38）mm，不易发现，饱食后呈橘黄色，分头胸部和腹部，有 3 对足。成虫多以植物液汁和其他有机物为食。雌虫产卵于泥土上，约 2 周孵出幼虫，幼虫爬至鸡或禽类身上刺吸血液和体液，寄生期可达 5 周以上。饱食幼虫落地发育，经若虫发育为成虫。放牧的雏鸡易感，患部奇痒，出现痘疹状病灶，称为“鸡螨痘”，痘脐中央有一含恙螨幼虫的小红点。大量寄生时，病鸡腹部和翼下布满痘疹状凸起，表现贫血、消瘦、垂头、不食，不及时治疗可引起死亡。对可疑患鸡取痘脐中央红点处病料，镜检即可确诊。患部可用 70%酒精、碘酊或 5%硫磺软膏涂擦。避免在潮湿的草地上放养鸡群可有效控制该病。

鸡异刺线虫病（heterakiasis gallinae）　又称鸡盲肠虫病。鸡异刺线虫（*Heterakis gallinae*）寄生于鸡、珍珠鸡、火鸡、鸭、鹅等禽类盲肠引起的疾病。常引起鸡消化功能障碍，食欲不振，下痢，雏鸡发育阻滞。粪检发现大量虫卵可以确诊。治疗可用噻苯唑、丙硫咪唑和酚噻嗪等驱虫。预防要点是驱虫，做好粪便处理和改善环境卫生。参阅鸡蛔虫病。

鸡圆心病（round heart disease in chicken）　心脏增大变圆、心力衰竭而突然致死的一种禽类疾病。发生于 4～8 日龄雏鸡。病因尚不清楚。生前病鸡多不显示明显症状，诊断较困难。尸检病变主要是心脏增大，心尖变钝，两侧心室肥大；腹腔积液，肺水肿，肝、肾和脾脏瘀血，有时心包腔内蓄积大量胶冻样液体。

鸡脂肪肝和肾综合征（fatty liver and kidney syndrome in chickens）　青年鸡以肝、肾肿胀且存在大量脂类物质，病鸡嗜眠、麻痹和突然死亡为特征的一种营养障碍性疾病。多发生于肉用仔鸡以及后备肉用仔鸡，但 11 日龄以前和 32 日龄以后的仔鸡不常暴发，以 3～4 周龄发病率最高。本病一般见于生长良好的鸡，发病突然，表现嗜睡，麻痹由胸部向颈部蔓延，几小时内死亡，死后头伸向前方，趴伏或躺卧将头弯向背侧。有些病例呈现生物素缺乏的典型表现，如羽毛生长不良、干燥变脆、喙周围皮炎、足趾干裂等。病鸡有低血糖症、血浆丙酮酸升高和肝内糖原含量极低，生物素含量低，丙酮酸羟化酶活性大幅度下降，脂蛋白酶活性下降。根据病史即可作出诊断，针对病因，调整日粮成分和比例可有效地防止本病。

积脓（empyema）　浆膜发生化脓性炎，脓性渗出物大量蓄积于体腔内的现象。常见于化脓性胸膜炎、化脓性腹膜炎、牛创伤性心包炎等。

积水（hydrops）　过量体液蓄积在体腔内的一种特殊性水肿。可分为胸腔积水（hydrothorax）、腹腔积水（ascites）、心包积水（hydropericardium）等。

姬姆萨染色（Giemsa staining）　组织学制片过程中常用的染色方法之一，主要用来观察血液和骨髓涂片中细胞的形态结构。体内稀薄液态涂片也可用此法染色观察。姬姆萨染色剂的主要原料是美蓝和伊红，可用甲醇和甘油按一定比例配制而成。染色结果：红细胞被染成橘红色；中性粒细胞核呈蓝色，颗粒呈紫色；酸性粒细胞核呈蓝色，颗粒呈红色；碱性粒细胞核呈暗蓝色，颗粒呈暗紫红色。

基板（basal lamina）　基膜的一部分。紧贴于上皮底面，由上皮细胞产生，其化学成分主要是糖蛋白。电镜下见基板由致密的细颗粒状和细丝状结构组成。

基础代谢（basal metabolism）　动物在不受肌肉运动、进食及环境因素影响条件下的能量消耗。这时代谢率较低而稳定。测定人的基础代谢要求在清醒、静卧、进食 12h 后、室温在 20℃左右的环境中进行。动物要达到上述条件比较困难，在实践中通常以测定静止能量代谢来代替基础代谢。动物在一般的畜舍或实验室条件下，早晨饲喂前休息时（以卧下为宜）的能量代谢水平称静止能量代谢。通常测定单位时间内的耗氧量，通过计算求其产热量。正常情况下影响基础代谢的因素有个体大小、年龄、性别、生理状态等。个体、年龄越小，基础代谢越高，公畜较母畜高，妊娠期较高。

基础代谢率（basal metabolic rate）　动物在基本生命活动条件下，单位时间内每平方米体表面积（或每千克代谢体重，即体重的 0.75 次方）的能量消耗。常以 $kJ/(m^2 \cdot h)$ 或 $kJ/(kg^{0.75} \cdot h)$ 表示。影响能量代谢率的因素有食物的特殊动力作用、肌肉活动状况、神经内分泌的影响和环境温度等。

基础免疫（basic immunization）　机体首次完成某种疫苗的免疫接种。由于疫苗的种类不同，接种后产生的免疫效果也不同。通常活疫苗的免疫效果好，只需接种 1 次就可完成基础免疫；灭活疫苗的免疫效果相对较差，需多次接种才能完成。

基础群（foundation stock）　又称核心群。用于保持近交系动物的自身传代，并向血缘扩大群提供种用动物的繁殖生产群体。基础群内动物需严格进行兄妹交配繁殖，要有生殖记录，且 5～7 代内的动物可追溯到一对共同祖先。常用建立方法有单线法、平行法、优选法。基础群应保持一定动物数，以防断种。

基础种子（master seed）　由原始种子制备的、处于规定代次水平、一定数量、组成均一、经系统鉴定证明符合有关规定的活病毒（菌体、虫）培养物。基础种子用于制备生产种子。

基础种子批（master seed lot）　从原始种子批中取一定数量的细菌（或病毒）培养物，通过适当方式传代至某一特定代次，增殖一定数量后，将该代次的所有培养物均匀混合成一批，经全面鉴定合格分成一定数量、装量的小包装（如安瓿），保存于液氮中或其他适宜条件下备用。基础种子批的制备应达到足够的量，以保证相当长时间内的生产需要。基础种子批一旦全部用完，必须按规定方法重新制备培养物，制成种子批。基础种子批应按照规定项目和方法进行全面鉴定，合格后，才能作为基础种子使用。通常情况下，应对基础种子批进行含量测定、安全或毒力试验、免疫原性（或最小免疫剂量测定）试验、外源病原污染检测、纯净性检验、鉴别检验等项目的系统鉴定。

基孔肯雅热（chikungunya fever） 又称屈曲病、基孔肯雅出血热。披膜病毒科的基孔肯雅病毒引起的以发热、皮疹及关节疼痛为主要特征的急性传染病。病人常因剧烈的关节疼痛而使身体弯曲如折叠的姿势，当地人形容这种姿势的土语为“基孔肯雅”，因而得名。本病分布于非洲和亚洲的热带和亚热带地区。10 多种伊蚊、库蚊和曼蚊是传播媒介，野生灵长类动物和啮齿类动物是病毒储存宿主。家畜家禽感染后虽不出现症状，但可传播本病。人感染后仅一部分人发展为出血热。无特效疗法，预防措施为防蚊灭蚊和免疫接种。

基膜（basement membrane） 又称基底膜。上皮组织基底面上的一层半透膜。一般由基板和网板两部分构成，少数部位的基膜只有基板而无网板。基板紧靠上皮底面，呈均质状，由上皮产生；网板是交织成网状的成束的网状纤维，由结缔组织产生。基膜不仅对上皮有支持和连接作用，而且对上皮与其深面的结缔组织之间的物质交换起着重要的调节作用。

基因（gene） 遗传信息的生物学基本单位，是DNA 多核苷酸链上具有一定位置的片段。其特定的核苷酸顺序负载相应的遗传信息或者调控遗传信息的表达。基因可以是功能单位，如结构基因；也可能是突变单位，称为突变子；或者是重组单位，称为重组子。有些生物的基因是 RNA。

基因表达（gene expression） 基因转录成mRNA，然后进一步翻译成蛋白质的过程。蛋白质是基因表达的产物。rRNA、tRNA 编码基因转录合成RNA 的过程也属于基因表达。

基因步移（gene walking） 又称染色体步移（chromosome walking）。由生物基因组或基因组文库中的已知序列出发，逐步探知其相邻的未知序列或与已知序列呈线性关系的目标序列的方法。主要分两种：一是结合基因组文库为主要手段的染色体步移技术；二是基于 PCR 扩增为主要手段的染色体步移技术。前者最突出的优点在于步移距离较长、速度较快，可进行连续步移弄清跨度为数百个千碱基（kb）的连接片段；同时，可以一次性获得数个包括启动区、调控区等在内的完整的基因核苷酸序列信息，适用于遗传背景不是很清楚的情况下通过分子标记克隆未知新基因以及具有高度重复序列或具有复杂结构的核苷酸片段的染色体步移等，但是由于需要构建基因组文库，过程繁琐，工程浩大，费时费力，且成本较高。后者适用于近距离单基因的染色体步移，依据原理的不同有 3 种策略：连接成环 PCR 策略、外源接头介导 PCR 策略和半随机引物 PCR 策略。其中伴随机引物 PCR 策略，试验步骤简单，自动化程度高，步行距离长，而且扩增特异性高，因此非常适合大规模的分离侧翼序列，尤其在大规模分析突变体插入位点方面具有绝对的优势。

基因重排（gene rearrangement） 将一个基因从远离启动子的地方移到距其很近的位点，从而启动转录的调控方式。典型的例子是免疫球蛋白结构基因的表达。免疫球蛋白（Ig）的 4 条肽链分别由重链、轻（L）链和 κ 链 3 个基因群控制。重链和轻链（λ 和 κ 链）的可变区（V 区）和稳定区（C 区）分别由 V 基因和 C 基因编码，然后经 RNA 转录、剪切连接成 mRNA，最后翻译成肽链，轻链的 V 区由 V、J 2 个基因所控制，κ 链有 300 个 V 基因，4 个有活性的 J 基因，在胚胎发育中 V-J 随机连接就可形成 1 200 种不同的 κ 链 V 区，λ 链只有 8 个 V 基因和 1 个 J 基因，连接后形成 8 种不同的 V 区，在 V-J 连接时，因连接的方式不同，又可使 κ 链和 λ 链的可变性增加 10 倍，重链的 V 区有 V、D、J 3 组基因。V 基因 80 个、D 基因 5 个、J 基因 6 个。随机连接后有 2 400 个不同的 V 区，加上连接方式使其可变性增加 10 倍，这样 κ 链的 12 000 个 V 区和重链 240 000 个 V 区随机配对时，就可以形成 $12\ 000 \times 240\ 000 = 28.8 \times 10^8$ 种不同 V 区的 Ig，足以满足对应自然界千万种抗原决定簇的需要，重链 C 区基因包含有 μ、γ、α、ε、δ 等所有重链类和亚类的基因，通过类转换改变 Ig 类型。基因重排实现了免疫球蛋白的多样性。

基因重配（genetic reassortment） 分段基因组病毒间遗传性相关的整条 RNA 分子进行交换，产生新的基因亚型的过程。基因重配只是 RNA 片段之间的简单交换，发生频率较高。如不同基因型的流感病毒共同感染同一细胞时，子代病毒装配的 8 个不同基因组 RNA 片段可能来源于不同的亲代基因组，重配引起的抗原性转变可引起新的流感暴发。

基因重组（gene recombination） 基因工程中，利用活细胞染色体 DNA 可与同源的外源 DNA 发生重组的性质，来进行定点修饰改造染色体上某一目的基因的技术。噬菌体、细菌以及真核生物的细胞中存在两种重组方式：同源重组和非同源重组。片段大且同源性强的外源DNA，与宿主基因片段互补结合时，结合区的任何部分都有与宿主的相应片段发生交换的可能，称为同源重组。同源序列短、同源性弱的外源DNA片段与宿主基因片段互补结合时，仅限于某些序列的结合，这就是非同源重组。导入细胞并能在细胞内稳定遗传的外源基因是以两种方法整合于某一染色体：随机整合和定向整合。定向整合是外源基因整合在基因组DNA的特定位点上，这个特定位点就是基因的同源区，即外源基因所打的“靶”。

基因导入（gene delivery）　给细胞或胚胎注入外源基因，增加新的遗传物质，达到改变物种性状的遗传工程技术。（1）根据转移基因方法的特性，基因导入方法可分为：①转化；②转染；③微注射技术；④电转化法；⑤基因枪技术，又称微弹技术；⑥脂质体介导法。此外，还有很多高效、新颖的导入方法，如快速冷冻法、碳化硅纤维介导法等正在研究并已达到实用的水平。（2）根据转移基因时载体与受体的性质，基因导入方法又可分为：①质粒载体导入受体细菌的方法；②噬菌体转染细胞的方法（如体外包装感染法、利用辅助噬菌体感染法以及DNA连接酶环化噬菌体再转入感受态细胞法等）；③DNA导入酵母菌的方法（如乙酸锂转化法、原生质体转化法、电穿孔转化法等）；④DNA导入植物细胞的方法（如Ti质粒叶盘法、电穿孔转化法、基因枪法等）；⑤DNA导入昆虫细胞的方法（如杆状病毒感染法）；⑥DNA导入哺乳动物细胞的方法（如磷酸钙共沉淀法、DEAE-葡聚糖转染法、电穿孔转染法、脂质体介导法等）。

基因多态性（gene polymorphism）　又称遗传多态性（genetic polymorphism）。在一个生物群体中，同时存在两种或多种不连续的变异型、基因型（genotype）或等位基因（allele）的现象。从本质上讲，多态性的产生在于基因水平上的变异，一般发生在基因序列中不编码蛋白的区域和没有重要调节功能的区域。对于个体而言，基因多态性碱基顺序终生不变，并按孟德尔规律世代相传。常见的有3大类：DNA片段长度多态性、DNA重复序列多态性以及单核苷酸多态性。生物基因多态性在阐明生物对疾病、毒物的易感性与耐受性，疾病临床表现的多样性（clinical phenotype diversity），以及对药物治疗的反应性上都起着重要的作用。通过基因多态性的研究，可从基因水平揭示生物不同个体间生物活性物质的功能及效应存在着差异的本质。

基因工程（gene engineering）　又称遗传工程、重组DNA技术。一种体外重新组合DNA分子，并使其在适当的宿主细胞中增殖和表达的技术。主要步骤：①从所选用的实验材料分离纯化目的基因DNA，经适当的限制酶切割消化，产生出具有特异性末端的DNA片段。②在体外将此片段连接到能够自我复制并具有选择记号的载体分子上，形成重组DNA分子。③将此重组DNA分子转化到适当的受体细胞，进行复制与繁殖。④从大量的细胞繁殖群体中筛选出获得重组DNA分子的转化子克隆。⑤从这些转化子克隆中，提取扩增的目的基因，供进一步分析研究应用。⑥将目的基因连接到表达载体上，导入受体细胞，使之在新的遗传背景下实现功能表达，产生出需要的物质。这一技术可使生命科学从认识与利用生物，进入改造生物的新阶段。

基因工程活载体疫苗（genetic engineering live vector vaccine）　以活病毒或细菌为表达载体的基因工程疫苗。利用同源重组原理，将病原微生物的保护性抗原基因重组到某种非致病性微生物载体基因组中，将获得的重组病毒或细菌作为疫苗，接种机体后，载体病毒或细菌能在体内复制增殖，表达针对某一病原微生物的保护性肽或保护性决定簇与载体蛋白连接的融合蛋白，诱导免疫动物产生主动免疫。常用的载体病毒有痘苗病毒、禽痘病毒、腺病毒和疱疹病毒等；常用的细菌载体有沙门菌、结核分枝杆菌疫苗株（BCG）、产单核细胞李氏杆菌、乳酸杆菌等。目前，已经商品化的基因工程活载体疫苗有表达新城疫病毒融合蛋白抗原的鸡痘病毒活载体疫苗等。

基因工程减毒素（genetic engineering reducing toxin）　一类新型免疫佐剂的总称，细菌细胞壁成分或毒素经过现代基因工程技术脱毒后，可具有良好免疫佐剂的功效，如霍乱毒素（CT）、大肠杆菌不耐热毒素（LT）、破伤风类毒素（TT）等。

基因工程抗体（genetic engineering antibody）　用重组DNA技术研制和生产的抗体。通过对抗体基因进行遗传操作，利用重组DNA技术，让抗体基因在原核细胞、真核细胞或转基因动物或植物个体中表达而获得的抗体分子。基因工程抗体种类很多，包括嵌合抗体、重构型抗体、小分子抗体、抗体融合片段以及噬菌体抗体等。

基因工程亚单位疫苗（genetic engineering subunit vaccine）　又称重组亚单位疫苗、生物合成亚单位疫苗。用DNA重组技术，将编码病原微生物保护性抗原的基因导入原核细胞（如大肠杆菌）或真核细胞（如鸡胚成纤维细胞，CHO细胞），使其在受体细胞中高效表达，分泌保护性抗原肽，提取保护性抗原肽，加入佐剂制成。基因工程重组亚单位疫苗只含有产生保护性免疫应答所必需的免疫原成分，不含有免疫所不需要的成分，因此有很多优点。如K88、K99

大肠杆菌基因工程疫苗、口蹄疫 VP1 141～160 肽段与 LE 融合蛋白的口蹄疫基因工程疫苗等。

基因工程疫苗（genetic engineering vaccine） 用重组 DNA 技术研制的疫苗，包括将保护性抗原基因在原核或真核细胞中进行表达所获得的基因工程亚单位疫苗，用某些病毒或细菌作为外源基因载体制备的活载体疫苗，通过基因突变、缺失或插入等方式获得的基因缺失苗，以及重组的裸 DNA 疫苗（核酸疫苗）等。

基因克隆（gene clone） 用无性繁殖的方法使一个基因或者一个 DNA 片段得到大量复制扩增的过程。可概括为分、切、连、转、选。分：分离制备合格的待操作的 DNA；切：用限制性内切酶切开载体 DNA 或切出目的基因；连：用 DNA 连接酶将目的 DNA 与载体 DNA 连接起来，形成重组的 DNA 分子；转：将重组的 DNA 分子转入宿主细胞中进行复制和扩增；选：从宿主群体中选出携带有重组 DNA 分子的个体。通过基因克隆技术可获得某个基因或 DNA 片段的克隆。

基因克隆技术（gene clone technology） 又称分子克隆技术。将某特定基因或 DNA 片段插入到载体分子中，并筛选获得纯化（克隆）重组子的技术。它包括 4 个内容，即基因与载体分子的酶切、剪切的基因与载体分子的重组、重组载体转化到受体菌以及鉴定和筛选转化生长出的转化子。基因克隆技术的范围很广，它通过构建文库，使每个基因或 DNA 片段形成一个可扩增的克隆，然后通过筛选找到目的基因。

基因疗法（gene therapy） 治疗分子病的一种新的手段，即应用基因工程技术，从基因水平对遗传病进行治疗的方法。单基因遗传病的治疗主要有两个方面，一是在原位修复有缺陷的基因；二是在基因组内外插入功能基因以替代异常基因，其主要方法是将野生型基因或是经体外修饰的纠正基因，转移到被治疗的突变受体细胞中，以纠正或补偿致病基因所丧失的功能，使突变体细胞恢复正常的生理活性。在遗传性疾病基因治疗中使用的基因转移法包括物理的、化学的及生物的等多种。按照被治疗的突变受体细胞的类型，可将基因治疗分为体细胞治疗和性细胞基因治疗两大类。前者只能改变个体表型，治标不治本，其突变的疾病基因并没有得到纠正，仍可遗传下去；而后者则是从根本上使突变的致病基因得到纠正，达到标本兼治的目的。

基因嵌合体（gene chimera） 应用体外 DNA 重组技术，将不同来源的 DNA 分子或片段连接形成的重组 DNA 分子。基因的阅读框架不一定相同，可同时表达两种以上的蛋白质。

基因敲除（gene knockout） 借助分子生物学方法，将正常功能基因的编码区破坏，使特定基因失活，以研究该基因的功能；或者通过外源基因来替换宿主基因组中相应部分，以测定它们是否具有相同的功能；或将正常基因引入宿主基因组中置换突变基因以达到靶向基因治疗的目的。通常意义上的基因敲除主要是应用 DNA 同源重组原理，用设计的同源片段替代靶基因片段（即基因打靶），从而达到基因敲除的目的。

基因缺失苗（gene deleted vaccine） 用基因工程技术切除毒（菌）株致病基因或部分基因片段，但仍保持其免疫原性制成的疫苗。如用切除产肠毒素大肠杆菌的热敏肠毒素（LT）基因的 A 亚基，保留具免疫原性的 B 亚基所制成的活菌苗免疫怀孕母猪，对仔猪下痢具有良好的免疫效果；除去牛传染性鼻气管炎病毒、伪狂犬病病毒等疱疹病毒的 TK 基因，不影响病毒复制，但其毒力已减弱，分别用以接种犊牛和仔猪，既安全而又具有免疫保护作用。

基因突变（gene mutation） 由于核酸序列发生变化，包括缺失突变、定点突变、移框突变等，使之不再是原有基因的现象。1 个基因内部可以遗传的结构的改变，通常可引起一定的表型变化。最常见的是单个核苷酸的替换，称之为点突变。广义的突变包括染色体畸变，狭义的突变专指点突变。实际上畸变和点突变的界限并不明确，特别是微细的畸变更是如此。

基因突变试验（gene mutation test） 一类常用的致突变试验方法。体外试验有微生物致突变试验如艾姆氏试验（鼠伤寒沙门菌/微粒体试验）和哺乳动物细胞株突变试验。体内试验有显性致死突变试验和果蝇伴性隐性致死试验。突变试验的程序参照微孔平板培养法（microwell method），不设重复，以单次培养进行。

基因文库（gene library） 某个生物的基因组 DNA 或 cDNA 片段与适当的载体在体外重组后，转化宿主细胞，并通过一定的选择机制筛选后得到大量的阳性菌落（或噬菌体）的集合。按照外源 DNA 片段的来源，基因文库可分为基因组文库和 cDNA 文库两种不同类型。基因组文库是指将某生物体的全部基因组 DNA 用限制性内切酶或机械力量切割成一定长度范围的 DNA 片段，再与合适的载体在体外重组并转化相应的宿主细胞所获得的所有阳性菌落。其实质就是“化整为零”策略，将庞大的基因组分解成一段段，每段包含一个或几个基因。cDNA 文库中的外源 DNA 片段是互补 DNA（cDNA），是由生物的某一特定器官或特定发育时期细胞内的 mRNA 经体外反转录后形成的。也就是说，cDNA 文库代表生物的某一特定器官或特定发育时期细胞内基因群体的转录水平。基因组文库与 cDNA 文库最大的区别就在于 cDNA 文库具有时空特异性。

基因污染（gene pollution） 一般指转基因生物的外源基因通过某种途径转入并整合到其他生物的基因组中，使得其他生物或其产品中混杂有转基因成分，造成自然界基因库的混杂和污染。

基因芯片（gene chip） 又称 DNA 芯片或生物芯片，将大量（通常每 cm^2 点阵密度高于 400）探针分子固定于支持物上后与标记的样品分子进行杂交，通过检测每个探针分子的杂交信号强度进而获取样品分子的数量和序列信息。主要分为 3 种类型：①固定在聚合物基片（尼龙膜、硝酸纤维膜等）表面上的核酸探针或 cDNA 片段，通常用同位素标记的靶基因与其杂交，通过放射显影技术进行检测。②用点样法固定在玻璃板上的 DNA 探针阵列，通过与荧光标记的靶基因杂交进行检测。③在玻璃等硬质表面上直接合成的寡核苷酸探针阵列，与荧光标记的靶基因杂交进行检测。基因芯片技术主要包括四个基本要点：芯片方阵的构建、样品的制备、生物分子反应和信号的检测。

基因型（genotype） 又称遗传型。通过遗传学分析或分子生物学分析揭示出的一个生物体的遗传组成，是生物体从亲本获得全部基因的总和。

基因诱变动物（gene mutagenesis animals） 用放射和化学诱变剂诱导基因点突变，从大量随机突变中筛选不同表型，经对诱导的点突变进行鉴定并培育成功的动物。乙烷亚硝基胺（ethylnitrosourea，ENU）是目前应用最为广泛的化学诱变剂。

基因载体（gene vector） 运载目的基因进入宿主细胞，使之能得到复制和进行表达的物质。本身是 DNA，除根据其来源分为质粒载体、噬菌体载体、病毒载体等外，还可以根据它们的主要用途分为克隆载体与表达载体，根据它们的性质分为温度敏感型载体、融合型表达载体、非融合型表达载体等。载体应具有如下特性：①能在宿主细胞内进行独立和稳定的 DNA 自我复制，并在插入外源基因后，仍然保持稳定的复制状态和遗传特性；②易从宿主细胞中分离，并进行纯化；③载体 DNA 序列中有适当的限制性内切酶位点，最好是单一酶切位点，并位于 DNA 复制的非必需区内，可以在这些位点上插入外源 DNA，但不影响载体自身 DNA 的复制；④具有能够观察的表型特征（有报告基因），在插入外源 DNA 后，这些特征可以作为重组 DNA 选择的标志。

基因诊断（gene diagnosis） 又称分子诊断法、DNA 探针检测法。利用核酸杂交、PCR、基因组重组、基因芯片等分子生物学技术，直接检测某一特定基因的结构（DNA 水平）或表达（RNA 水平）是否异常，从而诊断相应疾病的方法。疾病的基因诊断不仅可以在临床表型出现以前进行早期诊断，还可直接以病理基因（致病基因、疾病相关基因和外源病原微生物基因）为检测对象对疾病的本质（基因型）进行诊断，属于病因学诊断，这也是与传统临床诊断技术的区别。基因诊断是继形态学诊断、生物化学诊断和免疫学诊断之后的第四代诊断技术，对早期诊断和检出具有致病基因而表型正常的携带者具有重要的价值。主要有特异性高、灵敏度好、适用性强、诊疗范围广、快速经济、稳定性和重复性好等优点。

基因转移（gene transfer） 使个别基因转移到别的细胞中，并使其表型效应得以表现的过程。实现基因转移的途径有两类：一类是活体直接转移，将带有遗传物质的病毒、脂质体或裸露 DNA 直接注射到试验个体内；另一类是回体转移，将试验对象的细胞取出，体外培养并导入重组基因，而后将这些遗传修饰的细胞重新输回试验个体体内。基因转移方法分为物理、化学和生物三大类：物理方法包括裸露 DNA 直接注射、颗粒轰击、电穿孔、显微注射等；化学方法包括磷酸钙沉淀、脂质体包理、多聚季铵盐、DEAE—葡聚糖等化学试剂转移方法；生物方法主要指病毒介导的基因转移，包括反转录病毒、腺病毒、腺病毒相关病毒、单纯疱疹病毒、牛多瘤病毒、痘苗病毒、细小病毒等。物理化学方法携带的遗传物质在细胞内易受 DNA 酶降解，而且不容易稳定地存在细胞基因组中，但是这些方法不存在野生型病毒污染，比较安全。生物方法的特点是基因转移效率较高，但是安全性问题需要重视。

基因组（genome） 细胞或生物体的全套遗传物质。原核生物的基因组是指单个染色体上所含的全部基因；真核生物的基因组是指维持配子或配子体正常功能的最基本的一套染色体及其所携带的全部基因。不同种生物及同种生物的不同个体之间基因组的大小或基因数目不是固定不变的。

基质（ground substance） 细胞间质中没有形态结构且黏度各异的复杂物质，由糖胺多糖（黏多糖）组成。在不同类型的结缔组织中，基质的量、浓度和类型是不同的。基质中含有大量与长糖链和黏多糖结合的水。血管外液几乎都以这种状态存在，是血液与组织细胞之间交换营养、气体和代谢物的媒介。在疏松结缔组织中的黏多糖主要是透明质酸，与水的结合能力很强，因此透明质酸决定了疏松结缔组织的通透性和黏度。此外，基质还有阻止或延缓微生物及其毒性产物扩散的重要作用。

基质蛋白（matrix）　联系病毒囊膜与内部核衣壳的蛋白质，通常为非糖基化蛋白，通过许多具有跨膜的“锚”状区域与囊膜表面疏水区或糖蛋白结合。如流感病毒 M_1 蛋白等。

畸形（malformation）　胚胎期胎儿受到致畸物的影响，使器官或组织的体积、形态、部位或结构出现异常的现象。致畸物主要包括病毒、植物毒素、药物等，可干扰胚胎发育分化调控机制而引起畸形。如孕羊注射蓝舌病病毒活疫苗后，病毒能引起胎儿神经细胞坏死而发生积水性无脑畸形（hydranencephaly）；母羊在怀孕第 10～15d 喂饲加州藜芦引起胎儿发生独眼畸形（cyclopia）；苯并咪唑类抗蠕虫药，能导致绵羊和大鼠胎儿畸形等。

畸形学（teratology，dysmorphology）　研究先天性畸形成因、临床表现、致病机理及预防措施的科学。在动物胚胎发育过程中，由于遗传或环境因素的影响，导致胚胎发育异常，形成先天性畸形。

稽留热（synochus/febris continua）　持续数天或更长时间，每日昼夜的温差在 1.0℃以内的高热。该热型出现是因致热原在体内长期存在并不断刺激热调节中枢的结果。可见于马传染性贫血、猪瘟、猪丹毒等。

激光疗法（lase therapy）　利用激光器发出的光照射动物体的治疗部位或某一穴位治疗疾病的方法。激光疗法对组织可产生光电效应、热效应、机械效应和电磁效应。小剂量激光对机体有生物刺激和调节作用，能促进组织生长及抗炎作用，大剂量激光可使蛋白质变性、凝固、炭化，可用做组织切割。穴位激光疗法还有穴位刺激的特异作用。

激光麻醉（laser anesthesia）　用激光光束照射动物体特定部位（神经干或穴位）产生麻醉效果的方法。在针刺麻醉的基础上发展起来，并成功地对马、牛、羊、猪和犬进行了试验。目前我国用于激光麻醉的有二氧化碳激光和氦氖激光两种。本法比药物麻醉安全，无并发症和后遗症，对动物体温、呼吸、脉搏等均无明显影响，其缺点是诱导时间长、镇痛不全等。

激素（hormone）　内分泌腺体和细胞产生并直接释放入体液的高效化学物质。按化学本质可分为含氮激素、类固醇激素和脂肪酸衍生物激素三大类；按来源可分为神经激素、消化道激素和腺体激素。激素在血液中的浓度极低，一般在 10^{-6}～10^{-12} nmol/L，具有高效性和高度的特异性，生理作用广泛、缓慢而持久，在机体调节中具有十分重要的作用。

激素性流产（hormonal abortion）　妊娠相关激素失调引起的流产。母牛妊娠初期卵巢中尚有卵泡发育，血液中雌激素含量过高引起发情，常造成妊娠早期流产。

激素原（prohormone）　蛋白质或肽类激素的前身物质。较相应激素多一个肽段，该肽段位置不一，可在 N 端，也可在 C 端或中间。无活性，经酶水解脱下该肽段后便成为有活性的激素。如由 84 个氨基酸组成的胰岛素原，经酶水解脱下位于 A、B 链之间含 33 个氨基酸的 C 链（连接肽）后，即成为有生物活性的胰岛素。

吉他霉素（kitasamycin）　又称柱晶白霉素（leucomycin）、北里霉素。大环内酯类抗生素，从北里链霉菌（*Streptomyces kitasatoensis*）的培养液中提取制得，是 A1、A2、A3、A4、A5、A6 等多种组分的混合物。其中 A1 是主要组分，抗菌活性最强，理化性质最稳定。对支原体有较强作用，抗菌谱与红霉素相似，对革兰阳性菌如金黄色葡萄球菌、溶血性链球菌、肺炎球菌、化脓棒状杆菌等作用较红霉素弱。对钩端螺旋体、立克次体也有效。主要用于防治猪、鸡支原体病及革兰阳性菌感染。常用作猪、鸡饲料添加剂，以促进动物生长和提高饲料利用率。

极低密度脂蛋白（very lower density lipoprotein，VLDL）　密度非常低（0.95～1.006g/cm^3）、主要在肝细胞合成的内源性血浆脂蛋白。肝合成的甘油三酯、磷脂、胆固醇与 apoB100 和 apoE 等载脂蛋白结合形成 VLDL，运到肝外组织贮存或利用，小肠黏膜细胞也可以合成少量的 VLDL，其主要功能是转运内源性甘油三酯及胆固醇。

极化（polarization）　细胞在静息状态下膜内外表现的电位特征。细胞膜两侧电荷分布不均匀，呈外正内负的状态。各种细胞的静息电位大都在－10～－100mV，其中哺乳动物的神经细胞和骨骼肌细胞为－70～－90mV，胃细胞和肝细胞为－30～－40mV，平滑肌细胞为－10～－20mV。极化是由于细胞膜内外离子分布不均（膜内 K^+ 较膜外高 20～30 倍，膜外 Na^+ 和 Cl^- 较膜内高约 10 倍）和细胞膜对离子表现选择通透性（静息时膜对 K^+ 有通透性，对 Na^+ 无通透性）引起 K^+ 向膜外扩散造成的。

极量（maximal dose）　药典中对毒药和剧药规定的最大用量。即大于治疗量而小于最小中毒量的剂量。分为有一次量、一日量、疗程总量及单位时间内用药量（一般指静脉滴注速度）。极量时药物对大多数动物不引起毒性反应，但由于个体差异，个别动物也有中毒的可能。

急腹症（acute abdominal disease）　突然发生的急剧性腹痛的总称。原因是多方面的，包括腹部感染、外伤、循环障碍、新生物等。造成腹痛的机理常有管腔闭塞、穿孔、脏器的循环障碍（贫血）、腹腔炎症等。动物腹痛的同时常伴有呕吐、下痢、便秘等急性消化器官症状和排尿异常等综合症状。早期诊断、紧急开腹探查是不应缺少的内容，失去手术的时机将造成不良的后果。

急死综合征（acute death syndrome） 又称翻筋斗。肉仔鸡突然猝死的疾病。病因尚不清楚，似与遗传、营养和环境等有关。主要发生于1～8周龄仔鸡。生前无症状，多突发尖叫、惊厥、平衡失调并拍动翅膀后，死于一腿或双腿外伸或竖起的背卧姿势。尸检见肝肿大、苍白、质脆，肾变白，肺瘀血、水肿。尚无特效治疗药物。

急性毒性（acute toxicity） 动物一次或在24h内数次接触中毒量的外来化学物质后产生的快速而剧烈的毒性。

急性毒性试验（acute toxicity test） 在24h内给药1次或多次（间隔6～8h），观察动物接受过量的受试药物所产生的急性中毒反应的药物试验，常以试验动物的死亡为主要指标。目的在于测定药物的半数致死量（浓度），估计其毒性大小；观察毒效应的特征，揭示毒作用的靶器官和特异性毒作用；为亚慢性与慢性毒性试验提供剂量依据以及了解化学物对皮肤、黏膜和眼有无刺激性等。

急性感染（acute infection） 病程较短，几天至2周不等，并伴有明显典型症状的感染。如急性炭疽、口蹄疫、牛瘟、猪瘟、猪丹毒、鸡新城疫等疾病发生时，主要表现为相应疾病的典型症状。

急性卡他性结膜炎（acute catarrhal conjunctivitis） 表现结膜潮红、充血、肿胀、脓性分泌物等的结膜炎。原因多种多样，有机械性的（睫毛乱生、眼睑皮肤病、风尘）、过敏性的（特殊杂草、花粉、特殊药物、长期应用紫外线、放射线）、犬瘟热等全身传染病，其他细菌性和病毒性疾病的眼症状以及其他眼病的继发。治疗时首先除去病因，结膜囊内一日数次用无菌洗涤液或硼酸水等冲洗，选用无刺激性或抗菌的眼膏。过敏性病例用类固醇、感染性病例用抗生素治疗。

急性离体试验（acute in vitro experiment） 从动物体内取出器官，置于大体与体内环境相似的人工模拟环境中，使其在短时间内保持生理功能的情况下进行的试验。与急性在体试验都属于生理学的研究方法，并且通常都不能持久，一般试验后动物都死亡，所以统称为急性试验法。

急性皮肤刺激试验（acute dermal irritation test） 又称一次涂抹试验，皮肤接触受试物后，受试物中含有的刺激物质刺激皮肤神经末梢使血管扩张，而产生相应的可逆性炎症，根据反应的强弱记录积分，评价受试物的刺激强度的试验。是皮肤刺激物安全性评价中最基本也是最重要的一项检测方法。

急性期反应（acute phase reaction） 病原微生物侵入机体引起炎症，在数小时至几天内导致血清成分明显改变的一种反应。其特点是血液中一组蛋白质即急性时相蛋白（APP）浓度迅速升高，甚至可达正常的千倍以上，这是机体反应的第一时相。而后发生的为迟缓相或免疫时相，其特点是免疫球蛋白产生，而APP浓度恢复正常。

急性全身性乳房炎（acute systemic mastitis） 乳腺组织的急性炎性疾病。常在两次挤奶间隔突然发病，病情严重，发展迅猛。患病乳区肿胀严重，皮肤发红发亮，乳头也随之肿胀。触诊乳房发热、疼痛，全乳区质硬，挤不出奶，或仅能挤出少量水样乳汁。严重者伴有全身症状，体温持续升高（40.5～41.5℃），心率增速，呼吸增加，精神萎靡，食欲减少，进而拒食、喜卧。如治疗不及时，可危及患畜生命。参见乳房炎。

急性肾炎（acute nephritis） 又称肾小球肾炎、急性实质性肾炎（glomerular nephritis or acute parenchymatous nephritis）。某些致敏原作用于肾小球和肾小管上皮细胞所引起的变态反应。症状有体温升高，步态强拘，眼睑、腹下和四肢末端浮肿，肾区敏感，尿量减少或无尿。死于肾功能衰竭或尿毒症。治疗首选抗生素和利尿剂。

急性时相蛋白（acute phase proteins，APP） 动物发生感染或损伤的急性反应期所产生的一组血浆蛋白。如凝血蛋白（纤维蛋白原、凝血酶原、凝血Ⅷ因子、纤溶酶原）、运输蛋白（结合珠蛋白、血红素结合蛋白、铜蓝蛋白、转铁蛋白）、补体、α_1-抗胰蛋白酶、纤维连接蛋白、C-反应蛋白等。

急性实质性肝炎（acute parenchymatous hepatitis） 见肝炎。

急性实质性肾炎（acute parenchymatous nephritis） 见急性肾炎。

急性体内试验（acute in vivo experiment） 在麻醉或毁坏大脑的情况下，暴露所要研究的器官并进行的试验。与急性离体试验都属于生理学的研究方法，并且通常都不能持久，一般试验后动物都死亡，所以统称为急性试验法。

急性胃扩张（acute gastric dilatation） 采食过量和/或后送机能障碍所致胃膨胀的腹痛性疾病。多发生于马和骡。原发性病因主要是采食过量难消化、易发酵或膨胀的饲草料；继发性病因见于小肠积食、变位、炎症等。临床表现为采食过后迅速发病，呈中度间歇性或持续性剧烈腹痛，多呈犬坐姿势，口腔湿润，肠音清晰，排少量软便，继而口腔黏滑、恶臭，肠音消失，排便停止。腹围不大而呼吸促迫。直肠检查在左肾前下方常摸到膨大的胃后壁，随呼吸而前后移动，脾脏后移可抵髂骨突垂直线处。治疗包括减压、止酵、镇痛和解痉等综合性疗法。

急性心内膜炎（acute endocarditis） 心内膜及其瓣膜的急性炎性疾病。多因侵入血液中的各种病原菌所致，此外心脏邻近器官炎症蔓延也可致病。症状为心搏动亢进，心跳加快、节律不齐。听诊有收缩性心脏杂音。重型病例结膜发绀，静脉高度淤血，呼吸困难，胸前和腹下水肿。治疗可用大剂量抗生素等控制炎症，同时采用强心剂。

急性炎症（acute inflammation） 发生急骤、持续时间短的炎症。其特点是炎区血管充血、血液成分渗出或实质细胞变性、坏死明显，局部出现明显的红、肿、热、痛以及机能障碍。可能伴有发热、不适等全身性症状。

急性眼刺激试验（acute eye irritation test） 确定和评价原料及其产品对哺乳动物的眼睛是否有刺激作用或腐蚀作用及其程度的检测方法。受试物以一次剂量滴入每只实验动物的一侧眼睛结膜囊内，以未作处理的另一侧眼睛作为对照。在规定的时间间隔内，观察对动物眼睛的刺激和腐蚀程度并评分，以此评价受试物对眼睛的刺激作用。观察期限应能足以评价刺激效应的可逆性或不可逆性。

急性羽扇豆中毒（acute lupine poisoning） 过食羽扇豆植株和种子引起中枢神经机能紊乱的中毒病。多发于山羊和绵羊。由于羽扇豆中含有异喹啉化合物（isoquinottne compounds）而致病。症状为突然发病，体温升高，步态蹒跚，狂奔，惊厥，口吐白沫，呼吸困难。轻型病例只要中断采食羽扇豆可耐过自愈。预防应禁止到混有羽扇豆植株生长的牧场放牧或防止饲喂含羽扇豆的饲草。

急宰（emergency slaughter） 畜禽宰前检疫后实施的一种处理措施。经兽医人员检查，确诊为无碍肉食卫生的普通病畜禽，以及畜禽患一般性传染病而有死亡危险时，并且符合急宰规定，可随即签发急宰证明书，送往急宰。

疾病分布（distribution of diseases） 各种疾病在空间、时间和动物群中的地理流行特征。由于致病因子、动物群特征以及自然、社会环境等多种因素综合作用影响，疾病在不同动物群，不同地区及不同时间的流行强度不一，存在状态也不相同。疾病分布既可反映疾病本身的生物学特性，也可表现出疾病有关的各种内外环境因素的效应及其相互作用的特点。

疾病根除（disease eradication） 在限定区域内以消灭一种或几种病原微生物为目的而采取的各种措施总称。疾病的根除既有空间性也有时间性。要从世界范围消灭一种疾病是很不容易的，至今还很少取得成功。但在一定范围内消灭某些疾病，只要认真采用一系列综合性防疫措施是能够实现的。

疾病监测（surveillance of disease） 又称疾病监察、疾病监视、疾病监督。十分系统、完整、连续和规则地观察一种疾病在一地或各地的分布动态，调查其影响因子以便及时采取正确防治对策和措施的方法，是对致病因素、宿主和环境动态过程的流行病学研究，为流行病学工作方法之一。

疾病控制（disease control） 应用各种方法降低群体中已经存在的疾病的发生频率或致病性，或减少和排除有关致病因素的过程。以动物群体为单位而采取各种控制疾病的措施，可以降低已出现于畜群中疾病的发病率。

疾病性不育（infertility due to disease） 由母畜的生殖器官和其他器官疾病或者机能异常造成的不育。不育可能是某类疾病的直接结果，如卵巢机能不全、持久黄体或排卵障碍等导致不育（生殖器官的疾病及机能异常）；也可能是某些疾病的一种症状，如心脏疾病、肾脏疾病、消化道疾病、呼吸道疾病、神经疾病、衰弱及某些全身疾病；有些传染性疾病和寄生虫病也能引起不育。

疾病预测（prediction of disease） 根据某病以往发病情况和趋势，利用模拟公式预测疾病发生的方法。目前疾病预测主要是对传染病的疫情预测。

疾病预防（disease prevention） 应用一切手段保护一个动物群体不发生该群体尚未发生过的某种疾病的过程。通常包括两种含义：①保护一个不存在某种病原微生物的地区不被该种病原体污染，如通过检疫等措施；②保护一个没有被某种病原微生物感染的群体不发生该地区已经存在的某种疾病，如通过群体免疫、药物预防和环境保护等措施。

棘豆属植物中毒（*Oxytropis* poisoning） 家畜采食棘豆属植物所致的以运动失调为特征，以广泛的细胞空泡变性为病理组织学特征的慢性中毒性疾病。家畜在采食棘豆的初期，体重有明显增加，但采食达到一定量后继续采食，则开始发生中毒，营养情况开始下降，被毛粗乱无光，进而出现以运动障碍为特征的神经症状。病至后期，食欲下降。随着机体衰竭程度的加重而出现贫血、水肿及心脏衰竭，最后卧地不起而死亡。根据长时间在有毒草场上放牧的病史，结合以运动机能障碍为特征的神经症状，在排除其他疾病的基础上，可作出初步诊断。实验室检查，天冬氨酸转氨酶（AST）、乳酸脱氢酶（LDH）活性明显增高，血浆 α-甘露糖苷酶活性明显降低，尿低聚糖含量升高。病理组织学检查，可见实质器官广泛的细胞空泡变性有助于确诊。对本病目前尚无有效的治疗方法，关键在于预防。对于轻度中毒病例，及时脱离有棘豆属植物生长的草场，并适当补饲精料，给予充足饮水，以促进毒物排泄，一般可自愈。

棘口吸虫（*Trematode echinostoma*） 棘口科（Echinostomatidae）各属吸虫的统称。棘口类吸虫的种类繁多，分布广泛，常见种有卷棘口吸虫、日本棘隙吸虫。主要寄生于禽的大小肠，有的也寄生于哺乳动物（包括人）。虫体呈长叶形，体前端具头冠（头领），上有 1～2 行头棘。体表被有鳞或棘。腹吸盘发达，位于较小吸盘近处。成虫大小为（1.16～1.76）mm×（0.33～0.50）mm，虫卵大小为（72～109）μm×（50～72）μm。棘口吸虫类的发育一般需要两个中间宿主：第一中间宿主为淡水螺类；第二中间宿主为淡水螺类、蛙类及淡水鱼。虫卵随终末宿主粪便排至体外，在 30℃左右的适宜温度下，于水中经 7～10d 孵出毛蚴。毛蚴在水中游动，遇到适宜的淡水螺类即钻入其体内，经 32～50d，历经胞蚴、母雷蚴和子雷蚴阶段发育为尾蚴。尾蚴自螺体逸出，侵入第二中间宿主发育为囊蚴。终末宿主吞食含囊蚴的第二中间宿主而受到感染。

棘口吸虫病（echinostomiasis） 棘口科的小型吸虫寄生于动物和人小肠引起的人兽共患寄生虫病。轻度感染无症状。重度感染者，常见有腹痛、肠鸣、腹泻或排便次数增多、黏血便、贫血、营养不良、乏力等。多数病例急性期过后，症状可自发性缓解。重度感染或反复感染者，可引起贫血、水肿、虚弱。本病主要分布于东南亚、日本以及我国南方多省，可通过粪便查卵及驱虫压片染色的方法诊断。常用驱虫药物为吡喹酮。

棘球蚴（*Echinococcus*） 又称包虫。棘球绦虫的中绦期幼虫。寄生于牛、羊、猪等动物和人的肝、肺及其他器官中。棘球绦虫共有 4 种，我国只发现了 2 种，分别是细粒棘球绦虫（*Echinococcus granulosus*）和多房棘球绦虫（*E. multilocularis*），前者更为常见。细粒棘球蚴为包囊状构造，内含液体，形状因寄生部位不同而有变化，常呈球形，直径 5～10mm。囊壁由角质层和生发层（胚层）组成。胚层向囊腔芽生出成群的细胞，这些细胞空腔化后形成一个小囊，在囊内壁上生成数量不等的原头蚴。母囊内还可生成与母囊结构相同的子囊，子囊内也可生长出孙囊。有些子囊脱离母囊游离于囊液中，育囊、原头蚴统称为棘球砂（hydatid sand）。棘球蚴囊体积大、生长力强，可寄生于人和动物体内许多部位，不仅压迫周围组织使之萎缩和功能障碍，还易造成继发感染，引起严重病患。多房棘球蚴与细粒棘球蚴的不同在于生发层外无囊壁，以芽孢样向外突出，产生多个新囊泡，并向周围肝实质浸润。成虫棘球绦虫寄生于犬科动物的小肠中，属带科棘球属。

棘球蚴病（echinococosis） 又称包虫病（hydatidosis）。由棘球绦虫属的中绦期幼虫——棘球蚴寄生于牛、羊等动物和人体脏器引起的人兽共患寄生虫病。我国常见两种类型：①细粒棘球蚴病（囊型包虫病），是最常见的棘球蚴病，由细粒棘球绦虫（*Echinococcus granulosus*）的幼虫引起。绵羊是最适宜的中间宿主，也常寄生于人，见于肝或肺、肾、脑组织内。发育缓慢，常在感染多年后才出现症状，主要为压迫局部组织或邻近器官而出现的症状。②多房棘球蚴病（泡型棘球蚴病），由多房棘球绦虫（*E. multilocularis*）的幼虫引起。中间宿主要为鼠类，其囊蚴发育较慢，且无或甚少头节。两种绦虫成虫均寄生于犬及其他犬科动物的小肠。孕节随粪便排出体外，被中间宿主牛、羊或人食入后，随血流到适宜部位寄生，包囊随寄生时间延长逐渐增大。临床上难以早期诊断，皮试、血清学检查以及 B 超对诊断具有重要价值。动物往往在死后发现。预防的主要措施包括定期给犬驱虫（尤其是牧羊犬）、不用动物内脏喂犬、注意个人卫生、科普宣传教育等。

棘头虫（spiny - headed worm） 属棘头动物门（Acanthocephala），与畜禽有关的主要有原棘头虫纲（Archiacanthocephala）寡棘吻目（Oligacanthorhynchida）寡棘吻科（Oligacanthorhynchidae）的大棘吻属（*Macracanthorhynchus*）及古棘头虫纲（Palaeacanthocephala）多形目（Polymorphida）多形科（Polymorphidae）的多形属（*Polymorphus*）和细颈属（*Filicollis*）的虫种。虫体呈椭圆形、纺锤形或圆柱形等，小的约 1.5mm，大的可长达 650mm。虫体一般分为细短的前体和较粗长的躯干两部分。前端有一个吻突，上有小棘或小钩，是分类的重要特征。吻突呈球形、卵圆形或圆柱形等，与身体成嵌套结构，可嵌入吻突囊内，或从其中伸出。吻囊是一个肌质囊，在吻突之后，悬系在假体腔内。神经中枢位于吻囊内。吻突后为颈，颈部较短，无钩与棘。躯干的前部比较宽，后部较细长。体表光滑或有不规则的皱纹或环纹，有的种有小刺，体不分节。体表呈红、橙、褐、黄或乳白色。躯干部系一个中空的构造，里面包含着生殖器官、排泄器官、神经以及假体腔液等。虫体有假体腔，无消化系统，左右对称，雌雄异体。鞘翅目昆虫为中间宿主，其中以天牛、金龟子感染率最高。

棘头动物门（Acanthocephala） 虫体呈椭圆形、纺锤形或圆柱形等不同形态。大小差别极大，小的约1.5mm，大的可长达650mm。前端有一个与身体成嵌套结构的、可以伸缩的吻突，上有小棘或小钩，故称棘头虫。体不分节，有假体腔，无消化系统，左右对称，雌雄异体。分原棘头虫纲和古棘头虫纲。主要寄生于鱼类、鸟类和哺乳类等脊椎动物的肠道内。

棘头囊（cystacanth） 棘头虫的一个发育阶段，存在于中间宿主体内，由棘头体发育而来。长3.6～4.4mm，体扁，白色，吻突常缩入吻囊，肉眼容易看到。棘头囊是棘头虫的感染性阶段虫体，当中间宿主被终末宿主吞食后，棘头囊发育为成虫。

棘头体（acanthella） 棘头虫的一个发育阶段，存在于中间宿主体内，由棘头蚴发育而来。呈圆柱形，大小为（2.4～2.9）mm×（1.6～2.0）mm，吻部突出，吻上有6列小钩，每列6个。雄虫可见睾丸2个，雌虫出现子宫和阴道等器官。可进一步发育为棘头囊。

棘头蚴（acanthor） 棘头虫卵发育而成的幼虫。一端有一圈小钩，体表有小棘，中央部有团块状小核。可进一步发育为棘头体。

集合淋巴小结（folliculi lymphatici aggregatv） 又称派氏结（Peyer's patch），由多个淋巴小结及周围的弥散淋巴组织聚集形成，主要位于小肠后段黏膜固有层内，是肠相关淋巴组织的重要组成之一，在肠黏膜免疫中起重要作用。

集合小管（collecting tubule） 肾脏泌尿小管的后段，包括弓形集合小管、直集合小管和乳头管，三者之间无明显分界。弓形集合小管呈弓形，位于皮质迷路内，一端连于远曲小管，另一端弯入髓放线与直集合小管相连。直集合小管在下行途中有许多远曲小管汇入。集合小管的管径由细变粗，上皮由单层立方逐渐增高为单层柱状乃至高柱状，至乳头管开口处移行为变移上皮。集合小管受醛固酮和抗利尿素的调节，可重吸收水、Na^+和排出K^+，起到进一步浓缩原尿的作用。原尿从集合小管流入肾小盏形成终尿。

集卵法（flotation method） 利用重力原理使虫卵漂浮或沉淀以达到富集分离提高检出率的方法。常见的有：①水洗沉淀法，适用于几乎所有虫卵或原虫卵囊的收集，主要方法是利用虫卵比重比清水大，反复水洗、过滤、沉淀，将沉渣涂片镜检；②盐水漂浮法，适用于多种线虫虫卵和球虫类卵囊，利用虫卵比重低于饱和盐水的原理使虫卵富集于液体表面，取适量表面液膜镜检即可。此外，可根据需要选择不同物质来配制不同浓度的溶液达到分离、富集虫卵的目的，如蔗糖、硫酸镁、硫酸锌等。

集落刺激因子（colony stimulating factor，CSF） 一组促进造血细胞尤其是造血干细胞增殖、分化和成熟的细胞因子。包括单核-巨噬细胞集落刺激因子（M-CSF）、粒细胞集落刺激因子（G-CSF）、粒细胞-巨噬细胞集落刺激因子（GM-CSF）、红细胞生成素（EPO）、干细胞生成因子（stem cell factor，SCP）、血小板生成素（TPO）以及多能集落刺激因子（multi-CSF、IL-3）。

集落抑制因子（colony inhibition factor，CIF） 淋巴细胞与肿瘤细胞共同培养时所产生的一种抑制肿瘤细胞贴壁增殖的活性因子。与其类似的还有增生抑制因子（proliferation inhibition factor，PIF）和DNA合成抑制因子（DNA synthesis inhibition factor，DSIF）。

集团运动（mass movement） 大肠的一种推进速度较快、推进距离较远的蠕动。多发生于结肠，可推动内容物迅速移至后段结肠。

蒺藜中毒（tribulosis） 羊误食蒺藜植株引起的一种中毒病。临床表现除有类似感光过敏性皮炎和上皮坏死等症状外，还有可视黏膜黄染、贫血等。治疗可采用对症疗法。

嵴（crest） 骨上的长形隆起。游离缘常薄而不平整。

几何失真（geometric distortion） X线影像明显变形的失真现象。分放大失真和形态失真。系X线检查时X线中心线束未对准被检目标的中心以及X线管焦点、目标和胶片的中心三者摆放不在一条直线上引起。

己烯雌酚（diethylstilbestrol，DES） 又称乙芪酚。人工合成的一种非甾体雌激素，具有与天然雌二醇相同的所有药理与治疗作用。其化学名为1，2-双（4-羟苯基）-1，2二乙基乙烯，无色结晶或白色结晶性粉末，是一种脂溶性物质。主要作用包括：①促使雌性性器官及副性征正常发育；②促使子宫内膜增生；③小剂量刺激、大剂量抑制垂体前叶促性腺激素及催乳素的分泌；④对抗雄激素作用；⑤刺激子宫收缩；⑥促使阴道上皮增生等。在畜牧兽医领域，己烯雌酚主要用于诱导发情、促生长（育肥）等，但它具有致畸、癌瘤等严重的毒副作用，故20世纪70年代末，许多国家纷纷禁止使用。我国农业部2002年规定，动物性食品中不得检出己烯雌酚及其盐、酯。

挤乳者疖（milker's nodules） 见伪牛痘。

脊髓炎（myelitis） 生物或物理性因子作用于脊髓而导致运动障碍为主征的疾病。除见于各种传染病和寄生虫病外，也见于各种中毒、代谢病和外伤等。急性症状有发病快、体温升高、运动和感觉机能异常以及反射机能障碍等。慢性则因炎症性质不同而异，横径性脊髓炎症状为传导阻滞、中枢性麻痹、瘫痪、腱反射亢进、大小便失禁。弥漫性脊髓炎上行性的症状为后肢运动和感觉麻痹，反射机能丧失，大小便失禁；下行性的症状为后部肌肉感觉、运动麻痹，反射机能亢进后丧失，大小便失禁。散发性脊髓炎症状为共济失调、肌肉震颤、大小便异常。治疗除皮下注射士的宁注射液外，还可用抗生素和磺胺类药物以防发生继发感染。

脊髓原基（spinal rudiment） 在神经管后端形成，后发育为脊髓。

脊髓造影（myelography） 将含碘造影剂如碘海醇（商品名为欧乃派克）注入脊髓的蛛网膜下腔以利脊柱、脊髓和椎管检查的一种X线技术。造影技术比较复杂，须无菌操作。首先进行脊髓穿刺，穿刺点有两个，即小脑延髓池和第5～6腰椎间隙穿刺点。需用动物专用脊髓穿刺针，造影剂剂量为每千克体重0.3～0.45mL。造影剂注入完毕后立即拍摄正、侧位X线片。进行动物脊髓造影主要是进一步确诊病变位置，以利手术的进行。

脊索（notochord） 当原条出现和中胚层形成后，由原结处的细胞继续分裂向前形成的杆状结构。为胚胎的中轴器官，支持胚体。在发育过程中脊索不断前伸，原条逐渐缩短，脊索完全形成后原条消失。以后在其周围形成脊椎。成年后脊索退化为椎间盘中央由胶状物组成的髓核。

脊索管（notochordal canal） 随着原窝向脊索突中延伸，脊索突由细胞索变为空芯的细胞管。

脊索突（notochordal） 又称头突。伴随着原条以及内、外胚层的形成，经原窝迁入囊胚（胚泡）腔内的上胚层细胞，在外胚层与内胚层之间沿中轴线向前迁移，在原结前下方形成的长方形隆起。将发育为头部中胚层和脊索中胚层。

脊休克（spinal shock） 动物在脊髓与高位中枢离断后的许多反射活动暂时丧失而进入无反应状态的现象。主要表现为横断面以下脊髓所支配的躯体与内脏反射活动减弱以至消失，如屈反射、交叉伸肌反射、腱反射与肌紧张均丧失，外周血管扩张，动脉血压下降，发汗、排便和排尿等。随后，脊髓的反射功能可逐渐恢复。一般说，低等动物恢复较快，动物越高等恢复越慢。如蛙在脊髓离断后数分钟内反射即恢复，犬需几天，人则需数周乃至数月。在恢复过程中，首先恢复的是一些比较原始、简单的反射，如屈反射、腱反射；而后是比较复杂的反射，如交叉伸肌反射、搔爬反射。在脊髓躯体反射恢复后，部分内脏反射活动也随之恢复，如血压逐渐上升达一定水平，并具有一定的排便、排尿能力，但这些恢复的反射活动往往不能很好地适应机体正常生理功能的需要。一般认为脊休克产生的原因是由于脊髓突然失去高级中枢的易化作用所致。

脊柱（vertebral column） 由一串椎骨以关节、椎间盘和韧带相连接而构成的全身骨骼中轴。从头骨延伸向后，可分颈、胸、腰、荐、尾5部分，各部分的椎骨数目因动物种类而有差异。家畜脊柱沿矢状面形成下列脊柱曲：颈曲，呈S形，长颈动物明显；胸腰曲，呈拱形；荐尾曲，呈稍平或稍弯的弓形；尾曲，一般由荐尾曲垂而向下。脊柱以颈部和尾部活动性较大，荐部几乎不能活动。胸部活动性较小，腰部活动性稍大，脊柱损伤常发生于胸腰部之间。

计算机体层成像术（computed tomography，CT） 将X线束透过机体断层扫描后的衰减系数，通过计算机处理重建图像，是X线检查技术与计算机技术相结合的一种现代医学成像技术。CT技术发展很快，其设备可分为普通CT、螺旋扫描CT和电子束CT。普通CT主要由3部分组成：①扫描部分，由X线管、探测器和扫描架组成。②计算机系统，将扫描收集到的信息数据进行储存运算。③图像显示和储存系统，将经计算机处理重建的图像显示在显示器上。CT图像的特点为：图像是断层图像；图像是由一定数目从黑到白不同灰度的像素按矩阵排列所构成；图像的不同灰度反映器官和组织对X线的吸收程度不同；图像不仅以不同灰度显示组织密度的高低，还可以用组织对X线的吸收系数说明其密度高低的程度，具有一个量的概念。

记忆细胞（memory cell） 见免疫记忆细胞。

季节性流行（seasonal epidemic） 某些疾病经常发生于一年中的一定季节，或在每年的一定季节出现发病率升高的现象。这是因为某些季节里有某种因素，如湿度、温度、雨量、节肢动物、宿主抵抗力对致病因素起作用的结果。弄清造成疾病季节性升高的原因，能更有效地采取防制措施。

剂量（dosage） 药剂的用量，即一次给药后产生药物治疗作用所用药物的数量。单位重量以千克（kg）、克（g）、毫克（mg）、微克（μg）四级重量计量单位表示；容量以升（L）、毫升（mL）两级计量单位表示。

剂量-反应关系（dose - response relationship） 用于研究外来化合物的剂量与在群体中呈现某种特定效应个体百分数之间的关系。反应是计数资料，又称质效应，只能以有或无、正常或异常表示，如死亡、麻醉等。剂量-反应关系曲线有S形、抛物线形、直线型等。它是外来化合物安全性评价的重要资料。

剂量-反应评定（dose - response assessment）用于描述化学物质接触量与所致损害或疾病间的定量关系。多数来自动物的资料，少数为接触人群的研究资料。根据接触条件（如一次或反复接触）和反应（例如癌症、出生缺陷）类别，化学物质可出现许多不同的剂量-反应关系。从动物实验所得数据，对致癌物可作高剂量至低剂量的外推；对非致癌物，可确定无害作用水平，为制定化学物质安全剂量提供重要资料。

剂量-效应关系（dose - effect relationship）给药量与个体或群体呈现某种效应的定量强度，或平均定量强度的相应关系。在做出临床治疗决策中以及在实验药理学中具有重要意义。剂量-效应数据可采取典型的平面作图法表示，把测量到的效应绘在纵坐标上，把剂量或剂量的函数（如对数剂量）绘制在横坐标上。因为药物效应是剂量（或浓度），也是时间的函数，这种作图法采用了剂量-效应关系而未采用时间。测量的效应常以最大值记录下来，可以峰效应时的最大值或在稳态条件下的最大值（如在连续静脉输注时）来表示。药物效应可以在几个水平上用数量表示：分子水平、细胞水平、组织水平、器官水平、系统水平或整体水平。在相同条件下，对所研究的药物做出剂量-效应曲线，有助于定量地比较药物的药理学特征。

剂型（dosage form）药物的一种应用形式，是各种不同制剂类别的总称。通常分为液体剂型（溶液剂、注射剂等）、固体剂型（散剂、片剂、预混剂等）、半固体剂型（软膏剂、舐剂等）和气体剂型（气雾剂等）。剂型对发挥药物疗效有重要作用。

继代试验（passage test）又称传代试验。筛选和培育微生物株的主要手段。将感染材料接种易感动物、细胞、鸡胚或培养基，连续传代，观察其毒力、安全性、免疫原性及其他生物学特性的变化。在培育疫苗用弱毒株时，可选择毒力已显著减弱、安全性好，而免疫原性仍保持良好的代数，作为制菌用代数。天然弱毒如鸡新城疫 B_1、F 和 LaSota 等；长期培育的弱毒如猪瘟兔化毒等，尽管遗传性十分稳定，但也需要限定制苗代数。

继代细胞（secondary cell）又称二倍体细胞。将长成的原代细胞消化分散成单个细胞，继续培养传代的细胞，其细胞染色体数与原代细胞一样，仍为二倍体。此种细胞优点是碎片少，细胞均匀，潜伏病毒易发现，对病毒的敏感性与原代细胞相似，而且容易得到。从样本中分离培养病毒，一般多采用此种细胞。但巨噬细胞、神经细胞等体外培养时一般不分裂，很难获得二倍体细胞株。

继发腭（secondary palate）又称次生腭。左右外侧腭突的前缘与初发腭愈合而形成。愈合处留有一小孔，称为切齿孔。继发腭形成腭的大部分，其前部骨化形成硬腭，后部形成软腭。

继发性感染（secondary infection）又称次发性感染，动物感染了一种病原微生物之后，在机体抵抗力减弱的情况下，又有新侵入的或原来存在于体内的另一种病原微生物引起的感染。如猪瘟病毒是引起猪瘟的主要病原体，但慢性猪瘟常出现由多杀性巴氏杆菌或猪霍乱沙门菌引起的继发性感染。

继发性免疫缺陷（subsequent immunodeficiency）又称获得性免疫缺陷。并非由于免疫系统T淋巴细胞、B淋巴细胞内源性缺失或衰竭所致的暂时性或永久性细胞功能性免疫缺陷。多在某些疾病发生后继发。

继发性子宫弛缓（secondary uterine inertia）见子宫弛缓。

寄生（parasitism）又称寄生生活。是生物的一种生活方式或者生物间相互关系的一种类型。包括寄生物（parasite）和宿主（host）两个方面。寄生物暂时地或永久地生活在宿主的体内或体表，并从宿主取得所需要的营养物质，同时给宿主造成不同程度的危害，甚至导致宿主死亡。有学者将偏利共生、互利共生和寄生统称为共生（symbiosis）。

寄生虫（parasite）营寄生生活的动物。寄生虫长期适应于寄生环境，在不同程度上丧失了独立生活的能力。对于营养和空间依赖性越大的寄生虫，其自生生活的能力就越弱；寄生生活的历史越长，对宿主的依赖性越大。

寄生虫病（parasitic diseases）寄生虫在人和动物体内或体表寄生所引起的疾病。寄生虫感染宿主后可能发生不同程度的病变，出现不同程度的临床表现，或为隐性感染。寄生虫感染后发病与否主要取决于侵入体内寄生虫的种类、数量和毒力以及宿主的免疫力。一般而言，寄生虫侵入的虫体数量越多、宿主抵抗力越弱，发病的机会就越大，病情亦较重。有些寄生虫致病性强，对宿主的危害较大。途径感染包括：①经口感染，如蛔虫病、球虫病。②经吸血昆虫感染，如疟疾、多种丝虫病。③经皮肤感染，如钩虫病、日本分体吸虫病。④经接触感染，经皮肤接触，如绵羊的痒螨病，经黏膜接触，如经交配感染。⑤经胎盘感染，如先天性弓形虫病、牛新孢子虫病等。⑥经呼吸道感染，如经鼻腔黏膜感染引起的原发性阿米巴脑膜脑炎。流行受社会经济因素（如经济、生活条件、风俗习惯等）影响较大。诊断主要根据流行病学特点、临床表现、病原学诊断、免疫学诊断等进行综合诊断。治疗主要采用药物治疗以驱杀宿主体内外的寄生虫，必要时，配合对症治疗，以缓解临床症状。寄生虫病的防控主要以预防为主，包括消灭传染源、加强环境卫生、阻断传播途径、提高宿主抵抗力和进行免疫预防等措施。

寄生虫学（parasitology） 研究寄生虫的形态结构、分类地位、生活史、流行规律、致病机制、诊断和防治的学科。此外，还涉及研究寄生虫与宿主以及与外界环境的相互作用。

加合物（adducts） 活性化学毒物或其活性代谢产物与细胞大分子（如蛋白质、核酸）之间通过共价链形成的稳定复合物。

加热致死时间曲线（heat death time curve） 在半对数纸上将加热杀灭全部微生物所需的最少时间和对应温度的坐标点联绘，结果大致呈一直线，即加热致死时间曲线。

加尾法（tailing） 将随机的DNA片段克隆进载体分子的一种方法。基因组DNA被机械剪切或超声处理产生随机DNA片段，经核酸外切酶处理产生3′突出单链末端，在末端转移酶作用下，突出单链末端加上脱氧腺嘌呤（dA）或鸟嘌呤核苷酸（dG）而进一步延长。载体分子在某个特定位点经限制内切酶处理后也产生3′突出单链末端，用末端转移酶在其末端相应加上脱氧胸腺嘧啶（dT）或脱氧胞嘧啶（dC）核苷而延长末端。这样在外源DNA或载体DNA各带互补的3′突出末端（dA与dT或dG与dC），从而能相互退火。在T4 DNA连接酶的作用下，进一步使退火后的末端之间形成磷酸二酯键连接。其中通过加dA和dT，称AT法。加dG和dC，称GC法。dG、dC加尾连接更为稳定。

加压素试验（vasopressin test） 测定动物断水后对加压素的反应以判断肾脏浓缩尿液功能的一种检查方法。具体方法是停止饮水和食物，按每千克体重0.25单位注射加压素，最高剂量为5单位。30min后排空膀胱，在30、60、90、120min时分别测定尿密度，尿密度低于1.020时表明有弥漫性肾脏疾病或尿崩症。也可用鞣酸加压素进行试验。血液尿素氮和肌酐浓度升高或尿毒症患畜禁做加压素试验。

痂（crust） 伤口或创口处血液、淋巴液、坏死组织等凝固形成的暗褐色凝块。由血小板、纤维蛋白和其他病理产物凝结而成，伤口或创口痊愈后痂可自行脱落。它具有黏合创缘、防止继发感染、保护肉芽组织生长的作用。

家畜保定（restraint of animal） 控制家畜活动的手段。为了便于诊断和治疗，用机械的或化学的方法，使家畜保持需要的位置或状态。常用的机械保定方法有：①戒具的应用（见戒具）；②站立保定，主要是肢蹄的保定，有徒手和机械两种；③柱栏保定，用保定架（栏）限制家畜活动范围，能进行简单手术或一般外科处理。柱栏有单柱、二柱、四柱、五柱及六柱之分，五柱专门为牛保定设置；④卧倒保定，将家畜卧倒之后，依据手术的要求行侧卧、半仰卧、仰卧保定，还可伴有四肢的转位。

家畜传染病学（infectious diseases in domestic animals） 研究家畜家禽传染性疾病发生和发展的规律，以及预防和消灭这些传染病方法的科学。研究的主要内容包括各种畜禽传染病的分布、病原、流行病学、发病机理、病理变化、临床症状、诊断技术、免疫预防、治疗和综合防制措施等。家畜传染病的种类很多，有按病原微生物的种类分类的，如细菌性、病毒性、真菌性和原虫性传染病，立克次体病和衣原体病等；有按畜、禽种别分类的，如牛、羊、马、猪、禽、犬、猫、兔、貂、鹿等传染病和多种家畜共患的传染病等。家畜传染病学与兽医科学的其他学科有广泛而密切的联系，其中主要有兽医微生物学、兽医免疫学、兽医病理学、兽医临床诊断学、兽医流行病学和兽医公共卫生学等。

家畜疾病（disease of domestic animal） 致病因素和某些条件相互作用于家畜机体，使家畜自稳调节失常而导致的一种异常的生命过程，并引发一系列代谢、功能、结构的变化，表现为症状、体征和行为的异常。可使家畜丧失其生产力和经济价值。

家畜生理学（physiology of domestic animals） 研究畜禽正常生命活动及其规律的科学，是生理学的分支。其研究成果不仅为畜牧和兽医学科提供重要的理论基础，还可指导生产实践。主要以已驯养的畜禽（包括牛、马、羊、猪、鸡、鸭、鹅等）为研究对象，其他哺乳类和鸟类如经济动物中水貂、鹌鹑，观赏动物中熊猫、鹦鹉，实验动物中大鼠、小鼠和家鸽等也可包括在内。研究内容涉及构成畜禽机体的细胞、组织和器官、整体不同水平各个方面生命活动规律及其与周围环境的相互关系。根据理论和实践的需要分成若干独立的学科，主要有：①家畜消化生理学，研究家畜胃肠结构和功能特点及其与营养、代谢的关系；②家畜生殖生理学，研究各种家畜的生殖生理特点及其调控；③泌乳生理学，研究乳腺发育、乳的分泌和排出及其调控；④家畜行为学，研究不同饲养管理条件下家畜的行为及其相互关系的客观规律；⑤家禽生理学，研究家禽的生理特点。

家畜血型（blood group of domestic animal） 家

养畜禽血液的抗原类型。包括狭义的红细胞、白细胞血型以及受遗传基因支配的各种血清蛋白和酶的类型。家畜血型研究是育种工作的重要基础。现已知牛的红细胞有12个血型系统、80种以上血型因子和9个遗传方式明确的血液蛋白型和酶型；马的红细胞有7个血型系统、10多个血型因子和5种血液蛋白型和酶型；绵羊和山羊各有8个红细胞血型系统，血液蛋白型和酶型分别有8种和5种；猪的红细胞有15个血型系统、50多个血型因子、10多种血液蛋白型和酶型；鸡的红细胞有4个血型系统，也有不同的血液蛋白型和酶型。

家禽呼吸（poultry respiration）　家禽的呼吸过程及特点。家禽呼吸系统复杂，肺容积小、不分叶，且有特殊的气囊。支气管入肺后延伸成纵贯全肺的初级支气管，并由其分出4组次级支气管，由次级支气管分出许多平行的三级支气管，后者又进一步向四周发出具有呼吸功能的肺房和呼吸毛细血管，共同组成肺小叶。吸气时大部分气体经支气管进入后气囊贮存，小部分经三级支气管进入肺小叶，进行气体交换，此时原存于肺小叶内的气体被压入前气囊等处。呼气时后气囊收缩，其中的气体通过支气管被排出体外。因此不论在吸气或呼气过程中，都有气体单方向流经肺，进行气体交换，称为双重呼吸，使呼吸效率明显提高。

家禽泌尿（poultry urination）　家禽的泌尿过程及特点。家禽泌尿器官由肾脏、输尿管组成，没有膀胱。通过泌尿同样有排出代谢产物、调节酸碱平衡和维持一定渗透压的作用。家禽生成尿的过程与哺乳动物基本相同，但其肾小球有效滤过压较低。有的肾单位没有髓袢，故通常不产生浓缩尿。与哺乳动物不同，家禽蛋白质代谢的主要终产物不是尿素而是尿酸，它几乎不溶于水，故排出时无需大量水分，减少体液的丧失，又无需膀胱贮存，这是对飞行的一种适应。禽尿呈乳白色或乳黄色，经输尿管直接输送到泄殖腔，最后因水分再次被吸收而呈半固体状，随粪排出。有的禽如鸭、鹅、海鸟有特殊的盐腺，能分泌大量氯化钠，具有补充肾脏排出多余氯化钠的作用。

家禽胃肠卡他（poultry gastrointestinal catarrh）家禽胃肠道黏膜的炎症，常引起腹泻。由饲料品质低劣、饲养管理不当等所致。临床表现食欲不振，羽毛逆立，精神沉郁，排白色稀粪，偶见红绿色水样便，混有黏液，饮欲大增。持续下痢可因脱水和酸碱平衡紊乱而致死。防控宜保持鸡舍清洁、温暖，投服止泻剂等药物进行对症疗法。

家禽消化（digestion of domestic poultry）　家禽的消化过程及特点。饲料中的营养成分在家禽消化道内经物理性、化学性和微生物的作用，转变为可吸收利用的小分子物质的过程。禽类的消化器官包括口、咽、食管、嗉囊、腺胃、肌胃、小肠、大肠、泄殖腔、肝以及胰腺。没有牙齿而有嗉囊和肌胃，没有结肠而有两条盲肠，因此家禽消化有许多特点。

夹竹桃中毒（oleandrism）　过食夹竹桃引起以心律失常、呼吸困难和出血性胃肠炎为主要特征的中毒病。因夹竹桃中含有的多种强心苷可抑制细胞膜钠-钾-三磷酸腺苷（$Na^{+}-K^{+}-ATP$）酶的活性而致病。急性症状为病畜虚弱卧地，呼吸困难并发啰音，结膜发绀；重型病例在短时间内死亡。慢性症状为流涎、腹痛、腹泻、便软带血和黏液、肌肉战栗、肢端冷凉。治疗宜静脉注射含有氯化钾的等渗葡萄糖溶液，辅以对症疗法。

荚膜（capsule）　某些细菌在其生活过程中在细胞壁外周产生的一层包围整个菌体、边界清楚的、厚度超过200nm的黏液样物质。折光性低，不易用普通染色方法着色。多数细菌主要含多糖类，如猪链球菌；少数则主要含多肽类，如炭疽杆菌；也有极少数两者都有，如巨大芽孢杆菌。厚度若在200nm以下，用光学显微镜不能看见，但可在电子显微镜下看到，称为微荚膜（microcapsule）。荚膜、微荚膜成分具有抗原性，并具有种和型特异性，可用于细菌的鉴定。细菌产生荚膜或黏液层可使液体培养基具有黏性，在固体培养基上形成表面湿润、有光泽的光滑型或黏液型的菌落。失去荚膜后的菌落则变为粗糙型。荚膜的产生是种的特征，但也与环境条件有密切关系，除去荚膜对菌体的生长代谢没有影响，很多有荚膜的菌株可产生无荚膜的变异。荚膜具有保护细菌免受干燥和其他有害环境因素影响的功能，并可抵抗动物吞噬细胞的吞噬和抗体的作用，从而对宿主具有侵袭力，是致病菌重要的毒力因子。此外，荚膜也常是营养物质的贮藏和废物的排出之处。许多真菌也有类似细菌荚膜的结构，在菌丝周围存在胶样物质，有时扩散到培养液中。它们的化学本质一般也属多糖。

荚膜抗原（capsular antigen）　又称K抗原。具有抗原性的细菌荚膜成分。大多为多糖，亦有的由多肽组成（如炭疽杆菌），个别的二者都有（如巨大芽孢杆菌），有荚膜的细菌常根据荚膜抗原不同区分血清型。

荚膜肿胀反应（capsule swelling reaction）　特异性抗血清与相应细菌的荚膜抗原特异性结合形成复合物时，可使细菌荚膜显著增大出现肿胀而菌体无变化的反应。属于沉淀反应的一种。主要用于肺炎链球菌、流感嗜血杆菌等的检测。

颊（cheek）　口腔侧壁，从口角延续到最后颊齿之后。由三层构成：外层为皮肤；中层为肌肉，主要为颊肌，后部尚有咬肌；内层为黏膜，附着紧密，移行于颊齿齿龈。反刍兽颊黏膜形成颊乳头。在颊肌间和黏膜下有颊腺。有的动物颊很宽松，如食草动物。有些啮齿类和猴的颊部黏膜形成颊囊，可暂时贮存食物。仓鼠的很大，可达胸部。

颊齿（cheek teeth） 包括臼齿和前臼齿。可分数型。肉食兽属切型齿。犬前臼齿上、下颌每侧有4个，由第1至第4逐渐增大，侧扁三角形，各有3个齿冠尖，中间一个最大；齿根除第1前臼齿外均有前、后两个，第4上前臼齿为裂齿，齿根3个。臼齿在每侧上颌有2个，下颌有3个，齿冠尖略呈结节状；齿根有3个；第1下臼齿为裂齿，齿根2个。猫前臼齿每侧上颌只有第2至第4三个，下颌只有第3、第4两个；臼齿均只有1个。猪的属结节型齿，齿冠的宽和长由前向后逐渐增大，齿根由一个增至5个；第1下前臼齿位置稍远。马的属长冠齿的褶型齿。第1上前臼齿小，不恒定，又称狼齿。上颊齿为方柱体，最前和最后一个为三棱柱体，釉质在嚼面上形成前、后两个齿漏斗；齿根短，有3～4个，与大部分齿冠一同植于齿槽内，上臼齿齿根与上颌窦仅以薄的齿槽骨板隔开。下颊齿为侧扁的长方柱体，长与上颊齿相似，釉质仅形成复杂而连续的纵褶；齿根2个。牛、羊的属长冠齿的月型齿。3个前臼齿较小，约占3个臼齿的一半。上前臼齿釉质形成一个齿漏斗，下前臼齿形成纵褶；上臼齿为方柱体，下臼齿为侧扁长方柱体，釉质均形成前、后两个齿漏斗，呈新月形。骆驼亦属月型齿，前臼齿较小，上前臼齿为第1、第3、第4三个，下前臼齿为第1、第4两个，第1前臼齿又称狼齿，为短冠齿，母驼远较小；上、下臼齿每侧各有3个。兔的亦属褶型齿。

颊肌（buccinator） 构成颊部主要基础的肌肉。呈板状，可分两层：浅层为横置的羽状肌；深层为沿下颌体全长延伸的纵行肌。主要作用是在咀嚼时将落入颊前庭的食团再推回上、下齿间和固有口腔；尚可拉口角向前或向后。面神经麻痹时颊肌瘫痪，食团可堆积于颊前庭内。

颊腺（buccal gland） 分布于颊肌间和黏膜下的唾液腺。可分颊背侧腺和腹侧腺，食草动物较发达，牛、骆驼尚形成颊中间腺。肉食兽只有颊腹侧腺。兔颊腹侧腺的后部又称咬肌腺。颊腺导管多，一般直接开口于颊黏膜上。

甲砜霉素（thiamphenicol） 又称硫霉素、甲砜氯霉素。氯霉素的衍生物，属抑菌剂。作用机理与氯霉素相同，可逆性地与细菌核糖体的50S亚基结合，使肽链增长受阻，从而阻止蛋白质的合成。与氯霉素存在完全交叉耐药性。具广谱抗菌作用，抗菌谱与氯霉素相似。体外抗菌作用弱于氯霉素，对嗜血杆菌、脆弱类杆菌、链球菌的作用与氯霉素相似，但对其他细菌的作用较氯霉素弱。进入体内后在肝内不与葡萄糖醛酸结合失活，血中游离型药物浓度较高，故有较强的体内抗菌作用。主要用于幼畜的副伤寒、白痢、肺炎及家畜的肠道感染；禽大肠杆菌病、沙门氏菌病、呼吸道细菌感染；也可用于防治鱼、虾及其他特种水生生物的细菌性疾病。毒性较低，通常不引起再生障碍性贫血，但有较强的免疫抑制作用（抑制免疫球蛋白和抗体的生成）。

甲基红试验（methyl red test，MR test） 鉴定细菌特别是肠杆菌在葡萄糖蛋白水中分解葡萄糖产酸能力的生化试验。原理是若细菌能分解葡萄糖并产酸，使培养基的pH从7.4降低到4.5以下，加入甲基红后则变为红色。方法为在葡萄糖蛋白胨培养基中接种待检菌，在37℃培养24～48h，加入数滴0.04%甲基红溶液，如果培养基呈现红色，即为阳性。

甲基化作用（methylation） 甲基化酶将一个甲基（$—CH_3$）共价连接在DNA分子中特定碱基上的过程。生物体内通过甲基化作用，可以保护DNA特定部位不受限制酶的切割。在分子克隆中，常通过甲基化作用消除某些酶切位点，也可构建新的酶切序列。如内切酶*Dpn*I的识别序列为GATC，当其A被甲基化后，才能被*Dpn*I识别。

甲基盐霉素（narasin） 又称那拉霉素。金色链霉菌（*Streptomyces aureofaciens*）的发酵产物，单价聚醚类离子载体抗生素，其结构仅比盐霉素多一个甲基。广谱抗球虫药。抗球虫效力大致与盐霉素相当，用于防治鸡的球虫病。

甲硫氨酸（methionine） 又称蛋氨酸。含硫的非极性脂肪族氨基酸，简写为Met、M。生糖必需氨基酸。其代谢与半胱氨酸相关联。在原核生物中甲酰化的甲硫氨酸是蛋白质生物合成的起始氨基酸。它还可被ATP活化转变成S-腺苷甲硫氨酸，作为甲基供体参与肌酸、胆碱的合成。

甲硫酸新斯的明（neostigmine methylsulfate） 新斯的明的注射制剂，拟胆碱药中的抗胆碱酯酶药。通过抑制胆碱酯酶活性，使乙酰胆碱不能水解，提高体内乙酰胆碱的浓度，从而加强和延长乙酰胆碱的作用。对骨骼肌作用最强，内服难吸收。常用于重症肌无力、手术后的腹气胀、尿潴留。可用于解救竞争型肌松药的过量中毒。

甲胎蛋白（alpha - fetoprotein） 啮齿类动物和人胚胎期血清中的一种主要蛋白成分。合成部位主要在胚胎的肝脏。具体功能及其作用机制目前尚不清楚。

甲硝唑（metronidazole） 又称灭滴灵。人工合成的硝基咪唑类药物，具有抗菌和抗原虫作用。对脆弱拟杆菌的杀菌作用显著，对猪痢疾短螺旋体也有明显作用。对需氧菌无效，对组织滴虫、毛滴虫、贾第鞭毛虫均有杀灭作用，对球虫也有一定的抑制作用。主要用于畜、禽的肠道和组织的厌氧菌感染，用于牛的毛滴虫病、鸡和火鸡的组织滴虫病及动物的贾第鞭毛虫病。禁用作所有食品动物促生长剂。

甲氧苄啶（trimethoprim，TMP） 又称三甲氧苄胺嘧啶。苄氨嘧啶类广谱抗菌药，通过抑制二氢叶酸还原酶而产生抗菌作用。抗菌谱与磺胺药类似，对多种革兰阳性菌及革兰阴性菌均有抗菌作用，但对绿脓杆菌、结核杆菌、钩端螺旋体等无效。与磺胺药合用，可使细菌的叶酸代谢受到双重阻断，因而属磺胺药抗菌增效剂。细菌易对本品产生耐药性，一般不单独使用。

甲氧氟烷（methoxyflurane） 吸入性全身麻醉药。麻醉效能强，镇痛效果好，对呼吸道的刺激作用较乙醚轻。但诱导期及苏醒期均较长，麻醉较深会引起呼吸抑制、心率减慢和心肌收缩减弱。可在静脉麻醉或基础麻醉后作全麻的维持。肝病患畜不用。

甲状旁腺（parathyroidgland） 位于甲状腺邻近的内分泌腺。有 2 对，为圆至椭圆形小体，色较淡；由胚胎的第 3 和第 4 对咽囊发生，分别称外甲状旁腺和内甲状旁腺。内甲状旁腺在肉食兽、羊和兔常埋于甲状腺深面；在牛、马常位于甲状腺邻近。外甲状旁腺随胸腺发育过程而逐渐后移，常位于甲状腺邻近或颈总动脉分叉处，但马的位于颈后 1/4 处的气管旁。猪只有一对外甲状旁腺，位于颈总动脉分叉处，常埋于尚未萎缩的胸腺前端。禽的如小米样，同侧的两个常紧邻而位于甲状腺后端。

甲状旁腺机能减退（hypoparathyroidism） 甲状旁腺机能和形态异常引起的机能减弱性疾病。多见于母犬和母猫。病因源于甲状旁腺先天性发育不全、甲状旁腺营养性萎缩和甲状旁腺主细胞变性或增生等。临床上表现为神经肌肉兴奋性增高、产后搐搦、共济失调以及个别肌群由间断性震颤发展为全身性肌肉强直性痉挛等。防治除在日粮中补钙或磷外，还可静脉注射钙制剂。

甲状旁腺机能亢进（hyperparathyroidism） 甲状旁腺机能和形态异常引起的机能亢进性疾病。原发性病因为腺体过度增生。继发性病因见于慢性肾病、日粮中钙少磷多、维生素 D 缺乏和动物日照不足等。原发性症状有间断性高钙血症，骨质疏松、变形、易发骨折。继发性症状有步行缓慢，下颌骨疏松，肥厚，长骨骨骺增宽，关节肿大，牙齿硬度降低，易磨灭损坏，常发骨折。治疗可针对病因在日粮中补钙以及调整其比例。

甲状旁腺激素（parathormone，PTH） 甲状旁腺主细胞分泌的一种直链多肽激素。由 84 个氨基酸组成，分子量约为 9 500。主要生理功能是调节机体钙、磷代谢以维持细胞外液中钙离子浓度的相对稳定。靶器官是骨、肾和小肠。对骨的作用是加速骨吸收和骨生成，但一般情况下，前者的速度超过后者，因而表现为骨代谢的负平衡，使骨钙入血增加，血钙浓度升高。抑制肾小管对磷的重吸收，增加对钙的重吸收，从而增加尿磷排出，减少尿钙的排出。还能提高肾内 12-羟化酶的活性，促进 25-羟维生素 D_3 转化为 1,25-二羟维生素 D_3，后者能增加肠对钙的吸收，亦使血钙浓度升高。

甲状旁腺原基（parathyroid primordium） 由第 3 对咽囊背侧部和第 4 对咽囊形成，发育为甲状旁腺。

甲状软骨（thyroid cartilage） 喉软骨中最大的一块，构成喉侧壁和底壁。可分为一对四边形的板，沿底壁汇合，马有较深的甲状后切迹，可经此作喉内手术。左、右板背侧缘的前、后角分别与舌骨和环状软骨相接。前角与背缘间形成甲状软骨裂或孔，供喉前神经通过。猪甲状软骨前角不突出。由透明软骨构成，可随年龄发生钙化甚至骨化灶。禽无此软骨。

甲状腺（thyroid gland） 位于气管前部与喉紧邻的内分泌腺。褐红色至暗红色。分左右两叶，以峡经气管腹侧相连。两叶呈卵圆形（马）、长椭圆形（肉食兽、羊和兔）或扁三角形（牛）；峡为腺组织（牛、兔），或退化为结缔组织索（马、羊），或完全消失（肉食兽）。猪的位于近胸腔入口处气管腹侧；两叶较小，峡发达，又称锥体叶。腺外包有结缔组织囊，与周围器官疏松相连；表面常不平整。大小变化较大，特别与饲料中碘含量有关，缺少时显著增大。血液供应主要为颈总动脉分出的甲状腺前动脉。此外，沿颈部气管常分布有一些小的副甲状腺，偶亦可见于胸腔内。禽甲状腺两叶完全分离，位于胸腔入口处气管两侧。

甲状腺功能测定（thyroid function tests） 测定甲状腺功能以诊断与甲状腺功能有关疾病的一类实验室检查方法。包括血液学检查（红细胞计数、血红蛋白定量、红细胞形态学检查、白细胞分类计数等）、血清胆固醇测定、血清蛋白结合碘（PBI）测定、^{125}I 标记四碘甲腺原氨酸（T_4）测定（柱层析法和竞争性蛋白结合法）、放射免疫测定、促甲状腺素反应试验、三碘甲腺原氨酸（T_3）测定、甲状腺摄取放射性碘试验等。甲状腺机能亢进或减退主要见于犬，故上述试验主要用于犬。

甲状腺机能减退（hypothyroidism） 甲状腺机能和形态异常引起的内分泌机能减退性疾病。多发生于成年犬。病因源于自发性甲状腺滤泡萎缩、淋巴瘤性甲状腺炎、双侧性非机能性甲状腺瘤或重型缺碘性甲状腺肿等。也继发于垂体或下丘脑病变经过中。临床呈现代谢率降低，体重增加，皮温低，怕冷。被毛稀少发展成秃斑。在鼻背、尾端秃斑区色素沉着。有的发生黏液性水肿。性欲缺乏，母畜不发情，受胎率降低；有的呈现贫血症状。治疗可投服甲状腺素制剂。

甲状腺机能亢进（hyperthyroidism） 甲状腺机能和形态异常引起的内分泌机能亢进性疾病。中、老年猫、犬多发。病因源于机能性甲状腺瘤（腺瘤性增生）和甲状腺癌等。临床上体重减轻，食欲增加，烦渴，多尿，甲状腺肿大。心搏动过快，伴发缩期性杂音，呼吸困难，呕吐，腹泻。最后发生充血性心力衰竭。治疗上除投服抗甲状腺药物或放射碘疗法外，还可手术切除。

甲状腺激素（thyroid hormone，TH） 甲状腺分泌的激素的统称。主要有甲状腺素（四碘甲腺原氨酸，T_4）、三碘甲腺原氨酸（T_3）和反三碘甲腺原氨酸（$R-T_3$）等，其中以四碘甲腺原氨酸含量最多、三碘甲腺原氨酸次之、反三碘甲腺原氨酸最少，均为酪氨酸的衍生物。特点有两个：①能在腺细胞外面贮存，其贮存量大。②分子内含有碘。三碘甲腺原氨酸在血液中的含量很低，仅为四碘甲腺原氨酸的几分之一，但三碘甲腺原氨酸的生物效能则是四碘甲腺原氨酸的3～5倍。甲状腺激素具有重要的生理作用，主要是调节基础代谢和生长发育：作用于肝、肾、心肌和骨骼肌，促使其中的糖原转化为葡萄糖，提高血糖水平；促进细胞呼吸，提高耗氧量和产热量，即提高基础代谢率；与生长激素协同作用，促进蛋白质合成，促进神经系统和性器官的发育。此外，三碘甲腺原氨酸、四碘甲腺原氨酸对心血管系统、神经系统、消化系统的功能也有重要影响，对维持泌乳也有明显作用，如能引起心跳加速、脉压和心输出量增加，增强小肠吸收葡萄糖的能力，提高胰液中消化酶的含量以及提高中枢神经系统的兴奋性等。反三碘甲腺原氨酸不具有四碘甲腺原氨酸、三碘甲腺原氨酸的生物学效应，其生理意义目前尚不清楚。

甲状腺结合前白蛋白（thyroxine binding prealbumin，TBPA） 血液中一种能与甲状腺激素结合的血浆蛋白质。分子量约为50 000，主要与四碘甲腺原氨酸结合，但亲和力远较甲状腺结合球蛋白低，仅结合血中有15%左右的四碘甲腺原氨酸；与三碘甲腺原氨酸的亲和力很小，结合量也很低。在保持血液中游离态甲状腺激素的相对稳定方面起一定作用。

甲状腺结合球蛋白（thyroxine binding globulin，TBG） 血液中能与甲状腺激素结合的一种酸性糖蛋白。由4个亚基构成，分子量约为60 000。每分子甲状腺结合球蛋白可与一分子四碘甲腺原氨酸或一分子三碘甲腺原氨酸相结合，是与四碘甲腺原氨酸、三碘甲腺原氨酸以及反三碘甲腺原氨酸（$R-T_4$）亲和力最大的一种血浆蛋白质，血浆中约有75%的四碘甲腺原氨酸和50%以上的三碘甲腺原氨酸与甲状腺结合球蛋白结合存在，这对维持血中游离态甲状腺激素浓度的相对稳定起重要的调节作用。

甲状腺泡（thyroid alveolus） 又称甲状腺滤泡（thyroid follicle）。甲状腺的结构和功能单位。圆形、椭圆形或不规则形，大小不一，通常由单层立方上皮围成。它是合成、储存和分泌甲状腺激素的场所。基本程序是先由腺泡上皮合成甲状腺球蛋白并产生游离碘，然后这两种物质被分泌至滤泡腔中结合为碘化甲状腺球蛋白；当机体需要时，腺泡上皮重新吸收，并将其水解为四碘甲状腺原氨酸（甲状腺素）和三碘甲状腺原氨酸，经上皮细胞基底部释放到腺泡间的毛细血管和毛细淋巴管中。

甲状腺球蛋白（thyroglobulin，TGB） 甲状腺细胞内合成的一种碘化糖蛋白，是体内碘在甲状腺腺体的贮存形式。分子量约为67 000，不能透出胞膜，是腺泡腔中胶体物质的主要组成部分，在甲状腺激素的合成与分泌中起重要作用。以胶体小滴形式通过胞饮作用由泡腔进入腺泡上皮细胞，在蛋白水解酶的作用下，分解出甲状腺素和三碘甲腺原氨酸入血。

甲状腺素（thyroxine，T_4） 甲状腺激素之一，化学名称为四碘甲腺原氨酸，由两个二碘酪氨酸缩合而成，是甲状腺内含量最多的一种激素，且含量与供碘量呈正相关。释放入血后绝大部分与蛋白质结合进行运输，只有游离型才具有生物活性。生理作用主要是调节机体的基础代谢和生长发育等。

甲状腺原基（thyroid diverticulum） 又称甲状腺突、甲状腺憩室，在原始咽底部正中线上，于联合突与奇结节之间，内胚层细胞增生而形成的一增厚区域，后发育为甲状腺。

甲状腺摘除术（extirpation of thyroid land） 摘除甲状腺的手术方法。适用于甲状腺肿瘤外科治疗，在临床上多用于犬，摘除牛一侧甲状腺的目的是改善肉质。犬的手术在颈腹侧中线，以第二气管环为中心，切开皮肤，分离胸骨舌骨肌、暴露甲状腺、分离周围组织，注意不得误伤返神经和迷走神经、结扎前后血管，将甲状腺从气管着床部移开。当两侧摘除时必须保留一侧甲状旁腺。以经济为目的牛，手术在屠杀前2～3个月进行，而犊牛做此手术，会影响发育。

甲状腺肿（goiter） 甲状腺呈弥散性对称性代偿肿大性疾病。病因除地方性缺碘外，饲喂生黄豆或十字花科植物等［其中含有致甲状腺肿素（goitrin）］也可致病。临床表现甲状腺明显肿大，重型病例在出生时死亡或虚弱，皮肤水肿、增厚或部分无毛，不能吮乳，易死亡。防治措施，在缺碘地区应推广使用碘化盐添加剂，对轻型病例可通过补碘矫正。

甲状腺中毒（thyroid poisoning） 因误食家畜甲状腺所引起的中毒。当食入1.8g新鲜甲状腺（相当于1/2羊甲状腺，1/6猪甲状腺，1/10牛甲状腺）时，即可发生中毒。由于甲状腺素的理化性质比较稳定，需加热至600℃以上方能使其失活，故一般烹饪方法不能将其破坏，食后便会引起中毒。患者常于食后12～24h发病，潜伏期短的仅1h，长的可达数十小时。一般病例主要表现为头晕，头痛，肌肉关节痛（特别是腓肠肌痛最明显），胸闷，心悸，恶心，呕吐，腹痛，便秘或腹泻，部分患者于发病后3～4d出现局部或全身的出血性丘疹，皮肤发痒，间有水疱、皮疹，水疱消退后普遍脱皮。摄入量大者出现高热，烦躁，衰竭，极度心动过速，多汗，10多天后脱发。病死率为0.16%。

贾第鞭毛虫病（giardiasis） 贾第虫（*Giardia*）寄生于犬、猫等动物的十二指肠和空肠引起的疾病。贾第虫隶属于鞭毛虫纲、六鞭科，有滋养体和包囊两个发育阶段。滋养体呈梨形或椭圆形，大小为17μm×10μm，两侧对称，腹面有1个大的吸盘，2个核，8根鞭毛。包囊呈卵圆形，大小为10μm×8μm，有2～4个核。寄生于犬、猫的虫种为犬贾第鞭毛虫（*G. canis*）和猫贾第鞭毛虫（*G. cati*），因摄食被包囊污染的饮水或饲料而受感染，可引起幼龄动物腹泻。从粪便中检出包囊即可确诊。可用阿的平、甲硝哒唑（灭滴灵）等药物治疗。加强卫生措施可预防本病。

钾（potassium） 机体最重要无机盐之一，也是细胞内液主要阳离子。95%以上存在细胞内液，细胞外液仅占K^+总含量的2%，主要参与渗透压平衡和酸碱平衡的调节，并对心脏活动有重要影响。在维持神经肌肉的兴奋性、调节细胞内蛋白质的合成等方面起重要作用。缺钾可因神经传导减弱，动物反应迟钝。

钾钠离子交换（potassium sodium exchange） 肾小管上皮细胞在分泌K^+的同时重吸收Na^+的过程。原尿中的K^+在近曲小管绝大部分已被重吸收，而终尿内的K^+则由远曲小管上皮细胞分泌入小管腔。K^+的分泌和Na^+的主动重吸收有密切的联系，Na^+被主动重吸收时，小管内出现负电位，可达－10～－45mV，这个电位差促使K^+被动扩散入小管液。

假发情（pseudoestrus） 卵巢多数无功能性活动、无或仅有极小的卵泡发育、发情周期不正常的一种异常发情现象。多见于马，常无规律地表现出发情症状。

假复层柱状纤毛上皮（pseudostratified ciliated columnar epithelium） 上皮组织的一种亚型，由高低不同的柱状细胞、梭形细胞和锥形细胞组成，游离缘有纤毛。因细胞的高度不同，核不在同一水平面上，形似复层，但每个细胞的基底面均附着于基膜上，实为单层。这种上皮分布于呼吸道、附睾管、输精管及咽鼓管鼓室部。呼吸道的假复层柱状纤毛上皮的细胞间，夹有分泌黏液的杯状细胞，所分泌的黏液有粘着并清除灰尘和细菌等异物的作用，借助纤毛的节律性运动，使之排出体外，黏液还有湿润空气的作用。

假寄生虫（pseudoparasite） 某些本来自由生活的生物体偶尔主动地侵入或被动地随食物带进宿主体内，并能在宿主体内生存一段时间。如粉螨科的某些螨类正常生活于谷物、糖和乳制品中，有时误入人的消化道、泌尿道或呼吸道内。多在不久后死亡而被排出。

假结核棒状杆菌感染（*Corynebacterium pseudotuberculosis* infection） 假结核棒状杆菌引起的羊化脓性干酪样淋巴结炎，马溃疡性淋巴管炎、皮下脓肿，骆驼脓肿等病。经皮肤伤口或污染饲料而感染。致病性：①马属动物以皮下淋巴管炎进而形成结节和溃疡为特征的溃疡性淋巴管炎。②绵羊以干酪性淋巴结炎为特征。③骆驼引起脓肿，呈散发性或地方性流行。④牛化脓性淋巴管炎、支气管炎、皮肤类结核。⑤鹿和其他动物的淋巴结化脓、坏死等。

假呕吐（false vomiting） 食管疾病时，病畜仅呕出食管内停留食物的现象。

假丝酵母菌病（candidiasis） 见念珠菌病。

假饲（sham feeding） 动物进食的食物由食管断端漏出，并不进入胃内的一种饲喂法。用以研究由进食动作引起的胃液分泌和胃运动等变化。

假体腔（pseudocoel） 又称围脏腔。线虫和棘头虫的体壁肌层（无浆膜）与内脏器官之间的腔隙。内含假体腔液。在某些线虫还含有固定的和游走的吞噬细胞，但数目甚少。

假头（capitulum） 蜱螨的颚体，由口器（mouthparts）和假头基（basis capituli）组成。口器包括1对须肢、1对螯肢和1个口下板。假头基前端有口器着生，后连躯体。假头基可以呈不同的形状。蜱的假头基呈矩形、六角形或梯形等。雌蜱假头基背面有一对左右排列的椭圆形或圆形的孔区，由许多密集的小凹陷组成。

假型（pseudotype） 衣壳（或囊膜）和基因组不相对应的表型混合的病毒粒子。一种病毒的基因组和另一种病毒编码的多肽相混合，即甲病毒的衣壳中装的是乙病毒的基因组。例如罗氏肉瘤病毒（缺陷病毒）与禽白血病毒（完全病毒）共同感染一个细胞时，在后代中前者的囊膜均由后者提供，形成假型的罗氏肉瘤病毒。

假性腹痛（pseudo celialgia） 胃肠道以外器官所引起的腹痛。见于急性肾炎、膀胱炎、尿结石、子宫套叠、子宫扭转等。

假性血尿（false hematuria） 外观清亮而不混浊，震荡时无云雾状，放置后无红色沉淀，镜检没有红细胞或只有少量红细胞的尿，包括血红蛋白尿、肌红蛋白尿、卟啉尿和药物性红尿。

假性脂沉积症（pseudolipidosis） 又称甘露糖苷沉积病。是一种因 α-甘露糖苷酶先天性缺乏而引起的全身性疾病，发生于水牛等家畜。症状为运动失调，头部震颤，生长发育障碍。病牛在出生一年内多数死亡。预防可通过遗传检测将染病杂合子携带者淘汰。

假阳性反应（false positive reaction） 血清学试验中由于某些非特异性因素引起的阳性反应。

假叶目（Pseudophyllidea） 绦虫纲的一个目。本目绦虫的大小差别很大，小的数毫米，大的可达30m。头节上有两条纵列、狭细而深的吸沟，作为附着器官，其肌肉较圆叶目绦虫的吸盘肌为弱，无小钩。颈部不明显。通常每一节片内含一套雌雄性器官。卵巢分两叶，位于后部；子宫由卵巢部盘曲向前，开口于节片腹面正中线前部。卵黄腺和睾丸均散在于节片两侧部。阴道比较直，位于正中纵线上。生殖孔开口于腹面正中线的前部。生活史中需要两个中间宿主。卵的构造类似吸虫卵，由子宫孔排出时内含胚细胞，到达自然界后，需在水中发育；发育成熟的卵内含一钩毛蚴，即一个被有纤毛的六钩蚴。孵化后的钩毛蚴在水中游泳，被第一中间宿主剑水蚤吞食后，发育为原尾蚴。当带有原尾蚴的剑水蚤被鱼、蛙、蝌蚪等第二中间宿主吞食时，原尾蚴即在第二中间宿主体内发育为裂头蚴，对终末宿主具感染力。重要种有孟氏迭宫绦虫，终末宿主为猫、犬等肉食兽；阔节裂头绦虫，终末宿主为人、犬和猫等。均寄生于小肠。

假阴道（artificial vagina） 人工阴道，多由塑胶制成，包括外壳、内胎、固定胶圈、集精杯等。用于人工采集公畜精液。

假阴道（采精）法（method of artificial vagina） 用相当于母畜阴道环境条件的人工阴道诱导公畜阴茎在其中射精、取得精液的方法。适用于各种家畜。

假孕（pseudopregnancy） 配种未受孕或发情未配种，而全身状况和行为出现似妊娠所特有变化的一种综合征。由于排卵后形成的黄体能维持较长时间，并持续分泌孕酮所致。主要见于犬、猫、雪貂等动物。如犬孕期 38～63d、假孕期 50～80d；猫孕期 58～63d，假孕期 30～50d；雪貂孕期 40d，假孕期 40d。据报道，犬假孕发生率可占孕犬的50%～70%。目前尚无有效疗法，可使用睾酮、孕酮等试治。

假奓包叶中毒（discoleidion rufescens poisoning） 猪采食或饲喂假奓包叶引起的以大量血尿为主征的中毒病。其毒理机制目前尚不清楚。临床上主要表现为排浓茶色尿（血尿）；伴食欲废绝，喜卧，时发呕吐，结膜苍白或黄染，心跳加快，呼吸促迫，体温降低。妊娠母猪多发流产。最后死于衰竭。治疗上可行对症疗法。

尖旋尾线虫（*Oxyspirura*） 鸟类眼虫，常见种为孟氏尖旋尾线虫（*O. mansoni*），寄生于鸡、火鸡和孔雀等禽类眼瞬膜下。雄虫长 10～16mm，雌虫长 12～19mm。口囊的前部呈壶腹形，其后稍窄，后端变宽。雄虫左、右交合刺的长度比约为 15∶1。虫卵经泪管入咽部，再由消化道随粪便排至自然界。中间宿主为蟑螂，禽类啄食了带有感染性幼虫的蟑螂后，幼虫在消化道中释出，沿食道、咽、泪管到达瞬膜下，发育为成虫。寄生数量多时，引起结膜炎、眼炎，以至失明，常引起继发感染。

间充质（mesenchyme） 胚胎早期的原始结缔组织。由多突起的星状细胞组成，突起互相连接成网，细胞核大，染色浅，核仁明显，细胞质少；网孔内充满胶样基质。具有强的分化能力，可分化为机体的血液、淋巴组织、固有结缔组织、软骨及骨组织等。

间断性呼吸（interrupted respiration） 呼吸暂停和多次短促的呼气或吸气交替出现的现象。健康犬和猪在嗅闻时即可出现短期的间断性呼吸，其他动物多为病理现象。由于先抑制呼吸然后补偿以短促的吸气或呼气所致。可见于细支气管炎、慢性肺气肿、胸膜炎、胸腹部疼痛、脑炎、中毒和濒死期。

间接补体结合试验（indirect complement fixation test） 又称补体结合抑制试验，以补体结合被抑制为指标的血清学试验。禽类的抗体不能结合豚鼠补体，因此不能直接应用补体结合试验。但如抗原被禽类抗体结合（吸收），就不能再与用其他动物（如兔）

制备的相应抗体结合，从而抑制补体结合反应的出现。试验时除准备待检血清（禽血清）外，尚需准备一种能结合豚鼠补体的标准阳性血清。先将定量的抗原与待检血清作用后，然后加入定量的标准血清和补体，最后加溶血系统作指示剂。结果判定与补体结合试验相反，溶血为阳性，不溶血为阴性。

间接测热法（indirect calorimetry）　根据一定时间内动物二氧化碳产生量与氧吸入量和尿氮排泄量，计算其产热量的方法。因为蛋白质（含氮量约 16%）代谢产生的含氮废物均经尿排泄，所以尿氮量即表示蛋白质的消耗量，进而可计算出其产热量以及氧化蛋白质消耗的氧量和排出的二氧化碳量，并在二氧化碳呼出量和氧吸入量中减去，以求出非蛋白呼吸商，再查表根据非蛋白呼吸商和氧热价便可计算出氧化糖和脂肪的产热量及总产热量。反刍动物因瘤胃发酵产生的二氧化碳也经呼吸排出，故需对二氧化碳产生量进行校正。间接测热法有开放式回路呼吸装置和密闭式回路呼吸装置两种。

间接胆红素（indirect bilirubin）　衰老红细胞破坏后游离出来的未被肝脏处理的不溶于水的非结合胆红素，对重氮试剂呈间接反应。

间接发育史（indirect development history）　寄生虫虫卵或幼虫从宿主体内排出后侵入中间宿主并在其体内发育为感染阶段，从中间宿主排出的感性阶段虫体感染终末宿主，或终末宿主吞食带有感染阶段虫体的中间宿主而遭受感染的发育过程。间接发育的寄生虫一般亦称为生物源性寄生虫。间接发育寄生虫的分布和中间宿主的分布相一致，往往呈区域性流行。

间接接触传播（indirect contact transmission）　必须在外界环境因素的参与下，病原体通过传播媒介使易感动物发生传染的方式。大多数传染病如口蹄疫、牛瘟、猪瘟、鸡新城疫等以间接接触为主要传播方式，同时也可以通过直接接触传播。

间接抗球蛋白试验（indirect antiglobulin test）　应用抗球蛋白检查血清中不完全抗体的试验。不完全抗体与颗粒性抗原结合后，不出现凝集反应，如加入相应的抗球蛋白血清，即可出现凝集反应。本法用以测定待检血清中的不完全抗体。

间接叩诊法（indirect percussion）　在被叩击的体表部位上，先放一振动能力较强的附加物，而后向这一附加物体进行叩击的方法。包括指指叩诊法和槌板叩诊法。

间接凝集试验（indirect agglutination test）　又称被动凝集试验（passive agalutination test），将抗原交联或吸附在颗粒性载体上（这一过程称为致敏）进行的凝集试验。视所用载体不同有乳胶凝集、间接血凝等，可用于检测抗体。用致敏抗体检测相应抗原的试验。称为反向间接凝集试验（reverse indirect agglutination test）。

间接凝集抑制试验（indirect agglutination inhibition test）　间接凝集被相应抗原所抑制的试验。例如用绒毛膜促性激素（HCG）致敏的乳胶能与相应抗体发生凝集，如将含有 HCG 的样本先与抗 HCG 抗体作用，则凝集反应被抑制。同样用抗体致敏的微载体可以被相应抗体所抑制，称为反向间接凝集抑制试验（reverse indirect agglutination inhibition test）。

间接溶血试验（indirect hemolysis test）　又称被动溶血试验（passive hemolysis test）。被抗原致敏的红细胞与相应抗体结合时出现红细胞溶解的一种试验。

间接听诊（indirect auscultation）　借助听诊器进行听诊，即器械听诊法。

间接血凝试验（indirect hemagglutination test，IHA）　以红细胞为载体的间接凝集试验。常用甲醛、戊二醛等醛化后的红细胞做载体，本法已广泛应用于抗体的检测。用致敏抗体检测相应抗原的试验。称为反向间接血凝试验（reverse indirect hemagglutination test，RIHA），血凝和反向血凝均可被相应抗体所抑制，分别称为间接血凝抑制试验（indirect hemagglutination inhibition test，IHI）和反向间接血凝抑制试验（reverse indirect hemagglutination inhibition test，RIHI）。

间脒苯脲（amicarbalide）　抗巴贝斯虫药。对牛的各种巴贝斯虫有预防作用，但治疗效果不及双脒苯脲。治疗剂量虽可有效减少牛双芽巴贝斯虫、牛巴贝斯虫和阿根廷巴贝斯虫的虫血症和死亡率，但部分病例仍可复发。能根治马驽巴贝斯虫，但对马巴贝斯虫无效。毒性较低，对局部有一定刺激性。

间脑（deutencephalon，diencephalon）　前脑的后部。位于端脑和中脑之间；前起室间孔，后抵后连合，内有侧扁的环形腔隙称第 3 脑室。腹侧面由前向后有第 2 对脑神经形成的视交叉，与脑垂体相连的灰结节以及乳头件。间脑可分为上丘脑、丘脑（背侧丘脑）、下丘脑、底丘脑和后丘脑 5 部。它是感觉性整合中枢和皮质下自主神经中枢，也是边缘系统的组成成分，具有复杂的生理功能。

间皮（mesothelium）　被覆于心包膜、胸膜、腹膜的单层扁平上皮。间皮细胞具有吸收和分泌功能。由于间皮细胞的适度分泌，心包腔、胸腔、腹腔中总有少量浆液，以减少脏器间的摩擦。病态时常分泌过多，出现心包积水、胸腔积液或腹水。

间皮瘤（mesothelioma）　间皮组织发生的肿瘤。

主要发生在胸膜、腹膜、心包膜等处的间皮组织，有良性与恶性之分。良性的多为单个局限性结节，包膜完整，界限清楚；恶性的多为弥漫性，覆盖在胸、腹膜的壁层和脏层，并造成粘连，常伴有胸水、腹水或心包积水。

间情期（diestrus） 见发情间期。

间隙连接（gap junction） 由许多六角形亚单位组成的平板状连接装置。每一亚单位由 6 个穿膜整合蛋白分子围成，中央有孔道，直径约 2nm。相邻细胞在连接处隔有宽 2～4nm 的间隙，亚单位在间隙两侧细胞膜上两两相对地排列成平板状，从而在间隙连接中形成许多直接通道，可允许小分子物质进出相邻细胞间。间隙连接也是电交联主要发生部位，因此这种连接还在细胞通讯中起重要作用，可协调细胞间代谢、生长与分化等活动。

间歇热（intermittent fever） 体温骤升，持续数小时，后迅速降至正常或正常水平以下，间歇数小时至数日又如此反复发作的一种发热类型。见于血孢子虫病和马传染性贫血等。

间歇性跛行（intermittent lameness） 间断发作的跛行。如马开始运步时步伐正常，在使役或骑乘过程中突然出现严重的跛行甚至难以行走，经过休息或简单处治，跛行明显好转甚至消失，但在以后的使役或骑乘中仍可复发。见于血栓闭塞性后肢动脉疾患和习惯性髋骨脱位等后肢疾患。

间歇性灭菌法（fractional sterilization） 又称丁达尔灭菌法（tyndallization）。湿热灭菌法的一种，主要用于不耐高压蒸气灭菌的物质。方法是将待灭菌物品在常压蒸气（100℃）容器中加热 30min 后放置室温或 37℃，翌日再次加热，连续 3 次。细菌的繁殖体在第一次加热时被杀死，而芽孢在培养过程中出芽，在第二次加热中被杀死。剩留的少数芽孢出芽后在第三次加热时被杀死。有些物品甚至不能用 100℃灭菌，如鸡蛋培养基等，这时可将温度适当下降到 80～90℃。此外，生物制品厂等的管道灭菌也可用此法。

间质（interstitium） 在器官中起填隙、支持、营养等辅助性作用，而不执行该器官特定功能的组织。主要是疏松结缔组织，如肺泡、各级支气管之间的疏松结缔组织就是肺间质。

间质性炎（interstitial inflammation） 主要侵犯器官组织间质的炎症。炎症早期，间质内有大量不同类型的炎性细胞浸润和渗出，后期可有结缔组织增生，常导致器官质地变硬，体积缩小。如间质性心肌炎（interstitial myocarditis）是以心肌的间质水肿和炎性细胞浸润等变化为主，而心肌纤维变性、坏死则较轻微，常发生于病毒性、细菌性传染病及中毒性疾病。

肩关节（shoulder joint） 肩胛骨关节盂与肱骨头构成的球窝关节。肱骨头面积较大。关节囊宽大，多与周围肌腱相连；除马、牛外分出滑膜憩室包围位于肱骨结节间沟中的臂二头肌起腱。关节囊穿刺可在此憩室和关节后方进行。活动以屈伸为主，亦可进行内收、外展和旋动，特别在犬、猫。禽肩关节的关节盂由肩胛骨和乌喙骨形成。

肩关节屈曲（shoulder flexion posture） 又称肩部前置。是胎儿一侧或者两侧肩关节屈曲朝向产道，前腿肩关节以下部分伸于自身躯干之旁或腹下，使胎儿在胸部位置的体积增大，并由此引起难产。临床检查可发现阴门处仅有胎儿唇部露出（两侧肩关节屈曲）或唇部与一前蹄同时露出（一侧肩关节屈曲）。产道检查可以触摸到屈曲的肩关节。一般情况下，可参照矫正术中前腿姿势异常的矫正方法矫正，再施行牵引术拉出。

肩胛骨（scapula） 胸肢带三骨之一，为斜位于胸廓前部上方的三角形扁骨。许多连接前肢与躯干的肌肉附着于此。外侧面有肩胛冈，体表可触摸到；冈下端在反刍兽、肉食兽和兔形成肩峰；冈中部在猪、马形成冈结节。前缘下部形成肩胛切迹，有肩胛上神经通过。背缘有肩胛软骨，有蹄兽特别发达。内侧面形成肩胛下窝和锯肌面。下角形成肩胛颈和关节盂。盂前方有盂上结节；结节内侧有小的喙突。禽肩胛骨狭长，横位于胸廓上方。

肩胛横突肌（omotransversarius） 位于颈侧面的长带形肌。起始于肩峰或肩胛筋膜；向前行，大部分被臂头肌覆盖，止于寰椎翼。犬的最发达；马无此肌。作用为将肩胛骨向前向上提，协助前肢前进。

肩胛上间隙（suprascapular space） 位于肩胛上部的筋膜间隙。外侧界为斜方肌，在鬐甲后半为背阔肌腱膜；内侧界为菱形肌，呈基底部向上的三角形，上界与鬐甲背侧缘平行。在马，距背缘 2～3cm 前、后角为肩胛骨的前、后角。肩胛软骨部位于间隙内。间隙与肩胛下间隙相通。

肩胛上神经麻痹（suprascapular nerve palsy） 由于肩部受压或肩部肌肉过度牵引致肩胛上神经受损而使其支配的肌群感觉、运动发生障碍。本病多见于马、牛。常为一侧性，极少两侧同时发生。肩胛上神经分布于冈上肌和冈下肌，经麻痹时肩关节失去制止外偏的作用，因而在运步过程中，当病侧肢支持体重时，肩关节突然外偏，在胸前肩关节内侧出现一掌大的凹陷，同时肘关节也向外方偏移。治疗可采用局部按摩，按摩后涂擦刺激剂。为兴奋神经可用感应电疗法、电针刺激等。

肩胛下肌（subscapularis）　位于肩胛骨内侧面的肌肉。略呈扇形或三角形，可分为几个部分。肌肉内部多腱质，特别在食草动物，可延伸于肌的全长。最后以短而狭的强腱止于肱骨小结节。主要作用为代替内侧副韧带以加固肩关节，肉食兽亦可内收前肢。

肩胛下间隙（subscapular space）　肩臂部与胸廓之间的筋膜间隙。位于肩胛下肌等与胸下锯肌之间，间隙充满疏松结缔组织，臂神经丛及其主干行于其内。向前扩展至颈斜方肌、臂头肌与颈下锯肌之间，又称肩胛前间隙；向后扩展至背阔肌、躯干皮肌与胸下锯肌之间，又称肩胛后间隙。常将三者合称肩臂间隙。此间隙在运步时便于肩臂部沿胸廓滑动。鬐甲部、肩臂部损伤，炎症过程如至此间隙易于扩散。

兼性寄生虫（facultative parasites）　那些有独立生活能力，但能在某种环境中营寄生生活的寄生虫。如绿头蝇的幼虫可以生活在腐物上或动物尸体上，但也可以寄生在活动物的伤口中，引起蝇蛆病。

兼性厌氧菌（facultative anaerobe）　在有氧条件下进行需氧性呼吸而在无氧条件下进行厌氧性呼吸的一类细菌。有氧存在时，基质的电子最终传递给分子态氧，而无氧存在时，传递给硝酸盐等使其还原。它们与需氧菌一样，具有过氧化氢酶、过氧化物酶和超氧化物歧化酶，因此不会被代谢过程中形成的超氧化物所毒害。大多数致病菌属于此类。

煎剂（decoctum）　又称汤剂。中草药经加水煎煮而成的制剂。临用前配制，以免霉变。

检测限（limit of detection）　在残留分析中，某种分析方法能够从样品背景信号中（一般信噪比定为3）检出的待测物最低浓度。检测限反映了分析方法整体的灵敏度。在残留分析中，只要能检出待测物存在的最低浓度，对在检测限水平上的定量可靠性（如回收率、变异系数等）不作要求。

检胚（embryo picking）　将受精卵或胚胎从冲卵液中检出，进行清洗，对其质量进行形态学鉴定，以便检出符合移植或冷冻的胚胎。一般情况下，从输卵管或子宫回收的冲卵液中，常常含有大量的生殖道分泌物、脱落下来的上皮细胞及一些微生物和子宫内感染的病原，因此，胚胎检出后要进行净化处理，然后再移植给受体动物。

检验点（checkpoint）　又称限制点（restriction point）或起始点（start）。分布于细胞周期不同时相的、调节细胞周期运转的关键时间点，在此处存在影响细胞周期进程的监控机制。

检疫（quarantine）　法定检疫机构和人员应用规定的诊断方法或检验方法，对人员、动物及动物产品等进行的疫病检查，以立法手段防止有害生物进入或传出一个国家或地区的措施。根据动物及其产品的动态和运转形式，动物检疫可分为产地检疫、运输检疫、市场检疫和国境口岸检疫等种类。

检疫对象（quarantine objects）　检疫中各国政府规定的应检疫的传染病、寄生虫病病原及其他一切有害生物。检疫的疫病主要包括《中华人民共和国传染病防治法》、《中华人民共和国进出境动植物检疫法》、《中华人民共和国食品安全法》、《中华人民共和国动物防疫法》及其他相关法规中规定的重要人兽共患病和其他疫病。其中重要的人兽共患病有鼠疫、霍乱；口蹄疫、猪水疱病、艾滋病、流行性出血热 、狂犬病、伪狂犬病、日本脑炎、高致病性禽流感、甲型H1N1 流感、马传染性贫血、登革热、痒病、牛海绵状脑病；布鲁氏菌病、炭疽、结核病、马鼻疽、钩端螺旋体病、衣原体病；疟疾、血吸虫病、弓形虫病、旋毛虫病、猪囊尾蚴病等。国际检疫对象是由世界卫生组织成员国和世界动物卫生组织成员国根据疫病在国际范围内的流行情况共同商定的。

检印（check printing）　对肉类进行检验后的处理方式标记。我国规定，宰后经检验的肉品必须加盖与检验结果和处理方式一致的检验印章（简称检印），即动物检验检疫员认定是健康无染疫的动物产品，应在胴体上加盖验讫印章，内脏加封检疫标志，出具动物产品检疫合格证明。对检出的病肉，根据疾病的性质分别盖以高温或销毁的处理印章，内脏加封检疫标志。

减蛋综合征病毒（Egg drop syndrome virus，EDSV）　又称鸭腺病毒甲型（*Duck adenovirus* A）。腺病毒科（Adenoviridae）、禽腺病毒属（*Aviadenovirus*）成员。病毒粒子为球形，直径 70～80nm，二十面体对称，无囊膜，有纤丝，纤丝顶端为一个 4nm 直径的球形物，与血凝有关，能凝集鸡、鸭和鹅的红细胞。基因组为线状双股 DNA。其致病特征是鸡的产蛋量不能达到预期高峰或产量突然下降，产出许多软壳蛋、薄壳蛋、畸形蛋。蛋的内部质量也有变化，蛋白黏稠度降低。产蛋量可下降 30%，常不能回升到正常水平。从症状明显的病鸡血液白细胞、呼吸道、消化道、输卵管或肝、脾取样用鸭胚或鹅胚可分离病毒。血清学方法有琼脂凝胶沉淀试验、HA－HI 试验、病毒中和试验和免疫荧光试验等。在 14～18 周龄时对种鸡群接种油佐剂灭活疫苗可有效预防本病。

减数分裂（meiosis）　又称成熟分裂。有性生殖细胞在成熟过程中一种特殊形式的有丝分裂。分裂结果为染色体的数目减半，所形成的雌雄配子均为单倍体，两者结合发育而成的新个体仍恢复成二倍体。因此，通过减数分裂可保证物种染色体数目的恒定。而且由于在成熟分裂过程中，非同源染色体重新组合、同源染色体的非姊妹染色单体间发生局部交换，从而配子的遗传变异范围扩大，后代对外界环境变化的适应能力也增强。减数分裂由两次分裂组成，其间虽有短暂的间期，但不合成DNA，也不发生染色体复制。减数分裂的特殊过程主要发生在第一次分裂，特别是其前期，持续时间的变化也很大，如人类和许多动物的卵母细胞往往在胚胎时期即已开始减数分裂，直至排卵时仍停留在第一次成熟分裂的早期。

剪接体（spliceosome） 在真核mRNA前体剪接中，由小核RNA（SnRNA如U_1、U_2、U_4、U_5和U_6等）和50余种蛋白质组成的超大分子复合体，参与真核生物内含子的剪切。

睑板腺（tarsal gland） 又称迈博姆腺。位于眼睑纤维层的睑板内，为许多平行排列的分支管泡状的皮脂腺。腺体与睑缘垂直排成单行，导管开口于睑缘，分泌物富含脂肪、脂肪酸和胆固醇，有润滑睑缘和保护角膜的作用。禽无此腺。

简单半抗原（simple hapten） 又称单价抗原。封闭性半抗原（blocking hapten）。一种小分子单一决定簇的半抗原。与蛋白质载体结合后能诱导机体产生相应抗体，所产生抗体与该半抗原载体复合物结合，可出现沉淀反应，而与游离的半抗原结合则不出现沉淀反应，但能封闭抗体，使其不能与半抗原载体复合物结合，从而抑制沉淀反应。如酒石酸、苯甲酸和脱落酸等。

简单蛋白（simple protein） 又称单纯蛋白质。经过水解之后，只产生各种氨基酸的蛋白质。如存在于血浆、卵清和乳清中的清蛋白及一些球蛋白，动物保护组织中的胶原蛋白、角蛋白和弹性蛋白以及谷物中的谷蛋白、醇溶蛋白等。根据溶解度的不同，可以将简单蛋白质分为清蛋白、球蛋白、谷蛋白、醇溶蛋白、组蛋白、精蛋白以及硬蛋白7个小类。

简单扩散（simple diffusion） 物质由高浓度向低浓度的跨膜自由扩散过程。主要决定于膜两侧转运物质的浓度、不须载体介入也不消耗能量。这类物质一般比较疏水，可溶于膜的脂双层中，故易于穿越膜，如类固醇激素、氧、二氧化碳等，而极性强的物质及离子则较难借助简单扩散作跨膜转移。

简单热（simple fever） 体温持续数天升高、昼夜温差在1℃以内，然后恢复到常温或虚脱死亡的热型。其与稽留热的不同在于发热持续时间较短、转归快。在24～36h内恢复常温者则称为短暂热。

碱病（base disease） 慢性硒中毒，主要呈现精神迟钝，贫血，脱毛，蹄冠肿胀，蹄匣畸形、分离及脱落等症状。

碱基（base） 主要是嘧啶碱和嘌呤碱，共有5种：胞嘧啶（C）、鸟嘌呤（G）、腺嘌呤（A）、胸腺嘧啶（T，DNA专有）和尿嘧啶（U，RNA专有）。它们具有共轭双环结构，可通过共价键与核糖或脱氧核糖的1位碳原子相连而形成核苷。核苷再与磷酸结合就形成核苷酸。

碱基互补规律（base mutual complement rule） 在形成DNA双螺旋结构的过程中，由于各种碱基的大小与结构的不同，使得碱基之间的互补配对只能在G-C和A-T之间进行的两两成对的关系。

碱裂解法（lysis by alkali） 一种常用的分离较小质粒DNA（<15kb）的方法。在细菌细胞内，共价闭合环状质粒以超螺旋形式存在，染色体DNA以线性形式存在。当用碱处理时，细菌的线性染色体DNA变性，而共价闭合环状DNA由于拓扑缠绕两条链不会分离。当外界条件恢复正常时，较大的线性染色体DNA难以复性，与变性蛋白质或细胞碎片缠绕在一起，而分子量小的质粒DNA的双链又迅速恢复原状重新形成天然的超螺旋结构，并以可溶状态存在于液相中，从而分离到质粒DNA。该方法用到3种重要的溶液：溶液Ⅰ（50mmol/L葡萄糖、10mmol/L EDTA、25mmol/L Tris-Cl pH 8.0）；现用现配溶液Ⅱ（0.2mol/L NaOH、1.0% SDS）；溶液Ⅲ（5mol/L KAc 60mL、冰醋酸11.5mL、水28.5mL）。用含一定浓度葡萄糖的溶液Ⅰ悬浮菌体，采用碱性SDS（十二烷基磺酸钠）溶液即溶液Ⅱ裂解菌体的细胞壁，使质粒缓慢释放出来。经溶液Ⅱ处理后，细菌染色体DNA会缠绕附着于细胞碎片上，同时由于细菌染色体DNA比质粒大得多，易受机械力和核酸酶等的作用而被切断成大小不同的线性片段。溶液Ⅲ是使质粒DNA复性并与染色体DNA分离，加入后置冰上放置3～5min可以提高质粒DNA的质量和产量。

碱洗净法（alkali-based lotion method） 利用氢氧化钠等碱性物质对硫化氢和低级脂肪酸除臭效果大的特点进行臭味清除的方法。

碱性磷酸酶（alkaline phosphatase，ALP） 在碱性环境下能水解磷酸酯产生磷酸的一组同工酶，存在于骨骼（成骨细胞）、肝脏和肠壁。

碱性染料（basophil dye） 其助色团为碱性原子团（如氨基）的染料。它们对组织和细胞中的酸性物质有亲和力。常用的有苏木精、卡红、硫堇、甲苯胺蓝、沙黄和碱性品红等。

碱中毒（alkalosis） 由于血浆中碳酸氢钠与碳

酸比值大于 20：1 而引发的酸碱平衡紊乱，此时血液的酸碱度可升高。分为两类，即代谢性碱中毒和呼吸性碱中毒。前者是指由于体内碱性物质摄入过多或酸性物质丧失过多而引起的以血浆碳酸氢钠浓度原发性升高为特征的病理过程，在兽医临床上较少见；后者指由于二氧化碳排出过多而引起的以血浆碳酸浓度原发性降低为特征的病理过程，在高原地区可发生低氧血性呼吸性碱中毒，在疾病过程中可因过度通气而出现，但一般比较少见。早期一般无症状，严重时可发生四肢麻木、肌肉痉挛和精神兴奋等症状。

建立诊断（make diagnosis）　临床上对门诊或住院畜（禽）应用适当的检查方法、收集症状资料，并通过逻辑思维最后对疾病的本质做出正确判断的过程。

荐骨（sacrum）　由荐椎在动物一定年龄时愈合形成。略呈三角形，前部为荐骨底，后端为荐骨尖。马、牛、犬棘突发达，可触摸到，牛的并连合成荐正中嵴。横突互相连合，前部扩大成一对荐骨翼，外侧或外上方有与髋骨相连接的耳状关节面；马还有与最后腰椎横突相接的关节面。腹侧面形成盆腔顶壁，略凹或较平（马）。椎体前端的腹侧缘略向下突，称荐骨岬，是骨盆的内测量标志点。椎孔连合而成荐管，前宽后狭。椎间孔则分为成对的荐背侧孔和腹侧孔。

荐结节韧带（sacrotuberous ligament）　骨盆侧壁的韧带。猫无。犬为坚强圆索，从荐骨后端外侧斜向后向下延伸到坐骨结节。在有蹄兽呈阔板状，又称荐结节阔韧带、荐坐韧带，从荐骨侧缘连接于坐骨嵴和坐骨结节，填补骨盆侧壁大部分，仅在坐骨大、小切迹处围成坐骨大孔和小孔，供血管、神经通过。在马、犬坐骨小切迹处还有闭孔内肌腱通过。犬和反刍兽的韧带后缘可触摸到。

荐髂关节（sacroiliac joint）　荐骨两耳状面与两髂骨耳状面间形成的一对紧密关节。关节面扁平，但凹凸不平整。关节囊短而紧，周围加固以短纤维束形成的荐髂腹侧韧带。活动性小，以便站立时将躯干重量传递至后肢，在运动时将后肢的推动力传递至躯干。与关节有关但不直接联系的还有荐髂背侧长和短韧带（从髂骨翼至荐骨侧缘和棘突）以及荐结节韧带。分娩时由于雌激素、松弛素等的作用，骨盆韧带可松弛，便于胎儿通过骨盆。成年公牛荐髂关节常发生生理性关节强直，严重的可影响交配时爬跨。

荐坐韧带（sacrosciatic ligament）　又称荐结节阔韧带。有蹄兽荐结节韧带的别名。

剑带绦虫病（drepanidotaeniasis）　剑带绦虫寄生于鸭、鹅小肠引起的寄生虫病。常见种为矛形剑带绦虫（*Drepanidotaenia lanceolata*），为水禽的大形绦虫，长达 13cm。头节小，链体前部狭窄，向后渐变宽阔，最后的节片宽为 5～18mm，节片的宽度显著地大于长度。中间宿主为多种剑水蚤。患禽食欲减退，常伴有腹泻、消瘦、生长发育不良。可用氯硝柳胺、硫双二氯酚或丙硫咪唑驱虫。

剑突（xiphoid process）　又称剑状突。胸骨的最后胸骨节。较细，后端连接有剑突软骨，家畜的呈圆盘状。剑突和软骨在活体可于胸底壁与腹底壁移行处触摸到。

剑尾鱼（swordtail，*Xiphophorus helleri*）　银汉鱼目（Atheriniformes）、花鳉科（Poeciliidae）常见的一种热带鱼，体长约 13cm，雄鱼尾鳍下叶有一呈长剑状的延伸突起，杂交后代不会出现不育，因此可以应用于基因遗传连锁研究，也可应用于神经科学、黑色素瘤研究。

健康病原携带者（healthy carrier）　过去没有患过某种传染病但却能排出该种病原体的动物。一般认为这是隐性感染的结果，通常只能靠实验室方法检出。这种携带状态一般为时短暂，作为传染源的意义有限，但巴氏杆菌病、沙门氏菌病、猪丹毒和马腺疫等病的健康病原携带者为数众多，可成为重要的传染源。

健胃药（stomachic）　一类能促进唾液和胃液分泌、加强胃肠蠕动、增进食欲、有利于消化与吸收的药物。主要用于食欲不振、消化不良及久病体弱等病症。健胃药可分为：①苦味健胃药，如龙胆、马钱子酊等。②芳香性及辛辣味健胃药，如陈皮、豆蔻、姜、辣椒等。③盐类健胃药，如氯化钠、人工盐等。

渐进性坏死（necrobiosis）　活体内局部组织、细胞由轻度变性开始，经量变到质变的渐进性死亡过程。发生渐进性坏死的组织、细胞，物质代谢逐渐停止，功能不断丧失，并出现一系列形态学改变，是一种不可逆的病理变化。在病理剖检取材时，为了尽量保持组织、细胞生前状态，切取的组织块要立即投入 10%的甲醛等固定液中，目的是使组织、细胞迅速死亡。

腱（tendon）　将肌连接于骨或其他结构的致密结缔组织索。由平行排列的胶原纤维构成，呈圆索状、扁带状或膜状（称腱膜），有的很短不易察觉（称肌性附着）。外包腱外膜，向内分出腱束膜、腱内膜将腱纤维分为次级和初级腱束。血管、神经沿腱束膜穿行，但血管并不丰富，因此断裂时常无明显出血。腱具有很大的抗张力强度，亦有一定弹性，能紧张或松弛，以配合肌的作用。但如受到长期或过度的张力以及摩擦时，亦可发生损伤，因此在腱通过骨突处常垫有滑膜囊或包有滑膜鞘。腱受损伤后可通过其内的成纤维细胞进行再生，由于血液供应少，愈合较慢。

腱反射（tendon refex） 快速牵拉肌腱时发生的牵张反射。表现为被牵拉的肌肉迅速发生一次收缩。如叩击跟腱引起腓肠肌拉长。腱反射的中枢在脊髓，反射弧只包括两个神经元和一次突触传递，反射时短并具有严格的部位局限性，临床上通过检查不同肌肉的腱反射可进行脊髓病变的定位诊断。

腱梭（tendon spindle） 存在于肌腱中的一种本体感受器。呈梭形，外包结缔组织的被囊，囊内有胶原纤维，感觉神经纤维进入囊内后失去髓鞘，其裸露的末梢缠绕在胶原纤维上。腱梭可感受肌腱的张力状态。

腱细胞（tendon cell） 肌腱内形态特殊的成纤维细胞，细胞核长而着色深，顺纤维的长轴成行排列，细胞质甚薄呈翼状环抱着纤维束。

鉴别诊断法（differential diagnosis） 又称排除诊断法。临床症状、体征不具特异性，具有多种疾病的可能性，经深入检查，逐步分析，发现不符之处予以排除，留下1～2个可能进一步证实的诊断方法。

姜片吸虫病（fasciolopsiasis） 布氏姜片吸虫（*Fasciolopsis buski*）感染猪引起的疾病。病原中间宿主为扁卷螺，尾蚴自螺体内逸出，在水生植物上形成囊蚴，后者经口感染猪和人，寄生于小肠。患猪小肠发炎，常有弥漫性出血、溃疡和坏死病变，有腹痛、腹泻、腹水和浮肿等症状，对幼猪危害尤甚。根据流行病学资料、症状和粪检虫卵即可确诊。粪检用水洗沉淀法，虫卵呈卵圆形，有一不明显的卵盖，卵内含胚细胞和卵黄细胞。可用硫双二氯酚、硝硫氰胺或吡喹酮等多种药物驱虫。预防措施包括驱虫、粪便管理、慎喂水生植物等。

浆膜（serosa） 有两种含义：①胚胎期间胎膜的一种。贴在鸟类蛋的壳膜内侧。其胚层构成与羊膜相同，但方向相反，即贴于壳膜内侧的是胚外外胚层，邻近胚外体腔的为胚外中胚层壁层。②在动物成体，被覆于体壁内表面和内脏器官外表面的薄膜。由单层扁平上皮（间皮）组成，来源于胚内中胚层的体壁层和脏壁层。包括胸膜、腹膜、心包膜和睾丸鞘膜。分为2层：浆膜壁层和浆膜脏层。

浆细胞（plasma cell） 淋巴细胞系的一种细胞。由受到抗原刺激的B淋巴细胞增殖分化而来，存在于结缔组织和淋巴组织中，胞体呈圆形或椭圆形，胞质嗜碱性、内有大量板层状排列的粗面内质网。细胞核较小而圆，位于胞体一侧，染色质致密而深染、呈块状，规则地排列在核膜内面，故细胞核呈表盘状或车轮状。它可合成和分泌抗体，是免疫系统的重要细胞成员。

浆液腺泡（serous alveoli） 分泌浆液的外分泌腺的分泌部，如腮腺和胰腺的腺泡。由浆液性腺细胞构成，细胞呈锥形或多边形，核圆，位于细胞中央或略偏于基底部，胞质嗜酸性，内含丰富的粗面内质网和发达的高尔基复合体，顶部胞质中有大量分泌颗粒。

浆液性炎（serous inflammation） 以渗出大量浆液为特征的炎症。浆液色淡黄，因内含少量蛋白、白细胞和脱落细胞成分而轻度浑浊。各种理化因素（机械性损伤、冻伤、烫伤、化学毒物等）和生物性因素等都可引起浆液性炎，是渗出性炎的早期表现，常发生于疏松结缔组织、黏膜、浆膜和肺脏等处。皮下疏松结缔组织发生浆液性炎时，发炎部位肿胀，严重时指压皮肤可出现面团状凹陷；切开肿胀部可流出淡黄色浆液（疏松结缔组织本身呈淡黄色半透明胶冻状）。黏膜的浆液性炎又称浆液性卡他（serous catarrh），常发生于胃肠道黏膜、呼吸道黏膜、子宫黏膜等部位，眼观黏膜表面附有大量稀薄透明的浆液渗出物，黏膜肿胀、充血、增厚。浆膜发生浆液性炎时，浆膜腔内有浆液蓄积，浆膜充血、肿胀，间皮脱落。肺脏浆液性炎，眼观炎区肿胀呈暗红色，肺胸膜紧张、湿润、富有光泽；切面流出多量液体。

降钙素（calcitonin） 由甲状腺滤泡旁细胞（C细胞）合成和分泌的一种多肽类激素，由32个氨基酸组成，分子量为3 500，是机体调节钙磷代谢的重要激素之一。通过对骨、肾和小肠等靶器官钙磷代谢的调节，使血钙浓度降低。作用机制为：主要通过减弱破骨细胞的活动，增强成骨过程，从而减少骨钙的释放；其次是抑制肾小管对钙和磷的重吸收；通过抑制肾小管中1，25-二羟维生素D_3的合成，间接减少小肠黏膜对钙的吸收。

降压反射（depressor reflex） 动脉血压升高，刺激压力感受器引起血压降低的反射。动脉系统中有两对重要的压力感受器，一是颈动脉窦压力感受器，另一为主动脉弓压力感受器。感受器的位置在血管外膜之下。当动脉血压升高，血管被动扩张时，外膜感受器的传入神经末梢受到牵张，产生传入冲动。颈动脉窦的传入神经是窦神经，主动脉弓的传入神经是主动脉神经。冲动经传入神经传至延髓，主要终止于背侧两旁的孤束核，通过中间神经元、兴奋心迷走神经，抑制心交感神经，使心搏减慢，血管外周阻力减小，动脉血压降低。降压反射是一种负反馈调节机制，生理意义在于使动脉血压保持相对稳定。

交叉齿（cross teeth） 先天性颌骨扭转，或严重的剪状齿造成颌骨扭转。往往是造成颌骨骨折的原因。

交叉反应（cross reaction）　血清学试验中抗原与异源血清（针对其他类属抗原或异嗜性抗原的血清）所发生的反应。主要发生在含有共同抗原或相同决定簇的天然抗原之间，血缘关系越近，反应程度越高，常用于血清型和亚型的鉴定。

交叉反应（性）抗体（cross - reacting antibody）能与非对应性抗原结合发生交叉反应的抗体。

交叉复活（cross reactivation）　又称标记拯救（marker rescue），一株活病毒与另一株遗传性相关但具有不同遗传标记的灭活病毒共感染细胞，由于重组而产生具灭活病毒某些遗传标记的活病毒重组体的现象。病毒学研究中利用交叉复活可选择性地获得所需性状的病毒重组体。

交叉感染（cross infection）　微生物在动物之间直接或间接传播而发生的相互感染。主要有空气、飞沫、接触等。

交叉免疫（cross immunity）　机体感染一种病原体或人工接种某一抗原后，形成对同种及另一种病原体或抗原的免疫力。这是由于天然抗原之间存在着共同的抗原成分或共同的抗原决定簇所致。一般血缘越近，交叉免疫的程度越高。

交叉免疫电泳（cross immunoelectrophoresis）凝胶电泳与火箭电泳相结合的一种抗原分析技术。将含有不同抗原成分的待检物在凝胶中点样后进行电泳，使样品中的各种成分泳动于不同的位置。然后将其凝胶片切下，置于含抗体的凝胶板上，以垂直方向进行火箭电泳。由于抗原的移动，抗原抗体在合适的比例下即出现清晰的沉淀峰。可用于分析检样中抗原的类型和相对含量。

交叉耐药性（cross - resistance）　病原体对某些药物产生耐药性后，对其他药物也呈现耐药的现象。已知微生物对化学结构近似的药物如四环素类有完全的交叉耐药性，而对少数化学结构不相似的药物如红霉素与林可霉素也可能产生交叉耐药性。

交叉凝集反应（cross agglutination reaction）　具有共同抗原的两种微生物或细胞能相互被另一抗血清所凝集的现象。如抗鼠伤寒沙门氏菌血清能凝集肠炎沙门氏菌，反之亦然。一般血缘越近，交叉反应的程度也越高。

交叉韧带（cruciate ligaments）　又称十字韧带。关节上连接两骨并呈十字形交叉的两条韧带。见于膝关节（膝交叉韧带）、掌指和跖趾关节（籽骨交叉韧带）和马的蹄关节（蹄软骨蹄骨交叉韧带）。

交叉污染控制（cross contamination control）　屏障动物设施中人流、物流（包括动物）、气流都实行单向流动，清洁区和对应的所谓“污染区”不应出现流向的交叉，达到严格的洁污分割。

交叉吸收试验（cross absorption test）　用交叉反应性抗体或抗原吸收某一抗原或抗体的血清学试验。主要用于有交叉反应细菌或其他颗粒性抗原间的抗原组成分析。

交叉循环（cross circulation）　研究生理功能调控的一种方法。通常借助手术和导管将同种甲乙两个体的颈动脉交叉连接起来，同时把其他所有到达头部的动脉结扎，使甲个体的血液营养乙个体的头部，乙个体的血液营养甲个体的头部，研究当某一个体血液成分或性质改变时对另一个体生理功能的影响。如闭塞甲个体气管引起血中二氧化碳浓度增高、酸度增加通过中枢可引起乙个体呼吸加强、血压升高，而乙个体呼吸加强引起血中二氧化碳浓度下降、酸度降低，反过来又可使甲个体呼吸抑制、血压下降，从而证明血液气体和酸度变化对中枢有直接的作用。

交叉中和试验（cross neutralization test）　一种鉴定病毒血清型和亚型的血清学试验。将A、B二株病毒分别制备抗血清，作同源的（A血清与A病毒）和异源的（A血清与B病毒）中和试验。比较同源和异源两组中和试验的中和价。计算相关值以确定两株病毒间血清学关系。本法亦可用于新分离株的鉴定。

交感紧张（sympathetic tone）　支配心脏的交感神经和支配血管的交感缩血管神经纤维在正常情况下表现的紧张性活动。这种活动起源于心血管中枢神经元的紧张性。而心血管中枢神经元的紧张性则与这些神经元周围环境的化学性质，特别是二氧化碳和氧分压以及酸碱度等因素有关。例如，过度通气使血液二氧化碳分压降低到一定程度时，心血管中枢的紧张性可以显著地降低。

交合刺（spicule）　线虫雄虫的辅助交配器官，位于虫体尾部背侧部的交合刺鞘内，后者开口于尾端部的泄殖腔。一般为两个，系角质构造。每个交合刺的近端部均有肌肉附着，一为缩肌，由交合刺近端部向前延伸，附着于前部体壁上；一为伸肌，由交合近端部向后延伸，附着于肛后部体壁上。伸肌和缩肌的收缩与舒张可以使交合刺自由伸出或缩入泄殖腔口。交合刺起扩展雌虫阴门与阴道的作用，但并非射精器官。不同种雄虫的交合刺形状、长度不同。两个交合刺一般同形同长；有些种的两个交合刺形状不同，长度不同；有的种只有一个交合刺；少数种无交合刺。交合刺的形态与长度亦是分类的重要依据。

交合伞（copulatory bursa）　圆线目线虫雄虫尾部的辅助交配器官，为膜质构造，典型的呈团扇形，自前向后分别由腹肋、侧肋和背肋支撑。腹肋左右各一对；侧肋左右各3根；背肋由左右各一根外背肋和构造不一、数目不等的背背肋组成。肋为肌质构造。有合抱雌虫阴门部的功能。不同种交合伞的形态变化很大，是分类的重要根据。膨结目线虫的交合伞呈钟形，为肌质，是体壁的延伸。

交互神经支配（reciprocal innervation） 机体内某些有明显颉颃性的反射，其反射弧效应器部分神经支配表现的相互协调关系。如伸肌与屈肌，当伸肌反射进行时，支配伸肌的运动神经元兴奋，同时通过抑制性中间神经元引起支配屈肌的运动神经元的抑制。同样，当屈肌反射进行时支配屈肌的运动神经元兴奋又通过抑制性中间神经元引起支配伸肌的运动神经元的抑制。依靠颉颃肌神经支配间的这种相互依存和相互抑制关系，使反射得以顺利实现。

交互抑制（reciprocal inhibition） 机体内某些在生理意义上有明显颉颃性的反射相互之间的协调关系。表现为当某一反射进行时，与其相对的颉颃反射必然被抑制。如吸气与呼气反射、伸肌与屈肌反射、缩血管与舒血管反射等。这是由于支配同一器官或组织的兴奋和抑制神经元在中枢神经系统内通过中间神经元建立了固定的神经联系的缘故。

交换血管（exchange vessel） 又称毛细血管，血液和组织液之间进行水分和各种物质交换的血管。此类血管管壁薄，由单层内皮细胞构成，其外层仅有一薄层基膜，故通透性很高，成为血管内血液和血管外组织液进行物质交换的场所。细胞代谢所需要的营养成分和氧气，通过毛细血管滤出到组织间液而获得。细胞代谢的产物，包括二氧化碳和各种小分子物质，则从组织液吸收回毛细血管静脉端而运出。

交通信号灯法（traffic-light system） 近交系生产群提供使用动物的一种繁殖方法。生产群动物以随机交配方法进行，自繁第一代标记为白色，第二代标记绿色，第三代标记黄色，第四代标记红色，交配代次不超过4代。绿色、黄色、红色的子代全部用于供应，而白色繁殖代要从血缘扩大群或基础群不断供应。生产群动物不得留作种用。

浇泼剂（pour on） 将杀虫药或驱虫药制成透皮吸收的药液，按规定量沿动物背部浇泼使用的制剂。用于驱杀牛皮蝇及虱等外寄生虫，已有蝇毒磷、敌百虫、倍硫磷、氨磺磷等浇泼剂。

胶固（团集）反应（conglutination reaction） 新鲜牛血清能使绵羊红细胞凝集的现象。在新鲜牛血清中除补体外，还有一种天然的抗绵羊红细胞抗体和另一种能促进其凝聚的物质，称为胶固素（conglutinin）。当颗粒性抗原与抗体及补体结合后，在有胶固素存在时，可出现胶固反应。

胶固素（conglutinin） 又称团集素。存在于正常牛血清中一种耐热蛋白质，能与补体C_{3b}结合，使致敏红细胞或其他已与抗体结合的颗粒性抗原发生凝集（团聚），其特性类似抗补体抗体。此外，存在有抗原抗体复合物的动物体内，有一种抗补体C_{3b}的自身抗体，称为免疫胶固素。

胶固素补体吸收试验（conglutinative complement adsorpion test） 用胶固反应代替溶血反应作为指示系统的一种血清学试验，其原理同补体结合试验，只是所用补体为非溶血性补体（马、猪等的补体），指示系统用绵羊红细胞和牛血清混合液。因牛血清中含有天然胶固素和绵羊红细胞的天然抗体。结果判定时，红细胞凝集为阳性，不凝集为阴性。参见胶固反应。

胶囊剂（capsules） 将药物装入空胶囊中制成的固体剂型。主要供内服。硬胶囊剂的空胶囊材料主要为符合药典规定的明胶，供填充固体药物；软胶囊剂的材料为干明胶和增塑剂（甘油、山梨醇等），特点是可塑性强、弹性大。胶囊中除填充固体药物外，还可填充各种油类或对明胶无溶解作用的液体药物。胶囊剂易受温度与湿度的影响，应贮存于阴凉干燥处。

胶片佩章（film badge） 放射线工作者佩带的、内有感光胶片的小型专用暗盒。供放射安全监测使用。使用时像佩章一样夹在工作人员的衣领或上衣上，工作一段时间以后，将此佩章送到专门的部门冲洗测量，根据胶片上的感光密度计算出工作人员在这一段时间里所受到的辐射剂量。

胶乳凝集试验（latex agglutination test） 以聚苯乙烯胶乳颗粒为载体的间接凝集试验。将可溶性抗原吸附在胶乳颗粒上，加入特异性抗体可使之凝集。也可将已知纯化抗体吸附在胶乳颗粒上，以检查抗原。本法可用于传染病的快速诊断。

胶乳凝集抑制试验（latex agglutination inhibition test） 将待检物质（抗原）先与已知抗体反应，抑制后者与对应抗原致敏的胶乳发生凝集反应的一种试验。反之，亦可利用待检物质（抗体）先与已知抗原反应，抑制后者与对应抗体致敏的胶乳发生凝集反应。

胶体金免疫测定（colloidal gold immunoassay, GIA） 用胶体金标记抗原或抗体检测样本中可溶性抗体或抗原的一种免疫测定技术。胶体金是一种良好的载体，能直接包被蛋白质抗原或抗体，包被后的金胶体呈红色或橙色，与相应配体结合后，可出现微小凝集，变为无色。因此可通过肉眼观察或分光光度计测定以判定结果，也可做成诊断试纸条。

鲛口（prognathism、undershot） 又称鲨鱼口。先天性上颌骨短，下颌切齿突出于前方，上下颌骨切齿不能正确咬合，上颌门齿经常损伤下颌软组织，多见于犬，也偶见于马，幼驹有严重鲛口时不能吮乳。可将下颌乳齿全部拔除进行矫正。

角（horn） 某些有蹄类动物头部的坚硬突起物，由角突、真皮和角质套构成。角突由单独的骨化中心形成，后来与额骨突起相愈合；表面多孔，内有腔与额窦连通（犊牛约在 6 月龄时）。角真皮紧密与角突骨膜连合，具有许多乳头，以角根和角尖部较长。角质套由被覆于真皮乳头上的表皮生发层形成的管状角质，与被覆于乳头间区形成的管间角质黏结而成，角质小管与角的纵轴平行。角根部角质薄而较软，与皮肤表皮相移行，又称角根表皮。角质套由于上皮的不断增生和向角尖推移而逐渐增厚，至角尖部成为实体。角质的生长速度与动物的生理状况有关，因而在角根和体常形成粗细相间的厚度，称角轮。角的位置、大小、形态和颜色，因动物种类和品种而有不同。角真皮主要由角神经支配，为三叉神经上颌神经的分支，断角手术可封闭此神经。家畜见于牛、羊，属洞角。鹿角属实角，常仅见于雄性，在生长期包有皮肤，称茸；干固后被磨去而仅剩骨质角突，无角质套；此角突在丧失血液供应后脱落，次年再生新角。

角壁肿（keratoma） 蹄壁内出现的局限性、柱状或圆锥状赘生角质。多发生于前壁或侧壁，起因于真皮冠和真皮壁的局限性炎症，白线裂和蚁洞也是病因。有角壁肿的蹄可见蹄冠创痕、瘢痕角质、角质纵裂等损伤，肉壁及蹄骨伴有萎缩、白线部蹄壁内赘生角质、激烈运动后出现跛行等。治疗方法是剥离异常角质，促进新角质增生。

角化不全（parakeratosis） 皮肤或黏膜的表皮（上皮）细胞角化不完全的一种病理现象。主要发生于猪和犊牛。猪因缺锌、高钙和不饱和脂肪酸等引起；犊牛由缺锌导致。最早出现的变化是棘细胞层肿胀、淋巴细胞和中性粒细胞浸润，此后可见皮肤肿胀、发皱和脱毛。黏膜角化不全主要见于瘤胃黏膜上皮细胞，主要由精料过多、粗料过少、维生素 A 不足等引起。

角化过度（hyperkeratosis） 皮肤或黏膜表面的上皮细胞过度角化的一种病理现象。常发生于牛特别是犊牛，因接触或摄入某种化学物质而致，亦可由病毒引起。犊牛角化过度时，躯干上 2/3 及颈侧皮肤增厚、有皱褶，特别是颌骨角部和颈部发干、变灰、脱毛、发皱，同时口腔、舌、食道、胃等部位的黏膜也发生乳头状增生。

角膜（cornea） 位于眼球前方的无色透明膜，从外向内分为角膜上皮、前基膜、固有层、后基膜和角膜内皮等五层结构。角膜上皮为复层扁平上皮，不角化，无血管，亦无色素细胞。固有层主要由排列规则的胶原纤维构成，含有较多的透明质酸。角膜内有丰富的神经末梢，故感觉敏锐。

角膜混浊（opacities of cornea） 角膜损伤、炎症、溃疡等所形成的瘢痕组织，也可由细胞浸润而产生的病理状态。有的是先天性的。本症常伴有急性炎症、羞明、流泪充血等。由于发生的程度可分为角膜云、角膜斑、角膜白斑。轻症可用甘汞末撒布或结膜下注射可的松及高渗盐水治疗，或试行角膜移植。

角膜皮样肿（corneal dermoid） 又称角膜皮样瘤（corneal dermoid tumor）。角膜先天性异常的一种病变。常在结膜与角膜交界处出现皮样组织，生出被毛。发生在马、牛、犬等动物。疗法是从基部切除。

角膜葡萄肿（staphyloma corneae） 角膜损伤后角膜浑浊变薄，由于眼内压使部分角膜膨隆，虹膜与角膜愈着的一种并发症。原因是感染、外伤、术后并发症、青光眼以及先天性缺陷。症状是虹膜突出，伴有显著疼痛、角膜浮肿、房水浑浊、眼睑痉挛等。治疗除用一般保守疗法外，可作外科整形手术、结膜皮瓣术等。

角膜软化（keratomalacia） 角膜表面浑浊、肥厚、角化或溃疡为其主要症状一种病理状态。多发生于犬，由维生素 A 和维生素 B 缺乏所致。用其他方法治疗无效时，投给维生素 A 显示特异效果。

角膜损伤（corneal wound） 由外伤、热伤、腐蚀等所致的角膜穿孔性或非穿孔性的损伤。程度轻的称为表层角膜炎，角膜全层破裂时从裂孔脱出眼房水、晶体、虹膜，有时玻璃体也脱出。多数情况前房出血，裂孔长时期不能闭锁则前房消失。晶体转位后变为浑浊，晶体囊受到损伤时，特别是幼小动物常被吸收，角膜周边损伤常常伤及睫状体，虹膜睫状体脱出，若整复治愈后，在晶体后面纤维性组织形成，影响视力。治疗原则是还纳眼突出物，角膜缝合，注意感染。

角膜炎（keratitis） 机械性刺激或感染引起的角膜层的损伤或感染性炎症。机械性刺激、细菌、病毒、真菌等均能引起不同程度的角膜炎，此外结膜炎或虹膜睫状体炎也可并发角膜炎。临床表现为角膜失去透明性，角膜表面血管新生，眼前房内渗出物沉积和角膜溃疡等，患眼羞明流泪和明显疼痛。治疗时要除去原因，应用广谱抗生素、灭菌剂，注意防止角膜穿孔。犬的角膜炎以细菌性感染为主，而猫的角膜炎以疱疹病毒或衣原体感染为主。

角皮（cuticle） 线虫体表的覆盖物，并在口、肛门、阴门和泄殖腔等处向内翻转，成为口腔与食道、直肠、阴道和泄殖腔的衬里。角皮是由位于其下层的皮下组织分泌形成的，无细胞成分，但电镜观察证明，它具有复杂的层次结构。角皮上通常有环纹，或有纵脊；有的有深浅不同的刻点、高低不同的凸斑、小刺、小穴和饰带等构造；有的在前部和/或后部形成纵行的侧翼膜；这些都与虫体的运动和附着的稳定性有关。角皮对线虫体型的稳定性也具重要作用。

角腺（horn gland） 山羊的气味腺，为变异的皮脂腺，位于角基部后内侧面皮肤内。见于雌、雄两性。繁殖季节较大，分泌作用增强，特别在雄性。分泌物具特殊膻味，含有己酸等物质。

角蝇（*Lyperosia*） 吸食牛血的一类吸血蝇。扰角蝇（*L. irritans*）侵袭牛，小角蝇（*L. exigua*）侵袭水牛。体长约 4mm，灰色，形态与厩螫蝇相似。成蝇在新鲜牛粪上产卵；成熟的幼虫在较干燥的土壤中化蛹；成蝇围绕牛体飞翔吸血。

铰链区（hinge region） 免疫球蛋白的重链恒定区 CH_1 与 CH_2 之间大约 30 个氨基酸的区域，由 2～5 个链间二硫键、CH_1 尾部和 CH_2 头部的小段肽链构成。此部位与抗体分子的构型变化有关，当抗体与抗原结合时，该区可转动，以便一方面使可变区的抗原结合点尽量与抗原结合，与不同距离的两个抗原表位结合，起弹性和调节作用；另一方面可使抗体分子变构，其补体结合位点暴露出来。免疫球蛋白的铰链区具有柔韧性，主要与该部位含较多脯氨酸残基有关。

酵母（yeast） 根据形态而分的一类单细胞真菌的总称。无分类学意义，在子囊菌亚门、半知菌亚门和担子菌亚门中均有存在。典型的酵母为单细胞、球形或卵圆形，直径 3～15μm。腐生性微生物，发酵糖类能力甚强，有些无糖发酵功能。通常以出芽方式行无性繁殖，而有些行分裂繁殖，并形成假菌丝和菌丝体；也形成孢子行有性繁殖。有些真菌在一般情况下呈菌丝体结构，但在特定条件下呈酵母样，它们不能称为酵母。在固体培养基上，酵母生成奶油样菌落，直径 0.5～3.0μm，一般不产生色素。各种酵母的菌落比较类似，无特征性，无鉴别意义。

酵母双杂交技术（yeast two - hybrid technology） 检测蛋白质与蛋白质相互作用的一种技术。很多真核生物的位点特异性转录激活因子是组件式的，通常具有两个可分割开的结构域，即 DNA 特异性结合结构域（DNA - binding domain，BD）与转录激活结构域（transcriptional activation domain，AD）。转录的起始是由 BD 先识别 DNA 上游激活序列（upstream activating sequence，UAS），并促使 AD 定位在所转录基因上游，AD 与转录复合体其他成分结合后，启动目的基因的转录。DNA - BD 和 AD 可以视为同一蛋白的两个不同功能区域，但他们又可以被分开，当 BD 和 AD 分离后，将失去转录活性；当两者重新结合后又能发挥转录功能，真核生物转录两者缺一不可。如果将要研究的靶蛋白（prey）基因与 AD 基因序列融合，表达一个带有融合蛋白（靶蛋白）的 AD；而同时将另一个诱饵蛋白（bait）的基因与 BD 的基因序列融合，表达一个带有融合蛋白（诱饵蛋白）的 BD；在同一个细胞中表达，靶蛋白与诱饵蛋白如果能够相互作用，才能使 AD 和 BD 结合在一起，形成一个完整的有活性的转录因子，从而激活报告基因的转录表达。检测报告基因的转录表达就可能在体内测定蛋白质的结合作用，具有高度敏感性。缺点：一是假阴性和假阳性都非常高；二是不适用于分析膜蛋白的相互作用。

阶状齿（stepmouth） 异常齿的一种，发生在臼齿，单个臼齿高出齿面水平，由于齿的硬度减弱，出现磨损不全，或拔牙的结果相对应齿缺少磨损机会，生长过长。表现咀嚼困难，营养障碍。治疗方法是将过长的部分剪除，以后定期治疗。

接产（delivering） 为确保母子双方安全而帮助母畜完成正常分娩的过程。分为准备、观察、帮助和护理 4 部分。即临产前要准备好产房、常规的用具、器械和药品、产畜和助产人员的清洁与卫生，静观母畜分娩过程；发现困难或异常，立即检查帮助产出；产后护理母畜和新生仔畜，如断脐、擦干被毛，帮助站立和吮乳等。

接触感染（contact infection） 通过直接或间接接触传染源而造成的感染。接触感染在手术过程中的感染占有重要位置，手术者应给予充分注意。要从下列 3 方面进行预防：手术者的手和手臂体表微生物的灭菌；术部的灭菌；手术器械、手术衣和敷材等的灭菌。前两者常采用机械清洗和化学抗菌药浸泡（手、臂）或涂擦（术部），以达到杀灭皮肤上的全部细菌，而又不损伤皮肤的目的。而后者多用物理的高热灭菌方法。

接骨木中毒（elder poisoning） 家畜误食接骨木茎皮、叶片和浆果后，由其中的树脂油和戊酸等引起的中毒病。临床表现重剧性腹泻和呕吐等症状。治疗宜采用对症疗法。

接合（conjugation） 两个完整的细菌细胞通过性菌毛直接接触，由供体菌将质粒 DNA 转移给受体细菌的过程，是一种有性遗传。细菌通过细胞间的物理接触，在雄性菌（供体菌）和雌性菌（受体菌）之间进行遗传物质的转移。雄性菌（F^+）具有致育因子（F因子），雌性菌（F^-）缺乏F因子，雄性菌和雌性菌通过性菌毛进行交配，F^-菌可获得致育因子而转变成F^+菌。

接合生殖（conjugation）　两个细胞互相靠拢形成接合部位，进行原生质的交换，之后分离，成为两个含有新核的虫体的过程。原生动物的有性生殖方式之一，多见于纤毛虫。

接头（linker）　人工合成的含有特定限制性酶切位点的双链平头DNA小片段（通常为几个碱基对）。将它连接到DNA片段末端，可为DNA片段提供这些限制位点，以便将这些片段克隆进一个载体分子。现常用人工合成的六聚体接头（含有一特定的酶切位点），也可多个六聚体接头连在一起，形成多聚接头（polylinker）。接头可以是限制性内切酶识别位点片段，也可以利用末端转移酶在载体和双链cDNA的末端接上一段寡聚dG和dC或dT和dA尾巴，退火后形成重组质粒，并转化到宿主菌中进行扩增。

街毒（street virus）　从自然界中分离的狂犬病病毒流行毒株。一般来说，其毒力、潜伏期和组织病理变化上存在不同程度的差别，但抗原性相近，主要侵害中枢神经系统，多数毒力较强。

节律性呼吸（rhythmical breathing）　健康动物吸气之后紧接着呼气，每一次呼吸运动后稍有休歇，再开始第2次呼吸，且每次呼吸之间的间隔相等，如此周而复始，有规律的呼吸。

节片（proglottid）　绦虫链体的生殖器官单位。在圆叶目绦虫，节片的分节规律、表面的分节和内部生殖器官单位相一致，有的种每节一套雌雄性器官，有的种每节两套雌雄性器官。在假叶目绦虫，有时在一个虫体的某些部位，体表分节与内部生殖器官单位不一致，内部生殖器官有规律地分为几个单位，而体表却没有分节。

节肢动物门（arthropoda）　虫体两侧对称，身上覆盖着角质的角皮，体分节，附有节肢。分3亚门10纲：①有鳃亚门，多水生，用鳃呼吸，头有触角，包括三叶虫纲和甲壳纲。②有螯肢亚门，水生或陆生，用鳃或肺呼吸，头部无触角，第一对附肢为螯肢，包括腿口纲和蛛形纲。③有气管亚门，多数陆生，用气管呼吸，头部有触角，包括原气管纲、多足纲和昆虫纲。

洁净度等级（cleanliness class）　洁净空间单位体积空气中，以大于或等于被考虑粒径的粒子最大浓度限值进行划分的等级标准。由于涉及测量过程的不确定性，通常要求用不超过3个有效的浓度数字来确定等级水平。

洁净度5级（cleanliness class 5）　空气中≥0.5μm的尘粒数：≥352pc/m³而≤3 520pc/m³；空气中≥1μm的尘粒数：≥83pc/m³而≤832pc/m³；空气中≥5μm的尘粒数：≤29pc/m³。相当于美国宇航局净化室空气洁净度标准的100级，实验动物设施中隔离环境需达到此空气洁净度。

洁净度7级（cleanliness class 7）　空气中≥0.5μm的尘粒数：≥35 200pc/m³而≤352 000pc/m³；空气中≥1μm的尘粒数：≥8 320pc/m³而≤83 200pc/m³；空气中≥5μm的尘粒数：≥293pc/m³而≤2 930pc/m³。相当于美国宇航局净化室空气洁净度标准的10 000级，实验动物设施中屏障环境需达到此空气洁净度。

洁净度8级（cleanliness class 8）　空气中≥0.5μm的尘粒数：≥352 000pc/m³而≤3 520 000pc/m³；空气中≥1μm的尘粒数：≥8 320pc/m³而≤83 200pc/m³；空气中≥5μm的尘粒数：≥2 930pc/m³而≤29 300pc/m³。相当于美国宇航局净化室空气洁净度标准的100 000级，实验动物设施中屏障环境的无害化消毒室可允许此空气洁净度。

结肠（colon）　大肠的中段。肉食兽较短，在腹腔背侧形成肠襻，从右侧起顺次为：升结肠，较短，由回肠口向前行；横结肠，转而由右至左，通过胃与肠系膜根及其动脉之间；降结肠，向后行，入盆腔延续为直肠。其他家畜升结肠较长，形成不同盘曲。猪的升结肠卷曲为外、内双层螺旋襻，可分向心回、中央曲和离心回，呈锥体状占腹腔左半；向心回较粗，与盲肠相连续，具两条纵肌带。牛、羊的转折为3部，与空、回肠一起占据腹腔右半：近襻，与盲肠相连续，形成乙状曲；旋襻，由2（牛）至3（羊）圈的向心回和离心回形成盘状；远襻，形成环状，延续为横结肠。骆驼与牛、羊相似，但升结肠的远襻长而折成5段；降结肠长。马升结肠长而粗大，又称大结肠，转折成双层蹄形襻，占腹腔的腹侧半，在右腹胁以盲结口始于盲肠底，顺次为：右下大结肠、胸骨曲、左下大结肠、骨盆曲、左上大结肠、膈曲、右上大结肠；下、上大结肠分别具有4条和2～3条纵肌带。大结肠各段口径不一，以右下大结肠起始部和骨盆曲最细，右上大结肠后部最大（称结肠壶腹或胃状膨大部），然后急剧缩小为横结肠。马降结肠长，又称小结肠，有两条纵肌带；悬于长的系膜下，与空肠一起占据腹腔左侧的上部。兔升结肠可分大、小结肠两段，前者有3条纵肌带，后者1条；横结肠和细而长的降结肠无纵肌带，内容物结成粪球，常又称前直肠。

结肠小袋虫病（balantidiasis coli）　结肠小袋虫

(*Balantidium coli*) 寄生于猪、犬和人的盲肠和结肠引起的原虫病。小袋虫隶属于纤毛虫纲、旋毛目。虫体大，发育过程有滋养体和包囊两个阶段。滋养体呈卵圆形或梨形，大小为 (30～150) μm×(25～120) μm，包囊为球形或卵圆形，直径为 40～60μm。宿主因摄食包囊而受感染；包囊内虫体逸出变为滋养体，进入大肠寄生，以横分裂法繁殖。对猪致病性不强，但当宿主消化功能紊乱或其他原因致肠黏膜受损时，虫体便侵入黏膜而引起严重的肠炎或溃疡。对人和其他灵长类可能引起腹泻或痢疾，有时结肠和直肠黏膜肌层发生溃疡。诊断可用粪便检查法或刮取病料法查找虫体。可用土霉素、金霉素、卡巴胂或灭滴灵治疗。搞好厩舍环境卫生和消毒是预防的重要环节。

结缔绒毛膜胎盘 (syndesmochorial placenta) 子宫内膜上皮被侵蚀，胎儿绒毛膜直接和子宫内膜上皮下方的结缔组织相接触的一种胎盘类型。胎儿与母体的物质交换只要经过 5 层，即胎儿血管内皮、间充质、绒毛膜上皮以及母体结缔组织和血管内皮。牛和羊等反刍动物的子叶胎盘属于此类。

结缔组织 (connective tissue) 四大基本组织中分布最广、形态多样、机能复杂的一种组织，由细胞、纤维和基质构成。广义的结缔组织包括固有结缔组织、血液和淋巴、软骨和骨组织。通常所说的结缔组织仅指固有结缔组织。结缔组织的功能包括支持、连接、保护、营养、防御和修复等。

结构基因 (structural gene) 可被转录为 mRNA，并被翻译成各种具有生物学功能的蛋白质的 DNA 序列。

结构域 (structural domain) 在较大的蛋白质分子里，多肽链的三维折叠常常形成两个或多个松散连接的近似球状的三维实体。如免疫球蛋白有 12 个结构域（重链上有 4 个，轻链上有 2 个）。结构域是大球蛋白分子三级结构的折叠单位。结构域可以有独立的功能。

结合蛋白 (complex protein) 蛋白质和非蛋白质两部分组成，水解时除了产生氨基酸外，还产生非蛋白组分。非蛋白部分通常称为辅基，是结合蛋白发挥生物学功能必不可少的组分。根据辅基种类的不同，可以将结合蛋白质分为核蛋白、糖蛋白、脂蛋白、磷蛋白、黄素蛋白、色蛋白以及金属蛋白。

结合抗原 (conjugated antigen) 将半抗原连接于载体蛋白上形成的人工抗原 (artificial antigen)，能刺激机体产生抗半抗原抗体和抗载体蛋白的抗体。

结合酶 (conjugated enzyme) 除了需要蛋白质外还需要非蛋白质小分子物质才有催化活性的一类酶。如乳酸脱氢酶、细胞色素氧化酶等。其基本组成成分除蛋白质部分外，还含有对热稳定的非蛋白质有机小分子以及金属离子。蛋白质部分称为酶蛋白；有机小分子和金属离子称为辅助因子。酶蛋白与辅助因子单独存在时，都没有催化活性，只有两者结合成完整的分子时，才具有活性。

结合物 (conjugate) 2 个或 2 个以上分子以共价键连接起来的复合物，在免疫上专指已标记酶、荧光素或同位素的抗体。

结合性钙 (combining calcium) 血清中非扩散性钙和扩散性非游离钙的合称。

结核病 (tuberculosis) 结核分支杆菌复合群引起人畜的一种慢性传染病。病原主要有牛、人、禽 3 型。此外，还有冷血动物型和鼠型。形态稍有差异，抗酸性染色。奶牛易感，也见于其他动物及人。通过呼吸道、消化道或生殖道感染。受害部呈增生性或渗出性炎症，慢性经过，由于患病器官不同，症状有所差异。病变为多种组织器官形成肉芽肿、干酪样、钙化结节。诊断根据结核菌素变态反应及剖检特点，配合细菌学检查作出确诊。采用综合性措施，加强检疫，培育健康群，幼畜可用卡介苗预防接种防制本病。选用异烟肼、对氨基水杨酸、环丝氨酸等进行治疗有效。

结核菌素 (tuberculin) 自抗原性优良的结核分支杆菌菌株培养液中提取的用以诊断结核病的蛋白质或蛋白质混合物。有哺乳动物型结合菌素和禽型结核菌素 2 种，前者用人型菌株或牛型菌株制备，以诊断人型或牛型菌感染；后者用禽型菌株制造，用于诊断禽型菌感染。按制备方法的不同结核菌素又分为 3 种：①旧结核菌素。将菌株的甘油肉汤培养物经高压杀菌、滤过、加热浓缩至 1/10 量制成，其所含活性物质较低、非特异性物质较多、批间存有差别；②加热浓缩合成培养基菌素。制法与旧结核菌素相似，不同处是用不含蛋白的合成培养基培养，非特异性物质明显减少；③提纯结核菌素。于不含蛋白质合成培养基培养的菌滤液内加入三氯醋酸，使菌蛋白沉淀制成，其特异性和准确率均高。3 种结核菌素在 2～15℃冷暗处保存，有效期 5 年。

结核菌素反应 (tuberculin reaction, TR) 以结核菌素进行的试验所出现的反应，包括各种结核菌素试验 (tuberculin test) 以及结核菌素休克反应 (tuberculin shock reaction)。

结核菌素试验 (tuberculin test) 将旧结核菌素或纯蛋白衍生物 (PPD) 给人或动物点眼或皮内注射后，出现的一种迟发型超敏反应试验。局部出现炎性反应者判为阳性。阳性者表明过去或现在接触过结核杆菌，但并不一定意味着有活动性结核。本试验也用于检查卡介苗接种对象及观察其接种效果。

结节（tuber）　骨上基部较宽的钝形隆起。小的称小结节。

结膜（conjunctiva）　位于眼球表面和眼睑内表面的一层薄而透明、富有血管的膜。可分为立方上皮层和固有层。按其覆盖部位分为球结膜和睑结膜。位于睑结膜和球结膜之间的窄隙称为结膜囊。

结膜炎（conjunctivitis）　结膜的急性或慢性炎症。各种家畜均可发生，发生的因素有机械性的（笼头不适合、眼睑内、外翻），化学性的（厩舍不卫生、尿分解产物），寄生虫的及微生物的（衣原体、支原体、立克次体等），以及饲料中缺乏维生素A。也可作为全身性疾患的症候之一。结膜炎的基本症状是充血和渗出，渗出物分浆液性、黏液性、纤维素性和化脓性，在炎症的刺激下还可出现滤泡增殖。病畜均有不同程度的羞明、流泪、充血、肿胀和热痛等症状。

结石性血尿（calculus erythrocyturia）　肾脏或尿路结石所引起的血尿，见于肾结石、输尿管结石、膀胱结石、尿道结石等。

睫状体（ciliary body）　眼球壁血管膜最厚的部分，界于虹膜与脉络膜之间。在马和牛，睫状体约有100条辐射状突起的皱襞，称睫状突。突上发出睫状小带连于晶状体。睫状体内的平滑肌称睫状肌，收缩时可使睫状体突出，睫状小带松弛，晶状体变厚，近物得以明视。睫状体含丰富的血管，是产生房水的场所。睫状体上皮分为两层，外层由色素细胞组成，内层由非色素细胞构成。非色素细胞顶部侧壁通过发达的紧密联结而互相结合，形成血房水屏障（blood aqueousbarrier）的主体结构。该屏障选择性地限制血管与眼内的物质流通。

截短侧耳素类（pleuromutilins）　由侧耳菌（*Pleurotus mutilus*，*P. passeckerianus*）产生的一类二萜烯类抗生素，目前以其为基础已半合成系列衍生物。目前已经广泛应用于临床的有泰妙菌素、沃尼妙林和瑞他莫林（retapamulin）3种，其中泰妙菌素和沃尼妙林为兽医专用抗生素。本类药物的抗菌作用和抗菌谱与大环内酯类相似，能选择性地结合到细菌核糖体的50S大亚基上，抑制细菌蛋白质合成。能有效抑制革兰阳性菌，尤其以葡萄球菌、链球菌最为明显，同时对密螺旋体、支原体感染也有很好的抗菌活性。

截胎术（embryotomy）　通过产道对子宫内胎儿进行切割或肢解的一种助产术。采用该助产术可将死亡胎儿肢解后分别取出，或者把胎儿的体积缩小后拉出。主要适用于胎儿死亡且矫正术无效的难产病例，包括胎儿过大、胎向、胎位和胎势严重异常等。若胎儿活着、母畜体况尚可，建议做剖宫产。截胎术分皮下法和开放法。皮下法亦称覆盖法，是在截断胎儿骨质部分之前首先剥开皮肤，截断后皮肤连在胎体上，覆盖骨质断端，避免损伤母体，同时还可以用来拉出胎儿。开放法亦称经皮法，是由皮肤直接把胎儿某一部分截掉，不留皮肤，断端为开放状态。在临床上，开放法因操作简便，应用较为普遍，如果有线锯、绞断器等截胎器械，宜采用此法。

截瘫（paraplegia）　脊髓某段的损伤造成相应节段以后运动和感觉的损害或丧失，引起躯体两侧的对称性瘫痪。常以躯体的某一部位为横截面，其后的肢体发生瘫痪。多由双侧皮质脊髓束损害引起，少数由双侧皮质运动区或双侧内囊、脑干中的皮质脊髓束受损所致。常见于脊髓损伤、急性脊髓炎、砷中毒、脊髓肿瘤等。

截指（趾）术（amputation of digits）　偶蹄动物的一侧蹄或冠关节及第二、三指骨、腱和韧带发生坏死性炎症，经保守疗法无效，为防止扩散采用本手术。患指在上侧卧保定，传导麻醉配合镇静剂，系关节上方装止血带，自第一指骨背腹两侧作直线切皮，再向两侧横切作成两个皮瓣，掀开皮瓣切断十字韧带，在系骨的上半部用锯从外上向内下切断指骨、或从关节部断离，结扎大血管，解除止血带，皮肤间断缝合，包扎绷带，外涂松馏油，8～12d拆线。

解毒（detoxification）　又称生物失活（biological deactivation）。化学毒物经过生物转化后毒性减弱或消失的过程。

解毒药（antidote）　具有阻止毒物吸收和缓解毒效等作用的药物。分为一般性解毒药和特异性解毒药。前者按其作用方式的不同，分为物理性解毒药和化学性解毒药两类。物理性解毒药有：吸附药如活性炭等；黏膜保护药如淀粉糊、蛋清、牛奶等；沉淀剂如鞣酸溶液。化学性解毒药有：氧化剂如高锰酸钾；中和剂如醋酸溶液、氢氧化铝凝胶、碳酸氢钠溶液等；沉淀剂如碘酒水溶液、硫酸铜水溶液等。特异性解毒药见专条。

解偶联剂（uncoupler）　破坏呼吸链电子传递过程中建立的内膜内外质子电化学梯度，使ATP生成受到抑制的物质。解偶联作用中由于底物氧化释放的能量不能以ATP的形式利用而以热的形式散发，结果使动物的体温升高，有些解热药物，如阿司匹林就有这种作用。

解偶联作用（uncoupling）　某些物质如2，4-二硝基苯酚（2，4-dinitrophenol，DNP）能够解除底物脱氢氧化与ADP磷酸化的偶联过程，即对呼吸链的电子传递没有抑制作用，但抑制磷酸化作用，把这种电子传递过程与储能过程分开的现象。

解热镇痛药（antipyretic analgesic） 兼具解热和镇痛作用的药物。其中大多数药物还有消炎和抗风湿作用，主要通过抑制中枢神经系统和外周组织前列腺素的合成而产生解热、镇痛和抗炎作用，对镇痛作用只能解除弱到中等度的疼痛。根据化学结构分为4类：① 苯胺类，如非那西汀、醋氨酚等；② 吡唑酮类，如氨基比林、安乃近、保泰松等；③ 水杨酸类，如阿司匹林、水杨酸钠；④ 新型消炎镇痛药，如消炎痛、甲灭酸、异丁苯丙酸及布洛芬、优洛芬等。

介入性超声检查法（interventional ultrasonography） 现代超声医学的一个分支，是在超声显像的基础上发展起来的一门新技术，在介入性放射学中占有重要地位。介入性超声的范畴可概括为3个方面：①在实时超声的监视或引导下，借助于某些操作如穿刺活检、抽吸、插管造影等获得诊断；②在实时超声的监视或引导下，通过抽吸、注药治疗、置管引流等操作，完成某些治疗；③将超声探头置入体内，以完成各种特殊诊断和治疗的术中超声及体腔内超声、导管超声。应用介入性超声可以避免某些外科手术，从而达到与手术相媲美的效果。

介入性放射学（interventional radiology） 又称手术放射学。诊断放射学发展的一个新领域，其特点是采用各种特制的穿刺针、导管和栓塞材料，由放射科医师负责操作，将体内组织器官病变先诊断清楚，再进行治疗，使影像诊断和治疗结合起来。

介水传染病（water - borne infection disease） 又称水性传染病。通过饮用或接触受病原体污染的水而传播的疾病。(1) 流行原因有2个方面：①水源受病原体污染后，未经妥善处理和消毒即供饮用；②处理后的饮用水在输配水和贮水过程中重新被病原体污染。地面水和浅井水都极易受病原体污染而导致介水传染病的发生。(2) 病原体主要有3类：①细菌，如伤寒杆菌、副伤寒杆菌、霍乱弧菌、痢疾杆菌等；②病毒，如甲型肝炎病毒、脊髓灰质炎病毒、柯萨奇病毒和腺病毒等；③原虫，如贾第氏虫、溶组织阿米巴原虫、血吸虫等。它们主要来自人粪便、生活污水、医院以及畜牧屠宰、皮革和食品工业等废水。(3) 流行特点：①水源一次严重污染后，可呈暴发流行，短期内突然出现大量病例，且多数病例发病日期集中在同一潜伏期内，若水源经常受污染，则发病者可终年不断；②病例分布与供水范围一致，大多数病例都有饮用或接触同一水源的历史；③一旦对污染源采取处理措施，并加强饮用水的净化和消毒后，疾病的流行能迅速得到控制。

疥螨病（sarcoptic acariasis） 疥螨属（*Sarcoptes*）的螨寄生于人、犬、猫、家畜、多种野生动物引起的皮肤病。疥螨属隶属于疥螨亚目（Sarcoptiformes）疥螨科（Sarcoptidae），不同变种寄生于不同家畜。①猪疥螨（*Sarcoptes scabiei* var. *suis*），常发生于眼圈、颊部和耳等处。②山羊疥螨（*S. scabiei* var. *caprae*），寄生于嘴唇、鼻面、眼圈及耳根部，严重时可扩展至胸腹部。③绵羊疥螨（*S. scabiei* var. *ovis*），发生于嘴唇上，口角附近，鼻边缘及耳根部。④马疥螨（*S. scabiei* var. *equi*），多发于头、颈部及体侧，可蔓延到肩、背部。⑤牛疥螨（*S. scabiei* var. *boris*），多局限于头部和颈部。⑥犬的疥螨病以耳缘、肘后、跗关节后及尾部为主。⑦兔疥螨（*S. scabiei* var. *cuniculi*）寄生于嘴、鼻周围及脚爪。寄生于各种动物的螨形态相似难以区别。虫体呈圆形，体长0.2～0.5mm，口器短，呈半圆形。足短粗，雄虫第一、二、四对足，雌虫第一、二对足有带柄吸盘。寄生于表皮深层的虫道内。由于虫体的刺激引起剧痒，皮肤擦伤后形成痂皮；日久皮肤增厚，出现皱褶或龟裂，被毛脱落。对猪、山羊和兔危害严重。采用检查螨的方法发现虫体即可确诊。常用药物有双甲脒、有机磷类、菊酯类药物和伊维菌素。防治措施主要包括保持圈舍干燥，避免畜群拥挤，给予全价饲料，隔离感染动物等。

疥螨属（*Sarcoptes*） 隶属于疥螨科（Sarcoptidae），寄生于人和动物。寄生于人体的疥螨为人疥螨（*Sarcoptes scabiei*），其他动物寄生的疥螨均是人疥螨的变种。疥螨体形很小。成虫卵圆形，呈乳白或浅黄色，龟形，背面隆起，腹面扁平。雌螨体长0.3～0.47mm，雄螨体长0.19～0.24mm。疥螨的全部发育过程均在动物体上，包括卵、幼螨、若螨、成螨4个阶段。其中雄螨为1个若虫期，雌螨为2个若虫期。疥螨的整个发育过程为8～22d。疥螨的口器为咀嚼式，在宿主的表皮内挖隧道，以角质层组织和渗出的淋巴液为食，在隧道内发育和繁殖而引发疥螨病。

金黄色葡萄球菌（*Staphylococcus aureus*） 一类高度耐盐的革兰阳性球菌，固体培养基上生长者，显微镜下观察菌体排列成葡萄串状，脓汁和液体培养基中细菌呈双球或短链排列，无芽孢和鞭毛，个别形成荚膜。在普通琼脂培养基上生长良好，形成湿润、光滑、隆起的圆形菌落，直径1～2mm，有时可达4～5mm。血平板上生长更佳，致病菌株呈现明显的β溶血。抗原构造较复杂，含有多糖及蛋白质两类抗原。抵抗力较强，能在干燥脓汁或血液中存活数月，80℃ 30min可杀死，煮沸迅速死亡，对多种抗生素产生耐药性。毒力因子主要包括酶和毒素，可引起化脓性炎症和毒素性疾病。

金霉素（aureomycin） 又称氯四环素。四环素类抗生素。得自金色链霉菌（*Streptomyces aureofaciens*）的培养液，常用其盐酸盐。抗菌作用与土霉素相似。因刺激性强，现已不用于全身感染，多作为外用制剂和饲料药物添加剂。

金雀花中毒（hroomtops poisoning） 家畜误食金雀花植株后由其所含金雀花碱（cytisine）和鹰爪豆碱（sparteine）等生物碱所引起的中毒病。临床表现为交感神经节和运动神经末梢麻痹，心脏活动受抑制等。防治可按生物碱中毒急救方法进行处理。

金属蛋白（metalloprotein） 含有一种或多种金属的结合蛋白。如铁蛋白、铜蓝蛋白。还有一些酶的非蛋白部分是金属离子，如细胞色素氧化酶含有铁和铜，黄嘌呤氧化酶含有钼和铁，常称之为金属酶。金属离子与维持蛋白质的空间构象和执行其特定的生物学功能有关。

金属和类金属毒物（metal and metalloid toxicant） 一类与机体的蛋白质、肽、氨基酸、核酸或脂肪酸等生物成分结合而呈现毒性的金属和类金属。危害较大的有汞、镉、铅、钼、铜、砷、硒等。可引发动物不同症状的中毒病，如羊慢性铜中毒的溶血危象，牛钼中毒的地方性腹泻，牛铅中毒的行为异常，牛慢性硒中毒的蹒跚病及犬、猫有机汞中毒的中枢神经兴奋等。

金属音（metallic sound） 又称矿性音。音调高朗、音响脆亮、持续时间较长的叩诊音，类似敲打金属容器或金属板所发出的音响或钟鸣音。肺部有较大的空洞且位置浅表、四壁光滑而紧张时，叩诊会发出金属音。气胸或心包积液、积气同时存在而达一定紧张度时叩诊亦可发出金属音。

金蝇（chrysomyia） 双翅目寄（生）蝇科的一类引起伤口蛆症的蝇。本属含多个种，大多为肥壮、中等大小的蝇，带光亮的金属样青绿色泽。

金鱼溃疡病（goldfish ulcer disease） 金鱼的一种皮肤感染，病原为杀鲑气单胞菌。多发生于频繁运输的金鱼，表现为体表皮肤溃疡及坏死。治疗时可局部消毒伤口，并配合给予抗生素。

筋膜（fascia） 包裹肌肉、肌群和全身肌肉的结缔组织膜。可分浅、深筋膜。浅筋膜为疏松结缔组织，位于皮下，又称皮下筋膜，主要起连接皮肤的作用，与皮下层无分界；皮肌包于其内，皮下脂肪也积贮于此层。深筋膜为致密结缔组织，直接包于骨骼肌之外，可分为数层，并可分出肌间隔包裹和分隔各肌而附着于骨，其纤维多与肌的长轴相垂直，以固定和维持肌的位置。深筋膜在四肢腕部、跗部和指（及趾）部可局部增厚，形成支持带和环状韧带以约束肌腱；在滑膜鞘外可形成腱纤维鞘。在深筋膜以内或深筋膜间，常形成填充疏松组织的筋膜间隙。分布于体腔壁内面的结缔组织形成浆膜下筋膜，如胸内筋膜、腹横筋膜等。深筋膜在病理发生过程中有保护作用，如限制炎症扩散和脓液蔓延。

紧密连接（tight junction） 又称闭锁小带、结合小带。为封闭连接的典型代表，它将相邻细胞质膜密切地连接在一起，可阻止可溶性物质从上皮细胞层一侧扩散到另一侧。光镜下小肠上皮细胞之间的闭锁堤就是紧密连接部分的部位。冷冻断裂复型技术显示，紧密连接是由围绕在细胞四周的焊接线（嵴线）网络而成，而嵴线实际是由成串排列的特殊跨膜蛋白组成，相邻细胞的嵴线互相交联封闭了细胞之间的空隙。上皮细胞层对小分子的封闭程度直接与嵴线的数量有关，如肾小管上皮之间紧密连接的嵴线只有 1～2 条，胰腺腺泡细胞为 3～4 条，而小肠上皮细胞多达 6 条以上。

锦纶筛兜集卵法（nylon screen concentration method） 检查粪便虫卵的一种方法。适用于中等大小（横径 60μm 以上）和大型虫卵。取粪便 10g，加水搅匀，先通过 100 目铜筛过滤，滤液再通过 260 目锦纶筛兜过滤，并加水在锦纶筛兜内冲洗，直至洗出的液体清朗透明为止。而后挑取筛兜内粪渣，在显微镜下检查。

进境动物检疫（entry animal quarantine） 对引进动物如马、牛、羊、猪、禽类、犬、猫，以及胚胎、精液、受精卵等动物遗传物质时按规定履行的入境检疫手续。包括检疫审批、境外产地检疫、报检、现场检疫、隔离检疫、实验室检疫、检疫放行和处理等程序。

近分泌（juxtacrine） 又称并置分泌。一种涉及细胞—细胞联系的生长调控和细胞通讯机制。正常分泌的膜结合型生长因子与邻近细胞上的受体结合，然后由膜结合型生长因子启动与可溶性因子相同的反应。因此，这种调控方式在具有空间限制的发育过程中发挥重要作用。

近交品系命名法（inbred nomenclature） 为使所有近交品系动物有一个公认的科学命名而制定的法则。近交品系的命名由国际实验动物委员会领导下的小鼠遗传标准化命名委员会（Committee on Seanctardized Genetic Nomenclature for Mice）管理。主要管理近交小鼠的命名，其他近交系动物命名借鉴于它。命名一般以一个或几个大写英文字母或加入一些阿拉伯数字表示，已广泛使用的国际著名品系不受此限。繁殖代数用括号内 F 后数字表示，对以前代数不清楚可用括号内 F? 加目前已知代数数字表示，如：A（F_{78}）、AKR（F? ＋25）等。国际公认近交系小鼠可用缩写，常用缩写有 AKR 的 AK、CBA 的 CB、C_3H 的 C_3、C_{57}BL 的 B 等。

近交衰退（inbreeding depression） 近交会造成基因位点上纯合率提升，丧失了其祖先基因的杂合状态，导致其生理稳定性降低，对外界因素敏感性增加，抵抗力减弱，生育力和生活力降低。

近交系（inbred strain） 经连续 20 代以上全同胞兄妹或亲子交配培育而成，品系内所有个体都可追溯到起源于第 20 代或以后代数的一对共同祖先，其近交系数应大于 99%。这一定义是针对啮齿类动物而规定的。对很难进行长期近亲交配的其他动物，则把血缘系数达 80%以上者（相当于连续 4 代兄妹交配）称为近交系。近交系动物具有基因性相同、基因高纯合性、遗传稳定性、表现型均一性、遗传特性可辨性、品系独特性等特征，已成为用量最多的实验动物种类之一。

近交系数（coefficient of inbreeding） 个体由于近交而造成异质基因减少时同质基因或纯合子所占的百分比，表示个体基因的纯化程度。近交系数可以衡量产生个体所结合的两个配子在遗传上的相似程度，即近交的遗传效应。近交系数用符号 F 代表，以 0～1 的尺度来表示，F＝0 为完全杂合，F＝1 则达到理论上的完全纯合。Feiconer（1960）研究指出，全同胞兄妹交配前 4 代近交系数上升率分别为 28%、17%、20%、19%，从第五代开始，每代上升率恒定为 19.1%，提出一个计算公式 $Fn=1-(1-\Delta F)^n$。式中 ΔF 为近交系数上升率，n 表示近交代数。由此可计算第五代后的近交系数。近交系数还可用公式：$Fx=\sum\left(\frac{1}{2}\right)^{n+n'+1}(1+F_A)$ 计算，式中 Fx＝X 动物的近交系数，n＝由 X 的父亲至共同祖先的世代数，n′＝由 X 的母亲至共同祖先的世代数，F_A＝共同祖先 A 的近交系数。

近指（趾）节间关节（proximal interphalangeal joint） 由近指（趾）节骨与中指（趾）节骨形成。肉食兽的该关节在站立时略屈曲，而隆起于指（趾）部背面。具有侧副韧带和关节囊。有蹄兽的又称冠关节（pastern joint），站立时处于伸展状态，除侧副韧带外，还具有两对掌侧（跖侧）韧带，马尚有近籽骨直韧带通过，在支持体重时均可限制其过伸。牛在两近指（趾）节骨之间有交叉纤维形成近指（趾）间韧带，限制两指（趾）过分张开。羊无此韧带。

浸膏剂（extracts） 将药材浸出液浓缩而成的固体或半固体剂型。呈粉状或膏状。除特别规定外，1g 浸膏剂相当于 2～5g 原药材。半固体浸膏称稠浸膏剂，含水 15%～20%；固体浸膏称干浸膏，含水约 5%。用于配制散剂、片剂、丸剂、软膏等制剂。易吸湿或失水硬化。

浸剂（infusum） 中草药加水浸泡而成的制剂。临用前配制，以免霉变。

浸润麻醉（infiltration anesthesia） 局部麻醉的一种。将局部麻醉药注入到皮下或深层组织，阻滞神经末梢，从而产生局部无痛。浸润麻醉可沿手术切口预定线，直线浸润，有时从两个以上点刺入，向不同方向给药，形成菱形、扇形、多边形浸润，在临床外科摘除某种新生物时，常采用基底浸润麻醉。浸润麻醉用药为 0.25%～1%盐酸普鲁卡因或利多卡因。

浸烫（scalding） 带皮猪和家禽屠宰加工的一个工序。①猪的浸烫：放血后的猪入烫毛池内进行浸烫，这是目前我国猪屠宰浸烫烟毛普遍采用的一种方法。烫池水温应保持在 58～60℃，6～8min。冬季烫池水温应酌情升高 1℃。浸烫时注意掌握水温和时间，防止"烫生"和"烫老"。②家禽的浸烫：加工肉用仔鸡时，浸烫水温为 58～60℃，散养土种浸烫水温为 61～63℃，鸭、鹅的浸烫水温为 62～65℃。浸烫时间一般控制在 30～90s。应严格控制浸烫水温和浸烫时间，水温过高会烫破皮肤，使脂肪熔化，水温过低则羽毛不易脱离。

禁宰（unfit for slaughter，prohibition of slaughter） 畜禽宰前检疫的一种处理结果。对于患有危害性大而且目前防治困难的疫病，或急性烈性传染病，或重要的人兽共患病，以及国外有而国内无或国内已经消灭的疫病的动物，禁止屠宰，按下述办法处理：①经宰前检疫确诊为口蹄疫、猪水疱病、猪瘟、非洲猪瘟、高致病性猪蓝耳病、非洲马瘟、牛瘟、牛传染性胸膜肺炎、牛海绵状脑病、痒病、蓝舌病、小反刍兽疫、绵羊痘和山羊痘、高致病性禽流感、新城疫等疫病时，禁止屠宰，禁止调运畜禽及其产品，采取紧急防疫措施，并向当地农牧主管部门报告疫情。病畜禽和同群畜禽用密闭运输工具送至指定地点，用不放血的方法扑杀，尸体销毁。②经宰前检疫确诊为炭疽、鼻疽、狂犬病、羊快疫、羊肠毒血症、肉毒梭菌中毒症、羊猝狙、绵羊梅迪/维斯纳病、山羊关节炎脑炎、马传染性贫血病、猪痢疾、猪囊尾蚴病、急性猪丹毒、钩端螺旋体病、布鲁菌病、结核病、鸭瘟、兔病毒性出血症、野兔热等疫病时，应扑杀后销毁。

经裂（meridinal cleavage） 卵裂时，分裂面从动物极到植物极，与卵的赤道面垂直的卵裂方式。

经卵传播（transovarial transmission） 子代所带病原体系由母代经卵传递而来的传播方式。

惊厥 (eclampsia) 又称搐搦 (convulsion)。全身肌肉的强烈性阵发性痉挛。惊厥时全身肌肉紧张，收缩力强，幅度大，速度快，持续时间长。见于癫痫、尿毒症、青草搐搦等。

晶状体 (lens) 眼球内的重要屈光装置，呈双凸透镜状，睫状小带将其悬吊于睫状突上，位于虹膜与玻璃体之间。主要由晶状体纤维构成，纤维与表面平行排列。晶状体前面有单层立方上皮覆盖，内面无上皮。最外面包着一层透明而有弹性的被膜，内无血管和神经。晶状体的厚度随睫状小带的张弛而变化，从而调节视焦。

晶状体基板 (lens placode) 覆盖于视泡外面的表面外胚层在视泡的诱导下，增生加厚形成的板状结构。

晶状体泡 (lens vesicle) 晶状体基板向视杯内凹陷并逐渐闭合，最后与表面外胚层分离形成的泡状结构。它将发育成晶状体。与晶状体泡相对的表面外胚层将分化为角膜上皮。

精氨酸 (arginine) 含胍基的碱性脂肪族氨基酸，简写为 Arg、R。生糖必需氨基酸。在动物体内可与脯氨酸、鸟氨酸、谷氨酸互相转变，是尿素生成的前体物和合成肌酸的原料之一，在体内不能足量合成以满足动物生长的需要。

精氨酸酶 (arginase，ARG) 水解精氨酸生成尿素和鸟氨酸的酶，为哺乳动物肝中鸟氨酸循环合成尿素的重要酶之一，主要存在于肝脏。

精阜 (seminal colliculus) 雄性尿道盆部背侧壁黏膜在距尿道内口不远处的圆形隆起。向前延续的黏膜襞为尿道嵴。上有一对缝状小孔，为输精管（犬、猫等）或射精管（马、反刍兽等）的开口。射精管为同侧输精管与精囊腺导管合并后的短管。猪输精管和精囊腺导管则分别开口。精阜两侧和后方的尿道黏膜上分布有若干小孔，为前列腺导管开口。

精卵质膜融合 (sperm - oocyte membrane fusion) 受精时精子质膜和卵子质膜融合的过程。

精密度 (precision) 在残留分析中，在限定条件下，用某种分析方法重复测定同一均质样品所得测定值的一致程度，可体现分析结果的重复性 (repeatability) 和重现性 (reproducibility)。在样品分析过程中，方法的精密度通常以变异系数 (coefficient of variation，CV) 来表示。

精母细胞瘤 (spermatocyte tumor) 起源于睾丸原始生殖细胞的一种肿瘤。见于雄性犬、马、鹿、山羊和牛等。睾丸组织内肿块呈结节状，切面分叶，灰白色或淡红色，有一定光泽，可挤出奶样液体，瘤组织常发生出血或坏死。镜下瘤细胞大，呈圆形或多边形，胞浆丰富，略嗜碱或嗜酸性；核大，分裂象多。瘤细胞排列成片状、条状或管状，间质中纤维组织较少。

精囊腺 (vesicular gland) 雄性副性腺。除肉食兽和骆驼外见于所有家畜及实验动物。一对；位于膀胱颈背侧，输精管外侧，常部分或全部包于生殖襞内。形态和发达程度各种动物差异很大。马为梨形囊，囊壁黏膜内有分支管泡状腺。大部分动物为壁厚而具有分支管腔的腺体，略呈卵圆形，表面结节状或分叶。猪和啮齿类的很发达，分别为锥体形和长形。兔的不发达，为细而略弯曲的小囊。导管与同侧输精管汇合为射精管，开口于精阜。猪的单独开口。

精囊腺炎综合征 (seminal vesiculitis syndrome) 精囊腺的炎症及其并发症。精囊腺炎的病理变化往往波及壶腹、附睾、前列腺、尿道球腺、尿道、膀胱、输尿管和肾脏，而这些器官的炎症也可能引起精囊腺炎。病原包括细菌、病毒、衣原体和支原体。主要经泌尿生殖道上行引起感染，某些病原可经血源引起感染。常见于 18 月龄以下的小公牛，特别是从良好饲养条件转移到较差环境时易引起精囊腺感染。除临床观察外，可通过直肠检查、精液检查和细菌培养进行诊断。可采用对病原微生物敏感的磺胺类和抗生素药物，并使用大剂量；单侧精囊腺慢性感染时如治疗无效，可考虑手术摘除。

精索 (spermatic cord) 与睾丸头端和附睾头相连的血管-神经索。由睾丸血管、淋巴管、神经、平滑肌束及输精管构成，外包腹膜（鞘膜脏层）。呈侧扁的锥体形，长度和形状因动物睾丸位置而有不同；睾丸悬于腹股沟部的最短；悬于肛门下的最长。从睾丸头端和附睾头起，经阴茎两旁至腹股沟管，逐渐变细通过鞘膜管而入腹腔。精索内的睾丸动脉长而卷曲，特别在近睾丸和附睾处；静脉形成细而密如网状的蔓状丛，穿插于动脉间，最后汇合为一支睾丸静脉出精索。动脉与蔓状丛间常有动静脉吻合。输精管包于输精管系膜内而位于精索的后内侧，入腹腔后与睾丸血管分开。精索内的平滑肌束又称提睾内肌。

精索静脉曲张 (varicocele) 精索静脉局部血液循环障碍，以静脉球囊状扩张和形成血栓为特征。目前仅见于公绵羊，发病率约为 10%，5～7 岁成年羊较多见。病因尚未明确，推测与内精索静脉壁的柔弱和蔓状丛近躯体部位因各种原因引起的血压增高有关。曲张较严重时才显出临床症状，精索部位呈结节状肿块，触之有痛感。患羊不喜运动，站立时后肢前置外展、拱背，后期性欲消失。根据临床症状、视诊阴囊、触诊精索可诊断。目前本病尚无有效疗法。本病可能有遗传性倾向，病公羊应予淘汰。

精液（semen） 精子与精清的混合物。精子在睾丸内生成，在附睾内逐步成熟，是高度特异化的雄性生殖细胞，能与雌性生殖细胞（卵子）结合受精，将遗传信息传给后代。精清是精液的液体部分，由副性腺或生殖管道分泌，它提供精子代谢和活动必要的理化环境和能源，对精子的生命活动起重要作用。

精液保存（semen conservation） 为了延长精子的存活时间，便于运输和扩大使用而采取的保存方法。保存方法有常温（15～25℃）保存、低温（0～5℃）保存和冷冻（－79～－196℃）保存 3 种。前两者保存温度在 0℃以上，以液态形式作短期保存，故称液态保存；后者保存温度在 0℃以下，以冻结形式作长期保存，故称冷冻保存。

精液检查（semen examination） 又称精液品质检查。通过精液的外观，精子的活率、密度、形态的观察，评定精液的品质，以确定公畜负担配种能力的方法。分为鲜精检查、保存精液检查和输精后末滴精液检查。检查鲜精品质，可了解公畜的饲养水平、生殖器官的机能状态和采精技术的质量；检查保存精液（商品精液）品质，可检验精液稀释、保存和运输的效果；检查输精管上残留的末滴精液，可了解在输精过程中精液是否受到影响。

精液冷冻保存（semen freeze conservation） 将动物的精液采用特殊的保存液和降温措施，在 0℃以下，以冻结形式作长期保存。利用液氮（－196℃）、干冰（－79℃）或其他制冷设备作为冷源，精液经过特殊处理后，在超低温状态下，精子代谢停止或减弱，但复温后精子又可恢复代谢，从而达到长期保存的目的。精液冷冻保存是人工授精技术的一项重大革新，解决了精液长期保存的问题，而不受时间、地域和种畜生命的限制，极大限度地提高优良公畜的利用率。

精液品质不良（low quality of the semen） 公畜精子达不到使母畜受精所需的标准。主要表现为无精子、少精子、死精子、畸形精子、精子活力不强等，是公畜不育最常见的原因。主要由饲养管理和配种过度引起，生殖器官各种异常也是重要原因。通过精液品质检查即可确诊。针对病因采取相应措施，可根据病情应用睾酮、孕马血清或促性腺激素进行治疗。先天性病例不宜留种用。

精液品质测定（semen quality measurement） 更深入的精液检查，包括精液的 pH 测定、果糖分解测定、精子的存活时间和存活指数、美蓝褪色试验、耗氧量测定等精液和精子的生化学测定。

精液稀释（semen dilution） 在精液中加入适宜于精子存活并保持受精能力的液体，以扩大精液容量，从而提高一次射精量可配母畜的头数。稀释精液的液体，要具有能降低精子能量消耗、补充营养、抑制精液中有害物质、便于精子保存和运输的条件。

精液液态保存（liquid semen conservation） 在 0℃以上，精液以液态形式进行的短期保存。分常温（15～25℃）保存和低温（0～5℃）保存两种。常温保存是将精液保存在一定变动幅度的室温下，所以亦称变温保存或室温保存，它需要的设备简单，便于推广，特别适宜猪全分精液的保存。低温保存是在抗冷剂保护下，将精液缓慢降温至 0～5℃保存，利用低温抑制精子活动、降低代谢和能量消耗，抑制微生物生长，以延长精子存活时间。低温保存比常温保存时间长。

精液滞留（retention of semen） 精子不能正常排出，滞留于附睾、输精管或副性腺。较常见于马、牛和羊，多为单侧发病。因沃尔夫氏管道系统部分发育不全、附睾等炎症引起的精子输出管道闭合和机能性的精液排出障碍（勃起不射精等）所致。滞留的精子常结成团块，活力降低，畸形率高和死亡，并可引起精液囊肿或精细胞肉芽肿。根据临床症状、精液品质检查作出诊断，必要时作睾丸活组织检查。轻者可对症治疗，对发育不全的不宜作种用，已形成精液囊肿和肉芽肿的病例无有效疗法。通过改善饲养管理、增加运动和采精频率可能改善精子活力，但必须经常检查精液品质以确定是否具有正常的受精力。

精原细胞（spermatogonium） 由原生殖细胞分裂分化而来的未成熟的精细胞。原生殖细胞迁移至生殖嵴后，若生殖嵴上皮细胞的性染色体为 XY 型，并表达睾丸决定因子，则生殖嵴发育分化为睾丸，原生殖细胞则分化为精原细胞，位于曲精小管靠近基膜处。精原细胞在出生后仍然能够增殖，尤其是性成熟后能够不断增殖，其中一部分子细胞仍然维持精原细胞的状态，作为干细胞；另一部分子细胞发育分化为初级精母细胞。

精制制品（purification products） 利用物理的或化学的方法对普通制品进行浓缩、提纯处理后获得的产品，其毒（效）价较普通制品高，如精制破伤风类毒素和精制结核菌素等。

精子（spermatozoon） 产生于睾丸的雄性生殖细胞，长 49～100μm，由头部和尾部组成。头部主要是集中了全部雄性遗传物质的细胞核以及包裹在核前部的顶体（一个大的溶酶体）；尾部包括一个脆弱的颈段，以及由线粒体鞘、粗纤维、轴丝构成的，可产生精子运动的中段、主段及末段。

精子的存活时间（survival time of sperm） 精子在体外的总生存时间。将精液稀释后置于一定温度下

(0℃或 37℃)，间隔一定时间检查其活率，直至无活动精子为止所需的总小时数。可用于表示精子活率下降的速度。存活时间越长，精子活力越强，品质越好。

精子的存活指数（survival index of sperm）精子在体外的平均存活时间。将精液稀释后置于一定的温度下（0℃或 37℃），间隔一定时间检查精子活率，直至无活动精子为止，相邻两次检查的平均活率与间隔时间的积相加总和就是生存指数。可用于表示精子活率下降的速度。指数越大，说明精子活力越强，品质越好。

精子顶体异常率（abnormal rate of aerosome）精液中顶体异常精子占精子总数的百分率。正常精液中，牛精子顶体异常率平均为 5.9%，猪为 2.3%。如顶体异常率牛超过 14%，猪超过 4.3%，会直接影响受精率。顶体异常有膨胀、缺损、部分脱落、全部脱落等数种。主要因精子射出体外后，受低温打击所致，也可能与精子生成过程和副性腺分泌物性状有关。评价精液品质的指标之一。

精子发生（spermatogenesis）由精原细胞经历初级精母细胞、次级精母细胞、精子细胞，最后形成精子的过程。可分为繁殖期、生长期、成熟期和成形期 4 个时期。①繁殖期：精原细胞一分为二，其中一个精原细胞留作"种子"，在下一个细胞周期时再分裂；另一个精原细胞经 4 次有丝分裂成为 16 个初级精母细胞。②生长期：初级精母细胞处于成熟分裂前期阶段。③成熟期：包括两次成熟分裂，第一次成熟分裂为减数分裂，同源染色体配对交换后平均分配到新形成的两个次级精母细胞中，其染色体数目比初级精母细胞中减少一半；第二次成熟分裂为均等分裂，每个次级精母细胞中染色体发生纵裂，产生体积较小的精子细胞。④成形期：精子细胞发生形态变化，成为精子。

精子分离（separation of sperm）识别带 X 和 Y 染色体的两类精子，并把它们分离开，再选择其中一种使之与卵子实现受精的方法。由于 X 精子和 Y 精子所携带的性染色体不同，这 2 种类型的精子之间存在着某些性状差异，可利用某种相应的方法把它们分离开来，但须保证分离操作不使特定类型精子的受精力受到损害。迄今为止，哺乳动物的精子分离技术大致有普通物理学分离法，免疫学分离法，长臂 Y 染色体标记分离法以及流式细胞仪分离法等。这些方法均属于试验性研究，目前大多认为流式细胞仪分离法的准确性强，分离效率高，易于重复，技术比较先进可靠。

精子活率（sperm motility）又称精子活力。公畜精液中具有直线前进运动的精子的百分率。它与精子的受精力密切相关，是评价精液品质的一个重要指标。精子活率一般采用 0～1.0 的十级评分，即按直线运动的精子占视野中精子的估计百分比评为 10 个等级。如直线运动精子占 90%，评为 0.9 分，以下类推，称精子活率评定。各种家畜的新鲜精液，活率一般在 0.7～0.8，液态保存精液在 0.6 以上，冷冻保存的在 0.3 以上。

精子获能（capacitation）哺乳动物刚射出的精子尚不具备受精的能力，只有在雌性生殖道内运行过程中发生进一步充分成熟的变化后，才获得受精能力的现象。精子在获能的过程中发生一系列变化，包括膜流动性增加、蛋白酪氨酸磷酸化、胞内 cAMP 浓度升高、表面电荷降低、质膜胆固醇与磷脂的比例下降、游动方式变化等。其重要意义在于使精子超激活和准备发生顶体反应，以利其通过卵子的透明带。体外试验证实，培养液中添加输卵管液、卵泡液、血清、咖啡因、肝素等，能够使精子获能。

精子畸形率（malformed rate of sperm）畸形精子在精子中的百分率。正常精液中精子的畸形率，一般不超过 20%，对受精力影响不大。品质优良的精液，精子畸形率：水牛不超过 18%，牛不超过 15%，羊不超过 14%，猪不超过 18%，马不超过 12%。精子畸形有头部畸形、颈部畸形、中段畸形和主段畸形 4 类。评价精液品质检查的指标之一。

精子密度（sperm concentration）又称精子浓度。精液的单位容积（通常是 1ml）内所含有的精子数目。由此可算出射精的精子总数，它与输精剂量的活精子数目有关，是评定精液品质的重要指标之一。常用的方法有估测法、血细胞极计算法和光电比色计测定法。

精子去能（decapacitation）精子失去穿透卵子透明带与卵子受精的能力。已经获能的精子，如放回精清中，受精清中脱能因子的作用，又失去受精能力的现象。

精子受体（sperm receptor）位于透明带的糖蛋白，有初级受体和次级受体两种。初级受体由透明带蛋白 3（ZP3）构成，次级受体由透明带蛋白 2（ZP2）构成。精子头部存在初级配体和次级配体。初级配体位于精子质膜上，次级配体位于顶体内。当初级配体与初级受体结合后，诱导精子发生顶体反应，释放次级配体等顶体内容物，次级配体与次级受体结合，精子穿越透明带而与卵子结合。

精子细胞（spermatid）由次级精母细胞分裂分化而来的未成熟的精细胞。初级精母细胞连续进行两次成熟分裂，依次分化为次级精母细胞和精子细胞。

精子细胞不再分裂，而是经过变形成为精子。

精子异常（sperm abnormalities） 由各种原因引起精子的数量和形态异常。常见的原因有各种先天性和后天获得性生殖器官发育不全、损伤和炎症等。一般情况下将精子异常视为某些公畜不育症的症状，但在临床上往往由于病因和病变部位暂时无法确定或同时涉及几种生殖器官，因此也把精子异常视为一类引起公畜不育的功能性疾病，比如精子形态异常、无精症、精子稀少症和死精症等。本病各种家畜都发生。治疗原则是消除病因，遗传性精子畸形无治疗价值，生殖器官损伤和炎症应对症治疗。

颈节（neck） 绦虫头节后方的一个狭长的部分，不分节，与头节之间亦无明显界限，由其后缘部分分化产生节片，每形成一个新节片，原先的节片便连接在新节片的后缘上后移。有的绦虫没有颈节，由头节后端分化形成节片。

颈静脉波动（fluctuation of jugular vein） 右心房收缩时由于腔静脉血液回流一时受阻及部分静脉血液逆流并波及前腔静脉至颈静脉而呈现的颈静脉搏动。在正常生理下，逆行性波动高度一般不超过颈的下1/3处。

颈静脉沟（jugular groove） 颈（外）静脉通过颈侧面浅层的肌间沟。位于臂头肌与胸头肌间，由腮腺后角向后至胸骨柄上方。沟底为肩胛舌骨肌；表面覆盖浅筋膜和皮肤，马在颈后半还有颈皮肌。肉食兽和猪的颈（外）静脉斜向越过胸头肌表面，后部被臂头肌覆盖，不形成明显的颈静脉沟。马和反刍兽常在颈静脉沟处利用颈（外）静脉进行采血或静脉注射。

颈静脉切除术（resection of the jugular vein） 适用于治疗病畜患化脓性及血栓性颈静脉炎，多用于马属动物。站立或侧卧保定，局部或全身麻醉。在病变部位，沿胸头肌上缘切开皮肤、浅肌膜及颈皮肌，将颈静脉从血管床钝性剥离，在距病变部两端3～4cm的健康静脉处，分别进行间距2cm的双重结扎，在结扎线间剪断静脉，其断头应不少于1～1.5cm，以防滑脱。筋膜连续缝合，皮肤结节缝合，包扎绷带，注意术后失血。

颈翼（cervical ala） 线虫头端部沿两条侧线向外扩展的角皮延展部，其形状或长或短、或宽或窄，多局限于食道区。有颈翼时，虫体前部多向腹面或背面弯曲。

颈椎骨折（fracture of cervical vertebrae） 本症发生于马，其他家畜均可发生，通常以3～4颈椎为多。可分为全骨折和不全骨折，强大的暴力是发病的重要原因，如马的摔倒、牛的角斗、犬由高处坠落和撞击等。骨质疏松症、佝偻病、氟中毒等均为发病的诱因。症状：轻者颈部斜颈，颈肌强直，局部出汗，颈部运动障碍，触诊有明显疼痛，不易听到骨摩擦音。有的由于脊髓出血、骨折血肿或骨痂压迫，后肢伸展僵直出现急性死亡。X线检查诊断有一定困难。

景观流行病学（landscope epidemiology） 又称地理景观流行病学。从地理景观出发考虑动物的地理分布、媒介昆虫分布以及媒介与病原体、宿主与病原体、媒介与宿主、各媒介之间、宿主之间的关系，预测可能存在的自然疫源性疾病，并提出预防和消灭措施的一门学科。流行病学研究方法之一。

警告标示（warning labels） 一种媒介，透过这个媒介，设计者可将与产品或是环境有关的可能危害告知消费者或使用者，以避免不安全的事件发生。内容应包括警示字眼、正确使用与各种不正确使用可能产生的危害、危害发生会造成的后果及避免危害事件发生应遵守的事项。

警告反应（alarm reaction） 机体在应激的情况下，初期所呈现的休克期反应。这是下丘脑-垂体-肾上腺皮质系统内分泌障碍从而导致机体防御功能破坏的结果。具体表现为体温下降，血压降低，低血糖，神经活动发生抑制，血液浓缩，酸中毒，白细胞先减少后增多，嗜酸性粒细胞和淋巴细胞减少等。

净膛（evisceration） 畜禽屠宰加工过程中摘除内脏的操作工序。例如，猪剖开腹腔，使胃肠等自动滑出体外，便于检验；再用刀在肠系膜处割断，取出胃、肠、脾；最后剖开胸腔，将心、肝、肺取出。取出的内脏分别挂在排钩上或放在传送盘上，以备检验。

胫骨（tibia） 两小腿骨之一。位于内侧，较发达。近端形成一对髁，与股骨髁相对。骨体上部呈三棱形，前缘称胫骨嵴，上端形成胫骨粗隆，体表可触摸到。内侧面大部分位于皮下，易受损伤。远端形成蜗状关节面，与跗骨相接；内侧有突起的内踝。禽胫骨较长，远端与跗骨合并，因此又称胫跗骨，关节面形成滑车。

胫神经麻痹（paralysis of tibial nerve） 胫神经遭受损伤使胫神经所支配的股二肌、半腱肌等股后肌群失去功能。患病家畜站立时表现为股后肌群肌肉松弛，跗关节较正常侧明显低下，跗关节及球关节屈曲，患肢以蹄尖触地，因股四头肌和股阔筋膜张肌尚能固定膝关节，使患肢在减负体重状态下勉强站立。若令其运步，则患后肢上举较高，蹄着地后，各关节呈过度屈曲，躯体推进困难。

痉咳（spasmodic cough，tussis convulsive） 痉挛性咳嗽或发作性咳嗽，咳嗽剧烈，连续发作，指示呼吸道黏膜遭受强烈的刺激，或刺激因素不易排除，常见于猪气喘病、异物进入上呼吸道及异物性肺炎等。

痉挛（spasm） 不按照动物的意志或外周刺激的反射功能而出现的骨骼肌不随意收缩。高度的痉挛状态称为挛缩（contracture）。从大脑皮层运动区到肌纤维运动通路中任何部位受到异常刺激而兴奋，皆可引起痉挛。痉挛的形式有阵发性痉挛、震颤、强直性痉挛、搐搦、反射性痉挛、癫痫、抽搐等。

静脉回流（venous return） 体循环静脉管输送血液流回右心房的过程。静脉对血流的阻力很小，只占整个体循环阻力 15%左右。静脉易扩张，又能收缩，在血液循环中主要是起血液贮存库的作用。静脉的收缩和舒张可有效地调节回心血量和心输出量，使循环机能可适应机体在各种生理状态时的需要。对血流阻力的作用在于调节毛细血管的压力，从而调节血液和组织之间的液体交换，间接地起调节循环血量的作用。

静脉回心血量（venous return volume） 单位时间内由静脉流入心脏的血量。静脉回心血量取决于外周静脉压与中心静脉压差以及静脉对血流的阻力。在压力差增大，阻力减小时，静脉回心血量增大，反之，回心血量减小。

静脉脉搏（venous pulse） 随着心房的舒缩活动大静脉管壁出现规律性的膨胀和塌陷而形成的脉搏。因引起搏动的原因不同，大静脉脉搏波形和动脉脉搏波形不同。静脉的脉搏波形可分为 a 波、c 波和 v 波。静脉脉搏常在颈部可以见到。

静脉曲张（varicose vein） 又称静脉瘤、静脉变粗。常呈蓝色或暗紫色，且凹凸不平、膨大或扭曲状。多发生在人的下肢，阴囊精索部、腹腔、食道、胃部等也可发生。动物少见。发生原因是先天性血管壁脆弱，静脉瓣膜衰弱，或长时间保持相同姿势，使血液蓄积、静脉压过高，引起静脉管结构和机能损伤所致。

静脉肾盂造影（intravenous pyelography） 通过有机碘液经静脉注射后，几乎全部经肾小球滤过排入尿道而使肾盏、肾盂、输尿管及膀胱显影的一种方法。不但可显示尿路的形态，还可了解肾脏的排泄功能。

静脉萎陷（collapse of jugular vein） 体表静脉不显露，即使压迫静脉，其远心端也不膨隆，将针头插入静脉内，也不见血液流出的现象。这是由于血管衰竭，大量血液淤积于毛细血管床内，可见于休克或严重毒血症。

静脉血压测定（measurement of venous blood pressure） 部位在颈静脉上 1/3 与中 1/3 交界处。被测动物测前休息 2h，将套管针逆血流刺入颈静脉，把静脉血压计（内有抗凝血物质）的零点调至和刺入点相同的水平线上，数秒后读数，即可获得颈静脉压力值。

静脉压（venous pressure） 血液在静脉系统内流动时对管壁的侧压。体循环血液通过动脉和毛细血管汇集到微静脉时，血压降低，约为 1.9kPa，最后汇入右心房时，压力最低，已接近于零。胸腔大静脉或右心房内的压力称中心静脉压，而各器官静脉内压力则称为外周静脉压。静脉压因静脉管壁薄，压力低，易受血管内血液重力及血管外组织压力等因素的影响。

静脉炎（phlebitis） 静脉管壁的炎症。分为急性和慢性两种。急性静脉炎多由感染引起，如注射或穿刺时消毒不严格可引起急性颈静脉炎，初生畜脐带感染可导致急性脐静脉炎。眼观上静脉发炎部位质地较硬实，稍增厚，内膜色红、粗糙，多见血栓。镜检见内皮细胞肿胀、脱落，常有血栓附着。急性静脉炎在败血症的发生、发展上有着重要意义。慢性静脉炎多由急性静脉炎发展而来。眼观静脉管壁明显增粗变硬，内膜不平，管腔狭窄。镜检静脉管壁各层正常结构消失，少量淋巴细胞浸润，结缔组织大量增生。临床上动物患部肿胀、疼痛，站立或劳累加重，患部皮色加深、皮温降低。

静息电位（resting potential） 细胞处于静息状态时存在于细胞膜内外两侧的电位差。在正常的静息状态下，所有活细胞的细胞膜表面都具有完全相等的电位，但在细胞膜的内外两侧却保持着电的极化状态，膜外为正，膜内为负。这是因为静息状态下，膜外的钠离子浓度大于膜内，而膜内的钾离子浓度大于膜外，膜对 K^+ 的通透性较大，使 K^+ 外流，当达到平衡时就形成膜内外的电位差。

静压（static pressure） 运动中的流体本身所具有的压力。屏障及隔离系统实验动物设施中，为减少污染机会，需在不同区域内维持不同静压，利用各区域间的静压差控制气流单方向流动。

静止能量代谢（resting energy metabolism） 动物在一般的畜舍或实验室条件下，早晨饲喂前休息时（以卧下为宜）的能量代谢水平。静止能量代谢与基础代谢的区别在于，静止能量代谢还包括数量不定的特殊动力效应的能量，用于生产的能量以及可能用于调节体温的能量消耗。参见基础代谢。

静止突变（static mutation） 基因组 DNA 的某些碱基或顺序以相对稳定频率（10 左右）发生的基因突变。主要有点突变和片段突变。①点突变（point mutation），DNA 链中 1 个或 1 对碱基发生改变，包括碱基置换（转换、颠换）和移码突变（丢失或插入1个或几个碱基）。碱基置换的后果取决于碱基改变的性质和位置，如同义突变（碱基置换后由于密码子的兼并性而仍编码同一密码子，故氨基酸序列无变化）、无义突变（碱基置换后产生一个终止密码，使正常多肽链合成缩短）、错义突变（突变造成mRNA上遗传密码改变，正常翻译合成的氨基酸被另一个氨基酸所取代）和终止密码突变（正常的终止密码突变，形成延长的异常肽链），均可影响表达产物多肽链的结构和顺序；移码突变效应往往表现严重，通常导致一条或几条多肽链丧失活性或根本不能合成，进而严重影响细胞和机体的正常生命活动。②片段突变（fragment mutation），多为小片段的碱基顺序发生缺失、插入重复和重排。

静止性失调（inactive ataxia）　动物在站立状态下出现的共济失调，不能保持体位平衡。

静止性震颤（static tremor）　静止时出现的震颤，运动后消失，有时在支持一定体位时再次出现，主要由基底神经节受损所致。

静置培养（stationary culture）　最常用的一种细胞培养法。将细胞悬液分装在适宜的玻瓶或塑料瓶内，塞紧瓶口置恒温箱内静置培养。细胞沉降并贴附在瓶面上生长分裂，形成细胞单层或集落。此法广泛用于病毒研究和生物制品制造。

九带犰狳（nine - banded armadillo）　贫齿目（Edentata）、犰狳科（Dasypodidae）的一种低等哺乳动物。拉丁名 *Dasypus novemeinetns*。原产于美洲，体表被有甲壳，中间有9个可动带，彼此由皮肤褶壁相连。后腿短而有力，适于掘穴。腹部有稀疏或成簇的粗毛，寿命12～15年。春季产仔，一胎4仔。成年体重4～8kg。体温低，具有低氧负荷能力。免疫反应弱，单子宫与人相似。19世纪50年代开始用于动物实验，应用于斑疹伤寒、旋毛虫、回归热、血吸虫、多肠、产后缺陷、器官移植、肿瘤和人类麻风病的研究中。

酒精阳性乳（alcohol positive milk）　新挤出的牛奶在20℃下与等量的70%（68%～72%）酒精混合，轻轻摇晃，产生细微颗粒或絮状凝块的乳的总称。产生细微颗粒或絮状凝块的程度基本可以反映乳中酸度的高低。牛奶在收藏、运输等过程中，由于微生物迅速繁殖，乳糖分解为乳酸致使牛奶酸度增高，混合酒精后出现凝块，这种奶加热也会凝固，实质是发酵变质奶。混合后仅有细微颗粒出现的奶加热后虽不凝固，但奶的稳定性差，质量低于正常乳，同样是不合格乳。

酒糟中毒（distiller's grain poisoning）　家畜长期或突然大量采食新鲜的或酸败的酒糟所引起的一种中毒病，临床上呈现腹痛、腹泻等胃肠炎症状和神经症状。本病主要发生于猪、牛。急性中毒的病畜主要表现胃肠炎的症状，如食欲减退或废绝、腹痛、腹泻。严重者出现呼吸困难，心跳疾速，脉搏细弱，步态不稳或卧地不起，后期四肢麻痹，体温下降，终因呼吸中枢麻痹而死亡；慢性中毒的病畜主要表现消化不良。根据饲喂酒糟的病史；剖检胃黏膜充血、出血、胃肠内容物有乙醇味；有腹痛、腹泻、流涎等临床症状可做出初步诊断。确诊应进行动物饲喂实验。治疗应立即停喂酒糟，实施中毒的一般急救措施和对症疗法并加强护理。

厩螫蝇（*Stomoxys calcitrans*）　一种吸血蝇，又称厩蝇。大小与家蝇相似。刺吸式口器，细长，呈水平方向伸向前方。胸部呈灰色，有4条纵行暗色条纹；腹部比家蝇的短而宽，第2、3节上各有3个黑斑。产卵于马粪或湿腐的草堆上。自卵孵化为幼虫、经蛹期到羽化为成蝇为时约30d。借吸血机械性地传播伊氏锥虫，可传播南美洲的马锥虫（*Trypanosoma equinum*）和非洲的布氏锥虫（*T. brucei*）；机械性地传播马传染性贫血和炭疽；是马小口柔线虫和鹿丝状虫的中间宿主。防治措施包括改善牧场环境卫生和用杀虫药灭蝇。

局部电位（local potential）　神经细胞在接受达阈值50%以上的刺激时所发生的膜的电性质变化。它不同于电紧张电位，是膜对刺激的反应。特点是幅度与刺激强度成正比，可以总和。连续给予数个阈下刺激或相邻膜上同时受到数个阈下刺激时，局部电位通过时间总和或空间总和达到阈电位可引起动作电位。

局部反应（local response）　机体、组织或细胞在受到阈下刺激时发生的局限于受刺激部位的较微弱的兴奋。就神经细胞来说，低于阈值的电刺激只引起刺激局部膜电位下降，随着阈下刺激强度增大，这种局部反应也可增大，但不能产生可向外传导的动作电位，只有刺激强度进一步增大达到阈值，才能使膜反应从量变到质变，从局部兴奋转化为以动作电位为标志的真正的兴奋。

局部分泌（merocrine secretion）　细胞释放其分泌物的一种最常见的方式，分泌物通过细胞膜排出，不发生细胞质的丢失。在电镜水平上，这种分泌方式称为胞吐分泌。

局部感染（local infection）　动物机体抵抗力较强，或侵入的病原微生物毒力较弱或数量较少时，病原微生物被局限在一定部位生长繁殖，并引起一定病变的感染。如化脓性葡萄球菌、链球菌等所引起的各种化脓创。但是，即使在局部感染中，动物机体仍然作为一个整体，其全部防御免疫机能都参与到与病原体的斗争中去。

局部过敏反应（local anaphylaxis）　动物机体局部出现的过敏反应。常表现为局部组织水肿、嗜酸性粒细胞浸润、黏液分泌增加或支气管平滑肌痉挛等病变，如皮肤荨麻疹（某些饲料过敏），过敏性鼻炎（枯草热）及哮喘，青霉素、磺胺、奎宁等皮肤试验的阳性反应等。

局部激素（local hormone）　内分泌细胞产生，以旁分泌方式到达相邻部位起局部调节作用的高效能生物活性物质，广泛存在于体内许多组织。

局部麻醉药（local anesthetic）　一类能阻断神经冲动的传导，使局部神经末梢和神经干所支配的组织暂时丧失感觉的药物。对神经干的影响是先抑制感觉神经，然后抑制运动神经的冲动传导。其感觉功能丧失的顺序首先是痛觉，其次是温觉，最后才是触觉和压觉。局部麻醉作用是由于药物阻止钠离子内流，使神经细胞膜不能产生去极化，动作电位不能产生，使神经冲动的传导被阻滞所致。广泛用于动物的中、小手术，创伤处理，病灶封闭及配合全身麻醉药以提高麻醉效果。应用方式主要有表面麻醉、浸润麻醉、传导麻醉、椎管内麻醉（硬膜外麻醉或蛛网膜下腔麻醉）及封闭疗法等。常用药物有普鲁卡因、利多卡因和丁卡因等。

局部循环障碍（disturbance of local circulation）动物个别器官或组织发生的血液循环障碍。包括局部组织器官含血量的变化、血管壁的损伤、血液性状的改变等3个方面。如局部血流量改变引起充血或缺血，血管受阻引起栓塞或梗死，血管壁完整性改变引起出血或水肿。局部循环障碍和全身性循环障碍密切相关。全身性循环障碍可通过局部表现。局部循环障碍也可导致全身性循环障碍。

局部症状（local symptom）　患病动物在其主要患病器官或组织所呈现的明显的局部性反应。根据局部症状常可推断发病部位，但局部症状并非某些或某种疾病所特有，据其确定病名不如特殊症状或示病症状可靠。从局部症状出现的原因和机制上做理论的分析，可得出某一或某些疾病的可能性，为进一步鉴别诊断和论证提供依据。

局部作用（local effect）　毒性作用的一种表现形式，指某些外源化学物质对机体接触部位直接造成的损害作用。如强酸、强碱对皮肤的烧灼、腐蚀作用，吸入刺激性气体引起呼吸道黏膜的损伤等。

局限性蹄皮炎（pododermatitis circumscripta）又称蹄底溃疡。牛蹄球和蹄底结合处的一种局限性病变。真皮局限性破坏伴有局部出血、角质缺损或消失。造成本病的原因尚不清楚。表现在蹄底部有病变，影响站立和运动，早期在蹄球和蹄底结合处角质呈红或黄色，压诊有痛感并发软，待进一步发展，角质缺损，真皮裸露或呈菜花样肉芽，极易感染。治疗时充分暴露病变组织，切除坏死角质、表皮和过剩的肉芽，注意全身疗法。

局限性转导（restricted transduction）　噬菌体所介导的供体菌染色体上个别特定基因的转导，为前噬菌体从宿主菌染色体切离时发生偏差交换而形成的。它只能将前噬菌体两旁的基因转移到受体菌，使受体菌的遗传性状发生改变。

橘青霉毒素中毒（citrinin poisoning）　又称霉菌毒性肾病（mycotoxic nephropathy）。采食霉败玉米、麦类饲料引起以肾小管变性等为主征的中毒病。由于腐生在谷物上的橘青霉（*Penicillium citrinum*）等产生的橘青霉素（citrinin）和棕曲霉毒素协同作用而致病。症状在成年猪呈急性经过，食欲减退，烦渴，多尿，卧地不起，可视黏膜和皮肤发绀，流涎，呕吐，排粥样或水样恶臭便，颈肌强直，体温升高；小猪还出现肾周水肿，运动失调，胀肚。轻型病例自行康复。预防应注意禁喂霉败草料，并增加饮水量。

咀嚼（mastication）　口腔消化活动之一，由咀嚼肌的收缩和舌、颊的配合动作而实现。咀嚼时食物被牙压磨变碎并混入唾液，形成食团而便于吞咽。动物种类不同，咀嚼的方式和程度有很大差异。

咀嚼障碍（disturbance of mastication）　因疾病原因动物咀嚼时表现费力、迟缓、疼痛、空嚼、磨牙等，而致采食量减少甚至停止的病变。常见于口黏膜、齿、颊、颌骨和嚼肌疾病、面神经和舌下神经麻痹，以及破伤风、骨软病、佝偻病、放线菌病等全身性疾病。在某些情况下，咀嚼障碍表现为空嚼、磨牙等。

枸橼酸杆菌属（*Citrobacter*）　一群利用枸橼酸盐作为唯一碳源的革兰阴性菌。无芽孢和荚膜，有周鞭毛。易在普通培养基上生长。发酵葡萄糖和一些其他糖类和醇。过氧化氢酶阳性，不液化明胶，MR阳性而V-P阴性。本属菌多见于人畜粪便，也分布于土壤、污水和食物中，对畜禽无病原性。

枸橼酸盐利用试验（citrate utilization test）　以利用枸橼酸盐作为唯一碳源进行细菌鉴定的试验。某些细菌（如产气肠杆菌），能在除枸橼酸盐外不含其他碳源的培养基上生长，分解枸橼酸盐生成碳酸盐，并分解其中的铵盐生成氨，使培养基由酸性变为碱性，从而培养基中的指示剂溴麝香草酚蓝（BTB）由淡绿色转为深蓝色，是为阳性。其他杆菌不能利用枸橼酸盐为唯一碳源，在该培养基上不能生长，培养基颜色不改变，是为阴性。

矩头蜱属（*Dermacentor*） 属于硬蜱科。盾板上通常有银灰色花斑。口下板和须肢短。各足基节次第增大。雄虫腹面无板，有眼，有缘垛。常见种有：①草原革蜱（*D. nuttalli*），为大形蜱，雄虫长6.2mm，宽4.4mm，吸饱血雌虫长可达17mm，宽11mm，成虫寄生于牛、马、羊等家畜和大型野兽，幼虫和若虫主要寄生于啮齿动物和其他小型兽类。三宿主蜱。一年发生一代。分布于东北、内蒙古、西北等多个地区。传播马巴贝斯虫病和驽巴贝斯虫病。②森林革蜱（*D. silvarum*），亦为大形蜱，雄虫长4.5mm，宽2.9mm，吸饱血雌虫长13.5mm，宽10mm。成虫寄生于牛、马等家畜，若虫、幼虫寄生于小啮齿类，一年发生一代。常见于再生林、灌木林和森林边缘地区。分布于东北三省、内蒙古和新疆等地。

巨大染色体（giant chromosome） 在某些生物的细胞中，特别是在发育的某些阶段，可以观察到一些特殊的、体积庞大的染色体，包括多线染色体（polytene chromosome）和灯刷染色体（lampbrush chromosome），它们的形成与某些基因的复制和活跃转录有关。

巨核细胞（megakaryocyte） 体积巨大，直径40～70 μm，甚至100 μm，是骨髓中最大的细胞，占骨髓有核细胞的0～3%。胞核大、不规则，常呈折叠或扭曲状、分叶状。染色质粗糙密集成块，无核仁。胞质丰富，有些细胞胞质中均匀散布着细小颗粒。血小板由其衍生。

巨红细胞症（macrocytosis） 血涂片检查，出现体积明显增大的红细胞，是骨髓再生功能加强的表现。

巨结肠症（megacolon） 又称自发性大结肠症。各种原因引起结肠迷走神经兴奋性降低，导致结肠平滑肌松弛，肠管扩张的疾病。临床上分先天性和继发性两种。先天性病例在生后2～3周出现症状，症状轻重依结肠阻塞程度而异，数月或常年持续便秘，偶有排褐色水样便。腹围膨胀似桶状，腹部触诊可感知充实粗大的肠管。继发性病例精神沉郁，喜卧，呕吐，便秘，时间长时出现衰弱脱水症状。轻症病例，改饲有腹泻作用的食物和经常灌肠排便，有利于腹部不适等症状的缓解；重症病例，必须手术切除治疗。

巨噬细胞（macrophage） 在结缔组织中亦称组织细胞（histocyte），畜禽体内一种重要的防卫细胞，不仅能对细菌、异物和衰老破碎的细胞进行非特异性吞噬，也能进行特异性吞噬，还能将抗原信息传递给淋巴细胞引起免疫反应，属于抗原递呈细胞。在光镜下呈椭圆形或不规则形，胞质弱嗜酸性，不易与成纤维细胞区别。电镜观察其表面有很多皱褶，高尔基体发达，粗面内质网、溶酶体、微丝、微管丰富，吞噬体和吞饮泡很多。来源于骨髓中的造血干细胞，是单核吞噬细胞系统的主要成员。

巨噬细胞活化（macrophage activation） 巨噬细胞在细胞因子、抗体等的作用下，发生形态变化和功能增强的过程。活化巨噬细胞的吞噬能力、细胞毒作用和细胞内消化及杀菌活力均大大加强。

巨噬细胞活化因子（macrophage activating factor） 由淋巴细胞产生的一种细胞因子，能刺激巨噬细胞溶酶体含量增高，吞噬能力增强。

巨噬细胞趋化因子（macrophage chemotactic factor，MCF） 吸引单核-巨噬细胞向抗原所在部位游走的淋巴因子。抗原刺激局部致敏淋巴细胞产生MCF，其浓度由近及远渐次降低，巨噬细胞则由低浓度向高浓度游走，最终被吸引至炎性反应区，发挥其吞噬活性。

巨噬细胞消失因子（macrophage disappearance factor，MDF） 激活淋巴细胞所产生的一种淋巴因子。腹腔注射时能使巨噬细胞黏附于腹壁，从而使腹水中巨噬细胞显著减少。

巨型艾美耳球虫（*Eimeria maxima*） 属于真球虫目（Eucoccida）、艾美耳亚目（Eimeriina）、艾美耳科（Eimeriidae）、艾美耳属（*Eimeria*），感染鸡，寄生于小肠，以中段为主。卵囊大，是鸡的各种艾美耳球虫中最大者。呈卵圆形，一端钝圆，一端较窄。大小为（21.75～40.5）μm×（17.5～33.0）μm，平均为30.76μm×23.9μm。卵囊呈黄褐色，囊壁呈浅黄色，厚约0.75μm。初排出的卵囊，其原生质团为圆形，边缘平整。极粒呈圆形，折光性强，位于卵囊的窄端，一般为1个，2个的较少，3个的最少。完成孢子发育的时间最早为28.5h，最晚为48.5h，多数在48h左右。孢子囊的大小为（11.75～17.5）μm×（5.75～7.5）μm，平均为15.6μm×7.0μm。无内残体和外残体。人工感染后第123h，试验鸡的粪便中排出卵囊。致病性中等。

剧药（dangerous drug） 一类药理作用强烈，极量与致死量比较接近，易严重危害机体的药物。如溴化新斯的明、盐酸普鲁卡因等。有些在体内能引起蓄积中毒的药物也被认为是剧药。

距骨（talus） 又称胫跗骨。近列两跗骨中与胫骨相接的跗骨。近端有距骨近滑车，与胫骨远端蜗状关节面相接。远端与中央跗骨相关节，在肉食兽、兔和马有稍圆或较平的关节面，在反刍兽、猪形成距骨远滑车。此外，后面和外侧面有与跟骨相接的关节面。

锯屑肝（sawdust liver）　牛肝内散在许多小坏死灶状似锯屑的一种描述性术语。常于宰后检疫时被发现，肝内小坏死灶呈淡黄色，外观似锯屑。当坏死的肝细胞被吸收后，局部血窦扩张，称"富脉斑"。此变化可能与饲料中硒和维生素E缺乏有关。

聚丙烯酰胺凝胶电泳（polyacrylamide gel electrophoresis）　以聚丙烯酰胺凝胶作为支持介质的电泳方法。在这种支持介质上可根据被分离物质分子大小和分子电荷多少来分离。优点：①聚丙烯酰胺凝胶是由丙烯酰胺（单体）和N，N′甲叉双丙烯酰胺（交联剂）聚合而成的大分子。凝胶格子是带有酰胺侧链的碳-碳聚合物，没有或很少带有离子的侧基，因而电渗作用比较小，不易和样品相互作用。②由于聚丙烯酰胺凝胶是一种人工合成的物质，在聚合前可调节单体的浓度比，形成不同程度交链结构，其空隙度可在一个较广的范围内变化，可以根据要分离物质分子的大小，选择合适的凝胶成分，使之既有适宜的空隙度，又有比较好的机械性质。一般说来，含丙烯酰胺7%～7.5%的凝胶，机械性能适用于分离分子量范围在1万至100万物质，1万以下的蛋白质则采用含丙烯酰胺15%～30%的凝胶，而分子量特别大的可采用含丙烯酰胺4%的凝胶，大孔胶易碎，小孔胶则难从管中取出，因此当丙烯酰胺的浓度增加时可以减少丙烯酰胺，以改进凝胶的机械性能。③在一定浓度范围聚丙烯酰胺对热稳定。凝胶无色透明，易观察，可用检测仪直接测定。④丙烯酰胺是比较纯的化合物，可以精制，减少污染。

聚合草中毒（comfrey poisoning）　家畜长期采食聚合草因其所含聚合草素（symphytine）等双稠吡咯啶生物碱（pyrrolizidine alkaloids，PAs）所致的慢性累积性中毒病。在猪以肝脏损害为主，发生特异性巨红细胞症以及中枢神经麻痹等；在马呈现腹痛等各种症状。忌大量长期饲喂聚合草，应与其他饲料合理搭配。

聚合酶链式反应（polymerase chain reaction，PCR）　又称无细胞分子克隆、特异性DNA序列体外引物定向酶促扩增技术。模拟体内DNA复制过程，在体外扩增DNA分子选定区域的技术。由高温变性、低温退火（复性）及适温延伸等几步反应组成一个周期，循环进行，使目的DNA得以迅速扩增。具有特异性强、灵敏度高、操作简便、省时等特点。不仅可用于基因分离、克隆和核酸序列分析等基础研究，还可用于疾病的诊断或任何有DNA、RNA的情况。

聚焦滤线栅（focused grid）　滤线栅的一种。此种滤线栅铅条排列方向的延长线都向着X线管的焦点集中，因此铅条方向与X线束方向一致，不会发生平行滤线栅的那种把距中心线束较远的X线吸收的现象。但使用时应把焦点到胶片的距离调整到与聚焦滤线栅的焦点距离一致。为适应不同焦点距离的需要，聚焦滤线栅有短焦、中焦和长焦之分。

聚醚类离子载体抗生素（polyether ionophore antibiotics）　一类抗球虫药，属羧酸多聚醚类，代表药物有莫能菌素、拉沙洛西、盐霉素、甲基盐霉素、马杜霉素、海南霉素等。本类药物的分子结构中有一个有机酸基团和多个醚基团，在溶液中带负电荷，可与在虫体内起重要作用的钠、钾、钙、镁等阳离子结合成脂溶性络合物，提高虫体细胞膜对钾、钠、钙、镁等离子的通透性，协助阳离子进入虫体内，使细胞内外形成较大渗透压差，水分大量进入，虫体细胞膨胀、破裂而死亡。本类药物还可通过干扰营养物质穿过细胞膜的运输，限制寄生虫对糖类的吸收，进而抑制虫体的生长发育，因此具有很广的抗球虫谱。本类药物的作用峰期是在球虫入侵期，即对细胞外的子孢子和第1代裂殖子有效。大剂量饲喂本类药物可引起畜禽厌食、死亡，有关操作人员会出现头痛、恶心、鼻出血和皮疹，严重者会引起眼球混浊或白内障，甚至心肌受损。马属动物对本类药物敏感，容易中毒。主要用于治疗和预防畜禽球虫病。

聚乙二醇（glycol polyethylene）　合成润滑药。环氧乙烷与水的缩合聚合物。为配制水溶性药物的软膏基质，也可作为乙酰水杨酸、咖啡因等难溶于水药物的溶媒，供注射液的配制。

聚乙醛中毒（metaldehyde poisoning）　又称蜗牛敌中毒。误食用以捕杀软体动物的聚乙醛毒饵或啄食已中毒死亡的蛞蝓（鼻涕虫）而发生的中毒病。临床表现流涎，感觉过敏，呼吸急促，结膜发绀，共济失调，肌肉震颤，惊厥，体温升高，腹泻。在犬猫还发生呕吐，眼球震颤并突出。治疗可用催吐剂或碳酸氢钠溶液洗胃（或嗉囊），同时应用镇静剂。

决定簇选择位（desetope）　在抗原递呈中，Ⅱ类MHC分子上与蛋白质抗原的抗原限制元位发生相互作用的部位。这种相互作用使抗原分子上的表位和Ⅱ类MHC分子上的组织位靠近，为T细胞受体所识别。不同等位基因的MHC分子所作用的抗原限制元位的氨基酸顺序也不同，这种变化是选择被提交抗原决定簇的一个因素。

决定子（determinant）　在胚胎发育早期，胚胎细胞内决定细胞以后分化途径的细胞质组分。决定子在卵子成熟时已经产生，受精后重新排列，并分配到不同的卵裂球中决定其分化途径。

觉醒（wakefulness） 动物大脑处于清醒状态，能感知并以适当行动迅速应答环境中各种变化的时期。正常时觉醒与睡眠呈周期性交替，多数畜禽通常一昼夜交替一次，有些野生动物和哺乳幼畜可交替数次。觉醒的维持有赖脑干网状结构某些区域的激醒作用。使激醒区兴奋的因素主要来自两方面：①各种感受器的传入冲动，循特异性感觉传入纤维经过脑干时，发出侧支进入网状结构上行激动系统，与那里的神经元发生突触联系，经多次换元后上行至丘脑，然后弥散地投射到大脑皮层的广泛区域，维持觉醒状态。②大脑皮层的下行性冲动，使脑干网状结构兴奋以维持觉醒。此外，中脑黑质——纹状体多巴胺递质系统和脑桥蓝斑上部去甲肾上腺素递质系统亦与觉醒的维持有关。

绝对不应期（absolute refractory period） 细胞在接受一次刺激发生兴奋的当时和以后一段时间兴奋性完全丧失，不能对任何新刺激发生反应的时期。绝对不应期长短与细胞正常兴奋性高低有关，哺乳动物A类神经纤维的兴奋性很高，绝对不应期只有 0.3 ms；心肌细胞的兴奋性相对较低，绝对不应期 200～400 ms。

绝对生物利用度（absolute bioavailability，F） 药物其他剂型与静脉注射剂量相等时被机体吸收利用的百分率。计算公式为：F＝（AUCpo/AUCiv）×100%，其中 AUCpo 为内服或其他非血管途径给药所得的药-时曲线下面积；AUCiv 为静脉注射给药所得的药-时曲线下面积。

绝对致死量（absolute lethal dose，LD_{100}） 外源化学物质引起受试动物全部死亡的最低剂量。如果降低此剂量，就有受试动物存活。由于在一个动物群体中，不同个体之间对外源化学物质的耐受性存在差异，故 LD_{100} 常有很大的波动性。一般不把 LD_{100} 作为评价化学物质毒性大小或对不同化学物质毒性进行比较的参数。

绝情期（menopause） 又称繁殖机能停止期。母畜年老时，繁殖机能逐渐衰退，直至发情停止的时期。绝情期年龄，因品种、营养、健康状况不同而有差异。一般来说，奶牛为 13～15 岁，水牛 13～15 岁，马 18～20 岁，驴 15～17 岁，绵羊 8～10 岁，山羊 12～13 岁，猪 6～8 岁。

绝缘传导（insulated conduction） 兴奋传导时，神经冲动只能在兴奋的神经纤维内传导，并不波及邻近的其他任何神经纤维的特点。绝缘传导保证了在混合神经干内的不同神经纤维能够分别进行传导，神经纤维间彼此没有严重的干扰，从而能够准确地实现各自的生理效应。

蕨中毒（bracken poisoning） 家畜采食大量野生新鲜或晒干的蕨类植物后引起的中毒。临床以高热、贫血、无粒细胞血症、血小板减少、血凝不良、全身泛发性出血等为特征。由于蕨类春季发芽早，成为主要的鲜嫩青草，故易被家畜大量采食而引起急性中毒，如果家畜长期采食少量的蕨叶，则可发生慢性中毒，主要发生于牛、马。对马急性蕨中毒，应用盐酸硫胺素可收到良好的效果；对牛急性蕨中毒，尚无特效疗法，重症病例多预后不良。

军团菌病（legionnaires disease） 嗜肺军团菌（*Legionella pneumophila*）引起的一种急性细菌性人兽共患呼吸道传染病。菌体呈多型性，革兰阴性，具有原核细胞的特点。嗜肺军团菌有 12 个血清型。人和多种动物均可感染，经空气传播，夏秋季多发。临床以发热咳嗽、呼吸困难、胸痛及腹泻为特征。在肺部呈多样性病变。病原分离及血清学试验可确诊本病。选用红霉素、利福平治疗有效。对人畜及环境进行及时监测来预防本病。

军团菌属（*Legionella*） 军团菌科中唯一的一个属，革兰阴性。菌体大小为（0.5～0.9）μm×（2～20）μm，常呈两端钝圆长丝状或纺锤状，但不同生长期形态不同，呈显著多形性。无荚膜和芽孢，多数具一端鞭毛，并有伞状菌毛。不被一般细菌染色法着色，但可用1%甲苯胺蓝或1%天青染色，姬姆萨染色时菌体红色而背景绿色。需氧，在普通和血琼脂上都不生长，必须在 pH6.8～7.0、含 L-半胱氨酸和铁盐的培养基上，于 37℃、5% CO_2 环境中才能生长。初次分离培养 3～5d 长成直径 3～4mm 的圆形、隆起、边缘整齐、灰白色发亮的菌落。多数种产褐色素。不发酵和不氧化分解糖类，不还原硝酸盐，尿素酶阴性，分解明胶，氧化酶和过氧化氢酶皆阳性。产生内、外两种毒素，自然感染引起人的肺炎，马、牛、羊、猪、犬等可呈无症状感染，但能检出阳性抗体。已报道有 22 个种，34 个血清型。模式种为嗜肺军团菌（*L. pneumophila*），可分为 10 个血清型。

均称呼吸（symmetrical respiration） 又称对称性呼吸。健康动物呼吸时，两侧胸壁的起伏强度完全一致。

均等卵裂（equal cleavage） 卵裂时细胞一分为二，两个子细胞大小基本相等的卵裂方式。

均衡麻醉（balanced anesthesia） 又称综合麻醉、复合麻醉。在麻醉过程中同时使用几种麻醉药或麻醉的辅助用药，利用各种药的优势相互促进，取长补短，增强麻醉的功效，利用各种药的最小剂量，发挥其最大的效果，在催眠、镇痛、肌松诸方面都达到满意的程度，达到只用任何一种麻醉药都不能达到的效果。均衡麻醉是目前临床麻醉发展的方向。

均质酶免疫测定（homogeneous enzyme immunoassay，HEIA）仅需将抗原、抗体、酶标记物和底物加在一起，反应结束后即可直接测定反应结果的一种液相酶免疫测定技术。视反应原理、标记对象和标记的酶不同而有很多类型。包括酶放大免疫测定、辅基酶标记免疫测定、底物标记荧光免疫测定、酶标记抗体酶抑制免疫测定和酶增强免疫测定等。

菌落（bacterial colony）细菌在适合生长的固体培养基表面或内部，在适宜的条件下，经过一定时间培养，多数为 18～24h，生长繁殖出巨大数量的菌体，形成一个肉眼可见的、有一定形态的独立群体。不同细菌常形成不同特征的菌落，而且比较稳定，因此在细菌鉴定中有一定意义。这些特征主要包括颜色、隆起度、边缘、质地、表面、血琼脂上的溶血等。在细菌培养中，常将细菌在固体平板培养基表面作划线接种培养，以获得单个菌落。

菌落形成单位（colony forming unit，CFU）根据生长后形成多少菌落来计算细菌制剂中活菌数的一种标准。例如从某一细菌制剂取 0.01mL 在固体培养基上涂布，经培养后形成 50 个菌落，则该制剂的 1mL 中含 5 000cfu。理论上讲一个菌落是 1 个细菌繁殖的后代，但经常发现 2 个或多个细菌粘在一起，特别成链或成团生长的细菌（如链球菌和葡萄球菌）所产生的菌落数少于活菌数。

菌落总数（bacterial count）于固体培养基上，在一定条件下培养后单位重量（g）、容积（mL）、表面积（cm^2）或体积（m^3）的被检样品所生成的细菌菌落总数。它只反映一群在普通营养琼脂中生长的、嗜温的、需氧和兼性厌氧的细菌菌落总数，常作为被检样品受污染程度的标志，用作土壤、水、空气和食品等卫生学评价的依据。

菌毛（fimbria）又称纤毛、伞毛。大多数革兰阴性菌和少数革兰阳性菌的菌体上生长有一种较短的毛发状细丝，比鞭毛数量多，只能在电子显微镜下才能看见。菌毛是一种空心的蛋白质管，由菌毛素亚单位组成。菌毛具有良好的抗原性。菌毛具有不同类型，分类系统比较复杂，公认的主要有经典分类及 Ottow 分类两种。经典分类是将菌毛根据功能不同分为普通菌毛和性菌毛两类。普通菌毛一般数量很多，主要功能是使细菌吸附于细胞表面。对某些致病菌来说，这与毒力密切相关。普通菌毛易与细胞的受体结合，或吸附于疏水性物质的表面，因而对细菌的生存有利，例如致病性大肠杆菌在肠道中的定居即与其 987P、K_{88} 和 K_{99} 等菌毛有密切关系。性菌毛是由质粒携带的致育因子（F 因子）编码产生的，故又称 F 菌毛。其与细菌的接合，F 质粒的传递有关。菌毛虽然具有重要的生理功能，但是并非细菌生命所必需。在体外培养的细菌，如条件不适宜，未必能产生菌毛。

菌毛抗原（pilus/fimbrial antigen）又称黏着素。可作为抗原的细菌菌毛，是细菌表面的一种丝状结构，能使细菌吸附于动物细胞。大肠杆菌的菌毛抗原有 K_{88}、K_{99}、987P 和 F_{41} 等多个血清型。

菌苗（bacterin）在接种动物后能产生免疫的细菌性生物制剂（细菌、支原体、钩端螺旋体等），用于预防细菌性传染病。菌苗分灭活菌苗（如猪丹毒氢氧化铝甲醛灭活菌苗、气肿疽甲醛灭活菌苗等）和弱毒菌苗（如牛肺疫兔化弱毒菌苗、布鲁菌 19 号菌苗等）等。

菌丝（hyphae）真菌生长过程中营养体的阶段形态。真菌的孢子在适宜条件下，生出的一种管状结构，外层为含有大量多糖的坚硬细胞壁，多糖为几丁质、纤维素、葡萄糖等不同成分，因真菌种类而异。细胞壁内为细胞膜、细胞质、细胞核以及真核细胞所具有的细胞器。菌丝的直径一般为 2～10μm，长度不等。菌丝体有的伸入培养基质，吸收养分，称营养菌丝（vegetative hyphae）；有的伸向空间，称气生菌丝（aerial hyphae）；分化而产生孢子，司繁殖者称繁殖菌丝（fertile hyphae）。菌丝还可分为没有横隔膜的无隔菌丝和具很多横隔膜的有隔菌丝两类。无隔菌丝可视为一个单细胞，但有多个细胞核，如低等真菌中的根霉、毛霉、水霉等的菌丝；有隔菌丝通过隔将其分隔成多个细胞，每个细胞有 1 个、2 个或多个细胞核，如高等真菌中的青霉、曲霉、蘑菇等的菌丝，菌丝有无隔膜是真菌分类鉴定的依据。一些原核生物也有菌丝，如放线菌。

菌丝体（mycelium）真菌生长过程中形成的许多菌丝的集合名称。

菌苔（bacterial lawn）相同细菌的菌落互相融合形成的一片生长物。这是在固体培养基上大量细菌分裂繁殖的结果。

菌体蛋白质（bacterium protein）构成微生物机体的蛋白质。动物胃肠道特别是反刍动物瘤胃内含大量微生物，当它们随食糜进入皱胃和小肠，可被胃和小肠内的蛋白酶分解和吸收，成为机体所需蛋白质来源之一。菌体蛋白质含有丰富的必需氨基酸，生物价高（约为 80%）。消化率纤毛虫为 91%，细菌为 74%。成年牛一昼夜由瘤胃进入皱胃的菌体蛋白质约 100g，占蛋白质最低需要量的 30%左右。

菌体凝集（somatic agglutination）见 O 凝集。

菌蜕（bacterial ghost） 革兰阴性菌被噬菌体 $PhiX_{174}$ 的裂解基因 E 裂解后形成的完整细菌空壳。由于具有完整的细菌表面抗原结构，所以它能直接作为疫苗使用。利用基因工程手段，可以非常便利地将外源抗原蛋白插入菌蜕的内膜、外膜或周质等多个部位，构建重组菌蜕多价疫苗。

菌血症（bacteremia） 外周血内出现大量细菌的一种病理现象。

菌株（strain） 不同来源的某一种细菌的纯培养物。同一种细菌可有许多菌株，主要性状应完全相同，其次要性状可稍有差异。例如 2 个沙门氏菌分离株，在抗原结构上完全相同，但某项生化特性有差别，它们就是 2 个菌株。菌株的名称没有一定的规定，通常用地名或动物名的缩写加编号作菌株名。某些具有特殊性状的菌株用于细菌基因工程等研究的需要，这些菌株的名称已为同行熟知，如大肠杆菌 K_{12}。

皲裂（chap，fissure） 又称裂隙。皲亦可写作“龟”（jūn）。因寒冷或干燥而导致的伸向皮下组织的线状裂口，有向纵深及两侧扩展的趋向。常发生于鼻端、无毛或少毛的部位及肛门周围。主要由皮肤炎症、干燥、寒冷或角质层增厚致使皮肤弹性降低或消失，再加上外力而引起。不波及真皮者愈后不留瘢痕。

咖啡因（caffeine） 中枢神经系统兴奋药。咖啡豆和茶叶等植物中所含的主要生物碱，如黄嘌呤衍生物。常用制剂是苯甲酸钠咖啡因。治疗剂量可选择性兴奋大脑皮质，能消除睡意，振奋精神，减轻疲劳，提高使役能力。较大剂量能兴奋延脑呼吸中枢和血管运动中枢，使呼吸加深加快、血压上升。此外，还有兴奋心脏、扩张血管、松弛支气管平滑肌、利尿以及刺激胃酸分泌等作用。主要用于对抗麻醉药中毒或重症疾病时的呼吸和循环抑制。

卡巴多司（carbadox） 又称卡巴多。喹噁啉类抗菌药。对多种细菌有抗菌作用，尤以革兰阴性菌敏感。也有促进蛋白合成的作用。毒性低。可添加于饲料内防治猪下痢及控制猪沙门氏菌性肠炎，并能改善饲料转化率，增加体重。我国已禁用。

卡勃氏法（Karber method） 计算病毒、毒素和药物半数致死量（LD_{50}）或感染量（ID_{50}）的方法。测量时，待测样品10倍递进稀释，每一稀释度接种3～5只动物（或鸡胚、细胞培养管），记录在指定时间内各组存活数（或正常数）及死亡数（或感染数），按下式计算：

$$LD_{50}\text{（或 }TCID_{50}\text{）}=L+d\ (S-0.5)$$

用对数计算，L为最低稀释度，如最初稀释为1∶100，则L为－2；d为组距，即稀释系数，10倍稀释时，为－1；S为各组死亡（或感染）比值［死亡（或感染）数/接种数］的和。如测定某病毒的$TCID_{50}$，计算所得值为－5.5，则该病毒$TCID_{50}$为$10^{-5.5}$，0.1mL（因每组接种剂量为0.1mL，需标明；如为1.0mL，可不示明）。病毒毒价通常以每mL（g）含多少$TCID_{50}$表示。上述所测毒价为$10^{5.5}$ $TCID_{50}$/mL。

卡价（热价）（thermal equivalent） 又称物理热价，1g营养物质燃烧时释放出的热量。物质氧化时释放的热量只与反应物和终产物的性质有关，而与反应过程无关。糖和脂肪在体内生物氧化释放的热量（称生物热价）与体外燃烧相同，而蛋白质因两种氧化方式的终产物不同，其物理热价和生物热价不同。

卡那霉素（kanamycin） 氨基糖苷类抗生素，得自卡那链霉菌（*Streptomyces kanamyceticus*）培养液，有A、B、C 3种成分，临床常用其硫酸盐。抗菌作用和毒性与链霉素相似。用于防治大多数革兰阴性菌和耐青霉素金黄色葡萄球菌所致的各种严重感染，对猪气喘病和萎缩性鼻炎也有疗效。

卡他性肺炎（catarrhal pneumonia） 见支气管肺炎。

卡他性乳房炎（catarrhal mastitis） 以乳腺腺泡、导管和乳池上皮细胞变性、脱落和渗出为特征的临床型乳房炎。根据炎症部位可分为乳管及乳池卡他和腺泡卡他两种，前者较轻，仅在开始挤出的乳中含有絮片，随着病情发展在乳腺内可触到结节；后者呈小叶性，乳中有絮片和凝块，如波及整个乳区，则患区红、肿、热、痛，乳量减少，变稀，严重者可出现全身症状。治疗时乳房内注射、热敷、按摩有效。

卡他性输卵管炎（catarrhal salpingitis） 输卵管黏膜的炎症，继发于子宫内膜炎或腹膜炎。由于上皮变性、脱落，结缔组织增生，使管腔变窄，甚至阻塞，炎性分泌物不能排出，可形成输卵管积液。诊断困难，无有效疗法，有的可随原发病治愈而恢复正常。两侧性输卵管炎的母畜不宜再作繁殖用。

卡他性炎（catarrhal inflammation） 发生于黏膜的一种渗出物性炎症。由细菌、病毒、寄生虫、化学刺激物等引起。黏液质地黏稠，呈灰白色，半透明，黏附在潮红、肿胀的黏膜表面。根据渗出物的性质，可分成浆液性、黏液性和脓性卡他等。浆液性卡他是黏膜的浆液性炎；黏液性卡他是黏液分泌亢进为特征的黏膜炎症；脓性卡他是以黏膜表面有大量中性粒细胞聚集，形成脓性黏液覆盖于黏膜表面为特征的炎症。

咯痰（sputum expectoration） 借助于气管、支气管黏膜纤毛上皮细胞的纤毛运动、支气管平滑肌的收缩以及咳嗽反射，将呼吸道内的分泌物排出呼吸道的过程。动物不能像人那样将痰排出口外而是咽入胃内。为明确诊断，可在咳嗽之后，用一端缠以棉花的木棒轻拭咽部，采集痰液。

咯血（hemoptysis） 喉部以下的呼吸器官出血经咳嗽动作从口腔排出的过程。少量出血，常被动物吞咽到胃内而不易发现，只有大量出血时才会不自主地流出口鼻外。发生原因包括支气管疾病如支气管扩张，肺部疾病如肺结核，血液病如血小板减少性紫癜，传染病如流行性出血热等。咯血呈铁锈色，见于大叶性肺炎；呈鲜红色，见于肺结核、支气管扩张、肺脓肿等。大咯血常见于肺结核空洞形成、支气管扩张、慢性肺脓肿等。为确诊，可在动物咳嗽之后立即用一端缠有棉花的木棒轻拭咽部，以确定是否咯血。

开大肌（dilatator） 使天然孔或器官管腔扩大的肌肉。大多由横纹肌构成，少数由平滑肌构成。

开环（opencircle） 质粒的3种形态之一，即在闭合的双股DNA分子上，其中一条链DNA有单个断裂或多个交错开的断裂，使质粒DNA呈一个松弛的环，而不是呈超螺旋结构。

开膛（disembowel） 畜禽屠宰加工过程中剖开屠体胸腹腔的操作工序。例如，猪开膛时沿腹部正中白线切开皮肤，剖开腹腔，为取出胃肠做准备。然后沿肛门周围用刀将直肠与肛门连接部剥离开（俗称雕圈），再将直肠掏出打结或用橡皮箍套住直肠头，以免流出粪便污染胴体。再用刀划破横膈膜，并事先沿肋软骨与胸骨连结处切开胸腔并剥离气管、食道，为取出心、肝、肺做准备。

开胸术（thoracectomy） 切开胸壁作为胸腔脏器的手术通路。手术牛站立保定，马和犬等采用侧卧保定。根据手术需要切除相应的肋骨，剩下菲薄的胸膜，用剪刀作一小孔，使空气缓缓入内，若用人工呼吸装置，防止高压肺从切口脱出。将肋间胸膜切开，扩大创口，再转为主手术。术毕，关闭胸腔，胸腔内的气体用注射器抽出。

凯氏定氮法（Kjeldahl determination） 测定化合物或混合物中总氮量的一种方法，即在有催化剂的条件下，用浓硫酸消化样品，将有机氮都转变成无机铵盐，然后在碱性条件下将铵盐转化为氨，随水蒸气馏出并为过量的酸液吸收，再以标准碱滴定，就可计算出样品中的氮量。由于蛋白质含氮量比较恒定，可由其氮量计算蛋白质含量，故此法是经典的蛋白质定量方法。这种方法本质是测出氮的含量，再做蛋白质含量的估算。只有在被测物的组成是蛋白质时，才能用此方法来估算蛋白质含量，对掺有三聚氰胺的乳与乳制品，不能采用凯氏定氮法测定其蛋白质含量。

龛影（niche） X线钡剂造影检查胃肠溃疡时，溃疡部位被钡剂填充而显示在荧光屏或X线片上的突出密影。胃肠道壁上溃疡或凹陷达到一定程度后被钡剂填充，切线位可见一局限于腔外的恒定钡影。

康复血清（convalescent serum） 患传染病动物康复后采取的血清。因含有较多的抗体，可用以代替免疫血清。

康乃尔缝合（Konnor suture） 康乃尔缝合与库兴缝合的走向相同，而针刺的深度不同，要一次穿透全层。因为这种缝合能产生“灯芯”现象，故不宜单独作肠管缝合。多用于胃、肠、子宫壁缝合。

康普顿散射（Compton scatter） 又称已变散射。入射的光子与原子外层电子或自由电子碰撞时，光子将部分能量赋予电子，使之沿一角度射出，此电子称反冲电子，原光子失去了部分能量，改变了原入射的方向，成了能量较低的散射光子的过程。康普顿散射是兽医X线摄影时产生的主要散射线，对X线片的对比度和清晰度影响较大，摄影时使用滤线栅可吸收散射线，提高X线片质量。

糠疹（pityriasis） 以皮肤表面覆有糠状鳞屑为主征的皮肤病。由饮食性、寄生虫性、真菌性和化学性等原因而致病。临床上分为原发性和继发性糠疹两种：前者以鳞屑聚集于被毛较长的部位，不伴发瘙痒和皮损；后者常被原发性疾病的症状掩盖。治疗宜针对致病病因进行对症治疗，同时选用温的润肤软膏或酒精洗剂涂擦患处。

抗癌基因（anti-oncogene） 又称肿瘤抑制基因（tumor suppressor gene）。一种细胞抑制基因，它的正常表达可抑制细胞的增殖，从而发挥抗癌作用。反之，抗癌基因或其产物功能的消失，可导致肿瘤的发生。

抗巴贝斯虫药（antibabesial drugs） 一类杀灭寄生在家畜红细胞内巴贝斯虫，治疗家畜巴贝斯虫病的药物。常用的药物有三氮脒、硫酸喹啉脲、黄色素、台盼蓝、双脒苯脲、间脒苯脲等。

抗病动物模型（disease resistant animal model） 对特定疾病有天然抵抗力，用于研究这种疾病发生、发展和抗病机制的动物。如东方田鼠具有抗血吸虫感染的能力，可作为抗血吸虫病动物模型。

抗病毒药（antiviral agents） 一类影响病毒复制周期的某一环节，对病毒有抑制作用的药物。由于病毒种类繁多，变异性大，只在细胞内复制，且临床症状在病毒生长的高峰期后才出现，故现有抗病毒药的疗效均不理想。目前已有金刚烷胺、吗啉双胍、碘苷、三唑核苷、阿糖胞苷等，在兽医上尚未广泛应用。

抗病育种（disease resistant breeding）　培育对某种传染性疾病抵抗力较强畜禽品系的过程。抗病育种所应用的选种、杂交等原则与一般为改进畜禽经济效益的育种原则相同。在家禽抗病育种方面已取得一定成功，如有的国家用白来航鸡进行四元杂交已培育出体质健强、产蛋多、饲料消耗低、对马立克病和淋巴白血病有较强抵抗力的新品系。

抗补体作用（anticomplement action）　某些物质具有的与补体非特异性结合，从而使其失去活性的作用。如血清或组织液中存在的蛋白酶、类酯，某些中草药等。这些因素的存在可干扰补体结合试验。

抗胆碱药（anticholinergic）　胆碱受体阻断药，对胆碱能受体有强大亲和力而本身无内在活性，能阻断乙酰胆碱及其拟似药与受体结合。一种为主要作用于M受体抗胆碱药，又称节后抗胆碱药，如阿托品、东莨菪碱、山莨菪碱、后马托品、优卡托品等。一种为主要作用于N受体抗胆碱药，其中作用于N_1受体抗胆碱药，称为神经节阻断药，如六烃双胺等；作用于N_2受体抗胆碱药，称为骨骼肌松弛药，如氯化筒箭毒碱、三碘季胺酚、氯化琥珀胆碱等。

抗胆碱酯酶药（anticholinesterase drug）　一类抑制胆碱酯酶活性，表现乙酰胆碱全部作用的药物。能与胆碱酯酶较牢固结合，使之失去活性，阻断乙酰胆碱水解使之大量聚积，呈现乙酰胆碱的全部作用。按药物与胆碱酯酶结合后水解的难易分为可逆性抗胆碱酯酶药，如新斯的明、毒扁豆碱、加兰他敏等，可用于临床；难逆性抗胆碱酯酶药，如有机磷酸酯类，大部分作为农业杀虫剂或化学毒剂。

抗癫痫药（antiepileptic）　一类抑制大脑皮层运动机能、防治癫痫发作的药物，可直接作用于脑组织的癫痫局部病灶，减少其过度放电或作用于病灶周围的正常脑组织，防止异常放电的扩散。常用药物有苯妥英钠、苯巴比妥、扑米酮、安定、氯硝基安定、乙琥胺、三甲双酮、酰胺咪嗪及丙戊酸钠等。

抗毒素（antitoxin）　抗外毒素的抗体，用类毒素（即用甲醛等化学药品处理后的外毒素）接种动物后制备而成。抗毒素能阻止外毒素与靶细胞上的受体结合，从而使其失去毒性作用。如破伤风抗毒素、肉毒抗毒素等。

抗独特型（anti－idiotype）　抗某种抗体、T细胞受体或胰岛素受体一类其他受体独特型的特异抗体或T细胞受体的独特型。就体液免疫而言，抗独特型即抗独特型抗体的独特型。

抗独特型抗体（anti－idiotype antibodies）　抗某种抗体、T细胞受体或其他受体独特型的抗体。就某一抗体（Ab_1）而言，其独特型有不同的表位，因此有不同的抗独特型抗体（Ab_2）。第一种是α型抗独特型抗体，它针对的表位与Ab_1的抗原结合部有一定距离，Ab_1与抗原结合不影响它与Ab_1的相互作用；第二种是γ型抗独特型抗体，它针对的表位紧靠Ab_1的抗原结合部，Ab_1与抗原结合会干扰它与Ab_1的结合；第三种是β型抗独特型抗体，它所针对的表位即Ab_1的抗原结合部，因此它与Ab_1结合的部位具有类似引起Ab_1应答的抗原表位的结构，即抗原内影像。

抗独特型疫苗（anti－idiotype vaccine）　用抗独特型抗体（Anti－Id）模拟保护性抗原制成的疫苗。针对保护性抗体（Ab_1）独特位（idiotope）的抗体（$Ab_2\beta$）即Anti－Id，其抗原结合点的构型与保护性抗原表位十分相似，具有抗原内影像作用，故可模拟抗原。用Anti－Id模拟新城疫病毒血凝素、狂犬病病毒糖蛋白等保护性抗原，均能诱导产生特异性中和抗体。T细胞也具有独特型，抗T细胞独特型抗体能刺激特异性T细胞克隆，诱导细胞免疫。Anti－Id还能模拟激素和肿瘤抗原，可用来生产激素和肿瘤疫苗。

抗风湿药（antirheumatic）　一类能对抗溶血性链球菌引起的变态反应，治疗全身结缔组织变态反应性疾病的药物。能抑制抗体的产生，干扰抗原抗体的结合，抑制由抗原引起的组胺的释放并降低毛细血管的通透性。主要有水杨酸钠、乙酰水杨酸、消炎痛、炎痛静、甲灭酸、氟灭酸、布洛芬、酮基布洛芬、炎痛喜康等。主要用于治疗风湿性关节炎、类风湿性关节炎、骨关节炎及术后疼痛等。

抗感染免疫（anti－infection immunity）　又称功能性免疫（functional immunity）、保护性免疫（protective immunity）。病原体进入体内后，激发抗相应微生物感染的免疫力。视病原体不同可分为抗菌免疫、抗病毒免疫和抗寄生虫免疫3类。抗菌免疫又有抗毒素免疫、抗胞外菌免疫和抗胞内菌免疫，前两者以体液免疫为主，后者以细胞免疫为主。经细胞外扩散的病毒，以体液免疫为主；经细胞接触扩散的病毒以细胞免疫为主；而整合状态的病毒（前病毒）一般不引起免疫应答。

抗核抗体（anti－nucleus antibody，ANA）　又称抗核因子（anti－nucleus factor，ANF）。一种抗细胞核或核成分的自身抗体。发现在全身性红斑狼疮（SLE）患者血清中。主要为抗DNA抗体，此外还有抗核蛋白（DNP）抗体、抗核仁（RNA）抗体和抗可溶性核抗原抗体等，在体内 ANA 对分裂期细胞外的其他活细胞的核没有破坏作用；在体外（也可在体内）和已破坏的细胞核结合形成免疫复合物，呈碱性淡染的均质体，称为 LE 小体（LE body），在补体作用下，可被多形核白细胞所吞噬，形成 LE 细胞，检测此种细胞可以作为诊断 SLE 的依据。此外还可以在已制备的抗原片上，用间接免疫荧光等方法检测抗 DNA 抗体，可作为 SLE 诊断的指标之一。

抗坏血酸（antiscorbic acid） 具有抗坏血酸生物活性的化合物的通称，化学式为 $C_6H_8O_6$。L-抗坏血酸称为维生素 C（Vitamin C），是一种水溶性维生素，具有还原性，在体内为羟化酶的辅酶，有维持细胞间质的正常结构和解毒的功能。此外还促进铁的吸收和保护维生素 A、维生素 E 及某些 B 族维生素不被氧化。在氧化还原代谢反应中起调节作用，缺乏时可引起坏血病，新鲜果实和蔬菜中含量丰富，大多数动物体内也可合成。

抗惊厥药（anticonvulsant） 对中枢神经系统有强大抑制作用，能缓解或解除惊厥症状的药物。用于各种原因引起的惊厥，如子痫、破伤风、癫痫大发作及中枢兴奋药中毒等。常用药物有巴比妥类如苯巴比妥，苯二氮卓类如氯氮䓬、安定、硝基安定，以及水合氯醛、苯妥英钠、硫酸镁注射剂等。

抗精子抗体性不育（infertility due to anti-sperm antibodies） 生殖系统的局部炎症、外伤及手术等使血睾屏障受到损伤，使精子及其可溶性抗原透入并被局部巨噬细胞吞噬，进而致敏淋巴细胞，发生抗精子的免疫反应，生成抗精子抗体，导致不育。抗精子抗体是由机体产生可与精子表面抗原特异性结合的抗体，具有凝集精子、抑制精子通过宫颈黏液向宫腔内移动，从而降低生育能力的特性，是引起动物免疫性不育的最常见原因。目前已知的精子抗原有 100 多种，其中每一种都可诱发产生抗体。

抗菌促长剂（antibiotic/antimicrobial growth promoters，AGPs） 一些抗生素或抗菌药物不仅具有治疗或预防细菌感染性疾病的作用，还具有良好的促生长作用。这些抗生素或抗菌药物在养殖业中被广泛用作饲料添加剂，以发挥其保健和促生长的双重作用。养殖业普遍使用抗菌促长剂造成动物源细菌耐药性的大量产生与广泛传播，已给食品安全和人类健康带来了风险。

抗菌活性（antimicrobial/antibacterial activity） 抗菌药抑制或杀灭病原微生物的能力。常以最小抑菌浓度和最小杀菌浓度表示，可用体外抑菌试验和体内实验治疗法测定。

抗菌谱（antibacterial spectrum） 一种或一类抗生素（或抗菌药物）所能抑制（或杀灭）微生物的类、属、种的范围。分窄谱和广谱两种情况，是临床选药的基础。窄谱抗菌药如青霉素主要作用于革兰阳性菌；广谱抗菌药如四环素类不仅可作用于革兰阳性菌和革兰阴性菌，还可作用于立克次体、支原体、衣原体等。

抗菌药（antibacterial drugs） 能抑制或杀灭细菌，用于预防和治疗细菌性感染的药物，包括人工合成抗菌药（喹诺酮类等）和抗生素。抗菌药有固定的抗菌谱，细菌反复接触后易产生耐药性。选用抗菌药主要取决于临床诊断、细菌学诊断及体外药敏试验。避免滥用和无明确指征的联合应用。

抗抗体（anti-antibody） 又称第二抗体、二抗。将一种动物的抗体（免疫球蛋白）注射到另一种动物体内，诱导产生的针对同种型决定簇的抗体，如羊抗兔 IgG 抗体。广泛应用于标记抗体技术中的间接法。典型的天然抗抗体是类风湿因子，它能与已与抗原结合后的抗体分子结合，而不能与游离的结合。这是因为体内存在抗原抗体结合物时，抗体的隐蔽决定簇暴露，从而产生抗自身免疫球蛋白的自身抗体所致。另一类天然抗抗体是网络学说中所提出的 Ab_2，是针对抗体（Ab_1）分子可变区决定簇的自身抗体。它能抑制 Ab_1 的产生，并刺激产生 Ab_3（抗 Ab_2 的抗体），在免疫调节中起重要作用。

抗利尿（antidiuresis） 动物尿生成减少的情况。如抗利尿激素有促进远曲小管和集合管对水的重吸收作用而降低尿量；醛固酮在保钠排钾的同时水分重吸收增加，也有抗利尿作用。

抗利尿激素浓缩试验（ADH condensing test） 注射 ADH 代替停止供水试验的尿液浓缩试验，利用外源性 ADH 皮下注射，刺激肾小管加强对水重吸收和使尿液浓缩。此试验可用在对停止供水具有危险的患病动物。

抗淋巴细胞血清（anti-lymphocyte serum） 含抗淋巴细胞抗体的免疫血清，是一种免疫抑制剂。能抑制前体淋巴细胞分化增殖，破坏淋巴细胞循环库，用于防止移植排斥反应。

抗酶青霉素（penicillinase-resistant penicillins） 一类抗青霉素酶、不耐酸、口服易被破坏的半合成青霉素。对一般革兰阳性菌的作用不如青霉素，主要用于耐青霉素的金黄色葡萄球菌感染。包括甲氧西林等。

抗凝（anticoagulation） 应用物理或化学的方法，除去或抑制血液中的某些凝血因子，阻止血液凝固的过程。

抗凝剂（anticoagulants） 能使血液在体外保持

不凝固的物质。按作用分为两类：一类为肝素，其以抗凝血酶作用和抑制凝血致活酶的生成而起抗凝作用；另一类为盐类，其以脱钙作用而起抗凝作用。使用时可根据其特点选用。10%乙二胺四乙酸二钠，不能用于血钙和血钠的测定；草酸钾不能用于血钙、血钾及比容的测定；草酸铵与草酸钾合剂不适宜于蛋白氮、钙、钾含量的测定；3.8%枸橼酸钠不适用于血液化学检验；肝素为最理想的抗凝剂，但价格昂贵，且会影响小动物白细胞的着色力，抗凝时间短。

抗凝血酶（antithrombin） 又称抗凝血酶Ⅲ。血浆中存在的一种抗丝氨酸蛋白酶，其分子上有精氨酸残基，可与构成凝血酶活性中心的丝氨酸残基结合，形成复合物而使凝血酶失活，表现血液失去凝固性或者凝固过程变慢。

抗凝血杀鼠药中毒（anticoagulant rodenticide poisoning） 动物误食含抗凝血杀鼠药的毒饵或吞食被抗凝血杀鼠药毒死的鼠尸而引起的中毒性疾病，临床上以广泛性的皮下血肿和创伤、手术后流血不止为特征。各种动物均可发生，尤其多见于犬、猫和猪。急性中毒，无任何症状表现而死亡。尸体剖检多见脑、心包、胸腹腔内有出血。亚急性中毒，从吃入毒物到引起动物死亡，一般需经2～4d时间。中毒初期精神不振，厌食，稍后不愿活动，出现跛行，厌站喜卧，呼吸费力，眼结膜发白有出血点，齿龈、唇黏膜等出血，心搏快而失调。继续发展，表现共济失调、贫血、血肿、血便、眼前房出血、血尿、吐血和衄血等，最后痉挛、昏迷而死亡。死后尸检，全身器官组织呈现泛发性出血。凝血因子Ⅱ、Ⅶ、Ⅸ、Ⅹ减少，凝血时间延长。根据接触抗凝血杀鼠药史与广泛性出血症状，可初步诊断。确诊需检验血液的凝血时间、凝血酶原及香豆素含量。维生素 K 是治疗抗凝血杀鼠药中毒的特效药物，尤其是维生素 K_1；如果出血过多，应输血治疗，另外，再配合一些支持疗法；已中毒的病畜，不能行手术或放血；皮下或胸腹腔的血液，如果不危及生命，可让其慢慢吸收。病愈恢复期，应加强饲养管理，多饲喂营养的食物。

抗贫血药（antianemia drug） 一类能补充特殊造血成分或刺激骨髓功能，治疗贫血症的药物。根据贫血症的类型，抗贫血药分为：①铁制剂，治疗慢性失血、营养不良以及体内铁质缺乏引起的缺铁性贫血；②叶酸和维生素 B_{12}，治疗由于叶酸和维生素 B_{12} 缺乏所致的巨幼红细胞性贫血；③氯化钴、雄激素及同化激素等，治疗由于骨髓造血功能减退或衰竭所致的再生障碍性贫血。

抗球虫药（anticoccidial drugs） 一类阻断寄生于畜、禽肠管或胆管上皮细胞内球虫的发育或杀灭虫体，从而防治球虫病的药物。种类很多：①磺胺类药及其增效剂，如磺胺喹噁啉、磺胺氯吡嗪、二甲氧苄胺嘧啶、乙氨嘧啶；②吡啶类化合物，如氯羟吡啶；③氨丙啉；④乙氧酰胺苯甲酯；⑤喹诺酮类化合物，如丁氧喹啉、苯甲氧喹啉、癸氧喹啉等；⑥聚醚类抗生素，如莫能菌素、盐霉素、拉沙里菌素等；⑦氯苯胍；⑧二硝甲苯酰胺；⑨尼卡巴嗪；⑩常山酮等。合理应用抗球虫药是控制球虫病的重要措施。应选用高效、低毒的抗球虫药，按一定时机和用药浓度，并应轮换使用不同活性峰期的药物，以防产生耐药虫株。

抗球蛋白试验（anti-globulin test） 不完全抗体与颗粒性抗原结合后，不引起可见的凝集反应，但该抗原表面决定簇已被不完全抗体所封闭，故不能再与相应的完全抗体结合发生凝集。但如用抗球蛋白血清与该吸附不完全抗体的颗粒状抗原结合，即可发生凝集反应。本法主要用于检测不完全抗体，亦可用于检测初生幼畜溶血症红细胞上的自身抗体。

抗球蛋白消耗试验（anti-globulin consumption test） 一种检查血清中不完全抗体的试验。不完全抗体致敏的红细胞可被抗球蛋白抗体所凝集，如抗球蛋白抗体被吸收，则不凝集。此试验是将待检的含不完全抗体的血清与含相应抗原的细胞一起孵育（第一次），然后将细胞洗涤，再与抗球蛋白血清一起孵育（第二次）。如果初次孵育时细胞被抗体所包被，则第二次孵育时抗球蛋白抗体被吸收，加入不完全抗体致敏的红细胞就不凝集。指示该血清中含不完全抗体。本法常用于检测容易自凝的白细胞、血小板上的自身抗体。

抗球蛋白血清（anti-globulin serum） 含抗球蛋白抗体的免疫血清。用于抗球蛋白试验以及在标记抗体试验的间接法中作为标记用的抗抗体。

抗肾上腺素药（antiadrenergic drugs） 又称肾上腺素受体阻断药。能与肾上腺素受体结合，但缺乏内在活性，妨碍肾上腺素能递质或拟肾上腺素药与受体结合，从而产生抗肾上腺素效应。根据对受体选择性不同，可分为：①α-受体阻断药，如酚妥拉明、妥拉苏林等，常用于治疗血管痉挛性疾病、血栓闭塞性动脉炎；②β-受体阻断药，如心得安、心得宁等，主用于心律失常、心绞痛等的治疗。

抗生素（antibiotics） 曾名抗菌素。一类由某些微生物产生，能以较低浓度选择性抑制或杀灭其他生物的化学物质。可用微生物发酵法或化学合成与半合成法进行生产。常根据作用特点和化学结构进行分类，如抗细菌、抗真菌、抗寄生虫、抗肿瘤抗生素以及β-内酰胺类、氨基糖苷类、大环内酯类、四环素类、多肽类、多烯类抗生素等。

抗生素单位（units of antibiotics） 对抗生素进行计量的单位。一些抗生素以有效成分的一定重量（多为1μg）作为一个单位，如土霉素、链霉素、红霉素等均以纯游离碱1μg为1个单位。少数以某一特定盐的1μg或一定重量作为一个单位，如青霉素以国际标准品青霉素钠盐0.6μg为一个单位，四环素以其盐酸盐纯品1μg为一个单位。有的非合成抗生素不采用重量单位，而以特定单位表示效价，如制霉菌素等。

抗生素后白细胞增强效应（post - antibiotic leucocyte enhancement effect，PALE） 细菌与高浓度抗生素接触后，菌体发生变形，更易被吞噬细胞识别，并促进吞噬细胞的趋化和释放溶酶体酶等杀菌物质，产生抗生素与白细胞协同效应，从而使细菌损伤加重，修复时间延长。

抗生素后效应（post - antibiotic effect，PAE） 抗生素与细菌短暂接触后清除药物，细菌生长仍然持续受到抑制的效应。目前PAE的机制尚未完全明确，学说之一认为抗生素与细菌短暂接触后，抗生素与细菌靶位持续性结合，引起细菌非致死性损伤，从而使其靶位恢复正常功能及细菌恢复再生长时间延长；学说之二认为是抗生素后促白细胞效应。PAE的大小以时间来衡量，应用菌落计数法计算为实验组和对照组细菌恢复对数生长期各自菌落数增加10倍所需的时间差。PAE目前已成为设计合理给药方案的重要依据之一。

抗生素抗性（antibiotic resistance） 指细菌对某种抗生素如氨苄青霉素，四环素等的抵抗作用。某些质粒和转座子可携带特定的抗性基因，敏感菌获得这些质粒即转化为抗性菌。

抗生素抗性细菌（antibiotic - resistant bacteria） 简称耐药细菌。对于抗生素作用有耐受性的细菌。随着抗生素的大量使用甚至滥用，抗生素抗性细菌不断增多，如耐青霉素金黄色葡萄球菌、耐多种抗生素的大肠杆菌等，甚至出现了耐所有抗菌药物的“超级菌”。细菌的耐药性一旦产生，感染性疾病的治疗作用就明显下降。根据发生原因可分为获得耐药细菌和天然耐药细菌。目前认为后一种方式是产生耐药菌的主要原因。

抗生素耐药性（antibiotic/antimicrobial resistance） 又称抗药性。微生物、寄生虫以及肿瘤细胞对抗生素（包括化学合成抗菌药物）作用的耐受性。耐药性一旦产生，药物作用即明显下降。根据其发生原因可分为获得耐药性和天然耐药性。为了保持抗生素的有效性，应重视其合理使用。

抗生酮作用（antiketogenesis） 抑制酮体产生的作用。脂肪在体内代谢生成乙酰基必须同草酰乙酸结合才能进入三羧酸循环而最终被彻底氧化，产生能量。如若食物中碳水化合物不足，则草酰乙酸生成不足，脂肪酸不能完全被氧化而产生大量酮体。酮体是一种酸性物质，如在体内积存太多，即引起酮血症（ketosis），破坏机体酸碱平衡，导致酸中毒。膳食中的碳水化合物可保证这种情况不会发生，即起到抗生酮作用。

抗酸染色（acid - fast staining） 一种用酸性酒精（常用醋酸和盐酸）脱色的细菌复染色法，鉴定细菌能否抵抗酸。原理：分枝杆菌和麻风杆菌的细胞壁中含大量的蜡质，其中主要成分为分枝菌酸，一般染料难以渗入，但一旦着色后即使用盐酸酒精也难以脱色，具这种特性的微生物称为抗酸菌。常用的有齐尼二氏（Ziehl - Neelsen）染色法。方法：涂片，火焰固定，石炭酸复红溶液加温染色3min，用2%盐酸酒精溶液脱色，最后用美蓝等染液作对比染色，再经水洗和干燥后即可在显微镜下观察。耐酸的细菌呈红色，不耐酸者呈绿色或蓝色。

抗酸药（antacid） 一类弱碱性无机化合物，能缓冲或中和胃内容物的酸度。用于治疗消化性溃疡，减少酸性食糜对溃疡面的刺激，发挥止痛、解痉和愈合溃疡的作用。其中有的药物还能升高血液pH及碱化尿液，用来增强其他药物的作用或中毒时的解毒。常用药物有氢氧化铝、碳酸镁、三硅酸镁、氧化镁、碳酸氢钠、乳酸钠等。

抗绦虫药（anticestodal drugs） 促使绦虫在肠内死亡或排出的药物，分为杀绦虫药和驱绦虫药。包括硫双二氯酚、氯硝柳胺、氯硝柳胺哌嗪、丁萘脒、吡喹酮、雷琐仑太等。有些药物如槟榔碱、砷酸锡、砷酸铅、砷酸钙、硫酸铜因毒性大，已很少应用。传统的天然植物类药物如南瓜子、绵马等也具有抗绦虫作用，但因疗效不稳定，已不应用。

抗体（antibody，Ab） 在抗原刺激下产生的能与该抗原特异性结合的免疫球蛋白。主要存在于血液、组织液、淋巴液和脑脊髓液等体液中，称为体液性抗体；亦有结合在肥大细胞膜上的抗体称为亲细胞抗体。抗体由B细胞激活后增殖分化成的浆细胞所产生，抗体分子上的抗原结合点（antigen binding site）能与相应抗原上的决定簇特异性结合。由于抗原性质和结合时的条件不同可表现出不同的反应，因而有抗毒素、溶菌素、溶血素、沉淀素、凝集素等不同名称。抗体与抗原在体内结合，可促使抗原被吞噬清除或使其失去致病作用。另一方面抗原抗体所形成的免疫复合物可沉积于某些组织，引起组织损伤，触发变态反应性疾病。各种传染病或某些疾病均能促使机体产生特异性抗体，故可利用抗原抗体结合后出现的反应，用于疾病的诊断，也可以人工免疫后所产生的抗体用于各种生物物质的免疫检测。

抗体不均质性（antibody inhomogeneity）　抗原免疫动物后所产生的抗体均具有不均质的特性。因为即使用单特异性决定簇的抗原免疫动物，可以激活多个B细胞克隆，从而产生可变区不同的抗体分子。每一B细胞克隆又可通过类转换（class switch）产生诸如IgG、IgM、IgA等不同类型的免疫球蛋白分子。因此不均质性是常规抗体的特性。只有单克隆抗体才是均质性的。

抗体产生细胞（antibody producing cell，APC）又称抗体形成细胞。能合成和分泌特定抗体的浆细胞，为B细胞免疫应答后的效应细胞。

抗体多样性（antibody diversity）　抗体不均一性的特点，用一种抗原免疫动物时，可以产生多种化学结构不同的抗体分子的特性。根据免疫球蛋白（Ig）重链不同，有IgG、IgM、IgA和IgE等不同的类和亚类；根据轻链有κ和λ二种轻链型。多决定簇抗原免疫时，可产生针对不同决定簇的抗体；而每一决定簇又有不同亲和力的抗体。此外，还可理解为机体能对数以百万计的抗原产生与之相应的抗体，反映其抗体产生潜能的多样性。

抗体多样性学说（artibody diversity theory）　解释抗体分子多样性的遗传控制学说。主要有3种：①种系学说（又称胚系学说），抗体形成细胞具有编码Ig分子的全部基因（即有限数量的C基因和未知数量的V基因，它是通过长期进化形成并通过生殖细胞从亲代传给子代）。②体细胞突变学说，在生殖细胞内只继承了数量有限的V基因，Ig分子多样性的形成是由于体细胞在发育过程中发生突变或基因重组，从而产生许多不同的V基因，体细胞突变可能对Ig分子的多样性发生重要作用。③V区基因相互作用学说，Ig分子可变区是由V基因片段、J基因片段和D基因片段组成，V、D、J基因相互连接对Ig分子多样性的产生极为重要。抗体多样性不可能简单地归因于上述某一学说，可能与多种机制有关，也可能还与基因片段连接点上的连接多样性以及VL和VH链的不同配对有关。

抗体功能（antibody function）　又称抗体活性。抗体在体内具有多种免疫效应，包括中和作用、调理作用、免疫溶解作用、病原体的黏附抑制作用和生长抑制作用，以及抗体依赖细胞介导的细胞毒作用等。

抗体过剩（antibody excess）　在抗原抗体反应中，抗体分子的结合价超过抗原的结合价时所出现的现象。在体外，抗体过剩时，可抑制凝集反应的出现，称为前带现象。

抗体活性（antibody activity）　见抗体功能。

抗体流行率（antibody prevalence）　可检测的抗体水平持续时间。群体中可检测的抗体流行率与抗体半衰期有关，它取决于感染率、抗体损失的速率和这些率已经起作用的时间。抗体流行率高，反映的可能不是感染率高，而是抗体损失率低。

抗体酶（abzyme）　又称催化抗体（catalytic antibody）。某些具有酶催化活性的抗体。根据酶与底物相互作用的过渡态理论，将底物的过渡态类似物作为抗原，注入动物体内诱导抗体产生，生成的抗体在结构上与过渡态类似物互相适应并可相互结合。该抗体便具有催化该过渡态反应的酶活性。当抗体与底物结合时，可使底物转变为过渡态进而发生催化反应。目前已研制出具有霉菌酸变位酶活性的抗体酶和水解羟基酯、羧基脂、碳酸酯和香豆素酯的酯酶活性的多种抗体酶。用基因工程方法研制蛋白质、核酸等复杂底物的抗体酶具有重要意义。对蛋白质来说，目前还没有发现象DNA限制性内切酶那样的氨基酸顺序特异的蛋白水解酶，人工设计并构建这样的酶，可在特定的氨基酸序列切开蛋白质分子。抗体酶具有典型的酶反应特性，包括与配体（底物）结合的专一性，高效催化性，与天然酶相近的米氏方程动力学及pH依赖性等。

抗体吸收试验（antibody absorption test）　检测抗血清被有交叉反应的抗原吸收后效果的试验。在甲血清被有交叉反应的乙抗原吸收之前和之后，测定它对甲抗原和乙抗原的效价。如对乙抗原的交叉反应消失，而仍保留对甲抗原的特异性反应，即表示吸收完好。本法主要用于制备因子血清。

抗体形成细胞（antibody forming cell）　见抗体产生细胞。

抗体依赖性细胞介导的细胞毒作用（antibody dependent cell - mediated cytotoxicity，ADCC）　抗体在体内的一种活性。当表面带有Fc受体的K细胞、NK细胞、巨噬细胞等与覆盖特异抗体的靶细胞反应时，能使靶细胞膜上出现小孔，导致通透性增加而死亡。此反应不需要补体参加。

抗调节独特型（anti - regulatory idiotype）　抗抗体和T细胞受体的独特型，即网络学说中的Ab_2、Ab_3、Ab_4等。在免疫网络调节中起关键作用。抗体（B细胞表面免疫球蛋白）和T细胞受体（它们是Ab_1）的独特位既能被相应抗原表位所识别（此时它们是配位），但同时它们又可以作为表位，刺激另一些淋巴细胞克隆活化，产生Ab_2；依此类推产生Ab_3、Ab_4……而另一方面Ab_2、Ab_3……上面的独特位又可以抑制前一相应淋巴细胞克隆增殖，限制其过多产生 Ab_1、Ab_2 等，从而形成调节网络。

抗透明带抗体性不育（infertility due to anti－zona pellucida antibodies） 透明带抗原能够刺激机体发生免疫应答，产生的抗血清则能阻止带有透明带的卵子与同种精子结合，也能阻止同种精子穿透受抗血清处理过的透明带，以及在体内干扰受精卵着床，从而导致不育。

抗微生物治疗（antimicrobial therapy） 用抗微生物药治疗或预防机体的病原微生物侵染的手段。抗微生物药包括抗生素、化学合成抗菌药、抗真菌药和抗病毒药等。

抗吸虫药（antitrematodal drugs） 一类主要用于驱除牛、羊肝片吸虫的药物。对牛、羊腹腔吸虫、前后盘吸虫、阔盘吸虫，猪姜片吸虫，犬、猫肺吸虫和鸡前殖吸虫也有一定作用。根据化学结构的不同，可分为 4 类：①卤化碳氢化物类，如四氯化碳、六氯乙烷、六氯对二甲苯；②联苯酚类，如硫双二氯酚、硫溴酚和六氯酚；③硝基苯酚类，如硝氯酚；④哌嗪类，如海托林等。

抗心律失常药（antiarrhythmic drug） 一类用来治疗过速型或过缓型心律失常、早搏、房扑、房颤、室颤及房室传导阻滞的药物。基本作用是：降低自律性，抑制异位节律点的自律性；延长有效不应期，抑制异位起搏点的兴奋性；加速传导，终止单向阻滞。根据其作用分：①广谱抗心律失常药，如奎尼丁、普鲁卡因酰胺等；②主要用于窦性心动过速的药物，心得安为首选药；③主要用于室上性心律失常的药物，异搏定为首选药；④主要用于室性心律失常的药物，如利多卡因、苯妥英钠、溴苄胺等。安全范围较小，主要是心血管毒性，如诱发或加重心力衰竭、传导阻滞、心动过缓、血压下降等。

抗血清（antiserum） 又称免疫血清（immune serum）、高免血清（hyperimmune serum）。含高效价特异性抗体、能用于治疗或紧急预防相应病原体所致疾病的动物血清制剂，属被动免疫制品。通常是给适当动物以反复多次注射特定的抗原（病原微生物或其代谢产物），促使动物不断产生免疫应答，待其血清中含有大量特异性抗体后，采血收集血清而制成。

抗血吸虫药（schistosomicide） 抑制寄生体内血吸虫成虫，用以治疗血吸虫病的药物。药物直接作用于虫体，使其发生组织学和功能变化，虫体肝移后被炎症细胞包围而消灭。代表药物有酒石酸锑钾、次没食子酸锑钠、六氯对二甲苯、硝硫氰胺、硝硫氰醚、敌百虫以及吡喹酮等。

抗炎药（antiinflammatory agents） 又称消炎药。一类对急性或慢性炎症有抑制作用的药物。根据化学结构可分为两类，即非甾体消炎药（如水杨酸类的水杨酸钠和乙酰水杨酸；吡唑酮类的氨基比林和安乃近；吲哚类的消炎痛；丙酸衍生物的布洛芬和甲氧萘丙酸；灭酸类的甲灭酸和甲氯灭酸）与甾体消炎药（如糖皮质激素类的可的松、强的松和地塞米松等）。消炎药对炎症性疾病仅有非特异性抑制作用，起对症治疗的效果。糖皮质激素的消炎作用虽比非甾体消炎药强，但长期应用有严重不良反应，一般不作为首选药物。

抗氧化剂（antioxidant） 能防止食品中脂肪成分因氧化而导致变质的一类添加剂。氧化作用可导致食品中的油脂酸败，还会导致食品褪色、褐变、维生素遭破坏等。抗氧化剂主要用于油脂和富含油脂的食品，可阻止和延迟氧化过程，提高食品的稳定性和延长贮存期。我国允许用于肉制品和动物油脂的抗氧化剂有丁基羟基茴香醚（BHA）、二十基羟基甲苯（BHT）、没食子酸丙酯（PG）、D-异抗坏血酸钠、茶多酚（维多酚）等。

抗原（antigen） 刺激机体免疫系统引起免疫应答，产生抗体和效应淋巴细胞，并能与相应抗体或效应淋巴细胞结合，发生特异性反应的物质。前一特性称为免疫原性（immunogenicity），后者称为反应原性（reactogenicity），二者统称为抗原性（antigenicity）。既有免疫原性，又有反应原性的物质称为完全抗原（complete antigen）；只具有反应原性而无免疫原性的物质称为半抗原（hapten）或不完全抗原（incomplete antigen）；不具备免疫原性和反应原性，但能阻止抗原与抗体结合的物质称为简单半抗原（simple hapten），或称封闭性半抗原（blocking hapten），如肺炎球菌荚膜多糖的水解产物、抗生素、酒石酸、苯甲酸等；不具备免疫原性，但可与相应的抗体结合出现肉眼可见的反应的物质称为复合半抗原（complex hapten），如细菌的荚膜多糖、类脂质、脂多糖等。半抗原必须与蛋白质载体结合后才有免疫原性。

抗原变异（antigenic variation） 抗原特异性的质的变异，如流感病毒血凝素和神经氨酸酶从一个型转变为另一个型，细菌鞭毛型转变为无鞭毛型（H－O变异），鞭毛抗原的交替改变（位相变异）和细菌自光滑型至粗糙型的变异（S－R变异）。此外，肿瘤发生中，旧抗原的丢失和新抗原的获得，原虫在宿主体内的外膜抗原变异等均属之。

抗原表位（antigenic epitope） 又称抗原决定簇（antigenic determinant）。抗原分子表面或内部具有特殊立体构型和免疫活性的化学基团，决定抗原的特异性。大多数抗原表位位于抗原分子表面，其大小相对恒定，受免疫活性细胞膜受体和抗体分子的抗原结合点所制约。蛋白质抗原的表位由5～7个氨基酸残基组成，多糖抗原由5～6个单糖残基组成，核酸抗原的表位由5～8个核苷酸残基组成。

抗原捕获（antigen capture） 单核巨噬细胞系统捕获抗原异物的现象。抗原物质进入体内后，首先在局部引起炎性反应，血液中的单核细胞经趋化作用进入炎区捕捉和吞噬抗原。进入血液的抗原物质大部分在通过脾脏时被分布在脾边缘区和被覆于红髓静脉窦的巨噬细胞所捕获。进入淋巴液的抗原大多被淋巴结髓质内的巨噬细胞和皮质内的树突状细胞所捕获。这些区域称为抗原捕获区。此外，分布在全身组织中的巨噬细胞，如肝中的枯否氏细胞、脑中的小胶质细胞、肺的巨噬细胞、结缔组织中的组织细胞、皮肤的朗罕氏细胞和角朊细胞以及骨组织中的破骨细胞等均具有捕获抗原的作用。

抗原滴定（antigen titration） 血清学试验中，测定抗原工作单位或抗原浓度的方法。

抗原递呈（antigen presentation） 抗原递呈细胞（APCs）将抗原加工处理后，将抗原肽通过MHC分子展示到细胞膜表面供T细胞识别的过程。内源性抗原经加工、降解产生约9个氨基酸的抗原肽，抗原肽与MHCⅠ类分子结合形成抗原肽-MHC复合物，然后被运送到APCs细胞膜表面，供细胞毒性T细胞（TC/CTL）识别。外源性抗原被加工处理后产生13～18个氨基酸的肽段，再与MHCⅡ类分子结合，最后递呈给辅助性T淋巴细胞（TH细胞），供其识别。

抗原递呈细胞（antigen presenting cells，APCs） 一类能捕捉、摄取和处理抗原，并把抗原信息传递给淋巴细胞而使淋巴细胞活化的细胞。按照细胞表面的主要组织相容性复合体（MHC）Ⅰ类和Ⅱ类分子，分为2类。带有MHCⅡ类分子的细胞，包括巨噬细胞（Mφ）、树突状细胞（DC）、B细胞等，主要对外源性抗原的递呈，又称为专业抗原递呈细胞（professional APCs）；皮肤中的纤维母细胞、脑组织的小胶质细胞、胸腺上皮细胞、甲状腺上皮细胞、血管内皮细胞、胰腺β细胞，称为非专业抗原递呈细胞（non-professional APCs）。带有MHCⅠ类分子的细胞，包括所有的有核细胞，可作为内源性抗原的递呈细胞，如病毒感染细胞、肿瘤细胞、胞内菌感染的细胞、衰老的细胞、移植物的同种异体细胞等，可作为靶细胞将内源性抗原递呈给TC/CTL。

抗原封闭（antigen blocking） 肿瘤细胞上出现的新抗原可以被某些封闭因子所封闭，从而逃逸免疫系统的识别和杀伤。主要封闭因子有：①肿瘤细胞所产生的胚胎抗原（胎甲球、癌胚抗原等）可吸附于肿瘤细胞上，使肿瘤细胞逃逸免疫识别；②产生封闭性抗体（blocking antibody）阻断抗体和活化的巨噬细胞对肿瘤细胞的杀伤作用；③循环中的肿瘤特异性抗原与抗体结合所形成的免疫复合物不仅能封闭肿瘤细胞，还能封闭效应淋巴细胞以阻断细胞免疫。

抗原过剩（antigen excess） 在抗原抗体反应中，因抗原浓度过高，抗原分子的结合价超过抗体的结合价时，不出现肉眼可见的抗原抗体结合反应的现象。在体外，抗原过剩可抑制沉淀反应；在体内则可形成可溶性免疫复合物，引起免疫复合物型（Ⅲ型）变态反应。

抗原加工（antigen processing） 抗原递呈细胞捕捉和吞噬抗原后，在细胞内对抗原进行加工处理，酶解成肽段并与MHC分子结合成复合物的过程。

抗原加工转运体（transporters associated with antigen processing，TAP） 由TAP1和TAP2组成的跨膜异二聚体，镶嵌于内质网膜，介导被加工处理的抗原肽从胞质主动转运到内质网腔。

抗原结合点（antigen-binding site） 抗体分子或膜表面免疫球蛋白分子上与抗原决定簇结合的特定位点。位于免疫球蛋白分子Fab片段的前端，由轻链和重链可变区的一部分组成，呈长宽1.5nm×0.6nm，深0.6nm的浅沟，因其主体构型与相应的抗原决定簇互补，故能与之特异性结合。

抗原结合片段（antigen-binding fragment，Fab） 又称Fab片段。免疫球蛋白的抗原结合点所在部位。由一条完整的轻链和重链N端的1/2所组成，分子量45 000。由轻链和重链可变区（V_L和V_H）组成的功能区是决定抗体特异性的抗原结合点。在这一区内，2条肽链交替前后缠绕，由于前端形成一个呈特定构型的抗原结合腔，沿腔排列的氨基酸属于高变氨基酸，正由于这一区域氨基酸排列的高度可变性，几乎可以有100亿以上的排列组合，能充分适应自然界存在的抗原决定簇的多样性。

抗原竞争（antigen competition） 多种抗原或多个抗原决定簇同时进入体内时，它们竞争与其相应受体的淋巴细胞结合，从而活化相应淋巴细胞克隆，促使其活化的现象。在这种情况下，机体对强抗原和优势决定簇表现强反应，而对弱抗原和弱决定簇则表现弱反应或无反应。

抗原决定簇（antigenic determinant） 见抗原表位。

抗原抗体反应（antigen antibody reaction） 抗原与相应的抗体无论在体外或体内发生的特异性结合。

抗原抗体复合物（antigen antibody complex） 见

免疫复合物。

抗原内影像（internal image） β型抗独特型抗体的配位，针对 Ab_1 的抗原结合部表位，具有与抗原表位相似的结构。抗原表位和内影像都能与 Ab_1 的配位结合。

抗原逆转（antigenic reversion） 成熟的正常细胞从成熟型返回到不成熟型或胚胎原型的改变。此种现象通常发生在组织细胞肿瘤化的过程中，故在肿瘤发生时往往出现某些胚胎抗原，如肝癌时的胎甲球、直肠癌时的癌胚抗原等。

抗原配位（antigenic paratope） 抗体分子上与抗原表位相配（构型互补）的位点，也就是抗原结合点（antigen-binding site）。

抗原漂移（antigenic drift） 又称抗原性的连续变异。免疫漂移，病毒的抗原性因基因组的位点突变而发生轻微的变化。常在动物体免疫应答的压力下发生。流感病毒的血凝素及神经氨酸酶、马传染性贫血病毒的表面抗原等时常发生。

抗原识别（antigen recognition） 表面具有抗原受体的免疫细胞（包括T细胞、B细胞）能与相应的抗原特异性结合，借以识别抗原，从而激发免疫应答的过程。

抗原受体（antigen receptor） 免疫活性细胞表面具有的能与相应抗原特异性结合的分子结构，是免疫识别的物质基础。B细胞表面的抗原受体由一个分子的膜表面免疫球蛋白（surface membrane immunoglobulin，Smlg）与 Ig-α、Ig-β形成的两个异二聚体构成，Smlg 的 Fab 可变区的抗原结合点具有特定构型，能与构型互补的抗原决定簇特异性结合而被激活。T细胞抗原受体又称T细胞受体（T cell receptor，TCR），由α、β（或γ、δ）2条肽链组成，并与 CD_3 分子结合形成复合体，具有识别和结合 MHC-抗原肽复合物的作用。95%的T细胞的TCR是由α和β 2条肽链组成。

抗原肽（antigen peptide） 蛋白质抗原被抗原递呈细胞加工处理后形成的氨基酸短肽。

抗原限制元位（agretope） 在抗原递呈中，蛋白质抗原分子上与MHCⅡ类分子的决定簇选择位相互作用的区域。蛋白质的氨基酸顺序不同，与特定等位基因的MHCⅡ类分子的相互作用也不同。

抗原相关系数（antigen correlation coefficient） 比较相似抗原间相关程度的常数，以R表示。通常用血清学交叉反应确定，是区分病原微生物血清型、亚型以及不同毒（菌）株的依据，其计算公式为：$R=\sqrt{r_1 \cdot r_2}\times 100\%$。其中 r_1=异源血清效价 1/同源血清效价 1，r_2=异源血清效价 2/同源血清效价 2。通常以R值的大小判定血清型和亚型，R>80%时为同一亚型，R在25%～80%为同型的不同亚型，R<25%时为不同的型。但这一标准视具体对象不同有差异。在亚型鉴定时，不仅要注意R值，还应重视 r_1 和 r_2 的值，如 r_1 显著高于 r_2 时则为单向交叉，若用作疫苗菌（毒）株筛选，应选用 r_1 的毒株作疫苗株，以扩大应用范围。

抗原性（antigenicity） 抗原能刺激动物引起免疫应答，并能与所产生的相应抗体和效应淋巴细胞发生特异性反应的特性。抗原能刺激机体产生抗体和效应淋巴细胞的特性称为免疫原性（immunogenicity）；抗原能与相应的抗体或效应淋巴细胞结合的特性称为反应原性（reactogenicity）或免疫反应性（immunoreactivity）。

抗原易变区（antigenic variable region） 天然蛋白质的氨基酸序列中遗传性不稳定、容易变异的区域，如免疫球蛋白的可变区。

抗原隐蔽（antigenic concealment） 某些寄生原虫在宿主体内能吸附宿主抗原以隐蔽虫体抗原，从而逃逸免疫识别的现象。如牛泰勒虫能吸附宿主的血清蛋白，以致宿主免疫系统不能识别其为外来异物，从而能在宿主血液中长期生活。

抗原转换（antigen diversion） 在肿瘤免疫中，原来正常细胞的组织相容性抗原丢失，换之以肿瘤特异性抗原的现象。一般恶化的程度越高，转换也越多。

抗原转移（antigenic shift） 又称抗原性的不连续变异。病毒的抗原性发生的较大变异。多由病毒基因片段重配所致，主要发生于基因组分节段的病毒，如流感病毒。

抗真菌药（antifungal agents） 一类防治真菌感染的药物。浅表真菌感染是由毛癣菌、小孢子菌和表皮癣菌等感染皮肤引起的各种癣病，治疗药物有灰黄霉素、水杨酸、十一烯酸、山梨酸、苯甲酸、丙酸、水杨酰苯胺等。深部真菌病多由念珠菌、曲霉、组织胞浆菌等侵害深部组织和器官，能引起炎症和脓肿，如念珠菌病、雏鸡曲霉菌肺炎和牛真菌性子宫炎等，可用两性霉素B、制霉菌素和克霉唑等防治。

抗锥虫药（antitrypanosomal drugs） 主要抑制或杀灭寄生在家畜血液中的伊氏锥虫和马媾疫锥虫的药物。用于防治马、牛、骆驼伊氏锥虫病及马媾疫。常用萘磺苯酰脲、喹嘧胺、三氮脒等防治本类病，除合理用药外，杀灭中间宿主也是重要环节。

抗组胺药（antihistaminic） 又称H受体阻断药。一类与组胺竞争效应细胞上的H受体，使组胺不能与H受体结合，从而产生抗组胺作用的药物。

根据组胺受体类型不同，抗组胺药可分为：①H_1受体阻断剂，如苯海拉明、新安替根、异丙嗪、扑尔敏、吡苄明等，主要用于防治皮肤、黏膜变态反应性疾病、晕动病及呕吐等。②H_2受体阻断剂，如西米替丁、雷尼替丁等，主要用于治疗胃溃疡病。

拷贝数（copy number） 细胞中所含同一个基因或质粒的数目。病毒的基因常为单拷贝基因，真核哺乳动物的基因（rRNA基因）为多拷贝基因。松弛型质粒亦具多拷贝性。

柯赫法则（Koch's postulates） 由德国细菌学家罗伯特·柯赫于1890年提出，是确定某种细菌是否具有致病性的主要依据。其要点是：①特殊的病原菌应在同一类病例中查出，在健康者不存在；②此病原菌能被分离培养而得到纯种；③此纯培养物接种易感动物能导致同样病症；④自感染的动物体内能重新获得该病原菌的纯培养。在确定细菌致病性方面具有重要意义，特别是鉴定一种新的病原体时非常重要。但是也有一定的局限性，某些情况并不符合该法则。如健康带菌或隐性感染，有些病原菌迄今仍无法在体外人工培养，有的则没有可用的易感动物。另外，该法则只强调了病原微生物一方面，忽略了它与宿主的相互作用，是不足之处。

柯赫氏蓝体（Koch's blue body） 又称柯赫氏体（Koch's body）、石榴体（pomegranate - like body）。泰勒属原虫在家畜淋巴细胞内进行裂殖增殖时形成的多核体。泰勒属（Theileria）原虫进入畜体后，先侵入淋巴结和脾的网状内皮细胞进行裂殖增殖，形成多核体，呈圆形或椭圆形，位于淋巴细胞或单核细胞的胞浆内，或散在于细胞外，姬氏染色，胞浆呈淡蓝色，内含许多红紫色颗粒状核，故称柯赫氏蓝体或石榴体。在淋巴细胞中的裂殖阶段完成后转入红细胞内形成配子体。蜱吸血时，配子体随红细胞进入蜱体内，发育至感染阶段，再传至另一健康动物。

柯克氏体属（*Coxiella*） 柯克氏菌科的一个属，一群细胞内寄生的革兰阴性菌，形态学上与立克次体极为相似，但遗传学及生化特性却有很大的差异。短杆状或球状，（0.2～0.4）μm×（0.4～1）μm，可通过细菌滤器。姬姆萨染色染成紫红或红色。不能在人工培养基中生长，在鸡胚卵黄囊中生长良好，并在其中经历包括芽孢样形态的发育周期。对理化因素抵抗力较强。抗原有相变异，自动物分离的菌株含Ⅰ相抗原，经卵黄囊传代的菌株具Ⅱ相抗原。只有伯氏柯克氏体（*C. burnetii*）一个种，是人和动物Q热的病原体。

柯斯质粒载体（cosmid vector） 一类由人工构建的含有λDNA的cos序列和质粒复制子的特殊类型的质粒载体。特点如下：①具有λ噬菌体的特性。在克隆了合适长度的外源DNA，并在体外被包装成噬菌体颗粒之后，可以高效地转导对λ噬菌体敏感的大肠杆菌寄主细胞。②具有质粒载体的特性。具有质粒复制子，因此在寄主细胞内能够像质粒DNA一样进行复制，并且在氯霉素作用下，同样也会获得进一步的扩增。此外，通常也都具有抗生素抗性基因，可作为重组体分子表型选择标记。③具有高容量的克隆能力。柯斯质粒载体的分子仅具有一个复制起点，一两个选择记号和COS位点等三个组成部分，其分子量较小，一般只有5～7kb。因此，柯斯质粒载体的克隆极限可达45kb左右。④具有与含有同源序列的质粒进行重组的能力。一旦柯斯质粒与一种带有同源序列的质粒共存同一个寄主细胞中时，它们之间便会形成共合体。

科罗拉多蜱热（Colorado tick fever） 由呼肠孤病毒科环状病毒属的科罗拉多蜱热病毒引起的一种人兽共患病。本病分布于美国和加拿大西部地区。病毒在各种小哺乳动物和蜱之间保持循环繁殖。人在被感染蜱叮咬后发生急性、无传染性、自限的发热性疾病。病毒在自然的脊椎动物宿主和媒介蜱不引起任何病征。本病无特效疗法，一般用退热剂、止痛剂和适当休息即可康复。严重并发症如脑炎和出血，需要适当的支持疗法和护理。预防以防蜱灭蜱为主。

颏腺（mental gland） 又称颏器。颏部正中的皮肤腺。形成一群，使皮肤略隆起，为顶浆分泌型管状腺，排泄管直接开口于皮肤表面。

颗粒变性（granular degeneration） 一种轻微的细胞变性，特征是变性细胞体积肿大，胞浆内出现细小颗粒。由于眼观变性器官肿胀，浑浊无光泽，故过去也称浑浊肿胀（cloudy swelling）或简称"浊肿"。缺氧、中毒和感染等致病因素均可引起，常出现于急性病理过程中。多发于肝细胞、肾小管上皮细胞和心肌细胞。病变轻微时眼观病变不明显。严重时，见器官肿大，色泽变淡且无光泽，呈灰黄色或土黄色，质脆易碎，切面隆起，组织比重比正常降低。镜检，见变性的细胞肿大，胞浆内出现细小颗粒，HE染色呈淡红色。电镜观察，肿胀的线粒体、扩张的内质网和高尔基复合体等即是光镜下所见的细小颗粒。病因消除后，变性细胞可以恢复正常的结构和功能。若病因持续作用，可进一步发展为水泡变性，严重时导致细胞坏死溶解。发生颗粒变性的器官功能出现一定程度的降低。

颗粒管型（granular cast） 由变性的肾上皮细胞残渣或由蛋白及其他物质直接凝集于肾小管分泌的糖蛋白管型基质中形成，颗粒超过管型的1/3时称为颗粒管型。见于急、慢性肾炎，肾变性等肾脏器质性疾患。

颗粒性抗原（particulate antigen）呈颗粒状态的抗原，如细菌、异种或同种异体细胞等。抗原可以是颗粒的组成部分，也可以是吸附或连接于颗粒载体上的成分。其对义词为可溶性抗原（soluble antigen）。一般而言，颗粒性抗原的免疫原性强于可溶性抗原。

髁（condyle）骨端以切迹分而为二并具有关节面的圆形隆起。其上部无关节面的钝形隆起称上髁。

壳粒（capsomere）构成病毒衣壳的基本形态单位，每个壳粒由一个或多个多肽分子聚集而成。壳粒组成外壳的结构亚基，并非总是均匀分布的，往往聚集成群体，2个、3个、5个甚至6个亚基聚在一起，用负染法在电镜下所分辨开的一个个亚基，可能并非单个结构亚基，而是它们的群体，实际上是形态亚基称之为壳粒。在12个顶角上的壳粒称五邻体（pentamer或penton），因为它们有5个相邻壳粒；在面或边上的壳粒称六邻体（hexamer或hexon），因为有6个相邻壳粒。在螺旋状对称和一部分二十面体对称的病毒中，不能明显辨别出壳粒结构。壳粒在衣壳上呈规则性排列，壳粒的数目和形态对病毒的识别有一定价值。

壳膜（shell membrane）紧贴禽蛋壳内层的薄膜，由内外两层组成，外层紧贴蛋壳内表面，内层包在蛋白表面，两层膜之间有少量空气。

咳嗽（cough）一种爆发性呼气音，系分布于呼吸道和胸膜的舌咽神经和迷走神经受到分泌物、病灶及外来因素刺激，反射性地引起深吸气、声门关闭，继以突然爆发性呼气冲开声门所致。可采用听诊和视诊检查咳嗽。应检查其频度、有无疼痛、强度、深度、音量、湿度等。单纯性咳嗽称咯痰，连续性咳嗽称频咳或咳嗽发作，每次仅一二声的单发性咳嗽称稀咳，短而强大的咳嗽称深咳，长而弱小的咳嗽称浅咳，干而短的咳嗽称干咳，长而湿的咳嗽称湿咳。

咳嗽反射（cough reflex）机体的一种防御反射，由呼吸道（喉、气管、支气管）内的机械、化学感受器受到刺激引起的反射。反射动作包括先深吸气，然后声门紧闭，紧接着声门突然开放及强烈的呼气动作，借快速呼出的气流，将呼吸道内的异物或分泌物排出体外。

可变区（variable region）简称V区。免疫球蛋白2条肽链中氨基酸可变的区域。如IgG重链N端110个氨基酸（占全长1/4）和轻链N端109个氨基酸（占全长1/2）的肽段。

可待因（codeine）中枢性镇咳药及吗啡类镇痛药。镇痛作用约为吗啡的1/12，镇咳作用为其1/4，抑制呼吸作用很轻，成瘾性小，无明显的镇静、降压、便秘、尿潴留等作用。用于镇咳。镇咳作用虽不及吗啡，但比其他镇咳药强，多用于其他镇咳药无效的剧烈干咳。多痰时不宜单用。

可的松（cortisone）由肾上腺皮质分泌的天然肾上腺皮质激素。从牛或猪肾上腺中分离得到，现可由甾体皂苷元合成。具有抗炎、抗过敏、抗毒素及抗休克等作用。常用于治疗慢性肾上腺皮质功能不足。因水、钠潴留副作用较强，一般不作全身应用。可制成醋酸可的松灭菌生理盐水混悬液点眼或用1.5%眼膏治疗眼部炎症。

可感蒸发（sensible perspiration）又称显性蒸发。机体蒸发散热的形式之一，汗腺的分泌物——汗液在蒸发表面以明显的汗滴形式蒸发散热的方式。

可忽略允许量（negligible tolerance）由于每日摄入某种物质而发生的不具毒理学意义的微量残留。它仅仅是最高每日允许摄入量的一小部分。一般以采用最灵敏分析方法测出的某种残留物的最低限作为可忽略允许量。肉中总残留的最高浓度为100μg/kg、蛋和乳中为10μg/kg被视为可忽略允许量。如果总残留超过此量，则属于限定允许量范围。

可接受危险度（acceptable risk）公众及社会在精神及心理学方面对某种损害可以承受的危险度水平。例如，对于致癌性，一般认为接触某化学物终生所致癌的危险度在百万分之一（10^{-6}）或以下是可接受的，这个危险度的发生概率10^{-6}就认为是可接受危险度水平。

可结晶片段（crystallizable fragment）又称Fc片段，免疫球蛋白用木瓜蛋白酶水解后获得的一段可结晶的片段。由重链C端的1/2形成，包括CH_2和CH_3 2个功能区，2条重链间仍由1～5对二硫键连接着。Fc与免疫球蛋白的生物活性有关，如选择性地通过胎盘、与补体结合活化补体、通过黏膜进入外分泌液以及与具有Fc受体的淋巴细胞、巨噬细胞、肥大细胞与嗜碱性粒细胞结合等功能。通常所制备的抗抗体大都是针对Fc片段的。

可可中毒（theobroma cacao poisoning）家畜采食混杂可可副产品的饲料引起的中毒病。由于可可中含可可碱（theobromine）而致病。临床表现神经兴奋，出汗，呼吸加快，脉搏增数，伴有惊厥和虚脱等。急性或重型病例，在临床上未呈现任何症状之前，突然死于心力衰竭。

可逆作用（reversible effect）机体停止接触外源化学毒物后，造成的损伤逐渐恢复的一种毒性作用表现形式。通常是机体接触外源化学物的剂量较低、时间较短、造成的损伤较轻时，在脱离接触后机体的损伤会自行恢复。一般情况下化学毒物引起机体的功能性改变大多为可逆作用。

可溶性抗原（soluble antigen）　呈分子状态的、可溶于水的抗原，如蛋白质抗原、多糖抗原，其免疫原性不及颗粒性抗原。

可视黏膜（visible mucous membranes）　从体外可直接观察到的或借助于简单的方法可观察到的与外界直接接触的黏膜。包括眼结膜、鼻黏膜、口腔黏膜、阴道黏膜、尿道黏膜和直肠黏膜。兽医临床上通常以眼结膜作为可视黏膜的代表进行检查。

可调孔径准直器（adjustable collimator）　安装在X线机机头上的一种准直器。用它能方便地对准X线射入的方向和部位。此种准直器的内部还有两对互相垂直的铅板，铅板间的距离可从外面随意调节，从而达到调节X线束范围的目的，因而准直器兼有可调孔径遮线板的作用。

可疑感染家畜（suspectable infected animal）　在发病畜群中未发现任何症状，但与病畜及其污染的环境有过明显接触的家畜。如与病畜同群、同圈、同槽、同牧、使用共同的水源或用具等的家畜。这类家畜有可能处在潜伏期，并有排菌（毒）的危险，应在消毒后另选地方将其隔离观察，限制其活动，出现症状的则按病畜处理。必要时应进行紧急免疫接种或预防性治疗。隔离观察时间根据该病的潜伏期长短而定。经一定时间不发病者，可取消其限制。

克拉拉细胞（Clara cell）　即细支气管细胞。为细支气管和终末细支气管上皮的一种分泌细胞，呈椭圆形，细胞顶部略突出于腔面，有少量微绒毛，胞质内有高尔基复合体、粗面内质网和丰富的线粒体，核的上方有分泌颗粒。该细胞能分泌蛋白酶、黏多糖和脂类等，可降低支气管内黏液的黏稠度，以保持管腔通畅。

克拉霉素（clarithromycin）　又称甲红霉素。红霉素的衍生物，大环内酯类抗生素。抗菌谱与红霉素、罗红霉素等相同，对革兰阳性菌作用更强，对部分革兰阴性菌、支原体及衣原体等均有抗菌活性。本品对胃酸稳定，内服吸收好。主要用于敏感细菌所致的上、下呼吸道感染，皮肤、软组织感染等。

克拉维酸（clavulanic acid）　又称棒酸。不可逆性竞争型β-内酰胺酶抑制剂。通过与细菌产生的β-内酰胺酶牢固结合，使酶丧失水解β-内酰胺环的活性。不仅作用于金黄色葡萄球菌的β-内酰胺酶，对革兰阴性杆菌的β-内酰胺酶也有作用。本品与青霉素类、头孢菌素类合用可极大地提高后者的抗菌活性，使最低抑菌浓度明显下降，药物显著增效，使耐药菌株恢复其敏感性。临床常用阿莫西林-克拉维酸（2∶1）复方制剂。

克雷伯菌属（*Klebsiella*）　一群有明显荚膜、不运动的革兰阴性杆菌。大小为（0.3～1.0）μm×（0.6～6.0）μm，可能有菌毛。单个、成对或短链状排列。在含糖培养基上形成丰厚而黏稠的灰白色M型菌落，菌体包有厚层荚膜。发酵各种糖类，产酸兼产气。氧化酶和赖氨酸脱羧酶阳性，水解尿素，不产H_2S，VP试验多呈阳性，不液化明胶。有O和K（多糖类）两类抗原，但以K抗原作为分型依据。模式种为肺炎克雷伯菌（*K. pneumoniae*），可引起人畜肺炎、子宫炎、乳房炎、尿路炎及其他化脓性炎症。常用头孢霉素治疗。

克里米亚-刚果出血热（Crimean-Congo hemorrhagic fever）　布尼病毒科克里米亚-刚果出血热病毒引起的急性传染病。主要分布于中亚和非洲扎伊尔、乌干达及肯尼亚等地。本病主要危害人，临床上呈现发热、出血症候群。带毒动物包括野兔、野鼠、鸟类和牛、羊、骆驼等家畜。病人也是本病的传染源。蜱为主要传播媒介。动物多为隐性感染，在病毒的自然循环中起重要作用。确诊需作病毒分离和血清学试验。防制主要做好消毒隔离和个人防护，防蜱灭蜱，疫区可用灭活疫苗对人作预防接种。

克林霉素（clindamycin）　又称氯洁霉素、氯林可霉素。林可霉素的衍生物，林可胺类抗生素。抗菌谱与林可霉素相同，但抗菌活性较强。对需革兰阳性球菌如金黄色葡萄球菌和表皮葡萄球菌、链球菌、肺炎球菌有效，对厌氧性拟杆菌、梭杆菌以及弯曲菌也有效。用于各种敏感菌引起的呼吸系统、消化系统、皮肤和软组织等感染。

克隆（clone）　有两种含义：①来源于同一祖先，没有明显变异的一群微生物，它们的基因型完全相同，如细菌菌落和病毒空斑。在微生物学中常采用克隆技术以获得细菌或病毒的纯培养。②由单一DNA序列在细菌或病毒宿主细胞内复制产生的许多DNA序列。这些DNA序列是完全相同的，如以大肠杆菌质粒作为载体，将某种细菌或病毒的目的基因与其重组，通过大肠杆菌的增殖，可获得大量克隆化的目的基因。

克隆动物（animal cloning）　又称核移植动物（nuclear transfer animal）。一种通过核移植过程进行无性繁殖的技术，供体动物细胞核经显微手术移植到去核受体卵细胞中，经体外胚胎发育将早期胚胎移植到代孕母体子宫内，无性繁殖所产生的后代。

克隆化疫苗株（cloned vaccine strain）　自制造疫苗的菌（毒）株群体中，通过选择细菌单个菌落培养、病毒蚀斑挑选（形态、大小）等途径，选育出的抗原性和免疫原性优良的生物纯系。生物纯系的基因是相同的，如 Lasota N_{79} 克隆株等。

克隆筛选（clone screening） 通过多种筛选方法以获得所需的克隆。例如首先在含有氨苄青霉素的平板上进行抗性筛选，排除未转化质粒的受体菌。然后通过标记基因 LacZ 基因的插入失活，排除产生 β-半乳糖苷酶而显蓝色的菌落，筛选出重组质粒转化的菌落。筛选出转化菌的菌落后，再提取转化菌的质粒进行酶切分析或 Southern 杂交，得到所需的克隆。也可通过菌落杂交，菌落抗体检测进行筛选。

克隆位点（cloning site） 载体分子上可供外源 DNA 插入的专一限制性内切酶位点。一般都构建有多个克隆位点供外源基因的插入，亦称多克隆位点。用单酶分别处理载体分子和外源 DNA 分子，结果载体分子切口两端的黏性末端与外源 DNA 分子两端切口的黏性末端互补，可以相互连接。但用单酶处理，可能出现 DNA 片段的正向或反向插入两种情况。用双酶同时处理，则可定向插入。

克隆选择学说（clonal selection theory） 由 Burnet 提出的抗体产生学说。该学说认为，正常动物体内含有数以百万计的淋巴细胞克隆，每个克隆的细胞表面均带有特定的抗原受体。抗原进入体内后，其上的决定簇能选择性地与其相应的受体结合，使该克隆活化，产生相应抗体和致敏淋巴细胞，导致体液免疫和细胞免疫应答。在胚胎时期淋巴细胞尚未成熟时，接触自身抗原，则该相应淋巴细胞克隆消失，形成天然免疫耐受性，在出生后对自身抗原不引起免疫应答。但当对自身有反应的淋巴细胞复活，即可产生对自身抗原的抗体，从而导致自身免疫病。

克隆载体（cloning vector） 专用于插入或克隆 DNA 片段的一类载体，如 PUC 系统、M_{13} 噬菌体等，具有载体的 3 个基本特点。用于目的基因的获得，或者使该基因克隆、亚克隆或扩增、构建 DNA 文库。λ 噬菌体和 cos 质粒由于能够克隆较大片段的外源基因，所以多用于建立基因文库，以期在尽可能少的重组子包含有所需该生物体所有的 DNA 片段，有利于筛选目的基因。M_{13} 单链噬菌体载体在细菌中呈现两种存在方式，双链型和单链型。双链型可作为克隆载体，而在克隆了外源基因之后，则又可用其单链形式作模板，以便复制后进行序列分析。由于基因重组的目的主要是使外源基因在宿主细胞内得到扩增，因此常用的克隆载体是质粒。

克仑特罗（clenbuterol） 又称氨必妥、胺双氯喘通、克喘素，俗称"瘦肉精"。一种强效选择性 β_2 受体激动剂类平喘药，其松弛支气管平滑肌作用强而持久，但对心血管系统影响较小。由于 β-受体激动剂对大多数动物具有促生长作用，同时可减少胴体的脂肪含量和非胴体部分的脂肪沉积，所以 β-受体激动剂常被非法用于畜牧生产，以促进畜禽生长和改善肉质。1986 年开始，欧美等发达国家已严禁在畜牧生产中应用瘦肉精；我国农业部 1997 年发文明令禁止。

克麦罗沃病毒感染（Kemerovo virus infection） 呼肠孤病毒科环状病毒属的克麦罗沃病毒所致的感染，在野生动物、家畜、鸟类和人引起隐性感染直至严重的热性病。由蜱传播。病毒已知有 16 个亚型，密切相关的病毒发现于欧洲、亚洲、美洲、非洲各地。本病无特效疗法，预防主要是用杀虫剂控制某些媒介蜱和做好个人防护。

克霉唑（clotrimazole） 又称三苯甲咪唑。人工合成的抗真菌药，难溶于水。其作用机制是抑制真菌细胞膜的合成，以影响其代谢过程。对浅表真菌尤其是白色念珠菌及某些深部真菌均有抗菌作用。临床主要供外用，治疗皮肤霉菌病。

克氏假裸头绦虫（*Pseudanoplocephala crawfordi*） 属膜壳科。寄生于猪小肠，人偶感。体长可达 100cm 以上，宽达 10mm，节片达 1 000 个以上。卵巢位于节片中央，其后为卵黄腺。睾丸27～44 个，比膜壳科其他种的睾丸多，散布在卵巢两侧。顶突不发达。中间宿主为赤拟谷盗（一种昆虫），中绦期为似囊尾蚴。严重感染时，有阵发性腹痛、腹泻、呕吐和厌食等症状，粪便中有黏液。感染病例可用丙硫咪唑或吡喹酮驱虫。

空肠（jejunum） 小肠的中段。与十二指肠空肠曲相连续，无明显界限移行为回肠。空肠为小肠最长的一段，相对长度以反刍兽最长，马和肉食兽的较短。形成许多肠袢悬于宽广的肠系膜下，活动性较大，特别在马、肉食兽和猪；反刍兽则悬于升结肠袢周围。空肠位置在各种家畜因胃和大肠的差异而有不同。禽空肠与回肠交界处常有突起状的卵黄囊憩室，是卵黄囊柄的遗迹。

空洞音（amphoric respiration） 当空气经过狭窄的支气管进入光滑的大的肺空洞时，空气在空洞内产生共鸣而发出的声音。类似轻吹狭口的空瓶口时所发出的声音，其特点是柔和而深长，常带金属音调。

空怀（barren，open） 有繁殖能力的家畜，并已列入当年的繁殖计划，但在交配或人工授精之后没有怀孕的现象。

空泡变性（vacuolar degeneration） 又称水泡变性（vacuolar degeneration）、水样变性（hydropic degeneration）。发生原因与颗粒变性基本相同。两种变

性属同一病理过程的不同发展阶段，病变较轻时呈颗粒变性，而严重时发生水泡变性。变性细胞内水分明显增多，在胞浆形成大小不等的水泡，细胞呈空泡状。多见于被覆上皮细胞、肝细胞、肾小管上皮细胞和心肌细胞。此外也见于神经节细胞、白细胞和肿瘤细胞等。实质器官的水泡变性眼观变化基本同颗粒变性，只是病变程度较重。被覆上皮发生严重的水泡变性时，在皮肤和黏膜能形成肉眼可见的水疱。镜检，见变性细胞肿胀，胞浆染色变淡，并出现大小不等的水泡，有时同时存在细小颗粒。严重的水泡变性，细胞肿胀明显，小水泡相互融合形成大水泡。高度肿胀的细胞破裂崩解后，形成细胞碎片，同时水分进入间质。变性轻微时，随着病因的消除可以恢复正常的结构和功能，变性严重的细胞可以坏死崩解。水泡变性的器官和组织发生不同程度的机能障碍。

空气传播（airborne transmission）　经空气而散播的传染，主要指通过飞沫、飞沫核或尘埃为媒介散播的传染。空气不适于任何病原体的生存，但空气可作为传染的媒介物，它可作为病原体在一定时间内暂时存留的环境。

空气传播疾病（airborne disease）　经空气而传播的疾病，主要指通过飞沫、飞沫核或尘埃为媒介散播的疾病。如禽流感病毒、口蹄疫病毒经空气传播而引起的禽流感、口蹄疫。

空气传播微生物（airborne microbe）　主要通过空气为媒介传播的微生物。

空气过滤器（air filter）　为除去空气中粉尘、微生物以达到空气净化目的的设备。按其对空气中不同尘粒径阻挡效率和阻力性能可分为初效、中效和高效三类。实验动物屏障环境和隔离环境设施利用各种空气过滤器，组合过滤进出设施的空气，最终达到空气净化的目的。

空气净化（air cleaning/purification）　空气中粉尘、微生物及恶臭等有害气体的清除过程。实验动物需饲养在经过不同程度空气净化的设施内，空气净化主要是针对粉尘和微生物，通过空气过滤器完成。空气过滤器可根据性能分为低效、中效、高效、超高效4种。

空气离子化（air ionization）　由于自然或人工的作用，使空气中的气体分子形成带电荷的正负离子过程。自然情况下空气离子化产生的离子对为5～10个/(cm^3·s)。空气中的离子可由于与异性电荷结合或被固体、液体表面吸附而消失。

空气离子疗法（aeroionotherapy，AIT）　又称离子化空气疗法。应用自然的或人工产生的空气离子治疗和预防疾病的方法。空气离子对机体正常生理活动是必不可少的外界物理因素。大气中的各种气体成分不完全是以分子方式存在，其中一部分是以离子状态存在。由于空气中天然存在的离子数量易受地理和气象等因素的影响，而无法广泛加以利用，所以研究出多种人工的空气电离方法，并制成各种类型的空气离子发生器，广泛用于治疗和预防疾病。

空气生物性污染（air pollution of biological origin）　主要指微生物以及引起人和动物过敏的花粉对空气的污染。微生物主要包括细菌、病毒、真菌，还有支原体、衣原体和立克次体等。在特殊条件下，一些病原微生物不断侵入局部空间，尤其在室内或畜禽厩舍通风不良、人员或动物拥挤情况下，病原微生物可以通过空气传播，空气中的病原微生物主要是呼吸道致病微生物，如流感病毒、麻疹病毒、白喉杆菌、肺炎球菌、分支杆菌、军团菌等，而口蹄疫病毒、炭疽杆菌、巴氏杆菌等污染空气后对人畜健康危害严重。

空气调节（air conditioning）　又称空气调理，简称空调。用人为方法处理室内空气的温度、湿度、洁净度和气流速度的技术。可使某些场所获得具有一定温度和一定湿度的空气，以满足使用者及生产过程的要求和改善劳动卫生和室内气候条件。一般比较合理的流程是，先使外界空气与控制温度的水充分接触，达到相应的饱和湿度，然后将饱和空气加热使其达到所需要的温度。当某些原始空气的温度和湿度过低时，可预先进行加热或直接通入蒸汽，以保证与水接触时能变为饱和空气。

空气调节系统（air condition system）　在建筑物或密闭的空间内创造一个适宜的空气环境，将空气的温度、相对湿度、气流速度、洁净程度和气体压力等参数调节到人们需要的范围内，以满足人们对舒适环境的要求。空气调节系统一般均由被调对象、空气处理设备、空气运输设备和空气分配设备所组成。

空气污染（air pollution）　空气中含有一种或多种污染物，其存在的量、性质及时间会伤害到人类、植物及动物的生命，损害财物或干扰舒适的生活环境，如臭味的存在。

空气支气管征（air bronchogram）　肺的渗出性病变发展到一定阶段时，肺组织出现渗出性实变；当实变范围增大扩展至肺门附近，较大的含气支气管与周围的实变肺组织形成鲜明对比，从而在中高密度的实变影像中看到低密度的支气管影。

恐水病（hydrophobia）　见狂犬病。

控释制剂（controlled release preparation）　通过控释衣膜定时、定量、匀速地向外释放药物的一种剂型，使血药浓度恒定，无“峰谷”现象，从而更好地发挥疗效。一般是先制成含药片芯，然后在片芯外面包上一定厚度的半透膜，再采用激光技术在膜上打若干小孔。服用后，药片与体液接触，水从半透膜进入片芯，使药物溶解，当药片内部的渗透压高于外部时，药物便从小孔中徐徐流出而奏良效。

口凹（stomatodeum，oral groove，primary mouth） 又称口沟、原口。胚胎头部与口囊相对应处的外胚层向内形成的凹陷，即原始口腔。起初，原始口腔比较宽大，由左右上颌突、左右下颌突以及上方的额鼻隆起和下方的心隆起共同围成，上下颌形成后，原始口腔有所缩小，位于口裂内。

口鼻膜（oronasal membrane） 位于原始鼻腔与原始口腔之间的薄层膜状结构，破裂后形成原始鼻后孔。

口唇（oral lip） 简称唇。形成口裂的口腔前壁。分上唇和下唇。马、羊、兔的为采食器官，运动灵活；猪、牛的上唇与鼻孔连合，形成吻镜或鼻唇镜。肉食兽的口裂较大，唇较薄而运动简单，常以唇表现愤怒或攻击行为。唇由3层构成。外层皮肤分布有被毛和触毛。上唇中央有纵沟称人中，肉食兽、羊、兔的较明显。猪的上唇在犬齿处形成一对切迹。中层厚，主要为口轮匝肌，唇提肌、降肌等的腱也终于此；肌束间和黏膜下分布有唇腺，马的较发达，反刍兽集中于口角，肉食兽较少。内层为黏膜，移行于齿龈，有些动物常有色素斑；唇腺开口于黏膜。黏膜与皮肤沿唇游离缘相转折；牛、羊在游离缘形成钝的乳头，近口角处有尖的唇乳头。

口底器（oronasal organ） 口腔底前部黏膜内的一对细小盲管。开口于第一对下切齿紧后方，呈缝状。马和山羊较发达，含有腺结构；其他家畜仅为上皮性索。为爬行类前舌下腺遗迹。

口裂（oral fissure） 上下颌之间的裂隙。口裂内的腔隙，即为原始口腔。

口轮匝肌（m. orbicularis oris） 位于口唇内环绕口裂的环形肌。紧密与口唇皮肤和黏膜相连。至口角处与颊肌相移行。作用为收缩口唇使口裂闭拢。此肌在马和羊很发达，牛、猪特别在犬不甚发达。

口膜（oral membrane/plate） 又称口板。口囊与口凹相贴形成的膜状结构，破裂后口凹与口囊相通形成口腔。

口囊（buccal capsule） 有些动物的口腔壁高度角质化、增厚硬固，成为固定的形状。口囊的形态、大小，口囊壁的厚薄及其构造，口囊壁上有无牙齿、牙齿的数目与形态等都是分类的依据。

口器（mouth parts） 昆虫、蜱螨用于采食的器官。典型的咀嚼式口器，如蝗虫，由一个上内唇(labrum epipharynx)、一对上颚（mandible)、一对下颚（maxilla)、一个下唇（labium）和一个舌（hypopharynx）组成。典型刺吸式口器的组成部件与咀嚼式口器相同，但各个部分均变为细长：虻的上颚呈匕首形，下颚细长，末端有小锯齿，均用于刺破宿主皮肤；舌呈压舌板形，其上有唾腺开口；下唇肥大，前侧正中有唇沟，远端膨大为唇瓣，有吸食液体的功能。蚊、蠓、蚋和白蛉的口器与虻的相似，但各个部分都更为细长成线状。吸血蝇（如厩螫蝇）的口器仅余3个部分，一个细长的上内唇，一个细长的舌，一个后部粗大、前部细长、顶端有硬齿的角质化下唇。用下唇顶端的小齿刺破宿主皮肤，由上内唇、舌和下唇沟并拢成的食物沟吸食血液。吮吸式口器，如家蝇的口器，构造与吸血蝇的相似，但各个部分均较宽大，下唇肥大柔软，不能叮刺宿主皮肤，仅能吮吸液体。蜱螨的口器由一对须肢、一对螯肢和一个口下板组成。口器用于摄食，并兼有触觉、味觉等功能。

口腔（oral cavity） 消化系统起始部。前壁为唇，围成口裂；侧壁为颊。以齿弓及龈分为口腔前庭和固有口腔；前庭又分为唇前庭和颊前庭。固有口腔顶壁为硬腭，底壁（口腔底）大部为舌所占据。闭口时固有口腔与前庭间经齿间隙和最后臼齿后方相通。家畜除猫外口腔一般较狭长；食草动物颊前庭较宽。硬腭向后延续为软腭，两侧延至舌根形成一对腭舌弓，与舌根间围成咽门通咽。口腔黏膜被覆浅层角化的复层扁平上皮，具有丰富毛细血管，呈淡红色，有的动物常有色素斑。禽无齿和软腭，口腔向后直接通咽。

口腔消化（oral digestion） 动物口腔内进行的消化活动，包括采食、咀嚼、唾液分泌和吞咽等消化过程。

口蹄疫（foot and mouth disease，FMD） 微RNA病毒科的口蹄疫病毒引起的急性热性高度接触性传染病。主要侵害偶蹄兽，罕见于人。临床上以口腔黏膜、蹄部和乳房皮肤发生水疱和溃疡为主要特征。本病广泛分布于世界各地，在多数国家仍是危害严重的主要家畜传染病。多种家畜和野生动物易感染本病，家畜中以牛、猪最常发病。病畜和带毒动物为传染源，水疱、粪尿、乳和呼出气体中均可大量带毒，痊愈家畜带毒期长短不一。病毒以直接接触和间接接触方式传递，可经消化道、呼吸道和皮肤黏膜感染。根据临床症状和流行特点可作初步诊断，确诊必须做病毒分离和血清学试验。尚无特效疗法，应重视对症治疗和防治并发症。防制办法包括：扑杀病畜，消灭疫源；禁止从有病地区输入活畜或动物产品，严格检疫，发现疫情立即封锁、隔离、消毒，及时消除疫点；对家畜进行预防免疫等。

口蹄疫病毒（*Foot - and - mouth disease virus*，FMDV） 微RNA病毒科（Picornaviridae）口蹄疫病毒属（*Aphthovirus*）成员，是RNA病毒中最小的一个。病毒颗粒呈球形，无囊膜，直径28～30nm，单分子正股RNA。病毒衣壳由4种结构蛋白VP_1～VP_4装配而成。VP_1大部分暴露于核衣壳表面，参与构成病毒粒子的主要中和抗原位点，VP_1基因变异最频繁，一旦发生突变就可改变病毒的抗原性。根据VP_1基因的核苷酸序列，可推导出口蹄疫流行毒株的亲缘关系。非结构蛋白有前导蛋白酶、2A、2B、2C、3A、3B、3C蛋白酶和3D聚合酶（VIA）及两种以上蛋白的复合体。检测非结构蛋白3ABC可区别感染动物和灭活疫苗免疫动物。病毒有7个血清型，分别命名为O、A、C、SAT1、SAT2、SAT3及亚洲1型，每个型又可进一步划分亚型。各血清型之间无交叉免疫，同一血清型的亚型之间交叉免疫力也较弱，从而给免疫预防工作带来很大困难。口蹄疫传播迅速，常在牛群及猪群大范围流行，是OIE规定的通报疫病。除马以外，羊及多种偶蹄动物都易感。病畜口、鼻、蹄等部位出现水疱为主要症状，且可能跛行。不同动物的症状稍有不同，怀孕母牛可能流产，而后导致繁殖力降低；猪则以跛蹄为最主要的症状；山羊和绵羊的症状通常比牛温和。

口蹄疫组织培养灭活疫苗（foot and mouth disease tissue culture inactivated vaccine） 利用牛源或猪源口蹄疫病毒强毒株于仔猪、犊牛肾原代细胞或BHK传代细胞增殖培养后、灭活，收集抗原经浓缩纯化后，制成的一种用以预防牛、猪口蹄疫的疫苗。如配制铝胶吸附疫苗，可在灭活前加入铝胶吸附；如配制多价疫苗，则在沉淀后弃去上清浓缩后，再将各型浓缩物混合制成；如配制油佐剂疫苗，可利用乳化罐、胶体磨或簧片式超声发生器乳化制备。

口吸盘（oral sucker） 位于虫体前端，环绕口孔的肌肉质杯状吸盘，是吸虫的吸附、摄食和运动器官。

口下板（hypostome） 蜱、螨口器的组成部分。头窝的底壁，位于螯肢腹方，由须肢基节延伸，并于腹面中央愈合而成的板。蜱类口下板与螨类不同，其上有成列倒齿，为穿刺与附着的工具。

口咽（oropharynx） 又称咽峡。咽的三部分之一，位于软腭及腭舌弓与舌根之间，较狭。平时因软腭下垂而闭合，吞咽时因软腭上提而开放。向前经腭舌弓围成的咽门通口腔；向后直接与喉咽相通，二者以会厌为界。口咽侧壁支持有咽筋膜；黏膜大部被覆复层扁平上皮。淋巴组织形成腭扁桃体，有的较分散，如马；有的形成集团向咽腔内或咽壁外突出，如犬、牛。

口咽膜（oropharyngeal membrane） 在前肠头端的腹面，由内外胚层直接相贴而成的圆形区域。

口炎（stomatitis） 口腔黏膜炎症的总称。可分为卡他性、水泡性、克鲁布性和蜂窝织性等类型。各种动物均有发生。病因有机械性、温热性、化学性以及核黄素、锌等营养素缺乏等。临床表现流涎，采食和咀嚼困难，口腔黏膜潮红、增温、肿胀和疼痛。重型有水泡、溃疡、坏死；甚至伴有发热等全身症状。除给予柔软饲料和清凉饮水外，应用高锰酸钾和龙胆紫溶液或磺胺甘油混悬液冲洗治疗。

叩诊（percussion） 用手指或借助器械对动物体表的某一部位进行叩击，借以引起振动并发生音响，根据产生的音响特性来判断被检查的器官、组织的状态有无异常的诊断方法。分直接叩诊法和间接叩诊法两种。根据叩击的用力强度又可分为轻叩诊和重叩诊。叩诊应用于检查表在体腔及体表肿物判定内容物性状及含气量；检查含气器官（肺、胃肠道）的含气量及病变的物理状态；根据动物机体有些含气器官与实质器官交错排列的自然特点，依叩诊产生某种音响的区域界限，判断某器官的位置、大小、形状及其与周围器官的相互关系。

叩诊音（percussion sound） 叩诊时被叩部位所产生的声音。被叩部位的组织或器官因致密度、弹性、含气量以及与体表的间距不同，故叩诊音有强弱、长短、高低之分。叩诊音的强度取决于被叩部位的弹性、含气量以及叩诊力量。叩诊音的长短取决于被叩器官的大小。叩诊音的高低取决于被叩组织的密度。临床上通常把叩诊音分为5种，即清音、鼓音、过清音、浊音和实音。

枯氏锥虫（*Trypanosoma cruzi*） 属鞭毛虫纲、锥体科，对人的致病性最强，引起人的恰格氏病（Chagas disease）。天然宿主为犰狳、蝙蝠、浣熊和啮齿类，猴、兔、猫、犬等均能感染。感染初期寄生于血液中，呈锥虫型，以后侵入心肌、横纹肌以及其他组织，呈利什曼型。由锥蝽属昆虫传播，感染型虫体存在于锥蝽粪便中，传播方式以粪便污染人的伤口为主。本病主要流行于南美洲。

苦楝子中毒（chinaberry poisoning） 猪采食散落的苦楝果实引起以急性呕吐、痉挛和严重腹泻为主征的中毒病。由于苦楝果实中含有的苦楝子毒碱（azaridine）和苦楝素（toosendanin）而致病。临床表现为严重肌肉痉挛，站立不稳，虚脱，昏迷而死亡。轻型发生呕吐，腹痛，腹泻，粪中带血和肠黏膜凝块。治疗宜投服鞣酸或高锰酸钾溶液，按胃肠炎治疗。养猪场周围不宜栽种楝树，冬季应扫除落地苦楝果实。

库斯茂尔氏呼吸（Kussmaul's respiration） 又称酸中毒大呼吸。呼吸不中断但呼吸次数减少并带有明显的呼吸杂音的深而慢的大呼吸。见于濒死期、脑脊髓炎、脑水肿、犬的大失血末期及某些中毒。

库兴氏缝合（Cushing suture） 又称连续水平褥式内翻缝合。由伦勃特氏连续缝合演化而来。方法为：由切口一端开始先做一浆膜肌层间断内翻缝合，再用同一缝线平行于切口做浆膜肌层连续缝合至切口另一端。适用于胃、子宫浆膜肌层缝合。

快脉（frequent pulse） 参见频脉。

髋关节（hip joint） 髋臼与股骨头构成的球窝关节。髋臼因边缘有软骨形成关节唇而加深。关节囊宽大，但因关节位置较深并覆有较厚肌肉，穿刺较困难。关节囊的纤维层有局部增厚。关节内在滑膜层外有股骨头韧带，以股骨头凹连接至髋臼窝。马还有副韧带，从耻骨前腱分出，通过髋臼切迹连接至股骨头凹。活动因受韧带和大腿内侧肌肉限制，以屈伸为主，特别在马；犬可稍作外展等活动。禽因髋臼具有对转子，限制了关节外展。

髋关节发育异常（hip dysplasia） 发生在4～6月龄以后的德国牧羊犬、纽芬兰犬和英国赛特犬等大型品种犬，以髋臼变浅、股骨头不全脱位、跛行、疼痛和肌肉萎缩为特征的多基因所致的复合性疾病。其他动物亦有发生。本病病因目前尚无明确定论。确诊需用X线检查：髋臼窝浅，臼缘缺损，股骨头扁平，与髋臼吻合不好。随病程发展可见关节间隙宽窄不均，髋臼边缘长出骨突，股骨头及骨干呈退行性变化。对病变还不明显的病例可用诺伯格标尺（Norberg'scale）测量诊断。给病犬口服止痛药和类固醇药可缓解症状，手术疗法可使不稳定的髋关节得到纠正。因遗传因素是本病发生的重要原因之一，患病犬不应用于繁殖。

髋臼（acetabulum） 位于髋骨腹外侧面中1/3处的深关节窝。由髂骨、耻骨和坐骨形成。大部分为关节面，称月状面；中央为髋臼窝。后者延续向下向内至髋臼切迹。牛有前、后两切迹，将月状面分为大、小两部。禽髋臼在鸡、鸭仅由髂骨和坐骨形成。髋臼深而无切迹，底部常穿孔而被膜封闭；后上方形成的隆起称对转子。

狂犬病（rabies） 又称恐水病。由弹状病毒科（Rhabdoviridae）、狂犬病病毒属（*Lyssavirus*）中的狂犬病病毒（*Rabies virus*）引起的一种人兽共患病。病毒存在于病畜的脑脊髓组织和唾液中，一般通过咬伤传染，还存在非咬伤性感染途径，如呼吸道、消化道和胎盘等。临床特征为神经兴奋和意识障碍，继之局部或全身麻痹而死亡。潜伏期长短不一，典型病例的发展过程分为前驱期、兴奋期和麻痹期，病程1周左右，病死率常达100%。本病在世界很多国家存在，造成人畜死亡。近年来一些国家由于采取了疫苗接种及综合防制措施，已宣布消灭了此病。人和各种畜禽对本病都有易感性，尤以犬科动物和猫科动物最为易感，常成为本病的传染源和病毒的贮存宿主。根据病史和症状可作初步诊断，确诊必须进行动物接种、免疫荧光试验、ELISA检测和病毒分离培养，还必须检查脑神经细胞是否出现特征性的内基氏小体。本病尚无特效治疗药物。若被患狂犬病的动物咬伤时，应首先彻底冲洗和消毒伤口，并迅速用狂犬病疫苗进行紧急预防注射，使被咬伤者在病的潜伏期内就产生自动免疫而免于发病。对犬的最好预防法是免疫注射。由国外进口的犬和猫必须有狂犬病预防免疫的证明。凡患狂犬病或疑似本病的家畜均应扑杀，肉尸应销毁。

狂犬病病毒（*Rabies virus*） 单负股病毒目（Mononegavirales）、弹状病毒科（Rhabdoviridae）、狂犬病毒属（*Lyssavirus*）成员，病毒颗粒子弹状，直径20nm，平均长170nm。有囊膜及膜粒。圆柱状的核衣壳螺旋对称，基因组为单分子负链单股RNA。病毒感染所有温血动物，引致人与动物狂犬病，感染的动物和人一旦发病，几乎都难免死亡。除日本、英国、新西兰等岛国外，世界各地均有发生。狂犬病表现神经症状，有兴奋型及麻痹型两种。犬、猫、马比反刍动物及实验动物更多出现兴奋型。主要传播途径为被带毒动物咬伤，病毒特异结合神经肌肉结合处的乙酰胆碱受体及神经节苷脂等受体，在伤口附近的肌细胞内复制，而后通过感觉或运动神经末梢侵入外周神经系统，沿神经轴索上行至中枢神经系统，在脑的边缘系统大量复制，导致脑组织损伤，行为失控出现症状。病毒从脑沿传出神经扩散至唾液腺等器官，在其内复制，并以很高的滴度分泌到唾液中。在出现兴奋狂暴症状乱咬时，唾液具有高度感染性。防控措施包括及时扑灭狂犬病患畜，对家养犬、猫进行免疫接种，注意监测带毒的野生动物等。

狂犬病弱毒细胞培养疫苗（rabies attenuated cell culture vaccine） 以狂犬病Flury鸡胚弱毒株或ERA细胞弱毒株种毒于细胞适应增殖制成的一种用于预防多种动物狂犬病的冻干疫苗。将Flury鸡胚弱毒株或ERA细胞弱毒株种毒于猪肾细胞或BHK_{21}细胞传代适应后作增殖培养，加入保护剂进行冷冻真空干燥制成冻干苗。Flury弱毒苗对2月龄以上犬肌内注射1mL（含原毒液0.2mL），免疫期1年以上；ERA弱毒苗对犬、牛、羊免疫均无不良反应，且可供狐、鼬和浣熊等野生动物口服免疫。

狂犬病组织灭活疫苗（rabies tissue inactivated vaccine）一种以狂犬病固定毒巴黎株感染羊脑制备的用于预防犬、羊、猪、牛和马狂犬病的组织灭活疫苗。又称 semple 疫苗。将巴黎株毒种兔脑悬液脑内接种绵羊，于 4～7d 出现明显症状时剖杀取脑，按 1∶4 加入含有 60%甘油及 1%酚的水溶液制成滤液，在（36±0.5）℃脱毒 7d 制成。疫苗于 2～10℃冷暗处保存，有效期 6 个月。使用时肌内注射，犬：4kg 以下 3mL，4kg 以上 5mL；羊和猪：10～25mL；牛和马：25～50mL。

狂（鼻）蝇蛆病（nasal myiasis）狂蝇科（Oestridae）中的羊狂蝇（*Oestrus ovis*）幼虫侵袭所引起。对羊危害严重。雌蝇直接在鼻孔内产出幼虫，迅速移行到鼻腔、鼻窦、额窦，甚至颅腔，造成出血和分泌大量鼻液，当干涸于鼻孔周围时引起呼吸困难。患羊表现为打喷嚏，摇头，甩鼻子，磨牙，磨鼻，眼睑浮肿，流泪，食欲减退，日益消瘦。数月后症状逐步减轻，但发育为第 3 期幼虫时，虫体变硬，增大，并逐步向鼻孔移行，症状又有所加剧。少数第 1 期幼虫可能进入鼻窦，虫体在鼻窦中长大后，不能返回鼻腔，而致鼻窦发炎，甚或病害累及脑膜，此时可出现神经症状，即所谓"假旋回症"。患羊表现运动失调，经常做旋转运动，或发生痉挛、麻痹等症状。最终可导致死亡。寄生期约 10 个月。羊为防止成蝇的侵袭，常将鼻孔抵于地面或互相掩藏头部，惊恐不安，影响育肥。此外还有骆驼喉蝇（*Cephalopina titillator*）和紫鼻蝇（*Rhinoestrus purpureus*）的幼虫可分别引起骆驼和马的鼻蝇蛆病，症状基本相似。结合临床症状，检查到虫体即可确诊。伊维菌素、氯氰柳胺可有效杀死体内各期幼虫。

狂蝇属（*Oestrus*）属于狂蝇科（Oestridae），主要寄生于绵羊。狂蝇属的成虫呈淡灰色，体长 10～12mm，全身密被绒毛，外形似蜂。头大，黄色，复眼小。头部和胸部具有很多凹凸不平的小结。翅透明，中脉末端向前方弯曲，与第 4～5 径脉愈合。发育经卵、幼虫、蛹、成虫 4 个虫期。成虫在每年的春、夏、秋三季出现。雌蝇受精后，直接产幼虫于羊鼻孔内或周围。幼虫爬入鼻腔固定于鼻黏膜上，并向鼻腔深处爬动，达到鼻腔、额窦或鼻窦内，少数进入颅腔，经 9～10 个月发育为 3 期幼虫。第 3 期幼虫背面隆起，腹面扁平，长 28～30mm，前端尖，有两个口前钩，虫体背面无刺，成熟后各节上具有深褐色带斑，腹面各节前缘具有小刺数列，虫体后端平齐，凹入处有两个 D 形气门板，中央有钮孔。翌春幼虫从固着部逐渐向鼻孔爬出，当患羊打喷嚏时，幼虫被喷出，落地入土或羊粪堆内化蛹，蛹期 1～2 个月后羽化为成蝇，成蝇不取食，寿命不超过 20d。羊狂蝇的幼虫寄生在羊的鼻腔及其附近的腔窦内，偶尔也可侵入气管和肺，甚至脑，引起羊狂蝇蛆病。

矿物质（mineral）又称无机盐。地壳中自然存在的化合物或天然元素。生理功能包括：①构成机体组织的重要成分，如钙、磷、镁；②多种酶的活化剂、辅因子或组成成分，如钙是凝血酶的活化剂、锌是多种酶的组成成分；③某些具有特殊生理功能物质的组成部分，如碘是甲状腺素的成分、铁是血红蛋白的成分；④维持机体的酸碱平衡及组织细胞渗透压，酸性（氯、硫、磷）和碱性（钾、钠、镁）矿物质适当配合，加上重碳酸盐和蛋白质的缓冲作用，维持着机体的酸碱平衡，矿物质与蛋白质一起维持组织细胞的渗透压；⑤维持神经肌肉兴奋性和细胞膜的通透性，钾、钠、钙、镁是维持神经肌肉兴奋性和细胞膜通透性的必要条件。

眶（orbit）头骨两侧位于颅骨与面骨间的一对漏斗形腔，容纳眼球及其附属器。前壁和内侧壁由额骨、蝶骨、颞骨、泪骨和颧骨等形成；后外侧壁仅围有眶骨膜。眶口略呈环形，反刍兽的位置较高；猪和肉食兽在背外侧有缺口，填补以眶韧带。眶轴斜向后、向下和向内，尖在视神经孔处。视神经孔邻近尚有眶裂和圆孔，反刍兽和猪合并为眶圆孔。眶腔向下与翼腭窝相连续，活体以眶骨膜隔开；翼腭窝向前有 3 孔：上颌孔、蝶腭孔和腭后孔。禽眶大而深，两眶间仅以筛骨形成的眶间隔相隔。

眶肌（orbital muscle）位于眶骨膜内面的薄层平滑肌。有 3 束纤维：环行纤维贴于眶骨膜内面，内侧和腹侧纵纤维分别从内直肌鞘和下直肌鞘延伸入上、下睑，成为睑板肌。眶肌受交感神经支配，其张力可维持眼球外突和眼睑内缩的正常状态。

眶下孔（infraorbital foramen）眶下管在上颌骨外侧面（颜面）的开口。有眶下神经和血管通过。眶下神经封闭常经此进行。活体可触摸到：牛、羊在面结节的前下方，第一前臼齿上方；马在面嵴前端的上方略前，平第三前臼齿；猪在颧弓前端的前下方，平第二前臼齿；犬在第三前臼齿的上方。

喹噁啉类（quinoxalines）人工合成的具有喹噁啉-1，4-二氧化物基本结构的抗菌药。代表药物有卡巴氧、乙酰甲喹、喹乙醇、喹烯酮等。对革兰阴性菌如巴氏杆菌、大肠杆菌等有抑制作用，对部分革兰阳性菌也有作用。常作为饲料添加剂用于防治敏感菌引起的肠道感染和促生长。

喹嘧胺（quinapyramine）又称安锥赛。一种抗锥虫药。有两种盐类：氯化喹嘧胺，用于预防；甲基硫酸喹嘧胺，用于治疗。对锥虫无直接溶解作用，而是影响虫体的代谢过程，使生长繁殖抑制，剂量不足时，易诱发耐药虫种。抗虫范围广，对伊氏锥虫、马媾疫锥虫、刚果锥虫、活跃锥虫均有明显效果，但对布氏锥虫作用较差。主要用于治疗马、牛、骆驼伊氏锥虫病和马媾疫。常用混合盐。

喹诺酮类（quinolones）　又称吡酮酸类或吡啶酮酸类。一类人工合成的具有 4-喹诺酮环基本结构的杀菌性抗菌药物。根据开发先后及其抗菌性能的不同，本类药物可分为一、二、三、四代。第一代有萘啶酸、吡咯酸等，只对革兰阴性菌有作用，因疗效不佳现已少用；第二代有吡哌酸等，抗菌谱方面有所扩大，但也主要对革兰阴性菌产生作用；第三代在 4-喹诺酮环的 6 位 C 原子上加上一个氟（F），称为氟喹诺酮，有诺氟沙星、氧氟沙星、恩诺沙星、环丙沙星等，抗菌谱进一步扩大，不仅对革兰阴性和阳性菌有作用，对支原体也有良好作用；第四代是在第三代药物基础上对其结构进一步修饰，不仅加强了抗厌氧菌活性，而且加强抗革兰阳性菌活性并保持原有的抗革兰阴性菌的活性，本类药物以细菌的 DNA 为靶位，抑制 DNA 旋转酶，干扰 DNA 复制而产生快速杀菌作用。喹诺酮类药物目前广泛用于畜禽及水产的各种感染性疾病。

喹烯酮（quinocetone）　一种由我国自主开发的喹噁啉类抗菌药。对多种肠道致病菌（特别是革兰阴性菌）有抑制作用，可明显降低畜禽腹泻发生率。同时也可促进动物生长并提高饲料转化率。本品毒性低、排泄快、无蓄积。目前已广泛用于猪、禽及水产养殖。

喹乙醇（olaquindox）　又称倍育诺。喹噁啉类抗菌药。有抗菌和促进蛋白合成的作用。用于促进仔猪生长，减少仔猪下痢。对肥育猪、肉鸡和肉牛也有效。

喹乙醇中毒（olaquindox poisoning）　喹乙醇作为饲料添加剂在饲料中添加过多或连续饲喂时间过长引起的家禽中毒，临床上以胃肠出血、昏迷、失明为特征。全群吃料下降，个别鸡拒食，饮水停止，精神沉郁，粪便稀如水样，也有的鸡头向后转，震颤，瘫痪，卧地不起。2～3d 后出现死亡。剖检死鸡嗉囊空虚、脱水、腺胃、肌胃和十二指肠内有黄色液体。黏膜呈金黄色，肝脏、脾脏、肾脏都有瘀血，呈黑紫色，且血液不凝固。根据有过量摄入喹乙醇的病史，临床上有排黑色稀粪、瘫痪等症状可怀疑喹乙醇中毒。本病目前尚无有效的解毒方法。在养禽生产中禁用喹乙醇是防治本病的根本办法。

溃疡（ulcer）　皮肤或黏膜表面组织的局限性缺损、溃烂。溃疡边缘不整齐，呈堤状隆起，其表面常覆盖有脓液、坏死组织或痂皮，愈后遗有瘢痕。可由感染、外伤、结节或肿瘤的破溃等所致，其大小、形态、深浅、发展过程等也不一致。常合并慢性感染而经久不愈。如猪的胃溃疡、鼻腔鼻疽的鼻中隔溃疡、皮肤鼻疽的腿部溃疡等。

溃疡性角膜炎（ulcerative keratitis）　角膜组织细胞浸润、组织崩解、产生缺损的一种病理状态，犬发病率较高。表现疼痛、羞明、流泪、眼睑痉挛等症状。其原因是外伤之后化脓感染，严重的角膜穿孔，有的继发角膜葡萄肿、前房蓄脓。治疗时应首先除去原因，防止化脓和尽力使角膜修复，用麻醉药点眼镇痛，慢性过程时试作结膜瓣，前房蓄脓的病例，施行前房切开和角膜成形术。常用妥布霉素或氧氟沙星眼药消炎，配合素高捷疗或贝复舒等修复角膜缺损的药物一起使用。

昆虫痘病毒亚科（Entomopoxvirinae）　一类昆虫的痘病毒。与哺乳动物痘病毒无血清学关系，在昆虫的血细胞或脂肪细胞的胞浆中增殖。病毒粒子有一或两个侧体。分 A、B、C 3 个属，代表种分别为蛴螬痘病毒、桑灯蛾痘病毒及淡黄摇蚊痘病毒。

昆虫杆状病毒载体（baculovirus vector）　利用杆状病毒结构基因中多角体蛋白的强启动子构建的表达载体，可使很多真核目的基因得到有效甚至高水平表达。具有安全性高，对外源基因克隆容量大，重组病毒易于筛选，具有完备的翻译后加工修饰系统和高效表达外源基因的能力等特点，现已成为基因工程四大表达系统（即杆状病毒、大肠杆菌、酵母、哺乳动物细胞表达系统）之一。至今已有数百个异体蛋白基因应用此类载体在昆虫细胞或幼虫体内得到表达。构建载体的主体策略是利用多角体蛋白基因的强启动子及其他一些基因元件，经体外加工构成转移载体，接上外源基因，与野生型的核型多角体病毒（NPV）基因组 DNA 共转染昆虫细胞，经细胞内同源基因重组，将外源基因片断引入野生型杆状病毒基因组产生重组病毒，经过一系列的空斑筛选、纯化得到重组病毒。

昆明小鼠（KM mouse）　我国应用最广泛的一种封闭群实验小鼠。白色、高产、抗病力强，具有适应性好的特点。1946 年我国从印度 Haffkine 研究所引入瑞士实验小鼠到云南昆明，1952 年由昆明引入北京生物制品研究所，1954 年后推广到全国。由于多年各地封闭饲养，群体之间的一些生物学特性存有一定的差异。

括约肌（sphincter）　环绕器官开口或天然孔的

肌肉。有的由平滑肌环肌层增厚形成，有的为横纹肌。前者受自主神经以及某些激素支配，后者由躯体神经支配。作用类似而位于管壁内的称缩肌（constrictor）。

阔筋膜张肌（m. tensor fasciae latae）　股部前方的阔肌。起始于髋结节和邻近部位，沿股部前缘延伸向下并扩展成三角形，位于皮下，可触摸到，终于股部阔筋膜，通过筋膜而间接止于髌骨和膝部。在马，此肌向后与臀浅肌相邻接。为髋关节屈肌，运步时，提举后肢向前。亦可紧张阔筋膜和参与伸膝关节。

阔盘吸虫病（eurytremiasis）　最常见的病原体为胰阔盘吸虫（*Eurytrema pancreaticum*），寄生于绵羊、山羊、牛和水牛的胰管里。虫体呈长卵圆形，扁而厚，长8～16mm，宽5～8.5mm。吸盘发达，腹吸盘在中央偏前。睾丸圆形，在腹吸盘稍后方。卵巢小，在右睾丸后方。子宫盘旋于虫体中后部。卵黄腺在身体两侧，分布范围短。肠支短。生活史中需要有两个中间宿主。第一中间宿主为陆生蜗牛，在其体内发育为尾蚴。含尾蚴的子胞蚴逸出螺体，附着在草上；第二中间宿主为草螽，吞食尾蚴在其体内发育为囊蚴。牛、羊食入含囊蚴的草螽遭受感染。胰阔盘吸虫刺激胰管，引起发炎，管道堵塞，功能失常，进而导致消化障碍、下痢、营养不良，以致贫血、水肿。可能因营养衰竭死亡。可用吡喹酮、六氯对二甲苯等药物驱虫。预防措施包括定期驱虫、加强环境卫生和粪便管理、净化牧场等。

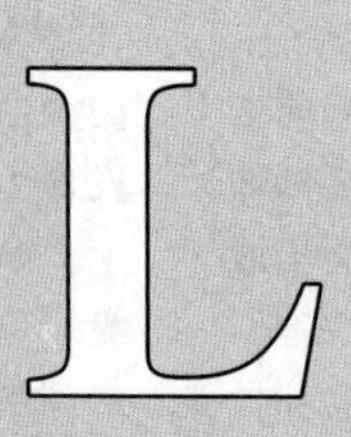

拉合尔钝缘蜱（*Ornithodoros lahorensis*） 侵袭绵羊、骆驼、山羊、牛、马和犬等动物并吸血的一种软蜱，有时侵袭人。成虫白昼隐伏在棚圈中的各处缝隙中，或木柱的树皮下，或石块下，夜间侵袭宿主吸血。成虫略呈椭圆形，雄虫体长约 8mm、宽约 4.5mm，雌虫体长约 10mm、宽约 5.6mm。两侧边缘大体平行，第四基节后略缩窄，前端尖窄，形成一椎状突，体色土黄，背面有许多星状小窝。幼虫和若虫均在动物体上吸血并脱皮，第三期若虫吸饱血后离去，脱皮后变为成虫。是绵羊泰勒原虫的传播媒介。

拉克氏囊（Rathke pouch） 见腺垂体原基。

拉沙洛菌素（lasalocid） 抗球虫药。聚醚类抗生素。广谱、高效。除对堆型等美尔球虫作用稍差外，对鸡柔嫩、毒害、巨型、变位等美尔球虫的抗虫效应超过莫能菌素。对火鸡、羔羊球虫病亦有明显疗效。抗球虫机理与莫能菌素同。安全范围比莫能菌素和盐霉素大。一般剂量就能严重抑制宿主免疫力的产生。产蛋鸡禁用，肉鸡上市前休药 5d。

拉沙洛西（lasalocid） 聚醚类离子载体抗生素，广谱、高效抗球虫药。除对堆型艾美耳球虫作用稍差外，对鸡柔嫩、毒害、巨型、变位等艾美耳球虫的抗虫效力均超过莫能菌素。对火鸡、羔羊球虫病也有明显疗效。抗球虫机理与莫能菌素相同。安全范围比莫能菌素和盐霉素大。一般剂量即能严重抑制宿主免疫力的产生。

拉沙热（Lassa fever） 沙粒病毒科的拉沙病毒引起的一种急性、热性传染病。因 1969 年首次发现于尼日利亚的拉沙地区而得名。本病主要分布西部非洲。病毒在自然界的储存宿主为非洲多乳鼠，尿中长期排出病毒，人可通过污染皮肤、伤口或飞沫传染而发病。症状类似伤寒，发热、咽炎、头痛、腹痛、肌肉痛、白细胞减少等，常为严重的致死性感染。可直接由人传给人，通过旅游者已从非洲传至欧美一些国家，现已列为国际检疫对象。确诊需分离病毒和血清学检查。尚无有效疫苗和特效药物。严格隔离消毒可防传播。非疫区必须注意国境检疫，防止本病输入。

腊梅中毒（wintersweet poisoning） 采食腊梅引起以肌肉战栗和惊厥为主征的中毒病。由于腊梅叶和种子中含有的美（非）蜡梅碱（calycanthine）和蜡梅碱（chimonanthine）等作用于神经而致病。症状在羊发生惊恐，眨眼，结膜潮红，全身肌肉战栗，呼吸促迫，心跳加快，体温升高。重型病例突然倒地，强直性痉挛，角弓反张，多在反复痉挛发作中窒息死亡。治疗宜用解毒镇静剂。

蜡样变性（cerosis） 发生各种淀粉样变的肝脏体积增大，重量增加，表面光滑，呈浅棕色，质地硬实，有时呈黄色蜡样外观。参见淀粉样变。

蜡样管型（waxy cast） 由于肾单位的局限性少尿或无尿，管型长期滞留于肾小管中所致，由细颗粒管型碎化而来。特征为质地均匀，轮廓明显，具有毛玻璃样的闪光，表面似蜡块，长而直，很少有弯曲，较透明管型宽。多见于肾淀粉样病变及肾小球肾炎晚期。

蜡样芽孢杆菌食物中毒（*Bacillus cerous* food poisoning） 随食物摄入大量蜡样芽孢杆菌繁殖体活菌及其肠毒素而引起的食物中毒。多发生在夏秋季节。剩饭、剩菜和凉拌菜是常见的原因食品，尤其是食前放置时间过长或者保存温度不当的剩饭菜更为多见。临床表现因肠毒素不同而有呕吐型与腹泻型两种。前者表现以恶心、呕吐为主的综合症状；后者表现以腹痛、腹泻为主的综合症状，呕吐则少见。两型均不发热，有时混合发生。

辣椒红（paprika orange） 以辣椒为原料，采用科学方法提取、分离、精制而成的天然色素。主要成分为辣椒红素和辣椒玉红素，为深红色油溶性液体，色泽鲜艳，着色力强，耐光、热、酸、碱，且不受金属离子影响；溶于油脂和乙醇，亦可经特殊加工制成水溶性或水分散性色素。该产品富含β-胡萝卜素和维生素C，具保健功能。广泛应用于水产品、肉类、糕点、色拉、罐头、饮料等各类食品和医药的着色。

辣椒红素（capsanthin） 存在于辣椒中的类胡萝卜素，性状类似β-胡萝卜素，油溶性能好，乳化分散性、耐热性和耐酸性均好，主要用作经高温处理的肉类食品的着色剂，如椒酱肉、辣味鸡等罐头食品。

莱克多巴胺（ractopamine） 又称苯乙醇胺。一种β-肾上腺素能兴奋剂，主要用其盐酸盐。以4种异构体混合物形式存在，分别为RS、SR、RR、SS异构体。2000年美国FDA批准为兽用添加剂，主要用于动物营养重新分配，具有促进动物肌肉生长，提高动物的蛋白质含量，减少胴体脂肪含量，从而改变胴体瘦肉和脂肪比例的作用。本品还具有提高动物的日增重和饲料利用率的作用。目前世界上只有少数国家允许将莱克多巴胺用于食品动物（猪和牛），欧盟及我国禁用。

莱姆病（Lyme disease） 由伯氏疏螺旋体（*Borrelia burgdorferi*）引起的一种以叮咬性皮肤损害—慢性游走性红斑，并伴有发热、关节炎、脑炎、心肌炎等流感样症状为特征的蜱媒人兽共患病。本病于1975年最先发生于美国康涅狄格州莱姆镇的一群主要呈现类似风湿性关节炎症状的儿童，因而命名为莱姆病。世界各地均有本病存在。人和牛、马、犬、猫、羊、鹿、兔、鼠类和多种野生动物对本病均有易感性。病原体主要通过蜱类作为传播媒介。根据流行特点和临床表现可作初步诊断，确诊需进行实验室检查。可用荧光抗体试验和酶联免疫吸附试验检测血清中特异性抗体。治疗可大剂量使用青霉素类、四环素或红霉素等抗生素。尚无特异性预防措施。防制本病应避免人畜进入有蜱隐匿的灌木丛地区，采取保护措施防止人畜被蜱叮咬，采取有效措施灭蜱。

赖氨酸（lysine） 二氨基的碱性必需氨基酸，简写为Lys、K。生酮必需氨基酸。在植物和微生物中的合成途径复杂，在动物肝脏中由酵母氨酸途径降解，终产物为乙酰乙酸和二氧化碳。胶原蛋白中存在羟基化修饰的羟赖氨酸。

赖利绦虫病（raillietiniasis） 赖利属（*Raillietina*）多种绦虫寄生于鸡、珍珠鸡、鸽和火鸡等禽类的小肠引起的寄生虫病。常见的有3个种：①棘沟赖利绦虫（*R. echinobothrida*），可长达25cm，头节的顶突上有两行小钩，吸盘呈圆形，边缘上有8～10行小钩。中间宿主为蚂蚁。危害最大虫种。寄生部位肠壁常形成明显的结节，突出于浆膜面，内含坏死组织与白细胞。②四角赖利绦虫（*R. tetragona*），与前种形态相似，但吸盘呈卵圆形，顶突上仅有一行钩。中间宿主为家蝇和蚂蚁。③有轮赖利绦虫（*R. cesticillus*），一般长4cm，鲜有超过13cm者。头节大，顶突特别宽敞，外周有小钩。中间宿主为家蝇和多种甲虫。鸡重度感染各种赖利绦虫时，引起消化障碍、消瘦、翼下垂、沉郁；雏鸡受害最烈，造成发育迟滞。粪便中可查得孕卵节片。氯硝柳胺或多种驱绦虫药都可以驱虫。地面散养鸡很难预防感染；近代的集约化饲养方式，一般不接触中间宿主，感染机会较少。

兰氏贾第鞭毛虫（*Giardia lambila*） 属于动鞭毛虫纲（Mastigophora）、双滴目（Diplomonadida）、六鞭科（Hexamitidae）、贾第属（*Giardia*）。发育过程中有滋养体和包囊2种形态。滋养体似纵切的梨子，大小为（9.5～21）μm×（5～15）μm×（2～4）μm，腹面扁平，背面隆突。腹面具有两个吸盘。有两个核。4对鞭毛，按位置分别称为前、中、腹、尾鞭毛。体中部尚有1对中体。包囊呈椭圆形，大小为（10～14）μm×（7～10）μm，虫体可在包囊中增殖，因此可见囊内有2个核或4个核，少数有更多的核。滋养体寄生于人和动物的十二指肠内，有时可出现在胆囊中。以纵二分裂法繁殖。当滋养体落入肠腔而随食物到达肠腔后段时，就变成包囊，在囊内进行分裂，并随粪便排出体外。患者（患病动物）及带虫者为传染来源，包囊是主要的感染型虫体。

兰氏贾第鞭毛虫病（giardiasis lambila） 兰氏贾第鞭毛虫寄生于宿主小肠引起的人与动物共患原虫病。临床上表现为腹泻、腹痛、腹胀、消化不良以及粪便带黏液等一系列症状。患者（患病动物）及带虫者为传染来源，其滋养体寄生于十二指肠和空肠上段，偶见于胆囊和胆管；包囊在结肠和直肠中形成。该病只要在粪便中找到包囊或滋养体即可确诊。最常用的治疗药物是甲硝唑和丙硫咪唑。

兰氏链球菌分群试验（Lancefield's streptococcal grouping test） 根据链球菌属内细菌细胞壁中多糖成分，又称为多糖抗原（carbonhydrate antigen），即C抗原的差异将链球菌分成不同的血清群的一种试验。试验时一般用温热的稀盐酸浸出C抗原，与特异性血清作沉淀反应，将链球菌分成不同的血清群。同群链球菌间，因表面蛋白质抗原不同，又分不同型。兰氏分群系统用大写英文字母表示，自1933年Lancefield首次建立该分类系统以来，兰氏分群的群数一直在不断增加，现已增至A～V共20个血清群（缺I和J）。兰氏分群系统为链球菌的分类和鉴定提供了一条便捷的途径。

阑尾（appendix） 又称蚓突。某些哺乳动物盲肠较细的末段。家畜中兔的较明显，长可达 10cm，占盲肠全长的 1/6～1/4。壁较厚；黏膜富有淋巴滤泡，因具有许多较深的隐窝而呈海绵状。

阑尾炎（appendicitis） 阑尾由于多种因素而形成的炎症。一种常见病，临床上常有右下腹部疼痛、体温升高、呕吐和中性粒细胞增多等表现。

蓝舌病（blue tongue） 由呼肠孤病毒科环状病毒属的蓝舌病病毒引起反刍动物的一种以口腔、鼻腔和胃肠道黏膜发生溃疡性炎症为特征的非接触性传染病。OIE 规定的通报疫病之一。主要发生于绵羊，由于病羊长期发育不良，并发生死亡、畸胎和羊毛的损坏，造成严重经济损失。病毒存在于病畜血液和脏器中，经吸血昆虫叮咬传播至易感牛羊，牛常为隐性感染，羊可表现明显症状。库蠓和伊蚊为主要传播媒介。本病多发生于湿热的夏季和早秋。根据症状病变和流行季节可初步诊断。确诊需进行病毒分离和血清学试验。防制应严格检疫，可用疫苗预防接种。

蓝舌病毒（*Blue tongue virus*，BTV） 呼肠孤病毒科（Reoviridae）、环状病毒属（*Orbivirus*）成员。病毒颗粒无囊膜，近似球形，直径约 80nm。具有外、中、内三层衣壳，每层均为 20 面体对称。基因组为线状双股 RNA，可分 10 个节段。可凝集绵羊及人 O 型红细胞。病毒仅在 pH 6～8 稳定，与蛋白质结合时高度稳定，在室温下保存 25 年的血液仍能分离出蓝舌病毒。用中和试验目前可将 BTV 分为 24 个血清型，不同地区存在不同的血清型。该病毒引致蓝舌病，是 OIE 规定的通报疫病，特征为高热、口鼻黏膜高度充血、唇部水肿继而发生坏疽性鼻炎、口腔黏膜溃疡、蹄部炎症及骨骼肌变形，病羊舌部可能发绀。患羔还可腹泻，致死率高者可达 95%。多种库蠓均可作为传播媒介，消灭库蠓的种种措施均能降低发病率。可用疫苗进行免疫预防，但应采用与当地血清型相符的毒株制苗或用多价苗。BTV 是一种抗原性多变的虫媒病毒，弱毒苗存在毒力返强的危险，应予重视。

蓝眼病（blue eye） 犬患传染性肝炎（犬Ⅰ型腺病毒感染）的恢复期及注射犬传染性肝炎弱毒疫苗后 10～14d 出现的症状。表现为眼角膜发蓝色，是眼内抗原抗体反应引起的角膜—色素层炎（keratouveitis）。多为单侧眼发生，一般不加治疗亦可在几天内完全恢复，如两周内不能消退，则有发生青光眼的可能。

烂鳃病（gill rot） 以鳃丝腐烂为特征的鱼病的俗称。草鱼、青鱼、鳙、鲤均可发生，尤以草鱼最甚。28～35℃是流行本病的最适水温，用生石灰等消毒鱼池有较好防治效果。有报道病原为鱼害黏球菌（*Myxococcus piscicola*）。

烂子病（*Bacillus larvae* infection） 又称美洲幼虫腐臭病（American foul brood）。幼虫芽孢杆菌（*Bacillus larvae*）引起蜜蜂幼虫的一种毁灭性病害。本病广泛分布于欧洲、美洲、亚洲各国，一旦发生很难根除。国际上列为检疫对象。幼虫芽孢杆菌主要通过蜜蜂消化道侵入体内，在蜂群内主要通过工蜂的饲喂和清扫活动将病菌传给健康幼虫。患病幼虫一般在封盖后死亡。患病蜂群的封盖子脾表面常呈现湿润油光和下陷，并有针头大小的穿孔，形成所谓穿孔子脾。死亡幼虫初呈苍白色，以后体色逐渐变深。腐败的幼虫尸体具有黏性和胶臭气味，用镊子挑取可拉成细丝。尸体干枯后呈黑色鳞片状物，紧贴于巢房壁斜下方，很难清除。按上述症状可作初步诊断，确诊需作病原菌检查和血清学试验。预防需严格隔离检疫和彻底消毒，治疗可用磺胺类药和抗生素加入糖浆内喂服。

郎飞氏结（Ranvier's node） 两段髓鞘之间无髓鞘的部分，其电阻要比结间小得多。因此，在冲动传导时，局部电流可由一个郎飞氏结跳跃到邻近的下一个郎飞氏结。这种传导方式称为跳跃传导。跳跃传导方式极大地加快了传导的速度。

狼疮细胞（lupus erythematosus cell） 全身性红斑狼疮患畜血液中出现的细胞质内含核碎块的中性粒细胞或巨噬细胞。全身性红斑狼疮时，患畜体内生成多种自身抗体，其中抗核（DNA）抗体能与受损伤或死亡细胞的核反应，形成复合物，释出核染色质。中性粒细胞或巨噬细胞吞噬这种核染色质后即成为狼疮细胞。用骨髓细胞或外周血液试验，都可查出这种细胞。参见红斑狼疮细胞试验。

狼毒中毒（euphorbia fischeriana poisoning） 即狼毒大戟中毒，家畜误食狼毒嫩芽或外用剂量过大，由其所含大戟胶树脂（euphorbium）和生物碱等所引起的中毒病。中毒家畜流涎，呕吐，腹痛，下痢，呼吸促迫，脉搏增数。中毒羊食欲废绝，结膜发绀，腹胀，排粪带血，全身肌肉痉挛，角弓反张等。治疗上除用鞣酸溶液洗胃外，还可应用泻剂、强心剂，必要时可行瘤胃穿刺放气。

朗格罕氏细胞（Langerhans cell） 多核巨细胞的一种形态类型。属树突状细胞，来源于骨髓的前体细胞，主要存在于表皮棘细胞层，HE 染色不易辨认，氯化金浸染可显示出有树突状突起的细胞形态。电镜下细胞核呈不规则形状，细胞质中溶酶体较多，其他细胞器少，胞质中还有一些由单位膜包裹的颗粒，呈杆状或球拍状。郎格罕氏细胞的功能主要是捕获和处理抗原，参与免疫应答。

劳森菌属（*Lawsonia*）　两端尖或钝圆的革兰阴性杆菌，大小（1.25～1.75）μm×（0.25～0.43）μm。抗酸。未发现鞭毛，无运动力。严格细胞内寄生，8%氧的存在为最佳生长条件，迄今为止用常规的细菌培养技术培养本菌未能成功。胞内劳森菌（*L. intracellularis*）是本属的致病菌，在患增生性肠病（proliferative enteropathies，PE）的猪肠细胞中发现。本菌引致猪急性或慢性 PE，主要发生在 6～20 周龄断奶猪，育成猪也可感染，并可能作为传染源。急性型发生于后备种猪及育成猪，表现为腹泻带血，粪便呈红褐色。病猪厌食、衰弱并精神不振，可突然死亡，死亡率 5%～6%。慢性型一般发生于断奶的生长猪，表现为温和的腹泻，通常伴有厌食及精神不振。感染猪发育不良及僵滞。急性与慢性型的主要病变均出现在回肠、盲肠及结肠前段，可见急性出血直至增生性坏死的病变，肠黏膜增厚是特征性病变。在气候条件变化大的情况下容易发病。

劳氏管（Laurer's canal）　复世代吸虫输卵管上的一个细管，常与受精囊的开口相毗邻。其远端或为盲端，终止于间质内；或开口于体表。可能是阴道的遗迹；在某些种，可能有贮存精子的作用。

酪氨酸（tyrosine）　含酚羟基的极性芳香族氨基酸，简写为 Tyr、Y。生酮兼生糖非必需氨基酸。在动物体内由苯丙氨酸羟化生成，两者循共同的途径分解和转变。可转变为多巴胺、肾上腺素、去甲肾上腺素、甲状腺素、黑色素、阿片碱和酪胺等多种生物活性物质。人和动物体内苯丙氨酸羟化酶、尿黑酸氧化酶、酪氨酸酶的先天缺乏可分别导致苯丙酮酸尿症、黑尿酸症和白化病。酪氨酸的分解产物为延胡索酸和乙酰乙酸。

酪氨酸蛋白激酶型受体系统（tyrosine protein kinase system，TPK）　酪氨酸蛋白激酶型受体一般由单条或两条多肽链构成。在胞外侧的是受体识别和结合配体的区域；紧接着的是跨膜部分，每条跨膜肽链只有一个 α-跨膜螺旋，然后是胞内的酪氨酸激酶的催化部位，具有使自身的酪氨酸残基磷酸化并激活和催化其他效应物蛋白（或酶）的酪氨酸残基磷酸化的作用。该途径当配体与受体结合后，会引起受体间发生聚合，激活的受体具有酪氨酸激酶活性可催化受体自身或相互催化其胞内部分的酪氨酸残基磷酸化，再通过信号级联放大效应或通过蛋白质的相互作用，调控细胞的有丝分裂、分化等。例如，表皮生长因子受体与生长因子结合后发生二聚化，两个受体的胞内部分相互催化发生酪氨酸残基磷酸化而激活，再通过一系列细胞内的信号传递过程，调节细胞分裂。

雷蚴（redia）　吸虫幼虫的发育中间时期，由胞蚴发育而来，进一步发育为尾蚴。身体呈包囊状，后端钝圆，可能有一至多个粗钝的附属物，营无性繁殖，前端有咽和一袋状盲肠，还有胚细胞和排泄器，活动性强，有些吸虫的雷蚴有产孔和一、二对足突，有的吸虫仅有一代雷蚴，有的则存在母雷蚴和子雷蚴两期。

累计发病率（cumulative incidence rate）　在一个研究群体中，在观察期开始时的无病个体在观察期间内转变为有病个体所占的比例。

累计死亡率（cumulative mortality）　在特定时期内死亡动物总数占该观察期开始时群体中存活动物数的比例。

肋（costa）　形成胸廓侧壁的一系列成对长骨和软骨。背侧部为肋骨，腹侧部为肋软骨。肋的数目与胸椎一致。前 7 或 8 对的肋软骨直接与胸骨相接，称真肋（又称胸肋），其余称假肋（又称非胸肋），其肋软骨顺次相连形成肋弓。有的动物最后 1～3 对的肋软骨游离于腹侧壁内，称浮肋。肋骨呈狭长的弓形，有的动物如牛较扁而宽；其长度、曲度和在胸壁上的倾斜度，由前向后逐渐增加，但最后 2～3 对则逐渐变短变细。近端有肋骨头，与同序数的两相邻胸椎椎体相关节；略下有肋骨结节，与同序数胸椎的横突相关节。内侧面后缘有肋沟，供肋间血管和神经通行。肋骨下端与肋软骨连接，牛的第 2～10 对可形成关节。真肋肋软骨较短；假肋的向腹侧逐渐变细。禽肋由椎肋骨和胸肋骨两段构成，后者相当于肋软骨。前两对只有椎肋骨，为浮肋。椎肋骨除第一对和最后 2（鸡、鸽）～3（水禽）对外，有钩突向后覆盖于后一椎肋骨上。

肋膈角（costodiaphragmatic angle）　动物胸部背腹位和腹背位 X 线检查时的一个部位。动物胸部背腹位或腹背位 X 线检查时，膈影弧线的中央向头侧突起，两侧成弧线下落，与胸壁构成左右两个肋膈角。

肋骨切除术（costectomy）　治疗肋骨疾病的一种手术。在保留肋骨骨膜的情况下，将部分肋骨切除，以达到治疗肋骨病（肋骨骨折、骨髓炎、骨坏死等）的目的。肋骨切除也可作为胸、腹腔的手术通路。肋骨切除在局部麻醉下进行，在预切肋骨中轴切开皮肤、肌膜、皮肌、深层肌肉直达肋骨，在肋骨中央切开骨膜，和创口的上、下角各作骨膜横切，肋骨膜成为“工”字形切口，用骨膜刮子分离骨膜，使骨膜完全与肋骨分离，再用骨剪或线（链）锯切断肋骨，最后清创和缝合。

肋间隙（intercostal space）　相邻两肋之间的间隙。宽度在不同动物略有差异，一般全长基本一致，但牛的下部较狭。家畜仅后 8～9 个或后 11 个（马）肋间隙可在体表触摸到，前部的被前肢肩臂部覆盖。肋间隙填补有肋间肌。在肋骨和肋间内肌的内面有肋间血管和神经通过：肋间静脉在肋沟内，肋间动脉在其后，沿肋骨后缘；肋间神经又在其后，马的几乎在肋间隙中线上。

泪点（lacrymal puncture）　泪小管的入口。小缝状，位于上、下睑的睑缘上，在眼内角靠近泪阜处。

泪骨（lacrymal bone）　形成眶的前内侧部和骨性泪管的一对面骨。与上颌骨、额骨和颧骨，在马、反刍兽还与鼻骨相接。分面部和眶部。眶部有泪囊窝，有开口通骨性泪管。反刍兽成年时在最后臼齿出齿后，眶部形成薄壁的泪泡，内含泪窦，与上颌窦（牛）或额外侧窦（羊）相通。马、猪的泪骨分别参与形成上颌后窦或额前外侧窦。禽为略呈钩状的骨板，鸡、鸽的泪骨较小，水禽较大。

泪管狭窄和堵塞（strangulation and occulsion oflacrimal duct）　由先天的畸形或后天的肿瘤、寄生虫、脓性分泌物蓄积所致的鼻泪管的狭窄或堵塞。表现眼裂流泪，眼内眦有浆液性或黏液眼脂，眼睑附近皮肤污染、脱毛。泪点、泪丘或鼻泪管鼻腔开口部模糊不清。先天性的狭窄不易治疗，后天性的可用硼酸水等清洗并冲洗鼻泪管进行治疗。

泪囊炎（dacryocystitis）　泪囊的炎性病变。泪管狭窄、蓄积物刺激、细菌感染等为主要发生原因，结膜炎、传染性疾病的过程中也可引发。急性炎症常见眼内角发红、肿胀、压痛、流泪，常因外部自溃而形成泪囊瘘；慢性炎症除流泪之外，指压流出黏稠的脓状液。可用抗生素治疗或切开排脓。

泪器（lacrimal apparatus）　分泌和排泄泪液的腺体及管道，包括泪腺、泪点、泪小管和鼻泪管。

泪腺（lacrimal gland）　分泌泪液的腺体。除固有泪腺外，还包括副泪腺和瞬膜腺。固有泪腺即通常所称泪腺，呈扁平卵圆形，位于眼球与眶的背外侧壁之间；淡红至褐红色，呈分叶结构，常部分埋于眶骨膜内脂体中。为混合性复管泡状腺，马、反刍兽以浆液性为主，猪以黏液性为主，猫为浆液性。排泄小管 10～15 条，肉食兽较少，开口于结膜上穹隆的外侧部。大鼠另有眶外泪腺，位于耳下方皮下，导管长，与眶内泪腺导管一同开口。副泪腺见于某些动物，分散于结膜穹隆处。泪液经眨眼动作涂布于眼球前面，参与形成泪膜，使其保持湿润，并可供应某些营养和带走异物，逐渐流向泪湖。泪膜的中层为泪液，外层为睑板腺分泌的脂层，内层为结膜杯状细胞分泌的黏液。禽泪腺位于下睑后部的内侧，不甚发达；排泄管开口于下睑的内面。

泪小管（lacrimal canalicus）　起自上、下泪点的短管，行经上、下睑内，开口于泪囊。猪下睑的泪小管常闭合，也无泪囊。

类白喉（diphtheroid）　又称坏死性口炎（necrotic stomatitis）。坏死梭杆菌等病菌引起的，主要侵害犊牛、羔羊或仔猪，以坏死性口炎为特征的传染病。病畜表现厌食、流涎、鼻漏、口臭，在舌、颚及咽等处可见灰白色的假膜，严重的引起呼吸困难和死亡。病的发生与营养不良，管理不善等诱因有关。防治首先要消除诱因，用碘甘油涂擦口腔患部，配合综合性治疗。

类鼻疽（melioidosis）　伪鼻疽假单胞菌（*Pseudomonas pseudomallei*）引起的一种人兽共患传染病。主要表现高热、气喘、咳嗽和鼻漏等。在肝、肺、脾、胸腔淋巴结形成化脓灶，类似鼻疽。马、骡较易感，一般呈慢性经过，病原菌常存在于热带地区的土壤中。诊断应根据细菌学和血清学检查，应注意若用类鼻疽菌素点眼试验能与鼻疽出现交叉反应。防治主要加强水源的卫生管理，淘汰病畜，消灭鼠类。用氯霉素、卡那霉素和磺胺制剂都有一定的疗效。

类病毒（viroid）　只含核酸不含蛋白质的一类微小病原体。核酸为环状的单股 RNA，分子量极小，只含 247～574 个核苷酸，不能编码任何蛋白质。它的形态极小，在电子显微镜下无法窥见。它对理化因素的抵抗力极强。多种植物疾病是由类病毒引起的，但在动物中尚未发现。

类丹毒（erysipeloid）　类丹毒杆菌引起的一种人兽共患传染病。亦是人类一种重要的职业病。常见于屠宰工人和鱼、肉的加工人员以及兽医，以局部创伤感染为主。临床特征是患部皮肤出疹，有烧灼感和刺痛感，有剧痒，但不化脓，全身性感染者少见。治疗用青霉素、红霉素等抗生素有良好疗效。

类毒素（toxoid）　又称脱毒毒素。经甲醛处理后丧失毒性但保留其抗原特性的外毒素。可作为抗原接种动物产生主动免疫，用于抗毒素血清的制备。于类毒素中加入适量磷酸铝、氢氧化铝或钾明矾等铝盐类佐剂后，能增强免疫效果。如破伤风类毒素和白喉类毒素。

类风湿性关节炎（rheumatoid arthritis，RA）由于体内形成抗丙种球蛋白自身抗体所致的以慢性进行性糜烂多关节炎为主要病变的一种全身性结缔组织（胶原-血管）疾病。主要对称地侵害肢体远端小关节，病变特征为关节及其周围组织的变形。多发生于中、小体型品种犬的中年期，在猫也有发生。类风湿性关节炎的病因尚不完全清楚，一般认为属免疫介导性疾病。病理变化有滑膜绒毛增生肥大，淋巴细胞、浆细胞浸润，关节软骨与软骨下骨侵蚀破坏，滑液中白细胞数可达 3.8×10^7 个/mL 以上，周围淋巴结肿大，血清中有风湿性因子。临床上有对称性、游走性、复发性和进行性严重化的特点，可侵害全身各关节，但以肢远端关节多发。患犬有间歇热，运步强拘，跛行。与人的类风湿性关节炎不同，它不侵害心、肺，亦不出现类风湿结节，病程发展较人快。治疗以缓解疼痛、制止炎症和防止关节变形为原则。可合并应用水杨酸制剂和类固醇药物，局部温敷，红外线照射可减轻疼痛。对慢性重症犬的关节可施行滑膜搔刮、局部切除和关节囊切开等手术。

类风湿因子（rheumatoid factor，RF）　抗自身 IgG 重链第 2 稳定区（CH_2）上抗原决定簇的抗体。这一决定簇只有在 IgG 类抗体与相应抗原结合，形成免疫复合物（immune complex，IC）时才暴露，因此，在体内出现大量 IC 的病例中，常伴有 RF 的产生。由于 RF 在关节中沉着，可引起类风湿性关节炎，其他自身免疫病，如全身性红斑狼疮，也有 RF 参与。

类固醇激素（steroid hormones）　又称甾体激素。内分泌腺分泌的具有环戊烷多氢菲结构的高效能生物活性物质，如肾上腺皮质激素、雌激素、雄激素和孕酮等。这类激素分子量较小，仅 300 左右，具脂溶性，可以进入细胞。其作用过程是激素先透过靶细胞膜进入细胞，与胞浆受体结合，形成能透过核膜的“激素-受体复合物”，然后此复合物便进入核内，与核内受体结合，生成核内“激素-受体复合物”，与染色质上特异的结合位点接触、结合，激活脱氧核糖核酸转录过程，诱导产生新的蛋白质或酶，最终引起生物学效应。

类胡萝卜素（carotenoids）　含有 8 个异戊间二烯单位、四萜烯类头尾连接而成的链状或环状多异戊间二烯化合物。是一类不溶于水的色素，存在于植物和有光合作用的细菌中，在光合作用过程中起辅助色素的作用。

类蓝舌病（blue tongue like disease）　呼肠孤病毒科环状病毒属的类蓝舌病病毒引起牛的急性呼吸道传染病。以突然高热、呼吸迫促、流泪、结膜肿胀、鼻镜及口黏膜发绀、坏死、溃疡、咽喉头麻痹、咽下障碍等症状为特征。本病首次发现于日本茨城，故又名茨城病。现分布于东南亚一些地区。病牛为主要传染源，库蠓等吸血昆虫为传播媒介，流行期主要在夏、秋季。本病仅发生于牛，发病率较低而病死率较高。根据流行特点、症状和病变可作出初步诊断。确诊需分离病毒和血清学试验。无特效疗法，可用疫苗免疫预防。

类肉瘤（sarcoid）　皮肤的一种局部性成纤维细胞肿瘤。最常见于马属动物，也见于黄牛和水牛。肿瘤主要生长在头部，也见于体躯、四肢下部和包皮；常为多个，有的单发；通常无转移。肿块可达拳头大，深入增厚的皮肤内，表面常有溃疡。镜下，瘤细胞呈纺锤形，核细长，与少量胶原纤维构成细胞束，呈交叉或编织状排列。表皮轻度角化，棘细胞增生，形成网状钉伸入增生的真皮内。溃疡组织内有中性粒细胞、巨噬细胞和淋巴细胞浸润。可手术切除。

类属凝集反应（group agglutination）　与类似细菌发生的交叉凝集反应。

类髓细胞与类红细胞比例（ratio of myeloid toerythroid cells，M∶E）　骨髓粒细胞（类髓细胞）总数除以有核红细胞的总数之值。M∶E 的解释只有与外周血的白细胞计数联系起来才能真正反映骨髓检查的意义。M∶E 值增大，见于白细胞生成亢进时的急性感染性疾病，颗粒细胞性白血病、红细胞生成不全、牛淋巴瘤、犬的淋巴肉瘤等；M∶E 值减小，见于有核红细胞增加、无颗粒白细胞病、红细胞系细胞生成过剩（大出血、溶血）等。

类圆线虫病（strongyloidiasis）　类圆属（*Strongyloides*）线虫寄生于反刍兽、马、猪、肉食兽和禽类小肠引起的寄生虫病。虫体寄生阶段行孤雌生殖，虫体纤细，长度 2～9mm。口部简单，食道长，呈柱状。阴门位于虫体中央稍后，阴道甚短，前后各连一个子宫，前后子宫分别向后、前回转连接卵巢。子宫内含卵不多，卵大，壳薄，在子宫内已含幼虫或已孵化。随宿主粪便排出的虫卵不久孵化为第一期幼虫，即杆状幼虫。经两次蜕皮发育为感染性幼虫（丝状幼虫），经皮肤感染，其后幼虫经血液到肺，再经气管、咽、食道到小肠，发育为孤雌生殖的雌虫。幼虫也可发育为具杆状食道的自立生活的雌虫和雄虫，雌虫和雄虫交配后所产幼虫可发育为感染性幼虫，也可重复其自立生活的有性世代。常见的种类有寄生于绵羊、山羊和牛等反刍兽以及兔的乳突类圆线虫（*S. papillosus*），寄生于马和斑马的韦氏类圆线虫（*S. westeri*），寄生于人、犬、狐和猫的粪类圆线虫（*S. stercoralis*），寄生于猪的兰氏类圆线虫（*S. ransomi*），寄生于鸡、火鸡等禽类的禽类圆线虫（*S. avium*）。幼驹和仔猪患病时有肠炎和下痢症状，消瘦，生长阻滞。粪类圆线虫可引起人的顽固性腹泻，移行幼虫引起肺损伤。粪检可作出诊断，虫卵有特征性，壳薄，短椭圆形，内含折刀样幼虫。驱虫可用丙硫咪唑、噻苯唑或磷酸左旋咪唑等。预防的重要措施是保持厩舍和牧场的干燥和加强环境卫生。

类圆线虫属（*Strongyloides*）　属线虫纲（Nematoda）杆形目（Rhabditata）类圆科（Strongyloididae），分为以下几种：兰氏类圆线虫（*S. ransomi*），寄生于猪的小肠，多在十二指肠黏膜内；韦氏类圆线虫（*S. westeri*），寄生于马属动物的十二指肠黏膜内；乳突类圆线虫（*S. papillosus*），寄生于牛、羊的小肠黏膜内；粪类圆线虫（*S. stercoralis*），寄生于人、其他灵长类、犬、猫和狐的小肠内；禽类圆线虫（*S. axium*），寄生于鸡、野禽盲肠；福氏类圆线虫（*S. fuelleborni*），少见，寄生于黑猩猩、狒狒、猕猴和人肠道。寄生性类圆线虫都是雌虫，行孤雌生殖，未见有雄虫寄生的报道。雌虫为毛发状小型虫体，体长一般小于10mm，乳白色。口腔小，食道长，呈柱状，阴门位于体后1/3与中1/3交界处。尾短，近似圆锥形。自由生活成虫食道为双球型（杆虫型），有前、后食道球。卵胎生。虫卵呈卵圆形或椭圆形、壳薄、透明，大小（50～70）μm×（30～40）μm，随粪便排出的是第一期幼虫或含幼虫的卵。

类脂（lipoid）　除脂肪以外的其他脂类，包括磷脂、糖脂、胆固醇及其酯。磷脂、糖脂和胆固醇是构成组织细胞膜系统的主要成分。类脂分子特殊的理化性质使它们可以形成双分子层的膜结构，成为半透性的屏障，为各种功能蛋白作用的发挥提供“舞台”。类脂还能转变为多种生理活性分子，如性激素、肾上腺皮质激素、维生素 D_3 和促进脂类消化吸收的胆汁酸。

类脂抗原（lipoid antigen）　以类脂为主要决定簇的抗原。类脂分子量小，无固定构型，免疫原性弱，只有与其他大分子结合或吸附于其他物质上而起半抗原（决定簇）作用。如心脏类脂（cardiolipid）和梅毒螺旋体有交叉反应，能与该病患者的血清发生华氏反应（Wassermann reaction），故可用牛心提取物代替梅毒螺旋体抗原作华氏反应。

冷藏（refrigeration）　在低于常温但不低于物品冻结温度条件下的一种保藏方法。冷藏的具体温度范围为2～5℃。冷藏食品可在短期内有效地保持新鲜度，香味、外观和营养价值都很少变化，但超过冷藏期限很容易发生变质，甚至腐败。因此，冷藏食品一定要在冷藏安全期限内消费。

冷冻处理（freezing，cryotreatment）　有条件利用肉的无害化处理方法之一。利用低温作用，使污染肉中的病原体变性以至死亡，以达到无害目的的一种技术措施。常用于感染寄生虫肉的处理，具体办法视病原体对低温的抵抗力大小而异。如《美国联邦法规》规定旋毛虫肉的处理：厚度不超过15cm者，在－15℃冷冻20d，－23.3℃冷冻10d，－29℃冷冻6d；厚度在15cm以上不超过68cm者，在－15℃冷冻30d，－23.3℃冷冻20d，在－29℃冷冻16d。我国规定在40cm² 面积内，发现囊尾蚴和钙化的虫体在3个以下者，整个胴体盐腌或冷冻处理后方可利用。

冷冻干燥机（freeze drying machine）　使溶液脱去水分成为固态的一种设备。由制冷系统（冷冻机、冻干箱）、真空系统（真空泵）、加热系统（电加热器或循环泵）和控制系统（控制开关、指示及记录仪、自动化元件）组成。冷冻干燥机广泛用于生命物质（微生物等）和活性物质（酶、激素等）的干燥，以保持其存活和活性。

冷冻肉（frozen meat）　所含的水分部分或全部变成冰，深层温度降至－15℃以下的肉。冻结肉虽然色泽、香味都不如鲜肉或冷却肉，但能较长期贮藏，也能做较远距离的运输，因而仍被世界各国广泛采用。

冷冻外科（cryosurgery）　用冷冻治疗外科疾病的方法。活组织受到冷冻时，受冻的细胞内形成冰晶，使细胞死亡。利用这个特点对肿瘤进行治疗，特别是对恶性肿瘤治疗可收到很好的效果。制冷剂的种类甚多，当前在临床上多用液氮，它有无色、透明、无臭、无毒、不易燃、价廉、降温低（－196℃）的特性。可用喷射法、插入法、倾注法等对肿瘤进行治疗。

冷冻真空干燥法（lyophilization）　又称冷冻干燥，简称冻干。冰冻样品在真空状态下，水分由固态升华为气态的一种缓慢脱水过程。冻干具有防止物质收缩变形、减少物质在干燥过程中的化学反应和保持物质的生物活性与溶解密度等优点。冻干通常在冻干机内进行。冻干开始前样品必须全部冻结，温度保证在共熔点以下，约为－40℃。冻干过程中冻干箱必须保持真空。优良的冻干制品疏松多孔呈海绵状，体积不干缩，含水率在4%以下，加水后迅速完全溶解，立即恢复原来性状。冻干对微生物和生物物质的活性影响很小，因此常用于微生物、活疫苗、蛋白质、酶、激素等的保存。

冷敷（cold compress）　用冷水将毛巾浸湿敷于患部，或将冷水装入胶皮袋置于患部的一种物理疗法。冷刺激使局部血管收缩，血流量减少，起到减少渗出和止血的作用，还可降低神经的兴奋性和传导性而产生镇痛的效果。冷敷主要用于急性炎症的早期。

冷链（cold chain）　易腐食品从产地收购或捕捞之后，在产品加工、贮藏、运输、分销和零售、直到消费者手中，其各个环节始终处于产品所必需的低温环境下，以保证食品质量安全，减少损耗，防止污染的特殊供应链系统。食品冷链由冷冻加工、冷冻贮藏、冷藏运输及配送、冷冻销售四个方面构成。

冷灭菌（cold sterilization）　又称辐照保藏（irradiation preservation）。用非高温方法进行的物理灭菌。常用的有紫外线、γ 射线、X 射线、电子射线照射和滤过除菌等，用于不耐高温的血清、食品等灭菌，使其达到杀菌、防腐目的以延长保存期的一种加工处理方法。因经辐照的食品温度基本不上升，营养损失极少并有利于保持其质量。

冷敏神经元（cold sensitive neuron）　下丘脑前部对血液温度下降敏感的神经元。当流经下丘脑的血液温度下降时，神经冲动的发放增多，从而激发产热，抑制散热而使体温上升，与温敏感神经元一起参与对体温恒定的调节。

冷凝集抗体（cold agglutinating antibody）　又称冷凝集素（cold agglutinin）。在低温（0℃左右）凝集红细胞（包括自身红细胞）的自身抗体。在正常人血清中含量甚低，但在某些疾病（如病毒性肺炎、自身免疫性溶血等）时显著上升，可用冷凝集试验进行检测。

冷却肉（chilled meat）　将温热鲜肉深层的温度快速降低到预定的适宜温度而又不使其结冰处理后的肉。冷却肉可在短期内有效地保持新鲜度，香味、外观和营养价值都很少变化，同时也是肉的成熟过程。所以，冷却常作为短期贮存畜禽肉的有效方法，同时也是采用两步冷冻的第一步。

冷适应（cold adaptation）　动物较长时间暴露在冷环境下时出现的对寒冷环境的相对不敏感现象。在其他因素不变的情况下，动物暴露在冷环境中首先通过寒战性产热以抵御寒冷，然后逐渐转变为非寒战性产热增加，适应外界寒冷环境。

冷缩（cold shortening）　胴体在冷却时，肌肉僵直尚未开始形成之前出现的肌肉剧烈收缩现象。其发生是由于温度迅速下降，使肌节的肌球蛋白粗丝和肌动蛋白细丝之间形成的交错程度较大所致。交错程度越大，冷缩越烈，肉质越硬。主要发生在以较大制冷量和空气循环快速冷却的牛羊胴体。冷缩影响到肉的韧度、嫩度、弹性等性质，对以后加工品质量有一定影响。

冷性浮肿（cold edema）　又称非炎性浮肿（non-inflammatory edema）。皮下组织间隙内贮留大量的组织液，但不具备增温、潮红、疼痛等炎症特征。常见的有瘀血性浮肿、水血性浮肿（如恶病质时所见浮肿）、肾性浮肿、血管运动神经性浮肿等。

冷宰（cold slaughter）　在动物死亡后才进行放血并解体的过程。在屠宰检疫过程中有时会碰到一些屠宰户把在运输过程中死亡或其他原因死亡的动物冷宰后挂上生产流水线，和正常屠宰的动物混在一起企图蒙混过关。但检疫人员可根据胴体放血程度、胴体温度和宰口部位是否整齐、宰口部位血液浸染情况判断是活体宰杀或是冷宰，从而对冷宰的胴体进行生物安全处理。

离子通道（ion channel）　存在于质膜上离子借以作跨膜转移的通道状结构。离子通常先结合于通道膜一侧的表面，然后经扩散转移到膜的另一侧。如短杆菌肽 A 是由两个五肽形成的两段跨膜螺旋首尾相连形成的管状离子通道。质膜上天然存在的转运系统，大多数具有通道状结构。

离子载体（ionophore）　一类能够提高膜对某些离子通透性的载体分子。大多数离子载体是细菌产生的抗生素，能够杀死某些微生物，作用机制为通过提高靶细胞膜通透性使其无法维持细胞内离子的正常浓度梯度而死亡。根据改变离子通透性机制的不同，可将离子载体分为两种类型：通道形成离子载体和离子运载的离子载体。

梨形虫病（piroplasmosis）　又称血孢子虫病。顶复门（Apicomplexa）、梨形虫纲（Piroplasmea）的原虫寄生于家畜血细胞内所引起的疾病。需要蜱和脊椎动物两个宿主。在脊椎动物红细胞内进行裂殖生殖。在蜱进行有性生殖。红细胞内虫体呈圆形、梨形、杆形、椭圆形、逗点形或阿米巴形等各种形态。通过蜱传播。中国危害较大的病原主要是巴贝斯科和泰勒科的虫体。寄生于马的有马泰勒虫（*Theileria equi*）（旧称驽巴贝斯虫）和马巴贝斯虫；寄生于牛的有双芽巴贝斯虫、牛巴贝斯虫、卵形巴贝斯虫和环形泰勒虫；寄生于绵羊的有绵羊泰勒虫。本病具有明显的季节性和地区性。对本病的防治必须采取综合措施，包括对病畜进行治疗、消灭家畜体表的蜱、发病季节避免在蜱类孳生地放牧、注意防止饲料或饲草中带入蜱类，以及对外来家畜进行检疫等。也可应用虫苗进行预防接种。

犁骨（vomer）　位于鼻腔底壁中线呈槽状的长骨片。槽内承托鼻中隔软骨。前端在猪可达切齿骨，其他家畜较短。向后经鼻后孔而达颅底，将鼻后孔分为两半；后端形成犁骨翼附着于蝶骨体。牛羊犁骨后半与鼻腔底壁不接触，因而鼻后孔也较深。水禽有犁骨。

璃眼蜱属（*Hyalomma*）　硬蜱科的一个属。盾板上无花斑，但少数种有。有眼。有或无缘垛。口器长。雄虫有一对肛侧板，有或无副肛侧板；肛侧板后方常有一对几丁质突。雄虫的气门板呈逗点状，雌虫的呈三角形。常见种为残缘璃眼蜱（*H. detritum*），寄生于牛、马、绵羊、山羊、骆驼和猪等兽类。主要栖息在家畜圈舍和家畜停留处所。为二宿主蜱。雄虫体长 4.9～5.5mm，宽 2.4～2.8mm，未吸血雌虫长 5.2～5.5mm，宽 2.4～2.6mm。色赤褐。分布于黑龙江、吉林、辽宁、河北、山西、内蒙古、陕西、甘肃、宁夏、新疆、山东和河南等地。是牛环形泰勒原虫病和马泰勒虫病的传播者，还可传播马巴贝斯虫病、小泰勒原虫病、Q 热和牛立克次体病等。

藜芦中毒（veratrum poisoning） 过食藜芦植物引起的以兴奋、腹泻为主征的中毒病。由于藜芦全株含有原藜芦碱（protoveratrme）和红藜芦碱（rubijervine）而致病。马中毒后精神高度兴奋，肌肉震颤，腹痛，肚胀和腹泻，粪中带血，呼吸困难，瞳孔散大。牛羊中毒出现流涎，瘤胃臌气，腹痛，腹泻，便血，脉搏徐缓，心律不齐。猪持续性呕吐，腹泻，血便，呼吸促迫，严重虚弱。治疗宜静脉输液，投服黏浆剂、活性炭末等。牛羊必要时实行瘤胃切开术。

李斯特菌病（listeriosis） 李斯特菌引起的一种散发性人兽共患传染病，家畜以脑膜炎、败血病、流产为特征，家禽和啮齿动物以坏死性肝炎、心肌炎及单核细胞增多为特征。主要病原为单核细胞增生性李斯特菌和伊氏李斯特菌。冬春季多发。病原经消化道、呼吸道、结膜及皮肤损伤感染。饲料和饮水是主要的传染媒介。发病率低，病死率高。临诊表现神经症状、流产。应与有神经症状的类症相区别，以分离病原、接种动物、荧光抗体法确诊。发病早期应用抗生素有效。为防止感染人，对病畜肉及副产品作无害化处理，畜牧兽医人员注意个人防护。

李斯特菌属（*Listeria*） 一小群无荚膜和芽孢，需氧或兼性厌氧革兰阳性菌。大小为（0.4～0.5）μm×（0.5～2）μm，单在、有时呈 V 形或栅状排列，初代菌常多形，感染组织或液体培养菌多呈球杆状，老龄或粗糙型菌可呈长丝状且易转变为革兰阴性。20～25℃生长时运动，最适生长温度 30～37℃。营养琼脂上培养 1～2d 形成圆形、光滑、透明、浅蓝灰色小菌落，一些种在血琼脂上呈 β 溶血。发酵碳水化合物产酸不产气，MR 和 V-P 均常呈阳性，吲哚阴性。广泛分布于自然界，一些种对人和动物有致病性。单核细胞增生李氏杆菌（*L. monocytogenes*）是人兽的重要致病菌，可引起脑干脓肿和脑膜炎，也致肝坏死以及牛羊流产。伊氏李氏杆菌（*L. ivanovii*）是一新种，能致绵羊流产。

里急后重（tenesmus） 动物屡呈排粪动作并强度努责，而仅排出少量粪便或尿液的一种临床症状，见于直肠炎、肛门括约肌疼痛性痉挛、犬肛门腺炎、顽固性腹泻、急性腹膜炎、肠便秘以及肠肿瘤等。

鲤春病毒血症（spring viremia of carp） 鲤及其他鲤科鱼的急性出血性传染病，是 OIE 规定的通报疫病。病原为鲤春病毒血症病毒，属弹状病毒科水疱病毒属。感染鱼经粪排毒，病毒经水传递，入侵途径为鳃。发病水温为 10～18℃，多在春、夏季。所有年龄的鲤都易感，但越冬鲤抵抗力弱更易发病。除鲤、鲢、鳙外，非鲤科的六须鲶（*Silurusglanis*）也可致严重损失。病鱼全身出血，伴有水肿及腹水，肛门发炎外突，流出血样腹水。应用疫苗可预防。

鲤痘（carp pox） 鲤鱼的一种古老的传染病，以体表皮肤形成“痘疱”为特征，有一定的死亡率。1964 年 Schubert 等确定病原并非痘病毒，而是鲤疱疹病毒（*Herpesvirus cyprini*）。中国亦有流行。

鲤红皮炎（carp erythrodermititis） 鲤科鱼的一种皮肤感染。病原为杀鲑气单胞菌新亚种（*Aeromonas salmonicida* subsp. *nova*），属气单胞菌属，无运动力，有明显的 β 溶血，不产生棕色色素。鲤、鲫、草鱼易感，表现为亚急性乃至慢性型，体表出现炎性出血斑块乃至溃疡。诊断应采皮肤溃疡深层组织，接种添加氨苄青霉素的血琼脂，20～30℃培养至少 3d，将分离菌进一步鉴定。防治措施可参照疖病。

立克次体（*Rickettsia*） 一类专性细胞内寄生的小型革兰阴性原核单细胞微生物。立克次体在形态结构和繁殖方式等特性上与细菌相似，而在生长要求上又酷似病毒，是一类介于细菌和病毒之间的微生物。杆状或球杆状，多数大小为（0.8～2.0）μm×（0.3～0.6）μm，少数能通过细菌滤器。革兰染色为阴性，但着色差。用姬姆萨（Giemsa）或马基维洛（Machiavello）染色液染色效果佳。细胞壁中含有胞壁酸，为此对溶菌酶敏感。它们常感染蜱、螨等吮血节肢动物，在其体内繁殖，但无临床症状而成为贮存宿主。这些节肢动物作为生物媒介，通过叮咬将立克次体传递给人畜而促使发病。在抗生素中，只有四环素类对其有抑制作用，有些立克次体对氯霉素和红霉素敏感。

立克次体病（rickettsiosis） 由立克次体引起人兽共患传染病的总称。病原细小多形态，介于细菌和病毒之间，酶系统不完全，抵抗力弱，在自然储存宿主节肢动物不致病，当传到人畜时可致病。除 Q 热可经呼吸道、消化道感染外，其他经节肢动物叮咬及污染伤口而感染，侵入动物体后繁殖致病。本病分 3 类：发生于人的立克次体病（如流行性斑疹伤寒）、人兽共患立克次体病（如 Q 热）、仅危害动物的立克次体病（如心水病）。病原分离鉴定及血清学检测可进行诊断。以杀灭媒介，应用抗生素治疗病畜及福尔马林灭活苗预防接种等综合性措施来防制本病的发生。

立克次体痘（rickettsial pox） 小蛛立克次体

(*Rickettsia akari*) 引起的一种良性人兽共患传染病。临诊似水痘，故称立克次体痘。病原在细胞核内增殖，与其他立克次体有交叉反应。鼠类为传染源，传播媒介为寄生鼠体的血异刺皮螨。经螨垂直传播，螨不但是媒介，还是储存宿主。一般在鼠螨间循环，人被螨咬发病。在城镇人口密集地区呈明显季节性流行。发病急，发热伴有头、背及关节痛，随后发皮疹，后变疱疹，最后成黑痂，脱落不留疤痕。依据流行和临诊特点，血清学试验及病原分离鉴定加以确诊。预防本病主要为灭鼠灭螨。应用抗生素治疗有效。

立克次体肺炎 (Q fever)　又称Q热、昆士兰热、屠宰场热或巴尔干流感。由伯纳特立克次 (*Coxiella burnetii*) 经节肢动物传播引起人兽共患的传染病。病原在节肢动物、哺乳动物和鸟类中的宿主很广，多种动物和人易感。一般经蜱传播，还可经呼吸道和消化道感染。人感染多为职业病，发生在接触家畜及畜产品的人员中，病状无特征性。牛羊除体温升高，委顿、食欲不振外，间或出现鼻炎、结膜炎、支气管肺炎、关节肿胀、睾丸炎、乳房炎和流产等。依据病原分离鉴定及血清学检验确诊。严格执行检疫检测，预防接种弱毒菌苗和灭活苗，同时做好灭蜱工作控制本病传播。

立克次体属 (*Rickettsia*)　立克次体科 (Rickettsiaceae) 立克次体族 (Rickettsieae) 的一个属。短杆状，大小为 (0.3～0.5) μm× (0.8～2.0) μm，有时呈丝状，常包有蛋白质性微荚膜层或黏液层。能感染脊椎动物和吮血节肢动物，在两者之间呈自然循环。只能在这些动物的细胞胞浆或核内生长繁殖，离开宿主细胞易死亡，不能体外无细胞培养。在－50℃低温下存活很久，液氮中可长期贮存。本属包括12个种，是人类斑疹伤寒和斑点热等疾病的病原体，它们也感染小鼠、大鼠、豚鼠等啮齿类动物。

丽蝇 (*Calliphora*)　双翅目、寄蝇科的一类引起伤口蛆症的蝇。成蝇显金属样蓝色光泽。红头丽蝇 (*C. erythrocephala*) 是一种大型蝇，体长约12mm。飞时嗡嗡声甚大。眼和颊部红色，有黑毛。此外还有黑颊丽蝇 (*C. vomitoria*)、澳洲丽蝇 (*C. australis*) 等多种，均产卵于绵羊等多种动物的伤口组织，引起伤口蛆症。

利多卡因 (lidocaine)　又称苷罗卡因。局部麻醉药和抗心律失常药。局部麻醉作用和穿透力均比普鲁卡因强，其强度和持续时间约为普鲁卡因的一倍。安全范围较大。吸收后或静注时有抗心律失常作用。常用于表面麻醉、传导麻醉、浸润麻醉和硬膜外麻醉。静注可治疗室性心律失常。

利凡诺 (rivanol)　染料类防腐药，对各种化脓菌有较强的抗菌作用。常用其生理盐水溶液冲洗皮肤、黏膜的感染创，也可配成软膏和撒粉涂敷。

利福平 (rifampin)　一种半合成的利福霉素类抗生素。通过与依赖DNA的RNA多聚酶的B亚基牢固结合，阻止该酶与DNA连接，从而阻断RNA转录过程。对多种病原微生物均有抗菌活性。对结核杆菌和其他分支杆菌在宿主细胞内外均有明显的杀菌作用。对脑膜炎球菌、流感嗜血杆菌、金黄色葡萄球菌、表皮链球菌、肺炎军团菌等也有一定的抗菌作用。对某些病毒、衣原体也有效。主要用于治疗结核病、肠球菌感染等。

利尿 (diuresis)　动物尿生成 (率) 增高的情况。有水利尿和渗透利尿两种类型。大量饮水时，抑制抗利尿激素释放，远曲小管、集合管对水的重吸收作用受阻时发生水利尿；由于溶质的排泄率增加，小管液渗透浓度升高，影响了水的被动重吸收而利尿则称渗透性利尿，如服用大量葡萄糖引起的生理性糖尿。

利尿钠激素 (natriuretic hormone)　一种能抑制肾小管重吸收钠离子，增加尿中钠离子排出的多肽物质。是调节钠离子排泄的因子之一，当细胞外液容量增加时，可刺激利尿钠激素的释放。此外，该物质也可作用于其他组织的钠离子转运，特别是可改变小血管平滑肌的离子浓度，致其收缩而使血压升高。

利尿药 (diuretics)　一类能促进肾脏电解质及水的排出、使尿量增加的药物。主要用于心、肝、肾或肺等疾病致水盐潴留引起的水肿与腹水。(1) 根据作用强度分为：①强效利尿药，如呋喃苯胺酸、利尿酸等；②中效利尿药，如噻嗪类及其有关化合物；③弱效利尿药，如安体舒通、氨苯喋啶等保钾利尿药和乙酰唑胺等碳酸酐酶抑制剂。(2) 根据作用方式分为：①主要作用于髓袢升支粗段髓质部的药物，如呋喃苯胺酸、利尿酸等；②主要作用于髓袢升支粗段皮质部的药物，如噻嗪类及其有关化合物；③主要作用于远曲小管的药物，如安体舒通、氨苯喋啶等；④主要作用于近曲小管的碳酸酐酶抑制剂，如乙酰唑胺等。

利什曼原虫 (*Leishmania*)　属于动基体目 (Kinetoplastida)、锥虫亚目 (Suborder Trypanosomatina)、锥虫科 (Trypanasomatidae)、利什曼属 (*Leishmania*)，有多个种，可以引起内脏型、黏膜皮肤型和皮肤型利什曼病。主要宿主为脊椎动物，常见感染对象为犬和人类，传播媒介为白蛉。利什曼属所有种形态十分相似，在人和哺乳动物体内为无鞭毛体，呈卵形或球形，大小通常为 (2.5～5.0) μm×

(1.5～2.0) μm。在染片中，一般只能看到核和动基体。无脊椎动物中可见前鞭毛体，呈纺锤形，大小(14～20) μm×(1.5～3.5) μm。在我国流行的主要是杜氏利什曼原虫(*L. donovani*)。

利什曼原虫病(leishmaniosis) 经白蛉传播的自然疫源性人兽共患病。利什曼原虫隶属于动基体目、锥虫亚目、锥虫科、利什曼属(*Leishmania*)。该属种类较多，感染后临床表现复杂多样，取决于所感染利什曼原虫的种类、毒力、嗜性、致病力及宿主遗传因素等多种因素。根据临床损害组织的不同，可分为内脏型、皮肤型、黏膜型和黏膜皮肤型。代表病原有杜氏利什曼原虫(*L. donovani*)和热带利什曼原虫(*L. tropica*)。杜氏利什曼原虫寄生于肝脾等器官组织的巨噬细胞内，引起的疾病称黑热病，主要感染人、犬，也感染猫、马、绵羊等动物。热带利什曼原虫等寄生于皮肤的巨噬细胞内，引起的疾病称东方疖，感染人及犬、猫、猴等动物。若能及时给予特效治疗，预后较好。本病分布于热带、亚热带、温带地区。内脏型主要流行于南亚、中东、北非、地中海沿岸及南美北部的一些国家。中国的华东、华北和西北地区也曾流行，现已基本控制。皮肤型见于中亚、中东、非洲及美洲，黏膜皮肤型仅见于中美及南美。确诊需要检查到虫体，但并非所有患者都能检查到，因此需依靠病原学检查、免疫学诊断及分子生物学诊断综合进行。动物利什曼原虫病的治疗一般使用五价锑剂。人利什曼原虫病可用葡萄糖酸锑钠、戊烷脒等进行治疗。内脏型利什曼原虫病是我国《传染病防治法》中规定的乙类传染病，其预防控制方法包括管理传染源和切断传播途径等综合措施。

沥青中毒(asphalt poisoning) 猪啃食涂有沥青的碎石子、圈墙脚或地面，或吸入沥青烟雾而致的中毒病，即煤焦油沥青中毒。沥青中除含有蒽、吡啶和吲哚等光能性物质外，尚有甲酚等有毒成分。中毒猪经日光照射部位发生感光过敏性皮炎(皮肤红肿、发痒等)，同时有厌食，呕吐，腹痛，下痢，虚弱和贫血。结膜潮红，黄染，咳嗽，呼吸增数。中毒母猪早产，死胎率高。尚无特效治疗药物，可酌情对症治疗。

栎树叶中毒(quercus poisoning) 又称青杠树叶中毒(oak leaf poisoning)。采食栎属植物的叶、芽和果实(橡子)引起的以水肿、出血和坏死等为特征的中毒病。主要发生于牛和猪。由于采食栎属植物中含有的大量没食子丹宁而致病。症状在牛以腹痛为主，厌食，瘤胃蠕动无力，粪球呈黑色，外覆黏液，排尿频数，尿液清亮，胸前、腹下和后肢水肿。慢性病例转为腹泻，粪中带血，脱水，黄疸和血尿等。治疗应用轻泻剂，静脉注射复方氯化钠溶液。预防要禁止用栎树叶充作饲草或在栎属植物丛中放牧。

粒层细胞瘤(granulosa cell tumor) 由颗粒细胞来源的具有内分泌(以雌激素为主)功能的一种卵巢肿瘤。见于马、牛。大多数呈良性。肿瘤呈圆形或不规则形，表面光滑，有完整包膜，切面呈黄色，实体性或有小囊，多形成大的多房性囊块，形态多样化，可分为大、小滤泡型，岛屿型，梁柱型及弥漫或肉瘤样型。但常以混合型出现。镜检粒层细胞瘤趋向于形成类似于原始滤泡的结构。临床症状有腹痛、腹胀、腹水、腹部肿块、压迫症状，常合并子宫内膜囊性增生。

粒酶(granzyme) 又称断裂素(fragmentin)。由活化的细胞毒性T细胞(CTL)产生的一种细胞毒性细胞因子，具有丝氨酸酯酶活性，可通过穿孔素形成的小孔进入靶细胞，使靶细胞DNA断裂成200bp的寡聚体，导致靶细胞自杀。粒酶还能活化靶细胞的内源性细胞自杀途径。

连合(commissure) 连接脑左右两侧对称部分的横行纤维束。主要有前连合、缰连合、海马连合、后连合等。前连合位于穹隆的前方，主要连接双侧嗅球、嗅前核和颞叶旁海马回等皮质。后连合位于中脑前端、中脑水管的背侧，其周围包绕后连合核，内含：①发自顶盖前区一些核团的纤维，止于对侧缩瞳核，组成瞳孔反射径路；②皮质顶盖纤维，止于前丘；③左右前丘的连合纤维；④起于苍白球、止于中脑被盖和红核的纤维。海马连合张于穹隆脚之间，连接双侧海马结构。缰连合连于两侧缰三角的后部，内含髓纹交叉纤维和两侧缰核间的连合纤维。

连接复合体(junctional complex) 一种以上的连接装置同时存在于细胞某一部位组成的复合体。如柱状上皮细胞之间从游离端向深部依次存在紧密连接、中间连接和桥粒等，以加强细胞的连接，更好地封闭细胞间隙，使管腔物质不能进入细胞间隙，组织液也不能外逸进入管腔。

连接识别(linked recognition) 带MHCⅡ分子的抗原递呈细胞将处理后抗原肽与MHCⅡ类分子结合形成复合物，展示在细胞表面，可以被相应的T_H细胞和B细胞所识别，T_H细胞识别抗原肽中的载体决定簇(T细胞表位)，B细胞识别半抗原决定簇(B细胞表位)，形成所谓的“抗原桥”。在该识别过程中，B细胞上的CD_{40}要与T_H细胞上的$CD_{40}L$结合。B细胞活化后，不需要连接识别即可产生再次应答，而且可作为抗原递呈细胞将抗原递呈给T_H细胞，在递呈抗原的同时自身也活化。

连咳(successive cough) 咳嗽频繁，连续不断，

严重者转为痉挛性咳嗽，见于急性喉炎、传染性上呼吸道卡他、支气管炎、支气管肺炎及猪肺疫等。

连续传代（serial passage）　微生物或寄生虫通过特定对象、途径进行一定程度的连续传代过程。大致分：①为菌（毒、虫）种的保存所进行的一代又一代的连续传代，称为菌（毒、虫）种保存传代；②为证明已减弱毒力的菌（毒）种是否发生毒力增强或恢复毒力，连续通过敏感动物的传代，称为毒力返强传代；③为获得毒力弱而仍保有良好免疫原性的弱毒株，连续通过非易感动物、细胞、鸡胚或培养基的传代，称为弱毒菌（毒）株育成传代。

连续多普勒（continuous - wave Doppler）　使用连续波测得多普勒频移的方法。这种技术最早使用双晶片探头，一个晶片连续地发射超声波，另一个晶片连续地接收红细胞的反向散射超声波。后来使用相控阵技术的超声诊断仪将探头晶片分为两组，一组连续发射，另一组连续接收。适合测量狭窄病变区的高速血流、但无距离分辨功能，不能确定和定位病变的起始位置或深度。

连续多头绦虫（*Multiceps serialis*）　属带科。寄生于犬、狐等的小肠。长约 72cm，头节顶突上有大钩一圈，小钩一圈，共 26～32 个。孕卵子宫每侧有 20～25 个主侧支。孕卵节片随粪便排至自然界，兔、松鼠等中间宿主吞食虫卵后，六钩蚴随血液移行至肌肉，发育为连续多头蚴。参阅带科和多头蚴病。

连续多头蚴（*Coenurus*）　是连续多头绦虫的中绦期，寄生于兔、松鼠等的咬肌，股肌，肩、颈与背部肌肉中，由樱桃到鸡蛋大；成虫寄生于犬、狐的小肠。

连续性杂音（continuous murmur）　在收缩期和舒张期血液从高压腔向低压腔发生异常返流或分流所产生的杂音，开始于收缩期，在收缩期末杂音振幅最高并持续到舒张期。发生于动脉导管未闭、主动脉窦瘤破裂和动静脉瘘等。

联合（symphysis）　两骨间的一种软骨连接。两骨的接触面上被覆透明软骨，中部连接以纤维软骨或纤维组织。连接对称两骨的有骨盆联合和反刍兽及犬、猫的下颌联合。椎体之间的连接也属联合。

联合腱（symphyseal tendon）　又称缝腱。连接于骨盆联合的纵行坚强结缔组织板，为两侧股薄肌和内收肌的起始处。

联合突（connector，copula）　由左右第 2 鳃弓腹内侧融合而成，与鳃下隆起一起形成舌根。

联合脱氨基作用（symphysis deamination）　转氨基作用与氧化脱氨基作用联合反应，即氨基酸与 α-酮戊二酸经转氨作用生成 α-酮酸和谷氨酸，后者经 L-谷氨酸脱氢酶作用生成游离氨和 α-酮戊二酸的过程。是肝肾等组织中氨基酸脱氨的主要途径，其逆反应是非必需氨基酸合成的途径。

联合作用（joint action）　两种或两种以上的化学毒物对机体的交互作用。可分为相加作用、协同作用和颉颃作用 3 种类型。

镰刀菌毒素（fusaria toxin）　由镰刀菌（包括有性期赤霉属）及个别其他菌属产生的有毒代谢产物的总称。分布广，危害大。根据化学结构分为单端孢霉烯族化合物（T_2 毒素、二醋酸蔗草镰刀菌烯醇、新茄病镰刀菌烯醇、雪腐镰刀菌烯醇）及玉米赤霉烯酮、丁烯酸内酯等几类毒素。

镰刀菌属（*Fusarium*）　又称镰孢菌属。属真菌界丝状菌纲。广泛分布于自然界，腐生或寄生。形成带隔膜的菌丝体，分生孢子有 2 种：大分生孢子，透明呈新月形，具有多个隔膜；微分生孢子，通常为单细胞，球形或卵圆形，可从瓶颈处产生。许多镰刀菌对植物和无脊椎动物致病，有些可通过产生毒素引起人和动物眼部感染及皮肤损伤，是医学和兽医学广为重视的产毒素性病原真菌之一。有些可作为工业菌种，用于生产赤霉素、恩镰孢菌素等。

镰状韧带（falciform ligament）　连接肝与膈和腹底壁的腹膜褶，系浆膜由肝的膈面转折至膈的后面并延伸到腹底壁形成。似镰刀样，位于正中矢面，上端与冠状韧带形成的袢相连续，向下经肝中叶的圆韧带切迹、膈的胸骨部至腹底壁。游离缘稍粗，为脐静脉的遗迹。初生幼畜发达，称脐静脉襞，至成畜萎缩，有的动物甚至消失，如反刍兽。

κ 链基因（κ chain gene）　编码免疫球蛋白 κ 型轻链的基因。参见免疫球蛋白基因。

λ 链基因（λ chain gene）　编码免疫球蛋白 λ 型轻链基因。参见免疫球蛋白基因。

链激酶（streptokinase）　又称溶栓酶。血栓溶解药，由致病性 β-溶血性链球菌产生的一种激酶，能激活“前激活因子”变成纤溶酶原激活因子，使纤溶酶原转变为纤溶酶，溶解纤维蛋白，产生溶解血栓作用。白色或黄白色冻干粉，易溶于水及生理盐水，其稀溶液不稳定。用于各种血栓病的治疗，如心肌梗塞、脑栓塞等。

链霉菌属（*Streptomyces*）　放线菌目中的一个大属，广泛分布于自然界。革兰阳性，菌丝体发达无分隔，以伸展在空中的较粗的气生菌丝和较细、不分段、分支的基内菌丝两种状态存在；多数种只有通过气生菌丝断裂才会形成孢子。好氧菌，化能有机型，菌落致密，目前应用的绝大多数抗生素都是链霉菌的次生代谢物。

链霉素（streptomycin） 氨基糖苷类抗生素。得自灰链霉菌（*Streptomyces griseus*）的培养液。常用其硫酸盐，性较稳定。内服极少吸收，一般肌内注射。主要以原形从尿中大量排出。对革兰阴性菌和结核杆菌有效。细菌极易产生耐药性。用于治疗各种敏感菌的急性感染及控制乳牛结核病的急性暴发。将链霉素中链霉糖的醛基加氢还原成醇后制成双氢链霉素，稳定性更高，适用于对链霉素过敏病例，虽耳毒性增强，但不妨碍兽用。

链球菌（*Streptococcus*） 一类革兰阳性球菌，是化脓性球菌中的一大类常见细菌，广泛分布于自然界，多数不致病，有些可导致人或动物各种化脓性炎症、肺炎、乳腺炎、败血症。多为球形或卵圆形，直径0.6～1.0μm。呈链状排列，链长短不一。致病菌株链长，液体培养基中菌链长。大多数兼性厌氧，少数为专性厌氧。营养要求复杂，需补充血液、血清、葡萄糖等。在血液琼脂平板上形成灰白色、表面光滑、边缘整齐、直径0.5～0.75mm的细小菌落。在血清肉汤中易形成长链，管底呈絮状沉淀。根据群特异性抗原，采用兰氏分群法可将其分成20个血清群（A～V，缺少I和J)。根据溶血现象分为α、β、γ型溶血链球菌。致病性链球菌可产生各种毒素或酶，引致人及马、牛、猪、羊、犬、猫、鸡、实验动物和野生动物等多种疾病。

链球菌病（streptococcosis） 由链球菌属（*Streptococcus*）各种病菌引起的人畜疾病总称。猪常发生化脓性淋巴结炎、败血症和脑膜脑炎。羊主要呈败血症变化，人则引起猩红热、扁桃体炎及局部感染等。确诊本病应做细菌学检查。及时使用青霉素、链霉素、氯霉素等抗生素或磺胺类药物治疗，均有良好效果。

链球菌属（*Streptococcus*） 一群过氧化氢酶阴性的革兰阳性球菌。细胞圆或卵圆形，直径小于2μm，无芽孢，通常无运动力。大多数种兼性厌氧，有些需CO_2助长，也有一些严格厌氧。致病菌株在血培养基上生长良好，菌落细小、浅灰色，呈黏液、光滑或粗糙三型，通常不产色素。有β、α或γ三种溶血性，视种或株而定。有些具高度致病性，少数为自然环境腐生菌。有40个种分为6大类。绝大多数致病菌株属于化脓类β溶血性链球菌。按群特异抗原分成A～V20个兰氏血清群。重要的致病性链球菌有：①化脓链球菌（*S. pyogenes*)，致人的多种疾病，也引起牛的乳房炎。②无乳链球菌（*S. agalactiae*)，系牛乳房炎主要病原之一。③停乳链球菌（*S. dysgalactiae*)，致牛乳房炎和羔羊多发性关节炎，其似马亚种（subsp. *equisimilus*)，与各种动物的创伤和生殖道感染及乳房炎有关。④马腺疫链球菌（*S. equi*)，其马亚种（subsp. *equi*）为马腺疫原发病原，而兽疫亚种（subsp. *zooepidemicus*）致牛马猪子宫颈炎和子宫炎，对禽高度致病。⑤肺炎链球菌（*S. pneumoniae*)，是人肺炎和脑膜炎之重要病原。此外，G、L、M等群的链球菌也可在一些动物中引起各种局部炎症。

链体（strobila） 绦虫颈节后由节片组成的体部。绦虫新节片自颈节后端分化产生，使原先连于颈节的节片后移，新节片不断地形成，原先的节片不断地向后推移，形成一条由节片节节相连的体部。链体前部的节片，是未成熟节片；先形成的节片在向后推移的过程中，其内部逐渐分化形成雌雄性器官，成为可以交配的成熟节片；链体后部的节片充满虫卵，是孕卵节片。孕卵节片间的肌肉老化萎缩，孕卵节片便单个地或数节相连地由链体上脱落下来，随宿主粪便排至自然界，成为中间宿主的感染源。不同虫体链体的长短和所含节片不同，短的仅数毫米，由3个节片组成（分别为未成熟、成熟和孕卵节片），长的可达10m，由1 000～3 000个节片组成。有的绦虫无明显颈部，节片自头节后端产生。

链尾蚴（strobilocercus） 带状带绦虫（*Taenia taeniae formis*）的中绦期幼虫，是囊尾蚴的一种变异型，由六钩蚴发育而来，寄生于中间宿主（主要是大鼠）的肝脏，对终末宿主（主要是猫）有感染性，在猫小肠内发育为成虫。链尾蚴形似长链，头节不内陷，后方连一分节的链体，后端为一小囊泡。带状带绦虫幼虫的专用学名为叶状囊尾蚴，又称带状囊尾蚴（*Cysticercus fasciolaris*)。

链阳性菌素类（streptogramins） 由始旋链霉菌（*Streptomyces pristinaespiralis*）产生的普那霉素或在其基础上半合成的一类抗生素。普那霉素由约30%的IA和约70%的ⅡA组成。其中IA阻断氨基酰tRNA复合物与核糖体的结合，而ⅡA则抑制肽链形成并增强ⅡA对核糖体的亲和力，从而抑制细菌蛋白质合成。两者具有协同作用。普那霉素对革兰阳性菌有较强的杀菌活性，且有较长的抗生素后效应和不易产生耐药性等优点。Synercid（奎奴普丁/达福普汀）为普那霉素IA和IIA的衍生物按30：70比例制成的复方制剂，国内也称链阳性菌素，是目前治疗由耐药的革兰阳性菌（包括耐甲氧西林金黄色葡萄球菌和耐万古霉素肠球菌）引起的感染最有效的抗生素之一。尚未批准用于动物。

链状带绦虫（*Taenia solium*） 见猪带绦虫。

良好操作规范（good manufacturing practice，GMP） 一种具有专业特性的品质保证制度或制造管理体系，特别注重在生产过程实施对产品质量和卫生安全的自主性管理制度。GMP 是一套适用制药、食品等行业的强制性标准，要求企业从原料、人员、设施设备、生产过程、包装运输、质量控制等方面按国家有关法规达到卫生质量要求，形成一套可操作的规范，帮助企业改善企业卫生环境，及时发现生产中存在的问题，并加以改善。我国自 2006 年 1 月 1 日起强制实施《兽药 GMP 规范》。

良好实验室规范（good laboratory practice，GLP）广义上是指严格实验室管理的规章制度，包括实验研究从计划、实验、监督、记录到实验报告等一系列法规性文件，涉及实验室工作的所有方面。主要是针对医药、农药、食品添加剂、化妆品、兽药等进行的安全性评价实验而制定的规范。制定 GLP 的主要目的是为了在化学品安全性评价试验中严格控制可能影响实验结果准确性的各种因素，降低试验误差，确保实验结果的真实性。GLP 作为一个管理系统，已成为国际上从事非临床安全性研究和实验研究所共同遵循的规范。实施 GLP 的目的是确保试验结果的准确性和可靠性，最重要的是实现试验数据的相互认可（MAD）。

良性感染（benign infection）　当以病畜死亡率作为判定传染病严重性的主要指标时，不引起病畜大批死亡的感染。如发生良性口蹄疫时，牛群的病死率一般不超过 2%。

两栖类实验动物（amphibian laboratory animals）泛指来自于两栖纲（Amphibia）中的实验用动物。用于实验的主要是有尾目（Caudata，Urodeles）中的斑点钝口螈、美西螈（墨西哥钝口螈）、花斑钝口螈、虎纹钝口螈（东方亚种、西方亚种）、班泥螈、红斑蝾螈、欧洲蝾螈、粗皮蝾螈、滑北螈；无尾目（Salientia，Anurans）中的东方铃蟾、非洲爪蟾、美洲蟾蜍、欧洲蟾蜍（普通蟾蜍）、海蟾蜍（巨蟾蜍）、牛蛙、池蛙、猪蛙、泽蛙、豹蛙、林蛙、欧洲林蛙、滑爪蛙。两栖纲动物是变温动物。皮肤光滑湿润，有黏液腺和颗粒腺。生活史有双重生活，既有用腮呼吸的水中生活，又有变态后用肺呼吸的陆上生活。栖息地从水到树木多种多样，大多数回到水中繁殖，产生无羊膜的卵。食性杂，主要是草和昆虫等幼小动物。两栖类在生物教学中大量应用，还应用于发育生物学、移植免疫、毒物敏感性、致畸物筛选、肢体再生等方面的研究。

两性电解质（ampholyte）　既能够提供质子又能够接受质子的物质。如氨基酸分子既含有酸性的羧基（—COOH），又含有碱性的氨基（$—NH_2$）。前者能提供质子变成$—COO^-$；后者能接受质子变成$—NH_3^+$。

两性畸形（gynandromorphism）　一个动物的外生殖器介于雌雄之间，很难以此确定个体的性别。根据性腺的不同可分为真、假两性畸形。真两性畸形即两性同体，其外生殖器及第二性征介于雌雄之间，同时具有卵巢和睾丸。假两性畸形的外生殖器介于雌雄之间，但生殖腺只有一种（卵巢或睾丸）。根据两性畸形不同的表现形式，在临床上还可分为性染色体两性畸形、性腺两性畸形和表型两性畸形三类。

两性离子（zwitterions）　又称兼性离子。带有数量相等的正负两种电荷的离子。

两性霉素 B（amphotericin B）　又称庐山霉素。从结节链霉菌（*Streptomyces nodosus*）的培养液中分离而得的一类多烯类抗生素，抗真菌药。对多种深部感染的真菌如皮炎芽生菌、组织胞浆菌、念珠菌、球孢子菌等有抑制作用。对曲霉、皮肤癣菌和毛癣菌则部分有效或基本无效。对细菌、立克次体、病毒等无效。内服吸收少，一般静脉注射给药。用于治疗组织胞浆菌病、芽生菌病、念珠菌病、球孢子菌病等，对曲霉病和毛霉病也有一定疗效。治疗胃肠道或肺部的真菌感染宜口服或气雾吸入。

两性同体（hermaphroditism，sexual mozaic）又称雌雄嵌合体。即在一个动物体内同时存在雌、雄两性生殖器。

亮氨酸（leucine）　非极性的脂肪族支链氨基酸，简写为 leu、L，生酮必需氨基酸。其生物合成途径与缬氨酸相似。分解产物为乙酰 CoA 和乙酰乙酸。

亮氨酸拉链（leucine zipper）　真核生物转录调控蛋白质与蛋白质及与 DNA 结合的基元之一。两个蛋白质分子近 C 端肽段各自形成两性 α-螺旋，α-螺旋的肽段每隔 7 个氨基酸残基出现一个亮氨酸残基，两个 α-螺旋的疏水面互相靠拢，两排亮氨酸残基疏水侧链排列成拉链状形成疏水键使蛋白质结合成二聚体，α-螺旋的上游富含碱性氨基酸（Arg，Lys），肽段借 Arg，Lys 侧链基团与 DNA 的碱基互相结合而实现蛋白质与 DNA 的特异结合。

量反应（grade response）　用数或量的分级表示药理效应的作用强度，如心率、血压、尿量等。

疗程（duration of treatment）　多数药物临床上需多次给药才能达到治疗效果，针对特定病情设计的给药次数和给药间隔时间。抗微生物治疗更要求有充足的疗程，以免感染复发或病原产生耐药性。

劣质蛋（bad egg）　禽蛋因受自然条件、保存条件和时间的影响而变质，成为不能食用的废品。包括雨淋蛋、出汗蛋、靠黄蛋、散黄蛋、腐败蛋、霉蛋等。其外观往往在形态、色泽、清洁度、完整性等方面有一定的缺陷。如腐败蛋外壳常呈乌灰色；受潮发霉蛋外壳多污秽不洁，常有大理石样斑纹；经孵化或漂洗的蛋，外壳异常光滑，气孔较显露。腐败变质的蛋甚至可嗅到腐败气味。

劣质肉（meat of poor quality） 除病害肉以外，感官上或品质上有缺陷的肉。大体上可分为 5 类：（1）轻度变质肉：肉的色泽变暗，肌肉弹性降低，用手指按压后的凹陷不恢复，贴近鼻子嗅闻时感觉有腐败味。（2）色泽异常的肉：①黄脂肉（黄膘肉），长期饲喂胡萝卜、黄色玉米、南瓜等色素浓的饲料或机体色素代谢功能失调，脂肪发黄而其他组织器官不发黄的肉；②红膘肉，猪生前受日光暴晒，机械创伤，心跳未停即行烫毛等引起皮肤和背部脂肪发红；③白肌肉（PSE 肉）主要由于宰前运输、拥挤以及捆绑等各种刺激因素引起猪产生应激反应，表肌肉变得苍白，富有水分。（3）气味和滋味异常肉：①饲料气味肉，屠畜生前长期喂饲带有浓郁气味的饲料，使肉带有特殊的气味和滋味；②性气味肉，未去势或晚去势的公畜肉和脂肪带有难闻的性气味；③药物气味肉，屠畜生前服用过具有强烈气味的药物，引起肉和脂肪带有药物的固有气味；④附加气味肉，当肉品在运输或保藏的过程中，将其置于具有特殊气味的环境里，会给肉带来异常附加气味。（4）注水肉：为了牟取暴利，在临宰前或在屠宰过程中给屠畜注入（灌入）大量的水，肉颜色较淡，有水往外渗的感觉。（5）母猪肉：一般皮糙肉厚，肌肉纤维粗，不易煮熟。

猎蝽科（Triatomidae） 属半翅目的吸血昆虫。猎蝽比臭虫大，翅发达，头呈圆锥形，腹部不像臭虫的那样扁平。枯氏锥虫（*Trypanosoma cruzi*）的传播媒介。

裂腹畸形（schistocelia） 最常见的引起胎儿难产的一种畸形。发生于胚胎早期，当胎盘的侧缘形成体腔时，未向腹腔扩展，而折向背侧，腹膜或胸腹腔开放。胎儿脊柱向背侧屈曲，四肢缩短，胎势异常。胸、腹腔开放，暴露的内脏漂浮在羊水中。分娩时可见到胎儿的内脏突出于阴门外，易将其误认为是母体的子宫破裂，但经检查子宫有无裂口、突出的内脏与胎儿的关系等就容易鉴别。

裂谷热（rift valley fever） 又称里夫特山谷热。布尼病毒科白蛉热病毒属裂谷热病毒引起的牛、绵羊及人的一种急性、热性传染病。分布于非洲部分地区。其特征：在羔羊和犊牛为肝炎及高死亡率；在成年绵羊和牛引起流产和黄疸；在人表现为一种类似流行性感冒的疾病，常见的并发症多为视力障碍、出血、肝炎等，病死率不高。病人和动物宿主是主要传染源。多数病人由于接触病畜内脏而感染。本病在动物间主要由蚊虫传播，因此发病有明显季节性。确诊必须做病毒分离和血清学试验。尚无特效疗法，可作对症治疗。防制靠防蚊灭蚊，进口牛、羊严格检疫，病畜尸体彻底消毒，疫区牛、羊预防免疫接种。

裂谷热病毒（*Rift valley fever virus*，RVFV） 布尼病毒科（Bunyaviridae）、白蛉病毒属（*Phlebovirus*）成员，OIE 规定通报的最重要的动物致病病毒之一，在非洲撒哈拉以南流行，最初在肯尼亚的东非大裂谷地区发现而得名。引致流行地区的绵羊及牛患病并死亡，对人也有严重的致病性。目前已向北蔓延到地中海沿岸及中东地区。病毒只有一个血清型，能凝集小鼠等红细胞。RVFV 是已知增殖能力最强的病毒之一，在靶器官内复制极快，并能达到很高滴度。病毒通过蚊虫叮咬或经口咽食入而进入体内，经 30～72h 潜伏期之后侵入肝实质及网状内皮器官，导致广泛的细胞损伤。消灭从疫区逃出的蚊虫媒介是重要的检疫措施。可用灭活疫苗预防，但因发病太快，紧急预防往往来不及产生有效的免疫保护。接触病畜或病料的工作人员及与之打交道的兽医，感染的风险极大，必须接种疫苗。

裂蹄（sandcrack） 蹄壁的裂口。可发生在蹄的各个部位。发病的原因是体重的偏压。病蹄壁干燥，蹄机受损，姿势不良，蹄质脆弱。变形蹄为其诱因，深层裂口常为破伤风感染门户。表层的裂口不呈现跛行，深层裂口的裂缘开闭，牵动知觉部出现高度跛行。分裂的角质不易愈合，用强力黏着剂填充裂隙，还可在裂口端造横沟防止其延长，或对裂口用锔子使其闭合。

裂头蚴（plerocercoid，sparganum） 假叶目绦虫在第二中间宿主体内的幼虫阶段，由原尾蚴发育而来，原尾蚴期间的尾球和胚钩消失，已呈现绦虫成虫的外形，为白色实体，体表有不规则的横皱褶，但不分节，前端略凹入，具有附着器官的雏形。第二中间宿主为鱼、蛙、蝌蚪等，裂头蚴对猫、犬等终末宿主有感染性，在终末宿主肠内发育为成虫。

裂头蚴病（sparganosis） 主要指曼氏迭宫绦虫的裂头蚴寄生于猪、人引起的疾病。这种绦虫的第二中间宿主为鱼、蛙、蝌蚪等，在它们体内发育为裂头蚴，终末宿主为猫、犬等。当携带有裂头蚴的鱼、蛙、蝌蚪被猪、人、鼠、蛇等非终末宿主摄食后，裂头蚴即穿通肠壁、移行到肌肉、皮下结缔组织、体腔等处寄生，有时进入某些器官。猪感染多因摄食带有裂头蚴的鱼、蛙等所致，常寄生于猪的皮下脂肪、腹腔脂肪或体内其他部位，仍为裂头蚴。预防的主要措施是防止动物和人接触或摄食生的鱼、蛙肉等。

裂殖生殖（schizogony） 又称复分裂（multiplefission)。属无性繁殖。虫体一次分裂产生许多新个体的分裂方式。虫体的核先连续分裂，形成多核体，核移至胞浆浅层，其后胞浆与表膜向核周围合拢，分割形成许多新个体。分裂中的虫体称裂殖体（schizont)，形成的新个体称裂殖子（merozoite)。孢子虫纲多种虫体的无性繁殖属这种类型。

裂殖体（schizont）某些原生动物无性生殖过程中所形成的虫体结构。细胞核和其基本细胞器先分裂数次，而后细胞质分裂，产生大量子代细胞。裂殖生殖中的母细胞称裂殖体，子代细胞称为裂殖子。一个裂殖体内可包含数十个裂殖子。

裂殖子（merozoite）原生动物裂殖生殖过程中所产生的子代虫体，多呈月牙形或弓形，中央有一细胞核。裂殖子放出后，可重新进入另一宿主细胞，再发育为裂殖体和裂殖子。

林丹（lindane）纯丙体六六六。为接触毒、胃毒兼熏蒸毒杀虫药。其作用是干扰虫体内肌醇代谢。杀虫范围广，作用强，持续时间短。对各种外寄生虫和牛皮蝇蚴都有效，对疥螨、痒螨有特效。对人、畜毒性较大，残留期长。由于化学稳定性强，对环境污染严重，已基本淘汰。

林可胺类（lincosamides）从链霉菌（*Streptomyces lincolnencis*）发酵液中提取或半合成的一类抗生素，包括林可霉素、克林霉素、吡利霉素等。结构上与大环内酯类和截短侧耳类抗生素有很大区别，但有相同的作用机制和相近的抗菌谱。对革兰阳性菌和支原体有较强抗菌活性，对厌氧菌也有一定作用，但对大多数需氧革兰阴性菌无效。

林可霉素（lincomycin）又称洁霉素。林可胺类抗生素，得自链霉菌（*Streptomyces lincolnensis*）变种的发酵滤液。常用其盐酸盐，性状稳定。其抗菌作用与红霉素相似，但抗菌谱较窄，对革兰阴性菌和各型支原体几乎全部无效。内服不易吸收，肌内注射吸收较慢。广泛分布于全身，骨髓中浓度较高，在乳汁中大量排出。用于耐青霉素和红霉素，而对本品敏感的细菌感染，也用于猪密螺旋体性痢疾。

临床病理学（clinical pathology）应用实验室的方法研究病畜的血、尿、粪、胸水、腹水、血清酶等变化，为疾病诊断和预后做出正确判断的一门病理学分支学科。

临床检查（clinical examination）为发现和搜集作为诊断根据的症状、资料，用各种特定方法对动物进行的客观观察与检查。为诊断的目的，应用于临床实践的各种检查方法，称为临床检查法。临床检查法分为基本临床检查法和特殊临床检查法两类。前者包括问诊及一般称为物理检查法的视诊、触诊、叩诊和听诊；后者包括实验室检查法、X线诊断法、机能试验法、心电描记、超声检查、导管探诊法、穿刺检查法、内窥镜检查法等。

临床检查程序（routine of clinical examination）为使临床检查全面和系统化而遵守的检查次序。具体程序可因人而异，但必须以科学、全面、准确为原则。为使检查结果准确，首先应测定脉搏、呼吸频率和体温，其次进行视诊，然后根据个人习惯进行各器官、系统的物理学检查。

临床检查法（clinical examination）以诊断为目的，应用于兽医临床实践的各种特定检查方法，以获取疾病诊断的症状和资料。

临床流行病学（clinical epidemiology）流行病学研究方法之一。将临床学与流行病学的理论和方法相结合，研究有关流行病学和病因学问题的一门学科。

临床免疫学（clinical immunology）免疫学与临床医学和兽医学相结合的一门分支学科，包括抗感染免疫、肿瘤免疫、血液免疫、移植免疫和免疫性疾病（自身免疫、免疫缺陷、免疫异常和变态反应性疾病等）以及在临床上应用的免疫诊断和免疫防治等。

临床生物化学（clinical biochemistry）与临床医学（包括兽医学）和卫生保健密切结合的应用生物化学。理论方面，主要包括水盐代谢、酸碱平衡、血流、肝、肾、肌肉、心脏、骨骼、神经和内分泌等组织以及肿瘤与毒物的生物化学；实验方面，包括各种临床生化检验技术的建立与应用。它为解决医学科学的实际问题，如阐明病因、探索药物作用机制，发展先进的诊断技术提供重要的理论依据和实验手段。

临床药理学（clinical pharmacology）研究药物与机体相互作用规律的一门药理学分支学科。其以药理学和临床医学为基础，阐述药物代谢动力学（药动学）、药物效应动力学（药效学）、药物毒副反应的性质和机制以及药物相互作用的规律等，以促进医药结合、基础与临床结合，指导临床合理用药，提高临床治疗水平。临床药理学的研究范围涉及临床药效学、临床药物代谢动力学、新药临床试验、临床疗效评价、不良反应监测、药物相互作用以及病原体对药物的耐药性等方面。

临床型乳房炎（clinical mastitis）指乳房和乳汁有肉眼可见临床变化的炎症。根据炎症程度，可分为轻度临床型、重度临床型和急性全身性乳房炎3种。根据炎症性质可分为浆液性炎、卡他性炎、纤维蛋白性炎、化脓性炎和出血性炎等。

临时钙化区（temporary calcification zone）骨骺未完成骨化之前的干骺端，在X线下表现为骨致密的条状阴影区域。此处的骺软骨以不同的速度生长并逐渐演变成骨，直至骨干和骨骺完全结合为止，此时管状骨长度的增长亦告停止，临时钙化区亦不复存在。

淋巴毒素（lymphotoxin，LT） 又称肿瘤坏死因子β（TNF-β）、细胞毒因子（cytotoxic factor）。细胞毒性T细胞（Tc）被抗原或有丝分裂原激活后产生的对靶细胞有杀伤作用的淋巴因子。有抗原性，其细胞毒作用可被抗LT血清所中和，但不能抑制Tc对靶细胞的直接杀伤作用。

淋巴孤结（folliculi lymphatici solitarii） 单个存在的大小不一的球状淋巴组织。见于小肠各段，尤在后段多且大。小的淋巴孤结深埋于黏膜的固有层内，大的淋巴孤结向黏膜面隆突成丘状，此处黏膜表面缺乏肠绒毛。

淋巴管炎（angileucitis） 淋巴管的炎症。多数是通过局部创口或溃疡感染细胞所致。急性淋巴管炎系致病菌从破损的皮肤或感染灶蔓延经过时所致。常在一个肢端出现红色、不规则、灼热、触痛的线条，并由外周向邻近的局部淋巴结蔓延，随后淋巴结增大并有触痛。有时可出现发热、寒战、白细胞增多、心动过速等全身性表现。多数病例对抗生素治疗敏感。

淋巴回流（lymphatic return） 组织液进入毛细淋巴管成为淋巴液，再经淋巴系统向血液循环回流的过程。毛细淋巴管以稍膨大的盲端起始于组织间隙，组织液可以进入生成淋巴并逐渐汇合，最后由右淋巴导管和胸导管回流入静脉。淋巴液回流过程中，经过若干淋巴结。淋巴结具有防御屏障作用，能增加淋巴液生成的因素也能增加淋巴液的回流量。

淋巴结（lymphatic node） 次级（周围）淋巴器官。分布在淋巴循环的通路上，有输入和输出淋巴管与之相连；通常为圆形或豆形，一侧凹陷处为门，是血管、神经和输出淋巴管的出入处。淋巴结在马约有8 000个，牛3 000个，猪190个，犬60个，聚集成18～19个淋巴中心。淋巴结在活体为微红色或红褐色，在尸体呈灰白色。它由淋巴组织构成，外包被膜，分皮质和髓质。皮质位于外周，由淋巴小结、副皮质区和皮质淋巴窦组成。髓质位于中央，由髓索和髓质淋巴窦组成。淋巴结的功能是产生淋巴细胞、过滤淋巴和参与免疫反应。在禽只见于水禽，较大的有颈胸和腰淋巴结两对。

淋巴结穿刺（lymphnode puncture） 将穿刺针自体外穿入淋巴结内以采取淋巴液和淋巴组织的方法。部位可根据目的、动物种类选择体表淋巴结，常用的有下颌淋巴结、腹股沟淋巴结、颈浅淋巴结等。穿刺时确实保定动物，穿刺部位剪毛、消毒，局部麻醉，用一手的拇指和食指固定淋巴结，另一手持注射器穿刺，穿入后用力抽取则淋巴液和淋巴组织便吸入注射器内。

淋巴结炎（adenolymphitis） 发生于淋巴结的炎症，迅速肿胀，触诊疼痛。按其经过可分为急性和慢性两种。急性淋巴结炎多见于急性传染病或所在局部组织器官的炎症。按其病变特点不同，又可分为单纯性淋巴结炎（镜检可见淋巴结被膜及实质中的毛细血管普遍扩张，淋巴窦扩张等）、出血性淋巴结炎（镜检可见血管扩张充血，红细胞弥散分布等）、坏死性淋巴结炎（伴有实质坏死）和化脓性淋巴结炎（淋巴结中有大量的中性粒细胞浸润和组织的脓性溶解）。慢性淋巴结炎呈硬固肿胀，活动性甚小，可分为增生性淋巴结炎和纤维性淋巴结炎。治疗宜消炎、止痛、防止扩散，有针对性使用抗生素或磺腈药物。当淋巴结形成脓肿时应进行切开。

淋巴结原基（lymphonodal primordium） 当淋巴管发育成形时，围绕淋巴囊和大淋巴管的淋巴细胞密集，形成淋巴结原基，继而发育为淋巴结。

淋巴囊肿（lymphocyst） 鱼类的一种病毒病。病原为淋巴囊肿病毒，属虹彩病毒科淋巴囊肿病毒属。感染谱极广，包括多种海鱼及淡水鱼。鱼鳍及皮肤的结缔组织细胞极度肿大，形成肉眼可见针尖样大小的囊肿。养殖鱼可因继发感染致死。

淋巴肉瘤（lymphadenosarcoma） 淋巴组织发生的一种恶性肿瘤。眼观瘤体呈大小不等的结节或团块状，常与周围组织粘连，切面呈灰白色，质地较柔软，均质如鱼肉样，生长迅速。容易广泛转移。较大的肿瘤组织中常有出血或坏死。镜检见肿瘤的成分主要为具异型性的成淋巴细胞和淋巴细胞样瘤细胞。可发生于多种畜禽，多见于牛、猪、鸡等。

淋巴上皮器官（lymphoepithelial organ） 即胸腺。与其他由内胚层形成的腺体如肝、胰等不同，在胸腺中上皮变成了非主要成分，上皮细胞松散，呈星形，彼此连接成网状，网眼中填充了淋巴细胞，因而使该腺体变成了淋巴器官。

淋巴外渗（lympho extravasation） 钝性外力作用使淋巴管断裂，淋巴聚积于组织之内的非开放性损伤。本症多发生于淋巴管极为丰富的皮下组织。犬较多发生在四肢上部，猫多见于耳壳。在受伤后3～4d出现局限性肿胀，局部炎性反应轻微，皮肤不紧张，穿刺流出橙黄色稍带黏性透明水样液，有时混有血液。治疗时对小的淋巴外渗穿刺抽出液体、向腔内注入0.5%酒精、福尔马林液（20：1），2～3min抽出，目的在于封闭淋巴管断口。较大的施行切开、排出内容物，用上述液体冲洗，然后再用浸有福尔马林和酒精的纱布填塞，做假缝合后按创伤处理。

淋巴细胞（lymphocyte）存在于淋巴组织、淋巴和血液中的圆形细胞。占白细胞总数的 20%～30%，属无粒白细胞。淋巴细胞静止时为球形，核圆形、椭圆形乃至肾形，细胞质较少。按大小可分为小淋巴细胞（直径 5～8μm）、中淋巴细胞（9～12μm）和大淋巴细胞（13～20μm），正常血液中只存在小淋巴细胞和中淋巴细胞，大淋巴细胞见于脾和淋巴结的生发中心。按功能分为 4 大类：①B 细胞，接触抗原致敏后可分化为浆细胞，产生抗体，实施体液免疫；②T 细胞，经抗原致敏后主要分化为杀伤 T 细胞（或称细胞毒 T 细胞），能杀死具有相应抗原的细胞，如异体细胞、肿瘤细胞、感染病毒的细胞，实施细胞免疫；③K 细胞（杀伤细胞），能借助抗体杀死具有与该抗体相应的抗原的细胞；④NK 细胞（天然杀伤细胞），不需经抗原致敏就能直接杀死某些肿瘤细胞、感染病毒的细胞。

淋巴细胞表面标志（lymphocyte surface marker）一类存在于淋巴细胞膜上的膜蛋白，可借以区别淋巴细胞的群和亚群。有表面抗原（surface antigen）和表面受体（surface receptor）两类，大多数以 CD 分子来命名。

淋巴细胞表面抗原（lymphocyte surface antigen）淋巴细胞膜上具有抗原特性的膜蛋白，为区别淋巴细胞群和亚群的表面标志。如 T 细胞上的 CD_4、CD_8、CD_3 等，B 细胞上的 MHCⅡ类分子。

淋巴细胞表面受体（lymphocyte surface receptor）淋巴细胞表面具有受体活性的蛋白分子，为淋巴细胞的主要表面标志。如 T 细胞表面的绵羊红细胞受体（CD_2），B 细胞表面的 Fc 受体和 C_{3b} 受体。更重要的是淋巴细胞表面的抗原受体（antigen receptor），包括 B 细胞抗原受体（BCR）和 T 细胞受体（TCR）。

淋巴细胞毒性试验（lymphocyte cytotoxicity test）测定细胞毒性 T 细胞在体外杀伤靶细胞的试验。对于能贴壁生长的靶细胞，可用形态学方法。被细胞毒性 T 细胞杀伤后，靶细胞自管壁脱落，故可从贴壁细胞减数情况，判定 T 细胞的杀伤能力。如靶细胞为不贴壁的肿瘤细胞，则可用同位素法。将 ^{125}IUdR 标记的肿瘤细胞与待测的淋巴细胞共同培养时，如靶细胞死亡，细胞内 ^{125}IUdR 释出。测定培养液中脉冲数，即可判定淋巴细胞的细胞毒活性。

淋巴细胞辅助因子（lymphocyte helper factor，LHF）由辅助性 T 细胞（T_H）所产生的一种增强淋巴细胞活性的淋巴因子。

淋巴细胞活化（lymphocyte activation）淋巴细胞在抗原、有丝分裂原和某些细胞因子作用下被激活，转化增殖为效应淋巴细胞的过程。

淋巴细胞-浆细胞性胃肠炎（lymphocytic - plasmacytic gastroenteritis）出现在慢性炎症中的一种以黏膜为中心，引发淋巴细胞和浆细胞增多的遗传性免疫增生病。主要发生于犬和猫。根本的原因在于基因突变。病理学基础是胃和/或小肠黏膜的淋巴细胞-浆细胞性浸润以致肠淋巴瘤。临床以厌食、呕吐、极度消瘦和慢性进行性腹泻为主要表现。临床病理学检查可见低蛋白血症和高丙球蛋白血症。本病的治疗除用胰蛋白酶和抗生素等药物实施腹泻的对症处置外，目前尚无根本疗法。

淋巴细胞脉络丛脑膜炎（lymphocytic choriomenigitis，LCM）一种砂粒病毒属的淋巴细胞脉络丛脑膜炎病毒（*Lymphocytic choriomenigitis virus*，LCMV）引起的主要侵害中枢神经系统，呈现脑脊髓炎症状的人兽共患传染病。小鼠、地鼠是自然宿主，猴和豚鼠亦易感，野生小鼠是自然贮存宿主。小鼠常为无症状带毒者，病毒经唾液、鼻分泌物、尿液、粪便排毒形成传播。由于野鼠常携带 LCMV，因此实验鼠的屏障环境饲养是防控本病主要方法。LCMV 是我国清洁级小鼠、豚鼠、地鼠必检病原。本病呈世界性分布。确认靠分离病毒和血清学检查。尚无特效疗法，患病动物应扑杀、无害化处理；病人可对症治疗；防制应捕杀家鼠，注意饮食卫生。

淋巴细胞脉络丛脑膜炎病毒（*Lymphocytic choriomeningitis virus*，LCMV）砂粒病毒科（Arenaviridae）、砂粒病毒属（*Aernavirus*）成员。病毒颗粒呈多形性，有囊膜及棒状纤突，有两个环状螺旋形的核衣壳节段，像两个串珠。超薄切片电镜观察在病毒颗粒内有细胞核糖体，犹如砂粒，病毒因此得名。LCMV 是人兽共患病毒，一方面病毒可通过啮齿动物感染人，引致类流感症状或脑膜脑炎；另一方面许多实验用啮齿动物如小鼠及仓鼠长时间持续感染，无症状，用它们所做的试验结果则受到影响。持续感染的小鼠通过尿、唾液及粪排毒。也可垂直传递。病毒分离培养较易，可用 Vero、BHK - 21 等多种细胞。一般不产生细胞病变效应，需作免疫学检测。综合防制措施包括淘汰 LCMV 阳性鼠群，对野鼠入侵采取防护措施，建立无病毒新鼠群。

淋巴细胞膜免疫球蛋白（lymphocyte membrane immunoglobulin）嵌合在淋巴细胞膜上的免疫球蛋白，是 B 细胞表面识别抗原的受体。抗原分子上的决定簇能与相应的受体结合，从而选择性地激活带此相应受体的 B 细胞克隆，使其分化、增殖，转化为浆细胞，产生与之相应的抗体。

淋巴细胞寿命（lymphocyte life） 淋巴细胞存活的时间。成熟的淋巴细胞是短寿的，一般存活数天，接触抗原后的效应T细胞一般存活4～6d。浆细胞一般只能存活2d。T、B细胞均可分化成长寿的记忆细胞，T记忆细胞可存活数月至数年，B记忆细胞可存活100d以上。

淋巴细胞抑制因子（lymphocyte suppressor factor，LSF） 由调节性T细胞（T_{reg}）所产生的一种抑制淋巴细胞免疫活性的淋巴因子。

淋巴细胞杂交瘤技术（lymphocyte hybridoma technique） 将B淋巴细胞或T淋巴细胞与骨髓瘤细胞或胸腺瘤细胞融合产生B细胞杂交瘤细胞系或T细胞杂交瘤细胞系的技术。融合通常在存在融合剂聚乙二醇的条件下进行，淋巴细胞来自免疫动物的脾脏，骨髓瘤细胞或胸腺瘤细胞，是具有某种酶缺陷的细胞系。融合后的细胞在选择性培养基（如HAT培养基）中培养，再经筛选和克隆即得到所需的杂交瘤细胞系。杂交瘤细胞兼有淋巴细胞的特异性和骨髓瘤细胞或胸腺瘤细胞“不朽”的性质，可在培养中无限生长。B细胞杂交瘤细胞系是单抗的主要来源。T细胞杂交瘤细胞系受到抗原递呈细胞上合适抗原刺激时即不断增殖并产生白细胞介素2（IL-2）。T细胞杂交瘤与T细胞克隆不同，它可以在没有生长因子（如IL-2）的条件下生长。

淋巴细胞再循环（lymphocyte recirculation） 淋巴细胞在血液和淋巴组织间反复循环的过程。在淋巴结，再循环的淋巴细胞通过毛细血管后微静脉进入淋巴窦，再经由传出淋巴管，通过胸导管进入血液循环，然后经毛细血管壁进入输入淋巴管，回到淋巴结。在脾脏，淋巴细胞在边缘带通过间隙经小动脉鞘，进入脾静脉，然后通过血液循环再次从脾动脉回到脾脏。参加再循环的淋巴细胞大多为T细胞（占80%～90%），循环一周约需18h。B细胞参加再循环者少（占10%～20%），循环一周至少30h。淋巴细胞再循环有利于识别抗原和迅速传递信息，使分散各处的淋巴细胞成为一个相互关联的有机整体，使功能相关的淋巴细胞共同进行免疫应答。

淋巴液（lymph fluid） 简称淋巴。存在于淋巴管内的淡黄色液体。液体部分由组织液进入毛细淋巴管内生成，成分与组织液相同，与血浆也相似，仅蛋白质含量较血浆低。细胞成分主要是淋巴细胞和少数其他白细胞，一般只有极少数红细胞和血小板。淋巴液的成分可因部位和活动状态不同而有差异，胸导管内的淋巴液主要来自肠道和肝脏，成分常随消化过程而变化，肠壁淋巴管内的淋巴液在吸收脂肪后可呈乳白色。淋巴液中含有纤维蛋白原和凝血酶原等凝血因子，流出后能凝固，但凝固的速度较血液慢。

淋巴因子（lymphokine） 致敏淋巴细胞在再次接触抗原时，所分泌的多种免疫活性介质，现统一称为细胞因子（cytokine）。淋巴因子种类繁多，免疫效应和理化特性各不相同。产量较小，一般局限在抗原刺激的局部发挥作用。作用包括：①对吞噬细胞的趋化作用，游走抑制作用和活化作用；②增强或抑制淋巴细胞，促进其分化、增殖和转移淋巴细胞功能的作用；③增强对靶细胞的杀伤作用；④增强炎性反应；⑤保护正常细胞免遭病毒感染；⑥免疫调节作用等。

淋巴因子活化的杀伤细胞（lymphokine activated killer cell，LAK） 与自然杀伤细胞（NK细胞）相似的一类具有杀肿瘤细胞活性的大颗粒淋巴细胞（LGL）。其前体细胞需经白细胞介素-2（IL-2）激活后，才有杀伤活性，以患者自身外周血白细胞在体外加IL-2诱导培养4～6d，可用于肿瘤的过继免疫治疗。

淋巴造影（lymphography） 将造影剂引入淋巴系统使淋巴结和淋巴管显影的X线检查技术。可使用碘酞酸钠、胆影葡胺、泛影酸钠、碘油等造影剂，造影时先在趾间皮下注射2%～3%的0.5～1.5mL伊文思蓝，然后水平切开跖背侧的皮肤，在皮下可发现被伊文思蓝充盈的淋巴管，将淋巴管穿刺插入一细的导管后注入造影剂，在透视下观察造影剂进入淋巴系统的情况，有选择地拍摄侧位、腹背位或斜位的照片。

淋巴中心（lymphocenter） 指恒定分布于动物体同一区域、并接受来自几乎相同区域的输入淋巴管的淋巴结或淋巴结群。哺乳动物体共有19个淋巴中心：①头部3个，为腮腺、下颌和咽后淋巴中心；②颈部2个，为颈浅和颈深淋巴中心；③前肢1个，为腋淋巴中心；④胸腔4个，为胸背侧、胸腹侧、纵隔和支气管淋巴中心；⑤腹壁和骨盆壁4个，为腰、髂荐、腹股沟和坐骨淋巴中心；⑥后肢2个，为髂股和腘淋巴中心；⑦腹腔内脏3个，为腹腔、肠系膜前和肠系膜后淋巴中心。

淋巴组织（lymphatic tissue） 由网状组织和淋巴细胞组合而成的一种组织。大多数淋巴组织均由网状细胞和网状纤维构成立体网架，网眼中填充大量淋巴细胞和少量巨噬细胞。有的淋巴组织，如胸腺中的淋巴组织，仅由网状细胞构成立体网架，而无网状纤维。淋巴组织的存在形式有两方面，构成淋巴器，如淋巴结、脾脏、胸腺等；弥散于其他器官，如消化道管壁内，称为弥散性淋巴组织。

磷壁酸（teichoic acid） 革兰阳性菌细胞壁的特殊组分，是一种由核糖醇（ribitol）或甘油（glycerol）残基经磷酸二酯键相互连接而成的多聚物，并带有一些氨基酸或糖。磷壁酸分壁磷壁酸（wall teichoic acid）和膜磷壁酸（membrane teichoic acid）两种，前者和细胞壁中肽聚糖的N-乙酰胞壁酸连接；后者又称脂磷壁酸（lipoteichoic acid），和细胞膜连接，另一端均游离于细胞壁外。磷壁酸抗原性很强，是革兰阳性菌的重要表面抗原；在调节离子通过黏液层中起作用；也可能与某些酶的活性有关；某些细菌的磷壁酸，能黏附在人类细胞表面，其作用类似菌毛，可能与致病性有关。

磷蛋白（phosphoprotein）　磷酰化的蛋白质，主要存在于乳和蛋中，如酪蛋白和卵黄蛋白。磷酰基通常和蛋白质分子中的丝氨酸和苏氨酸羟基结合成酯。蛋白质的磷酰化有重要生理意义。一些酶类通过蛋白激酶作用磷酰化或脱磷酰基，可显著改变催化活性以调节代谢途径中反应的方向和速度。

磷化锌中毒（zinc phosphide poisoning）　动物误食了含磷化锌的毒饵或吞食被磷化锌毒死的鼠尸而引起的以呕吐、腹泻，呕吐物和粪便在暗处可见磷光为特征的急性中毒性疾病。动物摄入磷化锌毒饵15min到数小时出现症状，主要表现流涎、呕吐、腹痛、腹泻，呕吐物有蒜臭味，在暗处发出磷光；瘤胃臌气，食欲废绝，兴奋，痉挛，呼吸困难，卧地不起，有的口吐白沫，偶见感觉敏感或惊厥。最后因窒息而死。剖检可见消化道黏膜充血、出血，有些内容物可呈红糊状，肝肿大、变性、质地变脆；肺水肿，气管内充满泡沫状液体；肾变性肿大，色红黄，质脆。心内外膜，尤其乳头肌有明显的出血斑点。根据动物与磷化锌接触的病史，结合流涎、呕吐、腹痛、腹泻等症状，呕吐物带有大蒜臭味，在暗处呈现磷光，肺充血、水肿等变化可以初步诊断。呕吐物、胃内容物或残剩饲料中检出磷化锌可确诊。磷化锌中毒尚无特效解毒药。发现中毒病畜立即灌服0.5%～1%硫酸铜溶液；如果发现中毒较早，可用5%碳酸氢钠溶液洗胃，以延阻磷化锌转化为磷化氢。预防主要是加强磷化锌的保管，严防被动物误食，大面积灭鼠时，可将催吐剂配入毒饵中使用。

磷酸肌酸（creatine phosphate）　肌酸的高能磷酸化合物，由肌酸和磷酸在磷酸肌酸激酶作用下形成。当肌肉收缩，肌细胞内ATP消耗时，磷酸肌酸分解成磷酸和肌酸，磷酸与ADP结合生成ATP补充能量供应，成为肌细胞中的能量贮存库。

磷酸戊糖途径（hexose monophosphate pathway，HMP）　又称磷酸己糖支路。以磷酸戊糖为主要中间产物的己糖氧化途径，也是不同碳原子数单糖代谢的共同通路。葡萄糖-6-磷酸酯经由该途径可完全降解成CO_2并有烟酰胺腺嘌呤二核苷酸磷酸（NADPH）生成，后者可进一步氧化产生ATP，也可作为脂肪酸、甾醇等生物合成所需的氢和电子供体。该途径中间产物磷酸戊糖是核苷酸生物合成的重要原料。

磷脂（phospholipid，PL）　存在于生物体内的含磷脂类，包括以甘油为基础的甘油磷脂和以神经氨基醇为基础的鞘磷脂两大类。属于前一类的如卵磷脂、脑磷脂等，属于后一类的如神经磷脂等。磷脂因其分子结构中既有亲水的极性部分，又有疏水的非极性部分，在水相中可以形成双分子层而成为生物膜的基本结构。此外它也是组成血浆脂蛋白的成分，在脂肪的吸收、运转以及储存不饱和脂肪酸中起重要作用。神经鞘磷脂还与蛋白质及多糖等形成神经纤维和轴突的保护层。

磷脂代谢（phospholipid metabolism）　动物体内磷脂合成与分解的过程。体内各组织都能代谢磷脂，以肝脏的更新率最快。各类甘油磷脂和神经磷脂的合成分别以磷脂酸和鞘氨醇为中间体，需要脂酰CoA、甘油、胆碱、胆胺等原料，在胞苷三磷酸（CTP）参与下进行。它们的分解由水解羧基酯键和磷酸酯键的特异酶催化，如分解卵磷脂的卵磷脂酶A和B等，其水解产物可再进入有关的途径代谢。

磷中毒（phosphorus poisoning）　畜禽误食含磷杀鼠毒饵而引起的中毒病。临床表现为呕吐（呕吐物在黑暗处发光并有大蒜气味），腹痛，黄疸，惊厥，最后昏迷，麻痹样虚弱而死亡。小动物宜用阿扑吗啡催吐治疗，大家畜可用硫酸铜溶液（约0.4%）洗胃并投服泻剂。

鳞状上皮癌（squamous cell carcinoma）　简称鳞癌。起源于皮肤或皮肤型黏膜（如口腔黏膜、食管、膀胱、子宫颈等）的恶性肿瘤。出现鳞状化生的组织亦可发生。好发于口腔、食管、瞬膜、会阴、阴茎、子宫颈等处。在动物中较为常见，如皮肤鳞状上皮细胞癌、鼻咽鳞状上皮细胞癌及副鼻窦鳞状上皮细胞癌等。眼观常呈菜花状或结节状，质地较坚硬，也可坏死脱落而发生溃疡、出血。切面颜色呈灰白色，粗颗粒状，与周围组织分界不清。镜检可见增生的上皮突破基底膜向深层浸润，形成条索状或不规则形癌细胞巢（keratin nest）。癌细胞巢的最外层相当于表皮的基底细胞层，其内层为棘细胞层、颗粒细胞层，在癌细胞巢中心可见类似表皮的层状角化物，称为角化珠（keratin pearl）或癌珠（cancer pearl）。分化较差的鳞癌无角化珠形成，癌细胞呈明显的异型性并见较多的核分裂象。

灵长类实验动物（primates laboratory animals）　泛指除人之外的所有来自灵长目（Primates）的实验

用动物，又称非人灵长类（non-human primates）实验动物。目前用于科学研究的主要动物种属有长臂猿属（*Hylobates*）、猩猩属（*Pangon*）、大猩猩属（*Gorilla*）、黑猩猩属（*Pan*）、狒狒属（*Papio*）、猕猴属（*Macaca*）、长尾猴属（*Cercopithecus*）、白眉猴属（*Cercocebus*）、叶猴属（*Presbytis*）、夜猴属（*Aotus*）、赤猴属（*Erythrocebus*）、蛛猴属（*Ateles*）、卷尾猴属（*Cebus*）、松鼠猴属（*Saimiri*）、柽柳狨属（*Saguinus*）、狨属（*Callithrix*）、懒猴属（*Loris*）、树鼩属（*Tupaia*）。灵长目动物和人在进化上亲缘关系最近，在形态和机能上有很多与人相似的部分（除树鼩类外），是多种人类传染病原的唯一易感动物，因而是很重要的实验动物，广泛用于科学研究，尤其是医学方面。

菱脑泡（rhombencephalon） 在胚胎 3 个脑泡时期位于最后方的脑泡，与脊髓直接相连。头端演变成后脑，尾端演变为末脑。

菱形肌（m. rhomboideus） 颈部和鬐甲部的深层阔肌，覆盖于斜方肌下。起始于项韧带索状部和棘上韧带，或腱质中缝。可分为颈部和胸部：颈部较厚，肌束向后向下；胸部较薄，肌束由背部向外侧。肉食兽、猪尚有头部（头菱形肌），起始于头骨的项嵴，肌束向后。汇合而止于肩胛软骨和肩胛骨上缘的内侧面。作用同斜方肌。

零氮平衡（zero nitrogen balance） 机体摄入氮和排出氮相等时的状态，表明体内蛋白质的合成量和分解量处于动态平衡。

零允许量（zero tolerance） 不允许极毒的化合物和大多数致癌化合物在食品中残留。受检测方法灵敏度的限制，实际上不可能绝对为零。

流产（abortion） 又称小产或怀孕中断。由于胎儿或母体异常而导致妊娠的生理过程发生紊乱，或它们之间的正常关系受到破坏而导致的妊娠中断。可以发生在妊娠的各个阶段，但以妊娠早期较为多见。引起流产的原因很多，可分为普通流产、传染性流产和寄生虫性流产三类。其中每类又分为普通流产和症状性流产 2 种。母体可能没有明显的临床症状，或排出死亡的孕体，也可能排出活的但不能独立生存的胎儿。根据胎儿的变化和母体临床症状的不同，可分为隐性流产、早产、死产等。如果母体在配种后表现为怀孕，随后在没有明显临床症状的情况下发生的流产，称为隐性流产（subclinical abortion）。隐性流产绝大多数是由于胚胎早期死亡（early embryonic death）引起的。如果母体在怀孕期满前排出成活的未成熟胎儿，称为早产（premature birth）。如果在分娩时排出死亡的胎儿，则称为死产（stillbirth）。流产的诊断既包括流产类型的确定，还应当确定引起流产的病因。流产病因的确定，需要参考流产母畜的临床表现、发病率和母畜生殖器官及胎儿的病理变化等，怀疑可能的病因并确定检测内容。通过详细的资料调查与实验室检测，最终作出病因学诊断。流产的治疗首先应确定属于何种流产以及妊娠能否继续进行，在此基础上再确定治疗原则。

流产性感染（abortive infection） 又称顿挫感染。病毒虽可进入细胞但不能复制和释放感染性子代病毒颗粒的感染过程，病毒最终会随着感染细胞的死亡而被清除。虽然流产性感染不能增加宿主体内的病毒量，但并不表明此类感染对机体没有危害。实际上，病毒可直接对感染细胞的膜造成损伤，引起细胞凋亡；或通过改变感染细胞的膜表面蛋白而引起炎症反应。

流动镶嵌模型（fluid mosaic model） 针对细胞质膜提出的一种膜的结构模型。主要内容为：生物膜是以脂质双分子层为基本骨架，膜脂质分子是不断运动的，在生理条件下呈流动的液晶态；细胞质膜上的蛋白质有的结合于膜的表面上，有的镶嵌在膜内，它们与膜脂分子之间存在相互作用；膜的各种成分在脂双层上的分布是不对称的；膜上的糖基总是暴露在质膜的外表面上。此模型也可适用于豆细胞结构的膜。

流浸膏剂（fluid extract） 药材用适宜的溶剂浸出有效成分，蒸去部分溶剂，调整浓度至规定标准而制成的制剂。除另有规定外，流浸膏剂每 1mL 相当于原药材 1g。

流式细胞分离器（flow cytometer） 一种细胞计数和分离的仪器。细胞用 DNA 荧光染料活染后，在悬浮液中通微管流出时，每一细胞被包裹在微滴中，受激光照射时，由于细胞内 DNA 含量不同，所激发的荧光强度也就不同，从而使每一液滴所带电荷不同。然后通过高压电场将其分开。因 X 精于 DNA 含量较 Y 精子多，现已应用于 X、Y 精子的分离。

流式细胞术（flow cytometry） 具有分析和分选细胞功能的技术。根据 T 淋巴细胞在分化过程中表面抗原不同，采用流式细胞分离器，用 T 细胞相应的 CD 分子的单克隆抗体对 T 细胞亚群进行检测与分类。通常以 CD_3 代表 T 细胞总数，CD_4 代表 T_H 细胞，CD_8 代表 T_C 细胞，CD_4/CD_8 的比值是反映免疫系统内环境稳定的一项最重要的指标。可利用流式细胞术检测和区分 T 细胞亚群。

流涎（salivation） 口腔中正常的或病理性的分泌物不自主地流出口外的现象。由于唾液分泌异常亢进而出现的流涎增多称流涎症（ptyalism）。健康牛及老龄马常有少量流涎。病理性流涎见于口炎、咽喉炎、食道梗塞、口蹄疫、牛瘟、腺疫、狂犬病、破伤风、犬黑舌症、坏血病、维生素 B_2 缺乏症、汞制剂中毒、霉饲料中毒、神经麻痹等。

流涎素中毒（slaframine poisoning） 又称流涎综合征。由于采食被豆类丝核菌（*Rhizoctonia leguminicola*）及其毒素——流涎素（slaframine）污染的二茬红三叶牧草而发生的，以过多分泌唾液为主征的中毒病。发生于牛羊等。临床表现流涎，流泪，腹泻，伴有脱水，频频排尿和瘤胃臌胀等。妊娠母畜流产；猪呕吐。慢性病例持续性体温升高。防治上除中断采食发霉变质豆科牧草外，可应用阿托品、吩噻嗪等药物进行对症治疗。

流行（epidemic occurrence） 一定的时间内、一定的畜群中某病的发生频率超过预期水平。其发病范围较广，发病率高，但与病例绝对数无关，仅表示疾病的发生呈现异常的高频率，表示为相对量。因此，任何一种病当其称为流行时，各地各畜群所见的病例数很不一致。

流行病学调查（epidemiological investigation）又称流行病学调查分析。一个整体的方法学名词，是流行病学最主要的组成部分。包括描述流行病学研究、分析流行病学研究、实验流行病学研究、理论流行病学研究及其他方法学研究，如血清、临床、遗传、地理流行病学以及其他新技术等。通过调查和观察，可以了解疾病的三间分布状况，探讨病因和因素，评价预防措施的效果等。

流行病学分析（epidemiological analysis） 对所假设的病因或流行因素进一步在选择的畜群中探寻疾病发生的条件和规律，验证所提出的假设。主要包括：①从疾病（结果）开始去探寻原因（病因），即回顾性调查（或病例对照调查）；②从有无可疑原因（病因）开始去观察是否发生结果（疾病），即前瞻性调查（或队列研究）。

流行病学监测（epidemiological surveillance） 系统地收集、整理和分析疾病和死亡的报表以及其他有用数据，长期观察疾病发病率的分布和趋势，核实和分析这些情报，定期向一切负责收集数据和所有需要这种情报的人提供基本情报以及对情报的解释说明。流行病学监测即适用于传染病，也适用于非传染病的监测。

流行过程（epizootic process） 病原体从传染源排出，经一定的传播途径，侵入另一易感动物体内，形成新的传染，并继续传播构成流行的过程。流行过程是从家畜个体感染发病发展到家畜群体发病的过程，也就是传染病在畜群中发生和发展的过程。流行过程必须具备 3 个相互联系的条件，即传染源、传播途径和对传染病易感的动物。这 3 个条件常统称为传染病流行过程中的 3 个基本环节，当这 3 个环节同时存在并相互联系时，就会造成传染病的蔓延。

流行率（prevalence rate） 表示单位时间内某特定地区动物群中某病新、老感染（新、老病例）的频率。计算公式：单位时间内某特定地区流行率＝某病新、老感染（病例）数/同期暴露（受检）动物数×100％。

流行强度（epidemic strength） 疾病在某地区一定时期内存在的数量多少以及各病例之间的联系程度，也就是疾病在畜群中的数量变化。根据在一定时间内发病率的高低和传播范围的大小，流行强度可区分为散发性、地方流行性、流行性和大流行 4 种表现形式。

流行性出血热（epidemic hemorrhagic fever） 又称肾综合征出血热（haemorrhagic fever with renal syndrome，HFRS）。一种由布尼亚病毒科汉坦病毒属（*Hantaan*）的流行性出血热病毒（*Epidemic haemorrhagic fever virus*，EHFV；又称汉坦病毒，*Hantaan virus*）引起的人兽共患烈性自然疫源性传染病。人感染后以发热、出血和肾损伤为主要症状。鼠是主要的自然宿主，大鼠感染时一般不出现临床症状。乳鼠、乳小鼠可致肾、肝、脑、肺出血。由于实验鼠感染会导致实验、饲养人员发病且病情严重、甚至发生死亡而受到高度关注。自然界疫源区内病原在野鼠、家鼠、人中相互传播，因此，在疫源区，实验大鼠饲养在屏障环境。汉坦病毒是我国清洁级大鼠必检病原。诊断主要依据临床症状、流行病学和实验室血尿检查等，并需排除其他疾病。对不典型病例则需由血清学检查确定，如 ELISA 和免疫荧光试验。尚无特效疗法，可根据病情对症治疗。防制有效措施为防鼠灭鼠，辅以防螨灭螨，消毒隔离。目前尚无疫苗用于预防。

流行性出血症病毒（*Epizootic haemorrhagic disease virus*，EHDV） 呼肠孤病毒科（Reoviridae）、环状病毒属（*Orbivirus*）成员。病毒颗粒无囊膜，具有外、中、内三层衣壳，每层均为二十面体对称。基因组为线状双股 RNA，可分 10 个节段。该病毒与蓝舌病毒有轻微的抗原交叉。目前分为 10 个血清型（株），经典的是 1 型和 2 型，分别以新泽西株和南达荷他株为代表。在美国、加拿大及非洲分离，澳大利亚存在类似病毒。可在 HeLa、BHK－21 细胞系及节肢动物和鹿的细胞培养上增殖。EHDV 引致鹿出血性发热，潜伏期 6～8d，严重的休克、脏器出血和水肿，继而昏迷死亡。牛也分离到病毒，被认为是病毒贮主。传播媒介是库蠓，未发现接触传染。

流行性感冒（influenza） 简称流感。流感病毒引起多种动物和人的一种急性呼吸道传染病。本病的传染性很强，呈流行性或大流行。病原属于正黏病毒科，主要通过空气中的飞沫、人与人之间的接触或与被污染物品的接触传播。典型的临床症状是急起高热、全身疼痛、显著乏力和轻度呼吸道症状。一般秋冬季节是其高发期，所引起的并发症和死亡现象非常严重。流感病毒血凝素能吸附在多种哺乳动物和禽类的红细胞表面受体上，发生红细胞凝集现象，这种血凝作用可被特异抗体所抑制，具有亚型和株的特异性，可用于病毒鉴定和抗体的检测。在自然情况下，一些人流感病毒可感染猪，某些猪流感病毒也能使人发病，因此在监测中对猪要加以注意。

流行性乙型脑炎（epidemic encephalitis B） 又称日本乙型脑炎（Japanese encephalitis），简称乙脑。黄病毒科黄病毒属乙型脑炎病毒引起的一种蚊媒性人兽共患传染病。主要通过蚊虫传播，流行于亚洲东部的热带、亚热带和温带国家。该病属于自然疫源性疾病，多种动物均可感染，其中人、猴、马和驴感染后出现明显的脑炎临床症状，病死率较高；而猪多为隐性感染，病死率较低，孕猪表现高热、流产、死胎和木乃伊胎，公猪表现为睾丸炎；牛、羊和家禽大多为隐性感染。在自然界病毒在哺乳动物（主要是猪）、鸟类和蚊虫之间循环。诊断除根据临床表现外，主要靠分离病毒和血清学检查。无特效疗法，可对症治疗。预防靠防蚊、灭蚊和免疫接种。

硫胺素（thiamin） 见维生素 B_1。

硫胺素焦磷酸（thiamine pyrohosphate） 维生素 B_1（硫胺素）的辅酶形式，由维生素 B_1（硫胺素）磷酸化形成。参与转醛基反应。作为丙酮酸脱氢酶和 α 酮戊二酸脱氢酶的辅因子，在 α 酮酸脱羧反应中起作用。

硫胺素缺乏症（thiamine deficiency） 硫胺素缺乏引起的营养代谢性疾病。症状各异。如犊牛表现衰弱，共济失调，惊厥，有时腹泻、脱水和厌食。肉用犊牛发生脑灰质软化症。猪厌食，生长缓慢，呕吐，腹泻，阵发性惊厥，牙关紧闭，角弓反张，卧地不起，但食欲、体温接近正常。雏鸡发生多发性神经炎，腿屈曲，坐地或倒卧地上，头向后取“观星”姿势。成年鸡鸡冠呈蓝色，肌麻痹，先发生于趾屈肌，再向上蔓延至腿、翅和颈伸肌。治疗宜投服或肌内注射盐酸硫胺素。

硫贲妥钠（thiopental sodium） 超短时作用的巴比妥类药物，全身麻醉药。静脉注射后迅速麻醉，无兴奋期，作用短暂，麻醉约持续 15min，根据需要，可重复给药，镇痛效果较差，肌肉松弛不完全。能显著抑制呼吸中枢，也抑制心肌和血管运动中枢。主要用于各种动物的诱导麻醉和基础麻醉。此外，还用于对抗中枢兴奋药中毒以及破伤风、脑炎等引起的惊厥。

硫代硫酸钠（sodium thiosulfate） 又称大苏打、次亚硫酸钠。解毒药。在体内游离出硫原子，能与氰离子（CN—）或已与高铁血红蛋白结合的氰离子结合形成无毒且较稳定的硫氰化物从尿排出。常与亚硝酸钠或亚甲蓝配合，解救氰化物中毒。本品具还原性，在体内可与多种金属或类金属离子结合形成无毒的硫化物由尿排出，故可缓解碘、汞、砷、铅、铋等中毒。

硫化氢产生试验（hydrogen sulfide production test） 鉴定细菌特别是肠杆菌能否分解蛋白质中含硫氨基酸而产生硫化氯的生化试验。原理是细菌分解含硫氨基酸产生的硫化氢与重金属反应，形成硫化铅或硫化亚铁黑色沉淀物。常用方法是，在肉汤琼脂中加入铅、铁等重金属盐，穿刺接种细菌后，如有硫化氢产生，沿穿刺线可呈现棕色或黑色。肉汤加半胱氨酸时效果更佳。

硫化氢中毒（hydrogen sulfide poisoning） 家畜误吸粪坑、沟渠内含硫有机物，以及化工厂排放的硫化氢气体引起的中毒病。由于硫化氢对家畜黏（结）膜的强烈刺激，使细胞呼吸窒息和毒害神经系统而致病。症状为眼结膜潮红，羞明，流泪；鼻黏膜充血，流鼻液，呛咳，精神沉郁，结膜发绀，呼吸困难，心搏动亢进，伫立不安，痉挛，昏迷，最终死于呼吸性酸中毒。治疗除将病畜立即转移到空气新鲜处，同时应用强心剂、呼吸兴奋药物进行抢救。

硫柳汞（thiomersalate） 消毒防腐药。能杀死多种非芽孢菌。毒性低，无刺激性。水溶液用于创伤，也可冲洗腔道黏膜及保存生物制品。硫柳汞酊用于手术前后局部消毒和治疗创伤感染。

硫双二氯酚（bithionol） 又称别丁。驱虫药。对牛、羊莫尼茨绦虫，马、驴大裸头绦虫，犬、猫带绦虫及鸡赖利绦虫等均有明显效果。对牛、羊肝片形吸虫、前后盘吸虫，犬、猫肺吸虫也有效。多数动物用药后出现短暂腹泻，马属动物尤为敏感。

硫酸喹啉脲（quinuronium sulfate） 又称阿卡普林。抗巴贝斯虫药。主要对巴贝斯虫有效，对牛泰勒原虫效果很差。用于治疗马驽巴贝斯虫病、马巴贝斯虫病、牛双芽巴贝斯虫病、牛巴贝斯虫病、羊巴贝斯虫病及猪、犬巴贝斯虫病。毒性较大，治疗量可出现胆碱能神经兴奋症状，大剂量引起血压骤降，休克而死。

硫酸镁（magnesium sulfate） 容积性泻药及抗

惊厥药。内服由于硫酸根离子、镁离子不易被肠壁吸收，使肠内渗透压升高，阻止肠道内水分吸收，肠腔容积增大，肠道壁扩张，以致刺激肠壁使蠕动增加而排便。用于治疗便秘、排除胃肠道毒物及服驱虫药后的导泻等。静脉注射或肌内注射后，由于镁离子对神经肌肉接头传导有阻滞作用，具有抗惊厥作用。用于治疗马膈肌痉挛和缓解破伤风的肌肉强直症状。如用量过大或静脉注射速度过快，可使血压骤降及呼吸抑制，应立即静脉注射5%氯化钙或葡萄糖酸钙解救。

硫酸钠（sodium sulfate） 容积性泻药。内服后在肠内解离形成的硫酸根离子不易被肠壁吸收，使肠内渗透压升高，保持大量水分，肠腔容积增大，刺激肠壁增加蠕动而排便。主要用于大肠便秘，也用于排除毒物及服驱虫药后的导泻等。其高渗溶液也可作牛第三胃注射治疗瓣胃阻塞。

硫酸铜（cupric sulfate） 重金属盐。对组织有收敛、刺激和腐蚀作用。曾用1%溶液给猪、犬催吐，也用以驱除牛羊莫尼茨绦虫。现多用作猪、禽饲料微量元素添加剂，水产生物杀外寄生虫药及牛腐蹄病的辅助治疗剂。

硫酸亚铁（ferrous sulfate） 抗贫血药。铁是血红蛋白、肌红蛋白及一些酶的重要组分。铁缺乏会引起低色素小红细胞性贫血。动物一般不会缺铁，但当急、慢性失血，长期慢性腹泻及在生长发育较迅速的幼畜中则可能引起缺铁。本品治疗缺铁性贫血疗效明显而迅速。最常见的不良反应为胃肠道刺激症状，如恶心、上腹部不适、便秘或腹泻等。

硫肽菌素（thiopeptin） 兽医专用抗生素，提取自馆山链霉菌（*Streptomyces ateyamensis*）的培养液。包括A型和B型两种成分，以B型为主。对葡萄球菌等革兰阳性菌有较强的抑菌能力，对其他抗生素产生耐药性的菌株仍有效。对支原体也有较强抗菌效力。内服不吸收。用于促进幼畜生长和提高饲料利用率。也可用于治疗猪的坏死性肠炎。

硫溴酚（thiobromophenol） 抗肝片吸虫药。内服后主要分布于肝脏。对牛、羊、鹿肝片吸虫有良效，对童虫稍差，对前后盘吸虫、盲肠吸虫也有一定效果。毒性较低。

硫中毒（sulphur poisoning） 家畜误食混入硫黄的饲料或含硫药剂用量过大引起以腹泻和尸体剖检散发硫化氢臭味为特征的中毒病。发生于各种家畜。症状有腹痛，腹泻，粪便呈水样，精神委顿，步态不稳，结膜苍白，脉搏细弱而快，肌肉战栗。牛羊呼吸困难，呼出气有硫化氢臭味。治疗可投服黏浆剂和大量输液等进行对症治疗。

瘤胃（rumen） 复胃最大的第一室。为侧扁的大囊，几乎占据整个腹腔左侧，其后腹侧部越过正中平面而越至腹腔右侧。顶部以结缔组织与腹腔顶壁相连，其他部分被覆浆膜。瘤胃手术多选择左腹胁上部进行。瘤胃以前、后沟和左、右纵沟分为背囊和腹囊。两囊后端又以冠状沟分出两盲囊；前端则分别形成瘤胃房和瘤胃隐窝。瘤胃壁沿沟向内褶，形成相应的瘤胃柱；背囊和腹囊以前、后柱围成的瘤胃内口相通。背囊前端以瘤网胃沟及瘤网胃襞与网胃为界；瘤网胃襞围成大的瘤网胃口，沟通瘤胃与网胃。贲门开口于背囊前部与网胃相移行处。瘤胃黏膜除瘤胃柱和背囊顶部外，形成稠密的圆锥状或叶状乳头，长的达1cm。黏膜被覆浅层角化的复层扁平上皮，成年牛被饲草染成黄棕色至暗褐色；上皮下有丰富的毛细血管丛。肌膜分两层，外层为较薄的纵肌，内层为较厚的环肌，在瘤胃柱处特别发达。浆膜沿左、右纵沟分别与大网膜的浅、深层相连续。骆驼瘤胃黏膜粗糙而呈灰白色，不形成乳头；有前、后两个腺囊区，黏膜以低褶分隔为许多瓶状小囊，囊底黏膜柔软而呈灰黄色。

瘤胃弛缓（atony of rumen） 瘤胃神经肌肉机能紊乱，致其兴奋性和收缩力减弱，内容物分解和发酵产生有毒物质，导致中枢神经紊乱，引发病畜食欲、反刍及瘤胃蠕动机能严重障碍的一种疾病。临床上以食欲不振、厌食、反刍和嗳气减少到停止、瘤胃蠕动减弱到消失，粪便减少，干燥或腹泻为特征。本病原发病常为单纯性消化不良，而急性过食饲料、生产瘫痪、酮病、其他胃肠道疾病和阻塞也能继发。

瘤胃发酵（rumen fermentation） 瘤胃内微生物对饲料营养成分的分解代谢过程。反刍动物以吃草为主，纤维素是饲草的主要成分，消化腺不产生纤维素酶，纤维素的分解需靠微生物的发酵作用使其转变为挥发性脂肪酸（VFA），才能被动物利用。此外，瘤胃微生物还能分解其他糖类，最终产物大多为挥发性脂肪酸；分解蛋白质生成肽类、氨基酸、NH_3 等；分解脂肪生成甘油、丙酸、脂肪酸等。影响瘤胃发酵的3个主要因素为：日粮组成、瘤胃 pH 和瘤胃温度。

瘤胃臌气（ruminal tympany） 因前胃植物性神经反应性降低，瘤胃内容物产气或嗳气障碍引起瘤胃扩张、腹压升高和血液循环障碍的疾病。分为原发性和继发性两种，前者是由于采食大量易于发酵的青嫩牧草和带露水豆科植物等；后者继发于食管阻塞、创伤性网胃腹膜炎、前胃弛缓等疾病。按气体性质分为泡沫性和非泡沫性臌气两类。临床表现发病急剧，拱背呆立，腹围增大，回视腹部，踢腹。触诊瘤胃高度紧张而有弹性；叩诊呈鼓音。瘤胃蠕动停止。瘤胃穿刺放气；如为非泡沫性，气体排出迅速，病情易缓解；如为泡沫性，常因放气困难达不到病情缓解，呼吸高度困难，窒息死亡。治疗宜放气和投服制酵剂或消泡剂，必要时可行瘤胃切开术抢救。

瘤胃积食（impaction of rumen） 又称瘤胃阻塞。前胃收缩力减弱，瘤胃内存滞大量饲料，引起瘤胃运动、消化机能障碍性疾病。由偷吃或突然调换适口性饲料，饥饿采食大量品质低劣或坚硬不易消化饲料以及饮水不足，长期过劳等引起。也可继发于创伤性网胃腹膜炎、瓣胃阻塞、皱胃阻塞和溃疡等。临床表现食欲废绝，反刍停止，频发努责排粪，腹围增大。触诊瘤胃呈捏粉或坚硬感，伴发瘤胃臌气，呼吸困难，心跳疾速，黏膜发绀，卧地不起，体质衰竭。继发性病例呈现原发病特有症状，如创伤性网胃炎的网胃区疼痛，排出焦油样粪便等。治疗宜投服泻药、止酵和兴奋等药物，必要时配合补液、调整酸碱平衡。

瘤胃碱中毒（ruminal alkalosis） 瘤胃内过多富含蛋白质饲料及其含氮物质，导致以血氮浓度升高和神经兴奋为主征的疾病。病因是日粮中蛋白质饲料比例过大，碳水化合物饲料不足和粗纤维饲料过于缺乏。临床表现腹痛，瘤胃膨胀并停止蠕动。病牛先兴奋后沉郁，陷入昏迷。血液 pH 升高，血氨高达 1mg/L。治疗除早期应用镇静剂外，应静脉注射等渗葡萄糖溶液，投服稀盐酸、乳酸以及缓泻药和止酵药等。

瘤胃角化不全-瘤胃炎-肝脓肿复合征（ruminal-parakeratosis - rumenitis - hepatic abscess complex） 见肝脓肿综合征。

瘤胃角化过度症（ruminal hyperkeratosis） 瘤胃上皮细胞以乳头角化的鳞状上皮细胞多层次堆积、硬化、肥大并呈块状丛集为特征的瘤胃疾病。多发于肥育期肉牛。病因是日粮中精料比例过高，特别是长期饲喂粉碎精料，以及粗饲料不足或缺乏等。临床表现有食欲不振，增重缓慢等。剖检冲洗瘤胃内容物后可见角化病变，如乳头硬度似皮革样感。防治在于合理调整日粮中精、粗饲料比例与饲喂量，严禁饲喂粉碎精料或苜蓿颗粒料。

瘤胃酸中毒（ruminal acidosis） 又称瘤胃乳酸酸中毒、谷类饲料过食症。瘤胃内富含碳水化合物精料异常发酵，产生大量乳酸而导致以消化障碍、瘤胃运动停滞、脱水、酸血症、运动失调等为主征的一种急性代谢性疾病。多因突然过食碳水化合物饲料所致。临床表现食欲废绝、流涎、磨牙、姿势强拘、卧地不起、角弓反张、脱水和腹泻。有的继发瘤胃炎。根据临床症状一般分为轻微型、亚急性型、急性型、最急性型 4 种类型。治疗原则为清除瘤胃内有毒内容物、纠正脱水、酸中毒和恢复胃肠功能。可内服抗生素；洗取瘤胃内容物并移植健康牛瘤胃液；应用等渗电解质溶液扩充血容量，调整血液中氢离子浓度等。

瘤胃兴奋药（ruminal stimulant） 一类促进反刍、加强瘤胃蠕动、消除积食和积气的药物。用于治疗瘤胃弛缓、瘤胃积食及消化不良。主要有高渗氯化钠注射液、酒石酸锑钾及新斯的明等。

瘤胃炎（rumenitis） 瘤胃黏膜及其深层组织炎症的总称。分为原发性和继发性 2 种，但多见继发性。主要继发于坏死杆菌病、化脓棒状杆菌病、口蹄疫、恶性卡他热等。伴发肝脓肿。临床表现有精神沉郁，食欲废绝，瘤胃蠕动停止，粪便减少，并混有黏液和脓血，口腔恶臭，呕吐物呈棕褐色的恶臭气味。本病预后慎重。

瘤胃液发酵力测定（fermentative efficiency test for rumen fuid） 测定瘤胃液发酵胃内容物的能力（以产生气体量表示）以诊断瘤胃微生物功能的一种实验室检查方法。取滤过瘤胃液 50mL，加葡萄糖 40mg，置于发酵管内，37℃恒温放置 30～60min，读取产生气体的量。健康牛 60min 产生气体 1～2mL。也可用注射器代替发酵管进行发酵力测定。

瘤胃运动（rumen movement） 瘤胃肌肉有顺序而协调的收缩活动。分原发性收缩（A 波）和继发性收缩（B 波）两种。前者紧接在网胃收缩之后发生，收缩的顺序为：从瘤胃前庭开始，沿背囊由前向后，然后转入腹囊，又再沿腹囊由后向前，同时食物在瘤胃内也顺着收缩的顺序和方向移动和混合。后者为瘤胃运动的附加波，始于后腹盲囊，依次经后背盲囊和前背囊，止于主腹囊，与嗳气有关。

六鞭原虫病（hexamitiasis） 火鸡六鞭原虫（*Hexamita meleagridis*）寄生于火鸡、鸡、鸭和一些野生鸟类的小肠引起的卡他性肠炎。火鸡六鞭原虫属于鞭毛虫纲（Mastigophora）、六鞭科（Hexamitidae）。虫体呈梨形，有 6 根前鞭毛，2 根后鞭毛，有 2 个细胞核，虫体大小为 $9\mu m \times 13\mu m$。由于摄食受污染的饲料、饮水而感染。成年鸟无症状，10 周龄以内的火鸡雏发生水泻，主要表现神经过敏、羽毛粗乱、体重下降、精神委顿等症状。小肠可出现严重的卡他性炎。用病禽的新鲜粪便或十二指肠内容物作涂片，发现虫体即可确诊。可用金霉素、痢特灵、丁醇锡等治疗。预防措施主要是分开饲养成年禽与雏禽，加强清洁卫生措施。

六钩蚴（hexacanth embryo） 绦虫最早期的幼虫，具有感染中间宿主的能力。在圆叶目绦虫，六钩蚴在孕卵节片脱落时已在子宫内发育完成，位于卵壳内，呈圆形或卵圆形，有 3 对小钩，又称钩球蚴

(oncosphere)。在假叶目绦虫，虫卵由子宫内排出时，内含胚细胞，到外界环境中，在水中发育成钩毛蚴（coracidium），为一被有纤毛的六钩蚴，并从卵壳中孵化出来。六钩蚴和钩毛蚴对中间宿主具有感染性。

六氯对二甲苯（hexaehloroparaxylene，HPX）又称海涛尔、血防846。广谱抗寄生虫药。对牛血吸虫，牛、羊肝片吸虫、前后盘吸虫、复腔吸虫均有较好疗效，对猪姜吸片虫也有一定效果。主要用于治疗血吸虫病。对血吸虫童虫的抑制作用优于成虫，对雌虫作用优于雄虫。主要抑制童虫发育，引起成虫性腺退化，最后营养缺乏，虫体萎缩，被肝脏炎症细胞清除。

龙胆（gentianae） 苦味健胃药。含龙胆苦苷。内服适量，刺激舌部味觉感受器，反射性兴奋摄食中枢，促使唾液和胃液分泌，并增进食欲。常用制剂是龙胆酊及复方龙胆酊。以饲前经口灌服为宜。

笼具（cage） 饲养和收容动物的器具和设备。实验动物笼具主要使用不锈钢、无毒害塑料等材料制成。笼具应能保证动物舒适、健康，便于清洗、操作、消毒灭菌、坚固和经济。根据形态与结构可分为笼箱型、金属网型、隔栅型。根据用途可分为饲养笼、繁殖笼、代谢笼、运输笼等。通常把隔离器、层流架等称为特殊笼具。

笼养鸡产蛋疲劳症（cage layers fatigue） 笼养鸡腿软无力及骨骼硬度降低的代谢病。病因与日粮中钙磷比例不平衡及低钙或低磷有关。改散养和减少环境噪音应激后，会使发病率降低。症状有腿软无力，站立困难，取蹲伏或躺卧笼内，有自发性骨折倾向，如发生于第四和第五胸椎骨。椎段肋骨与胸段肋骨联合部形成串珠状肿大，沿肋骨接合线形成一条凹陷沟。预防应调整日粮中钙磷比例，供给足够的维生素D，充分照射人工太阳灯和减少产蛋应激等。

隆起（eminence） 又称隆凸。骨或某些器官的一般突起。骨上的如骨盆的髂耻隆起、胫骨近端的髁间隆起等；某些器官上的如外耳的耳甲隆起、第四脑室壁的内侧隆凸和前庭内侧核隆凸等。

瘘管（fistula） 连接体表与脏腔或脏腔与脏腔间的病理性管道。有两个开口：前者称为外瘘；后者称为内瘘。在家畜常见的外瘘有胃瘘、肠瘘、食管瘘、颊瘘、腮腺瘘、乳腺瘘和关节瘘等。内瘘如牛咽下异物刺伤内脏在肝或脾之间形成的瘘管。外瘘从瘘管口经常排出饲料、食糜、尿液、唾液及乳汁等排泄物和分泌物。根治方法是手术疗法。

漏出液（transudate） 非炎性水肿液。主要是由毛细血管内血压升高和血液胶体渗透压降低所致，呈淡黄色，蛋白含量低于1.5g/dL，密度在1.012kg/L以下，不含或只含少量细胞成分，无纤维素，外观澄清且不凝固。

漏乳（lactorrhea，galactorrhea） 又称乳溢、射乳。乳房充涨时乳汁从乳头管孔自行滴下或成股射出的一种现象。多见于分娩前后和临产营养良好的母马，因乳头括约肌收缩不良引起，可能有遗传性。无有效疗法，宜经常捏揉乳头末端，刺激乳头管括约肌，恢复和增强其收缩功能，或试用机械方法使乳头管收缩。

芦荟中毒（aloes poisoning） 给家畜投服芦荟剂量过大，由其所含芦荟素（aloin）和芦荟泻素（aloeemodin）所引起的中毒病。患畜流涎，呕吐，腹泻，腹痛，粪中带有黏液或血液。妊娠母畜流产。防治时除内服淀粉、活性炭等以外，可静脉注射强心剂、等渗葡萄糖溶液或碳酸氢钠注射液。

颅骨骨折（fracture of skull） 主要发生于冲突、扑打及交通事故，除局部损伤外，常伴有脑损伤，重度的则发生急性死亡，轻度的自然恢复，中度损伤出现沉郁、意识丧失、失明。由于脑震荡产生脑水肿，要对症治疗，对复杂骨折要除去失活的骨片。病狗根据损伤的程度，可出现昏睡加深，呕吐，瞳孔散大，脉搏与呼吸迟缓、脑内压上升和末梢循环不全等症状。

颅腔（cranial cavity） 颅骨构成藏纳脑及脑膜和血管的腔。略呈卵圆形。颅盖在猪、牛和水牛为双层结构，其他家畜为单层结构。颅盖内板呈穹隆形，沿正中矢线形成内矢状嵴，马较明显，后端有枕内隆凸，犬和马并形成骨质幕突，两侧延续至岩嵴。幕突和岩嵴后方为小脑所在，在颅盖后壁上形成小脑窝。内板内面具有脑回压迹和血管沟。颅底形成前高后低的3个窝。颅前窝最高，前方是以筛骨鸡冠分开的一对筛窝，筛板构成颅腔前壁；后方为视交叉沟。颅中窝最宽，中部称蝶鞍。颅后窝最低，向后倾斜（斜坡）而达枕骨大孔，与椎管相通。

鲁赛尔氏小体（Russell's body） 在陈旧肉芽组织或慢性炎症的浆细胞内，常出现一种均质无结构的圆形玻璃样小滴，HE染色呈均质红染小滴状，用酸性复红染色呈鲜红色，又称复红小体。电镜观察，浆细胞胞浆内有大量平行排列的粗面内质网，池扩张，可见巨大的电子致密颗粒，是免疫球蛋白。它是浆细胞合成蛋白质功能旺盛的一种标志。

鹿出血热（deer haemorrhagic fever） 又称鹿流行性出血热。鹿流行性出血热病毒引起鹿的一种急性致死性传染病。主要特征为高热，各器官组织广泛出血，病程短而病死率高，呈地方流行性。库蠓等节肢动物是主要的储存宿主和传播媒介。鹿易感，在自然流行时白尾鹿呈高度致死性，黑尾鹿则发病较轻，1岁以下的鹿发病率与致死率均高，且主要发生于圈养鹿群。主要症状是突然发病，体温升高到40.5～41.5℃，且呈双相热型，可视黏膜出血，口腔黏膜和眼结膜呈紫蓝色，粪尿带血，呼吸困难，通常在发病后1～2d休克死亡。剖检可见广泛性出血病变，几乎所有器官组织有出血斑点。根据临床和剖检特征可作出初步诊断，采取脾脏等病料做病毒分离，以及补体结合试验、琼脂扩散试验、中和试验和免疫荧光技术等血清学方法可以确诊。尚无特异的防治办法，只能采取综合性防疫措施，以保护健康鹿免受传染。

路氏锥虫（*Trypanosoma lewisi*） 寄生于鼠血液中的鞭毛虫，属于鞭毛虫纲、锥体科。虫体纤细，两端较尖，长约25μm，细胞核偏体前方，动基体明显，鞭毛附着于波动膜外缘，到前端成为较长的游离鞭毛。跳蚤为其中间宿主，鼠摄食蚤粪或蚤而感染。对鼠无明显致病性（除裸鼠外）。

驴马妊娠毒血症（pregnancy toxemia of ass and mare） 驴马妊娠末期的一种代谢性疾病。主要特征是产前顽固性不吃不喝，死亡率高达70%左右。本病主要见于怀骡驹的驴马。胎儿过大、缺乏运动和饲养管理不当是主要原因。病驴血浆或血清呈程度不等的乳白色、浑浊，表面带有灰蓝光辉；病马血浆呈暗黄色奶油状，是本病特征变化。以肌醇为主，采用促进脂肪代谢、降低血脂、保肝解毒的疗法，效果比较满意。发病时离产期较近、病情不重的，产驹后可逐渐恢复。但若再怀骡驹，可再次发病，且病情加重。

驴蹄草中毒（marsh marigold poisoning） 家畜误食混杂有驴蹄草的食物而引起的中毒病。由驴蹄草中所含原白头翁素（protoanemonin）等刺激性毒物所致。临床表现为流涎，口炎，腹痛、下痢，粪中带血，伴有血尿。严重病例虚弱，运动失调，失明等。治疗除内服高锰酸钾溶液外，还可静脉注射硫代硫酸钠溶液。

铝当量（aluminum equivalent） 用铝厚度表示的当量单位。在放射学中表示X线穿透某一物质时对低能射线的吸收和减弱能力，其效果相当于穿透这一厚度的铝片。通常以铝的毫米厚度表示。

铝胶盐水稀释液（alhydrogel saline solution） 兼有免疫佐剂和稀释疫苗功用的氢氧化铝胶溶液。通常由氢氧化铝胶200g加生理盐水800mL混匀后灭菌制成，其质量标准为无菌、无杂物、pH 6.8～7.2，保存期2年，不可冻结。

铝佐剂（aluminium adjuvant） 一类用于免疫佐剂的铝化合物。属储存型佐剂。如氢氧化铝胶、磷酸铝、明矾。铝佐剂自液体中吸附蛋白质抗原形成凝胶物，注入机体后可较长期地存留，从而持续地释放抗原引起刺激性免疫应答。

屡配不孕（repeat breeder） 繁殖适龄母牛及青年母牛，其发情周期正常，临床检查生殖道无明显可见的异常，但输精3次以上不能受孕的疾病。屡配不孕不是一种独立的疾病，而是许多不同原因引起繁殖障碍的结果。引起的原因众多，也复杂，有些属于母牛本身，有些来自公牛或环境及饲养管理，或者是由这些因素中的两种或多种共同引起。

绿色食品（green food） 对无污染、安全、优质和营养食品的一种形象的表述。遵循可持续发展原则，按照特定生产方式生产，经专门机构认定（如中国绿色食品发展中心），许可使用绿色食品标志的食品。绿色食品概念不仅表述了绿色食品的基本特性，而且蕴含了绿色食品特定的生产方式、独特的管理模式和全新的消费观念。

绿蝇（*Lucilia*） 双翅目、寄（生）蝇科（Tachinidae）的一类引起伤口蛆症的蝇。成蝇细长，长8～10mm，有亮金属光泽，如亮绿或青铜色。成蝇产卵于动物尸体、伤口、污沤的皮肤或腐败的有机物上。幼虫依环境条件不同，在绵羊等家畜的伤口组织中生活数日到20d左右，经两次脱皮发育为成熟的幼虫；后者离开宿主，在土壤中代蛹，或在宿主的毛丛内，或尸体的干燥部位化蛹。成蝇顶开蛹壳前端的小盖逸出。伤口和进入组织的蝇蛆给宿主造成强烈刺激，绵羊食欲减退，瘦弱，还可能由于某种有毒物质的被吸收，造成毒血症或败血症而死亡。亦可寄生于阴道、尿道等处。

氯胺酮（ketamine） 全身麻醉药。选择性阻断痛觉冲动向丘脑和大脑皮层的传导，同时又兴奋网状结构和大脑边缘系统。因此，静脉注射后大脑功能呈现“分离”状态，动物意识模糊，但痛觉完全丧失，眼张开，咳嗽和吞咽反射存在，遇外界刺激，有觉醒反应，肌肉不但不松弛，肌张力仍保持甚至增加，动物呈僵直状。主要用于无需肌肉松弛的麻醉及短时的手术和诊疗处理，如采血、X射线检查、冲洗创伤、拔牙等。动物苏醒后，不宜自行站立、反复起卧，需注意护理。

氯苯吡胺（chlorphenamine） 抗组胺药。抗组胺作用比苯海拉明、异丙嗪强，而中枢抑制作用较弱，还有抑制胃酸分泌和支气管分泌的作用。用于荨麻疹、血清病、皮肤瘙痒症、药物过敏、哮喘等。副作用较少。

氯苯胍（robenidine） 抗球虫药。作用机理可能与抑制虫体内氧化磷酸化作用和 ATP 酶活性有关。对鸡多种球虫病有良效。对毒害、变位等艾美耳球虫与氯羟吡啶相似，对柔嫩、堆型、巨型艾美耳球虫优于氯羟吡啶和磺胺药，并对其他药物耐药的球虫有效。对兔大多数艾美耳球虫均有效。作用的活性峰期是抑制第一代裂殖体的生长繁殖，对第二代裂殖体、子孢子也有杀灭作用。对机体免疫力没有影响。长期应用可产生耐药性。毒性小，宰前休药期 7d。

氯苯那敏（chlorpheniramine）　又称扑尔敏。抗组胺药。主要作用与苯海拉明相同，但一般镇静作用较弱，副作用较苯海拉明小。主要用于各种过敏性疾病，如虫咬、药物过敏等。还可以与其他中、西药结合治疗感冒。与镇静药、催眠药及安定药合用均可加深中枢抑制作用。

氯丙嗪（chlorpromazine）　又称冬眠灵。安定药。对中枢神经系统具有多方面抑制作用，对心血管及内分泌系统也有影响，还有抗组胺、抗 5-羟色胺及神经节阻断、α-受体阻断、阿托品样、奎尼丁样和解痉等作用，此外还能降低体温、止痒、抗炎和局部麻醉。主要用于镇静、抗惊厥、强化麻醉及与局麻药配合，施行外科手术，加强镇痛效力。也用于高温季节时畜、禽的运输。长期应用对肝、肾有损害。用量过大时易引起中枢深度抑制，血压下降时禁用肾上腺素解救。食品动物禁用。

氯丹（chlordane）　一种广谱的有机氯杀虫剂，因其具有毒性效应，在环境中能够持久存在和生物累积而被人所知。在土壤中很稳定，当受日光中的紫外线照射时会发生缓慢的降解；氯丹在土壤中可以残留几十年。氯丹不溶于水，能够在鱼类、鸟类和哺乳动物的脂肪组织中累积。

氯底酚胺（clomiphene）　又称克罗米酚、氯米酚。三苯乙烯类衍生物，性激素调节药。具有较弱的雌激素活性，能有效阻断雌激素作用。通过阻断雌激素对下丘脑的负反馈性抑制作用，从而增加 LH-RH 释放，激发垂体前叶释放促性腺激素。可诱使排卵障碍的卵巢排卵或超数排卵。临床用于不孕症。

氯碘柳胺（clioxanide）　抗肝片吸虫药。主要用于牛、羊肝片吸虫病，治疗量对成虫有良好效果，对童虫需用大剂量才有效。对绵羊捻转血矛线虫也有效。

氯酚类（chlorophenols）　又称一氯苯酚（monochlorophenol）。结构简式 ClC_6H_4OH。有邻、间、对位 3 种异构体。对位体为无色至淡黄色晶体。均难溶于水，可溶于乙醇、乙醚，并有臭味。可用作染料、农药和有机合成的原料或中间体。机体刺激作用很强，从皮肤吸收较多。美国、英国把氯酚列为有毒污染物或有毒废弃物。世界卫生组织（WHO）建议氯酚在饮用水中的嗅觉阈浓度为 0.1μg/L。

氯化铵（ammonium chloride）　恶心性祛痰药。内服后刺激胃黏膜，反射性增加支气管腺体分泌，使痰变稀，同时部分药物经呼吸道腺体排出，因高渗作用带出水分，稀释痰液而祛痰。主要用于急性呼吸道炎症、痰液黏稠而不易咳出的病例。

氯化钾（potassium chloride）　电解质补充剂。具有维持细胞内液渗透压和机体酸碱平衡的功能，也有保持神经传导和肌肉收缩能力的功能。用于各种原因引起的低血钾症、强心苷类药物中毒及心性或肾性水肿的治疗。患畜肾功能严重不全时慎用。

氯化钠（sodium chloride）　电解质补充剂。维持细胞外液渗透压和血容量的重要成分，也能维持细胞兴奋性和神经肌肉应激性。用于：①等渗（0.9%）溶液输注，防治低钠综合征、缺钠性脱水（如烧伤、腹泻、休克）及中暑等，外用洗眼、鼻、伤口等；②高渗（10%）溶液静脉注射，可促进胃肠蠕动，用作瘤胃兴奋药；③复方氯化钠溶液（含氯化钠、氯化钾、氯化钙），用于补液和补钠、钾、钙、氯等重要元素。

氯化钠缺乏（sodium chloride deficiency）　处于泌乳期又放牧在施用钾肥的草场上的家畜所发生的疾病。临床表现患畜体况明显恶化，厌食、憔悴，目光无神，被毛粗乱，异嗜，消瘦，生产性能下降。重型病例出现虚脱而死亡。防治上宜投服或静脉注射氯化钠溶液。

氯化消毒（chlorination）　为了保证水质安全，常用氯化法消毒饮水。常用的有漂白粉、漂白粉精、液氯、氯胺等。含氯化合物（漂白粉含有效氯 25%～30%，漂白粉精为 60%～70%）在水中能形成次氯酸及次氯酸根，次氯酸体积小，为中性分子，具有较强渗入细胞壁的能力，能透过细胞膜，在细菌体内与细胞酶系统起化学反应，使细菌糖代谢障碍而死亡。次氯酸根也有杀菌能力，但比次氯酸弱。

氯菊酯（permethrin）　全称二氯苯醚菊酯。为卫生、农业、畜牧业杀虫药。具广谱、高效、作用快、残效期长等特点。对蚊、螯蝇、秋家蝇、血虱、蜱均有杀灭作用，对虱卵也有杀灭作用。一次用药能维持药效一个月左右。对鱼剧毒。

氯磷定（pralidoxime methylchloride）　又称氯化派姆。胆碱酯酶复活药。作用同碘解磷定，但效力比碘解磷定强，起效快，刺激性与毒性比碘解磷定小，且使用方便，可肌内注射或静脉注射。为解救急性有机磷酸酯类中毒的首选药。

氯霉素（chloramphenicol）　又称左霉素。抑菌

性广谱抗生素。原由委内瑞拉链霉菌的培养液中取得，现已可人工合成。为左旋体，耐热，遇碱类易失效。抗菌范围广，抗革兰阴性菌的作用比抗革兰阳性菌强，对衣原体、钩端螺旋体、立克次体也有效。我国已禁止用于食品动物。

氯前列醇（eloprosterol） 合成的前列腺素类似物。性质较天然前列腺素稳定。能引起牛的黄体功能和形态退化（黄体溶解）。非妊娠牛用药后2～5d发情，妊娠牛则发生流产。主要用于终止肉牛和未泌乳的奶用小母牛误配所致的妊娠及控制繁殖，引起发情。

氯羟吡啶（clopidol） 又称克球粉、可爱丹。吡啶类化合物，抗球虫药。活性峰期是子孢子期即感染后第一天。对鸡9种艾美耳球虫均有良效，特别对柔嫩艾美耳球虫作用最强。在宿主感染前或感染时给药，能充分发挥抗球虫作用。对机体的球虫免疫有明显抑制作用，停药过早往往引起球虫病的暴发。球虫易产生耐药性。产蛋鸡禁用，肉鸡上市前休药期5d。

氯醛糖（chloralose） 全身麻醉药。在体内代谢为氯醛而后转化为三氯乙醇才具有催眠及麻醉作用。主要用于实验动物的麻醉。维持作用3～4h，诱导期作用表现不明显，对呼吸中枢及血管运动中枢抑制作用较弱。

氯糖数（chlorine lactose ratio） 乳中氯离子的百分含量与乳糖的百分含量之比，是检验乳房炎乳的一种方法。正常牛乳中氯与乳糖的含量有一定的比例关系，健康牛乳中氯糖数［氯含量（g/100g）×100/乳糖含量（g/100g）］不超过4，而乳房炎乳中的氯增多，从而引起氯糖数增高，借此可对乳房炎乳（尤其是隐性乳房炎乳）进行检测。如果氯糖数>6时，说明该乳来自患乳房炎的奶牛。

氯硝柳胺（niclosamide） 又称灭绦灵。驱绦虫药。能妨碍绦虫的三羧酸循环，使乳酸蓄积而发挥杀绦虫作用。对绵羊莫尼茨绦虫，马大裸头绦虫、叶状裸头绦虫和侏儒副裸头绦虫，犬、猫复孔绦虫、豆状带绦虫、胞囊带绦虫，鸡各种赖利绦虫、漏斗状带绦虫均有效，但对虫卵无作用。对羊前后盘吸虫也有良效。还有杀钉螺作用。在宿主胃肠道内不易吸收，毒性低。

氯硝柳胺哌嗪（niclosamide piperazine） 系氯硝柳胺的哌嗪盐。兽医专用驱绦虫药。驱绦虫作用同氯硝柳胺，但作用较强，毒性更小。对鸡蛔虫也有良效。

氯唑西林（cloxacillin） 又称邻氯青霉素。为耐酸、耐酶半合成青霉素。对革兰阳性球菌和奈瑟菌有抗菌活性，对葡萄球菌属（包括金黄色葡萄球菌和凝固酶阴性葡萄球菌）产酶株的抗菌活性较苯唑西林强，但对青霉素敏感葡萄球菌和各种链球菌的抗菌作用较青霉素弱，对耐甲氧西林葡萄球菌无效。用于治疗产青霉素酶葡萄球菌感染，包括败血症、心内膜炎、肺炎和皮肤、软组织感染等。也可用于化脓性链球菌或肺炎球菌与耐青霉素葡萄球菌所致的混合感染。

滤过除菌（sterilization by filtration） 通过机械阻留作用将液体或空气中的细菌等微生物除去的方法。但滤过除菌不能除去病毒、支原体以及细菌L型等小颗粒。一般繁殖型微生物大小约1.0μm，芽孢约为0.5μm。一般滤材孔径须在0.2μm以下，才可有效地阻挡微生物及芽孢的通过。糖培养基、各种特殊的培养基、血清、毒素、抗生素、维生素、氨基酸等不能加热灭菌的只能用滤过除菌法。在除菌过程中，同时还可除去一些微粒杂质。常用的滤器有垂熔玻璃滤器和微孔滤膜滤器。一般药液先经粗滤、精滤（砂滤棒，多孔聚乙烯、聚氯乙烯滤器，白陶土滤器，G4、G5垂熔玻璃滤器，0.45μm左右的微孔滤膜）后，在无菌环境下，再用已灭菌的G6垂熔玻璃滤器或0.22μm以下微孔滤膜滤除细菌。

滤过屏障（filtration barrier） 介于血液和原尿之间的薄层隔膜，由毛细血管内皮孔、内皮基膜及足细胞的裂隙膜共同组成。除大分子蛋白质外，血浆中的少量小分子蛋白质和其他成分都能透过这个屏障。若滤过屏障受损，则蛋白质甚至血细胞均可漏出，导致蛋白尿和血尿。

滤线栅（grid） 又称格栅、滤线器。滤线器的主要部件，一种由许多直立铅条排列制成的薄板。X线摄影时，置于动物被检部位与胶片之间，可减少投射到胶片上的散射线，从而改善X线片的质量。根据铅条的排列方式不同，分为平行滤线栅、聚焦滤线栅和交叉滤线栅3种。

挛缩（contraction） 又称痉挛。肌肉特别是骨骼肌不伴有传播性动作电位的持续性收缩。多由各种药物（如黎芦碱、咖啡因等生物碱、氯仿、乙醚等）和K^+、Ca^{2+}等电解质离子的作用而引起。

卵白囊（albumen sac） 鸟卵孵化过程中形成的结构。鸟卵孵化过程中，尿囊不断发育，覆盖羊膜和卵黄囊，并同浆膜一起向蛋的锐端扩展，逐渐包围蛋白而形成。其外层为尿囊，内层为浆膜。

卵巢（ovary） 雌性生殖腺。卵圆形，常有卵泡和黄体隆起于表面，在多胎动物如猪可呈结节状。一般较小，猪的稍大。马的最大，肾形，凹陷处为排卵窝。通常以卵巢系膜悬于腰下和肾后方，反刍兽和猪的向后移至盆腔入口两侧；经产母畜常坠向前下方。

一端以卵巢固有韧带与子宫角相连，肉食兽很短，马的较长；另一端正对输卵管漏斗，并与其卵巢伞相连。卵巢表面大部分是游离的，被覆生殖上皮，马则仅被覆于排卵窝处。生殖上皮下为结缔组织形成的白膜。卵巢外周为实质区，由间质和各级卵泡构成，大多数间质细胞具有多种潜能；此外还有成熟卵泡排卵后形成的黄体、白体。卵巢中部为血管区，由疏松结缔组织和平滑肌纤维构成，含大量血管分支。马卵巢在发育时实质区凹陷形成排卵窝，血管区逐渐扩向外周。禽仅左卵巢正常发育，以短系膜悬于左肾的前部下。幼禽为扁卵圆形，表面呈颗粒状；随年龄和生殖周期，卵细胞发育生长并积贮卵黄，卵泡增大、突出，有如一串葡萄。停产时卵巢回缩。禽卵巢内不形成黄体。

卵巢穿刺（ovarian biopsy）　为了把药物注入卵巢或采取卵泡液而从体外把特制卵巢穿刺针或卵巢注射器刺入卵巢内的一种临床技术。此法仅应用于牛。牛柱栏保定，除去宿粪并清洗阴道腔。术者一手插入直肠，握住卵巢并向阴道方向牵引，另一手将特制卵巢穿刺器（注射针）插入阴道，并将针尖对向卵巢，立即通过阴道壁刺入卵巢，抽取卵泡液或注射药物。

卵巢发育不全（ovarian hypoplasia）　一侧或两侧的部分或全部卵巢组织中无原始卵泡所致的一种遗传性疾病，为常染色体单隐性基因不完全透入所引起。因病情的严重程度不同，以及是单侧性或是双侧性卵巢发育不全，患病动物可能生育力低下或者不能生育。此病可发生于多种动物，尤其以牛和马多见。马患此病时，虽然可以出现发情，但发情周期不规则，不易受胎；外生殖器官正常，但子宫发育不全。牛患此病生殖道为幼稚型，一侧或部分卵巢发育不全的患牛通过繁殖可以扩散此病。因此一旦发现应及时淘汰。此病无有效的治疗方法。

卵巢冠（epoophoron）　又称副卵巢。残存于输卵管系膜内的中肾管。由 10～20 条横行的小管和一条卵巢冠纵管构成。横小管为上皮小管，具有分泌现象，对卵巢系膜的紧张度有一定作用。卵巢冠纵管又称 Malpighi 管，是中肾管的遗迹，母牛仍保留，它与子宫、阴道平行，开口于尿道口两旁的前庭内。

卵巢冠纵管炎（ductus epoophori longitudinalis inflammation）　阴道炎的并发症，炎症局限在阴道旁的纵管部，形成囊肿后才被发现，对配种、繁殖一般无影响。治疗方法同阴道炎。

卵巢机能不全（ovarian inadequacy ）　包括卵巢机能减退、组织萎缩、卵泡萎缩及交替发育等在内的、由卵巢机能紊乱所引起的各种异常变化的统称。卵巢机能减退是卵巢机能暂时受到扰乱，处于静止状态，不出现周期性活动；母畜有发情的外部表现，但不排卵或排卵延迟；或外表无发情表现，但有卵泡发育排卵（又称安静发情）。卵巢机能长久衰退时，可引起组织萎缩和硬化。卵泡萎缩和交替发育是卵泡不能正常发育成熟到排卵的卵巢机能不全。此病可用公畜催情、激素疗法和针灸疗法等，促使卵巢机能恢复。

卵巢机能减退（inactive ovaries）　又称卵巢静止。卵巢机能暂时受到扰乱，无卵泡发育成熟，无周期性变化，处于静止状态的病变。可用催情、激素、针灸等方法促其恢复。

卵巢囊（ovarium bursa）　输卵管系膜与卵巢系膜、卵巢固有韧带之间形成的囊。囊口向下，输卵管漏斗位于囊口处，卵巢则程度不等地包于囊内。囊的深浅、长短及囊口宽窄因家畜种类而有不同。马的囊短而深，仅包住卵巢一部分，漏斗约位于卵巢中部的排卵窝处。肉食兽的囊不大而较深，卵巢完全包于其内，囊口很狭；有些动物的囊口甚至完全封闭，如鼠。猪的囊大而深，卵巢固有韧带明显，将卵巢部分地包住。反刍兽的囊大而不深，卵巢固有韧带长，卵巢几乎未被囊包住。

卵巢囊肿（oophomeystis，ovarian cysts）　卵巢上有卵泡状结构，其直径超过 2.5cm，存在的时间在 10d 以上，同时卵巢上无正常黄体结构的一种病理状态。分为卵泡囊肿和黄体囊肿。卵泡囊肿壁较薄，呈单个或多个存在于一侧或两侧卵巢上。黄体囊肿壁较厚，一般为单个，存在于一侧卵巢上。这两种结构均为卵泡未排卵所引起，前者是卵泡上皮变性，卵泡壁结缔组织增生变厚，卵母细胞死亡，卵泡液未被吸收或增多而形成；后者是由于未排卵的卵泡壁黄体化而引起，故又称为黄体化囊肿。此病在牛及猪多见，奶牛卵巢囊肿多发生于第 4～6 胎产奶量最高期间，且以卵泡囊肿为主，黄体囊肿只占 25%左右。治疗方法很多，大多数通过直接引起黄体化而使动物恢复发情周期。常用手术法摘除囊肿或用激素法消除囊肿。

卵巢萎缩（ovarian atrophy）　卵巢体积缩小、质地硬化，无活性。可发生于一侧，有时两侧同时发生。母畜发情周期停止，性机能减退，长期不孕。治疗上注意改善饲养管理条件，可试用促卵泡素、孕马血清促性腺激素、雌激素等治疗。预后多不佳。

卵巢系膜（mesovarium）　悬挂卵巢的浆膜褶，是子宫阔韧带的前部，沿卵巢系膜缘转折于卵巢表面。系膜内有卵巢血管和神经等，经系膜缘处的卵巢门进出卵巢。卵巢系膜内有纤维肌性索，从卵巢后端连接到子宫角顶端附近，为卵巢固有韧带。

卵巢摘除术（ovariectomy）　将母畜的卵巢从腹

腔剔除的手术方法。其目的在于改变体内内分泌状态，使肉用家畜生长迅速，改善肉的质量，方便管理；此外，用于手术治疗卵巢囊肿或肿瘤。犬猫的卵巢摘除多为消除发情的反应或治疗卵巢疾病。卵巢摘除的手术通路因家畜而异，猫在下腹部，犬和猪在侧腹壁或下腹壁，牛除在侧腹壁施术外，也可通过阴道作为通向腹腔的通路。卵巢剔除一般采用结扎法，而牛往往采用绞断器将卵巢分离。

卵巢肿瘤（ovrian tumors） 动物的卵巢肿瘤大致分为三类：①上皮瘤，如乳头腺状瘤、乳头腺状癌、囊腺瘤、囊腺癌、卵巢癌个，多见于犬、猪和实验动物；②生殖细胞瘤，如无性细胞瘤、畸胎瘤等；③性索-基质瘤，如颗粒细胞瘤、壁细胞瘤、黄体瘤等，各种动物都有发生，牛、马常见。

卵袋（egg - pouch，egg capsule） 有些种的绦虫孕卵后，子宫消失，卵进入实质中，单个地或成团地被包入一种透明的薄膜内，此膜称卵袋。

卵黄蒂（yolk stalk，omphalomesenteric/umbilical duct） 又称卵黄柄、卵黄管。连接胚胎中肠与卵黄囊的狭窄管样结构。

卵黄抗体（yolk antibody） 由免疫过的产蛋禽群所产禽蛋的蛋黄匀浆中提取的抗体。用于相应疾病的预防和治疗，与抗病血清同属被动免疫制品。卵黄抗体可在一定程度上克服抗病血清制备成本高、生产周期长的弱点，并具有用同批动物可连续生产的优点。

卵黄膜（vitelline membrane） 鸟类受精卵的一部分，紧贴于卵表面的一层膜，属初级卵膜，由受精卵的细胞膜发育而来，具有保护功能。

卵黄囊（yolk sac） 最早形成的胎膜，原肠胚形成时期，由于体褶发生，胚体上升，将原始消化管缢缩形成胚内和胚外两部分，胚内部分是原肠，胚外部分即卵黄囊。卵黄囊的内层是内胚层，外层为脏壁中胚层。胚体对卵黄的利用是通过卵黄囊壁血管进行的。禽卵黄囊发达，除有袋类外，其他家畜一般不发达。

卵黄囊绒毛膜胎盘（choriovitelline placenta） 胎儿胎盘由卵黄囊绒毛膜构成，从母体吸收的营养通过卵黄囊血管进入胚体内。见于有袋类等动物。

卵黄囊循环（vitelline circulation） 卵黄囊上分布有血管网，其中动脉来自主动脉的脐肠系膜动脉，同名静脉则将滋养层从子宫乳中吸收而贮存于卵黄囊中的养分带回心房（窦房区）。卵黄囊循环及其作用仅限于胚胎发育初期即尿膜绒毛膜形成以前的时期。

卵黄腺（vitelline/yolk gland） 复殖吸虫分泌卵黄物质的腺体，身体左右各一组，分别由许多滤泡组成，分布在虫体的两侧部。左右两组滤泡的细腺管汇合成左右卵黄管，后者连合成一个卵黄总管后与输卵管汇合。有的种在左右卵黄管汇合后膨大为一卵黄囊，由卵黄囊连卵黄总管。

卵黄性腹膜炎（vitellary peritonitis） 由于卵黄误入腹腔引起的腹膜炎性疾病。可发生于雏鸡或产蛋母鸡。原发性卵黄性腹膜炎，见于雏鸡卵黄囊吸收不良，或因日粮中的钙、磷和维生素 A、维生素 D 含量不足、蛋白质过多而引起；继发性卵黄性腹膜炎，见于鸡白痢等疾病过程中。临床表现精神沉郁，食欲不振，消瘦，行动缓慢，腹部过度增大并下垂，触诊有疼痛感和波动感。产蛋中止，伴发贫血、下痢等症状。预防应针对病因，调整饲料组成，控制鸡白痢等疾病。

卵黄循环（vitelline/omphalomesenteric circulation） 又称卵黄区循环。由心管头端连接腹主动脉，经弓动脉、背主动脉、卵黄动脉和卵黄静脉回到心管的血液循环。鸟类的卵黄循环发达。哺乳类因卵黄很少，对胚胎发育并无营养价值，所以除重演种系发生外，主要与肝的发育及门静脉的发生有关。

卵黄周膜（perivitelline membrane） 被覆于鸟类卵子周围的糖蛋白物质，类似于哺乳类卵子的透明带。

卵裂（cleavage） 受精卵在输卵管中进行多次连续细胞分裂的过程。卵裂是胚胎期的起始，包括 2～16 细胞胚和桑葚胚（32 细胞以上）。桑葚胚继续发育，形成囊胚（胚泡）。家禽的卵裂为不完全卵裂或盘状卵裂。家畜的卵裂为完全卵裂和不规则的异时卵裂，第一次卵裂一分为二，为均等分裂；第二次分裂时，两个卵裂球并不同时分裂，因此可出现 3 个、5 个、6 个、9 个等卵裂球。

卵裂沟（cleavage furrow） 卵裂时细胞表面凹陷形成的裂缝，是卵裂起始的标志。

卵裂面（cleavage plane） 卵裂时两细胞分开处对应的垂直平面。

卵裂球（blastosphere） 受精卵经卵裂所产生的细胞。由于受到透明带限制，卵裂球不断分裂，数目增多而体积则越来越小。

卵磷脂（lecithin） 一种混合物，存在于动植物组织以及卵黄之中的一组黄褐色的油脂性物质，其构成成分包括磷酸、胆碱、脂肪酸、甘油、糖脂、甘油三酸酯以及磷脂。卵磷脂被誉为与蛋白质、维生素并列的“第三营养素”。卵磷脂对人与动物的肝功能具有保护作用，对心脏健康有积极作用，促进婴幼儿大脑发育，增强记忆力，是血管的“清道夫”，是糖尿病患者的营养品，能有效地化解胆结石，可预防老年痴呆症的发生。

卵膜（membrana ovi） 包围在卵细胞外的非细胞结构。家畜和家禽一般有3级卵膜：初级卵膜又称第一卵膜，是卵黄膜，由卵细胞分泌形成，位于卵细胞膜之外。哺乳类无初级卵膜。有人把卵细胞质膜称为卵黄膜。禽类有卵黄膜，但与质膜结合在一起。次级卵膜又称第二卵膜，包括透明带和放射冠（哺乳类）。前者由卵细胞膜和卵泡细胞共同形成；后者是一层围绕透明带的卵泡细胞。有人把透明带归入初级卵膜。禽类的次级卵膜是卵黄周膜，它是由一层水泥样基质，将胶原纤维捆扎一起形成的。有人则认为禽类无次级卵膜。三级卵膜仅存在于禽类，包括蛋白、壳膜和蛋壳，是由禽类输卵管分泌形成的。人们对于卵膜的分级有不同看法，有待进一步探讨。

卵囊（oocyst） 孢子虫纲原生动物从宿主排到外界环境中的虫体，分为未孢子化卵囊和孢子化卵囊两种。未孢子化卵囊含有一圆形的、呈颗粒状的、有核的原生质团，即合子。未孢子化卵囊在外界适宜的环境下完成孢子生殖，即成为具有感染性的孢子化卵囊。孢子化卵囊依据属的不同含有不同数目的孢子囊和子孢子。孢子囊一般呈圆形、椭圆形或者梨形，内含一定数目的子孢子。

卵泡（ovarian follicle） 卵巢的主要结构，呈不同发育程度的圆形泡状，位于卵巢皮质。进入初情期后，家畜卵巢中的卵泡大致可以分为两类：一类是在每个发情周期中生长发育的少量卵泡，另一类是作为储备的大量原始卵泡。从原始卵泡发育成为能够排卵的成熟卵泡，要经过一个复杂的过程。根据卵母细胞外包裹的卵泡细胞层数、是否出现卵泡腔和卵泡的大小，可将卵泡发育阶段划分为原始卵泡、初级卵泡、次级卵泡、三级卵泡和格拉夫氏卵泡（又称为成熟卵泡）。原始卵泡体积小，数量多，位于卵巢皮质浅层，由中央的初级卵母细胞和周围的单层扁平形的卵泡细胞组成。成熟卵泡体积最大，贴近卵巢表面，卵泡腔大、壁薄，卵丘根部松动。初级卵泡、次级卵泡和三级卵泡合称为生长卵泡，位于皮质深层，初级卵母细胞周围有透明带和颗粒细胞包绕，并逐渐出现卵泡腔、卵丘、放射冠和卵泡膜。他们界于原始卵泡和成熟卵泡之间。卵泡不仅构成卵细胞生长发育的微环境，而且能分泌雌性激素（原始卵泡除外）。

卵泡波（follicular wave） 在一个发情周期中，一般都有多批卵泡相继发育。在相对集中的时间内基本同步生长发育的卵泡形成一个生长卵泡群，称之为一个卵泡波。生长发育的卵泡有两个命运：大多数发生闭锁，少数、甚至只有一个发育成熟并排卵。每个卵泡波中发育的卵泡在持续发育2～3d后，其中只有少数优势卵泡可以继续发育，但不能排卵，最终发生闭锁。在一个卵泡波中，优势卵泡的数量一般与排卵卵泡的数量相当。在发情周期中，只有在黄体溶解时出现的卵泡波中的优势卵泡才可能成为该发情周期中的排卵卵泡。灵长类、猪和大鼠只在卵泡期卵巢上才出现大的优势卵泡，而反刍类和马在发情周期内大部分时间卵巢上都可能出现大卵泡。

卵泡膜瘤（thecoma） 见卵泡膜细胞瘤。

卵泡膜细胞瘤（thecal cell tumor） 又称卵泡膜瘤（thecoma）。卵巢皮质内间质细胞发生的肿瘤。见于较老龄母畜和母鸡。肿瘤呈圆形或椭圆形，有完整纤维性包膜，质硬，切面呈实体性，浅黄色。镜下瘤细胞呈短菱形，胞浆丰富，内含脂质空泡。一般呈良性经过。

卵泡囊肿（follicular cysts） 卵泡由于上皮变性，卵泡壁结缔组织增生变厚、卵细胞死亡、卵泡液没有吸收或增多而形成的囊肿。本病多见于奶牛及猪。经常多个卵泡发生囊肿。母畜外表特征是无规律的频繁发情和持续发情，甚至出现慕雄狂。直肠触诊卵泡壁薄、有波动。如为多个小卵泡囊肿变性，则壁较厚、波动不显。治疗时应先改善饲养管理，然后使用激素促使囊肿黄体化，或使用促性腺激素释放激素、孕酮等。

卵泡期（follicular phase） 性成熟的母畜所发生的卵巢周期性变化中以卵泡的生长发育、成熟和排卵为特征的一个时期。包括原始卵泡开始生长发育经初级卵泡、次级卵泡、三级卵泡达到成熟阶段，最后卵泡破裂发生排卵等复杂过程。在此期间除卵泡体积和细胞组成有显著变化外，还在不同时期出现有关的受体和酶。成熟卵泡的卵子包有一层透明带，外面包围由颗粒细胞构成的卵泡内层，颗粒细胞外面为内膜细胞，中间为卵泡腔含有卵泡液。在垂体分泌的LH和FSH共同作用下，成熟卵泡破裂排出卵子，进入卵巢周期的黄体期。

卵泡萎缩与交替发育（atrophy and succesive development of follicles） 卵泡不能正常发育到排卵，中途萎缩，而又有新的卵泡发育，交替进行的现象。属卵巢机能不全，主要见于早春发情的马、驴，受气候与温度的影响。随气候转暖、青草增多可恢复正常。

卵生（oviparous） 雌性成体产卵后，卵子在体外孵化发育成胚胎的生殖方式。这种生殖方式，胚胎发育所需营养来自于卵子本身。见于两栖类、爬行类和鸟类。

卵胎生（ovoviviparity） 雌性成体产卵后，卵子在体内孵化，但胎儿与母体之间并没有胎盘联系的一种生殖方式。这种生殖方式，母体仅为胎儿发育提供一个安全的场所，胚胎发育所需营养不需母体供给，而来自于卵子本身。见于某些鲨鱼、硕骨鱼、两栖类和爬行类。

卵系带（chalaza） 禽蛋的卵黄外面包有浓蛋白和稀蛋白，由于卵黄在输卵管中运行时转动，浓蛋白被扭转成索状的结构。功能为连接蛋黄与壳膜，将卵黄固定在蛋的中间位置。

卵原细胞（oogonium，ovogonium） 原生殖细胞分裂分化而来的未成熟的卵细胞。原生殖细胞迁移至生殖嵴后，若生殖嵴上皮细胞的性染色体为XX型，则生殖嵴发育分化为卵巢，原生殖细胞则分化为卵原细胞。卵原细胞的增殖期主要在胚胎期，出生后其数量一般不再增加。

卵圆孔（oval foramen） 位于胎儿心房中隔上的卵圆形孔洞，左、右心房借此相通。由于孔的左侧有一瓣膜，加之右心房的压力高于左心房，故使从后腔静脉回右心房的血液流向左心房。动物出生后，由肺静脉流回左心房的血液增多，压力增高，卵圆孔因瓣膜紧贴而关闭，其遗迹为卵圆窝。

卵质膜反应（egg plasma membrane reaction，vitelline reaction） 又称卵黄膜反应。在受精过程中，卵子发生皮质反应排出皮质颗粒，这些颗粒的膜与卵子的质膜（细胞膜）发生融合并重组，使卵子质膜的结构发生改变，从而阻止已经进入卵周隙的多余精子入卵的反应。

卵周隙（perivitelline space） 成熟卵母细胞与透明带之间的空隙。

卵子（ovum，female gamete） 又称雌性配子。雌性动物成熟的生殖细胞，是由次级卵母细胞分裂分化而来的成熟的卵细胞。在胚胎前期由来自卵黄囊内胚层的原始生殖细胞分化产生。由卵细胞膜、细胞质和核组成。细胞质内有多种细胞器和大量卵黄物质。根据卵黄含量及分布，可分为少黄卵、均黄卵（哺乳动物）、多黄卵、端黄卵（禽类）。卵子的大小与卵黄物质含量有关，马、牛、羊、猪的卵直径为100～140μm，而鸡的则为3～3.5cm。卵细胞有极性，含细胞质较多的一端称动物极；另一端称植物极，由于含大量卵黄，比重较大，故总位于卵的下端。

卵子发生（oogenesis） 卵原细胞在卵巢卵泡中发育成为成熟卵子的过程。卵子发生包括卵原细胞的增殖，卵母细胞的形成、生长和成熟。分为增殖期、生长期和成熟期3个阶段。①增殖期。家畜胚胎性分化后，原始生殖细胞变成卵原细胞。卵原细胞经过多次有丝分裂、增殖，在胎儿期或生后不久（因家畜种类而异），经最后一次有丝分裂发育成为初级卵母细胞。②生长期。在卵巢内初级卵母细胞经过核物质变化，DNA含量增加及体积增大，进入第一次减数分裂（亦称成熟分裂）前期，并有一层细胞包围形成原始卵泡，密布于卵巢皮质部。初级卵母细胞的数量在初生前达最高峰，例如牛在出生时有6万～10万个初级卵母细胞。但这些初级卵母细胞并不能全部达到成熟阶段，在发育过程中很多发生退化、死亡和被吸收。在初级卵母细胞进行第一次减数分裂前期的双线期，有一段很长时间的休止期。当原始卵泡从其储备中释放出来时，初级卵母细胞进入迅速生长阶段，卵黄颗粒增多，卵母细胞体积增大，合成核糖核酸，卵母细胞周围发生一层透明膜称透明带。初生卵母细胞的生长与卵泡的发育密切相关。当卵泡腔形成时，卵母细胞达最大体积。③成熟期。初级卵母细胞进入第一次成熟分裂的中期和后期，分裂为一个次级卵母细胞和第一极体。牛、羊、猪的次级卵母细胞自卵巢排出后，可继续发育到第二次成熟分裂中期，只有在受精时才能完成第二次成熟分裂，放出第二极体；而马和犬的两次成熟分裂均在排卵后进行。

卵子激活（egg activation） 在受精过程中，精子发生顶体反应穿越透明带后，精子的细胞膜与卵子的细胞膜接触并融合，精子进入卵子内，此时处于休眠状态的卵子被活化，而启动一系列形态和生化的变化，最终导致细胞分裂的过程。

卵子皮质（egg cortex） 卵子细胞质表层的物理性质不同于其他部分，呈凝胶状的组成部分。

伦勃特氏缝合（Lemberf suture） 肠管浆膜内翻缝合的一种，主要应用于胃、肠缝合。方法：根据肠管的大小，距创缘5～10mm的浆膜面进针，方向与创口垂直，穿透浆膜层潜行1～2mm，由浆膜穿出；其后采取对称的距离在创口的对侧浆膜穿入，经潜行再穿出，将线的两端抽紧、打结。本法的基本形式是间断内翻缝合，也可连续缝合。本缝合使浆膜相对密接有利于愈合。当较粗的肠管缝合时，为了增加张力，常与其他缝合法联合应用。

轮状病毒感染（rotavirus infections） 呼肠孤病毒科的轮状病毒引起的儿童及多种幼龄动物的急性胃肠道传染病，临床上以腹泻厌食、脱水为特征。各种年龄的动物都可感染轮状病毒，感染率可高达90%以上，成人和成年动物常呈隐性感染，发病的多是婴儿和幼龄动物。病毒存在肠道随粪便排出体外，经消化道感染人畜。根据发病多在寒冷季节、多侵害幼龄动物、突然发生黄白或暗色水样腹泻、病变主要在小肠、发病率高而病死率较低等特点，可作出初步诊断。确诊可用电镜法或免疫荧光技术检查病毒。防治主要采取加强饲养管理和进行对症治疗。

论证诊断法（demonstration diagnosis）　将实际所具有的症状、资料和所怀疑的疾病所应具备的症状、条件加以比较、校对、证实，从而得出诊断结果的一种诊断法。

罗红霉素（roxithromycin）　新一代 14 元大环内酯类抗生素。主要作用于革兰阳性菌、厌氧菌、衣原体和支原体等。其抗菌谱及体外抗菌作用与红霉素相似，体内抗菌作用比红霉素强 1～4 倍。应用同红霉素，与红霉素存在交叉耐药性。

罗杰二氏培养基（Lowenstein - Jensen medium）　Jensen 通过改良 Lowenstein 的配方发展而来的，用于分离和培养分支杆菌的一种常用培养基，内含蛋黄、甘油、马铃薯、无机盐及孔雀绿等。

罗西欧病毒脑炎（Rocio viral encephalitis）　黄病毒科黄病毒属的一种虫媒病毒引起的人流行性脑炎，分布于巴西少数沿海地区。病毒在森林野鸟和凶恶骚蚊之间自然循环。尚未发现引起任何家畜疾病的报告，在流行区内也未见此病毒引起野生动物疾病。人感染后的临床表现，可从亚临床型直到严重的脑炎。通常发病急骤、不适、头痛、发热、嗜睡和颈部强直，严重病例则伴有昏迷，因呼吸或心脏衰竭而死亡。确诊要靠分离鉴定病毒或血清学检查。没有特效疗法，尚无有效疫苗。

啰音（rales）　支气管管腔狭窄、内有分泌物或液体存在时，随呼吸所发出的附加音响。按性质可分为干啰音和湿啰音两种。①干啰音：支气管黏膜有黏稠分泌物、支气管黏膜肿胀或痉挛使其管腔变窄，气体通过狭窄的支气管腔或气流冲击附着于支气管壁的黏稠分泌物时引起振动而产生的声音称干啰音。若音调高朗、持续时间长、类似哨音、笛音、飞箭音或咝咝音等，表明病变在细支气管；若音调低而粗糙，类似"咕-咕"声、"嗡嗡"音等，表明病变在大支气管。干啰音容易变动，可因咳嗽、深呼吸而有明显增强、减弱或移位。是支气管炎的典型症状。②湿啰音：为气流通过带有稀薄分泌物或液体的支气管时引起液体移动或水泡破裂所产生的声音，或为气流冲动液体形成或疏或密的泡浪、或气体与液体混合成泡沫状移动所致。湿啰音类似于用一小细管向水中吹气所产生的声音。其亦有易变动的特点，在吸气末期最为清楚。常见于支气管炎、各种肺炎、肺水肿、心力衰竭等。

螺杆菌属（*Helicobacter*）　螺旋形、弯曲或直的不分枝的革兰阴性菌，（0.3～1.0）μm×（1.5～5）μm。无芽孢，鞭毛有鞘。微需氧，呼吸型代谢，在需氧和厌氧条件下不生长，最佳微需氧条件为 5% CO_2、5% H_2 和 90% N_2 的混合气体环境。不氧化也不发酵碳水化合物，从氨基酸或三羧酸循环中间产物而不从碳水化合物获得能量。生长缓慢，在脑心汤血琼脂和巧克力琼脂上需经 2～5d 生长；添加 10%胎牛血清于液体培养基中利于各种螺杆菌生长。在固体培养基上不形成明显的菌落。若形成菌落，为无色、半透明、直径 1～2mm。螺杆菌是引起人和动物胃肠道疾病、肝脏疾病等的病原。

螺旋-环-螺旋（helix - loop - helix）　蛋白质基元由两个两性 α-螺旋通过一个肽段连接形成的结构。两个蛋白质通过两性螺旋的疏水面互相结合，与 DNA 结合则依靠此基元附近的碱性氨基酸侧链与 DNA 的结合而实现。

螺旋霉素（spiramycin）　16 元环大环内酯类抗生素。提取自链霉菌（*Streptomyces ambofaciens*）的培养液。可制成性状稳定的乙酰螺旋霉素。抗菌谱类似红霉素，但疗效逊于红霉素。用于防治对氯霉素、四环素耐药的革兰阳性菌感染及支原体感染。

螺旋器（spiral organ）　又称 Corti 氏器。接受声波的听觉感受器。位于基底膜上，由毛细胞和支持细胞构成。毛细胞的表面有数十根静纤毛，基底面与蜗神经的末梢形成突触。支持细胞有柱细胞和指细胞两种。螺旋器表面覆盖着一片胶质膜，称盖膜。声波的振动通过外淋巴影响前庭膜和基膜，使毛细胞和盖膜之间形成瞬息液流，刺激毛细胞，产生冲动，经耳蜗神经传入中枢，形成听觉。

螺旋体（*spirochaeta*）　一类菌体细长、柔软、弯曲呈螺旋状、能活泼运动的原核单细胞微生物。它的基本结构与细菌类似，但无鞭毛，细胞壁中有脂多糖和壁酸，胞浆内含核质，以二分裂繁殖。横断分裂繁殖；化能异养；好氧、兼性厌氧或厌氧。依靠位于胞壁和胞膜间的轴丝的屈曲和旋转使其运动，这与原虫类似，因此是介于细菌和原生动物之间的一类单细胞原核生物。全长 3～500μm，具有细菌细胞的所有内部结构，螺旋体广泛分布在自然界和动物体内，大部分为自由的腐生生活、共栖或寄生，少数有致病性。在分类上归属螺旋体目（Spirochaetales），目以下分为 3 个科，即螺旋体科（Spirochaetaceae）、钩端螺旋体科（Leptospiraceae）和短螺旋体科（Brachyspiraceae）。与兽医学有关的主要有中螺旋体科的螺旋体属（*Spirochaeta*）、密螺旋体属（*Treponema*）和疏螺旋体属（*Borrelia*）；短螺旋体科的短螺旋体属（*Brachyspira*）以及钩端螺旋体科的钩端螺旋体属（*Leptospira*）。

螺旋体病（spirochetosis）　由螺旋体引起的疾病。其中家畜的螺旋体病主要有家禽疏螺旋体病、各种家畜的钩端螺旋体病、猪密螺旋体痢疾和兔梅毒等。

裸鼠（nude mouse）　先天无胸腺鼠，已有裸小鼠、裸大鼠、裸豚鼠。裸小鼠的胸腺缺陷是由第 11 染色体上存在的隐形裸基因"nu"所引起的。裸鼠体内存有少量 T 细胞，其巨噬细胞、NK 细胞活性较高。常用于肿瘤细胞移植和传代，研究 T 细胞免疫应答。

裸头科（Anoplocephalidae）　圆叶目绦虫的重要科。头节上无顶突与钩。节片宽大于长，每个节片内含一或两套雌雄性器官，生殖孔开口于节片侧缘。睾丸数目很多。孕卵节片的子宫可能继续存在；或子宫消失，卵单个地或成团地被包入许多散在于实质中的卵袋内；或在子宫外围形成一或多个纤维肌质的副子宫，粘连在子宫壁上，卵由子宫转移到副子宫内，子宫崩解。卵有三层膜，最外层为卵黄膜，中层为蛋白膜，最内层为包围着六钩蚴的持胚器、即梨形器。马、牛、羊等草食动物的寄生虫；中间宿主为多种地螨。中绦期为似囊尾蚴。

裸头属（*Anoplocephala* ）　属于绦虫纲（Cestoidea）、圆叶目（Cyclophllidea）、裸头科（Anoplocephalidae），主要有叶状裸头绦虫和大裸头绦虫。叶状裸头绦虫主要寄生于马、骡、驴的小肠后端，也见于盲肠前端。大裸头绦虫主要寄生于马、骡、驴的小肠，特别是空肠，偶见于胃。其生活史和反刍兽莫尼茨绦虫的生活史相似，中间宿主也均为地螨。对机体的致病作用主要表现在机械刺激和毒素作用，可导致肠黏膜损伤。叶状裸头绦虫大量寄生常引起回盲口组织增生性、环形出血性溃疡，并导致回盲口局部或者全部堵塞，引起间歇性疝痛，最后导致死亡。大裸头绦虫重度感染引起肠卡他，有时呈出血性肠炎、溃疡甚至穿孔。虫体过多引起肠套叠、肠扭转甚至肠堵塞。毒素被宿主吸收后引起中毒，往往伴发癫痫样神经症状。

洛基山斑疹热（lxodo rickettsiosis americana）　由立氏立克次体（*Rickettsia rickettsii*）引起的一种蜱传斑疹伤寒。主要分布于美洲各国。传染源为啮齿类动物以及犬和鸟类，传播媒介为多种硬蜱。人和动物直接受蜱叮咬，或接触蜱血、蜱粪可经皮肤感染。动物多为隐性感染。人感染后表现发热、全身不适、剧烈头痛、肌肉关节痛，并在躯干与四肢出现皮疹。皮疹初为红色斑疹，后发展为出血性丘疹或瘀斑。根据症状可作初步诊断，确诊需进行病原分离和血清学检查。主要防制措施是灭蜱、灭鼠和预防注射等。

洛美沙星（lomefloxacin）　第 3 代氟喹诺酮类广谱抗菌药物，具有抗菌谱广、抗菌活性强、毒副作用低、易吸收、组织渗透性强、作用时间较持久和临床疗效高等优点，是目前本类药物中抗菌力较强、疗效较佳的抗菌药物。兽医临床上用于敏感菌所致的呼吸道、尿道感染。

骆驼痘（camel pox）　正痘病毒属骆驼痘病毒引起的一种骆驼传染病。它与痘苗病毒和牛痘病毒感染密切相关。传播途径是健畜和病畜直接接触感染。痘疹常限于嘴唇和颊部皮肤。防治措施与牛痘相同。

骆驼喉蝇（*Cephalopina titillator*）　成蝇自由生活，不采食。成蝇长 8～11mm，胎生。幼虫寄生于骆驼的鼻腔、鼻窦和咽喉部，成熟的幼虫长 30～32mm，在土壤中化蛹。参阅羊狂蝇。

骆驼球虫（coccidium of camel）　属孢子虫纲、艾美耳科、艾美耳属，多种球虫均寄生于肠上皮细胞。重要虫种包括双峰骆驼艾美耳球虫（*Eimeria bactriani*）、骆驼艾美耳球虫（*E. cameli*）和单峰骆驼艾美耳球虫（*E. dromedarii*）、皮氏艾美耳球虫（*E. peuerdyi*）。多为混合感染，直接传播。发育史与鸡球虫相似。骆驼生活于干旱荒漠草原，地理气候环境对球虫卵囊在自然界孢子生殖不利，故一般感染强度低，通常为带虫状态，不引起临床症状。

骆驼双瓣线虫病（dipetalonemiasis in camel）　伊氏双瓣线虫（*Dipetalonema evansi*）寄生于骆驼的肺、精索动脉、右心室和淋巴结等处引起的寄生虫病。分布于埃及、阿尔及利亚、土耳其斯坦、俄罗斯和印度。系大型丝虫，雄虫长 75～90mm，无尾翼，二个交合刺异形，不等长，雌虫长 170～215mm，阴门位于前端，但不靠近口。胎生，产带鞘的微丝蚴，中间宿主可能是伊蚊。患畜表现为动脉硬化和心脏功能不全，并可能引起睾丸炎或精囊血管动脉瘤。

麻保沙星（marbofloxacin） 一种新型兽医专用氟喹诺酮类的广谱抗菌药物。主要通过抑制细菌拓扑异构酶活性而抗菌，可杀灭引起外科感染的一些主要细菌，对革兰阴性和阳性菌均有较强的活性，甚至对某些霉菌和厌氧菌也有效，特别是肠杆菌科和葡萄球菌属。其药代动力学特征独特，消除半衰期较长，组织渗透力强，体内吸收迅速完全而且分布广泛，生物利用度高，安全剂量范围宽，无明显生殖和遗传毒性。适用于治疗和预防呼吸系统、泌尿系统、消化系统、皮肤、眼和耳等细菌性感染疾病。

麻痹（paralysis） 又称瘫痪。骨骼肌随意运动能力减退或消失的一种疾病。分为中枢性和外周性麻痹两类。中枢性麻痹由中枢神经不同部位的损伤或传导障碍引起，常见原因有：大脑、脑干和小脑出血、血栓形成或发生肿瘤。临床表现为偏瘫、单瘫和截瘫。①单瘫（monoplegia），即一个肢体的瘫痪，多由脊髓损伤所致；②偏瘫（hemiplegia），即一侧躯体的瘫痪，多由脑损伤所致；③截瘫（paraplegia），即成对组织器官的瘫痪，由脊髓严重损伤所致。发生中枢性麻痹时，下运动神经元完好，且因中枢对其抑制调节作用减弱或消失，反射运动反而出现异常增强的现象。外周性麻痹是指因下运动神经元或外周运动神经纤维受损引起的麻痹。常见原因有脊髓腹角灰白质炎、外周神经干损伤、多发性神经炎等。临床特点是相应部位的肌肉反射运动消失、紧张性明显下降，随意运动丧失，并继发麻痹部位的肌肉萎缩。

麻痹性贝毒（paralytic shellfish poison） 被毒化的贝所具有的一类能引起动物随意运动困难、流涎等症状的统称。毒素由原膝沟藻属（*Protogonyaulax*）的甲藻产生，某些食用双壳贝类如文蛤、贻贝、扇贝、蛤蜊、牡蛎等以毒藻为食料即被毒化。毒素主要蓄积在中肠腺。有毒成分主要有石房蛤毒素（saxitoxin）与新石房蛤毒素（neosaxitoxin）类、膝沟藻毒素类（gonyautoxin Ⅰ Ⅷ）和原膝沟藻毒素类（protogonyautoxin）以及脱氨基甲酰基石房蛤毒素（decarbamoyl STX）等，其中高毒性成分 GTXI Ⅳ、STX、neoSTX 的毒力比氰化钠约大 1 000 倍。其毒理作用被认为和河豚毒素相似，有选择性地阻碍钠离子进入神经和肌肉细胞，使神经冲动的传导中断。

麻痹性贝中毒（paralytic shellfish poisoning） 由于摄食含有麻痹性贝毒的食用贝类引起的中毒。症状与河豚中毒相似，常在食后约 30min 出现唇、舌、面部麻木，进而四肢末端麻木，直至随意肌共济失调、步态不稳、流涎、头痛、口渴、恶心、呕吐，最后呼吸麻痹死亡。死亡前动物意识仍清楚，死亡一般在 12h 内发生，超过 12h 的较易恢复。

麻痹性肌红蛋白尿（paralytic myoglobinuria） 又称马横纹肌溶解症（equine rhabdomyolysis）、氮尿症（azoturia）等。临床上以后躯运动障碍，臀、股部肌肉肿胀、僵硬及排红褐色肌红蛋白尿为特征的一种疾病。多发生于马。5～8 岁的重型马在长期饲喂丰富日粮并休息了一段时期而突然强迫运动后发生。一般认为发病原因是营养状况良好且在休息期间仍供给过多的高粱、玉米等富含碳水化合物饲料，使肌糖原蓄积增多。当突然恢复使役或强迫运动之后，肌糖原迅速分解为大量乳酸并在肌肉中大量堆积。乳酸在肌肉和血液中增高，除发生酸中毒外，还导致肌纤维凝固性坏死，使大的肌肉产生疼痛性肿胀，臀及腿部肌肉因含糖原最多，损伤也严重。由于坏死肌纤维释放肌红蛋白，随后排出暗棕红色的尿液。根据病史，临床表现及实验室检查（病马血清中乳酸含量明显升高，骨骼肌损伤的特殊性酶如肌酸磷酸激酶等活性显著升高）可作出诊断。预防本病主要是合理饲喂与使役。

麻黄碱（ephedrine） 拟肾上腺素药。从麻黄科植物草麻黄或木贼麻黄中提取的生物碱。现已能人工合成。直接兴奋α-受体和β-受体，也能促使交感神经末梢释放去甲肾上腺素，间接发挥拟肾上腺素作用。具有松弛支气管平滑肌，兴奋心脏，收缩血管及中枢兴奋作用，作用徐缓而持久。用于感冒或鼻腔发炎时减轻鼻黏膜肿胀，支气管喘息或痉挛性咳嗽时扩张支气管和减轻呼吸困难以及治疗变态反应性疾病等。

麻蝇（*Sarcophaga*） 双翅目、麻蝇科的一类引起蝇蛆病的蝇。体型中等至大型，呈淡灰或暗灰色；胸部常有3个纵向暗色条纹；腹部有棋盘（或方格）形暗斑。胎生，将幼虫产在宿主的伤口上、溃疡上、皮肤上或腐肉上，有时寄生于鼻腔、阴道和尿道。有若干种，寄生于牛、骆驼等多种动物以及人。参见蝇蛆病。

麻疹病毒属（*Morbilivirus*） 副黏病毒科副黏病毒亚科的一个属，代表种为麻疹病毒，故名。囊膜上有血凝素因子（H）和融合因子（F），但无神经氨酸酶因子。产生胞浆及核内包涵体。其他成员有犬瘟热病毒、海豹瘟病毒、牛瘟病毒及小反刍兽瘟病毒，均有致病性。各成员间有明显的抗原性交叉。

麻醉（anesthesia） 疼痛反应消失的状态。分全身麻醉与局部麻醉。全身麻醉是各种全身麻醉药进入体内，以血液为载体，作用于中枢神经系统，产生镇静、镇痛、肌松作用，这些作用都是可逆的。如七氟醚、异氟醚、安氟醚、氟烷、甲氧氟烷、硫喷妥钠、氯胺酮和舒泰等麻醉剂的麻醉作用。局部麻醉是在局部麻醉药的作用下，身体的部分麻醉，其他部分仍有感觉，如普鲁卡因、利多卡因等的局部浸润麻醉、传导麻醉等。

麻醉的深度（depth of anesthesia） 不同手术要求达到的不同程度的全身麻醉。正确合理的麻醉深度应保证手术的安全操作，又避免加重病畜的负担、造成给药的浪费。临床上麻醉的深度根据病患的心脏、呼吸、肌肉松弛以及眼的征兆等确定。

麻醉的选择（choice of anesthesia） 术者根据对病畜的全身状况，病理生理的变化，动物的种类和年龄，手术的目的和规模，麻醉用药及其使用的方法，麻醉药的组合、麻醉前给药、麻醉管理，手术设备和手术条件等研究结果，选择适宜的麻醉。选择原则是：麻醉药和麻醉方法让病畜能够忍受；麻醉对动物机体紊乱最轻，不良反应最小；能提供手术需求的条件。

麻醉机（anesthetic apparatus） 全身麻醉和呼吸管理的专门装置。麻醉机的种类繁多，一般包括下列基本部件：①气源，供氧气用，包括贮气筒、减压装置和流量计；②钠石灰罐，内装有钠石灰，是二氧化碳的吸收剂，吸收麻醉动物呼出的二氧化碳；③呼吸囊，管理呼吸用；④挥发器，供应挥发性麻醉剂的装置，能调节麻醉深度；⑤呼吸瓣，麻醉机上的活瓣都是单向型，要求气流通时阻力极微；⑥螺纹管，要求有适当内径，利于气体传递。

麻醉前的准备（preanesthetic preparation） 麻醉过程的重要部分和手术顺利完成的前提，在进行麻醉之前应做下列工作：全面检查病畜、了解病情，改善全身状态及心、肺功能；选定麻醉方法和制定麻醉方案；估计可能发生的事故和临时出现的问题；检查麻醉工具、麻醉装置，如麻醉机、气管插管、人工呼吸机等，以及麻醉前必须完成的其他工作。

麻醉前给药（preanesthetic medication） 在麻醉前0.5～1h给被麻醉动物规定的药物。目的是使动物更温顺，方便术者操作，减少麻醉的副作用，提高麻醉效果。具体作用包括：①除去患畜不安状态；②抑制唾液和呼吸道腺体的分泌；③提高痛阈值；④使机体代谢下降；⑤预防麻醉或其他操作时的有害反应；⑥减少麻醉药用量等。常用的药物有麻醉性镇痛药、安定药、巴比妥类药及抗胆碱药等。

麻醉性镇痛药（narcotic analgesics） 又称阿片类镇痛药。作用于中枢神经系统能减轻或解除疼痛并改变对疼痛情绪反应的药物。按其与阿片受体的关系可分为3类：①纯粹的激动药，如吗啡、哌替啶、芬太尼等，主要作用于μ受体；②激动颉颃药，如烯丙吗啡、镇痛新等，兼有激动-颉颃作用，对μ受体和κ受体有高亲和力，对δ受体有低亲和力，对σ受体也有一定的作用；③酮环唑新类，如布雷吗啡新，主要作用于κ受体。主要用于临床镇痛，尤其适用于创伤、烧伤等引起的急性疼痛，以及癌痛和术后疼痛。现在认为除非有急性疼痛，否则不必作为常规应用。

麻醉乙醚（anaesthetic ether） 吸入性全身麻醉药。自呼吸道吸收后能有效地抑制中枢神经系统，使动物意识、痛觉、反射先后消失。具有安全范围大，易控制麻醉深度，肌肉松弛完全；对呼吸、循环无明显影响；对肝、肾毒性小等优点，但也有诱导期较长，对呼吸道黏膜刺激性大，易燃、易爆等缺点。主用于中、小动物的全身麻醉。因苏醒期长，术后注意护理。

麻醉诱导（induction of anesthesia） 从麻醉开始达到允许手术切开皮肤的阶段。在这段时间要求动物能迅速而平稳地过渡，避免兴奋、挣扎、咳嗽，保持呼吸道的通畅，防止呼吸、循环被超限度抑制。为了顺利完成这一过程，临床上常选用速效静脉注射药作为麻醉前给药，使动物尽快地、平稳地进入麻醉，如硫喷妥钠、安泰酮、水合氯醛等。

马巴贝斯虫病（equine babesiosis） 马巴贝斯虫（*Babesia equi*）寄生于马、驴、骡的红细胞内引起的原虫病。马巴贝斯虫又称马纳塔虫（*Nuttallia equi*），近来称为马泰勒虫（*Theileria equi*），属于孢子虫纲、巴贝斯科（泰勒科）。虫体呈圆形、椭圆形、梨形、丁字形，典型特征是分裂的4个虫体以尖端相对形成十字架形，虫体长度不超过红细胞半径，2～3μm。主要传播者是革蜱和璃眼蜱，扇头蜱也可传播；在蜱体内经卵传递。可与驽巴贝斯虫混合感染。患马体温升高，贫血，黄疸，有血红蛋白尿；病畜迅速消瘦，虚弱；肝脾肿大，胃肠黏膜有出血条纹。取血液查找虫体可作出诊断。治疗用黄色素、咪唑苯脲等药。预防措施主要是灭蜱、防蜱。

马棒状杆菌感染（equine corynebacteriosis） 马棒状杆菌主要引起幼驹的传染性支气管炎。马驹易感，猪亦可感染。幼驹群中传播快、发病率高。主要表现支气管炎症状，剖检肺表面和内部有脓肿，肺呈紫红色。气管、支气管内有泡沫状黏性分泌物，黏膜出血，肺门淋巴结肿大化脓，心内外膜出血、心肌变性，胸肺膜粘连等。根据病变和症状作初诊，细菌分离培养鉴定作确诊。预防应改善饲养管理条件，搞好清洁卫生，幼驹注射母马全血可作短期预防。治疗宜静脉注射母马全血，同时肌内注射链霉素，疗效较好。

马鼻疽菌素试验（mallein test） 用于检查马匹受马鼻疽杆菌感染的一种变态反应试验。常用点眼法。病马在点眼后9～10h，结膜充血、眼睑肿胀，并有脓性分泌物流出。在24～48h反应达高峰。阴性或可疑马可再点一次。点眼反应不适当者，特别是驴鼻疽检疫可采用稀释的马鼻疽菌素皮下注射，24h后，观察动物是否出现高热或局部肿胀。

马病毒性动脉炎（equine viral arteritis） 又称马传染性动脉炎。动脉炎病毒科脉炎病毒属的马病毒性动脉炎病毒引起马属动物的一种急性传染病。临床表现为发热、呼吸道和消化道黏膜卡他性炎，伴有结膜炎、眼睑水肿和四肢浮肿等症状，孕马发生流产。病马的鼻液、血液、精液和发热期粪尿中及流产的胎儿含有病毒，饲喂被污染饲料或吸入有传染性悬滴以及交配传播此病。单纯的动脉炎不需要进行治疗，应用抗生素防止继发细菌性疾病，预防应防止精液传播，种公马需隔离3～4周后再用于配种。

马病毒性流产（equine virus abortion） 见马传染性鼻肺炎（equine rhinopneumonitis）。

马肠变位（intestinal dislocation in equine） 又称机械性肠阻塞。由于肠管的自然位置发生改变，致使肠系膜或肠间膜受到挤压绞榨，肠管血行发生障碍，使肠腔部分或完全闭塞的一组重剧性腹痛病。可归纳为4种类型，即肠扭转、肠缠结、肠嵌闭和肠套叠。临床特征为继发胃扩张或肠膨气，腹痛剧烈或沉重，全身症状渐进增重，腹腔穿刺液浑浊混血。依据口腔干燥、肠音沉衰或消失、排粪停止、继发性肠臌气或胃扩张等肠阻塞的基本症状，结合先剧烈狂暴后沉重的腹痛表现，迅速恶化的全身症状以及混血的腹腔穿刺液等，即可做出肠变位的初步诊断。然后通过直肠检查和剖腹探查而加以确诊。治疗应尽早施行手术整复，严禁投服一切泻剂。

马出血性紫癜（equine purpura hemorrhagica） 又称血斑病（morbus maculosus）。马的急性非接触性传染的变应原性疾病。多发生于马腺疫链球菌感染后1～3周。发病机理为抗原抗体复合物与补体结合后，致使全身性血管内皮损伤性皮下水肿。临床表现以病马头部肿胀最为明显（所谓河马头），肿胀处冷凉，无痛，指压留痕。吞咽障碍，呼吸困难，口、鼻和眼结膜出现大小不等的瘀斑。治疗宜用抗生素等。对由菌苗注射致病病例，应用肾上腺皮质激素治疗。对有窒息危险病例，可实行气管切开术抢救。由于血小板计数无明显变化，可将本病与马血小板减少性紫癜相鉴别。

马传染性鼻肺炎（equine rhinopneumonitis） 又称马病毒性流产（equine virus abortion）。马疱疹病毒引起马的一种急性传染病。病马是主要传染源，病毒经鼻液排出，通过消化道和呼吸道感染健马，也可经子宫感染。感染细胞的核内形成A型包涵体。临床表现可分为鼻肺炎型和流产型两类。前者多发生于幼龄马，潜伏期2～3d，以发热、流鼻液、结膜充血浮肿、白细胞减少，下颌淋巴结肿大为特征，无并发症则1～2周后康复。后者多见于孕马，流产多在妊娠5个月以上发生，多是死产。确诊靠病毒分离鉴定和中和试验、荧光抗体试验、包涵体检查。目前无特效疫苗，主要采取对症疗法。

马传染性脑脊髓炎（equine infectious encephalomyelitis） 又称马流行性脑脊髓炎。由不同种类病毒引起马的一种以中枢神经系统机能障碍为主要特征的疾病总称。这类疾病的临诊症状相似，包括北美的西部和东部马传染性脑脊髓炎，南美的委内瑞拉马传染性脑脊髓炎，亚洲的流行性乙型脑炎和中欧的波那病等。

马传染性脓疱性口炎（contagious pustular stomatitis） 见马痘。

马传染性脓疱性皮炎（contagious pustular dermatitis） 见马痘。

马传染性贫血（equine infectious anemia） 又称

沼泽热（marsh fever）。反转录病毒科慢病毒属的马传染性贫血病毒引起马属动物的一种慢性传染病。病马和带毒马是主要传染源，发热期病马的血液和脏器含有病毒，随排泄物排出感染健马，还可经蚊、虻、蠓和刺蝇叮咬而感染。呈地方性流行或散发，发生于吸血昆虫多的夏秋季节。临床表现可分为急性、亚急性和慢性3类，其共同症状是发热、贫血、黄疸、出血、浮肿、静脉血出现吞铁细胞。应用补体结合试验、琼扩试验、荧光抗体试验及ELISA进行诊断。应注意与马梨形虫、锥虫、马钩端螺旋体病鉴别。马传染性贫血驴白细胞弱毒疫苗对控制本病的发生有良好效果。防制应认真做好检疫、隔离、封锁、消毒和处理等措施。

马传染性贫血病毒（*Equine infectious anemia virus*，EIAV） 反录病毒科（Retroviridae）、慢病毒属（*Lentivirus*）成员。病毒粒子呈球形，有囊膜，基因组为单股RNA。病毒至少有8个血清型，在持续感染期间，随着病马连续发热，体内的病毒不断发生抗原漂移。病毒感染马属动物，马最易感，骡、驴次之，在世界各地的马均有发现。该病毒感染表现为急性、亚急性和慢性3种类型。急性型症状最为典型，出现发热、严重贫血、黄疸等，80%患马死亡。急性或亚急性耐过的马可终身持续感染。病毒首先感染巨噬细胞，然后是淋巴细胞，所有感染马终身出现细胞结合的病毒血症。我国研制成功的驴白细胞弱毒疫苗，马接种后产生良好的免疫力，已有效控制本病在我国的流行。国外一般采用检测加淘汰的手段。

马传染性贫血补体结合反应抗原（equine infectious anemia complement fixing antigen） 以马传染性贫血驴系强毒驴白细胞增殖培养物经吐温80处理制成的一种能与相应抗体结合并吸附补体的生物制剂。用于诊断马传染性贫血的补体结合试验。将驴系强毒于驴白细胞增殖培养后冻融3次，然后加入2%灭菌吐温80处理制成液体抗原或冻干抗原。液体抗原在−20℃以下可保存1年，−7～−9℃保存5个月，2～5℃保存30d。本抗原专供半微量补体稀释法补体结合试验用。

马传染性贫血驴白细胞弱毒疫苗（equine infectious anemia donkey leucocyte attenuated vaccine） 中国育成的马传染性贫血驴白细胞弱毒株制备的一种用于预防马属动物传染性贫血病的疫苗。有两个苗型：①马传染性贫血驴白细胞弱毒疫苗。将第118～130代弱毒毒种接种驴白细胞增殖培养（营养液为赛氏液与牛血清等量混合液）制成湿苗，也可将湿苗直接进行冷冻真空干燥制成冻干苗。②马传染性贫血驴白细胞弱毒驴体反应疫苗。将驴白细胞弱毒株在驴白细胞继代增殖1～2代的毒种静脉注射驴，不出现任何症状，于第1～2周放血提取血浆制成驴体反应苗。湿苗在−20～−25℃保存不超过9个月，−40～−50℃为1年；驴体反应苗在−40～−60℃保存不超过6个月；在运送时两种苗均应保持冻结状态。使用时，两种疫苗都用灭菌生理盐水作10倍稀释，马、骡、驴一律皮下注射2mL，或原苗皮内注射0.5mL。注苗后马在3个月、驴在2个月产生免疫力，免疫期2年。

马传染性贫血琼脂扩散反应抗原（equine infectious anemia agar-gel-diffusion antigen） 用于诊断马传染性贫血的一种生物制剂。以在驴胎肺、真皮或胸腺二倍体细胞上传代适应、抗原性优良的马传染性贫血病毒株，于二倍体细胞增殖培养后的离心沉淀物，经乙醚或吐温80处理制成。其在电解质、琼脂凝胶介质中扩散与相应抗体结合形成可见的白色沉淀。

马传染性胸膜肺炎（equine contagious pleuropneumonia） 又称马胸疫。马属动物呼吸器官的一种以纤维素性肺炎为特征的急性传染病。病原迄今未阐明，一般认为是一种病毒。常继发其他疾病，使病情复杂加剧，多发于壮年马、骡、驴。经呼吸道感染，舍饲多发。典型病例呈大叶性肺炎或胸膜炎症状；非典型病例症状略轻，有时多次反复，症状复杂，伴发并发症，预后不良。病变以大叶性肺炎或胸膜肺炎为主。依据流行病学、临床症状、病变和治疗效果综合判定作出诊断。早期病马及时使用抗生素治疗，配合对症疗法可治愈。加强饲养管理预防本病发生。

马传染性支气管炎（equine infectious bronchitis） 又称马传染性咳嗽（equine infection cough）。病毒引起的一种传染性极强的传染病。在2～3d内可感染全群。世界各地均有发生。主要特征为干而钝的痛性咳嗽。除经飞沫感染外，还可经消化道感染。应用双份血清作中和试验具有诊断意义。本病如无并发症转归良好，不用治疗。

马喘病（heave broken wind） 又称慢性阻塞性肺病（chronic obstructive pulmonary disease）。马属动物肺实质的慢性疾病。常发生于老龄马。与饲喂富含粉尘和霉败饲草以及使役过重等有关。临床表现进行性呼吸困难，使役中易喘。重症站立时肘头外展，头颈前伸，鼻孔高度扩张，呈两段呼气动作，沿肋骨弓形成凹沟，俗称喘线或息痨沟（heaveline）。尚有食欲，体温多不升高。肺泡音增强或减弱，伴发干、湿性啰音，肺部叩诊界扩大。防治宜中止使役，改为放牧，应用祛痰、扩张支气管、抗菌、抗组胺以及皮质类固醇等药物治疗。

马动脉炎病毒（*Equine arteritis virus*，EAV）套式病毒目（Nidovirales）、动脉炎病毒科（Arteriviridae）、动脉炎病毒属（*Arterivirus*）成员。病毒颗粒直径为50～70nm。有囊膜。基因组为单分子线状正链单股RNA，有感染性。只有一个血清型，有欧美两个代表株，欧洲株为CW株，美洲株为Bucyrus株。后者用吐温80及乙醚处理后，对小鼠红细胞有血凝性。自然情况下仅感染马属动物，良种马易发病。临诊上表现为发热，白细胞减少，呼吸道和消化道黏膜的卡他性炎症，并伴有结膜炎、眼睑水肿和四肢浮肿等临诊症状，孕马流产，公马暂时性不育。病毒通过接触及气雾传染，也能垂直传播，大多数急性感染的公马保持带毒状态，长期通过精液排毒，成为传染源。

马兜铃中毒（birth wort poisoning）　家畜误食马兜铃或其制剂用量过大，由其含马兜铃碱（酸）（aristolochine）等有毒物质所引起的中毒病。中毒家畜食欲废绝，腹痛，肚胀，粪干，嗜眠，瞳孔散大，脉快而弱，呼吸困难。除采取洗胃、催吐、泻下和吸附等解毒措施外，针对中枢神经受到抑制的情况可用兴奋剂进行对症治疗。

马痘（horse pox）　正痘病毒属的马痘病毒引起的一类传染病。根据发病部位，可分为皮肤型和黏膜型。皮肤型又称马传染性脓疱性皮炎，在系部和球节处出现丘疹、水疱和脓疱，引起跛行。黏膜型又称马传染性脓疱性口炎，在唇、齿龈、舌、颊和鼻腔黏膜发生痘疹，幼驹较为严重。有的在阴户黏膜和皮肤形成痘疱。防治措施与其他家畜的痘病相似。

马杜米星（maduramicin）　属于聚醚类抗生素，是由马杜拉放线菌产生的一种新型抗球虫药。用于预防鸡的各种球虫病，均有很好的效果。使用时应注意：①只能用于鸡，不能用于其他动物；②只能作为鸡球虫病的预防药物，不能用于治疗；③严格控制用药剂量，并与饲料充分混匀后喂饲；④产蛋鸡禁用，肉用鸡宰前5d停止给药，以免影响产蛋，或药物在肉、蛋中残留而危害人体健康。

马尔堡病毒（*Marburg virus*）　单负股病毒目（Mononegavirales）、丝状病毒科（Filoviridae）成员。病毒颗粒具多形性，多呈长丝状。核衣壳的长度约800nm，有囊膜及膜粒。基因组为单分子负链单股RNA。可在Vero、Hela等多种细胞中培养。只发现一种血清型。非洲灵长类动物为病毒储存宿主，病人和病猴为重要传染源，病毒广泛分布于血液、尿液、唾液和各脏器中，经接触或吸入病毒传播。临床上以发热和严重的出血为特征，各组织器官有炎症、灶性坏死和出血，以肝、肾和淋巴结组织受损最甚。确诊靠病毒分离和血清学试验。尚无特异的预防方法和特效疗法。进口猴类动物应严格检疫隔离。马尔堡病毒属于生物安全4级的病原，只允许在少数特定实验室从事研究和诊断。

马尔堡热（Marburg disease）　马尔堡病毒引起的一种急性传染病。1967年在德国马尔堡等地首次发现本病，患者多为接触过非洲绿猴或其组织培养细胞的实验室工作人员，马尔堡病毒与埃博拉病毒同属于"丝状病毒科"。非洲灵长类动物为病毒储存宿主，患马尔堡热的病人和携带马尔堡病毒的猴为主要传染源，病毒广泛分布于患者的血液、尿液、唾液和各脏器中；经接触或吸入病毒传播。临床上以发热或严重的出血为特征，各组织器官有炎症、灶性坏死和出血，以肝、肾和淋巴结组织受损最甚。确诊靠病毒分离和血清学实验。尚无特异的预防方法和特效疗法。进口猴类动物应严格检疫隔离。

马肥厚性肠炎（hypertrophic enteritis in equine）又称慢性增生性肥大性小肠炎。是以十二指肠、空肠、回肠黏膜和浆膜的结缔组织增生、淋巴细胞浸润以及黏膜肌层、肠肌层的增生肥厚为特征的一种慢性炎症。本病仅发生于马，病程数月至数年不等，最终多因瘦弱衰竭而死于恶病质。

马副蛔虫病（parascariasis equorum）　由马副蛔虫（*Parascaris equorum*）引起的马属动物寄生虫病，亦感染斑马。虫体粗壮，雄虫长15～28cm，雌虫长可达50cm，直径可达8mm，口部有三片大唇。虫卵呈亚球形，表层为厚蛋白质膜，其上布满小穴。寄生于小肠。生活史与猪蛔虫相似，幼虫在马体内经肝、肺移行；自感染性虫卵被马摄入并在小肠内发育成熟约需12周。幼驹常遭感染，引起消化障碍，疝痛，偶有造成肠堵塞和肠穿孔者。粪便检查发现大量虫卵可以确诊。丙硫咪唑、噻苯唑等抗线虫药均有较好效果。预防的重要环节是驱虫、粪便处理和环境卫生。参见猪蛔虫病。

马副伤寒（equine paratyphoid）　见马沙门氏菌病。

马盖他病毒感染（equine getah virus infection）披膜病毒科甲病毒属盖他病毒引起马的一种传染病。1978年首次在日本赛马中发现。经蚊传播。人的血清中可检出抗体，证明可感染人。主要症状为发热，后肢浮肿，部分病马皮肤发疹，关节皮肤破裂，眼结膜和上呼吸道黏膜水肿，多在1周自愈。确诊要依靠病毒分离鉴定。目前无有效疫苗，主要通过灭蚊预防本病。

马媾疫（dourine）　马媾疫锥虫（*Trypanosoma equiperdum*）寄生于马属动物的生殖器官黏膜内引起

的疾病。马媾疫锥虫属于鞭毛虫纲、锥体科，与伊氏锥虫形态相似。交配感染，或经消毒不彻底的人工授精器械或用具等感染。患病初期，公母的阴囊、包皮发生水肿，相继出现结节，水泡和溃疡；母马阴唇肿胀、阴门、阴道黏膜上出现小结节和水泡。疾病中期马的胸、腹和臀部等处皮肤出现轮状丘疹，时隐时现；到后期腰神经与后肢神经麻痹，多因极度衰竭而死。诊断应综合临床症状、病原检查、血清学试验和动物接种法综合判断。治疗用三氮咪、甲基硫酸喹嘧胺等药物。预防措施主要是严格进行检疫，治疗或淘汰病马；采用严格的人工授精技术以杜绝感染机会。

马媾疫锥虫检查法（diagnosis of trypanosomaecquiperdum infection） 马媾疫的诊断方法。检查材料为病马皮肤浮肿部或皮肤丘疹的抽出液、尿道或阴道的黏膜刮取物。方法是病料与适量生理盐水混合，制成压滴标本显微镜检查；或将病料直接制成抹片，甲醇固定，姬姆萨氏液染色后，镜检；也可以用动物接种法，将上述病料接种于公家兔的睾丸实质中，每个睾丸接种0.2mL，如果经1～2周后可见家兔的阴囊、阴茎、睾丸以及耳、唇周围的皮肤发生水肿的为阳性，并可在水肿液内检出虫体。

马媾疹（equine coital exanthema） 马媾疹病毒引起马以交配后在公、母马生殖器官发生丘疹、水泡、脓疱和烂斑为特征的传染病。病原属于疱疹病毒属的马疱疹病毒3型。1839年发现于中欧，20世纪60年代初分离出病毒。潜伏期1～10d，病程约14d。病变部愈合后，留下无色素斑点，预后良好。确诊靠病毒分离和鉴定。预防本病的关键在于禁止病马与健马交配。

马浑睛虫病（ocular filariasis of horses） 指形丝状虫或唇乳突丝状虫的幼虫寄生于马、骡眼前房内引起的眼疾。参见眼丝状虫病。

马急性腹泻（acute diarrhoea of horse） 马发生的以大肠壁水肿伴有盲肠炎为主征的一种腹泻。病因尚不清楚，但有使用抗生素病史。临床上呈现体温升高，持续性腹泻，粪中带有恶臭气味黏液、血液，脱水，虚脱。病程短，多在24h内死亡，死亡率高。

马尖尾线虫病（oxyuriasis equi） 又称马蛲虫病。马尖尾线虫（*Oxyuris equi*）寄生于马属动物大肠引起的以肛门剧痒为特征的一种疾病。雄虫长9～12mm，尾部有2对巨大的乳突，末端乳突支撑着横跨两侧尾翼膜；还有一些小乳突；交合刺一根，状如钉。雌虫长可达150mm。食道前部粗，中部细，后部形成食道球，内含角质瓣状构造。虫卵呈长形，一侧平，另侧隆凸，一端有卵塞。常寄生于盲肠和大结肠，孕雌虫下行至直肠，以其前部伸出肛门，将卵成团地产于马肛门周围和会阴部皮肤上。虫卵在肛门和会阴部迅速发育为感染性卵壳。虫卵脱落到环境中，马摄入感染性虫卵遭受感染，幼虫在大肠内孵化后直接发育为成虫。患马肛部瘙痒，常见在各种物体摩擦或啃咬，致臀部和尾根部毛发脱落，摩擦致伤者可能因继发感染而发炎或化脓；患者因奇痒而寝食不安，消瘦。见有可疑症状者，刮取肛门周围的附着物检查，发现虫卵即可确诊。噻苯唑、阿维菌素等驱虫药均可用于驱虫；应多次、彻底地清洗患马臀部、尾根部和会阴部；厩舍、饲槽和各种用具均须彻底消毒。

马接触传染性子宫炎（equine contagious metritis） 马生殖道嗜血杆菌（*Haemophilus equigenitalis*）引起马的一种生殖器官传染病，特征为子宫颈、阴道和子宫内膜发生炎症，导致母马流产和不孕。主要通过交配经生殖道直接传播，确诊应以公马的尿道窝、母马的子宫颈和阴蒂采集病料分离病原。治疗除用消毒药作局部处置外，注射抗生素可收良效，尚无有效菌苗。

马痉挛-慢步综合征（tying - up syndrome of horse） 马由于肌病、谷物或燕麦病、脊椎病、马尾神经炎和变应性关节炎等引起的一种综合征。临床表现四肢僵硬，疼痛、运动迟缓、小心谨慎，强迫行走时多以短步移动。脉搏增速，体温升高。有的体况衰弱，后肢步态失调。治疗上无特效药物，可采取对症疗法。

马蕨中毒（bracken intoxication in horses） 又称蕨蹒跚（bruchen stagger）。马误食蕨类植物引起的以条件性硫胺素缺乏综合征为主征的中毒病。由于蕨类植物中含有硫胺素酶（thiaminase）而致病。症状有消瘦，嗜眠，皮肤敏感，肌肉震颤，运动障碍。后期呈现阵发性痉挛，角弓反张，结局死亡。在禁止接触蕨类植物的同时，可应用硫胺素（维生素 B_1）治疗。

马溃疡性淋巴管炎（ulcerative lymphangitis） 假结核棒状杆菌引起马的一种慢性传染病。病原经系部皮肤伤口感染，多发于后肢系部，在马群中只有少数马匹发生。局部发炎，淋巴管索状肿胀，沿索干发生小结节，化脓破溃后新生肉芽组织，结疤治愈，但邻近又生新结节，不断转移，数月或数年痊愈，亦有转向肺、肾等处，预后不良。本病在温带呈良性，热带为恶性。根据特殊症状和病变作初诊，以细菌学检查确诊。青霉素治疗有效，注意系部皮肤及环境的清洁卫生，防止系部破伤，预防本病发生。

马立克病病毒（*Marek's disease virus*，MDV） 疱疹病毒科（Herpesviridae）成员，学名为禽疱疹病毒2型（*Gallid herpesvirus* 2），属细胞结合型病毒。

病毒粒子呈球形，有囊膜，囊膜表面有呈放射状排列的纤突，与病毒的感染有密切关系。基因组为线形双股DNA。可分为3个血清型：1型为强毒株，2型为天然无毒株，3型为火鸡疱疹病毒（HVT）。病毒与细胞的相互作用可分为两种类型：一种是形成带有囊膜或不带囊膜、具有感染性的完整病毒颗粒，称为生产性感染，另一种是形成带有DNA的淋巴瘤和从这些淋巴瘤派生出来的淋巴细胞样细胞系，用核酸探针能检测出病毒DNA，但检测不到病毒抗原，称为非生产性感染。主要发生于鸡，传染源是病鸡及带毒鸡，皮屑和羽毛是环境的污染来源，主要经呼吸道侵入，引起传染性肿瘤性疾病，表现为外周神经、内脏器官、性腺、眼球虹膜、肌肉及皮肤发生淋巴细胞浸润和形成肿瘤病灶，最终因受害器官功能障碍而死亡。由于HVT与本病毒95%DNA同源，常用作疫苗进行预防接种，某些天然无致病力毒株也可筛选为疫苗。

马链球菌兽疫亚种（*Streptococcus equi* subsp. *zooepidemicus*） 旧称兽疫链球菌。一种革兰阳性球菌，按兰氏分群属C群，至少有15个血清型。普通培养基中生长不良，在血液及血清培养基中生长良好，于血平板上产生明显的β型溶血。血清肉汤培养，轻度浑浊，继而变清，于管底形成沉淀。在自然界分布很广，可致多种家畜的炎症及败血病，包括马的创伤感染、败血症、子宫炎、流产、关节炎、腹膜炎、幼驹脐带炎；牛乳腺炎、子宫炎；猪败血症、关节炎、流产；羊败血症、心包炎、胸膜炎、肺炎和鸡败血症等。偶有感染人的报道。实验动物以家兔和小鼠最为敏感，家兔静脉或腹腔接种本菌，小鼠腹腔接种后，均可致死；豚鼠及大鼠对本菌有抵抗力。从我国各地发生的猪链球菌病及羊急性败血症分离的链球菌株，多数为本菌。国内研制的弱毒菌苗具有一定的免疫效果。注意与猪链球菌鉴别诊断，二者均可致猪急性败血死亡，往往在猪群大流行。但后者往往同时殃及与猪接触的人群。兰氏分群亦可区分，后者不属C群，而是R群或S群。

马铃薯中毒（potato poisoning） 又称龙葵碱中毒。家畜采食了富含龙葵素的马铃薯所引起的以消化功能和神经功能紊乱、皮疹为主要特征的中毒病。由于马铃薯幼芽和芽根中含有龙葵碱和茄次碱（solanidine）而致病。通常按临床症状分为3种类型：以神经系统机能紊乱为主症的中毒—神经型；以消化系统机能紊乱为主症的中毒—胃肠型；以皮肤病变为主症的中毒—皮疹型。轻度中毒主要表现为胃肠炎，重度中毒为神经症状。本病无特效治疗药物，发生中毒首先停喂马铃薯，尽快排出胃肠内容物及采取洗胃、催吐、缓泻等措施缓解中毒，同时配合镇静安神、消炎抑菌、强心补液等对症疗法。预防本病主要是避免使用出芽、腐烂的马铃薯或未成熟的马铃薯，必要时应进行无害化处理，并与其他饲料配合适量饲喂。

马流感病毒（*Equine influenza virus*，EIV） 正黏病毒科（Orthomyxoviridae）、甲型流感病毒属（*Influenzavirus* A）成员。主要由H_7N_7和H_3N_8亚型病毒组成。易感马在24～48h内迅速发病，发病率高。表现为呼吸道感染症状，高热39.5～41℃，持续4～5d。死亡率低。如无继发感染，可在2-3周内康复。根据病毒型不同，表现的临诊症状不完全一样。H_7N_7亚型所致的疾病比较温和，H_3N_8亚型所致的疾病较重，并易继发细菌感染。

马流行性感冒（equine influenza） A型流感病毒马第1、第2亚型引起马属动物的一种急性、高度接触性呼吸道传染病。潜伏期2～10d，临床表现为发热、咳嗽、流鼻液、流泪和结膜潮红肿胀，呈暴发性流行，发病率高而死亡率低。确诊靠病毒分离，再用HI试验进行病毒鉴定。采用双价灭活苗进行预防接种，病马可用解热消毒药进行对症疗法，抗生素可防止并发症。

马流行性淋巴管炎（epizootic lymphangitis） 又称假性皮疽、非洲皮疽、日本皮疽。假性皮疽组织胞浆菌（*Histoplasma farciminosum*）引起马属动物的一种慢性传染病。养马国家均有发生。经损伤皮肤黏膜或交配传染，吸血昆虫为传播媒介。主要表现皮肤、皮下组织及黏膜发生结节溃疡，淋巴管索肿呈串珠状结节。剖检除上述变化外，皮下淋巴管肿胀，变粗硬固，淋巴结肿大呈化脓灶。根据临诊和病变作初诊，确诊作病原检查及变态反应。应用土霉素、酒石酸锑钾疗效较好，也可采用局部手术疗法。加强饲养管理，保持皮肤清洁，防止皮肤黏膜损伤等可预防本病。

马流行性乙型脑炎（equine epidemic encephalitis B） 乙型脑炎病毒引起马的一种急性传染病。发病的多数为当年驹和青年马，主要表现发热和神经症状，以沉郁型为主，全身反射迟钝或消失，严重者后肢麻痹，倒地不起。狂暴型少见，表现脑脊髓炎，常呈急性死亡。确诊靠分离病毒和血清学检查。加强护理，对症治疗，可减少死亡。预防可采取防蚊灭蚊和免疫接种等措施。

马骡腹痛症（equine and mule bellyache syndrome） 马属动物腹痛时的综合症候群，如前肢刨地，后肢蹴腹、伸腰、摇摆，回视腹部，碎步急性，时时欲卧，起卧转滚，仰足朝天，或时呈犬坐姿势、屡呈排便动作等，常见于便秘、肠痉挛、肠臌气、肠变位、胃扩张等多种疾病。

马裸头绦虫病（anoplocephaliasis of equids） 裸头科、裸头属（*Anoplocephala*）和副裸头属（*Paranoplocephala*）的绦虫寄生于马属动物消化道引起的疾病。大裸头绦虫（*A. magna*）寄生于小肠，偶寄生于胃。长达80cm，宽2cm，节片极短。每节片一套雌雄性器官，生殖孔全部开口于一侧边缘。头节大，宽4～6mm，吸盘向前开口，清晰可见。叶状棵头绦虫（*A. perfoliata*）寄生于小肠和大肠。长约8cm，宽1.2cm，头节直径2～3mm。每一吸盘后方均有一耳垂状物。节片极短。侏儒副裸头绦虫（*P. mamillana*）寄生于小肠，偶见于胃。长6～50mm，宽4～6mm，吸盘开口呈裂隙状，位于背面和腹面。三个种的虫卵均有梨形器；中间宿主均为地螨。马被大量虫体寄生时引起消化功能紊乱，委弱，甚或发生贫血。叶状裸头绦虫能造成黏膜发炎或溃疡，排带黏液和血染粪便。在粪便中发现孕卵节片即可作出诊断，临床症状和流行病学资料有重要参考价值。可用硫双二氯酚、吡喹酮和氯硝柳胺驱虫。预防可参考莫尼茨绦虫病的预防措施。参见裸头科。

马洛里小体（Mallory body） 在中毒（如吡咯烷碱、酒精等）、肝硬变或感染时，肝细胞胞质内出现的一种玻璃样小滴。电镜下，这种滴状物由密集的细丝构成，可能是细胞骨架中角蛋白成分改变的结果。在HE染色切片上呈均质红染玻璃样小滴状。

马慢性阻塞性肺病（chronic obstructive pulmonary disease，COPD） 通常是由于患马处于充满灰尘、霉菌孢子或其他污染物的环境中，一旦发生呼吸道感染便促成本病的发生，以细支气管慢性阻塞、慢性肺泡性气肿和慢性呼吸困难为特征。

马霉玉米中毒（mouldy corn poisoning in horse） 又称马脑白质软化症。一种以中枢神经机能紊乱和脑白质软化坏死为特征的高度致死性真菌毒素中毒病。由玉米腐生的串珠镰刀菌产生串珠镰刀菌素等毒素所致。本病多发于马属动物，马、骡、驴都可发生，但驴的发病率和死亡率最高。本病发生具有地区性和季节性，多发生于秋季和春季。适宜的温度和相对湿度是各种镰刀菌生长繁殖和产毒的重要条件。急性型兴奋，盲目乱走，步态蹒跚，倒地挣扎，卧地后四肢作游泳状划动，全身肌肉抽搐，角弓反张，眼球震荡，失明，大小便失禁，公畜阴茎勃起。死于心力衰竭。慢性型沉郁，低头耷耳，唇舌麻痹，流涎，吞咽、咀嚼困难，以某种异常姿势站立不变或卧地昏睡，体温降低。主要病变在中枢神经系统，如大脑血管充血、出血、水肿，颅腔内硬脑膜下脑脊髓液增多。大脑半球一侧或两侧均出现特征性病变——液化性坏死灶。坏死组织类似豆渣样变，在大脑半球白质中最为常见。胃肠道多发生亚急性炎症变化，绝大部分黏膜充血、出血。小肠及盲肠黏膜形成小溃疡，浆膜下肌层有许多大小不等的出血点（或斑）；心内外膜及冠状沟有出血点；肺轻度气肿，充血和水肿；肾有时轻度肿胀，膀胱积尿，黏膜小点状出血。采用对症疗法、排除毒素以及减少毒素的吸收等。但中毒程度深、组织病变严重的病例，治疗效果极差。治疗时应尽量保护大脑皮层、增强与恢复神经系统的调节机能。清理胃肠，促进有毒物质的迅速排除。预防应注意严禁饲喂霉败变质玉米饲料。

马牧草病（grass sickness of horses） 放牧马发生的以消化障碍性消瘦和神经系统机能紊乱为主征的一种散发性疾病。主要发生于某局限地区的2～7岁马。临床表现为咽下困难，流涎，消瘦，腹痛，肚胀，里急后重，粪干少附有黏液，尿频，除前肢肌肉纤维性震颤外，骨骼肌过度紧张、僵硬。急性病例在几天内死亡。慢性病例可痊愈。治疗宜进行对症疗法。

马蛲虫病（horse pinworm disease） 见马尖尾线虫病。

马脑白质软化症（leukoencephalomalacia inhorse） 见马霉玉米中毒。

马脑脊髓丝虫病（cerebrospinal filariasis of horses） 又称腰痿病（lumbar muscles）。指形丝状线虫的晚期幼虫（童虫）寄生于马的脑底部、颈椎和腰椎的硬膜下腔、蛛网膜下腔或蛛膜腔与硬膜下腔之间引起的以后躯和后肢麻痹为特征的寄生虫病。多发于夏末秋初。早期临床症状主要表现为后躯运动神经障碍；后期出现脑脊髓神经受损的精神症状，如精神沉郁、磨牙、易惊、腰僵硬，进一步发展后起立困难、尿频、尿淋漓，或发生尿闭或粪闭。血液检查见嗜酸性粒细胞增多。病马出现症状时根据临床症状可做出基本判断，但治疗已经为时过晚，难以治愈。早期诊断可用免疫学方法，如果在早期进行治疗，可选用海群生。本病重在预防，通过控制传染源、阻断传播途径可大大减少疾病的发生。

马内青霉病（penicilliosis marneffei） 马内青霉（*Penicillium marneffei*）引起的人兽共患的真菌病。病原在组织中培养呈酵母相；室温中培养为菌丝相，能产生可溶性红色素。本病地理分布尚未完全阐明。传染源尚不明了，主要中间宿主是竹鼠，感染途径尚待研究。本菌极易在甘蔗和竹笋中生长，人和竹鼠在吃食霉变甘蔗和竹笋时可能经消化道感染。病原常侵犯单核巨噬细胞。表现局限型，常继发于其他疾病，呈急性传染病特点，发热咳嗽，实质器官肿大贫血，白细胞增多，多发性脓肿，皮肤损害等。根据临诊表现和病原分离鉴定确诊。采用两性霉素 B，制霉菌素等治疗。防制关键为控制和消灭中间宿主。

马牛霉草料中毒（moldy fodder poisoning in horse and cattle）又称霉菌性胃肠炎（mycotic gastro enteritis）。采食被致病性霉菌污染的草料引起以黏液-出血性胃肠炎和神经症状为主征的中毒病。由腐生草料上的木贼镰刀菌（*Fusarium equiseti*）、拟枝孢镰刀菌（*F. sporotrichioides*），以及玉蜀黍黑穗病菌（*Ustilago maidis*）、稻曲霉（*Vaviceps vireus*）等产生的毒素所致。症状在马食欲大减，口干舌苔厚，腹痛，排出软便带血、恶臭，结膜潮红或发绀，体温偏低。有的呈现先兴奋后沉郁神经症状。在牛尚有反刍、嗳气停止，瘤胃臌气，频尿，步态踉跄，被迫卧地，瞳孔散大等症状。防治宜立即停饲可疑饲草料，及早进行对症疗法。

马趴窝症（downer disease in mare）妊娠母马产前、产后发生的纤维性骨营养不良，临床表现为围产期腰腿僵硬，明显跛行和卧地不起。

马疱疹病毒（*Equine herpesvirus*，EHV）疱疹病毒科（Herpesviridae）成员，主要有 5 个型：EHV-1、EHV-2、EHV-3、EHV-4、EHV-5。病毒有囊膜，呈球形或不规则球形，大小为 120～200nm，具有线状双股 DNA。这 5 个类型的病毒都具有特异的抗原性，中和试验不呈现交叉性，但在补体结合、免疫扩散、免疫荧光试验中却表现有共同抗原成分。病毒主要引致呼吸道疾病，但也可引起妊娠母马流产和神经症状。

马葡萄球菌病（equine staphylococcosis）金黄色葡萄球菌（*Staphylococcus aureus*）引起马的一种以体表或内脏形成化脓性肉芽肿为特征的慢性传染病。常于皮肤、皮下组织，有时于肌肉中发生类似纤维瘤的葡萄球菌性肉芽肿，亦见于去势后感染的精索瘘管，病变可蔓延到下腹部。典型病例诊断不困难，在病变组织分离到病原即可确诊。注意与放线菌病、淋巴管炎、皮肤鼻疽相区别。避免外伤是预防本病的关键，治疗宜选用抗生素并配合手术疗法。

马绒毛膜促性腺激素（pregnant mare serum gonadotrophin，PMSG）又称孕马血清促性腺激素。孕马和孕驴子宫内膜杯状结构所分泌的一种糖蛋白激素，兼有卵泡刺激素和黄体生成素的双重作用。目前在治疗动物的生殖疾病、促进动物发情、超量排卵等方面被广泛应用，对提高各种动物繁殖率及受胎率均有重要作用，在良种繁育中更是首选药品。临床应用：①公畜精子减少症和精子轻度死亡的治疗；②母畜卵泡发育障碍（卵巢发育不全、卵巢静止、卵巢萎缩）的治疗；③诱导母畜超排卵。

马柔线虫病（habronemiasis of horses）又称马胃线虫病。蝇柔线虫（*Habronema muscae*）、小口柔线虫（*H. microstoma*）和大口柔线虫（*H. megastoma*）单独寄生或混合寄生于马属动物的胃内引起的寄生虫病。蝇柔线虫寄生于胃黏膜表面，雄虫长 8～14mm，雌虫长 13～22mm。小口柔线虫寄生于胃黏膜表面，比蝇柔线虫稍大。大口柔线虫在胃壁内形成肿瘤。雄虫长 7～10mm，雌虫长 10～13mm。蝇柔线虫和大口柔线虫以家蝇为中间宿主，小口柔线虫以厩螫蝇为中间宿主。虫卵或幼虫随马粪便排至外界，被蝇蛆吞咽后，到蛹期发育到感染阶段，蛹变为成蝇后，感染性幼虫由蝇的血管移行到口器部，当蝇吮舐马的口唇部时，感染性幼虫从蝇口器释出附着到马的口、唇或鼻部黏膜上，移行到胃，发育为成虫。马摄食落入饲料或饮水中的蝇亦能造成感染。蝇吮舐马皮肤创伤时，感染性幼虫进入伤口，引起颗粒性皮炎，经久不愈，如无继发感染，至冬季可自愈。感染性幼虫误入马肺部，常形成结节。马胃部严重感染时，表现为慢性胃炎症状。通过粪便检查进行诊断比较困难，用胃管抽取胃液检查，易于发现虫卵或虫体。可用阿维菌素类药物灌服驱虫。预防措施包括秋冬季预防性驱虫、粪便堆积发酵、灭蝇和改善环境卫生。

马肉芽肿性肠炎（granulomatous enteritis of horse）马驹发生的以慢性腹泻为主征的肠道疾病。病因尚不清楚。其病理变化为胃和大小肠黏膜增厚并呈弥漫性或灶性肉芽肿。临床表现患驹体重持续性减轻，顽固性腹泻，伴发间歇性轻度腹痛症状，以及腹下浮肿等。治疗尚无特效药物。

马乳头状瘤病（papillomatosis of horse）马乳头状瘤病病毒引起幼年马以唇、鼻周围的皮肤乳头状瘤为特征的疾病。1951 年首次发现，人工感染可获成功。在患部形成蚕豆大，丝状或蘑菇状的多发性肿瘤。本病预后良好，大的乳头状瘤可采取手术切除。防治办法可用疫苗进行预防接种，瘤退化后有免疫力。

马赛热（marseilles fever）见纽扣热。

马桑中毒（coriaria arborea poisoning）马误食马桑果实、茎叶后，由其中马桑苷（coriamyrtin）或马桑碱（coriarine）的毒性作用而致病。临床上以痉挛发作为主，呈兴奋，惊厥，食欲废绝，流涎，呼吸促迫，脉搏徐缓，多死于心搏停止。治疗除用高锰酸钾溶液洗胃外，针对症状用镇静剂和强心剂等进行全身疗法。

马沙门氏菌病（salmonellosis equinum）又称马

副伤寒、马沙门氏菌性流产。由马流产沙门氏菌或鼠伤寒沙门氏菌等引起的一种以孕马流产为主要特征的马属动物传染病。幼驹感染后表现腹泻，关节肿大，支气管炎或败血症，公马、公驴表现睾丸炎、鬐甲肿，在成年马中偶尔发生急性败血性胃肠炎。确诊本病需作细菌学或血清学检查，在本病常发地区可接种马流产副伤寒菌苗，其他防治措施参考牛沙门氏菌病。

马属动物急性结肠炎（acute colitis in horses） 马属动物的以感染性休克为主征的盲结肠黏膜及其深层组织重剧性炎性疾病。壮龄马骡发病率和死亡率高。20世纪50年代曾发生在中国平原地区，其流行病学和临床症状类似于北美报道的马X结肠炎（colitis X of horse）。病因迄今尚不十分清楚，但与使役过重、饲料突变以及过饲精料等有密切关系，致死原因又与某些革兰阴性菌的内毒素有关。症状有突发腹泻，粪便稀软腥臭，排粪频繁，精神沉郁，饮食欲废绝，肠音沉衰或废绝，腹围增大，肠管内贮留大量液体，体温升高，呼吸加快，脉搏显著增数，脉弱不感于手，鼻唇冷凉，皮温降低，齿龈黏膜微血管再充盈时间延长等休克症状。病程短、死亡快。治疗原则以控制细菌感染的同时，扩充血容量，纠正酸中毒和扩张血管来消除血管痉挛与短路循环等。

马网尾线虫病（dictyocauliasis of equine） 安氏网尾线虫（*Dictyocaulus arnfieldi*）寄生于马、驴和螺的支气管引起的寄生虫病。雄虫长可达36mm，雌虫可达60mm，交合伞的中，后侧肋近端1/2融合，交合刺长0.2～0.4mm。参阅羊网尾线虫病。

马尾神经炎（neuritis of cauda equina） 马腰荐神经及尾神经所组成的神经束的炎性疾病。病因除外伤、跌倒、碰撞等机械性因素外，还与细菌、病毒感染以及变态反应有关。临床上分为急性和慢性两种，前者有外伤史，会阴部和尾部皮肤感觉先过敏后减弱，甚至出现麻痹；后者尾麻痹，对蚊蝇侵袭不能用尾驱赶，排粪尿时也不抬举。有的肛门和膀胱括约肌麻痹，使肛门裂开，直肠内蓄粪，尿失禁，尿淋漓。防治上除定期清除直肠蓄粪和导尿外，对急性病例可早期应用皮质类固醇、抗生素和葡萄糖等药物治疗。

马胃线虫病（stomach worm disease of horses） 见马柔线虫病。

马胃蝇（*Gastrophilus*） 成蝇全身被有细毛，呈褐色，口器完全废退。最常见的种为肠胃蝇（*G. intestinalis*），体长约18mm，状似蜂，翅上有一暗色、不规则的色带，由前缘达于后缘。第三期幼虫分节明显，前端较尖窄，有一对发达的口钩；后端较宽而平，有一对气门板。色红，长18～21mm，宽约8mm，每节上有两行刺，前一行粗大，后一行短小。成蝇夏季出现，雌蝇产卵于前肢球节以及肩区的毛上；马在啖舐时感染，幼虫经由舌黏膜内等处移行到贲门部，以口钩固着于黏膜上发育，少见于胃底部和幽门部。自第一期幼虫进入马体内至发育为成熟的第三期幼虫需10～12个月。成熟的第三期幼虫于翌年春季自动脱离胃壁，随粪便排出，在土壤中化蛹，其内成蝇顶开前端的小盖爬出，不久即可飞翔。蛹期1～2月。成蝇不采食，寿命一般仅数日。成蝇飞袭马体产卵时，引起马惊恐不安；幼虫固着在胃黏膜上，引起发炎，围绕幼虫口钩周围形成一环状增厚；虫体多时，可能造成贲门堵塞。病马食欲减退，营养障碍，消化不良，贫血，消瘦，渐进性衰竭。其他种有红尾胃蝇（*G. haemorrhoidalis*）、兽胃蝇（*G. pecorum*）和烦扰胃蝇（*G. veterinus*）等，不同种胃蝇成虫及幼虫的形态均略有不同，在马体上的产卵部位也略有不同，但危害和临床症状相似。宜选在秋冬季用阿维菌素类药物进行驱虫。马胃蝇幼虫偶寄生于犬、猪和人。

马胃蝇蛆（horse bots）．马胃蝇的幼虫。参见马胃蝇。

马腺病毒（*Equine adenovirus*） 腺病毒科（Adenoviridae）、哺乳动物腺病毒属（*Mastadenovirus*）成员。无囊膜，核衣壳20面体对称，直径80～100nm。基因组为单分子线状双股RNA，有感染性。有两个血清型：马腺病毒1型和2型。病毒能凝集红细胞。病毒可使易感的宿主细胞圆缩，继而细胞染色体浓缩并边缘化，最终出现细胞核内包涵体。病毒感染很少引起健康马的呼吸道感染，免疫机能不全的幼驹常发生亚临床或无症状感染。通过血清中和试验确认病毒存在。

马腺疫（adenitis equinum） 马腺疫链球菌（*Streptococcus equi*）引起2岁以内的马、骡、驴的一种急性传染病。典型症状为发热、上呼吸道及咽喉黏膜呈现卡他性炎症、下颌淋巴结表现急性化脓性炎症。本病经呼吸道、消化道感染，也可发生内源性感染。本病的诊断以脓汁涂片镜检查出病原即可确诊。淋巴结脓肿初期可局部涂擦鱼石脂或松节油软膏，脓肿成熟后切开排脓，并注射抗菌药物。预防可接种灭活疫苗。

马歇尔线虫病（marshallagiasis） 马歇尔属（*Marshallagia*）的一些线虫寄生于双峰骆驼、羊、牛等的第四胃引起的寄生虫病。虫体形态与奥斯特线虫相似，但交合伞的背肋背叶长而宽敞；卵巨大，长椭圆形，胚细胞集中在中部，两端有较大空隙。常见种为蒙古马歇尔线虫（*M. mongolica*）。参阅奥斯特线虫病与捻转血矛线虫病。

马胸疫（equine pleuropneumonia） 见马传染性胸膜肺炎。

马圆线虫病（strongylidosis equinus） 圆线属（*Strongylus*）、三齿属（*Triodontophorus*）及其他多个属的许多种线虫寄生于马大肠引起的寄生虫病。圆线属含 3 个种：①马圆线虫（*S. equinus*），寄生于马属动物（含斑马）的盲肠与结肠；②无齿圆线虫（*S. edentatus*），寄生于马属动物的大肠；③普通圆线虫（*S. vulgaris*），寄生于马属动物的大肠。三齿属、食道齿属和盆口属等多属线虫与前三种共同寄生于马属动物大肠，在外界的发育过程与前三种基本相似，在体内先进入肠壁，发育蜕化后即返回肠腔。临床上常见多种圆线虫混合寄生，其共同致病因素主要是以虫体吸血引起黏膜损伤、出血、发炎和溃疡；幼虫期在肠壁内形成结节，影响肠功能；虫体的分泌物与排泄物为有毒物质引起某些免疫病理变化。普通圆线虫的幼虫常在肠系膜前动脉根部的分支上引起动脉瘤，压迫周围神经，致使肠蠕动功能受到影响；常形成血栓，在血栓破碎后，常引起血管堵塞，造成局部肠段缺血、缺氧、蠕动迟缓，引起疝痛。马圆线虫和无齿圆线虫的幼虫，在移行期造成肝、胰及浆膜损伤。病畜排软便，逐渐发展为下痢，有异臭；食欲不振，消瘦，易倦怠，被毛粗刚。严重时贫血，下腹和四肢浮肿；可能因衰竭致死。对可疑病马作粪便检查，发现多量虫卵可以确诊；直肠检查可以触知肠系膜前动脉的肿瘤。用丙硫咪唑、噻苯唑、伊维菌素驱虫均有良效。预防措施参阅捻转血矛线虫病。

马盅口线虫病（cyathostomiasis of equinus） 病原体为圆线目、盅口科多个属的多种线虫。雄虫长 4～17mm，雌虫长 4～26mm。有内、外叶冠，口囊呈方形、矩形、梯形或圆柱状等，背嵴短，口囊内无齿。交合刺末端有小钩。阴门靠近肛门。生活史与马圆线虫相似；幼虫移行不越过肠壁以外，在肠壁内形成结节，返回肠腔发育为成虫。马的感染数量常很大，多与其他圆线虫混合寄生。致病作用及症状等参阅马圆线虫病。

吗啡（morphine） 麻醉性镇痛药。阿片中所含的主要生物碱。除具强镇痛作用外，还有镇静、催眠、抑制呼吸、镇咳、缩瞳、呕吐等作用，并能兴奋平滑肌，但会引起便秘、使排尿困难等。用于各种剧痛，兽医主要用于犬的镇痛与镇咳。

埋植剂（implants） 植入体内缓慢溶解并吸收的片剂和丸剂。多由纯药物制成，一般呈圆柱状，需灭菌瓶单个无菌包装。通过手术或用特殊注射器植入皮下，药效可持续数月以上。例如牛、猪、鸡的激素埋植片，曾用于控制发情、促进生长和提高饲料报酬。

麦地那龙线虫（*Dracunculus medinensis*） 以人为主要宿主的一种驼形目线虫，亦寄生于马、犬、牛、狐、猫、浣熊和貂。雄虫长 12～29mm，雌虫长 100～400mm，宽 1.7mm，无阴门。成虫寄生于皮下结缔组织中，围绕虫体头部形成肿物，以后变为溃疡。当与水接触时，虫体的子宫即由其前端部或口部脱垂并破溃，从而把子宫中的大量幼虫释入水中。中间宿主为剑水蚤，幼虫在剑水蚤体内发育至感染阶段，人等终末宿主饮水时误摄入带感染幼虫的剑水蚤而遭感染，进入人体内的幼虫约经 1 年发育成熟。

麦角毒素（ergot toxins） 麦角菌（*Claviceps purpurea*）产生的一类毒素。主要包括难溶于水、对血管作用显著的麦角胺和麦角毒及易溶于水、对子宫作用显著的麦角新碱。牛、猪、禽等易感，食入污染麦角菌的饲草和饲料后可出现以中枢神经系统兴奋（急性型）或末梢组织坏疽（慢性型）为特征的中毒病，急性型在临床上较为少见。

麦角菌（*Claviceps purpurea*） 属真菌界球壳目，是植物的病原菌。在植物花的子房内形成大量菌丝，并很快产生大量小而无色的分生孢子，分生孢子由昆虫或碰撞而传播，最后在谷粒占据的子房内形成充满菌丝团的菌核，即麦角。麦角中含麦角毒素，人和动物食用后可中毒，发生呕吐、腹泻等症状，动物慢性中毒可呈现耳尖、尾部、乳房及四肢一端皮肤干性坏疽。但猪有明显抵抗力。

麦角新碱（ergometrine） 子宫收缩药，从麦角菌和干燥菌核中提取的一种生物碱。主要兴奋子宫平滑肌，妊娠子宫比未妊娠子宫敏感，临产时及新产后最敏感。作用强大而持久。剂量稍大，即引起子宫强直性收缩，因引起子宫体及子宫颈的同时收缩，不宜用于催产和引产。宜用于产后子宫止血和促进子宫复旧。

麦角中毒（ergotism） 采食霉败麦类植物引起以中枢神经系统机能紊乱和末梢组织坏死为主征的中毒病。由腐生麦类上的麦角萌发菌丝体含有旋光性同质异构生物碱毒性而致病。急性以神经兴奋为主，呈现阵发性惊厥和肌肉痉挛性收缩，四肢末梢冷凉，感觉减退，步态不稳，瞳孔散大，羞明，有的失明，呼吸困难，死于呼吸中枢麻痹。慢性以末梢组织坏死为主，如后肢飞节、球节、尾端和耳尖等处坏死、脱落，使四肢下部僵直，高度跛行。伴发胃肠炎，妊娠母畜流产或死胎。治疗宜投服轻泻剂，静脉注射亚硝酸异戊酸溶液。此外针对胃肠炎和坏死病进行对症治疗。

麦康凯培养基（Mac Conkey medium） 一种常用于分离鉴定肠杆菌科细菌的培养基，内含胆酸盐，能抑制革兰阳性菌的生长，有利于肠杆菌科细菌如大肠杆菌及沙门氏菌的生长。发酵乳糖的细菌能使培养基变红，这是因为细菌发酵乳糖产酸而使培养基的pH变成酸性；不发酵乳糖的细菌没有颜色的变化。大肠杆菌在其上呈红色或粉红色，而沙门氏菌则呈无色。

麦克马斯特法（McMaster's method） 计数每克粪便中虫卵数的一种方法。适用于可被饱和氯化钠溶液浮起的各种虫卵。此法是将虫卵浮集于计数室中，计数室由二片载玻片制成，左右各一正方形计数室，每个室的面积为 $1cm^2$，高为 1.5mm，故容积为 $0.15cm^3$。方法：称取混匀的粪便 2g，放入烧杯中，先加入清水 10mL，充分混合，再加饱和盐水 50mL，混匀后立即吸取粪液，注入计数室，置显微镜载物台上静置 1～2min；在镜下计数两侧计数室内的虫卵总数，将两个计数室内虫卵数的平均数乘以 200 即为每克粪便的虫卵数。

麦尼螨（*Megninia*） 又称羽螨。蜱螨目、羽螨科的一类寄生螨。肘麦尼螨（*M. cubitalis*）寄生于鸡羽毛上，造成羽断碎，脱羽，自啄羽毛，皮肤上有麸皮样皮屑，病鸡消瘦，产卵量下降。雄螨长约 0.25mm，雌虫长约 0.27mm，足长，形态上近似痒螨科的螨。可用杀螨药防制。

麦氏耳蜱（*Otobius megnini*） 幼虫和若虫均寄生于犬、绵羊、马和牛耳中吸血的一种软蜱，亦可寄生于山羊、猪、猫、兔、鹿和一些野生动物及人。成虫不采食，在棚圈中的各种缝隙、裂罅中产卵。孵化出的幼虫寄生在宿主耳内吸食淋巴液，饱食后外形略似葫芦，长约 0.3cm。幼虫吸食淋巴液 5～10d，其后在耳内脱皮变为有 4 对足的若虫，后者仍留在耳内吸食淋巴液，长达 1～7 个月。饱食的若虫长达 0.8～1.0cm，坠落地面，隐藏在干燥的房舍缝隙中，脱皮变为成虫。成虫的产卵过程长达半年，产卵 500～600 粒。

麦仙翁中毒（corn-cockle poisoning） 又称瞿麦中毒（agrostemma githago poisoning）。家畜误食混杂在饲草中的麦仙翁植株，由其所含的皂苷配质毒莠草素（githagenin）所致的中毒病。临床表现为胃肠炎症状，如流涎，腹痛，下痢，尿频，多尿，最后昏迷死亡。治疗按一般中毒抢救方法处理。

脉搏（pulse） 又称动脉脉搏。每一心动周期中，由于动脉内压力发生周期性的波动而引起动脉管壁发生的搏动。用手指可在身体浅表部位（如牛尾动脉、马颌外动脉、小动物股动脉）摸到。

脉搏节律不齐（arrhythmic pulse） 简称脉律不齐。脉搏的间隔时间不等或强弱不一的现象。

脉搏压（pulse pressure） 简称脉压。动脉收缩压与舒张压的差值。如心输出量和外周阻力不变，脉搏压的大小取决于大动脉管壁的扩张性和弹性。

脉冲多普勒（pulsed-wave Doppler） 使用脉冲波测得多普勒频移的方法。脉冲多普勒技术与超声成像技术相似，探头作为声源先发出超声脉冲，然后转为接收状态。与超声成像不同之处是在选择性的时间延迟后才接收一定时间范围的回声信号，它所分析的是血细胞散射信号的频移成分，并以灰阶的方式显示出来。在横轴（时间轴）上加以展开，以观察这种频谱与时间的变化关系。仅用于测量相对较慢的血流速度，但可选择取样容积确定具体的病变深度；另外可进行角度校正，测量血流时不必局限于只与声束轴平行的血管。

脉络丛（choroid plexus） 室管膜和脉络组织组成的结构。在脑室的一些特定部位，室管膜变成分泌性上皮，并与软膜中含有多量被称为脉络组织（tela-choroidea）的血管区域直接相接。脑脊液即由此处分泌。

脉络膜（choroid） 眼球壁血管膜的后 2/3 部分。位于巩膜和视网膜之间，由富含血管和色素细胞的疏松结缔组织构成，其最内层是无色透明的玻璃层。脉络膜供应视网膜外 1/3 的营养。

螨（mite） 节肢动物的一类，属蛛形纲、蜱螨目。头胸和腹通常是一整块，分节不明显，躯体前端有突出的口器。腹部有足四对。种类繁多，寄生在地下、地上、高山、水中及人或生物体上，传染多种疾病或危害农作物。

螨病诊断法（diagnosis of mite infection） 诊断螨病的方法。大多数螨寄生在动物的体表或皮内，检查方法如下：①直接检查法。刮取干燥皮屑，置培养皿内或黑塑料薄板上，用热水对皿底或黑塑板底面加温 40～50℃，经 30～40min 后，移去皮屑，仔细观察，可见缓慢移动的白色虫体。此法适用于体形较大的螨，如痒螨。或将皮屑置载玻片上，滴加甘油，压散病料，加盖玻片，置显微镜下检查。虫体边缘与甘油间形成一特殊界限，易于观察。②虫体浓集法。取较多病料于试管内，加 10%氢氧化钠溶液，浸泡过夜，或在酒精灯上加热约数分钟，使皮屑融解，虫体自皮屑中分离出来。而后自然沉淀或离心沉淀，弃去上层液，吸取沉渣镜检。③培养皿加温法。将刮取的病料放于培养皿内，加盖，置盛有 40～45℃温水的杯上，经 10～15min 后，将皿翻转，此时病料落入皿盖，虫体附着于皿底，检查皿底，可以观察到活螨，用针挑出，可以制作标本。

曼陀罗中毒（thorn－apple poisoning）又称莨菪中毒（hyoscyamus poisoning）、颠茄中毒（belladonnapoisoning）。家畜误食曼陀罗或其制剂用量过大，由其全株中所含莨菪碱（hyoscyamine）和东莨菪碱（hyoscine）等生物碱所致的以中枢神经系统兴奋为主征的中毒病。中毒家畜口干，吞咽困难，肠音减弱，结膜潮红，瞳孔散大，视力障碍，腹痛，脉细速，狂暴，阵发性痉挛，体温升高。因呼吸中枢麻痹而死亡。治疗上除内服鞣酸、活性炭或盐类泻剂外，还可注射毛果芸香碱、苯巴比妥、氯丙嗪等。

慢病毒感染（slow virus infection）又称长程感染。潜伏期长，疾病过程缓慢，发病呈进行性且最后取死亡转归的一种病毒感染。如绵羊的梅迪—维斯纳病、瘙痒病、貂阿留申病、貂脑炎、小鼠的脉络丛脑膜炎等。

慢波电位（slow wave potential）消化道平滑肌细胞在静息电位基础上发生自发性去极化和复极化，并由此产生的频率较慢的节律性膜电位变化。可分为基本电节律和前电位两种形式。基本电节律持续时间长，可达数秒至数十秒。消化道不同部位的慢波频率差别很大，如人胃为3次/min，十二指肠12次/min，空肠10次/min，回肠8次/min，结肠3～7次/min，直肠3次/min。慢波波幅为10～15 mV。一般认为慢波起源于Cajal细胞，它的产生与神经无关。

慢性毒性（chronic toxicity）试验动物长期接触低剂量化学物质所产生的毒性。慢性毒性试验一般用小鼠、大鼠和犬，期限应是动物生命的大部分或终生。一般主张小鼠4～5个月，大鼠和兔为1年，受试物如有蓄积作用可适当延长。对致癌毒性则需长期观察。世界卫生组织曾建议小鼠1.5年，大鼠2年，犬6年。

慢性毒性试验（chronic toxicity test）使动物长期地以一定方式接触受试物引起的毒性反应的试验。在实验动物的大部分生命期间将受试化学物质以一定方式染毒，观察动物的中毒表现，并进行生化指标、血液学指标、病理组织学等检查，以阐明此化学物质的慢性毒性。慢性毒性试验所确定的最大无作用剂量或慢性阈剂量，可为最终评价受试物的安全性提供依据。

慢性非硬变性肾炎（chronic non－indurative nephritis）肾小球发生弥漫性炎症，肾小管上皮细胞发生变性以及肾间质内发生细胞浸润的一种慢性肾炎。病因与慢性硬变性肾炎基本相同。临床表现有体腔积液、慢性氮质血症、尿毒症等。直肠检查见肾脏体积缩小，质地较硬实，表面呈颗粒状。治疗参见急性肾炎。

慢性感染（chronic infection）病程发展缓慢（常在1个月以上）、临床症状常不明显的感染。如慢性猪气喘病、慢性鼻疽、结核病和布鲁氏菌病等。传染病的病程长短决定于机体抵抗力和病原体致病力等因素，同一种传染病的病程并非固定不变的，慢性感染在病势恶化时可转为急性经过，急性感染在流行后期也可转为慢性经过。

慢性镉中毒（chronic cadmium poisoning）长期摄食被镉污染的水源中生物或饮食污染的水造成，主要引起肾脏损害，极少数严重的晚期病例可出现骨骼病变。吸入中毒尚可引起肺部损害。早期肾脏损害表现为近端肾小管重吸收功能障碍，晚期患者的肾脏结构损害，出现慢性肾功能衰竭。肺部损害为慢性进行性阻塞性肺气肿，肺纤维化，最终导致肺功能减退。严重慢性镉中毒患者的晚期可出现骨骼损害，表现为全身骨痛（称痛痛病，itai itai disease），伴有不同程度骨质疏松、骨软化症、自发性骨折和严重肾小管功能障碍综合征。严重患者发生多发性病理性骨折。慢性中毒患者常伴有牙齿颈部黄斑、嗅觉减退或丧失、鼻黏膜溃疡和萎缩、轻度贫血，偶有食欲碱退、恶心、肝功能轻度异常、体重减轻和高血压。

慢性甲基汞中毒（chronic methyl mercury poisoning）以神经系统损害为主的全身性汞中毒。汞在自然界中能被动植物富集，经生物转化作用而转变为毒性更大的甲基汞（MeHg），通过食物链进入动物体后，对机体产生毒性作用。甲基汞是一种脂溶性化合物，易经消化道、呼吸道、皮肤黏膜吸收；进入血液后，除与血浆蛋白结合外，大部分与血红蛋白结合，由血液逐渐向器官分布；在体内代谢成汞离子而发挥毒性作用。甲基汞具有很强的神经毒性，未成熟的神经系统对其毒性更为敏感。

慢性间质性肝炎（chronic interstitial hepatitis）见肝硬化。

慢性间质性肾炎（chronic interstitial nephritis）又称慢性硬变性肾炎（chronic indurative nephritis）、肾硬化（nephrosclerosis）。主要发生在肾间质的慢性炎症，以淋巴细胞、单核细胞浸润和结缔组织增生为特征。通常是血源性感染和全身性疾病的一部分。在家畜中，最常见于牛，也可发生于猪、马、绵羊。间质结缔组织大量增生，实质受压迫而萎缩，肾小管变性、坏死和丧失，肾脏体积缩小变硬。病因多为急性肾炎转化而来，包括感染、中毒、免疫受损等。临床表现有尿频，尿比重下降，伴发尿毒症等。直肠检查见肾脏皱缩变小而硬，表面凹凸不平。治疗参见急性肾炎。

慢性卡他性脓性子宫内膜炎（chronic catarrhal-pyogenic endometritis） 子宫黏膜的卡他性化脓性炎症。病理变化较卡他性子宫内膜炎为深，子宫黏膜肿胀、充血和瘀血，并伴有脓性浸润，上皮组织变性、坏死和脱落，子宫腺可形成囊肿。病畜有轻度全身反应，食欲减少，体温略升。发情周期不正常，从阴门流出灰白色或黄褐色的卡他性脓性分泌物。阴道检查阴道黏膜和宫颈阴道部黏膜充血，有脓性分泌物黏附。直肠检查子宫角增大，壁变厚，且厚薄不均，软硬不一；收缩反应微弱。分泌物积聚时，有轻微波动感。

慢性卡他性子宫内膜炎（chronic catarrhal endometritis） 子宫黏膜慢性卡他性炎症，特征是子宫黏膜松软增厚，有时发生溃疡和结缔组织增生。有的子宫腺管道被炎性分泌物堵塞形成小的囊肿。患病母畜一般无全身症状，发情周期正常，但屡配不孕。阴道流出的黏液稍浑浊，或带有絮状物。直肠检查子宫壁稍厚，张力减弱，需注意与怀孕一个月左右的子宫进行鉴别。

慢性脑水肿（chronic hydrocephalus） 又称呆笨病（dummkoller）。侧脑室蓄积大量脑脊液，引起意识、感觉和运动机能障碍为主征的慢性脑病变。多继发于脑炎等疾病。幼畜发病与遗传因素有关。症状有意识异常，如不听呼唤；姿势反常，如长期站立不动，四肢集聚腹下或前两肢人为交叉后也不改变；采食饮水异常，如饲草衔在口角，或将口鼻浸入水中，反应迟钝，举止呆笨，对刺激反应性降低。治疗可用山梨醇脱水剂、拟胆碱药物等。

慢性脓性子宫内膜炎（chronic pyogenic endometritis） 子宫黏膜的化脓性炎症。基本同慢性卡他性脓性子宫内膜炎。但病理变化更为深重，子宫壁上可形成脓肿，分泌物为脓样物质。

慢性乳腺炎（chronic mastitis） 乳房炎症呈慢性经过。通常是由于急性乳腺炎没有及时处理或由于持续感染，而使乳腺组织处于持续性发炎的状态。一般局部临床症状可能不明显，全身也无异常，但产奶量下降。反复发作可导致乳腺组织纤维化，乳房萎缩。这类乳腺炎治疗价值不大，病牛可能成为牛群中一种持续的感染源，应视情况及早淘汰。参见乳腺炎。

慢性炎（chronic inflammation） 局部症状不明显，病程较长（数周、数月以上）的炎症。这种炎症的特点是炎区组织增生明显，并有大量淋巴细胞和浆细胞浸润。

慢性炎症（chronic inflammation） 炎症依其经过可分为急性、亚急性和慢性三种。慢性炎症病程较长（数周、数月以上），炎症局部以巨噬细胞和淋巴细胞浸润、结缔组织增生过程占优势，而变质和渗出性变化比较轻微。

慢性硬变性肾炎（chronic indurative nephritis） 见慢性间质性肾炎。

慢性羽扇豆中毒（chronic lupine poisoning） 误食被拟茎点霉（*Phomopsisleptostromi forms*）污染的黄羽扇豆引起以肝功能紊乱为主征的中毒病。由腐生于黄羽扇豆的拟茎点霉产生拟茎点霉素 A（phomoxin A）所致。症状在羊呈现虚弱，消瘦，结膜黄染，眼睑、口唇黏膜发生感光过敏性肿胀。牛表现脂肪肝综合征，如食欲废绝，结膜黄染，腹泻，粪中带血。后期感觉麻痹，昏迷。马知觉迟钝，消瘦，腹痛，腹泻和黄疸，后期伴发溶血性贫血。预防应停止在混生羽扇豆植株草场放牧，并禁止饲喂混杂羽扇豆植株的饲草。

慢性子宫内膜炎（chronic endometritis） 子宫黏膜的慢性炎症。各种家畜都可发生，牛、马、驴常见，是母畜不育主要原因之一。多由急性炎症转变而来。输精、助产及难产手术消毒不严和操作不慎，将病原微生物带入子宫，是感染本病的主要原因。子宫弛缓、胎衣不下、子宫脱、布鲁氏菌病、沙门氏菌病等均可并发或继发本病。主要病原菌为链球菌、葡萄球菌和大肠杆菌，以及化脓性杆菌、单孢杆菌、衣原体和支原体等。根据症状可分为隐性子宫内膜炎、慢性卡他性子宫内膜炎、慢性卡他性脓性子宫内膜炎、慢性脓性子宫内膜炎四种类型。治疗各种子宫内膜炎总的原则是抗菌消炎，促进炎性产物排出和子宫机能的恢复。常采用子宫冲洗法、宫内给药和激素疗法等。

盲肠（cecum） 具有盲端的第一段大肠。位于右腹胁部，猪在左侧。肉食兽的不发达，呈短钩状或扭曲状，开口于结肠。猪呈短柱状，盲端圆锥形；肠壁形成 3 条纵肌带和 3 列肠袋。反刍兽为长柱形，盲端向后达盆腔内。马盲肠发达，呈逗点形，盲肠底附着于腰部右侧，盲肠体沿右腹胁向下向前，盲肠尖达剑状软骨后方。肠壁形成 4 条纵肌带和 4 列肠袋；回肠口位于盲肠底的小弯，缝状的盲结口在邻近。兔盲肠很长，由粗渐细，卷曲成纵长的 3 折，占腹腔底部；末段形成略细的阑尾。除阑尾外，肠壁黏膜内褶形成螺旋形襞；在回肠口邻近的黏膜上有两片淋巴集结。禽有两条盲肠，中部略粗，在回肠口之后开口于直肠；后端在黏膜内有淋巴组织，称盲肠扁桃体，鸡较发达。鸽盲肠仅为一对小突起。

盲肠突（cecal bud） 又称盲肠原基、盲肠芽。胃原基后方肠管形成原始肠袢，呈发夹状，降支在前，升支在后，在升支上形成的一突起。盲肠原基之前分化为小肠，盲肠原基之后分化为大肠。

盲花蜱（*Aponorntrta*）　硬蜱科的一个属。眼退化或无眼。爬行动物的寄生虫。其他方面与花蜱相似。

盲目传代（blind passage）　在未能确知病毒感染的情况下坚持连续传代求取结果的实验方法。将病毒材料接种鸡胚或细胞时，开始数代往往不引起死亡或病变，以后才逐渐适应。因此在分离病毒时，不能因暂时未出现病变或死亡，或未检出病毒，就判定为无病毒生长，必须连续传代多次才能做出结论。多用于病毒分离和疫病诊断。

猫（cat）　食肉目（Carnivora）、猫科（Felidae）、猫属（*Felid*）中的一种动物，拉丁名 *Felis domestica*。猫生性孤独，喜明亮干燥环境。善捕捉、攀登。有固定地点排泄习惯。肉食为主。瞳孔随光线明暗变化显著，视力好。舌上有倒钩状丝状突，便于舔食。头盖和脑形态对应好，有利于脑的外部定位。寿命 8～14 年，性成熟 6～10 月，季节性发情，性周期 14d。妊娠期 63d，胎产仔数 1～6 只，哺乳期 60d。染色体数 2n=38。猫从 19 世纪末开始正式用做实验动物，多用短毛猫。主要用于生理学、药理学及某些疾病研究中，适合于做急性试验。

猫白血病（feline leukemia）　肉瘤病毒和猫白血病病毒引起猫的一种以恶性淋巴瘤为主要特征的肿瘤性传染病。病毒从感染猫的唾液、粪便、乳汁或鼻腔分泌物排出，扩散污染环境，通过水平或垂直方式传播，猫的易感性随年龄的增长而降低。常在感染后数周或数月出现明显症状，典型症状依肿瘤发生部位不同而异。腹型最多见，约占患猫的 30%，腹部可触摸到肠段、肠系膜淋巴结、肝、肾等处的肿瘤块，发生下痢、肠阻塞、尿毒症、黄疸和贫血等症状；胸型在胸腔腹侧前部可触摸到大肿块，有时可占据胸腔的 2/3，由于肿瘤块压迫食道、气管和心脏而导致呼吸器官，心脏和上部消化道机能障碍，出现呼吸困难、吞咽困难和恶心等症状。此外，还会发生包括体内、体表全部淋巴结和肝、肾、消化器官肿瘤块及局部病灶的弥散型，可在各种器官出现肿瘤。根据症状和剖检变化可作出初步诊断，X 线摄影和血液、体液肿瘤细胞检查等在生前诊断上均有价值，中和试验、免疫扩散试验等血清学方法也可确诊。目前尚无有效的治疗药物和免疫预防制剂，只能采取综合性防治措施。

猫白血病病毒（*Feline leukemia virus*）　反录病毒科（Retroviridae）、丙型反录病毒属（*Gamma retrovirus*）成员。病毒粒子直径 80～120nm，有囊膜，基因组为二倍体，由两个线状的正链单股 RNA 组成，具有反转录酶。猫白血病病毒包含惯称的猫白血病病毒及猫肉瘤病毒，前者是内源或外源的，能完全复制；猫肉瘤病毒是外源缺陷型，携带 v-onc 及 v-fms 基因，缺失 env 基因。根据囊膜的抗原性可将猫白血病病毒分为 A、B、C 3 个型。在感染猫白血病的 6 周内，产生 2 种结果：持续性感染或自限性感染，前者表现为持续数月的病毒血症，其分泌物带毒，成为重要的传染源；大多数猫表现为自限性感染，无病毒血症，不排毒，不发生白血病。无致病性的内源猫白血病病毒可垂直传递，而致病性的猫白血病病毒经水平传播，但只有少数猫感染。

猫病毒性鼻气管炎（feline viral rhinotracheitis）　猫鼻气管炎病毒引起猫的一种急性上呼吸道传染病，以发热、频频打喷嚏、流鼻液和眼分泌物为特征。本病在 1957 年被确认为猫的一种独立传染病。患猫自鼻、眼、咽喉排出病毒，康复猫也可间断地排毒，经接触或飞沫传染，幼龄较成年猫和老龄猫易感。病猫主要发生重剧的鼻炎、结膜炎、支气管炎、溃疡性口炎，孕猫可引起流产；在鼻腔、扁桃体、气管和瞬膜上皮细胞形成包涵体。根据包涵体检查、分泌物和病料的病毒分离，以及血凝抑制试验、中和试验等血清学方法可作出诊断。治疗主要依靠对症的和支持性的方法，广谱抗生素可防止继发感染。灭活的或弱毒的细胞培养疫苗既可用于肌内注射，也可用于滴鼻。

猫传染性腹膜炎（feline infectious peritonitis）　猫传染性腹膜炎病毒引起猫科动物的一种慢性进行性传染病。病的特征是渗出性腹膜炎与胸膜炎，或中枢神经、眼和淋巴结损害。本病多发生于家猫和野猫。临床症状分两型。①渗出型：表现厌食、体虚，腹部膨大，体温升高到 39.7～41℃，血液白细胞增多，由于 γ 球蛋白增多而呈现恒定的高蛋白血症，胸、腹水潴留，混有纤维蛋白絮状物并覆盖于壁层及内脏表面。②干燥型：呈现角膜浮肿，眼房液变红，虹膜睫状体炎，渗出性网膜炎和网膜脱落，后躯运动失调，痉挛，脑水肿。可根据典型症状，自胸腹水和组织匀浆中分离病毒，或用适应于小鼠的病毒抗原在乳鼠上作中和试验，作出诊断。

猫传染性贫血（feline infectious anemia）　猫血巴尔通氏体引起猫的一种以贫血、脾肿大为特征的传染病。在猫群中多数呈隐性感染，当各种应激因素作用时可引起恶化或流行，1～3 岁猫发病率较高。用发病猫的血液作人工感染能获得成功。急性病猫表现体温升高到 40.5℃，精神沉郁，厌食，可视黏膜黄染，触摸腹部脾肿大，慢性病猫体温正常或低于常温，消瘦，体衰，有的出现黄疸或脾肿大。血液涂片用瑞氏或姬姆萨染色液染色镜检，可见到深红紫色小体和典型的再生性贫血血象，红细胞明显减少。口服足量的四环素、土霉素或氯霉素均有较好的疗效。目前尚无有效的预防方法。

猫泛白细胞减少症（feline panleukopenia） 又称猫瘟热、猫运动失调症、猫传染性肠炎或猫细小病毒感染。猫细小病毒引起猫的一种高度接触性致死性传染病，是猫最重要的传染病。其特征为高热、呕吐、倦怠、腹泻，明显的白细胞减少和高病死率。多数猫科、鼬科和浣熊科动物都能感染，幼猫更易感。自病猫粪、尿、分泌物和呕吐物排毒扩散，通过直接或间接经消化道、呼吸道传染。1岁内小猫的发病率高达83.5%，常见全窝小猫发病。临床症状比较典型，以呕吐、食减乃至废绝、倦怠、下痢、发热和血液白细胞减少到4 000/mm^3以下为主。在肠腺上皮细胞、淋巴结皮质层和骨髓细胞内可见到包涵体。根据流行特点、症状和病变特征可作出诊断，电镜及免疫电镜和血凝及血凝抑制试验、免疫荧光技术、中和试验等血清学方法可确诊。防制除严格执行综合性措施外，细胞培养灭活苗、同源弱毒疫苗或多联疫苗均可用于免疫预防。

猫泛白细胞减少症病毒（*Feline panleukopenia virus*，FPV） 又称猫瘟热病毒。细小病毒科（Parvoviridae）、细小病毒属（*Parvovirus*）成员。病毒粒子呈20面体对称，无囊膜，基因组为单股DNA。病毒致猫白细胞减少症，是猫及猫科动物的一种急性高度接触性传染病。本病毒能凝集猪和恒河猴的红细胞，在幼猫肾、肺、睾丸细胞培养中可增殖。微生物学诊断可取急性病例粪便、血液，病死动物的脾、小肠，以HA-HI试验、抗原捕获ELISA、PCR等检测病毒抗原或DNA，或进行病毒分离鉴定。由于病毒极其稳定，排毒量又相当大（每克粪大于10^9 ID_{50}），因此环境受到严重污染，难以完全消灭，病毒可由远距离传入。通常用疫苗预防，弱毒苗或灭活苗均可，但易受母源抗体干扰。

猫泛白细胞减少症疫苗（feline panleukopenia-vaccine） 一类用于预防猫泛白细胞减少症的疫苗。有组织灭活苗、细胞培养灭活苗、弱毒苗和多联苗等苗型。采取感染猫肝、脾脏制成悬液，加甲醛灭活制成组织灭活苗，但对小猫的免疫效果不理想。以抗原性和免疫原性良好的自然强毒株于FK、NLFK、FLF或CR—FK传代细胞增殖培养，于细胞毒液加入二乙烯亚胺灭活制成细胞培养灭活苗，给断奶后的猫间隔3～4周皮下或肌内注射2次，每次1mL，可获得1年以上的免疫力。将细胞弱毒株毒种于FK或NLFK等传代细胞增殖培养，加入保护剂后进行冷冻真空干燥制成冻干苗。猫泛白细胞减少症疫苗也可作为异源疫苗用于水貂、貉传染性肠炎的免疫预防。

猫弓首蛔虫（*Toxocara cati*） 寄生于猫及其他猫科动物的小肠。雄虫长3～6cm，雌虫长4～10cm，颈翼发达。幼虫不经胎盘感染胎儿。蚯蚓、某些昆虫和鼠类可以携带幼虫，并成为猫的感染源。参阅犬弓首蛔虫。

猫钩虫病（ancylostomiasis cati） 管形钩口线虫（*Ancylostoma tubaeforme*）和其他几种钩口科线虫单独或混合寄生于猫小肠引起的寄生虫病。管形钩口线虫形态与犬钩口线虫相似，口孔腹缘上的齿较大；雄虫长9.5～11mm，雌虫长12～15mm。犬钩口线虫、巴西钩口线虫和狭首钩口线虫亦可寄生于猫。参阅犬钩虫病。

猫冠状病毒（*Feline coronavirus*，FCoV） 套式病毒目（Nidovirales）、冠状病毒科（Coronaviridae）、冠状病毒属（*Coronavirus*）成员，包括猫传染性腹膜炎病毒（*Feline infectious peritonitis virus*，FIPV）与猫肠道冠状病毒（*Feline enteric coronavirus*，FECV）。病毒粒子呈圆形，有囊膜，囊膜上有花瓣状纤突。基因组为单分子线状正链单股RNA。FECV在FIPV的致病过程中具有决定性的作用，FIPV是FECV在体内突变获得巨噬细胞嗜性的结果。FECV可致幼猫温和性腹泻，其毒力与其感染腹腔巨噬细胞的能力有关，无毒株较少感染巨噬细胞，且病毒滴度较低，不易在巨噬细胞间传播。无毒力的FECV不仅存在于消化道，还可扩散到肠上皮及局部淋巴结以外，在某些器官和组织发生突变，成为致病性的FIPV。FIPV引致家养及野生猫科动物渐进的致死性疾病。临床有“渗出性”及“非渗出性”两种形式。前者发热，有黏稠的黄色腹水蓄积，导致渐进性腹胀，积液量可从几毫升到1L；后者为非发热型，只有少量或无分泌物。FIPV的靶细胞是单核细胞及巨噬细胞，致全身损伤，在肝脏的浆膜等处形成大量灰白的小结节（直径<1～10mm）。取病变器官作冰冻切片，用荧光抗体染色，可检出病毒。FIPV温度敏感突变株疫苗已商品化，疫苗通过鼻黏膜接种。

猫后睾吸虫病（opisthorchiasis felineus） 猫后睾吸虫（*Opisthorchis felineus*）寄生于猫、犬、狐、猪等动物的胆管引起的疾病，亦寄生于人。虫体形态近似华支睾吸虫，但较小；睾丸仅有几个分叶。生活史、致病作用和症状等可参阅华支睾吸虫病。

猫免疫缺陷病毒（*Feline immunodeficiency virus*，FIV） 反录病毒科（Retroviridae）、慢病毒属（*Lentivirus*）成员。病毒粒子有囊膜，基因组为二倍体，由两个线状的正链单股RNA组成，包含反转录酶。患病家猫的血清抗体阳性率为1%～30%，未证实FIV感染人类。FIV致病过程有3个阶段，以淋巴结病及发热为特征的急性阶段、漫长的亚临床阶段以及以退行性病变与机会感染为特征的终末阶段。在终末阶段常见口腔、牙周组织、颊部以及舌部发生细菌及霉菌的机会感染，约25%的患猫表现为慢性呼吸道病，约5%为严重的神经性疾病，尸检做组织学切片所见的中枢病变的比例更高。FIV感染的潜伏期可能持续数年，随着病程的延长，表现为CD_4^+淋巴细胞的减少，淋巴细胞瘤发生率较高。患猫终生感染，血清抗体阳性的猫可从血液及唾液中分离到病毒。FIV很少发生在圈养猫群。散养猫，尤其是雄性猫因打斗通过咬伤而感染病毒。尽管精子可带毒，但性行为并非主要传播途径。猫崽可通过初乳及乳液从急性感染期的母猫感染病毒。

猫嵌杯病毒（*Feline calicivirus*，FCV）　嵌杯病毒科（Caliciviridae）、水疱疹病毒属（*Vesivirus*）成员。病毒粒子表面具有独特的杯状结构，基因组为单股正链RNA。FCV是猫呼吸道疾病最重要的病原之一。全世界均有发现。猎豹能自然感染，其他猫科动物可能易感。用兔源抗血清作中和试验可将病毒分为不同的血清型，但用SPF猫源抗血清分析只有1个型。病毒毒株毒力有较大差异。低毒株致亚临床感染，高毒株可引致肺炎。经气雾及接触传播，买卖猫的人是重要的传播媒介。康复猫从口咽部排出病毒，排毒时间可持续数年甚至终生。猫表现为结膜炎、鼻炎、气管炎、肺炎以及口腔溃疡等。1岁以上猫由于产生抗体而很少发病。幼猫的发病率高，猫崽的死亡率可达30%。

猫嵌杯病毒感染（feline calicivirus infection）　猫嵌杯病毒引起的一种以鼻炎、结膜炎、气管炎或肺炎为特征的猫病。病猫、隐性感染猫和康复猫都能自鼻、粪、尿排毒扩散，通过尘埃、飞沫经呼吸道、消化道传染，断奶小猫最易感。感染病例的临床表现差别较大，有的呈不显性感染；有的引起上呼吸道炎症，表现打喷嚏、流泪和流出黏液脓性鼻液；也有的发生肺炎，出现呼吸困难、高热。确诊可用补体结合试验、琼脂扩散试验、中和试验和免疫荧光技术等血清学方法。多价疫苗的免疫效果比较确实。

猫去爪术（resection the calw in cat）　远端趾骨、真皮和爪的切除手术。适用于猫爪损伤用保守疗法无效时，或健康猫爪破坏家具，依畜主的意愿进行本手术。健康爪的基部对疼痛极为敏感，要全身麻醉，趾端剪毛、消毒；在爪的基部作弧形切开，纵切口至远端关节，剥离，将关节切断，除去趾和爪，皮肤结节缝合。装强力压迫绷带，再套上靴状袋防止绷带滑脱。术后2～3d去掉绷带，不影响支撑。

猫日光性皮肤炎（feline solar dermatitis）　猫耳皮肤受日光反复照射引发的耳廓皮肤有癌变倾向的光化性皮肤病。本病只发生于白色猫，偶见于白耳有色猫。多次反复的日光照射是本病的重要致病因素。病初只在耳廓尖端和边缘的皮肤上出现红斑性炎症，局部脱毛、结痂、瘙痒。夏日日光强时病变严重，冬季则有所缓解，如此反复，最终成鳞状上皮癌。对耳廓上只有红斑的早期病例可长期应用可的松软膏，不让病猫再暴露在日光之下，防止病变的进一步发展，对皮肤出现溃疡或可能有癌变的病例应手术切除耳廓的病变组织或做全耳廓切除。

猫瘟热（feline distemper）　见猫泛白细胞减少症（feline panleukopenia）。

猫下泌尿道疾病（feline lower urinary tract disease，FJUTD）　又称猫尿路栓塞、无菌性膀胱炎、间质性膀胱炎等。尿道阻塞和由此引起的危及生命的肾后性氮血症，以出现血尿和排尿困难等临床症状为特征。通常这类疾病能够用抗生素和止血药等进行治疗，如果处置迟缓或不当，则会反复出现慢性膀胱炎、并发尿道狭窄或闭塞等，进而肾机能降低，重症若不进行外科手术，则可能因肾衰竭而致死。

猫衣原体病（feline chlamydiosis）　又称猫肺炎。鹦鹉热衣原体猫毒株所致的一种以结膜炎、鼻炎、间或肺炎的猫病。自病猫眼、呼吸道排出大量病菌通过飞沫接触传染。病猫先发生单侧黏液脓性眼结膜炎，随后才波及对侧眼，继而发展为鼻炎或肺炎，出现流鼻液、打喷嚏或呼吸困难。取鼻、眼黏膜上皮材料染色镜检，可见到细胞内有大量衣原体；补体结合试验、琼脂扩散和玻片凝集试验等血清学方法可用于诊断。免疫预防制剂尚在试用中。

猫衣原体肺炎（feline pneumomonitis）　又称猫流感。衣原体类病原引发猫为主的一种高度接触性人兽共患传染病。病原性状与鹦鹉热衣原体相似，只有猫易感，经飞沫传播。病初发热，眼鼻流黏液性分泌物，结膜炎，呼吸道发炎，继而咳嗽和喷嚏。剖检上呼吸道黏膜及眼结膜潮红肿胀，覆有渗出物，肺实变，肺泡充满单核和多核细胞渗出物，支气管淋巴结肿大。依据结膜上皮或呼吸道分泌物及有实变的肺中检出原生小体确诊。控制病猫防止病原扩散。用四环素类抗生素治疗有效。人亦可感染发生滤泡性结膜炎，有关人员注意防护，以防感染发病。

猫中耳炎（otitis media of cats）　猫的中耳所发生的炎症。发生在各种年龄，一般为慢性过程，临床上主要是运动障碍，动物出现程度不一的运动失调，前进一步后退1/4，后躯踉跄。当非常重剧时，步行失去平衡而卧倒，或不能起立，猫半侧卧，一前肢伸展，另一前肢屈曲，头向后回转。瞳孔散大，食欲不振，有倦怠感，不发热。治疗时广谱青霉素和可的松并用，全身疗法，或进行咽鼓管穿刺排浓。

猫抓热（cat scratch disease） 又称猫搔热、猫抓病、良性淋巴网状内皮细胞增生症、局部淋巴结炎等。一种由猫抓引起的热症。广泛分布于欧洲、南非及南北美洲等。病原尚未确定。人和多种动物对本病有易感性，猫为主要传染源，人被猫抓伤、咬伤或舐后而感染。也有与猫排泄物接触发生家庭内暴发病例。皮肤上出现红色或紫色炎性灶、化脓或溃疡，局部淋巴结肿胀疼痛。有的表现全身症状，一般呈良性经过。尚无特效的治疗药物，采用抗生素治疗可加速恢复。防止被猫抓伤、咬伤以预防本病发生。

毛（hair） 哺乳动物皮肤表皮衍生成的角化丝状物。除口、鼻和其他天然孔周围、乳头、足底等少数部位外被覆整个体表。可分毛根和毛干两部分。毛的颜色决定于所含色素，主要是黑色素，也与结构有关。毛按构造可分两类：无毛髓或很少的为绒毛；有毛髓的为粗毛，但毛髓与毛皮质的比例因不同动物和毛的种类而有差异。粗毛按一定方向倾斜排列，称为毛向。绒毛分散于粗毛间，主要起保温作用，改良品种的绵羊几乎全部为绒毛。粗毛常有局部变异，有的特硬，如鬃；有的很长，如尾毛。还有一种窦毛专司触觉作用。毛经常进行脱换，称换毛，野生动物为季节性换毛，家畜也以春秋两季为换毛高峰期，但在不同种类具有差异，如犬、猫春季换毛较盛，犬持续约5周，猫则经夏季持续到秋季。

毛孢子丝菌属（*Trichosporon*） 一群酵母样真菌。营养型除出芽的细胞外，尚形成真和假菌丝。繁殖通过节孢子和芽生孢子。本属菌的致病性与念珠菌相似。

毛毕吸虫病（trichobilharziasis） 毛毕吸虫寄生于家鸭、野鸭等禽类的门脉和肠系膜静脉引起的疾病。中国常见的病原体为包氏毛毕吸虫（*Trichobilharzia paoi*），属分体科，雄虫长5.35～7.31mm，雌虫长3.38～4.89mm。中间宿主为椎实螺。患病鸭的肠壁和肝脏有炎症和结节，吸收功能受阻，消瘦，发育不良。尾蚴侵入人皮肤时，可引起尾蚴性皮炎，有剧烈痒感，但不能在人体内发育为成虫。参阅鸟毕吸虫病。

毛虫毒中毒（vermin poisoning） 放牧家畜被毛虫刺螫而致的中毒病。刺螫部位常为头部、唇、四肢下端和胸腹部。临床表现为精神不振，心搏动亢进，脉搏增数，刺螫局部剧痛、发热、肿胀，体温升高，有的呈现跛行。治疗上宜切开肿胀部位，将刺毛和有毒成分排出后，再按外伤处理。

毛茛中毒（buttercup poisoning） 毛茛引起的以口腔肿胀、出血性胃肠炎和肝、肾损害为特征的中毒病。由于毛茛中含有的毛茛苷（ranunculin）在酶的作用下游离出原白头茛素（protoanemonin）而致病。症状在马呈现不安，腹痛，腹泻，流涎，唇、口角和口腔黏膜炎性肿胀、水泡。牛羊反刍停止，磨牙，呻吟，带血软便。重型病例虚弱，眼球下陷，瞳孔散大，失明，血尿，在痉挛发作中死亡。治疗可投服高锰酸钾溶液，静脉注射硫代硫酸钠、葡萄糖与复方氯化钠溶液等。

毛果芸香碱（pilocarpine） 又称匹鲁卡品。拟胆碱药。从毛果芸香属植物中提取的有拟乙酰胆碱作用的生物碱，现已能人工合成。直接作用于M-胆碱受体，产生与节后胆碱能神经纤维兴奋时相似的效应，故又称节后拟胆碱药。特点是对腺体分泌与缩瞳作用特别明显，能促进汗腺、唾液腺、支气管及胃肠道腺体的分泌，使多种内脏平滑肌收缩，但对心血管系统影响较小。用于眼科，作为缩瞳剂，与散瞳药交替使用，治急性虹膜炎，亦可用于阿托品中毒的颉颃剂及治疗大动物的便秘。

毛霉菌病（mucormycosis） 毛霉菌科的真菌引起人和某些哺乳动物及鸟类的真菌病。毛霉菌科真菌有酒曲菌属（根霉菌属，*Rhizopus*）、犁头霉菌属（*Absidia*）和毛霉菌属（*Mucor*）。由于菌丝宽阔不分隔和共浆细胞性等特点，故称毛霉菌。病菌侵害血管，引起急性炎症，形成血栓性梗死，慢性者形成肉芽肿。人常为糖尿病的继发或并发症，可加速死亡。人和动物感染本病无特征性症状。确诊依据病原分离鉴定和病理组织学检查。防治参照曲霉菌病。

毛囊（hair follicle） 包围毛根周围的鞘状结构。由表皮陷入真皮形成。分为内外两层，内层为上皮组织鞘，外层为结缔组织鞘。上皮组织鞘又分为上皮性内根鞘和上皮性外根鞘。上皮性内根鞘指紧贴毛根表面的上皮细胞，相当于表皮的角质层和颗粒层，它们不断角化而成为毛。上皮性外根鞘相当于表皮的棘细胞层和基底层。结缔组织鞘由致密结缔组织构成，与真皮相延续。

毛色基因测试法（hair/coat color gene test） 利用已知复隐形基因个体与待测白化个体进行交配，通过观察F_1代动物的毛色表现型判断白化个体是纯合还是杂合的遗传质量监测方法。实验方法是选择复隐性基因雄性个体（常用DBA/2小鼠）和随机采用的纯系或非纯系60～70日龄白化雌鼠进行交配。产仔后2～3个月内，根据F_1仔鼠毛色表现型为一种或多种毛色，判定其白化品系为纯合或杂合。这种方法需时较长，繁殖也较复杂，多用于新引进品系或怀疑有可能发生品系混杂的情况下，不适合作为常规的遗传质量监测。

毛尾线虫病（trichuriasis） 又称毛首线虫病、鞭虫病。毛尾目、毛尾属（*Trichuris*）线虫寄生于猪、肉食动物、反刍动物和人引起的寄生虫病。虫体前部显著地纤细、后部粗壮。前后长度之比为2∶1～3∶1。雌虫后部直，雄虫后部卷曲。头端构造简单。食道穿行于成单行如念珠状排列的腺细胞中，贯穿虫体前部（细部），故前部又称食道部。雄虫泄殖腔开口于尾端，有一根相当长的交合刺，包在一个可以伸缩的交合刺鞘内。雌虫肛门开口于尾端，阴门开口于前、后部交界处。卵呈橄榄形，两端各有一卵塞，排出时胚细胞尚未分裂。直接发育，含感染性幼虫的卵被宿主摄食后，在盲肠内孵化，并在该处直接发育为成虫。寄生于绵羊、山羊、牛和骆驼等反刍动物的常见种为绵羊毛尾线虫（*T. ovis*）和球鞘毛尾线虫（*T. globulosa*）；寄生于犬、狐的为狐毛尾线虫（*T. vulpis*）；寄生于猪、人和某些灵长类动物的为猪毛尾线虫（*T. trichiura*）。虫体以其头端钻入肠黏膜，寄生数量多时可能引起盲肠炎。病畜有食欲不振，消瘦，被毛枯干等症状。粪便检查发现虫卵即可确诊。左旋咪唑、羟嘧啶等驱线虫药均可用于驱虫。防制措施主要是驱虫、粪便处理和改善环境卫生。参阅猪蛔虫病。

毛细胞（hair cell） 感受听觉的细胞，分内毛细胞和外毛细胞。内毛细胞排列为一列，细胞呈烧瓶形，位于内指细胞的上面，游离面有30～60根静纤毛，略呈U形排列，感受振幅较小的声波刺激。外毛细胞排成3～4列，细胞呈圆柱形，位于外指细胞的上方，游离面有120～140根呈W形排列的静纤毛，感受弱声波的振动。

毛细淋巴管（lymphatic capillary） 与毛细血管结构相似的淋巴管。只有一层内皮和极薄的结缔组织。特点是，内皮细胞的间隙较宽，故其通透性比毛细血管大；管径粗细不一；常以盲端起始。毛细淋巴管吸收组织间隙中的液体，经淋巴管和淋巴导管送入大静脉的血流中。

毛细线虫病（capillariasis） 毛尾目、毛细属（*Capillaria*）线虫寄生于禽类和哺乳类动物引起的寄生虫病。形态特征近似毛尾线虫，但更为纤细。种类甚多，雄虫长9～30mm，雌虫长10.5～80mm。雄虫泄殖腔开口于末端或亚末端，有膜质尾翼或交合伞样构造，单根交合刺或无交合刺。雌虫阴门开口于食道末端处。卵呈橄榄形，壳厚，两端有卵塞，排出时胚细胞尚未分裂。生活史有直接和间接两种类型。常见种有膨尾毛细线虫（*C. caudinflata*）、鸽毛细线虫（*C. columbae*）、鸭毛细线虫（*C. anatis*）、捻转毛细线虫（*C. contorta*）、牛毛细线虫（*C. boris*）、短足毛细线虫（*C. brevipes*）、嗜气毛细线虫（*C. aerophila*）、皱襞毛细线虫（*C. plica*）和线形毛细线虫（*C. linearis*）等，分别寄生于鸡、鸽、火鸡、牛、水牛、绵羊、犬、狐和猫等的消化道各段。对禽类危害较重，可能引起卡他性炎以至纤维性炎，形成白喉样假膜，食欲丧失，消瘦，贫血。有时可引起嗉囊扩张、呼吸困难、共济失调和麻痹。在粪便中检出虫卵或剖检病死鸟检出虫体即可诊断。可用左旋咪唑或甲苯唑驱虫。预防措施包括驱虫、病畜禽粪便的处理及改善环境卫生。

毛细血管（capillary） 又称交换血管。连于动脉和静脉之间，管径5～9μm，一般仅能允许1～2个红细胞通过的血管。管壁由一层内皮和基膜组成，根据内皮结构的差异分为连续毛细血管、有孔毛细血管和血窦。毛细血管是血液和组织液之间进行物质交换的场所。它们彼此连接成网，其密度反映所在器官或组织的代谢水平。

毛细血管血压（blood pressure of capillary） 血液在毛细血管内流动时产生的压力。在显微镜下用一根玻璃微吸管插入毛细血管，微吸管的另一端连减压计，可测量毛细血管血压。毛细血管血压的高低取决于毛细血管前阻力和后阻力之比。当比值为5∶1时，毛细血管平均血压约为2 666Pa；比值增大，血压降低；反之，血压升高。

毛向（hair stream） 又称毛流，俗称“旋”。毛在动物体表倾斜排列的方向。主要与动物前进时的方向一致，可减少空气阻力，以及雨天不致大量渗水并便于渗水流出。因此躯干部的毛大多倾斜向后，四肢的毛大多倾斜向下。毛向改变处常在身体一定部位形成一些图形，如毛尖相向的为集合型毛涡和毛线，毛尖相背的为分离型毛涡和毛线。

毛蚴（miracidium） 复殖吸虫最早的幼虫阶段，通常在水中或中间宿主体内自卵壳内孵出。身体多呈梨形，前端为一可伸缩的顶突，顶突上有顶腺和穿刺腺的开口。顶突后为数列扁平的纤毛表皮细胞，覆盖周身。表皮细胞内侧为肌层。毛蚴身体的前部有神经结，由该处发出神经纤维，后半部内包含着胚球。毛蚴体内含1～2对焰细胞，由排泄管通身体后侧部的一对排泄孔。有的虫种在身体前部有眼点。多数毛蚴可在水中短时间游动。进入中间宿主体内的毛蚴，脱纤毛表皮变为胞蚴。

毛蚴孵化法（hatching method of miracidium） 诊断分体吸虫病特用的方法。取新鲜牛粪100g置500mL容器内，加水调成稀糊状，经60～100目铜筛过滤，将滤液倾入 260 目锦纶筛兜，加水充分淘洗，直至滤出液变清为止；兜内粪渣供孵化用。或将滤液收集于 500～1 000mL 量杯中，加水拌匀，静置 20min，倾去上层液，如此反复换水、静置几次，直到水清澈为止。当水温在 15℃以上时，第一次换水后，应改用 1.0%的食盐水洗粪；如水温在 18℃以上，全部洗粪和沉淀用水均改用 1.0%食盐水，以抑制毛蚴过早孵化。洗净的粪渣内含虫卵，用于孵化。将粪渣倒入 500mL 三角烧瓶内，加入 22～26℃温水孵化，并应有一定的光线，孵化后第一、第三、第五小时各检查 1 次，肉眼可以观察到孵出的毛蚴在水中游动。毛蚴具有向光性。

毛圆线虫病（trichostrongylosis） 又称黑痢病（black scours）。毛圆属（*Trichostrongylus*）的多种线虫寄生于绵羊、山羊、牛、骆驼、鹿、马、猪和兔等多种动物的胃或小肠引起的寄生虫病。虫体纤细，红褐色。交合伞侧叶发达，腹肋细小；侧腹肋、前侧肋与中侧肋平行排列，格外粗大；后侧肋与背肋不发达。交合刺短粗，棕褐色，由板叶和扭曲增厚的嵴构成多种形态。常见种有：①蛇形毛圆线虫（*T. colubriformis*），寄生于绵羊、山羊、牛、骆驼和羚羊等的小肠前段，有时见于第四胃。雄虫长 4～5.5mm，雌虫长 5～7mm。②艾氏毛圆线虫（*T. axei*），寄生于绵羊、山羊、牛、鹿和羚羊的第四胃；亦寄生于猪、马、驴和人的胃。雄虫长 2.5～3.7mm，雌虫长 3.2～4.2mm，两根交合刺不等长、不同形。毛圆线虫的发育史、致病性以及毛圆线虫病防控措施等，请参阅捻转血矛线虫病。

锚定连接（anchoring junction） 通过细胞骨架系统将细胞与细胞、或细胞与胞外基质连接在一起的结构。包括与中间纤维相关的桥粒和半桥粒以及与肌动蛋白相关的黏着带和黏着斑。锚定连接在上皮组织中尤为发达，形成一个坚挺有序的细胞群体（或排列成层）。

玫瑰花环试验（rosette test） 简称花环试验。体外测定动物外周血淋巴细胞膜上表面受体的方法。根据淋巴细胞表面受体的不同，分为测定 T 细胞的 E 花环试验、测定 B 细胞的 EA 和 EAC 花环试验等。

玫瑰花环形成细胞（rosette forming cell，RFC） 能吸附绵羊红细胞形成花环的细胞。主要指能直接与绵羊红细胞形成 E 花环的 T 细胞；广义的还可包括能与吸附抗体后的红细胞形成 EA 花环、与吸附抗体补体的红细胞形成 EAC 花环的 B 细胞。

梅迪-维斯纳病（Maedi - Visna disease） 又称绵羊进行性间质性肺炎。反转录病毒科慢病毒属的梅迪-维斯纳病病毒引起绵羊的慢性接触性传染病。它是相同病毒引起不同症状和病变的疾病。1915 年首次发生于南非，1960 年分离出病毒。梅迪病以进行性间质性肺炎、消瘦、呼吸困难和干咳为特征；维斯纳病以脑膜炎、后肢麻痹和全身麻痹为特征。病羊脑、肺和鼻液含有病毒，经消化道和呼吸道感染。多呈散发，在冰岛呈地方性流行。潜伏期平均为 2 年。应用补体结合试验、中和试验和琼扩试验进行诊断。目前尚无有效疫苗，预防本病的措施是通过检疫防止病毒传入非疫区。

梅克尔细胞（Merkel's cell） 分布于全身表皮基底细胞之间和口腔、生殖道黏膜上皮中的一种具短指状突起的细胞，胞核呈不规则形或分叶状，数目少，电镜下可见胞质内有许多有膜的分泌颗粒，其内容物电子密度高。有些细胞的基底面与感觉神经末梢紧贴，分泌颗粒也聚集在该处，形成类似突触的结构，通常被认为是一种触觉细胞，并具有神经内分泌功能。

梅氏腺（Mehlis's glands） 复世代吸虫卵膜周围的单细胞腺，由腺管通入卵膜。含浆液性与黏液性两种分泌细胞。其分泌物有 4 种功能：①在卵细胞与卵黄细胞团外周形成模板；②刺激卵黄细胞释出卵壳物质，沉积于模板上；③激活精子；④润滑子宫。

媒介（vector） 通常指在脊椎动物宿主间传播寄生虫病的一种低等动物，更常指传播血液原虫的吸血节肢动物。如在牛与牛之间传播巴贝斯虫的蜱、在人与人之间传播疟原虫的蚊等。

媒介传播性共患疾病（metazoonoses） 病原体的生活史需要有脊椎动物和无脊椎动物的共同参与，病原体在无脊椎动物体内繁殖，或在其体内完成一定的发育阶段，才能传到一种脊椎动物宿主的一类人兽共患疾病。其中包括大多数虫媒病毒感染，如流行性乙型脑炎、各种马传染性脑脊髓炎、森林脑炎、蜱传脑炎、裂谷热、黄热病、绵羊跳跃病等，以及地方性斑疹伤寒、恙虫病、Q 热、鼠疫、野兔热和血吸虫病、黑热病、疟疾、肺吸虫病和华支睾吸虫病等。

媒介昆虫（media inspect） 在传染病传播过程中起重要传播媒介作用的昆虫。常见的病媒昆虫主要有苍蝇、蟑螂、蚊子、跳蚤等，主要通过叮刺吸血和在食物上爬行、取食、排泄等途径传播疾病。媒介昆虫至少可以传播几十种人类疾病、人兽共患病和畜禽传染病，其中疟疾、登革热、痢疾、伤寒、肝炎、鼠疫、地方性斑疹伤寒、森林脑炎、流行性出血热等，危害非常严重。

煤焦油沥青中毒（coal tar poisoning） 见沥青中毒。

煤油中毒（kerosene poisoning） 牛误食煤油或

其制剂用量过大而引起的中毒病。中毒牛呼出气体带煤油味，呼吸加快，瞳孔散大，战栗，共济失调，瘤胃臌气，排粪停滞、粪干硬，体温升高。严重病例多死亡。宜及时洗胃并对症治疗。

酶（enzyme） 又称生物催化剂。由活细胞产生的能在体内或体外具有高度专一性和极高催化效率的生物大分子，包括蛋白质和核酸。体内所进行的化学反应几乎都在酶的催化下以很高的速度和明显的方向性进行。目前已知的酶有 2 000 多种，他们结构复杂，功能各异。机体内酶的缺失或催化活性的显著改变可引起疾病或代谢活动的异常。

酶标 SPA 酶联免疫测定（enzyme labeled SPA ELISA） 用酶标葡萄球菌 A 蛋白（SPA）代替酶标抗抗体的一种间接 ELISA 技术。SPA 可与多种哺乳动物的 IgG 结合，并且易于标记，稳定性好，易于标准化和商品化，故其应用面广。

酶的比活力（enzyme specific activity） 又称酶的比活性。每毫克酶蛋白所具有的活力单位数。有时也用每克酶制剂或每毫升酶制剂所含有的活力单位数来表示。比活力是表示酶制剂纯度的一个重要指标，对同一种酶来说，酶的比活力越高，纯度越高。

酶的必需基团（enzyme essential group） 与酶活性密切相关的基团。直接参与对底物分子结合和催化的基团以及参与维持酶分子构象的基团。

酶的变构调节（enzyme allosteric regulation） 酶快速调节的一种方式。生物体内的一些代谢物（如酶催化的底物、代谢中间物、代谢终产物等），可以与酶分子的调节部位进行非共价可逆地结合，改变酶分子构象，进而改变酶的活性。受变构调节的酶称为变构酶；导致变构效应的代谢物称为变构效应剂。凡使酶活性增强的效应剂，称为变构激活剂；而使酶活性减弱的效应剂，称为变构抑制剂。

酶的激活作用（enzyme activation） 使酶由无活性变为有活性或使酶活性提高的作用。具有酶激活作用的物质通称为酶的激活剂。其中大部分是无机离子或简单的有机小分子。如 Mg^{2+} 是多种激酶和合成酶的激活剂；Cl^{-} 是唾液淀粉酶最强的激活剂。另外，能除去抑制剂的物质也可称为激活剂。如乙二胺四乙酸，可以螯合金属离子对酶的抑制作用。

酶的竞争性抑制（enzyme competitive inhibition） 抑制剂的结构与酶的底物相似或部分相似，可与底物竞争酶的活性中心，从而降低酶与底物的结合效率，对酶发挥可逆性抑制作用。如丙二酸、苹果酸及草酰乙酸有与琥珀酸相似的结构，它们是琥珀酸脱氢酶的竞争性抑制剂。这种抑制作用通过增加底物浓度可降低或消除抑制剂对酶的抑制作用。其动力学特点是酶促反应的 Vmax 不变，Km 值（称表观 Km）变大。

酶的抑制作用（enzyme inhibition） 某些物质使酶活性降低或丧失的作用。这些物质称为抑制剂。酶抑制作用分为不可逆抑制和可逆抑制两大类。可逆抑制又分为竞争性抑制和非竞争性抑制等形式。

酶的专一性（enzyme specificity） 酶对于其所催化的底物种类和范围的选择性。可分为三种：①绝对专一性，指酶只催化一种底物转变成特定的产物。如脲酶催化尿素的水解反应。②相对专一性，指酶对于一类化合物或化学键的催化作用。如脂肪酶不仅催化脂肪的水解，也可催化简单羧酸酶的水解。③立体专一性，指酶只催化立体异构体中的一种。如延胡索酸酶只能使延胡索酸（反丁烯二酸）加水生成苹果酸，而对顺丁烯二酸无作用。

酶的最适 pH（enzyme optimum pH） 使酶具有最大催化活性的溶液 pH。溶液的酸碱度可以通过改变酶分子及其底物分子上有关基团的解离状况而影响酶与底物的结合，从而改变酶的催化活性。过酸或过碱的情况可以削弱酶的活性。大多数酶的最适 pH 在 6.5～8.0。一个酶的最适 pH 可因其来源、纯度、底物性质和缓冲系统的不同而改变。

酶的最适温度（enzyme optimum temperature） 使酶具有最大催化活性的温度。一般情况下，在一定的温度范围内，酶的活性随温度的升高而增加，超过一定温度界限时，由于热变性作用，酶的活性下降，其程度与反应时间有关，反应时间越短，酶的热变性程度越小，相应的最适温度也较高。动物体内大多数酶的最适温度在 37～40℃。

酶对流电泳（enzyme counterimmunoelectrophoresis） 对流电泳与酶标记技术相结合的一种技术。用酶标记抗体与抗原作对流电泳，漂洗后加底物使沉淀带显色，可提高敏感性 8～16 倍。

酶放大免疫测定（enzyme amplified immunoassay） 一种专用于检测半抗原的免疫测定技术。某些酶如苹果酸脱氢酶（MDH），用以标记某些半抗原分子（如甲状腺素 Ta）时，此标记物中抗原仍保持与抗体结合的能力，但 MDH 的酶活性却受到抑制。当标记物中抗原与抗体结合后，MDH 又可恢复酶活性。MDH 的底物是 L-苹果酸，反应时可使作为受氢体的辅酶（NAD）I 还原成有色的 NADH。试验时，将待测标本、标记试剂、抗体和底物溶液依次混合，待反应平衡后，用分光光度计（340nm）测定 OD 值。根据竞争结合原理，通过标准曲线计算出待测样本中的抗原含量。抗原含量越高，所产生的有色产物（NADH）越少，二者呈反比关系。另一些酶，如溶菌酶、葡萄糖-6-磷酸脱氢酶等与半抗原结合后，酶活性可保持不变，但与抗体结合后，则酶活性明显抑制，亦可应用于测定该半抗原含量。

酶活力单位（enzyme active unit） 在特定的条件下，酶促反应在单位时间内生成一定量的产物或消耗一定量的底物所需的酶量。酶活力的度量单位。1961年国际酶学委员会规定：1个酶活力国际单位（IU）是指：在最适条件下，每分钟催化减少1μmol底物或生成1μmol产物所需的酶量。如果酶的底物中有一个以上的可被作用的键或基团，则一个国际单位指的是：每分钟催化1μmol的有关基团或键的变化所需的酶量，温度一般规定为25℃。1972年，国际酶学委员会推荐"催量"（Katal）来表示酶活力单位，简称Kat。1 Kat单位定义为：在最适条件下，每秒钟能使1mol/L底物转化为产物所需的酶量。催量和国际单位（IU）之间的关系是：1 Kat＝6×10^{7} IU。

酶活性（enzyme activity） 又称酶活力。酶催化化学反应的能力。用酶催化反应的初速度来衡量，用国际单位表示。即在特定条件下（指对酶的催化作用最适的温度、pH和饱和的底物浓度）1min内催化1μmol底物转变的酶量。实际应用中常根据具体条件自行规定活性单位。

酶活性中心（enzyme active centre） 酶分子上直接与底物结合并与其催化反应有关的基团所构成的微区。它由与酶的催化活性有关的基团（称必需基团）组成，分为结合基团和催化基团。前者决定酶的专一性，后者决定酶所催化的反应性质。结合蛋白质酶类所需的辅助因子也是活性中心的组成部分。

酶抗酶抗体-酶联免疫测定（HRP anti - HRP enzyme linked immunosorbent assay，PAP - ELISA） 一种不用酶标抗体的多层ELISA技术。事先制备可溶性酶和抗酶抗体复合物（PAP）以及搭桥用的抗抗体。此抗抗体必须针对抗酶抗体和反应前一层所用的抗体。如上述两种抗体均用兔制备的，则此抗抗体可用羊抗兔IgG或鸡抗兔IgG。试验可用于非兔制备的抗体包被，反应的层次为待测抗原-兔抗体-羊抗兔IgG - PAP。洗涤后加底物溶液显色。

酶联免疫吸附试验（enzyme linked immunosorbent assay，ELISA） 一种固相免疫酶测定技术。将抗原或抗体包被于微孔反应板上，在微孔内进行相应物的结合反应。反应后洗去未结合物，最后加入酶标记反应物，洗涤后加底物显色。反应不仅受结合物的特异性所限制，并且与反应物的量密切相关。显色后用酶标仪或肉眼判定颜色深浅，即可测出待检抗原或抗体的含量。视反应层次和酶标记物的性质不同可以派生出很多不同的方法，现已开发出检测多种疫病的ELISA商品化试剂盒。

酶免疫测定（enzyme immunoassay，EIA） 用酶标记抗体或抗原，以酶促反应指示免疫反应的一类免疫测定技术，是继免疫荧光和放射免疫技术之后发展起来的又一类非放射性标记免疫技术。包括酶免疫定位技术和酶免疫测定两类。前者有免疫酶组化染色和免疫酶电镜技术2种，后者有酶联免疫吸附测定法（ELISA）和均质酶免疫测定2种。

酶免疫电泳（enzyme immunoelectrophoresis） 利用免疫酶技术提高免疫电泳敏感性的技术。在免疫电泳后的抗体槽中分别加入酶标记的多抗和单抗。扩散漂洗后，用免疫酶组化法使沉淀弧显色，即可区别不同单抗所针对的抗原组分。

酶免疫扩散（enzyme immunodiffusion） 将酶标记于抗原或抗体上，免疫扩散后，用免疫酶组化法检测标本中相应的抗体或抗原的技术。抗原抗体形成的沉淀线，用酶底物显色，可提高检测敏感性。

酶切（enzyme cleavage） 某些酶能使核酸链中磷酸二酯键断裂的作用。有的酶切无特异性。限制性核酸内切酶的酶切作用是在DNA的特定位点断裂。酶切需要一定的温度和盐离子浓度。

酶原（zymogen） 酶的无活性前体。使无活性的酶原转变成有活性的酶的过程称为酶原的激活。如胰液中的胰蛋白酶原受肠液中肠激酶作用，从肽链N端脱下一个六肽，使无活性的酶原激活成为有活性的酶。酶原激活的生理意义在于避免细胞内产生的酶对细胞进行自身消化，并可使酶在特定的部位和环境中发挥作用，保证体内代谢的正常进行。

酶增强免疫测定（enzyme enhancement immunoassay，EEI） 一种利用酶标抗体反应后引起浊度变化的免疫测定技术。用两种抗体试剂，一种是用β半乳糖苷酶（β- Gal）标记的抗体，另一是琥珀酰化后带过量负电荷的抗体。试验时，先在待测抗原中加少量β- Gal标记抗体，反应后再加入琥珀酰化的抗体。然后加入带正电荷的小分子底物邻硝基苯半乳糖吡喃苷（ONPG）。此底物因静电引力和β- Gal的作用引起测试溶液的浊度变化，经比色计测定即可计算待测样本中抗原含量。

霉蛋（mildew eggs） 受潮或雨淋后发霉的蛋。仅壳外发霉，内部正常者称为壳外霉蛋。壳外和壳膜内壁有霉点、蛋液内无霉点和霉味，品质无变化者，视为轻度霉蛋。表面有霉点，透视时内部也有黑点，打开后见壳膜及蛋液内均有霉点，并带有霉味者，视为重度霉蛋。霉蛋不适宜作为食用，应废弃。

霉稻草中毒（mouldy straw poisoning） 又称烂蹄病、蹄腿肿烂病。由于牛采食发霉稻草而引起的一种以耳尖、尾稍干性坏死，蹄腿肿胀、溃烂，甚至蹄匣脱落为特征的真菌毒素中毒病，主要表现为突然发病，病牛精神沉郁，拱背，被毛粗乱，皮肤干燥无光；可视黏膜微红；有的牛鼻黏膜有蚕豆大的烂斑，一侧鼻孔流出鲜红色血液；通常体温、脉搏，食欲、粪便正常，全身变化不明显，仅有少数病牛体温有升高现象。剖检尸体，体表多处溃烂，蹄冠、系部水肿、出血、坏死及溃烂；耳尖、尾尖坏死。皮下组织疏松，呈浆性浸润。蹄冠与系部血管扩张、充血，血管内有灰色、暗红色的血栓，肌肉呈灰红色或苍白色。根据流行病学特点、临床症状可诊断本病。无特效疗法，对病牛宜加强饲养，给予品质优良的饲料；隔离于圈舍干净、干燥、保暖的环境中喂养，促使机体康复，实施对症疗法。

霉菌（mould）凡是生长在营养基质上，能形成绒毛状、蛛网状或絮状菌丝体的真菌。此名称是根据形态而分的，无分类学意义。霉菌的菌丝（hypha）是由孢子萌发而产生的，菌丝顶端延长，旁侧分枝，互相交错成团，形成菌丝体，称为霉菌的菌落。菌落大而蓬松，呈绒毛状、絮状等。当菌丝上长出孢子后，菌落可呈黄、绿、青、蓝等颜色。

霉菌毒素性感光过敏（photosensitization of mycotoxin）由腐生性真菌产生的孢子素又称葚孢霉素引起的一种过敏性疾病。家畜主要是通过吃入发霉的牧草而发生这种疾病。孢子素是一种肝毒素，它引起家畜肝胆管变性、水肿，直至严重堵塞。肝脏受毒害部位最后充满纤维组织和增生的胆管。光过敏症是一种继发性的症状，由于受损伤的肝脏不能清除血液中的叶红素、胆紫素而引起。叶红素胆紫素能吸收太阳光的能量，它本身可能不直接参与引起皮肤损伤的作用过程，但它可将能量传递给能引起皮肤损伤的化合物。损伤见于浅色、暴露的皮肤部位，出现皮肤水肿、浆液性渗出、起水泡、坏死和结痂。家畜对此病没有免疫力，可反复发生。

霉菌毒素中毒性肠炎（enteritis caused by mycotoxicosis）动物采食了被真菌（俗称霉菌）污染的草料，由其中的有毒代谢产物—真菌毒素所致的胃肠黏膜及其深层组织的炎症过程。

霉菌性肺炎（mycoticpneumonia）霉菌或酵母引起的慢性肺实质性炎性疾病。多发生于马、牛和家禽。致病性真菌有隐球酵母、组织胞浆菌、球孢子菌、芽生菌和曲霉等，其中以烟曲霉（*Aspergillus fumigatus*）所致的家禽霉菌性肺炎最为典型。这些真菌是随同垫草和饲料被吸进肺内而致病。临床表现有经常性咳嗽，黏液性鼻液，呼吸困难呈腹式呼吸。肺部听诊肺泡音粗厉，体温反复升高。家禽除上述症状外，常有脑炎症状。治疗应用两性霉素 B，应注意毒性反应。预防可在饲料中添加制霉菌素（nystatin）等防霉剂。

霉形体（*Mycoplasma*）见支原体。

霉形体病（mycoplasmosis）见支原体病。

每搏输出量（stroke volume）左右心室每次收缩时输出至主动脉或肺动脉的血量。在安静状态下，每搏输出量只占心室内总血量的一小部分。

每日允许摄入量（acceptable daily intake，ADI）人终生每日摄入某种药物或化学物质，对健康不产生可觉察有害作用的剂量。ADI 以相当于人体每日每千克体重摄入的毫克数表示［mg/（kg・d）］。ADI 值是根据当时已知的所有资料而制定的，并随获得新的资料而修正。制定 ADI 值的目的是规定人体每日可从食品中摄入某种药物或化学物质残留而不引起可觉察危害的最高量。为使制定出的 ADI 值尽量适用，应采用与人的生理状况近似的动物进行喂养试验，或者在可能的条件下，从志愿者的试验中获取无作用剂量。

美狗舌草中毒（ragwort poisoning）又称千里光中毒（sereeiosis）。马误食美狗舌草后，由于其所含千里光（seneciojacobaea）呈毒性作用而致病。临床上取慢性经过。早期体况下降，食欲不振，便秘，结膜苍白或黄染；后期呈现神经症状，如呵欠、昏睡和步态蹒跚（即所谓嗜眠性蹒跚），最终出现短暂意识障碍。治疗可试用结晶蛋氨酸注射液静脉注射。

美蓝还原试验（methylene blue reduction test）又称亚甲蓝还原试验，用于判断乳中微生物污染程度的一种快速简易方法。还原酶是乳中细菌活动的产物，它具有使亚甲蓝还原的特性。细菌污染越严重，则乳中还原酶的数量也越多，美蓝被还原褪色的速度越快。据此来判定乳被污染的程度。试验取 5mL 待检乳于灭菌试管中，加入 2.5%美蓝溶液 0.25mL，加塞混匀，于 37℃水浴，每隔 10～15min 观察试管内容物褪色情况。美蓝还原褪色速度与细菌数的关系大致为：20min 以内，＞2 000 万/mL；20～120min，400 万～2 000 万/mL；2～2.5h，50 万～400 万/mL；5.5h 以上＜50 万/mL。

美洛昔康（meloxicam）一种新型烯醇酸类非甾体抗炎药（NSAIDs），选择性地抑制环氧化酶Ⅱ，具有较强的镇痛、抗炎、解热等药理作用，减少了非甾体抗炎药常见的胃肠道黏膜损害，对胃肠道及肾脏的毒性很小，具有不同于其他 NSAIDs 的药效学和药代动力学特点。临床上主要用于类风湿性关节炎、疼痛性骨关节炎等症状的治疗。具有疗效好、服用次数少（每日 1 次）、剂量小、胃肠道副作用小等特点。

美洲板口线虫（*Necator americanus*） 人是其主要宿主，亦可寄生于犬和猪。口孔腹侧边缘上有一对切板，口囊基部有一对亚腹齿和一对亚背齿。背沟的远端形成背椎，突入口囊之内。参阅犬钩虫病。

美洲马传染性脑脊髓炎（American equine infectious encephalomyelitis） 披膜病毒科甲病毒属引起的3种马传染性脑脊髓炎。包括主要分布于美国的西部和东部的2种马传染性脑脊髓炎，主要分布于南美洲的委内瑞拉马传染性脑脊髓炎。这3种马脑炎都是人兽共患传染病，在马病流行时，也发生人的病例。均由吸血昆虫刺螫传播，病毒在自然界于野生动物和节肢动物（蚊、蜱）间循环传播。它们虽然引起同样的疾病，但发病率和病死率有很大差别，其高低顺序为委内瑞拉马脑炎、东部马脑炎和西部马脑炎。

美洲锥虫病（American trypanosomiasis） 又称恰格斯病。由锥虫属的枯氏锥虫（*Trypanosoma cruzi*）感染引起，主要感染人和狗，流行于中、南美洲。该病的传播方式有媒介传播、输血和器官移植传播、胎盘传播（先天性感染）和消化道传播等方式。病人的主要临床特征：急性期为发热、颜面浮肿、淋巴结炎和贫血；慢性期为心肌炎、巨食道和巨结肠综合征；动物感染后大多不显示临床表现。对美洲锥虫病的诊断除了了解患者的背景外，特异的诊断方法是直接的寄生虫学检查和特异性免疫学检查。目前，苯并乙唑被认为是治疗恰格斯病的首选药物。

门管区（portal area） 又称汇管区。肝脏的一种特征性结构。位于相邻肝小叶之间，此处充满疏松结缔组织，内有并行排列的小叶间动脉、小叶间静脉和小叶间胆管，还有神经纤维和小淋巴管。

门管小叶（portal lobule） 肝脏结构和功能单位的一个较新概念，特别突出肝脏的分泌功能。此种小叶呈三棱柱状，中心是小叶间胆管，肝细胞板内的胆小管呈放射状向小叶间胆管汇集，小叶的3个棱角是相邻的3条中央静脉。

门静脉系统吻合（portal systematic anastomosis） 肝门脉血液通过未闭合的静脉导管或门静脉和腔静脉的吻合支而流入前、后腔静脉的一种先天性心脏病。多发生于犬。临床表现有食欲不振、体况恶化、精神沉郁、运动失调、转圈或盲目游走。有的双目失明、烦渴、流涎、呕吐和腹泻等。通常实行支持疗法。

门脉循环（portal circulation） 肝门静脉与肝静脉之间的循环。来自胃、肠、胰、脾等器官的静脉血先汇合至门静脉，进入肝脏，到达肝脏的窦状隙，与肝细胞进行物质交换后，汇合于肝静脉，再经后腔静脉回到右心房。

虻科（Tabanidae） 双翅目的一类大型、粗壮、飞翔力强、有巨大复眼的吸血昆虫，通称牛虻。雄虻的眼属接眼式，即两复眼在头正中线上相接；雌虻的两眼间有一窄的间隙。眼的后外缘超出胸部宽度。从背侧看，头部略呈半球形，前窄后宽，大部分被复眼覆盖。虻属（*Tabanus*）和麻虻属（*Haematopota*）的口器较短，斑虻属（*Chrysops*）的口器较长，剧虻属（*Pangonia*）的口器最长。成虻体长6～30mm；色黑棕、棕褐或黄绿，有光泽，常有较鲜艳的色斑；体表有细毛。雌虻产卵于水边的杂草、树叶等处。幼虫孵出落入水中，在淤泥或湿土中生活，以昆虫幼虫、蚯蚓、甲壳类或软体动物为食，发育成熟后在较干燥的土壤中化蛹，蛹期7～15d；成虻自蛹壳背面钻出。成虻在夏季活动，喜在烈日下飞翔。叮咬家畜皮肤时，引起剧烈痛感、流血不止。多种虻可机械性地传播伊氏锥虫（*Trypanosoma evansi*）、马锥虫（*T. equinum*）、布氏锥虫（*T. brucei*）、泰氏锥虫（*T. theileri*）、马传染性贫血和炭疽等病原。防治困难，可使用驱避剂；尽可能不在烈日下放牧牲畜或使牲畜在烈日下驻留。

锰缺乏症（manganese deficiency） 日粮中锰不足，导致畜禽不育和先天性或后天性骨骼变形的代谢病。原发性病因有局部地区土壤缺锰，也有日粮中钙、磷过剩等构成条件性缺锰的病因。临床上奶牛卵巢大小异常，发情延迟并不孕。犊牛先天性腿骨变形、扭转，被毛干燥、脱毛。羔羊骨体变短、脆弱，关节疼痛，跳步行走。母羊不孕。小鸡腿骨短粗。胫跗关节肿大、扭转、胫骨远端和跖骨近端弯曲，腓肠肌腱从关节背面跖骨髁突上滑脱。母鸡产蛋孵化率降低。鸡胚软骨营养障碍和鸡胚死亡。防治可在日粮中补充硫酸锰。

蠓（*Culicoides*） 双翅目、蠓科的一类小型吸血昆虫。体长1～3mm。胸部背侧弓隆，高过头部。触角长，分节、有毛。口器较短，与头的长度大致相等。雌蠓产卵于水中；幼虫为水生或半水生，蛹位于浅水面上、粪堆的沟隙或霉腐的植物上。雌蠓侵袭人、畜，吸血，引起剧痒、皮炎。某些种是鸭血变原虫（*Haemoproteus*）和卡氏住白细胞虫（*Leucocytozoon caulleryi*）的传播媒介；某些种是固着双瓣线虫（*Dipetalonema perstans*），颈盘尾线虫（*Onchocerca cervicalis*），吉氏盘尾线虫（*O. gibsoni*）和奥氏小孟森线虫（*Mansonella ozzardi*）的中间宿主；还可传播绵羊蓝舌病和非洲马瘟。防治困难。可使用杀虫药或驱避剂。

孟德立胺（mandelamin） 乌洛托品和孟德立酸结合的盐。口服吸收后经尿液排出，当尿液为酸性时分解成孟得立酸和甲醛而发挥作用。作用同乌洛托品。内服后遇酸性尿分解产生甲醛而起杀菌作用，用于轻度尿路感染。亦可静脉注射。

孟氏迭宫绦虫（*Spirometra mansoni*） 寄生于猫、犬小肠内的一种假叶目绦虫，体长可达100cm。生活史中需要两个中间宿主，第一中间宿主为剑水蚤和镖水蚤，在它们体内发育为原尾蚴，第二中间宿主为蛙等两栖类，在其体内发育为裂头蚴。蛇，啮齿类和食虫类小哺乳动物摄食带有裂头蚴的两栖类后可成为转续宿主。参阅裂头蚴病。

孟氏裂头蚴（*Sparganum mansoni*） 孟氏迭宫绦虫（*Spirometra mansoni*）对终末宿主具感染力的幼虫阶段，常寄生于蛙等两栖类的皮下、结缔组织和肌间等处，虫体为白色扁平带状，实体，体表有横纹，体长自不足1cm至数厘米不等，其一端已具有成虫头部的雏形。孟氏迭宫绦虫有2个中间宿主，第一中间宿主为剑水蚤和镖水蚤，蝌蚪等两栖类为第二中间宿主。猫、犬为终末宿主。有时第二中间宿主被蛇、某些鸟类，或小哺乳动物（啮齿类、食虫类）摄食，裂头蚴可转入后者体内，仍保持对终末宿主的感染力，即为转续宿主（paratenic host）；人和猪也可以作为转续宿主而被裂头蚴寄生。

弥散型胎盘（diffuse placenta） 胎儿胎盘的绒毛膜整个表面或多或少地覆盖着绒毛，绒毛伸入到母体子宫内膜腺窝内，构成一个胎盘单位（或称微子叶），母体与胎儿在此进行物质交换。许多种动物的胎盘是弥散型的，如猪、马、骆驼、鼹鼠、鲸、海豚、袋鼠和鼬。马和猪的尿膜绒毛膜都形成许多皱襞，和子宫黏膜上相应的黏膜彼此融合，以增大胎盘的面积；猪的皱襞分为初级和次级两种，更为发达。

弥散性血管内凝血（disseminated inravascular coagulation，DIC） 正常的凝血和纤维蛋白溶解过程的动态平衡发生障碍引起全身微循环内泛发性血液凝固的病理过程。由于某些致病因子的作用，首先激活机体的凝血系统，产生大量凝血酶，血液处于一种高凝状态（hypercoagulable state），在微循环内形成广泛性微血栓；随后由于凝血过程中消耗了大量凝血因子和血小板，血液由高凝状态转变为低凝状态（hypocoagulable state）；同时又激活纤溶系统和其他抗凝机制，导致患畜发生明显的出血、贫血、休克、器官功能障碍。弥散性血管内凝血是一个综合征，而非一种独立疾病。

迷路紧张反射（tonic labyrinthine reflex） 动物头部在空间的位置改变时刺激内耳迷路耳石器引起兴奋，使躯体肌紧张分布发生改变的反射。仰卧时耳石器受刺激最强，产生传入冲动最多，引起四肢伸肌紧张增强；俯卧时耳石器受刺激最弱，引起四肢伸肌紧张降低。迷路紧张反射与颈紧张反射统称为状态反射。

迷走紧张（vagal tone） 心迷走神经对心脏产生经常而持久的抑制作用，使心率和收缩强度限制在一定水平之内的现象。心迷走神经的紧张性活动主要与动脉平均压有关。

迷走神经性消化不良（vagus indigestion） 前胃和皱胃迷走神经损伤产生的以臌胀、厌食等为特征的一种综合征。发生于牛。病因是分布于网胃前壁上的迷走神经腹支受到损伤。症状分为3型：①瘤胃膨胀型，以瘤胃发生中度或重度泡沫性臌气为主征；②瘤胃弛缓型，以瘤胃蠕动减弱甚至消失为主征；③幽门阻塞型，以皱胃阻塞为主征。其共有症状为食欲减退、消化不良，消瘦、粪便呈稀粥状。后两型多联合发生于母畜妊娠后期。药物和手术治疗效果都不理想。预后不良。

迷走脱逸（vagal escape） 长时间强烈迷走神经引起其对心脏抑制作用的减弱或消除，使原来已表现的心跳停止又重新开始收缩的现象。其生理意义是可以避免因迷走神经兴奋而产生的心跳长时间停止。迷走脱逸的机理尚不完全明了，可能是由于心肌对交感-肾上腺系统的敏感性增加所致。

糜蛋白酶（chymotrypsin） 胰腺腺泡细胞分泌的一种蛋白水解酶。初分泌出时为无活性的糜蛋白酶原，经胰蛋白酶激活转变为有活性的糜蛋白酶，可将蛋白质水解为多肽和氨基酸。此外糜蛋白酶还有较强的凝乳作用。

糜烂（erosion） 皮肤、黏膜处的浅表性坏死性缺损。缺损面潮红、湿润、形状大小不一，通过上皮再生可愈合。较深的坏死性缺损，超过黏膜肌层者称为溃疡（ulcer）。

糜烂性毒剂中毒（vesicant agent toxicosis） 由芥子气（mustardgas）、氮芥气（nitrogen mustard）和路易氏剂（Lewisite）等引起的中毒病。属细胞毒和神经毒，通过皮肤和呼吸道进入体内。临床表现为皮肤变色、增厚、渗出、坏死、结痂、剥脱，结膜充血、水肿，羞明流泪，结膜炎，角膜溃疡，最终失明，鼻黏膜充血、水肿，浆液性—脓性鼻液，咳嗽，喉头疼痛，口腔溃疡，流涎，吞咽困难，食欲废绝，腹痛，腹泻，粪中带血，极度消瘦。全身症状有兴奋，出大汗，体温升高，步态蹒跚，全身抽搐，昏迷，短时间内死亡。治疗上除用皮肤、黏膜消毒液局部洗剂外，静脉注射硫代硫酸钠注射液。路易氏剂中毒病例，宜迅速肌内注射特效解毒剂如二巯基丙醇等制剂。

米尔巴霉素肟（milbemycin oxime） 土壤中的链

霉菌发酵产生的大环内酯类药物，是一种体内、外杀虫剂，具有广谱的抗寄生虫活性，主要用于预防犬的犬恶丝虫病以及控制肠道线虫如犬弓蛔虫、狐狸鞭虫和钩口线虫等。在极低的剂量下即能驱杀成熟和未成熟的线虫和节肢动物，这类药物目前被制成口服、注射和外用的各种剂型，在兽医临床上主要用于各种动物线虫病的预防和治疗以及驱杀体外寄生虫如螨、蜱、虱、蝇类、恙虫等。

米氏常数（Michaelis constant） 简写为 Km。Km 值是酶促反应中酶反应速度（v）等于最大反应速度（Vmax）一半时的底物浓度（单位：mol/L 或 mmol/L）。它代表整个酶促反应中底物浓度与反应速度之间的关系。在严格的条件下，不同的酶有不同的 Km 值，同一种酶对其不同的底物 Km 值也不同。Km 是酶的特征性常数之一，只与酶的性质有关，不受底物浓度和酶浓度的影响。

米索前列醇（misoprostol） 一种新型的前列腺素 EI 衍生物。口服本品很快吸收，迅速脱酯化转变成仍有药理活性的游离酸。在给药 15min 内血浆活性代谢产物米索前列醇酸水平已达峰值，其血浆半衰期呈双相。首次活性代谢的血浆半衰期 20～40min，以后代谢物的血浆半衰期约为 15h。米索对消化道平滑肌选择性作用较弱，故胃肠道反应小且安全，目前已替代其他 PGE 族类似物。主要作用包括：①对平滑肌有收缩作用：米索对各期妊娠子宫均有收缩作用，口服 30min 达高峰；②有扩张血管平滑肌，有轻微短暂的降压作用；③松弛气管平滑肌、减轻哮喘症状；④扩张肾血管，降低肾血流量；⑤增加冠脉血流及心输出量等。米索在终止早、中、晚孕及死胎等方面疗效肯定。

泌尿器官（urinary organ） 又称泌尿器。动物体代谢的主要排泄器官，并有维持内环境平衡的作用。包括一对肾、输尿管、膀胱和尿道。

泌乳（lactation） 乳在乳腺内生成、贮积和周期性释放的过程。泌乳是哺乳动物的生理特征，乳腺通常在分娩后开始泌乳以哺育幼仔。泌乳包括乳的分泌和乳的排出。前者指乳腺上皮从血液摄取营养物质生成乳，并将其分泌入乳腺泡腔中；后者指乳在乳腺容纳系统紧张度的改变，将贮积的乳迅速排入乳池或流出体外。两者均受神经和激素的调节。其中腺垂体分泌的催乳素和神经垂体分泌的催产素分别对乳的分泌和乳的排出起特别重要的作用。

密螺旋体属（*Treponema*） 属螺旋体科。大小为（0.1～0.4）μm×（5～20）μm，螺旋较紧密规则，有 1 或多根轴丝。对一般细菌染料不易着色，用镀银法较好。最好用暗视野或相差显微镜观察，严格厌氧或微需氧。本属螺旋体对培养条件要求苛刻，一些种能在含血液、血清或腹水的培养基上生长，有的至今尚不能在人工培养基和细胞培养中培养。兽医上重要的种有兔梅毒密螺旋体（*T. paraluis - cuniculi*），是兔的一种性传播的慢性传染病，病变主要是生殖器及会阴部的疱疹、结节和糜烂，有时也侵及鼻孔和眼睑，尚不能人工培养；猪痢疾密螺旋体，能人工培养；勃兰登堡密螺旋体（*T. brennaborens*），引致牛趾间皮炎。

密码子（codon） mRNA 上由三个相邻的核苷酸组成的三联体，代表着一个指定的氨基酸或肽链合成的起始或终止信号。

密码子偏倚（codon bias） 生物体使用特定的密码子规定某一氨基酸的特性。不同的生物体表现出不同的密码子偏倚，它成为克隆的基因在异源生物体中有效表达的重大障碍。

嘧啶核苷酸的合成代谢（pyrimidine nucleotide synthesis metabolism） 体内嘧啶核苷酸的合成有两条途径：一是利用磷酸核糖、氨基酸及 CO_2 等小分子物质为原料，经过一系列酶促反应，合成嘧啶核苷酸，称为从头合成途径（de novo synthesis）；二是利用体内游离的嘧啶或嘧啶核苷，经过简单的反应过程合成，称为补救合成途径（salvage pathway）。一般情况下前者是合成的主要途径。在动物细胞中，氨甲酰磷酸合成酶Ⅱ所催化的反应是嘧啶核苷酸从头合成的主要控制点，它可被 ATP 和磷酸核糖焦磷酸（PRPP）所活化，被高浓度的嘧啶核苷酸产物（UTP、CTP）所抑制。

嘧啶碱（pyrimidine） 存在于核酸中的一类碱性含氮杂环化合物。主要有胞嘧啶（简写 C）、尿嘧啶（简写 U）和胸腺嘧啶（简写 T）。核糖核酸中所含主要是 C 和 U，脱氧核糖核酸中则是 C 和 T。此外，核酸中还存在二氢尿嘧啶、假尿嘧啶、甲基尿嘧啶等稀有嘧啶碱。

蜜蜂败血病（septicemia of adult bees） 蜜蜂败血假单胞菌（*Pseudomonas apiseptica*）引起蜜蜂的一种急性传染病。本病广泛分布于世界各地。发病迅速，死亡率高，严重时 3～4d 内就可使整群蜂死亡。病菌在污水、土壤中广泛存在，蜜蜂在采水采盐时常易将病菌带进蜂箱，通过接触传播。在高温潮湿季节以及饲料品质低劣时常易引起发病。病蜂表现不安、不食、虚弱，不能飞翔，常从蜂箱爬出，振翅抽搐痉挛而死。蜂死后头翅常脱落。病蜂血淋巴呈乳白色，浓稠状，胸部气孔暗灰色，有腐败气味。确诊可采血淋巴涂片镜检病菌。防治可用土霉素或氯霉素糖浆饲喂和喷脾。

蜜蜂副伤寒（paratyphoid of bees） 肠杆菌科的蜂房哈夫尼菌（*Hafnia alvei*）引起的一种蜜蜂传染病。蜂群越冬期的常见病，多发生于冬、春季，使蜂群越冬死亡率增高，严重时可造成全群覆灭。被病蜂粪便污染的饲料和巢脾带有大量病菌，可经消化道传染。患蜂腹部膨大，体色变暗，行动迟缓，有时还出现肢节麻痹、腹泻等症状。死蜂和病蜂排泄物发出难闻臭味。病蜂肠道呈灰白色，内充满深棕色稀糊状粪便。根据症状可作初步诊断，确诊可取肠内容物或血淋巴作涂片镜检或分离培养鉴定病菌。治疗可用磺胺类药和氯霉素糖浆喂服，必要时可换箱、换脾。

蜜蜂麻痹病（paralysis disease of adult bees） 又称瘫痪病（paralysis disease of bees）、黑蜂病。急性麻痹病毒或慢性麻痹病毒引起的一种蜜蜂传染病。分布于世界各地。病毒主要存在于蜜囊里，当进行饲料传递时可在蜂群内传播。病蜂可表现大肚型和黑蜂型两种类型。大肚型病蜂常呈腹部膨大，失去飞翔能力，行动迟缓，倦怠，颤抖，翅足伸开呈麻痹状态，常被健蜂追咬。黑蜂型病蜂绒毛脱光，身体发黑，似油炸过一般，腹部不膨大。一般可根据症状进行诊断。防治主要采取综合措施，应防蜂群受潮，补充蛋白质饲料以提高抗病力。治疗可喂抗生素糖浆。选用无病群培育的蜂王更换患病群蜂王。

蜜蜂石灰质病（chalkbrood disease） 又称蜜蜂白垩病。蜂囊菌（*Pericystis apis*）引起蜜蜂幼虫的一种真菌性疾病。分布于世界各地。多流行于夏秋高温多雨季节，病菌主要通过孢囊孢子和子囊孢子传播。在蜂群内，患病幼虫尸体和被污染的饲料巢脾是传播源。本病可使老熟幼虫或封盖幼虫死亡。幼虫死后初呈苍白色，渐变灰黑色，虫尸干枯后，变成一块质地疏松似白垩状物，表面覆盖白色菌丝。诊断可取少量幼虫尸体表层物于载玻片上，加一滴蒸馏水后镜检，可见呈白色似棉纤维般菌丝和含有椭圆形孢子的孢囊。防治主要采取换箱、换脾、消毒结合药物治疗的方法。

绵羊巴氏杆菌病（sheep pasteurellosis） 特定血清型（1：D、4：D）多杀性巴氏杆菌引起，多发生于羔羊的一种以呼吸道黏膜和内脏器官出血性炎症为特征的急性传染病。经消化道或呼吸道感染，山羊不易感，确诊需作细菌学检查，防治措施参照牛巴氏杆菌病。

绵羊传染性附睾炎（infectious epididymitis of sheep） 绵羊布鲁氏菌引起绵羊的一种以公羊的附睾炎和睾丸炎为特征的慢性病。损害精液质量，使得完全不能受胎或受胎率降低。母羊受感染可能发生流产。诊断和防治措施同布鲁氏菌病。

绵羊传染性乳房炎（black garget） 金黄色葡萄球菌或其他细菌感染引起绵羊的一种散发性或地方流行性传染病。常见于产羔后 3～7 周的母羊。主要表现乳房红肿、坚硬、疼痛，乳汁呈水样含有絮片，坏疽性乳房炎，有较高的病死率。根据临床症状不难诊断，必要时可作病原分离。治疗可用青霉素、链霉素乳池内注射和肌内注射，加强卫生措施有助于本病的预防。

绵羊痘（sheep pox） 山羊痘病毒属的绵羊痘病毒引起绵羊以皮、肢和黏膜产生痘疹为特征的热性接触性传染病。传播途径为皮肤的伤口。在流行时，病毒可能通过呼吸道传染，也可用厩蝇等吸血昆虫叮咬而感染，管理人员和体外寄生虫可成为传播媒介。潜伏期 6～8d，病羊表现高热、结膜潮红，有浆液黏性和脓性鼻液。几天后在皮肤无毛或少毛部位，出现红斑，丘疹或隆起结节，随着变成水泡，转变为脓疱，最后结痂。典型病变见咽、支气管、肺和第四胃黏膜上出现痘疹。死亡率 5%～50%。根据典型症状和流行病学可作出确诊。绵羊痘病毒可在鸡胚绒毛尿囊膜和绵羊、山羊、犊牛等睾丸细胞培养上生长，并产生明显的细胞病变效应。主要预防措施是每年定期接种弱毒疫苗，对病羊群进行隔离、封锁和消毒，防止病毒扩散。

绵羊痘病毒（*Sheep pox virus*） 痘病毒科（Poxviridae）、山羊痘病毒属（*Capripoxvirus*）成员。病毒颗粒为砖状，核衣壳为复合对称。有哑铃样的芯髓以及两个侧体。有囊膜，基因组为双股 DNA。引起绵羊以皮肤和黏膜产生痘疹为特征的热性接触性传染病。

绵羊多莉（Dolly sheep） 1997 年 2 月，英国罗斯林研究所利用 1 头 6 岁母羊怀孕 3 个月时的乳腺细胞的核，移植到去核的卵母细胞内，结果产羔 1 头，取名“多莉”（Dolly）。这是首次移植成体细胞的核获得成功。

绵羊肺腺瘤病（sheep pulmonary adenomatosis） 又称绵羊肺癌、驱赶病（jaagziekte）。病原未完全确定，可能由一种疱疹病毒引起成年绵羊的一种接触性肿瘤性疾病。以潜伏期长（2 月至 2 年），肺泡和支气管上皮进行性肿瘤性增生、咳嗽、消瘦、呼吸困难、贫血为特征。病毒随病羊咳嗽和喘气排出，经呼吸道感染健羊，3～5 岁羊最易感。根据典型症状和病变可作出诊断，也可用琼扩、中和试验、直接荧光抗体及 ELISA 进行诊断。预防本病在于加强检疫淘汰病畜，建立无病畜群。

绵羊进行性间质性肺炎（sheep progressive interstitial pneumonia） 见梅迪-维斯纳病。

绵羊内罗毕病（Nairobi disease of sheep） 布尼病毒科的内罗毕病毒所致的一种绵羊急性传染病。分布于非洲肯尼亚等地。病的特征在绵羊是急性胃肠炎和呼吸症状，死亡率30%～70%。可发生流产，在发热期间血液和组织都有感染性。山羊亦可患病，死亡率偶然可达10%。蜱为主要传播媒介，小啮齿动物可为病毒的储存宿主。康复动物有持久免疫力，可用疫苗预防本病。羊群药浴有助于灭蜱。

绵羊妊娠毒血症（pregnancy toxemia of the ewe） 母羊妊娠末期因碳水化合物和挥发性脂肪酸代谢障碍而发生的一种亚急性代谢病。主要特征是低血糖、高血酮、酮尿症、虚弱和失明。以绵羊为主，山羊少发。临床表现主要为精神沉郁、食欲减退、运动失调、呆滞凝视，卧地不起，甚而昏睡。病因尚不十分清楚。饥饿和环境变化引起的逆境反应，特别是两者共同作用于怀双羔母羊，是促使本病发生的重要因素。主要发生于产前10～20d，也有产前2～3d突然发病的，死亡率可达70%～100%。采用保护肝脏、补充糖原，配合类固醇激素、维生素C、维生素B、微量元素可提高存活率。如疗效不佳，施行人工引产或剖宫产，胎儿产出后，病情可得到缓解。

绵羊生疥螨病（psorergatic acariasis，itch mite disease of sheep） 绵羊生疥螨寄生于皮肤浅层引起的皮肤病。绵羊生疥螨（*Psorergate sovis*）属恙螨亚目（Trombidiformes）、肉食螨科（cheyletidae）、生疥螨属（*Psorergates*），寄生于细毛绵羊的肩部和胁部两侧皮肤的浅层，常见于母羊，少见于6月龄以下的羊。发生于美国和澳大利亚。雌虫长约190μm，雄虫较小。足粗短，每个足的股节生有一对相当长的刚毛，腹侧有一个向内侧弯的刺。由于螨的刺激引起宿主摩擦或啃咬患部，羊毛易断裂，混乱，或易拔脱，皮肤上结成鳞片状干痂。诊断和治疗参阅痒螨病。

绵羊斯氏线虫（*Skrjabinema ovis*） 属尖尾目。雄虫长3.1～3.5mm，雌虫长6.8～7.6mm，交合刺一根，略似压舌板，长90～120μm，引器长19～26μm，雄虫尾端部由两对大乳突支撑着一个五边形的尾翼；另有若干对小乳突。寄生于绵羊、山羊和羚羊等的盲肠和结肠。生活史属直接型。

绵羊夏伯特线虫病（chabertiasis ovina） 绵羊夏伯特线虫（*Chabertia ovina*）寄生于绵羊、山羊、牛等反刍动物的结肠引起的寄生虫病。雄虫长13～14mm，雌虫长17～20mm，头端稍向腹面弯曲。有叶冠；口囊大，略呈杯形。头泡明显。雄虫交合伞发达，有一对交合刺和一个引器。雌虫阴门靠近肛门。卵呈椭圆形，大小为（90～105）μm×（50～55）μm。卵随粪便排至外界，发育为披鞘的感染性第三期幼虫。宿主经口感染。进入结肠的感染性幼虫再经两次蜕皮后发育为成虫。虫体吸血。导致黏膜损伤、出血、黏液分泌增加。重症绵羊出现腹泻、贫血、衰弱等症状。在粪便中发现大量虫卵即可诊断。用丙硫咪唑、噻苯唑、左咪唑、伊维菌素等驱虫均有良效。预防措施参阅捻转血矛线虫病。

绵羊嗅黏膜腺乳头状瘤（ovis aries olfactory mucosa papillary epithelioma） 病因尚未明确的一种绵羊肿瘤病。1940年发现，在德、法、美都有本病病例报告。各种年龄绵羊都易感，呈地方性流行，死亡率高。临床见持续性浆液性鼻炎，浆液性鼻液经常流过之处羊毛可脱落，产生牢固黏着或出血性痂块。肿瘤多发生于鼻腔后部两侧，以扩张方式生长。镜检查明肿瘤可确诊。尚无有效疗法。

绵羊指（趾）间皮肤窦炎（inflammation of sinuscutaneus interdigitalis） 绵羊特有的一种蹄病。绵羊在冠关节水平的背侧面皮肤有一管状凹陷，在指（趾）间隙前部开口，皮肤窦常因异物入内，引起窦壁化脓，秋冬季多发。发病时可见指（趾）间隙开张，皮肤窦开口处可见有植物芒等异物，有脓汁流出，局部肿胀疼痛，病势发展能引起蹄冠蜂窝织炎和化脓性真皮炎、甚至蹄壳脱落。可手术摘除皮肤窦治疗。

棉鼠（cotton rat） 啮齿目（Rodentia）、真鼠亚目（Myomorpha）、仓鼠科（Cricetidae）、田鼠亚科（Microtinae）、棉鼠属（*Sigmodon*）的一种动物。原产美洲，由野生棉鼠育成。外形似大鼠，体型较小。有深褐色、刚硬和竖直的被毛，眼小，黑色，耳短。胆小易惊、对声音敏感，善攀跳、喜啃咬，排泄物有特殊异味。有白化变种，称为“snowball”，成年体重70～200g，体长12.5～20cm，寿命2～3年。性成熟期10周，性周期4～20d，全年繁殖，妊娠期27d，胎产仔数2～10只，哺乳期21d。主要用于脊髓灰质炎病毒等微生物、丝虫等寄生虫研究。产于南美的刚毛棉鼠（*Sigmodon hispidus*）是常用品种。

棉籽饼中毒（cotton seed cake poisoning） 因长期连续饲喂或过量饲喂棉籽饼，致使摄入含毒量超标的棉酚而引起的畜禽中毒病，其临床特征为出血性胃肠炎、全身水肿、血红蛋白尿、肺水肿、视力障碍等。急性中毒病牛食欲废绝，反刍停止，瘤胃弛缓或瘤胃积食，呻吟，心跳数增至100次/min，心音微弱，黏膜发绀，初便秘，后腹泻，有的呈兴奋不安，运动失去平衡，全身肌肉发抖，脱水，眼凹陷，经2～3d，死亡率达30%左右。慢性中毒时消化紊乱，食欲减少，尿频，消瘦，夜盲症，尿石症，有的继发呼吸道炎及慢性增生性肝炎，呼吸急促，贫血，黄疽，妊娠母牛流产。公牛经常举尾，频频做排尿姿势，尿淋漓或尿闭，尿液混浊呈红色。根据病史、饲料调查、临床症状等综合分析可以确诊。棉籽饼中毒后尚无特效方法，主要是对症治疗。预防措施主要是在饲喂前经高温蒸煮去毒，注意并控制饲喂量，补饲钙制剂。

免疫（immune）　机体识别和清除非自身或自身的抗原异物，借以保持机体生理平衡和稳定以及抗病原体感染的保护性反应。当抗原出现在体内后，能被免疫系统所识别而产生免疫应答，形成特异性的保护性或功能性免疫效应，以清除抗原异物。机体的免疫功能包括先天具有的（非特异性）和后天获得的（特异性）两种情况。根据参与反应的细胞及其效应的不同，可分为体液免疫、细胞免疫，通过它们之间的共同或协同作用，迅速清除侵入体内或在体内产生的抗原异物，因而具有抵抗感染、清除体内衰老或死亡细胞和肿瘤细胞等功能，有利于机体健康。但反应过度也会造成自身的免疫病理疾病。

免疫标记基因检测（immunogenetic marker test）通过检查动物细胞膜抗原基因位点的组成进行遗传检测的方法。主要包括检测红细胞膜抗原的红细胞凝集试验、检测淋巴细胞膜抗原的细胞毒试验、检测组织相容性抗原的皮肤移植试验。

免疫病理学（immunopathology）　研究包括变态反应性疾病、自身免疫病、免疫增生病和免疫缺陷病等免疫性疾病的发生规律及其诊断与防治的学科。

免疫测定（immunoassay，IA）　又称免疫分析。用血清学技术检测样本中微量抗原物质的技术，如放射免疫分析、酶免疫分析、发光免疫分析等。

免疫沉淀（immunoprecipitation，IP）　用于病毒结构蛋白分析的放射自显影技术。病毒用放射性同位素作内标记，然后用相应抗血清将病毒自培养基中分离沉淀，经 SDS-聚丙烯酰胺凝胶电泳（SDS-PAGE）和放射自显影后，即可获得病毒多肽区带的图像。

免疫程序（vaccination program）　根据疫病流行情况、疫苗的免疫特性和动物本身的特点，合理制订的预防接种计划。影响因素包括：①疫病流行情况及严重程度；②母源抗体水平；③上次接种后存余的抗体水平；④动物机体免疫应答能力；⑤疫苗的种类、特性和免疫期；⑥免疫接种方法；⑦接种疫苗间的相互影响；⑧免疫对动物健康和生产能力的影响等。

免疫传感器（immunosenser）　又称免疫电极。利用抗原抗体识别功能作为分子识别元件的生物传感器。在测试中，抗原抗体反应的生物学信号，可通过传感元件将其转化为可定量的电信号，从而进行分析。方法是将抗体/抗原结合在膜表面作为受体，测定抗原抗体结合后的膜电位；也可将抗原/抗体结合在金属电极表面作为受体，测定伴随着抗原抗体反应的电极电位变化；也可与标记技术结合制成酶免疫传感器、发光免疫传感器和荧光免疫传感器等。

免疫刺激复合物（immunostimulating complex，ISCOM）　一种具有较高免疫活性的脂质小体，由双亲和性抗原与 Quil A（植物皂甙）和胆固醇按 1∶1∶1 的分子比例混匀共价结合而成，能形成大小 40nm 左右的疏松颗粒样结构。常用作高效免疫佐剂，抗原与之结合后可制成免疫刺激复合物疫苗，即 ISCOM 疫苗，用以免疫动物具有很强的免疫原性，除激发体液免疫外，还能诱导强烈的细胞免疫应答。

免疫电泳（immunoelectrophoresis）　凝胶电泳和双向免疫扩散相结合的一种血清学分析技术。试验时，在琼脂凝胶中心打孔，点样后进行电泳。样品中各种抗原组分按其电泳迁移率不同向两极分离，形成区带。然后在样品孔一侧或两侧挖长槽，加入相应的抗血清，经过一定时间的双扩散后，在抗原区带和相应抗体之间形成一条或数条沉淀弧。根据沉淀弧的数量、位置、形态、对称性、宽度等可以分析被检物的各种成分。

免疫电子显微镜技术（immunoelectronmicroscopy technique）　用免疫标记法在电子显微镜下检查抗原位置和浓集病毒的技术。抗体通常用铁蛋白或胶体金等重金属标记，在抗原所在部位可见大小一致的球形颗粒。也可用过氧化物酶标记，经 H_2O_2 和 3，3'二氨基联苯胺（DAB）或其他不溶性供氢体显色后所产生的不溶性吩嗪衍生物等，能还原和螯合四氧化锇形成高电子密度的产物，适用于电镜检查。以抗体浓集病毒或将抗体包被于敷有支持膜的铜网上捕捉病毒，经负染后作电镜检查，可极大提高病毒样本的检出率。

免疫毒理学（immunotoxicology）　毒理学与免疫学相结合的边缘学科，是研究外源性化学物质对免疫系统的毒性作用、对人和动物免疫系统产生的不良影响和机理，并为防止其有害作用提供科学依据的一门毒理学分支学科。

免疫毒素（immunotoxin，IT）　用单克隆抗体（载体）连接毒素蛋白等杀伤因子（弹头）制成的导向药物。毒素蛋白主要有植物蛋白（如蓖麻毒素）、细菌毒素（如白喉毒素）等，也可应用同位素、化疗药物等作弹头，用交联剂将其连接于针对某种靶细胞（主要为肿瘤细胞）的单克隆抗体分子上，当 IT 的抗体与靶细胞结合后，毒素蛋白上的 A 链能进入细胞催化核糖体失活，其他药物也因直接作用而能发挥效应。IT 的价值在于它是定向的，可避免对正常细胞的损伤。

免疫反馈调节（immune feedback regulation）免疫调节的一种方式。如抗原刺激在一定程度内与免疫应答水平呈正相关，即正反馈调节，但刺激过强时，则抑制免疫应答，即负反馈调节。

免疫反应（immunologic reaction） 抗原与抗体结合或与淋巴细胞接触而发生的各种特异性反应。在体外，表现为凝集反应、沉淀反应、中和反应、巨噬细胞游走抑制及淋巴细胞转化等。在体内的免疫反应，一般称为免疫应答，表现为免疫细胞活化、增殖与分化、产生抗体和效应淋巴细胞，引起免疫耐受性、移植排斥、超敏感性等。

免疫防御（immune defense） 又称抵抗感染。机体抵御病原体感染和侵袭的能力。免疫功能正常时，机体能充分发挥对从呼吸道、消化道、皮肤以及黏膜等途径进入体内的各种病原体的抵抗力，通过机体的非特异性和特异性免疫力，消灭和清除病原体。若免疫功异常亢进时，可引致传染性变态反应；相反，免疫功能低下或免疫缺陷，可引致机体的再感染。

免疫复合物（immune complex，IC） 又称抗原抗体复合物。抗原抗体结合后形成的复合物。在体内，较大的 IC 易被吞噬细胞捕获而清除，较小的可溶性 IC，清除时间长，易沉积于血管壁基底膜、肾小球基底膜以及关节滑膜等处，导致免疫复合型（Ⅲ型）变态反应。

免疫复合物病（immune complex disease） 见Ⅲ型变态反应。

免疫核糖核酸（immune RNA，iRNA） 又称特异性 iRNA。自免疫动物脾脏、腹腔液或淋巴结提取的 RNA，如同二次接受抗原刺激一样，具有可激发抗体产生细胞和记忆细胞产生抗体的效应。此反应具有特异性。

免疫化学（immunochemistry） 应用生物化学和物理化学技术，研究抗原和抗体的分子结构与功能，以及它们之间特异性结合反应的学科。广义的还包括抗原与抗体的制备和提纯技术、半抗原连接技术和抗原或抗体的标记技术，以及各种免疫分析技术等。

免疫活性（immunocompetence） 又称免疫潜能。对抗原识别而产生免疫应答的能力。具有此种活性的细胞称为免疫活性细胞（immunocompetent cell）。

免疫活性神经肽（immunoreactive neuropeptide）由免疫细胞所产生的神经肽类物质。

免疫活性细胞（immunocompetent cell，ICC）又称为抗原特异性淋巴细胞。受抗原物质刺激后能增殖、分化，产生特异性免疫应答的淋巴细胞群，包括介导细胞免疫的 T 细胞和介导体液免疫的 B 细胞。

免疫疾病（immune disease） 因免疫功能障碍、免疫应答失常等免疫因素引起的疾病。包括：①反应失常引起的变态反应性疾病；②因免疫功能障碍引起的免疫缺陷病；③因自身稳定机制紊乱引起的自身免疫病。

免疫记忆（immunologic memory） 机体对某一抗原物质或疫苗产生体液免疫（抗体）和细胞免疫（效应淋巴细胞及细胞因子）应答，经过一定时间，若用同样抗原物质或疫苗加强免疫时，机体可迅速产生比初次接触抗原时更多的抗体。细胞免疫同样具有免疫记忆。动物患某种传染病康复或用疫苗接种后，之所以可产生长期的免疫力，即是归功于免疫记忆。其机制是体内存在免疫记忆细胞，可对再次接触的抗原物质产生更快和更有效的免疫应答。

免疫记忆细胞（immunologic memory cell） 又称记忆细胞、长寿淋巴细胞。淋巴细胞在初次接受抗原刺激后分化形成的具有免疫记忆功能的长寿淋巴细胞。它们在再次接触相应抗原时，能迅速产生体液或细胞免疫应答。

免疫监视（immunosurveillance） 免疫系统对体内出现的肿瘤细胞的监视功能。肿瘤细胞带有不同于正常细胞的抗原，可以被免疫系统所识别，从而激发免疫应答，产生相应的抗体和致敏淋巴细胞。通过体液免疫和细胞免疫效应，杀伤和清除肿瘤细胞，保持体内生理功能的平衡和稳定。若此功能低下或失调，则可导致肿瘤的发生。

免疫接种（vaccination，immunization） 通过注射、口服、饮水、滴鼻、点眼等途径，将疫苗或抗原物质给予动物，以产生特异性免疫应答，从而建立可抵抗病原体感染的免疫力。

免疫接种反应（vaccination reaction） 动物在免疫接种后立即发生或经过一定时间发生的反应。生物制品对机体来说都是异物，经接种后总有个反应过程，但反应的性质和强度有所不同。一般可分为正常反应和严重反应。正常反应是指由于制品本身的特性而引起一定的局部或全身反应，常可自行恢复。严重反应和正常反应相比，程度较重或发生反应的动物数超过正常比例。引起严重反应的原因，或由于某批生物制品质量较差，或是使用方法不当，或是个别动物对某种生物制品过敏。这类反应常需经适当处理才能康复。

免疫接种途径（route of vaccination） 实施免疫所采用的接种方法。根据所用疫苗的种类、性质，以及动物的年（日）龄、饲养管理条件等因素不同，可采用皮下注射、肌内注射、皮肤刺种、点眼、滴鼻、气雾、口服、饮水等多种接种途径。一般而言，灭活疫苗、亚单位疫苗和类毒素疫苗等需注射才能有效。一些弱毒活疫苗可采用口服、饮水、点眼、滴鼻或气雾等手段。

免疫金染色法（immunogold staining，IGS） 用胶体金（colloidal gold）标记抗体或抗抗体等的一种免疫组化染色技术。胶体金在光镜下呈红色，在电镜下为高电子密度的颗粒。主要用于：免疫组化染色，有利于做光学和电子显微镜定位的比较研究；制备大小不同的颗粒，分别用于标记两种抗体，可显示出两种抗原物质在细胞超微结构中的精确定位（胶体金双标记法）；生物素化核酸探针在原位杂交后，以亲和素标记抗体和胶体金标记抗抗体进行检测，可在电镜下对杂交模板进行精确定位。

免疫金银染色法（immunogold silver staining，IGSS） 标本切片经免疫金染色（IGS）后，再用银显影以强化 IGS 的一种免疫组化染色技术。阳性结果可见抗原所在部位有黑色银颗粒沉着，背景清晰，标本可长期保存，便于复检。

免疫巨噬细胞（immune macrophage） 免疫后诱导产生的效应巨噬细胞。巨噬细胞在吞噬结核分枝杆菌、布鲁菌等胞内菌后，不能将其消化，反而成为这些细菌的隐蔽所和转移工具，造成扩散。免疫巨噬细胞对胞内菌的吞噬和消化功能则显著增强，从而产生免疫保护作用。

免疫扩散（immunodiffusion，ID） 又称凝胶扩散（gel diffusion）。一种在凝胶中进行的固相沉淀反应。抗原抗体在琼脂凝胶中扩散，由近及远形成梯度，在二者比例最适处形成沉淀线。

免疫扩散抑制试验（immunodiffusion inhibition test） 琼脂免疫扩散的一种。在待测抗原中加入相应的抗体，则沉淀线被抑制，可据此分析和鉴定抗原。

免疫力产生期（immunoefficient stage） 动物接种免疫制剂或感染某种病原微生物后，产生特异性的免疫保护所需的时间。不同免疫制剂的免疫力产生期不同，优良的疫苗能快速产生免疫力，如猪瘟兔化弱毒疫苗、鸡新城疫活疫苗等，能在很短时间内产生保护性免疫，可用于紧急防疫。

免疫量（immunizing dose） 使动物获得主动免疫效果所需接种疫苗或抗原的剂量。多数以动物接种疫苗后再用强毒攻击，以发病死亡和存活值测定。在生物学测定时，常用最小免疫量或能使 50%试验动物得到保护的半数免疫量（IMD_{50}）、半数保护量（PD_{50}）表示。在疫苗的实际应用中，多数都采取数倍于最小免疫量的剂量作为使用剂量，以保证免疫效果。

免疫疗法（immunotherapy） 用免疫技术治疗传染病、寄生虫病及其他免疫性疾病的方法。有特异性和非特异性两类。特异性主要是应用被动免疫，如抗病毒血清、抗菌血清和抗毒素等，亦可用特异性转移因子或效应淋巴细胞等以加强细胞免疫功能。非特异性须视疾病的性质采用不同制剂，如低丙种球蛋白血症，可用免疫球蛋白；自身免疫病可用抗淋巴细胞血清或免疫抑制剂；某些肿瘤可用卡介苗、小棒状杆菌苗或转移因子等以加强细胞免疫功能等。

免疫麻痹（immune paralysis） 由于注入抗原剂量过大、注射次数过频而引起的免疫无反应性。

免疫酶技术（immunoenzyme technique） 将酶化学反应的敏感性和抗原抗体反应的特异性结合起来，示踪抗原或抗体的所在部位，或测定它们含量的非放射性免疫标记技术。通常是将酶分子与抗体或抗抗体分子共价结合，此酶标记抗体可与存在于组织细胞或吸附于固相载体上的抗原或抗体特异性结合，滴加底物溶液后，底物在酶作用下水解呈色，或使底物溶液中供氢体由无色的还原型变有色的氧化型，此种有色产物可用肉眼或在光镜、电镜下看到，或用分光光度计测定。通过颜色反应的有无和深浅，判定相应反应物的存在和相对含量。利用这一特性已建立起多种用于抗原或抗体定性、定量或定位的免疫酶技术，主要如下：

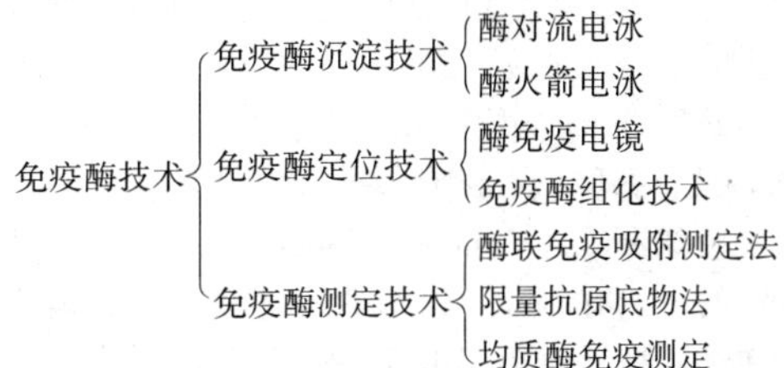

免疫酶组化技术（immunoenzyme histochemical technique） 又称免疫酶组化染色法。将免疫酶应用于组织化学染色，以检测组织和细胞中、或固相载体上抗原或抗体的存在及其分布位置的技术。组织切片固定后，需清除内源酶，然后用类似酶联免疫测定的方法分层染色。最后需用氧化后变为非水溶性色素的供氢体，如 3，3' 二氨基联苯胺（DAB），在有过氧化物酶和 H_2O_2 存在时，反应后的氧化型中间体迅速聚合形成不溶性棕色吩嗪衍生物，故在抗原所在部位可染成棕褐色。

免疫母细胞（immunoblast） T、B 淋巴细胞在抗原特异性选择或受有丝分裂原激发以及多种细胞因子的作用下，分化、增殖、转化为效应淋巴细胞和浆细胞过程中的一种过渡型细胞。比淋巴细胞大 3～4 倍，胞浆嗜碱性强，核/浆比小，常一端延伸呈伪足状，高尔基体和线粒体发达，DNA 合成旺盛。

免疫耐受性（immunotolerance） 正常机体对某一特定抗原的无反应状态。在胎儿时期接触某种抗原，与该抗原相应的淋巴细胞克隆消失，出生后机体对此抗原表现为无反应性，这种情况为天然免疫耐受性。机体对自身抗原呈无反应性即归因于此。胎儿时期人工接种抗原或出生后给于大量或很小量的某种抗原，也可引起免疫耐受，这种情况为获得性免疫耐受性。

免疫器官（immune organ） 又称淋巴器官（lymphoid organ）。行使免疫功能的组织结构，包括中枢免疫器官和外周免疫器官。

免疫清除（immune clearance） 机体通过免疫应答有效地清除进入体内的抗原异物的过程。细胞状态的抗原，小的如细菌等通过抗体的调理作用，促进其被吞噬细胞吞噬清除；大的如肿瘤细胞，主要通过细胞毒作用被杀伤裂解后清除。可溶性抗原与抗体结合后形成大小不等的免疫复合物，大的易被吞噬而清除，小的可吸附于红细胞和其他有 Fc 受体的细胞而被吞噬清除，也可从肾小管直接排出。

免疫球蛋白（immunoglobulin，Ig） 存在于动物血液（血清）、组织液及其他外分泌液中的一类具有相似结构并有免疫活性的球蛋白。就抗体的化学性质而言，其单体（monomer）基本结构系由 2 条重链和 2 条轻链组成。视组成肽链的氨基酸序列和抗原性而异，重链有 γ、μ、α、ε 和 δ 5 种类型，依次称为 IgG、IgM、IgA、IgE 和 IgD。动物体液中只有前 4 类 Ig，没有 IgD；轻键则有 κ 和 λ 两个型。

免疫球蛋白 A（immunoglobulin A，IgA） 重链为 α 链的 Ig。有 IgA_1、IgA_2 两个亚类。在体液中主要为单体，称为血清型 IgA，分子量 170 000，沉降系数 7S，含糖 7%。个别哺乳动物，如小鼠血清 IgA 主要呈二聚体形式。二聚体 IgA 存在于初乳、唾液、泪液以及呼吸道、消化道等的外分泌液中，占 60%～100%，故称分泌型 IgA，由黏膜和腺体组织中的浆细胞产生，由 J 链将 2 个单体连接。二聚体 IgA 分子量 400 000，沉降系数 11～13s。IgA 不能与补体结合，但能使颗粒性抗原凝集和中和病毒，能在黏膜上阻止细菌和病毒吸附，为黏膜组织抗感染的主要抗体。

免疫球蛋白 E（immunoglobulin E，IgE） 重链为 ε 的单体 Ig。分子量 190 000，沉降系数 8S，含糖 12%。血清中含量甚微。在其 Fc 片段中含较多的半胱氨酸和蛋氨酸，具有亲细胞性，易与肥大细胞和嗜碱性细胞结合，是引起过敏反应的抗体，故又称为反应素（reagin）。在抗寄生虫感染中有重要作用。

免疫球蛋白 G（immunoglobulin G，IgG） 重链为 γ 链的单体 Ig。血清中含量最高，占 Ig 总量的 70%～80%。分子量 60 000～180 000，沉降系数 7S，含糖 2.5%。人 Ig 有 IgG_1～IgG_4 4 个亚类，其中 IgG_4 不能结合补体，动物 Ig 的亚类数不尽一致。机体免疫后所产生的抗体主要为 IgG 类。因其含量高，持续久，活性强，是抗感染的主要抗体，也是血清学诊断和疫苗免疫后监测的主要抗体。

免疫球蛋白 M（immunoglobulin M，IgM） 重链为 μ 链的 Ig。由 5 个单体聚合而成，分子量 900 000，沉降系数为 19S，是体内最大的 Ig，故称巨球蛋白（macroglobulin）。主要存在于血清中，含量仅次于 IgG。因其有多个抗原结合点，故为高效能抗体。免疫后最早出现，但持续短，在感染早期起先锋免疫作用。在传染病诊断中，检测 IgM 抗体可作为近期感染和早期诊断的指征。

免疫球蛋白超家族（immunoglobulin superfamily） 分子结构中含有一个或多个与 Ig 肽链功能区相似结构的蛋白质。这些蛋白多为膜蛋白，定位于白细胞膜上，标志着细胞的分化阶段，参与各种免疫活动。均含有由大约 110 个氨基酸构成的免疫球蛋白折叠区，其大多数成员不能结合抗原，分子中的 Ig 折叠区具有其他功能，如 CD_1、CD_2、CD_3、MHC Ⅰ类和Ⅱ类分子，具有与 Ig 稳定区（C 区）相似的结构，有一对链内二硫键形成 65～75 个氨基酸的环状结构；CD_8、CD_{28} 等具有与 Ig 可变区（V 区）相似的结构，也有一对链内二硫键形成 55～60 个氨基酸的环状结构；T 细胞受体（TCR）及 CD4 则既有类似 V 区功能的结构，又有 C 区功能的结构，它们具有两个环状结构。

免疫球蛋白的同种型决定簇（isotypic determinants of Ig） 在同一种属动物所有个体共同具有的免疫球蛋白抗原决定簇，即在同一种动物不同个体之间同时存在不同类型（类、亚类、型、亚型）的免疫球蛋白，不表现出抗原性，只是在异种动物之间才具有抗原性。将一种动物的免疫球蛋白注射到另一种动物体内，可诱导产生对同种型决定簇的抗体，即称为抗抗体。免疫球蛋白的同种型抗原决定簇主要存在于重链和轻链的 C 区。

免疫球蛋白的同种异型决定簇（allotypic determinants of Ig） 同一种动物不同个体的免疫球蛋白因微小的氨基酸差异而呈产生的抗原决定簇。由于同种异型决定簇的存在，免疫球蛋白在同一种动物不同个体之间会呈现出抗原性，将一种动物的某一个体的抗体注射到同一种动物的另一个体内，可诱导产生针对同种异型决定簇的抗体。

免疫球蛋白独特型（idiotype of Ig）又称个体基因型。视 Ig 可变区不同而表现的不同抗原性。由 Ig（抗体）分子重链和轻链可变区的构型可产生抗原决定簇，可变区内单个的抗原决定簇称为独特位（idiotope），有时独特位就是抗原结合点，有时独特位还包括抗原结合点以外的可变区序列。每种抗体都有多个独特位，独特位的总和称为 Ig（抗体）的独特型（idiotype）。同一个体所产生的 Ig 由于重链和轻链可变区的千差万别，因而在同一个体内可以有无数个独特型。

免疫球蛋白基因（immunoglobulin gene，Ig gene）编码免疫球蛋白的基因，Ig 的 4 条肽链分别由重链、λ 链和 κ 链 3 个基因群控制。重链和轻链（λ 和 κ 链）的可变区（V 区）和稳定区（C 区）分别由 V 基因和 C 基因分开编码，然后经 RNA 转录、剪切连接成 mRNA，最后翻译成肽链，轻链的 V 区由 V、J 2 个基因所控制。重链的 V 区由 V、D、J 3 个基因控制，C 区基因包含有 μ、γ、α、ε、δ 等所有重链类和亚类的基因，通过类转换改变 Ig 类型。

免疫球蛋白基因等位排斥（immunoglobulin gene allelic exclusion）在一对染色体上的 2 个等位的免疫球蛋白基因，当其中之一重排活化，产生功能性肽链时，另一等位基因就不再重排。只有当重排失败时，另一等位基因即开始重排活化。因此一个浆细胞只产生一种类型的免疫球蛋白。

免疫球蛋白轻链（light chain of Ig）Ig 的 2 条肽链中较短的一条。大约由 213～214 个氨基酸残基组成，其 C 端有二硫键与重链连接，最初的 109 个氨基酸为 V 区，其余 1/2 为 C 区，各有一个以二硫键封闭的环状区分别称为 V_L 和 C_L。

免疫球蛋白同种型（isotype of Ig）同一种动物所有个体均具有的 Ig 类型。如牛具有 IgG、IgM、IgA 和 IgE 4 类，IgG 又有 IgG_1 和 IgG_2 2 个亚类。每种类和亚类又有 κ、λ 2 个轻链型等，它们均由非等位基因控制。

免疫球蛋白同种异型（allotype of Ig）同种动物不同个体的 Ig 存在某些差别。主要表现在重链或轻链上某些位置上的 1～2 个氨基酸的差异。如人 IgG 的重链（γ 链）有 Gm1、2、3……24 等型，IgA 亦有 Am1、2、3 等型。轻链中 κ 链上第 153 和 191 二个位点上氨基酸不同有 km（InV）1、2、3 等型，这些均由等位基因控制，是动物个体的遗传标志。

免疫球蛋白重链（heavy chain of Ig）简称 H 链。Ig 的 2 条肽链中较长的一条。由 420～440 个氨基酸残基组成，最初的 110 个氨基酸的序列随抗体特异性不同而异，称为可变区（variable region），简称 V 区，其余的 3/4 氨基酸序列比较稳定，称为稳定区（constant region），简称 C 区。在重链内部有一对或一对以上的二硫键互相连接，这一连接处的氨基酸均为半胱氨酸。重链内部又有 4～5 对二硫链形成 4～5 个封闭的环状区，其中 1 个在 V 区，其余均在 C 区，分别称为 V_H、C_{H1}、C_{H2} 和 C_{H3} 等同源区。IgM 和 IgE 的重链多 1 个同源区，称为 C_{H4}。重链的同源区存在 1 个或数个糖基，重链第 200～220 个氨基酸间还有 1 个半胱氨基，可与轻链连接。

免疫去势（immunocastration）用免疫的方法抑制性器官发育，以达到去势目的的技术。通常用促黄体激素释放激素（LHRH）连接于蛋白质载体上，制成合成肽疫苗，用以免疫性器官尚未发育的幼畜。由于 LHRH 被抗体所中和，抑制促黄体激素（LH）和促卵泡激素的合成和分泌，从而使性器官发育停滞，性功能丧失。

免疫缺陷（immunologic deficiency）由于免疫器官、组织或免疫细胞功能失常或欠缺所引起的病理过程。按发生性质分为原发性（先天的）和继发性（后天获得的）两类；按缺陷的功能可分体液免疫缺陷、细胞免疫缺陷、联合免疫缺陷、吞噬细胞功能障碍和补体缺陷等。侵害免疫器官的病毒常可引起获得性免疫缺陷，如感染传染性法氏囊病病毒的雏鸡可引起体液免疫缺陷，感染马立克病病毒易引起细胞免疫缺陷。

免疫缺陷动物（immunodeficiency animals）免疫系统失常，免疫应答机制不健全，以致免疫功能缺失或明显低下的动物。免疫缺陷动物是肿瘤学、免疫学研究中一类极有应用价值的实验动物。可分为原发性免疫缺陷动物和获得性免疫缺陷动物。前者是由于遗传基因变化而造成的，是主要应用的免疫缺陷动物，常用的有 T 细胞免疫缺陷动物、B 细胞免疫缺陷动物、NK 细胞免疫缺陷动物、联合免疫缺陷动物等。后者是通过放射、激素、免疫抑制药物、免疫器官切除、免疫细胞血清注射等方式，或由于某些病毒感染后形成的免疫缺陷动物。

免疫缺陷性侏儒（immunodeficient dwarf，IDD）又称消瘦综合征。生长激素缺乏及胸腺发育不全所引起的一种原发性细胞免疫缺陷病。临床特征是生长迟滞（侏儒）、消瘦、虚弱和易感染，见于 Ames 和 Snell-Bagg 两品系的小鼠和近亲繁殖的 Weimarner 犬。病犬和病鼠出生时不见异常，4～13 周龄发病，发育迟滞，身体矮小，消瘦虚弱，黏膜苍白，反复或持续性发生化脓性支气管肺炎、细小病毒性肠炎、欧利希氏病等细菌性、衣原体、病毒性、原虫性以及真菌性感染，通用的抗感染疗法一概无效，表现致死性的矮小或消瘦综合征。治疗在于补给生长激素和/或胸腺激素。

免疫溶血（immunohemolysis） 红细胞与相应抗体结合后，在补体参与下出现的溶血现象，包括直接溶血和间接溶血两种。前者为红细胞与溶血素结合后所引起，后者为吸附在红细胞上的抗原（或抗体）与相应抗体（或抗原）结合后所引起，亦称被动溶血。

免疫生物学（immunobiology） 研究免疫现象的生物学基础学科，涉及免疫器官和免疫细胞的结构和功能、抗原和抗体、免疫应答的机理、细胞因子以及免疫调节等方面。

免疫失败（vaccination failure） 由各种原因导致接种疫苗的动物不能获得抵抗感染的足够保护力的现象。免疫应答是一个生物学过程，不可能提供绝对的保护，在免疫接种群体的所有个体中，免疫水平也不是等同的。导致免疫失败的因素很多，主要包括：①遗传因素，动物对同一种疫苗的免疫应答强弱存在个体差异性，少数动物由于免疫应答差，得不到充分保护；②营养状况；③环境因素；④疫苗的质量不好、保存运输不当、使用不当以及安全性差；⑤病原体的多血清型与变异；⑥疾病对免疫的影响；⑦母源抗体的影响；⑧疫苗之间的干扰等。

免疫识别（immunologic recognition） 抗体和淋巴细胞上的抗原受体对抗原物质的特异性识别和结合。识别的基础是抗原决定簇（表位）与抗体或相应受体的结合点（配位）间的空间互补。抗原有两类决定簇，半抗原决定簇能与B细胞抗原受体的膜表面免疫球蛋白相互识别，使B细胞活化而产生与之相应的抗体；载体决定簇能与T细胞受体识别，从而激活细胞免疫。免疫识别是免疫应答的基础。

免疫受体酪氨酸活化基序（immunoreceptor tyrosine-based activation motif，ITAM） 免疫细胞激活性受体分子胞内段携带的结构。其所含酪氨酸残基发生磷酸化，招募带有SH2结构域的各种蛋白激酶和衔接蛋白，参与启动信号传导。与TCR给合的CD_3分子和BCR中的Ig-α/Ig-β均含有ITAM，在T细胞和B细胞的活化过程中具有重要作用。

免疫逃避（immune evasion） 寄生虫可以侵入免疫功能正常的宿主体内，并能逃避宿主的免疫效应，而在宿主体内发育、繁殖和生存的现象。寄生虫与宿主长期相互适应过程中，形成多种复杂的免疫逃避机制，主要与以下几点有关：①虫体抗原变异；②虫体体表披被宿主抗原；③释放可溶性抗原；④产生封闭抗体（bloking antibody）；⑤解剖位置的隔离，如形成包囊包膜等，侵入宿主细胞等；⑥抑制宿主的免疫应答等。

免疫逃逸（immunoescape） 肿瘤或病毒等病原体逃避免疫系统的识别和免疫杀伤作用的现象。主要有以下几种方式：①肿瘤细胞上出现的新抗原可以被胚胎抗原、封闭性抗体和免疫复合物所封闭；②病毒等微生物抗原的调变、隐蔽或形成可溶性抗原，在体液中与抗体结合；③病毒等病原体感染诱导免疫耐受性；④产生免疫抑制物质。

免疫调节（immunoregulation） 通过免疫分子（抗原、抗体、补体）、免疫细胞、神经-内分泌以及遗传等一系列因素调节免疫应答的发生、发展和消退的一种自我调节网络。主要有以下几个方面：①抗原调节。抗原的消退解除了对淋巴细胞的特异刺激，自然导致抗体产生的下降。②抗体调节。通过反馈机制和产生抗独特型抗体后形成的网络调节抗体的产生。③补体调节。补体活化后所产生的各种裂解片段具有调节活性，如C_{3b}对抗原浓集、递呈和T、B细胞活化有重要作用，C_{5a}能促进免疫应答，C_{3a}、C_{3c}和C_{3d}等则主要起免疫抑制作用。补体自身也通过自身衰变和灭活因子控制其活化程度。④细胞因子调节。它们能促进各类免疫细胞的分化与增殖，也有的如IL-10能抑制细胞因子的合成。⑤免疫细胞调节。通过辅助性T细胞（T_H）、调节性T细胞（Treg）以及反抑制T细胞的相互调节。巨噬细胞、B细胞和NK细胞等通过分泌各种细胞因子参与免疫调节。⑥神经-内分泌系统调节。通过所产生的促肾上腺皮质激素（ACTH），糖皮质激素、生长激素、甲状腺素、前列腺素以及内啡肽、脑啡肽等调节免疫应答强度。⑦基因调节。通过免疫应答基因（immune response gene）控制对某一抗原免疫应答的有无和强度。

免疫调节剂（immunomodulator） 对免疫功能具有调节作用的物质，包括具有正调节功能的免疫增强剂和具有负调节功能的免疫抑制剂。

免疫调理素（immune opsonin） 与相应细菌结合后能促进吞噬细胞对细菌的吞噬活性的抗体。IgM、IgG类抗体均具有调理活性。

免疫微球（immunomicrosphere） 交联有抗原、抗体或葡萄球菌蛋白A（SPA）的载体微球。可根据需要制备各种粒度大小，如0.7～0.8μm乳胶用于乳胶凝集试验和乳胶免疫测定，5～10nm的胶体金可用于免疫金染色，5～10μm微球用于放射免疫测定中的分离剂，也可在微球中加入荧光素或磁性物质，用于细胞的分离。

免疫紊乱（immunologic derangement） 免疫功

能异常导致反应过强或过弱；或受超抗原刺激导致大量淋巴细胞克隆活化，可引起自身免疫病。

免疫稳定（immune homeostasis）　又称自身稳定。机体依靠免疫功能清除体内衰老和死亡细胞的功能，以维护机体的生理平衡。如果此功能失调，则可导致自身免疫性疾病。

免疫无应答性（immunological unresponsiveness）　机体对抗原刺激不表现免疫应答的现象。有特异性和非特异性两种，前者主要指免疫耐受性，是对特定的抗原表现无反应性；后者是指机体免疫功能低下或衰竭，如应用免疫抑制剂或肿瘤晚期，有时亦指机体因免疫应答基因不合，对某些抗原表现无应答性。

免疫吸附（immunoadsorption）　抗原或抗体与固定在微载体、微孔塑料板或细胞上的固相抗体或抗原特异性吸附的现象（技术）。常用于免疫亲和层析、固相免疫测定和抗原定位等。

免疫细胞（immunocyte）　参与免疫应答的细胞。包括淋巴细胞、吞噬细胞、自然杀伤细胞、抗原递呈细胞以及各种效应细胞等。

免疫细胞化学（immunocytochemistry）　免疫化学和细胞化学相结合的一门分支学科。应用免疫化学技术研究细胞内某一特定组分以及细胞膜上的抗原或受体的分布和动态。

免疫细胞黏附（immune adherence）　一种利用有 C_{3b} 受体的细胞作指示系统、检测血清补体是否被活化（出现 C_{3b}）的试验。抗原和抗体结合后，活化补体中的 C_3，使其裂解为 C_{3b} 和 C_{3c}。C_{3b} 的一端与抗原抗体复合物结合，另一端黏附于有 C_{3b} 受体的细胞（如巨噬细胞、中性粒细胞等）上，促使该抗原被吞噬而得到清除。灵长类红细胞上亦有 C_{3b} 受体，抗原抗体复合物与 C_{3b} 结合后可使红细胞凝集。如抗原呈细胞状态，则红细胞可吸附其上，呈花环状。此法可用于检测抗原抗体复合物。

免疫性不育（infertility due to immunological factors）　繁殖过程中，动物机体可对繁殖的某一环节产生自发性免疫反应，从而导致受孕延迟或不受孕的一种疾病。动物的生殖细胞、受精卵、生殖激素等均可作为抗原而激发免疫应答，导致免疫性不育。引起不育的免疫性因素很多，直接影响生殖而成为免疫性不育的原因主要有卵巢自身免疫和睾丸自身免疫。

免疫学（immunology）　研究抗原性物质、机体的免疫系统、免疫应答的规律和调节、免疫应答的各种产物、各种免疫现象及其应用的生物科学。其研究领域十分广泛，并与有关学科相互交织形成了免疫生物学、免疫化学、免疫血清学、免疫病理学、免疫遗传学、血液免疫学、肿瘤免疫学、移植免疫学和临床免疫学等分支学科。

免疫血清（immune serum）　接触抗原后产生的含有针对特定抗原物质的抗血清。包括自然感染后的康复血清和人工免疫后的血清。经多次免疫，含有高滴度抗体的称为高免血清（hyperimmune serum），主要用于被动免疫和血清学试验。

免疫血清学（immunoserology）　研究抗原和抗体在体外结合后所表现的各种反应的规律及其应用的科学。

免疫遗传学（immunogenetics）　免疫学与遗传学相互结合的一门分支学科。包括：①用遗传学方法研究免疫现象，如免疫应答的基因控制、抗体基因及其在个体发育中的重排机理等；②用免疫学方法研究遗传规律，如作为动物遗传标志的血型、组织相容抗原等的研究，以及应用免疫学技术分析动植物进化中的血缘关系等。

免疫抑制（immunosuppression）　机体在某种物理（如 X 线辐射）、化学（如硫唑嘌呤、皮质类固醇等）和生物因素（如抗淋巴细胞血清、病毒感染）的作用下，免疫应答能力降低。一些因素可用作免疫抑制剂，以防止移植物被排斥和治疗自身免疫病。

免疫抑制剂（immunosuppressant）　在治疗剂量下可产生明显免疫抑制效应的物质。用于抗移植排斥反应、自身免疫病以及超敏反应等的治疗。具有免疫抑制作用的物质种类较多，根据其来源可分为以下 4 类：①合成性免疫抑制剂，如糖皮脂激素类固醇、烷化剂（如环磷酰胺）和抗代谢药物（如嘌呤类、嘧啶类及叶酸对抗剂等）；②微生物性免疫抑制剂，主要来源于微生物的代谢产物，多为抗生素或抗真菌药物；③生物性免疫抑制剂，如抗淋巴细胞血清及单克隆抗体、抗黏附分子单克隆抗体及一些细胞因子等；④中药类免疫抑制剂，如雷公藤、冬虫夏草等。

免疫抑制药（immunosuppressant）　一类能非特异性抑制机体免疫功能的药物。在治疗多种免疫性疾病、变态反应性疾病及异体组织器官移植时广为应用。常用的有：①糖皮质激素类药物，如强的松、强的松龙等。②烃化剂，如环磷酰胺。③抗代谢药，如硫唑嘌呤、甲氨喋呤等。④生物制剂，如抗淋巴细胞球蛋白。长期应用可造成机体免疫力低下，肿瘤发生率增高。

免疫应答（immune response）　免疫系统受到抗原物质刺激后，免疫细胞对抗原分子的识别并产生一系列复杂的免疫连锁反应，并表现出特定的生物学效应的过程。包括抗原递呈细胞对抗原的处理、加工和递呈，抗原特异性淋巴细胞即 T、B 淋巴细胞对抗原的识别、活化、增殖与分化，最后产生免疫效应分子

（抗体与细胞因子以及免疫效应细胞），并最终将抗原物质和对再次进入机体的抗原物质产生清除效应。分为体液免疫应答、细胞免疫应答和免疫耐受性应答三类。根据应答时效又可分为初次应答（primary response)、再次应答（secondary response）和回忆应答（anamnestic response)。免疫应答后形成的免疫力强度和持续时间，与抗原性质、数量、稽留时间、刺激次数以及间隔时间等有关。如刺激过强、过频或抗原量过大，有时反会引起负性应答，即免疫麻痹或免疫耐受。

免疫应答基因（immune response gene，Ir gene）决定机体对某一抗原作出免疫应答的基因。定位于主要组织相容性抗原复合体（MHC）内，是编码 MHC Ⅱ类分子基因之一。

免疫荧光技术（immunofluorescence technique）以荧光素标记抗体或抗抗体（荧光抗体）做探针，以示踪抗原所在部位的一种血清学定位技术。含有抗原的标本经荧光抗体染色后，在短波光（蓝紫光或紫外光）激发下，使形成的抗原抗体复合物上的荧光素发出明亮荧光，易于在荧光显微镜下观察。本法既有抗原抗体结合的特异性和抗原抗体反应的敏感性，又有借助显微镜观察的直观性与精确性。常用的荧光素有异硫氰酸荧光黄（FITC)，四乙基罗丹明（RB-200）和四甲基异硫氰酸荧光黄（TMRITC）等，其中以FITC应用最广。

免疫预防（immunoprophylaxis） 用免疫学的方法预防传染病或寄生虫病的技术。有主动免疫（接种疫苗）和被动免疫（注射抗血清或抗毒素）两种。前者免疫期长，可达数月甚至数年；后者免疫期短，只用于紧急预防。

免疫原（immunogen） 能激发体液免疫、细胞免疫或免疫耐受的物质。它们是完全抗原，如微生物、异种细胞和异种蛋白等。既能激发机体产生相应抗体和效应淋巴细胞（免疫原性)，又能与所产生的抗体结合发生反应（反应原性)。半抗原只有与载体蛋白结合后才能成为免疫原。

免疫原性（immunogenicity）见免疫原。

免疫增强剂（immunopotentiator） 又称免疫激活剂。一类能提高和增强机体免疫功能的物质。它通过不同作用方式，或激活巨噬细胞对抗原的吞噬和处理功能，或刺激免疫母细胞增殖分化，从而增强机体免疫机能，提高机体抗病原微生物能力或抑制癌细胞增殖。用作抗肿瘤的辅助药或用于感染性疾病及自身免疫性疾病。免疫增强剂的种类繁多。(1) 按其作用的先决条件可分为3类：①免疫替代剂。用来代替某些具有免疫增强作用的生物因子的药物。按其作用机制可分为提高巨噬细胞吞噬功能的药物、提高细胞免疫功能的药物、提高体液免疫功能的药物等；按其作用性质又可分为特异性免疫增强剂和非特异性免疫增强剂；按其来源则可分为细菌性免疫增强剂及非细菌性免疫增强剂。②免疫恢复剂。能增强被抑制的免疫功能，但对正常免疫功能作用不大。③免疫佐剂。又称非特异性免疫增生剂。常用的免疫增强剂有卡介苗、短小棒状杆菌、内毒素、免疫核糖核酸、胸腺素、转移因子、双链聚核苷酸、佐剂等。(2) 根据其成分可分为以下5类：①生物性免疫增强剂，如转移因子、免疫核糖核酸（iRNA)、胸腺激素、干扰素等；②细菌性免疫增强剂，如小棒状杆菌、卡介苗、细菌脂多糖等；③化学性免疫增强剂，如左旋咪唑、吡喃、梯洛龙、多聚核苷酸、西咪替丁等；④营养性免疫增强剂，如维生素、微量元素等；⑤中药类免疫增强剂，如香菇、灵芝等的真菌多糖成分、药用植物（如黄芪、人参、刺五加等）及其有效成分、中药方剂等。

免疫诊断（immunodiagnosis） 应用免疫学方法对传染病、寄生虫病及其他能激发免疫应答疾病进行诊断。对急性和亚急性疾病主要用血清学方法检出病料中的病原体（抗原）或血清中的抗体，对慢性感染则多用检测抗体的方法或变态反应法（如结核菌素试验)。

免疫转印（western blot） 又称蛋白转印技术。凝胶电泳与抗原抗体反应相结合检测蛋白质的一项技术。样品中各蛋白质组成经聚丙烯酰胺凝胶电泳分开，用电转印方法将分开的蛋白条带从凝胶转移到硝酸纤维素膜上，然后用酶标抗体及其酶反应系统显示出待测的蛋白条带。

免疫状态（immune status） 机体对某种抗原的应答状态，即抗原进入机体后，经免疫应答的前两个阶段——致敏阶段和反应阶段后的状态。如对某一传染病处于有免疫力状态，对某一过敏原处于敏感状态，或对某一抗原处于免疫耐受状态等。

免疫组织化学（immunohistochemistry） 利用抗原与抗体的特异性结合，并以标记物显示抗原抗体复合物的原理，对组织细胞中的抗原或抗体成分进行定性、定位和半定量分析的一种技术方法。其特异性和敏感性远高于组织化学，已广泛应用于生物医学、兽医学研究和临床检验。

面神经麻痹（paralysis of the facial nerve） 面神经损伤引起其支配的肌群发生感觉和运动障碍。马多发，少见于牛、羊、猪等。根据发生原因分为中枢性与末梢性面神经麻痹两种。中枢性面神经麻痹多由脑外伤、出血和传染病引起，末梢性面神经麻痹由神经干外伤、挫伤、压迫等所致。根据临床表现，分为单侧性面神经麻痹和两侧性面神经麻痹。单侧性面神经麻痹临床表现为上、下唇下垂并向健侧歪斜，鼻孔下榻，采食、呼吸困难等。两侧性面神经麻痹除有上述症状外，还有两鼻孔塌陷，呼吸困难，唇麻痹，吞咽困难。治疗试用温敷、电疗、红外线疗法，并配合中枢兴奋药等。

描述流行病学（descriptive epidemiology） 流行病学工作方法之一。描述疾病在动物群体中的分布，即疾病的三间分布状况。疾病的群体现象可用不同方法描述，但通常是用现况调查的方法。个案调查、暴发调查也属描述流行病学范畴，这是初步的流行病学调查，用于提供分析的基础资料及病因研究中形成假说的素材和依据。

描述胚胎学（descriptive embryology） 应用解剖学和组织学等方法，观察描述动物胚胎发育过程中的形态结构变化（如胚胎外形的演变、器官的演变、系统的形成等）的科学。

灭活（inactivation） 破坏微生物的生物学活性、繁殖能力和致病性的过程。在生物制品方面，指利用物理、化学方法将微生物杀死但仍保持其抗原性的过程，如灭活菌苗、灭活疫苗和一些诊断抗原的制备过程。使一些活性物（如血清因子、补体、微生物及其代谢产物等）丧失活力的过程，也叫灭能。在生物制品方面，常用物理、化学方法进行灭能。如血清经56℃加热30min可使补体失去活性，破伤风毒素甲醛处理后使之失去致病性而成为类毒素。

灭活剂（inactivator） 用于灭活微生物的试剂。灭活剂包括化学药品和酶制剂，生物制品方面常用的化学灭活剂有醛类、酚类、醇类、染料类和烷类等。烷类灭活剂能破坏病毒的核酸，使病毒完全丧失感染力，而又不损害衣壳保留其保护性抗原。化学灭活剂中甲醛最常用。

灭活疫苗（inactivated vaccine） 又称死疫苗。以含有细菌或病毒的材料，利用理化学方法（热、射线、甲醛、乙醇、染料、烷化剂等）处理，使其丧失感染性或毒性而保有免疫原性的一类生物制剂。灭活疫苗可分为灭活菌苗、灭活疫苗和脏器组织灭活苗、培养物灭活苗。利用基因工程技术制备的基因工程亚单位疫苗、合成肽疫苗、转基因植物疫苗亦属于死疫苗的范畴。灭活疫苗的特点是无毒，安全，易于运输保存，疫苗稳定，便于制备多价或多联苗，以及剂量大、多次注射和不产生局部免疫力。

灭菌（sterilization） 用物理或化学方法杀灭物体中所有病原微生物和非病原微生物及其芽孢、霉菌孢子的方法。

灭菌渡槽（sterilization transfer aqueduct） 为将不怕水或带有防水外包装的已灭菌物品从屏障设施外面转入屏障内而设置的一种灭菌装置。通常呈槽箱形，常密封安置于清洗间和清洁物品贮备室之间的墙体上，槽内加入消毒药。中间挡板插入药液中阻断内外空气的通路，允许物品经药物浸泡从挡板下进入屏障内，槽上设密封的盖板，盖板四周紧扣在放有消毒药水的渡槽顶部凹槽中，以备更换槽内消毒液时隔绝屏障环境内外的空气交流。

灭能血清（inactivated serum） 在56℃加热30min，已破坏补体活性的血清。通常将血清作低倍稀释后灭能处理，有时组织培养用血清也要作灭能处理以消除干扰因子。

灭鼠（deratization） 消灭能传播疾病和破坏生产的鼠类的过程。灭鼠方法有生态学方法、器械方法、化学方法和生物学方法。生态学灭鼠法或称环境控制法，包括破坏鼠类栖息场所、生存条件和迁徙途径，如断绝鼠粮，搞好防鼠建筑工程；器械灭鼠是利用鼠夹、鼠笼、电子捕鼠器等各种器械捕鼠；化学方法是利用磷化锌、安妥、敌鼠钠、华法令等化学药物毒杀；生物学灭鼠法是利用鼠类天敌或微生物灭鼠，前者如猫、猛禽；后者如鼠痘病毒、肉毒毒素。为避免扩散病原，疫区禁用天敌灭鼠。

明尼苏达-荷曼系小型猪（Minnesota - Horme minipig） 由美国明尼苏达大学Hormel研究所于1949年用亚拉巴马美洲的几内亚小型猪 、加塔里那岛的卡塔利猪和路易斯安那州的皮纳森林猪四种猪杂交育成。被毛有黑白斑，6周龄体重22kg，12周龄48kg，遗传性状稳定。

明区（pellucid area） 鸟类和爬行类早期胚胎胚盘中央的半透明区域。鸟类和爬行类的卵裂仅在胚盘部进行，下方的卵黄不分裂，形成囊胚时其囊胚腔位于胚盘之下卵黄之上，因此胚盘中央比较明亮，形成明区；而胚盘周边与卵黄相接处，则显得比较深暗，形成暗区。

明视觉（photopic vision） 动物在光亮或白昼的环境下，靠视网膜锥状细胞起作用产生的视觉。明视觉不仅能看到物体，而且对物体的形态、结构和颜色也能分辨清楚。有些动物如鸡的视网膜主要是锥状细胞，只能在白天活动。大多数畜禽和人视网膜不仅含锥状细胞还含有杆状细胞，通过适应能在光亮和较暗的条件下产生视觉。

明适应（light adaptation） 动物在强光连续作用下视网膜对光敏感度降低的现象。明适应过程较快，一般1～2min即可完成。产生明适应的原因是由于强光作用下视色素特别是视紫蓝质的光漂白作用加速、视锥细胞中视色素含量下降。

明显发病期（dominant period） 传染病发展过程的第三阶段。在前驱期之后，病的特征性症状逐步明显地表现出来，达到疾病发展的高峰。这个阶段有代表性的特征性症状相继出现，在诊断上较易识别。

模拟酶（enzyme mimics） 又称人工合成酶。根据酶中那些起主导作用的因素，利用有机化学、生物化学等方法设计和合成一些较天然酶简单的非蛋白质分子或蛋白质分子，以这些分子来模拟天然酶对其作用底物的结合和催化过程。也就是说，模拟酶是在分子水平上模拟酶活性部位的形状、大小及其微环境等结构特征，以及酶的作用机理和立体化学等特征。

模式生物（model organisms） 基因表达研究一般是用微生物通过培养进行的，但是被表达的基因类型及表达程度随生物生存环境、生理状态表现极大差异，并存在着严格的时空调控特异性，为此，研究要从细胞水平扩大至生物个体上。生物学家通过对选定的生物物种进行科学研究，用于揭示某种具有普遍规律的生命现象，这种被选定的生物物种就是模式生物。涉及的实验动物主要是果蝇、线虫、斑马鱼，实验小鼠等。

模式识别（pattern recognition） 模式识别受体对病原相关分子模式的识别。

模式识别受体（pattern recognition receptor，PRRs） 识别病原相关分子模式的一类受体分子，介导先天性免疫应答。

模体（motif） 又称膜序。在许多蛋白质分子中，2个或2个以上具有二级结构的肽段，在空间上相互接近，形成一个具有特殊功能的空间结构。一个膜序总有特征性的氨基酸序列，并发挥特殊的功能，如锌指结构，亮氨酸拉链等。

膜表面免疫球蛋白（surface membrane immunoglobulin，SmIg） 简称表面免疫球蛋白（SIg）。嵌合在B细胞膜上的免疫球蛋白，为B细胞抗原受体的组分之一。成熟的B细胞主要带SIgM和SIgD，抗原激活后可转化为SIgG和/或SIgA，每一B细胞克隆其SIg的可变区均不相同，藉以识别不同的半抗原决定簇。动物体内存在着数以百万计的带特定SIg的B细胞克隆，可以被进入体内的抗原识别而选择性地激活，产生与其相应的抗体。

膜病（membrane disease） 生物膜（细胞膜和细胞内膜）结构异常或损伤影响机体正常功能而引起的一类疾病。根据生物膜功能障碍分为：膜的识别通讯功能障碍；膜的能量转换功能障碍；膜的物质转运功能障碍；膜受体功能障碍；膜表面免疫功能障碍等。

膜蛋白（membrane protein） 参与细胞膜组成的蛋白质，是膜的生物学功能的主要体现者。根据其与膜的结合方式和紧密程度，可分为外在蛋白（extrinsic protein）和内在蛋白（intrinsic protein）；外在蛋白又称外周蛋白，比较亲水，可通过离子键等非共价键相互作用与膜的外表面或内表面上的膜脂质分子或其他蛋白质亲水部分结合，其结合不太紧密。内在蛋白又称整合蛋白，他们通常半埋着或者贯穿于膜。蛋白质分子中亲水的部分位于膜的两侧，即朝向水相，而疏水的部分位于膜的中央，常以α-螺旋形式镶嵌于膜的内部，与疏水区域相结合。目前所知道的膜蛋白有酶、膜受体、转运蛋白、抗原和结构蛋白等。膜蛋白的种类和数量越多，膜的功能也就越复杂。

膜电位（membrane potential） 细胞膜两侧因离子分布不平衡而产生的电位差。正常情况下，膜内负离子较多，膜外正离子较多，即呈膜内为负，膜外为正的极化状态。极化的程度，即电位差的大小与细胞的兴奋性有关。如神经细胞膜电位一般为－75mV，蛙肌细胞为－95mV。不同动物不同组织的膜电位均有差异。

膜毒理学（membrane toxicology） 应用生物物理原理及技术，从亚细胞水平和分子水平研究外源性化学物质对细胞膜或细胞器膜所引起生物学变化，并为防止其有害作用提供科学依据的一门毒理学分支学科。

膜骨（membrane bone） 通过膜内成骨方式所形成的骨，包括颅盖骨中的一些扁骨和面骨。

膜壳科（Hymenolepididae） 圆叶目绦虫的一个科。通常有顶突，其上有一圈小钩，吸盘上一般无钩。每节含一套雌雄性器官，睾丸少，很少多于4个。生殖孔单边开口。妊卵子宫呈袋状。卵有三层壳，最内一层壳的两端有丝状物。除膜壳属（*Hymenolepis*）外，皱褶属（*Fimbriaria*）、剑带属（*Drepanidotaenia*）亦属此科。

膜迷路（membranous labyrinth） 内耳骨迷路内由薄膜形成的一系列囊和管。薄膜由单层鳞状上皮和薄层结缔组织构成，形成的囊和管包括椭圆囊、球囊、3个膜半规管、呈螺旋状的蜗管。膜半规管与椭圆囊相通，蜗管与球囊相通，两囊之间以连合管相通，并由此分出内淋巴管，穿过颞骨岩部的小管而达颅腔，在硬膜外腔内略扩大成内淋巴囊。膜迷路内充满的液体称内淋巴，由膜上皮产生，而在内淋巴囊处被吸收。

膜泡转运（vesicular transport） 蛋白质通过不同类型的转运小泡，从粗面内质网合成部位转运至高尔基复合体，进而分选至细胞不同部位。在转运过程中，物质包裹在脂双层膜围绕的囊泡中，故称为膜泡转运。此过程涉及各种不同转运小泡的定向转运、膜泡出芽与融合过程，与分泌蛋白在细胞内的合成、加工、修饰和分泌密切相关。

膜糖（membrane sugar）　膜上少量与蛋白质或脂质相结合的寡糖，形成糖蛋白或糖脂。在糖蛋白中，糖基可借助于N-糖苷键连接于蛋白质分子中的天冬酰胺残基的酰胺基上（称N-连接），或者借助O-糖苷键与蛋白质分子中的丝氨酸或苏氨酸的羟基相连（称O-连接）；而糖脂中的糖基一般通过O-糖苷键与甘油或鞘氨醇的羟基相连接。在膜上发现的糖主要有葡萄糖、半乳糖、甘露糖、岩藻糖、N-酰氨基葡萄糖等。膜上的寡糖链都暴露在质膜的外表面（向细胞外）上。他们与一些细胞的重要特性有关联，如细胞间的信号转导和相互识别。

膜消化（membrane digestion）　固定于胃肠道黏膜上皮细胞膜上的酶对食物进行的接触消化，主要发生在小肠。小肠黏膜表面伸出的糖链以及微绒毛结构能结合和聚集小肠腺体分泌的消化酶在其表面，对接触的食物中的营养成分进行强烈的消化分解，并与吸收有密切的关系。

膜学说（membrane theory）　又称膜离子学说。解释生物电产生原理的理论。最初由Bernstein提出，而由Hodgkin等人完善。基本要点是：①细胞的静息电位和动作电位都产生在细胞膜的两侧。②各种离子在膜两侧分布不均，如K^+细胞内较细胞外高20～30倍，Na^+细胞外较细胞内高约10倍等。③膜在不同情况下，对不同离子有选择性通透性，K^+顺浓度差向膜外扩散，使膜两侧出现外正内负的电位差，直至这种电位差达到一定值，阻止K^+进一步外流，于是膜两侧电位差达到平衡，这就是静息电位，所以静息电位是K^+的平衡电位。当细胞受刺激发生兴奋时，膜对K^+通透性暂时丧失，对Na^+通透性突然增大，Na^+顺浓度差快速内流，使原来外正内负的膜电位消失进而反转，直至膜内正电位的值足以阻止Na^+进一步内流时，膜两侧电位差处于新的平衡状态，这就是动作电位的峰电位，所以峰电位是Na^+的平衡电位。随后膜很快出现对Na^+通透性下降和对K^+通透性升高，大量K^+外流引起峰电位下降和膜电位的恢复，最后通过钠钾泵的转运将兴奋时进入膜内的Na^+移出和复极化时流出膜外的K^+移入，细胞恢复至兴奋前的静息状态。在心肌和平滑肌细胞生物电变化过程中，除K^+和Na^+外，还有Ca^{2+}和Cl^-等参与。

膜脂（membrane lipid）　包括磷脂、少量的糖脂和胆固醇。磷脂是膜脂的主要成分，以甘油磷脂为主，其次为鞘磷脂。动物细胞膜中的糖脂占膜脂总量的5%以下。此外膜上含有游离的胆固醇，但只限于真核细胞的质膜。生物膜中所含的磷脂、糖脂和胆固醇都是双亲分子（amphipathic molecule）。膜脂分子的双亲性是形成双层结构的分子基础。膜脂分子在脂双层中处于不停的运动中，其运动方式有：分子摆动（尤其是磷脂分子的烃链尾部的摆动）、围绕自身轴线的旋转、侧向的扩散运动以及在脂双层之间的跨膜翻转等。膜脂双层中的脂质分子在一定的温度范围内，可以呈现有规律的凝固态或可流动的液态（实际是液晶态）。生理条件（体温）下，哺乳动物细胞的质膜都处于流动的液态。

摩拉氏菌病（Moraxella infection）　见牛传染性角膜结膜炎。

末梢静脉充盈状态（fullness of peripheral veins）动物末梢静脉的血液充满程度。末梢静脉充盈状态分为塌陷和怒张两种。临床上末梢静脉塌陷罕见；怒张则包括生理性怒张和病理性怒张。生理性怒张可见于赛马运动后体表静脉怒张、头颈部低垂时头颈部静脉怒张、牛的乳静脉怒张等。病理性怒张即为外周静脉瘀血，临床上多伴发黏膜瘀血或发绀。

末梢神经节（terminal ganglion）　副交感神经节。分两类：一类位于脏器壁内，为壁内神经节，由黏膜下或肌层中的一些神经元细胞体聚集而成；一类位于效应器周围，为器官旁神经节，如睫状神经节、翼腭神经节、耳神经节、下颌神经节等。

末梢性呕吐（peripheral vomiting）　又称反射性呕吐。由于消化道及腹腔受各种异物、炎性及非炎性刺激，反射性地引起呕吐中枢兴奋而发生的呕吐。

末梢性瘫痪（peripheral paralysis）　又称外周性瘫痪、下运动神经元性瘫痪、萎缩性瘫痪、弛缓性瘫痪。外周性运动神经元（下运动神经元）受到损伤或分布到肌肉的外围神经发生传导障碍所引起的瘫痪。不仅肌肉瘫痪、肌紧张力降低，而且皮肤、肌肉及腱反射均降低甚至消失。因肌肉失去神经性营养而致肌肉营养不良、迅即发生变性、萎缩。分为节段型瘫痪和周围型瘫痪两种。

莫能菌素（monensin）　广谱抗球虫药，聚醚类抗生素。对鸡毒害、柔嫩、堆型、波氏、巨型、变位等艾美耳球虫高效，在控制症状发展、促进增重和提高饲料报酬等方面均优于氨丙啉。抗球虫活性峰期为生活周期的第2d，即滋养体阶段，其作用机理是药物在球虫体内与钠、钾离子形成络合物，影响钾离子的转运，使球虫某些线粒体功能，如底物的氧化作用和ATP的水解作用受到抑制。球虫不易产生耐药性。大剂量明显抑制宿主产生免疫力，但停药后，又能迅速获得免疫力。产蛋鸡禁用，肉鸡上市前休药期3～

5d。本品对火鸡、羔羊、犊牛球虫病也有明显效果。此外，还可促进肉牛生长及用于猪密螺旋体引起的猪血痢。

莫尼茨属（*Moniezia*） 属于绦虫纲（Cestoidea）、圆叶目（Cyclophyllidea）、裸头科（Anoplocephalidae），包括扩展莫尼茨绦虫（*Moniezia expansa*）和贝氏莫尼茨绦虫（*M. benedeni*）。前者主要寄生于羔羊，后者多寄生于犊牛。两种绦虫在外观上颇相似，虫体长1～6m，乳白色，呈带状。头节小，近似球形，上有4个近于椭圆形的吸盘，无钩。节片短扁，宽达16mm，内含两组生殖器官。二者的主要区别在于节间腺，前者为小圆囊状，后者为带状，位于节片后缘的中央部分。虫卵内均含有特殊的梨形器，器内有六钩蚴。扩展莫尼茨绦虫卵为三角形，而贝氏莫尼茨绦虫卵为四角形。莫尼茨绦虫的生活史必须有中间宿主参加才能完成。中间宿主为地螨超科的数十种地螨。

莫尼茨绦虫病（monieziasis） 裸头科、莫尼茨属（*Moniezia*）绦虫寄生于绵羊、山羊和牛等反刍动物小肠引起的疾病。大型绦虫，长达600cm，宽1.6～2.6cm，每个节片内有两套雌雄性器官。卵巢呈半环形，紧靠纵排泄管内侧。睾丸散在于纵排泄管内侧区域。常见有两种，重要区别在节间腺，其他形态均相似。扩展莫尼茨绦虫（*M. expansa*）的节间腺成簇，8～15簇排成一行；贝氏莫尼茨绦虫（*M. benedeni*）的节间腺弥散分布，成一窄条，居节片中央。中间宿主为若干种地螨，中绦期为似囊尾蚴。对羔羊、犊牛危害较严重。主要致病机理为夺取宿主营养、代谢毒素作用等。幼龄患畜常精神不振，被毛粗乱，腹围增大，有贫血与浮肿现象，消化紊乱，便秘或下痢。偶尔出现轻瘫等神经症状。粪中检出节片或虫卵即可诊断。驱虫可用丙硫咪唑、氯硝柳胺或硫双二氯酚等药物。预防措施包括定期驱虫和科学放牧。

莫西菌素（moxidectin） 阿维菌素类抗寄生虫药，由奈马克丁半合成的甲肟衍生物。作用机制为干扰线虫和节肢动物神经系统的氯离子通道活性。药物与受体结合，增加膜对氯离子通透性，抑制了线虫的神经细胞和节肢动物肌细胞电活性，引起麻痹和死亡。临床应用：①预防犬心丝虫病；②预防家畜体内、外寄生虫，胃肠道线虫，肺线虫，螨、虱、蝇等；③预防马及驹的胃肠道寄生虫。

墨累谷脑炎（Murry valley encephalitis） 黄病毒科虫媒病毒B组的墨累谷脑炎病毒引起的一种急性传染病。本病仅见于澳大利亚和新几内亚。很多鸟和哺乳动物有广泛的亚临床感染，病毒在自然界主要在几种水鸟和环喙库蚊中循环。人感染后可发生严重的脑炎，常致死亡，尤以儿童多见。确诊靠病毒分离和血清学试验。无特效疗法，可对症治疗。主要防制措施为防蚊灭蚊。

母畜腹股沟疝（inguinal hernia of female） 腹股沟疝的一种。母犬、母猪、母马均有发生。母畜胎生期也有腹股沟管和腹股沟内环，鞘状突起在生后12个月逐渐退化（犬），腹股沟内环闭锁。犬在退缩中的鞘状突起内妊娠子宫角潜入形成为腹股沟疝。疝的内容物也可能是大网膜、小肠、大肠等器官。治疗时在腹股沟部切开，还纳疝内容物，闭合疝轮。

母畜科学（gyneacology） 兽医产科学的一个重要组成部分，涉及的内容包括母畜的生殖生理及由各种原因引起母畜生育能力降低的所有繁殖障碍。

母牛产后血红蛋白尿症（bovine post-parturient haemoglobinuria） 土壤中磷含量低或干旱地区高产奶牛常发的以血管内溶血和血红蛋白尿为特征的一种地方性营养代谢性疾病。临床上以血红蛋白尿、低磷酸盐血症、贫血和急性血管内溶血、不发热为特征。高产母牛和妊娠母牛有较高的发病率。本病的发病率很低，但致死率可达50%。

母牛倒地不起综合征（downer cow syndrome） 奶牛邻近分娩或分娩后以持久卧地不起为特征的代谢紊乱并发后肢障碍性综合征。病因既非单纯性生产瘫痪，也非某一种特定性疾病。是与生产瘫痪或其产后代谢病有联系的一组并发症，如酮病、低磷酸盐血症、低镁血症，以及臀中肌、膝关节周围组织和闭锁肌损伤或坐骨神经、腓神经受压等。症状有卧地不能站起，侧卧地上头颈向后方呈强直性搐搦。有的排出血红蛋白尿；有的局部肌肉肿胀、疼痛，最终坏死。精神、食欲接近正常。治疗可进行病因和对症疗法，同时要加强护理，防止褥疮发生。

母体毒性（maternal toxicity） 外源化学物质在一定剂量下，对受孕母体产生的损害作用，包括体重减轻、出现某些临床症状、直至死亡。

母体性难产（maternal dystocia） 在兽医临床实践中，难产的类型可以分别依据产力、产道和胎儿异常的直接原因分为产力性难产、产道性难产和胎儿性难产，其中产力性难产和产道性难产也可对应于胎儿性难产而合称为母体性难产。参见难产。

母源抗体（maternal antibody） 由母体通过胎盘或初乳传给胎儿的抗体，可使新生幼畜获得天然被动免疫。马、牛、羊、猪等动物的母源抗体不能通过胎盘，只能通过初乳，故喂给初乳对增强幼畜抗病力十分重要。禽类则自卵黄传递。母源抗体可干扰弱毒苗的免疫，应根据母源抗体消退情况，制定合理的免疫程序。

母源免疫（maternal immunity） 新生动物从母体获得的免疫。母体的抗体可通过胎盘或初乳传递给初生幼畜，有蹄类只能通过初乳，禽类则通过卵黄传递。母源抗体主要为 IgG，在幼畜和幼禽体内可保持一定时间，使幼畜和幼禽获得对某些传染病的免疫力，称为天然被动免疫。也可给母畜、母禽接种疫苗，产生抗体，使幼畜、幼禽获得被动免疫，称为母源免疫。

母猪 MMA 综合征（Mastitis - Metritis - Agalactia syndrome，MMA） 母猪产后第 1～3d 内发生的，以母猪突然停止泌乳，并发乳房炎与子宫炎为特征的一种综合症候群。但有的学者认为 MMA 不应作为一种单一的疾病。特征为食欲不振，嗜眠，一个或多个乳腺肿胀、变硬、触摸敏感，不给仔猪哺乳，体温升高，阴道流出脓性分泌物，乳房肿胀是乳房炎引起，而外阴排出物是由子宫炎所致，在病理学上有不同程度的乳房炎。

牡蛎（oyster） 又称蛎蛤、海蛎子。属牡蛎科（Ostreidae 真牡蛎）或燕蛤科（Aviculidae 珍珠牡蛎），双壳类软体动物，分布于温带和热带各大洋沿岸水域。海菊蛤属（*Spondylus*）与不等蛤属（*Anomia*）动物有时亦分别称为棘牡蛎和鞍牡蛎。牡蛎多雌雄异体，但也有雌雄同体者。食用牡蛎（欧洲平牡蛎，*Ostrea edulis*）能按季节或随水温的变化而改变性别（节律性雌雄同体）。牡蛎在夏季繁殖。有的种类卵排到水中受精，而有的则在雌体内受精。孵出的幼体球形，有纤毛，游泳数天后永久固着于其他物体上。经 3～5 年后收获。牡蛎可剥壳生食、熟食、制罐头或熏制，少量冷冻处理。

木马样姿势（saw-horse posture） 动物象木马一样站立的异常姿势。表现为头颈平伸，肢体僵硬，四肢关节不能屈曲，尾根挺起（猪有时尾根竖起），鼻端开张，瞬膜外露，牙关紧闭，全身骨骼肌强直。为破伤风的典型表现。

木薯中毒（manihot cassava poisoning） 家畜采食大量木薯后，由其所含以氢氰酸为主的配糖体所致的以缺氧性呼吸中枢麻痹为主征的中毒病。中毒家畜可视黏膜鲜红色，兴奋不安，呕吐，流涎，腹痛，呼吸加快，心跳快而弱，瞳孔先缩小后散大，出汗，体温降低，反射消失，突然倒地狂叫（猪），最后死于呼吸中枢麻痹。特效解毒药为亚硝酸盐和硫代硫酸钠，治疗时亦可配以呼吸兴奋剂和强心剂。

木贼中毒（horsetail poisoning） 采食木贼属植物（马尾草）引起硫胺素破坏，呈现腹泻、流产等为主征的中毒病。由于木贼植物中含有的硫胺素酶（thiaminase）而致病。马急性型表现精神兴奋，狂暴，肌肉强直，瞳孔散大，脉搏徐缓，结膜黄染，步态蹒跚，共济失调，卧地不起。慢性型表现贫血、消瘦和后躯麻痹等。牛羊厌食，结膜黄染，前胃弛缓，腹泻，消瘦，卧地不起。孕畜流产。治疗肌内注射维生素 B_1，配合对症疗法。

苜蓿中毒（alfalfa poisoning） 家畜采食大量苜蓿后由其所含叶红素等物质所致的以皮肤感光过敏为主征的中毒病。经日光直接照射，皮肤红肿、疼痛、出现发痒的疹块，形成脓疱、破溃、结痂。好发部位为头，四肢、胸腹、乳房、阴囊、口鼻四周等。伴发流涎、黄疸、体温升高等全身症状。除使用油类泻剂外，可针对皮炎和神经性瘙痒症状等对症治疗。

钼中毒（molybdenum poisoning） 又称钼病（molybdenosis）、钼中毒腹泻（teart）。误食钼过多引起以继发性低铜血、腹泻和毛褪色为主征的中毒病。由采食高钼低铜土壤上生长饲草料所致。多发生于牛。症状以持续性腹泻为主，逐渐消瘦。先眼周围，后全身被毛褪色，如黑色变为红、黄或灰褐色，贫血。慢性症状有骨质疏松症和佝偻病症状。母牛不孕，缺乳；公牛睾丸变性，无性欲。绵羊毛质量下降。应补饲铜盐的同时，改良土壤，并对所饲喂饲草加工晒干。

慕雄狂（nymphomania） 卵泡囊肿的一种症状表现，其特征是持续而强烈地表现发情行为。如无规律的、长时间或连续性的发情、不安，偶尔接受其他牛爬跨或公牛交配，但大多数牛常试图爬跨其他母牛并拒绝接受爬跨，常象公牛一样表现攻击性的性行为，寻找接近发情或正在发情的母牛爬跨。病牛常由于过多的运动而体重减轻。此外，卵巢炎、卵巢肿瘤、内分泌器官（脐下垂体、甲状腺、肾上腺）或神经系统（小脑下部）机能紊乱都可发生慕雄狂症状。

穆坎博热（Mucambo fever） 由披膜病毒科虫媒病毒 A 组的穆坎博病毒引起人的急性良性发热病。病毒属委内瑞拉马脑脊髓炎病毒复合体的 3 型。本病在南美北部某些地区的啮齿动物中呈地方性流行。本病毒不引起任何家畜的自然感染疾病。人感染后病情轻，仅有中度发热、头痛、眩晕、恶心、怕光以及轻度肌痛。森林中野生啮齿动物是病毒的储存宿主，库蚊、伊蚊、曼蚊等是传播媒介。诊断要靠病毒分离和血清学检查。由于病情轻，只需进行退热治疗。

那西肽（nosiheptide） 一种含硫环状多肽类饲用抗生素，具有广谱抗菌活性，对革兰氏阳性菌均具有较高的活性，尤其是对葡萄球菌、枯草杆菌、链球菌和魏氏梭状芽孢杆菌的活性更强。可有效防治呼吸道疾病和坏死性肠炎，对某些革兰氏阴性菌如巴氏杆菌和萘瑟氏球菌也很有效。应用于猪、鸡、鸭、鱼和虾的饲养，主要作用是显著促进动物生长，而且在动物体内毒性小，不易产生耐药性，与其他抗生素也无交叉耐药性。混饲给药在动物消化道中很少吸收，因而在动物性产品中很少残留，是当前最新的优良非吸收型饲用抗生素和饲料添加剂。

钠泵（sodium pump） 细胞膜上促进钠钾离子主动运输的跨膜糖蛋白，是由 α、β 两种亚基构成的四聚体（$\alpha_2\beta_2$）。在其分子的膜内侧部位具有 ATP 酶的活性，离子转运时逆浓度梯度进行，消耗 ATP 并伴随蛋白质构象的改变。每向细胞内转入 2 个钾离子，同时向细胞外转出 3 个钠离子，结果使细胞内相对于细胞外有较高的钾离子浓度和较低的钠离子浓度。钠泵对于维持细胞膜的兴奋性、葡萄糖和氨基酸的跨膜转运以及细胞内酵解酶的活性有重要意义。

耐 β-内酰胺酶青霉素（beta - lactamase - resistant penicillins） 属窄谱青霉素。仅对革兰氏阳性球菌具抗菌作用，对不产酶的菌株，其抗菌活性不如青霉素，且对肠球菌属呈耐药性。本品最重要的特点为不易被青霉素酶所水解，对产酶葡萄球菌具有良好抗菌作用。其中，甲氧西林的抗菌作用最弱，双氯西林和氟氯西林最强，苯唑西林、氯唑西林其次。大部分品种耐酸，口服可吸收，食物显著影响其吸收。吸收率依次为氟氯西林和双氯西林。丙磺舒可增高血药浓度，并延缓排泄。药物分布好，但难以透过血脑屏障。蛋白结合率均高。主要经肾排泄。

耐酸青霉素（acid - resistant penicillins） 一类耐酸、可口服吸收但不耐酶的半合成青霉素。对敏感金黄色葡萄球菌的作用不如青霉素 G。包括苯氧甲基青霉素（青霉素 V）、苯氧乙基青霉素和苯氧丙基青霉素。

耐糖现象（glucose tolerance phenomenon） 正常动物口服或注射一定量葡萄糖后血糖暂时升高，刺激胰岛素的分泌增多，促使大量葡萄糖合成糖原加以贮存，在短时间内血糖即可降至空腹水平的现象。

耐糖异常（glucose tolerance disorder） 当内分泌失调或其他因素引起糖代谢紊乱时，口服或注射一定量葡萄糖，血糖急剧升高，经久不能恢复空腹水平；或血糖升高不明显，但短时间内不能降至原来水平的现象。

耐药菌（resistant bacterial strain） 对某种药物有较强耐受性的微生物菌株。长期使用化学药物预防疾病，容易产生对这些药物有耐药性的菌株，影响防治效果。因此需要经常进行药物敏感试验，选择有高度敏感性的药物用于防治。长期使用抗生素等药物预防某些传染病，如大肠杆菌病和沙门氏菌病等还可能对人类健康带来严重危害，因为一旦形成耐药性菌株后，如有机会感染人类，则往往贻误疾病的治疗。

耐药谱（spectrum of resistance） 抗药菌株耐药性的范围。微生物中一些抗药菌株得以保存和繁殖，产生抵抗性能，称为耐药性。细菌对一种药物产生耐药性的同时，又对化学结构相近或作用机理相似的药物也产生耐药性，称为交叉耐药性。

耐药因子（resistance determinant） 即 R 因子，微生物染色体以外的一种遗传颗粒。不仅能遗传给子代，也能通过噬菌体传给其他敏感菌株，使之产生耐药性，特称之为转导变异。此外，还能通过细菌间的接合而传播，使敏感菌获得多重耐药性，称为传染性耐药。为此，临床上多重耐药菌株日益增多，已成为影响多种抗菌药物疗效的严重问题。

萘啶酸（nalidixic acid） 最早合成的喹诺酮类抗

菌药。抑制细菌DNA合成，使新合成的DNA链降解，干扰或阻断其转化成大分子DNA，对细菌细胞内mRNA也产生作用，影响蛋白质合成。本药抗菌活性较弱，对大多数革兰氏阴性菌如大肠杆菌、肺炎杆菌、沙门氏菌、痢疾杆菌及部分变形杆菌具有较高的活性，对革兰氏阳性菌及绿脓杆菌等作用弱或无效。易产生耐药性，尤以大肠杆菌与肺炎杆菌多见。

萘磺苯酰脲（suramine）　又称那加诺（naganol）、那加宁（naganin）、拜耳205（Bayer 205）。抗锥虫药。能直接抑制虫体代谢，影响正常同化作用，导致虫体分裂受阻，最后溶解死亡。作用强，毒性小。药效可维持数月。主要用于防治马、牛、骆驼伊氏锥虫病和马媾疫。对牛泰勒原虫和牛无浆体也有一定作用。此外亦能杀灭灵长类盘尾丝虫各期幼虫。

萘普生（naproxen）　丙酸衍生物，与布洛芬和酮洛芬具有相似的结构和药理学特性，为白色至灰白色晶状粉末，不溶于水，易溶于酒精。萘普生通过抑制环氧化酶，抑制前列腺素的合成，发挥止痛、抗炎和解热作用。萘普生与血浆蛋白结合率很高，可以置换出其他与血浆蛋白结合率高的药物，如苯妥英、丙戊酸、口服抗凝血剂、其他抗炎药物、水杨酸盐和磺胺药物，增加其血清浓度和作用时间。但速发型胃肠溃疡或对该药有过敏史的病畜禁用；由混合感染继发炎症的动物应适当进行抗微生物的药物治疗。

难产（dystocia）　正常分娩过程受阻的现象。分娩过程是否正常取决于产力、产道和胎儿3个因素。如果其中有一个因素发生异常，或3个因素相互不能适应，就会发生难产。根据构成难产的因素，可分为产力性难产、产道性难产和胎儿性难产3类。解救难产的手术有：胎儿牵引术、胎儿矫正术、胎儿截胎术、母畜阴门切开术、母体翻转术和剖腹产术等。

囊膜（envelope，peplos）　包在病毒衣壳外面的一层脂蛋白外壳，是病毒在成熟过程中从宿主细胞获得的，含有宿主细胞膜或核膜的化学成分。通常分为3层结构：内层为基质蛋白；中层为类脂；外层为糖蛋白的纤突。有的囊膜表面有蛋白质突起，称为纤突（spike）或膜粒（peplomer）。囊膜与纤突构成病毒颗粒的表面抗原，与宿主细胞嗜性、致病性和免疫原性有密切关系。囊膜冒被脂溶剂破坏，故常用乙醚敏感试验检测。有囊膜的病毒称为囊膜病毒（enveloped virus），无囊膜的病毒称裸露病毒（naked virus）。

囊膜抗原（envelope antigen）　病毒囊膜上的抗原。如流感病毒和新城病毒囊膜上的血凝素抗原（HA）和神经氨酸酶抗原（NA）。

囊内压（hydrostatic pressure in Bowman's capsule）　肾球囊内液体的压力。一般比较稳定。只在某种病理情况下如输尿管结石、肿瘤等压迫输尿管时，可致囊内压升高，进而影响有效滤过压和尿液的生成。

囊胚（blastula）　桑葚胚继续发育，形成一个内部有空腔的球状早期胚胎。早期囊胚仍被透明带包裹。

囊胚腔（blastocoel）　囊胚内部的空腔，内含囊胚液。

囊尾蚴（cysticercus）　带科绦虫的一种幼虫型，由六钩蚴发育而来，寄生于哺乳动物，对终末宿主有感染性。一般为半透明囊泡，大小为（6～10）mm×5mm，内充满液体，囊壁上有一屈曲内陷的头节。遇适宜环境，头节可以外翻，伸出囊外。

囊尾蚴生活力测定（evaluation of cysiticerci viability）　检验无害化处理（冷冻或盐腌）的囊尾蚴病猪或病牛肉效果的方法。常用的方法有两种：①从被检猪肉或牛肉样中取出囊尾蚴包囊若干，猪囊尾蚴包囊置于80%猪胆汁生理盐水中，牛囊尾蚴包囊置于30%牛胆汁生理盐水中，37℃培养1～3h，观察有无头节自囊内伸出，以判定其是否仍有生活力。②以测定腌制肉样深部组织含盐量是否达到7%以上为临界值，确定肉样是否可能有囊尾蚴存活。通常认为肌肉组织含盐量若低于7%，就不能保证其中寄居的囊尾蚴完全被灭活。

囊依赖淋巴细胞（bursa - depended lymphocyte）　见B细胞。

囊蚴（metacercaria，agamodistomum，adolescaria）　吸虫纲寄生虫发育过程中的一个幼虫阶段。尾蚴进入第2中间宿主体内形成囊蚴或附着水生植物上形成囊蚴，是某些吸虫的感染期。如华枝睾吸虫的囊蚴，寄生在淡水鱼的鳃和肌肉内，人吃了生的或没有煮熟带有囊蚴的鱼肉而被感染；姜片吸虫的囊蚴附着在水生植物（菱、荸荠等）上，如人吃了生的带有囊蚴的菱、荸荠等而被感染。

囊肿（cyst）　生长在体表或某一脏器的囊状肿物，内容物为液体。分为寄生虫性、非寄生虫性和先天性囊肿等。常见的有肾囊肿、肝囊肿、单卵巢囊肿等。其中，肾囊肿又包括单纯的孤立性肾囊肿和多囊肾；皮肤囊肿为圆形突出于皮肤表面，多位于真皮及皮下组织，因有囊壁包裹故边缘光滑整齐，与周围组织少粘连，触之光滑有弹性，表面皮肤多较正常。

囊肿黄体（cystic corpora lutea）　卵泡排卵之后，由于黄体化不足，在黄体中心出现的充满液体的腔，大小不等。囊肿黄体是非病理性的，具有正常分泌孕酮的能力，对发情周期一般没有影响。牛的囊肿黄体，直肠触诊特征为在囊肿上有一排卵后形成的小丘。

脑（brain） 神经系统的高级中枢。位于颅腔内，由神经管的头端发育而成。分为端脑、间脑、中脑、小脑、脑桥和延髓。除端脑和小脑外的脑腹侧部分称脑干，通常仅指中脑、脑桥和延髓。脑内有腔隙称脑室。

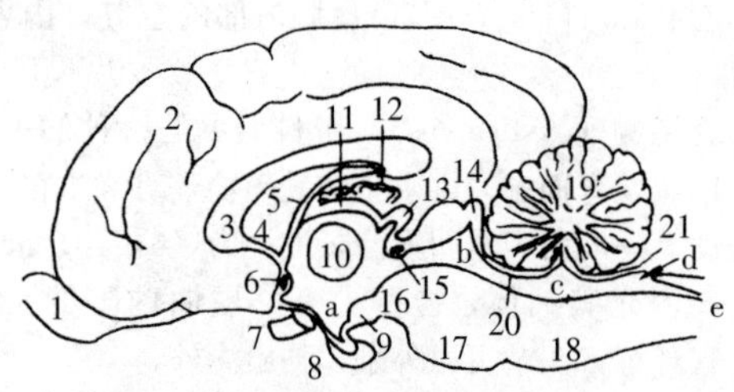

犬脑的正中纵切面图

1. 嗅球 2. 大脑半球 3. 胼胝体 4. 透明隔 5. 穹隆 6. 前连合 7. 视神经及视交叉 8. 垂体 9. 乳头体 10. 丘脑间黏合 11. 上丘脑 12. 第Ⅲ脑室脉络丛 13. 松果体 14. 顶盖 15. 后连合 16. 大脑脚 17. 脑桥 18. 延髓 19. 小脑 20. 前髓帆 21. 后髓帆 a. 第Ⅲ脑室 b. 中脑水管 c. 第Ⅳ脑室 d. 第Ⅳ脑室正中孔 e. 脊髓中央管

脑肠肽（brain gut peptide） 一些既存在于胃肠道也存在于脑内的肽类物质。如脑啡肽、生长抑素、P物质等存在于脑内，也出现在消化道内；原来只在胃肠道发现的激素如胆囊收缩素、血管活性肠肽等，在脑内也有发现。这可能是由于消化道内分泌细胞和产生肽类的神经细胞在胚胎发育上有着共同的起源（来自外胚层），都属于胺前体摄取与脱羧系统。

脑垂体障碍（pituitary gland disturbance） 垂体病变引起的垂体激素分泌机能障碍。脑垂体包括腺垂体和神经垂体；腺垂体分为前叶和后叶（包括腺垂体的神经部），前叶分泌的激素有生长激素、促甲状腺素、促肾上腺皮质激素和促性腺激素等；后叶分泌的激素有抗利尿激素（或加压素）和催产素等。引起脑下垂体障碍的病因源于肿瘤、脑炎、局部出血或损伤等。根据临床症状不同，脑下垂体障碍可分为前叶障碍、后叶障碍和下丘脑机能紊乱3种。

脑卒中（cerebral apoplexia） 见脑溢血。

脑电图（electroencephalogram，EEG） 应用电子放大技术，将置于头部两电极间脑细胞群电位差予以放大后的纪录，是研究脑部功能的一种检查技术。其频率为1～50Hz，幅度为10～100μV。脑电图由α、β、θ和δ 4个基本节律组成。可反映大脑皮层的机能活动状态，并可作为诊断某些疾病的辅助手段。

脑啡肽（enkephalin） 脑组织中存在的吗啡样作用的内源性活性物质。为五肽，有甲硫氨酸脑啡肽和亮氨酸脑啡肽。脑啡肽是神经调质，与痛觉感受的调体特异性相结合，为吗啡受体激动剂，呈吗啡样作用，其作用可被吗啡颉颃剂纳洛酮阻断。脑啡肽能神经元、脑啡肽和吗啡受体共同组成体内的“扰痛系统”，发挥生理性止痛作用。

脑干（brain stem） 位于脊髓和间脑之间的较小部分，自上而下包括中脑、脑桥和延髓。由脑神经核、中继核、网状结构和上行、下行传导束等组成。脑干内有11对脑神经核，与除嗅神经以外的所有脑神经相连；网状结构内散在有许多灰质团块，形成许多内脏活动的反射中枢和生命中枢，参与躯体和内脏活动的调节；中继核和上、下行的传导束则是联系大脑与小脑和脊髓的枢纽。

脑灰质软化（polioencephalomalacia） 广义指任何病因造成脑灰质的液化性坏死；狭义指牛、羊散发的以大脑皮质呈层状坏死为主征的脑病变，病因尚不十分清楚，似与硫胺素缺乏或不足有关。临床表现突发失明，沉郁，运动失调，头部肌肉震颤，眼球震荡，角弓反张，卧地不起。犊牛常于发病后1～2d内死亡。可试用盐酸硫胺素治疗。

脑积水（hydrocephalus） 由于颅脑疾患使得脑脊液分泌过多或（和）循环、吸收障碍而致颅内脑脊液量增加，脑室系统扩大或（和）蛛网膜下腔扩大的一种病症。根据发生原因可分为先天性脑积水和后天性脑积水；根据发生位置可分脑内积水（积水在脑室内）和脑外积水（积水在蛛网膜下腔）。患畜可出现各种神经障碍症状。预后不良。

脑及脑膜充血（cerebromeningeal hyperemia） 脑组织及脑膜内含血量增多的病变。分为主动性充血和被动性充血（瘀血）。前者见于脑及脑膜感染、脑血管紧张性降低、中暑等；后者见于颈静脉受压迫、心力衰弱、慢性肺气肿等。可发生于各种家畜，以幼畜多见。临床上见兴奋抑制过程不平衡和意识障碍等表现。治疗可将患畜移至安静通风处，冷水浇头，垂型内服溶剂与放血疗法。被动性充血病例还应注意治疗原发病。

脑脊膜（cerebrospinal membrane） 包在脑和脊髓外面的三层膜，最外层为硬膜，贴附于脑和脊髓实质的是软膜，两者之间为蛛网膜。具有保护和支持脑、脊髓的作用。

脑脊液（cerebrospinal fluid） 充满在各脑室、蛛网膜下腔和脊髓中央管内的无色透明液体。由脑室中的脉络丛产生，与血浆和淋巴液的性质相似，略带黏性，对保证中枢神经系统的正常活动有特殊作用。

脑脊液穿刺（puncture of cerebrospinal fluid）

为采取脑脊髓液或测定颅内压而将穿刺针刺入脊髓硬膜下腔的一种穿刺术。腰荐穿刺部位在最后腰椎与第一荐椎之间的凹陷处，即“百会穴”的位置；颈椎穿刺在颈背侧正中线与寰椎翼两后角连线的交叉点。穿刺时动物站立保定或侧卧保定，术部剪毛、消毒，将穿刺针垂直刺入椎间孔至硬膜，刺破硬膜时稍有抵抗感，针至硬膜下腔拔出针蕊便有脑脊液流出。当颈椎穿刺针到达椎间时将针略后退（约 0.5cm）并使动物头部弯向腹侧，再次进针便可达到硬膜下腔。

脑磷脂胆固醇絮状试验（cephalin-cholesterolflocculation test，CCFT） 用脑磷脂胆固醇检查血清中白蛋白与球蛋白的变化以诊断肝脏功能的一种血清胶体反应。正常血清中白蛋白可抑制球蛋白与脑磷脂胆固醇发生絮状反应，白蛋白减少或球蛋白增多，γ 球蛋白便可附着在脑磷胆固醇微粒的表面而改变其表面张力，由此产生絮状沉淀。健康动物本试验均为阴性。阳性反应见于肝实质病变、病毒性肺炎、类风湿性关节炎等。单纯性阻塞性黄疸本试验阴性，故本试验可用于黄疸的鉴别诊断。

脑颅（cerebral cranium） 又称神经颅。脊椎动物的颅骨容纳脑、嗅觉器官、视觉器官以及听平衡感觉器官的部分，由一系列骨片组合起来共同形成的盒状结构。是动物保护脑和感觉器官的重要结构。与咽颅相对应的名词。

脑膜瘤（meningioma） 起源于软脑膜细胞的肿瘤。常见于猫，也可见于犬、牛和马。包括多种类型，如脑膜内皮型、纤维型、混合型、砂粒型、血管型等。肿瘤位于硬膜下，呈球形，切面呈灰白色，常见编织状结构，有时见钙化砂粒。镜检脑膜瘤细胞常呈新月状，核圆形或椭圆形，呈漩涡状分层排列，其中心有透明样物质。

脑膜炎（meningitis） 细菌、病毒、真菌等病原微生物的侵害所引起的以发热、皮肤感觉过敏、颈背强直、脑脊液成分发生改变为特征的软脑膜（脑膜和蛛网膜）的弥漫性炎性疾病。突然发病，发展急剧，意识障碍，精神沉郁，闭目垂头，站立不动，目光无神，直至昏睡，其间有时突然兴奋。马狂躁不安，蹬槽，跳跃逃窜，不避障碍而盲目前冲，常因此而侵害人畜。有时腾空而起、后肢站立以致摔倒，痉挛抽搐，全身流汗。公马还出现阴茎勃起或垂脱。有时嘶鸣继而嗜眠、昏睡。强迫运动时，步态蹒跚，共济失调，举肢运步时动作笨拙如涉水。有时徘徊转圈。病牛发作时也如此，咬牙切齿，眼神凶恶，抵角甩尾，时而牟叫，鼻发鼾声，体温 40～41℃。食欲废绝，即使偶有采食也是衔草不嚼不咽。心跳可达 100～120 次/min，甚至 160 次/min，呼吸 60～80 次/min，有时达 100 次/min。主要见于马，死亡率可达 70%～80%。可用抗生素等进行对症治疗。

脑脓肿（brain abscess） 又称化脓性脑炎（suppurative encephalitis）。脑实质发生的化脓性炎症。病原主要是化脓菌，少部分真菌及原虫也可引起。常见的化脓菌有葡萄球菌、链球菌、肺炎双球菌、厌氧菌、变形杆菌、大肠杆菌等，真菌以隐球菌及放线菌较常见，原虫以溶组织阿米巴较常见。根据细菌来源可将脑脓肿分为 5 大类：①耳源性脑脓肿；②鼻源性脑脓肿；③隐源性脑脓肿；④损伤性脑脓肿；⑤血源性脑脓肿。

脑泡（brain/encephalic vesicle） 脑原基发育成 3 个脑泡，由前向后分别为前脑泡、中脑泡和菱脑泡。

脑贫血（acephalemia） 脑组织血液含量减少的一种病变，分为急性脑贫血和慢性脑贫血两种。前者是由急性大出血、急性心脏衰竭和脑血管痉挛等所致；后者可由贫血、颅内压升高、颈动脉压迫和主动脉口狭窄等引起。急性病例精神沉郁，眩晕，结膜惨白，瞳孔散大，脉细而弱，呼吸急促，呕吐（犬、猫等）；重型病例全身痉挛，最后死亡。慢性病例精神委顿，惊恐，眩晕和全身抽搐等。治疗宜用兴奋剂，慢性病例注意治疗原发病。

脑桥（pons） 后脑腹侧位于延髓与中脑之间的部分。分为腹侧的基底部和背侧的被盖部。基底部呈横行隆凸，内含横行和纵行纤维及脑桥核。脑桥核是联系大脑与小脑的一个中继站，它发出横行纤维，向外侧集中形成小脑中脚；纵行纤维主要为皮质脊髓束和脑，干束，被桥横纤维分开。在基底部与小脑中脚移行处有三叉神经根与脑桥相连。被盖部背侧面参与构成第 4 脑室底和侧壁的前部；两侧壁含起于小脑中央核投射至红核和丘脑的粗大纤维束，名小脑上脚。被盖主要成自网状结构，内含第 5～8 对脑神经核、副交感核、蓝斑和上、下行传导束等。

脑软化（cerebral malacia） 又称脑的液化性坏死（liquefactive necrosis）。脑组织坏死后发生的进一步溶解液化的过程。软化的脑组织镜检呈现微细空腔如海绵状，甚至形成肉眼可见的空腔与囊肿，是不可复性变化。临床表现发病突然，呈现脑白、灰质软化灶症状；初期兴奋，惊恐，眼球震颤，肌肉抽搐，角弓反张，并出现不同程度的麻痹；后期精神沉郁，昏睡至昏迷，运动障碍。发病原因有：①生物因素，主要是病毒，如朊病毒感染；②中毒或化学性因素，如食盐中毒、霉玉米中毒；③营养性因素，维生素或微量元素缺乏，如鸡维生素 E 和硒缺乏症。本病确诊后无治疗价值，应立即淘汰。

脑神经（cranialnerve） 与脑相连的神经。共12对，由前向后顺次为嗅神经、视神经、动眼神经、滑车神经、三叉神经、外展神经、面神经、前庭耳蜗神经、舌咽神经、迷走神经、副神经和舌下神经。内含7种纤维成分。其中第1、2和8对为感觉神经，第3、4、6和12对为运动神经，其余为混合神经，第3、7、9和10对中并含副交感神经的节前纤维。脑神经除分布于头面部外，有的尚分布于颈部及胸腹腔内脏器官。

脑室（cerebral ventricle） 位于脑内部的空腔。包括侧脑室、第3脑室、中脑导水管和第4脑室。侧脑室位于每一大脑半球内，分前角、体部和腹角，前角与嗅球室相通，借室间孔与第3脑室相通。内含侧脑室脉络丛。第3脑室位于间脑内，呈环形，前连侧脑室，后通中脑水管。内含第3脑室脉络丛。中脑水管位于中脑内，连接第3和第4脑室。第4脑室位于小脑与延髓和脑桥之间，前通中脑水管，后连脊髓中央管，内含第4脑室脉络丛。脑室壁贴衬室管膜，室内充满脑脊液。脑室注射是科学研究常用方法之一。

脑心肌炎（encephalomyocarditis，EMC） 脑心肌炎病毒引起的一种病毒性传染病。啮齿动物是脑心肌炎病毒的自然宿主，猪和牛等动物出现急性心肌炎，在猪也可引起繁殖障碍，其他动物多呈隐性感染。预防措施主要为消灭鼠类、防止饲料被鼠类污染，可试用甲醛灭活疫苗。

脑心肌炎病毒（*Encephalomyocarditis virus*，EMCV） 微RNA病毒科（Picornaviridae）、心病毒属（*Cardiovirus*）成员。鼠等啮齿动物是病毒的天然宿主，可通过它们传给人类、猴、马、牛、猪及象等。美国、澳大利亚及南非猪群及象群曾流行心肌炎并引致死亡。该病毒对仔猪有较高的致死率，并引致母猪繁殖障碍。毒株的致病性有差异，能凝集豚鼠、小鼠等的红细胞，可在鸡胚增殖，而后可适应Vero细胞，并产生细胞病变。

脑循环（cerebral circulation） 脑的血液循环。脑的血液供应来自颈内动脉及椎动脉。在脑底部颈内动脉和椎动脉联合成脑底动脉环，由此分支，分别供应脑的各部分。脑的静脉血进入静脉窦，通过颈内静脉汇入前腔静脉，回流入右心房，因脑组织是不可压缩的，脑血管的舒缩程度受到抑制，血流量变化较小。

脑炎（encephalitis） 脑实质的炎性疾病。致病原因有病毒、细菌、霉菌、寄生虫等感染。分为化脓性脑炎（suppurative encephalitis）和非化脓性脑炎（non-suppurative encephalitis）。前者主要是化脓细菌通过血源性感染（如葡萄球菌、链球菌、棒状球菌、巴氏杆菌等）引起；后者主要由病毒引起，如嗜神经性病毒狂犬病病毒、禽脑脊髓炎病毒、乙型脑炎病毒，泛嗜性病毒伪狂犬病病毒、猪瘟病毒、马传染性贫血病毒、牛恶性卡他热病毒、鸡新城疫病毒等。临床表现发病突然，呈现兴奋，狂暴症状，随之陷入沉郁、呆立，共济失调，后期心力衰竭，呼吸浅表，粪尿减少或停滞，预后不良。可用镇静安神或兴奋中枢药物并对症治疗。

脑溢血（cerebral hemorrhage） 又称脑卒中（cerebral apoplexy）、脑血管意外（cerebrovascular accident）。脑及脑膜出血导致的脑实质压迫性疾病。主要与高血脂、糖尿病、高血压、血管老化等引起的血管病变、血管硬化有密切关系。临床表现突发意识障碍，呼吸促迫，眩晕，步态蹒跚，全身痉挛，结膜潮红，脉细而弱，大小便失禁，肌肉麻痹，视力丧失。治疗宜保持安静，冷却头部，在适量放血的同时，投服缓泻剂等。预后不良。

脑硬膜静脉窦（venous sinus of cranial dura-mater） 脑硬膜的骨膜层与脑膜层之间的静脉窦。为颅内静脉血的导出管道；也是脑脊液回入血流的途径之一。窦壁内面衬有一层内皮细胞，无瓣膜，窦壁本身无平滑肌和外膜，无收缩性。分为背、腹两个系统。背侧系统有背侧矢状窦、腹侧矢状窦、直窦、窦汇、横窦、枕窦、岩背侧窦、颞窦和交通窦。腹侧系统有海绵窦、海绵间窦、岩腹侧窦和基底丛。脑硬膜静脉窦通过导静脉与颅外静脉相通，直接或间接注入颈静脉。汇入脑硬膜静脉窦的有脑的静脉、眼静脉、板障静脉和硬膜本身的静脉等。

脑原基（brain rudiment） 神经管前后孔封闭后，前端形成脑原基，发育为大脑、小脑和脑干。

脑震荡（cerebral concussion） 头部受到冲撞、打击后发生以昏迷和反射机能障碍为主征的脑病。多因外力撞击所致。当头部遭受外力后出现一般脑症状，轻型病例历时片刻恢复感觉，并能站立起来：重型病例倒地后窒息死亡。此外多发生痉挛、抽搐或癫痫样发作。治疗宜实行头部冷敷，并用安络血、维生素K药物止血的同时，配合镇静、消炎和降低颅内压等药物治疗。

脑肿瘤（neoplasma of the brain） 中枢神经疾病中最普遍的一种，所有的脑肿瘤，不论是良性或是恶性，都可能会威胁病畜禽的生命。因为头骨为坚硬物，没有多少空间可容其内容物扩张，若未加以治疗，病畜禽可因局部破坏与压迫脑组织及颅内压逐渐增加，而造成危险。脑瘤不一定会使病畜禽死亡，需视肿瘤的部位、大小及类型而定。良性肿瘤，若能早期诊断并以外科手术治疗，则可望治愈。

内部受精（internal fertilization） 受精过程发生在体内环境中。见于胎生动物和卵胎生动物。

内侧鼻突（median nasal prominence/process） 鼻窝周围的间充质增生，形成一马蹄形隆起，位于鼻窝内侧的隆起。左、右内侧鼻突向中线生长并融合，发育为鼻梁、鼻尖、人中和上唇的正中部分。

内出芽生殖（internal budding） 又称内生殖。一个母细胞中形成 2 个芽体，而后母细胞崩解，2 个芽体分开，形成 2 个新的个体。如在母细胞内形成多个芽体，称为多元内出芽。

内毒素（endotoxin） 革兰阴性菌外膜中的脂多糖（LPS）成分，细菌在死亡后破裂或用人工方法裂解菌体后才释放。脂多糖为革兰氏阴性细菌所特有，位于外膜的最表面，由类脂 A、核心多糖和侧链多糖三部分组成。毒性归因于类脂 A，而多糖则促进类脂 A 的溶解。其侧链多糖是革兰阴性菌的 O 抗原成分。具有对热稳定、热原性、致死性、导致动物组织坏死、激活补体，免疫佐剂活性等特征。

内耳（inner ear） 耳的听觉和位觉重要感受器所在部位。深埋于颞骨岩部内。由骨内的小腔和管形成骨迷路；骨迷路内有薄膜形成囊和管，构成膜迷路。膜迷路内充满液体，称内淋巴，膜迷路与骨迷路间也充满液体，称外淋巴。

内啡肽（endorphin） 脑组织中具有吗啡样作用的内源性活性物质。为较大的肽。和脑啡肽一样，是神经调质。除与镇痛作用有关外，还与精神活动有关。作用机理除与脑啡肽相同外，其精神活动可能与边缘系统有关。

内分泌（endocrine） 又称远距分泌。内分泌腺（包括垂体、甲状腺、甲状旁腺、肾上腺、性腺、胰岛、胸腺及松果体等）分泌的激素，经过血液循环到达其靶细胞、靶组织或靶器官，发挥兴奋或抑制作用的方式。

内分泌腺（endocrine gland） 又称无管腺。无输出导管而将分泌物排出至血液、淋巴和组织液的腺体。结构大多为上皮细胞组成的团块、条索或小泡，分布有丰富的血管、淋巴管和神经。分泌物称激素，具有特异性，对特定的器官（靶器官）和组织（靶组织）或整个身体起促进或调节作用，与神经系统一起维持身体的内环境恒定。可分 3 类：①构成少数独立的内分泌腺，如垂体、松果体、甲状腺、甲状旁腺和肾上腺；②与具有相关功能的结构组成器官，如胰腺（胰岛）、睾丸（间质细胞）、卵巢（卵泡和黄体）和胎盘；③组成器官内分散的内分泌组织，如肾（肾球旁器）和胃肠道（胃肠内分泌细胞）。

内分泌学（endocrinology） 研究内分泌腺体和细胞的形态、生理、生物化学、病理及药理等的科学。是生物科学的一个分支，是当今非常活跃、发展很快的研究领域，已有很多学科，主要有内分泌生理学、神经内分泌学、临床内分泌学等。

内感受器（interoceptor） 分布在内脏和躯体深部的各种感受器。可接受机体内部的各种化学和物理刺激并将其转变为神经冲动，由传入神经传至相应的感觉中枢，产生不同的感觉。内感受器包括本体感受器和内脏感受器。

内格里氏小体（Negri body） 又称尼基氏小体、尼氏小体。狂犬病患畜神经细胞胞浆内的病毒包涵体。在 HE 切片上，包涵体呈红色，周围有一空晕，见于细胞体或树突内，一个或多个，一般为圆形，在树突内包涵体变长，而与树突的形状相一致。甲苯胺蓝染成淡蓝色，姬姆萨染色染成紫红色。内格里氏小体的存在对狂犬病的诊断有决定意义。

内含子（intron） 又称间插顺序。真核生物中间插在编码基因中的不编码蛋白的 DNA 顺序。基因转录为 RNA 后，内含子顺序被切除，从而拼接成成熟的 mRNA，此过程称为内含子拼接。高等真核生物中，有些基因含有大量内含子，造成这些基因的 DNA 顺序很长，而经过内含子拼接后的基因 mRNA 分子并不一定很长。病毒基因组含内含子的情况较少见。

内呼吸（internal respiration） 又称组织呼吸。细胞通过组织液与血液之间的气体交换过程。组织细胞代谢中产生的二氧化碳先释放入组织液，再进入毛细血管血液中，而毛细血管血液中的氧也是先进入组织液后再被组织细胞摄取。

内化作用（internalization） 某些细菌黏附于细胞表面之后，能进入吞噬细胞或者非吞噬细胞内部的过程。结核杆菌、李氏杆菌、衣原体等严格胞内寄生菌及大肠杆菌等胞外寄生菌的感染都离不开内化作用，这些细菌一旦丧失进入细胞的能力，毒力则明显下降。

内环境（internal environment） 存在于细胞外部的体液，是细胞直接进行新陈代谢的场所，是细胞直接生活的环境。细胞代谢所需要的氧气和各种营养物质只能从内环境中摄取，而细胞代谢产生的二氧化碳和代谢终末产物也需要直接排到细胞外液中，然后通过血液循环运输，由呼吸和排泄器官排出体外。因此，内环境对于细胞的生存及正常生理功能的维持非常重要。细胞外液可区分为两部分，大部分存在于细胞间隙，叫组织间液或组织液，约占体重的 15%，其中少量透进淋巴管，成为淋巴液。小部分存在于心血管系统中为血浆，约占体重的 5%，构成血液的液体部分。

内寄生虫（entozoic parasite） 寄生在宿主体内的寄生虫，如线虫、绦虫、吸虫等。

内淋巴（endolymph） 成分类似细胞内液，钾多钠少，钙离子浓度较低，位于膜迷路（膜性椭圆囊和球囊、膜半规管、膜蜗管）内，通过内淋巴管至内淋巴囊。前庭内淋巴可由位觉斑和和壶腹嵴暗细胞分泌产生，膜蜗管内淋巴由血管纹边缘细胞分泌产生，或经前庭膜滤过形成。内淋巴囊的暗细胞可通过吞饮排出内淋巴。当头部姿势发生变化或声波从外耳道传入时，内淋巴流动，使毛细血管受刺激产生神经冲动，分别经前庭神经或蜗神经传至中枢，从而产生位置姿势的感觉意识或听觉与听觉反射。

内胚层（endoderm，entoderm） 伴随着原肠胚的发育，上胚层细胞经原沟迁入囊胚（胚泡）腔内，加入并逐渐取代下胚层，形成真正意义的胚体内胚层。在哺乳类，新迁移的内胚层细胞使原有的下胚层细胞向下推移，构成胚外内胚层，将形成胚外膜的卵黄囊内层。

内皮（endothelium） 衬贴于心血管腔面的单层扁平上皮。内皮细胞的游离面有被称为内皮内层的细胞衣。基膜可与邻近的周细胞和平滑肌细胞的基膜融合。内皮细胞间的连接主要是紧密连接，有的环绕整个细胞呈带状，有的间断分布呈斑状。内皮与其他单层扁平上皮的区别，是内皮细胞含有内皮特有颗粒和因子Ⅷ相连蛋白。近年来的研究发现内皮在凝血、纤维溶解、血压与血液 pH 的维持等方面都有作用。

内皮绒毛膜胎盘（endotheliochorial placenta） 胎儿绒毛穿过母体子宫内膜上皮和结缔组织，胎儿绒毛膜上皮直接与母体血管内皮接触构成的胎盘。胎儿与母体的物质交换只要经过 4 层，即胎儿血管内皮、间充质、绒毛膜上皮，以及母体血管内皮。猫和犬等肉食动物的带状胎盘，属于此类。

内疝（internal hernia） 外观不能见到膨起的疝。后天性的肠系膜、大网膜、膈等的裂孔、裂隙、陷凹部、盲囊等由腹腔脏器、组织潜入，形成类似疝的状态，其特点有明显的疝轮，而疝囊很不具体。嵌闭性内疝呈重度腹痛，临床确诊有困难，作开腹探查，同时进行治疗。

内生性发育（endogenous development） 原生动物在动物体内的寄生部位上皮细胞内进行的发育方式。如裂殖生殖和配子生殖。

内噬途径（endocytic pathway） 外源性抗原的加工和递呈途径。抗原物质被抗原递呈细胞（巨噬细胞、树突状细胞、B 细胞）摄取，经内化（internalization）形成吞噬体（phagosome），吞噬体与溶酶体融合形成吞噬溶酶体（phagolysosome），或称内吞小体（endosome）。外源性抗原在内体的酸性环境中被水解成抗原肽，同时，在粗面内质网中新合成的 MHCⅡ类分子转运到内体与产生的抗原肽结合，形成抗原肽与 MHCⅡ类分子的复合物，然后被高尔基复合体运送至抗原递呈细胞的表面供 T_H 细胞所识别。该过程可分 3 个阶段：①肽段在内噬泡内的产生；②MHCⅡ类分子向内噬泡的转运；③肽段与 MHCⅡ类分子的组装，MHCⅡ-抗原肽复合物转运到细胞膜表面。

内收肌（m. adductor） 位于股部内侧深层的肌肉。发达而富于肉质；被股薄肌覆盖。与股薄肌一同起始于骨盆的联合腱；肌腹向下向前止于股骨的后面，以及膝关节内侧面的筋膜和韧带。此肌在肉食兽又分为内收长肌、短肌和大肌。作用为内收后肢。

内网器（internal reticular apparatus） 见高尔基复合体。

内细胞团（inner cell mass） 又称胚结（embryonic knot）。囊胚的细胞已经发生分化，位于囊胚腔一侧的一个大的密集细胞团，最后将发育为胚体。

β-内酰胺类抗生素（β- lactam antibiotics） 一类具β-内酰胺环结构的抗生素，包括青霉素类和头孢菌素类。本类药物通过抑制细菌细胞壁黏肽合成酶（青霉素结合蛋白，PBPs）的活性而阻碍细胞壁黏肽的合成，造成细菌胞壁缺损，菌体膨胀裂解。各种细菌细胞膜上的 PBPs 数目、分子量不同，故对β-内酰胺类的敏感性也不同。本类药物对革兰氏阳性菌有强大杀菌作用，其中某些半合成品对革兰氏阴性菌也有良效。

β-内酰胺酶抑制剂（β- lactamase inhibitors） 抑制β-内酰胺酶，使β-内酰胺类抗生素中的β-内酰胺环免遭水解而失去抗菌活性的物质，主要有克拉维酸和舒巴坦。β-内酰胺酶抑制剂与β-内酰胺类抗生素联合使用，可有效控制产β-内酰胺酶耐药菌所致的感染，制剂有阿莫西林+克拉维酸、氨苄西林+舒巴坦等。

内因（intrinsic cause） 引起疾病发生的机体内部因素，如种属、品种、年龄、性别、遗传因素、免疫因素、神经内分泌因素等。内因是相对于外因而言，外因可以人工控制，而内因是难以改变的导致疾病发生的因素。

内因子（intrinsic factor） 胃腺壁细胞分泌的一种糖蛋白。参与维生素 B_{12} 的吸收，在胃内可与维生素 B_{12} 结合形成一种复合物，移行至回肠与肠黏膜上皮的特殊受体结合而被吸收。各种引起盐酸分泌的刺激都可促进其分泌。若分泌不足，将有碍维生素 B_{12}

的吸收而引起恶性贫血。

内源性感染（endogenous infection） 某些病原体呈非致病状态寄生于健康机体内，当受不良条件件影响，或动物机体抵抗力减弱时，病原体活化增殖，毒力增加，致使机体发病。如大肠杆菌病、葡萄球菌病、马腺疫和猪肺疫等病。

内源性化学性污染（endogenous chemical pollution） 一些有毒的化学物质，它们常以液体（液滴）、气体（气雾）或固体（颗粒）的形式存在于周围环境中，再通过食物链，最终进入食品动物体内，使动物性食品受到有毒有害化学物质的污染。

内源性抗原（endogenous antigen） 细胞内表达的抗原，如肿瘤抗原、病毒感染细胞表达的病毒抗原、胞内菌表达的细菌抗原、细胞内表达的寄生虫抗原、基因工程细胞内表达的抗原、直接注射到细胞内的可溶性蛋白质。这些抗原被靶细胞（包括受病毒感染或胞内菌感染的细胞、肿瘤细胞、衰老的细胞、移植物的同种异体细胞）加工处理，递呈给细胞毒性T细胞。

内源性凝血（intrinsic coagulation） 所有成分都来源于血液之内的凝血。血管内膜损伤暴露出的胶原纤维与血中凝血因子XⅡ（接触因子）作用引起其激活成XⅡa。在Ca^{2+}存在的情况下依次激活因子XⅠ（血浆凝血激酶前质）、因子Ⅷ（抗血友病因子）、因子X（斯图亚特因子）、因子Ⅱ（凝血酶原），最后使纤维蛋白原（因子Ⅰ）转变为纤维蛋白而引起血液凝固。内源性凝血涉及的凝血因子较多，过程较复杂，但所有因子都可在血管内生成。至因子X被激活以后，内源性凝血与外源性凝血的过程则相同。

内源性生物性污染（endogenous biological pollution） 动物体在生活过程中，由本身感染的微生物或寄生虫而造成的动物性食品污染。引起的原因有：①畜禽在生前感染了人兽共患病；②畜禽在生前感染了固有的疫病；③畜禽在生活期间感染了某些微生物。

内源性污染（endogenous pollution） 又称一次污染。食品动物在生前受到的污染。根据污染物的不同，又可分为内源性生物性污染、内源性化学性污染和内源性放射性污染。

内脏（viscera） 大部分位于体腔内但直接或间接与体外相通的器官总称。包括消化、呼吸、泌尿和生殖系统。按结构可分管状器官和实质器官，相当于中医的“腑”和“脏”，前者如消化系统中胃、肠等消化管；后者如肝、胰等消化腺。广义的内脏也将体腔内的心、脾及内分泌腺等包括在内。

内脏感觉（visceral sensation） 体内各脏器的受器受到刺激而引起的感觉。其中有一类内脏感觉与体表感觉类似，表现疼痛、牵拉、胀和刺痛等。多由于内脏壁或被膜的神经末梢受到机械和某种化学性物质（如尿酸）或炎症产物（如激肽、5-羟色胺、K^+）等刺激引起；另一类内脏感觉包括饥饿、渴、恶心、便意、尿意、性欲等，与摄食活动及性活动密切关联。内脏感觉的特点是定位不明确，牵涉的部位较广，后作用时间长，并多伴有较强烈的植物性反应。

内脏检验（visceral inspection） 畜禽宰后检验的一个程序。就是在剖腹开膛以后，兽医卫生检疫人员对其腹腔脏器和胸腔脏器进行病理学检验，查看有无病理变化，为屠宰畜禽健康状况和肉品卫生质量的判定提供依据。对猪来说，内脏检验包括两步：①“白下水”检验点，检验胃、肠、脾、胰（屠宰行业称之为“白下水”）及相应的淋巴结，该点设在开膛暴露或摘出腹腔脏器之后；②“红下水”检验点，检验心、肝、肺（屠宰行业称之为“红下水”）及相应的淋巴结，该点设在开膛摘出心、肝、肺之后。

内质网（endoplasmic reticulum） 又称微粒体。普遍存在于细胞质内的膜性囊管系统。是一种可变的细胞器，发达程度因细胞类型和生理状态而异。内质网膜较细胞膜略薄，厚5～6nm，网池狭窄，宽50～100nm。有两种类型：表面附有核糖体者称粗面内质网，一般由平行排列而彼此通连的扁平囊组成，主要参与合成分泌蛋白，但也能合成部分结构蛋白和脂质，因此在分泌蛋白功能旺盛的细胞中特别发达；表面无核糖体附着者称滑面内质网，通常由具分支的小管或小泡吻合而成，功能多样化，如在睾丸间质细胞、卵巢黄体细胞和肾上腺皮质细胞中参与合成类固醇激素，在肝细胞中参与脂类和糖类代谢、解毒以及合成胆汁，在横纹肌纤维中可调节肌浆内钙离子浓度，在壁细胞参与生成盐酸，在骨髓巨核细胞中则参与形成血小板等。

能荷（energy charge） 细胞内3种腺苷酸的比例，即细胞内ATP的含量（包括以1/2 ATP计算的ADP）与3种腺苷酸（ATP，ADP和AMP）含量总和的比值。能荷＝［ATP］＋［ADP］/2/［ATP］＋［ADP］＋［AMP］。当能荷高时，表明细胞的合成代谢旺盛，分解代谢受到抑制；相反，能荷低时，说明分解代谢旺盛而合成代谢受到抑制。ATP的含量标志着细胞内的能量水平，产生ATP或利用ATP的代谢途径的相互消长关系依赖于细胞的能荷。通常细胞的能荷水平在0.8～0.9。

能量代谢（energy metabolism） 与物质代谢相偶联的能量释放和贮存、转化和利用的过程。物质（如糖和脂肪）在分解代谢中释放能量，部分为热能，部分为化学能并以高能磷酸键的形式贮存在 ATP 中。细胞利用 ATP 转移其磷酰基时所释放的化学能转变为物质合成代谢的化学能，肌肉收缩的机械能，神经冲动传导的电能和吸收分泌的渗透能等，大部分生理活动所利用的能量，最终都能转变为热能。

能量交换（energy exchange） 机体从外界环境获得能量和释放能量的过程。动物获得能量的唯一形式是化学能，即饲料中的营养物质包含的能量。而释放能量的途径是细胞利用化学能做功，生产产品以及有部分能量转变为热能维持体温和散失于外界环境中等。能量交换服从热力学第一定律，即摄入的能量＝功的输出＋能量的贮存＋热的散失。根据不同的情况，能量的贮存可能为正、也可能为负。

能量平衡（energy balance） 能量代谢过程中能量摄入和能量输出之间的平衡关系。在各种生理状态下，能量的摄入绝大部分来自食物中所含有的化学能，而支出则包括粪、尿和消化道气体包含的能量，特殊生热作用，维持基本生命活动以及生产和对外做功等所消耗的能量。如前者大于后者，则有部分能量以化学能形式贮存于体内，可见体重增加，相反则需消耗体内的能源物质以维持能量的支出，引起体重下降。

能量消耗（energy expenditure） 动物生命活动中的全部能量“支出”。包括细胞做功时消耗的能量、生产产品中所含的能量和体热的散失等。细胞做功指其活动时表现的收缩、传导、分泌和化学合成等生理过程的能量消耗，细胞做功的同时产生热，热除用以维持体温外，均向外界环境发散，成为能量消耗的一个方面。

尼卡巴嗪（nicarbazin） 4，4'-二硝基苯脲和 α-羟基-4，6 二甲基嘧啶的复合物，是肉鸡、火鸡球虫病的良好预防药，不宜用于蛋鸡。对鸡盲肠、堆型、巨型、毒害、波氏等艾美耳球虫均有良好预防效果。活性峰期在第二代裂殖体即感染的第 4 天。对鸡免疫力无明显抑制作用。耐药性产生很慢。蛋鸡禁用，肉鸡上市前休药期 4d。

尼可刹米（nikethamide） 又称可拉明（coramine）。烟酰胺的二乙基衍生物，中枢神经系统兴奋药。可直接兴奋延脑呼吸中枢或作用于颈动脉体和主动脉弓的化学感受器，反射地兴奋呼吸中枢，使呼吸加深加快，并能提高呼吸中枢对 CO_2 的敏感性。当呼吸中枢抑制时，作用更明显。适用于各种原因引起的中枢性呼吸及循环衰竭，麻醉药及其他中枢抑制药的中毒，如吗啡中毒和触电呼吸抑制的首选药。剂量过大，可引起阵挛性惊厥，继之陷入抑制。

尼克酸与尼克酰胺（nicotinic acid and nicotinamide） 又称维生素 PP 和抗糙皮病维生素，水溶性 B 族维生素之一。两者均为吡啶衍生物，在体内可以互变，它们以尼克酰胺腺嘌呤二核苷酸（NAD^+，辅酶Ⅰ）和尼克酰胺腺嘌呤二核苷酸磷酸（$NADP^+$，辅酶Ⅱ）的形式作为脱氢酶的辅酶，在氧化还原反应中参与氢和电子的传递。缺乏时可引起皮炎、糙皮症等。肉、乳、谷物、豆类、酵母及绿色作物中含量丰富。

尼帕病毒（*Nipah virus*） 副黏病毒科（Paramyxoviridae）、亨尼病毒属（*Henipavirus*）成员。病毒呈多形性或圆形，直径为 200～300nm，基因组为单股 RNA。有囊膜，核衣壳呈螺旋对称。病毒极易分离，它可以在任一种哺乳动物细胞上生长，并形成融合体细胞，但不能在昆虫细胞系生长。该病毒在不同细胞系的生长速度和细胞病变的模式不同。在 Vero、BHK、PS 等细胞系中生长良好。在体外不稳定，对热和消毒剂较敏感，56℃ 30min 即可使其灭活。其引起的尼帕病是一种人兽共患的急性高度致死性传染病，主要临诊症状为神经症状和呼吸道症状，自然宿主比较广泛，包括猪、人、马、山羊、犬、猫和鼠类等，是 OIE 规定的通报疫病。

尼扎替丁（nizatidine） 继第一代西咪替丁、第二代雷尼替丁之后的一种新型组胺 H_2 受体颉颃剂，竞争性地与组胺 H_2 受体相结合，可逆性地抑制其功能，从而抑制胃酸分泌。临床上广泛用于治疗胃溃疡、十二指肠溃疡以及胃食管反流性疾病等，无明显毒副作用，显示较好疗效。在肠道内的吸收速率常数较小，在全小肠段均有吸收，无特定吸收部位。

拟胆碱药（cholinomimetic drug） 一类与乙酰胆碱有相似作用的药物。包括直接激动胆碱能受体的拟胆碱药，如氨甲酰胆碱、毛果芸香碱、氨甲酰甲胆碱和乙酰甲胆碱；抗胆碱酯酶作用的拟胆碱药，如毒扁豆碱、新斯的明等。本类药物吸收后一般能使心率减慢、瞳孔缩小、血管扩张、胃肠蠕动增强、腺体分泌增加支气管收缩以及骨骼肌紧张度增加等。主要用于胃肠功能减弱等症。

拟杆菌属（*Bacteroides*） 一群不运动、无芽孢的革兰阴性专性厌氧菌。很多种的菌体末端或中央膨大，有空泡，或呈丝状，培养条件不佳时更多形。氯化血红素和维生素 K 对细菌生长有强烈刺激作用。有 40 多个种，均来源于人、动物和昆虫的天然腔道及污水。与兽医有关的种有两个：脆弱拟杆菌（*B. fragilis*），与幼畜急性腹泻有关；节瘤拟杆菌（*B. nodosus*），是绵羊腐蹄病的病原之一。

拟肾上腺素药（adrenomimetic drug） 又称肾上腺素受体激动药、拟交感胺。是一类化学结构与肾上腺素相似的胺类药物，能兴奋肾上腺素受体产生与交感神经兴奋时相似的效应。其作用类型主要取决于药物对受体的选择性，主要包括：主要兴奋 α 受体的药物，有去甲肾上腺素、间羟胺、去氧肾上腺素、甲氧明等；主要兴奋 β 受体的药物，有异内肾上腺素、美芬丁胺等；既兴奋 α 受体又兴奋 β 受体的药物，有肾上腺素及麻黄碱。

逆分泌（retrocrine）　控制生长的一种细胞因子作用模式，通常作用细胞膜表面的一种成分，可溶型受体通过与远端靶细胞上正常分泌的细胞因子结合而发生相互作用。

逆流倍增机制（counter - current multiplicate mechanism）　尿液生成过程中尿浓缩和尿稀释的机制。尿浓缩和尿稀释的过程主要是在肾髓质区内进行的，肾髓质的组织间液呈高渗状态，且从皮质到髓质形成渗透压梯度，越接近肾乳头部渗透压越高。因此，当肾小管内液最后流经集合管时，管内的水分由于髓质高渗形成的管内外渗透压差而被重吸收。当然，集合管对水的重吸收还受抗利尿激素的调节。抗利尿激素分泌增多时，生成浓缩尿；抗利尿激素分泌减少时，则生成稀释尿。髓质高渗状态的形成和维持，依赖于髓袢和直小血管的逆流倍增机制。以髓袢为例，所谓逆流，指其降支和升支内的液流方向恰好相反；所谓倍增，指降支和升支内溶质浓度从上到下逐渐升高。由于髓袢管壁对 Na^+、Cl^-、尿素、水的选择性重吸收的差异，造成肾髓质内 NaCl 和尿素等的积聚而形成了高渗状态。

年节律（cirannual rhythm）　以年度为周期变化的生理活动节律。如禽类换羽，季节性生殖的家畜下丘脑促性腺激素释放激素、腺垂体促性腺激素的分泌速率等。

黏孢子虫病（myxosporidiosis）　由黏孢子虫纲（Myxosporea）的一大类原虫引起，可侵袭鱼体内外各种组织和器官，几乎每种鱼都有寄生，为鱼类最常见的寄生虫病。黏孢子虫在鱼体寄生、繁殖和形成胞囊，导致寄生组织器官的损伤，影响鱼的生长发育，甚至导致死亡。一般以寄生在鳃、肠和神经系统的种类危害较大。剪取患部组织或刮取胞囊内容物镜检可确诊。对黏孢子虫病重在预防：首先是选择未被黏孢子虫感染的鱼种放养；其次是对池塘进行清淤，用生石灰等药物严格消毒，并对鱼种用药物浸洗。

黏浆药（demulcents）　一类属树脂、蛋白质或淀粉类的高分子胶性物，溶于水成黏稠胶状溶液。覆盖在黏膜上有保护作用。用于口炎、咽炎和胃肠炎以缓和刺激、减轻炎症。在有刺激性药物或腐蚀性毒物存在时，能减轻刺激和腐蚀作用。在生物碱和金属毒物中毒时，内服可阻止吸收。主要有鸡蛋清、阿拉伯胶、淀粉、明胶、甘草等。

黏膜（mucous membrane）　由上皮组织和结缔组织共同构成的膜状结构，被覆于呼吸道、消化道、泌尿生殖道等器官的腔面，具有分泌黏液、保持管腔湿润的功能。按其所在部位可分为鼻腔黏膜、气管黏膜、口腔黏膜、子宫黏膜、阴道黏膜、眼睑黏膜等。

黏膜下神经丛（submucacs plexus）　又称迈斯纳神经丛（Meissner's plexus）。肠神经系统的组成部分，位于消化道黏膜下，由神经元与无髓神经纤维束构成，主要与胃肠的分泌和吸收功能有关。在大型哺乳动物，如马、猪、牛的黏膜下层包括位于黏膜肌层下方的内黏膜下神经丛和靠近环形肌的外黏膜下神经丛。在人类，内黏膜下神经丛和外黏膜神经丛之间还有中间神经丛。黏膜下神经丛中所含神经节的大小、多少、结构及神经递质等方面都有明显的差异。

黏膜下组织（submucous coat）　即黏膜下层，由含有粗大胶原纤维和多量弹性纤维的疏松结缔组织构成，常含小叶状脂肪组织块。当消化管蠕动时，可使黏膜有相对的活动性。此层中有较大的血管和淋巴管，还有黏膜下神经丛、食管腺、十二指肠腺及集合淋巴小结等。

黏痰溶解药（mucolytic agents）　一类能分解痰液中黏多糖及黏蛋白等黏性物质，使黏痰液化，易于咳出的新型祛痰药。包括溴己新（必嗽平）和乙酰半胱氨酸（痰易净）。

黏性末端（protruding termini）　识别位点为回文对称结构的序列经限制酶切割后，产生的 2 个匹配的末端。这样形成的两个末端是相同的，也是互补的，可以形成氢键。

黏液变性（mucoid degeneration）　结缔组织中出现类黏液的积聚。类黏液（mucoid）是由结缔组织产生的蛋白质与黏多糖形成的复合物，黏稠呈弱碱性，HE 染色为淡蓝色，阿新蓝染成蓝色，对甲苯胺蓝呈现异染性而染成红色。类黏液正常见于关节囊、腱鞘、滑膜和胎儿脐带。黏液样变常发生于黏膜上皮及结缔组织。前者常见于胃肠黏膜、子宫黏膜发生急性或慢性卡他性炎症过程中。后者常见于全身营养不良的心冠状沟及皮下脂肪组织、间叶性肿瘤（如纤维瘤、平滑肌瘤等）、急性风湿病时的心血管壁及动脉粥样硬化的血管壁。由于结缔组织的黏液变性时，HE 染色可见与间叶组织的黏液瘤很相似的结构，故结缔组织黏液样变也称为黏液瘤样变性。

黏液层（slime layer）　有些细菌在细胞壁外面具有荚膜或黏液层。荚膜向外一面有明显的界限，质地均匀；而黏液层在靠近细菌处比较稠密，远离细菌处比较稀疏，且无明显边缘，可看作是细菌的分泌物。荚膜或黏液层有吸附阳离子、防止细菌变干、防止被吞噬、防止噬菌体的侵袭等保护作用，同时使细菌相互粘连在一起形成体积较大的菌胶团（zoogloea），防止被单细胞生物吞噬。

黏液瘤病毒（*Myxoma virus*） 痘病毒科（Poxviridae）、兔痘病毒属（*Leporipoxvirus*）成员。病毒粒子为砖状，核衣壳为复合对称，基因组为单分子的双股DNA，核心两面有两个侧体。只侵害家兔和野兔，人和其他动物无易感性。直接接触是主要的传染方式，节肢动物可起机械的传播作用。兔感染后48h出现临床症状，首先是眼结膜炎，接着头部广泛肿胀，呈特征性的“狮子头”，严重者体温升高到42℃，多在48h后死亡。病死率25%～90%。根据临床症状，结合流行病学的特征，可作初步诊断；取病变组织，接种兔肾细胞，培养，分离病毒，并用荧光抗体、琼脂扩散等方法进行病毒鉴定，即可确诊。无特效药物治疗，预防接种兔肾细胞致弱疫苗，有较好的免疫效果。

黏液囊炎（bursitis） 又称滑囊炎。黏液囊的急性或慢性炎症。临床上家畜四肢皮下黏液囊炎较多见，如腕前皮下黏液囊炎，俗名“膝瘤”或“冠膝”，主要发生于牛，马次之。多为一侧性。发生原因较多，如地面坚硬不平，牛起卧时腕关节前面反复遭受挫伤，此外布鲁氏菌病可继发引起。眼观黏液囊紧张膨胀，容积增大，无热无痛，有波动感，如有化脓菌侵入，则可发生化脓性黏液囊炎。

黏液腺泡（mucous alveoli） 分泌黏液的外分泌腺的分泌部。如舌下腺的腺泡，由黏液性腺细胞构成。细胞呈锥形，核扁圆，位于细胞基底部。在HE染色的切片上，胞质呈泡沫状，着浅蓝色。

黏液型菌落（mucoid colony，M colony） 水样、光亮、易融合、形似黏液的菌落。常见于产生明显荚膜的细菌，如肺炎克雷伯菌、肺炎链球菌、新型隐球菌等。也见于荚膜不甚明显的细菌，如多杀性巴氏杆菌等。

捻发音（crepitus） 类似在耳边捻转一簇头发时所产生的声音。特点为声音短、细碎、断续、大小相等。由于支气管存在黏稠分泌物，致使细支气管壁或肺泡管壁黏着在一起，吸气时被气流急剧分开时所产生的一种细小爆裂音。可发生于大叶性肺炎、肺瘀血水肿初期、细支气管炎、肺泡未完全阻塞的肺膨胀不全等过程中。

捻转血矛线虫（*Haemonchus contortus*） 属圆线目（Strongylate）、毛圆科（Trichostrongylidae）、血矛属（*Haemonchus*）。寄生于反刍兽第四胃，偶见于小肠。雄虫红色，长10～20mm；雌虫吸血后肠管呈红色，白色的卵巢呈螺旋形缠绕在肠管外围，构成红白两股线条捻转的外观，体长18～30mm。头部构造简单，口腔背侧壁上有一矛形小齿。颈乳突略呈三角形，尖端指向后下方。交合伞侧叶长大；背叶小，偏位于左侧，由一Y形背肋支撑着。交合刺远端有小倒钩，有一舟形引器。有一大阴门盖，某些个体可能呈小球形或结节状。卵呈卵圆形，排出时含16～32个胚细胞。卵随宿主粪便排至自然界。卵在外界孵化，蜕化2次，发育为披壳第三期幼虫，具有感染性。宿主经口感染，进入第四胃的第三期幼虫经两次蜕皮后发育为成虫。

捻转血矛线虫病（haemonchosis contortus） 捻转血矛线虫寄生于绵羊、山羊、牛和多种反刍兽的第四胃引起的寄生虫病。牛、羊吞食了感染性幼虫后，幼虫在皱胃里经过半个多月直接发育为成虫。虫体吸血，分泌有毒物质，影响凝血和造血功能，影响胃液分泌、胃肠蠕动和蛋白质、钙磷以及碳水化合物的代谢，从而导致一系列症状的出现。羔羊最为敏感，常因急性严重贫血死亡。慢性型者有贫血、血液稀薄、下颌间隙和下腹部等处水肿、掉毛、下痢或便秘等症状，终至极度衰弱而死亡。剖检见皮下脂肪呈胶冻样，有胸水，腹水，心囊积水；肝呈淡褐色，质脆；第四胃含红褐色液体，黏膜肿胀，有啮斑、出血点或溃疡，有多量虫体。虫种鉴定需将粪便中的虫卵培养至第三期幼虫后进行鉴定；或病死羊作尸体剖检发现成虫可以确诊。驱虫药有丙硫咪唑、噻苯唑、左旋咪唑和伊维菌素等。预防措施包括定期驱虫、改善营养、科学放牧、改善环境卫生等。

念珠菌病（candidiasis） 又称鹅口疮、假丝酵母菌病。假丝酵母属中白色念珠菌（*Candida albicans*）引起一种急性或慢性浅表性散在性人兽共患真菌性传染病。主要侵害禽。病原为类酵母菌，广泛存在于自然界，健康动物口腔，上呼吸道及皮肤等常有寄居。经消化道和损伤的皮肤黏膜感染。无特征性症状。剖检时在口腔、咽喉、食道，嗉囊、腺胃和肌胃见有白色、黄色假膜或坏死。确诊以流行病学、症状及病理变化等综合资料为依据、结合对患禽黏膜作病原分离培养。改善饲养管理及卫生环境是预防本病主要措施。使用制霉菌素和硫酸铜可收到一定疗效。

念珠菌属（*Monila*） 又称假丝酵母属（*Candida*）。一类寄生于温血动物组织的半知菌。典型的菌体呈圆形或椭圆形，有时形成真或假菌丝。繁殖通过多极性出芽或形成芽生孢子，有些种形成厚垣孢子。有性繁殖不明。念珠菌属有150多种，仅白色念珠菌（*C. albicans*）是常见的病原，致人和动物念珠菌病。

存在于人和动物消化道、呼吸道和泌尿生殖道的黏膜，是机会致病菌。当免疫力下降（如艾滋病、化疗、长期应用抗生素等）时，可引起阴道炎、支气管炎、甚至全身性败血症。

鸟类实验动物（bird laboratory animals） 泛指来自于鸟纲（Aves）中的实验用动物。科学研究中使用的鸟类大多数隶属于 3 个目，主要是鸡形目（Galliformes）中的鸡、鹌鹑、雉鸡、火鸡、鹧鸪、松鸡、珠鸡、丛塚稚等；雁形目（Anseriformes）中的鸭、鹅、天鹅、叫鸭等；鸽形目（Columbiformes）中的鸽、斑鸠、沙鸡等。鸟类实验动物在科学研究中的应用量较大，最主要的是使用鸡胚进行病毒学研究。此外，还可用于营养学、毒理学、兽医学、畜牧学、环境学的研究中。

鸟枪法（shot - gun） 将基因组的 DNA 片段未经筛选鉴定而随机克隆到某一载体中，然后再在这些克隆中筛选某一特定基因的一种基因克隆技术。主要用于基因组庞大的真核生物基因的克隆。提取基因组 DNA，用限制内切酶切割或超声切割后，加接头，然后与同样方法处理的载体 DNA 连接，连接物转化受体菌后，用特异探针筛选其中所需的克隆。

鸟疫（ornithosis） 见鹦鹉热。

尿（urine） 肾脏活动的终产物。尿的 96%～97%是水，有机物主要是蛋白质和核酸代谢的终产物，如尿素、尿酸、肌酐、马尿酸、嘌呤碱等，无机物主要是钠、钙、镁的盐类。尿的颜色、透明度、比重及尿量等与动物种类、饲料、饮水、代谢等因素有关。主要家畜正常尿液状态如下：

动物	颜色	黏稠度	透明度	质 量 [mL/(kg・d)]	比 重（平均值和范围）
马	黄白色	有黏性	浑浊*	3～18	1.040（1.025～1.660）
牛	草黄色	稀薄如水	透明	17～45	1.032（1.030～1.045）
羊	草黄色	稀薄如水	透明	10～40	1.030（1.015～0.045）
猪	如水	稀薄如水	透明	5～30	1.012（1.010～1.050）
犬	黄色	稀薄如水	透明	20～100	1.025（1.016～1.060）

* 马属动物尿中含有大量碳酸钙及黏液物质，故常浑浊，不透明。

尿崩症（diabetes insipidus） 下丘脑-神经垂体功能低下，抗利尿激素（ADH）分泌和释放不足，或者肾脏对 ADH 反应缺陷而引起的一种临床综合征，主要表现为多尿、烦渴、多饮、低比重尿和低渗透压尿。病变在下丘脑-神经垂体称为中枢性尿崩症（CDI），病变在肾脏者称为肾性尿崩症（NDI）。以老龄动物多见，但偶尔也可见于年幼的动物。本病见于马、犬和猫等动物。发病可急可缓，但以突发性居多，最初表现为烦渴，多尿。根据大量排尿，低比重尿，可诊断本病。可用抗利尿激素替代疗法。

尿闭（retention of urine） 又称尿潴留（urinary retention）。泌尿机能正常而膀胱充满尿液不能排出。若尿液完全不能排出或呈滴沥状排出极少量，多是排尿通路障碍所致，见于尿道阻塞、膀胱麻痹、膀胱括约肌痉挛、腰荐部脊髓受伤等，患畜多有尿意且伴有腹痛症状。剧烈疼痛可引起暂时性尿闭。

尿道（urethra） 将尿液从膀胱排出的肌性管。以尿道内口通膀胱颈。母畜尿道短，位盆腔底壁中线，向后以尿道外口开口于阴道与前庭交界处腹侧。反刍兽和猪在开口处形成尿道下憩室，牛大小达 2cm；犬则形成小丘。插入导尿管时均应注意。尿道壁构造与膀胱相似，但黏膜下组织内含有静脉丛（海绵层）；在后部，肌膜外尚有环形横纹肌构成尿道肌。母牛尿道紧以结缔组织与阴道相连。公畜尿道长，又称尿生殖道，可分盆部和海绵体部。尿道盆部长短因动物而有不同，公猪最长，反刍兽次之，公马最短，向后至坐骨弓处变狭（尿道峡）转而向下入阴茎，成为海绵体部。尿道盆部黏膜在尿道内口稍后处的背侧有精阜；反刍兽和猪在坐骨弓略前处的背侧有袋状半月形襞，袋口向后，此襞也有碍导尿管通过。黏膜外为海绵层；其外在反刍兽和猪有前列腺扩散部构成的腺体层。肌膜在近膀胱颈处为三层薄平滑肌，向后保留一层，但另有发达的尿道肌，一般为环形，反刍兽仅包围两侧和腹侧，背侧以腱膜代替。尿道的海绵体部参见阴茎。

尿道海绵体（spongy body of urethra） 包围尿道海绵体部的海绵体结构。为尿道盆部壁内海绵层的延续。在盆腔出口处于两阴茎脚间增大形成尿道球，又称阴茎球；此后以一层包围尿道，沿阴茎海绵体的尿道沟直至阴茎前端，最后扩大包住阳茎海绵体前端，形成阴茎头。尿道外口开口于阴茎头，常形成长短不一的尿道突。在尿道球处，尿道肌显著增厚，形成海绵体肌，以中隔分为两半，延续到尿道海绵体加入阴茎体处，但马一直到阴茎头。尿道海绵体的小梁主要为弹性组织，海绵腔隙较丰富，平时也含有较多血液。

尿道球腺（bulbourethral gland） 又称 Cowper 氏腺。雄性副性腺。一对，位于尿道盆部后端近盆腔出口处的背面两侧。除犬外见于所有家畜以及兔和实验用啮齿类动物，但猫的很小。卵圆形，马和反刍兽常被球海绵体肌覆盖；猪的发达，长柱形，包有尿道球腺肌。为复管状或管泡状腺；小叶隔内含平滑肌组织导管每腺有多条（马、兔等）或一条（反刍兽、猪等）；反刍兽和猪的开口于尿道盘部后端的半月形黏膜襞处。

尿道外伤（injuries of the urethra） 尿道受外力作用导致的机械性损伤。常发生在打架、咬伤、以及尿道插管使用失宜等的损伤，狗阴茎骨折也有造成尿道外伤的。尿道外伤常出现排尿异常（频尿、少尿、无尿、血尿），排尿时疼痛或压痛，尿道扩张，捻发音，有时可看到毒血症症状，除去原因是治疗的根本方法。

尿道炎（urethritis） 尿道黏膜损伤、感染所致的炎性疾病。发生于牛、公马等。除由导尿、尿道手术损伤或结石阻塞等机械性损伤继发感染外，也可能由化学药物刺激、子宫内膜炎分泌物等致病。症状有频频排尿动作，公畜阴茎伸出，母畜阴户张开，排尿困难，显示疼痛。当炎性渗出物阻塞尿道时，往往伴发膀胱积尿。重症病例可作尿道冲洗，以防细菌性感染。

尿道造影（urethrography） 利用造影剂自肾脏和尿路的生理排泄而将肾、肾盂、输尿管以至膀胱显影的一种 X 线技术。目前只用于犬、猫等小动物。造影前应先排空胃肠道内容物及膀胱内尿液，造影时将水溶性有机碘制剂注入静脉，犬的平均剂量为每千克体重 3mL，最大量为 90mL。猫的平均剂量为每千克体重 1mL。注射宜在 3min 内完成，注后立即拍摄第一张肾脏的照片；在肾脏收集部使用压力绷带阻止尿液向下流入膀胱，5min 后拍摄第二张照片，照片上应清楚地看到肾脏收集系统和扩张的输尿管；第三张照片是在去掉腹部压迫绷带后让尿液流入膀胱使膀胱显影后摄取。

尿的浓缩（urine concentration） 肾单位小管液中水分被重吸收引起终尿中溶质浓度增加的过程。尿液的浓缩发生在肾脏的髓质部。由于髓袢的逆流倍增机制，肾组织液渗透压形成了由皮质到髓质越来越高的浓度梯度。当小管液沿集合管流经髓质高渗区时，小管液水分可被吸收而生成浓缩尿。集合管上皮细胞对水的通透性受抗利尿激素调节，动物全身血容量下降或血浆渗透压升高时，可引起神经垂体释放抗利尿激素，加强集合管对水的重吸收而生成浓缩尿。

尿毒症（uremia） 急性或慢性肾功能不全发展到严重阶段时，由于大量代谢产物和内源性有毒物质不能排出而在体内蓄积，引起机体发生自体中毒的综合征候群。患畜可出现神经、消化、血液循环、呼吸、泌尿、骨骼等系统的一系列症状。尿毒症毒素有：蛋白质代谢产物（如尿素、肌酐、肌酸、胍类、多胺、吲哚等），某些激素（如甲状旁腺激素等），其他毒素（如酚类、一些中分子毒性物质）等。治疗要控制原发病、调节水电解质摄入量、纠正酸中毒，可用透析疗法。

尿苷-磷酸合酶缺陷（deficiency of uridine-5-monophosphate synthase） 又称乳清酸尿症。尿苷-磷酸合酶先天性缺乏而导致合成 DNA 和 RNA 的必需材料嘧啶核苷酸的形成受阻所致的遗传性嘧啶代谢病。

尿黑酸尿症（alcaptonuria） 尿中排出尿黑酸（2，5 二羟苯醋酸）的一种代谢障碍性疾病。呈常染色体劣性遗传。正常状态下，从酪氨酸、苯丙氨酸等芳香族氨基酸生成的尿黑酸能进一步氧化，但本病患者缺乏使之氧化的酶。将病人的尿放置时，由于腐败生出氨而变为碱性，尿黑酸由于自动氧化而产生黑色色素。

尿激酶（urokinase） 血栓溶解药，由人尿提取并精制而成。为纤溶酶原的直接激活剂，促进纤溶酶原变成纤溶酶，产生溶解血栓作用。

尿淋漓（strangury） 排尿不畅或困难，尿呈点滴状或细流状无力或断续地排出的一种病症。多为尿闭、尿失禁、排尿疼痛和神经性排尿障碍的一种表现。偶见于老年体衰、胆怯和神经质的动物。

尿流异常（anomaly of urine flow） 尿液迟迟不能排出，或射尿无力、尿流细小、不均匀、呈分叉状，甚至间歇中断，以及排尿后继续有尿滴出（公牛、公羊等除外）的现象。常见于尿道炎症、外伤、肿瘤、膀胱结石、肿瘤、尿失禁等。

尿膜（allantoic membrane） 胎膜之一，由胚胎后肠从其腹侧后端突出形成。尿膜上有大量血管分布，尿膜与绒毛膜融合过程中，毛细血管生入绒毛内，使绒毛膜血管化，与绒毛膜共同构成胎儿胎盘的血管网。它生长在绒毛膜囊之内，其内面是羊膜囊，尿膜囊则位于绒毛膜和羊膜之间。

尿囊（allantois） 后肠的腹壁向胚外体腔中突出的囊状结构。其外层为脏壁中胚层，内层是内胚层。随着胚胎的发育，尿囊迅速扩展，充满胚外体腔，最后包围羊膜和卵黄囊。尿囊腔内储存有尿囊液，是重要的排泄储存器官。尿囊与绒毛膜或浆膜接触后形成尿囊绒毛膜或尿囊浆膜，尿囊的脏壁中胚层与绒毛膜（浆膜）的体壁中胚层合并形成双中胚层，内含发达的血管，构成尿囊循环，负责营养、气体和废物的运输。尿囊绒毛膜构成哺乳类的胎儿胎盘。

尿囊柄（allantoic duct） 尿囊起始端的细小部分，与后肠相连通。

尿囊泡（allantoic vesicle） 尿囊远端的膨大。它逐渐扩展，充满胚外体腔。

尿囊绒毛膜胎盘（chorioallantoic placenta）　由尿囊绒毛膜构成的胎盘，从母体吸收的营养通过尿囊血管进入胚体内。哺乳类多为此类胎盘。

尿囊液（allantoic fluid）　尿膜囊内的液体，可能来自胎儿的尿液和尿膜上皮的分泌物。尿囊液初期清亮、透明、水样，后逐渐变为棕黄色，含有白蛋白、果糖和尿素。卵生动物如家禽尿囊液较多，在胚胎发育中有水箱和离子库的作用。哺乳动物有胎盘的缘故，尿囊液一般很少，灵长类没有尿囊液。猪和绵羊怀孕早期尿囊液增加很快，中期缓慢增加，末期又迅速增多。液量在畜种间和不同妊期差异较大。分娩时，尿囊液有扩张子宫颈的作用。

尿潜血（urine occult blood）　尿液中不能用肉眼直接观察出来的红细胞或血红蛋白。

尿生成（urine formation）　又称泌尿。肾单位和集合管生成尿液的过程。包括肾小球的滤过以及肾小管的重吸收、分泌和排泄等环节。血液流经肾小球时，血浆中除大分子蛋白质外都能通过滤过膜进入肾球囊形成原尿。肾小管上皮细胞对原尿有重吸收作用，在其流经肾小管时，原尿中绝大部分水和某些溶质将全部（葡萄糖、氨基酸等）或部分（如 Na^+、K^+、HCO_3^- 等）被重吸收，同时可将某些代谢产物（H^+，NH_3，K^+，有机酸等）分泌或排泄到小管液中。原尿经过肾小管和集合管重吸收，分泌和排泄作用后形成终尿。

尿生殖窦（urogenital canal）　发育为膀胱和尿道等。

尿生殖嵴（urogenital ridge）　中肾形成以后，其腹侧的生发上皮迅速发育增生，中肾的间充质细胞也同时增生加入，使之在原肠背系膜两侧突入体腔形成的结构。不久，沿尿生殖嵴长轴出现一纵沟，将尿生殖嵴分为内侧的生殖嵴和外侧的中肾嵴。

尿失禁（incontinence of urine）　膀胱不能保持正常贮尿功能，排尿时无一定准备动作和相应的排尿姿势，尿液不自主地不断流出的一种病症。主要见于脊髓疾病、膀胱括约肌受损或麻痹、某些脑病、昏迷、濒死期等。

尿石症（urolithiasis）　尿液中盐类晶体物在尿道内析出并凝集成结石，进而阻塞尿道的疾病。发生于肥育公牛、公羊等。病之发生除饲料中矿物质元素含量不平衡外，还与饮水不足或饮用硬水、维生素 A 缺乏、以及泌尿器官炎症等有关。症状因尿石部位而异，如肾盂结石要不敏感，步态强拘；膀胱结石频频排尿和努责，公牛和公羊包皮鞘邻近毛丛附有细砂粒；尿道结石虽作排尿动作，但无尿液排出或仅有点滴尿液流出。往往引起膀胱破裂，包皮鞘积尿和皮下水肿，发生尿毒症。防治除注意日粮、饮水外，对尿道阻塞病例可进行尿道切开术或人造尿道。

尿素酶试验（urea hydrolysis test）　鉴定细菌能否产生尿素酶（urease）的生化试验。原理是若细菌产生尿素酶，则将尿素水解产生 CO_2 和 NH_3，培养基变成碱性而使指示剂酚红呈现红色。如变形杆菌有尿素酶，能分解培养系中的尿素生成氨，使培养基的碱性增加，可用酚红试剂检出，是为阳性。

尿素循环（urea cycle）　又称鸟氨酸循环（ornithine cycle）。动物肝脏中生成尿素的反应过程。反应首先由鸟氨酸从细胞浆转入线粒体与氨甲酰磷酸生成瓜氨酸，然后瓜氨酸转出线粒体在胞浆中与天冬氨酸缩合成精氨代琥珀酸，该缩合物继而裂解产生精氨酸，后者由精氨酸酶催化生成鸟氨酸和尿素从而完成一个循环。每次循环将氨甲酰磷酸分子中的氨基（来自游离氨）和天冬氨酸的 α-氨基（来自脱氨作用）与 1 分子 CO_2（已掺入氨甲酰磷酸分子中）合成 1 分子尿素，同时消耗 3 分子 ATP。尿素的生成是哺乳动物消除氨的主要方式。

尿素中毒（urea poisoning）　反刍动物突然采食、误食大量尿素或补饲尿素方法不当所引起的中毒病。由于尿素被脲酶分解产生氨以及氨甲酰胺等引起毒性作用而致病。牛过量采食尿素后 30～60min 即可发病。病初默示不安，呻吟，流涎，肌肉震颤，体躯摇摆，步样不稳。继而重复痉挛，呼吸困难，脉搏增数，从鼻腔和口腔流出泡沫样液体。末期全身痉挛出汗，眼球震颤，肛门松弛，几小时内衰竭死亡。停止饲喂尿素或含尿素的饲料，灌服醋酸或稀盐酸抑制瘤胃中脲酶的活性，同时中和氨，减少氨的吸收，还可采用对症疗法和支持疗法。加强饲养管理，对尿素的管理不能粗心大意，任意堆放，严防牛误食或偷食；严禁牛进入刚施过尿素的草场或食用刚施过尿素的庄稼苗。正确合理地使用尿素，在饲喂混合日粮前，必须先仔细搅拌均匀后方可饲喂，以免因采食不匀，引起牛的中毒事故，尤其要严禁将尿素溶在水中直接饲喂。

尿酸（uric acid）　一种嘌呤类化合物。鸟类和爬行类动物蛋白质代谢的主要终产物。尿酸几乎不溶于水，这对机体含水量较少的鸟类和陆生爬行类动物氮代谢废物的排泄十分有利。哺乳动物尿中尿酸含量较少，主要由肾小管分泌入尿中。

尿酸血症（uricemia）　见痛风。

尿稀释机制（urinary diluting mechanism）　小管液流经集合管最后生成稀释尿的机理。集合管组织间液存在由皮质到髓质的越来越高的浓度梯度，小管液流经集合管时其中水分可被越来越浓的细胞间液所吸收，但集合管上皮细胞对水的通透性受抗利尿激素的控制。体内水分过多时，全身血容量增加，血浆渗透压下降，抑制抗利尿激素的释放，水的重吸收受阻，因此排出稀释尿，同时恢复血容量和渗透压。

尿液（urine） 血液经肾小球滤过，肾小管和集合管的重吸收及排泌产生的终末代谢产物。

尿直肠隔（cloacal septum，urorectal membranes/septum） 尿囊与后肠之间的间充质增生，由头侧向尾侧，由两侧向中线生长，形成一突入泄殖腔的镰状隔膜。当尿直肠隔与泄殖腔膜接触后，将泄殖腔分为背侧的肛直肠管和腹侧的尿生殖窦，泄殖腔膜被分为背侧的肛膜和腹侧的尿生殖膜。

颞骨（temporal bone） 位于颅腔两侧，分鳞部、岩部和鼓部。马的鳞部、猪的岩部常不愈合。①鳞部。内面参与形成颅中、后窝的侧壁；外面参与形成颞窝。鳞部发出颧突，参与形成颧弓；颧突基部有关节面。②岩部。构成颞骨的腹后侧部，为内耳所在；在马尚形成乳状突。岩部与枕骨基底部间形成岩枕裂，犬无，马、猪并向前与破裂孔相连。岩部内侧面有内耳门和短的内耳道。外耳道基部除犬外有茎突，又称舌骨突；在茎突与乳突间或在外耳道后方（犬）有茎乳突孔，为面神经管的外口。③鼓部。位于岩部的腹外侧，形成外耳道、鼓泡和鼓室。外耳道入口称外耳门。鼓泡呈球形（马，犬）或侧扁的长圆形（反刍动物、猪）。鼓泡和外耳道通鼓室，为中耳所在，内侧壁为岩部。禽颞骨由鳞部和耳骨构成，后者相当于岩部和鼓部。

颞肌（m. temporalis） 位于颞窝内的咀嚼肌。起始于颅骨侧壁；止于下颌骨冠突。作用为将下颌向上提，使上、下颊齿咬紧。此肌在肉食动物特别发达。

颞窝（temporal fossa） 颅骨两侧位于颧弓上方和内侧的窝。向前与眶相连续，在活体以眶骨膜隔开。由颞骨鳞部和顶骨形成：后界为颞嵴；背侧界为颞线；前界为蝶骨翼嵴；腹侧界为颞骨颧突基部。肉食动物颞窝较宽大，反刍动物较狭。颞窝内有颞肌和下颌骨冠突，营养良好的并具有较多脂肪。

颞下颌关节（temporomandibular joint） 又称下颌关节。有一对，活动需同时进行。由下颌骨的下颌骨头，鳞颞骨的下颌窝、下颌结节和关节后突，以及关节盘构成。关节盘分隔关节腔为上、下两部，为纤维软骨，草食动物较厚。关节外侧有外侧韧带，后方在马还有弹性纤维构成的后韧带。关节面形态和关节运动因动物食性而有不同：肉食动物下颌骨头横列髁状，关节后突发达，只能进行下颌开闭活动；草食和杂食动物下颌骨头较平，关节后突不甚发达，下颌除开闭活动外，还可进行左右磨动和前伸后退活动。开闭活动主要见于关节盘与下颌之间，左右磨动和前伸后退主要见于关节盘与鳞颞骨之间。禽下颌骨与鳞颞骨间无关节盘而有方骨，形成方骨鳞颞关节和方骨下颌关节；方骨又与颧骨和翼骨形成关节而作用于上喙，张口的同时可使上喙上提。

凝固腺（coagulating gland） 雄性副性腺。见于鼠科、仓鼠科和豚鼠科一些常用的啮齿类实验动物。实为前列腺的一对前叶，紧密与同侧精囊腺相连。

凝固性坏死（coagulation necrosis） 坏死组织由于蛋白质凝固、水分减少而变成灰白色或黄白色比较坚实的凝固物。眼观坏死组织凝固、较干燥坚实，坏死区周围常有一暗红色充血、出血带。镜下可见坏死区组织结构的轮廓仍保留，坏死细胞的核浓缩、核破碎、核溶解消失，胞浆凝固红染，坏死后期细胞崩解形成无结构的颗粒状物。凝固性坏死还有两种特殊类型：①干酪样坏死（caseous necrosis）。主要见于结核菌引起的坏死，特征是坏死组织崩解彻底，眼观灰黄色，质较松软易碎，如干酪样物质。②蜡样坏死（waxy necrosis）。又称陈克氏坏死，是肌肉组织的凝固坏死，眼观坏死的肌肉干燥坚硬，混浊无光泽，呈灰白色，形似石蜡样，常见于白肌病、犊牛口蹄疫的心肌和骨骼肌坏死。

凝集价（agglutination titer） 血清能致颗粒性抗原发生“++”以上凝集的最高稀释度。

凝集溶解试验（agglutination lysis test） 一种常用的检测钩端螺旋体的血清学试验。钩端螺旋体在抗体效价低时可形成凝集块，呈小蜘蛛状，效价高时，则溶解。此试验用于检查抗体，诊断人或动物的钩端螺旋体感染。也可用于鉴定血清型。血清效价≥1：400或恢复期血清较急性期血清效价≥4倍者，有诊断意义。

凝集试验（agglutination test） 颗粒性抗原与相应抗体结合后发生凝集的血清学试验。抗原与抗体复合物在电解质作用下，经过一定时间，形成肉眼可见的凝集团块。试验可在玻板上进行，称为玻板凝集试验，可用于细菌的鉴定和抗体的定性检测；亦可在试管中进行，称为试管凝集试验，用于抗血清效价测定。

凝集性抗原（agglutination antigen） 又称凝集原（agglutinogen）。刺激动物机体产生凝集素（agglutinin），在血清学试验中与凝集素起反应的物质。凝集性抗原多为细菌、红细胞等颗粒性物质，在有电解质条件下才能与特异性抗体产生可见的凝集块。

凝乳酶（rennin） 哺乳动物胃液中存在的能使乳汁凝固，并具有分解蛋白质性质的蛋白酶。新生动物特别是新生犊牛胃液中含量丰富。初分泌时为无活性的酶原，在酸性条件下被激活，可将乳中酪蛋白原转变为酪蛋白，再与 Ca^{2+} 结合成不溶性酪蛋白钙，从而使乳汁凝固以延长乳汁在胃内停留的时间，增加胃液对乳中养分的消化。

凝血酶凝固时间（thrombin clotting time，TCT）又称凝血酶时间（thrombin time，TT）。在被检血浆中加入标准凝血酶溶液，测定其凝固时间。

凝血酶原时间测定（determination of prothrombin time，PT） 又称血浆凝血酶原时间测定（PPT）、一步凝血酶原试验（OSPT）。测定脱钙抗凝血浆加入组织凝血致活酶及钙离子后发生凝固（凝血酶原转变为凝血酶）所需时间，以判断外源性凝血因子凝血功能的一种实验室检查法。测定方法为奎克（Quick）氏一期法或改良式奎克氏一期法。正常值（秒）马为10.8～16.0、牛为15.2～18.4、山羊为11.0～18.5、犬为8.4～10.5、猫为8.1～9.1。凝血酶原时间延长见于凝血酶原及纤维蛋白原缺乏、第Ⅴ、Ⅶ、Ⅹ因子缺乏或抗凝血物质增多。

凝血酶原消耗试验（prothrombin consumption test，PCT） 又称血清凝血酶原时间。测定血清加入组织凝血致活酶及钙离子后再次凝固所需要的时间，以判断内源性凝血因子凝血功能的一种实验室检查方法。凝血酶原消耗时间减少见于凝血致活酶生成不良或不足的各种疾病。

凝血时间（coagulation time，CT） 血液离体后至完全凝固所需要的时间，反映自凝血因子Ⅻ被负电荷表面（如玻璃）激活至纤维蛋白形成，一连串复杂的酶学反应所需要的时间。

凝血因子（blood coagulation factor） 正常血液与组织中存在的参与凝血过程的物质。主要有12种，国际命名法用罗马数字编号为：

编号	同义名	编号	同义名
因子Ⅰ	纤维蛋白原	因子Ⅶ	抗血友病因子
因子Ⅱ	凝血酶原	因子Ⅷ	血浆凝血激酶
因子Ⅲ	组织因子	因子Ⅸ	斯图亚特（stuart - prower）因子
因子Ⅳ	Ca^{2+}	因子Ⅹ	血浆凝血激酶前质
因子Ⅴ	前加速素	因子Ⅺ	接触因子
因子Ⅵ	前转变素	因子Ⅻ	纤维蛋白稳定因子

其中除因子Ⅲ外都存在于血浆中，除因子Ⅳ外都是蛋白质，大部分为蛋白酶，以无活性的酶原形式存在。

牛巴贝斯虫病（bovine babesiosis） 牛巴贝斯虫（*Babesia bovis*）寄生于牛、�的红细胞内引起的原虫病。牛巴贝斯虫属孢子虫纲、巴贝斯科。虫体有环形、椭圆形、梨形、阿米巴形等，典型特征为双梨籽形虫体以钝角相连，长度小于红细胞半径，大小为2.5μm×1.5μm。传播者为蓖子硬蜱和全沟硬蜱，经卵传递。1～7月龄的犊牛易感染发病，成年牛为带虫者。病牛出现稽留热，贫血，黄疸，尿呈红色，脾、肝肿大，胃和小肠有卡他性炎症。取血制片检查虫体或用血清学方法诊断。可用三氮脒、硫酸喹啉脲、黄色素等药物治疗，同时辅以对症疗法。采用灭蜱措施预防感染。

牛白细胞黏附缺陷（bovine leukocyte adhesion deficiency） 又称牛粒细胞病。中性粒细胞表面的整合素β-亚单位CD_{18}发生基因突变引起整合素表达缺陷所致的一种遗传性血液病。

牛白血病（bovine leukaemia） 又称牛地方流行性造血细胞组织增生、牛淋巴肉瘤。反转录病毒科人嗜T细胞病毒—牛白血病毒群病毒引起牛的一种慢性肿瘤性疾病。分4种类型：牛流行性白血病（bovine epizootic leukemia）、皮肤型、胸腺型和犊牛型。已知仅流行性白血病与牛白血病病毒感染有关。其特征为慢性淋巴样细胞恶性增生，全身淋巴结肿大，病死率高。病牛和带毒牛是主要传染源，经水平和垂直传播。潜伏期数月至数年，多发生于4～8岁的牛，感染牛的外周血液持续性B淋巴细胞增生和白细胞增多。应用ELISA、琼扩试验和放射免疫等进行诊断。目前尚无特效疫苗，采取检疫和淘汰办法，可有效地控制本病。

牛白血病病毒（*Bovine leucosis virus*，BLV） 反录病毒科（Retroviridae）、丁型反录病毒属（*Delta retrovirus*）成员。病毒粒子呈球形，直径80～100nm，外包双层囊膜，膜上有纤突。病毒含单股RNA，能产生反转录酶。反转录酶以病毒RNA为模板合成DNA前病毒，前病毒能整合到宿主细胞的染色体上。世界上不同地区分离到的毒株没有明显的抗原差异。病毒具有凝集绵羊和鼠红细胞的作用。病毒易在原代的牛源细胞和羊源细胞内生长。将感染本病毒的细胞与牛、羊、人、猴等细胞共同培养，可使后者形成合胞体。胎羊肾细胞和蝙蝠肺细胞系可持续感染本病毒，为病毒抗原的制备创造了有利条件。该病毒引起牛、绵羊等动物的一种慢性肿瘤性疾病，特征为淋巴样细胞恶性增生、进行性恶病质和高病死率。

牛鼻病毒（*Bovine rhinovirus*，BRV） 微RNA病毒科（Picornaviridae）、鼻病毒属（*Rhinovirus*）成员。病毒粒子呈二十面体对称的圆形，直径为20～30nm，无囊膜。分1～3个血清型。仅能在牛的肾细胞、睾丸细胞、鼻甲细胞和甲状腺细胞等培养物内增殖，不能在其他哺乳动物细胞或鸡胚细胞培养物内增殖。对酸极为敏感，在 pH3 时迅速灭活。当前最常应用原代牛肾细胞进行牛鼻病毒的分离培养，应用牛胚鼻甲或气管上皮的器官培养也易分离获得病毒。牛鼻病毒的致病性不高，即使接种不吃初乳的犊牛，也常只能使其发生轻度鼻炎和多流鼻涕，但也可能诱发严重的呼吸道疾病，对其他动物没有致病性。由鼻液中分离和鉴定病毒，仍是目前可用的主要诊断方法，也可采集发病初期和康复后的双份血清进行中和抗体测定。

牛病毒性腹泻病毒（*Bovine viral diarrhea virus*，BVDV） 又称黏膜病病毒。黄病毒科（Flaviviridae）、瘟病毒属（*Pestivirus*）成员。病毒粒子呈球状，直径 50～80nm，二十面体对称，有囊膜。基因组为单股正链 RNA。根据致病性、抗原性及基因序列的差异，提出将 BVDV 分为两个种：BVDV1 与 BVDV2。两者均可引致牛病毒性腹泻和黏膜病，但 BVDV2 毒力更强。BVDV2 与猪瘟病毒抗原性无交叉，BVDV1 则有。后者还可自然感染猪。引起的急性疾病称为牛病毒性腹泻，慢性持续性感染称为黏膜病，遍及全世界。

牛病毒性腹泻-黏膜病（bovine viral diarrhea mucosal disease，BVD-MD） 黄病毒科瘟病毒属的牛病毒性腹泻-黏膜病病毒引起的以消化道黏膜糜烂、胃肠炎和腹泻为特征的传染病。自然情况下可传染黄牛、水牛、牦牛、绵羊、山羊、猪和小袋鼠。6～8 月龄牛易感性高，病牛和带毒牛的排泄物含有病毒，经消化道和呼吸道感染。临床症状分为急性型和慢性型。主要以发热、黏膜糜烂溃疡、白细胞减少、腹泻、咳嗽及怀孕母牛流产或产出畸形胎儿为主要特征。生长受阻、消瘦、持续和间歇性腹泻是慢性型的特征。确诊靠病毒分离鉴定和血清学检查。本病的预防措施是防止病毒传入，认真做好检疫，可用 OregenC_{24}V 弱毒株制备疫苗进行接种，但妊娠牛不宜用。

牛产后血红蛋白尿（postparturient hemoglobinuria in cattle） 高产奶牛产犊后以血管内溶血、血红蛋白尿和贫血为主征的疾病。病因除采食低磷饲料或日粮磷补充不足外，许多应激因子，如分娩、泌乳、高产、温热和寒冷等也是诱因。临床表现排尿次数增加，尿液呈红、紫红或棕褐色。皮肤和结膜苍白，后期黄染。体温升高，后期降至常温或低于常温。心跳加快，脉性细弱，伴发贫血性心脏杂音。急性病例走路摇晃，体质虚弱，不能站立，偶发尾梢、股端坏疽并脱落。治疗宜静脉注射磷酸二氢钠。预防可适当补充麸皮，脱氟磷灰石粉等。

牛肠病毒（bovine enterovirus） 微 RNA 病毒科（Picornaviridae）、肠病毒属（*Enterovirus*）成员。病毒呈球形，核衣壳呈二十面体对称，无囊膜，单股正链 RNA。在宿主细胞内复制，有较强的杀细胞作用。有 2 个血清型。通过粪-口途径传播，经过消化道感染，其感染虽然始于消化道，但引发的疾病多在这些部位外，包括中枢神经、心肌损害及皮疹等。

牛出血性败血病（hemorrhagic septicemia of cattle） 又称牛巴氏杆菌病（bovine pasteurellosis）。多杀性巴氏杆菌引起牛的一种以高热、肺炎、炎性水肿、内脏器官广泛出血为特征的急性败血症。呈散发性，长途运输或饲养管理不良时可引起地方性流行。水牛比黄牛、奶牛更易感。根据流行特点、症状和病理变化，结合细菌检查可确诊。病的早期应用磺胺类药物和抗生素治疗有较好疗效，在常发地区可接种疫苗。

牛出血性败血病氢氧化铝疫苗（bovine hemorrhagic septicemia aluminium hydroxide vaccine） 用于预防牛出血性败血病的一种甲醛灭活氢氧化铝吸附菌苗。以黄牛、水牛或牦牛源多杀性巴氏杆菌 B 型强毒株，于加有 0.1%裂解血液的马丁肉汤经通气或静置培养 12～24h 后，加入 0.1%甲醛（以含 38%～40%甲醛液折算）在 37℃杀菌 7～12h。然后按 5 份菌液加入 1 份氢氧化铝胶制成疫苗。使用时，通气培养苗体重 100kg 以下牛皮下或肌内注射 4mL，100kg 以上牛注射 6mL；静置培养苗分别为 5mL 和 10～20mL。免疫期为 9 个月。

牛传染性鼻气管炎（bovine infectious rhinotracheitis） 牛疱疹病毒 1 型引起牛的呼吸道传染病。病牛的鼻液、泪液、精液含有大量病毒，经飞沫和交配感染健牛。2 月龄肉用牛易感，其次是奶牛。临床表现有 5 种类型：①呼吸道型，流黏液脓性鼻漏，鼻黏膜充血，鼻翼鼻镜坏死，又称红鼻病；②脑膜脑炎型，多发生于犊牛，出现神经症状；③眼炎型，结膜充血、水肿、形成灰色坏死膜；④流产型；⑤牛传染性脓疱阴户阴道炎（或生殖道型）。确诊靠病毒分离鉴定和血清学试验。目前尚无特效疗法，应用抗生素可防止继发感染，可用弱毒疫苗和灭活苗进行预防接种。

牛传染性角膜结膜炎（keratoconjunctivitis infection bovis） 又名摩拉氏菌病、红眼病。由牛摩拉杆菌（*Moraxella bovis*）等多种病原引起牛羊的以眼结膜和角膜发生明显炎症为特征的急性接触性传染病。需在强烈的太阳紫外光刺激等诱因作用下，才能产生典型的症状，多发生于炎热季节。病牛、康复牛和带菌牛是传染源，蝇类也可机械传播本病，临诊表现为初期患眼羞明，眼睑肿胀、疼痛，随后大量流泪，角膜浑浊或呈乳白色。治疗用2%～4%硼酸水洗眼，氯霉素眼药水或青霉素溶液点眼，如有角膜浑浊或角膜翳则涂强的松龙等有较好效果。

牛传染性溃疡性乳头炎（bovine ulcerative mammillitis） 牛疱疹病毒2型引起乳牛的一种以乳房、乳头发生水疱溃疡为特征的传染病。牛群中通过挤奶员、挤奶器及螫蝇机械性传播。潜伏期3～10d。临床表现为乳头上出现白色水疱，破后形成溃疡，严重者发生坏疽。取病变的组织或渗出液作病毒分离鉴定即可确诊。也可采集双份血清，其中和抗体滴度升高4倍作出诊断。目前尚无特效疗法，应认真做好挤奶员手和挤奶机消毒，防止感染和病毒扩散。应用弱毒疫苗进行预防接种，免疫期达8个月。

牛传染性脓疱阴户阴道炎（infectious bovine pustular vulvovaginitis） 又称交合疹（coital exanthema）。牛疱疹病毒1型引起牛的生殖器官传染病，是牛传染性鼻气管炎的一种临床类型。以母牛阴户和阴道及公牛阴茎和包皮发生水疱、脓疱和溃疡，伴有体温升高为特征。通过交配和人工授精传播，潜伏期2～6d。确诊需作病毒分离和血清学检查。预防本病要严格执行卫生防疫制度，严禁用受感染公牛精液进行授精和交配，及时淘汰阳性牛。

牛传染性胸膜肺炎（bovine contagious pleuropneumonia） 又称牛肺疫。丝状支原体中的丝状亚种引起牛的地方性接触性传染病。目前本病仅存在于亚洲和非洲部分国家。幼龄牛易感性高，病原经呼吸道传播。急性呈胸膜肺炎；慢性病牛消瘦，间断短咳。特征性病变早期支气管炎变化，中后期纤维素性胸膜肺炎变化。根据流行病学、临床症状及剖检特点作出初诊，依据细菌学、血清学检查确诊。采用弱毒苗预防注射，坚持自繁自养等综合性防疫措施，杜绝本病发生。早期使用抗生素及对症疗法有效。

牛传染性血栓栓塞性脑膜脑炎（bovine infectious thrombo embolism encephalomeningitis） 昏睡嗜血杆菌（*Haemophilus somnus*）引起牛的一种以发热、步态僵硬、昏睡、行为反常和血栓栓塞性脑膜脑炎为特征的急性败血性传染病。多为隐性感染，呈散发性，应激和并发病为引起本病流行的重要因素。确诊应作细菌学的检查和鉴定。早期使用抗生素治疗，效果良好，有的国家使用灭活菌苗作免疫接种。

牛创伤性心包炎（traumatic pericarditis in cattle） 异物刺伤牛的心包并由细菌继发感染而发生的心包炎性疾病。多由误咽混入饲料中的尖锐异物—铁钉、铁丝、针等所致。病初以顽固性前胃弛缓和网胃炎等症状为主。病情发展呈现全身症状，如结膜发绀，颈静脉高度瘀血呈索状，颌下间隙和垂皮水肿，呼吸浅表、疾速，呈腹式呼吸，体温升高，心跳加快，脉性细弱，出现心包摩擦音或拍水音。心区叩诊浊音区扩大。确诊后尽快淘汰。预防可向网胃内投放磁铁来吸附金属异物。

牛带绦虫（*Taeniarhynchus saginatus*） 见牛带吻绦虫。

牛带吻绦虫（*Taeniarhynchus saginatus*） 又称肥胖带吻绦虫、牛带绦虫和无钩绦虫。成虫寄生于人的小肠，为带科的大形绦虫，长4～8m。头节直径1.5～2mm，无顶突与钩。虫体可有1 000～2 000节片。成熟节片宽大于长。孕卵节片长大于宽，节片长16～20mm，宽4～7mm，子宫向两侧各生出15～35个主侧支，据此形态特点可鉴别寄生于人小肠的牛带吻绦虫与猪带绦虫。卵近圆形，与猪带绦虫卵的结构相似。随人粪排至自然界的孕卵节片或游离的虫卵被牛摄食后，在牛的肌肉及内脏器官中发育为牛囊尾蚴。人因食入牛囊尾蚴而感染牛带吻绦虫。参阅牛囊尾蚴病与带科绦虫。

牛的农民肺（farmer's lung disease in cattle） 又称牛外源性变应性肺泡炎（extrinsic allergic alveolitis in cattle）。由于吸入霉菌孢子而引起牛的变态反应性肺炎。病因为饲草中的某些嗜热性放线菌，特别是干草小多孢菌，导致小支气管和肺泡呈现阿萨斯超敏反应（Arthus's hypersensitivity reaction）。临床表现咳嗽，呼吸困难。慢性病例呈持续性咳嗽，肺部听诊有干性啰音。病情发展可转为肺原性心脏病。治疗可用肾上腺皮质激素、异丙嗪或扑尔敏等药物。

牛地方流行性造白细胞组织增生（bovine enzootic leukosis） 见牛白血病。

牛冬痢（winter dysentery of cattle） 见弯杆菌性腹泻。

牛痘（cow pox） 正痘病毒属的牛痘病毒引起的一种疾病。主要发生于奶牛。在乳房、乳头和活公牛的阴囊皮肤上出现红色丘疹，继而形成豌豆大的水疱，疱上有一凹窝，内含透明液体，渐形成脓疱，然后结痂，10～15d痊愈。若病毒侵入乳腺，可引起乳腺炎。诊断应注意与伪牛痘（pseudocowpox）相区别。防治本病应注意挤奶卫生，发现病牛及时隔离，并配合对症治疗。

牛痘病毒（*Cowpox virus*） 痘病毒科（Poxviridae）、正痘病毒属（*Orthopoxvirus*）成员。病毒颗粒为砖状，有一由管状物组成的外层结构，其内是哑铃样的芯髓，以及两个功能不明的侧体，芯髓内含病毒DNA及若干蛋白质。有囊膜，基因组为单分子线状双股DNA组成。牛痘病毒的贮存宿主是啮齿动物，并传染给多种动物，包括家猫、牛、大型猫科动物在内的动物园动物以及人类。该病毒的贮存宿主在俄国为某些地松鼠以及沙鼠，在英国则为某些田鼠等。

牛痘病毒载体（vaccinia virus vector） 牛痘病毒（*Vaccinia virus*）是一种有包膜的双链DNA病毒，分子量大，180～220kb，基因组特点为：①DNA末端的发夹结构；②DNA末端的反向重复序列；③具有保守区与变异区。可感染多种组织，其整合率低，可供短期的基因表达。牛痘苗病毒具有可感染静息期细胞、基因不整合在宿主染色体上、外源基因整体容量大等特点。主要缺点是引发免疫反应，使重复给药成问题。牛痘病毒载体可插入并表达多个基因，易转染多种肿瘤细胞，并可高效表达目的基因。

牛恶性卡他热（malignant catarrhal fever） 又称牛恶性头卡他（bovine malignant head catarrh）、坏疽性鼻炎。疱疹病毒丙亚科的牛疱疹病毒3型引起牛的一种急性、热性病毒性传染病。1877年首次发生于瑞士。绵羊和非洲角马为带毒者，是牛群发生本病的传染源，1～4岁牛较易感，潜伏期4～40周。临床表现分为最急性型、消化道型、头眼型、皮肤型和肠型5种类型。头眼型最典型，表现为持续高热，流泪，结膜炎，角膜污浊、溃疡，有脓性鼻液，体表淋巴结肿大，病死率高。病原分离困难。应注意与口蹄疫、黏膜病区别。根据流行病学和症状可作出诊断。目前尚无有效疫苗，预防本病主要是避免牛和绵羊接触。

牛恶性卡他热病毒（*Bovine malignant catarrhol fever vivus*） 又名角马疱疹病毒1型（*Alcelaphine herpesvirus* 1）。疱疹病毒科（Herpesviridae）成员。病毒有囊膜，基因组为线性双股DNA。病毒感染黄牛、水牛及某些野生反刍兽如鹿、羚羊等并致病，发病率低，死亡率则可超过90%。呼吸道及消化道淋巴样组织及上皮细胞受损，表现为恶性卡他热。角马或绵羊是本病毒的贮存宿主，但仅传播病毒，本身并不致病。有3种流行模式。第一种流行于非洲，牛及野生反刍兽患病，主要以角马（*Connochaetes gnu*，*C. taurinus*）为传播媒介，鼻腔分泌液中含有大量病毒。非洲型的恶性卡他热病毒已分离成功，并作为病毒分类的依据。第二种牛及鹿患病，通过与绵羊羔密切接触而感染，绵羊疱疹病毒2型与本病有关，但病毒分离迄今未成功，DNA克隆测序显示恶性卡他热病毒绵羊型与非洲型相似。我国流行的属于绵羊型。第三种流行于北美，围栏养殖的牛患病，无需绵羊接触。病毒特性尚待进一步鉴定。非洲型及绵羊型恶性卡他热病毒均可感染兔，使之发生类似恶性卡他热。病毒在牛之间并不传递。

牛非典型间质性肺炎（bovine atypical interstitial pneumonia，AIP） 见牛急性肺气肿和肺水肿。

牛肺炎链球菌感染（streptococcus pneumoniae infection） 原称肺炎双球菌感染。肺炎链球菌（*Streptococcus pneumoniae*）引起犊牛的急性败血性传染病。3周龄内的犊牛最易感，常取急性败血性经过。成年牛感染则表现为子宫内膜炎和乳房炎。本病在临床上与犊牛的其他败血性感染没有区别。确诊需进行细菌学检查。防制的重点是及时发现和排除带菌者，也可使用多价菌苗进行免疫预防，使用抗生素治疗有一定效果。

牛肺疫（pleuropneumonia contagiosa bovum） 见牛传染性胸膜肺炎。

牛分枝杆菌（*Mycobacterium bovis*） 平直或微弯的杆菌，革兰氏染色较弱，单在、少数成丛，大小为（0.2～0.5）μm×（1.5～4.0）μm。牛分枝杆菌菌体较短而粗，在陈旧的培养基或干酪性病灶内菌体可见分枝现象。本菌为专性需氧菌，对营养要求严格，在添加特殊营养物质的培养基上才能生长，但生长缓慢，特别是初代培养，一般需10～30d才能看到菌落。菌落粗糙、隆起、不透明、边缘不整齐，呈颗粒、结节或花菜状，乳白色或米黄色。在液体培养基中，因菌体含类脂而具疏水性，形成浮于液面有皱褶的菌膜。常用的培养基是罗杰二氏（Lowenstein-Jensen）培养基（内含蛋黄、甘油、马铃薯、无机盐及孔雀绿等）、改良罗杰二氏培养基、丙酮酸培养基和小川培养基。牛分枝杆菌主要引起牛结核病，其他家畜、野生反刍动物、人、灵长目动物、犬、猫等肉食动物均可感染。实验动物中豚鼠、兔有高度敏感性。对仓鼠、小鼠有中等致病力，对家禽无致病性。

牛副流行性感冒（bovine parainfluenza） 又称船运热、运输热。副黏病毒属的副流感3型病毒引起牛的一种呼吸器官疾病。在继发多杀性巴氏杆菌以及在外界诱因应激（如长途运输）的联合作用下，产生严重的呼吸道症状。传播方式经呼吸道或交配引起子宫内感染，常发生于晚秋和冬季，潜伏期2～5d。临床表现为流黏性鼻液、流泪、结膜炎、咳嗽、呼吸困难、腹泻、孕牛发生流产。确诊靠病毒分离鉴定和HI试验，对本病可采用对症疗法，抗生素可控制继发感染。应用副流感3型病毒和巴氏杆菌混合苗进行预防接种，有一定效果。

牛疙瘩皮肤病（lumpy skin disease） 又称结节性皮炎、块状皮肤病。山羊痘病毒属牛疙瘩皮肤病毒（又称Neethling病毒）引起牛的一种以发热、全身皮肤和头部黏膜发生局限性痘样结节为特征的传染病。

本病仅在非洲流行，呈流行性或散发性。传播方式尚不清楚，潜伏期 4～14d。病牛消瘦，产奶量下降，皮肤结节破坏皮革质量，常可导致严重的经济损失。因此世界动物卫生组织将本病列为 A 类疾病（严重传染病）。确诊靠病毒分离、中和试验及检查感染细胞的胞浆包含体。弱毒疫苗可用于预防接种。

牛冠状病毒（*Bovine coronavirus*，BCoV）　套式病毒目（Nidovirales）、冠状病毒科（Coronaviridae）、冠状病毒属（*Coronavirus*）成员，是犊牛腹泻仅次于轮状病毒的重要病原。病毒粒子呈圆形，有囊膜，囊膜上有花瓣状纤突，基因组为单分子线状正链单股 RNA。病毒于 1973 年在美国首次报道，目前已遍布全世界。BCoV 可导致人的腹泻，BCoV 与 HCoV－OC43 的某些分离株的 S 及 HE 蛋白同源性高达 99％以上。水牛也能感染发生腹泻，还可人工感染火鸡并致肠炎。马、猪、兔、犬血清中均可检出高比例的中和抗体。约 1 周龄的犊牛最为常见，腹泻通常持续 4～5d。呼吸道、粪－口及机械传递是病毒的传播途径。可取腹泻初期的牛粪或病牛肠黏膜作免疫电镜，BCoV 能凝集大鼠等红细胞，因此可用血凝－血凝抑制试验检测病毒。分离病毒可用牛睾丸等原代细胞，培养液中加入适量胰蛋白酶。对母牛接种疫苗，使犊牛从初乳获得高滴度的母源抗体，是有效的预防手段。

牛海绵状脑病（bovine spongiform encephalopathy）　又称疯牛病。牛的一种退行性中枢神经系统疾病。以潜伏期长（2.5～8 年），运动失调，神经元和神经核形成海绵状空泡为特征。病原是朊病毒（一种富有感染性的蛋白质颗粒）。1985 年首次发现于英国。混入感染痒病的反刍动物的肉和骨粉制作牛用的饲料，是最可疑的传染源。本病无免疫应答，尚不能用血清学诊断，取脑作组织学检查可作出定性诊断。本病防制措施为焚烧病牛和可疑感染牛，杜绝从疫区引进牛只。

牛呼吸道合胞体病毒感染（bovine respiratory syncytial virus infection）　副黏病毒科肺病毒属（*Pneumovirus*）的牛呼吸道合胞体病毒引起牛的呼吸道急性传染病。1967 年首次发生于瑞士。本病传播很快，主要症状为稽留热，呼吸促迫、咳嗽，流鼻液、流泪和流涎，孕牛发生流产。预后良好。应用荧光抗体检出病料中病毒抗原或用牛肾细胞培养分离病毒。目前尚无特效疫苗。本病防制措施主要是认真做好隔离和消毒，防止病毒扩散。

牛弧菌性流产（vibrionic abortion of cattle）　见弯杆菌性流产。

牛化脓棒状杆菌乳房炎（summer mastitis）　在欧洲称夏季乳房炎，美国称化脓性乳房炎。化脓棒状杆菌（*Corynebacterium pyogenes*）引起乳房局部组织的炎症或脓肿。病原经乳房皮肤或乳头损伤感染，无明显季节性，在互相吮乳癖的犊牛群中时有发生。脓肿型的特点为脓肿包囊厚，脓汁稀色黄带绿无臭，可供诊断本病参考，确诊本病必须作细菌分离鉴定。在发病早期应用青霉素和广谱抗生素治疗有效，可防止病菌扩散，体表的脓肿行手术疗法。平时要注意皮肤及乳头的清洁卫生，预防本病发生。

牛急性肺气肿和肺水肿（acute bovine pulmonary emphysema and pulmonary edema）　又称再生牧草热（fog fever）、牛非典型间质性肺炎（atypical interstitial pneumonia）。牛摄食含有肺毒或肺水肿因子的饲草后引起的一种急性呼吸促迫综合征。多发生于秋季，这与牛采食含有过多 L－色氨酸的牧草有关。L－色氨酸的一些代谢产物为肺毒物质，可损害细支气管 Clara 细胞和Ⅰ型肺泡上皮细胞而致病。症状以呼吸促迫为主，如张口、吐舌、口吐白沫，发出喘息声。肺部听诊有啰音。重型病例可窒息。治疗应用肾上腺素、氨茶碱、异丙嗪和抗组织胺等药物。

牛蕨中毒（bracken intoxication in cattle）　又称牛地方性血尿。牛长期采食蕨类植物引起以持续性血尿和再生障碍性贫血为主征的中毒病。急性病例呈现类放射性反应，如厌食、昏睡、消瘦、腹泻、粪中带血、贫血、结膜苍白并有出血斑、呼吸促迫、脉速而细弱、血液凝固时间延长、出血不易止住。慢性病例显示膀胱瘤症状，如血尿等。治疗可进行对症疗法，膀胱内注入收敛剂，注射维生素 K_3 和止血剂。预防在于改换草场或除去饲草中混杂的蕨类植株等。

牛流行热灭活疫苗（bovine ephemeral fever inactivated vaccine）　一种用以预防牛流行热的细胞培养灭活疫苗。将牛流行热 YHL 毒株（日本）接种 Hmlu－1 细胞增殖，在 34℃培养至毒价达 5.0～7.3$TCID_{50}$/mL 时收获，加 0.2％甲醛（以含 38％～40％甲醛液折算）灭活，再加入 0.8％磷酸钠和 0.5％氯化铝吸附制成。使用时，一律间隔 4 周注射 2 次。

牛流行热弱毒疫苗（bovine ephemeral fever attenuated vaccine）　一种用于预防牛流行热的细胞培养弱毒冻干疫苗。目前用于制苗的牛流行热弱毒株为 YHL 株（日）和 919 株（澳）。以 YHL 弱毒接种 Hmlu1 细胞，在 34℃增殖培养 2～3d，取培养毒液与保护剂（乳糖 5g、聚乙烯氮戊环酮 K—900.3g、蒸馏水 100mL）等量混合，冷冻真空干燥制成。使用时，多采取第 1 次注射弱毒苗，间隔 4 周后再注射灭活苗。

牛流行性感冒（bovine influenza） 又称牛流行热（bovine epizootic fever）、暂时热、三日热。弹状病毒科水疱病毒属的牛流行热病毒引起牛的一种以高热、流泪、流涎、呼吸促迫、后躯活动机能障碍为特征的急性热性传染病。病牛高热期血液中含有病毒，吸血昆虫为重要传播媒介，主要于蚊蝇多的季节流行，有明显季节性，发病率高，死亡率低。潜伏期为3～7 d。确诊靠病毒分离或直接免疫荧光检测病原抗原。可应用细胞培养的弱毒疫苗或亚单位疫苗预防接种，认真做好隔离、消毒和防虫灭虫。病牛可用退热药和强心药对症治疗。

牛盲肠扩张和扭转（caecal dilatation and torsion in cattle） 营养佳良乳牛分娩后发生的一种肠变位。可能是由于瘤胃内不解离挥发性脂肪酸浓度增加而引起盲肠弛缓所致。临床上表现厌食，腹痛，排粪减少，生产性能降低，右肷臌起，轻度脱水，伴发代偿性低氯血症和低钾血症的症状。治疗除投服盐类泻剂和镇静剂外，对重型病例可实行剖腹术给予整复矫正。

牛霉稻草中毒（moldy rice straw poisoning in cattle） 牛因采食大量霉稻草而发生的以肢端、耳尖和尾梢组织干性坏疽为主征的中毒病。由腐生稻草上的木贼镰刀菌（*Fusarium equiseti*）、三线镰刀菌（*F. tricinctum*）和拟枝孢镰刀菌（*F. sporotrichioides*）等产生的丁烯酸内酯（butenolide）所致。症状为蹄冠肿胀、增温和疼痛反应，后期系凹部皮肤横行裂隙，蔓延腕、跗关节，跛行，患部皮温降低，有淡黄色透明渗出液，被毛脱落，肿胀皮肤破溃、化脓，形成龟板状硬痂或发生干性坏疽。坏死皮肤紧箍骨骼形成木棒状，最后蹄匣脱落。伴发程度不同的耳尖、尾梢部分坏死性脱落。预防在于平时选用优质饲草，严禁饲喂霉败变质稻草。

牛霉烂甘薯中毒（moldy sweet potato poisoning in cattle） 牛因采食大量霉烂甘薯而发生的以急性肺水肿、间质性肺气肿为主征的中毒病。由腐生甘薯长喙壳菌等产生的甘薯酮、甘薯酮醇和4-甘薯醇等苦味质而致病。轻型病例仅食欲减退，反刍和嗳气机能紊乱，可耐过康复。重型病例肌肉震颤，呼吸困难并发拉风箱音，咳嗽，听诊肺部有干、湿性啰音。后期在肩胛、背等处发生皮下气肿，触诊呈捻发音，张口伸舌，头颈前伸，站立前肢叉开、结膜发绀，瞳孔散大，肌肉痉挛，出血性肠炎，粪干带血，心脏衰弱，体温降低。妊娠母牛流产。治疗宜采用对症疗法。

牛霉麦芽根中毒（moldy malt rootlets poisoning） 牛因采食霉麦芽根饲料而发生的以神经系统紊乱为主征的中毒病。由腐生麦芽根（啤酒糟）的棒曲霉（*Aspergillus clavatus*）、荨麻青霉（*Penicillum urticae*）和米曲霉小孢变种（*Aspergillus oryzae* var. *microsporum*）等分别产生的棒曲霉素和麦芽米曲霉素而致病。症状有对外界感觉过敏，兴奋，惊厥，全身肌肉，尤其肘肌群震颤，眼球突出，目光凝视，呼吸浅表，频数，心音亢进。两后肢抬举，伸展，频频交替负重。重型腹围卷缩，拱背，系关节强直，弯曲，卧地后四肢作游泳状划动，角弓反张。预防宜严禁饲喂霉酒糟等饲料。

牛免疫缺陷病毒（*Bovine immunodificiency virus*, BIV） 反转录病毒科（Retroviridae）、慢病毒属（*Lentivirus*）成员。病毒粒子呈球形，有囊膜，基因组为单股RNA。病毒可在牛胚胎许多组织的细胞上生长，产生合胞体等细胞病变。其基因组是非灵长动物免疫缺陷病毒中最完整的。易感动物主要是奶牛和肉牛，引起以持续性淋巴细胞增生症、中枢神经系统损伤及进行性消瘦和衰弱为主要特征的传染病。

牛囊虫病（cysticercosis of cattle） 见牛囊尾蚴病。

牛囊尾蚴病（cysticercosis bovis） 又称牛囊虫病。牛带吻绦虫的中绦期——牛囊尾蚴（*Cysticercus bovis*）寄生于牛肌肉及内脏器官引起的疾病。牛带吻绦虫成虫寄生于人小肠内，孕卵节片或游离的虫卵随人粪便排至自然界，污染草地和饮水。虫卵被牛吞食后，六钩蚴在小肠内孵化，钻入肠壁血管，随血液散布到全身各处，并在适于它们寄生的部位停留下来，开始发育。最常被寄生的部位为颌肌、心肌、膈肌、肩部肌肉等处，亦可见于食道壁和脂肪中。由六钩蚴发育为成熟的囊尾蚴约需18周。成熟的囊尾蚴呈卵圆形，长径7.5～9mm，短径5.5mm。牛感染后一般不显症状。幼虫发育为成熟囊尾蚴约一年后，即逐渐衰亡并钙化，牛只对再感染有很强的免疫力。生前诊断仅能用血清学方法。宰后检查容易确诊。人误食入牛囊尾蚴可导致牛带吻绦虫寄生。预防的主要环节是杜绝人粪便污染牧场和饮水，给患牛带吻绦虫的人驱虫和加强牛肉的卫生检验。

牛疱疹病毒（*Bovine herpesvirus*） 疱疹病毒科（Herpesviridae）成员。病毒有囊膜，基因组为线性双股DNA。感染牛主要有呼吸道及生殖道两种表现型。呼吸道型极少发生于舍饲牛，常见于围栏牛。引致多种症状，包括鼻气管炎、脓疱性阴道炎、龟头包皮炎、结膜炎、流产及肠炎，新生犊牛可为全身性疾病，并可有脑炎。潜伏感染的带毒牛可能终生排毒，成为传染源。生殖道型可因交配或人工授精传染，呼吸道型与结膜炎可因气雾传染。上述两型均为局部上皮细胞坏死，坏死灶周边细胞核内可见包涵体。病毒在犊牛肺、睾丸或肾细胞培养生长良好，1～2d可产生明显的细胞病变，并有嗜酸性核内包涵体。经适应可在HeLa细胞上生长，不能在鸡胚生长。可取病变组织作涂片或切片，作荧光抗体染色，或提取基因组进行PCR检测。ELISA法可检测血清及牛奶中的抗体。在流行较严重的国家，一般用疫苗预防控制，常用各种弱毒疫苗及基因缺失疫苗。疫苗虽不能防止感染，但可明显降低发病率及患病严重程度。在发病率低的欧洲国家，则采取淘汰阳性牛的严厉措施，不再允许使用疫苗。

牛皮蝇（*Hypoderma bovis*）　成蝇自由生活，长约15mm，全身布满细毛。口器退化，完全失去采食功能。头部和前胸部被黄绿色毛，前腹部被淡黄色细毛，接着是一个暗色毛带，后腹部为橘黄色毛。成蝇于夏季出现，热天活跃，交配后的雌蝇侵袭牛的被毛上产卵，主要产卵部位在腿部，每根毛上一个卵。幼虫孵化后爬至毛根部钻入皮肤，在皮下结缔组织中向上部移行，途经膈部（偶尔进入椎管，大多能够复出），最终到达背部皮下，形成瘤肿，并且幼虫发育为第三期幼虫。瘤肿顶部有一小孔。完全成熟的第三期幼虫长可达27～28mm，状如大桑椹。从第一期幼虫钻入牛体到第三期幼虫在背部皮下形成瘤肿，需8～9个月。第三期幼虫在背部皮下停留约2.5个月，完全成熟后由瘤肿顶部小孔钻出落地，在土壤中化蛹，蛹期35～36d，然后羽化成蝇。成蝇飞袭牛只产卵时，引起牛惊恐不安，产奶量下降，增重降低。第三期幼虫从皮肤上钻出时，皮革受损。多次感染的牛，可因吸收死亡或破伤幼虫释出的物质引起超敏反应，甚至造成流产或死亡。防治的关键措施在于杀死牛体内的幼虫，伊维菌素、氯氰柳胺等多种药物有效，在流行区域应于每年的温暖季节定期用药。牛皮蝇幼虫偶寄生于人和马。

牛皮蝇蛆（*ox warbles*）　牛皮蝇与纹皮蝇的幼虫通称牛皮蝇蛆。见牛皮蝇与纹皮蝇。

牛蜱（*Boophilus*）　属硬蜱科。雌虫的肛沟不明显，雄虫无肛沟。盾板上无花斑。有眼。无缘垛。口器短。须肢上有显著的横嵴。第一基节分两叉。气门板呈圆形或卵圆形。雄虫有肛侧板和副肛侧板，有一个尾突。微小牛蜱（*B. microplus*）是常见种，为小型蜱，未吸血时雄虫长1.9～2.4mm，宽1.1～1.4mm，雌虫长2.1～2.7mm，宽1.1～1.5mm。主要寄生于黄牛和水牛，有时也寄生于其他动物和人，为一宿主蜱。在我国，北至辽宁、南至广东、东自沿海、西至西藏和云南的广大地区都有分布。传播双芽巴贝斯虫病、边缘无浆体病和Q热等多种疾病。

牛丘疹性口炎（bovine papular stomatitis）　副痘病毒属的牛丘疹性口炎病毒引起牛的以口腔黏膜出现增生、糜烂或溃疡为特征的传染病。2岁以下牛最易感，本病是通过病牛与健牛接触或被污染饲料而感染，传播力很强，病势较轻。确诊需作电镜检查和病毒分离，琼脂扩散试验可检测病毒抗体。本病预防措施主要是采取检疫、隔离阳性牛。病牛无需特殊治疗均能自行康复。

牛丘疹性口炎病毒（bovine pustular stomatitis virus）　属痘病毒科（Poxviridae）、副痘病毒属（*Parapoxvirus*）成员。病毒颗粒为纺缍状，核衣壳为复合对称。有哑铃样的芯髓以及两个功能不明的侧体。有囊膜，基因组为双股DNA。牛丘疹性口炎病毒不能在鸡胚绒毛尿囊膜上生长，但可在牛、羊等的原代睾丸细胞培养物内增殖，并在接毒后5d左右产生细胞病变。感染细胞核变形，并常出现胞浆内包涵体。牛患丘疹性口炎时，口腔黏膜、鼻镜、鼻孔的上皮出现病变，引起火山口样溃疡，直径达1cm。鼻镜和鼻孔周围的病变为突起而粗糙的棕色斑。通常在几周内痊愈。本病发生于牛，特别是幼牛，由于本病没有水疱、下痢和全身症状，所以易与口蹄疫、牛瘟和腹泻-黏膜病等鉴别。

牛球虫病（bovine coccidiosis）　多种球虫寄生于牛的肠上皮细胞内引起的原虫病。牛球虫均属孢子虫纲、艾美耳科、艾美耳属。主要致病种有：①邱氏艾美耳球虫（*Eimeria zurnii*），卵囊呈球形、亚卵圆形，大小为15μm×18μm，寄生于小肠、盲肠、结肠。②牛艾美耳球虫（*E. bovis*），卵囊呈卵圆形，大小为20μm×28μm，寄生于回肠、盲肠和结肠。③奥博艾美耳球虫（*E. auburnensis*），卵囊呈长卵圆形，大小为37μm×23μm，寄生于小肠中后段。临床上多为混合寄生。经口感染。发育过程与鸡球虫相同。犊牛患病后可表现为精神不振，腹泻，粪便带血，后期高度贫血，粪便转呈黑色，多因极度衰弱死亡。通过在粪便中查找卵囊或刮取死亡动物肠道黏膜查找裂殖体、裂殖子或配子体和卵囊可以做出诊断。可用磺胺类药物、氨丙啉等进行治疗，莫能霉素、氨丙啉等药物可用以预防。预防措施主要是加强厩舍卫生，消除积水，保持干燥，保持饮水和饲料清洁，及时清理粪便。

牛乳头状瘤（bovine papillomatosis）　乳多空病毒科的乳头状瘤病毒引起牛的一种以体表皮肤和黏膜上出现乳头状良性上皮瘤为特征的接触性传染病。硬性乳头状瘤见于头部、乳房部的皮肤，唇、齿龈、舌、颊、咽及食管等部的黏膜；软性乳头状瘤见于喉头、鼻咽、胃、肠、子宫和膀胱等处的黏膜。应用补体结合和荧光抗体进行诊断，采集新鲜的乳头状瘤制备灭活苗，可试用于预防本病。乳头状瘤还见于马、犬等家畜。

牛三毛滴虫病（bovine trichomoniasis） 胎三毛滴虫（*Tritrichomonas foetus*）寄生于牛的生殖器官引起的寄生虫病。胎三毛滴虫属鞭毛虫纲（Mastigophora）、毛滴虫科（Trichomonadidae）。虫体呈短纺锤形、梨形或长卵圆形，长达 25μm，宽 3～15μm，由毛基体伸出 3 根游离的前鞭毛，一根附连于波动膜边缘的后鞭毛。寄生于母牛的阴道、子宫，公牛的包皮腔、阴茎黏膜及输精管等处；交配感染，或由不严格的人工授精或消毒不严格的器械感染。母牛感染后阴道潮红肿胀，流出絮状的白色分泌物，黏膜上出现疹样小结节。公牛包皮肿胀，分泌大量脓性物，阴茎黏膜上有红色小结节。怀孕母畜因虫体在子宫内繁殖，引起胎儿死亡、流产。可用病原学检查方法诊断。治疗用卢戈氏液、雷佛奴尔、龙胆紫液、甲硝哒唑溶液等药冲洗生殖器官。预防措施主要是严格检疫，治疗或淘汰病畜；采用严格的人工授精技术以杜绝感染机会。

牛三日热（three-day fever） 见牛流行性感冒。

牛散发性脑脊髓炎（sporadicbovine enccphalomyelitis） 鹦鹉热衣原体引起牛中枢神经损伤为主的人兽共患传染病。病原传染性不强，呈散发性，经母牛乳传播给犊牛，1 岁以下犊牛易感。病牛突然发热衰弱，咳嗽鼻漏，流泪流涎，腹泻脱水，抑制和麻痹，关节肿胀，角弓反张。无特征病变，纤维素性胸膜炎、腹膜炎及心包炎，脾肿大，弥漫性脑膜脑炎。根据临诊症状和病变疑为本病，结合检出单核细胞胞浆内原生小体作出确诊。尚无有效预防方法。早期试用广谱抗生素治疗有效。人患持续性头疼和脖子僵硬综合征与本病原有关，严防感染和扩散，注意个人保健。

牛外源性变应性肺泡炎（extrinsic allergic alveolitis in cattle） 见牛的农民肺。

牛网尾线虫病（dictyocauliasis of cattle） 胎生网尾线虫（*Dictyocaulus viviparus*）寄生于牛和鹿的支气管引起的寄生虫病。雄虫长 4～5.5cm，雌虫长 6～8cm。交合伞的中侧肋与后侧肋融合为一个；交合刺短，长度仅相当于丝状网尾线虫交合刺长的 1/3～1/2。生活史、症状、治疗与预防等均请参阅羊网尾线虫病。

牛瘟（rinderpest） 麻疹病毒属的牛瘟病毒引起牛的一种急性败血性传染病。4 世纪在欧洲已有流行的记载，中国于 1955 年消灭了本病。病毒由病畜的排泄物排出，经消化道和呼吸道感染健牛，也可经昆虫传播，康复牛不带毒。潜伏期 3～9d。临床症状可分为急性型、非典型和隐性型 3 种。急性型最多见，其特征是高热、流泪、流延和流鼻液，口黏膜潮红，在口角、齿龈、颊部黏膜有假膜、烂斑和溃疡。应用补体结合试验和荧光抗体试验可确诊，应与口蹄疫、黏膜病鉴别。做好检疫和疫苗接种是预防本病行之有效的措施。

牛瘟病毒（*Rinderpest virus*） 副黏病毒科（Paramyxoviridae）、麻疹病毒属（*Morbillivirus*）成员。病毒颗粒通常呈圆形，直径 120～300nm。有囊膜。基因组为单链负股不分节段 RNA 病毒。该病毒的结构蛋白有核衣壳蛋白、多聚酶蛋白、基质蛋白、融合蛋白、血凝蛋白和大蛋白，另外还有 2 种非结构蛋白。本病毒和麻疹病毒以及犬瘟热病毒有共同抗原，如将两种病毒注射于犬，能抗犬瘟热。该病毒只有一个血清型，但从地理分布及分子生物学角度将其分为 3 个型，即亚洲型、非洲 1 型和非洲 2 型。病毒在宿主胞浆内繁殖，可诱导产生中和抗体、补体结合抗体和沉淀抗体。病毒能在鸡胚中生长；还能在牛、绵羊、山羊、人、犬、兔和大鼠的肾细胞中繁殖，产生细胞致病作用。病毒可引起牛、水牛等偶蹄动物的一种急性高度接触性传染病，其临诊特征为体温升高、病程短，黏膜特别是消化道黏膜发炎、出血、糜烂和坏死。牛瘟属于 OIE 规定的通报疫病，我国应用兔化弱毒株已将此病消灭，但要严格检疫。

牛瘟兔化绵羊化弱毒疫苗（rinderpest lapinoovinized attenuated vaccine） 一种以中国育成的牛瘟兔化山羊化绵羊化弱毒株制成的用于预防牦牛、犏牛、朝鲜牛和黄牛牛瘟的组织弱毒疫苗。将绵羊化毒株第 564 代种毒（10 倍稀释脾淋毒或冻干毒）给绵羊静脉注射 10mL，24～72h 后体温升高超过常温 1～2℃并稽留 24h 以上，不出现其他症状，待体温下降时剖杀，采取血液和脾脏、淋巴结分别制成血苗和脾淋苗。可就地随制随用，在 0～4℃保存不超过 24h。本苗适用于牦牛、犏牛、朝鲜牛和黄牛，肌内注射 1～2mL，免疫期 1 年以上。

牛瘟兔化弱毒疫苗（rinderpest lapinized attenuated vaccine） 国产使用的以牛瘟兔化中村置系弱毒第 355 代毒种再通过兔体传至 900 代以上育成的毒株制备的一种用于预防牛瘟的弱毒湿苗。将血毒，或 20 倍生理盐水稀释的脾淋毒，或 10 倍稀释的冻干毒毒种，给家兔耳静脉注射 1mL，于 24～48h 后体温升高超过常温 1～2℃并稽留 24～48h，表现典型症状，待高温反应下降时剖杀采毒（心血、脾脏和淋巴结），用灭菌生理盐水制成 1∶100 稀释疫苗。本苗可就地随制随用，15℃以下保存 24h 内有效。使用时，除牦牛、朝鲜牛外，一般牛皮下或肌内注射 1mL，免疫期1年以上。

牛瘟兔化山羊化弱毒疫苗（rinderpest lapinocaprinized attenuated vaccine）　一种适用于中国蒙古黄牛和东北黄牛以预防牛瘟的组织弱毒湿苗。以第888代兔化种毒通过山羊传代100代以上育成的中国兔化山羊化种毒（血毒或10～20倍稀释脾淋毒，或10倍稀释冻干毒10mL）静脉注射健康山羊，于24～48h后体温升高超过常温1℃以上并稽留24h以上，不出现其他症状，在体温下降时剖杀采取血液、脾脏和淋巴结，分别制成血苗和脾淋苗。本苗可就地随制随用。使用时，限用于蒙古黄牛和东北黄牛，肌内注射2mL，免疫期1年以上。

牛细菌性肾盂肾炎（bacillary pyelonephritis of cattle）　肾棒杆菌引起牛的肾脏、输尿管和膀胱炎症为特征的疾病。病原经尿道生殖道口感染，主要发生在母牛，公牛少见。病牛表现排尿频繁或困难、尿少浑浊带血色，含有白细胞、蛋白质、组织碎片等。严重者呈尿毒症症状。剖检见肾肿大，肾被膜与肾粘连，肾化脓坏死，肾盂肾盏扩大，肾乳头坏死，膀胱黏膜增厚出血坏死，输尿管肿大积尿坏死。根据牛群病情、特殊症状、剖检特点可作初诊，确诊需进行细菌分离鉴定。青霉素治疗有效。注意尿道生殖道口的清洁卫生，同时保持环境清洁卫生，预防本病的发生。

牛细小病毒感染（bovine parvovirus infection）　血吸附肠病毒引起牛的一种以腹泻、结膜炎、流产和呼吸道症状为特征的传染病。病原属于细小病毒，对人、犬、鼠红细胞产生凝集和血吸附反应。康复犊牛的粪便中能间歇地分离到病毒，通过粪便传播。确诊靠病毒分离，或用电镜检查粪便中病原体。HI试验也可用于诊断。目前尚无有效疫苗，预防本病的关键是严禁引进带毒的病牛。

牛腺病毒感染（bovine adenovirus infection）　牛腺病毒（*Bovine adenovirus*）引起牛的一种传染病。成年牛常呈隐性感染，犊牛常发生肺炎、肠炎、结膜炎或角膜炎，并常伴有虚弱犊牛的综合征。血清学调查证实，牛腺病毒感染在世界上普遍存在和传播。对本病尚无特异性疗法，对症治疗有助于康复。预防可用灭活或减毒的牛腺病毒1～3型和4型疫苗。

牛心包切开术（pericardiectomy of the cattle）　适应于牛的浆液性，化脓性心包炎的治疗。手术的目的在于减少渗出、除去异物、制止或排除感染造成的结果。手术方法分为下列步骤：选第五肋骨处切开皮肤、筋膜和肌肉并切除肋骨；切开胸膜、暴露胸腔；切开心包并将心包创缘与皮肤创围缝合，使心包与胸腔隔离；探索异物和除去纤维蛋白和坏死组织；洗涤心包和制作引流管；缝合心包和关腹。持续利用引流管冲洗心包，大量应用抗生素。

牛眼鳞状上皮细胞癌（ocular squamous cell carcinoma of the ox）　眼球结膜、角膜及其附近组织的鳞状上皮癌。美国、欧洲、南美、非洲、亚洲及澳大利亚均有发生，给养牛业带来严重损失。发病原因尚未明了，可能与遗传、紫外线照射或病毒感染有关。早期病变为斑块，后发展为乳头瘤、非浸润性癌或浸润性癌，晚期可以转移到其他器官或组织。治疗包括手术、冷冻、放射、电热疗和免疫疗法等。

牛、羊地方流行性流产（enzootic bovine and ovine abortion）　由鹦鹉热衣原体引起牛、羊以流产为特征的传染病。病原体可经消化道，呼吸道及生殖道感染。母畜发生流产，死产，产弱犊、弱羔，公畜以精囊，副性腺，睾丸及附睾的慢性炎症为特征。病变为流产胎膜水肿，胎儿贫血，皮肤黏膜出血，皮下水肿，肝结节性肿胀，气管、舌，胸腺和淋巴结出血，所有器官肉芽肿。根据临诊和病变特点作初诊，确诊需进行病原分离鉴定及血清学试验。严格防疫卫生措施，防制本病发生。羊用灭活苗免疫效果好，牛尚无免疫用疫苗。

牛、羊多发性关节炎（bovine and ovine polyarthritis）　由鹦鹉热衣原体引起犊牛、羔羊以关节炎为特征的传染病。牛、羊病原抗原性一致，与牛散发性脑脊髓炎病原有关，但与牛、羊地方性流产病原抗原性不一致。病原体寄居肠道，也存在于病关节及其他组织。经消化道传染，亦可经生殖道感染，多发于夏秋季。犊牛、羔羊临诊相似，出生时虚弱，高热腹泻，步态僵硬，关节肿大、跛行。剖检关节周围充血水肿，关节液增多浑浊，肝、脾淋巴结肿胀。根据流行病学及临诊特点作初诊，分离病原鉴定或作血清学检查确诊本病。依照兽医卫生防疫措施防制本病。早期试用泰乐菌素和青霉素治疗有效。

牛、羊结节虫病（nodular worm disease of cattle，sheep and goats）　见牛、羊食道口线虫病。

牛、羊食道口线虫病（oesophagostomiasis of cattle，sheep and goats）　又称牛、羊结节虫病。食道口属（*Oesophagostomum*）线虫寄生于绵羊、山羊、牛和羚羊等反刍兽引起的寄生虫病。寄生于绵羊和山羊的最常见的虫种是哥伦比亚食道口线虫（*O. columbianum*），寄生部位为结肠。雄虫长12～16.5mm，雌虫长15～21.5mm，身体前部弯曲如钩。口囊浅，其外周为一短梯形的角质口领；口孔周围有内、外叶冠环绕。口领与身体其余部分之间有一环沟为界，自此向后不远处有一横沟，起自侧方，沿腹侧延伸至另一侧方，称颈沟。颈沟的两端向后为宽阔的侧翼。紧靠颈沟两端的后方还有颈乳突。交合伞发达，属典型构造，伞膜充分展开后大体呈圆形。阴门在肛门前不远处，阴道短，横向通入一肾形的排卵器内。寄生于牛结肠的为辐射食道口线虫（*O. radiatum*），雄虫长 14～17mm，雌虫长 16～22mm，在口领与颈沟之间形成一明显的头泡，其后部有一横的缢缩部。无外叶冠。寄生于羊的虫种还有粗纹食道口线虫（*O. asperum*）、甘肃食道口线虫（*O. kansuensis*）和微管食道口线虫（*O. venulosum*）等。生活史属直接型，经口感染，其中哥伦比亚食道口线虫和辐射食道口线虫的第三期幼虫进入畜体后，首先钻入小肠或大肠的黏膜内发育，并在其中蜕皮变为第四期幼虫；其后返回结肠肠腔，第四次蜕皮后生长为成虫。哥伦比亚食道口线虫的致病性最强，羔羊出现顽固性下痢，粪便呈暗绿色，含多量黏液，有时带血。症状的明显期常发生在幼虫自肠壁结节中重返肠腔之时。患畜弓背，后肢动作僵硬，进行性消瘦，肌肉萎缩，多衰竭致死。参阅捻转血矛线虫病与猪食道口线虫病。

牛衣原体性肠炎（bovine chlamydial enteritis） 鹦鹉热衣原体引起主要危害幼犊的消化道传染病。病原寄居带菌牛羊肠道，经口感染犊牛，在呼吸道和消化道上皮内增殖。临诊上多呈隐性经过，在应激因素作用下，出现黏液样、水样和血样腹泻为主的肠炎。真胃和回肠末端处病变严重，呈水肿点状出血，上皮溃疡，肠黏膜上皮脱落。治疗主要调整体内酸碱平衡和补液，并结合使用金霉素，抑制病原体的增殖，以控制本病发展。

牛遗传性多发性关节强硬（inherited multiple ankylosis of cattle） 各品种犊牛的先天性遗传性疾病。病因尚不清楚。临床上可见肢关节的多发性关节强硬，四肢屈曲，脊椎弯曲（椎间关节强硬所致），颈变短，多发生胎儿难产。妊娠 6～7 个月的母牛腹部明显增大，妊娠最后一个月易发流产。

牛遗传性骨关节炎（inherited osteoarthritis of cattle） 一种单一染色体隐性遗传病。主要发生于老龄牛的膝关节。症状为关节肿大，腿肌肉逐渐萎缩，呈现一或两后肢跛行，运动缓慢，行走时无法高抬，伴发咯吱咯吱声响。驻立时后肢置于稍前方，膝关节外展，两蹄并拢。食欲和生产性能可保持正常。

牛遗传性痉挛性轻瘫（inherited spastic paresis of cattle） 牛犊多发的一种遗传病。临床上病犊腓肠肌过度紧张，跗关节僵直，通常在一后肢比较明显。在行走时患肢向后挺直，常不着地，处于痉挛性收缩状态，举尾，跛行，被迫横卧地上。

牛遗传性周期性痉挛（inherited periodic spasticity of cattle） 牛的一种具不完全外显率的遗传病。临床症状只是在站立时明显，后肢向后伸展，背凹陷，伴发后躯明显震颤。发作只持续几秒钟，随病情发展可延长时间，最长达 30min。通常在发作期间丧失运动能力，但神态无任何异常。治疗可用脊髓抑制剂——唛酚生（mephenesin），有一定效果。

牛饮食性皱胃阻塞（dietary abomasal impaction in cattle） 牛发生的一种真胃疾病。由饲喂铡切过短或磨碎过细的粗饲草料所致。多发生于寒冷季节里舍饲的妊娠肉牛或妊娠后期奶牛。临床表现皱胃弛缓和慢性扩张为主，厌食、体重减轻、虚弱、站立困难、心跳加快、呼吸急促、鼻镜干裂、脱水，有时皱胃破裂，继发急性弥漫性腹膜炎，可在几小时内发生休克死亡。治疗宜用轻泻剂结合输注葡萄糖和生理盐水等。必要时可行外科手术掏取皱胃内容物。

牛暂时热病毒（*Bovine ephemeral fever virus*, BEFV） 又称牛流行热病毒、三日热病毒。属弹状病毒科（Rhabdoviridae）、暂时热病毒属（*Ephemerovirus*）成员。病毒粒子螺旋对称，呈子弹形或圆锥形，有囊膜，囊膜表面有纤突。国内外分离的毒株形态上有差异，但抗原性上基本一致。病毒以库蠓、疟蚊等节肢动物为传播媒介，可引起奶牛、黄牛和水牛急性热性传染病，表现为体温突然升高至 40℃以上，呼吸迫促，全身虚弱、伴有消化机能和运动器官的机能障碍。本病在亚洲、非洲及澳大利亚的热带及亚热带地区流行，多呈地方流行，突然发作，有周期性。发病率可高达 100%，死亡率一般只有 1%～2%，但肉牛及高产奶牛死亡率可达 10%～20%。

纽扣热（boutonneuse fever） 又称马赛热、蒲车热、肯尼亚蜱传斑疹伤寒、南非蜱传斑疹伤寒等。康氏立克次体（*Rickettsia comori*）引起的一种蜱媒性斑疹伤寒。传染源主要是犬和野生啮齿动物。犬、蜱既是传播媒介又是病原的贮存宿主。病原体在野生啮齿动物和蜱间循环，人因被感染的蜱叮咬而发病。本病分布于欧洲、亚洲和非洲大部分地区。本病是一种慢性发疹性疾病，有原发性病灶，焦痂明显，淋巴结肿大。临床表现与北亚蜱传斑疹伤寒基本相同，诊断和防治方法亦同。

农产废弃物（agricultural waste） 农业生产中收获主要产品后剩余的一般认为价值不高的产物。谷类废弃物，如稻草、稻壳、玉米秆、玉米穗轴、落花生藤、落花生壳、毛豆藤、大豆藤及甘薯蔓等。特用作物废弃物如蔗渣、蔗叶等，蔬果废弃物，包含果菜市场废弃物，酸菜废弃物，食品工厂废弃物有农产、水产及禽畜加工之废弃物，菇类栽培介质废弃物，禽畜及养殖废弃物，树皮、庭园及行道树等废弃物。这些农产废弃物多半均可回收再利用，以节约资源，并创造一定的经济价值。

农药（pesticides）　用来防治危害农林牧业生产的有害生物（害虫、害螨、线虫、病原菌、杂草及鼠类）和调节植物生长的化学药品，但通常也把改善有效成分物理、化学性状的各种助剂包括在内。①根据防治对象，可分为杀虫剂、杀菌剂、杀螨剂、杀线虫剂、杀鼠剂、除草剂、脱叶剂、植物生长调节剂等。②根据原料来源，可分为有机农药、无机农药、植物性农药、微生物农药。此外，还有昆虫激素。农药大多数是液体或固体形态，少数是气体。根据害虫或病害的种类以及农药本身物理性质的不同，采用不同的用法。如制成粉末撒布，制成水溶液、悬浮液、乳浊液喷射，或制成蒸汽或气体熏蒸等。

农药安全性毒理学评价程序（toxicological procedure of safety evaluation for pesticide）　卫生部和农业部为了配合其他部门共同做好我国农药管理工作，于1991年6月颁布了新的《农药安全性毒理学评价程序》。该程序是在1982年颁布的《农药毒性试验方法暂行规定（试行）》和《食品安全性毒理学评价程序（试行）》的基础上，收集并参考了国内外有关农药和化学物品的管理经验和安全评价资料，较全面地考虑到农药安全性的各个方面，提出了符合农药特点的各项要求，协调了这些程序和国内现有法规的关系。在充分运用国内原有法规和经验的基础上，结合我国国情，引用国外资料制定的。在以上规定或管理法中，均要求对药品、农药、工业化学品以及用于食品接触的化学物质（如食品添加剂、食品污染物等）必须经过安全性评价，才能被允许投产、进入市场或进出口。

农药残留（pesticide residue）　农药使用后其母体、衍生物、代谢物、降解物等在农作物、土壤、水体中，以及经过食物链在动物性食品中的残余存留现象。其残存种类和数量与农药的化学性质有关，如有机氯杀虫剂在环境中难以降解，降解物也较稳定；而有机磷农药在农作物、土壤、水体中较易降解。农药残留性越大，对人和动物的危害也越大，故对高残留农药应限制使用。

农药登记毒理学试验方法（toxicological test methods of pesticides for registration）　我国政府1995年颁布的《农药登记毒理学试验方法》。规定了农药登记毒理学试验的方法、条件的基本要求。适用于为农药登记而进行的毒理学试验。

农药污染（pesticide contamination）　农药及其在自然环境中的降解产物污染大气、水体和土壤，并破坏生态系统，引起人和动、植物的急性或慢性中毒的一种有机污染。农药污染主要是有机氯农药污染、有机磷农药污染和有机氮农药污染。人从环境中摄入农药主要是通过饮食。植物性食品中含有农药的原因，一是药剂的直接沾污，二是作物从周围环境中吸收药剂。动物性食品中含有农药是动物通过食物链或直接从水体中摄入的。环境中农药的残留浓度一般是很低的，但通过食物链和生物浓缩可使生物体内的农药浓度提高至几千倍，甚至几万倍。农药污染对健康的危害：①急性毒性作用。短期内摄入大量农药，尤其是有机磷农药，会引起急性中毒。②慢性毒作用。长期接触农药，或在人体内蓄积，可以引起慢性中毒。③对酶类的影响。许多有机氯农药可以诱导肝细胞微粒体氧化酶类，从而改变体内某些生化过程。有机磷农药使胆碱酯酶失去活性，引起神经传导生理功能的紊乱，出现一系列有机磷农药中毒的临床症状。④对神经系统的作用。引起患者中枢神经系统功能失常。⑤对内分泌系统的影响。有机氯农药有这方面的影响。如O，P' - DDT对大鼠、鸡、鹑具有雌性激素样作用。⑥对免疫功能的影响。有机氯农药对机体的免疫功能有一定的影响。某些农药本身具有免疫抑制作用。⑦对生殖机能的影响。敌百虫和甲基对硫磷能使大鼠的受孕和生育能力明显降低。⑧致畸作用、致突变作用和致癌作用。

浓核病毒属（*Densovirus*）　细小病毒科的一个属。基因组为单股DNA，含有正股或负股DNA的病毒子各占50%。在昆虫细胞内独立复制。宿主范围包括鳞翅目、双翅目和有翅目昆虫，还可能感染蟹和对虾。

浓染性红细胞（hyperchromic erythrocyte）　红细胞着色很深，中央淡染区消失，见于新生骡驹溶血性黄疸等。

脓毒败血症（pyemia）　化脓菌引起的败血症。由于化脓菌感染后突破了机体的局部免疫防线进入血液，并在血液中大量繁殖，产生毒素，引起全身中毒症状和病理变化。除具有败血症的一般性病理变化外，突出病变为器官的多发性脓肿，常比较均匀地散布在器官中。镜检，脓肿中央和尚存的毛细血管或小血管内易见细菌团块，说明脓肿是由化脓性栓子形成栓塞后所引起的。它是一种急性全身性感染。临床上以寒战、高热、皮疹、关节痛及肝脾肿大为特征，部分可引致感染性休克和转移性脓肿病灶。

脓尿（pyuria）　含有大量脓细胞的尿液。脓细胞指脓尿中的中性粒细胞，除少数继续保持吞噬能力外，大部分已发生变性、坏死和崩解，其外形不规则，细胞内结构包括核不清楚，浆内可见充满颗粒，易聚集成团。白细胞和脓细胞在尿中出现其临床意义相同。脓尿的程度按尿中含白细胞的数量而定，可分为镜下脓尿和肉眼脓尿。

脓疱（pustule） 高出皮肤和黏膜表面的局限性含脓皮疹。形状各异、大小不一，颜色因脓汁颜色而异，可为白色、黄色、黄绿色、黄红色或紫红色。脓疱可为原发疹，亦可由水泡、丘疹继发。是化脓菌感染的结果。常见于湿疹、痘疱、脓疱性皮炎、口蹄疫等。烧伤、刺激性药物等亦可引起。浅脓疱干涸后变成脓痂，愈后不留瘢痕；脓疱较深可形成溃疡，愈后多遗留瘢痕。

脓疱病（impetigo） 家畜皮肤发生的以红斑、脓疱为主征的皮肤病。因外伤感染葡萄球菌而发病。临床上见于牛、猪哺乳期的乳房脓疱病。其皮损周围呈红斑的水泡，随着发展形成脓疱，破溃后流出脓汁，覆盖痂皮。当皮损波及毛囊后发生痤疮，病程延长。治疗以局部用药为主，应防止传播到其他家畜。

脓皮症（pyoderma） 化脓性细菌所致的皮肤感染的总称。原发为表皮、毛囊、汗腺被细菌侵入，又多经过创伤、皮肤伤害二次引发。犬的脓皮症发生率高，按照发病年龄分为幼犬脓皮症和成年犬脓皮症，主要致病菌是中间型葡萄球菌；按照发病部位分成浅表脓皮症、浅层脓皮症、深部脓皮症和感性脓皮症。当化脓性感染发展到毛囊及皮脂腺全部或波及到周围的炎症称为疖。

脓性浸润（purulent infiltration） 组织发生化脓性炎时，穿过微血管的白细胞可分泌胶原酶、透明质酸酶等降解细胞外基质，使细胞分离，脓液弥漫渗透在组织间隙中的现象，是局灶性化脓性炎向周围组织扩散的表现。

脓性卡他（blennorrhea） 黏膜表面的化脓性炎。眼观黏膜表面出现大量黄白色、黏稠浑浊的脓性渗出物，黏膜充血、出血和肿胀，重症时浅表糜烂（erosion）。镜检见渗出物内有大量变性的中性粒细胞，黏膜上皮细胞发生变性、坏死和脱落；黏膜固有层充血、出血和中性粒细胞浸润。

脓胸（empyema thoracis） 胸膜腔内脓汁贮留的病理状态。多为肺炎球菌、链球菌、葡萄球菌、大肠杆菌，特别是结核菌的混合感染。按病变范围分为全脓胸和局限性脓胸。前者是指脓液占据整个胸膜腔；后者也称包裹性脓胸，是指脓液积存于肺与胸壁，或横膈或纵隔，或肺叶与肺叶之间。症状是体温上升、呼吸浅表并增数、白细胞增多、胸膜有剧痛和胸腔内脓汁贮留，周围器官发炎和被挤压，还会出现精神不振、食欲废绝、嗜眠或休克等全身症状。若不及时治疗，将转为慢性，则预后不良。X线造影或穿胸术可得到确诊。早期排出胸内脓汁，充分洗涤，用抗生素治疗，预防败血症。

脓肿（abscess） 组织内局限性化脓性炎，表现为炎区中心坏死液化而形成含有脓液的腔。急性过程时，炎灶中央为脓液，其周围组织出现充血、水肿及中性粒细胞浸润组成的炎性反应带。慢性经过时，脓肿周围出现肉芽组织，包围脓腔，并逐渐形成一个界膜，称为脓肿膜。如果病原菌被消灭，则渗出停止，小的脓肿内容物可逐渐被吸收而愈合；大的脓肿通常见包囊形成，脓液进一步干固、钙化。如果化脓菌继续存在，则从脓肿膜内层不断有中性粒细胞渗出，化脓过程持续进行，脓腔可逐渐扩大。皮肤或黏膜的脓肿可向表层发展，使浅层组织坏死溶解，脓肿穿破皮肤或黏膜而向外排脓，局部形成溃疡（ulcer）。深部的脓肿有时可通过一个管道向体表或自然管腔排脓，在组织内形成的一种有盲端的管道，称为窦道（sinus）。脓肿的治疗初期采取消炎止痛、促进炎症消散和吸收，若不能消散则采取促进脓肿成熟。当软化波动后，可用脓汁抽出法或脓肿切开，排净脓汁、洗涤，后按化脓创处理。

驽巴贝斯虫病（babesiosis caballi） 驽巴贝斯虫（*Babesia caballi*）寄生于马、驴、骡的红细胞内引起的疾病。驽巴贝斯虫属孢子虫纲、巴贝斯科。虫体呈梨形、卵圆形或环形，典型特征是两个梨形虫体相连成锐角，长度大于红细胞半径，大小为（2.8～4.8）μm×（1.1～1.4）μm。传播者为革蜱、璃眼蜱、扇头蜱，在蜱体内经卵传递。放牧马发病率高。患马出现稽留热、贫血、黄疸，后期出现后肢麻痹。肝、脾肿大，胃肠浆膜肿胀，黄染，有小点出血。取血液制片查找虫体或血清学方法诊断。可用三氮脒、硫酸喹啉脲治疗，并辅以对症疗法。做好灭蜱工作以预防传染。

疟疾（malaria） 疟原虫科、疟原虫属的各种原虫引起，主要寄生于红细胞内，感染人和动物，与兽医相关的是鸡疟原虫（*Plasmodium gallinaceum*），寄生于鸡红细胞内，也有红细胞外生殖期。蚊为终末宿主和传播媒介。通过破坏红细胞和破坏神经组织而致病。病鸡主要表现精神不振，贫血，鸡冠苍白，拉稀，部分或完全瘫痪。本病流行受温度、湿度、雨量以及蚊子生长繁殖情况的影响。因此，北方疟疾有明显季节性，而南方常终年流行。血液涂片、骨髓涂片染色检查查疟原虫可以确诊。防蚊和灭蚊是防控的重要措施。治疗疟疾应采用抗疟原虫药物，如氯喹、奎宁、青蒿素等。

疟色素（malarial pigment） 疟原虫侵入宿主红细胞后细胞浆内出现的黄棕色烟丝状的色素。疟原虫是产生疟色素的孢子虫，是疟原虫属的鉴别特征之一。

疟原虫属（*Plasmodium*） 属复顶门（Apicomplexa）、孢子虫纲（Sporozoa）、球虫亚纲（Coccidia)、真球虫目（Eucoccidia)、疟原虫科（Plasmodiidae)。已记载此属有100余种，寄生于爬行类、鸟类和哺乳类的血细胞中，能够引起动物的疟疾。疟原虫的基本结构包括核、胞质和胞膜以及分解血红蛋白后的最终产物—疟色素。血片经姬氏或瑞氏染液染色后，核呈紫红色，胞质为天蓝至深蓝色，疟色素呈棕黄色、棕褐色或黑褐色。疟原虫的发育过程分两个阶段，在脊椎动物体内进行无性生殖、开始有性生殖，在蚊体内进行有性生殖与孢子生殖。疟原虫在红细胞内一般分为3个主要发育期。早期滋养体胞核小，胞质少，中间有空泡，虫体多呈环状，故又称之为环状体。以后虫体变大，有时伸出伪足，胞质中开始出现疟色素，称为晚期滋养体或大滋养体。晚期滋养体发育成熟，核开始分裂后即称为裂殖体，裂殖体经反复分裂形成裂殖子。部分裂殖子侵入红细胞中，最后发育成为圆形、卵圆形或新月形的个体，称为配子体。裂殖生殖也出现于红细胞外的各种细胞内。当雌性按蚊刺吸病人或带虫者血液时，虫体随血液入蚊胃，雌雄配子受精形成动合子，并在蚊胃基底膜下形成圆球形的卵囊。卵囊进行孢子生殖，形成数以万计的子孢子。形状细长，长约11μm，直径为1.0μm，常弯曲呈C形或S形，前端稍细，顶端较平，后端钝圆，体表光滑。

诺氟沙星（norfloxacin）　又称氟哌酸。杀菌药，属于第三代氟喹诺酮类药物。通过作用于细菌DNA螺旋酶的A亚单位，抑制DNA的合成和复制而导致细菌死亡，作为广谱抗菌药早已在临床上广泛使用。然而随着氟喹诺酮类广泛应用，其耐药现象也不断出现，因此研究氟喹诺酮药物的抗菌机理就显得尤为重要。

诺卡氏菌病（nocardiasis）　诺卡氏菌（*Nocardia*）引起多种动物的一种急性或慢性人兽共患传染病。病原为土壤腐生菌，致病力有限。常见病有2种：①牛乳房炎。由星形或巴西诺卡氏菌经乳头管感染，产后发生乳房炎，包被紧绷，硬如木板，淋巴结肿大，泌乳停止，伴发全身症状；产后半月感染时，急性症状后乳房纤维化，皮肤硬结，呈慢性肉芽性-化脓性乳房炎。②牛皮肤病。由皮肤诺卡氏菌引起经皮肤创伤或蜱咬传播，病程长，皮肤和皮下出现索状结节、触有疼感。确诊作病原培养检查。迄今尚无有效疗法，为防止病原扩散，应及时淘汰病畜。

诺卡氏菌属（*Nocardia*）　一类能形成分枝状纤细菌丝，不产生孢子，无运动力，专性需氧的革兰氏阳性菌。广泛分布于自然界，尤其在土壤中。病原性菌种抗酸染色呈阳性，但延长1%盐酸酒精脱色时间即可转为阴性，借此可与结核病分枝杆菌相区别。本属菌专性需氧，培养较易。在普通琼脂或真菌培养基上于22～37℃都能生长，但常需几天才能形成表面干燥、不透明的皱褶状或颗粒状菌落，其色泽可因含氧量或菌种不同而异，有白色、黄色或深橙色、红色或粉红色等之分。通常培养4～5d后，菌丝开始裂解成球菌型或短杆菌型，菌落也渐渐融合成薄膜状。星形奴卡菌（*N. asteroides*）为常见致病菌，常引起以化脓性炎症和形成肉芽肿病变为特征的慢性疾病，呼吸道和皮肤伤口为主要感染途径。

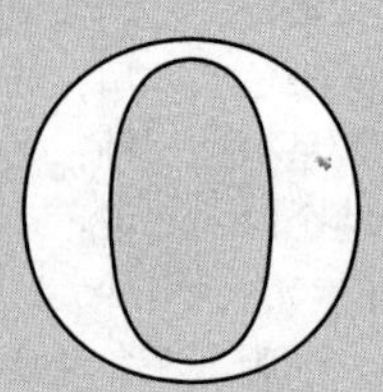

欧洲鸡瘟（european fowl pest） 见禽流行性感冒。

呕吐（vomiting） 胃内或小肠部分内容物偶尔不自主地经口或经鼻腔排出的现象。分为3种：①胃性呕吐，多见于各种胃炎；②反射性呕吐，多见于胃以外的腹腔脏器疾病；③中枢性呕吐，多见于脑脊髓疾病、中毒、晕车、晕船等。

呕吐物的检查（examination of vomited material） 对呕吐物所进行的检查。检查包括呕吐物的量、气味和pH（肉食兽、猪和马为酸臭味，反刍兽多呈碱性）、颜色（呕吐物呈血色称血呕，见于出血性胃炎、猫瘟热、犬瘟热、猪瘟等，呕吐物呈黄色或绿色称胆汁性呕吐，见于十二指肠阻塞、呕吐物呈粪色见于犬的吐粪症）、成分（呕吐物可分为胃内容物、肠内容物和异物，根据成分可确定病灶所在）。

偶氮蛋白抗原（azoprotein antigen） 一种用重氮化的方法将半抗原连接于蛋白质载体上的复合蛋白质。将这种抗原免疫动物，可获得抗偶氮蛋白、抗半抗原和抗载体蛋白3种抗体。

耦合剂（coupler） 填充于换能器与动物体之间，使声耦合良好，保证声能传输畅通的物质。用超声波诊断时，超声换能器（探头）与动物体之间必须保持良好的声耦合，以防两者之间因有气隙或气泡而隔断声波的传递。动物体常用的耦合剂为凡士林与石蜡油的混合乳剂。

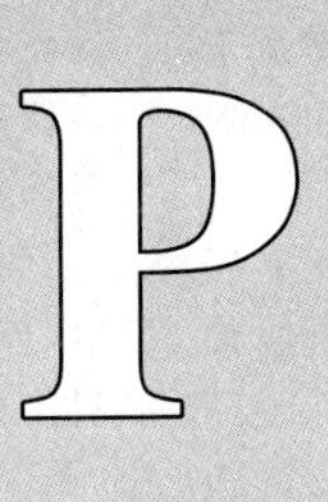

爬跨（mounting） 公畜的一种性行为，是性反射引起的系列行为或行为链中的一环。由后向前公畜将两前肢跨在母畜背上用腿夹住。公牛常将下颌靠在母牛颈部，马、驴有时还咬住母畜颈部。母畜的爬跨反射是安定地接受公畜的爬跨。

爬行类实验动物（reptilia laboratory animals） 泛指属于爬行纲（reptilia）的实验用动物。目前用于实验研究的主要有：美洲安乐蜥、美洲鳄、凯门鳄、华丽锦龟、六纹鞭尾蜥、加利福尼亚王蛇、玉米锦蛇、蟒蛇以及海龟、陆龟、鳖、草蛇、松蛇、响尾蛇、鼻鳄等。研究使用范围涉及到多种人类肿瘤、癌的动物模型，营养学，免疫学，药物代谢等。

拍水音（splashing sound） 又称振荡音、希波克拉底拍水音（Hippocratic sound）。由于胸腔内有液体和气体同时存在，随着呼吸运动或动物突然改变体位以及心搏动时，振荡或冲击液体而产生的声音。其性质类似拍击半满的热水袋或振荡半瓶水所发出的声音。见于渗出性胸膜炎、胸水及脓气胸等。

排便反射（defecation reflex） 因粪便在大肠后段积聚对肠壁的刺激引起将其排出体外的反射过程。排便反射为一种复杂的反射活动。基本中枢在腰荐部脊髓内，受延髓以及大脑皮层的高级中枢的调控。传出冲动经盆神经和腹下神经支配直肠及肛门内括约肌，经阴部神经支配肛门外括约肌。兴奋时使直肠收缩，内外括约肌放松，驱使聚积其中的粪便排出。抑制时使直肠舒张，内外括约肌收缩，阻止粪便排出。

排放标准（emission standard） 国家对人为污染源排入环境的污染物的浓度或总量所作的限量规定。其目的是通过控制污染源排污量的途径来实现环境质量标准或环境目标，污染物排放标准按污染物形态分为气态、液态、固态以及物理性污染物（如噪声）排放标准。按适用范围分为综合排放标准和行业排放标准。综合排放标准规定一定范围（全国或某个区域）内普遍存在或危险较大的污染物的容许排放量或浓度，适用于各个行业。行业排放标准规定某一行业所排放的各种污染物的容许排放量或浓度，只对该行业有约束力。

排粪带痛（painful defecation） 动物排粪时表现出疼痛不安、惊惧、努责、呻吟等，可见于腹膜炎、胃肠炎、创伤性网胃炎、直肠炎及直肠嵌入异物等。

排粪失禁（copracrasia ，diachoresis incontinence） 又称失禁自痢。动物未经采取一定的准备动作和排粪姿势便肛门哆开，粪便不自主地排出的现象。是肛门括约肌弛缓或麻痹的结果。见于顽固性腹泻、腰荐部脊髓损伤、脑病、昏迷、休克等。动物在濒死期常出现排粪、排尿失禁。

排卵（ovulation） 卵泡发育成熟后，突出于卵巢表面的卵泡破裂，卵子随同其周围的卵泡细胞和卵泡液排出的生理现象。有两种类型：自发性排卵和诱发性排卵。前者指卵泡成熟后能自行破裂，排出卵子；后者指卵泡成熟后必须有诱发因素的刺激如交配或刺激子宫和阴道等，才引起排卵。排卵受多种因素影响，其中腺垂体分泌的促黄体生成素（LH）起重要作用，促卵泡素（FSH）和前列腺素等也参与排卵调节。各种家畜排卵时间不同，牛在发情停止后 4～16h，绵羊在发情结束时，猪在发情开始后 16～48h，马在发情停止前 24～48h，山羊则在发情开始后 30～36h。

排卵控制（ovulation control） 应用激素控制排卵时间和排卵数目的技术。控制排卵时间是激发成熟的卵泡在自然排卵发生之前，提前破裂排卵，即更准确地控制排卵时间。控制排卵数目是增加排卵的数量，可分为超数排卵和限量排卵两种。前者用于胚胎移植，后者用于增加双胎率或多胎率。

排卵延迟及不排卵（anovulation and delayed

ovulation） 前者是排卵的时间后延，多见于配种季节初期的马、驴、绵羊，牛也有发生。垂体促黄体素分泌不足，激素作用不平衡是本病主要原因。后者是在发情时有发情的外表症状，但不出现排卵，多见于发情季节的初期及末期。治疗时可用促黄体素、人绒毛膜促性腺激素或孕酮等。

排尿（micturition） 膀胱内尿液积聚到一定程度后，排出体外的过程。排尿由膀胱壁的收缩和膀胱括约肌舒张引起，是一种反射活动。

排尿反射（micturition reflex） 膀胱内压升高、反射性地引起排尿的过程。当膀胱内积尿到一定量时，膀胱内压迅速上升，引起膀胱壁内牵张感受器兴奋，冲动经盆神经感觉纤维传入到脊髓排尿中枢，并通过传出神经（盆神经）引起膀胱逼尿肌收缩，内括约肌松弛，使尿液进入尿道。进入尿道的尿液又刺激尿道内的感受器，它对排尿中枢的兴奋有正反馈作用，促使排尿过程完成。脊髓排尿中枢受大脑控制，因而在一定程度排尿可受意识控制。

排尿困难（dysuria） 排尿延迟、费力、不畅、尿线无力多细、滴沥等。症状为排尿时异常用力，腹压显著增大，且经过时间过长，呈痛苦表现。主要见于膀胱颈阻塞、支配膀胱的神经功能紊乱、膀胱炎、膀胱或尿道结石、尿道阻塞或狭窄、尿道炎、前列腺炎或增生、脊髓损伤等。

排尿痛苦（dysuresia，dysuria） 又称尿疝、尿痛。动物在排尿过程中具有明显的腹痛姿势和痛苦表现及排尿困难等征象。不时取排尿姿势，但无尿排出或作滴状及细流状排出。临床上动物表现呻吟、努责、回头观腹、摇尾踢腹、拔腰垂颈等。发生原因与排尿困难基本相同。

排尿障碍（voiding dysfunction） 排尿动作、排尿量、排尿次数等出现病理性改变。狭义的排尿障碍主要指膀胱排空发生问题。可由膀胱逼尿肌弛缓、麻痹、膀胱括约肌痉挛、输尿管阻塞、尿道阻塞等引起。在病理情况下，泌尿、贮尿和排尿的任何异常，都可表现为排尿障碍，包括多尿、频尿、少尿、无尿、尿闭、尿淋漓、尿失禁、排尿痛苦、排尿困难等。

排尿姿势（urinating posture，micturition） 又称排尿动作。动物排尿时所采取的形态。马排尿时开张后肢，身体稍向前倾、收缩腹壁，排尿之末公马尿流呈股状射出，母马可见阴唇有数次启闭。公牛和公羊排尿时不作准备动作，尿成股断续流出。母牛和母羊排尿时后肢展开下蹲、背腰拱起。母犬两后肢屈曲蹲下，迅速排尿，公犬则提举一后肢排尿。猫有定点排尿习惯。排尿姿势异常提示动物有泌尿系统疾病。

排乳（milk ejection） 哺乳或挤乳时的各种刺激引起乳腺容纳系统紧张度改变，使乳腺泡和乳导管中的乳迅速排入乳池的过程。排乳是复杂的反射活动，涉及神经和内分泌调节途径。排乳有时相性，最先哺获或挤出的乳是贮积在乳池中的乳，称乳池乳；随后是通过反射从乳腺泡和导管进入乳池的乳，称反射乳；哺乳或挤乳后乳腺内仍留有一部分不能排尽的乳，称残留乳。残留乳在下次哺乳或挤乳时将首先排出。

排乳反射（milk ejection reflex） 引起乳汁由腺泡排入乳池的反射过程。哺乳或挤乳时的各种刺激，包括对乳腺内外感受器的非条件刺激以及通过视、听、嗅、触等外感受器形成的条件刺激，经神经途径传入中枢，引起兴奋，又经传出神经和催产素释放到达乳腺，引起腺泡肌上皮和导管周围的平滑肌收缩，促使贮积于其中的乳迅速排入乳池。

排泄（excretion） 排泄器官将新陈代谢的终产物和机体不需要的或多余的物质（包括进入体内的异物和药物）排出体外的过程。主要的排泄器官是肾脏，通过泌尿可排泄多种代谢终产物，包括进入体内的异物和多余的水、电解质等。另外，肺通过呼吸排出二氧化碳、水和某些挥发性物质；皮肤通过汗腺活动，排泄水、尿素和盐类；肝、肠排泄胆色素和无机盐，也是机体重要的排泄途径。

排泄孔（excretory pore） 吸虫的排泄孔位于虫体后端，向内前方通连位于身体中央的排泄囊，后者的两侧各有一集合管通入。绦虫在链体的两侧部有两条贯穿全长的腹纵排泄管和两条背纵排泄管，在最初分化生成的第一个节片里，四条排泄管汇总为一个小排泄囊，开口于该节片后缘的排泄孔，当这个节片脱落时，四条排泄管则各自单独向外开口。线虫的排泄孔在食道区体表的腹线上，向内通连排泄管或排泄腺。

哌嗪（piperazine） 驱线虫药。易溶于水。性不稳定，但盐类较稳定。国产枸橼酸哌嗪又称驱蛔灵，主要驱蛔虫，对食道口线虫、尖尾线虫也有效。但对牛、羊的常见线虫基本无效。

哌替啶（pethidine） 人工合成的镇痛药，苯基哌啶的衍生物。为吗啡的优良代用品。盐酸盐又称杜冷丁（dolantin）。作用与吗啡相似，产生镇痛、镇静和呼吸抑制作用。无止泻和止咳作用。久用成瘾。用于犬、猫的麻醉前给药及缓解外伤和内脏的剧痛。

潘氏细胞（Paneth cell） 又称帕内特细胞。位于肠腺基部的一种外分泌细胞。尤以回肠为多，常三五成群，细胞较大，呈圆锥形，核卵圆位于基部，顶部胞质含粗大的嗜酸性颗粒，基部胞质嗜酸性。电镜下胞质中含丰富的粗面内质网，发达的高尔基复合体及粗大的酶原颗粒。潘氏细胞的分泌颗粒中含溶菌酶、二肽酶和锌。溶菌酶能溶解肠道细菌的细胞壁，有一定的灭菌作用，二肽酶与消化功能有关。仅见于人、猴、反刍动物和部分啮齿动物。猪、犬和猫的肠腺内无潘氏细胞。

盘尾丝虫病（onchocerciasis） 盘尾属（*Onchocerca*）一些种线虫寄生于牛、马的肌腱、韧带和肌间引起的寄生虫病。虫体呈长线形，头部构造简单；角皮上除有横纹外，另有呈螺旋状的角质嵴，但常在虫体侧部中断。常见种有：①颈盘尾丝虫（*O. cervicalis*），雄虫长 6～7cm，雌虫长约 30cm，寄生于马的颈韧带和鬐甲部；②网状盘尾丝虫（*O. reticulata*），雄虫长达 27cm，雌虫可达 75cm，寄生于马的屈肌腱和前肢的球节悬勒带；③吉氏盘尾丝虫（*O. gibsoni*），雄虫长 3.0～5.3cm，雌虫长 14～19cm，寄生于牛的体侧和后肢的皮下结节内。雌虫产出的幼虫进入皮下的淋巴液内，当库蠓、蚋或蚊等中间宿主吸血时，进入其体内，发育为感染性幼虫。叮咬牛、马时遭受感染。虫体盘曲在结缔组织中，形成虫巢，引起局部皮肤肥厚，间或造成脓肿及瘘管。不同虫种寄生部位不同，症状也有差异。颈盘尾丝虫引起颈韧带肿胀或鬐甲瘘，微丝蚴能引起周期性眼炎。网状盘尾丝虫引起屈腱和球节系韧带发炎，严重时有跛行症状。吉氏盘尾丝虫在皮下形成结节。以在患部检出虫体、虫体的片段或幼虫为诊断根据。可用海群生杀虫。对出现化脓、坏死的病例，需以手术治疗处理。预防措施是驱避吸血昆虫、消除吸血昆虫的孳生地。

盘状卵裂（discoidal cleavage） 卵裂方式之一，卵裂发生在动物极胚盘（胚珠）上，胚盘下的卵黄不分裂。见于硬骨鱼、爬行类和鸟类。

盘状囊胚（discoblastula） 端黄卵类型的受精卵，进行盘状卵裂，形成盘状的囊胚，盖于卵黄上，囊胚腔位于胚盘下方卵黄上方。见于鸟类、爬行类和硬骨鱼类等。

盘状胎盘（discoid placenta） 胎盘类型之一，是按照胎盘形态来分类的。该类型胎盘由一个圆形或椭圆形盘状的子宫内膜区和尿膜-绒毛膜区相连接构成。绒毛膜上的绒毛突入子宫内膜的血管壁直接接触血池。哺乳动物中的小鼠、大鼠、兔、蝙蝠、猴和人等灵长类和啮齿类均为盘状胎盘。灵长类动物中绝大多数是间质植入，因此为盘状胎盘；但有些并不侵入子宫内膜的中心，仍是盘状胎盘，如狐猴、狐等。这种动物虽具有绒毛膜-尿膜胎盘，但卵黄囊仍是营养交换器官。

泮库溴铵（pancuronium） 水溶性很强的非去极化肌松药，为麻醉辅助制剂。主要分布于血浆和细胞外液中。主要以原形从肾脏排泄，部分经肝摄取转化后由胆道排出。

旁分泌（paracrine） 体内某些细胞分泌的一种或几种特殊化学物质（如激素）不进入血液循环，而是通过扩散作用进行细胞间信号传递的方式。通过旁分泌作用发挥局部调节作用的内分泌细胞称旁分泌细胞，如散布于胃肠黏膜上皮的内分泌细胞、胰岛 D 细胞、分泌前列腺素的细胞等。旁分泌细胞分泌的激素经组织液弥散至邻近的靶细胞，起局部调节作用，称为局部激素。

旁及现象（bystander phenomenon） 又称旁观者现象。在活体组织中，补体激活后造成附近正常组织受损的现象。当免疫复合物（immune complex，IC）沉积在血管壁基底膜、肾小球基底膜和关节滑膜等处，或抗体结合在组织中的靶细胞膜上，使补体活化产生了大量的 C_{3b}，此 C_{3b} 除吸附于抗原所在的靶细胞膜外，还可吸附于附近的正常细胞膜上，引起这些细胞溶解和坏死而造成病理损伤。

膀胱（urinary bladder） 贮存尿液的肌-膜性囊。圆形至长卵圆形，大小、形状和位置因充盈程度而有变化。空虚时缩小，壁增厚如实体，位于盆腔底壁；充盈时涨大，壁薄而紧张，除马、骆驼外，不同程度地向前垂入腹腔底壁。大动物特别是公畜能在直肠检查时触摸到。分为膀胱顶、膀胱体和膀胱颈；膀胱颈向后延续为尿道，交界处形成尿道内口。禽无膀胱。

膀胱弛缓（bladder atony，urinary bladder retardation） 由于荐神经损伤引起膀胱的尿排出机能障碍。骨盆内神经损伤性难产或由于交配时粗野爬跨导致荐骨和尾根的损伤，可引发膀胱迟缓。易发生于母牛。主要表现为患畜努力排尿但只排出少量尿，尿液滴落；因爬跨挤伤尾根造成损伤的牛可见尿灼伤；尿潴留可能引致膀胱炎。直肠检查发现膀胱增大、充满尿液不能排空。治疗可试行导尿，注射抗生素控制膀胱炎。也常发生于公猫和公犬，常见尿液潴留并发膀胱弛缓而扩张和脊髓损伤引起的后躯麻痹。初期经常试图排尿，又无尿排出或滴出微量尿液，用 X 线照相能确诊。治疗首先要除去原因，使其逐步恢复，对顽固病例，要经常采用人工挤压使其排尿或试用泌尿道改道技术。

膀胱穿刺（bladder puncture） 为了排出膀胱内的尿液而将穿刺针自直肠内或体外穿入膀胱。部位牛一般选择直肠穿刺法；中、小动物在耻骨前缘，白线侧方或触诊波动感最明显的部位。穿刺时使牛站立保定，首先灌肠排出积粪，再将带有长胶管的 14～16 号长针头握在手中按直肠检查要领伸入直肠，在膀胱最膨满处向前下方刺入膀胱。中小动物施行横卧保定，将左或右后肢向后牵引，术部剪毛、消毒，于波动最明显处向膀胱刺入，拔出针芯便有尿液排出。

膀胱麻痹（paralysis of bladder，cystidoplegia） 膀胱丧失收缩力导致不能自主排尿或发生尿液潴留的疾病。主要是神经系统的损伤引起膀胱运动机能障碍所致。根据麻痹起源，分为脊髓性、中枢性和末梢性三种。①脊髓性麻痹时，尽管膀胱充满尿液，但不能主动排尿，只能被动地排出一定量的尿液；②中枢性麻痹时，虽膀胱积尿，却不显示疼痛，也无排尿意识或姿势（排尿失禁）；③末梢性麻痹时，可因炎性刺激或尿道阻塞而显示局部疼痛，但由于膀胱肌丧失收缩力也不能自主排尿。治疗除皮下注射硝酸士的宁注射液外，可通过直肠适当按摩膀胱。为避免膀胱破裂，可定时人工导尿。预后不良。

膀胱破裂（rupture of the bladder） 膀胱受到机械性损伤而发生破裂的现象。可发生于各种家畜，常见于幼驹、公马、公牛，还有猪、绵羊、犬等。发病原因主要是尿道阻塞和膀胱麻痹等，当膀胱充满尿液时，任何外伤、努责等都可能导致膀胱破裂。分为腹膜内破裂与腹膜外破裂。①腹膜内破裂。在膀胱过度充盈或腹部被打击的情况下发生，也可继发于尿道结石。临床表现腹围膨隆、腹膜刺激症状，在腹腔蓄积大量的血性尿液，有必要剖腹探查，手术时能吸出大量尿液。治疗时作二层缝合，放置导管引流。②腹膜外破裂。在手术探查中发现会阴部有大部瘀血和尿浸润，有时要结扎断裂的血管，除去游离骨片。如膀胱损伤较小，可不做缝合，留置导尿管引流。

膀胱三角（trigon of urinary bladder） 膀胱内面在两输尿管口与尿道内口之间的三角形区。此处黏膜下组织不发达，黏膜不形成皱褶。

膀胱修补术（repair of bladder） 修补病畜膀胱的病理性破裂口，以恢复其正常生理功能的一种手术。病畜全身麻醉，仰卧保定。术部在耻骨前缘腹壁白线附近，切开腹壁之后将膀胱拉出体外，用可吸收缝线连续缝合破裂口全层，再以内翻缝合浆膜。为了减轻术后膀胱充盈影响创口愈合，可在膀胱腹侧先作一荷包缝合，中央部切一小口，置入蕈状导尿管，然后收紧缝线固定；导管的另一端经腹壁引出体外，留置 10d 拔除。最后关腹。

膀胱炎（cystitis） 发生于动物膀胱黏膜及其下层的炎症。主要发生于牛、犬、马，几乎全属继发感染。致病菌由尿道上行（如阴道炎）、自肾下行（如肾盂肾炎）到膀胱，或血源性以及由邻近组织的炎症（如盆腔炎）蔓延到膀胱而致病。膀胱炎可分为急性与慢性两种，前者临床表现为排尿频繁和排尿疼痛；后者病程较长，病情较缓和。治疗要及时导尿，控制感染。

膀胱造影（cystography） 通过尿道插管将造影剂注入动物膀胱而使膀胱显影的 X 线技术。造影前应先排空大肠内粪便，造影在全身麻醉或给以镇静剂后施行。进行阳性造影剂膀胱造影时，自尿道向膀胱插管，排空尿液并用灭菌水冲洗几次，先注入 5～10mL 的局部麻醉药，按摩膀胱或翻转动物身体，让麻醉药均匀分布到膀胱壁上，然后注入造影剂（碘制剂），注入量应根据动物体重，中等大小的犬每千克体重 5～10mL，注射后拍摄侧位和斜侧位照片。膀胱造影亦可使用阴性造影剂或进行双重造影检查，即在尿路排泄造影后或使用阳性造影剂后再做阴性造影剂检查。

胖听罐头（swelled can） 容器膨胀变形的腐败变质罐头食品。罐头食品发生胖听有 3 类：①由于生产加工时杀菌不彻底或密封不严，罐内有细菌存在，使内容物分解产生气体，形成的生物性胖听。②金属罐铁皮在酸性食品作用下，产生气体，形成的化学性胖听。③因受低温影响，罐头内容物冻结，导致体积增大，或者是肉类胶原在一定条件下吸水使其体积膨大，形成的物理性胖听。目前还没有适当的方法能从外观上将化学性、物理性胖听与生物性胖听相区别开来，故遇到胖听罐头，均应从严处理，禁止销售。

泡沫病毒属（*Spumavirus*） 反录病毒科的一个属。囊膜的突起长而明显，类核位于中央，核衣壳在胞浆内装配，经出芽成熟。未发现有内源性感染。大多在细胞培养时引致泡沫样病变。未发现致瘤基因，致病性不强。成员有猫合胞体病毒、牛合胞体病毒、猴泡沫病毒及人泡沫病毒等。

泡沫细胞（foam cell） 又称格子细胞（gitter cell）。含有脂类的小胶质细胞。见于神经损伤时，小胶质细胞吞噬轴索碎片、髓鞘和坏死的神经元，将髓磷脂转变成脂类所致。在 HE 染色切片上，此种细胞体积增大，细胞质呈窗格状。除小胶质细胞外，大单核和少突胶质细胞也能形成泡沫细胞。

泡翼线虫病（physalopteriasis） 泡翼属（*Physaloptera*）的包皮泡翼线虫（*P. praeputialis*）引起的一种寄生虫病。主要感染犬、猫等肉食兽，寄生于胃。中间宿主是蟑螂、蟋蟀和甲虫等节肢动物。经口感染。临床上以呕吐和排柏油状粪便为主要特征。粪便中发现大量虫卵即可确诊。可用双羟苯酸嘧噻啶和海群生驱虫。

疱疹病毒丙亚科（Gammaherpesvirinae） 属于疱疹病毒科的一类病毒。病毒 DNA 的分子量为 85×10^6～110×10^6，在两端均含重复序列，但没有倒置。

复制周期长短不一，能在类淋巴母细胞中增殖，对B或T淋巴细胞有亲嗜性。常潜伏在淋巴组织中。宿主范围只限于相近的同科动物。包括淋巴隐伏病毒属及猴病毒属。

疱疹病毒甲亚科（Alphaherpesvirinae） 属于疱疹病毒科的一群病毒。病毒DNA为双股，分子量为85×10^6～110×10^6，在两端或一端有倒置序列。复制周期短于24h，导致易感细胞的大量破坏。有些成员可致动物急性致死性感染，很多成员引起潜伏感染，但可在神经节内检出。有些成员的感染范围较广，有些则很窄。本亚科包括单疱疹病毒属和水痘病毒属。

疱疹病毒科（Herpesviridae） 一类有囊膜的动物DNA病毒。病毒粒子多形性，直径120～200nm。衣壳由162个壳粒组成，其外包裹着具有表面突起的1～2层囊膜。基因组为双股DNA。含20余种结构蛋白。在胞核中复制。宿主范围包括温血及冷血脊椎动物与无脊椎动物。大多经湿润的黏膜表面接触传递。除使易感动物发生全身性急性感染外，有些成员可在宿主体内终生潜伏，有些可致肿瘤。分甲、乙、丙3个亚科。

疱疹病毒乙亚科（Betaherpesvirinae） 属于疱疹病毒科的一类病毒。病毒DNA的分子量为130×10^6～150×10^6，在1或2端有倒置序列。复制周期超过24h，引致渐进性的溶细胞病灶，并使感染细胞增大（细胞巨化）。感染晚期可在核内或胞浆内出现包涵体。易获得带毒的细胞培养。常潜伏感染于分泌腺、淋巴网状细胞、肾及其他组织。宿主范围通常只限于宿主所属的种或属。包括细胞巨化病毒属及鼠巨化病毒属。

胚层（germ/embryonic layer） 动物胚胎发育到一定阶段成层分布的细胞。在动物系统发生中自海绵体阶段以后，其胚胎发育均出现2个或3个初级胚层。有些辐射对称型动物形成2个胚层，即外胚层和内胚层。左右对称的动物形成3个胚层，即外胚层、中胚层和内胚层。由这些初级胚层形成全身的组织和器官。

胚孔（blastopore） 动物早期胚胎原肠的开口。原肠形成时，内胚层细胞迁移到胚体内部形成原肠腔，留有与外界相通的孔，此即胚孔。

胚内体壁中胚层（intraembryonic somatic mesoderm） 位于胚体内的下段中胚层的外层，将形成体壁的肌肉和结缔组织。

胚内体腔（intraembryonic coelom） 胚内体壁中胚层和胚内脏壁中胚层之间的腔隙，将容纳胚体的内脏器官。形成成体的胸腔、腹腔和盆腔。

胚内脏壁中胚层（intraembryonic visceral mesoderm） 位于胚体内的下段中胚层的内层，将形成消化道和呼吸道的平滑肌、结缔组织和浆膜。

胚内中胚层（intraembryonic mesoderm） 胚盘范围之内的中胚层。

胚盘（germ disc，gastrodisc） 从表面看呈圆盘状的上胚层内细胞团。胚盘起初呈圆形，以后随着胚泡的伸延而变成长卵圆形，其膨大端是胚胎头部，狭窄端是胚胎尾部。胚盘继续发育为外、中、内三个胚层，形成胚体内所有结构。

胚泡（blastocyst） 早期囊胚外面包有透明带，随着胚胎继续生长发育，胚胎从透明带内出来，成为一个没有透明带包裹的水泡状胚胎，此时的囊胚又称胚泡。例如猪配种后13d，胚泡可达157cm长。

胚泡孵化（blastocyst hatching） 胚泡从透明带中出来的过程。

胚泡期（blastocyst stage/period） 胚泡所处的胚胎时期。

胚泡腔（blastocyst cavity） 胚泡内部的空腔，内含胚泡液。

胚泡形成（blastocyst formation） 桑葚胚发育成胚泡的过程。

胚胎（embryos） 在母体（畜）或在卵（禽）内，受精卵（合子）发育变化过程中形成的新生命体。包括受精、卵裂、囊胚、原肠胚、胚层分化和器官形成等阶段。其后期阶段，即自器官基本形成到分娩前，称为胎儿。

胚胎保存（embryo preservation） 使胚胎贮存于体外而不丧失其活力的技术。通过胚胎保存可以达到两个目的：一是使胚胎移植不受时间和空间的限制；二是建立动物胚胎库，长期保存珍贵品种和濒于灭绝的动物资源。与精子相比，胚胎是体积较大、多细胞结构的细胞团，故在保存过程中易受损伤，保存技术要求较高。胚胎保存方式主要有以下两种：①异种动物体内保存。即把一种动物胚胎移入另一种动物输卵管内经短期保存后，再取出移植到同种动物的受体母畜子宫内，继续发育至产仔。兔子体重小，输卵管又适合于它种动物胚胎发育，所以是胚胎体内保存的理想动物。②体外保存。可分为低温短期保存和超低温长期保存两种。

胚胎操作（embryo manipulation） 采用生物、物理、化学和机械等方法，对早期胚胎进行人为处理，干预胚胎发育，改变其生理过程，从而提高动物的繁殖力和改良动物品种。

胚胎毒性（embryotoxicity） 外来化合物在无明显母体毒性的剂量时，对胚胎或胎儿产生的损害。胚胎毒性表明该物质可通过胎盘屏障影响胚胎或胎儿的发育，包括：①胚胎死亡（子宫内死亡）。在胚胎毒物的作用下，受精卵可能在未着床前死亡，或着床后胚胎发育到一定阶段就死亡，然后被吸收（早期死亡）或成为胚胎（晚期死亡）。②畸形（malformation）。永久性的形态结构异常，包括外观、内脏和骨骼畸形。畸形起源于结构发育的偏差，有的畸形危及机体生存（如脑小畸形或无脑畸形），有的只影响正常功能（如多趾、缺趾、兔唇等）。③生长迟缓（growth retardation）。能引起胚胎死亡和畸形的胚胎毒物多数能引起生长迟缓。局部性的生长迟缓可视为畸形（如小眼畸形）。④功能不全（functional defects）。包括生物化学、免疫学和中枢神经系统等的功能缺陷。功能不全在出生时常不被觉察，要在数月或更长时间后才显示出来。

胚胎发生（embryogenesis，embryogeny） 从受精卵发育成新个体的过程。

胚胎分割（embryo bisection） 采用手术或化学方法，将哺乳动物的早期胚胎分割成两份或多份，每份在体外培养至囊胚，然后挑选发育正常的移植回受体子宫，发育成个体产出的一种生物技术。通过胚胎分割可以增加胚胎数目，或是人工制造同卵双胎或同卵多胎，用于良种扩繁和濒危动物保护等。哺乳动物胚胎分裂球（细胞）在未分化之前，每一个分裂球都具有发育成一个完整个体的全能性，然而，随着胚胎分割次数的增加和分割胚细胞数量的减少，分割胚的存活力明显下降。胚胎活力与胚胎活细胞数呈正相关。所以，采用胚胎分割方法复制同基因型的胚胎，不可能做到多次切割和复制。

胚胎干细胞（embryonic stem cell） 一种从附植前早期胚胎内细胞团或附植后胚胎原生殖细胞中分离出来的具有无限增殖能力和全方向分化能力的干细胞。胚胎干细胞具有早期胚胎细胞相似的形态特征；能够在体外以胚胎细胞所特有的原始未分化方式进行无限生长和繁殖；能够在体外培养中始终保持胚胎细胞的多潜能性，可以分化成属于内胚层、中胚层和外胚层范畴的各种高度分化的细胞；具有种系的传递功能，能够形成包括生殖器在内的嵌合体。

胚胎工程（embryo engineering） 对哺乳动物的胚胎进行人为操作，从而获得所期望的成体动物的一种技术。包括人工授精、体外受精、胚胎冷冻保存、胚胎移植、胚胎分割、胚胎融合、胚胎性别鉴定、核移植、转基因、动物克隆等。

胚胎供体（embryo donor） 又称卵供体。胚胎移植或卵移植时提供胚胎的母畜个体，或采集卵子的母畜。

胚胎抗原（embryonal antigen） 在胚胎发育时期出现过的某些组分，在胚胎后期其合成受抑制，出生后迅速消失，或含量很少，组织诱变后又重新出现的一种特殊抗原。包括胎儿甲种球蛋白（αFP）、癌胚抗原（CEA）、胚胎性硫蛋白（FSA）和胃癌相关抗原（α_2GP）。此类抗原无肿瘤特异性，可能为出生后受抑制的基因，在癌变过程中重新活化所致，对某些肿瘤的辅助诊断及预后的判断有一定价值。

胚胎冷冻（embryo freezing） 将胚胎和冷冻液装入冷冻管中，经过慢速（第2～3天的胚胎）和快速（第5～6天的囊胚）两种降温方式使胚胎能静止下来并在－196℃的液氮中保存的一种方法。该技术可将大量胚胎储存起来，建立胚胎库，随时取出移植给合适的受体，在实验动物的保种、育种中发挥作用。冻胚可以远距离运输，便于品种改良和国际间良种交换，也便于濒危动物和野生动物的保护。

胚胎冷冻保存（embryo cryopreservation） 将动物的早期胚胎，采用特殊的保护剂和降温措施，使其在－196℃的液氮中代谢停止或减弱，但又不失去升温后恢复代谢的能力，从而长期保存胚胎的方法。

胚胎嵌合（embryo chimera） 由2个或2个以上不同亲本的胚胎或卵裂球聚合在一起形成一个完整胚胎的技术过程。嵌合胚胎所发育成的个体称为嵌合体。胚胎嵌合是研究胚胎免疫学、遗传学、发育生物学等的重要手段之一。

胚胎融合（embryo fusion） 又称胚胎细胞融合。将两个不同品种的胚胎，除去透明带（称裸胚）粘合在一起，或各自一分为二，后各取其一半，粘合成两个新胚，移植给受体，产生具有杂交优势的新后代的过程。胚胎融合是胚胎生物技术之一，它对加速家畜的品种改良和创造新品种家畜，提供了新的技术手段。主要方法有：石蜡油挤压法、内细胞团囊胚注入法。

胚胎受体（embryo recipient） 又称卵受体。胚胎移植中接受胚胎或受精卵的母畜个体，与提供胚胎的母畜相对而言。胚胎受体要求与胚胎供体同种、同生理状态即同步，子宫正常，否则提供的胚胎不能被接受或不能继续发育。

胚胎性别鉴定（sexing of embryo） 在胚胎移植前，对胚胎进行性别鉴定，以控制下一代的性别，达到理想的性别比避免产生异性孪生母犊。此法不妨碍早期胚胎的发育。方法主要有组织学和免疫学两种。前者取一部分胚胎组织，进行染色体分析，根据检出的XX和XY染色体来判定性别；后者通过检测胚胎细胞膜上存在与性别有联系的H－Y抗原来判定性别。

胚胎学（embryology） 又称发育生物学。研究动物个体发生和发育的科学。胚胎发育一般是指从卵的受精开始到胎儿形成，脱离母体独立生存以前的整个发育过程。现代胚胎学的研究内容包括3个方面：①胚前发育，即精子和卵子的发生；②胚胎发育，即从精子与卵子融合形成受精卵，到形成足月胎儿从母体娩出或鸟类胚胎破壳而出；③胚后发育，即胎儿出生后的生长发育成熟，直至衰老死亡。

胚胎血液循环（embryonic blood circulation） 胚胎期间保证胚体发育所必需的营养、氧气和排出代谢废物的心血管系统。早期胚胎（猪胚5mm，鸡胚孵化36～48h）胚内中胚层形成心脏，与此同时，位于卵黄囊壁内的胚外中胚层产生血岛，进一步发育为毛细血管，后者汇集为卵黄动脉和静脉与心脏连接，从卵黄囊吸收营养。在尿囊浆膜（禽类）或尿囊绒毛膜（哺乳类）建成后，原始血管改建为脐肠系膜动脉和静脉。

胚胎移植（embryo transfer，ET） 又称受精卵移植（egg trasfer）。采用人工方法将优良雌性供体提供的早期胚胎，移植到另一头雌性受体的输卵管或子宫内，使其正常发育到分娩以达到产生优良后代的目的。雌性动物的胚胎可以是从输卵管或子宫内取出的活体胚，也可以是体外受精得到的胚胎。胚胎移植主要包括供体超排处理、受体同期发情处理、配种（输精）、收集胚胎（采卵）和移植胚胎（移卵）五个步骤。卵移植结合超数排卵是扩大利用优良品种动物的繁殖新技术，各种家畜和实验动物都可进行。

胚胎诱导（embryonic induction） 胚胎发育过程中，两个细胞群体（胚胎组织）通过相互作用，致使其中一个或两个细胞群体（胚胎组织）发生定向分化的过程。

胚胎原基（embryonic anlage） 又称器官原基。为动物体在胚胎发育中各个器官形成前的原始细胞团。如生殖嵴是卵巢或睾丸的原基；喉气管沟是喉、气管和肺的原基。

胚体壁（somatopleura，somatopleure） 由体壁中胚层和胚外滋养层构成。

胚体循环（embryonic circulation） 由心血管头端连接腹主动脉，经弓动脉、背主动脉、前主静脉和后主静脉回到心血管的血液循环。

胚外膜（extraembryonic membrane） 胚胎发育期间胎膜的总称。包括绒毛膜、羊膜、卵黄囊及尿囊膜。它们在胚胎发育过程中具有保护、营养，呼吸及排泄等机能。

胚外体壁中胚层（extraembryonic somatopleuric mesoderm） 位于胚体外的下段中胚层的外层，将形成羊膜的外层和浆膜（绒毛膜）的内层。

胚外体腔（extraembryonic coelom） 胚外体壁中胚层和胚外脏壁中胚层之间的腔隙，将包绕羊膜腔、卵黄囊和尿囊。随着胚胎生长和羊膜囊、尿囊扩大，胚外体腔逐渐缩小，直至完全消失。

胚外脏壁中胚层（extraembryonic splanchnopleuric mesoderm） 位于胚体外的下段中胚层的内层，将形成卵黄囊膜的外层和尿囊膜的外层。

胚外中胚层（extraembryonic mesoderm） 胚盘范围之外的中胚层。

胚脏壁（splanchnoderm，splanchnopleura） 由脏壁中胚层和内胚层构成。

胚珠（germinal vesicle） 又称胚盘。鸟类卵子绝大部分由卵黄占据，少量的细胞质连同细胞核被挤到细胞的一端，呈一白色圆点状的结构。

培氟沙星（pefloxacin） 人工合成的第三代喹诺酮类广谱抗菌药物，主要通过干扰DNA的复制、转录和重组，从而影响DNA的合成而导致细菌死亡。临床上主要用于治疗泌尿系统感染、呼吸道感染、生殖系统感染、骨关节感染、皮肤感染、败血症和心膜炎等。但随着临床应用的不断扩大，其不良反应发生时有报道。培氟沙星注射液与头孢他啶等相互之间存在配伍禁忌。

培养物（culture） 微生物在液体或固体培养基内的生长产物。当细菌接种到固体培养基上，在适宜温度培养后形成菌落或菌苔，这就是该菌的培养物。细菌在液体培养基中的培养物常呈液体浑浊，有些生成菌膜或沉淀。病毒在细胞培养中的培养物常表现细胞病变。

佩兰中毒（eupatorium poisoning） 家畜服用过量佩兰制剂，由佩兰全草中所含对缴花烃、橙花醇酯和5-甲基麝香草酚醚所致的中毒病。牛中毒初期鼻镜干燥，流涎，瞳孔散大，全身震颤，惊恐，粪干且被有黏液，排尿失禁，中后期站立不稳，被迫呈犬坐姿势，呼吸困难，心率加快，四肢末梢厥冷，针刺痛觉丧失，视力障碍。治疗上除采取洗胃、催吐和泻下等措施外，还可应用强心剂和静脉注射等渗葡萄糖溶液。

配伍禁忌（incompatibility） 两种以上药物或其制剂配伍后，在一定条件下产生的不利于生产、应用和治疗的配伍变化，有疗效性、物理性和化学性等多种变化类型。例如磺胺药与对氨苯甲酸合用降低疗效；少数抗生素与活性炭配伍，被吸附而减效；磺胺噻唑钠注射液稀释青霉素，使后者水解失效等。

配子（gamete） 成熟的生殖细胞，有雄性配子（精子）和雌性配子（卵子）。

配子发生（gametogenesis，gametogeny） 两性配子发生、发育和成熟的过程。

配子生殖（syngamy） 雌、雄配子融合产生新个体的繁殖方式。属有性生殖。配子结合与高等动物精卵结合相似。配子生殖有两种。①同配生殖（isogamy）。虫体在发育过程中，出现性分化，形成两性配子，两性配子大小形状相同，但生理上不同，称同形配子（isogamete），同形配子相结合称同配，如孔虫、簇虫、某些鞭毛虫以此方式进行繁殖。②异配生殖（heterogamy）。两性配子的大小、形状各异，称异形配子（heterogamete），大的称大配子（macrogamete），相当于卵细胞，小的称小配子（microgamete），相当于精子（sperm），两者结合形成合子（zygote）。这种异形配子相结合称异配生殖。见于大多数寄生性原生动物的有性生殖。

喷鼻（snort） 鼻黏膜受到刺激，反射性地引起突然呼气，震动鼻翼而发出的声音。主要见于马，健康马偶尔喷鼻，多因生人、不习惯的声音、吸入灰尘或刺激性气体而引起，而经常性的喷鼻，则为病理现象，见于鼻腔异物、鼻卡他等。

喷嚏（sneeze） 又称嚏喷，鼻振，鼻黏膜受到刺激，反射性地引起暴发性呼气，震动鼻翼产生一种特殊声音，为一种保护性反射动作。主要见于猪和犬。特征为动物仰首缩颈、频频喷鼻，甚至摇头、擦鼻、鸣叫。

喷嚏反射（sneezing reflex） 机体呼吸系统的一种防御性反射。由鼻黏膜受刺激反射引起，有清除鼻腔内异物和分泌物的作用。

盆带肌（muscles of pelvic girdle） 后肢盆带部肌肉。家畜盆带与躯干骨形成牢固的荐髂关节，盆带肌大都较小。可分3类：①腰下肌，有腰大肌、腰小肌、腰方肌和髂肌；②盆壁肌，有闭孔内肌、闭孔外肌和梨状肌；③盆膈肌，有尾骨肌和肛提肌。

盆膈（pelvic diaphragm） 骨盆的后底，由肛提肌、尾骨肌和内、外筋膜构成，封闭骨盆后口的大部分。家畜虽不很发达，但腹内压增大时仍有固定盆腔器官的重要作用，如功能失常可引起直肠脱或阴道、子宫脱。盆膈与荐结节阔韧带和坐骨结节之间，形成锥体形坐骨直肠窝，尖在尾骨肌起始于坐骨棘处，底在肛门两侧的皮肤和浅筋膜下；年轻和营养良好的个体，窝内填充有脂肪。

盆神经（pelvic splanchnic nerve） 支配盆腔内脏器官的荐部副交感神经。节前纤维起于第2至第4荐髓灰质中间带外侧核，伴荐神经腹侧支出椎管，形成1～2条神经，沿骨盆侧壁向腹侧延伸至直肠或阴道外侧，与交感神经的腹下神经一起构成盆神经丛，节前纤维在丛内的终末神经节或器官壁内神经节交换神经元，节后纤维分布于直肠末端及盆腔内的泌尿生殖器官。

盆肢带（pelvic girdle） 又称腰带、后肢带。连接后肢骨与躯干骨。兽类和禽类有三骨：髂骨、耻骨和坐骨。三骨连接而成髋骨。在三骨相交处形成髋臼，耻骨和坐骨间围成闭孔。左、右髋骨沿骨盆联合连接而成盆骨。禽不形成骨盆联合，闭孔小，在髂骨与坐骨间形成圆形（鸡、鸽）或长圆形（水禽）的坐骨孔。

盆肢骨（bones of pelvic limb） 即后肢骨，包括盆肢带和游离部。游离部顺次有股骨及髌骨、小腿骨和后脚骨。小腿骨有胫、腓两骨。后脚骨顺次有跗骨、跖骨和趾骨以及近、远籽骨。

硼酸（boric acid） 防腐药，抗菌作用弱，刺激性小。主用于眼部洗涤，也可制成软膏涂敷于皮肤创伤面。

膨结目（Dioctophymata） 属无尾感器纲。虫体粗大。食道腺特别发达，多核。食道呈圆柱状，神经环特别偏前。有些种的唇与口囊转变为一个肌质口吸盘。雌、雄虫的肛门均位于后端。雌、雄虫均只有一个性腺。雄虫有一钟形的肌质交合伞，无肋；有一根交合刺。卵壳表面有深的刻斑或小穴。鸟类和哺乳动物的寄生虫。常见种为肉食兽的肾膨结线虫。

批量运输（bulk transport） 真核细胞通过胞吞作用和胞吐作用来实现大分子与颗粒性物质的跨膜运输，如蛋白质、多核苷酸、多糖等，这种运输方式可同时转运1种以上数量不等的物质。

劈半（split in half） 生猪屠宰加工过程的一道工序，即沿脊柱将猪的胴体劈成对称的两半（二分体），以全线劈开颈、胸、腰脊椎管暴露出脊髓为宜，避免左右弯曲或劈断、劈碎脊椎，以防藏污纳垢和降低商品价值。劈半可分为人工和电锯两种方法，在实行人工劈半时，因猪皮下脂肪较厚，事先需沿脊柱切开皮肤及皮下软组织，再用砍刀将脊柱对称地劈为两半。由于手工操作劳动强度大，目前国内大、中型屠宰场广泛采用桥式圆盘电锯进行劈半，而手提式电锯劈半时碎渣多，劈半后应将碎骨屑冲洗干净。

皮层代表区（cortical representation） 不同感觉的特异性传入纤维在大脑皮层投射的区域分布。畜体各种不同的感受器受到内外环境的适宜刺激，产生神经冲动，由一定的神经通路传入中枢神经系统，经过多次神经元接替，最后投射到大脑皮层特定区域，产生相应的感觉，该区域即为此感觉的皮层代表区，如枕叶皮层是视觉代表区、颞叶皮层是听觉代表区、位于皮层十字沟周围及其后方的较大区域为躯体感觉代表区等。损伤或刺激皮层代表区可致该感觉缺损或过敏。

皮刺螨病（dermanyssus gallinae） 皮刺螨属（*Dermanyssus*）的螨虫寄生于鸡、鸽、家雀等禽类引起的一类外寄生虫病。呈世界性分布，广泛流行于亚热带和温带地区的蛋鸡场。患病的鸡群是传染源，在病鸡舍内，鸡笼空隙、鸡槽堵缝处、甚至饮水管中可见虫体大量聚集成球状，也有的散在。通过直接接触或间接接触患病鸡群用具、鸡粪、羽毛和尘土而感染。鸟类和老鼠也能传播本病。遭螨虫侵袭鸡群并无明显临床症状，主要表现为消瘦、贫血、产蛋下降，偶有夜间惊叫，个别鸡死亡。死亡鸡局部皮肤破溃、出血、尸体消瘦，内脏器官未见主要病理变化。可采集虫体进实验室检查，鸡皮刺螨为红色，易于在鸡舍中发现，找到虫体后根据虫体形态和特征可确诊。该寄生虫病用溴氰菊酯、伊维菌素、阿维菌素等治疗均有疗效。

皮刺螨属（*Dermanyssus*） 属皮刺螨科（Dermanyssidae），是一种以吸血为生的外寄生虫。皮刺螨呈长椭圆形，后部略宽，体表密生短绒毛。体长一般为 0.45～1.45mm，背腹扁平，虫体分为假头和躯体两部分。皮刺螨的发育包括卵、幼虫、第一期若虫、第二期若虫和成虫 5 个阶段。其繁殖周期短，在条件适宜时，可在 1～2 周内完成生活史。

皮蛋（basified/lime - preserved egg） 又称松花蛋。鲜蛋在辅料的作用下，通过一系列的化学反应后而成为可直接食用的蛋制品。皮蛋的蛋白表面产生美观的花纹，状似松花；当用刀切开后，蛋内色泽变化多端，故又称为彩蛋；有些地方也将其称为变蛋。加工皮蛋的辅料主要有纯碱（或生石灰，或烧碱）、食盐、红茶末、植物灰（或干黄泥）、谷壳。加工含铅皮蛋时，还有氧化铅（黄丹粉）作为辅料。氧化铅的加入量要按有关规定执行，以免皮蛋中铅超出国家卫生标准，危害人体健康。

皮肤（skin） 被覆家畜体表的一层结构。由表皮和真皮构成，以皮下层与其下的器官相连。厚度因家畜种类、品种、身体部位以及年龄而有较大差异。皮肤由于真皮内含有弹性纤维而有一定弹性，为避免创口哆开，手术切口应与弹性牵拉方向平行。色素位于表皮深层，积累多的部位可使皮肤呈黑色，如有些动物的眼睑边缘、阴囊和阴唇等处。皮下层为疏松结缔组织，含量多则皮肤移动性较大，如犬、猫、兔在颈的背侧部。皮下脂肪蓄积于此层，家畜以猪最厚。有些部位无皮下层，如眼睑、唇、乳头和阴囊等处。皮肤分布有丰富的血管、淋巴管和神经，特别是一些神经末梢。皮肤尚形成多种衍生物，如毛、皮肤腺、枕、爪和蹄等。禽皮肤表皮很薄而真皮相对较厚；皮肤衍生物主要为羽，其他有冠、肉髯、喙和鳞片等。

皮肤窦（skin sinus） 皮肤凹陷形成的囊。壁内含有变异的皮肤腺。家畜中绵羊皮肤窦较多，有趾间窦、眶下窦和腹股沟窦。趾间窦位于两趾间，呈弯管状，开口于两趾间的背面；眶下窦位于眶的前下方。此两窦的壁含有皮脂腺和管状浆液腺，均有标记领域地的作用。腹股沟窦位于乳房或阴囊基部两侧，母羊又称乳房窦，窦壁含有皮脂腺和汗腺，分泌物气味可引导羊羔寻找乳房。肉食动物有肛旁窦。

皮肤过敏反应（cutaneous anaphylaxis） 将少量抗原注入已被相同抗原致敏的动物体内，由于抗原抗体在皮内结合，导致组胺释放而出现的局部皮肤反应。如青霉素皮试。用于过敏原的检测。

皮肤检验（skin inspection） 生猪宰后检验的一个程序。由于猪的某些传染病常在皮肤上有指示性症状，故在其胴体开膛解体之前，实施皮肤检验是非常必要的，能及早发现传染病。当发现有传染病可疑的屠体时，打上记号，不行解体，由叉道转到病猪检验点，进行全面的剖检与诊断，可避免扩大污染范围。皮肤检验对于检出和控制猪瘟（皮肤上有点状出血）、败血型猪丹毒（皮肤呈弥漫性充血状）、亚急性猪丹毒（皮肤上有方形、菱形紫红色或黑紫色疹块）、猪肺疫（皮肤发绀）等疾病有重要的意义。

皮肤结节（skin nodule） 皮肤炎性浸润、代谢产物积聚或组织增生的实质性损害。实际上为丘疹的一种形式，但其位置比丘疹深，常位于真皮或皮下组织。凸出皮表者可观察到，不凸出皮表者可触到。结节的颜色、形态依其性质而异，或光滑或粗糙，或规则或不规则，见于痤疮、疖等的早期。

皮肤溃疡（ulcer of skin） 真皮或更深层组织病灶脱落后所形成的局部缺损。愈后留有瘢痕。皮肤溃疡多起因于皮肤炎症、循环障碍、化学物质腐蚀溶解、或机械性压迫及神经作用等。先是局部组织坏死、进而剥离或溶解而形成溃疡。多见于脓肿破溃、皮鼻疽、假性鼻疽、鼻疽、放线菌病等。

皮肤敏感试验（dermal sensitivity test） 应用皮肤划痕或贴纸片等方法将变应原接触皮肤，以检查该抗原是否引起皮肤局部变态反应的试验。以此判断受试对象对哪些抗原过敏。

皮肤瘙痒症（cutaneous pruritus） 家畜皮肤发生以单纯瘙痒为主征的皮肤病。全身性瘙痒见于肝病、肾炎、糖尿病、消化不良、神经系统疾病、内分泌机能失调、代谢病和饲料或药物性过敏等。局限性瘙痒见于局部刺激和某些继发症，如蛲虫引起的肛门瘙痒等。症状多表现为部位固定或不固定，持续时间长短不等，轻重程度不一的阵发性瘙痒。一旦受外界理化性刺激可使病情加重，甚至发生毛囊炎、皮炎。防治除杜绝外界不良刺激外，多采取对症疗法。

皮肤试验（skin test） 借助抗原抗体在皮肤的反应进行诊断的一种免疫学试验。根据反应机制可分为两大类。一为中和反应的皮肤试验。如用于测定对白喉免疫性的锡克试验（Schick test）。一为变态反应的皮肤试验，如结核菌素试验以及应用抗生素或抗毒素前的皮肤试验。根据试验方法不同，有划痕试验、皮内试验、穿刺试验、斑贴试验等。

皮肤移植法（skin grafting） 在供体和受体动物之间进行皮肤移植，通过观察是否发生移植排斥反应以判别二者组织相容性基因的异同，从而鉴定待检动物遗传品质的方法。皮肤移植法是免疫标记遗传监测常用方法之一。可于背部或尾部进行皮肤移植。反应结果分为主要组织相容性基因决定的急性排斥反应，发生于7～21d；由次要组织相容性基因决定的慢性排斥反应，发生于21～100d。因此移植后皮肤存活状况需观察100d。

皮肤真菌病（dermatomycosis） 又称皮肤霉菌病、钱癣、秃毛癣、匍匐疹及黄癣等。发癣菌属和小孢霉菌属中多种皮肤霉菌引起人与动物共患的皮肤传染病。发癣菌是马、牛、禽、猫、犬的主要病原，侵害皮肤毛发和角质层。小孢霉菌是犬猫主要病原，侵害皮肤和毛发。幼畜易感，经接触传染，阴暗潮湿，营养不良，皮肤不洁有利传播。皮肤呈现癣斑，裸秃鳞屑痂皮或皲裂，有时发生丘疹水疱和糜烂，发痒。通过镜检、培养、动物试验等确诊。防治应加强饲养管理，搞好卫生、隔离患畜、消毒环境。患部洗去痂皮，涂擦碘酊或特比萘酚软膏、灰黄霉素软膏等。

皮肌（cutaneous muscle） 位于皮下浅筋膜内的肌肉。依部位和来源可分躯干皮肌和颈皮肌。前者受脊神经支配，后者受脑神经的面神经支配。颈皮肌形成颈浅和颈深括约肌。颈浅括约肌在犬、猪较发达，又称颈阔肌，形成颈皮肌和面皮肌。颈皮肌肌束纵行，与胸头肌、臂关肌等紧贴，延续至头部成为面皮肌；反刍动物颈皮肌不发达。面皮肌肌束向口部行，分出肌束混合于口和下唇的肌肉。颈深括约肌为一些半环形肌束，绕过颈的腹侧面。作用主要为紧张和抖动皮肤；面皮肌尚可牵拉口角向后。

皮温检查（examination of skin temperature） 对动物全身皮肤的温度进行的检查。检查时一定要全面。皮温极易受到外界环境温度影响，且全身各部不一，这在大、中型动物尤其明显，故不能任意选一部位作皮温代表。检查法有两种。一种为触诊法，以手背按前后顺序接触动物皮肤，根据手背的温度感觉确定皮温的高低。另一种为电温度计法。

皮下气肿（cutaneous emphysema） 由于气体积聚于皮下组织内所致，其特点是肿胀界限不明显，触诊有捻发音且柔软易变形。

皮下注射（subcutanious/hypodermic injection）用注射器将药液直接注入皮下结缔组织内的一种药物注射法。选择皮肤较薄且皮下疏松的部位，局部剪毛、常规消毒，术者用左手捏起局部皮肤，使成一皱褶，右手持连接针头的注射器，由皱褶的基部刺入2～3cm，注入药液后拔出针头，局部按常规处理消毒。

皮下组织（hypodermis） 广义来说是指脊椎动物真皮的深层，狭义来说是指真皮与其下方骨骼、肌肉之间的脂肪结缔组织。与真皮之间无明显界限。在两栖类无尾类中，此处有比较发达的较宽的淋巴间隙。在鸟类和哺乳类，则贮存着脂肪，形成皮下脂肪组织。皮下脂肪组织是一层比较疏松的组织，是一个天然的缓冲垫，能缓冲外来压力，同时还是热的绝缘体，能够储存能量。除脂肪外，皮下脂肪组织也含有丰富的血管、淋巴管、神经、汗腺和毛囊。

皮屑（scurf，scales，pityriasis） 附着在体表的脱落表皮组织。也称鳞屑或糠疹。少量皮屑是皮肤生发层不断增生的正常结果。在某些营养性疾病、寄生虫病或真菌病，皮屑增多。能引起皮屑增多的营养缺乏病包括维生素A缺乏、烟酸缺乏、核黄素缺乏和亚麻酸缺乏。跳蚤、虱或螨虫的寄生以及钱癣的早期阶段亦可产生大量皮屑。猪慢性碘中毒、砷中毒和氯化萘中毒可以从皮肤脱落大量细糠状皮屑，故又称玫瑰糠疹。

皮炎（dermatitis） 家畜皮肤全层，尤其是真皮层的炎性疾病。病因有外伤、理化性、细菌和外寄生虫以及感光过敏性刺激等。由于皮肤发生丘疹、水疱、脓疱、结节、鳞屑、疖、皲裂、糜烂和溃疡等皮损，临床上表现局部充血、肿胀、皮温升高、发痒、疼痛和精神不安等。慢性皮炎导致皮肤增厚、弹性和活动功能减退，并发生皲裂。当继发感染时，形成象皮样变或疣状皮炎、坏疽性皮炎，使之剥脱，形成溃疡灶。治疗应针对病性和病期，选用相应药物和剂型。

皮蝇磷（ronnel） 有机磷杀虫剂。对双翅目害虫有特效，内服或喷淋给药有内吸及接触毒杀虫作用，主要用于防治牛皮蝇蚴、对各期牛皮蝇蚴均有效。喷洒给药，对牛、羊锥蝇蛆、蝇、虱、螨等都有良效。对人、畜毒性较小。

皮蝇蛆病（hypodermosis）　常称为牛皮蝇蛆病（bovine hypodermosis），皮蝇科（Hypodermatidae）中的牛皮蝇（*Hypoderma bovis*）和纹皮蝇（*H. lineata*）的幼虫寄生于牛的皮下所引起的一种寄生虫病。皮蝇蛆偶尔也能寄生于马、驴和其他野生动物及人。皮蝇较大，体表被有长绒毛，口器退化，不能采食，也不叮咬牛只。牛皮蝇第3期幼虫，体粗壮，色泽随虫体成熟由淡黄、黄褐变为棕褐色，长可达28mm，体分11节，无口前钩，体表具有很多结节和小刺，最后两节腹面无刺。有2个后气孔，气门板漏斗状。纹皮蝇第3期幼虫与牛皮蝇的相似，但最后一节腹面无刺。两种皮蝇生活史基本相似，属完全变态，整个发育构成必须经卵、幼虫、蛹和成虫4个阶段。雌蝇产卵时可引起牛只强烈不安，表现踢蹴、狂跑等，不但严重地影响牛采食、休息、抓膘，甚至可引起摔伤、流产等。幼虫初钻入皮肤，引起皮肤痛痒，精神不安。在体内移行时造成移行部位组织损伤。幼虫出现于背部皮下时易于诊断。可触诊到隆起，上有小孔内含幼虫，用力挤压，可挤出虫体，即可确诊。治疗可用伊维菌素或阿维菌素类药物皮下注射，对本病有良好的治疗效果。

皮疹（skin eruption，rash）　动物皮肤及黏膜上可以看到或触知的点、斑状病变。由皮肤病本身引起的称原发性皮疹，如丘疹、斑疹、水泡、大泡、脓疱、结节、荨麻疹等；由全身性疾病、治疗用药引起的或由原发疹演变而成的称继发性皮疹，如鳞屑、痂、糜烂、溃疡、瘢痕、皲裂、硬化、苔藓化等。皮疹出现的规律和形态有一定特异性，应详细观察其出现与消失的时间、发展顺序、分布部位、形态、大小、颜色、压之是否褪色、平坦或隆起、有无瘙痒和脱屑等。

皮脂腺（sebaceous gland）　皮肤腺的一种，位于毛囊和竖毛肌之间，为分支泡状腺。分泌方式为全浆分泌，分泌物为皮脂。分泌物先被排入毛囊，然后通过毛囊排至皮肤表面，有保护和柔润皮肤和被毛的作用。

皮脂溢（seborrhoea）　家畜皮肤表面附有分泌过多皮脂的皮肤病。为皮炎或皮肤遭受各种刺激的继发性疾病。临床上分为原发性和继发性皮脂溢两种，前者只出现皮肤油腻，在体表扩散似一层油膜，干燥易剥脱。后者往往导致痤疮。牛发生于乳房、腹股沟等处；马发生于后肢系部背侧面乃至蹄冠部。治疗宜保持皮肤清洁干燥，患部用肥皂水洗掉皮脂，涂擦收敛洗剂或白色洗剂。

皮质醇（cortiol，hydrcortisone）　又称氢化可的松。糖皮质激素之一。由肾上腺皮质束状带分泌，是哺乳动物糖皮质激素中最有效的天然成分，其生理作用参见糖皮质激素。

皮质反应（cortical reaction）　在受精过程中，卵子被激活后，原来规则排列于细胞膜下的皮质颗粒胞吐到卵周隙内的过程。

皮质颗粒（cortical granules）　卵子皮质中的一种特殊颗粒，由高尔基复合体或滑面内质网产生，内含蛋白水解酶或糖苷酶。

皮质类固醇结合球蛋白（corticosteroid-binding-globulin，CBG）　又称皮质类固醇结合蛋白、皮质激素传递蛋白。肝脏产生的一种能与肾上腺皮质激素相结合的含糖血浆球蛋白。分子量为52 000。对皮质醇有很高的亲和力，每分子皮质类固醇结合球蛋白与一分子皮质醇相结合，与皮质醇的结合位点的生理浓度为皮质醇正常总浓度的3倍，故在维持血浆皮质醇总浓度以及调节结合皮质醇与游离皮质醇的动态平衡中起重要的作用。皮质类固醇结合球蛋白对皮质酮、醛固酮及其他皮质激素也有亲和力，但较皮质醇为小。

皮质索（cortical cord）　又称次级生殖索、次级性索。如果初级生殖嵴上皮细胞的性染色体为XX型，不表达睾丸决定因子，那么初级生殖索将退化消失，并且生殖嵴表面上皮很快增殖所形成的新细胞索。这些生殖索并不深入原始性腺的基质中，而是停留在其皮质部分。进入皮质索的原生殖细胞分化为卵原细胞，即原始性腺发育分化为卵巢。卵原细胞再增殖分化为初级卵母细胞。之后，皮质索断裂成簇，每一簇细胞围绕一个初级卵母细胞，进一步发育成原始卵泡。

皮质酮（corticosterone）　糖皮质激素之一，由肾上腺皮质束状带分泌。生理作用在哺乳动物仅次于皮质醇。但鸟类、啮齿类动物的主要糖皮质激素为皮质酮。

脾（spleen）　体内最大的次级（周围）淋巴器官。位于腹腔前部、胃的左侧，常因胃的充盈而向后推移。质软；红色至红褐色、蓝红色。牛为长而扁的椭圆形，羊为扁而钝的三角形，猪为长条状，马为扁平的镰刀形，兔为狭长形，鸡为圆球形。它由结缔组织小梁和淋巴组织构成，外包被膜。淋巴组织形成脾髓，又分白髓与红髓。脾的功能是造血、贮血、滤血和参与免疫活动。

脾脓肿（splenic abscess）　脾脏的化脓性炎。病因除化脓性栓塞外，还可继发于牛创伤性网胃—腹膜炎、马的金属性异物穿刺创等。临床上可见患畜厌食，心跳加快和体温升高。触诊脾区疼痛，伴发腹膜炎的病例，不愿走动，拱背，腹痛，外周血白细胞总数显著增多，贫血，结膜苍白，腹下浮肿。多死于脓毒败血症。可试用抗生素等药物进行保守疗法。

脾髓（splenic pulp） 即脾的实质。与淋巴结的实质一样也是主要由淋巴组织构成，但脾的实质无皮质和髓质之分，而是分为白髓、边缘区及红髓三部分，且脾髓中无淋巴窦而有大量血窦，故脾的功能中有滤血而无滤淋巴的描述。

脾小体（splenic corpuscle） 又称脾小结。脾脏白髓中一种类似淋巴小结的结构。有生发中心，小体近中心处有中央动脉穿过。它是脾脏内繁殖B淋巴细胞和进行免疫反应的场所。

脾原基（splenic primordium） 胃背系膜内的间充质块形成脾内结缔组织和网状组织的原基，脾血管的分支分布于其中形成血窦，源自卵黄囊的造血干细胞进入血窦周围的网状组织间隙内分化为各种血细胞。

脾脏穿刺（spleen puncture） 用穿刺针自体外透过腹壁穿入脾脏，吸取出脾液供细胞性状检查。主要用于马焦虫病的虫体检出及马传染性贫血和其他血液病的诊断。部位在左侧第17～18肋间，距腰椎横突约10cm的下方。穿刺时马于柱栏内站立保定，刺入部位剪毛、消毒，局部麻醉，将粗针头刺入2～3cm即刺入脾脏，连接注射器反复强力吸引，即可采出脾液。

蜱（tick） 能够致病和传播疾病的一类节肢动物，属蛛形纲、蜱螨目。躯体微小，呈圆形或椭圆形，体长2～15mm。蜱在宿主的寄生部位常有一定的选择性，一般在皮肤较薄，不易被搔动的部位。蜱类能够叮咬吸血，使宿主皮肤产生水肿、发炎、溃疡等一系列反应。蜱类除吸血外还能传播多种病原体，是节肢动物中传播疾病最多的一个类群，也是重要的人与动物共患外寄生虫病的病原。

蜱传斑疹伤寒（tick borne typhus） 又称斑点热（spotted fever）。一组由蜱传播立克次体属斑点热群各种立克次体所引起疾病的总称。包括由立氏立克次体引起的洛基山斑疹热；西伯利亚立克次体引起的北亚蜱传斑疹伤寒；澳大利亚立克次体引起的昆士兰蜱传斑疹伤寒；康氏立克次体引起的钮扣热或马赛热；小蛛立克次体引起的立克次体痘等。

蜱传回归热（tick borne relapsing fever） 疏螺旋体属（*Borrelia*）中蜱传回归热螺旋体引起的一种自然疫源性人畜共患传染病。病原外形呈柔弱螺旋丝，两端稍尖，有数量不等的不规则浅而粗大的弯曲，在多种动物体内繁殖。传播媒介为钝缘蜱，在蜱体间水平传递，通过叮咬传播本病。多种动物、鸟类及人均有易感性，呈季节性地方性流行。临床上以不规则间歇热为特征，伴发头痛，肌肉痛和关节痛，蜱咬部有特异皮疹，搔痒。依流行特点和临诊作出初诊，确诊依赖检出特征性疏螺旋体和类症鉴别。用氯霉素、四环素及强力霉素治疗有特效。以防蜱灭蜱预防本病发生。

蜱传热（tick borne fever） 嗜巨噬细胞埃里希体（*Anaplasma phagocytophilum*，*Ehrlicha phagocytophila*）引起反刍动物的一种急性热性经蜱传播的传染病。病原寄居于粒细胞胞浆内，呈多形性。除牛羊外，野生有蹄动物亦可感染。病初高热，呼吸困难，嗜眠喘息，孕牛羊流产，粒细胞减少，病愈后可带菌免疫。剖检畜尸消瘦，体表有蜱，肉眼病变不明显。根据流行和发病特点可作出初诊，检查出病原鉴定后作出确诊。选用磺胺类药物或土霉素治疗本病，有一定的效果。有计划地灭蜱，是预防本病发生的重要措施。

蜱媒脑炎（tick borne encephalitis） 由蜱传播的黄病毒科虫媒病毒B组复合体引起的脑炎。已知有2型：①远东型，又称森林脑炎；②中欧型，又称中欧蜱媒热、二相性乳热。能引起人的一种二相性疾病：第一相是流感样的；第二阶段以脑膜炎或脑膜脑炎为特征。远东型通常由全沟硬蜱传播；中欧型由蓖麻硬蜱传播，亦可由受感染牛、羊的奶传播。人患此病通常以远东型的临床症状较重，病死率也比中欧型高。无特效疗法。预防可用杀虫剂灭蜱，饮用消毒牛羊奶；疫区人畜可用免疫接种预防。

偏利共生（commensalism） 又称共栖。是生物的一种生活方式或者说是生物间相互关系的一种类型。两种生物生活在一起，其中一方受益，另一方无利也无害。如在海洋中，鲫鱼吸附在鲨鱼身上，在鲨鱼撕裂吞食食物的时候，鲫鱼顺便吃那些残存物来生存。

偏瘫（hemiplegia） 从一侧大脑半球所发出的运动性神经传导径路即椎体径路受损害而引起的半身不遂。可见于颅脑外伤、脑血栓和脑出血、脑水肿、脑炎、脑肿瘤及某些中毒性疾病等。

胼胝体（corpus callosum） 连于左右大脑半球之间的白色粗大的半球间连合纤维。位于大脑纵裂底部，在穹窿和透明隔背侧，构成侧脑室的顶壁，长度约有半球的1/2。纤维横行，呈放射状向各个方向伸入大脑皮质，称胼胝体放射。胼胝体纵向呈弓形，前端厚称膝，自膝向后下弯曲连接终板的薄部称胼胝体嘴；后部较厚称胼胝体压；中部较薄称胼胝体体，背侧面被覆薄层灰质，称胼胝体上回（又称灰被），属边缘系统。胼胝体纤维主要连接两大脑半球相对应的皮质部，使两半球的活动协调一致。

片剂（tablets） 药物与辅料混合，加压制成的分剂量圆片状固体剂型。主要供内服。此外，尚有专门用途的肠溶衣片剂（enteric coated tablets）、植入片剂（implant tablets）、溶液片剂（solution tablets）和阴道用片剂等。片剂应符合《兽药典》规定，其辅料如稀释剂、黏合剂、崩解剂和润滑剂等应为惰性物，对药物无不良影响。

片形吸虫病（Fasciolasis）　片形科（Fasciolidae）、片形属（*Fasciola*）的肝片形吸虫和大片形吸虫寄生于牛、羊、鹿等反刍动物的肝脏、胆囊和胆管中而引起的一种寄生虫病。呈世界性分布。中国也很普遍，呈区域性流行。本病引起动物急性和慢性的肝炎和胆管炎，并伴发全身性中毒和营养障碍，危害相当严重，尤其是犊牛和绵羊，可引起大批死亡。慢性疾病患病动物贫血、消瘦、生产性能下降，肝脏废弃，给畜牧业经济带来严重损失。该病是我国牛、羊的主要寄生虫病之一。一般采用粪便检查法和免疫学方法进行生前诊断。粪便检查适用于成虫期诊断，慢性患畜常可检出虫卵。粪检方法有水洗沉淀法和尼龙筛集卵法。免疫学方法目的在于检测抗体，可用于童虫期诊断，有皮内变态反应、间接血球凝集试验和酶联免疫吸附试验等。死后剖检，可发现慢性间质性肝炎和慢性胆管炎病变。肝变硬，肝叶萎缩，胆管扩张，管壁增厚。从肝或胆管中找出虫体，即可确诊。治疗用药物较多，常用的有硫双二氯酚、六氯酚、氯柳酰苯胺以及氯苯氧碘酰胺等。预防可采取每年定期驱虫，粪便发酵和轮换牧场以及扑灭中间宿主螺蛳等。

漂浮法（flotation technique）　又称费勒鹏法（Fulleborn's method）。检查粪便虫卵的一种方法。适用于比重较轻的线虫卵和球虫卵囊。取粪便10g，加饱和氯化钠溶液（38%食盐水）100mL混匀，60～100目筛过滤，滤入烧杯内，静置20～30min，或2 000r/min离心5～10min。用5～10mm直径的铁丝圈，取表面液膜，抖落于载片上，显微镜检查。

嘌呤核苷酸的合成代谢（purine nucleotide synthesis metabolism）　体内嘌呤核苷酸的合成有两条途径。从头合成的原料是磷酸核糖、氨基酸、一碳单位和CO_2。在磷酸核糖焦磷酸（PRPP）的基础上经过一系列酶促反应，逐步形成嘌呤环。主要在肝脏的胞液中进行，其次是在小肠黏膜及胸腺。磷酸核糖焦磷酸合成酶（PRPP合成酶）催化是嘌呤核苷酸从头合成途径的主要调控部位，其酶活性受途径产物嘌呤核苷酸的抑制。补救合成实际上是现成嘌呤或嘌呤核苷的重新利用。主要在脑、骨髓等缺乏从头合成嘌呤核苷酸酶的组织中进行。从头合成是嘌呤合成的主要途径。

嘌呤核苷酸循环（purine nucleotide cycle）　骨骼肌和心肌中存在的一种氨基酸脱氨基作用方式，即通过嘌呤核苷酸循环脱去氨基。氨基酸通过转氨基作用把其氨基转移到草酰乙酸上形成天冬氨酸，然后天冬氨酸参与次黄嘌呤核苷酸转变成腺嘌呤核苷酸的氨基化过程，腺嘌呤核苷酸被脱氨酶水解后再转变为次黄嘌呤核苷酸并脱去氨基。

嘌呤碱（pyrimidine base）　嘧啶环与咪唑环合并而成。核酸中的嘌呤衍生物主要有两种，即腺嘌呤（adenine，A）和鸟嘌呤（guanine，G）。由于腺嘌呤没有羟基或酮基，所以不存在酮-烯醇式互变异构现象。在它的第6位碳原子上有一个氨基。鸟嘌呤在第6位碳原子上有一个酮基，而在第2位上有一个氨基。

贫血（anemia）　单位容积的血液中，红细胞和血红蛋白水平低于生理值的一种临床综合征。发生于各种家禽和家畜。病因是血液过多丧失、红细胞过度破坏和红细胞的无效生成。通常按贫血原因分为出血性、溶血性、营养性（造血物质缺乏性）和造血机能障碍性（再生机能不全性）贫血。临床表现除共有症状——结膜苍白、心跳加快、心搏动亢进和贫血性氧缺乏等外，严重贫血病例全身无力，伴发黄疸、呼吸困难、水肿和血红蛋白尿以及由于心脏扩张呈现缩期性杂音。防治上可针对病因进行治疗。

频脉（frequent pulse）　又称快脉。单位时间内脉搏次数超过正常值范围上限的脉象。见于热性病、呼吸器官疾病、贫血或失血、疼痛性疾病、中毒性疾病等。脉搏次数过频多提示预后不良。

频尿（sychnuria）　又称排尿频数。在特定时间内排尿次数增多而每次的尿量却不多甚至呈滴状排出的病理现象。多为尿路炎症的结果。常发生于膀胱炎、膀胱结石、尿道炎、前列腺炎、阴道炎、尿石症等，脊髓炎、疝痛、雌性动物发情等亦可引起。

平板遮线板（plate aperture diaphragm）　安装在X线机机头窗口处的一种板形遮线装置。用以遮挡或吸收那些超出检查范围的X线。由铅板或敷有铅板的金属制成，中间有一开口，供X线束通过，开口的大小按照所选胶片的大小和焦点到胶片的距离设计，一般有不同大小开口的平板遮线板供选用。开口大小做成可调节的则称可调孔径遮线板。

平喘药（antiasthmatic drug）　一类能解除支气管痉挛，平喘和防治支气管哮喘的药物。根据作用机理可分：①β_2受体兴奋药，如肾上腺素、异丙肾上腺素等。②α-受体阻断药，如酸妥拉明。③M-受体阻断药，如东莨菪碱、溴化异丙阿托品等。④磷酸二酯酶抑制剂，如氨茶碱等。⑤抗过敏药，如糖皮质激素类药。⑥其他平喘药，如东喘平等。但常用药物是异丙肾上腺素、氨茶碱等。

平衡感觉（equilibrium sensation） 畜禽在进行直线或旋转运动时能感知运动速度变化的感觉。亦称前庭感觉。平衡感觉的感受器是位于内耳半规管、球囊和椭圆囊中的毛细胞。半规管中的毛细胞在头部运动时，可因半规管内的内淋巴流动受到刺激而兴奋，传入冲动经前庭神经传入中枢，产生眼震颤和旋转感。由于3个半规管空间排列的特点以及它们的配合，保证了不同方向的姿势协调，球囊和椭圆囊中的毛细胞其顶端有耳石膜形成耳石，毛细胞的毛囊挤入耳石中，正常头位时耳石以重力压在毛细胞上。头部位置改变，引起毛细胞与耳石膜相对位置改变，耳石拉牵毛细胞使其兴奋，神经冲动由前庭神经传到前庭神经核，反射性地引起肌紧张变化，从而维持身体平衡。

平滑肌细胞（smooth muscle cell） 组成平滑肌的细胞。胞体呈梭形，长度依器官而异，在小血管长约20μm，而在妊娠子宫达500～600μm，无横纹。每个肌细胞只有一个核，呈长而不规则的椭圆形，位于细胞中央。肌浆中有粗肌丝、细肌丝，但不构成肌原纤维。肌浆中有密体，肌膜（肌细胞膜）内面有密斑，细肌丝的两端固定在密体和密斑上。此外，肌浆中还有中间丝，对肌细胞起支持作用。平滑肌多呈束或呈层地分布在内脏中，故又称内脏肌，受植物性神经支配，属不随意肌。

平均红细胞体积（mean corpuscular volume, MCV） 每个红细胞的平均体积，以fL（飞升，1L $=10^{15}$ fL）为单位。MCV（fL）＝每升血液中的红细胞比容×10^{15}/每升血液中的红细胞数。

平均红细胞血红蛋白含量（mean corpuscular hemoglobin, MCH） 每个红细胞内所含血红蛋白的平均量，以pg（皮克，1g＝10^{12} pg）为单位。MCH（pg）＝每升血液中的血红蛋白浓度×10^{12}/每升血液中的红细胞数。

平均稳态血浆浓度（average steady-state plasma concentration）又称坪浓度（plateau concentration），在恒定的间隔时间重复给予固定剂量的药物，在药物血浆浓度达到稳态时的平均血浆浓度。是多次给药的常用指标之一，临床合理用药应使坪浓度维持在最低有效浓度与最低中毒浓度之间。

平均心电向量（mean vector） 在心室除极向量环的不同时间内，顺序出现的一系列瞬间向量的综合。代表心室除极这一时间内，瞬间综合向量在力学上的强度和方向。

平均心电轴（mean electrical axis） 平均心电向量在额面上的方向，一般指的是平均QRS电轴，通常采用心电轴与Ⅰ导联正侧段之间的角度表示平均心电轴的偏移方向。

平均驻留时间（mean residence time, MRT）导入机体的所有药物分子在体内停留的平均时间。一次给药将向机体输入众多药物分子，这些分子在体内停留不同时间，有的很快消除，有的则停留很长时间，其总体结果便是所有分子滞留时间的分布，故可用平均值加以表征。

平片（plane film） 又称素片。以普通X线摄影所得的X线片。

平酸腐败（flat sour spoilage） 罐头食品的一种腐败变质现象，是一种产酸不产气的腐败。罐头内的食品由于平酸细菌的作用，产生并积累乳酸等有机酸，使pH下降0.1～0.3，呈现酸味而发生变质，但外观仍正常，无膨胀现象。一般发生在低酸性、中性罐头中，如豆类、玉米罐头。也有少数发生在酸性罐头中，如番茄或番茄汁罐头。猪肝酱、红烧肉等多种罐头均发生过平酸腐败。平酸腐败不开罐检查是无法发觉的，所以必须开罐观察或经过细菌的分离培养才能确定。引起平酸腐败的微生物都为兼性厌氧的芽孢杆菌属的菌株。主要为嗜热脂肪芽孢杆菌和凝结芽孢杆菌。

平蹄（flat hoof） 蹄底和蹄负面几乎成为水平状的蹄。前蹄多发生，平蹄与遗传和潮湿地面有关。对广蹄的蹄底及蹄叉过削，促使蹄底下沉，也是平蹄发生的原因。平蹄蹄质脆弱，多发性蹄缺损、落铁、蹄底挫伤、白线裂等。注意削蹄矫正，适当锉修蹄壁下缘，使蹄壁略为缩小，不削或少削蹄底、蹄叉、蹄支及蹄负面，修配蹄铁时蹄铁上面设内斜面，必要时可在全蹄负面与蹄铁间垫上橡胶片。

平头末端（blunt-ended） 在基因工程中，用限制性核酸内切酶切割DNA分子的时候，切割出来的DNA分子片段的尾端是平行的无碱基暴露的一种末端，是在对称轴两端对称切开。有些限制性内切酶如HalⅢ、SmaⅠ、EcoRⅤ酶切产生的末端为单链的DNA片段。如用S1核酸酶除去末端有单链的核苷酸，或用Klenow大片段聚合酶补平末端的单链，可人为地产生平头末端。所有带平头末端的DNA分子都可用DNA连接酶使之连接，但连接效率比带黏性末端的DNA分子间连接要低，且没有方向性。

平行滤线栅（linear grid） 又称无聚焦滤线栅。滤线栅的一种。此种滤线栅的铅条垂直于栅板，互相平行排列，与X线束的方向不完全一致，除吸收散射线外也吸收部分原射线，距中心线束越远吸收越多。因此只适用于20.3cm×25.4cm（8in×10in）以下的小片盒和焦点-胶片距在120cm以上时的摄影用。

平行线法（parallel line method） 近交系动物基本繁殖方法之一。原种选出几个兄妹交配对，每对兄妹的子代中都留一对进行繁殖，一代代延续下去。此法选择范围大，但每条线之间个体不均一，易发生分化。

评价因子（evaluating factor） 进行环境质量评价时所采用的对表征环境质量有代表性的主要污染元素。例如，对水环境质量评价时，一般选择能反映水体基本质量状况、在水体中起主要作用和对环境、生物、人体及经济社会危害大的参数作为评价因子，如排放量大、浓度高、毒性强、难自然分解、易在环境和生物及人体中累积、造成经济损失大的污染因子。评价因子应具有较好的代表性，能正确、客观地反映环境质量状况。

屏障环境（barrier environment） 我国实验动物设施环境分类的一种。屏障环境符合实验动物的生活居住基本要求外，动物生活环境有很好的气密性。虽然严格控制人员、物品、动物和空气的进出但仍不能避免人和动物的直接接触。适合饲养清洁级和SPF级实验动物。

屏障系统（barrier system） 可以饲养无特定病原体（SPF）动物的实验动物设施，主要指精心设计的密闭屏障动物房；也有在普通房舍中应用带过滤帽的笼具或空气层流架、层流装置，辅以相应管理措施的屏障系统。隔离系统也可作为规模较小的屏障系统使用。一切进入屏障系统的人、饲养、饮水、动物、空气、铺垫物和日用器具，均需进行严格的微生物学控制。在屏障系统内，工作人员可与实验动物直接接触。

屏状核（claustrum） 又称屏状体。大脑基底神经节的一个小核团。位于脑岛深方，在最外囊和外囊之间，与大脑皮质之间有往返联系。

泼尼松（prednisone） 又称强的松。人工合成的皮质激素类药物。能使水、钠潴留作用减少，抗炎和糖代谢作用增强。可用于可的松适应证，如肌内注射治疗牛酮血症、羊妊娠毒血症、中毒性感染及各种原因引起的休克等。局部应用治疗关节炎、腱鞘炎、眼部炎症等。

破骨细胞（osteoclast） 一种多核巨细胞。直径约100μm，核可多达50余个，胞质嗜酸性，内含大量的线粒体和溶酶体。它贴附在骨组织被吸收的部位，与骨组织相贴的一面有许多胞膜皱褶，称为皱褶缘（ruffled border）。破骨细胞能溶解和吸收骨质，参与骨组织的代谢和重建，属于单核吞噬细胞系统的一员。其机能受甲状旁腺素的调节。

破骨作用（osteoclasis） 又称破骨细胞性溶骨作用。破骨细胞侵蚀溶解骨质的过程。

破壶音（cracked-pot sound） 又称钱币音。音调较高、音响较小、持续时间较短的叩诊音，类似叩击破瓷壶所产生的音响。因空气受排挤而突然急剧地经过狭窄的裂隙所致。见于肺脓肿、肺坏疽和肺结核等形成的与支气管相通的大空洞。

破裂孔（foramen lacerum） 蝶骨后缘与枕骨、颞骨间形成的不规则孔。马在蝶骨颞翼形成三个切迹，即颈动脉切迹、卵圆切迹和棘切迹；猪缺棘切迹；犬的形成3个孔，但棘孔有时与卵圆孔合并；反刍动物只形成卵圆孔。这些切迹处有颈内动脉、脑膜中动脉和下颌神经通过。

破软骨细胞（chondroelast） 存在于正在发育的软骨中的一种多核巨细胞。它具有清除软骨基质和细胞的作用。由于它与骨组织中的破骨细胞有着形态和功能的相似性，所以，破软骨细胞和破骨细胞被认为是同一种细胞。

破伤风（tetanus） 又称强直症、锁口疯风。破伤风梭菌（*Clostridium tetani*）经伤口感染引起的一种以骨骼肌持续痉挛和对刺激反射兴奋性增强为特征的急性中毒性人畜共患传染病。病畜表现咀嚼缓慢至牙关紧闭、流涎、四肢僵硬、强直、角弓反张、应激性增高等症状。本病症状典型不难诊断。早期采取综合性治疗措施，有较好的疗效，包括加强护理、创伤处理、破伤风抗毒素及其他药物的对症疗法。在本病多发地区，应定期给家畜预防接种破伤风类毒素。

破伤风抗毒素（tetanus antitoxin） 以破伤风类毒素免疫动物后采血提取含有抗破伤风特异性抗体的血清。又称抗破伤风血清，用于治疗或预防破伤风。选择5～12岁体壮健康马，先用精制破伤风类毒素油佐剂抗原或明矾沉降类毒素作基础免疫，然后以递增剂量进行高度免疫，经试验采血效价合格后，采血提取血清制成普通破伤风抗毒素（1mL含1 000抗毒素单位）。也可将血清用硫酸铵制成1mL含2 000单位的精制破伤风抗毒素。本品在2～15℃冷暗处保存，有效期2年。使用时，各种动物均皮下、肌肉或静脉注射，预防及治疗剂量（单位）分别为：3岁以上大动物6 000～12 000，60 000～300 000；3岁以下大动物3 000～6 000，50 000～100 000；羊、猪、犬1 200～3 000，5 000～20 000。

破伤风梭菌（*Clostridium tetani*） 形成顶端芽孢的革兰氏阳性专性厌氧菌。菌细胞正直或微弯，大小为（0.5～1.7）μm×（2.1～18.1）μm，可产生横径显著大于菌体的圆形或卵圆形顶端芽孢，无荚膜，多以周鞭毛运动。在血琼脂上形成不规则圆形、扁平、中央致密的灰白色蜘蛛状菌落。经皮肤黏膜的伤口侵入动物组织，在厌氧条件下生长繁殖，产生破伤风痉挛毒素（tetanospasmin），可引起神经兴奋性的异常增高和骨骼肌痉挛，是引起人畜破伤风的病原。

剖腹产术（caesarean section） 切开腹壁和子宫，取出胎儿的手术。适用于任何一种难产，或其他手术助产失败之后。对胎儿未死，而没有矫正和截胎器械的，更需及早剖腹，抢救活胎。手术越早，效果越好。难产时间越长、感染程度越重，术后母畜的存活率和受胎率就越低。奶牛刚发病，子宫内未污染的，术后存活率可达97%，受胎率可保持77%。

剖腹术（laparotomy） 切开腹壁作为腹腔、骨盆腔脏器手术的通路。马、牛、犬、猪、羊和猫都常应用。剖腹术的部位通常选在动物下腹壁或侧腹壁。下腹壁的切口能选出靠近各种脏器的手术通路，但由于下腹壁腱质多，血液供应差，特别是大家畜承受较大的脏器压力，愈合条件较差。相反侧腹壁有较好的愈合条件，缺点是一个切口不能满足多种器官的探查。剖腹术除作肠胃手术、膀胱手术、卵巢摘除等手术外，膈疝修补可选腹腔通路。脐疝、腹壁疝往往是同时完成手术通路与主手术。

铺垫物（bedding） 又称垫料。饲养实验动物时为保温、动物舒适、减少动物肢爪损伤、承接排泄物、维持清洁而使用的物质。实验动物的铺垫物不应使用含有对动物生物学反应有重要影响的物质。铺垫物多选用刨花、锯木屑、碎纸、玉米芯屑、作物秸秆等材料制备。由于铺垫物来源较杂，极易被微生物和寄生虫污染、成为病原传播来源，故实验动物质量控制标准规定，用于实验动物的铺垫物必须进行消毒、灭菌后方可使用。

葡萄球菌病（staphylococcosis） 金黄色葡萄球菌（*Staphylococcus aureus*）引起的人和多种畜禽的以化脓性炎症为主要特征的一类疾病的总称。对禽、兔的危害较大，病原广泛分布于世界各地，某些能产生血浆凝固酶的菌株分泌的肠毒素还能引起食物中毒。根据流行病学资料、临床表现和细菌学检查不难作出诊断。常用的抗生素或磺胺类药物均有效，本菌易形成耐药性，应作抑菌试验，选择最敏感的抗菌药物，才能获得良好疗效。

葡萄球菌肠毒素食物中毒（staphylococcus enterotoxin food poisoning） 金黄色葡萄球菌中能产生血浆凝固酶、分解甘露醇、引起皮肤感染并能产生耐热性肠毒素的菌株引起的食物中毒。临床上以急性胃肠炎和反复呕吐为特点。乳与乳制品和畜禽肉的热制品是主要原因食品。

葡萄球菌蛋白 A（staphylococcal protein A, SPA） 金黄色葡萄球菌（尤其是人源菌株）特有的、存在于细菌表面的群特异性抗原。由单一的多肽链组成，分子量为42 000。它能与许多种哺乳动物的IgG Fc部分非特异性结合，也与某些动物的IgA和IgM的Fc结合，而Ig的Fab仍能与相应抗原结合。由于这种特性，被广泛用于免疫学试验，如用于Ig的分离和提纯、与特异性抗体结合后作为细胞化学探针等。目前应用最广的如协同凝集试验，酶标SPA染色和酶标SPA ELISA等。

葡萄球菌免疫荧光花环试验（staphylococcus immunofluorescence rosette test） 荧光素标记的带SPA的葡萄球菌用特定的抗体致敏后，能特异地吸附在带相应抗原的细胞上，然后在荧光显微镜下观察荧光花环的试验。本试验已广泛用于检测带表面免疫球蛋白（SIg）的B细胞和各种T细胞亚群。如用双色荧光标记，则可以同时检测T、B细胞两种细胞群体。

葡萄球菌属（*Staphylococcus*） 一群过氧化氢酶阳性、无运动力、不产芽孢的兼性厌氧革兰氏阳性菌。菌体直径为0.5～1.5μm，单在、成对或葡萄串状排列。产类胡萝卜色素。可在10%NaCl和18～40℃生长。普通琼脂上生长良好，形成圆形、隆起、边缘整齐、光滑闪光的不透明菌落。广泛分布于自然界并常发现于人畜皮肤与黏膜上。至少有19个种，与兽医有关的有：①金黄色葡萄球菌（*S. aureus*），典型菌株呈凝固酶阳性，发酵甘露醇，菌落金黄色，β溶血，常具种特异抗原（蛋白A）。可致人畜化脓性创伤感染。此菌的耐热肠毒素可导致人的食物中毒。②表皮葡萄球菌（*S. epidermidis*），不产凝固酶，不发酵甘露醇，溶血性不定，通常无色素，系条件致病菌，与脓肿或皮肤感染有关。③中间葡萄球菌（*S. intermedius*），凝固酶阳性，多呈β溶血，不产色素，可致犬脓皮病及犬和牛乳房炎。④猪葡萄球菌（*S. hyicus*），分两个亚种：猪亚种具凝固酶，不溶血，菌落无色，能致猪渗出性皮炎和多发性关节炎；产色亚种凝固酶阴性，产黄橙色素，分离于猪和牛皮肤及乳房炎病牛之乳汁。

葡萄穗霉毒素中毒（stachybotryotoxicosis） 采食霉败草料引起以胃肠黏膜和皮肤坏死以及造血器官抑制为特征的中毒病。由于腐生草料的葡萄穗霉产生的葡萄穗霉毒素和单端孢霉烯族化合物而致病。急性（非典型）症状为高度沉郁或兴奋，视力减退或失明，阵发性痉挛，结膜发绀，脉细而弱，呼吸促迫，体温升高，死于心力衰竭。慢性（典型）症状分3期。初期唇、舌体和颊黏膜炎性坏死，咀嚼、吞咽困难，眼睑肿胀，流泪；中期造血器官抑制，白细胞和血小板减少，有出血性素质；后期以胃肠炎为主，继发败血症。治疗以保肝、解毒和防止继发症等为原则。

葡萄穗霉菌（*Stachybotrys*）　属真菌界丝孢菌纲，菌丝体分支分隔，具丛生花瓣样小梗，呈长卵圆形；分生孢子以梗直立于营养菌丝上，多呈卵圆形，比小梗稍粗，褐色有纵向条纹，易从小梗上脱落。专性需氧，对营养要求不高，琼脂培养基上菌落呈湿絮状、橙棕色，圆形。主要在土壤、蒿秆、杂草上生长，在活植物上不能生长。在潮湿的蒿秆上繁殖并产生毒素，毒素可导致人和动物口、咽、鼻黏膜发炎与溃疡，白细胞减少，呕吐腹泻甚至死亡。

葡萄糖（glucose）　又称右旋糖。机体最重要的己糖，是动物体的主要能源。其结构式有多种表示方法：开链结构式、环状结构投影式、构象式。D-葡萄糖主要以椅式构象存在。D-葡萄糖是淀粉、糖原、纤维素等多糖的结构单位，能被动物体直接吸收，是生命活动所需要的主要能源。可作为血容量扩充剂。具有供应能量、增强肝脏解毒能力，补充体液，利尿脱水等作用。用于：①重病、衰弱动物的能量补充剂；②仔猪低血糖症；③治疗牛酮血症及马、驴、羊妊娠毒血症；④化学药物、细菌毒素等中毒的辅助治疗；⑤脑、肺等组织水肿的脱水。制剂有5%、10%、50%的溶液以及葡萄糖生理盐水等。

葡萄糖-6-磷酸脱氢酶缺乏症（glucose-6-phosphate dehydrogenase deficiency）　葡萄糖-6-磷酸脱氢酶先天性缺乏的一种以溶血为特征的红细胞酶病。

葡萄糖耐量试验（glucose tolerance tests）　给动物口服或静脉注射一定量的葡萄糖前后，相隔特定时间测定血糖浓度，根据血糖浓度上升和下降的速度诊断机体葡萄糖代谢功能的一种实验室检验方法。单胃动物采用口服法和注射法均可，但反刍动物必须采用注射法。将不同时间的血糖浓度制成耐糖曲线，以此判定动物的糖代谢情况。

葡萄糖脑苷脂累积病（glucocerebroside storage disease）　β-半乳糖脑苷酯酶先天性缺乏，引起葡萄糖脑苷脂在网状内皮系统和中枢神经系统细胞中沉积所致的一种遗传性脂质沉积病。

蒲金野细胞（Purkinje's cell）　小脑皮质中最大的神经元。其胞体呈梨形，顶端发出2～3条粗大的树突伸向皮质表面，分支繁多，呈扁柏状，末端有很多棘突。从胞体基部发出轴突，穿过颗粒层进入髓质，组成小脑皮质唯一的传出纤维。

蒲金野纤维（Purkinje fibers）　构成房室束及其分支的特化心肌纤维。它与普通心肌纤维相比有几个特点，即纤维粗，肌浆丰富，肌原纤维较少、多分布于蒲金野纤维的周边部，肌浆中有丰富的糖原和线粒体，具有2个或更多的核，无闰盘，细胞之间依靠许多散在的桥粒连接。

普遍性转导（general transduction）　供体菌染色体或质粒的任何DNA都有可能被转导的一种转导方式。温和噬菌体在裂解期的后期，其已大量复制的DNA与外壳蛋白装备成新的噬菌体时，有$1/10^7$～$1/10^5$的新噬菌体装配错误，将细菌DNA的裂解片段装入噬菌体外壳蛋白中，成为一个完全缺陷的转导性噬菌体。误被装入的DNA片段可以是供体菌染色体上的任何部分，也可以是质粒DNA。

普查（census）　又称全面调查。对调查对象的所有单位进行调查。常用的有畜种普查、疾病普查等。它能真实反映总体的情况。但工作量大、涉及面广，故在科研中少用。普查时应注意统一标准、方法和步骤，统一地点和时间，要求在短期内完成，否则影响资料的准确性。

普鲁卡因（procaine）　局部麻醉药。其盐酸盐称奴佛卡因（novocaine）。具良好的局麻作用，安全，药效迅速。主要用于动物的浸润麻醉、传导麻醉、椎管内麻醉和封闭疗法。药液中若加入微量肾上腺素（100mL普鲁卡因溶液加入0.1%肾上腺素），作用可维持1～2h，并能减少手术部位出血。对皮肤和黏膜的穿透力弱，不宜用作表面麻醉。

普鲁卡因青霉素（procaine benzylpenicillin）　β-内酰胺类抗生素，主要用于革兰阳性菌感染，亦用于放线菌及钩端螺旋体等感染。对大多数革兰阳性菌、部分革兰阴性菌、各种螺旋体和放线菌都有强大的抗菌作用。一般情况下，较低浓度时有抑菌作用，而较高浓度时有杀菌作用。

普通变形杆菌（*Proteus vulgaris*）　属于变形杆菌属（proteus），为革兰氏阴性杆菌，无荚膜，无芽孢，周生鞭毛，有菌毛，大小为（0.4～0.8）μm×（1.0～3.0）μm。有明显多形性（球状或长丝状），有鞭毛能运动，尿素酶阳性，能产生硫化氢，苯丙氨酸脱氨基阳性，兼性厌氧。

普通病理学（general pathology）　又称为基础病理学。主要是研究和阐明疾病的病因以及在不同疾病中，在不同的器官、系统可能发生的共同的病理变化，即基本病理过程。例如炎症、水肿、脱水、酸中毒、发热、充血、出血等都是基本病理过程。任何一种具体疾病均由多种基本病理过程组成。学习和掌握基本病理过程的概念、发生机理、主要影响等，对认识疾病的本质、解释临床表现、正确诊断并采取有针对性的防控措施非常重要。

普通动物（conventional animals） 我国按微生物控制程度进行实验动物等级分类中的一种，这类动物不能携带主要的人畜共患病及本动物的烈性传染病，可以在普通环境中饲养。

普通光学显微镜（common light microscope） 又称明视野显微镜（bright field microscope）。以自然光或电源光为光源，经明视野集光器聚光，投射到观察标本上进行观察的显微镜。这是光学显微镜最普通的形式。其基本构造有物镜、目镜、集光器、照明系统、机械系统（包括镜筒、物镜转换台、载物台、粗调和细调）。标本通常置于玻片上，放于载物台进行观察。物镜将标本中的物像放大，然后经目镜进一步放大。放大倍数为物镜放大倍数乘以目镜放大倍数。物镜一般分低倍镜（4～20×）、高倍镜（40～60×）和油镜（100×）。检查微生物标本多用油镜进行。

普通环境（conventional environment） 我国实验动物设施环境分类的一种。普通环境符合动物生活居住的基本要求，环境内要求控制人员和物品、动物出入，不能完全控制传染因子，但能控制野生动物的出入，适用于饲养普通级实验动物。

普通心肌细胞（common cardiac muscle cell） 又称工作细胞。在接受了由自律细胞传来的刺激时才兴奋、收缩的心肌细胞。包括心房肌细胞和心室肌细胞，含有丰富的肌原纤维，执行收缩功能。普通心肌细胞不能自动地产生节律性兴奋，即不具有自动节律性；具有兴奋性，可以在外来刺激作用下产生兴奋；具有传导兴奋的能力，但是，与相应的特殊传导组织作比较，传导性较低。

普通圆线虫（*Strongylus vulgaris*） 又称普通戴拉风线虫（*Delafondia vulgaris*）。属于圆线目（Strongylate）、圆线科（Strongylidae）、圆线属（*Strongylus*），寄生于马属动物的盲肠和结肠。虫体稍小，呈深灰色或血红色。口囊壁上有背沟，底部有两个耳状的亚背侧齿；外叶冠边缘呈花边状构造。雄虫长 14～16mm，有两根等长的交合刺。雌虫长 20～24mm，阴门距尾端 6～7mm。虫卵椭圆形，大小为（83～93）μm×（48～52）μm。感染前的发育史与马圆线虫相同。感染后第三期幼虫进入肠黏膜内，第 8 天形成第四期幼虫。第四期幼虫钻入肠黏膜内的动脉管壁，并到达内膜下，开始向肠系膜动脉根部移动。部分幼虫向前进入主动脉到达心脏，向后移行到肾动脉和髂动脉。在感染后第 14 天，即可在肠系膜根部内腔中发现幼虫，并形成血栓和动脉瘤；第 45 天后第 4 期幼虫随血流返回结肠和盲肠黏膜下血管，在肠壁中形成结节，并蜕化为第五期幼虫。以后再返回肠腔发育为成虫。

普通制品（common products） 用一般生产方法制备，未经浓缩或纯化处理，或者仅按毒（效）价标准稀释的制品。兽用疫苗一般都是普通制品。如猪瘟兔化弱毒疫苗、普通结核菌素等。

蹼（interdigital web） 禽足趾间的皮肤褶。位于第 2、3 和 4 趾之间。鸡等仅为雏形；水禽的特别发达，用以划水。

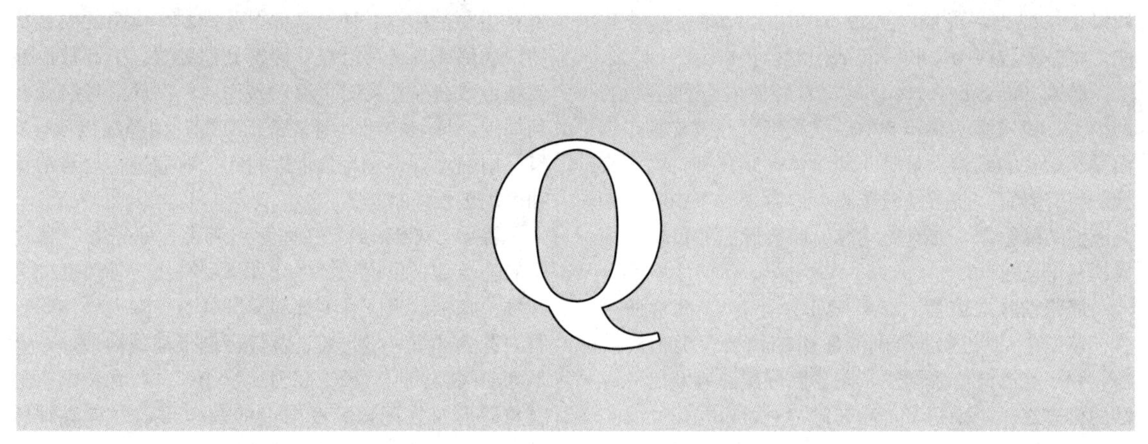

栖肌（perching muscle）　通常指禽后肢的迂回肌（m. ambiens）。位于股部内侧。起始于髂骨耻突，肌腹梭形；其腱斜向绕过髌韧带前面而转至膝部外侧，继续向后向下并直接延续至第2、3、4趾被穿屈肌起始腱膜。当禽下蹲时，此肌可间接通过趾屈肌腱而使趾屈曲，紧握栖木。但有的禽类无此肌，有的肌腱不延伸到膝以下。

期间传播（staged transmission）　感染病原体的幼虫在蜕变为若虫之后，若虫携带病原体再进行叮刺传播感染的现象。

期前收缩（premature contraction）　又称期前兴奋。一次兴奋的有效不应期后、正常的窦性节律到来之前，心肌受到一次额外的刺激，心室产生的一次窦性节律以外的收缩。期前收缩也有有效不应期，当紧接在期前收缩后的，来自窦房结的兴奋到来时，正好落在期前收缩的有效不应期内，因而不能引起心室兴奋、收缩，必须等到下次窦性兴奋到来时才能发生收缩，所以在一次期前收缩后，往往有一段较长的心脏舒张期，称为代偿间隙。

期外收缩或早搏（extra systole or premature beat）　由窦房结以外的异位兴奋灶发出的过早兴奋而引起比正常心跳提前出现的搏动，并使心脏收缩的间歇期延长。在听诊时，期前收缩的第一心音明显增强，第二心音减弱或消失。为最常见的心律失常。根据早搏起源部位的不同将其分为房性、室性和结性。其中以室性早搏最常见，其次是房性，结性较少见。早搏可见于正常机体、器质性心脏病患畜，也可见于奎尼丁、洋地黄或锑剂中毒，血钾过低，或心导管检查时对心脏的机械刺激等。

漆斑霉素中毒（myrotheciotoxicosis）　牛羊发生以重剧性胃肠炎为主征的中毒病。由于采食被孢漆斑霉（*Myrothecium verrucaria*）及其毒素——疣孢漆斑霉素（verrucarin）等污染的黑麦草和白三叶草而致病。临床上犊牛、羔羊发病取急性经过。精神沉郁，食欲废绝，反刍停止，瘤胃液体性膨胀，触诊发出振水音，流涎，腹泻，脱水，呼吸增数，心跳加快。在2～5d多数死亡。慢性病例血便、血尿。死于心血管衰竭。预防可往牧草场喷洒漆斑霉杀灭剂。

齐卡热（Zika fever）　黄病毒科虫媒病毒B组的齐卡病毒所致的蚊媒隐性或轻度发热性感染。分布于非洲和亚洲很多国家。病毒在自然界多种蚊虫和森林猴间传播循环，猴可有隐性感染。人被蚊叮咬后感染，表现发热、不适，可伴有皮肤斑丘疹。防制措施主要为避免接触蚊虫。

奇结节（tuberculum impar）　又称正中舌隆突。咽底中央形成的一个小突起，参与形成舌体。

歧腔吸虫病（dicrocoeliasis）　歧腔属（*Dicrocoelium*）吸虫寄生于绵羊、山羊、牛、鹿、猪、犬、驴、兔等动物的胆管引起的疾病，常造成肝损伤，引起肝硬化和功能紊乱，病畜营养衰竭。常见种为矛形歧腔吸虫（*D. dendriticum*），长6～10mm，宽1.5～2.5mm，前部较窄；腹吸盘位于前1/4部分的后限。第一中间宿主为陆地螺；第二中间宿主为蚂蚁，尾蚴在蚂蚁体内形成囊蚴，进入感染阶段。羊、牛等动物吞咽带有囊蚴的蚂蚁，幼虫经总胆管到达寄生部位。主要症状是黄疸、消瘦、水肿、下痢等，常陷于恶病质而死亡。诊断必须结合病状、流行病学资料和尸体剖检发现虫体方能确诊。生前诊断主要是粪便中检出虫卵。卵呈黄褐色，两侧边稍不对称，卵盖明显，内含毛蚴。可用丙硫咪唑、吡喹酮等药物驱虫。对所有患畜连年驱虫，可使牧场逐步净化。

脐出血（omphalorrhagia）　新生仔畜脐带断端或脐孔出血的现象。可发生于羔羊和犊牛，偶见于仔猪及驹。犊、羔、驹的出血多以大滴慢慢流出，仔猪则常成股流出。主要是由于断脐后脐动脉不能完全闭合所致。处置方法：将局部消毒后，紧贴脐孔结扎脐带残段止血即可。若残段过短，可用缝针穿过脐孔皮肤，将脐带残段与皮肤一起结扎缝合止血。

脐带（umbilical cord） 随着胚胎发育和羊膜腔的扩大，使尿囊柄和卵黄柄靠拢缩细，并被羊膜包围而呈长索状的结构，是胎儿和母体在胎盘进行物质交换的特有器官。脐带外覆羊膜，内含来源于中胚层的黏液性结缔组织，并有脐动脉、脐静脉、卵黄柄和尿囊柄从中通过。

脐带动脉血流音（umbilical sounds） 简称脐带音。脐带中动脉搏动和血流发出的声音。类似蝉鸣声，频率与胎儿心率同步，是诊断妊娠、判断胎儿存活的标志之一。采用多普勒超声检查可以探出。

脐动脉（umbilical artery） 发自胎儿髂外（马）或髂内（牛）动脉到胎儿胎盘（尿囊绒毛膜）的动脉血管。有左右两条。将胎儿发育时所产生的代谢废物及二氧化碳输向胎盘。动物出生后，其保留部分最后成为膀胱圆韧带。

脐静脉（umbilical vein） 由胎儿胎盘内的毛细血管汇集成为由小到大的静脉管道。最后成为一条脐静脉经脐带入胎儿体内，由肝门入肝。它将来自母体（子宫内膜）的氧气和营养成分通过胎儿肝脏经后腔静脉输入胎儿血液循环中，保证胎儿的生长发育。动物出生后，其保留部分最后成为肝圆韧带。

脐尿管（urachus） 又称脐管。一条从膀胱顶经脐带连接到尿囊的管道。肾的排泄物可通过脐尿管进入尿囊，在胎儿出生前，脐尿管闭锁退化为纤维索，即脐中韧带。若脐尿管未闭锁，出生后尿液可以从脐部流出，称为脐尿瘘。

脐疝（umbilical hernia） 疝的一种。各种家畜均能发生，有先天性与后天性之分。先天性的有遗传性。发生的原因主要有脐轮异常增大，出生后闭锁不全。后天性的多由于便秘、飞越使腹压升高而引起。表现在脐部有苹果大（犬）、小儿头大（马、牛）的肿胀，呈圆形、柔软、无热、无痛、压缩有还纳性。疝内容多为小肠或大网膜。脐疝易嵌顿出现腹痛。对小的脐疝一般不治疗，待生后一月有自愈的可能，大的疝采用手术方法，异常大的疝门可用尼龙网修补。

脐循环（umbilical circulation） 由心血管头端连接腹主动脉，经弓动脉、背主动脉、脐动脉和脐静脉回到心血管的血液循环。脐循环的建立，标志着胎儿与母体之间开始物质交换，可以保证胎儿生长发育。

脐炎（omphalitis） 新生仔畜脐血管及周围组织的炎症。各种家畜都可发生，但主要以犊牛和驹较常见。接产时对脐带消毒不严格或没有消毒，脐带残段被尿液浸润（公畜）或被仔畜互相吸吮所致。病初脐孔周围红、肿、发热，有疼痛反应。有时形成脓肿，重者还发生坏疽。触诊脐部，可摸到小指粗的硬索状物。病菌或毒素可沿血管侵害其他脏器，引起败血症或脓毒败血症。有时可继发破伤风。彻底清理脐孔及其周围，排除脓汁、剔除坏死组织，局部涂以5%碘酊，周围用青霉素普鲁卡因封闭。对症进行全身治疗和使用破伤风抗毒素。

鬐甲（withers） 又称背肩胛部。家畜颈、背之间的隆凸部。役用马、牛此处易受鞍伤。骨骼基础为颈椎、胸椎、肩胛骨上部和肩胛软骨。除皮肤、胸带肌的背侧部肌、竖脊肌、背肩胛韧带和项韧带外，有下列肌间隙：①肩胛上间隙，位于斜方肌和背阔肌腱膜与菱形肌之间，为底向上的三角形，内有肩胛软骨。②背间隙，位于背肩胛韧带与竖脊肌之间，为横向的长卵圆形，较大，背肩胛韧带为胸腰筋膜的延续，背侧部厚，向下分为3层而变薄。③颈间隙，位于鬐甲部的前1/3，在项韧带与前几个胸椎棘突之间，为底向上的三角形，内有鬐甲深黏液囊，牛此间隙较小，黏液囊不常有。④韧带下间隙，仅见于马，位于鬐甲部的中1/3，在项韧带与斜方肌之间。鬐甲部血管主干为肩胛背侧动、静脉，为肋颈干的直接延续支，沿胸下锯肌深面向背侧行；此外在前1/3有颈深血管分支，深部有肋间血管分支。鬐甲部皮下常有黏液囊。

鬐甲肿和鬐甲瘘（saddle gall and fistulous withers） 马鬐甲部炎症进而形成肿胀的总称。其主体是棘上黏液囊炎在鞍伤过程中形成特异肿胀，称为鬐甲肿。而鬐甲瘘继发于重度鞍伤或放线菌感染、颈部丝状虫寄生而发生化脓坏死性炎症，形成脓肿自溃变为化脓性窦道。从窦道口排脓甚少，多数潴留于组织内，沿肩胛骨内侧肌间隙下沉或呈现腰背肌膜蜂窝织炎，胸椎棘突坏死等。虽然局部病变很严重，但对全身影响较小。

启动子（promoter） 位于结构基因上游与RNA聚合酶结合的一段DNA序列。它能启动结构基因的转录。原核生物的启动子主要由酶结合位点（Pribnow框）和酶识别位点构成。真核生物的启动子由酶结合、识别位点（TATA框）和可能控制转录起始频率的CAAT框构成。真核生物的少数启动子位于结构基因之后，称为下游启动子，如tRNA的启动子。启动子具有生物类属特异性，通常只能在同种生物中具有启动作用。

起始密码子（initiation codon） 规定编码多肽链第一个氨基酸的密码子。细菌的起始密码为AUG，转译为甲酰基甲硫氨酸；或较罕见的GUG（缬氨酸）。真核生物的起始密码子总是AUG，转译为甲硫氨酸。起始密码子在相应的DNA中为ATG。

气喘（asthma）　高度的呼吸困难。

气单胞菌属（*Aeromonas*）　一群分布于水中能致鱼和蛙类疾病的革兰氏阴性兼性厌氧菌。大小为（0.3～1.0）μm×（1.0～3.5）μm，单在、成对或呈短链。除一个种外均以单鞭毛运动，幼龄菌能形成周鞭毛。在普通培养基上生长。分解碳水化合物产酸兼或产气，氧化酶和过氧化氢酶阳性，还原硝酸盐。分两个群：1. 嗜冷无动力群，仅杀鲑气单胞菌（*A. salmonicida*）一个种，最适生长温度 22～25℃，37℃不生长，血琼脂上迅速溶血。能引起鱼类严重感染，对人畜无病原性。2. 嗜温有动力群，包括嗜水气单胞菌（*A. hydrophila*）、豚鼠气单胞菌（*A. cavial*）和温和气单胞菌（*A. sobria*）3 个种。28℃生长最好，37℃不生长。广泛分布于淡水和污水，是蛙等两栖动物“红腿病”病原，对爬虫、鱼类、一些哺乳动物及人也有致病性。

气道性呼吸困难（airway dyspnea）　通气障碍所致的呼吸困难，临床上主要表现为吸气困难，是上呼吸道狭窄的特征。

气管（trachea）　呼吸道从喉至肺根的空气通道。颈段行于颈部腹侧中线，经胸前口入胸腔；两侧和腹侧覆盖有薄的颈肌。胸段行于纵隔内，经主动脉弓右侧至心底，在正对第 4～6 肋间隙处分叉为两个主支气管，进入两肺。反刍兽和猪于分叉前另分出一气管支气管，至右肺前叶。气管壁由黏膜、纤维—软骨层和外膜或浆膜构成。黏膜被覆假复层柱状纤毛上皮，含有杯状细胞，固有层和黏膜下组织有浆—黏液性的气管腺。黏膜内含有纵行弹性纤维。纤维软骨层含有许多C字形气管环，为透明软骨；环间为富有弹性的结缔组织。环缺口朝向背侧，两端连接有横行的平滑肌（气管肌），肉食兽位于环外面，其他家畜位于环内面。气管颈段以外膜与毗邻器官连系；胸段尚覆有浆膜。禽气管一般较长，颈段位于皮下，后半偏至右侧；气管环完整，骨化较早，相邻气管环互相套迭，可以伸缩。气管两侧附着有狭长的气管喉肌和胸骨喉肌。在气管分叉为支气管处形成鸣管。

气管比翼线虫病（syngamosis trachea）　气管比翼线虫（*Syngamus trachea*）寄生于火鸡、鸡、珍珠鸡、雉、鹅和多种野禽的气管引起的寄生虫病。虫体呈鲜红色。雄虫长 2～6mm，雌虫长 5～20mm，口孔大，无叶冠，环绕口孔为一角质环状构造。口囊宽阔，呈杯状，底部有 6～10 个小齿，口囊壁厚。交合伞短，肋粗壮。交合刺等长。雌虫阴门在身体前 1/3 处。雌雄虫永远处于交配状态，雄虫以其交合伞贴附在雌虫阴门部，二者构成 Y 形。卵的两端有厚卵盖。卵随粪便排出体外，在外界发育到其内含第三期幼虫时，幼虫孵出，具有感染性。宿主经口感染，被禽类摄入的感染性幼虫经血流入肺，先进入肺泡，在移行至气管的过程中蜕皮两次，发育为成虫。感染性幼虫可能被蚯蚓、蜗牛、蛞蝓、蝇或其他节肢动物吞食，在此等动物体内形成包囊，并保持着对宿主的感染性。可通过这些转运宿主感染禽类。感染后移行的幼虫可引起肺水肿或肺炎。成虫附着在气管黏膜上吸血，引起卡他性或血性气管炎，分泌过量黏液。病鸡呼吸困难，张口，伸颈，摇头，可能窒息，进行性消瘦，贫血。症状是诊断的重要依据，在病死鸡气管内发现虫体或在鸡粪便中发现虫卵可以确诊。可用丙硫咪唑和噻苯唑等驱虫。预防措施包括驱虫、粪便处理和改善环境卫生。工厂化养鸡可以杜绝感染；一般散养难以控制本病的发生。

气管内插管（endotracheal intubation）　常用于麻醉，对处理或抢救呼吸功能不全的患畜，也有重要作用。气管插管的功能，在于保持吸呼道的通畅，减少无效腔和消除气管内的分泌物，对肌松或呼吸抑制的病畜，可进行辅助和控制呼吸。插管由橡胶和塑料制成，柔软、富有弹力，不易断裂，有一定弯度，管壁薄而不易压瘪，导管上附有套囊。有大小各种规格。

气管切开术（tracheotomy）　适用于上部呼吸道急性炎性水肿、鼻骨骨折、鼻腔肿瘤和异物、双侧面神经麻痹或由于某种原因引起的气管狭窄，使家畜产生完全或不完全的上呼吸道闭塞、窒息而有生命危险时采用。也可作为上部呼吸道手术时的一部分内容。气管切开可分为暂时性和永久性的，前者多属于急救性质，待障碍消除后，切开的气管即可闭合，而后者适用于贵重的家畜，在上部呼吸道有不能消除的瘢痕性狭窄、双侧面神经或返神经麻痹以及不能治疗的肿瘤等。

气管食管隔（tracheoesophageal septum）　喉气管憩室与背侧的食管之间的间充质。

气管萎陷（tracheal collapse）　又称扁平气管。胸腔入口的一段气管呈背腹压扁而狭窄的现象。多发生于马，特别是老马，很少见于牛。表现呼吸困难，警笛样咳嗽，萎陷气管内有黏性分泌物，可继发心脏肥大、肺气肿、肺性心脏病。X线检查能确诊。应注意和鼻腔狭窄、慢性支气管炎或气管炎相鉴别。治疗时应用支气管扩张剂、祛痰剂以减轻症状，注意控制气管内感染，并对心功能不全等继发症做适当处理。

气管狭窄（stricture of trachea）　气管内腔细小，有先天性与后天性之分。前者多见于初生仔畜，可见气管变形；后者由于损伤、气管切开术的瘢痕收缩、器官外周肿瘤或异物压迫所致，气管内误咽异物、出血、肿瘤也是造成狭窄的原因。根据临床症状可做出大体诊断，X线诊断能确诊。治疗时要去除病因，先天性变形尽可能给予矫正。对重症呼吸困难者在狭窄部以下进行气管切开。

气候适应（climatic adaptation） 动物经过几代自然选择和人工选择，提高对生存环境的适应能力，遗传特性发生变化，并作为种质特性传给后代。如寒带动物有较厚的被毛和皮下脂肪层，保温效率高，在极冷的条件下无需提高代谢率，体温也能保持正常并很好地生存。所以极地动物和热带动物虽然生长在温度截然不同的环境中，但它们的体温却相差不大。

气密性（air tightness） 空间对空气自由进出的控制性。在实验动物屏障和隔离环境设施中，为了避免外界污染空气进入设施，要求设施达到良好气密性，只允许经过滤的洁净气流经专门设计的送排风管道实行空间内部通风换气，维持空气供给和空气调节以达到环境要求。

气囊（air sac） 禽支气管延伸出肺外而扩张形成的囊。与初级、次级及三级支气管相通。多数禽类有9个，分为前后两群。（1）前群：①颈气囊。一对，位胸前部背侧，分出长的憩室沿颈椎延伸。②锁骨间气囊。一个，胸内部位于心的前方和两侧，胸外部至肩带肌的肌间隙和肱骨内。③前胸气囊。一对，在肺腹侧。（2）后群：①后胸气囊。一对，较小，位于肺后方。②腹气囊。一对，最大，占据腹腔大部，内脏两侧。气囊壁很薄，由含弹性纤维的结缔组织膜和内外两层单层扁平上皮构成，血管分布少。气囊功能复杂，有减轻体重、调整身体重心以及发散体热等，主要为参与呼吸作用，后群在吸气时可贮存部分新鲜空气，前群则在呼气时贮存经肺进行气体交换后的空气，使肺在吸气和呼气时均有新鲜空气通过以进行气体交换。有些疾病可在气囊壁产生病变，如曲霉菌病；腹腔注射如注入气囊可引起异物性肺炎。

气囊螨病（airbag acariasis） 主要是螨虫寄生于火鸡、雉鸡、鸡、鸽等禽类的支气管、肺、气囊以及与呼吸道相通的骨腔内所引起的疾病。虫体微白色小点状，大小约0.6mm×0.4mm，体表有少量短刚毛，颚体退化，微细的螯肢位于由须肢和颚体结合形成的小管内。严重感染时，使气管及支气管发生炎症，渗出物增多，打喷嚏，咳嗽，呼吸困难，消瘦，呆立。剖检死后不久的病禽仔细检查，可见有白色小点缓慢地在透明的气囊表面移动，用显微镜观察易识别虫体。关于控制气囊螨的报道很少，应销毁患禽的尸体，随之消毒并清扫禽舍。

气溶胶（aerosol） 大气中的粒径大小在0.001～0.1μm的颗粒构成的胶体分散系。雾为液体颗粒气溶胶，烟为固体颗粒气溶胶。气溶胶粒子由于能长期悬浮于大气中，如果包含无机或有机污染物，就会通过呼吸道侵入体内而危害机体健康。

气溶胶粒子（aerosol particulate） 悬浮在大气中的固态粒子或液态小滴物质的统称。它们能作为水滴和冰晶的凝结核（见大气凝结核、大气冰核）、太阳辐射的吸收体和散射体，并参与各种化学循环，是大气的重要组成部分。雾、烟、霾、轻雾（霭）、微尘和烟雾等，都是天然的或人为的原因造成的大气气溶胶。

气室（air space） 禽蛋两层壳膜在蛋的钝端分开，内含空气的室。

气体交换（gas exchange） 呼吸气体的交换包括肺换气和组织换气，即肺毛细血管血液和肺泡之间以及组织毛细血管血液和组织之间的气体交换。气体主要借扩散作用，由分压高的一侧向分压低的一侧扩散。在肺区，氧由肺泡进入肺毛细血管内，二氧化碳由毛细血管进入肺泡。在组织内交换时，氧从毛细血管内进入组织，二氧化碳从组织进入毛细血管。

气体交换率（gas exchange rate） 单位空间排出的空气中，原空间空气成分占送入新风空气中的百分比。它是实验动物设施通风换气好坏的指标。气体交换率高可以减少通风换气次数、节约能源、降低造价和运转经费。目前实验动物设施中空间所采用的屋顶送风、四角下部排风方法是有较好气体交换率的方法。

气雾剂（aerosol） 将药物和抛射剂（液化气体或压缩气体）装封于有阀门的耐压容器中，一旦揿按阀门即可使药物呈雾状气溶胶而喷出的制剂。可供呼吸道吸入、皮肤或黏膜用药及空间消毒。喷雾剂（nebula）与之相似，但其动力不是抛射剂，而是喷雾器或雾化器等机械。

气性坏疽（gas gangrene） 由于深部闭合创伤（如阉割、外伤等）感染厌气性细菌所致的坏死性炎。细菌在分解坏死组织过程中同时产生气体，形成气泡，使坏死组织变成蜂窝状，呈深棕黑色，按压有捻发音；切开坏疽部位见带有气泡的腥臭液体流出。气性坏疽发展比较迅速，其毒性产物吸收后可引起自体中毒。牛患气肿疽时骨骼肌发生典型的气性坏疽。

气胸（pneumothorax） 胸腔积气造成以呼吸困难为主征的胸性疾病。胸膜腔破裂，与大气相通，空气立即进入胸膜腔，胸内负压消失，两层胸膜彼此分开，肺因其本身的回缩力而塌陷，呼吸功能被破坏，形成气胸。多因尖锐异物从外部穿透胸腔壁或肺脏破裂而致。临床表现吸气性呼吸困难，患侧肋间腔塌陷，呼吸运动减弱。听诊肺泡呼吸音消失而代之以支气管呼吸音。叩诊胸廓病侧呈金属音。左患侧心脏移位；心脏触诊心搏动消失。治疗宜进行外科缝合术，同时应用抗生素以防继发感染。

气血屏障（air blood barrier）界于肺泡气体和血液之间的薄层隔膜。由肺泡内表面的活性物质、肺泡上皮及其基底膜、毛细血管的基底膜及内皮组成，总厚度不足 1μm，仅允许气体通过。若气血屏障受损，可造成以肺水肿、肺不张等为主的病理变化，动物表现为缺氧和呼吸困难。

气肿（emphysema）组织内蓄积空气或空气含量过多的状态。皮肤外伤时空气进入皮下组织，称为皮下气肿；肺泡内空气含量过多，导致肺脏体积膨大，称为肺泡性肺气肿；肺泡破裂，空气进入间质，称为间质性肺气肿。局限性肺泡性肺气肿多见于肺丝虫感染，弥漫性肺泡肺气肿多见于过度使役、慢性支气管炎的马和黑斑病甘薯中毒的牛。

气肿疽（gangraena emphysematosa）又称“鸣疽”、“黑腿病”。肖氏梭菌（*Clostridium chauvoei*）引起的牛的一种急性、热性、败血性传染病。后肢跛行，患部皮肤发黑。特征是在肌肉丰满的部位发生炎性、气性水肿，按压患部有捻发音。一般呈散发性。根据临床症状和病变即可作出诊断。必要时可进行细菌学检查。早期采取综合疗法有良好的治愈率，在常发地区可注射气肿疽菌苗。

气肿疽梭菌（*Clostridium chauvoei*）可音译为肖氏梭菌，又名费氏梭菌（*C. feseri*），俗称黑腿病杆菌。为气肿疽的病原。一种无荚膜、有运动力的革兰氏阳性厌氧芽孢杆菌，两端钝圆，(0.5～1.7) μm×(1.6～9.7) μm，呈多形性。单在或成双。芽孢卵圆形，位于菌体中央或近端，呈梭状或汤匙状。染色不规则，病料及幼龄培养物中为革兰氏阳性，老龄培养菌呈阴性。在葡萄糖血琼脂上形成圆形、隆起的β溶血性菌落。经创伤或消化道感染牛和绵羊，症状主要是肌肉丰满部位发生气性水肿，猪极少发病。受害肌肉常呈暗红棕色到黑色，故又称为黑腿病。该菌常以芽孢形式存在于土壤中，通过消化道或创伤感染而引起发病，因此是一种地区性的土壤传染病。16S rRNA 基因分析结果显示，本菌与腐败梭菌同源性甚高。

契-东二氏综合征（Chediak - Higashi syndrome）由一种常染色体单基因隐性遗传所致的溶酶体贮积病（lysosomal storage disease）。发生于水貂、海福特牛和其他品种的种牛。病畜呈现并不完全的白化体。多死于败血症。根据中性粒细胞、淋巴细胞、单核细胞和嗜酸性粒细胞中出现不规则增大的细胞质颗粒-溶酶体，可建立病性诊断。

器官（organ）由各种组织适当配置构成的，具有一定形态并执行一定功能的结构，如胃、心脏、肌肉、骨等。组合起来共同完成一系列关系密切的生理功能的多个器官构成系统（system），如口腔、胃、肠、肝、胰等器官组合成消化系统。根据器官的形态特点，可将其大致分为中空性器官（hollow organ）、实质性器官（parenchymal organ）和膜性器官（membranous organ）等。

器官发生（organogenesis，organogeny）各种器官从原基发育为成体器官的过程。

器官发生期（organogenetic period）从三胚层发育成全身各器官的胚胎时期。

器官原基（organ primordium，organ - anlage）在胚胎发育过程中，将发育成特定器官的最早可识别的结构。

器官自身调节（organ autoregulation）器官或组织细胞不依赖神经或体液调节而产生的适应性反应。只局限于少数器官或组织细胞，且调节的幅度小而不甚灵敏，但对机体生理功能调节仍有一定意义。

器质性心内性杂音（organic heart murmur）由于心脏自身组织结构发生了病理性损害，例如心瓣膜变形及瓣膜口狭窄，此时随心脏活动而产生的心杂音。这种杂音一般不可逆。参见心内性杂音、心杂音。

器质性杂音（organic murmur）瓣膜（瓣膜口）或心脏内部发生形态学变化时所产生的杂音，是慢性心内膜炎的特征。

髂骨（ilium）构成骨盆前背侧部的扁骨。分为体和翼。体呈圆形或三棱柱形，参与形成髋臼；前面有供股直肌附着的窝或结节。翼呈三角形，牛、马的宽大；前缘称髂骨嵴，内侧角形成荐结节，与荐骨相对；外侧角形成髋结节，牛、马特别发达，是重要的体表标志，称腰角。翼外侧缘形成坐骨大切迹，延续至体的坐骨棘。翼外侧面为臀肌面。内侧面为荐盆面，又以弓状线分为外侧的髂肌面和内侧的髂骨粗隆及耳状面，后者与荐骨相关节。禽髂骨长，可分为髋臼前部和后部。

迁移性钙化（metastatic calcification）未损伤组织内出现钙盐沉着。常发生在肺泡壁、支气管软骨、心瓣膜、弹力型动脉、胃黏膜等处。与持续性血钙增高有关。见于甲状旁腺机能亢进、骨质破坏、维生素D中毒等。

牵张反射（stretch/myotatic reflex）骨骼肌受到外力牵拉而伸长时，引起受牵拉的同一条肌肉收缩的反射。牵张反射有腱反射和肌紧张反射两种类型。前者是快速牵拉肌腱时引起被牵拉肌肉迅速发生一次收缩，如叩击跟腱引起腓肠肌的一次快速收缩反应，为单突触反射，潜伏期很短。后者是缓慢牵拉肌腱时发生的被牵拉肌肉的反射地收缩，如动物站立时四肢伸肌受重力作用拉长所表现的紧张性收缩，以保持四肢伸直，支撑体重。肌紧张反射有类似于腱反射的反射弧，但中枢的突触联系可能不止一个。

牵制韧带（check ligament） 现统称副韧带。马属动物指浅屈肌的腱头（又称腕上韧带、上牵制韧带）和指及趾深屈肌的腱头（又分别称腕下韧带、下牵制韧带及跗下韧带）。均为腱组织，与屈肌腱相连续，一同构成指和趾部在站立时的静力装置。

铅当量（lead equivalent） 某一厚度的铅所相当的物体吸收辐射线的能力。由于铅对辐射线有较大的吸收作用，是一种广泛用于辐射防护的材料，当使用其他防护材料和考虑其防护效能时，常统一以铅当量表示，以利比较。例如 1mm 铁板在 80kV 时相当于 0.25mm 的铅。

铅中毒（lead poisoning） 动物摄入过量的铅化合物或金属铅而引起的以神经机能紊乱、胃肠炎及贫血为特征的中毒性疾病。多发于牛、羊、家禽和马，牛对铅较为敏感，即使少量接触也可导致中毒。突然发作，有的尚未观察到症状即已倒毙。口吐白沫，空嚼磨牙，眨眼，眼球转动，步态蹒跚，头、颈肌肉明显震颤，吼叫，惊厥，对触摸和声音感觉过敏，瞳孔散大，两眼失明，角弓反张，脉搏和呼吸加快。有的表现狂躁症状，横冲直撞，爬越围栏，将头用力抵住固定物体，对人追击，但步态僵硬，站立不稳，多因呼吸衰竭死亡。亚急性多见于成年动物，表现精神迟钝，食欲废绝，流涎，磨牙，踢腹，眼睑反射减弱或消失、失明，瘤胃蠕动微弱，便秘，以后腹泻，排出恶臭稀粪，步态蹒跚，共济失调，间隙性转圈。有的出现感觉过敏和肌肉震颤；有的则呈现极端呆滞，长时间呆立，或盲目行走；有的卧地不起，安静死亡。马“喘鸣”，共济失调，腹痛，腹泻，齿龈蓝黑色（铅绿）。猪呕吐，腹泻，消瘦，感光过敏性皮炎，惊厥等。急性病例剖检无特征肉眼变化，慢性病例的变化是心外膜出血，瘤胃、真胃和肠道的黏膜脱落、充血和出血；肺弥漫性充血；肝脏和肾脏变性和坏死；脑膜和大脑的充血和出血，大脑皮质软化，枕叶有空洞等。胃内可能有涂料、铅团或铅片。根据发病调查、症状表现和实验室对血、肝和胃内容物的铅含量分析，可以确诊。但由于很多疾病如维生素 A 缺乏症、神经型酮病、低镁血抽搐、汞中毒等都有神经症状，故应仔细分别。对已确诊的铅中毒病牛，应立即抢救，其治疗原则是解除惊厥，增加铅的可溶性，加速铅的排出。

前病毒（provirus） 整合到宿主基因组上的病毒 DNA 片段。能发生整合的片段主要是某些 DNA 病毒的全部或部分基因，以及反录病毒合成的 cDNA。此 DNA 片段可在细胞 RNA 聚合酶作用下转录，产物经剪切后进行翻译，复制出完整的病毒，引起复发感染；不复制期间不产生病毒粒子，为潜伏感染；适宜条件下前病毒可使细胞转化为癌细胞。

前肠（anterior intestine） 动物胚胎时期原肠的前部。位于头的腹侧部分。由于头部向前生长，头褶向后卷入，形成前肠门，前肠门以前的原肠称为前肠。随着胚胎发育，前肠不断向后伸延。胎儿期的前肠包括食管和胃。

前方短步（anterior brachybasia） 以健蹄的蹄印测量患肢的步距时，出现前半步缩短的现象，见于悬跛。

前后盘吸虫病（paramphistomiasis） 前后盘科的多种前后盘吸虫分别寄生于反刍动物引起的疾病。病原种类多。共同特征是虫体厚，横切面常接近圆形；腹吸盘特别发达、靠近虫体后端。主要寄生于反刍动物的瘤胃和网胃的黏膜上。生活史中需要某些淡水螺作为中间宿主，尾蚴从螺体内逸出后在水生植物上形成囊蚴。牛、羊等动物因摄食带有囊蚴的水草而受感染。童虫先在十二指肠、胆管、胆囊和真胃黏膜下等处移行，危害严重，有时见有胆管、胆囊肿胀，顽固性腹泻，贫血，黏膜苍白，颌下水肿和消瘦等症状。童虫最后移行到瘤胃、网胃发育为成虫，此时一般不引起明显症状。前后盘科的某些虫种还寄生于猪、人的盲肠、结肠，马的结肠和人的小肠。粪便中检出虫卵或死后剖检发现童虫或成虫而确诊。防治措施参阅肝片吸虫病。

前激素原（preprohormone） 无活性的蛋白质类激素前体，是各类激素前体的统称。如胰岛素原是胰岛素的无活性前体。肽激素在生物合成过程中，由信使核糖核酸翻译出的最初的蛋白质产物，较激素原多一个由 20～30 个氨基酸残基组成的肽段——信号肽。信号肽位于激素原的 N 端，经内质网中的蛋白质水解酶作用将其切除后，便成为激素原。

前列腺（prostate） 雄性副性腺。见于所有家畜和实验动物。可分体部和扩散部，体部位于尿道起始部外，扩散部分布于尿道盆部的壁内，各以若干小导管开口于尿道黏膜，二者发达程度则因动物种类而有不同。反刍动物、猪扩散部发达，在尿道壁内形成一厚层；体部则呈不大的卵圆形，单元体部。马的体部较发达，可分为左右两叶和峡；无扩散部。肉食动物的体部大而成球形，完全（犬）或大部分（猫）包围尿道；扩散部只有少数腺小叶。兔的发达而复杂，可分5叶：前叶、一对后叶和一对侧叶，侧叶又称旁前列腺。实验用啮齿类动物（鼠、豚鼠等）有两对，位于输精管末段的背、腹侧。

前列腺肥大（hyperplasia of prostate）　前列腺增殖和肿大的病变。5～6岁以上的犬多发，与内分泌失调有关。前列腺肿大呈囊状。临床上，动物出现尿频、尿急、排尿困难，有时见膀胱迟缓，里急后重，便秘，后肢跛行。直肠指检结合B超、X线检查确诊。可行手术摘除或去势。

前列腺结石（calculi in prostate）　前列腺的结石性病理状态。真性结石症形成于前列腺内。另有假性结石症，形成于尿道的前列腺部，出现完全或不完全尿道闭塞，尿道插入导管时有捻发音，直肠触诊或X线检查能确诊。真性结石可切开膀胱或会阴部尿道，摘除结石。

前列腺素（prostaglandins，PG）　由20个碳原子的不饱和脂肪酸组成的一类活性物质，属于局部激素。广泛存在于动物和人的组织和体液中。天然存在的PG至少有14种，根据五元环或整个分子结构的不同，分为A、B、C、D、E、F、G、H、I等型，主要有PGE、PGF、PGA和PGB_4型；按环外侧链上双链的数目，分为1、2、3等3类；而α和β则表示环上碳原子基团的两种立体构型。具有广泛而重要的生理作用，不同类型PG的功能不同。如PGE和PGA能显著降低动脉血压，参与动脉血压相对稳定的调节；PGE和PGF能刺激腺垂体释放黄体生成素，促进排卵；PGE_2可促进血小板聚集，$PGF_{2\alpha}$也有类似作用。PGI_2则抑制血小板聚集。

前列腺萎缩（atrophy of prostate）　前列腺体积缩小的病变。分为老年性和去势性萎缩两类。前者与雄性激素分泌减少有关。直肠指检见前列腺缩小，为正常的1/4～1/2，有的变硬。可注射睾丸素恢复至原来的腺体状态。

前列腺炎（prostatitis）　前列腺的急性或慢性炎症。多见于犬，马稀有，牛羊猪几乎不发生。犬的前列腺炎与前列腺肥大有关，一般急性的为尿道上行性感染，也有血行性下行感染，化脓性的往往形成脓肿。临床表现在急性期有疼痛、便秘、背弯、体温与脉搏升高、食欲不振、呕吐，尿中有血液和微生物等。慢性由急性转化而来，症状不明显、腺体缩小，没有疼痛。化脓性炎实质有蓄脓，波及尿道有明显全身症状。对急性前列腺炎用广谱抗生素，对顽固者实行前列腺摘除术。

前脑泡（forebrain vesicle，prosencephalon）　在胚胎3个脑泡时期，位于前端的一个脑泡，分化结果：头端演变成端脑，后端演变为间脑。但主要由神经管的顶板和翼板演化而来，无基板成分。

前躯症状（precursory symptom）　又称早期症状。某些疾病的初期阶段，主要症状尚未出现以前最早出现的发病征象。如发热是热性传染病的前驱症状；异嗜是幼畜（禽）矿物质代谢紊乱的早期症状。及时发现前驱症状对防治群发病有特殊意义。

前肾（pronephros）　发生于胚胎前部的生肾节，由前肾小管和前肾管构成。在圆口类和低等鱼类，前肾是永久肾。而在哺乳类，前肾不起泌尿作用。

前肾管（pronephric canal/duct）　由前肾小管后方的生肾节形成的小管，前端与前肾小管相通连，后端向胚胎后部延伸，以肾孔开口于腹腔。

前肾小管（pronephric tubule）　前段生肾节形成的数条横行的小管。内侧端开口于胚体体腔，外侧端均向尾端延伸，并互相连成纵行的管道。

前庭窗（vestibular window）　又称卵圆窗。中耳鼓室内侧壁上的椭圆形孔。与内耳骨迷路的前庭相通，镫骨底以弹性纤维连接于窗的周缘而将其封闭。鼓膜受声波影响而振动时，通过三听小骨使镫骨底作向内、向外的运动，不断推动内耳骨迷路中的外淋巴。

前庭膜（Reissner's membrane）　又称赖斯纳膜。为一薄膜，构成膜蜗管的上壁，内端起自骨螺旋板，向上、向外止于骨蜗管的外侧壁，附着于螺旋韧带的上方。前庭膜将内淋巴系统的中阶与外淋巴系统的前庭阶分开。

前胃弛缓（atony of forestomachs）　又称瘤胃弛缓（rumen atony）。瘤胃肌肉的兴奋性和活动性降低。分为原发性和继发性两种。前者由饲料品质低劣或精粗饲料比例失当等引起；后者见于创伤性网胃-腹膜炎、瓣胃阻塞、皱胃炎和酮病等经过中。临床表现食欲减退，反刍和嗳气机能紊乱，瘤胃蠕动减弱，有时继发瘤胃臌气，消瘦，生产性能下降，便秘、腹泻交替出现。治疗应用瘤胃兴奋剂和健胃剂。

前药（prodrug）　又称前体药物。一类本身无生物活性而经体内生物转化后才具药效的药物。尿路消毒药乌络托品即为甲醛的前药。前药的设计主要在于改变药物的理化性质及药动学性质，例如将青霉素G制成普鲁卡因青霉素G使作用时间延长；5，6-二氢解磷定作为解磷定的前药有脂溶性强、易穿透血脑屏障转运到脑内的优点等。

前瞻性调查（prospective study）　又称队列或定群研究。流行病学调查方法的一种。目的是研究某因素是否与某病的发生有关系。就是在一个范围明确的组群中，选定暴露组或不同程度的暴露组和对照组（即未暴露组），然后观察一定时期的两组，对某病的发病率或死亡率进行比较，确定其危险性的程度，如同“现场试验”，可确定因果关系。

前肢截除术（amputation of the forelimbs）　包括肩部和腕部的截除。适用于胎儿前肢姿势严重异常（如肩部前置、腕部前置），或矫正头颈侧弯等异常胎势时需截除正常前置前腿等情形。

前殖吸虫病（prosthogonimiasis）　前殖吸虫（*Prosthogonimus*）寄生于鸡、鸭等禽类的肠后端部、输卵管和法氏囊引起的疾病。常见种为透明前殖吸虫（*P. pellucidus*），长8～9mm，宽4～5mm。腹吸盘在虫体前1/3处；睾丸左右并列，位于后1/3处；卵巢分叶，在腹吸盘与睾丸之间。子宫先在两睾丸之间向后盘曲，再折回向前。生殖孔开口于口吸盘的侧方。卵黄腺分布在虫体中1/3的两侧部。发育过程需要两个中间宿主，第一中间宿主为淡水螺，第二中间宿主是蜻蜓。禽类因啄食蜻蜓而受感染。虫体引起输卵管炎，产畸形卵，产卵量下降，消瘦，羽毛蓬乱，腹部膨大，有压痛，喜蹲卧，行走时呈鹅行步态。严重时可能因输卵管逆蠕动，导致炎性物质、蛋白与石灰质逆入腹腔而死亡。可根据症状、流行病学资料、病理变化和粪检虫卵作出诊断。丙硫咪唑等多种药物可用于驱虫。预防措施包括防止鸡啄食蜻蜓、鸡舍远离水池等多种措施。

前致癌物（procarcinogen）　必须经过代谢活化才具有致癌作用的间接致癌物。前致癌物代谢活化所形成的一系列中间代谢物中，有的已具有一定的致癌作用，此种物质则称为近致癌物或半致癌物（secondary carcinogen）。间接致癌物形成的具有致癌作用的衍生物统称为终致癌物（ultimate carcinogen）。

前足体（propodosoma）　蜱螨体部前缘至大约体中央的部分。

潜伏感染（latent infection）　又称隐性感染。病毒感染和症状出现之间有一段潜伏期，病毒侵入机体后，并不引起明显症状，也不复制产生大量病毒颗粒，仅在一定组织中潜伏存在，潜伏较长时间后由于机体生理性或病理性的改变，潜伏病毒可被激活，从而引起各种症状。

潜伏期（incubation period）　传染病发展过程的第一阶段，由病原体侵入机体并进行繁殖时起，直到疾病的临床症状开始出现为止的这段时间。不同的传染病其潜伏期的长短常不相同，同一种传染病的潜伏期长短也有很大变动范围，但相对来说有一定规律性。同一种传染病潜伏期短促时，疾病经过常较严重，反之，潜伏期延长时，病程亦常较轻缓。处于潜伏期的动物常是传染的来源，有传播疾病的危险。

潜伏期病原携带者（incubatory carrier）　在感染后至症状出现前即能排出病原体的动物。在这一时期，大多数传染病的病原体数量还很少，并且此时尚未具备排出条件，因此多半不能起传染源的作用。但有少数传染病如狂犬病、口蹄疫和猪瘟等在潜伏期后期能够排出病原体，此时就已有传染性。

潜隐期（prepatent period）　寄生虫自侵入终末宿主体内到发育至性成熟并产生新一代虫卵或幼虫的全过程所需的时间，即从寄生虫的感染性虫卵或幼虫进入宿主体内到宿主粪便中出现新一代虫卵或幼虫所需的时间。在球虫是指宿主摄食孢子化卵囊，在肠上皮细胞内完成内生发育后，随粪便排出新一代卵囊所需的时间。不同种寄生虫的潜隐期长短各异，是寄生虫重要的生物学特征，也是种类鉴定的主要依据之一。潜隐期的长短对寄生虫病的流行和防治有重要意义。

潜影（latent image）　胶片在X线下曝光后形成的潜在影像。系X线作用在感光胶片乳剂的卤化银原子上，使外层的电子发生位置改变的结果。有潜影的X线胶片经过暗室冲洗后才能显现出影像，成为X线诊断用的X线片。

浅表淋巴结检查（examination of superficial lymphonodus）　浅表淋巴结主要包括下颌淋巴结、耳下及咽喉周围的淋巴结、颈部淋巴结及髂下淋巴结、腹股沟淋巴结、乳房上淋巴结等。检查方法主要为视诊和触诊，必要时可配以淋巴结穿刺。主要检查淋巴结的位置、大小、形状、硬度、敏感性和可动性。常见病理变化为急性肿胀、慢性肿胀、化脓等。

浅反射（superficial reflex）　皮肤反射和黏膜反射。

浅感觉（superficial sensation）　皮肤和黏膜感觉，包括触觉、痛觉、温觉和电的感觉等。

嵌顿包茎（paraphimosis）　龟头或阴茎伸出狭窄的包皮腔后，因各种原因引起不同程度的肿胀而不能缩回包皮腔的一种疾病。该病在发情期公犬配种射精后和人工采精后最常见，造成阴茎内静脉回流受阻。临床可见阴茎头肿大，时间长则发干、有痛感，并且出现溃疡和坏死。应尽早治疗。

嵌合抗体（chimeric antibody）　同一抗体分子中含有不同种属来源抗体片段的抗体。如含小鼠来源单克隆抗体的Fab片段和人抗体分子的Fc片段的抗体。

嵌合体（chimera）　又称异源性嵌合体。来自不同合子的细胞系所组成的个体。起源于同一合子发育成不同核型的细胞系所形成的个体则称同源性嵌合体（mosaic），又称镶嵌体。在动物中常见的嵌合体有牛弗里马丁（freemartin）——生殖器不全牝犊。即一雄一雌双胎而产生的小母牛，其核型可出现性染色体嵌合，如 60，XX/XY。

嵌合体动物（chimera mosaic animal） 利用人工方法将两种或两种以上不同遗传来源的胚胎或胚细胞合成培育含有不同基因型细胞群的动物。不同基因型的细胞在动物体内以相邻状态存在。

腔静脉（vena cara） 除心静脉和左奇静脉系外导引全身静脉血回流入右心房的静脉干。分前腔静脉和后腔静脉。前腔静脉收纳头颈、前肢和部分胸壁的静脉血，在胸前口由左、右颈（外）静脉和颈内静脉（牛）或颈外静脉（马）与腋静脉汇合而成，在胸纵隔中沿气管腹侧向后延伸，在第 4 肋骨附近开口于右心房静脉窦背侧面；沿途汇入的侧支有胸廓内静脉、肋颈静脉、胸导管、右奇静脉等。后腔静脉收纳腹部、骨盆部、尾部和后肢的静脉血，在第 5～6 腰椎腹侧由左、右髂总静脉汇合而成，沿腹主动脉右侧向前延伸，到达膈脚处与腹主动脉分开，继续行经肝壁面的腔静脉沟，穿过膈的腔静脉裂孔入胸腔，经右肺心膈叶和副叶之间而开口于右心房后壁；沿途有腰静脉、肾静脉、睾丸或卵巢静脉和肝静脉等侧支汇入。

腔内消化（luminal digestion） 小肠腔内的消化过程。小肠中的消化包括腔内消化和黏膜消化两种形式。腔内消化发生在肠腔内，主要是各种消化酶的作用。黏膜消化（膜消化或接触消化）发生在黏膜上皮细胞表面。腔内消化的产物，只有与黏膜细胞表面接触后才能进一步分解。

腔上囊（bursa of Fabricius） 又称法氏囊或泄殖腔囊。禽类特有的培育 B 淋巴细胞的初级（中央）淋巴器官。位于泄殖腔背侧，盲囊状，开口于泄殖腔肛道背侧壁，圆形或长椭圆形；性成熟前发育至最大，以后逐渐退化，通常在一年左右几乎完全消失。囊壁由黏膜、黏膜下层、肌层和外膜组成。黏膜形成 12～14 条纵行皱襞，内有大量紧密排列的淋巴小结，淋巴小结由皮质、髓质以及介于二者之间的一层未分化的上皮细胞组成。

腔上囊原基（diverticulum of cloacal/Fabricius bursa） 又称法氏囊原基。鸟类泄殖腔向背侧突出形成的一盲囊状结构，发育为腔上囊。

强毒攻击试验（virulent challenge test） 对自动免疫或被动免疫的动物，用致死量强毒株攻击，以检测制品保护力的一种方法，也是制品效力检验方法之一。不同制品所使用动物的种类、数量和保护力标准也不同，常用的试验方法有定量强毒攻击法、定量免疫变量攻击法、变量免疫定量攻击法和被动免疫强毒攻击法，试验中均应设对照组。

强毒（力）株（virulent strain） 致病力强的微生物株。常自流行病区的患病动物分离得到，然后通过致病力等检测、鉴定和筛选而确定。强毒株可冻干保存多年性状不变，但在启用时需通过本动物复壮。强毒株不宜长期通过动物传代，以防止发生内源性污染；一经动物传代，其分离物应经重新鉴定后保存。强毒株一般用于制抗病血清、灭活疫苗等生物制剂和疫苗免疫力检验，以及培育弱毒株等方面。

强啡肽（dynorphin） 具有很强镇痛作用的一类吗啡样活性肽。其前体为前强啡肽原。强啡肽包括强啡肽 A 和强啡肽 B 等。其中强啡肽 A 为 17 肽，比亮啡肽的活性强 700 倍，比 β-内啡肽的活性强 50 倍；强啡肽 B 为 13 肽。强啡肽在神经系统内广泛分布。

强化因子（potentiating factor，PF） 在免疫应答中，能增强淋巴细胞转化的淋巴因子。

强抗原（strong antigen） 免疫原性强的抗原。如细菌的外毒素、病毒的囊膜抗原和异种蛋白等。

强迫卧位姿势（compel decubitus posture） 当驱赶和吆喝时动物仍卧地不起、不能自然站立的状态。中小动物即使人工辅助也不能正常站立。常见于：①四肢骨骼、关节、肌肉的疼痛性疾病，如骨折、关节脱位、骨软症、风湿症等；②慢性消耗性疾病，因机体高度竭症，多长期躺卧；③营养代谢性疾病，如奶牛酮病、生产瘫痪、马肌红蛋白尿症、佝偻病等；④脑和脑膜的疾病或某些严重中毒病的后期，多呈昏迷状态；⑤脊髓横断，如脊髓挫伤、犬椎间盘突出等，长期躺卧，皮肤的骨骼棱角处常被擦伤，可形成褥疮。

强迫运动（forced movement） 又称强制运动。不受意识支配和外界因素影响而出现的强制性不自主运动。

强心苷（cardiac glycoside） 又称强心性配糖体。由糖和苷元结合而成。大都自植物中提取。我国含强心苷的植物资源丰富。主要作用为选择性加强心肌收缩力即正性肌力作用及减慢心率和抑制房室传导。适应证为充血性心力衰竭。中毒量引起房室传导阻滞、室性异位节律，进而产生房性或室性心动过速直至室颤而死亡。

强直（stiffness） 全身肌肉均发生强直性痉挛的一种病症。

强直收缩（tetanus） 当骨骼肌受到频率较高的连续刺激时，新的收缩与前次未结束的收缩过程发生叠加而产生的持续收缩状态。包括不完全强直收缩与完全强直收缩。如果给肌肉以连续的短促刺激，后一个刺激落在前一个刺激引起的收缩过程的舒张期，则形成不完全强直收缩。若刺激频率增加，每一个刺激都落在前一次收缩过程的收缩期，于是各次收缩的张力变化和长度缩短过程完全融合或叠加起来，就形成完全强直收缩。在等长收缩条件下，强直收缩产生的张力可达单收缩的 3～4 倍。这是由于单收缩时胞质内 Ca^{2+} 浓度升高的持续时间太短，以致被活化的收缩蛋白尚未产生最大张力时，胞质 Ca^{2+} 浓度就已开始下降。强直收缩时，肌细胞连续兴奋，使细胞内 Ca^{2+} 浓度持续升高，因此收缩张力可达到一个稳定的最大值。破伤风时出现典型的强直收缩。

强直性昏厥（catalepsy） 又称猝倒症（catalepsia）。以周期性肌肉强直和意识、感觉机能丧失为主征的疾病。病因尚不十分清楚，可能以神经性素质为病理基础，与受外界刺激和恐吓等有关。临床上分为原发性和继发性僵住病两种，前者多突发肌肉僵硬，运动和感觉机能丧失，后者见于某些神经病经过中。在犬、马呈现类似人癔病（hysteria）的一些症状。治疗可用溴制剂。

强直性痉挛（tetanic spasm） 肌肉长时间的程度大致相同的持续收缩，使动物保持在某种状态。由大脑皮层功能受到抑制，基底神经节受损伤，或脑干和脊髓的低级运动中枢受刺激所致。临床可见机体呈一种强迫状态，例如背腰上方肌肉痉挛导致凹背、脊柱下弯，即出现所谓角弓反张；破伤风时出现典型的强直性痉挛，头部肌肉痉挛，两耳竖立，鼻孔张大，黏膜外露，头颈伸直，牙关紧闭，腰背伸直，腹部肌肉紧缩，尾根翘起，四肢强直，状如木马。体温一般正常，呼吸浅表、增数。脉搏细弱，黏膜发绀。最后常因窒息或心脏衰竭而死亡。

强制运动（forced movements） 不受意识支配和外界环境影响而强制发生的有规律的不随意运动，又称强迫运动。在强制运动时，多伴发四肢的不协调运动。多见于一侧性脑病。临床表现形式有圆圈运动、盲目运动、暴进及暴退、旋转运动、滚转运动等。

25-羟胆钙化醇（25 - hydroxycholecalciferol） 又称 25-羟维生素 D_3 ［25-（OH）D_3］。维生素 D_3 的代谢产物，也是维生素 D_3 在血液循环中的主要形式，由维生素 D_3 在肝内经 25-羟化酶羟化而成。具有保持血浆及细胞外液中钙磷含量以保证骨正常钙化的功能，生物活性介于胆钙化醇和 1,25-二羟胆钙化醇之间，抗佝偻病的作用较胆钙化醇强 2～5 倍。

羟氯柳胺（oxyclozanide） 抗肝片吸虫药，通过对虫体氧化磷酸化解偶联作用及抑制虫体延胡索酸还原酶而起抗虫作用。对牛、羊、鹿肝片吸虫成虫有高效，但对肝实质中虫体和未成熟虫体效果差，对鸭细背孔吸虫亦有良效。毒性小，但用药后 14d 内不能屠宰供人食用，也禁用于产乳母畜。

5-羟色胺（5 - hydroxytryptamine，5 - HT） 一种具强生物活性的吲哚衍生物，由色氨酸脱羧产生。能使平滑肌兴奋、血管收缩并参与血液凝固过程。5-HT 在自然界分布很广，许多水果、蔬菜（如菠萝、香蕉）中含量丰富。在畜禽体内主要存在于胃肠道嗜铬细胞和血小板中。中枢神经系统内主要集中于脑干的中缝核群中，是传递冲动信息的神经递质，与机体的睡眠和觉醒、情绪反应、下丘脑内分泌调节等功能有关，并参与调节躯体运动和内脏活动，具有镇痛作用等。经单胺氧化酶催化生成 5-羟色醛，进一步氧化生成 5-羟吲哚乙酸等随尿排出。

荞麦中毒（buckwheat poisoning） 采食荞麦引起以感光过敏性皮炎为主征的中毒病。由荞麦中的光能剂荞麦碱（fagopyrin）和原荞麦碱（protofagopyrin）所致。主要发生于猪、绵羊。症状以原发性感光过敏性皮炎为主，无色素和被毛稀少的被皮肿胀，剧痒，水泡，脓疱，破溃结痂。此外，伴发口腔、鼻腔等黏膜炎，呼吸困难，失明。有的兴奋，战栗和痉挛，体温升高。治疗上除立即停喂荞麦植物并防止日光直接照射外，还可投服抗过敏药物进行防治。

桥粒（desmosome） 又称黏着斑。相邻细胞间形成的纽扣状连接装置。大小不等，直径约 0.5μm。相邻细胞膜间有宽约 25μm 的间隙，内含低电子密度丝状物；细胞膜的胞质面有致密物质组成的附着斑，细胞质中张力纤维呈袢状附着其上，从附着斑还发出许多穿膜连接丝将相邻细胞的张力丝袢钩连起来。因此桥粒是较牢固的连接装置，在易受机械压力的组织中分布甚多，可将作用于个别细胞的切力分散到邻近细胞。上皮细胞与基膜间也存在一种连接装置，结构与半个桥粒基本相同，仅见于细胞一侧，基膜一侧缺失，称半桥粒。

翘缘锐缘蜱（*Argas reflexus*） 主要吸食鸽血的一种软蜱。能传播鹅包柔氏螺旋体。参阅波斯锐缘蜱。

鞘膜（vaginal tunic） 腹膜经腹股沟管突入阴囊内形成的浆膜囊。位于腹股沟管内的部分狭；位于阴囊内的部分宽。衬在腹股沟管和阴囊内壁的为鞘膜壁层；沿与附睾相对处转折而包于附睾、睾丸和精索表面的，为鞘膜脏层。转折部形成睾丸系膜，又可分为附睾系膜、精索系膜和输精管系膜等部分。鞘膜壁层与脏层间为鞘膜腔，正常仅含少量浆液；上部为狭的鞘膜管，经鞘环通腹膜腔。家畜鞘膜管一般是开放的，有时腹腔内脏主要是小肠可脱出于鞘膜管、鞘膜腔内，称腹股沟疝或阴囊疝，马、猪较多见，反刍兽很少发生。兔鞘膜管较宽，特别在幼兔，睾丸可随时缩入。

切齿（incisor tooth） 位于上、下颌前部，主要用于切断食物的齿。上、下颌每侧各 3 枚，由内侧向外顺次又称中央齿、中间齿和隅齿。肉食兽切齿不甚发达。猪切齿适应掘地采食，下切齿长而直，向前伸出；上切齿弯曲向下，中央齿发达，隅齿稍远。马切齿属长冠齿，嚼面有一齿漏斗；上切齿较弯曲，漏斗较深。齿漏斗随齿的磨损而变浅、变小直至消失，同时于漏斗前方渐出现新齿质形成的暗色齿星。常依据下切齿的出齿、磨损后的嚼面形状等估测年龄。牛、羊无上切齿；下切齿 4 对，中间齿两对；隅齿由犬齿形成。为短冠齿，齿根较短，在齿槽内较松动；齿冠大，铲形，随磨损而在舌面出现嚼面。亦常依据其出齿和嚼面形状估测年龄。骆驼上切齿 1 对，为隅齿；下切齿 3 对。兔下切齿 1 对；上切齿 2 对，一对较大，又称真切齿，紧在其后的一对较小，称假切齿，不脱换。兔切齿属长冠齿，釉质仅分布于唇面，磨损后唇缘形成锐利的切缘。

切齿骨（incisive bone） 又称前颌骨、颌间骨。并列位于上颌骨之前的一对面骨。可分为体、鼻突和腭突。切齿骨体在牛羊呈板状，其他家畜具有齿槽突形成齿槽弓，有切齿齿槽。两切齿骨体间在反刍兽形成切齿间裂，其他家畜为切齿间管。一对鼻突形成骨鼻孔的侧界。一对腭突位于骨腭前部。腭突与鼻突和体间围成腭裂，反刍兽较宽。禽切齿骨构成上喙大部分，大小和形态因禽的种类而变异较大，如鸡、鸽为锥体形，鸭、鹅为长匙形。

切齿管（incisive duct） 又称鼻腭管。斜向穿越硬腭前部的一对短管。连通鼻腔和口腔。上端在平犬齿处或相当部位开口于鼻腔；向前向下至切齿乳头两旁开口于口腔。牛的较长，达 6cm。马的长仅 1.5～2.5cm，而以盲端终于腭黏膜下，不开口于口腔。骆驼的亦不开口于口腔。犁鼻器前端通此管。

切片（section） 将包埋好的组织块经硬化（或冷冻）后，修切去掉组织周边多余的包埋剂，然后将其粘贴在支持器上，再将粘贴好的包埋块，安装固定到切片机的夹持器上，调整并将组织预切面对准切片刀，转动切片机的手柄所切出设定厚度的薄片组织。切出来的切片可经过一系列处理粘贴到载玻片上，然后亦可经染色、脱水透明等处理，制成永久的便于保存的切片标本。在光、电镜下可观察到组织切片内的微细结构。

切片机（microtome） 将组织标本切成数微米乃至数十个纳米厚的薄片的装置。其种类很多，有轮转切片机、滑动切片机、振动切片机、冰冻切片机和超薄切片机等。

侵入门户（invasive path） 病原体侵入有机体的部位。动物不断接触周围环境，因此，皮肤、黏膜、消化道、呼吸道及泌尿生殖道均可能成为病原的侵入门户。

侵袭力（invasiveness） 病原菌在机体内定殖，突破机体的防御屏障、内化作用，繁殖和扩散的能力。细菌的侵袭力由病原菌的黏附与侵入、繁殖与扩散，以及对宿主防御功能的抵抗等因素组成。

亲和层析（affinity chromatography） 利用某些分子能特异性吸附和释放而建立的一种层析分离技术。通常用以纯化抗原或抗体。提纯抗原时，将抗体交联于活化的琼脂糖微球上，装柱。抗原悬液（pH8.6）过柱时，相应抗原即吸附于层析柱上。充分洗去杂蛋白质，再用 pH2～3 缓冲液洗脱，即可获得纯化抗原。

亲和常数（association constant） 两种分子间可逆结合程度的一个数值，以 K 表示，常作为抗原抗体亲和力（affinity）的指标。通常用半抗原（HP）和抗体（Ab）进行试验，因 HP 反应是单一结合簇与单一结合点之间的反应。其反应式如下：

$$\mathrm{HP}+\mathrm{Ab} \underset{K_2}{\overset{K_1}{\rightleftharpoons}} \mathrm{HPAb} \quad (1)$$

$$K_1\ [\mathrm{HP}]\ [\mathrm{Ab}] \rightleftharpoons [\mathrm{HPAb}]\ K_2 \quad (2)$$

$$\frac{[\mathrm{HPAb}]}{[\mathrm{HP}]\ [\mathrm{Ab}]}=\frac{K_1}{K_2}=K \quad (3)$$

$$K=\frac{b}{c\ (A_o-b)} \quad (4)$$

K 为亲和常数，K_1、K_2 为离解常数，b 为结合 HP 的摩尔浓度，c 为游离 HP 的摩尔浓度，A_o 为每 mL 抗体结合点浓度，故 A_o＝2mIgG。当半数抗体结合点被结合时，即 A_o＝2b，则 $K=\frac{1}{c}$，试验通常用透析法进行，反应平衡后，测定透析袋外的 c。测出抗体被半数结合时的 c，即可算出 K 值。K 为 c 的倒数，c 愈小 K 愈大。c 的单位为 mol/L，K 值可为 10^3～10^{11}，10^3～10^4 为低亲和力，10^9～10^{11} 为高亲和力。

亲和力（affinity） 抗原与抗体的结合强度。亲和力的强度决定于抗原决定簇与抗体的抗原结合点之间形成的非共价键的数量、性质和距离。非共价键数量多、高能结合键（如离子键、氢键）比例高，分子量距离近则亲和力强，结合后不易离解，称为高亲和力。反之，则离解力大于亲和力，称为低亲和力。亲和力的强度通常以亲和常数表示。

亲和素生物素复合物一酶联免疫测定（avidin biotin complex ELISA） 生物素和亲和素系统（BAS）与酶联免疫测定（ELISA）相结合的一种测定技术。先制备亲和素和酶标记生物素的复合物（ABC），以及生物素化抗体（b－Ab）或抗抗体（b－Ab_2）。试验分直接法和间接法，但可以 b - Ab 或 b - Ab_2 代替酶标抗体或酶标抗抗体，最后加 ABC 以放大酶催化效应。

亲细胞抗体（cytotropic antibody） 又称嗜细胞抗体（cytophilic antibody）。Fc 端能吸附于具有 Fc 受体的免疫细胞上的抗体。包括：①对肥大细胞和嗜碱性粒细胞有亲嗜性的 IgE 类过敏性抗体；②能吸附在杀伤细胞（K 细胞、NK 细胞）上的 IgG 类抗体，只有吸附有抗体的细胞才能有效地杀伤带相应抗原的靶细胞；③吸附在巨噬细胞上的抗体，它能提高巨噬细胞的吞噬作用和杀伤靶细胞的能力。

禽白血病（avian leukosis） 又称禽白血病肉瘤复合症。由禽白血病/肉瘤病毒群（α 反转录病毒）引起的以造血组织发生恶性肿瘤增生为特征的禽类多种传染性肿瘤疾病的总称。病毒属于反转录病毒科肿瘤病毒亚科禽 C 型肿瘤病毒亚群。病禽和带毒禽是主要传染源，病毒经垂直传播，也可经水平传播。根据病理学和病原特点，可分为淋巴细胞性白血病、成红细胞性白血病、成髓细胞白血病和骨髓细胞瘤病 4 型。在自然条件下主要发生于鸡，并以淋巴细胞性白血病最为多见，可由直接或间接接触以及通过鸡蛋传染。1～14 日龄鸡感染后发病率和死亡率高，4 周龄以上鸡感染后发病率和死亡率低。一般无特征性临诊症状。诊断主要根据病理形态学变化以及血清学试验，接种雏鸡等实验诊断方法，并结合流行病学和临诊症状作出诊断。病鸡无治疗价值，也无有效疫苗，预防关键在于消灭其传染源，搞好卫生防疫工作，定期检疫，淘汰阳性鸡，通过选种培育出无白血病的鸡群。

禽白血病病毒（*Avian leucosis virus*，ALV） 反录病毒科（Retroviridae）、甲型反录病毒属（*Alpharetrovirus*）成员。病毒粒子呈球形，有囊膜，基因组为两个线状的正链单股 RNA，包含反转录酶。根据宿主范围和抗原性的不同分为 A、B、C、D、E、F、G、H、I 等亚群。自 80 年代末，又从鸡群中分离到 J 亚群，与已知的各亚群病毒在基因上存在极大的差别，但有 40%的同源性，且不存在病毒肿瘤基因，主要导致骨髓的细胞增生症。

禽白血病肉瘤复合症（avian leukosis arcoma-complex） 见禽白血病。

禽包涵体肝炎（avian inclusion body hepatitis） 禽腺病毒感染的一种以突然发生、鸡群死亡率猛增、病程短促、贫血和可发现有包涵体的肝炎为特征的临床类型。本病可见于 3～15 周龄的鸡，较老的鸡群常有坚强免疫力。病毒可经鸡胚传播，由感染的种鸡传染给易感雏鸡。病毒也可通过粪便排出，将本病传播到与病鸡或污染物接触的易感鸡群。典型的病变和鸡群病史有助于诊断。如能从显微镜检查中发现肝的典型病变和核内包涵体则可确诊。

禽病毒性关节炎（avian virus arthritis） 呼肠孤病毒科病毒性关节炎病毒引起的一种鸡传染病。主要发生于肉用仔鸡。临床上以关节滑膜炎、腱鞘炎为特征，偶尔可引起腱断裂。本病既可在鸡群间通过直接或间接接触水平传播，也可通过鸡胚垂直传播。大多数自然感染病例呈隐性经过。当发生急性感染时，出现跛行、生长停滞、胫骨腱鞘肿胀等症状。如腓肠肌腱断裂，患肢不能负重行动，常因难以采食、消瘦衰竭而死亡或淘汰。根据病史症状可作初步诊断，确诊需分离病毒和血清学试验。尚无特效疗法或有效疫苗。种蛋应来自非疫区，以防蛋源性传播。

禽病毒性关节炎病毒（*Avian viral arthritis virus*，AVRV） 又称禽正呼肠孤病毒（*Avian orthoreovirus*，ARV）。呼肠孤病毒科（Reoviridae）、正呼肠孤病毒属（*Orthoreovirus*）成员。病毒颗粒无囊膜，近似球形，具有外、中、内三层衣壳，每层均为二十面体对称。基因组为线状双股 RNA，可分 10 个节段。无血凝活性，抗原性不与哺乳动物毒株交叉。目前分为 8 个血清型，其中鸡 AVRV 有 4 个型、番鸭 2 个、鹅与火鸡各 1 个，有共同的群特异性抗原。病毒的感染在鸡群中普遍存在，由无症状感染到致死性病患，因毒株及宿主日龄而异。可表现为禽病毒性关节炎综合征（viral arthritis syndrome，VAS）或“暂时性消化系统紊乱”（transient digestive system disorder，TDSD）。VAS 又称为禽病毒性关节炎及滑液囊炎，主要发生于 5～7 周龄肉鸡，表现为不同程度的跛行，跗关节剧烈肿胀，趾及跖部肌腱及腱鞘发炎，发病率可达 10%，死亡率一般低于 2%。TDSD 又称为吸收不良综合征（malabsorption syndrome，MAS），特点为羽毛稀疏、生长迟缓、矮小化、腹泻、粪中带肠黏膜以及未消化的饲料，饲料转化率降低。某些 AVRV 毒株既能引致 TDSD，又能引致 VAS。

禽传染性脑脊髓炎（avian infectious encephalomyelitis） 又称禽流行性震颤（epidemic tremor）。微 RNA 病毒科肠病毒属的禽传染性脑脊髓炎病毒（*Avian encephalomyelitis virus*）引起幼雏的一种以共济失调、麻痹和震颤为特征的传染病。本病侵害鸡和雉鸡，常见于 1 月龄以内雏鸡。经胚传感染者在 1 周龄内出现明显的软脚、麻痹和震颤，出壳后感染者经 10d 以上潜伏期出现症状。剖检无特征性肉眼可见变化。诊断时注意与鸡脑软化症和新城疫相区别。根据病史、病鸡日龄和症状可作初步诊断，确诊需分离病毒和血清学试验。无特效疗法，可应用疫苗预防。

禽传染性支气管炎病毒（*Avian infectious bronchitis virus*，AIBV）　套式病毒目（Nidovirales）、冠状病毒科（Coronaviridae）、冠状病毒属（*Coronavirus*）成员。病毒形态略呈球形，有囊膜，囊膜上有花瓣状纤突，其间距较大且排列规则，呈皇冠状。1973年在美国最先报道，目前几乎世界各国均有发现，是鸡最重要的病毒之一。由于基因组大而易发生变异，产生许多抗原性及致病性的变异株。用中和试验可分为8～10个血清型。病毒主要感染鸡，此外还对雉、鸽、珍珠鸡有致病性。临床表现取决于鸡的日龄、感染的途径、鸡的免疫状况以及病毒的毒株。可急性暴发，1～4周龄雏鸡最易感，表现为气喘、咳嗽及呼吸抑制，并可突然死亡。青年鸡的感染率通常为25%～30%，高者可达75%。弱毒株感染几乎无临床症状，但导致生长迟缓成为侏儒。产蛋鸡影响显著，产蛋量下降或者停止，或产异常蛋。近年来还出现以肾、肠或腺胃病变为主的致病型。弱毒苗被广泛地应用。建立无病鸡群是根本性的预防措施。

禽大肠杆菌病（avian colibacillosis）　大肠杆菌O_1∶K_1，O_2∶K_1，O_{78}∶K_{80}等血清型引起鸡、鸭、鹅的一种以气囊炎、心包炎和腹膜炎及败血症为特征的传染病。对幼禽危害较严重。经蛋壳感染时部分死于孵化期，部分虽能孵出，但常在出壳后1周内死于脐炎。中雏、成年家禽感染后可引起败血症、纤维素性心包炎、气囊炎或肠、肝和肺的慢性大肠杆菌性肉芽肿、卵巢炎、卵黄性腹膜炎，影响产卵，严重者造成死亡。可根据临床症状、病理变化及细菌学检查作出诊断，治疗可在饮水或饲料中加入大环内脂类抗生素，同时必须注意通风换气，避免密饲，改善环境卫生条件。

禽单核细胞增多症（avian monocytosis）　又称蓝冠病。产蛋母鸡发生的以鸡冠发绀、单核细胞增多和肝脏坏死等为特征的一种综合征。病因尚不清楚，但与饮水不足、过热、钾钠平衡失调和某些传染性因素等有关。临床表现鸡冠和肉髯皱缩、发绀，食欲废绝，委顿，腹泻（卡他性肠炎），产蛋率降低，死亡率高达50%。预防宜针对致病诱因实行综合防制措施。

禽痘（avian pox）　又称禽白喉（avian diphtheria）。禽痘病毒属各成员引起禽类的一种急性、高度接触性传染病。包括鸡痘、火鸡痘、鸽痘、金丝雀痘和鹌鹑痘病毒，种间有血清学交叉反应。鸡易感性最高，多发生于雏鸡和育成鸡，其次是火鸡。与鸟类痘疹一般不交叉传染。本病是由健禽与病禽接触传染，蚊和体外寄生虫也可传播本病，春秋和蚊活跃季节易流行。潜伏期4～8d。临床症状可分为：①皮肤型，在冠、肉髯、喙角、眼的皮肤及腿、胸、翅内侧、泄殖腔周围形成痘疹；②黏膜型，在口腔和咽喉黏膜形成纤维素性坏死性炎症，常形成假膜，又称禽白喉；③混合型，皮肤和黏膜均被侵害；④败血型，全身症状的出现，继而发生肠炎，这型极为少见。根据特征性症状不难诊断。黏膜型应注意与传染性鼻炎区别。防治办法为认真做好卫生防疫和饲养管理，定期用鸡痘鹌鹑化弱毒疫苗进行预防接种。

禽痘病毒属（*Avipoxvirus*）　脊椎动物痘病毒亚科的一个属。一般抗乙醚，无血凝素，通常由节肢动物机械传递。只感染禽类，引致宿主的皮肤和黏膜痘样病变，幼禽尤为易感。成员有鸡痘病毒、金丝雀痘病毒、鸽痘病毒、鹦鹉痘病毒、鹌鹑痘病毒、麻雀痘病毒和火鸡痘病毒等。它们在抗原性上密切相关，如接种鸽痘，可使鸡产生对鸡痘病毒的免疫力。

禽副大肠菌病（para colibacillosis avium）　见禽亚利桑那菌病。

禽副伤寒（paratyphus avium）　鼠伤寒沙门氏菌（*Salmonella typhimurium*）等多种沙门氏菌引起的一种地方流行性禽类传染病。主要危害2周龄以内的幼禽，鸡、火鸡和鸭较常见。特征为水样下痢，喘息，脾、肝充血及条状出血，肠道黏膜呈现出血性炎症。慢性感染的成年鸡，常无明显病变，但内脏器官可带菌。确诊本病有赖于细菌分离和鉴定。药物治疗可降低病死率。防制措施同鸡白痢。

禽骨化石病（avian osteopetrosis）　又称鸡骨型白血病（osteopetrosis，OP）。禽白血病/肉瘤群病毒引起家禽的一种骨性传染病。一般认为是由于高剂量的病毒感染使成骨细胞的生长和分化紊乱而造成的。病鸡的长骨，特别是小腿骨发生肿大和畸形，一般呈两侧对称性；晚期病鸡跖骨具有特征性的"长靴样"外观；严重病例除去骨膜可见坚硬的石化骨，骨髓腔闭塞，血细胞发育受阻。多散发于8～12周龄鸡。根据典型症状可作出诊断，防控措施见禽白血病。

禽后睾吸虫病（opisthorchiasis of fowls）　后睾属（*Opisthorchis*）和对体属（*Amphimerus*）吸虫寄生于鸭等禽类的胆管和胆囊内引起的吸虫病。常见种为：①鸭后睾吸虫（*O. anatis*），寄生于家鹅、鸭和一些野禽的肝脏胆管内，虫体较长，大小为（7～23）mm×（1.0～1.5）mm；②鸭对体吸虫（*Amphimerus anatis*），寄生于鸭胆管内，大形吸虫，体窄长，大小为（14～24）mm×（0.88～1.12）mm。发育史需2个中间宿主，第一中间宿主为纹沼螺，第二中间宿主为淡水鱼类。禽类因吞食含囊蚴的鱼而受感染。表现为贫血、消瘦等全身症状；肝功能损伤；肝脏出现不同程度的炎症和坏死，严重感染时死亡率很高。在粪便中检出虫卵或解剖病禽发现虫体即可确诊。可用硫双二氯酚驱虫。预防措施包括禽粪应堆肥发酵、流行地区应避免在水面放牧饲养。

禽霍乱（fowl cholera） 特定血清型（5：A，8：A，9：A其中以5：A最常见）多杀性巴氏杆菌引起鸡、鸭、鹅和野鸟的一种急性败血性传染病。特征为病程短，病死率高，病禽表现剧烈下痢，病变为内脏器官广泛出血，肝、脾表面有针尖大的灰白色坏死灶。慢性型常见关节炎或肉髯水肿。本病可通过多种途径传播，水禽可通过污染的池塘、水沟经上消化道和上呼吸道传播，不良的饲养管理条件能促使本病的发生和流行。根据流行情况和特征性病变，可作出诊断。必要时做细菌学检查。预防应注意饲养管理，做好预防接种。抗生素或磺胺类药物，混于饲料中内服有一定的防治作用。

禽霍乱氢氧化铝疫苗（fowl cholera aluminium-hydroxide vaccine） 以禽源多杀性巴氏杆菌5：A血清型强毒株制备的一种用于预防禽霍乱病的灭活苗。将强毒菌种于含有0.1%裂解血液的马丁肉汤在37～39℃浅层静置或通气培养12～24h后，加入0.1%甲醛（以含38%～40%甲醛液折算）在37℃杀菌7～12h。然后按5份菌液加1份灭菌氢氧化铝胶制成疫苗。使用时，2月龄以上的鸡鸭肌内注射2mL，但用鸭效力检验合格的苗只能用于鸭。

禽霍乱弱毒疫苗（fowl cholera attenuated vaccine） 利用不同致弱途径选育的禽巴氏杆菌弱毒株（中国用的疫苗株为$G_{190}E_{40}$株和731株）毒种于加有0.1%裂解血细胞全血培养基增殖制成的一种用于预防禽霍乱的冻干菌苗。使用时，以20%铝胶液稀释，免疫期约3个月。禽霍乱弱毒菌苗由于育成的弱毒株毒力不稳定和免疫期短，故仍有待研制更加有效的菌苗。

禽肌胃糜烂（gizzard erosion） 禽的肌胃类角质层出现糜烂和溃疡的一种消化道疾病。

禽溃疡性肠炎（avian ulcerative enteritis） 又称鹌鹑病。肠梭菌（*Clostridium colinum*）引起以肠道溃疡、肝脏和脾脏坏死为特征的多种幼禽的急性传染病。最早发现于鹌鹑。主要发生于4～12周龄的鸡、火鸡及鹌鹑等禽类。球虫病、传染性囊病等能诱发本病。是高密度集约化养鸡场一种常见的散发病。观病变不足以作出诊断，必须通过培养物涂片，证实肠道、肝、脾内有病原菌才能确诊，亦可用直接荧光抗体检查。控制诱因是预防本病的关键。发病时可使用链霉素等抗菌药物。

禽淋巴细胞性白血病（lymphoid leukosis） 又称大肝病。禽白血病中最常见的一种。潜伏期长，多发生于14周龄以上的鸡群，以性成熟期发病率最高，母鸡比公鸡多发。临床表现为下痢、消瘦、冠和肉髯苍白，产蛋停止，肝肿大，腹部常增大。肿瘤主要见于肝、脾、法氏囊，由成淋巴细胞组成，诊断和防制措施见禽白血病。

禽流感病毒（*Avian influenza virus*，AIV） 正黏病毒科（Orthomyxoviridae）、甲型流感病毒属（*Influenzavirus A*）成员。病毒颗粒多形性，有囊膜和纤突。核衣壳螺旋形对称。基因组为线状负链单股RNA，分8个节段。病毒毒力有很大差异，禽流感病毒的高致病力毒株对鸡有致病性，旧称“真性鸡瘟”（fowl plague），现名高致病性禽流感（highly pathogenic avian influenza，HPAI），是OIE规定的通报疫病。高致病力毒株主要有H_5N_1和H_7N_7亚型的某些毒株。高致病力毒株引致鸡及火鸡突发性死亡，常无可见症状。日龄较大的鸡可耐过48d，而后表现为产蛋下降、呼吸道病患、腹泻、头部尤其是鸡冠水肿等。低致病力株主要为H_9亚型，也引致产蛋下降、呼吸道症状及窦炎等。病毒通过野禽传播，特别是野鸭。分离病毒对鉴定病原及其毒力均不可少，但鉴于高致病力毒株的潜在危险，一般实验室只作血清学或RT-PCR检测。高致病力毒株的分离及进一步鉴定需送国家级的参考实验室完成。一般从泄殖腔采样，接种8～10日龄鸡胚尿囊腔，取尿囊液用鸡红细胞作HA-HI、ELISA或RT-PCR，后者亦可从病料直接检测病毒，但检出率一般低于经鸡胚传代者。

禽流行性感冒（avian influenza） 正黏病毒属的A型流感病毒引起各种禽类的一种急性、高度致死性传染病。其中危害严重的是真性鸡瘟，又称欧洲鸡瘟（european fowl pest）。1878年首次发现于意大利，目前在美洲、非洲、亚洲一些国家发生。鸡和火鸡最易感，病禽和带毒禽是主要传染源。本病可通过多种途径传播（包括吸血昆虫）。临床症状极为多样，取决于受感染的禽类。欧洲鸡瘟多发生于鸡和火鸡，以体温升高，冠和肉髯发黑，头颈部水肿，跗关节肿胀，眼结膜炎和神经症状为特征。火鸡、鸭、鹅以呼吸道症状为主，鸟类为隐性感染，成为带毒者。确诊靠病毒分离鉴定和ELISA、HI试验。目前尚无特效疫苗，采取检疫、封锁和扑杀销毁病禽等措施。

禽流行性震颤（avian epidemic tremor） 见禽传染性脑脊髓炎。

禽螺旋体病（borrelia gallinarum disease） 疏螺旋体属（*Borrelia*）的鹅疏螺旋体（鹅包柔氏螺旋体，*B. anserina*）引起鸡、火鸡、鹅和鸭以发热、沉郁、头部发绀和腹泻为特征的一种败血性传染病。主要病变是肝、脾明显肿大和内脏出血等，发病率较高，病死率较低。诊断应选早期病例采血涂片镜检或将病料接种6日龄鸡胚，经2～3d后取尿囊液检查螺旋体。预防应消灭传播本病的蜱、蚊等吸血昆虫。多种抗菌药物治疗都有良效。

禽毛滴虫病（trichomoniasis gallinae）　禽毛滴虫（*Trichomonas gallinae*）寄生于家鸽、鸡和火鸡等禽类的消化道上段引起的疾病。禽毛滴虫属鞭毛虫纲、毛滴虫科。虫体呈椭圆形或梨形，长5～19μm，宽2～9μm，有4根前鞭毛，后鞭毛附着于波动膜边缘，无游离部分。雏鸽由于吞咽母鸽嗉囊中鸽乳而受感染；鸡和火鸡通过污染的水和食物遭受感染。患鸟体重下降，精神倦怠，羽毛粗乱；在口腔、咽、食道、嗉囊的黏膜表层可见有浅黄色的界限分明的干酪样小块病变。取病料作涂片，检出虫体即可确诊。可用甲硝哒唑、洛硝哒唑等药物治疗。防治措施主要是消灭病原，以杜绝感染源。

禽膜壳绦虫病（hymenolepiasis of poultry）　膜壳属（*Hymenolepis*）绦虫寄生于禽小肠引起的寄生虫病。常见的病原体为鸡膜壳绦虫（*H. carioca*），寄生于鸡。中间宿主为多种甲虫。广义的膜壳绦虫包括膜壳科的各属绦虫，主要含膜壳属、剑带属和皱褶属。参阅皱褶绦虫病与剑带绦虫病。

禽脑脊髓炎病毒（*Avian encephalomyelitis virus*，AEV）　属微RNA病毒科（Picornaviridae）成员。病毒粒子呈球形，无囊膜，直径30～32nm，基因组为正链单股RNA。与引致人小儿麻痹症的脊髓灰质炎病毒及猪捷申病毒的致病性相似，但只对1～21日龄鸡致病。易感鸡群死亡率可高达50%。主要通过消化道传染，鸡蛋也可传递，有的雏鸡出壳后第1天即表现症状，并能在孵化器内传播，无季节性。病鸡呆滞、头颈震颤、失明、麻痹。产蛋量轻度减少是母鸡感染的唯一表现。依据病史和临诊症状能作出诊断，确诊需做病毒和抗体检查。可用鸡胚油乳剂灭活疫苗免疫种鸡，产生高滴度母源抗体而获得保护，孵化出壳后具有约8周的免疫力。也有直接供免疫雏鸡用的疫苗。应注意与新城疫相鉴别。

禽疟原虫病（avian malaria）　疟原虫寄生于红细胞和内皮细胞内引起的疾病。病原属孢子虫纲、疟原虫科。在禽体内分红外期和红内期，红内期即为红细胞寄生期，红外期在内皮细胞中寄生。由蚊吸血传播。常见种有：①鸡疟原虫（*Plasmodium gallinaceum*），寄生于家鸡、野鸡、斑鸠和鹅；②近核疟原虫（*P. juxtanucleare*），寄生于家鸡和火鸡；③硬疟原虫（*P. dure*），寄生于火鸡；④残遗疟原虫（*P. relictum*），寄生于鸽。前3种对家禽有强的致病力，引起严重贫血，死亡率可达90%。后一种对鸽有致病性，雏鸽贫血，瘦弱。取血液制片查找虫体进行诊断。加强检疫、灭蚊、切断生活史是预防的重要措施。

禽胚化疫苗（embryonated vaccine）　通过鸡胚、鸭胚等禽胚传代致弱的病毒株制备的疫苗，如鸭病毒性肝炎鸡胚化弱毒疫苗、小鹅瘟鸭胚化弱毒疫苗等。

禽皮刺螨（*Dermanyssus gallinae*）　俗称禽红螨，蜱螨目、中门亚目、皮刺科的一种吸血螨。侵袭鸡、鸽、各种笼养鸟和野鸟，吸血后呈红色，饱血后的雌虫长达1mm以上。身体呈长椭圆形；腿长，末端有吸盘；口器长；气门位于第三、四对足之间的外侧方，围气门片呈细长条形，沿体侧向前延伸至第一基节处。雌螨产卵于墙壁缝隙中，卵孵化为六足幼虫，然后蜕变为四对足的若虫；若虫有两期，由第二期若虫蜕变为成虫。该螨夜间爬至宿主身体上吸血，可致鸡贫血，偶尔侵袭人类。该螨是鹅包柔氏螺旋体、人圣路易脑炎、东方和西方马脑脊髓炎的传播媒介。防治可用杀虫药处理禽舍。

禽葡萄球菌病（avian staphylococcosis）　金黄色葡萄球菌（*Staphylococcus aureus*）和部分表皮葡萄球菌（*S. epidermidis*）引起禽类的一种急性或慢性非接触性传染病。幼禽多呈急性型，表现在胸、腹、大腿部内侧皮下浮肿，潴留数量不等的血样渗出液，外观呈紫黑色。成年鸡呈慢性型，表现关节炎或趾病。通过损伤皮肤和黏膜感染，呈散发或地方流行性。本病根据症状不难诊断，确诊应作细菌学检查。防制主要是搞好禽舍的环境卫生，避免拥挤。多种抗生素和磺胺类药都有一定的疗效，由于葡萄球菌易产生耐药性，需做药敏试验后，选择最敏感的药物混在饲料或饮水中内服。

禽伤寒（typhus avium）　禽伤寒沙门氏菌（*Salmonella gallinarum*）引起禽的一种败血性传染病。主要发生于6月龄以内的鸡，多呈散发性。特征是冠苍白，精神委顿，消瘦，下痢，白细胞增多，肝瘀血肿大、呈青铜色并有散在性坏死灶。确诊应作病原学检查，注意与大肠杆菌病、鸡白痢、禽霍乱等疫病的鉴别诊断。

禽嗜肝病毒属（*Avihepadnavirus*）　嗜肝病毒科的一个属。代表种为鸭乙型肝炎病毒，衣壳含L及S2种蛋白，不含M蛋白。仅感染鸭，多无症状，主要为垂直传递。其他成员有苍鹭乙型肝炎病毒。

禽网状内皮组织增生症病毒（*Avian reticuloendotheliosis virus*，AREV）　反转录病毒科（Retroviridae）、C型反转录病毒属（*Gamma retrovirus*）成员，可引起禽的肿瘤性传染病。病毒粒子呈球形，有囊膜，基因组为两个线状的正链单股 RNA，包含反转录酶。自 1958 年从火鸡中分离出病毒以来，共分离出 4 种致病性不同的病毒株，即 T 株称原型株，SN 株称脾坏死病毒，DIA 株称鸭传染性贫血病毒，CS 株称鸡合胞体病毒。

禽网状内皮组织增殖症（reticuloendotheliosis）网状内皮组织增殖症病毒引起禽的致肿瘤性传染病。在鸡群中传播力弱，在鸭和火鸡容易接触感染。人工接种强毒不出现任何症状，但 1～2 周内死亡。在肝、脾和肠淋巴结出现肿瘤或增生。确诊依靠病毒分离鉴定，可应用荧光抗体检查细胞培养中有无病毒抗原。目前对本病尚无疫苗预防。

禽伪结核病（pseudotuberculosis） 伪结核耶尔赞氏杆菌（*Yersinia pseudotuberculosis*）引起禽类的地方流行性或散发性传染病。病原为多形性球杆菌、两极染色，非抗酸染色性，可感染多种禽类，幼禽易感，经消化道及皮肤创伤感染。常见多种因素诱发本病。急性呈败血症病状，慢性内脏器官出现结核性病变。病灶为增生性，先为淋巴细胞增生，后成层状粥状坏死物，外周包有结缔组织。确诊以病原菌分离鉴定结合病理学观察。尚无特效药治疗。应采取综合性预防措施，防制本病发生。

禽腺病毒（*Avian adenovirus*） 腺病毒科（Adenoviridae）成员。病毒无囊膜，核衣壳二十面体对称，直径 80～100nm。病毒颗粒由 252 个壳粒组成，包括 242 个六邻体和 12 个五邻体。每个五邻体上有突出的纤丝，长 20～50nm，末端为分叉状。基因组为单分子线状双股 DNA。

禽腺病毒感染（avian adenovirus infection） 禽腺病毒引起的多种疾病，目前已将禽腺病毒分为 3 群：①禽腺病毒Ⅰ群与包涵体肝炎有关，F_1（phelps）作为典型种，其特征为病鸡死亡突然增多，严重贫血、黄疸，肝肿大，有出血和坏死灶，肝细胞内见有核内包涵体。②禽腺病毒Ⅲ群，与产蛋下降综合征有关的血细胞凝集病毒（EDS76），以 127 病毒株为典型种，其特征是产蛋下降，软壳蛋和畸形蛋增加。③禽腺病毒Ⅱ群可引起火鸡出血性肠炎和大理石脾病，以 THEV 为典型种，其特征是沉郁、血便和突然死亡。腺病毒感染的特征是感染率高且多呈隐性感染。可通过血清学或分离病毒进行诊断。由于病毒可经胚胎垂直传播，预防措施主要查出病鸡和带毒鸡，不留作种用。对健康鸡可接种灭活疫苗。

禽腺病毒属（*Aviadenovirus*） 腺病毒科的一个属。有多种血清型，分别感染鸡、火鸡、鹅、雉及鸭等。有的有致病性，如致鸡的减蛋综合征和包涵体肝炎、火鸡出血性肠炎和病毒性肝炎、鹌鹑支气管炎及雉大理石样脾等。

禽腺胃炎（proventriculitis of chicken） 因非传染性因素或传染性因素引起的腺胃表层黏膜及深层组织的炎症。

禽亚利桑那菌病（avian arizonosis） 又称为禽副大肠菌病。亚利桑那沙门氏菌（*Salmonella arizonae*）引起的一种雏禽传染病。各种幼禽易感，以雏鸡和雏火鸡较为常发。病菌可经蛋垂直传播，也可经消化道水平传播。临床表现与病菌感染部位有关，无特异症状。常见腹泻、麻痹、扭颈、震颤、运动失调等神经症状。病变有肝肿大，心肌浑浊肿胀，卡他性肠炎，腹膜炎和眼球浑浊等。确诊需作病原分离鉴定。饲料中添加抗菌药物有一定疗效。预防措施与禽副伤寒相同。

禽衣原体病（avian chlamydiosis） 见鹦鹉热。

禽正呼肠孤病毒（*Avian Reovirus*，ARV） 参见禽病毒性关节炎病毒。

禽支原体病（avian mycoplasmosis） 禽支原体感染的总称，主要有 3 种血清型的支原体致病：①禽败血支原体（鸡毒支原体）。引起鸡和火鸡的慢性呼吸道传染病，又称鸡慢性呼吸道病或称鸡败血支原体感染。病程长，经过缓慢。经呼吸道、消化道感染，并可经蛋垂直传播。多种因素促使该病发生或使病情加重。雏鸡表现上呼吸道症状，结膜炎、气囊炎，眼睑肿胀；蛋鸡产蛋率下降；火鸡鼻窦炎，副鼻窦肿胀。病变为上呼吸道有黏稠渗出物，黏膜水肿充血，气囊肥厚浑浊。以流行病学、临床症状及病变特征可作出初诊，确诊需做病原分离鉴定及血清学检验。使用有效抗生素能减轻症状。采取定期检疫，培育健康种鸡群等综合性防制措施，可预防本病发生。②火鸡支原体通过感染蛋传染，引起雏火鸡气囊炎。③滑液膜支原体引起鸡和火鸡由急性到慢性的关节滑液膜炎、腱—滑液膜炎或滑液囊炎。

青草搐搦（grass tetany） 又称低镁血症性搐搦（hypomagnesemic tetany）、青草蹒跚（grass stagger）。反刍兽由于血镁降低而发生兴奋性增强和惊厥为特征的代谢病。由于长期放牧或饲喂镁含量偏低的嫩绿青草和小麦苗以及钾和氮含量高的日粮所致。症状多急性发作，哞叫，盲目地奔跑，倒地后四肢作游泳状划动，每间隔很短的时间发作一次。重症在发作中窒息死亡。少数病例的症状较轻，仅呈现步态强拘，对呼唤过敏，频频排尿。有的呈现生产瘫痪症状。治疗可针对病因皮下注射镁制剂。

青杠树叶中毒（oak leaf poisoning） 见栎树叶中毒。

青光眼（glaucoma） 各种原因引起眼内压升高

状态的一种眼病。在家养犬多发，是成年犬致盲的主要原因。本病可分为原发性、继发性和先天性三类。早期视力异常、眼内压上升、眼球高度紧张、有压痛、角膜变薄浑浊、虹膜向前方压出、眼前房变浅、瞳孔散大。特急性发生的容易造成视力丧失。治疗时早期用降眼内压的药物及使房水减少的药物以维持正常眼压，防止视力消失，上述方法无效时，可用手术方法。

青霉胺（penicillamine）　又称二甲基半胱氨酸（β-dimethylcysteine）。金属解毒剂，含巯基的络合剂，青霉素的分解产物。对铜、汞、铅等重金属有络合作用，促使其迅速从尿排出，无蓄积作用，毒性较低。主要用于铜中毒治疗。也用于铅、汞解毒，但排铅作用不如依地酸钙钠，排汞作用不及二巯基丙磺酸钠。此外还有免疫抑制作用。可用于免疫病理性疾病，如风湿性关节炎、类风湿性关节炎等。肾病患畜忌用。

青霉素（penicillin G）　又称苄青霉素、青霉素G和盘尼西林。青霉菌（*Penicillium notatum*）发酵培养的代谢产物，一种能够治疗感染性疾病的抗生素。青霉素是一种有机酸，难溶于水，常用其钠盐或钾盐。其干燥粉末较稳定，水溶液极不稳定，遇热和酸、碱、醇、重金属离子、氧化剂等则分解失效，且可产生青霉噻唑酸和青霉烯酸等致敏物质。青霉素主要对多种革兰氏阳性菌和少数革兰氏阴性球菌有杀菌作用，对螺旋体和放线菌也有效，但对部分革兰氏阴性杆菌及真菌和病毒无效。作用原理主要是干扰敏感菌细胞壁黏肽的合成，使菌体失去保护屏障。已有细菌对青霉素产生耐药性，耐药机制主要是细菌能产生灭活青霉素的β-内酰胺酶，或改变青霉素作用靶位——青霉素结合蛋白。青霉素对动物毒性小，注射给药可治疗敏感菌所致的乳腺炎、马腺疫、炭疽、猪丹毒、放线菌病、破伤风、气肿疽、坏死杆菌病及钩端螺旋体病等。

青霉素酶（penicillinase）　即β-内酰胺酶，一种能水解破坏苄青霉素的β-内酰胺环使之变成无活性青霉噻唑酸的酶。如金黄色葡萄球菌经常接触青霉素易被诱导产生青霉素酶。

青霉震颤素A（penitrem A）　即圆弧偶氮酸（cyclopiazonic acid），由圆弧青霉（*Cyclopium*）等产生的青霉毒素。最早是从引起羊神经症状的霉败饲料中分离而得。主要侵害中枢神经，使动物出现震颤、惊厥，甚至死亡。

青紫蓝兔（chinchilla rabbit）　原产于法国，20世纪初育成的皮用品种。兔毛分3种颜色，毛尖黑色，中段灰白，毛根深灰色。耳朵、尾、面呈黑色，眼圈、尾底、腹部呈白色。全身呈灰蓝色。体壮，适应性强，3月龄可达2kg。也是实验动物常用品种之一。

轻度临床型乳腺炎（mild clinical mastitis）　乳腺组织病理变化及临床症状较轻微，触诊乳房不觉异样或有轻度发热和疼痛，可能肿胀，或不热不痛。乳汁中有絮片、凝块，有时乳汁变稀、呈水样，pH偏碱性，体细胞和氯化物含量均增加。从病程看相当于亚急性乳房炎。此类乳房炎只要及时治疗，即可痊愈。参见乳腺炎。

轻链基因同型排斥（light chain isotype exclusion）　在抗体分泌细胞基因组内同时存在κ和λ两种轻链基因，同型排斥指两型轻链中只有一型轻链基因被转录和表达。通常，两个等位基因等位排斥的概率是相同的，其是否转录和表达取决于哪个等位基因先重排成功；但是，κ和λ轻链同型排斥的概率并不相同。轻链基因同型排斥保证了一个B细胞克隆只能表达一种轻链，或κ型，或λ型。

氢化可的松（hydrocortisone）　肾上腺皮质分泌的主要糖皮质激素。由牛或猪的肾上腺中分离而得。具有影响糖代谢、抗炎、抗毒素、抗休克及抗过敏等作用。抗炎作用比可的松略强，水、钠潴留的副作用相似。可作为替代疗法治疗肾上腺皮质功能不足的患畜，临床多应用静脉注射剂型，治疗严重的中毒性感染或其他危重病症如各种休克、酮血病、妊娠毒血症等，迅速起到解毒和缓解症状的作用。局部应用治疗乳牛乳腺炎、关节炎、腱鞘炎、皮肤过敏性炎症，亦可制成油膏和眼药水治疗眼部炎症。

氢化泼尼松（prednisolone）　又称强的松龙、泼尼松龙。人工合成的皮质激素类药物。作用、应用均与泼尼松相似。其特点是可供静脉注射、肌内注射、乳房内注入和关节腔内注射等。

氢离子浓度测定（hydrogen ion concentration assay）　肉新鲜度的检测方法之一。由于新鲜肉在其成熟过程中有乳酸和磷酸形成，其水浸液的pH通常在5.8～6.4。肉腐败变质时，由于蛋白质分解产生氨和胺类化合物等碱性物质，其水浸液的pH显著升高。此外，由于动物宰前疲劳或患病，致使肌糖原减少而影响宰后肉的乳酸产生，也有较高pH。因此氢离子浓度测定有助于了解肉的新鲜程度及动物宰前是否健康。但由于肉的新鲜度受多种因素影响，不宜作为唯一的检测指标。

氢氯噻嗪（hydrochlorothiazide）　又称双氢氯噻嗪、双氢克尿噻。中效利尿药。主要抑制髓袢升支粗段皮质部对氯离子和钠离子的重吸收，致使管腔内渗透压升高，减少水的重吸收而尿量增加。用于治疗各种原因如充血性心力衰竭、肝硬化、慢性肾脏病及妊娠等所引起的水肿或腹水。对心性水肿效果较好。长期使用可引起低血钾症。

氢钠离子交换（hydrogen - sodium exchange） 肾小管上皮细胞在分泌 H^+ 的同时重吸收 Na^+ 的过程，是肾脏调节机体酸碱平衡的重要生理过程。细胞代谢产生的二氧化碳和水在细胞内碳酸酐酶的催化下生成碳酸，并解离成 H^+ 和 HCO_3^-，H^+ 被分泌入小管腔内的同时吸收 Na^+，Na^+ 和 HCO_3^- 结合形成碳酸氢钠，再回到血液中成为碱贮。

氢氰酸中毒（hydrocyanic acid poisoning） 采食富含氰苷植物引起的以黏膜潮红和呼吸困难等为特征的中毒病。由于氰离子抑制细胞色素氧化酶活性，破坏组织内氧化过程，导致机体缺氧而致病。症状为呼吸困难，可视黏膜呈鲜红色，口流白沫状唾液，先兴奋后抑制，肌肉震颤，痉挛，角弓反张，行走不稳易跌倒，体温降低，脉细而弱，瞳孔散大，反射消失，最终窒息死亡。治疗宜用亚硝酸钠和硫代硫酸钠等特效解毒药抢救。

氢氧化铝（aluminium hydroxide） 抗酸药。遇水形成凝胶，覆盖在黏膜表面，具有吸收胃酸和胃蛋白酶作用，对溃疡面起保护作用。中和胃酸时产生的氯化铝，在十二指肠内与磷酸根结合成不溶性磷酸铝，起收敛、止血作用。用于胃酸过多、胃及十二指肠溃疡等。尿毒症病畜服用大剂量氢氧化铝可减少磷酸盐的吸收，防治尿路磷酸盐结石。

氢氧化铝胶（aluminiun hydroxide gel） 简称铝胶。用氢氧化铝制成的胶体物质，能吸附抗原物质，具有免疫佐剂功能。其佐剂活性与铝胶分子细腻、胶体佳良、吸附性强弱等品质有关。用于制造兽医生物制品的铝胶应符合以下标准：①性状，淡灰白色、无臭、细腻的胶体，无异物和霉菌，不变质；②胶态，0.4%氧化铝量稀释液 25mL 的沉淀物不少于 4mL；③pH，用新煮沸冷却后的注射用水稀释 5 倍，pH 应为 6.0～7.2；④氧化铝含量不高于 3.9%，硫酸盐含量不高于 0.4%，氯化物不高于 0.3%，砷盐在 8‰ 以下，重金属在 5mg/kg 以下，氨不超过 100mg/kg；⑤吸附力，与刚果红标准管比色合格。

氢氧化铝苗（aluminiun hydroxide gel vaccine） 用氢氧化铝胶作佐剂的疫苗。

清创术（debridement） 用机械的方法除去伤口的异物，切除坏死、失活组织或严重污染组织的一种外科手术。本法适用于所有新鲜的开放性污染创伤。一般认为开放创在 6～8h 内，细菌仅在表面繁殖，尚未发生感染。由于有抗生素使用，若创内的污染不甚严重，清创术也可以用于不超过 12h 的污染创，否则只得作为感染创进行处理，只清创不作初次缝合。清创首先清理创围，再用 H_2O_2 液加压冲洗创面，用消毒剂涂擦术部周围。严格按无菌条件处理创内组织，清创的初次缝合与一般无菌创相同。

清洁动物（clean animals） 不带有某些重要动物致病性病原体的动物。我国按微生物控制程度进行实验动物等级分类中的一种。除应排除普通动物病原外，还需控制对动物本身危害大，对科学实验干扰严重的病原，此类动物需饲养于屏障环境内。

清洁区（clean zone） 屏障环境中洁净气流未接触动物而到达的空间。一般由消毒灭菌后室、洁净物品贮藏室、二更和风淋后的人员进入通道及通向动物饲养室的走廊组成。

清理残毛（clean up residual hair） 生猪屠宰加工过程中的一个环节。脱毛后的猪体，在体表还有未脱净的残毛或茸毛，必须用一定的方法清理干净。我国一些中小型屠宰场仍普遍采用卷铁刮或火焰（酒精喷灯）燎毛等人工清理残毛的方法。在丹麦、荷兰等发达国家和我国先进的大型屠宰加工企业，则采用燎毛与刮黑方法。这个环节是通过燎毛炉和刮黑机完成的。燎毛炉内的温度高达 1 000℃以上，猪的屠体在炉内停留 10～15s，即可将体表残毛烧掉，与此同时，屠体表皮的角质层和透明层也被烧焦，然后进入刮黑机，用机械自动刮去体表大部分烧焦的皮屑层，再通过擦净机械和干刮设备，将屠体修刮干净，最后将屠体送入干燥的清洁区作进一步的加工。

清音（resonant note） 又称满音或肺音。健康动物正常肺部叩诊音。特点是音调低、音响较强、音时较长。为叩击富有弹性含气的器官时所产生，见于肺组织弹性良好含气量正常的胸部叩诊。

氰钴胺素缺乏症（cyanocobalamin deficiency） 氰钴胺素缺乏所引起的营养代谢性疾病。可发生于多种畜禽。主要表现为牛、羊食欲减退，营养不良，肌无力，消瘦和贫血等；猪生殖力降低，继发胃肠病；雏鸡生长缓慢，饲料利用率降低；母鸡产蛋出壳率降低，鸡胚死亡。防治可在饲料中补充钴盐或肌内注射维生素 B_{12} 制剂。

氰化物中毒（cyanide poisoning） 家畜采食富含氰甙类植物或被氰化物污染的饲料，饮水后，体内生成氢氰酸，发生以呼吸困难、震颤、惊厥等组织缺氧为特征的一种急性中毒病。各种畜禽均可发生，一般多见于牛和羊，马和猪偶尔发生。通常在家畜采食含氰甙类植物的过程中或采食后 1h 突然发病。病畜站立不稳，呻吟不安。可视黏膜潮红，呈玫瑰样鲜红色，静脉血呈鲜红色。呼吸极度困难，肌肉痉挛，出现后弓反张和角弓反张。体温正常或低下。精神沉郁，卧地不起，结膜发绀，血液暗红，瞳孔散大，眼球震颤，脉搏细弱疾速，抽搐窒息死亡。特征性病理变化包括尸僵缓慢，病初急宰血液呈鲜红色，病长时呈暗红色，血液凝固不良，胃内充满未消化的食物，散发苦杏仁气味。根据临床症状可作出初步诊断，应立即实施特效解毒疗法。特效解毒药包括亚硝酸钠、大剂量美兰和硫代硫酸钠。

氰戊菊酯（tenvalcrate）　又称速灭杀丁（sumicidin）。拟除虫菊酯类杀虫药。具接触毒和胃毒作用，且击倒快、残效期长。用于杀灭牛、羊体表的外寄生虫，如蜱、螨、蝇等节肢动物，对疥螨疗效稍差。对人、畜毒性较低，但对鱼和蜜蜂毒性大。

庆大霉素（gentamycin）　氨基苷类抗生素。得自放线菌目、小单孢菌科、小单孢菌属（*Micromonospora*）菌培养液。为 C_1、C_2 及 C_1a 3 种成分的复合物。常制成硫酸盐，易溶于水，水溶液较稳定。抗菌谱广，抗菌效力比链霉素强，对绿脓杆菌也有效。用于多种革兰氏阴性菌及耐青霉素、耐卡那霉素的金黄色葡萄球菌所引起的感染。

穹窿（fornix）　海马至乳头体和其他脑部的弓状纤维束。主要为海马的传出纤维。起于海马的锥体细胞，经室床向外侧集中形成海马伞，纤维继续向前内侧延伸形成穹隆脚，左右两脚向前汇合成穹隆体；两脚间有横行纤维相连为穹隆（海马）连合。穹隆体继续向前延伸达室间孔前方又分开，称穹隆柱，弯向下后方，纤维主要止于乳头体，也止于扣带回、隔核、视前区、下丘脑外侧区、丘脑前核等。穹隆也含有海马的传入纤维及联系两则海马的连合纤维，如从隔核至海马和齿状回的纤维。

琼脂扩散抗原（agar gel diffusion antigen）　又称凝胶扩散抗原（gel diffusion antigen）。一种在琼脂凝胶或其他类似物质介质中扩散，并与相应抗体结合，用于沉淀试验的抗原。抗原与抗体分别在琼脂凝胶内扩散，当两者在适当比例处相遇，即产生特异性结合反应，形成乳白色沉淀线。

丘脑非特异性投射（thalamic nonspecific projection）　从丘脑网状核（包括中线核群、内侧核群、腹前核及网状核等）传递神经冲动到达大脑皮层的广泛区域的上行传导通路。只能维持或改变大脑皮层的兴奋状态，不能产生特定感觉。破坏这一传导通路，动物可陷入长久的昏睡状态。

丘氏艾美耳球虫（*Eimeria zurnii*）　属于真球虫目（Eucoccida）、艾美耳亚目（Eimeriina）、艾美耳科（Eimeriidae）、艾美耳属（*Eimeria*），寄生于牛小肠、结肠、盲肠和直肠上皮细胞内。卵囊呈短椭圆形或亚球型，卵囊壁为 2 层，平滑，无色，卵囊壁厚为 0.74～0.78μm。无卵膜孔。卵囊大小为（12.25～20.0）μm×（17.78～19.11）μm，平均为 16.05μm×14.21μm。无卵囊残体和极粒。孢子囊呈卵圆形，大小为（7.35～14.21）μm×（4.9～5.88）μm，平均为 10.32μm×5.45μm，有斯氏体和呈颗粒状的孢子囊残体。子孢子有折光体。完成孢子发育的时间为 3d。生活史不详。致病力强，可引起血痢。2 岁以内的犊牛发病率和死亡率高。老龄牛多为带虫者。

丘疹（papule）　局限性隆起于皮肤表面的与肤色相异的实质性皮肤损害。视诊和触诊皆可检出，由于代谢产物沉积、真皮炎性细胞浸润、表皮或真皮细胞增殖而形成。丘疹一般两个针头大到豌豆大，单个、数个或成群存在。丘疹可由斑疹转化而来，介于二者之间的稍隆起者称斑丘疹。常见于某些饲料中毒、内中毒、慢性消化紊乱和猪丹毒等。

秋水仙中毒（colchicum autumnale poisoning）家畜误食秋水仙后由其所含秋水仙素（colchicine）所致的以中枢神经系统抑制为特征的中毒病。中毒家畜表现食欲废绝，瞳孔散大，四肢麻痹，步态蹒跚，伴发腹痛，腹泻，粪中带血，少尿或无尿，脉搏快速，呼吸困难，体温降低，多死于呼吸中枢衰竭。牛表现瘤胃臌气，流产。马发生后肢痉挛性强直。治疗上除内服鞣酸、活性炭等药物外，还可肌内注射强心剂。

求偶（courtship）　又称诱情。性成熟的动物在异性动物面前表现的一种特殊的性行为。公畜表现嗅闻母畜的外阴部和排出的尿液，然后扬起头颈、翻卷上唇（猪例外），做出喜弄姿态和发出特异的呼声。这是由于母畜在发情期生殖道分泌物成分改变，尿中含有类固醇物质较多的异常气味，化学刺激引起公畜的性激动。母畜表现主动亲近公畜，嗅闻或用嘴抵触公畜的胁下或阴囊，公畜接近时，静立，抬起尾根接受交配。

球孢子菌病（coccidioidomycosis）　厌酷球孢子菌引起人和多种动物的一种高度感染而非接触性的慢性真菌病。又名球孢子菌肉芽肿、山谷热、沙漠热、圣约昆山热。病原是一种二相性真菌，形态因所处环境而异。经呼吸道或创面感染。易感动物广泛，常流行于干燥沙漠地区。患病动物表现有所差异，除马呈腹痛和渐进性消瘦，肝破裂内出血死亡外。牛羊猪呈良性经过，无特殊症状。特征性病变为化脓性肉芽肿。依据症状及 X 线检查作初诊，分离病原及血清学检查确诊本病。注意防护，防止外伤。选用克雷唑、两性霉素 B 等有疗效。

球虫病（coccidiosis）　球虫寄生于动物消化系统和泌尿系统等处的上皮细胞引起的原虫病。球虫主要指孢子虫纲、艾美耳科（Eimeriidae）和隐孢子虫科

(Cryptosporidiidae) 的寄生原虫。艾美耳科有 4 个属危害禽畜。①艾美耳属（*Eimeria*），孢子化卵囊内含 4 个孢子囊，每个孢子囊含 2 个子孢子。②等孢属（*Isospora*），孢子化卵囊内含 2 个孢子囊，每个孢子囊含 4 个子孢子。③温扬属（*Wenyonella*），孢子化卵囊含 4 个孢子囊，每个孢子囊含 4 个子孢子。④泰泽属（*Tyzzeria*），孢子化卵囊内不形成孢子囊，含 8 个游离的子孢子。隐孢科的隐孢属（*Cryptosporidium*）孢子化卵囊内不形成孢子囊，含有 4 个游离的子孢子。球虫的生活史包括 3 个阶段。从宿主体内排出的卵囊呈椭圆、圆或卵圆形，内含一个合子，在外界发育进行孢子生殖。裂殖生殖和配子生殖在宿主体内进行。直接传播。引起的疾病取决于寄生部位，寄生于肠道黏膜时可引起肠炎；寄生于肝脏可引起肝硬化和肝功能受损等；寄生于肾脏引起肾肿胀和功能受损。隐孢子虫可引起犊牛腹泻，马、山羊、猫也表现为肠炎；禽类除消化道症状外还有呼吸道症状。诊断用粪便检查法或刮取病变组织查找卵囊或裂殖体、裂殖子、配子体。预防可用氨丙啉、氯苯胍、克球多、盐霉素、莫能霉素、马杜霉素等抗球虫药（隐孢子虫除外）作为饲料添加剂使用；亦可用活虫苗或致弱虫苗作免疫预防。加强卫生措施，保持厩舍干燥，避免拥挤，防止粪便污染饮水和饲料。

球蛋白（globulin）　血浆中一类具有特殊功能的球状简单蛋白质。不溶或不易溶于水，能溶于稀盐溶液，可被半饱和硫酸铵溶液沉淀。通常分 α、β 和 γ 球蛋白 3 种，每种还可区分为不同部分。α 球蛋白和 β 球蛋白都由肝脏合成，主要功能是与脂类、糖、金属离子和某些活性物质结合，促进这些物质的转运和代谢。γ 球蛋白几乎全部都是免疫球蛋白，由免疫细胞产生，是构成机体免疫功能的重要成分。

球-管平衡（glomerulotubular balance）　不论肾小球滤过率增大或减少，近球小管对溶质和水的重吸收始终保持 65%～70%水平的现象。球-管平衡使经尿排出的溶质和水的量不会因滤过率的变化而有较大幅度的变动。形成的机理可能与肾脏的血流量调节有关。当滤过率升高时，出球小动脉及其毛细血管分支的血流量下降，而血浆胶体渗透压则上升，使小管外组织液加速进入毛细血管，即加快重吸收的速度。相反则重吸收速度减慢，但仍能维持 65%～70%的重吸收率。球管平衡是肾内自身调节的过程。

球首线虫（*Globocephalus*）　包括几个种，寄生于猪小肠，俗称猪钩虫。长度 4～8mm，粗壮。口孔斜向亚背侧，其周边角质增厚，形成一角质环。口囊发达，呈漏斗形或球形。靠近口囊基部常有一对亚腹侧齿。口囊背壁上有一明显的背沟，自底部延伸至距口孔边缘不远处。交合伞发达；交合刺细长，有一引器。阴门位于后部。生活史可能属直接型。

巯基乙醇敏感抗体（mercaptoethanol sensitive antibody）　易受巯基乙醇降解的抗体，通常指 IgM 类抗体。

巯基乙醇凝集试验（mercaptoethanol agglutination test）　鉴别抗血清中免疫球蛋白类型的试验。抗血清用巯基乙醇处理后，IgM 抗体被还原分解，失去凝集的能力，而其他 Ig 仍然具有凝集活性。用于区别近期感染（1gM 类抗体）和远期感染（IgG 类抗体）。也可用于布氏杆菌病的检疫，以排除非特异凝集的干扰。

曲霉菌（*Aspergillus*）　属真菌界丝孢目，腐生菌，在自然界广泛分布，也是实验室经常污染的真菌之一。菌丝分支分隔，分生孢子梗生长在足细胞上，不分支，顶端膨大呈圆形称顶囊，顶囊上长着许多小梗，单层或双层，小梗上着生分生孢子，呈链状，并分黄绿黑等颜色。常见的有烟曲霉和黄曲霉，前者以感染致病为主，通过吸入分生孢子感染，导致过敏和呼吸器官炎症并形成肺肉芽肿也产生毒素；后者主要以产毒素致病，对肝损伤较大，长期食入可致癌。

曲霉菌病（aspergillosis）　又称曲霉菌性肺炎。曲霉菌属中的霉菌引起人畜共患的真菌病。病原主要为烟曲霉、黄曲霉、黑曲霉和构巢曲霉。分布广泛，潮湿饲料、垫草及阴暗场地易生长，动物吸入霉菌孢子而感染致病。常群发呈急性经过，幼禽易感，成禽散发。表现呼吸加快，张口伸颈。剖检可见肺、气囊或气管有灰白或黄白色霉斑结节，其他部位可出现转移病灶。根据流行病学、症状及病变作出初诊，确诊作病原微生物学检查。不用发霉垫料和饲料对预防本病有意义。要做好孵化室和育雏室消毒工作。无特效疗法，用制霉菌素或两性霉素 B 治疗，有一定效果。

曲细精管（convoluted seminiferous tubule）　又称生精小管。长 50～80cm，直径 100～200μm，以盲端起始，纡曲盘旋于睾丸小叶中。管壁由生精上皮构成，是精子发生的场所。上皮下方的基底膜明显，外面是一层疏松结缔组织构成的界膜，内含具收缩功能的肌样细胞。

曲线下面积（area under the curve，AUC）　单剂量给药后，吸收进入血液循环的药量可用血药浓度-时间曲线下的面积估算，AUC 的单位为浓度×时间。多次给药达到稳态时，每一给药间隔的血药浓度-时间曲线下的面积等于给药后时间至无穷大的血药浓度曲线下面积。理论上 AUC 的求法可用积分法，而在实际工作中，曲线下积分常用梯形法计算取代。

曲子宫绦虫病（*Thysanieziasis*）　裸头科、曲子

宫属的盖氏曲子宫绦虫（*Thysaniezia*）寄生于绵羊、山羊和牛小肠引起的疾病。虫体长达200cm，每个节片含一套雌性和雄性器官，卵巢围成半环形，卵黄腺填补在卵巢下方的缺口处，紧靠纵排泄管内侧。睾丸散布在纵排泄管外侧。子宫为一横管，孕卵后上下屈曲成垂穗状，完全成熟后，虫卵由子宫转入许多小型副子宫内。中间宿主为地螨，中绦期为似囊尾蚴。牛、羊寄生数量少时一般不显症状。

驱虫（insecticide）采用口服、注射或外用驱虫药的方法防治人畜寄生虫病的方法，是控制和消灭寄生虫感染源的方法之一。凡能驱除或抑杀某些寄生虫的药物，称为驱虫药。驱虫药物选择应遵循高效、低毒、广谱、使用方便的原则。

驱虫率（expellent rate）反映药物驱虫效果的表达方式。精记驱虫率＝排出虫体数/（排出虫体数＋残留虫体数）×100％。

驱线虫药（antinematodal drugs）对家畜体内的寄生线虫有驱杀作用的药物。包括有机磷化合物（敌百虫、海罗松、蝇毒磷、萘肽磷等）、咪唑并噻唑类（左咪唑）、四氢嘧啶类（噻嘧啶、甲噻嘧啶、羟嘧啶等）、苯并咪唑类（噻苯咪唑、丁苯咪唑、甲苯咪唑、丙氧苯咪唑、丙硫苯咪唑、康苯咪唑、苯硫咪唑、苯磺咪唑等）、抗生素类（潮霉素B、越霉素A、伊维菌素等）以及哌嗪、吩噻嗪、美沙利啶、乙胺嗪、氰乙酰肼、硫胂胺钠、碘二噻宁等。

屈反射（flexion reflex）脊椎动物在脊休克恢复后，以针刺激左（或右）侧后肢趾部皮肤引起该肢屈曲的现象。此反射的发生，是左侧后肢皮肤的刺激信息沿传入神经进入脊髓后，通过一个兴奋性中间神经元，终止在支配该侧屈肌的腹角运动神经元，并与之发生兴奋性突触联系，使屈肌收缩。同时传入神经的一些侧支，又通过一个抑制性中间神经元，终止在支配该侧伸肌的腹角运动神经元，并与之发生抑制性突触联系，使伸肌弛缓。结果导致该侧后肢产生屈曲动作。

屈肌（flexor）使四肢或身体其他部分屈曲的肌肉。多位于或通过关节角内。脊柱的屈肌位于脊柱腹侧。

屈腱炎（flexor tendinitis）四肢屈腱的炎症，（趾）浅屈肌腱、指（趾）深屈肌腱和骨间中肌（悬韧带、系韧带、吊韧带）炎症性疾病的统称。马属动物多发，黄牛和水牛也有发生。剧烈奔跑、重役、外伤是发病的主要原因。据其经过分为急性和慢性屈腱炎。前者局部有不同程度的温热、疼痛和肿胀，病肢减负体重，向前方或外方伸出，系部直立，球节掌屈，运步时表现中度支跛，球节下沉不充分或不敢下沉。后者以结缔组织增生为主。马前肢屈腱较后肢屈腱易发，指浅屈肌腱炎常发生于骑乘马，而指深屈肌腱炎则多发生于挽马。治疗急性屈腱炎可使用刺激剂和石蜡热疗绷带；慢性屈腱炎可用烧烙术或劈腱术。治疗时，病马应至少休息六个月，配合装蹄疗法有助于病情恢复。

祛痰药（expectorant）一类能使黏稠的痰液变稀或液化，使痰易于咳出的药物。根据作用原理可分3类：①恶心性祛痰药。内服后通过刺激胃黏膜的迷走神经末梢，引起轻度恶心，反射性地兴奋支配支气管腺体的迷走神经传出纤维，增加支气管腺体的分泌，使黏稠痰变稀而易于咳出。如氯化铵、愈创木酚甘油醚、桔梗和远志等。主要用于急性呼吸道炎症，痰液黏稠而不易咳出时。②刺激性祛痰药。通过刺激支气管腺体，使其增加分泌，稀释痰液。如碘化钾、复方安息香酊等。主要用于痰液黏稠而不易咳出的亚急性支气管炎后期和慢性支气管炎。③黏痰溶解性祛痰药。主要直接裂解黏痰成分，溶解黏痰，降低痰的黏滞性，使痰易于排出。如N-乙酰半胱氨酸、溴己铵等。主要用于慢性呼吸道炎。

躯干皮肌（m. cutaneus trunci）位于胸腹部侧壁浅筋膜内的皮肌。肌束略向前向下，几乎呈水平位；背侧部较薄，腹侧部渐增厚。向后入膝襞；向前与胸深肌、背阔肌止腱相连。马和反刍动物前部肌束呈垂直向，形成肩臂皮肌；肉食动物于腹部分出肌束形成公畜的包皮肌和母畜的乳房上肌，偶蹄动物只形成公畜的包皮肌。躯干皮肌的运动神经支配为臂丛的胸外侧神经（在犬来自颈8、胸1和有时胸2的脊髓节），而该区皮肤的感觉神经支配为胸神经和腰神经的皮支（在犬来自胸1至腰3的脊髓节）。常利用皮肌反射来检查胸腰部脊髓是否损伤。

躯体不全（perosomus elumhis）胎儿畸形的一种。特点是脊柱发育不全，仅发育至胸区，后躯和四肢发育不全，头及肩胛围很大，关节粗大而不能活动，肌肉萎缩。见于反刍动物及猪。诊断并无困难，助产时如发现无法拉出，可施行截胎术或剖腹产。

趋化性（chemotaxis）白细胞在某些化学刺激物作用下所进行的单一定向的运动，移动速度每分钟5～20μm。具有趋化作用的外源性和内源性化学刺激物称为趋化因子（chemokine）。趋化因子有特异性，如中性粒细胞的趋化因子有可溶性细菌产物、凝血中产生的纤维蛋白肽、补体裂解产物C_{5a}、细胞因子8等；单核细胞的趋化因子包括细菌产物、C_{5a}、阳离子蛋白、抗菌肽（antibacterial peptides）、单核细胞趋化蛋白1等；淋巴细胞的趋化因子有淋巴细胞趋化蛋白（lymphotactin）、抗菌肽等。不同细胞对趋化因子的反应能力不同，如粒细胞和单核细胞对趋化因子反应较明显，而淋巴细胞反应较微弱。

龋齿（dental caries） 齿的进行性局部崩解、变色、缺损的病理状态。龋齿在家畜较为少发，唯犬较多发。没能确定特异的病原体，一般口内常在细菌使食物酶产生酸、脱钙、软化进而溶解。先天性齿构造不良、齿咬合不正、饲料不良以及齿折断等为诱因。犬多发生在上臼齿，马多发在第三前臼齿、第一后臼齿。本症在无疼痛的情况下不易发现。马开始在臼齿皱襞凹陷部有暗黑点，食物嵌入凹陷部分解扩大，待到有疼痛、咀嚼障碍，才被发现，拔除患齿是治疗的根本方法。

去大脑僵直（decerebrate rigidity） 在中脑水平切断脑干的去大脑动物出现的全身伸肌紧张亢进、四肢伸直、头尾昂翘、脊柱挺直的现象。这是脑的高级中枢对脊髓牵张反射的兴奋和抑制失去平衡，来自延髓和脑桥的兴奋性作用占明显优势的结果。

去极化（depolarization） 细胞在接受刺激发生兴奋时，细胞膜内外原来的外正内负极化状态迅速消失的过程。去极化是细胞兴奋产生动作电位的一系列电位变化的一部分，神经细胞和肌细胞的动作电位由峰电位和后电位组成，去极化只构成峰电位上升支的前半部分。去极化是由于细胞兴奋时膜对离子的选择性通透性发生变化，对 Na^+ 的通透性突然增大，膜外 Na^+ 靠膜内外原来的浓度差和外正内负的电位差迅速向膜内扩散造成的。

去甲肾上腺素（noradrenaline NA，norepinephrine NE） 大多数交感神经纤维兴奋时末梢释放的神经递质。在中枢去甲肾上腺素存在于肾上腺素能神经元中，这类神经元的胞体主要集中在延髓和脑桥，由此发出上行和下行纤维分别支配前脑和脊髓。另外去甲肾上腺素还是肾上腺髓质分泌的一种激素。在禽类以及胎畜和新生幼畜肾上腺髓质分泌的激素以去甲肾上腺素为主。它的外周作用与交感神经兴奋相似，在中枢则主要起抑制性递质的作用。主要兴奋 α 受体，对心脏的 β 受体也有兴奋作用，但对支气管平滑肌及血管平滑肌上的 β_2 受体几乎无影响。能较强地兴奋血管 β 受体使血管收缩，但促使冠状血管舒张，灌流量增加。用于循环系统虚脱性休克和应用血管扩张药无效时的感染性休克，但剂量不能过大，否则易导致组织脏器缺血而损伤，如急性肾功能衰竭。

去势术（castration） 废除公畜生殖功能的手术。去势的目的在于使动物变温顺、改善肉质、增加毛的产量、淘汰品种等。去势分为化学去势和器械去势两类。化学去势是利用药物注入睾丸内破坏生殖功能。器械去势又分为观血的和非观血的，非观血手术是利用器械或手破坏精索、阻断睾丸血液循环。观血手术又常分为被睾去势、露睾去势、挤出睾丸实质等方法。

圈形盘尾丝虫病（onchocerciasis armillata） 圈形盘尾丝虫（*Onchocerca armillata*）寄生于黄牛、水牛和绵羊的主动脉管壁引起的寄生虫病。广泛分布在非洲、亚洲和美洲。圈形盘尾丝虫呈乳白色或淡黄色丝状，体表有极度弯曲、隆起的螺旋形角质脊；口部构造简单，无唇和口囊。雄虫长 66～76mm，两根交合刺不等长、不同型，无引器。雌虫长可达 200mm 以上，阴门位于食道腺质部。发育史不详，可能以吸血昆虫为中间宿主。主要侵害主动脉管，引起炎症，内壁粗糙，增厚，使主动脉管硬化，造成血液循环功能障碍。患畜贫血、浮肿、消瘦、眩晕易跌倒。使役能力下降，产奶量和产肉量降低，重症者可能死亡。其微丝蚴可侵害牛眼睛，造成失明。可用伊维菌素等药物驱虫。预防措施为保持畜舍及周围环境卫生、驱除吸血昆虫、消灭其滋生地。

全沟硬蜱（*Ixodes persulcatus*） 小型蜱，长椭圆形，雄蜱 2.45mm × 1.33mm，雌蜱 3.36mm × 1.75mm。形态特征为：无缘垛，无眼，肛沟围绕肛门前方。假头基宽，五边形，腹面有钝齿状的耳状突，须肢长而宽扁。雄蜱腹面有 7 块板，中板后缘弧度较深。基节Ⅰ内距细长，雌蜱末端达基节Ⅱ前 1/3，雄蜱末端略超过基节Ⅱ前缘。三宿主蜱。在东北地区成蜱在 4～7 月份活动，幼蜱和若蜱 4～10 月份活动，6 月和 9 月呈现两次高峰。分布于东北、山西、新疆（阿勒泰）、西藏（普兰，亚东）等地。

全骨炎（panosteitis） 又称嗜伊红性全骨炎。见于犬，德国牧羊犬较其他品种犬多见。病因不明，病理特点是骨的骨外膜、骨内膜和骨髓腔内形成新骨和纤维组织钙化区，没有炎性细胞的出现和嗜伊红性白细胞浸润。临床表现为跛行，有压痛。症状可同时在几块骨上表现，亦可先后发生，其间有一无症状表现的间隙期。X 线检查有助于诊断。本病发生在 5～12 月龄的幼犬，20 月龄后一般不再发生。病犬通常在 1 个月以后症状减轻，骨病变逐渐缩小，数月后可完全消失。可用镇痛药治疗以缓解疼痛。

全或无定律（all or none law） 神经冲动沿轴突传导时，大小和速度不变的特性。细胞对刺激的反应、刺激大于阈值，则产生最大的兴奋，动作电位的大小和传导速度并不随着刺激的加强而有所增大。反之，若刺激小于阈值，动作电位就不能产生，细胞则不兴奋。

全浆分泌（holocrine secretion） 某些腺细胞的一种特殊分泌方式，如皮脂腺。当这些腺细胞中充满分泌物时，整个细胞解体排出分泌物，然后由未分化细胞增生分化为新的腺细胞。

全酶（holoenzyme） 对于结合酶而言，由酶蛋白与辅助因子组成的具有活性的完整的酶分子。酶蛋白决定酶的特异性和高效性；辅助因子主要对电子、原子或某些基团起传递作用，决定酶促反应的反应类型。

全身感染（systemic infection） 由于动物机体抵抗力较弱，病原微生物侵入后突破机体的各种防御屏障，进入血液向全身扩散而引起的感染。这种感染的全身性表现形式主要有菌血症、病毒血症、毒血症、败血症和脓毒血症等。①菌血症（bacteremia）：病原菌自局部病灶不断地侵入血流中，但由于受到体内细胞免疫和体液免疫的作用，病原菌不能在血流中大量生长繁殖，如伤寒早期的菌血症、布鲁菌菌血症。②毒血症（toxemia）：病原菌在局部生长繁殖过程中，细菌不侵入血流，但其产生的毒素进入血流，引起独特的中毒症状，如破伤风等。③败血症（septicemia）：在机体的防御功能减弱的情况下，病原菌不断侵入血流，并在血流中大量繁殖，释放毒素，造成机体严重损害，引起全身中毒症状，如不规则高热，有时皮肤、黏膜有出血点，肝、脾肿大等。④脓毒血症（pyosepticemia）：化脓性细菌引起败血症时，由于细菌随血流扩散，在全身多个器官（如肝、肺、肾等）引起多发性化脓病灶，如金黄色葡萄球菌严重感染时引起的脓毒血症。⑤内毒素血症（endotoxemia）：革兰阴性菌侵入血流，并在其中大量繁殖，崩解后释放出的大量内毒素，也可由病灶内大量革兰阴性菌死亡释放的内毒素入血所致，严重革兰氏阴性菌感染时，常伴内毒素血症。

全身麻醉药（general anesthetics） 抑制中枢神经系统引起全身麻醉的药物。表现为意识和感觉消失，骨骼肌松弛，反射活动减弱，呼吸及循环基本保持正常。按给药方式的不同，分为吸入性麻醉药和静脉麻醉药。吸入麻醉药有七氟醚、安氟醚、异氟醚、氟烷、甲氧氟烷等；静脉麻醉药有丙泊酚、右美托咪啶、氯醛糖、硫贲妥钠、戊巴比妥钠、异戊巴比妥钠、环己巴比妥钠、硫萨利妥钠、水合氯醛、氯胺酮等。全身麻醉药对中枢神经系统麻醉作用是先抑制大脑皮层，随着剂量增大，逐渐抑制间脑、中脑、脑桥和脊髓，最后抑制延脑，故可将麻醉过程分为镇痛期、兴奋期、外科麻醉期及恢复期或延脑麻痹期。应注意控制麻醉深度，防止因延脑麻痹，呼吸抑制而导致死亡。

全身性过敏反应（systemic anaphylaxis） 造成机体多种组织、器官出现损害，甚至引起休克的过敏反应。如注射青霉素后引起的过敏性休克。

全身性红斑狼疮（systemic lupus erythematosus，SLE） 因产生抗核抗体等多种自身抗体而引起的一种全身性自身免疫病。由于抑制性 T 细胞缺乏，以致禁株细胞活化，产生抗核（DNA）抗体、抗核蛋白抗体、抗球蛋白抗体（类风湿因子）、抗红细胞抗体、抗血小板抗体和抗甲状腺蛋白抗体等。临床上出现出血性贫血、血小板减少性紫斑、关节炎、肾衰竭和皮肤变化，血清中免疫球蛋白含量增多，呈多克隆性丙种球蛋白血症，通过患者血清检出抗核抗体或 LE 细胞（抗核抗体与细胞核结合后，活化补体，最后被中性粒细胞所吞噬）作为诊断依据。犬的红斑狼疮多出现在长吻犬种，如德国牧羊犬、考利犬、哈士奇犬等，以鼻头褪色和溃疡为主。

全身性水肿（anasarca） 身体各部的广泛水肿。当机体发生心性水肿、肝性水肿、肾性水肿或营养不良性水肿时，均可见全身性水肿。主要发生机理是毛细血管流体静压增高和血浆胶体渗透压降低。全身水肿的病理变化最明显的是皮肤水肿，严重时指压留痕，皮下结缔组织水肿呈胶冻状，黏膜水肿呈半透明胶样，手触有波动感。心性水肿时，动物在身体下垂部位水肿病变最为明显。

全身症状（general symptom） 机体对病原因素的刺激所呈现的全身性病症。全身症状不能作为确诊疾病的根据，但对于病情轻重、疾病种类、性质以及病程长短、预后等，都有重要的参考意义。

全身中毒性毒剂中毒（general toxic agent toxicosis） 动物的氰类毒剂中毒，包括氢氰酸（HCN）和氯化氰（CNCl）。主要通过呼吸道中毒。中毒动物惊恐不安，呼吸困难或极度困难，可视黏膜呈鲜红色，流泪，出汗，四肢震颤，步态不稳倒地，阵发性或强直性痉挛，角弓反张，瞳孔散大，眼球突出。最后全身肌肉弛缓，唇舌麻痹，反射消失，大、小便失禁，死于窒息。宜用亚硝酸钠和硫代硫酸钠合剂进行治疗。

全心无定性畸形（amorphous globosus） 又称球状怪胎。为非对称联胎的一种。两个胎儿共有一个躯干和两条后腿，附着的胎儿心脏完整但无颈部和头部，呈一堆奇形怪状的组织附着于正常胎儿，外面盖有毛皮，内面有骨头及肌肉。

全心无头畸形（holocardius acephalus） 为非对称联胎的一种。两个胎儿共有一个躯干和两条后腿，附着的胎儿心脏完整但无头部，外面盖有毛皮，内面有骨头及肌肉。

全眼球炎（panophthalmia） 整个眼球的化脓性炎症。多由角膜、巩膜外伤或角膜溃疡侵入化脓菌或全身性感染转移至眼而引起。动物出现强烈疼痛、羞明、流泪、眼睑肿胀、脓性分泌物、眼球突出、失明、眼球萎缩等。深部透创在24～48h全眼球破坏并伴有全身症状。治疗的早期应用青霉素软膏，若防止继发败血症，可进行眼球摘除术。

痊愈（complete recovery，healing） 又称完全康复。当致病因素作用停止或消失后，机体的机能恢复正常，损伤的组织得以修复，疾病症状全部消失，病理性调节为生理性调节所取代，畜禽的生产能力也恢复正常。痊愈也用来指伤口、疮口、手术切口的愈合。

醛固酮（aldosterone） 盐皮质激素之一，是盐皮质激素中作用最强的天然成分，在调节机体水盐代谢中起重要作用。主要是促进肾远曲小管和集合管对钠的重吸收，引起水潴留，从而使细胞外液的容积得以保持恒定。它还促进肾远曲小管对钾的排泄，从而维持细胞内外水分和钠、钾离子浓度的恒定。此外，它对肾外组织细胞也有作用。如可降低汗、唾液和乳中的钠含量，增加其中的钾含量。还可促进钠进入和钾排出骨骼细胞。

颧弓（zygomatic arch） 头骨两侧由颞骨颧突和颧骨颞突相接而形成的弓状骨板。颧弓后部腹侧的关节面参与形成颞下颌关节。肉食动物颧弓发达，向外侧凸出；猪的宽而坚强。禽的细长而直，由上颌骨的轭突、轭骨和方轭骨愈合形成。

颧骨（zygomatic bone） 形成眶的前腹侧部的一对面骨。与上颌骨、泪骨相接。分为外侧面和眶面。外侧面除肉食动物外具有面嵴，马特别发达，可触摸到。从眶缘分出颧突，猪特别发达，向后与颞骨颧突相接形成颧弓。从颧突基部分出额突，犬、猪较小，以眶韧带与额骨颧突相连系；反刍动物较发达，与之直接相接。马无额突。

颧腺（zygomatic gland） 又称眶腺。在颧弓、咬肌和颞肌内侧的腺体。位于翼腭窝前部，深部为眶骨膜和翼肌。见于肉食动物和兔，肉食动物的导管有4～5支，开口于最后上颊齿邻近。兔的可分前下部和后上部，导管在正对第3上颊齿处开口于颊黏膜；较大的后部可超越眶缘而达皮下，又称为眶下腺。

犬（dog） 食肉目（Carnivora）、犬科（Canidae）、犬属（*Canis*）的一种动物，拉丁名 *Canis familiavis*，俗称狗。犬的听觉、嗅觉灵敏，视力差，红绿色盲。生性好斗，但易于调教。吠声嘈杂。汗腺不发达，不耐热。唾液腺中缺乏淀粉酶。肉食为主。食道全由横纹肌组成。雄犬无精囊、尿道球腺，有一块阴茎骨。体重差异很大，可分为大型（25kg以上）、中型（10～25kg）、小型（3～10kg）、袖珍型（3kg以下）。寿命10～20年，性成熟280～400d，主要春、秋发情，发情期8～14d。妊娠期58～63d，每胎产仔数2～8只，哺乳期60d。染色体数2n＝78。犬作为实验动物已有几百年的历史。除了市售的普通犬外，比格犬是主要实验用犬，主要应用于外科、药理、生理、毒理及药物安全性试验研究中。

犬埃利希体病（canine ehrlichiosis） 寄生于单核细胞和中性粒细胞内的立克次体引起的一种犬败血性传染病。存在于非洲、南欧和南亚等地区。血红扇头蜱是主要的传播媒介，主要通过蜱卵和发育期感染蜱传播扩散，常与巴尔通氏体病、锥虫病、巴贝斯虫病等混合发生。临床康复犬既是传染源，又可再次发病。病的特征为周期性发热，呕吐，黏脓性鼻漏和眼分泌物，进行性消瘦，腹部触诊脾肿大。根据症状和血涂片镜检见到单核细胞和中性粒细胞内的埃利希氏体即可确诊。磺胺二甲基嘧啶、土霉素和金霉素治疗有特效。有效的预防措施是控制蜱等节肢动物。

犬巴贝斯虫病（canine babesiosis） 孢子虫纲、巴贝斯科，巴贝斯虫（*Babesia*）寄生于犬的红细胞内引起的原虫病。有2个致病种：①犬巴贝斯虫（*B. canis*），寄生于犬、狼。虫体呈变形虫状或梨形，大型虫体，长4～5μm，传播媒介为扇头蜱、革蜱和璃眼蜱，在蜱体内经卵传递。②吉氏巴贝斯虫（*B. gibsoni*），寄生于犬、豺、狼、狐。比犬巴贝斯虫小，多为环形或卵圆形。传播媒介为血蜱和扇头蜱，经卵传递。患犬发热、贫血、黄疸、无食欲，有时见血红蛋白尿。诊断用血液检查法查找虫体。可用台盼蓝或黄色素治疗，但对吉氏巴贝斯虫效果不佳。预防以灭蜱为主。

犬波氏螺旋体病（canine borreial infection） 又称犬莱姆病。波氏疏螺旋体引起的一种由蜱传播的包括犬在内的人兽共患病。先后在美、英等国发现。有11.3%的犬血清螺旋体抗体阳性。病犬伴发跛行、高热、局灶性淋巴结炎、心肌炎和肾病，其地理分布反映出人莱姆病及传播媒介都与犬莱姆病的流行有关。最可靠的诊断方法是ELISA和免疫荧光技术等血清学方法，可查出隐性感染犬。

犬齿（canine tooth） 起撕裂作用的齿。位于切齿与前臼齿之间，家畜在齿间隙内。齿冠尖锥形，齿根发达。肉食动物犬齿强大。公猪属长冠齿，又称獠牙，齿腔大，不随年龄而减小：下犬齿为略弯的长三棱柱形，齿体大部分埋植于骨内；上犬齿位于下犬齿之后，稍短而较弯曲，在埋植处于上颌骨外可形成隆起，称犬齿轭。上、下犬齿互相摩擦，形成锐利的边。牛、羊下犬齿已成为切齿。公驼犬齿发达；母驼较小甚至缺少。公马有犬齿；母马偶见遗痕。兔无犬齿。

犬传染性肝炎（canine infectious hepatitis） 犬传染性肝炎病毒引起犬科动物的一种以发热、黄疸、血液白细胞明显减少和出血性变化为特征的接触性传染病。自然病例仅发生于犬，但广泛散播于世界各地犬群中。病毒随感染犬的分泌物和排泄物排出，污染环境，直接或间接接触传染。断奶至1岁犬最易感，成犬多呈隐性感染，患犬体温升高到41℃，呕吐、下痢，齿龈有出血点，眼睑、头、颈、躯干皮下水肿，腹部有压痛，可视黏膜黄染，血液白细胞明显减少。剖检可见肝脏肿大，呈黄褐色与暗红色相间的色彩，胆囊壁水肿肥厚，脾脏肿大，胸腺有点状出血。组织学检查可见肝、脾、肾、脑血管内皮细胞核内包涵体。根据流行、临床和剖检特点可作出初步诊断，确诊需依靠补体结合试验、琼脂扩散试验、中和试验和荧光抗体试验等血清学方法。治疗上尚无特效药物，常采用补液、输血等对症疗法；以及用抗生素防止继发感染，可减少死亡。注射犬、雪貂、地鼠、豚鼠和猪肾细胞传代致弱的疫苗，可预防本病。在紧急预防时，常注射高免血清。

犬带绦虫病（taeniidosis of dogs） 带科（Taeniidae）绦虫寄生于犬小肠引起的疾病。病原体包括泡状带绦虫（*Taenia hydatigena*）、豆状带绦虫（*T. pisiformis*）、绵羊带绦虫（*T. ovis*）、多头多头绦虫（*Multiceps multiceps*）、盖氏多头绦虫（*M. gaigeri*）、连续多头绦虫（*M. serialis*）和细粒棘球绦虫（*Echinococcus granulosus*）等，一般不引起临床症状。虫体数目、尤其是大型虫体（如泡状带绦虫和豆状带绦虫等）的数目多时，可引起慢性肠炎和腹痛等症状。孕卵节片对直肠有刺激性，病犬常取坐式，就地摩擦肛门。剖检可见有轻重程度不一的肠炎。从病犬粪便中发现孕卵节片可作出诊断。可用氢溴槟榔素、氯硝柳胺、丙硫咪唑或吡喹酮驱虫。犬带绦虫以多种家畜和人作为中间宿主，危害性很大，驱虫后排出的粪便和虫体应烧毁或深埋，防治措施包括给犬进行定期驱虫和不以含有绦虫蚴的生肉及脏器喂犬等。

犬恶丝虫病（dirofilariasis of dog） 又称犬心丝虫病（dog heartwerm disease）。恶丝虫（*Dirofilaria immitis*）寄生于犬、狐和狼等动物的右心室和肺动脉引起的寄生虫病。犬恶丝虫属丝虫科（Filariidae）、恶丝虫属（*Dirofilaria*）。雄虫长12～16cm，雌虫长25～30cm，均纤细，乳白色。口部构造极简单。食道的前部为肌质部，较细，后部为腺质部，较宽。雄虫后端部呈螺旋形卷曲，有小尾翼和多对尾乳突。左交合刺长，末端尖，右交合刺短，末端钝。阴门开口于食道末端处。雌虫产微丝蚴于血液中。微丝蚴头端钝圆，尾部渐变尖细，多于夜晚出现在犬的外周血液中。中间宿主为库蚊屑、伊蚊属和按蚊属及其他属的多种蚊虫。蚊吸食犬血液时摄入微丝蚴；后者在蚊体内发育为感染性幼虫，并通过蚊吸血进入犬体内，在右心室或肺动脉发育为成虫。对犬的危害非常严重，虫体多时，造成右心室和肺动脉阻塞，致使肺部缺血和后部内脏瘀血，从而产生一系列症状，如心悸亢进，心脏肥大和右心室扩张，腹水和肝肿大等。有时发生心内膜炎和动脉内膜炎，常引起血栓形成，造成肺动脉分支的栓塞。患病犬咳嗽，呼吸困难，贫血，腹围增大，逐渐消瘦衰竭致死。病犬还常有结节性皮肤病。诊断以在血液中发现微丝蚴为依据。用伊维菌素治疗有良效。重症犬用高效驱虫药治疗时，可能由于大量虫体突然死亡，引起严重后果；因此，最好每月进行一次预防性驱虫，在蚊虫活动季节采用除蚊避蚊措施。

犬恶性淋巴瘤（canine malignant lymphoma） 又称犬淋巴肉瘤、犬淋巴性白血病。犬的一种进行性致死性肿瘤疾病。病因尚不清楚。特征为淋巴组织发生肿瘤性增生，并出现受害器官相应体征。以德国牧羊犬、金色猎犬和虎头犬的发生率为高，多见于5岁以上犬。临床表现多种多样，有多中心型、消化器型、前纵隔膜型和皮肤型4型。剖检可见浅表和内脏淋巴结对称性肿大，脾脏和肝脏肿大，表面有小结节；病理组织切片可见有淋巴结、肝、脾等结节样或弥漫性肿瘤细胞增生、浸润。皮质类固醇、烷化剂、叶酸颉颃剂和长春新碱等化学药剂治疗，可缓解病情和延长部分患犬的生命。

犬复孔绦虫病（dipylidiasis caninum） 双壳科的犬复孔绦虫（*Dipylidium caninum*）寄生于犬、猫和狐等的小肠引起的疾病，偶寄生于人。虫长体达50cm，呈淡黄红色。头节上有一带小钩的、可伸缩的顶突。节片长度大于宽度，呈瓜子形。每个节片有两套雌雄性器官。生殖孔开口于节片中部侧缘上。卵巢和卵黄腺构成葡萄串状，同位于节片中部、纵排泄管内侧。睾丸分散在卵巢与卵黄腺的前后，亦局限于纵排泄管内侧。孕卵后形成许多卵袋，每袋含数个到20个卵。孕卵节片随犬猫粪便排至自然界，虫卵被犬栉首蚤、猫栉首蚤或人致痒蚤的幼虫摄食后，在其体内发育为似囊尾蚴。犬、猫舔食含似囊尾蚴的蚤受感染。犬毛虱亦为中间宿主。犬、猫严重感染时，有腹痛和慢性肠炎症状。食欲不正常。消瘦，毛枯干。犬常表现有腹部不适现象，偶有神经症状。孕卵节片对直肠有刺激性，犬常呈坐式就地摩擦，猫少有此表现。随粪便排出的孕卵节片呈淡黄红色瓜子形，极易辨识；节片内的卵袋多呈半透明卵圆形，卵内六钩蚴清晰可见。驱虫可用氯硝柳胺或丙硫咪唑。预防主要是定期驱虫、消灭蚤虱和改善环境卫生。

犬副流感病毒（*Canine parainfluenza virus*）单负股病毒目（Mononegavirales）、副黏病毒科（Paramyxoviridae）、腮腺炎病毒属（*Rubulavirus*）成员。病毒颗粒多形性，有囊膜及纤突，纤突具有 2 种糖蛋白：血凝素神经氨酸酶（HN）及融合蛋白（F）。核衣壳螺旋对称，基因组为单分子负链单股 RNA。引致犬的隐性感染或者轻微的呼吸道疾病，并可致中枢神经系统疾病，影响嗅觉。当其他的细菌性或病毒性病原继发感染或处于应激状况时，病情加剧，表现为流鼻液、咳嗽及发热，可持续 3～14d。该病毒还可感染人及猴，也可能感染牛、羊、猪及猫。诊断需取鼻或咽拭子作病毒分离。预防可用疫苗。

犬弓首蛔虫病（toxocariasis of dogs） 犬弓首蛔虫（*Toxocara canis*）的成虫寄生于犬、狐等动物的小肠，幼虫寄生于犬、猫等动物和人的各种组织（包括肝、肺、脑、肾等）引起的疾病的总称。雄虫长可达 10cm，雌虫长可达 18cm，颈翼发达，前部向腹面弯曲。卵呈亚球形，壳厚，表层的蛋白质膜上密布细致的小穴，随犬粪便排出时含一个胚细胞。卵在外界发育为含第二期幼虫的虫卵（感染性虫卵）。幼犬摄食感染性虫卵后，在小肠内孵化，幼虫钻入肠黏膜，随血液经肝、心入肺，由毛细血管转入肺泡，再由肺泡、经支气管、气管、喉咽进入食道，再回到十二指肠发育为成虫。6 月龄以上的犬受感染后，几乎大部分幼虫都由肺静脉转入体循环，并进入全身各种组织，进入潜伏状态。当母犬怀孕时，幼虫复苏，经胎盘移行到胎儿的肝。幼犬出生后，第三期幼虫立即移行到肺，此后即循常规途径返回小肠，发育为成虫。第二期幼虫也可能移行到母犬乳腺，通过哺乳感染幼犬。感染性虫卵被鼠或其他小哺乳动物摄食后，幼虫潜伏在组织内，一旦犬捕食这些动物，幼虫可以经过移行，发育为成虫，也可以继续潜伏在犬组织内。病犬精神不振，腹部膨胀，消瘦，贫血，常腹泻或便秘。潜伏在脑或其他组织的幼虫可能引起发炎和肉芽肿，产生较严重后果。成虫寄生可通过粪便检查发现虫卵作出诊断。幼虫寄生需用血清学诊断方法。用伊维菌素丙硫咪唑、左旋咪唑等药物驱虫均有良效。预防要点是严格管理粪便，改善环境卫生和定期驱虫。参阅猪蛔虫病。

犬钩虫病（ancylostomiasis caninum） 犬钩口线虫（*Ancylostoma caninum*）寄生于犬、猫、狐等动物的小肠引起的寄生虫病。雄虫长 10～12mm，雌虫长 14～16mm，头端弯向背侧，口孔开向前背方。口囊深。口孔的腹侧边缘上每侧有 3 个齿，背侧边缘上有一凹陷，背食道腺管开口于此。口囊深处有一对三角形背齿和一对侧腹齿。雄虫交合伞发达；雌虫阴门位于虫体中 1/3 与后 1/3 交界处。卵短椭圆形，排出时含大约 8 个胚细胞。卵随犬粪便排至自然界，在外界孵化，蜕化、发育为披壳的感染性幼虫。可经皮肤、口和胎盘感染。经皮肤感染时，幼虫钻入血管，以后按照蛔虫型移行途径到小肠，发育为成虫。经口感染时，多数幼虫先进入胃壁或肠壁，停留数日后返回肠腔，经两次蜕皮后发育为成虫，也可能钻入胃或肠壁血管，经心脏入肺，再经气管，喉咽，食道重返肠腔发育为成虫。虫体在小肠黏膜上吸血，同时分泌抗凝血物质阻止血液凝固，造成机体大量失血。患病犬贫血、血液稀薄、浮肿、消瘦，嗜伊红细胞增多，下痢粪便中含多量带血的黏液。可能因极度衰弱致死。从病犬粪便中发现大量虫卵可确诊。驱虫药有丙硫咪唑、左咪唑和伊维菌素等。预防要点包括加强环境卫生，保持犬舍和运动场的干燥和清洁，定期驱虫。

犬冠状病毒（canine coronavirus，CCV） 套式病毒目（Nidovirales）、冠状病毒科（Coronaviridae）、冠状病毒属（*Coronavirus*）成员。病毒粒子呈圆形，有囊膜，囊膜上有花瓣状纤突。基因组为单分子线状正链单股 RNA。目前发现只有一个血清型，可感染所有品种和各种年龄的犬，主要经消化道感染。临诊症状轻重不一，可以是致死性的水样腹泻，也可能不表现临诊症状。病犬最初症状是食欲减退或废绝，随后便出现急性腹泻，粪便可呈糊状、半糊状至水样，呈橙色或绿色，含有黏液或不同数量的血液以及大量的水分，可呈喷射样腹泻、恶臭。有时可见呕吐或带有血液。病犬多不发热或近乎正常。

犬急性胃扩张（acute dilatation of stomach in dog） 犬发生的伴有腹痛的胃急性膨胀性疾病。原发病由过饲、饱食干性食物后大量饮水或麻醉后过食所致。继发病见于胃捻转经过中。临床表现腹痛，不安，频发呕吐，脉搏疾速而弱，肚腹显著膨大。重型病例出现暂时性休克等症状。治疗宜用胃导管排气、洗胃。必要时实行胃切开术抢救。

犬急性小肠梗阻（acute small intestinal obstruction） 由于坚硬食物或异物，以及小肠正常生理位置发生不可逆变化，致使肠腔不通并伴有局部血液循环严重障碍的一种急性腹痛病。

犬口腔乳头状瘤（canine oral papillomatosis）犬乳头状瘤病毒引起犬的以口腔黏膜发生一个或多个乳头状瘤为特征的一种良性肿瘤性疾病。犬是天然宿主及传染源，由节肢动物传播扩散。幼犬多发，口腔黏膜及口周围产生数目较多的疣，妨碍采食、咀嚼，疣破溃后可引起继发感染。有的乳头瘤在数周内可自行消退。老龄犬偶有散在性发生皮肤疣，数目较少。治疗可采用电外科手术切除。

犬猫便秘（constipation of dog and cat）　病因较多。原发病主要是由采食难于消化的食物或机械性压迫或运动不足等所致，继发病见于热性病、腹膜炎和脑脊髓炎等经过中。临床表现频频努责，排便痛苦，粪便干硬，附有黏液和血液，量极少。食欲废绝，呕吐，最后后躯运动麻痹。治疗除用油类灌肠外，可对腹部进行按摩疗法。

犬猫溃疡性结肠炎（ulcerative colitis of dog and-cat）　又称犬猫肉芽肿性结肠炎。2岁以下的某些品种犬猫发生的肠道疾病。病因尚不清楚。临床表现持续性排泄呈黄褐色带恶臭的软便，并混有大量黏液和血液。有的粪便呈颗粒状附有气泡，频频排粪，呈顽固性下痢症状。除加强护理和食饵疗法外，还可应用促肾上腺皮质激素（ACTH）和大剂量抗生素配合治疗。

犬猫球虫病（canine and feline coccidiosis）　孢子虫纲、艾美耳科的等孢属和艾美耳属球虫寄生于犬或猫的肠上皮细胞内引起的原虫病。常见种有：①犬等孢球虫（*lsospora canis*），卵囊宽卵圆形，大小为39μm×32μm。②猫等孢球虫（*I. felis*），卵囊呈卵圆形42μm×31μm。③芮氏等孢球虫（*I. rivolta*），卵囊呈卵圆形，23μm×19μm。④双芽等孢球虫（*I. bigemina*），卵囊呈卵圆形或球形，13μm×10μm。直接传播。发育过程与鸡球虫相似。感染率高，幼畜易感，很少出现临床症状。犬比猫易发病，可引起腹泻，严重时稀粪中带血，脱水、贫血、消瘦，或因衰竭而死。在粪便中检出多量卵囊或从病变处发现裂殖子、裂殖体、配子体、卵囊即可确诊。可用磺胺类药物、氨丙啉治疗。保持犬舍和猫舍清洁、干燥可减少感染。

犬猫肉芽肿性结肠炎（granulo matous colitis of-dog and cat）　见犬猫溃疡性结肠炎。

犬猫牙齿疾病（dental disease in canine and feline）　犬猫牙周病、齿龈增生、龋齿、牙齿发育异常及牙结石等一系列疾病的统称。

犬猫脂肪肝综合征（fatty liver syndrome of cats and dogs）　多种病因导致脂肪代谢障碍的一种综合征，临床上以皮下脂肪蓄积过多，容易疲劳，消化不良为特征。可因身体过度肥胖、糖尿病、或因长期摄入高脂、高能量、低蛋白饲料，后又因突然减食，甚至严重饥饿而引起。体内激素分泌障碍、对糖尿病治疗不当或错误用药，或某些内毒素等均可引起本病。临床表现为躯体肥胖、皮下脂肪丰富，容易疲劳，消化不良，有易患糖尿病倾向。高度肥胖者，因心脏冠状动脉及心包周围有大量脂肪，动物表现呼吸困难，稍一运动即气喘吁吁。用高蛋白、低脂肪、低碳水化合物饲料饲喂，可防止犬猫过度肥胖；同时定时、定量饲喂，可预防本病。

犬疱疹病毒感染（canine herpesvirus infection）　犬疱疹病毒Ⅰ型引起仔犬的全身出血性坏死性致死性传染病。在幼犬和成年犬出现呼吸道、阴道疾患。带毒犬广泛存在于繁殖群中，且自唾液、鼻液和尿中排毒。产道和呼吸道是主要的感染途径，新生仔犬多数通过胎盘和接触传染。病犬的临床表现和剖检变化随年龄的增长而减轻，3周龄内的仔犬感染后察觉不到症状就死亡，病死率达80%；稍大仔犬先发生黄绿色软便，随后出现呼吸困难、腹痛、呕吐、尖叫等症状，不久死亡；呈现全身出血性坏死性病变，肾、肝、肺弥漫性出血和坏死，大多数组织细胞出现核内包涵体。3周龄以上幼、成犬感染时，除出现流鼻液、打喷嚏、干咳等呼吸道症状外，有时还发生阴道炎，持续2周以上，最后自愈。妊娠母犬感染后，可引起阴道炎或流产、死胚。确诊需依靠病毒分离和补体结合试验、荧光抗体试验或中和试验等血清学方法。本病至今尚无有效的防制办法。

犬嗜酸性粒细胞性结肠炎（eosinophilic colitis of dog）　犬发生的以嗜酸性粒细胞、淋巴细胞等弥漫性浸润为特征的局限性小肠-结肠炎。病因尚不清楚，不同性别、年龄、品种均可发病。临床上多以急性或持续性下痢为主征，如频频排粪，粪中带血。血液检验见嗜酸性粒细胞增多。诊断上与过敏性肠炎较难鉴别。治疗除用皮质类固醇药物外，还可投服止血剂、抗生素和磺胺类药物。

犬胃扭转和扩张综合征（canine gastric displacement and torsion syndrome）　一种急性综合征。主要发生于大型、胸深的犬。多发于食后数小时，突然出现。表现为幽门向左或向右扭转，蓄积气体不断增加，形成胃扩张、压痛和腹部膨胀，伴有休克征候。本症由于毛细血管循环障碍，引起心室性不整脉和心肌梗塞，因为病程很短，往往来不及手术整复而死亡。如综合征伴有休克，在整复手术之前，先进行休克治疗。

犬瘟热（canine distemper）　犬瘟热病毒引起犬科、鼬科和浣熊科动物的接触性急性传染病。病的特征为双相热型、皮肤及黏膜炎症，有些病例出现神经症状和硬足掌。在自然条件下，大熊猫和小熊猫也可被感染，犬是主要的传染源。病毒从感染动物的鼻、眼分泌物、唾液、粪、尿排出，通过直接或间接接触经消化道或呼吸道传染，多发生于12月至次年的2月。本病在犬多为隐性感染，症状、病程及预后与年龄、免疫状态有关。主要侵害幼犬，表现双相热、鼻炎、结膜炎、严重的胃肠炎、水疱性和脓疱性皮炎，以及共济失调、痉挛、后肢瘫痪等神经病状，偶尔发生硬足掌。血液白细胞数先减少随后增加。常有细菌性继发感染，使病情加重，预后不良。单纯病毒感染时，剖检仅见有支气管肺炎、脾肿大和在脾、肝脏有坏死病灶。组织学检查可见非化脓性软脑膜炎、神经元变性和脱髓鞘现象，在膀胱、肾盂、呼吸道和消化道上皮细胞、脾脏和肺细胞内见到包涵体。确诊时，可从鼻腔、舌、结膜、膀胱、阴道、气管等黏膜中检出包涵体，也可通过中和试验、补体结合试验或凝胶扩散试验或荧光抗体技术、血清学方法证实。在治疗上，病初使用大量抗病毒血清和抗菌药物可显著地减少死亡。防制应对引进犬进行严格检疫，并实施免疫预防，甲醛灭活疫苗、雪貂弱毒疫苗、鸡胚弱毒疫苗和鸡胚细胞培养弱毒疫苗均有良好的免疫效果。鸡胚化弱毒苗的效果最为满意，通常在6～8周龄和12周龄时各注射一次，最好在16周龄时再免疫1次；也可用犬瘟热、犬传染性肝炎二联疫苗进行免疫。

犬瘟热病毒（*Canine distemper virus*，CDV）单负股病毒目（Mononegavirales）、副黏病毒科（Paramyxoviridae）、麻疹病毒属（*Morbillivirus*）成员。病毒颗粒通常呈圆形，直径120～300nm。有囊膜。基因组为单链负股不分节段RNA病毒。只有一个血清型。CDV是犬最重要的病毒，全球分布。具有高度传染性，引致的犬瘟热有数种表现形式，最常见的急性型有两个阶段的体温升高（双相热），在第二阶段的体温升高时伴有严重的白细胞减少症，并有呼吸道症状或胃肠道症状。亚急性型出现神经症状，有永久的中枢系统后遗症。病毒的宿主范围包括犬科的所有动物、浣熊科、鼬科及猫科的大部分成员。患畜在感染后第5天到临床症状出现之前，所有的分泌物及排泄物均带毒，有时持续数周。传播方式主要是直接接触及气雾。青年犬比老年犬更易感，4～6月龄的幼犬不再有母源抗体的保护，最易感。诊断可取临死前的动物外周血淋巴细胞或剖检动物的肺、胃、肠及膀胱组织作压片或提取RNA，用免疫组化技术或RT-PCR检测病毒抗原或病毒基因。可用弱毒疫苗免疫预防，用高免血清或者是纯化的免疫球蛋白治疗。

犬细小病毒（*Canine parvovirus*，CPV） 细小病毒科（Parvoviridae）、细小病毒属（*Parvovirus*）成员。病毒外观呈六角形或圆形，无囊膜，核衣壳呈二十面体对称，基因组为线状单股DNA。无毒力的CPV-1于1967年由Binil等从正常犬粪便中发现，具有毒力的CPV-2是在1978年在美国、澳大利亚及欧洲发现。CPV-2目前有a、b、c三个亚型。CPV引致的犬细小病毒性肠炎又称犬传染性肠炎，主要发生于幼犬，死亡率较高。患犬表现为精神沉郁，体温升高，粪便稀薄，后期拉血样粪便。剖检病犬主要表现为出血性肠炎、心肌炎。

犬细小病毒肠炎（canine parvovirus enteritis）又称犬传染性肠炎。犬细小病毒引起的一种接触性急性致死性传染病。病的特征为剧烈呕吐、腹泻和血液白细胞显著减少，出血性肠炎病变，有的发生心肌炎。世界各国都有发生。病犬和康复犬是主要传染源，通过粪便、尿、呕吐物排毒，一经污染就不易清除，呈地方流行性。幼犬最易感，污染区2～8月龄幼犬的发病率几乎100%，常全窝发病。3～4周龄仔犬病例多呈心肌炎症状，病死率达80%～100%；5～6周龄幼犬初为肠炎，剧烈腹泻，继为心肌炎症状；青年犬多数先呕吐，随后腹泻；老龄犬很少发病。典型症状为呕吐，腹泻，粪便呈灰黄色乃至混有血液的水样、恶腥臭，体温41℃，白细胞减少到3 000/mm^3以下。小肠隐窝及肠上皮细胞、心肌纤维细胞内均可见嗜酸性包涵体。确诊可作包涵体检查、电镜检查和血凝及血凝抑制试验、荧光抗体试验、ELISA等血清学试验。在做好综合性措施前提下，注射同源或异源的单苗或联苗，都可达到防制的目的。

犬腺病毒（*Canine adenovirus*，CAV） 腺病毒科（Adenoviridae）成员。病毒无囊膜，核衣壳呈二十面体对称，基因组为线状双股DNA。CAV习惯上分1型和2型两种，CAV-1引致犬的传染性肝炎，CAV-2引致幼犬传染性气管支气管炎。前者是常见的犬的致病腺病毒，遍及全球。在犬除致急性肝炎外，还引致呼吸道及眼的病变、脑炎及慢性肝炎等。病毒经鼻咽、口及黏膜途径进入体内，最初感染扁桃体及肠系膜集合淋巴结，而后产生病毒血症，感染内皮及实质细胞，导致出血及坏死，肝、肾、脾、肺尤为严重。在自然感染的康复期或接种病毒弱毒疫苗后8～12d，因产生抗原抗体复合物而致角膜水肿及肾小球肾炎，前者可导致"蓝眼"。感染犬通过尿、粪及唾液排毒，康复6个月以后仍可从尿中检出病毒。诊断可用ELISA、血凝及血凝抑制试验、中和试验等方法，也可用PCR检测病毒。必要时可作病毒分离，用MDCK或其他犬源细胞，培养24～48h出现CPE，再用荧光抗体鉴定。犬腺病毒1型与2型抗原性高度交叉，因此可用2型弱毒疫苗接种，既可对传染性肝炎免疫，又不会发生角膜水肿。

犬心丝虫病（dog heartworm disease）　见犬恶丝虫病。

犬新孢子虫（*Neospora caninum*）　犬新孢子虫属于复顶门（Apicomplexa）、孢子虫纲（Sporozoa）、球虫亚纲（Coccidia）、真球虫目（Eucoccidia）、住肉孢子科（Sarcocystidae）、新孢子虫属（*Neospora*）。犬和郊狼是目前已知的终末宿主，牛和其他多种动物是中间宿主。速殖子、组织包囊和卵囊是新孢子虫生活史中重要的3个阶段。新孢子虫在中间宿主中，一般以速殖子和组织包囊形式在细胞内寄生。速殖子呈新月形，大小为6μm×2μm，可感染多种细胞，一个细胞可以同时感染多个速殖子。组织包囊为圆形或椭圆形，主要存在中枢神经系统中，直径可达100μm，包囊壁约为4μm厚，其内缓殖子大小为7μm×2μm。在其他组织中如肌肉组织，亦有组织包囊存在。新孢子虫的卵囊发现于终末宿主犬的粪便中，在肠上皮细胞内形成，释放到肠腔随粪便排出。新鲜卵囊未孢子化，无感染性，未孢子化卵囊大小为11.7μm×11.3μm。在外界适宜条件下，经48～72h卵囊孢子化。孢子化卵囊具有感染性，近球形，大小为8.4μm×6.1μm，内有2个孢子囊，每个孢子囊中有4个子孢子。卵囊壁光滑、无色，厚（0.6±0.8）μm。

犬旋尾线虫病（spirocercosis of dog）　狼旋尾线虫（*Spirocerca lupi*）寄生于犬、狼、狐等犬科动物的食道壁、胃壁或主动脉壁引起的寄生虫病。虫体粗壮，一般呈血红色、螺旋形盘卷。雄虫长30～54mm，雌虫长54～80mm。口孔由两个分为三叶的侧唇围绕，口囊近方形。雄虫尾部有侧翼和乳突，左交合刺为右交合刺长度的3.7～5.1倍。卵壳厚，卵胎生。虫体寄生部位形成肿瘤，肿瘤的内腔常有一或多个虫体，其顶端常有小孔与食道相通。虫卵随粪便排至外界。中间宿主为食粪甲虫。食粪甲虫吞食虫卵，发育至感染阶段。犬因摄食带感染幼虫的甲虫而受感染。感染性幼虫在犬胃内释出，进入胃壁血管，移行至寄生部位发育为成虫。两栖类、爬行类、鸟类或小哺乳类动物可作为贮藏宿主，犬可通过捕食贮藏宿主遭受感染。虫体刺激形成的肿瘤，造成胃腔、食道腔和主动脉腔狭窄，患病犬可出现吞咽困难、呕吐以至不能进食等症状。有时主动脉壁上的肿瘤破溃导致大出血急性死亡。在粪便或呕吐物中发现虫卵即可诊断。可试用丙硫咪唑或伊维菌素驱虫。预防包括粪便处理和改善环境卫生，给予全价饲料，禁止犬捕食食粪甲虫、蛙、鼠、蜥蜴等动物。

犬坐姿势（dog sitting posture）　犬和有袋类动物以外的其他动物出现类似犬的异常坐姿。动物后躯低沉，臀部下蹲，两后肢屈曲前伸，两前肢直立驻地，状似犬坐。多见于后躯麻痹、腹腔压力过大的动物。

缺失突变（deletion mutation）　微生物基因组中一段核苷酸序列丢失而产生的突变。若丢失的核苷酸数量不能被3整除，这种缺失突变则成为移码突变。若丢失的核苷酸序列无关紧要，则对微生物的表型无明显影响；若属关键部分，则会使微生物丧失繁殖能力，甚至可致死。缺失突变引起的表型是多种多样的。病毒中的缺陷性干扰颗粒（defective interfering particle）即属此类。缺失突变也可发生在动物细胞基因组内。

缺损型干扰（defective interfering，DI）　突变株病毒缺失突变的产物，自身不能复制，只有存在亲本野毒株作辅助病毒时才能复制。由于基因组较短，复制较快，往往干扰亲本野毒株的复制，导致后者数量减少。DI突变株在大多数病毒均能产生，在连续传代细胞培养中数量会逐渐增多。

缺铁性贫血（iron deficiency anemia，IDA）　体内铁的储存不能满足正常红细胞生成的需要而发生的贫血。多由铁摄入量不足、吸收量减少、铁利用障碍或丢失过多所致。表现为小细胞低色素性贫血。缺铁性贫血不是一种疾病，而是疾病的症状，症状与贫血程度和起病的缓急相关。在去除病因的同时，可通过口服或注射铁剂治疗。

缺陷病毒（defective virus）　必须有辅助病毒共同感染时才能繁殖产生子代的一类病毒。缺陷病毒有两类：①天然的缺陷病毒。如细小病毒科的依赖病毒属成员必须有腺病毒作为其辅助病毒；禽肉瘤病毒的辅助病毒为禽白血病毒；人S型肝炎病毒的辅助病毒为人乙型肝炎病毒等。②突变性缺陷病毒。当某种病毒感染细胞时感染比（MOI）太高而诱发缺失性突变，丢失一部分基因组，从而不能独立繁殖后代。它们干扰同源完整病毒的繁殖，故称为缺陷性干扰（DI）颗粒。几乎所有病毒在连续用高MOI传代时都能生产DI颗粒。

缺陷性干扰颗粒（defective interfering particle，DI particle）　基因组缺失部分序列的病毒突变株，能干扰同源正常病毒（“标准病毒”）的复制。DI颗粒具有4个主要特征：①缺陷性，单独存在时不能复制；②依赖性，在标准病毒存在下才能复制；③干扰性，DI颗粒可使标准病毒产量降低；④富集性，能提高自身产量。DI颗粒的产生和其引起干扰的能力在一定程度上取决于宿主细胞的性质。无论在细胞培养还是实验动物体内，DI颗粒均可减弱标准病毒的致病效应，而使在正常情况下不表现持续性感染的病毒在细胞培养或动物体内建立持续性感染。

缺血（ischemia） 局部组织器官的动脉血液供应不足或完全停止。可分动脉供血量不足的不完全性缺血（又称局部贫血）和动脉供血完全停止的完全性缺血。

缺氧（hypoxia） 组织细胞供氧不足或用氧障碍而引起的病理过程。根据原因和血氧变化可分为低张性缺氧（缺氧性缺氧）、等张性缺氧（血液性缺氧）、低血流性缺氧（循环性缺氧）和组织性缺氧。缺氧可引起各系统器官出现机能、代谢和形态的变化甚至危及生命，常是疾病致死的重要原因。

雀稗（麦角）**中毒**（paspalum poisoning） 又称雀稗蹒跚（paspalum stagger）、毛花雀稗中毒（dallis grass poisoning）。家畜采食霉败的禾本科雀稗和牧草引起以神经症状为主征的中毒病。由雀稗麦角菌核中的雀稗素生物碱而致病。多发生于牛、羊和马。临床上病畜呆立，受到外界刺激后肌肉震颤，兴奋性奔跑，共济失调，四肢屈曲，易发跌倒。妊娠母畜流产。重型病例体质下降，腹泻，脱水，多数死亡。治疗可采用对症疗法。

确证方法（confirmatory method） 在残留分析中，确证方法主要用于测定并确证筛选方法或常规方法检测为阳性的样品中是否存在药物残留及其残留量，以提供一个肯定性的定量的结论。一般采用气相色谱-质谱法、高效液相-质谱法等仪器分析的方法进行确证。

群落生境（biotope） 为生命提供一致条件的最小空间单位。因此一种生物体的群落生境就是描述它所处的局部位置。群落生境的范围大小不一定。例如它可以是球虫寄生的鸡的盲肠，也可以是地面排水很差的牛肝片吸虫感染区。

群体检查（group check） 又称群体检疫（group quarantine）。畜禽宰前检疫的一种方法。（1）对来自同一地区或同批的牲畜为一组或以圈为一个单位进行检查，适用于猪、羊等小家畜，家禽、兔可按笼、箱划分，具体做法可按“动、静、食”三大环节进行检查。①静态观察：在不打扰畜禽，使其保持自然安静的情况下，观察精神状态，睡卧姿势，呼吸反刍状态，尤其注意有无气喘、咳嗽、战栗、呻吟、流涎、嗜睡等反常现象。对有症状的屠畜标以记号。②动态观察：经过安静的观察后，将屠畜哄起观察其活动姿势，注意有无跛行、转圈、后肢麻痹、打跄、弓腰屈背、掉队的现象，发现异常标以记号。③摄食饮水的观察：屠畜吃食时要观察其采食和饮水状态，注意有无不吃或少吃，不饮或少饮现象，有无反刍，摄食时吞咽困难，猪游槽等异常现象。发现异常即标上记号。（2）对大批的商品禽进行检查时，用下述方法作群体检查。①鸡的飞沟检查法：将鸡群放开，驱赶或在前面由一人以饲料引诱，使其自行通过检疫飞沟。检疫飞沟的宽度可用健禽反复试飞而定。凡能轻易飞过沟者，可认为是假定健康鸡，再于静态休息时和摄食饮水时做进一步检查；不能过沟或掉在沟中者，可认为是疑似病鸡，应逐只进行个体检查。②鸡、鸭的障板检查法：将鸡群或鸭群放开，按上法使其通过一定高度（由健禽反复试验而定）的障板，凡能轻易通过障板者，可认为是假定健康禽，再进行其他环节的检查；不能通过障板者应逐只进行个体检查。

群体免疫（herd immunity） 通过对动物群体免疫而产生对传染病的抵抗力。群体中大多数个体已具备特异性免疫力时，则传染病不易发生达到免疫无疫病的状态。

群体药物预防（herd preventive medication） 畜牧场为预防某些传染病和寄生虫病，对畜禽群体通过饲料和饮水加入药物的一种预防措施。什么时间投药、投何种药物要充分考虑安全性。

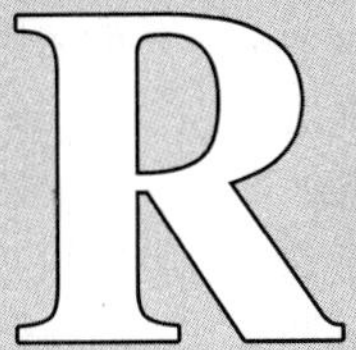

染色体（chromosome）　真核细胞遗传物质的载体。细胞进行有丝分裂时由染色质浓缩而成，为粒状或杆状小体，直径1～21μm，长1～10μm。由两条染色单体组成，每一染色单体则由一条染色质纤维高度盘曲折叠而成，两者仅在着丝粒处相连，该处染色体明显缢缩，称初级缢痕或主缢痕，其外侧表层为与纺锤体微管接触处，称着丝点。根据着丝粒的位置可将染色体分为中央着丝粒、亚中央着丝粒、近端着丝粒和末端着丝粒染色体。着丝粒两侧的染色体部分称染色体臂，两臂长度的比率称臂比。有些染色体臂上存在不着色的次缢缩部分，称次缢痕或副缢痕，有些则在染色体端存在棒状或球状结构，称随体。以上结构特征和染色体的形态大小都是识别染色体的依据，利用染色体显带技术，可准确地对染色体进行鉴别。染色体的数目在不同物种的细胞中相对恒定，体细胞的染色体成对存在，称二倍体（2n），生殖细胞内染色体数仅为体细胞的一半，称单倍体（n），如猪体细胞染色体数为60（2n＝60），生殖细胞染色体数为30（n＝30）。

染色体病（chromosome disease）　由于内部或外部的原因，使染色体的数目或结构发生畸变，由此引起的疾病。一般分为常染色体病和性染色体病两大类。前者由常染色体异常引起，临床表现发育迟缓、免疫功能低下、多发性畸形；后者由性染色体异常引起，临床表现性器官发育不全、智力低下等。

染色体步移（chromosome walking）　从染色体基因文库中鉴别或钓出所需基因或序列的一种方法。从基因文库中某个已鉴定的克隆基因开始做一系列克隆杂交。用这个已鉴定的基因作探针，去钓出含有相邻序列的克隆；然后又用这个系列作探针去钓出带有它相邻序列的另一个克隆，依此类推。每作一轮杂交，就从已鉴定的基因出发沿着染色体“步移”前进一段，逐步接近直到所需要的基因。

染色体超前凝集（premature chromosome condensation）　将M期的细胞与其他间期细胞进行融合，则处于不同时相的间期细胞会发生形态各异的染色体凝集的现象，如G_1期凝集成细单线状、S期为粉末状、G_2期为双线状。染色体超前凝集现象的发现，大大促进了MPF（促有丝分裂因子）的发现和细胞周期调控机理的研究。

染色体脆性部位（chromosome fragile site）　染色体接触某些化学制剂或在组织培养条件下出现的非随机裂隙或断裂部位。已发现某些常染色体脆性部位与肿瘤染色体重排的断裂点相一致，甚至某些脆性部位与癌基因在同一区域。已证明染色体的脆性部位与白血病、淋巴瘤之间有一定的相关。

染色体断裂（chromosome breakage）　各种原因引起的染色体分裂成断片的现象。不具有着丝粒的断片在细胞分裂过程中，不能定向移动而常丢失；带有着丝粒部分的断端有很强的黏合性，可与其他染色体的断端相互连接，形成各种类型的畸变。因此，断裂是染色体各类结构畸变的始因。引起的因素有辐射、化学物质、病毒、某些遗传因素等。

染色体粉碎（chromosome pulverization）　一个细胞内染色体结构被破坏形成各种不同程度碎片的现象。可以是分裂象内全部染色体发生，也可以是只涉及部分染色体。见于个别氨基酸缺乏或病毒感染。

染色体复制（chromosome reduplication）　真核细胞中DNA的复制。复制方式是半保留复制，每一子代细胞的新染色体一半保留原有的DNA，还有另一半是新合成的。

染色体工程动物（chromosome engineering animals）　用重组酶Cre/Loxp系统和同源重组技术将目的染色体片段经缺失、重复、易位、倒位等方式使染色体发生重排产生的动物。

染色体畸变（chromosome aberration）　染色体

结构和数目的异常改变现象。染色体结构异常包括缺失、重复、倒位、易位等；染色体数目变异包括整倍体和非整倍体的变化。多数真核生物的体细胞中，都具有两个染色体组，这样的生物体和它们的体细胞都称为二倍体（2n）。二倍体的生殖母细胞经过减数分裂产生的配子中只有一个染色体组，称为单倍体（n）。某一染色体数目的增减称为非整倍性改变；成套的染色体组数目的增减则称为整倍性改变。非整倍性和整倍性改变统称为异倍性改变。由于染色体畸变中遗传物质改变的范围较大，一般可借助光学显微镜在细胞有丝分裂中期相观察到。

染色体畸变试验（chromosome aberration assay） 一类常用的致突变试验方法。体外试验多以中国地鼠卵巢（Chinese hamster ovary cell，CHO）细胞和人淋巴细胞为检测细胞，培养时加入受试物，按规定时间制片镜检有无数量（多倍体等）或结构（断裂、缺失、置换、易位、环状及多处断裂等）的异常，并计数各种类型畸变的百分率。体内试验是在给予受试物后，按规定时间处死动物，取骨髓等制片，观察骨髓细胞或其他组织细胞内染色体的畸变率。

染色体结构异常（structural chromosomal abnormality） 染色体结构异常是指染色体或染色单体经过断裂-重换或互换机理产生的染色体畸变（chromosome aberration）及染色单体畸变（chromatid aberration）。在有丝分裂中期，细胞遗传学观察可区分的染色体畸变有：①缺失，染色体的断片未与断裂端连接；②重复，断片与同源染色体连接；③倒位，断片经180°旋转后再连接到断端上；④互换（易位），2条非同源染色体同时发生断裂，2个断片交换位置后与断端相接。畸变仅涉及一个染色体的称为内互换，涉及2个染色体的互换，称为间互换。染色单体畸变仅涉及染色单体，类型与染色体畸变相似，但更为复杂。可引起染色体或染色单体断裂，导致染色体结构异常的化学物质，称为断裂剂（clastogen）。

染色体列队（chromosome alignment） 又称染色体中板聚合（congression）。有丝分裂的前中期，染色体向赤道板上运动的过程。染色体列队的机制由两种力量所决定，一是动粒微管的牵拉作用，二是星体微管的外推作用。它是启动染色体分离并向两个子细胞中平均分配的先决条件，染色体列队不整齐，细胞不能从分裂中期向后期转化。

染色体跳步文库（chromosome jumping library） 一种基因文库。其特点是每个克隆中含有原先在染色体上相隔（跳步）几百个到数十万个碱基对的两个DNA片段，以便进行庞大染色体上的基因定位。制作过程：用识别序列长的限制性内切酶降解染色体DNA；用脉冲电场强度凝胶电泳分离大片段并与带有琥珀型抑制tRNA基因的质粒重组连接成环；再用一种切点较多但在质粒上没有切点的限制性内切酶将大部分基因组DNA切掉；再将质粒及其两端连接的少量基因组DNA重组到含有多点琥珀型无义突变的DNA中，导入不含琥珀型抑制tRNA的E. coli中。

染色质（chromatin） 由DNA、组蛋白、非组蛋白和少量RNA组成的纤维状复合物，是真核细胞间期细胞核内遗传物质存在形式。结构单位为核小体，其核心颗粒为组蛋白形成的八聚体，表面缠绕有1.75圈具140个碱基对的DNA双链。核小体重复单位被DNA连接成串珠状结构时即为染色质纤维，当其进一步螺旋化和折叠时可形成直径为30nm和400nm的染色质粗纤维和超粗纤维，以至直径约1μm的染色单体。染色质可分为异染色质和常染色质，异染色质的染色质纤维卷曲程度较高、较粗、着色较深、无活性或少活性。常染色质的染色质纤维则卷曲程度较小、较细、着色较淡、能活跃地进行复制与转录，参与RNA和蛋白质的合成。异染色质与常染色质在结构上是相连续的，但在不同类型细胞中，两者的比例与分布不同，一般分化程度较高的细胞，细胞核内以异染色质为主，而分化程度较低、分裂速度较快的细胞则以常染色质为主。

桡动脉（radial artery） 正中动脉的分支。在前臂中部（牛）或下部（马）自正中动脉分出，至掌近端发出分支参与构成掌深近弓，在牛还分出腕背侧支参与构成腕背侧动脉网，分布于前脚部。

桡骨（radius） 前臂骨之一。位于前内侧。有蹄兽的较发达。近端为桡骨头，上有桡骨头凹。远端为桡骨滑车，具有腕关节面，有蹄兽的前半凹而后半凸，肉食兽为凹的卵圆形。禽桡骨较细。

桡神经（radial nerve） 臂神经丛的分支。由第7～8颈神经和第1胸神经（牛）或第8颈神经和第1胸神经（马）的腹侧支组成。自臂丛的后部分出，与尺神经一起沿臂动脉的后方向下延伸，进入臂三头肌长头和内侧头之间，行程中有肌支分布于臂三头肌和前臂筋膜张肌；主干在肘关节背侧分为桡深和桡浅神经。桡深神经分布于腕和指的伸肌。桡浅神经在马成为前臂外侧皮神经，从臂三头肌外侧头下缘穿出至皮下，分布于前臂外侧的皮肤。此神经在牛粗大，分出前臂外侧皮神经后，主干在腕桡侧伸肌内侧面向远端延伸达腕掌部，分为内侧支和外侧支，分布于指背侧面。桡神经因位置关系易受损麻痹。

桡神经麻痹（paralysis of the radial nerve） 由于臂部受压或臂骨骨折使位于臂骨螺旋沟内的桡神经受伤而引发的疾病。在硬地面或手术台上长时间侧卧保定、臂骨外侧被踢蹴或撞击、臂骨骨折时桡神经受伤等都可引起本病。其症状因受伤神经的部位和受伤的程度而不同。桡神经完全麻痹时，动物站立表现为肩关节和肘关节开张，腕关节和指关节屈曲，肘部肌肉弛缓，肘头下沉；运步时患肢不能充分上举，肢前伸困难，蹄曳地而行。如麻痹仅限于桡神经的指伸肌分支，则症状不明显，在缓慢运步时可不表现异常，但有时会出现腿软要摔倒甚至蹉跌的现象。由于受压使桡神经受伤的病例，经过休息和适当治疗如按摩、涂刺激剂、电针刺激或感应电治疗可于10d至1个月内逐渐恢复。马侧卧保定于硬的地面或手术台上是发生桡神经麻痹的常见实例，为此，在侧卧保定时应在被压侧的肩臂部垫上软垫加以预防。

热解产物（pyrolysis products，pyrolysates） 在加热处理肉和鱼等动物性食品时，其蛋白质和氨基酸成分受高热分解而生成的产物。如色氨酸与谷氨酸在190℃以上高温处理时产生的3-氨基-1，4-二甲基-5H-吡啶并［4，3-b］吲哚；烧煮晒干的沙丁鱼产生的2-氨基-3-甲基咪唑基［4，5-f］喹啉；煎炸牛肉中生成的2-氨基-3，4-二甲基咪唑并［4，5-f］喹啉等。科学试验表明这些物质对机体都有明显的体外诱变性。生活中拟采取不使鱼和肉烧焦的烹饪方法，或对烧焦部分予以废弃。

热敏神经元（heat sensitive neuron） 视前区-下丘脑前部分布的对血温上升敏感的神经元。当流经视前区-下丘脑的血温升高时，热敏神经元神经冲动发放频率升高，从而激发散热机制并抑制产热过程，使体温下降。与冷敏神经元一起参与动物体温的调节。

热伤蛋（heat stroke egg） 因受热形成的一种次质蛋。外壳变暗并有光滑感，内在质量则因蛋在受热前的状态而异：①未受精的蛋受热，透视时胚珠胀大，但无血管，打开后蛋白变稀，蛋黄直径增大、高度变低，俗称热伤蛋；②受精蛋受热，透视时蛋黄上出现血丝或血管网，处于早期发育阶段，俗称血筋蛋或血圈蛋；③血筋蛋的胚胎死亡，终止发育，形成血环蛋，透视时蛋黄上出现血环，环中和边缘见少许血丝，蛋黄透气度增强，周围有阴影，打开后蛋黄大而扁平，色淡且不均，卵黄膜增厚发白。

热射病（heatstroke） 动物在潮湿闷热环境下导致体温调节机能衰竭和热平衡失控的一种综合征，是中暑中最重要的一种类型。症状有体温升高，全身出大汗，剧烈喘息，步态蹒跚，晕厥地上。重型病例多死于心力衰竭。治疗应将病畜移到阴凉通风处，头部放冰袋或冷敷的同时，静脉注射冬眠灵、复方氯化钠和山梨醇注射液等。

热型（type of ever） 体温曲线所呈现的各种形状。热型反映发热过程的特点，对判定病性与推断预后颇为重要，热型一般包括稽留热、弛张热、间歇热、回归热、短暂热、波状热、不整热、虚脱热、温差倒转、简单热、典型热等。

热性蛋白尿（febrile proteinuria） 由于发热引起机体组织蛋白破坏分解而出现的蛋白质反应阳性尿。见于一般热性病和热性传染病。因尿蛋白多为白蛋白，故又称为热性白蛋白尿（febrile albuminuria）。

热休克反应（hot shock reaction） 即热应激反应。其特征是优先合成并蓄积一组热应激蛋白（heatstress proteins，HSP）。最初是在果蝇产生短时间全身过热时发现的，因此称为热休克反应。以后发现除热外，其他应激原也能引起这类反应，但已习惯应用热休克反应这一名词，以区别于应激时的神经内分泌反应。

人道终点（humane endpoint） 又称仁慈终点。在动物实验中，为了使实验动物遭受的痛苦、疼痛减至最小，在不影响实验结果判定的前提下，人为确定终止试验的时间，以减少实验动物后期不必要的疼痛和痛苦，对动物开展治疗或进行安乐死。

人工哺乳（artificial suckling） 指用人工的方法哺喂亲母畜死亡或亲母畜无乳的初生幼畜。常用牛奶、羊奶，或用鲜鸡蛋、鱼肝油等调制的人工初乳。牛奶和羊奶与马奶和驴奶不同，用其喂马、骡驹时，注意要加1/4～1/3的开水稀释，并加糖适量。

人工冬眠（induced hibernation） 采用药物或其他措施，降低动物体温，产生类似某些动物天然冬眠的生理状态的一种医疗方法。动物体温降低时，神经系统处于抑制状态，内分泌活动减弱，代谢降低，细胞耗氧量下降，因此能较长时间阻断血流而不损害神经系统的功能。降低体温也有抗休克、抗感染和保护神经系统的作用。常用的降低体温的措施有静脉滴注冬眠合剂、在头部放置冰袋等，可使体温降至34～35℃。

人工抗原（artificial antigen） 经人工合成或加工后的抗原。可分为：①合成抗原（synthetic antigen），用氨基酸按一定顺序合成具有抗原性的多肽；②结合抗原（conjugated antigen），将小分子半抗原连接在蛋白质载体上所形成的抗原。

人工免疫（artificial immunity） 又称人工获得性免疫（artificial acquired immunity）。给动物接种疫苗等所形成的免疫力。

人工授精（artificial insemination） 用人工方法采取公畜精液，并注入发情母畜生殖道内，使其受胎的一种繁殖技术。各种家畜人工授精的技术环节基本相同，包括采精、精液品质评定、稀释、保存、运输和输精等6个环节，具体操作各有差异。

人工盐（salcarolinum factitium） 又称人工矿泉盐。盐类健胃药，由干燥硫酸钠44%、碳酸氢钠36%、氯化钠18%和硫酸钾2%混合而成。内服小量，能轻度刺激消化道黏膜，促进胃肠的分泌与蠕动。常用于消化不良、胃肠弛缓、慢性胃肠卡他等。内服大量并多量饮水，可引起缓泻。用于早期大肠便秘，也可用于胆囊炎，有利胆作用。

人工致弱毒株（artificial attenuated strain） 见弱毒株。

人拟腹碟吸虫（gastrodiscoides hominis） 寄生于猪和人的盲肠、大肠的一种吸虫。属吸虫纲、前后盘科。虫体呈红褐色，长约0.65cm，后部扩展为一大的内凹的盘状构造。猪是人拟腹碟吸虫的储藏宿主。

人-人杂交瘤（human - human hybridoma） 人淋巴细胞与人骨髓瘤细胞融合后所产生的杂交瘤细胞。人-人杂交瘤所产生的是人的抗体，可用作治疗和诊断。但是人-人杂交瘤在生产单抗方面受到两方面的限制：一是目前尚无理想的人骨髓瘤细胞系，融合后杂交瘤细胞稳定性差，产生的抗体水平低；二是没有合适的免疫淋巴细胞，在很大程度上还依赖于体外免疫方法的改进。

人兽共患病（zoonoses） 在人类和脊椎动物之间自然传播的疾病和感染，即人类和脊椎动物由共同病原体引起的，在流行病学上相互关联的一类疾病。这类疾病的病原体种类繁多，包括病毒、细菌、衣原体、立克次体、螺旋体、真菌和寄生虫等；易感动物广泛，除人外、还包括家畜、家禽、伴侣动物和野生动物等；传播途径复杂多样，有直接接触传播（通过与被感染者的直接接触使易感者感染），也有间接接触传播（通过被病原体污染的媒介物或携带病原体的媒介昆虫使易感者感染）；多数人兽共患病具有广泛而持久的疫源地和自然疫源地，不易控制或消灭；人兽共患病的发生和流行不仅给畜牧业造成严重损失，而且严重危害人类的健康。因此，人兽共患病已经成为全世界共同关注的公共卫生问题。预防和控制人兽共患病是一个复杂而艰巨的医学、生态学、社会学和经济学问题，需要医学、兽医学、生物学等多学科和政府多部门的密切配合。

人兽共患寄生虫病（parasitic zoonoses） 在脊椎动物与人之间自然传播的寄生虫病。此类寄生虫既可寄生在人体，也可寄生在脊椎动物（家畜和野生动物）体内，人和动物体内的寄生虫可互为传染来源。包括寄生性原虫、蠕虫，也包括能钻入或进入宿主皮肤或体内寄生的节肢动物。

人源性人兽共患病（zooanthroponoses） 病原体的储存宿主是人，通常在人间传播，偶尔感染动物。动物感染后往往成为病原体传播的生物学终端，失去继续传播的机会，如结核分支杆菌引起的结核等。

韧带（ligament） 关节上连接骨间的致密结缔组织索或膜。大多由胶原纤维束构成，颇坚韧，可加强关节的牢固性和限制其活动方向及范围。分囊外和囊内韧带。囊外韧带在关节囊外，或与其纤维层相连。囊内韧带在关节囊纤维层内、滑膜层外。四肢进行屈伸运动的关节多具有一对内-外侧副韧带。直接连接相对两骨面的短韧带称骨间韧带，见于腕骨间和跗骨间。少数韧带由弹性纤维束构成，如项韧带。韧带断裂可导致关节脱位和运动异常，恢复很慢。此外，胸、腹腔内有些浆膜襞和萎缩而闭塞的血管，也称韧带。

韧带联合（syndesmosis） 两骨间的一种纤维连接。纤维组织为胶原纤维和疏松结缔组织形成的韧带或膜。韧带或膜较短的则不能活动，如在马大、小掌骨之间；较长、较宽的则可允许一定范围的活动，如在肉食兽桡、尺骨之间。骨盆的荐结节韧带、寰枕关节的寰枕膜也属此类。

韧带囊（ligament sac） 棘头虫假体腔内的纵行韧带，前端附着在吻突囊后端及其附近的体壁上，后端附着在生殖器官的某些部分上。某些种的雌虫有背韧带囊和腹韧带囊，雄虫只一个韧带囊。韧带囊包裹着生殖器官。

韧致辐射（bremsstrahlung radiation） 又称刹车辐射、制动辐射。电子与离子或原子近距碰撞时，库仑力作用使电子减速而产生的辐射，是产生X线的重要原理之一。

妊娠（pregnancy，gestation） 雌性胎生动物为胚胎在子宫内正常生长发育所表现的一种持续的生理现象。妊娠通常从受精卵开始，经过卵裂形成胚泡，胚泡植入、分化发育成为胚胎。随着胎盘形成，胚胎转变为胎儿，以后胎儿继续生长发育经分娩产出而终止妊娠。妊娠期内母体发生一系列变化以适应胚胎生长发育的营养需要，并为分娩和分娩后哺育仔代做好准备，这些变化主要依靠孕激素等调节。在妊娠前半期孕激素主要来自妊娠黄体，至后半期有的动物仍来自妊娠黄体，有的则主要来自胎盘。

妊娠发情（estrus during pregnancy） 又称孕期发情。母畜妊娠期间出现的发情。母牛在怀孕最初3个月内，有3%～5%表现发情；绵羊在怀孕期中有30%表现发情。出现时间不定，一般即使发情也不排卵。妊娠发情的原因很复杂，主要是由于生殖激素分泌失调，即胎盘分泌雌激素过多，抑制垂体促性腺激素分泌，使黄体分泌孕酮不足所致。

妊娠黄体（corpus luteum verum） 又称真黄体。母畜妊娠期间的黄体。卵子受精后，原排卵卵泡形成的黄体，一直存在到妊娠中期（马）或末期（牛、山羊、猪），与维持妊娠密切相关。

妊娠脉搏（pregnancy pulse） 怀孕后子宫动脉出现的特异颤动，是诊断怀孕、判断胎儿死活的重要标志。怀孕后，子宫中动脉逐渐增粗，血流逐渐增加，动脉管内膜皱襞变厚，与肌层联系变疏松。当增加的血流快速通过时，管壁的搏动变为间隔不明显的颤动。马在怀孕 4 个月、牛在怀孕 3 个月后开始在怀孕侧出现怀孕脉搏，随后空角侧出现。怀孕后期两侧子宫后动脉也相继出现怀孕脉搏。根据怀孕脉搏出现的情况可以判断哪一侧怀孕和怀孕的大致时间。

妊娠期（gestation period） 胎生动物胚胎和胎儿在子宫内完成生长发育的时期。怀孕期的长短受动物种类、品种、遗传因素、胎儿、环境、怀胎数量和营养等因素的影响。各种家畜的平均妊娠期为：马 340d，驴 380d，牛 282d，水牛 310d，绵羊 150d，山羊 152d，猪 115d，骆驼 365d，牦牛 253d，犬 62d，猫 58d，兔 30d，豚鼠 60d，大鼠 22d。

妊娠识别（pregnancy recognition） 孕体向母体系统发出其存在的信号，延长黄体寿命的生理过程，是妊娠机能的正式开始。妊娠识别主要通过 3 方面：①免疫学方面，母体子宫环境受到调节，使胚胎能够存活；②细胞生物学方面，胚胎和子宫上皮相互作用，发生形态学和生物化学变化；③内分泌学方面，孕体的出现使黄体退化推迟，继续合成和分泌孕激素，从而使子宫环境适合胚胎发育而不被排斥。

妊娠诊断（pregnancy diagnosis） 母畜配种后必须进行的、检查是否怀孕的常规诊断技术。方法较多，有临床诊断法（包括问诊、视诊、听诊、腹壁触诊、阴道检查、直肠检查、羊的探诊棒检查等）、实验室诊断法（包括子宫颈—阴道黏液检查、马绒毛膜促性腺激素测定、血和乳中孕酮测定等）和特殊诊断法（包括阴道活组织检查、X 线诊断、超声波诊断）。生产实际中，不同动物可根据不同的特点进行妊娠诊断。

日本分体吸虫（*Schistosoma japonicum*） 属扁形动物门（Platyhelminthes）、吸虫纲（Trematoda）、分体科（Schistosomatidae）、分体属（*Schistosoma*）。成虫雌雄异体，呈圆柱形，线状。雄虫粗短，乳白色，长 10～20mm，宽 0.5～0.55mm，背腹扁平，口腹吸盘各一个，口吸盘位于虫体前端，腹吸盘较大，在口吸盘后方不远处。虫体自腹吸盘以下由两侧向腹面卷曲形成抱雌沟，雌虫在抱雌沟内，呈雌雄合抱状态。雌虫较雄虫细长，呈暗褐色，前细后粗，虫体长 15～26mm，宽 0.3mm，口腹吸盘均较雄虫小。虫卵椭圆形，大小为 70～100μm，淡黄色，卵壳较薄，无卵盖，在其一侧有一个小棘。卵壳内层有一薄的胚膜，内含有一成熟的毛蚴。生活史包括卵、毛蚴、母胞蚴、子胞蚴、尾蚴、童虫和成虫等阶段。终末宿主为人或其他多种哺乳动物，中间宿主我国为湖北钉螺。

日本脑炎病毒（*Japanese encephalitis virus*，JEV） 又称乙型脑炎病毒。属黄病毒科（Flaviviridae）、黄病毒属（*Flavivirus*）成员，引起流行性乙型脑炎。病毒颗粒直径 30～40nm，呈球形，二十面体对称，有囊膜及纤突。基因组为单正股 RNA。纤突具有血凝活性，能凝集鸽、鹅、雏鸡和绵羊红细胞，经过长期传代的毒株会丧失其血凝活性。自然界分离毒株血凝滴度不同，但无抗原性差异。人和动物感染本病毒后，均产生补体结合抗体、中和抗体和血凝抑制抗体。本病毒适宜在鸡胚卵黄囊内繁殖，分离病毒可采用乳鼠或仓鼠肾原代细胞。病毒主要通过蚊虫叮咬传播。多种动物包括猪、马、犬、鸡、鸭及爬行类均可自然感染，通常无症状。猪是主要的储存宿主和扩散宿主，可造成孕猪流产或死产。

日本血吸虫病（schistosomiasis japonicum） 亦称日本分体吸虫病。由日本分体吸虫（*Schistosoma japanicum*）寄生于牛、马、绵羊、山羊、兔等多种哺乳动物的门静脉和肠系膜静脉而引起的一种吸虫病；人患病时极为严重。属分体科，雄虫体长 9.5～20mm，雌虫体长 12～26mm，外观呈细线状。腹吸盘靠近身体前端，与口吸盘相距甚近。雄虫身体自腹吸盘以后，两侧边向腹面卷曲，形成抱雌沟，雌虫被挟持在这个沟里。食道周围有食道腺，在伸达腹吸盘水平线之前分为两个肠支，后者在伸达虫体后 1/4 左右处又连合为一单盲管。睾丸由 6～8 叶组成，排成一纵行，位于腹吸盘之后，生殖孔紧靠腹盘后方开口。卵巢在虫体中部。卵黄腺分布在卵巢后方、肠管周围。输卵管由卵巢后方发出，转向前行，在卵巢前方与卵黄管汇合后为卵模，其周围有梅氏腺。卵模向前即为子宫。子宫直，无褶曲，内含虫卵。卵呈短卵圆形，大小为（70～100）μm×（50～80）μm，其一侧壁上有一小结或小刺，在血管内成熟，内含毛蚴。虫体逆血流移行至肠黏膜下层的静脉末梢处产卵，毛蚴分泌的溶组织物质透过卵壳破坏血管壁和组织，终至落入肠腔，随粪便排出宿主体外。毛蚴在水中孵化，以钉螺为中间宿主，由第二代胞蚴产生尾蚴，后者自螺体内逸出后在水中游泳，钻穿终末宿主皮肤进入血管，移行至门静脉系统发育为成虫。危害：尾蚴钻穿宿主皮肤时引起皮炎；成虫的代谢分泌物可形成免疫复合物给宿主造成损伤；成虫产卵期造成的危害最大，沉积在肠壁和肝脏的虫卵，引起发炎、细胞浸润和肉芽肿，最终导致肠壁纤维化和肝硬化，出现食欲不振、慢性下痢、贫血、消瘦和腹水等一系列症状，常衰竭死亡。诊断以流行病学资料、临床症状和检出粪便中的虫卵或孵出毛蚴为根据；此外还有多种免疫学诊断方法。治疗药物有血防 846（六氯对二甲苯）、硝硫氰胺、多种锑制剂和吡喹酮等。预防应实行综合防治措施，包括驱虫、粪便管理和灭螺等多种措施。

日本乙型脑炎（Japanese encephalitis B） 见流行性乙型脑炎。

日许量（acceptable daily intake，ADI） 制定食品卫生标准的重要参数。即人体每日允许摄入量，人体终生摄入某种化学物，无任何已知毒害作用的剂量。以每 kg 体重摄入化学物的 mg 量表示。由该化学物经动物试验取得的最大无作用剂量除以安全系数（一般为 100）而得。世界卫生组织建议根据毒物性质采用 10～2 000 范围的安全系数。

绒毛膜（chorion） 哺乳动物胎膜之一，参与形成胎盘。由胚外外胚层（或称滋养层、滋胚层）和胚外体壁中胚层共同组成的膜状结构。绒毛膜上因有大量绒毛而得名。动物种类不同，绒毛的大小、分布特点均不相同。有的呈弥散分布（如马），有的呈密集簇状（如牛、羊）。绒毛膜与子宫内膜相贴，以进行母体和胎儿间物质交换。禽类的浆膜在结构和功能上均与绒毛膜相似，虽无绒毛，但也是胎膜之一，故有人也把禽类的浆膜称之为绒毛膜。

绒毛膜囊（chorionic sac） 由绒毛膜构成的囊，与羊膜囊同时形成。其形状在马、牛、羊（怀单胎时）与怀孕子宫内腔完全相同。猪为长梭形。

绒毛膜绒毛（chorionic villus） 胎儿绒毛膜表面伸出的富含血管的细小突起，与母体子宫内膜结合形成胎盘。

绒毛胎盘（villous placenta） 绒毛膜表面长有绒毛的胎盘。

绒毛心（shaggy heart） 心外膜表面附着大量纤维素而呈绒毛状外观。在纤维素性心包炎时，心包内渗出的纤维蛋白原在酶作用下转变为纤维素，因心脏不停搏动和牵拉摩擦，在心外膜形成很多绒毛状结构，故称“绒毛心”。这是纤维素性心包炎、心外膜炎的一种表现，多见于细菌感染，如牛、猪的巴氏杆菌病、牛结核病、雏鸡白痢等。纤维素被机化后，造成心包和心外膜粘连。

容积指数（volume index，VI） 被检血液的血细胞压积与其红细胞总数之比值，用正常血液的血细胞压积与正常红细胞总数的比值所得相对数。其计算方法为容积指数 ＝ 血红胞压积（%）/［红细胞（百万）×9］。公式中系数 9 为正常血红细胞压积和红细胞总数（百万）的比值。容积指数的正常值为 1.0。1.0 以上为巨红细胞性；1.0 以下为小红细胞性，并可依此将贫血分为巨红细胞性贫血和小红细胞性贫血。

容量血管（capacitance vessel） 口径较粗，管壁较薄，易于扩张的静脉血管。循环血液大约有 70% 在静脉系统中，静脉容量的改变对循环血量影响很大，静脉的这种特性使它在血管系统中起着血液贮存库的作用。容量血管的舒缩活动可改变回心血量，使心输出量发生相应的变化。

溶骨作用（osteolysis） 又称骨质溶解、骨的吸收。原有的骨骼经破骨细胞和骨细胞的作用而溶解的过程。包括骨基质的水解和骨盐的溶解两个方面。成骨作用与溶骨作用是构成骨代谢对立统一的两个方面，不停地交替进行，使骨组织更新。在骨骼生长发育时期，成骨作用大于溶骨作用；骨折愈合过程中，破骨细胞在对坏死骨的吸收和骨痂改建中发挥重要作用。

溶解反应（lysis reaction） 检测细胞抗原与相应抗体结合，在补体参与下引起溶解的一种血清学试验。

溶解氧（dissolved oxygen，DO） 溶解于水中的氧。水中溶解氧的含量与空气中氧的分压及水温密切相关，在自然情况下，压力不变时，水温越低溶解氧的含量越高。当水被大量有机物污染时，由于有机物分解的消耗，可使水中溶解氧降低。故溶解氧含量可作为评价水是否受有机物污染的间接指标。

溶菌试验（bacteriolysis test） 某些细菌（如霍乱弧菌）在相应抗体和补体的作用下引起细胞溶解死亡或细胞损伤作用的试验。

溶酶体（lysosome） 能在细胞内、外进行消化分解作用的细胞器。呈小泡状，直径 0.25～0.8μm，界膜厚约 6μm，内含多种酸性水解酶，并以酸性磷酸酶作为标志酶，溶酶体内无作用底物者称初级溶酶体，内容物电子致密度较低，呈均质状，与溶酶体膜之间常有一狭窄的空晕。溶酶体内含有被激活的酸性水解酶和相应底物者称次级溶酶体，内容物非均质，含有因底物种类和被消化分解程度不同而形态多样的结构。可分为异溶酶体、自溶酶体和分泌溶酶体 3 种类型，它们是初级溶酶体分别与吞噬泡或吞饮泡、自噬泡和过剩的分泌颗粒合并而成。次级溶酶体的水解酶将底物消化分解，产生的可溶性物质经溶酶体膜进入细胞质基质，而不含活性酶、只含有底物残渣的部分称残余体，或以胞吐方式排出细胞外，或终生存留于细胞质。溶酶体在细胞内破裂时将引起细胞自溶，如被排出细胞外并释放出水解酶时则可使周围组织降解。所以，溶酶体除具有杀死、处理、清除对细胞或机体有害的病菌、衰老死亡的细胞及其碎片和累积过多的分泌颗粒外，在骨的改建过程中陈旧骨基质的清除与吸收、母畜分娩和断奶后子宫的恢复和乳腺的退化、排卵时卵巢表面的破裂、受精时精子进入卵内等均与溶酶体的活动有关，甲状腺分泌时，将滤泡内甲状球蛋白重新摄入细胞后，也借助于溶酶体将其水解成甲状腺素和三碘甲腺原氨酸。

溶血（hemolysis） 血红细胞破裂释放出血红蛋白的过程。发生在血管内者，称为血管内溶血；发生在单核巨噬细胞系统内者，称为血管外溶血（如肝窦状隙）。导致溶血的因素有：①遗传性血液病及代谢病；②生物性因素，如某些微生物和血液寄生虫感染；③化学毒物，如苯、苯肼、蛇毒等；④物理性因素，如高温、电离幅等；⑤免疫性因素，如异型输血、新生幼畜溶血病、马传染性贫血等。

溶血（性）**抗体**（hemolytic antibody） 与相应红细胞结合后，在补体作用下使红细胞溶解的抗体。通常用绵羊红细胞免疫家兔后制成，称为溶血素（hemolysin），在补体结合试验中作为溶血系统以指示补体是否已被抗原抗体系统所结合。

溶血试验（hemolysis test） 以红细胞溶解与否作为反应发生指标的试验。如补体结合试验中溶血素的滴定。可将可溶性抗原吸附于红细胞上，与相应的抗体结合后，在有补体存在时出现溶血反应，称为间接溶血试验（indirect hemolysis test）。

溶血素（hemolysin） 细菌产生的能溶解动物红细胞的一种外毒素，其本质为蛋白质。溶血素在许多病原菌如大肠杆菌、链球菌等都被证明与致病相关。除此之外，在补体结合试验中通常指抗绵羊红细胞抗体。广义的还包括细菌和病毒的溶血素。

溶血素血清（hemolysin serum） 动物红细胞免疫异源动物后提取的对应抗体血清，在有补体存在时可使红细胞溶解。常以绵羊红细胞悬液或全血免疫家兔后，当溶血价达 1∶2 000 以上时采血提取血清，经 56℃ 30min 灭能后加入等量甘油制成。本品应保存于 2～10℃冷暗处，当效价不低于 1∶1 500 时仍可使用。

溶血性黄疸（hemolytic jaundice） 由于溶血性疾病导致红细胞大量破坏，使血液中胆红素含量增多而发生的黄疸。

溶血性贫血（hemolytic anemia） 外周血中因红细胞溶解破坏过多所引起的贫血。溶血性贫血可发生于幼驹、犊牛、仔猪、幼犬或小猫。治疗原则是消除原发病，给予易消化的营养丰富的饲料，输血并补充造血物质。

溶血抑制试验（hemolysis inhibition test） 测定能与溶血性抗体结合的对应抗原或半抗原的一种方法。将不同量的抗原或半抗原与定量的抗体混合，作用一定时间，再测定溶血性抗体的剩余活性。如溶血被抑制即证明抗原与抗体相对应。

溶原菌（lysogenic bacteria） 携带有噬菌体基因组（前噬菌体，prophage）的细菌。噬菌体基因组一般整合在细菌 DNA 中，但也可以质粒形式游离存在于菌体内。处于溶原性细菌细胞中的噬菌体 DNA 在一定条件下亦可启动裂解循环，前噬菌体形成完整病毒，导致菌体溶解，称为溶原性转换。自然情况下的溶原性菌裂解称为自发裂解，但裂解量较少，若经紫外线、氮芥、环氧化物等理化因子处理，可产生大量的裂解，称为诱发裂解。溶原菌可导致宿主菌的表型发生改变，称噬菌体转变（bacteriophage conversion）。转变的表现形式多种多样，如能抵抗同种噬菌体的再感染，有时还能抵抗不相关噬菌体的感染，能改变细菌的抗原性，如使沙门氏菌的 O 抗原发生了变异。有的溶原性细菌与产生毒素有关，即只有溶原性菌株才能产生外毒素，如肉毒梭菌、白喉棒状杆菌等。

溶原转换（lysogenic conversion） 细菌被噬菌体感染后，噬菌体的基因组整合到细菌的基因组上，使细菌表现出一个或数个新的性状，并能遗传给后代的现象。最常见于被温和噬菌体感染的溶原菌，又称溶原性转变或噬菌体转变。新性状具有噬菌体基因的密码，一旦溶原菌失去感染的噬菌体而恢复正常时，所获得的新性状也随之消失，现已广泛应用于基因工程。毒性噬菌体感染细菌时，在感染至溶菌之间的一段时间内，也表现新性状。例如，白喉棒状菌的外毒素产生，该性状由溶原性白喉杆菌感染的一种特定噬菌体所致；不带该噬菌体的白喉杆菌不产外毒素。此现象与转导不同。

溶脂激素（lipotropic hormone，LPH） 又称促脂解素。腺垂体生成和分泌的一种多肽激素，来源于阿黑皮素原（POMC）。有 β 和 γ 两种亚型：β 亚型为 POMC 的 C 端片段，含 90 个氨基酸残基，在体内可作用于黑色素细胞使之产生黑色素，也可促进脂肪分解；γ 亚型为 β 亚型的 N 端片段，人类的 γ 溶脂激素含 56 个氨基酸残基。

溶组织内阿米巴原虫病（entamoebiasis histolytiea） 溶组织内阿米巴原虫（*Entamoeba histolytica*）

寄生于人、其他灵长类以及犬、猫、猪、鼠等动物的大肠内引起的疾病，也见于肝、肺等处。病原属根足纲、内阿米巴科。有滋养体和包囊两个时期。滋养体是摄食、活动并增殖的生活史阶段，直径 10～ 60μm不等。包囊期是具有保护性外壁的生活史阶段，亦可在宿主粪便中查到。包囊呈圆球形，直径 10～20μm，成熟的包囊具有 4 个核，有感染性，经口感染宿主；至小肠下段虫体脱囊而出，分裂为 4 个较小的滋养体，向下移行进入大肠。滋养体在大肠内以二分裂法增殖，最后形成包囊，排出体外。症状为腹泻、下痢，排含脓血或黏液粪便。盲肠和大肠壁上有溃疡。犬、猫感染后粪中不排出包囊。猴以隐性感染为主。猪、猫、鼠感染率较低。人发病时为阿米巴痢疾或阿米巴结肠炎；有时出现肝阿米巴脓肿和肺阿米巴病，但以肠阿米巴病为主。急性病例可取新鲜粪便制成涂片，检查包囊或滋养体。用甲硝咪唑、喹碘仿、安痢平等治疗。预防主要是实施卫生措施，防止粪便污染食物和饮水。

熔点温度（melting temperature，Tm） 又称解链温度。将 50%的 DNA 分子发生变性时的温度。DNA 的 Tm 值一般在 70～85℃。G-C 碱基对含量愈高的 DNA 分子则愈不易变性，Tm 值也大。一般说离子强度低时，Tm 值较低，转变的温度范围也较宽。反之，离子强度较高时，Tm 值较高，转变的温度范围也较窄。

融合蛋白（fusion protein） 由融合基因编码的蛋白质。两基因串连在一起而且阅读框架相同，因而编码成的蛋白为一个完整的融合分子。通常用一个易于检测的蛋白的基因如大肠杆菌的β半乳糖苷酶基因与某个基因融合表达，以检测前者的产物作为后者表达的间接指标。

柔嫩艾美耳球虫（*Eimeria tenella*） 属真球虫目（Eucoccida）、艾美耳亚目（Eimeriina）、艾美耳科（Eimeriidae）、艾美耳属（*Eimeria*），主要侵害鸡的盲肠及其附近区域，是致病力最强的一种鸡球虫。卵囊较大，大多为宽卵圆形，少数呈椭圆形。其大小为（19.5～26.0）μm×（16.5～20.8）μm，平均为（22.0～19.0）μm。卵囊指数为 1.16。原生质呈淡褐色；卵囊壁蛋黄绿色，囊壁厚约 1μm。完成孢子化发育的最短时间为 18h，最长者为 30.5h，大多数在 27h 左右。孢子囊大小为（7.5～12.7）μm×（5.0～6.75）μm，平均 11.47～6.23μm，无孢子囊残体和卵囊残体。最短潜隐期 115h。人工感染后第 7 天，在试验鸡粪便中出现卵囊，第 8 天达高峰，第 9 天开始下降，约在第 13 天停止排卵。生活史包括孢子生殖、裂殖生殖和配子生殖 3 个阶段。当鸡摄食了孢子化卵囊后，进入肌胃中，通过胃机械作用和酶的化学作用，卵囊壁和孢子囊破裂，释出子孢子。子孢子被肠内容物带到盲肠，首先进入表层上皮细胞，再通过基底膜到达固有层，在上皮细胞内虫体变圆，称之为滋养体（trophozoite）。滋养体经裂殖生殖成为裂殖体。一个裂殖体含有大约 900 个第一代裂殖子。这时宿主细胞即遭破坏，裂殖子进入肠腔，每一个第一代裂殖子进入一个新的上皮细胞，发育为第二代裂殖体，每个裂殖体含有 200～350 个第二代裂殖子，并再度破坏宿主细胞而进入肠腔，有的第二代裂殖子再次进入上皮细胞进行第三代裂殖生殖，大多数第二代裂殖子在上皮细胞内发育为大配子体和小配子体，进行配子生殖，产生合子，再形成卵囊壁成为卵囊，宿主细胞破裂后卵囊随宿主排泄物排出体外，在体外适宜环境中进行孢子生殖，进入下一世代循环。

鞣酸（tannic acid） 收敛药。为配糖体。广存于植物中。多取自没食子或五倍子。大量吸收后可产生肝局灶性坏死和肾损害。限用于小范围皮肤和黏膜的表面损伤。常用其 1%～10%溶液或配成软膏和甘油制剂。鞣酸与蛋白质结合的鞣酸蛋白为内服收敛药，用于非感染性肠卡他和腹泻。

鞣酸蛋白（albutannin） 收敛药。鞣酸与蛋白质的复合物。进入小肠后，逐渐分解为鞣酸和蛋白。前者使肠黏膜表层组织蛋白变性，具有保护作用，可减轻刺激减少渗出而止泻，作用较持久。主要用于急性肠炎及非感染性腹泻。

肉斑蛋（meatspots egg） 一种异物蛋。在蛋白内有暗灰色或红褐色碎组织样或血凝块状异物存在的蛋。一般认为碎组织样或血凝块样异物是在输卵管内形成的，是蛋在形成过程中输卵管壁受损伤引起出血等变化的结果。

肉孢子虫病（sarcocystosis） 肉孢子虫（*Sarcocystis*）寄生于牛、绵羊、山羊、猪、马、鼠类、鸟类等多种动物的横纹肌和心肌引起的原虫病。该虫属孢子虫纲、肉孢子虫科（Sarcocystidae）。常见种有：猪肉孢子虫（*Sarcocystis miescheriana*）、羊肉孢子虫（*S. tenella*）、牛肉孢子虫（*S. fusifotrois*）、马肉孢子虫（*S. bertrami*）、鼠肉孢子虫（*S. muris*）、家鸭肉孢子虫（*S. vileyi*）、猿肉孢子虫（*S. kortei*）和人肉孢子虫（*S. hominis*）。肉孢子虫的包囊呈灰白色，圆柱形或菱形，大小差别很大，大的肉眼可见，小的 1～5μm，包囊内由隔板分隔成若干小室，成熟包囊的中心区充满香蕉形的缓殖子。寄生于食道壁、舌、咽、膈肌、心肌及胸腹部等处的横纹肌。肉孢子虫以大多数的草食动物或杂食动物为中间宿主，它们因摄入随终末宿主粪便排出的孢子囊或卵囊而感染。肉食动物为终末宿主；由于食入中间宿主肌肉中包囊而感染。轻度感染不显症状，严重感染的急性期可引起牛、羊流产，消瘦，瘫痪，呼吸困难，甚至死亡；猪可引起腹泻，肌炎，发育不良和跛行。诊断以在肌肉中发现包囊而确诊。无特效药物。预防上禁用生肉喂犬猫，严格执行肉品卫生检验制度。

肉孢子虫属（*Sarcocystis*） 属于复顶门（Apicomplexa）、孢子虫纲（Sporozoa）、球虫亚纲（Coccidia）、真球虫目（Eucoccidia）、住肉孢子科（Sarcocystidae）。因寄生在肌肉组织中而得名。主要寄生于牛、羊、猪、马、犬和猫，也寄生于野生食草哺乳动物以及鼠类、鸟类、爬虫类、鱼类和人体中。中间寄主一般为草食动物，如牛、羊、猪、马等。终末宿主一般是肉食动物，如犬、猫等。终末宿主体内的卵囊含有2个孢子囊，每个孢子囊内有4个子孢子，孢子囊无斯氏体。在终末宿主的肠上皮细胞内孢子化，随粪排出时已经完成孢子化过程。中间宿主体内的无性生殖阶段有裂殖体和包囊两种类型。肉孢子虫的包囊，小的肉眼不易看见，大的直径达1cm或更大，呈纺锤形、卵圆形或圆柱形，与肌纤维的长轴平行，囊壁两层，外层由单一的膜组成，可能平滑而薄，也可能厚且含有刺、突或纤毛。内层膜有细小的横隔或嵴伸入囊内，将囊分为许多小室。小室内含有许多呈月牙形、香蕉形或圆柱状虫体，称为缓殖子。终末宿主因吞食了含有慢殖子的成熟的肉孢子虫包囊而感染，中间宿主因食入卵囊等而感染。一种动物可感染多种肉孢子虫。

肉垫创伤（wound of pads） 犬肉垫裂创。治疗宜将创缘切除，进行缝合，对肢端注意保护，期待愈合。不能一期愈合的，往往形成溃疡，在掌垫、足底出现广泛性溃疡面，治愈困难，必要时进行断肢手术。

肉毒梭菌（*Clostridum botulinum*） 属厌氧性梭状芽孢杆菌属，营腐生生活，产生致死性嗜神经外毒素的革兰阳性专性厌氧菌。菌体大小为（0.9～1.3）μm×（4～9）μm，无荚膜，以周鞭毛微弱运动，产生卵圆形近端芽孢。在血琼脂上形成圆形、中央隆起、表面颗粒状的溶血性菌落。产生的耐热性蛋白质毒素能抵抗pH3～6及胃蛋白酶作用，是目前已知生物毒素中最强的一种。根据毒素抗原性不同可将本菌分成A、B、C、D、E、F和G等7个菌型或毒素型。本菌毒素可引起致死性的人食物中毒和畜禽的饲料中毒。

肉毒中毒（botulism） 因摄入含有肉毒梭菌产生的外毒素的物质而引起的一种人畜共患中毒症。特征为运动中枢神经和延脑麻痹，表现共济失调、流涎、视觉障碍，严重者因呼吸肌麻痹而引起死亡。肉毒梭菌在自然界分布较广，各型肉毒梭菌可分别产生A、B、C、D、E、F、G 7种免疫源性不同的毒素，在我国引起食物中毒的主要是A、B、E 3型。引起人中毒的食品，大部分为家制发酵食品，少数是肉、蛋、鱼类食品。畜禽中毒主要是摄入腐败、霉变的饲料。近年国外报道，肉毒梭菌芽孢经口摄入并在肠内发芽增殖并产生毒素，经肠道吸收后引起婴儿中毒，从病儿粪便中检出肉毒梭菌及其毒素。实验室诊断可做动物接种试验或免疫扩散试验等。早期治疗可用多价抗毒素配合支持疗法。

肉鸡猝死综合征（sudden death syndrome in broilers，SDS） 又称肉鸡急性死亡综合征（acute death syndrome，ADS）、仆翻病（flip over disease）。肉鸡在没有任何外部症状的情况下突然死亡，是肉鸡生产中的一种常见疾病，多发于生长快的青年鸡。病程短，发病前无任何异状。多以生长快，发育良好，肌肉丰满的青年鸡突然死亡为特征。部分猝死鸡发病前比正常鸡表现安静，饲料采食量减少，个别鸡常常在饲养员进舍喂料时，突然失控，翅膀急剧扇动或离地跳起15～20cm，从发病至死亡约1min。死鸡一般为两脚朝天呈仰卧或腹卧姿势，颈部扭曲，肌肉痉挛，个别鸡只发病时有突然尖叫声。病死鸡皮肤发白，肌肉丰满，个体大，嗉囊和肌胃内有刚吃进的饲料，死后肺淤血、心脏扩大、心肌松软，有明显的循环障碍（超量血凝块）等。

肉鸡腹水综合征（ascites syndrome in broilers） 又称肺动脉高压综合征（pulmonary hypertension syndrome，PHS）。危害快速生长的幼龄肉鸡，以明显的腹水、右心扩张、肺充血、水肿以及肝脏的病变为特征。腹腔内积聚大量浆液性液体，从而导致病鸡死亡的营养代谢障碍性疾病。通常病鸡个体小于正常鸡，羽毛蓬乱，神情倦呆，不愿活动，呼吸困难和发绀。肉眼可见的最明显的临床症状是病鸡腹部膨大，呈水袋状，触压有波动感，腹部皮肤变薄发亮。严重者皮肤瘀血发红，有的病鸡站立困难，以腹部着地呈企鹅状，行动迟缓，呈鸭步样。病程一般为7～14d，死亡率10%～30%，最高达50%。目前对肉鸡腹水综合征尚无理想的治疗方法，使用强心药对早期病鸡有一定的治疗效果。针对该病应着眼于预防。

肉类成熟（meat ripening/ageing） 胴体或鲜肉继僵直阶段之后，肌肉逐渐由粗韧变得比较柔嫩的过程。这主要是肌肉纤维在组织酶的催化作用下，肌节发生断裂以及肌球蛋白粗丝和肌动蛋白细丝结合松弛的结果。同时组织蛋白酶将蛋白质缓慢分解为小分子肽或氨基酸、核苷酸以至次黄嘌呤等，赋予肉特殊的香味和鲜味。成熟肉呈酸性反应，外表常形成一层干膜，切面富有水分，易于煮烂与咀嚼，风味增加，食用性质得到改善。肉在供食用前，原则上都应经过成熟过程，尤其是牛羊肉经过此阶段可使品质得到改善。

肉类腐败（meat spoilage） 肉类受外界环境因素作用，蛋白质分解产生大量人体不需要的物质（如吲哚、甲基吲哚、硫化氢、硫醇和氨等均具腐臭味）的过程。发生肉类腐败的根本原因是微生物，主要是假单胞菌属、小球菌属、梭菌属、变形菌属和芽孢菌属。一般认为新鲜冷藏肉的腐败菌主要是革兰阴性菌，而腌制过的肉则以革兰阳性菌、酵母菌和霉菌为主。肉在任何腐败阶段，对人类消费都是不适宜的。腐败变质肉必须化制或销毁处理。

肉类罐头（canned meat） 以畜、禽肉为主要原料，经处理、分选、修整、烹调（或不经烹调）、装罐、密封、杀菌、冷却而制成的具有一定真空度的罐头食品。肉类罐头的包装主要有马口铁罐、玻璃罐、复合薄膜袋或其他包装材料容器。

肉类僵直（meat rigor，mortis） 屠宰后的畜禽肉，随着肌糖原酵解和各种生化反应的进行，肌纤维发生强直性收缩，使肌肉失去弹性，变得僵硬的状态。一般动物于死后1～6h开始僵直，到10～20h达最高峰，至24～48h僵直过程结束。处于僵直期的肉，肌纤维强韧，保水性低，肉质坚硬、干燥、缺乏弹性，嫩度降低。若此时烹调食用，吃起来觉得粗糙硬固，食用价值和风味都较差。因此，处于僵直期的肉不宜烹调食用。

肉类自溶（meat autolysis） 肉类因保藏不当、散热条件不好，或者继成熟过程乳酸与磷酸积聚到一定量后，组织蛋白酶活化使肌肉出现的自体分解现象。一般无细菌参与其变化过程。蛋白分解除产生多种氨基酸外，还常有少量硫化氢、硫醇等具臭味的挥发性物质，通常没有氨。自溶的肉组织松软、缺乏弹性并带酸臭味甚至变色，故需经过高温处理或加工后方可食用。

肉瘤（sarcoma） 来源于间叶组织（结缔组织、脂肪、肌肉、脉管、骨、淋巴组织等）的恶性肿瘤。在肉瘤之前可冠以来源组织的名称，例如，纤维肉瘤即表明为结缔组织的恶性肿瘤，脂肪肉瘤即为脂肪组织的恶性肿瘤。肉瘤常见血源性转移。

肉品残毒（meat residues） 食品动物在生活过程中，经过各种途径进入并残留于机体和肉品中的有毒有害物质。常见的有杀虫剂、抗菌药物、激素及其类似物、重金属等。有机氯、氟化物、重金属、硝酸盐及亚硝酸盐、抗菌药、激素、亚硝胺、多氯联苯和霉菌毒素等都能从环境进入食物和畜禽体内，其中有些性质相当稳定，从而残留于肉及肉制品中，进而危害人体健康。

肉髯（wattle） 鸡口角和颧部下垂的皮肤褶。黄色或红色。幼禽裸露，成禽因扩大而将面部皮肤带入。可散布有短小羽毛。结构似肉冠而较薄，真皮深层为疏松组织。肉髯边缘可用作皮内注射处。

肉芽肿性炎（granulomatous inflammation） 简称肉芽肿，又称特异性增生性炎（specific proliferative inflammation）。某些特殊病原生物引起的以形成肉芽肿为特征的炎症。分为超敏反应型和异物型2类。特殊病原生物包括结核杆菌、布鲁菌、真菌、蠕虫及虫卵等，在其引起的迟发型超敏反应基础上，形成超敏反应型肉芽肿，如结核性肉芽肿等。典型的肉芽肿主要由巨噬细胞增生构成界限清楚的结节状病灶。内部是巨噬细胞、上皮样细胞、多核巨细胞构成的特殊性肉芽组织，其外围有普通肉芽组织包绕和淋巴细胞浸润。异物型肉芽肿主要由某些异物如缝线、木刺等引起。

肉芽组织（granulation tissue） 新生的毛细血管和成纤维细胞所组成的幼稚结缔组织。在创面上呈鲜红色、颗粒状、湿润、类似肉芽。肉芽组织中还有数量不等的中性粒细胞、巨噬细胞和淋巴细胞。它具有抗感染、清除伤口内病理性产物和修补伤口等重要作用。伤口填平后，肉芽组织中的血管退化，细胞成分减少，胶原纤维增多，转变成坚韧的瘢痕组织。

肉制品（meat products） 用畜禽肉为主要原料，经调味制作的熟肉制成品或半成品。包括香肠、火腿、培根、酱卤肉、烧烤肉、肉干、肉脯、肉丸、调理肉串、肉饼、腌腊肉、水晶肉等。

蠕虫病（helminthiasis） 蠕虫寄生于人与脊椎动物体内引起的疾病。包括扁形动物门、线形动物门和棘头动物门等所属的各种蠕虫。能引起动物消瘦，贫血，被毛松散，饲料报酬率下降，严重者死亡。中国地处温、亚热带，其地理、气候及土壤条件均适合肠道蠕虫的生长繁殖，是蠕虫病的高发地区。

蠕动（peristalsis） 消化管壁纵行与环形肌交替收缩形成的朝着肛门方向呈波状推进的运动。可使食糜充分混合并向后推送。小肠蠕动的频率与速度在十二指肠最高，向后呈梯度降低。肠内时出现与蠕动方向相反的逆蠕动以延长食糜在小肠内的停留时间，有利于充分消化和吸收。此外还有一种通过的距离长、速度快的蠕动，称蠕动冲，有利于有害物质迅速排出小肠，减少对其吸收和避免其对肠壁的伤害。

蠕形螨病（demodicidosis） 蠕形螨属（*Demodex*）的螨虫寄生于家畜以及人的毛囊和皮脂腺引起

的皮肤病。主要表现为皮肤发痒、酒渣鼻、毛囊炎、脱发、溢脂性皮炎等。其中，在犬、羊中常见。各种家畜、犬及人都有其特定的蠕形螨寄生。该病的发生主要是由于病畜与健畜相互接触，通过皮肤感染，以山羊和犬蠕形螨病较常见。该病的诊断参考临床症状，发现虫体即可确诊。对患畜应隔离治疗，并用杀螨药剂对被污染的场所及用具进行消毒。可用伊维菌素皮下注射，或用双甲醚溶液涂擦患部有一定的效果。

蠕形螨属（*Demodex*）　蠕形螨科（Demodicidae）的一类永久性寄生螨，寄生于多种哺乳动物的毛囊、皮脂腺或内脏中，对宿主的特异性较强。寄生于人体的有毛囊蠕形螨（*Demodex folliculorum*）和皮脂蠕形螨（*D. brevis*）。此外，犬蠕形螨（*D. canis*）、羊蠕形螨（*D. caprae*）和猪蠕形螨（*D. phylloides*）等多种蠕形螨都是常见的螨种。虫体细长呈蠕虫状，乳白色，半透明，体长 0.15～0.30mm，雌螨略大于雄螨。蠕形螨的全部发育过程都在宿主体上进行，为不完全变态发育，包括卵、幼虫、若虫、成虫 4 个阶段。一般先寄生于皮肤毛囊的表层，后进入毛囊的底部，有的还能侵入到皮下组织和淋巴结内，转变为内寄生虫。

乳池闭锁（block of the cistern）　乳头基底部的乳池棚或乳头池黏膜下结缔组织增生使乳汁不能进入乳头池，乳头细瘪、无乳挤出。继发于乳池狭窄。可用冠状刀使闭锁部穿通并切割掉增生组织，但易复发，难以根治。

乳池乳（cistern milk）　乳汁的排出有一定的次序，最先排出的一部分称为乳池乳，它贮存在乳池内，当乳头括约肌开放时，只需重力就可排出。乳牛的乳池乳一般占泌乳量的 1/3～1/2。我国黄牛、水牛、牦牛的乳池乳甚少，有的甚至没有。

乳池狭窄（stenosis of the cistern）　乳头基底部的乳池棚或乳头池黏膜下结缔组织增生增厚、形成肉芽和瘢痕可导致乳池腔变窄的一种疾病，严重者可使乳池闭锁。通常是由慢性乳房炎或乳池炎引起，或由粗暴挤奶或乳头挫伤所造成。黏膜面的乳头肿瘤、纤维瘤等，也可造成狭窄。奶牛常见，主要表现为挤奶困难，甚至挤不出乳。触诊乳头基部和乳池，可感觉组织增厚，不均匀或有结节。无有效疗法，难以根治，应以预防为主。

乳齿（temporary tooth）　再出齿的第一个世代。见于大多数哺乳动物，在出生后不久或出生前陆续长出（出齿）；一般较小，色较白，至一定年龄陆续脱换为恒齿。臼齿和第一前臼齿无乳齿。家畜乳齿齿式：

犬、猪、马：$2\left(\frac{3\ \ 1\ \ 3\ \ 0}{3\ \ 1\ \ 3\ \ 0}\right)$，

猫：$2\left(\frac{3\ \ 1\ \ 3\ \ 0}{3\ \ 1\ \ 2\ \ 0}\right)$，

牛、羊：$2\left(\frac{0\ \ 0\ \ 3\ \ 0}{4\ \ 0\ \ 3\ \ 0}\right)$，

骆驼：$2\left(\frac{1\ \ 1\ \ 3\ \ 0}{3\ \ 1\ \ 2\ \ 0}\right)$，

兔：$2\left(\frac{2\ \ 0\ \ 3\ \ 0}{1\ \ 0\ \ 2\ \ 0}\right)$。

仔猪出生时乳犬齿和第 3 乳切齿已出齿，吮乳时如损伤母猪乳头，可用钳拔去。

乳房（mamma，udder）　雌性哺乳动物产生乳汁用来哺育幼仔的器官。其生长、发育和功能活动受一系列性激素控制。呈小丘状隆起于体表，顶端形成乳头。外覆皮肤，实质由乳腺构成，为皮肤腺的变形；结缔组织构成间质支架和乳房悬器，并含多量脂肪。在多乳房动物，成对排列于胸部、腹部和腹股沟部，如猪有 7 对，犬 5～6 对，猫 4 对，兔 4～5 对；其中胸部一般 2 对，腹股沟部 1 对，其余在腹部。牛、骆驼乳房 2 对，羊 1 对，马 1 对，均位于腹股沟部，且与对侧者几乎合并为一整体，仅以乳房间沟为界；具有较发达的乳房悬器，其中内侧韧带形成两侧乳房的间隔。乳头上的孔与乳房内乳腺的导管系统数相一致；输乳导管在乳房顶部和乳头内常略扩大，称输乳窦。雄性乳房通常不发育，只有不发达的乳头，如肉食兽、猪在躯干腹侧，反刍兽在阴囊颈处，公马在包皮处；有的动物则完全萎缩，如大鼠等。

乳房创伤（udder trauma）　乳房皮肤和乳腺组织的损伤。主要发生于泌乳的体积较大的乳牛前乳区，包括以下几种情况。①轻度外伤：常见的由皮肤擦伤、皮肤及皮下组织的创伤，可按外科常规处理，以防继发感染。②深部创伤：多为刺创，乳汁从创口外流，愈合缓慢，按外科深部创伤处理，全身使用抗生素，以防感染乳房炎。③乳房血肿：乳房深部组织的创伤波及血管可引起血肿，小的血肿可吸收自愈，大的血肿需对症治疗。④乳头外伤：主要见于垂乳，往往是在起立时被后蹄踩踏所致，重者可使乳头断裂，根据损伤程度按外科方法处理。

乳房蜂窝织炎（mammary phlegmona）　乳房皮下或/及乳腺间质组织发生脓性或脓性腐败性炎。由外伤引起，或与浆液性炎、乳房脓肿并发。患病乳区或一侧乳房剧烈肿胀，坚硬、疼痛。乳汁产量剧减，分泌物呈灰色。乳上淋巴结肿大，全身症状重，预后可疑。

乳房浮肿（udder edema）　又称乳房浆液性水肿。特征是乳房间质内体液过量蓄积。乳牛多发，分

为生理性和病理性乳房浮肿。前者多发生于临产前，乳房轻度浮肿，分娩 7～10d 后可消散；后者局限于乳腺间质及皮下，以乳房下半部明显，无热无痛，指压留痕，严重水肿可波及乳房基底部、下腹部、胸下及四肢。大部分病例不需要治疗，可适当增加运动，减少精料和多汁饲料，适量减少饮水。病程长、症状重者可行局部温敷，服用强心、利尿等药物。但不得乱刺皮肤排液。

乳房坏疽（mammary gangrenosis） 又称坏疽性乳房炎（gangrenous mastitis）。由腐败、坏死性微生物引起的乳房炎，或乳房炎的并发症。偶尔见于乳牛和绵羊。被感染乳腺组织形成败血性梗塞，广泛引起感染组织和相邻皮肤的急性或最急性腐败分解、坏死。病初患区皮肤出现紫红斑，触之硬痛。继而患区肿胀、剧痛，发生坏死。最后皮肤变湿冷，呈紫褐色。重者患畜出现剧重全身症状，常来不及治疗而死亡。轻者患区组织开始分解、脱落而逐渐收口愈合。治疗要及时，可使用大剂量广谱抗生素全身和乳区内注入，严禁热敷和按摩。乳房坏疽一般只发生于一个乳区，轻者患区可自行分解脱落而痊愈。

乳房浆液性水肿（udder serous edema） 见乳房浮肿。

乳房脓肿（mammary abscess） 乳房的脓性卡他性炎沿乳管扩散，组织分解形成腔隙，脓汁积聚而成脓肿，初粟粒大至豌豆大。多个小脓肿可汇合形成较大脓肿，至大脓肿。位于浅表的可以触知，有的可从皮肤破溃。患乳区肿大有痛感，乳汁含絮状物和大量脓汁。乳上淋巴结增大，患侧后肢跛行。有全身症状。可用抗生素试治，但禁止按摩。广泛性的乳房脓肿，只能行乳房切除术。

乳房切除术（mastectomy） 切除部分或全部乳腺的手术。适用于顽固性化脓性乳腺炎、乳房的多发性脓肿、恶性肿瘤、坏疽等。通常采用切除 1～2 个乳区或全部乳腺。乳房血管丰富，手术时间较长，创面大要有皮肤覆盖。麻醉、止血、防感染是手术成功的关键，留有足够皮瓣也很重要。主要的手术步骤是：患畜仰卧或半仰卧保定，充分暴露乳房部分，全身及局部浸润麻醉，分离皮肤与乳腺组织，分别确实结扎进出乳房的来自下腹、会阴、腹股沟的动、静脉，将皮瓣与创面切实缝合。一般要留引流口，术后防感染。

乳房送风法（method of pour air into the mammary gland） 治疗生产瘫痪惯用的最有效和最简便的疗法，特别适用于对钙反应不佳或复发的病例。有专门的乳房送风器。其机理是乳房内打入空气后，压力上升，乳房内血管受到压迫，流入血液减少，随血流进入初乳的钙也随之减少，血钙和血磷的水平增高。同时，全身血压上升，脑的缺血、缺氧状态得到改善。空气还对乳房内神经末梢产生刺激并传至大脑，从而提高大脑的兴奋性，恢复其调节血钙平衡的功能。

乳房送风器（Evelsa's apparatus） 治疗奶牛生产瘫痪乳房内送风的专用器械。1898 年由丹麦兽医史密特（J. Schmidt）首创，由二联球、空气过滤消毒器和导乳管及连接用的胶管组成。导乳管消毒后，从乳头管插入乳头内。按压气球，空气经二联球至过滤器，消毒后经导乳管进入乳房。进气量，以外弹乳房皮肤发出膨音为止。空气过少，达不到治疗目的；过多，涨破乳腺腺泡，影响疗效和以后泌乳。4 个乳区均要送风。送风毕，拔出导乳管，捻挫乳头，促使括约肌收缩，防止空气外泄。或用纱布条结扎。

乳房炎（mastitis） 多种病原微生物引起的乳房炎症。可见于各种哺乳动物，以奶牛和奶山羊多发，其中奶牛的乳房炎给奶牛业造成严重损失，且具有重要的公共卫生意义。乳房炎可分为临床型和非临床型两大类。前者乳腺肿胀、发热、疼痛和乳汁变性；后者要通过检测乳中体细胞数等方法才能检出。预防乳房炎需要采取乳头药浴、干奶期预防、搞好环境卫生等综合措施并长期坚持才能奏效。通过乳头管向乳房内注入抗生素，是治疗乳房炎的主要措施。

乳房注射（intraudder injection） 将药液通过乳头导管注入乳池内的一种乳房给药法。动物站立保定，挤干乳汁，洗净、拭干乳房外部，用 70%酒精清洗、消毒乳头，以左手将乳头握在掌内并轻轻下拉，右手持乳导管自乳头徐徐导入，再以左手把握乳头及乳导管，右手持注射器连接到导管上，徐徐注入药液，注毕后拔出乳导管，以左手拇指及食指紧握乳头开口，右手进行乳房按摩，药液完全散开后便可松手。

乳化剂（emulsifier） 乳剂中分散相与连续相两相间的界面活性物质，具有促进与稳定两种互不相溶物形成乳剂的作用。如弗氏佐剂中的羊毛脂和油乳佐剂中的 Span 80、Arlacel 80、Tween 80、Atls G－1471 等。

乳化作用（emulsification） 脂肪性物质在某些乳化剂作用下，减低表面张力，使其分散成微滴散布于水中的过程。例如胆盐在肠道中能使脂肪乳化成直径极小的微粒，增加与脂肪酶的接触面，促进脂肪的消化和吸收。

乳剂（emulsions，emulsio） 也称乳浊液。由两种互不相溶的液相（水和油）组成的分散体系。可供内服或外用。其中油为分散相，水为分散介质，油成球滴分散在水中者称水包油（O/W型）乳剂，而相反者称油包水（W/O型）乳剂。两相间的界面活性物质称为乳化剂。乳剂类型主要取决于乳化剂的种类及两相的比例。乳化剂有阻止分散相聚集，稳定乳剂的作用，分为表面活性剂（肥皂、十二烷基硫酸钠、溴化十六烷基三甲铵、吐温类、司盘类）、高分子溶液（阿拉伯胶、明胶等）和固体粉末（氢氧化铝、白陶土、氢氧化钙等）3种类型。乳剂不稳定，在放置过程中常见分层、絮凝、破裂、酸败等现象。W/O型乳剂较黏稠，在体内不易分散，佐剂活性较好，是生物制品中所采用的主要剂型。

乳胶免疫测定（latex immunoassay，LIA）　以乳胶凝集反应为基础所设计的免疫测定技术。用抗体致敏直径1μm的乳胶颗粒制成免疫微球，与抗原进行乳胶凝集后，如用肉眼观察，灵敏度不高。LIA的关键是用仪器正确测定凝集的程度，借以精确判定待测抗原的量，测定的方法主要有：①粒计数法，可测出未凝集的乳胶颗粒百分数，从而判定抗原含量；②浊度法，颗粒凝集后浊度变小，透过光增强；③光散射法，凝集颗粒大小与散射光强度呈正比，通过采用激光光源进行测定，故本法又称为间接激光散射免疫测定（indirect laser scattering immunoassay，ILSIA）。

乳酶生（lactasin）　助消化药。活乳酸干菌的干燥制剂。内服后，在肠道内分解糖类为乳酸，提高肠内酸度，从而抑制肠内病原微生物的繁殖，防止蛋白质腐败，减少肠内产气。用于幼畜下痢、消化不良、肠臌气等。也用作长期使用抗生素所致二重感染的辅助治疗。不可与抗菌药物合用。也不宜与吸附剂、收敛剂、酊剂等配伍。

乳糜（chyle）　小肠淋巴管及胸导管内含有乳糜微粒的白色或淡黄色混浊液。

乳糜微粒（chylomicron，CM）　颗粒最大、密度最小、分子量最大的一类脂蛋白。富含甘油三酯的脂肪颗粒，是转运外源性甘油三酯及胆固醇的主要形式。脂肪在消化道中被脂肪酶消化后，吸收进入小肠黏膜细胞再合成甘油三酯，并与吸收和合成的磷脂、胆固醇一起，由载脂蛋白B_{48}、A－Ⅰ、A－Ⅱ等包裹形成可溶于水的CM。新生CM通过淋巴管道进入血液。摄入脂类食物后，CM的增加使本来清亮的血浆变混浊。当CM到达肌肉、心和脂肪等组织时，黏附在微血管的内皮细胞表面，并由apoCⅡ迅速激活该细胞表面的脂蛋白脂肪酶，在数分钟内就能使CM中的甘油三酯水解。水解释出的脂肪酸可被肌肉、心和脂肪组织摄取利用。随着绝大部分甘油三酯的水解和载脂蛋白的脱离，CM不断变小，成为富含胆固醇酯的CM残余，并从微血管内皮脱落下来，进入循环系统，然后被肝吸收代谢。

乳区（quarter）　乳房的分区，由独立的乳腺、乳管系统和与之相连的乳池、乳头组成。牛有前后左右4个乳区。乳区间由结缔组织和韧带分隔。马的乳房为左右各一房，每房有前后两个乳区，但只有左右两个乳头，每个乳头上有两个乳头管开口。羊是左右各一房，每房一个乳区。猪每个乳房（奶包）内各有两个乳区，但乳头管开口于同一乳头。

乳热症（milk fever）　见生产瘫痪。

乳鼠流行性腹泻（epizootic diarrhea of infant mice，EDIM）　小鼠轮状病毒（mouse rotavirus）引起乳小鼠的一种传染病，4～17日龄的乳小鼠敏感性最高，特异症状是排黄色水样稀便，污染肛门及尾部。产仔数越多，发病越高。

乳素（lactenin）　乳汁中的一种抑菌成分。由乳腺产生，对多种细菌有抑制和杀菌作用，其杀菌力的强弱，因个体、乳区和泌乳期的不同而异。乳房中缺乏乳素容易感染。乳汁中的乳素可随存放时间延长而逐渐消失。

乳酸（lactate）　糖无氧酵解的终产物，是丙酮酸在乳酸脱氢酶的作用下还原而生成的。一般来说当组织的能量无法通过有氧呼吸得以满足，组织无法获得足够的氧或者无法足够快地处理氧的情况下乳酸的浓度会上升。在这种情况下丙酮酸脱氢酶无法及时将丙酮酸转换为乙酰辅酶A，丙酮酸开始堆积。假如乳酸脱氢酶不将丙酮酸还原为乳酸，糖酵解过程和三磷酸腺苷的生产会受到抑制。乳杆菌属细菌可以生活在口腔内，它们产生的乳酸可导致龋齿。乳酸有很强的防腐保鲜功效，具有调节pH、抑菌、延长保质期、调味、保持食品色泽、提高产品质量等作用。天然乳酸是乳制品中的天然固有成分，具有维持乳制品的口味和良好的抗微生物作用，已广泛用于调配型酸奶奶酪、冰淇淋等食品中，成为备受青睐的乳制品酸味剂。

乳酸钠（sodium lactate）　抗酸药。纠正酸中毒的作用机理基本上和碳酸氢钠一致，但必须经肝脏转化成碳酸氢根离子（HCO_3^-）才能发挥作用，故作用缓慢，肝功能不良时效果较差，且不能用于乳酸血症。主要用于代谢性或呼吸性酸中毒、高血钾症、幼畜胃肠炎。

乳酸循环（latic acid cycle）　又称Cori循环。肌肉收缩时（尤其缺氧）产生大量乳酸，部分乳酸随尿排出，大部分经血液运到肝脏，通过糖异生作用合成肝糖原或葡萄糖补充血糖，血糖可再被肌肉利用分解成乳酸而形成的循环（肌肉-肝脏-肌肉）。通过乳酸循环一方面可避免乳酸损失，另一方面可防止乳酸堆积引起酸中毒。

乳糖（lactose） 半乳糖通过 α-1，4-糖苷键连接葡萄糖而形成的二糖，是哺乳类动物乳汁中主要的二糖。它的分子结构是由一分子葡萄糖和一分子半乳糖缩合形成。味微甜，牛乳中约含乳糖 4%，人奶中含 5%～7%。工业中从乳清中提取，用于制造婴儿食品、糖果、人造牛奶等。医学上常用作矫味剂。

乳头（teat） 乳房顶端的圆形突起。供幼畜吸吮，乳汁通过乳头管排出。母牛乳头呈柱形，奶牛长达 8 cm；内腔较大，为乳头乳池。壁厚（奶牛可达 8 mm），由 3 层构成：外层为敏感而无毛和皮肤腺的皮肤；中层为含平滑肌和静脉丛的结缔组织；内层为黏膜，上部形成一些持久性皱襞。乳头管为穿过乳头顶壁的细管，在奶牛长达 1cm。管壁有平滑肌形成括约肌；黏膜形成纵褶，被覆复层扁平上皮，脱落的细胞形成脂性物质，平时可堵塞管腔防止乳汁漏出、细菌等侵入。羊乳头与牛相似，常呈锥体形。骆驼每一乳头有两支乳头管。马乳头较小，泌乳母马增大而略呈圆锥状；乳头管有前后两支，通入二较小的乳头乳池。猪乳头长圆形，乳头管也有前后两支，少数 3 支。犬乳头圆锥形，乳头管有 8～10 支，长约占乳头长的 1/3。猫乳头管约 6 支。兔乳头小，隐藏于被毛间；每一乳头的乳头管有 12～14 支。

乳头保护膜（membrane for preventing teat） 预防乳房炎的一种方法。乳房炎的主要感染途径是乳头管，感染时间主要在两次挤奶的间隔，挤奶后将乳头管封闭，可以防止病原微生物的侵入，是预防乳房炎的一个途径。乳头保护膜是一种丙烯溶液，浸攒乳头后，能很快在皮肤表面形成一层薄膜，温水才能洗去，它通气性好，无刺激性，还能固定和杀灭已在乳头表皮附着的病原体。

乳头管闭锁（block of the teat canal） 乳头管狭窄的进一步发展，使乳头管完全封闭，乳头池充奶，但挤不出来。有些先天性病例，有时仅为一层薄膜阻塞，用探针或导乳管用力捅开即可疏通。

乳头管狭窄（stenosis of the teat canal） 乳头管黏膜慢性炎症，组织增生导致的管道变窄，重者可使管道闭锁。奶牛较多发，有先天性、后天性两种。后天者多因不正确挤奶或感染所致。主要表现为乳池有奶，但挤奶困难，乳汁呈细线状或滴状排出，射向不正。触诊乳头末端，可觉管道组织不均匀，有增生物形成。用探针或导乳管可探知狭窄的部位及程度。可用手术方法使狭窄部通畅，但易复发。

乳头药浴（teat dipping） 预防乳房炎的有效方法。挤奶结束后，乳头管括约肌尚未收缩，病原微生物极易从此侵入乳房。乳头药浴就是在挤奶后，立即用药液浸泡或喷淋乳头，杀灭附着在乳头末端及其周围和乳头管内的微生物，达到预防目的。对药液要求杀菌效果好，刺激性小。

乳头药浴杯（cup for teat dipping） 乳头药浴用具。为塑胶制品，有横卧式和直立式两种。横卧式一端为杯，另一端为瓶，有孔相通。横卧时，瓶中药液流入杯中，浸泡乳头。浸毕直立，药液退回瓶中。直立式为上杯下瓶，有孔相通。挤捏瓶、药液涌入杯中，松开手药液退回瓶中。

乳头状瘤（papilloma） 乳头状瘤病毒引起的被覆上皮的良性肿瘤。有的肿瘤由于上皮角化、含间质较丰富、质地较硬，称为硬性乳头状瘤（hard papilloma）；有的结构疏松、含血管较多、质地软而易出血，称为软性乳头状瘤（soft papilloma）。前者见于各种动物头部、乳房部的皮肤，唇、齿龈、舌、颊、咽及食管等部的黏膜，尤以反刍动物、马、犬多发；后者见于喉头、鼻咽、胃、肠、子宫和膀胱等处的黏膜。眼观，瘤组织向皮肤或黏膜表面形成乳头状或花椰菜样突起，有时也呈绒毛状、树枝状或结节状。镜检，瘤组织是以间质增生形成的分支为基础，在表面被覆上皮细胞，上皮的层次可增多，细胞变大，有时也可化生成异型状态，但瘤组织很少向深部呈浸润性生长。

乳突（papilla） 线虫的感觉器官，外形呈乳头形、圆丘形、锥形、尖刺形等不同形状。常见的有唇乳突、环口乳突；颈乳突通常位于食道区的体表两侧；尾乳突一般分布于雄虫尾部的腹面。排列对称或不对称，有辅助交配作用。

乳突钝缘蜱（*Ornithodoros papiuipes*） 寄生于狐、野兔和刺猬等小哺乳动物的一种软蜱，也寄生于绵羊、犬和人。成虫略呈卵圆形，雄虫长约 5.5mm，宽约 3.2mm，雌虫长约 6.5mm，宽约 4mm，黄灰色，两侧体缘直而近于平行，前部逐渐缩窄，顶部尖窄突出，后端边缘钝圆。

乳突骨（mastoid bone） 又称乳突（mastoid process）。颞骨岩部的一部，位于骨性外耳道的后下方，为一短而钝的突起。在家畜常与颈静脉突毗邻，后者也称副乳突。

乳腺炎（mastitis） 由于各种病因引起的乳腺炎症。其主要特点是乳汁发生理化性质及细菌学变化，乳腺组织发生病理学变化。乳汁最重要的变化是颜色发生改变，乳汁中有凝块及大量白细胞。以乳用家畜，尤其是乳牛多发，是危害乳牛业主要疾病之一。根据乳腺炎的炎症过程和病理性质，可将其分为浆液性乳腺炎、卡他性乳腺炎、纤维蛋白性乳腺炎、化脓性乳腺炎、出血性乳腺炎等。根据乳房和乳汁有无肉眼可见变化，将乳腺炎划分为非临床型（或亚临床型乳腺炎）、临床型乳腺炎和慢性乳腺炎。根据乳汁能否分离出病原微生物而分为感染性临床型乳腺炎、感染性亚临床型乳腺炎、非特异性临床型乳腺炎和非特异性亚临床型乳腺炎4种。发生乳腺炎时，虽然在许多病例乳腺出现肿大及疼痛，但大多数病例用手触诊乳腺难于发现异常。肉眼检查乳汁也难于观察到病理性变化。因此，对这种亚临床型乳房炎的诊断主要是依靠乳汁的白细胞计数。通过乳头管向乳房内注入抗生素药物，是治疗乳房炎的主要途径。乳房炎的预防需要采取乳头药浴、干奶期预防、环境卫生等综合措施，长期坚持才能奏效。

乳源性疾病（milk borne disease） 由于进食携带有害微生物的乳或乳制品引起的疾病。发生原因主要是进食的乳与乳制品未经有效灭菌。分为两类：①由人类固有病原体污染引起的，如伤寒、副伤寒、痢疾、霍乱、白喉、猩红热、化脓疮和甲型肝炎、脊髓灰质炎等；②由乳畜疾病病原感染人引起的，如布鲁菌病、李氏杆菌病、结核病、大肠杆菌感染、炭疽、胎儿弯曲菌病、口蹄疫和Q热等。注意控制带菌动物，采用减少乳品污染的技术和有效灭菌措施以及加强卫生监督，有利于预防乳源性疾病的发生。

乳汁（milk） 通常称奶，是哺乳动物从乳腺分泌出来的一种白色或稍带黄色的、不透明的、具有胶体特性的、均匀的生物学液体。有商业价值的乳有奶牛乳、山羊乳、水牛乳、牦牛乳和马乳等，但以奶牛乳为主。乳几乎是初生动物的唯一食物，也是哺乳期幼龄动物最重要的食物。初乳中含有丰富的免疫球蛋白，可使新生仔畜获得一定的被动免疫力，提高仔畜的抗病能力，有利于仔畜的生长发育。牛乳和羊乳也是人类重要的动物性食品，适宜儿童生长发育期和老年人、营养不良以及病后体虚人食用。

乳汁变态反应（milk allergy） 乳牛在干乳期内发生的以荨麻疹为主征的一种疾病。同一母牛在下次干乳期可复发。病因似乎是一种遗传病。病牛眼睑、全身皮肤发生荨麻疹。被毛竖立，肌肉震颤，频发咳嗽，呼吸促迫，伫立不安，踢腹，舔吮自身，狂躁，吼叫。有的沉郁，步态拖曳，共济失调，卧地，体温升高，脉搏增数达100次/min以上。应用自身乳汁（稀释）皮内注射呈阳性反应可建立诊断。除通常自愈外，应用抗组胺药物在短期内多次重复注射疗效显著。

乳汁电导率测定法（milk conductivity test） 以乳汁电导率变化诊断乳房炎的物理方法。原理是乳腺感染后，腺泡被破坏和微血管渗透性增加，盐类进入腺泡腔，使乳汁钠、氯离子含量增加，导致电导率升高。电导率值有数字显示，较化学检验法客观，便于掌握，可在牛体旁进行。但正常乳汁电导率值个体间有差异，使用时需注意。

乳汁环状试验（milk ring test） 测定牛、羊是否被牛流产布鲁菌感染的一种试验。将杀死的牛流产布鲁菌用苏木精染色，制成悬液。取一滴悬液加入乳汁样本中，振荡混匀。如有抗体存在，则细菌凝集，并随乳油脂滴上升至表层形成一深蓝色环。如无抗体存在，在蓝色乳汁上，乳油呈白色。

乳汁体细胞计数（somatic cells count of milk） 计算每毫升乳汁中的体细胞数，是诊断非临床型乳房炎的一种基本方法。乳腺被感染后，会引起白细胞的渗出和乳腺上皮细胞的脱落，使乳汁中体细胞数增加。计算乳中的细胞数可以在早期检出乳房炎。乳汁细胞计数法分直接计数法和间接测定法两种。直接计数法是在显微镜下直接计数，同血细胞计数。还有电子计数法——微孔薄膜法和电子计数仪，荧光电子细胞计数法等。间接计数法是通过化学等方法间接测定体细胞数，比较实用。

乳脂（butter fat，cream） 乳中主要的能量物质和重要的营养成分。乳脂中的磷脂和某些长链不饱和脂肪酸具有多种生物学活性和生理功能，可作为体内一些生理活性物质的前体。乳脂有97%～99%为甘油酯，1%为磷脂。此外，还有少量游离脂肪酸、胆固醇及其他类脂。乳脂肪以微细球状的乳浊液状态分散于乳中，脂肪球的表面有一层磷脂蛋白膜，使得乳脂肪球均匀地分散于乳汁中不会相互融合。但脂肪球膜能在强酸、强碱或机械搅拌下被破坏。乳脂在常温下呈液态，易挥发，是形成牛乳风味的主要物质，同时也是稀奶油、奶油、全脂奶粉及干酪等乳制品的主要成分。乳脂相对密度较乳液低，会发生脂肪上浮。

乳中抗生素残留检验（examination of residue of antibiotics in milk） 判定和监督管理牛乳中抗生素残留情况的技术措施。目的在于避免因滥用抗生素等抗菌药防治感染和促进生长以及保鲜，在牛乳或其他食品中未经转化被遗留下来，引起消费者的过敏反应、菌群失调和出现耐药性细菌。常用的检查方法有TTC法（氯化三苯基四唑，2，3，5-Triphenyltetrazolium chloride）、圆盘法和纸片法等。

入场验收（entry slaughterhouse quarantine） 又称入场检疫。收购的畜禽进入屠宰场时进行的现场检疫，是宰前检疫的一个重要环节。其目的在于防止患病畜禽混在健康畜禽群中进入宰前饲养管理场，将患病畜禽剔除在场外。其检疫程序包括：①验讫证件，了解疫情；②视检畜（禽）群，病健分群；③逐头

（只）检温，剔除病畜（禽）；④个别诊断，按章处理。

软膏剂（unguentum） 将药物均匀混合于适宜基质中，供皮肤、黏膜或创面涂布的半固体外用制剂。起局部的保护和治疗作用。常用基质有凡士林、石蜡、羊毛脂等。在软膏中加入穿透促进剂如二甲基亚砜、氮酮等可制成某些药物的透皮吸收软膏，起全身治疗作用。

软骨膜（perichondrium） 被覆于除关节软骨以外的透明软骨表面的一层致密结缔组织。它是软骨生长、存活所必需的组织。软骨膜中含有很多胶原纤维，还有类似成纤维细胞的细胞，软骨膜内层的这种细胞可以直接向成软骨细胞分化，从而参与透明软骨的生长和修复。

软骨细胞（chondrocyte） 软骨组织中的主要细胞成分。位于软骨陷窝中。软骨细胞的核小，呈圆形或椭圆形，有1至数个核仁，胞质略嗜碱性。细胞形状依软骨组织而异：在透明软骨，靠近软骨膜的细胞呈椭圆形，其长轴与软骨表面平行，深部的细胞逐渐变为圆形或卵圆形，常常2个或多个聚集成群，称为同源细胞群；在弹性软骨，细胞的形态基本上与透明软骨的相似；在纤维软骨，细胞略呈卵圆形，夹在胶原纤维束之间，单个存在、成对存在或排列成单行。软骨细胞能够进行分裂增殖。

软骨营养不良（chondrodystrophy） 一种全身性骨骼发育缺陷。常发生于纯种犬。

软骨组织（cartilage tissue） 软骨细胞、软骨基质和纤维构成的一种特殊结缔组织。软骨细胞单个或成群地分布于软骨陷窝中，陷窝周围的基质着色深，构成软骨囊。软骨基质主要由酸性黏多糖构成，其中以硫酸软骨素最多。根据基质和纤维成分的不同，软骨组织分为透明软骨、弹性软骨和纤维软骨3种。

软脉（soft pulse） 脉管对检指的抵抗力小，以检指轻压即消失的脉搏。见于能引起脉管弛缓的各种疾病。

软蜱（soft tick） 软蜱科的蜱。体背呈皮革样质地，常有小乳突，无背甲。成虫和若虫的假头位于前端腹面。无眼；或有两对眼，位于2、3对足间侧面的基节上皱襞上。有1对气门，位于第3基节的后侧方。雌、雄虫无明显形态差别。

软琼脂法（soft agar method） 一种使用软琼脂克隆细胞的方法。培养基分两层。下层含0.5%（W/V）琼脂，待凝结后再加含细胞的软琼脂（含0.3%琼脂）。置CO_2孵箱培养2～3周后，取单个散在的细胞集落在液体培养基中扩大培养。因为使用软琼脂法克隆细胞时一般不能直接测定抗体分泌情况，故在杂交瘤技术中不如有限稀释法使用广泛。

软X线（soft X-ray beam） 由较低千伏产生的能量低、穿透力弱的X线。

软性影（soft shadow） 胸部X线检查时出现的一种密度不均匀、边界模糊的絮状影。如肺部渗出性病变，充满渗出液的肺泡与正常含气的肺泡互相交错在一起，表现为无明显的界限、对比不明显的软性影。

朊病毒（prion） 一类只有蛋白质没有核酸的传染性蛋白质因子，是绵羊痒病、牛海绵状脑病（疯牛病）、水貂传染性脑病、鹿慢性消耗性病和人库鲁病、克雅氏病、阿耳茨海默病等的病原，属亚病毒。纯化的朊病毒是一种相对分子量为27 000～30 000的蛋白质，称为抗蛋白酶蛋白（protease-resistant protein，PrPsc）。PrPc是正常细胞的一种糖蛋白，分子量33 000～35 000，称为PrP 33～35。PrP 27～30是PrP_{sc}，PrPc与PrPsc为同源异构，在同一宿主二者的氨基酸序列相同，但是PrPsc的构象改变，由以α螺旋为主变成以β折叠为主，PrPsc抵抗内切酶的消化，后者导致其凝聚，形成直径4～6nm的螺旋形杆状纤维，即所谓痒病相关纤维（scrapie associated fibrils，SAF），SAF在脑组织内形成神经元空斑（neuronal plaque），亦即PrP斑，引致海绵状损害及丧失神经元功能。对多种因素的灭活作用表现出强大的抗性，对物理因素，如紫外线照射、电离辐射、超声波以及80～100℃高温，均有相当的耐受能力。被感染的人和动物不呈现免疫效应，不诱发干扰素产生，也不受干扰作用。

蚋（*Simulium*） 双翅目、蚋科的一类小型吸血昆虫，长1.5～5mm。胸部背面弓隆，高过头部。口器较短。触角不超过头部的长度，且无毛。成蚋产卵于流水水面下的石块或植物上；幼虫附着在物体上活动，肉食性，脱皮6次，最后一期幼虫形成一三角形茧附着在石头或植物上，内含蛹。成蚋由茧内逸出，雌蚋刺吸人和动物血液，雄蚋以植物汁液为食。生活于有流水的环境中，多发生在瀑布边缘、山溪等处。宿主被叮咬吸血后常因过敏反应而引起皮肤红肿、剧痒和发炎等。某些种蚋是鸭住白细胞虫（*Leucocytozoon anatis*）、火鸡斯氏住白细胞虫（*L. smithi*）、鸡卡氏住白细胞虫（*L. caulleryi*）和血变原虫（*Haemoproteus*）的传播媒介和某些种盘尾丝虫（*Onchocerca*）的中间宿主。防治困难，可使用杀虫药或驱避剂。

闰盘（intercalated disk） 心肌组织的一种特殊结构，由心肌纤维间端端相接处的细胞膜特化而成。光镜下，闰盘呈深染的粗线状。电镜下，可见两肌纤维的肌膜呈阶梯样紧密相贴，并有紧密连接、桥粒和缝管连接。闰盘不仅将心肌纤维连接成网，并有传递兴奋的功能。

润滑药（emollient）　油脂类或矿脂类物质。具有滑润和黏着的性质。涂布于皮肤可缓和外来刺激，防止过度干燥，使皮肤保持软滑状态。润滑药还可做软膏基质。有的内服为润滑性泻药。根据其来源可分为：①矿脂类润滑药，如凡士林；②动物脂类润滑药，如豚脂、无水羊毛脂，含水羊毛脂等；③植物油类润滑药，如花生油、豆油、麻油、橄榄油等；④合成润滑药，如聚乙二醇、吐温 80、二甲亚砜等。

弱毒疫苗（attenuated vaccine）　又称活疫苗。通过物理的（温度、射线等）、化学的（醋酸铊、吖啶黄等）和生物的（非敏感动物、鸡胚、细胞等）连续传代，使其对原宿主动物丧失致病力，或只引起亚临床感染，但仍保有良好的免疫原性的毒株制备的疫苗。如猪丹毒弱毒疫苗、猪瘟兔化弱毒疫苗、牛肺疫兔化弱毒疫苗等。此外，从自然界筛选的自然弱毒株同样具有人工育成弱毒株的遗传特性，同样可以制备弱毒疫苗。如鸡新城疫 LaSota 疫苗等。

弱毒疫苗株（attenuated vaccine strain）　具有良好的抗原性和免疫原性，对同源动物只引起亚临床感染而又能获得免疫力的细菌株和病毒株。将强毒株通过物理、化学或生物学的途径，使其毒力减弱固定而又保有良好的抗原性和免疫原性的弱毒株称为人工致弱毒株。人工致弱毒株广泛用于制备弱毒疫苗和诊断抗原，如猪瘟兔化弱毒株、布鲁菌猪型 2 号和羊型 5 号弱毒株等。从自然界动物体分离筛选的弱毒株又称为自然弱毒株，它既可来源于同源动物也可从异源动物获得。如鸡新城疫病毒 Lasota 株和自鸭泄殖腔分离的鸡新城疫病毒 D_{10} 株等。

弱毒株（attenuated strain）　具有良好的抗原性和免疫原性，对同源动物只引起亚临床感染而又能获得免疫力的细菌株和病毒株。将强毒株通过物理、化学或生物学的途径，使其毒力减弱固定而又保有良好的抗原性和免疫原性的弱毒株称为人工致弱毒株。人工致弱毒株广泛用于制备弱毒疫苗和诊断抗原，如猪瘟兔化弱毒株、布鲁氏菌猪型 2 号和羊型 5 号弱毒株等。自然弱毒株见“弱毒疫苗株”。

弱踵蹄（thin wall and sole）　蹄踵壁的下部向内卷入的蹄。原因是蹄踵壁过低，角质软弱，向内方卷入，压迫蹄底的后半部及蹄支，甚至蹄叉也受到压迫，蹄踵壁外面与地面接触，严重影响蹄机。削蹄时多削蹄狭壁负面，使体重向蹄前半部转移，保护蹄叉，把卷入下内方的蹄踵削除，装蹄时在蹄尾上面稍设空隙，暂不负担体重。

S

腮腺（parotid gland） 耳廓基部和外耳道腹侧的大型唾液腺。位于下颌与寰椎翼之间，下端延伸到平下颌角，淡红色；形状和发达程度因动物而有不同，肉食动物较小，杂食动物和草食动物较发达。腮腺管从腺的前方走出，在肉食动物、绵羊、骆驼和兔横越咬肌表面向前至颊部，其他家畜经下颌内侧绕过下颌下缘，再沿咬肌前缘向上向前至颊部；最后在正对第2（猫、骆驼）、第3（马）、第3～4（羊、猪、犬）、第5（牛）或第6（兔）上颊齿处开口于颊黏膜，马、牛和猪在开口处形成较明显的乳头。肉食动物和猪沿腮腺管可有一些分散的腺小叶，称副腮腺。

腮腺脓肿（parotid gland abscess） 腮腺的化脓性炎症。多与马腺疫、牛结核并发，犬有时也可发生。腮腺肿胀、疼痛，腮腺附近淋巴结如腮腺淋巴结、咽后淋巴结也可肿大，有时体温升高。临床见食欲不振、咽下困难、软腭肿胀等。脓肿可自行破溃。姑息疗法有温敷、涂皮肤刺激药、用抗生素治疗等，可行脓肿切开，但因患部位置深，血管神经多，应特别注意局部解剖关系。

腮腺炎（parotitis） 腮腺炎病毒侵犯腮腺引起的炎症。原发性多数为外伤造成腮腺炎病毒感染，也可继发于口炎、腮腺管炎等病程中。临床上见一侧或两侧耳垂下肿大，肿大的腮腺常呈半球形。患畜表现头颈伸张、呼吸和吞咽困难，影响食欲。治疗用石炭酸水温敷的同时，注射抗生素以防继发感染。

腮腺原基（parotidean fundament/rudimentum）发生于上颌突和下颌突之间，起源于原始口腔外胚层。

腮腺摘除术（extirpation of the parotid gland）对腮腺进行摘除的手术。适应于患有严重的化脓性腮腺炎、腮腺瘘或肿瘤等。动物侧卧保定，全身麻醉，在腮腺中轴直线切开，剥离皮肤，暴露腮腺。从腮腺的后缘向前下或从腮腺下缘向上剥离，腮腺区血管极为丰富。手术中要避开大血管如颌外静脉、耳大静脉、面横动、静脉等，对小血管也应注意止血，避免失血过多，为手术操作创造清晰的视野。对大神经不得误伤并注意对相邻脏器的保护。术后在数日内限制头部活动，预防出血及感染。

鳃弓（branchial/gill arch） 鳃裂之间的隔壁。伴随着额鼻隆起与心隆起的出现，头部两侧的间充质增生，渐次形成左右对称、背腹方向的6对柱状的鳃弓。鳃弓参与面部、咽喉部和颈部的形成。其中，第1鳃弓形成上颌突和下颌突。第2鳃弓又称舌骨弓，其中的软骨称为Reichert氏软骨，将形成镫骨和部分舌骨。第3鳃弓的软骨将形成舌骨的大部分。第5鳃弓出现不久即消失。第4和第6鳃弓的软骨将形成喉软骨。

鳃呼吸（gill respiration） 多数水生动物通过鳃在水中进行气体交换的过程。鳃的构造因动物种类不同而异，硬骨鱼的鳃在头的两侧各有四个鳃弓，外有鳃盖保护，鳃弓上的鳃板是气体交换表面。鳃弓前方为口腔，后方为鳃腔，由于鳃节肌的收缩和口的开闭，使水由口进入口腔，经鳃弓到鳃腔，从鳃盖排出，而鳃板中的血流方向正好和血流方向相反，这种逆流交换作用有利于水中氧进入鳃毛细血管及血液中二氧化碳进入水中，完成气体交换作用。

鳃裂（branchial/gill cleft） 咽囊继续外突，鳃沟不断内陷，两者相遇并穿通，形成与外界相通的裂缝。低等脊索动物及鱼类的鳃裂终生存在，其他脊椎动物仅在胚胎期有鳃裂。

鳃霉病（fungous disease of gill） 鳃霉菌所致的鱼类传染病，病原为血鳃霉（*Branchiomyces sanguInts*）及穿移鳃霉（*B. demigraus*）。草鱼、青鱼、鳙、鲢、鲫、鲮等均可发病，不论鱼龄大小，在水质恶化的夏秋季往往急性暴发，大批死亡。鳃因霉菌大量寄生导致鳃瓣贫血乃至坏疽性崩解，并可有水霉等继发感染。病鱼池立即灌注新水或撒生石灰可控制本病。

鳃膜（branchial/gill membrane）　又称鳃板。咽囊内胚层与鳃沟外胚层相遇形成双层的薄膜。第1对鳃膜参与形成鼓膜。

鳃囊（branchial pouch）　在胚胎头部，前肠的盲端膨大形成咽区，其两侧内胚层多处向外突起，形成的5对囊状结构。第1对鳃囊形成咽鼓管鼓室隐窝，第2对鳃囊形成扁桃体隐窝，第3对鳃囊腹侧部形成胸腺原基，第3对鳃囊背侧部形成下一对甲状旁腺原基，第4对鳃囊形成上一对甲状旁腺原基，第5对鳃囊形成后鳃体原基。

鳃器（branchial apparatus）　鳃沟、鳃膜、鳃弓、咽囊等的统称。鱼类和两栖类幼体的鳃器演化为具有呼吸功能的鳃等器官。哺乳动物的鳃器存在时间短暂，鳃弓将参与颜面与颈的形成；咽囊内胚层则是多种器官的原基。哺乳类胚胎早期鳃器的出现是个体重演种系发生的现象。

鳃下隆起（hypobranchial eminence）　由左右第3和第4鳃弓腹内侧部融合而成，与联合突一起形成舌根。

噻苯咪唑（thiabendazole）　苯并咪唑类驱虫药。几乎不溶于水。对大多数胃肠道线虫如牛、羊血矛线虫、奥斯特线虫、马歇尔线虫、细颈线虫、古柏线虫、毛圆线虫、类圆线虫、食道口线虫、仰口线虫；马圆形线虫、尖尾线虫；猪圆形线虫、类圆线虫、食道口线虫；鸡蛔虫、异刺线虫均有效。对虫卵和未成熟虫体也有抑杀作用，并能治疗犬钱癣和皮肤霉菌感染。

塞姆利基森林病毒热（Semliki forest fever）　披膜病毒科虫媒病毒A组的塞姆利基森林病毒所致的蚊媒感染。该病毒是一种与疾病的关系尚未确定的虫媒病毒。从很多种蚊虫和某些没有临床症状的鸟和动物宿主中分离出来。病毒学和血清学研究结果表明，该病毒广泛分布于非洲，可能也分布于南亚和南欧。

赛地卡霉素（sedecamycin）　抗生素的一种。对多种细菌如葡萄球菌、链球菌、肺炎球菌、志贺氏菌等的抑制作用较强。对猪密螺旋体痢疾的作用比林可霉素强，但弱于泰妙菌素。主要用于治疗密螺旋体引起的猪血痢。常用剂型为预混剂。

赛杜霉素（semduramicin）　由变种的玫瑰红马杜拉放线菌培养液中提取后，再进行结构改造的半合成抗生素，是一种新型的离子载体抗球虫药物，具有极高的抗球虫性能。主要用于预防鸡的球虫病。对鸡堆型、巨型、布氏、柔嫩和缓和艾美耳球虫均有良好的抑杀效果。抗球虫机理可参考莫能菌素。

赛拉菌素（selamectin）　由阿维链霉菌发酵产生的新一代阿维菌素类抗寄生虫药物。抗虫机制是通过特异性结合γ-氨基丁酸受体，激活氯离子通道，从而导致虫体肌肉麻痹，达到杀虫的目的。主要用于治疗犬和猫栉头蚤感染、犬恶丝虫病、猫的耳螨病、疥螨病、肠道线虫、蛔虫、十二指肠钩虫感染以及啮毛虱和猫羽虱，还可用于兔、豚鼠、雪貂、仓鼠、沙鼠及刺猬等动物的驱虫以及用于辅助治疗跳蚤引起的变态反应性皮炎。

三叉神经（trigeminal nerve）　管理头面部感觉和咀嚼肌运动的第5对脑神经。属混合神经，是脑神经中最大的一对，内含特殊内脏运动纤维和一般躯体感觉纤维，由粗大的感觉根和细小的运动根组成。感觉根上有半月形三叉神经节，神经节细胞的中枢突终止于脑干内的三叉神经感觉核（中脑核、感觉主核和脊束核）；周围突形成眼神经、上颌神经和下颌神经。运动纤维起于脑桥的三叉神经运动核，加入下颌神经分布。

三氮脒（diminazene）　又称贝尼尔（Berenil）。抗巴贝斯虫药。除对家畜巴贝斯虫有治疗效果外，对锥虫和无浆体也有治疗作用。对牛不同种的巴贝斯虫效果不一，对马驽巴贝斯虫、马媾疫锥虫也有良效，对马巴贝斯虫疗效较差，对犬巴贝斯虫和犬吉氏巴贝斯虫引起的临床症状有明显消除作用，但不能完全消灭虫体。毒性较大，应按实际体重计算药量，现用现配。对局部组织有刺激性，宜分点、深层肌内注射。

三碘季胺酚（gallamine triethiodide）　又称弛肌碘（pyrolaxon）。非去极化型肌松性保定药。肌松作用较快，对喉肌作用较好，对多数动物无阻滞神经节和释放组胺的作用，但有较强的阿托品样作用，能被新斯的明所对抗。主要用于全身麻醉时使肌肉松弛，亦用于捕捉野生动物。心、肾功能不全及碘过敏患畜忌用。

三碘甲腺原氨酸（triiodo - thyronine，T3）　甲状腺激素之一。在甲状腺内由一分子一碘酪氨酸（MIT）与一分子二碘酪氨酸（DIT）缩合而成，在甲状腺外组织如骨骼肌、心、肾等可由甲状腺素（T4）脱去一个碘离子而生成。三碘甲腺原氨酸在甲状腺内的含量较甲状腺素少，在血中的含量仅为甲状腺素的1/9。在血中绝大部分与蛋白质结合进行运输，但只有游离型才具有生物活性，其作用是甲状腺素的3～5倍。

三度房室传导阻滞（third degree A - V block）　心律失常的一种。心房的激动完全不能传至心室，心室受另一个节律点控制，因此心房、心室各有固定的节律。心电图特点是P波规律出现，PP间期匀齐，

RR间期亦匀齐，但二者各有固定节律且没有相应联系形成完全性房室脱节，心房率常比心室率快。

三级卵泡（tertiary follicle） 卵泡发育过程中的最后阶段。在促卵泡素和促黄体素的作用下，卵泡细胞间形成间隙，并分泌卵泡液，积聚在间隙中。以后间隙逐渐汇合，成为一个充满卵泡液的卵泡腔，这时称为囊状卵泡。腔周围的上皮细胞称为粒膜。卵的透明带周围有排列成放射状的柱状上皮细胞，形成放射冠。放射冠细胞有微绒毛深入透明带内。

三级生物安全柜（class Ⅲ biosafety cabinet） 目前最高级别的生物安全柜。焊接金属构造，并且采用完全密闭设计。实验操作完全通过前窗的手套进行。在日常操作过程中，安全柜内部将一直保持负压状态。即使在物理防污染系统出现故障的情况下，它也能提供安全保障。经 HEPA 过滤器过滤后的洁净空气提供产品保护，并且防止样品交叉污染的情况出现。废气通常经由 HEPA 过滤，或者将两个 HEPA 过滤器并排使用。实验所需的物品通过安置在安全柜侧面的隔离通道送进柜内。通常直接将废气排到实验室，然而，空气也可以通过外接的排气管道直接排到外界环境。当使用排气管道系统的时候，三级生物安全柜也适用于在试验中需要添加有毒化学品的微生物操作。所有三级生物安全柜都可在涉及一、二、三、四级生物安全水平的微生物因子实验中使用，尤其适用于产生致命因子的生物试验。

三级支气管（tertiary bronchus） 又称旁支气管（parabronchus）。鸟类肺中的结构。单从形态上看，与哺乳动物的呼吸性细支气管很相似，因为其管壁被许多呈辐射状排列的肺房所中断。每一个肺房又连接着若干呼吸毛细管，呼吸毛细管才是进行气体交换的场所。所以，从功能上看，三级支气管相当于哺乳动物的细支气管。三级支气管及其所属的肺房和呼吸毛细管共同构成鸟类的肺小叶。

三尖瓣（tricuspid valve） 又称右房室瓣。是附着于右房室口纤维环上的 3 片三角形瓣膜。下垂入心室，游离缘有腱索，每一瓣膜的腱索分别连于相邻两个乳头肌。三尖瓣起心房与心室间阀门的作用。当心室收缩时，室内压高于房内压，血流将瓣膜上推使其合拢，关闭房室口。乳头肌和腱索则可防止瓣膜向心房翻转。心房收缩时，心房血流推开瓣膜，使房室口打开。禽的三尖瓣由一片肌性瓣代替。

三角肌（m. deltoideus） 位于肩关节后方外侧面的肌肉。可分两部：肩胛部，起始于肩胛骨后缘和肩胛冈；肩峰部，起始于肩胛冈的肩峰，马无此部。止于肱骨的三角肌粗隆。作用为屈肩关节；有些动物尚可外展和外旋臂部。

三角韧带（triangular ligament） 连接肝与膈的腹膜褶。左、右各一，由肝左、右叶的背缘转折至膈的后面；向内侧与冠状韧带的两端相连续。发达程度因家畜而有差异，如猪的不甚发达。

三联脉（trigeminal pulse） 间歇脉的一种，期外收缩有规律地每隔二次心动出现一次。

三磷酸腺苷（adenosine triphosphate，ATP） 腺苷-5'-三磷酸，生物体内最重要的高能磷酸化合物。它几乎是生物组织和细胞可以直接利用的唯一能源，常称其为机体的“通用货币”。能量物质经过生物氧化释放出的能量中有相当一部分以高能磷酸键的形式储存在 ATP 分子内部。它也是细胞合成核酸的原料之一，并作为磷酰基的主要供体衍生出其他种类的核苷酸和磷酸化合物。

三宿主蜱（three host tick） 幼蜱在一宿主身上吸血，饱血后离开宿主掉在地上蜕变为若蜱。若蜱再爬到另一宿主上吸血，饱血后又离开宿主掉到地上蜕变为成蜱。成蜱再寻找第三个宿主进行吸血。一生中需要 3 个宿主。大多数硬蜱均属此类，如全沟硬蜱、长角血蜱、草原革蜱等。

三羧酸循环（tricarboxylic acid cycle TCA） 又称柠檬酸循环、Crebs 循环。以乙酰 CoA 与草酰乙酸缩合成柠檬酸的反应为起始，对乙酰基团进行氧化脱羧再生成草酰乙酸的单向循环反应序列。一次循环生成 2 分子 CO_2，3 分子 NADH，1 分子 $FADH_2$ 以及 1 分子 GTP 或 ATP，经呼吸链彻底氧化，总计可有 10 分子 ATP 产生。三羧酸循环是糖、脂和氨基酸分解代谢的共同归宿，也是通过其中间代谢产物互相转变的枢纽。

三糖铁培养基（triple sugariron，TSI） 用于鉴别肠道菌发酵蔗糖、乳糖、葡萄糖及产生硫化氢的生化反应的培养基。主要成分有牛肉膏、蛋白胨、葡萄糖、乳糖、硫酸亚铁、氯化钠、硫代硫酸钠、酚红、琼脂、蒸馏水等。本培养基用以初步鉴别细菌的类属。大肠杆菌能分解乳糖和葡萄糖而产酸产气，使斜面与底层均呈黄色，且底层有气泡。伤寒杆菌、痢疾杆菌只能发酵葡萄糖而不分解乳糖，分解葡萄糖产酸使 pH 降低，因此斜面和底层先都呈黄色，但因葡萄糖含量较少，所生成少量的酸可因接触空气而氧化，并因细菌生长繁殖较盛，分解氨基酸产生的碱性物质较多，致使斜面部分又变成红色；底层由于是在缺氧状态下，细菌分解葡萄糖所生成的酸类一时不被氧化而仍保持黄色。细菌若分解含硫氨基酸产生硫化氢，则与培养基中硫酸亚铁化合成黑色的硫化亚铁。

三维超声成像（three-dimensional ultrasonography） 利用二维超声诊断设备获取一系列空间位置已

知的二维组织超声图像，经计算机三维重建处理后，获得脏器表面或实体的立体影像，显示平面图像看不清或难理解的解剖结构。三维重建技术是通过二维图像采集、对原始图像进行数据处理、三维图像重建和显示等三个基本步骤实现的。三维超声成像大致可分为两大类：静态三维图像，如肝、肾、子宫等活动幅度较小器官，三维图像精确清晰；动态三维图像，如心脏，成像过程复杂，由于受心率、呼吸、肋骨、肺等多种因素的影响，图像采集和三维重建的效果尚不尽如人意。

散剂（powder，pulvis） 一种或数种药物经粉碎后均匀混合而成的固体剂型。分内服和外用两种。有易分散，奏效快等特点。也是制备多种其他剂型如胶囊剂、丸剂、片剂以及预混剂等的基础。

散射线（scatter radiation） X线与物质作用时，原发射线与物质的原子、原子外层电子或自由电子碰撞后改变方向的继发射线。能量一般小于原发射线的能量。在X线摄影时，如果散射线到达胶片，将使X线片灰雾增加，对比度降低，影像模糊，严重影响X线片的诊断价值。同时由于散射线的传播方向紊乱，对现场工作人员也会产生辐射，所以是放射防护的主要对象。

散装奶（bulk milk） 又称混合奶。即从多头奶畜乳房挤出的混合在一起的未经消毒的生鲜奶。

散布胎盘（diffuse placenta） 又称为上皮绒毛膜胎盘，除两端外，整个胎盘绒毛膜表面均匀分布有绒毛或皱褶，后者与子宫内膜相应的凹陷相嵌合形成胎盘。由于胎儿胎盘的尿素绒毛膜上皮细胞与母体子宫内膜上皮细胞相互接触，进行物质交换。猪和马属动物的胎盘，属于此类。

散发流行（sporadic occurrence） 某些疾病无规律性和偶然发生的一种状况。发生地范围小，且在较长时间里仅有零星病例出现。造成原因，或由于某病的群体免疫水平较高，但平时预防工作不细致，有少数动物未能获得免疫；或某病通常在畜群中主要表现为隐性感染，仅有少部分动物偶尔表现症状；或某病的传播需要多因素同时存在的条件，如破伤风的发病需要有破伤风梭菌和厌氧深创同时存在。

散发性白血病（sporadic leukosis） 网状内皮系统组织赘生和循环血液中白细胞增多为主要特征的肿瘤性疾病。多发生于6～18月龄犊牛。病因和流行病学等尚不清楚（不属白血病病毒）。按病变分为胸腺型、犊牛型和皮肤型3种。临床上以下颌、颈浅淋巴结和胸腺肿大为主；犊牛型又以髂下淋巴结呈对称性肿大为主。吞咽障碍，逐渐消瘦，瘤胃臌气，腹泻，血便，结膜苍白，贫血。心脏缩期性杂音，下颌、胸前浮肿，呼吸困难，偶发咳嗽。皮肤型病例全身呈现荨麻疹样病变，迅速消散，反复发作。好发部位为颈、躯干和会阴等。血液变化见白细胞总数增多（皮肤型例外），其中淋巴细胞和异型淋巴细胞数占90%以上。病理变化见肝、脾脏明显肿大（犊牛型）；胸腺呈瘤状肿大（胸腺型）。可试用抗癌药物如氮芥、环磷酰胺等治疗。预防宜作定期普查，阳性牛应扑杀、淘汰。

桑葚胚（morula） 受精卵不断进行分裂形成的一个形如桑葚的实心细胞团块。在桑葚胚时期细胞团块没有特定的形式，全部细胞都包在透明带内。

桑葚胚紧密化（morula compaction） 桑葚胚形成过程中出现的卵裂球紧密化现象。表面卵裂球之间形成紧密连接，内部卵裂球之间形成缝隙连接。

桑葚胚期（morula stage/period） 桑葚胚所处的胚胎时期。

桑葚胚形成（morulation） 胚胎发育早期形成桑葚胚的过程。

搔反射（scratch reflex） 脊髓动物在脊休克恢复后，刺激其一侧背部，同侧后肢会去搔受到刺激的背部皮肤的现象。

扫描电子显微镜（scanning electron microscope，SEM） 电子束在标本表面扫描而非穿透的电子显微镜。分辨力通常为10～20nm。用于观察细胞、组织、器官表面的立体结构。样品经固定、脱水、干燥后，在其表面喷镀一层碳膜和合金膜即可观察。此种电镜是用极细的电子束在样品表面扫描，将产生的二次电子用特制的探测器收集，形成电信号运送到显像管，在荧光屏上显示物体（细胞、组织）表面的立体构象，可摄制成照片。其特点是视野广，景深长，样品制作比较简单，在荧光屏上扫描成像，呈现富有立体感的表面图像，能显示三维的超微结构。

瘙痒（itching） 又称痒觉、痒感。一种不愉快的、能使动物产生搔抓或摩擦皮肤欲望的不适感觉。分两类：一类为皮肤病引起的瘙痒，先有皮肤损伤，在损伤处引起瘙痒；另一类为非皮肤病引起的神经性瘙痒。临床上常见的为第一类，如荨麻疹、湿疹、疥螨病、癣、马蜣虫、鸡羽虱等所见的瘙痒。瘙痒剧烈时，动物舐、咬或摩擦痒部，多造成皮肤破损或溃烂。

瘙痒病（pruritus） 患畜自身皮肤上的一种主观的痒感觉，无原发性皮肤损伤，患部组胺的释放能促进痒感。动物通过擦痒以缓解皮肤上的不适感。擦痒因压痛而有止痒作用，但又促进释放更多的组胺，加重痒感，形成痒-擦的恶性循环，导致更为严重的皮肤损伤和炎症。可分为全身性瘙痒病和局限性瘙痒病。

色氨酸（tryptophane） 杂环、极性的芳香族氨基酸，简写为 Trp、W，生酮兼生糖必需氨基酸。其代谢途径复杂。在动物体内经氧化和脱羧可生成神经递质 5-羟色胺，再可转变为 5-羟吲哚乙酸或裂解成犬尿酸原，再转变为犬尿酸、黄尿酸、乙酰 CoA 和烟酰胺（维生素 PP）。

色蛋白（chromoprotein） 含色素的结合蛋白。如血红蛋白、细胞色素、叶绿蛋白、黄素蛋白等。其色素辅基与色蛋白的功能有密切关系。

色二孢中毒（diplodiosis） 反刍动物发生以运动失调和瘫痪为主征的中毒病。由采食被玉米色二孢霉（*Diplodia maydis*）及其毒素——色二孢毒素（diplotoxin）等污染的玉米所致。临床上牛羊流涎，流泪，伴有肩、腹部肌肉震颤，运动失调。在强迫运动时四肢外展，高抬腿，并以跗关节着地，最后倒于地上。体温多无变化。预防应禁喂含霉败玉米的饲料。

色觉（color vision） 又称颜色视觉。视网膜对不同波长的光线刺激的辨别能力。只有视锥细胞能引起色觉，视杆细胞无此功能。动物的色觉功能差别很大，大多数哺乳动物都是色盲。如牛、羊、马、犬、猫等，几乎不会分辨颜色，反映到它们眼睛里的色彩，只有黑、白、灰 3 种颜色。所有白天活动的禽类都有色觉。鸽的色觉能力已证明与人相似。

色素沉着（pigmentation） 有色物质在组织内沉积，使局部染色或变色。沉着的色素可能是由外界进入的，称为外源性色素，如炭末、石末、火药末等；也可能是体内产生的，称为内源性色素，如黑色素、脂褐素、血红蛋白及其衍生物等。不同的色素沉着具有不同的临床意义。

色素还原试验（pigment reduction test） 检验食品腐败变质的一种快速方法。还原酶类是细菌生命活动产物，它具有使某些染料或色素（如美蓝）还原的特性。依此原理进行色素还原试验可间接测定鲜乳和冷冻食品等被细菌污染程度。尽管各种细菌代谢速率不一，引起氧化还原电势的变化各不同，但同样数量的细菌，还原能力并不一样，所得结果不很精确，但因能很快取得结果，故仍被广泛应用。除美蓝还原试验常用于乳外，刃天青还原也常用于乳、蛋、肉；氯化三苯四氮唑（TTC）还原则常用于乳和稀奶油巴氏灭菌效果的检查和乳中抗生素残留的检查。

色素性角膜炎（pigmentary keratitis） 表层角膜炎的一种。从角膜缘新生血管的同时能见到黑色素细胞向角膜移行，色素沉着的原因与应激、角膜上皮的血管新生、实质性角膜炎的结果及葡萄膜的色素细胞移行有关。治疗凡属于应激应除去原因，在角膜上的色素妨碍视力的，用外科方法除去。对角膜侵入血管进行结扎。

瑟氏泰勒虫病（theileriosis sergenti） 瑟氏泰勒虫（*Theileria sergenti*）寄生于牛红细胞内引起的原虫病。病原属孢子虫纲、泰勒科，虫体呈杆形、大头针形、逗点形、椭圆形、棒形，以杆形者为多。传播者为长角血蜱和青海血蜱，不经卵传递。患畜食欲不振，贫血、黄疸，体表淋巴结肿胀，肝、脾肿大；胃肠黏膜充血、溢血和肿胀。可用磷酸伯氨喹和三氮脒治疗，辅以对症疗法。灭蜱、防蜱为主要预防措施。

森林脑炎（forest encephalitis） 在森林地区，由黄病毒科虫媒病毒 B 组的蜱传脑炎病毒所引起的一种以高热、昏迷、瘫痪为主要特征的自然疫源性疾病，病死率高。本病流行于中国东北林区和俄国远东地区，春夏季发病。病毒在节肢动物和野生脊椎动物间进行繁殖循环，蜱为主要传播媒介和病毒的储存宿主。牛、羊感染后常仅有轻微症状，不致死亡，其他动物多为隐性感染。尚无特效疗法，主要采取对症处理和支持疗法。预防重点为防蜱、灭蜱和灭鼠，对林区人畜进行免疫接种。

杀虫（insect elimination） 利用各种方法杀灭蚊、蝇、虻、蜱等媒介昆虫和防止它们出现的活动。这些节肢动物都是家畜疫病的重要传播媒介，杀灭媒介昆虫在防制家畜疫病方面有重要意义。方法有：①物理杀虫法。如火焰喷烧、干热空气、沸水或蒸汽烧烫，以及机械拍打捕捉等。②生物杀虫法。如以昆虫的天敌或病菌及雄虫绝育技术等方法以杀灭昆虫。③药物杀虫法。应用各种化学杀虫剂来杀虫，常用的如有机磷杀虫剂和植物杀虫剂等。

杀虫剂（insecticides） 用于杀灭农业害虫和媒介昆虫（螨、蚊、蝇、蚴、蚤、虱、蜱等）的药物。包括：①有机磷类杀虫药，如敌百虫、敌敌畏、倍硫磷、皮蝇磷、氧硫磷及二嗪农等，这类药物特点是杀虫谱广，残效期短，一般都兼有触毒、胃毒和内吸作用。②拟除虫菌酯类杀虫药。如胺菊酯、氯菌酯、溴氢菊酯及氰戊菊酯等，具杀虫谱广、高效、速效、残效期短、毒性低以及对其他杀虫药耐药的昆虫亦有杀灭作用等优点。③其他杀虫药。有双甲脒、升华硫、林丹等。杀虫剂可使农业产量增加，但几乎所有杀虫剂都会严重地影响生态系统，大部分杀虫剂对人体有害，有的杀虫剂会在食物链中蓄积，最终经食品危害人体健康。因此，必须合理使用杀虫剂。

杀鲑气单胞菌症候群（aeromonas salmonicida complex） 杀鲑气单胞菌所致鱼病的总称。包括疖病、鲤红皮炎及金鱼溃疡病等。

杀菌反应（bactericidal reaction） 免疫血清中的

抗菌抗体与对应细菌作用，在有补体参与下，可引起某些革兰阴性细菌死亡的一种反应。这种抗体称为杀菌素。

杀菌活性（bactericidal activity）　包括白细胞吞噬和杀灭细菌的活性、抗体补体的杀菌活性以及理化因子的杀菌活性等。

杀菌试验（bactericidal test）　测定抗体、补体杀菌活力的一种试验。将抗血清灭活，与新鲜豚鼠补体和细菌混合孵育后，接种到培养基平板上作菌数测定，用正常血清作对照。培养后计算杀菌效率。

杀菌作用（bactericidal effect）　药物使真菌或细菌致死而失去活力的作用。抗菌药的抑菌作用与杀菌作用是相对的而非绝对的，有些抗菌药物低浓度时有抑菌作用，高浓度时则有杀菌作用。动物机体的防御机能却十分重要，如果抑菌性抗菌药用量不足，但用药时间合理，而且机体防御机能又强，则可以起到杀灭作用；杀菌性抗菌药，如果用量不足，时间短，而且机体防御机能又差，也达不到杀灭的作用。

杀伤细胞（killer cell）　具有杀伤作用的一类淋巴细胞，简称 K 细胞。这类细胞不需经胸腺和腔上囊的诱导而直接从骨髓分化而来，其表面具有 C_3 和 IgG 的 Fc 受体，能通过抗体依赖性细胞介导的细胞毒作用（ADCC）杀伤靶细胞。

沙拉沙星（sarafloxacin）　动物专用氟喹诺酮类抗菌药物。抗菌活性强于双氟沙星、诺氟沙星等，对厌氧菌的抗菌活性与环丙沙星相当。本品广谱抗菌，对大肠杆菌、沙门氏菌、多杀性巴氏杆菌、变形杆菌、嗜血杆菌、溶血性巴氏杆菌、葡萄球菌（包括耐青霉素菌珠）、链球菌、支原体等均有较强的抑杀作用。对革兰阳性菌、阴性菌及支原体具有极强的杀灭作用。内服和注射吸收迅速。体内分布广泛，表观分布容积大，内服生物利用度较高。

沙门氏菌病（salmonellosis）　沙门氏菌属（*Salmonella*）中不同细菌引起的人兽共患病。对幼龄畜禽常导致肠炎和败血症，成年动物感染常呈隐性或慢性经过，怀孕母畜感染后可引起流产。病菌常通过污染的饮水、牧草、饲料等经消化道感染，各种降低畜群抵抗力的诱因，可促使病的发生和流行，带菌的健康动物在受到应激刺激时，可发生肠道菌群失调，引起内源性沙门氏菌大量增殖而致病。预防必须实行综合性防制措施，消除发病诱因，对某些畜禽可接种疫苗。早期使用抗生素或磺胺类药物并配合对症治疗有一定的效果。

沙门氏菌食物中毒（salmonella food poisoning）由沙门氏菌引起的食物中毒。食物中毒中最常见的一种，多数是由鼠伤寒沙门氏菌（*Salmonella typhimurum*）、猪霍乱沙门氏菌（*S. choleraeSuis*）和肠炎沙门氏菌（*S. enteritidis*）引起。动物性食品是主要原因食品。由于沙门氏菌不分解蛋白质，因此食品可以无感官性状变化。中毒症状主要是腹泻、腹部痉挛、发热和呕吐。

沙门氏菌属（*Salmonella*）　肠杆菌科中一群寄生于人和动物肠道并多具致病性的革兰阴性、兼性厌氧的无芽孢杆菌。大小为（0.7～1.5）μm×（2.0～5.0）μm，除鸡伤寒沙门氏菌（*S. gallinarum*）、鸡白痢沙门氏菌（*S. pullorum*）无鞭毛外，通常均以周鞭毛运动，多数菌株还有菌毛。普通培养基上生长良好，形成 1～3mm 的圆形、边缘整齐、光滑、半透明的菌落。绝大多数菌株发酵葡萄糖产气，通常不发酵乳糖。在肠道杆菌鉴别或选择性培养基上，大多数菌株因不发酵乳糖而形成无色菌落。吲哚和 VP 试验阴性，而 MR、枸橼酸盐利用及 H_2S 试验阳性。沙门氏菌具有 O、H、K 和菌毛四种抗原。O 和 H 抗原是其主要抗原，构成绝大部分沙门氏菌血清型鉴定的物质基础，其中 O 抗原又是每个菌株必有的成分。根据 O 和 H 抗原可将本属菌划分为 51 个群，包括 2 000 多个血清型。对人和畜禽致病的绝大多数菌株分属于 A－F 群，其中少数具有严格的寄主适应性，大多数则有广泛的寄主范围，致多种动物的副伤寒或呈隐性带菌感染。某些沙门氏菌可在人和动物间交互感染，成为人兽共患病病原，具有重要的公共卫生意义。

砂粒体（psammoma body）　光镜下为圆形、分层状、嗜碱性染色的钙化球，是乳头状癌的特征性表现；也是一种组织修复方式。通常由变性的组织或细胞钙化形成。可发生在甲状腺（乳头状癌）、乳腺和鸡胚卵黄囊。对某些肿瘤如脑膜瘤和慢性炎症具有诊断意义。

筛骨（ethmoid bone）　位于颅腔与鼻腔间的单骨。分筛板、垂直板和一对筛骨迷路。多孔的筛板形成颅腔前壁的一对筛窝。垂直板（又正中板）向前伸入鼻腔后部。垂直板两侧和筛板之前，有一系列薄骨片卷曲成许多筛鼻甲，可分为数个大的内鼻甲和若干较小的外鼻甲，外包以薄骨板而成筛骨迷路。筛鼻甲数目因动物种类而略有差异，犬的较少。最大的第一个内鼻甲向前远远伸入鼻腔前部，又称上鼻甲；其下的一个常称中鼻甲。禽筛骨简单：筛板仅有一对孔，垂直板形成眶间隔，无筛骨迷路。

筛选方法（screening method）　在残留分析方法中，用于快速筛选大量样品，检测一定浓度内某种或多种药物残留的分析方法。一般指快速筛选方法，如微生物学测定法、免疫化学测定法等，但常规的理化分析方法（如高效薄层色谱法）也可用作筛选方法。主要用于定性分析，筛选出阳性结果。

山梨醇（sorbitol） 脱水药。甘露醇的同分异构体。作用、用途同甘露醇。但山梨醇在体内部分可转化为糖原而失去高渗作用，故脱水和利尿作用不及甘露醇。因价廉被广泛应用。

山梨酸（sorbic acid） 抗真菌药。学名己二烯酸。难溶于水。有抑制霉菌的作用，用于饲料、食品和药剂等的防霉。

山黧豆中毒（lathyrus poisoning） 牛采食山黧豆成熟豆荚引起的中毒病。致病因子分为骨性山黧豆毒素因子（β-氨基丙腈，BAPN）和神经性山黧豆毒素因子（β-草酰氨基丙氨酸，BOAA）两种，前者见有自然病例，牛见四肢疼痛，使四蹄集聚腹下来减轻负重，强迫运步时多呈现重度跛行。治疗可试用水杨酸钠和氢化可的松制剂。

山莨菪碱（anisodamine） 阻断 M-胆碱受体的抗胆碱药。天然茄科植物唐古特莨菪中提取的生物碱。亦可人工合成。天然品代号为 654-1，合成品代号为 654-2。化学结构与药理作用均与阿托品近似，能解除平滑肌痉挛，缓解小血管痉挛，改善微循环。散瞳和抑制腺体分泌作用较弱。此外，还有镇痛作用。用于治疗痉挛症、严重感染中毒性休克、脑血管痉挛、神经痛等。

山羊巴氏杆菌病（goat pasteurellosis） 特定血清型多杀性巴氏杆菌引起羔羊的一种以肺炎为特征的急性传染病。病羊表现发热、咳嗽、黏性鼻液，有格鲁布性肺炎症状及病变，一般无肠炎症状。确诊应作细菌学检查。防治措施参照牛巴氏杆菌病。

山羊传染性胸膜肺炎（pleuropneumoniae infectiosa caprlnum） 丝状支原体中的山羊亚种引起山羊特有的接触性传染病。3 岁以下羊最易感，由空气飞沫经呼吸道传染，呈地方流行性。多见于枯草季节，死亡率较高。临诊上以发热、咳嗽、浆液性和纤维素性肺炎及胸膜炎为特征。病变局限于肺和胸部，胸腔积液，肺呈不同期肝变区，切面大理石样，胸膜增厚粗糙与肋膜粘连，心包积液，心肌松弛。依据流行规律，临诊表现和病变特征作初诊，病原分离鉴定及血清学检查确诊。采用氢氧化铝菌苗或鸡胚化弱毒菌苗预防接种。病羊用土霉素、氯霉素治疗有效。

山羊痘（goat pox） 山羊痘病毒引起山羊的一种以皮肤和黏膜形成丘疹-脓疱型痘疹为特征的急性接触性传染病。本病很少见，在自然情况下，只传染山羊，症状和病变与绵羊痘相似。表现为发热、有黏液性、脓性鼻漏及全身性皮肤丘疹。应注意与羊传染性脓疱性皮炎鉴别。目前尚无特效防治方法，认真做好隔离和消毒，防止继发感染。

山羊痘病毒（goatpox virus） 痘病毒科（Poxviridae）、山羊痘病毒属（*Capripoxvirus*）成员。病毒颗粒为砖状，核衣壳为复合对称。有哑铃样的芯髓以及两个侧体。有囊膜，基因组为双股 DNA。

山羊痘病毒属（*Capripoxvirus*） 脊椎动物痘病毒亚科的一个属。病毒粒子较正痘病毒细而长，对乙醚敏感，通常由节肢动物传递，也可经接触或气雾感染，只感染反刍兽。代表种为绵羊痘病毒，致绵羊全身性痘疮，又名羊天花，羔羊死亡率高。其他成员有山羊痘病毒和疙瘩皮肤病病毒，后者是非洲牛群的一种重要传染病。

山羊关节炎/脑脊髓炎病毒（*Caprine arthritis/encephalomyelitis virus*，CAEV） 反转录病毒科（Retroviridae）、慢病毒属（*Lentivirus*）成员。病毒粒子直径为 80～120nm，有囊膜，基因组为二倍体，由两个线状的正链单股 RNA 组成，包含反转录酶。1974 年在美国首先发现，目前已是全世界山羊最重要的病毒。某些羊群的感染率高达 80%。本病毒与梅迪—维斯纳病毒的北美株关系最为相近。感染有两种表现形式，2～4 月龄的羔羊发生脑脊髓炎，1 岁左右的山羊发生多发性关节炎，后者更为常见。病毒可人工感染绵羊，但自然感染仅限于山羊。初生羔羊通过初乳及乳感染。诊断方法通用琼脂凝胶免疫扩散试验检测抗体，此法亦用于羊群的免疫监测。带毒羊奶是传染源，可将新生羔隔离，用消毒奶饲养，建立无病毒羊群。

山羊关节炎-脑炎（caprine arthritis encephalitis） 反转录病毒科慢病毒属的山羊关节炎-脑炎病毒引起山羊的一种传染病。1974 年首次发现于美国。病羊是主要传染源，经被病毒污染的乳汁、饲料、饮水感染健羊。临床表现有两种类型。2～4 月龄山羊表现为无热型脑脊髓炎，后肢瘫痪或四肢麻痹。成年山羊表现为进行性关节炎，关节肿大疼痛。确诊靠病毒分离和血清学试验。目前无特效疫苗，采取检疫和淘汰病羊的方法以根除本病。

山羊蹄（club foot） 马蹄踵壁比较长，蹄尖壁及侧壁急剧倾斜的一种变形蹄。有的为先天性的。后天性多由于后踏肢势、所谓熊脚蹄，或屈腱炎、飞节内肿使蹄尖负面着地，及山地使役或装蹄失宜等引起。

山羊遗传性先天性肌强直（inherited corgenital myotonla of goats） 山羊以肌肉异常为主征的遗传病。症状在出生后一段时间内，如给予饮水可使四肢肌肉很快发生僵硬，不能运步，停止饮水过后，四肢肌肉便松弛，并能再次运步。病羊的神经系统机能无明显缺陷。

疝（hernia）　腹腔脏器、组织从体壁自然孔或病理性裂孔脱至皮下或者其他解剖腔的现象。其表面被有腹膜，在皮下呈膨起状态，如会阴疝、脐疝等。从腹腔裂隙脱出于皮下的脏器和组织不被覆腹膜称为脱出。疝一般由疝轮、疝囊、疝内容物三部分组成，发生原因为肌变性和发育不良、外力作用与腹内压显著增大、手术创和创伤恢复后组织弱化等。疝有内疝与外疝两类，在医学上作为广义疝的概念还有脑疝、脊膜疝、滑膜疝、肺疝、椎间盘疝和肌疝等。

疝痛（colic）　见腹痛。

扇头蜱（*Rhipicephalus*）　属硬蜱科。盾板上通常无花斑。口器短。第一基节上有两个发达的距突。雄虫有肛侧板，并常有副肛侧板；吸饱血后常有一尾突，位于体后缘正中。气门板呈逗点状，雄虫的较长，雌虫的较短。常见种：①血红扇头蜱（*R. sanguineus*）。主要寄生于犬，也寄生于绵羊等家畜和人，野兽中寄生于狐狸和兔等，分布地区很广，为三宿主蜱，传播犬吉氏巴贝斯虫病、马巴贝斯虫病、驽巴贝斯虫病、边缘无浆体病、犬肝簇虫、Q热和犬立克次体病等多种疾病。②镰形扇头蜱（*R. haemaphysaloides*）。寄生于水牛、黄牛、犬、猪、绵羊，山羊、野猪和野兔等多种动物，亦侵袭人，见于农区和山林野地，三宿主蜱。③囊形扇头蜱（*R. bursa*）。见于新疆，传播绵羊巴贝斯虫病、马巴贝斯虫病、驽巴贝斯虫病、绵羊泰勒原虫病、边缘无浆体病、绵羊立克次体病和Q热等疾病。

伤风性鼻炎（cold rhinitis）　见感冒。

上段中胚层（epimere）　又称背中胚层、轴旁中胚层。沿着脊索两侧扩展的中胚层。最初为带状，随后由前向后分成许多节段，称为体节。

上颌弓（maxillary arch）　内外鼻突和两侧上颌突向中线生长并融合而形成的结构。以后发育为上颌和上唇。

上颌骨（maxilla）　面颅主要骨骼。构成上颌和鼻腔骨质壁大部分，几与其他所有面骨相接。主要分体和腭突。①上颌体。齿槽缘具有颊齿齿槽，前端为齿槽间缘，后端形成上颌结节并参与形成翼腭窝。颜面面除肉食兽外形成面嵴延续到颧骨，马最发达；牛、羊于平第三前臼齿处有面结节。体内有眶下管，前口为开口于颜面面的眶下孔，后口为翼腭窝内的上颌孔。兔的颜面面呈多孔结构。体的鼻面有鼻甲嵴和骨性泪管及泪沟。②腭突。由上颌体水平分出，较宽，参与形成骨腭；猪腭大孔开口于此。上颌骨内有上颌窦，有的动物并参与形成腭窦。禽上颌骨小，形成上喙的后部和骨腭一部分。

上颌突（maxillar prominence/process）　额鼻隆起下方两侧是左右第一鳃弓，第一鳃弓发生后不久，其腹侧部分分为上下两支，上支称上颌突，下支为下颌突。

上胚层（epiblast，primitive ectoderm）　又称原始外胚层。囊胚（胚泡）从内细胞团分出细胞形成下胚层后，留在上面的内细胞团，也就是胚盘。

上皮管型（epithelial cast）　由脱落的肾上皮细胞与蛋白质黏合而成的管型。尿中出现上皮管型或在透明管型上存在有肾上皮细胞，均表示肾脏有炎症或有变性过程。

上皮结缔绒毛型胎盘（epithelio - syndesmo chorial placenta）　胎儿绒毛膜绒毛滋养层细胞与母体子宫内膜上皮细胞及皮下结缔组织接触构成的胎盘。见于反刍动物。母体胎盘表面的黏膜上皮可能由于受到绒毛膜滋养层的吞噬，从妊娠4个月起开始变性消失，结缔组织和绒毛膜基部接触。妊娠后半期，整个母体胎盘表面及腺窝开口处失去上皮层，腺窝底部则保留有子宫黏膜上皮。此型胎盘在母体血液与胎儿血液之间，除子宫上皮失去外，其余5种组织均有。参见上皮绒毛膜型胎盘。

上皮绒毛膜胎盘（epitheliochorial placenta）　这种胎盘的胎儿绒毛嵌合于子宫内膜相应的凹陷中，子宫内膜保持完好，胎儿与母体的物质交换需要经过6层，即胎儿血管内皮、间充质、绒毛膜上皮，以及母体子宫内膜上皮、结缔组织和血管内皮。猪和马属动物的散布胎盘，属于此类。

上皮生长因子（epidermal growth factor，EGF）　一种由53个氨基酸残基组成的单链多肽。由颌下腺等多种组织产生，如鼠的肾、胃、腮腺、胰腺和人的唾液腺、乳汁、尿液和血浆及其他组织和器官等均有。具有多种生物学效应。除可刺激神经细胞生长外还可使眼睑早开、牙齿早萌、体重减轻和毛发生长推迟。对多种组织来源的细胞增殖有明显的刺激作用，并与肿瘤的发生发展有关。它能诱导正常细胞出现转化细胞的表型，能促进病毒和化学物质的致癌作用，还能产生免疫和抑制作用。

上皮组织（epithelial tissue）　构成动物体的四大基本组织之一，由紧密排列的上皮细胞和少量细胞间质组成，呈膜状覆盖在身体和器官的外表面，或铺衬在体内管、腔、囊的内表面。细胞有极性，其基底面借基膜与结缔组织相连，细胞间有丰富的神经末梢，但无血管。上皮组织可分为被覆上皮、腺上皮、感觉上皮、肌上皮和生殖上皮等。其中，被覆上皮又可分为单层扁平上皮、单层立方上皮、单层柱状上皮、假复层纤毛柱状上皮、复层扁平上皮、复层柱状上皮、变移上皮等亚型。

上胎位（dorsal position） 又称背位、背荐位。胎儿伏卧在子宫内，背部向上，接近母体的背部及荐部。分娩时，上胎位是正常胎位。

上行激活系统（ascending activating system） 经脑干网状结构传递神经冲动到达大脑皮层，提高大脑皮层兴奋水平，激发大脑皮层觉醒反应的上行传导通路。沿这一通路向上传递的冲动来自躯体和内脏，进入脑干后与脑干网状结构的神经元构成突触联系。经多次接替再由网状结构的上行投射纤维到达丘脑的非特异核群，然后以弥散方式广泛地投射到大脑皮层，不引起特定感觉，而是提高大脑皮层兴奋水平，使其保持清醒状态。

烧伤（burns） 高热引起的损伤。由高温液体引起的为烫伤。烧伤的程度主要决定于其面积与深度。按其深度分为3度。一度烧伤体表红斑、疼痛、轻度的肿胀、数日不治即可痊愈。二度烧伤以发生水泡为特征、显著皮下肿胀，浅二度烧伤表皮与真皮受损，深二度烧伤真皮大部损伤、汗腺破坏，极易感染。三度烧伤皮下脂肪全部凝固坏死、深部受到损伤。面积较大的二、三度烧伤可出现全身症状。治疗时保护创面，预防休克、感染及继发败血症。使用镇静剂、维持血容量、改善微循环、调整水电解质及酸碱平衡、局部外科处理。

杓状软骨（arytenoid cartilage） 喉软骨。一对，略呈锥体形。底与环状软骨板前缘形成关节。具有3个突：声带突向下至喉腔；肌突延伸向外；小角突弯而向上、向后、向内，与对侧小角突形成喉口后界。由透明软骨构成，但小角突为弹性软骨。禽的略呈T字形，体与前环状软骨相关联，两对前突、后突围成喉口。

少汗和无汗（hypohidrosis and anhidrosis） 具有正常泌汗机能的动物所出现的汗液分泌减少或缺乏的现象。分为全身性与局部性两种。少汗或无汗见于多尿症、发热极期、重度下痢、给水不足、无汗症等。在反刍动物、猪和猫，其鼻端有特殊分泌腺，健康时常呈湿润状态，发病时（热性疾病尤甚）则分泌减少或干燥，据此可诊断疾病。

少黄卵（oligolecithal egg/ovum） 又称均黄卵（homolecithal egg/ovum）。这种卵子卵黄含量很少，均匀分布于细胞质中，见于海绵、腔肠、蠕形、软体双壳类、棘皮、头索和哺乳动物。

少尿（oliguria） 又称乏尿症。尿的排泄量减少，常伴发排尿次数减少。是肾脏泌尿功能减弱、神经和体液调节异常、肾血压降低或供血不足及大量失水的结果。见于急性肾炎、大失血、抗利尿激素过多、肾动脉受压、腹泻、呕吐、大出汗、心力衰竭等。

少突胶质细胞（oligodendrocyte） 一种突起细而少的胶质细胞，胞体呈梨形或椭圆形。存在于中枢神经系统。有的分布于神经元的周围，可能对神经元起转运代谢物质的作用；有的分布于有髓神经纤维周围，与其髓鞘的形成有关。

哨兵动物（sentinel animals） 为尽早发现饲养中动物可能受到的健康危害，在最易受到危害处（如排风口附近）放置的同等级或更高等级微生物控制的、用于监控或预警环境中各有毒有害物质或潜在性有毒有害物质污染程度的一类动物。

舌（tongue） 位于口腔底并占据固有口腔的肌性器官。可分舌尖、舌体和舌根。舌尖游离，或扁而宽，如马、犬；或狭而厚，如反刍动物、猪。活动性也因动物而有差异。腹侧黏膜移行于口腔底并形成舌系带，但猪不明显。舌体构成舌大部分，背面在犬有正中沟，反刍动物在后部形成舌圆枕。舌根稍薄，附着于舌骨体，表面因含舌扁桃体而呈结节状；黏膜移行于会厌并形成舌会厌襞。舌背黏膜较厚，与舌肌附着紧密，上皮角化程度较高。黏膜上形成多种乳头；黏膜下分布有舌腺。舌肌有固有肌和外来肌，均为横纹肌。固有肌由浅和深纵纤维、横纤维及垂直纤维组成，肌束间有脂肪组织。外来肌有来自舌骨的茎突舌肌和舌骨舌肌，及来自下颌骨的颏舌肌。在舌内腹侧正中有纵索，称蚓状体，由纤维组织、软骨、脂肪和一些肌纤维构成，肉食动物较发达。禽舌有舌内骨，固有肌不发达。

舌骨（hyoid bone） 将舌和喉悬于颅下并形成咽部支架的一系列成对小骨和一块单骨。以软骨或韧带（犬）与颞骨茎突连接的是茎突舌骨，以下顺次为上舌骨、角舌骨、基舌骨和甲状舌骨，连成弯而向后的钩状，甲状舌骨连接喉甲状软骨；单一的基舌骨则横向连接于两侧角舌骨与甲状舌骨交接处，可在下颌间隙后部触摸到，牛、马有舌突伸入舌根内。甲状舌骨、角舌骨和基舌骨又分别称为舌骨大角、小角和舌骨体；余形成舌骨支，其中茎突舌骨在牛、马特别发达。舌骨与舌、喉和咽有肌肉联系，又称舌器。禽舌骨体由前向后有舌内骨、基舌骨和尾舌骨；舌内骨在水禽特别发达，尾舌骨接喉软骨。舌骨体与一对舌骨支形成关节；每一舌骨支由两节（角舌骨和上舌骨）构成，成半环状绕过颅骨后部而至顶部，但与颅骨不连接。

舌乳头（papilla of tongue） 舌背黏膜上的乳头状突起。可分两大类：①机械性乳头。起机械和触觉作用，有丝状、圆锥和豆状。丝状乳头呈绒毛状，反刍动物的完全角化，猫科动物尖锐如棘。圆锥乳头见于犬、猪等舌根上。豆状乳头见于反刍动物舌圆枕上。初生肉食动物和猪在舌侧缘有缘乳头，稍后退化。②味觉乳头。有菌状、轮廓和叶状，黏膜内分布有味觉感受器（味蕾）。菌状乳头散布于舌背和舌尖，舌两侧较多。轮廓乳头较大，四周有环形沟；对称分布于舌根之前，猪、马和兔1对，肉食动物2～3对，反刍动物每侧有十余个。叶状乳头1对，见于猪、马和兔，位舌根两侧，在腭舌弓紧前方；卵圆形，表面分为若干横襞，如叶状。禽无味觉乳头，味蕾散布于口腔黏膜内；舌体与舌根间有舌乳头，示口腔与咽底壁的分界，鸭、鹅舌侧缘尚有丝状乳头。

舌损伤（injuries of tongue） 舌肌和舌黏膜的机械性损伤。各种家畜均可发生，如吞食棘状植物和尖锐物体、小动物交通事故、马的水勒装着不当、锐齿、蛇咬伤等均可致伤。病畜表现流涎并混有血液，动物虽有食欲又不愿采食等。治疗方法是除去原因，小块黏膜损伤涂碘甘油，创口过大，在全身麻醉下进行缝合或整形。

舌苔（coated tongue） 覆盖在舌体表面上一层疏松或紧密的沉淀物，在疾病过程中，由于舌组织反射性的神经营养障碍，导致脱落不全的上皮细胞或细菌及分泌物积滞在舌面而形成。

舌舔肉芽肿（lick granuloma） 犬肢远端的慢性瘙痒性皮肤病变。见于中等及大体型的短毛犬及中等体型的长毛犬，病因未明，但病犬反复舌舔患部皮肤可能是诱发本病的原因之一。病初只在皮肤上出现小的肿胀，皮肤变厚。随着病犬反复舌舔患部，肿胀扩大，皮肤更厚，并可出现溃疡或伴有感染，镜检可见肉芽肿病变。止痒剂及皮质类固醇药对早期病例有暂时缓解瘙痒的作用。

舌下腺（sublingual gland） 舌两侧在口腔底黏膜舌下襞深部的大型唾液腺。从咽的腭舌弓向前延伸到下颌缝。分两种。单口舌下腺，长形，导管为舌下腺大管，向前行开口于舌下阜或口腔底，马、骆驼和兔无此腺。多口舌下腺，见于所有家畜，由较疏松相连的腺小叶组成，肉食动物和猪位于单口舌下腺前方，反刍动物位于其后上方。导管称舌下腺小管，较短、较多，径直开口于舌下襞黏膜。

舌下腺原基（fundament of sublingual gland） 发生于舌旁沟，起源于原始咽底壁的内胚层。

舌形虫（*Linguatula*） 节肢动物门、五口虫目的一类寄生虫。常见种为锯齿舌形虫（*L. serrata*），寄生于犬、狐和狼的鼻道和呼吸道，偶见于人、马以及其他动物，外形近似箭镞或舌，扁平，背面稍隆凸，腹面平。有横纹。雄虫长1.8～2cm，雌虫长8～13cm。虫卵由呼吸道排至自然界，被马、绵羊、山羊、牛或兔等草食动物吞咽后，幼虫在消化道孵化并移行到肠系膜淋巴结，在该处发育到具感染性的若虫阶段，后者与成虫的形态近似，长5～6mm，白色。犬等肉食动物捕食带有若虫的兔或摄食大动物带有若虫的淋巴结而受感染。成虫附着在犬鼻道黏膜上，产生强烈刺激，引起打嚏喷，咳嗽和呼吸困难；鼻孔排出带血溢物；病畜消瘦。

舌整形术（glossoplasty） 治疗舌损伤的手术。舌损伤分为单纯裂口、缺损、全断裂，前者靠纯缝合即可达到愈合目的，而后两者应在整形的基础上缝合，这样才能保持黏膜的完整性和舌的基本功能。舌的缝合要使创缘密接，严防异物侵入，术后3d内应鼻投食物，保持口腔的清洁。

蛇毒中毒（snake venom poisoning） 家畜被毒蛇咬伤因其分泌毒液引起的中毒病。由于毒蛇的种类不同，所分泌毒液分为血液毒和神经毒两种。前者症状为伤口出血不止，局部肿胀，并向肢体近心端扩散，伴发血尿、血便、贫血或黄疸等；后者症状为精神沉郁，四肢无力，流涎，吞咽困难，瞳孔散大，对光反应消失，瘫痪，呼吸困难，最终死于呼吸中枢麻痹。防治先用高锰酸钾或过氧化氢溶液冲洗伤口，并应用多种有效的蛇药治疗。预防伤口感染可酌情应用各种抗生素。

射精（ejaculation） 公畜通过交配，将精液射入母畜生殖道的过程。

射血分数（ejection fraction） 每搏输出量所占心室舒张期末容积的百分比。射血分数是衡量心脏功能的指标，它与心肌的收缩能力有关，收缩能力越强，则每搏输出量越多，射血分数也越大。

射血期（ejection period） 心室收缩，血液射入主动脉和肺动脉的时期。心室收缩引起心室内压升高超过动脉压时，半月瓣被打开，血液顺心室—动脉压力梯度向动脉方向流动，进入射血期。射血开始时，心室肌仍在作强烈收缩，由于心室射入动脉的血液量很大，流速很快，称为快速射血期。随着心室内血液的减少，心室容积缓慢缩小，心室肌收缩的力量随之减弱，射血速度也逐步减慢，这段时期称为减慢射血期。

摄食中枢（feeding center） 与摄食有关的位于中枢神经系统不同部位的神经细胞群。摄食中枢的基本部位在下丘脑外侧部，兴奋时动物食欲旺盛，采食量增多，同时消化活动和吸收机能也加强。被抑制时食欲降低，消化和吸收活动减弱。正常时它与饱中枢相互制约、相互协调、共同调节动物的采食活动。

伸反射（extention reflex） 脊髓动物在脊休克恢

复后，当一侧后肢跖部皮肤受到较强刺激、引起该侧肢体屈曲的同时，对侧肢体伸直，以支持体重的反射。此反射的发生是通过脊髓中枢的交互抑制来实现的。

伸肌（extensor） 使四肢或身体其他部分伸直的肌肉。其腱常通过关节角顶。脊柱的伸肌位于脊柱背侧。

伸入运动（emperipolesis） 淋巴细胞穿过内皮细胞胞浆的一种移动方式。常见于慢性炎症。

呻吟（groaning） 深吸气之后经半闭的声门作延长的呼气而发出的一种异常声音。常见于牛，提示动物疼痛、不适，见于创伤性网胃膈肌心包炎、急性瘤胃臌气、瓣胃阻塞、真胃阻塞、肠阻塞等。也可见于马腹痛和小动物疼痛性疾病。

砷中毒（arsenic poisoning） 又称砒霜中毒，误食砷过量引起以出血性胃肠炎为主要特征的中毒病。由于采食喷洒含砷农药或被砷污染的牧草所致。有机砷或无机砷化合物进入机体后释放砷离子，通过对局部组织的刺激和抑制酶系统，可与多种酶蛋白的巯基结合使酶失去活性，影响细胞的氧化和呼吸，从而引起以消化功能紊乱及实质性脏器和神经系统损害为特征的中毒性疾病。急性中毒时，流口水，腹痛，腹泻，粪便混有黏液、血液等，恶臭。食欲废绝，饮欲增加，尿血。脉搏细弱，呼吸急迫。后期常有肌肉震颤、运动失调，瞳孔散大，最后昏迷死亡。慢性中毒时，病牛精神沉郁，食欲减退，营养不良，被毛粗乱，缺乏光泽，容易脱毛，眼睑水肿，口腔黏膜红肿。持续腹泻，久治不愈。治疗时促进毒物排出，及时应用特效解毒剂，酌情进行补液、强心、保肝、利尿等对症治疗。为保护胃肠黏膜，可用黏浆剂，但禁用碱性药物，以免形成可溶性亚砷酸盐而促进吸收。

深反射（deep reflex） 肌腱反射。

深感觉（deep sensation） 又称本体感觉。位于皮下深处的肌肉、关节、骨、腱和韧带等，将关于肢体的位置、状态和运动等情况的冲动传到大脑所产生的深部感觉。借以调节身体在空间的位置、方向等。

深感觉障碍（deep sensory disturbance） 又称本体感觉障碍。位于皮下深处的肌肉、关节、骨骼、肌腱和韧带等的位置感觉、运动感觉、震动感觉等出现异常的现象。常因传导深感觉的神经纤维或大脑感觉中枢受损所致。临床检查时应根据躯体的调节功能来判断障碍的程度或疼痛反应等。深感觉障碍多与浅感觉障碍同时出现，如同时伴有意识障碍，提示大脑或脊髓被侵害，可见于慢性脑室积水、脑炎、脊髓损伤、严重肝脏病及中毒等。

神经（nerve） 指周围神经系中由神经纤维组成的白色带状或索状的神经干。连于中枢神经与外周器官之间，遍布全身，粗细不等，内含运动神经元的轴突和感觉神经元的周围突，其外包有结缔组织形成的神经外膜、束膜和内膜。神经按功能分感觉神经和运动神经，按起源分脑神经、脊神经和自主神经的交感及副交感神经。神经的作用是将感受器、中枢神经和效应器相联系。

神经氨酸酶（neuraminidase，NA） 又称唾液酸酶（salidase）。可以催化唾液酸水解的酶。水解位点是寡糖、糖蛋白、糖脂末端 N-乙酰神经氨酸和糖残基之间的糖苷键。存在于某些细菌（如肺炎链球菌和霍乱弧菌）以及病毒（流感病毒）表面。流感病毒的神经氨酸酶将子代病毒从受体上解脱下来以利于病毒进入细胞内或脱离宿主细胞感染新的细胞，在流感病毒的生活周期中扮演了重要的角色。是划分甲型流感病毒亚型的依据之一，在目前已知甲型流感病毒中有 9 种不同的神经氨酸酶抗原型。

神经白细胞素（neuroleukin，NLK） 作用于神经系统和免疫系统的肽类因子。是一种神经营养因子，由活化的 T 细胞产生，可维持神经元存活和轴突再生，又能促进 B 细胞分化为浆细胞分泌抗体。

神经板（neural plate） 脊椎动物胚胎在原肠胚形成之后，由于脊索的诱导作用，使其背侧的外胚细胞增生加厚，形成的外胚层板。它将发育成神经系统。

神经肠管（neurenteric canal） 神经管后部与原肠相通的管道。在脊索管的形成过程中，其腹侧壁与下方的内胚层融合并破裂，于是脊索管向前腹侧与原肠相通，向后背侧通过原窝与神经管相通。

神经冲动（nerve impulse） 沿神经纤维传导的动作电位。包括神经纤维内部的一系列电化学过程，是神经元或神经纤维兴奋的电信号，也是神经元编码和传输信息的一种方式。

神经垂体原基（neurohypophysial primordium） 又称垂体漏斗囊（cyath pouch）。在拉司克囊形成的同时，第 3 脑室底壁向腹侧外突形成的漏斗状结构，是神经垂体的原基。

神经递质（neurotransmitter） 在突触传递过程中起中介作用的化学物质。由突触前神经元合成并在末梢处释放，经突触间隙扩散，作用于突触后神经元或效应器上的受体，导致信息从突触前传递到突触后的一些化学物质。神经递质的标准条件为：在该神经元中合成；储存于突触前神经末梢，其释放的量足以引发突触后神经元或效应器产生效应；使用该物质的拟似剂或受体阻断剂能复制或阻断该递质的生理作用；存在从递质作用部位移除该递质的特殊机制。

神经毒理学（neurotoxicology）　神经科学与毒理学相结合的一门综合学科，它是研究外源性化学物对神经系统的结构、功能产生有害作用及其机制，并为防止其有害作用提供科学依据的一门毒理学分支学科。

神经分泌（neurocrine）　中枢和外周的神经内分泌细胞或神经纤维产生的神经激素或因子，以递质形式释放出来，扩散到靶细胞发挥其生理作用的方式。如脑内的缩胆囊素、神经降压素和P物质等。这些在兴奋时释放肽类作为递质的神经细胞或纤维称为肽能神经。

神经分泌细胞（neurocrine/neurosecretory cell）　能够分泌激素或一些因子的神经元，结构上兼有神经元和腺上皮细胞的特征。胞质内除含有丰富的粗面内质网、游离核糖体及发达的高尔基器外，还含有神经内分泌颗粒。内分泌颗粒除主要含有肽类和单胺类物质外，还有糖蛋白、腺嘌呤核苷酸和钙离子等，一般以胞吐作用释放。这种细胞分布广泛，种类多，包括中枢部分的下丘脑-垂体、松果体细胞和周围部分的分布在胃肠道、胰岛、泌尿生殖道及心血管的散在内分泌细胞。

神经沟（neural groove）　随着胚胎的发育，神经板中央凹陷形成的一条浅沟。

神经管（neural tube）　随着神经沟逐渐凹陷和神经褶逐渐增高，从左右向中轴上方接近并汇合形成神经管。神经管沿着脊索背侧纵行，在一段时间内神经管的前后端是不闭合的，称为神经孔。神经孔闭合后，神经管前端分化成脑和眼，后端分化为脊髓。神经板最初由单层柱状上皮构成，称为神经上皮。当神经管形成后，管壁变为假复层柱状上皮。神经上皮不断分裂增殖，部分细胞分化为成神经细胞和成神经胶质细胞，并迁移至神经上皮的外周构成一新细胞层，称为套层；而位于原位的神经上皮停止分化，变成一层立方形或矮柱状细胞，称为室管膜层。套层的成神经细胞和成神经胶质细胞分别分化为神经细胞和神经胶质细胞，其突起伸至套层外周，形成一层新的结构，称为边缘层。

神经肌梭（muscle spindle）　呈梭形，分布于骨骼肌，是由结缔组织囊包裹小束细肌纤维组成的梭形结构，长为2～4nm。神经纤维从肌梭中部进入，能感受肌纤维的张力变化和运动的刺激，属本体感受器。

神经激素（neurohormone）　神经内分泌细胞分泌的激素。大多为肽类，如下丘脑调节性多肽：促甲状腺激素释放激素、促性腺激素释放激素、生长激素释放抑制激素、生长激素释放激素、催乳素释放抑制激素、催乳素释放因子、促肾上腺皮质激素释放激素、促黑素细胞激素释放激素、促黑素细胞释放抑制激素及神经垂体释放的抗利尿激素和血管升压素等。

神经嵴（neural crest）　脊椎动物胚胎在神经褶汇合成神经管的过程中，一部分细胞自两侧分出并在神经管两侧形成的两条细胞带。后来神经褶细胞发生广泛迁移，发育成脊神经背根神经节细胞、自主神经节细胞、肾上腺髓质嗜铬细胞、神经膜细胞、皮肤色素细胞等。

神经降压肽（neurotensin）　下丘脑神经细胞分泌的一种肽类物质。为13肽，主要作用包括：降低血压，增加血管通透性，升高血糖，促进卵泡刺激素、黄体生成素及其他腺垂体激素的释放。1975年首先从牛的下丘脑提取液中分离出来，其他脑区和肠道内分泌细胞也可分泌这种激素。

神经胶质（细胞）（neuroglia）　神经组织中一类非神经元细胞成分的总称，包括星形胶质细胞、少突胶质细胞、小胶质细胞、室管膜细胞、卫星细胞、雪旺氏细胞、苗勒氏细胞等。中枢神经系统和外周神经系统的神经胶质细胞种类不相同。有支持、保护和营养神经元的作用，有的还能产生髓鞘。

神经类型（nervous type）　根据形成条件反射的速度、强度和稳定性的个体差异而将大脑皮层调节活动区分的类型。神经类型不同的动物可见在性情、行为和适应能力方面有明显的特点。家畜的神经类型分为4种：兴奋型、活泼型、安静型和抑制型。兴奋型的家畜大脑皮层兴奋过程明显强于抑制过程，能迅速建立条件反射但精确度较差，性情暴烈，攻击性强，不易管理。活泼型家畜大脑皮层兴奋和抑制过程都强而均衡，它们之间的转化也容易，表现为活泼好动、动作敏捷、反应迅速，能较快适应复杂多变的环境。安静型家畜大脑皮层兴奋与抑制过程都强而均衡，但相互转化较难，表现为安静、驯顺、有较强的耐受力，但对环境变化反应迟缓。抑制型的动物大脑皮层兴奋和抑制过程都弱，而以抑制过程占优势，表现为性情懦弱、容易疲劳，不易适应复杂多变的环境，难于胜任强度较大而持久的活动。除以上4种外，还可见介于中间或倾向于某种类型的混合型或中间型。

神经麻痹（paralysis of nerves）　外周神经因受损伤或在某些疾病过程中，神经的传导机能发生暂时或永久性障碍所引起的组织器官的机能异常现象。根据神经系统的损伤部位，可分为中枢性麻痹和外周性麻痹；根据发生原因分为器质性麻痹和机能性麻痹；根据疾病程度可分为完全麻痹、部分麻痹和不全麻痹。完全麻痹是神经干传导机能完全丧失，所支配的组织器官功能处于完全麻痹状态。部分麻痹是外周神经干某分支的机能丧失，使该神经所支配的组织器官功能发生异常。不全麻痹是某神经干内部分神经纤维或神经髓鞘破坏，影响了该神经的传导和运动功能，使所支配的组织器官功能部分丧失。

神经膜（neurilemma） 神经纤维表面的一层薄而扁平的细胞。亦称神经鞘或雪旺氏鞘。周围神经纤维的膜细胞是雪旺氏细胞，而中枢神经纤维的膜细胞是少突胶质细胞。

神经膜细胞（neurilemmal cell） 构成神经膜的神经胶质细胞。分两种：在周围神经的神经纤维是雪旺氏细胞；在中枢神经的神经纤维是少突胶质细胞。神经膜细胞能合成和分泌多种神经营养因子和胞外基质。

神经末梢（nerve ending） 感觉神经元的周围突和运动神经元的轴突的末梢部分的总称。前者为感觉神经末梢，后者为运动神经末梢。感觉神经末梢可感受各种刺激而产生神经冲动；运动神经末梢可将神经冲动传递给靶细胞，如肌细胞、腺细胞，从而引起靶细胞的效应性活动，如肌肉收缩、腺体分泌。神经末梢往往和一些辅助结构一起构成各种各样的末梢装置，如各种感受器、运动终板等。

神经内分泌（neuroendocrine） 神经内分泌细胞产生和分泌高效能生物活性物质的过程。下丘脑基底部弓状核、视交叉上核、腹内侧核和室旁核等核团的神经元，具有典型的神经细胞特征，同时又能分泌高效能生物活性物质。其中一部分经下丘脑-腺垂体门脉系统运至腺垂体，调节腺垂体激素的合成与释放，称为下丘脑调节性多肽。另一部分通过下丘脑-垂体神经束运送到神经垂体贮存和释放，称为“神经垂体激素”，包括加压素和催产素。

神经内分泌免疫学（neuroendocrine immunology） 研究神经内分泌系统和免疫系统相互作用的学科。单核细胞和T淋巴细胞表面均具有肾上腺能和胆碱能等神经递质的受体，中枢神经的兴奋抑制均可通过它们作用于免疫系统。神经系统作用于下丘脑，调节促肾上腺皮质激素释放因子（ARF）的分泌，ARF作用于垂体控制促肾上肾皮质激素（ACTH）的释放，ACTC又作用于肾上腺皮质，促进肾上腺皮质激素（ACH）分泌，ACH对免疫系统起调节效应。过量分泌时对体液免疫和细胞免疫均有抑制作用，但适量的ACH是必需的。此外，生长激素（GH）、促性腺激素（CG）、甲状腺素（TSH）起正调节效应，尤以对胸腺细胞的再生、增殖和T、B细胞的分化有促进作用。另一方面免疫系统受抗原刺激后也能产生神经肽类物质，通常在这些肽类物质前面冠以“免疫活性（immunoreactive，ir）”称为免疫活性神经肽（immunoreactive neuropeptide），如irACTH、ir啡肽（irEND）、irTSH、irGH、irCG、ir促滤泡激素（irFSH）和促黄体激素（irLH）等，它们可以反馈地作用于神经内分泌系统。这两个系统之间的调节环路是通过这些共同的肽类激素完成的。

神经内膜（endoneurium） 包裹在每条神经纤维周围，由胶原纤维、网状纤维、成纤维细胞和巨噬细胞组成的薄层疏松结缔组织。

神经胚（neurula） 原肠胚继续发育所形成的具有神经系统原基（神经管）的胚胎。

神经胚期（neurula stage/period） 神经胚所处的胚胎时期。

神经胚形成（neurulation） 由原肠胚发育为神经胚的过程。

神经鞘髓磷脂累积病（sphigomyelin storage disease） 鞘磷脂酸先天性缺乏，引起脂类物质沉积所致的一种遗传性神经鞘类脂质代谢病。

神经生理学（neurophysiology） 神经系统的生理学。为神经生物学的一个分支。其任务是从生理学角度研究神经系统内分子水平、细胞水平和系统水平的正常生理活动过程以及这些过程的整合作用及其规律，直至最复杂的高级功能，如学习、记忆等。

神经生长因子（nerve growth factor，NGF） 能促使神经发育生长的一种蛋白质。由动物体内多种细胞（包括一些肿瘤细胞）产生，主要来源为唾液腺、前列腺、蛇毒腺及胎盘等，以雄性小鼠颌下腺中含量最多，分子量14 000左右，被称为7s神经生长因子复合物（TS物质），由α、β、γ三肽链按$\alpha_2\beta\gamma_2$的比例和2个锌原子构成。β亚单位是神经生长因子的活性区，是两条均由118个氨基酸组成的单链通过非共价键结合而成的二聚体。近年来β-神经生长因子的遗传基因结构已阐明。在海马等中枢神经系统部位含量也很高。它是感觉神经与交感神经生长发育所必需，与胆碱能神经的功能关系密切，可抑制某些肿瘤细胞（如PC红细胞）的有丝分裂，还可能与促进脑某些神经细胞和脊髓神经细胞创伤后的修复有关，并有促进创口愈合的作用。

神经肽（neuropeptide） 泛指存在于神经组织并参与神经系统功能作用的多肽。是一类特殊的信息物质。主要分布于神经组织，也分布于其他组织。同一个神经肽按其分布不同可能起递质、调质或激素样作用。

神经调节（neural regulation） 神经系统通过神经冲动传导实现的对机体各部分功能的调控作用。在高等动物，神经调节是机体功能最主要的调节方式，它与体液调节、自身调节共同组成完整的功能调节体系，使机体更好地适应内外环境变化，维持内环境稳定。神经调节的基本方式是反射。

神经调制（neuromodulation）　神经调质对细胞生理功能的调节过程。神经调制过程并不改变神经元的膜电位，主要通过调节递质的释放或者改变神经元对经典递质的反应，影响神经系统的活动。

神经调质（neuromodulator）　体内一类属于多肽类的生物活性物质。它不具有神经递质的特性，也不具有激素的某些内涵，即本身没有信息功能。其主要作用是调节递质的释放或改变神经元对经典递质的反应。如P物质、血管活性肠肽（VIP）等。

神经外膜（epineurium）　包裹在神经外面的致密结缔组织，内含有血管。

神经系统（nervous system）　动物体内能接受刺激并将其转变为神经冲动进行传导，通过分析整合，调节机体与内外界环境关系的结构。可分为中枢神经系和周围神经系两部分。神经系统由神经组织即神经元和神经胶质组成，神经元是神经系统最基本的结构和功能单位。神经系统活动的基本形式是反射，完成一个反射活动，要通过感受器、传入神经元、中间神经元、传出神经元和效应器5个环节，此通路即为反射弧。

神经纤维（neurofibrae，nerve fiber）　由神经元的轴突或长树突及包绕其外周的神经胶质细胞（主要是雪旺氏细胞）构成。轴突和长树突统称轴索，神经胶质细胞统称神经膜。根据神经膜与轴索之间有无髓鞘，分为有髓神经纤维和无髓神经纤维。有髓神经纤维 传导神经冲动的速度比无髓神经纤维快。

神经性毒剂中毒（neural agent toxicosis）　破坏神经系统正常传导功能毒剂所引起的中毒。神经性毒剂分为G类和V类两种，前者有沙林（代号GB）、梭曼（代号GD）和塔崩（代号GA），属暂时性毒剂，以呼吸道中毒为主；后者为维埃克斯（代号VX），属持久性毒剂，毒性比前者大，以皮肤中毒为主。毒剂的理化性质和毒理作用基本上与有机磷农药一致，只是毒性更为剧烈。轻、中度病例表现兴奋不安，肌肉震颤，站立不稳，运动失调，瞳孔缩小，呼吸困难，脉搏增数，流涎，肠音活泼，腹泻，全身出汗。重病例除上述症状外，结膜发绀，体位和运动平衡失调倒地，伴有阵发性或强直性痉挛，死于呼吸中枢麻痹。宜及时应用解胆碱能药和胆碱酯酶复活剂进行治疗。

神经元（neuron）　即神经细胞。是神经系统最基本的结构与功能单位，是高度分化具有接受刺激和传导信息作用的细胞，可分为胞体、突起和终末三部分。胞体是神经元功能活动中心，细胞核位于胞体内，胞体的细胞质称核周质，内含各种细胞器、内含物及参与传递信号的物质。突起自胞体伸出，分为树突和轴突，各种神经元突起的长短、数量与形态各异。按功能，可分为运动神经元、感觉神经元和联络神经元3种，或分为传导神经元和神经分泌神经元2种；按神经冲动的传导方向，可分为传入神经元、传出神经元和中间神经元3种。

神经元蜡样质-脂褐素沉积病（ceroid - lipofuscinosis in neuron）　神经元和小脑颗粒细胞内蜡样质和脂褐素颗粒积聚所引起的一种贮积病（storage disease）。见于某些品种的牛、绵羊、猫和犬等。前述色素在机体细胞内可广泛贮积，但仅在神经系统引起进行性变性。病因未明。

神经元学说（neuron doctrine）　认为神经元是神经系统最基本的结构和功能单位的学说。一个神经元接受信息后，通过轴突与其他神经元形成突触，从而引起突触后神经元活动。整个神经元都参与活动时才能完成生理功能，这对长轴突投射神经元而言是正确的，但对局部回路神经元来说，只由树突的一部分参与活动，就可完成生理功能，不需要整个神经元参与活动，因此对局部回路神经元而言，神经元学说并不完全符合。

神经源性休克（neurogenic shock）　调节循环机能的神经组织损伤后所引起的休克。常见原因有剧烈疼痛、脊髓麻醉或损伤等。其发生机制与血管扩张、有效循环血量减少有关。

神经褶（neural fold）　神经沟形成后，神经板两侧上举，形成神经褶。在肺鱼类、软骨鱼类、两栖类、鸟类和哺乳类等，神经褶明显可见。

神经支配（innervation）　来自或传到身体某部的神经控制。通常是指传出神经对组织器官活动的调控。这些神经传导来自中枢的神经冲动，引起组织器官活动加强或者抑制。身体某部组织器官的感觉传入可包括在广义的神经支配概念内。

神经组织（nervous tissue）　四大基本组织中一种高度分化的组织。由神经细胞和神经胶质细胞构成，神纤细胞是神经组织的功能成分，神经胶质细胞起支持、营养和保护作用。神经组织具有兴奋性和传导性，是神经系统的主要组成成分。

肾（kidney）　主要泌尿器官。一对、位于腰部脊柱两侧。除猫、猪外，右肾偏前与肝接触。红褐色至深褐色。一般呈豆形。骆驼左肾扁卵圆形。牛肾表面呈分叶状，左肾三棱形。肾内侧缘有肾门，内腔为肾窦，被肾盂或输尿管支以及血管、神经和脂肪充塞。肾在腹膜外部的腰下筋膜内，常含多量脂肪，形成肾脂囊。反刍兽左肾被瘤胃推转至右侧，包于腹膜褶内，肾门转而向上。肾外包有纤维膜，正常易剥离。肾实质分皮质和髓质。皮质褐红色，呈细颗粒状（肾小体）。髓质可分外、内两区：外区深红色，发出髓放线入皮质；内区较淡，髓质由若干肾锥体构成，锥体底与皮质相邻，锥体尖形成肾乳头。每一肾锥体及其相邻皮质区，相当于一个肾叶，鲸、熊等少数哺乳动物各肾叶彼此分离。牛、楮肾锥体有局部融合，肾乳头分开；牛肾表面尚有沟示肾叶分界。其他家畜肾锥体完全融合，肾乳头合并为总乳头，又称肾嵴。肾实质由无数肾小管构成，称肾单位，最后汇集入乳头管，开口于肾乳头或肾嵴，形成筛状区。肾具有丰富的血液供应，肾动脉由腹主动脉直接分出，肾静脉出肾门后注入后腔静脉。禽肾比例较大，因肾叶、肾小叶个体位置有浅有深，不能划分出皮质和髓质；无肾门，输尿管和血管直接由肾表面进出，血管除肾动脉、肾静脉外尚有肾门静脉。

肾棒状杆菌感染（bacillary pyelonephritis） 肾棒状杆菌引起的家畜泌尿道化脓性感染。多发于母牛，偶发于马及绵羊。由尿道生殖道口污染所致。主要表现形式为牛细菌性肾盂肾炎。表现泌尿系统症状，重者有尿毒症症状。剖检肾肿大，病久肾外膜与肾粘连，有化脓和坏死灶，肾盏、肾盂扩大，肾乳头坏死。膀胱黏膜肥厚，出血坏死溃疡。尿恶臭，含有脱落坏死组织。输尿管肿大积尿，黏膜增厚坏死。依流行病学、临诊、剖检变化作初诊。确诊可涂片镜检，进行细菌分离鉴定。使用抗生素结合手术疗效良好。预防本病应搞好畜舍与运动场卫生。

肾病（nephrosis） 某些毒性物质损害肾小管所致的肾变性疾病。见于某些传染病和中毒性疾病经过中。急性症状有尿量减少，尿比重增高，含有大量蛋白成分，尿沉渣有肾上皮，透明及颗粒管型；慢性症状多尿，尿比重降低，体腔和体表明显水肿。治疗宜早应用抗生素和呋喃类药物；对中毒病例，选用相应特效解毒药物进行对症治疗。

肾单位（nephron） 肾脏结构与功能的基本单位。由肾小体和肾小管组成。肾小体可分为肾小球（血管球）和肾小囊两部分，来自肾动脉的血液经肾小体滤过产生原尿。肾小管可分为近端小管、细段和远端小管3段，上接肾小囊，下接集合管，有重吸收原尿中的有用物质并排出部分代谢废物的作用。

肾后性少（无）尿（postrenal oliguria/anuria） 因肾盂或输尿管阻塞导致的排尿量减少或排尿停止的一种病症。见于肾盂和输尿管结石，肾盂和输尿管被血块、药物结晶等阻塞，输尿管炎性水肿、狭窄、瘢痕收缩、被肿物压迫等。

肾结石（nephrolithiasis） 肾盂内生成石砾的一种结石性疾病。主要是因饲料和饮水中富含钙、镁盐类，以及补饲过多骨粉等所致。临床上呈现步态强拘，肾区敏感，运动过后偶发剧烈腹痛，在发作中停止排尿。长期尿闭病例可继发尿毒症。治疗除减少日粮中谷类比例和多饮清水外，应用解疼镇痛剂进行对症疗法。还可实行外科肾结石摘除术。犬的肾结石与长期饲喂高动物源性蛋白性食物有关。

肾母细胞瘤（nephroblastoma） 又称成肾细胞瘤。肾胚胎组织发生的恶性肿瘤。主要发生在未成年的兔、鸡、猪和牛。可见于肾的任何部位，一侧性或两侧性，肿瘤内可含有多种组织，如含有一定数量的腺样泡或小管、胚胎性肾小球结构和纤维性间质；或肿瘤内见骨和横纹肌组织等。肿瘤可在宰后检验中发现，外观呈结节状、分叶状或巨块状，灰白色，一般有包膜，大小不一。少数见转移到肺、肝。

肾脓肿（nephric abscess） 又称化脓性肾炎（suppurative nephritis）。由化脓菌感染引起的肾脏化脓性病变。化脓菌可经血液进入肾脏，以肾小球为中心形成化脓灶。如果化脓菌从肾小球进入肾小管，可引起周围组织化脓。当脓汁进入肾包膜内或蓄积于肾周结缔组织中后，可发生肾周脓肿（paranephric abscess）。如果下位尿路发生感染时，化脓菌可沿输尿管上行至肾盂，先引起肾盂肾炎（pyelonephritis），再进入肾实质，形成化脓性肾炎。治疗宜采用全身疗法，如肾脏感染严重，功能严重丧失，需行肾切除术。

肾膨结线虫病（dioctophymosis renale） 肾膨结线虫（*Dioctophyma renale*）寄生于犬、狐、獭、貂、鼬等多种肉食动物的肾及其他器官引起的一种寄生虫病。偶寄生于猪、马、牛和人。虫体粗大，雄虫长达35cm，宽3～4mm；雌虫长可达103cm，宽5～12mm。雄虫尾端有一杯形、无肋的肌质交合伞，交合刺一根。雌虫只有一个生殖腺。卵呈橄榄形，两端有卵塞样构造，壳厚，表面有小凹穴。发育过程需要两个中间宿主，第一中间宿主是寡毛类环节动物，第二中间宿主为鱼。终末宿主摄食带有感染幼虫的鱼而遭感染。虫体多寄生于右肾盂中，肾实质被破坏，最后常仅余一肾包囊，如仍有实质残留，多钙化或部分钙化。虫体可能进入输尿管和膀胱，甚至经尿道逸出。有时发现于腹腔或肝叶间，形成包囊或游离存在，常伴发慢性腹膜炎。患畜常不显病征；亦有由于尿滞留而死于尿毒症者。在尿液中发现虫卵即可确诊。可试用驱线虫药治疗。预防主要在于戒吃生鱼。

肾前性少（无）尿（prerenal oliguria/anuria） 由于肾血流量减少、肾小球滤过率降低，导致排尿量减少或排尿停止的一种病症。见于心功能不全、休克、脱水、电解质紊乱、重症肝病、重症低蛋白血症、醛固酮和抗利尿激素分泌过多等。膀胱内无尿或有少量尿液。尿比重常见增高。

肾上腺（adrenal gland） 位于两肾前内侧的一对内分泌腺。常与邻近大血管主动脉和后腔静脉紧密相连。一般卵圆形，马的较扁平，猪长形，牛左右形状不同。大小常受若干因素影响，如野畜的较大，老畜的较小，有孕和泌乳期的较大。由皮质和髓质构成，皮质在反刍动物和猪呈肉色，其他家畜因含脂质而带黄色；髓质淡红褐色，中有较大静脉。皮质来源于胚胎中胚层的体腔上皮，受交感和副交感神经支配；髓质来源于胚胎外胚层的神经嵴，仅有交感神经的节前纤维分布。禽肾上腺因髓质分散于皮质内而呈镶嵌状。

肾上腺皮质（adrenal cortex） 肾上腺的外周部分。来源于中胚层。由外向内分为 3 个区带，即多形区、束状区和网状区。在马、犬、猫的多形区与束状区之间尚可清楚地区别出一个中间区。多形区、束状区和网状区分别分泌盐皮质激素、糖皮质激素和雄激素及少量雌激素。

肾上腺皮质机能减退（hypocorticalism） 又称阿狄森氏病（Addison's disease）。由于皮质类固醇产生不足而引起的内分泌疾病。以全肾上腺皮质激素的缺乏最为常见，多发生在 5 岁以内的雌性犬，猫少见。各种原因的双侧性肾上腺皮质严重破坏均可引发本病。自身免疫可能是本病的主要原因。急性型突出的临床表现是低血容量性休克症候群，病畜大都处于虚脱状态。慢性病例急性发作呈体重减轻、食欲减退、虚弱等表现。根据临床表现和诊断性试验结果建立诊断，治疗宜静脉注射生理盐水，补充糖皮质激素。

肾上腺皮质机能亢进（hyperadrenocorticism） 又称库兴氏综合征。由于糖皮质激素长期分泌过多而引起的临床症候群。以皮质醇分泌较为常见，是犬最常见的内分泌疾病之一，母犬多于公犬，且以 7～9 岁的犬多发，马和猪也发生本病，母马多见，且 7 岁以上的马居多。以多尿、烦渴、垂腹，两侧性脱毛、肝大、食欲亢进、肌肉无力萎缩，持续性发情或睾丸萎缩、皮肤色素过度沉着、皮肤钙质沉着、不耐热、阴蒂肥大，神经缺陷或抽搐。根据病史、临床症状可做出初步诊断，确诊诊断应依据肾上腺皮质机能试验结果。治疗本病多采用药物疗法和手术疗法。首选药物双氯苯二氯乙烷，还可选甲吡酮、氨基苯哌啶酮等药物。

肾上腺皮质机能障碍（adrenocortical dysfunction） 肾上腺皮质激素分泌紊乱的一种病症。分为肾上腺皮质机能减退和肾上腺皮质机能亢进两种。前者发病原因与垂体和下丘脑病变有关，症状有体重减轻，食欲减退，呕吐，腹泻，脱水，电解质失调等；后者可因皮质肿瘤导致，引起醛固酮、皮质醇等分泌增多，可引起物质代谢障碍，体内水、钠潴留。

肾上腺皮质激素（adrenal cortical hormone） 肾上腺皮质分泌的激素的统称。有盐皮质激素、糖皮质激素和性激素 3 大类，分别由皮质的球状带、束状带和网状带所产生，均属于类固醇激素，亦称甾体激素，是胆固醇的衍生物，具有调节机体代谢、抗紧张等多方面的生理功能，是维持机体正常生命活动所必需的一类激素。

肾上腺皮质激素类药物（adrenocorticosteroids） 肾上腺皮质所分泌的一类激素。属类固醇化合物，故又称皮质类固醇激素。根据其生理作用的不同可分为两类：盐皮质激素，以醛固酮和去氧皮质酮为代表，主要影响水、盐代谢，维持体内 Na^+、K^+ 的平衡。该类药物有醋酸去氧皮质酮，仅用于肾上腺机能不全时作为替代疗法；糖皮质激素，以可的松和氢化可的松为代表，主要影响糖、蛋白质、脂肪代谢，并具有抗炎、抗过敏、抗毒素、抗休克作用，是临床上广泛使用的一类药物。常用的药物有可的松、氢化可的松、泼尼松、氢化泼尼松、地塞米松、倍他米松、去炎松等。

肾上腺素（adrenalin，epinephrine） 肾上腺髓质分泌的一种主要激素。它与去甲肾上腺素在髓质中的比例视动物种类和年龄有很大变化。成年哺乳动物肾上腺素占优势，胎儿期以去甲肾上腺素为主。禽类的肾上腺髓质主要分泌去甲肾上腺素。肾上腺素的一般作用使心脏收缩力上升；心脏、肝、和筋骨的血管扩张和皮肤、黏膜的血管缩小。在药物上，肾上腺素在心脏停止时用来刺激心脏。肾上腺素能使心肌收缩力加强、兴奋性增高，传导加速，心输出量增多。对全身各部分血管的作用，不仅有作用强弱的不同，而且还有收缩或舒张的不同。对皮肤、黏膜和内脏（如肾脏）的血管呈现收缩作用；对冠状动脉和骨骼肌血管呈现扩张作用等。由于能直接作用于冠状血管引起血管扩张，改善心脏供血，因此是一种作用快而强的强心药。肾上腺素还可松弛支气管平滑肌，解除支气管平滑肌痉挛。利用其兴奋心脏收缩血管及松弛支气管平滑肌等作用，可以缓解心跳微弱、血压下降、呼吸困难等症状。肾上腺素能激动 α 和 β 两类受体，产生较强的 α 型和 β 型作用。临床应用：①心搏骤停，肾上腺素能提高窦房结—传导系统及心肌的兴奋性，还可使心室肌细颤变粗颤，有利于除颤。②过敏性休克，过敏性休克时小血管扩张、毛细血管通透性增加、血压下降、支气管平滑肌痉挛、呼吸困难。肾上腺素能有效地治疗，迅速缓解休克症状。③支气管哮喘，缓解急性发作。④与局部麻醉药配伍及局部止血。

肾上腺素受体（adrenoceptor）　能与肾上腺素或去甲肾上腺素产生特异性结合并发挥特异性生理效应的受体。肾上腺素受体是膜受体，分为α和β受体两大类。与受体结合后的作用随受体的类型及所在的部位而不同。

肾上腺髓质（adrenal medulla）　肾上腺的中心部分。来源于神经嵴。由髓质细胞和少量的神经节细胞构成，髓质细胞排列成索状，索间有丰富的血窦。髓质细胞含嗜铬颗粒，故亦称嗜铬细胞。按所产生的激素分为肾上腺素细胞和去甲肾上腺素细胞。交感神经的节前纤维与髓质形成突触，支配髓质的分泌活动。

肾上腺原基（adrenal primordium）　在前肾后端中肾前端，中肾头端与肠系膜根部之间的腹膜上皮细胞增生并深入其下方的间充质内形成肾上腺皮质原基，继而发育分化为肾上腺皮质；而一群外胚层神经嵴细胞迁入肾上腺皮质原基内侧形成肾上腺髓质原基，继而发育分化为肾上腺髓质。

肾素（renin）　肾小球旁细胞分泌的一种蛋白水解酶。能催化血浆中的血管紧张素原（在α_2-球蛋白中），使之生成血管紧张素Ⅰ。

肾损伤（kidney damage）　肾脏因机械性外力而受到的损害。可分为闭合性和开放性损伤两大类，以闭合性损伤最为常见。(1) 闭合性损伤：与体外相通的肾损伤称为闭合性肾损伤。其受伤机制为：①肾脏位于腹膜后有一定的活动度，当受到暴力作用时，碰撞于脊柱或肋骨上，形成一种反向作用力，使肾脏发生裂伤；②肋骨或脊椎横突的骨折断端刺破肾脏；③肾脏受外力作用挤压在坚实的脊柱上引起的挫裂；④由高处坠跌时肾蒂受牵扯而撕裂。(2) 开放性损伤：战争伤多属于此类，如弹片及刺刀伤等。常合并有其他脏器损伤。

肾糖阈（renal glucose threshold）　肾单位对葡萄糖的重吸收作用达到饱和时的血糖浓度。肾小管上皮细胞主动重吸收葡萄糖要借助细胞膜载体，因此有一定的限度。当原尿中葡萄糖浓度（即血糖浓度）超过一定值时，就不能将其全部重吸收。而留在小管液中，使其渗透压升高，进而影响水的被动重吸收，出现糖尿、多尿。

肾小管（renal tubule）　肾内细长而多纡曲的上皮管。起始部为盲端，形成双层漏斗样膨大，称肾小囊。以下各段依其位置、形态和功能分别称为近端小管曲部、近端小管直部、细段、远端小管直部、远端小管曲部、集合管和乳头管。原尿经过肾小管的重吸收和浓缩，最终成为高渗的尿液。

肾小管重吸收（tubular reabsorption）　肾小管上皮细胞吸收小管液中的溶质和水的过程。比较小管液和终尿的成分和量，证明肾小管对小管液中的溶质及水分有重吸收作用。终尿的量仅为肾小球滤过量的1%左右，滤过液中的葡萄糖、氨基酸等机体需要的物质在终尿中全部消失，肾小管上皮细胞的吸收作用有主动和被动两种机制，因此有一定的选择性，肾小管各段的吸收作用也不一样。

肾小管分泌（tubular secretion）　肾小管上皮细胞通过代谢活动，将机体的代谢产物或血浆中某些物质转运到尿液中的过程。包括分泌K^+、H^+、NH_3（同时回吸收Na^+）、有机酸和有机碱，还能将内源性的或外源性的有害物质和药物排入管腔，经尿液排出体外。对调节机体的离子和酸碱平衡、维持内环境的稳定有重要作用。

肾小囊（renal capsule）　又称Bowman氏囊。肾小体中包裹血管球的双层囊袋。囊的外层由单层扁平上皮构成，在尿极与近曲小管相延续；内层紧贴血管球的毛细血管壁，由多突的足细胞构成。足细胞各突起间的裂隙有一层极薄的膜覆盖，是肾滤过屏障的重要组成部分。

肾小球滤过（glomerular filtration）　血浆中溶质和小分子物质通过肾小球滤过膜形成原尿的过程。滤过膜上存在有小孔和空隙，当循环血液流经肾小球毛细血管网时，在有效滤过压的作用下，除了血细胞和大分子蛋白质外，血浆成分中的水、电解质和有机物（包括分子量较小的蛋白质）均能通过滤过膜，进入肾球囊，形成原尿。因此滤过作用的大小和滤过膜的通透性及有效滤过压的大小有关。

肾小球滤过分数（glomerular filtration rate, GFR）　肾小球滤过率与每分钟肾血浆流量的比值。流经肾的血浆约有1/5从肾小球滤过进入囊腔中，即滤过分数为20%。肾小球滤过率和滤过分数是衡量肾小球滤过功能的重要指标，主要受有效滤过压、滤过膜面积及其通透性等因素的影响。肾小球滤过率和滤过分数可以反映肾小球滤过的功能。

肾小球滤过率（glomerular filtration rate）　单位时间（min）内通过肾小球滤出的原尿量（mL）。滤过率的大小，取决于肾小球的有效滤过压和肾小球滤过膜的通透性，当毛细血管血压升高，血浆蛋白浓度降低，滤过膜通透性增大时，滤过率高，反之则低。是衡量肾功能的重要指标。

肾小球毛细血管压（glomerular capillary pressure）　肾小球毛细血管内的血压。肾小球入球小动脉粗而短，直接分支成肾小球毛细血管，血液容易进入。出球小动脉则细而长，血流阻力较大，因此肾小球毛细血管内血压比其他器官的毛细血管内血压要高。用直接测定法测定的肾小球毛细血管血压明显高于其他器官。

肾小球旁器（juxtaglomerular apparatus）　又称肾小球旁复合体。由球旁细胞、致密斑和球外系膜细胞组成。位于每个肾小体的血管极处，大致呈三角形。致密斑为三角区的底，入球微动脉和出球微动脉分别为两侧边，球外系膜细胞位于三角区中心，三者相距甚近并有一定的机能关系。球旁细胞是近血管极处入球微动脉管壁平滑肌演变成的上皮样细胞，具有分泌肾素和红细胞生成素的作用。致密斑由远端小管起始部靠近血管极一侧的上皮细胞分化而成，一般认为它是一个离子感受器，可感受远端小管内原尿 Na^+ 浓度变化，将信息传递给球旁细胞，影响肾素的分泌，从而调节远端小管留钠排钾的作用。球外系膜细胞是一群间质细胞，功能不详，可能具有吞噬作用，或是起信息传导作用。肾小球旁器还包括极周细胞，该细胞位于肾小囊脏层与壁层交界处，环绕着肾小体的血管极。极周细胞的功能尚不十分清楚，可能具有分泌作用。

肾小球肾炎（glomerulonephritis）　见急性肾炎。

肾小体（renal corpuscle）　又称 Malpighi 氏小体。由血管球和肾小囊两部分组成的球形小体。分布于肾脏皮质中。肾小体以过滤方式形成原尿。

肾性蛋白尿（renal proteinuria）　又称肾性白蛋白尿。由于肾脏病变所引起的蛋白质反应阳性尿。所检出的尿蛋白多为白蛋白，见于急性肾炎、慢性间质性肾炎、肾盂肾炎等。

肾性水肿（renal edema）　由于肾功能不全，水、钠潴留、血浆蛋白质丢失等多种因素所引起的水肿。

肾血流量（renal blood flow）　单位时间流经肾脏的血量。肾动脉直接来自腹主动脉，故血流量大，占心输出量的 20%～30%，血压值高，这些特点有利于尿的生成。肾血流量在一定范围内受肾自身调节的控制，当全身血压在 10.7～24 kPa 范围内变动时，入球小动脉平滑肌紧张度可相应发生变化而使血量保持相对稳定；此外也受神经-体液因素的调节，内脏大神经（交感）兴奋，肾上腺素、去甲肾上腺素、加压素和血管紧张素等都可引起肾血管收缩，使血流量减少，而前列腺素可使血管扩张、肾血流量增加。

肾硬化（nephrosclerosis）　见慢性间质性肾炎。

肾盂（renal pelvis）　输尿管近端在肾窦内的扩大部分。见于除牛、水牛外的其他家畜。一般呈漏斗状，直接包住肾嵴，即肾总乳头，如肉食动物、兔；有的尚分出肾终隐窝，如马；有的分出若干肾盏，包住各个肾乳头，如猪。壁由三层构成。黏膜被覆变移上皮，并延续到肾嵴或肾乳头上；肌膜和外膜连接肾嵴或肾乳头基部。马属动物在黏膜固有层内含有黏液腺，因此尿液黏稠。

肾盂积水（hydronephrosis）　由于尿路阻塞而引起的肾盂扩大，伴有肾组织萎缩，持续一定时间后可引起肾盂积水。尿路阻塞可发生于泌尿道的任何部位，单侧或双侧，完全阻塞或不完全阻塞。病因是两侧输尿管有结石、血凝块、磺胺药类结晶；尿道炎或尿道受到肿物、肿瘤的压迫；脊髓损伤引起膀胱麻痹等。当一侧输尿管阻塞时，可由健侧进行代偿，多呈亚临床症状；两侧性完全阻塞如不解除，可导致少尿、无尿和尿毒症。

肾盂肾炎（pyelonephritis）　又称上尿路感染。是肾盂的炎症。通常是由来自尿路的化脓菌上行性感染引起，常与输尿管、膀胱和尿道的炎症过程有关。成年母牛、母猪较常见。常见病原菌有棒状杆菌、化脓放线菌、葡萄球菌、链球菌、绿脓杆菌，多是混合感染。下部尿道的炎症，疤痕组织收缩，结石形成，尿道内寄生虫，膀胱麻痹等均可诱发肾盂肾炎。肾盂肾炎可为一侧性或两侧性。急性肾盂肾炎时，肾脏肿大，切面见肾盂高度扩张，黏膜充血肿胀，散在出血点，肾盂内充满脓性黏液。慢性肾盂肾炎，肾实质的化脓灶被机化形成疤痕组织，肾体积缩小，质地硬实，肾盂扩张、变形，常有积液或积脓，黏膜增厚、粗糙，可见疤痕。肾区触诊有痛感，直肠检查见肾脏肿大，输尿管膨大有波动感，尿液浑浊，含有大量脓液。治疗首选有效抗生素。

肾源性少（无）尿（renal oliguria/anuria）　由于肾小球和肾小管损伤导致排尿量减少或排尿停止一种病症。见于急性肾炎、慢性肾炎、肾病、毒芹中毒、急性间质性肾炎等。尿比重常见降低，尿中有大量病理产物。

肾脏毒理学（nephrotoxicology）　研究外源性化学物直接对肾脏或经肾脏排泄过程中引起的毒性作用及作用机制、病变类型及中毒表现，并为防止外源性化学物对肾脏的有害作用提供科学依据的毒理学分支学科。

肾脏排泄染料试验（renal dye exclusion test）　通过应用某种染料物质，观察肾脏的排泄能力，从而判断肾功能的一种试验。

肾摘除术（nephrectomy）　对肾结石、肾肿瘤、肾的炎症疾患、水肾症、肾外伤等症进行的肾脏切除手术。手术时全身麻醉，仰卧或侧卧保定，腹中线或肋骨后缘平行切口。切开腹壁接近肾区腹膜，在肾前或肾后用钳把肾被膜穿孔，并用指扩大剥离，从肾向静动脉方向，显露肾动、静脉。分离尿管周围组织，结扎切断，再结扎动、静脉，摘除肾脏、关腹。脉管结扎先用3个钳夹住，1、2钳靠主动脉侧，3钳离肾2～3cm处钳压。在2和3钳间剪断，将肾取出。再除去1钳，在该处用不吸收线结扎，去2钳。确认止血剪断余结。

肾盏（renal calix） 输尿管支或肾盂在肾内的分支。末端成漏斗状直接包围肾乳头基部的称肾小盏。分支为肾小盏的称肾大盏。见于牛、水牛和猪等多乳头肾，以及鲸、熊等复叶肾。

肾综合征出血热（haemorrhagic fever with renal syndrome，HFRS） 见流行性出血热。

渗出性炎（exudative inflammation） 以渗出性变化为主，变质、增生反应较轻的炎症。根据渗出物的性质及病变特点，可分为浆液性炎、纤维素性炎、卡他性炎、化脓性炎和出血性炎等类型。以上炎症可以单独发展，也可能合并存在，如以浆液性炎开始，进一步发展为纤维素性炎或化脓性炎。

渗出液（effluxion） 因局部组织受到损伤、发炎所造成的浆膜腔内的炎性积液。蛋白含量大于2.5g/L，比重常在1.018以上。Rivalta试验阳性，液体混浊，容易凝固，含细胞数增加。

升压反射（pressor reflex） 动脉血压降低，通过压力感受器引起血压升高的反射。动脉血压突然降低时，压力感受器的传入冲动减少，使心迷走中枢的紧张性减弱，同时对心交感紧张和交感缩血管紧张的抑制作用也减弱，交感活动加强，结果使心输出量增加，外周阻力增大，动脉血压得以回升。该反射只发生于低氧、窒息、动脉血压过低、酸中毒情况下，平时不起明显作用。

生产群（production stock） 近交系动物繁殖生产所设立的一个群体，其种源来自血缘扩大群或基础群，繁殖生产的动物供实验应用。群内以随机交配方式进行繁殖，最多不超过4代。

生产瘫痪（parturient paresis） 又称乳热症（milk fever）。母畜分娩前后突然发生的一种以知觉丧失和四肢瘫痪为特征的严重代谢性疾病。主要发生于高产奶牛，尤其在3～6胎产奶量高的时期。奶山羊也有发生。其确切机理尚未完全清楚。引起发病的直接原因，公认为分娩前后血钙浓度的剧烈降低，可由正常的平均0.1mg/mL左右，下降至0.03～0.07mg/mL，同时血磷和血镁也减少。本病有典型（重型）和非典型（轻型）两种。典型病例，发展快。病牛表现昏睡、反射微弱或消失，呈特殊的伏卧姿势，头向后弯向胸侧，体温下降等特征。轻症病例除表现瘫痪外，主要特征是头颈姿势不自然，从头部至鬐甲呈一轻度的S状弯曲。根据特征症状、发病时间和血钙浓度，不难诊断。静脉补钙和乳房送风是本病惯用疗法，治疗越早，疗效越高。尤其是乳房送风对本病有特效，也可作为诊断性治疗。

生产种子（working seed） 用基础种子制备的、处于规定代次范围内的、经鉴定证明符合有关规定的活病毒（菌体、虫）培养物。生产种子用于生产疫苗。

生产种子批（working seed lot） 取一定数量的基础种子，按照生产中的增殖方法进行传代增殖，达到一定数量后，均匀混合，定量分装，保存于液氮或其他适宜条件下备用。生产种子批的制备规模和分装量较大，一般保存时间较短。必须根据特定生产种子批的检验标准逐项（一般应包括纯净性检验、特异性检验和含量测定等）进行检验，合格后方可用于生产。生产种子批应达到一定规模，并含有足量活细菌（或病毒），以确保用生产种子复苏后传代增殖以后的细菌（或病毒）培养物数量能满足生产一批或一个亚批产品。

生存分析（survival analysis） 又称生存率分析或存活率分析。根据试验或调查得到的数据对生物或人的生存时间进行分析和推断，研究生存时间和结局与众多影响因素间关系及其程度大小的方法。生存分析涉及有关疾病的愈合、死亡，或者器官的生长发育等时效性指标。某些研究虽然与生存无关，但由于研究中随访资料常因失访等原因造成某些数据观察不完全，要用专门方法进行统计处理，这类方法起源于对寿命资料的统计分析。

生发泡（germinal vesicle） 生长期的卵母细胞。处于减数分裂前期的双线期，核很大，染色质高度疏松，外包完整的核膜。充分长大的卵母细胞如果脱离卵泡的抑制，能自发恢复减数分裂，生发泡破裂（GVBD），进而放出第一极体，然后停留在第二次减数分裂中期。

生发中心（germinal center） 淋巴小结中心部位主要由大、中型B淋巴细胞构成，染色淡，分裂象多的结构。

生骨节（sclerotome） 位于体节的腹内侧，将发育成躯干和四肢的骨骼。

生后肾原基（metanephrogenic blastema） 中肾嵴尾侧的生后肾组织在输尿管芽的诱导下形成的结构，呈帽状包围在输尿管芽的末端。生后肾原基在集合小管的诱导下形成肾小管，肾小管一端与集合小管的盲端接通，另一端膨大凹陷与血管球形成肾小体。

生后肾组织（metanephrogenic tissue） 位于骨盆部的生肾索。

生化标记基因检测（biochemical mark gene test）用生物化学方法检测动物染色体上和酶、蛋白质有相应关系的某些基因位点。方法是用同功酶或异物蛋白基因作为动物的遗传标记，以待检动物的血清、血浆、溶血素、脏器组织匀浆、尿液等作为检测材料，经电泳、组织化学染色显示其特有的谱带，再以检测谱带与动物应有谱带的位置和形状进行比较，判断相应位点基因型是否纯合或区分不同品系。由于检测手段简单，被广泛用于小鼠的遗传学、生化学等领域的研究。检测多个遗传位点上的等位基因，有助于搞清近交系的遗传背景，故可作为遗传质量监测的标记基因。

生化毒理学（biochemical toxicology） 生物化学与毒理学相结合的边缘学科，应用生物化学技术方法，从亚细胞水平至分子水平，研究外源性化学物与生物大分子的作用机制、生物转化、活性代谢产物与细胞成分发生的毒性反应，直至代谢排泄的生化变化，并为防止其有害作用提供科学依据的一门毒理学分支学科。

生化需氧量（biochemical oxygen demand，BOD）在一定时间和温度下，水体中有机污物受微生物氧化分解时所耗去水体溶解氧的总量，单位是 mg/L。国内外现在均以 5d、水温保持在 20℃时的 BOD 值作为衡量有机物污染的指标，用 BOD_5 表示。BOD_5 数值越高，说明水体有机污物含量愈多，污染越严重。污水处理的效果，常用生化需氧量能否有效地降低来判断。清洁水生化需氧量一般小于 1mg/L。

生活史（life history） 又称生活周期。寄生虫从宿主排出的新生后代到达易感宿主，经过生长、生殖，产生其下一代的全过程。

生肌节（myotome，muscle plate） 位于体节的背内侧，将发育成体壁的肌肉。每段生肌节分背侧部和腹侧部，背侧部形成颈部和躯干的肌肉，腹侧部形成胸壁和腹前壁的肌肉。

生精上皮波（seminiferous epithelium wave） 在曲细精管长轴上，不同节段见到的不同的生精细胞组合图像。每个节段都有一定的长度，且各节段的排列顺序与生精上皮周期中各时相的出现顺序相同。因此，在空间（即曲细精管）上出现生精细胞组合图像呈波浪样周而复始的变化。这是由生精上皮的生精活动不同步进行造成的。

生精上皮周期（cycle of seminiferous epithelium）在曲精小管的横断面上，各级生精细胞的数量比例和排列形式均有一定的规律性，构成一定的细胞组合图像。此种细胞组合图像随生精过程的进展而不断变化，在整个生精过程中可看到数个不同的组合形式，它们按着一定的顺序出现，且周而复始。

生精细胞（spermatogenic cell） 睾丸曲精小管的生精上皮中支持细胞以外的另一类细胞，即处于不同发育阶段的雄性生殖细胞，包括精原细胞、初级精母细胞、次级精母细胞、精子细胞和精子。

生理福利（phisical welfare） 动物福利的基本要素之一，是满足动物的生存需要，即无饥渴之忧虑。要供给动物喜爱吃的营养食物，不让动物受到饥饿；让动物喝上清洁的饮水，不让动物受渴。

生理性止血（hemostasis） 小血管损伤出血后，在很短时间内自行停止出血的过程。生理性止血是机体重要的保护机制之一。生理性止血主要包括以下 3 个基本步骤：①小血管受损后，损伤性刺激立即引起局部血管收缩，若破损不大即可使小血管封闭；②血管内膜下损伤暴露了内膜下组织，使血小板黏附并聚集在内膜下组织，形成一个松软的止血栓，以填塞伤口；③血凝系统被激活，使血浆中可溶性纤维蛋白原转变为不溶性的纤维蛋白多聚体，从而有效止血。

生理盐水（saline） 含 0.9%氯化钠的水溶液。其渗透压等于哺乳动物体液的渗透压。符合注射剂要求的生理盐水，可静脉输注，用于补充体液及治疗各种缺钠性脱水症。

生皮节（dermatome） 位于体节腹外侧，将发育为真皮和皮下结缔组织。

生肾节（nephrotome，nephromere） 由颈部的中段中胚层分化而来，呈分节状，是前肾的原基。将发育为泌尿系统和生殖系统的器官。

生肾索（nephrogenic cord） 由颈部以后的中段中胚层分化而来，不分节，形成从颈部以下到骨盆部的左右两条纵行的间充质索，是中肾和后肾的原基。

生态毒理学（ecotoxicology） 研究有害因素或物质在综合环境中对生态系统各组成部分的有害作用及其相互影响规律的毒理学分支学科。除包括环境毒理学有关内容外，还涉及环境污染物对天敌、野生动物等各种生物体的危害以及影响彼此间平衡的研究。目的在于消除污染物对生态系统的有害作用。

生态平衡（ecological equilibrium） 指自然界生物群落和其生存环境所构成的系统中，生产者、消费者和分解者之间，经常保持一定的动态平衡状态。这种平衡是以生物体从内部经常地调节自身来适应不断变化的环境，及生物的活动不断改变着环境的状态形成的。在农业生产中无计划地乱砍滥伐和垦荒，可破坏自然界的原有生态平衡。当生态平衡遭到严重破坏，而在短期内无法恢复时，会对农业环境造成危害。

生糖氨基酸（glucogenic amino acid） 能转变成

葡萄糖的氨基酸。包括除亮氨酸和赖氨酸以外组成蛋白质的所有氨基酸。他们在体内脱去氨基后的碳架一般代谢为丙酮酸、草酰乙酸等然后可经异生作用转变成葡萄糖或糖原。异亮氨酸和芳香族氨基酸兼有生酮作用。

生酮氨基酸（ketogenic amino acid） 能转变成酮体的氨基酸。它们在体内脱去氨基后的碳架一般代谢为乙酰 CoA 和乙酰乙酰 CoA 从而转变成酮体。纯粹的生酮氨基酸有亮氨酸和赖氨酸，异亮氨酸和芳香族氨基酸是生糖兼生酮氨基酸。

生物安全（biosafety，biosecurity） 对病原微生物、转基因生物及其产品、外来有害微生物等生物体对人类、动植物、微生物和生态环境可能产生的潜在风险或现实危害的防范和控制。有狭义和广义之分。广义的生物安全（Biosecurity）是指为了防止给国家、社会造成重大损失，针对偷窃生物因子和恶意使用生物因子而采取的综合措施。狭义的生物安全（biosafety）主要指实验室生物安全，是避免危险生物因子造成实验室人员暴露、向实验室外扩散并导致危害的综合措施，包括病原微生物的实验室生物安全和重组 DNA 分子的实验室生物安全两个方面。安全转移、处理和使用那些利用现代生物技术而获得的遗传修饰生物体，避免其对生物多样性和人类健康可能产生的潜在影响。

生物安全处理（biosafety disposal） 又称无害化处理。通过用焚毁、化制、掩埋或其他物理、化学、生物学等方法将病害动物尸体和病害动物产品或附属物进行处理，以彻底消灭其所携带的病原体，达到消除病害因素、保障人畜健康安全的目的。运送动物尸体和病害动物产品应采用密闭、不渗水的容器，装前卸后必须要消毒。

生物安全柜（biosafety cabinet） 操作原代培养物、菌毒株以及诊断性标本等具有感染性的实验材料时，需在此进行，以保护操作者本人、实验室环境以及实验材料，使其避免暴露于上述操作过程中可能产生的感染性气溶胶和溅出物而设计的防护设备。生物安全柜可分为一级、二级和三级 3 大类，以满足不同的生物研究和防疫要求。

生物安全实验室（biosafety laboratory） 通过防护屏障和管理措施，达到生物安全要求的生物实验室和动物实验室。生物安全实验室应由主实验室、其他实验室和辅助用房组成。根据所操作的病原微生物的危害等级不同，需要相应的实验室设施、安全设备以及实验操作和技术，这些不同水平的实验室设施、安全设备以及实验操作和技术就构成了不同等级的生物安全水平（biosafety level，BSL）。

生物安全水平（biosafety level，BSL） 基于对生物性的传染媒介通过直接感染或间接破坏环境而导致对人类、动物或者植物的真实或者潜在的危险是否具有有效预防措施、是否具有有效治疗方法进行生物危害评估，根据危害评估对生物安全需具备防护能力做出的区分。

生物半衰期（biological half life） 衡量某一药物从体内消除速度的尺度。一般指血浆半衰期（plasma half life），即血药浓度减少一半所需的时间。以符号 T½表示。生物半衰期的短长与药物代谢和排泄的快慢有关。由于多数药物按一级动力学消除，故其生物半衰期有固定数值，不因血药浓度高低而改变。临床上可根据各种药物的半衰期来确定适当的给药间隔时间（或每日的给药次数），以维持有效的血药浓度和避免蓄积中毒。但是由于个体差异，同一药物的半衰期不同个体常有明显的差异，肝、肾功能不良者或老龄动物的血浆半衰期常较青年动物长。药物相互作用也会有干扰，使半衰期发生变化。

生物被膜（biofilm，BF） 又称细菌生物膜（bacterial biofilm）。细菌黏附于接触表面，分泌多糖基质、纤维蛋白、脂质蛋白等，将自身包绕其中而形成的大量细菌聚集膜样物。多糖基质通常是指多糖蛋白复合物，也包括由周边沉淀的有机物和无机物等。除了水和细菌外，生物被膜还可含有细菌分泌的大分子多聚物、吸附的营养物质和代谢产物及细菌裂解产物等，大分子多聚物如蛋白质、多糖、DNA、RNA、肽聚糖、脂和磷脂等物质。生物被膜中的细菌由于被多糖等物质包埋而受到保护，对外环境的抵抗力及对抗生素的抗性均较同种游离的单个菌体强，影响抗生素的疗效和灭菌效果。生物被膜的形成受细菌的密度感应系统调控。

生物标记物（biological marker，biomarker） 一类与细胞生长增殖有关的标志物。生物标记物不仅可从分子水平探讨发病机制，而且在准确、敏感地评价早期、低水平的损害方面有着独特的优势，可提供早期预警，很大程度上为临床医生提供了辅助诊断的依据。

生物传感器（biosenser） 利用具有生物活性的材料作为分子识别元件，对待测试样中的待测物作出反应，并通过传感元件将其生物化学信号转换成可定量的电信号进行分析的仪器。有酶传感器、微生物传感器和免疫传感器等类型。具有试样用量小、测定速度快、敏感性高、特异性强等优点，广泛应用于生物学研究、临床化验、环境监测等领域。

生物大分子（biomacromolecular） 作为生物体

内主要活性成分的各种分子量达到上万或更多的有机分子。常见的生物大分子包括蛋白质、核酸、脂质、糖类。生物大分子大多数由简单的组成结构聚合而成，蛋白质的组成单位是氨基酸，核酸的组成单位是核苷酸。从化学结构而言，蛋白质是由 α-L-氨基酸脱水缩合而成的，核酸是由嘌呤和嘧啶碱基，与糖（D-核糖或 2-脱氧-D-核糖）、磷酸脱水缩合而成，多糖是由单糖脱水缩合而成。

生物等效性（bioequivalence） 反映新制剂与参比制剂生物等效程度的重要指标，指一种药物的不同制剂在相同的试验条件下，给以相同的剂量，反映其吸收速率和程度的主要动力学参数没有明显的统计学差异。

生物电（bioelectricity） 生物体在生命活动过程中产生的各种电位或电流，包括细胞膜电位、动作电位、心电、脑电等。生物电现象是一切活细胞共有的基本特性，是质膜两侧带电离子的不均匀分布和跨膜移动的结果。细胞水平的生物电有两种表现形式：静息时的静息电位和兴奋时的动作电位。

生物多样性（biodivesity） 一定范围内多种活的有机体（动物、植物、微生物）有规律地结合所构成稳定的生态综合体。这种多样性包括动物、植物、微生物的物种多样性，物种的遗传与变异的多样性及生态系统的多样性。其中，物种的多样性是生物多样性的关键，它既体现了生物之间及环境之间的复杂关系，又体现了生物资源的丰富性。我们目前已知大约有 200 万种生物，这些形形色色的生物物种就构成了生物物种的多样性。

生物发光免疫测定（bioluminescent immunoassay，BLIA） 利用生物发光系统为指示系统的一种免疫测定技术。常见的 BLIA 主要有两大体系，一类是萤火虫发光系统；另一类是细菌发光系统。

生物反应器（bioreactor） 利用细胞（包括原核生物细胞和真核生物细胞）或动植物个体合成目的蛋白质的反应系统。

生物放大效应（biological amplification） 又称生物学放大。在生态系统中同一条食物链上，高营养级生物通过摄食低营养级生物，某种元素或难分解的化合物在生物机体内的浓度随着营养级的提高而逐步增高的现象。生物放大的程度用浓缩系数表示，生物放大的结果使食物链上高营养级生物机体中这种物质的浓度显著地超过环境浓度。影响生物放大的因素较多，如食物链、生物的种类、发育阶段、不同的生长条件和污染物的性质。由于生物具有放大作用，进入环境中的污染物，即使是微量的，也会使生物尤其是处于高位营养级的生物受到毒害，甚至威胁人类健康。

生物活化（bioactivation） 又称代谢活化。外来化合物在体内形成有活性的或比原型物活性高、毒性大的代谢物的生物转化过程。如对硫磷转化为对氧磷等。

生物活性肽（biologically active peptide） 具有特殊生理药理功能的线性、环形结构的肽类的总称。是源于蛋白质的多功能化合物。生物活性肽具有多种代谢和生理调节功能，有促进消化吸收、免疫、激素调节、抗菌、抗病毒、降血压、降血脂等作用。

生物技术（biotechnology） 又称生物工程。是指人们以现代生命科学为基础，结合其他基础科学的原理，采用先进的技术手段，按照预先的设计改造生物体或加工生物原料，为人类生产出所需产品或达到某种目的。

生物技术诊断制剂（biotechnological diagnostic preparation） 根据分子生物学原理所产生的一类新型诊断制剂，包括重组表达抗原、核酸探针、聚合酶链式反应、基因芯片等。

生物剂量（biological dose） 以刺激物的量和生物体的反应程度表示的剂量单位。如紫外线的生物剂量就是紫外线灯管与皮肤一定距离时，照射后 6～8h 皮肤上出现最弱红斑所需的照射时间（一般用秒作单位）就是一个生物剂量。由于动物皮肤色素观察红斑反应有困难时，可用肿胀反应代替，实践证明，肿胀反应的剂量约 4 倍于红斑反应的剂量。

生物监测（biological monitoring，biomonitoring） 利用生物个体、种群或群落对环境污染或变化所产生的反应进行定期、定点分析与测定以阐明环境污染状况的环境监测方法。利用生物对环境中污染物质的敏感性反应来判断环境污染，用来补充物理、化学分析方法的不足。如利用敏感植物监测大气污染；应用指示生物群落结构、生物测试及残毒测定等方法，反映水体受污染的情况。

生物碱（alkaloids） 一类有生理作用的含氮天然化合物。多分布于植物界，可按化学结构分成多种类型。一般为无色结晶，具苦味，有旋光性（多为左旋）。多数不溶或难溶于水，易溶于有机溶剂。溶于稀酸生成盐后易溶于水或醇。目前已从动植物中获得 6 000 余种生物碱，其中近百种已供药用如奎宁、麻黄碱、吗啡、黄连素等。

生物降解（biological degradation，biodegradation） 通过细菌或其他微生物的酶系活动分解有机物质的过程。生物降解是由生物催化复杂化合物的分解过程，而这个降解过程本身又是以微生物的代谢为核心，化合物在分解过程中遵循化学原理。有机物的转化包括矿化和共代谢。矿化是将有机物完全无机化的过程，是与微生物生长包括分解代谢与合成代谢过程相关的过程，被矿化的化合物作为微生物生长的基质及能源，通常只有部分有机物被用于合成菌体，其余部分形成代谢产物，如 CO_2、H_2O、CH_4 等。共代谢通常是由非专一性的酶促反应完成的，共代谢并不导致细胞质量或能量的增加，因此微生物共代谢化合物的能力并不能促进其本身的生长。在这种条件下微生物需要有另一种基质的存在，以保证其生长和能量的需要。通常共代谢使有机物得到修饰和转化，但不能使其分子完全分解。关于共代谢的机理目前尚不十分清楚，但共代谢现象的存在已得到普遍证实。

生物节律（bilogical/bio rhythm） 生命现象中的节律性变化。在生命过程中，从分子、细胞到机体、群体各个层次上都有明显的时间周期现象，其周期从几秒、几天直到几月、几年。广泛存在的节律使生物能更好地适应外界环境。生物节律现象直接和地球、太阳及月球间相对位置的周期变化对应。①日节律：以 24h 为周期的节律，通称昼夜节律（如细胞分裂、高等动植物组织中多种成分的浓度、活性的 24h 周期涨落、光合作用速率变化等）。②潮汐节律：生活在沿海潮线附近的动植物，其活动规律与潮汐时相一致。③月节律：约 29.5d 为一期，主要反映在动物动情和生殖周期上。④年节律：动物的冬眠、夏蛰、洄游，植物的发芽、开花、结实等现象均有明显的年周期节律。除天体物理因子外，光线、温度、喂食、药物等因素在一定程度上可起调时作用。此外，还有一些生物节律不受外界影响，正常成人心搏每分钟 70 次，酶合成和酶活性的振荡周期为 1 到几十分钟，神经电位发放频率则可达 101～102Hz。通常把生物体内激发生物节律并使之稳定维持的内部定时机制称为生物钟。对生物钟有两种假说：一种认为生物体系根据外界自然周期现象定时，因而产生了与天体物理因子等同步的节律；另一种认为生物钟是先天性和遗传性的，是一种内在的振荡机制。

生物解毒（biodetoxication, biodetoxification） 又称代谢解毒（metabolic detoxification）。外来化合物经生物转化形成毒性低而易于排泄的代谢产物。生物转化对大部分外来化合物起代谢解毒作用，因此一般将催化生物转化Ⅰ相反应和Ⅱ相反应的酶统称为解毒酶类（detoxification enzymes）。

生物利用度（bioavailability） 又称生理有效性（physiological availability）。表示某一药物剂量被吸收进入全身循环的相对速度与程度。一般用吸收百分率表示，即 F（生物利用度）＝吸收进入体循环的药量/给药剂量×100%，也可通过比较静脉给药和血管外给药的药时曲线下面积（AUC）来测定，即 F＝AUC（血管外给药）/AUC（静注）×100%。同一药物在剂型、原料物理性状、制备方法和批号不同时，其生物利用度可能有较大差别，从而影响药物的疗效和毒性。

生物膜（biological membrane） 细胞膜和组成内膜系统以及线粒体和叶绿体等细胞器膜的统称。化学组成主要为蛋白质和脂类（大部分为磷脂，其次为胆固醇），以及少量或微量的多糖、核酸、水和金属离子等。蛋白质和脂类的比例在各种生物膜中差异较大，通常功能多样而复杂的生物膜，其蛋白质含量和种类较多，如线粒体的内膜蛋白质与脂类含量的比例高达 4∶1，蛋白质有 30～40 种。关于生物膜的结构曾提出多种模型，被广泛接受的是液态镶嵌模型。该模型认为生物膜是一种可塑的、流动的、嵌有蛋白质的类脂双分子层的膜状结构，类脂分子的亲水端朝向膜表面，疏水端朝向膜中央；蛋白质分子则横跨脂质双分子层或镶嵌在其内外浅表部位。这些蛋白分子具有不同功能，有些是载体，有些是酶、受体或抗原等。电镜下，所有生物膜基本上都由 3 层结构组成，称为单位膜，其内外两层电子致密度高，切面呈暗黑色的线状，各厚约 2nm，是蛋白质和磷脂分子层的亲水基团形成；中层电子致密度低、较明亮，厚约 3.5nm，由磷脂分子层的疏水基团形成。生物膜的流动性和不对称性是其功能的基本保证。

生物膜法（biological membrance process） 使废水接触生长在固定支撑物表面上的生物膜，利用生物降解或转化废水中有机污染物的一种废水处理方法。生物膜是由高度密集的好氧菌、厌氧菌、兼性菌、真菌、原生动物以及藻类等组成的生态系统，其附着的固体介质称为滤料或载体。生物膜自滤料向外可分为厌气层、好气层、附着水层、运动水层。生物膜法的原理是，生物膜首先吸附附着水层有机物，由好氧层的好氧菌将其分解，再进入厌氧层进行厌氧分解，流动水层则将老化的生物膜冲掉以生长新的生物膜，如此往复以达到净化污水的目的。

生物能量学（bioenergetics） 研究生命有机体传递和消耗能量的过程，阐明能量的转换和交流的基本规律的一门科学。

生物浓缩（bioconcentration） 又称生物学浓缩。生物机体或处于同一营养级上的许多生物种群，从周围环境中蓄积某种元素或难分解的化合物，使生物体内该物质的浓度超过周围环境中的浓度的现象。许多环境污染物性质稳定，易被各种生物所吸收，进入生物体内较难分解和排泄，随着摄入量的增加，这些物质在体内的浓度会逐渐增大。同一种生物对不同物质的浓缩程度会有很大差别，不同种生物对同一种物质也有很大差别，即使为同一种物质，由于环境条件不同，浓缩程度也可能不同。生物浓缩程度与污染物的理化性质以及生物和环境等因素相关，通常用生物浓缩系数表示。生物浓缩系数（bioconcentration factor，BCF）指生物体内某种元素或难分解化合物的浓度与它所生存的环境中该物质的浓度比值。

生物圈（biosphere）　地球表面的一切生物及其生存环境的总称。它由人、动物、植物、微生物及其生存的部分大气圈、水圈和岩石土壤圈构成。其范围从海平面以下约 11km 到海平面以上约 10km。它是生物与环境相互作用，在漫长的进化过程中形成的。

生物群落（biome）　在自然界特定的生境中（或特定的地理区域中）的动物和植物种形成一种互相联系、互相依存、互相影响、长期共存的生物集合方式。例如热带雨林、热带大草原、冻土带，每个地带都有它自己独特的动物和植物圈。

生物热消毒（biological disinfection）　利用自然界中广泛存在的微生物在氧化分解污物（如垫草、粪便等）中的有机物时所产生的大量热能来杀死病原体的消毒方法。在畜禽养殖场中最常用的是粪便和垃圾的堆积发酵，它是利用嗜热细菌繁殖产生的热量杀灭病原微生物。但此法只能杀灭粪便中的非芽孢性病原微生物和寄生虫卵，不适用于芽孢菌及患危险疫病畜禽的粪便消毒。粪便和土壤中有大量的嗜热菌、噬菌体及其他抗菌物质，嗜热菌可以在高温下发育，其最低温度界限为 35℃，适温为 50～60℃，高温界限为 70～80℃。在堆肥内，开始阶段由于一般嗜热菌的发育使堆肥内的温度高到 30～35℃，此后嗜热菌便发育而将堆肥的温度逐渐提高到 60～75℃，在此温度下大多数病毒及除芽孢以外的病原菌、寄生虫幼虫和虫卵在几天到 3～6 周内死亡。粪便、垫料采用此法比较经济，消毒后不失其作为肥料的价值。生物热消毒方法多种多样，在畜禽生产中常用的有地面泥封堆肥发酵法，地上台式堆肥发酵以及坑式堆肥发酵法等。

生物素（biotin）　又称维生素 H、辅酶 R。B 族维生素之一。它作为多种羧化酶的辅酶参与二氧化碳固定的反应。动物缺乏时可产生皮炎、脱毛和神经紊乱。生物素在蛋黄、肝和酵母中含量较多。反刍动物可自身合成而不需要食物提供。

生物素缺乏症（biotin deficiency）　生物素缺乏引起的营养代谢性疾病。多见于犊牛、猪和幼禽。犊牛后躯麻痹。猪发生口炎、脱毛和皮炎，有的后肢痉挛，足底和蹄顶横裂和出血。雏鸡嘴和眼周围皮肤发炎，幼雏有先天性骨短粗症，骨骼变形和运动失调等。预防应在日粮中补充生物素；幼雏日粮中增加黄豆粉、小麦麸糠等。

生物素-DNA 探针（biotinylated - DNA probe）　在 DNA 聚合酶合成 DNA 链过程中，用生物素标记的 dUTP（生物素 dUTP）代替 dUTP，使新合成的 DNA 链中带有生物素分子。它作为一种非放射性标记的探针用于核酸分子杂交试验中。探针与样品核酸形成杂合分子，用辣根过氧化物酶连接的链球菌抗生物素蛋白，与其中生物素结合，然后用酶反应显色系统检测杂合分子存在的部位。

生物信息学（bioinformatics）　研究生物信息的采集、处理、存储、传播、分析和解释等各方面的一门学科，通过综合利用生物学、计算机科学和信息技术揭示大量而复杂的生物数据所赋有的生物学奥秘。具体而言，生物信息学作为一门新的学科领域，它是把基因组 DNA 序列信息分析作为源头，在获得蛋白质编码区的信息后进行蛋白质空间结构模拟和预测，然后依据特定蛋白质的功能进行必要的药物设计。基因组信息学，蛋白质空间结构模拟以及药物设计构成了生物信息学的 3 个重要组成部分。从生物信息学研究的具体内容上看，生物信息学应包括 3 个主要部分：①新算法和统计学方法研究；②各类数据的分析和解释；③研制有效利用和管理数据新工具。目前的生物信息学基本上只是分子生物学与信息技术（尤其是因特网技术）的结合体。生物信息学的研究材料和结果就是各种各样的生物学数据，其研究工具是计算机，研究方法包括对生物学数据的搜索（收集和筛选）、处理（编辑、整理、管理和显示）及利用（计算、模拟）。

生物型（biotype）　分型细菌的生化反应与典型菌种的部分差异。通过其对糖、酶等底物的利用代谢特性，生化反应相同定为一型，如有一种生化反应不同定为另一型。

生物性污染物（biological pollutant）　微生物、寄生虫或昆虫对动物性食品的污染。造成动物性食品污染的微生物包括人兽共患传染病的病原体，以食品为传播媒介的致病菌及病毒，以及引起人类食物中毒的细菌、真菌及其毒素等。此外，还包括引起食品腐败变质的非致病性细菌。造成动物性食品污染的寄生虫主要有猪囊尾蚴、牛囊尾蚴、旋毛虫、弓形虫、棘球蚴等。这些人兽共患寄生虫病的病原体，一直都是动物性食品卫生检验的主要对象。昆虫主要是指在肉、鱼、蛋等动物性食品中的蝇蛆、酪蝇、皮蠹等。

生物蓄积（bioaccumulation）　又称生物积累。

生物从周围环境和食物链蓄积某种元素或难降解化合物，以致随着生长发育，浓缩系数不断增大的现象。生物蓄积程度也可用生物浓缩系数表示。生物在任何时刻，体内某种元素或难分解化合物的浓缩水平取决于摄取和消除这两个相反过程的速率，当摄取量大于消除量时，就会发生生物蓄积。环境中污染物浓度的大小对生物蓄积的影响不大，但在生物蓄积过程中，不同种生物以及同一种生物的不同器官和组织，对同一种元素或化合物的平衡浓缩系数的数值，以及达到平衡所需要的时间可能差别很大。同种生物的个体大小不同、生长发育阶段不同，其生物蓄积程度也不一致。

生物氧化（biological oxidation） 有机物质在生物机体的组织和细胞中氧化分解，产生 CO_2 和 H_2O 并释放能量的作用。生物氧化发生在组织和细胞中，故称组织氧化和细胞氧化。不同于体外的化学氧化，它在温和的条件下，由酶催化逐渐进行，包括需氧细胞呼吸作用的一系列氧化还原反应，使代谢物分子脱氢和使脱下的氢与氧分子化合成水并释放能量。线粒体是真核生物生物氧化的主要场所，此外还有非线粒体系统（微粒体和过氧化物酶体）的生物氧化。

生物药剂学（biopharmaceutics） 药剂学的分支学科。研究药物及其剂型的理化性质与药效之间的关系。亦涉及其他影响药效的因素如动物种属、性别、年龄、病况及给药途径等。可为剂型设计、药剂质量评价、合理制药和用药及充分发挥预期药效等提供依据和保证。

生物因子（biological agents） 生态系统中的有机体组分。生态因子通常分为非生物因子（abiotic factors）和生物因子（biotic factors）两类。非生物因子包括温度、光、湿度、pH、氧等理化因子；生物因子则包括同种生物的其他有机体和异种生物的有机体，前者构成种内关系，后者构成种间关系。

生物制品（biological products） 依据免疫学原理或生物工程技术利用微生物或寄生虫及其代谢物质或免疫应答物质制备的一类生物制剂。又称生物药品或兽医生物药品。用于疾病的诊断、治疗和预防，如疫苗、类毒素、抗病血清、干扰素和诊断抗原等。也有将血浆白蛋白、球蛋白、纤维蛋白原等血液制品和胎盘球蛋白、促菌生等列入生物制品。生物制品通常分人用生物制品和兽医生物制品。

生物制品国际单位（biological product international unit） 国际组织认可、规定或国际会议公认的生物制品的标准强度单位。生物制品标准品的选定需获得世界卫生组织（WHO）的同意，各种标准品的强度均以国际单位活性表示。如以 0.0628mg 的国际标准白喉抗毒素所含的生物活性作为 1IU，1.8233mg 人的胰岛素为 1IU，0.001282mg 链霉素硫酸盐为 1IU，0.8147mg 的人 IgG（IgA 或 IgM）为 1IU。

生物制品检定（biological standardization） 检定生物制品质量的一种方法。生物制品与标准生物制品在同一生物系统（同一批动物随机分组、同一红细胞悬液、同一批细胞培养等）进行平行试验，测其生物活性，求得其相对活性。

生物钟（bilogical clock） 又称生理钟。是生物体内的一种无形的“时钟”，是生物体生命活动的内在节律性，由生物体内的时间结构序所决定。生物钟能够在生命体内控制时间、空间发生发展的质和量，也就是从白天到夜晚的一个 24h 循环节律，比如一个光-暗的周期，与地球自转一次吻合。生物钟受大脑的下丘脑“视交叉上核”（简称 SCN）控制。所有哺乳动物和人类大脑中 SCN 所在的那片区域处在口腔上腭上方。生物体通过它感受外界环境的周期性变化并调节本身生理活动的节奏，使其在一定的时期开始、进行或结束，如马、羊和猫等动物在一定的季节交配；哺乳动物和人类的体温升降、心血管活动及某些激素的分泌等。通过研究生物钟，目前已产生了时辰生物学、时辰药理学和时辰治疗学等新学科。

生物转化（biotransformation） 污染物经生物体或酶的作用而发生的化学结构改变或价态变化的过程。生物转化是机体对外源化学物处置的重要环节，是机体维持稳态的主要机制。肝脏是生物转化作用的主要器官，在肝细胞微粒体、胞液、线粒体等部位均存在有关生物转化的酶类。其他组织如肾、胃肠道、肺、皮肤及胎盘等也可进行一定的生物转化，但以肝脏最为重要，其生物转化功能最强。肝脏内的生物转化反应主要可分为氧化、还原、水解与结合等 4 种反应类型。生物转化可对生物活性物质进行生理解毒或灭活，具有保护机体的作用；可对外源物质进行转化，个别物质经转化后毒性增强。生物转化反应具有连续性、反应类型多样性以及解毒和致毒的两重性等特点。

生物转运（biotransport） 环境污染物经各种途径和方式同机体接触而被吸收、分布和排泄等过程的总称。这些过程都有类似的机理，即环境污染物在被机体吸收、分布和排泄的每一过程都需要通过细胞的膜结构，细胞膜包括细胞外层的细胞膜（质膜）、细胞内的内质网膜、线粒体膜和核膜等。

生物自净（biological self - purification） 通过环境中的微生物和其他生物对有机污染物质的生物降解作用使环境得到净化的过程。球衣菌可以把氰、酚分解为二氧化碳和水；风眼莲可以吸收水藻的镉、汞、砷等。有机污染物的净化主要依靠微生物的降解作用。在适宜的温度、空气、养分等条件下，需氧微生物大量繁殖，能将水中各种有机物迅速分解、氧化，转化成为二氧化碳、水、氨和硫酸盐、磷酸盐等。厌氧微生物、硫磺细菌等也有重要生物净化能力。

生心区（cardiogenic area） 胚盘前缘脊索前板（口咽膜）前面的中胚层，心脏发生于此。

生心索（cardiogenic cord） 围心腔腹侧的脏壁中胚层细胞密集，形成前后纵行、左右并列的一对细胞索。

生药学（pharmacognosy） 用植物学、动物学、化学、药理学和药剂学等多种学科的知识和方法研究生药的名称、来源、形态、性状、组织、成分、效用以及生产、采制和贮藏等的学科。用以鉴别品种，辨明真伪，确定规格和保证生药质量。近年来，生药学又有药学生物学、植物药学和海洋生药学等新的发展。

生育力（fertility） 动物繁殖和产生后代的能力。一般来说，家畜的生育力主要受环境、管理及生物因素等的制约，其衡量标准大多与经济效益有关。为了判定家畜的生育力，人们制定了各种衡量标准或在正常情况下应该达到的指标，这些指标也可以作为判定畜群不育的准则。比如牛，人们以下列指标全面评价其生育力：平均空怀期、受配百分比、配后发情检查、3次或3次以下输精受孕的牛数、直肠检查确诊妊娠的牛数、输精的妊娠牛数、有问题牛的百分比、前12个月（一年）的配种情况、繁殖淘汰率、流产率、胎衣不下发生率、犊牛死亡率等。

生长促进剂（growth promoter） 一类能促进畜禽生长，提高增重速度和饲料转化率的药物。包括抗生素（杆菌肽锌、金霉素、林可霉素、土霉素、泰乐菌素、维吉尼霉素等）、合成抗菌药（卡巴多司、对氨苯胂酸、呋喃唑酮、喹乙醇等）及有争议的激素类（性激素、生长激素等）药物。

生长激素（growth hormone，GH） 腺垂体细胞分泌的具有促生长作用的蛋白质激素。具有种属特异性，不同种属动物生长激素的化学结构、生物活性和免疫学特性均有很大的差异。正常情况下，生长激素呈脉冲式分泌，它的分泌受下丘脑产生的生长激素释放激素的调节，还受性别、年龄和昼夜节律的影响，睡眠状态下分泌明显增加。主要生理作用是促进物质代谢和生长发育，通过增加蛋白质的合成和骨骼的生长而促进躯体生长，调节蛋白质、糖和脂肪的中间代谢以及能量代谢等。生长激素对机体各组织器官均有影响，特别是对骨骼、肌肉及内脏器官的作用尤为明显。

生长激素释放激素（growth - hormone releasing hormone，GHRH） 下丘脑调节性多肽之一。为44肽或40肽。完整的生物活性取决于氨基端的第1～29位氨基酸，半衰期7～50min。由下丘脑弓状核及腹内侧核神经元分泌，这些神经元的轴突投射到正中隆起，终止于垂体门脉第一级毛细血管网。生长激素释放激素与腺垂体生长激素细胞膜上的受体结合，促进腺垂体生长激素的分泌和启动生长激素基因的表达，促进腺垂体细胞增生和分化。生长激素释放激素呈脉冲式释放，控制着腺垂体生长激素的脉冲式释放。生长激素释放激素也可促进生长抑素分泌，共同对生长激素的稳态起调节作用。

生长凝集试验（growth agglutination test） 将待检血清加入细菌培养物中观察细菌的凝集情况而确定血清是否含有相应抗体的一种血清学试验。抗体与活细菌（或支原体）结合，如无补体存在，则不能杀死或抑制细菌生长，但能使细菌呈凝集状态生长，此法可用肉眼观察。在细菌的液体培养中加入血清后继续培养，观察是否有微细颗粒样生长，亦可用半固体作振荡培养（振荡后直立凝固），观察培养中有无微细颗粒生长。

生长抑素（somatostatin，SS） 又称生长激素释放抑制激素。下丘脑调节性多肽之一。1972年由Brazenu等提纯并鉴定为14个氨基酸组成的多肽。来源十分广泛，涉及下丘脑、胃肠道和胰岛等，是体内具有广泛抑制性作用的激素。不仅能抑制腺垂体生长激素的基础分泌，也能抑制多种刺激引起的生长激素释放效应，还能抑制促甲状腺素的合成和释放，对胰岛素和胰高血糖素的基础分泌及由多种激素诱发的分泌、胃泌素的基础分泌及饮食诱发的分泌均有抑制作用，并可完全抑制由五肽胃泌素和蛋白胨引起的胃酸及胃蛋白酶的分泌。此外，对神经活动也有抑制性影响。

生殖（reproduction） 生物体生长发育成熟后，能够产生与自己相似的子代个体的功能。在动物界生殖的主要方式是雌雄异体和有性生殖。鱼类和两栖类为卵生，雌雄两性生殖细胞（卵子和精子）在体外受精和发育；爬行类和鸟类的两性生殖细胞开始在雌性生殖道内受精，但合子仍以“卵”的形式产出，在体外发育；哺乳类的两性生殖细胞不仅在雌性生殖道内受精，而且胚胎发育也在母畜生殖道内进行，胎儿产出后还须靠母体分泌乳汁哺育，因此哺乳类的生殖较复杂，包括生殖细胞形成、交配、受精、妊娠、分娩和哺乳等一系列过程。

生殖道畸形（anomalies of genital tract） 公母畜

生殖道发育异常。先天性及遗传性生殖道畸形多为单个基因所引起，其中有些基因对雌雄两性都有影响，而有些则为性连锁性。公畜常见的生殖道畸形有阴茎扭曲、阴茎幼稚型、阴茎缩肌过短、双阴茎、尿道下裂或尿道上裂等；母畜常见的有子宫角缺如、无子宫颈、子宫颈闭锁、分节子宫、阴道粘连、阴道闭锁、膣肛及阴道瓣发育过度等。轻度畸形可通过手术矫正。

生殖毒理学（reproductive toxicology） 应用毒理学方法研究外源性化学物抑制或干扰卵子或精子生成的机制及所致有害作用对后代的影响，并为防止其有害作用提供科学依据的一门毒理学分支学科。

生殖毒性（reproductive toxicity） 对雄性和雌性生殖功能的损害和对后代的有害影响。由于雌雄配子的形成有根本的不同，故化学物对雌雄生育力的影响也会有所不同。

生殖工程（reproduction engineering） 利用现代生殖生理学、免疫学、遗传学、分子生物学等的新理论和新技术，人为调控动物繁殖和胚胎发育，从而培育出优良品种和提高其繁殖力的技术。

生殖激素（reproductive hormone） 直接作用于生殖活动、以调节生殖过程为主要生理功能的激素。在家畜复杂的繁殖生理活动过程中，如配子（精子、卵子）的发生、配子的成熟和运行、发情周期的变化、交配行为、排卵，以及受精、妊娠、胚胎发育、分娩、泌乳、哺乳等生理机能的激发、维持和协调，都和生殖激素的作用有密切关系。根据来源和功能不同，家畜生殖激素可分类如下：①松果体激素，包括褪黑素（MLT）和8-精加催产素（AVT）等；②丘脑下部激素，包括促性腺激素释放激素（GnRH）、促乳素释放因子（PRF）、促乳素抑制因子（PIF）等；③垂体前叶激素，包括促卵泡素（FSH）、促黄体素（LH）和促乳素（PRL）；④胎盘激素，包括绒毛膜促性激素（hCG）和孕马血清促性腺激素（PMSG），胎盘也分泌雌激素、孕激素、雄激素等性腺激素；⑤性腺（睾丸和卵巢）激素，包括雌激素，如雌二醇（E2）、雌三醇（E3）、和雌酮（El），孕激素，如孕酮（P4），雄激素，如睾酮（T），松弛素（relaxin）及抑制素（inhibin）；⑥神经垂体激素，如催产素（OT）和加压素（VAP）；⑦局部激素，如前列腺素（PGS）；⑧外激素，包括信号外激素和诱导外激素。

生殖嵴（genital ridge） 又称性腺嵴（gonadal ridge）、性腺原基（gonadal rudimentum）。尿生殖嵴的内侧纵嵴，是睾丸和卵巢的原基。

生殖结节（genital tubercle） 在哺乳类外生殖器形成的初期，在尿生殖口（尿生殖窦）的头端形成的小突起，雄性发展成阴茎，雌性则形成阴蒂。

生殖器官（reproductive organ） 又称生殖器。产生生殖细胞和进行繁殖后代的器官，分为雌性和雄性生殖器官。

生殖器官直肠触诊法（rectal palpation for genital organ） 手伸入直肠内触摸内部生殖器官的方法。适用于大家畜和体型大的猪。主要触诊母畜的卵巢、子宫、子宫动脉，公畜的副性腺、尿生殖道等。用于鉴定发情，诊断妊娠、产后子宫复旧和公母畜内生殖器官疾病等的检查。

生殖上皮（germinal epithelium） 覆盖于生殖嵴表面的上皮，或由生殖嵴发育而来的覆盖于性腺表面的上皮。见于睾丸生精小管内，是构成生精小管管壁的上皮，为一种特殊的复层上皮，由生精细胞和支持细胞组成。其中生精细胞包括精原细胞、初级精母细胞、次级精母细胞、精子细胞和精子。但是，在雌性动物卵巢表面（在母马仅限于排卵窝）的被膜外表除卵巢系膜附着部以外，均被有单层扁平或立方形上皮，以往误认为原始生殖细胞起源于此，故曾被称为生殖上皮或生发上皮，主要功能是在排卵时起修复作用。

生殖细胞（germ cell） 又称配子。动物体内来源于性腺的一种特殊分化的细胞，是个体发生的基础。包括睾丸中产生的精子和卵巢中产生的卵子。

生殖新月（germinal crescent） 在鸟类，囊胚（胚泡）形成内胚层后，原有的下胚层细胞被推移至胚盘明区前缘与暗区的交界处，构成生殖新月区，其中含有生殖细胞的前体，即原生殖细胞。

声带（vocal fold） 又称声带褶、声襞。喉腔中部最狭部分的两侧壁。由黏膜襞被覆声韧带和声带肌形成。两声带间的狭缝为声门裂的膜间部。声门裂的软骨间部则为黏膜襞被覆杓状软骨的部分。禽不形成声带。

声门（glottis） 喉腔内由两侧声带构成的发声部位。包括声带和声门裂膜间部。声门可因喉肌作用于喉软骨而迅速改变其宽狭和紧张度，当呼气时空气通过声门裂，则振动声带而发声。

声韧带（vocal ligament） 喉腔内的一对弹性纤维束。从杓状软骨声带突斜向前下方或后下方（猪）连接到甲状软骨底壁。为声带的基础，其长度、粗细和紧张度改变时影响发声的性质和音调。

声像图（sonography） B型、M型和D型超声的回声在监视屏上以光点形式表现组成的图像。声像图上的光点状态是超声诊断的重要或唯一依据。

声影（acoustic shadow） 强回声后的低回声或

无回声区，由于声束在强回声界面上几乎完全反射后或被完全吸收后而导致的远场无回声或低回声的现象。气体、骨骼、结石和异物等易产生声影，声影具有重要的诊断意义。

绳导（introducer） 一种穿引器械，用来带动产科绳、线锯条或钢绞绳穿绕过胎儿肢体的器械。难产助产需要套住胎体某一部位时，柔软的产科绳要在绳导的引导下才能通过胎膜及胎体本身的阻碍，达到预定部位。绳导有环形和长柄形两种，由直径约 0.5cm 的铁条制成，长短大小根据需要而定。

圣路易斯脑炎（St. Louis encephalitis） 由蚊传播的一种急性虫媒病毒性脑炎。1933 年在美国圣路易斯流行时分离出病毒。其病原属黄病毒科虫媒病毒 B 组。主要流行于北美洲，中南美洲也有发生。野鸟和家禽为主要传染源，库蚊和伊蚊为主要传播媒介。人对本病毒易感，家禽、野鸟和马、猴、蝙蝠及啮齿动物等也有不同程度易感性。人患病后多数病例病程较短，表现为低热及剧烈头痛，数日后即完全康复。少数病例可表现严重脑炎症状。马感染后可发生病毒血症，但无临床症状。本病无特殊疗法，只作对症治疗和支持疗法。

剩余碱（base excess，BE） 在标准条件下，即体温 37℃，pCO_2 为 5.32kPa（40mmHg），Hb 完全氧合，把 1L 血液的 pH 调整到 7.40 时所消耗的酸量或碱量。正常的 BE=0（±3mmmol/L）

剩余水分检验（residual moisture test） 测定经真空冷冻干燥后冻干生物制品中残留水分的一种检查，是兽医生物制品成品检验项目之一。对保证冻干生物制品的稳定性和效力十分重要。冻干生物制品的残余水分含量不应超过 4%，抽样检查超限者全批报废。

尸斑（livor mortis） 动物死后血液的一部分在尸体低位部分积存而出现的暗红色斑。尸斑有沉降性充血和血液渗润两个阶段。早期，由于动脉收缩和重力作用，血液转移至尸体低位部的静脉和毛细血管内，使该部组织呈暗红色，称为沉降性充血。后来，红细胞崩解，血红蛋白浸染心、血管内膜及周围组织，称为血液渗润。某些由于中毒、败血症等疾病死亡的动物尸体，死后血液凝固不良，容易出现尸斑，可作为病死动物的判断依据之一。

尸检（necropsy） 尸体检查的简称。用肉眼观察病理变化查明疾病的性质和死亡原因的一种病理学检验法。在临诊实践中，它可为临诊和治疗作出较为正确的评价，提高医疗水平；在法医学中，它是法医学检验的重要手段之一。

尸僵（rigor mortis） 动物死后全身肌肉变僵硬和关节不能屈伸的现象。尸僵在动物死后 1～6h 开始，12～24h 发展完全，24～48h 后消失（解僵）。尸僵按心、膈、头颈、前肢、胸腹、后肢的顺序发生和缓解。尸僵常保持动物死亡时的状态。尸僵现象被人为地破坏后就不再出现。

尸冷（algor mortis） 畜禽死亡后其躯体逐渐变凉的现象。尸冷一般在死后 1～24h 出现，温度与外界气温一致。尸冷的速度受动物自身状态（如被毛、肥瘦）和周围环境（如气温、通风）的影响。但患破伤风、日射病的动物死后一段时间体温反而上升至 42～44℃。

失代偿性酸中毒或碱中毒（decompensation acidosis or baseosis） 在病情严重情况下，超过机体酸碱平衡的调节限度，不能完全代偿，使［HCO_3^-］与［H_2CO_3］的数量与比值都发生改变，血液 pH 超出正常范围。其中，pH 小于正常值下限为失代偿性酸中毒，pH 大于正常值上限为失代偿性碱中毒。正常 pH 牛为 7.31～7.53；马为 7.32～7.44；犬为 7.31～7.42；猫为 7.24～7.40。

失能性毒剂中毒（incapacitating agent toxicosis） 由毒剂毕兹（Bz）所引起的中毒。该毒剂的化学性质与药理作用类似二苯羟乙酸酯类和羟乙酸酯类化合物。主要经呼吸道进入体内。中毒后动物兴奋或沉郁，反应迟钝，行动缓慢，甚至嗜眠。口干，瞳孔散大，可视黏膜和皮肤潮红，心率加快，体温升高，肠音减弱或消失，便秘，尿潴留。宜用毒扁豆碱或加兰他敏进行治疗，视病情可重复用药。

失血性贫血（hemorrhagic anemia） 由于各种原因和程度的出血而使红细胞丧失过多所致的贫血。

虱（lice） 一类完全适应寄生生活、终生寄生、小型、无翅、身体背腹扁平的昆虫。属昆虫纲、虱目。发育属无变态型，自卵内孵出虫体称第一期若虫，其形态与成虫相似，若虫经 3 次脱皮后变为成虫。全部发育过程均在宿主身体上完成。分为两类：①吸血虱。属虱亚目，头部较长而尖，触角伸向头部两侧；雌、雄虫无外形上的差别；胸部短，腹部膨大；眼有或无、或废退；腿粗壮，爪发达。活动缓慢，附着牢固。常见种有猪血虱（*Haematopinus Suis*）、驴血虱（*H. asini*）、牛血虱（*H. eurysternus*）、绵羊颚虱（*Linognathus ovinus*）、牛颚虱（*L. vituli*）、绵羊足颚虱（*L. pedalis*）、山羊颚虱（*L. stenopsts*）、犬颚虱（*L. setosus*）、人头虱（*Pediculus humanus capitis*）、人体虱（*Pediculus humanus*）和人的耻阴虱（*Phthirus pubis*）。②羽虱和毛虱。属食毛亚目，头部较宽，超过胸宽，前端钝圆。腿较细，爪较不发达，一般爬行较快，活动性强。寄生于家畜的有牛毛虱（*Damalinia bovis*）、马毛虱（*D. equi*）、绵羊毛虱（*D. ovis*）和山羊毛虱（*D. caprae*）等。寄生于家禽的有鸡长羽虱（*Lipeurus caponis*）、鸡圆羽虱（*Goniocotes gallinae*）、鸡羽干虱（*Menopon gallinae*）、草黄鸡体虱（*Menacanthus stramineus*）和异形圆腹虱（*Cuclotogaster heterographus*）等。

虱病（pediculosis） 虱子叮咬吸血引起的瘙痒性皮肤病。病原分为血虱、羽虱和毛虱，可以寄生于多种动物。兽虱为家畜体表的永久性寄生虫，吸血，唾液内含有毒素，使吸血部位发痒，引起动物不安，影响采食和休息。病畜表现消瘦、脱毛、贫血、生长发育不良、乳量减少，甚至皮肤继发感染。寄生于禽类羽毛上的称为羽虱，寄生于哺乳动物毛上的称为毛虱。羽虱和毛虱以嚼食羽毛、皮屑为营养，引起脱毛、发痒，进而消瘦、贫血、生长发育停滞、产蛋下降，严重者死亡。虱体扁平，无翅，呈白色或灰黑色。在皮肤上拣到虱或虱卵即可确诊。治疗用杀虫剂喷洒动物躯体。药物有溴氰菊酯、氰戊菊酯、蝇毒磷、倍硫磷等，伊维菌素皮下注射效果也很好。防制应搞好畜舍及畜体的清洁卫生，保持通风干燥及定期消毒杀虫等。

狮弓蛔线虫（*Toxascaris leonina*） 寄生于犬、猫、狐及其他犬科和猫科动物的小肠。雄虫长可达7cm，雌虫长可达10cm，颈翼发达，使头端成箭镞形外观；并向背侧弯曲。卵近似卵圆形，表面平滑。发育过程不在体内移行，幼虫在小肠肠壁中生活一段时间后，即返回肠腔发育为成虫。不经胎盘感染幼畜。参阅犬弓首蛔虫病。

湿咳（wet cough） 咳嗽声音钝浊、湿而长，指示呼吸道内有大量稀薄渗出物，常见于咽喉炎、支气管炎、支气管肺炎、肺脓肿、异物性肺炎等。

湿啰音（moist rales） 又称水泡音。当气流通过带有稀薄的分泌物的支气管时，引起液体移动或水泡破裂而发生的声音，或当气流冲动液体而形成或疏或密的泡浪，或气体与液体混合而成泡沫状移动所致。此外，肺部如有含液体的较大空洞时亦可产生湿啰音。

湿热灭菌法（moist heat sterilization） 通过饱和水蒸气、沸水或流通蒸汽进行灭菌的方法。由于蒸汽潜热大，穿透力强，容易使蛋白质变性或凝固，所以在同等温度下，该法的灭菌效率比干热灭菌法高，是药物制剂生产过程中最常用的灭菌方法。可分为：煮沸灭菌法、巴氏消毒法（pasteurization）、高压蒸汽灭菌法、流通蒸汽灭菌法。

湿性坏疽（moist gangrene） 含水分较多的组织器官坏死后感染腐败菌造成的病理变化。多发生于与外界相通的内脏（肠、子宫、肺等），也可见于四肢（伴有淤血水肿时）。由于这些坏死组织器官易被腐败菌感染，且水分含量较多，有利于腐败菌在其中大量生长繁殖，使坏死组织分解液化而形成湿性坏疽。眼观坏疽组织为污灰色、暗绿色或黑色，质软脆呈糊粥样，甚至完全液化形成液体，腐败菌分解蛋白质产生吲哚、粪臭素等，故常发出恶臭。湿性坏疽发展较快，其周围炎症反应弱并且慢，故坏疽区与健康组织之间分界不明显。坏死组织腐败分解的毒性产物和细菌毒素被吸收进入循环血液，可引起严重的全身中毒，甚至可发生中毒性休克而死亡。

湿疫苗（wet vaccine） 与冻干疫苗或干粉疫苗相对而言的液状疫苗。多数灭活疫苗都是湿苗。中国在20世纪50～60年代为了集中力量控制猪瘟的流行，曾颁布了《猪瘟兔化弱毒湿苗制造及检验规程》，在有条件的地区就地生产疫苗，用于猪瘟的预防注射，起到了积极的作用。然而，湿苗应以随制随用为原则，在运输、使用中应避光、注意冷藏。

湿疹（eczema） 家畜表皮和真皮的乳头层发生以红斑、丘疹等皮损为主要特征的皮肤病。病因与变态反应有关。除营养、矿物质元素和维生素缺乏，以及分泌机能失调外，也有温热、摩擦和微生物感染等。按病性分为红斑、丘疹、水泡、脓疱、糜烂（湿润）、结痂和鳞屑等期。急性取定型经过，病初出现粟粒大红斑，丘疹，随之水泡、糜烂和痂形成。慢性皮肤增厚，色素沉着，苔藓化。易发部位为颈、背、四肢下端和尾根等。防治原则是杜绝感染，应用抑制渗出、脱敏、促进角化表皮溶解和剥脱等方面的药物。

十二指肠（duodenum） 小肠的第一段。形成U形襻附于腹腔顶壁下，仅起始部和降部有短的十二指肠系膜，位置较固定。相对长度以兔最长，反刍动物较长，马较短，肉食动物最短。直径在有的动物粗于小肠其他两段，如犬、兔、骆驼。起始段与幽门相接，有些动物形成十二指肠壶腹，如马、骆驼和许多啮齿类。然后延续为乙状襻上行至肝的脏面，再折转向后沿腹腔右侧成为降部，此部在骆驼长而形成一些肠襻降部至腰部中点绕过肠系膜根后面转而向左，成为十二指肠横部；再折转向前沿腹腔左侧成为升部，最后急转为十二指肠空肠曲而与空肠连续。此曲以十二指肠结肠襞与降结肠相连，常作为十二指肠与空肠的分界。十二指肠黏膜在乙状襻和降部形成明显程度不等的十二指肠大乳头和小乳头，分别为胆总管及主胰管和副胰管开口处；黏膜绒毛较发达。禽十二指肠形成狭长而游离的肠襻，可从腹腔右侧延伸到左侧。

十二指肠腺（duodenal gland） 小肠黏膜下层中的腺体，多见于十二指肠，也有扩布到十二指肠以外的（马），为分支管状腺。该腺或穿过黏膜肌层注入上方的肠腺，或独自开口于肠绒毛之间，因动物而异。主要分泌黏稠的碱性黏液，可保护近端小肠上皮免受胃酸侵蚀。

石蜡切片法（paraffin sectioning） 以石蜡为包埋剂制备组织切片标本的方法，这是组织学及病理学中最经典、用得最普遍的方法。其基本程序是：组织标本经固定、水洗、脱水、透明后，在恒温箱内浸于熔化的石蜡中，并用石蜡包埋，然后放到切片机上切成薄片，贴在载玻片上染色并用树脂封存。

石榴体（pomegranate like body） 又称柯赫氏蓝体（Kochs blue body）。泰勒属（*Theileria*）原虫在家畜淋巴细胞内进行裂殖增殖时形成的多核体。泰勒属原虫进入家畜体后，先侵入淋巴结和脾的网状内皮细胞进行裂殖增殖，形成多核体，呈圆形或椭圆形，位于淋巴细胞或单核细胞的胞浆内，或散在于细胞外，在姬氏染色中胞浆呈淡蓝色，内含许多红紫色颗粒状核。在淋巴细胞中的裂殖阶段完成后转入红细胞内形成配子体。蜱吸血时，配子体随红细胞进入蜱体内，发育至感染阶段，再传至另一健康动物。

石龙芮中毒（ranunculus sceleratus poisoning） 家畜误食石龙芮全株后，由其中的毛茛碱（ranunculin）、原白头翁素（protoanemonin）等呈毒害作用而致病。早期症状流涎，口腔黏膜灼热，肿胀，水泡，呕吐，腹痛，剧烈性下痢，粪呈黑色带血，血尿，呼吸急促，瞳孔散大，痉挛。重型病例眼球下陷，全身抽搐，最后死亡。治疗宜用高锰酸钾溶液冲洗口腔并灌服，还可用硫代硫酸钠溶液静脉注射。

石蒜中毒（lycoris radiata poisoning） 家畜误食石蒜所含石蒜碱（lcorine）等多种生物碱所致的中毒病。中毒动物表现有流涎，先便秘后腹泻，腹痛，体温升高，呼吸促迫，脉搏增数，随之瞳孔散大，全身震颤，角弓反张，最后陷入麻痹，多死于呼吸中枢衰竭。可按一般生物碱中毒的解救方法治疗。

时辰药理学（chronopharmacology） 药理学分支。研究时间因素影响药物药动学、药效学和毒副作用的学科。主要阐明药物体内过程和作用的昼夜节律，即24h内的节律性变化，对临床给药及毒理试验染毒均有重要意义。

时间毒性（chronotoxicity） 外源化合物对机体的毒性随生物节律而变化的规律。节律活动是生命的基本特征之一。化合物的毒性也依染毒时间不同而发生改变。化合物对机体毒性变化的时间节律以生理节律为基础。

时间分辨荧光免疫分析（time-resolved fluoimmunoassay） 一种示踪免疫分析技术。主要特点是以稀土元素 Eu^{3+} 标记抗体或抗原作示踪剂，免疫反应所生成的复合物中的 Eu^{3+} 在 pH 3.5 的增强液中解离出来，再和增强液中 2-萘酰三氟丙酮生成新的螯合剂，在三辛基磷化氢的氧化物协同下，经紫外光（337nm）激发产生极强的荧光信号（615nm）。该方法的最小检出值可达 10^{-17} mol，并且标记物的制备十分简便，有效期长，无放射性污染，应用范围广泛，测量自动化程度高等多种优点，已成为很有推广价值的超微量示踪免疫分析技术。

时间-剂量-反应关系（time-dose-response relationship，TDRR） 从时间、剂量、生物反应三方面来阐明外源化合物对机体所产生的毒性作用规律。外源化学物在一定剂量下对机体所产生的损害作用受到时间因素的影响。这是因为机体对化学物具有生物转运和生物转化能力，在此过程中机体内化学毒物的数量始终随时间的进程而发生变化，这种变化直接影响到毒物作用的性质、强度以及发生时间，从而决定了化学物毒性作用的特点。

时针运动（hour hand movement） 动物以一肢为中心，其余三肢围绕这一肢而在原地转圈。

实变（consolidation） 又称肝变（hepatization）。某些肺炎时肺泡腔内含有大量纤维素、白细胞和红细胞，肺质地变实如肝的一种病变。肺肝变是大叶性肺炎（纤维素性肺炎）的病变特点。早期，肺泡壁血管充血，肺泡内有大量纤维素、红细胞和白细胞，肺叶膨大，呈暗红色，质硬如肝，称红色肝变。后期，肺泡充血减轻或消失，肺泡腔内大量纤维素和中性粒细胞渗出，红细胞溶解。眼观病变的肺叶仍膨大，颜色转变为灰红色和灰色，质硬如肝，故称为灰色肝变。家畜中纤维素性肺炎多见于猪肺疫和牛传染性胸膜肺炎。由于各肺叶可处于不同的肝变期，故切面上呈大理石样外观。

实际安全剂量（virtual safe dose） 不引起机体出现损害效应的外源化学物的接触剂量。

实际安全性（virtual safety） 化学物质在特定条件下不引起机体出现损害效应的概率。

实际碳酸氢根（actual bicarbonate，AB） 血浆中 HCO_3^- 的实际浓度，即在37℃时由未接触空气的血液所分离出的血浆中 HCO_3^- 的含量。AB是体内代谢性酸碱失衡的一个重要指标。

实脉（plenum pulse） 血管内血液充实，检指施加不同压力均感到脉管有力的脉搏。见于运动之后、热性病初期和急性心内膜炎等。临床上可用检指加压、放开而反复操作检查，根据动脉管内径的大小而判定。

实心囊胚（stereoblastula） 有些完全卵裂类型的受精卵，经过多次卵裂后，形成卵裂球排列紧密的中央没有囊胚腔的囊胚，或是卵裂初期出现空腔，但以后被卵裂球挤紧，空腔消失，形成实心球体状的囊胚。见于水螅、水母、软体动物和某些环节动物等。

实验病理学（experimental pathology） 用实验方法人工引起疾病或病理过程，以阐明其发生的原因、条件、病理变化、发生机理及转归的一门病理学分支学科。最常用的方法是动物实验，在一定条件下复制疾病，条件可控，可多次重复验证实验结果。还可用体外实验方法，主要通过组织或细胞培养，研究离体的组织或细胞在致病因素作用下的机能代谢和形态结构的变化。

实验动物（laboratory animals） 遗传背景明确或来源清楚，经人工饲养、繁育，对其携带的微生物及寄生虫实行控制，用于科学研究、教学、生产检定以及其他科学实验的动物。

实验动物福利（laboratory animal welfare） 在尽可能保证实验动物享有免受饥渴、免受痛苦、免受伤害和疾病，免受恐惧和不安、享有良好生存环境、免受身体困顿和不适、可良好表达自然行为的权利基础上，寻求实验动物的权利和在科学研究应用中的统一。

实验动物管理条例（Regulation for the Administration of Affairs Concerning Laboratory Animal） 1988年10月31日，经国务院批准，以国家科学技术委员会第2号令发布的我国第一部实验动物管理法规，是我国实验动物工作必需依从的最高法律准则。该条例的颁布与实施标志着我国实验动物管理工作纳入法制化管理。

实验动物管理委员会（Laboratory Animal Administration Committee） 由相关部门负责人和专业人员组成的依法管理实验动物工作的非正式编制机构。从国家科委、各相关部委、省、市、相关管理部门，到从事实验动物工作的单位均设有自己的管理委员会，分别负责本管理范围的工作，彼此并无强制性从属关系。我国在审核、颁发实验动物许可证时，对申请单位管委会的建立、组成、工作开展有强制性专门要求。

实验动物化（laboratorized animals） 从家畜（禽）、野生动物中选择适当物种培育成实验动物的过程。物种选择要遵从具有科学研究所需的重要生物学特性、体型较小、易饲养管理和繁殖的基本原则。

实验动物环境监控（enviromental monitoring and control of laboratory animal） 为保证实验动物获得适合的生存环境所采取的一系列环境控制措施和检验方法。实验动物的生存环境需符合实验动物国家标准 GB 14925“实验动物环境与设施”的要求并获得国家科委颁发相应实验动物许可证。

实验动物科学（laboratory animal science） 研究实验动物和动物实验的一门综合性学科。在实验动物方面，主要研究实验动物化、实验动物的生物学特性（包括解剖、生理、生化、生殖及生态等）、遗传育种、繁殖生产、饲养管理、环境设施、质量监控、疾病防治等。主要目的是如何获得符合标准的、质量可靠的实验动物供科学研究应用。在动物实验方面主要是以实验动物为材料或模型，研究动物实验技术与方法，动物对实验处理的反应及其发生发展规律，推延出科学结论。

实验动物伦理（laboratory animal ethics） 人类对实验动物价值的认识，对动物实验道德原则的确立和行为的规范，是现代伦理在实验动物科学中的具体表现。

实验动物设施（laboratory animal facility） 饲养和管理实验动物的建筑物和设备条件的总称。用于实验动物保种、育种、繁殖、生产和供应的设施称之为实验动物生产设施；用于动物实验，以研究、试验、教学、药品、生物制品生产为目的的设施称之为动物实验设施；用于进行感染、放射、有害化学物质动物实验的设施称之为特殊动物实验设施。

实验动物生态学（laboratory animal ecology） 研究实验动物的生存环境与条件、环境控制的科学。研究内容涉及实验动物设施、生存环境中理化因素、营养因素、气候因素、生物因素对动物的影响及控制方法。目的在于为实验动物提供符合动物习性，保证动物福利及繁殖生产符合标准的高质量的实验动物生活环境。

实验动物微生物监控（microbiological monitoring and control of laboratory animal） 为保证实验动物达到微生物控制标准所采取的一系列控制措施和检验方法。实验动物的微生物学控制需符合实验动物国家标准 GB 14922.1《实验动物寄生虫等级及监测》、GB 14922.2《实验动物微生物等级及监测》、GB/T 14926 所属多项相关检测方法、GB/T 17998 的要求。

实验动物医学（laboratory animal medicine） 研究实验动物疾病的发生、发展和转归、诊断、治疗和控制，动物生物学特性及在医学上应用的科学。目的在于为实验动物及工作人员的卫生安全提供保障。

实验动物遗传监控（genetics monitoring and control of laboratory animal） 为保证实验动物具有适当

而稳定的遗传特征而建立的一系列育种繁殖管理措施和遗传质量检测方法。实验动物的遗传特性需符合相应的实验动物国家标准 GB 14923“哺乳类实验动物遗传质量控制”和 GB/T 14927 所属多项相关检验方法的要求。

实验动物遗传育种学（genetics and breeding science of laboratory animal）　根据遗传学原理，采用传统或现代生物技术、遗传研究方法，研究实验动物的遗传、基因与基因突变，纯系与杂系动物的培育、突变基因的保持、遗传污染与遗传监测以及野生动物与家畜的实验动物化，获得及保持具有科学研究所需遗传特性实验动物的科学。

实验动物营养监控（nutrition monitoring and control of laboratory animal）　为保证实验动物正常健康生长而对其所需饲料、饮水建立的一系列配制、制作、饲喂、管理措施和必要成分的检验方法。实验动物的饲料和饮水要符合实验动物国家标准 GB 14924 所属 1－12 的各种实验动物配给饲料及饲料质量标准、卫生标准、各种营养成分测定的要求。

实验动物营养学（laboratory animal nutriology）　研究实验动物营养需求、代谢，营养对实验动物健康生长和动物实验的影响，营养涉及的质量监控的科学。

实验动物质量管理办法（Laboratory Animal Quality Administration Measures）　1997 年由国家科委、国家技术监督局联合发布［国科发财字（1997）593 号］，该办法推动了我国实验动物管理工作的科学化和现范化，明确提出实验动物生产和使用将实行许可制度。

实验动物质量监控（quality monitoring and control of laboratory animal）　为保证和证实实验动物达到应具备的品质所采取的科学化、标准化管理的基本措施。主要包括遗传监控、微生物监控、营养监控、环境条件监控 4 个方面。

实验流行病学（experimental epidemiology）　又称干预试验。流行病学研究方法之一。大致可分为动物实验流行病学研究和现场实验流行病学研究。即在人群和动物群中进行实验，观察在消除或增加某因素后，疾病是否下降或上升，以观察和研究疾病的发生和流行规律。

实验胚胎学（experimental embryology）　采用胚胎分割和体外培养等实验方法，研究动物胚胎发育的规律和机制的科学。

实验室检验（laboratory inspection/examination）　动物检疫和动物性食品检验的重要方法。主要包括病理学检验、理化检验、病原检验、免疫学检验、分子生物学技术检验等，其检验结果对于判定动物疫病或动物性食品卫生质量具有重要或决定性作用。

实验用动物（experimental animals）　泛指所有用于科学研究、生物学测试、药品和生物制品原材料的动物。实验用动物包括家畜（禽）、野生动物和实验动物 3 类。

实质性黄疸（parenchymatous jaundice）　因肝实质的病变，致使肝细胞发炎、变性或坏死，毛细胆管的淤滞与破坏，胆汁色素进入血液或血液中的胆红素增多的一种病症。

实质性炎（parenchymatous inflammation）　又称变质性炎（alterative inflammation）。以器官实质细胞变性、坏死占优势的炎症。多发生在心、肝、肾、脑等实质器官。常由病毒、毒物、真菌毒素和过敏反应引起。常见的有变质性心肌炎、肝炎和脑炎等。

食道球（oesophageal bulb）　某些种线虫食道后端部的球状膨大，其中含有瓣。

食管（esophagus）　连接咽与胃的长管。(1) 分 3 段：①颈部，在喉环状软骨背侧起始于咽，沿气管背侧向后，在颈的后 1/3 偏至左侧，此处位置较浅，至胸前口处又转至气管背侧；②胸部，行于纵隔内，通过气管杈背侧和主动脉弓右侧，食管阻塞亦易发生于此处，向后至膈的食管裂孔；③腹部，很短，通过肝的食管压迹与胃相接。(2) 管壁由 3 层构成：①外膜，为疏松组织，在颈部与周围器官相连系，在胸、腹部被覆浆膜；②肌膜，在犬和反刍动物为横纹肌，其他家畜至胸部渐转变为平滑肌，由呈相反方向的两层螺旋形肌束构成，至近胃部时转变为外纵层和内环层；③黏膜，被覆复层扁平上皮，浅层角化，特别在草食动物，黏膜下组织发达，含黏液腺（食管腺），犬见于全长，其他家畜主要见于颈部。管腔在犬、马因管壁向后逐渐增厚而变狭；猪以中部较狭；反刍动物的较宽，后端可扩大成壶腹状。食管平时因管壁收缩，黏膜集拢成纵褶，缝隙可供唾液流过；吞咽或逆呕时食管扩张，黏膜褶展平。禽食管薄而宽，颈段与气管一同偏于右侧，鸡、鸽在颈后部形成嗉囊；胸段通过气管和鸣管背侧，略转向左侧与腺胃相接。肌膜由平滑肌构成；食管腺分布于黏膜固有层内。

食管沟反射（oesophageal groove reflex）　反刍幼畜在吮乳或饮水时，由于吮吸引的负压刺激咽部感受器而引起食管沟唇状肌的反射性收缩，使食管沟闭合成管状。乳汁等可不在前胃停留而经食管沟和瓣胃管直接进入皱胃，以免在前胃被发酵腐败，对机体产生不良影响。成年动物此反射减弱，食管沟闭合不完全。口服浓度较大的硫酸铜或碳酸氢钠溶液能分别引起羊或牛的食管沟闭合反射，常在使用抗蠕虫药前服用，以提高药效。

食管痉挛（esophageal spasm） 食管肌痉挛性收缩的病变。分为原发性和继发性两种，前者包括迷走神经紧张性增高和食管黏膜感受性增高，以及冰凉饲料的寒冷刺激等；后者见于食管炎、食管狭窄、食管和贲门溃疡等。临床表现食欲废绝，惊惧，头颈频频伸缩做吞咽和咀嚼动作，疼痛不安，反复发作。治疗可用镇静解痉药物。

食管扩张（esophageal dilatation） 食管管壁局部向周围呈圆柱状或纺锤形扩张的病变。发生于食管壁肌纤维弹性减退和迷走神经性贲门痉挛的老龄家畜。临床表现食欲减退，吞咽困难或不能，逆呕采食后即显示食管局部隆起，按压可缩小或消失。根据食管探诊确诊。可施行食管切开、整形术治疗。

食管破裂（rupture of oesophagus） 食管管壁完整性遭到破坏。因钝性外力、咽下的尖锐物体、粗暴使用食管探子等原因造成。症状是左侧颈静脉沟突然膨隆、咽下困难、草料逆流等。出现惊恐、肌肉震颤等全身症状。当化脓、腐败性病灶时，皮肤自溃，从瘘管口流出食块和液体，胸部食管破裂引起脓胸、气胸，预后不良。颈部食管破裂在清创后缝合，给流体饲料，但恢复率低，常致食管狭窄。

食管切开术（esophagotomy） 适用于牛、马等家畜食管梗塞、憩室的治疗。手术方法是病畜站立或侧卧保定，局部麻醉或配合镇静剂。在食管的病变部位沿颈静脉上缘或下缘切开皮肤12～15cm，分离肌膜和疏松结缔组织，将颈静脉推向上方或下方，找到病变部食管拉出创口外，用隔离巾隔离和肠钳固定。切开食管全层，取出异物或修整憩室，用铬制肠线或丝线连续缝合黏膜全层，肌肉与外膜作间断缝合，皮肤结节缝合，如食管组织有失活倾向时，进行部分缝合，注意术后护理。

食管松弛不能症（esophageal achalasia） 又称贲门痉挛、食道痉挛、巨大食管等。下部食管通行机能障碍的一种疾病。原因是食管先天性或后天性的神经肌肉异常、中枢性疾患、中毒、附近器官压迫等，机理尚待进一步研究。表现为贲门部、食管下部狭窄、而近口侧食管异常扩张，出现呕吐、咽下困难等，病程很重的体重减轻，误咽性肺炎等。治疗投给镇静剂、给流体食物，用抗胆碱药对症治疗或施行手术疗法。

食管狭窄（esophageal stenosis） 食管内腔狭窄导致食物难以通过的一种疾病。发生原因包括食管壁结缔组织瘢痕性收缩，食管周围肿物压迫（甲状腺肿、放线菌肿和淋巴结核等），食管神经调节障碍等。临床表现，病畜尚能饮水和吞咽多汁饲料，但固体饲料多被吐出，吐出物带有黏液而无盐酸成分。牛常继发慢性瘤胃臌气。食管探诊和造影可确诊。治疗可施行食管整形术，预后多不良。

食管腺（oesophageal gland） 分布于食管管壁黏膜下层中的黏液性腺体。其腺导管穿过黏膜，开口于食管内表面。

食管炎（esophagitis） 食管黏膜及其深层组织的炎性疾病。分为原发性和继发性两种，前者包括机械性、生物性和化学性刺激；后者因食管狭窄或扩张、咽炎、胃炎、牛瘟、牛黏膜病和牛恶性卡他热等所致。临床表现流涎，咽下困难，头颈不断伸缩，精神紧张，前肢刨地、疼痛。触诊或探诊食管敏感，诱发呕吐，从口鼻腔逆出混有黏液、血块、伪膜和食糜的混合物。治疗除用局部消毒和收敛药外，可用磺胺或抗生素进行全身疗法。

食管造影（esophagography） 将造影剂经口引入食管使之显影，在透视下或连续拍片后观察和评价食管的功能和形态的X线技术。可对食管扩张、食管狭窄、食管内异物、食管黏膜损伤、食管外肿块以及食管功能异常等作出诊断。

食管阻塞（esophagealobstruction） 吞咽粗硬食块、异物和/或咽下机能紊乱所致的食管疾病。按其程度分为完全与不完全食管阻塞；按部位分为咽部、颈部和胸部食管阻塞。致病阻塞物除马铃薯、甜菜等块根饲料外，还有骨片、胎衣等异物。原发性病因包括饥饿、抢食和采食受惊等应激；继发性见于异嗜、胸部肿瘤、食管狭窄、扩张、憩室、麻痹和痉挛经过中。临床表现采食停止，从口鼻腔大量流涎，低头伸颈；徘徊不安，不时做吞咽动作，偶发咳嗽。颈部食管阻塞且有局限性隆起，常继发瘤胃臌气。通过食管探诊和X线检查确诊。在用润滑、解痉药同时，施行疏导法或压入法，必要时可作食管切开术。

食糜（chyme） 胃肠道中内容物的总称。是食物在消化道中经机械性消化成细碎颗粒，并混有消化液、微生物及其发酵产物等而呈半流体或流体样的混合物。

食品安全（food safety） 食品无毒、无害，符合营养要求，对人体健康不造成任何急性、亚急性或者慢性危害。根据世界卫生组织的定义，食品安全问题是“食物中有毒、有害物质对人体健康影响的公共卫生问题”。食品安全也是一门专门探讨在食品加工、存储、销售等过程中确保食品卫生及食用安全，降低疾病隐患，防范食物中毒的一个跨学科领域。

食品安全保证体系（food safety assurance system） 由卫生管理组织机构以及食品采购查验、场所环境卫生管理、设施设备卫生管理、清洗消毒管理、人员卫生管理、人员培训管理、加工操作管理、投诉管理等各类管理制度构成的食品质量保证体系。

食品安全标准（food safety standards）　对食品中与人类健康相关的具有安全、营养和保健功能的质量要素的技术要求、检验方法和食品生产经营过程卫生要求所作的规定。食品安全标准是食品安全监督管理的目标与目的，是食品安全法律法规顺利实施的保证，也是各种食品贸易的准绳，而且也是世界各国进行食品监管的依据。

食品安全风险分析（food safety risk analysis, risk analysis of food safety）　1995 年 3 月，FAO/WHO 联合专家咨询会议，形成了题为《风险分析在食品标准问题上的应用》的报告，提出风险分析（risk analysis）包括风险评估、风险管理和风险交流三个方面。风险评估（risk assessment）指对人体接触食源性危害而产生的已知或潜在的对健康的不良作用的可能性及其严重程度所进行的一个系统的科学评估程序。风险管理（risk management）是指在危险性科学评估的基础上，为保护消费者健康、促进国际食品贸易而采取的预防和控制措施。风险交流（risk communication）是指在危险性评估者、危险性管理者、消费者、企业、学术团体和其他组织间就危害、风险，与风险相关的因素和理解等进行广泛的信息和意见沟通，包括风险评估的结论和风险管理决策。

食品安全风险评估（food safety risk assessment）对食品、食品添加剂中生物性、化学性和物理性危害对人体健康可能造成的不良影响所进行的科学评估，包括危害识别、危害特征描述、暴露评估、风险特征描述等。

食品安全监管（food safety and quality assurance）　又称食品安全和质量保证。国家职能部门对食品生产、流通企业的食品安全行使监督管理的职能。具体包括负责食品生产加工、流通环节食品安全的日常监管；实施生产许可、强制检验等食品质量安全市场准入制度；查处生产、制造不合格食品及其他质量违法行为。

食品安全性毒理学评价程序（procedure for toxiclogical assessment on food safety）　为我国食品安全性毒理学评价工作提供一个统一的评价程序和各项试验方法，为制定食品添加剂的使用限量标准和食品中污染物及其他有害物质的允许含量标准并为评价新食物资源，新的食品加工、生产和保藏方法，提供毒理学依据制定的程序。程序包括 4 个评价阶段，即急性试验、蓄积毒性和致突变试验、亚慢性毒性和代谢试验、慢性毒性（包括致癌试验）试验。用于评价食品生产、加工、保藏、运输和销售过程中使用的化学和生物物质以及在这些过程中产生和污染的有害物质，食物新资源及其成分和新资源食品，也适用于食品中其他有害物质。2003 年我国颁布的《食品安全性毒理学评价程序和方法》（GB 15193.1～15193.21）规定了食品安全性毒理学评价程序及方法，其中 GB 15193.1《食品安全性毒理学评价程序》规定了食品安全性毒理学评价的程序，适用于评价食品生产、加工、保藏、运输和销售过程中所涉及的可能对健康造成危害的化学、生物和物理因素的安全性，评价对象包括食品添加剂（含营养强化剂）、食品新资源及其成分、新资源食品、辐照食品、食品容器与包装材料、食品工具、设备、洗涤剂、消毒剂、农药残留、兽药残留、食品工业用微生物等。

食品动物（food - producing animal）　各种人工养殖的供人食用的动物。包括牛、羊、猪、兔等家畜，鸡、火鸡、鸭、鹅、珍珠鸡、鹌鹑和鸽等家禽，鱼、虾、蟹等水生动物，以及蜜蜂等。

食品毒理学（food toxicology）　研究食品中可能存在或混入的化学物对人体健康的不良影响及其作用机理的学科。是食品卫生学的组成部分。其研究方法主要是动物毒性试验和人群调查，研究内容可为制定食品卫生标准提供科学依据。

食品放射性污染（radioactive contamination of food）　食品吸附外来放射性核素，其放射性高于自然界放射性本底的一种现象。天然放射性本底基本上不会影响食品的安全性，对人体的健康也不会有影响。食品放射性污染主要是人为来源的放射性物质对食品的污染，人为的放射性污染的来源有原子能工业排放的放射性废物，核武器试验的沉降物以及医疗、科研排出的含有放射性物质的废水、废气、废渣等。放射性物质对食品污染的特点是种类较多，半衰期一般较长，被人摄取的机会多，有的在人体内可长期蓄积，影响或危害程度大，消除影响的时间长。

食品辐照保藏（irradiation preservation of food, food preservation by radiation）　20 世纪发展起来的一种灭菌保鲜技术，以辐射加工技术为基础，应用 X 射线、γ 射线或高速电子束等电离辐射产生的高能射线对食品进行加工处理，达到杀虫、杀菌、抑制生理过程、提高食品卫生质量、保持营养品质及风味、便于长期保藏。

食品腐败变质（food spoilage）　在微生物为主的各种因素作用下，所发生的食品成分和感官性质的酶性和非酶性变化，结果使食品的品质降低，或变为不能食用的状态。其实质是在各种腐败微生物蛋白酶（protease）和肽链内切酶（endopeptidase）等的作用下，引起蛋白质的分解过程。与此同时，脂肪、类脂质、脂蛋白甚至碳水化合物在相应酶的作用下也发生分解，结果形成许多具有恶臭的和有毒的分解产物。

食品过敏（food allergy） 见食物变态反应。

食品害虫（food pests） 常被吸引到食品操作间，可将病菌从垃圾或粪便带到食品中，引起食源性疾病和造成食品腐败的各种害虫。常见的如家蝇、绿蝇、绿头大苍蝇、蟑螂、蚂蚁、黄蜂等。

食品护色剂（food colour fixative） 又称发色剂。一类能使肉类制品呈现良好色泽的添加剂。在肉类腌制品中最常使用的护色剂是硝酸钾、亚硝酸钾、硝酸钠、亚硝酸钠。其护色原理是：硝酸盐在亚硝酸菌作用下还原为亚硝酸盐，后者在酸性条件下产生亚硝酸，并进而分解产生亚硝基（—NO）后，再与肌肉组织中肌红蛋白结合形成亚硝基肌红蛋白（MbNO），使肉制品呈稳定的鲜红色。此外，亚硝酸盐对肉毒梭菌有抑制作用，并能提高肉制品的风味。

食品添加剂（food additives） 为改善食品品质和色、香、味以及防腐和加工工艺的需要而加入食品中的化学合成或天然物质。食品添加剂一般可以不是食物，也不一定有营养价值，但必须符合上述定义的概念，即不影响食品的营养价值，且具有防止食品腐败变质、增强食品感官性状或提高食品质量的作用。包括着色剂、防腐剂、甜味剂、香料等。

食品卫生管理（sanitary management） 用法制的、行政的和技术的手段，以减少食品污染，确保食品安全卫生，杜绝食物源性疾病的发生为目标的各项管理工作。是国家食品卫生监督部门，在各级政府领导下，防止和杜绝食品造成公共卫生危害而采取的安全性措施和对策。管理人员必须接受足够的训练，对食品的安全生产，应能进行指导、监督和管理；遇到问题时应能从现场监督的角度，作出正确结论。

食品卫生质量鉴定（hygienic quality identification of food） 对食品是否有害进行鉴别和评定，并阐明其性质、含量、来源、作用和危害的工作过程。鉴定的结果，可以作为决定被鉴定食品能否食用以及可以食用的附加条件，或不能食用的依据。经过卫生质量鉴定的食品，可以确保消费者安全和减少食品资源的浪费，同时还能明确造成食品卫生质量事故的原因与责任。

食品细菌（food bacteria） 食品中常见的细菌，包括致病性细菌（如肠炎沙门氏菌、布鲁氏菌等）、条件性致病菌（如葡萄球菌、链球菌、变形杆菌等）和非致病性细菌（自然界分布的能引起食品腐败变质的细菌，亦称腐败菌）。

食品着色剂（food colouring matter，food colorant） 又称食用色素，一类本身有色泽、能使食品着色以改善食品感官性质，增进食欲的物质。按其来源分为天然和人工合成两类。天然着色剂主要由植物组织提取，有些来自动物和微生物培养物。我国许可使用的品种有焦糖色、红曲米、辣椒红、叶绿素铜钠盐、姜黄、红花黄、萝卜红、高粱红等。合成着色剂是用人工方法合成的有机色素，按其结构可分为偶氮类和非偶氮类，其突出特点是着色力强、色泽鲜艳、成本较低。人工合成色素在合成过程中可因原料不纯受到铅、砷等有害物的污染，或一些有毒中间产物。有些人工合成色素有致癌作用，不少国家将其从允许使用的名单中删去，现在保留的数量品种不多。因此，对合成色素必须合理使用，不得超过允许的最大使用量。我国允许使用的种类主要有苋菜红、胭脂红、赤鲜红、新红、诱惑红、柠檬黄、日落黄、亮蓝、靛蓝等，其中胭脂红可用于红肠肠衣，使用限量为0.025mg/kg。

食物变态反应（food allergy） 又称消化系统变态反应（allergic reaction of digestive system）、过敏性胃肠炎（allergic gastroenteritis）、食品过敏（food allergy）等。是由于某种食物或食品添加剂等引起的IgE介导和非IgE介导的免疫反应，而导致消化系统内或全身性的变态反应。可能出现烦躁，颊部水肿，腹泻，呕吐以及荨麻疹或湿疹等。特点是进食同样食物的人中仅个别人发病。食物过敏除由蛋白质引起外，非蛋白质的小分子与蛋白质或脂质相结合也可形成过敏原，也有交叉致敏现象。常见的过敏食物有鱼、虾、蟹、乳及花粉等。最好的避免方法就是忌食可导致过敏的食物。犬的食物过敏在临床上最常见，以舔爪子、挠耳朵、磳眼部和洗澡后皮肤红而痒为主。

食物链（food chain） 在生态系统中，自养生物、食草动物、食肉动物等不同营养层次的生物，后者依次以前者为食物而形成的单向链状关系。根据生物间的食物关系，将食物链分为三类：①捕食性食物链。它是以植物为基础，后者捕食前者。如青草—野兔—狐狸—狼。②碎食性食物链（腐食食物链）。以碎食物为基础形成的食物链。如树叶碎片及小藻类—虾（蟹）—鱼—食鱼的鸟类。③寄生性食物链。以大动物为基础，小动物寄生到大动物上形成的食物链。如哺乳类—跳蚤—原生动物—细菌—过滤性病毒。

食物特殊动力效应（specific dynamic effect） 又称食物的生热效应。由于摄食而引起的代谢增高、产热量增多。不同食物的特殊动力效应不同，蛋白质可使产热量增加30%，而糖和脂肪增加4%～6%，混合食物的生热效应约10%。特殊动力效应产生的热是代谢能的一部分，除部分用于维持体温外，其余向外界发散。

食物源性疾病暴发（outbreaks of foodborne illness） 进食共同食物（common food）或同一场所进食不同食物之后有2人及以上的人罹患相似疾病，或者出现比期望数量（以往同期同一疾病发病数）明显增多的病人，而且病例之间具有时间、地点和（或）人群关联的状态。

食物中毒（food poisoning） 食用了被有毒有害物质污染的食品或者食用了含有毒有害物质的食品后出现的急性、亚急性疾病。包括细菌性食物中毒、真菌性食物中毒、动物性食物中毒、植物性食物中毒和化学性食物中毒五大类，其共同特点是有病因食物、发病急剧、有类似症状和无传染性。

食物中毒性白细胞缺乏症（alimentary toxic aleukia，ATA） 又称败血病疼痛（septic angina）。一种由霉菌中毒引起的严重疾病。主要是因为食用了被镰刀菌属的三线镰刀菌（*Fusarium tricinctum*）和拟枝孢镰刀菌（*F. sporotrichioides*）污染的谷物所引起，与该霉菌产生的T-2毒素有关。症状包括发热，出疹，鼻咽和牙龈出血、坏死性疼痛（necrotic angina）等，持续性中毒可使血液中的白细胞和粒细胞数减少，凝血时间延长，内脏器官出血和骨髓造血组织坏死。

食蟹猴（crab-eating macaque，*Macaca fascicularis*） 又称爪哇猴。分布于印度、泰国、缅甸、马来西亚、印度尼西亚。被毛黄褐色至深褐色，腹部较深。冠毛从额部直接向后，常在中线形成一条短嵴。颊毛在脸周成须，眼睑周围形成苍白的三角区。尾等于体长或稍长。对B病毒易感，常用作非人灵长类实验品种。

食盐中毒（salt poisoning） 在动物饮水不足的情况下，过量摄入食盐或含盐饲料而引起的以消化紊乱和神经症状为特征的中毒性疾病。常见于猪和家禽，其次是牛、羊、马。根据病程可分为最急性型和急性型两种。最急性型：因一次食入大量食盐而发生。临床症状为肌肉震颤，阵发性惊厥，昏迷，倒地，2d内死亡。急性型：当病畜吃的食盐较少，而饮水不足时，经过1～5d发病，临床上较为常见。临床症状主要为神经症状和消化紊乱，因动物品种不同有一定差异。主要根据过食食盐和（或）饮水不足的病史，暴饮后癫痫样发作等突出的神经症状及脑组织典型的病变初步诊断。如为确诊，可采取饮水、饲料、胃肠内容物以及肝、脑等组织作氯化钠含量测定。无特效解毒药。要立即停止食用原有的饲料，逐渐补充饮水，要少量多次给，不要一次性暴饮，以免造成组织进一步水肿，病情加剧。可以采取辅助治疗，其原则是促进食盐的排除，恢复阳离子平衡和对症处置。

食用动物油脂（edible animal fat） 屠宰肉用动物时从其皮下组织、大网膜、肠系膜、肾周围等处摘取下的脂肪组织。动物油脂在炼制前称为脂肪，在猪背部的皮下脂肪又叫肥膘，是我国广大人民群众喜爱食用的一种油脂，具有独特的风味，具有很高的营养价值。

食用副产品（edible offal） 畜禽屠宰后除胴体以外的食用部分，包括头、蹄（腕跗关节以下的带皮部分）、尾、心、肝、肺、肾、胃肠、脂肪、乳房、膀胱、公畜外生殖器、骨、血液及可食用的碎肉等。

食用色素（food colouring/colours/dyes） 见食品着色剂。

食欲亢进（polyphagia） 动物采食量异常增多或采食欲望异常强烈。见于怀孕后期的雌性动物（生理性食欲亢进）、甲状腺功能亢进、肠道寄生虫病、慢性消耗性疾病、长期饥饿、重病初愈、犬糖尿病等。

食欲下降（inappetence） 又称食欲不振、厌食（anorexia）。动物采食量减少。多因口腔、舌、咽、食道疼痛而导致疼痛性采食量减少，或因食道、胃、肠的机械性阻塞而导致容受性采食量减少，常伴发于感染性疾病和其他一些严重的全身性疾病。摄食完全停止称为食欲废绝。

食欲中枢（appetite center） 参与动物摄食行为调节的中枢核团或部位。包括摄食中枢和饱食中枢。摄食中枢在下丘脑外侧区。电刺激下丘脑外侧区可使饱食动物进食，并发生代谢状态的相应改变，合成代谢加强；如果毁损该区，则出现厌食症。饱食中枢在下丘脑腹内侧区，毁损下丘脑腹内侧区出现过食，体内脂肪贮藏及糖原合成加强；而刺激下丘脑腹内侧区，则表现摄食停止，并出现分解代谢反应。除下丘脑外，其他脑区也参与摄食的调节，如室旁核、杏仁核、黑质纹状体系统、后脑、前脑等。实质上食欲中枢是一个复杂的功能单位，包括与摄食有关的中枢结构及功能，通过整合各种来自外周的与食欲有关的信号，调节动物摄食活动，维持机体能量平衡。

食源性感染（foodborne infection） 食用了含有病原体污染的食品而引起的人兽共患传染病或寄生虫病。全世界已证实的人兽共患病有200多种，在公共卫生方面对人有重要意义的人兽共患病约有90种，在许多国家流行的主要人兽共患病有50余种。许多人兽共患病中可直接或间接地经动物性食品传播给人，而且会因病害动物及其产品或废弃物处理不当，造成动物疫病流行，影响公共卫生安全和养殖业的发展。

食源性疾病（foodborn diseases） 通过摄食方式进入人体内的各种致病因子引起的通常具有感染或中毒性质的一类疾病，1984 年 WHO 将“食源性疾病”（foodborne diseases）一词作为正式的专业术语，以代替历史上使用的“食物中毒”一词。一般可分为感染性和中毒性，包括常见的食物中毒、肠道传染病、人兽共患传染病、寄生虫病以及化学性有毒有害物质所引起的疾病。食源性疾患的发病率居各类疾病总发病率的前列，是当前世界上最突出的卫生问题。

蚀斑（plaque） 又称空斑。有两种涵义：①细胞培养物被病毒感染后，细胞破坏而形成肉眼可见的圆形透明区。蚀斑是细胞病变的一种特殊表现形式。一般认为一个蚀斑是一个病毒粒子感染的结果，因此可将获得的单个蚀斑制作悬液，梯度稀释后再作蚀斑，最终可获得只含一个病毒颗粒及其子代的蚀斑，这就是病毒克隆。不同病毒形成的蚀斑，在形状、大小、边缘、透明度等方面常有差别，对病毒鉴定有一定价值。如感染细胞不被完全溶解，则蚀斑被中性红染成红色，或边缘红色，此称红色蚀斑。②细菌的菌苔被噬菌体感染后，细菌溶解而形成肉眼可观察的圆形透明区。烈性噬菌体形成的蚀斑很透明，而温和型噬菌体形成者常较浑浊。

蚀斑减少试验（plaque reduction test） 又称空斑抑制试验。病毒中和试验的一种，测定使病毒在细胞上形成的蚀斑数目减少至 50%时血清稀释度，作为中和滴度。试验时，将已知空斑形成单位（PFU）的病毒稀释成每一接种剂量含 100 个 PFU，加入等量梯度稀释的血清，37℃作用 1h。每一稀释度接种至少 3 个已形成单层细胞的培养基，置于 37℃ 1h，使病毒吸附，然后加入在 44℃水浴保温的营养琼脂，凝固后放于 37℃温箱中。同时用稀释的病毒加入等量 Hanks 液同样处理作为病毒对照。数天后，分别计数蚀斑数，用 Reed 和 Muench、Karber 或内插法计算血清的中和滴度，作为中和抗体的效价。通常适用于迅速显现细胞病变的病毒。

蚀斑形成单位（plaque-forming unit，PFU）又称空斑形成单位。一定量病毒制剂在细胞培养中形成的蚀斑数。一般假定一个蚀斑是由一个病毒粒子增殖发展而成的，因此 PFU 也代表着有感染力的病毒粒子数。通过 PFU 的计数及 PFU 减数试验，可滴定血清的效价、测定干扰素的活性等。许多动物病毒如疱疹病毒、披膜病毒、微 RNA 病毒及水泡性口炎病毒均可通过此法做定量分析。

士的宁（strychnine） 又称番木鳖碱。由番木鳖或云南马钱子种子中提取的一种生物碱。中枢神经系统兴奋药。主要选择性作用于脊髓，治疗量提高脊髓反射兴奋性，改变肌肉弛缓无力状态。用于肌肉萎缩、四肢瘫痪、后躯不全麻痹、阴茎垂脱、括约肌不全麻痹等中枢性萎缩或麻痹。治疗安全度较低，稍过量即中毒，表现全身强直性惊厥，最后呼吸肌痉挛以致窒息而死。

示病症状（prognostic symptom） 只限于某一种疾病时出现的症状，据此可毫不怀疑地建立疾病诊断。

势力范围制（territoriality） 动物中个体对某个地区范围所形成的占有范围。实验动物也常有这种现象，有先入为主的现象，而且为保卫势力范围不惜不顾强弱地进行防卫斗争。

试管动物（test - tube animal） 哺乳动物的精子和卵子在体外人工控制的环境中完成受精，然后将其移植到母体子宫内发育直至分娩而获得的动物。

试管凝集试验（tube agglutination test） 在试管内进行的凝集试验。颗粒性抗原与递进稀释的抗血清等量混合后，菌体凝聚成颗粒沉于管底呈伞状，上液变澄清者，判为阳性。

试情（teasing） 又称诱情。诱发性兴奋活动的过程。用于人工授精和配种时发情外部表现不明显的母畜的发情鉴定，以便适时输精或配种。方法是用公畜或做过输精管结扎术的公畜对母畜进行试情，根据母畜对公畜性欲反应的情况判定其发情程度。方法简单，应用广泛，适用各种家畜。

试验性研究（experimental study） 生物学、医学和兽医学进行探索性研究的一种方法。按随机分组的方法将研究对象分为试验组和对照组，平衡试验组和对照组中已知和未知的混杂因素，试验结果有很高的统计学效力，能强有力地验证各种类型的假设。

视杯（optic cup） 视泡远端膨大部向视泡腔内凹陷，形成的双层杯状结构。视杯外层分化为视网膜色素上皮层。视杯内层分化为视网膜神经上皮层，形成节细胞、视锥细胞、视杆细胞、双极细胞、水平细胞、无长突细胞等。

视柄（optic stalk） 视泡近端变细形成的索状结构。视柄与由前脑分化而来的间脑相连，将发育为视神经。

视沟（optic groove/sulcus） 神经管前端尚未闭合之前，其前部两侧向外侧发生的一对凹陷。

视黄醇（vitamin A） 又称维生素 A。一种脂溶性维生素。主要生理功能包括：①为视紫质的合成提供原料，视紫质是一种感光物质，存在于视网膜内，缺乏维生素 A 就不能合成足够的视紫质，从而导致夜盲症；②有助于保护皮肤、鼻、咽喉、呼吸器官的内膜，维持消化系统及泌尿生殖道上皮组织的健康；

③与维生素D及钙等营养素共同维持骨骼、牙齿的生长发育；④预防甲状腺肿大等。

视黄醛（retinene） 视网膜感觉细胞中所含的视色素。食物中的维生素A和胡萝卜素经肠道吸收在体内可转变为视黄醛。视杆细胞和视锥细胞中都含有视黄醛，由于与其结合的蛋白质结构不同，对光刺激的反应不同。视杆细胞在静息时视黄醛以11-顺视黄醛形式存在。光照可使11-顺视黄醛转变为全反型视黄醛，引起视紫红质分解，产生视觉。在暗处全反型视黄醛在酶作用下又转变为11-顺视黄醛，再与视蛋白结合形成视紫红质，称为视循环。如果维生素A缺乏，视杆细胞光化学反应不能正常进行，则出现夜盲症。

视觉（vision） 视网膜接受一定波长的电磁波刺激后，经中枢视觉通路的编码、加工，最后形成视物形象的感觉。完整的视觉包括辨别光线强弱、物体形状、空间定位以及颜色等。视网膜为视觉感受器含有两种感光细胞即视杆细胞和视锥细胞。感光细胞中含感光物质——视色素，光能转化为神经冲动，视杆细胞对光的敏感性较高，能在昏暗环境中引起视觉，但只能区别明暗，不能产生色觉。视锥细胞对光的敏感性较差，只能在类似白昼的强光条件下才能产生视觉，但可辨别颜色，产生色觉。

视泡（optic vesicle） 神经管前端闭合成前脑泡时，视沟进一步加深，远端膨大凸出，形成的一对泡状结构。视泡腔与脑室腔相通。视泡外面覆盖着表面外胚层。

视腔（opticoel） 视杯外层视网膜色素上皮层与视杯内层视网膜神经上皮层之间的空隙。以后视腔逐渐变窄，最后消失，视杯内外两层直接相贴，形成视网膜视部。

视神经管（optical canal） 位于前蝶骨体内的一对短管。斜向前外侧。后口开口于视交叉沟的两端；前口为眶尖部的视神经孔。通过此管的主要有视神经。禽直接形成视神经孔。

视神经盘（optic disk） 又称视神经乳头。位于眼球后极的鼻侧，呈圆盘状，中心略凹的结构。它是视神经形成并穿出眼球的部位，也是视膜中央血管出入处。此处无视细胞，故又称盲点。

视网膜（retina） 眼的视觉感受装置。占据眼球壁最内层的后2/3部分。其结构可分为10层，由外向内依次为色素上皮层、视杆视锥层、外界膜、外核层、外网层、内核层、内网层、节细胞层、神经纤维层和内界膜。

视网膜剥离（detachment of retina） 视网膜的感觉上皮和色素上皮分离的一种病理状态。原因尚不甚明了，多继发于晶体脱位、玻璃体外伤等眼的疾患。从外观上无特征性症状，但有明显的视力障碍，预后不良。

视网膜炎（retinitis） 又称视网膜症。视网膜的炎症。以水肿、渗出和出血为主的视网膜炎症，可引起不同程度视力减退。严格讲单纯性的视网膜炎很少见到，一般继发于脉络膜炎（choroiditis），并引致脉络膜视网膜炎（chorioretinitis）。动物发病多因细菌、病毒、化学毒素等伴随异物进入眼内所致；也可由眼内寄生虫刺激，先后引起脉络膜炎、脉络膜视网膜炎、视网膜炎；在犬的犬瘟热、弓形虫病，猫的传染性腹膜炎时，可发生视网膜炎。

视诊（inspection） 利用视觉直接或借助诊疗器械观察患病动物的整体状况或局部表现的诊断方法。视诊是接触动物的第一步，其主要内容包括观察动物的整体状态（体格、发育、营养状况、体质、躯体结构等），观察动物精神、姿势、运动、行为是否正常，注意动物的生理活动有无异常（呼吸、咳嗽、咀嚼、吞咽、反刍、呕吐、排粪、排尿及分泌物的数量、性状等），发现皮肤及被毛的病变（脱毛、创伤、疱疹、肿物等），检查动物直通外界的体腔（口腔、鼻腔、阴道、肛门等）。传统兽医学将其概括为望状、望色、望形、望态。

适宜刺激（adequate stimulus） 对某种感受器敏感性最高的特殊能量形式的刺激。畜禽的感受器是高度分化的特殊结构，对刺激有选择性的敏感性，如视感受器只对光敏感，听感受器只对声敏感。非适宜刺激在强度很强时有时也可引起感受器发生某种程度的兴奋。

适应（adaptation） 机体细胞、组织乃至整体对内外环境变化发生相应反应的生理过程。在高等动物适应首先表现为维持内环境稳态，而机体对外环境变化的适应则体现为服习和风土驯化。在可兴奋组织和感受器，适应是指当刺激持续作用时表现的兴奋性不断下降，反应逐渐减弱以致最后完全不反应的现象。在病理学中，具有适应意义的机能和形态改变，如组织改变、代偿性肥大、增生、化生、细胞器增多等也称为适应。因此适应是一个含有多种含义的生物学名词。

适应性（adaptation） 动物机体随着外界环境的变化调整自身生理功能以适应环境变化的特性。通过长期的自然选择形成。有些适应特征可以通过遗传传给子代。

适应性行为（adaptive behavior） 动物在外界环境因素（如气候、季节、温度、光线等）改变时为适应这些变化所表现的行为反应。如烈日曝晒时动物寻找荫凉处躲避，寒冷时躯体蜷缩拥挤一起避免体热散失，暑热时四肢伸展各自分开等。

室管膜细胞（ependymal cell） 衬在脑室和脊髓中央管壁上的一层立方或柱状上皮细胞。属较原始的神经胶质细胞。细胞的腔面有大量微绒毛，在脑室某些部位还保留有纤毛。细胞基部有一条细长的突起深入脑或脊髓深层。具有增殖能力和支持、运输物质及分泌等功能。

室内差异性传导（intraventricular aberrant） 在房性期前收缩时，早搏传入心室，而房室结区或心室内传导组织尚处于相对不应期内。心电图体现为异位P'后出现QRS波群的增宽变形。

室内污染（indoor pollution） 由于室内引入能释放有害物质的污染源或者室内环境通风不佳导致室内空气中有害物质无论数量还是种类上不断增加，引起人和动物的一系列不适应症状的现象。室内空气污染按其性质可以分为非生物污染与生物及微生物污染两类。①非生物污染：又可分为化学污染和物理污染等。化学污染由建筑材料、装饰材料、家用化学品、香烟雾以及燃烧产物等产生。而物理性污染主要指由室内外地基、建筑材料所产生的放射性污染和室内外的噪声、室内家电设备的电磁辐射等。除此以外，室内还存在粉尘和可吸入颗粒物等的污染。②生物及微生物污染：由生活垃圾、空调、室内花卉、宠物、地毯、家具等产生的污染。

室上性阵发性心动过速（supraventricular paroxysmal tachycardia） 心电图上可见连续3次以上的期前QRS波群，心率快而规律，QRS波群形态无改变，每次发作后有一段代偿间歇。心率过快，P波与前面的T波重叠，无法辨认。

室性阵发性心动过速（ventricular paroxysmal tachycardia） 心电图上可见连续3次以上的宽大畸形的QRS波群，心率快，可有不规律。QRS波群前无P波，有时即使有P波，但频率较慢，且与QRS波群之间无固定关系。有时可见继发性ST段下降和T波与QRS主波方向相反。

舐剂（electuarium） 一种或数种药物与适宜的辅料混合制成的稠厚糊状的兽用内服制剂。常用辅料有淀粉、米粥、甘草粉、糖浆、蜂蜜等。

嗜多色性成红细胞（polychromatophilic erythroblast） 又称中幼红细胞。尚未完全成熟的红细胞。呈圆形，较小，直径9～12μm。由于血红蛋白含量首先从核周围增加，故核周围染成淡红色，而细胞膜内侧的嗜碱性胞质仍染成蓝色，二者交混处为淡紫色。线粒体很少。核缩小，核网致密，染色质聚成粗结状，常呈辐射状排列。

嗜锇性板层小体（osmiophilic lamellar body） Ⅱ型肺泡细胞在电镜下见到的细胞器。呈圆形，直径0.2～1.0μm，内含同心圆或平行排列的板层结构，电子密度较大，其主要成分是磷脂、蛋白质和糖胺多糖。

嗜铬反应（chromaffin reaction） 某些细胞的分泌颗粒被铬盐处理而呈黄褐色的现象。这些细胞被称为嗜铬细胞，如肾上腺髓质中分泌肾上腺素和去甲肾上腺素的细胞、消化道分泌5-羟色胺的细胞等。

嗜碱性（basophil） 组织或细胞各部对碱性染料的亲和性。如细胞核含酸性物质较多，易被碱性染料着色，故称细胞核具有嗜碱性。

嗜碱性变（basophilic change） 发生在皮肤结缔组织内胶原纤维嗜碱性增强的一种病变。可能是因为原本嗜酸性胶原被嗜碱性颗粒物取代所致。在日光性皮炎、移植物抗宿主免疫反应中，都有胶原纤维嗜碱性变。

嗜碱性粒细胞（basophilic granulocyte） 血液中有粒白细胞的一种。在一般动物占白细胞总数的1%以下，少数动物例外（如兔可达9%）。嗜碱性粒细胞比中性粒细胞略小，平均直径约10μm。核呈S形或分双叶，着色较浅，且常被特殊颗粒遮盖，难看清其轮廓。胞质中特殊颗粒具异染性，有膜包被，数量和密度较嗜酸性粒细胞略少，其内容物易溶于水，因此在固定标本中颗粒大小和形状不整齐。嗜碱性粒细胞与肥大细胞有许多相似之处，都可释放组胺和肝素等活性物质，细胞膜上都有Fc受体，所以对其功能一般都与肥大细胞相提并论，但它不是肥大细胞的前身。

嗜冷菌（psychrophile） 生长温度范围为－5～30℃，最适生长温度为10～20℃的一类细菌。主要存在于水、冷藏库等处，如耶尔森菌和李斯特菌，是食品加工保藏技术重要研究对象之一。

嗜皮菌病（dermatophiliasis） 又称真菌性皮炎、皮肤链丝菌病、羊毛结块病、草莓样腐蹄病。嗜皮菌科嗜皮菌属中的刚果嗜皮菌（*Dermatophilus congolensis*）引起一种主要侵害反刍动物的人兽共患传染病。病原为皮肤专性寄生菌。经皮肤伤口感染，或经吸血昆虫传播。多见于炎热多雨季节，呈散发或地方性流行。表皮充血，继而形成丘疹，结节疙瘩，病畜摩擦和啃咬患部搔痒。以临诊和病变初诊，确诊依据病原检查及血清学试验。隔离病畜，防止雨淋，免受吸血昆虫叮咬以预防本病发生。采用局部和全身疗法相结合，疗效良好。

嗜皮菌属（*Dermatophilus*） 一类能形成分枝状细丝的球杆菌。需氧，革兰染色阳性。改良萋-尼

(MZN) 染色阳性 (蓝色)。侵染哺乳动物皮肤。菌丝直径 1～2μm，末端膨大后分隔。能在需氧、厌氧和 10%CO_2 环境中生长。在血琼脂上形成针尖状、灰白色至黄橙色、中央隆起、表面光滑或皱褶的菌落，有狭窄β渣白环。与奴卡菌属不同的是嗜皮菌能产生具有运动力的游动孢子 (zoospore)，直径约 1.5μm，通常不产生气生菌丝体，不抗酸，触酶阳性。具有球杆菌-菌丝-游动孢子的形态发育过程。本属唯一致病种刚果嗜皮菌 (*D. congolensis*) 是多种动物的致病菌，能引起马、牛、羊等急、慢性渗出性皮炎。

嗜气管吸虫病 (tracheophiliasis) 嗜气管吸虫寄生于禽类的气管、支气管、气囊和眶下窦引起的疾病。病原属环肠科。常见种：①舟形嗜气管吸虫 (*Trcheophilus cymbium*)，虫体呈卵圆形，大小为 (6～12) mm×3mm，口在顶端，无肌质吸盘围绕；无腹吸盘。肠管后部相连成环，并具有数个憩室。卵巢和睾丸在后部。子宫高度盘曲，位于中部。虫卵大小为 (96～132) μm× (50～58) μm。②瓜形盲腔吸虫 (*Typhlocoelum cucametinum*)，虫体呈圆形，大小为 (6～11.5) mm× (2～4) mm，形态特征与前种相似，唯睾丸形态差别甚大。虫卵大小为 (122～154) μm× (73～81) μm。中间宿主为螺。大量虫体寄生于喉部和气管时常引起窒息而死亡。临床上根据症状、粪便检查可作出诊断。防治措施见前殖吸虫病。

嗜热菌 (thermophile) 生长温度范围为 25～95℃，最适生长温度为 50～60℃的细菌。大都存在于粪便、堆肥、温泉等处，是公共卫生特别是食品加工卫生管理中的重要指标菌。

嗜水气单胞菌 (*Aeromonas hydrophila*) 属弧菌科 (Vibrionaceae)、气单胞菌属 (*Aeromonas*)。16S rRNA 基因序列分析表明，本属菌的分类地位实际上介于弧菌科与肠杆菌科之间，已建议独立为气单胞菌菌科 (Aeromanadceae)。呈短杆状，有时可呈双球状或丝状，革兰阴性菌，单个或成双存在，大小为 (0.3～1.0)μm× (1.0～3.5)μm，极生单鞭毛，具有运动力，不产生芽孢，无荚膜，兼性厌氧。其生长的适宜 pH 为 5.5～9.0，最适生长温度为 25～30℃。嗜水气单胞菌在普通琼脂平板生长良好，28℃培养 24h 后的菌落光滑、微凸、圆整、无色或淡黄色，有特殊芳香气味。致病菌株具有溶血性，也能溶解蛋白，在血琼脂平板上形成β溶血环，在脱脂奶平板形成溶蛋白圈。嗜水气单胞菌目前分为 3 个亚种：嗜水气单胞菌嗜水亚种 (*A. hydrophila* subsp. *hydrophila*)，嗜水气单胞菌达卡亚种 (*A. hydrophila* ssp. *dhakensis*) 及嗜水气单胞菌蛙亚种 (*A. hydrophila* subsp. *ranae*)。该菌普遍存在于淡水、污水、淤泥、土壤和人类粪便中，有致病菌株和非致病菌株之分。致病菌株可造成鱼类细菌性败血症暴发流行，人类感染后引致急性胃肠炎等，目前在国外已将本菌纳入腹泻病原菌的常规检测范围，是食品卫生检验的对象。

嗜水气单胞菌败血症 (aeromonas hydrophilasepticemia) 致病性嗜水气单胞菌引致的传染病，可发生于蚌、鱼、牛蛙、鳄、鳖等。也能感染哺乳动物和人。所谓"蚌瘟"、"鳖红脖子病"及淡水养殖鱼类的暴发性传染病都与之有关。涉及鲫、鳊、鲢、鳙、鲮、鲤、草龟、黄鳝、香鱼、罗非鱼、虹鳟以及观赏鱼。世界各养鱼区均有发生。在水温较高的夏、秋季时有流行。肠道及皮肤损伤是可能的入侵门户。密集养殖的鱼群往往以最急性或急性型的形式突然暴发。死亡率可达 70%以上。慢性型则以皮肤溃疡为特征，危害较轻，且多为继发感染，并因病状的差异有各种俗名，如打印病、腐皮病等。诊断需从病鱼分离嗜水气单胞菌，并证实其致病性，包括检测其外毒素等。防治可选用敏感的药物，改善鱼池生态环境，以及用菌苗免疫预防等。

嗜酸性 (acidophil) 组织或细胞各部对酸性染料的亲和性。如细胞质含碱性物质较多，易被酸性染料着色，就称细胞质具有嗜酸性。

嗜酸性变 (acidophilic changes) 细胞胞浆减少、嗜伊红深染的病变。常见于病毒性肝炎、缺血性肝损伤、肝癌时的肝细胞。例如鸡包涵体肝炎可见。嗜酸性变进一步发展，胞浆浓缩，胞核消失，整个肝细胞变为均匀红染球形小体，称嗜酸性小体 (acidophilic body)。有人认为是肝细胞凋亡的一种形式。

嗜酸性粒细胞 (acidophilic granulocyte) 血液中有粒白细胞的一种。核一般分为两叶，三四叶者少见，也有杆状核。胞质中充满嗜酸性的特殊颗粒，颗粒呈球形，有膜包被，含水解酶和过氧化物酶。成熟的嗜酸性粒细胞离开骨髓后迅速经血液循环移至全身结缔组织，故在血液中分布数量很少，仅占循环白细胞的 1%～3%。它具有与中性粒细胞同样强的趋化性和同样或稍弱的吞噬作用，但杀菌能力很低。它参与过敏反应所引起的炎症修补和恢复，还对寄生虫有直接的杀伤作用。

嗜温菌 (mesophile) 生长温度范围为 10～45℃，最适生长温度为 20～40℃的一类细菌。人兽致病菌均属此类。

嗜细胞抗体 (cytophilic antibody) 见亲细胞抗体。

嗜血杆菌病 (hemophilosis) 嗜血杆菌属 (*He-*

mophilus）致病菌引起动物的多种传染病的总称。常见的有马接触传染性子宫炎、猪接触传染性胸膜炎、牛传染性血栓栓塞性脑膜炎、传染性鼻炎和鹅流行性感冒等。

嗜盐菌（halophilic bacteria，halophile） 生长中需要 NaCl 的浓度超过 3%的一类细菌，也指生活在高盐度环境中的一类古细菌。例如引起食物中毒的副溶血性弧菌在 3%～5%氯化钠的环境中才能生长，嗜盐菌科的成员甚至需要 15%～20%的氯化钠。金黄色葡萄球菌在 10%氯化钠环境中仍能生长，但不是必需的，因此它不是嗜盐菌而称耐盐菌。

嗜眼吸虫病（philophthalmiasis） 嗜眼科、嗜眼属（*Philophthalmus*）吸虫寄生于家禽眼结膜囊内引起的寄生虫病。虫体很小，吸盘发达；生殖腺在虫体后部，卵巢在睾丸前方；卵腺在两侧部，通常呈管状。常见种有涉禽嗜眼吸虫（*P. gralli*），寄生于鸡、鸭、鹅的瞬膜和结膜囊内，大小为（2.1～6.4）mm×（0.8～2.0）mm，呈长扁筒状。虫卵大小为（155～173）μm×（70～85）μm。淡水瘤似黑螺为中间宿主。在螺体内经雷蚴和尾蚴阶段，成熟尾蚴离开螺体在水面或水中物体上形成囊蚴。禽类吞食囊蚴后，虫体在口和嗉囊内脱囊，经鼻泪管移行到结膜囊发育成熟。临床可见眼红肿，瞬膜浑浊，结膜糜烂。严重者因失明而不能采食，逐渐消瘦，可致死亡。寄生部位发现虫体即可确诊。

嗜异粒细胞（heterophilic granulocyte）主要见于鸟类的一种有粒白细胞，相当于其他种属的中性粒细胞。这种细胞在脊椎动物纲不同种属存在着很大的染色差异。细胞质透明，其中分布着嗜酸性的杆状或纺锤状颗粒（鸭的颗粒呈珠状）。核有不同程度的分叶（1～5 叶或更多），异染色质呈粗糙的团块状。具有变形运动和吞噬能力。

噬菌斑杂交（plaque hybridization） 又称噬菌斑印迹、噬菌斑原位杂交、Benton - Davis 杂交技术。1997 年，W. D. Benton 和 R. W. Davis 根据 DNA 分子杂交技术原理设计的，用于筛选含有克隆外源目的基因的阳性噬菌斑的一种方法。噬菌斑杂交与菌落杂交的程序十分类似，两者有时都叫做原位杂交，是用于筛选基因文库和 cDNA 文库常用的手段，目的是从大量克隆中找到含有目的重组 DNA 分子的克隆。这种方法的优越性是能从一个盘子上很容易得到几张含有同样的 DNA 印记的滤膜，这不仅使筛选的结果有重复，增加了可靠性，同时也便于用 2 种或 2 种以上的探针对一批重组体进行筛选。

噬菌体（bacteriophage，phage） 又称细菌病毒。感染细菌、支原体、螺旋体、放线菌以及蓝细菌等的一类病毒。在自然界分布极广，凡是有上述各类微生物的地方，都有相应种类噬菌体的存在。感染的结果导致菌破坏（溶菌），使菌落和菌苔产生噬斑。噬菌体有各种形态，绝大多数呈二十面立体对称，少数呈长丝及近似球状。大肠杆菌 T_2 噬菌体除了二十面体的头部外，还有能收缩的尾部，尾端有基板、尾丝和尾钉；其他噬菌体的尾部不一定能收缩，甚至没有尾部。噬菌体的核酸多数为双股 DNA，少数为单股；还有少数为单股或双股 RNA。很多噬菌体的特异性很强，只能感染特定的细菌，也有些能感染多种细菌。噬菌体可用于细菌鉴定和分型，并在基因工程方面获得日渐广泛的应用。

噬菌体分型（bacteriophage typing） 根据不同菌株对一组噬菌体的易感性差异进行分类的方法。此法主要检测同种细菌各菌株之间的微小差别。检验时将待检菌在琼脂平板上作涂布接种，平板背面用记号笔化成方格，每一方格中央分别滴加微量不同噬菌体的悬液，培养后观察溶菌情况。结果用“对某噬菌体易感”来表达。用噬菌体鉴定的菌株称噬菌体型。

噬菌体抗体（bacteriophage antibody） 一种新型的基因工程抗体。将已知特异性的抗体分子的所有 V 区基因在噬菌体中构建成基因库，用噬菌体感染细菌，模拟免疫选择过程，具有相应特异性的重链和轻链可变区即可在噬菌体表面呈现出来。能与相应抗原特异性结合，具有抗体活性。可从抗体表位基因库中筛选，制备对特定抗原的单克隆或多克隆噬菌体抗体。

噬菌体肽库（phage peptide library） 通过把大量的随机肽段与丝状噬菌体的外壳蛋白（pVIII 或 pIII）融合表达而被组装展示于噬菌体颗粒的表面，从而组成每个噬菌体都带有一个不同肽段的重组噬菌体库，然后用目标蛋白来筛选与之相互作用的噬菌体肽，通过分析所筛到的噬菌体肽的结构和序列，为蛋白质分子之间如抗原与抗体，受体与配体，酶与底物的相互作用机理提供依据。

λ噬菌体载体（λvector） 简称 λ 载体。由 λ 噬菌体改造而来的基因工程载体。λ 噬菌体的基因组 DNA 长度为 48 502bp。λ 噬菌体作载体的一个有利条件是，溶解化状态所需的基因（att，int，xis 和 red）都集中在噬菌体 DNA 的中部，占据着 2 个 EcoRⅠ限制性片段，而裂解周期所需的基因位于基因组的左边和右边（成为两臂）。由于 2 个 EcoRⅠ限制性片段仅包含 λ 噬菌体基因组的 23%，故缺乏这些片段对噬菌体 DNA 的包装毫无影响，包装后能重新侵染其他细菌，进行裂解生长。在实际应用中，为了使 λ 噬菌体能更好地适应作载体的需要，还需进行以下改造：①将无义突变（即琥珀突变，amber mutayion）引进裂解周期所需的基因中，构成许多安全的λ载体；②分别引入几种不同的限制性内切酶位点，便于外源基因的插入；进行合适的突变；具有更大的克隆范围；③体外包装。运用两种诱导的溶源性细菌的溶胞产物，其中的溶源性细菌之一是在基因E中有一琥珀突变，因此诱导后不能形成任何头部结构，而只能积累病毒外壳的其他组成成分；而另一种溶源性细菌是在基因D中有一琥珀突变，诱导后，只能积累不成熟的头前体，但是不允许λDNA进入。当上述两种经诱导的溶胞产物混合以后，发生了遗传互补，使重组DNA被包装成成熟的噬菌体。目前常用的λ噬菌体载体有λ2001、λDASH、λFIX、EMBL系列λ载体等。

噬菌体展示技术（phage display technology） 将外源蛋白或多肽的DNA序列插入到噬菌体外壳蛋白结构基因的适当位置，使外源基因随外壳蛋白的表达而表达，同时，外源蛋白随噬菌体的重新组装而展示到噬菌体表面的生物技术。噬菌体展示技术的原理：将多肽或蛋白质的编码基因或目的基因片段克隆入噬菌体外壳蛋白结构基因的适当位置，在阅读框正确且不影响其他外壳蛋白正常功能的情况下，使外源多肽或蛋白与外壳蛋白融合表达，融合蛋白随子代噬菌体的重新组装而展示在噬菌体表面。被展示的多肽或蛋白可以保持相对独立的空间结构和生物活性，以利于靶分子的识别和结合。肽库与固相上的靶蛋白分子经过一定时间孵育后，洗去未结合的游离噬菌体，然后以竞争受体或酸洗脱下与靶分子结合吸附的噬菌体，洗脱的噬菌体感染宿主细胞后经繁殖扩增，进行下一轮洗脱，经过3～5轮的"吸附-洗脱-扩增"后，与靶分子特异结合的噬菌体得到高度富集。所得的噬菌体制剂可用来做进一步富集有期望结合特性的目标噬菌体。近几年来，噬菌体展示技术成为探测蛋白空间结构、探索受体与配体之间相互作用结合位点、寻找高亲和力和生物活性的配体分子的有利工具，在蛋白分子相互识别的研究、新型疫苗的研制以及肿瘤治疗等研究领域产生了深远的影响。

噬神经细胞现象（neurophagy） 小胶质细胞吞噬坏死的神经细胞的现象。在组织学上表现为小胶质细胞侵入坏死的神经细胞胞体及其突起内，吞噬神经细胞残体。见于神经细胞缺氧和病毒感染等引起变性坏死时。

收肌（adductor） 又称内收肌。使关节内收即四肢接近躯体正中平面的肌肉。多通过双轴和多轴关节的内侧。

收集胚胎（collection of embryos） 又称胚胎回收、胚胎采集，简称采胚。在配种或输精后的适当时间，从超排供体回收其胚胎，以备受体移植。采胚的数量与采集时间、方法和检胚技术均有关系。

收缩蛋白（constrictive protein） 收缩组织中具有收缩功能的蛋白质。如广泛存在于几乎所有真核细胞中的肌动蛋白和肌球蛋白。它们参与多种形式的细胞运动。脊椎动物横纹肌中的粗丝含有肌球蛋白，细丝含有肌动蛋白，肌球蛋白通过水解ATP，释放能量，推动粗丝与细丝之间的相互滑动执行收缩功能。

收缩期返流性杂音（systolic regurgitant murmur） 在心室收缩时，高压腔向低压腔发生异常返流或分流所产生的杂音。心音图特征是杂音与S_1二尖瓣成分同时开始，到S_2开始时结束，常发生于二尖瓣关闭不全、三尖瓣关闭不全和室间隔缺损等。

收缩期喷射性杂音（systolic ejection murmurs） 收缩期心室射血进入大血管形成湍流时产生的杂音。在心音图上的特征是杂音与S_1第4个成分一起开始，于S_2前结束，常发生于主动脉瓣狭窄和肺动脉瓣狭窄。

收缩压（systolic pressure） 又称最高压。心室收缩时动脉压上升所达到的最高值。它的高低反映心缩力量的大小。

手术台（operating table） 手术的操作台。临床上应用的有多种：①翻板式。用于大家畜，使用时将动物固定于垂直地面的板面下，依人力、机械力、电动力使板面由垂直变为水平，动物也随之被倒下，为手术提供方便。②升降式。用麻前给药使动物自然倒卧在与地面同高的台面上，靠机械的力量将台面抬高到需要高度，台面根据手术的要求向不同方向倾斜，对手术非常方便。③台式。多用于小动物，形式类似工作台。家畜的手术台除具有保定、方便术者之外，对减少手术创的污染也起到良好作用。

手术通路（operation approach） 又称手术途径，简称手术切口。根据病变和术式进行设计和施行。理想的手术通路：①最大限度显露手术通路，以便于手术操作，原则上通路应尽量靠近主手术，在切口位置和方向上要便于延长和扩大；②减少类似反应和瘢囊组织形成；③适应解剖和生理的特点，有行于创口愈合，最大限度地恢复组织功能。

首过效应（first-pass effect） 又称第一关卡效应、首关效应。指某些药物经胃肠道给药，在尚未吸收进入血液循环之前，在肠黏膜和肝脏被代谢，而使进入血液循环的原形药量减少的现象。所有口服药物的吸收须透过胃肠壁，然后进入门静脉。有些药物几乎无代谢作用发生，有些则在胃肠壁或肝脏内被代谢、消除，发生首过作用。首过作用使代谢增强，吸收减少，治疗效应下降。肠道外给药如注射、皮下或舌下给药可避免首过作用。大剂量口服可使药物肠、肝代谢达到饱和，假定吸收完全，当口服和肠外给药产生相同血药浓度、相同疗效的剂量相差很大时，以及静脉注射比相同剂量尿液中药物和代谢物大时，可以认为有首过作用发生。

受精（fertilization） 成熟的精子和卵子融合形成受精卵（合子）的过程。包括一系列严格按照顺序完成的步骤：精-卵相遇、识别与结合、精-卵质膜融合、多精子入卵阻滞、雄原核与雌原核发育和融合。在受精过程中，携带单倍染色体的精子和卵子经过复杂的形态和生化变化，精子进入卵子把雄性单倍体遗传物质引入卵子内部，开始胚胎和个体的发育，恢复物种细胞原有的染色体二倍性。受精标志着胚胎发育的开始，是一个具有双亲遗传特性的新生命的起点。家畜一般为单精子受精，都在输卵管内进行。

受精过程（fertilization process） 从精子进入卵子到受精卵出现卵裂前的生物过程。受精的第一步是精子进入卵子，这一过程包括精子穿过卵丘细胞、精子与卵子周围透明带识别和初级结合、诱发精子顶体反应、顶体反应后的精子与透明带发生次级识别和结合、精子穿过透明带进入卵周隙、精子质膜与卵质膜结合和融合、精子入卵；第二步是入卵的精子激发卵子，使卵子恢复减数分裂并诱发卵子皮质反应；第三步是形成雌、雄原核，核融合，启动有丝分裂。所需期间：兔约 12h，绵羊 16～21h，牛 20～24h，猪 12～14h。

受精卵（fertilized ovum） 又称合子。经过受精过程能发育成新个体的卵子。精子进入次级卵母细胞内，形成雄原核；同时，次级卵母细胞完成第二次成熟分裂，形成雌原核，随后，两个原核的染色体融合在一起，形成受精卵。受精卵具有亲本双方的遗传性状，是新个体形成和发育的开端。

受精卵移植（egg transfer） 见胚胎移植。

受精膜（fertilization membrane） 受精后在受精卵外面形成的膜性结构，见于某些海生动物。

受精素（fertilizin） 哺乳类精子质膜上的一种糖蛋白。精、卵细胞表面都有其受体，对精子和卵子都有结合能力，受精时形成精子-受精素-卵子复合体。

受精锥（fertilization cone/hillock） 又称受精丘。有些动物在受精时，当精子与卵子质膜融合后，立刻在受精部位的卵子表面形成的小突起。当精子穿过此突起进入卵子细胞质后，此突起即消失。

受胎率（pregnancy rate） 用以比较不同繁殖措施或不同畜群受胎能力的繁殖力指标。包括情期受胎率、总受胎率和不再发情率（不返情率）。

受体（receptor） 细胞中的特殊结构成分，能与某种药物或生物活性物质特异性结合，引起细胞机能的特殊变化。受体与生物活性分子（药物、毒素、神经递质、激素和抗原等）相互作用具有 3 个相互关联的功能：①识别与结合，即通过高亲和力的特异过程，识别并结合与其结构上具有一定互补性的分子——配基；②传导信号，即能将受体—配基相互作用产生的信号，传递到效应器，例如酶、离子通道等，使它们的活性或构象发生与导致生理效应相适应的变化；③产生相应的生物效应，效应的强度应与体外实验测得的激动剂亲和力大小相应，若受体结合的是颉颃剂，则应表现为生物效应的阻断作用。组织移植和输血时，接受组织和血液的个体亦称受体（recipient）。

α-受体（α-receptor） α-肾上腺素能受体的简称。它与去甲肾上腺素结合后产生的平滑肌效应主要是兴奋，包括血管收缩、子宫收缩、扩瞳肌收缩等。也有少数引起抑制效应，如小肠舒张。α-受体不但与神经末梢释放的去甲肾上腺素起反应，也能与血液中的肾上腺素等其他儿茶酚胺起类似反应。α-受体有 α_1 和 α_2。两个亚型，前者大都为肾上腺素能神经的突触后受体，而后者则大都为外周或中枢肾上腺素能纤维的突触前膜受体。

β-受体（β- receptor） β-肾上腺素能受体的简称。它与去甲肾上腺素结合后产生的平滑肌效应主要是抑制，包括血管舒张、子宫舒张、支气管舒张、小肠舒张等。但对心肌却产生兴奋效应。β-受体既可与神经末梢释放的去甲肾上腺素起反应，也能与血液中的儿茶酚胺类物质起反应，产生相似的效应。β-受体可分为 β_1 和 β_2 两个亚型，前者引起心肌兴奋、小肠舒张、脂肪分解代谢增强等，后者则引起支气管舒张、骨骼肌血管舒张、糖酵解代谢增强等。

受体病（receptor disease） 受体失常而引起的一类疾病。1973 年由 Roth 等研究重症糖尿病原因是因胰岛素受体缺损所致时首先提出。可分为原发性和继发性 2 类，也可分为 3 类：①遗传性受体异常症，如家族性高胆固醇血症；②受体调节异常症，如胰岛素受体后缺陷；③自身免疫性受体病，如变态反应性鼻炎、甲状腺机能亢进症、恶性贫血等。

受体激动剂（receptor agonist） 又称完全激动剂（full agonist）。对受体有较强亲和力和内在活性，能通过受体兴奋发挥最大效应的药物，例如 α-受体激动剂—去甲肾上腺素。而与受体有足够亲和力，但内在活性不强，只产生较弱的效应，却能对抗激动药部分效应的药物称为部分激动剂（partialagomst），例如镇痛新对阿片受体的作用。

β-受体激动剂（β-adrenergic receptor agonists） 又称β-兴奋剂、β-肾上腺素受体激动剂。化学结构和生理功能类似肾上腺素和去甲肾上腺素的苯乙醇胺类（phenethylamines，PEAs）衍生物的总称。早期β受体激动剂在医学上属拟交感神经作用药，能兴奋支气管平滑肌的β受体，使平滑肌松弛、支气管扩张，可用来治疗支气管哮喘病。20 世纪 80 年代，一系列动物试验表明，β受体激动剂用量超过推荐治疗剂量的 5～10 倍（同化剂量）时，一些β受体激动剂能使多种动物（牛、猪、羊、家禽）体内营养成分由脂肪组织向肌肉转移，称为“再分配效应（repartitioning effects）”，其结果是体内的脂肪组织分解代谢增强，蛋白质合成增加，能显著增加胴体的瘦肉率、增重和提高饲料转化率。但残留于动物性食品中的β受体激动剂超过一定量时，人食用后就会引起中毒。所以，我国将其列为食品动物禁用药物。

受体颉颃剂（receptor antagonist） 对受体有较强亲和力，但缺乏内在活性，本身不引起生理效应，却能阻断激动剂与受体结合的药物。其中与激动剂竞争同一受体，且与受体可逆性结合的颉颃剂为竞争性颉颃剂（competitive antagonist），如阻断吗啡作用的纳诺酮。不与激动剂争夺同一受体，却能与不同部位受体结合后改变效应器反应性，妨碍激动剂与特异性受体结合产生最大效应的药物为非竞争性颉颃剂（noncompetitive antagonist），如β受体阻断剂中有内在拟交感活性的心得平。

受威胁区（threatened area） 在疫区周围受传染病传播威胁的地区。受威胁区的范围应根据疫病的性质、疫区周围的山川、河流、草场、交通等具体情况而定。区内应对易感动物及时进行预防接种，以建立免疫带。易感动物禁止出入疫区，禁止从疫区购买家畜、草料和畜产品。

受孕（conception） 发生妊娠的行为，起自精子和卵子结合形成受精卵。

兽药残留（veterinary drug residue） 又称药物残留，简称残留。动物产品（animal product）的任何食用部分（edible portion）所含兽药的母体化合物及其代谢物，以及与兽药有关的杂质的残留。由于兽药的广泛应用，肉、蛋、乳及水产食品中含有各种兽药残留是不可避免的。动物性食品中的兽药残留量不能超标，否则，有可能对人体健康产生危害。

兽药典（veterinary pharmacopoeia） 记载兽药规格和标准的国家法典。是兽药生产、经营、使用、检验和监督管理等部门共同遵循的法定技术依据。收载疗效确切、安全稳定的常用兽药及其制剂，规定其质量标准、制备要求、鉴别、杂质检查、含量测定及作用、用途、用量等。英国药典（兽药部分）为国际颁发的第一部兽药典。中国在《兽药规范》的基础上于 1990 年编纂出版第一版《中华人民共和国兽药典（简称中国兽药典）》，分一、二两部，一部收载化学药品、抗生素、生物制品和各类制剂；二部收载中药材和成方制剂。两部均有各自的凡例、附录、索引等。

兽药管理条例（Regulations for the Control of Vetermary Drugs） 国务院于 2004 年发布的有关兽药监督管理、保证质量的规定条文。共分九章，七十五条。对兽药生产企业、经营企业、兽医医疗单位配制药剂、新兽药审批、进出口兽药、兽药商标和广告等的管理及兽药监督、罚则等都有规定。

兽药使用指南（Good Practice in the Use of Veterinary Drugs，GPVD） 分为化学药品卷、生物制品卷和中兽药卷。为《中国兽药典》2005 年版和 2010 年版的配套丛书之一。主要是对兽药典收藏的兽药品种，近些年批准的新兽药及进口兽药等，提供兽药临床所需的资料，以逐步达到科学、合理用药，并保证动物性食品安全的目的。

兽药经营质量管理规范（Good Supply Practice，GSP） 2010 年 1 月 4 日，经农业部第 1 次常务会议审议通过，并于 2010 年 3 月 1 日起施行。包括总则、场所与设施、机构与人员、规章制度、采购与入库、陈列与储存、销售与运输、售后服务、附则 9 部分。

兽药生产质量管理规范（Good Manufacture Practice，GMP） 2002 年 3 月 19 日，经农业部常务会议审议通过，并于 2002 年 6 月 19 日起施行。适用于兽药制剂生产的全过程、原料药生产中影响成品质量的关键工序。包括总则、机构与人员、厂房与设施、设备、物料、卫生、验证、文件、生产管理、质量管理、产品销售与收回、投诉与不良反应报告、自检、附则 14 部分。

兽药质量标准（Standard for Quality of Veterinary drug） 国家为了安全有效使用兽药而制订的控制兽药质量规格和检验方法的规定；是兽药生产、经营、销售和使用的质量依据，亦是检验和监督管理部门共同遵循的法定技术依据。一般应包括以下内容：兽药名称、结构式及分子式、含量限度、处方、理化性状、鉴别项目及方法、含量（效价）测定的方法、检查项目及方法、作用与用途、用法与用量、注意事项、制剂的规格、贮藏、有效期等。我国的兽药质量标准主要有：①国家标准。即《中华人民共和国兽药典》和《中华人民共和国兽药规范》（分别简称《中国兽药典》及《中国兽药规范》)。《中国兽药典》是国家对兽药质量管理的技术规范，已有 1990 年版、

2000年版、2005年版和2010年版，分一部和二部。②专业标准。由中国兽医药品监察所制定、修订，农业部审批发布，如《兽药暂行质量标准》、《进口兽药质量标准》等。

兽医病理学（veterinary pathology） 又称动物病理学。研究动物疾病的病因及发生发展和转归规律的科学。参见病理学。

兽医毒理学（veterinary toxicology） 毒理学的分支学科。主要研究毒物与畜体之间的相互作用，即毒物对畜体的危害和毒物作用机理以及畜体对毒物的吸收、分布、代谢和排泄。也涉及毒物的发现、性质、检测和管理。可为中毒诊断和拟定防治措施提供依据。

兽医放射学（veterinary radiology） 兽医学中的一个重要分支学科。内容包括放射学的基本原理、X线机及其使用、放射损伤、放射防护、X线的医学应用原理、透视、摄影、造影检查、暗室技术、X线诊断及放射治疗等。

兽医公共卫生学（veterinary public hygiene） 利用一切与人类和动物健康问题有关的理论知识、实践活动和物质资源，研究生态平衡、环境污染、人兽共患病、动物防疫检疫、动物性食品卫生、比较医学和现代生物技术等与人类健康之间的关系，从而为增进人类健康服务的一门综合性应用学科。

兽医寄生虫学（veterinary parasitology） 研究寄生于动物体内的各种寄生虫（包括多种人兽共患寄生虫）及其所引起疾病的科学，或者说，是研究动物寄生虫和宿主相互关系的一门科学，研究内容主要包括寄生虫的形态学、分类学、生活史、生理学、生物化学、免疫学、分子生物学及所引起疾病的流行病学、致病作用、症状、诊断、防治及公共卫生意义等。在保障健康养殖、促进人类健康，保护野生动物资源和维护良好的生活环境方面起重要作用。

兽医解剖学（veterinary anatomy） 以家畜、家禽为对象，研究其机体形态、构造及其与功能的关系和发生规律的学科。为兽医学的重要基础；也是研究畜禽饲养、繁殖等必须掌握的基本知识。可分为系统解剖学和局部解剖学。前者将全身构造依据功能分为若干系统，按系统顺次叙述所属各器官的形态结构。局部解剖学则按机体的各个部位，由表及里、由浅入深叙述该区域所有构造的综合位置关系，具有较大的临诊实践意义。

兽医昆虫学（veterinary entomology） 研究寄生于动物的昆虫和蜱螨的科学。研究内容主要包括虫体的形态结构、分类地位、生活习性以及生存繁殖的规律，旨在阐明昆虫、蜱螨和宿主以及外界环境因素的相互关系。昆虫和蜱螨分别属于节肢动物门的昆虫纲和蛛形纲，研究它们的学科已分别称为昆虫学（entomology）和蜱螨学（acarology）。

兽医临床诊断学（veterinary clinical diagnosis） 系统地研究诊断畜禽疾病的临床方法和理论的科学。传统兽医临床诊断学主要为望、闻、问、切等有关诊断方法的内容。现代兽医临床诊断学包括4个方面的内容：①一般临床检查方法；②实验室检查方法；③特殊检查方法，主要是借助于X线机、心电图机、超声装置、内窥镜等现代仪器设备进行临床检查，或利用某种特殊功能试验确定动物机体的功能状况；④综合分析检查结果诊断疾病的系统理论。

兽医临床治疗学（veterinary clinical therapeutics） 应用物理学、化学和生物学等原理及手段，作用于患病动物体以治疗各种疾病的一门学科，也是确定病性诊断方法的组成部分（诊断性疗法），其内容包括各种疗法的作用理论和适应证、禁忌证等。兽医临床治疗学已形成自身的学科体系，是以家畜生理学、动物生物化学和兽医病理生理学为理论基础，以实验动物和患病动物为研究对象，辅以畜牧学、饲养学、家畜卫生学等领域知识综合应用建立起来。实施的基本原则主要是遵循动物的生理性、个体性、综合性和主动性等基本原理，同时又应以动物体与外界环境的统一性，动物体内部的完整性及其神经系统的主导性作用为基础，遵循兽医临床治疗学实施的基本原理，充分调动、促进患病动物体的抵抗力和生理防御机能，消除病因或病原，即由病理状态恢复至正常生理状态而采用的各种治疗方法（统称为治疗方法）。按其应用目的和手段，概括地分为病因疗法、症状疗法、食饵疗法、饥饿疗法、化学疗法、组织疗法和透析疗法等。

兽医流行病学（veterinary epidemiology） 兽医预防医学中的一门重要学科，是研究疾病在动物群体中发生的频率分布及其决定频率分布的因素，借以探索病因，阐明分布规律，从而制定防制对策并评价其效果的学科。

兽医免疫学（veterinary immunology） 研究动物病原体的抗原性物质、动物机体免疫系统组成和免疫应答规律、免疫血清学技术及其应用的科学。侧重于免疫生物学、免疫血清学诊断与防治。

兽医内科学（veterinary internal medicine） 研究动物非传染性内部器官（生殖器官除外）疾病为主的一门综合性兽医临床科学。其内容包括消化、呼吸、心脏血管、血液及造血、神经、泌尿、内分泌等器官，营养与代谢、遗传免疫和中毒等疾病的病因、发病机理、病理学变化、临床症状、病程、预后、治疗和预防措施等。由于畜牧业的发展，兽医内科学在继承传统个体医学（散发病）的基础上，正向群体医学（群发病）发展。通过建立一些新概念和新制度，如该学科中的生产疾病和预防这类疾病的监测预告制度（predictive system），以保证畜牧业的发展和兽医临床诊断技术的不断提高。

兽医蠕虫学（veterinary helminthology） 研究寄生于家畜、家禽及多种动物的寄生蠕虫的形态结构、分类地位、生活史、流行特点，阐明蠕虫和宿主以及外界环境因素相互关系的科学。蠕虫又可细分为吸虫、绦虫、线虫和棘头虫，分别构成吸虫学、绦虫学、线虫学和棘头虫学的研究对象和内容。

兽医生物制品（veterinary biological product） 以天然或人工改造的微生物或寄生虫及其分泌成分或免疫应答产物为材料，通过生物学、分子生物学、生物化学、生物工程等相应技术制成的，用于预防、治疗、诊断动物疫病或改变动物生产性能的药品。可分为4类：①预防制品，如疫苗和类毒素；②诊断制品，包括诊断抗原、诊断抗体、标记抗体、核酸探针、PCR诊断液等；③治疗制品，包括抗各种病原微生物的血清和抗毒素血清等；④免疫调节制品，包括微生态制剂和干扰素等。

兽医生物制品菌（毒）种［bacteria (virus, parasite) stock for veterinary biological product］ 直接用于兽医生物制品研究、生产和检验的细菌菌种、病毒毒种以及分类地位在原虫以下的生物种。

兽医统计学（veterinary statistics） 又称兽医生物统计学。应用生物统计的原理和方法求分析、解释兽医实践和科学研究中出现的数量现象的科学。

兽医外科手术学（veterinary operative surgery） 研究在病畜和健康畜体上进行手术的基本理论与技术操作的学科。其主要任务是诊治家畜疾病，消除病畜的苦痛；或为满足人类需要，服务于人们生活（如宠物美容术）；也可服务于兽医、医学和生物学的科学研究。

兽医外科学（veterinary surgery） 研究动物外科疾病的发生、发展规律、临床特征、诊断和防治的一门科学。是兽医临床的重要组成部分，它的范畴在整个兽医学发展过程中不断变化，只用简单的内和外来划分，已没有实际意义。兽医外科已有效地用于治疗许多内部疾病。当前兽医外科病大致分为下列内容：炎症、创伤、外科感染、皮肤病、牙病、肿瘤、眼病、四肢疾病、蹄病及护蹄，以及其他如肠胃阻塞、扭转和变位、尿路闭塞和结石、创伤性心包疾病等。

兽医微生物学（veterinary microbiology） 在微生物学一般理论基础上研究微生物与动物疾病的关系，并利用微生物学与免疫学的知识和技能来诊断、防治动物疾病和人兽共患病，保障人类的食品安全与卫生、保障畜牧业生产，保障动物的健康及生态环境免于破坏。其研究领域已不仅限于传统的家畜、家禽的微生物，还涉及伴侣动物、实验动物、水生动物、野生动物等的微生物，研究深度已涉及致病机理及与机体的相互作用，达到基因水平。它是传染病、卫生检疫、生物制品、基因工程等学科的重要基础。

兽医卫生监督（veterinary sanitary supervision） 国家授权的兽医卫生监督检验机构对其辖区内的有关单位和个人，贯彻执行和遵守《动物防疫法》及有关兽医行政规章的情况进行的监察与指导。通常把对畜禽生产和畜禽产品经营的场所，如饲养场、牛乳场、屠宰场、畜产品加工厂、无害化处理厂、化制厂等有关建筑工程和设备在防疫要求方面的审批、验收，称为预防性兽医卫生监督；把对现有畜禽生产场所进行定期和日常生产活动的监督与管理，称为经常性兽医卫生监督。

兽医卫生检验（veterinary hygiene inspection） 监督管理畜产品卫生质量的一种手段，以兽医学和卫生学知识与方法对畜产品的生产、营销、贮存、运输等各环节的卫生质量进行检查、评定和督导的工作过程。旨在防止和纠正生产经营中出现的种种缺陷和对人体健康可能产生的危害，并有助于提高和增进公共卫生，防止人兽共患病和畜禽疫病的扩散蔓延，保障生产经营和促进对生产有力的措施能顺利推广。工作内容主要包括畜产品加工设施、加工工艺、操作规程、产品卫生质量标准和生产、经营、贮运中必须遵守和执行的法规及其实施部署等。并按产品种类、来源、性质和用途有所侧重。通常情况下，主要进行感官检验，例如屠宰畜禽的宰前宰后检验，乳肉鱼蛋及其制品的卫生质量鉴定，畜禽生产现场和流通环节的日常的监督管理等。必要时再进行有关的实验检验或专项检查。

兽医X线诊断学（veterinary diagnostic radiology） 研究和使用X线技术对患病动物进行透视和摄影检查，并根据患病组织病理和生理的改变反映在X线检查时的密影变化对动物疾病进行诊断的科学。

兽医新生物制品（new veterinary biological product） 简称为新制品。我国创制或首次生产的用于畜禽等动物疫病预防、治疗和诊断的生物制品。对已批准的兽医生物制品所使用的菌（毒、虫）种和生产工艺有根本改进的，亦属新制品管理范畴。新制品分为三类，第一类指我国创制的制品，即国外仅有文献报道而未批准生产的制品；第二类指国外已批准生产，但我国尚未生产的制品；第三类指对我国已批准的生物制品使用的菌（毒、虫）种和生产工艺有根本改进的制品。

兽医药理学（veterinary pharmacology） 研究药物与动物机体（包括病原体）相互作用及其作用原理的学科。为兽医临床合理用药、防治疾病提供基本理论的基础学科。分药效学（药物对机体的效应及其原理）和药动学（药物在体内的吸收、分布、排泄与代谢变化）两部分，同时，也包括药物的适应证、禁忌证、制剂、用法和剂量、来源、性状、化学结构等内容。近年来对药物作用原理的研究已由宏观进入微观，即细胞、亚细胞水平和分子水平。由于客观需要，已从兽医药理学中分化出一门专门评价药物疗效和安全性的新兴学科，即兽医临床药理学（veterinary clinical pharmacology）。

兽医原虫学（veterinary protozoology） 研究寄生于家畜、家禽及其他动物的寄生原虫（原生动物）的形态结构、分类地位、生活活动和生存繁殖的规律、阐明其和宿主以及外界环境因素的相互关系的科学。

兽用处方药（prescription drugs for animals） 凭兽医处方方可购买和使用的兽药。兽用处方药是由法律管制的药物，需要兽医的处方与认可才能取得，与无需处方即可取得的非处方药相对。

兽用非处方药（nonprescription drugs for animals） 由农业部兽医行政管理部门公布的，不需要凭兽医处方就可以自行购买并按照说明书使用的兽药。

兽用生物制品规程（Regulation of Veterinary Biological Product） 我国兽用生物制品制造及检验的国家标准。2000 年版《规程》收录品种 104 个；分总则、灭活疫苗、活疫苗、抗血清、诊断制品和附录。总则中列入了我国兽用生物制品命名原则、菌（毒、虫）种和标准品管理规定、生产及检验用动物和细胞的标准、制品检验的有关规定以及防制散毒办法等，附录中列出了检验方法和判定标准，供兽用生物制品的生产、使用、管理和研制单位等参照。

兽用生物制品质量标准（Quality Standard of Veterinary Biological Product） 我国兽用生物制品检验的国家标准。2001 年版《标准》是为了配合《规程》的执行和满足我国兽用生物制品生产、应用、管理、研究、教学和国际交流的需要，在 1992 年版《标准》和 2000 年版《规程》的基础上，增加了农业部 2000 年底以前批准的其他新制品品种编制而成的，并经农业部批准颁布实施。2001 年版《标准》分凡例、总则、灭活疫苗、活疫苗、抗血清、诊断制品、其他制品和附录等几个部分，收载的品种共 188 个。

兽用药物（veterinary drug） 对畜体产生某种生理生化影响，对诊断、预防和治疗疾病及提高动物生产性能有一定效果的药物。分天然药与人工合成药两大类。天然药主要是植物，也有动物和矿物，包括中药材、炮制品、草药及其中的有效成分；人工合成药属结构已确定的化学药物，其种类与数量已超过天然药。由于近代药物化学的发展，许多天然药的有效成分在探明化学结构后已经化学合成。广义而言，兽用血清、疫苗和诊断液等生物制品也属兽药。

兽用乙型脑炎弱毒疫苗（veterinary Japanese B encephalitis attenuated vaccine） 以不同弱毒株通过细胞培养增殖制成的一类用于预防动物日本乙型脑炎的冻干疫苗。国产使用的有 3 种苗型：①日本乙型脑炎 28 株弱毒疫苗。将毒种接种于地鼠肾细胞增殖培养，于培养毒液内按比例加入保护剂制成冻厂疫苗。使用时，马、骡、驴一律皮下或肌内注射 1mL，第 2 年加强注射，免疫期 3 年。②日本乙型脑炎 53 株弱毒疫苗。系用地鼠肾细胞克隆化 53 株在地鼠肾细胞增殖培养毒液制成的冻干苗。使用时，2 月龄以上猪一律皮下或肌内注射 2mL。③日本乙型脑炎 142 株弱毒疫苗。以 142 毒株经 BHK_{21}，细胞增殖培养制成的冻干苗．毒价达 $10^{7.6}$ $TCID_{50}$/0.2mL。使用时，猪一律肌内注射 1mL。

兽源性共患疾病（anthropozoonoses） 病原体的储存宿主为低等脊椎动物，人类主要受动物感染而引起的人兽共患疾病。重要者如狂犬病、炭疽、鼠疫、牛型结核病、流行性乙型脑炎、各型马脑脊髓炎、弓形虫病、旋毛虫病和棘球蚴病等。

瘦母猪综合征（thin sow syndrome） 猪饲养管理不当导致以消瘦为主征的一种综合征。病因复杂，与低饲养水平、圈舍寒冷、垫草潮湿和混群饲养等诸多因素有一定关系。病猪妊娠后期和产仔后体重减轻尤为明显。临床上食欲不振，异嗜，烦渴，伴有贫血等症状。治疗多无有效药物，只能针对病因采取必要措施加以预防。

瘦素（leptin） 又称消脂素、减肥激素等。肥胖基因（ob 基因）的蛋白表达产物。主要由白色脂肪细胞合成分泌，合成量与体脂总量和脂肪细胞的大小高度相关。瘦素通过与其受体结合，调节动物生长发育、摄食、代谢、繁殖和免疫等生理功能，使机体减少摄食，增加能量释放，抑制脂肪细胞的合成，进而使体重减轻。胎盘、胃和肌肉等器官组织也能分泌少量瘦素。禽类的肝脏是瘦素分泌的主要器官之一。

枢椎（axis） 第二颈椎。椎体前端有突出的齿突。齿突腹侧面及椎体前端有关节面，与寰椎齿突凹及后关节凹形成寰枢关节。椎弓棘突发达；一对后关节突位于其后端。

舒巴坦（sulbactam） β-内酰胺酶抑制剂，对β-内酰胺酶有抑制作用，可使青霉素类及头孢菌素类药物免遭酶的破坏，大大加强了抗菌活力。对葡萄球菌、大肠杆菌、克雷伯氏杆菌、嗜血杆菌及拟杆菌等的抗菌活性显著增强。用于呼吸系统、泌尿系统、皮肤软组织、骨和关节部位感染和腹部感染以及败血症等治疗。但对青霉素过敏的动物禁用。

舒期杂音（diastolic murmur） 在心舒张期继第二心音之后出现的心内杂音。可分为舒张初期杂音、舒张中期杂音和缩期前期杂音3种。见于左、右房室狭窄，主动脉瓣闭锁不全等。

舒血管神经（vasodilator nerve） 引起血管平滑肌舒张，血管口径扩大的一类神经。有3种不同的来源：第一类来源于副交感神经系统；第二类来源于交感神经系统；第三类来自脊神经背根。

舒张期充盈性杂音（diastolic filling - murmur） 在舒张期，高压腔向低压腔发生异常返流或分流所产生的杂音以及心房的血液向心室充盈形成湍流所引起的杂音。心音图上呈舒张中、晚期递减-递增型杂音，发生在二尖瓣狭窄。

舒张压（diastolic pressure） 又称最低压。心室舒张时动脉压下降所达到的最低值。其高低能反映外周阻力的大小。

疏螺旋体属（*Borrelia*） 螺旋体科中一属。大小为（0.2～0.5）μm×（3～20）μm，有3～10圈疏松而不规则螺旋及20根以上轴丝，能活泼运动。易用姬姆萨氏法染色。厌氧或微需氧，营寄生生活，经蜱和虱传播，有致病性。对人和动物致病的主要有伯氏疏螺旋体（*B. burgdorferi*），是莱姆病（Lyme disease）的病原体。在兽医上较重要的还有鹅疏螺旋体（*B. clnsertna*）致禽类疏螺旋体病；色勒氏疏螺旋体（*B. theileri*）引起马牛疏螺旋体病。

疏松结缔组织（loose connective tissue） 分布最广、结构最典型的一类结缔组织，由3种纤维、多种细胞及基质组成。3种纤维是胶原纤维、弹性纤维和网状纤维。细胞有成纤维细胞、巨噬细胞、肥大细胞、浆细胞、脂肪细胞、未分化的间充质细胞和各种白细胞。基质中除水、无机盐外，还含有糖胺多糖等大分子物质。具有支持、连接、营养、保护和修复等功能。

输精（semen deposition） 人工授精技术的最后一环，适时而准确地把一定量精液输送到发情母畜生殖道内适当部位。输精方法有：开膣器输精法、直肠把握子宫颈输精法、输精导管阴道插入输精法和胶管导入输精法等。

输精管（deferent duct） 输送精子至尿道盆部的细管。由附睾管延续而成，沿附睾和精索内侧经鞘膜管入腹腔，在鞘环处与睾丸血管分开，转而向上、向后、向内，越过输尿管腹侧至膀胱颈背面，穿过前列腺而开口于尿道的精阜，末端常与精囊腺导管汇合为短的射精管。输精管包于输精管系膜内，至盆腔与对侧系膜联合形成生殖襞，水平位于膀胱背侧，输尿管等亦包于其内。输精管内腔较小而壁较厚；黏膜被覆假复层柱状上皮，肌膜发达。除猪、猫外，输精管后段因壁内含有分支管泡状腺而增粗，形成输精管壶腹，公马最发达，反刍动物次之，犬、兔较细。公禽输精管极为挛曲，是精子贮存处，与输尿管并列而行，穿入泄殖腔壁后略扩大，末端形成射精管乳头突入泄殖道。

输精管结扎术（vasoligation） 避免妊娠的一种手术。手术在附睾尾上方找到输精管，沿精索纵切皮肤，分离皮下组织，剪开总鞘膜，暴露输精管，在其上间距3～4cm作两个结扎，在两结间剪除一段输精管。鞘膜与皮肤常规缝合。输精管结扎的公畜是绝育动物，但雄性激素依然存在，利用这种公畜进行试情，在畜群中发现发情的母畜，为人工授精提供可靠的时机。

输卵管（oviduct） 将卵巢排出的卵子输送到子宫的细管。卵子第二次成熟分裂和受精也在此进行。呈波浪状，马弯曲较密，骆驼较直。可分3部：①漏斗，与卵巢相对，中央有输卵管腹腔口，边缘形成漏斗伞，与卵巢相连的部分称卵巢伞。②壶腹，为输卵管较宽的前半。③峡，为较细的后半，与子宫角相接，开口为输卵管子宫口；猪、反刍动物的峡与子宫角逐渐移行而无明显分界；马、肉食动物、骆驼则与宽的子宫角顶端区分明显，甚至突入子宫壁形成小乳头。管壁由黏膜、肌膜和浆膜构成；黏膜形成初级、次级、甚至三级（壶腹处）黏膜褶突入管腔。浆膜延续为输卵管系膜。禽输卵管仅左侧发育，长而弯曲，分漏斗、膨大部、峡、子宫、阴道5部分。

输卵管闭锁（atretic oviduct） 输卵管管腔封闭，卵子不能通过的一种疾病。常继发于输卵管炎，由于黏膜发生粘连而引起。输卵管液和炎性分泌物也不能通过，液体滞留而形成输卵管积液或积脓。有时输卵管多段发生粘连而闭锁，多处积液而形成串珠状。诊断困难，无有效疗法。大家畜通过直肠检查触诊到积液，可间接证明输卵管发生了闭锁。

输卵管积脓（pyosalpinx） 由于管壁形成疤痕组织，使管腔闭塞，脓性分泌物排出受阻而形成的病理现象。继发于化脓性输卵管炎。大家畜通过直肠检查可以确诊，无有效疗法。两侧性的不能再作繁殖用。

输卵管积水（hydrosalpinx） 由于输卵管结缔组织增生，皱襞增厚，管腔阻塞，使炎性分泌物排出受阻而形成的病理现象。继发于卡他性输卵管炎。有时呈串珠状。大家畜可通过直肠检查确诊。无有效疗法，一侧性的一般不影响繁殖，两侧性的不能再作繁殖用。

输卵管囊肿（cystic salpinx） 输卵管壶腹部黏膜皱襞上皮下固有层内小泡状的囊肿。继发于输卵管炎，为黏液性囊肿。该囊肿不阻塞管道，但对繁殖不利。本病见于牛，在屡配不孕的母牛中，有 29.2% 患输卵管囊肿。

输卵管系膜（mesosalpinx） 包裹输卵管的浆膜褶，是子宫阔韧带的一部分，由卵巢系膜分出。宽窄和厚薄各种家畜不同，肉食动物的厚而含有脂肪，反刍动物和猪的薄而宽大。禽输卵管系膜长而宽，包裹整个生殖管道，由漏斗至阴道，形成背侧韧带和腹侧韧带两部分。腹侧韧带有短而厚的游离缘，内有平滑肌索。连接至阴道的第二曲，可固定阴道平时位置，产蛋时松弛。

输卵管炎（salpingitis） 输卵管的炎症。临床少见，常与子宫炎等并发。根据炎症性质和侵害程度可分为卡他性炎、化脓性炎、输卵管积水、输卵管积脓、输卵管闭锁等。常为双侧性。输卵管炎通常不伴有明显临床症状，诊断困难。当输卵管增大变粗时可通过直肠检查发现。多预后不良。

输尿管（ureter） 将尿液从肾输出的细长肌-膜性管。起自肾盂或输尿管支，出肾门后沿腰肌径直向后，被腹膜覆盖或悬于很狭的系膜下。入盆腔行于公畜的生殖襞或母畜的子宫阔韧带内，在公畜越过输精管背面，最后于近膀胱颈处穿入膀胱背侧壁，斜行短距离后开口于膀胱，称输尿管口。管壁三层。黏膜集成纵褶，被覆变移上皮。马在前部含有黏液腺。肌膜发达，每分钟可进行 1～4 次蠕动性收缩，以推送尿液。禽输尿管开口于泄殖腔的泄殖道，管壁薄，常可看到管内白色的尿酸盐。

输乳管（lactiferous duct） 乳房腺实质内输送乳汁的分支管道。由小叶间导管汇合而成，陆续汇集为较粗大的若干分支（奶牛每一乳室约 12 支）。最后注入输乳窦。输乳管特点是管腔不规整，粗部和狭部相间，粗部直径在奶牛可达 3cm，狭部收缩可将乳汁潴留于粗部，在乳房外触摸时能感觉到，称乳结。

输血（blood trarisfusion） 向畜体内输入全血或血液某种成分的救治方法。输血除具有血液的补偿作用之外，还有止血、刺激、解毒以及增强生物免疫功能等。临床输血一般是注入全血，但根据需要也可输入红细胞、血浆以及血液小的其他成分（血纤维蛋白原、免疫球蛋白、浓缩白细胞、浓缩白蛋门、凝血致沾酶或凝血酶等）。输血的适应证是大失血、休克、营养性贫血、新生仔畜贫血性疾病、严重烧伤、一氧化碳中毒等。而对心血管疾病、严重肾性疾病、肺炎、肺水肿、肺气肿及脑水肿等输血将是禁忌证。

输血反应（transfusion reaction） 在输血后引起的疾病或生理机能紊乱。常由于受血暂对供血者红细胞的抗原发生特异反应所致。人通常由于 ABO 血型系不相容而引起，即受血者血清中存在供血者红细胞的天然抗体，导致纤细胞大量溶血。除人 ABO 系外。猪的 A 系、牛的 J 系亦存在同族凝集索，但由于应用较少，严重输血反应报道不多，基础研究也很少。

熟肉制品（cooked meat products） 以猪、牛、羊、鸡、兔、犬等畜、禽肉为主要原料，经过选料、初加工、切配以及酱、卤、熏、烤、腌、蒸、煮等其中一种或多种加工方法而制成的直接可食的肉类加工制品。我国的熟肉制品在各地都有生产，形成了一些具有独特风味的产品，如酱汁肉、酱牛肉、肉干、北京烤鸭、道口烧鸡、德州扒鸡、灌肠等。熟肉制品既是一种加工方法，又是一种用加热处理来防肉品腐败变质以延长保存期的手段。

鼠棒状杆菌病（corynebacterium kutscheri disease） 鼠棒状杆菌引起的小鼠、大鼠的传染病。本菌是革兰阳性杆菌。发病多为慢性经过。可在肺、肝、肾等处形成化脓性坏死灶，甚至脓肿。外观上几乎没有异常，仅表现为不活泼、毛发无光。诊断需做细菌分离。鼠棒状杆菌是我国清洁级大、小鼠必检项目。

鼠贾弟鞭毛虫（*Giardia muris*） 一种寄生于小鼠、大鼠、地鼠前段小肠的鞭毛虫。严重感染可引起被毛黏乱、腹胀等症状。

鼠巨化病毒属（*Muromegalovirus*） 疱疹病毒乙亚科的一个属。代表种为鼠疱疹病毒 1 型，又称小鼠细胞巨化病毒。可能的成员有猪疱疹病毒 2 型（又名猪包涵体鼻炎病毒），马疱疹病毒 2 型、鼠疱疹病毒 2 型及豚鼠疱疹病毒 1 型。一般无显著致病作用。

鼠流行性出血热（rat epizootic hemorrhagic fever） 流行性出血热病毒引起的一种鼠和人的急性热性传染病。鼠是主要的自然宿主和传染源。在中国证实褐家鼠、黑线姬鼠等 3 种鼠带毒。20 世纪 80 年代证实实验鼠同样带毒，且是十分危险的传染源。主要侵害哺乳动物的胚胎期和哺乳期。引起感染发病、致死，免疫荧光抗体技术、ELISA 等血清学方法均可用于诊断和监测。消灭野鼠，防止饲料、水、垫料等污染，以及定期检疫、淘汰处理污染鼠群是行之有效的防制措施。

鼠六棘鞭毛虫（*Spironucleus muris*）　一种寄生于小鼠、大鼠、地鼠小肠中特别是李氏隐窝中的鞭毛虫，主要影响幼年鼠，导致被毛粗乱、消瘦、腹胀、腹泻、死亡等症状。

鼠螨病（acariasis in mice and rats）　鼠类寄生螨引起的鼠外寄生虫病。世界性分布。常见种有：①鼠肉螨（*Mvobia musculi*），常见于小鼠的一种螨，卵圆形或椭圆形，雄虫大小为 293μm×159μm，雌虫大小为 390μm×205μm，雌雄虫形态相似，但其毛序和外生殖器形态有区别，第一对足高度变形，短粗，末端向前紧灌口器。②拟拉德弗螨（*Radfordia affinis*），雄螨大小为 277μm×261μm，雌螨 351μm×185μm，形态与鼠肉螨相似。③蝇疥螨（*Myocoptes musculinus*），常见于实验小鼠的一种螨，雄虫大小为 188μm×127μm，雌虫大小为 299μm×130μm，雌雄异形，雌虫前两对足的半节上各有一短柄吸盘，后两对足的第 2 和 3 关节高度几丁质化，融合形成适于抵握的器官，雄虫第 3 对足高度变形，几丁质化，第 4 对足较宽，跗节上有一长而呈弓形的爪。发育史包括卵、幼虫、若虫和成虫。直接接触传播。患鼠头、颈和背腹部被毛变稀疏，逆立，不规则地脱毛，患部剧痒，日趋瘦弱。诊断可直接检查被毛，用针或棒分开被毛寻找活螨；或将鼠处死，置黑纸上，黑纸周边贴双面胶带以防螨爬散。经 12～17h 后，检查被毛和垫纸，发现活螨即可确诊。可用除虫菊酯药浴或伊维菌素类药物杀螨。防重于治，一旦确诊，应立即采取长期和定期的控制措施。最有效的方法是剖腹取胎和隔离器饲养，并用无螨小鼠重新建群。

鼠密度（density of rodents）　利用特定的方法测定单位面积或空间内鼠类的种群数量，以表示其密度程度。实际工作中通常以夹日密度、盗食率或盗洞率来表示。

鼠膜壳绦虫病（hymenolepiasis of murid）　鼠膜壳绦虫（*Hymenolepis*）（又称短膜壳绦虫）寄生于鼠肠引起的寄生虫病。常见的有两种病原体：①缩小膜壳绦虫（*H. diminuta*），寄生于大鼠、小鼠，亦寄生于人，中间宿主为蛾、蜚蠊、蚤、甲虫和多足类。②矮小膜壳绦虫（*H. nana*），寄生于人、大鼠和小鼠，体长 2.5～4cm，中间宿主为甲虫和蚤。也可不经中间宿主而在人和鼠体内由虫卵直接发育为成虫。有不同的宿主株。两种虫体形态基本相同，但缩小膜壳绦虫较长大。孕节或虫卵随终末宿主粪便排出体外，被中间宿主吞食，孵出六钩蚴，然后穿过肠壁进入血腔，7～10d 后发育为似囊尾蚴。鼠类或人吞食了含有似囊尾蚴的中间宿主，似囊尾蚴在肠腔内经过12～13d，发育为成虫。在虫体附着部位，肠黏膜发生充血、水肿甚至坏死，有的可形成溃疡。从患者粪便中查到虫卵或孕节可确诊，水洗沉淀法或漂浮法均可提高检出率。驱虫治疗可用吡喹酮，治愈率达 90%以上，亦可使用阿苯达唑等。

鼠兔（pika）　兔形目（Lagomorpha）、鼠兔科（Ochotonidae）、鼠兔属（*Ochotona*）中的一种动物。鼠兔体型小，性情温和，胆小易惊，无尾，形态和兔相似。杂食，以各种植物为主。性成熟 50d 左右，窝产仔数 5～10 只，哺乳期 20d。鼠兔开发较晚，作为实验动物应用不普遍。主要开发品种有科罗拉多鼠兔（*O. priceps saratilis*）、阿富汗鼠兔（*Ochotona rufescens*）、达呼尔鼠兔（*Ochotona datirica*）、高原鼠兔（*Ochotona alipira pallas*）。主要应用于药理、毒理、生殖生理、畸形发生研究中。

鼠仙台病毒病（Sendai virus infection）　副流感Ⅰ型病毒（又称仙台病毒）引起鼠类的一种广泛流行的传染病。病的特征为传染迅速，仔鼠表现急性肺炎，成鼠多呈隐性感染，是小鼠最主要的呼吸道感染症。小鼠最易感，地鼠、大鼠、豚鼠也感染，对雪貂、猴、猪也可引起隐性感染。病毒在感染鼠鼻黏膜、气管和肺繁殖，并自呼吸道排出，通过飞沫、尘埃等间接或直接的途径广泛传播。大部分鼠呈隐性，仅仔幼鼠感染后表现呼吸音异常、食欲和渴欲降低，减重、沉郁，被毛松乱独居一隅。有的急性肺炎死亡。剖检仅见肺充血及肺部肝变，支气管和细支气管上皮细胞变性脱落或过度增生。诊断时，可将病料接种鸡胚或鸡胚细胞分离病毒，也可取鼻黏膜、肺、气管组织的压片或切片用荧光抗体检查病毒抗原，还可用血凝及血凝抑制试验、补体结合试验等血清学方法检疫。利用屏障系统饲养生产群鼠是预防本病的有效办法；实验鼠群一旦污染，应尽早淘汰处理病鼠，其余单感染鼠会很快自愈。

鼠型斑疹伤寒（murine typhus）　又称地方流行性斑疹伤寒（endemic typhus fever）、蚤传斑疹伤寒。莫氏立克次体（*Rickettsia mooseri*）引起以皮疹、瘀斑和发热为特征的人兽共患传染病。病原专性细胞内寄生，传染源主要是鼠类，蚤类为本病的传染媒介，呈散发或地方流行性，温热带地区多发，有一定季节性，与蚤类活动周期有关。临诊症状为发热、神经症状、肝、脾肿大。皮疹为本病特征，呈蔷薇疹或斑丘疹。根据临诊特点作出初诊，确诊进行病原学及血清学检查。主要防制措施是灭鼠和灭蚤，流行地区注射疫苗预防本病。应用强力霉素有较好的疗效。

鼠咬热（rat bite fever）　由小螺菌或念珠状链杆菌引起，以啮齿动物咬伤为媒介而传播的人兽共患传染病。包括两种疫病，有共同传播特征。①小螺菌性鼠咬热，又称螺菌热。呈急性，回归热型，硬结性溃疡、局部淋巴结炎及皮疹为特征。依据鼠咬史和临诊特点初诊，确诊进行病原检查。除支持疗法和对症疗法外，抗生素及砷剂有良效。综合防制主要为防鼠灭鼠，防鼠咬。②念珠状链杆菌性鼠咬热，又称哈佛希耳热（Haverhill fever）。病原呈多形性，在体内为大小均匀杆菌。不规则热，以非游走性关节炎及红斑性皮疹为特征。诊断、预防、治疗同小螺菌性鼠咬热。

鼠疫（plague） 鼠疫耶尔森菌（*Yersinia pestis*）引起的一种以急性毒血症、出血倾向、淋巴和血管系统损害为主要临床特征的自然疫源性人兽共患传染病。鼠、兔等动物感染后，经蚤传给人体，在人类历史上曾造成巨大的灾难。诊断要依据流行病学、临床症状和实验室检查，在首次发现鼠疫的地区，必须以细菌学检查结果为依据。主要防制措施是灭鼠、灭蚤、加强卫生检疫和疫情监督，在疫区应加强个人防护和免疫接种。对早期病例可使用大剂量抗生素、磺胺类药物或用高免血清治疗，同时配合支持疗法和对症治疗。

树鼩（tree shrew，*Belangeri tupaiidae*） 分布在东南亚各国，分类地位未定，原属食肉目，分类处于灵长目与食肉目的中间地位，而归于灵长目。有人提出作为独立的攀缘目（Scandenta）且被很多学者认同。树鼩外形似松鼠，吻尖细，尾长几乎等于身长。杂食。性成熟 6 个月，全年发情，发情周期 10～20d，妊娠 43～46d，胎产仔 1～4 只。可用于神经、消化、泌尿、肿瘤、轮状病毒（疱疹、肝炎）的研究。

树突（dendrite） 神经元的一种突起。与轴突相比，树突的数量较多，一个神经元可以有 1 个或多个树突；树突短而粗，分支多，表面有许多小棘，膜上有许多神经递质的受体。一个树突可以和多个轴突的末端形成突触。树突传递神经冲动的方向一般是从外周传向胞体。树突内含有尼氏体。

树突状细胞（dendritic cell） 又称 D 细胞。是一类重要的抗原递呈细胞。来源于骨髓和脾脏的红髓，成熟后主要分布在脾脏和淋巴结中，结缔组织中也广泛存在。树突状细胞表面伸出许多树枝状突起，可表达高水平的 MHCⅡ类分子和共刺激 B_7 分子，递呈抗原的能力强于巨噬细胞和 B 细胞。

竖脊肌（m. erector spinae） 又称荐棘肌。位于脊柱背侧由荐骨向前延伸到头骨的长肌。包括髂肋肌和最长肌。髂肋肌位于背部外侧，由许多肌束构成，起始于髂骨和腰椎横突，向前越过 4 个椎骨而止于腰椎和肋骨，直至最后颈椎；腰部常与最长肌合并。最长肌位于背侧的中间层，很发达，起始于荐骨、髂骨和椎骨乳状突，肌束向前、向外和向下越过几个椎骨而止于横突和肋骨。可按部位分为背最长肌、颈最长肌和头及寰最长肌，后者止于颞骨乳突和寰椎翼，但犬无寰最长肌。背最长肌的外侧缘与髂肋肌邻接，活体可触摸出。竖脊肌作用为伸展或侧偏脊柱和头颈。肉用家畜屠体在腰部横切面上可见一对背最长肌，称眼肌。

竖鳞病（scale protrusion disease） 鲤科鱼的一种以全身鳞片外张为特点的传染病。存鳞袋内蓄积半透明渗出液，并可含脓血。多在 4～7 月间流行，死亡率为 45%～85%。病原待定，有可能是假单胞菌（*Pseudomonas* sp.）或气单胞菌（*Aeromonas* sp.）。

竖向（vertical presentation） 胎儿身体纵轴与母体身体纵轴垂直的胎向，即胎儿坐卧于子宫内或侧卧于子宫内。胎儿背部向着产道称背竖向，胎儿腹部向着产道的称腹竖向。分娩时，竖向是异常胎向，尤其是背竖向，产道助产很难成功。

竖阳不射精（inability toejaculate） 公畜性欲正常、阴茎能勃起和交配，但不射精或不能完成射精过程。常见于马、驴。因配种时受突然刺激而中断、过度兴奋或尿道炎等使排精受阻所致。根据症状容易诊断。对症采取消除病因、改善配种环境、服用镇静剂和治疗原发病等措施。

数字 X 线摄影术（digital radiography，DR） 把 X 线透射影像数字化并进行图像处理后，再转变成模拟图像显示的技术。根据成像原理的不同，X 线摄影系统可分为计算 X 线摄影系统（CR 系统）和数字 X 线摄影系统（DR 系统）。CR 是存储屏记录 X 线影像，通过激光扫描使存储信号转换成光信号，再用光电倍增管转换成电信号，然后经模/数转换后输入计算机处理，成为高质量的数字图像。DR 是指采用 X 线探测器直接将 X 线影像转化为数字图像，其组成有 X 线机、探测器、图像处理器、系统控制台和网络。工作原理是首先由平面数字矩阵探测器把 X 线能量直接转换成数字图像数据，经计算机处理后在监视器上显示；图像数据同时通过网络送到激光照相机成像于胶片、在工作站显示或用海量储存器存档。数字 X 线成像的优点在于：对比度分辨率高；辐射剂量小；成像质量高；可利用大容量的光盘储存数字图像，并能进入 PACS 系统进行图像储存、传输和远程会诊。

刷状缘（brush - like border） 光镜下肾近端小管曲部上皮细胞游离面上的一层淡染的毛刷状结构。在电镜下观察，刷状缘是密集排列的微绒毛。它的存在大大增加了上皮的吸收面积。

衰竭期（stage of exhaustion） 在应激状态下，机体经过警告反应和抵抗期而呈衰竭状态的一个阶段。在本期内再增加各种刺激时，机体的抵抗力和适应性减退，可再次出现警告反应。此时下丘脑-垂体-肾上腺皮质系统的机能受到抑制，适应能被耗竭，机体代谢发生障碍，最后导致死亡。受到刺激后，机体先后出现的警告反应、抵抗期和衰竭期总称为综合适应症候群。

衰老性不育（infertility due to senility） 未达到绝情期的母畜，未老先衰，生殖机能过早地衰退；或达到绝情期的母畜，由于全身机能衰退而丧失繁殖能力的现象。在生产上已失去利用价值，应予淘汰。

衰弱犊牛综合征（weak calf syndrome） 病因不明且死亡率高的一种新生犊牛综合征。临床上精神沉郁，喜卧，站立拱腰，消瘦，有时腹泻，关节（腕、跗关节）轻度肿胀，触压疼痛，体温、呼吸和脉搏多在正常范围之内。尚无有效治疗药物，应采取综合预防措施。

栓塞（embolism） 正常血液中不应有的非溶性物质，随血流运行并阻塞血管腔的病理过程。常见的有空气性栓塞、血栓性栓塞、细菌性栓塞、寄生虫性栓塞、脂肪性栓塞等。

栓子（embolus） 栓塞中阻塞血管的异常物质。栓子可阻塞机体动脉血管引起相应区域的组织或器官因缺血而坏死。栓子有很多种。按其来源可分为外源性（如空气）和内源性（如脱落的血栓）；按其性质可分为固体、液体或气体；根据栓子有菌与否，可分为败血性和非败血性。

双重神经支配（double innervation） 内脏器官或组织同时接受交感和副交感神经支配的现象。除汗腺、竖毛肌、肾上腺髓质和大多数血管仅接受交感神经支配外，大多数组织器官都接受双重神经支配。例如心脏受到心交感神经的支配，同时又受到心迷走神经的支配。在接受双重支配的器官系统中，两者的作用往往是相互颉颃的。

双雌核受精（digyny） 卵子在受精前或受精过程中，第一次或第二次成熟分裂时，未能将分出的极体排至卵黄外面，卵内存在两个（或两个以上）卵核，并都形成雌原核。是异常受精的一种，受精卵不能发育。

双复磷（obidoxime toxogonin，DMO4） 有机磷中毒解救药。对恢复胆碱酯酶活性效果较佳，易通过血脑屏障，能消除外周 M 和 N 受体兴奋中枢神经系统中毒的症状。但对肝脏毒性较大，故不宜做常规用药。

双羔素（fecubdin） 一种促进绵羊双羔和增加羔羊初生重的人工配制的试剂。由垂体促性腺素、绒毛膜促性腺素、释放激素（LRH－3）按量和 0.9%生理盐水（或 pH 6.5～7 的注射用水）混合配制。使用时只需一次注射。对母羊无副作用，可提高羔羊初生重（双羔平均提高 0.25kg，单羔 0.4kg）和成活率，双羔率稳定在 35%。

双股 DNA 病毒（double stranded DNA virus） 基因组为双股 DNA 的病毒。除细小病毒科外所有感染脊椎动物的病毒均属之，包括痘病毒科（Poxviridae）、疱疹病毒科（Herpesviridae）、非洲猪瘟病毒科（Asfarviridae）、虹彩病毒科（Iridoviridae）、腺病毒科（Adenoviridae）、多瘤病毒科（Polyomaviridae）、乳头瘤病毒科（Papillomaviridae）、线头病毒科（Nimaviridae）与杆状病毒科（Baculoviridae）。

双股 RNA 病毒（Double stranded RNA virus） 基因组为双股 RNA 的病毒。在动物病毒中，呼肠孤病毒科（Reoviridae）和双 RNA 病毒科（Birnaviridae）属之，它们都是分节段的病毒。

双管鲍杰线虫（*Bourgelatia diducta*） 属圆线目、毛线科。寄生于猪的结肠。雄虫长 9～12mm，雌虫长 11～13.5mm。口囊浅，壁厚，可分为前后两个部分，后部与食道漏斗壁相连续。外叶冠由大约 21 个小叶组成，内叶冠的小叶数加倍。雄虫两交合刺等长，有翼膜。雌虫阴门在后部，距肛门不远。生活史属直接发育型。

双合子双胎（dizygotic twins） 又称异卵双胎。由两个受精卵发育形成的双胎。在牛占双胎的 93%～95%，这种双胎在性别、血型、外貌特征方面各不相同。牛怀双胎时，由于胎盘血管产生吻合支发生血液嵌合，原始红细胞发生交换，血红蛋白和运铁蛋白亦显示嵌合现象。

双甲脒（amitraz） 又称特敌克（taktic）。甲脒类杀虫剂。具广谱、高效、低毒等特点。主要杀牛、羊、猪、兔的疥螨，对蜱、虱等亦有良效。产生作用较慢，一次用药维持药效 6～8 周。对人、畜毒性很小，对鱼剧毒。牛、羊、猪等动物宰前只需休药一天。

双价抗体（bivalent antibody） 具有两个结合价的抗体，主要属 IgG 类免疫球蛋白。因为有两个抗原结合点，能分别与两个抗原结合，因而能引起凝集反应、沉淀反应等凝聚性反应。

双解磷（trimedoxime，TMB4） 有机磷中毒解救药。具有和解磷定相似的作用，其作用比解磷定强 3～6 倍。其作用持久，水溶性好，使用时可用生理盐水稀释或葡萄糖盐水溶解，肌内注射或静脉注射均可。缺点是本药不易透过血脑屏障，对中枢神经系统中毒症状治疗效果欠佳。

双壳科（Dilepididae） 属圆叶目的绦虫。成虫顶突上有呈玫瑰刺形的小钩，吸盘上一般无小钩。每个节片内含一或两套雌雄性器官，成熟节片内睾丸较多。孕卵子宫呈袋状或有分支；有些种的子宫消失，虫卵包入卵袋内或副子宫内。本科又译作囊宫科。

双氯西林（dicloxacillin） 半合成青霉素。抗菌谱与氯苯唑青霉素相似，其血浓度和血清蛋白结合率较高。具耐酸、耐酶等特点，对金黄色葡萄球菌和其他革兰阳性菌具抗菌活性。主要用于对青霉素耐药的葡萄球菌感染，包括败血症、心内膜炎、骨髓炎、呼吸道感染及创面感染等。

双盲法（double blind method） 动物分配和结果观察评价都盲的试验方法。在流行病学队列研究中，为减少观察带来的偏倚，通常采用的盲试法。将动物盲配到队列，请研究者以外的观察者帮助判断应答结果，他们不知道哪些动物是研究队列，哪些动物是比较队列。

双脒苯脲（imidocarb） 又称咪唑苯脲（imizol）。新型抗巴贝斯虫药。对牛的各种巴贝斯虫感染有良好驱除作用和治疗效果。但对马驽巴贝斯虫必须连用2d，对马巴贝斯虫连用4次才有效，对牛无浆体需间隔14d重复给药。在肝、肾内残留时间较长，休药期28d。

双面畸形（diprosopus） 对称联胎的一种。两个胎儿只有面部发育是重复、对称性的，其余部分共有。

双名制命名法（binomial system） 瑞典著名生物学家林奈（Carolus Linnaeus）发明的一种生物命名规则。用双命制命名法给一个动物或植物规定的名称，叫作这个动物或植物的科学名或学名。寄生虫的命名遵从这一法则。一个动物或植物的科学名均有两个字组成，一般为拉丁文单词，第一个单词是属名，属名的第一个字母要大写；第二个单词是种名，全部字母小写。学名在排印时要用斜体，以示区别于其他文字。例如，日本分体吸虫的学名是 *Schistosoma japonicum*。其中 *Schistosoma* 表示分体属，第一个字母要大写；*japonicum* 表示日本种。种名之后跟有命名人的名字以及命名年代。

双腔吸虫病（dicrocoeliumsis） 又称歧腔吸虫病。双腔科双腔属吸虫寄生于牛、羊等动物的肝脏胆管和胆囊内而引起的疾病。机体黄疸，消化紊乱，腹泻与便秘交替，逐渐消瘦。双腔吸虫除主要寄生于牛、羊外，还可寄生于马、驴、骆驼、猪、犬、兔及多种野生动物，有的种类偶尔感染人。在我国最常见的种类有矛形双腔吸虫和中华双腔吸虫。生前可采用沉淀法检查患畜粪便，查获虫卵确诊。死亡动物经剖检在肝脏胆管、胆囊中检获大量虫体而确诊。吡喹酮、阿苯达唑、硝硫氰胺等有效。

5α-双氢睾酮（5α-dihydrosterone，DHT） 睾丸雄激素之一，是睾酮在副性腺内经5α-还原酶催化的还原产物，生物活性比睾酮强得多。能促进前列腺上皮细胞增生，但对骨骼和肌肉的作用很弱，因而不能替代睾酮的全部生理功能。

双氢链霉素（dihydrostreptomycin） 抗生素类药。可由湿链霉菌产生，但通常以半合成方法生产。链霉素分子中链霉糖部分的醛基被还原成伯醇基后，就成为双氢链霉素，其抗菌效能与链霉素大致相同，但对听觉神经的毒性比链霉素大。主要用于治疗固紫染色阴性杆菌感染引起的疾病，也可用于治疗结核杆菌感染引起的疾病。

双胎（twin fetuses） 单胎动物子宫内同时有两个胎儿发育的现象。牛为0.5%～4%（因品种不同而异）；马为0.5%～1.5%，且都为异卵双胎；绵羊一般为单胎，但湖羊双胎率可达38%。单胎动物怀双胎，往往使母体和胎儿受到损害。马怀双胎的流产率最高；牛怀双胎的流产率也可达50%，即使正常分娩，异性双胎的母犊也往往没有生育能力，称为异性双胎不育母犊（freemartin）。

双胎难产（dystocia due to twining） 两胎儿同时楔入产道不能通过而引起的难产。这种难产有时还伴有胎势或胎位异常。双胎难产中，两胎儿均正生者占35%～40%，均倒生者占5.5%～19%，一个正生一个倒生者占28%～40%。一般推退一个胎儿、牵引另一个胎儿即可矫正。但在牵引时，必须分开两胎儿的肢，切勿将两胎儿的股误认为是一个胎儿的而强行牵引。牵引时，先拉倒生者，容易拉出，或先拉胎势、胎位正常者。

双态性真菌（dimorphic fungus） 在不同环境条件下表现不同形态的真菌。它们中多数具有致病性，如白色念珠菌（*Candida albicans*）在宿主组织内生长时呈菌丝状，而在体外生长时呈酵母样。又如水霉（*Saprolegnia*）在37℃时呈菌丝状，在25℃时呈酵母样。

双瘫（diplegia） 又称两侧瘫。动物机体两对称部位的瘫痪。

双糖（disaccharide） 由两个单糖缩合而成的寡糖。分为有还原性的麦芽糖型双糖和无还原性的海藻糖型双糖两类。麦芽糖和乳糖属于前一类。麦芽糖是淀粉的水解产物，由两个葡萄糖分子组成。乳糖特异地存在于人和动物乳汁中，由一分子葡萄糖和一分子半乳糖组成。属于后一类的如蔗糖，它由一分子葡萄糖和一分子果糖缩合而成。动物消化道中有分解双糖的特异酶类，如麦芽糖酶，乳糖酶和蔗糖酶。

双特异性抗体（double specific antibody）　见杂交抗体。

双头畸形（dicephalus）　对称联胎的一种。两个胎儿只有头部发育是重复、对称性的，其余部分共有。

双脱氧末端终止法（dideoxysequencing）　又称为 Sanger 法、M_{13}克隆载体末端终止法。反应混合物中加入双脱氧核苷三磷酸（ddNTP）以终止链合成反应，进行 DNA 顺序测定的方法。它以单链 DNA（M_{13}载体）为模板，加入一个短的 DNA 引物和 4 种脱氧核苷三磷酸（dNTP），在 DNA 聚合酶 I 的 Klenow 作用下合成互补链，在 4 种 dNTP 中，其中一种是标记的（通常为 $\alpha-^{32}$PdATP），然后分置在 4 个反应管中，分别加入 4 种双脱氧核苷三磷酸（ddATP，ddTTP，ddGTP，ddCTP）中的一种。新合成的链只要加进一个 ddNTP，链的合成就终止。这样加入 ddATP 的管就合成末端为 A 的大小不等的片段，加入 ddTTP 的就合成末端为 T 的许多片段等。将 4 组反应物分别加于聚丙烯酰胺凝胶电泳的 4 个泳道中电泳后，放射自显影，就得到 4 条梯状带型，即能在底片上直接读出 DNA 顺序。现在的自动化测序原理也是按此原理设计的。将 4 种双脱氧核苷酸分别用 4 种荧光染料标记，反应在毛细管中进行，通过激光检测，快速获得所测 DNA 序列。

双酰胺氧醚（diamphenethide）　新型抗肝片吸虫药，是目前唯一对片形吸虫童虫有高效的药物。药物在肝中经脱乙酰酶作用形成对虫体有害的胺代谢产物，从而对肝实质内移行的童虫发挥杀灭作用，但对 10 周龄以上虫体作用很差。对大片形吸虫童虫亦有高效。

双向单扩散（simple diffusion in two dimensions）　又称辐射扩散（radial diffusion）。琼脂免疫扩散的一种。抗原（或抗体）在含抗体（或抗原）的琼脂凝胶中向四周扩散，在比例最适处形成沉淀圈。圈的大小与待测物含量成正比，可用于抗原或抗体的定量。

双向电泳（two - dimensional electrophoresis）　等点聚焦电泳和 SDS-聚丙烯酰胺凝胶电泳的组合。即先进行等点聚焦电泳，按照等电点不同分离（第一相电泳），然后再按照分子量大小不同进行 SDS-聚丙烯酰胺凝胶电泳分离。经染色得到的电泳图是二维分布的蛋白质图。多用于蛋白组学等的研究。

双向双扩散（double diffusion in two dimensions）　又称 Ouchterlony 法，简称双扩散。琼脂免疫扩散的一种。在琼脂凝胶上打孔（或槽），在孔内分别滴加抗原和抗体，二者向四周扩散时，在比例最适处形成沉淀线。本法主要用于抗原的比较和鉴定。

双相动作电位（biphasic action potential）　在神经生物电的细胞外记录中，如两个探测电极都放在神经的表面，这时在神经的一端给以一次适当的刺激使其产生一次兴奋，所记录到的连续发生两次方向相反的电位变化。双相动作电位两个相的大小不一定相等，取决于两个探测电极之间的距离和神经兴奋波的波长等因素。

双芽巴贝斯虫（*Babesia bigemina*）　属巴贝斯属，寄生于牛、鹿红细胞中，以蜱为传播媒介。虫体长度大于红细胞半径，呈梨籽形、圆形、椭圆形及不规则形等。典型的形状是成双的梨籽形，尖端以锐角相连。每个虫体内有两团染色质块。虫体多位于红细胞的中央，每个红细胞内虫体数目为 1～2 个，很少有 3 个以上的。红细胞染虫率为 2%～15%。虫体经姬姆萨氏法染色后，胞浆呈浅蓝色，染色质呈紫红色。虫体形态随病的发展而有变化，虫体开始出现时以单个虫体为主，随后双梨籽形虫体所占比例逐渐增多。当含有虫体的红细胞被吸入到蜱的肠管后，大部分虫体被破坏，仅一小部分可以继续发育，发育的不同时期，虫体形态各异。96h 后，虫体进入马氏管，经复分裂后移居蜱卵内。当幼蜱孵出发育时，则进入肠上皮细胞再进行复分裂，形成许多虫样体。上皮细胞破裂后，虫样体进入肠管和血淋巴。当幼蜱蜕化为若蜱时，可在若蜱的唾液腺内见有（2～3）μm×（1～2）μm 大小的梨籽形虫体，为感染阶段虫体。双芽巴贝斯虫在牛体内以“成对出芽”方式进行繁殖。

双芽巴贝斯虫病（babesiosis bigemina）　又称塔城热、红尿热（red water fever）。双芽巴贝斯虫（*Babesia bigemina*）寄生于牛、鹿的红细胞内引起的原虫病。病原属于孢子虫纲、巴贝斯科。传播者为微小牛蜱，国外报道还有囊形扇头蜱和刻点血蜱。虫体在蜱体内经卵传递。青年动物感染后通常无症状，成年患畜出现稽留热，迅速消瘦，可视黏膜贫血、黄疸。排血红蛋白尿，肝脾肿大，真胃和小肠黏膜水肿，有出血斑。膀胱膨胀，尿液呈红色。死亡率可达 50%～90%。通过血液检查法查找虫体或采用血清学方法诊断。可用三氮咪、硫酸喹啉脲、黄色素治疗，并辅以对症疗法和加强护理。主要预防措施是防蜱、灭蜱。

双着丝点染色体（dicentric chromosome）　携带两个着丝点的异常染色体，主要由两个带单着丝点的染色体片段末端融合形成。

双子宫颈（double cervix）　胚胎期间两侧缪勒氏

管形成子宫颈的部分未完全融合的现象。根据未融合程度可分为双孔道子宫颈外口、双子宫颈外口和双子宫颈3种。不影响配种和受孕。分娩时，可因两肢分别伸入两子宫颈外口，影响胎儿产出。矫正时只要将肢送入一个子宫颈外口，即可拉出；亦可将间隔切开，但这样做将影响产后宫颈关闭。

水传播微生物（water - borne microbe） 经水传播致病性微生物。各种天然水源（包括地下水和地表水）除含有自然的水栖微生物外，还受周围环境的影响，如生活区污水、医院污物、厕所、动物圈舍等的污染，致使水中出现致病性微生物，这样的水就成了微生物传播的重要媒介之一。水传播的微生物主要包括：①细菌，如伤寒杆菌、副伤寒杆菌、霍乱弧菌、痢疾杆菌等；②病毒，如甲型肝炎病毒、脊髓灰质炎病毒、柯萨奇病毒和腺病毒等。

水分保持剂（humectant） 在食品加工过程中，加入后可以提高产品的稳定性，保持食品内部持水性，改善食品的形态、风味、色泽等的一类物质。在肉制品加工过程中，加入后可以提高产品的稳定性，保持肉品内部持水性，减少原汁流失，改善其形态、风味、色泽等。加入肉类罐头后，可使内容物形态完整、色好、肉嫩、易切片且切面有光泽。我国允许使用的品种有三聚磷酸钠、六偏磷酸钠、焦磷酸钠、磷酸二氢钠、磷酸氢二钠等，实际生产中多使用前三种磷酸盐的复合盐。

水分活度（water activity） 食品中水分存在的状态，即水分与食品的结合程度（游离程度）。水分活度值越高，结合程度越低；水分活度值越低，结合程度越高。水分活度值用Aw表示，水分活度值等于用百分率表示的相对湿度，即溶液中水的蒸气分压P与纯水蒸气压Q的比值，Aw＝P/Q，其数值在0～1。Aw值对食品保藏具有重要意义。含有水分的食品由于其水分活度不同，储藏期的稳定性也不同。利用水分活度的测定，反映物质的保质期，已逐渐成为食品、医药、生物制品等行业中检验的重要指标。

水浮莲中毒（waterletuce poisoning） 采食有毒水浮莲引起以痉挛和惊厥为主要特征的中毒病。病因与草酸盐有关。急性症状有空口咀嚼，呕吐，痉挛和搐搦，重型病例厌食，四肢强直性痉挛或惊厥。慢性症状卧地不能起立。治疗宜静脉注射葡萄糖酸钙溶液，并给予清洁饮水。

水和电解质平衡失调（disturbance of fluid and electrolyte） 动物患病时出现的细胞外液容量改变、水和电解质相互关系紊乱的病理过程。常和酸碱平衡失调相继发生，互为因果。表现为渗透压改变和电解质浓度变化。在细胞外液的电解质主要是钠离子变化。而在细胞内液则是钾和镁离子变化。

水合氯醛（chloral hydrate） 中枢神经系统抑制药。在体内被还原为三氯乙醇，具有与水合氯醛相同的中枢抑制作用。随剂量增加分别具有镇静、催眠、麻醉和抗惊厥作用。小剂量用于狂躁动物的保定，马属动物的疝痛；较大剂量可解除破伤风、士的宁等中枢神经系统兴奋药中毒时的惊厥症状；大剂量广泛用于动物的全身麻醉，尤以马属动物最为常用，其次是猪。本品苏醒期长，应注意护理。

水呼肠孤病毒属（*Aquareovirus*） 呼肠孤病毒科的一个属。RNA分11个节段，有5种主要结构蛋白。未发现节肢动物传递媒介。主要感染鱼类和贝类，多数无明显的致病性，但草鱼呼肠孤病毒（又名草鱼出血病病毒）是中国重要的鱼类病原体，致草鱼出血病。

水利尿（water diuresis） 大量饮用清水后引起尿量增多的现象。饮大量清水后，血液被稀释，血浆晶体渗透压下降，抗利尿激素释放减少，尿量增加，使体内多余的水排出体外。水利尿是临床上检测肾稀释能力的常用方法。

水牛巴氏杆菌病（pasteurellosis of buffalo） 又称牛出血性败血病（hemorrhagic septicemia of cattie）。特定血清型（6∶E，6∶B）多杀性巴氏杆菌引起牛的一种以高热、肺炎、炎性水肿间或呈现急性胃肠炎、内脏器官广泛出血为特征的急性败血症。呈散发性，在长途运输或饲养管理不良的情况下可引起地方流行性。水牛比黄牛、奶牛的易感性更高。根据流行特点、病状和病理变化，结合细菌检查可以确诊。在常发地区可接种疫苗，病的早期应用磺胺类药物和抗生素治疗有较好疗效。

水牛痘（buffalo pox） 正痘病毒属水牛痘病毒引起水牛的良性经过疾病。痘疹的病变常限于乳头和乳房。本病通过健畜与病畜直接接触感染，也能传染给人。根据典型痘疹可确诊，预防效果良好，不需治疗。

水牛麻风病（lepra bubalorum） 麻风分支杆菌引起印度尼西亚水牛的一种皮肤病。不同于一般的皮肤结核，病程中不发热，在皮肤中间或在鼻黏膜中发生由肉芽组织构成的坚韧结节，有时破溃成溃疡。结节中有和人的麻风病原菌相似的抗酸杆菌，至今尚未培养成功。它和结核杆菌不同，至今未能将此病人工传于水牛和其他动物。

水牛热（buffalo fever） 又称水牛类恶性卡他热、盱眙水牛病。水牛特有的一种急性败血性病毒性传染病。传播途径尚未弄清，疫区山羊可能带毒成为传染源。4～12岁水牛最易感，人工感染潜伏期39～

120d，牛和山羊接触感染试验，潜伏期 233～341d。病牛表现高热稽留，头颈、胸前、四肢发生水肿。颈浅和髂下淋巴结肿大。淋巴结切面有灰白或灰黄色粟粒状坏死灶，肝和脾有坏死灶，这是本病特征性病变。根据流行病学、症状和特征病变可作出确诊。应注意与梨形虫病、巴氏杆菌病相区别。严格执行水牛和山羊分开饲养，是预防本病的有效措施。

水疱带绦虫（*Taenia hydatigena*） 大型带科绦虫，寄生于犬、貂、鼬等肉食兽的小肠。长 75～500cm；头节上有顶突，顶突钩 26～44 个，排成两圈，一圈大钩，一圈小钩。孕卵节片长 10～14mm，宽 4～7mm，子宫每侧有 5～10 个主侧支。中间宿主为绵羊、山羊、牛和猪等兽类，中绦期为细颈囊尾蚴，寄生于中间宿主的腹腔。参阅细颈囊尾蚴病。

水疱（vesicle） 皮肤和黏膜表面形成的含液体空腔的局限性凸起损害。由细胞间水肿、表皮细胞变性等原因引起。其颜色决定于水疱内液体的色彩，或白色（渗出液）或血色（血液）或淡黄色（淋巴液）。水泡可由丘疹演变而来，多见于口蹄疫、传染性水疱病、伪牛痘等。

水疱病毒属（*Vesiculovirus*） 弹状病毒科的一个属。在混合感染中易与其他囊膜病毒发生表型混合。成员包括水疱性口炎病毒（印地安纳型、巴西型及新泽西型）及对鱼类致病的鲤春季病毒血症病毒和白斑狗鱼幼鱼弹状病毒等。水疱性口炎病毒能感染多种哺乳动物，在畜禽的细胞培养中易生长，细胞病变明显，常用于空斑试验及干扰素效价的测定。能在去核的细胞内和在鸡胚绒尿膜上生长。

水疱性口炎（vesicular stomatitis） 弹状病毒科的水泡性口炎病毒引起的一种人兽共患急性传染病。主要危害牛、马、猪和某些野生动物。临床上以口腔黏膜发生水疱、流泡沫样口涎为特征。鹿和人呈隐性感染或短期发热。本病分布于非洲和美洲，呈地方性流行。病畜和患病的野生动物是本病的传染源，病毒从病畜的水疱液和唾液排出，经损伤的皮肤黏膜传播，也可通过污染的饲料、饮水经消化道感染。根据典型的水泡病变可作初步诊断，确诊可作动物试验、病毒分离和血清学试验。本病多呈良性经过，常可自愈。在疫区可进行免疫接种预防。

水疱性口炎病毒（*Vesicular stomatitis virus*，VSV） 弹状病毒科（Rhabdoviridae）、水疱病毒属（*Vesiculovirus*）成员。病毒颗粒子弹状，有囊膜，核衣壳螺旋形对称，基因组为单分子负链单股 RNA。病毒主要通过损伤的皮肤、黏膜及消化道感染，昆虫是重要的传染媒介。病毒感染牛、猪、马及驴，引致牛类似口蹄疫的疾病及奶牛产奶减少，马、驴则表现跛行。人偶可感染，症状类似流感。病毒易产生空斑，普遍用于干扰素效价的测定。分离病毒可取水泡液接种 BHK－21 或 MDBK 等细胞，也可接种鸡胚或脑内接种吮乳小鼠。需与口蹄疫病毒鉴别诊断，因此只有国家认可的实验室才能检测。

水平传播（horizontal transmission） 病原体在更迭其宿主时经消化道、呼吸道或皮肤黏膜创伤等在同一代动物之间的横向传播。大多数传染病病原体的传播属于此种方式。

水平膈（horizontal septum） 又称囊胸膜、肺腱膜、肺膈。禽类将体腔分隔出胸腔（肺腔）的腱质膜。位于两肺腹侧，由胸椎的腹侧嵴向两侧延伸至肋。主要由胸膜壁层和前胸气囊壁构成；外侧缘以 4 束薄肌附着于第 3～6 肋的椎骨肋与胸骨肋连接处，称肋膈肌。该肌受肋间神经支配，作用是在整个呼吸周期中维持水平膈的恒定紧张度。

水平浊音（level dull sound） 浊音区上界呈水平状的肺浊音，是渗出性胸膜炎的特征。当胸腔积液达到一定量时，由于其液体上界呈水平面状，故浊音区的上界为水平线。水平浊音可随动物体位改变而变动，病畜站立时水平浊音区在下部，“水平线”在浊音区的顶部；但取侧卧位时水平浊音移位或消失，而代之以不规则的大片浊音。

水芹中毒（hemlock water dropwort poisoning） 家畜误食水芹，由其所含水芹毒素（oenanthotoxin）所致的中毒病。临床表现为流涎，呕吐（猪），腹泻，瞳孔散大，阵发性痉挛。严重病例常取急性经过，较快死亡。宜采用对症疗法。

水溶性维生素（water soluble vitamin） 可溶于水而不溶于有机溶剂的维生素。包括在酶的催化中起着重要作用的 B 族维生素，如维生素 B_1、维生素 B_2、维生素 B_6、维生素 B_{12}、泛酸、尼克酸、生物素、叶酸，以及维生素 C 等。

水生环境（aquatic environment） 水生生物生存的外部环境介质。有流水环境和静水环境 2 类。前者如池塘、湖泊、沼泽、水库，后者如江河、溪流、泉水、沟渠。不同的水生环境理化性质不同。静水环境，水不流动，水中温度、气体及营养盐类分层、分带现象明显；而流水环境，水体流动，表底层混合较均匀，一般无明显分层现象。海、淡水水域盐分含量明显不同，水的渗透压差异很大。生活在不同的水环境中的生物群落结构和功能也有明显的不同，一般无特殊生理适应调节机能的咸淡水生物不能互换生存环境，否则会马上导致死亡。一方面水生环境为生物生长提供了丰富的水源，也可缓解大洪水对于生态系统的冲击等，这些因素对河流生态系统是有利的。

水生生态系统（aquatic ecosystem） 地球表面各类水域生态系统的总称。水生生态系统是人类赖以生存的重要环境条件之一。水生生态系统中栖息着自养生物（藻类、水草等）、异养生物（各种无脊椎和脊椎动物）和分解者生物（各种微生物）群落。各种生物群落及其与水环境之间相互作用，维持着特定的物质循环与能量流动，构成了完整的生态单元。按水的盐分高低可分为淡水生态系统和海洋生态系统；按水的流动性，淡水生态系统又可分为静水生态系统（如湖泊、池塘和水库）和流水生态系统（如江河、溪流、沟渠等）。

水体富营养化（eutrophication of water body） 在人类活动的影响下，氮、磷等营养物质大量进入湖泊、河口、海湾等缓流水体，引起藻类及其他浮游生物迅速繁殖，水体溶解氧量下降，水质恶化，鱼类及其他生物大量死亡的现象。这种现象在河流湖泊中出现称为水华，在海洋中出现称为赤潮。

水污染（water pollution） 进入水中的污染物超过了水体自净能力而导致天然水的物理、化学性质发生变化，使水质下降，并影响到水的用途以及水生生物生长的现象。（1）污染物来源：①未经处理而排放的工业废水；②未经处理而排放的生活污水；③大量使用化肥、农药、除草剂的农田污水；④堆放在河边的工业废弃物和生活垃圾；⑤森林砍伐，水土流失；⑥因过度开采，产生矿山污水。（2）水污染造成的危害：①污水中的酸、碱、氧化剂，以及铜、镉、汞、砷等化合物，苯、酚、二氯乙烷、乙二醇等有机毒物，会毒死水生生物；②污水中的有机物被微生物分解时消耗水中的溶解氧，影响鱼类等水生生物的生命，水中溶解氧耗尽后，有机物进行厌氧分解，产生硫化氢、硫醇等难闻气体，使水质进一步恶化。还会因石油漂浮水面，影响水生生物的生命；③影响饮用水源，以及风景区景观。

水洗法（washing method ） 利用氨溶于水的特点，用水除去排出气中的臭味的方法。水洗法除菌、除尘效率低。

水性疾病（water - borne disease） 因水质问题引起的疾病或与水有关的疾病。因水质问题引起的疾病主要是指饮用水受到污染引起的传染性疾病，如霍乱和其他腹泻性疾病。还有化学污染物引起的慢性疾病，如镉中毒引起的痛痛病；也包括化学地理异常引起的化学性地方病，如地方性甲状腺肿或地方性克汀病，地方性氟中毒等。还有一些原因不清楚地区的肿瘤、慢性非传染性疾病高发。虽然疾病有各种类型，但都与水有直接的关联。

水杨酸（salicylic acid） 抗真菌药。难溶于水。杀真菌作用较弱，但低浓度能促进表皮生长，高浓度可溶解角质。常单用或与其他抗真菌药配合治疗浅表真菌感染。

水杨酸钠（sodium salicylate） 解热镇痛药和抗风湿药。解热镇痛作用较阿司匹林弱，但消炎、抗风湿作用较强。此外，能促进尿酸排泄，具有抗痛风作用。还能竞争性对抗维生素 K 而抑制肝凝血酶原的合成，但无抗血小板聚集作用。主要用于治疗肌肉关节风湿病，尤其全身性急性风湿如大片肌肉疼痛致功能障碍时，但需大剂量才能保证疗效，对慢性风湿病作用较差。应缓慢静脉注射，不可漏出血管。心脏病、肾脏病、真胃溃疡和妊娠病畜禁用。

水样肉（watery pork） 见白肌肉。

水源水质（water quality of water source） 集中式生活饮用水的水源的卫生质量。我国城镇建设行业标准《生活饮用水水源水质标准》规定了生活饮用水水源的水质指标、水质分级、标准限值、水质检验以及标准的监督执行。（1）生活饮用水水源水质分级：①一级水源水，水质良好。地下水只需消毒处理，地表水经简易净化处理（如过滤）、消毒后即可供生活饮用。②二级水源水，水质受轻度污染。经常规净化处理（如絮凝、沉淀、过滤、消毒等），其水质即可达到 GB5749 规定，可供生活饮用。（2）水质检验：①水质检验方法按 GB5750 执行。铍的检验方法按 GB8161 执行。百菌清的检验方法按 GB1729 执行。②不得根据一次瞬时检测值使用本标准。③已使用的水源或选择水源时，至少每季度采样一次作全分析检验。

水质监测（water quality monitoring） 用国家规定的方法测定和监视水中污染物浓度及变化趋势，评价水质状况的过程。监测范围十分广泛，包括未被污染和已受污染的天然水（江、河、湖、海和地下水）及各种各样的工业排水等。主要监测项目可分为两大类：一类是反映水质状况的综合指标，如温度、色度、浊度、pH、电导率、悬浮物、溶解氧、化学需氧量和生物需氧量等；另一类是一些有毒物质，如酚、氰、砷、铅、铬、镉、汞和有机农药等。为客观地评价江河和海洋水质的状况，除上述监测项目外，有时需进行流速和流量的测定。

水中毒（water intoxication） 低渗性水分过多或稀释性低钠血症引起的一种中毒现象。动物在剧烈运动后或气温过高时已丧失大量盐分，此时如过量饮水即可发生。也可继发于创伤、手术时大量输液、急性肾功能不全的少尿期摄入过量水分、或脱水时补液不当。轻度水中毒只要停止供水即可恢复。重者用3%～5%高渗盐水静脉滴注以缓解低渗状态。

水中悬浮固体物（suspended solids of water）水中含有的不溶性物质。由不溶于水的淤泥、黏土、有机物、微生物等细微的悬浮物所组成，直径一般大于100μm。悬浮物能够截断光线，影响水生植物的光合作用，也会阻塞土壤的空隙。我国污水排放标准规定，污水排入地面水体后，下游最近用水点水面，不得出现较明显的油膜和浮沫。悬浮物的最大允许排放浓度为400mg/L。

水肿（edema）过多的液体在动物组织间隙或体腔内积聚的一种综合征。水肿液积聚于体腔又称积水（hydrops），如心包积水（hydropericardium）、胸腔积水（pleural effusion）、腹腔积水（ascites）等。发生的主要原因有组织液生成增多或回流减少以及钠水潴留等。水肿可分为：①全身性水肿。常起因于心力衰竭、肝病、肾病或营养不良，如心性水肿、肝性水肿、肾性水肿和营养不良水肿等。②局部性水肿。常起因于各种感染因素、外伤或中毒等，如皮下水肿、炎性水肿、脑水肿和肺水肿等。

水肿变性（hydropic degeneration）又称空泡变性（vacuolar degeneration）。细胞的胞浆内因液体蓄积而出现水泡的一种病理过程。常见于口蹄疫、痘、中毒、缺氧等情况时。病变多发生在皮肤、黏膜上皮、腺上皮、肌纤维和神经细胞。光镜下，细胞肿大，胞浆内含有大小不一的空泡。病变严重时细胞呈气球样，称为气球样变（ballooning degeneration）。眼观除被覆上皮形成水泡外，其他组织的水肿变性不易辨认。鉴于水肿变性与颗粒变性具有相同的发生机理，有的学者认为两者是一个病理过程的不同阶段，因而合称为细胞肿胀（cellular swelling）。

睡眠（sleep）动物大脑暂时丧失知觉并失去对环境的精确适应能力的时期。睡眠是正常的生理活动，对保护和恢复脑细胞功能有重要意义。正常时睡眠与觉醒呈周期性交换，大多数畜禽昼夜间交替一次，称单睡眠；有些野生动物和幼畜一昼夜有多次交替，称多相睡眠。睡眠过程分两种时相，动物开始进入睡眠时脑电图由α波转变成频率很低、波幅很大的慢波，为正相（慢波）睡眠时相；随后脑电图为低频率、高波幅的快波所代替，称异相（快波）睡眠时相。

睡眠清醒周期（sleep-waking cycle）动物清醒与睡眠交替出现的现象。大多数畜禽都在白天保持清醒而在夜间进入睡眠，表现与昼夜周期相似的节律性活动。有些野生动物和大多数幼畜一昼夜可交替多次。清醒时机体能迅速地以适应行动应答环境的各种变化，完成各种感觉和运动机能，睡眠可保护和恢复脑细胞功能，消除机体的疲劳。

睡眠中枢（sleep center）中枢神经系统内能触发睡眠的神经细胞群。刺激睡眠中枢能使动物入睡，表现出睡眠的行为特征和脑电图变化。损伤这一部位则使动物较易和较快地从睡眠中觉醒，其中控制慢波睡眠的中枢主要位于脑干中缝核前部，控制快波睡眠的中枢主要位于脑干蓝斑后部。颞叶梨状区、扣带回前部、丘脑中部和下丘脑的视前区、视上区等也发现有促进睡眠的区域。

顺产（eutocia）正常分娩。分娩过程正常与否，和胎儿与盆腔之间以及胎儿本身各部分之间的相互关系十分密切。正常分娩要满足下列条件：①产出时胎向、胎位、胎势正常；②胎儿身体以及母体的产道发育正常；③母体分娩的力量能满足分娩的需要。如果分娩过程中任何一个条件出了问题，都可能分娩异常，即难产。

顺式作用元件（cis-acting element）DNA中与转录启动和调控有关的核苷酸序列。其活性只影响与其自身处在同一个DNA分子上的基因，按照功能可分为启动子、增强子、沉默子，转座子等。

顺序决定簇（sequential determinant）蛋白质抗原的特异性决定于其一级结构——氨基酸顺序的抗原决定簇。通常是由5～7个氨基酸顺序通过多肽链的折叠形成特定的主体构型而成。

瞬膜（nictating membrane）又称第三睑、结膜半月襞。内眼角处在泪阜与眼球之间的结膜襞。内有横置的T字形软骨支架，并包有瞬膜腺，分泌物为浆液（马、猫）、浆黏液（犬、反刍兽）或黏液（猪）。此外牛、猪和禽尚有深腺，常称哈德氏腺。瞬膜的活动受眶肌牵引，家畜可在转动头部或压迫眼球时使其露出。禽瞬膜发达，几乎完全透明，能将眼球前面完全遮盖，其活动受二瞬膜肌控制，为横纹肌。

瞬膜外露（nictitating membrane reveal）又称第三眼睑突出或瞬膜突出。正常有瞬膜的动物，只有用手打开眼睑后才能看到瞬膜，但在某些情况下，用视诊方法能直接观察到动物瞬膜的现象。轻拍马的下颌或让其走硬路可见到瞬膜，是破伤风的早期特征之一。持久的瞬膜外露见于疼痛性眼病、破伤风后期和脑炎。猫极度衰弱时亦可见到瞬膜外露。

瞬目反射（blink reflex）又称眨眼反射。刺激眼角膜所表现的眼睑闭合反应。对眼具有保护意义。外科麻醉时常用此作为确定麻醉深度的指标。如瞬目反射消失，说明麻醉过深，有可能引起延髓麻痹而死亡。

丝氨酸（serine）含一个醇羟基的极性脂肪族氨基酸。简写为Ser、S。生糖非必需氨基酸。可由甘氨酸转甲基形成，也可脱氨转变为丙酮酸或羟基丙酮酸，也是体内合成胆碱和半胱氨酸的重要原料。

丝虫病（filariasis） 丝状科（Setariidae）、丝状属（*Setaria*）的线虫寄生在有蹄类动物的腹腔内所引起的疾病。常见病原有马丝状线虫（*S. equina*）、鹿丝状线虫（*S. cervi*）和指形丝状线虫（*S. digitata*）。虫体长数厘米至十余厘米，乳白色。口孔周围有角质环围绕，背腹面或侧面有唇状、肩章状或乳突状的隆起。雄虫尾部呈螺旋状卷曲，交合刺1对，不等长，不同形。雌虫较雄虫大，尾尖上常有小结，阴门在食道部。雌虫产带鞘的微丝蚴，出现于宿主的血液中。成虫主要寄生于马属动物、牛、羊、鹿等的腹腔。中间宿主为吸血昆虫蚊等。成虫致病力不强，但有些种的幼虫可寄生于马属动物脑脊髓中和马属动物及牛的眼中，引起马脑脊髓丝虫病和浑睛虫病，危害较大。马脑脊髓丝虫病主要表现后肢运动障碍和意识障碍。浑睛虫病表现畏光，流泪，角膜和眼房液混浊，瞳孔放大，视力衰退，眼睑肿胀，结膜和巩膜充血，严重时可导致失明。马脑脊髓丝虫病治疗效果不佳。浑睛虫病可用角膜穿刺法取出虫体。乙胺嗪可杀死微丝蚴，但不能杀灭成虫，有人推荐用左咪唑或伊维菌素治疗。

丝囊霉菌属（*Aphanomyces*） 归类于卵菌门（Oomycota），外形与真菌相似，由纤细的分支的丝状菌丝组成。但细胞壁由纤维素构成，而大多数真菌的细胞壁成分是几丁质。丝囊霉菌还有管状的线粒体嵴，也有别于真菌。菌丝的一系列片段均可发育成孢子囊。孢子囊的形成和发射孢子的适宜温度为16～24℃，但完成从初级孢子到次级游走孢子形成的适宜温度是24℃。次级游走孢子运动缓慢而不协调。本属某些成员与水生动物疾病有关。侵入丝囊菌（*A. invadens*）和杀鱼丝囊菌（*A. piscicida*）和侵袭丝囊菌（*A. invaders*）是引起鱼类流行性溃疡综合征（epizootic ulcerative syndrome，EUS）的主要病原，淡水鱼有很高的死亡率。初期表现为红斑性皮炎，后期出现大面积溃疡，严重者可造成头盖骨软组织和硬组织坏死。螯虾丝囊霉菌（*A. astacus*）是螯虾瘟（crayfish plague）的主要致病病原，主要感染北美以外地区的螯虾，感染虾失去正常的厌光性，运动失调，背朝下，死亡率可达100%。EUS和螯虾瘟均是需向OIE通报的重要的水生动物疾病。

丝状病毒科（Filoviridae） 一类有囊膜的负股RNA动物病毒。病毒粒子呈长丝状、形成U形、6字形或环状。直径一般为80nm，最长可达14μm。核衣壳螺旋状对称。基因组单股RNA不分节段，无传染性。结构蛋白有7种．其中VPl为囊膜纤突糖蛋白，是病毒的主要多肽。本科仅丝状病毒一属，成员有马堡病毒、埃波拉（Ebola）病毒，来源于非洲，均可致人出血热。致死率高。

思豆中毒（jequirity poisoning） 误食相思豆引起以胃肠炎和血红蛋白尿为主征的中毒病。由于相思豆中含有相思豆毒素（abrim）、相思子酸（abrie acid）等而致病。症状有呕吐（猪），腹痛，腹泻，粪中带血，黄疸，血红蛋白尿，脉快而弱，最终虚脱死亡。治疗可投服保护剂，并针对病畜脱水、酸中毒等进行对症治疗。

斯孔吸虫病（skrjabinotrematodiasis） 又称斯克里亚宾吸虫病。绵羊斯克里亚宾吸虫（*Skrjabinotrema ovis*）寄生于绵羊的小肠引起的疾病。虫体小，长0.7～1.12mm，卵圆形。腹吸盘位于身体前1/3左右处。由咽直接分为左右两个肠支；睾丸在后部，卵巢在睾丸前侧方；生殖孔在卵巢对侧，几乎在同一水平线上；子宫位于腹吸盘与睾丸之间。第一、第二中间宿主均为陆地螺。绵羊的感染强度一般很大，能引起肠炎、腹泻和消瘦等症状。粪检发现虫卵即可确诊。可用丙硫咪唑驱虫。预防措施参见肝片吸虫病。

斯蓬德韦尼热（Spondweni fever） 黄病毒科虫媒病毒B组的斯蓬德韦尼病毒所致的一种蚊媒传染病。分布于南部非洲一些国家。伊蚊库蚊和常型曼蚊为传播媒介，多种动物有血清学反应。人感染后表现全身疼痛、眩晕、剧烈头痛、不适、轻度鼻衄和恶心。

斯氏艾美耳球虫（*Eimeria stiedai*） 属于真球虫目（Eucoccida）、艾美耳亚目（Eimeriina）、艾美耳科（Eimeriidae）、艾美耳属（*Eimeria*），寄生于家兔和野兔的胆管上皮细胞内。卵囊较大，长卵圆形，淡黄色，卵膜孔的一端较平。卵囊大小为（32.0～37.4）μm×（20.6～22.0）μm。平均为34.6～21.3μm。完成孢子发育的最短时间为41h，大部分在51h，孢子囊呈卵圆形，大小为18μm×10μm，有斯氏体，孢子囊残体颗粒状。经口感染。确切的裂殖生殖代数尚不完全明了，可能有3～5代。感染后期可同时观察到裂殖生殖和配子生殖。在感染后第10天排出卵囊，高峰期在第22～28天，明显期可持续37d左右。

斯氏多头绦虫（*Multiceps skrjabini*） 属带科。寄生于犬、狼、狐等犬科动物的小肠。孕卵节片和虫卵随粪便排至自然界。山羊、绵羊等动物摄食虫卵后，六钩蚴随血液移行到肌肉中发育为斯氏多头蚴。参阅带科和多头蚴病。

斯氏多头蚴（*C. skrjabini*） 为斯氏多头蚴虫的中绦期，寄生于山羊、绵羊的肌肉中，形态与脑多头蚴相似；成虫寄生在犬、狼、狐等的小肠。

斯氏副柔线虫（*Parabronema skrjabini*）　寄生于双峰驼的第四胃，绵羊、山羊和牛的第四胃中也常有少量虫体。虫体的口部为两片唇；头端的背面和腹面各形成一角质盾甲，其后为6个马蹄铁状的饰带，分别位于亚腹面、亚背面和侧面。雄虫长9.5～10.5mm，雌虫长21～34mm，卵胎生。中间宿主为蝇类；经口感染。对骆驼危害较大。

斯陶尔氏法（Stoll's method）　计数每克粪便中所含虫卵数的一种方法。用三角瓶或大试管，在56mL和60mL容积处各画线标记；取0.4%氢氧化钠溶液注入瓶内到56mL处，再逐渐加入被检粪样使液面上升到60mL处，尔后加入一些玻璃珠，振荡、使粪便完全破碎混匀，吸取粪液0.15mL，滴于2～3张载玻片上，覆以盖玻片，在显微镜下循序检查，统计虫卵总数。所得虫卵总数乘100即为每克粪便中的虫卵数。

死产（still birth）　又称胎儿死亡、死胎。胎儿在子宫或产道内死亡，产出时已无呼吸、心跳停止并且肢体软绵。参见流产。

死后凝血块（postmortem clot）　动物死后在心血管系统内形成的血液凝块。当死后血液凝固快时，血凝块呈一致的暗红色；当血液凝固缓慢时，由于红细胞沉降，凝血块可分成明显的两层，上层是主要含血浆成分的淡黄色鸡脂样血凝块，下层是主要含红细胞的暗红色血凝块。血液凝固的快慢，与死亡的原因有关，如死于败血症、窒息及一氧化碳中毒等的动物，往往血液凝固不良。血液凝块表面光滑，湿润，有光泽，质地柔软，富有弹性，在血管内呈游离状态。死后凝血块与生前形成的血栓不同，后者常见表面粗糙，质脆而无弹性，并与血管壁有粘连。

死精子症（necrospermia）　精液中绝大多数精子是死的，但其形态与数量可无明显异常的一种疾病。死亡的精子因丧失了活动及受精能力，从而造成不育。镜检时发现精子运动无力或完全不动，可做出诊断。多见于长期营养不良的动物和精液中混入尿液或其他有害物质时，长期闲置不用的公畜前几次采出的精中死精和其他异常精子较多。治疗原则是消除病因。

死亡率（mortality rate）　又称粗死亡率。表示一定时期（通常是一年）内某地动物群体中因某病而死亡的频率。死亡率＝（1年内因某病死亡的动物头数/同年平均动物头数）×100%

四边孔（quadrilateral foramen）　又称四边间隙、四角间隙。位于肩关节后方内侧的肌间隙。可在体表触摸出。其前上方为肩胛下肌和小圆肌；后上方为臂三头肌长头；前下方为肱骨颈；后下方为大圆肌。外侧覆盖有三角肌、筋膜和皮肤。通过此孔的有腋神经和旋肱后血管，腋神经于此处分出臂外侧皮神经，经三角肌下缘入于皮下。

四环素（tetracycline）　四环素类抗生素。得自黑白链霉菌的培养液，亦用金霉素除去 Cl^- 而制成。常用盐酸盐，易溶于水。抗菌作用和用途与土霉素相似，但对革兰阴性杆菌作用较强。

四环素类（tetracyclines）　一类以氢化并四苯为母核的抗生素。包括土霉素、四环素、金霉素和脱氧土霉素（强力霉素）、甲烯土霉素、二甲胺四环素等。一般制成性状稳定的盐酸盐。其水溶液以土霉素和四环素较稳定，而金霉素则不稳定。内服吸收不规则，能与 Mg^{2+}、Cu^{2+}、Al^{3+}、Fe^{2+} 等形成络合物而减少吸收。主要抑制敏感菌蛋白质的合成而产生抑菌作用。具广谱抗菌活性，对立克次体、支原体、螺旋体和某些原虫也有作用，但对革兰阳性菌和阴性菌的作用则分别不及 β-内酰胺类和氨基糖苷类，对绿脓杆菌、结核杆菌、病毒等无效。

四棱线虫属（*Tetrameres*）　寄生于鸡和火鸡前胃的一类旋尾目线虫。雌虫孕卵后膨大成球形，血红色，埋匿在前胃腺内；雄虫仍保持线状，角皮上通常有四行小棘，游离于胃腔中。常见种为美洲四棱线虫（*T. americana*），雄虫长5～5.5mm；雌虫长3.5～4.5mm，膨大后，最大直径3mm，身体上有四条纵沟，头尾呈细小的突起状物。中间宿主为直翅目昆虫，如德国小蜚蠊。

四氯化碳（carbon tetrachloride）　抗肝片吸虫药。曾用于牛、羊肝片吸虫病，对童虫无效。对犬、猫钩虫，牛、羊血矛线虫、仰口线虫，马圆形线虫、副蛔虫，猪肾虫、姜片吸虫，鸡前殖吸虫和胃肠线虫也均有效。毒性大，猪、猫最敏感。现已被高效、低毒药物取代。

四翼无刺线虫（*Aspiculuris tetraptera*）　属尖尾目、尖尾科。雄虫长2～2.6mm，雌虫长2.6～4.75mm，有明显的头泡和颈翼，后者在食道末端部陡然终止。雄虫有尾翼，有尾乳突；无交合刺。寄生于鼠类的肠道。生活史属直接型。

似囊尾蚴（cysticercoid）　圆叶目绦虫的一种中绦期幼虫，由六钩虫幼发育而来，为一个含有凹入头节的双层囊状体。这类绦虫的中间宿主是无脊椎动物，如昆虫、螨、蚯蚓等。对终末宿主有感染性。终末宿主一般为食草动物和禽类。

似细颈线虫（nematodirella）　形态与细颈属相似，重要区别是交合刺很长，几达虫体全长的1/2，包括长刺似细颈线虫（*N. longispiculata*）、双峰驼似细颈线虫（*N. cameli*）和单峰驼似细颈线虫

(*N. dromedarii*) 3 种。宿主为羊、驯鹿和骆驼等反刍动物，寄生于小肠。参阅细颈线虫病。

饲料添加剂 (feed additives) 为满足特殊需要而在饲料中加入的各种少量或微量物质。饲料添加剂是现代饲料工业必然使用的原料，在强化基础饲料营养价值，提高动物生产性能，保证动物健康，节省饲料成本，改善畜产品品质等方面有明显的效果。

饲料药物添加剂 (medicinated feed additives) 简称饲料添加药。在饲料加工、贮存、调配或饲喂过程中添加的微量化学物质。主要起促进生长和防病保健等作用。亦包括饲料保存剂（防霉剂、抗氧化剂），调味剂和着色剂等。按规定生长促进剂和防病保健药必须预先制成预混剂，不可直接加入饲料内。

饲料疹 (eruption by feed) 动物因采食某种饲料而发生的皮疹。仅见于白色皮肤的猪。饲喂过量的光敏性饲料（如荞麦、三叶草等）时，经日光照射，猪的颈部、背部出现皮疹，以皮肤充血、潮红、水泡及灼热、疼痛为特征。

饲养细胞 (feeder cell) 在一起培养时能支持低密度淋巴细胞生长的缓慢生长或不生长的细胞群体。如胸腺细胞、脾脏细胞和腹腔细胞等都可作杂交瘤细胞的饲养细胞。杂交瘤生长因子可替代饲养细胞。

松弛素 (relaxin) 一种直链多肽激素，其结构类似胰岛素。其分泌量一般是随着妊娠期的增长而逐渐增多，分娩后即从血液中消失。在依靠黄体维持妊娠的动物，黄体是松弛素的主要来源。存在于颗粒黄素细胞的胞浆中，一旦需要，即释放入血。在家畜中，牛、猪、绵羊的松弛素都主要来自黄体，家兔则主要来自胎盘，绵羊发情周期的卵泡内膜细胞也能产生松弛素。松弛素在正常情况下很少单独作用。生殖道和有关组织只有经过雌激素和孕激素的预先作用，松弛素才能显示出较强的作用。其主要作用与家畜的分娩有关：①促使骨盆韧带及耻骨联合松弛，因而骨盆能够发生扩张；②使子宫颈松软，能够扩张；③促使子宫水分含量增加；④促使乳腺发育。

松弛型质粒 (relaxed plasmid) 在宿主细胞整个生长周期中均可随时复制的质粒。质粒复制与宿主细胞染色体复制不关联，在细胞生长静止期染色体复制已停止时，质粒仍能继续复制。当用蛋白质合成抑制剂（氯霉素或壮观霉素）处理寄主细胞，使染色体DNA复制受阻的情况下，质粒仍可继续扩增。每个细胞的质粒拷贝数可扩增多达数千个。在基因工程中常作为载体，可获得高产量的质粒DNA。

松果体激素 (pinealbody hormone) 松果体产生的激素的统称。已知有褪黑素等吲哚类（或胺类）激素和黄体生成素释放激素（LHRH）、促甲状腺激素释放激素（TRH）、8-精氨酸加压催产素（AVT）等多肽激素。鼠、牛、猪和羊等动物松果体内的黄体生成素释放激素含量超过下丘脑中的含量。松果体激素具有防止性早熟和抑制腺垂体促性腺激素（促卵泡激素和黄体生成素）分泌的作用。除能使低等动物皮肤褪色外还能抑制腺垂体对促性腺激素释放激素的反应，使黄体生成素分泌量减少。8-精氨酸加压催产素则兼有加压素和催产素的双重生物效应。

松果体原基 (pineal primordium) 间脑顶板第3脑室正中线末端向外突起而形成的结构。先形成小囊，以后细胞增殖变厚发育成实心器官。松果体与间脑相连处形成松果体柄。

松果腺 (pineal gland) 又称脑上腺 (epiphysis)。间脑向后上方突出于丘脑与中脑间的内分泌腺。呈松果形，以短柄与第三脑室顶的后上部相连，隐藏于大脑半球与小脑之间。灰白色至红褐色，常有色素。主要由具突起的松果细胞和神经胶质细胞构成，随年龄而出现一些钙化灶，称脑砂。主要分泌褪黑激素，可抑制促性腺激素的释放，防止性早熟。此外尚有生物钟的作用，调节长时性（季节的）和短时性（昼夜的）的生殖腺变化。禽松果体因柄较长而位于大脑半球和小脑之间的浅部。

松节油 (terebinthina) 刺激药。松树树脂中的挥发油，主要成分是松油萜。不溶于水。对皮肤有刺激和消毒作用，用于治疗关节炎、肌炎、腱炎和胸膜炎等。常用松节油搽剂和431合剂。

松香食物中毒 (rosin food poisoning) 由于进食含有松香残留物的食物引起的一种过敏性食物中毒。致病食品主要是在加工制作时使用松香植物油祛毛剂而未能彻底清洗的猪头肉、猪脚爪、鸭头等加工品。松香中含有松香酸酐、游离松香酸、树脂烃、α及β蒎烯、二戊烯、僻皮黄碱素、挥发油和山柰酚等多种成分，其味苦并有一定毒性。通常于食后8～12h自觉面部发痒，继而出现红斑以至浮肿。

送风 (blast) 密闭环境中外部气体通过特殊管道装置进入环境内。在实验动物设施中，根据环境中需要维持的合理空气流通量、空气洁净度、空气压力、温湿度调控的要求，通过专门的送风机组、空调设备、空气过滤装置送入足够的空气。每个相对独立空间都有专门的室内送风口进行送风。

送宰检疫 (send slaughter and quarantine) 畜禽宰前检疫的最后一个环节。在宰前饲养管理场的健康畜禽，经过一定时间的休息管理后，即可送去屠宰。为了最大限度地控制病畜禽，在送宰前需进行仔细的外貌检查，必要时逐头再测温，对确认健康的畜禽可开具送宰证明单。

苏氨酸（threonine） 含一个醇羟基的极性脂肪族氨基酸，简写为 Thr、T。生糖必需氨基酸。参与同丝氨酸类似的反应。

苏拉病（surra） 见伊氏锥虫病。

苏联马传染性脑脊髓炎（Russian equme encephalomyelitis） 苏联型马传染性脑脊髓炎病毒引起马属动物的一种急性传染病。其特征与其他马传染性脑脊髓炎相比较，除呈现明显的中枢神经系统机能障碍，表现兴奋或沉郁、意识障碍等症状外，还见有急性中毒性肝营养不良的综合症状，如显著黄疸、胃肠弛缓和血沉高度缓慢。剖检主要呈现明显的中毒性肝营养不良和轻度的非化脓性脑炎变化。其病毒的分类地位尚未最后确定。本病尚无特效疗法，进行对症治疗，加强饲养管理，有一定防治效果。

苏木精（haematoxylin） 又称苏木紫、苏木素。从一种苏木树的树心木提炼出来的呈淡黄色或浅棕黄色物质。遇光或久置于空气中则变红，微溶于冷水及醚中，易溶于酒精、甘油，以及酸、氨和硼酸的溶液中，加热溶于水，故在配制染色时，多将其溶于酒精中。未经氧化的苏木精并无染色能力，只有氧化成苏木红后才具有较强的染色能力。

苏木素小体（hematoxy body） 又称嗜苏木素小体。存在于细胞外无一定形状的嗜碱性核碎片。因对苏木素有亲和力而得名。多见于自身免疫性疾病，如红斑狼疮患畜血液中的抗核抗体与白细胞核反应形成“匀圆体”，白细胞膜破裂后，“匀圆体”被释放出来，可着染苏木素形成苏木素小体。

速发型变态反应（immediate allergy） 致敏机体在再次接触抗原时，由抗体介导的立即出现的异常反应。包括Ⅰ、Ⅱ和Ⅲ型变态反应，但一般指Ⅰ型变态反应。

速发作用（immediate effect） 毒性作用的一种表现形式，某些外源化学物质与机体接触后在短时间内引起即刻毒效应，如氰化物和亚硝酸盐等引起的急性中毒。

速脉（rapid pulse） 又称水冲脉、陷落脉。脉搏急速上升而又急速下降，检指感触搏动的时间很短，指下有骤来急去之感。见于主动脉瓣口关闭不全或心机能亢进等。

宿主（host） 在寄生与被寄生的关系中，以其身体给寄生虫或其他寄生物提供居住空间和营养物质的一方。宿主比寄生虫强大得多，但却是受害的一方。

宿主抗移植物反应（host versus graft reaction） 用同种组织移植时出现的排斥反应。包括：①超急性排斥，数分钟至 1～2d 内出现排斥，主要是受体内已存在有抗供体组织的抗体所致；②急性排斥，发生在移植后 1～2 周，主要由细胞免疫，但也有体液免疫参与；③慢性排斥，病变已发展数日至数年，可能为低水平体液免疫所致。

嗉囊（crop） 禽食管在颈后部膨大形成的憩室。鸡位于叉骨前方偏右；鸽分为对称的两叶。鸭、鹅无真正嗉囊，但食管颈部可扩大成纺锤形。嗉囊可贮存和浸软食料，微生物及食料所含的酶可进行初步消化作用。育雏期的公、母鸽，嗉囊黏膜上皮增生并发生脂肪变性，脱落后与已消化的嗉囊内容物形成鸽乳，哺育幼鸽。

嗉囊卡他（crop catarrh） 又称软嗉病。嗉囊黏膜表层的炎症。常见于鸡、火鸡、鸽子等。分为原发性和继发性 2 种。前者见于采食硬而不易消化的饲料，停滞于嗉囊中机械刺激等。后者见于食盐中毒、鸡新城疫、毛细线虫重度侵袭等疾病。临床上见嗉囊显著膨胀和柔软，食欲减退，头颈伸直，吞咽困难，伴发嗳气或呕吐。多死于消瘦衰竭，少数转为慢性，形成嗉囊下垂。治疗按压嗉囊，应用明矾水多次冲洗，并禁食几天。

嗉囊扩张（dilatation of ingluvies） 在某些病因的作用下，导致嗉囊体积增大、松弛和下垂的现象。食糜在嗉囊中积滞，腐败发酵，并可能产生毒素，引起自体中毒。严重的病鸡嗉囊极度扩张，充满食物、垫料颗粒和酸臭液体，嗉囊内表面形成溃疡。病鸡继续采食，但消化受阻，消瘦，并可能发生死亡。实施手术，切除嗉囊的扩张部分和口服或肌内注射适量的抗生素，多数的病例可以获得康复。

嗉囊乳（crop milk） 某些禽类如鸽在孵卵和育雏期嗉囊分泌的乳状营养液。可用以喂养幼雏。

嗉囊下垂（crop ptosis） 鸡的嗉囊发生膨大且垂落。是嗉囊的一种位置异常或悬垂的病变。重型鸡较为普遍发生。原发性疾病在火鸡中似与遗传素质有关。临床可见嗉囊逐渐胀大成袋形，明显下垂，顽固性消化不良，消瘦，生长发育受阻，呈慢性经过。常伴发于嗉囊卡他和嗉囊阻塞。可投服土霉素等治疗，严重者可实行嗉囊切开术。最后多被淘汰或死亡。

嗉囊消化（crop digestion） 嗉囊通过分泌、运动以及微生物作用对摄入的饲料进行预加工的过程。嗉囊腺体分泌黏液，但不含酶，可湿润和软化饲料。嗉囊内环境如温度、含水量及 pH（6.0～7.0）等，不仅有唾液淀粉酶及饲料中所含酶的作用，也为微生物的栖居和活动提供了适宜的环境。嗉囊内因细菌发酵产生的有机酸，部分可由嗉囊壁吸收，大部分则随食物下行至消化管后段再被吸收。

嗉囊阻塞（obstruction of ingluvies） 又称硬嗉。

嗉囊运动机能减弱导致硬固内容物停滞的疾病。发生于鸡。病因是由过量啄食如高粱、豌豆等干硬颗粒饲料和金属块、骨片、毛发等坚韧异物所致。临床表现食欲废绝，喙频频开张并流恶臭黏液，嗉囊胀大，触诊黏硬或坚硬。数日后或窒息死亡，或转为慢性，使嗉囊下垂。治疗将鸡倒挂按摩嗉囊，压碎内容物经口排出。在无效时可施行嗉囊切开术。

酸碱平衡失调（acid - base imbalance） 动物机体体液 pH 超出或低于正常相对恒定范围的病理状态。分为单纯性和混合性两类。单纯性酸碱平衡失调（simple acid - base disturbance）包括：①代谢性酸中毒；②呼吸性酸中毒；③代谢性碱中毒；④呼吸性碱中毒。混合性酸碱平衡失调（mixed acid - base disturbance）包括酸碱一致型和酸碱混合型：前者如呼吸性酸中毒合并代谢性酸中毒；后者如代谢性酸中毒合并呼吸性碱中毒。

酸模中毒（sorrels posioning） 反刍动物和猪误食酸模植株后，由其所含草酸盐（oxalate）所致的中毒病。患羊中毒症状与乳热极为相似。其他动物中毒后还有感光过敏性皮炎的症状。宜采用对症疗法。

酸凝集反应（acid agglutination reaction） 在酸性溶液中细菌出现的非特异性凝集现象。细菌在 pH 7 左右时带负电荷，菌体相互排斥而呈悬浮状态。当 pH <5 时菌体氨基酸中的氨基电离，细菌的负电荷下降，当 pH 达到或接近等电点时，正负电荷趋于相等，即出现凝集现象。

酸洗净法（acid - based lotion method） 利用稀硫酸、氯、次亚氯酸钠、次亚氯酸钙、二硫化氯等酸性物质对氨的除臭效果好的特性，在一定的容器里对排出气进行酸喷雾清除臭味的处理方法。

酸性染料（acidophil dye） 其助色团为酸性原子团（如羧基和羟基）的染料。它们对组织和细胞中的碱性物质有亲和力。常用的有伊红、酸性品红、坚牢绿、橘黄 G、苯胺蓝等。

酸中毒（acidosis） 由于血浆中碳酸氢钠与碳酸比值小于 20∶1 而引发的酸碱平衡紊乱。此时血液的酸碱度可降低。酸中毒分为代谢性酸中毒和呼吸性酸中毒两类。前者是因体内固定酸增多或碱性物质丧失过多而引起，在兽医临床上最为常见和重要。后者是指由于二氧化碳排出障碍或二氧化碳吸入过多而引起，在兽医临床上也比较多见。在代谢性酸中毒时，机体可通过血液的缓冲体系、呼吸系统、肾脏以及组织细胞的代偿等方式，来进行代偿调节。

蒜素（allicin） 大蒜中主要生物活性成分的总称。在我国，大蒜素入药已有悠久的历史，它是一种广谱抗菌药。现已证明，蒜素与维生素 B_1 结合可产生蒜硫胺素，具有消除疲劳、增强体力的奇效。大蒜集 100 多种药用和保健成分于一身，其中含硫挥发物 43 种，硫化亚磺酸（如大蒜素）酯类 13 种、氨基酸 9 种、肽类 8 种、甙类 12 种、酶类 11 种。另外，蒜氨酸是大蒜独具的成分，当它进入血液时便成为大蒜素，这种大蒜素即使稀释 10 万倍仍能在瞬间杀死伤寒杆菌、痢疾杆菌、流感病毒等。

随机交配法（random mating method） 封闭群繁殖方法之一。适用于群体内每代有 100 对以上繁殖单位的封闭群。方法是从整个种群中随机选取雄雌动物进行交配。使所有个体有完全均等的交配机会。

随机性模型（random model） 流行病学研究方法之一。以数理统计的既定公式建立的数学模型，说明事件发生的可能性。

随机引物（random primer） 可与任何 DNA 或 RNA 模板随机结合的引物。它由牛胸腺 DNA 经内切酶、牛胰 DNaseI 处理而获得的寡核苷酸片段（几个 bp 长）。由于引物是含有大量的不同组成（序列多样性）的寡核苷酸片段的群体，因此，无论是 DNA 或 RNA 模板，引物中的某些成分总能与之结合，结合部位是随机的。在以未知序列的 DNA 或 RNA 为模板合成双链 DNA 或 cDNA，建立基因文库、或制备 DNA 探针时，常用随机引物。

随时消毒（disinfection at any time，concurrent disinfection） 传染源还在疫源地时，对其排泄物、分泌物及其所污染的物品及时进行消毒，目的是及时迅速杀灭从机体中排出的病原体。

随意运动（voluntary movement） 受大脑皮层运动区直接控制的躯体运动。随意运动有以下特点：①皮层对躯体运动的调节通常呈对侧性，头面部运动和喉运动则是双侧性的。②皮层对躯体运动支配有精细的空间定位，定位的图像是倒置的。③躯体不同部位的骨骼肌在皮层运动区有不同的代表区，运动越精细越复杂的部位，所占的皮层代表区越大。④不同畜禽皮层运动区的肌肉定位图像有显著差别。大脑皮层对随意运动的控制通过锥体系统实现。

髓鞘变性（myelin degeneration） 又称脱髓鞘（demyelination）。有髓神经的髓鞘肿胀、崩解成脂类的过程。常继发或伴发于神经轴索损伤时。轴索损伤的同时或相继发生髓鞘变性称为沃勒变性（Wallerian degeneration）。

髓鞘形成（formation of myelin sheath） 神经膜细胞环绕轴索反复缠绕，其细胞质被挤至核周围，而多层细胞膜叠加在一起变成髓鞘的过程。

损害作用（adverse effect） 外源化合物对机体各种功能所造成的不良影响。外源化合物对机体产生的生物学改变是持久的和不可逆的；造成机体功能容量的各项指标改变、维持体内的稳态能力下降、对额外应激状态的代偿能力降低以及对其他环境有害因素的易感性增高；使机体正常形态、结构、功能、生长发育过程均受到影响，寿命缩短；生理、生化和行为方面的指标变化超出正常值范围等。此外，化学毒物的剂量增加，机体对它的代谢速率反而降低，或消除速率减慢；代谢过程中的某些关键酶受到抑制；酶系统中两种酶的相对活性比值发生改变；某些酶受到抑制后，致使相关的天然底物浓度增高，造成机体的功能紊乱；或在负荷试验中，对专一底物的代谢和消除能力降低等代谢和生化方面的改变也被认为是损害作用。

梭菌病（clostridial diseases）　梭菌属中的致病菌株所致的一类传染病。包括常见的破伤风、肉毒梭菌中毒症、气肿疽、恶性水肿、羔羊痢疾、羊肠毒血症、羊快疫、羊猝狙、猪梭菌性肠炎、兔产气荚膜梭菌病等。这一类传染病中，一些病在临床上有很多相似之处，易混淆。多呈急性经过，常迅速致死，造成严重的经济损失。

缩胆囊素（cholecystokinin，CCK）　又称促胰酶素、胆囊收缩素。小肠黏膜Ⅰ型细胞在盐酸和蛋白质分解产物和脂肪等的作用下分泌产生的由 33 个氨基酸组成的多肽激素。主要作用是促进胆囊收缩，增强胃肠运动，刺激胰腺分泌消化酶，增强促胰液素的效应，改善胃肠黏膜营养以及抑制摄食等。主要作用于胰腺腺泡，得到含酶多、含水和 HCO_3^- 少的胰液。缩胆囊素还可作用于迷走神经传入纤维，通过迷走-迷走反射刺激胰酶分泌。引起缩胆囊素分泌的主要刺激因素由强至弱依次为：蛋白质分解产物、脂肪酸、盐酸、脂肪，糖类没有作用。

缩宫素（oxytocin）　又称催产素。存在于垂体后叶的激素。已能人工合成。直接兴奋子宫平滑肌。小剂量能增加妊娠末期子宫的节律性收缩，剂量过大则引起子宫强直性收缩。因此，催产时需严格掌握剂量。凡产道异常、胎位不正时禁用。稍大剂量也用于产后出血、胎衣不下等。

缩期杂音（systolic murmur）　心脏收缩期发出的心杂音。缩期杂音出现于第一和第二心音之间。可分为收缩前期杂音、收缩中期杂音、收缩后期杂音和收缩全期杂音 4 种。缩期杂音主要见于心包积液、房室瓣闭锁不全、动脉瓣口狭窄、血液稀薄等。临床上常结合最佳听取点听诊判断产生缩期杂音的病变部位。

锁骨（clavicle）　胸肢带三骨之一。在家畜多已退化，仅成为臂头肌的一条纤维性腱划。犬、猫于腱划内埋藏有小骨。兔的两端尚分别以软骨与胸骨柄和肩胛骨的肩峰相连接。禽左、右锁骨因下端相愈合而称叉骨。

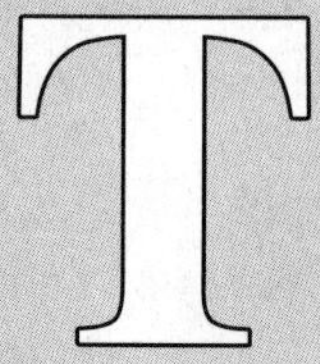

塔希纳病毒感染（Tahyna viral infection） 一种布尼病毒科的虫媒病毒引起的病毒感染。1958 年在捷克斯洛伐克塔希纳村的伊蚊中分离出这种虫媒病毒。人感染后表现为流感样的发热病，有咽炎、结膜充血，有些病人有肌痛、中枢神经系统受损或支气管肺炎。动物在自然条件下为隐性感染。本病分布于中南欧洲和非洲各国。尚无可用于预防的有效疫苗，可采取一般的防蚊措施防制本病。

踏车现象（tread milling） 在微丝和微管的动态装配过程中，一端因添加亚单位而延长，另一端因亚单位脱落而减短的现象。这是微管和微丝的一种装配方式。

胎儿（fetus） 从胚胎发育后期到分娩前，已出现成体各个器官系统的胚体。

胎儿产出期（stage of fetus expulsion） 又称第二产程，简称产出期。从子宫颈充分开大，胎囊和胎儿的前置部分楔入产道，至胎儿完全排出为止的一段时期。这一时期的产力为阵缩与努责共同发生作用，到胎儿产出时达最强烈。产畜表现极度不安，频频努责，间歇缩短，呼吸脉搏加快。一般均侧卧，四肢伸展，经几次强烈努责后，排出胎儿。也有仰卧或站立分娩的。多胎动物至胎儿全部产出为止，母畜表现不如单胎动物强烈，产仔之间有一定间隙。该期的持续时间一般为：马 10～30min，牛 3～4h，绵羊 1.5h，山羊 3h，猪、犬和猫由于胎儿数量的不同差异很大。

胎儿干尸化（mummification） 延期流产的一种。妊娠中断后，由于黄体没有退化，仍维持其机能，子宫颈不开张，死亡胎儿组织中的水分及胎水被吸收，变为棕黑色，好像干尸一样。干尸化胎儿可在子宫中停留相当长的时间。母牛常是在妊娠期满后数周，黄体的作用消失而再次发情时，才将胎儿排出。也可在妊娠期满以前排出，个别的死胎长久停留于子宫内而不被排出。母牛妊娠至某一时间后，妊娠的外部表现不再发展。直肠检查，子宫呈圆球状，子宫的大小远小于其妊娠月份应有的体积；一般如人头大小，但也有较大或较小的；内容物硬，子宫壁紧裹胎儿，摸不到胎动、胎水及子叶；有时子宫与周围组织粘连，卵巢上有黄体，无妊娠脉搏。首先可使用前列腺素制剂，继之或同时应用雌激素，溶解黄体并促使子宫颈口开张。由于胎儿头颈及四肢蜷缩在一起，且子宫颈口开放不大，可先截胎、后取出；对不易经产道取出的，早期施行剖腹产手术。取出干尸化胎儿后，用消毒液或 5%～10%盐水抗生素液冲洗子宫；应用子宫收缩药，促使液体排出。在子宫内放入抗生素，并重视全身对症治疗。

胎儿冠-臀长（crown - rump length of fetus） 胎儿颅顶至尾根的长度，是测量胎儿月龄的方法，常用于流产胎儿胎龄鉴定。

胎儿过大（fetal oversize）有相对过大和绝对过大两种，前者是指胎儿大小正常而母体骨盆相对太小；后者是指母体骨盆大小正常而胎儿体格过大，但其他方面正常。此外，一些病理情况也出现胎儿过大，如巨型胎儿（fetal gigantism）、胎儿水肿、胎儿气肿等。在产科临床中，处理这两种情况所采用的方法基本相同，一般是先采用牵引术缓慢将胎儿拉出；如牵引有困难，可采用截胎术和剖宫产术。

胎儿活动音（foetal movement sound） 简称胎动音。胎儿肢体活动发出的声音。似犬咬架声，在妊娠一定阶段才出现，是诊断妊娠、判断胎儿存活的标志之一。猪的胎动有一定规律，可用于测定怀孕日期。多普勒超声可以检出。

胎儿畸形引起的难产（dystocia due to fetal monsterosities） 由于胎儿畸形，难以从产道中分娩出所引起的难产。本病与遗传、植物中毒等因素有关。牛最常见的为裂腹畸形，其次为先天性假佝偻、躯体不全、重复畸形、关节强硬和胎儿水肿等。羊的情况与牛的基本相似，但发病率低。马除先天性歪颈外，偶见脑积水及一侧横膈膜缺损。猪则多见脑积水、双胎畸形和躯体不全。治疗原则是尽可能弄清畸形的部位及程度，在牵引术难以奏效时，选择用截胎术或剖腹产术。

胎儿绞断器（embryotome）　难产时绞断胎儿肢体的器械。由绞盘、钢管、钢绞绳、抬扛、大小摇把组成。使用时，由绳导带产科绳、再带钢绞绳绕过胎儿预定绞断部位，拉出产道。绞绳穿过钢管在绞盘上固定。术者带入钢管，顶在预定部位。助手抬起绞盘，先用小摇把绞动绞绳并绞紧。再用大摇把将胎儿绞断。绞断器可绞断胎体任何部位，使用十分方便，唯一不足是断端骨叉锋利，一般用于关节处即可避免。

胎儿矫正术（correction of fetus）通过推、拉、翻转、矫正或拉直胎儿四肢的方法，把异常胎向、胎位及胎势矫正至正常状态的助产手术。适用于产道正常，胎儿姿势、胎位和胎向轻度异常的难产，尤其是胎儿成活时。用手和器械进行矫正。常用的矫正器械有产科梃、推拉梃和扭正梃等。矫正术必须在子宫腔内进行。在母畜努责或子宫收缩时禁止前推、矫正胎儿。为了抑制母畜努责，需行硬膜外麻醉或应用镇静剂。

胎儿浸溶（maceration）　延期流产的一种。妊娠中断后，由于黄体退化，子宫颈口开张，微生物侵入子宫，死亡胎儿的软组织分解，变为液体流出，而骨骼则留在子宫内。细菌导致胎儿气肿、浸溶的同时，可引起母畜子宫炎、败血症、脓毒血症及腹膜炎等症状。若为时已久，母畜极度消瘦，阴门流出红褐色或棕褐色难闻的黏稠液体，其中可带有小的骨片，后期则仅排出脓液。阴道检查，子宫颈口开张，在子宫颈管内或阴道中可以摸到胎骨；阴道及子宫颈黏膜红肿。若胎儿浸溶发生在妊娠初期，胎儿软组织被分解后大部分骨片被排出，子宫腔内仅留有少许骨片，子宫中排出的液体也逐渐变清亮，易被误诊为单纯的子宫内膜炎或屡配不孕。首先可使用前列腺素制剂，继之或同时应用雌激素，溶解黄体并促使子宫颈口开张。若胎儿浸溶、软组织基本液化，须尽力将胎骨逐块取净。取出浸溶胎儿后，用消毒液或5%～10%盐水抗生素液冲洗子宫；应用子宫收缩药，促使液体排出。在子宫内放入抗生素，并重视全身对症治疗。

胎儿牵引术（traction of fetus）　又称胎儿拉出术。用外力将胎儿自母体产道拉出的助产手术，是救治难产最常用的手术。适用于胎儿过大、阵缩及努责微弱、产道轻度狭窄及胎位轻度异常的难产。正生时，交替牵拉头和两前肢；倒生时，交替牵拉两后肢，以缩小胎儿的头和两前肢、肩脚围及骨盆围3部分的横径，便于胎儿产出。牵拉时要配合母畜努责，可徒手，也可用器械帮助。常用的牵拉器械有产科绳、产科链、产科钩，产科钩钳和产科套等。

胎儿前置（preposition of fetus）　又称先露。胎儿身体某部分与母体产道的关系，哪一部分向着或进入产道，即那一部分的前置。胎儿前置部分先露出阴门外。正生时，为两前肢和胎头前置；倒生时，为两后肢和臀部前置。前肢腕关节屈曲，腕部进入产道称腕部前置；后肢飞节屈曲，飞节伸入产道称飞节前置。大动物分娩时，以上两种均为异常胎势，会引起难产。

胎儿三毛滴虫检查法（diagnosis of tritrichomonas foetus infection）　牛胎儿毛滴虫病的诊断方法。直接从母畜阴道吸取分泌物或收集公畜包皮冲洗液检查。流产胎儿可取其第四胃内容物、胸水或腹水检查。将收集到的病料分别处理，阴道黏液加生理盐水稀释后，制片镜检。羊水或包皮冲洗液离心后取沉淀物制片镜检。或将前法制成的抹片干燥后用邵氏固定液固定，苏木素染色镜检。或用20%福尔马林蒸汽固定，干后再以甲醇固定，姬氏液染色镜检。另一种法是将病料接种于妊娠天竺鼠的腹腔内，接种后1～2d可使天竺鼠流产，在其流产胎儿的消化道和胎盘里可查出大量毛滴虫。

胎儿性难产（dystocia due to foetus）　胎儿的方向、位置和姿势异常，或胎儿大小与骨盆不相适应（如胎儿过大、双胎同时进入产道及胎儿畸形等），胎儿不能进入或通过产道而引起的难产。牛、羊、马的难产主要是胎儿异常造成的，在牛高达70%。救治办法可根据难产的具体情况，选用牵引术、截胎术或剖宫产术。

胎粪（meconium）　胎儿出生前在肠道内形成和蓄积的粪便。它由胎儿胃肠道分泌的黏液、脱落的上皮、胆汁及吞咽的羊水经过消化后，其残余物积聚在肠道内所形成。通常在仔畜出生后数小时内排尽。

胎粪停滞（retention of meconium）　新生仔畜因肠道秘结而在出生后一天排不出胎粪，并伴有腹痛的现象。主要见于弱驹，绵羊羔次之。常由于母畜初乳品质不佳或分泌不足，或仔畜没有及时吸到足够的初乳引起。病驹表现为不安，卧姿异常，进而出现疝痛症状。羔羊则排粪时大声鸣叫。手指伸入直肠触到硬固的粪块即可确诊。滑润肠道和促进肠道蠕动是基本疗法。为此可用温肥皂水深部灌肠，或给予轻泻剂。但切忌使用峻泻剂，它易继发顽固性腹泻。也可用器械将粪块钩出。必要时进行剖腹术和对症配合全身治疗。

胎龄鉴定（determination of fetal age） 根据离体胎儿的体尺和生长发育情况，对其月龄作出鉴定。一般用于对流产胎儿的鉴定。常用的方法是测量其冠-臀长，但胎儿冠-臀长受品种、营养条件、怀胎多少等影响，差异较大。结合胎儿发育情况综合判断较为可靠。

胎龄预测（prediction of fetal age） 又称妊期预测。在活体预测胎儿妊期。适用于群牧本交的羊群，以便做好接产准备。现有的方法是用B超检查和测量胎儿的冠-臀长、头长、双顶径、胎盘的大小等。用多普勒超声监听胎心频率和胎动也可进行预测。

胎膜（fetal membranes） 又称胚胎外膜、胎衣。由胚胎外的三个基本层（外胚层、中胚层、内胚层）所形成的卵黄囊、羊膜、尿膜和绒毛膜所组成。为妊娠时胚胎生长不可少的器官。胎儿通过胎膜及胎盘从母体吸取营养，又通过他们将代谢产生的废物运走，并能进行酶和激素合成。因此是维持胚胎发育并保护其安全的一个重要的暂时性器官，胎儿产出后即摒弃。

胎膜囊积水（dropsy of fetal sacs） 见胎水过多。

胎牛血清（bovine fetal serum/fetal bovine serum） 妊娠后期通过剖腹所取胎牛的血清。营养成分完全而丰富，代谢产物极少，微生物感染的可能性最小，品质最高，是组织细胞培养和病毒增殖培养的重要营养来源。

胎盘（placenta） 尿膜绒毛膜和子宫黏膜发生联系所形成的一种暂时性的组织器官。由两部分组成：尿膜绒毛膜的绒毛部分为胎儿胎盘；子宫黏膜部分为母体胎盘。胎儿的血管和子宫血管各自分布到自己的胎盘上去，但并不直接相通，仅彼此发生物质交换，保证胎儿发育的需要。胎盘是母体与胎儿之间联系的纽带，它不仅是母子之间进行物质和气体交换的场所，而且还是一个具有多种功能的器官。按照胎盘形态，可分为4种：弥散型胎盘、子叶型胎盘、带状胎盘和盘状胎盘。按母体血液和胎儿血液之间的组织层次亦可将胎盘分为4种：上皮绒毛膜型、上皮结缔绒毛膜型、内皮绒毛膜型和血液绒毛膜型。

胎盘激素（placental hormones） 胎盘生成的所有激素的统称。主要有：孕酮、雌二醇、雌酮、雌三醇、松弛素、肾上腺皮质激素、生长激素和促肾上腺皮质激素等。在马属动物，胎盘还分泌孕马血清促性腺激素。在人类，胎盘则产生人绒毛膜促性腺激素。这些激素与机体其他内分泌腺体或细胞产生的同类激素具有相似的生理功能，主要是保障妊娠的正常维持。

胎盘屏障（protective screen of placenta） 胎儿与母体之间进行物质交换必须经过的组织结构。胎儿部分由3层组成，即血管内皮、间充质和绒毛膜上皮。母体部分也包括3层，即子宫内膜上皮、结缔组织和血管内皮，但不同类型的胎盘，这几层变化较大。胎盘的屏障功能表现为两个方面，一是阻止某些物质的运输，二是胎盘免疫屏障功能。前者系指将胎儿和母体血液循环分隔开的一些膜，这些膜使得胎盘摄取母体内的物质时具有选择性。胎盘屏障的功能同胎盘类型有关，凡涉及的组织层次多，其屏障作用就大。①通常情况下，细菌不能通过绒毛进入胎儿血液中，但某些病原体（如结核杆菌）在胎盘中引起病变而破坏了绒毛时，则可通过绒毛进入胎儿血中；②病毒、噬菌体及分子量小的蛋白质可通过胎盘进入胎体；③抗生素中青霉素可少量通过胎盘，氯霉素能自由通过，土霉素在猪能通过，在牛则不能通过；④某些药物诸如乙醚、氯仿、酒精、樟脑、水杨酸、松节油、阿托品、毛果芸香碱、番木鳖碱和砷等也可通过胎盘；⑤母体血清中的抗体有的可以通过胎盘使胎儿获得被动免疫，这是新生仔畜生存和防御疾病所必需的。

胎盘突（placentome） 母子胎盘合在一起的总称，为子叶型胎盘所特有。由母体子宫内膜上子宫阜发育成的母体胎盘（又称母体子叶）与由胎儿尿膜绒毛膜发育成的胎儿胎盘（又称胎儿子叶）共同构成。在母体胎盘之间和胎儿胎盘之间的间区，正常情况下不形成胎盘，分别称子宫阜间区和子叶间区。

胎生（viviparous） 胚胎发育在母体子宫内完成，并产出胎儿的生殖方式。这种生殖方式，胎儿与母体之间建立胎盘联系，胚胎发育所需的营养由母体供给。见于哺乳类、少数爬行类和鱼类。

胎生普氏线虫（*Probstmayria vivipara*） 属于尖尾目。雄虫长2.5～2.7mm，雌虫长2.6～3.0mm，有圆柱状的前庭（口腔），雄虫尾部长而尖细，向腹侧弯曲。交合刺两个。雌虫尾部亦尖细；阴门在身体中央部分，常可见其子宫内含一相当大的幼虫。寄生于马属动物的结肠。可以在马体内直接繁殖；马与马之间可能通过摄入粪便中的幼虫而传播

胎势（posture of fetus） 胎儿在母体子宫内的姿势。即胎儿头、颈和四肢与本身躯干的关系，屈曲或伸展。妊娠时，一般呈屈曲姿势。分娩时，大动物要转变成伸展姿势，否则引起难产。

胎势异常（abnormal posture of fetus） 反刍动物中仅次于胎儿过大的难产的主要病因之一，其中发生最多的是腕关节屈曲及头颈侧弯。马最常见的是四肢及头颈姿势异常。胎势异常可能单独发生，或者和胎位、胎向异常同时发生。根据发生的部位可分为头

颈姿势异常，前腿姿势异常及后腿姿势异常。头颈姿势异常有头颈侧弯、头向后仰、头向下弯和头颈捻转。前腿姿势异常有腕关节屈曲、肘关节屈曲、肩胛关节屈曲和前腿置于颈上。后腿姿势异常有跗关节屈曲、髋关节屈曲。单纯胎势异常可采用矫正术或截胎术，如同时伴有胎向、胎位或产道异常的，则用剖宫产术。

胎水过多（dropsy of allantois and amnion） 又称羊膜囊积水。妊娠期间以尿囊腔或羊膜囊腔内蓄积过量的液体为特征的疾病。主要是尿水过多，也可能羊水过多或两者同时过多。包括三种情况，即胎盘水肿、胎膜囊积水和胎儿积水。它们可单独发生，也可并发。主要发生于牛，多见于怀孕 5 个月以后。偶发于绵羊和马，绵羊多见于怀双羔或三羔时。确切原因尚不清楚。可能与双胎、子宫疾病、羊膜上皮作用异常、心肾疾病或循环障碍，以及遗传因素有关。以腹围明显增大和发展迅速为特征。直肠触诊胎水增多、胎盘或胎儿触摸不清。结合超声检查可以诊断。胎水过多影响胎儿发育，常在产出时或产出后不久死亡。母畜后遗子宫弛缓，影响以后繁殖。轻症可限制饮水，用利尿轻泻来缓解。一般宜及早人工引产。

胎头积水（hydrocephalus） 由于脑室系统或蛛网膜腔液体积聚而引起的脑部肿胀。见于所有动物，但临床上多发于猪、牛和犬。病因可能是由伴有其他神经结构异常的大脑导管狭窄所引起。胎头轻微肿胀时，可用牵引术拉出胎儿；如果肿胀严重，可用截胎术。

胎位（position of fetus） 即胎儿的位置，子宫内胎儿背部与母体背腹部的关系。根据胎儿背部的朝向，可分为上位、下位和侧位 3 种。

胎位异常（abnormal position of fetus） 胎儿位置不正常，分侧位和下位。侧位程度轻者胎儿在产出过程中会自行转为上位。胎位异常又分正生和倒生。倒生时，因没有胎头，较易矫正。胎位异常同时伴有胎势异常，矫正困难的，宜采用截胎术或剖宫产术。

胎向（presentation of fetus） 胎儿的方向，胎儿身体纵轴与母体身体纵轴的关系。根据两纵轴关系的不同可分为纵向、横向和竖向 3 种。

胎向异常（abnormal presentation of fetus） 胎儿的胎向不正常。有腹竖向、背竖向、腹横向、背横向 4 种。发生很少。但矫正和截胎都很困难。确诊后，宜及早采用剖宫产术。

胎衣（afterbirth） 胎儿分娩出后从子宫内排出的胎盘或胎膜。

胎衣不下（retained fetal membranes） 又称产后停滞。母畜分娩出胎儿后，胎衣在正常时限内不能排出的现象。各种家畜排出胎衣的正常时间为：马 1～1.5h，猪 1h，羊 4h（山羊较快，绵羊较慢），牛 12h。如果超过以上时间，则表示异常。正常健康奶牛分娩后胎衣不下的发生率为 3%～12%，平均为 7%。羊偶尔发生；猪和犬发生时胎儿和胎膜同时滞留，很少发生单独胎衣不下。马胎衣不下的发生率为 4%，重挽马较多发。引起的原因很多，主要和产后子宫收缩无力及胎盘未成熟或老化、充血、水肿、发炎、胎盘构造等有关。全部胎衣不下容易诊断，部分不下常被忽视。马产后持续高烧，其他家畜产后恶露不尽，呈腐败性分泌物，应怀疑是部分滞留胎衣腐败分解所致。治疗原则是：尽早采取治疗措施，防止胎衣腐败吸收，促进子宫收缩，局部和全身抗菌消炎，在条件适合时可剥离胎衣。治疗方法很多，概括起来可以分为药物疗法和手术疗法两大类。

胎衣排出期（stage of fetal - membrane expulsion） 又称第三产程，简称排出期。从胎儿排出后算起，到胎衣完全排出为止的时间。胎衣排出的快慢，因各种家畜的胎盘组织构造不同而异。马的胎衣排出期为 5～90min。猪的胎衣分两堆排出，胎衣排出期平均为 30（10～60）min，但也有的达 1.5～2h。牛母子的胎盘组织结合比较紧密，所以历时较久，为 2～8h，最长一般认为不超过 12h。绵羊为 0.5～4h，山羊为 0.5～2 h。

苔藓化（lichenification） 又称苔藓病。角朊细胞（keratinocyte）及角质层增殖和真皮炎性细胞浸润形成的斑块状结构。表现为皮沟加深，皮脊增高，形成多角形扁平丘疹，群集成片，呈皮革或树皮状；皮肤逐渐变厚，常伴有轻度色素沉着和少量细碎鳞屑。常见于慢性瘙痒性皮肤病如神经性皮炎、慢性湿疹等。

肽（peptide） 两个以上氨基酸以肽键相连形成的聚合物。由两个氨基酸分子缩合而成的肽称为二肽；含三个氨基酸的肽，称为三肽，以此类推；含 20 个以上的称多肽（polypeptide）。蛋白质分子的水解片断也称为肽。肽比蛋白质分子小，一般认为它最多具备二级结构。自然界中存在多种肽，如内啡肽、催产素和加压素等多肽激素，细菌分泌的短杆菌肽和菌酪素等。其中许多有特殊的生理功能。大多数肽为开链线状结构，少数有开链分枝或环状结构。

肽键（peptide bond） 蛋白质分子中不同氨基酸以相同的化学键连接而成，即前一个氨基酸分子的 α-羧基与下一个氨基酸的 α-氨基缩合，失去一个分子水形成的 C－N 键。

肽聚糖（peptidoglycan） 又称黏肽（mucopeptide）、糖肽（glycopeptide）或胞壁质（murein）。细

菌细胞壁所特有的物质。革兰阳性菌细胞壁的肽聚糖是由聚糖链支架、四肽侧链和五肽交联桥3部分组成的复杂聚合物。聚糖链支架是由N-乙酰葡萄糖胺（NAG）和N-乙酰胞壁酸（NAMA）通过β-1,4糖苷键交替连接组成的。四肽侧链依次由L-丙氨酸、D-谷氨酸、L-赖氨酸、D-丙氨酸所组成，均连接于胞壁酸。五肽交联桥由五个甘氨酸组成，交联于相邻两条肽聚糖支架的四肽侧链上第一条第三位L-赖氨酸及第二条第四位D-丙氨酸之间，从而构成牢固的三维立体结构。革兰阴性菌肽聚糖结构单体与革兰阳性菌的有差异：聚糖链支架相同，但四肽侧链中第三个氨基酸是内消旋二氨基庚二酸（m-DAP），没有五肽交联桥，由m-DAP的氨基与相邻聚糖链支架上四肽侧链中D-丙氨酸的羧基直接连接成二维结构，故较为疏松。

肽类激素（peptide hormone） 化学结构为多肽的含氮激素。种类很多，目前已知下丘脑调节性多肽、神经垂体激素以及由胃肠或胰岛内分泌细胞分泌的胃泌素、促胰液素和胰高血糖素等均属此类激素。

肽能神经（peptidergic fiber） 植物性神经系统中除胆碱能神经和肾上腺素能神经这两种经典成分外的第3种成分。其末梢所释放的递质是肽类。肽能神经广泛分布于中枢和外周神经系统，也存在于胃肠道、心、肺、皮肤和泌尿道。

泰拉霉素（tulathromycin） 又称土拉霉素、托拉菌素。最新的动物专用的大环内酯类半合成抗生素。广谱抗菌药，对一些革兰阳性和革兰阴性细菌均有抗菌活性，对引起猪呼吸系统疾病的病原菌尤其敏感，如溶血性巴氏杆菌、出血败血性巴氏杆菌、睡眠嗜血杆菌、支原体、类胸膜肺炎的放线杆菌、支气管败血波氏杆菌、副猪嗜血杆菌等。用于牛和猪的呼吸系统感染性疾病及由牛莫拉氏菌引起牛传染性角膜结膜炎的防治。单次给药可提供全程的治疗。猪一般采用肌内注射给药，牛采用颈部皮下注射。

泰乐菌素（tylosin） 动物专用抗生素。得自弗氏链霉菌（*Streptomyces fradiae*）类似菌株的培养液。微溶于水，其盐酸盐和酒石酸盐易溶于水，性状较稳定。对革兰阳性菌和一些阴性菌有抗菌作用，对支原体尤为有效。用于防治鸡支原体病（慢性呼吸道病）和传染性窦炎。亦可预防猪支原体肺炎。

泰勒虫病（theileriasis） 泰勒科（Theileriidae）、泰勒属（*Theileria*）的各种原虫寄生于牛、羊、马和其他野生动物巨噬细胞、淋巴细胞和红细胞内所引起的疾病的总称。在中国，寄生于牛体内的主要为环形泰勒虫（*Theileria annulata*），少数地区有瑟氏泰勒虫（*T. serenti*）。在其他国家，牛体内还发现毒力强的小泰勒虫（*T. parva*）和毒力弱的突变泰勒虫（*T. mutans*）。在马体内的为马泰勒虫（*T. equi*）。在羊体内寄生的为绵羊泰勒虫（*T. ovis*）和山羊泰勒虫（*T. hirci*）。此外，还发现骆驼泰勒虫（*T. camelensis*）。在中国，牛环形泰勒虫的传播者主要为璃眼蜱属的各种蜱。6～8月多发，7月达高峰，以1～3岁牛发病为多。病区本地牛多为带虫者，发病较轻；新引进的牛发病较重，死亡率高。马泰勒虫的传播者主要为革蜱属的多种蜱。2月下旬开始出现，3、4月达高潮，5月下旬以后逐渐停止流行。羊泰勒虫病的传播者主要为血蜱属的青海血蜱。4～6月多发，5月达高潮，尤以1～6月龄羔羊发病较多，死亡率也高。症状主要表现高热、贫血、黄疸、出血和呼吸困难以及消瘦和体表淋巴结肿胀。病牛还可见排粪异常。病羊往往出现四肢僵硬，步态不稳。主要通过血片检出虫体或从淋巴结穿刺物中检出裂殖体来诊断，也可用酶联免疫吸附试验进行诊断。治疗本病尚无理想特效药物。病的早期可用磷酸伯氨喹啉治疗。也可试用贝尼尔和阿卡普林。预防本病主要在于灭蜱。中国近年来研制成功的牛泰勒虫病裂殖体胶冻细胞苗可用于预防接种。

泰勒虫检查法（diagnosis of theileria infection） 诊断泰勒虫病的方法。①血片染色法。取血滴于载玻片上涂成薄膜，干燥，甲醇固定2～3min，姬氏或瑞氏液染色后，镜检。如为阳性，可在红细胞内发现虫体。②组织内虫体检查法。用针头刺入淋巴结，抽取淋巴液，于载玻片上涂成薄膜，甲醇固定，姬氏液染色，可发现柯赫氏蓝体（Koch's blue bodies）。

泰勒虫属（*Theileria*） 属梨形虫亚纲（Piroplasmasina）、泰勒科（Theileriidae）。虫体呈圆点状、环状、卵圆形、不规则形或杆状，出现于红细胞内。裂殖生殖的裂殖体出现于脾、淋巴结等处的淋巴细胞中、或游离于细胞外，称柯赫氏蓝体，圆形，平均直径8μm，也可达15～27μm，内含许多小的裂殖子或染色质颗粒。生活史与巴贝斯虫基本相似，分为三阶段。不同之处是在裂殖生殖时，子孢子被蜱传入牛体后，先进入淋巴细胞、巨噬细胞等进行裂殖生殖，形成柯赫氏蓝体，反复分裂多次后进入红细胞内成为配子体，不再分裂。在蜱体内进行配子生殖时，大小配子融合形成合子，再转变为长形的动合子。动合子进入蜱体内后直接侵入唾液腺细胞进行孢子生殖，不进入其他细胞增殖。传播泰勒虫的方式为期间传播，即幼蜱吸食了含有梨形虫的血液，可以传播给若蜱或成蜱，后者再吸血时即可将泰勒虫传给哺乳动物。

泰妙菌素（tiamulin） 又称支原净。动物专用半合成抗生素。溶于水。对革兰阳性菌、多种支原体和某些螺旋体有抗菌作用。用于治疗鸡支原体病（慢性呼吸道病）、猪支原体肺炎、鸡葡萄球菌性滑膜炎及猪嗜血杆菌胸膜肺炎和密螺旋体痢疾。不宜与聚醚类抗生素如莫能菌素等配伍用。

泰氏锥虫（*Trypanosoma theileri*） 寄生于牛血液中的一种锥虫。世界性分布。属鞭毛虫纲、锥体科。虫体相当大，长达 60～70μm，两端尖，有显著的波动膜，动基体至后端的距离特别长，前端形成游离鞭毛。由虻传播，感染性虫体存在于虻的粪便中。一般无致病性，但对去脾牛或牛遇逆性应激因素时可引起虫血症。血液涂片中很少发现虫体；用人工培养法可查得虫体。

泰泽氏病（Tyzzer disease） 芽孢杆菌属的毛发样芽孢杆菌（*Clostridium piliformis*）引发的一种传染病。由于是 Ernest Tyzzer 首先发现而称为泰泽氏病，小鼠、大鼠、地鼠、豚鼠、兔、沙鼠、犬、猫等多种动物都可感染。患病动物表现肠炎和肝炎，重症呈现出血性腹泻，成鼠多为隐性感染。病兔主要表现强烈腹泻，粪便呈褐色糊状乃至水样，精神沉郁，食欲减退或废绝。特征性病变是盲肠黏膜弥漫性急出血，肠壁水肿，盲肠充满气体和褐色糊状或水样内容物，蚓突部有暗红色坏死灶，回肠也有类似变化。肝脏肿大，有针头大灰黄色坏死灶。通过患病动物肝，肠切片染色出现特异菌体而确诊是主要诊断方法，也可用血清学方法进行检测。泰泽氏病是我国普通级小鼠、大鼠，清洁级豚鼠、地鼠和兔的必检项目。尚无有效治疗药物和预防疫苗，早期发现及时淘汰是目前最主要的防制办法。

酞磺噻唑（phthalylsulfathiazole，PST） 磺胺类药。抗菌作用与用途同琥磺噻唑，但抗菌效力强 2～4 倍。

瘫痪（paralysis） 见麻痹。

弹性软骨（elastic cartilage） 透明软骨的变形。与透明软骨的主要区别在于其基质中含有分支状的弹性纤维。弹性软骨虽然也含有胶原纤维，但由于弹性纤维在其深部交织成密网状，因而变得不透明。弹性软骨分布在耳廓、外耳道壁、耳咽管和会厌。

弹性组织（elastic tissue） 一种富含弹性纤维的致密结缔组织，具有很好的弹性，如项韧带、腹黄膜、声带等。

炭疽（anthrax） 炭疽芽孢杆菌引起的一种人畜共患急性、热性、败血性传染病。本病广泛分布于世界各地，尤其以南美洲、亚洲及非洲等牧区较多见，可呈地方性流行，为一种自然疫源性疾病。人类炭疽主要表现为局部皮肤坏死及特异的黑痂（炭疽痈），或肺部、肠道、脑膜的急性感染。动物炭疽以草食动物多发，且表现为急性过程，病死率高。羊炭疽多为最急性型，发病急剧，其特征为发热，呼吸困难，天然孔出血，血凝不全，迅速死亡。牛炭疽多呈急性型，病畜体温升高，食欲废绝，肌肉震颤，呼吸高度困难，可视黏膜发绀或有出血点，天然孔出血，最后窒息而死。马的痈型炭疽可见颈、胸、腰或外阴部出现界限明显的局灶性炎性水肿，触诊如面团，开始热痛，不久则变冷无痛，甚至软化龟裂，渗出带黄色液体。猪对炭疽的抵抗力较强，典型的症状为咽型炭疽。病变有脾脏显著肿大、皮下和浆膜下结缔组织胶样浸润，血液凝固不全，呈煤焦油样。本病原一旦污染土壤、水源和牧场，便可成为长久的疫源地。根据流行病学和临床可作出初步诊断。细菌学检查、动物试验、沉淀反应、串珠试验、荧光抗体试验等方法均可确诊。在本病流行地区应定期进行炭疽芽孢苗接种。对病畜及时使用抗血清或抗生素、磺胺类药物有一定疗效。

炭疽芽孢杆菌（*Bacillus anthracis*） 又称炭疽杆菌。是一种无鞭毛、有荚膜、致病力强的革兰阳性大杆菌。大小为 1.2μm×(3～5)μm，病料中多呈现短链，链外环绕有一层明显的荚膜。在培养基中形成几十个菌体相连的竹节状长链，细菌中央可形成卵圆形芽孢。在普通琼脂上强毒菌形成毛玻璃样外观的灰白色大菌落，其边缘不齐，低倍镜下观察呈卷发状。弱毒株则形成光滑型菌落。繁殖体对青霉素极敏感，串珠实验呈阳性。芽孢体对热、干燥及消毒剂抵抗力强。主要致病因子为炭疽毒素和荚膜多肽，以绵羊、山羊、牛和马属动物最易感，骆驼次之，猪多为咽局部感染。人可经多种途径感染。小鼠、豚鼠和家兔对此菌极易感。与非致病性芽孢杆菌的主要区别在于有荚膜、不运动、不溶血、青霉素串珠实验呈阳性。炭疽芽孢杆菌是引起人类、各种家畜和野生动物炭疽（anthrax）的病原，在兽医学和医学上均占有相当重要的地位。

炭粒凝集试验（charcoal agglutination test） 一种间接凝集试验。活性炭颗粒表面有许多蜂窝状结构，对蛋白质等具有很强的吸附能力，因此可用作间接凝集试验的载体。通常用抗体致敏的炭粉颗粒制成碳素血清，用以检查抗原。

探究行为（exploratory behavior） 动物对环境中的新异动因（刺激）所表现的竖耳、转头、眼凝视，甚至走向刺激来源处等行为反应。

碳水化合物（carbohydrate） 由碳、氢和氧三种元素组成，所含的氢氧的比例为二比一，和水一样。它是为人和动物提供热能的 3 种主要的营养素中最廉价的营养素。食物中的碳水化合物分成两类，即人可以吸收利用的有效碳水化合物如单糖、双糖、多糖，人不能消化的无效碳水化合物如纤维素。

碳酸氢钠（sodium bicarbonate） 又称小苏打。抗酸药。在体内可直接解离成 Na^+ 和 HCO_3^-，HCO_3^- 与体液中过剩的 H^+ 结合生成 H_2CO_3，H_2CO_3 再分解为 CO_2 和 H_2O，CO_2 由肺呼出，而 Na^+ 在体内存留，从而体液中 H^+ 浓度下降，酸中毒得以纠正。主要用于：①酸中毒，尤其是代谢性酸中毒；②碱化尿液，可防止某些磺胺药对肾脏的损害及提高庆大霉素对泌尿道感染的疗效；③胃酸过多。

糖（类）（sugar） 多羟基醛或酮及其缩合物和衍生物的总称。绝大多数糖的分子式可用 Cn（H_2O）n 表示，故又称碳水化合物。糖分为单糖、寡糖和多糖 3 类。广泛存在于生物体内，通过氧化分解，为生物体提供生理活动所需的大部分能量并能转变成脂肪和蛋白质等物质。糖也是核酸的组成成分，还参加动植物组织细胞结构的构建，如动物细胞间质和结缔组织以及植物的结构糖如纤维素。

糖代谢（sugar metabolism） 生物体内糖类的合成、分解和转变过程。它为生物体提供生理活动所需的能量以及组织的结构材料。动物通过摄取食物，把绿色植物借助光合作用合成的糖类消化后吸收进体内，经过一系列酶催化的代谢反应使糖类（主要是葡萄糖）分解、贮存或者与其他生物物质如蛋白质、脂和核酸的代谢汇合。不同组织器官的糖代谢有各自的特点，而涉及的途径主要包括糖原的合成与分解、糖酵解、糖有氧氧化、磷酸戊糖途径和糖异生作用等。

糖蛋白（glycoprotein） 糖链与蛋白质多肽链共价结合而形成的高分子复合物。糖蛋白分子包含糖链、蛋白质和糖肽键 3 部分。其糖链由几个或十几个单糖及其衍生物通过糖苷键连接而成寡糖链，一般是分支的。然后在一条多肽链的一个或几个位点上，与一条或几条寡糖链连接。糖链与肽链的连接主要有两种类型：N-糖苷键和 O-糖苷键。糖基可借助于N-糖苷键连接于蛋白质分子中的天冬酰胺残基的酰胺基上（也称 N-连接），或者借助 O-糖苷键与蛋白质分子中的丝氨酸或苏氨酸残基的羟基相连（也称O-连接）。糖蛋白在生物体分布广，种类多，如免疫球蛋白、血型物质、糖蛋白激素、糖蛋白酶、凝集素等。其生理功能主要表现为：具有酶及激素的活性；高黏度，作为机体的润滑剂、保护剂；具有抗蛋白酶的水解，阻止细菌、病毒侵袭的作用；在组织培养时对细胞黏着和细胞接触起抑制作用；对外来组织细胞识别、肿瘤特异性抗原活性的鉴定有一定作用。

糖基化作用（glycosylation） 糖基通过糖苷键连接到蛋白质上生成糖蛋白的作用。这是真核细胞 mRNA 翻译蛋白后的主要后处理方式之一。在蛋白多肽的天门冬酰胺的酰基，丝氨酸、苏氨酸的羟基，以及半胱氨酸的巯基上都能连接糖基。生物体内很多活性物质（抗体、激素等）都是糖蛋白。用真核表达载体如病毒可表达糖蛋白，因此常用真核表达系统表达一些活性物质的基因。原核表达系统（大肠杆菌）的表达产物不能糖基化。

糖酵解（glycolysis） 又称 EMP 途径（embden-meyerhof - parnas pathway）。在无氧条件下，葡萄糖在生物体内通过无氧氧化生成乳酸的过程。1 分子葡萄糖经该途径可分解成 2 分子乳酸并伴有 2 分子 ATP 生成。糖酵解可分为 2 个阶段：第 1 阶段由葡萄糖分解为丙酮酸，第 2 阶段是丙酮酸转变为乳酸。糖酵解是生物在无氧或缺氧状况下从葡萄糖获得所需能量的重要方式。如动物剧烈运动时，由于能量需要激增，糖分解加快，造成供氧不足，通过肌肉糖原的酵解可为肌肉活动提供部分能量。

糖尿（glucosuria） 血糖过高超过肾糖阈时糖分出现于尿中，同时引起渗透性利尿和机体能量物质丧失过多。

糖尿病（diabetes mellitus） 由于胰岛素绝对或相对缺乏，致使糖代谢发生紊乱的一种内分泌疾病。临床上以多尿、烦渴、体重减轻、高血糖及糖尿为特征。犬、猫糖尿病发病率为 0.2%～1%，母犬多于公犬，小型犬居多，主要见于 5 岁以上的犬。公猫发病多于母猫，9 岁以上多发。可分为Ⅰ型糖尿病、Ⅱ型糖尿病和继发性糖尿病 3 类。可能的致病因素有遗传倾向、感染、胰岛素颉颃性疾病和免疫介导性胰岛炎和胰腺炎等。为弥补血糖利用不足而动用脂肪生成酮体过多时，会引起糖尿病酮症酸中毒。犬糖尿病多为胰岛素依赖型糖尿病（insulin - dependent diabetes mellitus，IDDM），患犬 β 细胞功能的丧失是不可逆的，须终生使用胰岛素控制血糖。猫糖尿病与犬不同，多为非胰岛素依赖型糖尿病（non - insulin - dependent diabetes mellitus，NIDDM）。约 20%的糖尿病猫会呈“暂时性”糖尿病，在诊断和开始治疗 4～6 周内恢复。

糖皮质激素（glucocorticoids） 又称糖皮质类固醇。由肾上腺皮质束状带分泌的以调节糖类代谢为主的肾上腺皮质激素。主要有皮质醇及皮质酮。主要作用是促进肝内糖原异生，增加糖原贮备，阻止外周组织对糖的摄取和利用，从而使血糖升高；抑制肝外组织特别是肌肉对氨基酸的摄取，减少蛋白质的合成，促进蛋白质的分解，促进肝细胞对氨基酸的摄取和糖原异生；促进脂肪分解、抑制脂肪合成；对水盐代谢也有调节作用，但较盐皮质激素弱得多。此外，糖皮质激素在提高机体应激反应以维持生命活动方面具有重要的作用，表现为抗炎、抗过敏、抗毒素和抗休克等。

糖肽类抗生素（glycopeptides antibiotic）　一类在结构上共具高度修饰的七肽骨架，作用靶点为细菌胞壁成分D-丙氨酰-D-丙氨酸的抗生素。依据所含氨基酸的不同可分为4族。糖肽类抗生素对几乎所有的革兰阳性菌具有活性，如凝固酶阳性或阴性葡萄球菌、各组链球菌、肠球菌（包括粪肠球菌和屎肠球菌）、棒杆菌、厌氧球菌和单核细胞增生李斯特菌。天然耐受糖肽类抗生素的革兰阳性菌有乳杆菌、明串珠菌、片球菌和诺卡菌。革兰阴性菌一般对糖肽类抗生素不敏感。在临床常用于由革兰阳性菌尤其是葡萄球菌、肠球菌和肺炎链球菌所致严重感染性疾病的治疗。

糖异生作用（glyconeogenesis）　非糖物质如乳酸、甘油、生糖氨基酸和丙酸等在肝、肾中转变成葡萄糖和糖原的作用。其中有些物质可从丙酮酸羧化支路转变为葡萄糖和糖原；另一些物质则从三羧酸循环转变成草酰乙酸，然后逸出线粒体进入胞浆再转变成磷酸烯醇式丙酮酸，接着循酵解途径逆行转变成葡萄糖和糖原。在葡萄糖来源不足时，糖异生作用对于维持动物血糖的恒定有重要生理意义。

糖有氧氧化（sugar aerobic oxidation）　在供氧充分的条件下，葡萄糖和糖原彻底分解成二氧化碳和水的过程。可分为3个阶段：①葡萄糖或糖原分解成丙酮酸。该阶段包括的反应在胞浆中进行。②丙酮酸转入线粒体，在丙酮酸脱氢酶复合体的催化下氧化脱羧生成乙酰CoA。③乙酰CoA经三羧酸循环彻底氧化产生二氧化碳和水。1分子葡萄糖经有氧氧化可产生30（或32）个ATP分子，其总反应式为：$C_6H_{12}O_6+6O_2\rightarrow 6CO_2+6H_2O+30(32)ATP$。糖有氧氧化是糖分解的主要方式，是需氧生物获取生理活动所需能量的主要手段。

糖原（glycogen）　又称动物淀粉。糖在动物肝脏和肌肉中的贮存形式。呈聚集的颗粒状存在于肝和骨骼肌的细胞液中。糖原含有较多的分支，糖链中的葡萄糖基大部分以α-1,4糖苷键连接，分支点为α-1,6糖苷键。糖原颗粒存在于细胞质中。在细胞需要耗用能量时，在代谢糖原酶的参与下分解成磷酸葡萄糖被利用。

糖原分解（glycogenolysis）　糖原分解成葡萄糖的过程。磷酸化酶催化糖原分子中α-1,4糖苷键的水解反应生成大量葡萄糖-1-磷酸酯，而α-1,6糖苷键的水解反应则由葡萄糖基转移酶和脱枝酶完成。肝脏中特异的葡萄糖磷酸酶可将葡萄糖磷酸酯转变成葡萄糖输入血液中。糖原也可在淀粉酶和脱枝酶作用下水解成葡萄糖、麦芽糖和糊精，进一步被消化道中的糊精酶、脱枝酶水解成葡萄糖。

糖原合成（glycogenesis）　葡萄糖转变成糖原的过程。葡萄糖首先需转变成磷酸酯，然后形成活性的单体尿嘧啶核苷二磷酸葡萄糖（UDPG），再逐个转移到糖原引物的非还原末端上，以α-1,4糖苷键延长糖链，达一定长度时形成分支，分支点为α-1,6糖苷键。合成过程需ATP、UTP、UDPG-焦磷酸化酶和糖原合成酶等参加。

糖原累积病（glycogenosis）　参与糖原降解的酶缺陷致使糖原在组织细胞内沉积过多。多与遗传因素有关。其中，糖原累积病Ⅰ型（glycogenosis type Ⅰ）是由于肝、肾等组织中葡萄糖-6-磷酸酶先天性缺陷所致的一种遗传性糖原代谢病，又称肝肾糖原累积病；糖原累积病Ⅱ型（glycogenosis type Ⅱ）是由于α-1,4-葡萄糖苷酶（酸性麦芽糖酶）先天性缺陷所致的一种遗传性糖原代谢病，又称全身性糖原累积病；糖原累积病Ⅲ型（glycogenosis type Ⅲ）是由于肝和肌肉内淀粉-1，6-葡萄糖苷酶（脱支链酶）先天性缺陷所致的一种遗传性糖原代谢病，又称局限性糊精累积病。

糖脂（glycolipids）　一个或多个单糖残基通过糖苷键与脂类连接而成的化合物。是生物膜的组成成分之一。组成生物膜的糖脂主要是甘油糖脂和鞘糖脂。植物和细菌中的糖脂主要是甘油糖脂；动物中主要是鞘糖脂。糖脂仅分布在细胞膜外侧的单分子层中，其糖链伸向细胞膜的外侧。

绦虫（cestode）　属于扁形动物门（Platyhelminthes）、绦虫纲（Cestodea）的一类体内寄生虫。圆叶目和假叶目绦虫对家畜及人体具有感染性，引起人、畜严重的绦虫病或绦虫蚴病。绦虫虫体呈带状、扁平，大小自数毫米至10m以上，由许多节片组成。虫体分头节、颈节与链体3部分。头节为吸着器官，一般分为3种类型：吸盘型、吸槽型、吸叶型。颈节为生长部分，链体由幼节（非成熟节片）、成熟节片和孕卵节片组成。绦虫无体腔、消化系统、循环系统、呼吸系统。除个别虫体外均为雌雄同体，生殖器官发达，每个节片中都有雄性和雌性生殖系统各一组或两组，交配和受精可在同一体节或同一虫体的不同体节间进行，也可在两条虫体间进行。虫卵自子宫孔排出或随孕节脱落后散出。绦虫在中间宿主体内的发育称为中绦期，假叶目绦虫的中绦期有2期，分别称为原尾蚴和实尾蚴，圆叶目绦虫的中绦期仅1期，称为似囊尾蚴或囊尾蚴。实尾蚴、似囊尾蚴或囊尾蚴被终末宿主吞食后，在肠内，头节外翻，并用附着器官吸着肠壁，发育为成虫。

绦虫病（cestodosis） 由扁形动物门绦虫纲的寄生动物引起的畜禽寄生虫病。绦虫都需要两个宿主才能完成其生活史。当畜禽作为终末宿主、即被成虫寄生时，虫体寄生于消化系统，常引起消化障碍、营养不良，虫体多时还能造成肠堵塞等严重后果；但一般情况下，绦虫和终末宿主的适应性良好，多无明显症状。当畜禽（主要是畜）作为中间宿主被幼虫寄生时，虫体可以寄生于肌肉、神经、浆膜腔以及肝、肺实质等多种组织器官，引起相应的病变和症状，常较严重。对于绦虫幼虫引起的绦虫病常称绦虫幼虫病或绦虫蚴病。

绦虫蚴病（metacestodiasis） 畜禽作为中间宿主被绦虫幼虫寄生时引起的疾病。主要发生于家畜、啮齿动物和人，寄生部位为肌肉、神经系统、肝肺实质以及浆膜腔等多种组织器官。虫体给寄生部位造成压迫、引起炎症等病理变化，并出现相应的症状，常引起严重后果。根据绦虫种类和幼虫类型的不同，绦虫蚴病又可以细分为囊尾蚴病、多头蚴病、棘球蚴病和裂头蚴病等。

特发性关节炎（idiopathic arthritis） 一种发生于犬的、病因不明的关节炎。根据有无并发病及并发病的性质又分4个类型：无并发病型、感染并发型、胃肠疾病并发型和肿瘤并发型。多数病例表现为对称的多发性关节炎，病犬体温升高，食欲减退，有不同程度的跛行，轻者步态强拘，重者不能站立和走步。患病关节肿大，局部有压痛，滑膜囊内有渗出液，有时腱鞘亦受侵害。在颊黏膜和舌黏膜上可出现溃疡，并有大量唾液流出。肌肉尤其是颞肌萎缩。根据并发病不同还可出现其他系统如呼吸系统、消化系统、泌尿系统以及肌炎、肿瘤等的症状。治疗无并发病型的特发性关节炎可用强的松龙，每1kg体重用2mg，连用2周，以后在4周内逐渐减量停用。病犬应绝对休息，必要时也可给止痛药。对其他类型的特发性关节炎还应针对并发的其他疾病治疗。

特殊病理学（special pathology） 又称病理学各论。研究器官系统和具体疾病病理变化、发病机理的病理分支学科。如以病原分类分为细菌性、病毒性、寄生虫性等疾病病理学；或按各系统器官而分为心血管系统、消化系统、呼吸系统、泌尿系统、生殖系统等病理学。

特殊毒性（special toxicity） 外源化学物在一定剂量、一定接触时间和一定接触方式下，对动物机体的某一组织器官或某种机能产生毒效应的能力。根据观察的目标不同，特殊毒性可分为遗传毒性、生殖发育毒性、三致毒性、免疫毒性、神经毒性和行为毒性等。

特殊感觉（special sense） 由高度分化的特殊感觉器官所产生的视、听、味、嗅和前庭平衡感觉等。另外，某些动物还有一些特殊的感觉，如昆虫与鸟类的定向，可能与感知磁场有关；某些鱼类利用感知电场能探察周围物体——天敌或食物等。

特殊性转导（specialized transduction） 由温和型噬菌体介导的转导。噬菌体DNA整合到宿主菌的染色体上，当细菌（即溶原性细菌）分裂增殖时，噬菌体DNA亦随之复制，但不一定形成噬菌体，这种细菌也就不裂解。如果噬菌体DNA是环状，则可全部整合到细菌DNA中去，称为单交换（single crossing-over）。如果噬菌体DNA是线状，可全部（单交换）或部分整合，细菌还要脱去一部分DNA，称为双交换（double crossing-over）。

特殊引物（specific primer） 根据已知DNA或RNA序列人工合成的一段与特定部位互补的寡核苷酸。从它结合处开始，以DNA为模板合成互补DNA链。在PCR扩增中，选定等待扩增片段两端互补的序列，合成两个特殊引物，以进行两引物之间的DNA片段的扩增。RNA链可通过反转录为cDNA后进行扩增。

特异体质反应（idiosyncrasy） 个别动物应用治疗量的药物后所出现的极其敏感或极不敏感，且与通常表现不相同的反应。与遗传性生化缺陷有关，如某些遗传性假性胆碱酯酶缺陷者对琥珀胆碱造成呼吸暂停。由于遗传因素与药物异常反应有关，现已出现一门研究和鉴定药物异常反应与遗传关系的分支学科——药物遗传学（pharmacogenetics）。

特异危险度（attributable risk） 又称绝对危险度、超额危险度、率差、归因危险度等。暴露组发病率与非暴露组发病率相差的绝对值。说明危险特异地归因于暴露因素的程度，即由于暴露因素的存在使暴露组动物发病率增加或减少的部分。

特异性（specificity） 物质间选择性反应的特性。例如，一种抗原与相应抗体之间或一种抗原与已致敏的淋巴细胞之间的选择性反应性。反之亦然。在免疫学方法或技术中，是反映其性能的一个指标。广义地说，包括活性物质只能与其相应的（特定的）受体结合后，才能发挥其生物效应的特性，如酶、激素、神经质、白细胞介素等均需与相应的底物或特定细胞的相应受体结合，才能发挥效应。

特异性解毒药（special antidote） 又称特效解毒药。一类能消除或对抗进入动物机体的某种毒物，而具高度专属性解毒作用的药物。对毒物中毒起对因治疗作用，在中毒抢救中有重要意义。常用以下5类：

①金属中毒的解毒药，多数是络合剂，如二巯基丙醇、青霉胺、依地酸钙钠等；②氰化物中毒的解毒药，如亚硝酸钠、大剂量亚甲蓝、硫代硫酸钠等；③亚硝酸盐中毒的解毒药，如小剂量亚甲蓝、维生素C等；④有机磷酸酯类中毒的解毒药，如胆碱酯酶复活药解磷定、氯磷定、双复磷等及抗胆碱药阿托品等；⑤有机氟中毒的解毒剂，如乙酰胺、单乙酸甘油酯。

特异性巨噬细胞武装因子（specific macrophage arming factor，SMAF）　与巨噬细胞非特异地结合，使其能特异性地杀伤靶细胞的淋巴因子。

特异性疗法（specific therapy）　应用针对某种传染病的高度免疫血清、痊愈血清等特异性生物制品进行的治疗方法。这些制品只对某种特定的传染病有疗效。例如破伤风抗毒素血清只能治破伤风，对其他病无效。

特异性投射系统（specific projection system）　从机体各种感受器发出的神经冲动，进入中枢神经系统后，由固定的感觉传导路径依次通过脊髓和脑干，集中到达丘脑一定的神经核（嗅觉除外），由此发出纤维，投射到大脑皮层各感觉区，从而产生特定感觉的传导系统。

锑中毒（antimony poisoning）　家畜误食或误用大量锑制剂如酒石酸锑钾、酒石酸锑钡、三氯化锑等引起的一种中毒病。临床上见呕吐、腹泻、虚弱或虚脱等症状。多数死亡。治疗宜用二巯基丙醇（BAL）解毒剂。

提睾反射（cremaster reflex）　刺激大腿内侧皮肤，睾丸上提的反射。反射中枢在脊髓腰椎、荐椎段。

提肌（levator）　收缩时使身体某部提举的肌肉。如睾外提肌（musculus cremaster externus）提举鞘膜及睾丸。

蹄（hoof）　蹄行动物的指（及趾）端器官。包括蹄匣和蹄枕。狭义指皮肤衍变成的蹄匣和肉蹄；广义尚包括骨、关节、肌腱及血管、神经。马蹄匣分为蹄壁、蹄底和蹄叉。蹄壁围成半环形，前部高，倾斜度在前肢约50°，后肢稍陡；向两侧渐降低，至后部折转向内，形成内、外侧支部（又称屈部），折转处称蹄踵角。蹄壁上缘称蹄冠，内面形成蹄冠沟。蹄冠与皮肤移行处称蹄缘，为角质较软的狭带，至蹄踵部增宽而被覆蹄球和蹄叉底。蹄壁由3层构成：外层薄，由蹄缘延伸向下，逐渐干涸并有剥落；中层厚，由角质小管以管间角质黏结而成，因有色素常呈黑色；内层白色，形成约600条纵行角质小叶，每小叶又具有次级小叶。蹄壁下缘称底缘，与地面接触。蹄壁由蹄冠向底缘不断生长，每月约1cm，因此装蹄铁的马需定期修削。蹄底呈略凹的新月形，角质稍软，表层常小片剥落。在两蹄支部之间为蹄叉，由蹄枕形成。肉蹄主要由真皮构成，可相应分为肉缘、肉冠、肉壁、肉底和肉叉。肉壁上形成肉小叶，与角质小叶互相牢固嵌合；其余部分形成乳头，肉冠的较密、较长。肉蹄表面覆有生发上皮，与蹄匣的生长有关。皮下层见于肉缘、肉冠，而以肉叉处最发达，两侧并有一对蹄软骨。反刍兽和猪的蹄呈三面棱锥形，蹄匣可分蹄壁、蹄底和蹄球；蹄叶较少，且无次级小叶。

蹄叉腐烂（thrush）　蹄叉角质腐败崩解的病理状态。发病的直接原因是厩舍湿润，运动不足，肉叉血液循环障碍而使角质分离。其症状为在蹄叉中沟腐败崩解，逐渐向周围蔓延伴有蹄叉萎缩，患部形成大小不等空隙，充满恶臭不洁、黑色或灰白色干酪样角质腐败分解物。蹄叉崩解的结果，肉叉露出，其表面形成颗粒状肉芽，轻轻刺激也极易出血。预防要除去原因，局部治疗采用削蹄、装蹄方法，改变厩舍环境。

蹄冠蹑伤（tread on the coronet）　蹄冠部的挫创。原因是踏蹑，特别是在冬季尖锐的铁脐蹄铁能造成重度损伤。一般轻度损伤，负重不见异常；重度或化脓性的出现高度支跛，损伤部常常赘生肉芽，蹄冠生发层受到损伤发展为肉冠炎，最后形成蹄壁生长异常，继发角壁肿，蹄软骨瘘或影响到蹄关节。

蹄机（anti-concussion mechanism）　马蹄运步生理的一种。体重压力和地面反冲力构成蹄机的基础。当蹄负重增大时蹄弹力装置（蹄软骨、趾枕、蹄叉）向侧面压出，蹄踵左右张开，蹄球下沉，蹄壁减高，蹄底加宽，穹隆变小等，而失重之后恢复原来状态。其作用在于使关节、韧带、骨的活动更为协调；缓和肢蹄震荡、运步灵活、安全；保护蹄匣内组织；促进蹄的血液循环，有助于角质生长。蹄病、肢蹄异常、装蹄不良时，蹄机表现异常，可作为肢蹄病的诊断指标。

蹄糜烂（erosion of hooves）　牛特有的一种蹄角质糜烂病。主要是由于污泥和粪便的侵蚀使部分角质发生糜烂，但损伤尚未涉及真皮。当削蹄时可看到大小不等、不规则的角质缺损面、色发黑，若不及时治疗，待腐蚀到真皮，将引起真皮的化脓过程。单纯的蹄糜烂，将蹄洗净，涂上黏合材料，防止进一步侵蚀真皮。

蹄球炎（inflammation of the bulb）　创伤或挫伤所致的蹄踵部炎症。追逐和另外马的踏蹑、举踵蹄引起蹄球震荡、蹄踵狭窄过低及延蹄等都可能成为本病的原因。症状是蹄球增温、肿胀、疼痛，在外伤时角质松弛和出血。急性期经治疗能痊愈，转为慢性角质龟裂伴有渗出，跛行不一定明显。慢性用磺胺或呋喃西林软膏涂布。

蹄软骨（hoof cartilage） 马属动物蹄内的一对菱形软骨片。位蹄骨后部两侧；略呈弧形，外面隆凸而内面凹。下缘厚，前部连接蹄骨的掌（及跖）内、外侧突；上缘薄而不整齐，达蹄冠上方。后端至蹄踵部，两侧软骨相接近。后端和上缘在活体可触摸到。屈肌腱和蹄枕的皮下组织位于两蹄软骨之间。蹄软骨在蹄运步时参与吸收震动和协助蹄静脉血回流。蹄软骨骨化可影响运动；蹄冠外伤引起蹄软骨坏死可产生跛行。

蹄软骨化骨症（ossification of the collateral cartilage） 蹄软骨被膜的炎症或蹄骨骨炎波及蹄软骨而使软骨化骨。一般多发生于老龄马的前肢外侧软骨，障碍蹄机，影响使役。症状是蹄软骨失去弹力，指压有骨性抵抗，患部缺少热痛，平时不见跛行，在硬地速行跛行显现，X线检查可确诊。尚无有效疗法，应用削蹄维持其工作能力，为了减少患蹄负重，在蹄踵负面与蹄铁间设空隙或在蹄铁上面垫革片、橡胶片以减少地面反冲力。也可用手术方法摘除蹄软骨。

蹄软骨瘘（quittor） 慢性化脓性炎症引起蹄软骨坏死在蹄冠部自溃形成窦道。病因是蹄软骨的直接损伤或蹄冠损伤感染蔓延。症状是蹄冠侧面肿胀、热痛、从窦道口向外排脓，病变严重者跛行显著，也有不出现跛行的。炎症可蔓延到蹄关节、蹄真皮、深屈腱、蹄骨的感染与坏死。根除性疗法是蹄软骨摘除术。

蹄叶炎（laminitis） 蹄真皮的弥散性、无败性炎症。是马、骡的常发病，也见于牛、猪。致病原因和发病机理尚未阐明：广蹄、低蹄、倾蹄等生理缺陷，躯体过大使蹄部负担过重，可成为致病因素；蹄底或蹄叉过削、削蹄不均、延迟改装期、蹄铁面过狭、铁脐过高等，可为诱因；其他因素，如运动不足、长途运输、在坚硬的地面上长期站立、有一肢发生严重疾患对侧肢代偿过劳等，在疾病发生中也起一定作用；可并发或继发于传染性胸膜肺炎、流行性感冒、肺炎、疝痛等疾病。本病分为急性、亚急性或慢性。患急性蹄叶炎的家畜，精神沉郁，食欲减少，不愿意站立和运动，为避免患蹄负重，常出现肢势的改变，可有体温升高、脉搏频数、呼吸变快等全身症状。亚急性病例可见类似症状但程度较轻，可见肢势稍有变化，不愿运动。慢性蹄叶炎多有蹄形改变。治疗原则是除去致病或诱发因素、解除疼痛、改善循环、防止蹄骨转位。

蹄枕（torus of hoof） 有蹄兽蹄部的指（及趾）枕，在反刍兽和猪形成蹄球（bulb）。牛蹄球是蹄负重的主要部分，构成蹄的后部及底面大部分；向前移行于V形的蹄底。角质较厚，因含较多管间角质而较软，可呈碎片剥落，如长时间站立于潮湿厩舍，其裂隙可引起真皮及深部组织感染。皮下层发达。猪蹄球与蹄底分界明显。马蹄枕形成楔形蹄叉（frog），叉尖突入蹄底；叉底扩张向上形成蹄踵部的两蹄球。蹄叉以中央沟分为叉内、外侧脚；叉脚又以两叉旁沟与蹄壁的内、外侧支部及蹄底为界。蹄叉内面与中央沟相对应形成叉棘。角质叉较软而有弹性，并常为腺体的脂性分泌物润泽。叉真皮紧贴蹄软骨和皮下层。发达的叉皮下层又称指（趾）枕、指（趾）枕叉部，充填于两蹄软骨和屈肌腱间，由胶原纤维和弹性纤维网夹杂以小块脂肪和软骨组织构成。蹄叉对马蹄的正常机能有重要意义，修蹄时应维持其形状。

体壁中胚层（somatic/parietal mesoderm） 胚胎下段中胚层进一步分化形成的、靠近体壁的部分。又分为胚内部和胚外部。前者形成肌肉、结缔组织和浆膜壁层；后者形成胎膜。

体表温度（shell temperature） 动物体表（皮肤）的温度。不同部位的皮肤血管分布不同，且易受外界气温的影响，所以不同部位的皮肤温度差异较大，一般股内侧部最高，头、颈、躯干次之，四肢部最低。

体成熟（body maturity） 动物生长发育基本完成，获得了成年动物应有的形态和结构，具有完全生殖能力的时期。在同一品种个体间体成熟年龄亦受饲养、气候等因素的影响。

体格（constitution） 骨骼及肌肉的发育程度及躯体各部分的比例关系。一般用视诊检查。确切的判定可应用测量工具测定其体高、体长、体重、胸围及管围等指标的数值。一般区分为大、中、小，或良好与不良。体格良好的动物，躯体高大、肌肉结实、结构匀称、强壮有力，对疾病抵抗力强。体格不良的动物往往是疾病的象征。

体节（somite） 也称中胚叶节。紧靠脊索的中胚层细胞团。体节进一步分化为生皮节、生肌节和生骨节，将发育成真皮、骨骼肌和椎骨等。

体内受精（in vivo fertilization） 卵子在雌性输卵管内与精子融合形成受精卵。

体内外差异表达（differential expression in vivo and in vitro） 高等动物大约有30 000个不同的基因，但在生物体内任意细胞中只有10%的基因得以表达，而这些基因的表达按特定的时间和空间顺序有序地进行着，这种表达的方式即为基因的差异表达。另外，原核生物在宿主体内和体外所表达的基因也有差异，包括新出现的基因的表达与表达量有差异的基因的表达。生物体表现出的各种特性，主要是由于基因的差异表达引起的。

体腔（coelom，syncelom） 体壁中胚层和脏壁中胚层之间的腔隙，分为胚内体腔和胚外体腔。

体外翻译（in vitro translation） 以纯化的 mRNA 分子为模板，在试管内合成蛋白质的技术。用细胞抽提物提供蛋白合成所需的核糖体亚基、蛋白因子、tRNA 和氨酰 tRNA 合成酶等，再加入 ATP、GTP、氨基酸和再生三磷酸核苷的酶系统，即可由 mRNA 翻译合成蛋白质。细胞抽提物有原核翻译系统（大肠杆菌或嗜热脂肪芽孢杆菌抽提物）和真核翻译系统（兔网织细胞或麦胚裂解物）。

体外过敏反应（in vitro anaphylaxis） 致敏动物的离体组织再次接触同样抗原后所出现的过敏反应。如舒尔茨-戴尔反应。

体外免疫（in vitro immunization） 正常动物或人的脾淋巴细胞（或淋巴结细胞，外周血淋巴细胞）在体外与抗原共同培养所产生的免疫应答。对于免疫原性弱或能抑制动物免疫应答的抗原可用体外免疫的方法制备杂交瘤细胞系。人-人杂交瘤的研制一般都用体外免疫法。体外免疫具有抗原用量小、免疫期短的优点。基本方法是取免疫细胞制成单细胞悬液，离心洗涤 2 次，然后悬于含 10%胎牛血清的培养基中，再加入适量抗原（0.5～5mg/mL 或 10^5～10^6 个细胞/mL）和一定量小鼠胸腺细胞培养液，在 5%CO_2 37°C 培养 3～5d。

体外受精（fertilization in vitro） 哺乳动物的精子和卵子在体外人工控制的环境中完成受精，然后将受精卵重新送回母体子宫的技术。这项技术研究成功于 20 世纪 50 年代，在最近 20 年发展迅速，现已成为一项重要而常规的动物繁殖生物技术。

体位（position） 休息状态下动物机体所处的位置。主要有 3 种体位：①自动体位。身体活动自如，不受限制，处于正常休息状态。②被动体位。动物不能自动调整或变换体位，见于极度衰弱或意识丧失的动物。③强迫体位。动物为了减轻痛苦所采取的体位，如乳牛产后瘫痪时的卧位形式。

体温（body temperature） 机体深部的温度。畜禽因有精确的体温调节机制，体温能保持相对的恒定，但动物体表部位的温度是不同的。右心房血液来自各器官组织，因此右心房血液温度最能代表机体的平均温度，但很难测定。直肠温度较接近深部血温，且测定简便，所以兽医临床常以直肠温度代表体温。各种家畜正常体温值（℃）为：马 37.5～38.6；骡 38.0～39.0；驴 37.0～38.0；黄牛 37.5～39.0；水牛 37.5～39.5；绵羊 38.5～40.5；山羊 37.6～40.0；猪 38.0～40.0；犬 37.5～39.0；兔 38.5～39.5；骆驼 36.0～38.5；牦牛（泌乳）37.0～39.7。正常体温昼夜之间有周期性波动，一般清晨最低，午后最高，昼夜温差通常不超过 1℃。

体温过低（hypothermia） 又称低体温。由于病理性的原因引起体温低于正常体温的下界，多在 35℃以下。见于大失血、内脏破损、休克晚期以及各种疾病的垂危期。

体温过高（hyperthermia） 也称过热。与发热（fever）有本质的区别。过热不是调节性体温升高，而是一种被动性体温升高，体温调节中枢的调定点无改变，一段时间后可恢复。常见于：①中枢神经系统损伤（如脑损伤波及视前区-下丘脑前部），使体温调节发生障碍；②某些内分泌系统的疾病，使产热增多（如甲亢，甲状腺激素增多，加强基础代谢使产热增多）；③某些疾病或病理过程，使散热减少（如严重脱水致脱水热，环境高温致日射病即中暑或热射病）。因此过热和发热是不同的概念。

体温脉搏分离（separation of body temperature and pulse） 体温升降和脉搏增减不一致的现象。临床上体温的升降和脉搏的增减通常是一致的，但在某些疾病，脉搏增多的同时体温反而下降，脉搏曲线和体温曲线相交叉。通常认为此为预后不良的征象。多见于内脏破裂、代谢病和热性病的濒死期。

体温曲线（temperature curve） 又称体温折线。以时间为横坐标，以体温为纵坐标，将一定时间内所测定的多个体温值标在坐标图上，并用曲线将各点依次相连所形成的曲线图。体温曲线对热程、热型的确定十分有用且简单明了，故在科研和临床上被广泛应用。

体温调节（thermoregulation） 恒温动物通过控制产热和散热过程的动态平衡维持体温相对稳定的机制。调节方式分为生理性体温调节和行为性体温调节两种。变温动物只能通过行为性调节机制，如寻求适宜的温度环境或改变姿势等，使体温在一个小范围内随环境温度而变化。恒温动物除行为性调节机制外，还具有生理性体温调节机制，即在中枢神经系统（特别是下丘脑）的控制下，通过改变骨骼肌和内分泌腺的活动以及皮肤血管的舒缩及汗腺活动等来调节机体的产热和散热过程，以维持体温的恒定。如寒冷刺激可反射性地引起皮肤血管收缩（减少散热），骨骼肌紧张性加强，甚至出现寒战，同时引起肾上腺素释放（增加产热）以维持体温的恒定。

体温调节中枢（center of temperature regulation） 中枢神经系统内与体温调节有关的神经元相对集中的

区域。主要存在于下丘脑。一般认为下丘脑前部有散热中枢、后部为产热中枢（两者有部分重叠）。散热中枢和产热中枢都受视前区下丘脑前部温度感受神经元（包括热敏神经元和冷敏神经元）的控制，它们可能在体温调节中起着调定点的作用。当流经中枢的血液温度上升，高于调定点阈值时，热敏神经元发放冲动增加，引起散热中枢兴奋、产热中枢抑制，使体温不至于升高；反之，当血液温度下降至低于调定点时则引起散热中枢抑制，产热中枢兴奋，使体温不至于降低，而维持在调定点上。

体细胞突变（somatic mutation） 发生在正常机体除性细胞外的体细胞发生的突变。比如发生在皮肤或器官中的细胞突变。不会造成后代的遗传改变，却可以引起当代某些细胞的遗传结构发生改变。绝大部分体细胞突变无表型效应。但突变如果发生在与细胞增殖有关的基因，就可能导致细胞摆脱正常的生长控制，表现出恶性细胞的表型性状。

体循环（systemic circulation） 又称大循环。血液循环体系之一。血液由左心室射出，经动脉、毛细血管分布全身，又经静脉返回右心房的循环途径。在毛细血管处，因毛细血管壁极薄，血液中所含的许多物质可透过薄壁与组织液中所含的物质互相交换。动脉血液中所含的氧和营养物质可经组织液进入细胞。细胞新陈代谢的产物包括二氧化碳则可经组织液透过毛细血管壁进入血液，使动脉血转变为静脉血。静脉血经小静脉、大静脉最后由腔静脉流回右心房。

体液（body fluid） 构成动物机体的水分和溶解在其中的各种溶质的总称。占体重的60%～70%，其中2/3分布在细胞内，称细胞内液；约1/3分布在细胞外，称细胞外液，包括组织液、血浆、淋巴、脑脊液、关节液、胸腔液和腹腔液等。细胞内液和细胞外液以及细胞外液之间可通过细胞膜和毛细血管壁等进行水分和物质的交换，并借血液循环和肺、胃肠、肾、皮肤和外界环境进行物质交换，以实现内环境稳态，保证机体能在复杂多变的外界环境中生存。

体液（性）抗体（humoral antibody） 存在于体液中的抗体。

体液免疫（humoral immunity） 由B细胞介导的免疫应答。抗原激活相应的B细胞，使其活化和增殖，转化为浆细胞，产生相应抗体。在再次接触相应抗原时，能通过中和作用、调理作用、免疫溶解作用和抗体依赖的细胞毒作用等，迅速清除抗原异物。此种作用可以通过免疫血清或康复血清被动传递，在抗急性感染中起主要作用。

体液平衡（body fluid equilibrium） 动物机体的总体液量及各组成部分在正常情况下保持相对稳定的状态。体液平衡是在神经和体液调节下通过胃肠、肺、肾、皮肤与体外环境进行物质交换，以及在血液循环不断进行条件下通过毛细血管壁和细胞膜进行血液与组织液、细胞内液与细胞外液之间物质交换而实现的，其中肾脏泌尿对于保持体液平衡有特别重要的作用。

体液调节（humoral regulation） 机体内某些特定的细胞，能合成并分泌具有信息传递功能的一些化学物质，经体液途径运送到特殊的靶组织（细胞），作用于相应的受体，对靶组织（细胞）活动进行的调节。由体内内分泌腺分泌的各种激素，经过血液循环作用于相应的靶细胞调节其功能，是最典型的体液调节。此外，体内一些细胞分泌的某些生物活性物质如组胺、激肽、前列腺素以及代谢产物如二氧化碳、腺苷、乳酸等也可经细胞外液扩散至邻近细胞，调节其功能，属于局部体液因素。体液调节是先于神经调节出现的较古老的调节方式，特点是作用缓慢、广泛和持久。

替米考星（tilmicosin） 一种由泰乐菌素半合成制得的大环内酯类畜禽专用抗生素。具有同其他大环内酯类药物相似或更强的抗菌活性。目前广泛用于预防和治疗牛、羊、猪和鸡等动物由敏感菌引起的感染性疾病，特别是畜禽呼吸道感染。但因其对心脏毒性作用大，给药途径单一，导致其在兽医临床上推广应用受到极大限制。

天冬氨酸（aspartic acid） 二羧酸的酸性脂肪族氨基酸。简写为Asp，D。生糖非必需氨基酸。由草酰乙酸氨基化或经转氨基反应生成，可为其他氨基酸、尿素、嘧啶和嘌呤的生物合成和代谢转变提供氨基。

天冬氨酸氨基转移酶活性测定（determination of aspanate amino transferase，AST） 又称谷氨酸草酰乙酸转氨酶活性测定［过去把该酶称作谷（氨酸）草（酰乙酸）转氨酶（GOT）］。测定血清中天冬氨酸氨基转移酶活性以诊断肝脏、心肌及骨骼肌疾病的一种血清酶活性试验。动物体内很多组织含有这种酶，以心肌含量为最高，其次为肝脏和骨骼肌。犬、猫和灵长类在肝细胞损伤时血清天冬氨酸氨基转移酶活性并不急剧升高，该酶活性测定更适用于食草动物。测定方法有金氏法、赖氏法、卡氏法、巴氏法、赖-弗氏法等。酶活性增高见于心肌疾患、肝脏疾患、肌肉损伤等。

天冬酰胺（asparagine） 含酰胺基的极性脂肪族氨基酸。简写为Asn，N。生糖非必需氨基酸，可由天冬氨酸转变而来。

天然抗体（natural antibody） 又称正常抗体

(normal antibody)。未经过人工免疫或自然感染的动物血清中存在的抗体。如血型抗体、福斯曼抗体等。此外对某些致病微生物的正常抗体亦属天然抗体，在疾病诊断制定阳性标准时，应考虑正常抗体水平。

天然抗原 (natural antigen)　天然存在的抗原物质。如细菌、病毒等微生物、异种蛋白等。其对义词为人工抗原 (artificial antigen)。

天然免疫耐受性 (natural immunologic tolerance)　在胚胎时期接触抗原形成的免疫耐受性。异卵双生牛犊在胚胎期血液循环互相交通，因而各自形成了天然的血型嵌合体，此后其皮层可互相移植而不被排斥。根据这一现象，Burnet (1944) 提出了免疫耐受性假说。以后证明，在胚胎时期人工注入抗原，亦可诱导免疫耐受性。Burnet 指出机体对自身抗原的无应答性，也是因为胚胎时期免疫系统接触了自身抗原，与之相应的淋巴细胞克隆被消灭，从而形成了自身免疫耐受性所致。

天然青霉素 (natural penicillins)　从青霉菌培养液中获得的青霉素。其中以青霉素 G 性质稳定，疗效好，是临床治疗敏感菌感染的首选药。

条件必需氨基酸 (conditional amino acid)　半胱氨酸和酪氨酸在体内分别能由蛋氨酸和苯丙氨酸合成，这两种氨基酸如果在膳食中含量丰富，则有节省蛋氨酸和苯丙氨酸两种必需氨基酸的作用，称半胱氨酸和酪氨酸为条件必需氨基酸或半需氨基酸。

条件刺激 (conditional stimulus)　能引起条件反射的刺激。条件刺激在条件反射形成之前，对这个反射还是一个无关刺激。只有经常与某种反射的非条件刺激相伴出现之后，才能成为条件刺激。单独作用时，能引起与非条件刺激相同的反射活动。

条件反射 (conditional reflex)　通过后天接触环境、训练等而建立起来的反射。它是反射活动的高级形式，是动物在个体生活过程中获得的外界刺激与机体之间的暂时联系。它没有固定的反射路径，容易受客观环境影响而改变。其反射中枢，在高等动物主要是大脑皮层。

条件致死性突变株 (conditional lethal mutants)　发生突变后在某一条件下具有致死效应而不能生长，但在另一没有致死效应的条件下仍可生长的突变株。温度敏感 (temperature - sensitive，ts) 突变株即属条件致死性突变株，它们在亲代能生长的温度范围内特别是较高温度 (42℃) 不能生长，但在较低温度 (25℃) 则能生长。其发生的原因是某些酶的肽链结构发生改变后，降低了酶的抗热性，因此在较高温度下不能生存。另有一种依赖于宿主的条件致死性突变病毒，只有在允许的宿主细胞内才能正常增殖，这是由于位点突变引起的无意义变种，又称抑制基因突变种。

调定点 (set - point)　恒温动物下丘脑中存在的调定正常体温的机制。一般认为下丘脑前部存在两种对体温高度敏感的神经元，对脑温升高发生反应的神经元称热敏神经元，对脑温降低发生反应的神经元称冷敏神经元。在某一特定时间内，这两种神经元以不同程度的兴奋水平组合在一起就设定了该时间内温度反应的调定点 (如 37℃)，就像恒温器的控温仪。如果体温偏离了调定点 (如高于 37℃或低于 37℃)，可通过反馈信息调节动物的产热和散热过程而使体温保持恒定 (如 37℃)。外周温度的变化也可通过传入途径影响调定点的活动。

调节性独特位 (regulatory idiotope)　可在自身系统中作免疫原，并在独特型调节免疫应答过程中起重要作用的少数独特位。它们具有下列特征：①可作为自身免疫原并能引起自身抗独特型抗体的产生。②它为一个独特型网络中几个成员所共有，并可为抗原特异性不同的抗体 (即平行的一套) 所共有。③具有变为优势独特型的可能，因为在免疫应答过程中它们能引起独特型特异 T 细胞调节。

调节性 T 细胞 (T regulatory cell，Treg)　又称抑制性 T 细胞 (suppressor T cell，Ts)。CD_4^+ CD_{25}^+ 的 T 细胞亚群，能抑制辅助性 T 细胞 (T_H) 活性，从而间接抑制 B 细胞的分化和 Tc 杀伤功能，对体液免疫和细胞免疫起负向调节作用。一些病毒感染 (持续性感染) 可诱导 Treg 细胞的产生。

调理素 (opsonin)　血清中存在的具有调理作用，与微生物结合后能促进吞噬细胞吞噬作用的物质。主要包括抗体和补体的一些成分，前者称为免疫调理素 (immune opsonin)，如 IgG、IgM 类抗体均具有调理作用；后者称为正常调理素 (normal opsonin)，如 C_{3b}。

调理吞噬试验 (opsonocytophagic test)　测定血清中调理素促进白细胞吞噬能力的试验。免疫血清中的抗体与相应细菌结合后使后者易被白细胞吞噬，称为免疫调理素。正常血清中的补体能进一步增强其吞噬能力，称为正常调理系。这是因为白细胞 (包括巨噬细胞和粒细胞) 上具有抗体的 F_C 受体和 C_{3b}受体，结合抗体和 C_{3b}的细菌容易与其结合而被吞噬，称为调理作用。

调理指数 (opsonic index)　待检血清和正常血清 (对照) 促进粒细胞对某一特定细菌吞噬指数的比值。

调理指数＝待检血清吞噬指数/正常血清吞噬指数

调理作用（opsonization） 调理素与细菌或其他颗粒结合后，增强吞噬细胞吞噬活性的作用。这一作用主要是通过抗体分子上的Fc端与带Fc受体的吞噬细胞结合，促进吞噬细胞捕捉和吞噬被抗体结合的细菌或颗粒。

跳跃病（louping ill） 黄病毒科黄病毒属的跳跃病病毒引起的一种脑膜脑脊髓炎。主要侵袭绵羊，也可侵袭牛和红松鸡，偶尔感染人。分布于苏格兰、英格兰和爱尔兰的丘陵牧场。以病畜共济失调呈现奇怪的跳跃步态为特征。发病季节多在蓖麻硬蜱活动高峰的春季和秋季。病毒在自然界可在绵羊、红松鸡和蜱之间保持循环。由蜱传给人的病例较少，发病通常只限于密切接触病羊的牧羊人和屠宰工人。无特效疗法。预防主要靠接种疫苗和给羊群药浴消除硬蜱。

跳跃传导（saltatory conduction） 兴奋在有髓鞘神经纤维传导时以跳跃的方式从一个郎飞氏节传至下一个郎飞氏节的传导方式。这是由于有髓纤维的髓鞘每隔一定距离就出现间断，形成无髓鞘的郎飞氏结，髓鞘处阻抗较高，离子不能通透，局部电流只能在两个郎飞氏结处形成的缘故。

贴壳蛋（sticky shell egg，paste shell eggs） 一种次品蛋。蛋在贮存时未翻动或受潮，蛋白变稀，系带松弛，因蛋黄比重小于蛋白，故蛋黄上浮，且靠边贴于蛋壳上。根据变化程度分2种情况：①红贴壳蛋。照蛋时见气室增大，贴壳处呈红色。打开后蛋壳内壁可见蛋黄粘连痕迹，蛋黄与蛋白界限分明，无异味。②轻度黑贴壳蛋。红贴壳蛋形成日久，贴壳处霉菌侵入，生长繁殖使之变黑，照蛋时蛋黄贴壳部分呈黑色阴影，其余部分蛋黄仍呈深红色。打开后可见贴壳处有黄中带黑的粘连痕迹，蛋黄与蛋白界限分明，无异味。

铁（iron） 机体重要的必需微量元素之一，主要参与合成血红蛋白和肌红蛋白中的铁血红素及含铁的酶类等。体内铁65%～70%以血红蛋白（Hb）的形式存在，5%～6%存在于肌红蛋白及含铁的酶类（细胞色素酶、过氧化氢酶和过氧化物酶等）中，其余则以铁蛋白和含铁血黄素形式储存于肝、脾和骨髓内。缺铁时畜禽主要表现为贫血及代谢障碍。

铁蛋白标记抗体（ferritin labelled antibody） 铁蛋白是一种含铁的蛋白质，用双功能试剂将其偶联于抗体蛋白分子上。可用于免疫电镜，主要用以检测细胞表面的抗原。

铁硫蛋白（iron-sulfur protein） 一种存在于线粒体内膜上的与电子传递有关的非血红素铁蛋白。其活性部位含有血红素铁原子和对酸不稳定的硫原子，此活性部位被称为铁硫中心。铁硫中心有一铁一硫（Fe-S），二铁二硫（2Fe-2S）和四铁四硫（4Fe-4S）几种不同类型。在线粒体内膜上，铁硫蛋白和递氢体或递电子体结合为蛋白复合体，其功能是通过二价铁离子和三价铁离子的化合价变化（Fe^{3+}/Fe^{2+}）来传递电子，而且每次只传递一个电子，是单电子传递体。

铁路检疫（railway quarantine） 对通过铁路运输的动物及动物产品，在运输前、运输过程中及到达运输地后的检疫情况进行检查、监督并提出处理、处罚意见或作出处理、处罚决定的一种行政执法行为。系运输检疫监督的重要组成部分。目的是为了防止经铁路运输传播、蔓延疫病，保障人畜健康、铁路运输安全及畜牧业生产的健康发展。

铁缺乏症（iron deficiency） 日粮中铁不足而发生的以小红细胞低色素性贫血和衰弱为主征的代谢病。除见于关禁饲养在水泥地面的哺乳仔猪外，日粮中碳酸钙或锰含量过多也可构成条件性缺铁的病因。临床呈现贫血症状，如皮肤和结膜苍白，心搏动亢进，活动力和吮乳能力降低，消瘦，被毛粗糙，生长极度缓慢。有的外观肥胖不显症状，多在奔跑中死亡。犊牛异嗜，结膜淡染，消瘦，心搏动亢进，伴发贫血性缩期杂音和呼吸促迫等。治疗宜肌内注射葡萄糖铁、铁—山梨醇枸橼酸复合剂。

铁调节蛋白（iron regulatory protein，IRP） 铁反应成分结合蛋白，分子质量90～95ku。它通过调节铁蛋白来实现细胞内铁的稳态。

铁质沉着（siderosis） 肺内有铁尘积聚。因吸入矿井中的赤铁矿或氧化铁粉尘而引起。这种肺呈砖红色。铁尘本身不引起炎症或纤维化，但常因同时吸入硅尘而伴发硅沉着症（silicosis）。

听板（otic placode） 又称听基板。菱脑两侧的表面外胚层在菱脑的诱导下增厚所形成的板状结构。

听觉（audition，hearing） 声波振动刺激听感受器产生的感觉。内耳耳蜗的毛细胞是听感受器，它排列在耳蜗的基膜上，声波引起基膜振动，触动了毛细胞的纤毛，引起毛细胞的去极化，产生听觉的感受器电位，兴奋听神经产生听神经冲动，听神经将听觉信息传至听觉中枢，经整合、加工，最终产生听觉。

听泡（otic vesicle，otocyst） 又称听囊。听窝逐渐加深，最后闭合并与表面外胚层分离，形成的囊状结构。听泡及其周围基质发育为内耳。

听窝（otic pit/depression） 又称听凹。结构听板向其下方间充质内凹陷而形成结构。

听小骨（auditory ossicle） 中耳内将鼓膜振动传递至内耳的小骨。哺乳类有3块，由外向内依形状命名为锤骨、砧骨和镫骨，顺次相关节。锤骨柄埋于鼓膜上；镫骨底则封闭内耳的前庭窗。锤骨上附着有鼓膜张肌；镫骨上附着有镫骨肌。声波振动鼓膜，由锤骨放大后经听小骨的杠杆作用传递至内耳。

听源性痉挛（audiogenic convulsion） 噪声刺激小鼠出现的特殊反应。起初表现耳下垂呈紧张状态，接着出现用爪洗脸样动作，头部痉挛、跳跃、狂奔、撞笼、翻滚、四肢僵直而死亡。

听诊（auscultation） 用耳直接或用听诊器间接地听取被检器官所发出的生理性或病理声音，以判断有无病变的一种诊断方法。直接听诊法一般先在动物体表放一听诊布做垫，然后用耳直接贴于听诊部位进行听诊，方法简单、声音真实；间接听诊法则将听诊器的采音部紧贴于听诊部位，通过连接的胶管使声音传入耳内，此法应用广泛。听诊主要用于听取心音，喉、气管和肺泡的呼吸音及病理性呼吸杂音以及消化器官的蠕动音。

听诊器（stethoscope） 用于间接听诊的器械或装置。最早应用的是单耳听诊器，简单且没有扩音装置，以后发展了两耳听诊器且带有扩音装置，现在常用的即为此类，由胸件、耳件及胶管三部分组成，胸件有两种，一种为钟形，适用于听取低调声音，一种为鼓形，适用于听高调声音。最近又发展了电听诊器和多听道教学用电听诊器。

通风橱（chemical hood） 又称烟橱或通风柜。实验室特别是化学实验室的一种大型防护设备。用途是减少实验者与有害气体的接触。完全隔绝则需要使用手套箱。通风橱是保护人员防止有毒化学烟气危害的一级屏障。它可以作为重要的安全后援设备，一旦在化学实验失败、化学烟雾、尘埃和有毒气体产生时能有效排出有害气体，保护工作人员和实验室环境。

通气/血流比值（ventilation/perfusion ratio，VA/Q） 每分钟肺泡通气量（VA）和每分钟血流量（Q）之间的比值。正常值约为0.8。只有适宜的通气/血流比值才能实现适宜的气体交换。肺部的气体交换依赖于两个泵协调工作：一个是气泵，使肺泡通气，肺泡气得以不断更新，提供氧气，排出二氧化碳；一个是血泵，向肺循环泵入相应的血流量，及时带走摄取的氧气，带来机体产生的二氧化碳。在机体耗氧量增加、二氧化碳产生也增加的情况下，不仅要加大肺泡通气量以吸入更多的氧和排出更多的二氧化碳，而且也要相应增加肺的血流量，才能提高单位扩散面积的换气效率，以适应机体对气体代谢加强的需要。

通用引物（general primer） Sanger 双脱氧-M_{13}体系DNA序列分析法中使用的，通过化学方法合成的一种特殊的寡核苷酸短片段。其特点是：可以与M_{13}载体分子上的与多克隆位点相连的单链DNA片段退火而成为引物，引导载体互补链DNA的合成。由于这种人工合成的引物，可以用来对所有的在多克隆位点上插入了待测DNA片段的重组体克隆进行序列分析，故称之为通用引物。

同步检验（synchronous inspection） 畜禽宰后检验的一种技术要求。将离体的内脏、头、蹄等吊上挂钩或装入托盘，在转移时与胴体在两条平行轨道上同步运行，始终保持同时对照检验。这样能够保证检疫人员全面观察屠宰畜禽的胴体和离体的内脏、头、蹄等，通过综合分析对屠宰畜禽的健康状况做出准确的判定。当发现患病畜禽或可疑病畜禽时，能及时将其推入另外的岔道，由专人进行集中检验、综合判定及处理。同步检验的优点在于使胴体、内脏双轨道同步对号、同速运行，检疫人员可同时对胴体、内脏所发生的病理变化进行观察，既可避免宰后分点检验时，发现有病变的胴体或脏器、头、蹄后，胴体与离体的脏器、头、蹄等难以对号的现象发生；又可以减少在分点检验时，各检验点只能观察到胴体或脏器、头、蹄等各自表现的局部病变，难以进行综合分析，出现误判或漏检以及因此而造成的病原扩散。

同工酶（isoenzyme） 催化相同的反应但分子结构、理化性质及免疫学性质不同的一类酶。它是酶的多分子形式，大多为寡聚酶。已知有数百种酶具有同工酶。如乳酸脱氢酶同功酶有5种形式，由两种亚基（心肌型H和骨骼肌型M）构成的四聚体，分别为M_4，M_3H，M_2H_2，MH_3，H_4，电泳时可分离成5条带。同工酶的分离鉴定可用于生化遗传研究和临床诊断等方面。

同化激素（anabolic steroid） 类固醇激素类药物。一类雄激素作用较弱而同化作用较强的人工合成的睾丸酮衍生物。有苯丙酸诺龙、癸酸诺龙、去氢甲基睾丸酮、康力龙和康复龙等。主要用于组织分解旺盛的消耗性疾病，如寄生虫性支气管炎、肾炎、严重烧伤、高烧等；亦用于修补性疾病，如大手术后、骨折、创伤及营养不良、体质衰弱。但治疗时要同时给予充足的营养物质。

同居感染试验（cohabit infective test） 检测疫苗用毒（菌）株接种动物后，能否排毒和引起自然感染的试验。将接种弱毒苗的动物和未接种的易感动物在同一环境中共同饲养，经一定时间后检测抗体，并用强毒攻击。如同居动物被检出相应抗体，并能抵抗强毒攻击，表明该疫苗株能排毒并引起同居感染。

同期发情（estrus synchronization） 又称同步发情。用激素制剂或其他方法控制并调整群体母畜发情周期，使之在预定的时间内集中发情的技术。采用该项技术可使群体母畜在短时间内集中发情，有利于人工授精技术更高效的应用。在家畜胚胎移植中，要求供体和受体之间生理状态处于相同阶段，也可用同期发情的方法得以实现。实现同期发情有两种技术途径。一种是对群体母畜同时施用外源的孕激素制剂，造成一个足以抑制卵泡发育成熟和排卵的人工黄体期。这种方法，对于多数母畜实际上是延长了黄体期。另一途径是对母畜施用具有溶黄体作用的前列腺素（$PGF_{2\alpha}$）或其类似物制剂，促使黄体溶解，人为地中断黄体期，即可引起被处理母畜的同期发情。这种方法，实际上是缩短了母畜的黄体期，使发情提前到来。

同时卵裂（synchronous cleavage） 卵裂产生的两个卵裂球，在下一次分裂时同时进行，产生的细胞数为偶数。

同位素（isotope） 具有相同原子序数（即质子数相同，因而在元素周期表中的位置相同），但质量数不同，亦即中子数不同的一组核素。自然界中许多元素都有同位素。同位素有的是天然存在的，有的是人工制造的，有的有放射性，有的没有放射性。例如氢有3种同位素，H氕、D氘（又称重氢）、T氚（又称超重氢）；碳有多种同位素，例如^{12}C、^{14}C等。

同义突变（same sense or synonymous mutation） 基因中编码某一氨基酸的密码子发生点突变，但密码子编码的氨基酸相同，故不影响蛋白质的表型。

同源重组技术（homologous recombination technique） 又称体内重组技术。利用生物细胞内带有同源序列的DNA分子之间能发生交换的机制，而将目的基因整合到某个（受体）DNA分子（如病毒基因组）内的技术。首先构建具有一部分与受体DNA相同的（同源）DNA的转移载体，然后将目的基因插入到转移载体同源顺序中间，使其两侧具有与受体DNA同源的序列，将该重组转移载体与受体DNA或病毒共转染细胞，则在细胞内发生同源顺序的序列，使目的基因插入到受体DNA中。经筛选即可获得重组分子或重组病毒。

同源导入近交系（congenic inbred strain） 又称同类近交系、同源导入系、同类系。通过杂交-互交（cross-intercross）或回交（backcross）等方式将一个基因导入到近交系中，由此形成的与原来近交系只是在一个很小的染色体片段上基因不同的新近交系。同源导入近交系的产生片段至少要回交10个世代，标记选择适当可在5个世代形成，称为“快速导入法”。

同源导入抗系（congenic resistant strain） 由于组织相容性抗原（MHC）基因位点不同，导致可产生移植排斥的同源导入近交系。

同源区（homology region） Ig的重链和轻链中由链内双硫键形成的封闭环，约100个氨基酸残基组成。包括轻链的C_L，重链的C_{H1}、C_{H2}、C_{H3}等。它们之间氨基酸序列有高度同源性，轻链和重链的2个可变区V_L和V_H也有同源性，它反映Ig分子的可变区和稳定区各自起源于共同的原始基因，通过基因倍增（gene duplication）而形成。

同源突变近交系（coisogeneic inbred strain） 两个近交系，除了在一个指明位点等位基因不同外，其他遗传基因全部相同的近交系。一般由近交系发生基因突变或经人工诱变而形成。

同源性（homology） 同源性是一个内涵丰富且不断演变的概念。早在1843年，形态学家Richard Owen就提出了同源性的概念，他将不同动物所拥有的形态和功能各异的同种器官称为同源器官。1859年，达尔文在《物种起源》一书中认为，如果来自两个物种的某个性状由它们最近共同祖先中的同一个性状衍生而来，那么这两个性状就是同源的。Ernst Mayr于2001年在《进化是什么》一书中对同源性作如下定义：如果两个或者多个物种中的某一特定性状是由它们最近的共同祖先中的同一性状衍生而来，那么该性状在这些物种中就是同源性状。同时，他还指出，该定义对于研究生物体的形态结构、生理、分子以及行为等各个方面的同源性都同样适用。实际上，随着人们理解的不断深入，同源性的定义也在不断趋于完善。近年来，随着分子生物学、生物信息学和发育生物学等学科的快速发展，同源性一词不仅被用于形态性状的比较上，也被用于核苷酸和氨基酸等分子性状的分析上。Richard M. Twyman认为，以中等或较长的物理距离范围内的基因中的序列保守性被认为是同源性的基本标志性的证据。同源性是生物学中最基本的概念之一，它对于理解生物进化的过程和本质至关重要。主要可以从以下几个方面进行分析：①形态性状的同源性；②分子性状的同源性；③形态同源性与分子同源性之间的关系。

同源疫苗（homologous vaccine） 用同种、同型或同源微生物株制备的，又应用于同种类动物预防疾病的疫苗。多数疫苗属于此类，如猪瘟兔化弱毒疫苗用于猪瘟的预防，牛肺疫兔化弱毒疫苗用于牛肺疫的预防。

同质性抗体（homogeneous antibody） 又称均质性抗体。分子结构完全相同的抗体。专指单克隆抗体，因为只有一个B细胞克隆所产生的抗体才可能完全同质。

同种抗体（alloantibody） 由同种属动物之间的

抗原物质免疫所产生的抗体。如血型抗体、组织相容性抗原的抗体等。

同种抗血清（homologous antiserum） 用被免疫的同种动物所制备的血清。如猪瘟血清、鸡新城疫血清等，用同种血清进行被动免疫时，不引起过敏，没有排异反应，免疫期1个月左右。

同种抗原（alloantigen） 能刺激同种而基因型不同的个体产生免疫应答的抗原，如血型抗原、组织相容性抗原等。可以作为动物的遗传标志，在血统登记、亲子鉴定等技术中应用。

同种移植排斥反应（homograft rejection reaction） 又称同种异体移植反应。接受同种异体移植物的受体产生的免疫排斥反应。

同种异体移植反应（allograft reaction） 见同种移植排斥反应。

铜缺乏症（copper deficiency） 日粮中铜不足而影响血红蛋白卟啉和角蛋白形成以及黑色素产生的代谢病。原发性铜缺乏症是由于饲喂缺铜土壤上生长的饲草所致。条件性缺铜是饲料中含钼和硫酸盐过多的结果。症状表现在牛不发情，泌乳性能下降、贫血。黑色被毛褪色成白色或铁锈色。长骨易折。犊牛四肢强拘，关节肿大，趾不能负重，共济失调。仔猪常与缺铁同时存在，呈典型营养性贫血症状。雏鸡发生主动脉瘤和骨骼变形。防治在于保证日粮中的铜需要量，可投服硫酸铜。

铜中毒（copper poisoning） 动物因一次摄入大剂量铜化合物，或长期食入含铜过高的饲料和饮水，引起腹痛、腹泻、肝功能异常和贫血为特征的中毒性疾病。急性表现呕吐，大量流涎，剧烈腹痛、腹泻，粪中有黏液，粪便呈深绿色，心动过速，惊厥，麻痹，可在24～48h内死亡。慢性初期可达2～3个月，表现瘤胃消化力减弱，但无明显临床症状；第二期可长达10d，表现血铜微升，肝功能受损，厌食，沉郁，腹泻；第三期（溶血期）常突然暴发，病程24～48h，长者可达5d。表现虚弱无力，发抖，厌食，气喘，呼吸困难和休克。排血红蛋白尿，黄疸（也偶有不出现血红蛋白尿、黄疸者），血铜升高。急性中毒胃肠炎明显，皱胃、十二指肠充血、出血、甚至溃疡或皱胃破裂。胸腹腔有红色积液。膀胱出血，内有红色以致褐红色尿液；慢性中毒肝呈黄色、质脆，有灶性坏死。肝窦扩张，肝小叶中央坏死。急性型应补液并按胃肠炎进行对症疗法；慢性型可投服钼酸铵或硫酸钠等药物治疗。

酮病（ketosis） 反刍动物由于碳水化合物和挥发性脂肪酸代谢障碍，发生的以血酮增高和血糖降低为主征的代谢病。临床上分为营养性酮病、自发性酮病和继发性酮病。病因是摄入碳水化合物和能量严重不足，导致糖异生减少或供应中断所致。临床症状有迅速消瘦，体温偏低，嗜睡，有的呈现狂躁，哞叫，强迫运动等神经症状。呼出气和汗带有丙酮气味。血糖含量降低，而血酮含量明显增高。治疗静脉注射葡萄糖和碳酸氢钠溶液的同时，投服丙酸钠、丙二醇等。

酮体（ketone body） 乙酰乙酸、β-羟丁酸和丙酮的总称。为一类小分子能源物质，是脂肪酸在肝分解氧化时产生的中间代谢物。它们在肝脏中生成，在肝外组织，如脑、心、骨骼肌中被利用，在血液中的浓度一般较低，超过一定水平时可造成酮病。常见的有高产乳牛酮血症、绵羊妊娠毒血症等。

酮体测定（determination of ketone body） 测定动物血液、尿液及乳汁中酮体（乙酰乙酸、β-羟丁酸和丙酮）含量，以诊断与酮体代谢障碍有关疾病的一种实验室检查法。测定方法分为定量和定性两类，并且以测定丙酮含量为主。定量法有扩散比色法、keto-Fix简易法、乙醛测定法等；定性法有Rothera氏试验（适用于尿、乳、血清）、改良Rothera氏法（适用于尿）、Ross氏乳汁酮体检验法、郎氏尿液酮体检出法等。酮体增加见于牛醋酮血症、生产瘫痪、产后血红蛋白尿、妊娠毒血症、创伤性网胃心包炎、皱胃变位、各种应激、饥饿等。

酮体代谢（ketone body metabolism） 酮体在肝内生成与肝外分解利用的过程。酮体的生成是以乙酰CoA为原料，在肝细胞线粒体酶系的催化下，缩合成β-羟-β-甲基戊二酸单酰CoA（HMGCoA），然后裂解转变成乙酰乙酸、β-羟丁酸和微量的丙酮。由于肝内缺乏硫解酶，酮体的分解需在肝外组织中进行，最终转变成乙酰CoA进入三羧酸循环途径氧化供能。动物在禁食、缺糖或糖的有氧氧化受阻时，由于脂肪的大量动员，脂肪酸氧化加剧，酮体生成也显著增加。

瞳孔对光反应（pupillary light reaction） 检查犬眼反射的一种方法，是对瞳孔功能活动的测验。分直接对光反射和间接对光反射。①直接对光反射：通常用手电筒直接照射瞳孔并观察其动态反应。正常动物，当眼受到光线刺激后瞳孔立即缩小，移开光源后瞳孔迅速复原。②间接对光反射：光线照射一眼时，另一眼瞳孔立即缩小，移开光线瞳孔扩大。检查间接对光反射时，应以一手挡住光线以免检查眼受照射而形成直接对光反射。瞳孔对光反射迟钝或消失，见于昏迷动物。

瞳孔反射（pupillary reflex） 瞳孔对光刺激所表现的缩小或散大的反应。强光刺激引起瞳孔缩小，是一种保护性反射，可防止强光引起感光色素过多漂白。弱光引起瞳孔适应性散大，使光线能较多进入眼内，引起视细胞兴奋产生视觉。瞳孔的缩小和散大主要由虹膜肌的活动实现。虹膜肌含辐射状肌和环状肌两种，前者收缩时瞳孔散大，后者收缩时瞳孔缩小。

桶状胸（barrel chest） 动物的胸廓向两侧扩大，左右横径显著增宽，胸廓呈圆桶形。肋骨倾斜度减少，肋间隙加宽。多见于严重肺气肿等。

筒线虫病（gongylonemiasis） 筒线虫属（*Gongylonema*）的线虫引起的疾病，常见的有美丽筒线虫、多瘤筒线虫和嗉囊筒线虫。美丽筒线虫多寄生于绵羊、山羊、黄牛、猪等的食道黏膜或黏膜下层。多瘤筒线虫多寄生于绵羊、山羊、牛和鹿的瘤胃。嗉囊筒线虫寄生于禽类嗉囊黏膜下。筒线虫的致病力不强或几乎无致病力。剖检时可在黏膜面上看到呈锯刃形弯曲的虫体，或盘曲的白色纽状物。治疗可使用哌嗪类药物驱虫。

痛风（gout） 又称尿酸血症。尿酸和尿酸盐结晶在组织内沉着的一种疾病。主要见于人类和禽。在人，痛风发生于尿酸代谢的遗传性障碍。在禽，主要是由于肾脏损伤和尿结石形成，见于磺胺类药物中毒、传染性支气管炎、维生素A缺乏和钙过多等情况下。分为内脏型和关节型。前者见粉末状尿酸盐结晶沉着在心包膜、胸膜、腹膜上，肾肿大，表面和切面有尿酸盐沉着，输尿管扩张，充满石灰样沉淀物。后者见脚趾和腿部关节肿大，关节软骨及关节周围组织内有尿酸盐沉着。有时关节腔中沉着的尿酸盐可形成尿酸盐结石，称为痛风石。

痛觉（pain） 伤害性刺激所引起的机体不适。表现出一系列躯体和内脏反应，甚至出现主动逃避或防御等复杂动作的现象。伤害性刺激不是某种单一刺激，很多种刺激如电、机械、温度、化学药物等都可成为伤害性刺激引起痛觉。痛觉感受器是分布在皮下的游离神经末梢。痛有快痛与慢痛。快痛是在刺激后立即产生的闪电样刺痛，由Aδ纤维传至中枢。慢痛是在快痛之后发生的灼痛，由C纤维传导到中枢，常伴有情绪反应。

痛咳（painful cough） 咳嗽带痛，咳嗽短而弱。常见于急性喉炎、喉水肿和胸膜炎等。

痛尿（painful urination） 某些泌尿器官疾病可使动物排尿时感到非常不适，甚至呈现腹痛样症状和排尿困难。

头孢氨苄（cephalexin） 属半合成的第一代头孢菌素。抗菌作用较弱，除肠球菌属、甲氧西林耐药葡萄球菌外，肺炎链球菌、溶血性链球菌、产或不产青霉素酶葡萄球菌的大部分菌株对本品敏感。本品对部分大肠埃希菌、奇异变形杆菌、沙门菌和志贺菌有一定抗菌作用。其余肠杆菌科细菌、不动杆菌、铜绿假单胞菌、脆弱拟杆菌均对本品呈现耐药。梭杆菌属和韦容球菌一般对本品敏感，厌氧革兰阳性球菌对本品中度敏感。适用于治疗敏感菌所致的支气管炎、肺炎等呼吸道感染，以及尿路感染、皮肤软组织感染等，不宜用于重症感染。其对革兰阳性菌（包括对青霉素敏感或耐药的金黄色葡萄球菌）的抗菌作用较第2代、第3代头孢菌素强，且有口服吸收好、毒性小、抗菌谱广等优点，是临床抗感染治疗的主要药物之一。

头孢菌素类（cephalosporins，cefalosporins） 又称先锋霉素类。β-内酰胺类半合成抗生素。属7-氨基头孢烷酸衍生物，由头孢菌产生的头孢菌素C裂解而得。抗菌谱广，效力强，耐青霉素酶，过敏反应较青霉素少见。其品种已发展了4代，兽医应用的第1代有头孢噻吩（头孢菌素Ⅰ，cephalothin）、头孢噻啶（头孢菌素Ⅱ，cephaloridine）、头孢氨苄（头孢菌素Ⅳ，cephalexin）、头孢匹林（头孢菌素Ⅷ，cephapirin）和头孢唑啉（头孢菌素Ⅴ，cephazolin）。

头孢喹诺（cefquinome） 又称头孢喹肟、头孢喹咪。头孢喹诺是畜禽专用的第4代头孢菌素类抗生素。抗菌谱广，抗菌活性强，对可能引起败血症的革兰阳性菌、阴性菌都有很强的抗菌活性。对临床分离的各种革兰阳性菌、阴性菌的MIC_{50}、MIC_{90}值均较小，而且对铜绿假单胞菌有很强的抗菌活性；药代动力学特征优良，吸收快，达峰时间短，生物利用度较高，毒副作用小，残留低。国外已广泛应用于猪、牛、马感染性疾病的临床治疗。

头孢噻呋（ceftiofur） 半合成的第3代动物专用头孢菌素。制成钠盐和盐酸盐供注射用。具广谱杀菌作用，对革兰阳性菌，革兰阴性菌包括产内酰胺酶菌株均有效。敏感菌有巴氏杆菌、放线杆菌、沙门菌、链球菌和葡萄球菌等。抗菌活性比氨苄西林强，对链球菌的抗菌活性也比喹诺酮类抗菌药强。本品肌内和皮下注射后吸收迅速，血中和组织中药物浓度高，有效血药浓度维持时间长，消除缓慢，半衰期长。给牛、猪肌内注射本品后，15min内迅速被吸收，在血浆内，生成一级代谢物脱呋喃甲酰头孢噻呋。由于内酰胺环未受破坏，其抗菌活性与头孢噻呋基本相同。

头部检验（head inspection） 动物宰后检验的第一个检验点（环节）。通过对头部的检验，了解动物头颈部的健康状况。在猪主要检查头部两侧的下颌淋巴结，以检验局限性咽炭疽及淋巴结结核病变；切开头部两侧咬肌，检查猪囊尾蚴。在牛主要检验口蹄疫、放线菌病、结核、出血性败血症、炭疽等疾病引起的病理变化。在马属动物主要检验马鼻疽和马腺疫。

头部中胚层（cephalic/head mesoderm） 位于胚体头部的中胚层。

头感器（amphid） 线虫头端部两侧的感觉器官，每侧一个。外形呈小孔形、圆形或螺旋形等，内为穴状结构，其中分布具有纤毛状树突的感觉神经元。是线虫主要的化学感受器。

头骨（skull） 又称颅。头部骨。包括脑颅和咽颅（又称面颅）。脑颅构成颅腔；咽颅构成鼻腔和口腔支架。脑颅和大部分咽颅诸骨以缝连接成一整体，仅咽颅的下颌骨与脑颅间构成颞下颌关节。舌骨与脑颅间、舌骨与舌骨间形成微动连接或关节。头骨的整体形态因家畜种类而有不同，如马、肉食兽、羊等的颅顶呈穹隆形；食草动物的咽颅很发达。牛、猪的头骨呈三棱形，颅顶宽而较平；猪下颌骨发达。头骨的长短也与品种有关，如犬、猪有长头型、中头型和短头型。

头节（scolex） 绦虫最前端的一个部分，是绦虫的附着器官。头节内部包埋着神经中枢和排泄管网；外形因虫种不同而各具特征。圆叶目绦虫的头节多近似圆形，有 4 个对称排列的吸盘，有的吸盘上有小钩。有的虫种头节上还有顶突，顶突上常有不同形状、不同排列方式的小钩；顶突或能伸缩，或不能。假叶目绦虫的头节常呈匙形或镞形，有两条纵向的吸沟。

头颈侧弯（lateral head posture） 难产的一种。在分娩时，胎儿的两前腿伸入产道，而头弯于躯干的任一侧，没有伸直。常见于马、牛、羊等单胎动物。矫正拉出胎儿时，母畜的保定方法应取前低后高的姿势。根据胎儿的情况不同，可选用牵引术或截胎术。

头颈捻转（torsion of head） 难产的一种。胎儿的头颈围绕自己的身体纵轴发生了捻转，使头部成为侧位，即捻转 90°；或成为下位，即捻转 180°。常和胎儿侧位有关，偶尔发生于马，也见于牛。助产时，按照手术助产的要求保定母畜后把胎儿推入子宫内，将胎儿翻转扭正，拉出产道。如矫正困难，且胎儿已死亡，可采用截胎术。

头颈姿势异常（posture defects of head and neck） 由于各种原因引起胎儿在分娩时头颈未能伸直。主要有头颈侧弯、头向下弯、头向后仰和头颈捻转 4 种，其中以头颈侧弯最常见。

头泡（cephalic vesicle） 有些线虫的口领与颈沟之间的角皮膨隆。多见于某些种食道口线虫（*Oesophagostomum*）。

头向后仰（dorsal head posture） 难产的一种。胎儿头颈向后向上后仰至背部。此种难产很少见，并且可以看做是头颈侧弯的一种。助产方法与头颈侧弯基本相同。一般是向前推动胎儿的同时，将胎头后仰变成侧弯，然后再继续处理。

头向下弯（downward head posture） 难产的一种。胎儿的头颈向下弯曲。见于除猪以外的所有动物。根据弯曲程度不同可分为额部前置、枕部前置和颈部前置。助产方法依头颈弯曲的程度而定。一般宜先将胎儿推回子宫内再行矫正。如弯曲严重，矫正困难时，可考虑采用截胎术。

投射神经元（projection neuron） 又称感觉神经元、传入神经元。接受体内外的各种刺激，并以神经冲动的形式传到中枢神经系统的神经元。这类神经元轴类较长，细胞体多分布在外围感觉器官和各种感受器附近，从一个结构发起后起远距离联系作用。

投影焦点（projected focal spot） 见有效焦点。

透明变性（hyaline degeneration） 见玻璃样变。

透明带（pellucid zone） 在生长卵泡和成熟卵泡，其卵母细胞与卵泡细胞之间存在的一层富含糖蛋白的嗜酸性膜。由卵细胞膜和卵泡细胞共同形成，厚 5～27μm，是哺乳动物卵子的第二卵膜。

透明带反应（zone reaction） 受精过程中当一个精子入卵后，卵母细胞的皮质颗粒内容物中酶类引起透明带中糖蛋白发生生化和结构变化，阻止多精入卵的一种反应。透明带的变化主要表现为初级精子受体 ZP_3 和次级精子受体 ZP_2 失去结合游离精子和已穿入透明带精子的能力。

透明管型（hyaline cast） 由白蛋白和肾小管分泌的糖蛋白在远曲小管或集合管内形成的无色透明圆柱体，结构细致、两边平行，两端钝圆，偶尔含少许颗粒，长短不一，多半伸直而少有曲折。见于肾脏疾病及大循环淤血的心脏病。

透明软骨（hyaline cartilage） 动物体内分布最广的一种软骨，主要分布于气管和支气管的壁中、肋骨和胸骨端部以及关节内的骨表面。特点在于纤维成分是胶原纤维，而且纤维与基质有着相同的折光率，因而呈现均质透明的状态。

透皮吸收剂型（transdermo - dosage forms） 用于皮肤表面，使药物能透过皮肤吸收产生全身治疗作用的剂型。有软膏剂和控速释药剂型等。见效迟，不宜用于速效制剂。兽用尚不成熟，主要有浇泼剂和喷滴剂。

透射电子显微镜（transmission electron microscope） 利用在高真空系统中，由电子枪发射电子束，穿过标本，经电子透镜聚焦放大，在荧光屏上显示放大的物像，借以观察物体的细微结构。它由照明系统、成像系统、照相系统、真空系统和电源系统5部分组成。当电子束透射到样品时，可随组织构成成分的密度不同而发生相应的电子发射。如电子束投射到电子密度大的结构上，电子被散射的多，因此透射到荧光屏上的电子少而呈黑像，电子照片上则呈黑色，称电子密度高；反之，则呈电子密度低。被重金属盐染色的部位，电子密度高，图像黑。照相装置可拍摄荧光屏上显示的样品放大图像，再成为电镜照片。透射电镜的分辨率为0.1～0.2 nm，放大倍数为几万到几十万倍。透射电镜的电子枪加速电压一般为50～100kV，电子束的穿透能力较弱，要求样品的厚度在100 nm以下（最好在50nm以内），主要观察亚（超）微结构。当电子枪的加速电压为500～3 000kV，电子束的穿透能力很强，可以观察0.5～60μm厚的切片，即为超高压电镜，可用于观察细胞骨架等的立体超微结构。

透视（fluoroscopy） 医学X线检查的基本方法之一。利用X线的荧光效应，将一块荧光屏置于动物被检部位的一侧，紧靠动物，X线从另一侧射入，穿过被检部位到达荧光屏上，检查者观察荧光屏上形成的光影，判断其解剖生理状态有无异常。透视一般需在暗房中进行，兽医有时使用一种手持的透视暗箱，它把荧光屏和检查者眼睛之间的局部环境变为暗区，这样透视就可在室外或亮室中进行。

透析（dialysis） 蛋白质与小分子化合物的溶液装入用半透膜制成的透析袋中并密封，然后将透析袋放在流水或缓冲液中，则小分子化合物穿过半透膜，而蛋白质仍留在透析袋里。可用于蛋白质溶液的脱盐。

透析疗法（peritoneal dialysis） 利用腹膜作为半透膜的透析原理，以清除病畜体内氮质毒素，并纠正电解质平衡的治疗方法。根据透析原理，使透析液与病畜血液用腹膜隔开，按两液间的浓度差的相互渗透，可使病畜体液中的水、电解质以及酸碱度逐渐恢复常态，同时又排除有毒物质和代谢产物。兽医临床上适应证有急性肾功能衰竭、严重的毒素和药物中毒等。

透析培养（dialysis culture） 培养物与培养基之间隔着一层半透膜的一种细菌培养方法。通过透析培养可获得高浓度的纯菌和高效价的毒素，可用于制备高效力的生物制剂。

突变（mutation） 由遗传物质改变继而引起相应表型的变异。可分为自发性突变和诱发性突变。自发性突变的发生率极低，与物种的进化有密切关系。诱发性突变已被农、林、牧、渔业和园艺科学家利用来培养和选育新的优良品种，但有些突变也会引起动物和人的健康危害。一般广义突变是指染色体畸变（染色体数目和结构改变）和基因突变，狭义突变仅指基因突变（gene mutation），即基因组DNA分子中某些碱基或其顺序发生改变。基因突变又分为静止突变和动态突变。

突变泰勒虫病（theileriasis mutans） 突变泰勒虫（*Theileria mutans*）寄生于牛、瘤牛的红细胞和淋巴细胞内引起的原虫病。病原属于孢子虫纲、泰勒科。虫体呈圆形、卵圆形、梨形和逗点形；圆形虫体直径1～2μm，卵圆形大小为1.5μm×0.6μm。传播者为扇头蜱和牛蜱。致病力弱，死亡率不高于1%，贫血，有时见黄疸，淋巴结中度肿胀。急性病例脾、肝肿大，肺水肿，皱胃有溃疡。血液涂片检查虫体进行诊断。防蜱、灭蜱为主要防制措施。

突变体（mutant） 携带突变的生物个体或种群或株系。由于突变体中DNA序列的改变，因而产生了突变体的表型。根据突变体在二倍体状况下的表达情况，突变可分为隐性或显性。仅有单个等位基因突变即表现出突变性状为显性突变。然而人类和动物的遗传性疾病大部分为隐性突变，即只在两个等位基因都突变的纯合子状况下才出现表型。

突变系（mutant strain） 基因发生突变而具有某种特殊性状表型或有遗传缺陷的试验动物品系。突变系多是作为近交系培育出来，或通过在已有近交系中引入突变基因而育成。突变系动物如无胸腺裸鼠、无K细胞裸鼠、侏儒鼠、无毛鼠等，可用于免疫研究、移植试验、建立疾病模型等。

突触（synapse） 神经元与神经元之间，或神经元与非神经细胞（肌细胞、腺细胞等）之间的一种特化的细胞连接。它是神经元之间的联系和进行生理活动的关键性结构。根据传导冲动信息的媒介，突触可分化学性突触和电突触。前者以化学物质（神经递质）作为信息的媒介，后者以电流传递信息。按照对突触后神经元或非神经细胞活动的影响，突触可分为兴奋性突触和抑制性突触。突触的结构包括突触前膜、突触间隙和突触后膜。突触前膜通常是神经元的轴突终末，呈扣状膨大，称突触扣结。化学突触的突触扣结中含许多突触小泡，内含神经递质。

突触传递（synaptic transmission） 神经冲动由一个神经元通过突触传到另一个神经元的过程。特点是单向传递、可以总和、有突触延搁、对内环境变化较为敏感以及对某些化学物质也较敏感。

突触后抑制（postsynaptic inhibition） 神经元兴奋导致抑制性中间神经元释放抑制性递质，作用于突触后膜上特异性受体，使突触后膜超极化，产生抑制性突触后电位，从而使突触后神经元出现抑制。突触后抑制在中枢神经系统内广泛存在。通过这种方式可调节反射通路中神经元的兴奋性，协调各种反射中枢之间的活动。如屈肌与伸肌的交互抑制就是突触后抑制的一种。

突触前抑制（presynaptic inhibition） 由于突触前膜向突触后膜传递信息的作用减弱而造成的信息传递的抑制。突触前抑制产生的原因是由于中枢神经系统内3个神经元之间形成轴-轴-体或轴-轴-树型突触，其中第一个轴突是抑制性的，第二个轴突是兴奋性的，抑制性轴突末梢释出递质作用于兴奋性轴突末梢，阻止其兴奋性递质释放，使突触后膜产生的兴奋性突触后电位减弱，不能进入兴奋状态。突触前抑制的潜伏期较长，抑制作用持续时间也长，在中枢神经系统内广泛存在，对调节外周传入的感觉信息，控制运动机能和协调反射活动都具有一定的作用。

突触延搁（synaptic delay） 突触传递所花费的时间较长的特性。神经冲动从突触前神经末梢传递至突触后神经元，必须经历化学递质的释放和弥散，递质作用于突触后膜上的特异性受体，引起兴奋性突触后电位，然后在总和作用基础上，才能使突触后神经元发生冲动。这些时间的总和就形成突触延搁。

突发重大动物疫情应急预案（Response Plan for Sudden Major Animal Disease） 为了及时、有效地预防、控制和扑灭突发重大动物疫情，最大限度地减轻突发重大动物疫情对畜牧业及公众健康造成的危害，保持经济持续稳定健康发展，保障人民身体健康安全，农业部依据《中华人民共和国动物防疫法》、《中华人民共和国进出境动植物检疫法》和《国家突发公共事件总体应急预案》，制定本预案。本预案适用于突然发生，造成或者可能造成畜牧业生产严重损失和社会公众健康严重损害的重大动物疫情的应急处理工作。根据突发重大动物疫情的性质、危害程度、涉及范围，将突发重大动物疫情划分为特别重大（Ⅰ级）、重大（Ⅱ级）、较大（Ⅲ级）和一般（Ⅳ级）四级。农业部在国务院统一领导下，负责组织、协调全国突发重大动物疫情应急处理工作。县级以上地方人民政府兽医行政管理部门在本级人民政府统一领导下，负责组织、协调本行政区域内突发重大动物疫情应急处理工作。

突然停止供水试验（suddenly cut off water supply test） 动物突然停止供水，然后不断检验其尿密度的尿液浓缩试验。如果犬尿密度大于1.030kg/L、猫大于1.035kg/L、马和牛大于1.025kg/L，表明该动物仍具有正常的尿浓缩能力，就应停止试验。若动物体重丢失达5%～7%或出现异常症状，也应停止试验。牛的瘤胃和马的大肠内贮藏有大量水分。因此，对牛和马尿液达到最大浓度至少需停止供水3～4d。

涂布接种（spread inoculation） 将细菌样品涂布在固体培养基上，使细菌在其整个表面生长的技术。细菌一般为液体制剂，接种量极少，一般为0.05～0.1mL。涂布工具一般用灭菌的L型玻棒。也可用铂耳作密集的反复画线，以达到涂布的目的。此法常用于细菌计数和药敏试验等。用灭菌棉签取少量病料，在固体培养基上涂布，有时也可达到分离病原菌的目的。

涂压制片法（smearing and bloting） 包括涂片法和压片法。涂片法是将体液成分或器官组织的刮取物涂布在载玻片上，呈薄膜状，经干燥、固定、染色后观察，常用的有血液涂片、骨髓涂片、阴道涂片等。压片法又称印片法，是将某些器官（如肝、脾）的断面在载玻片上印一下，经干燥、固定、染色后进行观察。

屠宰（slaughter） 通过一定的加工手段和生产工艺，将供作食用的畜禽宰杀、解体加工成肉的过程。屠宰应在卫生监督下，在具有专用设施的屠宰场进行；除兽医卫生监督管理部门核准的屠宰点和主要作为自家食用者外，不许在屠宰场以外的场所进行屠宰。操作应采用简便并能减少动物痛苦和保证安全、卫生的方式。目前一般用于牛的是机械击昏法，用于猪、羊与家禽的是电击昏法，待动物失去知觉后，再行放血、剥皮或脱毛、解体等加工。国外还有采用二氧化碳致昏法的，但其费用较高，国内尚未应用。

屠宰场（slaughterhouse，abattoir） 经动物卫生监督机构批准并注册专为人类食用而屠宰畜禽的场所。其场址选择、平面布局及设备设施等，均应符合卫生要求和有关规定，并由动物卫生监督机构负责执行肉类卫生检验。屠宰场的设计和建造应考虑经济、有效的布局和分区并保持高度的卫生水平。其面积与宰杀动物的数量之间应有一个合理的关系。

屠宰场废弃物（slaughterhouse waste） 屠宰加工场所生产过程废弃的血污、动物残体、皮毛、粪便和胃肠内容物等的总称。这些废弃物可带有病原微生物，易腐败发臭和孳生病媒昆虫，污染环境，故应由专人监管，集中、合理处置，有的可以焚烧或堆肥，有的可以化制或回收综合利用，以免造成公共卫生危害。

屠宰场废水（slaughterhouse waste water） 屠宰加工场所排放的生产和生活活动中废弃水的总称。属典型的有机废水，不仅生化需氧量、氮化物和色度高，还可能含有肠道致病菌或其他致病菌、寄生虫卵等，故在排入地面水前应经净化和消毒处理。

屠宰脾（slaughter spleen） 发生在健康屠宰牛和猪的一种非病理性脾脏充血和肿大。胴体和其他器官均无异常，致病菌检查阴性。一般认为其发生与屠宰方法有关，由于宰杀时使用钉击手枪损坏了屠畜的交感神经系统血管收缩中枢（延脑），妨碍血管收缩；或者使用刺脊髓杖破坏了腹腔内的大神经（大血管收缩区），导致脾脏充血增大。

土拉杆菌病（tularemia） 见野兔热。

土霉素（terramycin） 又称氧四环素（oxytetracyeline）。四环素类抗生素。得自于龟裂链霉菌（*Streptomyces rimous*）的培养液。常用其盐酸盐，易溶于水。对光、热不稳定，遇碱则分解失效。具广谱抗菌作用，用于防治巴氏杆菌病、布鲁菌病、炭疽、大肠杆菌和沙门菌感染、急性呼吸道感染、马鼻疽、马腺疫和猪支原体肺炎等。亦可用做饲料药物添加剂。

土壤传播（soil transmission） 病原体经污染的土壤散播引起的疫病传播。随病畜排泄物、分泌物或其尸体一起落入土壤且能在其中生存较久的病原体可称为土壤性病原微生物。它们所引起的传染病有炭疽、气肿疽、破伤风、恶性水肿、猪丹毒等。

土壤杆菌（*Agrobacterium* sp.） 属土壤杆菌属（*Agrobacterium*）的成员栖息于土壤。菌体呈杆状，大小为（1.5～3.0）μm×（0.6～1.0）μm。不形成芽孢。革兰阴性。以1～6根周毛运动。严格好氧，以分子氧为末端电子受体。一些菌株可在有硝酸盐的环境中进行厌氧呼吸。大多数菌株可在低氧压的植物组织中生长，最适生长温度为25～28℃。根癌土壤杆菌和放射形土壤杆菌的大部分菌株产生3-酮基乳糖。由土壤杆菌属引起的肿瘤与菌细胞内的肿瘤诱导质粒（Ti质粒）有关。致肿瘤株主要产生于被病植物污染的土壤中，有的不致肿瘤的土壤杆菌菌株已从临床标本中分离到。

土壤环境（soil environment） 岩石经过物理、化学、生物的侵蚀和风化作用，以及地貌、气候等诸多因素长期作用下形成的土壤的生态环境。是地球陆地表面具有肥力，能生长植物和微生物的疏松表层环境。土壤环境由矿物质、动植物残体腐烂分解产生的有机物质以及水分、空气等固、液、气三相组成。固相（包括原生矿物、次生矿物、有机质和微生物）占土壤总重量的90%～95%；液相（包括水及可溶物）称为土壤溶液。各地的自然因素和人为因素不同，形成各种不同类型的土壤环境。中国土壤环境存在的问题主要有农田土壤肥力减退、土壤严重流失、草原土壤沙化、局部地区土壤环境被污染破坏等。

吐温80（tween 80） 一种非离子乳化剂（表面活性剂）的商品名，化学成分为聚氧化乙烯去水山梨醇单油酸酯。HBL值（亲水亲油平衡值）15.0，在水中溶解度大，易形成水包油型乳剂。多用作水包油（O/W）型时的乳化剂，起稳定的功效。也可用于配制软膏、润滑剂。

兔（rabbit） 兔形目（Lagomorpha）、兔科（Leporidae）中的动物。作为实验动物的兔主要来自穴兔属中的穴兔（*Oryctolagus curiculus*）以及棉尾兔属（*Sylvilagus*）和兔属（*Lepus*）中的一些品种。兔喜安静、清洁、干燥环境。性情温顺，胆小易惊。听觉、嗅觉灵敏。排粪呈干球状，有夜间从肛门舔食软粪习性。食草。单胃。三对切齿。有特殊的淋巴样组织—圆囊。体重差异很大，2～6kg不等。寿命8年。染色体数2n=44。性成熟4～8月龄，性周期不明显，通过交尾刺激排卵而受孕。妊娠期30～33d，窝产仔数4～10只，哺乳期6～8周。兔是主要实验动物之一，广泛用于传染病学、寄生虫学、肿瘤学免疫学、生理和毒理学研究，以及药品的致热源试验、效价、安全性检验，疫苗生产、各种阳性血清的制备。

兔巴氏杆菌病（rabbit pasteurellosis） 多杀性巴氏杆菌引起的一种急性或慢性经过的兔传染病。临床类型有鼻炎型、肺炎型、中耳炎型、结膜炎型、生殖器官炎型和败血症型。主要致病菌是A型菌，一般由带菌兔在应激因素作用下导致地方性流行。①败血症型。2～6月龄幼兔多发，体温40℃以上，呼吸困难，浆液黏液性鼻液，有时出现腹泻，濒死时抽搐，病程1d左右。②鼻炎型。出现以流出浆液黏液性乃至脓性鼻液、打喷嚏、咳嗽为特征的鼻炎和副鼻窦炎。③中耳炎型。出现斜颈，严重时头向一侧滚转，也可发生运动失调等神经症状。④生殖器官炎型。病母兔多为子宫脓肿，有时阴道流出黏脓性分泌物。可导致不孕。公兔发生一侧或两侧睾丸脓肿。⑤结膜炎型。眼睑肿胀，有浆液黏液性乃至脓性分泌物。⑥肺炎型。呈急性纤维素性化脓性肺炎和胸膜炎，多数导致败血症结局。剖检主要为全身性出血、充血和坏死。根据症状和病变可作出初步诊断，确诊则需依靠细菌学检查和凝集试验、免疫扩散及荧光抗体技术等血清学方法。除采取常规的综合性措施外，药物预防和注射单价菌苗或多联兔源菌苗可控制本病的流行。

兔波氏杆菌病（bordetellosis in rabbit） 又称兔传染性肺炎。破氏支气管败血杆菌引起的一种以呼吸道炎症为特征的兔传染病。在不同地区和兔群中，分离到的感染因子主要是波氏支气管败血杆菌Ⅰ相病原菌，有巴氏杆菌或沙门氏菌参与时可加重病情。在猪、猫、犬、牛、马、鸡、鼠、狐和人等也能引起鼻炎和支气管炎，其带菌率也很高。病兔和带菌兔自呼吸道排菌，并通过飞沫传染，在饲养管理不良、污秽、拥挤、蛋白质和维生素不足时可促进本病的发生。仔幼兔病例多呈急性经过，病初流出浆液性乃至黏液性鼻液，体温升高，继而呼吸困难，经 1～2 d 死亡；成年兔发病较少，呈慢性经过，持久性鼻类、结膜炎、减食、沉郁、消瘦、咳嗽。剖检可见鼻炎、支气管肺炎或胸膜炎病变。通过细菌分离和血清学检查可以确诊。通常在感染后 1～8 周即可检测出沉淀抗体，常用凝集试验或琼脂扩散试验诊断。抗生素和磺胺类药物在治疗和预防上均有一定效果。波氏支气管败血杆菌Ⅰ相菌灭活菌苗可用于免疫预防。

兔出血症（rabbit hemorrhagic disease）　俗称兔瘟。嵌杯病毒科嵌杯病毒属兔出血症病毒引起的兔的一种急性、流行性、高度致死性传染病。病的特征为传染性极强，发病率与病死率甚高，实质器官出血。仅感染兔，各种品种兔均易感，纯种长毛兔尤易感。哺乳兔有一定抵抗力，青壮年兔发病率高。主要经呼吸道和消化道传染，往往由于引进带毒种兔及剪、收兔毛商贩的流动而迅速扩散传播。无论自然感染或人工感染的潜伏期均为 1～5 d。临床表现不尽相同，典型症状为食欲废绝，呼吸迫促、困难，体温升高到 40.5～41℃，有的鼻孔流出血样液体，病程1～2 d，转归多死亡。剖检以出血性败血症病变为特征。根据临床、剖检和流行特点可作出初步诊断，血凝及血凝抑制试验、琼脂扩散试验和荧光抗体法等均能确诊。在预防上，除了实施常规的综合性防制措施外，应注意对引进种兔隔离检疫 3 周，健康兔注射疫苗后 2 周才能混群饲养，减少收、剪兔毛商贩流动造成的传播，预防可用脏器组织灭活疫苗。

兔出血症病毒（*Rabbit hemorrhagic disease virus*，RHDV）　嵌杯病毒科（Caliciviridae）、兔病毒属（*Lagovirus*）成员。病毒粒子表面有独特的杯状结构，基因组为单股正链 RNA。是引起兔出血症的病原。

兔出血症组织灭活疫苗（rabbit hemorrhagic disease tissue inactivated vaccine）　以抗原性和免疫原性良好的兔出血症毒株人工感染兔，在发病后采取肝、脾、肺组织（10%肝悬液 HA 价不低于 1∶210）制成悬液，加入甲醛灭活制成的一种用于预防兔出血症的疫苗。疫苗的免疫力产生期为 3～4d，免疫期 6 个月。

兔传染性肺炎（rabbit infectious pneumonia）　见兔波氏杆菌病。

兔痘（rabbit pox）　兔痘病毒引起的一种以鼻炎，结膜炎，皮肤痘疹，全身淋巴结肿大为特征的接触性兔病。仅家兔自然发病，通过直接或间接接触传染，传播十分迅速。康复兔不带毒，也不发生再感染。典型病例出现鼻漏和眼分泌物，淋巴结肿大，尤以腘淋巴结、腹股沟淋巴结最为明显，继而发生痘疹尤以耳、唇、眼睑、肛门和外阴周围皮肤最常见。幼兔死亡率达 70%，成兔 10%～20%。包涵体检查和荧光抗体技术、中和试验、血凝与血凝抑制试验等均可诊断。在流行前注射牛痘苗可提供保护力。

兔化疫苗（lapinized vaccine）　用通过家兔继代减弱的毒株制备的疫苗。如猪瘟兔化弱毒疫苗、牛瘟兔化弱毒疫苗等。

兔脚皮炎（rabbit foot dermatitis）　金黄色葡萄球菌感染兔脚掌表皮引起的一种炎症病型。病初出现局部红肿、脱毛，继而形成大小不一的脓肿，严重的发展为溃疡，表现为不愿活动、消瘦。

兔口腔乳头状瘤（rabbit oral papilloma）　乳头状瘤病毒感染后在家兔口腔黏膜引发的一种肿瘤。家兔是病毒的自然宿主，主要通过脱落的含毒上皮和口腔分泌物经创伤途径传染。乳头状瘤多生长在舌前腹侧至舌系带黏膜，及舌旁口腔黏膜与齿槽黏膜上。典型的乳头状瘤有肉质柄，表面粗糙，交叠成菜花状。镜检在肿瘤角质层下的上皮细胞中可见到嗜碱性包涵体。

兔毛球病（hairball of rabbit）　由于兔吞食自身或同伴的被毛后，兔毛与胃内容物混合形成坚固的毛球，阻塞幽门或肠管，致使肠道不通的一种腹痛病。

兔密螺旋体病（treponematosis in rabbit）　又称兔梅毒。兔密螺旋体引起兔的一种慢性传染病。特征是外生殖器及其周围和面部皮肤、黏膜发生炎症，出现水疱、结节、溃疡。只感染兔，公兔和母兔均可发病，病菌主要存在于病兔外生殖器的病灶内，经由交配传染，放养和群养兔发病率远比笼养兔高。病公兔的阴茎红肿，包皮上有灰白色结节或溃疡，阴囊水肿；母兔阴唇红肿，有分泌物排出；有些病例面部和外生殖器周围被毛脱落，唇和眼睑部出现结节或溃疡，最后被坚厚的痂皮覆盖。治疗可用青霉素。防制本病要采取自繁自养，种兔引进时必须隔离检疫，配种前详细检查兔外生殖器，清除病兔和可疑兔，加强消毒，清除一切污染物。

兔蛲虫（rabbit pinworm）　寄生于家兔、野兔和某些啮齿类动物盲肠的疑似钉尾线虫（*Passalutu ambiguus*），属于尖尾目。雄虫长 4.3～5mm，雌虫长 9～11mm，有窄的颈翼；食道自前向后逐渐膨大，后为一发达的食道球。雄虫尾部有一尖细的鞭状延伸部分，一根交合刺；雌虫尾部细长，远端部角皮上有大约40个明显的环纹。卵壳一侧平直，一侧隆凸。生活史属直接发育型。致病力不强。幼兔常有大量虫体寄生。

兔脑原虫病（encephalitozoonosis cuniculi） 兔脑原虫（*Encephalitozoon cuniculi*）寄生于兔、鼠、犬等哺乳动物的脑、肾、肝、脾和其他器官引起的原虫病。病原体属微孢子纲、微孢子目、微孢子科。成熟的呈卵圆形或杆形，长1.2～1.5μm。孢子由两部分结构组成，一端为孢子体（sporoplasm），另一端为一弹簧状的极丝（polar filament）。主要侵害脑组织、肾小管上皮细胞和巨噬细胞。在神经细胞和巨噬细胞等细胞中可发现类似弓形虫的假包囊结构，内含100个以上的滋养体。一般呈隐性感染。兔发病率15%～76%，患兔出现麻痹、摇头、虚弱、生长迟缓等症状；脑、肝、脾、心肌出现小的肉芽肿，肾呈慢性间质性肾炎。用病理组织学方法检查病原体或特异性肉芽肿进行诊断，或用尿检查法寻找兔脑原虫的孢子。烟曲霉素治疗有效。尚无有效预防措施。

兔黏液瘤病（rabbit myxomatosis） 黏液瘤病毒引起兔的一种以全身皮下，尤其是脸面部和天然孔周围皮下发生黏液瘤性肿胀为特征的接触性传染病。仅兔类有感染性。病兔的皮肤病灶渗出物和眼垢内含毒量很高，病毒在皮肤上可长期存在。蚊、蚤、蚋及寄生在兔体的蜱、螨、虱等都是传播媒介，本病的发生、流行具有季节性。临床表现与毒株、兔的易感性有关，感受性低的兔经媒介昆虫刺螯，过4～8 d仅形成良性纤维瘤；而感受性高的在感染强毒株时，死亡率可达100%。最急性型病例眼睑轻度浮肿，在1周内死亡；急性病例在侵入部位的皮肤、结膜、鼻、口、肛门、生殖器周围浮肿，全身皮下多发黏性水肿性肿瘤，肿瘤自溃时，流出浆液性渗出物。病兔有时出现痉挛。剖检可见皮肤肿瘤，皮下组织呈明胶样，脾、淋巴结、胸腺等组织的网状内皮细胞呈现黏液瘤细胞化。在多种细胞内可检出胞浆内包涵体。根据典型肿瘤病变可诊断，但确诊需依靠病毒分离和补体结合试验、中和试验、琼脂扩散试验等血清学方法。通过检疫、扑杀感染兔、消灭节肢动物和接种疫苗等措施进行防制。

兔脓毒血症（rabbit septicopyemia） 金黄色葡萄球菌所致的常见兔病之一。在发生菌血症的基础上进一步引起败血症和脓毒败血症。幼兔脓毒败血症以皮肤多处发生白色粟粒大乃至黄豆大脓疱为特征；在成兔则引起多发性转移性脓肿，脓肿灶出现于头、颈、背、腿部和内脏器官，破溃后流出脓液。

兔葡萄球菌病（staphylococcosis in rabbit） 金黄色葡萄球菌引起兔的一种以致死性败血病或几乎全身器官发生化脓性病灶为特征的常见传染病。除发生脓毒败血病外，由于发病部位的不同而又有乳房炎、急性肠炎、脚皮炎等病名。病菌在自然界分布甚广，空气、饲料、水源、土壤和体表均存在，经皮肤或黏膜创伤感染。乳兔在食入污染的奶后发生脓毒败血症、急性肠炎，或出现皮肤小脓肿，或腹泻。成年兔全身器官发生脓肿，继而形成出血性溃疡；母兔发生乳房炎时乳房肿胀，呈紫红色或紫蓝色，有热痛感。结合症状进行细菌学检查，可作出诊断。治疗时，先作药敏试验选择有效抗生素疗效尤佳。康复兔无明显的免疫力，可再感染。加强饲养管理和兽医卫生是防制本病发生的主要措施。

兔球虫病（coccidiosis of rabbit） 球虫寄生于兔胆管和肠上皮细胞内引起的原虫病。兔球虫均属孢子虫纲、艾美耳科、艾美耳属。常见种有：①斯氏艾美耳球虫（*Eimeria stiedai*），卵囊呈长卵圆形或圆形，大小为37μm×20μm。②大型艾美耳球虫（*E. magna*），卵囊呈宽卵圆形或椭圆形，大小为35μm×24μm。③肠艾美耳球虫（*E. intestinalis*），卵囊呈梨形或卵圆形，大小为27μm×18μm。④中型艾美耳球虫（*E. media*），卵囊呈椭圆形，大小为31.2μm×18.5μm。⑤黄艾美耳球虫（*E. flavescens*），卵囊呈卵圆形，大小为32μm×21μm。⑥梨形艾美耳球虫（*E. piriformis*），卵囊呈梨形，大小为29μm×18μm。⑦穿孔艾美耳球虫（*E. perforans*），卵囊呈椭圆形，大小为22.7μm×14.2μm。多为混合感染。除斯氏艾美耳球虫寄生于肝胆管外，其余均寄生于肠道。直接传播。发育史分3阶段。随宿主粪便排出的卵囊，在外界进行孢子生殖，发育为孢子化卵囊。后者进入宿主体内后，释出的子孢子在胆管或肠上皮细胞内进行裂殖生殖，其后进行配子生殖、形成卵囊排出体外。斯氏艾美耳球虫引起肝球虫病，病兔表现为肝脏肿大，肝区有痛感，腹围增大，贫血，黄疸，可能有腹泻，多因极度衰弱而死亡。其他种引起小肠球虫病，表现为前期排干粪球，粪量极少，后期排水样稀便，多因极度消瘦而死。诊断用粪便检查法查找卵囊或刮取病料检查法查找裂殖体、裂殖子、配子体、卵囊。预防可用氯苯胍、莫能霉素等药物。加强卫生措施，保持饮水、饲料清洁，严防兔粪污染。兔舍保持干燥。

兔热病（tularemia） 见野兔热。

兔乳头状瘤（rabbit papilloma） 乳头状瘤病毒引起白尾棕色棉尾兔的一种皮肤良性肿瘤。自然宿主是白尾棕色棉尾兔，通过节肢动物叮咬传播。自然病例表皮特别是头、颈和肩部皮肤出现大型、长时间不消退的角化肿瘤，但不发生于口腔黏膜。免疫荧光试验可检出瘤组织中的病毒抗原，中和试验可检出血清抗体。肿瘤可自行消退。家兔偶在耳和眼睑部发生类似的皮肤乳头状瘤块。

兔水疱性口炎（rabbit vesicular stomatitis）又称流涎病。水疱性口炎病毒引起的一种以口黏膜水疱性炎症为特征的急性兔病。病毒宿主广泛，猪、牛、蝇、虻、蚊等都可感染扩散，1～3月龄仔幼兔最易感染发病。临床症状以口腔黏膜出现大小不等水疱，并波及唇、舌、硬腭和鼻孔周围为特征。根据典型症状可作出诊断，确诊需用鸡胚培养分离病毒或血凝及血凝抑制试验、补体结合试验等血清学方法。采取口腔消毒和抗菌药物等对症治疗，可以减少死亡。

兔梭菌性腹泻（clostridial diarrhea in rabbit）产气荚膜梭菌引起兔的一种以急剧腹泻为特征的急性致死性传染病。在我国引起兔梭菌性腹泻的病原为A型魏氏梭菌，在土壤、粪便和劣质鱼粉中普遍存在。不同年龄和品种兔都能感染，纯种毛兔和獭兔最易感，1～3月龄幼兔发病率最高。在饲喂含高蛋白质成分的精料时更易发病。饲养管理不善、气候骤变等因素均能促进病的暴发。最明显的症状是急剧下痢，濒死前呈水泻，稀便污染臀部和后腿，有特殊腥臭味。剖检可见胃底黏膜脱落，有溃疡灶，小肠内充满气体，肠壁菲薄透明，并有弥漫性充血和出血。通过细菌分离培养、动物接种和对流免疫电泳等实验室检查可确诊。治疗上应及早使用抗血清以中和毒素，同时应用抗菌药物抑制细菌生长，间隔7d两次接种灭活菌苗可获得良好的免疫力。

兔泰泽氏病（rabbit tyzzer's disease）毛样芽孢杆菌引起的，以严重下痢、脱水并迅速死亡为特征的一种急性传染病。毛样芽孢杆菌革兰染色阴性，具有多形性。不仅感染兔，也感染多种实验动物及家畜。主要侵害6～12周龄兔，断奶前的仔兔和成年兔也可感染发病。病原从粪便排出，污染用具、环境及饲料、饮水等，通过消化道感染。兔感染后不马上发病，病原先侵入肠道中缓慢增殖，当机体抵抗力下降时发病。应激因素如拥挤、过热、气候剧变、长途运输及饲养管理不当等是本病的诱因。根据临床症状和特征性的盲肠、肝脏、心肌病变可作出初步诊断。确诊需镜检病变部位病料，发现毛发样芽孢杆菌，或进行血清学试验。预防主要应加强饲养管理，减少应激因素，严格兽医卫生制度。一旦发病及时隔离治疗病兔，全面消毒兔舍，并对未发病兔在饮水或饲料中加入土霉素进行预防。

兔网织细胞系统（rabbit reticulocyte system）从裂解的兔网织细胞制成的无细胞系统。它含有核糖体亚基、必需的蛋白因子、tRNA分子和氨基酰tRNA合成酶等物质。常用作真核细胞mRNA的体外翻译系统。

兔伪结核病（pseudotuberculosis in rabbit）又称兔耶尔森氏菌病。是由伪结核耶尔森氏杆菌引起兔的一种慢性消耗性传染病。以内脏实质性器官发生干酪样坏死结节为特征。啮齿类动物易感，特别是豚鼠和兔多发，偶尔也可见牛、马、羊、猪、狐、鸟类、猿和人的自然病例。主要因摄食污染的饲料和水经口感染，通过淋巴结进入血液循环引起菌血症，导致肠管、肝、脾、肾等器官发生病变，并随粪便排菌。感染后多呈慢性经过，通常察觉不到明显的症状，有时见到厌食、下痢、消瘦，腹部触诊可摸到肿大的肠系膜淋巴结和肿硬的盲肠蚓突部。急性败血症时，往往在出现发热、沉郁和呼吸困难后死亡。剖检特征为淋巴结、肝、脾、肾、肺等器官，尤以肠系膜淋巴结出现干酪样坏死灶，并呈典型慢性肉芽肿性炎症变化。诊断可作病灶、粪便细菌分离，进行凝集试验、间接血凝试验等血清学检查时需注意与沙门菌属、布鲁菌属或鼠疫耶尔森氏杆菌的交叉反应。卡那霉素、链霉素、四环素和氨苄青霉素等治疗有效。定期检疫淘汰感染兔以及接种疫苗等是防制本病发生的基本措施。

兔胃扩张（gastric dilatation in rabbit）由于兔食入多量易发酵膨胀和难以消化饲料，致使胃排空机能障碍，引起胃急性扩张的一种腹痛性疾病。

兔细小病毒感染（rabbit parvovirus infection）兔细小病毒引起的一种潜在性感染症，仅伴发轻微的精神不振和厌食等症状。1978年首次在日本实验兔群中分离到病毒株，在兔群中的潜在感染十分普遍，常呈持续性感染。此后在瑞士、美国等国的商品兔群中也有检出，对药品生产、检验和科学试验干扰极大。诊断采用荧光抗体技术、血凝及血凝抑制试验和免疫扩散试验等方法。

兔魏氏梭菌灭活疫苗（rabbit Cl. perfringens inactivated vaccine）用以预防兔魏氏梭菌性腹泻的一种灭活菌苗，中国生产使用的为A型魏氏梭菌甲醛灭活苗和浓缩甲醛灭活苗。于1mL含有10亿以上菌的菌液加入0.7%～0.8%甲醛（以含38%～40%甲醛液折算）杀菌，再加入铝胶吸附剂制成甲醛灭活苗。将加有铝胶的甲醛灭活菌液于冷暗处自然沉降10d，弃去1/2上清液制成浓缩灭活苗。使用时，甲醛灭活苗第1次肌内注射1mL，间隔8～14d，第2次注射2mL；浓缩苗一次皮下注射2mL。

兔纤维瘤（rabbit fibroma）又称兔肖普氏纤维瘤。兔（肖普）纤维瘤病毒引起的一种良性肿瘤。自然条件下仅发生于美洲白尾棕色兔，但接种含毒材料也能使家兔感染。病毒在抗原性上与兔黏液瘤病毒有着近缘关系。自然感染病兔在皮肤可出现单个或多个坚实的肿瘤，镜检可见纤维瘤的典型结构。人工感染兔于第3～5天出现肿块，存留10～15 d后逐渐坏死消退。病的传播媒介是蚊等节肢动物。

菟丝子中毒（dodder poisoning） 猪和牛误食菟丝子后发生的中毒病。临床表现食欲废绝，流涎，呕吐，腹泻，脉搏增数，呼吸促迫。伴发精神紧张，不安等。治疗可采用对症疗法。

退化器官（organ of degeneration） 动物在胚胎发育过程中，一些器官退化失去原有的作用，但仍成为成体有一定功能的器官结构。如胎儿的动脉导管退化为成体的动脉导管索（又称动脉韧带），脐动脉退化为成体的膀胱圆韧带等。

退火（anneal） 指双链DNA经热变性成单链后，通过缓慢冷却形成双链（复性）的过程。通常泛指给予一定条件（温度、时间），以便使同源序列的单链核酸分子形成双链。而复性是指同源序列的核酸链之间形成双链的过程。杂交则包括核酸链变性、退火、复性和检测整个过程。

退行性左移（regressive shift to the left） 核左移而白细胞总数不增高，甚至减少。表示机体反应性低下，骨髓制造释放粒细胞功能受到抑制，常见于严重感染。

蜕膜（decidua） 在妊娠过程中，子宫内膜上皮变性脱落，结缔组织的基质细胞变形和增生，形成蜕膜细胞，这些增生的细胞层在分娩时脱落的现象。

蜕膜化（decidualization） 子宫内膜上皮下出现蜕膜细胞，形成蜕膜的过程。蜕膜化是妊娠早期的一种生理现象，使得子宫适应胚胎的附植。

蜕膜胎盘（deciduous placenta） 在分娩时，伤及母体子宫内膜的胎盘。胚胎和母体接触比较密切，绒毛膜细胞直接与母体子宫内膜血管内皮牢固贴在一起（如内皮绒毛膜胎盘），或者破坏血管壁直接从毛细血管中（如血绒毛膜胎盘）与母体血液进行物质交换，胎儿产出时会破坏母体血管壁的完整性，造成子宫内膜出血。带状胎盘和盘状胎盘，属于此类。

蜕膜细胞（decidual cell） 在妊娠过程中，子宫内膜结缔组织的基质细胞增大为圆形或卵圆形的多核大细胞，胞质内充满糖原颗粒和脂滴。

煺毛（unhairing） 生猪和家禽屠宰加工的一道程序，即将浸烫后的猪体上的被毛和禽体上的羽毛脱去的过程。（1）生猪煺毛：分机械煺毛和手工刮毛。①机械煺毛。大中型屠宰加工企业多应用滚筒式刮毛机，刮毛机与烫毛池相连，猪浸烫完毕即由捞靶或传送带自动送进刮毛机，机内淋浴水温应控制在30℃左右，每台机器每次可放入3～4头，每小时可脱毛200头左右，脱下的毛及皮屑通过孔道运出车间。②手工刮毛。小型肉联厂和屠宰厂无刮毛机设备时，可用卷铁刮去被毛。（2）家禽煺毛：煺毛的方式有机械煺毛和人工拔毛两种，规模化禽加工企业都是采用机械煺毛，即利用橡胶指束的拍打与摩擦作用脱除羽毛。人工拔毛就是用手除去禽体上的羽毛。

褪黑素（melatonin，MT） 动物体内多种组织产生的一种吲哚类激素。化学结构为5-甲氧基-N-乙酰色胺。因最初发现褪黑素能使青蛙皮肤褪色而得名。在哺乳动物和人，褪黑素主要由松果体产生，视网膜和副泪腺也产生少量，白天分泌减少，黑夜分泌增多，有明显的昼夜节律变化。现知褪黑素除能使低等动物皮肤黑色细胞内的色素集中、颜色变淡外，更重要的是对内分泌系统的垂体、甲状腺、肾上腺皮质和甲状旁腺等具有普遍的抑制作用。此外，它还直接抑制腺垂体对下丘脑促性腺激素释放激素的反应性。

吞噬细胞（phagocyte） 常指巨噬细胞、枯否氏（Kuppffer）细胞、中性粒细胞等。它能吞噬并消化大分子颗粒，如衰老的红细胞、细菌、原虫和死亡组织细胞等。当摄入外源性胶体颗粒，如细而分散的炭粒时，吞噬细胞也能被活化。

吞噬指数（phagocytic index） 测定吞噬细胞活性的指标。观察100个中性粒细胞吞噬的细菌或颗粒的数目，计算其平均值。

吞噬作用（phagocytosis） 吞噬细胞吞噬微生物、衰老死亡的细胞及其碎片或其他异物的过程。吞噬过程包括：①吞噬细胞受趋化因子吸引移向目的物。②将异物吞入细胞内，形成吞噬体。③细胞内溶酶体向吞噬体靠拢并与其融合，将异物进行细胞内消化。④将消化后残体排出胞外。完成这一全过程者，称为完全吞噬。但对某些胞内菌，如结核杆菌、布鲁菌等，虽被吞噬但不能将其杀灭消化，反而能在吞噬细胞内繁殖，并随吞噬细胞的游走而散布，导致感染扩散，称为不完全吞噬。在吞噬过程同时出现一系列代谢活动，称为代谢暴发（metabolic burst）或呼吸暴发，其中髓过氧化物酶-过氧化氢-卤化物系统和氧自由基的产生在吞噬细胞杀菌中起重要作用。

吞咽（swallowing，deglutition） 食物从口腔经过食管进入胃内的过程。吞咽是多种肌肉参与的复杂反射动作。食物在口腔经咀嚼、混和唾液形成食团，靠舌的运动到达咽部，刺激咽部感受器，经传入神经引起延髓内吞咽中枢兴奋，传出冲动循舌而下、沿吞咽和迷走神经到达舌，咽和食管等部有关肌肉引起其协调收缩，将食团推入食管，并借食管蠕动进入胃内。吞咽还引起鼻后孔和气管口封闭、呼吸暂停和胃贲门舒张等活动，促进吞咽动作进行，防止食物误入鼻腔和气管。

豚鼠（guinea pig）　又称天竺鼠、荷兰猪。啮齿目（Rodentia）、豚鼠科（Caviidae）、豚鼠属（*Cavia*）中的一种动物。豚鼠性情温顺、胆小易惊，对外界刺激极为敏感，喜群居。为草食性、食性挑剔的动物，体内缺少维生素C合成酶，饲养时需由食物或水提供维生素C。外貌特征表现为头大、颈短、耳圆、无尾、全身被毛，四肢紧缩，身体紧凑。染色体数2n=32。寿命一般3～4年，性成熟3月龄，发情周期15～17d，妊娠期59～72d，窝产仔2～5只。新生仔鼠出生后数小时即可吃软料。哺乳期14～28d。用做实验动物的家豚鼠（*C. porcellus*）属短毛种。豚鼠广泛地用于免疫学、营养学、生理学、毒理学和传染病学研究。

豚鼠巨细胞病毒感染（cytomegalovirus infection in guinea pig）　豚鼠巨细胞病毒（*Guinea pig cytomegalovirus*，GPCMV，别名豚鼠唾液腺病毒 *Guigea pig salivary gland virus*）引起豚鼠特有的一种传染病，多呈隐性感染。典型表现是在唾液腺腺管上皮细胞和肾小管上皮细胞中见嗜酸性核内包涵体。病毒可长时间从尿中排出，也能经胎盘垂直传播。本病是研究HCMV感染（人巨细胞病毒感染）的良好动物模型。

豚鼠伪结核病（guinea pig pseudotuberculosis）又称豚鼠耶尔森氏菌病。耶尔森氏伪结核菌引起豚鼠的急性败血性传染病。豚鼠的易感性极高，发病多。主要因摄取污染饲料和水经口感染，在消化道内繁殖并随粪便排菌。消化道内的病菌经淋巴进入血液，再进入器官组织，侵害肝、脾、肺和淋巴结等。急性病例呈败血症经过，发热，沉郁，呼吸困难，经2～4 d死亡；有的亚急性病鼠可见下痢、瘦弱等症状。特征性病变是肠系淋巴结、盲肠、肝、脾和扁桃腺等器官组织，有时也在肺、肾、阴道、心脏等发生干酪样坏死灶。干酪样坏死灶被巨噬细胞、上皮样细胞、结缔组织和淋巴细胞所包围，有时还有多核巨细胞，呈典型的肉芽肿变化。从病灶和粪便中检出细菌，或用凝集试验、间接血凝试验等血清学方法均可作出确诊。定期检疫，淘汰阳性鼠，是控制本病的基本措施；建立屏障系统饲养则是预防本病的根本办法。

臀部联胎（pygopagus）　胎儿重复畸形中对称联合的一种。两个胎儿的臀部联合在一起，其余部分各自独立发育。

臀肌（gluteal musculus）　位于臀部的肌肉，包括臀浅肌、臀中肌和臀深肌。臀浅肌在家畜变化较大，马为三角形薄肌，犬的较狭，起始于臀筋膜，止于股骨第三转子（马）或大转子下方（犬），反刍兽和猪已与阔筋膜张肌、股二头肌合并。臀中肌最发达，起始于髂骨外面和臀筋膜，止于股骨大转子。臀深肌较小，位置最深。臀肌主要作用为伸髋关节，臀中肌尤为重要。

脱氨基作用（deamination）　氨基酸在脱氨酶的作用下形成相应酮酸的反应。动物的脱氨基作用主要在肝脏和肾脏中进行。方式有氧化脱氨、转氨作用和联合转氨作用。动物体内有多种氨基酸氧化酶，由于其活性低或缺乏可利用底物，一般作用不大。大部分氨基酸的脱氨借助活性强、分布广的谷氨酸脱氢酶与转氨酶的协同作用或联合转氨基完成。

脱臼（dislocation of joint）　见关节脱位。

脱粒（degranulation）　粗面内质网膜上附着的核蛋白体脱落，游离于胞质中。见于细胞受损时。

脱毛症（alopecia）　在皮肤组织无病理状态下，以突发并经过缓慢为特征的被毛发育不全或被毛脱落的皮肤病。先天性病因与遗传因素有关；后天性病因见于皮肤神经营养缺乏、寄生虫病、内分泌机能障碍和各种中毒病经过中。临床表现先天性脱毛，包括无毛和稀毛，发生于犊牛、马驹。后天性症状多呈孤立局限性脱毛斑秃，随病情发展向周围扩大融合为不规则的大斑秃。防治关键在于平时饲喂全价日粮，定期驱虫。局部按摩或涂擦刺激药，必要时可试用紫外线、X线照射治疗。

脱敏（desensitization）　给已被变应原致敏的机体连续、小量、多次注射变应原使机体的敏感性降低，以防止大量注入变应原时发生过敏反应。

脱氢酶（dehydrogenase）　可使氢活化的氧化还原酶类。分为需氧脱氢酶和不需氧脱氢酶。前者除了利用氧作为受氢体生成过氧化氢以外，也能以人工底物，如甲烯蓝为受氢体，许多以黄素核苷酸FMN和FAD为辅基的黄素酶，如氨基酸氧化酶属于这一类；后者为既有以烟酰胺核苷酸NAD和NADP为辅酶又有以黄素核苷酸FMN和FAD为辅基的脱氢酶以及大多数细胞色素，它们可使氢活化但不能以分子氧作为直接受氢体。

脱水（dehydration）　体液减少而引起的一种病理过程。根据血钠或渗透压的变化，可分为低渗性、高渗性和等渗性脱水三种。低渗性脱水即细胞外液减少合并低血钠；高渗性脱水即细胞外液减少合并高血钠；等渗性脱水是细胞外液减少而血钠正常。脱水严重时可引起死亡。补液疗法是纠正脱水的重要手段。

脱水药（dehydrant）　又称渗透性利尿药。一类在体内不易代谢或少被代谢，以原形经肾排泄的低分子物质。静注后提高血浆和肾小管液的渗透压，产生脱水和渗透性利尿作用。因不能明显增加尿钠离子、氯离子等的排出，故不宜治疗全身性水肿。主用于消除脑炎、脑外伤及食盐中毒后期所出现的脑水肿，以降低颅内压和减轻神经症状。亦用于脊髓外伤性水肿及其他组织水肿。包括甘露醇、山梨醇、高渗葡萄糖、尿素等。

脱羧基作用（decarboxylation） 氨基酸在脱羧酶的作用下形成胺类的反应。磷酸吡哆醛是脱羧酶的辅酶。氨基酸的脱羧在量上虽不显著，但产生的胺类对高等动物的神经、肌肉和心血管系统有重要生理作用。如组氨酸脱羧形成具有促进平滑肌收缩和胃酸分泌作用的组胺。某些氨基酸的脱羧产物多胺可促进核酸和蛋白质的生物合成，为细胞生长和分裂所必需。

脱屑（desquamation） 皮肤或黏膜上皮细胞坏死后脱落的现象。皮肤上皮脱落常呈鳞屑状，黏膜上皮脱落只能在镜下见到。脱屑是上皮细胞死亡的标志。

脱氧核糖核酸的合成（deoxyribonucleic acid synthesis） DNA由各种脱氧核糖核苷酸组成，包括嘌呤脱氧核苷酸和嘧啶脱氧核苷酸。脱氧核糖核苷酸的合成先由核糖核苷酸还原形成脱氧核糖（脱氧的胸腺嘧啶例外），再在激酶的作用下磷酸化生成三磷酸脱氧核苷。催化核糖核苷酸还原的酶系包括：核糖核苷酸还原酶（ribonucleotide reductase），硫氧化还原蛋白（thioredoxin）和硫氧化还原蛋白还原酶（thioredoxin reductase）等。脱氧胸腺嘧啶核苷酸不能由二磷酸胸腺嘧啶核糖核苷还原生成，只能由脱氧尿嘧啶核糖核苷酸（dUMP）甲基化产生。dUMP可来自dUDP的脱磷酸和dCMP的脱氨基。催化胸腺嘧啶核苷酸合成的酶是胸腺嘧啶核苷酸合成酶（thymidylate synthetase），由N5，N 10-甲烯四氢叶酸提供甲基。

脱氧核糖核酸（deoxyribonucleic acid，DNA） 核酸的一种，分子量10^6～10^9，由腺嘌呤、鸟嘌呤、胞嘧啶和胸腺嘧啶4种脱氧核苷酸以磷酸二酯键聚合而成。它在细胞中有稳定的质和量。98%的DNA存在于染色体内，少量在线粒体等细胞器中。DNA的二级结构为右手双螺旋，在病毒、噬菌体、细菌和线粒体中有呈双链线状、环状以及链锁状的DNA。真核细胞的DNA与蛋白质结合并经高度折叠形成染色质。DNA是遗传的物质基础，表现生物机体生命特征的种类繁多、功能各异的蛋白质都由DNA蕴藏的遗传信息所控制。

鸵鸟腺胃阻塞（impaction of proventriculus in ostrich） 鸵鸟在采食过程中，摄入过量的沙石、木质素含量较高的草料或其他异物（如铁丝、木条、塑料等），在腺胃弛缓的条件下，造成消化机能障碍，引起食欲减退、消瘦、体弱，以致死亡。

椭圆囊（utricle） 内耳膜迷路中的椭圆形囊。三个膜半规管开口于椭圆囊。囊壁内面有卵圆形增厚区，称椭圆囊斑，属位觉斑，是重要的位置觉感受器。

拓扑异构酶（topoisomerase） 通过切断DNA的一条或两条链中的磷酸二酯键，然后重新缠绕和封口来改变DNA连环数的酶。包括拓扑异构酶Ⅰ和Ⅱ。

唾液（saliva） 唾液腺分泌的消化液。呈弱碱性（pH为7.3～7.6），主要对食物起浸润、溶解和润滑的作用。反刍动物腮腺连续分泌含碳酸氢盐较高的碱性唾液（pH约8.1），可中和瘤胃内微生物发酵产生的有机酸，以维持瘤胃内正常的酸碱度。有些动物唾液内含唾液淀粉酶，催化淀粉分解；唾液内有溶菌素可清洗口腔和伤口；有些汗腺不发达的动物（如水牛、犬）夏季大量分泌稀薄唾液，有助于散热和维持体温。

唾液淀粉酶（ptyalin salivary amylase） 由唾液腺所分泌、含于唾液内、能分解淀粉为麦芽糖的消化酶。家畜唾液淀粉酶含量远比人类低，猪、牛、羊等只含少量，猫、犬和马等唾液中一般不含淀粉酶。

唾液腺（salivary gland） 口腔周围分泌黏液和浆液的腺体。分散于口腔壁里的小型唾液腺有唇腺、颊腺、腭腺和舌腺，主要分泌黏液；成对的大型唾液腺有腮腺、颌下腺、舌下腺和颧腺，有的分泌浆液。腺实质为复管泡状腺，以结缔组织分为小叶。禽唾液腺发达，在口咽的壁内几乎连续成片，完全为黏液腺。

唾液腺瘘（sialosyrinx，salivary fistula） 腮腺等腺体及其排泄管的损伤，形成瘘管唾液外流。特点是皮肤有漏斗状开口，采食时大量唾液喷出。治疗时，唾液腺瘘口损伤部止血消毒，修整创面，数日内给予软饲料或绝食，用阿托品使唾液分泌减少。唾液管瘘治疗困难，可试行结扎损伤的排泄管。

唾液腺囊肿（salivary cysts） 唾液腺的导管或其他分支破裂，唾液潴留于组织内。位置在舌下部称舌下囊肿，在颈部附近称唾液腺囊肿，马、牛、犬都有发生。在马可见唾液腺附近有软而有波动性肿胀，穿刺有黏稠浓厚的唾液漏出。在犬多由于舌下腺、颌下腺闭塞而产生。颈部腹侧囊肿多为慢性经过，应与脓肿鉴别。治疗应把囊肿全部摘除，手术技术要求较高，在口腔内的可切开排液，形成瘘管。

唾液腺炎（sialoadenitis） 为腮腺、颌下腺和舌下腺炎症的总称。分为原发性和继发性两种，前者多由饲草芒刺或尖锐异物刺伤唾液腺管所致；后者继发于口炎、咽炎、马腺疫和流行性腮腺炎等经过中。临床表现流涎，头颈伸展或歪斜，采食、咀嚼或吞咽障碍以及局部的红、肿、热、痛等炎性症状。治疗除局部用酒精温敷、碘软膏或鱼石脂软膏涂布外，还可施行磺胺与抗生素全身疗法。

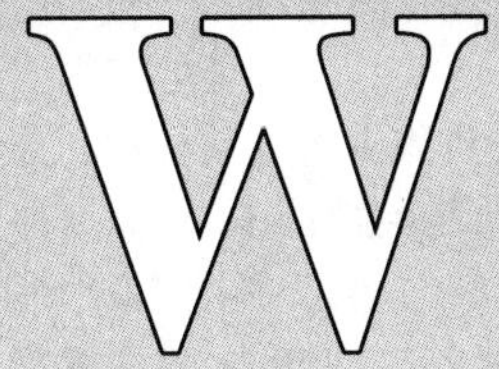

外暴露（external exposure）　广义的外暴露指实际存在于环境中有害因子的量，通常的环境监测即是测量这种暴露。狭义的外暴露指外环境中的暴露因子进入体内的量，即摄入量。

外部受精（external fertilization）　发生在体外环境中的受精过程。见于部分卵生动物，主要是水生动物。

外侧鼻突（lateral nasal prominence/process）位于鼻窝外侧的隆起，将发育为鼻翼和鼻外侧壁的大部分。

外侧腭突（lateral palatine process）　左右上颌突内侧面的间充质增生，向原始口腔内长出的一对扁平膜状突起。

外毒素（exotoxin）　某些病原菌在生长繁殖过程中所产生的对宿主细胞有毒性的可溶性蛋白质。大多数外毒素在菌体内合成后必须分泌于胞外，故名“外毒素”。但也有少数外毒素存在于菌体细胞的胞周间隙，只有当菌体细胞裂解后才释放至胞外。外毒素的毒性具有高度的特异性。不同细菌产生的外毒素，对机体的组织器官有一定的选择作用，引起特征性的病症。如破伤风毒素选择性地作用于脊髓腹角运动神经细胞，引起肌肉的强直性痉挛；而肉毒毒素选择性地作用于眼神经和咽神经，引起眼肌和咽肌麻痹。但是，也有一些毒素具有相同的作用，霍乱弧菌、大肠杆菌、金黄色葡萄球菌、气单胞菌等许多细菌均可产生作用类似的肠毒素。多数外毒素不耐热，一般在60～80℃经10～80min即可失去毒性；但也有少数例外，如葡萄球菌肠毒素及大肠杆菌热稳定肠毒素（ST）能耐100℃ 30min。外毒素具有良好的免疫原性，可刺激机体产生抗毒素（antitoxin），脱毒后仍保留原有抗原性，称之为类毒素（toxoid）。类毒素可作为疫苗进行免疫接种。

外耳（external ear）　耳的颅外部分。包括耳郭和外耳道，主要接收声波。耳郭形如漏斗，内有弹性软骨支架，一般耸立于头两侧，有的长、大而下垂，如某些品种的犬、猪和羊。外口大而倾斜，椭圆形，前、后缘称耳屏缘和对耳屏缘；两缘在外口的上、下方相遇，形成耳郭尖和耳屏间切迹。耳郭内腔形成耳舟，至筒状的基部称耳甲腔。耳郭外面的皮肤薄，具有皮下组织；内面则紧密与耳郭软骨相连，色较暗，常形成几条皮肤褶（耳舟襞），被毛稀而细，皮脂腺丰富。耳郭受一系列耳郭肌支配，能灵活转动；有些肌肉以额外的盾状软骨作起止点。外耳道由耳郭基部弯向内侧，可分为两部分：软骨性部分具有半环形软骨，骨性部分由颞骨鼓部形成。外耳道底以鼓膜与中耳隔开。外耳道内面的皮肤含有皮脂腺和耵聍腺，后者为变形的汗腺，分泌物有防止灰尘落至鼓膜的作用。家畜中牛的外耳道直而很长，几乎为马的一倍；其他家畜则先向下，然后向内略向前（犬、马）或略向后（猪），插入检耳镜应注意外耳道方向。禽无耳郭，外耳道很短，入口处遮有耳羽。

外耳道炎（otitis external）　外耳道的炎症。犬、猫、猪多发。由于湿疹、创伤、寄生虫、异物及尘埃蓄积等引起。症状是由外耳道流出不同颜色的带臭味的脓性渗出物，压迫耳郭有击水音。渗出物激起瘙痒，慢性外耳道炎的渗出物变干能影响听力。治疗时用消毒液棉球洗净外耳道，如有疼痛预先注入可卡因甘油。洗净外耳道，用灭菌棉球擦干，涂1%～2%龙胆紫溶液，促进干燥结痂。慢性病例导致耳道过分狭窄或堵塞时，可采用外耳道切开治疗。

外分泌酶（exocrine enzyme）　血清中来源于外分泌腺的酶。

外分泌腺（exocrine gland）　又称有管腺。其分泌物经导管排出于机体表面或器官腔面。有的仅为一个细胞构成，称单细胞腺，如杯状细胞；但多数是由多个细胞组成，称多细胞腺，如汗腺。多细胞腺由导管部和分泌部两部分构成，根据分泌部的形态，可将其分为管状腺、泡状腺和管泡状腺；根据分泌物的性质又可分为黏液腺、浆液腺和混合腺。有些外分泌腺中也含有内分泌细胞，如散在于胃肠腺中的内分泌细胞，或存在内分泌部，如胰腺中的胰岛。

外感受器（exteroceptor） 位于皮肤和体表的各类感受器。可接受外界环境中各种刺激，经换能作用转变为感觉神经冲动，由传入通路至相应的感觉中枢，产生不同的感觉（如皮肤的各种感受器以及味、嗅、视、听感受器等）。其中视听感受器可接受来自远方的光声刺激，又称远距离感受器。

外骨骼（exoskeleton） 主要由几丁质组成的骨化的身体外壳，肌肉着生于其内壁。见于节肢动物。

外呼吸（external respiration） 动物通过肺、鳃等呼吸器官与外界环境进行气体交换的过程。畜禽的外呼吸即肺呼吸。

外激素（exohormone） 动物外分泌腺产生并排放到体外，借空气及体液传播，对种内不同个体起作用的高效能生物活性物质。依其引起的行为反应性质可分为性外激素、追踪外激素、聚集外激素和告警外激素等。

外寄生虫（ectoparasite） 寄生于宿主体表的寄生虫。如虱。

外来生物入侵（outside living beings invading） 对于一个特定的生态系统与栖息环境来说，非本地的生物（包括植物、动物和微生物）通过各种方式进入此生态系统，并对生态系统、栖境、物种、人类健康带来威胁的现象。外来入侵物种不仅威胁本地的生物多样性，引起物种的消失与灭绝，而且具有瓦解生态系统的功能。入侵物种形成广泛的生物污染，危及土著群落的生物多样性并影响农业生产，造成巨大的经济损失。大多数外来物种是依赖人为干扰来传播的，为减少外来入侵物种的威胁，在物种抵达时及尚未广泛逸为野生前，尽快鉴定及评估其入侵性和对本地生态及原生物种的影响，并对恶性入侵物种尽快消除，以免广泛蔓延；加强出入境检疫工作，加强对有害物种引进的管理。

外膜（adventitia） 内脏器官的最外层。按其组成可分为两类：由薄层结缔组织组成并与周围器官相连续的称为纤维膜，如血管外膜、颈段食管外膜；结缔组织外面还有间皮覆盖的称为浆膜，如小肠浆膜、心外膜、子宫外膜。也有用“外膜”特指纤维膜。

外膜蛋白（outer membrane protein，OMP） 革兰阴性菌细胞壁外膜层中镶嵌的多种蛋白质的统称。主要包括微孔蛋白（porin）及脂蛋白（lipoprotein）等。微孔蛋白主要起到分子筛的作用，此外它在细菌对宿主细胞的黏附或细菌对某些特定物质的摄取中发挥受体作用。脂蛋白的作用是使外膜层与肽聚糖牢固结合，可作为噬菌体的受体，或参与铁及其他营养物质的运转。提取革兰阴性菌的 OMP 作电泳，呈现一定的图谱，据此可对某些革兰阴性菌及菌株进行鉴定、分型以及提供分子流行病学的信息。

外排作用（exocytosis） 细胞内的物质先被囊泡裹入形成分泌囊泡，分泌囊泡向细胞质膜迁移，然后与细胞质膜接触、融合，再向外释放出其内容物的过程。

外胚层（ectoderm） 囊胚（胚泡）形成内胚层后，与其相对应的上胚层，将分化形成神经系统，眼的视网膜、虹膜和晶状体，内耳上皮，表皮及其衍生物毛发等。还参与形成胎膜。

外伤性血尿（traumatic erythrocyturia） 肾脏、膀胱、尿道损伤引起的血尿。

外生性发育（exogenous development） 原生动物在外界环境进行的发育，如孢子生殖。

外显子（exon） 真核生物基因中能编码最后蛋白产物或成熟 mRNA 产物的 DNA 序列。很多外显子在转录过程中经过剪接拼连在一起，形成成熟的 mRNA 进行翻译。基因的外显子之间存在不能编码的内含子。

外因（extrinsic cause） 引起疾病的发生的外界因素。如生物性因素、物理性因素、化学性因素、机械性因素、营养性因素、环境中应激因素和过敏原等。

外源性感染（exogenous infection） 病原体从动物体外侵入机体引起的感染过程。大多数传染病属于这一类。

外源性化学性污染（exogenous chemical pollution） 动物性食品在加工、运输、贮藏、销售和烹饪过程中受到有毒有害化学物质的污染。

外源性抗原（exogenous antigen） 存在于细胞外的抗原，如蛋白质、灭活的细菌和病毒、细胞外的细菌和病毒。这些抗原需经专业的抗原递呈细胞（如树突状细胞、巨噬细胞、B 细胞等）加工处理，然后递呈给 T_H 细胞。

外源性抗原的交叉递呈（cross - presentation of exogenous antigen） 在有些情况下，抗原递呈细胞（如巨噬细胞、树突状细胞等）将外源性抗原递呈给 Tc 细胞的过程。

外源性凝血（extrinsic coagulation） 组织损伤释放出凝血因子Ⅲ（组织因子）进入血液，在 Ca^{2+} 存在的情况下经一系列酶促反应引起的血液凝固。凝血因子Ⅲ为磷脂蛋白质，广泛存在于血管外组织中，脑、肺、胎盘含量特别丰富，组织损伤时释放出来，与血中凝血因子Ⅶ组成复合物，激活凝血因子Ⅹ生成有活性的Ⅹa，进而使凝血酶原（凝血因子Ⅱ）活化成凝血酶（Ⅱa），最后可溶性的纤维蛋白原（凝血因子Ⅰ）变成不溶性的纤维蛋白，于是血液发生凝固。

外源性污染（exogenous pollution） 又称二次污染。动物性食品在其加工、运输、贮藏、销售、烹饪等过程中受到的污染。根据污染物的不同，外源性污染又可分为外源性生物性污染和外源性化学性污染。

外照射（external irradiation） 来自机体外的辐射源对机体的照射，是核辐照射的一种方式。外照射所产生的效应与吸收剂量、剂量率、时间与空间的剂量分布、照射范围、受照组织的放射敏感性及辐射的种类和能量等因素有关。γ 射线具有较强的穿透能力，即使是体外照射，也能对深部组织造成损伤；α 射线的生物效应虽然较大，但穿透能力小，在体外不构成对机体的威胁；β 射线的电离作用和穿透能力处于 α 射线与 γ 射线之间。

外周化学感受器（peripheral chemoreceptor） 位于外周的、感受内环境化学成分改变并引起反射性呼吸调节的感受器。包括位于颈内、外动脉分叉处的颈动脉体和邻近心脏的主动脉弓附近的主动脉体等。皆因动脉血氧分压降低、二氧化碳分压升高或氢离子浓度升高而兴奋，两者的传入冲动分别由窦神经和迷走神经传入延髓呼吸中枢，以增加呼吸频率和幅度。

外周免疫器官（peripheral immune organ） 又称二级免疫器官（secondary immune organ）。淋巴细胞定居和对抗原刺激进行免疫应答的场所。包括脾、淋巴结和消化道、呼吸道及泌尿生殖道的淋巴组织。除T、B淋巴细胞外，它们还富含捕捉和处理抗原的巨噬细胞、树突状细胞等。能迅速捕获来自血液（脾）和淋巴液（淋巴结）的抗原，并为处理后的抗原与T、B淋巴细胞接触提供最大的机会。它们都起源于胚胎晚期的中胚层，成年后不萎缩。此外，在骨髓中富含大量的B细胞，是产生抗体的主要部位，因此，骨髓除行使中枢免疫器官的职能外，也是外周免疫器官。

外周性瘫痪（peripheral paralysis） 又称下运动元性瘫痪、弛缓性瘫痪、萎缩性瘫痪。因下运动神经元，包括脊髓腹角细胞、腹根及其分布到肌肉的外周神经或脑干的各脑神经核及其纤维的病变所引发的瘫痪。

外周循环衰竭（peripheral circulatary failure） 家畜发生的以组织缺氧性功能下降为主征的循环障碍性病理过程。多因静脉回心血量不足而使心输出量减少所致。按其起源分为血管性衰竭和血液性衰竭2种。主要发生于休克、大出血和体液丧失性脱水等。临床表现厌食，口渴，虚脱，肌无力，皮肤冷凉，体温下降，心跳加快，呼吸急促。重型病例多发昏迷，阵发性惊厥，迅速死亡。治疗原则在于促使循环血量恢复正常，纠正组织缺氧等。

外周（血管）阻力［peripheral（vascular）resistance，PVR］ 外周血管系统对血流的总阻力。主要产生于小动脉和微动脉。因这部分血管较细而长，管壁有较多的平滑肌纤维，经常具有一定的紧张性，容易接受交感神经递质和一些能引起血管收缩的激素及代谢产物的调控，改变血管口径，影响外周阻力，进而影响血压水平。

弯杆菌病（campylobacteriosis） 弯杆菌属（*Campylobacter*）细菌引起的人畜共患传染病。原名弧菌病（vibriosis）。临床上多表现为不孕、流产和腹泻。本病在许多国家有较高的发病率，特别对养牛、养羊业造成一定的经济损失，对人也有危害。在常发地区，根据发病季节和典型症状，可作出诊断，必要时可进行细菌学检查。平时应注意采取综合性防疫措施。发病后可用链霉素和红霉素等抗生素配合对症治疗。

弯杆菌属（*Campylobacter*） 一群菌体纤细、有一个或多个螺旋状弯曲的革兰阴性菌。大小为（0.2～0.5）μm×（0.5～5）μm，最长可达 8μm，无芽孢，以一端或两端单鞭毛运动，但接触空气时菌体变球状即失去动力。微需氧（3%～5% O_2）或严格厌氧。菌落细小，无溶血性。不分解糖类，MR、VP、吲哚和尿素酶均阴性，氧化酶阳性，多数种过氧化氢酶阳性。弯杆菌最早在牛肠道中发现，以后在猪、羊、犬、鸡、爬行动物及野生动物的腹泻和正常粪便中检出。本属的某些成员是人和动物的致病菌。如空肠弯杆菌（*C. jejuni*）可致犊牛、仔猪、犬、狐、雏鸡等多种动物的腹泻和人的急性胃肠炎与食物中毒，也可引起绵羊流产、禽类的传染性肝炎。

弯杆菌性腹泻（campylobacter diarrhea） 弯杆菌属的空肠弯杆菌引起各种动物和人的腹泻。牛的本病又称冬痢、黑痢，其特征是牛群在秋冬季节发生出血性下痢。成年牛的病情较严重，气候寒冷和不良的饲养管理可促使本病的发生和流行。在常发地区，根据发病季节和典型症状，不难作出诊断。但需注意与病毒性腹泻、球虫病和普通胃肠炎进行区别诊断。病牛可用肠道防腐、收敛药物治疗，对于体弱、重病者，应同时进行支持疗法。

弯杆菌性流产（campylobacteric abortion） 弯杆菌属的胎儿弯杆菌胎儿亚种（*C. fetus* subsp. *fetus*）和肠道亚种（*C. fetus* subsp. *intestinalis*）引起的牛羊传染病，前者使牛发生流产和不育，又称牛弧菌性流产；后者主要使绵羊发生流产。本病是牛羊的一种以流产、暂时性不育和发情期延长为特征的生殖道病。确诊需作细菌学检查，或取流产牛的血清和子宫颈—阴道黏液作试管凝集试验，检测其中的抗体，当牛群暴发本病时，应暂时停止配种 3 个月，同时使用抗生素治疗。

丸剂（pill） 一种或数种药物加适宜的赋形剂制成的球形制剂。由中药制成的丸剂称中药丸剂，有水丸、蜜丸、蜡丸等类型。兽用丸剂常增大重量，特称大丸剂（bolus）。

完全变态（complete metamorphosis） 发育过程包括卵、幼虫、蛹和成虫 4 个阶段，卵后各发育时期的形态与生活习性完全不同的发育方式。如蚊、蝇等。

完全抗体（complete antibody） 两价以上的、与抗原结合后能出现凝集反应、沉淀反应等可见反应的抗体。

完全抗原（complete antigen） 见抗原。

完全流产（complete abortion） 所有成胎之物，都从子宫中排出。多胎动物，全部胎儿均被从子宫排出的流产。参见流产。

完全卵裂（complete/holoblastic cleavage） 卵裂时将细胞一分为二，子细胞完全分开的卵裂方式。卵黄含量少的受精卵，如无黄卵、少黄卵、均黄卵等的卵裂，属此类型。

完全酶切（complete digestion） 用足够的限制性内切酶以充分的时间去处理 DNA 分子，使 DNA 中所有可能的靶位点都被切割。

完全瘫痪（panplegia） 又称全瘫。横纹肌完全不能随意收缩的一种疾病。

烷化剂（alkylating agent） 又称烷基化剂。能将小的烃基转移到其他分子上的高度活泼的一类化学物质。一般引入的烷基连接在氮、氧、碳等原子上。烷化剂常具突变源性（mutagenic），因为它能改变脱氧核糖核酸（DNA）中的核苷酸（nucleotides）。它们具有一个或两个烷基，分别称单功能或双功能烷化剂，所含烷基能与细胞的 DNA、RNA 或蛋白质中亲核基团起烷化作用，常可形成交叉联结或引起脱嘌呤，使 DNA 链断裂，在下一次复制时，又可使碱基配对错码，造成 DNA 结构和功能的损害，严重时可致细胞死亡。属于细胞周期非特异性药物。常用的烷化剂有烯烃、卤烷、硫酸烷酯等。

晚期诊断（advanced stage diagnosis） 疾病发展到中、后期，甚至尸检时建立的诊断，延误对疑难疾病的有效防治。

万年青中毒（rohdea japonica poisoning） 家畜误食万年青枝叶或其制剂用量过大，由其所含万年青苷 A、B、C、D（rohdexin A，B，C，D）所引起的中毒病。中毒家畜流涎，呕吐，腹痛，下痢，心跳缓慢，心律不齐，严重病例心室纤维颤动，瘦弱，共济失调，兴奋，痉挛。后期嗜眠，昏睡，视力障碍，卧地不起。治疗除内服鞣酸、活性炭等解毒剂外，可针对心率变化分别应用阿托品和氯化钾制剂。

腕部滑膜鞘（carpal synovial sheath） 腕部背侧和外侧有腕伸肌腱和指伸肌腱的滑膜鞘。腕部掌侧有腕腱鞘，包裹指深和指浅屈肌腱通过腕管。马的两屈肌腱形成总滑膜鞘。肉食动物指浅屈肌腱和反刍动物、猪指浅屈肌浅肌腹的腱均由腕管外筋膜内穿过，无滑膜鞘。

腕部水瘤（wrist hydroncus ） 又称膝瘤、冠瘤。水瘤是囊肿的俗称，由腕前皮下黏液囊发炎引起的肿胀。在腕关节前有波动感的局限性肿胀。见于牛、马。参见黏液囊炎。

腕骨（carpal bones） 腕部的短骨。有两列：近列由内侧到外侧为桡腕骨、中间腕骨、尺腕骨和副腕骨；远列为第 1、2、3、4 和 5 腕骨。副腕骨向后突出，可触摸到。在不同家畜，因发生愈合或退化，腕骨数目不尽一致，如马、猪 8 块，肉食动物 7 块，反刍动物 6 块；兔的则为 3 列，中列尚有中央腕骨，共 9 块。禽只有桡腕骨、尺腕骨两块，远列已与掌骨合并。

腕关节（carpal joint） 前臂骨、腕骨和掌骨构成的复关节。包括前臂腕、腕间和腕掌以及桡尺骨远端的关节。前臂腕和桡尺远端二关节腔相通；腕间和腕掌二关节腔相通。内、外侧副韧带在有蹄动物很发达，犬、猫较薄弱。背侧有短韧带连接同列腕骨和远端前腕骨与掌骨。掌面除短韧带外，有深韧带将腕骨掌面填平而构成腕管前壁。由副腕骨斜向越至腕部内侧面的横韧带，构成腕管后壁。副腕骨还有一些短韧带连接至尺骨、腕骨和掌骨。有蹄动物为屈戎关节，能向后屈，范围较大，主要在前臂腕（马可达 90°）和腕间（马可达 45°）二关节；犬、猫为椭贺关节，尚可略作内收、外展。掌侧韧带和副腕骨韧带有限制关节背屈的作用。禽只有一列腕骨，腕关节只有前臂腕和腕掌两关节。

腕关节屈曲（carpal flexion posture） 胎势异常的一种。胎儿前腿没有伸直，一侧或双侧腕关节屈曲，位置在前，楔入骨盆入口处。助产先用矫正术，然后拉出。如果矫正极为困难，可用截胎术。

腕屈肌（flexor musculus of carpus） 位于前臂部内侧的屈腕关节肌肉。有腕桡侧和腕尺侧屈肌，起始于肱骨内侧上髁和尺骨鹰嘴。腕桡侧屈肌沿桡骨内侧缘紧后方向下行，止于第 2（有的为第 3）掌骨近端；止腱在腕部包有滑膜鞘。腕尺侧屈肌行于腕桡侧屈肌后方，向下止于副腕骨。

腕伸肌（extensor musculus of carpus） 位于前臂部外侧的伸腕关节肌肉。有腕桡侧、腕尺侧和腕斜伸肌；前二者起始于肱骨外侧上髁，腕斜伸肌起始于桡骨前面。①腕桡侧伸肌，发达，在最前方，沿桡骨前面向下，其腱经腕部背侧而止于第 3 掌骨近端。②腕尺侧伸肌，在最后方；犬的向下止于第 5 掌骨，可伸或屈腕关节，其他家畜均向后移位而止于副腕骨和掌骨，只起屈的作用，因此常称尺外侧肌。③腕斜伸肌，由桡骨前面斜向下向内行，其腱止于最内侧的掌骨；此肌原称拇长展肌，在犬、猫尚有将前脚旋后，即将掌心转向内侧的作用。腕伸肌止腱在通过腕部时包有滑膜鞘。

腕腺（carpal gland） 猪腕部内侧面的皮肤腺。形成扁平的一团位于皮下，棕黄色，可分为腺小叶。为局部分泌型的复管状腺。分泌物经排泄管排出于皮肤上 3～4 个或 6～7 个小凹窝（憩室）内，有标记领域地的作用。

网络学说（network theory） Jerne 1974 年所提出。该学说认为，免疫系统内各个 T、B 细胞克隆通过自我识别、相互刺激和反馈作用，形成一个动态平衡的调节网络。每一 B 细胞克隆所产生的免疫球蛋白（Ig）其可变区的抗原结合部位——独特位（idiotopes），既能识别抗原，也能被与之相应的 B 细胞克隆所识别，产生相应抗体——抗独特型抗体（anti－idiotypic antibody）。Richter 等发展了此学说，他把各种不同的克隆称为功能单位，以 Ab_0、Ab_1、Ab_2、Ab_3 等表示（Ab 为 antibody 缩写），每一克隆包括 B 细胞、T 细胞、抗体和 T 细胞因子。Ab_1 识别抗原决定簇，Ab_2 识别 Ab_1 的独特位，Ab_3 识别 Ab_2……依次类推。Ab_2 的独特位与抗原决定簇构型相似，可以模拟抗原，而被 Ab_1 识别，称为抗原内影像，亦即 Ab_0，在网络内部 Ab_0 刺激产生 Ab_1，Ab_1 刺激产生 Ab_2，Ab_2 刺激 Ab_3，……反之 Ab_3 抑制 Ab_2，Ab_2 抑制 Ab_1。刺激效应所需浓度大于抑制效应。在正常免疫应答时，Ab_3 活化程度十分重要，即 Ab_3 浓度足以抑制 Ab_2，但不足以刺激产生 Ab_4。这样 Ab_2 克隆被抑制，使 Ab_1 逃脱了 Ab_2 的抑制而活化，导致免疫应答的进展。随着反应加强，当 Ab_4 被激活而发挥抑制效应时，免疫反应开始逆转。随着抗原减少消失，抑制效应超过刺激效应，致使免疫反应逐渐消失，网络又恢复到原来的状态。

网膜（omentum） 与胃相连系的腹膜褶。有小网膜和大网膜。小网膜从肝的脏面延伸到胃小弯和十二指肠前部，复胃家畜到瓣胃和皱胃小弯及十二指肠；又分为肝胃韧带和肝十二指肠韧带。小网膜参与形成网膜囊的前庭，入口为网膜孔。小网膜含脂肪较少。大网膜形成空而瘪的网膜囊。在单胃家畜，网膜囊的深层从腹顶壁胰所在处经胃的脏面至腹底壁，转而向后直到盆腔入口前，然后反折为浅层，沿腹底壁再向前至胃大弯，两层在左、右侧则分别于脾、十二指肠处相移行。囊腔为网膜囊的后隐窝。肉食动物、猪大网膜发达，在腹底壁覆盖大部分肠管：单胃草食家畜不发达，在胃后方而不下垂达腹底壁。反刍动物大网膜很发达，浅、深两层在右侧连接于皱胃大弯和十二指肠，沿右腹壁转折至左侧，两层分别连接于瘤胃左纵沟和右纵沟及网胃；两层至盆腔入口处互相连续，形成网膜囊的后缘。网膜囊与瘤胃间，又围成网膜上隐窝。大网膜有较强的保护和吸收作用，是腹腔内重要屏障；除单胃草食家畜外，还贮积大量脂肪，沿血管、淋巴管分布，呈网状，有的甚至连成一片。禽网膜只见于胚胎时期。

网膜孔（epiploic foramen） 网膜囊与腹膜腔相通的孔隙。位于肝的脏面与十二指肠之间。呈狭缝状，可容 1～2 指通过。孔的前背侧界是肝的尾状突和后腔静脉；后腹侧界是门静脉、胰和肝十二指肠韧带游离缘。网膜孔通网膜囊前庭。偶尔小肠可落入网膜孔而发生网膜孔疝。

网膜上隐窝（supraomental recess） 反刍动物腹腔内由网膜囊围成的一部分腹膜腔。左侧界为瘤胃，主要是背囊；底部和右侧界是网膜囊的深、浅两层。隐窝的开口向后，在盆腔入口前方，由网膜囊后缘即大网膜深、浅两层转折处形成。大部分肠及肠系膜位于隐窝内，但常有一部分由后口脱出。妊娠母牛的妊娠子宫角可垂入隐窝内。

网胃（reticulum） 又称蜂巢胃。复胃的第二室。位于瘤胃前方，背侧与瘤胃背囊无分界。呈略前后扁的梨形，体表投影相当于第 6～9 肋间隙下半；前面与膈的下部相贴，下端达胸骨。网胃经瘤网胃口与瘤胃背囊相通；以较小的网瓣胃口与瓣胃相通。由贲门起有网胃沟延伸到网瓣胃口，相当于单胃胃沟的前段。黏膜以低褶形成蜂窠状小格，格底尚有次级小格。黏膜被覆暗色、浅层角化的复层扁平上皮。肌膜发达，由外环肌层和内斜肌层构成。网胃收缩力强，由于位置关系，吞入的金属异物又多停留其内，易刺破胃壁，甚至穿通膈而达心包，引起创伤性网胃炎、心包炎。骆驼网胃黏膜形成一个腺囊区，与瘤胃的相似。

网胃沟（reticular groove） 又称食管沟。反刍动物胃由贲门沿网胃右壁至网瓣胃口的沟。略呈螺旋形，侧界为两唇，左（前）唇上端略扩大而遮掩贲门口，右（后）唇下端略厚而遮掩网瓣胃口。网胃的内斜肌层形成贲门襻后，延续入两唇构成发达的纵行肌。网胃的外环肌层构成沟底的横行肌。沟底黏膜形成纵褶。当吸吮乳汁时幼畜网胃沟能反射性闭合成管，供乳汁通过。成畜网胃沟此作用消失，但可被某些化学物质刺激而引起，如硫酸铜溶液对羊，碳酸氢钠溶液对牛。

网胃运动（reticulum movement） 网胃肌肉的收缩活动。特点是呈两相性，即第一相只收缩一半即行舒张，接着是第二相几乎完全的收缩。这种双相收缩每隔 30～60s 重复一次。网胃收缩是前胃收缩的起点，当网胃进行第二相收缩时紧接着发生一次瘤胃收缩。在反刍时网胃在第二相收缩前还附加一次收缩，使胃内容物逆呕回口腔。网胃收缩时部分内容物被逐至前庭，部分则进入瓣胃。

网织红细胞（reticulocyte） 晚幼红细胞脱核后到成熟红细胞之间的尚未完全成熟的红细胞，胞浆中尚残存数量不等的核糖体、核糖核酸等嗜碱性物质。比红细胞略大。在瑞特氏染色的血涂片上，不能与红细胞相区别。但用煌焦油蓝染色时，网织红细胞的胞质中可见染成蓝色的细网状或小粒状结构，这是由于残存的核糖体所致。在正常动物的血相中网织红细胞很少，而当动物贫血时大量增加。

网状结构（reticular formation） 脑干内弥散的白质纤维交织成网、网眼内散布不同大小的神经元的细胞体与纤维混杂区。可分为内侧 2/3 的效应区（成自大中型细胞）和外侧 1/3 的感觉联络区（成自小型细胞），内含许多网状核和中缝核，与脑的各部和脊髓有广泛联系。是躯体反射和内脏反射的重要联络站或中枢，对躯体运动和内脏活动有调节作用，对觉醒、睡眠、意识和内分泌活动也有影响。

网状细胞（reticular cell） 有许多胞质突起，细胞呈星状，突起彼此互相连接，网状纤维深陷于胞体及突起内。网状细胞的核一般较大，染色质细而较疏松，常可见 1～2 个核仁。网状细胞是特化的成纤维细胞，合成和分泌Ⅲ型胶原和基质成分，沿着网状纤维辐射状伸出较细的突起，黏附于纤维的三维网架上，与网状纤维共同组成网状组织。

危害（hazard） 食品中所含的对健康有潜在不良影响的生物性、化学性或物理性因素或食品存在的状态。是危害分析与关键控制点（hazard analysis and critical control point，HACCP）中的一个关键因素。

危害分析与关键控制点（hazard analysis critical control points，HACCP）对食品安全有显著意义的危害加以识别、评估和控制的体系。该体系以科学性和系统性为基础，涉及食品安全的所有方面，着重强调对危害的预防，可将食品安全控制方法从滞后型的最终产品检验方法转变为预防性的质量保证方法。HACCP 体系是涉及从农田到餐桌全过程食品安全卫生的预防体系，已成为目前国际上公认的最有效预防和识别产品危害并相应实施预防措施和科学管理体系。

危害鉴定（hazard identification） 又称危害认定、危害识别。对危害人类和/或环境的危害源的鉴定，包括对危害源的定性分析。主要目的是确定危害源的不良效应。采用的主要方法包括流行病学研究、毒理学研究、体外试验以及定量的结构与活性关系的研究。

危害特征的描述（hazard characterization） 暴露危害源后，就危害源对人或/和环境的危害作用进行的定量或半定量评估，一般必须进行剂量-反应评价。

危险度（risk） 见危险性。

危险度评价（risk assessment） 基于毒理学试验资料、化学物接触资料和人群流行病学资料等科学数据的分析，确定接触外源化学物后对公众健康危害的可能性，发生损害效应的性质、强度、概率，确定可接受危险度水平和相应的实际安全剂量，为管理部门制定和修正卫生标准，制定相应法规，确定污染治理的先后次序，评价治理效果提供科学依据的过程。

危险度特征分析（risk characterization） 又称危险度裁决（risk judgement）。是危险度评价的最后一步。将危害鉴定、剂量-反应关系评定、接触评定中进行的分析和所得结论综合在一起，对人体危险度的性质和大小做出估计，说明并讨论各阶段评价中的不肯定因素及各种证据的优缺点等，为管理部门进行外源化学物的危险度管理提供依据。

危险人群（risk population） 在人群总体中对特定环境污染物的毒性比较敏感，即接触污染物后发生毒性反应的相对危险性明显高于正常对照人群的那一部分人群。

危险性（risk） 又称危险度。外源化学物在特定的接触条件下，对机体产生损害作用可能性的定量估计。实际上它是一种概率，是具有统计学含义的概念。危险性与毒性不同，毒性是指化学物引起机体出现异常的固有能力，而危险性则表示化学物对机体引起有害生物学作用的可能性大小。危险性除了取决于化学物的毒性大小外，还与机体接触的可能性和接触程度有关。有些化学物的毒性很大（如肉毒梭菌毒素），极小量就可以致死，但实际上人们接触到它的机会很少，其危险性就小；相反，有些化学物的毒性较小（如乙醇），却经常有不少中毒病例发生，则危险性就大。

微孢子虫病（nosematosis） 微孢子虫（*Microsporidium* spp.）引起的人与动物共患病。发生腹泻、肝炎、腹膜炎、肌炎、结膜炎等症状，尤其以腹泻为特征。主要寄生在鱼类的皮肤和肌肉中以及昆虫的消化道上皮细胞内。微孢子虫成熟孢子为卵圆形，大小因虫种而异，为（0.8～1）μm×（1.2～1.6）μm，具折光性，革兰染色呈阳性。成熟孢子被吞入后侵入肠壁细胞引起消化道感染。微孢子经消化道进入机体后，通过血循环到达肝、肾、脑、肌肉等其他组织器官。该虫所致典型特异性病变为局灶性肉芽肿、脉管炎及脉管周围炎。电镜检查病原体是目前最可靠的诊断方法，利用染色的活组织印片、涂片或切片光镜检查，也具有诊断价值，且易于推广。粪便直接涂片用改良三色液染色，孢子壁呈鲜樱红色。对此病尚无比较满意的治疗方法，阿苯哒唑、磺胺异恶唑、依曲康唑及灭滴灵等可试用。

微波消毒（microwave disinfection） 通过照射微波从而达到杀菌杀毒目的的消毒方式。微波是波长1～1 000mm的电磁波。频率在数百至3 000MHz，用于消毒的微波频率一般为（2 450±50）MHz与（915±25）MHz两种。微波在介质中通过时被介质吸收而产生热，该类介质被称为微波的吸收介质，如水就是微波的强吸收介质之一。热能的产生是通过物质分子以每秒几十亿次振动，摩擦而产生热量，从而达到高热消毒的作用；同时微波还具有电磁场效应、量子效应、超电导作用等影响微生物生长与代谢。一般含水的物质对微波有明显的吸收作用，升温迅速，消毒效果好。

微动脉（arteriole） 直径在0.3 mm以下、直接与毛细血管相延续的小动脉的分支。其内膜由内皮和极薄的结缔组织构成，没有内弹性膜；中膜只有1～2层环行平滑肌；外膜很薄。微动脉平滑肌的收缩对器官内的局部血液循环有调节作用。

微管（microtubule） 由微管蛋白组装而成的细管状细胞器。是细胞骨架的重要成分，并参与构成纤毛、鞭毛、精子尾部轴丝以及有丝分裂器等。管径粗细一致、可弯曲、无分支、外径15～25 nm，内径12～20nm，长可达数微米。管壁由13条原纤维螺旋盘绕而成，主要成分为微管蛋白。微管蛋白是由α和β亚单位组成的异二聚体，在细胞质中可聚合成为微管，微管也可解聚成为游离存在的微管蛋白。这种聚合与解聚常处于动态的平衡中，并可随细胞的生理状态而发生改变。微管存在形式有3种：①单微管，如散在于细胞质中的、组成有丝分裂器的以及神经元中的微管等，除后者外，这类微管易受低温、Ca^{2+}和秋水仙素影响而解聚。②二联微管，如组成纤毛与鞭毛的微管，对低温、Ca^{2+}和秋水仙素较不敏感，但在超声波或高压处理时仍会解聚。③三联微管，如组成中心粒和基体的微管，最为稳定。微管除参与构成细胞骨架和多种细胞器外，尚可参与细胞运动和大分子物质运输。

微核试验（micronucleus test） 一种根据细胞质内产生额外核小体的现象，以判断化学物诱发染色体异常变化的试验。凡使分裂细胞的染色体发生断裂，并延迟到分裂后期，或使染色体和纺锤绦联结遭到破坏等遗传损伤，均能产生微核。标准方法有哺乳动物骨髓嗜多染红细胞（PCE）微核试验等，已广泛用于诱变物的短期筛选。

微口吸虫病（microtremiasis） 微口吸虫（*Microtrema*）寄生于猪胆管内引起的疾病。我国常见种为胃截形微口吸虫（*M. truncatum*），长12～13mm，宽5～6mm，虫体前端较尖细，后端平，略呈长圆锥形。腹吸盘位于中央偏后处。睾丸横列于虫体后部。卵巢在睾丸稍前正中。子宫填充在腹吸盘与肠支之间。生活史不详。该虫寄生后引起胆管扩张，管壁增厚和实质萎缩等病变。临床症状主要是消化障碍。亦可寄生于猫。治疗可试用丙硫咪唑或吡喹酮驱虫。

微粒辐射（corpuscular radiation） 辐射所传送的能量包含在移动粒子之中的辐射。微粒辐射携带的能量与传送粒子的质量及其速度有关，粒子可以带电荷也可以是中性的。α射线和β射线是由一系列的α粒子和β粒子所组成，α粒子为氦的原子核，β粒子则为原子核内放出的电子，所以α射线和β射线实质是α粒子和β粒子的粒子流。

微粒体（microsome） 见内质网。

微量营养素（micronutrients） 包括矿物质和维生素，机体需要量较少，在膳食中所占比重也小。①矿物质：又分常量元素和微量元素。在动物体内含量较多，需要量较大的为常量元素，有钙、镁、钠、钾、磷、氯等。微量元素在动物体内含量很少，包括铁、碘、锌、硒、铜、锰、铬、钴等。②维生素：维持身体健康所必需的一类有机化合物。维生素是一类调节物质，在物质代谢中起重要作用。通常按溶解性质分为脂溶性和水溶性两类。脂溶性维生素主要包括维生素A（视黄醇）、维生素D（钙化醇）、维生素E（生育酚）、维生素K（凝血维生素）；水溶性维生素主要包括维生素B族和维生素C，维生素B族中主要有维生素B_1（硫胺素）、维生素B_2（核黄素）、维生素pp（烟酸）、维生素B_6（吡哆醇），泛酸（遍多酸）、生物素、叶酸、维生素B_{12}（钴胺素）。

微量元素（microelement） 通常指生物有机体

中含量小于0.01%的化学元素。目前被确认与动物体健康和生命有关的必需微量元素有18种，即铁、铜、锌、钴、锰、铬、硒、碘、镍、氟、钼、钒、锡、硅、锶、硼、铷、砷等。每种微量元素都有其特殊的生理功能，缺少或过量均对机体有害。主要作用包括：①微量元素通过与蛋白质和其他有机基团结合，形成酶、激素、维生素等生物大分子，发挥重要的生理生化功能。②微量元素构成体内重要的载体与电子传递系统。铁存在于血红蛋白与肌红蛋白之中，在它们执行载氧与贮氧的过程中作用重要。③酶是生命的催化剂，迄今体内发现的1 000余种酶中，50%～70%需要微量元素参与或激活。④微量元素还参与激素和维生素的合成。如碘为甲状腺激素的生物合成所必需的，钴是维生素B_{12}的重要成分。⑤核酸是遗传信息的携带者。微量元素对核酸的物理、化学性质均可产生影响。多种RNA聚合酶中含有锌，而核苷酸还原酶的作用则依赖于铁。

微囊化细胞培养（microencapsulated cell culture）适用于单克隆抗体生产的一种培养方式。先将杂交瘤细胞微囊化，置于培养液中进行悬浮培养。一定时间后，从培养液中分离出微囊，冲洗后打开微囊，离心后可获得高浓度的单抗。

微囊剂（microcapsules） 囊材包裹囊心物形成的微小胶囊。直径为1～5 000μm。囊材是天然或合成的高分子材料，如明胶、阿拉伯胶、羧甲基纤维素钠、聚乙烯醇等。囊心物则为固体或液体药物。药物微囊化后，有延长药效、提高稳定性、掩盖不良臭味及减少复方的配伍禁忌等优点。可用以制备散剂、胶囊剂、片剂、注射剂和软膏剂等。目前已有多种药物制成微囊。

微球制剂（microballoons） 近年来研究发展的新剂型，是药物和其他活性成分溶解或分散在明胶、蛋白等高分子材料基质中，经固化而形成的微小球状实体的固体骨架物，不同粒径范围的微球针对性地作用于不同的靶组织。微球作为药物控释载体，具有生物可降解性和较低毒性。与脂质体相比，微球更稳定，体内代谢更慢，有利于延长药效，因此可作为药物的控释和靶向载体，特别是用于多肽类和蛋白质类药物。

微热（eupyrexia） 体温升高一般不超过1.0℃。见于局部炎症和轻微的全身性炎症。

微绒毛（microvillus） 又称细绒毛、绒毛状突起。上皮细胞游离面的指状突起。数量和长度因细胞类型和生理状态而不同，直径约0.1 μm，表面被覆细胞膜，内部为细胞质，中心有平行排列的肌动蛋白丝纵贯微绒毛全长。由于这些肌动蛋白丝一端附着于微绒毛顶端，一端则伸入细胞与细胞终网相连续，因而可加强微绒毛的牢固度，使上皮表面成为一整体。微绒毛在小肠和肾近曲小管上皮细胞分别形成纹状缘和刷状缘，两者均有扩大细胞吸收面积的作用。在其他类型细胞可能还有其他作用，如搜索抗原和摄取异物等，但在某些细胞其功能意义不甚明确。

微生态平衡（eubiosis） 正常微生物群与其宿主生态环境在长期进化过程中形成生理性组合的动态平衡。宿主是微生态平衡的主要成员，可直接影响微生态平衡，并对正常微生物群的组成和功能等也有明显影响。因此，评价某一微生态系统是否处于平衡状态，首先应考虑宿主的状况，即要考虑宿主的生理性波动与微生态平衡的关系。正常微生物群的性质、数量和定位状况直接影响着宿主的生理功能，乃至病理状态的发生。在判定微生态平衡时，需要了解和掌握微生物群落的定位、定性和定量变化。

微生态系统（microecosystem） 在一定结构的空间内，正常微生物群以其宿主（人类、动物、植物）组织和细胞及其代谢产物为环境，在长期进化过程中形成的能独立进行物质、能量及信息（即基因）相互交流的统一的生物系统。由正常微生物群与其宿主的微环境（组织、细胞、代谢产物）两大部分所组成。微生态学的理论研究如同生态学的其他分支一样，其精髓在于物质、能量和信息"三流"运转，即微生态系统中的微生物之间、微生物与宿主之间的相互联系和相互作用是通过"三流"的运转来实现的。

微生态学（microecology） 微生物生态学的简称。以微生物学和实验动物学为基础，研究正常微生物菌群与其宿主的相互关系及其作用机制的新兴边缘学科。微生态学本身又逐渐形成许多分支：着重研究微生态学基本理论、基本知识和技能的普通微生态学；按宿主不同可分为植物微生态学、动物微生态学、人体微生态学等；按研究领域和应用目的可分为农业微生态学、工业微生态学、兽医微生态学、医学微生态学等。各分支学科间的相互渗透和综合，促进着整个微生态学全面地向纵深发展，并为人类顺应自然规律、开展环境的生态修复以及动物乃至人类疾病防治等诸多方面提供有力的工具。

微生态制剂（probiotics） 又称益生素、活菌制剂、生菌剂。用非病原微生物如乳酸杆菌、蜡样芽孢杆菌、双歧杆菌等制成的活菌制剂，经口服治疗畜禽正常菌群失调引起的下痢等疾病。

微生物（microorganism） 存在于自然界中的一类分布广泛，种类繁多，个体微小，结构简单，肉眼通常不能直接看见，必须借助光学或电子显微镜放大后才能观察到的微小生物。包括细菌、真菌、放线菌、螺旋体、立克次氏体、衣原体、支原体及病毒等。

微生物降解（microbial degradation） 微生物把有机物质转化成为简单无机物的现象。自然界中各种生物的排泄物及死体经微生物的分解作用转化为简单无机物。微生物还可降解人工合成的有机化合物。如通过脱卤素作用，把 DDT 转化为 DDE 和 DDD；通过氧化作用，把艾氏剂转化为狄氏剂；通过还原作用，把含硝基的除虫剂还原为胺；芳香基的环裂现象也是微生物降解作用常见的一种反应。微生物降解作用使得生命元素的循环往复成为可能，使各种复杂的有机化合物得到降解，从而保持生态系统的良性循环。

微生物区系（microflora） 在一定生态环境条件下的微生物数量、种类及其相互关系。各种生态环境如土壤、水和肠道等都有特定的微生物区系，如果肠道中的正常微生物区系失去平衡，动物的健康就受到损害而引发疾病。

微生物生态学（microbial ecology） 见微生态学。

微生物危害评估（hazard assessment of microbes） 对病原微生物或寄生虫可能给人、动物和环境带来的危害所进行的评估。当建设使用传染性或有潜在传染性材料的实验室前，必须进行微生物危害评估。应依据传染性微生物致病能力的程度、传播途径、稳定性、感染剂量、操作时的浓度和规模、实验对象的来源、是否有动物实验数据、是否有有效的预防和治疗方法等诸因素进行微生物危害评估。①通过微生物危害评估确定对象微生物应在哪一级的生物安全防护实验室中进行操作。②根据危害评估结果，制定相应的操作规程、实验室管理制度和紧急事故处理办法，必须形成书面文件并严格遵守执行。

微生物性食物中毒（microbial food poisoning） 食品在加工、贮存、运输、销售等过程中污染了某种致病性微生物，在适宜的条件下大量生长繁殖或同时产生毒素，当人们食入了含有大量活菌或毒素的食品后，便可引起细菌性的消化道感染或毒素被吸收入机体组织内而造成急性中毒。常见腹痛、腹泻、恶心、呕吐等急性胃肠炎症状，多伴有头痛、头晕、无力、发热等全身症状。

微生物致病性（pathogenicity of microbes） 微生物引起感染的能力。一种病原体的致病性有赖于它具有的侵袭宿主并在体内繁殖和抵御宿主抵抗力而不被其消灭的能力。微生物致病性有种属特征，致病能力强弱的程度称为毒力。毒力常用半数致死量（LD_{50}）或半数感染量（ID_{50}）表示。微生物致病性是针对特定宿主而言，有的只对人类有致病性，有的只对某些动物，而有的则属人畜共患性。构成细菌毒力的物质是侵袭力和毒素，侵袭力包括黏附、定植和侵袭性物质等，毒素主要有内、外毒素，但最重要的还是致病性微生物的遗传特征。

微丝（microfilament） 肌动蛋白组成的纤维状细胞器。直径 5～8 nm，成束存在或散在分布。微丝在细胞质中是一种动态结构，肌动蛋白单体呈球状（G 肌动蛋白），在适宜条件下可装配成丝状（F 肌动蛋白），并由两条 F 肌动蛋白缠绕成双螺旋结构。由于 G 肌动蛋白与 F 肌动蛋白可相互转化，微丝并不稳定，易受多种因素影响，如细胞松弛素 B 可抑制微丝的装配，而鬼笔环肽则可抑制其解聚。微丝在所有细胞中参与组成细胞骨架，有保持细胞形状和维持细胞结构稳定性的作用。微丝还能参与细胞的运动，但当其单独存在时无收缩作用，必须有收缩蛋白，特别是肌球蛋白存在时才能收缩。一般认为，在非肌肉细胞中，微丝可推动细胞质流动，参与细胞的变形运动，胞吞作用与胞饮作用等。分布在微绒毛中的微丝还可引起微绒毛伸缩和摆动。在肌肉细胞中则参与构成细肌丝，与主要由肌球蛋白组成的粗肌丝一起实现肌肉细胞的收缩功能。

微丝蚴（microfilaria） 丝虫目线虫所产幼虫。丝虫寄生于终末宿主的体腔、血液、淋巴系统、结缔组织等处，所产幼虫进入血流或组织的淋巴间隙，在该处它们有机会被吸血的中间宿主——蚊、蠓、蚤、蝇、虱等摄食，从而完成其生活史。微丝蚴在中间宿主体内发育至感染阶段，再通过中间宿主的吸血，传播给终末宿主。

微体（microbody） 含有过氧化氢酶、过氧化物酶和多种氧化酶，并以过氧化氢酶为标志酶的细胞器。圆形或卵圆形，直径 0.2～1.5 μm，界膜厚约 6 nm，内含细小颗粒性或纤维性基质，有时可见电子致密度较大的核样体或晶样体芯。可分为过氧物酶体及乙醛酸循环体，后者仅存在于植物细胞，含有乙醛酸循环所需酶系，在脂肪代谢中有重要作用。

微线（microneme） 原生生物细胞内微小结构，呈半月形，其分泌物微线蛋白有助于虫体入侵宿主细胞。

微型猪（micro pig） 6 月龄体重≤15kg 的供动物实验用的猪。

微血管性溶血性贫血（microangiopathic hemolytic anemia） 弥漫性血管内凝血时发生的一种特殊类型的贫血。其特征是在血液涂片中可见呈新月形、盔形、星形等各异形态的红细胞，称为裂体细胞（schistocyte）。发生机理是：①微血管内有纤维蛋白性微血栓形成，纤维蛋白呈网状，循环中的红细胞可被网孔黏着而滞留，受到血流的不断冲击而破裂。②缺氧、酸中毒等使红细胞变形能力降低，红细胞通过纤维蛋白网时更易发生机械性损伤。③微循环血管内有纤维蛋白性微血栓形成，造成血流障碍，红细胞有可能通过毛细血管内皮间隙被挤压出血管外，此机械作用可能使红细胞扭曲、变形甚至破裂。发生微血管性溶血性贫血时，患畜常表现发热、黄疸、血红蛋白尿、少尿等溶血症状以及皮肤黏膜苍白、无力等贫血症状。

微循环（microcirculation） 微动脉与微静脉之间的血管通道，构成微循环的功能单位。是心血管系统与组织细胞直接接触并进行物质交换的场所。包括微动脉、后微动脉、毛细血管前括约肌、真毛细血管、通血毛细血管、动静脉吻合支和微静脉等。微循环的循环通路有 3 条，即直捷通路、营养通路和动静脉短路。

微循环障碍（microcirculation disturbance） 微血管与微血流水平发生的功能性或器质性紊乱，从而造成微循环血液灌注的障碍，损伤组织细胞并导致相应病变。最常见的灌注障碍有：①低灌注状态，又称低血流状态，在病因作用下，体内重要脏器微循环血液灌注量在短时间内急剧降低，可引起休克。②无复流现象，有时组织器官缺血一段时间后重新恢复血流，但缺血区并不能得到充分的血液灌注，即为无复流现象，其发生与微血管内皮细胞肿胀、血小板聚集、白细胞嵌塞引起的微血管堵塞有关。③缺血-再灌注损伤（ischemia reperfusion injury），在缺血的基础上一旦恢复血流后，组织器官的损伤反而加重的现象，目前认为自由基生成增多、细胞内钙超载、微血管内皮细胞和白细胞的激活，是引发缺血-再灌注损伤的主要机制。

微载体培养（microcarrier culture） 以细小颗粒（微载体）作为细胞载体，通过搅拌使微载体悬浮于培养液内，而细胞在微载体表面繁殖成单层的一种细胞培养技术。微载体培养兼具单层培养和悬浮培养的特性。培养时，将微载体和细胞种子液一起加入到反应器，静置数小时（37℃），使细胞吸附于载体上，随后补足培养液，开始搅拌培养。微载体是直径为 60～105 nm 的细小颗粒，无毒性，透明，颗粒密度与培养液近似，略重于培养液，低速搅拌即可悬浮，表面光滑，硬度小，有弹性，不吸收培养液，易于吸附细胞，如 DEAE - SephadexA - 50、Cytodex1、Cytodex2、Cytodex3 等。每 1L 培养液可加载体 2～5g，每 1g 有 8 000～9 000 个珠子，培养面积为 2 万～5 万 cm^2，比常规培养面积大 10～25 倍，因此，可增大细胞培养面积，从而提高细胞数量和生物制品产量。

微注射（microinjection） 利用管尖极细（0.1～0.5μm）的玻璃微量注射针，将外源基因片段直接注射到原核期胚或培养的细胞中的一种注射方法。藉由宿主基因组序列可能发生的重组、缺失、复制、易位等现象而使外源基因嵌入宿主的染色体内。操作时需有相当精密的显微操作设备，制造长管尖时，需用微量吸管拉长器（micropipettepuller），注射时需有固定管尖位置的微量操作器。通过运用直接的水压（压力注射）或施加电场来使带电离子运动（离子电渗法），均可将微量移液管中的物质挤喷出去。该技术使任何 DNA 在理论上均可转入任意种类的细胞内。此法已成功运用于小鼠、鱼、大鼠、兔及许多大型家畜，如牛、羊、猪等基因转殖动物。其缺点是设备精密而昂贵、操作技术需要长时间的练习，以及每次只能注射有限的细胞。

韦赛尔斯布朗热（Wesselsbron fever） 黄病毒科韦赛尔斯布朗病毒引起绵羊和人的一种蚊媒传染病，分布于非洲和亚洲一些国家。发病绵羊引起流产，羔羊死亡；病人表现发热、头痛、肌痛和轻微皮疹。多种蚊虫可作为传播媒介，病毒的储存宿主尚不明确。尚无有效疗法，防制方法主要是防蚊、灭蚊。

围产期奶牛脂肪肝（fatty liver in periparturient cow）又称肥胖母牛综合征。肝脏内脂肪代谢过程受阻，使脂肪在肝脏中蓄积，并超过其在肝脏中正常含量（5%）。此病常发生在围产期奶牛。病因不明，一般认为与饲养管理不当、内分泌机能障碍以及遗传因素有关，也可能继发于其他疾病（如前胃迟缓、创伤性网胃炎、皱胃变位等）。治疗效果不佳，且费用较高，应以预防为主。

围产期胎儿死亡（perinatal death of fetus） 在产出过程中及其前后不久（产后不超过 1d）所发生的仔畜死亡。出生前已死亡者称为死胎，死胎的肺在水中下沉，说明尚无呼吸。主要发生于牛和猪。营养缺乏，蛋白质、维生素不足，铁、钙、钴等元素缺乏，分娩产出期延长，及某些传染病、寄生虫病等均可引起。科学饲养，及时助产，做好防疫和驱虫，可减少发生。

围心腔（pericardiac coelom） 生心区内中胚层之间出现的腔隙。

维吉尼霉素（virginiamycin） 兽医专用抗生素。得自维吉尼链霉菌（*Streptomyces virginiae*）类似菌的培养液。能溶于水。主要抗革兰阳性菌。内服难吸收，用于防治猪下痢。

维生素（vitamin） 维持机体正常功能所必需的一大类营养素。动物体内不能合成或不能足量合成。

维生素不能为机体提供能量，也不能作为组织的构成成分，所需量虽微，但绝不可缺。主要功能为以辅基辅酶的组成成分参与机体的代谢调节活动。其种类很多，根据溶解性可分为脂溶性维生素和水溶性维生素两大类。

维生素 A（vitamin A）　又称视黄醇、抗干眼醇。一种脂溶性维生素。主要生理功能为维持上皮黏膜的健康和正常的视觉。缺乏时可引起干眼病和生长延缓等。富含于鱼肝油、蛋黄、胡萝卜中。

维生素 A 过多症（hypervitaminosis A）　又称维生素 A 中毒症（vitamin A toxication）。摄入维生素 A 过量而干扰维生素 D 在骨骼矿物质代谢的不良反应。多因维生素 A 的预防和治疗剂量过大所致。临床上犊牛呈现生长缓慢，跛行，共济失调，甚至瘫痪，在指（趾）骨的掌面外生骨疣及骨骺软骨消失。成年牛角停止生长，脑脊髓液减少，掌（趾）骨上端存有骨疣及额骨变薄。

维生素 A 缺乏症（vitamin A deficiency）　日粮中维生素 A 不足，导致幼龄畜禽发生相应的缺乏症。除日粮中缺乏维生素 A 能致病外，还继发于胃肠病和肝病等。症状在犊牛发生夜盲症、干眼病，骨骼造形异常，出现脑疝，小脑功能减退，共济失调，面神经麻痹等。仔猪头偏斜，运动失调，后躯麻痹，脊柱前凸，夜盲或眼病。青年猪上皮缺损，继之修复性增生，形成角化上皮。妊娠母猪发生胎儿被吸收、流产或产下无眼、缺颚仔猪。鸡出现鼻、眼分泌物，角膜软化和眼前房穿孔。防治宜在日粮中保证有足量的维生素 A。

维生素 A 中毒症（vitamin A toxication）　见维生素 A 过多症。

维生素 B_1（vitamin B_1）　又称硫胺素。一种水溶性维生素。在体内以硫胺素焦磷酸酯和氧化脱羧酶的辅酶形式参与细胞内碳水化合物的中间代谢，并维持正常神经传导功能，故有抗神经炎维生素之称。谷物外皮富含维生素 B_1。反刍家畜瘤胃内细菌可以合成。

维生素 B_2（vitamin B_2）　又称核黄素。一种水溶性维生素。在体内以黄素核苷酸及黄素腺嘌呤二核苷酸的辅酶形式参与各种黄酶或黄素蛋白在生物氧化中的氧化还原作用。缺乏时可引起口角炎、舌炎等，动物性饲料及豆类富含。反刍家畜瘤胃内细菌可合成提供。

维生素 B_6（vitamin B_6）　又称吡哆素。一种水溶性维生素。为吡哆醇、吡哆醛和吡哆胺的总称。在体内以磷酸吡哆醛及磷酸吡哆胺的形式作为许多酶的辅酶，参与转氨基和脱羧基等作用，在氨基酸代谢过程和合成非必需氨基酸中起重要作用。此外还参与氨基酸进入细胞的转运过程，并为合成神经递质及血红素所必需。缺乏时可引起贫血、神经炎及皮炎等。肝、肉、谷物及麸皮、米糠中含量较多。

维生素 B_{12}（vitamin B_{12}）　又称钴胺素、氰钴胺。一种含钴的水溶性维生素。在体内为传递甲基的辅酶，参与一碳基团的转移和丙酸的代谢。其中使丙酸转变为琥珀酰-CoA，再转变成糖，成为反刍动物体内糖的重要来源。缺乏时可出现恶性贫血和神经疾患。肝、肉和蛋内含量较多，动物除由食物获得，肠道微生物也能自行合成。人工合成的维生素 B_{12} 作为抗贫血药，用于治疗贫血、外周神经炎，也可用作饲料添加剂。

维生素 B 族缺乏症（vitamin B complex deficiency）　又称复合维生素 B 缺乏症。日粮中一种或多种维生素 B 缺乏所导致畜禽营养代谢病的总称。其中包括硫胺素（VB_1）、核黄素（VB_2）、泛酸（VB_3）、烟酸（VPP）、吡哆醇（VB_6）、生物素（VB_7）、叶酸、胆碱和氰钴胺素（VB_{12}）等。在自然条件下，由于反刍动物瘤胃、马盲肠、猪与家禽肠道中微生物群都能合成，在多种饲料中也含有一定量的各种维生素 B 族成分，故只有在瘤胃机能不活跃的犊牛、羔羊，饲予缺乏某种维生素 B 的单一日粮，以及带有瘘管的成年家畜，方可发病。长期投服抗菌药物，也能使维生素 B 族的合成受阻。

维生素 C（vitamin C）　又称抗坏血酸。水溶性维生素之一。具有还原性，在体内为羟化酶的辅酶，有维持细胞间质的正常结构和解毒的功能。此外还促进铁的吸收和保护维生素 A、维生素 E 及某些 B 族维生素不被氧化。缺乏症为坏血病。新鲜果实和蔬菜中含量丰富，大多数动物体内也可合成。

维生素 D（vitamin D）　一种脂溶性维生素。包括维生素 D_2 和 D_3，前者为麦角固醇经紫外线照射转变而来，后者为 7-脱氢胆固醇（动物皮下含有）在光照下合成，经运至肝、肾转化为 1，25-二羟维生素 D_3 始能发挥作用。主要功能为诱导钙载体蛋白合成，促进钙的吸收，调节钙磷代谢。食物中以鱼肝油、蛋黄、乳类含量较多。

维生素 D 过多症（hypervitaminosis D）　又称维生素 D 中毒症（vitamin D toxication）。摄入维生素 D 过量引起软骨的骨基质及骨样组织高度骨化的中毒病。临床表现在猪厌食，消瘦，腹泻，呆滞，呼吸困难，呕吐等。牛及其他大动物呈现不活泼，嗜睡，肌肉无力，骨质变脆，血管钙化等。剖检可见心脏、肾脏伴有钙盐沉着。防治除停止应用维生素 D 制剂、避免日光照射外，可试用肾上腺皮质激素治疗。

维生素 D 缺乏症（vitamin D deficiency） 维生素 D 不足导致的骨营养不良性疾病。病因有青绿饲料缺乏，尤其是动物晒太阳时间不足等。发病机理在于植物中麦角固醇和皮肤中 7-脱氢胆固醇均不能分别转变为具有活性的维生素 D_2 和维生素 D_3，导致幼龄动物佝偻病、成年家畜骨软症。症状可参见佝偻病，骨软症。治疗宜在调整日粮中钙与磷比例的基础上，隔月肌内注射维生素 D_2、D_3 油剂。预防主要是日粮中有足够的植物性饲草和添加充足的维生素 D 制剂，并得到充分的日光照射。

维生素 E（vitamin E） 又称生育酚。一种脂溶性维生素。广泛分布于动植物组织，体内有多种组织可储存维生素 E，但主要是脂肪组织。具有维持正常生殖机能，维持肌肉及外周血管系统的结构与功能以及作为抗氧化剂保护维生素 A 及不饱和脂肪酸等功能，如缺乏，可引起不育症、肌肉萎缩及营养性退化。

维生素 E 缺乏症（vitamin E deficiency） 日粮中维生素 E 不足所致幼龄畜禽肌营养不良性疾病。病因为日粮中缺乏维生素 E，如饲喂劣质干草或稻草等。症状可参见仔猪桑葚心、雏鸡营养性脑软化症和小鸡渗出性素质。防治宜在饲料中要添加充足的维生素 E（生育酚）或维生素 E 与硒联合应用。

维生素 K（vitamin K） 又称凝血维生素。一种脂溶性维生素。主要功能为促进肝中凝血酶原的合成，从而促进凝血。绿色植物内含有（维生素 K_1），肠道细菌亦可制造产生（维生素 K_2）。人工合成品为维生素 K_3 和维生素 K_4。医药上常用维生素 K_3 作为促凝血药，用于治疗维生素 K 缺乏引起的出血性疾病。

维生素 K 缺乏症（vitamin K deficiency） 日粮中维生素 K 缺乏或不足导致的以血液凝固不良为特征的代谢病。在自然条件下，绿色植物叶中，尤其是苜蓿和青草中维生素 K 含量最多，同时畜禽消化道中的微生物群也能合成，故反刍动物、猪和马均较少发生。由于维生素 K 为动物机体血液凝血酶原形成所必需的成分，故患病动物凝血时间显著延长，因外伤和手术时出血不止及严重失血，甚至引起死亡。小鸡于胸部、腿、翅及腹膜等处出现大的出血斑点。治疗宜肌内注射人工合成维生素 K 制剂。

伪结核病（pseudotuberculosis） 伪结核耶尔森菌（*Yersinia pseudotuberculosis*）引起的与结核病相似的一种慢性人畜共患传染病，啮齿类动物最为易感。本病通常呈散发性，一般没有明显的临床症状，特征病变是肠蚓突和圆小囊浆膜下及脾和肝发生乳脂样或干酪样粟粒大的结节，肠系膜淋巴结肿大。确诊需进行病原分离和血凝试验。防制措施是防止食物、饮水被啮齿动物和畜禽的粪便污染。治疗可应用链霉素、四环素等药物。

伪狂犬病（pseudorabies） 又称奥耶斯基病。疱疹病毒甲亚科的伪狂犬病病毒引起家畜和野生动物的以发热、奇痒及脑脊髓炎为特征的急性传染病。牛、绵羊、猪、犬、猫、鼠类、水貂及狐等动物都可感染。除成年猪外，对各种动物均为高度致死性疾病。带毒猪及带毒鼠是主要传染源，病毒经伤口、上呼吸道和消化道感染。猪和牛最易感，不同年龄的猪其症状有很大差异。成猪无奇痒和神经症状，以发热和呼吸道症状为特征。孕猪发生流产。仔猪除发热外，有神经症状，很快麻痹衰竭死亡。牛最特征的症状为身体某部发生奇痒，极度狂暴随后麻痹。确诊可取病畜脑组织，皮下接种家兔，经 2～3d 后接种部出现奇痒，也可用荧光抗体、中和试验、琼脂扩散试验进行诊断。防制措施以灭鼠为主，做好卫生防疫工作，应用灭活苗和弱毒苗供牛和猪预防接种，效果良好。

伪狂犬病病毒（*Pseudorabies virus*，PRV） 疱疹病毒科（Herpesviridae）成员，学名为猪疱疹病毒 1 型（*Suid herpesvirus* 1）。病毒粒子呈球形，有囊膜，囊膜表面有放射状排列的纤突，与病毒的感染有密切关系。基因组为线形双股 DNA。已测定功能的病毒蛋白包括 11 种糖蛋白，其中 gC、gE、gG、gI 和 gM 是病毒复制的非必需糖蛋白。与病毒毒力有关的基因如胸苷激酶（TK）基因、核苷酸还原酶（RR）基因和蛋白激酶（PK）基因等缺失不影响病毒的复制。伪狂犬病病毒只有一个血清型，但不同的分离株毒力有一定差异。猪为病毒的原始宿主，并作为贮主，可感染其他动物，人类有抗性。病毒最初定位于扁桃体。在感染的最初 24h 之内可从头部神经节、脊髓及桥脑中分离到病毒。康复猪可通过鼻腔分泌物及唾液持续排毒，但粪、尿不带毒。用核酸探针或 PCR 可从康复猪的神经节中检出病毒。

伪牛痘（pseudocowpox） 又称副牛痘、挤乳者疖。副痘病毒属的伪牛痘病毒引起奶牛的一种以乳头皮肤形成痘状皮疹为特征的接触性传染病。多发生于产奶的母牛，青年母牛和公牛很少发病，也可感染人，表现为手指皮肤上形成结节。本病通过挤乳员的手和挤奶机的污染而传播。确诊靠病毒分离鉴定和病变部组织检查胞浆内包含体。应注意与牛痘和口蹄疫相区别。目前尚无特效疫苗，对引进牛检疫和隔离，是本病防制的重要措施。认真做好乳头、挤乳员的手或挤奶机的消毒。

伪性（颈静脉）搏动（false jugular pulse） 颈动脉搏动过强时引起颈静脉沟发生类似颈静脉搏（波）

动的搏动。多见于消瘦动物。

伪影（artifact） X线片上一切非拍摄物体自身受X线作用形成的阴影。如动物体表上的泥土污物，或抹在动物身上的药物，以及在操作过程中受静电的作用在X线片上形成的阴影等。由于伪影的存在，会对影像诊断产生很大影响，容易造成误诊。

伪足（pseudopodium） 细胞质临时性或半永久性地向外突出部分。见于所有肉足和某些鞭毛原生动物，用于行动和摄食。原生动物的伪足有以下4种类型：叶状伪足，为阿米巴所特有，呈粗钝指状；丝状伪足，纤细而尖端渐狭，偶尔形成简单的分枝网络；网状伪足，见于有孔虫，呈树枝状，为具分枝的细丝，可互相融合以网捕食物；轴状伪足，为辐足虫所特有，长且具黏性（似网状伪足），单根，内有一根由许多微管组成的硬杆。

尾感器（phasmid） 又称尾觉器。位于有尾感器纲（Secernentea）线虫的尾部侧线上，每侧一个，有来自肛腰神经节的侧尾神经分布于此。一般认为系化学感受器，与头感器的结构功能相似。是分类的重要特征。

尾肌切断术（caudal myotomy） 马尾的整形手术。乘用马以适当翘尾作为健美的标志，对垂尾可进行矫正术。术部在尾根腹侧距肛门5～6cm，站立保定、举尾、局部麻醉。在生有尾毛处作一小纵切口，在皮肤和荐尾腹侧肌之间插入球头刀，旋转刀刃面向尾肌，以拇指为支点将尾肌切断，注意不得损伤正中尾动脉。术后偶尔出现出血、坏疽、化脓及破伤风感染，注意预防。犬的卷尾矫正位置应在尾弯曲的顶点背侧。

尾翼（caudal ala） 某些种线虫的雄虫尾部沿侧线形成的角皮延展物，为膜质翼形构造。不同虫种的尾翼，长宽形状各异；有的左右尾翼的形状与大小不对称；有尾翼的线虫，尾部多向腹面弯曲或盘卷。尾翼有辅助交配的功能。

尾蚴（cercaria） 复殖吸虫在中间宿主的一个发育阶段。不同种吸虫可在雷蚴、子雷蚴或子胞蚴体内形成。成熟尾蚴自螺体内逸出，在外界环境中或在第二中间宿主体内形成囊蚴。分体科吸虫的尾蚴能主动地钻入终末宿主的皮肤，无囊蚴阶段。尾蚴的身体常呈蝌蚪形，能够在水中游动。体部前端有口吸盘，并常有咽，肠支为两叉。有不同性质和功能的穿刺腺开口于身体前部。有焰细胞、排泄管和排泄囊。体内的生殖原基细胞发育为未来的雌雄生殖器官。尾蚴实质上已是单童虫。

纬裂（horizontal cleavage） 卵裂时，分裂面与赤道面平行，将细胞分成上面（动物极）和下面（植物极）卵裂球的卵裂方式。

委内瑞拉马脑脊髓炎（Venezuelan equine encephalomyelitis） 蚊传播的急性虫媒病毒性脑炎。1938年委内瑞拉马群流行时分离出病毒。本病流行于委内瑞拉等拉丁美洲国家和美国。病毒对许多动物有致病力，除马、骡外，人和野鼠、蝙蝠都可成为传染源，库蚊、伊蚊和曼蚊为传播媒介，亦可经呼吸道传播。马匹感染后死亡率较高，常表现为高热、食欲下降、腹泻、绕行，严重者进行性消瘦直至死亡。人患病后主要表现为发热、结膜充血、头痛、肌痛、嗜睡等流感样症状，儿童约4%出现抽搐、昏迷等中枢神经系统感染症状，成人则很少有神经系统并发症。本病无特效疗法，采取合理对症治疗可收到良好效果。预防以灭蚊、防蚊和疫苗接种为主。

委内瑞拉马脑炎病毒（*Venezuelan equine encephalitis virus*，VEEV） 披膜病毒科（Togaviridae）甲病毒属（*Alphavirus*）成员。首次从委内瑞拉发生脑炎而死亡的马脑组织中分离出病毒，因此得名。主要分布于南美的中北部。病毒颗粒呈球形，有囊膜，囊膜中含有两种糖蛋白 E_1 和 E_2。抗原分6个亚型，引起人和马流行的主要是亚型IA、IB和IC。

萎缩（atrophy） 发育完全的组织器官出现体积缩小、功能减退的现象。可分为生理性萎缩和病理性萎缩两种。生理性萎缩指畜禽发育到一定年龄阶段时，一些组织、器官如胸腺、法氏囊的萎缩。病理性萎缩是在致病因素作用下引起的，根据病因和病变波及的范围分为全身性萎缩和局部性萎缩。长期营养不良和慢性消耗性疾病（如结核、鼻疽、恶性肿瘤、蠕虫病等）可引起全身性萎缩。局部性萎缩又可分为：①废用性萎缩，即器官由于功能降低或失用后所引起的萎缩；②压迫性萎缩，由于组织和器官等长期受压迫所致；③神经性萎缩，神经受损后其所支配的效应器官发生的萎缩；④缺血性萎缩，当局部血液供应不足时，引起相应部位的组织萎缩；⑤内分泌性萎缩，由于内分泌功能紊乱（主要为功能低下）引起相应靶器官的萎缩。

卫生标准（sanitary standard） 国家重要技术法规之一。为改善卫生条件，提高劳动效益和质量，保障人民身体健康，对生产和生活环境危害人体的有毒有害因素的容许浓度或相应的技术条件制订的要求准则。由政府有关部门起草、审核、批准公布，它是进行卫生监督管理的工作依据。在全国范围内统一执行的订为国家标准；在全国性的有关专业范围内统一执行的订为专业标准或部颁标准；尚未制订国家标准而本地区有特殊需要可制订地方标准。我国已颁布的卫生标准有《食品卫生标准》、《生活饮用水卫生标准》

等多种。

卫生标准操作程序（sanitation standard operating procedures，SSOP） 食品加工企业为保障食品卫生质量，在食品加工过程中应遵守的卫生操作规范。SSOP是企业为保证达到GMP所规定的要求，确保加工过程中消除不良的人为因素，而制定的指导食品生产加工过程中如何实施清洗、消毒和卫生保持的作业指导文件。SSOP的正确制定和有效执行，对控制危害是非常有价值的，它是实施HACCP的前提条件。

卫生害虫（health pests） 能够传播人畜疾病的媒介节肢动物和其他害虫。如蚊类中的按蚊、伊蚊、库蚊和曼蚊；蝇科的家蝇属、厕蝇属、腐蝇属和螫蝇属；绿头蝇类的金蝇属、丽蝇属、绿蝇属以及肉蝇类的麻蝇属等。还有蚋科、虻科、蠓科、蚤科、虱科、臭虫、猎蝽、蟑螂、蜱类和螨类等。它们大都有吸血、寄生和宿主嗜好性特点，并与人关系密切。卫生害虫数量大，种类多，危害严重，通过骚扰、刺叮、寄生等多种方式危害人类生活，并可传播疫病的病原体，严重威胁人畜的生命安全。

卫星病毒（satellite virus） 一类基因组缺损、需要依赖辅助病毒、才能复制和表达并完成增殖的病毒。它不单独存在，常伴随着其他病毒一起出现。如丁型肝炎病毒（HDV）必须利用乙型肝炎病毒的包膜蛋白才能完成复制周期。常见的卫星病毒还有腺联病毒（AAV）、卫星烟草花叶病毒（STMV）等。

卫星现象（satellitosis） 生长在金黄色葡萄球菌周围的嗜血杆菌等菌落增大现象。其原理是金黄色葡萄球菌等产色素的细菌，在生长过程中可合成V因子，并在培养基中扩散，有利用其他菌生长，所以出现此现象。方法为挑取可疑菌落接种兔鲜血琼脂平板或2%脲胨琼脂平板上，再用金黄色葡萄球菌点种或垂直划线，置5%～10% CO_2，37℃培养24h，越靠近金黄色葡萄球菌菌落生长的本属菌菌落越大，越远的越小，甚至不见菌落生长。

未饱和铁结合力（unsaturated iron binding capacity） 血清中未与铁结合的转铁蛋白值，其数值等于总铁结合力减去血清铁值。

未观察到有害作用剂量（no - observed adverse effect level，NOAEL） 见无作用剂量。

未下传的房性早搏（unproceeded atrial premature beats） 由于早搏发生过早，房室结区正处于上一搏动的绝对不应期内，致使其不能传入心室。心电图表现为只见房性期前收缩的异位P波，而无QRS-T波群。

位觉斑（maculae acustica） 又称平衡斑。包括位于椭圆囊外侧壁的椭圆囊斑和球囊前壁的球囊斑。二者互相垂直，都是位觉感受器。斑区黏膜增厚，上皮为柱状，由毛细胞和支持细胞构成。毛细胞表面有数十根静纤毛和1根动纤毛，统称为平衡毛，细胞基底部与神经末梢形成突触。位觉斑的表面覆盖着一片凝胶状糖蛋白，称耳砂膜，膜上有碳酸钙形成的耳砂。当头部位置或直线速度改变时，耳砂膜与毛细胞的相对位置也发生改变，从而刺激毛细胞产生兴奋，经前庭神经传入中枢。

味觉（taste，gustatory sensation） 溶解性物质刺激味觉感受器（味蕾）引起的感受。

味蕾（taste bud） 味觉感受器。分布于舌的菌状乳头、轮廓乳头以及会厌和咽部的黏膜上皮中，呈卵圆形，座落在基底膜上，顶部有小孔，称味孔。味蕾由味细胞、支持细胞和基细胞组成。味细胞呈梭形，为感觉上皮细胞，其顶部有味毛突入味孔，基部与味觉神经末梢形成突触连接。

胃（stomach） 消化管在食管与小肠间的扩大部。根据胃室数量可分单胃和复胃（参见复胃）。单胃简称胃，为J形囊，位于腹腔前部，大部分在左季肋部，小部分在右季肋部。胃左部较大，贲门以上至圆顶状处为胃底，贲门以下为胃体；右部为较细的幽门部，以锐角与胃体相接，又可分为幽门窦和壁较厚的幽门管，以幽门通十二指肠。胃凸缘为大弯；凹缘为小弯。胃前面为壁面，与肝、膈相贴；后面为脏面，与肠等接触。胃内沿小弯形成胃沟，可供液体通过。胃底在马膨出形成胃盲囊；猪形成尖向后向左的胃憩室。胃壁由黏膜、黏膜下层、肌层和浆膜构成，黏膜下组织发达。黏膜在近贲门处衬以白色的复层扁平上皮，为无腺部；其余衬以单层柱状上皮，为腺部，又可分为贲门腺区、固有胃腺（胃底腺）区和幽门腺区。各分区的范围除幽门腺区占据幽门部外，其余因家畜而有不同：肉食动物和兔无腺部，贲门腺区呈狭带状环绕贲门，固有胃腺区占胃底和胃体，猪的无腺部占贲门周围，向上达憩室，贲门腺区较大，占胃底和部分胃体，固有胃腺区占部分胃体，马的无腺部很大，占胃盲囊和部分胃体，界线称褶缘，贲门腺区为沿褶缘的狭带，固有胃腺区占胃体。胃肌膜有3层：外纵肌层，在胃底扩展成外斜纤维；中环肌层，至幽门部逐渐增厚，并形成幽门括约肌；内斜肌层，分布于胃底和胃体，绕过贲门的贲门袢参与形成贲门括约肌和肌沟的侧界。胃外面大部分被覆浆膜，并沿大、小弯与大、小网膜相延续，移行处当胃内压过分增大时可发生胃破裂，特别在大弯。禽胃分腺胃和肌胃两部。

胃肠反射（gastro - intestinal reflex） 胃内食糜

的物理和化学性刺激通过神经反射活动引起肠运动和分泌等机能发生改变的生理过程。如回肠扩大时胃运动发生抑制。这一反射可减少新的食糜流入，以便肠内食糜充分消化和吸收。

胃肠激素（gastrointestinal hormone） 胃肠道（包括胰腺）中的内分泌细胞分泌的特殊化学物质。通过血液循环作用于靶细胞，也可通过局部弥散等方式作用于其邻近的靶细胞。胃肠激素的主要生理功能是调节胃肠道自身的活动（如分泌、运动、吸收等），并对消化道组织有营养和保护作用。胃肠激素分泌紊乱与临床上许多疾病的发生和发展有关。

胃肠嗜铬细胞（gastrointestinal chromaffin cell） 胃肠道分泌细胞中其分泌颗粒经铬盐处理而呈褐色的细胞。

胃肠炎（gastroenteritis） 胃肠黏膜及其深层组织的炎性疾病，伴发以胃肠机能障碍和自体中毒为特征。病程急剧，死亡率高。发生于各种家畜。原发性病因基本同于胃肠卡他；继发性病因多见于某些传染病和某些腹痛性疾病。症状远较胃肠卡他重剧，如精神沉郁，饮食欲明显减退或废绝，口干恶臭，舌苔厚，肠音沉衰乃至消失。病初排出混有黏液和血液的稀粪，随之排粪失禁或里急后重。中后期呈现身体中毒，如体温升高、脱水、全身肌肉震颤和昏迷等神经症状。重剧病例，多陷入休克，结局死亡。治疗宜应用清理胃肠、抑菌消炎、强心、扩充血容量、纠正酸中毒以及抗休克等药物。

胃蛋白酶（pepsin） 胃腺主细胞分泌的蛋白酶。初分泌时为无活性的胃蛋白酶原，在胃酸或已激活的胃蛋白酶作用下转变为具活性的胃蛋白酶。在适宜环境下（pH 约为 2）可将蛋白质分解为际和胨，很少产生小分子肽或氨基酸。自猪、牛、羊等胃黏膜提取的胃蛋白酶用作助消化药，常与稀盐酸同时用于幼畜消化不良性腹泻和慢性萎缩性胃炎的治疗。

胃蛋白酶消化力测定（digestive efficiency test for pepsin） 测定胃液中胃蛋白酶消化蛋白质能力以诊断胃腺功能的一种实验室检查法。取一支 3 cm 长的毛细玻璃管，吸满同种动物的血清，水浴加热使其凝固，再将其放在被检胃液中，36℃恒温放置 14h，玻璃管两端蛋白质的消化长度之和（mm）即为被检胃蛋白酶的消化力。

胃底腺（fundic gland） 又称固有胃腺。哺乳动物胃底和胃体黏膜固有层中的腺体。开口于胃小凹。由 5 种细胞组成，即分泌盐酸的壁细胞、分泌胃蛋白酶原的主细胞、分泌黏液的黏液细胞、内分泌细胞和未分化细胞。

胃肌电图（gastro - electromyogram） 借助特殊的仪器通过直接或间接方法所描记的胃平滑肌收缩时产生的生物电变化的图形。因所用电极的引导方法和放置的部位不同而有差异。在胃大弯上部可记录到胃的基本电节律，频率较高，犬和马 4～5 次/min，由大弯向幽门传播并逐渐加快。在此基础上产生的动作电位，常引起胃蠕动，被认为是胃运动的起点，决定着胃蠕动的频率、持续期、速度和方向。

胃卡他（gastric catarrh） 胃黏膜表层的炎症。常发生于马、猪、猫和犬等。主要病因是饲料品质不良，饲喂方法突然改变，误服刺激性药物等；也可继发于某些传染病和寄生虫病等。按病程分为急性和慢性两种。急性症状有食欲明显减退，口腔湿润或干燥，口臭有舌苔，肠音减弱，粪球干小，附有黏液，易出汗和疲劳。慢性症状不明显，如食欲时好时差，肠音强弱不定，腹泻与便秘交替出现，伴发慢性贫血。要针对病因和症状进行治疗。

胃排空（gastric emptying） 食物由胃排入十二指肠的过程。由于进食后食物对胃的刺激，引起胃紧张性收缩和蠕动加强，从而使胃内压升高，当胃内压高于十二指肠内压并能克服幽门括约肌的阻力时，胃内食糜即离开胃进入肠内。胃排空的速度主要受胃内容物性状（容积、化学组成和渗透压等）影响。十二指肠内食糜的酸度、渗透压和脂肪含量等通过相应的感受器对胃排空起调节作用。在 pH 低于 3.5 时立即反射性地抑制胃排空。高渗和高脂肪含量对胃排空也起抑制作用。

胃破裂（gastric rupture） 胃壁的完整性遭到破坏。多继发于食滞性胃扩张病例。由于胃过度膨满，在剧烈腹痛滚转或摔倒时发生破裂。多见于马。临床表现是重剧腹痛症状突然减轻或消失，而全身症状加重，见目光呆滞，全身出冷黏汗，肌肉震颤，口唇松弛下垂，站立不稳，体温降低，心跳加快，脉细弱。腹腔穿刺液内有饲料碎片和淀粉颗粒等。预后不良。

胃容受性舒张（receptive relaxation of stomach） 胃壁肌肉运动的形式之一。进食时由于咀嚼和吞咽食物对咽和食管等处感受器的刺激，反射性地引起胃底和胃体肌肉舒张，使胃的容量增加以适应于接受和贮存较多的食物。

胃酸过多症（chlorhydria） 胃液的量和总酸度增加，表示分泌机能旺盛或亢进。

胃腺（gastric gland） 分布于胃有腺部黏膜固有层内，呈密集排列，其分泌物—胃液（主要是胃蛋白酶原和盐酸）经胃小凹排入胃内。根据分布位置和结构不同，胃腺分贲门腺、胃底腺和幽门腺。胃底腺是胃的主要腺体，分布于胃底部，为分支管状腺或单管状腺，由主细胞（分泌胃蛋白酶原）、壁细胞（分泌盐酸）、颈黏液细胞（分泌酸性黏液）和内分泌细胞组成。贲门腺分布于贲门部，为分支管状腺，主要分泌黏液。犬的贲门腺内有少量的壁细胞，猪则有散在的主细胞。幽门腺分布在幽门部，为分支管状腺，分泌黏液。在家禽，胃腺包括分布于腺胃的浅层单管状腺、深层复管状腺和分布于肌胃的单管状腺（砂囊腺）。

胃消化（gastric digestion） 食物在胃内被分解的过程。单胃动物胃消化主要靠胃壁肌肉收缩引起的机械性消化以及胃液中消化酶和盐酸的化学性消化完成。反刍动物除皱胃进行类似单胃动物胃内的消化过程外，前胃（包括瘤胃、网胃和瓣胃）内还有强烈的微生物发酵，对纤维素、糖类和蛋白质等进行微生物消化。

胃小肠联合造影（gastrointestinography） 将造影剂经口引入胃及小肠内，使胃及小肠显影的 X 线技术。多使用硫酸钡制剂为造影剂，浓度为 20%～25%（*W/V*）。小体型犬的用量为每千克体重 8～10mL，中等体型犬为每千克体重 5～8mL，大体型犬为每千克体重 3～5mL。猫的用量为每千克体重 12～16mL。先投入总量的 1/4，拍摄胃的背腹位、腹背位、左侧位和右侧位的照片，再投入其余的 3/4，每隔 1 h 拍摄背腹位和右侧位照片各一张，直到胃内造影剂排空、后端到达结肠为止。胃小肠联合造影可对腹内肿瘤、小肠炎症、消化道创伤（宜用水溶性碘造影剂）、肠内异物、幽门肥大、腹腔器官异位、疝等疾病协助诊断。

胃液（gastric juice） 胃腺与胃黏膜上皮的分泌物，由水、电解质以及有机物组成。胃液中的无机物包括盐酸、钠和钾的氯化物等，有机物为黏蛋白、消化酶等。胃液的成分随分泌的速率不同而变化。胃液中的盐酸可杀死随食物进入胃的细菌，还能激活胃蛋白酶原成为胃蛋白酶，并为胃蛋白酶提供必须的酸性环境。盐酸进入小肠后还可引起促胰液素分泌，从而对胰、胆和小肠的分泌起促进作用。盐酸所造成的酸性环境有助于小肠对铁和钙的吸收。胃蛋白酶的主要功能是水解食物中的蛋白质。胃液中也可能含有少量的内分泌激素，如胃泌素、生长抑素等，是胃肠道黏膜内分泌细胞的腔内分泌产物。

胃液缺乏症（achylia gastrica） 胃液同时缺乏游离盐酸和胃蛋白酶，蛋白消化力降低的一种病症，见于慢性萎缩性胃炎。

胃液酸度（gastric acidity） 胃液中所含盐酸的浓度。家畜胃液含盐酸变动于 0.1%～0.5%，pH 为 0.5～1.5。胃液中盐酸以两种形式存在。一种是与蛋白质结合的结合酸，另一种是呈解离状态的游离酸，两者合称为总酸。盐酸的作用是激活胃蛋白酶原和提供酶作用适宜的酸性环境；使食物中的蛋白质变性而易于消化；高酸度时可杀灭胃内细菌；进入小肠刺激黏膜产生促胰液素、胆囊收缩素（促胰酶素），促进胰液胆汁小肠液的分泌和胆囊收缩；有助于铁、钙的吸收。

胃液总酸度（total acidity of gastric juice） 胃液中一切酸性反应物质的酸度总和。由游离盐酸（未与蛋白质结合的盐酸）、结合盐酸（与蛋白质结合的盐酸）、有机酸及酸性磷酸盐等组成。总酸度的大小以中和 100 mL 胃液所消耗的 0.1 mol/L 氢氧化钠的数量表示。

胃蝇蛆病（gastric myiasis） 由胃蝇科（Gasterophilidae）、胃蝇属（*Gasterophilus*）的各种胃蝇蚴虫寄生于马属动物的胃肠道内引起的一种慢性消耗性和中毒性疾病。因此常称为马胃蝇蛆病（equine gasterophilasis）。马胃蝇蛆偶尔也寄生于兔、犬、猪和人胃内。雌蝇产卵于马属动物的被毛或皮肤上，幼虫孵出后的爬行引起马的痒感和啃咬，从而经口感染。幼虫移行至胃后，即固着在胃壁上。寄生期约为 10 个月。病马常表现慢性胃肠炎，消化不良，躯体瘦弱，严重的可因渐进性衰弱而死亡。在幼虫向体外排出阶段，幼虫在直肠壁短暂地附着，引起直肠黏膜充血、发炎，表现排粪频繁或努责。由于幼虫对肛门的刺激，病马常摩擦尾部，引起尾根和肛门部擦伤和炎症。结合临床症状，检查到虫体即可确诊。用伊维菌素、阿维菌素等药物定期驱虫有一定疗效。

胃蝇属（*Gasterophilus*） 属胃蝇科（Gasterophilidae）。中国常见的胃蝇有 4 种，包括肠胃蝇（*Gasterophilus intestinalis*）；红尾胃蝇（*G. haemorrhoidalis*），亦称痔胃蝇；鼻胃蝇（*G. nasalis*）（同义名 *G. veterinus*，亦称喉胃蝇或烦扰胃蝇）；兽胃蝇（*G. pecorum*），亦称东方胃蝇或黑腹胃蝇。该属胃蝇成虫的外形基本相似，全身密布有色绒毛，形似蜜蜂。口器退化，两复眼小而远离。雄虫尾端钝圆，雌虫尾部长而向腹下弯曲。胃蝇属完全变态发育，经卵、幼虫、蛹和成虫四个阶段。各种胃蝇的生活史大致相同，雌雄成蝇交配后，雄蝇很快死亡。第 3 期幼虫（成熟幼虫）粗大，长度因种的不同而异，13～20mm。有口前钩，虫体由 11 节构成，每节前缘有刺 1～2 列，刺的多少因种而异。虫体末端齐平，有 1 对后气门，气门每侧有背腹直行的 3 条纵裂。胃蝇幼虫寄生于马属动物的肠道里，偶见寄生于兔和犬的胃内，也有人被感染的报道。

胃原基（stomachal fundament/rudimentum） 前肠尾端形成一个梭形膨大部分。

胃运动（gastric movement）　胃平滑肌的收缩和舒张运动。表现形式有：①紧张性收缩。全胃肌肉缓慢而持续的收缩，可提高胃内压力，促进胃液渗入食糜和胃排空。②容受性舒张。胃底和胃体部肌肉舒张，使胃扩大以容受较多的食物进入。③蠕动。胃壁纵行、环行和斜行肌交替收缩和舒张，形成波状向幽门方向推动，促进胃排空。胃运动受神经和体液因素调节。

胃造影（gastrography）　将造影剂引入胃内使胃及十二指肠近端显影的X线技术。可提供胃的大小、形状、位置以及胃壁和胃黏膜等有关信息，对肝的大小、肝肿瘤、胃内异物、幽门损伤、膈疝等诊断亦有帮助。胃造影可使用阳性造影剂硫酸钡，浓度为25%左右（W/V）。10～40 kg中等体型犬的用量为每千克体重5～8mL，经口投服后立即摄取背腹位、腹背位、左侧位和右侧位的X线片。如需了解幽门和十二指肠近端的情况，则在投服后15 min时另摄取背腹位和左侧位照片两张。除使用阳性造影剂外，也可注入空气做阴性造影检查或做双重造影检查。

猬裂头蚴（sparganum erinacei）　发现于野猪的一种裂头蚴，也可感染犬与猫。参见裂头蚴与孟氏裂头蚴。

温度感觉（temperature sensation）　以温度变化作为适宜刺激引起的感觉。分冷觉与热觉，通常20℃以下和40℃以上的冷热刺激分别引起冷、热觉。某些化学物质如薄荷脑可以致冷，另一些化学物质如碳酸、辛辣物质等可以致热。温度感觉的感受器为游离神经末梢，传入神经纤维可因动物而异，一般认为冷信号主要通过Aδ纤维传导，热信号通过C纤维传导。

温度敏感突变种（temperature sensitive mutant）　微生物的基因发生突变，突变基因在允许温度下功能正常，而在非允许温度或限制温度下功能异常的突变微生物，即在某个温度范围内存在与野生型不同表型的突变型。在某个温度以上显示出和野生型不同表型的称高温敏感突变型，在某个温度以下才显有与野生型不同表型的称低温敏感突变型。如果发生这类突变的基因控制的特性是生长繁殖不可缺少的，那么就会形成条件致死突变型。

温度适中范围（moderate temperature zone）　又称代谢稳定区、等热范围。使动物的代谢强度和产热量保持生理的最低水平的温度范围。外界温度在适中范围内变动时，动物只需通过物理性调节机制，即可维持体温的恒定。外界温度低于适中范围时，为补充体热的散失，动物需提高代谢率；高于适中范围时，动物需通过耗能的形式（如增强汗腺的活动，热性喘息等）向外界散发体热以维持体温的恒定。不同动物的温度适中范围不同。

温和性噬菌体（temperate phage）　这类噬菌体侵入寄主细胞后，将其基因整合于细菌的基因组或以质粒的形式存在（如P1噬菌体），与细菌DNA一道复制，并随细菌的分裂而传给后代，不形成病毒粒子，不裂解细菌。其机理是噬菌体的DNA整合到细菌DNA中而形成前噬菌体，这样噬菌体和细菌的基因组同步复制但不产生衣壳，偶尔在个别菌体中形成完整的噬菌体而产生自发溶菌。

纹皮蝇（*Hypoderma lineatum*）　成蝇自由生活，长约13mm，口器完全废退。头部和前胸部被覆黄白色细毛。成蝇在牛毛上产卵，每根毛上黏着6个或更多的卵，排成一行。幼虫在向牛背部移行过程中有一段时间在食道壁中停留。其他与牛皮蝇相似，参阅牛皮蝇。

纹状缘（striated border）　光镜下看到的小肠黏膜上皮表面的一薄层纵纹状结构，折光性强，着色淡。在电镜下观察，纹状缘由大量密集排列的微绒毛构成。纹状缘扩大了小肠上皮细胞的吸收面积，并且其表面有多种酶附着，从而增强了小肠的消化功能。

蚊（mosquitoes）　双翅目、蚊科的吸血昆虫。虫体细小，头呈球形，腿长，触角长。雌蚊产卵于水上或浮于水面的植物体上。不同蚊种对产卵地点有不同的选择。幼虫（孑孓）头部发达，有明显的胸部和腹部。蛹呈圆形。幼虫与蛹均生活于水中。成蚊可长距离飞翔。雄蚊以植物汁液为食。雌蚊侵袭人畜吸血，夜晚活跃，白昼隐藏于黑暗的角落里。雌蚊吸血除给人畜造成骚扰外，有些蚊种还是某些疫病的传播者。

吻（rostrum）　动物鼻和上唇的前部。狭义特指猪的吻突。

吻骨（rostral bone）　位于吻端的锥体形骨。常见于猪。底向前，尖向鼻中隔。为鼻中隔软骨前端骨化形成。有时亦可见于老龄牛的鼻唇镜内。

吻镜（rostral plate）　猪吻端由上唇中部和两鼻孔周围形成的圆盘状结构。皮肤较薄，表皮浅层角化程度高；常有色素斑，分布有短触毛。表面以浅沟划分为小区；具有管状浆液腺，导管开口于沟内，分泌物使表面经常湿润。上唇人中较短。吻镜表皮分布有许多触觉细胞和触盘，触觉灵敏。

吻腺（lemnisci）　又称垂棍。棘头虫颈部与前体部交界处两侧向假体腔内延伸、悬垂的两个棒状或带状的中空构造。

稳定剂（stabilizer）　又称保护剂（protector）。一类防止生物活性物质在冷冻真空干燥时受到破坏的物质。如血清、血清蛋白、SPGA、蔗糖脱脂乳、蔗糖明胶、聚乙烯吡咯烷酮乳糖等。

稳定区（constant region） 简称C区。Ig两条肽链中氨基酸序列较恒定的区域。如IgG重链氨基酸残茎第111～446和轻链（k链）氨基酸残茎第110～214的肽段。

稳定态感染（steady state infection） 病毒在细胞内增殖而不严重影响细胞生命活动的状态。如禽白血病病毒粒子借出芽方式释出，或由感染细胞直接进入邻近细胞。由于病毒由细胞到细胞的传播方式，使细胞外的抗体不能作用于病毒，机体对抗这种感染状态主要靠细胞免疫。

稳态（homeostasis） 机体内环境即细胞外液的各种成分和理化特性保持相对稳定的状态。稳态并不是静止不变的状态，而是机体在神经系统的主导作用下通过复杂的神经和体液调节机制影响心血管系统以及肝、肺、肾等器官的活动，在体液不断循环和交换中达到的动态平衡。现在稳态除指内环境相对稳定外，已广泛用于解释各种保持协调、稳定的生理过程，成为生命科学中的普遍概念。

稳态血药浓度（steady state plasma concentration） 又称坪浓度、坪值。恒比消除的药物在连续恒速给药或分次恒量给药的过程中，血药浓度会逐渐增高，当给药速度等于消除速度时，血药浓度维持在一个基本稳定的水平。

问诊（inquire） 以询问的方式，向动物主人或饲养管理人员了解患病动物的饲养管理情况畜（禽）舍的环境卫生条件、使役情况或生产性能以及现病史和既往史等内容的一种临床诊断方法。

蜗窗（cochlear window） 又称圆窗。中耳鼓室内侧壁上的圆形孔。与内耳骨迷路的耳蜗相通，以薄膜封闭，称第二鼓膜。内耳骨迷路内的外淋巴当镫骨底向内运动而受推压时，因液体不能压缩，第二鼓膜可向外膨出。

沃尼妙林（valnemulin） 20世纪90年代中期国外批准上市的一种动物专用抗生素，用于治疗猪、牛、羊、家禽等支原体病及细菌性疾病。具有抗菌活性强、低残留、休药期短等特点。抗菌机理与泰妙菌素相似，即与病原微生物核糖体上的50S亚基结合，抑制病原微生物蛋白质的合成，导致其死亡。对各种动物不同种类的支原体、链球菌、金黄色葡萄球菌、放线杆菌、巴氏杆菌、猪痢疾密螺旋体及结肠菌毛样螺旋体等都有良好的抗菌活性。

乌喙骨（coracoid） 禽类前肢的肩带骨之一（肩胛骨、乌喙骨、锁骨）。在家畜已退化，其残迹形成肩胛骨盂上结节内侧的喙突。禽的发达，斜位于胸廓前缘两旁。近端与胸骨形成胸乌喙关节；远端与锁骨连接，并与肩胛骨前端一同形成关节盂。

乌洛托品（methenamine） 学名六甲烯胺。具有杀菌、收敛、止汗作用。药用时，内服后遇酸性尿分解产生甲醛而起杀菌作用，用于轻度尿路感染；外用于治癣、止汗。

乌头中毒（aconite poisoning） 家畜因误食含乌头碱（aconitine）和中乌头碱（mesaconitine）的乌头等发生的以中枢神经机能紊乱为特征的中毒病。中毒家畜先兴奋后抑制，呕吐，流涎，腹痛，腹泻，心搏亢进，随后嗜眠，昏迷，四肢痉挛或麻痹，瞳孔散大，脉细弱，呼吸困难，体温下降。严重病例多死于呼吸中枢衰竭。治疗宜用高锰酸钾或鞣酸溶液洗胃，同时针对病情应用活性炭、氧化镁解毒剂。亦可对症应用副交感神经颉颃剂。

污染防止技术（pollution prevention technology） 为引导环境污染物管理和处理处置、资源再生技术的发展，规范环境污染物处理处置和资源再生行为，防止环境污染，促进社会和经济的可持续发展，根据有关法律制定的各项技术。

污染负荷（pollution load） 区域或某环境要素对污染物的负载量。表示方法有：①以环境单元所承载的污染物数量或其他相对指标来表示；②以环境要素（气、水、土壤或农作物等）单元所承载的污染物数量或其他相对指标，如类污染指数来表示。如大气污染、水体污染、土壤污染。

污染控制指数（pollution control index） 评价环境质量的一种指标。用一个或综合几个环境因素参数的监测数据，以反映环境的质量。所选用的参数依不同的要求而异。包括几种污染物质作为参数的污染指数中，任何一种污染物质算得的指数称为个别污染物质的分指数，针对几种污染物质算得的几个分指数，可分别使用或选用最高的分指数，也可将几个分指数归并成一个综合污染指数。污染指数可用于比较地区环境因素状况，观察不同时期环境污染情况变化，考核污染控制措施的成效。

污染区（contamination zone） 屏障环境中洁净气流接触动物后而到达的空间，由返回屏障环境外的走廊和其他附加房间组成。和清洁走廊对应，常称这一部分走廊为污染走廊，实际上主要是空气洁净度有所降低，或有污染的可能，并非已存在生物污染。

污染物（pollutants） 在引入环境后，能对有用资源或人类健康、生物或生态系统产生不利影响的物质。一种物质成为污染物，必须在特定的环境中达到一定的数量或浓度，并且持续一定的时间。数量或浓度低于某个水平（如低于环境标准容许值或不超过环境自净能力）或只短暂地存在，不会造成环境污染。

例如铬是人体必需的微量元素，氮和磷是植物的营养元素。如果它们较长时期在环境中浓度较高，就会造成人体中毒、水体富营养化等有害后果。有的污染物进入环境后，通过化学或物理反应或在生物作用下会转变成新的危害更大的污染物，也可能降解成无害的物质。不同污染物同时存在时，由于颉颃或协同作用，会使毒性降低或增大。可分为 3 大类：化学性污染物、生物性污染物和物理性污染物。

污染源（pollutant sources） 造成环境污染的污染物发生源，通常指向环境排放有害物质或对环境产生有害影响的场所、设备、装置或人体。根据污染物来源的不同，分为自然污染源和人为污染源两大类。①自然污染源（natural pollution source）。也称天然污染源，指自然界自行向环境排放有害物质或造成有害影响的场所，包括生物污染源和非生物污染源（如火山喷发、森林火灾、海浪飞沫、地震、泥石流、沙尘暴、特殊成分的矿物质和岩石等）。虽然自然现象所产生的污染物种类少、浓度低，但在局部地区某一时期可能形成严重影响，例如，氟元素分布过多，可引起人和动物的地方性氟中毒。②人为污染源（artificial pollution source）。指由人类活动所产生的污染源。可分为生产污染源（包括工业污染源、交通运输污染源、农业污染源）和生活污染源（住宅、医院、学校、商业、餐饮业等排放污染物的场所和设备）。此外，根据污染源对环境要素的影响，可分为大气污染源、土壤污染源、水体污染源；按排放物的种类不同，分为生物性污染源、化学性污染源（又可分为有机污染源、无机污染源）、物理性污染源（又可分为热污染源、噪声污染源和放射性污染源）；按排放污染物的空间分布，分为点污染源、线污染源和面污染源；按空间位置，分为固定污染源和移动污染源等；按时间的特点，分为恒定污染源、间歇变动污染源、瞬时污染源等。

污水（sewage） 由居民区、工矿企业、公共建筑等排出并夹带或溶解有各种污染物或微生物的废水。污水主要有生活污水和工业废水。①生活污水：人类在日常生活中使用过的，并被生活废料所污染的水。生活污水一般不含有毒物质，但是它具有适合微生物繁殖的条件，含有大量的病原体，从卫生角度来看有一定的危害性。②工业废水：在工矿生产活动中产生的废水。工业废水可分为生产污水与生产废水。生产污水是指在生产过程中形成、并被生产原料、半成品或成品等原料所污染，也包括热污染（指生产过程中产生的、水温超过 60℃的水）；生产废水是指在生产过程中形成，但未直接参与生产工艺、未被生产原料、半成品或成品等原料所污染或只是温度稍有上升的水。生产污水需要进行净化处理；生产废水不需要净化处理或仅需做简单的处理，如冷却处理。生活污水与生产污水的混合污水称为城市污水。

污水处理（sewage disposal/treatment） 用各种方法将污水中所含的污染物分离出来或将其转化为无害物，从而使污水得到净化的过程。为使污水达到排入某一水体或再次使用的水质要求，必须对其进行净化处理。污水处理被广泛应用于建筑、农业、交通、能源、石化、环保、城市景观、医疗、餐饮等各个领域和城乡日常生活。现代污水处理技术，按处理程度划分，可分为一级、二级和三级处理。①一级处理：主要去除污水中呈悬浮状态的固体污染物质，物理处理法大部分只能完成一级处理的要求。经过一级处理的污水，BOD 可去除 30%左右，达不到排放标准。一级处理属于二级处理的预处理。②二级处理：主要去除污水中呈胶体和溶解状态的有机污染物质（BOD，COD 物质），去除率可达 90%以上，使有机污染物达到排放标准。③三级处理：进一步处理难降解的有机物、氮和磷等能够导致水体富营养化的可溶性无机物等。主要方法有生物脱氮除磷法、混凝沉淀法、砂滤法、活性炭吸附法、离子交换法和电渗析法等。

污水生化处理（sewage biochemical treatment） 利用微生物的代谢作用，分解废水中有机物的方法。参与废水处理的微生物有细菌、真菌、藻类、原生动物和多细胞动物（如轮虫、甲壳虫、线虫）。它们依赖有机物生活，具有氧化分解有机物的能力。生化处理法广泛适用于屠宰、造纸、合成纤维等有机废水。

污蝇（*Wohtfahrtia*） 双翅目、麻蝇科的一类引起蝇蛆症的蝇。包括若干种，其中黑须污蝇（*W. magnifica*）产幼虫于人的外耳、眼周的伤口或身体的其他部位，亦寄生于绵羊及其他动物。

无标记细胞（null cell） 见自然杀伤细胞。

无表型突变（silent mutation） 微生物表型无明显改变的突变。一般为遗传密码子的第 3 个碱基被取代所引起。

无齿圆线虫（*Strongylus edentatus*） 又称无齿阿尔夫线虫（*Alfortia edentatus*）。属于圆线目（Strongylate）、圆线科（Strongylidae）、圆线属（*Strongylus*），寄生于马属动物的盲肠和结肠。虫体呈深灰色或红褐色。形状与马圆线虫极相似，但头部稍大。口囊前宽后狭，口囊内也具有背沟，但无齿。雄虫长 23～28mm，有两根等长的交合刺。雌虫长 33～44mm，阴门位于距尾端 9～10mm 处。虫卵呈椭圆形，大小为（78～88）μm×（48～52）μm。感染前发育史与马圆线虫相同。感染后，幼虫进入肠黏膜，沿静脉到肝脏，经11～18d变为第4期幼虫。后者在肝内生活达9周之久，其后在腹腔浆膜下形成直径达数厘米的出血性结节，结节内可见有第4期和第5期幼虫。此后幼虫沿结肠系膜到达盲肠或结肠肠壁，再次形成出血性结节，这种结节一般在感染后的3～5个月出现，而后在肠腔中出现成虫。

无刺含羞草中毒（inermeus mimosa poisoning）反刍动物误食无刺含羞草后，因其所含含羞草碱和皂苷等引起的一种中毒病。临床上分为急性和慢性两种，前者以神经症状为主，如前后肢肌肉痉挛、震颤、站立不稳而倒地，进而发生角弓反张、四肢强直，瞳孔散大而死亡；后者以胃肠炎为主，如食欲明显减退，瘤胃蠕动停止，里急后重，粪干呈算盘珠状，附有黏液和纤维蛋白膜。后期无尿，在肛门、外阴、会阴、包皮、垂肉、胸前和脐部等处发生水肿。尚无特效解毒药，预防在于严禁饲喂无刺含羞草。

无反应性（anergy） 已接触抗原的动物对再次接触抗原时不表现反应。如严重结核病牛进行结核菌素试验呈阴性。

无公害食品（pollution - free food，nuisanceless food） 产地环境、生产过程和产品质量符合国家有关标准和规范要求，经认证合格获得认证证书并使用无公害农产品标志的未经加工或初加工的食用农产品。严格来讲，无公害是食品的一种基本要求，普通食品都应达到这一要求。无公害食品允许限量使用限定的人工合成的化学农药、肥料、兽药，但不禁止使用基因工程技术及其产品。

无汗症（anhidrosis） 家畜发生以不出汗为主征的疾病。主要发生于马。病因除继发于汗腺孔阻塞外，也见于汗腺对肾上腺素敏感性降低经过中。病马在运动过后，体温升高达41.5～42℃，呼吸高度困难，但被皮无汗、干燥并丧失固有弹性。如强迫继续运动，可导致心力衰竭而死亡。宜用甲状腺浸出物，还可用生理盐水静脉注射等对症治疗。

无黄卵（alecithal egg/ovum） 卵黄含量极少甚至完全没有的卵子，如海胆的卵。

无机氟化物中毒（inorganic fluoride poisoning）又称氟中毒或氟病（fluorosis）。家畜长期采食超过安全量的无机氟化物而引起的以骨、牙病变为特征的慢性中毒性疾病。各种家畜均可发生，人兽共患，多具有地区性。根据发病经过，可分为急性和慢性中毒两种。急性中毒多在食入过量的氟化物0.5h后出现临床症状，表现厌食、流涎、呕吐、腹痛、腹泻、呼吸困难、肌肉震颤、阵发性强直性痉挛，虚脱而死。慢性中毒常呈地方性群发，病畜异嗜，生长发育不良，牙齿和骨骼受损，表现为氟斑牙和氟骨症，且随年龄的增长而病情加重。急性中毒剖检可见出血性胃肠炎病变；慢性氟中毒除氟斑牙病变外，尚见头骨、肋骨、桡骨、腕骨和掌骨表面粗糙呈白垩样，肋骨松脆，肋软骨连接部常膨大，极易折断。X线检查可见骨密度增大，骨外膜呈羽翼状增厚，骨髓腔变窄。根据骨骼、牙齿病理变化及相应症状、流行病学特点，可作出初步诊断。为确诊并查清氟源与确定病区，应进行畜体及环境含氟量的测定。本病治疗较为困难，要停止摄入高氟牧草或饮水，移至安全地区放牧，并给予富含维生素的饲料及矿物质添加剂。

无机盐（mineral） 无机化合物盐类的统称。为畜禽合理营养的必需营养素。

无精症（azoospermia） 精子异常性疾病的一种。常见于睾丸发育不全、睾丸变性和输精管阻塞。连续检查几份精液样品，未检查到精子才可确诊。治疗原则是消除病因。

无菌（asepsis） 某一物体或某一环境中不含有任何活的微生物，包括真菌孢子、细菌芽孢和病毒。采取防止或杜绝任何微生物进入动物机体或其他物体的方法，称为无菌法。以无菌法进行的操作称为无菌技术或无菌操作。

无菌动物（germ - free animal） 用现有的已知方法，除动物本身外，无任何生命体（微生物和寄生虫）可被检出的动物。是我国按微生物控制程度进行实验动物等级分类中的一种。哺乳类无菌动物一般由无垂直传播病原污染的怀孕母体经无菌人工剖宫，禽类则经无垂直传播病原污染的种蛋经无菌孵化而获得。无菌动物需在隔离环境中培育和保持。

无菌检验（sterility test） 证明灭菌后的物品中是否存在活微生物所进行的试验。①生物制品的无菌检验：生物制品生产过程中抽样及产品分装批抽样有无细菌和真菌污染的检验。无菌检验是兽医生物制品成品检验项目之一，生产半成品和成品均需经无菌检验合格。检验通常依据不同细菌、不同制品类型（血清、诊断液、需氧性灭活苗、厌氧性灭活苗、弱毒活苗、加抗生素组织苗、细胞培养苗等）规定要求进行。除组织活苗允许含有限量的非病原菌外，其他制品应进行纯粹检验或无菌检验。②罐头食品商业无菌的检验：罐头食品经过适度的热杀菌以后，不含有致病微生物，也不含有在常温下能在其中繁殖的非致病性微生物，这种状态称作商业无菌。抽取样品经保温试验未见胖听或泄漏；保温后开罐，经感官检查、pH测定或涂片镜检，或接种培养，确证无微生物增殖现象。

无菌净化（germ free spiritualization） 为了达到实验动物的无菌状态而进行的一种实验技术。选择无垂直传播病原的怀孕母体或种胚，经无菌剖宫产、子宫摘除术或无菌孵化，在隔离环境设施内培育出来的动物可达到无菌结果。这一系列方法即为无菌净化。

无菌术（asepsis）　使手术区和手术过程保持无菌、防止感染的技术。外科无菌术包括3个方面：彻底消灭与手术区接触的全部器械和物品上附着的细菌；最大限度地减少手术室的空间和空气中的细菌；消灭或减少手术部皮肤上的细菌和术者手上带来的细菌。无菌术主要采用灭菌与抗菌两种方法，手术衣、敷料等采用物理方法灭菌，有些特殊器械不耐高温，则用化学抗菌剂以杀灭或抑制处于芽孢状态或增殖状态的致病微生物。

无粒白细胞（agranulocyte）　细胞质中不含特殊颗粒的白细胞，畜禽的无粒白细胞包括单核细胞和淋巴细胞。

无卵黄腺绦虫（*Avitellina*）　属于裸头科。寄生于绵羊、山羊、牛等反刍兽的小肠。长达3m，宽2～3mm，节片甚短，分节不明显。每节一套雌、雄性器官，卵巢位于节片中部略偏一侧，无卵黄腺；睾丸散布在左右纵排泄管两侧。链体偏后部的节片中央有一暗色纵线，是每节中央部分的子宫及其虫卵构成的。完全成熟的孕卵节片，在子宫附近形成一个厚壁的副子宫，虫卵全部进入副子宫中。我国常见种为中点无卵黄腺绦虫（*A. centripunctata*）。其致病作用、防治等参阅莫尼茨绦虫病。

无尿（anuria）　又称排尿停止。因肾脏停止分泌尿液或肾盂及输尿管阻塞，致使动物在较长时间内尿量急剧减少甚至无尿液排出的状态。见于肾功能衰竭、某些中毒病的濒死期、肾盂或输尿管结石等。

无声手术（devoealization）　为减少犬吠声的嘈杂对其施行的手术。用于集约养犬和家庭养犬。为了防止马嘶、山羊和猫叫也可采用本手术。主手术是切除与发声振动有关的组织，包括声带皱襞和杓状软骨、楔状软骨下面的部分囊襞和皱襞。手术有两个通路，一为通过口腔，用长钳夹住声带部黏膜，再用剪或刀切断。另法从颈腹侧切开皮肤，分离胸骨舌骨肌、环甲韧带和甲状软骨，开张切口，钳住声带并切除。术中用肾上腺素棉球压迫止血，防止误咽。确实效果出现在声带组织瘢痕化之后，以4～6月龄的幼犬效果最佳。

无丝分裂（amitosis）　又称直接分裂。分裂过程中不出现纺锤丝、不形成染色体、也无需停止生理功能。分裂速度快、能量消耗少，过程简单，先是核仁一分为二，随之细胞核伸长，并在中部横缢断裂，最后细胞质分割成两部分，各含一核，形成两个子细胞。无丝分裂广泛见于正常组织细胞中，如肝细胞、膀胱上皮细胞、骨细胞和肌细胞等，但对其亚显微结构和分子生物学变化以及控制机制等方面仍了解甚少。

无髓神经纤维（unmyelinated nerve fiber）　轴索与神经膜之间没有髓鞘的神经纤维。比较细，一条或多条轴索被雪旺氏细胞包裹。雪旺氏细胞不一定能完全包裹每条轴索，常有裸露出来的轴索部分。植物性神经的节后纤维、嗅神经和部分感觉神经纤维是无髓神经纤维。

无特定病原体动物（specific pathogen - free animal，SPF animal）　又称SPF动物。不存在某些特定的病原或潜在病原微生物的动物，是实验动物按微生物学控制程度分类中的一种。无特定病原体动物来自无菌动物、悉生动物或其他无特定病原体动物群，其体内可能有其他非指定微生物和寄生虫存在，需饲养在屏障系统和隔离系统内。不同无特定病原体动物的微生物和寄生虫控制标准视各国、甚至不同地区、不同部门的需要而定，并随科学研究、生产的发展需要而改变。但国际组织对应用在某些方面的无特定病原体动物的上述控制标准，有一个大体规定。无特定病原体动物是科学研究中应用最广泛的实验动物之一。目前已有SPF鼠、SPF兔、SPF鸡、SPF犬、SPF猫和SPF猪等。

无效腔（dead space）　呼吸系统内未参与气体交换的空间。从鼻（口）腔到终末支气管这一段呼吸道，称为解剖无效腔；从生理学角度还应包括那些因通气/血流比值失常，不能与血液进行气体交换的一部分肺泡空间，这部分容积加解剖无效腔称为生理无效腔。在健康动物，生理无效腔与解剖无效腔容量接近，但在某些疾病（如肺气肿）时，前者可明显大于后者。

无形体科（Anaplasmataceae）　成员具有立克次体的共同特点。该科成员的分类地位近年来有较大变化，某些属原先归于立克次体科，现被划入无形体科，如新立克次体属、无形体属、艾立希体属及沃巴克体属；原先归于乏质体科的附红细胞体属及血巴通体属现划出，划入支原体之内。某些成员在属的划分上有所变动，例如牛艾立希体现划入无形体属，改名为牛无形体，腺热艾立希体改为腺热新立克次体、反刍兽可厥体改为反刍兽艾立希体等。本科目前对动物有致病性的成员主要分布在无形体属、艾立希体属、新立克次体属及埃及小体属。

无性生殖（asexual reproduction）　又称无性繁殖。不经过生殖细胞的结合，由一个亲体直接产生子代的生殖方式。常见的无性生殖方式有：分裂生殖（细菌、原生生物）、出芽生殖（酵母菌、水螅等）、孢子生殖（蕨类植物等）、营养生殖（草莓匍匐茎等）、克隆生殖（哺乳动物羊、小鼠、牛等）。

无血清培养基（serum - free medium） 能支持动物细胞在体外生长的不含血清的培养基。通常由基础培养基和取代血清的添加剂成分组成。添加剂成分主要包括纤连蛋白一类附着因子，胰岛素一类调节细胞生长和分化的肽类、矿物质、纤维素、脂肪酸和中间代谢物等必需营养物质。不同细胞的无血清培养基所需的添加剂成分不同。无血清培养基克服了含血清培养基中血清的各种成分含量不确定，批次间质量差异大，常污染病毒或支原体，给培养物的后加工和提纯带来困难，不利于试验的标准化，干扰很多分子生物学和细胞生物学试验等缺点，不仅广泛用于各种研究，而且对工业规模的动物细胞培养具有实际意义。

无血去势钳（burdizzo castrator） 在皮肤不开放的状态下的去势器械。钳由强大的钳头和较长的把柄构成，钳嘴宽约 10cm，两钳嘴合拢时留有 2～3mm 宽的空隙，钳的关节构造要求严格，使钳嘴全长度对组织的压力均等。其压力强度只能破坏精索，而使皮肤仍保持完整。柄长在于能给钳嘴足够的压力。操作时站立保定，除应用于马和牛之外，肉用牛被广泛使用。术者要经严格训练，否则会出现精索切断不全或皮肤受到损伤的情况。

无羊膜动物（anamniota） 胚胎发育过程中不形成羊膜的动物。

无意残留（unintentional residue） 在饲料或食物中发现的某一种或几种非用于控制传染性疾病，或寄生虫性疾病，或改善生产性能，或提高产量的化学物质的残留。无意残留包括食品动物在生长、产品的加工或贮存等过程中，通过食物链进入动物体内的或加工过程中污染到动物性食品中的化学物质的残留。然而，有意用药物防治畜禽疾病或促进畜禽生长为目的，或给食品中加入食品添加剂，不能算作无意残留。所以，无意残留与实际应用的药物或化学物质的残留不同。但是，在进行残留物检测时，无意残留又无法与实际应用的药物或化学物质的残留相区分。

无作用剂量（no - observed effect level，NOEL） 又称最大无作用剂量、未观察到有害作用剂量（no - observed adverse effect level，NOAEL）。某种外源化学物在一定时间内，按一定方式与机体接触，用现代的检测方法和最灵敏的观察指标，未能观察到对机体产生不良效应的最高剂量。

五聚体 Ig（pentamer Ig） 由 5 个单体分子通过 J 链而连接的 Ig，即 IgM。

五指山小型猪（Wuzhishan minipig） 又名老鼠猪。原产海南省偏僻山区，中国农业科学院畜牧研究所冯书堂于 1987 年引进后选育而成。头小而长、耳小直立，6 月龄体重 20～25kg，成年体重 40kg，已提供动物于生命科学研究中。

武装巨噬细胞（armed macrophage） 又称活化巨噬细胞（activated macrophage）。被巨噬细胞武装因子（macrophage armed factor） 或活化因子（macrophage activated factor）武装或活化的巨噬细胞。其吞噬和杀伤靶细胞的功能显著增强。广义的还包括以其 Fc 受体吸附抗体的巨噬细胞，称为抗体武装巨噬细胞（antibody armed macrophage），可通过抗体依赖细胞介导的细胞毒作用（ADCC）杀伤靶细胞。

舞蹈病（chorea minor） 家畜以骨骼肌间歇性痉挛为主征的神经官能症。除发生于幼犬外，牛、马、猪和猫也可发病。病因似与神经性素质有关。临床表现前后肢和躯干诸肌群发生间歇性抽搐，呈现仰首、点头、咀嚼、流涎、眼球震颤和流泪等。重型病例被迫横卧地上，最后陷入虚脱。防治在加强护理的同时，可投服镇静剂或用水合氯醛溶液灌肠治疗。

戊巴比妥钠（pentobarbital sodium） 中枢神经系统抑制药，因抑制脑干网状结构上行激活系统而产生催眠和麻醉作用。主要用做中、小动物的全身麻醉以及各种家畜的基础麻醉。麻醉作用强，显效快，静注时基本没有兴奋期，但苏醒期较长。此外，尚有镇静和抗惊厥作用，可用来对抗中枢兴奋药中毒，破伤风、脑炎或妊娠中毒引起的惊厥症状。静注时先以较快速度注入半量，随后再缓慢注入。肝、肾功能不全病畜慎用。

戊二醛（glutaraldehyde） 消毒药。水溶液稳定性差。抗菌谱广，作用快。对芽孢、病毒和结核杆菌也有作用。刺激性较弱。用于医疗器械和用具的浸泡消毒。

物理性致死（physical death） 畜禽因挤压、触电、跌跤、水淹、斗殴等物理性因素引起的死亡。对其处理应持慎重态度。应查明是否确系纯物理性致死，例如被压死的猪往往是由于本身有病，压死是假象。确诊为纯物理性致死的畜禽，经检验肉质良好，并在死后 2h 内取出内脏者，其胴体经无害化处理后可供食用。原因不能确定的，一律按不明原因死亡处理（化制或销毁）。

物理性状检验（physical character test） 检查生物制品内在和外在的各种影响品质及外观的物理性状的兽医生物制品成品检验项目之一。液体疫苗和诊断液类要检查透明度、色泽、异物和均匀度；血清制品类要检查沉淀物、色泽、异物和均匀度；冻干制品类要检查色泽、固形物性状、溶解速度和异物以及检查装量、破损、封口、包装和标签、说明书等外在状况。物理性状不合格者，一律剔除废弃。

物质代谢（substance metabolism） 生物体与外界环境之间的物质交换和物质在机体内的化学变化过程。包括合成代谢和分解代谢。前者指物质的建设方面，即由小分子物质构建成大分子物质；后者指物质的破坏方面，即大分子物质分解成小分子物质。合成代谢一般伴随能量的利用和贮存，而分解代谢通常与能量的释放相偶联。

物质代谢障碍（metabolic disturbance） 物质代谢是机体生命活动的基础，许多疾病和病理过程都可能干扰物质代谢而引发障碍。可分为糖代谢障碍、蛋白质代谢障碍、脂肪代谢障碍、水盐代谢障碍等。物质代谢障碍是病理形态结构和机能变化的物质基础。

物质的跨膜转运（transmembrane transport） 生物膜的重要功能，也是活细胞维持正常生理内环境和进行各项生命活动所必需的。物质的跨膜转运有不同的方式。如果只是把一种分子由膜的一侧转运到另一侧，称为单向转运。如果一种物质的转运与另一种物质相伴随，称为协同转运。协同转运时，方向相同，称为同向转运；方向相反称为反向转运。

雾影（fog） 由于额外曝光或其他化学作用，使整张X线片或在X线片的某一局部出现的黑影密度增加或堆集的感光阴影。雾影是附加在X线片图像上的多余影像，因而会降低X线片的质量，甚至影响阅片和诊断。

西部马脑脊髓炎（western equine encephalomyelitis） 披膜病毒科甲病毒属西部马脑炎病毒引起的一种急性的虫媒性人兽共患传染病。马和人感染后可发生急性中枢神经系统疾病，临床症状较东部马脑脊髓炎轻，病死率亦较低。1930 年从散发于美国西部的病马脑中分离出病毒。野禽为病毒储存宿主，经蚊虫传播，主要传播媒介有环跗库蚊、埃及伊蚊、刺扰伊蚊等。马属动物和人感染后，多为隐性经过，仅少数出现临床症状。病马呈现神经症状，中枢神经组织有非化脓性脑炎变化。无特效疗法，通过灭蚊和有计划地应用疫苗可预防本病。

西部马脑炎病毒（Western equine encephalitis virus，WEEV） 披膜病毒科（Togaviridae）甲病毒属（*Alphavirus*）成员，因首先发现于美国西部而得名。病毒特点及引起的主要临床表现与东部马脑炎相似，但要比东部马脑炎轻，病死率亦低。见东部马脑炎病毒。

西地兰（cedilanid） 又称无花苷丙、毛花强心丙。从毛花洋地黄中提取的强心苷。为快速短效类强心药。作用和洋地黄相似。静注后作用快，主要用于充血性心力衰竭。因作用较快，适用于急性心功能不全或慢性心功能不全急性期的病例，对房颤及室上性心动过速时作用较明显。急性心肌炎、创伤性心包炎时禁用。毒性和洋地黄相似。

西米脾（sago spleen） 脾脏滤泡内淀粉样物质沉着的俗称。脾脏淀粉样变有滤泡型和弥漫型两种。当脾脏白髓内有大量淀粉样物质沉着时，眼观脾脏体积肿大，质地稍硬，切面干燥，滤泡增大，脾白髓如高粱米至小豆大小，灰白色半透明颗粒状，外观与煮熟的西米相似，故称“西米脾”。

西尼罗河热（West Nile fever） 黄病毒科虫媒病毒 B 组西尼罗河病毒引起人的一种蚊媒传染病。分布于非洲和欧洲、亚洲一些国家，人的临床症状与登革热相似，以发热、头痛、喉痛、肌痛、皮疹和淋巴结肿为特征，有时有脑膜脑炎。各种家畜、家禽感染后呈隐性感染，产生不同程度的病毒血症，可成为本病传染源。库蚊为主要传播媒介，野鸟为主要储存宿主，自然界中的病毒主要在鸟、蚊中循环。确诊需做病毒分离鉴定或血清学试验。无特效疗法，防制主要依靠防蚊灭蚊。

吸槽型（suction slot） 假叶目绦虫的头节的一种类型。一般为指型，背腹面各具一沟样的吸槽，如宽节双叶槽绦虫（*Diphyllobothrium latum*）。

吸虫（trematode） 属扁形动物门（Platyhelminthes）、吸虫纲（*Trematoda*）的寄生虫，包括单殖吸虫、盾殖吸虫和复殖吸虫三大类。寄生于畜禽的吸虫均为吸虫纲复殖目的种类，可寄生于肠道、结膜囊、肠系膜静脉、肾和输尿管、输卵管及皮下部位，引起各类吸虫病。吸虫体柔软，两侧对称不分节，多数背腹扁平，一般呈叶片状或长椭圆形，体色一般为乳白色、淡红色或棕色。附着器官有角质的钩、棘刺及吸盘。吸虫无表皮，体壁由皮层与肌层组成，又称皮肌囊，囊内含有网状组织实质和分布其中的各系统器官。吸虫有简单的消化系统，包括口、前咽、咽、食道和肠管。生殖系统发达，除分体吸虫外，皆雌雄同体。排泄系统由焰细胞、毛细管、集合管、排泄总管、排泄囊和排泄孔组成。神经系统不发达。复殖吸虫中的单盘类、前后盘类、环肠类吸虫均有独立的淋巴系统，位于虫体两侧。吸虫无循环系统和呼吸系统，厌氧呼吸。复殖吸虫的生活史复杂，不但有世代的交替，也有宿主的转换。其主要特征是要更换一个或两个中间宿主。第一中间宿主为淡水螺或陆地螺，第二中间宿主多为鱼、蛙、螺、昆虫等。自体或异体受精，发育过程经历卵、毛蚴、胞蚴、雷蚴、尾蚴和囊蚴各期。

吸虫卵计数法（counting technique for trematode eggs） 计算每 1g 粪便中片形吸虫卵数目的方法。取

羊粪10g放入300mL刻度瓶中，加入少量1.6%浓度的氢氧化钠溶液，静置过夜。次日将粪块搅碎拌匀，再加入1.6%的氢氧化钠溶液到300mL。摇匀后吸取7.5mL注入一离心管内，1 000r/min，离心2min后，倾去上层液体，换加饱和盐水，再离心，再倾去上层液体，再加饱和盐水，如此反复操作，直至上层液体完全清澈为止。倾去上层液体，将全部沉渣分滴于数张载玻片上，显微镜检查，统计虫卵总数，以总数乘以4，即为每1g粪便中的片形吸虫卵数。

吸附法（adsorption method） 用活性炭、硅胶、沸石、兽炭等吸附剂吸附恶臭成分的方法，是动物设施排除气味的主要方法。

吸附药（adsorbent） 一类不溶于水又无药理活性的极微细粉末。由于其粒小，又具有许多微孔，故表面积很大，具有强大的吸附作用。能吸附毒素或其他有害物质，而药粉层在局部又有机械性保护作用。主要分为两类：①外用撒布剂，如滑石粉、碳酸钙、氧化锌、淀粉等，主用于皮肤、创伤和溃疡等部位；②内服作胃肠吸附药，如药用炭、白陶土、硅炭银等，用于治疗腹泻、肠炎、毒物中毒等。

吸盘（sucker） 虫体的吸附器官，一般呈圆形、中间凹陷的盘状。有吸附、摄食和运动等功能。

吸盘型（sucker type） 圆叶目绦虫头节的一种类型，呈球形，上有四个圆形或椭圆形的吸盘，位于头节前端的侧面，均匀排列。如莫尼茨绦虫（*Moniezia*）等。

吸气（inspiration） 胸廓扩大，肺内压下降引起外界气体进入肺的过程。胸廓的扩大由吸气肌的收缩实现。主要的吸气肌为肋间外肌、膈肌等。当肋间外肌和膈肌收缩时，胸廓的左右径、前后径加大，肺容积随之扩大，使肺内压下降，外界气体经呼吸道进入肺内，因此吸气是个主动过程。

吸气性呼吸困难（inspiratory dyspnea） 吸气期显著延长，辅助吸气肌参与活动并伴有吸入性狭窄音的呼吸困难。由上呼吸道的胸外部分狭窄所致。临床表现为鼻孔张大、头颈伸展、四肢广踏、胸廓开张、甚至取犬坐姿势。可见于鼻腔狭窄、喉水肿、喘鸣症、猪传染性萎缩性鼻炎、鸡传染性喉支气管炎等疾病。

吸入麻醉（inhalation anesthesia） 全身麻醉的一种。将挥发性气体麻醉剂与空气混合，通过动物的鼻腔、气管、支气管、肺泡进入血液，再以血液为载体将麻醉药传到脑中枢，从而呈现麻醉状态。优点为吸入麻醉药挥发得快，可根据麻醉情况迅速改变麻醉深度；缺点为操作复杂，有的麻醉药易燃、易爆，有的对上呼吸道有刺激性。吸入麻醉的操作方法有开放式、半开放式、半密闭式和密闭循环式。现代兽医麻醉使用的有七氟醚、安氟醚、异氟醚、氟烷和甲氧氟烷等，诱导麻醉常用丙泊酚或右美托咪定等。

吸入性肺炎（aspiration pneumonia） 异物被吸入气道直达肺部引起的炎性肺病。多由药物或药渣误入气管以及患有咽麻痹或吞咽障碍性疾病导致误咽所致。临床上以咳嗽为先发症状。若异物吸入量大可立时窒息死亡。一般经过几天后出现全身症状，如体温升高、呼吸增数、呼出气带臭味、鼻孔流有红棕或绿色且混杂异物性鼻液。肺部听诊有干、湿性啰音。往往由于腐败性细菌感染而继发肺坏疽（pulmonary gangrene）。治疗宜用广谱抗生素并结合氧气吸入，切忌镇咳剂。

吸收（absorption） 营养成分在消化道内通过胃肠上皮细胞进入血液、淋巴或黏膜下组织间隙的过程。吸收的主要部位在小肠，除反刍动物的前胃和草食动物的大肠能吸收大量的有机物外，其他动物的胃只能吸收少量水分和无机盐。吸收机制有主动转运和被动转运两种。前者为一种耗能逆浓度或电化学梯度进行的物质转运，如氨基酸、糖、钠的吸收。后者为不耗能量，按理化特性（如渗透、滤过、扩散和易化扩散等）进行的转运，如水、钾、某些维生素的吸收。

吸收不良综合征（malabsorption syndrome） 大肠肠绒毛上皮细胞瘤变引起以营养物质吸收机能障碍为主征的消化不良性疾病。分为原发性和继发性两种。前者确切病因尚不清楚。后者见于小肠炎、肠组织坏死等。临床表现食欲减退，消瘦，呕吐，腹泻，排出稀软呈灰白色脂肪样便，脱水，衰竭。实验室检验见血清胆固醇、白蛋白和维生素A减少，尿液中的尿蓝母和5-羟基吲哚醋酸（5-HIAA）增多。治疗除用葡萄糖液和生理盐水静脉注射外，还可投服脂溶性维生素制剂等。

吸收性明胶海绵（absorbefacient gelatin sponge） 局部止血药。具有广泛粗糙面的多孔物质。敷于伤口，使血液进入空隙后迅速破裂血小板，促进凝血。用于实质器官外伤或手术后小血管或毛细血管的渗血。其优点在于可被组织吸收。

吸吮线虫病（thelaziasis） 又称眼线虫病。由吸吮科（Thelaziidae）、吸吮属（*Thelazia*）的线虫所引起的疾病。主要见于马、牛和犬。马、牛的病原体为泪吸吮线虫（*Thelazia lacrymalis*）、罗氏吸吮线虫（*T. rhodesii*）和大口吸吮线虫（*T. gulosa*），犬的为丽嫩吸吮线虫（*T. callipaeda*）。寄生于结膜囊、第三眼睑、泪管或瞬膜下。临床上见眼潮红，流泪和角膜混浊等症状。病畜表现不安，常将眼部在其他物体上摩擦，摇头，食欲不振，母牛产乳量降低。在眼内发现吸吮线虫即能确诊。治疗可用硼酸溶液洗眼，并用海群生溶液、左旋咪唑或甲氧嘧啶等药驱虫。

吸血依蝇蛆（blood - sucking larvae of idiella tripartita） 丽蝇科（Calliphoridae）的三色蝇幼虫，为一种吸血蝇蛆。蛆呈灰白色，体长约10mm，白昼藏匿于土壤中，夜间爬到土表活动，吸食猪血，黎明前返回土壤中，或藏匿于垫草中。被吸血部位皮肤出现红疹，白猪更为明显；猪瘙痒不安，影响休息与采食，严重者食欲减少或废绝。用来苏儿水喷洒猪圈可杀死蛆虫。猪圈应设在阳光充足、空气流通处，并经常更新垫土；或铺水泥地面。

息肉（polyp） 黏膜表面突出的增生物。分为炎性与腺瘤性两种。炎性息肉常有蒂与下面的正常黏膜相连，表面光滑，有黏膜覆盖，中央为结缔组织，并有中性粒细胞和淋巴细胞浸润。腺瘤性息肉一般较大，表面呈乳头状或绒毛状，有腺上皮覆盖。息肉多见于鼻腔、直肠和子宫黏膜等处。

硒（selenium） 机体必需的微量元素之一。是谷胱甘肽、过氧化物酶的组成成分。在细胞内具抗氧化剂作用，为清除机体内有害的过氧化物所必需。缺硒地区饲养的畜禽常出现肌肉营养不良等缺硒症状。

硒迁移（selenium transport） 硒通过土壤、水及空气—植物—动物—人这一食物链在生态环境中进行迁移和循环。一个地区的土壤、水及空气中硒的形态分布，可最终影响到人和动物体内硒水平。研究硒的分布迁移转化有助于协调环境中硒与生物（包括人体）健康的关系。

硒缺乏症（selenium deficiency） 即硒反应性衰弱症（selenium responsive unthriftiness），又称硒和/或维生素E缺乏症，日粮中硒不足而导致畜禽的一种营养性肌营养不良性疾病。主要有幼龄畜禽营养性肌营养不良、小猪桑葚心、小鸡脑软化和小鸡渗出性素质等。防治应注意日粮中补充硒和/或维生素E制剂。

硒中毒（selenium poisoning） 又称瞎撞病（blind disease）、碱病（alkaline disease）。摄入含硒过多植物性饲草引起的以肝、肾变性，肺水肿和胃肠炎等为主征的中毒病。急性症状有结膜发绀，呼吸困难，脉速而弱，腹痛，肠臌气，多尿和呕吐（猪）。亚急性症状有消瘦，被毛粗乱，步态蹒跚，视力减退或失明，流涎，腹痛，吞咽麻痹。慢性症状有消瘦，鬃毛（马）脱落，四肢末端和尾部易发冻伤，蹄冠呈坏死龟裂，蹄壳脱落，跛行伴发贫血。本病可根据放牧情况（如在富硒地区放牧或采食富硒植物）以及有硒剂治疗史，结合临床症状、病理变化以及血液中红细胞及血红蛋白含量下降等，可做出初步诊断。血硒含量检测有助于确诊。硒中毒可用砷制剂内服治疗。亚砷酸钠5mg/kg加入饮水服用，或0.1%砷酸钠溶液皮下注射，或对氨基苯胂酸按10mg/kg混饲，可以减少硒的吸收。此外，用10%～20%的硫代硫酸钠以0.5mL/kg静脉注射，有助于减轻刺激症状。

悉生动物（gnotobiotic animal） 又称已知菌动物，简称GN动物。确知所带有微生物菌丛的动物。悉生动物是实验动物按微生物学控制程度分类中的1种。如体内有1种已知菌称单菌动物（monoxenic），有2种已知菌称双菌动物（dixenic），有3种已知菌称三菌动物（trixenic），有3种以上已知菌称多菌动物（polyxenic）。悉生动物的培育及保持方法基本与无菌动物相同，只是人为地给无菌动物投入已知微生物。与无菌动物相比，悉生动物由于肠道内有一些有益菌丛而生活能力较强，饲养管理较易。悉生动物有形态和生理上的特性，广泛用于科学研究中，尤其是在微生物和机体关系研究中有独特作用。

稀咳（occasional cough） 单发性咳嗽，每次仅出现一两声咳嗽，常反复发作而带有周期性。见于感冒、慢性支气管炎、肺结核等。

稀盐酸（dilute hydrochloride acid） 助消化药。药用含10%盐酸，是胃液中正常成分之一。主要作用有：激活胃蛋白酶原使其成为有活性的胃蛋白酶，有利于饲料中蛋白质的消化，增加铁、钙盐溶解，促进铁、钙的吸收；调节幽门括约肌的紧张度，控制胃内容物向肠腔的排放；促进胰液和胆汁的分泌；抑制细菌繁殖。当胃酸不足引起消化不良、食欲不振、前胃弛缓及急性胃扩张时，可补充稀盐酸予以防治。

膝反射（knee reflex） 检查时使动物侧卧位，让被检侧后肢保持松弛，用叩诊锤背面叩击膝韧带直下方。对正常动物叩击时，下肢呈伸展动作。反射中枢在脊髓第4～5腰椎段。

膝关节（knee joint） 股骨、膝盖骨和胫骨构成的关节。包括股膝关节和股胫关节。骨膝关节由膝盖骨和股骨远端前部滑车关节面组成。关节囊宽松，有侧韧带。在前方有3条强大的直韧带（即膝外、膝中、膝内直韧带）将膝盖骨连于股骨远端。股胫关节由股骨后部的内外侧骨果与胫骨近端构成。其中有两个半月状软骨枝。除有侧韧带外，关节中央尚有一对交叉的十字韧带。膝关节属单轴关节，可做屈伸动作。

膝螨（*Cnemidocoptes*） 蜱螨目（Acarina）疥螨科（Sarcoptidae）的寄生螨。虫体呈圆至卵圆形，足极短，短圆椎形，不超出身体边缘。突变膝螨（*C. mutans*）的雄虫长约0.2mm，雌虫长约0.44mm，寄生于鸡和火鸡的足部，掘入皮肤内，引起发炎，皮肤增生，角化过度，生成大量鳞片，渗出物干涸后形成灰白色固着的痂皮，外观上犹如涂布有厚石灰，故称石灰脚。严重时致鸡行动不便，足变形，跛行。鸡膝螨（*C. gallinae*）更小，长约 0.3mm，由鸡羽干根部掘入皮内，引起脱羽和自啄羽症，多发于翅和背部，少见于头颈部。参阅疥螨。

膝螨病（cnemidocoptes acariasis）　膝螨病是由疥螨科（Sarcoptidae）、膝螨属（*Cnemidocoptes*）的突变膝螨（*C. mutans*）和鸡膝螨（*C. gallinae*）寄生于鸡引起的寄生虫病。突变膝螨雄虫大小为（0.195～0.2）mm×（0.12～0.13）mm，卵圆形，足较长，足端各有一个吸盘。雌虫大小为（0.4～0.44）mm×（0.33～0.38）mm，近圆形，足极短，足端均无吸盘。雌虫和雄虫的肛门均位于体末端。鸡膝螨比突变膝螨更小，直径近 0.3mm。突变膝螨寄生于鸡腿无毛处及脚趾部皮内的坑道内进行发育和繁殖，引起患部炎症，发痒，起鳞片，继而皮肤增厚，粗糙，甚至干裂，渗出物干燥后形成灰白色痂皮，如同石灰样，故称“石灰脚”，严重病鸡腿瘸，行走困难，食欲减退，生长缓慢，产蛋减少。鸡膝螨寄生于鸡的羽毛根部，刺激皮肤引起炎症，皮肤发红，发痒，病鸡自啄羽毛，羽毛变脆易脱落，造成“脱羽症”，多发于翅膀和尾部大羽，严重者，羽毛几乎全部脱落。于患处检测到虫体即可确诊。治疗鸡膝螨病，可用杀灭菊酯或敌杀死水悬液喷洒鸡体或药浴。

膝跳反射（knee jerk）　敲击股四头肌腱时，股四头肌发生收缩、膝关节伸直的反射。

习服（acclimation）　动物短期（通常数月）生活在异常温度环境（寒冷或炎热）中所发生的适应性反应，包括热习服和冷习服。习服表现为被毛厚度、羽毛密度、皮下脂肪层和基础代谢率等随环境温度的变化而改变。甲状腺素和肾上腺素等参与这一过程的调节，主要表现为糖、脂肪代谢、基础代谢率和体温调节的改变，使产热过程适应变化的环境温度。

习惯性流产（habitual abortion）　怀孕母畜在正常饲养管理条件下，在相同孕期连续 3 次以上发生流产和死胎的现象。是相关生殖激素分泌失调、子宫内膜炎症或子宫与周围组织粘连等所引起。参见流产。

习惯性阴道脱（habitual prolapse of vagina）　阴道脱的一种表现。即每次怀孕后，总是有规律地在一定时期发生阴道脱出。患有此病的母畜一般不宜再作繁殖用。

洗必泰（hibitane）　表面活性剂。有广谱杀菌作用，对霉菌、铜绿假单胞菌亦有效。毒性低，无刺激性。用于手及术野皮肤和感染创的消毒。也可做医疗器械的贮存消毒及手术室的喷雾消毒。

洗眼器（eye syringe）　动物实验屏障设施中通常缺少非饮用水水源，为防止有害物质偶然进入人眼中而设立的紧急冲洗设备，常设于走廊内便于各区域人员公用。

系统发生（phylogenesis，phylogeny）　又称系统发育。从单细胞进化成多细胞动物的过程。

系统误差（systematic error）　流行病学分析方法之一。其内容包括两方面。①化学分析和仪器测量方法中由较为恒定的因素引起的一种误差。当重复试验和操作时，经常向同一方向发生的误差，其测量数值可重复出现。在试验条件相同的情况下，化学分析的方法，试验者的操作，所用试剂的纯度和仪器的准确性等，都可引起系统误差。系统误差可用仪器校准、空白对照试验等方法来控制。②由于某一非试验因素使试验结果呈方向性、系统性或周期性的偏大或偏小的偏差。在收集资料的过程中，由于仪器未经校准、标准试剂不符合要求、电子仪器的预热不够、试验次序未作随机化部署、主观掌握的标准偏高或偏低等原因造成。这种误差影响原始资料的准确性，应力求避免或加以校正。

系统性红斑狼疮（systemic lupus erythematosus，SLE）　由于体内形成抗血细胞抗体、抗核抗体等抗各种组织成分的自身抗体所致的一种全身性自身免疫性疾病。常见于犬和猫，尤以 4～6 岁的中青年母犬发生较多。起病隐蔽，病程缓长，大多延续 1 年至数年。免疫损伤几乎遍及全身各系统器官，主要引起溶血性贫血、血小板减少性紫癜、皮炎、肾炎、多发性关节炎、胸膜炎、心内膜炎、坏死性肝炎以及神经系统和视网膜的血管损伤等，主要表现间歇性发热，倦怠无力，食欲减少，体重减轻。急性发作的病例，强的松、强的松龙等大剂量糖皮质激素配合应用硫唑嘌呤、环磷酰胺等免疫抑制剂常能奏效。

细胞（cell）　生命活动的基本单位。由细胞核、细胞质和细胞膜三部分组成。单细胞生物既是一个细胞，又是一个完整的生物体，具备生物的一切属性（代谢、应激性、生长、发育、繁殖、遗传和变异等）。多细胞生物的结构与功能均出现不同程度的分化，而且生物等级越高，细胞的分化越精细，相互协调的机理越完善，但其单个细胞不能单独生活和延绵后代。细胞的化学组成为水、无机盐类、蛋白质、碳水化合物、脂类和核酸等。细胞的大小相差悬殊，形态多种多样，但通常与其机能相适应。细胞的类型主要有原核细胞和真核细胞。病毒与类病毒为非细胞形态的生命体。原核细胞缺乏完整的细胞核和复杂的内膜系统、线粒体、质体以及有丝分裂器等，多数以单细胞生物形式存在、少数组成群体，如支原体、细菌和蓝藻等。真核细胞中，生物膜系统、遗传信息表达结构系统和细胞骨架系统三种基本结构体系，构成了细胞内部结构精细、分工明确、职能专一的各种细胞器，并以此为基础保证了细胞生命活动具有高度程序化和高度自控性。在多细胞生物中，细胞与细胞之间还常有多种形式的细胞连接。真核细胞可以单细胞生物形式存在，如变形虫和小球藻等，也可以通过细胞分化组成多细胞生物，如哺乳动物和种子植物等。

细胞表面抗原（cell surface antigen） 嵌合在细胞膜表面的抗原结构。通常指淋巴细胞的一种表面标志，如T细胞表面的Thy-1抗原，B细胞表面的Ia抗原等。

细胞表面受体（cell surface recepter） 细胞表面能与某些特定生物物质结合的特定结构。如T细胞表面的抗原受体、红细胞受体；B细胞表面的Fc受体、C_{3b}受体和抗原受体（SIg）等。此外，如激素、毒素、病毒和细菌的黏附等也存在相应的受体，它们只有与细胞上的受体结合后，才能发挥其生物效应。

细胞重组（cell reconstitution） 由不同细胞的核体与胞质体在融合因子介导下合并形成完整细胞的技术。对研究真核细胞的核、质关系及基因转移等问题具有重要意义。应用化学物质（如细胞松弛素B或秋水仙碱）并结合机械力（如离心力等），把细胞的核与胞质部分分开。分离出来的核，带有少量胞质，并围有质膜，称“核体”或“小细胞”。有些核体能重新再生其胞质部分，继续生长、分裂。去核后的胞质部分，仍有膜所包绕，称“胞质体”或“去核细胞”。核体与胞质体在仙台病毒或聚乙二醇的作用下能合并成为完整细胞，称“重组细胞”。目前不仅能使大鼠核体与小鼠胞质体合并成为重组细胞，并能使人的核体与小鼠胞质体形成重组细胞。若将胞质与完整的细胞融合，构成含有一个亲本核和两个亲本胞质的杂种细胞，称“胞质杂种”。这样，就可把一个亲本细胞的胞质基因（如线粒体基因）转移到另一个亲本细胞内。

细胞单层（cell monolayer） 营养液中的细胞在容器内贴壁后生长分裂，最后互相接触，形成只有一层细胞的细胞培养。正常的二倍体细胞如原代细胞和次代细胞都只能呈单层生长，只有转化细胞如肿瘤细胞和一部分细胞系，才会重叠，形成多层细胞培养。

细胞凋亡（apoptosis） 又称程序性细胞死亡（programmed cell death，PCD）。由基因调控的细胞主动性死亡。发生凋亡时，细胞体积缩小，表面发疱，染色质边集，核浓染、核崩解，细胞膜内陷形成凋亡小体，凋亡小体可被上皮细胞、巨噬细胞识别、吞噬。细胞凋亡是通过信号转导实现的，已经明确的有两条通路：一是膜受体通路，由细胞坏死因子超家族的配体引起，它们与相应受体结合使受体三聚化，三聚化的受体通过死亡域募集接头蛋白并与procaspase-8形成死亡诱导信号复合物，procaspase-8发生自我剪接活化生成caspase-8，启动级联反应，激活下游的caspase-3等效应酶切割细胞结构蛋白；二是线粒体通路，即致凋亡因素引起线粒体膜通透性改变，细胞色素C、凋亡蛋白酶激活因子（apoptotic protease activating factor，Apaf）、凋亡诱导因子（apoptosis-inducing factor，AIF）等从线粒体内释放出来，转位到核内，激活核酸内切酶G引起细胞DNA片段化。凋亡可分为4个阶段：①诱导期，包括体内外各种细胞凋亡相关因素的作用和细胞凋亡的信号转导；②效应期，调控细胞凋亡的相关基因接受由信号转导途径传来的死亡信号后，按预定程序启动、合成凋亡所需要的各种酶类及有关物质；③降解期，包括核酸内切酶彻底摧毁细胞核内的DNA结构，Caspase家族导致细胞结构的全面解体；④凋亡细胞清除期，凋亡细胞形成的凋亡小体迅速被邻近的巨噬细胞或其他细胞识别、吞噬。通过细胞凋亡可清除受损、衰老、恶变和受病毒感染的细胞，有利于维持机体内环境稳定。细胞凋亡过度或凋亡不足是一些传染病和肿瘤性疾病的重要发病机理。细胞凋亡的形态学特征之一是凋亡小体的形成，生化特征是琼脂糖凝胶电泳时DNA梯状条带的出现。

细胞冻存（storage of cells in liquid nitrogen） 细胞在液氮中长期冷冻保存。细胞在液氮中可保存几年而不丧失活力，复苏后仍能很好生长。细胞冻存的过程为收集生长旺盛的细胞，悬于含10%二甲亚砜的培养基（血清含量>15%）或犊牛血清中（10^6～10^7细胞/毫升），分装安瓶后置隔热容器内，一并放入−70℃冰箱预冻4 h，再取出立即移入液氮（−196℃）或液氮蒸气（−170℃以下）中保存。

细胞毒反应（cytotoxic reaction） 免疫活性因子杀伤靶细胞的反应。视作用因子不同有：①细胞介导细胞毒作用；②抗体依赖细胞介导细胞毒作用；③活化巨噬细胞细胞毒作用；④抗体补体细胞毒作用等。试验多采用^{51}Cr释放法。被作用的靶细胞事先用^{51}Cr标记，当靶细胞被杀伤后，细胞溶解，^{51}Cr释放，细胞培养上清液中脉冲数与靶细胞被杀伤的百分率呈正比，故可用细胞毒作用百分率（CT%）作为反应强度的指标。

细胞毒型变态反应（cell-cytotoxic allergy） 见Ⅱ型变态反应。

细胞毒性淋巴细胞反应决定簇[cytotoxic lymphocyte（CTL）　reacting determinant]　又称Ⅰ类MHC决定簇（class Ⅰ MHC determinant）。细胞表面诱导产生CTL反应的决定簇。能诱导产生CTL并随后被CTL溶解的有下列细胞：①病毒感染细胞；②肿瘤细胞；③同种异型细胞（如移植物）；④细胞表面表达外来蛋白抗原或半抗原片段的细胞。CTL对这些细胞表面抗原的识别受Ⅰ类MHC分子的限制。所以CTL反应决定簇包括外来Ⅰ类MHC决定簇（如移植物）和靶细胞上的外来抗原与Ⅰ类MHC分子结合构成的决定簇。

细胞毒性试验（cytotoxicity test）　检查抗体在补体的辅助下对细胞的杀伤作用。细胞、抗体和补体在一定温度条件下作用一定时间后，检查细胞因渗透性改变而被杀死的一种试验。反应在微量板上进行，故又称微量细胞毒试验。试验系统包括活细胞、抗体和补体。如细胞毒性抗体与细胞表面抗原结合，同时结合补体，则细胞通透性增加，并能摄入染料如伊红水溶液。本试验常用于器官移植时测定组织相容性抗原。

细胞毒性T细胞（cytotoxic T cell，Tc）　又称杀伤性T细胞（killer T cell，TK）。具有杀伤靶细胞活性的CD_8^+T细胞亚群，活化后产生CTL而对靶细胞发挥杀伤作用。与杀伤细胞（K cell）不同，CTL杀伤靶细胞不依赖于抗体，介导靶细胞破坏有2个途径：①由CTL释放的细胞毒性蛋白（包括穿孔素和颗粒酶等）被靶细胞摄取，发挥作用；②CTL上的膜结合Fas配体（FasL）与靶细胞表面的Fas受体相互反应。其机制是诱导细胞发生凋亡（apoptosis）。

细胞毒性指数（cytotoxic index）　标示细胞毒作用强度的一种比值。即细胞毒作用百分率（CT%）与不加细胞毒因子的对照细胞的CT%的比值。参见细胞毒反应。

细胞分化（cell differentiation）　个体发育过程中，细胞的化学组成、形态结构和生理功能逐步产生稳定差异的现象。是多细胞生物形态发生的基础。从分子生物学角度看，细胞分化是基因差异表达的结果，即具有完整的相同基因组的细胞，由于表达的基因不同，从而分化成为不同类型细胞。自然条件下，细胞的分化过程基本不可逆转，一旦分化成某一特定类型细胞就可持续若干代，甚至不再分裂而保持高度分化状态。但实验条件下，某些分化的细胞可以去除分化状态。

细胞分化决定（determination of cell differentiation）　细胞在出现特有的形态结构、生理功能和生化特性之前发生的决定细胞分化方向的内在变化过程。

细胞分裂（cell division）　细胞的繁殖方式。即一个细胞分裂成为两个的过程。原核细胞的分裂方式通常是横向一分为二。真核细胞则包括核分裂和胞质分裂两个步骤，分裂方式主要有3种类型：无丝分裂、有丝分裂和减数分裂。但无论是原核细胞或真核细胞，在分裂前均需事先经历遗传物质复制阶段。真核细胞的分裂能力与其分化程度有关，分化程度越低，分裂能力越强，分化程度越高，分裂能力越弱，甚至完全丧失。

细胞复苏（revivifying cells/cell revive from liquid nitrogen storage）　从液氮中取出冻存细胞，使其在培养液中恢复生长的过程。复苏细胞时先从液氮中取出细胞瓶，立即放入37℃水浴速融，待瓶中小冰块快要化完时从水浴中取出细胞瓶，用酒精棉球消毒瓶壁，开瓶后用培养液稀释细胞，1000 r/min离心5 min，去上清液并加适量培养液悬浮细胞后，置CO_2孵箱培养。一般冻存较好的细胞，复苏的活细胞数在80%左右。

细胞工程（cell engineering）　生物技术中涉及在细胞水平上进行遗传操作的部分。如淋巴细胞杂交瘤技术、原生质体融合技术、卵母细胞体外成熟、体外受精、胚胎分割和移植、核移植技术等。采用大规模细胞培养的技术也属于细胞工程的范畴。

细胞核（nucleus）　真核细胞储存和复制遗传信息的主要场所，并在一定程度上控制着细胞的代谢、生长、分化和繁殖等生命活动。一般呈球形或卵圆形，有的则呈肾形、马蹄形或多叶形。直径小者不足1 μm，大者可达数百微米；通常一个细胞含有一个细胞核，但也有无核或具双核和多核者。细胞分裂间期的细胞核由核被膜、核基质（核骨架）、核仁和染色质组成。有丝分裂时细胞核的形态出现周期性变化：在前期染色质集缩成染色体、核仁解体、核被膜消失；在末期染色体解聚成染色质，核仁和核被膜相继重新出现。

细胞核移植（nuclear transplantation）　将一个细胞核用显微注射的方法放进另一个细胞里去。前者为供体，可以是胚胎的干细胞核，也可以是体细胞的核。受体大多是动物的卵子。因卵子的体积较大，操作容易，而且通过发育，可以把特征表现出来。主要是用来研究胚胎发育过程中，细胞核和细胞质的功能，以及二者间的相互关系；探讨有关遗传、发育和细胞分化等方面的一些基本理论问题。

细胞集落抑制试验（colony inhibition test）　一种体外测定肿瘤病细胞免疫状态的方法。将肿瘤组织消化处理，使细胞分散，然后接种 800～1 000 个瘤细胞于直径 6cm 的培养皿中培养，可得到 20～100 个细胞集落。将待测机体的淋巴细胞加入到培养的肿瘤集落中，培养 3～5d，染色计数细胞集落数。对照同上，但加入正常淋巴细胞计数。比较肿瘤病与正常淋巴细胞抑制集落的结果，可计算患者淋巴细胞的抑制率，以及治疗前后淋巴细胞免疫功能的变化。

细胞巨化病毒属（*Cytomegalovirus*） 乙型疱疹病毒亚科的一个属。代表种为人疱疹病毒 5 型，又名人细胞巨化病毒，自然感染仅限于人，致人的先天性畸形。主要成员有牛疱疹病毒 3 型（牛细胞巨化病毒）等。

细胞抗原（cell antigen） 细胞状态的抗原。如细菌、原虫、异种或同种异型红细胞及其他有核细胞、肿瘤细胞和吸附有小分子半抗原的自身细胞等。是一种有多种抗原成分的复合体，主要为嵌合在细胞膜上的糖蛋白。

细胞克隆（cell clone） 来源于一个细胞，通过无性繁殖得到的，所有成员在遗传上完全相同的细胞群体。

细胞免疫（cellular immunity） 由 T 细胞介导的免疫应答。T 细胞在受抗原刺激后，分化、增殖、转化为效应淋巴细胞，当再次接触相应抗原时，效应淋巴细胞能产生多种细胞因子，以调节和增强免疫效应，并通过活化的巨噬细胞、杀伤细胞、细胞毒性 T 细胞和细胞毒素等杀伤带相应抗原的靶细胞（如异种细胞、肿瘤细胞、寄生虫感染细胞和微生物感染细胞等）。此种作用不能通过血清传递，只能通过致敏淋巴细胞或转移因子传递，在抗慢性感染和肿瘤免疫中起主要作用。

细胞苗（cellular vaccine） 用细胞培养增殖的病毒液所制备的疫苗。弱毒疫苗是以病毒弱毒株接种细胞培养，收获培养液冻干制成。灭活疫苗可用病毒强毒株或减弱毒株接种细胞培养，细胞毒液经物理或化学方法灭活后加入相应佐剂制备而成。

细胞膜（cell membrane） 又称质膜。包围细胞表面的一层界膜，属生物膜。厚 6～10 nm，其蛋白质与脂类含量在不同类型细胞中相差较大，如神经细胞鞘膜的蛋白质与脂类比值仅为 0.23，而人红细胞质膜为 1.1。基本功能为物质转运和信息传递。物质转运的特点是具有高度选择性，通过被动与主动运输、胞吞或胞吐作用，吸取所需物质和排出代谢废物、多余水分以及不能消化分解的物质残渣。信息传递主要通过细胞膜上接受信息的装置和细胞间识别的标志完成，如各种膜受体和膜抗原等。原核细胞的细胞膜上含有氧化磷酸化酶系，可以通过氧化进行能量转换。

细胞内含物（cell inclusion） 又称细胞包含物。细胞质内除细胞器外的有形成分。种类繁多，有些是贮存的营养物质，如糖原和脂滴；有些是分泌颗粒，如酶原颗粒和黏原颗粒；有些则是代谢产物，如色素颗粒和结晶体等。细胞内含物的有无、种类和数量，因细胞类型及其所处生理状态而不同。

细胞内液（intracellular fluid） 存在于细胞内部的体液。占畜禽体重的 40%～50%，是细胞内各种生物化学反应进行的场所，并借细胞膜与细胞外液进行水分和物质交换，不断从细胞外液获得营养物质，同时将代谢产物排至细胞外液，以保证细胞正常代谢活动的进行。

细胞培养（cell culture） 利用机械、酶或化学方法使动物组织或传代细胞分散成单个乃至2～4个细胞团悬液进行培养的方法。这是一项发展极快的生物学重要技术，广泛应用于医学和兽医学各领域，如病毒分离培养、单克隆抗体、基因工程、细胞工程等方面。细胞培养是培养病毒最常用的技术。特点为：每个细胞的生理特性基本一致，对病毒的易感性也相同，没有实验动物的个体差异，不涉及动物保护问题；可用于试验的数量远远超过动物或鸡胚；可在无菌条件下进行标准化的试验，可重复性好。

细胞培养毒灭活疫苗（cell culture virus inactivated vaccine） 以病毒强毒株或减弱毒株于原代细胞或传代细胞适应增殖，细胞毒液经物理或化学方法灭活后制备的疫苗，细胞培养毒灭活疫苗具有安全、免疫效果良好和产量高、成本低等优点。如口蹄疫组织培养灭活苗、牛流行热细胞灭活苗和猫泛白细胞减少症细胞培养灭活苗等。

细胞培养基（cell culture medium） 支持动物细胞在体外生存和生长所需营养的物质。如要满足细胞的生长和分裂，在成分中必须提供维持细胞物理性状的化学物质、细胞活动所需能量和构成细胞的原料。这类培养基又称生长液，含有 5 类物质，即盐类、葡萄糖、氨基酸、维生素和血清蛋白。如果把培养基中的血清大分子成分和维生素省略，则称维持液，它仅能维持细胞在体外生存数天而不能分裂。

细胞培养转瓶机（gyrate cell culture machine） 以电机、减速装置和转瓶组成的一种用于大量细胞和病毒增殖培养的设备。通常安装在自动控制温度、湿度和报警的房内，组成细胞转瓶培养设施。

细胞器（cytoplasmic organelle） 细胞质内具有一定形态结构和化学组成、执行一定生理功能的微小器官。属膜性结构者有：双层膜围成的线粒体和质体；单层膜围成的内质网、高尔基复合体、液泡、溶酶体、微体和圆球体等。由于核被膜与后一类细胞器在结构、功能和发生上都存在一定联系，故又合称为内膜系统。以上细胞器的膜均为单位膜，但较质膜薄，三层结构的区分也不明显，是细胞进行能量转换、消化、合成和分泌等活动的主要场所。属非膜性结构者有：微管、微丝、中间丝和中心体，它们或组成细胞骨架，或参与细胞内运输、细胞运动和细胞分裂等活动；还有核糖体则有传递和表达细胞遗传信息的功能。不同类型细胞所含细胞器的种类、数量和发达程度不尽相同。

细胞去分化（dedifferentiation）　已经发生分化的细胞失去分化特征，而变为较原始的细胞的过程；或是已经发生分化的细胞失去特有的形态结构和生理功能，重新处于一种未分化状态的过程。

细胞全能性（totipotency）　细胞经过分裂和分化后具有产生完整有机体的潜能或特性。如受精卵和早期胚胎细胞都是具有全能性的细胞。在整个发育过程中，细胞分化潜能逐渐受到限制而变窄，即由全能性细胞转化为多能和单能干细胞，但对于细胞核而言，却始终保持其分化的全能性。

细胞融合（cell fusion）　在自发或人工（生物的、物理的、化学的）诱导下，两个不同基因型的细胞或原生质件融合形成一个杂种细胞的过程。基本过程包括细胞融合形成异核体、异核体通过细胞有丝分裂进行核融合，最终形成单核的杂种细胞。细胞融合技术目前被广泛应用于细胞生物学和医学研究的各个领域，如单克隆抗体的制备、膜蛋白的研究等。早期用仙台病毒进行细胞融合的方法目前已被聚乙二醇电融合法所取代。

细胞色素（cytochrome）　一类以铁卟啉为辅基的传递电子蛋白。广泛分布于线粒体、内质网以及细菌细胞中。依其卟啉环结构上的差异以及与蛋白部分的连接方式，主要分为 a、b、c 和 d 等类型，并各有特殊的光吸收性质。借助于卟啉环中央铁离子可经受可逆的价数变化，在生物氧化中作为电子传递体。广泛参与动物、植物、酵母、需氧菌、厌氧光合菌等的氧化还原反应。

细胞色素氧化酶（cytochrome oxidase）　又称细胞色素 aa3、细胞色素 c 氧化酶或末端氧化酶。其处于呼吸链末端，除了含有血红素铁蛋白以外，还含有 Cu^{2+}。细胞色素 a 通过 Cu^{2+} 将获得的电子直接传递给氧原子，使其变成氧离子。

细胞识别（cell recognition）　细胞通过其表面受体与胞外信号物质分子（配体）选择性地相互作用，从而导致细胞内一系列生理生化变化，最终表现为细胞整体的生物学效应的过程。细胞识别是细胞通讯的一个重要环节。

细胞衰老和死亡（cell senescence and death）　细胞生命活动能力逐渐下降以至停止的自然过程。所有细胞都要经历新生、生长、分化、成熟、衰老、死亡和解体等过程。一般具有增殖能力的未分化或少分化细胞寿命较短，也无明显衰老变化；而丧失增殖能力的高度分化细胞则寿命较长，衰老过程显著。衰老细胞的形态结构和化学组成均有改变，如原生质和水分减少，酶活性减弱，细胞体缩小，核质比率降低，细胞质嗜酸性增强，并出现空泡、脂滴和色素颗粒等。细胞核固缩、甚至碎裂或溶解。关于细胞衰老的机制，主要有两种意见：①由于衰老因子（有害物质）的累积效应。②由编码程序所决定，受基因控制。

细胞损伤（cell injury）　细胞遭受致病因素作用后发生的代谢、机能和形态变化的总称。细胞遭受损害时，首先发生细胞生物化学反应和生物分子结构的改变，出现代谢和机能的变化。如果致病因素继续作用，则进一步导致细胞的形态变化（变性和坏死）。

细胞通讯（cell communication）　一个细胞发出的信息，通过介质传递到另一个细胞并产生相应反应。多细胞生物最普遍的通讯方式是分泌化学信号（如激素、旁泌素、神经递质等），但细胞间的直接接触和缝隙连接也是细胞通讯方式。细胞通讯对于多细胞生物体的发生、组织构建、功能协调以及细胞生长和分裂所必需的。

细胞外被（cell coat）　见细胞衣。

细胞外基质（extracellular matrix）　分布于细胞外空间、由细胞分泌的蛋白和多糖所构成的网络结构。它将细胞连在一起构成组织，同时提供一个细胞外网架，在组织中或组织之间起支持作用。胞外基质由具有抗张力的胶原，具有弹性和耐压性的弹性蛋白，以及大分子的糖胺聚糖、蛋白聚糖、层粘连蛋白和纤粘连蛋白组成。

细胞外液（extracellular fluid）　存在于细胞外部的体液。约占畜禽体重的 20%，是体内细胞直接生活的环境，又称内环境。细胞外液可区分为两部分，大部分存在于细胞间隙，称组织间液或组织液，约占体重 15%，其中少量透进淋巴管，成为淋巴。小部分存在于心血管系统中为血浆，约占体重 5%，它构成血液的液体部分。另外还有脑脊液、关节液、胸腔液、腹腔液、眼房水、消化液等，它们大多来自组织液或血浆，并常具有各自特殊的成分和作用。

细胞系（cell line）　细胞培养中的一个术语，初代培养物开始第一次传代培养后的细胞。如细胞系的生存期有限，则称之为有限细胞系（finite cell line）；已获无限繁殖能力能持续生存的细胞系，称连续细胞系或无限细胞系（infinite cell line）。无限细胞系大多已发生异倍化，具异倍体核型，有的可能已成为恶性细胞，因此本质上已是发生转化的细胞系。无限细胞系有的只有永生性（或不死性），但仍保留接触抑制和无异体接种致瘤性；有的不仅有永生性，异体接种也有致瘤性，说明已具有恶性化。它们的优点是容易培养，生长迅速，随时可以获得。缺点是对病毒常较不易感，一般不适用于病毒初次分离；也不能用于疫苗制备，因为将其接种到动物体内时，有引起肿瘤的潜在危险。已建立的传代细胞系不下数百种，兽医中常用的如 HeLa、PK-15、BHK-21、Vero、NIH3T3、Rat-1、10T1/2 等。由某一细胞系分离出来的、在性状上与原细胞系不同的细胞系，称该细胞系的亚系（subline）。

细胞性呼吸困难（cellular dyspnea） 内呼吸障碍性呼吸困难。由于组织氧失利用所致。表现为混合性呼吸困难。见于氢氰酸中毒，其特点是静脉血鲜红。

细胞学（cytology） 研究细胞形态、结构和功能的生物学分支学科。细胞内各结构的形态、化学组成、生理功能、彼此间相互关系以及如何共同构筑成为完整的细胞，在细胞实现其生理功能、增殖和分化、衰老和死亡、遗传和变异以及在整个机体生命活动过程中所起的作用，均属细胞学研究范畴。现代细胞学以细胞为对象，运用近代物理、化学技术、分子遗传和分子生物学方法，从显微、亚显微和分子水平研究生命现象，称细胞生物学。目前细胞生物学已是所有生命科学的基础，生物技术与其关系尤为密切。

细胞衣（cell coat） 又称细胞外被。细胞膜组分中糖蛋白和糖脂向外伸出的低聚寡糖链构成的超微图像。不同细胞的细胞衣厚度不一，小肠上皮细胞的微绒毛表面有一层极厚的细胞衣。细胞衣除了与细胞表面抗原性有关，还与细胞的识别、黏着、分化、老化等相关，同时具有保护细胞及调理微环境物质浓度的分子筛滤过作用。

细胞遗传学试验（cytogenetic assay） 检测化学物质所致哺乳动物细胞染色体畸变的试验。可用体外培养的哺乳动物、啮齿动物骨髓或睾丸生殖细胞（精原细胞）进行。体外试验是在有或无代谢活化的情况下，培养细胞与受试物接触，经一段时间培养后，用纺锤体抑制剂（如秋水仙素）处理，得到分裂中期相细胞，然后收集细胞，制备染色体标本。体内试验是给啮齿动物染毒，于处死前给以纺锤体抑制剂。处死后，取骨髓或睾丸，制备染色体标本。于显微镜下观察各处理组和对照组细胞的染色体畸变率，进行统计学处理。体外试验说明受试物引起培养哺乳动物细胞染色体畸变的能力，动物骨髓细胞和精原细胞试验分别说明受试物引起哺乳动物体细胞及雄性生殖细胞染色体畸变的能力。

细胞因子（cytokine） 一类由免疫细胞（淋巴细胞、单核巨噬细胞等）和相关细胞（成纤维细胞、内皮细胞等）产生的调节细胞功能的高活性多功能蛋白质多肽分子。依据产生细胞因子的细胞种类将细胞因子分为三大类：①淋巴因子（lymphokines），由淋巴细胞产生，大多数白细胞介素（interleukin，IL-1～IL-29）属于此类；②单核因子（monokines），由单核细胞和巨噬细胞产生，如 IL-1，IL-8，肿瘤坏死因子-α（tumor necrosis factor，TNF-α）等；③其他细胞因子，由其他类型的细胞如成纤维细胞、内皮细胞、基质细胞等产生，如 IL-7。

细胞因子类佐剂（cytokine adjuvant） 多种细胞因子具有佐剂作用，可提高病毒、细菌和寄生虫疫苗的免疫效果。如白细胞介素 1（IL-1）、白细胞介素 2（IL-2）、γ-干扰素（IFN-γ）等。

细胞因子受体（cytokine receptor） 细胞因子结合的蛋白质。一般以跨膜蛋白的形式存在于细胞因子作用的靶细胞膜上，只有表达细胞因子受体的细胞才能对细胞因子发生反应。有些细胞因子受体还以可溶性形式存在于体液中，为可溶性细胞因子受体。细胞因子受体的命名一般以细胞因子为基础，即在细胞因子的具体名称后加“受体”（receptor，R），如 IL-2 受体、IFN-γ受体和 M-CSF 受体，可分别写为IL-2R、IFN-γR 和 M-CSFR。目前发现的细胞因子受体有 5 类：①免疫球蛋白超家族受体；②Ⅰ类细胞因子受体家族；③Ⅱ类细胞因子受体家族；④ TNF 受体超家族；⑤趋化因子受体家族。

细胞因子网络（cytokine network） 由各种细胞因子形成相互调节的网络。如 IL-1 能诱导辅助性 T 细胞产生 IL-2，IL-2 能促进 T 细胞增殖，并产生淋巴毒素、γ-干扰素（IFN-γ）等。又如巨噬细胞产生的前列腺素能抑制 IL 的分泌，与促进 IL-2 分泌的 IL-1 形成活化和抑制的调节环路，而 IFN-γ 与自然杀伤细胞（NK 细胞）、1L-2 则形成 NK-IL-2-IFN-γ 相互促进的正向调节环路。

细胞质（cytoplasm） 真核细胞除细胞膜和细胞核以外的部分。包括细胞质基质和分布于其中的一系列细胞器和细胞内含物。

细胞质基质（cytoplasmic matrix） 细胞质中除去可分辨的细胞器以外的胶状物质。它是细胞的重要结构成分，占细胞质体积的一半左右。细胞质基质中主要含有与中间代谢有关的数千种酶类，以及与维持细胞形态和细胞内物质运输有关的细胞骨架。在蛋白质修饰、蛋白质选择性降解等方面，细胞质基质也有重要作用。过去曾先后把细胞质基质称为细胞液、透明质、胞质溶胶等，但它们之间并不完全等同。

细胞质遗传（cytoplasmic inheritance）　又称核外遗传或染色体外遗传。由细胞质基因控制的遗传现象。

细胞肿瘤基因（cellular oncogene，c-onc）　又称癌基因（oncogene）。能导致细胞恶性转化的核酸片段，包括病毒癌基因和细胞癌基因。病毒癌基因陆续在RNA逆转录病毒、DNA病毒中被证实。此后在正常细胞的DNA中也发现了与病毒癌基因几乎完全相同的DNA序列，称为细胞癌基因。由于细胞癌基因在正常细胞中以非激活的形式存在，故又称原癌基因（proto-oncogene）。原癌基因是正常细胞基因组构成的一部分，主要机能是控制细胞的生长、发育和分化，与恶性肿瘤无必然的联系。原癌基因在各种外界因素或遗传因素的综合作用下，发生突变而变为癌基因。细胞癌基因编码的蛋白质与原癌基因的正常编码产物相似，但在结构上可能存在一些微细的改变，表达量增加。这些发生改变的信号转导蛋白、转录因子以及细胞生长刺激信号的过度或持续出现，使细胞逐渐转化甚至成为肿瘤细胞。

细胞周期（cell cycle）　细胞从上一次分裂结束开始，到下一次分裂结束为止所经历的过程。它是细胞物质积累和细胞分裂的循环过程，前者为分裂间期，后者为分裂期。一个细胞周期即是一个细胞的整个生命过程，即由一个老的细胞变成了两个新的细胞，所以细胞周期有时也称为细胞生活周期或细胞繁殖周期。人们常将一个标准的细胞周期划分为第一时间间隔期（G_1期，也称DNA合成前期）、DNA合成期（S期）、第二时间间隔期（G_2期，也称DNA合成后期）和分裂期（M期）4个时相，每个时相都有各自不同的主要事件发生。细胞周期的长短与细胞类型和发育阶段有关，但一个细胞周期的长短往往决定于G_1期。根据细胞周期的运转情况不同，可把多细胞生物体内的细胞分为周期中细胞、静止期（G_0期）细胞和终端分化细胞3类。

细胞周期同步化（cell cycle synchronization）　同种细胞组成的一个细胞群体中，不同的细胞可能处于细胞周期的不同时相，但人们为了某种目的，常常需要整个细胞群体处于细胞周期的同一个时相的现象。包括自然同步化和人工同步化，后者又分人工选择同步化和人工诱导同步化。DNA合成阻断法和分裂中期阻断法是人工诱导同步化的两种常用方法。

细胞株（cell strain）　细胞培养中的一个术语。通过选择法或克隆形成法从原代培养或细胞系获得，具有特定性质、特定标志并在随后培养期间始终保持的细胞群。原代细胞培养长成单层后用胰蛋白酶等消化，使细胞脱离玻面和分散，再稀释后分装于培养瓶中重新长成单层。如此反复传代的细胞，染色体仍为二倍体，与动物体细胞一样，因此又称二倍体细胞株。它的优点是细胞碎片少，生长均匀，潜伏病毒容易发现，对病毒的易感性与原代细胞差别不大，而且容易得到。有些组织细胞不易连续传代，如巨噬细胞、肌细胞、内皮细胞、神经细胞等。上皮细胞在体外可分裂10多次，而成纤维细胞可分裂50～60次，但禽胚成纤维细胞只能传几代。克隆细胞株是从一个经过生物学鉴定的细胞系中，用单细胞分离培养或通过筛选的方法，由单细胞增殖形成的细胞群。再由原细胞株进一步分离培养出与原株性状不同的细胞群，亦可称之为亚株。

细胞滋养层（cytotrophoblast）　即滋养层的内层，直接包裹胚胎，细胞呈立方形，界限清晰。参与形成胎盘绒毛，是胎儿胎盘的功能成分。

细颈囊尾蚴病（cysticercosis tenuicollis）　泡状带绦虫的中绦期——细颈囊尾蚴（*Cysticercus tenuicollis*）寄生于绵羊、山羊、牛、猪、松鼠、仓鼠和野生反刍动物的腹腔和肝脏等处引起的疾病。成虫寄生于犬、貂、鼬等肉食兽的小肠，孕卵节片随粪便排至自然界。虫卵被绵羊、山羊等中间宿主吞食后，六钩蚴进入肠壁血管，经门脉系统到达肝脏，进入肝实质，移行到肝表面，进入腹腔，发育为细颈囊尾蚴。成熟的细颈囊尾蚴为半透明囊泡，直径可达5cm，有一细长的颈部，在颈部顶端含一内陷的头节，虫体外面有结缔组织包囊包裹，是由宿主的浆膜形成的，虫体由包囊粘连在肠系膜或其他器官上。犬等终末宿主摄食带有细颈囊尾蚴内脏器官而受感染。羔羊和猪摄食虫卵时，大量六钩蚴的移行可能引起严重的肝实质损伤、出血和腹膜炎；感染较轻时有精神不振、虚弱和食欲不振等现象。虫体进入腹腔后，一般无明显症状；偶有因虫体过多，造成压迫并引起相应症状的病例。

细颈线虫病（nematodiriasis）　细颈属（*Nematodirus*）的多种线虫寄生于绵羊、牛及其他反刍动物的小肠引起的寄生虫病。虫体呈丝状，前部较细，后部较粗。头端膨隆，形成一头泡。交合伞侧叶发达；背肋为两个独立的分支，伞膜沿两支之间内陷。交合刺细长，呈线状，两刺末端融合。雌虫尾端平钝，着生一小刺。虫卵极大，呈短梭形，含大约8个胚细胞。在外界发育为感染性幼虫（披鞘的第三期幼虫），对外界不利环境有较强耐受力。生活史的其他生物学特征、症状与防治等均参阅捻转血矛线虫。

细菌（bacteria）　一大类细胞核无核膜包裹，个体微小，形态与结构简单的单细胞原核微生物，包括真细菌和古生菌两大类群。主要由细胞壁、细胞膜、细胞质、核质体等部分构成，有的细菌还有荚膜、鞭毛、菌毛等特殊结构。绝大多数细菌的直径在0.5～5μm。根据形状可分为3类：球菌、杆菌和螺形菌（包括弧菌、螺菌、螺杆菌）。按细菌的生活方式可分为两大类：自养菌和异养菌，其中异养菌包括腐生菌和寄生菌。按细菌对氧气的需求可分为需氧（完全需氧和微需氧）和厌氧（不完全厌氧、有氧耐受和完全厌氧）细菌。按细菌生存温度可分为嗜冷、常温和嗜热3类细菌。营养方式有自养与异养，其中异养的腐生细菌是生态系统中重要的分解者，使碳循环能顺利进行。广义的细菌还包括立克次体、衣原体、支原体、螺旋体及放线菌等。

细菌的密度感应系统（bacterial quorum-sensing system）　又称QS调节系统。描述细菌之间保持细胞密度记录的化学信号，是细菌细胞与细胞间的通讯系统。细菌通过可扩散的小分子信号，感知细胞群体的密度，从而引起一些特定基因在细菌群体中的协调表达，进而产生特定的现象如生物发光、控制毒力因子的分泌、生物被膜或芽孢的形成等。这些小分子物质称为自身诱导素（auto - inducers AIs），与转录活化蛋白相互作用，启动与细胞群体密度有关的基因表达，调节众多相关群落活动和毒力过程。当细菌达到一定的密度时才能发生感应现象。

细菌的生长曲线（bacterial growth curve）　将细菌纯种接种在液体培养基并置于适宜的温度中，定时取样检查活菌数，以时间为横坐标，以活菌数的对数为纵坐标，绘制出的生长曲线。曲线显示了细菌生长繁殖的4个期，即迟缓期（lag phase）、对数期（logarithmic phase）、稳定期（stationary phase）与衰亡期（decline phase）。对数期的病原菌致病力最强，其形态、染色特性及生理活性均较典型，对抗菌药物等的作用较为敏感，是进行细菌研究的最佳时期。细菌的生长曲线是在体外人工培养条件下观察到的，在体内及自然界，细菌的生长繁殖受机体免疫因素和环境因素的多方面影响，未必能出现典型的生长曲线，但对细菌生长规律的研究及实践有重要的参考价值。

细菌毒素性食物中毒（bacterial toxin food poisoning）　人们食用了含有细菌毒素的食品引起的食物中毒。细菌在食品中繁殖时产生大量的毒素，但食品的感官性状可能没有明显的改变。如肉毒毒素中毒、葡萄球菌肠毒素中毒。

细菌感染性食物中毒（bacterial infection food poisoning）　细菌在食品中大量繁殖，因摄取了这种带有大量活菌的食品，肠道黏膜受感染而发生的食物中毒。如沙门氏菌、副溶血性弧菌、变形杆菌、致病性大肠杆菌等皆可引起细菌感染性食物中毒。

细菌培养基（bacterial culture medium）人工配制的含有细菌生长繁殖必需的营养物质的基质。培养基制成后都要经灭菌处理。按营养组成的差异，可将培养基分为基础培养基及营养培养基。前者含多数细菌生长繁殖所需的基本营养成分，常用新鲜牛肉浸膏，加入适量的蛋白胨、氯化钠、磷酸盐，调节pH至7.2～7.6即成。在基础培养基中添加葡萄糖、血液或血清等，即为营养培养基，最常用的是血琼脂平板。按状态的差异，可分为固体培养基、半固体培养基及液体培养基。按功能的差异可分为鉴别培养基、选择培养基及厌氧培养基。

细菌素（bacteriocin）　某些细菌产生的一种具有杀菌作用的蛋白质，只能作用于与它不同菌株的细菌以及与它亲缘关系相近的细菌。合成细菌素的功能归因于一种质粒，称为产细菌素因子。细菌素有多种，如大肠杆菌素（colicin）、绿脓菌素（pyocin）、巨大芽孢杆菌素（megacin）、弧菌素（vibriocin）和葡萄球菌素（staphylococcin）等。多数细菌素的化学成分为蛋白质，它们的作用机理各异，有些抑制细菌蛋白质的合成，有些影响细菌DNA。作用很强，有时一个细菌素分子即能致死一个敏感菌。

细菌L型（bacterial L form）　细菌细胞壁的肽聚糖结构受到理化或生物因素的直接破坏或合成被抑制，这种细胞壁受损的细菌能够生长和分裂者称为细菌细胞壁缺陷型或细菌L型。因其1935年首先在Lister研究所发现而得名。细菌L型因失去细胞壁而呈多形性。这种细胞壁受损的细菌一般在普通环境中不能耐受菌体内的高渗透压而胀裂死亡，但在高渗环境下，它们仍可存活。通常在高渗低琼脂含血清的培养基中生长。细菌L型生长繁殖较原菌缓慢，一般培养2～7d后在软琼脂平板上形成中间较厚、四周较薄的荷包蛋样细小菌落，也有的长成颗粒状或丝状菌落。L型在液体培养基中生长后呈较疏松的絮状颗粒，沉于管底，培养液则澄清。去除诱发因素后，有些L型可恢复为原菌，有些则不能恢复，其决定因素为L型是否含有残存的肽聚糖作为自身再合成的引物。革兰氏阳性菌细胞壁缺失后，原生质仅被一层细胞膜包住，称为原生质体；革兰阴性菌肽聚糖层受损后尚有外膜保护，称为原生质球。

细菌性鳃病（bacterial gill disease）　与不良环境有关的、以鳃感染为特征的一种鱼病。病原涉及噬纤维菌（*Cytophaga*）与黄杆菌（*Flavobacterium*），尚未定论。最初在美国发现，现已流行于世界各地。温水鱼也可发病，但主要发生于鲑鳟鱼。病鱼厌食，鳃部布满大量细菌。死亡率可超过50%。诊断可直接取鳃镜检，观察细长的丝状菌体。去除病鱼鳃部的细菌有较好疗效，但应用化学药物、改善水质更为实际可行。

细菌性食物中毒（bacterial food poisoning）　随食物摄入大量活菌或细菌外毒素而引起的急性中毒。多发生于夏秋季节，具有潜伏期较短、有共同的原因食品、相同临床表现以及不具有传染性等流行病学特点。根据发病机强可分为细菌感染性食物中毒和细菌毒素性食物中毒。

细菌性血红蛋白尿（bacterial haemoglobinuria）D型诺维氏梭菌（*Clostvidium novyi*）引起的牛、羊发生的一种急性或亚急性传染病。以溶血、血红蛋白尿、黄疸、高热和很高的死亡率为特征，常发生在夏秋之间，6月龄以上的牛较易感。主要病变胃肠黏膜出血、脾肿胀、浆膜黄染。根据临诊和病变可作出初步诊断。确诊应查病原或对病后幸存畜的血液检查本病原的抗毒素和凝集滴度。病的初期可用抗毒素治疗。在本病常发地区可注射菌苗。

细菌芽孢（bacterial spore）　又称内芽孢。某些革兰阳性菌在一定的环境条件下，在菌体内形成一个圆形或卵圆形的含有完整遗传物质的休眠体。具有较厚的芽孢壁，多层芽孢膜，结构坚实，含水量少，折光性强。应用普通染色法时，染料不易渗进其内，只有用特别强化的芽孢染色法才能使芽孢着色，一经着色则不易脱色。形状、大小、位置随细菌的不同而异，具有鉴别意义。结构多层致密，含水量少。内含一种特有的吡啶二羧酸，与钙结合形成的复合物能提高芽孢的耐热性和抗氧化能力。杀芽孢的可靠方法是干热灭菌或高压蒸汽灭菌。由于芽孢的抵抗力很强，评价消毒剂的作用一般以能否杀灭芽孢为准。

细菌ABC转运蛋白（bacteria ABC transporters）细菌ABC转运蛋白（ATP - binding cassette transporters，腺苷三磷酸结合盒转运蛋白）由于含有一个三磷酸腺苷（ATP）的结合盒（ATP - binding cassette，ABC）而得名。ABC转运蛋白是膜整合蛋白，其核心结构通常由4个结构域组成，包括2个高度疏水的跨膜结构域和2个核苷酸结合域。2个跨膜结构域形成一个开口朝向胞质或胞外的通道，以实现底物分子的跨膜运输，同时还参与底物的识别过程。核苷酸结合域位于胞质，结合和水解ATP，利用水解ATP的能量对溶质中各种生物分子进行跨膜转运。

细粒棘球绦虫（*Echinococcus granulosus*）　属于圆叶目、带科的绦虫。成虫寄生于犬科动物小肠，其中绦期幼虫——细粒棘球蚴寄生于牛、羊等动物和人的肝脏、肺脏等器官。虫体很小，长2～6mm，由1个头节和3～4个节片构成。头节上有吸盘、顶突和小钩，顶突上有顶突腺。睾丸35～55个，雄茎囊呈梨形。卵巢呈蹄铁形，孕卵子宫管每侧有12～15支盲囊。卵直径为30～36μm。其孕卵节片或虫卵随宿主粪便排出，被中间宿主羊、猪、骆驼、牛等摄食后，六钩蚴释出，钻入肠壁，随血流进入肝脏、肺脏或其他器官发育为棘球蚴。人误食虫卵而感染棘球蚴。动物内脏中成熟的棘球蚴被犬、狼等吞食后在小肠内发育为成虫。严重感染的病犬有腹泻，消化不良，消瘦与衰弱的表现。用粪便检查法可确诊。可用氯硝柳胺或氢溴酸槟榔碱给犬驱虫。预防措施包括禁用生的家畜内脏喂犬和对犬定期驱驱虫。

细螺旋体属（*Leptospira*）　一类大小0.1μm×（6～12）μm、螺旋紧密而规则、有2根轴丝和18圈以上螺旋的专性需氧螺旋体。菌体一端或两端可弯曲呈钩状，故亦称钩端螺旋体。多用暗视野镜检活菌。营养要求相当简单，通常用含10%兔灭能血清的缓冲盐液，但发育缓慢。具有属特异的脂多糖菌体抗原（S抗原）和型特异的糖蛋白表面抗原（P抗原）。致病性的只有一个种，即问号钩端螺旋体（*L. interrogans*）。按其P抗原不同，分成25个血清群，200多个血清型。致家畜钩端螺旋体病的重要血清型有波摩那钩端螺旋体（*L. pomona*）、黄疸出血钩端螺旋体（*L. icterohaemorrhagiae*）、犬钩端螺旋体（*L. canicola*）及流感伤寒钩端螺旋体（*L. grippotyphosa*）等。啮齿类动物常为本菌的贮主。

细小病毒科（Parvoviridae）　一类已知最小的DNA病毒。病毒子二十面体对称，直径18～22nm，无囊膜。基因组为单股DNA。多数含3种结构多肽。一般在分裂旺盛的细胞核内复制，依赖于细胞分裂时的某些功能。宿主范围为哺乳动物、禽类及昆虫。经水平及垂直传递。包括细小病毒属、依赖病毒属及浓核病毒属。

细小病毒属（*Parvovirus*）　细小病毒科的一个属。单股DNA的两端都有发夹结构。能独立复制，多发生于分裂旺盛的细胞内。成员中包括一些重要的致病病毒，如猫细小病毒的犬、猫、貂变异株分别引致犬细小病毒病、猫泛白细胞减少症及貂肠炎，阿留申貂病病毒致貂免疫复合物病损，猪细小病毒致母猪繁殖障碍，鹅细小病毒致小鹅瘟及B19病毒致人细小病毒病等。

细支气管（bronohiole）　小支气管的分支。管壁薄，内衬假复层柱状纤毛上皮，其外是完整的平滑肌层，没有腺体。由于失去了软骨的支撑，当平滑肌收缩时，管径容易缩小，对进入肺泡的空气流量有调节作用。在病理情况下，由于细支气管平滑肌痉挛而造成支气管哮喘。

虾（shrimp） 一种生活在水中的长身动物，属节肢动物甲壳类，种类很多，包括青虾、河虾、草虾、小龙虾、对虾、明虾、基围虾、琵琶虾、龙虾等。虾具有很高的食用价值，并有保健作用。虾能增强人体的免疫力和性功能，并抗早衰。海虾中含有3种重要的脂肪酸，能使人长时间保持精力集中。虾皮有镇静作用，常用来治疗神经衰弱，植物神经功能紊乱诸症。

狭首钩口线虫（*Uncinaria stenocephala*） 寄生于犬、猫和狐的一种钩虫。雄虫长5～8.5mm，雌虫长7～12mm，形态介于钩口线虫与板口线虫之间，口孔腹缘上有一对切板；口囊大，呈漏斗形，其基部有一对亚腹齿；背椎不突入口囊之内；口囊内无背齿。交合伞发达，背叶短。交合刺细长。生活史与犬钩虫相似。参阅犬钩虫。

下段中胚层（hypomere，lateral mesoderm） 又称侧中胚层。位于胚体两侧不分节的中胚层，随后分为体壁中胚层和脏壁中胚层，两层之间的腔隙称为体腔。

下颌弓（mandibular arch） 两侧下颌突向中线生长并融合，形成下颌弓，以后发育为下颌和下唇。

下颌骨（mandible） 构成下颌并能活动的大骨。由对称的两半构成，在前端形成下颌连合，马、猪于出生前或生后不久相愈合。每半可分水平部（体）和垂直部（支）。①下颌体：具有下颌齿齿槽；两侧的体形成下颌间隙的前界和侧界，前部外侧面有颏孔，猪称颏外侧孔，内侧面尚有颏内侧孔。②下颌支：外侧面形成咬肌窝；内侧面形成翼肌窝和凹，并具有下颌孔。下颌孔与颏孔间以下颌管连通。支的上端形成冠突和髁突，后者具有下颌骨头。体与支的转折处称下颌角，在肉食动物形成角突。草食动物和杂食动物下颌骨宽大；髁突较高。禽下颌骨由6对骨构成，最大的为齿骨，但并无齿槽；与方骨形成关节的为关节骨。

下颌骨形态分析（osteometric traits） 又称下颌骨测量法（mandible measure menthod）。1972年英国学者（Festing）基于动物骨骼具有高度遗传性，不同品系动物下颌骨形状有差异且遗传稳定而提出的遗传检测方法。在近交系大、小鼠遗传监测中，通过对成年的动物头骨处理，在特定标记坐标板上用解剖镜测量下颌骨上规定位置的11个点，经统计分析，求出置信区而进行遗传判定。

下颌神经（mandibular nerve） 三叉神经三大支的一个支。为混合神经，经破裂孔（马、猪）或卵圆孔（牛、肉食兽）出颅腔，分出咬肌神经、翼内侧肌神经、翼外侧肌神经、下颌舌骨肌神经、颞深神经、颊神经、耳颞神经、舌神经和下颌齿槽神经。前5支为运动神经，分布于咀嚼肌（翼肌、咬肌、颞肌、下颌舌骨肌和二腹肌）；后4支为感觉神经，分布于颊部皮肤、黏膜和腺体，下唇和颏部，下颌牙齿、齿龈和齿槽，舌和舌黏膜。下颌牙齿手术可在下颌骨内侧下颌孔处麻醉下颌齿槽神经。

下颌神经节（mandibular ganglion） 颅部副交感神经的末梢神经节。位于舌神经与下颌腺管的三角形区域内，接受起于脑桥泌涎核、经面神经、鼓索和舌神经走行的节前纤维；发出节后纤维分布于舌下腺和下颌腺。

下颌突（mandibular prominence/process） 第一鳃弓的腹侧部分分为上下两支，下支即下颌突。

下颌腺（mandibular gland） 下颌后方和下方的大型唾液腺。从寰椎翼向下向前延伸到舌骨体。肉食兽和猪呈侧扁的卵圆形，马的较小，骆驼为三角形，牛、羊很发达，下端达下颌间隙后部皮下，可触摸到。下颌腺管在下颌内侧沿舌肌与舌骨肌之间和舌下腺深面向前行，开口于舌下阜或口腔底（猪）。

下锯肌（m. serratus ventralis） 连接前肢与躯干的重要肌肉。呈扇形，很发达；位于肩臂部内侧。起始于后4个颈椎和前9～10个肋骨；肌束向上会聚，最后止于肩胛骨锯肌面和肩胛软骨内侧面。肌肉表面覆有筋膜，内部有腱组织，特别在大动物。作用除悬吊躯干于两前肢之间外，肌肉前、后部交互作用还可摆动肩胛骨，协助将前肢向前、向后提举。

下痢（diarrhea） 又称腹泻。动物频繁地排出含水量比正常明显增多的粪便的现象。是大肠内水分吸收不全或吸收困难、肠蠕动亢进的结果。为各种肠炎的特征。根据粪便性状可分为血痢、白痢、黄痢。见于细菌性、病毒性传染病，密螺旋体病，变态反应，某些肠道寄生虫病，中毒，口服刺激性药物或泻剂等。

下胚层（hypoblast primitive entoderm） 又称原始内胚层。囊胚（胚泡）继续发育，从内细胞团分出一些细胞，在内细胞团下方和滋养层内面形成的一层细胞，将来形成卵黄囊内层。

下丘脑（hypothalamus） 间脑的腹侧部。腹侧面自前向后可见视交叉、灰结节、脑垂体和乳头体；又分视前部、视上部、结节部和乳头体部。视前部位于视交叉前方，内有视前内侧和外侧核。视上区位于视交叉上方，内有视上核和室旁核，能分泌催产素和加压素。结节部位于视交叉与乳头体之间，其腹侧面有脑垂体相连，内有腹内侧核、背内侧核、漏斗核等。乳头体部位于最后方，表面形成小球状的乳头体，内有乳头体内侧、中间和外侧核。下丘脑内有二大纤维束：穹窿束连接海马与乳头体等；乳头丘脑束连接乳头体与丘脑前核和中脑被盖等。下丘脑属于边缘系统，为自主神经系的皮质下中枢，后部为交感中枢，前部为副交感中枢。它与情绪行为、内脏活动、体内外环境的平衡、饮食、体温和垂体内分泌活动的调节等有关。

下丘脑-垂体-睾丸轴（hypothalamus - pituitary - testicle axis）　下丘脑、腺垂体与睾丸 3 者之间形成的内分泌功能轴。下丘脑释放的促性腺激素释放激素通过垂体门脉作用于腺垂体，促进其合成和分泌卵泡刺激素和黄体生成素，从而调节睾丸精子生成和雄激素的分泌。雄激素在血浆中达到一定浓度时，可反馈性作用于下丘脑和腺垂体，抑制促性腺激素释放激素和黄体生成素的分泌，使血中雄激素维持一定的水平。睾丸的机能就通过这 3 者之间的相互控制作用得以维持正常。

下丘脑-垂体-甲状腺轴（hypothalamo - pituitary - thyroidal axis）　下丘脑、腺垂体与甲状腺 3 者机能间的自动控制回路。下丘脑促甲状腺激素释放激素（TRH）促进腺垂体促甲状腺激素（TSH）的分泌和释放，TSH 通过加速甲状腺细胞摄碘、酪氨酸碘化和碘化酪氨酸的缩合而促进甲状腺激素的合成和分泌；甲状腺激素对 TSH 和 TRH 的分泌均有强烈的抑制作用；TSH 对 TRH 的分泌也有抑制作用。因此，当 TRH 浓度增高时 TSH 和甲状腺激素浓度也相应增高。而当甲状腺激素分泌增多时则反转来抑制 TSH 和 TRH 分泌，TSH 浓度增加也可抑制 TRH 分泌。TRH、TSH 和甲状腺激素 3 者之间通过促进或反馈性抑制的相互作用，使它们在血中的含量保持动态平衡并与体内外环境变化相适应。

下丘脑-垂体-卵巢轴（hypothalamus - pituitary - ovarium axis）　下丘脑、腺垂体和卵巢 3 者之间形成的内分泌功能轴。在内外环境因素的影响下，下丘脑释放促性腺激素释放激素，通过垂体门脉系统作用于腺垂体，促使其分泌卵泡刺激素和黄体生成素。卵泡刺激素可促进卵泡发育、成熟，并增加颗粒细胞芳香化酶的活性，促进雌激素的合成和分泌。此外，卵泡刺激素还影响颗粒细胞上黄体生成素受体的表达以及排卵前黄体生成素峰的形成。黄体生成素在排卵后维持黄体细胞的孕酮分泌。反过来，卵巢激素对下丘脑和腺垂体均有反馈作用，通过正或负反馈性影响，调节促性腺激素释放激素、卵泡刺激素和黄体生成素的分泌。卵巢的功能正是通过下丘脑—垂体—卵巢 3 者之间的相互作用得以保持正常。

下丘脑-垂体-肾上腺轴（hypothalamo - pituitary - adrenal axis）　下丘脑、腺垂体与肾上腺皮质 3 者机能间的复杂调节控制关系。下丘脑分泌促肾上腺皮质激素释放因子（CRF，或称促肾上腺皮质激素释放激素 CRH）促进腺垂体合成和释放促肾上腺皮质激素（ACTH），ACTH 则促进肾上腺皮质合成和分泌各类皮质激素，特别是糖皮质类固醇，而循环血液中糖皮质类固醇的水平对腺垂体分泌 ACTH 和下丘脑分泌 CRF 又起反馈性影响和调节，主要表现抑制作用。CRF、ACTH 和肾上腺皮质激素之间通过促进或反馈抑制的相互作用，使它们在血中的含量保持动态平衡并与机体的内外环境变化相适应。

下丘脑垂体系统（hypothalamus - pituitary system）　下丘脑与垂体在结构和功能上的联系非常密切，包括下丘脑-腺垂体系统和下丘脑-神经垂体系统两部分。下丘脑肽能神经元分为小细胞肽能神经分泌（神经内分泌小细胞）和大细胞肽能神经分泌（神经内分泌大细胞）两大系统。下丘脑内侧基底部，包括弓状核、视交叉上核、室周核和腹内侧核等区域的小细胞肽能神经元，它们的轴突末梢终止于正中隆起处垂体门脉系统的第一级毛细血管网。神经元分泌的肽类激素，又称下丘脑调节肽，经垂体门脉系统运送至腺垂体，调节腺垂体的分泌活动，构成了下丘脑-腺垂体系统。位于视上核、室旁核等处的大细胞神经元，细胞体积大，轴突末梢终止于神经垂体，神经元分泌血管升压素（又称抗利尿激素）和催产素，激素经轴突运送至神经垂体贮存，机体需要时由垂体释放入血，构成了下丘脑-神经垂体系统。

下丘脑促垂体区（hypophysiotrophic area）　下丘脑基底部促垂体神经内分泌细胞分布的区域。主要包括正中隆起、弓状核、腹内侧核、室旁核和视交叉上核等。该区域的促垂体神经内分泌细胞兴奋时，可产生多种促进（或抑制）腺垂体激素产生和释放的激素或因子，通过正中隆起释放到垂体门脉血液，从而调节腺垂体激素的分泌。

下丘脑机能障碍（dysfunction of hypothalamus）　多种原因导致的下丘脑调节机能紊乱，如垂体腺瘤。下丘脑是调节体温、食欲和换毛等中枢所在处。主要发生于老龄马，母马比公马多发。临床表现为多毛，如全身多毛，毛长而厚，缺乏季节性换毛。此外，多尿、烦渴、食欲旺盛、肌无力、体温升高，并发高糖血症和糖尿病等。

下丘脑调节性多肽（hypothalamic regulatory peptides，HRP）　下丘脑促垂体区神经内分泌细胞合成并释放的促（或抑）腺垂体激素或因子，经垂体门脉系统运至腺垂体，对腺垂体激素的合成和释放产生促进（或抑制）的调节作用。化学结构均为多肽，包括促甲状腺激素释放激素、促性腺激素释放激素、生长激素释放抑制激素、生长激素释放激素、促肾上腺皮质激素释放激素、催乳素释放因子、催乳素释放抑制因子、促黑素细胞激素释放因子、促黑素细胞激素释放抑制因子等。

下胎位（ventral position） 又称腹位、背耻位。胎儿仰卧在子宫内，背部向下，接近母体的腹部及耻骨。分娩时，下胎位为异常胎位，可引起难产。

夏洛来牛进行性共济失调（progressive ataxia in chrolais cattle） 犊牛发生的一种神经运动机能障碍性疾病。公母犊牛均可发病。临床上可见两后肢运步僵硬、蹒跚，共济失调，站立困难，被迫卧地，有的作排尿姿势，尿液呈淋漓状排出。有的病犊易兴奋，将头从一侧摆向另一侧。

仙台病毒感染（Sendai virus infection） 属于副黏病毒属的仙台病毒（又称副流感病毒1型）引起的一种鼠类传染病。小鼠最易感，地鼠、大鼠、豚鼠也能感染。对雪貂、猴、猪可引起隐性感染。病毒在感染鼠鼻黏膜、气管和肺繁殖，并自呼吸道排出，通过飞沫、尘埃等间接或直接的途径广泛传播，大部分鼠感染呈亚临床经过，仅仔、幼鼠感染后表现呼吸音异常、食欲和渴欲降低，减重、沉郁、被毛松乱，独居一隅，有的急性肺炎死亡。剖检仅见肺充血及肺部实变，支气管和细支气管上皮细胞变性脱落或过度增生。仙台病毒是我国清洁级小鼠、大鼠、地鼠、豚鼠必须排除的病原，利用屏障系统饲养生产鼠群是预防本病的有效办法。

先天代谢性缺陷（inborn errors of metabolism） 氨基酸、有机酸、糖、脂肪、激素等先天代谢性异常所导致疾病的总称。此类疾病多为单基因遗传性疾病，其中以常染色体隐性遗传最为多见，少数为常染色体显性、伴X隐性或显性遗传。

先天性不育（infertility due to congenital factors） 因生殖器官发育异常，或卵子、精子及合子有生物学上的缺陷，而使母畜丧失繁殖能力的一种疾病。常见的类型有种间杂种、幼稚病、两性畸形、异性孪生不育、生殖道畸形等。

先天性膈疝（congenital hernia of the diaphragm） 胎生期膈发育缺陷，腹腔内脏器的一部分向胸腔脱出状态，属于内疝。常见于狗、猫、猪，疝轮的位置多在膈的腹侧，此外，腔静脉孔的扩张、膈的胸骨部和食管裂孔也是发生部位。若疝轮较小，只有大网膜脱出、日常几乎不见生活异常。当疝轮很大，疝内容大量脱出或嵌顿，出现急性精神不振、腹部膨满、呼吸困难，重症在10日内死亡。X光检查可证实，用手术整复、缝合疝轮。

先天性疾病（congenital disease） 动物一出生就表现形态或机能异常的一类疾病。先天性疾病包括遗传性疾病和妊娠时受环境因素影响胎儿异常的疾病。后者常见于孕畜受病毒感染（如阿卡斑病毒、黏膜腹泻病毒、蓝舌病毒），接种疫苗（如孕猪接种猪瘟疫苗）摄食致畸原植物或服用影响胎儿的药物均可引起。

先天性假佝偻（chondrodystrophy，achondroplasia，"bull - dog"） 一种遗传性畸形。常见的特征是胎儿的头、四肢及其躯干粗大而短，前额和颌骨突出，生存能力极低。主要见于牛。助产时如无法拉出，可施行截胎术或剖腹产。

先天性凝血酶原缺乏症（congenital prothrombin deficiency） 凝血酶原先天性合成障碍所致的一种遗传性出血性疾病。

先天性髓鞘形成不全（congenital hypomyelinogenesis） 犊牛和羔羊发生的以肌肉震颤为主要特征的先天性疾病，组织病理学检查可见先天性髓鞘形成不全或缺失。病因不明。病犊出生后不能站立，呈持续性全身性肌肉震颤，伴短暂性痉挛性强直、角弓反张和偶发眼球震颤；病羔呈严重的肌肉震颤（熟睡时发作中止）、步态不稳、共济失调，有时作舞蹈样运动，重症羔羊出生后不能吮乳，死于饥饿。

先天性歪颈（wry neck） 胎儿畸形的一种。颈椎畸形发育，颈部先天性地歪向一侧，颜面部也常是歪曲的，四肢伸屈腱均收缩，球节以下部分与管部垂直。有时见于马，牛偶尔发生。胎儿不大时可用牵引术拉出，否则用截胎术截去头颈部是简单而实用的方法。

先天性纤维蛋白原缺乏症（congenital fibrinogen deficiency）纤维蛋白原合成障碍所致的一种遗传性出血性疾病。

先兆流产（threatened abortion） 怀孕母畜临床上出现流产征兆，而尚未构成流产者。如不及时保胎，可能导致必然性流产；如保胎成功，仍可怀胎足月。母畜表现腹痛不安，频繁起卧，呼吸脉搏加快，胎动不安，而怀孕尚未中断。治疗原则是安胎，使用孕酮和镇静剂，单间隔离给予安静环境。马可适度牵遛，抑制其努责。在安胎无效，或宫口已开、胎囊已入产道，流产难免时，应尽快让其排出，以免死胎停滞。参见流产。

纤毛（cilium） 突出于细胞游离面执行运动和感受功能的结构。由纤毛本体、基体和纤毛小根组成。纤毛本体是能活泼运动的部分，直径150～300 nm，长5～10 μm，表面包有质膜，内部有少量细胞质和轴丝，轴丝由周围9组二联微管环绕中央一对单微管组成。基体与纤毛本体基部相连续，位于细胞膜下方，由中心粒衍生而来，是纤毛发生的基础，纤毛本体即由其直接产生。纤毛小根从基体底部向细胞质深层延伸，由3～7nm粗的平行微丝组成，常显有横纹。纤毛小根除有固定纤毛的作用外，还可收缩。纤毛能感受外界刺激，并作定向异时性有规律的起伏波动，能驱动液体、黏液和游离的颗粒、甚至细胞作定向流动。有些纤毛不含微管仅含微丝，丧失运动能力，但仍保持感受刺激的能力，称静纤毛。

纤突（spike） 又称膜粒（peplomer）。病毒囊膜最外层的突起，其本质是蛋白质。不同病毒的纤突在形态、结构、抗原性和功能上都有差异，在病毒鉴定中有重要意义。例如，流感病毒的血清型就是依据血凝素和神经氨酸酶两种纤突的抗原性来分类；冠状病毒的名称就是依据病毒粒子表面纤突呈皇冠状排列而得名的。纤突与病毒致病力和免疫原性等密切相关，具有与细胞的病毒受体结合，引起细胞融合，促进病毒穿入细胞等功能。

纤维（fiber） 广义的纤维指细而长的结构，如神经纤维、肌纤维、结缔组织纤维等。通常所说的纤维是结缔组织纤维，共有3种：胶原纤维、弹性纤维和网状纤维。胶原纤维普遍存在于各种结缔组织中，抗张力强但缺乏弹性，色白，水煮即成明胶，因此得名；弹性纤维比胶原纤维细，富于弹性，色黄，由弹性蛋白组成；网状纤维与胶原纤维一样，也由胶原蛋白组成，但很细，裹着较多的黏多糖类物质，可被银盐染成黑色，故又称嗜银纤维，有分支并互相吻合成网。

纤维蛋白（fibrin） 血浆中呈溶解状态的纤维蛋白原（凝血因子Ⅰ）在凝血酶的催化下分解成纤维蛋白单体，进而聚合生成的不溶于水的丝状蛋白质。纤维蛋白形成是血液凝固过程的最后和最关键阶段，它纵横交错，把血细胞网罗于其中而形成血块。除去纤维蛋白，血液或血浆将失去凝固性。

纤维蛋白管型（fibrinous cast） 纤维蛋白性渗出物在支气管或肾小管内形成的铸型。见于牛的纤维素性肺炎和人类急性肾炎，前者常由病牛咳出，后者可在尿沉淀中查出。

纤维蛋白溶解（fibrinolysis） 简称纤溶。体内因血管损伤出血经凝固形成血栓，其中的纤维蛋白被溶解的过程。基本过程分两个阶段：纤维蛋白溶解酶原的激活和纤维蛋白（或纤维蛋白原）的降解。正常情况下血管内经常有低水平的凝血过程，同时血管内膜表面也有低水平的纤溶活动，两者处于平衡状态，血流不会受阻，当血管内出现血栓时，纤溶主要局限于血栓部位，可溶解血栓，恢复血流畅通。

纤维蛋白溶解系统（fibrinolysis system） 简称纤溶系统。参与纤维蛋白溶解过程的各种物质的总称，包括纤维蛋白溶解酶原（纤溶酶原）、纤维蛋白溶解酶（纤溶酶）、激活物、抑制物以及纤维蛋白、纤维蛋白原等。是机体最重要的抗凝血系统，与血凝系统构成对立平衡，维持血液呈流体状态。其中激活物促进纤溶酶原转变为纤溶酶，它分布广、种类多，在血管内出现血栓和组织修复、伤口愈合等情况下大量释放促进纤溶。抑制物主要是抗纤溶酶，对纤溶酶起抑制作用。两者在损伤部位血凝与纤溶中都有重要意义。

纤维蛋白溶酶（plasmin fibrinolysin） 简称纤溶酶。一种能催化纤维蛋白溶解过程的蛋白酶。正常血液中纤溶酶以酶原形式存在，在肝、骨髓、嗜酸性粒细胞与肾中合成，在激活物的作用下脱下一段肽链而被激活成为纤溶酶，主要作用是水解纤维蛋白和纤维蛋白原，生成分子量较小的降解产物。

纤维蛋白性肺炎（fibrinous pneumonia） 又称格鲁布性肺炎或大叶性肺炎（croupous pneumonia or lobar pneumonia）。系多数支气管、肺泡内充满大量纤维蛋白渗出物所致的急性肺炎。以高热稽留、铁锈鼻液和定型经过为特征。多发生于马、牛，也见猪发病。病因除某些病毒或细菌感染（如马、牛传染性胸膜肺炎）以外，又可由感冒、过劳、吸入刺激性气体和饲养不当等诱发。典型的病程分为四期：①充血期。肺泡和支气管内流入大量红、白细胞，使肺内空气含量减少。②红色肝变期。进入肺泡和支气管内大量纤维蛋白渗出物，红细胞和炎性产物，继发凝固，肺脏坚实如红色肝样。③灰色肝变期。纤维蛋白渗出物发生脂变和渗入白细胞后，外观由红色转变为灰黄色。④溶解期。凝固物经可溶性蛋白际作用，逐渐液化、分解，并被吸收，最后肺功能恢复，转归良好。某些取非典型经过病例，病变不能完全溶解和吸收，转为化脓，变成肺脓肿和肺坏疽，预后不良。病初体温升至40～41℃以上，并稽留5～6天退至常温，精神沉郁，废食，脉搏加快，呈混合型呼吸困难，黏膜充血，有时黄染，肌肉震颤，频频咳嗽、湿咳（溶解期），流铁锈色或黄红色鼻液（肝变初期）。肺部听诊：充血期相继出现呼吸音增强、干啰音、捻发音、呼吸音减弱和湿啰音；肝变期呼吸音消失，代之支气管呼吸音。胸部叩诊：肝变期呈大片浊音区。病马多站立不动，病牛、病猪多躺卧。若伴发胸膜炎时则常取犬坐姿势。轻型病例在2周内可告康复；重症和并发肺脓肿等病例，转归多死亡。治疗原则是消除炎症，控制感染，制止渗出和促进炎性产物吸收。通常注射新胂凡钠明（九一四）及大剂量抗菌药物，并进行对症疗法。

纤维蛋白性乳房炎（fibrinous mastitis） 以纤维蛋白渗出并沉积于乳腺上皮表面或组织内为特征的临床型乳房炎。为急性重剧炎症。患病乳区肿胀、变硬、疼痛，乳上淋巴结肿大，泌乳停止或仅能挤出几滴清液，有全身症状，体温升高 40～41℃。本病常由卡他性炎发展而来，且往往与脓性子宫炎并发。预后可疑，禁止按摩，可使用抗生素或自家血进行治疗。

纤维化（fibrosis） 器官、组织内胶原纤维弥漫性或局灶性增多的病变。常见于慢性炎症。广泛纤维化常导致器官硬化或硬变。

纤维连接蛋白（fibronectin） 又称纤维结合蛋白。连接细胞与细胞外纤维和基质的一种大分子糖蛋白。散布在全身组织中可分为血浆型和细胞型。前者是一种可溶性组分，又称寒冷不溶性球蛋白（CIG）；后者是一种细胞间相互连接的纤维状蛋白质。两型有共同抗原性，物理化学性质都相似。在败血症、创伤、休克、DIC 等病理过程和疾病中常见血浆型纤维连接蛋白降低。

纤维瘤（fibroma） 来自结缔组织的良性肿瘤。常见于皮肤、皮下、骨膜、子宫、阴道。瘤性结缔组织细胞呈束状纵横交错排列。眼观呈结节或团块状，包膜明显，切面呈白色。含胶原纤维多的质地较硬，称硬纤维瘤；含细胞和血管多的质地较软，称软纤维瘤。纯种犬的发生率较高。

纤维肉瘤（fibrosarcoma） 来源于纤维结缔组织的恶性肿瘤。多见于马、骡、牛、犬和鸡的皮下、黏膜下、肌膜、肌间和骨膜等处。肿瘤常呈圆形、椭圆形，或呈结节状、分叶状，较柔软，与周围组织分界不清楚。切面为均匀粉红色，致密、湿润。病理组织学检查，主要由异形性明显的成纤维细胞零乱排列而构成，常见较多的核分裂象。间质内胶原纤维的数量多少不定，毛细血管丰富，血管壁薄，极易出血。

纤维肉瘤病（fibrosarcoma） 禽白血病的一种。纤维肉瘤是坚实的团块而附着于皮肤、皮下组织或肌肉中。当长大时，覆盖着的皮肤发生坏死而导致溃疡和继发性感染，有的可出现水肿区。这种肿瘤是由胶原纤维所隔开的成熟的成纤维细胞所组成。根据症状和组织学检查可作出诊断。防制办法见禽白血病。

纤维乳头状瘤（fibropapilloma） 乳头状瘤的一种。只发生于牛和鹿。眼观呈数量不等的小结节状突起。在成年牛，肿瘤见于阴茎、阴门、趾间和乳头皮肤。瘤块扁平，稍隆起或呈疣状，大小不一，单个或多个，质软。表面角化或有裂缝，基部有蒂。病理组织切片镜检可见，由成熟的结缔组织作为核心，并有棘上皮细胞覆盖，覆盖的上皮增厚，排列不规则。

纤维软骨（fibrous cartilage） 一种胶原纤维特别多的软骨。如椎间盘、耻骨联合、关节盘等。纤维软骨的结构介于致密结缔组织和透明软骨之间，软骨细胞与透明软骨的细胞相似，但常常排列成长柱形，夹在平行排列或交织排列的粗大的胶原纤维束之间。

纤维素（cellulose） D-葡萄糖单位以 β-1，4-糖苷键相连形成的大分子多糖。不溶于水，具有很高的机械强度，是植物细胞壁的主要结构成分。哺乳动物不具有消化纤维素的酶，故不能直接利用它。寄生在草食动物消化道中的微生物能分泌纤维素酶使其逐级分解成乙酸、丙酸和丁酸等挥发性脂肪酸而被动物机体吸收利用。

纤维素-坏死性炎（fibrino - necrotic inflammation） 又称固膜性炎（diphtheritic inflammation）。渗出液中含有大量纤维素，同时伴有组织坏死为特征的炎症。渗出的纤维素与深层坏死组织牢固结合，形成坚固的膜。这种膜剥脱后则留下深的出血的损伤（溃疡）。常见于猪瘟（肠黏膜形成的纽扣状肿）、犊牛白喉（口腔和咽喉部黏膜发生纤维素性坏死性炎症，形成伪膜）等。

纤维素消化试验（fibrin digestive test） 测定瘤胃液消化纤维素的速度以检测瘤胃微生物分解纤维素能力的一种方法。取过滤的瘤胃液 10mL、加 0.9 mol/L 葡萄糖溶液 0.3mL、将一端系有玻璃珠的纯棉线悬于其中，39℃孵育，测定棉线断裂时间。健康牛为 48～54 h。

纤维素性肺炎（fibrinous pneumonia） 又称大叶性肺炎（lobar pneumonia）。整个肺叶或大部分肺叶发生的以纤维素渗出并伴有高热稽留、铁锈鼻液和定型经过为特征的一种肺炎。病因有传染性（如马的传染性胸膜肺炎、牛羊巴氏杆菌病和一些其他细菌和病毒感染）和非传染性（如受寒感冒、过劳、吸入刺激性有害气体、卫生环境恶劣等）之分。常发生于马，牛、猪也可发生。临床表现发病突然，精神沉郁，食欲减退或消失，病初体温升高，呈稽留热，持续 5～7d，病程过长则体温变化不明显；呼吸困难，腹式呼吸，呼吸频率加快；咳嗽痛苦无力，声音低沉；黏膜发绀，肌肉震颤；铁锈色或黄红色鼻液；肺部叩诊由于病理过程不同而呈过清音、半浊音和浊音；听诊也随病程的发展有肺泡呼吸音增强、干啰音、湿啰音、捻发音和肺泡呼吸音减弱。X 线检查，病变部呈明显而广泛的阴影。典型的病程分为 4 期：① 充血期，肺泡壁毛细血管扩张、充血，肺泡腔内有大量浆液性渗出液。② 红色肝变期，肺泡毛细血管充血，肺泡腔内充满浆液-纤维素性渗出物，间杂不等量的红细胞、少量肺泡巨噬细胞、中性粒细胞以及脱落的肺泡上皮，肺脏坚实如红色肝样。③ 灰色肝变期，毛细血管因渗出物的增加而被挤压，充血消失，肺泡腔被浆液-纤维素性或纤维素性渗出物所扩张，肺外观由红色转变为灰黄色。④ 溶解消散期，肺泡腔内的纤维素性渗出物发生酶解过程，并被吸收，肺泡腔逐渐恢复其气体交换机能。治疗原则是抑菌消炎，制止渗出和促进炎性产物吸收。

纤维素性坏死性炎（fibrino - necrotic inflamma - tion）　伴有黏膜深层坏死的纤维素性炎。渗出的纤维素与深层坏死组织牢固结合，形成坚固的膜，因而又称固膜性炎。这种膜剥脱后，则留下深的出血的缺损（溃疡）。常见于猪瘟、犊牛白喉。

纤维素性炎（fibrinous inflammation）　以渗出液中含有大量纤维素为特征的炎症。纤维素即纤维蛋白（fibrin），来自血浆中的纤维蛋白原。当血管壁损伤较重时纤维蛋白原从血管中渗出，受组织损伤释放的酶的作用而转变成为不溶性的纤维素。在 HE 切片中纤维素呈红染交织的网状、条状或颗粒状，常混有中性粒细胞和坏死细胞的碎片。发生在黏膜、浆膜和肺脏比较轻微的纤维素性炎，称为浮膜性炎（croupous inflammation）；发生在黏膜伴有严重组织坏死的纤维素性炎，称为固膜性炎（diphtheritic inflammation）。

纤维素样变性（ fibrinoid degeneration）　又称纤维素样坏死。结缔组织和动脉壁内的胶原纤维肿胀、崩解，变成均质红染物质的过程。见于犬系统性红斑狼疮、肾小球肾炎、水貂阿留申病、猪瘟等。这是结缔组织内发生抗原抗体反应，导致基质损伤、胶原纤维崩解、免疫球蛋白沉着、纤维素渗出以及炎症细胞浸润的结果。血管壁的纤维素样变性，也称为血管壁的玻璃样变。

纤维性骨营养不良（osteodystrophia fibrosa）　成年家畜骨内重新脱钙，而由细胞性纤维组织取代未钙化的骨样组织的营养不良性疾病。由于日粮中磷过剩或钙缺乏导致磷与钙比例不平衡所致。临床上见异嗜和消化不良等症状。相继发生一肢或多肢跛行，拱背收腹和板腰，不愿站立。后期面骨及肢关节肿大，下颌骨呈对称性肿大，下颌间隙狭窄，臼齿松动且易脱落，咀嚼困难，常吐“草饼”。鼻甲骨肿胀、鼻梁隆起呈圆桶状，影响呼吸。胸壁偏平，肋骨与肋软骨联合部呈串珠状肿胀。肋骨和四肢骨易发骨折。治疗除投服碳酸钙或磷酸钙外，可静脉注射钙制剂。

纤维性震颤（fibrillary tremor）　单个肌纤维束的轻微收缩，而不扩及整个肌肉群，不产生运动效应的轻微性痉挛。

鲜蛋比重测定（measuring specific gravity of eggs）　检验鲜蛋新鲜度的方法之一。蛋的比重与其蛋壳厚度和内在质量有关。新鲜鸡蛋的比重平均在 1.0845 左右，随着存放时间延长，由于蛋内水分散失增多，比重将逐日递减，故测定蛋的比重可推断出蛋的质量。但它不适用于泡花碱和石灰水等贮存的蛋。测定时将蛋依次投入 1.080（约含 NaCl 11%）、1.073（约含 NaCl 10%）和 1.060（约含 NaCl 8%）比重的盐水中，在 1.080kg/L 盐水中下沉者为新鲜蛋；在 1.073kg/L 盐水中下沉而在 1.080kg/L 盐水中上浮者为一般食用蛋；如在上述两液中均上浮而在 1.060kg/L 盐水中下沉者，则介于新陈之间，尚能食用；如在三液中均上浮，则已陈腐，不宜食用。此法还可以比重表精确测定设置不同比重的盐水，每级相差 0.005 直至比重为 1.100。但本法不能确定是属陈旧抑或是腐坏蛋，而且经本法测定过的蛋不耐久存。

鲜蛋气室测定（measuring air space of egg）　检测蛋鲜度的方法之一。蛋刚产出时本无气室，形成气室一般是在产出后 6～10min，这是蛋在离体后受外界温差影响引起蛋内容物收缩的结果。内蛋壳膜自外侧剥离，且由于水分蒸发，气室逐渐增大。水分散失因蛋壳构造、存放温度湿度和时间而异。借灯光透视，并用带半圆切口和刻度的专用规尺测定气室的大小和深度来判断蛋的新鲜程度。一级蛋气室高度为 4～5mm，并且不移动；二级蛋不超过 9mm，有时能移动；超过 10mm 为陈旧蛋；超过蛋身 1/2 者不得鲜销。

鲜蛋照验（egg candling）　检验鲜蛋内在质量的一种方法。不同质量的蛋内结构和成分变化有其各自的透光特点，借助灯光或阳光透视可加以鉴定。操作在暗室内进行，用拇指、食指和中指持蛋，钝端向上紧贴照蛋器的照蛋孔，使之成 30°角倾斜，观察蛋壳、气室情况，再快速转两个不同方向，使其内容物随转动变位，观察有无异物及蛋黄、蛋白、胚珠的变化。

咸蛋（salted egg）　也称盐蛋、腌蛋、味蛋。用食盐腌制而成的一种风味特殊、食用方便的再制蛋。耐贮藏，四季均可食用，尤其是夏令佳肴。鲜蛋腌制时，蛋外的食盐料泥或食盐水溶液中的盐分，通过蛋壳、壳膜、蛋黄膜渗入蛋内，蛋内水分也不断渗出。蛋腌制成熟时，蛋液内所含食盐成分浓度，与料泥或食盐水溶液中的盐分浓度基本相近。高渗的盐分使细胞体的水分脱出，从而抑制了细菌的生命活动。同时，食盐可降低蛋内蛋白酶的活性和细菌产生蛋白酶的能力，从而减缓了蛋的腐败变质速度。食盐的渗入和水分的渗出，改变了蛋原来的性状和风味。煮熟后的咸蛋，蛋白细嫩，蛋黄鲜红，油润松沙，清爽可口，咸度适中，深受消费者的喜爱。咸蛋的加工遍及全国各地，加工方法也很多，主要有稻草灰腌制法、盐泥涂包法、盐水浸渍法。

显微结构（microstructure） 在普通光学显微镜下能观察到的细胞结构。一般用微米（μm）作长度单位。

显微注射（microinjection） 在显微镜下操作的微量注射技术。可将细胞的某一部分（如细胞核、细胞质或细胞器等）或外源物质（如外源基因、DNA片段、mRNA、蛋白质等）通过玻璃毛细管拉成的细针，注射到细胞质或细胞核内，是研究各种生物分子的作用、制作转基因动物、克隆动物等的重要技术。

显性感染（apparent infection） 又称临床感染。病原体侵入机体后，不仅引起机体发生免疫反应，而且导致组织损伤，引起病理变化，表现出某种疾病所特有的明显的临床症状的感染过程。如口蹄疫病牛在口腔黏膜和舌面以及蹄部皮肤发生水泡，出现流涎、跛行等症状。

显性致死突变试验（dominant lethal mutation test） 一项检测外来化学物对雄性小鼠或大鼠生殖细胞染色体致突变作用的试验。先分组使雄鼠在一定期限内接触受试物，再与不接触受试物的雌鼠同笼交配，定时剖取孕鼠子宫，检查活胎数、早期和晚期死亡胚胎数，并计算总着床数和每只孕鼠平均着床数。过去以致突变指数（早期胚胎死亡数/总着床数×100）表示化学致突变的强弱。现改以平均早期胚胎死亡数（早期死亡胚胎数/受孕雌鼠数）表示。

现场检疫（on-site quarantine） 动物在交易、待宰、待运或运输前后，以及到达口岸时，在现场集中进行的检疫方式。适用于内检和外检的各种动物检疫，是一种常用而且必要的检疫方式。一般内容：①查证验物：查证就是查看有无检疫证书，检疫证书是否法定检疫机构的出证，检疫证书是否在有效期内，查看贸易单据、合同以及其他应有的证明；验物就是核对被检动物的种类、品种、数量、产地等是否与上述证单相符合。②三观一查：三观是指临诊检疫中群体检疫的静态、动态和饮食状态三方面的观察，一查是指临诊检疫中的个体检查。也就是说，通过三观从群体中发现可疑病畜禽，再对可疑病畜禽个体进行详细的临诊检查，以便得出临床诊断结果。

现场实验流行病学（field experimental epidemiology） 人为地和科学地选择某因素，在现场条件下进行实验研究，比较和分析某因素对某疾病的作用和关系。它比实验室内研究能更确实地反映疾病自然发生的规律，但所遇到的干扰因素比实验室多，不易控制。

现患调查（prevalence study） 又称现况调查。在短时间内对某一确定动物群的健康状况（疾病或其他健康特征）和其他有关变量（环境因素等）的分布及其相互联系所做的调查，常用方法有抽样调查和普查。常常获得的是现患率或感染率等静态的率，而不是发病率等动态的率。适用于病程长的疾病和患病率较高的疾病。对发病率极低或流行过程短暂的疾病不适用。优点为方便、经济、省时，短时间内能得到结果，提供病因线索；缺点是健康状况和环境等变量是同时调查的，只能说明当时情况，不能得出因果关系的结论。

限定允许量（finite tolerance） 食物中允许存在的非致癌性药物或化学物质的可检出量。在确定限定允许量时，人体每日允许摄入量（acceptable daily intake，ADI）测定中的安全系数应为100。对致畸物，则安全系数至少为1 000。一般来说，肉中总残留的最高浓度超过10μg/kg时，视为限定允许量。

限量抗原底物珠法（defined antigen substrate sphere，DASS） 以溴化氰活化的琼脂糖（sepharose 4B）为载体，将抗体或抗原吸附其上，制成免疫微珠，在此微珠上进行ELISA（试管法）或免疫酶组化染色（玻片法）。根据微珠呈色反应的强度，以测定标本中相应抗原或抗体的方法。

限制酶（restriction enzyme） 又称限制性内切酶。原核生物中发现的DNA限制修饰性酶。在DNA重组技术中使用的工具酶都属于第Ⅱ类限制酶，它识别和切割双链DNA特定序列，通常为4～5个碱基对的回文顺序，切割后形成黏性末端或平端。它的命名字母顺序是来源菌株属名的第一个字母，种名的头二个字母、株名第一个字母。如一个菌株有几种酶时，以罗马字母表示。例如，大肠杆菌（*Escherichia coli*）RYC B株产生*EcoR* Ⅰ、*EcoR* Ⅱ、*EcoR* Ⅴ内切酶。第Ⅰ与第Ⅲ类限制酶因切割位点不一致，并同时具有限制酶和甲基化酶功能，在分子克隆中未得到应用。

限制位点（restriction site） 又称为限制性内切酶靶序列。限制性核酸内切酶所识别的双链DNA分子中特定的核苷酸序列。限制性核酸内切酶有3种不同的类型，各自具有不同的特性。其中Ⅱ型限制性核酸内切酶由于核酸内切酶活性和甲基化酶活性是分开的，而且核酸内切作用又具有序列特异性，故在基因克隆中广泛使用。绝大多数的Ⅱ型限制性核酸内切酶能够识别4、5、6或7个核苷酸组成的特定的核苷酸序列，称为限制性内切酶识别序列，而限制性核酸内切酶就是从识别序列内切割DNA分子。限制位点有一显著特征：具有双重旋转对称的结构序列，即回文序列。

限制性氨基酸（limiting amino acid，LAA） 饲料中某些含量不能满足动物需要的必需氨基酸。也就是说，一定饲料或饲粮所含必需氨基酸的量与动物所需的蛋白质必需氨基酸的量相比，比值偏低的氨基酸。比如豆类中的蛋氨酸，谷类中的赖氨酸，都是各自的限制性氨基酸。由于这些氨基酸的不足，限制了动物对其他必需和非必需氨基酸的利用。其中比值最低的称第一限制性氨基酸，以后依次为第二、第三、第四……限制性氨基酸。

限制性片段长度多态性分析（restriction fragment length polymorphism，RFLP） 在分子生物学中，限制性片段长度多态性具有两种涵义：一是DNA分子由于核苷酸序列的不同而产生的一种可以用来相互区别的性质；二是一种实验技术，利用这种性质来比较不同的DNA分子。这种技术可以用于遗传指纹和亲子鉴定。通常，一个独立样本的DNA首先被提取和纯化。纯化后的DNA可以用PCR反应扩增。随后，用限制性核酸内切酶切成“限制性片段”，每种内切酶只能切除可被它识别的特定序列。随后，限制性片段通过琼脂糖凝胶电泳将不同长度的片段分开。得到的凝胶可以通过DNA印迹法（Southern blotting）进行强化。每个个体的酶切位点之间的距离会有差距，这样限制性片段的长度有区别，不同个体的某个条带的位置也会不同（也就是“多态性”）。

线虫（nematode） 扁形动物门（Aschelminthes）、线虫纲（Nematoda）所有虫体的通称。虫体通常呈乳白、淡黄或棕红色。呈线柱状或圆柱状，两侧对称，体长，通常两端尖。一般为雌雄异体，有些则为雌雄同体，雌性较雄性大。假体腔内有消化、生殖和神经系统，较发达，但无呼吸和循环系统。消化系统前端为口孔，肛门开口于虫体尾端腹面。线虫种类繁多，但基本发育分为虫卵、幼虫、成虫3个阶段。早期卵的发育在自生生活及寄生生活线虫中基本一致，但不同虫种胚胎发育的时间、场所及所需条件不同。线虫对动物的感染期，有的是虫卵，有的是幼虫。一般线虫幼虫，共蜕皮4次。第四次蜕皮后发育为成虫。有些线虫发育过程中不需要中间宿主，称为直接发育型，或称为土源性线虫;，有些发育过程中需要中间宿主，称为间接发育型，或称为生物源性线虫。

线粒体（mitochondria） 细胞内进行氧化磷酸化作用，为细胞提供能量的细胞器。具有双层膜结构，外膜光滑，内膜折向内室形成线粒体嵴。呈杆状、颗粒状或其他形状，短径0.5～1 μm，长径1～3 μm，特长者可达8～10 μm。数量不一，细胞代谢水平高者数量较多。散在均匀分布或密集在细胞需能较多部位。线粒体具有完整的遗传系统和合成蛋白质的全套机构，能进行遗传物质的复制、转录和翻译，但因遗传信息量不足，由线粒体DNA编码合成的蛋白质在种类和数量上都不多，线粒体的大部分蛋白质仍需依靠细胞核遗传系统并在细胞核核糖体上合成，因此线粒体属于半自主性细胞器。

线粒体变性（mitochondria denaturation） 线粒体结构和机能的异常。有3种类型：①肿胀溶解。见于缺氧、感染、毒血症等，因水分进入线粒体内所致。②肥大和增生。见于酶、基质缺乏认及饥饿、维生素缺乏时，化学物质中毒时常形成巨线粒体，这是线粒体融合或不分裂造成的。③皱缩。见于萎缩、发育不全或其他生长障碍时，是细胞代谢活性抑制的结果。

线性化质粒（linear plasmid） 环状质粒发生双链断裂成为线状的现象。在细胞内，质粒分子呈双股闭合的超螺旋状（CCC）。但在质粒制备过程中，由于化学作用和机械损伤，通常出现线状化、开环和超螺旋3种形态。如果提取的质粒线性化含量多，表明提取法不当。分子克隆中，需将环化载体经限制内切酶切割成线状，以便末端与外源DNA末端连接。

腺（gland） 主要由专司分泌功能的细胞或上皮构成的器官。腺细胞的形态结构依其分泌物的性质及其功能状态的不同而有明显差异，一般呈柱状、立方形、锥形、多面体或球形，常排列成团、索、网、泡、管或滤泡状，也有分散存在的单个腺细胞（单细胞腺）。腺分泌物的性质十分复杂，包括蛋白质、糖类、脂类、糖蛋白复合体、维生素、无机盐、离子和水等。这些分泌物在维持机体的生命活动，诸如物质代谢、生长发育、消化吸收、呼吸循环、泌尿生殖、保护防御等方面都有重要意义。

腺癌（adenocarcinoma） 腺上皮组织发生的恶性肿瘤。多发生于胃肠、乳腺、子宫、卵巢、鼻腔、鼻窦以及各种腺器官。眼观大多数腺癌呈不规则团块，无包膜，与周围健康组织分界不清，癌组织呈灰白色质硬、脆弱，其表面常有坏死与溃疡。腺癌分泌黏液较多的则称黏液癌。镜检，癌细胞由黏膜的柱状上皮、腺体排泄管上皮和管状腺细胞恶变生成，细胞大小、高度和形态不整，排列紊乱，可为腺管状、条索状、团块状或筛状等。按癌的结构和分化程度不同而有不同的名称。

腺病毒载体（adenovirus vector） 腺病毒经过改建后发展成为表达外源基因的分子载体。目前的腺病毒载体大多以5型（Ad_5）、2型（Ad_2）为基础。一般将E_1或E_3基因缺失的腺病毒载体称为第一代腺病毒载体，此类型载体可引发机体产生较强的炎症反应和免疫反应，表达外源基因时间短。E_2A 或 E_4 基因缺失的腺病毒载体被称为第二代腺病毒载体，产生的免疫反应较弱，其载体容量和安全性方面亦改进许多。第三代腺病毒载体则缺失了全部的（无病毒载体，gutless vector）或大部分腺病毒基因（微型腺病毒载体，mini Ad），仅可保留反向末端重复区（ITR）和包装信号序列。第三代腺病毒载体最大可插入 35kb 的基因，病毒蛋白表达引起的细胞免疫反应进一步减弱，载体中引入核基质附着区基因可使得外源基因保持长期表达，并增加了载体的稳定性。这一载体系统需要一个腺病毒突变体作为辅助病毒。腺病毒载体转基因效率高，体外实验通常接近 100%的转导效率；可转导不同类型的人组织细胞，不受靶细胞是否为分裂细胞所限；容易制得高滴度病毒载体；进入细胞内并不整合到宿主细胞基因组，仅瞬间表达，安全性高。因而，腺病毒载体在基因治疗临床试验方面有了越来越多的应用，成为继逆转录病毒载体之后广泛应用且最具前景的病毒载体。

腺垂体（adenohypophysis） 脑垂体的重要组成部分。来源于胚胎时期的拉克氏囊，由远侧部、中间部和结节部组成。远侧部是腺垂体的主要部分，分泌生长素等 6 种激素，在 HE 染色的切片上可分辨出嗜酸、嗜碱和嫌色细胞。中间部位于远侧部和神经垂体之间，主要细胞是一种嗜碱性的促黑激素细胞。结节部位于垂体漏斗周围，在 HE 染色的切片上也能分辨出与远侧部相同的 3 种细胞，但从功能上只发现了促性腺激素产生细胞和促甲状腺激素产生细胞。

腺垂体原基（adenohypophysial primordium，Rathke pouch） 又称拉克氏囊。原始口腔顶部口咽膜前方的外胚层向上方间脑底壁突出形成的一囊状结构。其前壁的细胞逐渐增厚，分化成腺垂体的远侧部，后壁形成腺垂体的中间部。

腺联病毒（*Adeno-associated virus*，AAV） 属细小病毒科，是一种缺陷病毒，病毒颗粒直径为 20nm，无包膜，20 面体，为目前动物病毒中最简单的一类单链线状 DNA 病毒。该病毒只有与腺病毒等辅助病毒共转染时才能进行有效复制和产生溶细胞性感染。AAV 的基因组常以双股 DNA 的形式整合在细胞基因组中，持续隐性感染，有时正常动物的细胞培养在接种腺病毒后可以诱发 AAV 的繁殖。除人外，从牛、马、羊、犬和禽都已分离到 AAV。

腺瘤（adenoma） 腺器官的腺上皮发生的良性肿瘤。以犬、猫、猪、牛、鸡等动物多见。多发生于乳腺、垂体、甲状腺、卵巢、甲状腺，以及胃、肠、肝、肺等器官。腺瘤可分为实性和囊性。实性腺瘤切面外翻，其颜色和结构与正常的腺组织相似，但有时可见坏死、液化或出血。囊性腺瘤切面有囊腔，囊内充积多量液体，囊壁上皮呈不同程度的乳头状增生。由一个囊腔组成的囊腺瘤，称为单层性囊腺瘤；由多个囊腔组成的称为多层性囊腺瘤。

腺胃（glandular stomach） 禽胃具有消化腺的部分。又称前胃。短纺锤形，壁稍厚；前接食管，后接肌胃。黏膜上皮能分泌黏液。壁内有前胃腺，腺小叶在黏膜肌层内形成一厚层。小叶中央为集合窦，四周为复管状腺。窦经导管开口于黏膜表面的乳头，鸭、鹅乳头较小而数目较多。

腺胃消化（digestion in glandular stomach） 由禽类腺胃的分泌所进行的消化过程。禽类腺胃的机能与哺乳动物胃的胃底部相当，能分泌含盐酸和胃蛋白酶的消化液。腺胃无壁细胞，盐酸和胃蛋白酶均由主细胞分泌，胃液酸度较低（pH 为 3.0～4.5），胃液呈连续性分泌，并受神经反射和化学因素影响。腺胃体积小，食物在内停留时间短。胃液的消化作用主要在肌胃和十二指肠内进行。

香豆素（coumarin） 广泛存在于植物界中的顺式邻羟基桂皮酸内酯类化合物。为结晶形固体，多具芳香气味，不溶或难溶于水。有多方面药理作用，如花椒内酯抗霉菌、七叶内酯治菌痢等。

相对不应期（relative refractory period） 细胞在接受一次刺激发生兴奋以后，继绝对不应期后出现的兴奋性逐渐恢复，但尚未达到正常水平的时期。在此期间新的阈刺激不能引起其兴奋，较强的阈上刺激可引起其兴奋。相对不应期的持续时间一般较绝对不应期长并与细胞原来的兴奋性高低有关，哺乳动物 A 类神经纤维的相对不应期为 3 ms，心肌细胞的相对不应期约几十毫秒。

相对生物利用度（relative bioavailability） 生物利用度指血管外给药后药物被吸收进入大循环的程度和速度。相对生物利用度（Fr）＝AUC（实验）/AUC（对照）（AUC 为血浆药-时曲线下的面积，与药物的吸收总量成正比）。

相对危险性（relative risk，RR） 又称相对危险度。暴露于某致病因子的动物群体的某病发病率（或死亡率）与未暴露对照动物群体的发病率（或死亡率）的比值。相对危险性多用于研究病因。如某致病因子与某病无关，则 RR＝1。如 RR 大于 1，则表现暴露于某致病因子的动物患某病（或死于某病）的机会较未暴露于某致病因子的动物为大，这种关系用倍数表示。暴露于某致病因子动物群的相对危险性（RR）＝某病发病率（或死亡率）/未暴露于某致病因子（对照）动物群的某病发病率（或死亡率）。

相加作用（additive effects）　等效剂量的两种药物合用的效应等于单用一种药物双倍剂量的效应。合用的两种药物共同作用于同一部位或受体，并对这个部位或受体作用的内在活性相等时，相加作用才会发生。

镶嵌连接（interdigitation）　相邻细胞以细胞膜凹凸相嵌形成连接的方式。不仅可加强细胞连接的牢固度，还可扩大细胞间接触面积，有利于进行物质交换。

相差显微镜（phase contrast microscope）　主要用于观察体内分离和体外培养的活细胞的形态结构。利用光波干涉原理，采用特殊相差装置（镜头），将细胞内各种结构对光产生不同的折射转换成为光密度差异（明暗差），使观察的细胞结构反差明显，形象清楚，并具有立体感。相差显微镜用以观察活的微生物或细胞等透明物体，其构造是以普通光学显微镜为基础，但有 3 个不同的部分，即相差物镜、相差环或相集光器和合轴调整望远镜。

相分离免疫测定（phase separation immunoassay，PSIA）　利用固相和液相能互变的微载体作为检测手段的一种免疫测定技术。人工合成的新型聚合物聚-N-异丙基丙烯酰胺（poly-N-isopropy-amide，polyNIPAM）在 31℃以下时为液相，高于 31℃时可自溶液中析出变为固相。利用这一特性将抗原或抗体偶联其上，与待测的相应配体及已知的标记物在液相中结合，反应平衡后升温至 45℃。加热冷却重复数次，使带有配体和标记物的聚合物从溶液中沉淀分离出来。如标记物为酶，可加底物显色，测 OD 值；如为荧光素可直接在荧光仪上测定。本法保留了免疫标记技术的灵敏度和特异性。因反应在液相中进行，大大加快了反应速度，避免了反复洗涤的步骤，是一种快速、简便，易于自动化的免疫标记测定技术。

项韧带（nuchal ligament）　颈段的棘上韧带宽而厚，附着于各棘突的尖端，前方与棘间韧带融合；后方附着于枕骨和颈椎棘突尖端的部分向后延伸，形成的三角形薄板样结构。主要作用为限制脊柱的前屈。正常项韧带的组成以网状排列的胶原纤维为主，间以少量的弹力纤维。

项肿和项瘘（atlantal bursitis and pollevil）　寰椎和枢椎与项韧带索状部间的黏液囊炎。多发生于马，其原因是项部冲突、打斗、笼头紧缚等造成创伤认及布菌感染、丝状虫侵袭等。通常表现为局限性炎症，有疼痛、发热、肿胀等，多为单侧性的，一般没有机能障碍。慢性的硬固消失、化脓、自溃形成项瘘。急性期先冷敷，后再温敷，对慢性的用烧烙有良好效果。项瘘用手术切开，除去坏死组织，全身应用化学疗法。

橡皮蛋（rubber-like egg）　饲喂棉籽饼过多的蛋鸡所产的一种异常蛋。照蛋时气室周围有明显的黑圈，打开后蛋黄膜较厚，呈袋状不易破碎；煮熟后蛋白略带微红，较坚硬，蛋黄呈灰黄色，坚韧而有弹性，咀嚼时有类似橡皮感觉。这是由棉籽所含的细胞原浆毒棉酚引起蛋白质变性的结果。

肖格伦氏综合征（Sjogren's syndrome）　因产生抗甲状腺蛋白和抗核因子引起的外分泌腺障碍。主要表现腺体分泌大大减少、出现角膜干燥和口干等症状。

鹗形吸虫病（strigeidiasis）　鹗形吸虫寄生于禽类小肠引起的疾病。鹗形吸虫隶属于鹗形科，虫体分为两部分，前部呈扁平叶状或杯形，生有吸盘和一个特殊的附着器官，后部圆柱形，内含生殖器官。常见种有：①纤细异幻吸虫（*Apatemon gracilis*），寄生于鸽、鸭和野鸭的小肠，大小为（1.5～2.5）mm×0.4mm。②粗壮副鹗形吸虫（*Parastrigea robusta*），寄生于家鸭的小肠，体长 2～2.5mm。③扇形尾吸虫（*Cotylurus flabelliformis*），寄生于鸭和野火鸡的小肠。虫体长 0.56～0.85mm。以螺蛳为中间宿主。虫体吸附部分可引起肠上皮脱落、出血。病鸽症状明显，表现为出血性肠炎。粪检发现虫卵或剖检发现虫体可确诊。

消除速率常数（elimination rate constant，Ke）　表示单位时间内药物从体内消除的份数，即药物从体内（或中心室）以一级速率过程消除的速率常数。其消除的方式包括生物转化、肾脏排泄及其他途径消除。

消毒（disinfection）　杀死病原微生物、但不一定能杀死细菌芽孢的方法，是对传播媒介上的微生物，特别是病原微生物进行杀灭或清除以达到无害化要求的总称。消毒是传染病防控措施中的一个重要环节。根据消毒的目的，可分为预防性消毒、随时消毒和终末消毒。常用的消毒方法有机械性清除、物理消毒法、化学消毒法和生物热消毒等。

消毒池（disinfection pond）　畜牧场、肉类加工厂生产区及畜舍入口处设置的供人及运输车辆消毒的设施。运输车辆消毒池深 0.2～0.3m，长度不小于 9m；人员消毒池深 0.15～0.2m，长度通常为 1.5m 或与门等宽。

消毒剂（disinfectant）　用于杀灭传播媒介上病原微生物，使其达到无害化要求的制剂。按其作用的水平可分为灭菌剂、高效消毒剂、中效消毒剂、低效消毒剂。灭菌剂可杀灭一切微生物使其达到灭菌要求，包括甲醛、戊二醛、环氧乙烷、过氧乙酸、过氧化氢、二氧化氯等。高效消毒剂可杀灭一切细菌繁殖体（包括分枝杆菌）、病毒、真菌及其孢子等，对细菌芽孢也有一定杀灭作用，达到高水平消毒要求，包括含氯消毒剂、臭氧、甲基乙内酰脲类化合物、双链季铵盐等。中效消毒剂仅可杀灭分枝杆菌、真菌、病毒及细菌繁殖体等微生物，达到消毒要求，包括含碘消毒剂、醇类消毒剂、酚类消毒剂等。低效消毒剂仅可杀灭细菌繁殖体和亲酯病毒，达到消毒剂要求，包括苯扎溴铵等季铵盐类消毒剂、洗必泰等双胍类消毒剂，以及中草药消毒剂等。

消毒净（myristylpico line bromide） 表面活性剂。有较强的抗菌作用。刺激性小。用于手及术野皮肤和腔道黏膜的消毒。也可做医用金属器械、橡胶制品的消毒。

消化（digestion） 动物由外界摄取营养物质，经消化道使其转变为可吸收利用状态的过程。包括物理性消化、化学性消化和微生物消化。三者密切联系，互相协调，共同完成消化过程。

消化道传播（digestive tract transmission） 病原体经消化道侵入动物机体引起的传播。传染源的分泌物、排出物和病畜尸体及其流出物污染了饲料、饮水和各种用具，使病原体随饲料和饮水侵入动物口腔黏膜、鼻咽淋巴结及扁桃体上，或经此侵入胃肠道引起感染。大多数传染病可经此途径传播。

消化管（alimentary canal） 即消化道。除口腔外，管壁一般由 4 层构成，由内向外为黏膜、黏膜下组织、肌膜和外膜。黏膜又分为黏膜上皮、固有层和黏膜肌层。黏膜可形成纵的（食管）、横的（肠）或不规则的（胃）皱襞，表面可形成绒毛样突起（肠绒毛），黏膜上皮可凹陷入固有层和黏膜下组织内形成壁内腺。肌膜由平滑肌构成，大部分形成内环肌层和外纵肌层两层，个别部位分为 3 层，如胃；少数部位由横纹肌构成，如食管。纵肌层可集中形成几条纵肌带，如马、猪、兔的大肠，肠壁则于纵肌带间形成一系列肠袋。外膜大部分被覆浆膜，以浆膜下组织与肌膜相连。在黏膜下组织和肌膜内分布有神经丛（黏膜下丛和肠肌丛）。

消化酶（digestive enzyme） 由消化腺的分泌细胞产生，随消化液分泌进入消化管，可对食物起化学性消化作用，如唾液淀粉酶、胃蛋白酶、凝乳酶、胰蛋白酶、糜蛋白酶、胰脂肪酶、胰淀粉酶和肠激酶等。大多属水解酶。它们能将蛋白质分解为氨基酸，脂肪分解为脂肪酸和甘油，淀粉分解为单糖。

消化系统（digestive system） 又称消化器。包括消化管和消化腺两大部分。消化管顺次分为口腔、咽、食管、胃、小肠、大肠和肛管；消化腺除消化管壁内的小腺外，大的有唾液腺、肝和胰。消化系统的形态构造因动物食性而有差异。

消化液（digestive juice） 消化腺的分泌物。含有消化酶或特殊化学成分，排入消化管对食物起化学性消化作用，主要包括唾液、胃液、胰液、胆汁和小肠液等。其分泌受神经和体液因素的调节。

消散型感染（dispersed infection） 见一过性感染。

消炎痛（indometacin） 又名吲哚美辛。非甾体类抗炎镇痛药，具有抗炎、解热、镇痛和抗风湿作用。以抗炎作用最强，镇痛作用较弱。用于痛风、风湿性或类风湿性关节炎、腱炎、腱鞘炎及其他炎性疼痛。不良作用有胃肠道反应、造血系统障碍及过敏反应等。肾功能衰退时忌用，溃疡病患畜慎用。

硝碘酚腈（nitroxynil） 新型杀肝片吸虫药。阻断虫体的氧化磷酸化作用，影响能量代谢而使虫体死亡。除对牛、羊肝片吸虫、大片吸虫有良好效果外，对牛胰阔盘吸虫，羊前后盘吸虫，牛、羊捻转血矛线虫，猪肝片吸虫，犬钩虫亦有效。排泄慢，用药后 31d 内不能屠宰食用，禁用于产乳奶牛。

硝基咪唑类（nitroimidazoles） 一类具有抗原虫和抗菌活性的药物，包括甲硝唑、地美硝唑、替硝唑、罗硝唑、尼莫唑和氟硝唑等。在兽医临床上常用的有甲硝唑和地美硝唑。

硝硫氰胺（nithiocyanamine） 抗血吸虫药。抑制琥珀酸脱氢酶，影响能量代谢，使虫体收缩，丧失吸附能力而肝移，最后被炎症细胞包围、消灭。对童虫几乎无作用，对成虫有较强的灭虫效果。毒性大。心、肝、肾有病变及孕畜忌用。

硝硫氰醚（nitroscanate） 新型广谱驱虫药。对血吸虫、肝片吸虫及弓蛔虫、弓首蛔虫，各种带绦虫、犬复孔绦虫，钩口线虫有高效，对细粒棘球绦虫未成熟虫体及猪姜片吸虫亦有较高疗效。我国主用于牛血吸虫病和肝片吸虫病的治疗。对牛血吸虫病必须第三胃注射才能获良效。牛肝片吸虫病也宜第三胃注射。

硝氯酚（niclofolan） 又名拜耳 9015（bayer 9015）。抗肝片吸虫药。具有高效、低毒、用量小的特点。抑制虫体琥珀酸脱氢酶，从而影响虫体能量代谢而发挥作用。是较理想的抗牛、羊肝片吸虫药物。对肝片吸虫成虫、童虫都有效。不需禁食，可直接投服和混饲给药。难溶于水。用药后 9d 内的乳汁及 15d 内的肉食品不能食用。

硝羟苯胂酸（roxarsone） 即洛克沙胂。作为一种优秀的饲料添加剂，其作用相当广泛。主要有以下重要功能：①刺激动物生长，提高增重；②提高饲料利用率，降低养殖成本；③抗球虫，与多种抗球虫药如盐霉素、球痢灵及尼卡巴嗪等配伍，都具有协同作用，能提高这些药物的抗球虫效果；④抗菌，对多种肠道致病菌有较强的抑制或杀灭作用，与多种抗生素合用有协同作用；⑤提高畜禽产品的色素沉积，改善肉品感官；⑥与多种微量元素有颉颃作用，与部分维生素有协同作用。本品的毒性很低。

硝酸盐还原试验（nitrate reduction test）　鉴定细菌还原硝酸盐生成亚硝酸盐等化合物能力的生化试验。将细菌接种于含 0.1% KNO_3 的蛋白胨水中，在37℃培养2～5d。临试前将磺胺酸冰醋酸溶液和α-萘胺乙醇溶液等量混合，取混合试剂加于液体培养物中。如有亚硝酸盐存在，则与氨基苯磺酸作用而生形成双偶氮盐类，后者又与α-萘胺作用而生成可溶性红色化合物。如无红色出现，可能存在硝酸盐未被还原或已被进一步还原两种可能。进一步鉴定可用5mg锌粉加于培养基中，其结果是：有红色出现，证明硝酸盐未被还原；仍无红色出现，则硝酸盐被还原为氨和氮等其他产物。

小檗碱（berberine）　广谱抗菌药，体外对多种革兰氏阳性及阴性菌均具抑菌作用，其中对溶血性链球菌、金黄色葡萄球菌、霍乱弧菌、脑膜炎球菌、志贺痢疾杆菌、伤寒杆菌、白喉杆菌等有较强的抑制作用，低浓度时抑菌，高浓度时杀菌。对流感病毒、阿米巴原虫、钩端螺旋体、某些皮肤真菌也有一定抑制作用。体外实验证实黄连素能增强白细胞及肝网状内皮系统的吞噬能力。痢疾杆菌、溶血性链球菌、金黄色葡萄球菌等极易对本品产生耐药性。本品与青霉素、链霉素等无交叉耐药性。

小肠（small intestine）　肠较细的前半，是进行消化吸收的主要部位。顺次分为十二指肠、空肠和回肠。黏膜上皮细胞游离面具有微绒毛，形成纹状缘。黏膜固有层内分布有肠腺；十二指肠黏膜下组织内尚分布有十二指肠腺。黏膜除形成暂时性的环形襞外，表面形成无数肠绒毛，肉眼勉强可见。淋巴组织形成淋巴孤结和集结，后者以回肠特别发达，有的呈长带状。禽无十二指肠腺。

小肠结肠炎耶尔森氏菌病（yersinia enterocolitis）　小肠结肠炎耶尔森氏菌（*Yersinia enterocolitica*）引起的人畜共患病。本病主要见于人，动物也可感染发病，有些不表现临床症状，有些可引起发病。可表现多种临床类型如腹泻、腹痛、发热、败血症、脑膜炎等，因而易被误诊，确诊主要靠病原分离鉴定和血清学检查。常用的抗菌药物对本病有一定疗效。目前分离的菌株，对链霉素、庆大霉素等较敏感。

小肠绒毛（villus of small intestine）　由小肠的黏膜上皮和固有膜共同构成的一些伸向肠腔的指状突起。表面有单层柱状上皮覆盖，中间是细密的结缔组织，其中有中央乳糜管、毛细血管网和纵行的平滑肌纤维。绒毛的存在大大增加了小肠的吸收面积，并加快了被吸收物质的转运。

小肠消化（digestion in the small intestine）　食物经胃排空入小肠后，在十二指肠、空肠、回肠内的消化过程。在小肠内食物受胰液、胆汁和小肠液的化学性消化作用以及小肠运动的机械性消化作用，大部分营养成分被分解成为可被吸收和利用的状态，并在这里被吸收进入机体。小肠消化对各种畜禽都很重要，肉食和杂食家畜经小肠消化后，消化过程即基本完成，只留未被吸收的食物残渣，从小肠进入大肠。

小肠液（small intestinal juice）　肠腺（或李氏腺）和十二指肠腺（或白氏腺）分泌的混合液。呈弱碱性，pH 约 7.6。含有大量的水分、无机离子（Na^+、K^+、Ca^+、Cl^- 等）和有机物（主要为黏蛋白和酶）。其中酶有两种形式，一种呈溶解状态存在于小肠液的液体部分，是小肠腺的分泌物，包括肠淀粉酶和肠激酶等。另一种呈不溶解状态存在于小肠黏膜的脱落上皮细胞中，包括肽酶、脂肪酶、蔗糖酶、麦芽糖酶、乳糖酶及分解核蛋白的核酸酶、核苷酸酶和核苷酶等，这些可能是随脱落细胞进入肠液的细胞内酶。它们主要在小肠内起消化作用。

小袋纤毛虫病（balantidiosis）　由纤毛虫纲小袋虫科的结肠小袋纤毛虫寄生在结肠引起的一种人畜共患原虫病。主要感染猪和人，有时也感染牛和羊以及鼠类。小袋纤毛虫生活史包括滋养体和包囊两期。滋养体呈长圆形，无色透明，或淡灰略带绿色，大小为（30～180）μm×（25～120）μm。全身披有纤毛，活的滋养体可借纤毛的摆动呈迅速旋转式运动。包囊呈圆形或卵圆形，直径 40～60μm，囊壁厚而透明，两层呈淡黄色或绿色。人体肠内滋养体较少形成包囊，而猪肠内的虫体可大量形成包囊。滋养体随粪便排出体外后亦能成囊。包囊污染的食物和饮水经口进入宿主体内，在胃肠道脱囊逸出滋养体并下移至结肠内寄生，经二分裂繁殖。在我国南方地区，小猪常发生本病。病程有急性和慢性两型。急性型多突然发病，可于2～3d内发生死亡；慢性型可持续数周至数月。患猪表现为精神沉郁，食欲减退或废绝，喜躺卧，有颤抖现象，体温有时升高；腹泻为常见的症状，粪便先为半稀，后水泻，带有黏膜碎片和血液，并有恶臭。重症病猪可发生死亡。仔猪发病严重，成年猪常为带虫者。猪的感染率为 20%～100%。用生理盐水涂片法检查新鲜粪便中的滋养体和包囊可以确诊。防控应加强卫生宣传教育，注意个人卫生和饮食卫生，加强人粪、猪粪的管理，避免虫体污染食物与水源。治疗可用灭滴灵、土霉素、金霉素、四环素。

小鹅瘟（gosling plague） 鹅细小病毒（*Goose parvovirus*）引起的以严重渗出性肠炎为特征的雏鹅急性、败血性传染病。1956 年首先在中国发现，一些欧洲国家也有报道。本病传播迅速，20 日龄以内的雏鹅易感，日龄越小，病死率越高，表现严重下痢和神经症状。特征病变是肠腔中形成腊肠状栓子，堵塞肠腔。防制应重视种蛋和孵化器及用具设备的消毒，流行地区需对种用母鹅接种小鹅瘟疫苗，使雏鹅获得较高的母源抗体。对已发病的雏鹅群立即使用小鹅瘟高免血清进行紧急预防和治疗。

小反刍兽疫病毒（*peste des petits ruminants virus*） 副黏病毒科（Paramyxoviridae）、麻疹病毒属（*Morbillivirus*）成员。病毒颗粒常呈圆形，直径 120～300nm。有囊膜，为单链负股不分节段 RNA 病毒。病毒对山羊及绵羊致病，类似于牛瘟，主要发生于西非。山羊的死亡率可高达 95%，绵羊略低。病毒的传播类似于牛瘟。野生动物被认为在病毒的传播方面不起作用。病毒分离用原代羔羊肾细胞。一般多用牛瘟疫苗控制疾病的传播。小反刍兽疫是 OIE 规定的通报疫病。

小红细胞（microcyte） 直径明显小于正常值的红细胞。正常红细胞直径如下：马 5.6～8.0μm，牛 3.6～9.6μm，绵羊 3.5～6.0μm，山羊 3.2～4.2μm，猪 4.0～8.0μm，鸡 7.5～12.0μm。直径明显大于正常值者称为巨红细胞（macrocyte）。小红细胞和巨红细胞均属于异常红细胞。

小红细胞性贫血（microcytic anemia） 红细胞平均容积（mean corpuscular volume，MCV）小于正常的一型贫血。常见于缺铁性贫血等。

小鸡脑软化（encephalomalacia of chick） 雏鸡脑组织出现软化灶的一种营养代谢病。主要发生于 15～30 日龄雏鸡，多因日粮中维生素 E 或硒不足或缺乏所引起。症状有共济失调，翅膀痉挛，蹲伏地上，惊厥和发狂，头向上向后退缩，或向侧方钩弄，拍翅，划腿等。预防措施，应在日粮中补饲植物油和维生素 E 制剂。

小鸡渗出性素质（exudative diathesis of chick） 雏鸡发生的以毛细血管壁变性、坏死、血管通透性增高、血浆蛋白渗出并积聚于皮下，肌肉营养不良，胰腺纤维化，肌胃变性以及脑软化为特征的营养代谢病。主要发生于出壳后 15～30 日龄雏鸡。与维生素 E 与硒缺乏有关。治疗宜投服维生素 E 制剂，补饲硒或含硫氨基酸。

小胶质细胞（microglia） 神经胶质细胞中最小的一种。胞体细长或椭圆。核小，扁平或呈三角形，染色深。细胞的突起细长，有分支，表面有许多小棘突。小胶质细胞的数量少，仅占全部胶质细胞的 5% 左右。中枢神经系统损伤时，小胶质细胞可转变为巨噬细胞，吞噬细胞碎屑及退化变性的髓鞘。

小结树突细胞（follicular dendritic cell） 又称滤泡树突状细胞（FDC）。存在于淋巴组织 B 细胞区，即初级滤泡和生发中心的一种胞质呈树枝状向外突起的细胞。FDC 不是骨髓衍生的细胞，且与 T 细胞区和身体其他部位树突状细胞（如朗格罕细胞、胎膜细胞、并指状细胞）无关。它们是长寿命的细胞，能将以免疫复合物形式的抗原捕获并长时间保留在细胞表面。免疫反应时，FDC 递呈这些复合物中的抗原给 B 细胞，对抗原有高亲和力的 B 细胞存活并分化成分泌抗体的细胞或记忆细胞。其他 B 细胞则凋亡。FDC 有 Fc 受体和 C_{3b}受体，但与其他树突状细胞不同，不以允许 T 细胞识别的方式加工或递呈抗原。

小脉（small pulse） 动脉搏动振幅小，脉搏数低，将检指抬起的高度小的脉。表示心收缩力弱，每搏输出量少，脉压差小。脉搏过于弱小而不易用手检出时则称为脉不感手，多提示预后不良。

小鼠（mouse） 啮齿目（Rodentia）、鼠科（Muridae）、鼠属（*Mus*）的动物。实验小鼠由野生小鼠经过长期选择培育而成。早在 17 世纪，小鼠已作为实验动物。小鼠是应用最广泛、研究最详尽的实验动物。小鼠个体小、温驯、胆小、杂食、喜啃咬。生活习性为喜群居，昼伏夜动。身体无汗腺，对环境适应性差。辨色能力弱，听觉、嗅觉敏锐。有多种毛色，如白、鼠灰、黑、棕、黄、巧克力、肉桂等色泽。成年雄性体重 20～40g，雌性 18～35g，寿命一般 1.5～3 年，染色体数 2n=40，性周期 4～5d，妊娠期 19～21d。哺乳期 20～22d，窝仔数 4～12 只。

615 小鼠（615 mouse） 近交系实验用小鼠。1961 年中国医学科学院输血及血液病研究所用普通白化小鼠与 C57BL/血研小鼠杂交，再采用近交培育而成，灰色、毛色基因 abc，肿瘤发生率 10%～20%，雌性为乳腺癌，雄性为肺癌，对津 638 白血病病毒敏感。

小鼠病毒性肺炎（murine viral pneumonia） 小鼠肺炎病毒（*pneumonia virus* of mice）引起的小鼠慢性呼吸道传染病，可感染大鼠、地鼠、豚鼠。病毒具有严格的嗜肺性。主要通过飞沫、尘埃经呼吸道传播。3～4 周龄小鼠最敏感。表现呼吸加快并伴发“咕噜”呼吸声。前胸两侧震颤、被毛汗湿、常用前爪搔鼻，肺有红灰色实变病灶、肺水肿。成年鼠多为慢性经过或呈不显性感染。PCM 是 SPF 级小鼠、大鼠、豚鼠、地鼠必检病原。预防本病应建立屏障系统；实验群小鼠应注意保温、防湿、通风、全价营养等饲养管理和卫生防疫工作，及时发现处理病鼠和可疑鼠以控制扩散。

小鼠肝炎（murine hepatitis）冠状病毒属小鼠肝炎病毒引起的一种传染病。鼠群易被感染，通常呈隐性或亚临床状态，在一些应激因素作用下可激发为急性致死性病变。主要通过呼吸道、消化道和胎盘等途径感染。临床表现与毒株毒力、小鼠品种品系、年龄和饲养管理等要素有关。病鼠表现为肝炎、脑炎、肠炎症状。随着病毒在肝脏增殖，血清谷丙转氨酶和谷草转氨酶急剧升高，病鼠不活泼、体重减轻、腹泻、脱水、消瘦，经 2～4d 死亡。有的表现后肢麻痹，痉挛等神经症状。剖检可见脑病变，肝脏灰白色坏死灶。利用荧光抗体法检查感染鼠的病毒抗原，或从小鼠巨噬细胞分离病毒均可作出确诊；对不显性感染鼠群只能用补体结合试验、中和试验或 ELISA 等血清学方法进行监测，使用不同毒株的多价抗原可提高阳性检出率。小鼠肝炎病毒是我国清洁级小鼠必检病原。防制上应采用屏障系统饲养，并定期监测。

小鼠巨细胞病毒感染（mouse cytomegalovirus infection）小鼠巨细胞病毒（*Mouse cytomegalovirus*，MCMV，又称小鼠唾液腺病毒 *Mouse salivary virus*）引起的小鼠隐性感染的传染病。自然感染无症状，可在唾液腺腺泡上皮细胞内见到嗜酸性核内包含体。可长期经唾液排毒。实验感染小鼠常做为人巨细胞病毒感染的动物模型。

小鼠脑脊髓炎（murine encephalomyelitis）小鼠脑脊髓炎病毒（又称小鼠脊髓灰质炎病毒 *Mouse poliomyelitis virus*，因为由 Theiler 发现也称为 *Theiler's mouse encephalomyelitis virus*，TMEV）引起小鼠的以后肢麻痹为特征的传染病。病毒主要集聚于病鼠肠壁，或经淋巴系统侵入神经系统，以脊髓前角含毒量最高。感染鼠通过粪便长期排毒、通常经口或经吸血昆虫刺蛰传染。幼龄鼠易感性最高，随鼠的日龄增长而感受性降低，多为隐性，在自然条件下显性病例呈散发，偶有流行。常见的症状是后肢轻度瘫痪和麻痹，病初仅见于单肢，随后成为双肢，多数转归死亡。存活鼠留有后遗症。主要病变为脊髓前角坏死灶，脑脊髓有嗜神经细胞及套管现象。根据症状可以作出诊断。防制上应采用屏障系统饲养，并定期进行监测。小鼠脑脊髓炎病毒是我国 SPF 级小鼠必检病原。

小鼠脱脚病（ectromelia）又称小鼠痘（mouse pox）。痘病毒属中小鼠脱脚病病毒（*Ectromelia virus*）或小鼠痘病毒（*Mouse pox virus*，MPV）引起小鼠的一种死亡率很高的传染病。本病在世界各国鼠群中广泛存在，仅小鼠感染，乳鼠和 1 年以上的老龄鼠易感性强。可经病鼠皮肤病灶接触感染，或经昆虫和人间接感染，呼吸道和胎盘垂直感染。急性病例表现弓背、被毛逆立。多数有结膜炎。急性感染几乎全部死亡；亚急性病例表现典型的四肢末端、耳翼、尾端、皮肤坏死、坏疽脱落。病灶部细胞内有包涵体。小鼠脱脚症病毒是我国清洁级小鼠必检病原。根据流行特点和典型症状可以诊断，利用血凝抑制试验、补体结合试验等血清学方法可以监测。污染鼠群净化极为困难，多采用全群淘汰处理、更新鼠群。防制上首先要防止病原传入，并配合屏障系统饲养管理。

小鼠细小病毒感染（infection of minute virus of mice）由小鼠细小病毒引起的小鼠传染病。实验小鼠和野生小鼠是小鼠细小病毒的自然宿主，通过带毒小鼠尿液排毒，直接、间接接触感染，也可垂直感染。小鼠感染多呈隐性带毒。小鼠细小病毒在鼠群中广泛存在，经常污染肿瘤、细胞系和经小鼠传代的白血病病毒种毒。小鼠细小病毒是我国 SPF 级小鼠必检病原。

小鼠腺病毒感染（murine adenovirus infection）鼠腺病毒引起小鼠一种隐性感染性疾病。当感染小鼠经试验处理降低抵抗力时会引起发病，干扰实验研究的进行和结果。带毒鼠自鼻腔和尿排毒，并通过接触传播发生感染。哺乳小鼠引起死亡，幼鼠和成鼠仅表现发育不良、生长迟缓。剖检可见心肌灶性坏死，于心、肾和肾上腺等组织的细胞中形成核内包含体。小鼠腺病毒是我国 SPF 小鼠必检病原。可以利用补体结合试验和中和各试验等血清学方法进行检疫，淘汰处理阳性鼠，以控制传染。采用屏障系统饲养是最理想的预防方法。

小鼠隐孢子虫（*Cryptosporidium muris*）属隐孢子虫科（Cryptosporidiidae）、隐孢子虫属（*Cryptosporidium*）。寄生于小肠黏膜上皮细胞的细胞膜内和细胞浆膜外，虫体大小为 4.5μm×4.5μm。卵囊呈圆形或椭圆形，卵囊壁光滑，囊壁上有裂缝。无微孔、极粒和孢子囊。每个卵囊内含有 4 个裸露的香蕉形的子孢子和 1 个残体，残体由 1 个折光体和一些颗粒组成。生活史过程包括裂殖生殖、配子生殖和孢子生殖。隐孢子虫全部发育过程均在细胞膜内而在细胞质外的带虫空泡内完成。孢子化卵囊是唯一的外生性阶段，随粪便排出体外。

小泰勒虫病（Theileriosis parva）小泰勒虫（*Theileria parva*）寄生于牛、瘤牛、水牛红细胞和淋巴细胞内引起的原虫病。小泰勒虫属于孢子虫纲、泰勒科，虫体呈杆形、圆形、卵圆形和逗点形，以杆形者为多，大小（1.5～2.0）μm×（0.5～1.0）μm。传播者为扇头蜱和璃眼蜱，不经卵传递。侵入畜体内的虫体先进入淋巴结、脾等处的网状内皮细胞内，以裂殖生殖方式形成多核虫体（柯赫氏蓝体）。此后，虫体进入红细胞，发育成配子体。致病性强，可导致感染动物90%～100%死亡。患畜高热，不食，流多量鼻液，流泪，体表淋巴结肿胀，全身性衰弱。在血液中检出虫体或从淋巴结或在脾脏中发现柯赫氏蓝体可做出诊断。用金霉素和土霉素治疗有一定效果。预防以防蜱、灭蜱为主。

小体（bodies） 泛指动物组织或细胞内形成的具有一定形态结构或染色特征的细小物体。有的肉眼可见，有的需在光镜下或电镜下才能观察到。各种小体有不同的本质，如病毒性传染病出现的包涵体，慢性炎症中浆细胞内的鲁塞尔氏小体，雌性动物神经细胞及大部分体细胞核膜内的巴尔氏小体。

小型猪（miniature pig，minipig） 体型明显小，6月龄体重≤30kg的供动物实验的猪。小型猪便于饲养、管理、实验处理。从19世纪50年代至今，国内外已有多个品系被开发、应用。

小叶性肺炎（lobular pneumonia） 见支气管肺炎。

小猪桑葚心（mulberry heart disease in piglets） 因硒与维生素E缺乏引起小猪心肌变性、出血似桑葚状外观。主要发生于小猪，成年猪偶见。重症病例多伴发严重的呼吸困难，心跳加快，节律不齐，结膜发绀，卧地不起。在强行运动、恶劣天气或运输等应激因素影响下，可发生急性死亡。治疗应注射硒和/或维生素E制剂。

效价（titer） 又称滴度。生物制品活性（数量）高低的标志。如通过血清学方法能显示一定反应的抗体或抗血清的最高稀释倍数，单位体积液体中有感染能力的病毒数目等。

效力检验（potency test） 检查生物制品实际效能的试验。是国家规定的成品检验项目之一。生物制品的效能指的是实际使用价值。如疫苗、类毒素的免疫力，抗病血清的特异性抗体效价等。效力检验包括菌数、毒价测定、免疫力、免疫期和稳定性等内容。

效应淋巴细胞（effective lymphocyte） 具有免疫效应的淋巴细胞。包括发挥细胞免疫效应的T_H细胞、迟发型变态反应T细胞、细胞毒性T细胞（CTL）、产生抗体的浆细胞、杀伤靶细胞的武装（或活化）巨噬细胞等。

效应器（effector） 对来自体内外的刺激产生反应的器官。如肌肉、腺体等。肌肉对刺激的反应表现为收缩或舒张，腺体则表现为分泌活动开始、加强或者减弱、停止等。效应器是反射弧的最后一个部分。

效应T细胞（effector T cell） 抗原激活后分化形成的执行免疫效应的T细胞。如T_H细胞、细胞毒性T细胞（CTL）、迟发型变态反应T细胞等。

协同肌（synergist） 与主动肌作用相同的肌肉。多位于主动肌的同侧。

协同凝集（co-agglutination） 以带A蛋白的金黄色葡萄球菌为载体的一种反向间接凝集试验。葡萄球菌A蛋白（SPA）能与多种哺乳动物的IgG结合，直接被抗血清所致敏。此种用抗体致敏的葡萄球菌能与大分子抗原结合，出现凝集反应。本法能在玻板上直接从病料中或增菌培养液中检出致病细菌或病毒，是一种简易的快速诊断方法。

协同作用（synergistic effects） 联合作用的一种形式，2种药物并用时疗效相当于两药总和或大于各药单用双倍剂量。

斜方肌（m. trapezius） 颈部和背部浅层的三角形阔肌。起始于项韧带或颈背侧中线和胸椎棘突，可分为颈部和背部：颈部肌束向后向下，止于肩胛冈；胸部肌束向前向下，止于冈结节。作用为提举前肢时将肩胛骨向前摆动；动物站立时两侧同时收缩可使躯干下沉，在肉食兽较明显。

斜颈（torticollis） 头颈向一侧倾斜的状态。除先天性发育异常外，主要由颈椎疾病、颈部炎症、眼肌疾病等继发所致。症状是颈部呈现多种形式向一侧倾斜或屈曲，用人力试行整复，不能回到正常位置。病畜多侧卧，重症不能起立和直线前进。治疗应首先查明原因，对症治疗。

颉颃关系（antagonism） 两种或两种以上微生物共同生长时，使双方或一方受害的现象。可分为竞争（competition）、偏生（amensalism）、寄生（parasitism）和吞噬（predation）。①竞争是两种或两种以上微生物共同生存时，为获得能源、空间或有限的生长因子而发生的争夺现象，竞争的双方都受到不利影响。②偏生是指两种微生物共同生长时，一方产生毒害或抑制对方生长的物质，使对方受害或生长受到抑制，而其本身不受影响或反而受益。③寄生是一种小型生物生活在另一种较大型生物的体内或体表，从中获取其生长繁殖所需的营养物质，并使后者蒙受伤害甚至被杀死的现象。前者称寄生物，为受益方，后者称寄主或宿主，为受害方。④吞噬是指一种较大型的微生物吞入并消化另一种小型微生物以满足其营养需要的相互关系，前者称吞噬者，后者称牺牲者。

颉颃剂（antagonist） 能减弱或阻止另一种分子或信号转导途径的药物、酶、抑制剂或激素类等物质。颉颃剂与激动剂相对，与受体结合，但不能诱导产生生物活性变化的构象变化，而激动剂是能够诱导受体构象变化而引起生物活性变化。颉颃剂只与受体有较强的亲和力，而无内在药物活性，故不产生效应，但能阻断激动药与受体结合，因而有对抗或取消激动药的作用。

颉颃作用（antagonistic action） 两种或两种以上化学毒物的联合作用小于各化学毒物作用之和。颉颃作用又可分为化学颉颃作用和功能性颉颃作用，化学颉颃作用是一种化学毒物在体内与另一种化学毒物发生化学反应，产生毒性较低的产物，如二巯基丙醇与重金属螯合；功能性颉颃作用是两种化学毒物对同一生理参数产生相反作用，如中枢神经兴奋药和抑制药之间的反作用。

携带病原体的动物（animals as carriers of pathogens） 没有任何临床症状而能排出病原体的动物，包括3种情况：①潜伏期病原携带者。在潜伏期内携带病原体者，这类携带者多数在潜伏期末排出病原体。②恢复期病原携带者。临床症状消失后继续排出病原体者。一般恢复期病原携带状态持续时间较短，凡临床症状消失后病原携带时间在3个月以内者，称为暂时性病原携带者；超过3个月者，称为慢性病原携带者。少数动物甚至可终身携带病原。③健康病原携带者。整个感染过程中均无明显临床症状与体征而排出病原体者。病原携带者作为传染源的意义取决于其排出的病原体量、携带病原体的时间长短、携带者的活动范围、环境卫生条件及防疫措施等。

缬氨酸（valine） 非极性脂肪族支链氨基酸，简写为Val、V。生糖的必需氨基酸。其生物合成大体包括丙酮酸缩合、羟酸还原、脱水和转氨等反应阶段。其分解产物是琥珀酰CoA。

泄殖腔（cloaca） 后肠末段的膨大部，其腹侧与尿囊相连，末端以泄殖腔膜封闭。

泄殖腔膜（cloacal membrane/plate） 原肠尾端的后肠的后壁。

泻血（venesection） 一种古老的兽医治病方法。用刺络针或套管针对粗大的静脉进行刺络或穿刺，使血液外流，马、牛从颈静脉泻血一次可达2～3L（最高达5L）。对蹄叶炎、麻痹性肌红蛋白尿症、中毒等疾病有一定疗效。

泻药（cathartic） 一类能促进排粪的药物。按其作用机理，可分为：①容积性泻药，有硫酸钠、硫酸镁、甲基纤维素等；②刺激性泻药，如蓖麻油、大黄、酚酞等；③润滑软化性泻药，如液状石蜡、植物油等；④神经性泻药，包括拟胆碱药及抗胆碱酯酶药（新斯的明等）。泻药除治疗便秘外，还具有排出肠内的毒物和腐败产物及驱虫等作用。

心包穿刺（pericardial puncture） 为了诊治目的将穿刺针自体外透过胸壁刺入心包内的操作。主要用于牛，部位在左胸侧4～5肋间，肩端水平线下方约2cm，注意避开胸外静脉。穿刺时站立保定，并使动物左前肢向前移动半步，充分暴露心区。将术部剪毛、消毒，用带胶管的长针头，沿第5肋骨前缘垂直刺入2～4cm，然后连接注射器，边抽液边进针。拔针后注意消毒。

心包击水音（pericardial splashing sound） 蓄积在心包腔内的液体随心脏活动而产生的振荡音。类似震荡盛有半量溶液的玻璃瓶所产生的音响，是渗出性心包炎及心包积水的特征。心包击水音的强弱受心包内液体量、心脏收缩力量等因素影响。当液体量适中、心脏活动良好时最易听到，反之则听不到或音量甚微。

心包积水（hydropericardium） 心包内蓄积过多的液体。是全身性水肿的局部表现或伴发于某些疾病。如猪桑葚心病、心包炎均有此表现。如是炎性水肿，水肿液较混浊，在体外易凝固，其中常混有絮状纤维素和炎性细胞；若非炎性水肿，则水肿液呈清亮或淡黄色。

心包摩擦音（pericardial friction sound） 随心脏活动由两层膜面相互摩擦而产生的心杂音。见于心包脏层与壁层的相对膜面因炎性渗出物、结缔组织增生及钙化物沉着而变粗糙时，是纤维性心包炎的特征，多呈持续性，于心脏舒张、收缩时皆能听到。其强弱取决于膜面的粗糙程度、心脏活动力量和心包内的液体量。

心包炎（pericarditis） 发生在心脏浆膜壁层和脏层的以心包腔蓄积大量炎性渗出物、心包浆膜面附着纤维素性渗出物为特征的炎症。根据病因，可分为传染性、创伤性和寄生虫性心包炎；根据炎性渗出物的性质，可分为浆液性、纤维素性、化脓性、出血性心包炎等类型，通常以浆液-纤维素性心包炎最为常见。临床表现心跳加快，听诊发现心包摩擦音或拍水音，心浊音区扩大，病畜躯体下部和四肢皮下出现明显水肿。治疗应用强心剂和抗生素等进行对症治疗。

心搏动（heart beat） 心脏收缩时左心心尖部撞击左胸壁的振动。这是由于心肌急剧紧张、变硬，横径增加而纵径缩短，并沿其长轴向左方旋转，此时左心的心尖部于瞬间撞击左胸壁产生的震动。

心搏动移位（cardiac impulse displacement） 由于心脏受邻近器官、渗出液、肿瘤等的压迫而造成心搏动位置的改变。

心搏动异常（abnormal heart beat） 心搏动的频率、位置、强度发生的改变。常见类型有4种：①频率异常，其意义与脉搏频率异常相同；②心搏动异位，即心搏动的位置与正常搏动相异，见于胸肺疾病和心包炎等；③心搏动减弱，见于胸壁浮肿、脓肿、气肿等；④心搏动增强，见于剧烈运动、消瘦、心脏疾患、热性病等。

心传导系统（cardiac conducting system） 由特殊分化的心肌纤维构成、能自动地产生和传导兴奋的系统。由窦房结、房室交界（包括房结区、结区、结希区）、房室束（希氏束）及左右束支、浦肯野纤维组成。窦房结含有分化较原始的P细胞，是心脏的起搏细胞。窦房结的兴奋经过心房肌传至整个右心房和左心房，使两心房同步兴奋和收缩。窦房结和房室交界之间并未证实有传导束存在，但研究发现右心房有一部分的心房肌纤维排列方向较整齐一致，传导速度较其他心房肌快，这部分心房组织从功能上构成窦房结和房室交界之间的优势传导通路，窦房结的兴奋经此通路下传至房室交界，经房室束，左右束支传到浦肯野纤维网，引起心室肌兴奋。心室肌再将兴奋由心内膜侧向心外膜侧心室肌传导，引起整个心室兴奋。

心电（cardiac bioelectricity） 心脏的生物电活动。由于心动周期中心肌细胞周期性的去极—复极过程而引起。它反映心脏兴奋的产生、传导和恢复过程中的生物电变化，但和心脏的机械舒缩活动无直接关系，一般不能反映心肌收缩力的改变。

心电导联（electrocardio lead） 心电图仪电流计的正、负极导联线与动物体表不同部位放置的电极相连接而构成描记心电图的电路连接方法。

心电图（electrocardiogram，ECG） 用心电图仪连续描记心脏动作电位所得的曲线图。在心动周期中，心肌每一次收缩之前先产生电兴奋，电流传布全身，各处产生不同的动作电位，因电流强度与方向不断变化，身体各处的动作电位也不断变化，通过心电图仪可以把这种变动着的电位连续描记出曲线图。典型的心电图由下列各波组成：P波，反映心房去极过程的电位变化；P-R间期，代表心房开始去极到心室开始去极的时间；QRS波群，反映心室去极过程的动作电位变化；S-T段，从QRS波群终点到T波起点的线段；Q-T间期，从QRS波群起点到T波终点的时间。

心电图导联（lead method of ECG） 在动物体表不同部位放置电极用于描记心电图的电路连接方法。导联不同所描记的心电图亦有所差异。各种心电图仪的导联线均以红（R，右前肢）、黄（L，左前肢）、绿（LF，左后肢）、黑（RF，右后肢）及白（C，胸）等不同颜色标记以区分正负电极和连接部位。兽医临床上常用的导联有：①双极导联。又叫标准导联，具体方式又有几种。第一导联（Ⅰ）用黄色导线作正极、红色导线作负极，分别连接于左前肢和右前肢；第二导联（Ⅱ）用红色导线作正极接右前肢，绿色导线作负极接左后肢；第三导联（Ⅲ）用黄色导线作正极接左前肢，绿色导线作负极接左后肢；A-B导联也称胸导联，将白色导线放在胸部不同部位（V1、V2、V3、V4、V5、V6、V7）与四肢的电极配合导联。②单极导联。临床上常用的有加压单极肢体导联和单极胸导联两类。其特点是能测得某一点的电位高低。

心电图的测量（measurement of ECG） 心电图上各个波的形状、方向、振幅大小、高度、深度以及各波持续时间和各个间期长短的分析。波开始时所连接的直线为标准零线，也称等电线或基线。波的方向在零线以上者为阳性，在零线以下者为阴性，其振幅应从零线量至波顶或波底。若一个波的一部分为阳性，另一部分为阴性，则称此波为两相波，其振幅在阴阳两波的代数和。以mV作为波的高度单位称为波高。以秒为单位表示波的持续时间。心电图记录纸上的纵线代表电压、横线代表时间。

心电图学（electrocardiography） 研究正常及病理情况下的心电图变化及其临床应用的学科。

心动周期（cardiac cycle） 心脏每收缩、舒张一次即构成一个心动周期。首先是两心房收缩，继而舒张。当心房开始舒张时，两心室进行收缩，然后心室舒张。心房又开始收缩，进入下一个心动周期。在一个心动周期中，心肌收缩时间比舒张时间短。因心室在心脏泵血活动中起着主要作用，通常心动周期指心室的活动周期而言。成年猪在安静状态下平均每分钟75次心动周期，每一次心动周期大约需时0.8 s，其中心房收缩时间约0.1 s（舒张期则为0.7 s），心室收缩历时约0.3 s（舒张期则为0.5 s）。心肌在收缩后能够有效地补充营养和排出代谢产物，这是心肌不发生疲劳的根本原因。心动周期中的舒张期占总时间的50%以上，保证了心脏充分让静脉血回流和充盈心室，同时使心肌本身能从冠状循环中得到足够的血液供应。

心房（cardiac atrium） 接收回心血液的心腔。位于心基部，分左心房和右心房。左心房位于左后方，其向左突出的圆锥形盲囊称左心耳，内壁有梳状肌。左心房有肺静脉开口。右心房位于右前方，包括静脉窦和右心耳。右心耳为向左突出的圆锥形盲囊，内壁亦有梳状肌。静脉窦部有前腔静脉、后腔静脉、奇静脉和心静脉开口。心房经房室口与各心室相通。

心房钠尿肽（atrial natriuretic peptide，ANP）

又称心钠肽。心房肌细胞合成并释放的一类多肽。主要作用是使血管平滑肌舒张和促进肾脏排钠、排水。当心房壁受牵拉时（如血量过多、头低足高位、中心静脉压升高和身体浸入水中）均可刺激心房肌细胞释放心房钠尿肽。

心房内传导阻滞（intra-auricular block）　又称P波异常。心房的某一部分发生兴奋传导障碍，导致心房收缩发生紊乱或停止的一种病理现象。心电图上可看到P波变形、倒转、持续时间延长和P—Q间期缩短或延长。临床表现不甚明显。

心房纤维性颤动（atrial fibrillation）　又称心房颤动、房颤。起搏点在心房的异位性心动过速。发作时表现为不协调的心房乱颤，同时心室搏动快而不规则。心电图上无P波，心室波群不齐。多见于心脏的器质性疾病和二尖瓣口狭窄，也可见于心肌疾病和冠状动脉疾病等。

心房性颈静脉波动　又称阴性波动（negative fluctuation）。由于心脏衰弱、右心血液瘀滞，血液回流障碍导致颈静脉搏动可波及到颈中部以上，其特征是波动出现于心搏动和动脉搏动之前。

心房中隔缺损（atrial septal defect）　心房中隔上部的卵圆孔未能闭锁导致以右心室扩张和肥大为主要特征的病变。多发于犬、猫。临床表现呼吸困难，心搏动亢进，易疲劳，听诊心脏第一心音亢进，第二心音分裂，并有缩期杂音。结膜发绀，幼龄动物发育缓慢，上呼吸道易发感染。心电图显示右心肥大，伴发右房室束传导阻滞。治疗可实行修补缺损手术。

心肺制备（heart-lung preparation）　研究离体心脏的实验装置。利用心肺制备可研究哺乳动物心脏活动的基本规律、生理调节及其影响因素等。

心膈角（cardiodiaphragmatic angle）　动物胸部背腹位和腹背位X线检查时的一个部位。动物胸部背腹位或腹背位X线检查时，膈影弧线的中央向头侧突起并接近心脏，因此在心影的下方与膈影中央向外之两侧形成左、右两个心膈角。某些肺部疾病如猪喘气病常在右心膈角最早出现病变阴影。

心膈三角区（cardiodiaphragmatic triangle）　动物胸部侧位X线检查时的胸部分区之一。系侧位影像中心脏的后方，膈的前方和后腔静脉下方的胸部范围。该区范围较小，形似以后腔静脉为底的倒三角形。动物的呼吸运动对该区的大小有明显影响，吸气时面积增大，呼气时面积缩小。该区又是炎症易发区，所以在做胸部检查时应在最大吸气末曝光以争取该区的最大显示。

心管（cardiac tube）　生心索的中央变空形成的管状结构。当胚胎头、尾两端和两侧向腹面卷褶时，位于胚胎头端的左、右心管随之呈180°扭转移位于胚体的腹侧正中部，并逐渐靠近融合为一条心管，继而出现心球、心房和心室三个膨大，以后又在心房尾端出现一个膨大，即静脉窦，它们逐渐演化为心脏。

心机能不全（cardiac insufficiency）　因心肌收缩力减弱，心输出量下降，静脉回流受阻，心搏输出量不足，以至于机体在静息状态下，心输出量还不能满足机体需要，从而出现的全身性机能、代谢和结构改变的病理过程。依据心肌收缩力减弱发生的部位不同，分为左心机能障碍、右心机能障碍、全心机能障碍。依据发生速度（病程）可分为急性心机能不全、慢性心机能不全。严重者发展为心力衰竭（heart failure）。

心机能试验（test of heart function）　给予动物一定时间、一定强度的运动或荷重，对比观察运动或荷重前、后的心脏机能变化，以此来确定心机能的状态。如一般心机能正常的马匹，经15 min快步运动，心率增至45～65次/min，经3～7 min休息即可恢复正常。但心机能不全时，则可比正常心率增加1倍以上，经15～30 min休息方能恢复正常。此法常用于诊断马和犬的心脏疾患。有时以心脏兴奋指数（运动后心率/运动前心率）表示心机能。

心肌（myocardium）　心壁的中层，构成心脏的主体。由心肌组织构成，分心房肌和心室肌。心房肌薄，有深浅2层，浅层为两心房所共有；深层肌独自分开，为襻状肌和环状肌。心室肌厚，也分深浅2层。浅层肌起于房室口纤维环，呈螺旋状延伸至心尖，旋转构成心涡，穿过深层肌，止于另一心室的乳头肌。深层肌呈横S形，起于乳头肌，依次行经心室壁、室间隔和另一心室壁而止于乳头肌。左心室肌比右心室肌厚，在有些部位是后者的3倍，但在心尖部较薄。

心肌膜（myocardium）　构成心壁的主要部分，主要由心肌纤维构成，心肌纤维呈螺旋状排列，大致分为内纵、中环和外斜三层。它们多集合成束，肌束间有较多的结缔组织和毛细血管。心房的心肌膜较薄，左心室的心肌膜最厚。

心肌细胞（cardiac muscle cell）　又称心肌纤维。构成心壁的主要成分，心脏搏动的物质基础。有横纹，受植物性神经支配。心肌属于横纹肌和不随意肌。心肌纤维呈圆柱状，有分支。每根肌纤维中只有1～2个核，位于肌纤维中央。肌纤维末端以闰盘形式互相连接。但并不互相通连。电镜下可见肌原纤维不完整，每个肌节只有一个二联体，肌浆中的线粒体和糖原比骨骼肌丰富。根据形态和功能可分为两类：起收缩作用的普通心肌纤维和起传导作用的特化心肌纤维，后者包括起搏细胞（P细胞）、移行细胞和蒲金野氏纤维。特化心肌纤维的共同特点是肌原纤维少而肌浆较多。起搏细胞呈多边形，常聚集成团或成行。浦金野氏纤维较普通心肌纤维粗大，多分布于心内膜下，其末端可伸入肌层与普通心肌纤维相连续。移行细胞的结构介于二者之间。心室的肌纤维较粗大，有分支，横小管较多；心房的肌纤维较细短，无分支，横小管很少或无，但彼此间有大量的缝隙连接。部分心房肌纤维内有膜包颗粒，内含心房利钠尿多肽。

心肌炎（myocarditis） 伴发心肌兴奋性增强和收缩机能减弱的心肌炎性疾病。化脓性心肌炎是由败血症的化脓灶或坏死灶形成栓子或经菌血症转移心肌所致。非化脓性心肌炎分为急性和慢性两种，前者继发于某些群发病等；后者继发于心内膜炎和心包炎等。临床表现有心跳加快，尤其当运动过后发生阵发性心动过速，期前收缩性节律不齐。代偿机能丧失后，结膜发绀，呼吸困难，体表静脉怒张，颌下、胸前和四肢末端浮肿，以及体腔积液。治疗应注意减轻心脏负担，增加心肌营养以提高心肌收缩机能。

心肌自动节律性（myocardiac automaticity） 简称自律性。心肌细胞能通过本身内在的变化自动地、节律地发生兴奋的特性。具有自律性的组织称自律组织，包括窦房结、结间束、房室交接（结区除外）、房室束及浦肯野氏纤维，其中以窦房结的节律性最高。自律性的高低以单位时间内自动发生兴奋的次数为衡量指标。

心悸（palpitation） 动物的心搏动过度增强，随心搏动而出现的全身震动。阵发性心悸见于敏感动物和服用某些药物之后，慢性心功能不全的动物过劳或输液过多过快时也可见到；持续性心悸为严重心血管疾病的征象。

心理福利（mental welfare） 动物福利的5个基本要素之一，即减少动物恐惧和焦虑的心情。

心力储备（cardiac reserve） 心输出量随机体代谢的需要而增加的能力。其中通过提高心率实现的，称心率储备；通过增加每搏输出量实现的，称为输出量储备。充分利用心率和输出量的储备能力，可使心输出量提高5～6倍。心力储备的大小可反映心脏泵血功能对内外环境变化的适应能力，与心血管本身的功能状态和动物的整体健康状况有关。

心力衰竭（heart failure） 心肌收缩力减弱致使心输出量减少、动脉压下降、静脉回流受阻以及全身血液循环障碍为主要特征的临床综合征。急性心力衰竭是由于使役过重，如长期休闲后突然重剧劳役、静脉输液量过大过快所致。多种传染病可继发急性心力衰竭。慢性心力衰竭即充血性心力衰竭，其病因是继发或并发于心包炎、心肌炎和慢性心内膜炎等。心力衰竭一般是指心功能不全的失代偿阶段。急性症状心跳加快，心音由强变弱，呼吸增数，肺泡音粗粝，结膜发绀，体表静脉怒张。慢性症状易于疲劳、出汗，在胸前等处水肿。治疗以减轻负担和增强心输出量为目的，进行对症疗法。

心隆起（heart bulge） 由于心脏的发育，在胚体头部腹侧中央形成一个较大的隆起。

心律不齐（cardiac arrhythmia） 心脏节律不齐的简称。每次心音的间隔时间不等且强度不一。按原因可分为窦性心律异常、异位节律和传导阻滞；按临床表现可分为过快而规则的心律、过慢而规则的心律和不规则的心律三种。严重心律不齐可引起四肢厥冷、抽搐、昏迷等。

心率（heart rate） 心脏每分钟跳动的次数。受种别、性别、年龄及内外环境等因素的影响。

心内膜（endocardium） 被覆在心房和心室壁内表面的一层光滑的薄膜，与血管内膜相连续。心内膜从内向外分三层：①内皮，为单层扁平上皮，与血管内皮相连；②内皮下层，为薄层疏松结缔组织，在近室间隔处含有少许平滑肌；③心内膜下层，为疏松结缔组织，与心肌膜相连，内含血管、神经和蒲肯野氏纤维。

心内膜炎（endocarditis） 心内膜及心脏瓣膜的炎症。按病程可分急性和慢性两种。大多数急性心内膜炎由感染引起，如溶血性链球菌感染、葡萄球菌感染、大肠杆菌病、假单胞菌感染、犬瘟热以及败血病和脓毒血症，也可由心包炎、心肌炎、胸膜炎蔓延而来。急性心内膜炎的病初出现持久性或周期性发热。患病犬、猫精神沉郁或嗜眠，食欲减退，极易疲劳。心脏检查可见心搏动增强，心率加快，心区震颤，继而出现心内器质性杂音。杂音出现在心脏收缩期或舒张期，其发生部位和强度比较固定。常常出现脉搏短绌、间歇脉或脉搏细弱，甚至不感于手。慢性心内膜炎又称心脏瓣膜病。二尖瓣、三尖瓣和主动脉瓣是最常受侵害的部位。多由急性心内膜炎转化而来，常伴有心脏瓣膜和瓣孔形态与结构变化。通常没有发热症状，其特征为顽固性心内性器质性杂音，心肥大和心力衰竭。治疗急性心内膜炎的关键是控制急性感染。有条件时应进行血液培养，分离出病原菌，根据药敏试验结果选用高敏的抗菌药物。对于伴发充血性心力衰竭的犬、猫，应限制钠盐摄入，并酌情采用心力衰竭时的治疗方法。慢性心内膜炎所造成的瓣膜或瓣孔形态与结构变化一般是不可逆的。在心脏代偿期通常不需采取特殊的治疗措施。对于名贵品种犬、猫，可根据具体情况采用强心，利尿等措施。还可采用手术治疗。

心内性杂音（endocardial murmur）　心瓣膜及相应的瓣膜口发生形态改变，或血液性质发生变化时，随心脏活动而产生的心杂音。其成因有3方面：①血流经过变形的瓣膜口时产生漩涡运动所发出的声音；②因血液性质改变致使血流速度过快所产生的声音；③变形的瓣膜、心壁、血管壁震动所产生的杂音。

心起搏点（pacemaker）　心脏兴奋的发源地。正常情况下，心脏的自律组织中以窦房结的自律性最高，由此发生的兴奋依次兴奋心房、房室交界和整个心室。窦房结为正常心脏的起搏点。按窦房结的节律跳动的心律称为窦性节律。

心区压痛（pressed pain of the heart area）　触压心区外胸壁的肋间部动物示痛。多见于胸膜炎、心包炎等。

心室（cardiac ventricle）　将血液由心泵出的心腔。位于心房腹侧，分右心室和左心室。右心室位于右前部，略呈曲面三角形，壁稍厚；右上方经右房室口与右心房相通；左上方为动脉圆锥，经肺动脉干口与肺动脉干相通。右心室内有隔缘小梁连于室间隔中部与心室前壁；有3个乳头肌，1个在前壁，2个在室间隔。左心室位于左后部，圆锥形，壁最厚；后上方经左房室口与左心房相通，前上部经主动脉口与主动脉相通。左心室内有2个乳头肌，分别位于左右侧壁；有两条隔缘小梁，分别自室间隔伸至左右乳头肌基部。隔缘小梁可防止心室舒张时过度扩张。

心室内传导阻滞（intraventricular block）　发生于房室束以下的所有兴奋传导障碍。心电图上可看到QRS波群变形和持续时间延长。患畜临床表现不明显，对血液循环也几无影响。

心室纤维性颤动和心室扑动（ventricular fibrillation and ventricular flutter）　由异位兴奋灶引起心室肌纤维发生无规则或有规则的极频繁的收缩。前者称心室纤维性颤动，后者称心室扑动，二者在心电图上均表现为P波、QPS波群及T波消失，基线大都产生正弦曲线状偏斜，二者不易区分。常见于冠状循环性心功能不全、洋地黄中毒、奎尼丁中毒、肾上腺中毒、麻醉、胸腔手术等。

心室性颈静脉搏动　（ventvicuar）又称阳性搏动（positive fluctuation）。由于三尖瓣闭锁不全，当心室收缩时，部分血液经闭锁不全的缝隙逆流到右心房，而使前腔静脉的血液回流一时受阻，导致颈静脉搏动可波及到颈沟的上1/3处，其特征是波动高，力量较强，出现于心室收缩期（与心搏动及动脉搏动相一致）。

心室中隔缺损（ventricular septal defect）　心室中隔底部或上部缺损，导致以心脏杂音或双向分流的血循障碍为主征的心脏病变。多发生于犬。临床表现轻型病例只有心脏杂音；重型病例除缩期杂音外，尚见可视黏膜发绀。心电图显示左右心室肥大，伴发右束支完全或不完全性传导阻滞。治疗可实行修补缺损手术。

心舒期（diastolic period）　心房、心室相继舒张的时期，一般指心室的舒张期。心动周期中的舒张期长于收缩期，保证了心脏充分让静脉血回流和充盈心室，同时使心肌本身能从冠状循环中得到足够的血液供应。

心输出量（cardiac output）　左右心室收缩时射入主动脉或者肺动脉的血量，分为每搏输出量和每分输出量。每搏输出量是指一侧心室一次心搏射出的血量；而每分输出量则是单位时间（分）一侧心室射出的血量，其值＝每搏输出量×心率。生理学一般所说的心输出量指的是每分输出量。心输出量很大程度上和全身组织细胞的新陈代谢相适应。机体静息时，代谢率低，心输出量少；在活动、情绪激动以及进行饲料消化与吸收时，代谢率高，心输出量相应增加，以满足全身新陈代谢增强的需要。

心水病（heart water）　立克次体引起牛、羊的一种以心包积水为特征的热性败血性传染病。反刍兽易感，经蜱传播致病。临诊上最急性病例突然高热虚脱而死；急性病例高热，出现神经症状，最后强直痉挛而亡，亚急性和慢性病例呈顿挫型经过，缓缓康复。病变主要为体腔、心包积水，心肌浑浊肿胀，脂肪变性，肺水肿，肝肿大、脂肪变性，小肠壁呈斑马样纹理等。依据临诊、病变特征及病原分离鉴定可作出正确诊断。用抗生素治疗有效。预防措施主要为灭蜱、检疫检测、接种高免血清。

心缩期（systolic period）　心房、心室相继收缩的时期，一般指心室的收缩期。在心动周期中，心房和心室的收缩期比舒张期短。心肌在收缩后能够有效地补充营养和排出代谢产物，这是心肌不发生疲劳的根本原因。

心外膜（epicardium）　属于心包膜的脏层，为浆膜，表面是间皮，间皮下是薄层结缔组织，内含血管、神经和脂肪组织。

心外性杂音（exocardial murmur）　心包或靠近心区的胸膜发生病变所产生的心杂音。因心包病变所产生的心杂音为心包杂音；因靠近心区的胸膜发炎并有纤维素性产物析出时，随心脏活动而产生的摩擦音为心包外杂音。心外性杂音的共同特点为听之距耳较近，一般均很明显，用听诊器集音头压迫心区杂音增强，杂音一般较为固定，存在时间较长。

心向量图（eletrovecto car diogram） 又称向量心电图。心脏活动中心肌细胞兴奋所产生的电位大小和方向的矢量变化曲线。每一心动周期中，瞬时心电组合向量不断变化，将其矢量箭头顶端按心脏活动的程序连接起来为一环形的心向量图。

心性蛋白尿（cardiac proteinuria） 又称为心性白蛋白尿（cardiac albuminuria）。由于心机能障碍导致肾淤血而出现的蛋白质反应阳性尿。多见于各种心脏疾病和肺循环障碍性疾病。所检出的尿蛋白多为白蛋白。

心性水肿（cardiogenic oedema） 由于心机能不全造成体循环淤滞，血液回流受阻而引起的水肿。

心胸三角区（cardiosternal triangle） 动物胸部侧位X线检查时的胸部分区之一。系侧位影像中心脏的前方，胸骨的上方和气管、臂头动脉下方的胸部范围。该区受肩部和肘部肌肉较厚的影响，影像密度较其他分区为高，且容易被前肢遮挡，所以在拍摄侧位胸片时应将前肢向头侧牵拉。

心血管系统（cardiovascular system） 由心脏、动脉、毛细血管、静脉和流动于其中的血液组成的系统。心脏能自动并在神经系统控制下发生节律性的收缩和舒张，保证血液沿一定方向循环流动。动脉连于心脏和毛细血管之间，将血液从心脏运至组织。毛细血管连于动脉和静脉之间，互相连接成网，是血液与组织间进行物质交换的部位。静脉连于毛细血管和心脏之间，收集血液流回心脏。

心血管造影（angiocardiography） 将经肾排泄的含碘造影剂快速注入心血管中使心脏、大血管及周围血管显影的X线造影技术。可用于检查或诊断小动物动脉导管未闭、动静脉短路以及某器官或肿块的血管分布情况。造影需在透视下进行，通过股动脉、颈总动脉或颈静脉插管，将导管头部置于左心室、右心室或某一动脉内，一次快速将造影剂注入血管，随后立即拍摄系列X线片。

心血管中枢（cardiovascular center） 与心血管反射有关的神经元集中的部位。心血管中枢广泛地分布在中枢神经系统自脊髓至大脑皮层的各级水平。在不同的生理状况下，控制心血管活动的各部分神经元之间以及控制心血管的神经元与控制机体其他机能的神经元之间可发生不同的整合，使心血管活动和机体其他机能活动协调一致。

心音（heart sound） 心脏跳动时由于心肌收缩、瓣膜关闭振动和血流冲击的振动而产生的声音。可用听诊器在胸壁的适当部位听到，也可用仪器描记心音图。每次心跳可听到两个心音：心室开始收缩时听到的，称第一心音，主要由房室瓣关闭振动和心室肌收缩产生；心室开始舒张时听到的，称第二心音，主要由主动脉和肺动脉半月瓣关闭振动产生。循环系统特别是心脏瓣膜有病变时，心音常发生变化，可听到杂音。故听取心音是诊断心血管疾病的重要方法之一。

心音的分裂和重复（splitting and doubling of heart sound） 正常的缩期或舒期的某一心音因病理原因分裂为两个音响；如分裂的程度明显，且分裂开的两个声音有明显间隔，则称为心音的重复。二者的发病机理和诊断意义相同，仅程度不同。第一心音分裂或重复是二尖瓣和/或三尖瓣关闭时间不一致的结果；第二心音分裂或重复是主动脉瓣根部和/或肺动脉瓣根部压力发生变化致使两个半月瓣不同时关闭的结果。

心音浑浊（dullness of the heart sound） 又称心音不纯。两个心音的界限含混不清。见于瓣膜疾病（包括相对闭锁不全）和心机能不全等。

心音减弱（weakness of the heart sound） 心音比正常动物休息时的心音强度减小。是心音传递介质加厚、心肌收缩力减弱、动脉根部血压过低等的结果。第一与第二心音同时减弱见于动物过肥、心机能不全、肺气肿、心包积液和胸腔积液等；第二心音减弱甚至消失见于大失血、心力衰竭、休克、超过一定限度的心动过速等。

心音图（phonocardiogram，PCG） 通过传感器—微音器将心音或杂音的声能转变为电能，再经过滤波放大后描记成的曲线。心音图是心音或心杂音的客观记录，借以进行诸如时间、强度、频率及性质等资料的分析。对动物心音图的研究已发展到临床应用阶段，尤其对犬、马和牛的心音图进行了详细的研究。心音图需和临床听诊和心电图结合使用。

心音图描记（phonocardiography） 用心音描记器描记心音。描记时要确实保定动物，绝对使其安静，必要时可予以镇静。要选择安静的场所，必须避免外来的振动和杂音。在描记前先对心脏进行听诊，特别要掌握心音的性质，确定心杂音的部位和性状。接触体表的胸片与胸壁之间不能有空隙，局部剃毛，最好使用电极糊。在描记心音图的同时描记心电图可观察心音图与心动周期的关系。在描记心音图的同时对其音性进行录音也是了解心音性质的最好方法。上述准备完毕后，选定胸片放置位置，同时按下心音描记器、心电图仪和心音录音机的电键。

心音音色（tone of the heart sound） 心音的纯度或质量。正常心音清晰悦耳、音色纯正。病理性心音音色包括心音浑浊和心音异常清朗两种。

心音增强（accentuation of the heart sound） 心

音比处于休息状态动物的心音强度变大。第一与第二心音同时增强见于兴奋、运动、消瘦、热性病、重度贫血、心脏肥大、剧痛、心脏疾病的代偿期等；第一心音增强或相对增强见于大失血、重度失水、休克等；第二心音增强见于肾炎、左心肥大、肺充血、肺炎初期等。

心源性呼吸困难（cardiogenic dyspnea） 肺循环淤滞性呼吸困难，是心力衰竭尤其左心衰竭时常见的一个症状，临床表现为混合性呼吸困难，伴有心力衰竭的体征。

心源性休克（cardiac shock） 由于心脏机能严重衰退而导致的组织器官微循环灌流不足。表现为血压下降、心输出量减少、中心静脉压高、末梢循环障碍和器官机能障碍。常继发于心脏创伤、心室壁破裂、心肌炎、心瓣膜病、急性心包填塞、大面积肺栓塞、张力性气胸等。

心杂音（cardiac murmur） 伴随心脏的舒张、收缩活动而产生的正常心音以外的附加音响。依产生杂音的部位可分为心外性杂音与心内性杂音两大类。心外性杂音包括心包杂音和心包外杂音，心包杂音按其性质分为心包摩擦音与心包击水音；心内性杂音分为器质性杂音与机能性（非器质性）杂音。

心脏瓣膜病（valvular disease） 又称慢性心内膜炎。心脏瓣膜和瓣孔发生器质性病变导致瓣膜闭锁不全或瓣孔狭窄的慢性心脏病。多由急性心内膜炎转化而来，即瓣膜上的疣状物或缺损为肉芽组织修复并纤维化，使瓣膜萎缩或粘连，形成瓣膜闭锁不全或瓣孔狭窄。闭锁不全时使血液逆流；狭窄时使血液通过受阻，出现心脏肥大、代偿性心脏扩张等症状，最终导致心力衰竭的一系列症状。在二、三尖瓣闭锁不全和主、肺动脉孔狭窄时，可听到结期心脏杂音；在左、右心房室孔狭窄和主、肺动脉瓣闭锁不全时，又可听到张期心脏杂音等应有症状。只有在代偿期应用强心剂得以维持心脏功能，但在代偿机能丧失后，器质性心脏病多无治疗的必要性。

心脏触诊（palpation of the heart） 手掌触压左侧肘突后上方的心区部位以感知心脏搏动的状态。大、中动物一般取自然站立姿势（必要时亦可取横卧位），助手将动物左前肢提起，检查者一手支撑在鬐甲部，另一手平放于心区进行触诊。小动物除采取上述方法外，更多的是采取双手触诊法，即以双手同时自左、右侧心区进行触诊。

心脏肥大（hypertrophy of heart） 心肌细胞体积增大，心壁增厚，心脏重量增加。心脏肥大分为生理性（如运动所致）和病理性（疾病或病理过程所致）。病理性心脏肥大继发于心脏瓣膜病、动脉性疾病、肺气肿、心包炎和慢性肾炎等。在其代偿期，只有心浊音区扩大，心搏动增强等症状；失代偿后出现心力衰竭，脉细弱，呼吸困难，静脉怒张和水肿等。治疗应用强心剂、利尿剂等，同时严禁过强劳役。

心脏叩诊（percussion of the heart） 在胸壁心区进行叩诊以确定心脏浊音区及动物有无疼痛反应的一种临床检查法。大动物应用锤板叩诊法；小动物应用手指叩诊法。叩诊前将动物的左前肢向前拉开使心区充分暴露，然后持叩诊器或用手指自肩胛骨后角垂直地向下叩击，直至肘后心区，再转而斜向后上方叩击，根据叩诊音的改变，标明肺清音变为心浊音的上界点及心浊音又转变为肺清音的后界点，将此两点连成一半弧形线即为心浊音区的后上界线。心脏叩诊还可作为一种刺激，观察动物有无疼痛反应。

心脏扩张（dilatation of heart） 由于心力衰竭而不能将心室内血液驱入主动脉、肺动脉致使心腔增大、心壁变薄的心脏病。分为急性和慢性两种，前者是由于急剧运动和劳役使心力疲劳所致；后者见于心肌、动脉和心脏瓣膜病经过中。急性症状有心搏动亢进，心浊音区扩大，第一心音高朗且伴发金属音，第二心音微弱，脉弱而快，节律不齐，耐力降低，易出汗，呼吸促迫。慢性症状有结膜发绀，全身浮肿，以及支气管炎，慢性胃肠卡他和肝、肾瘀血等症状。治疗应用强心剂的同时，也应避免兴奋和剧烈运动。

心脏破裂（rupture of heart） 多种原因造成的心肌断裂或房室壁破裂。牛、马等动物均可发生。牛多因创伤性异物穿透心室壁所致，马可由圆线虫寄生使主动脉中层坏死变薄而发病，也见于难产幼驹心外膜严重撕裂之时。症状同急性心力衰竭，造成突然死亡。

心脏浊音界异常（abnormal area of cardiac dullness） 心脏浊音区和肺清音或过清音区所形成的界面发生位置的改变。心脏本身的变化和与其相邻器官的变化均可引起心脏浊音界异常。心脏浊音界扩大见于瓣膜病、心肌炎、心脏肥大、心包积液、肺萎缩等；心脏浊音界缩小见于肺气肿、肺水肿、胸腔积气等。

心脏浊音区（area of cardiac dullness） 叩诊胸壁心区呈现浊音的区域。马在左侧呈近似不等边三角形，其顶点在第3肋间、距肩关节水平线下方4～6cm处，由顶点斜向第6肋间下端引一弧线即为后下界。右侧在3～4肋间，不如左侧明显。牛在左侧胸壁下三分之一的中央部，在3～4肋间，呈半浊音。在右侧难于判断心脏浊音区。羊在左侧胸部下三分之一的第3～4肋间或3～5肋间。犬和猫在左侧第4～6肋间，上缘达肋骨和肋软骨结合部，右侧第4～5

肋间。

芯髓（core） 又称病毒核心。病毒结构中被衣壳所包裹的核心，成分为核酸或蛋白核酸复合物。核酸构成病毒的基因组，为病毒的复制、遗传和变异等功能提供遗传信息。

锌（zinc） 动物和人必需的微量元素之一，是动物和人体六大酶类、200 种金属酶的组成成分或辅酶，对全身代谢起广泛作用。主要含于肉类与谷物中。缺乏时，以食欲减退、生长迟缓、异食癖和皮炎为突出表现。

锌缺乏症（zinc deficiency） 日粮中锌缺乏或不足而发生的以皮痂增生和开裂为主征的慢性、无热的非传染性疾病。在猪又称皮肤角化不全症。病因有饲料中钙过剩、锌相对缺乏和不饱和脂肪酸缺乏。在猪腹下、腿内侧出现红斑、丘疹，进而在四肢关节、耳尾处结痂，呈粉屑状并脱落。在牛大部分皮肤呈角化不全、脱毛，鼻镜、阴户、肛门、尾根、耳、后肢背面和膝部发生皱襞。病羊全身脱毛，皮肤发皱。公羔羊影响睾丸生长和精子发育生成。青年鸡骨骼异常，共济失调，长骨变短而粗，关节肿大。治疗宜注射碳酸锌制剂。预防应控制日粮中的钙比例。

锌指结构（zinc finger structure） 调控转录的蛋白质因子中与 DNA 结合的一种基元，由大约 30 个氨基酸残基的肽段与锌螯合形成的指形结构。锌以四个配位键与肽链的 Cys 或 His 残基结合，指形突起的肽段含 12～13 个氨基酸残基，嵌入 DNA 的大沟中，由指形突起或其附近的某些氨基酸侧链与 DNA 的碱基结合而实现蛋白质与 DNA 的结合。

锌中毒（zinc poisoning） 误食磷化锌毒饵及其污染饲料引起以腹泻和贫血为主征的中毒病。发生于各种家畜，幼畜较敏感。症状有剧烈呕吐，腹痛，腹泻，虚脱，结膜黄染。猪多发关节炎，骨质疏松症和胃肠炎，步态蹒跚，后躯麻痹。鸡产蛋率降低。多数病例体温升高，呼吸困难，颈胸部皮下水肿。治疗可投服碳酸钠或鞣酸溶液以及轻泻剂。慢性病例宜进行对症疗法。

新孢子虫病（neosporosis） 犬新孢子虫（*Neospora caninum*）引起，世界范围内流行，多种动物共患，主要引发犬神经系统疾病及牛严重的繁殖障碍，孕牛频发流产、死胎、产弱胎等。新孢子虫有两种传播途径：水平传播和垂直传播。水平传播是指中间宿主和终末宿主之间的传播。肉食动物通过食入含有缓殖子的组织后被感染，食草动物可能通过食入含有孢子化卵囊的食物或饮用水而被感染。而垂直传播是指在母牛怀孕期间，新孢子虫的速殖子通过胎盘屏障，从母牛体内传播到胎儿体内。从妊娠 3 个月开始到妊娠期结束期间的任何妊娠阶段的奶牛都可发生流产。大多数犬新孢子虫诱发的流产，多发生在妊娠后的第 5～6 个月。胎儿死在子宫后，发生吸收、木乃伊、自溶、死胎，出生后伴随明显的临床症状，或出生后临床上正常，但伴随慢性或隐性感染。新孢子虫病诱导的流产可以在每年重复发作。对于新孢子虫感染至今仍无有效的治疗措施。淘汰牛是较为有效的防止该病继续扩散的方法。新孢子虫灭活疫苗虽有商业化的产品，但应用范围还较窄。

新陈代谢（metabolism） 生物体与环境之间进行的物质交换和能量转移过程。它是生命现象的基本特征之一，包括同化作用与异化作用两个方面。前者指生物体从外界摄取简单的营养物质将其转变为构成自身的复杂物质并贮存能量的过程，后者指生物体把自身的复杂物质分解成简单物质排出体外并伴随能量释放的过程。两者共同决定生命的存在和发展。

新城疫病毒（*Newcastle disease virus*，NDV） 副黏病毒科（Paramyxoviridae）、禽腮腺炎病毒属（*Avulavirus*）成员。病毒粒子为球形，直径 150nm，呈多形性，核衣壳螺旋对称，有囊膜，表面有两种纤突，一种为具有血凝性和神经氨酸酶活性的血凝素-神经氨酸酶（HN），另一种是具有细胞融合和溶血作用的融合蛋白（F）。核酸为负股单股 RNA，不分节段。NDV 只有一个血清型，但毒株的毒力有较大差异，这主要取决于其 HN 及 F 的裂解与活化，根据毒力的差异可将 NDV 分成 3 个类型：强毒型、中毒型和弱毒型。诊断必须作病毒分离及血清学试验或 RT-PCR。可取脾、脑或肺匀浆，接种 10 日龄鸡胚尿囊腔分离病毒，病毒能凝集人、小鼠等的红细胞，再作 HI 试验鉴别。免疫通常采用由天然弱毒株筛选制备的活疫苗及弱毒或强毒株的油乳剂灭活苗。弱毒苗可采用饮水、气雾、点眼或滴鼻途径。免疫后约一周可产生免疫保护，产蛋鸡应每 4 个月免疫一次。实际生产中，弱毒苗与灭活疫苗配合使用，方能收到较好的免疫效果。

新疆出血热（Xinjiang hemorrhagic fever） 布尼病毒科内罗毕病毒群的新疆出血热病毒引起的一种蜱传自然疫源性疾病。本病分布于新疆塔里木河流域，亚洲璃眼蜱为主要传播媒介和储存宿主，人和家畜及野生动物被蜱叮咬后感染，亦可成为传染源。人感染后临床上以发热、出血、有明显中毒症状为特征。动物呈隐性感染，病毒在自然界主要在蜱和绵羊之间循环。诊断需作病毒分离和血清学检查，应注意与流行性出血热、伤寒、斑疹伤寒等相鉴别。无特效疗法，多采取综合性治疗措施。防制主要靠防蜱、灭蜱，加强个人防护以及免疫接种。

新洁尔灭（benzalkonium bromidum）　化学名溴苄烷胺。表面活性剂。易溶于水。有杀菌和去污作用。主用于消毒未损伤的皮肤，也可做玻璃、金属用具和橡胶制品的贮存消毒。

新立克次体属（*Neorickettsia*）　一种经吸虫的卵及各发育阶段传递的立克次体。小球状，常呈多形性，主要存在于淋巴细胞的单核细胞及巨噬细胞的空泡内，亦偶见于肠细胞内。较易姬姆萨染色。细胞培养基或鸡胚均不能培养。吸虫是贮存宿主，吸虫的整个生活阶段均有传染性，经卵或一过性传递。目前本属包括 3 个种：蠕虫新立克次体（*N. helminthoeca*）、里氏新立克次体（*N. ehrlichia risticii*）和腺热新立克次体（*N. ehrlichia sennetsu*），三者关系密切，传递方式亦相似。

新霉素（neomycin）　氨基糖苷类抗生素。得自弗氏链霉菌（*Streptomyces fradiae*）培养液。常用硫酸盐，易溶于水，耐热，性极稳定。抗菌作用与链霉素相仿。因毒性强，一般不全身应用。内服与局部涂敷可治疗肠道、皮肤、创伤和眼耳等部位感染及子宫内膜炎等。

新胂凡纳明（neoarsphenamine）　可用于类风湿性关节炎、坐骨神经痛、肋间神经痛等各类神经痛，以及脉管炎、白血病、牛皮癣、淋病、带状疱疹、骨髓炎、脊髓炎、丹毒、鼻窦炎、额窦炎、病毒性感冒、病毒性眼炎、湿疹和痈疽等。

新生畜腹泻综合征（neonatal diarrhea syndrome）一种病因复杂的常见疾病，以急性腹泻，渐进性脱水、死亡快为特征。本病最常见于 2～10 日龄新生畜，也可早至出生后 2～18h 发病，偶尔可晚至 3 周龄发病。发病越早，死亡率越高。

新生畜胎粪秘结（meconium retention in neonatal animals）　由胎儿胃肠道分泌的黏液、脱落的上皮细胞、胆汁及吞咽的羊水，经消化后所残余的废物积聚在肠道形成的一种多发于体弱多病的新生畜和幼畜疾病。

新生畜同种免疫性白细胞减少症（neonatal alloimmune leucopenia）　由于仔畜和母畜间白细胞型不合，母畜血清和乳汁中存在凝集破坏仔畜白细胞的同种白细胞抗体所致的白细胞减少病，属Ⅱ型超敏反应性免疫病。其病因及发病机理与新生畜同种免疫性溶血性贫血以及新生畜同种免疫性血小板减少性紫癜相仿，即父畜和母畜间白细胞型不合，仔畜继承了父畜的白细胞型，作为潜在性抗原，一旦通过胎盘屏障，即刺激母体产生特异性抗白细胞同种抗体，存在于血清并分泌于乳汁特别是初乳中。仔畜出生时健康活泼，吮母乳后经过一定时间发病。本病只报道见于马驹，其他动物尚无记载。基本临床表现是呼吸道、消化道和皮肤反复发生感染。主要检验所见包括白细胞总数减少，中性粒细胞比例降低，单核细胞绝对数增多，骨髓相显示粒系细胞左移并有成熟障碍。皮质类固醇疗法是治疗本病的基本疗法。

新生犊牛搐搦症（tetany of the newborn calf）新生犊牛出生后突然出现强直性痉挛、继而惊厥和知觉消失的一种疾病。多发生于 2～7 日龄的犊牛。病程短，死亡率高。病因不详，有人认为是胚胎期间母体矿物质不足，由急性钙镁缺乏所引起；也有人认为是镁代谢紊乱所致。可静脉注射或肌内注射氯化钙、硫酸镁、葡萄糖等试治。

新生犊牛冠状病毒性腹泻（neonatal calf coronavirus diarrhea）　由冠状病毒（*Coronavirus*）引起奶牛和肉用新生犊牛的一种常见的急性腹泻综合征。在水样粪便中含有凝乳状物和黏液。剖检特点是在大、小肠内含有大量液状内容物而无肉眼病变。本病易与其他腹泻性疾病混淆或并发感染。确诊可将腹泻粪便离心，取上清液作负染标本，以电镜观察有否典型的冠状病毒颗粒，也可采用血清学诊断方法。防制应首先隔离病牛，注意牛舍的清洁卫生和保暖。对病牛早期进行对症治疗有助于康复。

新生犊牛溶血病（haemolytic disease in neonatal calf）　母牛由胎儿红细胞致敏而产生的“自发性”抗体极为少见，但注射含有红细胞抗原的疫苗可以引发此病。

新生犊牛异形红细胞血症（poikilocytosis of the newborn calf）　新生犊牛红细胞形态变异的一种疾病。特征为出生后呼吸困难，红细胞外形不齐，并带有刺状突起。病因尚不清楚。镜检红细胞形态即可确诊。输血和输氧疗效良好。

新生驹面神经麻痹（facial paralysis of the newborn foal）　由于面神经所支配的肌肉发生机能障碍，进而导致吃奶和呼吸困难的一种疾病。多发生于新生幼驹。病因尚不清楚，可能是先天性发育缺陷。一侧性的，上唇向对侧歪斜，下唇松弛无力、闭合不全，患侧耳朵下垂，鼻孔和眼睛变小。两侧性的，下唇和耳下垂、不能活动，鼻翼塌陷呼吸困难。可针刺上关、下关、太阳、开关、锁口、鼻俞或承浆等穴位，配合肌内注射维生素 A、D、C 等进行治疗。

新生驹适应不良综合征（neonatal maladjustment syndrome of foals）　又称英纯血马驹的“犬吠”和“游走”症（barkers and wanderers in thoroughbred foals）。新生马驹由某些原因所致的缺氧性疾病。临床上分为犬吠、木呆和游走 3 个阶段。出生后 1～2h 进入犬吠期，呈现严重的阵挛性惊厥，并发出犬吠声，头乱撞，眼球震颤，大汗淋漓，随后陷于昏迷，有的惊厥与昏迷反复发作。严重病例失明，不能吮乳，最后死亡。进入木呆和游走期病例，对外界刺激无反应，无目的地游走且与障碍物碰撞。防治上除防止病驹外伤外，可进行人工哺乳和输氧疗法。

新生骡驹溶血病（haemolytic icterus of the newborn mule） 新生骡驹红细胞与母体血清和初乳中抗体不相合引起的一种异种免疫溶血反应。怀孕期间或分娩时，具有驴科或马种属性抗原特性的骡胎红细胞，进入母体血液循环，使母体产生抗驴或抗马抗体。该抗体不能通过胎盘，但可浓缩进入初乳。当新生骡驹吸入初乳后，抗体进入骡驹血液循环与抗原（红细胞）发生抗原抗体反应，从而引起溶血。骡驹出现血红蛋白尿、黄疸等溶血症状。最终多因高度贫血，心力衰竭而死亡。初乳中抗体效价越高，骡驹吸入初乳量越多，发病越快，病情也越重。根据临床症状，初乳中抗体效价、骡驹的血液学检查即可确诊。停食亲母初乳，换血或输相合血是根本疗法。血源困难的，可输亲母畜的红细胞。产前测定母畜血清、初乳或产后立即测定初乳中抗体效价，骡驹禁食抗体效价高的亲母初乳，即可有效预防本病。

新生马驹溶血病（haemolytic icterus of the newborn foal） 一种因血型因子不合引起的同种免疫溶血反应。目前已知马的血型分为7个系统，每个系统又有一种或数种不同的血型因子（抗原）。血型因子都存在于红细胞表面，可直接传给后代。其中以Aa因子的原性最强，可诱发母马产生很强的Aa抗体。其次为Qa因子。抗体不能通过胎盘，但可进入初乳。新生驹吸入初乳后，抗体进入血液与有相应抗原的红细胞结合，引起溶血而导致本病。本病的症状、诊断、治疗和预防基本同骡驹溶血病。

新生霉素（novobiocin） 从链霉菌（*Streptomyces niveus*）培养液中取得的抗生素。其钠盐易溶于水。抗菌谱类似青霉素和红霉素，主要治疗对其他抗生素耐药的葡萄球菌、链球菌、肺炎链球菌、变形杆菌等的感染。

新生仔畜（newborn） 脐带脱落以前的初生家畜。其脐带干燥脱落的时间一般是在出生后2～6d。猪、羊较马、牛脱落的要早些。

新生仔畜败血症（septicemia of the newborn） 新生仔畜一种严重的急性全身性感染病。各种家畜均患，幼驹发病率最高，犊牛次之。多发生于出生一周内的仔畜，死亡率5%～50%。多种病原微生物均可致病，脐带和消化道是主要感染途径。常以脐炎、关节炎表现出来。根据临床症状可分为4型：①最急性型。仅表现高热和剧烈腹泻，仔畜迅速衰竭，1～2d内死亡。②急性型。以发热性全身症状和腹泻为主，最后体温下降、昏迷而死。③转移型。主要表现传染性多发性关节炎。④败血性。主要表现寒颤、体表末梢厥冷、黏膜青紫和意识消失。治疗原则是处理原发及转移病灶、控制感染、增强机体抵抗力和纠正休克。

新生仔畜孱弱（weakness of the newborn） 新生仔畜生理功能不全，出生后如未及时处理可能在数小时或几小时之内死亡；或者是生下后衰弱无力、生活能力低下而长久躺卧不起等先天性发育不良。多发生于早春的驹，偶见于猪。怀孕母畜长期蛋白质、维生素、矿物质缺乏或不足是主要原因。母畜患有妊娠毒血症、慢性消化道疾病或沙门氏菌病等传染病时，所产活仔都孱弱。孱弱仔畜第一次站立慢或不能站立，吸吮反射弱或不能吸吮，反应迟钝，末梢发凉。驹一耳或两耳耷拉或半耷是本病初期的特征。精心护理，保温哺乳，补充营养，可望救治。

新生仔畜出血性紫斑（purpura haemorrhagica of the newborn） 又称新生仔畜血斑病。仔畜可视黏膜出现出血点或出血斑的一种疾病。多发生于刚出生或出生数天内。以骡驹多见。可能与血小板过少（重者可降至4万/mL）或凝血酶原减少有关。出血除出现在可视黏膜外，还可发生于体表、四肢关节囊、肠道黏膜等。本病常伴发红细胞减少。治疗原则是降低毛细血管壁的通透性，补充血小板和红细胞。

新生仔畜疾病（diseases of the newborn） 脐带干燥脱落之前仔畜发生的疾病。常见的有窒息、孱弱、脐炎、新生仔畜溶血病、胎粪停滞等。

新生仔畜免疫（neonatal immunity） 初生动物对某些病原体的免疫力。主要与通过胚盘和初乳被动传递的母源抗体有关。

新生仔畜溶血病（haemolytic disease of the neonates） 又称新生仔畜溶血性黄疸、同种免疫溶血性黄疸或新生仔畜同种红细胞溶解病。新生仔畜红细胞与母体血清抗体不相合引起的一种同种免疫溶血反应。母体对胎儿的红细胞或红细胞血型的抗原刺激产生了特异抗体，仔畜吃初乳后抗体被直接吸收到血液中，与相应的红细胞结合，发生抗原抗体免疫反应，造成红细胞大量破坏的一种溶血病。以贫血、血红蛋白尿和黄疸为特征。多见于驹和仔猪，少见于犊牛，罕见于家兔、幼犬和幼猫。2日龄内的新生畜发病较为多见，生后发病越早，症状越严重，死亡率也越高。主要表现为精神沉郁、反应迟钝，头低耳耷，喜卧，有的有腹痛现象。可视黏膜苍白、黄染，尿量少而黏稠，病轻者为黄色或淡黄色，严重者为血红色或浓茶色（血红蛋白尿），排尿表现痛苦。心跳增速，心音亢进，呼吸粗粝，严重者卧地不起，呻吟、呼吸困难，有的出现神经症状，最终因高度贫血，极度衰竭而死亡。本病是一种急性溶血性疾病，发病急，病情重，治疗困难，死亡率很高。根据出生时健康，吃初乳后发病的病史，急性血管内溶血的一系列症状及溶血性贫血和黄疸，血红蛋白尿的检验易于诊断，必要时采集母畜的血清或初乳同仔畜的红细胞悬液做凝集试验。治疗原则是及早发现，及时采取有效的治疗措施。目前对本病无特效疗法，治疗时为中止特异性血型抗体进入仔畜体内，首先立即停喂母乳，改喂人工初乳、代乳品或由近期分娩的母畜代哺，直到初乳中抗体效价降至安全范围内为止。输血疗法是治疗本病的根本方法。

新生仔畜适应期（adaptive period of the newborn） 仔畜出生后至对外界环境能适应生存的一段时期。初生仔畜进入外界环境，生存条件发生了骤然改变，但自身的神经调节等各种机能都很不完善，尚不能适应外界生活条件；一些生理指标尚不稳定，需要有一个逐步完善和适应的过程，生理指标才能逐步稳定下来。这一时期是新生仔畜疾病的高发阶段，病情容易恶化，死亡率高，需要精心护理。

新生仔畜眼病（ophthalmia neonatum） 胎生期感染的一种眼病。多发生在幼猫和幼犬，出现急性化脓性结膜炎症状、眼睑肿胀、脓性分泌物从眼睑裂漏出。全身抗生素投给，预后一般良好。

新生仔畜窒息（asphyxia neonatorum） 又称假死。刚出生的仔畜呈现呼吸障碍，或无呼吸而仅有心跳的一种疾病。此病常见于马和猪。如不及时抢救，往往死亡。治疗时首先擦净鼻孔及口腔内的羊水。为了诱发呼吸反射，可刺激鼻腔黏膜，或用浸有氨水的棉花放在鼻孔上，或在仔畜身上泼冷水等。

新生仔猪低血糖症（hypoglycemia of the newborn piglet） 新生仔猪发生的一种以血糖急剧下降为特征的代谢性疾病。多发生于春季，主要发生于出生后1～4d的仔猪。主要原因是仔猪缺乏糖原异生能力，又不能从体外获得糖的供应。病猪精神委顿，食欲消失，全身水肿，尤以后肢、颈、胸腹下明显，卧地不起，最后昏迷而死。血糖最低可降至2.78mmol/L。初期尽快大量补糖，预后良好。

新生仔猪溶血病（haemolytic disease in neonatal piglet） 一种因血型因子不合引起的同种免疫溶血反应。猪有15个血型，由A型→O型。除A血型系统外，其他血型系统的血型因子，均可因不合而引起本病。基本同马驹溶血病。

新兽药（new veterinary drug） 未曾在中国境内上市销售的兽用药品。

新斯的明（neostigmine） 可逆性抗胆碱酯酶药。人工合成的季胺类化合物。作用和毒扁豆碱相似，呈现全部胆碱能神经兴奋效应。对胃肠道及膀胱平滑肌有较强兴奋作用，对心血管、腺体、眼及支气管平滑肌作用较弱，对骨骼肌还有直接兴奋作用，故作用最强。用于治疗肌肉萎缩、马肠弛缓、瘤胃弛缓、膀胱弛缓及子宫收缩无力。

新西兰兔（New Zealand rabbit） 在美国加利福尼亚州育成，应用于动物试验的是新西兰白兔，毛色纯白，皮肤光泽，头宽、圆而粗短，耳宽厚而直立。体壮，繁殖力强，生长迅速，成兔4～5kg。广泛用于热源试验和药物安全评价。

囟（fontanelle） 新生幼畜颅骨间较宽的间隙。填补以结缔组织膜。颅顶中央有额囟，位于两顶骨与两额骨之间；颅后部有枕囟，位于两顶骨与枕骨鳞部之间；眶内侧壁有蝶额囟，位于蝶骨眶翼与额骨之间。有蹄兽的囟于出生前或出生后不久即消失；但牛羊鼻骨与上颌骨之间长期保留。

信号活动（signal activity） 在形成条件反射的过程中大脑皮层将各种无信号意义的刺激转变为条件刺激或信号刺激的全部活动。例如，在狗用铃声与进食建立唾液分泌条件反射时，开始铃声不具信号意义，不能引起唾液分泌，当铃声与食物多次结合建成条件反射后，只有铃声，不出现食物也可引起唾液分泌，这时铃声即成为食物的信号而具有信号意义。

信号肽（signal peptide） 分泌性蛋白质N端含15～40个氨基酸的序列，它赋予该蛋白穿透细胞膜的特性。各种蛋白质的信号肽顺序不一定相同，但有相似的组成特征：其前约10个主要为带正电荷的赖氨酸和精氨酸，此段称为碱性氨基酸区；中间15～20个以含中性氨基酸为主组成疏水核心区；C端含有小分子氨基酸，如Gly、Ala、Ser等，是被信号肽酶裂解的部位，也称加工区。在蛋白质翻译过程中N端的信号肽与细胞膜的识别部位结合，使细胞膜局部发生变化，而使其后的蛋白多肽穿过细胞膜。不同蛋白质分子的信号肽除在大小、氨基酸组成及排列顺序不同外，在该蛋白质分子中的位置也不相同。在穿膜后，信号肽在信号肽酶的作用下被切除，所以成熟的蛋白质中不存在信号肽。

信号肽识别颗粒（signal recognition particles, SRP） 由6种不同蛋白质与一低分子量的7s-RNA组成的复合体。具有识别并结合信号肽、暂停蛋白质合成并把正在合成蛋白质的核蛋白体带到内质网的胞浆面的作用。

信使（messenger） 传递生物信息的活性物质。如激素，从内分泌腺体或细胞分泌出来后，经体液传递到靶器官（或靶组织、靶细胞），与特异性受体相结合，最后产生生理效应，从而实现神经、体液对机体生命活动的调节作用。

信使 RNA（messenger RNA，mRNA） 指导蛋白质合成的 DNA 碱基顺序的拷贝。其长度有数百至数千个核苷酸。寿命较短。mRNA 所含指导合成一条或多条多肽链的遗传信息，分别称单顺反子或多顺反子。真核生物 mRNA 多为单顺反子，真核生物的 mRNA 首先转录成较大的前体，再切除内部不表达的插入顺序（内含子），并将保留下的表达顺序（外显子）拼接起来，再在 5' 端加上“帽子”（M7G5'pppNmpN－）和在 3' 端加上多聚腺苷酸（PolyA）的尾巴以及甲基化等化学修饰，才成为成熟的 mRNA。在一些 RNA 病毒中，mRNA 兼有遗传物质复制和蛋白质合成模板的作用。

信息素（pheromone） 动物产生并排出体外的、能引起同种个体产生特殊反应的物质，如释放信息素、引物信息素等能引起动物的行为、内分泌、生理甚至形态的变化。在发情、吸引异性、鉴别亲仔、同性排斥方面发挥作用。

兴奋（excitation） 机体或组织（细胞）接受刺激后，由相对的静息状态转入活动状态的过程。兴奋是机体的基本生理过程，是适应内外环境变化的表现。兴奋在不同水平有不同的表现与含义，整体水平的兴奋表现为活动状态的加强，它是体内各器官系统在神经和内分泌系统控制下共同协调活动的结果。在系统和器官水平兴奋表现为该系统或器官活动水平的提高，它是不同类型的组织细胞配合活动的外在表现。而细胞水平的兴奋则表现为细胞代谢活动加强，发生肌细胞收缩、腺细胞分泌、神经细胞产生动作电位等。各种动物的兴奋表现有所不同。轻度兴奋（如发情、抢食等）通常不属病态；狂躁则多属病态。

兴奋收缩偶联（excitation－contraction coupling） 肌细胞膜兴奋触发肌纤维收缩的生理过程。大致是肌细胞膜上的动作电位沿横管传到肌纤维深部，引起肌质网释放钙离子。进入肌浆的钙离子与肌钙蛋白结合，引起构型变化，进而引起原肌球蛋白位置的变化，由此消除了横桥与肌动蛋白结合的空间障碍，促使肌动蛋白与横桥结合，横桥摇动，使粗细肌丝发生相对滑行，肌肉缩短。

兴奋性（excitability） 组织细胞接受刺激产生兴奋的特性。兴奋性是活细胞的基本生理特征，也是活细胞对内外环境变化发生适应性反应的基础。兴奋性高低的主要指标是细胞膜电位的变化速度、细胞内部新陈代谢过程改变的速度和引起这些改变所需的刺激强度。较小刺激强度能引起细胞电位和新陈代谢过程迅速改变，说明兴奋性高，反之则兴奋性低。体内各种细胞的兴奋性不同，神经细胞的兴奋性比其他细胞高。

兴奋性递质（excitatory transmitter） 突触前神经末梢兴奋而释放的与后膜受体结合后使后膜产生去极化的神经递质。它与后膜受体结合后，提高后膜对 Na^+ 等的通透性，使 Na^+ 内流，后膜出现去极化，形成兴奋性突触后电位。乙酰胆碱为经典的兴奋性递质。

兴奋性突触（excitatory synapse） 使突触后神经元产生兴奋作用的突触。突触前末梢释放兴奋性递质，与后膜受体结合后，使突触后膜去极化，产生兴奋性突触后电位的突触。

兴奋性突触后电位（excitatory postsynaptic potential，EPSP） 由兴奋性突触的活动，在突触后神经元中所产生的去极化性质的膜电位变化。神经冲动传至轴突末梢，使突触前膜兴奋并释放兴奋性化学递质，递质弥散至后膜与受体结合后，提高后膜对 Na^+ 等离子的通透性，Na^+ 内流，由此形成的突触后膜的局部去极化过程。兴奋性突触后电位是一种局部电变化，不引起突触后神经元的兴奋，但经总和，可引起后膜爆发动作电位。

行为（behavior） 动物个体或群体以明显的或潜在的形式所表达出来的形体活动或表现。成年动物的行为由先天遗传和后天学习两种构成，包括那些显而易见的躯体运动和姿态变化，以及不易察觉的面部微细的表情变化等。此外动物的鸣叫、竖毛、拟态、毛被变色，甚至释放特殊气味等也是动物的行为模式。行为可以不同方法分类。从发生学观点分为先天的定型行为和后天的学习行为。以功能说，有采食行为、防御行为、领域行为、生殖行为、定向行为、社会行为等。而从应用意义上分，主要包括摄食行为、性行为、群体行为和应激行为等。按生理学观点，行为是机体在神经和内分泌系统调控下，对内外环境中各种信息作出的应答性反应。

行为毒理学（behavioral toxicology） 研究环境中毒物、生物物质、物理因素对实验动物和人的行为影响的一个毒理学分支。主要应用心理学、行为科学和神经生理方法，如经典的条件反射、程序式行为操作反射等，研究毒物对实验动物的认识、识别、记忆、学习能力和行为表现等的影响，探索早期可逆性有害效应，为制定卫生标准提供科学依据。也常应用世界卫生组织的神经行为核心试验成套组合方法对职业性接触有害物质人群进行健康监护，提供早期有害效应的信息。

行为性体温调节（behavioral thermoregulation）

动物通过行为和姿势的改变以维持体温的相对稳定。如寻求适宜的温度环境，寒冷时趋向热源或蜷缩肢体、拥挤群集以减少散热，炎热时趋向阴凉环境或伸展肢体、分散独处等增加散热，以此维持其体温的相对稳定。

行为异常（abnormal behaviour） 动物的举止行动与正常习性相异的现象。各种健康动物各有其自己的正常行为（即习性），如牛、羊的反刍、嗳气、马的站立休息、猫的自我修饰、犬的边走边嗅等。一旦行为异常，亦即改变生活习性，便是疾病的象征。行为异常多由疼痛、缺乏某种营养物质、中毒、神经系统紊乱等引起。

形态发生（morphogenesis） 胚胎各个水平上的结构和形态逐步形成的过程。包括系统形态发生和个体形态发生。

性别决定（sex determination） 雌雄异体的动物决定个体性别为雌性或雄性的现象。

性别控制（sex control） 通过人为的干预使雌性动物按人们的愿望繁殖所需性别后代的技术。哺乳动物特别是家畜的性别控制主要从两个方面研究，即受精前的性别鉴定和胚胎鉴定，前者主要指分离X与Y精子，在受精时便决定了性别；后者是通过鉴定胚胎的性别，以影响出生的性别比。

性成熟（sexual maturity） 畜禽生长发育到一定阶段，生殖器官和副性征发育基本完成，开始具备生殖能力的时期。这时雌雄个体开始有成熟的生殖细胞（卵子和精子）在性腺内形成，出现各种性反射，能交配和受精，完成妊娠和胚胎发育等生殖过程。性成熟时身体的生长发育尚未完成，仍不宜用于繁殖，需经若干时间继续发育到体成熟后才适宜配种和繁殖。

性反射（sexual reflex） 与两性结合直接有关的反射活动。公畜的性反射主要有性向反射、勃起反射、爬跨反射和射精反射等；母畜的性反射主要表现为接近公畜和接受公畜交配等。性反射是复杂的神经反射活动，不仅包括非条件反射和条件反射，还有某些激素含量的变化。

性激素结合球蛋白（sex hormone binding globulin，SHBG） 又称睾酮-雌二醇结合球蛋白。一种既能与雌二醇结合又能与睾酮结合的血浆β球蛋白。分泌入血的性激素，98%与血浆蛋白结合，其中65%睾酮与性激素结合球蛋白结合，38%雌二醇与性激素结合球蛋白结合。生理学作用尚不明确。

性菌毛（sex pilus） 细菌菌毛的一种，主要见于革兰阴性菌。数量很少，每个菌体只有一至数根，比普通菌毛长，一般认为是由质粒携带的致育因子（F因子）编码产生的，故又称F菌毛。其与细菌的接合（conjugation）、F质粒的传递有关，在接合过程中，性菌毛将供体菌和受体菌连接在一起，形成遗传物质传递的通道，供体菌的DNA即可进入受体菌。另外，性菌毛也是噬菌体吸附在细菌表面的受体。

性染色体（sex chromosome） 雌雄异体动物决定性别或影响性器官分化的染色体。可分两种类型：①XX（♀）、XY（♂）型，其雄性个体能产生带X或Y染色体的配子、雌性个体只产生带X染色体的配子；带X染色体的雄配子与雌配子结合发育成雌性个体，而带Y染色体的雄配子与雌配子结合则发育成雄性个体，如人类和哺乳动物的均属此种类型。②WZ（♀）、ZZ（♂）型，其雌性个体能产生带W或Z染色体的配子，而雄性个体只产生带Z染色体的配子，与前一类型恰好相反，如鸟类和部分鱼类的性染色体。有些动物的雄性只有一条X染色体，缺乏Y染色体（XO型），或者雌性只有Z染色体而缺乏W染色体（ZO型），它们所产生的两种配子中各有一种不带性染色体。

性染色体两性畸形（chromosomal intersexualism） 性染色体的组成发生异变，雄性不是正常的XY，雌性不是正常的XX，引起性别发育异常而形成的两性畸形。常见的一些性染色体畸形有：XXY综合征、XXX综合征、XO综合征、嵌合体和镶嵌体等。其中除了嵌合体外，其他的畸形一般是性腺和生殖道发育不全，雌雄间性极其少见。嵌合体引起的畸形则称为雌雄间性。

性腺嵴（gonadal ridge） 见生殖嵴。

性腺两性畸形（gonadal intersexualism） 又称性逆转动物（sex - reversed animal）。个体的染色体性别与性腺性别不一致。包括XX真两性畸形和XX雌性综合征。参见两性畸形。

性腺原基（gonadal rudimentum） 见生殖脊。

性兴奋（sexual arousal） 又称性激动（sexual drive）或性欲（libido）。公畜力求接近发情的同种母畜，或发情母畜力求接近同种公畜的一种兴奋表现。马、驴常高声嘶鸣，被拴着时，常以前蹄刨地，表示焦急。公山羊接近母山羊时，嘴唇发出噼啪声；公猪是喉部发出咕噜声，并口吐白沫，母畜则表现不安、鸣叫、警觉周围、寻觅公畜。

性行为（sexual behavior） 雌雄个体在生育阶段表现的所有与生殖机能有关的行为变化。如母畜发情时鸣叫、不安、寻找公畜、接受公畜交配；临产前备草做窝，准备分娩；分娩后哺育仔畜。禽类表现抱窝、育雏等。性行为是比性反射更为复杂的高级神经活动。

性嗅反射（olfactory reflex or flehmen） 公畜一种特殊的性行为。表现为公畜嗅闻发情母畜的尿液，扬起头颈，翻卷上唇，行之如仪的一种特殊表现。

性欲（libido） 公母畜互相愿意接受交配的一种性反射。常指公畜的交配欲。母畜表现为不安，主动寻找和接近公畜，常做排尿姿势，尾根抬起或摇摆。公畜接近时，静立接受交配。

性欲过强（hypersexuality） 又称性欲亢进或性机能过强。公畜表现持续而强烈的性兴奋，过于频繁地进行交配；甚至一些形状和大小与母畜相似的物体、静立不发情母畜和公畜都可以诱发其冲动。

性欲减退（hyposexuality） 又称性机能减退。公畜长期缺乏性欲、勃起缓慢、不爬跨，或虽有勃起但不射精。可能与机体内性激素水平异常或生殖器官器质性病变有关。见于多种生殖疾病。

性征（sexual characteristics） 雌雄异体动物所表现的性别特征。性征随动物进化而来，具有种族特异性，可分为主性征（或第一性征）和副性征（或第二性征）。前者是决定个体雌雄性别的主要依据，如雄性动物有睾丸（或精巢）能产生精子，雌性动物有卵巢能产生卵子。后者指雌雄个体在性成熟时出现的与性别密切相关的特征，如母畜有发达的乳腺，公鸡有鲜红的鸡冠、肉髯、艳丽的羽毛和啼鸣等。

胸壁创伤（wound of the thoracic wall） 胸壁发生的外伤。可分为透创和不透创两类。不透创在大家畜多发生在摔倒、冲突、角突和蹴伤，而小动物则多为咬伤和搔伤。治疗时应注意腋下和肘头等的刺伤发生皮下气肿；小的胸壁透创一般无大的危险，而大的透创，外界空气侵入胸膜形成阳压，肺萎缩，呼吸困难，若放置 8～15min 陷入缺氧，心搏停止而死亡；大血管受损多量多血形成血胸，肺实质受损形成外伤性气胸，透创感染导致化脓性胸膜炎和脓胸。

胸带肌（muscles of thoracic girdle） 前肢的带部肌肉。家畜锁骨和乌喙骨退化，前肢由胸带肌与躯干骨相连（称肌连接，synsarcosis）。浅层有下列肌肉：前方和背侧为斜方肌、肩胛横突肌和臂头肌；后方为背阔肌；腹侧为胸浅肌。深层有 3 肌：背侧为菱形肌；内侧为下锯肌；腹侧为胸深肌。在浅、深层间有较发达的疏松结缔组织，形成肩胛上和下间隙，以允许肩胛部沿躯干向前和向后摆动。

胸导管（thoracic duct） 收集除右淋巴导管以外的全身淋巴的最大淋巴导管。起始部呈梭形膨大，称乳糜池，位于最后胸椎和前 3 个腰椎的腹侧、腹主动脉和右膈脚之间，有内脏淋巴干和左右腰淋巴干汇入。胸导管自乳糜池向前穿经膈的主动脉裂孔入胸腔，在主动脉右背侧和右奇静脉右腹侧向前延伸，在第 6 或第 7 胸椎腹侧移向左侧，且向前腹侧依次斜行经过气管左侧、左锁骨下动脉右侧出胸腔，在中斜角肌内侧向腹后方弯转，开口于前腔静脉起始部背侧或左颈静脉。有左气管淋巴干并入胸导管末部。

胸腹式呼吸（thoracic - abdominal respiration） 又称混合性呼吸。呼吸时胸壁起伏、动作协调，强度大致相等，为犬、猫以外的大多数健康动物的呼吸式（牛、羊稍偏腹式）。

胸骨（sternum） 位于胸底壁内的骨。由若干胸骨节（6～9）以软骨连接而成，可分为胸骨柄、体和剑突。胸骨柄由第一节形成，除反刍兽外常突出于第一对肋之前，可触摸到。牛的胸骨柄与体间形成关节。胸骨体呈杆状（犬、猫）、扁平长三角形（牛、猪）或侧扁而形成胸骨嵴（马）。后端为狭的剑突，具有一片圆形扁平的剑突软骨，向后伸入腹底壁最前部。胸骨的背外侧面有 7～8 对肋切迹，与真肋肋软骨形成关节。禽胸骨大而为一整块，具有发达的胸骨嵴（又称龙骨），供飞翔肌附着；有的较宽（水禽），有的较狭而分出有突起（鸡）。除侧缘有与胸肋骨相接的关节面外，前端尚有一对关节面与乌喙骨形成关节。

胸骨甲状舌骨肌（m. sternothyrohyoideus） 位于颈腹侧中线两侧的薄带形肌。紧贴气管，除在颈前部外，大部分被胸头肌覆盖。起始于胸骨柄及第 1 肋软骨，分为胸骨舌骨肌和胸骨甲状肌。犬的在起始部两肌相连合，马、牛则至颈中部始分开。胸骨舌骨肌沿颈中线两侧向前止于舌骨体。胸骨甲状肌偏至气管两侧，向前止于甲状软骨板。作用为牵引舌骨及舌根向后向下，拉喉向后。

胸肌（m. pectorales） 位于胸腔底壁而连接到前肢的肌肉。有浅肌和深肌，各又分前后两肌。胸浅肌前部又称胸降肌，由胸骨柄向下至肱骨嵴，马此肌在胸前体表明显可见；后部又称胸横肌，由胸骨向外向下至臂部内侧面，牛、马等可延伸到前臂部。胸浅肌可内收前肢。胸深肌起始于胸骨腹侧面、邻近肋软骨以及腹底壁前部。其前部在马、猪较发达，沿肩关节前方向上而附着于冈上肌前缘，在牛、犬等为狭而短的锁骨下肌，连接于臂头肌内表面；其后部很发达，又称胸升肌，向前向上至肱骨小结节。胸深肌的作用是当前肢向前着地支重时，牵引躯干向前。禽胸肌发达，特别是胸浅肌，又称胸肌，作用为飞翔时将翼向下扑动；胸深肌又称乌喙上肌，作用相反，为将翼上举和外展。

胸廓（thorax） 由胸椎、肋和胸骨构成的胸腔骨架。呈横置的圆锥形，顶向前。前部在肉食兽较圆，有蹄兽较侧扁。胸廓前口由第一胸椎、第一对肋和胸骨柄围成，肉食兽为圆形，有蹄兽略呈尖朝下的等腰三角形。胸廓后部增宽，后口为折成钝角的卵圆形：上部斜向后下方，位于最后胸椎和最后一对肋骨之间；下部斜向前下方，位于两侧肋弓之间，直到胸骨。

胸膜（pleura）　被覆于胸腔内的浆膜。形成左、右两胸膜囊。每胸膜囊可分壁胸膜和脏胸膜。壁胸膜包括3部分：肋胸膜和膈胸膜，衬于胸侧壁和膈上，二者沿膈附着处相转折，称膈线，是胸腔与腹腔的分界；纵隔胸膜，与对侧胸膜囊相对，构成纵隔，其中部为心包胸膜。脏胸膜为肺胸膜，系纵隔胸膜沿肺根转折而包于肺外形成；由转折处向后沿肺背缘延伸的胸膜襞称肺韧带，固定肺后叶。右胸膜还形成包裹后腔静脉的腔静脉襞。胸膜由一层间皮和薄的结缔组织固有层构成，家畜中反刍兽和猪的较厚；肺胸膜一般略厚。胸膜以胸内筋膜与各器官组织连接，厚度也因动物种类和部位而有差异。

胸膜顶（cupola of pleura）　胸膜囊的前端。形成颈胸膜隐窝。胸内筋膜在胸膜顶与颈深筋膜相连续。多数动物右胸膜顶常超越第1肋前缘而达颈基部；骆驼两胸膜顶均达到平第7颈椎横突处。胸膜顶的隐窝内有肺尖；两胸膜顶间有大血管。颈部穿透创如损伤胸膜顶可引起气胸。

胸膜肺炎放线杆菌（*Actinobacillus pleuropneumoniae*）　旧称猪胸膜肺炎嗜血杆菌（*Haemophilus pleuropneumoniae*）或副溶血嗜血杆菌（*H. parahaemolyticus*）。呈小球杆状，具有多形性。新鲜病料瑞氏染色呈两极着色，有荚膜和鞭毛，具有运动性。兼性厌氧，置10% CO_2 中可长出黏液型菌落。最适生长温度37℃。在普通营养基上不生长，需添加V因子，常用巧克力培养基培养。在绵羊血平板上，可产生稳定的β溶血，金黄色葡萄球菌可增强其溶血圈（CAMP试验阳性）。根据其荚膜多糖及LPS的抗原性差异，目前将本菌分为15个血清型，其中1型和5型又分为1a与1b及5a与5b两亚型。根据其对辅酶Ⅰ（NAD）的依赖性，又分为生物Ⅰ型和Ⅱ型。Ⅰ型依赖NAD，包括1～12及15血清型；Ⅱ型不依赖NAD，含13、14型。由于LPS侧链及结构的相似性，某些型之间存在抗原性交叉。不同血清型的毒力有差异，其中1、5、9及11型最强，3和6型毒力低。猪是本菌高度专一性的宿主，寄生在猪肺坏死灶内或扁桃体，较少在鼻腔。慢性感染猪或康复猪为带菌者。小于6月龄的猪最易感，经空气或猪与猪直接接触传染。在集约化猪场的猪群往往呈跳跃式急性暴发，死亡率高。表现为典型的胸膜肺炎，鼻孔流出血性分泌物（带菌）。世界各养猪国均有发病的报道，我国已鉴定有2、3、5、7与8型。

胸膜摩擦音（pleural friction rub sound）　当胸膜面由于炎症而变粗糙时，随着呼吸可出现胸膜摩擦音。类似手指在另一手背上进行摩擦时所产生的声音或捏雪声、搔抓声、砂纸摩擦音。一般在吸气末与呼气开始时较为明显。可见于：①胸膜炎症，如结核性胸膜炎、化脓性胸膜炎等；②胸膜原发性或继发性肿瘤；③胸膜高度干燥，如严重脱水等；④肺部病变累及胸膜，如肺炎、肺梗死等；⑤其他，包括尿毒症等。

胸膜腔（pleural cavity）　由胸膜围成的潜在间隙。位于胸膜间，内有薄层浆液，称胸膜液，可减少胸壁与胸内器官的摩擦。胸膜转折处常形成较宽的间隙，肺不突入，称胸膜隐窝。禽的壁胸膜与肺胸膜间大部分有纤维相连系，胸膜腔不明显。

胸膜炎（pleuritis）　以胸膜纤维蛋白性渗出物沉积为主要特征的胸腔疾病。分为原发性和继发性两种，前者是由胸廓外伤等致使胸膜感染；后者见于邻接器官损伤或炎性疾病，以及某些传染病经过中。急性症状有体温不同程度升高，呼吸浅表，增数，腹式呼吸为主，偶发咳嗽，无鼻液。胸部触诊敏感，听诊有胸膜摩擦音；叩诊在肺的前下方三角区呈钝性浊音。慢性症状较急性缓和，胸膜增厚，粘连或有较多渗出液积聚、易于疲劳、发喘。防治可施行胸部红外线照射等温敷。必要时施行胸腔穿刺术排液的同时，注入抗生素。

胸膜隐窝（pleural recess）　又称胸膜窦。胸膜腔在胸膜壁层转折处形成的较大潜在间隙。肺缘不伸入其内。主要有：①肋膈隐窝，由肋胸膜与膈胸膜相转折形成，在膈线与肺底缘之间，呼吸时因肺底缘的活动而有改变，但即使在深吸气时仍保留较大间隙。②肋纵隔隐窝，由肋胸膜与纵隔胸膜沿胸底壁转折形成，较小，肺腹侧缘略伸入其内。③腰膈隐窝，位胸膜囊的后上端，达最后肋骨之后，犬较大，反刍兽、猪较小，马无。④纵隔隐窝，为右胸膜腔由腔静脉襞所分出，内藏右肺副叶。

胸内压（intrapleural pressure）　胸膜腔内的压力。胸膜腔为一潜在的腔，腔内只有少量起润滑作用的浆液。胸内压通常比大气压低，为负压。吸气时负压增大，呼气时减小。形成胸内负压的主要原因是肺的回缩力。胸内压可促进静脉血和淋巴液的回流，并有利于呕吐和反刍。当胸腔的密闭性受到损害如胸壁穿刺或肺破裂时，气体将进入胸膜腔内，负压消失，肺叶萎陷，即所谓气胸。

胸腔积水（hydrothorax）　见胸水。

胸腔积血（hemothorax）　胸腔液中混有红细胞。

多因胸膜粘连破裂、胸壁创伤、肺部创伤或疾病中血管壁损伤所致。出血可造成肺脏局部萎陷，临床表现渐进性呼吸困难，听诊肺下部呼吸音消失，叩诊呈水平浊音区。广泛性出血可引起急性出血性贫血。胸腔穿刺流出不凝固性血液。除根除原发病外，可应用凝血剂和输血疗法抢救。

胸式呼吸（thoracic respiration）　呼吸时胸壁的起伏动作特别明显而腹壁的动作却极其微弱的一种呼吸类型。除极少数正常动物如犬、猫为偏胸式呼吸外，一般多见于腹壁及腹腔器官疾病。

胸水（hydrothorax）　又称胸腔积水。胸腔内液体聚集过多。胸腔是由壁层胸膜与脏层胸膜构成的一个封闭性腔隙，内为负压，正常仅有少量液体，起润滑作用，以减少摩擦，利于肺的活动。病理状态下胸腔内可积蓄过多的液体，即胸水。常见于左心衰竭、肺水肿、胸膜炎、胸膜肺炎、心肾功能不全引起的全身性水肿等。治疗在除去原发性病因基础上，应用强心、利尿和脱水剂，必要时可进行胸腔穿刺排液。

胸头肌（m. sternocephalicus）　位于颈腹侧面浅层的肌肉。起始于胸骨；向前行，止于颞骨（猪）、下颌骨（马）、颞骨和下颌骨（反刍兽）或颞骨和枕骨（犬）。作用主要为屈头和颈。

胸腺抚育细胞（nurse cell）　位于胸腺浅皮质中的一种特殊上皮细胞，细胞质内有数个至数十个增殖的胸腺细胞。抚育细胞膜上表达 MHC 分子。其与胸腺细胞相互作用，使 T 细胞获得 MHC 限制性和区分“自己”与“非己”的能力。

胸腺激素（thymosin）　胸腺网状内皮细胞分泌的多肽激素。已发现至少有 4 种胸腺激素。胸腺激素的作用较广，不单纯是作用于 T 细胞的分化和成熟，其功能还包括：①增强细胞因子的活性，通过快速的活化和增殖免疫细胞来抵御病毒的入侵。②减少自身免疫性应答，对一些自身免疫病，如类风湿性关节炎，有治疗作用。③保护骨髓，给化疗患者注射或口服胸腺素，可减轻由此造成的红细胞、白细胞的减少。④调节不同抗体的生成，能够增强、恢复以及平衡机体免疫功能。

胸腺嘧啶核苷酸激酶缺陷（thymidine kinase deficiency，TK^-）　通过诱导或基因插入失活等方法，筛选出的缺乏胸腺嘧啶核苷酸激酶的突变型病毒或细胞。这种突变型不能使 DNA 的前体物质胸腺嘧啶核苷磷酸化成为胸腺嘧啶核苷酸。所以在培养液中加入胸腺嘧啶核苷类似物——溴脱氧尿嘧啶核苷（BUdR），TK^- 型可免受其害。TK^+ 型因利用 BUdR 掺入合成的 DNA 中，故不能继续复制。利用 TK^- 突变型能在含 BUdR 培养液中生长的特性，可进行有外源基因的重组 TK^- 型的克隆筛选。

胸腺细胞（thymic cell）　胸腺内分化发育的 T 淋巴细胞。90%位于胸腺皮质内。按其分化发育程度可分为早期胸腺细胞、普通胸腺细胞和成熟胸腺细胞，主要分布位置分别是被膜下区、皮质深层和髓质。3 种胸腺细胞的形态结构没有明显差别，但细胞表面标志不同，故可用单克隆抗体检测它们的表面分化标志加以鉴别。

胸腺小体（thymic corpuscle）　位于胸腺髓质中，呈圆形、椭圆形或不规则形、大小不一，由多层扁平的胸腺上皮细胞构成。外层细胞较幼稚，细胞核清晰；近内层细胞的核渐不明显，胞质内渐出现嗜酸性物质；中央的细胞已变性，核消失，胞质呈均匀的嗜酸性，有的已崩解。胸腺小体内还常见巨噬细胞和嗜酸性粒细胞。近年研究表明，胸腺小体在胸腺树突细胞介导中等到高度新合性自身反应性 T 细胞的次级阳性选择中具有关键的作用，可以诱导 CD_4^+、CD_{25}^+ 调节性 T 细胞的产生。

胸腺依赖性抗原（thymus - dependent antigen）只有在辅助性 T 细胞协助下才能激活 B 细胞分化、增殖和产生抗体的抗原。大多数抗原属之。如异种细胞、异体组织、微生物和异种蛋白等。

胸腺依赖性淋巴细胞（thymus - dependent lymphocyte）　即 T 淋巴细胞。T 淋巴细胞的形成过程与 B 淋巴细胞不同，骨髓干细胞既不是在骨髓原位，也不是迁移到腔上囊，而是迁移到胸腺才能发育为 T 细胞。

胸腺原基（thymic primordium）　由第 3 对咽囊腹侧部和部分第 4 对咽囊形成。与咽囊相对应的鳃沟外胚层也可能参与胸腺的形成。内胚层细胞可能分化为胸腺皮质的上皮细胞，而外胚层细胞分化为被膜下和髓质的上皮细胞。

胸肢带（pectoral girdle）　又称前肢带、肩带。连接前肢骨与躯干骨。在兽类和禽类有 3 块骨：肩胛骨、乌喙骨和锁骨。家畜仅保留肩胛骨，其余二骨退化。

胸肢骨（bones of thoracic limb）　即前肢骨。包括胸肢带和游离部。胸肢带又称前肢带，有肩胛骨、乌喙骨和锁骨。游离部顺次有肱骨、前臂骨和前脚骨。前臂骨有桡骨、尺骨两骨。前脚骨顺次有腕骨、掌骨和指骨，及近、远籽骨。

胸肢关节（joints of thoracic limb）　即前肢关节。由近侧到远侧顺次为肩关节、肘关节、腕关节、掌指关节、近指节间关节和远指节间关节。家畜正常站立时，肩关节处于后屈状态，肘关节处于前屈状态，腕关节处于垂直状态，掌指关节和两指节间关节处于背屈状态。关节角方向，由肩关节至腕关节顺次相反。两个指节间关节则与掌指关节相同。前肢关节的状态有利于前肢肌支持体重。

胸肿（thorax boss） 肩前与前胸部肿状物的总称。马多发生。一般前胸肿物称前胸肿，肩部肿物称肩肿。胸肿包括马的血肿、脓肿、黏液囊炎、葡萄状菌肿、黑色素瘤，在犬多为脂肪瘤、肉瘤。一般血肿、肿瘤，局部缺少压痛与增温，化脓性炎症中常伴有热痛或波动。在治疗上，胸肿中化脓成熟的，应切开排脓，采用一般化学疗法；对血肿、肿瘤、葡萄状菌肿、黏液囊炎按各自治疗方法处理。

雄核发育（androgenesis） 卵子受精开始正常，后来雌原核发育中止，卵子只依靠雄核进行发育的特殊的有性生殖方式。人工雄核发育的诱导，是利用γ射线、X射线、紫外线和化学诱变剂使卵子遗传失活，而后通过抑制第一次卵裂使单倍体胚胎的染色体加倍发育成雄核二倍体个体，为异常受精之一。

雄激素（androgen） 雄性激素的统称，是一类含有19个碳原子的类固醇激素。包括睾丸分泌的睾酮、脱氢异雄酮和雄烯二酮；卵巢分泌的睾酮和雄酮；肾上腺皮质网状带分泌的脱氢表雄酮及睾酮等。不同来源的雄激素生理作用不同。如睾丸雄激素能促进睾丸曲细精管的发育和精子成熟，促进副性征的表现和维持，促进蛋白质的合成和增强骨髓的造血机能，刺激性欲和争斗等雄性行为的产生，以睾酮作用最强。卵巢雄激素对雌性动物的效应尚不完全清楚，可能与雌激素协同促进阴毛与体毛的生长和分布，刺激性冲动和性欲的产生有关。肾上腺皮质合成的性激素在正常情况下对雄性个体可能无明显作用，在雌性个体有促进骨骼及阴毛生长等作用，分泌过多还将导致雄性化。

雄激素结合蛋白（androgen binding protein, ABP） 能与雄激素结合的一种血浆蛋白。睾酮等雄激素分泌入血后，97%～99%与蛋白质结合进行运输。呈结合状态存在，一方面可以减缓其清除率；另一方面有利于游离状态激素含量的相对稳定，以保持雄激素的正常功能。

雄茎（cirrus） 吸虫和绦虫雄性生殖器官的富含肌质的末端部，可以向外伸出，将精液注入雌性器官的子宫末端或子宫颈（吸虫），或将精液注入雌性器官的阴道（绦虫）。自雄茎向内通常依次为射精管、储精囊，以上3个部分常由一个肌质的雄茎囊包裹着。射精管周围有许多单细胞前列腺，也包在雄茎囊内。赖头虫为雌雄异体，雄茎突出于交合伞内。

雄茎囊（cirrus sal cirrus pouch） 吸虫和绦虫雄性器官末端部的一个肌质构造，其中包含着雄茎、射精管与其周围的前列腺和储精囊，其前方由雄茎与外界相通，后方由储精囊接输精管。有时雄茎囊外的输精管也形成一膨大的储精囊，这时称雄茎囊内的为内储精囊，雄茎囊外的为外储精囊。参阅雄茎。

雄性假两性畸形（male pseudohermaphroditism, MPH） 表型两性畸形的一种。这种动物的性腺为雄性，具有XY性染色体及睾丸，但外生殖器官界于雌雄两性之间，既有雄性特征又有雌性特征。常见的有睾丸雌性化综合征、尿道下裂、谬勒氏管残留综合征等。

雄性生殖器官（male reproductive organ） 生殖腺为睾丸。生殖管道形成附睾、输精管和尿生殖道；附属性腺有精囊腺、前列腺和尿道球腺。交配器官为阴茎。

雄原核（male pronucleus） 精子入卵后重新形成的圆形胞核。精子头部入卵后迅速膨大，胞核中出现核仁，并生成明显的核膜。

熊猫瘟热病（panda distemper） 又称熊猫犬瘟热。犬瘟热病毒引起的一种以类似癫痫的阵发性痉挛为特征的熊猫急性传染病。大熊猫和小熊猫都有发生。熊猫对犬瘟热病毒十分敏感，甚至一些弱毒株也可使小熊猫人工发病致死。多数病例常伴有鼠伤寒沙门氏菌、大肠杆菌等混合感染。主要表现高热、流涎、阵发性痉挛和转圈等神经症状，角膜浑浊，视力丧失，下痢等。依据包涵体检查、免疫荧光抗体和ELISA等可以确诊。貂源毒鸡胚细胞弱毒疫苗的免疫预防效果比较满意，对小熊猫也较安全。

休克（shock） 各种因素引起微循环血液灌流量急剧下降，使机体重要器官和细胞代谢发生障碍的一种全身性病理过程。主要表现为血压下降、脉搏细速、体表血管收缩、皮肤温度下降、黏膜苍白，动物衰弱常倒卧，严重时昏迷而死。

休药期（withdrawal time） 食品动物从停止给药到许可屠宰或其产品（即动物性食品，包括可食组织、蛋、奶等）许可上市的间隔时间。凡供食品动物应用的药物或其他化学物，均需规定休药期。休药期的规定是为了减少或避免供人食用的动物组织或产品中残留药物超量，进而影响人的健康。在休药期间，动物组织或产品中存在的具有毒理学意义的残留可逐渐减少或被消除，直到残留浓度降至“安全浓度”（即“最高残留限量”）以下。

修复（repair） 机体组织损伤后的重建过程。即机体对死亡的组织、细胞修补性生长及病理产物进行改造的过程。修复有多种形式，如再生、肉芽组织形成、创伤愈合、骨折愈合、机化、钙化等。

修饰作用（modification） DNA分子合成之后在

核苷酸基团上出现的一些化学变化。常见的是甲基化和糖基化作用。DNA 甲基化由 DNA 甲基转移酶催化，以 S－腺苷甲硫氨酸作为甲基供体，催化结果将腺嘌呤转变为 N－甲基腺嘌呤、胞嘧啶转变为 N－甲基胞嘧啶和 C－甲基胞嘧啶。在真核细胞基因表达调控中，甲基化起着很大作用。DNA 甲基化状态对维持染色体的结构、X 染色体失活、正常细胞的功能意义重大，对于疾病的发生也有重要影响。

羞明（phengophobia） 又称畏光。动物不能忍受正常的光线刺激所产生的怕光现象。临床表现为动物对光线躲闪、上下眼睑合拢、泪腺分泌加强、流出泪液。多伴发于角膜炎、虹膜炎、角膜损伤或炎症及能引起瞳孔极度散大的疾病等。

嗅觉（olfactory sensation） 由气体分子刺激嗅化学感受器引起的感觉。嗅觉感受器位于鼻腔上部，双极嗅细胞为感受细胞，其一级有嗅纤毛，接受悬浮于气体中的微粒或溶于水及脂肪的物质的刺激，冲动传向第二级神经元—嗅球。嗅觉对动物的觅食行为、社会行为和攻击行为等有重要意义。

嗅脑（rhinencephalon） 指与嗅觉纤维有直接联系的脑部，位于端脑的腹侧，属旧皮质；成自嗅球、嗅束、嗅结节、嗅前核、前穿质、梨状叶和杏仁核的一部分。功能与嗅觉有关。

嗅球（olfactory bulb） 每侧大脑半球前端的卵圆形灰质块。属嗅脑。向后连接嗅束，前方有嗅丝（嗅神经纤维）与之相连。呈分层结构，由嗅神经纤维层、灰质层和嗅束纤维层组成。接受嗅神经的传入纤维；发出纤维投射至前嗅核、嗅结节、杏仁核的一部分、梨状皮质、隔核和下丘脑。它不但是嗅冲动传向中枢的中继站，还可汇集嗅觉冲动，调节嗅信息的传入。

嗅上皮（olfactory epithelium） 鼻黏膜嗅部的上皮，具有嗅觉功能，是一种较高的假复层柱状上皮，由嗅细胞、基细胞和支持细胞构成。嗅细胞是一种特化的双极神经元，其树突成细棒状，伸至嗅黏膜上皮的表面，末端膨大，呈泡状，称嗅泡，溴泡的游离端有微绒毛，称嗅毛；其轴突形成无髓神经纤维，集合为若干嗅丝，穿过筛孔入颅腔，经嗅球传至中枢，形成嗅觉。

嗅神经（olfactory nerve） 传递嗅觉的第 1 对脑神经。属特殊内脏感觉神经。纤维成自鼻腔嗅区黏膜内嗅细胞的中枢突，穿过筛板入颅腔，连于嗅球。与嗅神经有联系的还有犁鼻神经和终神经。前者起始于犁鼻器，终于副嗅球。后者可能是前部咽神经的退化遗迹。禽无犁鼻神经。

嗅诊（smelling） 以嗅觉发现、辨别动物的呼出气体、口腔臭味、排泄物及病理性分泌物的异常气味与病症之间关系的一种诊断方法。

溴酚磷（bromophenophos） 驱吸虫药。对牛、羊肝片吸虫成虫及移行期肝实质内的童虫有效。牛一次内服治疗量虫卵转阴率 100%，用药 7d 后，肉品中无药物残留。

溴化物（bromide） 镇静药。大脑皮层的一种典型的轻度抑制药。加强大脑皮层的抑制过程，使抑制过程集中及恢复兴奋和抑制平衡。表现感觉迟钝，活动减少，但不影响呼吸和循环系统的功能。用于缓解脑炎引起的兴奋症状，解救猪、禽食盐中毒（用溴化钙或溴化钾）及马疝痛时的镇静。有溴化钠、溴化钾、溴化钙及溴化铵等制剂。

溴氢菊酯（deltamethrin） 又称倍特、敌杀死。拟除虫菊酯类杀虫药。对虫体具有胃毒和接触毒，但无内吸作用。有广谱、高效、残效期长、低残留等优点。对耐有机磷、有机氯的害虫仍然高效。对蚊、家蝇、厩蝇、羊蜱蝇，牛、羊各种虱、牛蜱蝇、羊痒螨、猪血虱及禽羽虱均有良好杀灭作用。一次用药能维持药效一个月。对鱼剧毒。对人、畜皮肤、呼吸道有刺激性，注意防护。

盱眙水牛病（Xuyi buffalo disease） 见水牛热。

须肢（pedipalps） 蜱螨口器的一部分，着生在假头基前缘的外侧部，左右各一。蜱的须肢分四节，第一节短小，与假头基前缘相连；第二、三节较长；第四节短小，嵌生在第三节前端腹面。

虚脉（pulsus vacuus） 血管内血量不足，检指施加不同压力均感脉管无力之脉搏。见于心机能不全、主动脉瓣关闭不全、慢性热性疾病、贫血、下痢、恶病质等。脉的虚实取决于流入血管的血量，并与心脏收缩力及血管床的开放广度有关。临床上可用检指加压、放开而反复操作检查对脉管状态进行判定。

虚脱热（heat prostration） 见虚脱体温。

虚脱体温（collapse temperature） 又称虚脱热。体温下降到正常以下，机体反射机能消失，陷入不能站立状态时的体温。见于大量失血、中毒及重度下痢、营养衰竭等许多重症疾病的后期。虚脱体温表明机体已到濒死期，多提示预后不良。

需氧菌（aerobe） 又称严格需氧菌（obligate aerobe）。通过有氧呼吸获取能量的细菌。在呼吸过程中，细菌在酶的作用下，经过一系列的氧化还原反应，把基质中的电子最终转移给分子态氧，产生的能量和简单的有机化合物供细菌利用。

需氧脱氢酶（aerobic dehydrogenase） 可以催化底物脱氢，并且将底物脱下的氢立即交给分子氧，生

成 H_2O_2。此酶大多以黄素单核苷酸（FMN）和黄素腺嘌呤二核苷酸（FAD）为辅基，称为黄素酶类。他们常需要某些金属离子，如 Mo^{2+}、Mn^{2+} 等。属于需氧脱氢酶的有黄嘌呤氧化酶、L-氨基酸氧化酶、D-氨基酸氧化酶及醛氧化酶等。

徐脉（infrequent pulse）　又称慢脉、稀脉或缓脉。单位时间内次数低于正常值范围下限的一种脉搏。可见于迷走神经兴奋、房室传导阻滞、慢性脑积水等，赛马休息时亦偶可出现。

酊剂（spiritus）　挥发性药物的醇溶液。如樟脑酊。

叙利亚仓鼠（*Mesocricetus auratus*）　分类属仓鼠科、地鼠属，因其被毛呈金黄色又称金黄地鼠，是实验用主要仓鼠品系。叙利亚仓鼠源自叙利亚 Aleppo 地区捕获得到的 3 只同窝野生鼠。体长 14～19cm，体粗壮，眼小而亮，眼球黑。喜较湿凉环境，行动不太敏捷，喜啃咬，好斗。不宜雌雄同居。4℃可进入冬眠，易熟睡。有颊囊，可储存食物。睾丸大，免疫系统有特性，封闭群内皮肤移植可存活。雄性肋椎区有易识别的皮脂腺，上有黑色素沉着，被毛粗糙，寿命 2～3 年。染色体数 2n=44。性成熟雄性 6～8 周，雌性 8～12 周，性周期 4～6d，妊娠期 15～18d，窝产仔数 4～12 只，哺乳期 21d。主要用于肿瘤、生理学、遗传学、传染病、牙医、组织培养和组织移植等研究。地鼠肾细胞主要用于小儿麻疹疫苗生产。

畜产公害（public nuisance in livestock production）　随着生猪养殖的规模化、专业化、集约化，猪粪尿和各种废水大量集中，从而引发畜产公害。首先是对周围水质的污染。生猪养殖产生的粪便污水只有小部分施入农田、菜园，大部分直接排入河流或附近的池、湾或低洼处，自然渗入地下。畜禽粪便已成为影响农村地下水质的主要污染源之一。其次是对周围空气的污染。生猪粪尿中含有大量的碳水化合物，在空气中会迅速腐化发酵，散发出大量的恶臭气味。第三是对土壤的污染。未经发酵处理而直接施用到农田菜园的猪粪尿中，含有病原生物、寄生虫卵，可在土壤中生存和繁殖，进一步扩大传染源。第四是噪声污染。

絮状沉淀试验（flocculation precipitation test）定量抗体与递进稀释的可溶性抗原在试管结合出现絮状沉淀反应的一种试验。参见絮状反应。

絮状反应（flocculation reaction）　一种试管沉淀反应，亦称最适比法。倍比稀释的可溶性抗原与定量的抗体在试管内混合，最早出现絮状沉淀和沉淀量最多的一管的抗原抗体比，即该抗原抗体最适比例。常用于用已知单位的抗毒素测定相应毒素的单位——絮状单位（Lf）。

絮状反应单位（Lf unit）　见絮状反应限量。

絮状反应限量（Lf dose）　又称絮状反应单位。毒素絮状沉淀试验时，能与一个抗毒素单位血清最早出现沉淀反应的毒素量。

蓄积（accumulation）　环境污染物进入机体的速度或数量超过机体消除的速度或数量，造成环境污染物在体内不断积累的作用。具有蓄积性的环境污染物，如以低于中毒阈剂量同机体接触，一般不出现毒性作用。但如反复多次接触，并且每次接触的时间间隔，短于机体消除该污染物所需要的时间，就会有一定数量的环境污染物在体内不断蓄积。蓄积量超过中毒阈剂量时，则出现毒性作用。这就是物质蓄积。机体吸收环境污染物后，机体的结构或功能可能改变，如这种变化是不可修复的，或在修复过程未完成时机体又多次与该污染物接触，致使结构或功能的变化不断加深，这就是功能蓄积。但根据现有科学水平还不能将物质蓄积和功能蓄积明确区分开来，因为这两种蓄积可能同时发生而且互为基础。环境污染物的蓄积性是亚急性毒性作用和慢性毒性作用的基础。

蓄积毒性（cumulative toxicity）　化学物反复多次进入机体，当进入速度超过代谢转化与排出的速度，蓄积体内而产生的毒性。是慢性中毒的基础。又分物质蓄积（量的蓄积）和功能蓄积。后者特指机体功能或结构形态上的不可逆变化在化学物反复作用下未能修复的状态，常出现慢性中毒征候。蓄积毒性可用蓄积系数法和生物半衰期法进行检测。

蓄积系数（cumulative coefficient）　衡量化学物蓄积作用的参数。在一定期限内，计算达到预定效应的累积剂量，再求出累积剂量与一次接触该物质所产生相同效应的剂量比值，即得蓄积系数［$K=ED_{50}(n)/ED_{50}(1)$］。如以死亡为效应指标，则 $K=LD_{50}(n)/LD_{50}(1)$。按规定，$K<1$ 为极强蓄积，$K=1\sim3$ 为强蓄积，$K=3\sim5$ 为中等蓄积，$K>5$ 为弱蓄积。

萱草根中毒（hemerocallis root poisoning）　又称“瞎眼病”。家畜采食了萱草的根而引起的中毒性疾病，临床症状以瞳孔散大、双目永久性失明、四肢或全身瘫痪和膀胱麻痹为特征，组织学变化以脑脊髓白质和视神经软化以及空泡变性为特征。根据特征症状，如突然瞳孔散大，双目失明，肢体瘫痪等，结合摄食萱草根的病史和组织病理变化，可做出诊断。目前，尚无特效疗法。预防措施包括枯草季节禁止在萱草密生地放牧，防止牛、羊牧食萱草根的各种机会，引进无毒萱草品种等。

悬跛（hanging limp）　跛行的一种，即跛行发生在悬垂阶段或在悬垂阶段跛行明显。其特征是“抬不高”和“迈不远”。表现为运步缓慢、抬腿困难和前方短步。病因为四肢及邻近组织器官损伤，常见的有关节愈着、关节韧带挛缩、骨瘤以及神经麻痹和肌肉萎缩等。治疗时对病畜应加强护理，静养，限制活动并采用磺胺、抗生素以及葡萄糖、碳酸氢钠、钙制剂等疗法。

悬浮培养（suspension cell culture） 通过振荡或转动装置使细胞在悬浮状态下分裂繁殖的一种体外培养技术。一般采用磁力搅拌或转鼓旋转使细胞保持悬浮状态，大量培养在发酵罐中进行，发酵罐具有自动控制 pH、温度、气量、搅拌速度和换液的装置。悬浮培养能连续培养和连续收获，细胞传代不受任何处理的损伤，从而可以大量提供细胞数量，提高生物制品的产量和质量。但此法主要用于能悬浮生长的细胞。

悬蹄及悬爪（dewclaw） 又称附指（或趾）。退化而不具功能的蹄和爪。如犬、猫前肢第一指和有时犬后肢第一趾；猪、牛、羊的第二和第五指及趾。形态与主蹄或爪相似而较小，不着地。犬、猫前肢悬爪有2枚指节骨，犬后肢悬爪有1～2枚趾节骨。猪悬蹄各有3枚指（或趾）节骨和1对近籽骨。牛悬蹄只有1～2枚指（或趾）节骨遗迹，且不形成关节。为避免犬、猫悬爪抓伤，有时可将其截除。

旋肌（rotator） 使四肢沿纵轴转动的肌肉。多见于多轴关节。使其内旋者称旋前肌（pronator），使其外旋者称旋后肌（supinator）。作为主动肌仅见于犬、猫，其他家畜已退化或仅剩遗迹。

旋毛虫病（trichinelliasis） 旋毛虫（*Trichinella spiralis*）寄生于人和猪、鼠、犬等多种哺乳动物的小肠（成虫）和肌肉（幼虫）而引起的寄生虫病。雌虫寄生于小肠，雌虫在肠黏膜间产出幼虫；幼虫经淋巴血液循环散布至全身肌肉中，在随意肌中寄生较多，在肌纤维内形成橄榄形或近似圆形的包囊。幼虫盘卷在包囊内，可存活数年之久。经口感染，宿主摄食了肌肉组织的旋毛虫包囊遭受感染。旋毛虫病是自然疫源性疾病，多种野生动物都可感染，野生动物间的互相捕杀是自然传播的主要途径。猪、犬等家养动物可能通过食入鼠类或食入其他动物性食品中的包囊幼虫遭受感染，如用冲洗病猪肉的泔水或废弃的肉残渣喂猪可使猪受感染；人吃未熟的含包囊幼虫的猪肉或其他动物肉等均可能遭受感染。被感染动物多无明显症状。猪和犬的感染率较高。人被感染后，初期有腹泻、呕吐和腹痛等症状；随后可出现水肿和肌肉疼痛；严重感染时，可能出现呼吸、咀嚼、吞咽和说话困难，甚至死亡。猪旋毛虫病的诊断主要是宰后检验，常规方法是取膈肌角作压片后，显微镜检查，发现幼虫即可确诊。血清学方法可辅助诊断。治疗动物旋毛虫病的报道很少，可试用丙硫咪唑。预防措施包括严格执行肉品卫生检验和旋毛虫感染肉品的处理章程、灭鼠、改善饲养管理、注意个人卫生和改变生食猪肉的习惯。

旋毛虫检验（trichinoscopic examination） 猪屠宰后的必检项目。通常方法是采集膈肌角肌肉直接压片后肉眼观察或显微镜检查，观察包囊幼虫即可确诊；或将肌肉剪碎，加胃蛋白酶液消化后取沉渣镜检，观察到包囊或幼虫即可确诊。生前诊断较为困难，应用酶联免疫吸附试验（ELISA）、间接血凝试验等血清学方法可以检测血清中的抗体。

旋毛形线虫（*Trichinella spiralis*） 简称旋毛虫。属于线形动物门（Nematoda）、毛形科（Trichinellidae）、毛形属（*Trichinella*）。成虫细小，肉眼几乎难以辨识。前部越向前端越细，为食道部；后部较粗，占体长的一半以上，内含肠管和生殖器官。雄虫较小，长1.4～1.6mm；雌虫较大，长3～4mm。当宿主吞食了含有活旋毛虫幼虫包囊的肌肉后，即被感染。数小时后，幼虫在十二指肠及空肠前段自囊内逸出，并钻入十二指肠和空肠的上部黏膜，经2昼夜的发育即变成成虫。雌、雄虫体即开始在黏膜内进行交配，交配后不久雄虫死去，雌虫钻入肠腺或黏膜下的淋巴间隙中发育，一般在感染后的7～10d开始产幼虫。新产出的幼虫进入血循环，随血流到达全身各处肌肉、组织和器官，但只有到达横纹肌的幼虫才能继续发育。幼虫多寄生于活动量较大的肋间肌、膈肌、舌肌和嚼肌中。幼虫在感染后第17～20d开始蜷曲盘绕，肌肉细胞形成包囊包裹幼虫。幼虫被另一宿主食入，开始下个生活史。6个月后，包囊增厚，囊内开始钙化，只有当钙化到虫体时虫体才会死亡。幼虫寿命由数年至25年不等。

旋转式卵裂（rotational cleavage） 哺乳动物的受精卵第一次分裂为经裂，第二次分裂时，其中一个卵裂球仍然进行经裂，而另一个卵裂球则进行纬裂，这种卵裂方式称为旋转式卵裂。

旋转阳极X线管（rotating anode X－ray tube） 阳极可以旋转的一种X线管。此类型的X线管阳极为一圆盘，圆盘的直径为75～100 mm，圆盘的外周做成斜面，整个斜面上都镶有钨块，作为阴极射来的电子轰击的靶面。X线管工作时，圆盘在电动机操作下高速旋转，使圆盘四周的靶面轮番受到电子的轰击而产生X线。由于扩大了靶面积，使X线管的热容量也大大地增加，同时焦点面积也大大缩小，提高了X线片的清晰度。这种X线管可使用较大的管电流和较短的曝光时间。

选择毒性（selective toxicity） 泛称生物差异。化学物对某一生物体的毒性较大而对另一生物体毒性较小的现象。其产生环节主要在于化学物的代谢动力学过程及受体的敏感性。不同的生物体可因代谢途径和生化机理的不同及受体敏感性的变异而导致化学物的毒性差异。细菌细胞与高等动物细胞的不同使化疗药能抑杀细菌，而对哺乳动物毒性很小。大多数工业毒物、农药和药品都有选择毒性，是对众多化学物在实际应用时进行分类的基础。

选择性培养基（selective medium） 根据某种微生物的特殊营养要求或其对某化学、物理因素的抗性而加入某种化学物质，对不同细菌分别产生抑制或促进作用，从而可从混杂多种细菌的样本分离出所需细菌的培养基。其功能是使混合菌样中的劣势菌变成优势菌，从而提高该菌的筛选效率。

眩晕（vertigo） 因机体空间定向和平衡功能失调所产生的一种运动错觉。常伴有眼球震颤、呕吐、结膜苍白、心动徐缓、血压下降等植物性神经功能失调的症状。

雪貂（ferret，*Mustela pulorius*） 食肉目（Carnivora）、鼠鼬科（Mustelidae）、貂属（*Mustela*）中的一种动物。颈与躯干等长，性情温和，行动敏捷，好啃咬，爱嬉戏，肉食。经驯化供实验的雪貂毛色呈野生色或白化色，体毛呈淡黄色，汗腺不发达，不耐热。无盲肠、精囊、前列腺。有肛侧腺可发出持续气味。成年体重1～2kg。雄性体重高于雌性近2倍。通常雪貂繁殖期为5～6年，寿命约14年，性成熟9～12个月。每年3～8月发情，1年可产2窝，平均窝产仔8只，哺乳期6～7周。雪貂是一种用途广泛的实验动物，主要用于细菌学、病毒学、药理学、生理学、生殖、畸胎、毒理学等研究中。多年来一直作为犬瘟热和流行性感冒研究的实验动物。

雪夫氏试剂（Schiff reagent） 即品红—硫酸复合物。碱性品红为醌式结构，呈品红色，容易被氧化，硫酸破坏其醌式结构而形成无色的品红—硫酸复合物。这种复合物与醛基发生特异性反应生成醛—品红复合物时，重新形成双键而呈紫红色。故雪夫氏试剂是组织化学中的醛特异性试剂。罗丹明3G、吖啶黄等可代替碱性品红配制雪夫氏试剂，但这些染料具有荧光，反应后须用荧光显微镜观察。雪夫氏试剂主要用于过碘酸雪夫氏反应（显示多糖）和福尔根反应（显示DNA）。

雪卡毒素（ciguatoxin） 一种由海洋微生物产生的聚醚神经毒素，黏附在海藻或死去的珊瑚表面，能抵抗高温。毒素一般沿食物链向上传，小鱼吃下带有毒素的海藻-小鱼被大鱼捕食-大鱼最后被人类捕食，食鱼者可发生雪卡毒素中毒。

雪卡中毒（ciguatera poisoning） 由于摄食通过食物链污染了甲藻毒（Gambierdiscus toxins）的海产鱼类引起的一种死亡率很低的中毒症。主要流行于加勒比海和南太平洋群岛。已知受毒化的鱼类多至数百种，如笛鲷科、海鳝科、鲇科、刺尾鱼科的一些鱼种都是有毒鱼种，但实际引起中毒的鱼仅数十种，而且毒性具有明显的地域、个体和部位差异及年代的变化。内脏特别是肝脏毒性很高。从食用污染鱼到发病通常在4～24h，主要症状为腹泻、呕吐、温度感觉异常犹如触干冰感觉，关节痛、头痛、倦怠，恢复期有搔痒感，中毒原因物质是雪卡毒素（ciguatoxin）、鹦嘴鱼毒素（scaritoxin）、马依托毒素（maitotoxin）等。雪卡毒素为脂溶性物质，小鼠 LD_{50} 为 0.45μg/kg，比河豚毒强20倍，是雪卡中毒的主要原因毒。

雪旺氏细胞（Schwann's cell） 周围神经系统中最常见、最重要的神经胶质细胞。包绕于轴索的周围，形成神经膜，故亦称神经膜细胞。这种细胞可形成有髓神经纤维的髓鞘，并在神经再生中起诱导作用。

血氨（blood ammonia） 机体代谢产生的氨和消化道中吸收来的氨进入血液形成血氨。低水平血氨对动物是有用的，它可以通过脱氨基过程的逆反应与α-酮酸再形成氨基酸，也可以参与嘌呤、嘧啶等重要含氮化合物的合成。但氨在体内又具有毒性。脑组织对氨尤为敏感，血氨的升高，可引起脑功能紊乱。氨可以在动物体内形成无毒的谷氨酰胺。氨也可以直接排出或通过转变成尿酸、尿素排出体外。

血巴尔通体病（haemobartonellosis） 血巴尔通体（Haemobartonella）寄生于犬、猫等的红细胞表面或内部引起的疾病。病原体细小，为球状、杆状或环状的原核生物，现归属立克次体（Richettsia）。一般寄生于红细胞表面，有时游离于血浆内。常见种有：①犬血巴尔通体（*H. canis*），由扇头蜱传播。患犬贫血，食欲不振，瘦弱，幼犬易感。②猫血巴尔通体（*H. felis*），通过咬伤传播。幼猫易感，公猫发病率高，出现贫血、发热、黄疸、厌食、沉郁、脾肿大等症状。③鼠血巴尔通体（*H. muris*），由鼠虱传播，大鼠一般无症状。血液涂片查出虫体即可确诊。可用土霉素或盐酸四环素治疗。对猫应防止它们相互咬斗。对犬、鼠应消灭病原体的传播媒介。

血斑蛋（blood spot eggs） 早期胚胎发育蛋。受精蛋因受热或孵化而使胚胎发育，照蛋时，轻者呈现鲜红色小斑（血斑蛋）；严重者血斑扩大，并有明显的血丝（血丝蛋）。

血孢子虫病（haemosporidiosis） 过去指巴贝斯虫与泰勒虫引起的疾病，现称梨形虫病（piroplasmosis）。参见梨形虫病。

血变虫（Haemoproteus） 寄生于一些野鸟、家鸽、火鸡和鸭的血管内皮细胞和血液中的血变属（*Haemoproteus*）原虫。属孢子虫纲（Sporozoa）、血变科（Haemoproteidae）。由虱蝇和蠓吸血传播。鸟类受感染后子孢子进入肺、肝和脾等脏器的血管内皮细胞，进行裂殖生殖，其后进入血液红细胞内变为大小配子体。被寄生的细胞内出现色素颗粒。常见种有鸽血变原虫（*H. columbae*），火鸡血变原虫（*H. meleagridis*）。受感染的鸟通常不显症状。

血岛（blood island） 由卵黄囊壁紧贴内胚层的胚外中胚层间充质细胞分化而来的成血管细胞密集形成的许多分散孤立的块状或索状成血管组织。血岛中间出现腔隙，腔隙周边的成血管细胞排列成内皮并彼此连接形成网状内皮管，内皮管借出芽伸展并与邻近的内皮管连接形成血管，血岛中央的游离细胞分化为原始血细胞，即造血干细胞。

血管紧张度（vascular tone） 血管平滑肌保持一定程度的收缩状态。与血管平滑肌本身的特性有关，并受机械牵拉和局部化学反应的影响，同时受植物性神经系统的调节和控制。

血管紧张素（angiotensin） 具有缩血管作用的一组多肽类物质。正常血浆中含有无活性的血管紧张素原，在肾素的作用下水解，产生10肽的血管紧张素Ⅰ。在血浆和组织中，特别是在肺循环血管内皮表面，存在有血管紧张素转换酶，该酶可水解血管紧张素Ⅰ产生8肽的血管紧张素Ⅱ。它能刺激血管平滑肌收缩，并能引起肾上腺皮质产生醛固酮，促进肾小管对Na^+重吸收，在Na^+被吸收时，水的重吸收也随之而增加，细胞外液增加，血压也升高。血管紧张素Ⅱ在血浆和组织中的血管紧张素酶A的作用下，再失去一个氨基酸，成为7肽血管紧张素Ⅲ，其生理作用与血管紧张素Ⅱ相同，但作用效果不及血管紧张素Ⅱ。

血管瘤（hemangioma） 血管内皮细胞的良性肿瘤。多见于老龄犬、犊牛和猪，发生在皮肤、皮下和深层组织，特别是腿、腹胁、颈、面部和眼睑。常为单个、卵圆形红黑色团块，无包膜，切开后有血液溢出。镜下，肿瘤由增生的毛细血管构成，毛细血管管腔内充满血液，管壁覆有单层内皮细胞，血管间有不等量的结缔组织。单纯由毛细血管构成的瘤块称毛细血管瘤（capillary hemangioma）；由管腔大的薄壁血管构成的称海绵样血管瘤（cavernous hemangioma）。

血管球（glomerulus） 包裹在肾小囊中的一团蟠曲的毛细血管。由入球微动脉从肾小体的血管极进入肾小囊后反复分支形成。毛细血管间有系膜支持。在尿极，毛细血管再汇集为出球微动脉，其管径比入球微动脉细，因此，血管球中的血液对毛细血管壁有相当大的压力。

血管升压素（vasopressin，VP） 又称抗利尿激素（antidiuretic hormone，ADH）、加压素。下丘脑视上核及室旁核产生，经神经垂体贮存并释放的一种8肽激素。分精氨酸加压素与赖氨酸加压素两种类型。大多数哺乳动物和人是精氨酸加压素（AVP），猪为赖氨酸加压素（LVP）。主要生理作用是促进肾远曲小管和集合管对水分的重吸收，致使尿量减少。在正常生理浓度下，加压素几乎无缩血管而致血压升高的作用，需很大的药理剂量才表现升压效应。此外，加压素还有较弱的类似催产素的作用。

血管舒张素（kallidin） 对血管具有舒张作用的肽类物质，为10肽。主要发挥局部作用，引起血管扩张，血流量增加，从而为组织特别是腺体提供充足的代谢原料。

血管性假血友病（vascular pseudohaemophilia） 由von willebrand因子的量或质异常引起血小板黏附功能缺陷所致的一种遗传性出血病。

血红蛋白（hemoglobin，Hb） 红细胞中含有红色素（血红素）的一种结合蛋白质。含量约占红细胞干重的97%，由珠蛋白和辅基血红素组成。是两个α-亚基和两个β-亚基构成的四聚体（$\alpha_2\beta_2$）。每个亚基都包括一条肽链和一个血红素。每个亚基的三级结构与肌红蛋白十分接近，含有一个血红素辅基，可与氧进行可逆的结合，每个血红蛋白分子能与4个O_2进行可逆结合。血红蛋白的氧结合曲线是S形曲线。在去氧血红蛋白分子构象中，四个亚基之间通过许多盐键相连接，成为紧密型构象，从而使其氧亲和力小于单独的α-亚基或β-亚基。去氧血红蛋白与氧结合后，变成氧合血红蛋白，其三、四级结构发生了较大变化。在氧合血红蛋白分子构象中，维持和约束四级结构的盐键全部断裂，每个亚基的三级结构发生了变化，整个分子的构象由紧密型变成了松弛型，并提高了氧亲和力。血红蛋白的主要功能是运输氧和二氧化碳，组成缓冲对参与维持血液pH的相对稳定。

血红蛋白尿（hemoglobinuria） 尿液中含有游离的可检测到的血红蛋白。常呈酱油色，尿色均匀，新鲜尿液离心无沉淀，镜下不见红细胞或仅见少量红细胞，潜血试验呈强阳性反应。见于各种溶血性疾病。

血红扇头蜱（*Rhipicephalus sanguineus*） 体型中等，为我国常见种。形态特征为：有眼、有缘垛。假头基宽短，六角形，侧角明显。须肢粗短，中部最宽，前端稍窄。须肢第1、2节腹面内缘刚毛较粗，排列紧密。雄蜱肛门侧板近似三角形，长为宽的2.5～2.8倍，内缘中部稍凹，其下方凸角不明显或圆钝，后缘向内略斜；副肛侧板锥形，末端尖细；气门板长逗点状。主要寄生于犬，也可寄生于其他家畜。三宿主蜱。在华北地区活动季节为5～9月份。

血红素（heme）　又称亚铁血红素。红细胞中与珠蛋白一起构成血红蛋白的辅基成分，是亚铁离子与原卟啉的络合物。呈红色，分子量616.5，铁原子位于卟啉环中央。血红素在骨髓有核红细胞中由甘氨酸、琥珀酰CoA及铁经酶催化合成，其中铁原子为二价（Fe^{2+}）。单独的血红素不能结合氧，只有构成血红蛋白才能与氧结合，起运输氧的作用。血红蛋白结合氧时，铁原子自身不被氧化。某些氧化剂使血红素中二价铁氧化成三价铁（Fe^{3+}），则血红蛋白将失去正常结合氧的能力。

血浆（plasma）　血液的液体成分。取一定量的血液与抗凝剂混匀后置于分血计中，经离心沉淀（3 000 r/min，30 min）后，血细胞因比重较大而下沉并被压紧、分层，上层淡黄色液体即为血浆，占血液容量的55%～75%，由水分、晶体物和胶体物组成。水分约占92%；晶体物包括多种电解质、营养成分、代谢产物、少量激素和一些气体；胶体物主要是血浆蛋白质，分为白蛋白、球蛋白和纤维蛋白原3类。pH为7.35～7.45，总渗透压约300 mOsm/L，其中由胶体物形成的为胶体渗透压，由晶体物形成的为晶体渗透压。血浆中的电解质有很多弱酸盐，它们与弱酸、蛋白质构成缓冲对，对维持血液pH稳定起重要作用。血浆中还含有一系列凝血因子，参与血液的凝固过程。

血浆蛋白结合率（plasma protein binding ratio）　药物在血液中与血浆蛋白结合型和游离型的比率。

血浆蛋白质（plasma protein）　血浆中所含蛋白质的总称。含量在家畜占血浆总量的6%～8%，家禽为4%～5%。用盐析法可将其分为白蛋白、球蛋白和纤维蛋白原3类。用电泳法则分为白蛋白、前白蛋白和α_1、α_2、β_1、β_2、γ球蛋白以及纤维蛋白原等。各种血浆蛋白比例有较大种间差异，同种动物则相对稳定。人、绵羊、山羊、兔、犬、猫、豚鼠、大鼠的白蛋白多于球蛋白，马、牛、猪、鸡则球蛋白多于白蛋白。在怀孕、泌乳、肌肉运动等生理状态改变或患病时，血浆蛋白含量和比例常发生显著变化，测定血浆蛋白含量和白蛋白与球蛋白的比值有一定实用意义。

血浆峰浓度[peak/maximum plasma concentration，Cmax]　系指血药浓度——时间曲线上的最大血药浓度值，即用药后所能达到的最高血浆药物浓度。血浆峰浓度与药物的临床应用密切相关。血浆峰浓度达到有效浓度才能显效，而如果高出了安全的范围则可显示毒性反应。此外，血浆峰浓度还是衡量制剂吸收和安全性的重要指标。

血浆胶体渗透压（plasma colloid osmotic pressure）　血浆中的胶体物质（主要是白蛋白）所形成的渗透压，约占血浆总渗透压的0.5%。血浆胶体渗透压对于维持血浆和组织液之间的液体平衡极为重要。

血浆晶体渗透压（plasma crystal osmotic pressure）　血浆中由溶解的晶体物质（包括无机离子、尿素、葡萄糖等）形成的渗透压。约占血浆中总渗透压的99.5%。血浆晶体渗透压在维持细胞内外水平衡、细胞内液与组织液的物质交换、消化道对水和营养物质的吸收、消化腺的分泌活动以及肾脏尿的生成等生理活动中，都起着重要的作用。

血浆浓度-时间曲线（plasma concentration - time curve）　为了研究给药后血浆药物浓度与时间的关系而绘制的曲线。

血浆特异酶（plasma - specific enzyme）　血浆中发挥特异催化作用的酶。

血浆消除半衰期（plasma elimination half - life）　又称血清消除半衰期（serum elimination half - life）。血浆药物浓度下降一半所需要的时间。

血浆药物浓度（plasma concentration）　药物吸收后在血浆内的总浓度，包括与血浆蛋白结合的或在血浆游离的药物，有时也可泛指药物在全血中的浓度。

血精（hemospermia）　带血的精液。可以使精子受精能力下降或完全丧失。各种公畜均有发生。精液中混入的血液有多种来源，如副性腺和尿道炎症、射精管开口处感染、尿道上皮溃疡和上皮下血管出血等炎症和损伤等。如发现有血精，公畜应当停止交配。如为细菌性尿道炎，全身使用抗菌素或口服磺胺类药物治疗。

血块收缩时间测定（clot retraction test，CRT）　测定血液离体后开始出现血块收缩和完全收缩所需要的时间，以判断血凝功能的一种实验室检查法。测定方法有普通试管法、麦（Macfarlane）氏改良法和Rowsell氏法3种，以麦氏改良法最为常用。正常动物2～4h血块开始显著收缩，24h完全收缩。麦氏改良法的结果以血块收缩度表示，即血块收缩度（%）＝血量（mL）/血清量（mL）×100。血块收缩时间延长见于血小板异常减少、纤维蛋白原减少、凝血酶原减少等。

血量（blood volume） 动物体内的血液总量。成年畜禽的血量为体重的5%～9%，即每千克体重有50～90mL血液。猪和犬血量平均为体重的5%～6%，牛、羊和猫为6%～7%，马和鸡为8%～9%。其中大部分在心血管中不断流动，称循环血量。较小部分存在于肝、脾、皮肤等毛细血管中，称贮存血量。血量有种间差异并受年龄、性别、肥瘦、妊娠、泌乳以及环境因素等影响。血量恒定对维持正常血压和保证器官血液供应至关重要。当血量改变时，机体通过神经和血液调节影响血细胞和血浆蛋白生成、水和电解质吸收与排泄，保持血量的正常水平。

血淋巴结（hemal lymph node） 一种改变了的淋巴结。见于鼠和反刍类。其结构介于血结和淋巴结之间，具有输入和输出淋巴管，但淋巴窦中常同时存在淋巴和血液。血淋巴结具有滤血功能，也可能参与免疫反应。

血流动力学（hemodynamics） 研究血液在心血管内流动的动力学。其中血流量、阻力和压力之间的关系是血流动力学研究的基本问题。因血管具有弹性而不是硬质管道，血液中含有血细胞和胶体物质而不是理想液体，因此，血液动力学除与一般液体力学有共同点外，又有它的特点。如心搏产生呈周期性，心脏射血是间断的，压力变化可传递至血管系统，使血压和血液也发生周期的波动，同时使血管的口径和血流阻力也发生相应的变化。

血流量（blood flow） 又称容积速度。单位时间内流过血管某一截面的血量。以每分钟的毫升数或升数来表示。血流量的大小主要取决于两个因素，即血管两端的压力差和血管对血流的阻力。按流体力学的一般规律，在一段管道中，液体的流量与该段管道两端的压力差成正比，与管道对液体流动的阻力成反比。以Q表示血流量，ΔP表示血管两端的压力，R代表血流阻力，其关系可用下式表示：

$$Q=\Delta P/R$$

血脑屏障（blood-brain barrier） 血液与脑组织间的一种特殊屏障。由毛细血管的内皮、基膜和星形胶质细胞的血管周足等构成，其中内皮细胞是主要结构。血脑屏障能限制物质在血液和脑组织之间的自由交换，对于保持脑组织周围化学环境的稳定和防止血液中有害物质侵入脑内具有重要意义。

血尿（hematuria） 尿液中混有血液。镜检尿中有多量红细胞，放置或离心后有沉淀。多见于肾脏疾病和输尿管、膀胱及尿道的出血。阴道、子宫及邻近器官的出血常污染尿液引起“血尿”，应注意与泌尿器官疾病所引起之血尿相区别。

血凝试验（hemagglutination test，HA test） 又称红细胞凝集试验。利用某些微生物或其他血凝素物质能凝集人或动物红细胞的特性而设计的试验。细菌或病毒能凝集某种或某些动物的红细胞是该菌或病毒的重要生物学特性之一，其物质基础是在其表面存在与红细胞表面受体结合的血凝素（多为糖蛋白），这种血凝特性是非特异性的，即一种微生物能凝集多种动物的红细胞（血凝谱），一种动物的红细胞可被多种微生物凝集，但这种凝集可被相应的抗体所抑制，此反应是特异性的，后者称为血凝抑制试验（HI），两种方法结合起来，可用于病原（尤其是病毒）的诊断及特异性抗体的检测。如可用HA-HI试验进行流感病毒、新城疫病毒等的检测。试验一般在室温或37℃进行，但有的病毒则须在4℃进行。细菌的菌毛抗原，能凝集不同的红细胞，如大肠杆菌的K_{88}能凝集豚鼠红细胞，K_{99}凝集绵羊红细胞等。

血凝素（haemagglutinin，HA） 又称红细胞凝集素。能与人和鸟、猪、豚鼠等动物红细胞表面的受体相结合引起凝血的物质。一般指某些病毒的（例如正黏病毒、副黏病毒）表面糖蛋白和植物血凝素等。最早在研究流感病毒时发现，为流感病毒囊膜表面的一种纤突，由病毒核酸编码，可与红细胞表面受体结合而出现血凝现象。血凝素在病毒导入宿主细胞的过程中扮演了重要角色。血凝素具有免疫原性，抗血凝素抗体可以中和病毒。流感病毒血凝素可发生变异，从而造成新亚型的流行。

血凝素抗原（hemagglutinin antigen，HA） 血凝性病毒表面能使红细胞凝集的抗原分子。如流感病毒和新城病毒囊膜上的血凝素。

血凝抑制试验（hemagglutination inhibition test，HI test） 又称红细胞凝集抑制试验。利用抗体与血凝素抗原相结合，从而抑制红细胞凝集的血清学试验。既可检测病毒抗原，又可测定血清样本中抗体的滴度，是检测有血凝性病毒的最简便和快速的方法。试验时必须有阳性和阴性血清作对照，以排除血清中常有的非特异性血凝抑制因素。

血蜱（*Haemaphysalis*） 硬蜱科的一个属。多为小型种类。盾板上无花斑。无眼。有缘垛。须肢呈圆锥形，第二节有明显的侧突。雄虫呈卵圆形，腹面无几丁质板。雌虫的气门板呈卵圆形或逗点状。常见种有：①长角血蜱（*H. longicornis*）。为小型蜱，寄生于牛、马、羊、猪和犬等家畜，鹿、熊、獾、狐狸和野兔等野生动物，也侵袭人。主要分布于次生林或山地。为三宿主蜱。雄虫长约2mm，宽约1.3mm，未吸血雌虫长约2.4mm，宽约1.4mm。是瑟氏泰勒原虫的传播者。在我国主要分布于黑龙江、吉林、辽宁、河北、河南、山西和山东等地。②青海血蜱

（*H. qinghaiensis*）。主要寄生于绵羊、山羊，亦寄生于马和野兔等动物。为三宿主蜱。在我国主要分布于半农半牧区或农区，见于四川、青海和甘肃。③二棘血蜱（*H. bispinosa*）。与长角血蜱的形态相似，是犬吉氏巴贝斯虫（*Babesia gibsoni*）和Q热（伯氏考克斯氏体 *Coxciella burnetii*）的传播媒介。

血气分析（blood gas analysis） 应用血气分析仪测定血液中氧分压（P_{O_2}）、二氧化碳分压（P_{CO_2}）和pH，进而推算出多项生理指标的方法。常用的指标包括：P_{O_2}、P_{CO_2}、pH、标准碳酸氢盐（SB）、实际碳酸氢盐（AB）、碱剩余（BE）、缓冲碱（BB）、二氧化碳总量（T_{CO_2}）、血氧饱和度（S_{aO_2}）等，这些指标可作为诊断及临床治疗的指导，也可用于科学研究。

血清（serum） 血液流出血管后如不经过抗凝处理，很快会凝成血块，随着血块逐渐缩紧而析出的淡黄色清亮液体。血清与血浆的区别在于前者缺乏纤维蛋白原及一些凝血因子，但也增添了少量凝血过程中血小板释放的物质。血清在生物学和医学上用途很广，正常兔血清和犊牛血清是常用的试剂，孕马血清含促性腺激素，常用于生殖生物学，而高效价抗血清则是医学和兽医学诊断、治疗疾病的重要手段。

血清病（serum sickness） 大量注射异种血清被动免疫时，8～12d后循环中已出现相应抗体，而初次注射的抗原尚未完全清除，二者结合形成可溶性免疫复合物导致Ⅲ型变态反应。表现全身性血管炎，皮肤红斑、水肿和荨麻疹，中性粒细胞减少，淋巴结肿大，关节肿大和蛋白尿。重者口吐白沫，大小便失禁，阵发性痉挛中窒息死亡。

血清参考库（serum bank） 有计划地、分门别类地收集随机取样的血清。血清尽可能对动物群体有代表性。血清妥善贮存，保持其免疫性和生物化学特性。血清参考库的建立有助于确定一个群体的主要健康问题，建立免疫程序，评价免疫效果，研究疾病分布状况，调查新发现的疾病，确定疾病流行周期，估计疾病造成的经济损失。

血清胆碱醋酶测定（determination of serum cholinesterase，ChE） 测定血清胆碱酯酶活力以诊断有机磷中毒和肝脏疾病的一种实验室检验方法。测定方法有比色法、指示剂法，Warburg氏法、Mitehel氏法、玻璃电极法、柴田—高桥氏法、滤纸片简易法、Aeholest简易法、试管简易法等。胆碱酯酶活力降低见于有机磷中毒、严重肝细胞性黄疸、肝炎、肝硬化等。

血清蛋白系数（serum protein coefficient） 血清中清蛋白与球蛋白的比值，这个比值（清蛋白/球蛋白或A/G）是一定的。

血清淀粉酶测定（determination of serum amylase） 测定血清淀粉酶的活性以诊断胰腺疾病的一种实验室检查法。测定方法有两大类，即糖化法和淀粉分解酶法，如苏木杰（Somog yi）氏比色法、Winslow氏法等。最近又创立了一种新方法，是将一种染料与淀粉结合，形成复合底物，与淀粉酶作用时此底物释放出染料，再用比色法加以测定。淀粉酶活性增高主要见于胰脏疾病、肠黏膜疾患、皮质类固醇过多、腮腺疾病、肾清除力降低等。

血清钙测定（determination of serum calcium） 测定血清总钙量以诊断与钙、磷代谢紊乱有关疾病的一种实验室检验方法。测定方法有乙二胺四乙酸二钠（EDTA）滴定法。核固红比色法、火焰分光光度计法、原子吸收分光光度计法、高锰酸钾滴定法、离子选择电极法、Ferro - Ham氏法、磷酸盐法、柳泽法、简易法、半定量法等。血清钙增高见于甲状旁腺功能亢进、马腹痛、胃肠炎、脱水等；血清钙降低见于甲状旁腺功能减退、维生素D缺乏、骨软病、佝偻病、青草搐搦、生产瘫痪等。

血清肌酸磷酸激酶测定（determination of serum creatine phosphokinase，CPK） 测定血清肌酸磷酸激酶的含量以诊断肌肉损伤性疾病的一种实验室检验方法。常用肌酸显色法测定。此酶对心肌、骨骼肌的损害及肌肉营养不良的诊断有特异性。对于幼驹、犊牛、羔羊及仔猪的这类疾病更为灵敏。

血清钾测定（determination of serum potassium） 测定血清钾含量以诊断与电解质平衡失调有关疾病的一种实验室检验方法。测定方法有四苯硼钠比浊法、亚硝酸钴钠法、火焰光度计法、原子吸收分光光度计法、离子选择电极法等。血清钾增高见于肾功能不全、肾上腺皮质功能不全、严重溶血、组织损伤、脱水等；血清钾降低见于长期摄入钾盐不足、严重腹泻、多尿症、肾上腺皮质功能亢进、醛固酮增多症、某些慢性消耗性疾病、代谢性碱中毒等。

血清碱性磷酸酶测定（determination of serum alkaline phosphatase，ALP） 测定血清碱性磷酸酶活性以诊断肝胆及骨骼疾病的一种实验室检验方法。测定方法有Bodansky氏法、4 -氨基安替比林法、Shinowara氏法、King - Armstrong氏法、Bessey lowry氏法、Brock氏法、Babson氏法、简易测定法等。血清碱性磷酸酶活性增高见于肝胆疾病、皮质类固醇过多、骨母细胞活性加强、新生瘤等；活性降低见于甲状腺机能减退、用EDTA作抗凝剂、溶血等。

血清疗法（serotherapy） 用抗血清治疗传染病和某些免疫性疾病的方法。如用破伤风抗毒素治疗破伤风、用抗淋巴细胞血清治疗移植反应等。

血清流行病学（serological epidemiology） 流行病学研究方法的一种。应用血清学、免疫学和流行病学相结合的方法来研究血液中各种成分的出现和特征，以阐明疾病在动物群体中的分布和原因，并采取相应措施后，用血清流行病学方法来考核其效果的一门科学。

血清乳酸脱氢酶测定（determination of serum lactate dehydrogenase） 测定血清乳酸脱氢酶的含量以诊断多种组织病变的一种实验室检验方法。测定方法有自动分析仪测定法、腙比色法、四唑盐法、简易快速测定法和同功酶法（电泳法）等。血清乳酸脱氢酶含量增加见于青年动物、组织坏死（肝脏、骨骼肌、肾、胰脏、心肌、淋巴网状内皮细胞、红细胞）、肿瘤等。血清乳酸脱氢酶共有 5 种同功酶，同功酶的测定有一定特异性。

血清铁（serum iron） 能与血清中运铁蛋白结合的铁。

血清铁饱和度（serum iron saturation degree） 血清铁与总铁结合力的比值。

血清型（serotype） 运用血清学方法将培养特性相同的同种细菌（或其他微生物）根据其抗原结构的差异而区分的不同抗原型。不同微生物作为分型指标的抗原种类不同，如肠杆菌科的细菌多用菌体抗原（O 抗原）、鞭毛抗原（H 抗原）和荚膜抗原（K 抗原），链球菌革兰氏分群以荚膜多糖抗原为依据，流感病毒则据血凝素和神经氨酸酶纤突的抗原性分型。

血清学调查（serological investigation） 用血清学、免疫学和流行病学相结合的方法，研究动物群体血液中各种成分的出现和分布规律，以阐明疾病在群体中的分布和原因，制定防治对策，并考核疾病防治对策的效果。

血清学反应（serological reaction） 抗原与抗体在体外结合后所表现的反应。抗原与抗体的结合具有高度特异性，且视抗原和抗体的性质、反应的条件、参与反应的因素和检测方法不同，而表现特定的反应形式。利用这一特性可将已知的抗体（抗血清）加待测的抗原，如出现特定的反应，则证明该待测物中存在相应抗原，反之亦然。此类试验统称血清学试验，其种类繁多，应用十分广泛，已发展成为一门独立的学科——免疫血清学，是动物疫病免疫诊断的重要手段。

血清学监测（serological surveillance） 通过定期地、系统地从动物群体中取样，用特异性血清学试验检查群体的免疫动态，研究疾病的分布和流行状态，以便及时采取正确防治对策和措施的方法。

血清学试验预测值（serological predictive value） 一种流行病学调查方法。用血清学试验确定一个群体患某种疾病的阳性概率，或试验用动物的阴性概率。

血清学诊断（serological diagnosis） 利用抗原和抗体特异性结合的免疫学反应对家畜疫病进行的诊断。可以用已知抗原来测定被检动物血清中的特异性抗体，也可以用已知抗体来测定被检材料中的抗原。常用的血清学试验有中和试验、凝集试验、沉淀试验、补体结合试验、免疫荧光试验、免疫酶试验和放射免疫试验等。

血清学诊断抗原（serological diagnostic antigen） 用已知微生物和寄生虫及其组分、代谢产物、感染动物组织制成，用于检测血清中的相应抗体。这类制剂可与血清中的相应抗体发生特异性反应，形成可见的或可以测知的复合物，以确诊动物是否受微生物感染或是否接触过某种抗原。根据检测方法的不同，分为凝集反应抗原、沉淀反应抗原、补体结合反应抗原、酶联免疫吸附试验抗原等。

血清总蛋白（serum total protein，TP） 血清中全部蛋白的总称，包括血清白蛋白和球蛋白。

血清总蛋白测定（determination of total serum proteins） 测定血清中总蛋白含量以诊断与蛋白质代谢障碍有关疾病的一种实验室检查法。测定方法有折射计法、双缩脲法、紫外吸收法、Folin——酚试剂法等。折射计法简单、快速，双缩脲法复杂但准确。如果不需要准确结果还可以用简易法——筱氏试剂法。血清总蛋白含量减少见于营养不良、消耗性疾病、肾脏疾病、肝脏疾病、烧伤、创伤等。血清蛋白质增多最常见于休克、脱水和某些肿瘤病。

血绒毛膜胎盘（hemochorial placenta） 这种胎盘的胎儿绒毛穿过母体子宫内膜上皮、结缔组织和血管内皮，直接浸浴在母体子宫内膜血管的血液中，胎儿与母体的物质交换只要经过 3 层，即胎儿血管内皮、间充质和绒毛膜上皮。灵长类和啮齿类的盘状胎盘属于此类。

血容量扩充剂（blood volume expanders） 一类使动物血容量迅速恢复正常的药物。当动物大量失血、大面积烧伤（失血浆）等导致循环血量减少，甚至休克时，可用葡萄糖盐水、全血、血浆或血浆代用品、右旋糖酐等以缓和症状。葡萄糖盐水虽可补充血容量，但维持时间短暂，血液制品来源有限，不能久存，应用不便，临床常用右旋糖酐，经静脉输入后，可提高血浆胶体渗透压，增加血容量，作用较持久，且几乎无毒性，是目前最常用的血容量扩充剂。对血容量扩充剂的基本要求是能维持血液胶体渗透压、排泄较慢、无毒、无抗原性。

血乳（blood - tinged milk） 乳汁呈血样。有时

见于乳牛和乳山羊，发生于分娩之后，因乳腺血管充血或发生病变，红细胞和血红蛋白渗入乳腺腺泡及脉管腔内，使乳汁变成血色。除乳房皮肤充血外，无其他症状。乳汁呈血样，一般无血凝块，四乳区均可发生。根据含血量不同，血色有深有浅。血乳盛试管中静置后，血细胞下沉，上层出现正常乳汁。无需治疗，一般1～2日可恢复，未恢复的可以对乳房冷敷或冷淋浴，注入灭菌空气以压迫止血，但不可按摩。必要时可用止血药。

血色素沉着病（hemochromatosis） 又称铁蓄积病（iron storage disease）。由于铁代谢异常，导致铁在动物体内过度蓄积而引发的一种疾病。镜检在肝细胞、肾小管上皮细胞等细胞内可见铁质颗粒蓄积。本病见于圈养鸟类（天堂鸟、巨嘴鸟、掠鸟、八哥等）、家禽，患传染性贫血的病马，钴、铜缺乏的羊，偶见于牛。

血栓（thrombus） 在活体的心血管内由血液成分析出、黏集或凝固形成的固体物质。此固体物质的形成过程称血栓形成（thrombosis）。

血栓细胞（thrombocyte） 存在于鸟类、爬行类、两栖类和鱼类血液中的一种有核细胞，相当于哺乳动物的血小板。大小和形状依动物种类而有差异，呈球形、卵圆形或纺锤形。与血小板一样，也容易互相黏着形成小团，在血液凝固中起作用。

血糖（blood sugar） 临床上专指血液中的葡萄糖。血糖浓度因动物进食、运动和机体糖、脂代谢状况而变动，并受神经激素的调节。动物空腹时的血糖水平比较稳定。测定血糖有福林-吴法、邻甲苯胺法和葡萄糖氧化酶法。其中以氧化酶法最好，可测出血糖的真实浓度。血糖超过一定值（阈值）时，部分葡萄糖可随尿排出体外而引起糖尿。

血糖测定（determination of blood sugar） 测定血液葡萄糖含量以诊断与糖代谢紊乱有关疾病的一种实验室检查方法。常用的测定方法有邻甲苯缩合法、氧化酶法、福林-吴宪（Folin-Wu）氏法、铁氰化物-铁离子法、哈-詹（Hagedorn-Jensen）氏法、索-钠（Somogyi-Nelson）氏法、简易测定法、血糖试纸法等。血糖升高见于糖尿病、酸中毒、肾上腺素分泌增加、胰岛素分泌不足、精神紧张等。血糖降低见于醋酮血病、妊娠毒血症、仔猪低血糖症等。

血停滞（blood stasis） 组织或器官的毛细血管和小静脉内血液流动停止的一种病理现象。此时可见血浆外渗、血液浓缩及血管内的红细胞互相黏集。常见于理化因素刺激、严重瘀血、内分泌紊乱、紫外线照射、感染和炎症时。

血吸虫病（schistosomiasis） 又称日本分体吸虫病。由分体科、分体属的日本分体吸虫（*Schistosoma japanica*）寄生于人和牛、羊、猪、犬等哺乳动物的门静脉和肠系膜静脉系统的血管内而引起的一种危害严重的人畜共患病。分布于我国长江流域及以南的13个省、市和自治区。家畜感染血吸虫的临床症状与畜别、年龄、感染强度以及饲养管理等情况密切相关。一般黄牛的症状较重，水牛、羊和猪的较轻，马几乎没有症状。黄牛和水牛犊大量感染时，往往呈急性经过，首先是食欲不振，精神沉郁，行动缓慢，体温升高至40～41℃，腹泻，里急后重，粪便带有黏液、甚至块状黏膜和血液，后期可视黏膜苍白，水肿，日渐消瘦，最后衰竭死亡。少量感染时，多为慢性经过，病畜表现消化不良，发育缓慢。患病母牛发生不孕、流产或死胎，犊牛出现侏儒牛等。剖检时，虫卵沉积于肠壁黏膜下层，肝脏表面凹凸不平，表面或切面肉眼可见粟米大至高粱米大灰白色的虫卵结节。生前确诊需要从粪便中检获虫卵或孵化出毛蚴。免疫学诊断有助于确诊。治疗可用吡喹酮。预防控制措施主要包括灭螺、普查普治病人与病畜、安全放牧、粪便管理、水源保护以及个人防护等。

血细胞吸附试验（hemadsorption test） 测定组织培养中血凝集性病毒的一种试验。以出芽方式增殖的血凝性病毒，如新城疫病毒，在感染细胞的外膜上含有血凝素，在细胞培养上加入相应的红细胞时，则红细胞吸附在其上，不易洗脱。可在显微镜下观察，根据红细胞吸附情况，判定该细胞是否被感染。

血吸附抑制试验（hemadsorption inhibition test） 在细胞培养上进行病毒中和试验的一种方法。用于在细胞培养上不出现细胞病变，但有血吸附特性的病毒。在有抗体存在时，病毒被中和，血吸附被抑制。

血细胞（blood cell） 血液中的细胞成分。根据细胞质中有无血红蛋白，血细胞被分为红细胞和白细胞。白细胞根据其胞质中有无颗粒又分为有颗粒白细胞和无颗粒白细胞。有颗粒白细胞又根据其颗粒的染色特性分为嗜酸性粒细胞、嗜碱性粒细胞和中性粒细胞。无颗粒白细胞又根据其大小、核质比例和染色性质分为单核细胞和淋巴细胞。此外还有一种血细胞，叫做血栓细胞，见于鸟类、爬行类、两栖类和鱼类，而哺乳动物的血栓细胞不具典型的细胞结构，称为血小板。

血细胞比容（hematocrit） 又称血细胞压积，被压紧的血细胞所占全血的容积百分比。因红细胞数量最多，占 99%以上，血细胞比容也常称为红细胞比容或红细胞压积。测定血细胞比容可大致了解红细胞数量和红细胞性贫血的程度。

血小板（platelet） 哺乳动物血液中数量仅次于红细胞的有形成分。血小板与红细胞一样，也不是完整的细胞，而是从骨髓中的巨核细胞脱落下来的细胞碎片。它具有多种促进血液凝固及缩血管的活性物质，借助于本身的黏着、凝聚和释放等功能，在凝血过程中起重要作用。

血小板计数（platelet count，PtC） 计数单位容积血液中血小板数以诊断出血性和血凝异常性疾病的一种实验室检查法。计数方法有直接计数法、间接计数法、电子仪器自动计数法等。直接计数法最常用，除稀释液不同外与红细胞计数完全相同。稀释液有 1%草酸铵溶液、1%EDTA 溶液、李-埃（Rees-Ecker）氏液、3%枸橼酸钠溶液等。血小板增多见于组织损伤及手术后、红细胞增多症、慢性粒细胞性白血症、溶血性贫血、出血性贫血、肝炎、胸膜炎等；血小板减少见于马传染性贫血、再生障碍性贫血、血斑病、某些药物中毒、X 射线损伤、急性白血病等。

血小板减少性紫癜（thrombocytopenic purpura） 包括原发性血小板减少性紫癜（又称特发性血小板减少性紫癜）和继发性血小板减少性紫癜。原发性血小板减少性紫癜是一种免疫性综合病征，是常见的出血性疾病，特点是血循环中存在抗血小板抗体，使血小板破坏过多，引起紫癜；而骨髓中巨核细胞正常或增多，幼稚化。根据发病年龄、临床表现、血小板计数、病程长短及预后，本病可分为急性及慢性两种，二者发病机理及表现有显著的不同。继发性血小板减少性紫癜按发病原理可分为血小板生成减少、血小板分布异常、血小板破坏过多和血小板被稀释。

血小板减少症（thrombocytopenia） 外周血中血小板数目低于动物正常值一种病征。表现为皮肤和黏膜出血。可由于血小板生成减少，分布异常，或破坏过多而引起。可应用肾上腺皮质激素（地塞米松、泼尼松）来改善毛细血管张力，减少血小板在脾脏内的破坏。严重贫血、出血者，可输注新鲜全血或血小板；应用促进血小板生成的药物，如辅酶 A、ATP、利血平、肌苷、核苷酸、叶酸、维生素 B_{12}、丙酸睾丸酮等。脾脏切除可减少血小板的破坏，尤其是被抗体致敏的血小板。应用免疫抑制药物，环磷酰胺静脉注射；长春新碱肌内注射都有疗效。

血小板聚集（platelet aggregation） 血管损伤发生出血时血小板迅速黏附于损伤处，聚集成团，形成止血栓子的特性。是一种复杂的生物学过程，开始血小板由圆盘形变成球形并伸出刺状伪足，释放出贮存于致密颗粒内的二磷酸腺苷、5-羟色胺等物质，进一步促进血小板聚集，其间必须有 Ca^{2+} 和纤维蛋白原存在，并需耗能。由血小板聚集形成的止血栓子可阻止出血，同时促进凝血过程以形成坚实的栓塞，封住血管缺口，使出血完全停止，是机体生理性止血的重要步骤。

血小板因子（platelet factor） 血小板内含有的参与凝血过程的物质。已确定共有 11 种，其中血小板因子 2（PF_2）和血小板因子 3（PF_3）可显著加速凝血酶原的激活，血小板因子 4（PF_4）可中和肝素，血小板因子 6（PF_6）抑制纤维蛋白溶解，都对凝血过程有很强的促进作用。阻止血小板解体，减少血小板因子释放则可延缓血液凝固。

血小板增多症（thrombocytosis） 外周血内血小板数目高于动物正常值的一种病征。可分为原发性和继发性两种。如骨髓本身有增生性病变则为原发性，而急性大出血、各种炎症所引起则为继发性。

血型（blood group，blood type） 根据血细胞膜上特异性抗原不同而划分的血液类型。狭义的血型仅指红细胞抗原的类型，广义的血型还包括白细胞、组织细胞的抗原类型以及血清、乳中的蛋白质和酶的类型。血型由遗传基因决定，并与某些生产性状相关，常用以作为选种的参考指征。血型遗传符合遗传规律，是进行亲子鉴定和血统登记的可靠依据。掌握血型的相互关系，可避免输血时发生后果严重的输血反应；为了防止在组织或器官移植时发生免疫排斥反应，不仅要求供体与受体的红细胞血型要相合，而且白细胞血型也要相合。

血型分型试验（blood grouping test） 测定动物血型的试验。将已知血型因子血清与待检红细胞在玻板上混合，根据凝集与否作出判定。如人的 ABO 血型，与 B 因子血清凝集者为 B 型，与 A 凝集者为 A 型，二者均凝集者为 AB 型，二者均不凝集者为 O 型。

血型抗体（blood group antibody） 天然存在或免疫产生的、能与血型抗原起特异反应的免疫球蛋白。包括同种抗体和异种抗体。其中能与血细胞起反应引起凝集反应的抗体称凝集素；能与动物血清中补体一起与红细胞反应使其溶解的抗体称溶血素；与溶解的抗原反应产生沉淀的抗体称沉淀素；能产生比凝集反应和溶血反应更为复杂的补体结合反应的抗体称补体结合素。上述血型抗体与抗原的反应均可用于检查血型。

血型抗原（blood group antigen） 红细胞膜上的同种异型抗原（allotypic antigen）。大多由黏多糖和黏蛋白之类的复合蛋白质构成。为红细胞膜的组成部分，也有个别血型抗原游离于血清和其他体液内，但能被动吸附于红细胞表面。一个红细胞表面可以有许多个血型抗原，其表现均为相应基因所控制，并按传统方式遗传，可以作为个体的基因标志。广义的血型还包括血细胞型、血小板型、血清蛋白型、酶型和分泌液型。

血压（blood pressure）　血液在血管内流动时对于血管壁的侧压力，亦即血液作用于单位面积血管壁上的压力。通常以帕（Pa）为单位表示。

血氧饱和度（oxygen saturation）　血标本中血红蛋白带氧的百分比，即在一定 PO_2 下，HbO_2 占全部 Hb 的百分比。

血氧测定（determination of blood oxygen）　测定血液含氧量以诊断与血氧代谢有关疾病的一种实验室检验方法。测定方法有舒-劳（Scholander-Roughton）二氏法和血气分析仪测定法（测定动脉血氧分压）。血氧增高见于红细胞增多症、酒精中毒、氰化物中毒、脓血症等。血氧减少见于缺氧性缺氧血症、贫血性缺氧血症、心衰性缺氧血症。

血液（blood）　存在于动物心血管系统中的红色黏稠液体。由血浆和血细胞两部分组成。血浆占血液容量 55%～70%，其中水分约为 92%，溶质有晶体物（包括多种电解质、营养物质、代谢产物、少量激素和一些气体）和胶体物（包括多种血浆蛋白质）。血细胞占血液容量的 30%～45%，分为红细胞、白细胞和血小板。红细胞数量最多，内含红色的血红蛋白，使血液呈红色。功能是运输氧、二氧化碳、营养成分和代谢产物，维持内环境稳态，参与神经、体液调节和凝血作用，清除侵入体内的细菌、异物和细胞碎片，产生抗体，参与机体的免疫过程。

血液比重（specific gravity of the blood）　单位体积血液的重量。血液比重受血细胞数及血浆蛋白量的影响。仅从比重而言，血细胞＞血液＞血浆。血液比重测定以硫酸铜法应用最广。动物全血比重在 1.022～1.056范围内。血液比重在采食后和午后较低，夜间和运动后增高。血液比重病理性增高见于严重脱水、热性病、代谢病等；血液比重下降见于贫血症和出血后期。

血液毒理学（hematotoxicology）　研究外源性化学物对血细胞有形成分及造血器官所致有害作用和作用机制，并为防止外源性化学物对血细胞有形成分及造血器官的有害作用提供科学依据的一门毒理学分支学科。

血液肌酐测定（determination of blood creatinine）　测定血液肌酐浓度以判断肾功能状态的一种实验室检验方法。测定方法有碱性苦味酸盐法（国内常用，因受非肌酐色原干扰而不准确）、福林-吴（Folin-Wu）氏法、Lloyd 试剂法、对氨基苯磺酸钠法等。血液肌酐含量增多见于各种肾脏疾患、肾前性氮血症、尿道梗阻等。

血液流变学（hemorheology）　生物力学的一个分支，主要研究血液的流动性和黏滞性，以及血液中红细胞和血小板的聚集性和变形性等问题。与基础兽医学和临床兽医学有着密切的关系，例如可利用血液黏度来预测、诊断疾病。

血液黏稠度（blood viscosity）　血液在毛细血管内流动时，管壁和血液之间及各种血液成分之间所产生的内摩擦力的大小。其值受血细胞数、血红蛋白量、蛋白质浓度及二氧化碳含量的影响。临床上一般采用黑斯（Hess）氏黏度计测定法。血液黏稠度增大见于红细胞增多症、骨髓性白血病、血液二氧化碳含量增高、脱水等；血液黏稠度下降见于各种贫血、结核、寄生虫病等。

血液尿素氮测定（determination of blood urea nitrogen，BUN）　测定血液中尿素氮含量以判断肾功能状况的一种实验室检查法。测定方法有等浓比色法（如 Scribner 氏法）、色谱法（尿素氮试纸法）、汞结合力法、尿素酶法、浸量尺法、二乙酰一肟法等。正常草食兽血液尿素含量不超过 7.0mmol/L，肉食兽不超过 10.71mmol/L。血液尿素氮含量增加见于肾脏疾病、心功能不全、脱水、便秘等；血液尿氮含量减少见于肝功能障碍、饥饿等。

血液凝固（blood coagulation）　血液在多种凝血因子作用下由流动的溶胶状变成不流动的凝胶状的过程。凝血过程大体上经历三个阶段：第一阶段凝血酶原激活物的形成，把凝血因子Ⅹ激活成Ⅹa，并形成凝血酶原激活物；第二阶段凝血酶的形成，由凝血酶原激活物催化凝血酶原（因子Ⅱ）转变为凝血酶 IIa；第三阶段纤维蛋白的形成，由凝血酶催化纤维蛋白原（因子 I）转变为纤维蛋白 Ia，最终形成血凝块。血液凝固是机体的重要保护机能，出血时可防止失血过多，失去此机能则引起出血不止。

血液凝固时间测定（determination of blood clottingtime，BCT）　测定血液离体至完全凝固所需要的时间，以判断内源性凝血系统凝血能力的一种实验室检查法。测定方法有玻片法、毛细管法、试管法（LeeWhite 氏法）、凝固计测定法等。全血凝固时间延长见于纤维蛋白原缺乏、A 型血友病、B 型血友病、Von Willebrand 氏病、严重肝病、维生素 K 缺乏、尿毒症、DIC 严重期、血小板减少症等。

血液气体运输（blood gas transport）　氧依靠血

液从肺运送到组织以及二氧化碳依靠血液从组织运送到肺的过程。运输的方式有物理溶解和化学结合两种，气体在血液中物理溶解很少，主要是以化学结合的形式运输。氧通过与红细胞中的血红蛋白结合成氧合血红蛋白，二氧化碳则以碳酸氢盐和氨基甲酸血红蛋白（亦称碳酸血红蛋白）的形式进行运输。

血液绒毛膜型胎盘（hemochorial placenta） 胎儿绒毛膜绒毛直接浸入母体子宫血管的血液内构成的胎盘。此型胎盘在母子血液之间只有胎儿绒毛上皮、结缔组织、胎儿血管内皮3层组织。见于啮齿类和灵长类动物。

血液蠕虫幼虫检查法（recovery and identification technique for nematode larvae in blood） 诊断微丝蚴的方法。主要包括：①压滴法，取新鲜血液1滴滴于载玻片上，覆以盖玻片，在显微镜下检查。②厚滴涂片法，取全血一大滴，涂成血膜，充分干燥，浸入常水内至血膜呈乳白色，取出镜检。③浓集检查法，采血于离心管内，加5%醋酸溶液溶血，溶血完成后，离心吸取沉渣检查。④染色法，用制成的血膜，常水溶血后，彻底干燥，甲醇固定2～3min，姬氏液染色30min；再用0.5%盐酸酒精脱色数秒钟，水洗，用亮甲苯基蓝稀释液染色3～5min；水洗，干燥，镜检。

血液乳酸测定（determination of blood lactic acid） 测定血液中乳酸含量以诊断代谢性酸中毒的一种实验室检验方法。测定方法常用对苯二酚比色法。马正常值为0.6～1.9mmol/L。血液乳酸浓度常用来监测休克，近年来多用于马腹痛病的预后，超过重11.2mmol/L时预后不良。血液乳酸浓度增高见于剧烈运动、休克、贫血、糖尿病、马腹痛病等。

血液循环（blood circulation） 血液在心脏与血管构成的封闭管道系统中循环流动的过程。心脏是推动血液循环流动的动力，起泵的作用。血液循环的主要机能是完成体内的物质运输。运输代谢原料和代谢产物，保证机体新陈代谢的不断进行；体内各分泌腺分泌的激素，通过血液的运输，作用于相应的靶细胞，实现机体的体液调节；机体内环境理化特性相对恒定的维持和血液防卫机能的实现，也都有赖于血液的不断循环流动。

血液原虫检查法（blood examination for protozoan parasites） 检查伊氏锥虫、梨形虫、住白细胞虫等原虫的方法。主要包括：①压滴法，主要用于检查伊氏锥虫，取新鲜血液滴载玻片上，加等量生理盐水混合，覆以盖玻片，置显微镜下检查。②染色法，采血，滴于载玻片上，涂成薄膜，干燥，甲醇固定2～3min，姬氏或瑞氏液染色，水洗，干燥，镜检。③浓集法，采血6～7mL，加抗凝剂（2%柠檬酸钠生理盐水）3～4mL，混匀离心，使大部分红细胞沉降，尔后用吸管吸取沉淀物表层血浆（内含少量红细胞、白细胞和虫体），移入另一离心管内，补加生理盐水，离心后取沉淀物制成涂片，干燥，甲醇固定，姬氏或瑞氏液染色，水洗，干燥，镜检。④动物接种法，主要用于伊氏锥虫病。当前几种方法不能检出虫体时，可取病畜血液0.5～1.0mL接种小鼠的腹腔或皮下。如果病料中含虫较多，接种后1～3d即可在外周血液中查到锥虫；如果病料中虫量较少，接种后，至少需观察一个月，再进行血液检查。

血友病（hemophilia） 一种链锁隐性基因遗传引起的以血液凝固缺陷为主征的出血性素质。主要发生于马、犬和猫。缺陷的基因由母畜携带，在临床上仅在其后裔公畜中表现出来。临床表现有血液凝固时间延长和血块收缩力丧失。当血管损伤、内出血和血肿时，便发生出血不止现象。治疗上除注射蛋白胨注射液外，还应用局部止血和全身输血疗法。

血原性呼吸困难（hematogenic dyspnea） 由于红细胞减少或血红蛋白变性所致的携氧障碍性呼吸困难，临床表现为混合性呼吸困难，伴有黏膜和血液颜色的改变。

血缘扩大群（pedigree expansion stock） 近交系动物繁殖生产所设立的一个群体，种源来自基础群，群体内需严格按兄妹交配方式进行繁殖，有个体繁殖记录，且5～7代内可追溯到一个共同祖先。主要目的是向生产群供应种源，当生产供应量不大时可不设立此群。

血缘系数（coefficient of relationship） 表示个体与个体之间在遗传上的相似程度，用符号R代表，血缘系数可用下述公式计算。

$$Rxy=\sum\frac{\left(\frac{1}{2}\right)^{n+n'}(1+F_A)}{\sqrt{1+Fx}\cdot\sqrt{1+Fy}}$$

式中Rxy为x动物与y动物间的血缘系数。Fx＝x动物的近交系数。Fy＝y动物的近交系数。n＝x动物至共同祖先的代数。n′＝y动物至共同祖先的代数。F_A＝共同祖先的近交系数。

血脂（blood lipid） 血浆中脂类的总称。包括三脂酰甘油、磷脂、胆固醇和胆固醇酯以及非酯化脂肪酸4类。这些脂质在血浆中与蛋白质结合而转运，在体内各组织间起着脂类交流的作用。正常血脂含量维持在一定范围内，其组成与含量的变化可作为诊断某些疾病的参考。

血肿（hematoma） 血管破裂时，流出的血液蓄积在组织间隙或器官的被膜下，并挤压周围组织形成充满血液的腔洞。临诊特点是肿胀迅速增大，呈明显的波动或弹性，4～5d 肿胀周围变硬、有捻发音、中央波动、局部可增温、穿刺能吸出血液。有时淋巴结肿大和体温增高。治疗时着眼于制止溢血和防止感染，4～5d 后切开血肿，排出积血和挫灭组织，有继续出血的，进行血管结扎，清理创腔，缝合或开放治疗。

血棕黄层（buffy coat）　抗凝血静置后，红细胞下沉，漂浮于红细胞和血浆之间的白细胞层。

荨麻疹（urticaria）　各种因素作用于家畜被皮组织，致使皮肤黏膜血管发生暂时性炎性充血与大量液体渗出，造成局部水肿性的损害，以局限性扁平疹块突发及速散为特征的一种过敏性疾病。可分为急性荨麻疹、慢性荨麻疹、血管神经性水肿与丘疹状荨麻疹等。原发性病因有蚊虻刺螫，采食荨麻、年齿类植物以及寒风侵袭等；继发性病因见于马腺疫、应用免疫血清、结核菌素和某些抗生素等。易发部位因家畜种类而异，如马为颈侧、躯干和臀部。症状多呈淡红色的黄豆乃至核桃大扁平疹块，界限明显，质地软，在短时间内蔓延全身。消散迅速，且易反复发作。痊愈后不留痕迹。发作伴有奇痒和体温升高。治疗以脱敏为主，局部可涂擦止痒药液。

循环传播性共患疾病（cyclozoonosis）　病原体为完成其循环感染或发育史，需要一种以上的脊椎动物，但不需无脊椎动物参与的人畜共患疾病。重要者有人的猪肉绦虫病、牛肉绦虫病、猪和人的囊虫病、棘球蚴病和旋毛虫病等。

循环交配法（rotation mating method）　又称轮流交配法。封闭群繁殖方法之一。此法适用于中等规模以上（26～100 对）群体中交配繁殖。将动物分成若干组，每组包含多个繁殖单位（一雄一雌、一雄二雌、一雄多雌）。有规律的把不同组内雌雄动物进行循环交配。当生产供实验的动物时，可采取长期同居法（又叫频密繁殖）或定期同居法（又叫非频密繁殖），以便发挥动物的最大繁殖力或便于计划生产。其中定期同居交配方法也是生产杂交一代动物的繁殖方法。

循环时（circulation time）　血液中某一质点通过整个循环系统或身体某一部分血管所需的时间。临床上可通过测定循环时来了解循环系统的功能。

循环系统（circulatory system）　体内供体液流动的密闭管道系统。分为心血管系统和淋巴系统两部分。心血管系统包括心、血管和血液。淋巴系统包括淋巴管、淋巴组织、淋巴器官和淋巴。循环系统主要功能：①物质运输，运送营养物质，排出代谢产物，参与机体的新陈代谢；②运送激素至靶器官，参与体液调节；③参与体温调节；④参与机体的免疫活动，血液和淋巴组织中的某些细胞和抗体能吞噬、杀伤和灭活入侵的细菌和病毒，也能中和其产生的毒素。

循环系统平均充盈压（mean circulation filling pressure）　在动物试验中，用电刺激造成心室颤动使心脏暂时停止射血，血流也就暂停，此时在循环系统中各部位所测得的压力都是相同的，这一压力数值即循环系统平均充盈压。可以用来表示循环系统中血液充盈的程度。它的数值取决于血量和循环系统容量之间的相对关系。血量增多或血管容量缩小，则循环系统平均充盈压增高；相反，血量减少或血管容量增大，则循环系统平均充盈压降低。

蕈中毒（mushroom poisoning）　牛、犬误食有毒蘑菇和伞菌引起的一种中毒病。由秦生鹅膏（*Amanita verna*）产生的鬼笔环肽（phalloidine）、鹅膏素（amanitine）和蛤蟆蕈（*A. muscaria*）产生的蟾蜍色胺（bufotemin）等致病。临床上牛以胃肠炎，尤其是直肠炎为主，如腹痛，排粪困难、粪便干硬。伴发流涎，食欲废绝，瘤胃蠕动停止，脱毛，失明。妊娠母牛流产。犬食欲废绝，烦躁不安，口吐白沫，频频排粪。呼吸急促，脉细弱，虚弱，最后四肢麻痹。治疗宜进行对症疗法。

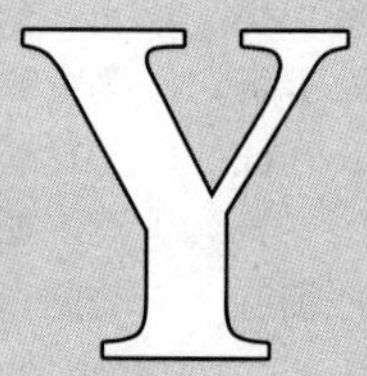

压觉（pressure sensation） 皮肤受到较强的机械刺激导致较深部组织变形而引起的感觉。压觉的感受器主要是无毛皮肤区最下层的美克尔氏小盘（Merkel's disk）和位于有毛皮肤、高出于皮肤表面触觉小盘之内的美克尔氏小盘，以及位于真皮内的鲁菲尼氏小体（Ruffini's corpuscles）。传入纤维有较粗的 A_β 类纤维，也有较细的 A_δ 和 C 类纤维，前者传导速度快可产生精确定位，后者传导速度慢，主要与粗压有关。

压力感受器反射（baroreflex resetting） 颈动脉窦和主动脉弓的压力感受器在动脉血压改变时通过心血管中枢引起血压相应变化的反射。当血压升高时，动脉管壁被动扩张产生兴奋经传入神经到达心血管中枢，使心迷走中枢活动加强，心交感中枢和缩血管中枢活动减弱，引起血压下降。反之，动脉血压降低时，血管的扩张程度减少，反射性引起动脉血压升高。其生理意义是使心脏活动和血管外周阻力适度，动脉血压保持在相对稳定的水平。

压力梯度（pressure grads） 屏障环境设施中，不同空间区域之间的空气压力形成随洁净度从高向低的空气压力递减状态，可使空气从压力高处向压力低处进行单向流动，以保持屏障环境设施内部的饲养区污染减少到最低程度。通常的梯度气压差为10～50Pa。

压迫性咳嗽（compression cough） 纵隔、支气管和肺门淋巴结肿大、肿瘤，心包积液、胸腔积液等压迫或牵引呼吸器官而发生咳嗽。

鸭败血症（duck septicemia） 见鸭传染性浆膜炎。

鸭病毒性肠炎（duck virus enteritis） 见鸭瘟。

鸭病毒性肝炎（duck virus hepatitis） 微 RNA 病毒科肠病毒属鸭肝炎病毒引起雏鸭的一种传播迅速和高度致死的传染病。主要发生于孵化雏鸭季节，在1～3周龄雏鸭群中迅速传播，常经消化道和呼吸道感染。突然发病，病程短促，废食、腹泻，出现运动失调、两腿痉挛、角弓反张等神经症状。多在发病后3～4 d死亡，在新疫区死亡率可达90%以上。特征病变为肝脏肿大并有出血斑点。根据流行特点、临床症状和病变特征可作初步诊断，确诊可分离病毒和血清学检查。免疫血清可作早期治疗或被动免疫。种鸭在产蛋前接种疫苗或直接给雏鸭免疫接种可预防本病。

鸭传染性浆膜炎（duck infectious serositis） 又称新鸭病、鸭败血症（duck septicemia）、鸭疫综合征、鸭疫里氏杆菌感染（*Riemerella anatipestifer* infection）。鸭疫里氏杆菌（*Riemerella anatipestifer*）引起幼鸭的一种以运动失调和浆膜炎为特征的败血性疾病。病鸭表现为咳嗽，眼鼻有较多分泌物，下痢，瘫痪等。主要病变为纤维素性心包炎、肝周炎、气囊炎等。幼鸭易感，不良的饲养管理和环境卫生能促使本病的发生和流行。尚无适用的菌苗。预防主要采取综合性卫生防疫措施以及在饲料中添加抗菌药物。

鸭多形棘头虫（*Polymorphus boschadis*） 又称小多形棘头虫（*P. minutus*）。寄生于鸭、天鹅、鹅、鸡和多种野生水禽小肠的一种棘头虫。雄虫长3mm，雌虫长可达10mm，新鲜虫体呈橘红色，体前部角皮上有小棘，稍后虫体略缩细，然后再膨大，再向后逐步变细。吻突上有16纵行，每行7～10个小钩。睾丸呈卵圆形，斜向排列，其后是长形的黏液腺。卵呈梭形。中间宿主为甲壳类的蚤形钩虾和河虾。虫体以吻突嵌入宿主小肠黏膜，引起发炎。

鸭肝炎病毒（*Duck hepatitis virus*，DHV） 引致鸭肝炎的病毒有3种，分别称为1型、2型与3型，其中1型及3型均为微RNA病毒科（Picornaviridae）、肠病毒属（*Enterovirus*）成员，2型为星状病毒，称为鸭星状病毒，仅见于英国。3型仅发生于美国，且致病力不如1型。因此一般所称鸭肝炎病毒均指1型。病毒粒子呈球形，无囊膜，基因组为单正股RNA，分布遍及全世界。21日龄以下的雏鸭易感，发生急性肝炎，有的可能腹泻。死亡率可高达100%。主要通过接触传播，不经鸭胚垂直传递。镜检可见严重肝坏死、炎性细胞渗出以及胆管上皮细胞增生和脑炎病变。取病鸭肝、胆等组织冰冻切片作荧光抗体染色，可快速诊断。分离病毒可接种10日龄鸡胚尿囊腔，鸡胚多在4d内死亡，胚液发绿。也可用鸭胚细胞等分离病毒。应注意与鸭瘟病毒等鉴别。

鸭鸟蛇线虫病（avioserpentiasis of duck） 鸟蛇线虫（*Avioserpens*）寄生于鸟类颚部和腿部皮下结缔组织引起的寄生虫病。主要分布于印度支那半岛、北美和中国台湾、福建、广西、广东、四川等地。虫体细长，白色，稍透明。头端钝圆，口周围有角质环，有两个大的侧乳突，背乳突和腹乳突各2个。常见种：①台湾鸟蛇线虫（*Avioserpens taiwan*），雄虫长6mm，雌虫长10～24cm。②四川鸟蛇线虫（*A. sichuanensis*），雌虫长32.6～63.5cm。发育史属胎生。成虫寄生于鸭的皮下组织中，形成肿瘤。虫体缠绕成团。肿瘤破溃时，雌虫子宫同时破裂排出大量幼虫进入水中。中间宿主为剑水蚤。鸭吞食含感染性幼虫的剑水蚤而被感染。幼虫移行到鸭的腮、颚下、咽喉部、眼周围和腿部皮下组织中发育为成虫。主要侵害3～8周龄的雏鸭，流行季节为7～10月。患鸭皮肤上出现肿瘤病灶，以颚下和后肢部位最多，寄生于双颊及下眼睑时，肿胀压迫可导致结膜外翻。腿部肿胀增大，疼痛加剧时，使患鸭不能站立。病鸭消瘦，生长发育迟缓，严重者可引起死亡。根据流行季节和症状可作初步诊断，切开患部见有缠绕成团的虫体或镜检流出的液体中有大量幼虫即可确诊。可用1%碘溶液或0.5%高锰酸钾治疗。预防应加强雏鸭的饲养管理，禁止到可疑有病原存在的稻田、河沟等处放养雏鸭。

鸭球虫病（coccidiosis of duck） 球虫寄生于鸭肠或肾上皮细胞内引起的原虫病。鸭球虫属于孢子虫纲、艾美耳科的艾美耳属（*Eimeria*）、泰泽属（*Tyzzeria*）、温扬属（*Wenyonella*）和等孢属（*Isospora*）。常见种有毁灭泰泽球虫（*Tyzzeria perniciosa*），卵囊呈短椭圆形，大小为11μm×8.8μm；菲莱氏温扬球虫（*Wenyonella philiplevinei*），卵囊呈卵圆形，17.2μm×11.4μm。均寄生于小肠，前者致病力甚强。直接传播。发育过程与鸡球虫相似。雏鸭受害严重，引起出血性肠炎，排血便，小肠肿胀，出血。在粪便中检出卵囊或在刮取病料中检出卵囊、裂殖体、裂殖子和配子体可作为诊断依据。可用磺胺六甲氧嘧啶、复方磺胺甲基异噁唑和杀球灵等药防治。应加强环境卫生，及时清理粪便，防止饲料和饮水被粪便污染，雏鸭宜网上饲养。

鸭沙门菌病（salmonellosis in ducks） 鸭沙门菌（*Salmonella anatis*）引起鸭的一种腹泻或急性败血性传染病。主要发生于1～3周龄的雏鸭。若饲养管理条件不良则可呈地方流行性，有较高的发病率和病死率。成年鸭感染常呈慢性或隐性经过。确诊本病应进行病原分离和鉴定。防制措施同鸡沙门菌病。

鸭瘟（duck plague） 又称鸭病毒性肠炎。疱疹病毒属的鸭瘟病毒引起鸭、鹅和天鹅的一种急性接触性败血性传染病。1923年首次发生于荷兰，以后相继在许多国家流行。病鸭和带毒鸭是主要传染源，病毒经病鸭的排泄物排出，经被污染的饲料、饮水及用具通过消化道感染，还可经交配、眼结膜和呼吸道感染健鸭。潜伏期3～4 d。临床表现为高热稽留，流泪和眼睑水肿，翻开眼睑见结膜充血和出血，腹泻，部分病鸭头颈肿大。两腿发软或麻痹，走动困难。在口腔、食道和泄殖腔黏膜覆盖有坏死性伪膜，剥离后有出血或溃疡。这种特征性症状和病变具有诊断意义。根据流行病学，特征性症状和病变可作出诊断。新疫区还需作病毒分离鉴定和血清学检查。应用鸭瘟弱毒疫苗接种能有效控制本病。

鸭瘟病毒（*Duck plague virus*，DPV） 又名鸭疱疹病毒1型（*Anatid herpesvirus* 1）。疱疹病毒科（Herpesviridae）成员。病毒有囊膜，基因组为线性双股DNA。引致鸭瘟，主要危害家鸭、番鸭、野鸭、鹅、天鹅及其他水禽。迁徙性水禽对病毒起传播作用。病毒只有一个血清型，但毒力有差异。病毒在8～14日龄鸭胚绒尿膜及鸭胚成纤维细胞上均易生长，前者绒尿膜可出现灰白色坏死灶，胚体死亡，肝有坏死灶，后者可形成核内包涵体。在鸡胚或鸡胚细胞上经适应后也可生长。病鸭发生肠炎、脉管炎以及广泛的局灶性坏死，产蛋率可下降25%～40%，发病率在5%～100%，出现临床症状的病鸭大多数死亡。可通过接触传染。诊断可结合临床症状作组织切片荧光抗体染色，或检测包涵体，必要时可分离病毒。鸭瘟常并发鸭巴氏杆菌病，容易误诊，应特别注意鉴别。可用鸡胚化弱毒疫苗或组织培养弱毒疫苗预防，或用鸭胚甲醛灭活苗预防效果良好。

鸭瘟鸡胚化弱毒疫苗（duck plague chick embryonized vaccine） 以鸡胚化C-KCE弱毒株（中国）或Jansen弱毒株（荷兰）制备的一种用于预防鸭瘟的鸡胚组织冻干苗。两种弱毒株均以鸭瘟强毒通过鸭胚和鸡胚传代致弱育成。通常将弱毒株毒种接鸡胚增殖，收获全胚制成悬液，按比例加入蔗糖脱脂乳保护剂经冷冻真空干燥制成冻干苗。疫苗在－15℃以下保存期18个月，4～10℃保存8个月。使用时按瓶签注明剂量用灭菌生理盐水作200倍稀释，2月龄以上鸭肌内注射1mL，初生雏鸭则用50倍稀释苗肌内注射0.25mL。免疫产生期为3～4d，免疫期9个月，初生雏鸭的免疫期1个月。也可将弱毒株毒种在鸡胚成纤维细胞培养增殖后制成细胞培养冻干苗，使用时每头剂含毒不低于10^2TCID50，注苗后1～2d产生免疫力，免疫期5个月。

鸭细颈棘头虫（*Filicollis anatis*） 寄生于鸭、鹅、天鹅和一些野生水鸟小肠内的棘头虫。雄虫长6～8mm，白色，雌虫长10～25mm，黄色。雄虫的吻突呈卵圆形，有18纵行小钩，每行10～11个；身体前部有小棘。雌虫有一细长颈部；吻突呈球形，上有18行小钩，每行10～11个，由吻突顶端向后呈星芒状排列。卵呈卵圆形。中间宿主为甲壳类（等足类）的栉水虱。雌虫的吻突钻入黏膜甚深，直达肠壁浆膜下，如浆膜破裂，可引起腹膜炎。

鸭细小病毒（*Duck parvovirus*，DPV） 细小病毒科（Parvoviridae）细小病毒属（*Parvovirus*）成员。病毒粒子为球形，20面体对称，无囊膜，直径约20nm，基因组为单链线性DNA。病毒粒子有两种形态：完整病毒形态和缺少病毒核酸空壳形态。病毒粒子有3种结构蛋白：VP_1、VP_2、VP_3，其中VP_2结构蛋白具有免疫原性。与其他细小病毒不同，该病毒对人和鸡、小鼠、山羊等动物的红细胞无凝集性。胚体适应毒能在鹅胚、番鸭胚或此类胚制成的纤维细胞以及番鸭胚肾细胞上增殖，不能在鸡胚成纤维细胞（CEF）、猪肾传代细胞（PK－15）、地鼠肾传代细胞（BHK－21）和绿猴肾传代细胞（Vero）上增殖。可引起一种急性传染病，以雏鸭最易感。临床症状主要表现为渗出性肠炎，死亡率50%～80%。该病的流行是制约鸭养殖业发展的重要因素之一。

鸭疫里氏杆菌（*Riemerella anatipestifer*） 原名鸭疫巴氏杆菌。属黄杆菌科（Flavobacteriaceae）、里氏菌属（*Riemerella*）。呈杆状或椭圆形，大小（0.3～0.5）μm×（0.7～6.5）μm，偶见个别长丝状，长11～24μm。多为单个，少数成双或短链排列。可形成荚膜，无芽孢，无鞭毛。瑞氏染色可见两极着色。革兰染色阴性。本菌对营养要求较高，普通培养基和麦康凯培养基上不生长。初次分离培养需要供给5%～10%的CO_2。在巧克力或胰蛋白胨大豆琼脂（TSA）平板上，CO_2培养箱或蜡烛缸中，37℃培养24～48h，生长的菌落无色素，呈圆形、表面光滑，直径1～2mm。不发酵葡萄糖、蔗糖，可与多杀性巴氏杆菌区别。多不溶血，多液化明胶，G＋C多为35mol%。本菌对外界环境抵抗力不强。鲜血琼脂培养物置4℃冰箱保存容易死亡，通常4～5d应继代一次，毒力会因此逐渐减弱。分为21个型，国内分离株早期鉴定结果均属1型，近年报道有其他型存在。不同血清型及同型不同毒株的毒力有差异。本菌是雏鸭传染性浆膜炎的病原菌。

鸭圆环病毒（*Duck circovirus*，DuCV） 圆环病毒科（Circoviridae）圆环病毒属（*Circovirus*）的一新成员。最早于2003年由德国学者Hattermann等从患病鸭的病理组织中检测到，随后，分别在匈牙利、中国台湾、美国等地鸭群相继发现。病毒颗粒无囊膜，球形，20面体对称，基因组为单股DNA。DuCV感染常出现羽毛凌乱、生长迟缓、体重减轻等症状。对病鸭进行组织病理学检查发现有淋巴组织坏死，淋巴细胞减少或组织细胞增生现象。感染动物的淋巴组织逐渐萎缩导致免疫功能下降或免疫反应抑制，由此增加了双重或多重感染的几率。DuCV与其他病原菌或病毒的混合感染情形非常复杂。

牙本质（dentin） 又称齿本质、齿质，构成牙齿的主体成分。位于牙髓腔的周围，由大量胶原纤维及钙化的基质组成，含有许多牙小管。正常情况下，大多数牙齿的牙本质随着年龄的增长而增殖，直至填满牙髓腔方才停止。其硬度略低于牙釉质而高于牙骨质。

牙釉质（enamel） 动物体内最硬的结构。其组成约95%为钙盐，仅3%为有机质和水，无细胞成分。釉质覆盖齿冠的表面（猪、犬）或形成釉质嵴（cristaenameli）（马、反刍类）。它由细长的六棱柱状的釉柱和釉柱间质规则排列而成，非常致密。釉柱从牙釉质和牙本质的交界处向四周呈放射状走行。釉柱集合成束，因扭曲的关系，在牙磨片中，由纵横不同的断面造成折光性不一致的明暗相间的纵纹，称为施氏线，该线的方向与牙表面垂直。

牙原基（tooth anlage/fundament） 发育形成牙釉质、牙本质和牙髓的结构。牙板上先后形成多个圆形突起，即牙蕾。牙蕾发育增生，底部内陷形成帽状结构的造釉器，即乳牙原基。以后，造釉器发育为牙釉质，间充质进入造釉器的陷窝内形成牙乳头，牙乳头发育为牙本质和牙髓，造釉质和牙乳头周围的间充质形成牙骨质和牙周膜。

芽孢杆菌属（*Bacillus*） 一群需氧或兼性厌氧、能形成芽孢的革兰阳性大杆菌。绝大多数种以周鞭毛运动，每个细胞只产生一个直径小于菌体的芽孢。老龄菌易呈革兰阴性。有几个种能形成荚膜。菌落形态和大小差异很大。广泛分布于自然界，为实验室最常见的污染菌。炭疽芽孢杆菌（*B. anthracis*）可致人和一些动物的炭疽病。某些芽孢杆菌是昆虫的病原菌。广为分布的腐生性蜡样芽孢杆菌（*B. cereus*）能引起牛的急性坏疽性乳房炎，它产生的肠毒素可引起人类食物中毒。其余各种菌无病原性或为机会性致病菌。

芽孢染色(spore staining)　使结构致密的细菌芽孢着染的方法。通常将细菌涂片经火焰固定后，滴加苯酚复红染液，加温染色 5min，用酒精脱色，再用美蓝染液复染，水洗后镜检。结果芽孢呈红色，菌体呈蓝色。也可用孔雀绿水溶液加温染色细菌涂片，水洗后用沙黄水溶液复染。结果芽孢呈绿色，芽体呈红色。

芽生菌病（blastomycosis）　各种真菌的芽生细胞或假菌丝引起的真菌疾病，属于系统真菌病。在中欧有重要性的为假丝酵母菌病、地丝菌病、孢子丝菌病和组织胞浆菌病。发生于美国和加拿大的北美洲芽生菌病病原为皮炎芽生菌，主要见于犬。表现为肺炎，与结核病相似，在人类为皮肤、肺和骨骼的一种慢性化脓性、肉芽肿性发炎。猫有时受到感染，其他动物很少患病。

芽生菌属(*Blastomyces*)　一类侵害人和动物的双态性真菌。在感染动物组织内，本菌形似酵母样球状细胞，以出芽繁殖。在沙堡弱琼脂上，于 25～30℃培养时呈有隔菌丝，并缓慢发育成棉絮样菌落；无性繁殖通过分生孢子和原壁孢子，有性繁殖通过子囊孢子。在 37℃培养时，菌落由酵母样细胞组成，表面皱褶、潮湿、面糊样，繁殖方式与在动物体内一样。皮炎芽生菌（*B. dermatitidis*）是本属唯一致病菌，侵害动物的肺、骨、皮肤、泌尿生殖道和中枢神经系统等，引起慢性全身性感染。

亚病毒（subvirus）　只含核酸或蛋白质侵染因子的一类简单微生物。主要包括类病毒（viroid）及朊病毒（prion）。前者只含核酸不含蛋白质，是小的环状单链 RNA 分子，不含编码蛋白质的基因，仅感染植物；后者只有传染性蛋白质而无核酸，对动物和人有致病性。

亚单位疫苗（subunit vaccine）　微生物经理化学方法处理，除去毒性物质，提取其有效蛋白抗原成分制备的生物制剂。用分子生物学手段制备的有效抗原成分亦属于亚单位疫苗的范畴。微生物的免疫原性结构成分包括细菌的荚膜、鞭毛和病毒的囊膜、膜粒、衣壳蛋白等。亚单位疫苗具有明确的生物化学特性、免疫活性和无遗传物质，其免疫效果极高，如脑膜炎球菌多糖疫苗、肺类球菌荚膜多价多糖疫苗和流感血凝素疫苗等。亚单位疫苗工厂化生产较复杂、成本较高。

亚基（subunit）　又称亚单位。蛋白质最小的共价单位。由一条多肽链组成，也可以通过二硫键把几条肽链连接在一起组成。

亚急性毒性（subacute toxicity）　人或实验动物与外源化学物的接触时间在 30d 以内所出现的中毒效应。动物毒理学中是指 30d 喂养试验以及染毒 2 周至 1 个月的试验所观察到的毒性反应。

亚急性感染（subacute infection）　临床表现不如急性感染显著，病程稍长的一种相对比较缓和的感染类型。如疹块型猪丹毒和亚急性牛肺疫等。

亚急性炎（subacute inflammation）　介于急性和慢性炎症之间的炎症。病程由几天至数周。炎区兼有血管充血、炎性渗出和组织增生等变化。组织内巨噬细胞、淋巴细胞的数量多于中性粒细胞。临床症状也较急性炎症轻。

亚甲蓝（methylene blue）　又称美蓝（swiss blue)。解毒药。具氧化还原作用。小剂量美蓝进入体内，其氧化型美蓝被体内的还原型辅酶Ⅰ迅速还原成无色的美白，美白具有还原作用。而大剂量美蓝，由于还原型辅酶Ⅰ不能很快使其全部还原成美白，故氧化型美蓝起氧化作用。临床用其小剂量，使高铁血红蛋白还原为血红蛋白，以解救亚硝酸盐中毒。而用大剂量，使血红蛋白氧化为高铁血红蛋白，可解救氰化物中毒。

亚甲蓝还原试验(methylene blue reduction test)　又称美蓝还原试验。用于判断乳中微生物污染程度的一种快速简易方法。还原酶是乳中细菌活动的产物，它具有使亚甲蓝还原的特性。细菌污染越严重，则乳中还原酶的数量也越多，美蓝被还原褪色的速度越快。据此来判定乳被污染的程度。试验取 5mL 待检乳于灭菌试管中，加入 2.5%美蓝溶液 0.25mL，加塞混匀，于 37℃水浴，每隔 10～15min 观察试管内容物褪色情况。美蓝还原褪色速度与细菌数的关系大致为：20min 以内＞2 000 万/mL；20～120mL；400 万～2 000 万/mL；2～2.5 h；50 万～400 万/mL；5.5h 以上＜50 万/mL。

亚克隆（subclone）　亚克隆分为细胞亚克隆和分子亚克隆。对培养的细胞来说，从原有的克隆中，再筛选出具有某种特性的细胞进行培养，筛选到的细胞就是细胞亚克隆。在分子克隆中，从大片段的克隆中选取特定小片段再克隆，也称分子亚克隆。初步克隆的外源片段往往较长，含有许多目的基因片段以外的 DNA 片段，将目的基因所对应的一小段 DNA 找出来。对已经获得的目的 DNA 片段进行重新克隆，其目的在于对目的 DNA 进行进一步分析，或者进行重组改造等。分子亚克隆的基本过程包括：①目的

DNA片段和载体的制备；②目的DNA片段和载体的连接；③连接产物的转化；④重组子筛选。对大片段DNA作序列分析时，一般需先经亚克隆，然后逐个测定。

亚临床感染（subclinical infection） 即隐性感染（latent infection），不呈现明显的临床症状而呈隐蔽经过的感染。隐性感染的病畜或称为亚临床型。有些病畜虽然外表看不到症状，但体内可呈现一定的病理变化；有些隐性感染病畜既不表现症状，又无肉眼可见的病理变化，但能排出病原体散播传染，一般只能用微生物学和血清学方法才能检查出来。这些隐性感染病畜在机体抵抗力降低时也能转化为显性感染。

亚麻籽饼中毒（linseed meal poisoning） 家畜采食大量调制不当的亚麻籽饼而发生的以中枢神经组织缺氧为主征的中毒病。亚麻全株中含有的生氰配糖体（亚麻苦苷）、亚麻籽胶和维生素 B_6 的对抗物质是主要有毒成分。中毒家畜流涎，肌肉震颤，可视黏膜鲜红色，心跳快而弱，呼吸高度困难呈犬坐姿势，后期全身肌肉强直，角弓反张，瞳孔散大，昏迷，心力衰竭，呼吸中枢麻痹而死亡。特效解毒剂为硫代硫酸钠和亚硝酸盐（静脉注射）。

亚慢性毒性（subchronic toxicity） 动物在规定的较短时间内逐日接触较大剂量的外来化学物所产生的毒性。亚慢性毒性试验用大鼠和犬，期限一般不超过90d。目的在于了解较大剂量（低于 LD_{50}）的化学物所引起的中毒效应；探讨短期接触的中毒阈剂量以及确定长期毒性研究的观察指标和剂量范围等。

亚慢性毒性试验（subchronic toxicity test） 食品安全性毒理学评价试验4个阶段中的第3阶段。亚慢性毒性试验包括90d喂养试验、繁殖试验、代谢试验。其中90d喂养试验和繁殖试验是为了观察受试物以不同剂量水平经较长期喂养后对动物的毒性作用性质和靶器官，并初步确定最大无作用剂量；了解受试物对动物繁殖及对仔代的致畸作用，为慢性毒性和致癌试验的剂量选择提供依据。代谢试验是了解受试物在体内的吸收、分布和排泄速度以及蓄积性，寻找可能的靶器官；为选择慢性毒性试验的合适动物种系提供依据；了解有无毒性代谢产物的形成。

亚硒酸钠（sodium selenite） 微量元素硒的补充剂。硒元素具有维持细胞膜的正常机能，维持幼畜的正常生长，维持精细胞的结构和机能，参与辅酶Q的合成，降低汞、铅、镉、银、铊等重金属的毒性等作用。缺乏则发生不同程度的病症。主要用于防治犊牛、羔羊、马驹、仔猪的白肌病、小鸡渗出性素质、产蛋母鸡贫血症和产蛋率降低。在补硒同时添加维生素E效果更好。

亚系（substrain） 由同一个近交系分离出来，具有和原来近交系不相同特性且其遗传基因能被固定下来的品系。亚系的形成是由于兄妹交配20～40代由少量残留杂合性而分开的分支、同一品系在不同地点分隔100代以上由突变形成的分支、由遗传污染形成的分支。亚系的命名方法是祖先品系名称后加一条斜线“/”再标以亚系符号。亚系符号可用数字表示，如：DBA/1；可用育成人或实验室名的缩写英文名称表示，其中第一字母要大写，如：A/He、CBA/J；可用数字加字母表示一个保持者不只有一个以上的亚系，如：C_{57}BL/6J；一个近交系中产生连续亚系时，亚系符号则累积，如：CBA/NH；有些众所周知的亚系，其符号可用小写字母，如：BALB/c小鼠。

亚细胞病理学（subcellular pathology） 又称超微病理学（ultrastructural pathology）。研究患病动物各器官组织细胞超微结构变化的一门病理学分支学科。

亚硝酸钠（sodium nitrite） 氰化物解毒药。亚硝酸根离子可使亚铁血红蛋白氧化为高铁血红蛋白，后者与体内游离的氰离子，并与已和细胞色素氧化酶结合的氰离子形成氰化高铁血红蛋白，缓解氰化物中毒造成的组织细胞缺氧状态，尚需与硫代硫酸钠合用，使形成无毒硫氰化物由尿排出。

亚硝酸盐还原试验（nitrite reduction test） 测定瘤胃液还原亚硝酸盐的速度以代表其还原含氮化合物的能力，从而诊断瘤胃微生物活动程度的一种实验室检验方法。取3支试管各加滤过的瘤胃液10mL，再分别加入3.3mmol/L亚硝酸钾0.2mL、0.5mL和0.7mL，37℃孵育，每隔5分钟从试管中取瘤胃液1滴置于反应皿中，滴加试剂工（对氨基苯磺酸2g、30%冰醋酸200mL）2滴和试剂Ⅱ（d-萘胺0.6g、冰醋酸16mL、重蒸馏水140mL）2滴，观察显色反应，正常动物3个试管的还原时间分别为5～10min、20min和60min。

亚硝酸盐中毒（nitrite poisoning） 由于家畜采食富含硝酸盐或亚硝酸盐的饲料或饮水，使血红蛋白变性而失去携氧功能，导致组织缺氧的一种急性、亚急性中毒。临床上以黏膜发绀、血液褐变、呼吸困难、痉挛抽搐为特征。本病常为急性经过，多发于猪、禽；其次是牛、羊；马和其他动物很少发生。急性中毒时表现流涎、腹痛、腹泻、呕吐等消化道症状。主要引起组织缺氧症状，可见呼吸困难，肌肉震颤，可视黏膜发绀，脉搏细弱，体温常低于正常。死后剖检，可视黏膜、内脏器官浆膜呈蓝紫色，血液凝固不良，呈咖啡色或酱油色。胃黏膜充血、出血、黏膜易剥落，胃内容物有硝酸样气味。依据临床症状，特别是短急的疾病经过，以及发病的突然性、群体性，采食与饲料调制失误的相关性，结合剖检结果，可做出诊断。亚硝酸盐简易检验和高铁血红蛋白检验可进一步确诊。美蓝是本病的特效解毒药。预防上提倡饲喂生料，并限制饲喂含有硝酸盐饲料量的同时，应用金霉素饲料添加剂。

亚抑菌浓度效应（sub - MIC effect，SM - PAE）抗菌后效应（postantibiotic effect，PAE）和抗菌后亚抑菌浓度效应（postantibiotic sub - MIC effect，PASME）是近年来提出的关于抗菌药物药效学的新理论。PAE 指细菌与抗生素经短暂接触再去除药物后，细菌生长仍受到抑制的现象。PASME 指处于 PAE 期的细菌再与亚抑菌浓度（sub - MIC）药物接触后，细菌的生长受持续抑制的现象。

亚洲鸡瘟（Asian fowl plague）　见鸡新城疫。

亚洲蜱传立克次体病（Asian tick rickettsiosis）见北亚蜱传斑疹伤寒。

咽（pharynx）　位于鼻腔和口腔与喉和食管之间的漏斗形囊。背侧为颅底和第 1、第 2 颈椎腹侧的肌肉，两侧是舌骨和翼肌及马的咽囊。常以软腭分为 3 部分：鼻咽、口咽和喉咽。咽壁外层为筋膜，与周围器官相连。中层为横纹肌，构成缩肌和开肌：咽缩机可分前、中、后 3 组，分别起始于翼骨和腭骨（翼咽肌、腭咽肌）、舌骨（舌骨咽肌）以及喉软骨（甲咽肌、环咽肌），成半环形经咽侧壁而止于顶壁中线，吞咽时收缩，可缩短和缩小咽腔；咽开肌 1 对，从舌骨至咽壁（茎突咽后肌），收缩时可扩张咽腔前部。咽壁内面被覆黏膜。禽无软腭，咽与口腔、食管直接连续，仅以黏膜上的乳头为界。咽顶壁中线上有两孔：前为鼻后孔，其狭部延续至硬腭；后为咽鼓漏斗，两咽鼓管开口于此。喉位于咽底壁。

咽扁桃体环（pharyngeal tonsil ring）　位于舌根和咽部的所有扁桃体的总称。它们在黏膜下连成一片，几呈环形。包括舌扁桃体、腭扁桃体、腭帆扁桃体和咽扁桃体等，是消化和呼吸系统与外界的第一道免疫屏障。大鼠、小鼠无扁桃体。

咽弓（pharyngeal arch）　又称脏弓或鳃弓。哺乳动物胚胎期间咽部两侧每两相邻咽囊之间的实体。共有 6 对，在胚胎发育过程中主要分化为听小骨、舌骨、喉软骨以及咀嚼肌、舌骨肌、咽肌、喉肌、软腭肌和面肌等。

咽沟（pharyngeal/branchial groove）　又称鳃沟。在咽囊形成的同时，与咽囊相对应的外胚层向内凹陷，形成 5 对条形的凹陷。第 1 对鳃沟形成外耳道。

咽鼓管（pharyngo-tympanic tube）　又称耳咽管、Eustachio 氏管。连接中耳鼓室与鼻咽的短管。管腔狭而侧扁，管壁除腹侧外有软骨支架；壁内衬以黏膜。咽鼓管鼓口开口于鼓室的前下方，咽鼓管软骨在此与半环形的咽鼓管骨部相接，然后向前向下，以狭缝状的咽口开口于鼻咽的侧壁，软骨并伸入咽口的内侧壁内。咽鼓管可维持鼓膜内、外两侧的大气压力平衡，以及供鼓室黏膜的分泌物流出。马属动物咽鼓管黏膜膨出形成咽囊。

咽鼓管鼓室隐窝（tubotympanic recess）　第 1 对咽囊向背外侧的扩伸，其外侧盲端膨大形成中耳鼓室，内侧端与咽相连并延长形成咽鼓管。

咽颅（splanch cranium）　又称脏颅、面颅。头骨中包围鼻腔和口腔并形成上、下颌的部分。构成咽颅的面骨有鼻骨、下鼻甲骨、上颌骨、泪骨、颧骨、切齿骨、腭骨、吻骨、下颌骨和舌骨。大部分面骨以缝或软骨连接形成鼻腔，并与颅骨相接；下颌骨形成能活动的口腔骨架。禽咽颅各骨大多较轻，切齿骨、鼻骨和上颌骨构成上喙；下颌骨构成下喙。下颌骨与脑颅间还有一方骨。

咽麻痹（pharyngeal paralysis）　由于支配咽的脑神经和/或延髓中枢遭受侵害所致的吞咽机能丧失性疾病。分为末梢性和中枢性两种，前者起因于吞咽神经和迷走神经咽支的炎性或中毒性病变、损伤或血肿、脓肿压迫；后者起因于吞咽神经所在的延髓麻痹、狂犬病或传染性脑病经过中。临床表现大量流涎，饮食贪婪，却无吞咽动作，食物和饮水从口鼻腔逆出。触诊咽部无反应。治疗在查明病因后可施行对因、对症疗法。

咽囊（pharyngeal pouch）　又称咽鼓管囊。马属及其他奇蹄类动物咽鼓管黏膜由咽鼓管软骨腹侧裂缝膨出而形成的囊。容积在马达 300～500mL。位于颅底和寰椎腹侧，咽和食管起始部背侧；外侧为翼肌、腮腺和颌下腺，内侧则左、右两囊大部分相贴。茎突舌骨从腹侧嵌入囊壁，将囊分为较大的内侧部和较小的外侧部，经舌骨上方自由相通。囊经咽鼓管咽口与鼻咽相通，囊内蓄积的分泌物等可经此排出。黏膜与咽相连续，被覆纤毛上皮，具有腺体，主要为黏液腺，幼驹分布有丰富的淋巴小结。由于咽囊的毗邻结构复杂，受其炎症波及可引发多种症状。

咽气癖（air sucking）　又称咬槽摄气癖。为马匹特有的一种吞咽空气的习癖行为。病因尚不清楚，多见于休闲群马间相互模仿而出现的异常行为。临床表现上颌门齿抵住饲槽等物作为支撑，缩颈屈头吞咽空气，并发出"咕噜"声响。重型伴发消化不良或继发慢性胃扩张。治疗宜装特制的咽气癖皮带，有一定效果。

咽下障碍（disorder of deglutition）　又称吞咽障

碍。因疾病原因动物不能将食物吞咽或咽下困难的一种症状。临床表现为摇头、伸颈、屡次企图吞咽而中止，或吞咽时引起咳嗽及伴有大量流涎。多见于咽炎、咽痉挛、咽肿瘤、咽麻痹、食道狭窄、食道梗塞，以及舌损伤、舌麻痹等。

咽炎（pharyngitis） 咽黏膜、软腭、扁桃体及其深层组织炎症的总称。按病程分为急性和慢性咽炎；按炎症性质分为卡他性，化脓性和格鲁布性（浮膜性，croupous）咽炎等类型。原发性咽炎多因机械性、温热性和化学性刺激所致；继发性咽炎见于口炎、食管炎、喉炎和某些传染病经过中。临床表现流涎，头颈伸展，吞咽困难，呕吐或流出物混有食糜等。咽部触诊疼痛不安，并发咳嗽；视诊咽黏膜高度潮红、肿胀，被覆脓性分泌物或伪膜。重型体温升高。治疗可在咽喉部先冷敷后温敷，涂布鱼石脂软膏，必要时配合磺胺或抗生素全身疗法。

咽阻塞（pharyngeal obstruction） 食团从口腔经咽腔进入食道受阻的一种疾病。原发性病因是由大块饲料、骨片和金属性异物阻塞咽腔所致。继发性病因见于马腺疫、牛咽背淋巴结结核和放线菌病，以及猪、牛咽壁和软腭中淋巴结增大病变经过中。临床表现饥饿思饮，吞咽困难或不能，迫使饲料从口腔吐出。吸气延长并发响亮的鼾音。治疗除对异物性阻塞可通过口腔直接钩取异物外，针对继发性病因可试用抗生素（如马腺疫）和碘化物（如牛放线菌病），有一定疗效。

烟草中毒（nicotiana tobacum poisoning） 又称烟碱中毒（nicotinism）。家畜误食喷洒烟草浸液的蔬菜及其制剂用量过大，由烟草中所含的烟碱（nicotine，俗称尼古丁）所致的以中枢神经系统紊乱为主要特征的中毒病。中毒家畜呕吐，流涎，腹痛，肚胀和腹泻，步态蹒跚，往往跌倒，呈间歇性或强直性痉挛，角弓反张，瞳孔散大，心律不齐，四肢冷凉，呼吸困难，严重病例可在24h内死亡。治疗除用大量清水冲洗染毒皮肤或内服活性炭、鞣酸等外，可肌内注射利尿剂和强心剂。

烟碱(N)**受体**（nicotinic receptor） 乙酰胆碱能受体之一。其药理学作用是，当其与烟碱结合后，能够产生它与乙酰胆碱结合时相同的效应。哺乳动物N受体主要定位于骨骼肌，某些植物神经节的神经元以及肾上腺髓质细胞膜表面与突触前神经末梢相对的区域。前者可被筒箭毒选择性地抑制，后者可被六烃季胺所阻断，故又相应分为N_2受体和N_1受体，N_2受体激活后表现为骨骼肌收缩，N_1受体被激活后，植物神经节兴奋，肾上腺髓质分泌加强。两者统称为N样作用。

烟酸缺乏症（nicotinic acid deficiency） 烟酸缺乏引起的营养代谢性疾病。犊牛厌食，严重腹泻，脱水，突发死亡。猪消瘦，贫血，伴发皮炎，如皲裂，覆盖黑色痂（即糙皮病）；肠炎，严重腹泻，结盲肠壁增厚，呈软木塞样或纸浆样外观。雏鸡和雏鸭腿骨弯曲，类似骨短粗症。防治补饲酒糟、酵母粉、花生饼、鱼粉、肝脏粉等富含蛋白质饲料。

烟酸与烟酰胺（nicotinic acid and nicotinamide） 又称维生素PP、抗糙皮病维生素。B族维生素之一。两者均为吡啶衍生物，在体内可以互变，它们以尼克酰胺腺嘌呤二核苷酸（NAD，辅酶Ⅰ）和尼克酰胺腺嘌呤二核苷酸磷酸（NADP，辅酶Ⅱ）的形式作为脱氢酶的辅酶，在氧化还原反应中参与氢和电子的传递。缺乏时可引起皮炎、糙皮症等。肉、乳、谷物、豆类、酵母及绿色作物中含量丰富。

腌腊肉制品（cured meat products） 用盐和香料在较低的温度下经自然风干腌制而形成的风味独特的肉制品。主要是利用食盐的防腐作用，简便而有效地处理肉类，既可使之免于腐败，延长保存期，同时也可加工成各类肉制品。由于腌腊肉品具有独特的风味，所以世界各国都广泛应用这种加工方法。

延迟附植（delayed implantation） 有些动物的早期胚胎不立刻进行附植，而是停留在滞育阶段，何时附植与营养条件等相关。

严重联合免疫缺陷小鼠（severe combined immunodeficiency mice） 一种体液和细胞免疫联合缺陷的小鼠。先天性T细胞和B细胞明显减少，胸腺、脾脏、淋巴结变小。代表品种为C.B-17/Icrg-scid，作为肿瘤动物模型而被广泛应用。

岩藻糖苷累积病（fucosidosis） α-L-岩藻糖苷酶先天性缺乏，岩藻糖苷在细胞溶酶体内沉积所致的一种遗传性糖类代谢病。

炎性咳嗽（inflammatory cough） 由于呼吸系统炎性疾病所引起的咳嗽。

炎性水肿（inflammatory edema） 炎症局部出现的水肿。发生的原因主要是：①由于炎症局部充血引起毛细血管流体静压增高；②炎区出现组胺、5-羟色胺、缓激肽等血管活性物质，引起局部毛细血管扩张和通透性增高；③炎区组织坏死崩解，大分子蛋白质变成短肽等较小的分子，局部组织内胶体渗透压升高。

炎性血尿（inflammatory erythrocyturia） 肾脏、膀胱、尿道等泌尿器官的炎症所引起的血尿。见于出血性肾炎、急性肾小球肾炎、肾盂肾炎、膀胱炎及尿道炎等。

炎性肿胀（inflammatory swollen） 肿胀部位伴

有热、痛及机能障碍，可见于某些感染性疾病。

炎症（inflammation）　机体组织对致炎因子损伤所产生的以防御为主的局部反应可发生在身体的任何部位。局部的基本病理变化有变质、渗出和增生，局部症状是红、肿、热、痛和功能障碍；全身反应包括不同程度的发热、白细胞增多等。细菌、病毒、理化学因素、超敏反应等均能引起炎症。根据发生速度和临床经过，可分为急性、亚急性和慢性三种类型；而根据主要病变特点，可分为变质性炎、渗出性炎和增生性炎。这两种分类方式之间有一定的内在联系，例如急性炎症常以变质和渗出性病理变化为主，而慢性炎症常以增生性变化占优势。从现代免疫学角度看，炎症既包括非特异性免疫反应（如吞噬、补体的介入等），又包括特异性免疫反应（如浆细胞释放抗体介导的体液免疫、细胞毒性T淋巴细胞对靶细胞的攻击等）。

炎症介质（inflammatory mediator）　在炎症过程中由细胞释放或由体液产生的参与或引起炎症反应的化学物质。按其作用可分为血管活性物、趋化剂、内生性致热原等；按其来源可分为细胞源性炎症介质和血浆源性炎症介质两类。来自血浆的有缓激肽、补体、纤维蛋白肽和纤维蛋白降解产物；来自细胞的有组织胺、5-羟色胺、前列腺素、过敏反应慢反应物质、细胞因子、溶酶体成分等。它们能使血管扩张、通透性增高、平滑肌收缩或引起疼痛。

炎症细胞（inflammatory cell）　又称炎性细胞。浸润在发炎组织内的白细胞的总称。包括中性粒细胞、巨噬细胞、淋巴细胞、浆细胞、嗜酸性粒细胞等。来自于血液或在局部组织内增生，参与吞噬和消灭病原体。不同类型和不同时期的炎症，渗出的炎症细胞类型不同，因此具有诊断价值。例如，中性粒细胞和巨噬细胞多见于急性炎症，淋巴细胞和浆细胞多见于慢性炎症，嗜酸性粒细胞则主要见于寄生虫感染和变态反应。

盐霉素（salinomycin）　聚醚类抗生素抗球虫药，为广谱抗球虫药。盐霉素对鸡堆型、布氏、巨型、变位、毒害、柔嫩等艾美耳球虫均有明显效果。抗球虫机理一般认为在发育虫体内，药物能与钠、钾离子结合形成络合物，影响钾离子向球虫线粒体内转运，使球虫某些线粒体功能包括底物的氧化作用和ATP的水解作用都受到抑制所致。球虫不易引起耐药性。高浓度（120×10^{-6}）能抑制宿主产生免疫力；但停药后，即能迅速获得免疫力。禁与泰乐菌素、竹桃霉素并用。此外，对牛有促生长作用，还可用于猪密螺旋体所致猪血痢。

盐皮质激素（mineralocorticoid）　又称盐皮质类固醇。以调节水盐代谢为主的肾上腺皮质激素，由肾上腺皮质球状带分泌。主要有醛固酮、脱氧皮质酮等。主要作用是调节机体水盐代谢，为维持机体内环境相对稳定所必需。

盐析（salting out）　在含高浓度盐的蛋白质溶液中，无机盐离子从蛋白质分子的水膜中夺取水分子，破坏水膜，使蛋白质分子相互结合而发生沉淀的现象。

眼（eye）　视觉器官。由眼球和辅助器官组成，后者包括眼睑、泪器、眼球肌和眶。家畜的眼较凸出，瘦瘠时因眶脂肪减少而显下陷。眼在头部位置因不同动物所处环境、习性及采食方法而有差异，一般肉食兽的双眼较朝向前方，双眼视觉的视野较大；食草动物的则偏于两侧，双眼视觉的视野较小，但总视野较大。

眼房水（aqueous humor）　循环于眼前、后房中的液体。由睫状体产生，从后房经瞳孔入前房，再经虹膜角间隙入巩膜静脉窦，最后汇入睫状前静脉。房水有曲光、维持正常眼内压和营养角膜、晶状体等功能。

眼睑（eyelid）　覆盖于眼球前方的皮肤-结膜褶。分上、下睑。上睑较大、较活动。上、下睑间形成睑裂；在眼角处会合形成睑连合，内侧连合较圆。睑由3层构成。外层为薄而被覆短毛的皮肤，散布有少数触毛；皮下组织不发达。中层为肌-纤维层，由眼轮匝肌、眶隔和睑板肌形成，上睑尚有上睑提肌腱膜，该薄肌起始于眶内，经眶缘入上睑。眶隔为附着于眶缘的结缔组织膜。眼轮匝肌贴附于皮肤，其余则互相混杂不能分开，并延续为致密结缔组织板，称睑板。睑板两端以睑韧带固着于眶缘，以维持睑裂的狭长状态。睑内层为薄而光滑的睑结膜，转折移行为被覆眼球前面的球结膜，转折处形成结膜穹隆，睑结膜与球结膜间形成结膜囊。在睑结膜与睑板间分布有睑板腺。睑缘的前缘除肉食兽外分布有一排睫毛，上睫毛较长；猪常无下睫毛。沿睫毛根分布有小的睫毛腺和皮脂腺，发炎时称麦粒肿。禽眼睑无睫毛和睑板腺；下睑较大、较活动。

眼睑浮肿（edema of eyelid）　又称目窠微肿。眼睑皮下疏松组织的水肿。分为炎症性和非炎症性眼睑水肿。前者除眼睑水肿外，还有局部红、热、痛等症状，发生原因是眼睑急性炎症、眼睑外伤或眼周炎症等；后者无炎症表现，常见原因是过敏性疾病、心脏病、甲状腺功能低下、急慢性肾炎等。

眼睑内翻（entropion of eyelid）　眼睑缘向内翻折，结膜和角膜受到睫毛刺激而发炎的病变。可发生在犬、驹、犊牛和羔羊。多由结膜损伤、眼睑痉挛或在慢性结膜炎后形成的瘢痕收缩造成。主要表现为眼睑和睫毛内部刺激眼球结膜和角膜，损伤部位分泌物增加、血管新生、眼睑发生痉挛。多发生在下眼睑，有时发生在外眥或上眼睑。经过时间拖长者，分泌物增加、血管新生，出现角膜浑浊、溃疡及视力障碍。治疗轻症病例，可采用眼睑烧烙法，通过瘢痕收缩矫正；重症病例可见在眼睑皮肤作圆形切除，后作水平缝合加以矫正。

眼睑外翻（ectropion of eyelid） 睑缘向外离开眼球的一种疾病。此时睑结膜直接暴露于空气中，得不到泪液滋润，可使结膜干燥、充血、肥厚甚至角化。多发生于犬，其他动物也可发生。有先天性和后天性之分。后天性眼睑外翻多由外伤、慢性眼睑炎后瘢痕收缩所致，也可因老年动物肌张力丧失而引起。症状是眼睑向外方翻转、结膜外露、流泪发红、肿胀，重症眼睑闭锁不全，结膜角膜干燥。治疗时对轻微病例不必处置，对中度和重症病例，施行结膜内部穿刺烧烙或在眼睑做圆形切除，垂直缝合可得到矫正。

眼睑下垂（blepharoptosis） 眼睑上提功能不全、面神经麻痹（眼轮肌）的一个特异症候。同时动眼神经麻痹（上睑提肌）、颈交感神经障碍（上睑板肌），上眼睑肿瘤、肿胀、眼球萎缩、先天性小眼球、眼裂狭小等也出现同样的症状。一般预后不良，在上眼睑的皮肤作圆形切除，能得到良好结果。

眼结膜检查法（method of conjunctiva examination） 用视诊法直接观察或借助于人工光源及检眼镜检查眼结膜的临诊方法。打开眼的方法各种动物有所不同。马：一手握住笼头，另一手的拇指放于下眼睑中央的边缘处，食指放于上眼睑中央的边缘处，分别将眼睑向上、下拨开并向内眼角处稍加压，眼结膜和瞬膜即可露出；牛（以巩膜代替眼结膜）：双手握住牛角将牛头扭向一侧即可明视牛的巩膜，小动物：参照马的方法或用一手的拇指和另一手的食指打开眼睑；其他动物：没有固定方法，可参照马和小动物的方法。

眼恐吓反应（menace reaction） 检查犬眼反射的一种方法。将一眼遮盖，在另一眼的前面弹指恐吓，但不触及角膜，在正常情况下应发生与角膜反射相同的眨眼反应。如小脑发生双侧性损伤，由于传出神经受损，将造成双侧性反射消失。如小脑发生一侧性损伤，则造成同侧的反射消失。

眼轮匝肌（m. orbicularis oculi） 位于眼睑内、环绕睑裂的括约肌。锚固于内、外侧睑联合处，因此收缩时使睑裂闭合成横缝状。此肌受面神经支配，瘫痪时眼睑下垂，不能闭合。

眼球（eyeball） 有感光功能的视觉器官。略呈球形，马、牛稍前后扁。位于眶的前部。壁由三层构成：纤维膜、血管膜和视网膜。①纤维膜，又分为角膜和巩膜两部分。巩膜，占大部分，白色，后面下外方有筛状区，视神经纤维由此穿出；角膜，约占1/4，透明，因直径略小而向前凸出。②血管膜，又称葡萄膜，由后向前分为脉络膜、睫状体和虹膜3区。脉络膜贴于巩膜内面，含有稠密的血管网和浓厚的色素；其后部除猪外形成一蓝绿色反光区，称照膜。睫状体为脉络膜之前至角膜边缘处的一圈加厚部分，形成许多辐射状睫状突，并含有睫状肌，为平滑肌。虹膜成环幕形悬垂于角膜后方，中央为圆形（犬、猪）、横卵圆形（食草动物）或纵卵圆形（猫）的瞳孔，受平滑肌作用可放大、缩小。③视网膜，又分为视部和盲部两部分。视部，与脉络膜相贴，为感光部位；盲部，与睫状体、虹膜相贴，很薄。视网膜的视神经纤维穿过巩膜筛状区处形成视神经盘。眼球内藏有3种折光体：晶状体、房水和玻璃体。晶状体起折光聚焦作用，四周以小带纤维连接于睫状突。晶状体与角膜间形成眼房，又以虹膜分为前、后房，经瞳孔相通。眼房内充满眼房水，由睫状体产生，至前房在虹膜与角膜间渗入静脉窦。玻璃体为充填于晶状体后方的透明胶冻样物，与房水共同维持恒定的眼内压，以保持眼球形状。禽眼球比例较大、较扁；角膜较凸出；巩膜内有软骨及一圈巩膜骨环。睫状肌和瞳孔肌为横纹肌。

眼球凹陷（enophthalmus） 眼球向眼眶内移位并凹下的异常状态。过分凹陷时眼睑和角膜不能保持接触，可使角膜干燥。多见于慢性消耗性疾病和重剧脱水等。

眼球肌（bulbar muscle） 又称眼球外肌。为横纹肌，运动眼球的肌肉。有直肌4块、斜肌2块和眼球退缩肌1块，除下斜肌外均起始于眶顶部的视神经孔附近，形成总的腱环。上、下、内、外直肌以宽而薄的腱止于眼球赤道之前的巩膜上。上斜肌位于上直肌内侧，向前至额骨颧突内面，绕过眶骨膜的滑车转而向外，止于眼球背外侧面。下斜肌短，起始于眶内侧壁，经腹侧向外行，止于眼球腹外侧。退缩肌位于直肌之内，包围视神经，止于眼球赤道之后的巩膜上。此外，上直肌背侧尚有上睑提肌。眼球肌通过有关脑神经，在中枢神经系整合作用下，使双眼能作联合的灵活运动。禽眼球肌不甚发达，也无退缩肌。

眼球突出和眼球脱位（exophthalmos and luxation of eyeball） 眼球向前方转位的异常状态称为眼球突出，眼球脱出于睑裂之外称为眼球脱位。眼窝骨折、出血、脓肿、肿瘤、努责等都是眼球突出的发生原因。外伤所致者多见于猫、犬。羔羊有时可发生突眼性甲状腺肿。治疗要迅速整复，用棉球浸以液体石蜡，对眼球进行压迫复位并做相应处置；对严重病例应施行眼球摘除术。

眼球摘除术（extirpation of the eyeball） 摘除眼球的手术方法。适用于眼窝肿瘤治疗以及眼的化脓性炎症有侵害中枢的危险时。手术时，先切开皮肤，扩大眼裂，用剪刀沿结膜穹隆处作环形切开，分离结膜下组织，剪断上直眼肌、外内侧直肌，分离周围组织，剪断视神经和退缩肌，取出眼球，用纱布填塞，压迫止血，将结膜连同筋膜作间断缝合。

眼球震荡（nystagmus） 简称眼震。一种不自主的、有节律性的、往返摆动的眼球运动。常由视觉系统、眼外肌、内耳迷路及中枢神经系统的疾病引起。有时眼震是正常的，如身体旋转时产生的眼震在于维持清晰视觉。但病理性眼震把眼睛从目标移开，使视觉减退。临床可继发于犬瘟热或大小脑机能障碍、全身性痉挛、产乳热、低镁血症、氯仿或水合氯醛麻醉后等。

眼丝状虫病（ocular filariasis，filarial ophthalmitis） 也称浑睛虫病，指形丝状线虫（*Setaria digitata*）和唇乳突丝状线虫（*S. labiatopapillosa*）的童虫寄生于马骡眼前房、马丝状线虫（*S. equina*）的童虫寄生于牛眼前房引起的眼炎。主要发生于马、骡。通过蚊子传播。牛指形丝状线虫和唇乳突丝状线虫的成虫寄生于牛的腹腔；马丝状线虫的成虫寄生于马属动物的腹腔。蚊吸食血液时，微丝蚴进入蚊体，发育为感染性幼虫。携带指形丝状线虫或唇乳突丝状线虫感染幼虫的蚊吸食马血、或携带马丝状线虫感染幼虫的蚊吸食牛血时，幼虫进入非天然宿主体内，异位寄生于眼前房，但虫体停留在童虫阶段不能发育为成虫。虫体刺激引起角膜炎、虹彩炎和白内障。有畏光、流泪，角膜和眼前房轻度浑浊，视力减退，结膜和巩膜充血等症状；严重时可引起失明。检查眼前房发现游动的虫体即可确诊。可用角膜穿刺术取出虫体，术后用硼酸液清洗结膜囊并用抗生素点眼。预防措施包括将牛与马的圈舍拉开距离、驱避蚊子等。

眼遗传缺损（inherited eye defects） 犊牛、马驹发生的以虹膜缺如、晶状体浑浊变小等为特征的一种遗传病。病犊由于晶状体浑浊皱缩而先天性失明，有的病损呈多发性，包括视网膜剥脱、白内障、持久性乳头膜和玻璃体出血，以及视神经发育不完全等。病驹由于视网膜完全缺如或继发性白内障而导致失明。

演变型（evolution type） 基因型和表现型形成的性状因动物生存环境的影响出现的不同性状表现。

厌氧菌（anaerobe） 缺乏完整的代谢酶体系，其能量代谢以无氧发酵的方式进行，通过厌氧呼吸获取能量，在有游离氧存在时不能生长的细菌。临床上常见的有厌氧梭状芽孢杆菌所致的特殊病症如气性坏疽、破伤风、肉毒中毒等。

厌氧培养基（anaerobic medium） 在培养基中加入还原剂（如巯基乙酸钠等），或用石蜡、凡士林封住表面，隔绝空气，有的还需要放入无氧培养箱维持无氧环境。庖肉培养基（cooked meat medium）是常用的厌氧培养基之一，其中含不饱和脂肪酸和谷胱甘肽的肉渣起到还原剂的作用。

焰细胞（flame cell） 又称“纤毛焰”。扁形动物、担轮动物排泄器官的一个部分，是原肾管内端或其每一分支小管内端的一种中空而生有一条或一束纤毛的细胞。焰细胞布满虫体的各个部分，位于毛细管的末端，为凹形细胞，在凹入处有一束纤毛，纤毛颤动时如火焰跳动一般。电镜下可见“焰细胞”由两个细胞组成，原肾管端的称“帽状细胞”，另一端的称“管状细胞”。帽状细胞内有两根鞭毛通入管细胞内，在鞭毛的摆动下，使水流从帽状细胞流入管状细胞，进而流出体外。由焰细胞组成的原肾的主要作用是对水的调节，同时发挥排泄氨、尿素、尿酸的作用。焰细胞的数目与排列，在分类学上具有重要意义。

羊巴贝斯虫病（babesiosis of sheep and goat） 巴贝斯虫（*Babesia*）寄生于绵羊和山羊的红细胞内引起的原虫病。巴贝斯虫属于孢子虫纲、巴贝斯科。主要致病种有：①莫氏巴贝斯虫（*Babesia motasi*），大型虫体，典型特征为双梨形，虫体以锐角相连，大小为（2.5～4）μm×2μm。传播者主要包括扇头蜱、革蜱和血蜱，经卵传播。②绵羊巴贝斯虫（*B. ovis*），小型虫体，圆形，位于红细胞边缘部，典型特征为双梨形，虫体以钝角相连，长1～2.5μm。扇头蜱、硬蜱为传播者，经卵传播。莫氏巴贝斯虫病为急性或慢性病程，病畜发热、虚弱、贫血，有血红蛋白尿，常以死亡告终，慢性症状不明显。绵羊巴贝斯虫致病力较弱，可引起发热、贫血和黄疸。诊断可用血液涂片法检查虫体。莫氏巴贝斯虫病用台盼蓝和硫酸喹啉脲治疗，绵羊巴贝斯虫病用黄色素治疗。预防措施主要是防蜱、灭蜱。

羊鼻蝇（sheep nasal fly） 见羊狂蝇。

羊肠毒血症（enterotoxaemia） 又称传染性肠毒血症。D型产气荚膜梭菌引起绵羊的一种急性毒血症。症状可分为两种类型：一类以搐搦为其特征；另一类以昏迷和静静地死去为特征。剖检病变常限于消化道、呼吸道和心血管系统。病羊死后肾组织易于软化，因此又称羊软肾病。本病在临床上类似羊快疫，故又称“类快疫”。肠道或肾脏等脏器内分离到D型产气荚膜梭菌，在小肠内检出外毒素可确诊。防治应改善饲养管理条件，定期注射菌苗。急性病羊如不及时治疗即死亡，病程稍长者可用抗生素或磺胺类药结合强心镇静药等对症治疗。

羊传染性坏死性肝炎（infectious necrotic hepatitis） 又称羊黑疫、德国快疫。B型诺维氏梭菌引起绵羊和山羊的一种以肝实质坏死为特征的急性、高度致死性毒血症。一般病程急促，呼吸困难，伏卧昏睡，悄然死去。由于皮下静脉充血，致使皮肤呈黑色，肝表面有凝固性坏死灶。并有一鲜红色充血带围绕。确诊有赖于细菌学和毒素检查，控制肝片吸虫感染和注射羊梭菌病五联苗可预防本病。病羊可用抗诺维氏菌血清治疗。

羊传染性无乳症（contagious agalactia of goat and sheep） 无乳支原体所致的传染性乳房炎。山羊和绵羊可接触感染。病初引起败血症，突然发热，热退产乳量下降，直至无乳，乳房萎缩。亦见到关节炎、结膜炎、角膜炎，病羊1～2月后康复。依据临来诊断可作出初诊，确诊有赖于病原分离鉴定。用链霉素和泰乐菌素等治疗有效。主要预防措施为加强羊群、奶样品检查；隔离病羊；减少接触性传染；接种福尔马林氢氧化铝疫苗和弱毒疫苗。

羊猝狙（struck） 又称羊猝击。C型产气荚膜梭菌引起的一种以急性死亡、腹膜炎和溃疡性肠炎为特征的毒血症。主要发生于成年羊。确诊需从体腔渗出液、脾脏等病样中作细菌的分离和鉴定，并从小肠内容物中查出β毒素。防治措施同羊肠毒血症。

羊带绦虫（*Taenia ovis*） 寄生于犬、狼、狐等的小肠。长可达1m。头节顶突上有一圈大钩，一圈小钩，共24～36个。孕卵子宫每侧有20～25个主侧支。中绦期为羊囊尾蚴。参阅羊囊尾蚴病。

羊接触传染性脓疱性皮炎病毒（*Contagious pustular dermatitis virus*，CPDV） 又称口疮病毒（*Orfvirus*）。属于痘病毒科（Poxviridae）副痘病毒属（*Parapoxvirus*），为副痘病毒属的代表种。病毒粒子呈纺锤形，含有双股DNA核心和脂类复合物组成的囊膜，大小为（200～350）nm×（125～175）nm。病毒颗粒有特征的表面结构，即管状条索斜行交叉成线团样编织。本病毒不能在鸡胚中生长增殖，也不能在豚鼠、小鼠等实验动物体内增殖；可在绵羊胚的多种器官细胞培养，睾丸细胞最为合适，并出现细胞病变，胞浆内可见嗜酸性包涵体。病毒感染绵羊及山羊，主要是羔羊，引致羊的口疮，其临诊病理特征是口唇等处皮肤与黏膜形成丘疹、脓疱、溃疡和结成疣状厚痂，羚羊感染后发生乳头状瘤，人类与羊接触也可感染。

羊脓疱性皮炎（ecthyma contagiosa） 又称羊传染性脓疱、羊接触传染性脓疱性皮炎、羊口疮（Orf）。由痘病毒科副痘病毒属（*Parapoxvirus*）的羊口疮病毒引起绵羊和山羊的一种口唇处皮肤和黏膜形成丘疹、脓疱、溃疡和结成疣状厚痂为特征的传染病。多发生于3～6月龄羊，呈群发性流行。成羊发病较少，也可感染人。病毒经皮肤和黏膜的擦伤感染健羊。临床症状可分为唇型、蹄型和外阴型3类。确诊需作病原检查（电镜观察、接种易感羊、病毒分离）和补体结合试验、琼脂扩散试验。皮肤和黏膜的保护是预防本病的关键。注意做好污染环境和羊体表及蹄部消毒，可采用活毒疫苗行尾根划痕接种。

羊快疫（braxy） 由腐败梭菌（*Clostridium septicum*）引起的主要发生于绵羊的一种以真胃呈出血性炎性损害为特征的急性传染病。以6～8月龄的绵羊最易感，常表现突然发病，急性死亡。确诊应作病原分离鉴定和实验动物感染试验，荧光抗体试验可用于快速诊断。预防主要是加强饲养管理，在常发地区可注射羊梭菌病三联苗或五联苗。

羊狂蝇（*Oestrus ovis*） 俗称羊鼻蝇。属双翅目、狂蝇科。成蝇自由生活，不采食，口器完全废退。虫体暗灰色，胸部有淡褐色毛和明显的小黑斑，体长10～12mm，略似蜜蜂，出现于春、夏、秋季，以夏季最多。成蝇交配后，雌蝇飞向绵羊，产幼虫于鼻孔处，幼虫寄生于鼻腔及其附近腔窦；少见于山羊、骆驼和白脸牛羚。幼虫在鼻腔或额窦等处寄生9～10个月发育为第三期幼虫。成熟的第三期幼虫离开宿主，在土壤中化蛹，蛹期1～2月；羽化成蝇，爬出地面飞翔。成蝇飞向羊鼻孔产幼虫时，给羊群造成严重的骚扰，惊恐不安，停止进食；幼虫刺激鼻腔鼻窦黏膜，分泌增多，干涸成痂后，导致呼吸困难。严重感染的绵羊，磨牙，食欲不振，消瘦，可能衰竭致死。有时幼虫误入颅腔，引起如多头蚴病的回旋症状，称假回旋病。防治措施主要包括杀灭初进入绵羊鼻腔的第一期幼虫，可使用内吸伊维菌素等喷雾剂。

羊链球菌病（ovine streptococcosis） 羊溶血性链球菌引起羊的一种急性、热性、败血性传染病。病的特征为下颌淋巴结和咽喉肿胀，大叶性肺炎，胆囊肿大，各脏器出血，有较高的病死率。主要发生于绵羊。不良的饲养管理条件能促使本病的发生和流行。预防本病首先要作好抓膘、保膘、防冻、避免拥挤。在常发地区可注射菌苗。病的早期使用抗生素和磺胺类药都可获满意效果。

羊膜（amnion） 包裹胚胎的最内层的胎膜。其外层为体壁中胚层，内层是外胚层。羊膜与胚体之间的腔隙为羊膜腔。羊膜腔内充满羊水，胎儿浸浴在羊水中。禽类羊膜内除有毛细血管外，还有平滑肌，胚胎前期可以自动收缩，使胚胎在羊水中流动。

羊膜穿刺术（amniocentesis）一种通过穿刺抽取羊水以检查胎儿状况的方法。羊水中不仅含有胎儿的排泄物、分泌物和多种酶，而且含有从胎儿皮肤和黏膜脱落下来的上皮细胞。通过使用细针刺入羊膜腔，抽取少量羊水，可以准确分析胎儿代谢状况、诊断遗传性疾病和鉴定早期胚胎性别等。

羊膜动物（amniota）胚胎发育过程中形成羊膜的动物，包括爬行纲、鸟纲和哺乳纲。

羊膜缝（amniotic raphe）鸟类在羊膜和浆膜的形成过程中，体褶在胚体腹侧不断加深，胚外外胚层连同体壁中胚层沿胚体四周上折，形成羊膜褶，各部分羊膜褶向胚体背侧汇合形成羊膜缝（浆羊膜缝）。随着蛋白囊的形成，浆羊膜缝上出现孔洞形成浆羊膜道，蛋白囊内的蛋白进入羊膜腔内，混合成蛋白羊水，被胎儿吞食。

羊膜囊（amniotic sac）由羊膜形成的囊。该囊将胎儿整个包围起来，囊内充盈羊水，胎儿悬浮其中。绵羊和牛的羊膜囊于怀孕后13～16d形成，马类似，猪略早。羊膜囊位于绒毛膜囊内，在尿囊的一侧（牛、羊），或位于绒毛膜内的尿囊内（马、驴），羊膜与尿囊融合的部分称羊膜尿膜，与绒毛膜融合的部分称羊膜绒毛膜。

羊膜囊积水（hydramnios）见胎水过多。

羊膜腔（amniotic cavity）包绕胚胎的充满羊水的腔。羊膜的外胚层细胞能够分泌羊水，胚胎在羊水中发育，可以防止组织脱水、温度骤变以及缓冲机械性冲击，从而保证胚胎的正常生长发育，此外，在分娩时羊水还有扩张、润滑和冲洗产道的作用。

羊膜绒毛膜胎盘（chorioamniotic placenta）由羊膜绒毛膜构成的胎盘。

羊囊尾蚴病（cysticercosis ovis）羊带绦虫的中绦期——羊囊尾蚴（*Cysticercus ovis*）寄生于绵羊和山羊的心肌、膈胸膜面及其他处肌肉或器官引起的疾病。形态与猪囊尾蚴相似。羔羊严重感染时可能引起严重后果。终末宿主为犬、狼、狐等肉食兽。参阅羊带绦虫和囊尾蚴。

羊蜱蝇（*Melophagus ovinus*）包括两类：一类是翅完全废退的吸血蝇。体长4～6mm，无翅，体多细毛，体壁似皮革质地；头短而宽；腹宽阔如葫芦状；腿粗壮，末端有强爪；口器突向前方。雌蝇产幼虫于绵羊被毛上，幼虫不活动，不久即变蛹，蛹经约1个月变为成蝇。是绵羊虱蝇锥虫（*Trypanosoma melophagium*）的传播媒介。绵羊药浴可防制虱蝇。另一类有翅的虱蝇（*Hippobosca*），体长约1cm。飞翔距离一般不过数米。侵袭马、牛和犬，吸血，在宿主身体上停留时间长，不易驱散。成蝇在自然界产幼虫，后者迅速变蛹。是牛泰氏锥虫（*T. theileri*）的传播媒介。

羊球虫病（coccidiosis of sheep and goat）球虫寄生于绵羊或山羊的肠上皮细胞内引起的原虫病。羊球虫均属于孢子虫纲、艾美耳科、艾美耳属。常见种有：①阿氏艾美耳球虫（*Eimeria arloingi*），卵囊呈椭圆形，大小为30～20μm；②浮氏艾美耳球虫（*E. faurei*），卵囊呈卵圆形，大小为29μm×21μm；③小型艾美耳球虫（*E. parva*），卵囊呈亚球形，大小为17μm×14m；④雅氏艾美耳球虫（*E. ninakohlyakimovae*），卵囊呈球形，大小为22μm×29μm。多为混合感染，直接传播。发育史与鸡球虫相似。主要危害4～6月龄羔羊，患羊精神沉郁，排黄绿稀粪，混有血丝。在粪便检出卵囊或在肠道病料检出裂殖体、裂殖子或配子体、卵囊可做出初步诊断。预防措施主要是保持饲料和饮水清洁，严防粪便污染，厩舍和放牧场地必须保持干燥，避免潮湿积水；在流行季节可在羔羊饲料中加入莫能霉素、氨丙啉或拉萨霉素等预防药物。

羊软肾病（pulpy kidney disease of sheep）见羊肠毒血症。

羊沙门菌病（salmonellosis ovinum）鼠伤寒沙门菌、羊流产沙门菌等引起的羊传染病。根据临床表现可分为下痢型和流产型：下痢型主要发生于初生羔羊，排出黏性稀粪，呈出血性卡他性胃肠炎病变，有较高的病死率；流产型于怀孕后期发生流产或死产，胎儿呈败血症的病变。确诊本病可用病死羊脾、心血或流产胎儿组织进行沙门菌的分离和鉴定。防治措施参照牛沙门氏菌病。

羊水（amniotic fluid）贮于羊膜腔内的液体。由羊膜外胚层细胞分泌，为胚胎发育提供一个液体环境，免受周围组织挤压，起保护作用。妊娠晚期羊水黏稠，对胎儿通过产道娩出起润滑作用。羊水略呈碱性，含有蛋白质、脂肪、葡萄糖、果糖和无机盐类。口咽膜破裂后，胎儿可吞食羊水。

羊梭菌性疾病（clostridial infections of sheep）梭状芽孢杆菌属（*Clostridium*）的微生物所引起的一类疾病，包括羊快疫、羊肠毒血症、羊猝狙、黑疫、羔羊痢疾等。其中肠毒血症及羔羊痢疾分布较广，这类疾病都能造成急性死亡，在临诊上有不少相似之处，容易混淆。确诊需作细菌学检查。治疗可用抗生素或磺胺类药物，配合对症疗法。预防可注射羊梭菌性疾病五联苗。

羊泰勒虫病（theileriasis of sheep and goat）泰

勒虫（*Theileria*）寄生于山羊和绵羊的淋巴细胞和红细胞内引起的原虫病。病原体属孢子虫纲、泰勒科。主要病原体：①山羊泰勒虫（*Theileria hirci*）：呈圆形、卵圆形、杆形和边虫样，圆形、卵圆形者占80%；脾脏和淋巴结涂片上可见柯赫氏蓝体；传播者为扇头蜱。②绵羊泰勒虫（*T. ovis*）：虫体形态与山羊泰勒虫相似，但红细胞染虫率低；柯赫氏蓝体只见于淋巴结中；传播者为扇头蜱和血蜱。山羊泰勒虫致病性强，死亡率可达46%～100%。患羊出现稽留热，食欲减退，可视黏膜贫血，轻度黄疸，有时见小点出血。体表淋巴结肿大。肝、脾肿大，胃黏膜有溃疡斑，肠黏膜有出血点。用血液和淋巴结涂片查出虫体或柯赫氏蓝体即可确诊。可用三氮脒和磷酸伯氨喹啉治疗，应辅以对症疗法，加强护理。防蜱、灭蜱为主要预防措施。

羊网尾线虫病（dictyocauliasis of sheep and goats） 丝状网尾线虫（*Dictyocaulus filaria*）寄生于绵羊、山羊和某些野生反刍兽的支气管引起的寄生虫病。宿主经口感染。幼虫到达肠道后，钻入肠壁，经淋巴、血液循环到达肺脏，出毛细血管进入肺泡，继之向支气管移行，大约在感染后 1 个月发育为成虫。虫体在支气管内寄生，吸血，刺激黏膜，引起卡他性支气管炎；由于渗出物增多，充塞细支气管和肺泡，引起肺膨胀不全；或继发细菌感染，引起肺炎。病程多为慢性经过，从鼻孔溢出大量黏液，呼吸急促、困难，消瘦，贫血，浮肿。用幼虫分离法从肺脏中分离多量幼虫可以确诊。用伊维菌素、左旋咪唑或丙硫咪唑驱虫均有良效。预防的要点是保持牧场和厩舍的干燥；隔离病羊，严格管理粪便。已有致弱幼虫疫苗用于预防接种。参阅捻转血矛线虫病。

羊痒病（scrapie） 又称搔痒病。成年绵羊发生的一种缓慢发展的传染性中枢神经系统疾病。偶见于山羊。其特征是潜伏期长、剧痒、肌肉震颤、共济失调、麻痹、衰竭、终归死亡。病原体极为特殊，是能自我复制的富含蛋白质的传染性颗粒，称为朊病毒。常见于英国，已在欧洲和北美流行。病羊是主要传染源，经直接接触或被污染牧场而感染，病母羊可垂直感染其胎儿。潜伏期 1～5 年。典型病变见中枢神经系统的海绵样变性。病羊不产生抗体。根据典型症状和病变可作出诊断。预防本病的根本措施在于加强检疫，一经发现应全部淘汰并销毁（焚化或深埋），杜绝从疫区引进羊只。

羊踯躅中毒（rhododendron molle G. Don poisoning） 动物采食羊踯躅或闹羊花的嫩叶后出现的一种以口吐白沫、喷射状呕吐、皮温下降和步态摇晃为特征的中毒病。本病主要发生在早春青黄不接季节，在生长有羊踯躅的山区放牧的家畜因饥饿误食羊踯躅枝叶而发病；中毒后以副交感神经持续兴奋样表现、机体呼吸和循环均呈抑制症状为主要特征。治疗措施主要是对症治疗。

阳极效应（anode effect） 又称跟效应（heel effect）。从 X 线管发射窗口发出的 X 线，在阳极一侧和阴极一侧的不对称分布。阳极效应受靶面角度的影响，阴极一侧的 X 线强度大于阳极一侧的强度。当拍摄较厚组织且组织厚度又不一致的情况下，应考虑阳极效应的影响，可把组织较厚的一侧置于 X 线管的阴极一边，使这一侧能得到较多的 X 线，以满足增加曝光量的需要。

阳离子脂质体转染（cationic liposome transfection） 阳离子脂质体介导基因转移的主要过程如下：首先，阳离子脂质体与带负电的 DNA 分子通过静电作用形成阳离子脂质体/DNA 复合物，由于阳离子脂质体过剩，复合物带正电；然后，带正电的阳离子脂质体/DNA 复合物由于静电作用吸附于带负电的细胞膜表面，然后通过与细胞膜融合或胞吞作用进入细胞；最后，阳离子脂质体/DNA 复合物在细胞内发生分离，阳离子脂质体连接键断裂形成小分子再通过新陈代谢排出细胞，而基因进一步被传递到细胞核内，并在细胞核内转录和翻译，最终产生目的基因编码的蛋白质。由于阳离子脂质体对阴离子型聚电解质阴离子敏感，对带负电荷的 DNA 有较高的转运能力，还能转运 RNA、核糖体及其他大电荷的分子和大分子物质进入细胞，其转染效率比其他脂质体高出许多倍，因而被广泛应用于基因转移技术中。

阳痿（impotency） 阴茎不能勃起，或虽能勃起但不能维持足够的硬度以完成交配。影响因素较多，可分为精神性和器质性两种。精神性阳痿与老龄、过肥、使用过度、疼痛及交配环境不宜等有关。器质性阳痿与阴茎解剖异常、睾丸发育不全、内分泌异常、有关神经受损伤、影响流入阴茎海绵体血量的血管疾病及过量使用雌激素等药物等有关。患畜表现有性兴奋，甚至可以爬跨，但阴茎不能勃起或勃起不坚，不能完成性交。原发性阳痿无治疗价值，继发性阳痿可采取消除病因、对症治疗、改善饲养管理、改变交配环境、应用睾丸素和胎盘促性腺激素等措施。

阳性血清（positive serum） 又称诊断血清（diagnostic serum）。以已知抗原免疫家兔、马等动物后，采取血液提取具有一定抗体效价的、用于诊断目的或诊断相应疾病的特异性血清。

阳性造影剂（positive contrast agents） 又称高密度造影剂。造影剂的一种。体内引入此种造影剂可出现高密度的阴影而与周围的组织或结构形成人工对比。常用的有硫酸钡、碘化油、碘化钠、泛酸钠、泛影葡胺、泛影葡钠、丙碘吡酮、胆影葡胺、碘酞葡胺、双氯碘苯酸钠、碘海醇等。可用于胃肠造影、支气管造影、胆囊造影、尿路造影、脊髓造影和心血管造影等。

洋地黄（digitalis）　又称毛地黄。强心药。为玄参科植物紫花洋地黄的干叶或叶粉，含洋地黄毒苷、吉妥辛等有效成分。对心脏有高度选择性。治疗量加强心脏收缩力、减慢心率、抑制心脏传导。主要用于治疗充血性心力衰竭，也可治疗阵发性室上性心动过速、心房纤颤和心房扑动等。中毒量因抑制心脏的传导系统和提高异位自律点兴奋性而发生各种心律失常的中毒症状。

洋地黄毒苷（digitoxin）　又称狄吉妥辛。自洋地黄中提取的制剂。强心苷，作用同洋地黄。适用于慢性心功能不全。在病情较严重时，采用速给法，即先静注一半全效量，再每隔 2h 注射 1/10～1/8 的全效量，至呈现全效时（指征是心搏徐缓和利尿等）改维持量，即每天全效量的 1/10～1/4。忌与钙剂同时应用。

仰口属（*Bunostomum*）　属于线虫纲（Nematoda）、圆线目（Strongylata）、钩口科（Ancylostomatidae）。虫体头端向背面弯曲，口囊大，口孔腹缘有 1 对半月形的角质切板。交合伞外背肋不对称。阴门在虫体中部之前。常见种有牛仰口线虫（*B. phlebotomum*）和羊仰口线虫（*B. trigonocephalum*），分别寄生于牛和羊的小肠。两种虫体形态相似。虫卵两端钝圆，胚细胞大而少，内含暗黑色颗粒。虫卵在潮湿的环境和适宜的温度下，可在 4～8d 内形成幼虫，幼虫从壳内逸出，经 2 次蜕皮，变为感染性幼虫。牛、羊吞食后或幼虫钻进牛、羊皮肤而感染。幼虫在结肠内发育为成虫。

仰口线虫病（bunostomiasis）　仰口属（*Bunostomum*）的羊仰口线虫（*B. trigonocephalum*）和牛仰口线虫（*B. phlebotomum*）分别寄生于羊和牛的小肠引起的寄生虫病。主要经皮肤感染，钻入皮肤的幼虫随血液到肺，以后经呼吸道、咽返回小肠，发育为成虫。也可经口感染，经口感染的幼虫在小肠内直接发育为成虫。虫体以其发达的口囊吸着在小肠黏膜上吸血，引起宿主大量失血、贫血；虫体还常常更换位置，在黏膜上留下啮痕，引起发炎和肿胀。病畜呈现进行性贫血，血液稀薄，下颌间隙和下腹部等处水肿，虚弱，消瘦，食欲不振，有时下痢，粪便暗褐，可能造成死亡。粪便检查发现具特征性的虫卵可以确诊。可用丙硫咪唑、噻苯唑、磷酸左旋咪唑或伊维菌素驱虫。预防措施参阅捻转血矛线虫病。

氧饱和（oxygen saturation）　在足够的氧分压条件下，100%的血红蛋白和氧结合。在氧饱和时每克血红蛋白能结合 1.34mL 的氧。100mL 血液结合的氧量为氧容量，通常条件下 100mL 血液实际结合的氧量占氧容量的百分比称为氧饱和度。

氧饱和度（oxygen saturation）　氧含量与氧容量的百分比。正常情况下，动脉血的氧饱和度为 97.4%，此时氧含量约为 19.4mL/100mL 血液；静脉血的氧饱和度约为 75%，氧含量约为 14.4mL/100mL 血液，即每 100mL 动脉血转变为静脉血时，可释放出 5mL 氧气。

氧分压（partial pressure of oxygen，P_{O_2}）　肺泡气中或溶解在血液中的氧所产生的压力。分压大小与浓度有关，分压差是氧通过呼吸膜进行扩散的动力。如肺泡气中的氧浓度高，产生的氧分压高，而静脉血中氧浓度低、分压低，氧从肺泡进入静脉，成为动脉血，使氧分压升高；在组织中，组织内氧分压低，氧进入组织，动脉血又变成静脉血。液相中各气体成分也各有其分压，是气体分子由液体中逸出的力量，又称张力，如溶解在血液中的氧也产生其氧分压。而血液中各气体成分的分压之和为混合气的总压力。

氧氟沙星（ofloxacin）　第三代喹诺酮类药物。具有广谱抗菌作用，抗菌作用强，对多数肠杆菌科细菌，如大肠埃希菌、克雷伯菌属、变形杆菌属、沙门菌属、志贺菌属和流感嗜血杆菌、嗜肺军团菌、淋病奈瑟菌等革兰阴性菌有较强的抗菌活性。对金黄色葡萄球菌、肺炎链球菌、化脓性链球菌等革兰阳性菌和肺炎支原体、肺炎衣原体也有抗菌作用，但对厌氧菌和肠球菌的作用较差。

氧含量（oxygen content）　100mL 血液实际结合氧的量，即少量物理溶解的氧和与血红蛋白化学结合的氧之和。动脉血的氧含量较高，静脉血的氧含量较低。

氧耗量（oxygen consumptions）　动物生物氧化能源物质时消耗的氧量。主要的能源物质是糖、脂肪和蛋白质。由于它们分子结构中碳、氢、氧的比例不同，因此，生物氧化某营养物质生成水和二氧化碳时消耗的氧量也不同。氧化1 g糖，需耗氧 0.81 L，1 g 脂肪需 2.03 L，1 g 蛋白质需 0.95 L。

氧合血红蛋白（oxyhemoglobin）　由血红蛋白与氧可逆性地结合而生成。血红蛋白就是以这种形式运输氧气。氧分压和氧合血红蛋白的生成百分率（%）的图即结合曲线（解离曲线），由于血红素间的相互作用的变构效应而呈 S 型。氧合血红蛋白的酸性比血红蛋白强，生成时放出 H^+，将此称为库效应。反应的方向决定于血液中的氧分压，氧分压高有利于结合，氧分压低则促进解离，生成还原血红蛋白并释放出氧。

氧化-发酵试验（oxidation - fermentation test，O/F test） 鉴别细菌对某种糖的利用是氧化还是发酵的试验，是细菌生化指标之一。不同细菌对不同糖的分解能力及代谢产物不同，有的能产酸并产气，有的则不能，而且这种分解能力因是否有氧的存在而异，在有氧条件下称为氧化，无氧条件下称为发酵。试验时往往将同一细菌接种相同的糖培养基两管，一管用液体石蜡等封口，进行“发酵”；另一管置有氧条件。培养后观察产酸产气情况。O/F 试验一般多用葡萄糖进行。目前“糖发酵”一词已泛指有氧及厌氧状况下细菌对糖的分解反应，如不加特别说明的，均是有氧状况。

氧化磷酸化（oxidative phosphorylation） 电子传递的氧化反应和由 ADP 生成 ATP 磷酸化反应的偶联。每传递一对电子，由 NADH 呼吸链或琥珀酸呼吸链的特定部位可分别产生出 3 分子或 2 分子 ATP。它是需氧细胞中生成 ATP 的最重要方式。

氧化酶试验（oxidase test） 检测细菌的细胞色素 C 氧化酶的生化试验。将一小块滤纸放在培养皿中，加数滴 1% 四甲基-对苯二胺溶液。用铂耳钓取待检菌落，涂于滤纸上，在 5～10s 最迟不超过 60s 内，变为深紫色者为阳性。试剂必须新配，在黑暗处保存不能超过 2 周。原理是氧化酶在有分子氧或细胞色素 C 存在时，可氧化四甲基-对苯二胺出现紫色反应。假单胞菌、弧菌等细菌产生此酶。

氧化脱氨基作用（oxidative deamination） 氨基酸在酶的作用下，先脱氢形成亚氨基酸，进而与水作用生成 α-酮酸和氨的过程。在动物体内有 L-氨基酸氧化酶、D-氨基酸氧化酶和 L-谷氨酸脱氢酶等酶催化氨基酸的氧化脱氨基反应。

氧化锌（zinc oxide） 收敛药。不溶于水。有抗炎作用，常配成软膏、糊剂、洗剂、撒粉等，用于皮炎、湿疹、溃疡和创伤。

氧化应激（oxidative stress，OS） 机体在遭受各种有害刺激时，体内高活性分子如活性氧自由基（reactive oxygen species，ROS）和活性氮自由基（reactive nitrogen species，RNS）产生过多，氧化程度超出氧化物的清除，氧化系统和抗氧化系统失衡，从而导致组织损伤的反应。表现为中性粒细胞炎性浸润，蛋白酶分泌增加，产生大量氧化中间产物。氧化应激是自由基在体内产生的一种负面作用，并被认为是导致衰老和疾病的一个重要因素。

氧离曲线（oxygen dissociation curve） 以氧分压作横坐标，氧饱和度为纵坐标，绘制出氧分压对血红蛋白结合氧量的 S 型函数曲线。氧离曲线上段，相当于氧分压在 8.0～13.3kPa 范围内变动，曲线较为平坦，表明在这个范围内氧分压的变化对氧饱和度影响不大，显示动物对空气中氧气含量降低或呼吸性缺氧的耐受能力。如在高山或患某些呼吸疾病时，只要氧分压不低于 8kPa，血氧饱和度仍能保持在 90% 以上，这时血液的氧足以供应代谢需要，不至于发生缺氧。氧离曲线中段，相当于氧分压变动于 5.3～8.0kPa 范围，这是氧合血红蛋白释放氧气的部分。曲线走势较陡。安静时混合静脉血氧分压为 5.3kPa，Hb 氧饱和度约 75%，血氧含量约 14.4mL/100mL 血液，即每 100mL 血液流过组织时可释放 5mL 氧气，能满足安静状态下组织的氧需要。氧离曲线下段，相当于氧分压在 2.0～5.3kPa 范围内变动，这是曲线中最为陡峭的部分。说明在此范围内氧分压稍有变化，血红蛋白氧饱和度就会有很大的改变，因此可释放出更多的氧气供组织利用。当组织活动加强时，耗氧量剧增，氧分压明显下降，甚至可低至 2.0kPa，血液流经这样的组织时，氧饱和度可降到 20% 以下，血氧含量仅约 4.4mL/100mL 血液，即每 100mL 血液释放的氧可达 15mL 之多。一般情况下，每 100mL 血液释放 5mL 氧就可满足组织需要。因此该段氧离曲线的特点反映机体的氧储备。

氧硫磷（oxinothiophos） 又称蜱虱敌（bacdip）。低毒、高效有机磷杀虫药。对家畜各种外寄生虫均有杀灭作用，对蜱尤为突出。一次用药对硬蜱杀灭作用可维持 10～12 周，钝眼蜱、方头蜱为 50d，扇头蜱为 70d。适用于药浴、喷洒或浇泼等给药方法。对动物毒性较小。

氧热价（thermal equivalent of oxygen） 体内生物氧化某种营养物质时每消耗 1L 氧所产生的热量。糖为 21.09 kJ/L，脂肪为 19.62 kJ/L，蛋白质为 20.17 kJ/L。

氧容量（oxygen capacity） 在一定条件下（氧分压为 20kPa，CO_2 分压为 5.33kPa，温度为 38 ℃），100mL 血液中血红蛋白结合氧的最大量。氧容量的大小受血红蛋白浓度的影响。

氧债（oxygen debt） 骨骼肌在供氧不足条件下，靠无氧酵解供能收缩时出现的现象。机体剧烈运动时肌肉强烈收缩，能量的需要增加，体内营养分解加强，消耗的氧量急剧增加超过实际能摄入的最大氧量时，机体只能在无氧条件下靠糖酵解供能维持肌肉收缩，造成机体暂时缺氧，同时积聚大量的乳酸，即肌肉运动后乳酸的氧化需要增加氧消耗，机体必须摄取额外的氧，补偿运动时氧的不足。

痒螨病（psoroptic acariasis） 痒螨属（*Psorop-*

tes）的多种螨分别寄生于绵羊、马、牛和兔等动物引起的皮肤病。病原属于疥螨亚目、痒螨科。不同种痒螨寄生于不同动物，有严格的宿主特异性。常见种为：①绵羊痒螨（*Psoroptes communis ovis*），寄生于绵羊背部、臀部等密毛部位，可波及全身；②马痒螨（*P. communis equi*），寄生于马颈背部和尾根等处；③牛痒螨（*P. communis bovis*）和水牛痒螨（*P. communis natalensis*），寄生于牛或水牛的肩、颈部或尾根部；④山羊痒螨（*P. communis caprae*），寄生于山羊的耳部；⑤兔痒螨（*P. communis cuniculi*），寄生于兔的外耳道。各种痒螨的形态极为相似，难以区别。虫体呈长圆形，体长 0.5～0.9mm，口器长，呈圆锥形；足长，雌虫的第一、二、四对足和雄虫的前 3 对足有带柄的吸盘。直接接触传播。绵羊痒螨寄生于长毛或密毛皮肤表面，对绵羊危害极为严重，由于虫体的刺激引起剧痒，患部皮肤肥厚、结痂、脱毛。兔和山羊的痒螨可引起外耳道炎。临床检出螨可确诊。常用药物有双甲脒、菊酯类和伊维菌素。预防措施主要是药物预防、隔离治疗病畜以及加强饲养管理等。

腰萎（rump wilt）　又称腰麻痹（rump-plegia）、后躯瘫痪。家畜的一种后躯虚弱症候群。见于马、牛、山羊、绵羊、犬等。可伴发于腰椎骨折、骨盆骨折、脱臼、椎间盘疝、强直性脊椎症、肿瘤、结核、寄生虫迷入及其他感染等；也可出现在腰部疾病过程中，如外伤、风湿、中毒、肌断裂、实质性肌炎等；腹主动脉或髂外动脉塞栓也能引致。多数病例可见脊髓或神经根受到压迫。治疗要确定病因，对症治疗。

腰下肌（sublumbal muscles）　脊柱腰部腹侧的肌肉。有 4 肌：腰方肌、腰大肌、腰小肌和髂肌。腰方肌位置最深，起始于最后几个肋骨近端和前几个腰椎横突腹侧面；止于荐骨翼腹侧面，牛、马还止于腰椎横突。腰大肌将腰方肌覆盖，起始于最后 2 肋骨近端、腰椎横突及椎体的腹侧面；向后经髂骨前缘而与髂肌一同止于股骨小转子。髂肌起始于髂骨腹侧面，常与腰大肌合称髂腰肌。腰小肌位于腰椎椎体两侧，起始于椎体腹侧面；以腱索止于髂骨腰肌结节。作用为屈曲腰部和荐髂关节，髂腰肌可屈髋关节。

咬肌（musculi masseter）　位于下颌支外侧的咀嚼肌。起始于面结节、面嵴和颧弓；止于下颌支的咬肌窝。很发达，特别在草食动物。结构属多羽状肌。作用为提举下颌向上，使上、下齿的咬合面相咬紧；与翼肌、颞肌配合，可使下颌左右运动以进行上、下齿的磨动。猪肉囊尾蚴病常需检查此肌。

药峰时间（peak time of drug）　给药后，血液中药物浓度达到最大值的时间。

药剂学（pharmaceutics）　研究药物的配制理论、生产技术及质量控制的学科。包括制剂学和调剂学等部分。前者研究制剂的生产工艺和理论；后者研究方剂调配、应用等有关技术和理论。目的在于将药物制成适合临床和畜牧生产应用的形式（即药物剂型），充分发挥预期药效。药剂学发展较快，已出现生物药剂学（biopharmaceutics）、物理药剂学（physical pharmacy）和工业药剂学（industrial pharmacy）等分支学科。

药理学（pharmacology）　研究药物与机体（包括病原体）之间相互作用及其规律和作用机制的一门学科。

药酶抑制剂（drug enzyme inhibitors）　能抑制药物代谢酶活性的药物。肝微粒体混合功能氧化酶可使许多药物代谢灭活或活化，如将药酶抑制剂与相应的药物联合应用，则使后者代谢发生变化，导致药效增强或减弱。已知氯霉素、对氨水杨酸、异烟肼、保泰松为药酶抑制剂。

药酶诱导剂（drug enzyme inductors）　增强肝药酶活性或加速药酶合成的药物。肝微粒体药物代谢酶可使许多药物代谢灭活或活化，如将药酶诱导剂与相应的药物联合应用，可使后者代谢发生变化，导致药效增强或减弱。已知苯巴比妥、水合氯醛、苯妥英、利福平等为药酶诱导剂。药酶诱导作用可用以解释药物的相互作用、个体差异、性别差异及连续用药产生的耐受性等。

药物标签外用（extra-label drug use）　将药物处方用于产品批准说明书以外的用途。

药物处置（drug disposition）　机体对药物的吸收、分布、生物转化（代谢）和排泄过程的总称。

药物代谢（drug metabolism）　药物分子被机体吸收后，在机体作用下发生的化学结构的转化。

药物代谢动力学（pharmacokinetics）　定量研究药物在动物体内吸收、分布、代谢和排泄规律，并运用数学原理和方法阐述血药浓度随时间变化规律的一门学科。在创新药物研制过程中，药物代谢动力学研究与药效学研究、毒理学研究处于同等重要的地位，已成为药物临床前研究和临床研究的重要组成部分。

药物代谢酶（drug metabolizing enzymes）　催化药物或其他化学物质进行生物转化的酶。分专一性和非专一性两类。专一性酶如单胺氧化酶、乙酰胆碱酯酶能分别转化儿茶酚胺类和乙酰胆碱；而非专一性酶为混合功能氧化酶系，主要存在于肝细胞内质网上，其他组织也有分布。肝细胞匀浆超速离心后，其沉淀物为内质网碎片形成的微粒，称微粒体。故混合功能氧化酶系又称肝微粒体混合功能酶系，在体内能转化约 200 种化合物，也称肝药酶。其中主要的酶为细胞色素 P-450，简称 P-450。

药物动力学模型（pharmacokinetic model） 为了定量了解和预测药物的体内过程，如吸收、分布程度和消除速率，而建立的数学模型。

药物分布（drug distribution） 进入循环的药物从血液向组织、细胞间液和细胞内的转运过程。

药物敏感试验（drug susceptibility test） 简称药敏试验（或耐药试验）。旨在了解病原微生物对各种抗生素的敏感（或耐受）程度，以指导临床合理选用抗生素药物的微生物学试验。各种病原菌对抗菌药物的敏感性不同，同种细菌的不同菌株对同一药物的敏感性有差异，检测细菌对抗菌药物的敏感性，可筛选最有疗效的药物，用于临床，对控制细菌性传染病的流行至关重要。此外，通过药物敏感试验可为新抗菌药物的筛选提供依据。常用的定性测定方法是纸片法，即将各种抗生素或磺胺药，分别吸在直径 6 毫米的滤纸上。细菌涂布在平板上，取滤纸片间隔一定距离贴置其上，在 37℃培养 24～48h，观察结果。由于致病菌对各种抗生素的敏感程度不同，在药物纸片周围便出现不同大小的抑制病菌生长而形成的“空圈”，称为抑菌圈。抑菌圈大小与致病菌对各种抗生素的敏感程度成正比关系，于是可以根据试验结果有针对性地选用抗生素。常用的定量测定方法有稀释法、E 法、全自动药效仪器法等。

药物排泄（drug excretion） 药物经过贮存、转化，最后从体内排出的过程。大多数药物从肾、胆管以及肺部排出，汗腺、唾液腺、乳腺也可排出少量的药物，其中肾脏排泄是最重要的。

药物体内过程（intracorporal process of drugs） 包括药物的吸收、分布、生物转化和排泄过程。

药物吸收（drug absorption） 药物进入血液循环的过程。除静脉给药外，一般的给药方法都经过细胞膜的转运而吸收。此外，还有巨噬细胞对药物微粒的吞噬及蛋白质分子的胞饮。根据给药部位的不同，可将其分为消化道吸收和消化道外吸收。

药物相互作用（drug interaction） 同时应用两种以上药物，由于相互影响，而使药效或不良反应产生变化的作用。其作用原理包括药动学和药效学两方面。前者在于影响药物在体内的转运和转化，如妨碍吸收、与血浆蛋白竞争性结合、影响排泄及加速或减慢药物代谢等；后者则使药效产生协同或颉颃。联合用药的目的是提高药效，减少单味药的不良反应。联合不当则降低预期疗效或出现意外毒性。

药物效能（drug efficacy） 药理效应随剂量（或浓度）增加而相应增长所能达到的最大量变效应。出现疗效的最大剂量称为极量，以后再增加剂量也不能使效应加大，反而引起质变，出现毒性反应。

药物协同作用（drug synergism） 药物联合应用后使原有效应增加的作用。其中合用后效应为单味药作用的代数和者为相加作用（additive effect），如三磺合剂等；而效应大于代数和者为增强作用（potentiation），如毒扁豆碱与新斯的明合用等。

药物颉颃作用（drug antagonism） 药物联合应用后使原有效应减弱，小于单味药作用总和的作用。分药理性、生理性、生化性、化学性和物理性等多种。例如苯海拉明颉颃组胺的 H1 受体激动作用；苯巴比妥诱导肝微粒体酶使保泰松等效应降低；二巯基丙醇与砷形成络合物，解救砷中毒等。

药物性红尿（drug-induced erythuria） 因药物色素而使尿液变红。见于内服或注射某些药物，如大黄、安替比林、芦荟、刚果红、山道年等。

药物性血尿（drug-induced erythrocyturia） 因长期过量应用磺胺类、链霉素、四氯化碳、有机汞杀菌剂等而引起的血尿。

药物学（materia medica） 研究药物的来源、炮制、性状、作用、分析、鉴定、调配、生产、保管和寻找（包括合成）新药等内容的一门学科。

药物预防（preventive medication） ，对家畜使用安全而价廉的药物用于预防某些传染病和寄生虫病的方法。常用的有磺胺类药物、抗生素和硝基呋喃类药。上述药物中除部分抗生素供注射外，大多可混于饮水或拌入饲料进行口服。长期使用化学药物预防，容易产生耐药性菌株，对人畜健康不利，因此有人不主张采用药物预防的方法。

药物治疗学（pharmacotherapeutics） 研究疾病防治中正确选用药物和制订治疗方案，以充分发挥药物疗效的学科。包括对因治疗和对症治疗。前者在于消灭原发致病因子，后者仅能改善疾病症状。其中专门研究用化学药物消灭体内致病微生物和寄生虫、防治传染病和寄生虫病的学科称为化学治疗学（chemotherapy）。用抗肿瘤药消灭体内癌细胞也属化学治疗。

药物转化（transformation of drugs） 又称药物代谢或生物转化。药物在体内发生的化学变化。分为两个步骤：第一步（Ⅰ相反应）系在酶的催化下进行氧化还原或水解；第二步（Ⅱ相反应）为与体内某些物质（如葡萄糖醛酸、甘氨酸、硫酸等）结合或乙酰化、甲基化。药物转化的催化酶有专一性酶（乙酰胆碱酯酶、单胺氧化酶等）及非专一性酶（肝微粒体药物代谢酶系）。药物经转化后，药理活性可发生活化（作用增强）或灭活（作用减弱或消失）。最终促使药物排出体外。各种药物的生物转化并不完全一致。

药物转运（transportation of drugs）药物在体内吸收、分布及排泄的过程，是药物通过各种生物膜的运动即跨膜转运。其方式主要有主动转运和被动转运。它们各具特点，且与药物代谢动力学密切相关。

药效学（pharmacodynamics）全称药物效应动力学。研究药物作用及其原理的学科。药物作用指药物对机体生理生化机能引起的变化及临床效应。作用原理一般指药物作用的基本生理生化变化的过程，阐明其起因和部位。药效学研究有助于临床合理用药，充分发挥药效。对寻找新药、研究中草药及发展生理学、生化学等亦有作用。

药用炭（carbo medicinalis）吸附药。黑色细粉、粒小、分子间空隙多、表面积及分子表面能大，具强大吸附作用。内服后，能吸附肠道中多种毒物和细菌毒素、有毒气体、生物碱等，对肠黏膜发挥保护、止泻及阻止毒物吸收的作用。用于腹泻、肠炎、胃肠胀气及误服毒物的中毒等。另外，也能吸附并减弱其他药物的作用及影响消化酶的活性。

耶尔森菌属（*Yersinia*）一群多呈两极浓染的革兰阴性兼性厌氧杆菌。大小为（0.5～0.8）μm×（1～3）μm，无芽孢和荚膜。除鼠疫菌种外，其余以2～15根周鞭毛运动。营养琼脂上生长的菌落细小，最适生长温度 28～29℃。氧化酶阴性，过氧化氢酶阳性。发酵糖类产酸，但不产气或只产微量气。一些菌生理生化特性有温度依赖性。耶尔森菌最显著的特性是它们具有抵抗巨噬细胞杀伤作用的能力，可在巨噬细胞内存活和繁殖。本属现有 11 个种，对人和动物有致病性的主要是鼠疫耶尔森菌（*Y. pestis*）、假结核耶尔森菌（*Y. pseudotuberculosis*）、小肠结肠炎耶尔森菌（*Y. enterocolitica*）。另外，鲁氏耶尔森菌（*Y. ruckeri*）是鱼类的病原菌。

野毒株（wild strain）从自然界分离获得的保有本来特性的细菌株或病毒株。通常是强毒株筛选和弱毒株培育的来源。

野金针菜根中毒（radix hemerocallis thumberigii poisoning）羊误食野金针菜根引起的以失明为特征的中毒病。临床表现为流涎，瞳孔散大，失明。耳唇麻痹，四肢瘫痪，倒地后四肢呈游泳状划动。母羊发生流产。多死于饥饿，衰竭。只能进行对症治疗。

野兔热（hare fever）又称土拉菌病（tularemia）、兔热病。土拉弗朗西斯杆菌（*Francisella tularemia*）引起的一种人兽共患传染病。其特征为呈地方性流行，体温升高，肝脏和脾脏肿大、出血、灶性坏死，全身淋巴结肿大、干酪样坏死。易感动物十分广泛，啮齿类动物是主要传染源，吸血昆虫是重要的传播媒介，通过污染饲料和水经消化道传染。幼兔多呈急性败血病症状；成兔为慢性经过，脓性鼻炎和结膜炎，体表淋巴结肿大、化脓，进行性消瘦。确诊可根据病变、细菌学检查及对慢性和带菌兔作凝集试验。治疗常用链霉素、土霉素、四环素或金霉素。流行地区可采取灭鼠、杀虫和定期检疫、淘汰和消毒等措施进行。

叶冠（leaf - crown）圆线目中某些种线虫头端的一种构造，是由口孔边缘的角皮向前延伸成若干游离的锯齿状、叶片状或剑刃状物体构成的，围成一圈，环绕口孔。其组成部分称小叶。不同虫种的小叶形状不同、数目不同，故叶冠的形态也不同。有的线虫，叶冠有内、外两层，分别称内、外叶冠，通常内叶冠的小叶短小而密，位于外叶冠小叶的内侧基部。

叶黄素（xanthophyll）血浆中几种主要类胡萝卜素之一，平均分布在高密度脂蛋白和低密度脂蛋白之中。食物中的叶黄素酯在小肠中经胆汁和胰脂酶的共同作用而生成叶黄素，被小肠黏膜吸收。叶黄素与玉米黄素构成了蔬菜、水果、花卉等植物色素的主要组分，也是人眼视网膜黄斑区域的主要色素。

叶酸（folic acid）又称维生素 M、维生素 B_C 或维生素 B_9。水溶性维生素之一。它在体内必须经二氢叶酸还原酶的催化还原为四氢叶酸起作用。四氢叶酸为一碳基团转移酶的辅酶，参与核苷酸、氨基酸、肾上腺素及胆碱等的生物合成，因而叶酸与 DNA 及蛋白质的生物合成有关。动植物组织特别是绿叶中均富含叶酸，肠道细菌也能合成。

叶酸缺乏症（folic acid deficiency）叶酸缺乏引起的营养代谢性疾病。可发生于猪和禽。患猪主要表现为生长不良，衰弱，腹泻和正常红细胞性贫血。患病雏鸡主要表现为羽毛缺乏色素而变白色毛，巨红细胞性贫血，白细胞减少和颗粒性白细胞缺乏。鸡胚死亡率显著增高，鸡胚变形和胫跗骨弯曲等。防治应供给富含叶酸的青绿饲料、豆类和动物性饲料，或肌内注射叶酸制剂。

液化性坏死（liquefactive necrosis）又称湿性坏死。以坏死组织迅速溶解成液体为特征的坏死。常见于含磷脂和水分多，而可凝固的蛋白质少的脑和脊髓。眼观坏死组织软化为囊状，或完全溶解液化呈液状。光镜下，见神经组织液化疏松，呈筛网状，或进一步分解为液体，这种病灶称为软化灶。马镰刀菌毒素中毒、鸡维生素 E 或硒缺发症均可引起脑软化。此外，化脓性炎灶中，因大量中性粒细胞渗出及崩解释放的蛋白分解酶，将炎灶中的坏死组织分解液化并形成脓汁，也属液化性坏死。

液体静置培养（static liquid culture）最常用的

一种细菌培养法。将培养基装入大玻璃瓶或培养罐，高压蒸汽灭菌后，冷却至室温接入细菌种子液，保持适宜温度静置培养。

液体培养基（liquid medium） 微生物或动植物细胞的液状培养基，即不加凝固剂的基础培养基或营养培养基，与固体培养基相对应。用于扩增纯培养的菌体、确定细菌的生长曲线等。它具有进行通气培养、振荡培养的优点。在静置的条件下，在菌体或培养细胞的周围，形成透过养分的壁障，养分的摄入受到阻碍。由于在通气或在振荡的条件下，可消除这种阻碍以及增加供氧量，所以有利于细胞生长，提高生产量。

液体深层通气培养（liquid submerged culture） 细菌规模化培养的一种方法。将培养基装入培养罐，一般在接入种子液的同时，加入定量消泡剂（豆油等），先静置培养 2～3 h，然后通入少量过滤无菌空气，每隔 2～3 h 逐渐加大通气量。本法可加速细菌分裂繁殖，缩短培养时间，提高细菌数量，便于大量生产菌苗。

液状石蜡（liquid paraffin） 润滑性泻药，属长链烃。内服后，在消化道内不发生变化，不被吸收，能润滑肠道并渗入粪便团块中，使粪便软化而排出软便。用于小肠便秘。作用缓和，孕畜及肠炎患畜可用。

液状制品（liquid products） 与干燥制品相对而言的湿性生物制品。一些灭活疫苗和诊断制品多为液状制品。液状制品既不耐高温、阳光，又不宜低温冻结或反复冻融，故只能在低温冷暗处保存，否则会影响效价。

一般毒性（general toxicity） 又称一般毒性作用（general toxicity effect）、基础毒性（basic toxicity）。外源化学物在一定剂量、一定接触时间和一定接触方式下，对实验动物机体产生总体毒效应的能力。根据实验动物接触外源化学物的剂量大小和时间长短所产生的毒效应不同，可将一般毒性分为急性毒性、亚急性（蓄积）毒性、亚慢性毒性和慢性毒性等。

一般性转导（generalized transduction） 由噬菌体介导的转导的基本类型之一。转导的 DNA 在受体细胞中的归宿取决于诸多因素。如果 DNA 为完整复制子（如质粒），则可由转导子稳定遗传。若 DNA 是染色体或质粒片段，则可能有 3 个归宿：①被受体细胞限制性内切酶系统完全降解；②与受体染色体（或质粒）的同源区重组，这样某些基因可稳定遗传（即完全转导）；③在细胞中稳定存在但不复制（即顿挫性转导），转导 DNA 以环状 DNA-蛋白质复合物的形式存在于转导子中。若供体基因为显性等位基因，转导子将表达相应的供体表型。

一次污染（primary pollution） 污染源向环境中排放的有害物，由于其性质、浓度及逗留时间等影响，能在环境中产生直接污染而造成的危害。肉品卫生学则指食用动物的生前污染，又称内源性污染（endogenous pollution），即动物生前感染了某种传染病和寄生虫病，或者生活期间带染某些微生物。

一过性感染（transient infection） 又称消散型感染（dispersed infection）。感染初期表现症状较轻，该病特征症状未见出现即行恢复者。如马腺疫时可出现消散型感染，病马主要表现为鼻黏膜的卡他性炎症，体温轻度升高，颌下淋巴结轻度肿胀。如加强饲养管理，增强体质，病菌常被消灭，病程不继续发展，很快自愈。

一级屏障（primary barrier） 又称一级隔离。操作对象和操作者之间的隔离，主要通过生物安全柜、正压防护服等安全措施防护。生物安全一级实验室（BSL-1）适用于具有以下特征的生物因子的操作：已知不会导致健康工作者和动物致病的细菌、真菌、病毒和寄生虫等，并且对实验室工作人员和环境的潜在危害性最小。进入 BSL-1 实验室的工作人员要通过实验室操作程序的特殊培训，并由一位受过微生物学及相关科学一般培训的实验室工作人员监督管理。

一级生物安全柜（class I biosafety cabinet） 设计最简单、最基本的一类生物安全柜。微生物操作时产生的气溶胶混合外界空气进入安全柜，经过滤系统将粉尘颗粒或感染因子过滤，最后将干净无污染的气体排到外界环境中。过滤系统通常包含预过滤器和 HEPA（高效空气过滤）过滤器。虽然一级安全生物柜能够确保操作人员和环境免受危害，但是它不能确保实验中使用的样品不会被实验室内的空气所污染，也不能完全排除交叉感染的可能性。因此，一级生物安全柜的使用范围极为有限。

一宿主蜱（one-host tick） 蜱的生活史各期均在一个宿主上渡过，即从幼蜱开始在宿主体上吸血，后蜕变为若蜱，继续吸血，再蜕变为成蜱，直到成蜱饱血后再离开宿主。如微小牛蜱。

一碳单位（one carbon unit） 某些氨基酸（如组氨酸、丝氨酸）在体内进行分解代谢的过程中产生含一个碳原子的基团，是氨基酸的代谢产物，以及合成嘌呤和嘧啶核苷酸的原料。

一氧化碳中毒（carbon monoxide poisoning） 又称煤气中毒（coalgas poisoning）。家畜吸入一氧化碳气体后形成碳氧血红蛋白而导致全身组织缺氧的一种中毒病。症状为羞明，流泪，呕吐和咳嗽等。重型病例昏迷，结膜樱桃红色，体温升高，全身出汗，心跳疾速，脉搏微弱，呼吸高度困难。防治应立即将病畜转移到空气新鲜处，并进行输氧疗法。

伊氏锥虫病（trypanosomiasis evansi） 又称苏拉病。由锥虫属的伊氏锥虫（*Trypanosma evansi*）引起的疾病。虫体寄生在动物的血液中（包括淋巴液）和造血器官中，以纵分裂法进行繁殖，由虻及吸血蝇类在吸血时进行传播。本虫的宿主范围广泛，除马属动物、牛、水牛、骆驼外，犬、猪、羊、鹿、象、虎、兔、豚鼠、大鼠、小鼠均能感染。各种动物易感性、临床症状和病变表现不同，但是皮下水肿和胶样浸润为本病的显著症状之一，浮肿多见于胸前、腹下等部位。马感染后，多呈急性，体温突然升高，高热稽留，反复发作。病畜出现精神沉郁，眼结膜充血，后贫血并黄染，有时有小米大出血斑。病末出现运动障碍，衰竭而死。骆驼和牛感染后，多呈慢性经过，常在冬季发病，情况与马相似。常见耳尖、尾尖干性坏死。诊断应根据症状和流行情况，采血做压滴标本，在显微镜下检查虫体。免疫学诊断有助于确诊。萘磺苯酰脲、喹嘧胺、贝尼尔、锥净、沙莫林对此病均有一定的疗效。治疗要早，药量要足，观察时间要长。治疗病畜和驱避扑灭虻蝇等吸血昆虫为主要预防措施。

伊维菌素（ivermectin） 抗生素类驱虫药。由阿维菌素（avermectin）在化学结构上改动而成。对多种线虫均有良效，主要包括：牛、羊奥斯特线虫、血矛线虫、古柏线虫、毛圆线虫、细颈线虫、食道口线虫、仰口线虫、网尾线虫、毛首线虫；马副蛔虫、尖尾线虫、圆形线虫、类圆线虫、蝇柔线虫；猪后圆线虫、蛔虫、冠尾线虫、食道口线虫；犬、猫钩口线虫、弓首蛔虫、犬恶丝虫等。对绦虫、吸虫均无效。此外，能杀外寄生虫如牛皮蝇、羊鼻蝇、螨、虱等。虫体在低浓度下可迅速而不可逆地出现麻痹而死。

衣壳（capsid） 包围在病毒核酸外面的一层蛋白质结构。功能是保护病毒的核酸免受环境中核酸酶或其他影响因素的破坏，并能介导病毒核酸进入宿主细胞。衣壳蛋白具有抗原性，是病毒颗粒的主要抗原成分。衣壳系由一定数量的壳粒（capsomere）组成，每个壳粒又由一个或多个多肽分子组成。不同种类的病毒衣壳所含的壳粒数目不同，是病毒鉴别和分类的依据之一。

衣原体（chalmydia） 一类具有滤过性、严格细胞内寄生，并经独特发育周期以二等分裂繁殖和形成包涵体样结构的革兰阴性原核细胞型微生物。能引起人和家畜的衣原体病。生长周期分 3 个阶段：①原体：有感染力的最小单位，直径 0.2～0.4μm，有胞壁，是发育成熟的衣原体，能在细胞外生存，侵入细胞后形成包涵体。②始体：由原体发育而成的网状小体，直径 1.0～1.5μm，圆形或椭圆形，电子致密度低，无胞壁，代谢活跃，在细胞外不能生存，无感染力。③子代原体：始体经连续二分裂繁殖，通过中间型而逐渐形成原体，最后巨大的包涵体破裂释出细胞外。可接种鸡胚和细胞培养物来分离。对四环素类抗生素最敏感，其次为红霉素。革兰染色阴性，但涂片最好用姬姆萨染色，可检查包涵体和原体。

衣原体病（chlamydiosis） 衣原体科衣原体属中的鹦鹉热衣原体和沙眼衣原体引起多种畜禽及人共患传染病的总称。病原有两种核酸（DNA 和 RNA），寄居于细胞内，以二分裂增殖，有群和种特异性。鹦鹉热衣原体引起人和动物 50 余种传染病；沙眼衣原体引起人的沙眼和包涵体结膜炎等。本病呈隐性潜在性经过，群养畜禽表现流产、肺炎、结膜炎、关节炎、脑炎等多种症状。根据流行特点、临床症状和病理变化可作出初诊，确诊需进行病原分离鉴定和血清学检查。预防应控制消灭带菌动物、经常性的彻底消毒。采用抗生素和磺胺类药物治疗有效。

医学数字成像与传输（digital imaging and communications in medicine，DICOM） 医学中传输医学图像和相关信息的全球标准，用于实现不同医学影像设备制造商生产的多种设备的兼容性，包括图像与信息的显示和传送。现在高档医学影像设备（X-CT、MRI、DSA 等）及彩色多普勒诊断仪中均配有 DICOM3.0 标准接口，可通过网络进行数字图像的传输，实现远程医疗和教学。

医学影像储存与传输系统（picture achieving and communication system，PACS） 描述用于捕捉、传输、储存和显示医学数字信息的计算机及其元件的广义术语。PACS 主要由图像采集、储存、呈现和网络通讯 4 部分组成。PACS 通过电子网络（计算机及数字化传输）将数字化诊断设备（超声、X-CT、MRI、X 线机等）及信号处理设备（包括 PACS 控制系统及图像显示工作站）连成一个系统，实现图像信息的采集、储存、处理和传递全部电子化。它将各种医疗影像设备生成的图像转变为数字信息，并以数字文件的形式储存起来，影像医师可以在远离影像检查室的地方即时调用图像、显示自己需要的相关病例的图像资料，有效地作出客观的诊断。通过 PACS 系统可以在不同的地方看到所需图像进行远程会诊。

依地酸钙钠（calcium disodium edetate，EDTA-Ca-Na） 又称解铅乐。金属解毒药。能与多种金属离子结合形成可溶性络合物，迅速从尿排出。主要用于铅中毒，对无机铅中毒有特效，是解救无机铅中毒的首选药。亦可用于铬、镉、锰、铜、钴等金属中毒以及促进某些放射性物质如钍、锆、镭、钚等由机体排出。对有机铅中毒疗效不确实，对四乙基铅和汞、锶等中毒无效。

胰（pancreas） 腹腔内具消化和内分泌功能的结合腺。外分泌部为复管泡状腺；内分泌部形成胰岛。位于腹腔背侧，在胃、脾和十二指肠之间及十二指肠系膜内。淡至深灰红色；柔软而呈小叶结构，无被膜包裹。可分 3 部：①胰体，紧贴十二指肠起始部，又称胰头，主胰管由此走出；②左叶，长而较狭，向右延伸于大网膜深层与腹膜相移行处，与胃、脾接触，又称胰尾；③右叶，沿十二指肠降部向后，副胰管常由此走出。胰体有胰环（马、猪）或切迹（肉食兽、反刍兽），供肝门静脉通过。不同家畜胰各部的发达程度不同，因此形状各异。兔的胰小叶有的较分散。禽胰完全位于十二指肠肠袢内，可分背叶、腹叶和细小的脾叶。

胰蛋白酶（trypsin） 由胰腺的腺泡细胞分泌的一种蛋白水解酶。初分泌出时为无活性的胰蛋白酶原，经肠激酶激活成为有活性的胰蛋白酶，后者又可激活胰蛋白酶原和胰糜蛋白酶原，使它们成为有活性的酶。作用于蛋白质和多肽，生成小分子的多肽和氨基酸。最适 pH 为 8～9。

胰岛（pancreatic island） 存在于胰腺外分泌部（腺泡）之间的内分泌细胞团。周围有很薄的网状纤维组成的不完整的被膜。由分泌高血糖素的 A 细胞、分泌胰岛素的 B 细胞、分泌生长抑素的 D 细胞和少量的胰多肽细胞组成，细胞团内含有丰富的毛细血管。胰岛的数量在胰尾部最多，胰体部次之，胰头部最少。

胰岛素（insulin） 胰岛 B 细胞产生的一种蛋白质激素。由 51 个氨基酸组成 A、B 两条肽链和 2 个二硫键连接而成。不同种属动物的胰岛素分子结构相似，生物活性相同。我国于 1965 年首次人工合成胰岛素。70 年代末，用遗传工程方法合成胰岛素已获成功。主要作用是调节糖代谢，如促进葡萄糖进入肝细胞转变为糖原和脂肪，促进糖在组织中的利用，抑制糖原异生，从而降低血糖。胰岛素还能促进蛋白质和核酸的合成，抑制蛋白质和脂肪的分解。当其分泌不足时，最明显的症状是表现高血糖和糖尿。

胰岛素样生长因子（insulin-like growth factors） 主要由肝脏产生、存在于血浆内的一类既有促生长作用，又有胰岛素样作用的多肽。已知有胰岛素因子Ⅰ（IGF-Ⅰ）和胰岛素因子Ⅱ（IGF-Ⅱ）两种类型。胰岛素因子Ⅰ是含 70 个氨基酸残基的多肽，1～29 氨基酸段与胰岛素 B 链相似，42～62 氨基酸段与胰岛素 A 链相似；胰岛素因子Ⅱ是含 67 个氨基酸残基的多肽，结构与胰岛素原相似。胰岛素因子Ⅰ和胰岛素因子Ⅱ都是激素发挥生物学效应的重要媒介，属生长素介质类，在哺乳动物出生后的生长中起决定作用。其胰岛素样作用主要表现为：①降低血糖，促进葡萄糖转运和糖原生成；②降低的游离脂肪酸水平，促进脂肪合成，抑制其分解；③促进氨基酸转运，糖原异生以和蛋白质合成。

胰淀粉酶（pancreatic amylase） 胰腺腺泡细胞分泌的一种分解淀粉的酶。在有 Cl^- 和其他无机离子存在时即具有活性，分解 α-1,4 糖苷键，使淀粉转变为糊精、麦芽三糖和麦芽糖。最适 pH 为 6.7～7.0。

胰多肽（pancreatic polypeptide） 胰腺胰多肽细胞合成和分泌的由 36 个氨基酸组成的多肽激素。进食可引起血浆胰多肽水平显著升高，切断迷走神经可消除这一反应。作用为抑制胰液分泌，减弱胆囊运动，增强胆管括约肌的紧张度等。

胰高血糖素（glucagon） 又称胰增血糖素、抗胰岛素或胰岛素 B。胰岛 A 细胞分泌的一种直链多肽激素，由 29 个氨基酸组成。胰高血糖素是促进分解代谢的激素。对糖代谢，它与胰岛素的作用相反，胰高血糖素通过促进糖原分解和葡萄糖异生，有显著升高血糖的效应；对脂肪代谢，胰高血糖素促进脂肪的分解和脂肪酸的氧化，使血液酮体增多；对蛋白质代谢，有促进蛋白质分解和抑制合成的作用。此外，还能促进胰岛素、生长激素和甲状激素等分泌，促进交感神经末梢和嗜铬细胞释放儿茶酚胺。

胰管（pancreatic duct） 将胰脏外分泌部分泌的胰液输送到十二指肠的导管。

胰腺内分泌机能障碍（dysfunction of pancreatic endocrine） 胰岛 B 细胞受损害或增生，致使其分泌机能紊乱的疾病。包括糖尿病和机能性胰岛细胞瘤两种，前者病初呈亚临床症状，随病情发展逐渐显示口渴、多尿、体重减轻、食欲增加等症状，重型病例呼出气有丙酮味，伴有呕吐和酸中毒；后者见共济失调，肌纤维性震颤，眩晕以及癫痫样发作等。治疗可注射胰岛素制剂；胰岛细胞瘤病例，除手术切除外，可试用抗肿瘤药——链脲佐菌素（streptozotocin）。

胰腺泡（pancreas acini） 胰腺的外分泌部。由一层锥体形细胞围成。核圆，位于细胞基部；顶部胞质内含有嗜酸性的酶原颗粒，基部胞质呈嗜碱性，电镜下为密集的粗面内质网。特点是腺泡腔内有数个着色较浅的泡心细胞，它们是向腺泡腔内延伸的闰管上皮细胞；腺泡外无肌上皮细胞。

胰腺炎（pancreatitis） 胰腺因某种原因而引起的疾病。动物中犬有发生，其病因尚不清楚，但日粮富含脂肪、消化道溃疡等导致胰酶自身消化作用以及蛔虫病等可成为发病的诱因。症状分为急性和慢性两种。前者突然发病，表现为腹痛，剧烈呕吐，下痢，重剧性脱水，陷入休克后死亡；轻者口渴，排带恶臭的脂肪样便（即胰性脂肪痢）。后者多由急性转变而来，症状较缓和，食欲正常或增进，逐渐消瘦，频发中度腹痛，烦渴，多尿，频频排出呈灰白色带恶臭的脂肪样便。治疗除加强护理和食饵疗法外，还可用镇静剂、强心剂并扩充血容量以及补充丧失的电解质。

胰芽（pancreatic bud） 又称胰原基。几乎同一部位同一时间，在肝憩室发生，中肠内胚层向背腹两侧形成背胰芽和腹胰芽两个憩室，背胰芽由十二指肠内胚层发生，腹胰芽从肝憩室内胚层发生，二者相互靠近、融合，最终发育成胰腺。

胰液（pancreatic juice） 胰腺外分泌部的腺泡细胞和导管上皮细胞分泌的碱性（pH7.8～8.4）液体。腺泡细胞分泌消化酶，导管上皮细胞分泌水和碳酸氢盐等。消化酶主要有胰蛋白酶、糜蛋白酶、胰淀粉酶、胰脂肪酶等，它们作用力强，在食物的化学性消化中起主要作用。胰液的碱性取决于碳酸氢盐的浓度，可中和进入十二指肠的胃酸，保护黏膜免受侵蚀，并为小肠内多种酶作用提供最适的 pH 条件。

胰脂肪酶（pancreatic lipase） 胃肠道内主要的脂肪分解酶。由胰腺腺泡细胞分泌。在有胆盐存在时活性增加，分解脂肪为甘油和脂肪酸。最适 pH 为 7～9。

移码突变（frameshift mutation） 由于 DNA 核苷酸移位造成的氨基酸编码的改变，通常是由碱基插入、丢失所造成的一种突变现象。如果插入或丢失的碱基不是 3 个或 3 的倍数，则 DNA 编码的氨基酸序列会发生改变而导致功能的突变，甚至造成翻译产物的提前终止，对表型的影响也很大。如果插入或丢失的碱基数是 3 个或 3 的倍数而且数目较少时，则在翻译产物中会增加或丢失一个或少数几个氨基酸，这样的氨基酸残基对蛋白质的功能不太重要时，这种突变可能对表型的影响不大。如果是重要的氨基酸残基则会严重影响基因产物的功能，对表型的影响也很严重，甚至是致死性影响。

移行（migration） 有些寄生虫在进入宿主体内后，需要被动地或主动地沿固定的途径进行或长或短的位置移动，在此过程中经历一系列的发育阶段，最后到达特定性寄生部位发育成熟。例如猪感染蛔虫的感染性虫卵，幼虫在小肠孵出，在肝脏中发育为第三期幼虫，此期幼虫再经血液循环进入心脏，出心脏后进入肺脏，在肺脏中再行蜕化发育为第四期幼虫；出肺毛细血管进入肺泡，在那里蜕化发育为第四期幼虫，此期幼虫沿气管上行，经喉咽再返回小肠，经第 4 次蜕皮后发育为成虫。不同虫种的移行途径不同，经历的时间亦不同。

移植反应（graft reaction） 机体对移植物（异体细胞、组织或器官）排斥的过程。这是由于供体和受体之间组织相容抗原不同，供体组织可被受体的免疫系统所识别，引起免疫应答所致。发生在移植后 2～3周的为急性排斥反应。其机制主要是细胞免疫，特征是移植物内有淋巴细胞浸润。移植后数小时内出现的超急性排斥反应，是由于受体循环中存在抗供体组织的抗体所致。因此，在移植前需进行受体对供体组织是否存在抗体的检查。

移植免疫（transplantation immunity） 在组织移植时，移植物与受体之间发生的免疫反应。主要表现为宿主抗移植物反应（host versus graft reaction）和移植物抗宿主反应（graft versus host reaction），其反应强度因组织供体和受体之间的组织不相容性的程度而异，故移植前需做配型试验，选择组织相容性好的供体。

移植免疫学（transplantation immunology） 研究组织或器官移植时机体对移植物或移植物中淋巴细胞对机体的免疫排斥反应及其防控的学科，是免疫学与实验生物学、遗传学、外科学和整形外科学相互交织的一门边缘学科。

移植排斥反应（graft rejecting reaction） 组织移植时出现的排异反应。参见移植免疫。

移植物抗宿主反应（graft versus host reaction, GVHR） 含有大量免疫活性细胞的移植物，对基因型不同的受体组织发生的一种免疫排斥反应。这时的受体可能由于发育尚未成熟、免疫缺陷、白血病或放射病，致使他们丧失了排斥移植物的能力。移植物中的淋巴细胞却将受体组织视作外物，从而损害宿主的组织。GVHR 是骨髓移植不易成功的主要原因。

移植物抗移植物反应（graft versus graft reaction） 一个受体接受两个或两个以上供体的移植物后，移植物间发生的一种免疫反应。这是由于供体移植物之间组织型别的不同所致。

遗传病理学（genetic pathology） 研究遗传因素在疾病发生发展中的作用及其机理的一个病理学分支。

遗传重组（genetic recombination） 核酸分子重排而产生新的基因序列、等位基因或其他核苷酸序列的过程。该过程涉及两个基因组分子之间遗传物质的物理交换、两个分子整合成单一分子、分子内片段的置换等。包括一般重组、位点特异性重组和异常重组 3 种类型。一般重组又称同源重组，发生于具有大量同源区的不同分子或同一分子的不同区段。存在于相同双股 DNA 分子或不同 DNA 分子的两个较短的特异性DNA序列可发生位点特异性重组。异常重组完全不依赖于序列间的同源性而使一段DNA序列插入另一段中，但在形成重组分子时往往是依赖于DNA复制而完全重组过程。如转座作用，需要转座酶和对转座区域DNA的复制。

遗传毒理学（genetic toxicology） 应用生物遗传学方法研究外源性化学物对机体遗传物质的有害作用及其机制的一门科学，也是应用致突变性/致癌性检测方法，筛检物质的致突变性，并深入研究遗传毒性机制、为评价外源性化学物对遗传物质、基因库等的潜在危害，并为防止其有害作用提供科学依据的一门毒理学分支学科。

遗传毒性（genetic toxicity） 化学物和辐射线等对机体遗传物质所产生的毒性。包括基因突变和染色体畸变，均为DNA损伤所致的突变。对大多数个体有害，例如哺乳动物生殖细胞突变可出现畸胎或死胎、显性致死及先天性遗传缺陷；体细胞突变亦可致畸胎和肿瘤。遗传毒性可通过一系列致突变试验进行测定。

遗传毒性试验（genetic toxicity test，genotoxicity test） 食品安全性毒理学评价中第二阶段试验项目（遗传毒性试验，传统致畸试验，30d喂养试验）之一。遗传毒性试验的组合应该考虑原核细胞与真核细胞、体内试验与体外试验相结合的原则。从Ames试验或V79/HGPRT基因突变试验、骨髓细胞微核试验或哺乳动物骨髓细胞染色体畸变试验、TK基因突变试验或小鼠精子畸形分析（或睾丸染色体畸变分析）试验中分别各选一项。其目的是对受试物的遗传毒性以及是否具有潜在致癌作用进行筛选。

遗传工程动物（genetic engineering animals） 又称基因工程修饰动物。泛指对基因组进行了实验改造的动物。包括转基因动物、基因诱变动物、克隆动物等。

遗传流行病学（genetic epidemiology） 流行病学研究方法之一，根据疾病的分布与发生频率，研究遗传对发病的作用，以及遗传因素与环境因素在发病中的相互关系和遗传病的预防措施的一门学科。

遗传密码（genetic code） 编码蛋白质中各种氨基酸和其他调控信息的核苷酸组合。每一种氨基酸由3个核苷酸（三联体）编码，又称三联体密码。有时一种氨基酸可以有2个或3个密码子，此外还有启动密码、终止密码等。具有以下特点：无标点，非重叠；兼并性；第3位碱基具有变偶性；近于通用。

遗传污染（genetic contamination） 某一品系的动物机体出现其他品系动物遗传标记的现象。近交系遗传污染常由于饲养管理操作失误、动物逃逸等事故导致计划外品系杂交。封闭群动物遗传污染主要是因饲养规模突然变小后再扩大，从而导致群体内在基因表现频率上发生了变化。

遗传性别（genetic sex） 受精时精子与卵子的性染色体决定了个体是雄性还是雌性。遗传性别决定性腺性别，即决定原始性腺分化为睾丸还是卵巢。性腺性别决定内、外生殖器向雄性还是雌性方向发育。

遗传性蛋白质缺陷（genetic errors of protein metabolism） 由于蛋白质的遗传变异而引起的一类疾病。如血红蛋白病、免疫球蛋白病、补体成分缺乏病、凝血因子缺乏病、血浆运输蛋白缺乏病等。

遗传性关节弯曲（inherited arthrogryposis） 多品种犊牛发生的以肢关节固定为特征的一种单隐性低外显率遗传病。夏洛来牛常伴发腭裂，法国学者称其为关节弯曲和腭裂综合征（SAP）。临床表现为四肢虽均受害但前肢更甚，关节僵硬，患肢肌肉萎缩、颜色苍白。有的腭裂，脊柱弯曲和下颌发育不全等。

遗传性肌强直病（hereditary myotonia） 见于松狮犬（chow chow）的一种遗传病。病理变化是肌纤维肥大和萎缩，少数肌纤维有坏死或退变现象。临床表现为病犬抬腿困难，肢活动不灵活，前腿内收，前进时尤其是爬梯时不能屈腿，后腿跗关节呈屈蹲姿势，跛行常在运动后减轻，休息后加重。无有效的治疗方法，可试用普鲁卡因酰胺改善肌肉僵硬的症状。

遗传性疾病（genetic disease） 由于遗传物质改变（如基因突变或染色体畸变）而引起的一类疾病。各种遗传病都可按一定的遗传方式传递到后代，属先天性疾病的一种类型，但有些遗传病需发育到一定阶段才会表现。按照遗传病所涉及的遗传物质、传递方式和发生机理的不同，可分为单基因遗传病、多基因遗传病和染色体遗传病。

遗传性甲状腺肿（inherited goiter） 由甲状腺球蛋白生成先天性缺陷所致的一种以皮肤增厚、皮下水肿、被毛稀少、生长停滞、呼吸困难等甲状腺功能不全为特征的遗传性疾病。

遗传性联合免疫缺乏症（hereditary combined immunodeficiency disease） 动物多种免疫成分缺乏的遗传病。是常染色体隐性遗传，主要发生于某些品种马驹和犬。由于生前淋巴细胞减少或无lgM所致。症状在出生后几个月呈亚临床症状（这与哺吮初乳使IgM达到正常有关）。当母源抗体消失后，逐渐对微生物有了易感性，使2月龄的犬死于腺病毒性肺炎或其他疾病。犬崽常规注射犬瘟热弱毒苗可致死。

遗传性酶病（genetic enzyme disease） 由于酶蛋白发生各种遗传性改变引起的一类疾病。有6种典型发病机理：①代谢最终产物缺乏，如白化症；②代谢中间产物堆积，如半乳糖血症；③代谢前身物质堆积，如Ⅰ型糖原贮积症；④代谢途径转向、副产物堆积，如苯丙酮酸尿症；⑤反馈抑制减弱或失效，如家族性甲状腺功能降低症；⑥药物反应失常，如过氧化氢酶缺乏症。

遗传性软骨发育不全性侏儒症（inherited achondroplastic dwarfism） 一种单一隐性遗传病。主要发生于某些品种牛。症状为下颌突出，采食不便；上颌骨歪曲压迫呼吸道发生鼻塞音，舌外伸，眼球突出，腹围增大，发育停滞。预防应检查杂合子携带者给予淘汰。

遗传性下颌凸颌（inherited mandibular prognathism） 某些品种犊牛的一种隐性基因控制的遗传病。以下颌骨长度异常为特征，病犊下切齿与牙垫对合缺损，导致无法采食和营养不良。严重病犊下颌凸颌使之不能吮乳，在短期内饥饿死亡。

遗传性先天性卟啉症（inherited congenital porphyria） 家畜机体组织内聚集过多卟啉为主要特征的遗传病。主要发生于牛、猪和猫。病因是血红蛋白中存在酶的缺陷，导致血红素中铁卟啉复合物被转化成Ⅰ型卟啉并大量聚集而致病。症状在无色素被皮处，经日光照射后出现感光过敏性皮炎和溶血性贫血等。预防应将病畜和杂合子的公畜及早淘汰。

遗传性先天性后躯麻痹（inherited congenital posterior paralysis） 犊牛的一种隐性遗传病。临床见犊牛出生时即呈现明显的后躯麻痹，也伴发角弓反张和肌肉震颤。有的后腿痉挛性伸直、腱反射亢进。被迫长期卧地，最后死亡。

遗传性先天性鳞癣（inherited congenital ichthyosis） 某些品种新生犊牛发生的以整个皮肤表面覆盖角化表皮层为特征的一种单隐性遗传病。临床所见以先天性鳞癣为主要特征，犊牛部分或完全无毛，皮肤覆盖着厚厚一层角化鳞片，波及深部形成溃疡。目前尚无法治愈。

遗传性先天性脑积水（inherited congenital hydrcephalus） 动物脑腔内积聚大量液体的遗传病。是单一常染色体隐性遗传病。因中脑背向屈曲和侧方压迫，以及中脑导水管中部狭窄而致病。症状为在犊牛头盖骨呈穹隆状，前额凸出。小脑发育不良，有的勉强站立或吃奶，但行动不协调，易摔倒。有的视网膜脱离，白内障，眼畸形。重型病例形成脑疝。尚无有效防治措施，应及早确诊、淘汰。

遗传性先天性皮肤缺损（inherited congenital absence of skin） 犊牛和仔猪发生的以典型上皮形成不全（classical epitheliogenesis imperfecta）为主要特征的一种单隐性遗传病。动物出生后皮肤各层完全缺如，缺如区呈块片状，大小和分布各异。犊牛好发部位为四肢下部，有时可波及鼻镜甚至颊黏膜。猪常发于胁腹部和背部等处。多数病例在几天内死亡。

遗传性先天性软骨发育不全和脑积水（inherited congenital achondroplasia with hydrocephalus） 牛发生以软骨发育不全和脑积水为主要特征的一种单基因隐性遗传病。脑积水系颅骨变形所致。临床上病犊额突出于缩短的面部之上，鼻短，腭裂或缺腭，颈短而厚，四肢也短。病犊除极度脑积水外，也伴发全身性水肿。由于头额过大和母畜羊水过多等易发难产。

遗传性先天性稀毛症（inherited congenital hypotrichosis） 动物出生后以部分或全身稀毛或无毛为主要特征的遗传病。主要发生于猪和牛。症状为生后全身大部分无毛，个别病例虽有少数被毛，不久便自行脱光。有的全身无毛。生长发育缓慢，成活率很低。

遗传性先天性小脑缺陷（inherited congenital cerebellar defects） 动物小脑发育不全或器质性缺陷的遗传病。包括小脑发育不全，小脑皮质萎缩和遗传性共济失调3种。小脑发育不全病例，出生后便呈现共济失调，头部震颤，目盲和角弓反张；小脑皮质萎缩病例，出生后几小时突发强直性痉挛，每次可持续3～12h或更长；遗传性共济失调病例，生后几天或几周便出现共济失调症状。该病发生于某些品种牛、绵羊，也较少地发生于某些品种犬、猫。

遗传性消化道节段闭锁（inherited atresia of alimentary tract segments） 遗传性消化道局部管腔闭合或开口缺如性疾病。包括肛门闭锁、肛门-直肠闭锁、结肠闭锁和回肠闭锁等。是单一隐性基因遗传病。主要发生于仔猪、羔羊和幼犬。症状为出生后有里急后重现象，肚胀，腹痛，粪便停滞。可采用外科手术治疗。预防措施是淘汰杂合子携带者。

遗传性血小板功能缺损（inherited platelet function defects） 又称遗传性血小板紊乱（hereditary thrombopathias）。家畜的一种常染色体遗传病。发生于某些品种牛和犬。由于血小板不能与胶原蛋白、二磷酸腺苷和凝血酶发生反应所致。临床上有明显的出血倾向，如家畜受到外伤或手术时流血不止，往往死于大出血。治疗宜输入富含正常血小板的血浆或新鲜的枸橼酸钠血。

遗传性血小板紊乱（hereditary thrombopathias） 见遗传性血小板功能缺损。

遗传性轴索水肿（hereditary neuraxial edema） 犊牛的一种常染色体隐性遗传传递性疾病。发生于海福特牛及其杂种。临床所见初生牛犊站不起来，并对外界刺激非常敏感，如受到某种刺激便出现伸肌极度痉挛，尤其人工扶助病犊站立时易发窒息死亡。

遗传学终点（genetic endpoint） 致突变试验观察到的现象所反映的各种事件的遗传学本质，如基因突变、染色体畸变、染色体分离异常和 DNA 损伤等。

遗传易感性（genetic susceptibility） 由于遗传因素的影响或某种遗传缺陷，使其后代的生理代谢具有容易发生某些疾病的特性。除遗传性疾病外，已证实动物一些常发病包括传染病如猪萎缩性鼻炎、乳房炎、羊痒症、牛白血病、鸡白血病、鸡马立克病、鸡劳氏肉瘤、牛产褥热、牛锥虫病、新生犊腹泻和肺炎都有遗传易感性。

疑问诊断（doubtful diagnosis） 疾病症状不明显或病性复杂，仅依据当时的情况所做出的暂时性诊断。

乙醇（alcohol） 消毒药。能杀死繁殖型病原菌，对芽孢无效。常用 70%水溶液消毒皮肤和器械。此外，少量低浓度内服能改善消化。吸收后对中枢神经系统虽有抑制作用，但实用价值不大。

乙醚敏感试验（ether sensitivity test） 有囊膜的病毒经乙醚处理后，囊膜很快被破坏，病毒即丧失感染力，是鉴定病毒有无囊膜的试验方法。通常用 4 份病毒悬液加 1 份乙醚，摇匀后在 4℃过夜，翌日使乙醚挥发，取病毒液接种细胞培养，滴定 $TCID_{50}$。与原来的病毒滴度比较，检查其敏感性。除乙醚以外，也可应用其他脂溶剂如氯仿、脱氧胆酸盐等。

乙酰氨基阿维菌素（eprinomectin） 高效、广谱、低残留的新一代大环内酯类抗寄生虫药。主要用于防治家畜（特别是泌乳期）体内线虫及体外寄生虫，应用于奶牛和肉牛时无需休药。对家畜体内外各种寄生虫的极高活性，以及在乳品中极低的分配系数，使其成为第一种可用于各种家畜任何生长期的杀虫剂，是防治家畜体内外寄生虫的首选药。

乙酰胺（acetamide） 又称解氟灵。有机氟解毒剂。其酰胺基与有机氟化物竞争酰胺酶被水解脱氨生成乙酸，因而在体内提供大量乙酸化合物以对抗有机氟形成氟乙酸后阻断三羧循环的作用。可延长有机氟中毒的潜伏期、减轻发病症状或制止发病。用于有机氟杀虫药和毒鼠药如氟乙酰胺、氟乙酸钠等中毒的解毒。

乙酰丙嗪（acepromazine） 安定药。药理作用和氯丙嗪相似，镇静作用及增强中枢抑制药的作用均较氯丙嗪强，还有较强的镇吐、降温、抗休克以及降压、表面麻醉作用，对心血管系统作用较弱。临床用途同氯丙嗪。毒性及局部刺激性较氯丙嗪小。

乙酰胆碱（acetylcholine） 胆碱能神经递质。可人工合成。直接作用于 M-胆碱受体及 N-胆碱受体，产生毒蕈碱及烟碱样作用。注射后出现心率减慢、血管舒张、血压下降、瞳孔缩小，腺体分泌增加、平滑肌收缩等作用。因作用强而短暂，无临床意义。

乙酰胆碱酯酶（acetylcholinesterase） 又称真性胆碱酯酶。主要存在于神经元内（特别是胆碱能神经元内）、神经肌肉接头处以及红细胞和肌组织中，对于生理浓度的乙酰胆碱的作用最强。是一种最有效的酶，在 1min 内一个酶分子可水解 3×10^5 分子乙酰胆碱，是体内乙酰胆碱迅速水解所必需的酶。

乙酰甲喹（maquindox） 广谱抗菌药，其抗菌机理为抑制菌体的脱氧核糖核酸（DNA）合成。对多数细菌具有较强的抑制作用，对革兰阴性菌作用更强，对密螺旋体也有效。本品对猪痢疾、仔猪下痢、犊牛腹泻、犊牛副伤寒及禽霍乱、雏鸡白痢等均有效，对仔猪黄痢、白痢有效，尤其对密螺旋体所致猪血痢有独特疗效，且复发率低。本品安全性好，肌内注射、内服吸收性良好，当使用剂量高于临床治疗量 3～5 倍时，或长时间应用会引起不良反应，甚至死亡，家禽较为敏感。

乙氧酰胺苯甲酯（ethopabate） 抗球虫药增效剂。不宜单独应用。在抗球虫虫种上与氨丙啉合用有互补作用，多与氨丙啉并用。对鸡巨型、波氏艾美耳球虫以及其他小肠球虫具有较强的作用，而对柔嫩艾美耳球虫缺乏活性。本品的抗球虫方式是阻断球虫四氢叶酸的合成，对球虫的活性峰期是球虫生长周期的第 4 天。

异倍体（heteroploid） 染色体数目发生异常。

异丙嗪（promethazine） 又称非那根。抗组胺药。抗组胺作用比苯海拉明强而持久，具显著的中枢抑制作用，能加强催眠药、麻醉药及镇痛药的作用，还能降温和止吐。主用于各种过敏性疾病如荨麻疹、哮喘等，亦用于麻醉前给药及治疗恶心、呕吐等。

异丙肾上腺素（isoprenaline） 又称异丙肾、喘息定。人工合成药，常用盐酸盐或硫酸盐。本品为 β 受体激动剂，对 β_1 和 β_2 受体有作用，对 α 受体无作用。临床上用于心脏骤停复苏，支气管哮喘急性发作，以及血管痉挛时的中毒性休克。用于治疗支气管哮喘时，应注意可能引起的心血管系统的不良反应。

异常发情（abnormal estrus） 母畜发情不正常，是生殖机能紊乱，特别是卵巢机能不全的症状表现。常见的异常发情包括短促发情、持续发情、断续发情、安静发情、慕雄狂、妊娠发情和假发情等。

异常肉（abnormal meat） 凡是不适于直接食用和加工肉制品的肉。包括染疫动物肉、中毒动物肉、病理变化肉、色泽异常肉、气味异常肉、腐败变质肉以及注水肉等。除由于饲料颜色、遗传性代谢障碍、应激、晚去势因素引起的色泽和气味异常肉（如PSE猪肉、黄脂肉、性气味肉等）可以有条件食用外，其他异常肉一律不准食用，应化制或销毁。

异常乳（abnormal milk）　凡是不适于直接食用和加工乳制品的乳。异常乳的物理性状与化学组成明显不同于正常乳，不能作为直接饮用和乳品加工的原料使用。乳畜受生理、病理、饲养管理或乳被污染等因素影响，常会导致乳的成分和性质发生变化。按其产生的原因不同，异常乳可分为以下三类：(1) 生理异常乳：主要是指初乳和末乳。①初乳（colostrums），乳用动物分娩后第1周内所分泌的乳；②末乳（late lactation milk），乳畜在泌乳停止前10d左右内所分泌的乳。(2) 微生物污染乳：最常见的微生物污染乳有乳房炎乳、酸败乳和病原菌污染乳等。(3) 化学异常乳：乳的成分或理化性质发生异常变化的乳。①低成分乳，全乳固体含量过低的乳；②低酸度酒精阳性乳，乳的滴度酸度不高，但酒精试验时发生凝固的乳；③冻结乳，在严冬季节长途运输乳，使其发生冻结；④风味异常乳，气味和滋味发生异常的乳；⑤异物混杂乳，乳中混入了非原有成分的乳。

异常受精（abnormal fertilization）　受精过程中，由于多精子受精、卵子成熟不全、雌原核或雄原核未能发育而导致受精的异常现象。主要是多精子受精。异常受精产生的是多倍体或单倍体胚胎，由于染色体数目异常，都不能继续发育。

异常心音（abnormal cardiac sound）　正常心音之外出现的额外音，与心脏杂音不同，额外音所占时间接近正常心音所占时间。

异常性行为（abnormal sexual behavior）　不正常的性行为。公畜常见的异常性行为有：同性性欲（同性恋）、性欲过强、性欲减退和自淫。母畜常见的异常性行为有：慕雄狂和安静发情（安静排卵）。异常性行为由内分泌系统或/和神经系统紊乱，管理不良以及遗传因素等造成。

异氟烷（isoflurane）　属吸入性麻醉药，麻醉诱导和复苏均较快。麻醉时无交感神经系统兴奋现象，可使心脏对肾上腺素的作用稍有增敏，有一定的肌松作用。本品在肝脏的代谢率低，故对肝脏毒性小。主要用于全身麻醉的诱导和维持。

异黄酮（isoflavones）　黄酮类化合物中的一种，主要存在于豆科植物中，大豆异黄酮是大豆生长中形成的一类次级代谢产物。由于是从植物中提取，与雌激素有相似结构，因此称为植物雌激素。大豆异黄酮的雌激素作用影响到激素分泌、代谢生物学活性、蛋白质合成、生长因子活性，是癌症的天然化学预防剂。

异尖线虫（*Anisakis*）　属于蛔目、异尖线虫科。虫种多，已报道可引起人体异尖线虫病的主要有6种：简单异尖线虫（*Anisakis simplex*）、典型异尖线虫（*A. typic*）、抹香鲸异尖线虫（*A. physeteris*）、伪新地蛔线虫（*Pseudoterranova* spp.）、对盲囊线虫（*Contracaccum* spp.）和宫脂线虫（*Hysterothylacium* spp.）。成虫长30～150mm，寄生于海洋哺乳类动物（海豚、鲸类）或鳍足类动物（海狮、海豹）消化道中。幼虫颜色多为黄白色，微透明，体长12.5～30mm。异宿主寄生，有两个中间宿主：第一中间宿主为甲壳类；第二中间宿主为鱼类和软体动物中的头足类。在甲壳类体内发育为第三期幼虫，故第二中间宿主实为延续宿主（paratenic host）。人食入寄生在鱼体内的活的异尖线虫第三期幼虫后，被吞食的幼虫能钻入消化道壁内，或移行到其他脏器或组织内，从而引起人的急腹症症状。钻入器官组织内的虫体逐渐死亡，形成嗜酸性粒细胞肉芽肿；还可以引起人的过敏性反应。我国于1993年将水生动物异尖线虫病列入了《中华人民共和国禁止进境的动物传染病、寄生虫病名录》。

异尖线虫病（anisakiasis）　由异尖科的若干虫种所引起的疾病，其中以异尖属（*Anisakis*）的线虫尤为普遍。成虫寄生于鲸类、海狗和海豹等海洋哺乳动物胃和小肠内，第3期幼虫寄生于多种海鱼体内，人因误食鱼体内的幼虫而感染。幼虫钻入胃、肠壁或肠外组织寄生，引起疼痛、恶心、呕吐、血痢和发热。慢性者胃和肠道出现嗜酸性肉芽肿，甚至导致肠梗阻、肠穿孔和腹膜炎。本病多见于日本、欧美等国，国内尚未见有病例报告，但东南沿海的近海鱼类异尖线虫第3期幼虫感染率很高。目前尚无特效治疗药物。

异亮氨酸（isoleucine）　非极性的脂肪族支链氨基酸，简写为Ile、I，生糖兼生酮的必需氨基酸。其生物合成途径与缬氨酸、亮氨酸相似，分解产物为乙酰CoA和琥珀酰CoA。

异硫氰酸盐（isothiocyanates）　存在于十字花科植物中，由于植物细胞壁受到损伤后产生的黑芥子硫苷酶引起葡萄糖异硫氰酸盐化合物水解后经分子重排生成。具有一定抗癌性，曾被用作抗菌药治疗呼吸道和尿路感染。

异染色质（heterochromatin）　间期细胞核内染色质纤维折叠压缩程度高，处于聚缩状态，用碱性染料染色时着色深的那些染色质。包括结构异染色质和兼性异染色质。结构异染色质是指除S期外在整个细胞周期均处于聚缩状态，DNA包装比基本没有较大变化的异染色质。在间期细胞核中，结构异染色质聚集形成多个染色中心，它们随细胞类型和发育阶段而变化。结构异染色质多定位于染色体的着丝粒区、端粒、次缢痕等，具有显著的遗传惰性，不转录也不编码蛋白质。兼性异染色质是指某种细胞或细胞发育到一定阶段，原来的常染色质发生聚缩并丧失基因转录活性变为异染色质。随着细胞的分化，兼性异染色质的含量逐渐增多。

异溶（heterolysis） 细胞被别的细胞（如中性粒细胞）的水解酶溶解、液化。异溶是活组织内发生的主动清除过程。如中性粒细胞吞噬和消化细菌或异物颗粒。

异时卵裂（asynchronous cleavage） 卵裂产生的两个卵裂球，在下一次分裂时不同时进行，产生的细胞数为3、5、7、9等奇数。

异嗜（allotriophagy） 由于消化机能和代谢机能紊乱而导致食欲紊乱的一种综合征，其特征是病畜喜食正常饲料成分以外的物质。

异嗜癖（allotrophagia） 家畜以食欲或味觉反常，偏嗜异物为特征的综合征。多因舍饲期日粮过于单纯造成多种营养和矿物质元素缺乏所致，也可继发于慢性消化紊乱、产科病、神经病以及某些寄生虫病。临床上呈偏嗜表现，如牛喜食破布、金属碎片等；马喜食污物、砂土等，猪喜啃砖块、吞食胎衣等；幼犬爱吞皮革、啃咬棍棒等。伴有食欲减退，体重减轻，生产性能降低和贫血等症状。应针对病因和症状进行治疗。

异嗜性抗原（heterophil antigen） 存在于人、动物和微生物之间的一种共同抗原。如大肠杆菌O_{86}与人B型抗原、肺炎球菌14型与人A型抗原含有共同抗原。溶血链球菌与肾小球基底膜及心肌组织亦有共同抗原，反复感染可刺激机体产生抗肾和抗心肌抗体，引起自身免疫性肾小球肾炎和心肌炎。

异位搏动（ectopic beat） 凡激动不是起源于窦房结，而是起源于窦房结以下的心房、房室结区或心室时的搏动。分为主动性异位心律和被动性异位心律。前者是由于异位起搏点的兴奋性增高或折返激动或并行心律所产生，主要包括过早搏动、阵发性心动过速、心房扑动、心室扑动等；后者是由于窦房结停搏或起搏太慢，使异位潜在起搏点有机会除极达到阈电位，产生除极，带动心脏搏动，主要包括房性逸搏、房室交界性逸搏、室性逸搏、房性逸搏心律、房室交界性逸搏心律、室性逸搏心律等。

异位附植（ectopic implantation） 胚胎附植发生在子宫以外的部分。

异位节律（ectopic rhythm） 窦房结以外的异位兴奋灶所引起的心律紊乱。

异位起搏点（ectopic pacemaker） 窦房结以外的心脏自律组织在某些特殊情况下（如窦房结自律性降低、传导阻滞使兴奋不能下传），可自动发生兴奋，并使整个心脏按其节律搏动。由此所引起的心脏兴奋节律，称为异位节律。

异位妊娠（ectopic pregnancy） 胚胎在母体子宫腔以外的部位发育，如输卵管妊娠、腹腔妊娠等。

异位心律（ectopic cardiac rhythm） 在某些病理情况下，窦房结下传的兴奋因传导阻滞而不能控制其他自律组织的活动，或窦房结以外的自律组织自律性增高，心房或心室受当时自律性最高的部位所发出的兴奋节律支配而搏动所产生的心律。在正常情况下，心脏其他部位的自律组织受窦房结的控制，并不表现出它们自身的自动节律性，而只起传导兴奋的作用，因此称为潜在起搏点。

异物性咳嗽（foreign body cough） 由于饲料粉末、灰尘、呕吐物、烟雾、刺激性气体或药物，以及误咽、误投等因素使异物进入呼吸道，刺激呼吸道黏膜而引起的咳嗽。

异形红细胞症（poikilocytosis） 贫血时外周血液出现红细胞形态异常的一种病理变化。可见半月形、椭圆形、梨形、棘形、球形、靶形、锯齿形等。与红细胞的结构与机能改变有关。

异形吸虫病（heterophyidiasis） 又称后殖吸虫病。异形科（Heterophyidae）吸虫引起的犬、猫、猪等动物和人的消化道疾病。异形科吸虫的共同特征是生殖孔的外周有一生殖吸盘，位于腹吸盘附近。腹吸盘靠近体中央。睾丸靠近后端，左右排列。卵巢在睾丸前方，居身体中线上。子宫盘曲于睾丸与腹吸盘之间。常见种有：①异形吸虫（*Heterophyes heterophyes*），寄生于犬、猫、狐和人的小肠。大小为(1～1.7)mm×（0.3～0.7）mm。第一中间宿主为螺，第二中间宿主为鱼。终末宿主摄食含囊蚴的生鱼受感染。②横川后殖吸虫（*Metagonimus yokogawai*），寄生于犬、猫、猪和人等的小肠。大小为(1～2.5)mm×（0.4～0.7）mm。生活史与异形吸虫相似。两种吸虫的致病作用相似，严重感染时引起腹泻。诊断用粪便检查法，注意与华支睾吸虫卵作鉴别。参阅华支睾吸虫病。

异性孪生母犊不育（freemartinism） 雌雄两性胎儿同胎妊娠，母犊的生殖器官发育异常，丧失生育能力。其主要特点是：具有雌雄两性的内生殖器官，有不同程度向雄性转化的卵睾体，外生殖器官基本为正常雌性。异性孪生母犊在胎儿的早期从遗传学上来说是雌性（XX）的。由于特定的原因，在怀孕的最后阶段称为XX/XY的嵌合体。这种母犊性腺发育异常，其结构类似卵巢或睾丸，但不经腹股沟下降，亦无精子生成，并可产生睾酮。生殖道由伍尔夫氏管和谬勒氏管共同发育而成，但均发育不良，存在精囊腺。外生殖器官通常与正常的雌性相似，但阴道很短，阴蒂增大，阴门下端有一簇很突出的长毛。

异烟肼（isoniazid）　又称雷米封。一种常用的抗结核药物。具有疗效高、毒性小、口服方便及价廉易得等特点，目前仍是抗结核病的首选药。本品仅对分枝杆菌有作用。低浓度抑菌，高浓度即有杀菌作用，抗结核菌的作用较链霉素强 4 倍。其作用原理可能与阻碍分枝菌酸的生物合成有关。

异源疫苗（heterologous vaccine）　以不同种微生物的菌（毒）种制备的疫苗。接种动物后能使机体获得对疫苗中不含有的病原体产生抵抗力，如犬接种麻疹疫苗后能产生对犬瘟热的抵抗力、兔注射纤维瘤病毒疫苗后能抵抗黏液瘤病。用同一种中一个型（生物型或动物源）微生物种毒制备的疫苗也是异源疫苗。接种动物后能使其获得对异型病原体的抵抗力，如接种猪型布鲁菌弱毒疫苗后能使牛获得对牛型、羊获得对羊型和绵羊获得对绵羊型布鲁菌病的免疫力。

异质（性）抗体（heterogeneous antibody）　针对同一抗原所产生的多种不同免疫球蛋白（Ig）分子结构的抗体。康复血清和用常规方法人工免疫后产生的抗体均为异质性抗体，有 IgG、IgM、IgA 等重链不同的多种 Ig，还含有由不同 B 细胞克隆产生的针对不同抗原成分或抗原决定簇的多种可变区不同的 Ig。

异种抗血清（heterogenic antiserum）　用被免疫动物不同种动物所制备的血清，如用马生产的破伤风抗毒素给猪、牛等异种动物用时，能引起过敏和排斥反应，免疫期 15d 左右。

异种抗原（heteroantigen）　除本种动物以外的所有物种的抗原。例如对兔而言，除兔以外的所有微生物、植物和其他动物具有的抗原均为异种抗原。

异种移植（heterotransplant）　用异种动物组织进行移植。此种移植因易导致免疫排斥而不能长期存活。

抑癌基因（anti - oncogene）　又称抗癌基因（anti - oncogene）、肿瘤抑制基因（tumor suppressor gene）。能够抑制细胞癌基因活性的一类基因。其功能是抑制细胞周期，阻止细胞数目增多以及促使细胞死亡。

抑制（inhibition）　机体由活动强转为活动弱或由活动状态转为静息状态的过程。它与兴奋同是机体的基本生理过程。抑制在不同水平有不同表现，整体水平的抑制表现为动物活动减弱或停止活动。器官和系统水平抑制表现为该器官或系统功能降低，而细胞水平的抑制则表现为膜的超极化和膜电位升高。抑制也有积极的生物学意义，它与兴奋相矛盾、相制约、相平衡，共同调节机体活动，使其更好地适应内外环境的变化。

抑制期（inhibitory stage）　发情周期三期分法中的一个时期。相当于四期分法中的发情后期和间情期。此期是排卵后发情现象消退后的持续期，排卵后的卵泡逐渐发育为黄体，产生孕酮。生殖道在孕酮的作用下，发生适应胚胎通过输卵管和在子宫内获得营养的变化。

抑制素（inhibin）　动物性腺激素的一种，是由 α 和 β 亚单位组成的糖蛋白，主要功能是抑制垂体 FSH 的释放和合成。母畜的抑制素主要由卵泡的颗粒细胞产生，其含量随卵泡的发育及动物种类而异。公畜的抑制素主要由睾丸支持细胞产生，其浓度在公畜的不同发育阶段、不同生殖状态和品种之间均有明显差异。

抑制性差减杂交（suppression subtractive hybridization，SSH）　以抑制 PCR（suppression PCR）为基础，将标准化检测子 cDNA 单链步骤和差减步骤合为一体的技术。标准化步骤均等了检测子中的 cDNA 单链丰度，差减杂交步骤去除了检测子和驱动子之间的共同序列，使检测子和驱动子之间的不同序列得到扩增。SSH 显著增加了获得低丰度表达差异的 cDNA 的概率，简化了差减文库的分析。抑制 PCR 是利用链内退火优先于链间退火，使非目标序列片段两端的长反向重复序列（long inverted repeats）在退火时产生"锅柄样"（panhandle like）结构，无法与引物配对，从而选择性地抑制非目标序列的扩增，同时根据杂交的二级动力学原理，高丰度的单链 cDNA 退火时产生同源杂交的速度要快于低丰度单链 cDNA，从而使丰度差别的 cDNA 相对含量基本一致。

抑制性递质（inhibitory transmitter）　突触前神经末梢兴奋而释放的与后膜受体结合后使后膜产生超极化的神经递质。它与后膜受体结合后，使后膜对 K^+、Cl^- 的通透性升高，使 Cl^- 内流，K^+ 外流，突触后膜超极化，形成抑制性突触后电位。如 γ-氨基丁酸、甘氨酸等。

抑制性神经元（inhibitory neuron）　具有合成抑制性神经递质能力的神经元。这类神经元兴奋后，释放抑制性神经递质，与突触后膜受体结合后，使突触后膜超极化，从而抑制突触后神经元的活动。

抑制性突触（inhibitory synapse）　使突触后神经元产生抑制作用的突触。突触前末梢释放抑制性递质，与后膜受体结合后，使后膜超极化，产生抑制性突触后电位。

抑制性突触后电位（inhibitory postsynaptic potential，IPSP） 神经冲动传到末梢时，突触前膜兴奋并释放抑制性化学递质、递质弥散到后膜，与后膜受体结合，使后膜对 K^+、Cl^- 的通透性提高，Cl^- 内流，K^+ 外流，进而在突触后膜发生局部超极化的过程。总和起来的抑制性突触后电位不仅有抵消兴奋性突触后电位的作用，而且使突触后神经元不易去极化，不易发生兴奋，表现为突触后神经元的活动被抑制。

抑制性T细胞（suppressor T cell，Ts） 能抑制辅助性T细胞（T_H）活性，从而间接抑制B细胞的分化和Tc杀伤功能，对体液免疫和细胞免疫起负向调节作用的T细胞亚群。如其功能失常，则免疫反应过强，引起自身免疫性疾病。在 T_s 调节途径中存在诱导 T_s 细胞（T_{si}）、转导 T_s 细胞（T_{st}）和效应 T_s 细胞（T_{se}）3种细胞亚群，在抗原刺激后连锁活化，最终由 T_{se} 产生T细胞抑制因子作用于 T_H 细胞。

易感动物（susceptible animals） 对于某种传染病病原体有感受性的动物。家畜易感性的高低主要由畜体的遗传特征、特异免疫状态以及病原体种类和毒力强弱等因素决定。外界环境条件如气候、饲料、饲养管理、卫生条件等因素都可能直接影响到畜群的易感性。

易感宿主（susceptible host） 对传染病病原体缺乏免疫力的人和动物。对传染病容易感受的程度，称畜群易感性。畜群易感性的高低，取决于易感宿主在畜群中所占的比重及其分布情况。易感宿主比重愈大，畜群易感性也愈高，反之则低。易感宿主分布集中比分散更容易引起流行。

易感性（susceptibility） 机体对某种微生物容易感染的特性。这主要决定于：①该机体是否存在该微生物生长的必需条件，即是否带该病毒受体和所需酶系统的靶细胞；②免疫系统能否迅速将该侵入者杀死、清除；③对该微生物的致病因子（如毒素、黏附素等）有无反应，是否存在受体。

易化扩散（facilitated diffusion） 又称促进扩散。物质由质膜上特异蛋白载体介导从高浓度向低浓度的跨膜转移过程。这些物质常是极性的分子或离子，如葡萄糖、钠离子、钾离子等，不溶于膜脂质，不易穿越膜，而质膜上的特异蛋白载体可协助这类物质顺浓度梯度跨膜转移，而且不消耗能量。其转运速度随被转运物质浓度增大而加快，当蛋白载体被转运物质饱和时，转运速度达到最大值。

易患宿主（liable host） 又称高危险畜群。对于非传染性疾病和遗传性疾病有易患倾向的动物和畜群。

易患性（liability） 多基因遗传病中决定个体是否容易患病的遗传因素。在人或动物群体和患者第一级亲属（1/2基因可能是相同的），易患性都呈常态分布。当这种易患性超过一定阈值即可发病。

疫点（focus of infectious disease） 通常是指由单个传染源所构成的疫源地，或为在空间上与此完全重合的若干个疫源地。如病畜所在的厩舍、栏圈、场院、草场或饮水点等。有时也将比较孤立的畜牧场或自然村称为疫点。

疫苗（vaccine） 在接种动物后能产生主动免疫、预防疫病的各类生物制剂。疫苗可通过将微生物或寄生虫用培养基、动物、禽胚、细胞培养增殖，或提取有效成分，或通过基因工程方法进行制备。疫苗大体可分为全微生物疫苗、纯化大分子疫苗、基因工程疫苗、合成肽疫苗、抗独特型疫苗等。根据所用的微生物种类，疫苗包括细菌性疫苗、病毒性疫苗、支原体疫苗、衣原体疫苗、立克次体疫苗、螺旋体疫苗和寄生虫疫苗。疫苗通常用疾病名称和抗原性质命名，如猪瘟活疫苗、鸡新城疫灭活疫苗、口蹄疫O型合成肽工程苗等。疫苗的使用方法有口服、注射、划种和鼻吸入等。

疫苗毒株（vaccinal strain） 经鉴定符合生物制品种毒标准的可用于菌（疫）苗生产的菌（毒）株，包括强毒株和弱毒株。一些疫苗毒株尚可适用于诊断液制造。

疫情报告（epizootic situation reporting） 通报当地发生疫病情况的报告。基层兽医人员当怀疑家畜发生传染病时，应立即向上级报告当地发生的疫情，特别是可疑为口蹄疫、炭疽、狂犬病、牛瘟、猪瘟、鸡新城疫、牛流行热等重要传染病时，一定要迅速向上级有关领导部门报告，以便及时紧急处理，并通知邻近单位及有关部门注意预防工作。

疫区（epidemic area of infectious disease） 由许多在空间上相互连接的疫源地所组成，范围通常比疫点大的发病地区。一般指有某种传染病正在流行的地区，其范围除病畜所在的畜牧场、自然村外，还包括病畜于发病前（在该病最长潜伏期）后放牧、饮水、使役及活动过的地区。

疫源地（the focus of space） 传染源可能散播病原体的范围，包括传染源、被污染的物体、房舍、牧地、活动场所以及这个范围内怀疑有被传染的可疑动物和贮存宿主等。疫源地范围大小要根据传染源的分布、传播方式和污染范围大小而定，可分别将其称为疫点或疫区。亦有认为疫点、疫区和疫源地概念有所不同。疫源地不经常地随着动物群中传染病的消灭而消失，如疫点或疫区的家畜炭疽病已消灭，但这个地区土壤中还有炭疽芽孢存在，仍然是炭疽的疫源地。

益生菌（probiotics）　某些细菌或真菌有利于宿主胃肠道微生物区系的平衡，能抑制对宿主有害微生物的生长，这些微生物的制剂称为益生菌。益生菌能够对改善宿主微生态平衡发挥有益作用，从而达到保持动物健康发育、改善其生长性能的目的。益生菌一般不具有超越健康动物的自然生长水平而促进动物生长发育的能力，而是为在各种劣势环境里处于低下状态的畜禽调整内环境，使它们恢复健康动物原有的生长发育的最大潜能。动物体内有益的细菌或真菌主要有：乳酸菌、双歧杆菌、放线菌、酵母菌等。

意识本体感受试验（tests of conscious proprioception）　又称肢位感测试。在犬外周神经疾病和脊柱损伤时，为测试感觉、反射和运动是否正常而采用的一些方法，包括屈指反应、腰摆反应和后肢踏板反应等。

溢泪（epiphora）　泪腺分泌正常的情况下，因泪道狭窄或阻塞致使泪液不能经泪道排出而通过鼻腔外溢的现象。

翼骨（pterygoid bone）　附着于蝶骨翼突和腭骨垂直板内侧面的一对薄骨片。在鼻后孔两旁。长短和宽狭因家畜而有差异。下端游离并形成翼骨钩，作为腭帆张肌腱的滑车。禽翼骨呈短杆状，前与蝶骨、腭骨相接；后与方骨相接。

翼肌（m. pterygoidei）　位于下颌支内侧的咀嚼肌，起始于蝶骨翼突、翼骨和腭骨，止于下颌支的翼肌窝及凹。分为较大的翼内侧肌和较小的翼外侧肌。作用同咬肌，翼外侧肌可使下颌向前伸。

阴瓣（hymen）　位于阴道与阴道前庭交界处的环形黏膜襞，相当于处女膜。尿道外口在其紧后方。幼畜特别是驹和小猪较明显，成畜除马外均消失，马仍保留一横襞于底壁。

阴道（vagina）　由子宫延续向后的肌-膜性管，与前庭一同构成母畜交配器官和产道。呈横扁形，位于盆腔内，兔可达腹腔，背侧为直肠，腹侧为膀胱和尿道。前部被覆浆膜，大家畜可经背侧壁作卵巢等手术的入口，其余大部分在腹膜外。阴道腔前端围绕子宫阴道部形成环形或半环形（犬等）隐窝，称阴道穹隆。阴道后端与前庭交界处略狭，幼畜有阴瓣；尿道外口位于其紧后方。黏膜平滑，常形成纵褶和横褶，衬以复层扁平上皮，发情时增厚，浅层角化，发情后脱落，腺体仅见于前部。肌膜较薄。阴道底壁内有一对中肾导管遗迹形成的细管，称附卵巢纵管或Gartner氏管，开口于阴道前庭的尿道外口两侧，母牛常可见到，骆驼的长只有1～2 cm。

阴道闭锁（vaginal atresia）　阴道腔封闭，阴茎不能完全插入，子宫液不能排出的一种病症。多继发于分娩和难产手术助产之后，损伤的阴道黏膜在恢复过程中发生粘连，粘连范围大而形成闭锁。先天性阴道闭锁很少，属发育畸形。通过阴道检查和直肠检查可以确诊。一般都因配种不成而被发现，用阴道开通术可以治疗。

阴道出血（hemorrhage of the vagina）　怀孕期间阴道黏膜的非创伤性出血。多见于马、偶见于驴。由于前庭或阴道壁上静脉长期高度曲张，发生血细胞渗出或管壁破裂所致。让病畜安静，保持前低后高姿势，尽量减轻怀孕子宫对盆腔的压力，可减少出血。根据出血部位和程度，可采用药物或结扎止血。

阴道固定术（vaginapexy）　固定阴道不使脱出的手术。适用于阴道反复脱出和习惯性阴道脱出病例。方法是将阴道侧壁与臀部肌肉、皮肤缝合，缝线穿过处组织发炎增生，最后粘连，使阴道不能再脱。

阴道检查（vaginal examination）　产科和母畜科学常规诊断方法之一，分视诊和触诊。视诊是用阴道开张器送入和撑开阴道，观察阴道、宫颈阴道部和宫颈外口黏膜的颜色、有无黏液、黏液的性状和数量，外口开张情况及开张器送入之难易，以判断母畜发情、妊娠和产后子宫恢复情况以及是否异常和异常的性质等。在视诊监视下采阴道或宫颈黏液进行细胞相和微生物学检查。触诊是手入阴道，检查阴道周围、宫颈和宫口开张情况，主要用于分娩和难产时（称产道检查），认检查产道开张情况、胎儿死活、胎位胎势是否正常等。

阴道开通术（vaginotomy）　开通阴道的手术。适用于阴道闭锁病例。患畜站立保定，尾椎硬膜外麻醉，按常规消毒阴道和外阴，尾固定一侧。术者手持手术刀，对准闭锁-粘连中心部位刺入，并将其穿透，然后向两侧和上下扩创，尽可能扩至与阴道等大。如不能确定闭锁中心部位，可由助手伸手入直肠内引导。一般手术出血很少。术后清理术部和消炎，为防创口粘连，可填入大块涂布或浸有消毒软膏或油剂的纱布，每日检查和更换一次。5～7d可愈。体温升高的，配合全身治疗。

阴道开张器（vaginal speculum）　母畜做阴道检查的器械，有金属（两片状或三片状）和玻璃（圆筒状）两种，又称阴道窥器，简称开膣器。开膣器大小因畜种而异。

阴道毛滴虫病（trichomoniasis vaginalis）　阴道毛滴虫（*Trichomonas vaginalis*）寄生人泌尿生殖器官引起的阴道炎或尿道炎。病原体属鞭毛虫纲（Mastigophora）、毛滴虫科（Trichomonadidae）。虫体呈梨形，大小为（7～23）μm×（5～12）μm，有 4 根前鞭毛，后鞭毛附连于波动膜外缘，无游离的后鞭毛。寄生于阴道、前列腺和尿道。主要通过性生活传播，引起阴道炎，外阴瘙痒，白带增多。用病原检查法诊断。治疗用灭滴灵等药物。预防主要是注意个人卫生，加强卫生宣传教育。

阴道憩室（vaginal diverticulum）　阴道旁的小室。有的为先天性，有的继发于阴道粘连之后。不影响配种和繁殖，一般不需治疗。本交时，阴茎可能插入憩室内，此时，剪开憩室壁即可。

阴道前庭（vaginal vestibule）　又称尿生殖前庭。雌性尿生殖道。为阴道后方的短管，主要位于坐骨弓后方，有的斜向下至阴门，如马、犬。前庭壁弹性较弱，平时夹成垂直向的腔隙。尿道外口位于与阴道交界处的底壁正中，犬的稍高于前庭底壁，反刍兽和猪在开口处尚形成尿道下憩室。黏膜被覆复层扁平上皮，具有淋巴小结，黏膜内分布有前庭腺，黏膜下具有静脉丛，马、犬在两侧壁尚形成由勃起组织构成的一对前庭球。静脉丛外有环形横纹肌构成前庭缩肌。

阴道栓（vagina embolus）　啮齿类动物交配后 10～12h，在雌型动物阴道内由雄性前庭腺和凝固腺分泌物混合形成的一种白色黏稠浆液性物质栓塞在阴道至子宫颈的阴道腔内，可防止精子从阴道倒流出来。这是一些啮齿类动物交配后的共同特点。在雌雄同笼饲养后第 2 天，可通过观察有无阴道栓证实是否发生交配。

阴道脱出（prolupse of vigina）阴道底壁、侧壁和上壁的一部分组织、肌肉松弛扩张，连带子宫和子宫颈向后移，使松弛的阴道壁形成折襞嵌堵于阴门内（又称阴道内翻）或突出于阴门外（又称阴道外翻）。可以是部分阴道脱出，也可以是全部阴道脱出。常发生于妊娠末期，牛、羊、猪、马等家畜也可发生于妊娠 3 个月后的各个阶段以及产后时期。本病多发生于奶牛，其次是羊和猪，较少见于犬和马。绵羊常发生于干乳期和产羔后，但主要发生于妊娠末期；水牛偶见于发情期。有些品种的犬发情时，常发生阴道壁水肿和脱出。病因较复杂，可能与母畜骨盆腔的局部解剖构造、饲养管理和遗传等因素有关。根据动物种类、病情轻重、妊娠阶段、畜主护理能力，选择不同的治疗方法，可以采用单纯整复或整复后加以手术固定的治疗方法。

阴道狭窄（vaginal constricum）　阴道腔缩小，影响配种和分娩的病变。常继发于阴道炎、阴道损伤、形成疤痕或粘连之后；阴道周围蜂窝织炎，因脓液蓄积挤压，也可使阴道变窄。治疗要针对病因采取措施，如分离粘连、排除脓液、控制原发病等。

阴道炎（vaginitis）　由各种原因引起阴道黏膜的炎症。可分为原发性或继发性两种。原发性阴道炎通常由配种或分娩时受到损伤或感染引起。继发性阴道炎多数由胎衣不下、子宫内膜炎、子宫炎、宫颈炎以及阴道和子宫脱出引起；病初为急性，病久即转为慢性。根据炎症性质和侵害程度，可分为慢性卡他性、慢性化脓性和蜂窝组织炎性。治疗阴道炎时，可用消毒收敛药液冲洗。阴道炎伴发子宫颈炎或者子宫内膜炎时，应同时加以治疗。

阴蒂（clitoris）　属母畜外生殖器官，位于阴门腹侧连合内。与公畜阴茎为同源器官，但无尿道部。可分为阴蒂脚、体和头。由阴蒂海绵体构成，母马较发达；背侧的静脉丛与前庭球的勃起组织相通。阴蒂头突出于阴蒂窝内，马含勃起组织，为圆球形；其他动物由纤维弹性组织代替，反刍兽和猪呈锥体形，犬的可含有小的阴蒂骨。马、犬的阴蒂窝较明显。二阴蒂脚附着于坐骨弓，包有坐骨海绵体肌，收缩时可使阴唇腹侧连合收缩，阴蒂头外露，阴蒂头黏膜分布有许多感觉神经末梢（生殖小体），较敏感。

阴茎（penis）　排尿兼排精的公畜交配器官。由阴茎海绵体和尿道的海绵体部构成，分为根部和游离部。阴茎根包括阴茎海绵体的一对阴茎脚、坐骨海绵体肌，以及位于其后方的尿道海绵体部的尿道球和球海绵体肌。阴茎体由阴茎根向下向前至骨盆腹侧，以阴茎悬韧带悬于其下，阴茎海绵体转而位于尿道海绵体部的背面；继续经股部之间和阴囊颈部至腹底壁，包以浅、深筋膜，被覆以皮肤。阴茎游离部藏于包皮腔内，末端形成阴茎头。阴茎的坚实度、长短和粗细，以及阴茎头的形态，因家畜种类而有差异。

阴茎海绵体（cavernous body of penis）　构成阴茎基础的一对长圆柱体。后端分开形成阴茎脚附着于坐骨弓；外包有发达的坐骨海绵体肌，起始于坐骨弓和结节。两阴茎脚向下向前合并，在阴茎体部的腹侧形成尿道沟，容纳尿道海绵体部，前端至阴茎头逐渐变尖。两海绵体合并后仍有中隔，向前逐渐消失，但肉食兽较完整。海绵体外包厚的纤维弹性膜，向内分出结缔组织小梁；小梁间为海绵组织，腔隙衬以内皮，为血窦。依构造可分两大类型：①纤维型，主要由纤维弹性组织构成，海绵腔隙很少，平时较坚实，见于牛、羊和猪，在阴茎体部形成乙状曲，勃起时伸直；②海绵型，海绵组织丰富，小梁含较多平滑肌组织，平时较松软，见于马，勃起时海绵腔隙大量充血，使阴茎伸长、坚实。犬、猫的也属此型，但前部（远部）转变为阴茎骨。

阴茎和包皮损伤（penis and preputial trauma）　阴茎和包皮的机械性损伤，包括尿道损伤及其合并症。常见的有撕裂伤、挫伤、尿道破裂和阴茎血肿。交配时用力过猛或其他剧烈的机械外力作用等均可引起。临床出现尿道裂开出血，周围组织浸润，也能见到蜂窝组炎、局部水肿、排尿困难。治疗以预防感染，防止粘连和避免各种继发性损伤为原则。

阴茎截断术（amputation of the penis） 用于阴茎游离部的肿瘤、严重的冻伤或创伤、难治的阴茎麻痹等疾病的手术方法。用全身麻醉，侧卧保定。先插入导尿管以标记尿道位置，阴茎根部装止血带。手术的内容是尿道造口和阴茎切断两部分，人造尿道是在切开尿道之后将尿道黏膜与皮肤相对结节缝合，要有足够长度，有利于排尿，又减少并发症。阴茎切断后的关键是海绵体止血，用钮孔状缝合有利创口闭合和止血。

阴茎麻痹（paralysis of the penis） 由于多种原因致使阴茎的功能丧失和障碍的一种疾病。发生原因除支配阴茎的神经受损伤外，营养障碍、腐败饲料、植物中毒等均可诱发，也可能是媾疫、紫斑病的后遗症。表现为阴茎脱出、下垂、阴茎在卧倒时与地面接触而造成损伤、水肿、溃疡、化脓、慢性蜂窝织炎，进而硬化或坏死，阴茎肿胀而形成嵌顿包茎，排尿正常不显障碍。治疗可采用软膏涂布、按摩、电刺激等措施。为了消除肿胀可切开或乱刺，长期不能治愈者行阴茎截断术。

阴茎扭曲（twisted penis） 阴茎先天性发育异常，伸出的方向发生改变。包括阴茎螺旋形扭曲、阴茎下弯和阴茎后曲。阴茎螺旋形扭曲见于小公牛，勃起时，阴茎向右腹下呈逆时针方向扭转，有的甚至不能从包皮内伸出，由于固定阴茎的韧带移位造成。阴茎下弯是公牛阴茎向腹下弯曲。阴茎后曲是公马阴茎呈U字形向后伸向两股间。阴茎扭曲患病公畜都不能做种用。

阴茎球（bulb of penis） 又称尿道球。尿道海绵体在盆腔出口处的膨大部。略呈双叶状，被覆有球海绵体肌，体表可触摸到。两侧为被覆有坐骨海绵体肌的一对阴茎脚，一同构成阴茎根。血液供应为阴部内动脉延续支阴茎动脉的分支，称阴茎球动脉。

阴茎头（glans） 阴茎游离部的末端。由阴茎海绵体尖被覆尿道海绵体部构成。可分为两类：一类尿道海绵体发达，形成蘑菇状膨大（马）或长形（犬）；另一类仅略膨大，且常不对称（反刍兽、猪和猫）。阴茎头皮肤分布有丰富的多种感觉神经末梢，感觉敏锐。

阴茎血肿（hematoma of the penis） 血管破裂发生在阴茎白膜下或海绵体内的血肿。较罕见。可发生于种公牛，有时见于种公马或其他公畜。原因是正在勃起的阴茎突然受到机械外力损伤，如蹴踢或人工授精时的假阴道使用不当等。阴茎血肿小的几无眼观变化，血肿大时阴茎突然发生肿胀，公畜交配时有痛感或拒绝交配。小血肿几天后被吸收，较大血凝发生机化。可用抗生素和蛋白水解酶行保守疗法并防止感染。必要时手术切开血肿，排除凝血块，然后缝合。

阴茎转位术（surgical refrection of the penis） 使公畜阴茎的方位发生改变而不能正常交配，以当做催情或试情之用的一种手术方法。手术动物全身麻醉侧卧或仰卧保定，先在阴茎基部前方作一纵向切口，然后在内外包皮交界处稍后方的腹侧中线上作一纵行前方切口。沿皮下疏松组织钝性分离，使前后切口贯通，由后切口导入绷带从前切口拉出，牵引阴茎由前切口皮下穿入，由后切口穿出，则前切口与后切口重叠，作皮肤结节缝合固定，则阴茎被转向下后方，无自然交配功能。

阴门（vulva） 又称阴户、外阴。阴道前庭的外口。由两阴唇构成，中间为垂直的阴门裂。两阴唇会合处为背侧和腹侧连合。背侧连合除马外较圆；腹侧连合较锐，并具有一尖的突起，马的腹侧连合较圆。阴唇外部为皮肤，有的动物部分或全部有色素，具有丰富的皮肤腺，毛细而密；腹侧联合处有的动物有长毛。由阴门向内逐渐移行于阴道前庭黏膜。阴唇内有多量脂肪组织和平滑肌束，后者构成阴门缩肌，并具有丰富的血管和淋巴管，发情期充血。在阴唇腹侧连合内有阴蒂。

阴门和前庭狭窄（stenosis of the vulva and vestibule） 阴门和前庭松弛不够，分娩时不能充分扩张，紧紧裹住胎儿的前置部分，妨碍胎儿产出。有时并发阴道狭窄。多见于牛、羊、猪头胎分娩时，有过早配种引起的幼稚形狭窄和损伤造成的疤痕性狭窄。轻度狭窄有可能扩张的，可在胎儿前置部分和阴门、前庭充分涂润滑剂后，分别缓慢牵引胎头和两前肢（正生时）或两后肢（倒生时），迫使阴门和前庭扩张，拉出胎儿。不能扩张的，可采用会阴侧切术或剖宫产术，取出胎儿。切勿强拉撕裂前庭和阴门。

阴门及前庭损伤（trauma of the vulva and vestibule） 因阴门开张不全、胎儿过大或粗暴助产造成。主要为撕裂创，严重的可裂至肛门，损伤前庭及肛门的括约肌，粪流入阴道。按一般外科方法处理，将创缘粘接或缝合。伴发阴道及宫颈损伤的，需同时检查和治疗。

阴门切开术（episiotomy） 又称会阴侧切术、外阴切开术。难产时扩大母畜阴门、便于胎儿娩出的手术。适用于正生胎头相对过大抵住阴门无法产出之时，以防强拉撕裂阴门。一般不需麻醉，用剪刀在阴门上角的一侧向外上方剪开，切口大小以能娩出胎头为度。胎儿娩出后立即缝合，分黏膜和肌层、皮肤两层缝合。

阴门炎（vulvitis） 又称外阴炎。阴门的炎症。炎症可局限在黏膜层，或向深层发展。常见于难产后，或与阴道炎、前庭炎并发。患畜阴门肿胀、外翻，被覆有浆液性、黏液性或脓性分泌物。用消炎药液涂敷或冲洗进行治疗。

阴囊（scrotum） 藏纳睾丸和附睾的皮肤-肌肉囊。一般位于腹股沟部或略后，猪、猫位于大腿后面和肛门下方。除猪外，一般有略细的阴囊颈。兔阴囊较原始，左右分开，又称腹股沟皮囊。阴囊壁由下列各层构成：①皮肤，较薄，沿中线形成阴囊缝，含较多汗腺和皮脂腺，大多具有被毛，裸露的则常有色素，如马、犬；②肉膜，由结缔组织和平滑肌束构成，与皮肤紧贴并形成阴囊中隔；③精索外筋膜，为腹外斜肌筋膜的延续，在附睾尾处与肉膜愈着而构成阴囊韧带；④提睾肌及筋膜，由腹内斜肌及其筋膜分出，位阴囊外侧壁；⑤精索内筋膜，相当于腹横筋膜，与鞘膜相连；⑥鞘膜壁层，由腹膜延续而来。阴囊内温度一般低于腹腔 3～4℃，以利于睾丸的精子发生；肉膜和提睾肌则可根据外界气温对其进行调整。禽睾丸位于腹腔内，周围气囊可能有降低温度的作用。

阴囊积水（hydrocele） 阴囊鞘膜腔内渗出液潴留的现象。有时伴有睾丸或附睾萎缩。发生原因多因睾丸、精索外伤所致，也可由于盘尾丝虫侵袭并发鞘膜腔内积水。临床出现单侧或双侧性阴囊肿大、软而缺乏弹性。急性症增温、疼痛，慢性症无痛、不增温，往往显著增大，有水肿样抵抗。应与阴囊疝鉴别。宜对症治疗，急性期治疗用热疗促其吸收。对慢性病例在严格消毒情况下吸出积液，再注入碘溶液。去势是最有效的根治方法。

阴囊皮肤病（skin diseases of the scrotum） 阴囊皮肤被硒、碘等化学药品作用，再加细菌感染，皮肤受到刺激，产生渗出液，对细菌、霉菌类极易感染而发生的皮肤病，可选择对症的抗生素治疗。

阴囊疝（scrotal hernia） 外疝的一种，腹股沟疝的变形。公马、猪、狗都可发生，幼畜多发，其原因与腹股沟疝相同，与内分泌机能有关。症状是单侧或双侧阴囊肿大，有还纳性、肿胀柔软富有弹性、无痛、无热、无全身症状。当疝内容物发生嵌顿时，则出现腹痛症状。先天性阴囊疝在幼小时有自然治愈的可能性，故不宜急于手术治疗。一般手术治疗与去势同时进行。

阴性颈静脉搏动（negative jugular pulse） 超过颈中部以上的颈静脉逆行波。为心脏衰弱、右心积血的结果。特点是搏（波）动出现于心搏动与动脉脉搏之前。

阴性血清（negative serum） 又称阴性对照血清（negative control serum）。通过系统检查，证明未感染特定疫病病原以及无其他传染性疾病的健康同源动物的血清。有些阴性血清在血清学检验时，其结果应在判定标准以内，如马鼻疽补体结合反应阴性血清在 1∶5 与 1∶10 稀释时，不应发生任何抑制溶血现象。

阴性造影剂（negative contrast agents） 又称低密度造影剂。造影剂的一种。该造影剂被引入体内后可出现低密度阴影，与周围的组织或结构形成人工对比。此类造影剂有空气、氧和二氧化碳等，可用于关节造影、膀胱造影、阴道造影、胃造影、结肠-直肠造影和气腹造影等。

龈（gum） 紧贴上、下颌游离缘和包裹齿颈或长冠齿一部分齿冠的口腔黏膜。紧密附着于骨膜和齿，无黏膜下层；较厚，因富有毛细血管而呈淡红色，可有色素斑。感觉神经分布较少。与齿周膜和唇、颊等口腔黏膜相移行；至最后臼齿之后形成连接上、下颌的翼下颌襞，内含同名韧带。反刍兽无上切齿，该处齿龈变形为一对半月形齿垫，又称齿枕，黏膜紧贴于厚的结缔组织上，上皮高度角化。

引流(drainage) 使组织腔洞、器官、体腔的内容物排出体外。在手术中放置胶管、塑料管和纱布等作为引流，其目的是预防血液、渗出液蓄积在体腔和手术创；排出化脓病变的脓汁、坏死组织；促使术野死腔缩小或闭合，还有防止某些伤口皮肤过早愈合。引流分为被动引流与主动引流两种。被动引流以胶管和纱布等材料，利用体内体液与大气之间的压力差或毛细管、虹吸作用完成引流。主动引流通过减压器的负压作用将创内的液体吸出。引流使用不当能引起并发症，故使用时要严格掌握。

引器（gubernaculum） 又称导刺带。线虫雄虫交合刺鞘远端部（靠近泄殖腔处）背侧壁上的一个角化增厚部分，常具有明确且固定的形状和大小，是引导和约束交合刺进出与分合的器官。引器本身不能活动。不同种线虫引器的形态与大小不同，是分类的依据。有些种无引器。

引物（primer） 作为 DNA 复制起始点，在核酸合成反应时，作为每个多核苷酸链进行延伸的出发点而起作用的一小段单链多核苷酸链，在引物的 3′-OH 上，核苷酸以二酯链形式进行合成，因此引物的 3′-OH 必须是游离的。一般所说引物，指 DNA 引物。引物设计原则：引物是人工合成的两段寡核苷酸序列，一个引物与感兴趣区域一端的一条 DNA 模板链互补，另一个引物与感兴趣区域另一端的另一条DNA模板链互补。

吲哚试验（indole test） 鉴定细菌特别是肠杆菌能否分解蛋白质中的色氨酸而形成吲哚（靛基质）的生化试验。原理是细菌分解色氨酸产生的吲哚与对二甲氨基苯甲醛作用，形成玫瑰吲哚（玫瑰红）。将待检菌接种于富含色氨酸的蛋白胨或胰胨水溶液，在37℃培养24～48h，用乙醚等有机溶剂抽提，待分层后加入数滴吲哚试剂（对二甲氨基苯甲醛），摇匀，如有吲哚产生，培养基上层可呈红色。另外一种简单的方法是在细菌接种后，用一草酸试纸条夹在试管塞上，吲哚（在37℃挥发）产生时，与草酸作用而使试纸变为红色。

饮水中枢（drinking center） 与饮水活动有关的位于丘脑下部的神经细胞群。下丘脑外侧部的视前区可能有基本的饮水中枢，兴奋时引起动物渴觉和饮水行为，饮水后兴奋即消除。破坏此区则动物对通常饮水的反应减弱。

饮欲亢进（polydipsia） 动物饮入异常多量的饮水或饮欲异常强烈的现象。乃机体水分丧失过多或水代谢紊乱所致，见于大出汗、剧烈下痢、呕吐、多尿症、渗出性疾病、热性病、某些中毒和神经系统性疾病等。

隐孢子虫病（cryptosporidiosis） 隐孢子虫（*Cryptosporidium*）寄生于多种动物和人的消化道、呼吸道黏膜上皮细胞表面引起的原虫病。病原属于孢子虫纲、隐孢科。隐孢子虫常与其他病原体联合致病，免疫缺陷者出现严重症状。病畜精神沉郁，食欲不振，腹泻，脱水，严重者可导致死亡。禽类除腹泻、食欲减退外，还可能出现呼吸道症状。人出现腹泻，排水样便，伴有痉挛性腹痛等症状。诊断可用饱和蔗糖液法或甲醛—醋酸乙酯沉淀法收集粪便中的卵囊检查；或采集病料用金胺—酚染色法、沙黄—美蓝染色法以及金胺—酚—改良抗酸复染法进行检查。无特效药物。预防应提高畜禽免疫力，加强卫生措施。

隐孢子虫属（*Cryptosporidium*） 属真球虫目（Eucoccidia）、隐孢科（Cryptosporididae），特征是卵囊含4个裸露的子孢子，不含孢子囊。虫种较多，各种隐孢子虫有一定的宿主偏好，但没有严格的宿主特异性，其中很多种人兽共患。常见种有：小隐孢子虫（*C. parvum*）、小鼠隐孢子虫（*C. muris*）、安氏隐孢子虫（*C. andersoni*）、人隐孢子虫（*C. hominis*）、牛隐孢子虫（*C. bovis*）等，寄生于哺乳动物；火鸡隐孢子虫（*C. meleagridis*）与贝氏隐孢子虫（*C. baileyi*），主要寄生于鸟类；摩氏隐孢子虫（*C. molinari*），寄生于鱼类；蛇隐孢子虫（*C. serpentis*）和蜥蛇隐孢子虫（*C. saurophilum*），寄生于蜥蜴和蛇等动物。隐孢子虫寄生于肠黏膜上皮细胞或呼吸道黏膜上皮细胞的细胞膜与细胞浆膜之间。隐孢子虫各发育阶段的形态构造和艾美耳亚目的其他球虫相似，在发育过程中先后经历卵囊、子孢子、裂殖体、裂殖子和配子体、配子等几种形式。各种隐孢子虫的发育过程类似。

隐蔽抗原（inaccessible antigen） 隐蔽在某些组织内部的抗原。在正常情况下不外泄，一旦因外伤或其他原因而导致外泄，即能激活淋巴系统，产生自身抗体，如眼球晶状体蛋白、甲状腺球蛋白、精子蛋白等。当这些物质外泄后，即可引起交感性眼炎、甲状腺炎和无精子症等自身免疫病。

隐睾症（cryptorchidism） 单侧或双侧睾丸不能降入阴囊，滞留在腹腔或腹股沟管的一种疾病。正常情况下，牛、羊、猪的睾丸在出生前、马在出生后2周内降入阴囊。单侧隐睾可能具有生育能力，双侧隐睾症者不育。以猪、马多见，牛、羊较少。猪发生率为1%～2%，长期近亲交配的羊群中，发生率可达10%以上。一侧性隐睾的公羊中，90%以上为右侧睾丸，且滞留于腹腔。病因尚不十分清楚，但有遗传性和家属性倾向。患畜一般性欲正常，但阴囊小。触诊阴囊、腹股沟外环，结合直肠检查即可确诊。患畜禁作繁殖用，可手术摘除隐睾后肥育或使役。纯种犬的隐睾有一定发生率，需要手术摘除以防癌变。

隐匿管状线虫（*Syphacia obvelata*） 又称鼠蛲虫。属于尖尾目。寄生于小鼠、大鼠的肠道。雄虫长1.3mm，雌虫长3.5～5.7mm，有小颈翼。雄虫尾部向腹侧弯曲，有一对硕大的尾乳突，其后为一骤变细长的尾尖。交合刺一根。生活史属直接型。

隐球菌属（*Cryptococcus*） 一群呈圆形或卵圆形、酵母样真菌。营养型为球形或卵圆形的单细胞，外包典型的多糖荚膜；少数种能形成假菌丝。在培养基上发育成不透明、奶油样菌落。以多极性出芽繁殖。本属19种成员中，仅新型隐球菌（*C. neoformans*）有致病性，可引起马的呼吸道疾病，牛、羊的乳腺炎以及人的肺炎、慢性脑膜炎。

隐性感染（latent infection） 不呈现明显的临床症状而呈隐蔽经过的感染。隐性感染的病畜或称为亚临床型。有些病畜虽然外表看不到症状，但体内可呈现一定的病理变化；有些隐性感染病畜既不表现症状，又无肉眼可见的病理变化，但能排出病原体散播传染，一般只能用微生物学和血清学方法检查出来。这些隐性感染病畜在机体抵抗力降低时也能转化为显性感染。

隐性流产（recessive abortion） 动物配种怀孕后

在无明显的临床症状情况下发生的流产，死亡的胚胎或胎儿发生液化并被母体吸收或在发情时随子宫分泌物一同排出体外。病畜表现为屡配不孕或返情期推迟，多胎动物（如猪、羊、犬、猫）可表现为全流产或部分流产，部分流产表现为窝产仔数减少。马、牛、驴、猪、绵羊、山羊、犬、猫等均可发生。马的发病率可达 18%，牛可达 38%，猪和羊可达 30%。病因较复杂，与饲养管理、普通疾病、传染性疾病和寄生虫性疾病等均有关系。参见流产。

隐性乳房炎（"hidden" mastitis） 又称临床型乳房炎。没有临床可见的病理变化的乳房炎。

隐性乳腺炎（hidden mastitis） 见非临床型乳腺炎。

隐性子宫内膜炎（sub-endometritis） 子宫黏膜无肉眼可见变化的轻度炎症。不表现临床症状，发情期正常，但屡配不孕。发情时子宫排出的分泌物较多，有时分泌物不清亮透明，略微浑浊。直肠检查及阴道检查也查不出任何异常变化。比较可靠的诊断方法是检查冲洗回流液。将冲洗回流液静置后发现有沉淀，或偶尔见到有蛋白样或絮状浮游物，即可做出诊断。浮游物为异常游走白细胞、黏液和变性脱落的子宫黏膜所形成。

印压涂片（impression smear） 在载玻片上制成的病变组织表面或切面的触印薄片。在空气中干燥或在酒精内固定和染色后供显微镜检查用。

应激（stress） 机体受到各种强烈或有害刺激时产生的一种全身性非特异性适应反应。可分为生理性和病理性应激，都出现以蓝斑—交感—肾上腺髓质系统、下丘脑—垂体—肾上腺皮质系统为主的变化。在生理情况下，应激反应时间短，有利于提高机体对内、外环境的适应以维持内环境相对稳定；而在病理情况下，则因应激反应过强和持续时间长而给机体造成损害。凡由应激引起的疾病称为应激性疾病，如猪应激性综合征、牛运输热等。

应激反应（stress response） 机体受到各种内外环境因素刺激或长期作用时，发生的以交感神经过度兴奋和肾上腺皮质功能异常增强为主要特征的一系列神经内分泌反应。除交感-肾上腺髓质系统和垂体-肾上腺皮质系统外，血液中生长激素、催乳素、胰高血糖素、β-内腓肽、抗利尿激素及醛固酮等激素含量也增加。意义在于整合调节机体各种机能和代谢，以提高其适应能力和维持内环境的相对稳定。任何躯体的或情绪的刺激只要达到一定强度，都可以成为应激源。这些应激源包括外界环境因素、机体内在因素和心理社会因素等方面，如创伤、手术、饥饿、疼痛、缺氧、寒冷以及惊恐等。动物对这些应激源的反应受遗传因素、年龄、经历以及当时生理状态的影响。一般而言，适度的应激刺激对动物机体有利，但过强或长时间的应激则对机体有害。

应激性（irritability） 非可兴奋组织细胞在刺激作用下能发生反应的能力。体内组织细胞分为可兴奋组织细胞（神经、肌肉、腺体等）和非可兴奋组织细胞（除神经、肌肉、腺体以外的其他组织细胞）两类，把可兴奋组织细胞对刺激发生反应的特性称兴奋性（excitability），而将非可兴奋组织细胞的这一特性称为应激性。可兴奋细胞在刺激作用下引起膜电位下降，可产生动作电位；而非可兴奋细胞在刺激作用下也可表现膜电位下降，但不能产生动作电位。

应激原（stressor） 引起应激反应的各种因素。可分为 3 大类：①外环境因素，如温度的改变、射线、噪声、强光、电击、低压、低氧等；②内环境因素，如中毒、创伤、感染、剧烈疼痛、发热等；③情绪因素，如恐惧、愤怒、孤独等。

鹦鹉热（psittacosis） 又称鸟疫（ornithosis）、禽衣原体病。衣原体科衣原体属中的鹦鹉热衣原体（*Chlamydia psittaci*）引起人与畜禽共患的接触性传染病。经呼吸道及皮肤伤口感染。常见浆液性结膜炎，羞明流泪，上呼吸道症状，排绿色带血稀粪，颈腿麻痹。病变为鼻腔、气管黏膜有黏液性纤维素性沉着物，气囊浑浊有纤维素性渗出物，肝、脾肿胀，表面有坏死灶和出血点，心包炎，心肌炎和肠炎。进行病原分离鉴定和血清学检查可确诊。预防应作定期检测，严格检疫，彻底消毒，建立健康群。使用广谱抗生素治疗有良效。

荧光激发细胞分检器（fluorescein activated cell sorter，FACS） 应用荧光抗体技术分检细胞的仪器。使荧光素标记的细胞通过喷嘴形成以极细微滴组成的细胞流，每小滴至多含 1 个细胞，此液流以每秒 1 000～5 000个细胞的速度通过激光束，根据细胞的荧光强度及大小不同，细胞流在电场中发生偏离，最后分别收集于不同容器中。本法主要用于分检淋巴细胞，分离程序不损害细胞活力，且可在无菌条件下进行。细胞纯度可达 90%～99%。本法还可用于淋巴细胞杂交瘤的细胞克隆。

荧光菌团法（fluorescent bacterial aggregation） 一种既有集菌作用，又具有荧光抗体染色作用的染色法。分为菌团培养染色法和菌团沉淀染色法 2 种。前者是将样品与用胰蛋白胨水稀释的荧光抗体混合，然后 37℃培养 6～8h，置荧光显微镜下可见荧光菌团。后者是先将待检材料接种增菌培养基，再取培养液与荧光抗体混合，离心，获得沉淀，经荧光显微镜观察可见荧光菌团。

荧光抗体（fluorescent antibody）　见荧光素标记抗体。

荧光素标记抗体（fluorescein labelled antibody）即荧光抗体，以荧光色素（常用异硫氰酸荧光素）与IgG型抗体分子的自由氨基共价结合所形成的标记有荧光素的抗体。主要用于细胞内抗原的检测和定位。抗原所在的部位，在荧光显微镜下呈明亮的黄绿色荧光。

荧光显微镜（fluorescence microscope）　利用光波较短的紫外光或蓝紫光，使荧光性物质受到激发，产生光波较长的可见荧光，用以观察标本中发出荧光的物体的显微镜。这种显微镜特别适用于免疫荧光技术。荧光显微镜由光源、滤色系统和显微镜3部分构成。光源一般为高压汞灯或溴钨灯，光束通过激发滤光片，只让紫外光或蓝紫光通过，然后聚焦到标本上。在目镜和物镜之间有一吸收滤光片，只允许荧光通过，以保护眼睛。将荧光素与抗体结合，形成荧光抗体，它与相应抗原作用后，在荧光显微镜下即可观察到荧光影像。

营养（nutrition）　食物中的营养素和其他物质间的相互作用与平衡对健康和疾病的关系，以及机体摄食、消化、吸收、转运、利用和排泄物质的过程。

营养不良性钙化（dystrophic calcification）　固体性钙盐沉积在变性、坏死组织或病理产物中的钙化。例如结核病时的干酪样坏死灶、血栓、死亡的寄生虫及虫卵、动脉管壁的变性平滑肌层、玻璃样变性的纤维组织等处常可发生。其发生可能与局部碱性磷酸酶活性增高或坏死组织中缺乏碳酸有关。

营养不良性水肿（nutritional edema）　又称低蛋白血症（hypoproteinemia）、恶病质性水肿（cachectic edema）。一种因营养缺乏而引起的全身性水肿。因长期缺乏蛋白性饲料或其他营养物质，长时间的负氮平衡造成动物血浆蛋白含量减少，胶体渗透压降低，因而出现全身性水肿。常见于严重的寄生虫病、慢性消化道疾病等消耗性疾病。

营养缺乏症（deficiency disease）　由于缺乏一种或多种维持生命所必需的营养物质而导致的疾病的泛称。如各种维生素缺乏症、微量元素缺乏症等。

营养衰竭症（nutritional exhaustion）　以慢性进行性消瘦为特征的营养不良综合征。因摄入营养不足或机体消耗能量过度导致全身性代谢水平下降所致。马属动物过劳症、耕牛衰竭症、母猪消瘦综合征和绵羊地方性消瘦（钴缺乏症）等，均属营养衰竭症的范围。其共同特征是消瘦，体温下降，器官功能低下，反射迟钝，胃肠蠕动低且弱，脉少而无力。治疗可静脉注射葡萄糖溶液和肌内注射ATP溶液。

营养素（nutrient）　能提供动物生长发育、维持生命和进行生产的各种正常生理活动所需要的元素或化合物。人和动物所必需的营养素有蛋白质、脂肪、糖类、矿物质、维生素、水等6类。

营养性不育（infertility due to nutritional factors）由于营养物质缺乏（如饲料数量不足、蛋白质缺乏、维生素缺乏、矿物质缺乏等）或营养过剩而引起动物的生育力降低或丧失。营养缺乏对生殖机能的直接作用主要是通过垂体前叶或下丘脑，干扰正常的LH和FSH释放，并且影响其他内分泌腺。有些营养物质缺乏则可直接影响性腺，如某些营养物质的摄入或利用不足可引起黄体组织的生成减少，孕酮含量下降，从而使繁殖机能出现障碍。营养失衡也会对生殖机能产生直接影响，在母畜还可引起卵子和胚胎死亡。

营养性贫血（nutritional anemia）　造血物质缺乏（供应不足或吸收障碍）致使红细胞和血红蛋白生成减少的一种疾病。见于铜、铁、钴等微量元素，以及维生素B_{12}、叶酸、烟酸、硫胺素、核黄素等缺乏时。主要发生于猪、反刍兽等家畜。防治应查明病因，补饲全价日粮，应用微量元素和维生素制剂。

营养性水肿（trophedema）　由于营养物质摄入不足、吸收障碍或耗损过多导致低蛋白血症所引起的水肿。

蝇毒磷（coumaphos）　有机磷驱线虫药和杀虫药。对牛、羊血矛线虫、奥斯特线虫、毛圆线虫、古柏线虫、毛首线虫有高效；对鸡毛细线虫、蛔虫、盲肠虫也有效。外用杀蜱、虱、蚤、蝇、牛皮蝇蚴等。对宿主的安全范围较窄。

蝇蛆病（myiasis）　由昆虫纲（Insecta）、双翅目（Diptera）寄生蝇类的幼虫侵袭家畜所引起的疾病的总称。危害较大的主要是胃蝇蛆病、皮蝇蛆病和鼻蝇蛆病。牧区发生普遍。寄生蝇类成蝇的虫体分为头、胸、腹3部。胸部除有3对肢以外，还有1对前翅，后翅退化为平衡棒。腹部末端附肢变为外生殖器。幼虫俗称蛆，无头、无翅、无肢。发育属完全变态，除胎生的狂蝇以外，一般都要经过卵、幼虫、蛹和成虫4个阶段。雄蝇交配后即死去；雌蝇在产出虫卵或幼虫后死去，寿命一般也不超过1个月。在产卵期间既不采食，也不叮咬家畜。整个发育周期约1年。该病无特殊症状，结合临床症状，检查到虫体即可确诊。常用伊维菌素、阿维菌素、敌百虫等进行治疗。

硬变（cirrhosis）　见硬化。

硬产道（hard birth canal）　由荐骨、前3个尾椎、髋骨（髂骨、坐骨、耻骨）和荐坐韧带共同构成的通道。硬产道包括入口（由荐骨基部、髂骨干、耻骨前缘组成)、出口（由第一尾椎、荐坐韧带、坐骨弓组成)、骨盆顶（荐骨和前3个尾椎的腹面)、侧壁（由髂骨干、坐骨髓臼部和荐坐韧带组成）和骨盆底（耻骨和坐骨的背面）各部。分娩是否顺利，和骨盆大小、形状、能否扩张有重要的关系。

硬化（sclerosis） 器官或组织内结缔组织大量增生而质地变硬的一种病理变化。是许多慢性病理过程的最终结局。器官硬化如同时出现体积缩小，则称为硬变。例如，肝细胞广泛坏死后，纤维组织大量增生，造成肝硬化或肝硬变。慢性肾炎时，由于大量肾小球纤维化和肾小管萎缩，间质内结缔组织增生，最终导肾硬化或肾固缩。

硬脉（hard pulse） 感觉比较硬实、有力的脉象。管壁紧张而有硬感，脉管对检指的抵抗力大。常见于破伤风、急性肾炎及伴有剧烈疼痛的疾病等。高度的硬脉称钢脉，多提示预后不良。

硬膜外麻醉（epidural anesthesia） 将局麻药液注射到脊髓硬膜外腔内使会阴、后肢、侧腹壁等处产生的较大范围的区域麻醉。注射部位可分为腰硬膜外麻醉（在最后胸椎和第一腰椎间)、腰荐硬膜外麻醉（最后腰椎与荐椎之间)、尾椎麻醉（荐椎与尾椎间或第一与第二尾椎间)。腰椎范围的麻醉用于牛瘤胃切开、剖宫产及乳房手术，腰荐硬膜外麻醉用于猫、犬、羊、猪的剖宫产、去势术等。尾椎麻醉用于直肠、肛门、阴道、包皮等部手术。常用2%～5%普鲁卡因、1%～2%利多卡因。

硬蜱科（Ixodidae） 属于节肢动物门、蛛形纲、蜱螨目，即通称硬蜱的全部种类。一般呈红褐色，背腹扁平，长卵圆形。未饱血蜱芝麻至米粒大，头胸腹愈合在一起。整个虫体可区分为假头和躯体2部分。假头由1个假头基、1对须肢、1对螯肢和1个口下板组成；躯体背面有背板覆盖，生殖孔位于躯体腹面，为一横裂孔。足从腹面的两侧伸出，幼虫有足3对，若虫和成虫有足4对。内脏器官存在于躯体内部。其他结构包括腹面的各种沟、眼、缘垛、肛孔、气门等。硬蜱种类繁多，假头、躯体、足及其他结构的形态与组成是蜱种鉴定的重要依据。我国常见种有微小牛蜱（*Lxodes microplus*)、全沟硬蜱（*I. persulcatus*)、长角血蜱（*Haemaphysalis longicornis*)、青海血蜱（*H. qinghaiensis*)、血红扇头蜱（*Rhipicephalus sanuineus*）和镰形扇头蜱（*R. haemaphysaloides*）等。不同种蜱生活习性不同，侵袭对象亦不同，它们的共同危害是吸食宿主血液的直接危害和传播多种其他病原体的间接危害。

硬X线（hard X-ray beam） 能量大、穿透力强的X线。硬X线由较高千伏产生，或应用过滤使能量小的X线被吸收而剩余的能量大、穿透力强的X线。

硬性阴影（hard shadow） 胸部X线检查时出现的一种密度增高的、与正常组织分界明显的病变组织密影。如肺部增殖性病变的肉芽组织，在愈合过程中逐渐老化收缩形成的密影；在肺间质组织发生纤维性变化时表现的粗乱条索状或网状结构的密影。

永久寄生（permanent parasitism） 那些一生任何阶段都不离开宿主的寄生虫的生活方式。例如旋毛虫，其幼虫阶段寄生在宿主的肌肉中，当这个宿主的肌肉被另一宿主摄食后，幼虫便在后一个宿主的肠道中发育为成虫；雌、雄成虫交配后，雌虫把幼虫产在宿主肠壁的淋巴间隙中，幼虫随血液进入肌肉中寄生。

用力呼吸（labored breathing） 吸气和呼气动作都是主动过程的呼吸。在剧烈的用力呼吸时，几乎所有呼吸肌都参加了呼吸运动。

优势决定簇（superior determinant） 抗原分子上在众多不同特异性的决定簇中，免疫原性最强、免疫时占优势的决定簇。如溶菌酶的第64～84氨基酸残基形成的双肽。

优选法（optimum seeking method） 近交系动物基本繁殖方法之一。每代固定选出一定对数的同胎兄妹组对交配，允许其中的生产性能良好的几对向下繁殖，系谱呈树枝状。这种方法保留了单线法和平行线法两种方法的优点，选择范围较大，当一代中某对不孕或生产能力低时，还有传递下去的可能性，是近交系动物保种的较好方法。

幽门（pylorus） 胃的出口，与十二指肠相通。胃肌膜的环肌层至幽门处增至最厚，形成幽门括约肌，然后移行为十二指肠的环肌。幽门括约肌在终止处围绕幽门口形成环形枕，被覆的黏膜则集拢成低褶。猪和反刍兽幽门括约肌不完整，在胃小弯部较薄弱，此处形成半圆形或长圆形隆起的幽门枕，内有肌纤维和脂肪组织，当松弛时突入幽门而将其堵塞，收缩时则将其开放。

幽门狭窄（pylorostenosis） 胃和十二指肠之间的通道狭窄，造成胃内容物后运困难。由于先天性幽门肌肥大，或由于胃黏膜肥厚、幽门痉挛或肿瘤等后天性原因引起。表现为胃膨满、内容物向十二指肠转运困难，动物食欲降低，在食后数小时可发生呕吐（犬、猫、猪)。病程拖长，引起脱水，体力衰弱。对幽门痉挛投给解痉药，少量多次喂食，控制原发病。

油菜中毒（rape poisoning） 牛采食大量油菜所致的以溶血性贫血为主要特征的中毒病。临床表现为结膜苍白、黄染，心跳和呼吸增数，腹泻，血尿，体温偏低或升高。严重病例在虚脱状态下迅速死亡。牛突发失明，有的牛继发肺水肿或肺间质性气肿，张口呼吸，鼾声和皮下气肿。除立即输血和进行补血治疗外，可进行对症疗法。

油乳佐剂（oil emulsion adjuvant） 储存佐剂中的一种，用油类物质和乳化剂按一定比例混合而成的佐剂。由矿物油、水溶液和乳化剂组成。分单相乳化佐剂和双相乳化佐剂两型。前者如水包油（O/W）、油包水（W/O）型乳化佐剂。通常W/O型佐剂较黏稠、不易注射，注射后动物反应大，在机体内不易分散，但佐剂活性优良，是生物制品中所采用的主要剂型；O/W佐剂较稀、易注射，动物反应小，在机体内易分散吸收，但佐剂活性较低。后者又称复合乳化佐剂，如水/油/水或油/水/油型乳化佐剂。油乳佐剂的效能、安全性与油和乳化剂的品质、乳化方法及技术密切相关。

油乳佐剂苗（oil emulsion adjuvant vaccine） 用油乳佐剂和抗原按照一定比例乳化制成的疫苗。

油桐中毒（aleurites cordii poisoning） 家畜误食油桐或其制剂用量过大，因其所含油桐酸（aleuritic acid）等皂角苷所致的中毒病。中毒家畜食欲废绝，呕吐，剧烈腹痛，粪稀如水，粪中混有黏液和血液，尿量增多，胸前、腹下和四肢浮肿，脉速而弱，体温接近正常。治疗宜用高锰酸钾液洗胃，同时静脉注射强心剂、等渗葡萄糖以及碳酸氢钠注射液。

油脂腐败变质（fat spoilage） 食用动物油脂在保存过程中，由于受组织酶、脂肪不饱和程度、油渣、空气中的氧气、光线、水分、温度、金属、外界微生物等的作用，发生水解和一系列氧化反应使油脂变质酸败的过程。由于猪、马、鱼油脂中含有较多的不饱和脂肪酸，再加上其中无天然抗氧化剂存在，所以很容易发生氧化变质，出现发黏、变黄和令人不愉快的气味与滋味，并形成对人体有害的各种醛、醛酸、酮、酮酸及羟酸等化合物，可引起食用者食物中毒或诱发人类的某些肿瘤疾病。动物油脂变质分解的主要形式为水解和氧化，多数情况下两种形式同时存在。

游离基因（episome） 又称附加体。细胞内遗传物质的一部分，既能在细胞内独立于染色体存在，又能整合到核染色体组上。游离基因包括插入序列和转座子。病毒是另一种类型的游离基因。病毒能将其遗传物质整合到宿主染色体上，使病毒核酸随宿主遗传物质复制。作为一种自主单元，当病毒需要产生新的病毒粒子时，病毒核酸就会强制利用宿主复制元件破坏宿主细胞。还有一种类型的游离基因称为F因子。F因子决定遗传物质能否从一种生物转移到另一种生物中。F因子存在3种形式：FPLUS，Hfr和F prime。FPLUS独立存在于染色体之外；Hfr表示高频重组菌株，能整合到宿主染色体上；F prime因子存在于染色体之外但是带有部分染色体DNA。

游走细胞（wandering cell） 又称变形细胞。能够在组织内自由移动的细胞。一些淋巴细胞、中性粒细胞能穿过毛细血管壁进入周围的组织。

游走抑制因子（migration inhibitory factor，MIF） 又称巨噬细胞活化因子（macrophage activating factor，MAF）。抑制单核-巨噬细胞游走，并能使其活化的淋巴因子。是一种对糜蛋白酶和神经氨酸酶敏感的糖蛋白，能使游走而来的巨噬细胞不再扩散，在局部发挥吞噬作用，并增强其对吞入细菌的消化作用和对靶细胞的杀伤作用。活化的巨噬细胞还能释放一些具有杀菌和溶解炎性产物的活性因子，有利于炎性组织的修复。白细胞游走抑制因子（leukocyte migration inhibitory factor，LIF）与MIF功能相似，但理化性质不同。MIF和LIF均可在体外通过游走抑制试验（migration inhibition test）加以检测。

有齿冠尾线虫（*Syngamus dentatus*） 又称肾虫。属于冠尾科（Stephanuridae）、冠尾属（*Stephanurus*）。寄生于猪的肾盂，肾周围脂肪和输尿管壁等处，偶寄生于腹腔及膀胱等处。常寄生在由宿主结缔组织所形成的包囊内，包囊有管道与泌尿系统相通连。除猪以外，亦能寄生于黄牛、马、驴和豚鼠等动物。分布广泛，危害性大。虫体粗壮，形似火柴杆。新鲜时呈灰褐色，体壁透明，其内部器官隐约可见，口囊呈杯状，壁厚，底部有6～10个小齿。口缘有一圈细小的叶冠和6个角质隆起。雄虫长20～30mm，交合伞小，腹肋并行，其基部亦为一总干，前肋细小，中侧肋和后侧肋较大；外背肋细小，自背肋基部分出，后者粗壮，其远端分为4个小枝。生殖锥突出于伞膜之外。交合刺两根，有引器和副引器。雌虫长30～45mm，阴门靠近肛门。卵呈长椭圆形，较大，灰白色，两端钝圆，卵壳薄，大小为（99.8～120.8）μm×（56～63）μm，内含32～64个深灰色的胚细胞，但胚与卵壳间仍有较大的空隙。

有毒气体（toxic gas） 常温常压下呈气态或极易挥发的有毒化学物。来源于工业污染，煤和石油的燃烧及生物材料的腐败分解。对呼吸道有刺激作用，亦易吸入中毒。包括氨、臭氧、二氧化氮、二氧化硫、一氧化碳、二氧化碳、硫化氢及光化学烟雾等。后者系烃类、氮氧化物等大气污染物在日光作用下经光化学反应所形成的浅蓝色烟雾，是某些城市的一种公害。

有毒植物（toxic plant） 含植物毒素、对人和动物能产生毒害作用的植物。植物毒素是植物体内代谢生成或富集的有毒化学物质，主要有生物碱、苷、毒蛋白、多肽、胺类、萜类、酚类、重金属和硝酸盐，如毒芹碱、蓖麻毒素、苦杏仁苷、除虫菊内酯，棉酚、硒等。中国有毒植物以毛茛科、杜鹃花科、大戟科、茄科、百合科、豆科的有毒种最多，约 330 种，大部分野生，如蕨、夹竹桃、羊踯躅、蓖麻、栎属植物、苦楝、毒芹、萱草等。

有毒紫云英中毒（toxic astragalus sinicus poisoning） 马、猪等采食紫云英后发生似疯草病（locoweed disease）样症状的中毒病。有毒成分可能是有毒紫云英所含的脂肪族硝基化合物。临床上分急性和慢性两种。前者突然发病，很快死亡。后者病程较长，马表现为食欲废绝，惊恐不安，四肢、背腰发硬，后肢麻痹，被迫卧地，前肢作游泳状划动；猪除表现与马相似的症状外，耳尖、鼻端和四肢末梢冷凉，体温降低；成年羊易发流产或所产羔羊先天性畸形。本病无特效治疗药物，宜对症治疗。

有害动物（injurious animals，noxious animal） 能给旅馆、饭店、厨房以及食品加工企业、食品仓库等造成危害的啮齿动物和昆虫。前者如老鼠，不仅有破坏性而且是危险的传染源；后者如苍蝇及其他昆虫，包括家蝇、绿蝇、蟑螂、蚁、黄蜂、螨等也常被吸引到食品操作间，其中不少昆虫可将病原菌从垃圾或粪便带到食品，引起食源性疾病，而且也是造成贮藏食品腐败的重要原因。其他如蚊、螨、臭虫等卫生害虫都能传播人畜疾病。

有害金属（injurious metals） 指对人、畜可引起明显毒性作用的一类金属，如汞、镉、铅、砷等。又称金属毒物。有害金属在工农业生产或生活活动中，可能会通过工业“三废”排放或加工机械、容器、管道及工艺等途径，使其或其化合物溶入水和食品，再移行至人体。这些元素在体内其本身不变化不消失，有的还可以通过代谢富集或转化为毒性更大的化合物。有的能引起急性中毒，有些还有诱变、致畸或致癌作用。

有害食品添加剂（injurious food additives） 不符合食品添加剂管理规定允许使用范围，或者使用的目的在于掩饰食品品质低劣和欺骗顾客，既无改善品质、增加风味的作用，又不能为实验分析方法所侦察及鉴定的添加到食品中的各种物质。按 FAO/WHO 联合专家委员会对食品添加剂分类，属于原则上应禁止使用，或根据毒理学材料认为在食品上使用是不安全的或只限于使用于某些用途的食品添加物。

有核红细胞（erythroblast） 一种尚未成熟的红细胞，即晚幼红细胞。大量存在于骨髓中，脱核后进入外周血液。若外周血液中发现有核红细胞，说明骨髓受到刺激以及患有严重贫血性疾病。

有机氟化物中毒（organic fluoride poisoning） 见氟乙酰胺中毒。

有机汞农药中毒（organic mercury pesticide poisoning） 误食有机汞农药而发生的中毒病。主要发生于牛、羊。由于汞离子对黏膜和皮肤的腐蚀作用和抑制细胞色素氧化酶多种酶活性所致。急性症状以胃肠炎为主，如腹痛、腹泻、粪便带血、蛋白尿、血尿、尿闭等，后期呼吸困难，心力衰竭，虚脱死亡。慢性症状以神经症状为主，如肌肉震颤，感觉减退乃至呈麻痹状态，多数死亡。治疗除灌服豆浆、蛋白、牛奶外，应尽早应用巯基络合剂如二巯基丙磺酸钠抢救。

有机磷农药中毒（organic phosphatic insecticides poisoning） 畜禽由于接触、吸入或误食某种有机磷农药所致的中毒性疾病，以体内胆碱酯酶活性受抑制，从而导致神经机能紊乱为特征。突然发病，初期兴奋、狂躁不安，肌肉震颤，瞳孔缩小，后精神沉郁，流鼻涕，口吐白沫。腹泻、腹痛，粪便分泌物有时混有黏液或血丝，有大蒜味。随后流涎，腹泻、腹痛加剧，肠音亢进。支气管有啰音，分泌物增多。多汗，心跳加快，脉搏细微，呼吸快且困难，最后因呼吸中枢麻痹而死亡。诊断依据接触有机磷农药的病史，临床上呈现以胆碱能神经机能亢进为基础的综合症候群可初步作出诊断。确诊需要测定全血胆碱酯酶活力以及采取饲料或胃内容物进行有机磷农药的检验。治疗时应尽早实施特效解毒，尽快除去尚未吸收的毒物。实施特效解毒主要是应用胆碱酯酶复活剂和乙酰胆碱对抗剂，常有的胆碱酯酶复活剂有解磷定、氯磷定、双复磷和双解磷及阿托品制剂。

有机磷杀虫剂（organophosphorus insecticide） 一类最常用的农用杀虫剂，多数属高毒或中等毒类，少数为低毒类。杀虫机理是抑制胆碱酯酶活性，使害虫中毒。常用的有敌百虫、敌敌畏、敌敌畏钙、二溴磷、马拉硫磷（马拉松）、倍硫磷等。优点是具有广谱杀虫作用，对蚊、蝇、蜱、螨、虱、臭虫等均有杀灭作用；兼有触杀、胃毒和熏蒸等不同的杀虫作用；具有高效速杀性能，产生抗性或交叉抗性少。缺点是对人畜毒性一般较大，残效期短，在外界或动物体内易被降解；在碱性条件下易分解失效（敌百虫除外），在长期贮存过程中，有些有机磷杀虫剂可逐渐分解而失效。

有机硫农药中毒（organosulphourus pesticide poisoning） 家畜误食有机硫农药或喷洒有机硫农药的作物而引起的中毒病。临床表现为呕吐（猪），腹痛，下痢，随之伴发神经症状。严重病例呼吸、循环中枢机能衰竭，最后死亡。宜用高锰酸钾溶液洗胃后再投服盐类泻剂进行治疗。

有机氯农药中毒（organochlorine pesticide poisoning） 家畜误食或接触有机氯农药引起以神经系统机能紊乱为主要特征的中毒病。该类农药在中国已停止生产、使用。

有机氯杀虫剂（organochloric insecticide） 含氯原子的有机合成的杀虫剂。是一类应用最早的高效广谱杀虫剂，大部分是含一个或几个苯环的氯素衍生物，主要品种有滴滴涕（DDT）和六六六（BHC），其次是艾氏剂、异艾氏剂、狄氏剂、异狄氏剂、毒杀芬（氯化烯）、氯丹、七氯、开篷、林丹（丙体六六六）等。我国自1983年已停止生产六六六和滴滴涕，1999年规定在动物养殖中禁用六六六、滴滴涕、林丹、毒杀芬及制剂作杀虫剂。虽然有机氯农药被禁用或限用，但由于有机氯药性质相当稳定，易溶于多种有机溶剂，在环境中残留时间长，不易分解，并不断地迁移和循环，从而波及全球的每个角落。目前有机氯农药仍是一类重要的环境污染物，是食品中重要的农药残留物，也是全球的检测目标。

有机农业（organic farming） 在动植物生产过程中不使用化学合成的农药、化肥、生产调节剂、饲料添加剂等物质，以及基因工程生物及其产物，而是遵循自然规律和生态学原理，采取一系列可持续发展的农业技术，协调种植业和养殖业的平衡，维持农业生态系统持续稳定的一种农业生产方式。目的是达到环境、社会和经济三大效益的协调发展。

有机污染物（organic pollutant） 以碳水化合物、蛋白质、氨基酸以及脂肪等形式存在的天然有机物质及某些其他可生物降解的人工合成有机物质为组成的污染物。可分为天然有机污染物和人工合成有机污染物两大类。①天然有机污染物主要是由生物体的代谢活动及其他生物化学过程产生的，如萜烯类、黄曲霉毒素、氨基甲酸乙酯、麦角、细辛脑、草蒿脑、黄樟素等。②人工合成有机污染物是随着现代合成化学工业的兴起而产生的，如塑料、合成纤维、合成橡胶、洗涤剂、染料、溶剂、涂料、农药、食品添加剂、药品等。人工合成有机物的生产，一方面满足了人类生活的需要，另一方面在生产和使用过程中进入环境并在达到一定浓度时，便造成污染，危害人类健康。

有机锡农药中毒（organostannum pesticide poisoning） 家畜误食有机锡农药或喷洒有机锡农药的作物而引起的中毒病。临床表现为中枢神经和植物神经机能紊乱，如食欲废绝，呕吐，出汗，抽搐，肢体瘫痪，呼吸、心跳减慢，视神经乳头和视网膜水肿。严重病例昏迷，因呼吸和循环中枢麻痹而死亡。除用催吐剂和盐类泻剂治疗外，还可静脉注射高渗葡萄糖溶液、山梨醇注射液，以及选用强心剂、呼吸兴奋剂等。

有节律的脉搏（rhythmic pulse） 脉搏的间隔时间均等且强度一致。

有粒白细胞（granulocyte） 又称粒细胞、粒性白细胞。血液或组织中的一群源自骨髓的白细胞，特点是胞质中有许多颗粒，胞核呈分叶状。特殊颗粒的形态、大小、染色性、超微结构及功能因细胞种类而异。根据颗粒对染料亲和性的差异，分为中性粒细胞、嗜酸性粒细胞和嗜碱性粒细胞。

有腔囊胚（coeloblastula） 完全卵裂和均等卵裂类型的受精卵，经过多次卵裂后，形成中央有一较大囊胚腔的囊胚。见于蛙、海胆和文昌鱼等。

有丝分裂（mitosis） 又称间接分裂、体细胞分裂，过去曾称为核分裂。真核细胞分裂的基本形式。分裂时细胞停止执行生理功能，细胞核形态变化明显。一般将分裂过程分为前期、前中期、中期、后期和末期。前期主要发生染色质集缩成染色体、中心粒移向细胞的两极同时形成星体、核仁解体和核膜消失等；前中期主要进行动粒微管捕捉端粒，并进行染色体列队；中期主要是染色体整齐地排列在赤道面上；后期主要为姊妹染色单体分离，并逐渐移向细胞的两极；末期则与早期相反，到达细胞两极的染色体重新解聚成为染色质，核仁和核膜相继出现；与此同时，细胞质连同其内的细胞器也沿细胞赤道面分割成两部分，分别与新形成的细胞核共同组成两个子细胞。有丝分裂实质上是将分裂间期已复制的遗传物质平均分配和传递给子细胞；一些重要细胞器的复制也发生在分裂之前。

有丝分裂器（mitotic apparatus） 与有丝分裂直接相关的亚细胞结构，包括参与纺锤体装配的中心体、与染色体分离直接相关的纺锤体、负责连接动粒微管的动粒与着丝粒。这些结构都具有一定的动态性。

有丝分裂原（mitogen） 可引起动物细胞有丝分裂的物质。在免疫学上主要用于刺激淋巴细胞转（活）化。大多来源于植物，故称植物有丝分裂原（phyto mitogen），如植物血凝集（PHA）、刀豆素A（ConA）和美洲商陆（PWM）。它们均能凝集红细胞，总称为外源凝血素（lectin）。

有丝分裂原受体（mitogenic receptor） 存在于淋巴细胞表面的有丝分裂原受体。如T细胞表面的植物血凝素（PHA）和刀豆素A（ConA）受体，以及T、B细胞均具有的美洲商陆（PWN）受体等。丝裂原与带相应受体的淋巴细胞结合，可使其非特异性活化。

有髓神经纤维（myelinated nerve fiber） 轴索和神经膜之间有髓鞘的神经纤维。比无髓神经纤维粗。髓鞘由神经膜细胞的细胞膜呈同心圆状包卷轴索而形成。一个神经膜细胞包绕一段轴索，两个神经膜细胞形成的髓鞘并不连续，相接处缩窄，即郎飞氏结（Ranvier node）。脑脊神经中大多数属于有髓神经纤维。

有蹄类实验动物（ungulate laboratory animals） 肢端成蹄的所有大型哺乳实验动物的总称。分类学上属奇蹄目（Perissodactyla）和偶蹄目（Artiodactyla）。共同特点是直立趾式步态，体重由中趾或中间两趾支撑，侧趾退化，趾远端伸长便于奔跑，杂食或食草。主要作为实验动物的品种是牛、山羊、绵羊、猪。除作为本动物相关研究的实验动物外，牛可用于人类遗传学、心血管外科研究；羊多用于繁殖、胎儿发育、胸外科、代谢病的研究；大量用来制备各种免疫抗体；猪在解剖和生理上与人极相似，用途广泛，可用于心血管疾病、牙医学、外科、形态学、儿科学研究。

有条件利用肉（conditional acceptable meat） 凡患有一般传染病、轻症寄生虫病和病理损伤的胴体和脏器，根据病理损伤的性质和程度，经过无害化处理，其传染性、毒性等危害消失或寄生虫全部死亡，则可有条件食用。根据我国《病害动物和病害动物产品生物安全处理规程》（GB 16548—2006）的规定，有条件食用的胴体和脏器，只能采用高温方法进行无害化处理。

有限稀释法（limiting dilution method） 通过稀释使细胞克隆化的方法。将细胞制备液用培养基作 3 种不同稀释，使每 200μL 分别含 10、3 和 0.5 个细胞，分装 96 孔培养板，每孔 200μL，然后置 CO_2 孵箱培养 1～2 周。从只有一个克隆的孔中取细胞扩大培养，即得单克隆细胞。有时需反复克隆几次以保证细胞的单克隆性。

有限允许量（finite tolerance） 允许在食物中存在的非致癌性化学物的可检出量。确定日许量的安全系数为 100，如为致畸物则安全系数至少为 10 000。

有效焦点（effective focal spot） 又称投影焦点（projected focal spot）。阳极靶面上发射 X 线的焦点通过 X 线管窗口的投影面积。它比实际焦点小，形状近似于正方形。有效焦点的大小决定了 X 线片的清晰度，有效焦点越小越清晰。

有效氯（active chlorine） 氯化消毒剂的有效成分。如漂白粉具有消毒能力的有效氯是 ClO^- 分子团，ClO^- 与 H^+ 化合生成 HClO，其杀菌作用较 ClO^- 强。通常漂白粉含有效氯一般在 28%～35%，不应低于 25%；漂白精含有效氯一般在 60%～70%，应不低于 50%，否则就不适合消毒用。

有效滤过压（effective filtration pressure） 毛细血管部引起组织液生成和回流的压力。在毛细血管壁通透性较恒定情况下，血浆与组织液之间的物质交换取决于管壁两侧 4 种力量，也就是毛细血管血压与组织间液压以及血浆胶体渗透压与组织液胶体渗透压的代数和。亦即滤过的力量和重吸收的力量之差，其中毛细血管压与组织胶体渗透压差是滤过的力量，血浆胶体渗透压与组织间液压是重吸收的力量。因此，有效滤过压＝（毛细血管压＋组织胶体渗透压）－（血浆胶体渗透压＋组织间液压）。

有性孢子（sexual spore） 真菌繁殖中通过有性繁殖形成的孢子。有性繁殖过程一般分为三个阶段，即质配、核配和减数分裂。有性孢子是经两性细胞的质配与核配后产生的。有性孢子的产生不及无性孢子那么频繁和丰富，它们常常只在一些特殊的条件下产生。常见的有卵孢子、接合孢子、子囊孢子和担孢子，分别由鞭毛菌亚门、接合菌亚门、子囊菌亚门和担子菌亚门的真菌所产生。

有性生殖（sexual reproduction） 又称有性繁殖。由雄性配子（精子）和雌性配子（卵子）融合成受精卵，然后由受精卵发育成新个体的生殖方式。

右旋糖酐（dextran） 为血容量扩充药，有提高血浆胶体渗透压、增加血浆容量和维持血压的作用，能阻止红细胞及血小板聚集，降低血液黏滞性，从而有改善微循环的作用。常用于急性出血性休克，创伤性休克及烧伤性休克。

右旋糖酐铁（ferrodextran） 抗贫血药，右旋糖酐与铁的络合物。系可溶性三价铁剂，可制成注射液供深部肌内注射。用于严重缺铁性贫血或内服不能耐受或无效的动物。其剂量必须精确计算。肝、肾功能不全时禁用。

幼虫分离法（larvae separation） 从粪便等材料中分离寄生虫幼虫的方法。主要有：①贝尔曼氏法（见相应词条）；②平皿法：适用于球状粪便。将不超过 40℃的少量温水倒入培养皿内，取粪球若干个置于其中，经 10～15min 后，弃去粪球，吸取皿内液体滴于载玻片上，加盖玻片镜检即可。

幼虫移行症（larvae migrans） 又称蠕蚴移行症。一些蠕虫的幼虫在宿主皮肤及各器官中移行时引起的疾病。幼虫仅在皮肤组织游走的称为皮肤幼虫移行症，常表现为匐行疹，常见的虫种有寄生于猫或犬的钩虫，如巴西钩口线虫、犬钩口线虫以及棘颚口线虫等。在体内游走的称为内脏幼虫移行症，表现为皮下包块、胸腔积液、心包积液、蛛网膜下腔出血、酸性粒细胞性脑膜炎等，患病动物末梢血液中酸性粒细胞数明显增多，常见的虫种有犬弓首线虫、猫弓首线虫、四川并殖吸虫、棘颚口线虫、广州管圆线虫等。治疗主要根据病原虫种采用不同的驱虫药。

幼畜肺炎（pneumonia in young animals） 犊牛、羔羊和仔猪等所发生的肺实质性炎性疾病。病因基本上同于小叶性肺炎，但出生幼畜缺喂初乳和维生素 A 等缺乏又是发病诱因。此外，感染性肺炎多继发于某些传染病和脐带感染等。症状以咳嗽、流鼻液为主，伴有呼吸困难。听诊有大、小水泡音和干性啰音；在肺的前下方三角区有半浊音或浊音。继发性肺炎多被原发病的症状所掩盖。治疗宜选用多种抗生素，结合祛痰、止咳等药物进行病因和对症疗法。

幼畜贫血（anemia in young animal） 幼畜机体内单位容积血液中，红细胞数和血红蛋白低于正常数值，并呈现皮肤、结膜苍白以及缺氧为特征的临床综合征。

幼畜消化不良（dyspepsia of young animals） 幼畜胃肠消化机能障碍导致以腹泻为主要特征的非传染性疾病。分为单纯性消化不良（simple indigestion）和中毒性消化不良（toxic indigestion）两种。多因初乳质量低劣，哺饲不全价日粮，畜舍不洁，潮湿等所致。临床表现腹泻，频频排泄稀软酸臭粥状或水样便，呈灰黄或灰绿色，混有气泡和脂肪酸皂等。中毒性病例全身症状较重，腹泻频繁，排泄含黏液和血液、恶臭或腥臭水样便。伴有精神沉郁，体温升高，脉搏细弱等症状。多死于循环衰竭。防治应在改善饲养卫生条件基础上，采取扩充血容量、纠正酸中毒及肠道消炎药等措施。

幼畜营养不良（dystrophia of young animal） 由于先天性营养缺乏，幼畜出生后表现为生长发育缓慢，体躯瘦小、体重低下，皮肤粗糙、被毛蓬乱、精神迟钝及衰弱乏力甚至造成死亡的一种疾病。

幼犊传染性肺炎（contagious pneumonia of baby calves） 病毒引起初生幼犊以高热、呼吸加快、流鼻液为主要特征的传染病。病变在肺的前叶、腹叶呈暗红色和实变。诊断主要根据症状和剖检变化，尚无特异的诊断方法。对病犊可采取对症疗法，适当应用抗菌药物，以控制细菌的继发感染。

幼驹颤抖综合征（shaker foal syndrome） 某一型肉毒梭菌毒素所致的幼驹散发性疾病。临床上，早期有严重肌肉无力、跌倒后不能起立等症状；有的严重肌肉震颤，一旦卧地则中止发作。后期瞳孔散大，体温或升高或降低。死于呼吸中枢麻痹。尚无有效的防治药物，应采取综合性措施预防。

幼驹传染性支气管肺炎（infectious bronchopneumonia） 马棒状杆菌引起幼驹的传染性支气管炎。马驹易感，猪亦可感染。幼驹群中传播快、发病率高。主要表现支气管炎症状，剖检肺表面和内部有脓肿，肺呈紫红色。气管、支气管内有泡沫状黏性分泌物，黏膜出血，肺门淋巴结肿大化脓，心内外膜出血、心肌变性，胸肺膜粘连等。根据病变和症状可作出初诊，确诊应作细菌分离培养鉴定。预防应改善饲养管理条件，搞好清洁卫生，幼驹注射母马全血可作短期预防。母马全血静脉滴注，同时肌内注射链霉素，疗效较好。

幼驹大肠杆菌病（colibacillosis in young foals） 由致病性大肠杆菌如 O_8、O_9、O_{78} 等血清型引起初生幼驹的急性肠道传染病。临床特征呈现剧烈的下痢和败血症症状，主要病变为胃黏膜脱落，胃肠道、心、脾、淋巴结有出血性炎症。根据以上特征可作出初步诊断，必要时可作细菌学检查和血清型鉴定。防治本病应在搞好饲养管理和环境卫生的基础上，内服氯霉素或链霉素有良效。

幼驹腹泻（diarrhea of foals） 日粮中硒不足导致以腹泻为主要特征的疾病。急性病例发生于 1～3 日龄，病初排出糊状软便，随后为水样腹泻，脱水，心力衰竭。抢救不及时很快死亡。慢性病例发生于 10～30 日龄，临床呈现消化机能紊乱症状，经常排出糊状软便，呈灰白或黑色，恶臭气味，混有黏液和血液，心跳加快，心率增数，步态强拘，行动迟缓，病程较长。治疗应用亚硒酸钠和维生素 E 制剂，同时结合抗生素、胃蛋白酶等药物。

诱变原(mutagen) 诱发生物体内遗传物质产生突变的物理、化学和生物等因素。除辐射线和少数化学物属直接诱变原外，大多数化学诱变原是间接诱变原，需在体内活化后生效。还有一些化学物，本身不诱发突变，却能促进其他诱变原增加诱变率，称为促诱变原。

诱导（induction） 中枢神经系统内反射中枢活动相互协调的一种方式。表现为当一些中枢兴奋时可引起其他反射中枢发生抑制（称为负诱导），或者一些中枢抑制时，可引致其他反射中枢发生兴奋（称为正诱导），从而保证对机体具有明显适应性意义的正常反射得以进行，而那些与正常反射无关或相对的反射活动被抑制。如吞咽中枢兴奋时引起吸气中枢的抑制，保证食物进入食管而不会误入气管。

诱导分娩（induction of parturition） 又称人工引产（artificial abortion）。在妊娠末期的一定时间内，人工诱发孕畜分娩，生产出具有独立生活能力的仔畜。分为生产性和病理性两种。生产性诱导分娩，如诱导母猪在相近的日期分娩或集中在白天分娩，便于生产管理，是规模化猪场繁殖管理措施之一。病理性诱导分娩，如母畜因病必须立即中止怀孕、胎儿异常或死胎必须促使其尽快排出等。引产的药物首选前列腺素。

诱导酶（induce enzyme） 当生物体或细胞中加入特定诱导物后诱导产生的酶。它的含量在诱导物诱导下显著提高，这种诱导物往往是该酶的底物或底物类似物。

诱导泌乳（induced lactation） 利用外源激素刺激乳腺发育，并调整体内激素水平，使之适合泌乳的方法。本法主要用于提高屡配不孕母牛的利用率，也可用于奶山羊和绵羊。雌激素和孕酮是主要的外源激素。诱导泌乳时配合乳房按摩，可促进乳腺发育，提高诱导效果。诱导所泌乳汁成分与常乳类似，乳中雌激素含量在停药后逐步降至正常。对卵巢机能异常的母畜，由于调整了激素水平，有的可恢复正常配种受孕。但对持久黄体，卵巢囊肿和未完全干奶母畜的诱导效果不好。诱导泌乳有一定副作用，开始时可引起卵泡囊肿，需注意。

诱导免疫耐性（induced immunologic tolerance） 大剂量注射某种抗原以诱导动物产生对该抗原免疫耐性的方法。如组织移植时给受体大剂量注射供体的肝组织悬液，可诱导受体产生对供体组织相容抗原的耐受性，以避免或减轻排斥反应。

诱导物（inducer） 作用于细胞群体，能通过诱导机制促进特定基因转录的一种化学因子或物理因子。例如异丙基硫代-β-半乳糖苷（IPTG）是乳糖操纵子的诱导物。

诱导组织（inducer tissue） 在胚胎诱导过程中，提供刺激信号的细胞群体（胚胎组织）。它能使接受该刺激信号的细胞群体（胚胎组织）发生定向分化。

诱发电位（evoked potential） 外加刺激作用于感官或脑，在脑内某部位引起的电位变化。诱发电位有较恒定的潜伏期，各种感觉刺激引起的诱发电位，在脑内有一定的空间分布。诱发电位可作为研究中枢神经系统的结构与功能的指标，有助于对脑活动及行为的研究。

诱发发情（induced estrus） 用外源激素或环境刺激等方法，使卵巢处于静止或病理状态的母畜表现正常发情、排卵、受精的技术。其目的是使病理性乏情动物发情，治疗动物不育；使生理性乏情动物发情，缩短繁殖周期；使季节性乏情动物发情，保证畜产品均衡供应及提高其繁殖率。

诱发排卵（induced ovulation） 用外源激素或环境刺激等方法，引起母畜排卵的现象。所用激素主要包括促性腺释放激素类（LHRH－A3）和促性腺激素类（PMSG、eCG、FSH，LH）等，可诱发成熟或接近成熟的卵泡排卵。兔和骆驼等需要特殊刺激才能诱发排卵的动物称诱发排卵动物。特殊的刺激，如刺激子宫颈（兔）或注射精清（骆驼）等。

诱发性动物模型（artifical induced animal model） 通过物理学、化学、生物学等方法，人为诱发动物产生某些类似人类疾病表现的动物模型。

瘀血（congestion） 又称静脉性充血。由于静脉血回流受阻，使局部器官或组织血液含量增多的一种病变。引起瘀血的原因有静脉受压、静脉阻塞、心脏功能障碍或胸膜及肺脏疾病等。瘀血的器官组织呈暗红色或蓝紫色，体积肿大，机能减退，温度降低。

余氯（residual chlorine） 水经过加氯消毒，接触一定时间后，水中所余留的有效氯。即氯投入水中后，除了与水中细菌、微生物、有机物、无机物等作用消耗一部分氯量外，还剩下的一部分氯量。分为化合性余氯（又叫结合性余氯）和游离性余氯（又叫自由性余氯），总余氯即化合性余氯与游离性余氯之和。余氯是保证氯的持续杀菌能力，防止外来污染的一个重要指标。

鱼弧菌病（fish vibriosis） 鱼类及对虾的一种细菌性传染病。分布于世界各地。病原为弧菌属的某些成员，最主要的是鳗弧菌（*Vibrio anguillarum*），有6个血清型，A型最为常见。多种海鱼及河口鱼类易患本病，密集养殖的淡水鱼如日本鳗、香鱼、斑点叉尾鮰、大马哈鱼及白斑狗鱼等均可感染并会造成严重损失。发病后表现为皮肤溃疡型或全身败血型。可用弧菌培养基分离细菌，再作生化试验或用相应抗血清作凝集试验作出诊断。防治可用敏感抗生素或菌苗。

鱼结核病（fish tuberculosis） 鱼的结核菌感染，主要危害观赏鱼，也能传染给人。病原主要是海鱼分支杆菌（*Mycobacterium marinum*），曾称为鱼分支杆菌（*M. piscium*），此外还有意外分支杆菌（*M. fortuitum*）。分为结核型、渗出型及混合型。诊断可采病鱼肾、肝肉芽肿病灶作触片，抗酸染色镜检菌体。及早发现并淘汰病鱼及改善饲养条件是有效的防治措施。

鱼类实验动物（fish laboratory animals） 泛指属于鱼纲（Pisces）的实验用动物。在2万多种鱼纲动物中，已有近100种用于实验研究。主要鱼类实验动物有斑马鱼、剑尾鱼、虹鳟、金鱼、蓝鳃太阳鱼、电鳗、天堂鱼、花鳉、花鳉、海虾等。鱼类作为实验动物有很多优点，如生活于水中，环境比较容易控制，能量消耗少；水的浮力可克服重力的影响；体外受精，适于繁殖研究。因此，被大量用于环境毒理学、药理学、肿瘤学、遗传学、胚胎繁殖、内分泌、行为及营养研究。

鱼石脂（ichthyol） 由页岩干馏而得的棕黑色软膏状物。现用人工配制的代用品硫桐脂。能溶于水、醇等。具有温和的防腐和刺激作用，常用10%～30%软膏治疗软组织急性炎症及慢性皮肤炎。

鱼藤中毒（derris poisoning） 家畜误食鱼藤或喷洒了鱼藤制剂的植物或其制剂用量过大，由其所含鱼藤酮（derrin）和鱼藤素（deguelin）所致的以神经系统机能紊乱为主要特征的中毒病。中毒牛、猪见流涎，呼吸促迫，心跳快而弱，步态蹒跚，颈肌强直，后躯麻痹，最后死于呼吸中枢麻痹。防治方法除洗胃、轻泻外，可用强心剂等对症治疗。

鱼细菌性肾病（fish bacterial kidney disease） 鲑鳟鱼的一种细菌性疾病。病原曾认为是棒状杆菌（*Corynebacterium*），1980年确定为鲑肾细菌（*Renibacterium salmoninarum*），革兰阳性菌，小杆状，成对排列，无运动性，生长缓慢。遍布欧美和日本。多为慢性，也可引起急性暴发。6月龄内的鱼很少发病。主要表现为肾肿大以及肾、脾、肝局灶性坏死。诊断可取感染组织作触片检查病原菌。防治困难，建立无病鱼育种基地是有效措施。

羽管螨病（quil mite disease） 双梳羽管螨（*Syringophilus bipectinatus*）寄生于家禽的羽毛管内引起的外寄生虫病。病原属于蜱螨目、肉食螨科。发育过程包括卵、幼虫、第一若虫、第二若虫和成虫，均在羽管内寄生。在羽管内经35～42d完成一个发育周期。羽管内虫体达到一定数量后由羽根脐部出来进入另一羽根脐回羽管内寄生。直接接触感染。一般多发生于成年鸡，严重感染时，羽断裂和脱毛，影响产蛋和增重。通过显微镜检查羽管内容物，发现虫体即可确诊。可试用阿维菌素按有效成分每千克体重0.3～0.4mg，拌料喂服。

羽螨(feather mite) 见麦尼螨。

羽区（pteryla） 禽正羽在皮肤上着生的区域。羽区在全身的分布称羽序（pterylosis）。沿体背侧中线有头、颈背侧、肩胛间、背骨盆和尾背侧等羽区；沿体腹侧和两侧有下颌间与颈腹侧羽区，以及成对的胸廓、胸骨、腹及尾腹侧等羽区；翼部有肱和前臂羽区；后肢有股和小腿羽区。水禽羽区数目较少而范围较大，如躯干腹侧仅形成左右两大片。羽区皮肤的平滑肌束呈四边形连接于相邻4个羽囊间，如网状，有竖、降和收缩羽囊的作用。

玉米赤霉烯酮（zearalenone） 又称F－2毒素、玉米烯酮。首先从有赤霉病的玉米中分离得到，主要是镰刀菌属（*Fusarium*）的菌株如禾谷镰刀菌（*F. graminearum*）和三线镰刀菌（*F. tricinctum*）产生的。玉米赤霉烯酮主要污染玉米、小麦、大米、大麦、小米和燕麦等谷物，其中玉米的阳性检出率为45%，小麦的检出率为20%。玉米赤霉烯酮的耐热性较强，110℃下处理1h才被完全破坏。白色结晶，不溶于水，溶于碱性水溶液和乙醇。本品低剂量有促进生长发育的效果。妊娠期的动物（包括人）食用含玉米赤霉烯酮的食物可引起流产、死胎和畸胎，食用含赤霉病麦面粉制作的各种面食也可引起中枢神经系统的中毒症状，如恶心、发冷、头痛、神智抑郁和共济失调等。

玉米赤霉烯酮中毒（zearalenone toxicosis） 赤霉病谷物中的真菌毒素——玉米赤霉烯酮所引起的一种以阴户肿胀、乳房肿大、流产和慕雄狂等雌激素综合征为特征的中毒病。分为急性中毒和慢性中毒。急性中毒时，动物表现为兴奋不安，走路蹒跚，全身肌肉震颤，突然倒地死亡。病情稍轻者可见黏膜发绀，体温无明显变化。动物呆立，粪便稀如水样，恶臭，呈灰褐色，并混有肠黏液，频频排尿，呈淡黄色。外生殖器肿胀，精神委顿，食欲减退，腹痛腹泻等。剖检可见淋巴结水肿，胃肠黏膜充血、水肿，肝轻度肿胀，质地较硬，色淡黄。慢性中毒时，主要对母畜的毒害较大。导致母畜外生殖器肿大，充血，死胎和延期流产的现象大面积产生，并且伴有木乃伊胎。50%的母畜患卵巢囊肿，频发情和假发情的情况增多，育成母畜乳房肿大，自行泌乳，并诱发乳房炎，受胎率下降。同时对公畜也会造成包皮积液，食欲不振，掉膘严重和生长不良的情况。目前，对动物玉米赤霉烯酮中毒尚无特效药治疗，生产中应立即停止饲喂可疑饲料。对于急性中毒的动物，可采取静脉放血和补液强心的方法。对于慢性中毒的动物首先要停喂霉变的饲料，然后灌服绿豆苦参煎剂，静脉注射葡萄糖和樟脑磺酸钠，同时再肌内注射维生素A、维生素D、维生素E和黄体酮。对外阴部的治疗可用0.1%高锰酸钾溶液洗涤肿胀阴户，对于破损处可用3%碘酒擦拭。预防措施是做好饲料的防霉和去毒工作。

玉米黄素（zeaxanthin） 又称玉米黄质。叶黄素类脂溶性色素成分，是玉米蛋白粉中富含的类胡萝卜素。在视网膜中央，有近千种黄色色素密集的细小碟型区域，叫黄斑点，负责中央视力。黄斑点主要由两种胡萝卜素、黄体素及玉米黄素组成，可以预防眼睛受紫外线的伤害，也可预防自由基对眼睛组织的伤害。

预产期（expected date of fetalbirth） 根据动物妊娠期的长短，并结合其配种日期，来判定其分娩的时间。正确确定预产期可为接产提前做好准备。

预防给药（prophylactic administration） 为了减少或防止动物疾病的发生而采取的给药措施。

预防接种（prophylactic vaccination） 为了预防某些传染病的发生和流行，有计划地给健康动物进行的免疫接种，是预防动物传染病的主要措施之一。通常使用疫苗、菌苗、类毒素等生物制剂作抗原激发机体获得主动免疫力。应针对实际情况拟订每年的预防接种计划。有时也进行计划外的预防接种，如对输入或运出的家畜进行预防接种。

预防兽医学（preventive veterinary medicine） 研究动物传染性疾病及侵袭性疾病的病原特性、致病机理、疾病流行规律、诊断以及预防、控制的原理及技术的科学。本学科由原先的兽医微生物学与免疫学、传染病与预防兽医学、兽医寄生虫学与寄生虫病学三个二级学科组合而成，研究范围涉及各种致病微生物、寄生虫及其感染对象，包括家畜、家禽、家庭动物、实验动物、野生动物、水生动物和人，深入群体、个体、细胞及分子水平。是兽医学一级学科理论研究和实际应用的体现。该学科不仅事关动物保健，还直接服务于公共卫生、食品安全、动物检疫、生物制品、兽医卫生行政及环境保护等领域。

预防性消毒（prophylactic disinfection） 结合平时的饲养管理对畜舍、场地、用具和饮水等进行的定期消毒，以达到预防一般传染病的目的。

预后（prognosis） 根据临床诊断，对疾病的发展趋势、可能转归及动物的生产性能、使用价值做出的评估。一般分为4种：预后良好、预后不良、预后慎重和预后可疑。

预后不良（poor prognosis） 由于病情危重且尚无有效治疗方法，患病动物可能死亡，或不能被彻底治愈而影响生产性能和经济价值。

预后可疑（doubtful prognosis） 由于资料不全，或病情正在发展变化，一时不能做出肯定的预后。

预后良好（good prognosis） 病情轻的患病动物个体情况良好，不仅能恢复健康，而且不影响生产性能和经济价值。

预后慎重（prudent prognosis） 预后的好坏依病情的轻重、诊疗是否得当及个体条件和环境因素的变化而有明显的不同。

预混剂（premix） 一种或数种药物与适宜的基质均匀混合制成供添加于饲料内的制剂。属固体剂型，如二甲硝咪唑预混剂等。目的在于使药物与饲料均匀混合，可确保药效，防止中毒。

预激综合征（pre-excitation syndrome） 又称WPW综合征。房室间激动同时沿正常和异常的房室传导路径传至心室，通过旁路（附加束）的传导径路，由于绕过房室结，故传导速度明显快于正常房室传导系统的速度，使一部分心室肌预先激动而引起的一系列心电图异常表现。

阈刺激（threshold stimulus） 能引起细胞兴奋或产生动作电位的最低强度的刺激。对可兴奋组织细胞来说，阈刺激是能引起动作电位的刺激强度的最小值，低于阈刺激的刺激只能引起细胞的局部反应，不能形成动作电位。

阈电位（threshold potential） 动作电位开始产生所必需的膜电位变化水平。神经组织发生兴奋或产生动作电位时，刺激所引起的细胞膜去极化，必须先达到一个临界程度，此时膜电位绝对值低于正常静息电位。例如多数神经元，当膜电位从静息电位－70 mV升高到－55 mV时，动作电位才会产生，－55 mV的膜电位就是阈电位。若刺激强度较小，所引起的膜电位变化不能达到阈电位水平时，动作电位就不能产生。

阈剂量（threshold dose） 又称最小作用剂量（minimal effect level，MEL）。在一定时间内，一种外源化学物按一定的方式与机体接触，使机体产生不良效应的最低剂量。从理论上讲，低于此剂量的任何剂量都不应对机体产生任何损害作用。但实际上，能否观察到化学物造成的损害作用，在很大程度上受到检测技术灵敏度和精确性、被观察指标的敏感性以及样本大小的限制。因此，所谓“阈剂量”应确切称为观察到损害作用的最低剂量（lowest observed adverse effect level，LOAEL）。

阈下刺激（subthreshold stimulus） 比阈刺激弱的刺激。以阈下刺激作用于组织细胞不引起反应或只引起局部反应。

阈下反应（subthreshold response） 组织在低于阈强度的弱刺激作用下发生的代谢变化。常发生在受刺激局部，并较微弱。反应的大小与刺激强度呈比例关系。连续或同时多个刺激引起的阈下反应可以叠加（分别称时间性总和及空间性总和），使反应增加，达到兴奋水平。

阈值（threshold） 引起组织细胞兴奋所需的最低刺激强度。阈值可反映组织细胞兴奋性的高低，阈值高则兴奋性低，反之亦然。对神经纤维来说，A类纤维兴奋性最高，引起其兴奋所需的刺激阈值最小，C类纤维兴奋性低，阈值也大。

愈创木酚甘油醚（guaiacolis glyceris aetheris guaiphenesin） 恶心性祛痰药。内服后刺激胃黏膜，引起轻度恶心，反射地引起呼吸道腺体分泌增加，具有较强的祛痰作用。另外，还具有较弱的防腐和镇咳平喘作用。主用于祛痰和消除慢性化脓性气管炎、支气管炎的痰、咳、喘症状。

原肠（archigaster，celenteron） 随着原肠胚继续发育，逐渐出现体褶并不断加深，内胚层在胚体下部内折，使原始消化管分为胚体内和胚体外两部分，胚体内部分即为原肠，胚体外部分将形成卵黄囊。原肠头端起自口咽膜，尾端止于泄殖腔膜，分为前肠、中肠和后肠 3 段。原肠内胚层细胞将形成除口腔和直肠末端以外消化管的上皮，开口于消化管的腺体，气管、支气管和肺泡的上皮，膀胱和尿道的部分上皮等。

原肠胚（gastrula） 囊胚（胚泡）继续发育，形成具有原肠腔的胚胎。早期的原肠胚有内、外两个胚层，随后形成外、中、内三个胚层。

原肠胚期（gastrula stage/period） 原肠胚所处的胚胎时期。

原肠胚形成（gastrulation） 又称原肠作用。由囊胚（胚泡）形成原肠胚的过程。

原肠腔（archenteric cavity，primitive gut cavity）内胚层围成的空腔。

原虫（protozoon） 为单细胞真核生物，由一个细胞进行和完成生命活动的全部功能。属原生动物门（Protozoa）、分根足纲（Rhizopoda）、鞭毛虫纲（Mastigophora）、刺孢子纲（Cnidosporidia）、孢子虫纲（Sporozoa）、纤毛虫纲（Ciliophora）、玛璃虫纲（Opalinata）和吸管虫纲（Suctoria）。虫体微小，形态因种类和发育阶段不同而异，有的呈柳叶状、圆形、长圆形或梨形，有的无一定的形状或经常变形。基本结构包括表膜（pillicla）、细胞质（cytoplasm）和细胞核（nucleus） 3 部分。繁殖分为有性繁殖和无性繁殖两种类型，有的只行无性繁殖，有的为无性繁殖和有性繁殖交替。

原代细胞（primary cell） 细胞培养中的一个术语。用胰蛋白酶等分散剂将动物组织消化成单个细胞悬液，适当洗涤后，加入适宜的营养液，置密闭的玻璃容器中于 37℃培养，细胞贴附于玻璃瓶，不断生长和分裂，最后长成的单层细胞。各种动物的大多数组织细胞都能培养，应用最多的为肾、睾丸、肺、皮肤等，根据病毒嗜性适宜选择。优点是对病毒最易感，适宜病毒的分离；缺点是每次都要用动物组织制备，很不方便，而且易含潜伏病毒。

原单核细胞（monoblast） 单核细胞发育过程中最幼稚的细胞，是单核系统的干细胞，增殖分化经幼单核细胞形成单核细胞。胞体圆，直径 15～20 μm。胞核较大，圆形或椭圆形，或有折叠凹陷。染色质纤细疏松，呈网点状排列，核膜不清楚，核仁 1～3 个。胞浆较其他原始细胞丰富，不透明，无颗粒，边缘不规则，有伪足状。此阶段的细胞无吞噬能力。

原发射线（primary radiation） 从 X 线管发出的、射向目标物的射线以及穿过目标物而没有能量和方向改变的射线。

原发性免疫缺陷（primary immunodeficiency）即先天性免疫缺陷（congenital immunodeficiency）。由遗传因子的先天缺陷引起的免疫缺陷。可分为：①淋巴系统缺陷。包括 B 细胞异常引致的体液免疫缺陷，如γ球蛋白血症（γ-globulinemia）和球蛋白缺乏症（globulinopenia）和 T 细胞缺陷引起的细胞免疫缺陷，如胸腺缺乏或异常和 T 淋巴细胞形成不全症以及二者兼有的联合免疫缺陷（combined immunodeficiency）。②吞噬细胞系统缺陷。表现为吞噬细胞功能障碍，引致持久性、化脓性感染。③补体缺陷。缺少补体中的某些成分，如 C_3 缺陷易致化脓性感染，C_5 缺陷引起全身性皮脂腺皮炎，C_2、C_4 缺陷使免疫黏附能力降低。

原发性皮疹（primary exanthema） 皮肤最初发生的原发性皮损的总称。包括斑疹、红斑、蔷薇疹、紫癜、溢斑、色素斑、丘疹、浆液性丘疹、苔藓化、结节、赘疣；荨麻疹（风疹块）、大疱、疱疹、脓疱、脓疱疹和深脓疱等病名。

原沟（primitive groove） 原条细胞不断增生，其背部中央下陷形成的沟状结构。

原核卵（pronuclear egg） 在受精过程中，精子进入次级卵母细胞内，形成雄原核；同时，次级卵母细胞完成第二次成熟分裂，形成雌原核。含有雌、雄原核的卵子称为原核卵。

原核融合（karyogamy） 在受精过程中，雄原核向雌原核移动，当两个原核相互接触时发生融合，形成一个二倍体核的过程。

原核生物(prokaryote，procaryote） 没有核膜将染色体与细胞质分隔的一类单细胞微生物。它们不含线粒体和叶绿粒，染色体内不含组蛋白，胞浆膜不含甾醇，核糖体为 70S 型。它们具有细胞壁，内含肽聚糖或假胞壁质。繁殖不行有丝分裂。固氮作用和化能无机营养只见于原核生物。原核生物是细菌的同义词，包括真细菌、螺旋体、立克次体、衣原体、支原体、放线菌、蓝绿藻等微生物群。

原核细胞（prokaryotic cell） 没有典型细胞核的细胞，如细菌、支原体、蓝藻等。最基本的特点为：一是遗传信息量小，遗传信息载体仅由一个环形 DNA 构成；二是细胞内没有分化为以膜为基础的具有专门结构与功能的细胞器和细胞核膜。与真核细胞相比，原核细胞体积小，直接为 0.2～10 μm；进化比较原始，大约在 35 亿年前就出现了；结构较为简单；在地球上分布广泛，对生态环境的适应性比真核细胞大得多。

原结（primitive knot/node） 又称亨氏结（Hensen knot）。原窝前端边缘细胞堆积形成的一个加厚小区。

原巨核细胞（megakaryoblast） 又称成巨核细胞。巨核细胞发育过程中最原始的细胞。这种细胞较大，直径20～30μm，有一个球形或卵圆形的核。胞质嗜碱性，不含颗粒。原巨核细胞反复分裂，形成多倍体细胞，经过幼巨核细胞阶段成为巨核细胞。

原淋巴细胞（lymphoblast） 即淋巴细胞系的母细胞，在体内或体外试验中经抗原或有丝分裂原刺激后，均可形成淋巴细胞，并分化成效应淋巴细胞群。正常骨髓中含量极少，急性淋巴细胞型白血病患者血液和骨髓中可见到大量原淋巴细胞。胞体大，呈圆形，直径 12～18 μm。核大、呈圆形、染色质细致，核膜厚，界限清楚。核仁 1～2 个，由于其周围有异染色质颗粒聚集而清晰可见。胞质量少，无颗粒，有丰富的游离核糖体，有时紧靠核周围的胞质着色浅淡，成为环核浅染带。

原尿（glomerular filtrate） 血浆经肾小球滤过膜进入肾小囊内的超滤液。其成分除大分子蛋白质外和血浆相同。原尿的生成量取决于肾小球滤过膜的通透性和肾小球有效滤过压。滤过膜通透性增大，肾小球毛细血管压增高和血浆胶体渗透压降低，均可促进原尿的生成，反之则原尿生成减少。

原肾（protonephridium） 焰细胞与其相连的细排泄管构成原肾单位。是吸虫和绦虫排泄系统的始端。参见焰细胞。

原生性免疫缺陷动物（spontaneous immunodeficiency animals） 由遗传基因变化而导致免疫功能的部分或者全部缺陷的动物。来自自然发现或通过遗传工程技术进行遗传基因改变后又经人工培育，采用适当繁殖方式得以维持的动物。

原始生殖细胞（primordial germ cell，PGCs） 产生雄性和雌性生殖细胞的早期细胞。各类动物早期胚胎内开始出现成群原始生殖细胞的部位不同。最早是在胚盘原条尾端形成，以后伴随原条细胞从原沟处内卷，到达尿囊附近的卵黄囊背侧内胚层，随后沿胚胎后肠和肠系膜迁移到胚胎两侧的生殖脊上皮内。

原始消化管（entodermal canal，primitive gut） 随着原肠胚继续发育，胚胎逐渐由囊泡状变为圆柱状，原肠腔亦由泡状结构变为纵贯胚体头尾的封闭管道，构成胚胎的原始消化管。

原始性腺（primitive gonad） 又称原始生殖腺。当原生殖细胞迁入生殖嵴时，与增生的生殖嵴上皮共同形成初级性索，最终发育成雌性或雄性生殖腺。

原始种子（primary seed） 具有一定数量、背景明确、组成均一、经系统鉴定证明免疫原性和繁殖特性良好、生物学特性和鉴别特征明确、纯净的病毒（细菌、虫）株。用于制备基础种子。

原始种子批（primary seed lot） 某一菌（毒）株经试验被选定用于兽用生物制品生产后，为确保能为制品的生产提供充足的质量均一的种子，采用一定方法对选定的菌（毒）株进行纯培养，收获细菌（或病毒）培养物，制成的单一批。为了保存和使用方便，通常将细菌（或病毒）的培养物分成一定数量、装量的小包装（如安瓿），在规定限度内，这些小包装具有组成均一性和同一质量。大多数菌（毒）种经冷冻干燥后，置适宜条件下保存；一些病毒种在超低温下或液氮中冻结保存。对原始种子批应进行系统鉴定。通常情况下，应对原始种子的繁殖或培养特性、免疫原性、血清学特性、鉴别特征和纯净性等进行全面鉴定。

原条（primitive streak） 胚盘尾端的上胚层细胞迅速增生并加厚，细胞聚集于中轴并向前伸延形成的条索状结构。原条预示胎儿的中轴方向，胚体将在原条的前后形成。原条出现标志中胚层开始形成。

原尾蚴（procercoid） 假叶目绦虫在第一中间宿主甲壳类动物体内的幼虫期，为实体结构，前端略向内凹入，后端为一尾球，其上保留有钩毛蚴时期的 6 个胚钩。原尾蚴转入第二中间宿主体内后发育为裂头蚴。

原位抗体筛选（in situ immunoscreening） 用抗体检测菌落或空斑中目的基因的表达产物的一种筛选方法。将平板上的菌落或空斑影印到灭菌后的硝酸纤维滤膜上，并放置在新的平板上培养至滤膜上长出菌落；然后将滤膜上的菌落裂解、固定、用酶标抗体及反应底物显色；通过滤膜上的阳性斑点可找出原平板上对应的菌落，即为含有目的基因的克隆。

原位杂交（in situ hybridization） 检测一个特异的 mRNA 在某一种生物体或某些组织切片、单个细胞里具体表达位置的技术。即以探针（如 DNA、RNA 探针等）直接探测靶分子或靶序列在生物体（染色体、细胞、组织、整个生物体等）内的分布状况。

原窝（primitive pit） 原条前端膨大，中央凹陷形成的窝状结构。

原因诊断（etiological diagnosis） 表明疾病发生

原因的诊断。

原圆属（*Protostrongylus*）　引起羊肺线虫病的一类病原体，属于原圆科（Protostrongylidae），只有柯氏原圆线虫（*Protostrongylus kochi*）一种，为褐色纤细的线虫，寄生于羊的细支气管和支气管。交合伞小，背肋为一短干，上有 6 个乳突。交合刺呈暗褐色，为多孔性栉状结构。引器由头、体和脚三部分组成，头和脚部表面有小疣。副引器由基板、短的侧板和宽的舌状腹板构成。雌虫长28～40mm，阴门位于肛门附近，阴门前有一突起。阴道内虫卵的大小为（69～98）μm×（36～54）μm。卵产出后发育为第 1 期幼虫，后者沿细支气管上行到咽，转入肠道，随粪便排到体外。中间宿主是陆地螺和蛞蝓等。第 1 期幼虫钻入螺体，经 15～49d，蜕皮 2 次，形成感染性幼虫。羊吃草时摄入受感染的螺后，幼虫在肠内释出，钻入肠壁，到淋巴结，进行第 3 次蜕化；以后沿循环系统到心，转至肺。在肺泡和细支气管内蜕第 4 次皮，发育为成虫。从感染到发育为成虫的时间为 25～38d。

原圆线虫病（protostrongylosis）　缪勒属（*Muellerius*）、原圆属（*Protostrongylus*）、歧尾属（*Bicaulus*）、囊尾属（*Cystocaulus*）和刺尾属（*Spiculocaulus*）的线虫所引起的羊肺线虫病。多系混合寄生，但分布最广、危害最大的为缪勒属和原圆属的虫体。虫体细小，有的肉眼刚能看到，故又称小型肺线虫。原圆线虫寄生于小的细支气管，引起局部炎症；炎性产物流入肺泡，导致炎症向支气管周围组织发展，受害肺泡和支气管表皮脱落阻塞管道，最后成为小叶性肺炎灶。病灶切面可见成虫和幼虫。与病灶接触的胸膜，可能发生纤维素性胸膜炎。肺脏也可能发生萎缩和实变，或发生代偿性气肿和膨大；当肺泡壁和末梢支气管发生破裂时，细菌侵入，引起支气管肺炎。缪勒线虫的致病作用基本上与前述相似。但虫卵可引起假结节，散布于整个肺内，胸膜上也有结节。该病轻度感染时不显临床症状，重度感染时有呼吸困难、干咳或爆发性咳嗽等症状。同时并发网尾线虫病时，可引起大批死亡。粪便检查可以发现虫卵或幼虫，鼻分泌液中也可查获虫卵或幼虫；大约每克粪便中有 150 条幼虫时，被认为是有病理意义的荷虫量。剖检病尸发现成虫与相应病变可作为诊断依据。可用左旋咪唑、噻苯唑或阿苯达唑等药驱虫。

原褶（primitive fold）　原条两侧的隆起。

圆肌（m. teres）　位于肩关节后方的两肌。小圆肌在肩关节的后外侧，被三角肌覆盖。大圆肌在肩关节的后内侧，由肩胛骨后缘至肱骨圆肌粗隆。作用为屈肩关节。

圆圈运动（circling movement）　又称马场运动、时针运动。动物按同一方向做的圆周运动。转圈的方向因病变的性质、部位、大小、病期等而异。多见于羊、牛的多头蚴病、脑肿瘤、脑脓肿等占位性病变；动物因头颈或体躯向一侧弯曲有时也可引起这种运动。

圆线虫病（strongylosis）　由圆线目（Strongylata）多种线虫所引起的线虫病的总称，包括钩口科、管圆科、网尾科、后圆科、食道口科、原圆科、冠尾科、圆线科、比翼科、裂口科、毛圆科、毛线科等。危害家畜的圆线虫成虫大多寄生于消化、呼吸系统。寄生于消化道中的圆线虫的生活史属直接发育类型，虫卵随宿主粪便或尿液排出体外，在 25℃ 左右和潮湿的条件下，约经 1 周发育为感染性第 3 期幼虫，主要经口感染，少数圆形线虫，如羊仰口线虫和有齿冠尾线虫能通过皮肤感染宿主。寄生于呼吸道中的圆线虫，不少属于间接发育类型，生活史较复杂。家畜通过吞食中间宿主而感染。圆线虫对家畜的危害因虫种而异。如犬钩口线虫、捻转血矛线虫可造成贫血；马的普通圆形线虫可在体内移行，引起组织损伤、出血或继发感染。通过从粪便、尿液或痰液中检出虫卵或幼虫，结合流行病学或尸体剖检，可以确诊。防治应采取粪便发酵、改善环境卫生、轮牧和定期驱虫等措施。主要驱虫药有阿苯咪唑、噻苯唑、左旋咪唑等。

圆线目（Strongylata）　有尾感器纲线虫的一个目。多为细长形虫体；食道后部不同程度地膨大，但不形成有瓣的食道球。雄虫有发达的由肋支撑着的膜质交合伞。通常为卵生，薄壳，随宿主粪便排出时，胚的发育很少超过桑葚期。寄生于各个纲的脊椎动物，罕见于鱼类。本目的钩口科、裂口科、盅口科、网尾科、后圆科、原圆科、冠尾科、圆线科、毛圆科、比翼科等都包含着兽、禽和人的多种病原线虫。

圆叶目（Cyclophyllidea）　绦虫纲的一个目。本目绦虫的大小变化很大，小的长仅数毫米，大的可达 20 余米。头节上有 4 个吸盘，其上可能有小钩；有或没有带小钩的顶突，顶突可以缩回或不能。每个节片内含一或两套雌雄性器官，生殖孔开口于节片侧缘（寄生于犬的线中殖绦虫例外）。生活史中需要一个中间宿主。寄生于家畜家禽和人的绦虫绝大多数属于此目。凡以无脊椎动物为中间宿主的，在中间宿主体内的幼虫为似囊尾蚴或其变异型，凡以哺乳动物为中间宿主的，其幼虫为囊尾蚴或其变异型。本目寄生于畜禽的绦虫约有 6 科 20 余属。

缘垛（festoon）　蜱类躯体后缘具有的方块形结构，通常为 11 个。

远程放射学系统（teleradiology system） 由图像成像装置和图像数字采集系统及远近程通讯设备构成，是远程医学的组成部分之一，可以实现异地会诊、专家电话呼叫服务以及医用图像的计算机辅助诊断等。

远距分泌（telecrine） 内分泌腺体或细胞产生的激素经血液运输至远距离器官或细胞组织而发挥生理作用的方式。人和动物体内大多数激素属“远距分泌”，如下丘脑调节性多肽、腺垂体促激素、甲状腺激素、肾上腺皮质激素、肾上腺髓质激素、甲状旁腺激素、胰岛素和胰高血糖素等。

远指（趾）节间关节（distal interphalangeal joint） 由中指（趾）节骨、远指（趾）节骨和远籽骨形成。肉食兽的约位于指（趾）枕处；除关节囊和侧副韧带外，尚有两条具弹性的背侧韧带，从中指（趾）节骨近端延伸到爪骨近端，平时使爪缩入，猫两韧带的外侧韧带短，爪骨关节面倾斜，爪可完全缩入。有蹄兽位于蹄匣内，称蹄关节（coffin joint），活动范围小；除短而厚的侧副韧带外，远籽骨有远侧韧带连接蹄骨。反刍兽在两指（趾）之间尚有远指（趾）间韧带，牛的由冠骨近端的远轴侧斜向越过深屈肌腱后面而至对侧远籽骨，两韧带互相交叉，又称指（趾）间交叉韧带，部分位于两蹄之间的皮下；羊的则主要横向连接两远籽骨。

月节律（lunar rhythm） 以月为周期变化的生理活动节律。如雌性性成熟后，下丘脑促性腺激素释放激素、腺垂体促性腺激素（卵泡刺激素和黄体生成素）和卵巢雌激素的分泌速率均呈月周期性变化，且三者之间关系密切。如雌二醇浓度在前一次黄体期时很低，但在黄体生成素峰出现前一周开始缓慢继而迅速的升高，在黄体生成素峰出现的前一天达峰值，周而复始。

阅读框（reading-frame） 基因密码子的顺序。从起始密码（AUG）开始到终止密码为止，它代表编码蛋白的氨基酸顺序。通过 DNA（不是 RNA）顺序推论出没有终止密码打断的阅读框称为开放阅读框（ORF），由它推论出可能的编码蛋白。

越霉素 A（destomycin A） 氨基糖苷类抗生素，为抗寄生虫药物，驱线虫药，主要用于驱除猪、禽蛔虫。由于其还具有广谱抑菌效应，因而对猪、禽还具有促生长效应。由于越霉素 A 对猪蛔虫、毛首线虫以及鸡蛔虫成虫具有明显驱虫作用，此外，还能抑制虫体排卵，因此，目前多以本品制成预混剂，长期连续饲喂做预防性给药。注意：①由于预混剂的规格众多，用时应以越毒素 A 效价做计量单位；②休药期，猪 15d、禽 3d，产蛋期禁用。

允许残留量（tolerance level） 简称允许量。允许化学物在食物表面或内部残留的最高量。1976 年世界卫生组织将其改名为最高残留限量（maximum residue limit，MRL），规定用 μg/kg 表示。允许残留量是通过动物毒性试验取得的最大无作用剂量求出人体每日允许摄入量，再根据食物系数等而求得。尚可划分 3 个类型：有限允许量、可忽略允许量和零允许量。

允许作用（permissive action） 有些激素并不直接作用于器官、组织或细胞而产生生理作用，但其存在使另一种激素的生理功能得以表现的现象。如肾上腺素促进糖元酵解的作用，只有在皮质醇存在的时候才能表现出来。

孕畜浮肿（edema of pregnancy） 妊娠末期孕畜腹下及后肢等处发生水肿的现象。浮肿面积小、症状轻者是妊娠末期的一种正常生理现象；浮肿面积大、症状严重的被认为是病理状态。本病多见于马，有时见于牛。一般发生于分娩前 1 个月左右，产前 10d 变为显著，分娩后 2 周左右可自行消退。由于怀孕末期胎儿生长迅速，子宫体积增大，腹内压增高，迫使腹下、乳房、后肢静脉血流淤泥滞所致。改善病畜的饲养管理，给予富含蛋白质、矿物质及维生素丰富的饲料，限制饮水，减少多汁饲料及食盐。浮肿轻者不必用药，严重的孕畜，可应用强心利尿剂，禁忌乱刺放水。

孕畜截瘫（paraplegia of pregnancy） 妊娠末期孕畜既无导致瘫痪的局部因素（如腰臀部及后肢损伤），又无明显的全身症状，但后肢不能站立的一种疾病。以牛、猪多发，常有地域性，多见于冬春季节。饲料单纯、营养不良，矿物质和维生素缺乏可能是主要原因，也可能是某些疾病的一种症状。牛一般在产前 1 个月左右出现症状，由站立无力、步态不稳、起立困难，发展到不能起立。猪多在产前几天至数周发病，先表现一前肢肢行，后波及四肢，行动困难卧地不起，触诊掌骨有痛感，并有异食癖等消化异常。可采用补充矿物质、维生素、针灸等方法试治。要加强护理，防止发生褥疮。

孕激素（progestogen） 又称黄体酮、孕酮。由 21 个碳原子组成的类固醇化合物。由卵巢黄体粒细胞产生。绵羊、犬、马妊娠后期由胎盘分泌。可使子宫内膜分泌子宫乳，供受精卵营养；抑制子宫收缩，使子宫肌安静；抑制发情和排卵；促进乳腺腺泡发育。用于安胎，防治因黄体酮分泌不足所致的流产，治疗卵巢囊肿，引起同期发情等。

孕马血清（pregnant mare serum） 妊娠母马的血清。妊娠母马在妊娠 40d 左右时，子宫黏膜上的子宫内膜杯开始分泌孕马血清促性腺激素（PMSG），60d左右含量最高，持续约50d，然后下降，到170d时基本消失。在此期间可从中提取PMSG，也可直接用于畜牧兽医实践，同样具有PMSG的生理作用。

孕马血清促性腺激素（pregnant mare serum gonadotropin，PMSG）　马属动物妊娠后40～120d的子宫内膜杯产生的一种糖蛋白。同一个分子具有FSH和LH两种活性，但主要类似FSH的作用，LH的作用很小。生理功能包括：能使进入生长期的原始卵泡数量增加，腔前初级卵泡比有腔次级卵泡增加更多，囊状卵泡的闭锁比例减少；能够作用于妊娠40～60d的卵巢，使卵泡获得发育，并诱发排卵，形成副黄体，作为孕酮的补充来源，从而维持正常妊娠；能促进雄性的精细管发育及精子生成；能够刺激胎儿性腺的发育。目前已广泛用于畜牧兽医实践。

孕体（conceptus）　早期胚胎发育阶段由胚胎、胎水和胎膜组成的复合体。

孕酮（progesterone，P）　又称黄体酮、助孕素。孕激素之一。主要是由黄体及胎盘（马及绵羊）产生，肾上腺皮质、睾丸和排卵前的卵泡也能产生少量。动物妊娠以后，黄体持续产生孕酮来维持妊娠。对于牛、山羊、猪、兔、小鼠和狗来说，整个妊娠期都要需要黄体来维持妊娠，破坏黄体会致流产；在马和绵羊，到妊娠后期胎盘成为孕酮的主要来源，那时破坏黄体不会造成妊娠中断。

运动皮质（motor cortex）　管理全身骨骼肌运动的皮质区域。主要位于额叶的中央（十字）前回，即brodmann的4区和6区。此区的锥体细胞发出投射纤维组成锥体系，包括皮质脑干束和皮质脊髓束，行经内囊、大脑脚、中脑、脑桥和延髓锥体，陆续终止于脑神经运动核和脊髓腹角运动神经元，管理各种随意运动。运动皮质内具躯体局部定位。运动皮质内的运动神经元称上位神经元。脑神经运动核和脊髓腹角的运动神经元则称下位神经元。

运动神经（motor nerve）　又称传出神经。指由运动神经元的轴突组成的神经。连于中枢神经系与效应器之间，其功能是将神经冲动从中枢向外周传导，损伤将引起运动障碍。

运动性失调（active ataxia）　动物站立时共济失调可能不明显，而在运动时出现的共济失调，其步幅、运动强度、方向均呈现异常。

运动性震颤（active tremor）　又称意向性震颤（intention tremor）。在运动时出现的震颤，主要由于小脑受损害所致。

运动终板（motor end-plate）　运动神经末梢终止于骨骼肌纤维表面所形成的卵圆形板状隆起。其结构和功能与突触相似，亦称神经肌突触或神经肌连。当神经纤维接近肌纤维时失去髓鞘，再分成爪状细支，其末端膨大成扣状并附着于肌膜上，内含突触小泡和线粒体。当神经冲动传至终末时，突触小泡与轴膜相贴，释放乙酰胆碱作用于肌膜上的N受体，引起肌膜发生电位变化，此变化沿着肌膜进入T管系统，扩布于整个肌纤维内，从而引起肌肉收缩。

运输搐搦（transport tetany）　营养良好的妊娠后期母牛和母羊经长途运输应激而发生以运动失调和意识障碍为主要特征的代谢病。多以急性低钙血症的形式出现。病因有运输车厢内拥挤，过热，通风不良和饲料、饮水供应不足等。症状有狂躁，运步时后肢不全麻痹，步态蹒跚，被迫卧地后取生产瘫痪姿势，心跳加快，呼吸促迫，体温轻度升高，结膜潮红，烦渴，厌食，瘤胃蠕动停止，并发流产，有的麻痹，意识丧失而死亡。治疗可静脉注射钙制剂和皮下注射苯异丙胺兴奋剂。

运输检疫监督（transport quarantine）　对通过铁路、民航、公路运输的动物及其产品，在运输前、运输过程中及到达运输地后的检疫情况进行检查、监督并提出处理、处罚意见或作出处理、处罚决定的一种行政执法行为。其作用是：①动物、动物产品在进入运输流通环节中，有可能把当地（产地）的疫病通过动物、动物产品的运输，造成疫病的传播，因此，动物运输检疫监督在防止通过运输过程传播动物疫病上有重要作用；②凡未经产地检疫的动物、动物产品运出省境时，应视为不合格，要按规定给予处罚，以督促经营者主动办理产地检疫合格证明，使产地检疫工作落到实处。

晕动病（motion sickness）　晕动病的发生与自主神经系统受到异常刺激有关，临床以恶心、流涎和呕吐为特征。尤其是犬猫在经陆上、海上或空中运输时发病，表现为精神抑郁、哀鸣、恐惧，严重时可见腹泻。其发病机理可能与脑干的呕吐中心相连的内耳道前庭受到刺激有关。本病可以通过改善动物的运输条件而加以克服，另外，在运输前的几小时口服镇静类药物可以减轻或消除临床症状，如安定、盐酸苯海拉明。

晕厥（syncope）　突然发生意识消失而陷入假死状态。多为暂时性的，是因能量物质、氧气、葡萄糖等不足而致的脑功能障碍。

晕厥呼吸（syncoptic respiration）　呼吸暂停后出现深呼吸，深呼吸逐渐变浅直至再次呼吸暂停，如此周而复始。见于各种疾病引起的晕厥、濒死期等。

杂环胺类化合物（heterocyclic amines） 在食品加工、烹调中由于蛋白质、氨基酸热解产生的一类化合物，包括氨基咪唑氮杂芳烃（amino - imidazo azaarenes，AIAs）和氨基咔啉（amino - carboline congener）两大类。自1977年Sugimura和Nagao等首次发现，烧焦的肉和鱼中含有杂环胺化合物后，现已从烹调加工的肉和鱼制品中分离出20多种化合物，而且大多数具有致突变性和致癌性。

杂交抗体（hybrid antibody） 又称双特异性抗体（bi - specific antibody）。免疫球蛋白（Ig）的2个Fab片断分别针对2种不同抗原的双特异性抗体（bsAb）。一般的IgG类抗体均为单特异性双价抗体，IgG的2个Fab片断均针对同一种抗原决定簇。可采用杂交瘤技术制备双特异性单克隆抗体（bsMcAb）。目前多用于免疫测定，亦可用来携带药物用于癌症的导向治疗。

杂交抗体技术（hybrid antibody technique） 应用杂交抗体进行的抗原定位检测技术。杂交抗体的一个抗原结合部位针对抗原，而另一针对铁蛋白、过氧化物酶或其他标记物质。已与后者结合的杂交抗体，即可用于定位细胞上的抗原。

杂交瘤克隆因子（hybridoma cloning factor） 见杂交瘤生长因子。

杂交瘤生长因子（hybridoma growth factor，HGF） 又称杂交瘤克隆因子（hybridoma cloning factor，HCF）。是T细胞和其他多种细胞生产的糖蛋白。在B细胞应答后期起作用，刺激B细胞分泌抗体而不进一步增生，也可作为完全分化的浆细胞或杂交瘤细胞的生长因子。在制备杂交瘤过程中，添加HGF可使融合率提高两倍，阳性率提高10倍，克隆率提高5倍，可取代添加饲养细胞。

杂交群（hybrids） 两种以上近交系或品种间进行交配而获得的动物。实验动物的杂交群主要指两近交系之间交配产生的杂交一代。杂交群动物个体内基因组成异质性强。个体间基因相似度高，并且具有杂交优势。

杂交杂交瘤（hybrid hybridoma） 又称四源杂交瘤（quadroma)。将两种分泌不同抗体的杂交瘤细胞进行融合，产生双倍杂交瘤细胞或杂交的杂交瘤细胞。四源杂交瘤分泌的抗体有一部分是双特异单抗，即抗体分子的两个抗原结合部位的特异性不一样。通过亲和层析，可以把这种双特异单抗从四源杂交瘤分泌的抗体中分离纯化。

杂菌计数（contaminative bacteria counting） 活菌计数内容之一，检查特定生物制品所含非病原性细菌数的一种方法，是兽医生物制品成品检验项目之一。不同的组织活苗，允许含有一定数量的非病原性杂菌，如猪瘟兔化弱毒乳兔组织苗每克组织含菌应不超过5 000个（即每头份苗不超过75个）；鸡新城疫Ⅱ系鸡胚组织苗每克组织或胚液中含菌不超过1 000个（即每羽份滴鼻时不超过5个、饮水时不超过10个）。

杂色曲霉毒素中毒（sterigmatocystin poisoning） 畜禽采食被杂色曲霉毒素污染的饲料，引起以逐渐消瘦、全身黄染、肝细胞和肾小管上皮细胞变性、坏死、间质纤维组织增生为主要特征的中毒性疾病。各种动物均可发生，主要见于马属动物、羊、家禽及实验动物。每年12月至次年6月为发病期，4～5月为高峰期，6～7月开始放牧后，发病逐渐停止或病情缓和，发病与品种、年龄和性别无明显关系，但幼畜死亡率高。初期精神沉郁，食欲减退或废绝，进行性消瘦。结膜初期潮红、充血，后期黄染。30d后症状更加严重，并出现神经症状，如头顶墙、无目的徘徊，有的视力减退以至失明。尿少色黄，粪球干小，表面有黏液。体温一般正常，少数病例在死亡前体温升高达 40℃以上。动物剖检以全身广泛性出血和浆膜、脂肪黄染为特征。表现为肝脏肿大，呈黄绿色，后期质地坚硬，表面不平，呈花斑样色彩；皮下、腹膜、脂肪黄染；肺、脾、膀胱、肠道和肾脏广泛性出血。根据采食霉败饲料的病史，结合临床症状和特征性的病理剖检变化，可作出初步诊断。确诊必须测定样品中的杂色曲霉毒素含量并分离培养出产毒霉菌。本病无特效疗法。中毒病畜应立即停止喂食霉败草料，给予易消化的青绿饲料和优质牧草。并应充分休息，保持环境安静，避免外界刺激。

杂色曲霉素（sterigmatocystin） 由杂色曲霉（*Aspergillus Versicolor*）等产生的曲霉毒素。淡黄色针状结晶，化学结构与黄曲霉毒素近似。在粮食、饲料、蔬菜中广泛存在。可引起中毒动物肝、肾等实质器官坏死，亦能诱发肝癌，致癌力稍弱于黄曲霉毒素。

载体（vector） 可以用来插入外源 DNA 片段构建重组 DNA 分子，并导入寄主活细胞的质粒、噬菌体或其他基因组。3 种最常用的载体是细菌质粒、噬菌体和动植物病毒。基因载体的作用是运载目的基因进入宿主细胞，使之能得到复制和表达。基因载体本身是 DNA，根据主要用途可分为克隆载体与表达载体；根据性质可分为温度敏感型载体、融合型表达载体、非融合型表达载体等。

载体改建（vector reconstruction） 对某个载体进行改造，如加入新的酶切位点或消除某个位点，改造后的载体仍保留原载体绝大部分特性的过程。下面以 shRNA 表达载体改建方法为例做一简单介绍。首先制备包含单一限制性内切酶 ClaⅠ识别序列的双链 DNA 插入片段（ClaⅠ位点两侧碱基序列不互补），与 BamHⅠ和 HindⅢ线性化的 shRNA 表达载体 pSilencer-4.1（不含 ClaⅠ识别序列）构建载体 pSilencer-4.1-ClaⅠ。用 BamHⅠ和 HindⅢ酶切 pSilencer-4.1-ClaⅠ，将酶切产物与表达绿色荧光蛋白（GFP）shRNA 的 DNA 模板（不含 ClaⅠ识别序列）做连接反应，构建 GFP shRNA 表达质粒。提取阳性克隆质粒 DNA，进行 ClaⅠ单酶切鉴定，对未被 ClaⅠ线性化的质粒进行 DNA 测序鉴定。

载体构建载体（vector construction vector） 以某个质粒为基础（如 pBRs322），插入特殊的酶切位点、抗性基因、供筛选用的标记基因等，构建成可以插入外源基因的新载体的过程。在构建以病毒为表达载体的转移载体时，还需要加入启动子及重组同源序列。现已构建成许多原核、真核系统的载体。天然存在的质粒往往不能满足分子克隆对载体的需要，只有按预定目标人工构建的质粒才能成为优良的载体。构建一种质粒载体通常涉及一系列的体内和体外操作，需要考虑以下 5 个主要方面：①质粒载体的分子量（单位为 kb）应尽可能小；②应该了解载体上的基因位置，限制性内切酶的作用位点，如果可能的话，最好还要了解核苷酸序列；③在理想寄主中，载体应该容易繁殖，拷贝数多，因而可以得到大量载体和 DNA 重组分子；④载体应该包含一个或两个可供选择的标记性状（基因），从而可以区别含有载体的转化细胞和不含有载体的非转化细胞；⑤在载体上有多克隆位点，便于质粒的酶切和外源 DNA 片段的克隆。

载体决定簇（carrier determinant） 又称 T 细胞诱导决定族。半抗原载体复合物中载体本身具有的抗原决定簇。此决定簇能选择性地与 T 细胞受体结合，从而诱导细胞免疫和免疫记忆。完全抗原中除诱导体液免疫的半抗原决定簇外，也同样存在诱导细胞免疫和确定免疫记忆的载体决定簇。天然抗原中最小的完全抗原是由 29 个氨基酸残基、分子量 3460 的胰升血糖素，其第 1～17 个氨基酸残基为半抗原决定簇，第 18～29 个氨基酸残基为载体决定簇。

载体特异性（carrier specificity） 蛋白类载体本身所具有的抗原特异性。因此，半抗原和载体的结合物注入动物可生产抗半抗原的抗体、抗载体蛋白的抗体，以及抗二者连接点的抗体。

载体效应（carrier effect） 辅助性 T 细胞通过其细胞膜表面的抗原受体捕捉巨噬细胞上的抗原，将其传递给 B 细胞的过程。完全抗原包含载体和半抗原两个部分，T 细胞受体识别载体决定簇，B 细胞表面免疫球蛋白（抗原受体）识别半抗原决定簇。T 细胞受体结合载体决定簇后，将其半抗原传递给有相应受体的 B 细胞，使其激活产生抗体。

载体转运（carrier mediated transport） 一些较大的分子（如葡萄糖）不能通过膜上小孔进出细胞，需要在载体蛋白的帮助下才能跨膜运输的过程。根据转运过程有无能量消耗分为协助转运和主动转运两种。糖、氨基酸、核苷酸等水溶性水分子一般由载体蛋白运载。其机制是载体蛋白分子的构象可逆地变化，与被转运分子的亲和力随之改变而将分子传递过去。少数情况下载体也可能与被转运分子的复合物发生 180°旋转，从而把该分子送到膜的另一侧。载体蛋白转运物质的动力学曲线具有“膜结合酶”的特征，转运速度在一定浓度时达到饱和。但载体蛋白不是酶，它与被运载分子不是共价结合，此外它不仅加快运输速度，也增大物质透过质膜的量。载体蛋白与运载分子有特异的结合位点，能被竞争性抑制物占据，非竞争性抑制物亦可与载体蛋白在点之外结合，改变其构象，阻断转运。由载体蛋白进行的被动物质运输，不需要ATP提供能量。

载脂蛋白（apoprotein，apo） 参与脂蛋白形成的蛋白质部分。有apoA、B、C、D和E等类型。每类中又有不同的种类，已知有近20种。大多具有双性的α-螺旋结构。其不带电荷的疏水氨基酸残基分布在螺旋的非极性一侧，带电荷的亲水氨基酸残基分布在螺旋的极性一侧。不同的脂蛋白含有不同的载脂蛋白，而不同的载脂蛋白又有不同的功能，但其主要功能是结合和转运脂质，以及参与脂蛋白代谢关键酶活性的调节，参与脂蛋白受体的识别等。另外，还在脂蛋白代谢过程中进行的脂质和蛋白质的相互转移与交换中起作用。

宰后检验（post-mortem inspection） 检疫人员对屠宰解体的畜禽实施的卫生质量检查与评定工作。目的是为了保证肉类产品安全卫生。宰后检验时每一屠体的脏器或头蹄等副产品应统一编号，或在转移时能同步运行，始终保持一定的相对关系。分别检查头部、皮肤、胴体、内脏和寄生虫，必要时辅以实验室检查。运用类似病理解剖学的方法，检查各部的色泽、结构、质地、弹性和气味有无异常，屠体放血程度、营养状况、有无出血或其他病变等。最后综合评定是否适合人类消费。

宰后检验程序（post-slaughter quarantine procedures） 畜禽宰后检验的环节和顺序。一般分为头部检验、内脏检验及胴体检验3个基本环节，在猪还必须增加皮肤检验与旋毛虫检验2个环节。

宰前检疫（antemortem inspection ） 对屠宰畜禽在放血解体前进行的健康检查、评定及处理，是屠宰加工过程兽医卫生监督的一个环节。目的在于剔除有病的和禁宰的畜禽，以免污染和传播疾病。包括入场时、留养期间和在送宰前的检查。由于一般待宰动物数量较多，故生产中多采取群体和个体检查相结合的办法。前者按种类、产地、入场批次，分批分圈进行静态、动态和饮食状态的观察以及测量体温；后者对经群体检查被剔出疑似病、弱个体，做必要的临床、细菌学、血清学和病理学检查。

再发（recurrence） 同一疾病在同一个体上又一次发生的病理现象。如再发性腹泻、再发性流感及再发性皮炎等。

再分化（redifferentiation） 已分化的细胞经过去分化而失去其特殊性，变成具有未分化特征的细胞，后者经过诱导和刺激，可再次形成结构和功能特殊的细胞。

再灌流损伤（reperfusion injury） 又称缺血-再灌流损伤（ischemia-reperfusion injury）。在缺血的基础上一旦恢复血流后，组织器官的损伤反而加重的现象。其发生机理主要有三方面：一是缺血组织恢复供血供氧后可引起氧自由基生成增多；二是细胞膜通透性升高以及钠钙交换引起细胞内钙超载；三是恢复血流后微血管内皮细胞和白细胞受到激活释放多种细胞黏附分子等造成无复流现象。常见于休克、器官或皮肤移植、断肢再植、心脏手术时。各种动物如猪、狗、兔、豚鼠、大鼠等都可发生。

再生（regeneration） 局部丧失或损伤的细胞、组织，由邻近健康细胞分裂增殖修补的过程。分为完全再生和不完全再生。再生的组织在结构与机能上与原来的组织完全相同，称为完全再生（complete regeneration）；缺损的组织由肉芽组织来修复，最后形成瘢痕，称为不完全再生或瘢痕修复（incomplete regeneration）。组织再生的速度和完善程度因其再生能力、损伤程度、有无感染和异物以及机体全身状态不同而异。例如结缔组织、被覆上皮、腺上皮、血细胞等具有较强的再生能力；而软骨组织、骨骼肌组织的再生能力较弱；成熟的神经细胞和中枢神经系统内的神经纤维则不能再生。

再生性左移（reproducible shift to the left） 核左移伴有白细胞总数增多的现象，表示机体反应性强，骨髓造血功能旺盛，能释放大量粒细胞至外周血，常见于急性化脓性感染。

再生障碍性贫血（aplastic anemia） 又称发育不全性贫血（hypoplastic anemia）。由某些致病因素引起红细胞再生能力降低或无再生迹象的低红细胞血症。最常发生于慢性化脓性疾病过程中，是由毒性作用抑制红细胞生成的结果；也见于放射性疾病和羊齿类植物或砷中毒等。往往导致循环血液中红细胞和白细胞同时减少。症状基本上与贫血相同。可针对病因进行治疗。

暂时寄生（temporary parasitism） 依赖寄生生活，但时间短暂的一种寄生。如臭虫，仅在夜晚到宿主身上吸血。

暂时联系（temporary connection） 条件反射形成的机理之一，条件刺激的神经通路与非条件反射的反射弧在中枢神经系统内部发生了新接通的暂时性功能联系。这样条件刺激的传入信号可通过暂时联系兴奋非条件反射中枢而引起该非条件反射特有的反应。

暂行允许量（temporary tolerance） 在一定时期内有效的允许量，在掌握新资料后再行修正。美国FDA、环境保护局（Environmental Protection Agency，EPA）及农业部（United States Department of Agriculture，USDA）等常称暂行允许量为行政允许量或临时允许量。

脏壁中胚层（visceral/splanchnic mesoderm）　胚胎下段中胚层进一步分化形成靠近胚体中轴的部分。分胚内部和胚外部，前者形成消化、呼吸器官的平滑肌、结缔组织和浆膜粒层，后者形成胎膜。

糟蛋（pickled egg）　选用新鲜鸭蛋经裂壳后，用优质糯米制成的酒糟腌渍慢泡而成的一种再制蛋，是我国具有独特风味的产品。具有蛋壳柔软、蛋质细嫩、醇香可口、回味悠长的特点。浙江平湖的软壳糟蛋和四川宜宾的叙府糟蛋最为有名。

早产（premature delivery）又称排出不足月的活胎儿。是流产的一种。这类流产的预兆和过程与正常分娩相似，但不像正常分娩那样明显。往往仅在排出胎儿前2～3d乳腺突然膨大，阴唇稍微肿胀，阴门内有清亮黏液排出，乳头内可挤出清亮液体。有的孕畜出现腹痛、起卧不安、呼吸和脉搏加快等临床症状。排出的胎儿是活的，但未足月即产出。参见流产。

早期胚胎死亡（early embryonic death，EED）　妊娠一个月之内发生的胚胎死亡。是隐性流产的主要原因，占流产相当大的比例：牛可达38%，猪、羊可达30%。临床表现为屡配不孕（附植前死亡）或返情推迟（附植后死亡），单胎动物受胎率降低，多胎动物产仔数减少。与营养过度或不足、某些特殊营养成分（如Ca、P、Na）过多、光照周期长、气温高及遗传因素、妊娠识别、子宫环境不利等因素有关。可通过测定早孕因子和孕酮作出诊断。改善公母畜饲养管理，针对性的补充孕酮，可减少发生。参见流产。

早期诊断（early diagnosis）　在发病初期建立的诊断，有助于疾病的早期防治。

早幼粒细胞（progranulocyte）　又称前髓细胞。比成髓细胞小。细胞核为圆形，染色质比成髓细胞的粗，核仁不易观察到。粗面内质网很发达，胞质的嗜碱性比成髓细胞更强，边缘部的胞质中含嗜胺颗粒（不是特殊颗粒），这种颗粒有膜包裹，内含溶酶体酶。

早孕因子（early pregnancy factor，EPF）　妊娠依赖性蛋白复合物。在牛、绵羊、猪以及人的血清中都存在。配种或受精后不久在血清中出现，胚胎死亡或取除后不久即消失。它的出现和持续存在能代表受精和孕体发育，也可用于早孕或胚胎死亡的诊断。

蚤（flea）　属于蚤目的昆虫。无翅，身体两侧压扁，体长一般1.5～4mm。体被厚韧，呈暗褐色。雌蚤产卵于尘土或污物中。幼虫细长如蛆，以动物粪便和某些有机物为食，成熟的幼虫吐丝织茧，在茧内渡过蛹期。成蚤破茧而出，交配后不久雄蚤死去，雌蚤侵袭人畜吸血。蚤不吸血时离开宿主。常见种类有人的致痒蚤（*Pulex irritans*），主要侵袭人以及犬、猫、鼬、狐等多种动物；东方鼠蚤（*Xenopsylla cheopis*），寄生于褐家鼠，亦喜吸食人血，是鼠疫的主要传播媒介；犬栉首蚤（*Ctenocephalides canis*）和猫栉首蚤（*C. felis*），犬复孔绦虫的中间宿主；禽蚤（*Ceratophyllus gallinae*），对产蛋鸡和孵卵鸡骚扰严重；禽毒蚤（*Echidnophaga gallinacea*），喜叮禽的冠、垂肉和眼周围皮肤上，严重者可致死亡，亦侵袭犬、猫、兔、鸽和鸭等动物；蠕形蚤（*Vermipsylla*）和羚蚤（*Dorcadia*），分布在青海、内蒙古等高寒地带，侵袭牦牛、马和鹿等动物吸血。

蚤病（pulicosis）　由体外寄生性吸血蚤及其排泄物引起的皮肤性疾病。临床特点是急性散在性皮炎和慢性非特异性皮炎并有剧烈瘙痒。蚤属于蚤目（Siphonaptera），重要的有蠕形蚤和栉首蚤，前者多寄生于家畜，后者多寄生于犬猫。以犬猫的蚤病较为严重。当动物直接接触或进入有成蚤的地方可发生感染。成年蚤吸血，分泌毒素，排泄有刺激性的粪便，引起急性散在性皮炎和慢性非特异性皮炎，有剧烈的痒感。根据临床症状可初步判断，在体表发现跳蚤可确诊。氨基甲酸酯、除虫菊酯类和伊维菌素类药物均可有效杀死跳蚤。

藻菌病（phycomycosis）　毛霉科的犁头菌属、根霉菌属和白霉菌属中各种真菌引起的系统性真菌病。病原分布广泛。病症、病变及在机体中分布与黄曲霉病相似，但比各种曲霉菌有较强的侵袭性生长，特别对血管亲和力强。使肺、胎盘和胎儿受害，还致真胃溃疡及瘤胃炎、支气管淋巴结和纵隔淋巴结的肉芽肿及钙化，易与结核病相混淆，应注意鉴别。猪的藻菌病较为常见，多发生于饲养的后半期，消化道下段呈溃疡特征，也可见到灶性出血性坏死性肠炎。尚无较好的防治办法。

皂苷（saponins）　一类溶于水中，经振荡能产生大量泡沫的苷。多数为低聚糖苷，系无色粉末。对黏膜有刺激性，能破坏红细胞，引起溶血。根据皂苷元的结构，分为三萜皂苷和甾体皂苷，前者分布于人参、甘草、柴胡、桔梗、远志等中药中，具多种药理活性。

造影剂（contrast agents）　在X线检查中为造成人工对比而引入体内的物质。可分为阳性造影剂和阴性造影剂两类，前者常用的有硫酸钡、有机碘制剂等，后者常用的有空气、氧气和二氧化碳。理想的阳性造影剂应该具备：原子序数高，与机体组织对比度高，显影清晰；没有毒作用和刺激性，副作用小；理化性能稳定，能久储不变；容易吸收与排泄，不在体内储存；使用方便；口服者无臭无味。

造影检查（radiographic contrast study） 在X线检查中为弥补天然对比在X线诊断方面的不足，引入适当的造影剂介入所要检查的器官内部或其周围，使该器官与造影剂之间产生显著的对比，以利于观察器官或组织的机能与器质方面变化的一种特殊检查方法。有助于确定某一结构或器官的大小、形态和位置，提供内脏黏膜或管腔的有关信息、器官的功能及其生理状态。

噪声污染（noise pollution） 因自然过程或人为活动引起各种不需要的声音，超过了人类所能允许的程度，以致危害人畜健康的现象。

增感屏（intensifying screen） 一对置于暗盒中的硬纸屏，与胶片接触的一面涂有钨酸钙或稀土材料等荧光物质，是X线摄影用的辅助器材，X线胶片夹放其中，在X线曝光时能激发产生荧光，从而增加胶片的感光效应。根据增感屏上荧光物质产生荧光的强弱，分为低速、中速和高速3类；根据增感屏上荧光物质产生荧光的光谱不同，分为蓝光系列和绿光系列。

增量调节（up regulation） 激素使靶细胞同类受体数量增多的作用。

增强子（enhancer element） 在真核细胞或有些病毒DNA中发现的一种序列。它能增强与它相隔达几千个碱基位置的基因的转录。增强子可位于目的基因的上游或下游，其增强作用是由于结合于增强子上蛋白质与启动子蛋白质形成转录复合物而致。增强子有时还可激活没有启动子的基因转录。

增色效应和减色效应（hyperchromic effect and hypochromic effect） 核酸分子加热变性时，其在260nm处的紫外吸收急剧增加的现象为增色效应；随着核酸复性，紫外吸收降低的现象为减色效应。

增生（hyperplasia） 组织、器官内细胞绝对数增多，可单独发生或与肥大一起发生。病理性增生常见于慢性刺激、感染、内分泌失调和某些营养物质缺乏时。例如，胆管内寄生虫可刺激黏膜上皮增生；慢性炎症见间质结缔组织增生；雌激素过多引起子宫内膜增生；碘缺乏致甲状腺上皮增生等。增生是已知刺激引起的受控过程，除去刺激，增生即停止，它与肿瘤的恶性增生不同。

增生性炎（proliferative inflammation） 以细胞增生过程占优势，而变质和渗出性变化较轻微的一类炎症。分为普通增生性炎和特异性增生性炎两种。①普通增生性炎：又称慢性间质性炎，多数为慢性且以间质结缔组织增生为主，常发生于肾脏和心脏。眼观发生慢性间质性炎的器官出现散在的、数量和大小不一的灰白色病灶，严重时由于结缔组织大量增生和实质成分减少，致使器官体积缩小，质地变硬。少数急性炎症也以增生性变化作为主要表现形式，如急性肾小球肾炎时可见肾小球毛细血管内皮细胞和系膜细胞增生使肾小球体积变大。②特异性增生性炎：又称肉芽肿性炎症（ granulomatous inflammation），是由某些特定的病原微生物（如结核杆菌、布鲁菌）引起的一种增生性炎。炎症局部形成主要由巨噬细胞增生构成的境界清楚的结节状病灶，称肉芽肿（granuloma），如结核性肉芽肿、布鲁菌病的肉芽肿等。炎灶内巨噬细胞演变成上皮样细胞，上皮样细胞可互相融合或其细胞核分裂胞体不分裂而形成多核巨细胞。巨噬细胞、上皮样细胞、多核巨细胞构成特殊性肉芽组织，其外围有普通肉芽组织包绕和淋巴细胞浸润，有利于消灭病原菌并防止其向周围组织蔓延扩散。

增生抑制因子（proliferation inhibitory factor，PIF） 淋巴细胞产生的一种能抑制细胞增生的细胞因子。

增殖性复活（multiplicity reactivation） 基因型相同的多个灭活病毒颗粒共感染同一细胞时，灭活病毒核酸发生重组，产生有感染性的重组子代病毒的现象。

增殖性感染（productive infection） 又称生产性感染。能产生和释放感染性子代病毒颗粒的感染。

栅比值（grid ratio） 滤线器的比值，即滤线栅铅条的高度（栅板厚度）和各铅条间距离的比值。有5∶1、8∶1、10∶1、12∶1、16∶1、34∶1等多种规格，栅比值越大，吸收散射线的能力越强，对X线的减弱作用也越大。医学X线摄影中，最常用8∶1和10∶1。使用滤线栅时，要增加X线的曝光量；使用滤线栅栅比值越大，需要增加的曝光量也越大。

粘连（adhesion） 炎症渗出液中的纤维素被机化后引起相邻脏器浆膜面连接在一起的状态。炎症早期，纤维素性渗出物使相邻的浆膜面发生不牢固的纤维素性黏合。如纤维素性渗出物长期未被吸收，则有肉芽组织长入使之机化，令相邻浆膜面发生纤维素性粘连。如肠管间粘连，肺与胸壁粘连。粘连妨碍脏器正常功能，常导致轻重有异的后果。

展肌（abductor） 又称外展肌。使关节外展即四肢远离躯体正中平面的肌肉。多通过双轴和多轴关节的外侧。

战栗性产热（shivering thermogenesis） 又称寒战性产热。骨骼肌出现寒战性收缩的产热过程。当动物受到寒冷刺激时，经位于丘脑后部的寒战中枢调节，骨骼肌产生不随意的高频收缩，大量产热，以维持体温；而在发热时的寒战产热，引起温热在体内蓄积，可造成体温升高。

站立能力（standing ability） 胎畜出生后的第一

个行为表现。站立越早表示体质越壮，超过正常时间仍不能站立的，表示体弱或有病。是观察初生幼畜体质强弱的标志之一。

张肌（tensor） 使深筋膜或其他结构保持紧张的肌肉。

掌骨（metacarpal bones） 掌部骨。其数目因动物行走方式而有变化：肉食兽、兔有5支；猪4支，缺第1掌骨，第3、4掌骨较发达；反刍兽2支，相当于第3、4掌骨，但已愈合，仅远端分开，外侧尚有很小的第5掌骨；马只有第3掌骨，很坚强，常称管骨、大掌骨，两侧连接有退化的第2、4两小掌骨。掌骨为长骨，近端有关节面与腕骨相接；远端称头，与近指骨相接。禽保留第1、2、3掌骨，已相愈合，以第2掌骨较发达，第1掌骨很小。禽掌骨因与远列腕骨愈合，又称腕掌骨。

掌骨骨化性骨膜炎（ossifying periostitis of the metacarpal） 又称掌骨软骨瘤（metacarpal osteochondroma）、管骨瘤或掌骨瘤。发生在大小掌骨的一种慢性骨膜炎，骨表面有钙盐沉积形成新的骨组织。常见于马。发生原因主要是骨膜受损和骨膜受到过度牵张。如不正的姿势或蹄形，蹄铁不良和装蹄失宜，青年马过早训练或在硬地面上作业等。本病早期，发炎部位肿胀，触诊局部敏感。随后肿胀变硬，跛行反不明显，但快步或在硬地上行走时可显出跛行。炎症后期由于成骨细胞的有效活动，首先在骨表面形成骨样组织，以后钙盐沉积，形成新的骨组织，小的称骨赘，大的称外生骨瘤。用X线检查可做出明确的诊断。早期治疗宜用温热疗法和消炎剂治疗，慢性者可用烧烙和发泡剂局部刺激。在治疗的同时要让病畜充分休息。

掌指及跖趾关节（metacarpo and metatarsophalangeal joints） 由掌骨或跖骨远端与近指或趾节骨和近籽骨形成。有蹄兽又称系关节、球节（fetlock joint）。每关节各有一对侧副韧带。两近籽骨以一对侧副韧带连接掌骨和近指节骨或跖骨和近趾节骨；籽骨间以厚而含纤维软骨的韧带相连，反刍兽两对近籽骨全部相连。由近籽骨向下有纤维膜（犬）或复杂的籽骨远侧韧带（有蹄兽，按深浅有短韧带、交叉韧带和斜韧带）连接到近指节或趾节骨后面，马尚连接到中指节或趾节骨（直韧带）。动物站立时关节呈背屈状，限制其过伸的为籽骨远侧韧带和骨间肌。每关节具有关节囊；反刍兽两关节囊相通。关节囊形成背侧和掌或跖侧隐窝，分别延伸于掌骨或跖骨远端与伸肌腱和骨间肌之间。掌侧及跖侧隐窝较大，可在关节侧面、近籽骨上方进行穿刺；关节液增多时亦易触摸到。马、牛此关节在站立时背屈约90°，向后屈曲的范围较大。

照度（illuminance） 物体被照亮的程度，采用单位面积所接受的光通量表示，表示单位为勒克斯（lx）。1勒克斯等于1流明（lumen，lm）的光通量均匀分布于1m^{2}面积上的光照度。照度是以垂直面所接受的光通量为标准，若倾斜照射则照度下降。

照明（illumination） 利用各种光源照亮工作和生活场所或个别物体的措施。利用太阳和天空光的称天然采光，利用人工光源的称人工照明。照明的首要目的是创造良好的可见度和舒适愉快的环境。

照膜（tapetum） 具有金属光泽的一部分脉络膜，位于视神经盘上方，呈半月形。草食动物的照膜属纤维性，由胶原纤维束组成；肉食动物的照膜属细胞性，由若干层扁平的多角形细胞组成，细胞内含大量的锌。照膜外有几层扁平的黑色素细胞。照膜可将外来光线反射至视网膜上以加强刺激作用，有助于动物在暗光下对外界的感应。

照射量（exposure dose） 度量X线或γ射线对空气电离能力的量。若X线或γ射线在空间某点质量为dm的空气中释放出来的电子被空气完全阻止时，产生的正或负离子的总电荷为dQ，则该处在这段照射时间内的照射量为dQ与dm的比值，用X表示，即$X=dQ/dm$。

照射野（exposure field） X线束的实际照射范围。X线摄影时，以遮线器光源的光照范围指示。照射野的大小决定于被照射部位或器官的大小，设计照射野时以能恰好包含被照部位或器官为宜，不能太大，照射野越小，产生的散射线越少。

遮线器（beam limiting devices） 安装在X线机机头窗口处的一种射线限制装置。以把X线限制在需要摄影的范围之内，遮挡或吸收那些超出检查范围之外的无用射线，以减少它们与组织作用过程中产生的散射线，有利于提高X线片的质量，也是放射安全所必需的。

赭曲霉毒素A（ochratoxin A） 由赭曲霉（*Aspergillus ochraceus*）等产生的曲霉毒素。无色结晶，溶于氯仿、甲醇等有机溶剂及稀碳酸氢钠水溶液，稍溶于水。常侵害仔猪、犊牛和鸭，引起肝、肾实质细胞坏死。自然界含毒浓度低时，主要引起肾小管功能损害，诱发肾炎。

赭曲霉毒素A中毒（ochratoxin A poisoning） 畜禽采食被赭曲霉毒素A污染的饲料，引起以消化机能紊乱、腹泻、多尿、烦渴为临床特征，以脱水、肠炎、全身性水肿和肾功能障碍、肾肿大及质硬为主要病理变化的真菌毒素中毒病。主要症状为生长迟缓，饲料效率降低。肝脏受损，但主要是对肾脏的影响，导致肾间质纤维化。饮水量增加（剧渴），导致排尿增多（多尿症），这是赭曲霉毒素中毒症的一大特点。根据畜禽饲喂饲料的病史，呈地方流行性，结合典型的肾脏病变可作出初步诊断。确诊尚需对可疑饲料做真菌分离、培养及赭曲霉毒素A的定性、定量测定。本病尚无特效疗法。中毒病畜应立即停喂可疑饲料，酌情选用人工盐和植物油等泻剂，以清除胃肠中有毒的内容物；或内服鞣酸、矽碳银等保护肠黏膜；供给充足的饮水；然后给予容易消化、富含维生素的新鲜饲料；病情严重者应强心、补液、利尿，并采取保护肝功能和肾功能等措施。

真核生物（eukaryote，eucaryote） 染色体由核膜包围而与细胞质分隔的单细胞或多细胞生物。它们的染色体内含有组蛋白，胞浆膜内含有甾醇，胞浆内具有线粒体，在行光合作用的生物中含有叶绿粒，核糖体为80S型。细胞壁内含有纤维素或几丁质，但决无肽聚糖。一般行有丝分裂和有性繁殖。真核微生物包括藻类、真菌、苔藓和原虫。

真菌（fungus） 一大类真核细胞型微生物，不含叶绿素，无根、茎、叶，营腐生或寄生生活，仅少数类群为单细胞，其余为多细胞，大多数呈分枝或不分枝的丝状体，能进行有性和无性繁殖。根据形态分为酵母菌、霉菌和担子菌。真菌单细胞个体比细菌大几倍至几十倍，具有细胞壁，但不含细菌细胞壁的肽聚糖。绝大多数真菌对人和动物有益，可利用某些真菌及代谢产物生产化工、医药、轻工产品，某些真菌菌体可直接入药或食用；某些类群可感染人或动物致病，有的则可引致食品、谷物、农副产品发霉变质，甚至产生毒素直接或间接地危害人和动物的健康。与兽医学有关的真菌有黏菌纲、接合菌纲、芽生菌纲、丝孢菌纲、半知真菌亚门、担子菌亚门和子囊菌亚门。

真菌孢子（fungal spore） 真菌的主要繁殖器官。分为有性孢子和无性孢子两大类，前者通过两个细胞融合和基因组交换后形成，后者无此阶段而经菌丝分裂等形成。孢子在适宜条件下发芽，形成菌丝而进行分裂繁殖；当外界环境不适宜时可以呈休眠状态而生存很长时间。

真菌病（mycotic diseases） 病原性真菌引起人畜禽共患的多种中毒性传染病的总称。病原真菌产生无性孢子，少数病原真菌产生有性孢子。依侵害部位分为：①侵害皮肤和黏膜的特异真菌引起体表真菌病；②侵害深部组织和脏器的特异真菌引起深部真菌病；③引起一些特殊的真菌病，如流产、乳房炎、胃炎等。

真菌的无性繁殖（fungal asexual reproduction） 不经过两性细胞的结合而形成新个体的过程。在绝大多数真菌中都有发生。酵母的出芽繁殖和菌丝分裂形成菌丝体都属于无性繁殖，但无性繁殖主要指产生无性孢子，如各种分生孢子等。

真菌的有性繁殖（fungal sexual reproduction） 经两性细胞的质配与核配后，产生有性孢子来实现的繁殖。除半知菌外，所有真菌都有发生。繁殖过程分四个阶段：①质配（plasmogamy），两条菌丝接触，两性细胞质融合在同一个细胞中，此时细胞核并不结合，即一个细胞中存在两个单倍体细胞核；②核配（karyogamy），即两个细胞核核融合为一个细胞核，此时核的染色体数目是双倍的；③减数分裂，双倍体的细胞核进行减数分裂，导致遗传物质交换，并分裂成四个单倍体核；④每一单倍体核发育成一个有性孢子。上述是一个大致过程，在不同真菌中差别很大。有性孢子及其辅助组织的基本类型在真菌分类上有重要意义。

真菌毒素（mycotoxin） 真菌产生的可引起人畜中毒的有毒物质。是真菌的代谢产物，分泌到菌体外，对真菌本身不是必需的。种类很多，如曲霉毒素、青霉毒素、镰刀霉毒素等。这些毒素一般不被加热破坏，常损伤肝、肾、中枢神经、造血组织等器官，引起相应的病症，严重者死亡。无有效解毒药。有些可诱发肿瘤和其他疾病。

真菌毒素性食物中毒（fungal toxin food poisoning） 因食入了被产毒真菌污染并在其中产生了致病量毒素的食物而引起的食物中毒。中毒的食品主要是粮谷类、甘蔗等富含糖类，水分含量适宜霉菌生长及产毒的食品。除黄曲霉毒素中毒外，常见的还有赤霉菌麦食物中毒、黄变米和黄粒米毒素中毒、霉变甘蔗中毒、霉变甘薯中毒。一般规律：①有一定的地区性。真菌毒素如黄曲霉毒素等引起的食物中毒大多发生于我国南方高温、潮湿的地区，而在华北、东北及西北地区除了个别地方外，发生黄曲霉毒素中毒者一般少见。②有一定的季节性。黄曲霉毒素中毒多发生于高温、潮湿的夏秋季节，而霉变甘蔗中毒则多发生于春季。

真菌染色（fungi staining） 真菌不经染色即可镜检，用中国蓝染液染色后更为清晰。染色液是用苯酚、乳酸、甘油和水配成溶液，加入中国蓝后摇匀溶解即成。将染液滴于载玻片上，加入检样，覆加盖玻片后镜检。真菌呈蓝色。

真菌性流产（mycotic abortion） 由若干种真菌侵入怀孕母牛体内，经血液循环引起胎盘感染而导致的流产。是不少国家牛流产重要原因之一。主要发生于怀孕后3个月，与饲喂发霉饲料有关。舍饲及产犊季节发病率高。牛舍拥挤、潮湿有利本病发生。经呼吸道或消化道入侵引起胎盘感染，使之循环障碍，胎儿死亡后流产。流产死胎的腹腔和心包积有浆液，胎盘子叶坏死，干燥，子宫阜黏附胎盘绒毛。诊断应做病原学检查。防止饲料、用具、栏舍潮湿发霉，注意饲养密度及光照和通风，以减少本病发生。

真菌性瘤胃炎（mycotic rumenitis） 又称真菌性胃炎。由藻菌纲中某些真菌引起牛的一种疾病。随着大量使用抗生素及集约化养牛方式的出现，本病逐年增多。病原已鉴定有犁头霉、毛霉、根霉、曲霉和白色假丝酵母等。普遍存在于饲料和正常胃肠道中，当有适当诱因时，病原侵入胃黏膜而感染致病。犊牛最为常见。可见到瘤胃、重瓣胃、皱胃局灶性坏死，周围有一充血带，有时与其他器官粘连。患牛反刍减少，食欲减退，精神沉郁，粪便恶臭。病变组织检查病原作出诊断。尚无良好疗法，只有注意预防。

真菌性乳房炎（mycotic mastitis） 酵母类真菌引起的乳房疾病。常见于奶牛、奶山羊。自使用乳房内注射抗生素以来，发病率大为提高。病原绝大多数属酵母类真菌，自然界无处不有，偶尔呈致病作用。侵入途径为乳头管，属治疗源性的疾病。临诊上无明显症状，有的乳房局部严重炎症，肿胀发热，产乳减少，将乳挤尽仍有坚实感，乳汁内白细胞数增多。诊断进行病原分离，必须获得大量纯的某种酵母类真菌，并在37℃中良好生长，才有诊断价值。严防二重感染，免受乳房外伤，搞好乳房皮肤卫生，以预防本病发生。病牛可选用抗真菌药治疗。

真空度检验（vacuum test） 利用真空度检测仪检查冻干生物制品真空程度的方法。是冻干生物药品成品检验项目之一。常用电火花真空检测仪检查。无真空产品称为失空品，应一律剔除废弃。

真两性畸形（true hermaphrodite） 两性畸形的一种。动物同时具有卵巢及睾丸两种组织，一个或两个性腺成为卵睾体，或一个为卵巢另一个为睾丸或上述两种组织的各种组合。这种异常常见于猪和奶山羊，牛和马次之。

真皮（dermis） 皮肤的组成部分。位于表皮深面，由纤维性致密结缔组织构成，分为乳头层和网状层。乳头层含有丰富的神经末梢和毛细血管，且有许多乳头状隆突与表皮嵌合。网状层较厚，位于乳头层深面，大量胶原纤维交织成网，内含血管、淋巴管、汗腺、毛囊和皮脂腺。真皮坚韧，其厚度因动物和身体部位而异，日常所用的皮革即由真皮鞣制而成。

真性腹痛（true celialgia） 由胃肠疾病所引起的腹痛，常见于肠痉挛、肠臌胀、肠便秘、肠变位、肠结石、肠积沙、胃扩张等疾病。

真性人兽共患病（euzoonoses） 必须以动物和人分别作为病原体的中间宿主或终末宿主的人兽共患病，其特点是动物和人缺一不可。如猪带绦虫病及猪囊尾蚴病，牛带绦虫病及牛囊尾蚴病等。

诊断抗体（diagnostic antibody） 用于诊断的抗体，包括诊断血清和单克隆抗体。诊断血清（diagnostic serum）又称抗血清（antiserum），是利用血清学反应以鉴别微生物、鉴别病原血清型或诊断传染病的一种含有已知特异性抗体的血清，通常以抗原接种动物制成。血清中的抗体一般是由多个抗原决定簇刺激不同的B细胞克隆而产生的，故称之为多克隆抗体（polyclonal antibody）。而由一个B细胞克隆所分泌的抗体为单克隆抗体（monoclonal antibody）。

诊断抗原（diagnostic antigen） 根据免疫学原理和血清学方法，用于疾病特异性诊断、检疫、抗体检测和病原鉴定的一类生物制剂。诊断抗原多用微生物或寄生虫培养物、代谢产物制备，如炭疽沉淀抗原、马流产凝集反应抗原、锥虫补体结合反应抗原、结核菌素、布鲁菌水解素等。

诊断血清（diagnostic serum） 见诊断抗体。

诊断液（diagnosticum） 见诊断制品。

诊断制品（diagnostic preparation） 又称诊断液。根据免疫学和分子生物学原理，利用微生物或其代谢产物、或动物血液、组织制成的一类生物制剂，包括诊断菌液、毒液或抗原、诊断血清或定型血清、标记抗体、诊断用的毒素和菌素、核酸探针、PCR诊断液等，用于病原微生物鉴定、疾病诊断、群体检疫、流行病学调查、免疫状态监测。大体分为：①凝集试验用抗原与阴阳性血清；②补体结合试验用抗原与阴阳性血清；③沉淀试验用抗原与阴阳性血清；④琼脂扩散试验用抗原与阴阳性血清；⑤标记抗原与标记抗体，如荧光素标记、酶标记、同位素标记等，以及相应试剂盒；⑥定型血清与因子血清；⑦溶血素及补体、致敏血细胞；⑧分子诊断试剂盒。

枕（footpad，cushion） 动物足底由皮肤变形构成的软垫。浅层被覆厚而无毛并高度角化的表皮；真皮和皮下层发达，由交错的胶原纤维和弹性纤维及夹杂的脂肪组织构成，柔软而有弹性，具缓冲作用。掌行动物如熊的枕最发达，有指（及趾）枕、掌（及跖）枕和腕（及跗）枕。犬、猫等趾行动物仅指（及趾）枕和掌（及跖）枕与地面接触，腕枕虽有但不具功能，无跗枕。蹄行动物仅指（及趾）枕与地面接触而具功能，参与构成蹄，在猪、反刍兽形成蹄球，马形成蹄叉。犬、猪和马枕部的皮下组织内有汗腺，导管穿过厚的角质化表皮，分泌物有标记足迹或领域地的作用。马在系关节后方的距为掌（及跖）枕遗迹；

在腕部和跗部内侧的跗蝉为腕枕和跗枕遗迹。

枕部前置（nape posture）　胎势异常头向下弯中的一种。枕寰关节极度屈曲，唇部向下向后，枕部向着产道。

枕骨（occipital bone）　构成头的枕部和颅腔后壁及底壁后部。顶缘形成项嵴，又称枕嵴，可触摸到，为头骨枕部与顶部的分界；反刍动物不明显，称项线。腹侧正中有大孔，为颅腔的后口；经枕骨大孔穿刺的手术常由枕部进行。大孔两侧有枕髁。髁外侧为颈静脉突，猪较长。枕髁基部外侧的窝内有舌下神经孔。枕骨项面粗糙，供颈背侧肌附着。马和反刍动物尚有枕外隆凸，为项韧带索状部附着处。禽只有一个枕髁，位于大孔腹侧缘。

阵发性痉挛（clonic cramp）　又称间代性痉挛。单个肌肉或肌群发起短暂、迅速，如触电样一个跟着一个重复的收缩。收缩与收缩之间，间隔肌肉松弛，提示大脑、小脑、延髓或外周神经遭侵害，见于脑炎、中毒、低钙血症、青草搐搦、膈痉挛等。

阵发性心搏亢进（palpitation cardis paroxysmalis）　因受到剧烈刺激而急性发作的心搏高度亢进。马多见。病因是运输、上下车船、过度骚扰或过劳后，使交感神经高度兴奋所致。临床表现心搏增强可振动胸壁、躯干乃至全身，心音增强，心跳疾速，心律不齐，脉细而不整，静脉怒张，呼吸急促，发作中频频排尿、排粪。

阵发性心动过速（paroxysmal tachycardia）　由窦房结以外的异位兴奋灶发出冲动引起心搏动次数瞬间突然增加的状态。其特征是发生和停止均属瞬间性，心电图上QRS波群宽度增大且变形，PP或RR间期缩短。见于心肌梗塞、洋地黄中毒和马慢性便秘等。

震颤（thrill，tremor）　患病畜禽一种节律性、交替性摆动动作，系由肌肉不自主的收缩与舒张所引起。分为生理性震颤和病理性震颤两种，前者见于体温调节、恐惧、疲劳时；后者见于中毒性疾病，小脑疾病、神经节疾病、某些传染病等。

震颤素中毒（tremorgen poisoning）　又称蹒跚病（stagger）。畜禽发生以持续性肌纤维震颤、虚脱和惊厥等为主要特征的中毒病。由于采食被某些青霉及其毒素——震颤素（tremorgen）以及烟曲霉产生的烟曲霉震颤素A、B（fumitremorgin）污染的饲草料而致病。临床上家禽表现呼吸促迫，反射机能亢进，震颤，运动障碍等。犊牛表现四肢僵硬，步态强拘，共济失调，倒地后四肢呈游泳状划动，全身震颤，角弓反张。最后强直性搐搦，瞳孔散大，眼球震颤，流泪，流涎，腹泻，多尿和呼吸困难等。防治上除中断饲喂霉败饲草料外，可用氯普吗嗪等对症疗法。

震颤性心律不齐（trembling anisorhythmia）　又称心动紊乱。在病理情况下，房室的个别肌纤维在不同时期分散而连续的收缩，从而发生震颤。其特征是心律毫无规则，心音时强时弱、休止期忽长忽短，为心律不齐中最无规律的一种。

镇静催眠药（sedative hypnotics）　一类中枢神经系统抑制药。抑制中枢神经系统的程度随剂量的加大而逐步加深。小剂量产生镇静作用，使动物安静，消除烦躁，但意识及运动机能正常；中等剂量引起睡眠，接近于生理性睡眠；大剂量产生麻醉作用和抗惊厥作用；中毒量麻痹延脑呼吸中枢，导致死亡。按药物化学结构的不同可分为巴比妥类、苯二氮草类、溴化物及其他（如水合氯醛、安宁等）。

镇咳药（antitussive）　一类能抑制或减轻咳嗽的药物。根据药物作用部位分为中枢性镇咳药和外周性镇咳药两大类。凡能抑制延脑咳嗽中枢的药物称中枢性镇咳药，如可待因、美沙酚、羟甲吗喃醇、咳必清等，其中有一些有成瘾性。凡能抑制咳嗽反射弧中的感受器、传入神经或传出神经任一环节而镇咳的药物都属外周性镇咳药，如利多卡因、退嗽、甘草流浸膏等，有局部麻醉或保护咽部黏膜免受刺激的作用。一般情况下，轻度咳嗽不必应用镇咳药。

镇痛药（analgesic）　能选择性地缓解疼痛的药物。可分为强镇痛药和弱镇痛药。强镇痛药是指抑制中枢痛觉区的镇痛药，称麻醉性镇痛药，有成瘾性，镇痛时对意识和其他感觉无甚影响，包括阿片类药物，如吗啡、可待因、乙基吗啡等及人工合成药如哌替啶、安那度、芬太尼、美散痛及镇痛新等。用于解除剧痛。弱镇痛药是指作用于外周痛觉感受器的镇痛药，常称为解热镇痛药，参见解热镇痛药条目。

整合（integration）　病毒DNA插入宿主细胞基因组的过程。通常由病毒的整合酶（integrase）介导。整合后的病毒DNA成为宿主基因组的一部分，与宿主DNA同步复制。反转录病毒的基因组由RNA反转录为DNA，整合到细胞DNA中，称为前病毒。有些噬菌体的DNA在整合后使细菌产生特殊的产物，如白喉棒状杆菌和肉毒梭菌等被温和噬菌体的DNA整合后能产生外毒素。

整合生理学（intergative physiology）　将整体研究与细胞、分子生物学研究有机地结合起来，用分子生物学现象解释其在整体功能调节中的作用，同时探讨整体调节机制在细胞、分子水平的变化。

整合性感染（conformable infection）　病毒感染细胞后，病毒的DNA与机体细胞的DNA合并在一起的过程。它对细胞致病作用的特点在于受感染的细胞一般不产生也不放出有感染性的子代病毒。但细胞的某些性质发生改变，称为细胞恶性变。某些致瘤病毒有使细胞发生恶性变的能力。

整合作用（integration） 小的DNA分子插入到较大的DNA分子中的重组过程。环状分子通过一个单交换过程；线状分子则通过两个交换过程，如噬菌体λDNA整合到大肠杆菌基因组。

正常菌群（normal flora） 生活在健康动物各部位，数量大，种类较稳定，一般能发挥有益作用的微生物种群。有些只作暂时停留；有些由于与动物长期相互适应以后，形成伴随终生的共生关系。正常情况下这些微生物对机体无害。正常菌群不仅与动物机体平衡状态，而且菌群之间也相互制约，以维持相对的平衡。主要发挥营养、颉颃和免疫等生理作用。

正常调理素（normal opsonin） 存在于正常新鲜血清中的一些能促进细胞吞噬作用的物质，包括：①正常抗体；② 激活的补体产物，如C_{3b}、C_{5b}。

正痘病毒属（*Orthopoxvirus*） 是脊椎动物痘病毒亚科的一个属。抗乙醚。产生一种富含类脂的糖蛋白血凝素，是直径50～65nm的多形颗粒，可自病毒粒子分开，能凝集火鸡或鸡的红细胞。能感染鸡胚，在绒尿膜上形成痘疱样病变，也能在多种细胞培养上增殖。成员有痘苗病毒、牛痘病毒、天花病毒、骆驼痘病毒、小鼠脱脚病病毒、猴痘病毒、浣熊痘病毒、水牛痘病毒及兔痘病毒两个亚种。天花病毒、兔痘病毒及小鼠脱脚病病毒分别致人、兔和小鼠全身性感染，其他成员一般只引致乳房局部感染。

正反馈（positive feedback） 受控部分发出的反馈信息促进与加强控制部分的活动，最终使受控部分的活动朝着与它原先活动相同方向改变的方式。它远不如负反馈多见，其意义在于促使某一生理活动过程很快达到高潮并发挥最大效应。如在排尿反射过程中，当排尿中枢发动排尿后，由于尿液刺激了后尿道的感受器，后者不断发出反馈信息进一步加强排尿中枢的活动，使排尿反射一再加强，直至尿液排完为止。

正股核酸（positive strand of nucleic acid） 又称正链。具有信息RNA（mRNA）功能的一股RNA。与其互补的一股RNA称为负股。绝大多数病毒的RNA是单股的，分为正股和负股两大类。正股RNA病毒包括微RNA病毒科、嵌杯样病毒科、披膜病毒科、黄病毒科、冠状病毒科、反录病毒科等。正股RNA中除反录病毒的核酸外都具有传染性。

正交心电图（orthogonal electrocardiogram，OCG） 根据心电向量图原理，采用一般心电图机来反映左右、上下、前后三个轴的心电变化的方法。

正黏病毒科（Orthomyxoviridae） 一类有囊膜的、分节段的负股RNA动物病毒。病毒粒子多形性，直径80～120nm。囊膜上有血凝素（HA）及神经氨酸酶（NA）两种糖蛋白纤突，核衣壳螺旋对称。基因组为线状单股RNA，分7～8个节段，其复制和转录依赖细胞DNA，因此病毒的增殖有一个核内过程，经胞浆出芽释放。通过气雾及水源（水禽）传递。本科包括甲型与乙型流感病毒属及丙型流感病毒属。

正色素性贫血（normochromic anemia） 红细胞平均血红蛋白浓度正常的一型贫血。见于溶血性贫血、维生素B_{12}缺乏引起的贫血和急性出血性贫血等。

正生（anterior presentation） 即正向胎生。分娩时胎儿的方向和母体的方向相反，头和（或）前腿先进入或靠近盆腔。

正态分布（normal distribution） 又称常态分布、高斯分布。频数分布中最常见的一种。它的图形是一条钟形光滑曲线。均数为中心左右两侧对称，离均数越远，频数越小，形成中间高两侧逐渐减少的对称分布。正态分布曲线y与x的函数关系的表达式为：$y=\frac{n}{\sigma\sqrt{2\pi}}e-\frac{1}{2}\frac{(x-\mu)^2}{\sigma}$，式中$\mu$为总数体均数；$\sigma$为总体标准差；$n$为总频数；$\pi$为圆周率（3.1416）；e为自然对数的底数（2.71828）；y为x处的频数密度，即纵高。以曲线下总面积为1（或100%），则$\mu\pm1\sigma$的面积占总面积的68.27%，$\mu\pm1.96\sigma$的面积占总面积的95.00%，$\mu\pm2.58\sigma$的面积占总面积的99.00%。如果统计资料近似正态分布，则可以把天作为μ的估计值，以s作为σ的估计值，用正态曲线下面积的分布规律来估计其频数分布的情况。对于任何一个均数为μ，标准差为σ的正态分布都可以通过代换，使成为$\mu=0$、$\sigma=1$的标准正态分布。即将观察值x与均数弘的离差以标准差为单位，即$\mu=\frac{x-\mu}{\sigma}$表示。μ弘为标准正态（离）差，μ的分布就是标准正态分布。

正压环境（positive pressure environment） 特定空间内部空气压力大于外部空气压力所造成的环境，目的是为了阻止外部污染物进入特定的内部空间环境。在实验动物屏障环境、隔离环境中，饲养区域往往为正压环境。

正中腭突（median palatine process） 又称初发腭、原始腭。左右内侧鼻突融合处的间充质增生，形成一个突向原始口腔的小突起。将发育成腭前部的一小部分。

正中舌隆突（median tongue swelling） 见奇结节。

症候性腹痛（semiotic celialgia） 由感染因素或寄生虫所引起的腹痛，如肠型炭疽、巴氏杆菌病、病毒性动脉炎、沙门氏菌病、马圆形线虫病、蛔虫病等。

症状（symptom） 动物患病时，由于组织、器官发生形态改变和机能异常而呈现出异常的临床表现。

症状鉴别诊断（differential diagnosis of symptoms） 根据一个主要症状或几个重要的症状，提出一组可能的、相似的疾病，通过分析比较、排除鉴别，从而达到建立疾病诊断的一种方法。

症状学诊断（symptomatic diagnosis） 根据临床症状，往往是主要症状而作出诊断的一种诊断方法，又称临床诊断。其病名往往基于某一症状，如贫血、黄疸等。这种诊断方法特别适用于有示病症状的疾病，并需要诊断者有丰富的经验和熟练的技能。

症状诊断（symptomatic diagnosis） 仅以症状或一般机能障碍所做的诊断。

支跛（supporting limb lameness） 马的跛行类型之一。运步的机能障碍在患肢支撑地面阶段表现明显。基本特征是蹄着地时蹄音低，系部直立，为减轻患肢的承重和疼痛，患肢提前举步以缩短肢的支撑时间，步幅上出现后半步短的后短步。在站立姿势上，患肢减点体重至免负体重，有时左右两肢频频交替负重。

支持细胞（supporting cell） 又称 Sertoli 氏细胞。曲精小管的生精上皮中的一种细胞。呈不规则锥体形，顶端伸向管腔，侧面和游离面有生精细胞嵌入，核不规则，核仁明显。它对生精细胞起支持和营养作用，在曲细精管内维持高雄激素水平的微环境，并吞噬精子形成过程中遗弃的残余胞质，参与血-睾屏障的形成。

支气管（bronchus） 气管分成的一系列分支。主支气管入肺后，反复分支，分支模式同种动物基本相似。第一级为肺叶支气管，供应一个肺叶；数目与肺叶一致。第二级为肺段支气管，供应一个支气管肺段；一般肺的前叶、中叶和副叶各有 2 支，后叶有 5～6 支。此后继续分支，最后成为细支气管。肺小叶大的由一个小支气管分支形成，小的由一个细支气管分支形成。支气管至细支气管间的分支次数，因动物种类和肺的部位而有差异，如鼠等小动物只 4 或 5 次，大动物可至 12 次以上。支气管的所有分支，形成支气管树。主支气管构造与气管相似，此后软骨环渐变为不规整软骨片，黏膜腺体逐渐减少，平滑肌组织逐渐增多。禽支气管的分支形成互相连通的管道。初级支气管纵贯全肺，分出 4 群袢状的次级支气管；从其上再分出许多三级支气管（又称副支气管），连接每两群次级支气管。

支气管败血波氏菌感染（bordetella bronchiseptica infection） 又称猪传染性萎缩性鼻炎（infectious atrophicrhinitis）。支气管败血波氏杆菌（*Bordetella bron chiseptica*）引起猪的一种以鼻炎、鼻梁变形和鼻甲骨萎缩和生长迟缓为特征的慢性接触性传染病。2～5 月龄的幼猪易感，世界各养猪国家和地区都有发生。根据临床症状、病变特点及病原学检查可作出确诊。预防主要是加强国境检疫、淘汰阳性猪。应用抗生素或磺胺类药物作饲料添加剂或有计划免疫接种，能收到良好效果。

支气管肺炎（broncho pneumonia） 又称卡他性肺炎。肺小叶范围内的细支气管及其肺泡的急性炎症。常始于支气管，向下蔓延至肺泡。因炎症多局限于小叶内，故又称小叶性肺炎（lobular pneumonia）。家畜肺炎的一种常见类型，多见于马、牛、羊、猪，尤其是幼龄动物。在机体抵抗力持续下降时，小叶性病变可相互融合形成融合性支气管肺炎（fusional pneumonia）。其病因是由于遭受寒风侵袭、尘埃、烟雾等刺激，以及上呼吸道炎症蔓延所致，也可继发于某些传染病经过中。症状有眼结膜潮红或发绀，体温呈弛张热型，呼吸困难，频发或阵发咳嗽。肺部听诊肺泡音消失，其周围听诊有支气管呼吸音；叩诊在前下方三角区呈局限性半浊音—浊音。病程延长可转为慢性间质性肺炎或化脓性肺炎。预后不良。

支气管呼吸音（bronchial respiratory sound） 在健康家畜（马除外）肺区所听到的一种类似将舌尖抬高而呼出气体时所发出的“赫赫”音。由气流通过声门裂隙时所产生的气流漩涡所致，实乃喉、气管呼吸音的延续。其特征为吸气时较短而弱、呼气时较长而强。马以外的其他动物在支气管区可听到支气管呼吸音。狗的整个肺区皆可听到支气管呼吸音。

支气管扩张（bronchiectasis） 犬猫等小动物常发的一种以支气管腔呈小囊状或圆筒状扩张为主要特征的呼吸道疾病。多继发于慢性支气管炎，因支气管的纤维性增生使弹性丧失而致病。临床表现为阵发性咳嗽、排出恶臭气味的脓性分泌物。听诊肺部有湿性啰音，体温接近正常。

支气管炎（bronchitis） 肺支气管黏膜深层组织以咳嗽和不定热型为特征的炎性疾病。急性原发性疾病由感冒、刺激性气体吸入所致；慢性原发性疾病多为急性病因反复刺激的结果。急、慢性继发性疾病主要见于某些传染病和寄生虫病经过中。症状以咳嗽为主征，病初干痛咳，后为湿咳，黏液—脓性鼻液，喉和气管敏感（人工诱咳阳性）。肺泡音粗厉。泛发性毛细支气管炎病例，全身症状加剧，体温升高，呈呼气性呼吸困难，肺部听诊有干、湿性啰音和捻发音。治疗宜用祛痰、镇咳和消炎等药物进行对症疗法。

支气管造影（bronchography） 将造影剂注入气管、支气管内，让造影剂分布在支气管壁上，使支气管树显影的X线技术。常用于诊断支气管树有形态变化的疾病，如支气管扩张症、支气管阻塞、慢性支气管炎以及会引起气管、支气管形态变化的肺肿瘤、纵隔肿块等。造影前，动物应深度镇静或全身麻醉，做非选择性的支气管造影时，动物取侧卧姿势，让检查的一侧位于下方，造影剂从靠近喉部的气管环间用穿刺针头慢慢注入，然后拍摄侧位和背腹位的胸部照片，必要时可补充拍摄斜位照片。如需做另一侧的支气管造影，则需等原注入的造影剂从支气管清除后再进行。

支气管震颤（bronchial fremitus） 当较大支气管内啰音粗大而严重时，触诊胸壁可有轻微的震颤感。

支系（subline） 又称亚列。一个近交系或亚系内部，由于人为技术处理或种群保持者的改变，在环境、亲代等因素影响下，可能或已经引起遗传差异的品系。支系命名是品系符号加上人为处理技术代表符号，如卵子移植（e）、卵巢移植（o）、胚胎冷冻（p）、奶母代乳（f）、人工哺乳（h）奶母＋人工哺乳（fh），再加提供品系的符号。如 $C_3HFC_{57}BL$。若采用人为处理目的是植入或去除某病毒则品系后面加破折号再接病毒大写英文字母，去除加（－），植入加（＋）。如 C_3H/Hew－MTV＋。对经过转移保存者而形成的支系则用原品系加“//”号再加现保存者方法表示。如 C_3H/He//H。

支原体（*Mycoplasma*） 又称霉形体。目前发现的最小最简单的能在人工培养基上生长的单细胞原核微生物，也是唯一一种没有细胞壁的原核细胞。支原体细胞中唯一可见的细胞器是核糖体。菌体呈颗粒状、环状、球菌状、长丝状和其他形状，直径0.15～0.3μm，长可达数微米。有细胞膜但无细胞壁，能通过常用的细菌滤器。姬姆萨染色液着色良好，其他染色不易着色。能在营养丰富的培养基中生长，但需要甾体。常能发酵糖类或水解尿素（尿原体）。兼性厌氧，CO_2 浓度增高时生长最佳。在固体培养基上形成煎蛋状的细小菌落，中央下陷到培养基内。支原体不侵入机体组织与血液，而是在呼吸道或泌尿生殖道上皮细胞黏附并定居后，通过不同机制引起细胞损伤，如获取细胞膜上的脂质与胆固醇造成膜的损伤，释放神经（外）毒素、磷酸酶及过氧化氢等。

支原体病（mycoplasmosis） 又称霉形体病。由支原体属（*Mycoplasma*）中的致病性支原体引起多种动物传染病的总称。包括丝状支原体引起的牛传染性胸膜肺炎、猪肺炎支原体引起的猪地方流行性肺炎、山羊支原体引起的山羊传染性胸膜肺炎、猪鼻支原体和猪滑膜支原体引起的猪多发性浆膜炎和关节炎、无乳支原体引起的羊传染性无乳症或传染性乳房炎、禽败血支原体引起鸡和火鸡的慢性呼吸道病、鸡滑膜支原体引起的鸡传染性滑膜炎等。

支原体属（*Mycoplasma*） 一群生长需有胆甾醇、不分解尿素的支原体。无细胞壁只有原生质膜，故形体柔软，可通过0.45μm及0.22μm滤器；具高度多形性，呈球状、杆状或环状，也常见有分支的纤丝状。兼性厌氧，初代分离以微氧环境（95%氮和5% CO_2）生长最佳。对营养要求较高，生长需胆甾醇，常需在基础培养基中加10%～20%新鲜灭能血清。菌落细小，露滴状，放大20～40倍观察时呈“荷包蛋”外观。重要的动物致病种有：①丝状支原体丝状亚种（*M. mycoides* subsp. *mycoides*），致牛传染性胸膜肺炎（牛肺疫）。②牛支原体（*M. boris*），致牛传染性无乳症（牛乳腺炎）。③丝状支原体山羊亚种（*M. mycoidis* subsp. *capri*），引起山羊传染性胸膜肺炎。④无乳支原体（*M. agalactiae*），致山羊和绵羊无乳症及关节炎。⑤禽败血支原体（*M. gallisepticum*），致鸡和火鸡慢性呼吸道病。滑液支原体（*M. synoviae*），引起鸡和火鸡等传染性滑膜炎。火鸡支原体（*M. meleagridis*），引起火鸡传染性副鼻窦炎。猪肺炎支原体（*M. ayopneumoniae*），致猪流行性肺炎（猪气喘病）。肺支原体（*M. pulmonis*），引起小鼠、大鼠和豚鼠的肺炎和关节炎。

肢端肥大症（iatrogenic acromegaly） 脑下垂体因增生或肿瘤而引起生长激素分泌过多所致的皮肤及骨骼异常增生性疾病。可发生于长期使用孕酮或孕激素阻止母畜妊娠时。临床呈慢性进展，病程长数月或数年，以母犬多见。患病动物主要表现为爪及头骨肿大、凸颌、指（趾）间增宽，吸气性喘鸣，皮肤黏液水肿，乳溢，多毛、嗜睡，软弱乏力，腹部膨大，心脏增大，变应性关节炎，多饮多尿等。腺垂体肿瘤引起的生长激素过多则表现为视力障碍和头部疼痛。X线检查见指（趾）骨变宽，脊椎骨增大。实验室检查，糖耐量降低，血浆生长激素含量极度升高。对因使用外源性孕激素所引起的生长激素过多，停止继续用药即可缓解病情；发情后期的生长激素过多，实施卵巢子宫切除术，大多可治愈；腺垂体增生或肿瘤所致的生长激素过多，可用溴隐亭。

肢皮肤痒性肉芽肿（acropruritic granuloma） 又称舌舔肉芽肿。犬肢远端慢性瘙痒性皮肤疾病。见于中等体型及大体型品种的短毛犬及中等长毛犬。病因不明，但病犬反复舌舔患部皮肤是造成本病发生、发展的原因之一。起病时只在皮肤上出现小的肿胀，皮肤变厚。随着病犬反复舌舔患部，肿胀扩大，皮肤更厚，并可能出现浅的溃疡甚至伴有感染。止痒剂及皮质类固醇药只对早期病例有暂时缓解作用。

脂变（fatty degeneration） 脂肪变性的简称，细胞胞浆内出现脂滴或脂滴增多的一种病变。脂滴多为中性脂肪（甘油三酯），也可能是类脂质（磷脂、胆固醇等）或为两者的混合物。脂肪变性是一种可逆性损伤，多见于急性病理过程，常发生在肝、肾和心等器官。以肝为例，眼观肿大，呈灰黄或黄色，质地软而脆，切面隆起，有油腻感。在 HE 染色切片上，脂肪滴被有机溶剂溶解而呈大小不一的空泡状。在冰冻切片上，脂肪滴可被苏丹Ⅲ染成橙红色，被锇酸染成黑色。缺氧、细菌毒素、化学毒物、饥饿等都能引起脂肪变性。发病机理是细胞内脂肪转化、利用或运输失调。

脂蛋白（lipoprotein） 与蛋白质结合在一起形成的脂质-蛋白质复合物。脂蛋白中脂质与蛋白质之间没有共价键结合，多数是通过脂质的非极性部分与蛋白质组分之间以疏水性相互作用而结合在一起。通常用溶解特性、离心沉降行为和化学组成来鉴定脂蛋白的特性。存在于血浆、蛋黄、组织抽提液、细胞线粒体、叶绿体和一些病毒中。其中血浆脂蛋白为动物体内血脂的运输形式，由载脂蛋白和脂类包裹成颗粒，主要由乳糜粒子、极低密度脂蛋白（VLDL）、低密度脂蛋白（LDL）和高密度脂蛋白（HDL）组成。

脂多糖（lipopolysaccharide，LPS） 革兰阴性菌所特有，位于外壁层的最表面，由类脂 A、核心多糖和侧链多糖 3 部分组成。类脂 A（lipid A）是一种结合有多种长链脂肪酸的氨基葡萄糖聚二糖，是内毒素的主要毒性成分，各种革兰阴性菌类脂 A 结构极相似，无种属特异性。核心多糖位于类脂 A 的外层，由葡萄糖和半乳糖等组成，具有属特异性。侧链多糖在 LPS 最外层，即 O 抗原，具有种、型特异性。LPS 有吸附 Mg^{2+}、Ca^{2+} 等阳离子的作用，也是噬菌体在细菌表面的特异性吸附受体。

脂肪变性 （fatty degeneration） 实质细胞胞浆内脂肪异常蓄积，简称脂变。常发生在肝、肾和心。眼观器官肿大，呈灰黄或黄色，质地软而脆，切面隆起，有油腻感。在 H E 切片上，脂肪滴被有机溶剂溶解而呈大小不一的空泡状。在冰冻切片上，脂肪滴可被苏丹Ⅲ染成橙红色，被锇酸染成黑色。缺氧、细菌毒素、化学毒物、饥饿等都能引起脂肪变性，其发病学基础是实质细胞内脂肪转化、利用或运输失调。

脂肪代谢（lipid metabolism） 动物体内脂肪的分解和合成代谢。脂肪合成部位主要在脂肪组织，由脂酰辅酶 A 与磷酸甘油缩合而成。脂肪的分解受激素敏感脂酶的作用，产生的甘油和脂肪酸从脂肪组织送往其他组织进行氧化和利用。动物在摄入供能物质超过能量消耗时，多余部分可合成或转变为脂肪储存，而在摄入供能物质不足时，则动用储存脂肪分解供能。故脂肪代谢可受机体生理和营养状况等多种因素的影响，并与糖、蛋白质代谢有密切关系。肾上腺素、胰高血糖素及胰岛素等参与调节脂肪代谢。

脂肪的动员（adipokinetic action） 脂肪组织中的脂肪被脂肪酶逐步水解为游离脂肪酸（free fatty acid，FFA）和甘油并释放入血液，被其他组织氧化利用的过程。在脂肪动员中，激素敏感脂肪酶（hormone-sensitive lipase，HSL）是脂肪分解的限速酶，其活性受到肾上腺素、去甲肾上腺素和胰高血糖素的调控。在禁食、饥饿或交感神经兴奋时，这 3 种激素的分泌增加并使激素敏感脂肪酶激活，促进脂肪动员。相反，胰岛素等则使其活性受到抑制，具有对抗脂肪动员的作用。

脂肪肝（fatty liver） 重度弥漫性肝脂肪变性。可见肝脏肿大，质地较软，色泽淡黄至土黄，切面结构模糊，有油腻感，有的甚至质脆如泥。常发生于牛和家禽。镜检可见在变性的肝细胞浆内出现大小不一的空泡，起初多见于核的周围，以后变大，较密集散布于整个胞浆中，将肝细胞核挤向一边，状似脂肪细胞或"戒指状"。牛临床表现消化紊乱，排粪停滞或粪便稀软。肝浊音区扩大，可视黏膜黄染。

脂肪肝出血综合征（fatty liver hemorrhagic syndrome） 以肝脏发生脂肪变性、出血而致机体急性死亡的病变。常见病因有病毒感染、胆碱缺乏等。多发于鸡，主要散见于产蛋母鸡，对蛋鸡生产造成严重影响。临床表现病鸡超重，产蛋率下降，鸡冠和肉髯苍白，附有皮屑。死亡率高。尸检见腹腔中有大凝血块，并部分包着肝脏，还有大量脂肪沉积，肝脂肪量超过干重的 40%～70%。饲料中补充氯化胆碱、维生素 E 有明显疗效。

脂肪管型（fatty cast） 由肾小管损伤，上皮细胞脂肪变性引起，为上皮管型和颗粒管型脂肪变性所致，是一种较大的管型，表面覆以脂肪滴和脂肪结晶。见于类脂性肾病及慢性肾小球肾炎。

脂肪坏死（fat necrosis） 脂肪组织的分解变质变化。分为酶解性脂肪坏死和营养性脂肪坏死。前者常见于胰腺炎或胰导管损伤时，胰液外溢，把胰腺周围和肠系膜、网膜等腹腔内的脂肪组织分解为甘油和脂肪酸，甘油被吸收，脂肪酸与组织中的钙结合形成不溶性钙皂，眼观坏死部呈质地较硬的灰白色斑块或结节状；后者多见于患慢性消耗性疾病而呈恶病质状态的动物，可发生于全身各处脂肪，尤其腹腔内脂肪多见，眼观脂肪坏死部初期出现散在的白色细小病灶，以后逐渐增大并互相融合为白色坚硬的结节或斑块，经时较长时，其周围有结缔组织形成包囊，其发生机理可能与脂肪大量分解，使脂肪酸在局部蓄积有关。

脂肪浸润（fatty infiltration） 脂肪细胞出现于正常时不含脂肪细胞的组织器官间质中的现象。主要发生于心脏、胰腺、骨骼肌等组织内。例如，心肌发生脂肪浸润时，脂肪细胞可浸润于心壁内。光镜下可见脂肪细胞排列于心肌纤维之间，成片或条状分布，心肌纤维可因受压迫而发生萎缩，心脏在外观上则出现假性肥大。常发于老龄及肥胖动物。

脂肪瘤（lipoma） 发生于脂肪组织的良性肿瘤，由分化较成熟的脂肪瘤细胞所构成，是良性肿瘤中最常见的一种。多发生于四肢与躯干的皮下组织及机体存有脂肪组织的部位，如大网膜、肠系膜、肠浆膜、乳腺等处。各种畜禽均可发生。眼观脂肪瘤的瘤体呈球形、扁圆形或分叶状，表面光滑，有包膜，与周围组织分界明显。若发生于肠系膜、肠壁等处，则具有较长的蒂。脂肪瘤大小不等，色彩随动物种类而异，牛的脂肪瘤为黄色；马为深黄色；羊的为白色。

脂肪肉瘤（liposarcoma） 脂肪组织发生的一种恶性肿瘤。比较少见。瘤块无包膜，质地柔软，分叶或结节状，黄色或灰白色，组织中常有出血和坏死区。组织学特点是瘤细胞呈多形性，细胞核异形性明显。

脂肪酸（fatty acid） 含一可游离羧基和一非极性烃链的一类羧酸，化学通式为 RCOOH，是三酰甘油的水解产物，也是合成脂肪、磷脂、糖苷脂等的成分。动物体内主要是偶数碳原子的饱和和不饱和的长链脂肪酸，如软脂酸（十六碳酸）、硬脂酸（十八碳酸）；油酸（十八碳一烯酸）、亚油酸（十八碳二烯酸）、亚麻酸（十八碳三烯酸）、花生四烯酸（二十碳四烯酸）等。可在体内氧化分解代谢供给较高能量。

脂肪酸合成（fatty acid synthesis） 主要在胞液中进行，直接原料是乙酰 CoA。线粒体中的乙酰 CoA 通过柠檬酸-丙酮酸循环转运入胞液，由 NADPH 供氢，在脂肪酸合成酶系催化下合成软脂酸，合成反应并不是 β-氧化的简单逆过程。

脂肪细胞（adipocyte，adipose cell） 脂肪组织的主要成分，呈圆形、椭圆形或多边性，大小随所含脂类的多少而异，分为白色脂肪细胞和棕色脂肪细胞。白色脂肪细胞内含一个大的中央脂滴，胞核连同少量胞质被挤至细胞一侧。在 HE 染色标本上，脂滴被溶解，细胞呈空泡状，胞核着色深，整个细胞呈新月形。主要功能是储存脂类，合成脂蛋白酶，参与脂类代谢。棕色脂肪细胞的胞质内有许多分散的小脂滴和大量的线粒体及丰富的糖原颗粒，胞核呈圆形或椭圆形，多位于细胞的中央或偏中央位。主要功能是氧化脂质产生热量。

脂肪心（adipositus cordis） 心脏周围沉积过厚脂肪层而导致心脏功能降低的一种病变。临床上以心脏衰弱为主，如心搏动亢进，心音减弱，脉性细弱而快，呼吸困难。重型病例多死于心脏麻痹和心脏破裂。治疗应用强心剂。

脂肪组织（adipose tissue） 一种聚集着大量脂肪细胞的结缔组织，在成群的脂肪细胞之间有疏松结缔组织将其分隔为若干小叶。根据其结构和功能特点，可分为白（黄）色脂肪组织和棕色脂肪组织两种。

脂褐素（lipofuscin） 又称消耗性色素，实质细胞胞浆内出现的一种棕黄色脂类颗粒。它是损伤细胞器膜性残余的过氧化产物，常见于慢性消耗性疾病和老龄动物的肝细胞、心肌细胞、神经细胞和肾上腺皮质细胞内，不含铁。在显微镜下经紫外线激发可产生棕色荧光。电镜观察，脂褐素颗粒是细胞内自噬溶酶体中细胞器碎片发生某种理化改变后，不能被溶酶体酶消化而形成的一种残余体。

脂类（lipid） 不溶或微溶于水而易溶于有机溶剂的一类有机化合物，为中性脂肪和类脂及其衍生物的总称。动物体内的脂类包括脂肪、脂肪酸、磷脂、糖苷脂、胆固醇等。它们各具不同的生理功能。脂肪是体内储存能量和氧化供能的物质；磷脂和糖苷脂是生物膜的重要组成成分；胆固醇除参与构成生物膜和血浆脂蛋白外，还是体内类固醇激素、维生素 D 及胆汁酸的前体。

脂溶性维生素（fat - soluble vitamin） 可溶于脂类或有机溶剂中而不溶于水的维生素。如维生素 A、维生素 D、维生素 E 和维生素 K 等。

脂肉芽肿性炎（lipogranulomatous inflammation） 皮下脂肪组织的一种肉芽肿性慢性炎。见于牛脂瘤病。

脂质体（liposome） 一种由磷脂双层膜构成的人工膜，有球形、平面的膜形或磷脂分子团状，是研究膜脂与膜蛋白及其生物学性质的极好实验材料。如果将 DNA 分子（或药物、酶等）包在里面或结合在表面，当与细胞融合时，可将 DNA 等送入细胞，用于基因转移以及诊断和治疗多种疾病。

脂质体佐剂（liposomes adjuvant） 一种新型佐剂。脂质体是人工合成的具有单层或多层单位模样结构的脂质小囊，由一个或多个类似细胞单位膜的类脂双分子包裹水相介质所组成。脂质体被认为是制备亚单位疫苗的理想载体和免疫佐剂。

直肠（rectum） 大肠较直的最后一段。位于盆腔内，以直肠系膜悬于盆腔顶壁。长短因动物而有差异：犬的短而仅在荐骨下；马的较长；牛的向前达腰部；兔的向后至尾根下。有的动物可形成略扩大的直肠壶腹，如马、猪、犬。肠壁较厚而有弹性；肌膜发达，纵肌在背侧分出一对直肠尾骨肌，向后止于前几个尾椎。黏膜下组织含有丰富的静脉丛，因此直肠可吸收水分和水溶物。直肠后部无浆膜包裹，为腹膜外部，与阴道（母畜）、尿道（公畜）及盆膈相连。

直肠检查（rectal examination） 把手或手指伸入直肠并经肠壁间接地对盆腔器官及腹腔后部器官进行检查的方法。直肠检查在大动物腹痛病的诊断与治疗、发情鉴定、妊娠诊断、母畜生殖器疾病的诊断与治疗以及泌尿器官、肝、脾等的检查中有非常重要的地位和意义。检查前术者应剪短、磨光指甲，充分露出手臂，涂以润滑剂（或带上胶皮手套后在手套外涂润滑剂）。确实保定动物，如有必要可先行穿刺放气、灌肠。将检手的手指集聚成圆锥状，旋转通过肛门，伸入直肠。当直肠内有粪时先将其纳入掌心并微曲手指取出，如膀胱过度充满应轻轻按摩以促其排尿，必要时人工导尿。检指徐徐沿肠腔方向伸入，尽量使肠管更多地套在手臂上，动物努责时，检手随之后退，如肠壁极度紧张可暂时停止前伸，待肠壁弛缓时再向前伸入。一般当手臂伸至直肠狭窄部（马）或结肠的最后段“弓”状弯曲部时，即可按顺序进行检查。检查顺序和部位可因目的和个人习惯而异。但务求科学和全面。小动物直肠检查基本上无临床意义，必要时可以指代手，如大动物直肠检查法那样实施，但仅能检查盆腔器官。

直肠检查法（rectal examination） 以手伸入直肠，隔着直肠壁而间接地对盆腔器官及后部腹腔器官进行检查的方法。直肠检查在大动物腹痛病的诊断与治疗、发情鉴定、妊娠诊断、畜生殖器疾病的诊断与治疗，以及泌尿器官、肝、脾等的检查中有非常重要的作用和意义。

直肠麻痹（paralysis of the rectum） 支配直肠的神经机能障碍导致的病变。伴有膀胱、尾、肛门以及后肢的麻痹。初期征候是粪便不定间隔排泄，其后不能排泄以致粪便贮留，有时肛门松弛、尿失禁甚至不能起立，呈现膀胱、尾、后肢全麻痹和不全麻痹。治疗时排除粪尿，利用神经刺激剂、电针等疗法。但多数病例不能治愈。

直肠憩室（diverticulum of the rectum） 直肠部分扩张形成的憩室。多发生于犬，马则少见。病初慢性蓄粪，粪块压迫致使直肠肌层断裂。随后，直肠黏膜呈囊状膨起，大量粪便充满憩室，会阴部肿胀。与会阴疝相似，应注意鉴别，直肠检查可以诊断。治疗时除去蓄粪，手术切除直肠憩室。

直肠温度（rectal temperature） 动物体温指标的一种表达方式。因直肠较深，温度较接近于体内的平均温度，且测定方便，故常用于临床。

直肠阴道瘘（rectovaginal fistula） 直肠阴道之间的瘘管。发生于公畜本交阴差从阴道穿透进入直肠或难产时胎儿的肢穿透阴道进入直肠，未及时治疗缝合而形成瘘管。粪从阴道排出，或滞留阴道，导致阴道炎。治疗可清除直肠和阴道内蓄粪、彻底消毒阴道，切除瘘管，进行缝合。

直接传播（染）性共患疾病（orthozoonoses） 病原体在脊椎动物和人之间通过直接接触、媒介动物或污染物而传播的人兽共患疾病。病原体在传播过程中大多没有生活史上的发育过程。重要者有狂犬病、口蹄疫、流行性感冒、新城疫、拉沙热、马尔堡病、淋巴细胞性脉络丛脑膜炎、鹦鹉热、炭疽、鼻疽、布鲁菌病、结核病、沙门菌病、耶氏菌病、弯曲菌病、类丹毒和钩端螺旋体病等。

直接胆红素（direct bilirubin） 经过肝脏处理后与葡萄糖醛酸结合的水溶性的结合胆红素，可与重氮试剂呈直接反应。

直接发育史（direct development history） 寄生虫虫卵或幼虫从宿主体内排出后，在适宜的外界环境中直接发育为感染性幼虫或感染性虫卵等感染性阶段虫体，进而感染新宿主并发育为成虫的过程。直接发育的寄生虫一般又称为土源性寄生虫，分布区域更广。如捻转血矛线虫、蛔虫、球虫等。

直接接触传播（direct contact transmission） 易感动物与传染源通过舐咬、交配等方式直接接触而引起的传播。如狂犬病和大多数生殖道传染病。

直接抗球蛋白试验（direct antiglobulin test） 检查红细胞表面是否有不完全抗体覆盖的一种试验。系用抗球蛋白血清对洗去血浆蛋白的待检红细胞进行试验。如红细胞在体内已被不完全抗体覆盖，则发生凝集反应。

直接叩诊法（direct percussion） 以弯曲的手指或借助叩诊器械直接叩击动物体表被检部位，借叩击的反响和指下（检）震动感来判断病变情况的方法。包括指叩诊法、拍击法、拳叩法和锤叩法。常用于检查额类、上颌类、气肿、蹄病等，或叩击关节或腱以检查其反射机能。

直接燃烧法（incineration method）　利用大部分恶臭物质燃点在150～170℃这一特点，使用高温燃烧除臭的方法，通常温度在800℃以上。

直接人兽共患病（directzoonoses）　通过直接接触或间接接触（通过媒介物或媒介昆虫机械性传递）而传播的人兽共患病。其病原体本身在传播过程中没有增殖，也没有经过必要的发育阶段。主要感染途径是皮肤、黏膜、消化道和呼吸道等。这类人兽共患病主要包括全部细菌病、大部分病毒病、部分原虫病、少部分线虫病等，如狂犬病、炭疽、结核病、布鲁氏菌病、钩端螺旋体病、弓形虫病、旋毛虫病等。

直接听诊（direct auscultation）　不借助听诊器械，用耳直接贴附于动物体表的相应部位，听取脏器运动时发出音响的听诊方法。

直接涂片法（direct smear method）　一种用于粪便检查的方法，主要用于检查蠕虫卵、原虫的包囊和滋养体。本法操作简便、取材少，但检出率低，故需连续涂片至少3张以提高检出率。具体方法为：取50%甘油水溶液或生理盐水1～2滴滴于载玻片上，摄取黄豆大小的被检粪块与之混匀，剔除粗粪渣，抹薄涂匀，盖上盖玻片镜检即可。

直接致癌物（direct acting carcinogen）　又称终致癌物（ultimate carcinogen）。在体内以原型直接与DNA等生物大分子发生亲电性结合，使细胞发生癌变的物质。如烷烃和芳香烃的环氧化物、β-丙内酯和烷基亚硝胺等。

直捷通路（thorough fare channel，preferential channel）　血液从微动脉经后微动脉，通过毛细血管而进入微静脉的循环通路。直捷通路经常处于开放状态而有血液流通，血流速度较快，其主要机能不是进行物质交换，而是使一部分血液能迅速通过微循环进入静脉。骨骼肌中分布较多。

直线型社会关系（linear type social system）　可用直线表示动物群体中个体间地位的优劣关系，第一位为首领可统治第二位以下，而第二位可统治第三位以下，依此类推。猴、兔、犬、鸡、猪群中均属此类型。

植皮术（skin grafting）　移植有活力的皮肤，用以修复体表皮肤的缺损部位。植皮术用于皮肤烧伤、创伤、体表肿瘤及疤痕切除后，消灭创面的一种有效的治疗方法。供体可来自自体皮肤、同种异体皮肤、异种皮肤。临床上常用的自体皮肤移植根据皮片的血液供应情况可分为3类：皮肤的游离移植、皮肤的带蒂移植、游离皮瓣移植（皮肤的血管吻合移植）。

植物雌激素（phytoes tvogen）　植物中存在的可通过人和动物的胃肠道复杂的多糖代谢转化成有雌激素活性的化合物。主要有异黄酮类（isoflavones）、木酚素类（lignans）和拟雌内酯（coumestans），均含在植物及其种籽里。通过与甾体雌激素受体以低亲和度结合而发挥弱的雌激素样效应。含植物雌激素的植物主要有大豆（大豆异黄酮）、葛根、阿麻籽等，

植物红细胞凝集素（phytochematoagglutinin，PHA）　原来是对从植物中发现的、具有凝集红细胞作用的物质，后来发现了很多具有同样作用的物质，随扩大其含义为细胞凝集素中植物来源的总称——植物凝集素（phytoagglutinin，plant agglutinin）或凝集素（lectin）。缩写PHA的多数是指从菜豆属（*Phaseolus vulgaris*）和金雀花（*P. communis*）中提取的凝集素。提纯后蛋白质含量多的称为PHA-P，糖蛋白多的称为PHA-M。具有凝集红细胞，促进淋巴细胞（主要是T细胞）幼化和分裂的作用。类似细胞凝集素作用的物质还有刀豆球蛋白A、美国商陆（*Phytolacca americana*）的促细胞分裂剂（mitogen）及革兰阴性菌的脂多糖。广泛存在于800多种植物（主要是豆科植物）的种子和荚果中，其中有许多种是人类重要的食物原料，如大豆，菜豆，刀豆，豌豆，小扁豆，蚕豆和花生等。

植物化学物（phytochemicals）　植物中存在的一类不属于已知营养素的物质，具有调节植物生长、代谢、防御病虫害等作用，对人体也有促进生长发育、调节代谢、抵御危害、改善保健等功能。主要有膳食纤维、植物多糖、植物甾醇、酚类化合物、萜类化合物及有机硫化合物等。

植物血凝素（phytohemagglutinin，PHA）　从豆科植物中提取的外源凝血素，能凝集红细胞，是一种刺激T淋巴细胞活化的有丝分裂原（mitogen）。

跖骨（metatarsal bones）　跖部骨。与掌骨相当，其数目因动物而有不同：肉食动物、兔有4支，犬尚有很小的第1跖骨；猪、反刍动物和马与掌骨相同，反刍动物在内侧尚有很小的第2跖骨。跖骨形态与掌骨相似，仅略长（约长20%），横切面较圆。禽第2、3、4跖骨愈合为大跖骨，因尚与跗骨合并，又称跗跖骨，其长短有很大差异，在家禽，鸡的最长，鸭最短。大跖骨远端三骨分开形成3个滑车。大跖骨下部内侧尚有小的第1跖骨。公鸡大跖骨有发达的距突。

止吐药（antiemetic）　一类能抑制内耳前庭器官、延髓催吐化学感受区或呕吐中枢，具有止吐作用的药物。分为抗组胺止吐药（如苯海拉明、茶苯海明等）、抗多巴胺能止吐药（如氯丙嗪、三氟拉嗪等）、抗胆碱药（东莨菪碱）、中枢抑制药（苯巴比妥等）

及其他类（如吐灭灵、爱茂尔等）。主要用于宠畜运输时预防晕动病，也用于治疗慢性胃炎等胃肠疾病引起的呕吐及药物性呕吐。

止泻药（antidiarrheic） 一类能制止腹泻的药物。用于剧烈腹泻或慢性腹泻，以防止机体脱水和营养障碍。止泻效果最好的是阿片类制剂，如复方樟脑酊。适用于犬、猫较严重的非感染性腹泻。比较缓和的止泻药有收敛药鞣酸蛋白、次碳酸铋；吸附药活性炭、白陶土。加上抑制肠蠕动的止泻药颠茄酊、苯乙哌啶、洛派胺等。用药时应注意改善饲养管理及适当配合抗菌药物。

止血带（tourniquet） 在供血的径路上，压迫血管以便控制循环和防止手术时出血的一种器具。在兽医临床上常用的是胶质止血带。胶质止血带由天然胶制成，有好的弹力，常应用于四肢游离部、马阴茎和尾部手术，能暂时阻断血流，减少手术中失血，使术部清晰，方便手术操作。四肢装止血带应置于前臂、小腿有肌肉部位，在没有肌肉的部位应垫上棉花和纱布，以减少止血带对组织的压迫和损害。止血带留置时间不得超过2～3h（冬季为40～60min）。

止血法（hemostasis） 出血后制止血液继续从血管外流的方法，是抢救或治疗的重要措施。毛细血管或小血管出血，一般可自行止血，而较大的血管则要进行止血，止血方法可分为器械止血药物止血两大类。器械止血常用的有指压法、加压包扎止血法、结扎止血法、填塞止血法等。药物止血有局部用药和全身用药止血的两个方面。

指（趾）骨瘤（exostosis on the pastern bone） 见环骨瘤。

指（趾）滑膜鞘（digital synovial sheath） 在指部掌侧和趾部跖侧有指腱鞘和趾腱鞘。包裹指或趾深屈肌腱，后面并与指或趾浅屈肌腱前壁相贴。在马从掌或跖部的下1/4至冠骨中部；发尖肿胀时可于系关节近籽骨上方两侧及蹄部后上方指或趾浅屈腱分叉处明显触摸到。其他家畜指和趾腱鞘数目基本与指及趾的数目一致。此外，反刍动物在指和趾部背侧，指总伸肌或趾长伸肌两肌的外侧肌腹，其两腱支也包有滑膜鞘。

指及趾骨（phalanges） 指及趾部骨。第1指及趾为2节，余有近、中、远3指（及趾）节骨；有蹄动物称系骨、冠骨和蹄骨。每指（趾）尚有1对近籽骨和1远籽骨。近、中指（趾）节骨形状相似，后者较短；近端具有关节凹，远端具有滑车状关节面。肉食动物远指节骨称爪骨，近端扩大形成爪嵴和爪沟，关节面前后方形成伸肌突和屈肌突；远端形成爪尖。肉食动物远籽骨为软骨；此外在掌指和跖趾关节背侧的指总和趾长伸肌腱支内有背侧籽骨。蹄骨位于蹄匣内，反刍动物和猪略呈三棱形的锥体，3面为轴面、远轴面和底面；近端有关节面，其冠缘前端形成伸肌突，底面后部形成屈肌结节。马蹄骨楔形，远缘薄，壁面多孔，成倾斜的半环状，向后形成内、外侧突，连接有蹄软骨。关节面的冠缘形成伸肌突。底面略凹，呈新月形；后方为屈肌面，形成屈肌结节。屈肌面两端有底内、外侧孔，在骨内以弓形的底管相通。两近籽骨锥体形，位于大掌骨、大跖骨下端后面；远籽骨呈舟状，位于蹄关节后方。马籽骨承受屈肌腱压力较大，使役不当易发生骨折。骆驼远指（趾）节骨小，与中指（趾）节骨一起呈水平位，近指（趾）节骨则与地面约呈70°；无远籽骨。

指及趾屈肌（flexor muscles of digits） 屈指和趾的肌肉。主要有浅屈肌和深屈肌。前肢指屈肌位前臂部后方。浅屈肌主要起始于肱骨内侧上髁；深屈肌发达，有肱、尺、桡3个头。至腕部，两肌的腱被屈肌支持带约束于腕管内；通过腕管继续经掌部掌侧下行至掌指关节部（系部），浅屈肌腱形成屈腱筒，供深屈肌腱通过，此腱筒由掌侧环状韧带固定于系部。在马、牛等有蹄动物，深屈肌腱呈圆索状位于骨间肌（悬韧带）紧后方，浅屈肌腱扁平，贴于深屈肌腱后面，可顺次触摸区别出。两腱继续向下至指部，浅屈腱被环状（马呈交叉状）指纤维鞘固定于第1指节骨，然后分叉而止于第1指节骨下端和第2指节骨上端两侧，深屈腱则由分叉处穿过而止于第3指节骨。因此两肌又称被穿屈肌和穿屈肌。马指屈肌腱不分支；浅、深屈肌在前臂下部和腕部下方各有腱头（副韧带），站立时对支持体重有重要意义。指浅屈肌在反刍动物、猪有两肌腹，浅屈腱分为两支，至第3、4两指；在肉食动物分为4支。深屈腱在反刍动物分为两支；在猪分为4支，其中至第3、4两指的穿过指浅屈肌腱支；在肉食动物分为5支。骆驼指浅屈肌无肉质部，以腱起始于副腕骨和掌骨。后肢趾屈肌位于小腿部后方。浅屈肌起始于股骨下部，夹于腓肠肌两个头之间，其腱与腓肠肌腱等形成跛总腱并转至浅层，通过跟结节顶端，分出两支附着于其内、外侧，主干沿跟类后面继续向下经跖部至趾部。马、骆驼趾浅屈肌已完全转变为腱组织，在马与腱质化第三腓骨肌构成膝、跗二关节的连锁装置。趾深屈肌紧位于小腿骨后面，包括拇长屈肌、趾长屈肌和胫骨后肌。马趾深屈肌在跗部下方有腱头。肉食动物胫骨后肌腱，止于跗部，不参与形成深层腱，趾屈肌在趾部的分支和附着基本与指屈肌相似。

指及趾伸肌（extensor muscles of digits） 伸指和趾的肌肉。前肢指伸肌主要有指总和指外侧伸肌。

位于前臂部前外侧，其长腱经腕部、掌部的背侧而至指部。指总伸肌腱分支止于每一指第3指节骨的伸肌突，在马不分支，牛、羊、骆驼分为2支，猪、犬4支。除马外，指总伸肌尚可分出内侧肌腹，常称指内侧伸肌，其腱止于最内侧的指，在犬并分出一斜支至悬爪。指外侧伸肌位于指总伸肌外侧缘，其腱在马止于系骨，反刍动物止于外侧指（第4指）的冠骨；在猪、犬则各分为2支和3支，与指总伸肌腱的分支一同止于外侧的2指或3指。后肢趾伸肌主要有趾长和趾外侧伸肌。位于小腿部前外侧，其长腱经跗部、跖部的背侧和外侧而至趾部，分支情况与指总伸肌相似；除马和犬外亦可分出内侧肌腹，常称内侧趾固有伸肌，其腱止于最内侧的趾。趾外侧伸肌的腱在马和反刍动物不分支，马的在跖部与趾长伸肌腱相合并，反刍动物的下行止于外侧趾（第4趾）的冠骨；猪的分为浅、深2肌腹，其腱止于外侧的2趾；犬此肌很小，其腱与趾长伸肌的一腱支合并而止于第5趾。

指（趾）甲（nail）　灵长类指（及趾）端由皮肤衍生成的坚硬器官。表皮角化形成拱形的甲体，侧缘和甲根深入皮肤襞（甲襞）下。甲体由甲根近侧缘的表皮生发层不断生长并逐渐向远侧推出。真皮形成甲床，表面具低的纵褶（甲床嵴），与甲体的表皮生发层相连。在甲体游离缘下的表皮产生少量较软的角质，形成狭的甲底。

指（趾）间皮炎（dermatitis of interdigitalis）　没有蔓延到皮下组织的指（趾）间急性、慢性炎症。四肢同时受侵害。常见于牛，引起本病的原因是牛舍潮湿、粪便积聚没及时清除。病初患肢划动，运步失常，轻度跛行，皮肤表皮充血、增厚、有渗出物或痂皮，若治疗不及时在球部邻近出现肿胀，引起化脓过程。治疗时应首先作好环境卫生，清洗牛蹄；对环境进行消毒；仔细清理蹄部，扩开坏死角质，消除潜道，用防腐剂、收敛剂包扎；蹄要保持干燥、清洁；也可施行蹄浴。

指形长刺线虫（*Mecistocirrus digitatus*）　线虫的一种，寄生于绵羊、牛、瘤牛、水牛的第四胃。雄虫长可达31mm，雌虫长可达43mm。有小口囊，内生一矛形齿，颈乳突发达，和捻转血矛线虫的形态特征相似。雌虫外观也颇似捻转血矛线虫。雄虫交合伞的背叶甚小，但位置对称；侧腹肋与前侧肋显著地比其他肋长大。交合刺为细长线状。阴门靠近肛门。虫卵大，长95～120μm，宽56～60μm，排出时含大约32个胚细胞。参阅捻转血矛线虫病。

指指叩诊法（finger to finger percussion）　以左手中指或食指紧贴叩诊部位作为板指，其他手指稍微抬起，勿与体表接触；再以右手的中指作为叩指，垂直叩击左手中指第二指节背面，以听取所产生的叩诊音响的方法。本叩诊法仅适用于中小动物。

趾间肉芽肿或趾间囊肿（interdigital granuloma, interdigital cyst）　发生在犬指（前肢）或趾（后肢）间的炎性多形性结节，不是真正的“囊肿”，而是疖病。早期患指（趾）间局部出现小丘疹，发病后期则呈结节状。指（趾）间结节有光泽，触摸痛、有波动感，患部破裂后流出含血样的液体。一般认为异物刺激的结节多是单个的，而细菌感染引起的指（趾）间囊肿多反复发作，可见到多个结节。治疗用热水浸浴可促使康复。如效果不好，可将异物性肉芽肿摘除。

制动龙（immobilon）　制动药的一种。由埃托啡和乙酰丙嗪配合而成（分别含2.45mg/mL和10mg/mL）。具有神经安定和镇痛作用。用于野生动物及家畜的制动和镇痛。

制动药（immobilizer）　又称化学保定药。能使动物在不影响意识和感觉的情况下变为安静、驯服，出现嗜眠或肌肉松弛状态，且停止抗拒和各种挣扎活动，以达到类似保定目的的药物。包括氯化琥珀胆碱、三碘季铵酚、盐酸二甲苯胺噻嗪、盐酸二甲苯胺噻唑、哌氟苯丁酮、盐酸乙胺噻吩环己酮等。主要用于：①动物园、养鹿场、皮毛兽饲养场的锯茸、诊疗和外科处理以及对野生动物的捕捉；②马、牛等大家畜的制动；③配合某些全身麻醉药，使肌肉松弛完全，同时减少麻醉药用量，使麻醉更加安全。

制剂（preparation）　药物制成的个别剂型。一般由药物与辅助材料或附加剂组成。如土霉素片、葡萄糖注射液等。

制酵药（antifermentative）　抑制胃肠微生物及酶的活动，从而制止发酵的药物。用于胃肠臌气、瘤胃臌胀、急性胃扩张等的治疗。常用药物有鱼石脂、甲醛溶液、芳香氨醑、氨制茴香醑等。

制霉菌素（nystatin）　多烯类抗真菌抗生素。得自链霉菌（*Streptomyces nouseri*）的培养液。不溶于水，性状不稳定，多聚醛制霉菌素钠水溶性较好。具有广谱抗真菌作用。内服吸收少，可治疗牛真菌性胃炎、火鸡和鸡的嗉囊真菌病。对曲霉引起的牛乳房炎和雏鸡肺炎分别通过乳导管注入和气雾吸入也有效。因毒性大，不宜注射应用。

质多角体病毒属（*Cypovirus*）　呼肠孤病毒科的一个属。RNA分10个节段，结构多肽有3～5种，能凝集鸡、绵羊及小鼠红细胞。宿主范围包括鳞翅目、双翅目及膜翅目的昆虫及甲壳动物。根据病毒RNA核酸电泳的图式分11个型，1型又称家蚕质多角体病毒，引致家蚕细胞质多角体病。

质粒（plasmid）　细菌拟核裸露DNA外的遗传

物质，为双股闭合环形的DNA，存在于细胞质中。编码非细菌生命所必需的某些生物学性状，如性菌毛、细菌素、毒素和耐药性等。具有可自主复制、传给子代、也可丢失及在细菌之间转移等特性，与细菌的遗传变异有关。细菌质粒的相对分子质量一般较小，为细菌染色体的0.5%～3%。根据相对分子质量的大小分为两类：较大一类的相对分子质量是4×10^7以上；较小一类的相对分子质量是1×10^7以下（少数质粒的相对分子质量介于两者之间）。每个细胞中的质粒数主要决定于质粒本身的复制特性。按照复制性质也分为两类：一类是严紧型质粒，当细胞染色体复制一次时，质粒也复制一次，每个细胞内只有1～2个质粒；另一类是松弛型质粒，当染色体复制停止后仍然能继续复制，每一个细胞内一般有20个左右质粒。这些质粒的复制是在寄主细胞的松弛控制之下的，每个细胞中含有10～200份拷贝，如果用一定的药物处理抑制寄主蛋白质的合成还会使质粒拷贝数增至几千份。如较早的质粒pBR322即属于松弛型质粒，要经过氯霉素处理才能达到更高拷贝数。一般分子量较大的质粒属严紧型，分子量较小的质粒属松弛型。质粒的复制有时和它们的宿主细胞有关，某些质粒在大肠杆菌内的复制属严紧型，而在变形杆菌内则属松弛型。质粒在研究细菌的遗传与变异、基因工程及致病性等方面具有极为重要的意义。

质谱分析（mass spectrographic analysis） 一种测量离子荷质比（电荷-质量比）的分析方法。基本原理是使试样中各组分在离子源中发生电离，生成不同荷质比的带正电荷的离子，经加速电场的作用，形成离子束，进入质量分析器；在质量分析器中，再利用电场和磁场使其发生相反的速度色散，将它们分别聚焦而得到质谱图，从而确定其质量。由于质谱分析具有灵敏度高，样品用量少，分析速度快，分离和鉴定同时进行等优点，因此，质谱技术广泛应用于化学、化工、环境、能源、医药、运动医学、刑侦科学、生命科学、材料科学等各个领域。

治疗量（therapeutic dose） 通常指既可获得良好的疗效又较为安全的剂量。若超量服用，可能引起中毒尤以幼畜、老年患畜为甚。

治疗史（prior treatment） 动物发病后的治疗经过。从发病到就诊是否经过治疗，其结果如何，或就诊后的治疗结果，对病情和病性的判断以及治疗方案的建立均有重要参考意义。转诊单上应写明治疗史及治疗效果。

治疗性诊断（therapeutic diagnosis） 按预想的疾病进行试验性治疗，根据治疗结果（病情好转、恶心、治愈）而获得诊断结果的一种诊断方法。本法多适用于急性病例或不能确诊的病例，并且所用药物多为特效药或具有诊断意义的药物。

治疗指数（therapeutic index TI） 药物的半数致死量（LD_{50}）和半数有效量（ED_{50}）的比值，代表药物的安全性，此数值越大说明药物越安全。

治疗作用（therapeutic action） 符合用药目的的作用。治疗作用可分为对因治疗和对症治疗。对因治疗是消除原发致病因子的治疗，对症治疗是改善症状的治疗。

致癌物（carcinogen） 能引起癌的物质和因素。可分为物理性、化学性和生物性3类，其中以化学性致癌物（如苯并芘、其他多环芳烃及N-亚硝基化合物等）最为重要。物理性致癌物主要是放射性物质。生物性致癌物如某些病毒和黄曲霉毒素，在动物中引起肿瘤病已较常见。

致癌性病毒（oncogenic virus） 能引起动物发生肿瘤的病毒。又称肿瘤病毒（tumor virus.）按病毒核酸成分可分为DNA和RNA病毒两大类。在RNA病毒中肿瘤病毒均属反录病毒科。致癌性病毒在动物界分布甚广，从鱼类到灵长类等各类脊椎动物中都有发现。

致癌性真菌毒素（oncogenic mycotoxin） 能引起动物发生肿瘤的真菌毒素。如黄曲霉毒素可引起肝癌，动物中以鸭最为敏感。其他如杂色曲霉素、冰岛青霉素、镰刀菌毒素等10余种真菌毒素及其毒性代谢产物均可使实验动物致癌。

致癌作用（carcinogenesis） 致癌物引发动物和人的恶性肿瘤，增加肿瘤发病率和死亡率的作用。致癌过程分成启动阶段和促进阶段。启动阶段包括前致癌物变为近似致癌物，再转为终致癌物与生物大分子如DNA、RNA、蛋白质相结合，造成DNA损害，成为致癌的启动因子的过程。促癌阶段是启动的细胞经促癌剂多次促进变成癌细胞的过程。启动剂约有90%引起基因突变，而10%引起基因外的改变如细胞分化异常。促癌剂的作用在于抑制细胞分化和促进致癌病毒的转化作用等。常规测试鉴定致癌物的程序是短期初筛试验→实验动物致癌性测试→人群流行病学调查。

致病性（pathogenicity） 一定种类的病原菌在一定条件下，能在宿主体内引起感染的能力。不同的病原菌对宿主可引起不同的疾病，表现为不同的临床症状和病理变化，如炭疽杆菌引起炭疽，而霍乱弧菌则引起霍乱。因此，致病性是细菌种的特征之一。确定某种细菌是否具有致病性主要依据柯赫法则。

致病性大肠杆菌食物中毒（*Escherichia coli* food poisoning） 由大肠杆菌中某些在一定条件下能致病

的菌株引起的食物中毒。一般认为，凡能产生肠毒素的菌株，均可引起食物中毒。近年发现某些大肠杆菌还产生另外的毒性物质，亦具肠毒素作用。病死畜肉、污染的饮水和熟肉制品都是较常见的中毒原因。主要表现为急性胃肠炎，也有表现为急性菌痢的。常在食后12～24h出现腹泻、呕吐，可伴发头痛、发热和腹痛。

致病因素（pathogenic factors） 引起疾病发生并决定疾病特征的因素。可分为外界致病因素（外因）和机体内部因素（内因）两类。外因包括生物性、物理性、机械性、化学性、其他致病因素；内因包括机体的防御能力、适应能力和特异性体质等因素。

致畸试验（teratogenicity test） 一种采用与人代谢方式相近的动物来替代人类进行的畸变试验，以检测某种环境污染物（即受试物）对人类是否会引起畸变。一般要求实验动物对受试物的代谢方式和胎盘解剖学结构与人类相近，而且一胎多仔、妊娠期较短、便于饲养和费用较低。目前多用大鼠、小鼠或家兔，如有条件也可采用犬或猴。对各种动物进行致畸试验的基本方法相同。最常用的是大鼠试验法。通过致畸试验可检测受试物导致胚胎死亡、结构畸形及生长迟缓等毒作用。

致畸胎作用（teratogenesis） 受精卵在发育过程中，主要是在胚胎器官分化发育的敏感时期，由于接触某些理化物质或病原生物，影响器官的分化发育，导致形成程度轻重不同的畸形胎儿。包括胎儿形态、生理生化功能或行为的发育缺陷。致畸胎作用有明显的量效关系。多用试验动物如大鼠、小鼠和兔等通过致畸试验检测致畸原。致畸原包括病毒、植物毒素、药物等。

致畸原（teratogen） 又称致畸物。能通过母体干扰胚胎和胎儿的正常发育，使之形成先天畸胎的化学、物理和生物等因素。其中致畸化学物较为常见。

致畸作用（teratogenesis） 致畸物作用于发育期的胚胎，引起胎儿出生时具有永久的形态结构异常，是一种特殊的胚胎毒性。

致密结缔组织（dense connective tissue） 由大量纤维和少量细胞构成的结缔组织。动物体内绝大多数组织，如真皮、肌腱、韧带、某些器官外被膜，其纤维成分以胶原纤维为主，只有少量的致密结缔组织。细胞成分主要是成纤维细胞和纤维细胞。致密结缔组织主要起连接、支持、机械保护等作用。

致敏（sensitization） 包括3个方面：①接触某抗原后抗体对该抗原的敏感性增高，如超敏反应；②注入抗体或致敏淋巴细胞使肌体致敏，称为被动致敏；③间接凝集试验时，将抗原或抗体交联或吸附于微载体上的过程。该带配体的微球称为致敏微球，如致敏红细胞（sensitized red cell），溶血反应中与溶血素结合的红细胞亦称致敏红细胞。

致敏红细胞（sensitized red cell） 补体结合试验中与溶血素结合的红细胞，间接血凝中已与抗原或抗体吸附或交联的红细胞或醛化红细胞。

致敏淋巴细胞（sensitized lymphocyte） 受抗原刺激而活化的T细胞，是细胞免疫的效应淋巴细胞，在再次接触该抗原时能产生多种淋巴因子，引起局部速发性变态反应和杀伤带抗原的靶细胞。除抗原外，有丝分裂原如植物血凝素（PHA）和刀豆素A（ConA）等亦能激活T细胞，但其作用是非特异性的，不针对某一种抗原。

致热原（pyrogen） 引起动物发热的物质。可分为两种：①外源性致热原，常见的有细菌、病毒、真菌、原虫等及其产物如细菌内毒素；②内生性致热原，由白细胞、单核细胞、肺泡巨噬细胞等被外源性致热原激活后产生和释放，包括白细胞介素1（interleukin-1，IL-1）、IL-6、干扰素（interferon，IFN）、肿瘤坏死因子（tumor necrosis factor，TNF）、巨噬细胞炎症蛋白1（macrophage inflammatory protein 1，MIP-1）、内皮素（endothelin）等。

致弱（attenuation） X线通过机体或某种物质时，由于吸收和散射作用所致的X线能量损失过程。

致死剂量（lethal dose） 某种外源化学物引起机体死亡的剂量，一般用mg/kg表示。如化学物存在于空气中或水体中，致死剂量叫致死浓度（lethal concentration，LC），一般用mg/m^3或mg/L表示。

致死性基因（lethal gene） 导致个体死亡的基因，包括显性致死基因和隐性致死基因。从基因致死作用上分为显性纯合致死（dominant homozygous lethal）、隐性纯合致死（recessive homologous lethal）和杂合体致死（heterozygous lethal）；从发育阶段上分为配子致死（gamete lethal）和胚胎致死（embryo lethal）。致死基因在生物个体发育的任何阶段均可发挥作用。

致突变物（mutagen） 又称诱变物。能够引起突变的物质。

致突变作用（mutagenesis） 又称诱变作用。化学物或其他因素诱发生物遗传物质产生突然而根本的改变。包括基因突变和染色体畸变，均系DNA损伤所致。可影响该个体（与致癌作用密切相关）或遗传到下一代。检测化学物致突变作用的常用方法有低等生物细胞诱变试验（如艾姆试验）、哺乳动物细胞培养试验（如外周血淋巴细胞培养观察染色体畸变、细胞恶变转化试验）及整体动物试验（如显性致死突变试验、哺乳动物染色体畸变分析、微核测定、姊妹染色单体交换试验）等。

致细胞病变作用（cytopathogenic effect，CPE） 某些病毒在感染特定细胞系时引起的可见细胞损伤或异常，表现为细胞皱缩、变圆、脱落、形成合胞体、出现空泡、包涵体等。CPE 可在光学显微镜下观察，某些病毒能产生特征性的 CPE，是病毒学检测及研究的常规手段之一。不少病毒产生 CPE 的能力与其对动物的致病力正相关，是用于判定病毒毒力的指标。

致育因子（fertility factor，F factor） 又称 F 因子、F 质粒、F 性因子。在一些革兰阴性菌菌株中发现的一种编码性菌毛的大质粒（94.5kb），带有性菌毛的细菌称为 F^+ 菌或雄性菌，不带性菌毛的称为 F^- 菌或雌性菌。F 因子能通过接合从一个细菌（F^+）转移到另一个菌株（F^-），当 F^+ 菌将致育因子传递给 F^- 菌后，使后者获得致育因子，称为雄性菌，同时能传递染色体的一部分基因和其他性质的质粒，并能将传递的染色体基因整合到另一 F^- 菌中，F 质粒整合在染色体内的细菌称为高频重组菌（Hfr）。

窒息（apnea，asphyxia） 又称假死。刚出生的仔畜呈现呼吸障碍或无呼吸而仅有心跳的现象。常见于马驹、仔猪等。不及时抢救，往往死亡。本病多由分娩时因胎盘血液循环障碍，使胎儿过早呼吸，吸入羊水所致。轻症仔畜软弱，黏膜发绀，呼吸不匀，有湿性啰音。重症全身松软，黏膜苍白，呼吸停止，仅有微弱心跳。治疗原则是清除吸入的羊水，诱发呼吸反射，进行人工呼吸或输氧。窒息可发生于成年动物上呼吸道阻塞（如喉头急性水肿）、严重中毒、脑损伤、呼吸功能衰竭等。

窒息性毒剂中毒（asphyxiating agent toxicosis） 由光气（$COCl_2$）和双光气（$ClCOOCl_3$）等引起的中毒病。主要通过呼吸道中毒。中毒初期兴奋不安，流泪，咳嗽，呼吸浅表；中后期呈现肺水肿症状，呼吸极度困难，结膜呈蓝紫色，两侧性泡沫状鼻液。肺部听诊有水泡音，叩诊呈浊音。精神沉郁，食欲废绝，体温升高。重型病例很快死于窒息。防治上应侧重于防止肺水肿。治疗上宜行氧气吸入、静脉注射双氧水疗法，或注射肾上腺皮质激素等。

蛭弧菌属（*Bdellovibrio*） 逗点状的革兰阴性杆菌，大小为（0.2～0.5）μm×（0.5～1.4）μm，借助一根端生有鞘鞭毛运动，运动很活跃，有捕食细菌的特性。专性需氧。最适生长温度为 28℃～30℃，在高于 37℃和低于 10℃时生长贫瘠。形态和生理学特性上表现出两阶段的生活周期，即不生长的捕食阶段和细胞内的繁殖阶段，两者相互交替。快速运动的蛭弧菌借助随机碰撞定位于通常比它大的寄主细胞上，并迅速钻进寄主的周质间隙，在其中繁殖。被感染的寄主细胞通常变圆，并膨胀成球形结构（蛭质体）。蛭弧菌在侵入后的早期就杀死寄主细胞，使之成为自己发育的基质。生长中的蛭弧菌消耗寄主的原生质，伸长成蛇状，而后断裂成若干能运动的、大小一样的菌体，离开寄主，重新开始其下一个生活周期。检测和分离蛭弧菌所需的方法类似于研究噬菌体所用的方法。

蛭形巨棘吻棘头虫（*Macracanthorhynchus hirudinaceus*） 又称猪大棘头虫。寄生于猪小肠内的一种大形棘头虫。雄虫长约 10cm，雌虫长可达 35cm，宽 4～10mm，体表有横皱纹。吻突上有六横行、每行 6 个小倒钩。多以吻突嵌入肠系膜附着缘附近的肠黏膜内。卵椭圆形，壳厚，表面有小穴，两端有栓塞样构造，内含一棘头蚴。中间宿主为金龟子和天牛。放牧猪常掘食土壤中的金龟子幼虫（蛴螬）遭受感染。对猪危害甚大，病猪有食欲不振、腹痛、下痢、消瘦、贫血等症状，幼猪生长阻滞。有些地区的人嗜食金龟子，亦可能遭受感染。

雉鸡大理石脾病（pheasant marble spleen disease） 火鸡疱疹病毒甲型引起的以脾脏高度肿大呈大理石样外观为特征的雉鸡传染病。本病仅在家养雉鸡群中流行，发病率几近 100%，10～12 周龄雉病死率最高，当流行一段时间后往往会自行停息，流行周期为 1～2 年。临床上无特殊症状，仅见突然死亡。剖检脾脏高度肿大，呈大理石状并有小坏死灶；肝脏肿胀有坏死灶，镜检肝星状细胞有核内包涵体。根据特征性病变和荧光抗体法、免疫扩散试验可确诊。应用高免血清治疗有效，使用火鸡出血性肠炎疫苗具一定免疫预防效果。

雉鸡脑脊髓炎（pheasantencephalomyelitis） 又称雉流行性震颤病。禽脑脊髓炎病毒引起的一种垂直和水平传播的雉鸡传染病。特征为头、颈、脚震颤，共济失调，麻痹。世界各国广泛存在，中国广东、辽宁、江苏等地曾有发生。通过病母雉的带毒卵和病雉的粪便排毒扩散，6 周龄内的雏雉最易感。病雉表现运步不稳，胫跖关节着地呈坐式，继而头、颈震颤，不全或全身麻痹。组织灭活疫苗和鸡胚弱毒疫苗均有良好的免疫预防效果。

中肠（mesenteron） 在动物胚胎时期位于前肠门和后肠门之间的原肠部分。中肠和卵黄囊相通。随着胚胎发育，前肠门后移，后肠门前移，最后合并为脐孔，原肠的中肠部分实际上已不存在。胎儿时期的中肠即小肠，包括十二指肠、空肠和回肠。

中等热（moderate heat） 体温升高 1.0～2.0℃，见于呼吸系统、消化系统的一般炎症以及某些亚急性、慢性传染病。

中毒（intoxication） 生物体受毒物作用而出现的疾病状态。是各种毒作用的综合表现。自然因素如土壤中富含某种元素及有毒植物和动物性毒物均可引起中毒。而工业“三废”和农药对环境的污染已成为广泛引起中毒的人为因素。

中毒性疾病（exotic diseases） 人和动物摄入形似食物的有毒物质或随食物摄入有毒物质后，发生的以急性症状为主的疾病。如人和动物发生的亚硝酸盐中毒、农药中毒、重金属中毒、人类发生的贝类麻痹毒中毒等。工业“三废”和农药对环境的污染已成为广泛引起人类慢性中毒的重要因素。

中毒性颗粒（toxic granules） 姬姆萨染色的血涂片检查，中性白细胞的细胞质内含有的大小不等、形状不规则的深紫色粗大颗粒，是由于毒素作用使细胞发生变性，凝固的细胞质蛋白聚集于中性颗粒上而形成。

中毒性血尿（toxic erythrocyturia） 见于某些中毒疾病导致肾脏损伤所引起的血尿。

中段中胚层（intermediate mesoderm） 又称中间中胚层、间介中胚层。位于上段中胚层和下段中胚层之间。颈部的中段中胚层呈分节状，将分化为生肾节。其余中段中胚层不分节，将分化为生肾索。

中耳（middle ear） 颞骨鼓部内的小腔及其中结构。将声波转变为机械性振动并转递到内耳。小腔称鼓室，衬有黏膜。外侧壁通外耳道，有鼓膜隔开。内侧壁为颞骨岩部的迷路壁，与内耳隔开，上有两小孔与内耳相通：上方为前庭窗；下方为蜗窗。中耳内有 3 块听小骨和两块小肌肉（鼓膜张肌和镫骨肌）。鼓室上部（鼓室隐窝）为听小骨所在；中部向前以咽鼓管通咽；下部形成鼓泡。

中耳炎（otitis media） 鼓室与耳管的炎性疾病。多发生于猪，其他动物稀有发生。多数经呼吸道感染，由欧氏管进入中耳或继发于内耳炎和流感。病原为链球菌、葡萄球菌。病畜表现体温上升、精神衰沉、食欲不振、痉挛发作等全身症状。单侧中耳炎时呈旋转运动、头颈倾斜而倒地，两侧发病则见头颈伸长，头向下。本病若局限于中耳则预后良好。治疗用抗生素连续给药，配合耳道用药。可以在局麻醉下鼓膜穿刺、排脓洗涤。

中国本兔（Chinese white rabbit） 中国本土兔，皮肉兼用，又适合动物实验的品种。毛色浅白，体型紧凑，红眼，嘴稍尖，耳朵短而厚，被毛短密。生存适应能力、繁殖力 、抗病力强。成兔体重 1.5～2.5kg。

中国地鼠（cricetus griseus） 又称条纹地鼠。属于仓鼠科、仓鼠属。被毛灰褐，背部中央从首至尾有一道黑色条纹。该品系是由我国野生种繁育而成，属于小型仓鼠。染色体只有 11 对，无胆囊，睾丸相对更大。主要用于遗传、糖尿病等方面的研究，为真性（Ⅰ型）糖尿病的良好动物模型。

中国实验用小型猪（Chinese experimental mini pig） 1985 年由中国科学家从贵州小型香猪经培育而成，已育 3 个品系，Ⅲ系皮肤为白色，6 月龄体重 20～25kg，成年体重 40kg，已长时间提供动物用于多种生命科学研究中。

中和（效）价（neutralization titer） 用固定病毒稀释血清法中和试验时，能中和 100LD_{50}或 $TCID_{50}$的病毒单位的抗血清稀释度。试验时将抗血清倍比稀释液与等量 200LD_{50}（用鸡胚或实验动物或 $TCID_{50}$细胞培养）的病毒混合后感染鸡胚、实验动物或细胞培养，观察每组动物的存活数和死亡数（出现细胞病变数），按 Karber 法计算半数感染量（ID_{50}），所得数值查反对数，即中和（效）价。参见 Karber 法。

中和抗体（neutralizing antibody） 能中和病毒和毒素致病作用的抗体。

中和试验（neutralization test） 测定抗体中和活性的试验。病毒与相应的中和抗体结合后，能使病毒失去吸附细胞的能力或抑制其侵入和复制，从而丧失感染力。抗毒素与毒素结合后，使有毒性的 B 亚单位不能吸附细胞，以致 A 亚单位不能进入细胞而失去毒性作用。中和反应不仅有种和型的特异性，而且还表现在量的关系，即一定量的病毒（或毒素）必须有一定量的中和抗体才能被中和。常用于病毒的鉴定，抗病毒血清的效价滴定和毒素、抗毒素的定量。

中和指数（neutralization index） 作固定血清稀释病毒法中和试验时，抗血清与正常血清对中和病毒能力的比值。病毒 10 倍递进稀释后分别加入正常血清（对照组）和待检血清（中和组）。各组分别接种鸡胚、实验动物或细胞培养，观察各组存活数和死亡数（或出现细胞病变数），计算对照组和中和组病毒的 LD_{50}或 $TCID_{50}$，即可算出中和指数。公式为：中和指数＝中和组 LD_{50}（或 $TCID_{50}$）/对照组 LD_{50}（或 $TCID_{50}$）。所得数值查反对数即中和指数，＞50 者判为阳性，10～49 为可疑，＜10 为阴性。

中和作用（neutralization） 抗体能与相应抗原发生特异性结合，中和毒素的毒性、阻断病原细菌、病毒入侵或在体内发挥生理或病理效应的作用。

中华人民共和国食品安全法（Food Safety Law of the People's Republic of China） 2009 年 2 月 28 日第十一届全国人民代表大会常务委员会第七次会议通

过了《中华人民共和国食品安全法》，本法自 2009 年 6 月 1 日起施行，《中华人民共和国食品卫生法》同时废止。与《中华人民共和国食品卫生法》相比，《中华人民共和国食品安全法》有很多新的变化和特点：①理顺监管体制，从单一许可转为分类许可；②加强预防和事前管理；③强化事后管理和责任分担；④统一食品安全国家标准；⑤食品免检成为历史，重罚产生威慑力。

中华人民共和国野生动物保护法（Law of The People's Republic of China on the Protection of wildlife） 于 1989 年 3 月 1 日施行、2004 年 8 月 28 日修订的野生动物保护法旨在保护、拯救珍稀濒危野生动物，依法保护国家资源中的野生动物资源发展和合理利用，维护生态平衡。

中黄卵（centrolecithal egg/ovum，medialecithal egg/ovum） 卵黄含量较多，分布于细胞中央，而原生质呈薄层分布在核周围和细胞表层的卵子，如昆虫的卵。

中间产物学说（midst product theory） 酶催化某一反应时，首先与底物 S 结合，生成酶-底物复合物 ES，此复合物再进行分解，释放出酶 E 和形成产物 P，酶又可再与底物结合，继续发挥其催化功能。这样使一步反应分成了两步反应，总的活化能降低，反应速度加快。

中间连接（intermediate junction） 又称黏合小带、带状桥粒。属于一种锚定连接。相邻细胞间隔有平均宽约 20 nm 间隙的连接装置。间隙内充填有中等电子致密度无定形基质，偶尔可见电子致密度高的中央层；中间连接两侧细胞质中则有肌动蛋白微丝围绕细胞组成环行微丝束，并与细胞终网相连续。中间连接多分布于微绒毛发达的上皮细胞间，主要起连接和支持作用，由于存在肌动蛋白丝，还可起协调细胞之间运动的作用。

中间神经元（interneuron） 又称联系（联络）神经元。属于多极神经元。功能是接受其他神经元传来的神经冲动，然后再将冲动传递到另一神经元而起到联络作用。分布在脑和脊髓等中枢神经系统。

中间宿主（intermediate host） 寄生虫幼虫或无性繁殖阶段寄生的宿主。有些寄生虫在不同的幼虫时期分别寄生于不同的中间宿主体内，按时间顺序，先寄生的称为第一中间宿主，后寄生的称为第二中间宿主。如沼螺是华支睾吸虫的第一中间宿主，而淡水鱼是它的第二中间宿主。有时同一宿主既是终末宿主，又是中间宿主，如猪带绦虫的幼虫（猪囊尾蚴）和成虫都可以寄生于人体，因此人既是它的中间宿主又是终末宿主。有人也把第二中间宿主称为补充宿主。

中间纤维（intermediate filament） 由各种中间纤维蛋白及其结合蛋白构成的纤维样结构。作为细胞质骨架的成分之一，中间纤维在细胞质中和细胞间起支架作用，并通过核纤层而与细胞核的定位有关。分布具有严格的组织特异性。中间纤维的直径介于粗肌丝和细肌丝之间。

中空纤维细胞培养（hollow fibre cell culture） 模拟动物体内环境，使细胞能在中空纤维上形成类似组织的多层细胞生长的一种细胞培养技术。培养系统由中空纤维生物反应器、培养基容器、供氧器和蠕动泵等组成。中空纤维由乙酸纤维、聚氯乙烯-丙烯复合物或多聚碳酸硅等材料制成，内腔表面是一层半透性的超滤膜，允许营养物质和代谢废物出入，但对细胞和大分子物质（如单克隆抗体）有滞留作用。该培养系统占用空间小，适合于多种类型的细胞，尤其是能长期分泌的细胞培养，可制备多种生物物质。但由于设备昂贵，使用范围受到限制。

中脑泡（midbrain vesicle，mesencephalon） 胚胎 3 个脑泡中位于中间的一个，演变为中脑，进一步发育成四叠体和大脑脚。

中胚层（mesoderm） 伴随着原条的发育以及内、外胚层的形成，上胚层细胞经原窝迁入囊胚（胚泡）腔内，在外胚层与内胚层之间形成一新的胚层，即中胚层，扩展至胚盘内外。整个中胚层包括头部中胚层、脊索中胚层、上段中胚层、中段中胚层和下段中胚层。

中肾（mesonephros，mesonephridium） 又称 wolff 氏体。发生于胚胎中部的生肾索，由中肾管和中肾小管共同构成。位于前肾的后方，是胚胎时期的排泄器官。在高等鱼类和两栖类，中肾是永久肾。而在哺乳类，中肾仅在胚胎时期发挥作用。

中肾管（mesonephric） 又称 wolff 氏管。中肾发生后，原来的前肾管改称中肾管，其后端与中肾小管相通连，可以排出中肾小管内的液体。在雄性动物最终发育为输精管、附睾管和睾丸输出小管，而在雌性动物中肾管退化。

中肾嵴（mesonephric ridge） 由于中肾的形成，使腹腔后壁出现的纵行脊状隆起。

中肾旁管（paramesonephric） 又称缪勒氏管（Mullerian duct）。在脊椎动物中，与中肾管平行的中胚层性小管。有的来源于前肾管，有的来源于体腔壁，而与中肾无联系。在雄性退化，在雌性则发育成输卵管等生殖管道。

中肾小管（mesonephric tubule） 由胚胎中部的生肾节形成的许多横行小管。

中枢化学感受器（central chemoreceptor） 中枢

神经系统内能感受内环境化学成分改变，并引起反射性呼吸调节的感受器。位于延髓腹外侧的浅表部位，临近舌咽神经和迷走神经根处。对细胞外液中氢离子浓度的变化敏感。血液中二氧化碳能迅速透过血-脑脊液屏障，与脑脊液中的水结合成碳酸，并解离出氢离子，刺激中枢化学感受器，参与对呼吸的调节。

中枢免疫器官（central immune organ） 又称一级免疫器官（primary immune organ）。为免疫细胞发生、诱导和分化成熟的场所。在胚胎期发生较早，为淋巴上皮结构，成年后逐渐萎缩，包括胸腺、腔上囊及其类似组织和骨髓。由造血干细胞来的前体淋巴细胞均在此分化为成熟的 T 细胞和 B 细胞，然后进入血液和外周免疫器官，其中骨髓具有多种功能，非单一的中枢免疫器官。

中枢神经系统（central nervous system） 神经系统的高级部分，包括脑和脊髓，分别位于颅腔和椎管内。主要由中间神经元、运动神经元和上、下行的传导束及神经胶质组成。主要功能为接受多种感觉传入，对其进行分析综合，调节机体内外环境的平衡，以保证正常生命活动顺利进行。

中枢神经系统的其他溶酶体沉积病（other lysosomai storage diseases of central nervous system） 犊牛发生的一种遗传性溶酶体沉积病（inherited gangliosidosis）。由神经组织中的 β-半乳糖苷酶活性降低所致。临床上除呈现进行性神经运动机能障碍外，生长发育缓慢，营养欠佳，被毛粗乱、逆立。有的失明。

中枢兴奋药（central nervous system stimulants） 一类兴奋中枢神经系统的药物。按照作用部位可分为：主要兴奋大脑皮层的药物，如咖啡因，临床上主用作苏醒药；主要兴奋延脑呼吸中枢的药物，有尼可刹米、戊四氮、山梗菜碱、吗乙苯吡酮、乙迷奋等，适用于麻醉药中毒或重症疾病时呼吸抑制的急救药；主要兴奋脊髓的药物，如士的宁，用于肌肉萎缩，四肢瘫痪。分类是相对的，随着剂量加大，作用部位也随之扩大，过量均会引起中枢的广泛兴奋而发生惊厥等中毒反应。

中枢性呼吸困难（central dyspnea） 呼吸中枢调节机能障碍性呼吸困难，主要是由于呼吸中枢的神经系统损伤或麻痹所致的呼吸器官运动机能障碍及肺通气和换气障碍，临床表现为混合性呼吸困难，具有一般脑症状和局部脑症状，常表现呼吸节律异常。

中枢性呕吐（central vomiting） 由于毒物或毒素直接刺激延脑的呕吐中枢而引起的呕吐。

中枢性瘫痪（central paralysis） 又称上运动神经元性瘫痪（upper motor neuron paralysis）。由于中枢运动神经元（上运动神经元）损伤而引起的瘫痪。常伴发意识障碍，反射机能升高，肌紧张性增强，不引发神经营养性萎缩，腱反射明显。由于瘫痪的肌肉紧张且带有痉挛性，又称痉挛性瘫痪。中枢性瘫痪分为脊髓性瘫痪（常为双瘫）和脑性瘫痪（常为偏瘫）。

中枢延搁（central delay） 兴奋通过中枢所需的时间，是大脑中枢对刺激信号分析的结果。刺激信号的选择性越大，反射活动就越复杂，历经的突触也越多，分析的时间也就越长。中枢对刺激信号的分析时间主要和两个因素有关：其一是中枢神经系统的兴奋性，其二是条件反射建立的巩固程度。

中枢抑制（central inhibition） 发生在中枢神经系统内的抑制过程。与兴奋过程互相对立而统一，使神经系统得以精细地完成其机能。中枢抑制可在两个不同部位产生，一个是突触前的轴突末梢，称为突触前抑制；另一个是突触后膜，称为突触后抑制。

中枢作用佐剂（centrally acting adjuvant） 又称非贮存型免疫佐剂。可直接对免疫中枢细胞起作用，能活化巨噬细胞和淋巴细胞，促进巨噬细胞摄取、处理和传递抗原，并释放一些因子，调节和加强 T、B 细胞的反应能力，同时又能促使 T、B 细胞数量增多，发育成熟，增强细胞免疫和体液免疫。根据佐剂对免疫细胞作用的侧重点不同，可分为作用于巨噬细胞、T 细胞及 B 细胞的佐剂。这类佐剂的特点是，即便与抗原分开注射，也能对免疫应答起加强作用，如分支杆菌的 D 蜡质、细菌内毒素（脂多糖）和卡介苗等。

中绦期（metacestode） 泛指寄生于中间宿主体内的绦虫幼虫期。圆叶目绦虫的中绦期，指对终末宿主具感染性的幼虫期，如似囊尾蚴、囊尾蚴、多头蚴和棘球蚴等。假叶目绦虫的中绦期幼虫需要在两个（或两个以上的）宿主体内发育形成，第一中间宿主为剑水蚤，在其体内发育为原尾蚴，第二中间宿主为蛙或鱼，在其体内发育为裂头蚴。

中头型头骨（mesaticephalic skull） 头骨长度及头长与头宽比例中等。头指数（cephalic index）约 70%。颅-面指数（craniofacial index）为 2。一般犬和猪的头骨属此类型。头指数为头宽与头长的比例；头宽为两侧颧弓间的最宽距离，头长为项嵴至切齿骨间缝前端的距离。颅面指数为颅长与面长的比例；颅面之间以额鼻缝为界。

中心法则（central dogma） 细胞内的遗传信息在生物大分子之间传递的基本规则。可以概括为 DNA 的自我复制→DNA 指导下的 RNA 合成（转录）→RNA 的翻译（蛋白质的生物合成）。在极少数生物中，如某些病毒中存在的遗传信息传递的特殊方式即RNA的自我复制和RNA指导下的DNA合成(逆转录)。但未发现遗传信息有蛋白质向核酸的传递。该法则表明了核酸与蛋白质生物大分子的联系与分工。

中心静脉压（central venous pressure）　右心房和胸腔内大静脉的血压。高低取决于心脏射血能力和静脉回心血量之间的相互关系：心脏射血能力较强，能将回心血液及时地射入动脉，中心静脉压就较低；反之，心脏射血能力减弱，中心静脉压就升高；如果静脉回流速度加快，中心静脉压也会升高。中心静脉压是反映心血管功能的指标之一。正常变动范围为0.4～1.2kPa，常用于临床输血或输液时监测输入量和输液速度是否恰当。心功能较好时，如果中心静脉压迅速升高，可能输入量过大或输入速度过快；而输血或输液后中心静脉压仍然偏低，可能血液容量不足。中心静脉压高于1.6kPa时，输血或输液应慎重。

中心体（centrosome）　一种与微管装配和细胞分裂密切相关的细胞器。分裂间期细胞内含有一个中心体，是由一对互相垂直的中心粒及其周围无定型物质构成。每个中心粒呈圆筒状结构，筒壁由9组三联微管构成。微管围绕中心体进行装配，形成星体结构，当细胞分裂时，星体参与纺锤体的装配。中心粒与微管的装配有关，纤毛和鞭毛的基体以及精子尾部的轴丝即由其衍生而来。

中性粒细胞（neutrophilic/neutrophil granulocyte）　粒细胞的一种。大致呈圆形，平均直径约12 μm。细胞质呈无色或极浅的红色，特殊颗粒细小、弥散分布、着浅红或浅紫色。细胞核呈杆状或分叶状（2～5叶不等）。有些哺乳动物（如兔和豚鼠）的这种颗粒不是中性而呈偏嗜酸性，禽类的这种颗粒也呈嗜酸性且较粗大，为球形、杆状或纺锤状，故其中性粒细胞被称为假嗜酸粒细胞（pseudacidophilic granulocyte）或嗜异性粒细胞（heterophil granulocyte）。中性粒细胞具有趋化性、吞噬作用和杀菌作用。

中央卵裂球（central blastomere）　鸟类和爬行类卵裂时位于胚盘中央的卵裂球。

中幼粒细胞（myelocyte）　骨髓中的未成熟细胞，是多形核白细胞的前体，胞质含较多的特殊颗粒。分为中性、嗜酸性和嗜碱性3种。这种细胞的有丝分裂能力特别强。

中殖孔绦虫病（mesocestoidiasis）　圆叶目、中绦科的线中殖孔绦虫（*Mesocestoides lineatus*）寄生于犬、猫、狐等肉食动物小肠引起的寄生虫病。虫体长30～250cm，宽约3mm，头节大，吸盘呈长卵圆形。每个节片含一套生殖器官，生殖孔开口于腹面中央。参阅犬带绦虫病。

中轴器官（axial organ）　早期胚胎发育过程中沿着胚体长轴形成的脊索、神经管、体节和原始消化管等4种结构的合称。

终板电位（end plate potential）　一种由运动神经轴突末梢兴奋引起、发生在肌肉终板膜的突触后电位。神经冲动传到神经末梢，末梢膜去极化，引起钙离子内流，钙离子进入神经接头使突触小泡破裂，释放乙酰胆碱到突触间隙，并与终板膜上的受体结合，导致终板膜对钠离子、钾离子的通透性暂时升高而去极化。终板电位是局部的、不可传播的，但可叠加，最终引起肌纤维的动作电位。

终点滴定法（endpoint titration）　测定病毒感染力的一种方法。测定时将待检病毒制剂作1∶10连续稀释，每一稀释液接种几管易感的细胞培养（也可接种实验动物或鸡胚）。根据感染的细胞培养管数，按Reed法和Muench法计算出半数细胞培养感染量（$TCID_{50}$）。此法也可用于病毒的纯化。从一种病毒制剂筛选最适于细胞培养的毒株时，可将该制剂作连续稀释。接种细胞培养后，选取稀释度最大和细胞病变最典型的细胞培养作为种毒。连续几次终点稀释，可将病毒逐步纯化。此法的可靠性不如空斑法，因此适用于不能形成空斑的病毒。

终点法中和试验（endpoint neutralization test）　根据病毒被血清中和后的残余毒力以判定血清中和效价的一种试验。滴定方法有固定病毒稀释血清法和固定血清稀释病毒法两种。用前法测定的血清效价称为中和价，后法测定的称为中和指数。

终末宿主（definitive or final host）　寄生虫性成熟阶段或有性生殖阶段所寄生的宿主。

终末细胞（end cell）　细胞发育过程中，最后成熟的、不再分裂的细胞。如B细胞的终末细胞为浆细胞。

终尿（urine）　原尿经肾小管的重吸收、分泌和排泄作用，最后形成的尿。终尿在量（约占原尿的1%）及成分上与原尿有很大差别。原尿中对机体有用的物质如葡萄糖、氨基酸等全部或绝大部分被重吸收而基本消失，而尿素等代谢产物的含量则比原尿增多，还出现一些原尿中没有的物质如肌酐等。

终树突（telodendrion）　传导神经元轴突有树枝状分叉的终末部分。典型的神经元有一个细胞体，若干短的放射性突起（树突），以及一支长突起（轴突），轴突末端的细小分支即为终树突。终树突可以通过电化学的或化学的方式把信息传递给下一个神经元或效应器。

终止密码子（terminator codons）　mRNA上由3个相邻的核苷酸组成的密码子中不编码氨基酸的密码

子，即 UAA，UAG 和 UGA。在把 mRNA 所携带的信息翻译成蛋白质的过程中，不能被 tRNA 阅读，只能被肽链释放因子识别。

钟摆律（pendular rhythm） 前一个心动周期的第二心音与下一个心动周期的第一心音之间的休止期缩短，而且第一心音与第二心音的强度、性质相似，心脏收缩期和舒张期时间也略相等，加上心动过速，听诊极似钟摆“滴嗒”声。当心率在 120 次/min 以上时，酷似胎儿心音，又称胎心律。多见于心肌炎、心肌梗死等。

肿瘤（tumor） 在致瘤因素作用下，体细胞异常增殖和分化形成的赘生物。外观上可能形成瘤块，也可能不形成瘤块（如某些白血病）。肿瘤细胞失去正常细胞功能，生长无规律，结构和排列异常。按其生物学特点的不同，分为良性和恶性两类。良性肿瘤细胞分化较好，生长慢，有包膜，以膨胀方式向外扩张，不发生转移，切除后一般不再发；恶性肿瘤细胞分化程度较低，生长快，无包膜，向周围组织浸润性生长，常发生转移，切除后易再发。

肿瘤分子疫苗（tumor molecular vaccine） 由肿瘤特异性抗原分子所组成的疫苗。此抗原可被肿瘤特异性 T 细胞克隆所识别，所制成的分子疫苗在动物模型中显示确切的抗肿瘤效应，能激发高效的细胞免疫应答，可用于肿瘤治疗。

肿瘤坏死因子（tumor necrosis factor，TNF） 由单核-巨噬细胞等免疫细胞产生的能致肿瘤细胞坏死的活性因子。分为 TNF-α 和 TNF-β：前者主要由活化的单核-巨噬细胞产生，抗原刺激的 T 细胞、活化的 NK 细胞和肥大细胞也可分泌；后者主要由活化的 T 细胞产生，又称淋巴毒素（lymphotoxin，LT）。最主要功能是参与机体防御反应，是重要的促炎症因子和免疫调节分子，与败血症、休克、发热、多器官功能衰竭、恶病质等严重病理过程有关，而抗肿瘤作用仅是它功能的一部分。

肿瘤浸润淋巴细胞（tumor infiltrating lymphocyte，TIL） 一类浸润于肿瘤组织中具有杀伤功能的大颗粒淋巴细胞。其杀瘤效应较自然杀伤细胞（NK 细胞）和淋巴因子活化的杀伤细胞（LAK 细胞）强 50～100 倍。镜检发现肿瘤浸润淋巴细胞是预后较好的指征。

肿瘤抗原（tumor antigen） 正常细胞转化为肿瘤细胞后出现的新抗原。包括肿瘤特异性抗原（tumor specific antigen，TSA）、某些致瘤病毒的抗原和胚胎抗原等。患恶性肿瘤时正常组织细胞表面原有的抗原，如组织相容抗原和血型抗原等可部分或全部丢失。恶性化程度越高，丢失越多，这也是肿瘤的抗原特点。

肿瘤免疫（tumor immunity） 肿瘤细胞上出现的新抗原激发机体免疫系统所形成的免疫力。主要是通过各种形式的细胞毒作用杀伤瘤细胞。它是一种伴随免疫，瘤细胞存在时有免疫力，一旦被消除，免疫力亦立即消失。瘤细胞少时，如肿瘤早期、肿瘤缓解期和手术切除后，抗瘤免疫力较强；当肿瘤进展扩散时，免疫力降低；到肿瘤晚期则多表现为免疫无能，对大量的瘤细胞存在失去控制能力。

肿瘤免疫学（tumor immunology） 研究机体抗肿瘤的免疫应答和肿瘤逃避免疫的机理，以及应用免疫学理论和技术解决有关肿瘤诊断、预防和治疗的分支学科。它是一门涉及免疫学、肿瘤学、遗传学和免疫化学等的边缘学科。

肿瘤特异性抗原（tumor specific antigen，TSA） 又称肿瘤特异性移植抗原（tumor specific transplantation antigen，TSTA）。肿瘤细胞所特有的抗原。用这种抗原免疫动物能排斥肿瘤细胞的移植。由一种病毒（如马立克病毒、猫泛白细胞增多症病毒等）引起的肿瘤，不管在何种组织中形成，不管肿瘤的病理变化如何，其 TSA 均相同，抗原性亦强。但由理化因子引起的肿瘤，同一因子在不同个体、不同组织中所形成的肿瘤，其 TSA 均不同，抗原性亦较弱。由于 TSA 的抗原特异性视肿瘤不同而异，给肿瘤的免疫带来极大困难。已知某些植物血凝素，如麦芽血凝素（WGA）能使大多数肿瘤细胞凝集，而不凝集正常细胞。因此，在理论上就有可能将 WGA 受体连接于某一蛋白质载体上制成人工肿瘤抗原，用于肿瘤免疫。

肿瘤相关抗原（tumor associated antigen，TAA） 与肿瘤细胞出现有关的抗原。包括肿瘤细胞表面的新抗原和胚胎抗原等。

种间杂交瘤（inter-species hybridoma） 由各种动物和人的 B 淋巴细胞与小鼠骨髓瘤细胞融合所产生的杂交瘤细胞。已报道的有人-鼠、牛-鼠、猪-鼠、山羊-鼠、青蛙-鼠等种间杂交瘤细胞。种间杂交可用于制备各种动物的同质 Ig，但通常很不稳定，容易失去产生抗体的能力，也不能用体内接种的方法生产抗体。

种间杂种不育（hybrid infertility） 不同种动物交配所生后代，可能由于生物学上的某种缺陷，而使卵子不能受精或合子不能发育的一种不育症。如马、驴杂交所生的后代，骡一般均不育。因为骡的染色体在第一次减数分裂时，染色体对不能发生联合。但有的种间杂种有繁殖能力，如黄牛和牦牛杂交所生的母犏牛（但公犏牛仍不育）。

种子批（seed lot） 生物制品生产上用于一个批

量增殖培养时的经检定合格的同一菌（毒）种液。我国《兽用生物制品规程》规定：兽用生物制品的生产与检验用菌（毒）种实行种子批和分级管理制度。种子分三级：原始种子、基础种子和生产种子。原始种子由中国兽医药品监察所或其委托的单位负责保管；基础种子由中国兽医药品监察所或其委托的单位负责制备、鉴定、保管和供应；生产种子由生产企业制备、鉴定和保管。每级种子必须建立种子批。

重大动物疫情应急条例（Emergency Regulations for Major Animal Disease） 为了迅速控制、扑灭重大动物疫情，保障养殖业生产安全，保护公众身体健康与生命安全，维护正常的社会秩序，根据《中华人民共和国动物防疫法》，经2005年11月16日国务院第113次常务会议通过《重大动物疫情应急条例》，自公布之日（2005年11月18日）起施行。内容包括5章49条：第一章，总则；第二章，应急准备；第三章，监测、报告和公布；第四章，应急处理；第五章，法律责任。

重度临床型乳腺炎（severe clinical mastitis） 乳腺组织有较严重的病理变化，患病乳区急性肿胀、变硬、发热、疼痛，乳汁异常、分泌减少，出现轻度的全身症状。从病程看相当于急性乳房炎。这类乳房炎如及早有效治疗，可以较快痊愈，预后一般良好。参见乳腺炎。

重金属抗性（heavy metal resistance） 各种微生物对汞、镉、铅、铜、锌等重金属的致死效应的抵抗性。增强了各种微生物在恶劣环境下的生存能力。形成机制可能与微生物的结构组分结合吸收重金属、微生物产生硫化氢沉淀重金属、微生物隔离与转化重金属等有密切关联。对细菌汞抗性的遗传研究揭示，决定抗性的基因通常位于革兰阴性细菌质粒上，某些细菌汞抗性还与转座子有关。微生物重金属抗性的形成对人类生存和发展有较大影响。

重金属污染（heavy metal pollution） 含有汞、镉、铬、铅及砷等生物毒性显著的重金属元素及其化合物对环境和食品造成的污染。主要由采矿、废气排放、污水灌溉和使用重金属制品等人为因素所致。

重链基因（heavy chain gene） 编码免疫球蛋白重链的基因。参见免疫球蛋白基因。

重链基因类转换（class switching of heavy chain gene） 为重链类变换的机制。在重链稳定区基因中包含所有免疫球蛋白（Ig）类的基因，其顺序为：μ（IgM）、δ（IgD）、γ_3（IgG_3）、γ_1（IgG_1）、γ_{2b}（IgG_{2b}）、γ_{2a}（IgG_{2a}）、ε（IgE）和α（IgA），其间均有内含子（S基因）隔开，在重链可变区基因与稳定区基因连接时，最早表达为μ和δ（后者在膜上），以后μ的连接区（$S\mu$）与排列在后面的如γ_1连接区（$S\gamma_1$）相连接，则表达γ_1，因此，一个B细胞克隆只编码一种可变区的Ig，但可通过类转类表达所有的Ig类和亚类。

重症肌无力（myasthenia gravis） 由于产生针对乙酰胆碱受体的自身抗体，阻断了乙酰胆碱与受体结合，而导致横纹肌收缩无力的疾病。

重症急性呼吸综合征（severe acute respiratory syndrome，SARS） 又称传染性非典型肺炎。一种由冠状病毒（SARS-CoV）引起的急性呼吸道传染病，世界卫生组织（WHO）将其命名为严重急性呼吸综合征（severe acute respiratory syndrome，SARS）。本病为呼吸道传染性疾病，主要传播方式为近距离飞沫传播或接触患者呼吸道分泌物。临床特征为发热、干咳、气促，并迅速发展至呼吸窘迫，外周血白细胞计数正常或降低，胸部X线为弥漫性间质性病变表现。2002年11月中旬首先在广东被我国医学工作者所发现。

舟骨（navicular bone） 马的远籽骨。呈梭形，横列于冠骨和蹄骨交接部的掌（及跖）侧，参与形成蹄关节。前面和远缘有关节面分别与冠骨和蹄骨的关节面相对；后面为屈肌面，有包于指（及趾）腱鞘内的指（及趾）深屈肌腱通过。两端以侧副韧带（又舟骨悬韧带）附着于系骨远端。远缘以舟骨奇韧带连接于蹄骨屈肌面。

舟状骨骨折（fracture of the navicular bone） 马发生的远端籽骨骨折。比较少见，当慢性舟状骨黏液囊炎时，舟状骨变疏松，在蹄的激烈振荡下发生骨折。症状与舟状骨黏液囊近似，进行性恶化，蹄负重困难，蹄球间沟肥厚，通过X线检查可以确诊。治愈困难，可用姑息疗法掌（跖）神经切除术。

舟状骨黏液囊炎（bursitis podotrochlearis） 远端籽骨黏液囊炎。由于踏创将异物刺入黏液囊内或对深屈腱异常牵引而引起。化脓性炎症疼痛显著，突然跛行、指动脉亢进、蹄温增高，检蹄器压迫特别敏感，化脓炎症向周围组织蔓延，病情恶化，伴有全身症状。慢性无菌性炎症，症状表现缓和轻度支跛。为了确诊用X线检查或麻醉注射诊断。由异物刺入引起的按踏创处理，深屈腱牵引而引起的，要进行休养、削蹄、装厚尾蹄铁缓和紧张。

周期蛋白（cyclin） 一类与细胞周期调控有关的蛋白质，随细胞周期进程变化而变化。各种周期蛋白在细胞周期表达的时期有所不同，所执行的功能也多种多样。在细胞周期某一时相，有些周期蛋白积累到最大量，并开始调节周期蛋白依赖性蛋白激酶（CDK激酶）的催化活性，从而影响细胞周期的运转过程。

周期黄体（corpus luteum spurium）　母畜发情周期中卵巢上呈周期性形成和退化的黄体。卵泡排出卵子后如未受精，形成的黄体在下次发情前不久（牛约为排卵后 14～15 d，羊 12～14 d，猪 13 d，马 17 d），在前列腺素作用下，开始退化萎缩，孕酮分泌迅速减少，新的卵泡开始迅速发育，母畜进入下一个发情周期。

周期性流行（cyclic epidemic）　疾病每隔一定周期后发生一次较大的流行。间隔时间的长短主要取决于上一次流行后剩余的易感宿主与免疫宿主的头数比例。凡流行后群体免疫持续愈久，上次流行后剩下的易感宿主数愈少，新的易感宿主补充速度愈慢，流行周期间隙时间愈长；反之则短。

周期性眼炎（period ophthalmia）　眼内虹膜、睫状体炎和脉络膜等富有血管的色素组织急、慢性炎症。发生于马和骡，由于反复发作最终整个眼球均被侵害而使眼致盲。病因不明。急性期突然发病，羞明流泪、眼睑肿胀、结膜充血、角膜浑浊、血管新生等。间歇期急性炎症消失、眼球不同程度萎缩、角膜浑浊、形成后粘连、晶状体泛发性浑浊、眼球陷于眼内、外观出现“第三眼角”。一般经过 4～6 周，出现反复发作。治疗原则是制止渗出、防止粘连、缩短急性发作期和延缓再发时间。

周期性中性粒细胞减少症（cyclic neutropenia）　一种以中性粒细胞减少为主，所有血细胞成分周期性生成障碍的疾病。

周期中细胞（cycling cell）　在有机体中，有些细胞一直连续不断地进行分裂增殖，细胞周期持续运转的细胞。如胚胎细胞、造血干细胞和上皮组织的基底层细胞等。一般都是分化能力较低的幼稚细胞。

周细胞（pericyte）　一种扁而有突起的细胞。紧贴于毛细血管内皮细胞外面而被基膜包被，胞质内含有大量微丝。周细胞被认为可能有收缩作用，能调节毛细血管的管径；也有人认为它是一种尚未分化的储备成分，相当于间充质细胞。

周质间隙（periplasmic space）　革兰阴性菌细胞壁外膜与细胞膜（胞浆膜）之间的空隙，其中含有1～2层的肽聚糖及多种蛋白酶、核酸酶等，很薄，仅2～3nm。

轴浆运输（axoplasmic transport）　通过神经元轴突内的轴浆流动进行物质运输的作用。神经元蛋白质的合成部位与分泌部位相距较远，胞体合成的分泌物必须经轴浆流动运输到分泌部位。轴浆运输是双向的，有顺向与逆向两种。（1）顺向轴浆运输：由胞体向轴突末梢的转运。维持轴突代谢所需的蛋白质、轴突终末释放的神经肽及合成递质的酶类等物质，均在细胞体合成，然后运至轴突末梢。顺向轴浆运输可分为快速与慢速两类。①快速轴浆运输，主要运输具有膜的细胞器，如线粒体、递质囊泡和分泌颗粒等囊泡结构。其转运速度可达 300～400 mm/d。②慢速轴浆运输，主要运输由胞体合成的细胞骨架成分（微管、微丝）和轴浆中的可溶性成分。其速度仅为 1～12 mm/d。（2）逆向轴浆运输：自末梢向胞体的转运。逆向运输除向胞体转运经过重新活化的突触前末梢囊泡外，还能转运末梢摄取的外源性物质，是外源性亲神经物质的转运渠道。神经毒和病毒也可借助逆向转运，进入神经元内，如破伤风毒素、狂犬病病毒由外周侵犯中枢，就是逆向轴浆运输的结果。近年来，运用神经元逆向转运的特点，将辣根过氧化物酶、荧光素或放射性标记的凝集素等大分子物质注入末梢区，被末梢摄取并转运到胞体，以追踪神经通路，成为神经解剖学上常用的研究方法之一。逆向轴浆运输的速度约为 205 mm/d。

轴突（axis cylinder）　神经元的一种突起。一个神经元只有 1 个轴突。与树突相比，轴突细而长，粗细均匀，很少分支，表面光滑，膜上很少有神经递质的受体；轴突及其起始部（轴丘）内均不含尼氏小体；轴突及其分支的末端含有大量突触小泡，并与别的神经元的胞体或树突形成突触。神经冲动在轴突中的传导方向是从胞体传向外周。

轴突运输（axonal transport）　神经元轴突内的物质流动，是神经元的胞体与终末之间的一种双向性运输形式。可分为两类：①快速顺向轴突运输，即合成神经递质所需的酶、含有神经递质的小泡及其轴膜更新所需的蛋白质以较快的速度从胞体向轴突终末运输（100～400 mm/d）；②快速逆向轴突运输，即轴突终末内陈旧的细胞器、代谢产物、轴突终末摄取的物质或某些病毒等形成的小泡和多泡体逆行向胞体运输（100～300 mm/d）。

肘关节（elbow joint）　又称复关节。肱尺、肱桡和桡尺近侧三组关节包于一个关节囊内构成。其中肱骨滑车与尺骨半月切迹构成肱尺关节，属于蜗状关节，是肘关节的主体部分；肱骨小头与桡骨头凹构成肱桡关节，属球窝关节；桡骨头环状关节面与尺骨的桡骨切迹构成桡尺近侧关节，属车轴关节。关节囊附着于各关节面附近的骨面上，肱骨内、外上髁均位于囊外。关节囊前后松弛薄弱，两侧紧张增厚形成侧副韧带。尺侧副韧带呈三角形，起自肱骨内上髁，呈放射状止于尺骨半月切迹的边缘，有防止肘关节侧屈的作用。桡侧副韧带也呈三角形，附于肱骨外上髁与桡骨环状韧带之间。此外，在桡骨头周围有桡骨环状韧带，附着于尺骨的桡骨切迹的前后缘，此韧带同切迹一起形成一个漏斗形的骨纤维环，包绕桡骨头。

肘关节屈曲（elbow flexion posture） 胎势异常的一种。肘关节未伸直，呈屈曲姿势，肩关节因而也同时屈曲，使胎儿的胸部体积增大，但腕部还是伸直的。主要见于牛，其他家畜如果异常不是两侧性的，一般不会导致难产。助产先用矫正术，然后拉出。如果矫正极为困难，可用截胎术。

昼夜节律（circadian rhythm） 以昼夜为周期的生理活动规律。如畜禽和高等哺乳动物体温的升降、心血管活动以及某些激素（促肾上腺皮质激素、促甲状腺素等）的分泌速率等。

昼夜体温变动（diurnal thermal variation） 家畜体温在一昼夜中的规律性变化。在正常饲养管理时，家畜的体温一般白天较夜间高，午后最高而清晨最低。牛的昼夜温差约 0.5℃，放牧绵羊约为 1℃，骆驼在冬季温差常在 2℃以内，而夏季在沙漠地带可达 6℃左右。昼夜体温变动的原因一方面与代谢强度有关，另一方面也是机体适应外界环境变化的一种表现。

皱胃（abomasum） 复胃的第四室。位腹腔右季肋部和剑状软骨部。屈成两折，第一折为梨形囊，有如单胃的胃底和体，与腹底壁接触；至瓣胃后方沿右腹壁折转向上，成为较狭的第二折，相当于幽门部，在第 9～11 肋骨下端以幽门与十二指肠相接。皱胃位置和毗邻关系可因多种原因而变动，但如超出正常范围，引起皱胃变位，将产生严重的消化紊乱。皱胃黏膜与单胃腺部相似，可分 3 个腺区：贲门腺区，环绕瓣皱胃口；固有胃腺区，占胃底和体，黏膜形成6～7对永久性的皱胃旋襞，其中近瓣皱胃口的一对又称皱胃帆，有防止内容物逆流的作用；幽门腺区，占幽门部，黏膜形成不规则的暂时性皱褶。皱胃沿小弯无皱襞，称皱胃沟，相当于胃沟的后段；至近幽门处有幽门枕。肌膜由外纵肌层和内环肌层构成。

皱胃弛缓（atony of abomasum） 幽门异物阻塞后发生的以慢性消化不良为主征的真胃病。异物包括毛球、胎盘、布片或硬质饲草等。临床表现食欲废绝，烦渴，瘤胃膨满，腹部弛缓下垂，排粪减少。直肠检查可触诊到膨大而质硬的真胃后壁。治疗宜应用缓泻剂和兴奋瘤胃药物，必要时可采取真胃切开术。

皱胃溃疡（abomasal ulcers） 皱胃黏膜及其深层组织炎症、溃疡和缺损，胃出血乃至穿孔并发腹膜炎性疾病。分为原发性和继发性 2 种：前者是由饲料粗硬、霉败变质、精饲料过多、长期运输和疼痛性疾病等所致；后者见于皱胃变位、病毒性腹泻和恶性卡他热等。重者精神沉郁，厌食，胃出血，粪便呈松馏油样外观，右侧肋弓下腹壁触诊敏感（疼痛）。当急性大出血时呈现贫血，伴发贫血性杂音。治疗应用止痛、消炎和止血药物进行对症疗法及配合营养饲饵疗法。

皱胃扩张和扭转（dilatation and torsion of abomasum） 又称皱胃右方变位、皱胃扭转。皱胃右方变位而导致进行性胃扩张乃至扭转的疾病。死亡率高。发生于分娩后母牛。病因与左方变位基本相同。临床表现主要是皱胃内液体和气体积聚增多，使右腹部逐渐膨大，在右侧肋弓后方和下方用拳头撞击可发出高朗的振水音，粪便少而柔软。重者呈急剧性腹痛症状，多数病例尚继发严重的代谢性碱中毒症状。治疗宜通过右侧腹壁切开术，排除皱胃内容物和气体，同时矫正其位置。

皱胃切开术（abomasumotomy） 对牛皱胃积食、羊功能性幽门狭窄、山羊皱胃阻塞、羊误食砂土而发生皱胃炎等进行治疗的手术方法。手术时动物右侧向上保定，全身麻醉，术部在右侧腹壁，肋弓下方距最后肋骨末端 25～30 cm（牛）或 5～7 cm（羊）切开皮肤和腹肌及其腱膜，最后切开腹膜，暴露皱胃。用橡皮巾缝在皱胃预定切口位置，然后切开皱胃，用舌形钳固定皱胃创缘，取出胃内容物及异物，必要时用水冲洗，缝合胃壁。常规方法关腹。

皱胃砂沉积症（sand sedimentation of the abomasum） 皱胃的一种机能障碍。牛吞食砂土或饲喂根菜类时，将砂土带入胃内停滞于胃底，少量不显症状，大量刺激胃黏膜引起胃炎并伴发食滞症状。表现食欲不振、下痢等，X线检查能确诊，可采用皱胃切开术进行治疗。

皱胃炎（abomasitis） 皱胃黏膜及其深层组织的炎性疾病。因饲喂粗硬、发酵腐败饲料和过多的酒糟等所致。临床表现食欲减退或废绝，反刍间断、无力，磨牙，呻吟，触诊皱胃有疼痛反应。粪便少，呈球形，表面被覆黏液、伪膜和血液。后期腹泻，体质衰弱，陷入昏迷状态。应用轻泻、消炎、止痛等药物进行对症治疗。

皱胃阻塞（abomasal impaction） 又称皱胃积食。皱胃内容物积累、膨胀和皱胃弛缓而向十二指肠排空停止，导致以机体脱水、代谢性碱中毒为主要特征的疾病。分为食物性和机械性两种。前者是长期饲喂铡切过短的劣质饲草，哺乳期饮食大量酪蛋白奶，形成凝乳块阻塞幽门；后者是由植物纤维球或毛球，各种异物等致使幽门阻塞。临床表现食欲减退、逐渐消瘦、腹围增大、前胃积聚大量液体、粪便稀薄，后期伴发代谢性碱中毒的固有症状。治疗早期应用油类或盐类泻药，重症宜采取手术治疗。

皱胃左方移位（left side displacement of abomasum）　皱胃由生理位置移位至左侧腹壁与瘤胃之间的皱胃疾病。发生于分娩前后的母牛，由皱胃弛缓和过度气胀所致。皱胃弛缓的发生与饲喂大量谷类日粮而导致皱胃挥发性脂肪酸升高有关。临床常呈间断性厌食，体重下降，产奶量减少，粪便或干少而硬，或稀多而软（呈腹泻便），瘤胃蠕动减弱，次数减少。通过叩诊与听诊相结合检查方法，在左侧中部第10～12肋间处听到"钢管音"进行诊断。在该区下界穿刺液 pH 低于 5 和无纤毛虫等特点，有助于病性确诊。治疗多采用皱位整复术。

皱褶绦虫病（fimbriariosis）　片形皱褶绦虫（*Fimbriaria dsciolaris*）寄生于鸡、鸭、鹅等禽类小肠引起的寄生虫病。虫体长 2.5～42.5μm，头节小，有 10 个小钩；随着虫体发育，在头节后方、身体前部形成一个扇形的扁平延展部，起附着作用，称"假头节"，此时头节即失去其功能。中间宿主为桡足类（普通镖水蚤和剑水蚤）。症状与治疗等参阅赖利绦虫病。

猪巴贝斯虫病（babesiosis of swine）　巴贝斯虫（*Babesia*）寄生于猪红细胞内引起的原虫病。病原隶属于孢子虫纲、巴贝斯科。主要致病种为：①陶氏巴贝斯虫（*Babesia trautmanni*），大型虫体，虫体呈卵圆形、梨形，常成对，大小为（2.5～4）μm×（1.5～2）μm，传播者为扇头蜱，经卵传播；②柏氏巴贝斯虫（*B. perroncitoi*），为小型虫体，虫体呈环形、卵圆形、四边形、针形或梨形，环形最为常见，大小为（1.2～2.6）μm×（0.7～1.9）μm。临床表现为发热，精神倦怠，食欲不振，贫血，黄疸，水肿，血红蛋白尿，肝、脾肿大，肺、肾、胃肠充血、水肿，浆膜出血。血液涂片法检查到虫体即可诊断。陶氏巴贝斯虫病可用台盼蓝、硫酸喹啉脲和氧二苯脲治疗；柏氏巴贝斯虫病用硫酸喹啉脲治疗。防蜱、灭蜱为主要防制措施。

猪巴氏杆菌病（porcine pasteurellosis）　又称猪肺疫、锁喉风。多杀性巴氏杆菌引起的一种猪传染病。最急性型，表现突然发病，迅速死亡，病死率100%，病猪颈下咽喉部发热、红肿、坚硬，严重者向上延至耳根，向后可达胸前。急性经过常表现败血症和纤维素性胸膜肺炎。临床特征为发热、咳嗽、呼吸困难。慢性者多与其他疫病混合感染或继发，呈慢性肺炎和胃肠炎症状。不良的环境条件，长途运输能诱发本病。根据症状和病变可初步诊断，确诊可取肝、脾触片或心血涂片镜检，也可进行病原分离培养。在常发地区应接种弱毒菌苗，病的早期使用磺胺类药物或抗生素治疗有一定效果。

猪败血性链球菌病（porcine streptococcal septlcemla）由C群兽疫链球菌（*Streptococcus. zooepidemicus*）引起猪的一种急性败血性传染病。在某些地区呈流行性甚至暴发性。主要表现体温升高，跛行或共济失调等症状。脑膜脑炎型多见于仔猪，常发生神经症状，病死率较高。确诊应作细菌学检查和动物接种试验等。防治用青霉素、链霉素等抗生素和磺胺类药物有效。

猪棒状杆菌感染（swine corynebacteriosis）　猪棒杆菌（*Corynebacterium*）引起的猪泌尿系统的炎症。病原菌厌氧。公猪包皮内带菌，母猪阴道带菌少见。主发于母猪。通常配种后或分娩后表现症状，轻症仅外阴部有脓性分泌物或排血尿；重症排含脓血尿。主要病变见于尿道和膀胱，亦波及输尿管及肾盂，膀胱内尿呈红色，内含组织细胞坏死碎屑。凭特殊症状和病变作出初诊，涂片镜检、病原分离培养鉴定确诊。与可引起泌尿系统感染的大肠杆菌，克雷伯菌及链球菌应予鉴别。青霉素和广谱抗生素疗效好。防制措施为及早隔离病猪、淘汰传染源的公猪，对母猪用抗生素紧急预防。

猪包涵体鼻炎（porcine inclusion body rhinitis）又称猪细胞巨化病毒感染。由猪细胞巨化病毒引起猪的一种呼吸道传染病。病原属于疱疹病毒科的猪疱疹病毒 2 型。病毒存在于病猪的鼻、眼分泌物、尿和子宫颈液中，经飞沫感染。2 周龄猪最易感，4 月龄猪感染后不表现症状。潜伏期 7～10 d。临床表现为喷嚏、咳嗽、流泪、流鼻液。少数病例鼻端发生畸形引起鼻甲骨萎缩。受感染的细胞膨大，有嗜碱性核内包涵体。以感染的肺巨噬细胞进行间接荧光抗体检查，是目前唯一的诊断方法。本病无特异疗法，应用抗生素可防止细菌感染，主要预防措施是防止隐性感染猪传入。

猪包涵体鼻炎病毒（*Porcine inclusion - body rhinitis virus*）　又称猪巨细胞病毒（*Porcine cytomegalovirus*，PCMV）、猪疱疹病毒 2 型（*Suid herpesvirus* 2），属于疱疹病毒科（Herpesviridae）成员。病毒粒子直径为 120～150nm，有囊膜，基因组为双链 DNA。病毒培养较困难，只有 3～5 周龄的肺巨噬细胞高度敏感，接种后 3～14d 出现巨细胞，形成核内包涵体和偶尔有小的胞浆内包涵体。感染细胞增大到正常细胞的 6 倍左右。线粒体、内质网和高尔基体肿胀，可看到大的嗜碱性核内包涵体。病毒仅感染猪，主要发生于幼龄仔猪，在易感猪群可引起胚胎和仔猪死亡、仔猪鼻炎、肺炎、发育不良、增重迟缓等临诊症状。病毒主要通过鼻腔途径传播，鼻腔排毒大多在 3～8 周龄。也可通过胎盘造成垂直感染。

猪不对称性后肢综合征（asymmetric hindquartersyndrome of pigs） 局限于一定地区和品种的猪的遗传性疾病。临床表现为某一后肢不同程度的不对称，通常在生长早期，尤其是体重 80kg 阶段明显。尽管患肢肌肉数量明显减少，但步态无明显异常。病理变化为神经外周纤维变性和肌病（不是所有病例均有）。

猪传染性坏死性肠炎（infectious necrotic enteritis of swine） 见猪梭菌性肠炎。

猪传染性麻痹病（porcine enzootic paresis） 见猪传染性脑脊髓炎。

猪传染性脑脊髓炎（porcine infectious encephalomyelitis） 微 RNA 病毒科肠病毒属的猪传染性脑脊髓炎病毒侵害猪中枢神经系统的一种传染病。本病首次报道发生于捷克斯洛伐克的捷申城，故又称猪捷申病，其同义名还有猪传染性麻痹病等。主要分布欧洲、北美洲、日本和澳大利亚等地。本病是一种发生于各种年龄猪的非化脓性脑脊髓灰质炎，在临床上表现软瘫和脑炎症状，但无神志扰乱，常导致死亡。病毒除对消化道有亲和力外，还具有嗜神经的特性。确诊需进行病毒分离、接种易感仔猪和血清学试验。无特效疗法。防制靠加强检疫，严格隔离消毒和免疫接种。

猪传染性萎缩性鼻炎（infectious atophic rhintis） 支气管败血波氏杆菌（*Bordetella bron chiseptica*）和产毒素多杀性巴氏杆菌引起猪的一种以鼻炎、鼻梁变形和鼻甲骨萎缩和生长迟缓为特征的慢性接触性传染病。2～5 月龄的幼猪易感，世界各养猪国家和地区都有发生。根据症状、病变特点及病原学检查可作出确诊。预防措施主要为加强国境检疫、淘汰阳性猪，应用抗生素或磺胺类药物作饲料添加剂或有计划免疫接种，能收到良好效果。

猪传染性胃肠炎（transmissible gastroenteritis of pigs，TGE） 由冠状病毒属的猪传染性胃肠炎病毒引起猪的一种以发热、呕吐、严重腹泻和脱水为特征的高度接触传染性的肠道疾病。病猪和带毒猪是主要传染源，病毒经粪、呕吐物、乳和分泌物排出，经消化道和呼吸道感染。多发生于冬季和早春，潜伏期为 15～18 h。10 日龄猪死亡率高，成猪症状轻，很少死亡。确诊靠病毒分离鉴定，或直接、间接荧光抗体检查。目前无特效治疗药物，对症疗法可减少损失。可采取检疫、隔离、消毒和疫苗接种来预防本病。

猪传染性胃肠炎病毒（transmissible gastroenteritis virus of swine，TGEV） 套式病毒目（Nidovirales）、冠状病毒科（Coronaviridae）、冠状病毒属（*Coronavirus*）成员。病毒粒子呈圆形，直径 90～160 nm，有囊膜，囊膜上有花瓣状纤突，纤突长 18～24 nm，其末端呈球状。基因组为单分子线状正链单股 RNA，病毒的结构蛋白有 VP_1、VP_2、VP_3、VP_4 四种主要多肽。病毒只有 1 个血清型，与猪呼吸道冠状病毒、猫传染性腹膜炎病毒和犬冠状病毒有一定的抗原相关性。在世界各地均有发现，引致仔猪腹泻，伴有呕吐，3 周龄以下的仔猪有较高死亡率。病变仅限于胃肠道，包括胃肿胀及小肠肿胀，内含未吸收的乳。由于绒毛损坏，肠壁变薄，如将肠道浸于等渗的缓冲液中，清晰可见。仔猪可通过初乳及奶液获得母源 IgA 抗体产生被动免疫，但血清中的 IgG 抗体不能提供保护。非经肠免疫不能产生母源免疫，唯有通过黏膜免疫才有效。

猪大棘头虫（swine thorny headed worm） 见蛭形巨棘吻棘头虫。

猪带绦虫（*Taenia solium*） 又称有钩绦虫、链状带绦虫。寄生于人小肠。为大型带科绦虫，长可达 3～5m。头节直径 0.6～1mm，顶突上有 22～32 个钩，分两圈排列。钩的形状特异，形成明显的叶部、柄部和护档。成熟节片的宽度大于长度，妊卵长度大于宽度，长 10～12mm，宽 5～6mm。每节一套雌雄性器官，卵巢位于节片中后部，子宫位于节片正中纵线上；孕卵节片子宫中充满虫卵，并向两侧分支，每侧 7～12 个主侧支，是鉴别猪带绦虫与牛带吻绦虫的重要依据。卵近似圆形，六钩蚴包在一个带辐射条纹的厚壳内。妊卵节片常数节相连地随粪便排出体外。孕卵节片或游离虫卵被猪吞食后，六钩蚴即进入肠壁血管，随血液到达全身各部分横纹肌及内脏器官，发育为猪囊尾蚴。人误食猪囊尾蚴而感染猪带绦虫。人吞食猪带绦虫卵或猪带绦虫患者自身感染，可以患囊尾蚴病，亦寄生于肌肉及内脏器官，如寄生于脑、眼等重要部位，可能造成严重后果。

猪丹毒（swine erysipelas） 丹毒丝菌（*Erysipelothrix rhusiopathiae*）引起的主要发生于猪的一种急性、热性传染病。急性型呈败血病经过。亚急性型在皮肤上出现紫红色疹块。病变以肝、脾、肾呈急性变性，瘀血肿大为特征。慢性型常发生心内膜炎和关节炎。人及多种动物都可感染。根据症状和病变不难诊断，必要时可作病原分离培养或血清凝集试验。预防可接种猪丹毒弱毒菌苗。及时使用抗生素或磺胺类药物治疗有较好效果。

猪丹毒氢氧化铝疫苗（swine erysipelas alumimum hydroxide vaccine） 用于预防猪丹毒的一种甲醛灭活氢氧化铝吸附的菌苗。以 B 型猪丹毒杆菌强毒菌于加有 1%～2%裂解血液的肉肝胃酶消化汤培养基培养 28h，加入0，2%～0.25%甲醛（以含 38%～40%甲醛液折算），37℃杀菌 18～24h。然后按 5 份（容量）菌液加入1份灭菌氢氧化铝胶（重量），静置沉淀2～4d，吸去3/5上清液浓缩制成。使用时，体重10kg以上的断奶猪一律皮下或肌内注射5mL，10kg以下或未断奶猪，均皮下或肌内注射3mL，45天后再注射3mL。免疫期为6个月。

猪丹毒弱毒疫苗（swine erysipelas attenuated vaccine）　利用化学、物理学或生物学方法育成的猪丹毒杆菌弱毒株制备的菌苗。多数为冻干菌苗，用于预防猪丹毒。目前在实际使用中安全而免疫效果良好的弱毒株有小金井株（日本）、AV－R株（瑞典）、staub，s株和中国的G4T（10）株、GC_{42}株等。国产的猪丹毒GC_{42}和G4T（10）弱毒冻干疫苗，使用时前者用灭菌的20%铝胶生理盐水稀释，一律皮下注射1mL（含菌7亿），用于口服每头2mL（含菌14亿），免疫期6个月；后者用灭菌的20%铝胶生理盐水稀释成每毫升含活菌5亿，每头皮下或肌内注射1mL，免疫期6个月。疫苗在－15℃保存期为1年，0～8℃保存期9个月，25～30℃保存10天。

猪丹毒、猪肺疫氢氧化铝二联菌苗（swine erysipelas-swine pasteurellosis aluminum hydroxidevaccine）　预防猪丹毒和猪肺疫的一种混合苗。用抗原性和免疫原性良好的B型猪丹毒菌株和Fg型猪多杀性巴氏杆菌分别培养增殖、甲醛灭活、铝胶吸附浓缩，然后按猪丹毒浓缩菌液3份、猪肺疫浓缩菌液2份混合制成。菌苗自甲醛灭活之日起，在2～15～C保存期为1年。使用时，10kg以上断奶猪一律皮下或肌内注射5mL；10kg以下哺乳猪注射2mL，45天后再注射3mL。

猪丹毒、猪肺疫、猪瘟三联疫苗（swine erysipelas-pasteurellosis swine fever triple vaccine）　由猪丹毒弱毒菌、猪肺疫弱毒菌和猪瘟兔化弱毒按比例组合的一种用于预防猪丹毒、猪肺疫和猪瘟的混合冻干疫苗。中国生产使用的三联苗是按每头剂含猪丹毒GC_{42}或GCT（10）弱毒菌5亿～7亿、猪肺疫E0 630弱毒菌3亿～5亿和猪瘟兔化弱毒组织0.015g的乳剂或细胞培养毒液0.015mL（即对猪的150个免疫量）混合，再以混合液7份加明胶蔗糖保护剂1份混匀分装、冷冻真空干燥制成冻干苗。三联苗在-15℃保存期为1年，0～8～℃保存为6个月。使用时，按每头剂用1mL铝胶液稀释，一律肌内注射1mL。免疫期猪瘟为1年，猪丹毒和猪肺疫为6个月。如果猪瘟苗以每头剂600个免疫量配制三联苗，则可有效地排除母源抗体的干扰，免疫期达13个月，且不影响猪丹毒和猪肺疫的免疫力。

猪地方流行性肺炎（swine enzootic pneumonia）又称猪气喘病、猪支原体性肺炎。猪肺炎支原体引起猪的一种慢性接触性呼吸道传染病。仅见于猪，经呼吸道传染。新疫区呈急性暴发流行，老疫区多见慢性或隐性感染。各种应激因素可促使本病发生或加重病情。主要症状为咳嗽与气喘。肺呈不同程度融合性支气管肺炎，肺门及纵隔淋巴结肿大。继发细菌感染时，肺及胸膜有纤维素性、化脓性和坏死性病变。根据流行病学、临诊表现及病变特点进行初诊，X线检查及血清学试验作出确诊。采取综合性防制措施，培育健康猪群，坚持自繁自养预防本病。选用敏感抗生素治疗，有一定疗效。

猪痘（swine pox）　猪痘病毒和痘苗病毒引起猪的一种传染病。猪痘病毒可引起仔猪的痘疹；另一种由痘苗病毒（*Vacciniavirus*）感染于各种年龄猪。主要由猪血虱、蚊、蝇等传播。痘疹发生于下腹部，腿内侧及背部皮肤，多为良性经过。目前尚无有效疫苗，认真做好卫生防疫和灭虱工作，是预防本病的重要措施。

猪痘病毒（*Swine poxvirus*）　痘病毒科（Poxviridae）、猪痘病毒属（*Suipoxvirus*）成员。病毒粒子为砖状，大小为（200～390）nm×（100～260）nm。核衣壳为复合对称。基因组为单一分子的双股DNA，核心两面凹陷呈盘状，两面凹陷内各有一个侧体。该病毒只能在猪源组织细胞内增殖，并在细胞胞浆内形成空泡和包涵体。病毒主要由猪血虱传播，其他昆虫如蚊、蝇等也有传播作用。病毒在自然条件下仅感染猪，出现丘疹与结痂或水泡，死亡率不超过3%，通常为良性经过。组织切片中可见特征性的变化是在表皮棘细胞层中的细胞核空泡化，这种变化在痘苗病毒所引起的猪痘中并不存在。

猪痘病毒属（*Suipoxvirus*）　脊椎动物痘病毒亚科的一个属。只有一种，即猪痘病毒，主要由猪虱传递，致使猪发生痘疹，幼猪易感。除本属病毒外，痘苗病毒也常引起猪痘。

猪多发性浆膜炎和关节炎（swine polyserositisand arthritis）　又称猪纤维素性浆膜炎和关节炎。猪鼻支原体和猪滑膜支原体等引起的一种以浆膜炎和关节炎为特征的猪传染病。猪鼻支原体是正常猪鼻腔内的常见栖居者，猪滑膜支原体亦常存在于成年带菌猪的扁桃体中，在猪受应激因素激发后可致病。所致多发性浆膜炎包括浆液纤维素性滑膜炎和关节炎、心包炎、胸膜炎和腹膜炎。根据临诊、病变和病原检查可以确诊。预防应做好饲养管理工作，避免应激因素。病猪选用泰乐菌素或其他敏感广谱抗生素，疗效显著。

猪繁殖与呼吸综合征病毒（*Porcine reproductive and respiratory syndrome virus*，PRRSV）　套式病毒目（Nidovirales）、动脉炎病毒科（Arteriviridae）、

动脉炎病毒属（*Arterivirus*）成员。该病毒是猪繁殖与呼吸综合征（PRRS）俗称“蓝耳病”的病原，可引起母猪繁殖障碍和不同生长阶段猪的呼吸道疾病。病毒在电镜下呈球形，直径为48～83nm，有囊膜，内含一个呈立体对称的、具有电子致密性的20面体核衣壳。病毒粒子表面有明显的突起。基因组为单链、不分节段的正链RNA，大小约15kb。病毒有欧、美两个基因型：欧洲型的代表毒株是Lelystad病毒，北美洲型的代表毒株为VR2332病毒，二者的核苷酸序列相似性约为60%。同一基因型的毒株之间存在着较广泛的变异，有基因突变、缺失和插入现象。不同基因型的病毒有重组现象。北美洲型和欧洲型毒株之间的差异很大，只有很少的交叉反应性。早期针对病毒的抗体，特别是亚中和水平的病毒特异性抗体对病毒的复制具有增强效应，这种抗体依赖性增强作用是该病毒的一个重要生物学特性。感染猪在若干周内抗体存在的同时出现病毒血症。病毒感染单核细胞及巨噬细胞，造成免疫抑制。感染猪表现为厌食、发热、耳发绀、流涕等。母猪则可见流产、早产、死产、木乃伊胎、产弱仔；仔猪呼吸困难，在出生一周内半数死亡。不同生长阶段的猪可出现呼吸道症状，如有继发感染，则死亡率升高。高致病性毒株感染可造成不同阶段猪的高发病率和高死亡率。

猪肺线虫病（lungworm disease of swine） 见猪后圆线虫病。

猪肺疫口服弱毒疫苗（swine pasteurellosis oralattenuated vaccine） 以中国育成的猪源B型多杀性巴氏杆菌内蒙古系弱毒株和C_{20}弱毒株于含有0.1%裂解血液马丁肉汤经通气培养8～16h或静置培养20～24h后，冻干制成的菌苗。用以预防猪肺疫。使用时，内蒙古系弱毒株疫苗一律口服3亿菌，C_{20}弱毒株疫苗口服5亿菌。免疫期不少于6个月。口服疫苗不能用于注射。

猪肺疫氢氧化铝疫苗（swine pasteurellosis aluminum hydroxide vaccine） 用于预防猪肺疫的一种甲醛灭活氢氧化铝吸附菌苗。以猪源多杀性巴氏杆菌5：A、6：B型血清型强毒菌株，于加有0.1%裂解血液的马丁肉汤培养基培养，加入0.1%甲醛（以含38%～40%甲醛液折算）在37℃杀菌7～12h。按5份菌液加入1份灭菌氢氧化铝胶制成。国产使用的是通气培养的6：B型菌株菌苗，对有些地区A型菌引起的猪肺疫无保护力。使用时，断奶猪一律皮下或肌内注射5mL，10kg以下或未断奶猪，肉皮下或肌内注射3mL，45天后再注射3mL。免疫期为6个月。

猪肺疫弱毒疫苗（swine pasteurellosis attenuated-vaccine） 以多种途径育成的猪源多杀性巴氏杆菌弱毒株制备的一种用于预防猪肺疫的菌苗。通常多为冻干制品。我国产使用的是猪源B型多杀性巴氏杆菌弱毒冻干疫苗，一种是EO-630猪肺疫弱毒疫苗，用于肌内注射，免疫期4个月；另一种为内蒙古系和C_{20}猪肺疫弱毒疫苗，只用于口服，不可注射。

猪冠尾线虫病（stephanurosis of swine） 又称猪肾虫病（kidney worm disease of swine）。有齿冠尾线虫（*Stephanurus dentatus*）寄生于猪的肾盂、输尿管壁、肝等处引起的寄生虫病。感染途径有两条：①经口感染，经胃壁血管、门脉进入肝脏；②经皮肤感染，幼虫直接钻入皮肤，随血液经心、肺由体循环入肝脏。在肝脏中寄生长达3个月或更久，完成最后一次蜕皮。第五期幼虫穿出肝包膜、经腹腔移行到肾盂或在输尿管壁组织中形成包囊，发育为成虫。虫卵经输尿管、膀胱随尿排出。虫卵若被蚯蚓吞食，可在蚯蚓体内发育为感染性幼虫，猪摄食蚯蚓而遭感染。幼虫对肝脏、成虫对肾脏的破坏均十分严重，引起肝硬化，肝功能障碍，肾损伤、发炎或脓肿等病变；患猪有食欲不振，消瘦，贫血，后躯无力以至跛行等症状。幼猪发育停滞；母猪不孕或流产；公猪失去配种能力。尿液中有白色黏稠的絮状物或脓汁。严重感染猪多衰弱致死。丙硫咪唑有良好的驱虫效果。预防措施包括：加强环境卫生、治疗隔离病猪、保持圈舍干燥；有计划地淘汰病猪、净化猪场；选择无污染地点、建立健康群。

猪黑脂病（swine melanosis） 屠宰时患猪乳腺周围可见褐色的斑点或花纹，常以乳头为中心，向周边扩散，重症者可波及整个腹底部脂肪组织的一种较为少见的疾病。组织病理学检查可见乳导管消失，并为脂肪组织所代替，结缔组织中有大量黑色素沉积。黑脂病与黑色素瘤的区别在于，二者虽然在病区均有黑色素沉积，但用手触摸病变部位，黑脂病不会将手染黑，而黑色素瘤则可能将手染黑。

猪后圆线虫病（metastrongylidosis of swine） 又称猪肺线虫病。圆线目、后圆属（*Metastrongylus*）的三种线虫寄生于猪的支气管和细支气管引起的寄生虫病。①野猪后圆线虫（*M. apri*），又称长后圆线虫（*M. elongatus*）。②覆阴后圆线虫（*M. pudendotectus*），又称短阴后圆线虫（*M. brevivaginatus*）。③萨氏后圆线虫（*M. salmi*）。各种后圆线虫虫卵均呈短椭圆形，壳厚，产出时含发育完好的第一期幼虫。卵随粪便排出体外。中间宿主为蚯蚓。虫卵被蚯蚓摄食后，在蚯蚓体内发育到感染期。猪摄食带感染性幼虫的蚯蚓而受感染。幼虫在小肠内释出，经淋巴系统转入静脉，再出血管进入呼吸道，发育成熟。仔猪可呈现支气管炎或肺炎症状，若继发感染细菌、病毒或支原体时将使病情复杂化。病猪咳嗽，贫血，生长发育阻滞。在粪便中检出虫卵可以确诊；也可以用皮内变态反应法诊断。常用驱虫药有丙硫咪唑、左咪唑和伊维菌素等。预防措施包括定期驱虫、粪便管理、加强环境卫生以及防止猪摄食蚯蚓，将放牧猪改为舍饲可有效减少感染机会。

猪蛔虫（*Ascaris suum*） 属于线虫纲（Nematoda）、蛔虫目（Ascaridida）、蛔科（*Ascarididae*）。新鲜虫体为淡红色或淡黄色，中间稍粗，两端较细，呈圆柱形。头端有 3 个唇片，一片背唇较大，两片腹唇较小，排列成品字形。体表具有厚的角质层。雄虫长 15～25cm，尾端向腹面弯曲，形似鱼钩。雌虫长 20～40cm，虫体较直，尾端稍钝。随粪便排出的虫卵有受精卵和未受精卵之区分。寄生在猪小肠中的雌虫产卵，虫卵随粪便排出，在适宜的外界环境下，经 11～12d 发育成感染性虫卵，虫卵随同饲料或饮水被猪吞食后，在小肠中孵出幼虫，进入肠壁血管，随血流到达肝脏，再继续沿腔静脉、右心室和肺动脉而移行至肺脏。幼虫由肺毛细血管进入肺泡，此后再沿支气管、气管上行，后随黏液进入口腔被咽下，至小肠。从感染到再次回到小肠发育为成虫，需 2～2.5 个月。在猪体内寄生 7～10 个月后，即随粪便排出。

猪蛔虫病（ascariasis of swine） 猪蛔虫（*Ascaris suum*）引起的幼猪寄生虫病。猪蛔虫幼虫在体内移行时，常造成肝脏和肺脏不同程度的损伤，可见肝脏表面有云雾样白斑；还可出现肺炎症状，咳嗽，有渗出物和出血。重度感染时，大量虫体寄生于小肠，聚集成团，导致消化障碍、生长发育受阻，偶有神经症状。嗜酸性粒细胞增多。在粪便中检出大量虫卵可以确诊。噻苯唑、丙硫咪唑、磷酸左旋咪唑和伊维菌素等多种驱虫药均有很好的驱虫效果。预防措施包括定期驱虫、粪便清理和处理、给予全价饲料等。

猪棘头虫病（porcine acanthocephaliasis） 大棘吻属的蛭形大棘吻棘头虫（*Macracanthorhynchus. hirudinaceus*）引起的一种寄生虫病。虫体可感染猪，野猪、猫、犬以及人也可感染，寄生于小肠。中间宿主为金龟子及其他甲虫。粪便中的虫卵被中间宿主吞食后，棘头蚴在中间宿主发育至棘头囊阶段。终末宿主吞食含有棘头囊的中间宿主时遭感染。棘头囊在消化道中发育为成虫。本病呈地方性流行，8～10 个月龄的猪感染率可高达 60%～80%。感染猪剖检见肠黏膜发炎，浆膜上虫体吸着部位有暗红色的小结节，甚至造成肠壁穿孔。严重感染棘头虫病的猪体温升高，食欲减退，下痢，粪便带血，多以死亡告终。少量感染时，病猪表现贫血、消瘦和生长发育停滞。粪便检查发现虫卵和死后剖检看到虫体，即可确诊。治疗可用噻咪唑，阿苯咪唑等。

猪浆膜丝虫（*Seroafilaria suis*） 寄生于猪的心脏、肝、胆囊、子宫、膈肌和肺动脉基部等浆膜淋巴管内的寄生线虫。属于双瓣科。分布于江苏、山东、湖北、四川、福建等省。虫体丝状，体表有细横纹。雄虫长 12～26.25mm，有两根不等长交合刺。雌虫长 50.62～60mm，阴门位于食道腺质部稍前。发育过程不详。中间宿主可能为淡色库蚊。常在心脏纵沟和冠状沟的心外膜内形成绿豆大、灰白色或长条弯曲的透明包囊，其中含卷曲的白色虫体。钙化的陈旧包囊，外观呈灰白色针头大或如赤豆大的小结节，中等硬度，内含干酪样物质，可见断碎的虫体。病灶数目一般 1～2 处，多的可达 20 余处，散在于整个心外膜表面。致病性不明显。严重者可引起心包膜粘连。

猪角化不全症（parakeratosis of pigs） 仔猪皮肤表层角质层聚积有核细胞和角质透明颗粒细胞，以形成干痂为主征的皮肤病。由于日粮中高钙，锌不足，必需脂肪酸相对缺乏而致病。临床上呈非炎症性的亚急性和慢性经过。病初在腹下或股内皮肤见有红色小丘疹，进而形成硬而干的厚痂。逐渐波及蹄、耳、脸、肩、大腿、体侧和尾等处。精神沉郁，食欲不振，营养不良，生长发育缓慢，最后形成僵猪。防治上除按慢性湿疹给予治疗外，可在日粮中添加适量的锌、亚麻酸，同时控制钙含量。

猪接触传染性胸膜肺炎（porcinecontagious pleuropneumonia） 又称猪嗜血杆菌胸膜肺炎、坏死性胸膜肺炎。胸膜肺炎放线杆菌（*H. parahemolyicus*）引起猪的一种以肺炎和胸膜炎为特征的急性呼吸道传染病。急性病例表现严重的呼吸症状，病死率较高，慢性病例症状较缓和，常能耐过。剖检病变常限于胸腔，呈现浆液性及纤维素性胸膜炎和坏死性出血性肺炎。确诊可以从支气管或鼻腔渗出物和肺炎病变部位分离病原。在饲料中添加抗生素或磺胺类药物有一定的防治效果。

猪结节虫病（nodular worm disease of swine） 见猪食道口线虫病。

猪捷申病（teschen disease） 见猪传染性脑脊髓炎。

猪痢疾（swine dysentery） 又称猪密螺旋体痢疾。猪痢疾短螺旋体（*Brachyspira hyodysenteriae*）引起猪的一种以黏液性或黏液出血性下痢为特征的肠道传染病。剖检主要病变为大肠黏膜卡他性出血性炎症，进而发展为纤维素性坏死性肠炎。以 7～12 周龄的小猪最易感。长途运输，环境卫生不良，饲养管理不当等诱因，可使发病率增加并造成继发感染。诊断可取急性病猪的粪便或刮取肠黏膜抹片镜检或作病原分离和血清学检查。尚无有效的菌苗，预防措施主要是加强引进猪的检疫，搞好环境卫生和消毒工作。多种抗生素和磺胺类药物治疗都有良好效果。

猪链球菌（streptococcus suis） 一种革兰阳性球菌。根据荚膜抗原的差异，猪链球菌可分为35个血清型（1～34及1/2）及相当数量无法定型的菌株，其中1、2、7、9型是猪的致病菌。2型最为常见，也最为重要，可感染人而致死。菌体直径1～2μm，单个或双个卵圆形，在液体培养基中才呈短链状。菌落小，灰白，透明，稍黏。猪链球菌2型在绵羊血平板上呈α溶血，马血平板上则为β溶血，常污染环境，在粪、灰尘及水中能存活较长时间。溶菌酶释放蛋白及细胞外蛋白因子是猪链球菌2型的两种重要毒力因子。本菌可致猪脑膜炎、关节炎、肺炎、心内膜炎、多发件浆膜炎、流产和局部脓肿。在易感群可暴发败血症死亡。猪链球菌2型可致人类脑膜炎、败血症、心内膜炎并可致死，尤其是从事屠宰或其他与猪肉打交道的人易发。

猪链球菌病（streptococcicosis suis） 主要是由β溶血性链球菌引起的多种猪的疫病的总称。临诊上以淋巴结脓肿较为常见，但以败血症、关节炎和脑膜脑炎型的危害最大。本病广泛分布于世界各地。淋巴结脓肿不难诊断。败血症易与猪丹毒等病混淆。确诊应作病原的分离和检查。早期使用青霉素、链霉素及其他广谱抗生素、磺胺类药物防治本病都有较好的效果。

猪淋巴结脓肿（pig lymph node abscess） 猪淋巴结的化脓性炎。多由化脓性链球菌引起。常见下颌淋巴结肿胀、化脓，咽背、耳下、颈部等淋巴结也有时受害。眼观淋巴结肿大，切面可见大小不等灰黄色的化脓灶。多呈良性经过。待患部化脓成熟后，可自行破溃穿孔，脓汁流出。按一般化脓疮处理，同时配合抗生素作全身性治疗。

猪流感病毒（*Swine influenza virus*，SIV） 正黏病毒科（Orthomyxoviridae）、甲型流感病毒属（*Influenzavirus A*）成员。最常见的是H_1N_1和H_3N_2亚型。该病毒具有多种形态，一般为球形，但有的呈丝状杆状。颗粒的最小直径80～120nm。核衣壳螺旋对称。基因组为单负股RNA，分8个节段。有囊膜，表面有两种纤突：血凝素（HA）和神经氨酸酶（NA），可组合成多种亚型病毒。当成熟的流感病毒经出芽的方式脱离宿主细胞之后，病毒表面的HA会经由唾液酸与宿主细胞膜保持联系，需要由NA将唾液酸水解，切断病毒与宿主细胞的最后联系。HA有血凝性，并能被相应抗血清所抑制。HA具有免疫原性，抗血凝素抗体可以中和流感病毒。SIV全年存在于猪，某些猪作为带毒者，只有在气候变冷时才发病。病毒感染有可能导致猪的免疫抑制。

猪流行性腹泻（porcine epidemic diarrhea，PED） 冠状病毒属的猪流行性腹泻病毒引起猪的一种以呕吐、腹泻和脱水为特征的高度接触性肠道传染病。病毒存在于肠绒毛上皮和肠系膜淋巴结中。随粪便排出后，经消化道感染健猪。哺乳猪和育成猪发病率达100%，母猪发病率为15%～90%。多发生于冬季。应用直接免疫荧光检查病料中病毒抗原是可靠诊断方法，或用ELISA检查抗体。注意与TGE鉴别。目前尚无特效疫苗，防治办法见TGE。

猪流行性腹泻病毒（*Porcine epidemic diarrhea virus*，PEDV） 套式病毒目（Nidovirales）、冠状病毒科（Coronaviridae）、冠状病毒属（*Coronavirus*）成员。病毒形态略呈球形，粪便中的病毒粒子常呈现多形性，平均直径为130nm（95～190nm）。有囊膜，囊膜上有花瓣状纤突，长12～24nm，由核心向四周放射，其间距较大且排列规则，呈皇冠状。病毒核酸为线性单股正链RNA，具有侵染性。该病毒能引起猪的一种高度接触性肠道传染病，以呕吐、腹泻和脱水为基本特征，各种年龄的猪均易感，其流行特点和病理变化都与猪传染性胃肠炎十分相似，但哺乳仔猪死亡率较低，在猪群中的传播速度相对缓慢。

猪流行性感冒（swine influenza） A型流感病毒引起猪的一种以发热、肌肉和关节疼痛以及不同程度呼吸道炎症为特征的急性高度接触性传染病。病毒存在于病猪鼻液、气管，支气管渗出液和肺组织中，通过飞沫经呼吸道传染。有明显季节性，多在早春和冬季流行。潜伏期很短，人工感染24～48 h，病程短，病死率低。确诊靠病毒分离鉴定，取急性期和康复期双份血清作血凝抑制（H1）试验，其HI滴度增长4倍可作出诊断。应注意与猪气喘病和猪肺疫鉴别。目前尚无有效疫苗。预防本病应认真做好卫生防疫工作和饲养管理。

猪流行性乙型脑炎（porcine epidemic encephalitis B） 乙型脑炎病毒引起猪的一种传染病。猪感染后，病毒在猪体内大量增殖，且病毒血症持续较久，在病毒的传播中为主要作为扩增动物。孕猪感染后病毒可经胎盘垂直传播，引起流产和死胎，胎儿常呈木乃伊化。公猪感染后除发热等一般症状外，常发生睾丸炎。发病有明显季节性。确诊需进行病毒分离和血清学检查。在疫区可用乙型脑炎疫苗免疫接种。

猪密螺旋体痢疾（swine spirochetal dysentery） 见猪痢疾。

猪囊虫病（cysticercosis of swine） 见猪囊尾

蚴病。

猪囊尾蚴（*Cysticercus cellulose*）　又称猪囊虫。猪带绦虫的中绦期，主要寄生于猪、野猪等动物和人的横纹肌以及一些器官组织内，引起猪囊尾蚴病。人既是猪带绦虫的中间宿主，又是其唯一的终末宿主，成虫虫体寄生在人的小肠。卵节片或游离的虫卵随人粪便排出体外。虫卵被猪吞食后，卵内的六钩蚴便在肠内逸出，钻入肠壁血管随血液散布到全身各处，并在适于它们寄生的部位停留下来，开始发育，大约10周成熟。猪囊尾蚴在猪体内的寄生部位以股内侧肌为最多，其次为深腰肌、肩胛肌、咬肌、腹内斜肌、膈肌、舌肌、心肌和脑，严重感染时，食道、胃壁、眼、肺、肝和脂肪内亦有发现。从六钩蚴到囊尾蚴发育成熟需要两个月左右。猪囊尾蚴的外观呈椭圆形囊泡状，大小为6～10mm×5mm，囊内充满液体，囊壁是一层薄膜，壁上有一个圆形粟粒大的乳白色小结，内有一内陷的头节，头节的形态与成虫的相似。

猪囊尾蚴病（cysticercosis cellulosae）　又称猪囊虫病（cysticercosis of swine）。猪食入人体排出的猪带绦虫孕卵节片或虫卵而感染。轻度感染一般不表现症状。重度感染病猪呈现营养不良、肌肉水肿、运动障碍、视力减退，痴呆，肩部常显著外张，臀部肥胖宽阔呈哑铃体型。生前视诊、触诊均不易作出判断；免疫学方法可辅助诊断。宰后胴体检查可确诊。人误食猪囊尾蚴可导致猪带绦虫寄生，人误食虫卵或猪带绦虫感染者内源性感染亦同样感染猪囊尾蚴，引起更为严重的后果。该病在人与猪之间传播，预防的主要环节是杜绝猪食入人粪、商品猪定点屠宰和严格卫生检验等。

猪泡首线虫病（physocephaliasis of swine）　泡首属（*Physocephalus*）线虫寄生于猪胃黏膜上引起的寄生虫病。常见种为六翼泡首线虫（*P. sexalatus*），雄虫长6～13mm，雌虫长13～22.5mm，口囊呈圆柱形，中部有圆箍状的增厚，上下两端则为螺旋形的增厚，是最为显著的特征。卵胎生，壳厚。中间宿主为多种食粪甲虫，猪粪中的虫卵被甲虫吞食后，约经一个月时间发育至感染期。猪因摄食带幼虫的甲虫而遭感染。患猪一般无明显症状，严重感染时引起急性或慢性胃炎，幼猪有食欲不振，生长迟滞现象。防治措施参见猪蛔虫病和猪后圆线虫病。

猪气喘病（mycoplasmal pneumonia of swine）见猪地方流行性肺炎。

猪球虫病（swine coccidiosis）　多种球虫寄生于猪肠上皮细胞内引起的原虫病。猪球虫属于孢子虫纲、艾美耳科的艾美耳属和等孢属。致病性较强的虫种有：①蒂氏艾美耳球虫（*Eimeria debliecki*），卵囊呈卵圆形、椭圆形，大小为17μm×25μm。②粗糙艾美耳球虫（*E. scabra*），卵囊呈卵圆形或椭圆形，大小为（22～36）μm×（16～28）μm。③有刺艾美耳球虫（*E. spinosa*），卵囊呈卵圆形或椭圆形，大小为（16～22）μm×（10～13）μm。④猪等孢球虫（*Isospora suis*），卵囊呈亚球形或椭圆形，22.5μm×19.4μm。临床上常混合感染。直接传播。发育过程与鸡球虫相似。仔猪严重感染者表现为食欲不振、腹泻、消瘦，有时下痢与便秘交替。粪便中检出卵囊或肠道黏膜中检出裂殖体、裂殖子或配子体、卵囊即可确诊。磺胺类和呋喃类药物有一定疗效。防制措施主要是保持猪舍清洁、干燥，及时清理粪便，保持饲料、饮水清洁。

猪沙门菌病（swine salmonellosis）　又称仔猪副伤寒、猪传染性坏死性肠炎。猪霍乱沙门菌、猪伤寒沙门菌、鼠伤寒沙门菌、德尔脾沙门菌、肠炎沙门菌等引起猪的一种急性或慢性传染病。以1～4月龄的仔猪最为常见，常在受到应激作用时发病，呈地方性流行。急性型呈败血症变化。慢性型在大肠发生弥漫性纤维素性炎症或干酪性肺炎。确诊本病对急性病例只能依靠细菌检查，慢性型可根据临床症状和病变作初步诊断，应注意与猪瘟的区别。防制应严格执行综合性措施，对1月龄以内的仔猪可注射副伤寒菌苗。发病初期使用抗生素或磺胺类药物，配合对症疗法有一定效果。

猪渗出性皮炎（greasy pig disease）　由葡萄球菌引起，是仔猪的一种全身或局部的痂块性湿疹为特征的接触性皮肤疾病。表现在病猪的肛门、眼睛周围、耳廓和腹部发生水泡，破裂后其渗出液与皮屑、皮脂和污垢混合，干燥成痂块，若环境条件恶劣，其发病率和病死率较高。治疗用青霉素、庆大霉素、泰乐霉素都有较好疗效。

猪肾虫病（kidney worm disease of swine）　见猪冠尾线虫病。

猪食道口线虫病（oesophagostomiasis of swine）食道口属（*Oesophagostomum*）的多种线虫寄生于猪结肠引起的寄生虫病。最常见、危害最大的虫种为有齿食道口线虫（*O. dentatum*），雄虫长8～10mm，雌虫长11～14mm，有叶冠，口囊浅，头泡明显，侧翼不显著。颈乳突在食道中后部的体侧。虫卵椭圆形，随猪粪便排出时含大约32个胚细胞，在外界环境中蜕化、发育为具有披鞘的第三期幼虫，具有感染性。猪经口感染，幼虫钻入肠黏膜内发育为第四期幼虫，其后返回肠腔，蜕化、发育为成虫。幼虫在肠黏膜内寄生时，引起炎性反应，在虫体周围形成结节；结节有小孔通肠腔，故常继发细菌感染。大量虫体寄生时，可能引起肠炎，呈现腹泻、消瘦、发育障碍等症状。诊断必须在粪便中发现大量虫卵。常用驱虫药为丙硫咪唑和左咪唑等。预防措施主要是定期驱虫、粪便处理和改善环境卫生。猪的食道口线虫还有长尾食道口线虫（*O. longicaudum*）和短尾食道口线虫（*O. brevicaudum*）等。

猪屎豆中毒（crotalaria poisoning） 猪采食猪屎豆和响铃豆而发生的以肝、肾功能不全为主要特征的中毒病。由于猪屎豆植株和种子中含有单野百合碱（monocrotaline）、倒千里光裂碱（retronecine）和牡荆碱（vitexin）而致病。急性病猪以严重肾病症状为主，多死于尿毒症。慢性呈现嗜眠、贫血和黄疸、腹泻、气喘、四肢无力等症状。马常发生呼吸困难、喘鸣和肝肾病。牛羊厌食、腹泻、黄疸等。治疗可静脉注射葡萄糖溶液，辅以投服轻泻剂。

猪水泡病（swine vesicular disease） 微 RNA 病毒科肠道病毒属的猪水泡病病毒引起的一种急性、热性、接触性传染病。本病流行性强，发病率高而病死率低。猪感染后以蹄部、口腔、鼻端和母猪乳头周围发生水泡为特征。其症状与口蹄疫难以区分，但牛、羊等家畜不发病。传染源为病猪、潜伏期的和病愈带毒猪。病毒通过粪、尿、水泡液和奶排出，经接触感染。病猪及其肉产品的调运常引起病的传播流行。确诊需作动物接种试验、分离病毒和血清学检查。病猪一般不需治疗可自愈。预防以隔离、检疫、消毒为主，可对猪免疫接种。

猪水泡病病毒（*Swine vesicular disease virus*，SVDV） 属微 RNA 病毒科（Picornaviridae）、肠病毒属（*Enterovirus*）成员。病毒粒子呈球形，无囊膜，直径 30～32nm，基因组为单正股 RNA。SVDV 的 ORF 包括 P_1、P_2 和 P_3 区，其中 P_1 区为结构蛋白编码区，编码 4 种结构蛋白（VP_1～VP_4），组成 20 面体对称的病毒衣壳。SVDV 的抗原表位位于外壳蛋白 VP_2、VP_3 和 VP_1 上，且 VP_1 的第 132 位氨基酸与毒力强弱有关。P_2 和 P_3 裂解产生 7 种非结构蛋白，参与病毒的复制。只有一个血清型，与口蹄疫、水泡性口炎病毒无抗原关系，但与人肠道病毒 C 和 E 型有共同抗原，与人的柯赛奇病毒 B_5 相同。病毒通过皮肤的伤口感染，也可经消化道感染。表现为发热、蹄冠部水泡，10%病猪的嘴、唇、舌出现水泡。偶有脑脊髓炎。家畜中仅猪感染发病。人偶可感染，发生类流感。猪水泡病属于 OIE 的通报疫病，控制措施可参照防制口蹄疫病毒的办法。

猪水泡病弱毒疫苗（swine vesicula disease attenuated vaccine） 用以预防猪水泡病的弱毒疫苗。有两种。一种为鼠化弱毒疫苗，以猪水泡病病毒鼠化弱毒株种毒接种乳鼠，采取脑组织制成组织苗。使用时，作 1∶20 稀释肌内注射 2mL，免疫期为 6 个月。一种为鼠化弱毒细胞培养疫苗，将上海龙华 4 系鼠化弱毒株等 30～60 代毒种通过 IBRS－2 细胞 2～10 代的细胞适应毒，在 IBRS－2 细胞增殖培养 36～48h 后收获，然后按 8 份细胞毒液加 2 份灭菌甘油制成甘油细胞苗。细胞苗在－10℃以下保存期为 1 年，4～10℃保存期为 3 个月。使用时，一律肌内注射 2mL，免疫产生期为 3～5d，免疫期 6 个月。

猪水疱性疹（vesicular exanthema） 嵌杯病毒科的猪水疱性疹病毒引起的一种猪高度接触性传染病。只有猪出现临床水疱疹。海生动物如海狮、海豹等是猪水疱性疹病毒的天然宿主。以在猪鼻盘、口腔、唇、舌、蹄部和乳房发生水疱性炎症为特征。发病率高而死亡率低，复愈比较完全。

猪水疱疹病毒（*vesicular exanthema of swine virus*，VESV） 嵌杯状病毒科（Caliciviridae）、水疱疹病毒属（*Vesivirus*）成员。病毒粒子直径为 35～40nm，表面有纤突状物，具有独特的杯状结构，基因组为单股正链 RNA。该病毒可引起猪的一种急性热性并具有高度传染性的病毒性传染病，主要特征为猪的口、鼻、乳腺和蹄部形成水疱性病变。任何年龄和品种猪都易感发病，病的传播十分迅速，常在 2～3d 内使整个猪群感染，仅有猪感染。

猪水肿病（edema disease of pigs） 大肠杆菌 O_2、O_8 等血清型引起仔猪的一种高度致死性肠毒血症。病猪表现震颤、抽搐、共济失调等神经症状，病变以胃壁和肠系膜淋巴结出现水肿为特征。常见于断奶前后的仔猪，病程短、病死率高达 90%，常限于某些猪群。病的发生还与饲料的营养单纯、蛋白质成分过高和饲养方法突然改变等诱因有关。根据本病特征症状和病变即可诊断。防制主要搞好防疫卫生、饲喂全价饲料，提早开食等措施，尚无特效治疗药物。

猪似蛔线虫病（ascaropsiasis of swine） 似蛔属线虫（*Ascarops*）寄生于猪和野猪的胃黏膜上引起的寄生虫病。常见种为圆形似蛔线虫（*A. strongylina*），口囊呈圆柱状，上有明显的斜螺旋形增厚的脊。雄虫长 10～15mm，雌虫长 16～22mm，卵胎生。有齿似蛔线虫（*A. dentata*）分布于中国南方，印度支那和马来西亚等地，形态与圆形似蛔线虫相似，雄虫长 25mm，雌虫长可达 55mm。圆形似蛔线虫的中间宿主为多种食粪甲虫。猪遭大量虫体寄生、或体质衰弱时，可引起急性或慢性胃炎，胃底部黏膜红肿，有时覆有假膜。幼猪生长阻滞、消瘦。防治措施主要包括定期驱虫、及时清理粪便、保持圈舍清洁干燥等。参阅猪蛔虫病。

猪梭菌性肠炎（clostridial enteritis of piglets） 又称仔猪红痢、仔猪传染性坏死性肠炎或猪传染性坏死性肠炎。C 型产气荚膜梭菌引起仔猪的肠毒血症。主要发生于 1 周龄以内的仔猪，特别是对 1～3 日龄的仔猪有高度致死性，以排出褐红色稀粪为特征。主要病变在空肠，肠腔内充满含血的液体，肠壁变厚或呈坏死性炎症。根据症状、病变和流行特点可作出初步诊断。确诊需查明病猪空肠内容物中是否有 C 型产气荚膜梭菌的外毒素。预防本病主要搞好猪舍、产房和环境的消毒卫生工作，由于发病急、病程短，药物疗效不佳。

猪塔番病（talfan disease） 又称仔猪地方流行性良性麻痹病（benign enzooticparesm）。由致病力较低的猪传染性脑脊髓炎病毒引起的一种轻型猪传染性脑脊髓炎。在仔猪表现为可逆性运动失调和四肢麻痹的良性脑脊髓灰质炎。

猪腿软弱（leg weakness in pigs） 又称骨发育不良病和关节病（osteochondrosis and arthrosis）、骺脱离（epiphysiolysis）。猪发生的以软骨病等为特征的疾病。本病可能与激素作用下早期生长过快有密切关系，似与日粮中的蛋白质、维生素 A、维生素 D 或磷、钙不平衡等无关。公、母猪发病率达 20%～30%甚至更高。临床表现运动障碍、不愿站立。通常累及后肢，走路缓慢，臀部左右摇摆，有时呈犬坐姿势。股骨头骺脱离时呈现相应侧肢跛行，两侧骺脱离时则运动能力丧失（后肢麻痹）。治疗可早期应用皮质类固醇，预防应包括遗传选择适应高水平饲养和少量运动的猪种。

猪伪狂犬病弱毒疫苗（swine pseudorabies attenuated vaccine）以猪源伪狂犬病强毒株育成的弱毒株经适应细胞增殖制成的一种用于预防猪、牛、绵羊和犬伪狂犬病的冻干苗。国产使用的是低温传代育成的 K：弱毒株适应鸡胚成纤维细胞增殖的冻干苗，可适用于猪、牛、绵羊和犬，免疫力产生期为 6 天，免疫期 1 年。

猪萎缩症（atrophy of pigs） 见仔猪营养不良。

猪胃溃疡（gastric ulcers in swine） 又称猪胃食管性溃疡。猪胃黏膜局部糜烂、坏死为病理基础，临床上呈现以急性消化不良和持续性出血为主要特征的胃病。由胃损伤、内分泌异常、饲料调配不当、应激和遗传因子等所致。最急性病例多由于胃大出血而突然死亡。亚急性和急性病例，以持续性或间歇性胃出血为主，如食欲不振，结膜淡紫或苍白，耳尖、四肢冷凉，体温下降，不愿走动，腹痛呈鲤鱼背姿势，吐血，便血，慢性病例尚有发育缓慢，消瘦等。防治除用抗胃酸剂和保护剂外，应在饲喂粗粉碎性饲料中添加聚丙烯酸钠，以期预防。

猪胃食管性溃疡（esophagogastric ulcers inswine） 见猪胃溃疡。

猪瘟（swine fever） 又称猪霍乱。黄病毒科瘟病毒属的猪瘟病毒引起猪的一种以高热稽留、出血、梗死、细小血管壁变性和死亡率高为特征的急性或慢性高度传染性疾病。OIE 规定的通报疫病。病猪和带毒猪是主要传染源，病毒经尿、粪及各种分泌物排出体外，通过被污染的饲料、饮水和未经消毒的泔水感染健康猪，用具和蝇类也是传播媒介。潜伏期 7～10 d，临床表现可分典型（分最急性、急性、亚急性和慢性 4 种）和温和型两类。典型的猪瘟为急性感染，伴有高热、厌食、委顿及结膜炎。亚急性型及慢性型的潜伏期及病程均延长，怀孕母猪感染，导致死胎、流产、木乃伊胎或死产，所产仔猪不死者产生免疫耐性，表现为颤抖、矮小并终身排毒，多在数月内死亡。典型的病变见皮肤、黏膜、淋巴结、肾脏、膀胱、会厌部出血和脾脏梗死。慢性主要为坏死性肠炎，在回肠末端、盲肠和结肠黏膜有纽扣状溃疡。应用免疫荧光、酶联免疫吸附试验（ELISA）、中和试验和兔体交叉免疫试验进行诊断，应注意与猪弓形虫病、猪副伤寒和非洲猪瘟相鉴别。猪瘟兔化弱毒疫苗对控制猪瘟发生有很好的效果，同时应认真做好检疫和消毒。

猪瘟病毒（*Cassical swine fever virus*，CSFV） 黄病毒科（Flaviviridae）、瘟病毒属（*Pestivirus*）成员。病毒粒子略呈圆形，直径 34～50nm，病毒粒子外面有囊膜，内部有 20 面体对称的核衣壳。基因组为单正股线状 RNA，仅有一个大的开放性阅读框架。可用猪淋巴细胞或肾细胞培养。不产生 CPE，需要用其他手段检测病毒。结构蛋白有衣壳蛋白（C）和 3 种囊膜糖蛋白（E_0、E_1、E_2）。E_0 蛋白是唯一分泌到 CSFV 感染细胞上清中的糖蛋白，在机体内可诱导产生中和抗体；E_1 不能诱导猪产生抗体；E_2 是引起猪产生针对猪瘟保护性抗体的主要抗原，在猪瘟诊断和新型疫苗的研究上都起着重要的作用。只有一个血清型，但存在血清学变种。根据病毒膜粒糖蛋白 E_2 基因的序列差异，可将我国的猪瘟流行毒株分为 2 个基因群，目前基因 2 群在我国占主导地位。作为参考株的石门系强毒株于 1945 年在我国分离，属基因 1 群。

猪瘟酶标记抗体（swine fever enzymelabelledantibody） 诊断猪瘟一种酶标记抗体。用以检查猪生前血液白细胞涂片和死后脾、肾、淋巴结组织压片内的猪瘟病毒抗原。自猪瘟高免血清提取 IgG，用辣根过氧化物酶标记，经冷冻真空干燥制成。在 4℃ 保存，有效期为1年；启封稀释的应用液4℃保存，有效期不超过15d。使用时，按瓶签说明稀释，细胞质染成棕褐色为阳性。

猪瘟兔化弱毒牛睾丸细胞疫苗(swine fever lapinized calftestis cellculture vaccine) 将猪瘟兔化弱毒种毒兔新鲜脾毒于犊牛睾丸细胞增殖后加入保护剂制成的一种用于预防猪瘟的冻干苗。中国生产使用的是在牛睾丸细胞增殖培养、收获、换液6～7次的、毒价不低于5万倍的毒液按1：4加入蔗糖脱脂乳保护剂冻干制成。本苗的免疫力产生期为3～5d，免疫期1年。

猪瘟兔化弱毒细胞培养疫苗(swine fever lapinized cell culture vaccine) 将猪瘟兔化弱毒株毒种适应于敏感细胞作增殖培养制成的一种用以预防猪瘟的冻干苗。国产使用的以兔化弱毒适用于仔猪肾细胞增殖培养制成的疫苗称为猪瘟兔化弱毒仔猪肾细胞疫苗；适应于犊牛睾丸细胞增殖培养制成的苗称为猪瘟兔化弱毒牛睾丸细胞培养疫苗，目前在国内广泛使用，效果确实。

猪瘟兔化弱毒仔猪肾细胞疫苗(swine fever lapinized pigling kidney cell culture vaccine) 见猪瘟兔化弱毒细胞培养疫苗。

猪瘟荧光抗体(swine fever fluorecent antibody) 诊断猪瘟的一种荧光标记抗体。用以检查感染猪活体扁桃腺组织或病死猪的脾脏或肾脏组织冰冻切片、压片或病组织细胞培养物内的猪瘟病毒抗原。自猪瘟高免血清提取丙种球蛋白，用异硫氰酸荧光素标记、层析制成。使用时，用四万分之一的伊文思蓝溶液稀释。

猪西蒙线虫病（simondsiasis of swine） 奇异西蒙线虫（*Simondsia paradoxa*）寄生于猪胃壁内引起的寄生虫病。虫体口囊壁上有增厚的环纹。雄虫长12～15mm，游离于胃壁表面，或部分嵌入黏膜内；雌虫长约15mm，后部随着孕卵的进行逐步膨大成球形，并嵌埋在胃壁中的包囊内，其前部自包囊伸入胃腔。可能以食粪甲虫为中间宿主。大量感染时引起胃炎和胃溃疡；有明显的嗜伊红细胞聚集。导致胃功能下降，消化系统紊乱。防治措施主要包括定期驱虫、及时清理粪便、保持圈舍清洁干燥等。参阅猪蛔虫病。

猪细胞巨化病毒感染（porcine cytomegalovirus-infection） 见猪包涵体鼻炎。

猪细小病毒（*Porcine parvovirus*，PPV） 细小病毒科（Parvoviridae）、细小病毒属（*Parvovirus*）成员。病毒外观呈六角形或圆形，无囊膜，直径为18～26nm，核衣壳呈20面体等轴立体对称。单分子线状单股DNA。编码3种结构蛋白VP_1、VP_2和VP_3，VP_2是细小病毒的主要免疫原性蛋白，具有血凝特性的血凝部位分布在VP_2蛋白上。编码3种非结构蛋白NS_1、NS_2和NS_3，在细小病毒的DNA复制、RNA转录及病毒的组装过程中都具有重要作用，NS_1也具有抗原性，并能刺激机体产生抗体。只有一个血清型。与其他细小病毒相比，猪细小病毒更易引致慢性排毒的持续性感染。

猪细小病毒感染（porcine parvovirus infection） 细小病毒属的猪细小病毒引起猪的一种以流产、死胎、畸形胎、木乃伊胎儿及病弱仔猪为特征的繁殖障碍性传染病。病毒经垂直和水平传播。在许多国家均有流行。感染母猪和其他猪常无明显症状。种公猪感染后，精液中含有病毒，通过交配感染。30d以内的胎儿感染后死亡并被吸收，70d以上胎儿感染后患病较轻，并产生免疫应答。取死产胎儿进行病毒分离鉴定可确诊。应用荧光抗体、HI试验可与肠病毒引起的流产加以区别。对本病尚无有效治疗方法，主要是防止带毒母猪传入，对初产母猪用弱毒或灭活疫苗进行预防接种。

猪先天性震颤（congenital tremor of swine） 又称猪先天性肌阵挛、俗称仔猪抖抖病。一种由病毒所致初生仔猪以肌肉阵发性痉挛为特征的疾病。广泛分布于世界各地，多呈散发性，仅发生于新生仔猪，母猪感染无临床症状，但可垂直传播给仔猪，尚未证实能否水平传播。震颤为持续性的，使仔猪吮乳困难而饥饿死亡。证实从自然病例分离到的病毒，能够人工复制病猪，对其他特性尚不了解。目前尚无适用的预防制剂或治疗药物，对仔猪进行人工哺乳可减少死亡。

猪纤维素性浆膜炎和关节炎（swine polyserositisand arthritis） 见猪多发性浆膜炎和关节炎。

猪腺病毒（*Porcine adenovirus*） 腺病毒科（Adenoviridae）、哺乳动物腺病毒属（*Mastadenovirus*）成员。病毒无囊膜，核衣壳20面体对称，直径80～100nm。病毒颗粒由252个壳粒组成，包括242个六邻体和12个五邻体。每个五邻体上有突出的纤丝，长20～50nm，末端为球状。基因组为单分子线状双股DNA，有感染性，大小为36～44kb，具倒置末端重复序列。该病毒能凝集红细胞，是其五邻体纤丝顶端与红细胞受体形成间桥之故。由于病毒具有宿主的高度特异性，一般只能用天然宿主的细胞培养。病毒在环境中相当稳定，但易被一般的消毒剂灭活。猪腺病毒感染大多数无临床症状，但有时也可引起脑炎、肺炎、肠炎、肾病理变化或呼吸道疾病。

猪腺病毒感染（porcine adenovirus infection）

猪腺病毒引起仅发生于猪的一种传染病。大多呈隐性感染或轻微的表现，血清学调查证实在欧美各国猪群中广泛存在阳性病猪，部分感染猪可出现肠炎、肺炎、流产和神经症状。常用荧光抗体或酶标抗体技术检查感染组织中的病毒抗原。组织学检查肺、肾或肠道上皮细胞，若发现核内包涵体即可确诊。尚无特异性的防治措施。

猪血凝性脑脊髓炎（hemagglutinating encephalomyelitis）　又称仔猪呕吐消瘦病。冠状病毒属的血凝性脑脊髓炎病毒引起猪的一种急性传染病。病毒存在于上呼吸道和脑组织中，经呼吸道感染。哺乳仔猪最易感，病死率高。1971 年证明是同一种病毒引起两种病型。一种为呕吐消瘦型，表现为恶心、呕吐、口渴、便秘、消瘦，1～2 周内死亡。另一种为脑炎型，表现为脑脊髓炎症状，多见于 2 周龄以下仔猪。确诊靠病毒分离鉴定和血清学试验（HI 和中和试验）。目前尚无有效疫苗，应加强检疫和卫生防疫工作，防止引入病猪。

猪血凝性脑脊髓炎病毒（*Porcine hemagglutinating encephalomyelitis virus*，PHEV）　套式病毒目（Nidovirales）、冠状病毒科（Coronaviridae）、冠状病毒属（*Coronavirus*）成员。病毒粒子为球形，直径 120nm，有囊膜，囊膜表面的冠状突起排列如日冕。有五种多肽，基因组为正链单股 RNA。病毒能在猪肾、甲状腺、胎肺、睾丸细胞和 PK-15 细胞增殖，并形成蚀斑。病毒有血凝性，能凝集鸡、大鼠等红细胞。该病毒虽然可引起不同临床症状，但只有一个血清型。它与动物的多种其他冠状病毒有抗原关系。猪是该病毒的唯一宿主，大多数为亚临床感染。通常出现在 2 周龄以内的仔猪，表现为厌食、呕吐、沉郁、肌肉颤抖等，导致消瘦及死亡。幼小仔猪感染率较高，耐过的猪成为永久性侏儒。

猪遗传性先天性震颤（congenital tremors of pig）　猪的一种隐性遗传病。病因尚不清楚。临床可见肌肉震颤，共济失调，难以站立，伴发尖叫。

猪遗传性增殖性皮炎（inherited dermatitis vegetans of pig）　兰德瑞斯仔猪发生的隐性、伴致死因子的遗传病。患病仔猪出生至 3 周龄期间发病。在蹄冠和皮肤上发生皮肤损伤，如皮肤红斑、水肿，伴发蹄壁增厚，股部和股内侧皮损多以红斑开始，逐渐变为疣状，并覆盖以灰棕色痂皮。多数病猪死亡。

猪应激综合征（porcine stress syndrome）　猪个体遭受不良环境因素的刺激而产生一系列抗逆反应性疾病。多发生于皮特伦猪、波中猪和兰德瑞斯等品种。由于日常管理中某些环境和精神压迫因素，如搬迁、分群、交配和使用某种麻醉药所致。也与遗传有关。症状有尾部颤抖，白色皮肤交替地出现红白斑，转而发绀，呼吸困难，体温升高，肌肉僵硬，不爱走动，死于虚脱。剖检可见白猪肉（PSE）和黑硬干猪肉（DFD）病变。预防应从遗传选育着手，逐步淘汰应激易感猪。在饲养管理上减少应激因素，必要时可预先投服镇静剂。

猪圆环病毒（*porcine circovirus*，PCV）　圆环病毒科（Circoviridae）、圆环病毒属（*Circovirus*）成员。病毒颗粒呈球形，无囊膜，直径 17nm，是目前发现的最小的动物病毒。基因组为共价闭合环状的单链 DNA。有 11 个 ORF，但其中两个主要的阅读框，分别编码病毒复制相关（Rep）蛋白和衣壳（Cap）蛋白。Rep 蛋白是病毒的非结构蛋白，在所有圆环病毒中相对保守。Cap 蛋白构成病毒的衣壳，具有良好的免疫原性，能够刺激机体产生特异性的免疫保护反应。具有 PCV_1 和 PCV_2 两种血清型，两血清型间 Rep 蛋白有一定的抗原交叉性。PCV_1 无致病性，而 PCV_2 感染可引起猪断奶后多系统衰弱综合征等圆环病毒病。一些病原体如猪细小病毒、猪繁殖与呼吸综合征病毒、猪多杀巴氏杆菌、猪肺炎支原体等与 PCV_2 有协同致病作用。免疫刺激、环境因素以及其他应激因素也是发病诱因。PCV_2 感染还可使猪的免疫功能受到抑制。

猪增生性肠炎（porcine proliferative enteropathy）　又称增生性出血性肠炎、猪小肠腺瘤病、猪回肠炎、末端肠炎、坏死性肠炎和局部性肠炎等。专性的胞内劳森菌（*Lawsonia intracellularis*）引起的猪的一种以回肠和结肠隐窝内未成熟的肠细胞发生根瘤样增生为特征的接触性肠道传染病。主要病变为回肠、盲肠和结肠黏膜增厚，皱褶加深，肠腔内见有含血的黑色和柏油样粪便。在饲料中添加抗生素有一定的防治作用。

猪支原体性肺炎（mycoplasmal pneumonia of swine）　见猪地方流行性肺炎。

蛛膜下麻醉（subarachnoid anesthesia）　局部麻醉的一种。将药液注射到脊髓蛛膜下腔，药液停留于脊髓液中，主要作用于脊髓的背根和腹根，麻痹运动、感觉和植物神经。注射部位为腰荐间隙或胸腰间隙，穿透硬膜达蛛膜下腔，有脊髓液顺针孔流出，是正确的标志。

逐渐停止供水试验（gradually cut off water supply test）　动物逐渐减少供水至完全停止饮水的尿液浓缩试验。其他做法和突然停止供水相同。当出现肾脏髓质大量溶质流失性多尿时，用此试验较有意义。

主动免疫（active immunity）　机体接受抗原刺激后，自身形成的获得性免疫。一般免疫期较长，可持续数月至数年。视获得方式不同又可分天然主动免疫和人工主动免疫，前者由自然感染康复后形成，后者指接种疫苗后形成。

主动转运（active transport） 物质逆浓度梯度耗能的经膜转运过程。包括以改变膜蛋白构象为机制的载体或离子泵跨膜运输和以改变被运输物质结构为机制的通透酶或定向酶系统的单方向运输。载体所需能量由腺苷三磷酸（ATP）提供，在ATP酶参与下，载体通过本身构象变化先与被运输物特异性结合，将其从膜的一侧转运至另一侧而后又彼此分离。离子泵实际上是一种ATP酶，如钠泵就是Na^+-K^+ ATP酶，可通过与高能磷酸根结合与否发生构象变化，随之引起与Na^+和K^+亲和力发生改变，将Na^+从细胞内排出，将K^+从细胞外泵入。通透酶系统的单向转运较复杂，如小肠上皮细胞氨基酸的吸收，外源性氨基酸与膜载体结合后，在γ谷氨酰转移酶催化下，与谷胱甘肽发生转肽作用生成γ谷氨酰氨基酸，后者经γ谷氨酰环化酶催化又分解出游离氨基酸，但此时氨基酸已被转运进入细胞。此外，伴随运输和膜动运输均应列入主动转运范畴，如小肠对葡萄糖的吸收即为伴随运输，是依靠具有两个结合位点、分别结合着葡萄糖和Na^+的运送载体，利用Na^+泵产生的胞外Na^+浓度高于胞内浓度、实现葡萄糖逆浓度梯度进入细胞，就葡萄糖而言并未直接利用ATP，但Na^+泵将Na^+泵出细胞造成细胞内外浓度差则需耗能。膜主动运输参见吞噬作用、胞饮作用和胞吐作用。

主要症状（cardinal/present symptom） 对疾病诊断有重要意义的典型症状。

主要组织相容（性）复合体（major histocompatibility complex，MHC） 一组编码组织相容抗原、免疫相关抗原和某些补体成分及其受体的基因复合体。各种动物的MHC定位和组成均不相同，其中以小鼠的MHC研究最早称为组织相容2复合体（histocompatibility-2 complex），简称H-2。人的MHC称为HLA，其他动物的MHC也均用动物英文名的开头字母加上L（代表白细胞）和A（代表抗原）表示。如DLA（犬）、SLA（猪）、BOLA（牛）、OLA（绵羊）、GLA（山羊）、ELA（马）等。MHC的Ⅰ类位点如H-2的K、D 2个区编码组织相容抗原，即MHCⅠ类抗原；Ⅱ类位点如H-2的Ⅰ区编码MHCⅡ类抗原，与免疫应答及其控制有关；MHC的Ⅲ类位点如S区为控制某些补体成分及其受体的基因。此外，还有其他一些与免疫应答相关的基因也位于该复合体中。

主要组织相容性复合体限制（约束）性（major histocompatibility complex restriction，MHC restriction） 又称MHC限制。在免疫应答中，淋巴细胞在识别抗原的同时，还受细胞上的主要组织相容抗原限制的特性。此种限制主要表现在T细胞介导的免疫应答过程。辅助性T细胞（T_H）在识别巨噬细胞递呈的抗原时，必须同时识别巨噬细胞上的MHCⅡ类抗原才能被激活，这一过程称为双识别（dual recognition）。而细胞毒性T细胞（CTL）在杀伤靶细胞时，则受靶细胞上的MHCⅠ类抗原所限制。说明这两类T细胞的免疫效应分别受MHCⅡ类和Ⅰ类抗原限制，即它们只有在MHC相同时才有免疫效应。而对非自身的MHC不同的抗原递呈细胞和靶细胞没有反应。

主要组织相容性抗原受体（major histocompatibility antigen receptor） 主要组织相容性Ⅱ类和Ⅰ类抗原的受体，分别存在于不同的T细胞亚群上。前者即为辅助性T细胞（T_H）表面CD_4分子，而后者为细胞毒性T细胞（CTL）表面的CD_8分子。它们与免疫应答中MHC限制有关。

煮沸裂解法（lysis by boiling） 指用煮沸加热的方法裂解菌体，以提取质粒。当对大批转氏子进行少量提取质粒时，用煮沸裂解法、方便快速。但该法过程剧烈，不适于大质粒（>10kb）的提取。

煮沸试验（boiling test） ①一种鉴定肉气味的方法。将已除去可见脂肪的肉样20～30块（每块重2～3g）装入250mL三角烧瓶内，加清水浸没肉，瓶口加盖表面玻片，加热至沸，揭开表面玻片，立即嗅察蒸汽气味判定。同时观察肉汤透明度及其表面浮游脂肪状态。鲜度好的肉，无异味，肉汤透明澄清，脂肪团聚于表面，具有香味。②检验乳新鲜度的一种简易快速方法。取乳样10mL于试管中，置沸水浴中5min，取出，观察乳的变化。乳的酸度大于26°T，表示乳已变质。

助产手术（obstetric operation） 救助难产时所采用的手术。可供选用的助产手术很多，但大致可分为两类：用于胎儿的手术和用于母体的手术。用于胎儿的手术有牵引术、矫正术和截胎术。用于母体的手术有剖宫产术等。

助消化药（digestant） 一类能促进胃肠消化机能的药物。大多为消化液中的成分，用于消化道分泌机能不足时，使其发挥替代疗法或补充疗法的作用。另有些药物能促进消化液的分泌或制止肠道过度发酵，也用于治疗消化不良。常用药物有稀盐酸、干酵母、乳酶生、胰酶、淀粉酶和胃蛋白酶等。此外还有六曲、山楂、谷芽、鸡内金等中草药。

住白细胞虫病（leucocytozoonosis） 住白细胞虫（*Leucocytozoon*） 寄生于鸟类的内脏器官的组织细

胞、红细胞或白细胞内引起的原虫病。病原体属孢子虫纲、血变科。由蚋、蠓吸血传播，在其体内完成配子结合和孢子生殖。成熟的子孢子随蠓、蚋吸血传染新宿主。常见种有：①卡氏住白细胞虫（*L. caulleryi*），成熟的大配子长15～20μm，传播者为蠓。致病力强。患病雏鸡常因咯血、呼吸困难而突然死亡。病变为内脏器官组织及肌肉广泛出血。②沙氏住白细胞虫（*L. sabrazesi*），成熟的配子体呈长形，大小为24μm×4μm，传播者为蚋。引起雏鸡贫血、消瘦、下痢、流口水和两肢麻痹。③史氏住白细胞虫（*L. smithi*），寄生于火鸡。成熟的配子体初为圆形，后变为长形，平均长20～22μm，传播者为蚋，患病火鸡雏渴欲增加，精神抑郁，嗜眠，急性期可突然死亡。④西氏住白细胞虫（*L. simondi*），寄生于鸭、鹅。成熟的配子体呈长形，长14～22μm，病雏鸭食欲不振，乏力，精神倦怠，呼吸困难。诊断可通过在血涂片或组织切片中发现配子体或裂殖体确诊。可用磺胺喹啉、磺胺二甲氧嘧啶和痢特灵等药物治疗。防止禽类受媒介昆虫叮咬为主要预防措施。

住肉孢子虫病（sarcocystosis） 住肉孢子虫（*Sarcocystis*）寄生于牛、绵羊、山羊、猪、马、鼠类、鸟类等多种动物的横纹肌和心肌而引起的原虫病。该虫属孢子虫纲、住肉孢子虫科。文献记载的虫种已达120种之多，其中已知生活史的至少有56种，2种以人为终末宿主；寄生于畜禽的有20余种，寄生于人体的肉孢子虫有3种。常见种有：猪住肉孢子虫（*Sarcocystis miescheriana*）、羊住肉孢子虫（*S. tenella*）、牛住肉孢子虫（*S. fusifotrois*）、马住肉孢子虫（*S. bertrami*）、鼠住肉孢子虫（*S. muris*）、家鸭住肉孢子虫（*S. vileyi*）、猿住肉孢子虫（*S. kortei*）和人住肉孢子虫（*S. hominis*）。住肉孢子虫在中间宿主中以包囊形式存在。包囊呈灰白色，圆柱形或菱形，大小差别很大，大的肉眼可见，小的1～5μm，包囊内由隔板分隔成若干小室，成熟包囊内充满香蕉形的缓殖子。以大多数的草食动物或杂食动物为中间宿主，寄生于中间宿主食道壁、舌、咽、膈肌、心肌及胸腹部等处的横纹肌。不同种住肉孢子虫分别以犬、猫或人为终末宿主，在终末宿主的肠道中进行球虫型的发育。终末宿主食入中间宿主肌肉中的包囊而感染，中间宿主摄入随终末宿主粪便排出的孢子囊或卵囊而感染。动物轻度感染不显症状，严重感染的急性期可引起牛、羊流产，消瘦，瘫痪，呼吸困难；严重感染猪可出现腹泻，肌炎，发育不良和跛行。在肌肉中发现包囊可确诊。无特效药物。预防措施主要是禁用生肉喂犬猫，严格执行肉品卫生检验制度。

贮藏宿主（storage host） 又称转运宿主、转续宿主。某些寄生虫的感染性幼虫转入一个并非其生理需要的动物体内，不能继续发育，但仍保持对宿主的感染力。如禽气管比翼线虫的感染性虫卵可被蚯蚓吞食，暂时贮藏在蚯蚓体内，禽啄食带虫的蚯蚓而遭感染。贮藏宿主在寄生虫病的传播中具有重要意义。

注射剂（injectiones） 又称针剂。药物制成的无菌溶液、混悬液或无菌粉末制剂。溶剂有注射用水、注射用油、乙醇、甘油、丙二醇、聚乙二醇等。其质量必须达到无菌、无热源、不得有肉眼可见的浑浊或异物、不引起组织刺激或发生毒性反应、pH和渗透压与血液和血浆相等或接近且有必要的物理和化学稳定性，确保产品在贮存期间安全有效等要求。

爪（claw） 肉食动物指（及趾）端由皮肤衍生成的坚硬器官。表皮角化形成爪壳，第三指（及趾）节骨（爪骨）的爪突伸入其内。可分为爪壁和爪底两部分。爪壁呈侧扁的双曲拱形，近端称爪缘，嵌入爪骨近端的爪沟内，并被覆皮肤；远端逐渐变狭而成爪尖。爪底为略凹的狭长三角形。真皮将爪壳与爪骨骨膜相连；在爪缘和爪底形成乳头，在爪壁形成狭的真皮小叶。猫类的爪因爪关节有发达的两条背侧弹性韧带，以及倾斜的爪骨关节面，平时可完全缩入。兔和禽的趾端也形成爪。

专制型社会关系（despotic type social system） 首领处于全群中最优势的地位，而首领以下则不发生争斗现象，地位基本平等。小鼠、大鼠、猫群中均属此类动物。此类型社会关系的动物群体内为争取首领地位，会发生激烈争斗。

转氨基作用（transamination） 在转氨酶的作用下可逆的将α-氨基酸的氨基转移给α-酮酸的反应。其结果是作为氨基供体的α-氨基酸转变成相应的α-酮酸，而作为氨基受体的α-酮酸转变成另一种α-氨基酸。

转导（transduction） 通过缺陷噬菌体的媒介，把供体细胞的小片段DNA携带到受体细胞中，通过交换和整合，使后者获得前者部分遗传性状的现象。转导现象在自然界较为普遍，其在低等生物进化过程中很可能是一种产生新基因组合的重要方式。转导包括普遍转导和局限转导。通过极少数完全缺陷噬菌体对供体菌基因组上任何小片段DNA进行“误包”，而将其遗传性状传递给受体菌的现象，称为普遍转导。一般用温和噬菌体作为普遍转导的媒介。局限转导是指通过部分缺陷的温和噬菌体把供体菌的少数特定基因携带到受体菌中，并与后者的基因组整合、重组，形成转导子的现象。

转分化（transdifferentiation） 一种类型的分化

细胞转变成另一种类型的分化细胞的现象。如神经元经过转分化，可以转变成肌纤维。转分化过程往往涉及细胞的去分化和再分化两个过程。

转化（transformation） 微生物通过摄取外源遗传物质（DNA或RNA）并整合到染色体基因组（或质粒）上，转变成自主复制子，从而导致遗传性状的永久性改变的过程。供体DNA可以是相关菌株染色体DNA片段、质粒或病毒基因组。某些细菌如嗜血杆菌、链球菌可在自然条件下发生，而许多细菌（包括大肠杆菌）和某些真核微生物只有通过人工方法使细胞对DNA具有可渗透性方能发生转化。正常细胞受病毒作用转变为肿瘤细胞的过程也是转化。培养的淋巴细胞受特异性抗原或非特异性刺激物（如植物血凝素、链球菌溶血素等）刺激后发生的形态学改变也是转化，如细胞变大、胞浆变宽、细胞粒内可以看见核仁、胞浆着色变淡等。

转化子（transformant） 包括两个涵义：①经摄取外源DNA而发生转化的微生物或细胞。②指质粒转化后的受体细胞。用载体分子（如质粒）与外源DNA（目的基因）的连接反应物转化感受态受体细胞后，接种平板上可能生长出很多转化子。通过提取这些转化子的质粒，酶切鉴定，以筛选出含有目的基因重组质粒的转化子。

转基因动物（gene transferred animal） 将目的基因导入动物受精卵中，使其与细胞核染色体整合，从而获得带外源基因的动物。转基因的目的是使该动物获得某种特定的优良特性。转基因的方法有电导穿入法、微注射法、精子携带法等多种。如需定位表达则需在载体上构建有与动物特定组织分化基因同源的序列。如乳腺的乳蛋白基因，可实现转入基因在乳腺中表达。

转基因植物疫苗（transgenic plant vaccine） 又称可食性（食用）疫苗（edible vaccine）。将植物基因工程技术与机体免疫机理相结合，生产出能使机体获得特异抗病能力的疫苗。转基因植物表达的抗原蛋白经纯化后仍保留了免疫学活性，注射入动物体内能产生特异性抗体，用转基因植物组织饲喂动物，转基因植物表达的抗原递呈到动物的肠道相关淋巴组织，被其表面特异受体特别是M细胞所识别，产生黏膜和体液免疫应答。

转录（transcription） 以DNA为模板，在RNA聚合酶的作用下，将遗传信息从DNA分子转移到RNA分子上的过程。包括起始、延伸、终止等步骤。转录是基因表达的第一步，不需要引物。转录是不对称的，在双链DNA分子中，只有一条链被转录，作为转录模板的链称为模板连，与之互补的链称为编码链。

转录单位（transcription unit） 从启动子到终止子之间的DNA片段，或被转录成单个RNA分子的一段DNA序列。

转瓶培养（roller bottle culture） 规模化培养细胞的一种方法。将细胞悬液接种转瓶后放置于恒温箱的转鼓上，不断缓慢旋转（5～20 r/h），细胞贴附于玻瓶四周，并长成单层，但贴壁细胞并不始终浸于培养液中，有利于细胞呼吸，同时细胞生长面积大，可提高产量。

转染（transfection） DNA小片段插入体细胞或细胞系的过程。若此DNA未与宿主细胞DNA整合而获表达，称“瞬时转染（transient transfection）”；若与宿主细胞DNA整合并随后者的复制而复制，称“稳定转染（stable transfection）”。在生物技术中，转染是指将纯化的噬菌体DNA或病毒核酸（DNA或RNA）引入细胞，以获得完整感染性噬菌体或病毒颗粒的过程。常用于以噬菌体或病毒为载体的重组DNA技术。

转染子（transfectant） 通过病毒或噬菌体载体DNA的转染而带有外源基因的受体细胞或细菌。

转移（metastasis） 肿瘤细胞由机体原发部位播散到另外部位生长或繁殖。转移有血管性、淋巴管性、浆膜或黏膜表面种植性等途径，可造成肿瘤细胞的扩散或蔓延，使疾病复杂化。转移是恶性肿瘤的重要生物学特征。

转移 RNA（transfer RNA，tRNA） 携带和转移氨基酸的RNA。由70～80个核苷酸组成，分子较小，常含有稀有碱基，可以折叠成三叶草形的结构。主要功能是在氨基酰tRNA合成酶催化下，其3′-端氨基酸臂连接氨基酸，其反密码环上的反密码子与mRNA的密码子识别配对，使特定的氨基酸在多肽链合成过程中准确定位。

转移因子（transfer factor，TF） 由致敏T淋巴细胞产生的能转移细胞免疫的淋巴因子。分子量较小，具有可透析性，不为DNA和RNA酶所破坏。转移因子转移细胞免疫具有抗原特异性，很小剂量在几小时内即可使受者淋巴细胞致敏并可持续一年之久，并且具有相对的种属特异性。

转译（translation） 细胞内的核糖体按照mRNA的密码信息合成蛋白多肽的过程。是基因表达的重要环节。通过氨酰tRNA形成、氨基酸活化、合成起始、肽链延伸、翻译终止等过程，完成蛋白质的体内合成。mRNA的翻译也可在体外条件下进行。

转印（blot） 先将核酸或蛋白质转移到支持膜上，然后用检测系统使目的条带显示出来的一种高度特异和敏感的技术。先将 DNA、RNA 或蛋白质转移到固相的支持膜上，如硝酸纤维素膜、尼龙膜等，然后用标记核酸探针或抗体进行显色的过程。通常核酸或蛋白质先用凝胶电泳分离后，再进行转移。也可不分离，进行原位转移。

转运蛋白（transfer protein） 具有转运物质功能的蛋白质。如血液中运输微量元素的转铁蛋白和铜蓝蛋白，肠道中协助维生素 B_{12} 吸收的称为“内在因子”的糖蛋白以及脊椎动物血液中运输氧和二氧化碳的血红蛋白等。

转子（trochanter） 股骨近端和骨干上的突起。分为大转子、小转子和第三转子。

转座因子（transposable element） 又称可移动的遗传因子、跳跃基因。细胞中能改变自身位置的一段 DNA 序列。转座因子从一个位置移动到另一个位置的行为叫做转座。转座可能发生在同一染色体的不同位置之间，也可能发生在不同的染色体之间、不同的质粒之间，以及质粒和染色体之间。转座因子的转座可以带来一系列的遗传学效应。转座因子的插入，可能使插入位置上的基因发生消失，这种现象称为切离。准确的切离可能会使插入位置上的基因发生回复突变，不准确的切离可能会使出入位点附近的基因发生缺失。在正常的转座过程中，转座子转移到新的位置上以后，原来位置上的转座子并不消失，如转座子 Tn3 从质粒 A 转座到质粒 B 以后，质粒 A 仍含有 Tn3。由于转座因子可以携带各种基因在不同的 DNA 分子之间移动，所以是基因工程中很有发展前途的基因运载体。

壮观霉素（spectinomycin） 从链霉菌（*Streptomyces flavopersicus*）培养液中取得的抗生素。对革兰阳性和阴性菌均有抑菌作用。用于防治猪、牛的链球菌、葡萄球菌、大肠杆菌、巴氏杆菌和沙门氏菌感染及鸡支原体病。常与林可霉素合用。

状态反射（attitudinal reflex） 动物头部与躯干在空间的相对位置改变时所发生的静位姿势反射。包括颈紧张反射和迷路紧张反射。当头部向一侧转动时引起同侧伸肌紧张增强，对侧伸肌紧张降低；低头时前肢伸肌紧张降低，后肢伸肌紧张增强；仰头时四肢伸肌紧张发生相反变化，这些都是由于头部扭曲刺激了颈部肌肉和关节部位的牵张感受器，反射地引起躯体肌紧张分布情况的变化，称为颈紧张反射。迷路紧张反射是由于头部位置改变刺激内耳迷路耳石器兴奋反射地引起躯体肌紧张分布发生变化。其意义是使动物因头部位置改变发生的平衡破坏得以调整、建立新的平衡状态。

椎膈三角区（vertebrodiaphragmatic triangle） 动物胸部侧位 X 线检查时的胸部分区之一。系胸椎的下方，膈的前方，心脏的后方和后腔静脉上方的胸部范围。因该范围近似于倒三角形，故名椎膈三角区。

椎骨（vertebra） 构成脊柱的一系列单骨。分为颈、胸、腰、荐和尾椎。腹侧为椎体；前、后端形成椎头和椎窝。背侧为椎弓，有下列突起：背侧为棘突；两侧为横突；前后各一对关节突。椎弓与椎体间围成椎孔。相邻椎弓间形成一对椎间孔。颈椎关节突发达；第一、二颈椎称寰椎和枢椎。胸椎棘突发达，末端可在背部触摸到；椎体和横突有与肋骨相接的关节面。腰椎横突发达，末端和棘突均可触摸到。荐椎常合并为荐骨。尾椎除前几个外椎弓及其突起逐渐退化，直至仅保留椎体。禽的椎体前、后端形成互相吻合的鞍状面；部分胸椎、腰椎和荐椎、尾椎多已愈合，分别形成背骨、综荐骨和综尾骨。

椎管（vertebral canal） 脊柱内由椎孔连续而成的长管。从枕骨大孔延伸向后，以颈部和腰荐部较宽，胸部较窄，荐后部迅速变小。底壁由椎体和椎间盘、侧壁和顶壁由椎弓和椎弓间韧带形成；侧壁具有成对的椎间孔。壁内面贴有椎骨骨膜。管内藏有脊髓及脊膜和脊神经根。在脊硬膜与椎管内壁间形成硬膜外腔，填有脂肪。椎管底壁有两条纵行的椎静脉窦，以一系列横吻合支相连。成对的脊神经以及脊髓动脉和由椎静脉窦发出的椎间静脉，经椎间孔出入椎管。

椎间盘（intervertebral disc） 连接相邻椎体两端的软骨盘。形成脊柱的软骨联合，属微动关节。厚度因脊柱部位和动物种类而有不同。颈部、尾部和腰部较厚，胸部较薄，局部已骨化。犬的较厚，总厚度约占脊柱全长 16%；有蹄动物较薄，仅占 10%。每一椎间盘由两部分构成：中央为富于弹性的胶冻状结构，称髓核，脊柱运动时可起缓冲作用；外用为纤维环，有纤维束斜向连接于相信两椎端表面的软骨并与之结合，可限制髓核外逸。椎间盘随年龄增长而发生退行性变化，如髓核钙化、纤维环破裂等，均可影响脊柱的运动。

锥虫补体结合反应抗原（trypanosome complement fixing antigen） 一种能与相应抗体结合并吸附补体的伊氏锥虫（Trypanosoma - evansi）虫体成分抗原。用以诊断锥虫病。以对马、犬、大白鼠、小鼠和豚鼠有致病力的伊氏锥虫虫血腹腔接种摘除脾脏的健康犬，于濒死期收取抗凝血离心分离虫体制成抗原。抗原有两种。其一为明胶缓冲液抗原，按 1g 虫体加明胶缓冲液 10mL 在 150～200 次/min 振荡处理 72h，离心后取上清液加入等量甘油制成。其二是甲（乙）醇抗原，按 1g 干燥虫粉加甲醇或乙醇 100mL，于 150～200 次/min 振荡处理 72h，静置 4～5d 后离心，取上清液加入胆醇制成。抗原应保存于 2～4℃冷暗处，明胶缓冲液抗原在低温或冻结保存更佳。使用时用 2 个单位抗原量。

锥蝇（*Callitroga*） 双翅目、寄（生）蝇科的一类引起蝇蛆症的蝇。幼虫称螺旋蛆。雌蝇在牛、猪、马、禽、狗和人的破伤处产卵；幼虫侵蚀组织，造成伤部扩展，流溢有异味的液体。

准确度（accuracy） 在残留分析中，指测定值与其真实值的接近程度。表示分析结果的正确性。在样品分析过程中，通常采用添加回收率（recovery）来表示方法的准确度。

准宰（allow slaughter） 畜禽宰前检疫的评判结果。经宰前检疫，凡是健康、符合卫生质量和商品规格的畜禽，发给送宰证明或送宰通知书，准予屠宰。

准种（quasispecies） 由一种母序列和来自该序列的大量相关突变基因组所组成的病毒群体。用来描述彼此有差异并相互竞争、快速进化的病毒群体。准种是对病毒"种"概念的补充。就某一种病毒而言，它是一个群体，群体内的各病毒颗粒具有保守的表型特性的同时，兼有遗传动态差异。

浊音（dull sound） 音调较高、音响较弱、震动持续时间较短的一种叩诊音。叩诊厚层肌肉或不含气的实质器官与体壁接触部位均可听到浊音。肺叩诊区出现大片状浊音区见于大叶性肺炎，出现局灶性或点片状浊音区见于小叶性肺炎、肺脓肿、肺坏疽、肺结核、肺棘球蚴病、肺肿瘤等。

啄癖（cannibalism） 家禽发生的一种自身或相互之间啄衔的习癖行为。包括啄肛癖（vent picking)、拔羽癖（feather pulling)、啄趾癖（toe picking）和啄头癖（head picking）等。病因尚不十分清楚，但其诱发条件有饲喂颗粒饲料，自由采食饲养制度，饲槽或饮水器过少，产蛋箱不足，舍内光线过亮，密度过大，过热，营养和矿物质元素缺乏以及外寄生虫刺激等。预防上应注意供给足够的饲料和饮水，避免过度拥挤，通风和光线强度要适宜，有效的办法是实行群鸡断喙。

着床（nidation） 胎生哺乳类动物的早期胚胎和母体子宫壁结合，从而建立母子间结构上的联系以实现物质交换的过程。着床后的胚胎摄取母体血液营养继续发育。着床是母子双方有准备，相互配合的结合过程。

姿势反射（postural reflex reflex） 维持畜禽正常姿势的各种反射的总称。靠中枢神经系统整合来自各种感受器（主要是视觉和本体感受器）的传入信号，反射性地改变躯体骨骼肌紧张的分布或产生相应的运动来完成。可分为静位反射和静位运动反射两类：前者指动物在没有移位运动情况下出现的姿势反射，主要有状态反射和翻正反射；后者指动物在移位运动时出现的姿势反射，主要有旋转反射、上升反射、放置反射等。

姿势协调（postural coordination） 畜禽在中枢神经系统的调节和整合下能保持正常姿势的能力。姿势协调有赖于各种姿势反射活动的相互配合。脊髓动物只能完成牵张反射、屈反射、搔反射等简单的肌肉运动；延髓动物只能勉强站立，不能保持正常姿势；中脑动物虽能维持正常姿势，但不能行走；丘脑动物不但姿势正常，还能跑能跳；但只有大脑皮层完整的动物才能完成高度精细复杂的躯体运动。

姿势与体态（posture） 动物在相对静止间或运动过程中的空间位置及其姿态表现。

滋养层（trophoblast，trophoderm） 围绕囊胚腔周围的一层扁平细胞。随着胚胎的发育，滋养层由一层细胞逐渐变为多层细胞，形成胚外膜，在胎儿从母体摄取营养中起重要作用。

子孢子（sporozoite） 原生动物通过孢子生殖所产生的子代细胞。形状有镰刀形、棒状，纺锤形等。子孢子可引起新的感染。

子宫（uterus） 母畜孕育胎儿的器官。形态、位置和组织结构随年龄、性周期特别是妊娠阶段而发生很大生理性变化。家畜的属双角子宫，分为子宫颈、子宫体和一对子宫角，子宫体和子宫角的长短因家畜种类而异。一般呈水平状以子宫系膜悬于盆腔前部和腹腔，子宫颈和子宫体在直肠下方，膀胱背侧。子宫颈壁很厚，后端形成子宫阴道部突入阴道，中央有子宫外口，经狭的子宫颈管向前而以子宫内口通子宫体。子宫颈与子宫体在直肠检查时不难辨认。子宫壁由黏膜、肌膜和浆膜构成，分别称为子宫内膜、子宫肌和子宫外膜；无黏膜下组织。子宫肌可分为较厚的内环肌层和较薄的外纵肌层；两肌层间或在环肌层内（猪、牛）有发达的血管层。子宫颈的肌膜内混合有较多致密结缔组织。肉食动物的子宫角细长而直，向前到肾后方；子宫体和子宫颈都很短。猪子宫角很长，卷曲如小肠袢；子宫体短。子宫颈长，但不形成子宫阴道部；黏膜沿两侧形成两列半球形子宫颈枕，交错排列，使子宫颈管呈螺旋状。反刍动物的子宫角长而卷曲如绵羊角状，向前逐渐变细；后部则以浆膜、结缔组织和肌组织相连，形成的中隔称子宫帆，外面与子宫体无明显分界，常又称伪子宫体，浆膜在两角分开处形成角间韧带。子宫体短。子宫内膜上形成子宫阜，约有百个，妊娠期显著增大，与胎膜的绒毛叶结合成胎盘块。骆驼不形成子宫阜。子宫颈的黏膜和部分环肌形成环形襞（牛 4 个，羊 5～8 个，骆驼 3～6 个），最前一个形成子宫内口，最后一个形成子宫阴道部和子宫外口；环形襞黏膜则又集拢成许多纵褶，子宫颈管平时被黏膜襞和褶闭塞，妊娠时更为黏液塞完全封闭。马子宫体较长、较宽；子宫角略长于子宫体，呈弓形，凸缘向下。子宫颈黏膜形成纵褶，子宫颈管较直；子宫外口位于花蕾状子宫阴道部中央。兔和啮齿类属双子宫，两子宫分别（兔）或共同（啮齿类）开口于阴道前端。

子宫弛缓（uterine inertia）　在分娩的开口期及胎儿排出期子宫肌层的收缩频率、持续期及强度不足，以至胎儿不能排出的一种疾病。主要见于牛、猪和羊，发病率随胎次和年龄的增长而升高，多胎动物的发病率较高。可分为原发性子宫弛缓和继发性子宫弛缓两种。原发性子宫迟缓指分娩一开始子宫肌层收缩力就不足，表现为母畜妊娠期满，部分分娩预兆已出现，但长久不能排出胎儿或无努责现象。继发性子宫弛缓指开始时子宫阵缩正常，以后由于排出胎儿受阻或子宫肌疲劳等导致的子宫收缩力变弱或弛缓。在猪、羊、犬等动物常用药物催产，但大家畜多行牵引术；对复杂的难产，矫正后不易拉出或不易矫正的病例，宜采用剖宫产；若胎儿死亡，可用截胎术。

子宫穿孔（perforation of the uterus）　子宫壁破口较小的穿透创。在冲洗子宫、人工授精和胚胎移植冲卵时，可因导管使用不当而致。穿孔在子宫上壁的可自愈，但需预防腹膜炎。

子宫动脉血流音（uteri artery sound，UAS）　简称宫血音。子宫动脉搏动和血流发出的声音。母畜妊娠后，随着胎儿的发育，脉管增粗，血流增强，血流音发生特异性改变，似蝉鸣声或鸣哨音。监听式超声多普勒诊断仪可以探查到这种声音，以便进行妊娠诊断。探查部位在腹壁（中、小动物）、直肠或阴道内（大动物），血流音频率与母体心率同步。

子宫阜（uterine caruncle）　又称子宫肉阜。牛、羊子宫角内膜上的圆形隆起。妊娠时构成母体胎盘。在牛子宫角内常有 4 排，约 100 多个；羊约 60 多个。未妊娠牛子宫阜很小，约 15mm，在妊娠后期随胎儿发育急剧增大，可达 120 mm。

子宫复旧（uterine involution）　分娩后，母畜子宫从怀孕及分娩所发生的各种变化恢复到妊娠前状态和功能的过程。每种家畜都有其固有的恢复时期。包括部分肌纤维和结缔组织变性吸收，部分肌纤维变细，子宫壁变薄；胎盘变性脱落，子宫内膜再生，恶露的形成、排出和停止等。

子宫复旧延迟（delayed uterine involution）　分娩后子宫恢复至未孕状态的时间延长。本病多见于老龄经产家畜，特别常见于奶牛。凡能影响产后子宫收缩和蛋白降解的各种因素，都能导致子宫复旧延迟。通过直肠和阴道检查即可确诊。治疗原则是促进子宫收缩力和增强其抗感染能力，促使恶露排出。

子宫积脓（pyometra）　慢性脓性子宫内膜炎时，脓性分泌物不能排出而积蓄在子宫内的现象。阴道检查见黏膜充血、肿胀、附少量黏稠脓液。直肠检查可见，子宫显著增大，如同怀孕状，但子宫壁较怀孕时厚，为黏稠性波动，触摸不到胎盘和胎儿。犬子宫积脓，可用 B 型超声检查可确诊，常采用子宫切除术治疗。

子宫积水和子宫积液（hydrometra and mucometra）　前者指子宫内积有水样液体，后者指子宫内积有黏液样液体。慢性卡他性子宫内膜炎时，由于子宫腺分泌机能加强，子宫收缩减弱，子宫颈管黏膜肿胀，子宫腔内分泌液不能排出，逐渐积聚而形成。也见于子宫颈和子宫的先天性畸形，或由于激素引起的子宫内膜囊性增生。积液为棕黄色、红褐色或灰白色，稀薄水样或稍黏。病畜往往长期不发情。直肠检查可见，子宫如同怀孕 1.5～2 个月或更大，壁薄、波动明显；两子宫角内液体可互相流动，触不到胎盘（牛）和胎儿。用 B 型超声检查可确诊。治疗同子宫积脓。

子宫浆膜炎（perimetritis）　子宫浆膜的炎症。主要发生于产后，子宫内膜炎、输卵管炎的继发。有脓性和纤维素性，常与邻近组织形成纤维粘连。又称子宫周围炎，大多为急性，有全身症状，体温升高，收腹，排泄困难。直肠触诊子宫，病畜疼痛不安。进行子宫内和全身治疗，但预后不佳。

子宫颈（metraterm）　子宫后段的缩细部，位于骨盆腔内。壁厚，黏膜形成许多纵褶，内腔狭窄，称为子宫颈管。前端以子宫颈内口与子宫体相通，后端以子宫颈外口与阴道相通。子宫颈向后突入阴道的部分，称为子宫颈阴道部。子宫颈管平时闭合，发情时稍松弛，分娩时扩大。

子宫颈疤痕（scar of cervix）　又称子宫颈瘢痕。子宫颈组织的修复性疤痕。继发于难产时子宫颈重度损伤、破裂，或切开宫颈助产之后，由于在修复过程中疤痕组织增生而形成。临床少见。有疤痕的子宫颈再次分娩时难以扩张。本病应以预防为主，难产时不要粗暴助产，更不要打开宫颈，对宫颈不能开张的病例，应采用剖宫产术治疗。

子宫颈闭锁（atresia of the cervix）　子宫颈管黏膜粘连致使的管道不通。很少发生，继发于难产，粗暴助产，严重损伤子宫颈之后，常在产后发情配种时被发现，无有效疗法。

子宫颈开张不全 (incomplete dilation of the cervix) 软产道狭窄难产中较常见的一种。以前在羊曾称为子宫环 (ringworm)。子宫颈管扩张不全或不能扩张，影响胎儿进入产道而发生难产。多见于头胎分娩和早产的牛、羊。主要由于分娩前雌激素、松弛素分泌不足，使子宫颈发达的肌层浆液浸润不够，不能达到充分软化、完全扩张的程度。因子宫颈疤痕等而不能扩张的很少见。

子宫颈开张期 (stage of cervical dilation) 简称开口期，又称第一产程。从子宫角开始阵缩起，至子宫颈充分开大（牛、羊）或能够充分开张（马）为止。由于子宫阵缩开始时间难以判定，记载的开口期持续时间出入较大。这一时期的产力一般只有阵缩，动物表现轻微不安，寻找安静地方等待分娩，时起时卧，食欲减退，呼吸和脉搏加快。尾根抬起、扭曲、频频排出少量粪尿。这种表现有畜种间差异，个体间也不尽相同。经产母畜一般较为安静。

子宫颈栓 (cervical plug) 又称宫颈黏液塞。母畜怀孕后，子宫颈上皮的单细胞腺在孕酮作用下分泌的黏稠黏液，填充于子宫颈管而形成。黏液栓是诊断牛、马、羊妊娠的指标之一。

子宫颈损伤 (trauma of the cervix) 子宫颈黏膜的轻度损伤，发生于分娩过程，特别是初次分娩时。如果子宫颈损伤裂口较深，则称为子宫颈撕裂。产后有少量鲜血从阴道内流出，如撕裂不深，见不到血液外流，仅在阴道检查时才能发现阴道内有少量鲜血。如子宫颈肌层发生严重撕裂创时，能引起大出血，甚至危及生命。有时一部分血液可以流入盆腔的疏松组织中或子宫内。需对症治疗，如止血、消炎等。

子宫颈外翻 (cervical eversion) 子宫颈横向皱襞的脱出。常见于牛头胎分娩之后，因创伤引起皱襞下结缔组织出血，在出血吸收过程中纤维组织增生，使皱襞增大外翻。一般不影响繁殖。

子宫颈狭窄 (stenosis of the cervix) 子宫颈狭窄可分为四度：一度是胎头和两前肢可勉强通过；二度是两前肢和颜面部能进入宫颈，但头不能通过，强拉可导致宫颈破裂；三度是只能伸入两前蹄；四度是仅开一小口。以一度、二度狭窄较常见，在充分灌注润滑剂后，分别缓慢牵引胎儿各部，可望助产成功。对三度、四度狭窄只能剖腹取胎，但切忌手术切开子宫颈。

子宫颈炎 (cervicitis) 从子宫颈外口直到子宫内口黏膜及黏膜下组织发生的炎症。该病常继发于子宫炎、异常分娩（如流产、难产）之后，在施行牵引术或截胎术引起子宫颈严重损伤时更为多发。子宫颈外口的炎症可继发于阴道及阴门损伤，或因细菌或病毒引起的阴道感染。可用温和的消毒液冲洗阴道 3～4d，冲洗后在子宫颈及子宫中注入抗菌素。

子宫颈-阴道黏液试验（cervix - vaginal mucustest） 利用怀孕牛子宫颈-阴道黏液特有的理化特性进行试验诊断母牛妊娠的方法。有煮沸法和比重法。煮沸法是根据怀孕牛子宫颈阴道黏液粘性很大、煮沸不溶和黏液中含有一种粘多糖-蛋白复合物，在碱性溶液中煮沸，黏多糖分解出糖，遇碱呈淡褐色或褐色的原理设计的方法，诊断准确率 90%左右。比重法是根据怀孕牛子宫颈阴道黏液比重（1.013～1.016）大于未孕牛（1.008）的原理设计的方法，取黏液一块置于比重为 1.008 的硫酸铜溶液中，怀孕的比重大下沉，未孕的漂浮表面。

子宫静脉（uterine vein） 导引子宫血液回流的血管。与同名动脉伴行，但不如其发达；马的汇入髂外静脉，牛的汇入脐静脉。

子宫阔韧带 (broad ligament of uterus) 固定雌性内生殖器官的腹膜襞。宽而阔，前部呈垂直向，将卵巢、输卵管和子宫角悬于腰下；后部较水平，从盆腔侧壁连接于子宫体、颈和阴道前部的两侧。分为卵巢系膜、输卵管系膜和子宫系膜。韧带内除卵巢和子宫的血管、淋巴管及神经外，并含较多平滑肌组织，甚至与子宫的外纵肌层相连续，有的动物并含有脂肪组织（犬）。子宫阔韧带外侧面分出一浆膜襞包裹有子宫圆韧带，从子宫角延伸到腹股沟管，犬的可通过该管而至阴门皮下。此韧带为卵巢引带的一部分。子宫阔韧带特别是子宫系膜以及子宫血管，在妊娠时发生显著变化，分娩后复原。阔韧带内的平滑肌在分娩时可协助将下坠的子宫提高，以利胎儿进入产道。

子宫内翻及脱出 (inversion and prolapsed of the uterus) 子宫角前端翻入子宫腔或阴道内，称为子宫内翻；子宫角的前端全部翻出于阴门之外，称为子宫脱出。二者为程度不同的同一个病理过程。各种动物的发病率不同，牛最高，羊和猪也常发生，犬的发病率也较高，但马、和猫较少见。子宫脱出多见于产程的第三期，有时则在产后数小时之内发生，产后超过 1 天发病的患畜极为少见。各种动物子宫脱出的原因不尽相同，主要与产后强烈努责、外力牵引以及子宫弛缓有关。子宫脱出容易诊断，子宫内翻需作产道子宫内检查才能确诊。对子宫脱出的病例，必须及早实施手术整复。子宫脱出的时间越长，整复越困难，所受外界刺激越严重，康复后不孕率也越高。对犬、猫和猪子宫脱出的病例，必要时可行剖腹术，通过腹腔整复子宫。

子宫内膜 (endometrium) 为子宫壁的内层，由上皮和固有层构成。上皮随动物种类和发情周期而不同，马、犬、猫等为单层柱状上皮。猪、反刍动物为单层柱状或假复层柱状上皮。上皮细胞有分泌功能，游离面有静纤毛。固有层的浅层有较多的细胞成分和子宫腺导管。细胞以梭形或星形的胚性结缔组织细胞为主，细胞突起相互连接。还含有巨噬细胞、肥大细胞、淋巴细胞、白细胞和浆细胞等。固有层的深层中细胞成分较少，但布满了分支管状的子宫腺及其导管（肉阜处除外）。腺壁由有纤毛或无纤毛的单层柱状上皮组成。子宫腺分泌物为富含糖原等营养物质的浓稠黏液，称子宫乳，可供给着床前附植阶段早期胚胎所需营养。在反刍动物，内膜固有层形成的圆形加厚部分，即子宫肉阜，有数十个乃至上百个。其内有丰富的成纤维细胞和大量的血管。羊的子宫肉阜中心凹陷，牛的子宫肉阜为圆形隆突。子宫肉阜参与胎盘的形成，属胎盘的母体部分。

子宫内膜杯（endometrial cup） 绒毛膜尿膜囊和萎缩中的卵黄囊相接处，由滋养层细胞构成的环状带。马怀孕前1/3时期所特有，是孕马血清促性腺激素产生的部位。

子宫内膜采取法（method of collecting endometrium） 采取小片子宫内膜作组织学检查的方法。将动物保定于柱栏内，清洗阴道后插入阴道镜，固定子宫颈，扩张颈管（使用宫颈钳和子宫颈扩张棒），将子宫内膜采取器慢慢插入子宫，按所用采取器的具体使用方法采取子宫内膜。

子宫内膜浮肿（edema of endometrium） 子宫黏膜的浆液性浸润。多发生于长期营养不良的母牛。患畜发情周期异常，屡配不孕。直肠检查子宫角增粗，壁肥厚，有明显的捏粉样感。卵泡发育延迟，形成多个小卵泡。

子宫内膜炎（endometritis） 子宫黏膜的炎症。分产后子宫内膜炎和慢性子宫内膜炎两类。在牛比较常见，为不育的重要原因之一，但很少影响动物的全身健康情况。

子宫捻转（uterine torsion） 整个子宫、一侧子宫角或子宫角的一部分围绕自己的纵轴发生扭转的一种疾病。捻转处多为子宫颈及其前后，位于阴道前端的称为颈后捻转；位于子宫颈前的称为颈前捻转。多数是在临产时发生扭转，且多为180°～270°捻转。牛颈后捻转多于颈前捻转，向右多于向左。马多为颈前捻转。能使母畜围绕其身体纵轴急剧转动的任何动作，都可成为子宫捻转的直接原因。主要通过阴道和直肠检查确诊，并判断捻转的方向和程度，判定捻转方向要准确无误。临产时发生的捻转，应将子宫转正后拉出胎儿；产前捻转应转正子宫后保胎。对捻转程度小的，可选用产道内或直肠内矫正；对捻转程度较大且产道极度狭窄、手难以伸入产道抓住胎儿或子宫颈尚未开放的产前捻转，常选用翻转母体、剖腹矫正或剖宫产的方法。

子宫旁炎（parametritis） 子宫阔韧带或阴道周围蜂窝组织的炎症。通常形成脓肿。都发生于产后，有全身症状，阴门和阴道肿胀，排泄困难。作直肠和阴道内检查时，疼痛剧烈。进行阴道内和全身治疗，形成脓肿的切开排脓。预后不佳。

子宫旁组织（parametrium） 沿子宫系膜缘在系膜内的结构。由疏松组织构成，含有进出子宫肌的许多血管、淋巴管及神经分支。

子宫破裂（uterine rupture） 动物在妊娠后期或者分娩过程中造成的子宫壁黏膜层、肌肉层和浆膜层发生的破裂。按其程度可分为不完全破裂与完全破裂（子宫穿透创）两种。不完全破裂是子宫壁黏膜层或黏膜层和肌层发生破裂，而浆膜层未破裂；完全破裂是子宫壁三层组织都发生破裂，子宫腔与腹腔相通。子宫完全破裂的破口很小时，又称子宫穿孔。子宫破裂都发生于难产时助产手术不慎，过量使用催产素和严重的子宫捻转。人工授精、胚胎移植和子宫冲洗时，导管使用不当，可造成子宫穿孔。穿孔小，位于子宫上壁者可自愈。子宫不完全破裂的，使用抑菌防腐和子宫收缩药，可很快痊愈。完全破裂的，需剖腹进行缝合，并注意预防腹膜炎。

子宫肉阜（caruncle） 反刍动物子宫腔面的一种丘状隆起。在妊娠过程中与胎儿绒毛叶形成胎盘。

子宫乳（uterine milk） 哺乳类动物子宫腺的分泌物。含有丰富的黏多糖、动物淀粉和脂质等，供应早期胚胎营养。

子宫疝（hysterocele） 妊娠子宫通过脐孔、腹股沟、膈、会阴及腹壁等处破口而形成的各种疝。有时耻骨前腱破裂，妊娠子宫也可脱出，进入皮肤和皮肌形成的包囊中而形成疝。子宫疝多见于妊娠后期，马常发于妊娠9个月后，牛7个月后，羊多在妊娠的最后一个月。子宫疝大多可引起难产，有时甚至导致母子双亡。治疗时，可根据疝发生的时间和程度不同，采用手术修复，甚至子宫切除术。

子宫射精型（type of ejaculation in uterus） 射精类型的一种。公母畜自然交配时，将精液射入母畜子宫颈和子宫内。猪、马属于这一类。特点是：射精量大（猪100～300mL、马50～150mL）、精子密度小（1亿～2亿/mL）、性交时间长（猪5min以上、马1min左右）和母畜子宫颈开张程度大。

子宫外膜（perimetrium） 即子宫浆膜。沿子宫的系膜缘移行为子宫阔韧带的子宫系膜；在移行处两层浆膜间夹有疏松结缔组织，称子宫旁组织。

子宫系膜（mesometrium） 悬挂子宫的浆膜褶，是子宫阔韧带的大部分。沿子宫角的系膜缘和子宫体及颈的两侧转折于子宫而形成子宫外膜。子宫血管、神经等的分支由子宫系膜沿子宫角系膜缘和子宫体及颈两侧分布于子宫。因此子宫角游离缘处血管分布较少，是手术切口的适宜部位。子宫系膜是一种较特殊的双层浆膜，内含较多平滑肌纤维，在妊娠期可大量增殖。

子宫腺囊肿（cystic endometrial gland） 子宫内膜腺体的囊肿。继发于子宫内膜炎、子宫积水和积黏液，及产后子宫复旧过程中和激素分泌异常时引起的囊性增生。母畜表现不孕。临床较难诊断，常在剖检时发现。

子宫兴奋药（oxytocic） 又称催产药。一类选择性兴奋子宫平滑肌的药物，可使子宫节律性收缩或强直性收缩。分别用于催产或产后出血及子宫复原。如使用不当，可能引起子宫破裂或胎儿窒息。主要药物有脑体后叶素、缩宫素、麦角新碱、前列腺素以及益母草、红花等。

子宫钟(uterine bell) 棘头虫子宫上部的一个特异器官，有3个开口。上端开口收纳虫卵；下端为子宫管，通连子宫；后侧方有一出口通假体腔。成熟的卵经子宫管入子宫，由阴道排出，未成熟卵由侧出口回返假体腔。

子宫周器官(paruterine organ) 见副子宫。

子囊菌（*Ascomycetes*） 子囊菌亚门（Ascomycotina）所属的真菌。特征为在有性繁殖中形成囊样结构称为子囊（ascus），囊内产生子囊孢子（aseospore）。对兽医重要的致病真菌中，如小孢霉、发癣菌、荚膜组织胞浆菌等，过去认为属半知菌，现在发现为子囊菌。

子叶（cotyledon） 牛、羊胎儿尿囊绒毛膜上呈圆形或卵圆形隆凸的叶状物。每个绒毛叶有许多大绒毛，再分支为小绒毛及更小的绒毛。绒毛叶作为胎儿胎盘与母体胎盘（子宫阜）共同组成绒毛叶胎盘。

子叶型胎盘（cotyledonary placenta） 见于牛和羊的胎盘。胎儿尿囊绒毛膜上的绒毛集合成群，构成许多子叶。每个子叶与子宫内膜上的子宫阜紧密嵌合，形成胎儿和母体物质交换的通道。从外观看，牛的子叶包裹子宫阜，羊的子叶伸入子宫阜的凹陷内。实际上，均是由子叶内的绒毛分出许多小分支深入子宫阜中的小隐窝内。胎儿绒毛上皮细胞侵蚀破坏子宫内膜的部分上皮细胞，直接深入到子宫内膜结缔组织中，实现胎儿和母体之间的物质交换，故又称为结缔绒毛膜胎盘。每个子叶胎盘又称为胎盘块。胎儿与母体通过胎盘进行物质交换要经过6道屏障：①子宫内膜血管内皮细胞；②子宫内膜结缔组织；③内膜上皮细胞；④绒毛膜上皮细胞；⑤绒毛膜间充质；⑥绒毛膜血管内皮细胞。

仔兔黄尿病（newborn rabbit yellow urinedisease）又称仔兔急性肠炎（newborn rabbit acute enteritis）。兔葡萄球菌病病型之一。仔兔吃了患葡萄球菌性乳房炎母兔的奶引起的一种急性传染病。一般全窝发病，剧烈下痢，肛门周围及后肢污秽腥臭，病程2～3 d，死亡率极高。

仔猪白痢（white scour of piglets） 由大肠杆菌O_8、K_{88}等血清型引起的仔猪腹泻，以排出乳白色或灰白色浆状、糊状的粪便为特征，是10～30日龄仔猪的一种常见病、多发病。病死率一般较低，但影响仔猪的生长发育。本病的发生和流行还与猪舍污秽、天气长期阴雨潮湿、调料品质不良、母猪的乳汁过浓或不足等诱因有关。根据流行特点和症状可作出诊断。防治首先应在改善饲养管理和消除各种诱因的基础上，使用抗生素和收敛药才能获得良效。

仔猪传染性坏死性肠炎（infectious necrotis enteritis） 见猪梭菌性肠炎。

仔猪地方流行性良性麻痹病（benign enzooticparesm） 又称猪塔番病。由致病力较低的猪传染性脑脊髓炎病毒引起的一种轻型猪传染性脑脊髓炎。仔猪表现为可逆性运动失调和四肢麻痹的良性脑脊髓灰质炎。

仔猪副伤寒（paratyphoid of pigs） 又称仔猪副伤寒、猪传染性坏死性肠炎。猪霍乱沙门菌、猪伤寒沙门菌等引起猪的一种急性或慢性传染病。以1～4月龄的仔猪最为常见。常在受到应激作用时发病，呈地方性流行。急性型呈败血症变化。慢性型在大肠发生弥漫性纤维素性炎症或干酪性肺炎。确诊本病，对急性病例只能依靠细菌检查，慢性型可根据临床症状和病变作出初步诊断。应注意与猪瘟的区别。防制应严格执行综合性防制措施，对1月龄以内的仔猪可注射副伤寒菌苗。发病初期使用抗生素或磺胺类药物并配合对症疗法有一定效果。

仔猪红痢（redscour of piglets） 见猪梭菌性肠炎。

仔猪黄痢（yellowscour of newborn piglets） 由大肠杆菌O_8、O_{45}、O_{60}等血清型引起的初生仔猪的一种以排出黄色液状粪便为特征的急性、高度致死性疾病。主要发生于1周龄以内的仔猪，尤以1～3日龄仔猪多见。剖检肠黏膜呈急性卡他性炎症和败血症。预防本病应做好产房或猪舍的消毒卫生工作。早期使用抗生素治疗有一定的效果。

仔猪呕吐消瘦病（piglets vomiting and wasting

disease） 见猪血凝性脑脊髓炎。

仔猪贫血（anemia in piglets） 由不同病因致使单位血液内红细胞和血红蛋白水平降低的仔猪血液病。常见的有新生仔猪缺铁性贫血、免疫性溶血性贫血和猪附红细胞体病等。缺铁的病因是出生后 3～4 周龄的仔猪，由于缺乏接触土壤的机会，又无铁成分补饲；仔猪免疫性溶血性贫血是由于出生后吮食母猪初乳中含有抗仔猪红细胞抗体所致；猪附红细胞体病则因通过昆虫吸血、外科用具或注射针头感染所引起。症状与治疗基本上与贫血相同。

仔猪先天性震颤综合征（congenital tremor syndrome of piglets） 又称小猪抖抖病。兰德瑞斯或其杂种母猪所产仔猪发生的具有较高发病率的一种综合征。病因尚不十分清楚，但与隐性遗传或常染色体隐性遗传有关。临床表现为先天性肌阵挛，猪站立时最明显，卧倒时减轻，熟睡时中止发作。严重病例，体躯和头部呈左右摇摆样震颤、"蹦跳"、"跳舞"，影响吮乳，多死于饥饿。轻型病例，经人工哺乳可耐过康复。预防措施主要为淘汰病母猪和康复仔猪不留作种用。

仔猪营养不良（dystrophia of piglets） 又称猪萎缩症（atrophy of pigs）。俗称小老猪、僵猪。断奶仔猪的食欲不振，被毛卷曲和生长发育迟滞为主要特征的疾病。主要由饲喂缺乏营养日粮和患有慢性寄生虫病或传染病耐过性后遗症所致。临床表现体质衰弱，生长发育缓慢，食欲不良，皮肤无弹性，被毛无光泽、卷曲，消瘦，头部增大，腹部卷缩，步态蹒跚。体温无明显变化。治疗根据病因采取对症疗法。

籽骨（sesamoid bone） 结节状小骨，在肌腱或韧带内因局部骨化形成，多位于关节角顶或骨的突出缘，与关节面相对；有减少摩擦和改变肌牵引力方向的作用。常见于指（及趾）部，如近籽骨、远籽骨和背侧籽骨。腓肠肌籽骨和腘肌籽骨可见于肉食动物两肌的起始腱内。副腕骨和髌骨按性质也相当于籽骨。在 X 线摄影上勿将籽骨误认为骨折小块。

紫杉中毒（taxus poisoning） 即红豆杉中毒。家畜误食红豆杉叶和种子后由其所含红豆碱（taxine）和红豆杉苷（taxicatin）等生物碱所引起的以中枢神经机能紊乱和心力衰竭为特征的中毒病。中毒家畜表现为兴奋，肌肉震颤，呕吐，流涎，站立不稳。病情发展至出现眩晕时，伴发心衰性四肢厥冷，体温降低，最后死于心脏麻痹。治疗原则是保护大脑、兴奋心脏、输液补糖等。

自发性动物模型（spontaneous animal model） 动物自发产生的具有某种人类疾病相似表现或由于具有基因异常表现并通过人为的培育可遗传保留其上述特点的动物模型。

自发性流产（spontaneous/idiopathetic abortion） 胎儿及胎盘发生反常或直接受到影响而发生的流产。可能由胎膜及胎盘异常、胚胎过多、胚胎发育停滞和直接侵害胎盘、胎儿的传染病或寄生虫病引起。

自发性排卵（spontaneous ovulation） 排卵方式的一种，大多数哺乳动物属此类型。卵巢内卵泡成熟后，不需要诱发因子刺激能自动破裂排出卵子的现象。其中牛、马、羊、猪等在排卵后还可自发地形成功能黄体。大鼠、小鼠等虽能自发性排卵，但只有交配后形成的黄体才具有功能。

自分泌（autocrine） 为细胞内或细胞间信息交流的一种方式，一般指细胞分泌某种激素或细胞因子后，该激素或因子结合到这个细胞表面的受体上，将信息传递给自己而发挥作用。采用这种机理发挥作用的因子称为自分泌生长因子（autocrine growth factor，AGF）

自律心肌细胞（self - discipline cardiac muscle cell） 在没有外来刺激的条件下，能自发地产生节律性兴奋的心肌细胞。是一些特殊分化了的心肌细胞，组成心脏的特殊传导系统，其中主要包括窦房结起搏细胞（P 细胞）和浦肯野细胞等。除了具有兴奋性和传导性之外，还具有自动产生节律性兴奋的能力。它们含肌原纤维很少或完全缺乏，故基本丧失收缩功能。

自然交配（natural breeding） 配种方法之一，公畜和母畜在一起交配，又称本交。自然交配分自由交配和控制交配两种。

自然凝集反应（spontaneous agglutination） 某些粗糙型细菌在生理盐水中，由于缺乏足够的极性基，在电解质中不能保持稳定而出现的凝集现象。

自然弱毒株（natural attenuated strain） 见弱毒株。

自然杀伤细胞（natural killer cell，NK cell） 简称 NK 细胞。一类不具有 T 细胞和 B 细胞受体、具有细胞毒性作用的淋巴细胞。NK 细胞表面存在着识别靶细胞表面分子的受体结构，通过此受体直接与靶细胞结合而发挥杀伤作用。NK 细胞表面也有 IgG 的 Fc 受体，凡被 IgG 结合的靶细胞均可被 NK 细胞通过其 Fc 受体的结合发挥 ADCC 作用，而导致靶细胞溶解。NK 细胞表面既无 T 细胞标志，也无 B 细胞标志，故又称为无标记细胞或裸细胞（null cell）。

自然疫源地（natural focus of infectious disease） 自然疫源性疾病所在的地区。

自然疫源性疾病（disease of natural infectious focus） 以动物（包括节肢动物）为传染源，可不依赖人而独立地存在于自然界中的传染病。存在这类疾病的地区称自然疫源地。在自然疫源地中，该地区的自然条件，既保证动物（包括节肢动物）传染源的生存，又保证病原体在动物、节肢动物中繁殖并在其间循环。人和家畜进入自然疫源地，就可能受到感染，如森林脑炎、流行性出血热、钩端螺旋体病等。

自溶(autolysis) 细胞因内源酶的消化而分解破坏。自溶是细胞死亡后溶酶体释出水解酶，分解细胞内物质的自家消化过程。动物死亡后，组织自溶多见于胃肠道、胰腺和肝，表现为胃肠黏膜脱落，胰腺和肝的质地变软。

自身抗体 (autoantibody) 抗自身抗原的抗体。可与自身抗原结合引起自身免疫病。

自身抗原 (self/autologous antigen) 刺激机体产生免疫应答的自身成分。根据 Bernet 的克隆选择学说，对自身成分有反应的淋巴细胞克隆在胚胎发育时期，接触自身抗原而消失，故对自身抗原不发生免疫应答。只有在隐蔽抗原如眼球晶状体蛋白、精子蛋白等泄漏、某种理化因素如烧伤、药物分子的吸附、隐蔽决定簇的暴露等，使自身抗原改变，或者感染与自身组织有交叉反应的微生物，或受到抑制的禁株细胞被激活等，在上述特定情况下激发产生自身抗体，引起自身免疫病。

自身免疫 (autoimmunity) 对自身抗原产生的免疫应答。由此而引起的疾病称自身免疫病（autoimmune disease)。通常动物因具有天然免疫耐性(natural immunotolerance)，对自身抗原不产生免疫应答，但出现以下情况时，可产生自身抗体或自身反应性致敏淋巴细胞，导致自身免疫病：①正常隐蔽抗原的外流。如睾丸组织、眼球晶状体、眼色素层、脑等在正常情况下不能进入淋巴器官，因此未能形成免疫耐性。但如遇外伤或感染导致这些组织外流，与免疫系统接触，即可导致自身免疫病，如交感性眼炎、无精子症等。②产生新抗原决定簇。在自身蛋白上吸附某些隐蔽的决定簇，如类风湿因子（rheumatoid factor)，某些药物半抗原或病毒抗原吸附于红细胞和血小板上，或烧伤、X线照射等均可使自身成分具有免疫原性。③与微生物的交叉反应。某些微生物与动物组织之间存在共同抗原，可引起自身免疫病，如与心肌有交叉反应的A群链球菌感染可引起风湿性心脏病。④由于免疫识别功能紊乱，受抑制的禁忌细胞系被激活，参见禁忌细胞。

自身免疫病 (autoimmune disease) 见自身免疫。

自身免疫耐受性 (self immunologic tolerance) 机体对自身抗原的免疫无反应性。参见天然免疫耐受性。

自身免疫性繁殖障碍 (autoimmune breeding disturbance) 因自身免疫引起的无精子症（公畜）和不孕症（母畜）。如布鲁菌引起的附睾炎，因输精管阻塞，精子被巨噬细胞吞噬后带入血流，产生抗精子抗体，能凝集精子，使精子不能活动，造成公畜不育。母畜则因配种不良，精子可经阴道黏膜进入血流，产生抗精子抗体，导致不孕症。应用性激素（如促黄体生成素）不当，可使母畜不出现性周期，公畜引起睾丸、附睾和前列腺萎缩。

自身免疫性肝炎 (autoimmune hepatitis) 因病毒性肝炎引起的抗肝自身抗体所致的肝损伤。如人的乙型肝炎，机体在产生抗病毒抗体的同时，也产生抗肝细胞膜的抗体，从而引起肝细胞的损害。

自身免疫性甲状腺炎 (autoimmune thyroiditis) 主要发生于某些遗传素质的鸡或犬，因抑制性T细胞减少，自身稳定机制紊乱，导致禁忌细胞激活，产生抗甲状腺蛋白的抗体所致。主要表现为肥胖、不活动、部分脱毛和不育。

自身免疫性脑炎 (autoimmune encephalitis) 使用含脑组织的疫苗（如古老的狂犬病疫苗）引起的脑炎。犬瘟热后的脑炎也是一种自身免疫病。

自身免疫性皮肤病 (autoimmune dermatosis) 因产生抗皮肤细胞介质的抗体，引起皮肤与黏膜接合部（鼻、唇、眼、包皮和肛门周围）的水泡和破溃——天疱疮。发生于人、犬和猫。此外，犬的疱疹样皮炎也是自身免疫性皮肤病。犬的天疱疮主要发生在长吻的纯种犬。

自身免疫性溶血性贫血 (autoimmune hemolytic anemia) 由于免疫功能紊乱，体内产生抗自身红细胞抗体而造成的慢性网状内皮系统溶血或急性血管内溶血，是Ⅱ型超敏反应型免疫性疾病。某些感染，如马的粪肠球菌（*Enterococcus faecalis*）感染和绵羊的钩端螺旋体病均可引起抗红细胞抗体产生，导致急性溶血性贫血。它们能在低温下引起红细胞凝集，都属于冷凝集素。本病不同于初生幼畜溶血性贫血，后者是母源的抗红细胞抗体被动输入所致，不属于自身免疫病。

自身免疫性肾炎 (autoimmune nephritis) 由于产生抗肾小球基底膜抗体引起的肾小球肾炎。自然发生于马和人。

自身免疫性血小板减少性紫癜 (autoimmune thrombocytopenic purpura, AITP) 体内产生抗血小板自身抗体所致的一种免疫性血小板减少性疾病，临床上以皮肤、黏膜、关节和内脏的广泛出血为特征，是Ⅱ型超敏反应型免疫性疾病。绝大多数呈慢性迁延性经过，常见于成年犬，以4～6岁的母犬居多。多数起因于微生物感染或药物过敏，通常在接触药物数日至数周后突然发病。表现为厌食、沉郁、发热和呕吐。最突出的临床表现是出血体征，可视黏膜呈现出血点和出血斑块，遍布于齿、唇、舌及舌下口腔黏膜、结膜、巩膜、瞬膜、鼻腔黏膜和口腔黏膜。血液检查可见贫血、凝血时间延长，血块收缩不良，血小板极度减少以及血片血小板象和骨髓巨细胞象改变。只要查明并去除病因，停用可疑药物，急性病例大多可自愈。糖皮质激素是对症治疗的首选药物。

自身免疫性血小板减少症（autoimmune thrombocytopenia） 由于某些药物半抗原吸附于血小板，产生抗血小板抗体，导致血液凝固不良所引起的全身出血性紫斑，马、犬和猫均有报道。

自噬（autophagy） 发生衰老、退变或病变的细胞器，常与初级溶酶体相结合而形成自噬吞噬溶酶体（autophagolysosome），溶酶体内的酶降解此类细胞器过程。通过自噬以满足细胞本身的代谢需要和实现某些细胞器的更新。自噬现象在机体的生理和病理过程中均可见到。如在饥饿状态下，为了保证动物正常的生命活动，溶酶体可降解细胞自身的生物大分子，使细胞发生萎缩；通过自体吞噬可处理细胞本身已衰老或废弃的部分，线粒体平均寿命为5～10d，衰老的线粒体可被自噬消化。

自体移植（autografting） 用自体组织给自身移植，如自身皮肤移植，因组织相容抗原相同，不出现排斥反应。

自养菌（autotrophic bacteria） 又称无机营养菌（liphotrophic bacteria）。以简单的无机物作为原料即可生长的细菌，有两种含义：①环境中CO_2作为其唯一或主要碳素来源的细菌，包括能利用少量的有机物如维生素等；②生长和繁殖完全不依赖于有机物的细菌，即CO_2已能满足其碳素需要。根据能源的来源分为能将光能转变为化学能的细菌——光能自养菌（photoautotroph）和利用各种无机物如氢、硫、铵根离子、硝酸根离子、甲烷等作为其能量来源的细菌——化能自养菌（chemoautotroph）两大类。自养菌在自然界中分布极广，在碳、氮、硫等元素的循环中起重要作用。

自由基（free radical） 具有未配对价电子（即外层轨道中具有奇数电子）的原子，原子团或分子，如H·，Cl·（原子）；OH·，RO·，ROO（原子团）；NO，NO_2，O_2（分子）。医学中许多生理、病理过程与自由基密切相关，例如炎症时白细胞吞噬微生物的过程中即有自由基参与。在休克、中毒、肿瘤与衰老中均已发现自由基在病理发生过程中有重要作用。

自由交配（free breeding） 粗放的配种方法。公母畜混养一起任其自由配种，缺点是不利于公畜个体发育和使用年限，并容易传播生殖器官疾病，已很少采用。

自愈现象（self cure phenomenon） 已感染寄生虫的家畜，受同种寄生虫再次感染时，有时出现原有的和新感染的寄生虫被全部排出的一种现象。是线虫免疫中的一种特有形式。本质是一种过敏反应。寄生虫抗原的刺激，引起IgE抗体的产生，IgE通常与肥大细胞结合。当同种寄生虫再感染时，被IgE致敏的肥大细胞再次接触抗原，引起肥大细胞脱颗粒，分泌血管活性物质，刺激血管通透性增加，平滑肌收缩，嗜酸性粒细胞浸润，激发局部过敏反应（速发型变态反应），造成不利于寄生虫寄生的局部环境而引起排虫现象。

自主神经系（autonomic nervous system） 又称植物性神经系。分布于心肌、平滑肌和腺体的外周神经。其功能是通过一系列内脏反射活动，管理和调整动物体的重要生命活动。由于所支配的内脏器官活动具有自动性，在一定程度上不受意识直接控制，一般不产生清晰的感觉。它含传入和传出纤维，传统上只指内脏运动神经，现在也常将内脏感觉神经和与内脏有关的整合中枢包括在内。传出部分由节前神经元和节后神经元组成，节前神经元位于脑干的中脑、脑桥和延髓及脊髓的胸腰荐段内，节后神经元位于自主神经节（椎旁、椎下和终末神经节）内。节前与节后神经元必须在神经节内转递一次神经冲动。分为交感神经和副交感神经，大多内脏器官受此二神经双重支配，其作用常互相颉颃。

自主性体温调节（auomatic thermoregulation） 又称生理性体温调节。恒温动物所特有的，使体温保持恒定的调节机制。当环境温度变动时，在中枢神经系统特别是下丘脑的控制下，通过调节机体的产热机制（如骨骼运动，内分泌腺活动等）和散热机制（如血管的紧张性、汗腺的活动等）的动态平衡保持其体温的相对恒定。

综合性防制措施（synthetical control methods） 针对家畜传染病而采取的预防、控制或消灭的对策和综合性措施。可分为平时的预防措施和发生疫病时的扑灭措施两方面的内容。平时的预防措施包括加强饲养管理，增强家畜的抗病能力；贯彻自繁自养原则，减少疫病传入机会；定期执行预防接种计划；定期进行杀虫灭鼠和卫生消毒工作；认真执行检疫，防止疫病发生和传播等。发生疫病时的扑灭措施包括及时发现、诊断和上报疫情；迅速严格隔离病畜和紧急消毒，必要时划区封锁；对病畜及时治疗，合理处理尸体；对尚未感染的家畜进行紧急免疫接种等。

综合征候群（syndrome） 简称综合征。许多疾病过程中，不是单独孤立地出现，而是有规律地同时或按一定的次序出现的一些症状。

棕榈酸（palmitic acid） 别名软脂酸。学名十六烷酸。含 16 个碳原子的饱和脂肪酸。熔点为 63.1℃。是构成动、植物油脂的一种重要成分。由棕榈油或柏油水解和分离不饱和脂肪酸后经重结晶而得。

棕曲霉毒素中毒（ochratoxicosis） 采食被棕曲霉等污染的饲料引起以肾性多尿和肝性消化不良为主要特征的中毒病。由腐生饲料上的棕曲霉和鲜绿青霉（*P. viridicatum*）等产生的棕曲霉毒素 A（ochratoxin A）所致。雏禽症状为消瘦，虚弱，生长缓慢，结膜淡染，出血，食欲大减而烦渴，腹泻，脱水，伴发神经症状（如外周反射机能丧失，共济失调，腿和颈肌群纤维性震颤），虚脱死亡。犊牛多尿，尿比重降低。防治宜对霉败饲料作适当去毒处理后并限制饲喂量。对病畜禽可进行对症治疗。

棕色脂肪组织（brown adipose tissue） 与白色脂肪组织的区别在于其脂肪细胞的胞质中含有许多小脂肪滴，线粒体大而密集，血管和神经较丰富。棕色脂肪组织主要存在于冬眠动物，在一般哺乳动物仅见于幼体，但猪缺如。棕色脂肪氧化时发出大量热能，对维持体温（冬眠期）和迅速升高体温（复苏期）有重要意义。

总残留物（total residue） 对食品动物用药后，动物产品的任何食用部分中某种药物残留的总和，由原形药物或/和其全部代谢产物所组成。或者指动物组织中可被提取的原形药物及任何具有毒理学意义的代谢产物的总称。

总胆固醇（total cholesterol） 包括游离胆固醇和胆固醇脂，肝为合成和贮存胆固醇的重要器官。

总和（summation） 机体反射活动中枢部分的基本特征之一。单个刺激引起的单个传入冲动通常不能引起反射性反应，当许多传入冲动同时传到同一中枢或者单条纤维，有一连串冲动传入同一中枢，这些冲动会发生总和，激发反射性反应。这是因为中枢与许多神经元形成兴奋性突触联系。单个传入冲动通常只引起较小的局部性突触后电位，不能使中枢进入兴奋状态，只有许多冲动同时或接连到达，由它们产生的突触后电位总和起来，才使中枢进入兴奋状态。

总体消除率（total body clearance，CL） 对整个动物，药物消除率是指单位时间内能有多少容积药量经体内排出。药物的总体消除率为包括肾排泄、肝脏生物转化、胆管排泄等消除容积中的药量的总和。

总铁结合力（total iron binding capacity） 血清中运铁蛋白结合铁的最大能力。

纵隔（mediastinum） 左、右胸膜腔之间的中隔，但并不在正中矢面上而略偏于左，由左、右纵隔胸膜和夹于其间的胸内筋膜及心等胸腔内器官构成。可分背侧纵隔和腹侧的前、中、后纵隔 4 部分。背侧纵隔内有主动脉、胸导管、食管和气管等。中纵隔有心及心包。前、后纵隔在成畜仅为两层胸膜；幼畜前纵隔内有胸腺。纵隔特别是前、后纵隔的厚薄因动物而有差异，反刍动物的较厚；肉食动物和马的较薄，因此一侧胸膜腔的压力变化易影响另一侧。马的前、后纵隔在死后常有许多小孔。纵隔内在主动脉下方和食管右侧有小浆膜囊，又称纵隔浆膜腔、心后囊，猪等常见，是胚胎时期由于膈的发育将腹膜分隔形成。

纵剖面调查（longitudinal survey） 流行病学研究方法的一种。为了解某病的抗原、抗体或其他血清学指标在同一群体中长期变化的特点，定期采取血标本进行血清学检查，以求查明某病因与某病是否有关系。具体方法同前瞻性调查。

纵胎向（longitudinal presentation） 胎儿身体纵轴与母体身体纵轴相互平行的胎向。根据胎儿头部与母体产道的关系，可分为正生胎向和倒生胎向。正生胎向是胎儿头部向着产道，分娩时两前肢和头部先产出；倒生胎向是胎儿臀部向着产道，分娩时两后肢和臀部先产出。两者都是正常胎向。

纵向调查（longitudinal study） 流行病学调查方法的一种。在一定时间内，在动物群体中纵向观察疾病发生的动态和因果关系。纵向调查包括时间上由现在向前观察的调查研究（即前瞻性调查研究）或时间上由现在向后追溯的调查研究（即回顾性调查研究）。

足螨（*Chorioptes*） 蜱螨目（Acarina）、痒螨科（Psoroptidae）的寄生螨。虫体呈卵圆形，长 0.3～0.5mm，体表有细皱纹。口器呈短椎形。足长，跗节吸盘上的柄不分节。寄生于宿主皮肤表面。虫名多以宿主名命名，如寄生于马球节部分的为马足螨（*C. equi*）、寄生于绵羊蹄部和腿外侧的为绵羊足螨（*C. ovis*）。以表皮碎屑为食。发育史包括卵、幼虫、若虫和成虫 4 个阶段。严重时，有痒感、多皮屑和脱毛现象。可用杀螨剂药浴、喷雾或涂擦。

阻断（blockage） 以阻断剂阻止或封闭相应作用的过程。生物制品中多用于阻止灭活过程的继续。不同灭活剂灭活过程中所用的阻断剂也不同，阻断效果与阻断剂的浓度、作用时间和温度有关。如以 0.05%甲醛液灭活时，可加入过量的焦亚硫酸钠以中断其反应。

阻断试验（block trial） 属动物实验流行病学范畴。研究人员用动物进行药物（包括疫苗）疗效和药物的干预试验。

阻抗血流图（impedance rheogram） 又称电阻抗容积描记图（electrical impedance plethysmogram）。一种用电阻抗技术探测有关器官、组织血液动力学或体液动力学的无损伤性生物物理学方法。

阻力血管（resistance vessel） 主要指小动脉和微动脉，是血管系统中外周阻力产生的主要部位。当其收缩时，外周阻力增加，血压上升，反之，外周阻力减小，血压降低。

阻塞性黄疸（cholestatic jaundice） 由于输胆管内胆汁外流受阻（肝内或肝外），胆红素返流入血，使胆红素含量增加而发生的黄疸。

组胺（histamine） 一种活性胺化合物，化学式是 $C_5H_9N_3$，分子量为 111。作为一种神经递质和自体活性物质，参与中枢与外周多种生理功能的调节如舒张血管、降低血压和平滑肌收缩等。组胺存在于神经组织中，主要集中在神经末梢，以周围神经及交感神经节后纤维含量最丰富，中枢神经系统中下丘脑含量最多，中脑、大脑皮层、小脑相对较少。组胺对大脑皮层某些神经元有抑制效应。周围神经释放的组胺，以及外源性组胺能促进神经节的冲动传导。组胺在中枢可能参与睡眠、激素分泌、体温调节、食欲与记忆形成等功能；在外周，组胺主要储存在肥大细胞、嗜碱性粒细胞和肠嗜铬细胞，可引起过敏、发炎、胃酸分泌等多种生理反应。组胺在体内由组氨酸脱羧基而成，以无活性的结合型存在于肥大细胞和嗜碱性粒细胞的颗粒中。当机体受到理化刺激或发生过敏反应时，可引起这些细胞脱颗粒，导致组胺释放，并通过与靶细胞上组胺受体结合起作用。

组胺受体（histamine receptor） 存在于细胞膜上能与组胺特异性结合，引起相应反应的大分子蛋白质。为G蛋白耦联受体，目前已发现 4 种。存在于全身许多器官中，包括中枢和外周神经系统。H_1 受体主要分布在平滑肌、血管内皮和中枢神经系统，引起血管舒张、支气管平滑肌收缩，与支气管狭窄、昆虫叮咬导致的疼痛和瘙痒、过敏性鼻炎以及晕车和睡眠调节有关；H_2 受体主要分布在胃腺壁细胞，主要刺激胃酸分泌；H_3 受体主要分布在中枢神经系统，也有少量分布在外周神经系统，抑制神经递质释放；H_4 受体分布在嗜碱细胞和骨髓，也在胸腺、小肠、脾脏和结肠发现，可能与化学趋化性有关。

组氨酸（histidine） 含有咪唑环的碱性杂环氨基酸，简写为 His 或 H，是生糖必需氨基酸。组氨酸经脱氨可分解成咪唑丙烯酸，再转变成谷氨酸、α-酮戊二酸和亚胺甲基四氢叶酸。

组织（tissue） 形态结构和生理功能密切相关的细胞由细胞间质黏合在一起所形成的细胞群体。动物体由 4 种基本组织构成，即上皮组织、结缔组织、肌组织和神经组织。每种基本组织又可分为几个亚型，如结缔组织中的固有结缔组织、软骨组织、骨组织、血液和淋巴等。

组织胞浆菌病（histoplasmosis） 丛梗孢科、组织胞浆菌属中荚膜组织胞浆菌（*Histoplasma capsulatum*）引起全身性、高度传染性的人兽共患真菌病。病原为二相性真菌，在组织内为酵母型，寄生于网状内皮细胞和巨噬细胞胞浆内；在外环境为霉菌型。经呼吸道、消化道及外伤感染。多数畜禽呈隐性感染。病犬肺部有结核样病灶，发热咳嗽，淋巴结肿胀，腹泻，腹水、贫血黄疸。依据流行特点、症状及病变可作初诊，分离病原、免疫诊断、与类症鉴别可确诊本病。轻症可用支持疗法，重症予以抗真菌疗法，尚无菌苗可用。流行区宜采取加强粪便管理，控制尘土飞扬，严防外伤等综合防制措施。

组织胞浆菌属（*Histoplasma*） 一类细胞内寄生并具致病性的双态性真菌。它们在寄主细胞内呈酵母样菌体，而在体外室温培养时形成菌丝体，产生大小分生孢子。有性繁殖通过子囊孢子。本属主要致病菌为荚膜组织胞浆菌（*H. capsulatum*） 及假皮疽组织胞浆菌（*H. farciminosus*）。前者引起人和畜禽的组织胞浆菌病，由呼吸道侵入，感染肺和网状内皮组织，严重者致死；后者是马属动物流行性淋巴管炎的病原，特征为皮下淋巴管和淋巴结发炎、肿胀和皮肤溃疡。

组织滴虫病（histomoniasis） 又称黑头病、盲肠肝炎。火鸡组织滴虫（*Histomonas meleagridis*）寄生于火鸡、鸡、珍珠鸡及野鸡等禽类的盲肠和肝引起的寄生虫病。火鸡组织滴虫属于鞭毛虫纲（Mastigophora）、滴虫科（Monadidae）。通常由于禽食入携带组织滴虫的异刺线虫卵而受感染。组织滴虫被包裹在异刺线虫卵壳内而受到保护。蚯蚓可以机械性地携带异刺线虫卵，故蚯蚓亦为异刺线虫和组织滴虫的感染源。患禽表现精神不振，食欲降低，羽毛粗乱，排淡黄色或淡绿色粪便。后期因血液循环障碍，鸡冠呈黑色，故称黑头病。一般一侧盲肠壁肥厚，内腔充满干酪样渗出物或坏疽块；肝脏有黄色或黄绿色的局限性圆形变性或坏死病灶。根据症状和盲肠、肝脏病变作综合判断、或从盲肠内容物中检出虫体即可确诊。可用甲硝哒唑（灭滴灵）、二甲硝哒唑等药物预防。对鸡异刺线虫进行定期驱虫。鸡与火鸡、雏鸡与成年鸡均应隔离饲养。

组织定型试验（tissue typing test） 测定组织相容性抗原类型的试验。重点是确定待测个体所包含的组织移植抗原的绝对含量。包括淋巴细胞毒性试验、血小板补体结合试验、抗球蛋白消耗试验等。

组织发生（histogenesis，histogeny） 各种组织的形态发生与功能分化的过程。

组织化学（histochemistry） 利用已知的化学反应使细胞或组织中的某些化学成分生成有色沉淀物的原理，通过显微镜观察或光度分析，对细胞组织中的这些化学成分进行定性、定位和定量分析的特殊技术方法。广泛应用于生物医学、畜牧兽医的研究和临床检验。

组织块培养（explant culture） 动物组织的小块贴附于试管等容器的表面，在营养液的作用下继续生存和细胞分裂的技术。这是最原始的组织培养法，目前很少应用，仅在特殊情况下偶尔使用，如某些体外难以生长的病毒，可用感染动物的组织作培养。组织块贴附管壁的方法可用血浆埋块法、胶原纤维法或直接贴附法等。

组织苗（tissue vaccine） 用动物组织和鸡胚组织制备的疫苗。灭活疫苗和活疫苗均有此种形式。组织灭活苗有动物组织灭活苗和鸡胚组织灭活苗两种。动物组织灭活苗是用患传染病的病死动物的典型病变组织（肝、脾、淋巴结、血液等），经研磨成匀浆、过滤，按一定比例稀释并加入灭活剂灭活后制备而成。鸡胚组织灭活苗是用病原接种鸡胚后，经一定时间孵育收获胚体、羊水、尿囊液、尿囊膜，经研磨、过滤、灭活后制成。活疫苗则利用弱毒株接种敏感的实验动物或鸡胚，在毒价达到高峰时采取含毒（菌）量高的组织制成匀浆，用灭菌溶液作适当稀释后可制成弱毒组织疫苗（如猪瘟兔化弱毒兔脾淋组织苗、鸡法氏囊弱毒鸡胚苗等）。

组织培养（tissue culture） 动物或植物的组织用无菌操作在试管等容器内培养使其生长分裂的技术。在多数领域中，此法已被细胞培养所取代，只有在特殊条件下才应用。一般所谓组织培养实际上指细胞培养，如组织培养50%感染量（TCID 50）都是用细胞培养测定的。

组织位（histotope） 在抗原递呈中与T细胞受体限制位发生相互作用的Ⅱ类MHC分子的部位。

组织相容性抗原（histocompatibility antigen） 动物组织中有核细胞表面具有的能诱发移植排斥反应的一种同种抗原（alloantigen），亦称移植抗原（transplantation antigen）。是一种嵌合在细胞膜上的糖蛋白，其主要组分称为主要组织相容抗原（major histocompatibility antigen，MHA）。此种抗原在白细胞上最易查出。因此，各种动物的MHA命名，通常用动物英文名的开头字母加L（代表白细胞）和A（代表抗原），如人为HLA、马ELA、牛BLA、山羊GLA、绵羊OLA、狗DLA、猪SLA等。有些动物不按此法命名，如大鼠为H_1、小鼠为H_2、鸡为B。它们是通过定位在一定染色体上的一组基因复合体而遗传的，称为主要组织相容抗原复合体（major histocompatibility complex，MHC）。在同一种动物中不同个体间又有很多型。故在组织或器官移植时，需进行配型试验，一般只能在近亲中间才能找到完全相同的HLA型，在无血缘关系的人群中要找到相同的HLA型是十分困难的，应尽可能选择近似的，以减少排斥。

组织学（histology） 研究动物体细微结构、超微结构及其机能意义的科学，是重要的兽医基础学科之一。主要内容包括细胞学、基本组织学和器官组织学3个部分。近年来，随着细胞生物学和分子生物学的进展和一些新技术，特别是电镜技术的开发和利用，进一步揭示了超微结构与生命活动的关系，使组织学进入了分子水平的发展阶段。

组织液（tissue fluid） 又称细胞间液。存在于细胞间隙中的体液，是含量最多的一种细胞外液，约占体重的15%。组织液是体内细胞实际生活的环境，它以细胞膜与细胞内液隔开，又以毛细血管内皮与血液相分离，并能通过细胞膜和毛细血管壁分别与细胞内液和血液进行水分和物质交换，在体液循环中实现细胞间的相互联系，是体内细胞与外界环境的中间环节。

组织中毒性缺氧（histotoxic anoxia） 因某些毒物抑制细胞内呼吸酶系，中断电子传递链，使组织失去利用氧的能力而引起的一种病理过程。如氰化物中毒，氰根与氧化型细胞色素氧化酶（cytochrome oxidase）中三价铁离子亲和力大，结合后生成氰化高铁细胞色素氧化酶，使铁离子保持正三价状态，不能再传递电子，造成生物氧化过程中断。

最大安全量试验（greatest innocuous dose test） 检测药物、射线和弱毒疫苗等给动物应用后，不危及健康的最大剂量的试验。

最大刺激（maximal stimulus） 引起组织最大兴奋时的刺激。对一条神经干来说，它含有兴奋性高低不同的神经纤维，刺激强度较小时只有少数兴奋性高的纤维兴奋，随着刺激强度逐渐增大，兴奋性较低的纤维也相继兴奋，当强度达到一定程度时神经干中所有纤维全部兴奋，神经干复合动作电位达到最大值，这时的刺激就是最大刺激。若继续增加刺激强度，复合动作电位不再增大。

最大耐受量（maximal tolerable dose，MTD）又称最大耐受浓度（maximal tolerable concentration，MTC）。药物在除急性毒性动物实验外的实验（短期重复实验、亚慢性毒性实验、慢性毒性实验）中不引起实验动物死亡的最大剂量或浓度。MTD强调的是不引起受试动物死亡的最高剂量，如果超过该剂量，就会出现受试动物死亡情况。因此，理论上讲，MTD对于一个药物来说是一个相对固定的值，该数值本身对于阐明某个药物的急性毒性情况就是一个重要的参考信息。在具体的MTD测定过程中，需要密切观察和分析受试动物在MTD下出现的异常反应和病理过程，并综合分析和评价药物的急性毒性情况。

最大无作用剂量（maximal no-effect level）化学物质在一定时间内，按一定方式与机体接触，用现代的检测方法和最灵敏的观察指标不能发现任何损害作用的最高剂量。最大无作用剂量根据亚慢性毒性或慢性毒性试验的结果而定，是评定外来化合物对机体损害作用的主要依据。以此为基础可制定一种外来化合物的每日允许摄入量（ADI）和最高允许浓度（MAC）。ADI指人类终生每日摄入该外来化合物不致引起任何损害作用的剂量。MAC指某一外来化合物可以在环境中存在而不致对人体造成任何损害作用的浓度。

最低肺泡气有效浓度（minimum alveolar concentration，MAC）评定吸入麻醉药的强度指标。在动物吸入麻醉药的过程中，对痛觉刺激在肉眼反应消失时的肺泡内浓度。被试验的动物在一个气压吸入麻醉药的状态，吸入浓度在15min以上保持平衡，当肺泡麻醉气体使50%动物电击刺激不产生活动反应作为判定。是各种药物麻醉力的判定指标，受年龄、体温、中枢神经系统功能状态、内分泌活动、麻醉前给药等多方面的影响，但不会因麻醉时间长短而有改变。

最高残留限量（maximum residue limits，MRL）对食品动物用药后产生的允许存在于食品表面或内部的该兽药残留的最高量。检查分析发现样品中药物残留高于最高残留限量，即为不合格产品，禁止生产出售和贸易。MRL是根据ADI，按以下公式计算出来的。食物中最高残留限量（mg/kg）=［ADI（mg/kg）×平均体重（kg）］/［人每日食物总量（kg）×食物系数（%）］

最高热（highest heat）体温升高3.0℃以上，见于某些严重的急性传染病。

最高允许浓度（maximal allowable concentration，MAC）某一外来化学物可以在一定的接触条件下或在环境中存在而不致对人体造成任何损害作用的浓度。

最后公路原则（principle of final common path）神经系统的一种协调形式。全身的效应器都直接受最终传出神经元的控制。最终传出神经元的数量比传入和中间神经元少得多。每个最终传出神经元一般接受约2 000个不同来源的突触连接，在反射活动中，它同时接受来自各方面的冲动，产生大量兴奋性突触后电位和抑制性突触后电位，最后表现为兴奋还是抑制，取决于神经元整合全部突触后电位的结果。

最后诊断（final diagnosis）对疾病性质作出的最终判断。通过系统检查、全面搜集症状和资料，经过对症状和资料的综合、分析，提高到理性认识，作出初步诊断，据此拟定防治计划、付诸实施，再经复诊而补充、修订甚至更改诊断。逐步使诊断更趋于完善和正确，从而使治疗收到良好的效果，预防得到了预期的成绩，或兽医的判断符合客观实际。

最急性感染（peracute infection）病程短促，常在数小时或1 d内突然死亡，症状和病变不明显的感染。发生牛羊炭疽、巴氏杆菌、绵羊快疫和猪丹毒等病时，可见这种病型。常见于疾病的流行初期。

最佳避免近交法（maximum avoidance of inbreeding system）又称最大限度避免近交法、分组交配法。封闭群繁殖方法之一。适用于种用动物10～25对的群体。具体方法是种群中雌、雄分笼饲养编号，配种时雌雄按编号交叉配种，避免同窝雌雄交配。每产生下一代，每个雌雄做一次父本和母本。这种繁殖方式应用于狗、猫、兔等非啮齿动物时，由于生殖周期较长，种群规模不能太大，在种群数量上至少应保持10只雄性，20只雌性。留种时每个雌、雄对各留一只雌、雄子代，应尽可能避免近亲交配。

最适刺激（optimal stimulus）能引起组织发生适度反应的阈上刺激。就强度来说，它介于阈刺激与最大刺激之间，是动物实验时常选用的适宜刺激强度。

最小反应量（minimal reaction dose，MRD）皮内注入毒素，一定时间后在注射部位产生一定大小红斑的最小毒素量。MRD的大小代表毒素的毒性程度。

最小感染量（minimal infective dose，MID）经一定途径在一定时间内能使接种动物或组织培养出现可见感染的最小微生物剂量。

最小免疫量（minimal immunizing dose MImD）能使机体获得免疫效果所需疫苗或抗原的最小剂量。

最小免疫量试验（minimal immunizing dose test）测定疫苗使动物获得免疫力所需最小免疫剂量的试验。通常以攻毒后全保护或半数保护作为滴定终点。所测的结果分别以最小免疫量（也称最小保护量）和半数免疫量（也称半数保护量）表示。免疫量愈小反映该疫苗株的免疫原性愈好。故本法是鉴定疫苗株免疫原性的重要指标，广泛用于毒（菌）株的筛选和培育。测定疫苗的免疫量也常作为疫苗使用剂量的依据。为确保疫苗的有效性，一般要求每一头份应含100个半数保护量。

最小溶血量（minimal hemolytic - dose，MHD） 能使一定的标准致敏红细胞悬液完全溶解的最小补体量，或能使一定的标准红细胞悬液溶解的溶血毒素的最小剂量。

最小杀菌浓度（minimum bactericidal concentration，MBC） 导致培养基中99.9%细菌死亡的最小药物浓度。

最小抑菌浓度（minimum inhibitory concentration，MIC） 抑制细菌生长的最低药物浓度。细菌对抗菌药物的敏感性，通常以药物常用剂量在血清中的浓度大于MIC为敏感，反之则为耐药。

最小有作用剂量（minimal effect level） 又称中毒阈剂量。在一定时间内，一种毒物按一定方式或途径与机体接触，能使某项灵敏的观察指标开始出现异常变化或使机体开始出现损害作用所需的最低剂量。最小有作用剂量对机体造成的损害作用有一定的相对性。最小有作用剂量严格地应称为最低观察到作用剂量或最低观察到有害作用剂量。

最小致死量（minimal lethal dose，MLD或LD01） 外源化学物在最低剂量组的受试动物群体中引起个别动物出现死亡的剂量和浓度。从理论上讲，低于此剂量浓度不能使动物出现死亡。

醉马草中毒（achnatherum inebrians poisoning） 误食醉马草引起以神经症状为主要特征的中毒病。主要发生于马和羊。症状有食欲减退，口流白沫，行走摇晃如醉酒，阵发狂暴，继而卧地昏睡。可视黏膜潮红、发绀，心搏动亢进，呼吸促迫。重型病例有肚胀、腹痛和急性胃肠炎等。病羊颈肌僵硬，视力模糊，最终死于心力衰竭。治疗投服稀盐酸及对症治疗。

左咪唑（levamisole） 又称左旋咪唑。驱线虫药。为噻咪唑的左旋异构体，常用其盐酸盐或磷酸盐，易溶于水。具广谱、高效、低毒等特点。对牛、羊胃肠道线虫（血矛线虫、奥斯特线虫、古柏线虫、毛圆线虫、仰口线虫、食道口线虫、毛首线虫），肺网尾线虫；猪蛔虫、类圆线虫、食道口线虫、毛首线虫、后圆线虫；马副蛔虫；鸡蛔虫、异刺线虫、毛细线虫；火鸡气管比翼线虫；鹅裂口线虫；犬弓首蛔虫、钩虫均有效。注射给药毒性大，宜内服。也可制成透皮吸收的喷滴剂驱羊线虫。

佐剂（adjuvant） 先于抗原或与抗原同时注射，非特异性地改变或增强机体对抗原免疫应答的物质。用于生物制品的佐剂又称为免疫佐剂（immunologic adjuvant）。作用包括：①增强弱抗原性物质的抗原性；②增加特异性循环抗体水平，或产生有效的保护性免疫；③改变所产生的循环抗体类型；④诱导和增强细胞免疫反应；⑤保护抗原不受体内酶的分解。佐剂对某些分子量小的多糖或多肽抗原性微弱的物质，尤能增强其产生特异性反应的效用。常用的佐剂包括氢氧化铝胶、油佐剂和蜂胶等。

佐剂制品（adjuvant products） 为增强疫苗制剂注入动物机体后的免疫应答反应，以提高免疫效果，往往在疫苗中加入适当的佐剂，以此制成的生物制剂。灭活疫苗所使用的佐剂包括氢氧化铝胶、蜂胶和油佐剂等。

坐骨（ischium） 构成骨盆底壁后半的扁骨。可分体、板和支3部分。体参与形成髋臼，背侧部形成坐骨棘。坐骨板宽阔，后外角增厚形成坐骨结节，是重要的体表标志，称臀端，牛的粗大呈三角形；外侧缘形成坐骨小切迹。坐骨支位于板内侧，参与形成骨盆联合。两侧坐骨后缘形成坐骨弓，牛较深，公畜较母畜的深而狭。禽坐骨呈长板状。

坐骨联胎（ischiopagus） 胎儿重复畸形中对称联合的一种。两个胎儿的坐骨部联合在一起，其余部分各自独立发育。

英文字母开头的词语

A 细胞（A cell）　又称甲细胞高血糖素细胞。位于胰岛周边部的分泌细胞。约占胰岛细胞总数的 20%，胞体较大，常呈多边形，胞质内的颗粒粗大，Mallory - Azan 染色呈鲜红色。A 细胞分泌高血糖素、抑胃多肽和胆囊收缩素。

A 小鼠（A mouse）　常用近交系小鼠品系，1921 年 Stronf 以 Gold spring harbor 用鼠群中白化鼠和 Bagg Albino 小鼠杂交，子代近交繁殖而成。1973 年从日本国立遗传研究所、1977 年从美国实验动物中心分别引入中国，白化、毛色基因 abcD，对麻疹病毒高度敏感，对 X 射线敏感，可的松极易诱发唇裂和腭裂，在致癌物作用下，肺肿瘤发生率高，常用品系 A/He。

A 型超声诊断（amplitude modulation for ultrasonic diagnosis）　即示波超声诊断。最基本的超声诊断方法之一，属幅度调制型。将回声信号显示为波形，示波屏上横坐标表示反射界面的距离，纵坐标表示反射信号的强弱。将动物体脏器中各界面的反射信号显示为波型后，再根据波形的分布及振幅的高低等反射规律诊断疾病。所用仪器有单相超声诊断仪和双相超声诊断仪两种。可用于鉴别病变的物理性质（实质性、液性和含气性），尤以对液性病变的诊断准确，还可探查实质性脏器有无肿大和肿大程度，较准确地测定某些脏器或组织的径值。

A 型显示（amplitude mode scope）　又称波幅调制显示，简称 A 型。以超声的传播和反射时间为横坐标，以探头接收到的超声反射波幅为纵坐标，以波的幅度来显示反射信号强弱的方法。这种以波的形式显示的图像称回声图。常用于测距、测厚、脏器定位、诊断妊娠和积液性、占位性病变。有的以光管来显示波的反射，可使仪器小型化。

ACI 大鼠（ACI rat）　常用近交系大鼠品系。1926 年哥伦比亚大学肿瘤研究所 Curtis 和 Dunning 培育而成，被毛黑色，腹部和脚白色，低血压。28% 雄鼠、20% 雌鼠有遗传缺陷，有时出现少一侧肾或发育不全或囊肿，雄性与肾缺陷的同侧睾丸萎缩，雌性无子宫或有缺陷。有一定比例睾丸、肾上腺、脑垂体、皮肤、耳道、子宫、乳腺肿瘤自发率。

As 小鼠（Asplenia mouse）　医学试验用无脾突变小鼠。突变基因表示符号 As，先天脾缺失，用于研究脾功能和血吸虫病。

BALB/c 小鼠（BALB/c mouse）　常用近交系小鼠品系，贝格（Bagg）于 1913 年用白化小鼠原种，以群内方法繁殖。1923 年 MacDowell 开始进行近亲交配培育，1932 年第 26 代命名为 BALB/c，1979 年引入中国，白化、毛色基因 AbcD，乳腺癌发生率低，对放射性敏感，常用于单克隆抗体制备的研究。

Beagle 犬（Beagle dog）　又称小猎兔犬。医学试验用犬。原产于英国，1880 年进入美国，1983 年中国引种并繁殖成功。属小型犬，短毛，温顺，对环境适应力强，抗病力强，性成熟早，产仔多。

Beige 小鼠（Beige mouse）　医学试验用 NK 细胞活性缺失小鼠。由第 13 染色体上的隐性遗传基因 bg（beige）发生突变所致。Beige 小鼠对各种感染疾病的易感性高，易发肺炎。由于色素颗粒产生量较低，毛色稍淡。

B 细胞（B cell）　又称 B 淋巴细胞（B lymphocyte）、囊依赖淋巴细胞（bursa - dependent lymphocyte）、介导体液免疫的淋巴细胞。由骨髓的多能干细胞分化而来。被抗原激活后可转化为浆细胞，产生特异性抗体。根据 B 细胞不同发育阶段可分为囊前细胞（B_0）、幼稚 B 细胞（B_1）、成熟 B 细胞（B_2）、记忆 B 细胞（B_3）、前浆细胞（B_4）和浆细胞（B_5）6 个亚群。B 细胞除产生抗体外，还参与抗原递呈、抗体依赖细胞毒作用，并能产生抑制性 B 细胞。

B 细胞辅助受体（B - cell coreceptor）　辅助 B 细

胞受体增强B细胞活化的第1信号。为3种蛋白的复合体，包括CD_{19}、CD_{21}和TAPA-1（CD_{81}）。CD_{19}是一种免疫球蛋白超家族成员，有一个长的细胞质尾，细胞外区有3个Ig折叠结构。CD_{21}（CR_2）成分是补体成分C_{3b}的受体，是存在于滤泡树突状细胞膜上CD_{23}分子的受体。TAPA-1是一种穿膜4次的跨膜蛋白。

B细胞受体（B cell receptor，BCR） 由B细胞表面的膜结合免疫球蛋白和两个信号传导分子Igα/Igβ共同组成的异二聚体。是B细胞识别抗原的物质基础，Igα/Igβ起信号传导作用。

B细胞优势决定簇（B cell superior determinant） 抗原分子中能激活B细胞的强决定簇。免疫原性较强，在所产生的多克隆抗体中占有优势。

B型超声诊断（diagnosis techniques of brightness ultrasound） 又称超声断层显像法、辉度调制型超声诊断法，简称B型超声或B超。影像诊断方法之一。将回声信号以光点明暗即灰阶的形式显示出来进而诊断疾病的方法。光点的强弱反映回声界面反射和衰减超声的强弱，这些光点、光线和光面构成了被检部位的二维断层图像，即声像图。B型超声诊断是目前应用最为广泛的诊断技术，具有实时显示功能，既能显示器官的断面结构，又能观察活动器官的运动情况。

B型显示（brightness mode scope） 又称辉度调制显示，简称B型。当前医学四大影像诊断技术之一。以光点亮暗（辉度、灰阶）来显示超声反射信号强弱的方法。这种以光点亮暗显示的图像称声像图，为被查部位的二维断面像。成像速度分快速、慢速两种，快速成像称实时成像。

B因子（B factor） 补体激活旁路途径的C_3激活剂前体（C_3PA）。由733个氨基酸残基组成的单链糖蛋白，分子量93 000。在有非特异性激活因子时可转化为C_3激活因子。

C_{3b}受体（C3b receptor，C_3bR） 补体活化后形成，为补体1型受体（CR_1）。主要存在于B细胞，为B细胞分化成熟的标志之一。有利于B细胞捕捉与补体结合的抗原抗体复合物。C_{3b}受体被结合后沿细胞膜表面移动，聚集成帽，促使B细胞活化。抗体致敏红细胞与补体结合后，可与B细胞形成ABC花环。此外，一些细胞如单核-巨噬细胞、中性粒细胞等亦具有C_{3b}受体，可增强其吞噬活性。

C_3H小鼠（C_3H mouse） 医学研究中广泛使用的近交小鼠品系。1920年Strong用Bagg albino与DFA杂交子代近亲交配育成，1973年引入中国，野生色、毛色基因ABCD，乳腺癌发生率达97%，对致癌性因素敏感。对炭疽杆菌有抵抗力。主要用于肿瘤学、生理学、核医学、免疫学研究。

C_{57}BL小鼠（C_{57}BL mouse） 近交小鼠品系。1921年Little把Abby lathrep饲养的小鼠中同胎雌鼠57号和雄鼠52号交配，后代继续近交繁殖培育而成。1973年从日本引入中国。黑色、毛色基因aBCD，低发乳腺癌，对放射线耐受性强，对结核杆菌、百日咳、组胺易感因子敏感，用于肿瘤学、生理学、遗传学研究，应用极广泛，常用品系是C_{57}BL/6j。

CAMP试验（CAMP test） 细菌鉴定方法之一，用于无乳链球菌等的鉴定。由Christie、Atkins和Munch Peterson三人的姓拼写而成。具体方法是将可疑待检菌的检样在牛、羊等血琼脂平板上接种一条线，再用产生β溶血的葡萄球菌垂直接种一条线，但不接触，37℃培养12h后，如葡萄球菌生长线接近可疑菌线处、形成透明溶血区，即证明待检菌为CAMP试验阳性菌。

Cat小鼠（dominant cataract mouse） 白内障小鼠，突变基因符号cat。10～14日龄表现晶状体混浊，出现白内障，显性遗传。可作为眼科动物模型。

CDK激酶（cyclin-dependent kinase） 全称周期蛋白依赖性蛋白激酶。为细胞分裂周期（cell division cycle，CDC）基因的表达产物。具有两个特点：一是含有一段类似的氨基酸序列，称为CDK激酶结构域，与周期蛋白结合有关；二是可以与周期蛋白结合，并把周期蛋白作为其调节亚单位，进而表现出蛋白激酶活性，催化底物磷酸化，控制细胞周期运转。

cDNA克隆（cDNA clone） 从mRNA出发，经反转录、与载体分子重组以及转化寄主细胞等步骤，将目的基因克隆化的过程。事实上构建cDNA文库的过程即是cDNA克隆的过程。cDNA文库的构建共分4步：①细胞总RNA的提取和mRNA分离。mRNA是构建cDNA文库的起始材料，总RNA中绝大多数是tRNA和rRNA。通过降低tRNA和rRNA含量，可大大提高筛选目的基因的比例。②第一链cDNA的合成。在反应体系中加入高浓度的oligo（dT）引物，oligo（dT）引物与mRNA3′末端的Ploy（A）配对，引导反转录酶以mRNA为模板合成第一链cDNA。③第二链cDNA的合成。将上一步形成的mRNA-cDNA杂合双链变成互补双链cDNA的过程，方法大致有四种：自身引导合成法、置换合成法、引导合成法和引物-衔接头合成法。④双链cDNA连接到质粒或噬菌体载体并导入大肠杆菌中繁殖。与基因组文库不同，cDNA文库只包含在特定发育阶段、特定组织或器官中表达的基因，而不是生物体的全部基因。

cDNA 文库（cDNA library） 从处于特定发育阶段的生物体的特定器官或组织中提取 mRNA，经反转录酶的作用合成双链 cDNA，再与适当的载体分子重组，转化寄主菌株，从而便构成了 cDNA 文库，或叫做 cDNA 克隆。cDNA 文库通常是由真核生物 mRNA 反转录后构建成的，而对于原核生物而言，除少数 RNA 病毒外，一般只构建其基因组文库。主要用途有：①用于分离和克隆目的基因。②用于发现新的基因。③有可能提供理想的 cDNA 克隆，从而为人类生产某种目的蛋白。④可帮助确定基因的序列结构。

CFW 小鼠（CFW mouse） 国际常用的医学试验用封闭群小鼠。多用于辐射试验和超敏反应研究。起源于 Webster 小鼠，1935 年英国 Cawarth 从 Ruckefell 研究所引进，经 20 代近交后采用随机交配方法。CFW 小鼠引入英国实验动物中后改名为 LACA 小鼠。1973 年引入中国。

CMT 法 又称加州乳房炎测试法（CMT）。通过破坏乳汁中的细胞，根据释放出的 DNA 沉淀或凝块的数量间接判断乳中细胞数目的检测方法。在该方法基础上衍生出了 Wisonsin 乳房炎测试法（WMT）、Michigan 乳房炎测试法（MMT）、兰州乳房炎测试法（LMT）等。此类方法操作简单、诊断迅速、成本较低，但结果判定的主观性较强，容易出现主观误差。

CT 值（CT value） X 线穿过机体组织被吸收后的衰减值。某物质的 CT 值等于该物质的衰减系数（μ m）与水的衰减系数（μ w）之差，再与水的衰减系数之比后乘以 1 000，其单位为 Hu（Hounsfield unit）。水的衰减系数为 1.0，CT 值为 0，机体中密度最高的骨皮质衰减系数最高，CT 值为＋1 000Hu；而空气密度最低，定为－1 000Hu。机体中密度不同的各组织的 CT 值居于－1 000～＋1 000Hu 的 2 000 个分度之间。

D 值（D value） 在一定温度下，杀灭 90％微生物所需的时间。通常以分计，并以 Dt℃ 表示。为研究罐头等食品中微生物热力处理的一个参数，表示微生物受热死亡的状况。Dt℃ 与微生物的特性有关，其值愈大表明细菌的耐热性愈强。

DBA 小鼠（DBA mouse） 常用的近交系小鼠。1907—1909 年 Little 从毛色分离试验鼠中选种经近亲交配育成，在 1929—1930 年建立了两个亚系，DBA/2 和 DBA/1，是历史上最早育成的近交系，并首次用于毛色遗传研究。1977 年引入中国，浅灰色，毛色基因 abCd。DBA/1 对 DBA/2 所生肿瘤有抗性，老龄母鼠 75％易发生乳腺癌。对结核杆菌、鼠伤寒沙门氏菌敏感，老龄鼠有钙质沉着。DBA/2 易发生听源性痉挛。

Db 小鼠（diabetes mouse） 糖尿病小鼠，突变基因表示符号 db，3～4 周龄时血糖升高，可达 682ng/dL，临床见肥胖、高血糖、糖尿、蛋白尿、烦渴、多尿等症状。雌鼠无生殖力。

Denhardt 溶液（Denhardt's solution） 用于 Southern 印迹技术等 DNA 杂交的一种溶液。用来遮盖印迹转移后的硝酸纤维素膜，抑制探针的非特异性结合。成分是 0.1g 聚乙烯吡咯烷酮、0.1g 牛血清白蛋白、0.1g Ficoll 和水 100mL。

DFD 肉（dry firm dark pork） 食用动物宰后出现切面干燥（dry）、质地粗硬（firm）、色泽深暗（dark）的肉。多发于猪。在屠宰前经受应激原较长时间的轻度刺激，长时间处于紧张状态，使肌肉中的糖原大量消耗，宰后肌肉的 pH 相应偏高，细胞原生质小体的呼吸作用仍很旺盛，夺取肌红蛋白携带的氧，导致肌肉颜色暗红。由于 DFD 肉 pH 接近中性，保水力较强，适宜细菌的生长繁殖，再加上肌肉中缺乏葡萄糖，使侵入胴体的细菌能直接分解肌肉中的氨基酸产生氨。DFD 肉在腌制和蒸煮过程中水分损失少，但盐分渗透受限制，大大缩短了肉品的保存期。

DNA 变性（DNA denaturation） 某些物理或化学因素，使碱基对之间的氢键断裂，DNA 的双螺旋结构分开，成为两条单链的 DNA 分子的现象。即改变了 DNA 的二级结构，但并不破坏一级结构。若仅仅是 DNA 分子某些部分的两条链分开，称部分变性；当两条链完全分开时，称完全变性。变性后的 DNA，其生物学活性丧失（如细菌 DNA 的转化活性明显下降），理化性质发生改变，如黏度下降、沉降系数增加、比旋下降，紫外光吸收值升高—增色效应等。

DNA 变性作用（DNA denaturation） 物理（热）或化学（碱）方法破坏维持 DNA 分子双链状态的氢键使成为单链的过程。

DNA 超螺旋（DNA super helix） 从原核生物和病毒中发现的、DNA 分子双螺旋通过弯曲和扭转所形成的特定构象。超螺旋是环状或线状 DNA 共有的特征，也是 DNA 三级结构的一种普遍形式。有正超螺旋和负超螺旋两种形式。自然界存在的绝大多数超螺旋 DNA 分子都是最初缠绕不足而形成的负超螺旋。

DNA 合成（DNA synthesis） 又称 DNA 复制。是以 DNA 为模板、RNA 为引物、由 DNA 聚合酶催化和多种蛋白因子参加、按碱基互补配对原则、由脱氧核糖核苷酸聚合成新的 DNA 链的过程。双链 DNA 的复制包括识别起点、解链解旋、合成引物、延长子链、切除引物、填补连接等步骤和复制错误的校正。复制具有半保留性，即新的双链 DNA 中，一股链来自模板，一股链为新合成的。复制的这种精确性可保证亲代的遗传特征完整无误地传递给子代。

DNA 化学测序法（chemical method of DNA sequencing） 又称 Mayam-Gilber 法。指利用针对 4 种核苷酸不同的化学反应，分别部分切割 DNA 片段，进行 DNA 顺序分析的方法。首先用^{32}P 标记 DNA 的一个末端，然后分成 4 份，每份用只针对一种核苷酸的化学反应（先对某种碱基经甲基化修饰，并使修饰后碱基核苷酸链断裂）使之部分降解，当这些样品分别同时经 PAGE 电泳后，末端标有 32P 的酶解片段按大小分开。通过放射自显术，从 X 光片上的带型可直接读出 DNA 顺序。

DNA 化学裂解法（DNA chemistry splitting method） 由 Maxam 和 Gilbert 于 1977 年发明的 DNA 序列测定方法。其基本原理是用特异的化学试剂修饰 DNA 分子中的不同碱基，然后用哌啶切断反应碱基的多核苷酸链。设置（A+G、G、G+T、C 反应组）进行特异反应，将末端标记的 DNA 分子切成不同长度的片段，其末端都是该特异的碱基。经变性胶电泳和放射自显影得到测序图谱。

DNA 聚合酶（DNA polymerase） 以 DNA 为模板催化底物（dNTP）合成 DNA 的酶类。生物体内普遍存在。作用方式基本相同，都需要 dNTP、Mg^{2+}、模板 DNA 和引物，在 DNA 模板指导下，催化底物加到引物的 3′-OH 上，形成 3′，5′磷酸二酯键，由 5′→3′方向延长 DNA 链。大肠杆菌有 3 种 DNA 聚合酶，DNA 聚合酶Ⅰ、Ⅱ和Ⅲ。其中 DNA 聚合酶Ⅲ是主要的合成酶；DNA 聚合酶Ⅰ参与修复合成，与 DNA 分子克隆的关系最为密切。真核生物有多种 DNA 聚合酶。从哺乳动物细胞中已分离出 5 种 DNA 聚合酶，分别以 α、β、γ、δ、ε 命名。它们与大肠杆菌 DNA 聚合酶的基本性质相同。

DNA 聚合酶 I（DNA polymerase Ⅰ）DNA 聚合酶的一种，有 3 种酶活性：1. 5′→3′聚合酶合成新链；2. 5′→3′核酸外切酶将原有链降解；3. 3′→5′外切酶以除去新合成链中错误参入的碱基，具有“校对”作用。DNA 聚合酶Ⅰ可用于以缺口转译标记同位素的 DNA 探针的制备。

DNA 连接酶（DNA ligase） 催化构建重组 DNA 分子时将载体分子和将要克隆的 DNA 分子结合在一起反应的酶。在这种酶的催化下，使 DNA 上切口两侧相邻核苷酸裸露的 3′羟基和 5′磷酸基团之间形成共价结合的磷酸二酯键，使原来断开的 DNA 切口重新连接起来。由于 DNA 连接酶具有修复单链或双链的能力，因此它在 DNA 重组、DNA 复制和 DNA 受伤后的修复中起着关键作用。特别是 DNA 连接酶具有连接平齐末端或黏性末端 DNA 片段的能力，这使它成为重组 DNA 技术中极有价值的工具。所有的活化细胞都能产生 DNA 连接酶，但是，在遗传工程中使用的酶通常是从感染 T_4 噬菌体的大肠杆菌中纯化获得。

DNA 酶（deoxyribonuclease，DNase） 水解 DNA 的一类核酸酶。包括内切酶（DNase Ⅰ和限制性内切酶）与外切酶（外切酶Ⅲ、Ⅶ）。参见限制性内切酶，外切酶。

DNA 双螺旋结构（DNA Double Helix） DNA 的二级结构。由两条相互平行而走向相反的多核苷酸链按照碱基互补配对的原则，绕同一中心轴，以右手螺旋方式盘绕而成的螺旋状空间结构，称 B-DNA。B-DNA 脱水即成 A-DNA，这种 DNA 结构的螺旋每圈含约 11 对碱基，呈右手螺旋。第三种类型的 DNA 螺旋是 A. Rich 及其同事在研究 d（CG）n 的结构时发现的，呈左手螺旋，螺旋每圈约含 12 对碱基，主链中的各磷酸基呈锯齿状排列，因此，称 Z-DNA（Z 为 Zigzag）。

DNA 损伤（DNA damage） 细胞内的 DNA 在物理因素如紫外线、电离辐射，化学因素如化学诱变剂或生物因素如病毒的整合等作用下，造成的 DNA 局部结构和功能破坏的现象。受到破坏的可能是 DNA 的碱基、核糖或磷酸二酯键。造成 DNA 损伤的因素可能来自细胞内部，也可能来自细胞外部，损伤的结果是引起生物突变，甚至导致其死亡。

DNA 指纹图（DNA fingerprint） 个别的基因组 DNA，经过一种识别位点稀少的核酸内切限制酶（例如 HixⅠ）消化切割，并进行凝胶电泳分离之后，与同位素标记的重复序列的核心序列分子探针作 Southern 杂交，所形成的 DNA 杂交带型，就如同人的指纹一样，具有个体特异性和遗传稳定性。比较不同个体之间的 DNA 指纹图谱的特异性与相似性，以便对其亲缘关系进行分析，这种生物学技术称之为 DNA 指纹图谱法。有亲缘关系的两个个体之间，DNA 指纹图谱具有较高的相似性；而无血缘关系的两个个体之间，DNA 指纹图谱的相似性则很低。

DNA 转录调节型受体（DNA transcription modulation receptor） 与配体结合后，可以识别并结合到 DNA 特呈序列上调相关基因转录的受体。这类受体的配体通常为类固醇激素和维生素 D 等，并存在于细胞液中或核内。其分子结构中至少包合有类固醇配体的结合结构域和 DNA 的结合结构域。

DNA 转录调节型受体系统（DNA transcription

modulation system） 由DNA转录调节型受体介导的包含有类固醇配体、受体、DNA调节序列以及相关转录因子组成的信号转录系统。当类固醇信号分子（如雌激素）进入细胞内后，一部分与胞内受体结合，使受体激活并经过核孔进入核内，另一部分直接扩散进入核内与受体结合。激活的受体与特定的DNA序列发生作用，可以直接活化少数特殊基因的转录过程。其效应过程比较长，可达数小时或数天。

Dw小鼠（dwarf mouse） 侏儒小鼠，突变基因表示符号dw。缺乏生长激素和促甲状腺素，生长发育受限，表现短尾、短鼻。7d就可见形体较小，8周龄时体重8～10g，仅为成年小鼠体重的1/4。雌雄鼠均无繁殖力，只能用杂合子保存dw基因。用于内分泌研究。

DY小鼠（dystrophia muscularis mouse） 肌萎缩小鼠，突变基因表示符号dy，出生大约2周后可见后肢拖地，表现进行性肌颤抖和系统性肌萎缩。与人肌萎缩病相似，雌性基本不育，常用亚系为129/Rej-dy。

D型超声诊断（diagnosis techniques of Doppler ultrasound） 又称超声频移诊断法、多普勒超声检查法。利用多普勒（Doppler）效应原理制成仪器检查活动脏器的诊断方法。多普勒效应就是声源与反射物体发生相对运动时，反射信号的频率会发生改变，即发生多普勒频移。频移的程度可用检波器检出，并以不同方式显示出来。D型超声诊断有连续式和脉冲式两类，兽医临床主要用前者诊断动物妊娠状况和心血管疾病。

D因子（D factor） 补体激活旁路途径的丝氨酸酯酶（B因子转化酶），可使B因子分解为Ba和Bb。

EA玫瑰花环试验（EA rosette test） 简称EA花环试验。检测外周血中B细胞数的试验。B细胞表面具有Fc受体，当绵羊或鸡红细胞与相应抗体结合（EA复合物）后，能与B细胞上的Fc受体结合，形成花环。反应温度控制在37℃，以避免T细胞形成E花环。Fc受体并非B细胞所特有，如单核细胞、中性粒细胞等亦有，计数时应仔细鉴别。

Edman降解（Edman degradation） 从多肽链的N-末端测定氨基酸序列的过程。N-末端氨基酸残基被苯异硫氰酸酯（PITC）修饰，然后从多肽链上切下修饰的氨基酸残基，再经层析鉴定，余下的少一个氨基酸残基的多肽链被回收再进行下一轮降解循环，最终将多肽链的氨基酸序列测定出来。

E玫瑰花环试验（E rosette test） 测定动物外周血T淋巴细胞的试验。T淋巴细胞表面具有绵羊红细胞（SRBC）受体（CD_2），可与SRBC结合而形成花环。淋巴细胞与SRBC混合后，不经4℃作用，立即生成的花环，代表T细胞一个亚群，对SRBC的亲和性高，称为活性E花环。在4℃ 2h形成的花环称总E花环，代表T细胞的总数。本试验既能计数T细胞，又能反映T细胞活性，从而判定机体的细胞免疫水平。

F值（F value） 在一定温度下杀灭一定浓度微生物所需加热的时间（min）。通常指在121℃加热致死状态。是加热杀菌的致死值，可用来衡量杀菌强度。

F_{344}大鼠（F_{344} rat） 近交系大鼠品系。1920年Curis育成，白化、毛色基因ach，对绵羊红细胞免疫反应性低，对囊尾蚴敏感，有一定肿瘤自发率，睾丸间质细胞瘤发生率高达85%。可诱导发生膀胱癌、食管癌等。

Fab片段（Fab fragment） 见抗原结合片段。

Fc受体（Fc receptor，EcR） 免疫球蛋白Fc片段的受体。存在于B细胞、巨噬细胞、K细胞、NK细胞等细胞表面，可以与游离的抗体或抗原抗体复合物结合，从而引起抗体依赖细胞介导的细胞毒作用（ADCC）。

G蛋白偶联受体（G protein-coupled receptor） 又称七跨膜受体（serpentine receptor）。一类重要的细胞表面受体，均为单体蛋白，氨基端位于细胞外表面，羧基端在胞膜内侧，完整的肽链中具有7个跨膜α-螺旋。此类受体的细胞内部分总是与异源三聚体G蛋白结合，受体信号转导的第一步反应都是活化G蛋白。包括许多位于膜上的激素受体，如肾上腺素受体。它们须通过G蛋白的参与控制第二信使的产生或离子通道的效应。

GLP法规（good laboratory practice，GLP） 国家对医药品、食品，添加剂、化妆品、医疗器具进行管理的一种法律规定。目的在于提高动物实验资料的可依赖性，从软、硬件两方面决定实施试验所遵守的共同标准，尤其是以取得医药品的制造、进口许可或通过新医药品的审查而进行关于安全性的非临床试验为主要对象。GLP法规最早见于1978年12月美国食品药物局（FDA）公布的美国GLP法规。此后，很多国家仿效制定了本国的GLP法规。各国GLP法规原则基本相同，已成为国际上共同遵守的一种标准。GLP法规主要规定了实验内容，实验操作标准，实验动物设施和要求，工作人员及组成，试验数据记录、收集及保存等内容。

GM_1神经节苷脂累积病（GM_1 gangliosidosis） 由β-半乳糖苷酶先天性缺乏或其活性显著降低所致的一种以进行性运动障碍和运动失调为主要特征的遗传性神经鞘类脂质代谢病。

G蛋白（G protein） 全称鸟苷酸结合蛋白，又称GTP结合蛋白。一类信号转导分子，在各种细胞信号转导途径中转导信号给不同的效应蛋白。有活性和非活性两种状态。目前已知的G蛋白主要有两大类：一类是在细胞内信号转导途径中发挥功能的异源三聚体-GTP结合蛋白，以α亚基和β亚基、γ亚基三聚体的形式存在于细胞质膜内侧。与细胞表面七跨膜受体结合，在配体结合受体后被激活，调节各种细胞功能。另一类是低分子量G蛋白（21kD），它们在多种细胞信号转导途径中具有开关作用。如Ras是第一个被发现的小G蛋白，位于MAPK系统的上游，在外源信号的作用下成为GTP结合形式时，可使位于下游的MAPK系统被激活。

H-2抗原（H-2 antigen） 小鼠的主要组织相容抗原（majer histocompatibility antigen）。

H-Y抗原（Histocompatibility-Y antigen） 一种组织相容性抗原。广泛分布于鱼类、两栖类、鸟类和各种哺乳类动物的异配性别（XY，ZW）的雄性体细胞上，是雄性哺乳动物细胞膜上的一种糖蛋白，无组织器官特异性。

H_1受体（H_1 receptor） H_1型组胺受体的简称。与组胺结合后具有舒张血管，增加血管通透性，降低血压，收缩支气管、胃肠道和子宫的平滑肌等作用，但对妊娠子宫平滑肌作用不明显。这些作用可被H_1受体阻断剂如苯海拉明等所阻断。

H_2受体（H_2 receptor） H_2型组胺受体的简称。与组胺结合后具有刺激胃酸分泌、兴奋心脏、舒张子宫平滑肌、增加唾液腺和支气管分泌等作用。其刺激胃酸分泌和兴奋心脏的作用，可被H_2受体阻断剂如甲氰咪胍等所阻断。

HAT培养基（HAT medium） 含次黄嘌呤、氨基喋呤和胸腺嘧啶的培养基。主要用于单克隆抗体制备中杂交瘤细胞的筛选。次黄嘌呤磷酸核糖转移酶（HGPRT）阴性的细胞，其DNA合成的主要途径被阻断后，不能通过HGPRT旁路途径合成DNA。因此，当HAT培养基中的氨基喋呤阻断了正常DNA合成途径后，不带HGPRT的骨髓瘤细胞就不能在该培养基中存活，但杂交瘤细胞因有来自脾细胞的HGPRT而可利用该培养基中的次黄嘌呤和胸腺嘧啶通过旁路途径进行DNA合成，从而达到筛选杂交瘤细胞的目的。

Hayflick界限（Hayflick limit） 动物细胞的增殖能力和体外可传代次数。细胞的增殖能力不是无限的，而是有一定的界限，与物种寿命有关；体细胞在体外可传代的次数与个体的年龄有关。如胚胎的成纤维细胞传代50次后开始衰退死亡，而来自成年组织的成纤维细胞培养15～30代就开始死亡。细胞的衰老控制细胞的分裂次数，进而控制细胞的数量。

HT培养基（HT medium） 含次黄嘌呤和胸腺嘧啶，但不含氨基喋呤的培养基。即HAT培养基中除去氨基喋呤（A）后的培养基。常用于骨髓瘤细胞的培养和已建立的杂交瘤细胞系的培养。

H带（H band） 骨骼肌光镜下的结构。骨骼肌纤维胞浆内含有许多肌原纤维，后者由粗、细两种肌丝有规律地平行排列组成，使纵切的肌纤维出现明带和暗带相间排列的横纹。在暗带的中央有一浅色区域，具有粗肌丝，称H带，在H带中央可见着色深的M带。

H抗原（H antigen） 鞭毛抗原。H来自德文Hauch，薄膜之意。

ICR小鼠（ICR mouse） 常用小鼠封闭群。美国Hauschka研究所用Swiss小鼠群以多产为目标选育而成。之后美国肿瘤研究所协会（Institute of Cancer Research）分送给各国。广泛用于药物注射、食品、生物制品的科研和生产。

IMVIC试验（IMVIC test） 细菌生化试验中吲哚（I）、甲基红（M）、VP（V）、枸橼酸盐利用（C）四种试验的总称，常用于鉴定肠道杆菌。例如，大肠埃希菌对这四种试验的结果是"＋＋－－"，产气肠杆菌则为"－－＋＋"。吲哚试验：某些细菌含有色氨酸酶，能分解色氨酸形成吲哚，将对二甲基氨基苯甲醛加入细菌蛋白胨水培养液中，吲哚与试剂中的对二甲基氨基苯甲醛结合，呈红色反应，形成玫瑰吲哚，为吲哚试验阳性；不出现红色则为阴性。甲基红试验：细菌分解葡萄糖并产酸，pH降到5.4以下，加入甲基红后变为红色，即为甲基红试验阳性。VP试验：大肠杆菌和产气杆菌（Enterobacter aerogens）均能发酵葡萄糖产酸、产气，两者不能区别。但产气杆菌能使丙酮酸脱羧，生成中性的乙酰甲基甲醇（aecetylmethyl-carbinol），后者在碱性溶液中被空气中分子氧所氧化，生成二乙酰（diacetyl）与培养基中含胍基（guanidine group）的化合物发生反应，生成红色化合物，即为阳性。大肠杆菌不能生成乙酰甲基甲醇，故为阴性。枸橼酸盐利用试验：能利用枸橼酸盐作为唯一碳源的细菌，如产气肠杆菌分解枸橼酸盐生成碳酸盐，同时分解培养基的铵盐生成氨，使培养基呈碱性，使指示剂溴麝香草酚蓝（BTB）由淡绿色转为深蓝色，此为枸橼酸盐利用试验阳性。

IP3-Ca^{2+}/钙调蛋白激酶途径（IP3-Ca^{2+}/calmodulin pathway） 当激素与受体结合后经G蛋白介导，激活磷脂酶C，由磷脂酶C将质膜上的磷脂酰肌醇二磷酸（PIP2）水解成三磷酸肌醇（IP3）和甘油二酯。由于IP3是水溶性的，在膜上水解生成后进入胞液内与内质网上的Ca^{2+}门控通道结合，促使内质网中的Ca^{2+}释放到胞液中，胞内Ca^{2+}水平升高，使Ca^{2+}/钙调蛋白依赖性蛋白激酶（CaM酶）激活。而CaM酶再激活腺苷酸环化酶、$Ca^{2+}-Mg^{2+}$-ATP酶、磷酸化酶、肌球蛋白轻链激酶、谷氨酰转肽酶等，产生各种生理效应。IP3可以被磷酸酶水解去磷酸生成肌醇，以终止其第二信使作用。

I带（I band） 骨骼肌光镜下的结构。在光镜下，纵切的骨骼肌纤维出现明暗相间的横纹，该横纹由明带和暗带组成，其中的明带又称I带，为浅色区，只有细肌丝。

J点（J point） 又称结合点（combining site）。心电图上QRS波终点与S-T段起始点的衔接处。标志着心室除极的结束，复极的开始。

Klenow片段酶（klenow fragment enzyme） 枯草杆菌蛋白酶分解大肠杆菌DNA聚合酶Ⅰ时，形成的一种分子量为76 000的大片段酶。它失去了5′→3′方向的核酸外切酶活性，但仍保留着5′→3′的聚合酶活性和3′→5′的外切酶活性。具体作用是补平DNA的3′凹端；抹平DNA的3′凸端；通过置换反应对DNA进行末端标记；随机引物标记；在体外诱变中，用于从单链模板合成双链DNA等。应用于前两项作用时，必须加足量的dNTP。由于T_4和T_7聚合酶有更强的3′→5′外切核酸酶活性，可取代Klenow片段酶的第二、三作用。

K抗原（K antigen） 被覆于细菌细胞膜外，能阻断细菌与相应的抗血清结合、发生凝集的一类细菌抗原。包括细菌的荚膜抗原（capsular antigen）、菌毛抗原（pilus antigen）和被膜抗原（如沙门菌的Vi抗原、M抗原）等。

Little和Plastrige法 又称直接显微镜细胞计数法（DMSCC test）。诊断非临床型乳房炎的一种方法。将乳样充分振荡，吸取中部乳汁0.01mL，在载玻片上涂布成1～2cm范围，经脱脂、固定、干燥后，用美蓝染色，酒精脱色后镜检，计数。一般将每毫升乳汁中细胞数超过50万者定为乳房炎乳。

M13载体（M13 vector） M13噬菌体载体。M13是一种丝状的大肠杆菌噬菌体，包含一个单链的环状DNA分子，全长为6 407个核苷酸。这种噬菌体只有通过细菌外的性伞毛（蛋白质构成的丝状物）才能将DNA注入细菌，因此它只能侵染有性伞毛的大肠杆菌（细胞内有F因子）。M13噬菌体并不裂解其宿主，受侵染的细胞可以继续生长和分裂，并释放出大量新生的M13噬菌体。

MHC Ⅰ类抗原（MHC class Ⅰ antigen） 又称MHCⅠ类分子（MHC class Ⅰ molecule）。主要组织相容性复合体（major histocompatibility complex, MHC）中Ⅰ类位点所表达的抗原。由一条重链α链和一条轻链（β2微球蛋白，β2m）组成，由α链的α1和α2片段组成一个大小为2.5nm×1nm×1nm的凹槽，即为MHCⅠ类分子的肽结合槽，该区域的大小和形状适合于经处理后的抗原肽段，可容纳8～20个氨基酸残基肽段。内源性抗原经处理后形成约9个氨基酸的抗原肽，结合于MHCⅠ类分子的肽结合槽，形成抗原肽-MHCⅠ类分子的复合物，然后递呈给$CD8^+$的细胞毒性T细胞。MHCⅠ类分子也是一类与移植排斥反应有关的抗原。参见组织相容抗原。

MHC Ⅱ类抗原（MHC class Ⅱ antigen） 又称MHCⅡ类分子（MHC class Ⅱ molecule）。主要组织相容性复合体中Ⅱ类位点所表达的抗原。此类抗原对免疫应答的调节和控制具有重要作用。由α链与β链二条肽链组成的糖蛋白，二条肽链之间以非共价键结合，其分子中由α1与β1片段组成一个称为凹槽或裂隙（cleft）的肽结合区，称为肽结合槽（peptide-binding cleft），约可容纳15个氨基酸残基的肽段，由APC处理后的抗原肽段就是结合在这个区域与MHCⅡ类分子形成抗原肽-MHCⅡ类分子复合物。抗原物质经抗原提呈细胞处理后，变成13～18个氨基酸的肽段，然后再与MHCⅡ类分子结合，最后递呈给$CD4^+$的T_H细胞。

MHC Ⅲ类抗原（MHC class Ⅲ antigen） 又称MHC Ⅲ类分子（MHC class Ⅲ molecule）。主要组织相容性复合体中Ⅲ类位点所表达的抗原，主要为补体成分。

MHC限制（MHC restriction） 见主要组织相容性复合体限制（约束）性。

M型超声诊断（motion mode echography） 又称超声光点扫描诊断。在辉度调制显示下，加入慢扫描锯齿波，使回声光点自左至右自行移动扫描，以观察动物脏器界面活动规律的超声波诊断方法。其纵坐标为扫描时间线（回声代表被探测结构所处的深度位置），横坐标为光点慢扫描时间，当探头固定一点探查时，从光点移动可观察反射体的深度及其活动状况，显示出时间位置曲线图。此法用于探查心脏时，即称作M型超声心动图。

M型显示（motion mode scope） 又称时间-运动显示，简称M型。为沿声束方向各反射点位移随时间变化的一种超声波探查显示方法。专门探查体内运动器官，如心脏、胎心及动脉血管。对心脏的M型显示图像，称超声心动图。

N-亚硝基化合物（N-nitroso compounds,

NOC) N位含有-NO基的化合物。根据其结构不同，可分为两类，一类为N-亚硝胺（nitrosamine），另一类为N-亚硝酰胺（nitrosamide）。广泛存在于城市大气、水体、土壤、鱼、肉、蔬菜、谷类及烟草中。已发现约200种N-亚硝基化合物对多种动物有致癌作用。

NIH小鼠（NIH mouse） 常用的小鼠封闭群。由美国国立卫生研究所培育而成，1980年引入中国。被毛白色，繁殖力强，产仔成活率高，雄性好斗。广泛用于药理、毒理研究和生物制品鉴定。

Northern转印（Northern blot） 利用DNA可以与RNA进行分子杂交来检测特异性RNA的技术。首先将RNA混合物按大小和分子量通过琼脂糖凝胶电泳进行分离，分离出来的RNA转至尼龙膜或硝酸纤维素膜上，再与放射性标记的探针杂交，通过杂交结果可以对表达量进行定性或定量。特点：Northern杂交与Southern杂交相比，条件要严格些，特别是RNA容易降解，前期制备和转膜过程易受RNase污染，要获得较好结果，需用稳定性最差的mRNA与DNA进行杂交，对实验条件要求严格；然而有些应用中Northern杂交可避免用复杂探针筛选cDNA文库的繁琐。应用：特定性状基因在mRNA水平上的动态表达研究。如应用于定位克隆中寻找新基因。

Ob小鼠（Obese mouse） 肥胖小鼠，突变基因符号Ob，出生4～6周龄就显示肥胖，体重可达60g，肥胖表现和人肥胖症相似。无糖尿病症。无生育力，需用杂合子交配保种。

Op小鼠（Ostepetrosis mouse） 骨硬化小鼠，突变基因表示符号op，10日龄就可见头圆顶状，脚短，门齿缺失，长骨6个月内骨髓腔闭合，出现原始海绵骨。常伴有无齿症，病变与人大理石样骨病相似。

O抗原（O antigen） 又称菌体抗原、内毒素。存在于革兰阴性细菌细胞壁上的抗原。为一种脂多糖物质，具有毒性，在细胞裂解时释放出来，可引起发热与白细胞减少等症状。由类脂基核和多糖侧链两个部分组成，毒性存在于类脂部分，而抗原特异性存在于多糖侧链，由于组成侧链的糖残基种类和排列不同，可以形成很多抗原型。如沙门菌和大肠杆菌等都有数以百计的O抗原型。

O凝集（O agglutination） 又称菌体凝集。菌体（热处理的细菌悬液）抗原与相应O抗体发生的凝集反应。所成形的凝集致密、呈颗粒状，有别于鞭毛凝集。

P-R（Q）段［P-R（Q）segment］ 心电图上自P波终点到QRS波群起点的一段等电位线。其距离代表心房肌除极化结束到心室肌开始除极化的时间，即激动从心房传到心室的时间。

P-R（Q）间期［P-R（Q）interval］ 心电图上自P波起点到QRS波群起点的时间。代表自心房开始除极至心室开始除极的时间，即激动从窦房结传到房室结、房室束、浦肯野氏纤维，引起心室肌除极化的时间，相当于P波时限与P-R段时限之和。

P/O比（P/O ratio） 氧化磷酸化过程中底物脱下的一对氢沿呼吸链传递，消耗1个氧原子时用于ADP磷酸化所需要的无机磷酸中的磷原子的数目，是确定氧化磷酸化次数的重要指标，用于测定氧化磷酸化偶联的次数。以NADH为首的呼吸链的P/O为2.5，以琥珀酸脱氢酶为首的呼吸链的P/O为1.5。

P波（P wave） 又称心房除极波（atrium depolarization wave）。心电图上表示心房肌除极的电位变化。P波宽度表示兴奋在左心房、右心房内传导的时间。

P波倒置（P wave inversion） 在心电图上本应是正向P波的Ⅱ、Ⅲ、aVF、A-B导联中呈负向，在本应是负向P波的aVR、V3和V4导联上呈正向的现象。主要见于房室交界性心律、房室交界性心动过速等。

P物质（substance P） 一种神经递质，分子量为1 340的11肽。在各种属动物中广泛存在，猫、狗、大鼠、小鼠、鸡、鸭及一些低等动物体内均有发现。在动物体内分布广泛，为一种脑肠肽。具有多种生物学作用，如兴奋平滑肌、舒张血管、促进腺体分泌、参与轴突反射等。

Q-T间期（Q-T interval） 心电图上自QRS波群起点到T波终点的时间。表示在一次心动周期中，心室除极和复极过程所需的全部时间。

QRS波群（QRS wave group） 又称心室除极波（ventricle depolarization wave）。心电图上由水平线以上的正向波R波，R波之前的负向波Q波以及R波之后的第一个负向波S波构成。表示心室肌除极的电位变化，QRS波群宽度表示兴奋在左、右心室肌内传导所需的时间。

QRS间期（QRS interval） 心电图上自QRS波群起点到S波终点的时间。表示两侧心室肌的电激动过程。

Q热（Q fever） 又称昆士兰热、屠宰场热或巴尔干流感。由勃氏立克次体经节肢动物传播引起的人兽共患传染病。病原在节肢动物、哺乳动物和鸟类中的宿主很广，多种动物和人易感。一般经蜱传播，也可经呼吸道和消化道感染。人感染多为职业病，发生在接触家畜及畜产品的人员中，症状无特征性。受感染牛、羊除体温升高、委顿、食欲不振外，间或出现鼻炎、结膜炎、支气管肺炎、关节肿胀、睾丸炎、乳房炎和流产等。依据病原分离鉴定及血清学检验确诊。严格执行检疫检测，给动物预防接种弱毒菌苗和灭活苗，同时做好灭蜱工作可控制本病的传播。

Rauber 氏层（Rauber layer） 胚胎发育过程中附着在内细胞团外表面的滋养层。在有蹄类和兔等，这一层细胞将溶解消失，内细胞团裸露，呈圆盘状，故称胚盘。但灵长类动物此层并不消失。

RNA 干扰技术（RNA interference，RNAi） 利用短片段的双链 RNA 促使特定基因的 mRNA 降解来高效、特异地阻断特定基因的表达，诱使细胞表现出特定基因沉默表型的技术方法。其原理是：双链 RNA 进入细胞后，一方面能够在 Dicer 酶的作用下被裂解成小分子干扰 RNA（small interfering RNA，siRNA），而另一方面双链 RNA 还能在 RdRP（以 RNA 为模板指导 RNA 合成的聚合酶，RNA2directed RNA potyraerase，RdRP）的作用下自身扩增后，再被 Dicer 酶裂解成 siRNA。siRNA 的双链解开变成单链，并与某些蛋白形成复合物，此复合物同与siRNA 互补的 mRNA 结合，一方面使 mRNA 被 RNA 酶裂解，另一方面以 siRNA 作为引物、以 mRNA 为模板，在 RdRP 作用下合成 mRNA 的互补链。结果 mRNA 也变成了双链 RNA，它在 Dicer 酶的作用下也被裂解成 siRNA。这些新生成的 siRNA 也具有诱发 RNAi 的作用，通过这个聚合酶链式反应，细胞内的 siRNA 大大增加，显著增加了对基因表达的抑制。

RNA 合成（RNA synthesis） 又称转录作用。DNA 指导下合成 RNA 的过程。以 DNA 一条链的某一特定片段为模板，在 RNA 聚合酶和 Mg^{2+} 存在下，根据碱基配对互补的原则，以 4 种核糖核苷酸（NTP）为原料，通过磷酸二酯键聚合成多聚核苷酸链的过程。RNA 合成是遗传信息表达的中心环节。其产生的 RNA 有信使 RNA、转运 RNA 和核糖体 RNA。它们是蛋白质生物合成中传递信息的中间体或合成机构的组成部分。

RNA 聚合酶（RNA Polymerase） 以双链 DNA 中的一条链（或单链 DNA）为模板，按照 A 与 U（或 T 与 A）、G 与 C 配对的原则，将 4 种核糖核苷酸（NTP）以 3′，5′-磷酸二酯键的方式聚合起来，催化合成与模板互补的 RNA 的酶类。RNA 聚合酶几乎存在于一切细胞中，真核细胞中有 3 种 RNA 聚合酶，即 RNA 聚合酶Ⅰ、Ⅱ和Ⅲ。RNA 聚合酶Ⅰ存在于核仁中，其功能是合成 5.8S rRNA、18S rRNA 和 28S rRNA；RNA 聚合酶Ⅱ存在于核质中，其功能是合成 mRNA 和小分子 RNA（small nuclear RNA，snRNA）；RNA 聚合酶Ⅲ也存在于核质中，其功能是合成 tRNA 和 5S rRNA 等。在细胞质中也能发现一些 RNA 聚合酶Ⅲ，是从细胞核中渗漏出来的。

S-T 段（S-T segment） 心电图上自 S 波终点到 T 波起点。表示心室除极结束以后到心室复极开始前的一段时间。相当于心肌细胞动作电位的 2 位相期。

S-腺苷甲硫氨酸（S-adenosyl methionine，SAM） 动物机体中最重要的甲基直接供体，由甲硫氨酸腺苷化转变而成。其中的甲基是高度活化的，称为活性甲基。参与肾上腺素、肌酸、胆碱、肉碱和核酸甲基化过程。

SD 大鼠（SD rat） 常用的大鼠封闭群。1925 年由美国 Spraquejo 和 dewley 农场育成，产仔多，生长发育较 Wistar 大鼠快，尾长几乎等于身长，对性激素刺激敏感性高，自发肿瘤率低。多用于营养学、内分泌学和毒理学研究。

SHR 大鼠（SHR rat） 常用的大鼠近交系。1960 年日本京都大学 Okamoto 用 wistar 大鼠通过近亲交配育成，白化，先天性的严重自发性高血压。10 周龄后雄鼠收缩压 26.7～46.3kPa，雌鼠 24～26.7kPa，心血管疾病发病率高。常作为高血压动物模型。

Southern 转印（Southern blot） 凝胶电泳与核酸杂交相结合的 DNA 片段检测技术。以发明者的名字 Southern 命名。酶切后的各 DNA 片段经琼脂糖凝胶电泳分开，原位变性成单链后，通过滤纸吸印法或电转印法，将其 DNA 转移到置于凝胶上的硝酸纤维素膜上。经固定后，用放射性同位素或非放射性生物素等系统标记的单链 DNA 或 RNA 探针进行杂交。最后用放射自显影术或酶反应显色系统显示出待测 DNA 片段的位置及其分子大小。

SPF 鸡（special pathogen free chicken） 又称无特定病原体鸡。体内无特定微生物和寄生虫存在的鸡。在我国 SPF 鸡国家标准中规定，SPF 鸡需无下列特定病原体感染：鸡白痢沙门氏菌、鸡败血支原体、鸡滑液囊支原体、鸡副嗜血杆菌、多杀性巴氏杆菌、禽痘病毒、鸡新城疫病毒、禽白血病病毒、禽脑脊髓炎病毒、传染性喉气管炎病毒、网状内皮增生症病毒、马立克氏病毒、传染性法氏囊病病毒、禽呼肠孤病病毒、禽腺病毒Ⅰ型、禽腺病毒Ⅲ型（产蛋下降综合征）、禽流感病毒、传染性支气管炎病毒、鸡传染性贫血病病毒等。SPF 鸡及鸡胚大量用于禽病研究、疫苗制造和病毒学研究。

T-2 毒素中毒（T-2 toxin poisoning） 由单端孢霉烯族化合物中的 T-2 毒素引起的以拒食、呕吐和腹泻等胃肠道症状以及诸多脏器出血为特征的中毒性疾病。多发于猪，家禽次之，牛、羊等反刍动物发病较少。畜禽剖检均以口腔、食管、胃和十二指肠炎症、出血、坏死等为主要病变，同时肝、心、肾等实质器官出血、变性、坏死。病理组织学检查淋巴结、胸腺、法氏囊（禽）、骨髓等组织细胞呈现严重的变性。根据流行病学、临床症状、血液学检查和病理变化，可建立初步诊断。必要时可进行真菌毒素的检验。本病与其他真菌毒素中毒一样，尚无特效药物。当怀疑本病时，除立即更换饲料外，应尽快投服泻剂，清除胃肠道内的毒素，同时施行对症疗法。

TA1 小鼠（TAI mouse）　我国自主培育的用于医学研究的近交小鼠品系。1955 年天津医学院用市售普通小鼠和昆明小鼠经近交培育而成，白化、毛色基因 abc、低乳腺癌发生率。

TA2 小鼠（TA2 mouse）　我国自主培育的用于医学研究的近交小鼠品系。1963 年天津医学院用同 TAI 方法培育成功的第二个近交小鼠品系。白化、毛色基因 aBcd，高乳腺癌发生率。

tac 启动子（tac promoter）　一组由 Lac 和 trp 启动子人工构建的杂合启动子。受 Lac 阻遏蛋白的负调节，它的启动能力比 Lac 和 trp 都强。其中 Tac 1 是由 Trp 启动子的- 35 区加上一个合成的 46 bp DNA 片段（包括 Pribnow 盒）和 Lac 操纵基因构成，Tac 12 是由 Trp 的启动子- 35 区和 Lac 启动子的- 10 区，加上 Lac 操纵子中的操纵基因部分和 SD 序列融合而成。Tac 启动子受 IPTG 的诱导。

thy - 1 抗原（thy - 1 antigen）　又称胸腺抗原（thymus antigen）。在胸腺的成熟过程中，最早表达的抗原，存在于 T 细胞的整个生活周期中，是 T 细胞最早出现的标志。干细胞和 B 细胞上无此抗原，上皮细胞和成纤维细胞上虽有这种抗原，但含量较少，是鉴定 T 细胞的重要抗原。

Ti 质粒（Ti plasmid）　在根瘤土壤杆菌细胞中存在的一种染色体外自主复制的环形双链 DNA 分子。它控制根瘤的形成，可作为基因工程载体。Ti 质粒为植物根癌土壤杆菌（Agrobacterium tumef - aciens）菌株中存在的质粒，其特定部位与植物核内 DNA 组合来表达信息，使植物细胞肿瘤化。即此质粒既有在细菌中表达的基因，又有在高等植物中表达的基因。

Toll 样受体（toll - like receptor，TLR）　果蝇 Toll 受体同源物，属先天免疫中的模式识别受体。其胞外结构域由多个亮氨酸重复序列组成，识别病原相关分子模式；胞内段为 TIR 结构域，参与启动信号的转导。

T 波（T wave）　又称心室复极波（ventricle repolarization wave）。心电图上表示左、右心室肌复极化过程的电位变化的波形。相当于心肌细胞动作电位的 3 位相期。

T 辅助细胞决定簇（T helper - cell inducing determinant）　又称辅助决定簇（helper determinant，HD）。抗原分子上引起 T 辅助细胞应答的决定簇。与半抗原决定簇的区别在于它必须与 MHCⅡ类分子联合，才能为 T 辅助细胞克隆的受体识别。辅助决定簇和Ⅱ类分子各由两个抗原部位组成。T 辅助细胞受体识别抗原上的表位和Ⅱ类分子的组织位（histotope），它们通过抗原上的抗原限制元位（agretope）和Ⅱ类分子上的决定簇选择位（desetope）的相互作用，拉靠到一起。因此，抗原分子上的辅助决定簇必须具有一个表位和一个抗原限制元位，T 细胞受体对它的识别需要上述 4 种亚位三维复合体的每个成员同时相互作用。

T 细胞阳性选择（positive selection of T cell）在胸腺细胞发育过程中，与自身 MHC 或自身 MHC - 抗原复合物结合过强的细胞被诱导凋亡的过程。

T 细胞抗原受体（T cell antigen receptor）　又称 T 细胞受体（TCR）。T 细胞表面具有识别和结合特异性抗原的分子结构。绝大多数（约 95%）T 细胞的 TCR 是由 α 链和 β 链经二硫键连接组成的异二聚体，每条链又可折叠形成可变区（V 区）和恒定区（C 区）两个功能区。C 区与细胞膜相连，并有 4～5 个氨基酸残基伸入胞浆内，而 V 区为与抗原结合的部位。少数 T 细胞（约 5%）的 TCR 是由 γ 链和 δ 链组成，称为 $\gamma\delta$T 细胞。

T 细胞库（T cell repertoire）　体内能特异性识别各种抗原物质的各类 T 细胞的总称。具有两个特征：①T 细胞识别抗原受 MHC 限制；②对自身抗原具有耐受性。

T 细胞培养（T cell culture）　在体外培养 T 细胞的方法。经抗原或有丝分裂原激活的 T 细胞能在不断补充营养和白细胞介素 2（IL - 2）的培养基中生长增殖，如定期用特定抗原选择性激活，有可能获得针对该抗原决定簇的 T 细胞克隆（T cell clone）。

T 细胞亚群（T cell subset）　T 细胞分化后形成的不同功能的群体。主要有辅助 T 细胞（helper T cell，T_H）、调节性 T 细胞（T regulatory cell，Treg）、细胞毒性 T 细胞（cytotoxic T cell，Tc）、迟发型变态反应 T 细胞（delayed hypersensitivity T cell，TDTH）和放大性 T 细胞（amplifier T cell，T_A）等。

T 细胞抑制决定簇（T suppressor - cell inducing determinant）　又称抑制决定簇（suppressor determinant，SD）。抗原分子上引起 T 细胞抑制应答的决定

簇。抗原分子上不仅存在与 MHCⅡ类分子上的决定簇选择位有亲和力以把抗原提交给Ⅱ类一限制的 T 辅助细胞的抗原限制元位（H－agretope），而且也存在特殊的抑制应答抗原限制元位（S－agretope），在同一抗原分子上往往同时存在辅助决定簇和抑制决定簇。对于体液免疫应答来说，抗原分子上的半抗原决定簇、辅助决定簇和抑制决定簇构成的三体聚（triad）是抑制细胞发生作用所必需的，调节是在抗原分子的局部区域产生的。

T 细胞诱导决定簇（T cell induced determinant）见载体决定簇。

T 细胞杂交瘤（T cell hybridoma）　由抗原或丝裂原活化的原代 T 细胞和 T 细胞淋巴瘤细胞系融合而成的杂交瘤。制备过程大致如下：用提纯的抗原免疫小鼠，取出脾脏制备 T 细胞悬液；取用与免疫相同来源的小鼠的骨髓瘤细胞，在含 10%犊牛血清的 DMEM 培养基中培养至对数期备用；将饲养细胞（小鼠胸腺细胞或腹腔巨噬细胞）制成所需的浓度，加入培养板孔中；将脾细胞与骨髓瘤细胞按一定比例混合，离心后吸尽上清液，然后缓慢加入融合剂，静置 90s，逐渐加入 HAT 培养基，分别加入到饲养细胞的 96 孔培养板中，置 5%～10%CO_2 培养箱中培养，5d 后更换一半 HAT 培养基，再 5d 后改用 HT 培养基，再经 5d 后用完全 DMEM 培养基，就可以筛选到 T 细胞杂交瘤细胞。

Vi 抗原（Vi antigen）　又称毒力抗原（virulence antigen），简称 Vi 抗原。某些沙门氏菌新分离株的微荚膜抗原，对小鼠有一定毒力，是一种多糖，加热可使其自菌体脱落。初分离沙门氏菌不被相应的 O 因子血清凝集，如将菌体加热后，出现凝集，即可说明该菌具有 Vi 抗原。除沙门氏菌外，其他某些肠道菌也有此抗原。

V 型变态反应（hypersensitivity reaction type V）罗伊特（Roitt）建议的一种变态反应新型，尚未被公认。该反应与Ⅰ～Ⅲ型反应一样，需抗原与体液抗体结合，属速发型，但是抗体为非补体结合性抗体，对某些细胞成分具有刺激作用而不是破坏作用。

Western 转印（Western blotting）　又称蛋白质印迹法。用来检测在不均一的蛋白质样品中，是否存在目标蛋白质的一种技术。操作步骤大致如下：①提取转化体的蛋白质；②用 SDS－PAGE（聚丙烯酰胺凝胶电泳）分离蛋白质；③将蛋白质从聚丙烯酰胺凝胶上转移到硝酸纤维素滤膜上；④使抗体与抗原进行结合反应，即第一抗体用受检蛋白质制备的兔抗体，第二抗体可用与碱性磷酸酶偶联的羊抗兔 IgG 抗体。第一抗体可以和膜上的特异性抗原（外源基因编码的多肽）发生免疫反应，从而稳定结合在膜上；第二抗体又能和第一抗体发生反应，同样结合到特异性抗原所在的位置。因为第二抗体偶联着碱性磷酸酶，在底物 BCIP（5－bromo－4－chloro－3－indolyl phosphate）/NBT（氮蓝四唑）存在的情况下，如果具备反应条件，反应能发生在碱性磷酸酶所在位置，使底物产生暗蓝灰色，从而标出特异抗原和第一抗体在膜上作用的位置。因此，用该法能证实转化细胞中外源基因是否获得表达，产生了由其编码的蛋白质。如果外源基因未能产生其所编码的蛋白质，也就见不到暗蓝灰色条带。本法是在变性条件下进行凝胶电泳，也可用于测定蛋白质分子的大小。

Wistar 大鼠（Wistar rat）　常用的大鼠封闭群。1907 年，由美国 wistar 研究所培育而成。我国从日本、苏联引进。雄鼠耳相对大、尾长小于身长，产仔数多、生长发育快、早熟、繁殖力强、性格温顺、抗病力强、自发肿瘤率低。

W 卵子（W ovum）　含有 W 性染色体的禽类卵子。它与 Z 精子结合形成的受精卵将发育为雌性。

XO 综合征（XO syndrome）动物性染色体两性畸形的一种。动物较正常雌性缺失一条 Y 染色体，表型为雌性。通常为卵巢发育不全，相当于人的特纳综合征。

XXX 综合征（XXX syndrome）动物性染色体两性畸形的一种。动物较正常雌性多一条 X 染色体，表型为雌性，一般均为卵巢发育不全。

XX 雄性综合征（XX male syndrome）动物性腺两性畸形的一种。此种动物的表型为雄性，但染色体为 XX，H－Y 抗原为阳性，性腺常为隐睾，阴茎小，畸形，存在谬勒氏管发育不完全的器官。

XX 真两性畸形（XX true hermaphroditism）动物性腺两性畸形的一种。此种动物的染色体核型为 XX，具有大致相当的雌性生殖器，但阴蒂大，腹腔内具有卵睾体或独立存在的卵巢或睾丸。

X 精子（X sperm）　含有 X 染色体的哺乳类动物精子。它与 X 卵子融合形成的受精卵将发育为雌性。

X 卵子（X ovum）　哺乳动物的卵子。雌性哺乳动物只有一种 X 性染色体，通过减数分裂只能产生一种 X 卵子。

X 线（X－ray）　又称伦琴射线。一种具有较高能量的电磁波。其波长范围为 0.006～50 nm，以光的速度沿直线传播。用于医学诊断的 X 线波长范围为 0.008～0.031 nm，相当于 40～150 kV X 线机所产生的 X 线。X 线具有许多重要的作用，如荧光作用、感光作用、穿透作用、电离作用和生物学作用等。医学上用它作内部器官和组织的影像检查以及恶性肿瘤的治疗。

X线摄影（radiography） X线检查的基本方法之一。利用X线的感光效应，将一个装有X线胶片的暗盒置于动物或人被检部位的一侧，X线从另一侧射入，穿过被检部位到达胶片进行摄影，曝光的胶片经暗室冲洗制成X线片后，对其进行观察和分析，可对动物的疾病做出判断。

X线诊断机（X-ray diagnostic unit） 产生X线并可利用X线对人体和动物体组织、器官进行透视和摄影检查的机器。按X线管的电压值和电流值可分为：①大型机，管电压为100～150 kV，管电流为400～3 000 mA；②中型机，管电压为100～125 kV，管电流为100～300 mA；③小型机，管电压为75～80 kV，管电流为10～50 mA。按X线机的机动性能分：固定式X线机、移动式X线机和携带式X线机。

X线中心线（central beam） 设想中的单一X线束，它位于X线束的中央，用以对准被照目标的中心。在拍摄X线片时，必须注意将X线中心线、被照目标的中点与胶片中心排列在同一条直线上，以减少形态失真的发生，这一点在对动物脊柱进行拍片检查时尤为重要。

Y精子（Y sperm） 含有Y染色体的哺乳类动物精子。它与X卵子融合形成的受精卵将发育为雄性。

Z精子（Z sperm） 禽类的精子。雄性禽类只有一种Z性染色体，通过减数分裂只能产生一种Z精子。

Z卵子（Z ovum） 含有Z性染色体的禽类卵子。它与Z精子结合形成的受精卵将发育为雄性。